Düll | Kutzelnigg – Die Wild- und Nutzpflanzen Deutschlands

Ruprecht Düll (†)
Herfried Kutzelnigg

Die Wild- und Nutzpflanzen Deutschlands

Vorkommen – Ökologie – Verwendung

bearbeitet von Herfried Kutzelnigg

Quelle & Meyer Verlag Wiebelsheim

Die Angaben in diesem Buch sind von den Autoren und dem Verlag sorgfältig erwogen und geprüft, dennoch kann keine Garantie übernommen werden. Eine Haftung der Autoren bzw. des Verlags und seiner Beauftragten für Personen-, Sach- und Vermögensschäden ist ausgeschlossen.

Bibliografische Information der Deutschen Nationalbibliothek
Die Deutsche Nationalbibliothek verzeichnet diese Publikation in der Deutschen Nationalbibliografie; detaillierte bibliografische Daten sind im Internet über http://dnb.d-nb.de abrufbar.

Die Auflagen 1 – 5 erschienen unter dem Titel „Botanisch-ökologisches Exkursionstaschenbuch“, die Auflagen 6 – 8 unter dem Titel „Taschenlexikon der Pflanzen Deutschlands“.
9. Auflage

www.quelle-meyer.de

Umschlagabbildungen: U1 oben: Dr. Armin Jagel; U1 unten und Rückseite: Herfried Kutzelnigg
Druck und Verarbeitung: Print Consult GmbH
Printed in Slovakia/Imprimé en Allemagne
ISBN 978-3-494-01825-6

Inhaltsübersicht

Kurzbiographie und Vita

Ruprecht (Peter Georg) Düll

Geboren am 18.02.1931 in Weimar / Thüringen. Verstorben am 05.06.2014 in Bad Münstereifel. Seit 1969 verheiratet mit der Dipl. Biologin Irene Hermanns. Die Liebe zur Natur weckten die Wanderungen mit seinem Vater. Von 1950 bis 1955 Studium der Biologie (Hauptfach Botanik) an der Universität Jena. Schon als Hilfsassistent Leiter von Exkursionen und Kursen. Abschluss mit dem Diplom. Anschließend wiss. Assistent in (Ost-)Berlin, Tübingen (dort Promotion) und Heidelberg. 1967 bis 1969 Gymnasiallehrer in Karlsruhe. 1969 bis 1971 als stellvertretender Leiter des Botanischen Gartens in Oldenburg. Hier erste Vorarbeiten zum „Botanisch-Ökologischen Exkursionstaschenbuch" (1. Auflage bei W. Braun / Duisburg). 1971 bis 1996 Professor und Inhaber des Lehrstuhls für Botanik an der Universität Duisburg. Forschungsreisen in die Ägäis, nach Mexiko, Nordamerika und zu den Atlantischen Inseln. Intensive Kartierungen in SW-Deutschland, NRW, Rheinland-Pfalz und Österreich, bes. Tirol.

Ca. 10 Bücher sowie zahlreiche Beiträge in wiss. Zeitschriften befassen sich mit Sprosspflanzen, Moosen und ökologischen Themen. Zuletzt Publikation des Buches „Taschenlexikon der Mittelmeerflora" (2007), zusammen mit seiner Frau Irene. Es behandelt Pflanzen des Mittelmeerraumes in ähnlicher Weise wie das vorliegende Buch.

Besonderes Interesse galt weiterhin der Erforschung der Biologie heimischer, mediterraner wie auch angepflanzter Blütenpflanzen. Dazu gewann auch die Geschichte der Botanik immer mehr an Interesse.

Ein wichtiges Resultat seines Werdegangs ist sein Engagement für unsere vielfach gefährdete Mitwelt. Deshalb ist es der größte Wunsch beider Autoren, mit diesem Buch auch weiterhin für die Liebe zur Natur und deren Schutz zu werben. **Nur was man kennt, wird man auch lieben und bewahren!**

Herfried Kutzelnigg

wurde am 08.07.1941 in Homberg am Niederrhein geboren. Er war seit 1966 verheiratet mit Gislinde Kutzelnigg, geb. Weiß, verstorben am 06.08.2020.

Von 1961 bis 1968 studierte er Biologie an den Universitäten Köln und Düsseldorf und promovierte 1968 auf dem Gebiet der Mutationsforschung bei Pflanzen. Von 1972 bis zum Ruhestand im Jahre 2006 war er tätig als Akademischer Oberrat im Fachgebiet Botanik an der Universität Duisburg, später an der Universität Essen, seit der Fusion an der Universität Duisburg-Essen.

Seine Arbeitsgebiete sind Floristik, Ökologie und Systematik der Blütenpflanzen. Er widmete sich besonders der Erforschung der Flora des Westlichen Ruhrgebietes und ihren Veränderungen und beschäftigte sich intensiv mit der Rosaceen-Unterfamilie Maloideae (= Kernobstgewächse; heute als Teil der Spiraeoideae aufgefasst). Besonderes Interessensgebiet ist auch die Bastardierung bei Pflanzen.

In der Lehre engagierte er sich vor allem in der Ausbildung angehender Biologielehrer aller Schulstufen mit dem Anliegen, Inhalte der klassischen Botanik und vor allem der unterschiedlichen Pflanzenarten in ihren Umweltbezügen anschaulich zu vermitteln. Im Jahre 1998 erhielt er den Lehrpreis der Universität Essen.

Vorwort zur Neuauflage

Die vorliegende, unter neuem Titel und in neuem Format erschienene Neuauflage ist die stark überarbeitete und erweiterte neunte Auflage des vorher unter dem Titel „Taschenlexikon der Pflanzen Deutschlands und angrenzender Länder“ erschienenen Buches.
Es ist das große Verdienst von Prof. Düll, der 2014 plötzlich inmitten seiner unermüdlichen Forschungsarbeit verstarb, dieses Werk 1976 begründet zu haben. Basis war damals, als noch keine Computer und kein Internet zur Verfügung standen, ein dicker Stapel von Karteikarten, auf denen Ruprecht Düll in jahrzehntelanger Arbeit aus weit verstreuten Quellen und durch eigene Beobachtungen Wichtiges und Interessantes über unsere heimischen Pflanzen und ihre Ökologie zusammengetragen hatte. Anliegen war dabei nie die Vollständigkeit, vielmehr ging es darum aufzuzeigen, wie vielfältig und interessant unsere Pflanzen sind und wie sie in die belebte und unbelebte Umwelt eingebunden sind. Es sollte aber auch informiert werden, welche praktische Bedeutung die jeweiligen Arten für den Menschen haben, so etwa durch die Verwendung als Nahrungspflanzen, als Heilpflanzen usw. Außerdem sollte das Buch den Leser zu eigenen Beobachtungen anregen. Eine solche Sammlung von Pflanzenporträts, die wissenschaftlichen Anforderungen genügte und zugleich auch für interessierte Laien verständlich geschrieben war, darf wohl zu Recht als Pionierleistung bezeichnet werden.

Diese Tradition wurde dann unter zunehmender Beteiligung von Dr. Herfried Kutzelnigg fortgeführt, der auch die Bearbeitung der vorliegenden Neuauflage übernommen hat.
Dazu wurden alle Teile des Buches gründlich durchgesehen und ggf. überarbeitet oder aktualisiert. Man könnte denken, bei Pflanzen würde sich nicht viel ändern. Das ist aber nicht richtig. Es gibt eine große Dynamik in der Pflanzenwelt, Arten kommen hinzu, andere sind gefährdet oder verschwinden. Dazu kommen neue Erkenntnisse durch aktuelle Publikationen sowie dank Internet die Möglichkeit, auch auf interessante ältere Informationen zugreifen zu können. Schließlich wurden in den letzten Jahren immer wieder auch die Namen vieler Pflanzen oder ihre systematische Einordnung geändert, was es zu berücksichtigen galt.

Die in der Vergangenheit schon sorgfältig überlegte **Artenauswahl** wurde nur unwesentlich erhöht, um den vorhandenen Arten mehr Raum geben zu können. Es sind jetzt 630 ausführlich besprochene Arten (Leitarten) und 800 anhangsweise besprochene Arten, also insgesamt mehr als 1430 Arten.
Wichtiger Unterschied zur vorigen Auflage ist die **Bebilderung**. Das größere Format erlaubt auch größere Fotos, was für viele Arten sehr vorteilhaft ist. Zudem konnte die Zahl der Detailfotos mehr als verdoppelt werden, sodass die Gesamtzahl der Abbildungen jetzt bei etwa 920 liegt. Außerdem wurden im Zuge der Neugestaltung alle bisherigen Fotos auf den Prüfstand gestellt und dabei etwa 200 (!) Bilder ersetzt.
Das umfangreiche **Literaturverzeichnis**, das über den Dokumentationscharakter hinaus dem Leser helfen soll, einschlägige Literatur zu finden, wurde jetzt übersichtlich nach Themengruppen gegliedert, die zugleich die große Bandbreite der in den Pflanzenporträts behandelten Themen widerspiegeln. Spezielle Publikationen, die nur einzelne Arten betreffen, wurden jetzt mit Kurzzitat in das jeweilige Porträt integriert.
Das **Register der Pflanzennamen** wurde im Bereich der deutschen Namen benutzerfreundlich erweitert. Es ist nämlich oft gar nicht leicht, den richtigen Namen zu finden. Typisches Beispiel sind die Disteln. Dort werden zwei Gattungen unterschieden, von denen die eine „Distel“ und die andere „Kratzdistel“ heißt. Wer also bei „Distel“ sucht, obwohl es sich um eine „Kratzdistel“ handelt, landet in den gängigen Bestimmungsbüchern bei *Carduus*, obwohl es um *Cirsium* geht! Für die zahlreichen Fälle dieser Art soll hier die erweiterte Fassung eine Hilfestellung geben.
In dem Zusammenhang soll nochmals auf die **Anordnung der Pflanzen nach wissenschaftlichen Namen** eingegangen werden, weil diese mehrfach kritisiert wurde. Die deutschen Namen sind aber für eine alphabetische Anordnung ungeeignet. Der Hauptgrund ist der, dass hier im Gegensatz zu den wissenschaftlichen Namen der Gattungsname hinter dem Artbeinamen steht, es heißt also Berg-Ahorn = *Acer pseudoplatanus*. Das macht das Auffinden sehr unübersichtlich, weil der Blick natürlich zuerst auf „Berg-“ und nicht auf Ahorn fällt. Nur den jeweiligen Gattungsnamen zu verwenden (also: Ahorn, Akelei, Apfel...) ist deshalb nicht sinnvoll, weil entsprechend der bewährten Vorgehens-

weise des Buches nicht Gattungen behandelt werden, sondern ausgewählte repräsentative Arten (Leitarten). Dazu kommt die schon angesprochene Problematik der deutschen Gattungsnamen. So müsste konsequenterweise etwa die Acker-Winde (*Convolvulus*) bei „W“ und die verwandte Zaunwinde (*Calystegia*) bei „Z“ eingeordnet werden, was sehr verwirrend wäre. Und schließlich gibt es im Deutschen oft mehrere Namen für dieselbe Pflanze. Wo sollen also Buche = Rotbuche, Mädesüß = Spierstaude oder Wegwarte = Zichorie alphabetisch einsortiert werden? Aber nach wie vor wird jeder, der einen deutschen Namen sucht, über das Register der Pflanzennamen schnell zum Ziel kommen.

Neu aufgenommen gegenüber der vorigen Auflage wurden folgende Übersichten:

1. Die **systematische Zuordnung der behandelten Pflanzen zu Familien**. Das dürfte für einige Leser weniger wichtig sein, bietet aber speziell Interessierten wertvolle Informationen, zumal die Familien nach Möglichkeit weiter untergliedert wurden, sodass gut erkennbar ist, welche der im Speziellen Teil besprochenen Arten zusammengehören.
2. Eine Übersicht zu dem aktuellen Thema **„Neophyten“**.
3. Eine vergleichende Auflistung der **Trachtpflanzen für Honigbienen, Wildbienen und Schmetterlinge** mit Hinweisen, welche Arten für den Garten geeignet sind.
4. Eine kurze Zusammenstellung der **stark giftigen Pflanzen**.

Im Speziellen Teil liegt nach wie vor der Schwerpunkt im Bereich der **Blüten- und Ausbreitungsökologie**. In der Literatur finden sich oft sehr ausführliche Angaben über Einzelheiten im Bau von Blüten und Früchten, aber konkrete Angaben über deren Funktion sind eher selten. Dabei ist es doch gerade interessant zu erfahren, welches im konkreten Fall die Bestäuber sind, oder wie die Samen ihr Ziel erreichen, damit neue Pflanzen daraus wachsen können, usw.

Die Behandlung der im Gebiet kultivierten **Nutzpflanzen** wurde auch im Hinblick auf den neuen Titel des Buches stärker in den Vordergrund gerückt. Eine angemessene Behandlung der **Zierpflanzen** würde den Rahmen des Buches sprengen. Dennoch finden sich darin viele Angaben über Zierpflanzen und ihre Lebensweise, weil es eine große Überschneidungsmenge zwischen Wildpflanzen und Zierpflanzen gibt. Denn einerseits gehen viele unserer klassischen Zierpflanzen auf heimische Wildpflanzen zurück, andererseits gibt es unter den eingeführten Zierpflanzen einen hohen Anteil, der sich verselbständigt hat und zum festen Bestandteil unserer Flora geworden ist.

Die Angaben über die **Etymologie**, also die Herkunft und Erklärung der Pflanzennamen als besonderes Interessengebiet des Bearbeiters, wurden nochmals intensiv überarbeitet, und zwar sowohl im Hinblick auf die wissenschaftlichen als auch die deutschen Gattungsnamen und Artbeinamen. Auf die oft sehr verbreiteten Fehlinterpretationen in der Literatur wird hingewiesen. Es darf wohl gesagt werden, dass die Informationen in dieser Kombination ziemlich einmalig sind.

So bietet das Buch eine Fülle an wichtigen und interessanten Informationen für alle an der Natur Interessierten. Es ist ein Beitrag zur Kenntnis der Zusammenhänge in der Natur, die in unserer heutigen Zeit oft verloren gegangen ist, aber dringender gebraucht wird denn je.

Das Buch will aber nicht nur informieren, sondern auch zu eigenen Beobachtungen anregen und dazu beitragen, dass wir uns an Gottes wunderbarer Schöpfung erfreuen.

Abschließend sei dem Verlag Quelle & Meyer nochmals für die großzügige Ausstattung des Buches und die gute Zusammenarbeit herzlich gedankt.

Zur Einführung

Pflanzen sind faszinierende Lebewesen: Je länger man sie kennt, desto interessanter werden sie. Als Einzellebewesen betrachtet, sind sie erst einmal **schön**. Demjenigen, der diese Schönheit in **allen** Pflanzen erkennt, werden sie schon deshalb lieb und wert. Doch die Pflanzenwelt, also die Vegetation, die unsere Mitwelt wesentlich bestimmt, kann erst dann schön genannt werden, wenn sie auch wahr, d. h. den anderen Umweltbedingungen entsprechend so natur- oder standortgemäß wie möglich ist. Erst eine relativ vielfältige Vegetation bietet auch einer Vielzahl anderer, z. B. tierischer Lebewesen, Nahrung und Wohnraum wie auch höchstmöglichen Schutz vor Schädlingsinvasionen und anderen „natürlichen" Katastrophen. **Allein die grüne Pflanze** – als photoautotrophes Lebewesen – vermag Sonnenenergie „einzufangen", indem sie mit ihrer Zuckerproduktion letztlich den Ausgangsstoff für alle anderen organischen Rohstoffe liefert und damit irdisches Leben überhaupt erst möglich macht. Dies kann nur in intakten Lebensräumen, die sich **im dynamischen Gleichgewicht** befinden, geschehen. Nicht nur, weil immer die Vegetation letztendlich die Nahrung liefert, auch der lebenserhaltende Sauerstoff wird allein von den Pflanzen geliefert: Tiere wie Menschen sind von der Pflanze abhängig. **Die Natur kann ohne uns sehr gut existieren, aber wir nicht ohne sie!**

Wir bemühen uns, in diesem Buch die Pflanze dem Menschen näher zu bringen. In ihr nicht nur einen Gegenstand (eine Sache, wie es die Juristen nennen) menschlicher Nutzung zu sehen, sondern sie vor allem auch ganzheitlich als höchst interessantes, noch von keiner modernen Technik übertroffenes (und kaum zu übertreffendes) Lebewesen wahrzunehmen und entsprechend zu achten.
Wie die Tiere reagieren auch die Pflanzen, nur meist langsamer und oft anders. Reiche Ausgestaltung der Oberflächen und ihr ortsgebundener, von Sonnenlicht, Wasser und Nährsalzen wie auch von Kohlendioxid direkt abhängiger Lebensstil unterscheiden die Sprosspflanzen von Tieren. Natürlich sind auch die so genannten „Niederen Pflanzen" und vor allem die Bakterien unverzichtbare Partner der natürlichen Kreisläufe.

Was bietet nun dieses Buch? Wir haben uns erstens bemüht, einen Katalog besonders interessanter und gleichzeitig auch wenigstens einigermaßen gut kenntlicher und öfter vorkommender Pflanzen Deutschlands zusammenzustellen. Zweitens soll das Buch dazu verhelfen, Exkursionen und Lehrausflüge effektiver zu gestalten, d. h. zu eigenständigem Arbeiten anregen und damit die Vor- und Nachbereitung unterstützen. Es soll drittens in breiten Kreisen das Interesse an der Pflanze überhaupt sowie am konkreten Beispiel wecken und fördern, so durch Informationen, die – gewöhnlich weit verstreut – vielen Interessenten schwer zugänglich sind. Nicht zuletzt soll das Buch auf diesem Wege dazu beitragen, durch die allein wirksame konkrete Konfrontation mit dem **Lebewesen** Pflanze, die für uns lebensnotwendige Rettung unserer Umwelt mit Vernunft **und** Gefühl (= Motivation) vielleicht in letzter Stunde doch noch zuwege zu bringen. Weil eben **alle** durch das Phänomen Pflanze angesprochen sein sollten, wurde hier auf die Verwendung von Fachausdrücken – wo irgend möglich – verzichtet.

Einiges über das „Was und Wie" der Exkursionen: Exkursionen vermitteln lebendige Anschauung, wenn sie an ausgewählten Beispielen (exemplarisch) grundlegende Eigenschaften von Lebewesen demonstrieren, und zwar besonders, wenn der Zusammenhang zu den Eigenheiten der Umwelt durch diese sichtbar gemacht werden kann. Darüber hinaus können sie den Lernenden für biologische Probleme motivieren, d. h. die Freude und das Interesse an der lebendigen Umwelt, in der wir leben, wecken und fördern. Unter den formalen Zielen einer Lehrwanderung sind neben der Förderung sozialen Verhaltens (z. B. Erlernen von Zusammenarbeit) wichtige Lernergebnisse zu erwarten. Die Anwendung des Buchwissens auf das reale Objekt und die Möglichkeit zu eigenständiger Auseinandersetzung mit bestimmten Themenkreisen (forschendes Lernen) seien als besonders wichtige Beispiele herausgegriffen.
Exkursionen, die der persönlichen Fortbildung dienen, unterscheiden sich wohl kaum grundsätzlich von solchen, die der Belehrung anderer dienen. Auch bei den „Lernexkursionen", wenn man die erstgenannten so bezeichnen will, ist die Zusammenarbeit mit Gleichgesinnten, schon wegen der Chance zur Diskussion, in jedem Falle dem Einzelgang vorzuziehen. Durch Arbeitsteilung – die zu untersuchenden Pflanzen werden anteilig auf die Partner verteilt – wird nicht nur größere Effektivi-

tät erzielt, sondern zugleich auch die Gelegenheit zur Darstellung des Stoffes genutzt, wobei Schwächen am ehesten erkannt werden, wie auch Ergänzungen gebracht werden können.
Angesichts der Problematik, der heutzutage Unterrichtsgänge, insbesondere von städtischen Schulen, ausgesetzt sind, sollte wenigstens eine eigene Exkursion des Lehrers der betreffenden Schulstunde als Grundlage dienen. Gesammelte Materialien, evtl. eigene Fotos wie auch Erlebnisschilderungen, können Schulstunden oft wesentlich bereichern. Dies gilt insbesondere, wenn die Schüler gleichzeitig konkrete Anweisungen zum selbständigen Nachvollziehen erhalten.
Solche beispielhaft für den Unterricht, aber auch insbesondere die mit Lernenden tatsächlich veranstalteten Exkursionen sollten gut vorbereitet werden. Eine Teilnehmerzahl von keinesfalls mehr als 10–15 Personen pro Führer gestattet jederzeit Nachfragen wie auch Diskussionen im engeren Kreise. Nur so können sich auch Lehrer und Lernende näher kennen lernen. Für die notwendigen Arbeitsmittel ist zu sorgen. Lupen sollten in der nötigen Mindestzahl verfügbar sein, ebenso Taschenmesser und evtl. nötige Bestimmungsbücher und Nachschlagewerke. Notizmaterial und Sammelbehälter (z. B. undurchsichtige Plastiktüten) sollte jeder Teilnehmer mitführen. Die gesammelten Pflanzen sollten – falls sie gepresst werden – in der Größe am besten einem Herbarformat von DIN A4 angepasst sein. Zur Methodik der Herbar- und anderer Konservierungstechniken gibt es einschlägige Sachbücher (z. B. Stehli & Brünner 1981, vgl. auch www.biologie.uni-ulm.de/lehre/bestueb/HerbariumSS07.pdf). Da nur wenige Schulen über ausreichendes botanisches Anschauungsmaterial verfügen, ist der Wert solcher Aufsammlungen für den Unterricht offensichtlich. Darüber hinaus zeigt der Lehrer auf diese Weise dem Schüler am besten sein persönliches Engagement, er bietet eine echte Motivation und regt zur Nachahmung an.
Besonders auf Exkursionen sollten nur solche Objekte vorgezeigt werden, die auch für alle Lernenden – ohne den Lebenshaushalt des Standortes zu schädigen und ohne zur Ausrottung von Arten beizutragen – verfügbar oder zumindest gut sichtbar sind. Das Vorzeigen seltener oder gar geschützter Pflanzen an Ort und Stelle sollte nur mit besonderer Rücksicht erfolgen. So manches beliebte Exkursionsgebiet wurde allein von Studentenexkursionen seiner schönsten Pflanzen beraubt!
Da die Lernenden bei umfassender Darstellung meist schon Schwierigkeiten haben, nur 20 Pflanzen auf einer Exkursion einigermaßen kennen zu lernen, sollten keinesfalls mehr neue Objekte eingeplant werden.
Exkursionen sollten nach Möglichkeit fortlaufende Lehrveranstaltungen sein, wenn sie nicht sowieso unterrichtsbegleitende Aufgaben erfüllen. So gehört die ständige Wiederholung und Festigung des bereits behandelten Lehrstoffs unbedingt zu einer guten Exkursion. Diesbezügliche Aufgaben und Befragungen sind bei jeder Exkursion mit einzuplanen. Es erscheint an dieser Stelle wichtig, darauf hinzuweisen, dass vor etwaigen Abfragen die Kontrolle der Einhaltung gegebener Arbeitsanweisungen und die tatsächliche Benutzung empfohlener Lernhilfen gesichert sein müssen. Ist dies aus irgendwelchen Gründen nicht hinreichend garantiert, kann das Abfragen mehr Schaden anrichten als nutzen.
Aus der anzustrebenden relativ geringen Zahl der Objekte ergibt sich auch eine zeitliche Beschränkung der Veranstaltung. Zwei Stunden intensiver Arbeit scheinen heute meist die obere Grenze des Zumutbaren. Eine dann notwendige längere Pause kann u. a. für das fachgerechte Pressen und Beschriften der gesammelten Pflanzen genutzt werden oder für die Wanderung zum nächsten „Lernplatz“, falls bei einer Tagesexkursion noch eine weitere Lerneinheit folgen soll. Auch „Bestimmungsübungen“ können als Einschub dienen. Nach Schluss der Exkursion müssen dann nochmals etwa 2 Stunden für die „wissenschaftliche Verdauung“ zur Verfügung stehen oder es muss ein gesonderter Tag zum Aufarbeiten eingeplant werden.
Natürlich können solchen vielseitig orientierten, aber wenig artenintensiven Exkursionen rein floristische „Kenn-Exkursionen“ vorangestellt werden. Die später intensiv zu behandelnden interessanten Arten – nicht irgendwelche! – werden hier allein mit den dazugehörigen Erkennungsmerkmalen gezeigt. Der Wert solcher Arbeitsteilung ist umstritten, schon weil die heutigen Lehrpläne nur sehr wenig Freiraum für solche Veranstaltungen übriglassen. Sinnvoll ist sie jedoch dann, wenn die zum Verständnis einer umfassenden Darstellung notwendigen Grundkenntnisse noch fehlen, das Bedürfnis nach Artenkenntnis aber vorhanden ist.
Vielerorts dienen Exkursionen immer noch allein dem Erlernen möglichst zahlreicher Pflanzennamen. Jedoch kommt es erst in zweiter Linie auf diese Kenntnisse an. Das intensive Studium und Verständnis einer begrenzten Zahl ausgesuchter Beispiele sollte im Vordergrund stehen, und letztlich kommt es immer darauf an, Natur in all ihrer

Vielfalt und Schönheit begreifen zu lernen. Die so gesammelten Erfahrungen an einzelnen Objekten sollen zumindest zum Zeitpunkt der abschließenden Auswertung auch allgemeine Gesichtspunkte erkennen lassen, so z. B. den inneren Zusammenhang zwischen Subjekt und spezifischer Umwelt. Bekannte Rahmenthemen sind u. a. „Frühjahrspflanzen", „Ruderalpflanzen der Wegränder", „Kulturpflanzen der Äcker", „Farnpflanzen und ihre Lebensräume", „Ausbreitungstypen von Samen und Früchten" usw.

Es ergibt sich aus dem notwendigen ökologischen Bezug eindeutig, dass zu jeder Exkursion eine wenigstens kurze Charakteristik des besuchten Lebensraumes erarbeitet wird, u. a. unter Verwendung der einschlägigen Messtischblätter sowie entsprechender Gebietsliteratur.

Zum **Gebrauch des Buches** gibt der Abschnitt **Exkursionen** einige Anregungen. Wo irgend möglich wurden die geschilderten Lebensgeschichten im Gelände an der Pflanze überprüft. Trotzdem sollte sich jeder Benutzer bemühen, seine eigenen Beobachtungen zu machen und, wenn er andere Ergebnisse erzielt, sie uns mitteilen. Wir sind für jede Ergänzung und Anregung dankbar. Im Literaturverzeichnis wird auf Bücher verwiesen, aus denen sich weitere interessante Angaben entnehmen lassen.

Übersicht zu den Lebensformtypen der Sprosspflanzen nach RAUNKIAER

Bei den Lebensformen geht es um die für das Verständnis der jeweiligen Pflanzen so wichtige Fragen, ob sie einjährig oder ausdauernd sind, ob sie Kräuter oder Holzpflanzen sind und wie sie den Winter überstehen. Lebensformen im Sinne von Raunkiaer sind Überdauerungsformen, d.h. die Pflanzen werden nicht nur nach ihrer Wuchsform, sondern vor allem auch nach dem Merkmal „Knospenlage und Knospenschutz während der ungünstigen Jahreszeit" eingeteilt. Eine ausführliche Darstellung der Typen findet sich bei BRAUN-BLANQUET (1964). Artbezogene Angaben gibt es u.a. bei JÄGER (2011), ELLENBERG et al. (2002), HEGI (1906 ff.), KÄSTNER et al. (2001) und bei www.floraweb.de.

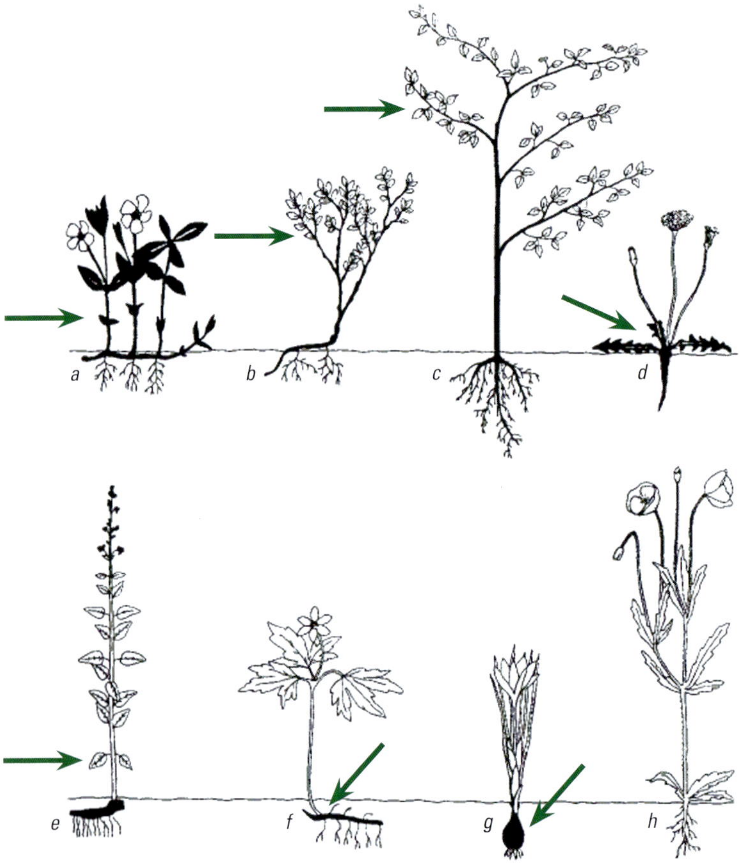

***Lebensformen der Sprosspflanzen**: Die schwarz ausgefüllten Pflanzenteile überwintern. Die Pfeile weisen auf die Lage der Erneuerungsknospen. **a** Halbstrauch, **b** Zwergstrauch. **c** Baum. **d, e** Hemikryptophyten: d Rosettenpflanze, e Schaftpflanze. **f, g** Geophyten: f Rhizom-Geophyt, g Knollen- oder Zwiebel-Geophyt. **h** Einjährige (dort entsprechen die Samen den Erneuerungsknospen) (nach WALTER, verändert)*

I. Einjährige (Therophyten)

Der Lebenszyklus ist in maximal 12 Monaten beendet. Die Pflanzen überdauern die ungünstige Jahreszeit als Samen bzw. mit einer Blattrosette. Hauptverbreitung in den Trockengebieten der Erde. Vorwiegend wärme- und nährstoffliebende Arten.

1. Sommer-Annuelle, Eigentliche Einjährige
Keimung, Blüte und Samenreife erfolgt im gleichen Jahr.

a. Kriechende Einjährige: z. B. verschiedene ruderale *Veronica*-Arten (Ehrenpreis) und *Anagallis* (Gauchheil).

b. Kletternde Einjährige: z. B. *Vicia* p. p. (Wicke z. T.), *Cuscuta* (Seide) und *Cucurbita* (Kürbis).

c. Aufrechte Einjährige: Die häufigste Form, z. B. *Galinsoga* (Knopfkraut) und *Helianthus annuus* (Sonnenblume).

d. Schopfige Einjährige: Mit grundständiger Rosette oder horstbildend, z. B. *Hordeum murinum* (Mäuse-Gerste).

2. Winter-Annuelle, wintergrüne Einjährige
Samenkeimung im Spätsommer oder Herbst; danach Anlage einer überdauernden Blattrosette; Blüte im nächsten Frühjahr; danach meist Sommerruhe des Samens, so bei *Agrostemma* (Kornrade). – Viele Winterannuelle sind fakultativ auch sommerannuell, z. B. *Centaurea cyanus* (Kornblume). Die Winter-Annuellen stellen einen Übergangstyp zu den Zweijährigen dar, die im vorliegenden System zu den Hemikryptophyten gestellt werden. Oft kommen beide Lebensformen bei derselben Art nebeneinander vor. Beispiele für Arten, die sowohl sommerannuell als auch winterannuell als auch zweijährig sein können, sind *Poa annua* (Einjähriges Rispengras), *Capsella bursa-pastoris* (Hirtentäschel) und *Centaurium* (Tausendgüldenkraut).

II. Hemikryptophyten (Erdschürfepflanzen, Oberflächenüberwinterer)

Ausdauernde oder zweijährige (bis mehrjährige) Pflanzen mit Überdauerungsknospen dicht an der Erdoberfläche, meist im Schutz lebender oder auch abgestorbener Blätter oder Teilen davon. Die Hauptverbreitung dieser Lebensform liegt in den gemäßigten Breiten.

1. Rosettenpflanzen
Ausdauernde Pflanzen mit grundständiger Blattrosette und blattlosem Blütenschaft, z. B. *Bellis perennis* (Gänseblümchen) und *Primula* (Primel).

2. Grasartige Rasen- und Horstpflanzen
Hierher gehören die meisten Poaceae (Süßgräser) und andere Grasartige, wie *Juncus* (Binsen) und viele *Carex*-Arten (Seggen). Die Erneuerungsknospen sind von meist verwitternden Blattscheiden umhüllt. Rasenbildend (d. h. durch Ausläufer entsteht ein Sprossverband) ist z. B. *Lolium* (Weidelgras), horstbildend (d. h. durch Auswachsen der unteren Achselknospen entsteht ein Sprossverband) sind z. B. *Festuca ovina* (Schaf-Schwingel) und *Carex elata* (Steife Segge).

3. Halbrosettenpflanzen
Hierher gehören neben einigen ausdauernden Arten die meisten zweijährigen (bis mehrjährigen) Pflanzen. Diese bilden in der ersten Vegetationsperiode eine Blattrosette und in der zweiten einen beblätterten Blütenschaft, der den Hauptvegetationspunkt aufzehrt. Deshalb sterben sie gewöhnlich nach der Samenreife ab, blühen also nur einmal (= hapaxanth). Manchmal können sie mit Hilfe von auswachsenden Seitenknospen (Kindeln) überleben, z. B. bei *Digitalis* (Fingerhut) und *Verbascum* (Königskerze). Im Unterschied dazu sterben die ausdauernden Halbrosettenpflanzen nach der Blüte nicht ab, sondern bilden in den folgenden Jahren jeweils neue Blütenstände, so z. B. bei vielen *Potentilla*-Arten (Fingerkraut), *Ranunculus bulbosus* (Knolliger Hahnenfuß) und verschiedenen *Geranium*-Arten (Storchschnabel).

4. Schaftpflanzen
Der Blütenstängel ist beblättert. Meist hochwüchsige Pflanzen mit Pfahlwurzel. Rosettenblätter fehlen oder sind, wenn vorhanden, zur Blütezeit abgestorben. Die Erneuerungsknospen befinden sich

am Grund des Stängels. Beispiele sind *Hypericum*-Arten (Johanniskraut), *Lysimachia vulgaris* (Gewöhnlicher Gilbweiderich) und viele andere. – Von manchen Autoren werden Schaftpflanzen auch zu den Chamaephyten gestellt.

5. Kletterstauden
Ausdauernde Kletterpflanzen, bei denen die oberirdischen Teile im Herbst absterben und jedes Jahr wieder neu gebildet werden. Beispiele sind *Humulus lupulus* (Hopfen) und *Calystegia sepium* (Zaun-Winde). – Im Unterschied dazu sind echte Lianen Holzpflanzen mit bleibenden oberirdischen Teilen.

III. Geophyten (Erdpflanzen)

Ausdauernde Pflanzen mit im Boden verborgenen und dort die ungünstige Jahreszeit überstehenden Erneuerungsknospen. Gewöhnlich sind besondere Speicherorgane vorhanden. Die Hauptverbreitung liegt in trockenwarmen Gebieten, vorwiegend auf nährstoffreichen Böden.

1. Wurzelschmarotzer (Wurzelparasiten)
Überdauerungsorgane unterirdisch, in der Wirtspflanze verankert, z.B. *Orobanche* (Sommerwurz) und *Lathraea* (Schuppenwurz).

2. Eigentliche Geophyten

a. Knollen-Geophyten: Die Erneuerungsknospen liegen als Wechselknolle vor, z.B. bei *Colchicum autumnale* (Herbstzeitlose) und *Orchis* (Knabenkraut), oder sie befinden sich am oberen Rand der Knolle, so bei *Corydalis* (Lerchensporn).

b. Zwiebelgeophyten: Die Erneuerungsknospen befinden sich in der der Zwiebel, z.B. bei *Allium cepa* (Küchen-Zwiebel), *Tulipa* (Tulpe) usw.

c. Rhizom-Geophyten: Erneuerungsknospen am Rhizom, z.B. *Convallaria* (Maiglöckchen), *Anemone* (Windröschen), *Phragmites* (Schilf), *Pteridium* (Adlerfarn) und *Equisetum* (Schachtelhalm).

d. Wurzelknospen-Geophyten: Erneuerungsknospen an den Wurzeln, d.h. die neu gebildeten Sprosse werden von der Wurzel gebildet! Beispiele sind: *Convolvulus arvensis* (Acker-Winde), *Cirsium arvense* (Acker-Kratzdistel) und *Euphorbia cyparissias* (Zypressen-Wolfsmilch).

IV. Chamaephyten (Oberflächenpflanzen)

Ausdauernde, krautige oder an ihrer Basis verholzte Pflanzen oder sehr niedrige Sträucher mit Erneuerungsknospen oberhalb der Erdoberfläche (maximal bis 30 cm Höhe), geschützt durch Knospenschuppen oder durch lebende oder abgestorbene Sprossteile.

1. Krautige Chamaephyten

a. Kriechstauden: Triebe niederliegend oder aufsteigend, Blätter immergrün, z.B. *Cymbalaria* (Zimbelkraut).

b. Sukkulenten: Sie speichern in bestimmten Geweben Wasser. Bei uns gibt es nur Blattsukkulenten, z.B. *Sempervivum* (Hauswurz) und *Sedum* (Fetthenne). Hauptverbreitung in Halbwüsten, Steppen und als Felspflanzen.

c. Polsterpflanzen: Beispiele sind viele alpine *Saxifraga*-Arten (Steinbrech) und *Silene acaulis* (Stängelloses Leimkraut).

2. Verholzende Chamaephyten

a. Spaliersträucher: Zwergsträucher, bei denen die Zweige der Unterlage (vor allem Fels) dicht anliegen. Sie werden manchmal auch „Tepppichsträucher" genannt. Bei uns sind es ausschließlich Alpenpflanzen, z.B. *Kalmia (= Loiseleuria) procumbens* (Alpenazalee) oder *Arctostaphylos uva-ursi* (Bärentraube).

b. Halbsträucher: Nur untere Stängelteile verholzend und meist mit dort ansitzenden Erneuerungsknospen überdauernd. Aus diesen werden jährlich neue Triebe gebildet, die krautig bleiben und im Herbst größtenteils wieder absterben. Die Hauptverbreitung dieser Lebensform liegt im Mittelmeergebiet. Wärmeresistent, kaum frosthart. Beispiele sind *Solanum dulcamara* (Bittersüßer Nachtschatten), *Artemisia absinthium* (Wermut), *Ruta graveolens* (Weinraute), *Lavandula angustifolia* (Lavendel) und *Salvia officinalis* (Echter Salbei).

c. **Zwergsträucher:** Vollständig verholzte, aber niedrige, bis etwa 30 cm hohe Sträucher. In Europa wachsen sie im wintermilden (z. B. atlantischen) Gebiet sowie nahe der Baumgrenze bei guter winterlicher Schneebedeckung. Immergrün und derbblättrig (sklerophyll) sind z. B. *Calluna* (Heidekraut) und *Vaccinium vitis-idaea* (Preiselbeere), winterkahl ist *Vaccinium myrtillus* (Heidelbeere), ein immergrüner „Rutenstrauch".

V. Gehölze (Phanerophyten)

Erneuerungsknospen an mindestens 30 cm hohen, meist vollständig verholzten Trieben. Wegen ihrer exponierten Lage haben Gehölze meist einen besonderen Knospenschutz, z. B. in Form von winterfesten Knospenschuppen. Die Hauptverbreitung dieser Lebensform liegt in den Tropen und Subtropen.

1. Sträucher

Erneuerungsknospen bis 2(–5) m über dem Boden. Verzweigung vom Grund an, ohne Hauptstamm. Immergrün sind z. B. *Buxus* (Buchsbaum), *Juniperus* (Wacholder), *Ligustrum* (Liguster) sowie – als Rutenstrauch – *Cytisus scoparius* (Besenginster). Winterkahl, d. h. sommergrün, sind z. B. *Berberis vulgaris* (Sauerdorn), ein Dornstrauch, und die *Ribes*-Arten (Johannisbeere).

2. Bäume

Fast immer mit einfachem Hauptstamm; Erneuerungsknospen mindestens 2 m über dem Boden. Immergrün sind alle Nadelbäume mit Ausnahme von *Larix* (Lärche: winterkahl). Unsere heimischen Laubbäume sind fast ausnahmslos sommergrün und winterkahl und dadurch auch sehr kalten Wintern angepasst. Einzig *Ilex aquifolium* (Stechpalme, Hülse) hat immergrüne Lederblätter, wächst allerdings infolge von Frostschäden öfter nur strauchförmig.

3. Lianen

Kletterpflanzen mit verholztem Stamm. Hauptverbreitung im tropischen Urwald, bei uns in und am Rand feuchter, krautreicher Wälder und Gebüsche. Winterkahl sind z. B. *Clematis* (Waldrebe), *Lonicera periclymenum* (Wald-Geißblatt) und *Parthenocissus* (Zaunrebe). Unsere einzige immergrüne Liane ist *Hedera helix* (Efeu).

VI. Wasserpflanzen (Hydrophyten)

Alle nicht zum Phytoplankton (= mikroskopische Schwebepflanzen) zählenden Wasserpflanzen, deren Überdauerungsorgane während der ungünstigen Jahreszeit ± lange untergetaucht sind. Im Gebiet nur ausdauernde Typen. In kälteren Lagen, besonders im Hochgebirge, oft fehlend. – Nach der Art ihrer Überdauerung kann man die meisten Wasserpflanzen auch anderen Lebensformen zuordnen, z. B. den Geophyten oder Hemikryptophyten.

1. Wasserschwimmer, Schwimmpflanzen

Auf oder im Wasser freischwimmende Pflanzen, z. B. *Lemna* (Wasserlinse), *Hydrocharis* (Froschbiss), *Ceratophyllum* (Hornblatt) und die heimischen *Utricularia*-Arten (Wasserschlauch).

2. Schlammwurzler

Im Gewässerboden wurzelnde Pflanzen. Sie wachsen entweder völlig untergetaucht (= submers), z. B. *Myriophyllum* (Tausendblatt; hier ragen nur die Blütensprosse in den Luftraum), oder sie sind mit Schwimmblättern ausgestattet (Schwimmblattpflanzen), z. B. die Nymphaeaceae (Seerosengewächse), oder die oberen Teile der Pflanze ragen aus dem Wasser, z. B. *Schoenoplectus* (Teichsimse). Interessant sind amphibische Pflanzen wie *Alisma* (Froschlöffel) und *Sagittaria* (Pfeilkraut), bei denen je nach Umweltbedingungen alle genannten Möglichkeiten verwirklicht sein können.

VII. Sumpfpflanzen (Helophyten)

Die Überdauerungsknospen sind im Schlamm verborgen, z.B. am Ufer der Gewässer. Ähnlich wie die Hydrophyten können auch die Helophyten anderen Lebensformen zugeordnet werden. Beispiele sind *Iris pseudacorus* (Wasser-Schwertlilie) und *Acorus calamus* (Kalmus). Im höheren Gebirge sind sie selten.

VIII. Epiphyten, Aufsitzer

Auf der Rinde oder Borke von Zweigen und Stämmen der Gehölze lebend. Sie kommen fast nur im tropisch-subtropischen Gebiet bei ausreichender Tau- oder Regenwasserversorgung vor. Im Gebiet gibt es zahlreiche Epiphyten unter den Moosen, Flechten und Algen. Unter den Gefäßpflanzen wächst allerdings nur *Polypodium vulgare* (Tüpfelfarn) als Epiphyt und auch das nur fakultativ. Rechnet man auch die auf Bäumen wachsenden Hemiparasiten zu den Epiphyten, kämen noch die Gattungen *Viscum* (Mistel) und *Loranthus* (Eichenmistel) hinzu.

Zu beachten ist, dass oft auch die Mullbesiedler in den Astgabeln älterer Bäume oder in den Höhlungen von Kopfweiden als Epiphyten bezeichnet werden, obwohl sie nicht obiger Definition entsprechen.

Übersicht der parasitisch lebenden Sprosspflanzen

I. Pflanzen, die auf einer anderen Sprosspflanze parasitieren

1. Holoparasiten (= Vollschmarotzer)

Chlorophyllfreie oder fast chlorophyllfreie Blütenpflanzen, die vollständig auf Kosten einer anderen Sprosspflanze leben.
Cuscuta (Seide) (Convolvulaceae)
Lathraea (Schuppenwurz) (Orobanchaceae)
Orobanche (Sommerwurz) (Orobanchaceae)

2. Hemiparasiten (= Halbschmarotzer)

Grüne Pflanzen, die Photosynthese betreiben, aber von einer anderen Sprosspflanze Wasser und Nährsalze, in einigen Fällen zusätzlich auch im Xylem gelöste organische Verbindungen beziehen.

a. Krautige Hemiparasiten

Euphrasia (Augentrost) (Orobanchaceae)
Melampyrum (Wachtelweizen) (Orobanchaceae)
Odontites (Zahntrost) (Orobanchaceae)
Pedicularis (Läusekraut) (Orobanchaceae)
Rhinanthus (Klappertopf) (Orobanchaceae)
Thesium (Vermeinkraut, Leinblatt) (Santalaceae)

b. Holzige Hemiparasiten

Viscum (Mistel) (Santalaceae)
Loranthus (Eichenmistel) (Loranthaceae)

II. Pflanzen, die auf einem Pilz parasitieren (Myko-Heterotrophe)

1. Holo-Mykoheterotrophe

Pflanzen, die keine Photosynthese betreiben und vollständig auf Kosten eines Pilzes leben (Holoparasiten). Da hier die zugehörigen Pilzpartner zugleich an ektotropher Mykorrhiza mit den Wurzeln von Bäumen beteiligt sind, stammen die organischen Verbindungen letztendlich von dem Baum (Epiparasitismus).
Monotropa (Fichtenspargel) (Ericaceae)
Neottia nidus-avis (Nestwurz) (Orchidaceae)
Limodorum abortivum (Dingel) (Orchidaceae)

2. Hemi-Mykoheterotrophe

Meist grüne Pflanzen, die nur zeitweilig auf Kosten des Pilzes leben.

a. Farne, deren Vorkeime (und Jugendstadien) auf dem Pilz parasitieren

Huperzia (Tannenbärlapp) (Lycopodiaceae)
Lycopodium (Bärlapp) (Lycopodiaceae)
Diphasiastrum (Flachbärlapp) (Lycopodiaceae)
Lycopodiella (Sumpfbärlapp) (Lycopodiaceae)
Botrychium (Mondraute) (Ophioglossaceae)
Ophioglossum (Natternzunge) (Ophioglossaceae)

b. Blütenpflanzen, die in ihrem Jugendstadium auf dem Pilz parasitieren

Alle Orchideen, z. B.:
Cephalanthera (Waldvöglein) (Orchidaceae)
Cypripedium (Frauenschuh) (Orchidaceae)
Ophrys (Ragwurz) (Orchidaceae)

c. Blütenpflanzen, die teilweise oder unter bestimmten Bedingungen auch im ausgewachsenen Zustand organische Verbindungen vom Pilzpartner beziehen (= partiell mykoheterotroph)

Moneses (Moosauge) (Ericaceae)
Orthilia (Birngrün) (Ericaceae)
Pyrola (Wintergrün) (Ericaceae)
Cephalanthera damasonium (Waldvöglein) (Orchidaceae)
Corallorrhiza trifida (Korallenwurz) (Orchidaceae) (Pflanze hier gelblichgrün und nur zu stark reduzierter Photosynthese befähigt)
Cypripedium (Frauenschuh) (Orchidaceae)
Epipactis helleborine (Breitblättrige Sumpfwurz) (Orchidaceae)
Listera (= Neottia) ovata (Großes Zweiblatt) (Orchidaceae)
Platanthera bifolia (Weiße Waldhyazinthe) (Orchidaceae)

Übersicht zu den Bestäubungstypen der Blütenpflanzen nach KUGLER

Anders als bei der Ausbreitung von Samen und Früchten ist in der Blütenökologie das Nebeneinander verschiedener Typen (**Amphiphilie**) eher selten, aber doch bemerkenswert. So finden sich sowohl Windbestäubung als auch Tierbestäubung bei bestandbildenden Arten mit reicher Pollenproduktion bzw. bei normalerweise Windblütigen mit Schauwirkung der Blütenstände oder mit Duftentwicklung. Beispiele sind *Calluna* (Heidekraut), *Papaver* (Mohn) und *Castanea* (Ess-Kastanie). Auch bei Nacktsamern kann es fakultativ zu Tierbestäubung kommen.

Bei einigen insektenblütigen Arten kann der Pollen, vor allem wenn er trocken ist, in erheblicher Menge in die Luft gelangen, sodass hier potenziell auch mit Windbestäubung zu rechnen ist. Dies gilt etwa für *Tilia* (Linde) oder *Taraxacum* (Löwenzahn). Die Übertragung des Pollens insektenbestäubter Arten durch den Wind wird auch dadurch deutlich, dass einige von ihnen bekannte Heuschnupfenerreger sind, z.B. *Salix* (Weide), *Sambucus* (Holunder), *Brassica napus* (Raps). In einigen Gattungen gibt es windbestäubte und tierbestäubte Arten nebeneinander, so bei *Plantago* (Wegerich) und *Sanguisorba* (Wiesenknopf).

Bei zahlreichen windbestäubten Arten wird der Pollen von Insekten als Nahrung genutzt und dadurch auch Insektenbestäubung ermöglicht. Beispiele sind *Thalictrum* (Wiesenraute), viele *Carex*-Arten (Seggen) und *Artemisia* (Beifuß). – Häufiger aber ist die Entnahme von Pollen windbestäubter Arten durch Insekten, vor allem Bienen, ohne dass sich diese an der Bestäubung beteiligen. Hier handelt es sich streng genommen um Pollenraub, doch dürfte sich angesichts der oft in riesigen Mengen produzierten Pollenmengen der Schaden für die Pflanze in Grenzen halten. Beispiele sind vor allem früh blühende Gehölze wie *Corylus* (Hasel), *Alnus* (Erle), *Betula* (Birke), *Populus* (Pappel) und *Pinus* (Kiefer).

Bei bestimmten *Potamogeton*-Arten (Laichkraut) kommen Unterwasser- und Überwasserbestäubung nebeneinander vor.

Die Blüten von *Trollius* (Trollblume) können sowohl als Scheibenblumen als auch als Kraftblumen fungieren. *Pinguicula* (Fettkraut) ist Rachenblume und Klemmfallenblume.

Bei vielen Arten erfolgt Selbstbestäubung – sozusagen als biologische Reserve – kurz vor dem Abblühen bzw. gegen Ende der Blütezeit oder auch bei Schlechtwetter.

Anhang: Nektarraub. Erdhummeln (*Bombus terrestris*) können aufgrund ihres relativ kurzen Rüssels nicht an tiefer verborgenen Nektar gelangen, beißen aber hierzu mit ihren kräftigen Mundwerkzeugen Kronröhren oder Sporne usw. seitlich auf und entnehmen so den Nektar, ohne sich an der Bestäubung zu beteiligen. Beispiele sind Akelei (*Aquilegia*), Lerchensporn (*Corydalis*), Lichtnelken (*Silene*), Beinwell (*Symphytum*) und Kapuzinerkresse (*Tropaeolum*). An den so entstandenen Löchern finden sich oft auch weitere Insekten ein, vor allem Honigbienen. Auf diese Weise sind z.B. Rot-Klee (*Trifolium pratense*) sowie Weiße und Gefleckte Taubnessel (*Lamium album* und *maculatum*) wichtige Bienenweiden, obwohl Honigbienen gar nicht legal an den Nektar gelangen können. – Nektarraub ist auch von Holzbienen (*Xylocopa*) bekannt, die mit ihrem starren Rüssel die Kronröhren durchstoßen, und von der Sandbienen-Art *Andrena lathyri*, die die Kelchröhren von Platterbsen (*Lathyrus*) und Wicken (*Vicia*) seitlich aufschlitzt.

I. Selbstbestäubung (Autogamie, Autophilie)

Die Bestäubung erfolgt innerhalb derselben Blüte. Da hierdurch der Genaustausch stark begrenzt ist, kommen gewöhnlich Selbstbestäubung und Fremdbestäubung nebeneinander vor (siehe oben). Selbstbestäubung ist nur dann von ökologischer Bedeutung, wenn die Pflanze auch selbstkompatibel (= selbstfertil) ist, d.h. der Bestäubung auch die Ausbildung von Samen folgt, was jeweils erst nachzuweisen ist.

Einrichtungen zur Verhinderung der Selbstbestäubung sind:

a. **Räumliche Trennung von Narben und Staubbeuteln** (Herkogamie), z. B. *Lilium* (Lilie), *Iris* (Schwertlilie).
Zum Teil erfolgt die räumliche Trennung durch unterschiedliche Griffellänge (Heterostylie), so z. B. bei *Primula* (Primel), *Forsythia* (Forsythie), *Pulmonaria* (Lungenkraut), *Plantago* (Wegerich). Naturgemäß sind auch bei allen einhäusigen und zweihäusigen Pflanzen die weiblichen und männlichen Blütenelemente getrennt.

b. **Zeitliche Trennung der Reife von Narben und Staubbeuteln** (Dichogamie).

– Vormännlichkeit (Proterandrie) ist weit verbreitet. Beispiele sind die meisten Asteraceae (Korbblütler), die meisten Apiaceae (Doldenblütler) und z. B. *Geranium pratense* (Wiesen-Storchschnabel).

– Vorweiblichkeit (Proterogynie) ist relativ selten, z. B. bei *Scrophularia* (Braunwurz), *Malus* (Apfel), *Pyrus* (Birne), *Paeonia* (Pfingstrose), *Aesculus* (Rosskastanie).

1. Spontane Selbstbestäubung
Sie liegt immer dann vor, wenn der aus den Staubbeuteln heraustretende Pollen die Narbe von selbst erreichen kann. Oft geschieht dies durch altersabhängige Wachstumsbewegungen, die die Staubbeutel direkt mit den Narben in Verbindung bringen, wie es bei vielen Arten kurz vor dem Abblühen geschieht. Beispiele sind *Stellaria media* (Vogelmiere), *Lepidium (= Cardaria) draba* (Pfeilkresse) und *Spergula arvensis* (Acker-Spark). Sichere Selbstbestäubung erfolgt auch bei allen Blüten, die vor dem Abblühen die Staubbeutel an die Narbe drücken, bzw. in kleistogamen, d. h. geschlossen bleibenden Blüten, z. B. *Viola odorata* (März-Veilchen), *Lamium amplexicaule* (Stängelumfassende Taubnessel) und *Oxalis acetosella* (Wald-Sauerklee). – Geschlossen bleibende und sich normal öffnende Blüten kommen gewöhnlich an derselben Pflanze nebeneinander vor.

2. Selbstbestäubung durch Außenfaktoren
Sie erfolgt

a. durch den Wind, so vor allem bei herabhängenden Streukegelblumen,

b. durch Insekten; dies betrifft insbesondere winzige blütenbewohnende Insekten, z. B. Blasenfüße (Thysanopteren), so bei *Erica* (Heide),

c. durch Regenwasser (Ombrophilie); die flachen Blüten bleiben bei Regen geöffnet, im wassergefüllten Zustand liegen Staubbeutel und Narben auf gleicher Höhe mit dem Wasserspiegel, sodass der Pollen auf der Wasseroberfläche zur Narbe gelangen kann. Beispiele sind *Ranunculus* (Hahnenfuß) und *Caltha palustris* (Sumpf-Dotterblume). Es ist allerdings umstritten, welche Rolle dieses Phänomen spielt.

II. Wasserbestäubung (Hydrogamie, Hydrophilie)

Bei diesem Typ dient Wasser als Bestäubungsvermittler. Er ist auf Wasserpflanzen beschränkt. Die Pollenkörner sind meist fadenförmig. Die Blüten öffnen sich im Wasser oder auch über der Wasseroberfläche.

1. Unterwasserbestäubung
Unterwasserblüher. Die Blüten befinden sich im Wasser, wo auch die Bestäubung erfolgt. Beispiele sind *Ceratophyllum* (Hornblatt) und *Zostera* (Seegras).

2. Überwasserbestäubung
Überwasserblüher. Bestäubung auf der Wasseroberfläche. Entweder gelangen die Blüten an die Oberfläche, so bei *Elodea* (Wasserpest), oder der Pollen wird zu den Narben an der Oberfläche entlassen, so bei manchen *Callitriche*-Arten (Wasserstern).

III. Windbestäubung (Anemogamie, Anemophilie)

Der Pollen wird durch den Wind übertragen. Windbestäubung findet sich bei etwa 20 % aller Pflanzen; ihr Anteil kann aber unter Extrembedingungen deutlich höher liegen, so etwa auf Halligen bei bis zu 50 %. Die Blüten besitzen keine Schauorgane. Sie weisen aber papillöse bis federig entwickelte Narben oder Griffel auf, um eine möglichst große Oberfläche zur Aufnahme von Pollen zu haben. Die Staubfäden sind oft besonders lang, sodass der Pollen besser vom Wind erfasst werden kann. Der Pollen besitzt kaum oder nur wenig Kittstoffe, die Pollenkörner sind glatt und haben überwiegend Fett als Hauptreservestoff, das im Vergleich zu Stärke bei gleichem Energiegehalt ein deutlich geringeres Gewicht hat. – Windblütige sind oft Bewohner insektenarmer Gebiete bzw. bestandbildende Pflanzen, wie z. B. die Grasartigen und unsere wichtigeren Waldbäume. Windblütigkeit ist meist mit Getrenntgeschlechtigkeit und häufig mit Vorweiblichkeit gekoppelt. Typisch ist für viele Windbestäuber die Verringerung der Zahl der Samenanlagen je Fruchtblatt, was durch die Erhöhung der Blütenzahl ausgeglichen wird.

Kugler unterscheidet mit Delpino
folgende Typen:

1. Unbeweglicher Typ

Blüten festsitzend, unbeweglich. Staubfäden steif oder fehlend. Der Pollen gelangt in seltenen Fällen direkt aus den Staubbeuteln in die Luft, z. B. bei *Juncus* (Binse), *Sparganium* (Igelkolben) und *Typha* (Rohrkolben). Häufiger fällt er zuerst in die Kron-, Perigon- oder Deckblätter und wird später aus diesen fortgeweht, z. B. bei den heimischen Nadelhölzern wie *Pinus* (Kiefer), bei *Hippophae* (Sanddorn) und den meisten *Potamogeton*-Arten (Laichkraut).

2. Langstaubfädiger Typ

Blüten fast immer festsitzend, aber Staubfäden gewöhnlich lang und dünn und meist aus den Blüten heraushängend. Die großen, an der Rückenseite meist beweglich verbundenen Staubbeutel können so leicht vom Wind bewegt werden und ihren Pollen entlassen. Hierher gehören fast alle Grasartigen, wie Cyperaceae (Sauergräser), Poaceae (Süßgräser) und *Luzula* (Hainsimse). Weitere Beispiele sind *Humulus* (Hopfen), *Plantago major* (Breit-Wegerich), *Rumex* (Ampfer) und *Sanguisorba minor* (Kleiner Wiesenknopf).

3. Kätzchenblütentyp

Kätzchen sind hängende, ähren- oder ährenrispenartige Blütenstände, die wegen ihrer elastischen Blütenachse leicht beweglich sind. Der Pollen sammelt sich auf Strukturen unterhalb der Staubbeutel an und wird von dort vom Wind verblasen. Meist sind nur die männlichen Blüten zu Kätzchen vereint, so bei *Corylus* (Haselnuss), *Carpinus* (Hainbuche) und *Quercus* (Eiche), seltener auch die weiblichen, so bei *Populus* (Pappel). Bei *Betula* (Birke) und *Alnus* (Erle) sind die weiblichen Blütenstände sozusagen starre Kätzchen. – Die Öffnung der Blüten erfolgt meist vor der Laubentfaltung (= vorlaufend) oder während der Laubentfaltung. Das erhöht die Effektivität der Bestäubung. – Hinweis: Die Weidenkätzchen der Gattung *Salix* sind im blütenökologischen Sinne im Falle der männlichen Blütenstände Pinselblumen, im Falle der weiblichen Blütenstände Körbchenblumen.

4. Hängeblütiger Typ

Im Prinzip wie voriger Typ, aber Blüten in andersartigen, hängenden Blütenständen, so in Rispen bei *Cannabis* (Hanf), oder auch männliche Blüten in kugeligen, dichasial angelegten Blütenständen, so bei *Fagus* (Buche) und *Platanus* (Platane). Auch *Fraxinus excelsior* (Gemeine Esche) gehört zu diesem Typ.

5. Explosionstyp

Die Staubfäden sind in der Knospenlage eingekrümmt oder spiralig eingerollt und strecken sich bei der Blütenöffnung. Dabei wird der Pollen aus der Blüte heraus geschleudert. Eindrucksvolles Beispiel ist *Urtica* (Brennnessel). Bei *Mercurialis* (Bingelkraut) werden die ganzen Staubbeutel heraus geschleudert, die sich dann in der Luft öffnen.

IV. Tierbestäubung (Zoogamie, Zoophilie)

Der Pollen wird durch Tiere übertragen. Das ist typisch für die Mehrzahl der Bedecktsamer (Angiospermen). Solche Arten zeichnen sich durch entsprechend auffällig gefärbte, duftende und meist Nektar führende Blumen aus. Der Pollen ist gewöhnlich durch Pollenkitt klebrig, die Pollenkornwand (Exine) oft unregelmäßig bis stachelig. Narben und Staubbeutel sind unbeweglich, die Staubfäden oft reduziert, die Narben meist kopfig bis flach. In Wäldern treten durch Tiere bestäubte Gehölze meist einzeln auf. Insgesamt nimmt der Anteil an Tierblütigen desto mehr an der Zahl zu, je mehr wir uns den äquatorialen Breiten nähern.
Grundsätzlich ist zu beachten, dass aus einem Blütenbesuch nicht zwingend darauf geschlossen werden kann, dass der Besucher auch tatsächlich Pollen übertragen hat. Das muss im Einzelfall geprüft werden.

1. Säugerbestäubung (Mammaliophilie)
Säugerblütige. Unter unseren Klimabedingungen fehlen Säugetiere als regelmäßige, streng angepasste Bestäuber, da nur während etwa der Hälfte des Jahres die lebensnotwendige Blütennahrung geboten wird. Säugerbestäubung ist deshalb eine Erscheinung tropischer Gebiete, und auch dort scheint nur die Flederhundbestäubung (Chiropterophilie) von größerer Bedeutung zu sein.

2. Vogelbestäubung (Ornithophilie)
Vogelblütige. In Europa konnte im gemäßigten Klima ebenso wie im Mittelmeergebiet noch keine gesicherte Bestäubung durch Vögel nachgewiesen werden. Gleichwohl finden sich selbst in Mitteleuropa immer wieder Kleinvögel, z. B. der Zilpzalp, auf Blüten, die dort Nektar, evtl. sogar Pollen aufnehmen. Ob dabei auch eine Bestäubung erfolgt, bedarf weiterer Klärung. – In klimatisch ähnlichen Gebieten der übrigen Erdteile dringen blumenbesuchende Vögel – zumindest als sommerliche Zugvögel – weit in die gemäßigten Breiten vor. Interessanterweise wurde schon an verschiedenen mitteleuropäischen Arten, die nach Nordamerika gelangten, wie z. B. *Scrophularia nodosa* (Knotige Braunwurz), dort Vogelbesuch beobachtet. Bei etwa einem Drittel der Bedecktsamerfamilien wurde Vogelblütigkeit nachgewiesen. In den Tropen können Vögel sogar als Hauptbestäuber auftreten. Als Nahrung für die Vögel dient vor allem der Nektar, der bei Vogelblütigen meist besonders dünnflüssig ist. Die Blüten zeichnen sich durch lebhafte und oft kontrastierende Farben aus. Besonders typisch sind Grellrot und leuchtendes Violett; dabei ist zu beachten, dass kleinere Vögel auch UV-Licht wahrnehmen können, das für uns unsichtbar ist. Entsprechend der Fähigkeit der Vögel, mehr auf Farben zu reagieren, erfolgt kaum eine Anlockung durch Düfte.
Von den bei uns häufig kultivierten Pflanzen sind in ihrer Heimat u. a. die folgenden vogelblütig: *Canna* (Blumenrohr), *Fuchsia* (Fuchsie), *Ipomoea* (Trichterwinde), *Nicotiana* (Tabak) und *Salvia splendens* (Feuer-Salvie).

3. Insektenbestäubung (Entomophilie)
Insektenblütige. Vorherrschender Typ der Tierbestäubung. In Europa ist es die einzige bisher sicher nachgewiesene Form. Für die Anlockung spielen neben visuellen Anreizen vor allem auch die für die Orientierung der Insekten so wichtigen Duftstoffe eine Rolle, die für unsere Nase manchmal unangenehm erscheinen oder gar nicht wahrgenommen werden.

a. Ursachen für den Blütenbesuch
Sehr interessant sind die verschiedenartigen, oft wenig bekannten Anlässe, weswegen Insekten Blüten besuchen:

- **Sammeln der dargebotenen Nahrung**: Das ist bekanntlich die vorherrschende Ursache für einen Blütenbesuch. Gesammelt werden vor allem <u>Nektar</u>, der Zucker, geringe Mengen Aminosäuren, Vitamine usw. enthält, sowie der eiweißreiche <u>Pollen</u>, der z. B. für Bienen die wichtigste Eiweißquelle darstellt. Selten wird auch <u>Öl</u> anstelle von Nektar angeboten; in der heimischen Flora nur bei *Lysimachia* (Gilbweiderich). Gelegentlich werden auch nährstoffreiche Gewebe in der Blüte (<u>Futtergewebe</u>) gefressen. Typischerweise werden sowohl Nektar als auch Pollen dargeboten. Es gibt aber eine ganze Reihe von Pflanzen, die keinen oder fast keinen Nektar produzieren, dafür aber die Bestäuber mit besonders großen Pollenmengen versorgen. Man nennt sie <u>Pollenblumen</u>. Dazu gehören z. B. so bekannte Pflanzen wie die Rosen (*Rosa*) oder die Mohn-Arten (*Papaver*).

- **Aufsuchen vorgetäuschter Nahrung oder anderer Angebote**: Pflanzen, die ihre Bestäuber durch Täuschung anlocken sind verbreiteter als allgemein angenommen. Man nennt sie „Insektentäuschblumen“. In der heimischen Flora kennt man bisher folgende Fälle:

– Vortäuschen von Nektar durch auffällige Blütensporne: Dazu gehören mehrere Orchideen, z. B. *Cephalanthera* (Waldvöglein), *Dactylorhiza* (Fingerknabenkraut) und *Orchis* (Knabenkraut).

– Vortäuschen von Nektar durch meist glänzende Scheinnektarien: Hier lassen sich vor allem Fliegen täuschen, sodass man auch von Fliegentäuschblumen spricht. Beispiele sind *Parnassia palustris* (Sumpf-Herzblatt) und *Solanum dulcamara* (Bittersüßer Nachtschatten).

– Vortäuschen von Staubbeuteln: Dieses auch unter dem Namen „Antheren-Imitation“ bekannte Phänomen ist weit verbreitet. Es zielt darauf ab, Bestäuber durch Staubbeutel-Attrappen anzulocken. Meist ist es dann allerdings so, dass die Insekten, wenn sie erst einmal in der Nähe der Blüte sind, doch Pollen und/oder Nektar dargeboten bekommen. Beispiele sind die Unterlippen von *Linaria* (Leinkraut) und *Mimulus* (Gauklerblume), das Blüteninnere von *Aesculus* (Rosskastanie) und *Digitalis* (Fingerhut), die Schlundschuppen von *Myosotis* (Vergissmeinnicht) und die Narbenlappen der weiblichen Blüten von *Cucurbita pepo* (Kürbis).

– Vortäuschen eines geeigneten Eiablageplatzes: Das betrifft z. B. *Arum maculatum* (Gefleckter Aronstab), *Aristolochia clematitis* (Osterluzei) und *Asarum europaeum* (Haselwurz). In allen diesen Fällen lassen sich kleine Zweiflügler durch entsprechende, für uns unangenehme Duftstoffe zu den Pflanzen locken und führen dort ohne Gegenleistung die Bestäubung durch. Diese Beispiele gehören zum blütenökologischen Typ der Insektenfallen (s. u.).

– Vortäuschen eines Sexualpartners: Diese spektakuläre Form der Täuschung ist für die Orchideengattung *Ophrys* (Ragwurz) typisch. Dort täuschen die Blüten durch visuelle Reize und vor allem durch Duftstoffe, die den entsprechenden Sexuallockstoffen der Besucher sehr ähnlich sind, vor, ein Weibchen zu sein, sodass die Männchen auf den Blüten Begattungsbewegungen durchführen und dann mit Pollen (Pollinarien) beladen zur nächsten Blüte fliegen.

– Vortäuschen potenzieller Beute: Bei der bei uns häufigen Orchideenart *Epipactis helleborine* (Breitblättrige Sumpfwurz) werden Wespen durch Duftstoffe angelockt, die die Existenz von Schmetterlingsraupen als potenzieller Beute vortäuschen.

- **Bei der Ablage von Eiern in der Blüte**: Dieses von *Yucca* (Palmlilie) und *Ficus carica* (Feigenbaum) bekannte Phänomen findet sich bei uns z. B. bei *Trollius* (Trollblume) und *Silene nutans* (Nickendes Leimkraut).

- **Beim zufälligen Besuch**: Dies gilt besonders für Fliegen und Käfer, z. B. bei der Nutzung als Sonnenplatz, durch „Herumlaufen“, so bei vielen Apiaceae (Doldenblütler) und bei *Sambucus* (Holunder), oder bei der Nutzung als Unterschlupf, so z. B. bei *Nymphaea* (Seerose) und *Narcissus pseudonarcissus* (Osterglocke).

b. Nach Bestäubern geordnete Typen von Insektenblumen

Oft kann der erfahrene Beobachter bereits an der Gestalt und sonstigen Ausstattung einer Blüte erkennen, welche Insekten als alleinige oder zumindest bevorzugte Bestäuber zu erwarten sind. Allerdings ist zu beachten, dass in unserer heimischen Flora Pflanzen, die nicht nur einen Typ von Bestäubern, sondern parallel mehrere Typen von Bestäubern anlocken, eher die Regel sind als die Ausnahme.
Nach Art der bestäubenden Insekten können vor allem folgende Typen unterschieden werden (vgl. auch Schwerdtfeger & Flügel 2015):

– Bienenblumen: Sie sind u. a. durch einen angenehmen, blumigen Duft oder Honigduft ausgezeichnet, oft dorsiventral gebaut und bieten, etwa in Form der Kronunterlippe, einen Landeplatz. Der Nektar ist gewöhnlich verborgen und erfordert daher eine nur in der Bienenverwandtschaft ausgeprägte Lernfähigkeit. Der Pollen wird am Bauch (sternotrib) oder am Rücken (nototrib) abgestreift. Die Krone ist leuchtend gefärbt, meist blau oder gelb, niemals rein rot. Zu beachten ist dabei, dass Bienen das für uns unsichtbare UV-Licht wahrnehmen können, nicht aber das langwellige Rot (vgl. dazu z. B. Lunau 2020 Naturwiss. Rundschau 73, 173). Blütenmale (= Saftmale), also optische Signale, die den Weg zum Nektar weisen, sind häufig. Die

Duftproduktion und Darbietung von Nektar und Pollen erfolgt überwiegend morgens.
Bienen sind meist blütenstet, d. h. sie wechseln bei einem Sammelvorgang meist nicht zwischen verschiedenen Pflanzenarten, sodass der Pollen auch zur richtigen Pflanzenart gelangt. Bei Bienen, die gerade Pollen sammeln, kann sehr schön beobachtet werden, dass die „Pollenhöschen" je nach besuchter Pflanzenart eine charakteristische Farbe haben.
Der Typ der Bienenblumen ist häufig. Mit „Bienen" sind in diesem Zusammenhang Honigbienen und Wildbienen gemeint. Hummelblumen werden als eigener Typ abgegrenzt, obwohl zoologisch gesehen Hummeln auch zu den Bienen (Apidae) gehören. Typische Beispiele findet man u. a. bei den Lippenblütlern (Lamiaceae) mit ihren dorsiventralen Blüten, aber z. B. auch bei Korbblütlern (Asteraceae) und Doldenblütlern (Apiaceae). Honigbienen als die häufigsten Bestäuber unserer Flora haben ein besonders breites Spektrum an Wirtspflanzen. Man vergleiche dazu die entsprechende Übersicht „Trachtpflanzen für Bienen und Schmetterlinge" am Schluss dieses Buches.

– Hummelblumen: Sie haben oft schwer zugängliche Blüteneingänge (z. B. bei den „Maskenblumen") und verlangen daher kräftige Besucher. Der Nektar ist tief verborgen und kann nur mit einem langen Rüssel erreicht werden. Hummelblumen sind oft himmelblau gefärbt, offenbar eine „Lieblingsfarbe" dieser Insekten, die auch UV-Licht sehen können. Beispiele sind großblütige *Lamium*-Arten (Taubnessel), *Aquilegia* (Akelei), *Antirrhinum* (Löwenmäulchen), *Digitalis* (Fingerhut) und *Gentiana acaulis* (Stängelloser Enzian). Außerdem gibt es noch die „Einkriechblumen" mit weit geöffneter Krone, die auf bestimmte Hummel-Arten zugeschnitten sind, so z. B. bei *Digitalis* (Fingerhut).

– Nachtfalterblumen (= Schwärmer- und Eulenblumen): Sie besitzen immer lange Kronröhren. Ihre Bestäuber haben sehr lange Rüssel, der z. B. beim Windenschwärmer bis zu 10 cm misst. Landeplätze sind nicht nötig, da die Tiere auch im Flug an den Nektar gelangen können. Charakteristisch sind helle (meist weißgefärbte), sich oft erst abends öffnende und dann auch duftende Blumen. Der Blütenduft ist schwer und süß und über weite Strecken hin wahrnehmbar. Die Blüten stehen oft waagrecht. Beispiele sind *Lilium candidum* (Lilie), *Lonicera periclymenum* (Wald-Geißblatt), *Silene latifolia* (Weiße Lichtnelke), *Saponaria officinalis* (Seifenkraut), *Platanthera bifolia* (Zweiblättrige Kuckucksblume), *Oenothera* (Nachtkerze) und *Nicotiana* (Tabak).

– Tagfalterblumen: Sie haben ebenfalls einen nur durch lange Rüssel zu erreichenden Nektar, aber farbenfrohe, oft rote Blüten. Diese sind nur tagsüber geöffnet. Landeplätze fehlen auch hier. Beispiele sind *Dianthus carthusianorum* (Kartäuser-Nelke), *Silene dioica* (Rote Lichtnelke = Tag-Lichtnelke), *Gentiana verna* (Frühlings-Enzian), *Buddleja davidii* (Sommerflieder) und *Origanum vulgare* (Dost). – Weitere Beispiele zu Nacht- und Tagfalterblumen finden sich in der Übersicht „Trachtpflanzen für Bienen und Schmetterlinge" am Schluss dieses Buches.

– Fliegenblumen: Der Nektar ist meist frei zugänglich; er wird oft von einem Diskus abgesondert. Die Blüten sind vielgestaltig, ohne auffällige Farben, oft weißlich bis grünlich. Entscheidend für die Anlockung ist offensichtlich der spezifische Geruch, der für die menschliche Nase entweder kaum wahrnehmbar oder unangenehm ist. Beispiele sind viele Doldenblütler (Apiaceae), Wolfsmilchgewächse (Euphorbiaceae), *Veronica*-Arten (Ehrenpreis), *Ruta graveolens* (Wein-Raute) und *Sambucus* (Holunder). Wichtigste Bestäuber unter den Fliegen sind die Schwebfliegen (Syrphidae). Sie sind u. a. auch für viele Wasserpflanzen wichtige Besucher.

– Käferblumen: Die Merkmale der von Käfern aufgesuchten Blüten sind ähnlich wie die der Fliegenblumen. Trotz ihrer großen Artenzahl spielen Käfer für die Bestäubung eine untergeordnete Rolle. Außerdem ist in vielen Fällen unklar, ob mit dem Besuch auch eine Bestäubung einhergeht. Käfer haben beißend-kauende Mundwerkzeuge, mit denen sie die Pollenkörner zerkleinern und Nektar lecken. Nicht selten richten sie in den besuchten Blüten auch Schaden an. Es gibt aber im Gebiet auch einige Käferarten, die gut an eine schonende Bestäubung angepasst sind, Beispiele findet man u. a. unter den Scheinbockkäfern und den Weichkäfern.

– Wespenblumen: Der Nektar ist frei zugänglich. Spezielle morphologische Anpassungen sind kaum vorhanden. Wichtig sind aber Blütendüfte, die den Wespen Beute vortäuschen (Geruchsmimikry) (vgl. BRODMANN 2010). Wespen spielen wegen der geringen Behaarung ihres Körpers als Bestäuber nur eine untergeordnete Rolle. Beispiele sind: *Scrophularia nodosa* (Knotige Braunwurz), *Cotoneaster integerrimus* (Gewöhnliche Zwergmispel) und *Epipactis helleborine* (Breitblättrige Sumpfwurz). Bei letzerer werden die Pollenpakete den Tieren auf den Kopf geheftet.

– Ameisenblumen: Bestäubung durch Ameisen ist extrem selten, u. a. weil an deren glatten Körpern Pollen kaum haftet und Ameisen meist ihren Körper mit antibiotischen und zugleich pollenschädigenden Sekreten überziehen. Zu den wenigen gut dokumentierten Ausnahmen in Europa zählen *Lobularia maritima* (Strand-Silberkraut; siehe bei *Alyssum*), *Arenaria serpyllifolia* (Quendelblättriges Sandkraut), *Euphorbia cyparissias* (Zypressen-Wolfsmilch) und *Scleranthus perennis* (Ausdauernder Knäuel). – Bei der großen Mehrzahl der Blütenpflanzen ist der Besuch von Ameisen in den Blüten allerdings höchst unerwünscht, da sie nur Nektar aufnehmen, ohne zu bestäuben. Einige Pflanzen haben daher verschiedene Vorrichtungen, um den Ameisen den Zutritt zu den Blüten zu erschweren, ausgeprägt.

Gestalttypen der insektenblütigen Blumen nach KUGLER

Nach der Gestalt, dem Angebot an Nahrungsstoffen sowie nach den besonderen Bestäubungseinrichtungen können die Blüten und blütenartigen Blütenstände (Pseudanthien) der Bedecktsamer allgemein gut im System der Gestalttypen nach KUGLER (1970) untergebracht werden.

1. Scheibenblumen (= Schalenblumen)

Blütenkrone flach ausgebreitet bis schüsselförmig oder zumindest Staubblätter und Narben freistehend. Die Kronblätter sind meist frei, z. B. bei *Anemone* (Windröschen), selten auch verwachsen, so bei *Sambucus* (Holunder) oder *Veronica* (Ehrenpreis). Die Blüten sind meist strahlig (= radiär) mit zahlreichen Staubblättern und meist weiter Öffnung nach oben. Die Besucher lassen sich mitten auf der Blüte nieder.

a. Pollen-Scheibenblumen: Nektar fehlend oder unbedeutend, dafür reiche Pollenproduktion, z. B. bei *Paeonia* (Pfingstrose), *Papaver* (Mohn) und *Hypericum* (Johanniskraut). Besucher sind Pollen fressende bzw. sammelnde Insekten wie Käfer, Schwebfliegen und Bienen.

b. Nektarführende Scheibenblumen: Blüten mit Nektarabsonderung, dafür meist mit geringerer Anzahl von Staubblättern. Sehr verbreiteter Typ. Bestäuber sind auch hier oft Fliegen oder Käfer, aber auch Bienen und andere Insekten. Nach Lage und Zugänglichkeit der Nektardrüsen unterscheidet man u. a.:

– Nektar offen im Blütenzentrum, so z. B. an den Narben von *Tulipa sylvestris* (Tulpe).

– Nektar offen an der Staubblattbasis, so bei *Stellaria media* (Vogelmiere). Hier ist im Anschluss auch *Lysimachia* (Gilbweiderich, Pfennigkraut) zu erwähnen, wo einige Arten statt Nektar eine ölhaltige Flüssigkeit absondern, was sonst nur bei einigen Tropenpflanzen vorkommt.

– Nektar am oder vom Fruchtknoten abgeschieden, offen zugänglich z. B. bei *Acer* (Ahorn) und allen Apiaceae (Doldenblütler), z. B. *Heracleum* (Bärenklau), verborgen z. B. bei *Epilobium* (Weidenröschen).

– Nektar am Grunde der Kronblätter abgeschieden, z. B. bei *Oxalis* (Sauerklee).

– Nektarproduktion durch besondere Nektarblätter, so bei vielen Ranunculaceae (Hahnenfußgewächse) wie *Helleborus* (Nieswurz), *Ranunculus* (Hahnenfuß) oder *Trollius* (Trollblume).

– Flach ausgebreitete, aber zweiseitig symmetrische Blüten mit kurzen Kronröhren und so weniger leicht zugänglichem Nektar, z. B. bei *Veronica* (Ehrenpreis). – Ähnlich ist es bei *Circaea* (Hexenkraut), wo allerdings eine Kronröhre fehlt.

2. Trichterblumen

Blütenkrone trichterförmig nach unten verengt, aufrecht. Außer bei manchen kleinblütigen Vertretern sind Staubbeutel und Narben in der Blütenhülle eingeschlossen. Der Nektar wird meist am Grunde des Fruchtknotens abgeschieden und ist häufig schwer zugänglich. Die Pollenübertragung ist oft auf alle Körperteile des Besuchers möglich.

a. Große Trichterblumen: meist Einzelblüten, so bei *Calystegia* (Zaunwinde), *Colchicum autumnale* (Herbst-Zeitlose), *Datura* (Stechapfel) oder *Gentiana acaulis* (Stängelloser Enzian).

b. Kleine Trichterblumen: Blüten meist zu auffälligeren Blütenständen angeordnet, so bei *Galium odoratum* (Waldmeister), *Lythrum salicaria* (Blutweiderich) und *Ligustrum* (Rainweide).

3. Glockenblumen

Blüten immer hängend, glockenförmig oder auch mit sternförmiger Krone und herausragendem Staubblattkegel. Besucher sind vorwiegend Bienen, aber auch Falter. Auf jeden Fall müssen die Bestäuber in der Lage sein, von unten her an Nektar und Pollen zu gelangen.

a. Glockenblumen mit Streueinrichtung und trockenem Pollen: Die Staubbeutel umgeben – meist zu einem Kegel verbunden – den Stempel und öffnen sich nach innen oder an der Spitze. Der Griffel verschließt den Streukegel. Wird der Griffel beiseite gedrückt, rieselt der Pollen herab. Dazu sind die Staubbeutel oft mit kleinen Fortsätzen oder abstehenden Haaren als „Streuhebel" ausgestattet, bei deren Berührung der Blütenstaub ebenfalls herab fällt. Der Pollen ist trocken und nur selten etwas klebrig, eine Ausnahme bei Tierblütigen. Die herausragende Narbe wird beim Anflug zuerst berührt. Dadurch wird Fremdbestäubung gesichert. Einen Streukegel besitzen z. B. *Vaccinium myrtillus* (Heidelbeere), *Erica* (Heide) und *Cyclamen* (Alpenveilchen). Ein Streukegel fehlt z. B. bei *Calluna* (Heidekraut). Bei den meisten *Solanum*-Arten (Nachtschatten) und vielen Ericaceae (Heidekrautgewächse) wird der Pollen erst freigegeben, wenn die Bestäuber (meist Hummeln) an der Blüte vibrieren (Buzzing). Dieser Vorgang wird Vibrationsbestäubung (= buzz pollination) genannt.

b. Glockenblumen mit klebrigem Pollen: Einrichtungen ähnlich, aber Pollen in kleinen Flocken herausfallend, z. B. bei *Ribes uva-crispa* (Stachelbeere), *Convallaria* (Maiglöckchen) und *Pulsatilla* (Küchenschelle). Bei den ausgesprochen vormännlichen *Campanula*-Arten (Glockenblumen) wird der Pollen zuerst an die Griffelbürste abgegeben und erst später auf den Besucher übertragen – ein Beispiel für sekundäre Pollenpräsentation.

4. Stieltellerblumen

Blüten mit gerader, zentraler, meist langer Röhre und gewöhnlich flacher, präsentiertellerförmiger Krone. Den röhrenförmigen Blütenteil stellen entweder die verwachsenen Kelchblätter, so bei den Caryophyllaceae (Nelkengewächse), oder die verwachsene Kronröhre, so bei *Anchusa* (Krummhals, Ochsenzunge), *Syringa* (Flieder) und *Buddleja* (Sommerflieder). Blüten meist in doldenartigen Blütenständen. Der Nektar wird am Grund der Kronröhre aufbewahrt und ist deshalb nur langrüsseligen Besuchern, besonders Faltern („Falterblumen"), aber auch längerrüsseligen Bienen zugänglich.

a. Staubblätter und Narben in der Kronröhre verborgen: So bei *Primula* (Primel), *Gentiana verna* (Frühlings-Enzian), *Daphne* (Seidelbast) und *Buddleja davidii* (Sommerflieder).

b. Staubblätter und Narben zumindest zeitweise herausragend: Neben Faltern kommen als Besucher auch pollenfressende Insekten in Frage, besonders Schwebfliegen. Beispiele sind die *Silene*-Arten (Lichtnelken). So genannte Krönchen oder auch klebrige Blütenstängel schützen die Blumen vor kleinen einkriechenden Insekten, z. B. bei *Silene viscaria* (Pechnelke). Beispiele aus anderen Familien sind *Oenothera* (Nachtkerze) sowie als Pollenblume *Centaurium* (Tausendgüldenkraut).

5. Lippenblumen

Meist waagerecht abstehende Blüten mit Ober- und Unterlippe, gewöhnlich mit verwachsener Blütenkrone, meist zu mehreren, besonders in Scheinquirlen. Staubbeutel und Narben berühren die Besucher meist rückenseitig (nototrib). – Hinweis: Zu den Lippenblumen gehört zwar der überwiegende Anteil der Familie Lippenblütler (= Lamiaceae), aber der Gestalttyp „Lippenblumen" und die Familie „Lippenblütler" dürfen nicht verwechselt werden. Entsprechendes gilt für den zu den Lippenblumen als Untertyp zählenden Gestalttyp der Rachenblumen (s. u.) und die Familie der Rachenblütler (= Scrophulariaceae).

a. Eigentliche Lippenblumen: Kronröhre eng. Lippen gut ausgebildet. Hauptbestäuber sind Bienen. Hierher gehören viele Lamiaceae (Lippenblütler), z. B. *Clinopodium* (Wirbeldost), *Glechoma* (Gundermann) und *Lamium* (Taubnessel). Beispiele anderer Familien sind *Euphrasia* (Augentrost), *Aesculus* (Rosskastanie) und *Lonicera* (Geißblatt).

b. Rachenblumen: Blüten mit weitem, offenem Rachen, mit oft etwas gekrümmter Röhre und meist kaum gelapptem Kronsaum. Der Blüteninnenraum lässt genügend Platz für den Einschlupf von Großbienen („Einkriechblumen"), z. B. *Aconitum* (Eisenhut), *Impatiens* (Springkraut) und *Digitalis* (Fingerhut).

c. Maskenblumen: Der Blüteneingang ist gelenkig verschlossen: Ober- und Unterlippe bilden die obere bzw. untere Hälfte einer „Maske", die bei kräftigem Druck durch Großbienen auseinanderweicht, sodass diese zumindest teilweise in die Blüte einschlüpfen können. Auch Falter können ihren Rüssel seitlich in den Lippenspalt einschieben. Beispiele sind *Linaria* (Leinkraut), *Cymbalaria* (Zimbelkraut) und *Antirrhinum* (Löwenmaul). Als „Kraftblume" könnte man auch *Trollius* (Trollblume) hier einordnen. Eine nur teilweise verschlossene Maske besitzen bestimmte Arten der nach ihrer Maske benannten Gattung *Mimulus* (Gauklerblume).

d. Orchis-Typ: Blüten mit Pollinien oder zumindest mit fädig verbundenem Pollen und zugehöriger Klebdrüse. Nur Orchideen, z. B. *Orchis* (Knabenkraut), *Dactylorhiza* (Fingerknabenkraut) und *Neottia* (Nestwurz). Details siehe bei *Orchis*.

e. Viola-Typ: Freikronblättrige, waagerechte Lippenblumen mit Streukegel, trockenem Pollen und Kronblattsporn, z. B. *Viola* (Veilchen, Stiefmütterchen).

6. Fahnenblumen (= Schiffchenblumen)

Blüten mit Fahne, Schiffchen und oft abstehenden Flügeln. Das Schiffchen dient als Landeplatz und Sitzeinrichtung. In ihm sind die Narben und die Staubbeutel verborgen. Das Schiffchen öffnet sich bei Druck, wobei dem Besucher Staubbeutel bzw. Pollen oder die Narbe an den Bauch gedrückt werden.

Hinweis: Der Gestalttyp der Fahnenblumen wurde ursprünglich nach der schmetterlingsähnlichen Blütenform „**Schmetterlingsblumen**" genannt. Das führte aber zu vielfältigen Verwechslungen, so mit der Familie der „Schmetterlingsblütler" (Fabaceae), mit den durch Schmetterlinge bestäubten Blumen, die aber in der Blütenökologie „Falterblumen" heißen, aber manchmal eben auch „Schmetterlingsblumen" genannt werden, und schließlich mit der Gattung „Schmetterlingsblume" (*Schizanthus*). Wegen dieser Schwierigkeiten wird heute meist der Begriff „Fahnenblumen" verwendet.

a. Eigentliche Fahnenblumen: Sie sind beschränkt auf Arten der Familie Fabaceae (Schmetterlingsblütler). Das Schiffchen besteht aus zwei teilweise verwachsenen, durch einen „Falz" (zahnförmiges Gelenk) mit den Flügeln verbundenen Kronblättern.

Meist sind es Nektar führende, vormännliche Blüten mit einer Staubblattröhre aus 9 verwachsenen und 1 freien Staubfaden, sodass eine „Nektarlücke" für den Besucherrüssel frei bleibt. Die Narbenoberfläche ist oft erst nach Zerstörung ihrer Oberhaut (= Epidermis) empfängnisfähig.

Seltener sind nektarlose „Fahnen-Pollenblumen". Hier sind alle Staubfäden miteinander verwachsen, so bei *Cytisus scoparius* (Besenginster), *Genista* (Ginster) und *Lupinus* (Lupine). Man kann folgende Mechanismen unterscheiden:

- Klappeinrichtung: Gilt als einfacher Typ. Das hier nur unten verwachsene Schiffchen klappt beim Aufsitzen des Insekts herunter, sodass Staubbeutel und Narben frei werden und den Besucher bauchseitig berühren, so bei *Trifolium* (Klee) und *Onobrychis* (Esparsette).

- Bürsteneinrichtung: Hier entleeren die Staubbeutel den Pollen bereits in der Knospe an den dicht behaarten Griffel, die so genannte „Griffelbürste". Beim Herabklappen des Anflugplatzes, also des Schiffchens, berührt die Griffelbürste bzw. die Narbe den Besucherbauch, z. B. *Robinia* (Robinie), *Vicia* (Wicke) und *Pisum* (Erbse).

- Schnelleinrichtung: Die durch Krümmung der Staubfäden unter Druck stehenden Staubblätter (z. T. auch die Griffel) schnellen bei Belastung des Schiffchens heraus und bepudern den Besucher mit Pollen. Der Vorgang ist irreversibel. *Genista* (Ginster) und *Cytisus scoparius* (Besenginster) liefern nur Pollen, *Medicago* (Schneckenklee, Luzerne) liefert Pollen und Nektar.

- Pumpeinrichtung („Nudelpumpen-Mechanismus" oder „Spritzen-Mechanismus"): Die beiden zum Schiffchen verwachsenen Kronblätter sind bis auf eine Lücke an der Spitze miteinander verbunden. Die Pollenentleerung erfolgt bereits in der Knospe. Oft bilden die angeschwollenen Staubfäden einen Kolben, der beim Aufsitzen des Insekts den Pollen aus der Schiffchenspitze herausdrückt. Später, im weiblichen Stadium, erscheint stattdessen mit Hilfe des inzwischen verlängerten Griffels die Narbe. *Lotus* (Hornklee) bietet Pollen und Nektar dar, nur Pollen liefern *Lupinus* (Lupine), *Ononis* (Hauhechel) und *Securigera* (Kronwicke).

b. Fahnenblumen, die nicht zur Familie der Schmetterlingsblütler gehören: Hierzu zählen in unserer Flora aus der Familie der Papaveraceae (Mohngewächse) die Gattungen *Corydalis* (Lerchensporn) und *Fumaria* (Erdrauch) und aus der Familie der Polygalaceae (Kreuzblümchengewächse) die Gattung *Polygala* (Kreuzblumchen).

7. Körbchenblumen bzw. Köpfchenblumen

Hier sind die Blüten zu körbchenartigen Blütenständen zusammengedrängt, die wie eine Einzelblüte wirken und daher auch Scheinblüten (= Pseudanthien) genannt werden. Staubbeutel und Narben reifen zu verschiedener Zeit (Dichogamie). Neben Fremdbestäubung kommt häufig auch Nachbarbestäubung (= Geitonogamie) vor.

a. Eigentliche Körbchenblumen (Asteraceen-Typ): Sie sind beschränkt auf die Familie der Asteraceae (Korbblütler). Die Staubbeutel sind zu einer Röhre verbunden. Der Kelch fehlt meist oder besteht aus vielen Haaren (= Pappus). Bestäuber sind vor allem Bienen, Falter und Schwebfliegen.
In der Unterfamilie der Cichorioideae (Zungenblütige Korbblütler) setzen sich die Blütenkörbchen nur aus Zungenblüten zusammen, deren Krone im Wesentlichen aus einer stark verlängerten Oberlippe besteht. Beispiele sind *Cichorium* (Wegwarte), *Taraxacum* (Löwenzahn) und *Hieracium* (Habichtskraut).
Bei den Unterfamilien Asteroideae und Carduoideae gibt es dann noch die beiden folgenden Möglichkeiten:

1. Es liegen nur Röhrenblüten vor. Diese sind z. B. bei *Senecio vulgaris* (Gewöhnliches Greiskraut) oder *Tanacetum* (Rainfarn) gleich gestaltet, während z. B. *Centaurea* (Flockenblume) vergrößerte, strahlende Randblüten besitzt (durch eine verlängerte Oberlippe). Bei *Carlina* (Silberdistel) und *Helichrysum* (Strohblume) übernehmen bleibende, pergamentartige Hüllblätter, bei *Leontopodium* (Edelweiß) die weißfilzigen Hochblätter die Funktion der strahlenden Randblüten.

2. Es gibt innerhalb eines Blütenkörbchens sowohl Röhrenblüten als auch Zungenblüten. Im Inneren befinden sich die meist unscheinbaren Röhrenblüten, die wegen ihrer Lage auch „Scheibenblüten" genannt werden. Außen liegen die der Schau dienenden Zungenblüten, die man auch „Randblüten" nennt. Bekannte Beispiele sind *Bellis* (Gänseblümchen) und *Helianthus* (Sonnenblume). Scheiben- und Randblüten können ähnlich gefärbt sein oder sich in der Färbung stark unterscheiden.

b. Körbchenblumen, die nicht zur Familie der Korbblütler gehören: Gemeinsam ist ihnen, dass die Staubbeutel nicht zu einer Röhre verbunden sind. Hierher gehören vor allem die Dipsacaceae (= Kardengewächse, jetzt Teil der Caprifoliaceae) mit z. B. den Gattungen *Knautia* (Witwenblume), *Scabiosa* (Skabiose) und *Dipsacus* (Karde), wobei die beiden ersteren strahlende Randblüten besitzen. Beispiele für Körbchenblumen aus weiteren Familien sind *Phyteuma* (Teufelskralle, Campanulaceae), *Jasione* (Sandglöckchen, Campanulaceae), *Globularia* (Kugelblume, Plantaginaceae), *Eryngium* (Mannstreu, Apiaceae), *Armeria* (Grasnelke, Plumbaginaceae) und *Astrantia* (Sterndolde, Apiaceae). Bei letzteren beiden dienen vor allem die Hüllblätter als Schauorgan.

8. Pinselblumen

Hier geht die Schauwirkung von den in großer Zahl vorhandenen, auffällig gefärbten Staubblättern aus, während die Blütenhülle unscheinbar bleibt. Dieser Gestalttyp ist im tropisch-subtropischen Bereich verbreitet, typisch etwa bei *Acacia* (Echte Akazie).
In der heimischen Flora findet man ihn nur selten. Beispiele sind *Thalictrum aquilegiifolium* (Akeleiblättrige Wiesenraute), *Plantago media* (Mittlerer Wegerich) und die männlichen Blütenstände der Gattungen *Salix* (Weide) und *Castanea* (Esskastanie).

9. Insektenfallenblumen

Die Besucher werden zum Vollzug der Bestäubung in die Blumen gelockt, vor allem durch Duftstoffe, und dort bis nach deren Vollzug festgehalten. Sie werden aber nicht verdaut; es handelt sich also nicht um fleischfressende Pflanzen.

a. Kesselfallenblumen: Einzelblüten oder Blütenstände bilden einen Kessel. Beispiele sind *Cypripedium* (Frauenschuh), *Aristolochia* (Osterluzei) und *Arum* (Aronstab). Bei *Cypripedium* liegt eine „Lichtfalle", bei den anderen eine „Gleitfalle" vor.

b. Klemmfallenblumen: Die Entnahme des Pollens – so bei *Pinguicula* (Fettkraut) – bzw. der Pollinien – so bei *Vincetoxicum* (Schwalbenwurz) – erfordert Kraftaufwand. Die Besucher bleiben mit dem Rüssel oder mit den Klauen in entsprechenden Klemmkörpern hängen und können sich nur unter Mitnahme des Pollens wieder befreien.

Fruchttypen der Bedecktsamigen Blütenpflanzen

Die klassische Einteilung der Früchte erfolgt nach Art der Öffnung und nach der Beschaffenheit der Fruchtwand (Perikarp) zur Fruchtreife.
Nacktsamige Blütenpflanzen, das sind in unserer Flora die Nadelbäume, enthalten definitionsgemäß keine Früchte, da die Samen hier nicht von einer Fruchtwand umschlossen sind, sondern frei stehen. Auch Farne haben als Gefäß-Sporenpflanzen keine Früchte.

I. Öffnungsfrüchte = Streufrüchte

Sie öffnen sich bei der Reife, um die Samen zu entlassen. Die Fruchtwand ist meist fest. Ausnahmen mit saftigen Fruchtwänden sind z.B. *Euonymus* (Pfaffenhütchen) und *Impatiens* (Springkraut).

1. Die Frucht bildet sich aus nur einem Fruchtblatt

a. **Balg** oder **Balgfrucht**: Die Öffnung erfolgt entlang der Bauchnaht, also dort, wo die Ränder des geschlossenen Fruchtblattes aneinander stoßen. Beispiele finden sich vor allem bei den Ranunculaceae (= Hahnenfußgewächse), z.B. *Helleborus* (Nieswurz), *Consolida* (Rittersporn) und *Trollius* (Trollblume); außerdem z.B. bei *Sedum* (Mauerpfeffer) und *Spiraea* (Spierstrauch).

b. **Hülse**: Die Öffnung erfolgt sowohl entlang der Bauchnaht als auch der Rückennaht. Die Hülse ist die typische Frucht der Fabaceae (Schmetterlingsblütler), z.B. *Cytisus scoparius* (Besenginster), *Robinia pseudoacacia* (Robinie) usw. Nach der gegebenen Definition haben einige Vertreter der Familie keine Hülsen, so finden sich z.B. Nüsse bei *Anthyllis vulneraria* (Wundklee) oder *Trifolium campestre* (Feld-Klee) oder Bruchfrüchte bei *Ornithopus perpusillus* (Vogelfuß) und *Securigera varia* (= Kronwicke).

c. **Magnolienfrucht**: Die Öffnung erfolgt im Wesentlichen entlang der Rückennaht und nur im oberen Teil auch entlang der Bauchnaht, so bei *Magnolia* (Magnolie).

2. Die Frucht bildet sich aus zwei oder mehreren miteinander verwachsenen Fruchtblättern (coenokarpes Gynoeceum)

a. **Kapsel**: Häufigster Typ der Öffnungsfrüchte (vgl. auch II.3 Windstreuer). Nach der Art der Öffnung unterscheidet man:

- Porenkapsel/Lochkapsel: z.B. bei *Antirrhinum* (Löwenmäulchen), *Campanula* (Glockenblume), *Papaver* (Mohn).

- Deckelkapsel: z.B. bei *Anagallis* (Gauchheil), *Hyoscyamus* (Bilsenkraut).

- Spaltkapsel: Die Öffnung erfolgt meist fachspaltig (= lokulizid, dorsizid), d.h. jeweils in der Mitte zwischen den Scheidewänden, also an der Rückennaht des jeweiligen Fruchtblattes, z.B. bei *Lilium* (Lilie), *Iris* (Schwertlilie) und *Oenothera* (Nachtkerze). – Seltener erfolgt die Öffnung (scheide)wandspaltig (= septizid), d.h. die Fruchtblätter trennen sich an den Scheidewänden (Septen), wobei die Verwachsung quasi wieder rückgängig gemacht wird, z.B. bei *Hypericum* (Johanniskraut) und *Aesculus* (Rosskastanie). Die Trennung geschieht meist bis zur Basis der Frucht, bei z.B. *Silene* (Lichtnelke) hingegen nur an deren Spitze (Zahnkapsel). Die Öffnung tritt meist bei Trockenheit ein (xerochas, Austrocknungsstreuer) oder seltener bei Feuchtigkeit (hygrochas), z.B. bei *Veronica beccabunga* (Bachbungen-Ehrenpreis).

b. **Schote**: Sonderfall der Kapsel, entstanden aus zwei Fruchtblättern, wobei die Samen am Rand der Fruchtblätter stehen (parakarp). Beispiele sind *Chelidonium* (Schöllkraut) und *Corydalis* (Lerchensporn). Am bekanntesten sind Schoten durch ihr Vorkommen bei den Brassicaceae (Kreuzblütler), wo die Fruchthälften durch eine falsche Scheidewand getrennt sind. Beispiele sind *Capsella* (Hirtentäschel), *Erophila* (Hungerblümchen) und *Lunaria* (Mondviole), bei der die nach Entlassung der Samen stehen bleibende dünne Scheidewand besonders auffällig ist. Als Schötchen bezeichnet man Schoten, die höchstens dreimal so lang wie breit sind. Hinzuweisen ist auf Vertreter der Brassicaceae, die ausnahmsweise andere Früchte haben, z. B. Nüsse bei *Isatis tinctoria* (Färber-Waid) oder Bruchfrüchte bei *Biscutella* (Brillenschötchen).

II. Schließfrüchte

Die Fruchtwand (Perikarp) umgibt den oder die Samen auch noch zur Fruchtreife. Zur Unterscheidung der drei Typen betrachtet man die drei Schichten des Perikarps: innere Schicht = Endokarp, mittlere Schicht = Mesokarp, äußere Schicht = Exokarp (meist der Epidermis entsprechend).

a. Nuss: Alle Teile des Perikarps sind fest. Es sind meist nur 1(–2) Samen pro Frucht vorhanden. Zur Abtrennung von der Pflanze wird ein Abtrennungsgewebe gebildet. Sehr häufiger Fruchttyp. Beispiele sind *Fagus* (Buche), *Betula* (Birke), *Corylus* (Haselnuss), *Chenopodium* (Gänsefuß) usw. – Sehr kleine Nüsse (inkl. Achänen und Karyopsen) entsprechen funktionell Samen und werden im allgemeinen Sprachgebrauch auch als solche bezeichnet, z. B. „Birkensamen", „Löwenzahnsamen".

b. Achäne: Sonderfall der Nuss, hervorgegangen aus einem unterständigen Fruchtknoten, Samenschale und Fruchtwand sind miteinander verwachsen bzw. verklebt. Am bekanntesten sind die 1-samigen Achänen der Asteraceae (Korbblütler), z. B. bei *Achillea* (= Schafgarbe) oder *Tanacetum* (Rainfarn). Sehr oft tragen Achänen an ihrer Spitze einen umgewandelten Kelch als Haarkranz (Pappus), so z. B. bei *Taraxacum* (Löwenzahn) oder *Cirsium* (Kratzdistel). Derbe, verkümmerte Kelche tragen zur Klettausbreitung bei, z. B. bei *Galinsoga* (Knopfkraut). Beispiele für Achänen außerhalb der Familie der Korbblütler sind *Valeriana* (Baldrian), wo ein Haarkelch vorhanden ist, und *Dipsacus* (Karde), wo ein Haarkranz fehlt. Die meisten Apiaceae (Doldenblütler) besitzen Doppelachänen (s. unter III.).

c. Karyopse (= Grasfrucht): Ebenfalls Sonderfall der Nuss. Sie ist die typische Frucht der Familie Poaceae (Süßgräser). Wie bei den Achänen sind Samenschale und Fruchtwand verwachsen. Karyopsen gehen aber aus einem oberständigen Fruchtknoten hervor und sind durch ein ausgeprägtes triploides Nährgewebe (Endosperm) des Samens gekennzeichnet. Beispiele sind *Triticum* (Weizen) oder *Zea mays* (Mais).

d. Steinfrucht: Das Endokarp ist fest oder steinhart, das Mesokarp fleischig, faserig oder saftig, das Exokarp dünn und einschichtig. Bei Vorliegen eines einzigen Fruchtblattes wird ein zentraler, meist 1-samiger Steinkern gebildet, z. B. bei *Prunus* (Kirsche, Pflaume usw.). Sind mehrere Fruchtblätter verwachsen, finden sich innerhalb eines fleischigen bis saftigen Mesokarps auch mehrere Steinkerne, z. B. bei *Sambucus* (Holunder). Sind die Wände der Steinkerne sehr dünn, wie etwa bei *Ligustrum* (Liguster), ist der Unterschied zu Beeren gering, und entsprechend werden mehrkernige Steinfrüchte oft fälschlich als „Beeren" bezeichnet.

e. Beere: Endokarp und Exokarp sind einschichtig, das Mesokarp mehrschichtig, fleischig bis saftig und stark entwickelt. Meist sind 2 bis mehr Fruchtblätter und mehrere bis zahlreiche Samen vorhanden. Beispiele sind *Solanum lycopersicum* (Tomate), *Ribes* (Johannisbeere), *Atropa* (Tollkirsche). Beeren, die aus nur 1 Fruchtblatt gebildet werden, sind selten, man findet sie z. B. bei *Actaea* (Christophskraut). – Hinweis: Der allgemeine Sprachgebrauch weicht von dieser botanischen Definition ab und versteht unter Beeren alle samenhaltigen Gebilde, die fleischig oder saftig sind. Dazu zählen etwa die mehrkernigen Steinfrüchte von *Ilex* (Stechpalme) und *Sambucus* (Holunder), die Sammel-Nussfrüchte von *Fragaria* (Erdbeere), die Sammel-Steinfrüchte von *Rubus* (Brombeere und Himbeere), die Apfelfrüchte von *Crataegus* (Weißdorn) und die Samenzapfen von *Juniperus* (Wacholder) oder die von einem Samenmantel umgebenen Samen von *Taxus* (Eibe).

III. Bruch- und Spaltfrüchte = Zerfallfrüchte

Früchte, die bei der Reife in 2 oder mehr 1-samige Teilstücke zerfallen.

a. **Spaltfrüchte**: Bei der Reife trennen sich die ursprünglich verwachsenen Fruchtblätter wieder, sodass nussartige Teilfrüchte entstehen. Hierher gehören die Doppel-Achänen der Apiaceae (Doldenblütler), z. B. *Anthriscus* (Kerbel). Auch bei *Acer* (Ahorn) trennen sich die Doppelachänen in zwei Teilfrüchte. Zahlreiche Teilfrüchte entstehen bei einigen Malvaceae (Malvengewächse), z. B. *Malva* (Malve, Käsepappel).

b. **Bruchfrüchte**: Die Früchte brechen bei der Reife in Teilstücke auseinander. Hierher gehören die „Gliederhülsen", wie etwa bei *Ornithopus* (Vogelfuß), oder „Gliederschoten", wie bei *Raphanus raphanistrum* (Hederich).

c. **Klausenfrüchte**: Sie entstehen aus einem zweiblättrigen Fruchtknoten, der sich sowohl entlang der Scheidewand als auch quer dazu teilt, sodass bei der Reife 4 nussartige Gebilde entstehen. Sie sind typisch für die Lamiaceae (Lippenblütler), z. B. *Lamium* (Taubnessel) und Boraginaceae (Raublattgewächse), z. B. *Symphytum* (Beinwell).

IV. Sammelfrüchte

Darunter wird im weitesten Sinne die Gesamtheit der Einzelfrüchte verstanden, die aus einer Blüte mit mehreren, untereinander nicht verwachsenen Fruchtblättern hervorgegangen sind (chorikarpes = apokarpes Gynoeceum). Beispiele finden sich bei vielen Rosaceae (Rosengewächse), wie *Geum* (Nelkenwurz) oder *Potentilla* (Fingerkraut), und bei den meisten Ranunculaceae (Hahnenfußgewächse), wie *Aquilegia* (Akelei) oder *Ranunculus* (Hahnenfuß). Unabhängig von ihrer Größe heißen die Einzelfrüchte „Früchtchen" bzw. „Nüsschen" usw. Allerdings wird diesem Sprachgebrauch oft nicht gefolgt.

In der Ausbreitungsökologie und so auch im Rahmen dieses Buches sind mit Sammelfrüchten nur jene gemeint, bei denen bei der Reife die Gesamtheit der Einzelfrüchte gemeinsam verbreitet wird, also eine Ausbreitungseinheit darstellt. Beispiele sind *Fragaria* (Erdbeere: Sammel-Nussfrucht), *Rubus* (Brombeere: Sammelsteinfrucht), *Malus* (Apfel: Sammelbalgfrucht).

V. Scheinfrüchte

Der Begriff wird sehr unterschiedlich verwendet und heute nach Möglichkeit vermieden. Im weiteren Sinne bezeichnet er alle Früchte, die zur Reife nicht nur aus dem ehemaligen Fruchtknoten bestehen, sondern noch Teile der Blütenhülle, der Blütenachse oder sonstige Anhangsgebilde tragen und mitsamt diesen ausgebreitet werden. Früher wurden auch Sammelfrüchte wie Erdbeere oder Apfel und zum Teil auch Früchte, bei denen Teile der Blütenhülle erhalten bleiben, hierzu gezählt. Beispiele sind etwa *Physalis* (Blasenkirsche), wo der vergrößerte Kelch die Frucht umgibt; die Spelzfrüchte vieler Poaceae (Süßgräser), wie etwa bei *Avena* (Hafer), wo die Karyopsen fest von Spelzen umgeben sind; oder *Atriplex* (Melde) und einige andere Chenopodiaceae (Gänsefußgewächse), wo Vorblätter mit der Frucht verbunden sind. In diesem Sinne müsste auch bei denjenigen Lamiaceae (Lippenblütler) und Boraginaceae (Raublattgewächse) von Scheinfrüchten gesprochen werden, bei denen die Klausen bei der Reife mitsamt dem Kelch ausgebreitet werden, wie etwa bei *Myosotis arvensis* (Acker-Vergissmeinnicht).

Übersicht zu den Ausbreitungstypen der Sprosspflanzen in Anlehnung an das System von Müller-Schneider

Trotz gleicher Funktion können Ausbreitungseinheiten (= Diasporen) eine sehr unterschiedliche Herkunft aufweisen:

– **Sporen** sind typisch für die meisten Farnpflanzen (Pteridophyta), während bei Wasserfarnen wie *Azolla* (Algenfarn) fruchtähnliche Sporokarpien die Ausbreitungseinheit darstellen.

– **Samen**: Bei den Bedecktsamern (Angiospermae) sind die aus den Früchten entlassenen Samen die häufigste Ausbreitungseinheit.

Bei den Nacktsamern (Gymnospermae) sind die hier typischerweise freiliegenden Samen fast immer auch die Ausbreitungseinheit. Eine Ausnahme bildet etwa *Juniperus* (Wacholder), wo die Samen in den fleischig werdenden, beerenartigen Samenzapfen eingeschlossen sind, der als ganzer ausgebreitet wird („Wacholderbeere").

– **Schließfrüchte** sind, wie der Name sagt, solche Früchte, die zeitlebens geschlossen bleiben, sodass sie mitsamt den Samen ausgebreitet werden. Man vergleiche dazu oben die Aufstellung der Fruchttypen.

– **Teilfrüchte** und **Bruchfrüchte** (s. o.).

– **Sammelfrüchte** (s. o.): Hier geht es um die Situation, dass in einer Blüte mehrere Fruchtknoten vorhanden sind, die nicht zu einem Stempel verwachsen sind, sodass bei der Reife aus dieser Blüte auch mehrere Früchte hervorgehen. In der Ausbreitungsökologie wird dieser Begriff auf die Fälle beschränkt, in denen die Einzelfrüchte sekundär untereinander zu einer Ausbreitungseinheit verbunden sind. Bekanntes Beispiel ist *Fragaria* (Erdbeere), wo die Blütenachse fleischig wird und so die an deren Außenseite ansitzenden zahlreichen Nüsschen verbindet.

– **Scheinfrüchte** (s. o.): Früchte, die mitsamt steriler Zusatzgebilde ausgebreitet werden, z. B. die von Spelzen umgebenen Früchte vieler Gräser oder die gemeinsam mit dem Kelch ausgebreiteten Klausen einiger Lippenblütler (Lamiaceae) und von *Myosotis arvensis* (Acker-Vergissmeinnicht).

– **Fruchtstände/Fruchtverbände**, z. B. bei *Tilia* (Linde: mehrere Nussfrüchte mit gemeinsamem Vorblatt), *Arctium* (Klette: Körbchen als Ausbreitungseinheit) und *Lonicera xylosteum* (Heckenkirsche: zwei benachbarte Früchte verwachsen zu einer Doppelbeere). Bekannte ausländische Beispiele sind *Ananas*, *Ficus* (Feige) und *Morus* (Maulbeere).

– **Ganze Pflanzen**, die vom Wind fortbewegt werden (Steppenroller; vgl. II.2 Bodenläufer), z. B. *Eryngium campestre* (Mannstreu), *Sisymbrium altissimum* (Ungarische Rauke) und *Salsola kali* (Kalikraut).

Dazu kommen im vegetativen Bereich die unten beim Stichwort Selbstableger aufgeführten Ausbreitungseinheiten sowie die Vermehrung durch Bruchstücke von Pflanzen (Fragmentation), wie wir es etwa von untergetauchten (submersen) Wasserpflanzen wie *Elodea* (Wasserpest) kennen.

Polychorie, d. h. das gleichzeitige Vorkommen mehrerer Ausbreitungstypen bei derselben Pflanze, ist entgegen der hergebrachten Meinung eher die Regel als die Ausnahme. So sind etwa die Ausbreitungsformen der Windstreuer und Tierstreuer fast immer miteinander gekoppelt. Federschweifflieger sind gewöhnlich bei Nässe Anhafter an Tieren (Adhäsionshafter). Oft wird die geschlechtliche Vermehrung noch durch ungeschlechtliche (= vegetative) Vermehrung ergänzt (vgl. den folgenden Abschnitt über Selbstableger). Manchmal ist Polychorie auch schon äußerlich sichtbar, indem die Ausbreitungseinheiten innerhalb derselben Pflanze unterschiedlich sind (Verschiedenfrüchtigkeit = Heterokarpie), z. B. sehr ausgeprägt bei der Ringelblume (*Calendula*).

Als Beispiele für das Nebeneinander zahlreicher Ausbreitungsmöglichkeiten seien stellvertretend genannt:

1. *Papaver*-Arten (Mohn): Die Samen können durch den Menschen, bei der Bearbeitung der Früchte durch Tiere, als Wind- und Tierstreuer, als Körnchenflieger und als Regenschwemmlinge ausgebreitet werden.

2. *Avena* (Hafer): Die Früchte werden mitsamt den Deck- und Vorspelzen ausgebreitet (Spelzfrüchte), und zwar durch Wasser als Regenschwemmlinge, durch Tiere als Klettfrüchte oder Adhäsionshafter und durch Selbstausbreitung als Bodenkriecher. Bei anderen *Avena*-Arten dienen die erhalten bleibenden Hüllspelzen außerdem zur Windausbreitung, z. B. als Bodenroller.

I. Selbstausbreitung = Autochorie

Die Ausbreitungseinheiten gelangen selbstständig an einen anderen Ort (Ausnahme: Vermehrung durch Brutknöllchen).

1. Selbstableger
Sie verbreiten und vermehren sich ungeschlechtlich (vegetativ) und zwar durch:

- oberirdische Ausläufer, wie bei *Fragaria* (Erdbeere), *Ranunculus repens* (Kriechender Hahnenfuß) oder *Trifolium repens* (Kriech-Klee);

- unterirdische Kriechsprosse (Rhizome), wie bei *Equisetum* (Schachtelhalm), *Elymus repens* (Quecke), *Phragmites* (Schilf) oder *Urtica dioica* (Gemeine Brennnessel);

- schwimmende Ausläufer, wie bei *Hydrocharis* (Froschbiss);

- Wurzelsprosse (wurzelbürtige Sprosse), wie bei *Convolvulus* (Acker-Winde), *Euphorbia cyparissias* (Zypressen-Wolfsmilch), *Populus tremula* (Zitter-Pappel), *Prunus avium* (Süß-Kirsche) oder *Prunus spinosa* (Schlehe);

- Brutpflänzchen, wie bei *Cardamine pratensis* (Wiesen-Schaumkraut);

- Winterknospen der Wasserpflanzen (= Turionen, Hibernakeln), wie bei *Utricularia* (Wasserschlauch) oder *Hydrocharis* (Froschbiss);

- Brutknöllchen (= Bulbillen, Brutzwiebeln), wie bei *Ranunculus ficaria* (Scharbockskraut), *Cardamine* (= *Dentaria*) *bulbifera* (Zwiebel-Zahnwurz) und *Allium vineale* (Weinberg-Lauch).

2. Selbstausstreuer

a. Saftdruckstreuer: Durch einen Zellsaftdruckmechanismus (Turgorveränderung) werden im vollen Reifezustand die Samen bei Berührung ausgeschleudert, z. B. bei *Impatiens* (Springkraut), *Oxalis* (Sauerklee), *Cardamine* (Schaumkraut) und *Lathraea* (Schuppenwurz).

b. Austrocknungsstreuer: Die zur Reife trockene Fruchtwand zerreißt explosionsartig an vorgebildeten Nähten, wobei die Samen fortgeschleudert werden. Auslösend wirkt bei Sonnenschein die Erhitzung der meist schwarzen Früchte, wodurch die Gase im Fruchtinneren sich ausdehnen.
Bei den Fabaceae (Schmetterlingsblütler) wird die Spannung in der Fruchtwand der Hülsen durch eine Drehtendenz erzeugt, die durch die Überkreuzlagerung der Zellulosebündel bedingt ist. Beispiele sind *Cytisus scoparius* (Besenginster), *Robinia* (Robinie), *Vicia* (Wicke) und *Lathyrus* (Platterbse). Bei *Wisteria* (Blauregen) werden die Samen auf diese Weise bis zu 10 m fortgeschleudert.
Beispiele aus anderen Familien mit z. T. etwas anderen Mechanismen sind *Geranium* (Storchschnabel), *Mercurialis* (Bingelkraut), *Viola* (Veilchen), *Aquilegia* (Akelei) und *Euphorbia* (Wolfsmilch).

3. Selbstaussäer
Sie können auch als Form der Schwerkraftausbreitung aufgefasst werden.
Vielfach ist der reife Fruchtstängel nicht verholzt und neigt sich deshalb unter der Last der Frucht zu Boden, wo die Kapsel sich schließlich öffnet. Das ist typisch für Ameisenausbreitung, so bei *Galanthus* (Schneeglöckchen), *Crocus* (Krokus), *Cyclamen* (Alpenveilchen), *Gagea* (Goldstern) oder *Viola odorata* (März-Veilchen).
Einen Sonderfall stellt *Cymbalaria* (Zimbelkraut) dar. Hier wächst der Fruchtstängel direkt in dunkle Nischen hinein, wo sich dann die Fruchtkapsel öffnet. – An dieser Stelle wäre auch die Erdnuss (*Arachis hypogaea*) als gebietsfremde Art zu nennen, bei der die Frucht in den weichen Erdboden gebohrt wird.

4. Bodenkriecher
Die Ausbreitungseinheiten sind mit hygroskopischen Grannen und/oder Haaren ausgestattet. Diese stehen bei Trockenheit ab und liegen bei Feuchtigkeit an. Durch das Abspreizen der Haare bzw. Grannen werden die Samen bzw. Früchte fortbewegt, z. B. bei *Avena fatua* (Flug-Hafer), *Arrhenatherum* (Glatthafer), *Pulsatilla* (Küchenschelle) oder *Erodium cicutarium* (Reiherschnabel). Übrigens können diese eindrucksvollen Bewegungen in einem einfachen Experiment gut beobachtet werden. Oft sind die Grannen im oberen Teil abgeknickt und im unteren Teil gedreht, sodass sie bei Aufnahme von Feuchtigkeit Drehbewegungen ausführen, welche die Ausbreitungseinheit in den Boden oder in das Fell von Tieren drehen. Die öko-

logische Bedeutung ist eher gering, meist sind es nur „Manöver am Keimplatz“. Gleichzeitig können alle Bohrfrüchte als ausbreitungshemmende Erscheinung betrachtet werden, wie sie besonders für Wüstenpflanzen typisch ist.

5. Schwerkraftwanderer

Diese Ausbreitungsform kann auch als eigener Typ (Schwerkraftausbreitung) neben Selbstausbreitung und Windausbreitung aufgefasst werden. Samen und Früchte fallen nach der Reife – der Schwerkraft folgend – ab. Sie zeichnen sich meist durch reichlich Speichergewebe (Stärke) und entsprechendes Gewicht aus, sind oft kugelig und elastisch gebaut bzw. ihr Aufprall wird durch eine stachelige, federnde Hülle gemildert, wie bei *Aesculus* (Rosskastanie), *Castanea* (Ess-Kastanie), *Juglans* (Walnuss). Sie plumpsen allein oder noch umhüllt zu Boden und hüpfen und rollen – besonders an Hanglagen – noch eine Strecke. Da sie fast immer Dunkelkeimer sind, müssen sie aber meist noch durch Tiere, besonders über Speicherausbreitung, weiterverschleppt werden. Beispiele sind die Früchte der Fagaceae (Buchengewächse), z. B. *Quercus* (Eiche) und *Fagus* (Buche), sowie *Corylus* (Haselnuss). – Bei *Symphytum* (Beinwell) fallen die Teilfrüchte (Klausen) bei der Reife aus dem hängenden Kelch heraus.
Die Schwerkraft ist im Übrigen an der Ausbreitung vieler Pflanzen beteiligt, ohne dass das jeweils ausdrücklich angegeben wird, so etwa bei *Anemone nemorosa* (Busch-Windröschen), deren Früchte von Ameisen weiter ausgebreitet werden, aber zum Teil vorher schon von der Pflanze abfallen.

II. Windausbreitung = Anemochorie

Die Mehrzahl der heimischen Arten hat diese Ausbreitungsform. Dabei ist Nahtransport die Regel, echter Ferntransport die Ausnahme. Windausbreitung ist meist mit anderen Ausbreitungstypen, besonders Wasser- und Tierausbreitung, gekoppelt. Das spezifische Gewicht der Ausbreitungseinheiten ist allgemein gering; statt Stärke dienen vorwiegend Fett und Öl als Reservestoff, da bei halbem Gewicht dieselbe Energiemenge gespeichert wird. Im Extremfall ist der Sameninhalt auf einen wenigzelligen Embryo reduziert, wie es bei den Orchideen und Wintergrüngewächsen (Ericaceae: Unterfamilie Pyroloideae) der Fall ist, deren Samen keine Reservestoffe haben.

1. Flieger

a. Körnchenflieger (= **Staubflieger**): Sporen, Samen oder auch andere Ausbreitungseinheiten sind durch geringe Größe (meist unter 1 mm) und vor allem durch geringes spezifisches Gewicht (meist durch Lufteinschluss) ausgezeichnet. Das Samengewicht liegt unter 0,1 mg, oft noch deutlich darunter. Die leichtesten Samen haben ein Gewicht von nur 0,001–0,002 mg. Dazu gehören verschiedene Orchideen-Arten, z. B. *Listera = Neottia ovata* (Großes Zweiblatt) und *Goodyera repens* (Netzblatt) sowie *Pyrola minor* (Kleines Wintergrün) und einige Arten von *Orobanche* (Sommerwurz). Solche niedrigen Werte sind auf Ernährungsspezialisten beschränkt. – Die Form der Körnchenflieger ist entweder kugelig (z. B. bei Farnsporen und *Orobanche*-Arten) oder langgestreckt (= feilspanförmig), letzteres z. B. bei den Samen von Orchideen oder *Buddleja* (Sommerflieder). Flugweiten von über 100 km sind möglich.
Blasig aufgetrieben sind die wenigzelligen, feilspanförmigen Samen der Orchideen, z. B. *Orchis* (Knabenkraut), der Ericaceae (Heidekrautgewächse), z. B. *Calluna* (Heidekraut), der Crassulaceae (Dickblattgewächse), z. B. *Sempervivum* (Hauswurz), und der Droseraceae (Sonnentaugewächse), z. B. *Drosera* (Sonnentau).
Bei einigen Poaceae (Süßgräser) werden die von den Spelzen locker umgebenen und dadurch spezifisch leichten Früchte durch den Wind fortgetragen. Soweit diese Spelzfrüchte winzig sind, wie etwa bei einigen *Poa*-Arten (Rispengräser), zählen sie zu den Körnchenfliegern, während größere Spelzfrüchte (ab ca. 2 mm) als Ballonflieger ausgebreitet werden.

b. Ballonflieger i. e. S. (= Blasenflieger i. e. S.): Hier sind die meist etwas größeren Ausbreitungseinheiten stark aufgeblasen und können deshalb von starken Winden erfasst werden. Sie sind oft keine guten Flieger und werden hauptsächlich als Bodenläufer (s. u.) weiter ausgebreitet.
Bei *Colutea* (Blasenstrauch) ist die reife Frucht als solche aufgeblasen, bei *Physalis* (Judenkirsche) wird die Frucht vom blasig aufgetriebenen Kelch umgeben.
Bei *Trifolium campestre* (Feld-Klee) wird die kleine Nussfrucht mitsamt der bleibenden Krone

verweht, die als Ballon dient. Bei *Anthyllis vulneraria* (Wundklee) dient der bleibende Kelch als Flugorgan.
Aufgrund der allseitigen Behaarung der Einzelfrüchte gehört *Anemone sylvestris* (Großes Windröschen) ebenfalls zu den Ballonfliegern. Ausstattungen wie bei *Populus* (Pappel) und *Salix* (Weide) leiten über zu den unter „c" behandelten Schopffliegern.
Bei vielen Poaceae (Süßgräser) werden die von den Spelzen locker umgebenen Früchte analog den bereits genannten Körnchenfliegern als Ballonflieger ausgebreitet, z. B. *Arrhenatherum* (Glatthafer).

c. **Schirmchenflieger** (inkl. **Schopf- und Federschweifflieger**): Samen oder Früchte langhaarig bzw. mit schirmchenförmigen Anhängen. Wie bei den Ballonfliegern sind Flugweiten von über 100 km möglich.
Bei Nässe werden Schirmchenflieger meist als Adhäsionshafter (= Wasserhafter) ausgebreitet, da die nassen Haare gut am Tierfell haften bleiben.
Bei vielen Korbblütlern (Asteraceae) wird das Schirmchen durch den Haarkelch (= Pappus) gebildet, z. B. bei *Taraxacum* (Löwenzahn), *Tragopogon* (Bocksbart) und *Senecio* (Greiskraut). Ähnlich sind die Verhältnisse bei *Valeriana* (Baldrian). Bei *Scabiosa* (Skabiose) bildet der häutige Außenkelch, bei *Galinsoga* (Knopfkraut) der krönchenartige Kelchsaum den Flugapparat. Bei *Armeria* (Grasnelke) und *Scabiosa* (Skabiose) dient der trichterförmige Kelch als Fallschirm.
Sind die Haare im oberen Teil der Ausbreitungseinheit schopfförmig angeordnet, spricht man auch von **Schopffliegern**. Bei *Trifolium arvense* (Hasen-Klee) ist der Haarschopf eine Bildung des langhaarigen, bleibenden Kelches. Die langen Samenhaare, z. B. von *Epilobium* (Weidenröschen), *Populus* (Pappel) und *Salix* (Weide), sind Bildungen der Samenschale. Pinselartige Haarschöpfe haben auch *Phragmites* (Schilf) und *Eriophorum* (Wollgras).
Sind Granne oder Griffel lang ausgestreckt und dicht behaart, spricht man von **Federschweifflegern**. Feucht schmiegen sich die Flughaare der Ausbreitungseinheit an, während sie trocken spreizen und zum Flug befähigen, z. B. bei *Stipa* (Federgras), *Pulsatilla* (Küchenschelle), *Clematis* (Waldrebe) oder *Geum montanum* (Berg-Nelkenwurz). Für einen weiteren Transport sind allerdings stärkere Winde nötig.

d. **Scheiben- und Segelflieger**: Die Ausbreitungseinheiten sind flach, leicht und oft breit geflügelt. Bei Nässe sind sie gewöhnlich gute Anhafter. – In der heimischen Flora sind Segelflieger meist klein, so die kleinen Flügelnüsse von *Betula* (Birke) und die Flugsamen von *Gentiana lutea* (Gelber Enzian), *Rhinanthus* (Klappertopf) oder *Linaria vulgaris* (Leinkraut). – Relativ groß sind die Flugfrüchte von *Ulmus* (Ulme), die nur bei starkem Wind ausgebreitet werden können. – Schöne Beispiele für größere Segelflieger bieten auch die ausländischen Gattungen *Zanonia* (= *Alsomitra*) und *Bignonia*.
Scheibenflieger und die im Folgenden behandelten Drehflieger können auch als **Flügelflieger** zusammengefasst werden. Ihre Flugweiten sind viel begrenzter als die der Ballon- und Schirmchenflieger.

e. **Dreh- oder Schraubenflieger** (= Dynamikflieger): Die Samen oder Früchte besitzen langgestreckte, etwas verdrehte, propellerartige Flügel. Dadurch drehen sie sich nach kurzer Fallstrecke und verlängern damit die Flugbahn: Hubschrauberprinzip. Meist werden sie nur durch starke Winde über größere Strecken verweht. Entsprechend lösen sich viele Drehflieger erst im Laufe des Winters (= sturmreiche Jahreszeit) und sind damit typische „Wintersteher". Hierher gehören vorwiegend baumförmige Arten, da nur so auch ausreichend hohe Startmöglichkeiten gegeben sind. Beispiele sind *Acer* (Ahorn), *Ailanthus* (Götterbaum), *Fraxinus* (Esche), *Tilia* (Linde), *Carpinus* (Hainbuche); die beiden letzteren haben Flugorgane aus Trag- bzw. Vorblättern. Drehsamen besitzen z. B. *Pinus* (Kiefer) und *Picea* (Fichte).

2. Bodenläufer

Es sind meist größere bis große Ausbreitungseinheiten mit relativ großer Oberfläche. Die Gestalt ist im Umriss kugelig oder walzlich. Als typische Steppenpflanzen werden sie auch Steppenhexen, Steppenläufer oder **Steppenroller** genannt. Hier werden oft ganze ausgerissene Pflanzen ausgebreitet, wobei es gewöhnlich oberhalb der Wurzel eine Soll-Abbruchstelle gibt. In Steppen und Halbwüsten werden oft auch viele Einzelpflanzen zu großen, bis meterhohen Ballen vereinigt, die der Wind vor sich her treibt (vgl. Westernfilme).
Beispiele aus der heimischen Flora sind *Eryngium campestre* (Feld-Mannstreu), *Sisymbrium altissimum* (Hohe Rauke), *Falcaria vulgaris* (Sichelmöhre) und *Salsola kali* (Kali-Salzkraut). Bei *Physalis* (Judenkir-

sche) ist die Ausbreitungseinheit die vom blasig aufgetriebenen Kelch umgebene Frucht. – Rollfrüchte hat z. B. *Medicago sativa* (Luzerne), Rollsamen haben u. a. *Vicia*-Arten (Wicken) und *Pisum* (Erbse).

3. Windstreuer

Pflanzen mit bis zur Reife aufspringenden, trocken geöffneten, oft gefäßförmigen Früchten (meist Kapseln) oder funktional vergleichbaren Bildungen auf elastischen Stielen oder Stängeln, die bei Wind eine federnde Ausschüttung erlauben. Häufig dienen vergrößerte Kelch- oder Hochblätter bzw. blasige Kapseln als „Windfang". Für letztere Möglichkeit bietet *Papaver* (Mohn) ein schönes Beispiel, der Kragen der Kapsel unterstützt den Windfang.
Windstreuer stellen eine häufige Ausbreitungsform dar. Sie sind gewöhnlich gleichzeitig auch Tierstreuer (siehe unten), mit denen sie auch als **Schüttelstreuer** oder **Stoßstreuer** zusammengefasst werden können.

Die erreichbare Ausbreitung beträgt nur wenige Meter, es sei denn die entlassenen Samen sind zusätzlich an Windausbreitung angepasst, wie etwa als Segelflieger bei *Gentiana* (Enzian) und *Rhinanthus* (Klappertopf).
Beispiele sind die *Silene*-Arten (Lichtnelke; inkl. *Lychnis*), wo sich die Kapseln an der Spitze mit Zähnen öffnen. Aus Porenkapseln entlassen werden die Samen z. B. bei *Campanula* (Glockenblume), *Antirrhinum* (Löwenmaul) und *Papaver* (Mohn). Deckelkapseln findet man bei *Hyoscyamus* (Bilsenkraut) und *Anagallis* (Gauchheil). Fachspaltige Kapseln hat z. B. *Iris* (Schwertlilie), wandspaltige Kapseln *Hypericum* (Johanniskraut). Einen Windfang haben z. B. *Gentiana acaulis* (Stängelloser Enzian), *Rhinanthus* (Klappertopf), *Silene vulgaris* (Gemeines Leimkraut) und *Hyoscyamus* (Bilsenkraut).
Balgfrüchte besitzt *Aquilegia* (Akelei).
Bei *Bellis* (Gänseblümchen) werden die winzigen Früchte von dem sich zur Fruchtzeit spitz aufwölbenden Korbboden verweht.

III. Wasserausbreitung = Hydrochorie

Wasserausbreitung ist naturgemäß bei Wasserpflanzen – neben anderen Ausbreitungsformen – die Regel, ist aber auch oft für Pflanzen offenerdiger Standorte typisch. Die spezifisch leichten Ausbreitungseinheiten sind unbenetzbar.

1. Schwimmausbreitung

Sie erfolgt regelmäßig bei Wasserpflanzen und Sumpfpflanzen, aber auch allgemein bei Überschwemmungen, wie sie etwa bei Stromtalpflanzen häufig vorkommen. Dabei können dann neben Wasser auch wandernde Erdmassen von Bedeutung sein. Die Ausbreitungseinheiten sind in unterschiedlicher Weise an den Transport durch Wasser angepasst. Dazu einige Beispiele: Die vom Wasser transportierten Rhizomteile vom Kalmus (*Acorus*) sind lufthaltig. Bei den Seggen (*Carex*) befindet sich zwischen Frucht und Fruchtschlauch (Utriculus) eine Luftblase. Beim Wasserschierling (*Cicuta*) hat die Fruchtwand ein Schwimmgewebe, bei der Seerose (*Nymphaea*) ist es der Samenmantel. Bei der Sumpf-Kratzdistel (*Cirsium palustre*) sind die Früchte Wasser abweisend und bei der Wasser-Schwertlilie (*Iris pseudacorus*) die Samen.

2. Regentropfenwanderer

Die Kapseln sind meist nur bei feuchtem Wetter geöffnet (= hygrochas), napfförmig und haben eine Wasser abweisende Innenwand. Die Samen sind klein, z. T. ebenfalls napfförmig und werden durch aufschlagende Regentropfen herausgespült. Die Ausbreitung erfolgt bei starken Regengüssen, wie sie im ariden Klima typisch sind, oder auch durch Spritzwasser an Bächen.

a. Regenschwemmlinge: Die unbenetzbaren, oft mit Luftblasen versehenen Ausbreitungseinheiten werden durch das abfließende Wasser starker Regengüsse fortgeschwemmt. So bei vielen Ackerpflanzen, z. B. den einjährigen *Veronica*-Arten (Ehrenpreis) oder bei *Sedum acre* (Scharfer Mauerpfeffer).

b. Regenballisten: Meist sind besondere Einrichtungen zum Herausschleudern der Samen aus den Früchten vorhanden (Katapulteinrichtungen), so z. B. bei *Iberis* (Schleifenblume), *Thlaspi* (Hellerkraut), *Lepidium* (Kresse) oder *Chrysosplenium* (Milzkraut). Bei *Prunella* (Braunelle) ist der lippenförmige Kelch der Regentropfenfänger. – Entsprechende Einrichtungen fehlen z. B. bei *Caltha* (Sumpfdotterblume), wo die Samen durch Tropfen herausgedrängt werden.

IV. Tierausbreitung = Zoochorie

1. Zufallsausbreitung durch Tiere

Die Ausbreitungseinheiten werden über den Darm von Tieren weiter transportiert, ohne dass besondere Anpassungseinrichtungen zu erkennen wären. Sie werden vor allem von Gras fressenden Weidetieren oder z. B. auch von Enten zufällig mit der Grünnahrung bzw. dem Heu aufgenommen und zumindest z. T. unbeschädigt mit dem Kot wieder abgegeben, so z. B. bei den Stickstoff liebenden Doldenblütlern der Wiesen, u. a. *Anthriscus sylvestris* (Wiesen-Kerbel), und bei vielen Süßgräsern.

Nach neueren Untersuchungen kommt auch dem unabsichtlichen Transport über das Fell usw. von Tieren (z. B. von Wildschweinen oder Schafen) eine nennenswerte Rolle für die Ausbreitung bestimmter Diasporen zu.

Die hier umrissene Zufallsausbreitung durch Tiere wird oft auch als Teil der Verdauungsausbreitung (Endozoochorie) bzw. Kleb- und Klettausbreitung (= Exozoochorie) verstanden. Andererseits werden von manchen Autoren die im Folgenden besprochene Bearbeitungs- und Versteckausbreitung auch als Teile der Zufallsausbreitung aufgefasst.

Hingewiesen sei auch noch auf folgende Möglichkeit der zufälligen Ausbreitung. Sie liegt darin, dass Vögel bestimmte Samen oder Früchte für ihren Nestbau abtransportieren. Das trifft z. B. für die lang federig behaarten Früchte der Waldrebe (*Clematis) zu.*

2. Bearbeitungsausbreitung

Hier erfolgt die Ausbreitung dadurch, dass Vögel oder auch andere Tiere Fruchtstände (bzw. bei Nadelbäumen die Zapfen) bearbeiten, um an einzelne Samen zu gelangen, und dabei einen Teil der übrigen verstreuen. Beispiele sind die Samenzapfen der Nadelhölzer, z. B. der Fichte (*Picea*), die Körbchen einiger Korbblütler wie Distel (*Carduus*) und Sonnenblume (*Helianthus*) oder die Fruchtstände von Brennnessel (*Urtica*) und Wegerich (*Plantago*).

3. Versteck- oder Speicherausbreitung bzw. Verlustausbreitung

Hier werden nährstoffreiche Früchte oder Samen von Vorräte sammelnden Tieren, besonders Eichhörnchen, Mäusen und Eichelhähern, versteckt und dann z. T. vergessen. Es handelt sich meist um Dunkelkeimer, deren keimungshemmende Stoffe nur bei feuchter Lagerung, wie sie in den Verstecken meist gegeben ist, abgebaut werden (Stratifikation). Beispiele sind alle Buchengewächse und auch alle Rosengewächse mit Apfelfrüchten sowie die Haselnuss (*Corylus*) und die Sonnenblume (*Helianthus*).

Zur Speicherausbreitung durch Ameisen siehe unter Ameisenausbreitung (5c).

4. Mundausbreitung

Die mit fleischigen Hüllen oder Anhängseln versehenen Ausbreitungseinheiten oder Teile davon werden gefressen, die unverdaulichen Reste (Samen, Steinkerne u. Ä.) schnell wieder abgegeben. So verschleppen etwa Mäuse solche Ausbreitungseinheiten (z. B. Kirschen), bevor sie sie verzehren, und tragen so zur Vergrößerung des Ausbreitungsradius bei.

Meist wird das **Fruchtfleisch** abgeschält, so bei größeren Steinfrüchten, z. B. bei *Prunus domestica* (Pflaume), oder bei den Beeren von *Viscum* (Mistel), wobei letztere einen Übergangstyp zur Klebausbreitung darstellen.

Seltener wird der **Samenmantel** (= Arillus) gefressen, so bei *Taxus* (Eibe) und *Euonymus* (Pfaffenhütchen).

Nach den Ausbreitern kann man bei den Mundwanderern ebenso wie bei den Darmwanderern (s. u.) folgende Typen unterscheiden:

- Ameisenausbreitung (= Myrmekochorie): siehe unten.

- Vogelausbreitung (= Ornithochorie): z. B. durch Rotkehlchen und Stare. Seit einiger Zeit weiß man, dass vor allem kleinere Vögel UV-Licht wahrnehmen können, das u. a. von der Wachsschicht einiger Früchte reflektiert wird. Ob Früchte reif und zum Verzehr geeignet sind, erkennen Vögel also oft an Kriterien, die für unser Auge nicht wahrnehmbar sind. Immerhin sehen auch wir, dass hellrote Früchte oft gemieden werden, bis sie eine dunklere oder braunrote Färbung annehmen, so bei *Sorbus aucuparia* (Vogelbeere).

- Nagerausbreitung (= Glirochorie): z. B. durch Hamster, Mäuse und Eichhörnchen.

- Schneckenausbreitung (= Gastropodochorie): Seit etwa 2010 gerät zunehmend in den Blickpunkt, dass Ausbreitungseinheiten von Pflanzen, die für ihre Ausbreitung durch Ameisen bekannt sind, auch bei größeren Schnecken unversehrt den Darm passieren können (vgl. TÜRKE et al. 2010 Oecologia 163: 681, TÜRKE & WEISSER 2013 PLoS One. 2013 Jul 3;8 (7):e68788).

5. Ameisenausbreitung (= Myrmekochorie)
Die Ausbreitung durch Ameisen ist oft mit anderen Ausbreitungsformen wie Selbstaussäer, Schwerkraftausbreitung, Wind- und Tierstreuer kombiniert.
Meist versteht man unter Ameisenausbreitung nur die unter 5a und 5b genannten Fälle, während 5c streng genommen als Speicherverbreitung durch Ameisen einzustufen ist.

a. Ölkörper (Elaiosomen) sind vorhanden: Zahlreiche heimische Arten besitzen an ihren Samen oder 1-samigen Früchten speziell für die Ausbreitung durch Ameisen angepasste, abtrennbare Anhängsel, die sog. Ölkörper oder Elaiosomen. Diese enthalten in wechselnden Anteilen vor allem Zucker, aber auch Aminosäuren und Öle sowie Vitamin B1 und C. Die Ameisen werden vor allem durch den Geruch der Ölsäure und Ricinolsäure angelockt. Gewöhnlich schleppen sie die Samen in ihre Nester, wo sie die Elaiosomen abtrennen und an ihre Brut verfüttern. Im Anschluss befördern sie den unversehrten Rest wieder nach außen oder lassen ihn auch im Nest bzw. in unterirdischen Gängen liegen. Auf diese Weise und durch auf dem Weg verloren gegangene Samen/Früchte tragen die Ameisen wesentlich zur Ausbreitung der Pflanzen bei, wobei besonders auch der Nährstoffreichtum in der Nähe der Ameisennester für günstige Keimungsbedingungen sorgt. Beispiele sind die Samen der meisten Arten der Gattungen *Euphorbia* (Wolfsmilch) und *Viola* (Veilchen) sowie *Corydalis* (Lerchensporn) und *Chelidonium* (Schöllkraut), die Klausen der *Lamium*-Arten (Taubnessel) und von *Glechoma* (Gundermann). Bei Waldpflanzen ist Ameisenausbreitung durch Elaiosomen die häufigste Ausbreitungsform. Beteiligte Ameisen sind z. B. die meisten Waldameisen (*Formica*) und Wegameisen (*Lasius*) sowie Rossameisen (*Camponotus*) und Gartenameisen (*Myrmica*).

b. Ölkörper fehlen, sind aber vorgetäuscht: Einige Pflanzenarten täuschen Ameisen dadurch, dass sie diese durch Duftstoffe anlocken (chemische Mimikry) und dabei evtl. Elaiosomen-Attrappen anbieten, die von den Ameisen nicht entfernt werden können (PFEIFFER et al. 2010). Beispiele sind Busch-Windröschen (*Anemone nemorosa*) und Gold-Hahnenfuß (*Ranunculus auricomus*).

c. Nicht die Ölkörper, sondern die Samen als solche dienen den Ameisen als Nahrung: Die vor allem in warmen Gegenden der Erde verbreiteten sog. Ernteameisen leben von Samen (bzw. Früchten) und legen davon große Vorräte an, um sie zu gegebener Zeit zu zerkleinern und an die Brut zu verfüttern. Bekannt ist etwa die im Mittelmeergebiet häufige Gattung *Messor*, von der eine Art selten auch in Mitteleuropa vorkommt. In der heimischen Flora ist die Erscheinung eher selten. Sie findet sich aber z. B. bei den Rasenameisen (*Tetramorium*), die auf diese Weise einen großen Teil ihrer Nahrung decken. Anders als bei der typischen Ameisenausbreitung durch Elaiosomen (5a) werden die Samen hier aufgebrochen und verzehrt. Der Vorteil für die Pflanze liegt darin, dass beim Transport oder bei Aufgabe von Nestern ein Teil der Samen verlorengeht und dadurch weiter transportiert wird. Insofern kann dieser Ausbreitungstyp auch der Speicherausbreitung zugeordnet werden (siehe Punkt 3.). Beispiele sind Korbblütler wie *Sonchus* (Gänsedistel) und *Senecio* (Greiskraut) sowie Gräser wie *Poa* (Rispengras) und *Digitaria* (Fingerhirse).

6. Darmausbreitung (= Verdauungsausbreitung) (= Endozoochorie)
Die ganze fleischige, oft zuckerreiche Ausbreitungseinheit wird aufgenommen, und die derbwandigen Samen, Früchte oder Steinkerne werden unverdaut wieder ausgeschieden. Der beigegebene Kot dient der Jungpflanze oft als Dünger. Die Verdauungssäfte bereiten die Samenschale für die Keimung vor. Ihre Einwirkung kann evtl. sogar Voraussetzung für die Keimfähigkeit sein. Die Anlockung der Ausbreiter erfolgt durch Farbe, Duft und Geschmack. Beispiele sind Beeren aller Art, z. B. *Solanum lycopersicum* (Tomate), kleinere Steinfrüchte, z. B. *Sambucus* (Holunder), sowie fleischige Sammelfrüchte, z. B. *Rubus idaeus* (Himbeere), *Fragaria* (Erdbeere), *Malus* (Apfel) usw.

7. Kleb- und Klettausbreitung (= Epizoochorie)
Die Ausbreitungseinheiten oder auch die gesamten Pflanzen haften an der Oberfläche (Fell, Gefieder usw.) von Tieren (und Menschen) und werden so an einen anderen Ort befördert. Sie werden auch als **Anhafter** bezeichnet. – Zur Ausbreitung von Dias-

poren ohne erkennbare Anpassungserscheinungen über das Fell von Tieren siehe oben den Abschnitt über Zufallsausbreitung.

a. Kletthafter:
Die Ausbreitungseinheiten haben eine raue bis stachelige oder widerhakige Oberfläche und sind vor allem an die Ausbreitung durch Fell und Gefieder tragende Warmblüter angepasst. Man kann unterscheiden:

- Klettsamen, z. B. bei einigen Caryophyllaceae (Nelkengewächse), sonst selten.

- Klettfrüchte, z. B. bei *Galium aparine* (Kleb-Labkraut), *Torilis* (Klettenkerbel), *Daucus* (Möhre), *Ranunculus arvensis* (Acker-Hahnenfuß) und *Cynoglossum* (Hundszunge). Nur mit einem Haken versehene Früchte haben *Geum urbanum* (Echte Nelkenwurz) und manche *Ranunculus*-Arten (Hahnenfuß).

- Klettfruchtstände finden sich bei *Arctium* (Klette), bei der die eigentlichen Früchte erst vom Ausbreiter allmählich ausgeschüttelt werden, und bei *Xanthium* (Spitzklette).

- Bei *Galium aparine* können außer den Früchten wegen der Kletthaare auch die Fruchtstände oder sogar komplette Pflanzen ausgerissen und verschleppt werden.

- Bei *Myosotis arvensis* (Acker-Vergissmeinnicht) werden die hakigen Kelche mitsamt den eingeschlossenen Klausen ausgebreitet.

b. Klebhafter:
Begrenzt oder auch dauernd klebrige oder schleimige Ausbreitungseinheiten. Eine erst bei Nässe schleimig aufquellende Samenschale haben z. B. *Linum usitatissimum* (Lein), *Plantago major* (Breit-Wegerich) und *Capsella bursa-pastoris* (Hirtentäschelkraut). Verschleimende Früchte finden sich z. B. bei *Matricaria discoidea* (Strahlenlose Kamille), *Senecio vulgaris* (Gemeines Greiskraut), *Juncus tenuis* (Zarte Binse) und *Colchicum autumnale* (Herbst-Zeitlose). Dauernd klebrige Früchte hat *Linnaea* (Moosglöckchen). „Anschmiersamen“ besitzt *Viscum* (Mistel); die Vögel versuchen, die klebrigen Samen abzustreifen, weil sie lästig sind. – Bei *Saxifraga tridactylites* (Finger-Steinbrech) werden die ganzen drüsig-klebrigen Pflanzen ausgebreitet.

c. Wasser- oder Adhäsionshafter:
Im Prinzip ähnlich wie der vorige Typ, aber am nassen Fell und Gefieder oder auch an glatthäutigen Tieren haftend. Wasserhafter sind weit häufiger als Klebhafter. Typisch sind abgeflachte Ausbreitungseinheiten mit glatter Oberfläche, für deren Haftung allein ein dünner Wasserfilm Voraussetzung ist; abgetrocknet fallen sie wieder ab. Das funktioniert ähnlich, wie ein feuchtes Geldstück auf der Haut haften bleibt. Beispiele sind ganze Pflänzchen von *Lemna* (Wasserlinse), die Früchte von *Rumex* (Ampfer) und alle Samen bzw. Früchte von „Segelfliegern“, z. B. *Betula*-Früchte (Birke). Alle behaarten Ausbreitungseinheiten, so die Schirmchenflieger der Asteraceae (Korbblütler), können bei Nässe auf die gleiche Weise verschleppt werden.

d. Tritthafter:
Die Ausbreitungseinheiten werden dadurch ausgebreitet, dass sie sich beim Tritt in die Füße von Tieren bohren (= **Tretfrüchte, Trampelkletten**). Dieser Typ ist vor allem im ariden Klima verbreitet, etwa in der Gattung *Tribulus* (Burzeldorn). Im Gebiet finden sich Tretfrüchte bei *Platanus* (Platane) und *Salsola* (Salzkraut).

8. Tierstreuer
Ein häufiger, aber zu wenig beachteter Ausbreitungstyp, der meist mit dem Typ der Windstreuer kooperiert. Beide werden auch als **Schüttelstreuer** (Semachoren) zusammengefasst. Pflanzen und Zweige sind, besonders wenn sie zur Reife schon abgestorben sind, elastisch und besitzen oft Dornen oder Borsten. Vorbeistreifende Tiere bleiben an diesen hängen, besonders auch an den langspitzigen bis hakigen Kelchen und Kapselklappen, und ziehen die Pflanze mit sich, bis sie – losgerissen – zurückschnellt und dabei die Samen oder Früchte fortschleudert.
Beispiele sind *Dipsacus* (Karde), *Datura* (Stechapfel), *Borago* (Borretsch), *Oenothera* (Nachtkerze), viele Lamiaceae (Lippenblütler), z. B. *Ballota* (Schwarznessel). Bei vielen Caryophyllaceae (Nelkengewächse) kletten die trocken oft zurück gekrümmten Kapselzähne ebenfalls, z. B. *Dianthus* (Nelke), *Silene* (Lichtnelke).
Einige Autoren trennen die **Tierstreuer i. e. S.**, bei denen die Ausbreitungseinheiten nur ausgestreut werden, von den **Tierballisten**, bei denen diese katapultartig ausgeschleudert werden. Typisches Beispiel für letztere sind die Karden (*Dipsacus*).

V. Menschenausbreitung = Anthropochorie, Hemerochorie

Hierher gehören alle Pflanzen, die sich erst durch direkte Mitwirkung des Menschen einbürgern und ausbreiten konnten (siehe auch das folgende Kapitel). Je nach Art und Weise der Einschleppung kann man unterscheiden:

1. Gartenflüchter

Aus Gartenkultur entwichene Pflanzen, so z. B. die amerikanischen *Solidago-* (Goldrute) und *Symphyotrichum = Aster-*Arten (Raublattaster) oder die eingebürgerten *Impatiens-* (Springkraut-) und *Elodea-*Arten (Wasserpest).

2. Importbegleiter

Mit Wolle, Getreide, Ölsamen und anderen Importen besonders auf Güterbahnhöfen und in Häfen eingeschleppte Pflanzen, so z. B. viele Brassicaceae (Kreuzblütler) und einige *Amaranthus-*Arten (Amarant, Fuchsschwanz).

3. Kulturrelikte

(Ehemals) angebaute, heute verwildert vorkommende Pflanzen, z. B. *Castanea* (Ess-Kastanie) in Südwestdeutschland oder *Isatis* (Waid) und *Acorus* (Kalmus).

4. Agrikulturbegleiter

Die meisten unserer Acker-Wildkräuter, so z. B. *Centaurea cyanus* (Kornblume), *Papaver* (Mohn) und *Agrostemma* (Kornrade).

Übersicht zum Status und zur Einbürgerung der Sprosspflanzen

Der Status einer Pflanze gibt an, ob eine Pflanze angepflanzt ist oder wild (= spontan) vorkommt, ob die Art immer schon im Gebiet war oder erst später aufgetreten ist und ob sie sich aus eigener Kraft vermehren kann. – Die folgenden Abgrenzungen der Begriffe richten sich im Wesentlichen nach SCHROEDER (1974). Zu beachten ist, dass ein- und dieselbe Pflanzenart je nach Standort unterschiedlichen Kategorien zugehören kann.

I. Kulturpflanzen

(Nutzpflanzen und Zierpflanzen): Sie werden vom Menschen gezielt angebaut oder ausgepflanzt.
Anmerkung: Im Rahmen dieses Buches werden von den in Deutschland kultivierten Nutzpflanzen alle wichtigen vorgestellt. Bei den Zierpflanzen ist das leider nicht möglich, weil die große Zahl der bei uns angebauten Zierpflanzen den Rahmen des Buches sprengen würde, selbst wenn nur die bekannteren berücksichtigt würden. Dennoch finden sich in den Artenporträts zahlreiche Angaben über Zierpflanzen. Das hat zwei Gründe: Zum einen wird ein großer Anteil unserer Wildpflanzen – sei es in Reinform oder durch Züchtung verändert – in Gärten kultiviert. Zum anderen sind überraschend viele Zierpflanzen auch verwildert anzutreffen, von denen nicht wenige auch eingebürgert sind. Beispiele sind im anschließenden Kapitel „Neophyten“ aufgeführt.

II. Angesalbte Arten

Wildarten, die absichtlich vom Menschen an Wildstandorte ausgebracht werden, um die Flora zu „bereichern“. Ansalbung verfälscht die Flora und ist im Übrigen durch einschlägige gesetzliche Bestimmungen verboten: Nach § 40 Abs. 4 des Bundesnaturschutzgesetzes ist das Ausbringen von gebietsfremden Pflanzen in der freien Natur grundsätzlich genehmigungspflichtig. Beispiele für oft angesalbte Arten sind Orchideen sowie Sumpfpflanzen an neu angelegten Teichen („Biotopen“) außerhalb von Gärten und Parks.

III. Wildpflanzen

Sie wachsen im Allgemeinen im Freien ohne direktes Zutun des Menschen. Man unterscheidet:

1. Nach der Herkunft

a. Einheimische (= Indigene). Sie waren immer schon, d.h. in historischer Zeit, im Gebiet, z.B. die Haselnuss (*Corylus avellana*) oder die Wald-Erdbeere (*Fragaria vesca*).

b. Fremdpflanzen (= Adventivpflanzen): Wild vorkommende Pflanzen außerhalb ihres ursprünglichen Verbreitungsgebietes.

2. Nach der Zeit des ersten Auftretens

a. Einheimische: siehe oben.

b. Archäophyten: Dazu gehören alle Wildpflanzen, die vor Beginn der Neuzeit, konkret vor 1492, dem Jahr der Entdeckung Amerikas, die auch in der Pflanzenwelt große Veränderungen mit sich brachte, neu hinzu gekommen sind. Die ersten Neuansiedlungen erfolgten in vor- oder frühgeschichtlicher Zeit mit der Ausdehnung des Ackerbaus. Zugehörige Beispiele sind Klatsch-Mohn (*Papaver rhoeas*), Flug-Hafer (*Avena fatua*) und weitere, kurzlebige Ackerwildkräuter. Ein weiterer Schub erfolgte in Mitteleuropa angefangen von der Römerzeit bis zum Ende des Mittelalters, oft durch Verwilderung von Kulturpflanzen, die aus dem Mittelmeerraum eingeführt wurden. Beispiele sind die Zaunrü-

ben (*Bryonia*) oder die Wegwarte (*Cichorium intybus*).
Einheimische und Archäophyten werden aus praktischen Gründen oft zusammengefasst.

c. **Neophyten**: Das sind alle Fremdpflanzen, die nach 1492, also nach der Entdeckung Amerikas, neu aufgetreten sind.
Der Begriff ist streng genommen rein zeitlich zu verstehen, umfasst also auch alle unbeständigen Arten, die nicht oder noch nicht eingebürgert sind. Er wird aber vielfach auf eingebürgerte Arten beschränkt.
Besondere Aufmerksamkeit haben in der letzten Zeit jene Neophyten erlangt, die sich als invasive Arten stark ausgebreitet haben und sich negativ auf andere Arten oder Biotope auswirken. Wegen der Aktualität dieses Themas wird diesen „invasiven Neophyten" ein eigenes Kapitel gewidmet (s. u.).

3. Nach der Art und Weise der Einwanderung
Hierzu vergleiche man auch oben den Abschnitt „Menschenausbreitung" auf S. 40.

a. **Einheimische**: Siehe oben.
Zu beachten ist, dass auch einheimische Arten ihr Areal ausdehnen oder neue Standorte besiedeln können, sich also dann wie Neophyten verhalten. Hierzu gehört z. B. das Behaarte Schaumkraut (*Cardamine hirsuta*), das sich seit etwa 1970 in Gärten stark ausgebreitet hat.
Einheimische Arten, die auf neu vom Menschen geschaffenen Standorten anzutreffen sind, nennt man „Apophyten"; Beispiel ist die Hänge-Birke (*Betula pendula*) auf Industriestandorten.

b. **Eindringlinge**: Sie haben sich aus eigener Kraft ausgebreitet. Allerdings wurde die Einwanderung indirekt erst durch vom Menschen bewirkte Vegetationsveränderungen ermöglicht. Dies gilt vor allem für die Archäophyten, z. B. Gänseblümchen (*Bellis perennis*) und Besenrauke (*Descurainia sophia*). Bei den Neophyten sind Beispiele eher selten, z. B. die Ungarische Rauke (*Sisymbrium altissimum*).

c. **Eingeschleppte**: Unabsichtlich vom Menschen eingebrachte Fremdpflanzen, z. B. als Importbegleiter, mit fremdem Saatgut oder mit Schiffsladungen aus Übersee, z. B. Schmalblättriges Greiskraut (*Senecio inaequidens*), Persischer Ehrenpreis (*Veronica persica*) oder Kanadisches Berufkraut (*Erigeron = Conyza canadensis*).

d. **Verwilderte**: Im Gebiet zunächst als Nutz- oder Zierpflanzen gezogen, dann aber auch außerhalb der Kulturflächen aufgetreten, z. B. Tomate (*Lycopersicon esculentum*), Drüsiges Springkraut (*Impatiens glandulifera*) und Raps (*Brassica napus*). Hierhin gehören die meisten Neophyten.

4. Nach dem Grad der Einbürgerung
a. **Einheimische**: Siehe oben.

b. **Eingebürgerte**: Fremdpflanzen, die sich in einem Gebiet aus eigener Kraft vermehrt und mindestens über 3 Generationen behauptet haben. Bei Ein- und Zweijährigen wird eine Mindestzeitspanne von 5 Jahren, bei den übrigen von 25 Jahren vorausgesetzt. Außerdem sollte die Art in der Lage sein, ein Areal zu besiedeln, also vom Ort der ursprünglichen Einschleppung bzw. Ansiedlung aus Lebensräume im Umfeld zu besiedeln.
Eingebürgerte kann man wie folgt weiter unterteilen:

- Agriophyten (= Neuheimische): Sie sind heute in natürlichen Pflanzengesellschaften konkurrenzfähig und würden sich voraussichtlich nach Aufhören menschlichen Einflusses als fester Bestandteil der Flora halten, z. B. Drüsiges Springkraut (*Impatiens glandulifera*) und Japanischer Staudenknöterich (*Fallopia japonica*).

- Epökophyten (= Kulturabhängige): Sie würden nach Aufhören menschlichen Einflusses voraussichtlich ihre Standorte verlieren und entsprechend wieder verschwinden, z. B. Strahlenlose Kamille (*Matricaria discoidea*) und Gewöhnliche Nachtkerze (*Oenothera biennis*).

c. **Unbeständige** (= Ephemerophyten): Sie haben sich bisher nicht aus eigener Kraft halten können. Meist treten sie nur vereinzelt und kurzfristig auf. Das gilt etwa für eine Reihe von Gartenpflanzen, die auch außerhalb der Gärten, meist in deren Nähe, auftreten („ausgebüxt sind").
Ein breites Spektrum an Unbeständigen findet man auch im Zusammenhang mit Warentransporten aus aller Welt an Umschlagplätzen wie Güterbahnhöfen und Hafenanlagen sowie als

Verunreinigung von fremdländischem Saatgut (vgl. oben 3.c.). In den letzten Jahren sind diese vorübergehend eingeschleppten Arten durch höhere Hygienestandards und verbesserte Saatgutreinigung deutlich seltener geworden. Aber noch zu Beginn des 20. Jh. konnte z. B. BONTE für das Ruhgebiet eine Liste von etwa 700 solcher Adventivpflanzen vorlegen.

Falls Unbeständige regelmäßig auftreten, geht das meist auf immer wieder neu erfolgenden Samennachschub zurück, z. B. bei der Sonnenblume (*Helianthus annuus*) aus Vogelfutter oder beim Raps (*Brassica napus*) durch spontan ausgestreutes Saatgut.

Einige der zunächst nur als unbeständig beobachteten Arten haben sich im Laufe der Zeit deutlich ausgebreitet und zeigen Tendenzen zur Einbürgerung, was zum Teil mit den milder werdenden Wintern zusammenhängt. Das gilt z. B. für Tomate (*Lycopersicon esculentum*), Strand-Silberkraut = Alyssum (*Lobularia maritima*), Balkan-Anemone (*Anemone blanda*), Blaukissen (*Aubrieta deltoidea*) und Lorbeer-Kirsche (*Prunus laurocerasus*).

Einige davon erfüllen inzwischen mindestens gebietsweise die oben genannten Kriterien der Einbürgerung. So ist der Raps zwar nach wie vor überwiegend unbeständig, aber stellenweise auch eingebürgert.

Neophyten – gebietsfremde Arten in der heimischen Flora

Der Begriff „Neophyten“ war noch vor wenigen Jahren nur in Fachkreisen bekannt. Inzwischen ist er in aller Munde. Die meisten denken dabei an solche nicht-heimischen Arten, die durch ihre übermäßige Vermehrung eine Gefahr für die heimische Flora darstellen. Das ist aber sehr einseitig, denn – wie im vorigen Kapitel ausführlich dargelegt wird – sind Neophyten „alle nicht einheimischen Pflanzen, die nach 1492 bei uns wild wachsend aufgetreten sind“. Und das sind – was viele überraschen wird – immerhin etwa 2000 Arten! Die „gefährlichen“ darunter, also vor allem die gemäß Bundesamt für Naturschutz als „invasiv“ eingestuften Arten, sind nur 36 an der Zahl.

I. Unbeständige Neophyten und eingebürgerte Neophyten

Neophyten sind – wie gesagt – eigentlich rein zeitlich definiert. Der Begriff wird aber zunehmend auch in Fachkreisen auf eingebürgerte Neophyten beschränkt, also solche Arten, die sich seit mindestens 25 Jahren und über mehrere Generationen aus eigener Kraft vermehrt haben und daher als Neubürger einen festen Platz in der heimischen Flora haben (siehe voriges Kapitel).

Es darf aber nicht übersehen werden, dass der mit etwa 1600 Arten weitaus größte Teil der Neophyten unbeständig ist, d. h. diese Arten erscheinen hier und da in der freien Landschaft außerhalb von Anbauflächen, verschwinden aber oft auch wieder. Man vergleiche dazu Punkt **4.c.** des vorangegangenen Kapitels. So findet man z. B. immer mal wieder verwilderte Exemplare von Kulturpflanzen wie Borretsch (*Borago officinalis*) oder Ringelblume (*Calendula officinalis*) in der freien Natur, aber sie halten sich nicht über längere Zeit. Sie sind eben „unbeständig“. Oder es treten mit Importen zu uns gelangte Pflanzen auf, z. B. in Hafengebieten, die sich aber gewöhnlich nicht halten.

Ob sich ein Neophyt einbürgern wird, ist natürlich nie von vornherein bekannt, sondern muss in jedem Einzelfall beobachtet werden. Es ist ja immer so: Was man zunächst von Fremdpflanzen sieht, sind einzelne Exemplare, bei denen erst abgewartet werden muss, was daraus wird. Die meisten halten sich nur kurze Zeit. Andere Arten wiederum können sich behaupten und gelten dann als fest eingebürgert (etabliert). Sie sind dann als „Neubürger“ fester Bestandteil der heimischen Flora geworden. Das ist inzwischen etwa 400 Arten gelungen. Bezogen auf unsere etwa 4000 Arten umfassende heimische Flora sind das immerhin 10 %. Dazu kommen jene Arten, die sich wahrscheinlich auf dem Weg zur Einbürgerung als Wildpflanzen befinden. Dazu gehören u. a. die Lorbeer-Kirsche (*Prunus laurocerasus*) und das Strand-Silberkraut (*Lobularia maritima*). Man spricht hier von Einbürgerungstendenz.

II. Eingebürgerte, nicht invasive Neophyten

Von den etablierten Neophyten haben sich die allermeisten sehr gut in die ihnen zusagenden Lebensräume eingefügt! Klassisches Beispiel sind etwa die aus Nordamerika eingeschleppten Nachtkerzen (*Oenothera*). Bei vielen anderen Arten wissen ohnehin nur Spezialisten, ob es sich um Einheimische oder Neophyten handelt. Wer weiß denn schon, ob Nachtviole (*Hesperis matronalis*) oder Kalmus (*Acorus calamus*) einheimische Arten oder Neophyten sind?

Nun könnte man denken, dass Neophyten vor allem solche Pflanzen sind, die ungefragt von außen in ein fremdes Gebiet eingedrungen sind. Das gibt es, ist aber eher die Ausnahme. So sind einige Arten durch Arealerweiterung zu uns gekommen, was aber meist schwierig zu beurteilen ist. Auch gibt es Arten, die in Teilen Deutschlands einheimisch sind, aber in anderen Teilen erst sekundär aufgetreten sind, wie etwa der Berg-Ahorn im Norden Deutschlands.

Zahlreicher ist jene Gruppe von Pflanzen, die unbeabsichtigt als Begleiter importierter Ware oder als Verunreinigung mit fremdem Saatgut hierher gelangt sind.

Die weitaus meisten der etablierten Neophyten gehen aber darauf zurück, dass sie bewusst vom Menschen als Zierpflanzen oder Nutzpflanzen ausgebracht wurden, dann aber verwildert sind und sich aus eigener Kraft außerhalb der Kulturflächen vermehrt haben. So verbindet die meisten Neophyten ihre Herkunft als Zierpflanzen und sie müssten daher vom Aussehen her eigentlich willkommene Neubürger in unserer Flora sein. Denken wir etwa an das hübsche Zimbelkraut (*Cymbalaria muralis*) oder den Winterling (*Eranthis hyemalis*). Ja, einige unserer beliebtesten und sogar unter Naturschutz (!) stehenden Wildpflanzen wie etwa die Wilde Tulpe (*Tulipa sylvestris*) oder die Schachbrettblume (*Fritillaria meleagris*) sind von ihrer Herkunft her verwilderte Zierpflanzen.

Trotz allem: Zierpflanzen gehören in den Garten und nicht in die freie Natur! Dort stellen sie eine Florenverfälschung dar, da sie als Fremdpflanzen nicht in das ökologische Gleichgewicht der entsprechenden Lebensräume eingepasst sind. Aus demselben Grund sollten auf keinen Fall standortfremde Pflanzen in der Natur ausgebracht oder – wie man sagt – angesalbt werden. Manche Mitbürger meinen, sie könnten damit die Landschaft verschönern. Auch das heute so beliebte Anlegen von Blühstreifen in der freien Natur ist mindestens dann als problematisch anzusehen, wenn die Aussaat ortsfremde Arten enthält, die die Potenz haben sich auszubreiten.

III. Invasive Neophyten

Fremdpflanzen, die sich gebietsweise sehr aggressiv ausbreiten, nennt man invasiv.

Das Phänomen ist aus dem eigenen Garten bekannt. Es gibt Pflanzen, die sich unter den gegebenen Bedingungen sehr wohl fühlen und sich nach einiger Zeit so stark vermehren, als wollten sie den ganzen Garten für sich beanspruchen. Man denke etwa an Arten wie Weicher Frauenmantel (*Alchemilla mollis*) oder Drüsiger Gilbweiderich (*Lysimachia punctata*), die sich in vielen Gärten übermäßig ausbreiten. Jeder Garten hat da sein eigenes Sortiment an invasiven Arten und so ist es auch in der freien Natur.

Und denken wir etwa an Brennnesseln (*Urtica dioica*), die keine Neophyten sind. Wie stark können sie sich ausbreiten, wenn der Mensch ihnen auf nicht zu trockenen Lehmböden durch hohen Nährstoffeintrag ideale Bedingungen verschafft. Oder denken wir an Birken, die sich z. B. in Heideflächen einnisten und dadurch wertvolle Biotope zunichtemachen, wenn man dem nichts entgegensetzt.

Ein verwandtes, aber hier nicht abgehandeltes Thema sind die landwirtschaftlichen Problempflanzen, also jene Arten, die sich auf bewirtschafteten Flächen unangenehm breit machen und aus Sicht des Landwirts Unkräuter sind. Das können einheimische Arten genauso sein wie Neophyten oder Archäophyten.

Invasivität ist also keine Spezialität von Neophyten und schon gar nicht ein der Pflanze an sich anhängendes negatives Merkmal. Das lässt sich u. a. auch im internationalen Vergleich erkennen. So sind auch einige der bei uns einheimischen Pflanzen etwa in Nordamerika oder Australien gefürchtete Neophyten, so z. B. Besenginster (*Cytisus scoparius*), Tüpfel-Johanniskraut (*Hypericum perforatum*) oder Knoblauchsrauke (*Alliaria petiolata*). Und wer hätte gedacht, dass zwei so unauffällige Arten wie Blutweiderich (*Lythrum salicaria*) und Esels-Wolfsmilch (*Euphorbia esula*) einen Platz auf der Liste der 100 gefährlichsten invasiven Arten der Welt bekommen haben? Und wie sehr das Ausmaß der Invasivität von den spezifischen Umweltbedingungen abhängt, zeigt auch der unerwartete Befund, dass von den 36 in Deutschland als invasiv eingestuften Arten nur 2 auf der genannten weltweiten Liste stehen, nämlich *Fallopia japonica* = Japanischer Staudenknöterich und *Spartina anglica* = Salz-Schlickgras.

Das Bundesamt für Naturschutz bringt in seinem Informationsportal „Neobiota.de“ eine Zusammenstellung der in Deutschland als „invasiv“ oder „potenziell invasiv“ eingestuften Arten. Es sind insgesamt 36, wovon 24 als invasiv und 12 als potenziell invasiv eingestuft sind. Alle haben die Fähigkeit, sich unter bestimmten Randbedingungen übermäßig stark auszubreiten. Bei den invasiven Arten im engeren Sinn ist ein tatsächlicher ökologischer und/oder ökonomischer Schaden nachgewiesen oder mindestens sehr wahrscheinlich. Die potenziell invasiven Arten treten entweder bisher nur kleinflächig auf oder es konnten bei ihnen negative Einflüsse auf die natürliche Lebensräume nicht sicher nachgewiesen werden.

IV. Kurzcharakteristik der vom Bundesamt für Naturschutz als invasiv oder potenziell invasiv eingestuften Neophyten

Die im vorliegenden Buch nicht behandelten Arten sind durch ° gekennzeichnet.

Acer negundo **(Eschen-Ahorn)**: invasiv. Heimat: Auwälder Nordamerikas. Zierbaum, verwildert seit dem 18. Jh. Eine stärkere Ausbreitung erfolgte aber erst gegen Ende des 19. Jh., vor allem in flussnahen Wäldern. Die Art bildet gelegentlich in naturnahen Auen Dominanzbestände, die kaum andere Pflanzen hochkommen lassen und daher ökologisch problematisch sind.

Ailanthus altissima **(Götterbaum)**: invasiv. Heimat: China. Zierbaum, verwildert seit 1906. Seit einigen Jahren starke Ausbreitung im Bereich von Städten, Autobahnen usw. Das ökologische Problem ist das gelegentliche Eindringen in naturnahe Wälder.

Ambrosia artemisiifolia **(Beifußblättrige Ambrosie)**: potenziell invasiv. Heimat: Nordamerika. Einjährige Pflanze. Sie wurde als Importbegleiter mit Saatgut eingeschleppt, zuerst 1860. Die Art war lange Zeit selten und unbeständig und hat erst in den letzten Jahren auf sich aufmerksam gemacht, als Samen-Nachschub besonders über verunreinigtes Vogelfutter zu uns kam. Hauptproblem ist die hohe allergene Potenz des Pollens, der z. B. in Südosteuropa zu großen gesundheitlichen Schäden geführt hat. In Deutschland hat sich die Ausbreitung bisher in Grenzen gehalten.

Buddleja davidii **(Schmetterlingsstrauch)**: potenziell invasiv. Heimat: China. Zierstrauch, verwildert seit Anfang des 20. Jh. Bekannt wurde die Pflanze durch die Besiedlung von Trümmergrundstücken nach dem 2. Weltkrieg. In Österreich und der Schweiz gelten dichte Bestände als Gefahr für die Pflanzen- und Tierwelt. In Deutschland ist es eher umgekehrt. Als typische Pflanze ungenutzter Flächen wie Industriebrachen stellt die Pflanze eine Zierde dar und ist durch ihre hohe Attraktivität für Schmetterlinge ökologisch wertvoll.

Bunias orientalis **(Orientalische Zackenschote)**: potenziell invasiv. Heimat: Sibirien bis Südosteuropa. Wurde gelegentlich als Gemüsepflanze kultiviert. Raschwüchsige Staude. Neophyt seit dem 18. Jh. Die Art wurde als Problempflanze eingestuft, weil sie gebietsweise an warmen, trockenen Wiesenstandorten, Feldrainen, Weinbergen usw. dauerhafte Dominanzbestände bildet, die die natürliche Vegetation verdrängen.

Crassula helmsii° **(Nadelkraut)**: invasiv. Heimat: Australien. Zierpflanze. Ausdauernde Wasser- und Sumpfpflanze. Erstfund 1981. Kann sich in Fließgewässern durch vegetative Vermehrung stark ausbreiten, ist aber mengenmäßig (noch) unbedeutend. Die Einstufung als invasiv beruht vor allem auf Erfahrungen in England.

Echinops sphaerocephalus **(Drüsige Kugeldistel)**: potenziell invasiv. Heimat: Südeuropa. Zierpflanze. Bis 2–3 m hohe mehrjährige, nur einmal blühende Pflanze. Sie dringt gebietsweise in Halbtrockenrasen ein und kann dort die heimische Vegetation beeinträchtigen. Anderseits ist die Pflanze eine ergiebige Trachtpflanze für Bienen und Schmetterlinge.

Elodea canadensis **(Kanadische Wasserpest)**: invasiv. Heimat Nordamerika. Aquarienpflanze. Ausgehend vom Botanischen Garten in Berlin erfolgte 1859 die pestartige Ausbreitung, die der Pflanze den Namen gegeben hat. Es folgten die schlimmsten Befürchtungen, aber schon nach 50–100 Jahren hatten sich die Bestände offenbar in das ökologische Gesamtgefüge integriert. Sie sind als Laichplatz und Sauerstoffproduzent ökologisch wertvoll. Heute findet man an ihrer Stelle nicht selten die folgende Art.

Elodea nuttallii **(Nuttalls oder Schmalblättrige Wasserpest)**: invasiv. Heimat: Nordamerika, dort gebietsweise gefährdet. Aquarienpflanze. Erstnachweis 1953. Kann sich wie die vorige Art massenhaft ausbreiten und durch die Verkrautung von Gewässern ökologischen und auch ökonomischen Schaden anrichten.

Fallopia japonica **(Japanischer Staudenknöterich)**: invasiv. Heimat: Ostasien. Ausdauernde Zierpflanze sowie Deckungs- und Äsungspflanze. Erstnachweis 1872. Bildet in Gewässernähe, zunehmend aber auch an anderen Standorten umfangreiche Dominanzbestände, die heimische Pflanzen kaum aufkommen lassen. An Fließgewässern können größere Bestände das Abflussverhalten negativ beeinflussen. Besonders schwerwiegend sind die durch das kräftige Wachstum der Rhizome bedingten Schäden an Deichen usw.

Fallopia sachalinensis **(Sachalin-Staudenknöterich)**: invasiv. Es gilt im Wesentlichen das für die vorige Art Gesagte. Die Art ist aber insgesamt weniger häufig.

Fallopia × bohemica **(Bastard-Staudenknöterich)**: invasiv. In Europa entstandene Hybride zwischen den beiden vorigen Arten mit ähnlichem Verhalten.

Fraxinus pennsylvanica° **(Rot-Esche)**: invasiv. Heimat Nordamerika. Parkbaum und Forstbaum, vor allem in Hartholzauwäldern. Kann längere Überflutungszeiten, aber auch Trockenperioden überstehen. Es bleibt abzuwarten, ob eine weitere Ausbreitung zu negativen Umstrukturierungen dieser speziellen Lebensräume führt.

Helianthus tuberosus **(Topinambur)**: potenziell invasiv. Heimat: Nordamerika. Ausdauernde Zier- und Nutzpflanze, die z. B. im 17. Jh. wegen der essbaren Knollen feldmäßig angebaut wurde, später aber von der Kartoffel verdrängt wurde. Die Pflanze hat sich vor allem in Flussauen in milder Klimalage ausgebreitet. Dort sind die großen Bestände auffällig. Ob diese aber negative ökologische Auswirkungen haben, ist nicht geklärt.

Heracleum mantegazzianum **(Riesen-Bärenklau, Herkulesstaude)**: invasiv. Heimat: Kaukasus. Zierpflanze und Bienentrachtpflanze. Mehrjährig, aber nach der Blüte absterbend, bis mehrere m hoch. Hat sich in den letzten Jahrzehnten stark ausgebreitet und verdrängt an Straßenrändern und vor allem im Uferbereich von Fließgewässern die heimische Vegetation. Die Pflanze verursacht außerdem beim Menschen durch Berührung oder austretenden Saft gefährliche Brandblasen, wenn die Stellen nicht rechtzeitig vor Sonnenlicht geschützt werden.

Hydrocotyle ranunculoides° **(Großer Wassernabel)**: invasiv. Heimat: Nordamerika. Aquarienpflanze. Kann sich sehr schnell vermehren. Aus Belgien ist bekannt, dass die Pflanze evtl. sogar Kanäle verstopfen kann. In Deutschland gibt es aber zunächst nur wenige Vorkommen.

Impatiens glandulifera **(Drüsiges Springkraut)**: potenziell invasiv. Heimat: Westlicher Himalaja. Zierpflanze und Bienentrachtpflanze. Einjährig, bis 3 m hoch. Neophyt seit 1854. Hat sich seit etwa 1950 stark ausgebreitet, vor allem auf feuchten und nassen Böden und ist einer unserer häufigsten und bekanntesten Neophyten. In welchem Ausmaß die Pflanze als ökologische Problemart anzusehen ist, wird unterschiedlich bewertet.

Impatiens parviflora **(Kleinblütiges Springkraut)**: potenziell invasiv. Heimat: Nordostasien. Einjährig, bis 60 cm hoch. Die Ausbreitung erfolgte ausgehend vom Botanischen Garten in Berlin um 1837. Die Pflanze kann in der Krautschicht von Wäldern große Bestände bilden. Befürchtungen, dass diese Vorkommen andere Pflanzen negativ beeinflussen könnten, haben sich nicht bestätigt.

Lupinus polyphyllus **(Vielblättrige Lupine)**: invasiv. Heimat: Nordamerika. Zier- und Nutzpflanze. Ausdauernd. Ist seit dem 19. Jh. vielerorts fest eingebürgert. Die Pflanze dringt gebietsweise in Magerrasen ein, wo sie heimische Arten verdrängt und diese Standorte durch Nährstoffanreicherung negativ beeinflusst.

Lycium barbarum **(Gewöhnlicher Bocksdorn)**: potenziell invasiv. Heimat: Asien. Zierstrauch und Bodenbefestiger. Seit dem 19. Jh. vielerorts fest eingebürgert. Die meisten Vorkommen gehen von ehemaligen Pflanzungen aus. Ein darüber hinausgehendes Vordringen ist offenbar unbedeutend.

Lysichiton americanus° **(Amerikanischer Stinktierkohl oder Riesenaronstab)**: invasiv. Heimat: Nordamerika. Zierpflanze. Ausdauernde Sumpfpflanze. Es wurde besonders im Taunus eine starke Vermehrung festgestellt mit negativen Auswirkungen auf die schützenswerte Vegetation von Quellen und Bachufern. Diese Vorkommen gingen aber letztlich auf bewusstes Ausbringen in der freien Landschaft (Ansalbung) zurück. Die Bestände sind insgesamt durch Gegenmaßnahmen unter Kontrolle.

Pinus nigra **(Schwarz-Kiefer)**: potenziell invasiv. Heimat: Mittelmeergebiet bis Österreich. Zier- und Forstbaum. Die Pflanze ist gebietsweise in Kalkmagerrasen eingedrungen und beeinflusst diese negativ.

Pinus strobus **(Weymouth-Kiefer, Strobe)**: invasiv. Heimat: Nordamerika. Zier- und Forstbaum. Die Strobe ist heute als Forstbaum unbedeutend, breitet sich aber spontan weiter aus und dringt gebietsweise in schützenswerte Felsstandorte ein.

Populus × canadensis **(Kanadische- oder Bastard-Pappel)**: invasiv. Forstbaum. In Kultur entstandene Hybride. Kann in Auen eindringen und diese negativ beeinflussen, bildet aber keine Dominanzbestände.

Prunus serotina **(Späte Traubenkirsche)**: invasiv. Heimat: Nordamerika. Forstgehölz (meist als Strauch). Hat sich vor allem in Sandgebieten örtlich ausgebreitet, ist aber weniger aggressiv als oft angenommen.

Pseudotsuga menziesii **(Douglasie)**: invasiv. Heimat: Nordamerika. Zier- und Forstbaum. Wichtigster nicht-heimischer Forstbaum. Dringt gebietsweise in schützenswerte Felsvegetation ein. Die schädlichen Folgen der spontanen Ausbreitung werden unterschiedlich bewertet.

Quercus rubra **(Rot-Eiche)**: invasiv. Heimat: Nordamerika. Häufiger Forstbaum. Dringt u. a. örtlich in naturnahe Felsvegetation ein.

Rhus typhina **(Essigbaum)**: potenziell invasiv. Heimat: Nordamerika. Zierstrauch. Hat sich in den letzten Jahren stark ausgebreitet, vor allem im städtischen Bereich. Ein dauerhaftes Eindringen in die natürliche Vegetation ist bisher nicht nachgewiesen worden.
Robinia pseudoacacia **(Robinie)**: invasiv. Heimat: Nordamerika. Häufiger Zier- und Forstbaum. Dringt gebietsweise in schützenswerte Trockenrasen ein mit stark negativen Auswirkungen auf die dortige Vegetation.
Rosa rugosa **(Kartoffel-Rose)**: invasiv. Heimat: Ostasien. Zierstrauch. In Küstengebieten wird die Art als Erosionsschutz und zur Besucherlenkung gepflanzt und hat dort oft riesige Dominanzbestände aufgebaut, die durch die Beschattung die Artenvielfalt stark einschränken.
Senecio inaequidens **(Schmalblättriges Greiskraut)**: potenziell invasiv. Heimat: Südafrika. Halbstrauch. Neben *Ambrosia* der einzige invasive Neophyt, der als Importbegleiter bei uns eingedrungen ist. Eine explosionsartige Ausbreitung erfolgte Ende des 20. Jh. entlang von Straßen und auf Eisenbahngelände. Inzwischen ist die Art auf verschiedenen offenen Standorten fester Bestandteil der Vegetation. Trotz der starken Ausbreitung konnte ein negativer Einfluss auf die natürliche Vegetation nicht nachgewiesen werden.
Solidago canadensis **(Kanadische Goldrute)**: invasiv. Heimat Nordamerika. Ausdauernde Zierpflanze und Bienentrachtpflanze. Bildet nicht selten riesige Dominanzbestände, besonders in Stromtälern und Auen und kann dort das ökologische Gleichgewicht beeinträchtigen.
Solidago gigantea **(Riesen- oder Späte Goldrute)**: invasiv. Heimat: Nordamerika. Es gilt im Wesentlichen das für die vorige Art Gesagte.
Spartina anglica **(Salz-Schlickgras)**: invasiv. Heimat: England. Ausdauernde Nutzpflanze, die an der Nordseeküste zur Landgewinnung angepflanzt wurde. Hat sich stark vermehrt und bildet oft große artenarme Bestände verbunden mit der Verdrängung der Queller-Bestände (*Salicornia*) und der schützenswerten Flora der Andelzone.
Symphoricarpos albus **(Gewöhnliche Schneebeere)**: potenziell invasiv. Heimat: Nordamerika. Häufiger Zierstrauch. Nicht selten verwildert und dringt gebietsweise in naturnahe Vegetation ein.
Vaccinium × atlanticum **(Amerikanische Kultur-Heidelbeere, Strauch-Heidelbeere)** invasiv. In Kultur entstandene Hybride *V. corymbosum × V. angustifolium*. Heimat der Elternarten: Nordamerika. Obststrauch (liefert die Heidelbeeren der Lebensmittelgeschäfte). Wird seit 1929 in Deutschland erwerbsmäßig angebaut und hat sich von den Anbauflächen aus gebietsweise stark vermehrt. Durch das Eindringen in Kiefernforsten wurde er als ökologische Problempflanze eingestuft.

V. Die Situation der invasiven Neophyten im Überblick

Aus welchen Ländern stammen die invasiven Arten?

Hier steht Nordamerika mit 20 Arten deutlich an der Spitze, gefolgt von Asien mit 10 und Südeuropa mit 3 Arten. Je 1 Art stammt aus England, aus Australien und aus Afrika.

Wie haben die Pflanzen den Weg zu uns gefunden?

Das ist bei den invasiven Arten im Prinzip ähnlich wie bei den nicht-invasiven Arten: Nur 2 Arten sind unabsichtlich als Importbegleiter eingeschleppt worden (*Ambrosia artemisiifolia* und *Senecio inaequidens*). Alle anderen Arten wurden bewusst als Kulturpflanzen vom Menschen hierher gebracht und haben sich dann verselbständigt. Es sind ganz überwiegend Zierpflanzen (inkl. Bienentrachtpflanzen) mit 26 Arten; dazu kommen 4 Forstgehölze, 3 Aquarienpflanzen und 3 Nutzpflanzen.

Worin besteht die Gefahr der invasiven Neophyten?

Die Einschätzung der jeweiligen ökologischen und ökonomischen Schäden und Gefahren ist nur sehr schwer objektiv zu fassen. Die Meinungen gehen auseinander.

Ohne Zweifel können etwa die Staudenknöterich-Arten die heimische Vegetation verdrängen und durch ihre Rhizome erhebliche Schäden an Deichen usw. anrichten. Und Wasserpflanzen wie die *Elodea*-Arten können so stark wuchern, dass ganze Gewässer umkippen und der Schiffsverkehr so stark beeinträchtigt wird, dass die notwendige Entkrautung mit einem hohen finanziellen Aufwand verbunden ist. Einige Pflanzen, besonders auch bestimmte Forstbäume, können gebietsweise in schützenswerte Biotope wie Magerrasen oder Felsvegetation eindringen und diese nachhaltig stören.

Das ist alles richtig und muss sehr ernst genommen werden. Im Allgemeinen wird aber die Gefahr der Neophyten stark überbewertet. Dabei wird oft vergessen, dass auch heimische Arten sich aggressiv ausbreiten können (s. o.).
Im Übrigen darf nicht übersehen werden, was derzeit das Hauptproblem für die heimische Vegetation und die mit ihr aufs Engste verknüpfte Tierwelt ist, nämlich die Extensivierung der Landwirtschaft mit extrem hohem Eintrag von Dünger und chemischen Spritzmitteln und mit einseitigen Monokulturen. Dieses Problem ist weit größer als die Neophyten-Frage. Es kann nur mit vereinten Kräften und ohne gegenseitiges Zuschieben des Schwarzen Peters gelöst werden.

Wie konnte es zu einer so starken Ausbreitung von manchen Neophyten kommen?
Die Ursachen sind sehr verschieden, hochkomplex und oft auch noch unbekannt. Neben der Globalisierung und dem Trend zum Anbau fremdländischer Nutz- und Zierpflanzen inkl. Forstgehölze dürfte die seit Jahrhunderten anhaltende Veränderung unserer Landschaft eine wesentliche Rolle spielen. Allen voran sind hier die zunehmende Verstädterung und die oben angesprochene Intensivierung der Landschaft mit hohem Nährstoffeintrag zu nennen, die die Konkurrenzverhältnisse zwischen heimischen Pflanzen und Fremdpflanzen zu Gunsten letzterer verschoben haben. Oft fördern auch zunächst fehlende natürliche Schädlinge die Ausbreitung neuer Pflanzen. Das ist aber vielfach nur von kurzer Dauer.
In jüngster Zeit ist als wichtiger Faktor für die Ausbreitung von Fremdpflanzen aus wärmeren Gegenden auch die Klimaerwärmung hinzugekommen, vor allem wegen der weniger ausgeprägten winterlichen Fröste. Dazu kommt, dass bei einigen fremdländischen Ziergehölzen schon seit Jahren besser frostverträgliche Sorten gezüchtet worden sind, was die Chance zu effektiven Verwilderungen deutlich erhöht hat.

Wie kann eine weitere Ausbreitung verhindert werden?
Maßnahmen zur Bekämpfung sind ein sehr schwieriges Thema. Um es richtig zu machen, muss man sehr genau die Lebensweise der betreffenden Pflanzen kennen, aber zusätzlich auch die ökologische Gesamtsituation. Da sind schon viele Fehler gemacht worden. So ist etwa das Abmähen des Indischen Springkrauts als einjährige Pflanze eher kontraproduktiv, wenn doch der Samennachschub schon im Boden liegt. Das frühe Entfernen der Blütensprosse beim Riesen-Bärenklau bringt nichts, wenn die Pflanze noch Zeit hat, für Ersatz zu sorgen.
Auch ist das Abschätzen von Kosten und Nutzen schwierig. So sollte im Dritten Reich das Kleinblütige Springkraut durch Ausreißen vernichtet werden, was natürlich nicht gelang. Inzwischen hat sich herausgestellt, dass die Pflanze keinen negativen Einfluss auf die heimische Vegetation ausübt. Auch beim Indischen Springkraut – für viele ein markanter Vertreter der invasiven Neophyten – sind negative Auswirkungen auf die Umgebung nicht nachgewiesen.

VI. Zusammenfassung

Gemäß ihrer Definition als Pflanzen, die nach 1492 wild wachsend aufgetreten sind, gibt es in Deutschland ca. 2000 Neophyten. Von diesen ist mit ca. 1600 Arten der weitaus größte Teil unbeständig. Die übrigen 400 Neophyten haben sich hingegen als Neubürger fest etabliert. Sie sind überwiegend unauffällig und gut in das ökologische Gesamtgefüge integriert.
36 Arten wurden vom Bundesamt für Naturschutz als invasiv bzw. potenziell invasiv eingestuft. Sie besitzen die Fähigkeit, sich unter bestimmten Randbedingungen übermäßig stark auszubreiten.
Die Einschätzung der jeweiligen ökologischen und ökonomischen Schäden und Gefahren von invasiven Neophyten sind sehr schwer objektiv zu fassen. Das Gefahrenpotenzial ist sehr ernst zu nehmen. So sind häufige negative Folgen der Neophyten-Ausbreitung die Bildung von Dominanzbeständen, die die heimische Vegetation unterdrücken bzw. die Artenvielfalt vermindern, und das Eindringen in schützenswerte Biotope. In Einzelfällen kann es auch zu wirtschaftlichen Schäden kommen.
Insgesamt wird aber die Gefahr der Neophyten überschätzt. Auch wird oft übersehen, dass Invasivität kein spezielles Merkmal von Neophyten ist. Maßnahmen zur Bekämpfung sind sehr schwierig. Um es richtig zu machen, muss man die Lebensweise der betreffenden Pflanze ebenso gut kennen wie die ökologische Gesamtsituation der betroffenen Lebensräume.

Systematische Zuordnung der behandelten Pflanzen

Innerhalb der Hauptgruppen erfolgt die Anordnung zur schnelleren Orientierung nicht nach Ordnungen, sondern nach Familien (Endung „-aceae"), und zwar in alphabetischer Reihenfolge.

Der Name der zugehörigen Ordnung (Endung „-ales") wird aber jeweils hinter dem Familiennamen in grüner Schrift angegeben.

Innerhalb der Familien werden die Gattungen ggf. getrennt nach Unterfamilien (Endung: „-oideae") und Tribus (Gattungsgruppen; Endung „-eae") aufgeführt.

Das verwendete System richtet sich im Wesentlichen nach der Angiosperm Phylogeny Group IV (2016) und entspricht damit weitestgehend auch den Angaben im Schmeil/Fitschen (2019) mit der einzigen Ausnahme, dass wir die Chenopodiaceae in die Amaranthaceae einschließen.

Die wissenschaftlichen Namen der Gattungen bzw. deren Umfang richtet sich im Wesentlichen nach der Datenbank www.floraweb.de des Bundesamtes für Naturschutz (Stand 2020). So wie auch im Speziellen Teil sind Abweichungen durch ein * bei dem von uns nicht verwendeten Namen gekennzeichnet. Die Namen entsprechen weitestgehend auch denen im Schmeil/Fitschen (2019). Die wenigen Ausnahmen sind durch [SF] gekennzeichnet.

PTERIDOPHYTA = Farnpflanzen

LYCOPODIOPHYTINA = Bärlappe

Lycopodiaceae (Bärlappgewächse) **[Lycopodiales]**: *Diphasiastrum* (Flachbärlapp), *Huperzia* (Tannenbärlapp), *Lycopodium* (Bärlapp), *Lycopodiella* (Sumpfbärlapp)

Selaginellaceae (Moosfarngewächse) **[Selaginellales]** *Selaginella* (Moosfarn)

EQUISETOPHYTINA = Schachtelhalme

Equisetaceae (Schachtelhalmgewächse) **[Equisetales]**: *Equisetum* (Schachtelhalm)

PSILOPHYTINA = Nacktfarne

Ophioglossaceae (Natternzungengewächse) **[Ophioglossales]**: *Botrychium* (Mondraute), Ophioglossum (Natternzunge)

POLYPODIOPHYTINA = Farne

Aspleniaceae (Streifenfarngewächse) **[Polypodiales]**: *Asplenium* incl. *Ceterach* + *Phyllitis* (Streifenfarn, Milzfarn, Hirschzungenfarn)

Athyriaceae (Frauenfarngewächse) **[Polypodiales]**: *Athyrium* (Frauenfarn)

Blechnaceae (Rippenfarngewächse) **[Polypodiales]**: *Blechnum* = *Struthiopteris* p. p.[SF] (Rippenfarn)

Cystopteridaceae (Blasenfarngewächse) **[Polypodiales]**: *Cystopteris* (Blasenfarn), *Gymnocarpium* (Eichenfarn)

Dennstaedtiaceae (Adlerfarngewächse) **[Polypodiales]**: *Pteridium* (Adlerfarn)

Dryopteridaceae = Aspidiaceae (Wurmfarngewächse) **[Polypodiales]**: *Dryopteris* (Wurmfarn, Dornfarn), *Polystichum* (Schildfarn)

Onocleaceae (Perlfarngewächse) **[Polypodiales]**: *Matteuccia* (Straußenfarn)

Osmundaceae (Königsfarngewächse) **[Osmundales]**: *Osmunda* (Königsfarn)

Polypodiaceae (Tüpfelfarngewächse) **[Polypodiales]**: *Polypodium* (Tüpfelfarn)

Salviniaceae (Schwimmfarngewächse) incl. Azollaceae **[Salviniales]**: *Azolla* (Algenfarn), *Salvinia* (Schwimmfarn)

Thelypteridaceae (Sumpffarngewächse) excl. Cystopteridaceae **[Polypodiales]**: *Phegopteris* (Buchenfarn), *Thelypteris* incl. *Oreopteris* (Lappenfarn, Bergfarn, Sumpffarn)

SPERMATOPHYTA = Samenpflanzen

GYMNOSPERMAE = Nacktsamer

Cupressaceae (Zypressengewächse) **[Pinales]**

- **Cupressoideae**: *Chamaecyparis* (Scheinzypresse), *Cupressus* (Zypresse), *Juniperus* (Wacholder), *Platycladus* (Orientlebensbaum), *Thuja* (Lebensbaum)

Ginkgoaceae (Ginkgogewächse) **[Ginkgoales]**: *Ginkgo* (Ginkgo)

Pinaceae (Kieferngewächse) **[Pinales]**: *Abies* (Tanne), *Cedrus* (Zeder), *Larix* (Lärche), *Picea* (Fichte), *Pinus* (Kiefer), *Pseudotsuga* (Douglasie), *Tsuga* (Hemlocktanne)

Taxaceae (Eibengewächse) **[Pinales]**: *Taxus* (Eibe)

ANGIOSPERMAE = Bedecktsamer

1. BASALE BEDECKTSAMER

Aristolochiaceae (Osterluzeigewächse) **[Piperales]**

- **Aristolochioideae**: *Aristolochia* (Osterluzei)
- **Asaroideae**: *Asarum* (Haselwurz)

Nymphaeaceae (Seerosengewächse) **[Nymphaeales]**

- **Nupharoideae**: *Nuphar* (Teichrose)
- **Nymphaeoideae**: *Nymphaea* (Seerose)

2. MAGNOLIIDAE

Magnoliaceae (Magnoliengewächse) **[Magnoliales]**: *Liriodendron* (Tulpenbaum), *Magnolia* (Magnolie)

3. MONOCOTYLEDONEAE = Einkeimblättrige

Acoraceae (Kalmusgewächse) **[Acorales]** *Acorus* (Kalmus)

Agavaceae → Asparagaceae

Alismataceae (Froschlöffelgewächse) **[Alismatales]**: *Alisma* (Froschlöffel), *Sagittaria* (Pfeilkraut)

Alliaceae → Amaryllidaceae

Amaryllidaceae (Narzissengewächse) incl. Alliaceae **[Asparagales]**

- **Allioideae**: *Allium* (Zwiebel, Lauch)
- **Amaryllidoideae**: *Galanthus* (Schneeglöckchen), *Leucojum* (Knotenblume), *Narcissus* (Narzisse)

Araceae (Aronstabgewächse) incl. Lemnaceae, excl. Acoraceae **[Alismatales]**

- **Aroideae**: *Arum* (Aronstab), *Calla* (Schlangenwurz)
- **Lemnoideae**: *Lemna* (Wasserlinse), *Spirodela* (Teichlinse), *Wolffia* (Zwergwasserlinse)

Asparagaceae (Spargelgewächse) incl. Agavaceae, Anthericaceae, Convallariaceae, Hyacinthaceae **[Asparagales]**

- **Agavoideae**
- Anthericeae: *Anthericum* (Graslilie)
- **Asparagoideae**: *Asparagus* (Spargel)
- **Nolinoideae**
- Convallarieae: *Convallaria* (Maiglöckchen)
- Polygonateae: *Polygonatum* (Weißwurz), *Maianthemum* (Schattenblümchen)
- **Scilloideae**
- Hyacintheae: *Hyacinthoides* (Hasenglöckchen), *Hyacinthus* (Hyazinthe), *Muscari* (Traubenhyazinthe), *Scilla* incl. *Othocallis*[SF] (Blaustern)
- Ornithogaleae: *Ornithogalum* (Milchstern)

Butomaceae (Schwanenblumengewächse) **[Alismatales]**: *Butomus* (Schwanenblume)

Colchicaceae (Herbstzeitlosengewächse) **[Liliales]**: *Colchicum* (Zeitlose)

Convallariaceae → Asparagaceae

Cyperaceae (Riedgrasgewächse, Sauergräser) **[Poales]**: *Bolboschoenus* (Strandsimse), *Carex* (Segge), *Eleocharis* (Sumpfbinse), *Eriophorum* (Wollgras), *Schoenoplectus* (Teichbinse), *Scirpus* (Simse)

Hydrocharitaceae (Froschbissgewächse) **[Alismatales]**

Anacharidoideae: *Egeria* (Nektarwasserpest), *Elodea* excl. *Egeria*[SF] (Wasserpest)

Hydrocharitoideae: *Hydrocharis* (Froschbiss)

Stratioideae: *Stratiotes* (Krebsschere)

Iridaceae (Schwertliliengewächse) **[Asparagales]**

Crocoideae: *Crocus* (Krokus), *Gladiolus* (Siegwurz)

Iridoideae: *Iris* (Schwertlilie)

Juncaceae (Binsengewächse) **[Poales]**: *Juncus* (Binse), *Luzula* (Hainsimse)

Juncaginaceae (Dreizackgewächse) **[Alismatales]**: *Triglochin* (Dreizack)

Lemnaceae → Araceae

Liliaceae (Liliengewächse) **[Liliales]**

Lilioideae

Lilieae: *Fritillaria* (Schachbrettblume), *Gagea* (Goldstern), *Lilium* (Lilie), *Tulipa* (Tulpe)

Melanthiaceae (Germergewächse) incl. Trilliaceae **[Liliales]**: *Paris* (Einbeere), *Veratrum* (Germer)

Nartheciaceae (Beinbrechgewächse) **[Dioscoreales]**: *Narthecium* (Beinbrech)

Orchidaceae (Orchideen, Knabenkrautgewächse) **[Asparagales]**

Cypripedioideae: *Cypripedium* (Frauenschuh)

Epidendroideae

Neottieae: *Cephalanthera* (Waldvöglein), *Limodorum* (Dingel), *Listera* = *Neottia* p. p.[SF] (Zweiblatt), *Epipactis* (Sitter, Sumpfwurz), *Neottia* (Nestwurz)

Calypsoeae: *Corallorhiza* (Korallenwurz)

Orchidoideae

Cranichideae: *Goodyera* (Netzblatt)

Orchideae: *Anacamptis* (Hundswurz) = *Orchis* p.p.*, *Coeloglossum* (Hohlzunge), *Dactylorhiza* excl. *Coeloglossum*[SF] (Fingerknabenkraut), *Gymnadenia* (Händelwurz), *Herminium* (Einknolle, Honigorchis), *Himantoglossum* (Riemenzunge), *Neotinea* (Keuschständel. Keuschorchis) = *Orchis* p.p.*, *Nigritella* (Kohlröschen), *Ophrys* (Ragwurz), *Orchis* (Knabenkraut), *Platanthera* (Waldhyazinthe), *Pseudorchis* (Weißzüngel, Höswurz)

Poaceae (Süßgräser) **[Poales]**

Arundinoideae

Arundineae: *Molinia* (Pfeifengras), *Phragmites* (Schilf)

Chloridoideae: *Eragrostis* (Liebesgras), *Spartina* (Schlickgras)

Danthonioideae: *Danthonia* (Dreizahn)

Panicoideae

Paniceae: *Digitaria* (Fingerhirse), *Echinochloa* (Hühnerhirse), *Panicum* (Rispenhirse), *Setaria* (Borstenhirse)

Andropogoneae: *Bothriochloa* (Bartgras), *Sorghum* (Mohrenhirse), *Zea* (Mais)

Pooideae (Die Einteilung wird unterschiedlich gehandhabt)

Aveneae: *Agrostis* (Straußgras), *Aira* (Haferschmiele), *Ammophila* (Strandhafer), *Anthoxanthum* (Ruchgras), *Apera* (Windhalm), *Arrhenatherum* (Glatthafer), *Avena* (Hafer), *Briza* (Zittergras), *Calamagrostis* (Reitgras, Landschilf), *Corynephorus* (Silbergras), *Helictotrichon* (Wiesenhafer), *Holcus* (Honiggras), *Phalaris* (Glanzgras), *Trisetum* (Goldhafer)

Brachypodieae: *Brachypodium* (Zwenke)

Bromeae: *Bromus* (Trespe)

Meliceae: *Glyceria* (Schwaden), *Melica* (Perlgras)

Nardeae: *Nardus* (Borstgras)

Poeae: *Alopecurus* (Fuchsschwanz), *Cynosurus* (Kammgras), *Dactylis* (Knäuelgras), *Deschampsia* (Drahtschmiele, Rasenschmiele), *Festuca* (Schwingel), *Lolium* (Weidelgras, Raigras), *Milium* (Flattergras), *Phleum* (Lieschgras), *Poa* (Rispengras), *Puccinellia* (Salzschwaden), *Sesleria* (Blaugras)

Stipeae: *Stipa* (Federgras)

Triticeae: *Elymus* (Quecke), *Hordelymus* (Waldgerste), *Hordeum* (Gerste), *Leymus* (Strandroggen), *Secale* (Roggen), *Triticum* (Weizen)

Potamogetonaceae (Laichkrautgewächse) incl. Zannichelliaceae, excl. Zosteraceae **[Alismatales]**: *Potamogeton* (Laichkraut), *Zannichellia* (Teichfaden)

Scheuchzeriaceae [Alismatales]: *Scheuchzeria palustris* (Blumenbinse)

Sparganiaceae → Typhaceae

Tofieldiaceae (Simsenliliengewächse) **[Alismatales]**: *Tofieldia* (Simsenlilie)

Typhaceae (Rohrkolbengewächse) incl. Sparganiaceae **[Poales]**: *Sparganium* (Igelkolben), *Typha* (Rohrkolben)

Zannichelliaceae → Potamogetonaceae

Zosteraceae (Seegrasgewächse) **[Alismatales]**: *Zostera* (Seegras)

4. DICOTYLEDONEAE = Zweikeimblättrige

Aceraceae → Sapindaceae

Adoxaceae = Viburnaceae (Moschuskrautgewächse) **[Dipsacales]**

Adoxeae: *Adoxa* (Moschuskraut), *Sambucus* (Holunder)

Viburneae: *Viburnum* (Schneeball)

Amaranthaceae (Fuchsschwanzgewächse) incl. Chenopodiaceae[SF] **[Caryophyllales]**

Amaranthoideae: *Amaranthus* (Fuchsschwanz)

Betoideae: *Beta* (Beta-Rübe)

Chenopodioideae: *Atriplex* (Melde), *Chenopodium* (Gänsefuß) inkl. *Blitum* (Guter Heinrich)[SF], *Dysphania* (Drüsengänsefuß), *Spinacia* (Spinat)

Salicornioideae: *Salicornia* (Queller)

Salsoloideae: *Salsola* (Kalikraut)

Suaeoideae: *Suaeda* (Sode)

Anacardiaceae (Sumachgewächse) **[Sapindales]**: *Rhus* (Essigbaum, Sumach)

Anthericaceae → **Asparagaceae**

Apiaceae (Doldenblütler) **[Dipsacales]**

Apioideae

Apieae: *Anethum* (Dill), *Apium* (Sellerie), *Foeniculum* (Fenchel), *Petroselinum* (Petersilie)

Bupleureae: *Bupleurum* (Hasenohr)

Careae: *Aegopodium* (Giersch), *Carum* (Kümmel), *Falcaria* (Sichelmöhre)

Conioselinum chinense-Clade: *Meum* (Bärwurz)

Conium-Clade: *Conium* (Schierling)

Coriandreae: *Coriandrum* (Koriander)

Oenantheae: *Berula* (Berle), *Cicuta* (Wasserschierling), *Oenanthe* (Wasserfenchel), *Sium* (Merk)

Pimpinelleae: *Pimpinella* (Bibernelle)

Pyramidoptereae: *Bunium* (Knollenkümmel)

Scandiceae: *Anthriscus* (Kerbel), *Caucalis* (Haftdolde), *Chaerophyllum* (Kälberkropf), *Daucus* (Möhre), *Laserpitium* (Laserkraut), *Scandix* (Venuskamm), *Torilis* (Klettenkerbel)

Selineae: *Aethusa* (Hundspetersilie), *Angelica* (Engelwurz), *Peucedanum* (Haarstrang), *Selinum* (Silge)

Sinodielsia-Klade: *Levisticum* (Liebstöckel), *Silaum silaus* (Wiesensilge)

Tordylieae: *Heracleum* (Bärenklau), *Pastinaca* (Pastinak)

Saniculoideae (= Apioideae p. p.)

Saniculeae: *Astrantia* (Sterndolde), *Eryngium* (Mannstreu), *Sanicula* (Sanikel)

Apocynaceae (Hundsgiftgewächse) incl. Asclepiadaceae **[Gentianales]**

Apocynoideae

Apocyneae: *Vinca* (Immergrün)

Asclepiadoideae

Asclepiadeae: *Vincetoxicum* (Schwalbenwurz)

Aquifoliaceae (Stechpalmengewächse) **[Aquifoliales]**: *Ilex* (Stechpalme)

Araliaceae incl. Hydrocotylaceae (Efeugewächse) **[Apiales]**

Aralioideae: *Hedera* (Efeu)

Hydrocotyloideae: *Hydrocotyle* (Wassernabel)

Asclepiadaceae → Apocynaceae

Asteraceae (Korbblütler) **[Asterales]**

Asteroideae

Anthemideae: *Achillea* (Schafgarbe), *Anacyclus* (Bertram), *Anthemis* incl. *Cota*[SF] (Hundskamille), *Artemisia* (Wermut), *Chamaemelum* (Römische Kamille), *Chrysanthemum* (Chrysantheme), *Glebionis* (Wucherblume), *Leucanthemum* (Margerite), *Matricaria* (Kamille), *Tripleurospermum* (Strandkamille), *Tanacetum* (Rainfarn)

Astereae: *Aster* (Aster), *Bellis* (Gänseblümchen), *Bellidiastrum* (Alpenmaßliebchen), *Callistephus* (Sommeraster), *Erigeron* incl. *Conyza* (Berufkraut), *Galatella* (Steppenaster), *Symphyotrichum* (Herbstaster), *Tripolium* (Salzaster), *Solidago* (Goldrute)

Calenduleae: *Calendula* (Ringelblume)

Coreopsideae: *Bidens* (Zweizahn), *Dahlia* (Dahlie)

Eupatorieae: *Eupatorium* (Wasserdost)

Gnaphalieae: *Antennaria* (Katzenpfötchen), *Gnaphalium* incl. *Omalotheca* (Ruhrkraut), *Helichrysum* (Strohblume), *Leontopodium* (Edelweiß), *Xerochrysum* (Immortelle, Gartenstrohblume)

Heliantheae: *Ambrosia* (Taubenkraut), *Helianthus* (Sonnenblume), *Xanthium* (Spitzklette)

Inuleae: *Dittrichia* (Klebalant), *Inula* (Alant)

Madieae: *Arnica* (Arnika, Wohlverleih)

Millerieae: *Galinsoga* (Knopfkraut)

Senecioneae: *Homogyne* (Brandlattich), *Petasites* (Pestwurz), *Senecio* incl. *Jacobaea* (Greiskraut), *Tussilago* (Huflattich)

Carduoideae

Cynareae = Cardueae: *Arctium* (Klette), *Carduus* (Distel), *Carlina* (Silberdistel), *Centaurea* incl. *Cyanus*[SF] (Flockenblume, Kornblume), *Cirsium* (Kratzdistel), *Echinops* (Kugeldistel), *Onopordum* (Eselsdistel)

Cichorioideae

Lactuceae = Cichorieae: *Chondrilla* (Knorpellattich), *Cicerbita* (Milchlattich), *Cichorium* (Wegwarte), *Crepis* (Pippau), *Hieracium* incl. *Pilosella* (Habichtskraut), *Hypochaeris* (Ferkelkraut),

Lactuca (Lattich, Salat), *Lapsana* (Rainkohl), *Leontodon* (Leuenzahn), *Mycelis* (Mauerlattich), *Picris* (Bitterkraut), *Prenanthes* (Hasenlattich), *Scorzonera* (Schwarzwurzel), *Scorzoneroides* (Schuppenlöwenzahn), *Sonchus* (Gänsedistel), *Taraxacum* (Löwenzahn, Kuhblume), *Tragopogon* (Bocksbart)

Balsaminaceae (Balsaminengewächse, Springkrautgewächse) **[Ericales]**: *Impatiens* (Springkraut)

Berberidaceae (Sauerdorngewächse) **[Ranunculales]**: *Berberis* (Sauerdorn), *Mahonia* (Mahonie)

Betulaceae incl. Corylaceae (Birkengewächse) **[Fagales]**

Betuloideae: *Alnus* (Erle), *Betula* (Birke)

Coryloideae: *Carpinus* (Hainbuche), *Corylus* (Haselnuss)

Boraginaceae incl. Hydrophyllaceae (Raublattgewächse, Borretschgewächse) **[Boraginales]**

Boraginoideae (Die Einteilung wird unterschiedlich gehandhabt)

Lithospermeae: *Buglossoides* incl. *Lithospermum* (Rindszunge, Steinsame), *Echium* (Natternkopf)

Boragineae: *Anchusa* (Krummhals), *Borago* (Borretsch), *Pulmonaria* (Lungenkraut), *Symphytum* (Beinwell)

Cynoglosseae: *Cynoglossum* (Hundszunge), *Omphalodes* (Gedenkemein)

Myosotideae: *Myosotis* (Vergissmeinnicht)

Hydrophylloideae: *Phacelia* (Büschelschön)

Brassicaceae (Kreuzblütler) **[Brassicales]** (Die Einteilung wird unterschiedlich gehandhabt)

Alysseae: *Alyssum* (Steinkraut), *Aurinia* (Steinkraut), *Berteroa* (Graukresse)

Anastaticeae: *Lobularia* (Silberkraut)

Anchonieae: *Matthiola* (Levkoje)

Arabideae: *Arabis* (Gänsekresse), *Aubrieta* (Blaukissen), *Draba* (Felsenblümchen) incl. *Erophila* (Hungerblümchen)

Biscutelleae: *Biscutella* (Brillenschötchen)

Brassiceae: *Brassica* (Kohl), *Cakile* (Meersenf), *Crambe* (Meerkohl), *Diplotaxis* (Doppelsame), *Eruca* (Ölrauke), *Raphanus* (Hederich, Rettich), *Sinapis* (Senf)

Buniadeae: *Bunias* (Zackenschötchen)

Camelineae: *Arabidopsis* (Schmalwand) incl. *Cardaminopsis* (Schaumkresse), *Camelina* (Leindotter), *Capsella* (Hirtentäschel), *Turritis* (Turmkraut)

Cardamineae: *Armoracia* (Meerrettich), *Barbarea* (Winterkresse), *Cardamine* incl. *Dentaria* (Schaumkraut), *Nasturtium* (Brunnenkresse), *Rorippa* (Sumpfkresse)

Cochlearieae: *Cochlearia* (Löffelkraut)

Descurainieae: *Descurainia* (Besenrauke)

Erysimeae: *Erysimum* (Goldlack)

Hesperideae: *Hesperis* (Nachtviole)

Iberideae: *Iberis* (Schleifenblume)

Isatideae: *Isatis* (Waid)

Lepidieae: *Lepidium* incl. *Cardaria* und *Coronopus* (Kresse)

Linarieae: *Lunaria* (Silberblatt)

Noccaeeae: *Microthlaspi* (Kleintäschelkraut), *Noccaea* (Täschelkraut)

Sisymbrieae: *Sisymbrium* (Rauke),

Thlaspideae: *Alliaria* (Knoblauchsrauke), *Thlaspi* (Hellerkraut)

Buddlejaceae → Scrophulariaceae

Buxaceae (Buchsbaumgewächse) **[Buxales]**: *Buxus* (Buchsbaum)

Callitrichaceae → Plantaginaceae

Campanulaceae (Glockenblumengewächse) **[Asterales]**

Campanuloideae: *Campanula* (Glockenblume), *Jasione* (Sandglöckchen), *Legousia* (Frauenspiegel), *Phyteuma* (Teufelskralle)

Cannabaceae (Hanfgewächse) **[Rosales]**: *Cannabis* (Hanf), *Humulus* (Hopfen)

Caprifoliaceae (Geißblattgewächse) incl. Dipsacaceae, Linnaeaceae, Valerianaceae; excl. Sambucaceae **[Dipsacales]**

Caprifolioideae: *Lonicera* (Geißblatt), *Symphoricarpos* (Schneebeere)

Dipsacoideae: *Dipsacus* (Karde), *Knautia* (Witwenblume), *Scabiosa* (Skabiose), *Succisa* (Teufelsabbiss)

Linnaeoideae: *Linnaea* (Moosglöckchen)

Valerianoideae: *Valeriana* (Baldrian), *Valerianella* (Feldsalat)

Caryophyllaceae (Nelkengewächse) incl. Illecebraceae **[Caryophyllales]**

Alsineae: *Stellaria* (Sternmiere), *Cerastium* (Hornkraut)

Arenarieae: *Arenaria* (Sandkraut), *Moehringia* (Nabelmiere)

Caryophylleae: *Dianthus* (Nelke), *Petrorhagia* (Felsennelke), *Saponaria* (Seifenkraut)

Paronychieae: *Herniaria* (Bruchkraut)

Sagineae: *Sagina* (Mastkraut)

Scleranthеae: *Scleranthus* (Knäuel)

Sileneae: *Agrostemma* (Rade), *Silene* incl. *Lychnis**, SF und *Viscaria**, SF (Lichtnelke, Nachtnelke, Pechnelke)

Sperguleae: *Spergula* (Spörgel), *Spergularia* (Schuppenmiere)

Celastraceae (Spindelstrauchgewächse) **[Celastrales]**
Celastroideae: *Euonymus* (Pfaffenhütchen)
Parnassioideae: *Parnassia* (Herzblatt)
Ceratophyllaceae (Hornblattgewächse) **[Ceratophyllales]**: *Ceratophyllum* (Hornblatt)
Chenopodiaceae (Gänsefußgewächse) → Amaranthaceae
Cistaceae (Zistrosengewächse) **[Malvales]**: *Fumana* (Nadelröschen), *Helianthemum* (Sonnenröschen)
Convolvulaceae (Windengewächse) incl. Cuscutaceae **[Solanales]**
Convolvuloideae: *Calystegia* (Zaunwinde), *Convolvulus* (Winde)
Cuscutoideae: *Cuscuta* (Seide)
Cornaceae (Hartriegelgewächse) **[Cornales]**: *Cornus* (Hartriegel)
Corylaceae → Betulaceae
Crassulaceae (Dickblattgewächse) **[Saxifragales]**
Sempervivoideae: *Sedum* incl. *Hylotelephium**, SF und *Phedimus**, SF (Mauerpfeffer), *Sempervivum* incl. *Jovibarba* (Hauswurz)
Cucurbitaceae (Kürbisgewächse) **[Cucurbitales]**: *Bryonia* (Zaunrübe), *Cucumis* (Gurke), *Cucurbita* (Kürbis)
Cuscutaceae → Convolvulaceae
Dipsacaceae → Caprifoliaceae
Droseraceae (Sonnentaugewächse) **[Caryophyllales]**: *Drosera* (Sonnentau)
Elaeagnaceae (Ölweidengewächse): *Elaeagnus* (Ölweide), *Hippophae* (Sanddorn)
Empetraceae → Ericaceae
Ericaceae (Heidekrautgewächse; incl. Empetraceae, Monotropaceae, Pyrolaceae) **[Ericales]**
Arbutoideae
Arbuteae: *Arctostaphylos* (Bärentraube)
Ericoideae
Empetreae: *Empetrum* (Krähenbeere)
Ericeae: *Calluna* (Besenheide), *Erica* (Heide)
Phyllodoceae: *Kalmia* incl. *Loiseleuria* (Alpenazalee)
Rhodoreae: *Rhododendron* incl. *Ledum* (Alpenrose, Rhododendron, Porst)
Monotropoideae
Monotropeae: *Monotropa* = *Hypopitys**, SF (Fichtenspargel)
Pyroleae: *Moneses* (Moosauge), *Orthilia* (Birngrün), *Pyrola* (Wintergrün)
Vaccinioideae
Andromedeae: *Andromeda* (Rosmarinheide)
Vaccinieae: *Vaccinium* (Heidelbeere, Blaubeere, Moosbeere)

Euphorbiaceae (Wolfsmilchgewächse) **[Malpighiales]**
Acalyphoideae: *Mercurialis* (Bingelkraut)
Euphorbioideae: *Euphorbia* (Wolfsmilch)
Fabaceae (Schmetterlingsblütler) **[Fabales]**
Faboideae
Fabeae: *Lathyrus* (Platterbse), *Pisum* (Erbse), *Vicia* (Wicke, Saubohne, Ackerbohne)
Galegeae: *Astragalus* (Bärenschote), *Colutea* (Blasenstrauch)
Genisteae: *Cytisus* (Besenginster), *Genista* incl. *Chamaespartium* (Ginster, Flügelginster), *Laburnum* (Goldregen), *Lupinus* (Lupine), *Ulex* (Stechginster)
Hedysareae: *Onobrychis* (Esparsette)
Loteae: *Anthyllis* (Wundklee), *Coronilla* (Kronwicke), *Hippocrepis* (Hufeisenklee), *Lotus* (Hornklee), *Ornithopus* (Vogelfuß), *Securigera* (Beilwicke)
Millettieae: *Wisteria* (Blauregen)
Phaseoleae: *Phaseolus* (Bohne)
Robinieae: *Robinia* (Robinie)
Trifolieae: *Medicago* (Luzerne, Schneckenklee), *Melilotus* (Steinklee), *Ononis* (Hauhechel), *Trifolium* (Klee)
Fagaceae (Buchengewächse) **[Fagales]**
Fagoideae: *Fagus* (Buche)
Quercoideae: *Castanea* (Kastanie), *Quercus* (Eiche)
Fumariaceae → Papaveraceae
Gentianaceae (Enziangewächse) excl. Menyanthaceae **[Gentianales]**
Chironieae: *Centaurium* (Tausendgüldenkraut)
Gentianeae: *Gentiana* (Enzian), *Gentianella* (Kranzenzian), *Gentianopsis* (Fransenenzian)
Geraniaceae (Storchschnabelgewächse) **[Geraniales]**: *Erodium* (Reiherschnabel), *Geranium* (Storchschnabel)
Globulariaceae → Plantaginaceae
Grossulariaceae (Stachelbeergewächse) **[Buxales]**: *Ribes* (Stachelbeere)
Haloragaceae (Seebeerengewächse) **[Saxifragales]**: *Myriophyllum* (Tausendblatt)
Hippocastanaceae → Sapindaceae
Hippuridaceae → Plantaginaceae
Hyacinthaceae → Asparagaceae
Hydrangeaceae (Hortensiengewächse) **[Cornales]**: *Philadelphus* (Pfeifenstrauch)
Hydrocotylaceae → Araliaceae
Hydrophyllaceae → Boraginaceae
Hypericaceae (Johanniskrautgewächse) **[Malpighiales]**: *Hypericum* (Johanniskraut)
Illecebraceae → Caryophyllaceae

Juglandaceae (Walnussgewächse) **[Fagales]**
Juglandoideae: *Juglans* (Walnuss)
Lamiaceae (Lippenblütler) **[Lamiales]**
Ajugoideae: *Ajuga* (Günsel), *Teucrium* (Gamander)
Lamioideae
incertae sedis: *Betonica* (Heilziest), *Galeopsis* (Hohlzahn)
Lamieae: *Lamium* incl. *Galeobdolon**, SF (Taubnessel, Goldnessel)
Leonureae: *Leonurus* (Herzgespann)
Marrubieae: *Ballota* (Schwarznessel)
Stachydeae: *Melittis* (Bienensaug), *Stachys* (Ziest)
Nepetoideae
Lavanduleae: *Lavandula* (Lavendel)
Mentheae: *Acinos* (Steinquendel), *Clinopodium* (Wirbeldost), *Glechoma* (Gundermann), *Hyssopus* (Ysop), *Lycopus* (Wolfstrapp), *Melissa* (Melisse), *Mentha* (Minze), *Nepeta* (Katzenminze), *Origanum* (Dost), *Prunella* (Braunelle), *Rosmarinus* (Rosmarin), *Salvia* (Salbei), *Satureja* (Bohnenkraut), *Thymus* (Thymian)
Scutellarioideae: *Scutellaria* (Helmkraut)
Lentibulariaceae (Wasserschlauchgewächse) **[Lamiales]**: *Pinguicula* (Fettkraut), *Utricularia* (Wasserschlauch)
Linaceae (Leingewächse) **[Malphighiales]**: *Linum* (Lein)
Linnaeaceae → Caprifoliaceae
Loranthaceae (Riemenblumengewächse) excl. Viscaceae **[Santalales]**: *Loranthus* (Eichenmistel)
Lythraceae (Blutweiderichgewächse) incl. Trapaceae **[Myrtales]**
Lythroideae: *Lythrum* (Blutweiderich)
Trapoideae: *Trapa* (Wassernuss)
Malvaceae (Malvengewächse) incl. Tiliaceae **[Malvales]**
Malvoideae
Malveae: *Alcea* (Stockrose), *Althaea* (Eibisch), *Malva* (Malve)
Hibisceae: *Hibiscus* (Hibiskus)
Tilioideae: *Tilia* (Linde)
Menyanthaceae (Fieberkleegewächse) **[Asterales]**: *Menyanthes* (Fieberklee), *Nymphoides* (Seekanne)
Monotropaceae → Ericaceae
Montiaceae (Quellkrautgewächse) **[Caryophyllales]**: *Claytonia* (Tellerkraut), *Montia* (Quellkraut)
Myricaceae (Gagelgewächse) **[Fagales]**: *Myrica* (Gagelstrauch)
Oleaceae (Ölbaumgewächse) **[Lamiales]**
Forsythieae: *Forsythia* (Forsythie)
Oleeae: *Fraxinus* (Esche), *Ligustrum* (Liguster, Rainweide), *Syringa* (Flieder)
Jasmineae: *Jasminum* (Jasmin) [bei *Forsythia*]
Onagraceae (Nachtkerzengewächse) **[Myrtales]**
Onagroideae
Circaeeae: *Circaea* (Hexenkraut)
Epilobieae: *Epilobium* (Weidenröschen)
Onagreae: *Oenothera* (Nachtkerze)
Orobanchaceae (Sommerwurzgewächse) incl. Scrophulariaceae p. p. **[Lamiales]**
Orobancheae: *Orobanche* (Sommerwurz)
Rhinantheae: *Euphrasia* (Augentrost), *Lathraea* (Schuppenwurz), *Melampyrum* (Wachtelweizen), *Odontites* (Zahntrost), *Pedicularis* (Läusekraut), *Rhinanthus* (Klappertopf)
Oxalidaceae (Sauerkleegewächse) **[Oxalidales]**: *Oxalis* (Sauerklee)
Paeoniaceae (Pfingstrosengewächse) **[Saxifragales]**: *Paeonia* (Pfingstrose)
Papaveraceae (Mohngewächse) **[Ranunculales]**
Papaveroideae
Chelidonieae: *Chelidonium* (Schöllkraut)
Papavereae: *Papaver* (Mohn)
Fumarioideae
Fumarieae: *Corydalis* (Lerchensporn), *Fumaria* (Erdrauch), *Pseudofumaria* (Scheinerdrauch)
Parnassiaceae → Celastraceae
Phrymaceae (Gauklerblumengewächse) **[Lamiales]**: *Mimulus* (Gauklerblume)
Plantaginaceae (Wegerichgewächse) incl. Callitrichaceae, Globulariaceae, Hippuridaceae und Scrophulariaceae p. p. **[Lamiales]**
Antirrhineae: *Antirrhinum* (Löwenmäulchen), *Chaenorrhinum* (Klaffmund, Kleiner Orant), *Cymbalaria* (Zimbelkraut), *Linaria* (Leinkraut), *Misopates* (Ackerlöwenmaul, Großer Orant)
Callitricheae: *Callitriche* (Wasserstern), *Hippuris* (Tannenwedel)
Digitalideae: *Digitalis* (Fingerhut)
Globularieae: *Globularia* (Kugelblume)
Plantagineae: *Plantago* (Wegerich)
Veroniceae: *Veronica* incl. *Pseudolysimachion* (Ehrenpreis, Blauweiderich)
Platanaceae (Platanengewächse) **[Proteales]**: *Platanus* (Platane)
Plumbaginaceae (Bleiwurzgewächse, Grasnelkengewächse) **[Caryophyllales]**
Limonioideae: *Armeria* (Grasnelke), *Limonium* = *Statice* (Strandflieder)
Polemoniaceae (Sperrkrautgewächse) **[Ericales]**
Polemonioideae

Polemonieae: *Polemonium* (Himmelsleiter, Sperrkraut)

Polygalaceae (Kreuzblumengewächse) **[Polygalaceae]**

Polygaleae: *Polygala* (Kreuzblume)

Polygonaceae (Knöterichgewächse) **[Caryophyllales]**

Polygonoideae

Fagopyreae: *Fagopyrum* (Buchweizen)

Persicarieae: *Bistorta* (Wiesenknöterich), *Persicaria* (Knöterich)

Polygoneae: *Fallopia* incl. *Reynoutria*[SF] (Flügelknöterich, Staudenknöterich), *Polygonum* (Vogelknöterich)

Rumiceae: *Rheum* (Rhabarber), *Rumex* (Ampfer)

Portulacaceae (Portulakgewächse) excl. Montiaceae **[Caryophyllales]**: *Portulaca* (Portulak)

Primulaceae (Primelgewächse) incl. Myrsinaceae **[Ericales]**

Theophrastoideae

Samoleae: *Samolus* (Salzbunge)

Myrsinoideae: *Anagallis* (Gauchheil), *Cyclamen* (Alpenveilchen), *Glaux* (Milchkraut), *Lysimachia* (Gilbweiderich), *Trientalis* (Siebenstern)

Primuloideae: *Hottonia* (Wasserfeder), *Primula* (Schlüsselblume), *Soldanella* (Alpenglöckchen)

Pyrolaceae → Ericaceae

Ranunculaceae (Hahnenfußgewächse) **[Ranunculales]**

Ranunculoideae

Actaeeae: *Actaea* (Christophskraut), *Eranthis* (Winterling)

Adonideae: *Adonis* (Adonisröschen), *Trollius* (Trollblume)

Anemoneae: *Anemone* (Windröschen), *Clematis* (Waldrebe), *Hepatica* (Leberblümchen), *Pulsatilla* (Küchenschelle)

Calthaeae: *Caltha* (Dotterblume)

Delphinieae: *Aconitum* (Eisenhut), *Consolida* (Rittersporn), *Delphinium* (Rittersporn)

Helleboreae: *Helleborus* (Nieswurz, Christrose)

Nigelleae: *Nigella* (Schwarzkümmel)

Ranunculeae: *Myosurus* (Mäuseschwänzchen), *Ranunculus* incl. *Ficaria**, [SF] (Hahnenfuß, Scharbockskraut)

Resedaceae (Resedengewächse) **[Brassicales]**: *Reseda* (Resede, Wau)

Rhamnaceae (Kreuzdorngewächse) **[Rosales]**

Rhamneae: *Frangula* (Faulbaum), *Rhamnus* (Kreuzdorn)

Rosaceae (Rosengewächse) **[Rosales]**

Amygdaloideae

Amygdaleae: *Prunus* (Kirsche, Pflaume, Schwarzdorn, Schlehe)

Spiraeeae (früher Spiraeoideae s. str.): *Aruncus* (Geißbart), *Spiraea* (Spierstrauch)

Maleae (früher Maloideae): *Amelanchier* (Felsenbirne), *Chaenomeles* (Zierquitte), *Cotoneaster* (Zwergmispel), *Crataegus* (Weißdorn), *Cydonia* (Quitte), *Malus* (Apfel), *Mespilus* (Mispel), *Pyracantha* (Feuerdorn), *Pyrus* (Birne), *Sorbus* incl. *Cormus*[SF] (Eberesche, Mehlbeere, Elsbeere, Speierling)

Dryadoideae: *Dryas* (Silberwurz)

Rosoideae

Agrimonieae: *Agrimonia* (Odermennig), *Sanguisorba* (Wiesenknopf)

Colurieae: *Geum* (Nelkenwurz)

Potentilleae: *Alchemilla* (Frauenmantel), *Aphanes* (Ackerfrauenmantel), *Comarum* (Sumpf-Blutauge), *Dasiphora* (Strauchfingerkraut), *Fragaria* (Erdbeere), *Potentilla* incl. *Duchesnea* (Fingerkraut, Scheinerdbeere)

Roseae: *Rosa* (Rose)

Rubeae: *Rubus* (Brombeere, Himbeere)

Ulmarieae: *Filipendula* (Mädesüß)

Rubiaceae (Rötegewächse) **[Gentianales]**

Rubioideae

Rubieae: *Asperula* (Meier), *Cruciata* (Kreuzlabkraut), *Galium* (Labkraut), *Rubia* (Röte), *Sherardia* (Ackerröte)

Rutaceae (Rautengewächse) **[Sapindales]**

Rutoideae

Ruteae: *Ruta* (Raute)

Toddaloideae: *Dictamnus* (Diptam)

Salicaceae (Weidengewächse)

Salicoideae

Saliceae: *Populus* (Pappel), *Salix* (Weide)

Sambucaceae → Adoxaceae

Santalaceae (Sandelholzgewächse, Leinblattgewächse) incl. Viscaceae **[Santalales]**

Thesieae: *Thesium* (Leinblatt),

Visceae: *Viscum* (Mistel)

Sapindaceae incl. Aceraceae und Hippocastanaceae (Seifenbaumgewächse) **[Sapindales]**

Hippocastanoideae

Acereae: *Acer* (Ahorn)

Hippocastaneae: *Aesculus* (Rosskastanie)

Saxifragaceae excl. Grossulariaceae und Parnassiaceae (Steinbrechgewächse) **[Buxales]**

Saxifragoideae *Saxifraga* (Steinbrech)

Heucheroideae *Chrysosplenium* (Milzkraut)

Scrophulariaceae (Braunwurzgewächse) incl. Buddlejaceae, excl. Orobanchaceae, Plantaginaceae p. p. und Phrymaceae **[Lamiales]**

Buddlejeae: *Buddleja* (Sommerflieder)
Scrophularieae: *Scrophularia* (Braunwurz), *Verbascum* (Königskerze)

Simaroubaceae (Bittereschengewächse, Bitterholzgewächse) **[Sapindales]**: *Ailanthus* (Götterbaum)

Solanaceae (Nachtschattengewächse) **[Solanales]**
Nicotianoideae: *Nicotiana* (Tabak)
Solanoideae
Capsiceae: *Capsicum* (Paprika)
Datureae: *Brugmansia* (Engelstrompete), *Datura* (Stechapfel)
Hyoscyameae: *Atropa* (Tollkirsche), *Hyoscyamus* (Bilsenkraut)
Lycieae: *Lycium* (Bocksdorn)
Physaleae: *Physalis* (Blasenkirsche, Judenkirsche)
Solaneae: *Solanum* incl. *Lycopersicon* (Nachtschatten, Kartoffel, Tomate)

Thymelaeaceae (Spatzenzungengewächse, Seidelbastgewächse) **[Malvales]**
Thymelaeoideae: *Daphne* (Seidelbast)

Tiliaceae → Malvaceae

Trapaceae → Lythraceae

Tropaeolaceae (Kapuzinerkressengewächse) **[Brassicales]**: *Tropaeolum* (Kapuzinerkresse)

Ulmaceae (Ulmengewächse): *Ulmus* (Ulme)

Urticaceae (Brennnesselgewächse)
Parietarieae: *Parietaria* (Glaskraut)
Urticeae: *Urtica* (Brennnessel)

Valerianaceae → Caprifoliaceae

Verbenaceae (Eisenkrautgewächse) **[Lamiales]**
Verbeneae: *Verbena* (Eisenkraut)

Viburnaceae → Adoxaceae

Violaceae (Veilchengewächse) **[Malphigiales]**
Violoideae
Violeae: *Viola* (Veilchen, Stiefmütterchen)

Viscaceae → Santalaceae

Vitaceae (Weingewächse) **[Vitales]**
Vitoideae: *Parthenocissus* (Zaunrebe, Jungfernrebe), *Vitis* (Wein)

Spezieller Teil

Pflanzenporträts in alphabetischer Reihenfolge der wissenschaftlichen Namen

Die Namengebung richtet sich im Wesentlichen nach der Datenbank www.floraweb.de des Bundesamtes für Naturschutz (Stand 2020).
* = Ein Sternchen hinter einem Pflanzennamen markiert die Fälle, in denen ein dort vorgeschlagener Name nicht verwendet wurde.

Die Familiennamen entsprechen – wie heute allgemein üblich – den Ergebnissen der Angiosperm Phylogeny Group IV (2016). Man vergleiche hierzu das vorausgehende Kapitel „Systematische Zuordnung der behandelten Pflanzen“. Wichtige Änderungen gegenüber früher werden jeweils im Abschnitt „Systematik“ besprochen, in dem auch ggf. auf verwandte Arten hingewiesen wird.

Abies alba MILLER, Weiß-Tanne, Edel-Tanne

Pinaceae (= Kieferngewächse)

Immergrüner Nadelbaum. Mit bis 60(–75) m Höhe höchster europäischer Baum. Der größte jährliche Höhenzuwachs liegt zwischen dem 20. und 40. Lebensjahr und beträgt ca. 50 cm. Stammdurchmesser in Brusthöhe bis 2(–4) m. Bis 600 Jahre alt werdend. Die forstwirtschaftliche Umtriebszeit liegt aber nur bei 90–130 Jahren. Die Krone älterer Bäume ist storchennestartig abgeflacht, da die oberen Seitenäste den Gipfeltrieb überragen. Das Holz ist im Gegensatz zur Fichte (*Picea abies*) nicht harzend, es sei denn nach Verletzung; primäre Harzkanäle fehlen. Die Borke ist hell und meist glatt. Es werden nur Langtriebe und keine Kurztriebe ausgebildet. – Nadeln einzeln stehend, 10–30 mm lang, spiralig den Zweigen ansitzend. Sie sind vorne abgerundet oder ausgerandet (siehe Detailfoto), während sie bei der Fichte spitz sind (Merksatz für heimische Arten: Fichte sticht, Tanne nicht). Im Gegensatz zu den Fichten, bei denen die Nadeln auf kurzen, verholzten Stielchen stehen, die beim Abfallen der Nadeln an den Zweigen zurückbleiben, sitzen bei den Tannen die Nadeln mit verbreitertem, rundlichem Fuß direkt dem Zweig an (saugfußartig) und fallen vollständig ab, sodass die entnadelten Zweige glatt sind. Die Nadeln sind u. a. dadurch vor Austrocknung geschützt, dass die Spaltöffnungen sich in 2 Wachsstreifen auf der Nadelunterseite befinden. Bei gesunden Pflanzen werden sie ca. 7–9(–12) Jahre alt. Zur optimalen Lichtausnutzung sind die unteren und seitlichen Nadeln bis doppelt so lang wie die schräg nach oben gestellten oberen Nadeln. Im Schatten sind sie auf der Zweigoberseite gescheitelt, d. h. sie werden in eine Ebene gestellt. – Tief reichende Pfahlwurzel (später Herzwurzel), daher meist wenig sturmanfällig. Pilzwurzel: obligate ektotrophe Mykorrhiza.

Systematik: Die Gattung ist mit etwa 60 Arten auf den Gebirgen der Nordhalbkugel verbreitet (nach Süden bis Mexiko). Viele davon werden bei uns kultiviert. *A. alba* ist die einzige mitteleuropäische Art.

Namen: „*Abies*“ ist der lat. Name von Tanne und Fichte. Lat. „*albus*“ = weiß, wegen der Farbe der Borke im Vergleich zur Rottanne = Fichte (*Picea*). LINNÉ stellte die Tanne 1753 als *Pinus picea* zu den Kiefern. Der Brite MILLER grenzte 1 Jahr später *Abies* als eigene Gattung ab. – Die Herkunft des Wortes „Tanne“ (ahd. tanna) ist unsicher. Es war eine Bezeichnung für verschiedene Nadelbäume, vor allem Fichte und Tanne, z. T. aber auch Kiefern. Diese Bedeutung hat sich im allgemeinen Sprachgebrauch bis heute gehalten. Der Tann war ein

cke“ nicht zum Fliegen, sondern zur Förderung der Absorption im Bestäubungstropfen (Stützel & Röwekamp 1999; vgl. *Pinus* = Kiefer). Beginn der Blüte erst mit ca. 30–60 Jahren. Honigbienen sammeln den Pollen, ohne sich an der Bestäubung zu beteiligen.

Samen: Reife Zapfen aufrecht (bei der Fichte hängend), walzenförmig, bis 16 cm lang. Man findet sie vor allem im obersten Kronenbereich. Außer den Samen lösen sich im Gegensatz zur Fichte auch die Deck- und Samenschuppen von der verholzenden Zentralachse (Zapfenspindel), die noch jahrelang stehen bleibt. Aufgesammelte „Tannenzapfen“ im Volksmund können also niemals zu Tannen gehören, eher schon zu Fichten, meist sind aber wohl Kiefernzapfen gemeint (siehe bei *Pinus sylvestris*). Samen geflügelt: Schraubenflieger. Dazu Versteckausbreitung durch abgebissene Zapfen. Die Samen sind etwa 6-mal so schwer wie die der Fichte und duften zunächst angenehm harzig. Samenreife: VII–IX. Keimblätter zu 4–8. Lichtkeimer.

Vegetative Vermehrung durch sich bewurzelnde, tief herabhängende Zweige ist möglich.

Verwendung: Wertvolles Bauholz, aber oft auch als Brennholz genutzt; sehr leicht (spezif. Gewicht 0,4 g/cm³). Aus dem Harz wird das „Straßburger Terpentin“ gewonnen. Als Weihnachtsbaum erstmals im 16. Jh. erwähnt (nach Hegi schon in einem französischen Gedicht aus dem 13. Jh.). Der Weihnachtsbaum-Brauch hat sich aber erst seit dem 18. Jh. allmählich eingebürgert, zunächst in Deutschland und von dort ausgehend in der ganzen Welt. Als „Tannenbäume“ dienten dabei lange Zeit vor allem die preisgünstigeren Fichten; zurzeit ist allerdings die Nordmann-Tanne (s. u.) am beliebtesten. – „Tannenhonig“ liefern Bienen nach Besuch von Tannen und anderen Nadelbäumen, an denen Blatt- bzw. Rindenläuse ihre zuckerhaltigen

Nadelwald. Mit „Blau-Tannen“ des Handels sind meist Formen der Stech-Fichte (*Picea pungens*, siehe dort) gemeint.

Vorkommen: Bergmischwälder, in den deutschen Alpen bis maximal 1900 m. Schwerpunkt ist der Schwarzwald. Der Anteil der Tanne an der Waldfläche Deutschlands beträgt nach dem Stand von 2012 insgesamt nur 1,7 %. Der Baum ist besonders empfindlich gegenüber Luftverschmutzung. Er war lange Zeit die vom Waldsterben am stärksten betroffene Baumart; die Schäden sind u. a. erkenntlich am frühen Absterben des Gipfeltriebes. Dank der Entschwefelung der Großfeueranlagen haben sich die Bestände seit einigen Jahren (ca. 2005) wieder etwas erholt. Weniger frostresistent (im Konkurrenzkampf) als die Fichte. Heimisch nach Norden bis Thüringen und Mittelrheingebiet (bei Trier); nördlich davon nur angepflanzt (Forstbaum) oder eingebürgert (Neophyt), so zuweilen in der Eifel. Laut Roter Liste mit dem Stand von 2018 am natürlichen Standort nicht mehr gefährdet.

Blüten: V. Windbestäubung: „Unbeweglicher Typ“. Weibliche Blütenstände (Zapfen) aufrecht, männliche meist abwärts gerichtet. Pollenkörner mit je zwei Luftsäcken, relativ groß (ca. 0,1 mm, bei der Kiefer nur ca. 0,06 mm). Entgegen allgemeiner Vorstellung dienen bei den Nadelbäumen die „Luftsä-

Zweig von oben mit diesjährigen und vorjährigen Nadeln.

Nadeln von unten mit 2 Wachsstreifen, scheibenförmigem Fuß und abgerundeter Spitze.

Ausscheidungsprodukte (Honigtau) hinterlassen haben. Die im Mai geernteten Tannenspitzen sind essbar (Maigrün). Sie können zu Sirup verarbeitet werden und sind ein altes Hausmittel gegen Husten. Auch sonst werden von alters her verschiedene Aufbereitungen der Tanne volksmedizinisch für allerlei Zwecke verwendet.

Weitere Art (vgl. auch Rottanne = *Picea abies* und Blautanne = *Picea pungens*):

Abies nordmanniana (STEVEN) SPACH, Nordmann-Tanne: Zierbaum, bis 50(–70) m hoch. Von *A. alba* u. a. durch die dichte, vorwärts gerichtete Benadelung der Zweigoberseite unterschieden. Heimat: Gebirge des Kaukasus und Kleinasiens. Ist inzwischen der mit Abstand beliebteste Weihnachtsbaum mit einem Anteil von 80 % im Jahre 2019. Er wird zu diesem Zweck in Plantagen kultiviert. Besonders geschätzt werden der gleichmäßige Wuchs, die weichen, nicht stechenden Nadeln und dass der Baum erst Monate nach dem Fällen die Nadeln verliert.

Acer pseudoplatanus LINNAEUS, Berg-Ahorn

Sapindaceae (= Seifenbaumgewächse)

Sommergrüner Laubbaum, mit maximal 30–40 m Höhe größter heimischer Ahorn, bis 500 Jahre alt werdend. Umtriebszeit in der Forstwirtschaft 120–140 Jahre. Schuppenborke. Blätter und Knospen kreuzgegenständig. Die inneren Knospenschuppen tragen an ihrer Spitze manchmal kleine Spreiten (siehe die Abb. zu *A. platanoides*); daraus kann man gut ableiten, dass die Knospenschuppen dem Blattgrund entsprechen. Beim Berg-Ahorn haben die Blätter stumpfe Lappen und spitze Buchten. Herbstlaub leuchtend hellgelb. – Junge Zweige sind durch eine dünne Korkschicht (Periderm) ausgezeichnet. Dadurch kann die darunterliegende grüne primäre Rinde bei mildem Wetter auch in der laubfreien Zeit Photosynthese betreiben. – Herzwurzel. Pilzwurzel (arbuskuläre Mykorrhiza).

Systematik: Die Gattung umfasst je nach Autor 110–200 sommer- oder immergrüne Arten. Fast alle sind auf die gemäßigten Klimate der Nordhalbkugel beschränkt. Bei uns findet man zahlreiche Arten als Ziergehölze. Ehemals in eine eigene Familie Aceraceae (= Ahorngewächse) gestellt, rechnet man die Gattung heute gemeinsam mit den Rosskastanien (*Aesculus*) zu den bei uns sonst nicht vertretenen Sapindaceae.

Schädlinge: Auf der Blattoberseite großblättriger Ahorn-Arten findet man im Herbst häufig schwarze, unregelmäßig gerandete, 1(–2) cm breite Flecken („Teerflecken" oder „Tintenkleckse"), die man auch als Runzelschorf bezeichnet. Sie werden von dem parasitischen Mikropilz *Rhytisma acerinum* hervorgerufen. – Oft findet man auf der Blattunterseite von Ahorn-Arten dicht stehende rote Gallen, verursacht durch Gallmilben der Gattung *Aceria*. – Seit 2018 hat sich die auch für den Menschen gefährliche Rußrindenkrankheit stark ausgebreitet, besonders am Berg-Ahorn. Sie wird durch den Mikropilz *Cryptostroma corticale* hervorgeru-

fen, der u.a. aufgerissene Rinden und Schleimfluss am Stamm hervorruft und langfristig zum Absterben der Bäume führt. Befallen werden nur geschwächte Bäume, z.B. nach Dürreperioden. Die in Mengen produzierten Sporen gelangen leicht in die Atemwege des Menschen und können dort schwere Entzündungen hervorrufen.

Ahornfrüchte sind typische Schraubenflieger, die sich nach ca. 30 cm Fall schnell drehen.

Namen: „*Acer*" ist der lat. Name des Ahorns, zu acer = spitz, scharf, hart. Der Name wird oft mit den spitz auslaufenden Blattzähnen des Spitz-Ahorns (s.u.) erklärt, hängt aber eher mit der ehemaligen Verwendung des harten Holzes zur Herstellung von Speeren zusammen. Neulat. „*pseudoplatanus*" wegen der Ähnlichkeit der Blätter mit denen der Platane, die ihrerseits mit ihrem Namen ‚Ahornblättrige Platane' (*Platanus acerifolia*) auf Ahorn-Arten verweist. – „Ahorn" ist sprachverwandt mit ‚acer' bzw. davon entlehnt und bedeutet ebenfalls ‚spitz'.

Vorkommen: Krautreiche Laubwälder, besonders in Hanglagen, auf nährstoffreichen Böden. Vor allem im Gebirge. Kennart des Aceri-Fraxinetum (Schluchtwald). Sehr oft auch angepflanzt. In Norddeutschland meist nur eingebürgert (Neophyt). Hat sich in Großbritannien stark ausgebreitet und wegen seiner Konkurrenzstärke zur ökologischen Problempflanze entwickelt. Empfindlich gegen Streusalz.

Blüten: V. „Nektar führende Scheibenblumen", in lang herabhängenden, reichblütigen, traubenartigen Rispen, die erst nach dem Laubaustrieb erscheinen. Die Blütenstände enthalten sowohl weibliche als auch männliche Blüten, z.T. mit funktionslosen Resten des anderen Geschlechts. Die Blüten sind ziemlich unscheinbar, gelblich grün. Nektar wird vom freiliegenden Diskus abgesondert. Wichtige Nektar- und Pollenquelle für Honigbienen und zahlreiche Wildbienen-Arten. Weitere Bestäuber sind Fliegen und Blasenfüßer/Thripse (Thysanoptera) (Tal 2009 Plant Syst. Evol. 278: 211). Pollen grünlich braun. Beginn der Blühreife mit 25–50 Jahren.

Früchte: 2-fächerige Spaltfrüchte (siehe Detailfoto), zur Reife in zwei 1-samige, lang geflügelte, nussartige Teilfrüchte zerfallend. Typische Schraubenflieger (Hubschrauberprinzip): Die Drehbewegung beginnt nach ca. 30 cm Fall (ca. 16 Umdrehungen pro Sekunde). Der Bau und die Flugeigenschaften der Ahorn-Teilfrüchte wurden intensiv untersucht und werden in der Technik als Vorlage für den Propellerbau genutzt. Fruchtreife: X–XII.

Verwendung: Wertvolles Nutzholz, weiß, kernlos. Es ist hart und lässt sich gut bearbeiten. Spezif. Gewicht: 0,67 g/cm³. Häufiger Zierbaum. Wie alle großblättrigen Bäume bei Straßenpflanzungen mit relativ gutem Lärmschutzeffekt. Zur Hang- und Haldenbefestigung besonders geeignet. Bienentrachtpflanze (siehe oben). Der Blutungssaft des zeitigen Frühjahrs wurde früher, wie heute noch bei *A. saccharum*, zur Zuckergewinnung genutzt, da dann die im Winter als Stärke gespeicherten Assimilate in Form von Rohrzucker in die austreibenden Knospen transportiert werden. Die jungen Blätter und die Blütenstände dieser und der folgenden Arten können für Salat und Gemüse, die Samen für Kochgemüse verwendet werden. Die Ahorn-Arten sind wichtige Lieferanten von Waldhonig (oder Blatthonig), den die Bienen nicht auf der Basis von Blütennektar, sondern von Ausscheidungsprodukten von Blattläusen (Honigtau) produzieren.

Weitere Arten:

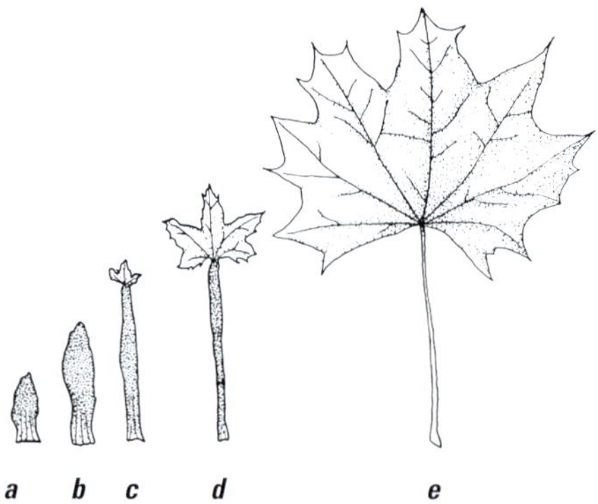

*Spitz-Ahorn: Übergänge von Knospenschuppen (**a**, **b**) zum ausgewachsenen Laubblatt (**e**).*

Acer platanoides L., Spitz-Ahorn: Ähnlich wie vorige Art. Blattlappen lang zugespitzt mit spitzen Zähnen und stumpfen Buchten. Blüten in aufrechten Doldenrispen, vor den Blättern erscheinend: IV–V, vor denen des Berg-Ahorns. Im Frühjahr sehr dekorativer Zierbaum durch die weithin sichtbaren gelben bis gelbgrünen, vor dem Laubaustrieb erscheinenden Blütenstände. Wichtige Bienentrachtpflanze.

Acer campestre L., Feld-Ahorn, Maßholder: Im Ganzen kleiner, Blätter klein, stumpflappig. Auch als Heckenpflanze verwendbar. War wegen der schönen Maserung, insbesondere der Wurzeln, früher ein beliebtes Drechslerholz. Die Blätter wurden nach einer Art Sauerkrautgärung bis ins 16. Jh. vom Menschen gegessen und waren und sind auch als Viehfutter beliebt. Der Name „Maßholder" (althochdeutsch mazzaltra, mazzolter) bezieht sich auf die Verwendung als Nahrung (althochdeutsch maz = Speise) und nicht – wie früher z. T. angenommen – auf die Maserung. Die Endung ‚-der' bedeutet ‚Baum', die Anlehnung an Holder (= Holunder) ist volksetymologisch.

Acer negundo L., Eschen-Ahorn: Blätter gefiedert. Anpassungen an die Windbestäubung: Blüten vor den Blättern erscheinend, eingeschlechtig, zweihäusig verteilt, Blütenhülle reduziert, Diskus fehlend. Blütezeit: IV. Beginn der Blüte bereits mit etwa 7 Jahren. Bienentrachtpflanze. Schnellwüchsig. Holz brüchig. Ausbreitung der Teilfrüchte wegen ihrer Leichtigkeit und großen Oberfläche auch durch Wasser. – Beliebter Zierbaum, z. B. in einer Kultursorte mit grün/weiß-gescheckten (= panaschierten) Blättern. Heimat: Auwälder Nordamerikas. Bei uns in Auwäldern (z. B. am Mittel- und Niederrhein), aber z. T. auch an offenen Standorten verwildert und stellenweise eingebürgert (Neophyt seit dem 18. Jh.). Hat sich in den letzten Jahren stark ausgebreitet und gilt inzwischen als potenziell invasiver Neophyt.

Acer saccharinum L. (= *A. dasycarpum* EHRH.), Silber-Ahorn: Häufiger und hübscher Zierbaum, in Europa seit 1725. Heimat: Nordamerika. Blätter tief gelappt, unterseits silbrig, im Herbst rein gelb. Kaum frostempfindlich. Frühblüher: II–III. Zweihäusig. Windbestäubung. Fruchtreife: V–VI. Die Drehbewegung der herabfallenden Früchte lässt sich hier wegen der relativ schweren Samen besonders gut demonstrieren.

Acer saccharum MARSHALL, Zucker-Ahorn: Bei uns nur selten kultiviert. Heimat: Nordamerika. Seine im Herbst blutrot gefärbten Blätter sind das Staatssymbol Kanadas und tragen wesentlich zu den als ‚Indian Summer' bekannten leuchtend roten Spätsommerwäldern von Teilen Nordamerikas bei. Wie auch die vorige Art liefert vor allem diese im März/April angeschnitten einen Blutungssaft mit einem Gehalt von 3–8 % Rohrzucker. Eingedampft gewinnt man aus ihm den „Ahornsirup" bzw. auch Ahornzucker. Der Sirup ist angeblich als Abmagerungsdiät geeignet.

Aceras anthropophorum → *Orchis anthropophora*

Achillea millefolium LINNAEUS (Artengruppe), Wiesen-Schafgarbe, Gewöhnliche Schafgarbe

Asteraceae (= Korbblütler)

Krautiger, meist wintergrüner Hemikryptophyt (Halbrosettenpflanze) oder Chamaephyt, 20–80(–100) cm hoch. Blätter mehrfach fiederteilig (siehe Detailfoto). – Bis 1 m tief wurzelnd.

Systematik: Die Gattung umfasst 100–200 Arten. Sie gehört in die Gattungsgruppe (Tribus) Anthemideae, siehe *Anthemis* = Hundskamille.

Namen: „*Achillea*" ist der lat.-griech. Name der Pflanze, nach Achilles, dem Helden vor Troja, der nach der Überlieferung die Heilkraft der Pflanze zur Wundbehandlung entdeckt haben soll. „*Millefolium*" ist ein weiterer lat. und mittelalt. Name der Pflanze, zu mille = tausend und folium = Blatt, wegen der in sehr viele Zipfel zerteilten Blätter. –

„Garbe" ist ein germ. Wort, seit dem 15. Jh. wurde es als Schafgarbe näher bestimmt. Schafe fressen in der Tat gerne die Blätter, lassen aber die Blütenstände stehen, weshalb diese in Schafweiden als auffällige Gebilde stehen bleiben.

Vorkommen: Fettwiesen und -weiden, Halbtrockenrasen, Wegränder usw., auf ± nährstoffreichen Böden. Ebene bis Hochgebirge. – Weltweit verschleppt.

Blüten: VI–X. Armblütige Körbchen mit je 5 weißen (selten rötlichen) Zungenblüten zu Doldenrispen vereint. Scheibenblüten (= Röhrenblüten) vormännlich, zwittrig. Bestäuber sind wegen der kurzen Kronröhre Insekten aller Art, so auch verschiedene Schmetterlinge. Dazu Selbstbestäubung. – Zu der gerne auf den Blütenständen auf Beute lauernden Veränderlichen Krabbenspinne siehe *Daucus carota*.

Früchte: Achänen, 1,5–2 mm lang und nur 0,15 mg schwer. Pappus fehlend. Tierstreuer, d.h. die Einzelfrüchte werden wegen der festsitzenden, elastischen Spreublätter von vorbeistreifenden Tieren oder Menschen katapultartig fortgeschleudert. Außerdem Windstreuer oder Zufallsausbreitung: Früchte werden zufällig vom Vieh mit dem Futter aufgenommen und unverdaut abgegeben. Fruchtreife: VIII–X. Wintersteher. Die Samen enthalten ca. 20 % Öl. Lichtkeimer. Samen langlebig (>20 Jahre keimfähig).

Die Blätter sind in „Tausende" von Zipfeln zerteilt.

Vegetative Vermehrung erfolgt lebhaft durch kurze, flach verlaufende, unterirdische Ausläufer, die einen Zuwachs von 7–20 cm pro Jahr erreichen können. Die Verbindungen zur Mutterpflanze können mehrere Jahre erhalten bleiben.

Verwendung: Die Blätter werden wegen der ätherischen Öle (Azulene) und anderer Wirkstoffe arzneilich als Tee ähnlich wie die Kamille verwendet; Photosensibilisierung ebenso wie allergische Veränderungen der Haut sind möglich. Der Bedarf wurde früher durch Absammeln der Wildbestände gedeckt, erfolgt aber heute durch Anbau. Schafgarbe wird auch in der Homöopathie eingesetzt. Mithilfe der Blätter lässt sich Wolle gelb oder braun färben. – Junge Blätter, Blütenknospen und Blüten sind eine wohlschmeckende, würzige Zutat für Wildgemüse oder -salat. – Für Wildpflanzengärten geeignet, aber sehr ausbreitungsfreudig. Auch Zierpflanze in zahlreichen Kultursorten, besonders solchen mit intensiv roten Zungenblüten.

Weitere Arten/Verwandte:

Achillea nobilis L., Edle Schafgarbe: Heil- und Zierpflanze. Von *A. millefolium* durch 2-fach fiederteilige Blätter und fehlende Ausläufer unterschieden. Sommergrün. Zerrieben stark aromatisch duftend. Lückige, basen- oder kalkreiche Trockenrasen, Mauer- und Felsspalten usw. Südlich-kontinental verbreitet, aber zum Teil nur aus alter Kultur verwildert.

Achillea ptarmica L., Sumpf- oder Bertram-Schafgarbe: Blätter ungeteilt, scharf gezähnt, sommergrün. Nasswiesen und Uferstaudenfluren. Körbchen viel größer und weniger zahlreich als bei *A. millefolium*. Beliebte Zierpflanze der Gärten, vor allem in Sorten mit gefüllten Körbchen, in denen die Röhrenblüten zu Zungenblüten umgewandelt sind. Auch für Wildpflanzengärten geeignet. Die scharf schmeckende Wurzel wurde früher für Heilzwecke und als Niespulver genutzt (Name!, griech. ptarmikos = niesreizerregend). Zum Namen „Bertram" vgl. *Anacyclus pyrethrum* (bei *Anthemis*).

Acinos arvensis: siehe bei *Clinopodium*

Aconitum napellus LINNAEUS, Blauer Eisenhut oder Sturmhut

Ranunculaceae (= Hahnenfußgewächse)

Ausdauernder Rhizom-Geophyt (oder Halbrosettenpflanze), 50–150 cm hoch. Knollig verdicktes Rhizom als Speicherorgan. Formenreich. – **Stark giftig**.

Systematik: Die Gattung *Aconitum* umfasst etwa 300 Arten, von denen mehrere bei uns als Zierpflanzen in Kultur sind. Nah verwandt ist der Rittersporn (*Consolida, Delphinium*).

Giftigkeit: Eisenhut-Arten sind **stark giftig** in allen Teilen durch das Alkaloid Aconitin, einem der stärksten bekannten Pflanzengifte. Es wird bereits von der unverletzten Haut aufgenommen und kann bei zarthäutigen Personen zu Nesselausschlag führen. Schon wenige Gramm der Pflanze können für den Menschen tödlich sein (s. u.), allerdings hindert der unangenehme Geschmack normalerweise am Verzehr. Die Giftigkeit war schon in der Antike bekannt. Die Griechen nannten die Pflanze „Königin der Gifte". Die im Himalaja beheimatete Art *A. ferox* gilt als giftigste Pflanze der Welt.

Namen: *„Aconitum"* (akoniton) ist der lat.-griech. und mittelalt. Name für eine unbekannte Giftpflanze, die in der Mythologie mit dem Berg Akonitos in Kleinasien in Verbindung gebracht wurde. Der mittelalt. und vorlinnésche Name *„napellus"* ist die Verkleinerungsform von lat. napus = Rübe, Steckrübe, bezogen auf das knollige Rhizom. – „Eisenhut" bzw. „Sturmhut" wegen der helmartigen Blütenform.

Vorkommen: Hochstaudenfluren und feuchte, nährstoff- und basenreiche Wälder und Uferbereiche der Gebirgstäler. Montan bis subalpin. – **Geschützt**! (alle Arten der Gattung).

Blüten: VI–IX. „Rachenblumen", in Trauben. Streng spezialisierte „Hummelblume": Hummeln sind ähnlich verbreitet wie die Eisenhut-Arten. Große, helmartige blauviolette Blüten mit einfacher Blütenhülle (Perigon): Oberes Perigonblatt groß, kahnförmig, übrige klein. Innen zwei lang gestielte Nektarblätter („Venuswagen", weil in der Blüte nach Entfernen des Helms eine gewisse Ähnlichkeit mit einem mit zwei Pferden bespannten Wagen gesehen wurde). „Kraftblume": nur Hummeln können die Oberlippe (Helm) hoch drücken. Vormännlich: Da Hummeln Blütenstände stets von unten her anfliegen, wird hierdurch Fremdbestäubung gefördert. Staubblätter im Gegensatz zu anderen Ranunculaceen wirtelig statt spiralig angeordnet.

Früchte: Je Blüte entwickeln sich mehrere Balgfrüchte: Austrocknungsstreuer, Windstreuer und Tierstreuer. Ausbreitung der geflügelten Samen als Segelflieger. Fruchtreife: VIII–X. Wintersteher. Dunkel- und Kältekeimer.

Verwendung: Die *Aconitum*-Arten und ihre Hybriden sind beliebte Zierpflanzen der Gärten. Sie sind selten auch verwildert anzutreffen. Aus Gärten, in denen Kinder spielen, sollte man den Eisenhut verbannen. – Das Rhizom des Blauen Eisenhuts wurde

früher arzneilich (z. B. bei Lepra), für Pfeilgift und als Wolfsköder verwendet. In der Homöopathie wird das Herzgift Aconitin vielfach angewandt.

Weitere Arten:

Aconitum variegatum L. (Artengruppe), Bunter oder Gescheckter Eisenhut: Gekennzeichnet durch den kurzen, verzweigten Blütenstand und kahle Staubblätter. Helm höher als breit. Perigon violett bis blau, oft grün oder weiß gescheckt (Name!). Vor allem in grundfeuchten, basen- und nährstoffreichen Hochstaudenfluren der höheren Lagen sowie gelegentlich als Zierpflanze.

Aconitum lycoctonum L. (= *A. vulparia* RCHB.), Gelber oder Wolfs-Eisenhut: Ähnlich wie vorige Arten. Blüten gelb, hoch, schmal. Früher als Wolfs- und Fuchsgift verwendet (Name!, vgl. lat. „*lycoctonum*“ = Wolfsgift).

Acorus calamus LINNAEUS, Kalmus

Acoraceae (= Kalmusgewächse)

Ausdauernde Sumpfpflanze bzw. Schlammwurzler, 60–120 cm hoch. Blätter schwertförmig (unifaziales Flachblatt), mit auffälliger Mittelrippe, im Unterschied zu denen der Schwertlilie (*Iris*) regelmäßig am Rande mit Querfältelung (bei Iris nur selten) und zerrieben intensiv aromatisch duftend. Das Rhizom ist als knolliges Speicherorgan ausgebildet. Die ätherischen Öle mit u. a. Asaron und Eugenol machen etwa 1,5–4(–7 %) aus; sie werden in eigenen Speicherzellen gebildet.

Systematik: *Acorus* ist die einzige Gattung der Familie Acoraceae und auch der Ordnung Acorales und steht innerhalb der Einkeimblättrigen Pflanzen sehr isoliert. Die 2–4 Arten umfassende Gattung wurde früher zu den Araceae (= Aronstabgewächse) gestellt. Von diesen unterscheidet sie sich u. a. durch das Fehlen von Calciumoxalatnadeln, das Vorkommen ätherischer Öle, fehlende doppelte Befruchtung und das Fehlen einer typischen Spatha. Auch molekularbiologisch ist sie deutlich verschieden. – Die europäischen Vorkommen von *A. calamus* sind durch Hybridisierung diploider (2x) und tetraploider (4x) Formen entstanden und daher triploid (3x).

Giftigkeit: Entscheidend für die Giftwirkung ist das im ätherischen Öl der Blätter und vor allem des Rhizoms vorkommende Asaron, das hier als Gemisch der Isomeren α-Asaron (ca. 2 %) und β-Asaron (ca. 98 %) vorliegt. β-Asaron führt bei sehr hoher Dosis zu Halluzinationen und erwies sich im Tierversuch als krebserregend und erbgutschädigend. Der Asaron-Gehalt schwankt sehr stark und steigt im Allgemeinen mit dem Ploidiegrad, bei amerikanischen Herkünften (2x) liegt er nahe Null, bei europäischen (3x) bei bis zu 10 % und bei indischen (4x) kann er bis über 50 % betragen. – Wird vom Weidevieh gemieden.

Namen: „*Acorus*“ (akoros) ist der lat.-griech. Name der Pflanze und dort Fremdwort mit unbekannter Etymologie. Er wurde schon vor LINNÉ wieder aufgegriffen. „*Calamus*“ (kalamos) ist ein lat.-griech. Name des Schilfrohrs und ähnlicher Pflanzen, der

auch für den Kalmus verwendet und dann oft als ‚calamus aromaticus' oder ‚calamus odoratus' näher erläutert wurde. – Der deutsche Name ist davon entlehnt.
Vorkommen: Ufer stehender oder langsam fließender nährstoffreicher Gewässer, im Röhricht und in Großseggenbeständen. Wärmeliebend. – Neophyt. Eingebürgert seit dem 17. Jh. Heimat: subtropisches Süd- und Ost-Asien. Heute auf der Nordhalbkugel weltweit verbreitet.
Blüten: VI–VII. Unscheinbar, zwittrig, vorweiblich, in kolbenähnlichem Blütenstand, dessen Tragblatt die Achse des Blütenstandes direkt fortsetzt, sodass dieser scheinbar seitlich entspringt. Blütenhülle winzig, kelchartig. Die bei uns vorkommende Sippe ist triploid (s. o.) und daher steril, sie blüht nur selten und nur in warmen Sommern. Besucher sind Fliegen.
Früchte: Samenansatz nur in den Tropen.
Vegetative Vermehrung ist daher bei uns die einzige Ausbreitungsform. Sie erfolgt durch das weit kriechende Rhizom oder abgebrochene Rhizomteile (Schwimmausbreitung) bzw. durch den Menschen im Zusammenhang mit der Verwendung bzw. mit Gartenauswurf. In Amerika erfolgt die Ausbreitung wesentlich durch Bisamratten, die die Rhizome fressen, aber auch Vorräte anlegen (Versteckausbreitung).
Verwendung: Seit dem Altertum vielseitig eingesetzte Arznei- und Likörpflanze. Die Römer führten sie für kosmetische und medizinische Zwecke aus dem Orient ein. In Mitteleuropa wird die Pflanze seit dem 16. Jh. angebaut. Die kandierten Rhizome nannte man „Deutscher Ingwer". Wirkstoffe sind u. a. ätherische Öle und Bitterstoffe. Arzneilich angewendet wird Kalmus z. B. als Magenbitter, als appetitanregendes und Zahnschmerz linderndes Mittel und auch für Tees. Aufgrund des Gehaltes an β-Asaron wirkt Kalmus u. a. beruhigend und stimmungsaufhellend (z. B. beim Kauen von Rhizomstücken), niesreizerregend (daher Bestandteil des Schneeberger Schnupftabaks) und wird in der Parfümerie als Duftstoff verwendet, vor allem für Seifen. Wegen der Giftigkeit von β-Asaron (s. o.) ist bei Arznei- und Lebensmitteln dessen Maximalgehalt gesetzlich vorgeschrieben. – Die jungen Pflanzenteile werden mancherorts gegessen. Die Blätter dienten früher zum Dichten von Weinfässern. Als Zierpflanze für Teichränder und auch für Wildpflanzengärten zu empfehlen.

Actaea spicata LINNAEUS, (Schwarzfrüchtiges) Christophskraut

Ranunculaceae (= Hahnenfußgewächse)

Ausdauernder Hemikryptophyt oder Geophyt, mit knotigem Rhizom, 30–60 cm hoch. Blätter gefiedert, bis 40 cm lang und 30 cm breit. Zerrieben haben die Blätter einen unangenehm scharfen Geruch wie Streichhölzer.

Systematik: Die Gattung umfasst 30 Arten mit *A. spicata* als einzigem europäischem Vertreter. Nahe verwandt ist der Winterling (*Eranthis*). – Bezüglich der Verwechslungsmöglichkeit mit ähnlichen Pflanzen siehe *Aruncus* (Geißbart).
Giftigkeit: Gilt von alters her als giftig, doch konnte eine Giftigkeit nicht bestätigt werden.
Namen: „*Actaea*" (aktea) ist der lat. griech. Name der Pflanze (oder des Schwarzen Holunders) mit ungeklärter Etymologie. LINNÉ bezog ihn willkürlich auf den heilkundigen Helden Aktaion aus der griech. Mythologie. Lat. „*spicatus*" ährenartig, wegen des Blütenstands. – „Christophskraut" ist im Zusammenhang mit der Verwendung als Heilpflanze und der vermeintlichen Giftigkeit nach dem Heiligen Christoph(orus) benannt, den man im Mittelalter u. a. als Herrn über gute und böse Geister ansah.
Vorkommen: Meist einzeln in krautreichen, grundfeuchten Wäldern, Gebüschen und Hochstaudenfluren, vor allem in Bergwäldern. Kalkliebend. In den deutschen Alpen bis 1700 m. Im Norden seltener bis fehlend.
Blüten: V–VII. Vorweibliche „Scheibenblumen", in vielblütigen, gedrängten Trauben. Einzelblüten klein, weißlich, Blütenhülle einfach (Perigon) mit

4 früh abfallenden Perigonblättern, 4 schmalen, kronblattartigen Nektarblättern (allerdings ohne Nektarien) und zahlreichen, die Perigonblätter überragenden Staubblättern („Pinselblumen"). Bestäuber sind z. B. Käfer.

Früchte: Im Gegensatz zu allen übrigen heimischen Ranunculaceen sind es Beeren. Sie gehen aus dem hier einblättrigen Fruchtknoten hervor und enthalten mehrere Samen. Diese sind zuerst grün, später schwarz. Sie werden über den Darm von Vögeln ausgebreitet. Fruchtreife: VII–IX. Kältekeimer.

Vegetative Vermehrung durch das Rhizom.

Verwendung: Die Pflanze spielte früher eine große Rolle in abergläubischen Praktiken. Auch war sie als Heilpflanze von Bedeutung, kommt aber heute nur noch in der Homöopathie zur Anwendung. Sie wird vereinzelt als Zierstaude kultiviert.

Adenostyles alliariae: siehe bei *Eupatorium cannabinum*

Adonis vernalis LINNAEUS, **Frühlings-Adonisröschen**

Ranunculaceae (= Hahnenfußgewächse)

Ausdauernde krautige Pflanze (Hemikryptophyt) mit Rhizom, 10–40 cm hoch. Blätter 1–3-fach fiederteilig mit linealischen Zipfeln, bis zu den Blüten hinaufwachsend. – Tiefwurzler. – **Stark giftig**.

Systematik: Die Gattung umfasst etwa 30 Arten. Nah verwandt ist die Trollblume (*Trollius*).

Giftigkeit: Stark giftig durch herzwirksame Glykoside. Giftig auch für Säugetiere.

Namen: „*Adonis*" ist kein antiker Pflanzenname, sondern wurde erst im 17. Jh. von C. BAUHIN geprägt, in Anknüpfung an die antike Mythologie, wonach aus dem Blut des tödlich verwundeten Helden Adonis, des Lieblings der Venus (= Aphrodite), eine blutrot gefärbte Blume entsprungen ist. Vielleicht hat man in diesem Mythos an rot blühende Arten wie *Adonis aestivalis* oder *annua* gedacht. Da aber für die Herkunft des Namens *Anemone* derselbe Mythos herangezogen wird, ist eher anzunehmen, dass es sich um die äußerlich sehr ähnliche *Anemone coronaria* gehandelt hat (siehe *Anemone*). Lat. „*vernalis*" = Frühlings-, wegen der Blütezeit im Vergleich zu den beiden folgenden Arten. – „Adonisröschen" ist künstlich aus *Adonis* gebildet. Rotblühende Arten der Gattung werden regional auch „Blutströpfchen" genannt; der Ausdruck ist aber nicht eindeutig, da er auch für andere Pflanzen wie etwa die Bach-Nelkenwurz (*Geum rivale*) oder den Großen Wiesenknopf (*Sanguisorba officinalis*) verwendet wird.

Vorkommen: Trockenrasen, Halbtrockenrasen und lichte Kiefernwälder, auf basenreichen, meist kalkhaltigen Böden. Verbreitet in den Trockengebieten von Thüringen und Sachsen-Anhalt, sonst selten und oft fehlend. Gefährdet. **Geschützt**!

Blüten: IV–V, Frühblüher. Vorweibliche „Pollen-Scheibenblumen". Nektar fehlt, stattdessen wird den Bestäubern reichlich Pollen angeboten. Blütenhülle im Gegensatz zu den meisten anderen Hahnenfußgewächsen (siehe *Ranunculus acris*) deutlich in Kelch und Krone geschieden. Kronblätter 10–20, spiralig angeordnet, durch Flavone goldgelb, seidenglänzend, ohne Nektargrube. Bestäuber sind Pollen sammelnde Honigbienen, verschiedene Wildbienen sowie Pollen fressende Fliegen und Käfer. Die Blüten sind nur bei viel Sonne geöffnet und folgen dem Sonnenstand. Dadurch und durch die einem Parabolspiegel ähnliche Form wird das Licht zum Zentrum gebündelt. Die messbare Temperaturerhöhung führt dazu, dass bestäubende Insekten sich länger auf der Narbe aufhalten, um sich aufzuwärmen, und ist auch für das Wachstum der im Zentrum befindlichen Samen nützlich.

Früchte: Zahlreiche Nüsschen sind an der zur Reife sehr stark verlängerten Blütenachse spiralig angeordnet (gilt als ursprüngliches Merkmal). Schwerkraftausbreitung sowie Ameisenausbreitung wegen der an der Basis der Früchte befindlichen Ölkörper (= Elaiosomen), deren ölhaltige Schicht sich in die Epidermis der Fruchtwand fortsetzt. Bei starkem Wind auch Windausbreitung. Licht- und Frostkeimer.

Verwendung: Bestandteil von herzstärkenden Medikamenten. Das Rhizom wird wie das der Nieswurz (*Helleborus niger*) verwendet. Bei den Germanen war die Pflanze dem Frühlingsgott Baldur geweiht und wurde an Kultstätten auch angepflanzt, z. B. bei Jena. – Zierpflanze (seit dem 16. Jh.) und auch für Wildpflanzengärten zu empfehlen (aber Naturschutz und Giftigkeit beachten!).

Weitere Arten:

Adonis aestivalis L., Sommer-Adonisröschen: Einjährig (sommerannuell). Weniger giftig als vorige Art. Getreidefelder auf warmen, nährstoffreichen Kalk- und Gipsböden. Im Norden selten. Nach Roter Liste mit Stand von 2018 stark gefährdet. Archäophyt oder Neophyt. Blütezeit: V–VIII. Kronblätter 5–8, zinnoberrot mit fast schwarzem Blütenmal (Saftmal) an der Basis (daher auch die Volksnamen „Teufelsauge" und „Blutströpfchen"), selten gelb (var. *citrina*). Blütenökologie wie bei voriger Art. Selbstbestäubung ist erfolgreich. Was als Zierpflanze unter diesem Namen angeboten wird, gehört zu folgender Art.

Adonis annua L. (= *A. autumnalis* L.), Herbst-Adonisröschen: Ebenfalls einjährig. Blütenkrone blutrot, halbkugelig zusammenneigend. Einjährige Zierpflanze der Sommerblumenbeete (seit 1594). Heimat: Mittelmeergebiet. Selten verwildert, aber nur unbeständig.

Adoxa moschatellina LINNAEUS, Moschuskraut, Bisamkraut

Adoxaceae (= Moschuskrautgewächse)

Zarter Rhizom-Geophyt, nur 5–15 cm hoch. Typische Frühjahrspflanze, die im Februar oberirdisch erscheint und schon im Mai/Juni wieder einzieht (frühjahrsgrün). Sie gibt abends einen an Moschus erinnernden Geruch ab. Blätter überwiegend grundständig, doppelt 3-zählig, Stängelblätter zu zweit, 3-zählig. Durch Absterben der unterirdischen Ausläufer entsteht der Eindruck einjähriger Pflanzen (Pseudo-Annuelle).

Systematik: Lange Zeit galt *Adoxa* als einzige Gattung der Familie. Nach neueren molekularbiologischen Untersuchungen werden jetzt auch Holunder (*Sambucus*) und Schneeball (*Viburnum*) hierhin gestellt.

Namen: „*Adoxa*" wurde von LINNÉ geprägt, vermutlich zu griech. a = nicht und doxa = Lehre, weil die wechselnde Zahl der Blütenglieder innerhalb derselben Pflanze (s. u.) der von ihm selbst vertretenen Lehre von der Konstanz der Blütenglieder innerhalb einer Art widersprach. Zugleich bedeutet griech. adoxos = unscheinbar, was zu dem unauffälligen Pflänzchen gut passt. „*Moschatellina*" geht auf den vorlinnéschen Autor C. BAUHIN 1623 zurück und wurde von LINNÉ als Artbeiname übernommen. Der Bezug ist ebenso wie „Moschuskraut" und „Bisamkraut" der Geruch.

Vorkommen: Feuchte Laubwälder und Gebüsche auf nährstoff- und basenreichen Böden. Meist verbreitet (außer z. B. im höheren Bergland), aber als unscheinbare, frühlingsgrüne Pflanze oft übersehen.

Blüten: III–V, Frühblüher. Unscheinbar grünlich gelb, in endständigem, (4–)5(–9)-blütigem Kopf. Gipfelblüte 4-zählig, die seitlichen 5-zählig. Homogam oder vorweiblich. Nektarsekretion durch mehrzellige Haare – ein seltener Fall. Fliegenblume: Bestäubung beim Überkriechen. Selbstbestäubung ist möglich.

Früchte: Kleine, nach Erdbeeren duftende Steinfrüchte mit je 4–5 Steinkernen, von den stark verlängerten Kelchzipfeln und dem Griffel gekrönt. Fruchtstand mit spiralig eingerolltem Stiel, reif niederliegend, deshalb wohl Ameisen- und Selbstausbreitung. Besonders aber erfolgt die Ausbreitung durch Schnecken (endozoochor) und vermutlich auch durch Singvögel. Fruchtreife: VI–VII, aber selten fruchtend. Kältekeimer.

Vegetative Vermehrung über die ausläuferartigen, bis mehrere Dezimeter langen Rhizome. Im Winter besteht keine Verbindung mehr zur Mutterpflanze.

Verwendung: Früher arzneilich verwendet und wegen des Moschusgeruchs in die Wäsche gelegt.

Aegopodium podagraria LINNAEUS, (Gewöhnlicher) Giersch oder Geißfuß

Apiaceae (= Doldenblütler)

Ausdauernder Hemikryptophyt, 50–90 cm hoch, mit unterirdischen Ausläufern. Grundblätter meist doppelt 3-zählig. Dabei ist typisch, dass die größeren Blattabschnitte oft nur 2-spaltig sind, d. h. auf der einen Seite gefiedert, auf der anderen ungefiedert. Bodennahe Blätter überdauern in milden Wintern (teilwintergrün).

Namen: „*Aegopodium*" ist ein schon im Mittelalter verwendeter Name der Pflanze, zu griech. aix, aigos = Ziege und podion = Füßchen. Der Name bezieht sich auf die auffällige, an gespaltene Ziegenhufe erinnernde Form der Blattabschnitte. Die Namensbildung ist vor dem Hintergrund zu sehen, dass die Pflanze nach der Signaturenlehre gegen die Podagra (Fußgicht) genannte Missbildung der großen Zehe verwendet wurde. Das erklärt auch die ebenfalls schon sehr alten Namen „*Podagraria*" bzw. Zipperleinskraut (Zipperlein = Gicht). –„Geißfuß" wurde von TABERNAEMONTANUS (16. Jh.) künstlich durch Übersetzung gebildet. Weiterer alter deutscher Name ist „Giersch".

Vorkommen: Feuchte Wälder, Säume, Schläge, krautreiche Gebüsche, auf nährstoff- und basenreichen, tiefgründigen Böden. Kennart des Aegopodion podagrariae (= Giersch-Saumgesellschaft). Bei uns vor allem Wildpflanze der Gärten und Parks, wo ihr massenhaftes Auftreten meist unerwünscht ist. An Waldwegrändern oft Anzeiger von „Gartenmülldeponien". Angeblich sollen die Römer dieses an sich (oder wenigstens ursprünglich) nützliche (s. u.) Gewächs über die Alpen gebracht haben.

Blüten: VI–VII. Weiße, unscheinbare „Nektar führende Scheibenblumen vom *Heracleum*-Typ" (siehe bei *Heracleum*), in zusammengesetzten Dolden. Als Blütenbesucher wurden >100 Insektenarten beobachtet, vor allem Bienen, Schwebfliegen, Wespen, Käfer und Tagfalter.

Früchte: Ungeflügelte Doppelachänen, die bei der Reife in zwei längliche Teilfrüchte zerfallen. Spezielle Ausbreitungsmechanismen sind unbekannt, unabsichtliche Ausbreitung durch den Menschen. Fruchtreife: VIII–X. Lichtkeimer.

Die größeren Blattabschnitte sind oft asymmetrisch.

Vegetative Vermehrung ist vorherrschend und zwar durch weithin und tief kriechende, weiße, brüchige, unterirdische Ausläufer (Rhizome) von mindestens 20 cm Länge und 2 mm Dicke. Deshalb gefürchtetes Wildkraut der Gärten, worauf schon TABERNAEMONTANUS 1588 hinwies. Eine Beseitigung ist nur durch mehrjähriges Abdecken oder tief reichende Aussiebung des Bodens möglich.

Verwendung: Giersch wurde schon bei den Römern als Nahrung verwendet und war im Mittelalter eine wichtige

Gemüsepflanze. Er wurde gelegentlich angebaut und ist auch ein gutes Viehfutter. Selbst noch bei heutigen Ansprüchen sind junge Blätter sowie Blüten und Früchte in kleinen Mengen als würzige Beigabe für Mischgemüse, Suppen und Salate sehr zu empfehlen. – Giersch war früher ein bedeutendes Volksmittel gegen Gicht (s. o.). Es wird auch heute noch volksmedizinisch bei Gicht und Rheuma verwendet, z. B. in Form von Tee oder als Badezusatz. Giersch löst abgelagerte Harnsäurekristalle im Körper und schwemmt diese aus. Zerquetschte Blätter helfen bei Insektenstichen.

Aesculus hippocastanum LINNAEUS, Gewöhnliche Rosskastanie

Sapindaceae (= Seifenbaumgewächse)

Sommergrüner, bis 30 m hoher Laubbaum. Bester Schattenspender. Relativ kurzlebig, Höchstalter 200 Jahre. Schuppenborke. Stamm nicht selten rechtsdrehwüchsig. Holz weich, ohne deutlich erkennbare Jahresringe, zerstreutporig. Zweige nicht selten gabelartig (dichasial) verzweigt, indem die den Hauptspross verlängernden ehemaligen Fruchtstände oberhalb eines Blattpaares abgeworfen werden und die zwei achselständigen Knospen dieses Blattpaares zu Lang- und/oder Kurztrieben auswachsen. – Blätter groß, im Unterschied zu allen einheimischen Bäumen ist die Blattspreite gefingert, sie besteht aus 5–7 gezähnten Fiedern. Blattstiele und Fiedern sind bis um 20 cm lang. Im Herbst färben sich die Blätter gelb. Nach dem Laubfall hinterlassen sie an den Zweigen große, hufeisenförmige Narben, in denen die Leitbündel-Narben als Punkte erscheinen. Die großen, dunkelbraunen Winterknospen sind durch Leimzotten klebrig: Schutz vor Nässe, Tierfraß usw. – Flachwurzler mit 10–15(–20) m weit streichenden Wurzeln, dazu bis 8 m Tiefe vordringend. Pilzwurzel: Die Wurzeln gehen eine Symbiose mit Pilzen ein, die aber im Unterschied zu den meisten unserer Waldbäume keine Fruchtkörper bilden (arbuskuläre Mykorrhiza).

Systematik: Zur Gattung gehören außer unserer einzigen europäischen Art noch ca. 14 weitere Arten in Nordamerika und Ostasien. Einige davon sind strauchförmig, so wie die bei uns zuweilen kultivierte Kleinblütige R. (*A. parviflora*). – Die Rosskastanien wurden früher als eine eigene Familie Rosskastaniengewächse (Hippocastanaceae) aufgefasst, werden aber heute gemeinsam mit dem Ahorn (*Acer*) in die vorwiegend tropische Familie Sapindaceae gestellt.

Giftigkeit: Alle Pflanzenteile, besonders die Samen enthalten Saponine, sind ungenießbar bitter und schwach giftig.

Schädlinge: Seit etwa 1995 hat sich (vom Balkan ausgehend) eine Blattkrankheit bedrohlich ausgebreitet, verursacht durch die im Blattinneren fressenden 1–4 mm langen Larven der goldgelben Miniermotte *Cameraria ohridella*. Dies zieht als Sekundärinfektion den Befall durch den parasitischen Kleinpilz *Guignardia aesculi* nach sich (Blattbräune). Die befallenen Bäume zeigen bis zu 2 Monate früher den Herbstaspekt und sind deutlich geschwächt. – Dazu kommt der Befall durch einige weitere Schädlinge, z. B. gehört der hübsche

Schmetterlingsporling *Trametes versicolor* zu den Pilzen, die die Stammfäule verursachen, an denen die Bäume letztlich zugrunde gehen. – Seit etwa 2010 wird in Mitteleuropa mit stark zunehmender Tendenz eine als sehr gefährlich eingestufte Erkrankung durch eine Form des Bakteriums *Pseudomonas syringae* beobachtet, die u.a. zu Auslichtungen der Krone bis hin zum völligen Absterben der Bäume führen kann. Die Bakterien befallen das Kambium (Wachstumsschicht) und das Phloem. Anzeichen für den Befall sind u.a. „blutende" Stellen an der Rinde und aus der Rinde ausbrechende Makropilze.

Namen: Trotz ihrer europäischen Heimat war die Pflanze im antiken Schrifttum unbekannt. „*Aesculus*" ist der lat. Name einer immergrünen Eichenart, der von LINNÉ auf die Pflanze übertragen wurde. Die Verbindung mit lat. esculentus = essbar ist volksetymologisch. – „Rosskastanie" bezieht sich auf die Ähnlichkeit der Samen mit den Früchten der Esskastanie (griech. kastanon). „Ross-" bedeutet dabei ‚minderwertig im Vergleich zur Esskastanie' oder bezieht sich auf die ehemalige Verwendung als Pferdearznei (griech. hippos = Pferd); „*hippocastanum*" ist nachträglich vom vorlinnéschen Namen ‚castanea equina' (lat. equinus = Pferd-) rückübersetzt worden. – Achtung: Die Rosskastanie ist mit der Echten Kastanie (*Castanea sativa*) nicht verwandt, wird aber im allgemeinen Sprachgebrauch genauso wie diese als „Kastanie" bezeichnet, wodurch es immer wieder zu Missverständnissen kommt; man vergleiche dazu die Ausführungen bei *Castanea sativa*.

Aufgeplatzte Frucht, hier mit zwei Samen („Kastanien").

Vorkommen: Bekannter Zierbaum. Oft verwildert und stellenweise eingebürgert (Neophyt). Heimat: Südosteuropäische Schluchtwälder mit auch bei uns heimischen Laubbäumen als Begleitern. Der Baum wurde schon im Byzantinischen Reich – eingeführt aus Griechenland – kultiviert und schließlich 1561 von Konstantinopel (Istanbul) aus als Zierbaum in Europa eingeführt und 1576 von MATTHIOLUS erstmals beschrieben. Er wurde 1576 nach Wien gebracht und gelangte in der Mitte des 17. Jh. auch nach Leipzig. Die natürlichen Vorkommen in Nord-Griechenland wurden erst 1879 entdeckt. – Im Tertiär war die Art im Gebiet schon einmal verbreitet; der Beginn der Eiszeit zwang sie aber zum Rückzug.

Blüten: V–VI. Die Blüten erscheinen während oder kurz nach dem Austrieb. Vorweibliche „Eigentliche Lippenblumen", in wickeligen Teilblütenständen und diese zu einem aufrechten, rispenartigen Gesamtblütenstand (Thyrsus; Blütenkerze) mit ca. 100–200 Einzelblüten vereint. Blüten schräg dorsiventral. Zuerst sind die Griffel, dann die Staubblätter in Waagerechtstellung als „Anflugstangen". Parallel dazu erfolgt ein Farbwechsel der Blütenmale (Farbflecksaftmale), die zugleich Staubbeutelattrappen darstellen, von gelb über orange und zuletzt karminrot („Ampelsystem") bei gleichzeitiger Duftänderung. Der zuckerreiche (bis 70%) Nektar wird nur in der gelben Phase produziert, was Bienen schnell lernen. Je Staubblatt findet sich die fast höchstbekannte Pollenzahl: 26.000 (je Blütenstand 42 Mio.). Die meisten Blüten sind funktionell männlich; sie stehen im oberen Teil des Blütenstandes. In der Mitte folgen vereinzelte Zwitterblüten. Die untersten Blüten sind funktionell weiblich. Bestäuber sind vor allem Hummeln und weitere Wildbienen. In der Nähe blühender Rosskastanien wurde in der Luft Pollen nachgewiesen; dessen allergene Wirkung ist aber nur gering bis mittelgroß. – Da wegen der Schwere der Samen nur ein sehr kleiner Teil der Blüten zu Früchten heranwachsen kann (ein kräftiger Baum hätte bei vollem Samenansatz ein Gewicht von 10 t zu tragen), werden die überzähligen jungen Früchte frühzeitig abgeworfen. Beginn der Blüte mit etwa 10–15 Jahren.

Früchte: Fachspaltige, 3-klappig aufspringende, fleischige, durch stachelige Emergenzen bewehrte, meist 1-samige (seltener bis 3-samige) Kapseln (siehe Detailfoto). (Die vergleichbaren Gebilde der nicht verwandten Ess-Kastanie sind Fruchtbecher, die die Nussfrüchte einhüllen.) Typische Schwerkraftausbreitung („Plumpsfrüchte"): Die Stacheln und die weiche Fruchtschale dämpfen den Aufschlag, die Kastanie springt davon und rollt wegen der glatten Oberfläche weiter (Rollsamen). Samen 2–3 cm breit und ca. 40 g schwer, mit großem, weißem Nabelfleck (Hilum) und am kleinen Embryo mit 2 dicken Speicher-Keimblättern (siehe Abb.). Das Primärblattpaar ist relativ weit entwickelt („gefaltete Hände"). Große Bäume produzieren jährlich tausende von „Kastanien". Fruchtreife: IX–X. Samen offen liegend nur bis 7 Monate keimfähig.

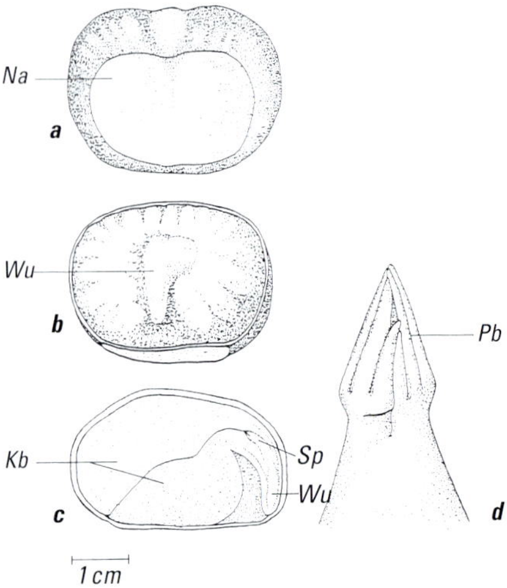

*Samen der Rosskastanie: **a** Blick von unten mit Nabelfleck (Na), **b** von der Seite mit Keimwurzel (Wu), **c** längs mit Keimblättern (Kb), Wurzel (Wu) und der winzigen Sprossknospe (Sp), **d** Sprossknospe vergrößert mit den gefingerten ersten Laubblättern (Pb) (nach Troll, verändert).*

Die Keimung erfolgt nur bei Bedeckung durch Laub und Erde, da die keimungshemmenden Stoffe nur im feuchten Substrat abgebaut werden. Ausbreitung daher hauptsächlich als Versteckfrucht durch Nager usw. Es fehlen allerdings bei uns geeignete Tiere, die die Samen über größere Entfernungen transportieren. Das ist einer der Gründe, warum die Pflanze sich als Wildpflanze in naturnahen Wäldern kaum durchgesetzt hat.

Verwendung: Vielgestaltiger Zierbaum; z.B. typisch mit samenlosen Zuchtformen als Schattenspender in Biergärten (mit dem Vorteil, dass im Herbst keine Samen auf die Besuchertische fallen). Holz weich und wenig haltbar. Der Stamm wird bald kernfaul. Die Äste sind relativ brüchig. Die stärkereichen, aber bitteren Samen dienen als Wild- und Viehfutter. Sie wurden früher Pferden als Heilmittel bei Husten und Blähungen gegeben. In Notzeiten wurden die Samen nach entsprechender Aufbereitung zu „Kastanienmehl" verarbeitet. Beliebtes Bastelmaterial für Kinder. Arzneilich werden Rosskastanienextrakte wegen ihres Gehaltes an Saponinen unterstützend bei Venenkrankheiten und Ödemen sowie als kapillarabdichtendes Mittel vielfach eingesetzt. Sie stehen im Umsatz an vierter Stelle aller Arzneimittel auf pflanzlicher Basis. Hauptwirkstoff ist Aescin, ein Gemisch von Triterpen-Saponinen. Im Volksglauben geht die Sage, dass drei Kastanien in der Hosentasche vor Gicht und Rheuma schützen. Mit den Blättern kann man Wolle gelb färben, mit der Borke auch rotgelb. Zerkleinerte Samen können wegen des Saponingehaltes (ähnlich wie Efeublätter) als biologisches Waschmittel genutzt werden. Auch kann aus den Samen eine Zahnpasta hergestellt werden.

Weitere Art:

Aesculus × carnea Hayne, Rote Rosskastanie: Erbfeste (= samenechte), tetraploide Hybride (2n = 4x = 80) zwischen *A. hippocastanum* und *A. pavia*. Letzeres ist ein orange bis rotbraun-blütiger nordamerikanischer Strauch, der schon seit 1771 in Kultur befindlich ist und als Echte Pavie (oder verwirrenderweise ebenfalls Rote Rosskastanie) bezeichnet wird. In verschiedenen Sorten häufig kultiviert. Blüten fleischrosa bis rot. Früchte kaum stachelig. Fruchtansatz gering. Blätter 5-teilig. Borke glatt. Wird meist auf die erstere Art gepfropft, was man durch die unterschiedliche Borkenstruktur und Wüchsigkeit gut erkennen kann. Scheint weniger anfällig gegen Krankheiten zu sein.

Aethusa cynapium Linnaeus, Hundspetersilie

Apiaceae (= Doldenblütler)

Ein- bis zweijährig, 10–120 cm hoch. Formenreich mit zwei Unterarten, z.B. der hohen, etwas an den Schierling (*Conium maculatum*) erinnernden subsp. *elata*, einer verbreiteten Sippe feuchter Gehölzsäume. Blätter im Gegensatz zur ähnlichen Gartenpetersilie (= *Petroselinum crispum*) zerrieben von unangenehmem (knoblauch- oder mäuseharnartigem) Geruch; stets glatt, stark glänzend, besonders auch unterseits. – Wurzeltiefe 35–70 cm. – **Stark giftig**.

Giftigkeit: Wegen der in allen Teilen enthaltenen Polyine (Acetylenverbindungen, besonders Aethusin) **stark giftig**. Aethusin ist ein zentral wirkendes Krampfgift. Die Pflanze enthält außerdem in sehr geringen Mengen das hochgiftige Schierlingsgift Coniin. Sie wird wegen des unangenehmen Geruchs vom Vieh gemieden und ist auch für Säuger und Vögel giftig. Getrocknete Pflanzen sind aber kaum gefährlich.

Namen: „*Aethusa*" ist der vorlinnésche Pflanzenname einer Art Schierling, von griech. aithousa = die Leuchtende, Glänzende, Brennende, wegen der glänzenden Blätter oder wegen des scharfen Geschmacks, oder nach Aethusa/Aithousa, der Geliebten des Apollo in der griech. Mythologie. Der Name wurde von LINNÉ aufgegriffen. – „Hunds-" hat hier die Bedeutung von minderwertig im Vergleich zur ähnlichen Petersilie, ebenso „*cynapium*" (griech. kyon, kynos = Hund, lat. apium = Petersilie/Sellerie). Der alte deutsche Name „Gleiße" bedeutet ‚leuchtend' und bezieht sich vermutlich ebenfalls auf die glänzenden Blätter.

Vorkommen: Äcker und Ruderalfluren. Nährstoffzeiger. Etwas wärmeliebend. Kulturbegleiter seit der jüngeren Steinzeit. Archäophyt.

Blüten: VI–X. Nektar führende Scheibenblumen. Nektar offen zugänglich. Blüten in 10–20-strahliger Doppeldolde. Insektenbestäubung sowie (durch die zuletzt eingekrümmten Staubbeutel) Selbstbestäubung. Hüllchen (= Hüllblätter zweiter Ordnung) auffällig einseitswendig nach außen abstehend.

Früchte: Spaltfrüchte (Doppelachänen). Fruchtrippen lufthaltig und z. T. schwach geflügelt: Windausbreitung (Flügelflieger) und Regenschwemmlinge. Ausbreitung vor allem durch den Menschen mit Erde. Fruchtreife: ab VII. Samen langlebig.

Verwendung: Ehemalige Arzneipflanze. Wird in der Homöopathie noch heute eingesetzt. Früchte der Hundspetersilie wurden schon in prähistorischen Pfahlbauten nachgewiesen, sodass anzunehmen ist, dass sie damals in der Küche Verwendung fanden.

Agrimonia eupatoria LINNAEUS, Gewöhnlicher oder Kleiner Odermennig

Rosaceae (= Rosengewächse)

Ausdauernder Hemikryptophyt: Halbrosettenpflanze, 30–100 cm hoch. Blätter locker behaart, unterbrochen gefiedert, mit deutlichen Nebenblättern.

Systematik: Die Gattung ist verwandt mit dem Wiesenknopf (*Sanguisorba*).

Namen: „*Agrimonia*" ist der lat.-griech. und mittelalt. Name der Pflanze, mit unsicherer Etymologie. Ein weiterer antiker Name der Pflanze ist „*eupatoria*". Er bezieht sich wahrscheinlich auf die arzneiliche Verwendung bei Leberleiden, zu griech eu = gut und hepatorion = gegen Leberleiden helfend

(vgl. engl. Liverword), wird aber oft im Anschluss an PLINIUS mit dem König Mithriades Eupator von Pontus in Verbindung gebracht (vgl. *Eupatorium*). – Der deutsche Name „Odermennig" (ahd. avermonia) ist eine frühe Entlehnung von *Agrimonia*.

Vorkommen: Säume, lichte Gebüsche und Magerrasen, auf meist basenreichen Böden.

Blüten: VII–IX. Goldgelbe „Pollen-Scheibenblumen", in schlanken, verlängerten Ähren. Der Diskus der Kelchverengung scheidet keinen Nektar ab. Die freien Fruchtknoten sind mit dem Blütenbecher verwachsen. Lebensdauer der Blüten 3 Tage. Besucher sind verschiedene Insekten, so Honig- und Wildbienen und Schwebfliegen. Dazu spontane Selbstbestäubung, indem vor dem Abblühen die Staubfäden zur Narbe hin wachsen.

Früchte: Von den 2 Fruchtblättern entwickelt sich meist nur 1 zu einer vom holzig werdenden Blütenbecher fest eingeschlossenen, scheinbar unterständigen, nussartigen Sammelfrucht, die zur Reifezeit hart und mit widerhakigen Stacheln besetzt ist (siehe Detailfoto): Klettausbreitung, vor allem durch größere Säugetiere. Fruchtreife: IX–X. Wintersteher. Auskeimen ist erst nach Verrotten des Fruchtbechers möglich.

Die Klettfrüchte bleiben an vorbeistreifenden Tieren hängen.

Verwendung: Die Blätter werden wegen der Bitterstoffe, Gerbstoffe und ätherischen Öle arzneilich genutzt (Herba Agrimoniae), z.B. als Tee bei Durchfällen und Entzündungen oder äußerlich bei Hautkrankheiten. Schon im Altertum und bis ins Mittelalter war *Agrimonia* eine bedeutende, vielseitig verwendete Heilpflanze, vor allem als Wundkraut und bei Leberleiden, und wurde deshalb auch „Heil aller Welt" genannt. Die Blüten wurden früher zum Gelbfärben verwendet. Für Wildpflanzengärten zu empfehlen.

Weitere Art:

Agrimonia procera WALLR. (= *A. odorata* auct.), Wohlriechender oder Großer Odermennig: Pflanze reichlich drüsig und deshalb aromatisch nach Zitrone duftend, sowie höher (selten bis 1,50 m). Kelch nur bis zur Mitte gefurcht. Seltener als vorige Art, aber mit ähnlicher Ökologie und Verwendung.

Agropyron → *Elymus*

Agrostemma githago LINNAEUS, Gewöhnliche Kornrade

Caryophyllaceae (= Nelkengewächse)

Einjährig überwinternd (winterannuell), 50–100 cm hoch. Ideal angepasst als Ackerwildkraut im Getreide: Die laubigen Kelchblätter der mit den Blüten aus dem Getreide herausragenden Kornrade werden mit zur Photosynthese genutzt; die Samen werden meist erst beim Dreschen frei. – Bis 80 cm tief wurzelnd. – **Stark giftig**.

Systematik: Die Gattung umfasst nur 2 Arten. Sie ist nah verwandt mit den Lichtnelken (*Silene*).

Giftigkeit: Alle Teile enthalten **stark giftige** Saponine, die Samen sogar bis zu 6 %. Früher kam es nicht selten zu Massenvergiftungen, weil Brotmehl bis zu 7 % Kornrade enthalten konnte. Die Symptome waren lepraähnlich. Auch der Volksname „Höllenkorn" verweist auf ihr tödliches Gift. Mit Beginn der Saatgutreinigung nahmen entsprechende Erkrankungen deutlich ab.

Namen: *„Agrostemma"* wurde von LINNÉ geprägt, zu griech. agros = Acker und stemma = Kranz, Krone. Der Bezug ist aber unklar, evtl. weil die Pflanze früher in den Erntekranz eingebunden wurde oder in der Bedeutung „Krone des Ackers", wegen des Schmuckwertes. Vielleicht bedeutet der Name aber „Ackernelke" gemäß einer Nebenbedeutung von stemma und im Einklang mit dem bei Leonhart FUCHS genannten Synonym „Kornnegelin". Der Name *„githago"* geht auf Hieronymus BOCK zurück, nach lat. gith = (Samen vom) Schwarzkümmel und der Pflanzennamenendung -ago, wegen der Ähnlichkeit der Samen mit denen des Schwarzkümmels (*Nigella sativa*). – „Rade" ist ein germ. Wort. Eine angebliche Ableitung von Rad, wegen der radförmigen Krone, ist nicht belegt. „Korn" bezüglich des Standorts in Getreidefeldern.

Vorkommen: Äcker, besonders im Wintergetreide. Früher verbreitet, heute durch Saatgutreinigung selten. Alteinwanderer (= Archäophyt). Heimat wahrscheinlich Westasien, aber spontan (d. h. an natürlichen Standorten) unbekannt. Jetzt Kosmopolit. – In Deutschland an Ackerstandorten nach dem Stand von 2018 stark gefährdet. Seit einiger Zeit aber nicht selten vorübergehend durch Einsaaten verschleppt.

Blüten: VI–VII. „Stieltellerblumen", in armblütigen Dichasien. Zwittrig, aber auch rein weibliche Pflanzen (gynodiözisch). Bestäuber sind vor allem verschiedene Tagfalter. Selbstbestäubung ist erfolgreich.

Früchte: Kapseln, die sich oben mit 5 Zähnchen öffnen, von den bleibenden Kelchblättern fest eingehüllt. Menschenausbreitung: Wegen der oben verengten Kapseln werden die großen Samen oft erst freigesetzt, wenn die Wand verwittert oder beim Dreschen zerstört wird. Vor Einführung moderner Methoden der Saatgutreinigung konnten die Samen wegen ähnlicher Größe kaum vom Getreide getrennt werden und wurden deshalb mit diesem wieder ausgesät. Als Ausnahme beobachtete SCHNEDLER in Hessen auch Kapseln, die sich zur Fruchtreife öffnen. Fruchtreife: VIII–X.

Verwendung: Früher wurde die Art in der Volksheilkunde bei Hautleiden eingesetzt. Heute wird sie noch in der Homöopathie verwendet. – Zierpflanze der Sommerblumenbeete und auch für Wildpflanzengärten zu empfehlen, z. B. wegen des Besuches durch Tagfalter.

Agrostis capillaris LINNAEUS (= *A. tenuis* SIBTH., *A. vulgaris* WITH.), Rotes Straußgras, Gewöhnliches Straußgras

Poaceae (= Süßgräser)

Ausdauernder Hemikryptophyt (Horstgras) mit kurzen, unterirdischen Ausläufern. 20–80 cm hoch. Blätter 2–5 mm breit. Blatthäutchen der oberen Blätter ca. 1 mm lang. Sehr formenreich.

Systematik: Die Gattung umfasst etwa 220 Arten, in Deutschland sind es 11. *Agrostis* gehört in die Gattungsgruppe (Tribus) Aveneae, siehe *Avena* (Hafer).

Namen: „*Agrostis*" ist der lat.-griech. Name verschiedener Ackergräser (von griech. agros = Acker), der von LINNÉ auf diese Gattung übertragen wurde. Lat. „capillaris" = haarförmig, fein, im Hinblick auf die Gesamterscheinung der Pflanze. – Die Bedeutung des Namens „Straußgras" ist unklar. „Rot" wegen der oft intensiv roten Färbung blühender Pflanzen, die bei größeren Beständen oft schon von weitem auffallen.

Vorkommen: Bestandbildend in Magerwiesen, Heiden und lichten Eichen- und Kiefernwäldern. Säure- und Magerkeitszeiger. Ebene bis Gebirge.

Blüten: VI–VIII. Ährchen klein, ohne Granne, meist rotviolett überlaufen. Windbestäubung. Die Freigabe des Pollens erfolgt nachmittags, wodurch eine Bastardierung mit der folgenden Art eingeschränkt wird, die morgens den Pollen entlässt. Häufiger Erreger von Heuschnupfen (wie auch folgende Art).

Früchte: Karyopsen von den häutigen Spelzen locker umhüllt (= Spelzfrüchte) und dadurch relativ leicht: Windausbreitung (Ballonflieger) und Schwimmausbreitung (Regenschwemmling). Fruchtreife: VII–IX. Lichtkeimer. Samen langlebig.

Vegetative Vermehrung durch die Ausläufer.

Verwendung: Gutes, aber wenig ergiebiges Futtergras, das vor allem im Bergland genutzt wird. Hübsches Gras für Trockensträuße. Für Wildpflanzengärten geeignet. Die Früchte/Samen der Straußgras-Arten wurden früher trotz ihrer geringen Größe zur Ernährung genutzt.

Weitere Arten:

Agrostis stolonifera L., Weißes oder Kriech-Straußgras: Sehr formenreich. Meist mit oberirdischen, bis 1 m langen Ausläufern. Pflanzen kriechend bis aufsteigend, an den Knoten wurzelnd. Blatthäutchen der oberen Blätter 2–6 mm lang. Ufer, Äcker und Ruderalstellen, auf feuchten Lehmböden. Pionierpflanze. Raschwüchsig. Salztolerant, daher typisch auch an der Küste. Oft Bestandteil von Golfrasen.

Agrostis gigantea ROTH, Riesen-Straußgras, Fioringras: Ähnlich voriger Art, bis 120 cm hoch, mit dicken unterirdischen Ausläufern. Rispe auch nach der Blütezeit spreizend und durch die waagerecht gestellten Zweige deutlich in Stockwerke geteilt. Nasswiesen, Flutrasen, Halbtrockenrasen und Ruderalstellen. Wertvolles Futtergras an Standorten, die für andere Futtergräser weniger geeignet sind.

Agrostis canina L., Hunds- oder Sumpf-Straußgras: Durch Wachsüberzug blaugrüne, 20–30 cm hohe, reichlich oberirdische Ausläufer bildende und deshalb öfter großflächig bodendeckendes Gras. In vernässten Moorbirken- und Erlen-Wäldern ziemlich verbreitet und dort auch Pionierpflanze.

Ailanthus altissima (Mill.) Swingle (= *A. glandulosa* Desf.), Drüsiger oder Chinesischer Götterbaum

Simaroubaceae (= Bittereschengewächse, Bitterholzgewächse)

Sommergrüner Laubbaum, bis 30 m hoch. Sehr schnellwüchsig mit einem Längenzuwachs von bis zu 1–2 m pro Jahr in den ersten 4 Jahren. Blätter sehr groß (bis >1 m lang), meist unpaarig gefiedert, d. h. mit Endfieder. Sie erscheinen Ende Mai und sind zunächst rötlich, später dunkelgrün. Zerrieben riechen sie unangenehm nach ranzigen Nüssen. Die Fiedern sind weitgehend ungezähnt und tragen nur an der Basis 1–4 große Zähne mit einer Drüse an der Spitze, die als extraflorale Nektarien der Anlockung von Ameisen dienen, die vor Fressfeinden schützen. Die Herbstfärbung ist unauffällig hellgrün bis gelblich. – Das oft aggressive Wachstum, verbunden mit der Unterdrückung der übrigen Vegetation, hängt mit der Abgabe chemischer Substanzen zusammen, die das Wachstum benachbarter Pflanzen hemmen (Allelopathie).

Systematik: Einziger im Gebiet vorkommender Vertreter dieser überwiegend tropisch verbreiteten Familie.

Verwechslungsmöglichkeit: Die Pflanze wird oft mit dem Essigbaum = Kolben-Sumach (*Rhus typhina*, siehe dort) verwechselt, der ebenfalls sehr große Fiederblätter besitzt Diese sind aber regelmäßig gezähnt und färben sich im Herbst orange- bis scharlach-rot. Die Fruchtstände sind kolbenartig dicht und karminrot.

Giftigkeit: Samen und Borke sind durch Cumarin-Derivate giftig.

Namen: „*Ailanthus*" ist vermutlich ein molukkanischer Name und bedeutet ‚Baum des Himmels'. Daher auch der Name „Götterbaum". Lat. „*altissimus*" = sehr hoch, im Vergleich zu verwandten Arten. „Drüsig" wegen der Drüsenzähne der Blattfiedern.

Vorkommen: Als Zierbaum in Europa seit 1750 kultiviert, wärmeliebend. Heimat: China. Als Stadtpflanze recht unempfindlich, aber empfindlich gegenüber starken Frösten. Anspruchslos bezüglich der Bodenqualität. Im Mittelmeergebiet oft, bei uns seltener, vor allem in Stadtgebieten verwildert (Neophyt seit 1906) und stellenweise eingebürgert mit zunehmender Tendenz, z. B. als „Trümmerpflanze" und entlang von Bahnanlagen und Autobahnen. Neuerdings dringt die Art aber stellenweise auch in naturnahe Wälder ein und wurde daher als invasiver Neophyt eingestuft. Weltweit verschleppt und oft stark invasiv.

Blüten: VII. Meist zweihäusig, d. h. männliche und weibliche Blüten auf getrennten Pflanzen; seltener einhäusig. Vorweiblich. Weibliche Blüten mit freien Fruchtblättern und sterilen Staubblättern. Männliche Blüten unangenehm riechend. Blüten unscheinbar grünlich gelb, in sehr großen, endständigen, rispenähnlichen Thyrsen. Bestäuber sind besonders Honigbienen, daneben auch Fliegen und Käfer. Der Götterbaum wird gebietsweise als Bienentrachtpflanze eingesetzt. Blühreife schon nach wenigen Jahren.

Früchte: Je Blüte entstehen 5–6 grüne, braune oder rote Nüsschen mit zungenförmigem, propellerartig gebogenem Flugblatt: Schraubenflieger mit korkenzieherartiger Flugbewegung (Plattendrehflieger). Fruchtreife: IX–X. Früchte danach oft noch lange hängen bleibend (Wintersteher). Dazu

Schwimmausbreitung. Die Ausbreitung über Samen ist aber im Gebiet selten. Fruchtstände gelblich grün, oft rötlich überlaufen, weithin sichtbar, bei manchen Kulturformen zuletzt leuchtend rot.
Vegetative Vermehrung erfolgt lebhaft (und z. T. unerwünscht) durch Wurzelsprosse an langen Wurzelausläufern („Der Nachbar lässt grüßen"). Die Pflanzen können schon im ersten Jahr bis zu 3 m hoch werden. Zurückschneiden der Pflanze fördert meist nur die Vermehrung durch Stockausschläge und Wurzelsprosse. Gesteckte „Abrisse" wachsen meist problemlos an.
Verwendung: Attraktiver Zierbaum; wegen der aggressiven Ausbreitung ist aber von einer Anpflanzung abzuraten. In China wird der Baum als Heil- und Nahrungspflanze verwendet sowie als Futterpflanze des Götterbaum-Spinners (*Samia cynthia*), dessen Kokons neben denen des bekannteren Maulbeer-Spinners (*Bombyx mori*) zur Seidenherstellung genutzt werden.

Aira caryophyllea: siehe bei *Deschampsia flexuosa*

Ajuga reptans LINNAEUS, Kriechender Günsel, Kriech-Günsel

Lamiaceae (= Lippenblütler)

Ausdauernde, wintergrüne Halbrosettenpflanze mit oberirdischen Ausläufern, 10–30 cm hoch. Flachwurzler. Gerbstoffreich (bis 23 %).

Systematik: Die Gattung umfasst etwa 60 Arten, hauptsächlich in Eurasien und Nordafrika. Sie ist namengebend für die Unterfamilie Ajugoideae, zu der von den heimischen Gattungen noch der Gamander (*Teucrium*) gehört.

Namen: *„Ajuga"* (abiga) ist der lat. Name des Günsels, zu abigere = abtreiben, wegen der abortiven Wirkung; lat. *„reptans"* = kriechend. – „Günsel" (mhd. consel) ist die Eindeutschung des alten Namens ‚Consolida', der für verschiedene Pflanzen mit wundheilender (konsolidierender) Wirkung verwendet wurde (vgl. *Consolida* = Rittersporn).
Vorkommen: Wiesen und lichte Laubwälder. Nährstoff- und Frische- bis Feuchtezeiger. Außerdem aus Kultur verwildert.
Blüten: V–VIII. Hellblaue „Eigentliche Lippenblumen", in wickelartigen Scheinquirlen (Zymen), die zu einer ährenartigen Thyrse vereint sind. Oberlippe reduziert, Unterlippe mit schönen Blütenmalen (Strichsaftmalen). Bestäuber sind langrüsselige Hummeln und Bienen. Tagfalter besuchen die Blüten, ohne sich an der Bestäubung zu beteiligen.
Früchte: Spaltfrüchte in vier Klausen zerfallend, diese je mit einem relativ großen Ölkörper: Ameisenausbreitung. Dazu Zufallsausbreitung durch Weidetiere. Fruchtreife: VI–VIII.
Vegetative Vermehrung durch bis 20 cm lange, an den Knoten wurzelnde, oberirdische Ausläufer mit endständigen Rosetten.

Verwendung: Ehemalige Heilpflanze zur Wundheilung. Die herb schmeckenden jungen Blätter und Triebe sind als Würze für Salat und Gemüse geeignet. Hübsche Zierpflanze für halbschattige Standorte als wintergrüner Bodendecker, z. B. in der durch Anthocyan-Anreicherung in den Blättern braunroten Kultursorte 'Atropurpurea'. Alle Günsel-Arten sind auch für Wildpflanzengärten zu empfehlen.

Weitere Arten:

Ajuga genevensis L., Heide- oder Genfer Günsel: Ähnlich wie vorige Art. Zottige Behaarung als Lichtschutz. Trockenwälder und trockene, grasige Säume. Kalkhold. Blüte tiefblau. Ohne Ausläufer, aber vegetative Vermehrung durch Wurzelsprosse. Vor allem in Süddeutschland verbreitet.

Ajuga chamaepitys (L.) SCHREB., Gelber Günsel: Einjährig, seltener auch zweijährig. Meist um 5–10 cm hoch. Blätter tief geteilt. Tiefwurzler (bis 40 cm). Blüten einzeln, blattachselständig, gelb. Unterlippe mit Blütenmalen (Punkt- und Strichsaftmalen). Ameisenausbreitung und Menschenausbreitung (Agrikulturbegleiter). Wärmeliebend. Auf oft kalkreichen Äckern, seltener in kurzlebigen Ruderalgesellschaften. Archäophyt (Heimat: Mittelmeergebiet). Gehört in Deutschland (außer in Brandenburg) oft zu den vom Aussterben bedrohten Arten, ist im Mittelmeergebiet jedoch in der subsp. *chia* verbreitet. „*Chamaepitys*" ist der griech. Name der Pflanze, zu chamai = niedrig und pitys = Fichte, Nadelbaum, wegen der an einen kleinen Nadelbaum erinnernden Gestalt in Verbindung mit dem Gehalt an ätherischen Ölen.

Alcea rosea LINNAEUS (= *Althaea rosea* (L.) CAV.), Garten-Stockrose, Bauern-Eibisch, Stockmalve, Rosenpappel, (Pappelrose, Garten-Malve)

Malvaceae (= Malvengewächse)

Meist zweijähriger, seltener einjähriger oder ausdauernder kurzlebiger Hemikryptophyt (Halbrosettenpflanze) mit Rübe. Stängel kaum verzweigt, 1–3 m hoch. Blätter rundlich, gelappt bis gekerbt.

Systematik: Nah verwandt sind der Echte Eibisch (*Althaea officinalis*), die Malven (*Malva*) und der Hibiskus (*Hibiscus*). Näheres siehe bei *Malva*.

Schädlinge: Die Pflanze wird nicht selten vom Malvenrost (*Puccinia malvacearum*), einem schwer bekämpfbaren Mikropilz, befallen, der im 19. Jh. die Art bei uns fast ausgerottet hätte.

Namen: „*Alcea*" ist der lat.-griech. Name der Pflanze, zu griech. alke = Kraft, Abwehr, wegen der Verwendung als Heilpflanze. Lat. „*roseus*" = rosenartig, wegen der Blüten (namentlich bei den gefüllten Sorten). – Daher auch „Stockrose", wobei der erste Teil des Namens auf den hohen, unverzweigten Stängel verweist. „Bauern-Eibisch" wegen der Ähnlichkeit mit dem Echten Eibisch (*Althaea officinalis*), siehe dort. Zu „Rosenpappel" vgl. *Malva*.

Vorkommen: Als Zierpflanze kultiviert und selten auch an Ruderalstandorten verwildert, aber nur unbeständig. Heimat: Südosteuropa bis Südostasien. Vermutlich Kulturhybride.

Blüten: VI–X. Vormännliche „Nektar führende Scheibenblumen" (vgl. *Malva*), in ährenartigen Trauben. Blüten 5–6(–10) cm breit, meist rosa bis dunkelrot. Der Nektar ist verdeckt. Außenkelch 6–9-blättrig. Staubblätter zahlreich, ihre Fäden zu einer den Griffel umgebenden hohlen Säule (Columna) verwachsen. Pollen im Unterschied zum Echten Eibisch gelb. Die Pollenkörner sind mit einem Durchmesser von 0,13 mm sehr groß. Reicher Blütenbesuch durch Honigbienen und Hummeln. Selbstbestäubung ist erfolgreich.
Früchte: Scheibenförmige Spaltfrüchte, die bei der Reife entlang der Scheidewände in zahlreiche 1-samige Teilfrüchte zerfallen. Wind- und Tierstreuer. Kältekeimer.
Verwendung: Zierpflanze und Bauerngartenpflanze (seit dem 15. Jh.) in zahlreichen Farbvarianten, mit rosa, roten oder weißen oder auch fast schwarzen, selten hellgelben, zum Teil gefüllten Blüten. Besonders attraktiv sind Formen mit schwarzpurpurnen Blüten (Schwarze Malve). Sie enthalten bis zu 11% des Trockengewichtes das dunkelrote Anthocyan Malvidin. Der extrahierte Farbstoff wurde zum Färben von Wein und anderen Lebensmitteln verwendet. Zu diesem Zweck wurde die Pflanze auch feldmäßig angebaut. – Die Stockrose wird von alters her ähnlich wie der Echte Eibisch (*Althaea officinalis*) arzneilich verwendet. Mit Honig gesüßter Stockrosen-Tee ist ein beliebtes Heilmittel bei Husten und Heiserkeit. Überwiegend aber dient die Beigabe von Stockrosenblüten zu Tees (genauso wie bei *Malva sylvestris*) nur zur Farbgebung (Schmuckdroge). Junge Blätter und geschälte Wurzeln können als Zutat zu Gemüse verwendet werden. Die Blüten können als essbare Dekoration Salaten und Süßspeisen zugegeben werden.

Alchemilla vulgaris LINNAEUS (Artengruppe), Gewöhnlicher Frauenmantel, Gewöhnlicher Sinau

Rosaceae (= Rosengewächse)

Ausdauernder Hemikryptophyt, 10–30 cm hoch. Blätter mit Wasser abstoßender Wachsschicht (Lotuseffekt, siehe *Tropaeolum*). In wasserdampfgespannter Atmosphäre zeigen sie Guttation, d.h. sie scheiden in den Blattzahnwinkeln aktiv Wassertropfen aus „Wasserspalten" (= Hydathoden) aus. Das abgegebene Wasser liegt oft wie ein Perlsaum am Rande der Blätter oder sammelt sich bei reichlicher Ausscheidung in der Blattmitte zu einem silbrig glänzenden Tropfen. Die Tropfen halten sich oft auffällig lange, selbst wenn die Luft wieder trocken ist.

Systematik: Die Gattung umfasst >1000 Arten. Die meisten davon sind durch Apomixis (Samenbildung ohne Befruchtung) entstandene, erbkonstante Kleinarten, die sich in ihren ökologischen Ansprüchen oft stark unterscheiden. Sie sind alloploid und wohl schon im Tertiär durch Kreuzung entstanden; die Chromosomenzahlen sind entsprechend hoch (2n = ca. 100–140). Die häufigste Kleinart der Artengruppe *A. vulgaris* ist *A. xanthochlora* ROTHM. (= Wiesen-Frauenmantel), eine relativ kräftige, ziemlich kahle Sippe. Noch bekannter ist der nicht zu dieser Artengruppe gehörende Weiche Frauenmantel der Gärten (s. u.). – Nah verwandt ist der Ackerfrauenmantel (*Aphanes*).

Namen: „*Alchemilla*" ist nach der mittelalterlichen Alchimie benannt, die unter dem Eindruck der auffälligen, silberglänzenden Guttationstropfen der Pflanze Wunderkräfte zuschrieb, und/oder wurde von dem arab. Namen der Pflanze (alkemelyeh) entlehnt. Lat. „*vulgaris*" = häufig. – „Frauenmantel" ist ein alter Name, nach Maria (unsere liebe Frau), die auf mittelalterlichen Darstellungen meist einen gefalteten Umhang oder Mantel trug, der ähnlich aussah wie die jung gefalteten Rosettenblätter der Pflanze. Die Überlieferung des Namens ist vor allem vor dem Hintergrund der Verwendung nach der Signaturenlehre (s. u.) zu sehen. „Sinau" (ursprünglich Sintau) bezieht sich auf die für Tau gehaltenen Guttationstropfen (sin = immer).

Vorkommen: Fettwiesen, Fettweiden, Magerwiesen, Wegsäume, Nasswiesen und Quellfluren. Meist im Gebirge, bis in die alpine Stufe. In der Ebene oft stark im Rückgang.

Blüten: V–IX. Unscheinbare, vorweibliche „Nektar führende Scheibenblumen", in seitenständigen Doldenrispen. Je Blüte meist 1 Stempel, selten 2. Der Außenkelch wird aus Nebenblättern gebildet. Die Blüten sind Tag und Nacht und bei jedem Wetter geöffnet. Besucher sind verschiedene Insekten, die aber wegen der apomiktischen Vermehrung (s. o.) für die Pflanze ohne Nutzen sind.

Früchte: Ausbreitungseinheit sind die vom bleibenden, fallschirmartigen Kelch einschließlich Außenkelch eingehüllten kleinen Nüsse: Flügelflieger. Klettausbreitung wird durch den oft behaarten Kelch unterstützt. Die Früchte bleiben im Kelchbecher bis zu dessen Verwitterung und können dann bei Nässe als Adhäsionshafter weiter ausgebreitet werden. Zufallsausbreitung durch Huftiere dürfte wegen der erst sehr spät ausreifenden Samen nicht infrage kommen. Fruchtreife: ab VIII. Licht- und Kältekeimer.

Vegetative Vermehrung erfolgt lebhaft durch kräftige, kurze Rhizome.

Verwendung: Alte Bauerngartenpflanze und Zierpflanze und auch für Wildpflanzengärten geeignet. Die gerbstoffreichen Blätter werden in der Volksheilkunde schon seit dem Altertum für Tees bei Magen- und Darmverstimmungen und bei zu starken Monatsblutungen angewandt. Wegen der Ähnlichkeit der Blätter mit dem Mantel der Maria sollte die Pflanze nach der Signaturenlehre gegen Frauenkrankheiten helfen. – Die jungen Blätter und Blütenstände der Frauenmantel-Arten können als würzige Beilage für Gemüse und Salate verwendet werden.

Weitere Arten (vgl. auch *Aphanes arvensis* = Ackerfrauenmantel):

Alchemilla mollis (BUSER) ROTHM., Weicher, Samt- oder Garten-Frauenmantel: Die üblicherweise in Gärten gepflanzte Art. Heimat: Südosteuropa/Südwestasien. Rhizom verholzend. Ökologie und Verwendung wie bei voriger Art. Im Garten sehr ausbreitungsfreudig. Zuweilen verwildert und zunehmend auch eingebürgert (etablierter Neophyt), im Schwarzwald z. T. sogar Problempflanze (HÜGIN 2006).

Alchemilla alpina L. (Artengruppe), Alpen-Frauenmantel, Silbermantel: Pflanze der Zentralalpen, in Deutschland selten. Spalierstrauch. Blätter tief eingeschnitten und unterseits silbrig behaart. Wird volksmedizinisch ähnlich verwendet wie *A. vulgaris*.

Alisma plantago-aquatica LINNAEUS (Artengruppe), Gewöhnlicher Froschlöffel

Alismataceae (= Froschlöffelgewächse)

Ausdauernde Sumpfpflanze oder wurzelnde Wasserpflanze (amphibische Pflanze), 30–100 cm hoch. Verschiedenblättrig (vgl. die Abb. zur verwandten Gattung *Sagittaria* = Pfeilkraut): unterste Blätter schmal, unter Wasser lang flutend; obere Blätter breit lanzettlich. Rhizom knollenförmig, als Speicherorgan dienend.

Systematik: Die Gattung umfasst etwa 8 Arten. Verwandt ist das Pfeilkraut (*Sagittaria*).

Giftigkeit: Frische Blätter (Milchsaft) und Rhizome sind schwach giftig, können aber im frischen Zustand für Rinder tödlich sein.

Namen: „*Alisma*“ ist der lat.-griech. Name der Pflanze mit unbekannter Etymologie. Der Artbeiname „*plantago-aquatica*“ = Wasser-Wegerich geht auf den vorlinnéschen Namen der Gattung zurück und bezieht sich auf die Ähnlichkeit der oberen Blätter mit denen des Breit-Wegerichs (*Plantago major*). – „Froschlöffel“ ist ein alter Name, er bezieht sich darauf, dass die oberen Blätter löffelförmig sind und gerne von Fröschen aufgesucht werden.

Die dreizähligen Blüten bieten Pollen, aber keinen Nektar an.

Vorkommen: Gewässerufer auf nährstoffreichen Böden in Verlandungsgesellschaften aller Art. Kosmopolit.

Blüten: VII–VIII. Homogame „Pollen-Scheibenblumen“ ohne Nektar, in weit ausladendem Blütenstand. Staubblätter mit basalem Nektargewebe. Zahlreiche freie Fruchtblätter. Jede Blüte ist nur 1 Tag lang geöffnet. Die Kleinart *A. lanceolatum* WITHERING blüht vormittags, *A. plantago-aquatica* L. s. str. nachmittags. Bestäuber sind besonders Schwebfliegen, deren Larven im Wasser leben. Daneben wurde selten auch Windbestäubung beobachtet. Selbstbestäubung ist erfolgreich.

Früchte: Zahlreiche scheiben- bis keilförmige Nussfrüchte (Achänen) sind zu einem Kranz angeordnet. Sie sind unbenetzbar und besitzen ein Schwimmgewebe, das zur Schwimmausbreitung dient, Schwimmdauer über 15 Monate. Auch Wasserhaftausbreitung durch Wasservögel (Adhäsionshafter). Fruchtreife: VII–X. Kältekeimer.

Vegetative Vermehrung durch Rhizom-Knollen und Winterknospen (Turionen).

Verwendung: Als Zierpflanze für den Rand von Teichen und auch für Wildpflanzengärten zu empfehlen. Die stärkereichen Rhizome wurden früher nach Entgiftung durch Trocknen gekocht gegessen. In der Volksmedizin diente die Pflanze u. a. als Abführmittel und gegen Wassersucht.

Alliaria petiolata (M. Bieb.) Cavara et Grande (= *A. officinalis* M. Bieb.), (Gewöhnliche) Knoblauchsrauke, Knoblauch- oder Lauchhederich, Gewöhnliches Lauchkraut

Brassicaceae (= Kreuzblütler)

Zweijähriger (bis mehrjähriger, nur einmal blühender) Hemikryptophyt (Schaftpflanze) oder Chamaephyt, 30–100(–130) cm hoch. An mageren Standorten wurden aber auch fruchtende Pflanzen von nur 5 cm Größe gefunden – ein gutes Beispiel für eine große Modifikationsbreite. Blätter gekerbt, zerrieben meist nach Knoblauch riechend. Zur optimalen Lichtausnutzung sind die unteren Stängelblätter relativ groß und lang gestielt und werden nach oben zu deutlich kleiner und kurzstieliger. – Pfahlwurzel mit Meerrettich-Geruch.

Schädlinge: Futterpflanze der Kohlweißling-Arten *Pieris brassicae* und *P. rapae*, die übrigens heute kaum noch am Kohl (*Brassica*) zu finden sind, und des Aurorafalters (*Anthocharis cardamines*).

Namen: „*Alliaria*" ist ein vorlinnéscher Name, zu lat. allium = Knoblauch, ebenso wie die deutschen Namen wegen des Geruchs und Geschmacks der Blätter. Neulat. „*petiolatus*" = mit gestieltem Blatt. – „Rauke" ist Wortbestandteil verschiedener Kreuzblütler mit angenehm scharfem Geschmack (vgl. *Sisymbrium*).

Vorkommen: Wald- und Gebüschsäume, Hecken, Zäune, beschattete Wegränder und verwilderte Gärten, auf frischen, nährstoffreichen, humosen, lockeren Lehmböden, vor allem in luftfeuchter Lage. Stickstoffzeiger. Halbschattenpflanze. Auch in Astgabeln usw. von Bäumen wachsend (epiphytisch i. w. S.). Wächst oft gemeinsam mit *Robinia* und *Sambucus nigra*. Ebene bis mittlere Gebirgslagen (deutsche Alpen bis 1080 m). – Nach Nordamerika eingeschleppt und dort im Unterwuchs von Wäldern sich als Problempflanze stark ausbreitend. Das liegt u. a. daran, dass die Pflanze durch Abgabe von Substanzen das Wachstum anderer Pflanzen direkt oder durch Schädigung von deren Mykorrhizapilzen hemmt (Allelopathie).

Blüten: IV–VI, Frühblüher. „Nektar führende Scheibenblumen", in Trauben. Kronblätter weiß. Kelchblätter frühzeitig abfallend, da sie nicht als Safthalter (Nektarspeicher) dienen. Der Geruch ist leicht unangenehm. Bestäuber sind u. a. Frühjahrsmücken (*Bibio*) sowie Bienen, Fliegen, Schwebfliegen und Käfer. Meist aber erfolgt spontane Selbstbestäubung.

Früchte: Bis 6 cm lange Schoten. Springfrüchte: Selbstausbreitung sowie Wind- und Tierstreuer. Ameisenausbreitung (zeigt sich z. B. durch Ver-

schleppung auf Kopfweiden). Klebhafter durch die bei Nässe verschleimenden Samen. Menschenausbreitung (Ruderalpflanze). Fruchtreife: VI–VII. – An der Basis der Früchte wird extrafloraler Nektar angeboten, der von Ameisen aufgenommen wird, die offenbar als „Gegenleistung" die heranreifenden Früchte vor Tierfraß schützen.

Vegetative Vermehrung ist durch unterirdische Ausläufer sowie durch Wurzelsprosse möglich.

Verwendung: Alte Heil- und Salatpflanze der Bauerngärten. Die zerkleinerten, nicht gekochten Blätter liefern aufgrund von Senfölen ein angenehmes, knoblauchartiges Aroma und eignen sich genauso wie die jungen Früchte und die senfartig schmeckenden Samen zum Würzen von Speisen. Aus den Samen wurde früher Speiseöl gewonnen. Um dieser Nutzungen willen wurde die Pflanze früher gelegentlich sogar angebaut, so z.B. im 19. Jh. in Nordamerika, wonach sie sich dann als Wildpflanze weiter ausbreitete (s. o.). Wahrscheinlich fand die Pflanze sogar schon in der Steinzeit als Gewürz Verwendung, wie jetzt durch den Nachweis typischer Zellbestandteile der Samenschale (Phytolithen) an steinzeitlichen Tonscherben der Ostseeküste gezeigt wurde (Saul et al. 2013 PLoS ONE 8 (8): e70583). Für Wildpflanzengärten zu empfehlen, breitet sich allerdings stark aus.

Allium cepa Linnaeus, Zwiebel, Küchenzwiebel, Schalotte

Amaryllidaceae (= Amaryllisgewächse)

Zweijähriger Zwiebel-Geophyt, 20–120 cm hoch. Röhrenförmige, unifaziale Rundblätter, d.h. Blattober- und -unterseite sind gleich gebaut und gehen nur auf die Unterseite der Blattanlage zurück. An der fertigen „Zwiebel" sind die Blätter im untersten Teil (Blattgrund) bauchig erweitert und verdickt. Reservestoffe sind Zucker, zuckerartige Stoffe und Inulin (aber nicht Stärke). Die Duft- und Geschmacksstoffe der Gattung werden erst nach Verletzung aus schwefeloxidhaltigen, von Cystein abgeleiteten Aminosäuren (z.B. Alliin) durch Vermittlung des Enzyms Alliinase freigesetzt. Diese schwefelhaltigen organischen Verbindungen reagieren ihrerseits z.T. schnell weiter. Dazu gehören u.a. das tränenauslösende Propanthial-S-oxid und die für den Knoblauchgeruch verantwortlichen Allicine (= Lauchöle). Viele dieser Verbindungen haben antibiotische Eigenschaften, die die Pflanze vor Schädlingen schützen und für den Menschen gesundheitsfördernd sind. – Die Oberhaut der Speicherblätter (Zwiebelschuppen-Epidermis) lässt sich leicht von den übrigen Geweben abtrennen. Als einschichtiges Gewebe ist sie ein beliebtes Objekt für mikroskopische Untersuchungen. Die braunen Zwiebelschalen sind die bei der Reife eingetrockneten äußersten Blätter. – Alle Arten der Gattung besitzen kontraktile Zugwurzeln.

Systematik: *Allium* ist die einzige im Gebiet vertretene Gattung der Unterfamilie Allioideae, die früher den Rang einer Familie Alliaceae (= Lauchgewächse) hatte. Die Gattung umfasst je nach Auffassung 250–850 Arten, überwiegend auf der Nordhalbkugel. Viele davon werden weltweit als Nahrungspflanzen genutzt. Etwa 35 Arten werden bei uns als Zierpflanzen kultiviert.
Giftigkeit: Alle *Allium*-Arten sind für Hunde, Katzen, Pferde, Rinder usw. wegen der Zerstörung der roten Blutkörperchen ab ca. 5g/kg Körpergewicht giftig, vgl. http://www.vetpharm.uzh.ch.
Namen: „*Allium*" ist der lat. Name des Knoblauchs, „*cepa*" der lat. Name der Küchenzwiebel. – „Zwiebel" (germ. kepul, ahd. Zwibolle, Zibulle) ist früh von vulgärlat. cepul(l)a bzw. ital. cipolla = kleine Zwiebel entlehnt. „Schalotte" oder „Aschlauch" sind (über franz. échalotte) entlehnt von lat. cepa ascalonia = Zwiebel aus Askalon an der östlichen Mittelmeerküste, das in der Antike für seine Zwiebeln bekannt war.

Vorkommen: Kulturpflanze lockerer, nährstoffreicher Böden. Heimat: Mittelasien (Steppenpflanze).
Blüten: VI–VII. „Nektar führende Scheibenblumen", in reichblütigen, vor dem Blühen von einer häutigen Hochblattscheide umhüllten Scheindolden, Blütenhülle einfach (Perigon). Besucher sind verschiedenste Insekten.
Früchte: Fachspaltige (= lokulizide), 3-fächerige, bei Trockenheit aufspringende Kapseln: Wind- und Tierstreuer. Samen schwarz.
Vegetative Vermehrung durch Tochterzwiebeln. Die meisten Kulturformen sind so gezüchtet, dass möglichst nur 1 neue Zwiebel gebildet wird. Eine Ausnahme sind die Schalotten.
Verwendung: Eine der ältesten bekannten Kulturpflanzen, die schon vor über 5000 Jahren angebaut wurde. Bei uns wurde sie in der Römerzeit allgemein eingeführt, vermutlich war sie aber grundsätzlich schon den Germanen bekannt. Wichtige Gewürz- und Gemüsepflanze mit appetitanregender Wirkung. Die Welternte lag 2007 bei 64 Mio. t und 2018 bei 97 Mio. t. Zwiebeln sind sehr gesund und enthalten u. a. reichlich Vitamin C. Altbewährte Heilpflanze: z. B. Blutzucker senkend, entzündungshemmend und Hustenmittel. Hierzu bestreut man die angeschnittene Zwiebel mit Zucker, der den Saft entzieht. Der süße Extrakt ist ein guter Hustensaft. Neuerdings konnten auch antiasthmatische Eigenschaften nachgewiesen werden. Bei Insektenstichen haben einige Tropfen einer ausgequetschten Zwiebel eine abschwellende Wirkung. Der Zwiebelgeruch stammt von Alkylsulfiden und -polysulfiden. Zwiebelschalen eignen sich aufgekocht zum Beige-Färben von Wolle, Eierschalen usw. Schalotten sind durch das regelmäßige Vorkommen von mehreren Tochterzwiebeln gekennzeichnet. Sie schmecken weniger scharf als andere Zwiebeln.

Die Zwiebelschalen entsprechen dem fleischig verdickten Blattgrund.

Weitere Arten (vgl. auch die beiden folgenden Abschnitte):
Allium schoenoprasum L., Schnitt-Lauch, Schnittlauch: Allbekannte ausdauernde Kulturpflanze. Genutzt werden die röhrenförmigen Stängel als Gewürz, aber auch die Blüten sind eine Delikatesse. Im Alpengebiet und wohl auch in den Flusstälern einheimisch, ansonsten öfter eingebürgert (Neophyt). Name „*schoenoprasum*" (sprich: s-ch bzw. s-k) von griech. schoinos = Binse und prasos = Lauch, wegen der binsenförmigen Blätter. Windstreuer. Wildpflanzen bilden in Kultur ebenfalls saftige Blätter. Bestäuber sind Honig- und Wildbienen.
Allium fistulosum L., Lauchzwiebel, Röhrenzwiebel, Winterzwiebel: Ausdauernde Kulturpflanze, in der Verwendung ähnlich wie die Küchenzwiebel, vom Aussehen her eher an einen dünnen Porree erinnernd. Die Samen können als Gewürz genutzt werden. Winterhart. Seit dem Altertum in Kultur, so z. B. in China. Heimat: Sibirien. In Mitteleuropa wurde die Art seit etwa dem 17. Jh. zunächst nur in Gärten kultiviert, inzwischen gibt es auch Feldkultur.

Allium scorodoprasum LINNAEUS, Schlangen-Lauch, Wilder Porree

Amaryllidaceae (= Amaryllisgewächse)

Ausdauernder Zwiebelgeophyt, 60(–100) cm hoch. Stängel kahl, dicht zweizeilig mit den fleischigen, linealischen, bis 1 cm breiten, Blättern besetzt, die zumindest zerrieben stark wie Knoblauch riechen.

Namen: „*Scorodoprasum*" ist der vorlinnésche Name der Pflanze, von griech. skorodon = Knoblauch und prason = Lauch. – „Lauch" ist ein altes germ. Wort für Lauch und Zwiebel.

dolde kugelig. Blüten rosa. Vormännliche „Nektar führende Scheibenblumen". Reicher Besuch durch Bienen, Schwebfliegen, Falter usw. Austrocknungsstreuer (Herbstwinde!). Fruchtreife: ab IX.

Allium vineale L., Weinbergs-Lauch: Blätter röhrig, gerillt. Weinberge, grasige Wegränder und Wiesen. Im Blütenbereich befinden sich zahlreiche Brutzwiebeln oder ausschließlich solche (vgl. *A. scorodoprasum*). Sie gleichen in Gewicht und Größe Getreidekörnern und werden deshalb auch mit Saatgut ausgebreitet. Junge Blätter sind für Speisezwecke nutzbar. Als Wildgartenpflanze geeignet, aber wegen der Ausbreitungsfreudigkeit nur für große Gärten zu empfehlen.

Allium oleraceum L., Gemüse-Lauch, Kohl-Lauch: Wildpflanze ruderal beeinflusster Trockenrasen, Weinberge, Dämme und Trockengebüsche. Die jungen Blätter können als Brotbelag, zu Quark oder für Gemüsesuppen verwendet werden. Blütenstand mit Brutzwiebeln, die ebenso verwendet werden können. Blüten meist steril.

Allium ampeloprasum L. (= *A. porrum* L.), Porree, Lauch, Winter-Lauch: Seit dem Altertum bekannte Kulturpflanze, sortenreich. Heimat: Mittelmeergebiet, z.B. in Weingärten (Name!, griech. ampelos = Weinrebe und prason = Lauch). Blattgemüse. Zweijährig. Hierher gehören auch die Perlzwiebeln. „Porree" ist früh von lat. ‚porrum' entlehnt (und später nochmals über franz. porrée). Da die Pflanze in Industriegebieten besonders stark Kadmium aufnimmt, ist dort von deren Anbau dringend abzuraten. Beachtlich hoch ist die Anzahl von 2000–3000 Blüten je Blütenstand. Als Besucher wurden Honigbienen und Käfer beobachtet.

Allium sativum L., Knoblauch: Als Gewürz- und Heilpflanze seit dem Altertum in Kultur. Wildform ausdauernd, in Kultur einjährig. Gelegentlich verwildert und gebietsweise sogar eingebürgert. Blüten meist verkümmert; Samenansatz fehlend. Die arzneiliche, besonders volksmedizinische Anwendung der Zwiebeln (Knoblauchzehen) ist sehr vielseitig. Wichtiger Wirkstoff ist das aus Alliin (siehe *Allium cepa*) freigesetzte Allicin, dessen Umwandlungsprodukte Diallyldisulfid und Diallyltetrasulfid den bekannten unangenehmen Geruch hervorrufen, der bei reichlichem Genuss auch durch die Haut austreten kann. Experimentell bestätigt wurde u.a. die antibakterielle und Gallensekretion fördernde Wirkung. Knoblauch ist wegen der ent-

Vorkommen: Auf reichen, grundfeuchten Böden eine zuweilen nicht seltene Wildzwiebel-Art der Auen und Saumgesellschaften. Möglicherweise erst durch den Menschen eingebürgert (Archäophyt?).

Blüten: VI–VIII. Blütenhülle (Perigon) purpurn. Bestäubung durch kleinere Insekten und Selbstbestäubung.

Früchte: Fruchtansatz offenbar selten. Dafür werden reichlich rotbraune Brutzwiebeln im Blütenstand gebildet (Pseudoviviparie), indem Blütenanlagen in gestauchte kleine Sprosse umgewandelt werden. Ausbreitung mit strömendem Wasser, aber wohl auch Versteckausbreitung und Zufallsausbreitung durch Tiere. Früher Ausbreitung durch den Menschen.

Verwendung: Vor der Blüte sind die Blätter wie bei A. ursinum zum Verzehr zu empfehlen. Dasselbe gilt später für die Zwiebeln. Empfehlenswerte Wildgartenpflanze. Als noch Artenkenntnis verbreitet war, erlaubte man sich zuweilen den Scherz, Nachbars Kühe mit diesem Kraut zu füttern. Der Knoblauchgeschmack degradierte die Milch zum Viehfutter.

Weitere Arten (vgl. auch *Allium cepa* und *Allium ursinum*):

Allium lusitanicum LAM. (= *A. senescens* subsp. *montanum* (FRIES) HOLUB), Berg-Lauch, Berg-Zwiebel: Etwa 20–25 cm hohe, am Grunde beblätterte Pflanze mit scharfkantigem Stängel. Zwiebel walzlich. Blätter flach, fleischig, glänzend dunkelgrün. Wächst an warmen, basen- oder kalkreichen Felsen. Kontinental verbreitet. **Geschützt**! Schein-

zündungshemmenden Wirkung zur Krebsvorsorge geeignet und fördert die Immunkräfte. Daher ist verständlich, dass der regelmäßige Genuss von Knoblauch ein hohes Alter erreichen lässt. Neuerdings konnte nach einer längeren Einnahme und hoher Dosierung (2–3 Zehen pro Tag) eine vorbeugende Wirkung bei Arteriosklerose nachgewiesen werden. Die Welternte lag 2012 bei 23 Mio. t und 2018 bei 28 Mio. t, von denen allein 22 Mio. t aus China stammten. „Knoblauch" bedeutet ‚gespaltener Lauch', wegen der abtrennbaren Tochterzwiebeln. – Extrakte aus Knoblauchzehen können im Garten als Insektizid verwendet werden. Im Aberglauben gilt Knoblauch als Mittel gegen Hexerei.

Allium ursinum LINNAEUS, Bär-Lauch, Wilder Knoblauch

Amaryllidaceae (= Amaryllisgewächse)

Ausdauernder Zwiebel-Geophyt, 15–30 cm hoch. Frühjahrsgrün, d. h. Blätter später vergilbend. Laubblätter meist nur 2, grundständig, bis 20 cm lang gestielt, schräg aufrecht stehend. Blattspreite zart, breit elliptisch, zerrieben lauchartig riechend. Größere Bestände können während des Vergilbungsprozesses einen weithin wahrnehmbaren Knoblauchgeruch abgeben. Die Blätter lassen deutlich Wasser abperlen (Lotuseffekt, siehe *Tropaeolum*). Bär-Lauch gehört zu den wenigen Pflanzen, bei denen durch Drehung des Blattstiels während der Entwicklung beim ausgewachsenen Blatt die Blattunterseite oben liegt (Blatt-Resupination). Zwiebel dünn, rhizomartig, von der häutigen Scheide des äußeren Laubblattes umschlossen. – Zur Unterscheidung von Arten, mit denen man die Blätter evtl. verwechseln könnte, siehe unter Verwendung.

Giftigkeit: Für kleinere Säugetiere wie Hasen und Hamster und bei Aufnahme größerer Mengen für Pferde giftig.

Namen: „*Allium ursinum*" erscheint als Name schon bei PLINIUS, zu allium = Knoblauch und ursinus = Bär-. Dahinter dürfte die Beobachtung stehen, dass die Bären nach ihrem Winterschlaf im März gerne die frischen Blätter fraßen (wie klug!).

Vorkommen: Gesellig in krautreichen Laubwäldern, auf sickerfeuchten, nährstoffreichen und tiefgründigen Böden, vor allem in Auwäldern. Kalkstet. In den deutschen Alpen bis 1400 m. Im nördlichen Tiefland selten. Außerdem seit langem kultiviert und von dort aus örtlich verwildert und eingebürgert, wovon auch größere Bestände betroffen sein können. In neuerer Zeit sind wegen der Beliebtheit von Bärlauch als Gartenpflanze zunehmend neue Verwilderungen zu beobachten.

Blüten: IV–V, Frühblüher. Blütenstand anfangs von Hüllblättern kelchartig umgeben. Blütenhülle einfach (Perigon) weiß. Unvollkommen vormännlich. Nach der

Öffnung der Staubbeutel entwickelt sich die Narbe, und der Griffel streckt sich auf 6 mm Länge. Der Nektar wird an der Basis der Staubblätter gebildet. Die Pollenproduktion hält den ganzen Tag an, ist aber zwischen 11 und 14 Uhr am größten. Bestäuber sind Fliegen, Honigbienen, Wildbienen (besonders Hummeln) und Tagfalter. Bienentrachtpflanze. Bei ausbleibender Bestäubung biegt sich der Griffel zu den Staubbeuteln, und es erfolgt Selbstbestäubung.

Früchte: Kapseln tief 3-teilig, d. h. aus 3 fast kugeligen Teilfrüchten bestehend, die je 1 Samen umschließen. Zur Reife schrumpft die Fruchtwand, der Stängel erschlafft und die kugeligen Samen fallen zu Boden. Die weitere Ausbreitung der kugeligen Samen geschieht sehr erfolgreich durch Ameisen, z. B. die Rote Waldameise (*Formica rufa*), obwohl diese keine „Belohnung" erhalten; vgl. *Anemone nemorosa*. Dazu Trittverbreitung der mit Erde an den Füßen von Kleintieren haften bleibenden Samen, Schwimmausbreitung durch Fließwasser aufgrund der ölhaltigen Samenschale sowie Menschenausbreitung durch Verschleppung aus Gartenanpflanzungen. Kältekeimer.

Verwendung: Als Heil-, Gemüse- und Gewürzpflanze seit dem Altertum bekannt und zu diesem Zweck früher auch angebaut. Karl der Große befahl im Capitulare de Villis den Anbau auf seinen Landgütern. Später geriet die Pflanze in Vergessenheit, wird aber seit dem 20. Jh. wieder genutzt und seit einigen Jahren zunehmend auch wieder in Gärten und im Gemüsebau kultiviert. Blätter (und Zwiebeln) können ähnlich wie Knoblauch verwendet werden und besitzen auch eine ähnliche Heilwirkung, z. B. bei Bluthochdruck. Daher wird die Pflanze im Volksmund auch „Wilder Knoblauch" genannt. In der Volksmedizin wird die Art wie Knoblauch bei Verdauungsstörungen, Arteriosklerose, Bluthochdruck und Hautausschlägen genutzt. – Klein geschnittene Blätter, Knospen, Blüten und unreife Früchte sind eine vorzügliche Beigabe für Quark, Mischsalate, Soßen und Suppen und können als Brotbelag oder einfach so roh gegessen werden. Auch die Zwiebeln sind für ähnliche Zwecke geeignet. Die Blüten können als schmackhafte, essbare Dekoration verwendet werden. Neuerdings ist die Pflanze zu einem der bekanntesten „Wildkräuter" avanciert. Nach Verwechslung mit Pflanzen, die ähnliche Blätter besitzen, z. B. Maiglöckchen und Herbstzeitlose, sowie mit jungen Blättern von ungefleckten Formen des Aronstabs, ist es schon zu schweren Vergiftungen gekommen. Aber nur Bärlauch riecht knoblauchartig; außerdem sind seine Blätter unterseits matt und lang gestielt und stehen ausschließlich grundständig. Die im Handel angebotenen Pflanzen stammen überwiegend aus Wildaufsammlungen, die genehmigungspflichtig sind. Die schonende Entnahme kleiner Mengen für den Eigenverbrauch wird meist geduldet. Herkünfte aus Gebieten, in denen der Fuchsbandwurm beobachtet wurde, sollten gründlich gereinigt und möglichst etwa 5 Minuten über 70° erhitzt werden. Für Naturgärten zu empfehlen, kann sich allerdings bei geeigneten Bedingungen stark ausbreiten.

Weitere Art (vgl. auch die vorigen Abschnitte):
Allium victorialis L., Allermannsharnisch: Ähnlich wie vorige Art. Stängel beblättert, 30–50 cm hoch. Zwiebel walzenförmig. Aus den äußersten Niederblättern, die keine Speicherfunktion haben, entstehen durch Verwitterung netzartige Häute. Diese waren wegen der Ähnlichkeit mit einem Kettenharnisch (Name!) der Anlass, der Pflanze starke Kräfte anzudichten. So war der vorlinnésche Name der Pflanze ‚Victorialis mas' (zu lat. victoria = Sieg) das Gegenstück zu ‚Victorialis foemina', das für *Gladiolus* galt. Beide Pflanzen hatten entsprechend früher den deutschen Namen „Siegwurz", der heute offiziell nur noch für *Gladiolus* gilt. Die Häute sollten auch „wider das Antun" dienen, d. h. vor bösen Geistern schützen, weswegen man sie z. B. an der Stalltür vergraben hat. Noch um 1900 wurden bei Wertheim Amulette mit Allermannsharnisch als „Glücksbringer" verkauft. Die Häute wurden auch zum Blutstillen verwendet. Die nektarreichen Blüten sind grünlich. Windstreuer und auch Ameisenausbreitung. Fruchtreife: ab VIII. Pflanze der Hochgebirge Eurasiens, so in den Alpen und im Schwarzwald. In kleinen Herden auf subalpinen Matten, kalkmeidend. Dekorative Zierpflanze.

Alnus glutinosa (L.) J. Gaertner, Schwarz-Erle, Rot-Erle

Betulaceae (= Birkengewächse)

Sommergrüner Laubbaum bis 25 m (maximal 40 m) Höhe. Kurzlebig, nur etwa 120 Jahre alt werdend. Schnellwüchsig. Holz ohne Kernbildung (Splintholzbaum). Forstwirtschaftliche Umtriebszeit 60–80 Jahre. Bei den Blättern der Schwarz-Erle ist das Fehlen einer Spitze typisch. Wie bei allen *Alnus*-Arten fehlt eine herbstliche Verfärbung, da die Pflanzen gut mit Stickstoff versorgt sind und es daher im Gegensatz zu anderen Laubgehölzen keinen zwingenden Grund gibt, den im Chlorophyll gebundenen Stickstoff vorher abzuziehen. Die Winterknospen sind im Unterschied zu allen anderen heimischen Bäumen gestielt. Aufgrund eines Durchlüftungssystems wird vom Spross Luft bis in die Wurzeln und den sie unmittelbar umgebenden Boden geleitet. Dieses als Thermoosmose bezeichnete Phänomen ist eine eindrucksvolle Anpassung an die für den Baum typischen nassen und entsprechend sauerstoffarmen Böden. – Das Wurzelsystem ist mit einer Tiefe von bis zu 4 m das am tiefsten reichende von allen einheimischen Baumarten. An den Wurzeln befinden sich zusammengesetzte, korallenartige, bis faustgroße Wurzelknöllchen (Actinorhiza), die durch Symbiose mit dem Luftstickstoff bindenden Fadenbakterium *Frankia* aus der Gruppe der Actinomycetes (= Strahlenpilze) hervorgerufen werden. Man kann sie z. B. gut erkennen, wenn sie vom Fließwasser freigespült wurden. Sie vermögen bis zu 100 kg Stickstoff pro Jahr und Hektar zu binden. Daher sind die Pflanzen zur Rohbodenkultivierung (z. B. auf Abraumhalden) geeignet. Zusätzlich können Erlen auch eine Symbiose mit Wurzelpilzen eingehen, wobei neben ektotropher auch arbuskuläre Mykorrhiza nachgewiesen werden konnte.

Systematik: Die Gattung ist mit etwa 30 sommergrünen Arten über die ganze Nordhalbkugel verbreitet. Mehrere davon werden bei uns als Parkbäume kultiviert. Nächst verwandt ist die Birke (*Betula*). In die gleiche Familie gehören auch Hainbuche (*Carpinus*) und Hasel (*Corylus*).

Schädlinge: Seit etwa 1995 wird der Erlenbestand durch Wurzelhalsfäule gefährdet, die die Bäume innerhalb weniger Jahre zum Absterben bringen kann. Sie wird durch den Mikropilz *Phytophthora alni* verursacht, der über das Bodenwasser und die Wurzeln in den Baum gelangt.

Namen: „*Alnus*" ist der lat. Name der (Grau-)Erle. Lat. „*glutinosus*" = klebrig, bezogen auf die Blätter, jungen Triebe und Knospen. – „Erle" (niederdeutsch Eller) ist ein germ. Wort und bedeutet rötlich, wegen des beim Schlagen zunächst orangerot werdenden Holzes. Daher auch der Name „Rot-Erle". „Schwarz-Erle" wegen der im Alter schwarz-längsrissigen Borke, die früher zum Schwarzfärben verwendet wurde.

Vorkommen: Bestandbildend in Bruch- und Auwäldern und entlang der Bäche, auf mäßig sauren bis neutralen Böden. Nährstoff- und Grundwasserzeiger. Lichtholzart. Kennart der Alnetea glutinosae (= Erlenbrüche und Moorgebüsche). Bietet als Uferbepflanzung Schutz vor Erosion. Erlenbruchwälder gehören heute zu den besonders stark gefährdeten Lebensräumen in Deutschland.

Blüten: (XII–)II–IV. Windbestäubung: „Kätzchenblütentyp". Ausgesprochener Frühblüher: männliche und (im Gegensatz zur Birke) auch weibliche Blütenstände werden schon im Vorjahr angelegt und überwintern; ausgeprägt vormännlich: Bestäubung vor Entfaltung der Blätter, die unnötig Pollen abfangen würden; Samenanlagen erst nach der Bestäubung zu befruchtungsfähigen Gebilden heranwachsend. In den milden Wintern der letzten Jahre oft vereinzelt schon ab Januar, manchmal sogar ab Ende Dezember blühend. Trotz der Windbestäubung wichtige erste Pollenquelle für Honigbienen, die sich aber an der Bestäubung nicht beteiligen (Pollenraub). Beginn der Blüte mit 12–40 Jahren. – Bedeutender Heuschnupfenerreger.

Früchte: Deck- und Vorblätter der weiblichen Blüten sind zu einem zur Reife verholzten, sich bei Trockenheit öffnenden Fruchtstandszapfen verwachsen (also eine Art Parallelbildung zu den Zapfen der Nadelbäume). Winzige, ölreiche Nüsse („Erlensamen") mit schmalen, luftgefüllten Schwimmpolstern an den Seiten: Segelflieger und Schwimmausbreitung, z. B. entlang von Gewässern bzw. mit dem Schmelzwasser, sowie Wasserhaftausbreitung und Bearbeitungsausbreitung durch Vögel, z. B. Erlenzeisige (!) und Finken. Fruchtreife: IX–X, die Ausbreitung erfolgt aber erst zu Beginn des folgenden Jahres. Wintersteher. Ameisen verschleppen die „Samen", die sie als Nestmaterial nutzen, und tragen so zur Ausbreitung bei.

Die Fruchtstände wachsen zur Reife zu verholzten, zapfenartigen Gebilden heran.

Verwendung: Park- und Forstbaum. Das gelbe, trocken rostrote Holz ist vielseitig verwendbar, u. a. für Wasserbauten (z. B. Schleusentore oder Pfahlbauten), als Drechslerholz (z. B. für Löffel) und Möbelholz, früher für Schießpulverkohle; spezif. Gewicht 0,5 g/cm³. Borke früher zum Schwarzfärben; ähnlicher Färbungseffekt bei abgefallenen Blättern, die sich unter Wasser aufgrund der Reaktion des Gerbstoffs mit Spuren von Eisen schwarz färben. Die leeren Fruchtstände werden in der Kranzbinderei zu Dekorationszwecken verwendet. An Gewässern werden Schwarz-Erlen gerne zur Uferbefestigung gepflanzt.

Weitere Arten:

Alnus incana (L.) MOENCH, Grau-Erle, Weiß-Erle: 10–20 m hoch, beendet meist schon mit etwa 15 Jahren das Höhenwachstum. Blätter unterseits graugrün (Name!), vorne spitz. Rinde alter Stämme grau, keine Borkenbildung. Im Gegensatz zur Schwarz-Erle mit reichlich Wurzelsprossen. Kennart der Auwälder der Gebirgsbachtäler (Alnetum incanae), sonst häufig angepflanzt, z. B. als Vorholz zur Bodenbefestigung, und oft verwildert und eingebürgert. Frühblüher: II–IV. – Da die Art oft auch außerhalb des natürlichen Verbreitungsgebietes angepflanzt wird, treten seit einiger Zeit im Siedlungsbereich vermehrt Hybriden mit voriger Art auf.

Alnus alnobetula (EHRH.) K. KOCH (= *A. viridis* (CHAIX) DC.), Grün-Erle: 0,5–2 m hoher Strauch. Kennart subalpiner Gebüsche (Alnetum viridis), auf mäßig sauren, meist kalkarmen Böden in feuchter und kühler Lage, vor allem in Nordexposition. Männliche und weibliche Blütenstände stehen am gleichen, diesjährigen Zweig und erscheinen erst mit dem Blattaustrieb. Gefürchtete Wildpflanze der Almweiden.

Alopecurus pratensis LINNAEUS, Wiesen-Fuchsschwanz(gras)

Poaceae (= Süßgräser)

Ausdauernde Horstpflanze mit unterirdischen Ausläufern (Rhizomen), 30–100 cm hoch.

Namen: „*Alopecurus*" ist der lat.-griech. Name der Pflanze, zu griech. alopex = Fuchs und oura = Schwanz, wegen der Form und der nach dem Abblühen braunroten Farbe des Blütenstandes von *A. pratensis*. Der Name wurde von LINNÉ auf die ganze Gattung übertragen. Lat. „*pratensis*" = Wiesen-. – „Fuchsschwanz“ ist ein alter Name für *P. pratensis*. Hinweis: Der Name „Fuchsschwanz“ wird auch für die weiter unten besprochene Gattung Amarant(h) = *Amaranthus* (Familie Amaranthaceae) verwendet.

Vorkommen: Feuchte bis frische, nährstoffreiche Wiesen. Auch als Futtergras kultiviert. Durch Überdüngung entstehen oft Monokulturen dieser Art, die die durch ihre relative Vielfalt ökologisch bedeutsamen krautreichen „Normalwiesen“ verdrängen. Auf ärmeren Böden Zeiger starken menschlichen Einflusses.

Blüten: V–VI. Der Blütenbeginn gilt beim Deutschen Wetterdienst als Beginn der für Heuschnupfenallergiker wichtigen Gräserblüte. Windbestäubung: „Langstaubfädiger Typ“. Vorweiblich. Selbststeril. Schwellkörper fehlen (= Ausnahme bei den Gräsern). Ährchen 1-blütig. Deckspelze im Gegensatz zum Lieschgras (*Phleum*) mit nur einer, rückenständigen Granne. Ährenrispe zylindrisch, bis 1 cm dick. Anders als bei *Phleum* lassen sich die Ährchen auch vor der Fruchtreife leicht von der Spindel abschieben.

Früchte: Ausbreitungseinheit sind die 1-blütigen Ährchen (Spelzfrüchte). Die Hüllspelzen dienen als Flugapparat: Ballonflieger. Dazu Zufalls- und Tierausbreitung (Anhafter) sowie Menschenausbreitung. Fruchtreife: VII–X. Lichtkeimer.

Vegetative Vermehrung durch die bis 10 cm langen Ausläufer.

Verwendung: Bei Frühschnitt ertragreiches Futtergras, nicht weidefest. Die Früchte können für Speisezwecke genutzt werden.

Weitere Arten:

Alopecurus myosuroides Huds., Acker-Fuchsschwanz(gras): Einjährig, meist sommerannuell, 20–40 cm hoch. Ährenrispe schmal. Häufiges Ackerwildkraut nährstoffreicher Böden. Archäophyt. Lehm- und Tonzeiger. Seit etwa 2010 haben sich herbizidresistente Formen in Mitteleuropa stark ausgebreitet und werden zunehmend zum Problem für die Landwirtschaft.

Alopecurus geniculatus L., Knick-Fuchsschwanz(gras): Einjährig. Stängel am Grunde niederliegend, knickig aufsteigend, 10–30 cm hoch. Flutrasen, wechselnasse Ufer und Wege, Salz ertragend.

Althaea officinalis Linnaeus, Echter Eibisch

Malvaceae (= Malvengewächse)

Ausdauernde Halbrosettenpflanze (Hemikryptophyt), 60–120 cm hoch. Stängel und Blätter durch Sternhaare graufilzig-samtig. Blätter schwach 3–5-lappig.

Systematik: Nahe verwandt sind die Stockrosen (*Alcea*) und Malven (*Malva*, siehe dort).

Namen: „*Althaea*“ (althaia) ist einer der lat.-griech. Namen der Pflanze, zu griech. altheeis = heilkräftig bzw. althein = heilen, wegen der altbekannten Heilwirkung. Linné bezieht den Namen auf Althaia aus der griech. Mythologie. Weiterer lat. Name der Pflanze ist ‚(h)ibiscum‘, der allerdings später auf die heutige Gattung *Hibiscus* (siehe bei *Malva*) übertragen wurde. Neulat. „*officinalis*“ = arzneilich verwendet. – „Eibisch“ ist von ‚hibiscum‘ früh entlehnt. „Echt“ = die für die Verwendung (hier als

Heilpflanze) richtige Art. Weitere Namen sind u.a. „Samtpappel“, weil aus verschiedenen Malven-Verwandten ein Kinderbrei (Pappa) zubereitet wurde, sowie „Sumpfmalve“, wegen des Standorts (vgl. engl. marsh-mallow).

Vorkommen: Nasse bis wechselfeuchte Salzweiden und Binsenröhrichte der Küste sowie feuchte Wiesen, Ruderalstellen und Gräben des Binnenlandes, z.B. in Flusstälern. Oft aus alter Kultur eingebürgert. Insgesamt gefährdet. Außerdem aktuell als Heil- und Zierpflanze angebaut und verwildert. Im östlichen Nordamerika eingebürgert.

Blüten: VII–IX. „Nektarführende Scheibenblumen“ (vgl. *Malva*), meist zu mehreren in den Achseln der oberen Laubblätter büschelig gedrängt. Krone strahlend rötlich weiß. Nektar wird sehr reichlich von der Oberseite der Kelchblätter abgegeben. Staubblätter zahlreich, ihre Fäden sind zu einer die Griffel umgebenden hohlen Säule (Columna) verwachsen. Reicher Besuch durch Honigbienen und Hummeln. Wertvolle Bienentrachtpflanze. Pollen violett (bei der Stockrose gelb).

Früchte: Scheibenförmige Spaltfrüchte, die bei der Reife entlang der Scheidewände in zahlreiche 1-samige, an der Außenkante dicht sternhaarige Teilfrüchte zerfallen. Verdauungsausbreitung. Schwimmausbreitung.

Vegetative Vermehrung durch das fingerdicke Rhizom.

Verwendung: Seit dem Altertum geschätzte Heilpflanze und Zierpflanze, besonders der Bauerngärten. Die Pflanze kam bei zahlreichen Krankheiten zum Einsatz. Karl der Große schrieb ihren Anbau im Capitulare de Villis für die Landgüter seines Reiches vor. Noch heute wird der Schleim aus Blüten, Blättern und vor allem Wurzeln wegen seiner beruhigenden Wirkung als Bestandteil von Hustenmitteln verwendet, besonders auch in der Kinderheilkunde. Die beste Aufbereitung ist die als Saft oder Sirup. Im 18. Jh. kam in Frankreich eine kulinarische Verwendung auf, indem aus Eibisch-Schleim, Zucker, Eierschaum usw. eine Süßware zubereitet wurde (pâte de guimauve, Eibischteig). Anfang des 20. Jh. wurden die Eibisch-Auszüge meist durch Gelatine ersetzt und es entstanden die bei Kindern beliebten Marshmallows (das ist der engl. Name der Pflanze), zu deutsch Mäusespeck oder Weiße Mäuse. Die gekochten und dann gebratenen Wurzeln und jungen Blätter wurden früher für Speisezwecke genutzt. – Hinweis: Mit ‚Gemüse-Eibisch‘ ist Okra (*Abelmoschus esculentus*) gemeint, ein in Äthiopien beheimatetes und in den Tropen kultiviertes Malvengewächs, dessen Früchte gelegentlich auch bei uns als Gemüse angeboten werden.

Alyssum montanum Linnaeus, Berg-Steinkraut

Brassicaceae (= Kreuzblütler)

Ausdauernde, kurzlebige, immergrüne, an der Basis verholzte Pflanze (Chamaephyt oder Hemikryptophyt), 10–20 cm hoch, mit zahlreichen, niederliegenden bis aufsteigenden Blühtrieben. Blätter lineal bis eiförmig, 1–2,5 cm lang, unterseits durch dicht stehende Sternhaare weißgrau filzig. – Tiefreichende Pfahlwurzel als Anpassung an den Trockenstandort.

Systematik: Zur Gattung gehören etwa 110 Arten. Nah verwandt sind die Gattungen *Aurinia* (Felsensteinkraut) und *Berteroa* (Graukresse).

Namen: „*Alyssum*" (alysson) ist der lat.-griech. Name einer Pflanze, deren Samen bei Hundebissen bzw. zur Heilung von Tollwut verwendet wurde (zu griech. alyssos = die Tollwut heilend), und wurde ohne erkennbaren Grund von Linné auf die vorliegende Gattung übertragen. Unklar ist, wie eine solche Heilwirkung ausgesehen haben könnte, und vor allem, welche Pflanze gemeint war. Lat. „*montanus*" = Berg-. – „Steinkraut" ist ein alter Pflanzenname wegen des Standorts (der typischen Unterart). Man beachte, dass im Gartenbau unter „Alyssum" meist die unten besprochene Art *Lobularia maritima* verstanden wird, die früher in die Gattung Alyssum gestellt wurde.

Vorkommen: Meist selten, aber oft bestandbildend in sonnigen, lückigen Felsrasen (subsp. *montanum*) oder in Sandtrockenrasen (subsp. *gmelinii*). Eine kontinentale Art kalk- und basenreicher Böden. Magerkeitszeiger. **Geschützt**! Die Vorkommen auf Sandtrockenrasen sind stark gefährdet.

Blüten: III–VI. Winzige, goldgelbe „Nektar führende Scheibenblumen". Kronblätter 3–6 mm lang. Kelchblätter hinfällig. Staubfäden breit geflügelt. Blüten in reichblütigen Trauben, anfangs Doldentrauben. Insektenbestäubung und Selbstbestäubung.

Früchte: Schötchen fast kreisrund, behaart, nur etwa 3–6 mm lang, mit (1–)2 Samen je Fach. Wind- und Tierstreuer. Samen flach, mit Hautrand: Windausbreitung als Segelflieger sowie Wasserhafter. Vermutlich auch Regenballist. Samen kurzlebig. Lichtkeimer.

Verwendung: Zierpflanze der Steingärten und auch für Wildpflanzengärten geeignet, es sollten aber nur Pflanzen aus gärtnerischer Kultur verwendet werden. Die jungen Blätter der *Alyssum*-Arten wurden früher als würzige Beilage zu Salat oder Gemüse genutzt.

Weitere Arten/Verwandte (vgl. auch *Aurinia saxatilis* = Goldkraut, Goldgelbes Steinkraut):

Alyssum murale Waldst. et Kit., Mauer-Steinkraut: Ähnlich wie vorige Art. Blütenstand reich verzweigt, in zusammengesetzten, schirmförmigen Doldentrauben. Früchte mit 1 Samen je Fach, im Unterschied zum ähnlichen Goldgelben Steinkraut (*Aurinia saxatilis*) behaart. Wird gerne als Steingartenpflanze kultiviert und ist auch an Mauern eingebürgert. Heimat: östliches Mittelmeergebiet.

Alyssum alyssoides (L.) L. (= *A. calycinum* L.), Kelch-Steinkraut: Meist einjährig, etwa 5–10 cm hoch, reich verzweigt. Ziemlich verbreitet in lückigen Trockenrasen und auf Brachflächen. Kalkhold und wärmeliebend. Im Rückgang. Winzige, blassgelbe „Pollen-Scheibenblumen" in lockeren Trauben, ohne Nektardrüsen. Vorwiegend spontane Selbstbestäubung, indem sich die Staubblätter vor dem Abblühen zur Narbe hin krümmen. Kelch an der reifen Frucht erhalten bleibend (Name!). Schötchen nur 2 mm breit, meist 1-samig. Ausbreitung wie bei *A. montanum*. Der Name „*alyssoides*" = ‚steinkrautähnlich' erklärt sich dadurch, dass LINNÉ die Art zunächst unter dem Gattungsnamen *Clypeola* führte und erst später zu *Alyssum* stellte.

Lobularia maritima (L.) DESV. (= *Alyssum maritimum* (L.) LAM.), Strand-Silberkraut, Alyssum, Duft-Steinkraut: Bodendeckende, stark verzweigte, niedrige, 1- bis 2-jährige, 5–10(–25) cm hohe Zierpflanze und ehemalige Heilpflanze. Blüten weiß (bei Kultursorten auch rosa bis violett), honigduftend (es lohnt, sich zu bücken). Heimat: Westlicher Mittelmeerraum und Atlantische Inseln. Nicht selten vorübergehend an Ruderalstellen (z. B. mit Gartenauswurf) und Mauern verwildert, mit zunehmender Tendenz zur Einbürgerung. Auch an Straßenrändern usw. mit Wildpflanzen-Aussaaten („Bienentütchen") angesät und dann oft bis in den Spätherbst hinein blühend. Für Spanien konnte jetzt nachgewiesen werden, dass die Bestäubung dort durch die Ameise *Camponotus micans* erfolgt (GÓMEZ 2000 Oecologia 122: 90) – eine sonst in der Blütenökologie seltene Erscheinung. Selbstbestäubung ist erfolgreich.

Amaranthus retroflexus LINNAEUS, Zurückgebogener oder Rauhaariger Amarant (oder Fuchsschwanz)

Amaranthaceae (= Amarantgewächse)

Einjährig, sommerannuell (Wärmekeimer) mit im Alter verholzenden, auch den Winter überdauernden, aufrechten, kurzhaarigen Stängeln, 15–80(–100) cm hoch, unverzweigt oder verzweigt; wechselständig beblättert. Blätter elliptisch-zungenförmig, gestielt, ca. 5(–10) cm lang. Auf Schlafbewegungen (nachts Aufrechtstellung der Blätter) wäre zu achten. Folgt wie alle Arten der Gattung dem C_4-Weg der Photosynthese und ist dadurch in warmen Lagen zu höherer Produktion befähigt. *Amaranthus* gehört zu dem Typ, bei dem das CO_2 in Form von Aspartat gebunden wird. – Ausgesprochener Tiefwurzler bis >1 m, evtl. sogar >2 m Tiefe.

Systematik: Die Gattung *Amaranthus* umfasst etwa 60–100 Arten. – Zur Familie Amaranthaceae werden heute meist auch die ehemaligen Gänsefußgewächse (Chenopodiaceae) gerechnet. Sie stehen den Kakteen (Cactaceae) nahe. Allen ist gemeinsam, dass der rote, wasserlösliche Farbstoff der Blüten, der Blätter usw. (hier Amaranthin) nicht wie sonst zu den Anthocyanen, sondern zu den Betalainen gehört.

Namen: „*Amaranthus*" (amarantus) ist der lat. Name einer nicht eindeutig zu identifizierenden Pflanze, zu griech. amarantos = unverwelklich, weil diese Pflanze auch im getrockneten Zustand Farbe und Form beibehält. Wegen dieser Eigenschaft wurde der Name schon vor LINNÉ auf die vorliegende Gattung übertragen. Amarant war von der Antike bis ins Mittelalter Inbegriff für eine ‚immerwährende Pflanze', der magische Kräfte zugesprochen wurden. Die zuerst bei C. BAUHIN 1623 auftauchende Schreibweise „*Amaranthus*" (mit h) ist unter dem Einfluss von griech. anthos = Blüte aus amarantus umgebildet worden. Lat. „*retroflexus*" = zurückgekrümmt, bezogen auf die Blütenstände, was aber für die vorliegende Art nicht zutrifft und darauf zurückgeht, dass LINNÉ nur ein untypisches Exemplar hatte. – „Fuchsschwanz" nach Form und Farbe der Blütenstände, namentlich vom Garten-Fuchsschwanz. – Hinweis: Fuchsschwanz ist auch der Name für das Fuchsschwanzgras (*Alopecurus*). Zur Vermeidung von Verwechslungen ist daher der Name „Amarant" vorzuziehen.

Vorkommen: Stickstoff und Licht liebende Art wärmerer Lagen, insbesondere der Flusstäler der Ebene. Neubürger (Neophyt) seit 1815. Heimat: Nordamerika. Hat sich in nährstoffreichen Hackkulturen und auf Maisfeldern, u. a. wegen der Herbizidresistenz mancher Formen, stellenweise zum lästigen Wildkraut entwickelt und ist deshalb als invasive Art eingestuft worden. Weltweit verschleppt.

Blüten: VII–IX. Unscheinbare, eingeschlechtige, 5-zählige Blüten in den Achseln längerer Vorblätter. Blütenhülle einfach (Perigon) mit strohig-trockenem Perigon in grüner, dichter, endständiger Scheinähre, die sich aus dichasialen Blütenknäueln zusammensetzt. Windbestäubung und Selbstbestäubung.

Früchte: Dünnschalige, z. T. aufgeblasene Deckelkapseln mit je einem glänzend schwarzen, nur 0,4 mg schweren Samen. Eine Pflanze kann evtl. bis >100.000 Samen produzieren. Die verfestigten Fruchtstiele und die Zweige ermöglichen Schleuderbewegungen im Wind: Windstreuer und Tierstreuer. Weitere Ausbreitung der Samen als Körnchenflieger. Dazu Bearbeitungsausbreitung durch Körnerfresser sowie Schwimm- und Regentropfenausbreitung. Die Hauptausbreitung erfolgt bei uns allerdings mit Garten- und Ackererde durch den Menschen. Fruchtreife: VIII–X. Wintersteher. Samen langlebig. Wärmekeimer.

Verwendung: Sehr nährstoffreiche Gemüse- und Salatpflanze mit hohem Eisengehalt. Im Mittelmeergebiet neben *Atriplex*, *Chenopodium*, *Portulaca* und *Sonchus* ein wesentlicher Bestandteil der „Chorta", einem Wildkrautsalat. Hierzu werden die gebrühten oder abgekochten Blätter in Zitronensaft (und Olivenöl) angerichtet. Alle *Amaranthus*-Arten können als Gemüse genutzt werden, doch ist der Gehalt an Oxalsäure zu beachten (evtl. Kochwasser abgießen!). – Mehrere *Amaranthus*-Arten werden (vor allem in Südamerika) wegen der getreideähnlichen Samen kultiviert (Pseudogetreide). Sie enthalten keinen Kleber (Gluten). Wegen des hohen Gehaltes an Eiweiß (ca. 15 %), essenziellen Aminosäuren, Ballaststoffen usw. werden sie im Rahmen einer gesunden Ernährung empfohlen. Auch die Körner der in Mitteleuropa vorkommenden *Amaranthus*-Arten können zur Ernährung genutzt werden.

Weitere Arten:

Amaranthus blitum L. (= *A. lividus* L.), Aufsteigender Amarant oder Fuchsschwanz (oder Meyer, Meier): Kleinere, niederliegende bis aufsteigende Pflanze. Blütenhülle länger als die Vorblätter. Wärmeliebende, tief wurzelnde Art in Hackfruchtäckern und z. B. im Rheintal nicht selten, aber insgesamt in Deutschland gefährdet (Stand 2018). Alte Kulturpflanze, die schon in den Pfahlbauten nachgewiesen wurde und somit ein Kulturrelikt darstellt (Archäophyt). Heimat: östlicher Mittelmeerraum, aber inzwischen weltweit verschleppt. Von THEOPHRAST wird ein angebautes Gemüse bliton oder blitum genannt. Im ‚Capitulare de Villis' Karls des Großen heißt die Pflanze ‚blidas'. Wegen der aufwändigen Ernte und der geringeren Qualität wurde der „Meyer" aber bereits im 16. Jh. u. a. durch den Spinat (*Spinacia*) verdrängt. Die var. *oleraceus*, der Chinesische Spinat, hat große Blätter mit weißlichen Nerven. Diese Form wird in Indien, China usw. als Gemüse kultiviert.

Amaranthus caudatus L., Garten-Amarant(h) (oder -Fuchsschwanz), Inkaweizen: Meist prächtig karminrot (seltener gelbgrün) gefärbte, bis 1 m große Zierpflanze (seit 16. Jh.) und Nutzpflanze mit zahlreichen schlanken, überhängenden Scheinähren. Neuerdings nicht selten in Aussaatmischungen („Bienentütchen"). Ökologie und Verwendung wie bei *A. retroflexus*. Heimat: tropisches Amerika, aber nur aus Kultur bekannt. Gelegentlich, z. B. mit Gartenmüll, verwildernd. Amarant(h) hat einen hohen Eiweißgehalt, reichlich Ballaststoffe und mehr Calcium, Magnesium und Eisen als andere Getreidearten. Bemerkenswert ist auch der hohe Anteil an der Aminosäure Lysin, was u. a. für Sportler interessant ist. Gewöhnlich werden die Körner zur Ernährung angeboten, es sind aber bei *Amaranthus*-Arten alle Teile als Nahrung geeignet.

Ambrosia artemisiifolia LINNAEUS,
Beifuß-Ambrosie, Beifußblättriges Traubenkraut

Asteraceae (= Korbblütler)

Einjährig, sommerannuell, 30–100(–150) cm hoch. Blätter fein zerteilt, 1–2(–3)-fach fiederteilig, aromatisch duftend. Pflanze durch starke Verzweigung des Stängels meist buschig. Stängel bis 4 cm dick, brüchig, oft rot überlaufen. – Unterschiede zum ähnlichen Beifuß (*Artemisia vulgaris*) sind u. a. die grüne statt grauweiß filzige Blattunterseite, die vor allem im oberen Teil der Pflanze deutliche zottige Behaarung des Stängels und die einjährige statt ausdauernde Lebensweise.

Giftigkeit/Allergien: Die Pflanze macht seit etwa 2005 immer wieder in den Medien Schlagzeilen, weil sie eine Kontaktallergie und vor allem eine gefährliche Pollenallergie verursachen und evtl. auch zu Asthma führen kann. Sie gehört zu den stärksten bekannten Allergenen überhaupt, da 6–10 Pollenkörner pro m^3 Luft bereits eine Reaktion auslösen können; zum Vergleich: Gräserpollen wirkt ab 15, Birkenpollen ab 30 Pollenkörnern pro m^3. In den USA ist die Pflanze der bedeutendste Allergieauslöser. Es besteht eine Kreuzallergie mit Beifuß-Pollen (*Artemisia vulgaris*). Im Bemühen, eine weitere Ausbreitung in Deutschland zu verhindern, sollten alle Vorkommen möglichst den Behörden gemeldet werden. Die Sorge um eine starke Ausbreitung und Einbürgerung hat sich aber mindestens für den Norden Deutschlands nicht bestätigt. In Schleswig-Holstein erwiesen sich alle gemeldeten größeren Bestände als *Artemisia vulgaris*. – Die Blätter schmecken bitter, gelten aber als ungiftig. Die Pflanze wird vom Weidevieh gemieden.

Namen: „*Ambrosia*" ist der Name einer aromatisch duftenden Beifuß-Art (*Artemisia*), vermutlich des Wermuts, bei PLINIUS, mit offensichtlichem Bezug zu der schon von Homers Sagen her bekannten aromatischen Götternahrung Ambrosia. Wegen der Ähnlichkeit der Blätter wurde der antike Name von LINNÉ auf die nordamerikanische Gattung übertragen; daher auch „*artemisiifolia*", zu *Artemisia* = Beifuß und lat. -folius = -blättrig. – „Traubenkraut" wegen der traubigen Anordnung der Blütenkörbchen. Heute wird oft auch die amerikanische Bezeichnung „Ragweed" benutzt.

Vorkommen: War über lange Zeit eine seltene und unbeständige Ruderalpflanze warmer Sand- und Kiesböden, z. B. in Häfen eingeschleppt. Neophyt, Erstnachweis 1863. Heimat: südliches Nordamerika. Wärme, Licht, Nährstoff und Feuchtigkeit liebend. Die Pflanze hat sich in den letzten Jahren stark ausgebreitet, z. B. in Luzerneäckern, und besonders auch aus Vogelfuttermischungen, in denen die Früchte als Verunreinigung beigemischt sind (Achtung: Das Label „Ambrosia-kontrolliert" erwies sich als nicht zuverlässig!). Die Pflanze wurde als „potenziell invasiver Neophyt" eingestuft. Die weitaus meisten Vorkommen bei uns umfassen nur wenige Exemplare, ganz überwiegend in Gärten. Es gibt aber auch größere Bestände, vor allem im Rhein-Main-Gebiet, in Brandenburg, Südostbayern und der Niederlausitz sowie in Großstädten wie Berlin, neuerdings auch entlang von Autobahnen. Es sieht so aus, dass die Pflanze bei uns insgesamt keine große Chance hat, die heimische Vegetation zu verdrängen. Als sehr problematisch hingegen gelten in Europa die Vorkommen in Südostfrankreich, der Südschweiz, Norditalien, Ungarn und dem Balkan. In der Schweiz besteht Melde- und Bekämpfungspflicht, die dazu geführt hat, dass die Pflanze dort inzwischen unter Kontrolle ist.

Blüten: VIII–X. Kurztagpflanze. Einhäusig. Windbestäubung (im Gegensatz zu den meisten anderen Korbblütlern). Männliche Blütenkörbchen mit 5–15 gelben Röhrenblüten, in bis zu 20 cm langen, endständigen, blattlosen Trauben. Die nur 0,02 mm breiten Pollenkörner werden morgens zwischen 6 und 8 Uhr entlassen. Eine Pflanze kann bis zu 1 Mia. Pollenkörner freisetzen. Weibliche Blütenkörbchen einzeln oder zu 2–3 unterhalb der männlichen Blütenkörbchen, einblütig und ohne Krone. Selbstbestäubung ist erfolgreich.

Früchte: Je Körbchen bildet sich meist nur 1 Frucht (Achäne). Die bei der Reife 3–4 mm langen Körbchen fallen bei der Reife als Ganzes ab, sodass die Achänen im unteren Teil von Korbboden und den 4–7 Hüllblättern umschlossen sind, die oft an ihrer Spitze widerhakig sind. Die Hauptausbreitung erfolgt durch den Menschen über verunreinigtes Vogelfutter und mit verschleppter Erde. Pro Jahr werden mehrere Tausend Früchte gebildet. Fruchtreife: ab X, aber Samen wegen der späten Blütezeit im Gebiet oft nicht ausreifend. Die Samen bleiben bis etwa 40 Jahre keimfähig. Wärmekeimer, doch fördert vorhergehender starker Frost die Keimungsrate.

Verwendung: Von den amerikanischen Ureinwohnern wurde die Pflanze arzneilich bei verschiedenen Hautverletzungen verwendet.

Amelanchier ovalis MEDIKUS (Artengruppe), Gewöhnliche oder Mitteleuropäische Felsenbirne

Rosaceae (= Rosengewächse)

Sommergrüner Strauch, 1–3 m hoch. Blätter elliptisch, fein gezähnt, bis 5 cm lang.

Systematik: Die Gattung umfasst ca. 20 Arten. Sie gehört zur Gruppe der Kernobstgewächse, siehe *Malus* = Apfel. – Von der Artengruppe *A. ovalis* gibt es in Deutschland im Alpenbereich die diploide Kleinart *A. ovalis* und im übrigen Gebiet die Kleinart *A. embergeri*.

Namen: „*Amelanchier*“ ist ein franz. Volksname aus Savoyen; lat. „*ovalis*“ = eiförmig, in Bezug auf die Blätter. – „Felsenbirne“ wegen des Standorts und der Ähnlichkeit mit Birnbäumen.

Vorkommen: Warme, trockene Felsgebüsche und Trockenwälder. In den deutschen Alpen bis 1800 m. Nordgrenze in Eifel, Siebengebirge und am Thüringer Wald. Kennart des Cotoneastro-Amelanchieretum (= Felsenbirnengebüsch) aus der Ordnung der Prunetalia (= Schlehengebüsche).

Blüten: IV–V, Frühblüher. „Nektar führende Scheibenblumen“ zu 3–7 in aufrechten Trauben. Kronblätter schmal, 15–20 mm lang, weiß oder gelblich weiß, außen zottig behaart. Insektenbestäubung.

Früchte: Kleine, kugelige, blauschwarze Apfelfrüchte, durch falsche Scheidewände in den 5 Fruchtblättern 10-fächerig. Da das Kerngehäuse bei der Reife weich ist, gleicht die Frucht einer Beere. Darmausbreitung durch Vögel. Fruchtreife: VII–IX. Dunkelkeimer.

Vegetative Vermehrung durch Wurzelsprosse.

Verwendung: Als Wildobstpflanze nutzbar. Wird auch als Zierpflanze angeboten, aber die meisten Felsenbirnen in Kultur gehören zu folgender Art.

Weitere Art:

Amelanchier lamarckii F. G. SCHROEDER (= *A. canadensis* auct.), Kanadische oder Kupfer-Felsenbirne, Korinthenstrauch oder -baum: Die bekannteste und wichtigste der bei uns kultivierten Ziersträucher der Gattung. Wird oft in Menge in Parkanlagen und entlang der Straßen angepflanzt. Heimat: Nordamerika. Ist in Nordwestdeutschland schon lange als Obststrauch in Kultur und von dort aus verwildert (Neophyt) und hat sich dort im Bereich bodensaurer Wälder stellenweise eingebürgert (seit dem 19. Jh.). Blüht als einer der ersten Sträucher unserer Anlagen bereits im zeitigen Frühjahr, IV–V; die Blühdauer ist mit knapp 14 Tagen besonders kurz. Blätter bis 9 cm lang. Kronblätter mindestens 3-mal so lang wie breit, 9–14 mm lang. Blüten zu 8–10 in verlängerten, meist überhängenden Trauben. Geruchlos. Pollen- und Nektarproduktion sind gering, der Insektenbesuch entsprechend spärlich. Trotzdem ist der Fruchtansatz reichlich aufgrund von Apomixis, d. h. die Samen entwickeln sich ohne Befruchtung. Tetraploid (2n = 4x = 68). Die Pflanze ist durch Blüte und Frucht sowie das bis zur Blütezeit kupferrote Laub und die leuchtend orangerote Herbstfärbung sehr dekorativ. Die zunächst dunkelroten, vollreif blauschwarzen Früchte können wie Rosinen verwendet werden („Ostfriesische Korinthen“) und sind reif auch roh sehr schmackhaft. Wichtige Vogelnahrung, z. B. für Amseln und Tauben. Fruchtreife: VI(–VII), daher auch der engl. Name june-berry.

Ammophila arenaria (L.) LINK, Gewöhnlicher Strandhafer, Gewöhnlicher Helm, Gewöhnliches Sandrohr

Poaceae (= Süßgräser)

Ausdauernde Pflanze: Rhizom-Geophyt, 60–120 cm hoch. Blätter in dichten Büscheln, 30–60 cm lang, steif, blaugrün, spitz, meist eingerollt, oberseits gerippt. Der harte und feste Bau der Blätter schützt einerseits vor dem Windschliff durch die verwehten, scharfkantigen Sandkörner, andererseits, besonders auch durch die Einrollung, vor Verdunstung. Blatthäutchen auffällig lang (bis 30 mm). – Wurzelwerk sehr weit verzweigt und ausgesprochen tief reichend (bis 12 m). Die Wurzeln vermögen in einem Jahr 1 m Sand zu durchwandern.

Namen: „*Ammophila*“ wurde 1809 von HOST geprägt, von griech. ammos = Sand und philein = lieben, wegen des Standorts. Bei LINNÉ gehörte die Pflanze zu *Arundo*. Lat. „*arenarius*“ = Sand-. – „Strandhafer“ wegen des Standorts und der Ähnlichkeit mit dem Hafer. Hinweise: Als „Sandrohr“ wird auch die nahe verwandte Art *Calamagrostis epigejos* bezeichnet. „Helm“ oder „Halm“ ist der niederdeutsche Name der Pflanze und ähnlicher Gräser, z. B. des Blauen Helms = Strandroggen (*Leymus arenarius*) und bedeutet ‚Gras‘. – *Ammophila* ist im Übrigen auch der gültige Name für die Gattung der Sandwespen.

Vorkommen: Basenreiche Weißdünen = Flugsanddünen, vor allem im weiteren Bereich der Küste, im übrigen norddeutschen Tiefland heute nur noch selten. Kennart des Ammophilion arenariae (= Strandhafer-Weißdünen). Auch angepflanzt und verwildert (Neophyt). Trägt durch Auffangen und Befestigen des Flugsandes wesentlich zur Entstehung der strandparallelen Dünen bei. Nach Aufhören der Sandbewegung kommt es zu einer stark verminderten Vitalität der Pflanzen. Das liegt wahrscheinlich an einer dann einsetzenden Schädigung der Wurzeln durch das Zusammenspiel von Fadenwürmern (Nematoden) und Pilzen. – Die Pflanze wurde im 19. Jh. z. B. auch in Nordamerika angepflanzt, hat sich aber seither vielfach selbstständig vermehrt und gilt dort durch ihre starke Konkurrenzkraft gebietsweise als ökologische Problempflanze (invasiver Neophyt). Inzwischen wächst sie als Problempflanze auch großflächig auf Dünen Australiens und Neuseelands.

Blüten: VII–VIII. Windbestäubung: „Hängeblütiger Typ.“ Ährenrispe 12–15 cm lang und 1,5–2 cm breit, dicht, walzenförmig, weißlich. Ährchen 10–15 mm lang, einblütig.

Früchte: Ausbreitungseinheit sind die von den Spelzen umgebenen Karyopsen (Spelzfrüchte); Ährchenachse unter der Deckspelze behaart, Deckspelze stachelspitzig: Schirmchenflieger, Kletthafter und bei Nässe Adhäsionshafter.

Vegetative Vermehrung ist die vorherrschende Ausbreitungsform. Sie erfolgt durch die langen unterirdischen Ausläufer.

Verwendung: Wird an der Küste, seltener auch im Binnenland, in großem Umfang zur Befestigung der Dünen angepflanzt. Früher wurden die Blätter zur Herstellung von Tauen und Matten verwendet.

Weitere Art/Bastard:

× *Calammophila baltica* (SCHRAD.) BRAND (= × *Ammocalamagrostis baltica* (SCHRAD.) FOURN.), Baltischer Strandhafer oder Bastardstrandhafer: Konstanter Bastard aus *Calamagrostis epigejos* × *Ammophila arenaria*. 60–150 cm hoch. An der Nord- und Ostseeküste auf älteren Dünen und anderen sandigen Standorten verbreitet. Oft neben der vorigen Art, aber durch weniger dichte, bräunliche bis violette Blütenstände unterschieden. Ist ebenfalls von Bedeutung bei der Festlegung von Küstenstandorten und wird entsprechend wie die vorige Art auch angepflanzt. Meist steril.

Anacamptis pyramidalis (L.) L. C. RICHARD (= *Orchis pyramidalis** L.), Pyramiden-Hundswurz, Pyramidenorchis, Spitzorchis

Orchidaceae (= Orchideen)

Ausdauernde Pflanze: Knollen-Geophyt mit Wechselknolle (vgl. *Ophrys*), 25–80 cm hoch. Blätter saftig, lineal-lanzettlich. – Pilzwurzel (endotrophe Mykorrhiza vom Orchideen-Typ).

Systematik: *A. pyramidalis* galt lange Zeit als einzige Art der Gattung *Anacamptis*, wurde aber oft in *Orchis* (siehe dort) eingeschlossen. Nach neueren Vorstellungen wurde die Gattung um mehrere aus Orchis ausgegliederte Arten wie *O. morio* (s. u.) erweitert, die als gemeinsames Merkmal u. a. die Verwachsung der äußeren Perigonblätter haben. Über die Frage, ob die Art nun zu *Orchis* oder zu *Anacamptis* gehört, gehen die Meinungen auseinander.

Namen: „*Anacamptis*" wurde von dem Franzosen RICHARD 1817 nach Ausgliederung aus der Gattung *Orchis* geprägt, von griech. anakamptos = rückwärts gebogen. Der Name bezieht sich ausdrücklich auf die nach unten gebogenen Klebscheiben in den Blüten (s. u.) bei vorliegender Art. Lat. „*pyramidalis*" nach der Pyramidenform junger Blütenstände. – „Hundswurz" wurde erst 1848 für die neu aufgestellte Gattung *Anacamptis* von GARCKE künstlich gebildet, in Anlehnung an den in der Antike parallel zu ‚Orchis' verwendeten Namen ‚Cynosorchis' (wörtlich: Hundshoden), wobei „-Wurz" allgemein ‚Pflanze' bedeutet. Eine besondere Aussagekraft im Vergleich zu ähnlichen Orchideen hat der Name also nicht. „Spitzorchis" bezieht sich auf den anfänglich spitz kegelförmigen Blütenstand. Details siehe H. KUTZELNIGG (2019 Orchideenzauber Heft 5: 20).

Vorkommen: Halbtrockenrasen, wechseltrockene Wiesen, Trockengebüsche und lichte Wälder, auf kalkreichen, nährstoffarmen Böden. Wärmeliebend. Bis in die montane Stufe. In Südwestdeutschland zerstreut, sonst selten bis meist fehlend. Galt lange Zeit als ‚stark gefährdet', wurde aber wegen einer gewissen Erholung der Bestände in der Roten Liste 2018 auf ‚gefährdet' hochgestuft. Im Mittelmeergebiet noch verbreitet. **Geschützt**! (wie alle heimischen Orchideen).

Blüten: V–VII. Lippenblumen vom *Orchis*-Typ (vgl. *Dactylorhiza*), in dichten, beim Aufblühen breit kegelförmigen, später verlängerten und dann eiförmigen Ähren. Blüten leuchtend purpurrot oder fleischfarben, selten weiß, angenehm duftend. Lippe breit dreilappig, am Grunde oberseits mit 2 Längsleisten. Äußere Perigonblätter abstehend. Sporn sehr dünn, 10–15 mm lang. Insektentäuschblume: Nektar wird nur vorgetäuscht. Bestäuber sind zahlreiche Tag- und Nachtfalter, u. a. Distelfalter, Dickkopffalter, Widderchen und tagaktive Schwärmer, seltener langrüsselige Bienen und Schwebfliegen. Es gibt eine eindrucksvolle Anpassung an die Bestäubung durch Schmetterlinge. Diese schieben ihren Saugrüssel zwischen den Leisten der Unterlippe in den Sporn, wobei sich die gemeinsame sattelförmige Klebscheibe (Viscidium) mit den beiden Pollinien an den Rüssel heftet (siehe Detailfoto). Danach senken sich die Pollinienstielchen um 90° nach außen und erreichen so beim Besuch der nächsten Blüte die beiden Narben. Das Phänomen wurde schon von DARWIN (1862) beschrieben.

Früchte: Fachspaltige Kapseln, trocken durch Längsspalten geöffnet: Wind- und Tierstreuer. Samen winzig und sehr zahlreich. Weitere Ausbreitung der Samen als Körnchenflieger. Samenentwicklung

wie bei allen Orchideen nur in Gegenwart des Mykorrhizapilzes.
Verwendung: Die Knollen vieler Orchideen wurden früher als Schleimdroge und Aphrodisiakum verwendet (siehe *Orchis*).
Weitere Arten (vgl. auch *Orchis*): ***Anacamptis morio*** (L.) R. M. BATEMAN et al. (= *Orchis morio** L.), Kleine oder Salep-Hundswurz (oder -Knabenkraut): Stängel bis oben beblättert. 10–50 cm hoch. Frühblüher: IV–V. Blütenstand locker, wenigblütig. Perigonblätter, abgesehen von der dreilappigen Lippe, zusammen neigend. Trockenrasen und wechselfeuchte Wiesen. Früher weit verbreitet (so noch im 19. Jh.), inzwischen stark zurückgegangen und als ‚stark gefährdet' eingestuft. Das liegt vor allem am starken Düngereintrag und der Verbuschung von Magerrasen, aber möglicherweise auch an der absoluten Selbststerilität, die Fremdbestäubung erforderlich macht. Im Mittelmeergebiet noch verbreitet. Ebenfalls Insektentäuschblume. Bestäuber sind Hummeln. „Salep" ist die Kurzform eines arab. Begriffes mit der Bedeutung ‚Fuchshoden'. Zur aktuellen Verwendung der oft als „Salep" bezeichneten Orchideen-Knollen siehe *Orchis*.

Die Pollenpakete (→) haften am Rüssel des Dickkopffalters an.

Anagallis arvensis LINNAEUS (= *Lysimachia arvensis* (L.) U. MANNS et ANDERB.), Acker-Gauchheil

Primulaceae (= Primelgewächse)

Einjährig, sommerannuell, oder winterannuelle Halbrosettenpflanze, 5–30 cm hoch. Wuchs ausgebreitet, niederliegende Stängel sich gelegentlich an den Knoten bewurzelnd.

Systematik: *Anagallis* mit etwa 20–25 Arten gehört in die Unterfamilie der Myrsinoideae und ist nächst verwandt mit den Gilbweiderich-Arten (*Lysimachia*). Sie wird neuerdings z. T. in letztere Gattung einbezogen (siehe dort).
Giftigkeit: Schwach giftig in allen Teilen durch Saponine, vor allem in der Wurzel. Die Pflanze wurde deshalb in Indien zum Fischfang verwendet.
Namen: „*Anagallis*" ist der lat.-griech. Name der Pflanze, mit unbekannter Etymologie. Neulat. „*arvensis*" = Acker-. – „Gauchheil" ist seit dem 15. Jh. belegt, zu Gauch = Narr, Kuckuck, wegen der alten Vorstellung, die Pflanze könne Geisteskrankheiten heilen.
Vorkommen: Ruderalstellen und Äcker, auf nährstoffreichen Böden. Alteinwanderer (= Archäophyt). Heimat: Mittelmeergebiet. Heute Kosmopolit.
Blüten: VI–X. Krone meist mennigrot, seltener auch blass fleischrot oder blau. Rand der Kronblätter vorne dicht drüsig (50–70 Drüsen). Homogame

„Pollen-Scheibenblumen". Nur von 7–14 Uhr und auch nur bei Sonne geöffnet. Verschiedene Bestäuber, besonders Fliegen. Staubfäden mit Futterhaaren, die ähnlich wie einige Gilbweiderich-Arten (*Lysimachia*) Öl abgeben. Spontane Selbstbestäubung vor dem Abblühen. Langtagpflanze.
Früchte (siehe Detailfoto): Deckelkapseln. Der Fruchtstiel krümmt sich mit der Schwerkraft (= gravitrop). Schwerkraftausbreitung, Windstreuer, Regenballisten und Regenschwemmlinge. Fruchtreife: VIII–X.

Verwendung: Ehemalige Arzneipflanze, z. B. gegen Geschwüre. Sollte angeblich auch bei Geisteskrankheiten und sogar gegen Dummheit helfen.
Weitere Art:
Anagallis foemina MILL. (= *A. caerulea* SCHREB., *Lysimachia foemina* (MILL.) U. MANNS et ANDERB.), Blauer Gauchheil: Von der blaublütigen Form von *A. arvensis*, die z. B. im Mittelmeergebiet weit verbreitet ist, u. a. durch den nur entfernt drüsig gewimperten Kronblattrand (meist mit 5–10 Drüsen), schwarze, glänzende Samen und das Vorkommen auf Kalk (bei uns nur bis 750 m Meereshöhe) unterschieden. Gefährdet (Stand 2018).

Anchusa arvensis (L.) MARSCHALL VON BIEBERSTEIN (= *Lycopsis arvensis* L.), Acker-Krummhals, Acker-Ochsenzunge

Boraginaceae (= Raublatt- oder Borretschgewächse)

Einjährig, sommerannuell, oder winterannuelle Halbrosettenpflanze, 20–40 cm hoch. – Pfahlwurzel meist 40–60 cm tief.

Systematik: Die Gattung umfasst 30–50 Arten mit Schwerpunkt Mittelmeerraum. Nahe verwandt sind Borretsch (*Borago*), Lungenkraut (*Pulmonaria*) und Beinwell (*Symphytum*).
Namen: „*Anchusa*" ist der lat.-griech. Name der von Ungarn bis in die Türkei verbreiteten Färberpflanze Schminkwurz (*Alkanna tuberculata*), der von LINNÉ auf diese Gattung übertragen wurde. Neulat. „*arvensis*" = auf Äckern wachsend. – „Krummhals" wegen der gekrümmten Kronröhre. „Ochsenzunge" ist ein alter Name von *A. officinalis*.
Vorkommen: Mäßig frische, meist kalkarme, nährstoffreiche Äcker. Sandzeiger. Ebene bis mittlere Gebirgslagen. Archäophyt. In Nordamerika eingeschleppt.
Blüten: V–IX. „Stieltellerblumen". Staubblätter von Schlundschuppen verdeckt. Blüten in Wickeln, hellblau mit weißer, gekrümmter Kronröhre. Bestäuber sind verschiedene Bienen. Daneben Selbstbestäubung.
Früchte: 4 ungleiche, raue Klausen mit Ölkörper (Elaiosom). Fruchtstand aufrecht. Kelch nach der Blüte verlängert und schließlich schrumpfend. Ameisenausbreitung. Außerdem Tierstreuer durch die starren Borstenhaare der ganzen Pflanze und

Menschenausbreitung durch Ackergeräte (Agrikulturbegleiter). Fruchtreife: IX–X.

Weitere Art:

Anchusa officinalis L., Gebräuchliche oder Gewöhnliche Ochsenzunge: Zweijährige bis ausdauernde Halbrosettenpflanze mäßig trockener, sandiger Ruderalstellen. Tiefwurzelnde Pionierpflanze der warmen Tallagen. Kronröhre gerade. Krone beim Aufblühen karminrot, später einfarbig dunkelviolett als Subtraktionsfarbe: Epidermis mit rotem, darunterliegende Schichten (Mesophyll) mit blauem Zellsaft. Heterostylie (= Verschiedengriffligkeit), vgl. *Primula*. Bestäuber sind Bienen und verschiedene andere Insekten. Ehemalige Heilpflanze bei Nierenleiden, Bronchitis usw. Junge Blätter und Stängelspitzen können für Mischgemüse wie Spinat zubereitet werden. Vom Genuss der Pflanze ist aber wegen des Gehaltes an Pyrrolizidin-Alkaloiden abzuraten. Für Wildpflanzengärten zu empfehlen.

Andromeda polifolia LINNAEUS, Rosmarinheide, Sumpfrosmarin, Polei-Gränke, Lavendelheide

Ericaceae (= Heidekrautgewächse)

Immergrüner Zwergstrauch mit weit kriechenden Ausläufern, 15–30 cm hoch. Blätter ledrig, länglich-lanzettlich, 2–3 cm lang, am Rande umgerollt, unterseits wachsbereift. – Pilzwurzel (Ericaceen-Mykorrhiza). – **Stark giftig**.

Systematik: Die Gattung umfasst nur 1–2 auf der Nordhalbkugel verbreitete Arten. Sie gehört gemeinsam mit *Vaccinium* (Heidelbeere usw.) in die Unterfamilie Vaccinioideae.

Giftigkeit: Alle Teile der Pflanze inkl. Nektar sind **stark giftig** durch Andromedotoxin (= α-Acetyl-Andromedol, Grayanotoxin I), das eine ähnliche Wirkung wie Aconitin hat. Vergiftungen beim Menschen sind sehr selten, traten aber nach Verwechslung mit Echtem Rosmarin (*Rosmarinus officinalis*) und nach Genuss von ausländischem Honig mit Rosmarin-Anteilen auf. Bei Weidetieren, besonders Schafen und Ziegen, sind schwere Vergiftungen nicht selten. Die Angaben sind aber insgesamt widersprüchlich. Die Verbindung kommt auch bei verschiedenen *Rhododendron*-Arten vor (siehe dort).

Namen: Der Gattungsname *„Andromeda"* wurde von LINNÉ 1732 auf seiner Lapplandreise geprägt. Er war begeistert von der Schönheit der Pflanze, die ihn an die Königstochter Andromeda aus der griech. Mythologie erinnerte, und hielt das sogar in einer Zeichnung fest. Die Vermutung von GENAUST, es sei eine Anspielung auf die zirkumpolare Verbreitung der Pflanze, weil nach der Sage Andromeda nach ihrem Tod als Gestirn an den Nordhimmel versetzt wurde, ist daher falsch. Der Artbeiname *„polifolia"* (ursprünglich als Gattungsname ‚Poliifolia') geht auf den vorlinnéschen Autor J. BAUHIN 1650 zurück, der die Blätter mit denen des ‚heimischen Polium' verglich, womit er den Berg-Gamander (*Teucrium montanum*) und nicht den mediterranen Polei-Gamander (*Teucrium polium*) meinte (NELSON & JONES 2005 Huntia 12: 5). Die

Erklärung, „*polifolia*“ bedeute graublättrig (griech. polios = grau, lat. -folia = -blättrig), klingt schlüssig, ist aber falsch. – „Rosmarinheide“ wegen der Ähnlichkeit der Blätter mit denen des Rosmarins (*Rosmarinus officinalis*). „Polei-Gränke“ ist ein Kunstname, wobei Gränke/Grante ein alter oberdeutscher Name für Preiselbeere (*Vaccinium vitis-idaea*) ist.

Vorkommen: Auf Hochmoorbulten, über nassen, nährstoffarmen, sauren Torfböden. Kalkmeidend. – Gefährdet!

Blüten: V–VII. „Hängende Glockenblumen mit Streueinrichtung“, d. h. der Pollen rieselt beim Anflug auf die Besucher herab. Die Blütenstände sind armblütige Doldentrauben. Blüten duftend. Nektar wird am Grunde des Fruchtknotens abgegeben. Der Blütenbesuch ist sehr spärlich. Beobachtet wurden Hummeln, Schmetterlinge, Honigbienen und Schwebfliegen. Es überwiegt Selbstbestäubung, die aber zu einer verminderten Vitalität führen kann.

Früchte: 5-klappig aufspringende, fachspaltige, vielsamige Kapseln. Windstreuer. Weitere Ausbreitung der Samen als Körnchenflieger. Der Samenansatz ist meist gering. Fruchtreife: VIII–X. Wintersteher.

Vegetative Vermehrung erfolgt sehr reichlich durch unterirdische Ausläufer und ist die überwiegende Form der Vermehrung.

Verwendung: Reichblütige Zierformen sind für Moorbeete und Heidegärten geeignet.

Anemone nemorosa LINNAEUS, Busch-Windröschen

Ranunculaceae (= Hahnenfußgewächse)

Ausdauernde Pflanze: Rhizom-Geophyt, 10–25 cm hoch. Frühjahrsgrün, d. h. Pflanze früh einziehend und daher im Sommer (ab August) ohne oberirdische Teile. Der Stängel trägt 3 Hochblätter (= Scheinquirl), die als Blütenknospenschutz und zur Photosynthese dienen. Die übrigen Blätter entspringen dem Rhizom. Letzteres dient als Überdauerungs- und Speicherorgan. An der Spitze trägt es die Sprossknospe, die im folgenden Jahr zum grünen Spross auswächst. Entsprechend wird das Rhizom selbst rechtzeitig durch einen Seitenspross ergänzt, stellt also ein Sympodium dar.

Systematik: Zu dieser krautigen, meist niedrigwüchsigen Gattung zählen 150 überwiegend auf der Nordhalbkugel verbreitete Arten, von denen bei uns ca. 20 als Zierpflanzen kultiviert werden. Die Gattung umfasste bei den älteren Autoren auch *Hepatica* (Leberblümchen) und *Pulsatilla* (Küchenschelle). Nach neueren Untersuchungen sollen die genannten Gattungen nun wieder in *Anemone* eingegliedert werden, doch hat sich diese Vorstellung nicht allgemein durchgesetzt. Verwandt ist auch die Gehölzgattung *Clematis* (Waldrebe).

Giftigkeit: Alle Arten der Gattung sind im frischen Zustand durch Protoanemonin schwach giftig.

Namen: „*Anemone*“ ist der lat.-griech. Name eines rot blühenden Frühblühers, dessen Blüten dem Mythos zufolge (THEOPHRAST, OVID) dem Blut des getöteten Helden Adonis, des Lieblings der

Venus = Aphrodite, entsprangen. Wahrscheinlich war die schon in der Antike gut bekannte Art *Anemone coronaria* (= Garten-Anemone) gemeint. Der Name „*Anemone*" ist sehr alt; er wurde von den Griechen aus einer semitischen Sprache übernommen und schon früh volksetymologisch an griech. anemos = Wind angelehnt. Das Wort geht letztlich auf den Beinamen Na'aman des orientalischen Gottes Adonis (= Dumuzid, Tammuz) zurück, der später auch von der griech. Mythologie übernommen wurde, und bedeutet ‚Blut' (vgl. *Adonis*). Als Gattungsname erscheint „*Anemone*" z.T. schon vor LINNÉ und wurde von ihm aufgegriffen. Neulat. „*nemorosus*" = im Wald wachsend. – Da unsere *Anemone*-Arten im Mittelalter (offenbar wegen wenig bekannter Nutzung) nicht weiter beachtet wurden, sind keine alten Namen überliefert. Das Busch-Windröschen wird erstmals 1500 bei BRUNSCHWIG unter dem Namen ‚regen würmlin' erwähnt und 1532 bei BRUNFELS mit dem Vermerk ‚Ein unbekannt waldtkraut' abgebildet. Der heutige Name „Windröschen" erscheint als ‚Windrößlein' zuerst bei TABERNAEMONTANUS 1588 als Lehnübertragung des falsch verstandenen antiken Namens.

Vorkommen: Krautreiche Wälder, Gebüsche und Bergwiesen. Frische- und Nährstoffzeiger. Mancherorts den Waldboden im Frühjahr fast völlig bedeckend.

Blüten: III–V, Frühblüher. Der Blütenbeginn gilt in der Meteorologie als Einsetzen des Erstfrühlings. Schwach vorweibliche „Pollen-Scheibenblumen". Lange Zeit nahm man an, dass Nektar fehlt, bis ERBAR & LEINS (2013 Org. Divers. Evol. 13: 287) beobachteten, dass von der Fruchtknotenoberfläche doch etwas Nektar abgeschieden wird, der z.B. von dem zu den Zweiflüglern gehörenden Großen Woll- oder Hummelschweber (*Bombylius major*) aufgenommen wird. Blüten duftlos. Stempel zahlreich, untereinander nicht verwachsen (frei). Blütenhülle einfach (Perigon). Blütenunterseite weiß oder schwach purpurrot überlaufen. Die Weißfärbung der Blütenhülle ist eine Folge der Totalreflexion des Lichtes an den Grenzflächen zwischen den Zellen und den lufterfüllten Interzellularräumen. Für einige Blütenbesucher ist die starke UV-Absorption wichtig, die das Perigon dunkel erscheinen lässt. Die Blüten werden nachts, bei kühler Witterung und bei Regen zum Schutz der inneren Organe fest verschlossen, indem die Außenseite der Perigonblätter bei niedrigen Temperaturen schneller wächst als die Oberseite. Außerdem sind dann die Blüten (durch Wachstumsvorgänge im Blütenstiel) nach unten gerichtet. Aufgrund der sich wiederholenden Wachstumsprozesse ist die Blütenhülle gegen Ende der Blütezeit deutlich größer als zu Beginn. Bei Sonne sind die Blüten weit geöffnet und bilden eine Art Hohlspiegel, der die Wärme ins Blüteninnere leitet, wobei die Blüten dem Stand der Sonne folgen (Heliotropismus). Wegen des (weitgehend) fehlenden Nektars, wird nur Pollen mit maximaler Darbietung zwischen 10 und 12 Uhr angeboten. Pollen weißlich. Der Blütenbesuch ist insgesamt spärlich, obwohl die Wärme in den Blüten den Insekten willkommen sein dürfte. Bestäuber sind verschiedene Insekten, vor allem Schwebfliegen und kleine Käfer, seltener Honigbienen und verschiedene Wildbienen, da diese kurz nach dem Winter zunächst eher an Energie lieferndem Nektar als an Pollen interessiert sind. Der Samenansatz ist meist gering. – Zwischen Samenkeimung und Blühreife liegen 10–15 Jahre.

Früchte: Je Blüte entwickeln sich zahlreiche 1-samige Nüsschen. Die Blütenstiele sind zur Fruchtzeit nach unten gerichtet: Schwerkraftausbreitung. Dazu Ameisenausbreitung durch die sehr kurzen, dicken, gewöhnlich als Ölkörper (Elaiosom) gedeuteten Fruchtstiele, die aber anders als typische Elaiosomen von den Ameisen nicht entfernt werden können und entsprechend keine „Belohnung" darstellen (PFEIFFER et al. 2010 Funct. Ecol. 24: 545). Es konnte experimentell gezeigt werden, dass die Nüsschen trotzdem verschleppt werden, weil die Ameisen durch den für Elaiosomen typischen Geruch von Ölsäure chemisch angelockt werden (chemische Mimikry). Die Tiere werden also ähnlich ausgetrickst, wie dies im Bereich der Blütenökologie seit Langem für Insektentäuschblumen bekannt ist. Die Bereitschaft, solche Samen abzutransportieren, ist allerdings oft gering. Auch größere Nacktschnecken beteiligen sich an der Ausbreitung (TÜRKE et al. 2010 Oecologia 163: 681). – Fruchtreife: V. Dieser sehr frühe Zeitpunkt, zu dem der Embryo noch wenigzellig ist, stellt eine Anpassung an die Zeit dar, in der die Ameisen für die Verfütterung an ihre Larven am ehesten nach Ölkörpern suchen. Licht- und Frostkeimer.

Vegetative Vermehrung ist vorherrschend, sie erfolgt durch Verzweigung des Rhizoms. Nicht selten gehören über 100 Blütentriebe zu einer Pflanze.

Verwendung: Die Pflanze wurde früher volksmedizinisch genutzt und kommt heute noch in der Homöopathie zur Anwendung. Wegen des Protoanemonins verwendete man sie auch als Pfeilgift. – Sie ist wie die folgenden Arten Zierpflanze und auch für Wildpflanzengärten sehr zu empfehlen.

Weitere Arten (vgl. auch den folgenden Abschnitt sowie die Gattungen *Hepatica* und *Pulsatilla*):
Anemone ranunculoides L., Gelbes Windröschen: Sehr ähnlich wie vorige Art. Blüten gelb, oft zu zweit, selten bis 5. Die Pflanzen erinnern stark an gelb blühende Hahnenfuß-Arten (*Ranunculus*), daher auch der Name *„ranunculoides“* = hahnenfußartig. Basenreiche Auwälder und feuchte Laubmischwälder, vor allem auf Kalk.
Anemone blanda SCHOTT et KOTSCHY, Balkan- oder Berg-Anemone, Blaues oder Schönes Windröschen: Blüten blau, bei Zuchtformen auch andersfarbig, 12–15-blättrig. In den letzten Jahren häufig in Gärten und auf Friedhöfen kultivierte, winterharte Art, nicht selten verwildert mit Einbürgerungstendenz. Ebenfalls Frühblüher (III/IV). Heimat: Balkan bis Kaukasus.

Anemone sylvestris LINNAEUS, Großes Windröschen

Ranunculaceae (= Hahnenfußgewächse)

Ausdauernder, sommergrüner Hemikryptophyt und Wurzelknospengeophyt, 20–30(–40) cm hoch. Stängel meist zu mehreren. Grundblätter handförmig geteilt, stets vorhanden. Der Hochblattquirl steht hier besonders tief, unterhalb der Mitte des Stängels.

Namen: Zum Gattungsnamen siehe *A. nemorosa*. Neulat. *„sylvestris“* = wild, hier im Vergleich zu der schon im Altertum kultivierten Art *A. coronaria*.
Vorkommen: Auf sonnigen, sommerwarmen, meist kalkreichen Böden an Waldrändern, in Gebüschen und lichten Wäldern. Vor allem in Süd- und Ostdeutschland. Gefährdet (gebietsweise stark gefährdet) und **geschützt**!
Blüten: IV–VI. „Pollen-Scheibenblumen“ zu 1–2, weiß, bis 7 cm breit, 6-blättrig. Blüten duftend – ein seltener Fall bei Hahnenfußgewächsen und auch angesichts des fehlenden Nektars bemerkenswert. Reiches Pollenangebot. Besucher sind kurzrüssellige Bienen, Fliegen und Käfer. Selbstbestäubung ist häufig.
Früchte: Pro Blüte entwickeln sich ca. 200, bis 3 mm lange Nüsschen, die (im Unterschied zu *A. nemorosa*) allseitig von einem lockeren Haarfilz umgeben sind. Zur Reife hin verlängert sich die Blütenachse auf bis zu 4 cm und die zunächst dicht stehenden Nüsschen trennen sich allmählich, wobei ein wattebauschartiges Gebilde entsteht, bis alle Früchte verweht sind: Windausbreitung als Ballonflieger. Bei Nässe auch Adhäsionshafter. Wintersteher.
Vegetative Vermehrung durch Bildung von Sprossen aus den nur wenige cm tief liegenden Wurzeln (Wurzelkriecher).

Verwendung: Dekorative Zierpflanze seit dem späten 16. Jh. und auch für Naturgärten sehr geeignet. Besonderer Vorteil ist die lange Blütezeit. Arzneiliche Anwendung wie bei *A. nemorosa*.
Weitere Arten (vgl. auch den vorigen Abschnitt):
Anemone coronaria L., Kronen- oder Garten-Anemone: Hübsche, im zeitigen Frühjahr blühende, beliebte Schnittblume oder auch im Kasten kultivierte Knollenpflanze mit grundständiger Rosette. Blütenhülle dun-

kelrot, blau, violett oder weiß, bis ca. 6 cm breit, einfach oder gefüllt (d. h. mit einer erhöhten Zahl von Blütenhüllblättern). Staubbeutel blau bis violett. Blüten- und Ausbreitungsökologie wie bei *A. sylvestris*. Die Bestäubung erfolgt durch Blatthornkäfer. Heimat: Mittelmeergebiet, dort schon seit dem Altertum in Kultur. Die Pflanzen verwandeln dort im Frühjahr riesige Flächen in einen Blütenteppich. Die Blüten wurden gerne zu Kränzen gebunden (Name!, lat. coronarius = zum Kranzbinden verwendet). Seit 2013 Nationalblume Israels.

Anemone hupehensis (LEMOINE) LEMOINE, Herbst-Anemone: Beliebte, sehr wüchsige und reich blühende, 40–120 cm hohe Zierstaude in zahlreichen Sorten inkl. Hybriden. Heimat: China. Blüten purpurn, rosa oder weiß. Blütezeit: VIII–X. Wichtige Pollenquelle für Honigbienen. Pollen hellgelb. Je Blüte entwickeln sich auch hier ca. 200, zunächst dicht zusammenstehende, ca. 2 mm lange, wollig behaarte Einzelfrüchte. Fruchtreife X. Typischer Wintersteher.

Anethum graveolens LINNAEUS, Dill

Apiaceae (= Doldenblütler)

Einjährig, sommerannuell, 50–80(–120) cm hoch. Pflanze hellgrün, kahl, Stängel aufrecht, oben oft verzweigt und wie bei allen Doldenblütlern außer an den Knoten hohl (vgl. *Anthriscus*). Die Blätter sind 3–5-fach gefiedert, mit fadenförmigen Abschnitten, ähnlich wie beim Fenchel. Blattscheiden 1–2 cm lang (beim Fenchel 3–6 cm lang).

Systematik: Die Gattung umfasst nur diese eine Art. Sie ist nahe verwandt mit Fenchel (*Foeniculum*), Petersilie (*Petroselinum*) und Sellerie (*Apium*).
Namen: „*Anethum*" (anethon) ist der lat.-griech. Name der Pflanze; lat. „*graveolens*" = stark riechend. LINNÉ hat diesen Namen übernommen und Pflanzen aus Spanien und Portugal beschrieben. – Der mittelhochdeutsche Name ist Dyllen und darauf folgend Dill oder Dillen, in Bayern auch Düll. Dazu werden im Volksmund aber auch noch einige andere Arten als Dill bezeichnet, z. B. *Euphorbia helioscopia*.
Vorkommen: Gartenpflanze für sonnige, frische und nährstoffreiche Standorte. Kalkhold. Aussaat ab April und Ernte 4–6 Wochen danach. Verwildert auf Ruderalstandorten, z. B. an Wegsäumen, aber nur unbeständig. Die Heimat des Dills scheint in Südwestasien und China zu liegen, von wo sie im 3. Jh. (oder früher) nach Südeuropa und dann zur Zeit Karls des Großen nach Mitteleuropa gelangte.
Blüten: VI–VII(–X). In tragblattlosen, zusammengesetzten (15- bis über 30-strahligen) Dolden. 2–3 mm breite, goldgelbe „Nektar führende Scheibenblumen vom *Heracleum*-Typ". Nektar absondernder Diskus. Insektenbesuch aller Art, besonders durch Käfer. Dazu Selbstbestäubung.
Früchte: Schmal geflügelte, breit-elliptische Spaltfrüchte (Doppelachänen), die bei der Reife in zwei Teilfrüchte zerfallen. Sie enthalten ca. 2 % ätherische Öle. Ausländische Herkünfte enthalten als

Hauptbestandteil das vom Kümmel (*Carum carvi*) her bekannte Carvon (bis 60%), heimische Herkünfte dagegen Phellandren. Dazu verschiedene weitere Inhaltsstoffe, z.B. Dill-Apiol. Ausbreitung vor allem durch Verschleppung mit Gartenabfällen. Dazu Windausbreitung als Flügelflieger bzw. bei Nässe auch Adhäsionsausbreitung. Lichtkeimer.
Verwendung: Dill gehört zu den ältesten kultivierten Gewürzkräutern und wird bei uns seit der Römerzeit angebaut. Die angenehm würzig schmeckenden frischen Blätter sind eine beliebte Zutat zu Salat, Suppen, Fischgerichten usw. Am geschmackvollsten ist die Pflanze während der Blüte, man nennt sie dann „Kron-Dill“. Die getrockneten Blätter nimmt man vor allem als Suppen- und Soßengewürz. Die Früchte gibt man in Thüringen zum Sauerkraut. Alle Teile der Pflanze wirken verdauungsfördernd und vermindern zumindest Blähungen! Ganze getrocknete, fruchtende Stängel gehören zur Zubereitung guter Gewürzgurken und insbesondere zu Salzgurken („Dillgurken“). Die arzneilichen Wirkungen sind ähnlich denen von Kümmel (*Carum*) und Fenchel (*Foeniculum*). Bauerngartenpflanze. Dill war schon bei den Alten Griechen (z.B. bei DIOSKURIDES) hoch angesehen. Er soll allgemein beruhigend wirken: „von Dillen Wasser getruncken ...“, wird sowohl empfohlen als Schlafmittel als auch gegen „alle unzüchtige Begirden“. Ein anderes Kräuterbuch empfiehlt den Dill „gegen die Geschwären an den heimlichen Orten“, d.h. er wirkt auch entzündungshemmend. Dazu zahlreiche weitere Anwendungen, insbesondere gegen Beschwerden der Verdauungsorgane (so z.B. als Dillöl). Auch schreibt man der Pflanze eine die Milchabsonderung fördernde (= lactagoge) Wirkung zu.

Angelica archangelica LINNAEUS (= *Archangelica officinalis* HOFFM.), Echte oder Arznei-Engelwurz, Erzengelwurz, Brustwurz

Apiaceae (= Doldenblütler)

Zwei- bis vieljährige, nur einmal blühende Halbrosettenpflanze. Mit bis 2,5 m Höhe eine der größten heimischen Stauden. Stängelblätter mit bauchigem Blattgrund (Blattscheide) als Knospenschutz.

Giftigkeit: *Angelica*-Arten enthalten, wie zahlreiche Doldenblütler, Furanocumarine, die eine Lichtempfindlichkeit hervorrufen können (phototoxisch). Das gilt besonders für alkoholische Auszüge der Wurzel.
Namen: „*Angelica*“ ist der mittellat. Name der Pflanze (14. Jh.), zu lat. *angelus* = Engel, wegen der Heilwirkung. Kirchenlat. „*archangelicus*“ = Erzengel-, wegen der im Vergleich zur Wilden Engelwurz stärkeren Heilkraft. – „Wurz“ (weiblich) hat hier die allgemeine Bedeutung ‚Pflanze‘. „Brustwurz“ wegen einer angeblichen ‚reinigenden Wirkung‘ auf die Brust.
Vorkommen: Staudenfluren zeitweise überschwemmter, nährstoffreicher Ufer. Salzverträglich. Auch seit langem kultiviert und von dorther verwildert (Archäophyt und Neophyt).

Blüten: VI–VIII. Vormännliche „Nektar führende Scheibenblumen", in zusammengesetzter Dolde. Krone gelblich grünlich. Bestäuber: besonders Fliegen und Käfer.
Früchte: Geflügelte Doppelachänen, die in zwei Teilfrüchte zerfallen. Wind- und Schwimmausbreitung. Kältekeimer. Die Samen müssen noch nachreifen.
Verwendung: Alte Heil- und Gemüsepflanze. Die knolligen, aromatischen, bitterstoffhaltigen Wurzeln und Früchte werden gegen Magenleiden usw. angewendet (z. B. als Kräuterlikör) sowie, in Zucker eingemacht, gegessen. Giftig bei arzneilicher Überdosierung. Vorsicht wegen der erhöhten Lichtempfindlichkeit (s. o.). Das aus den Wurzeln gewonnene Angelika-Öl wird bei der Herstellung von Parfüms und Likören verwendet. Die würzigen jungen Blätter und Stängel dieser und der folgenden Art kann man für Suppen und Mischgemüse verwenden. Im Aberglauben galt die Pflanze als Mittel gegen Zauberei und böse Geister.
Weitere Art:
Angelica sylvestris L., Wilde Engelwurz: Ökologisch und in der Verwendbarkeit ähnlich wie vorige Art. Vorkommen vor allem in Feuchtwiesen und feuchten Hochstaudenfluren, seltener in lichten, feuchten Wäldern. Der Artbeiname „*sylvestris*" wird meist falsch mit „Wald-" übersetzt, es gilt hier aber, wie generell im Neulatein der Botaniker, die Nebenbedeutung „wild", nämlich im Vergleich zur kultivierten Art *A. archangelica*. Junge Blätter sind für Gemüse geeignet. Aus den Früchten wurde früher ein Pulver gegen Läuse hergestellt. Die Wurzel wurde gegen Würmer und bei Vergiftungen eingesetzt. Aus den Stängelgliedern stellten Kinder Flöten her. Für Wildpflanzengärten zu empfehlen. Im Stängel wurden 65 verschiedene Tierarten festgestellt, die dort überwintern.

Antennaria dioica (L.) J. Gaertner, Gewöhnliches Katzenpfötchen

Asteraceae (= Korbblütler)

Ausdauernde, immergrüne Kriechstaude (Chamaephyt oder Hemikryptophyt), 7–20 cm hoch, mit unterseits weißfilzigen stumpflich-spatelförmigen Blättern. Blattrosette ab dem zweitem Jahr blühfähig. Auch polsterbildend.

Systematik: Verwandt mit dem Ruhrkraut (*Gnaphalium*) und dem Edelweiß (*Leontopodium*). Man kennt etwa 50 Arten. Sie sind über den temperaten bis in den arktischen Bereich verbreitet.
Namen: „*Antennaria*" wurde von J. Gaertner 1791 geprägt, von neulat. antenna = Fühler, wegen der an der Spitze keulig verdickten Pappusstrahlen (wie sie bei manchen Insekten, z. B. Tagfaltern, vorkommen) der männlichen Blüten. Neulat. „*dioicus*" = zweihäusig, im Vergleich zu anderen Arten der weit gefassten Gattung *Gnaphalium*, in die Linné zuvor die Pflanze gestellt hatte. – „Katzenpfötchen" wegen der weichen Behaarung der Pflanze.
Vorkommen: Magerrasen, Heiden, Kiefernwälder, auf meist kalkarmen, sandigen Lehmböden. Magerkeitszeiger. Vor allem in

höheren Lagen. Wird durch Düngung verdrängt. Besonders in der Ebene sehr stark zurückgegangen. Neuerdings in Wildblumenaussaaten. – Gefährdet. – **Geschützt**!

Blüten: V–VI. „Körbchenblumen", in wenigköpfigen, dicht gedrängten Doldenrispen. Unvollständig zweihäusig, d. h. männliche Pflanzen mit sterilen Fruchtknoten. Hüllblätter der männlichen Körbchen meist weiß, die der weiblichen meist rosa. Staubfäden reizbar (Thigmonastie). Sie krümmen sich bei Berührung und ziehen dabei die Staubblattröhre herab, sodass der Pollen vom feststehenden Griffel „herausgepumpt" wird. Bestäuber sind Falter. – *A. dioica* vermehrt sich normal sexuell, während skandinavische Arten der Gattung sich apomiktisch vermehren.

Früchte: Achänen mit Haarkelch (Pappus): Windausbreitung (Schirmchenflieger). Die trockenhäutigen Hüllblätter sind hygroskopisch und spreizen nur bei trockenem Wetter. Fruchtreife: ab VIII. Kältekeimer.

Vegetative Vermehrung erfolgt durch oberirdische, wurzelnde, beblätterte Ausläufer und trägt wesentlich zur Gesamtvermehrung bei.

Verwendung: Ehemalige Heilpflanze. – Hinweis: „Katzenpfötchenblütentee" stammt nicht von *Antennaria*, sondern von *Helichrysum arenarium*. – Für Wildpflanzengärten zu empfehlen und auch als Zierpflanze im Handel erhältlich, aber Naturschutz beachten! Wird z. B. im Fichtelgebirge gerne für Trockensträuße gesammelt.

Anthemis tinctoria LINNAEUS (= *Cota tinctoria* (L.) J. GAY), Färber-Hundskamille, Färberkamille

Asteraceae (= Korbblütler)

Ausdauernder, kurzlebiger Hemikryptophyt (Halbrosettenpflanze), seltener 1–2-jährig, 30–60 cm hoch. Blätter fein zerteilt, unterseits grauweiß. Blühende Pflanzen erinnern entgegen dem Namen eher an eine gelbblühende Margerite als an eine Kamille.

Systematik: Die Gattung umfasst je nach Auffassung 120–190 Arten in Eurasien und Afrika. Sie gehört zur Unterfamilie Asteroideae (siehe *Aster*) und ist dort namengebend für die umfangreiche Gattungsgruppe (Tribus) Anthemideae, zu der u. a. folgende Gattungen gerechnet werden: Schafgarbe (*Achillea*), Beifuß, Wermut (*Artemisia*), Wucherblume (*Glebionis*), Margerite (*Leucanthemum*), Kamille (*Matricaria*) und *Tanacetum* (Rainfarn).

Namen: „*Anthemis*" ist der lat.-griech. Name verschiedener Kamillen, zu griech. anthemon = Blume, wegen des Blütenreichtums und in Anlehnung an die Frauen- und Heil-Göttin Artemis, da Kamillen und einige verwandte Korbblütler als „Mutterkräuter" bei Frauenleiden verwendet wurden. Der Name wurde von LINNÉ auf unsere Gattung beschränkt. Lat. „*tinctorius*" = Färber-, wegen der Verwendung von *A. tinctoria*. – „Hundskamille" bezieht sich ursprünglich auf die nachfolgende Art mit ihren besonders kamilleähnlichen Blättern, wobei ‚Hund' abfällig gemeint ist, da die für echte Kamillen typische Heilwirkung fehlt.

Vorkommen: Trockenrasen, Felsfluren und Ruderalstellen, auf basenreichen, oft flachgründigen Böden. Lichtliebend. Vor allem in Süddeutschland. Evtl. Archäophyt.
Blüten: VI–IX. „Körbchenblumen", bis 4 cm breit, mit 330–500 zwittrigen Röhrenblüten und 30–50 (selten fehlenden) weiblichen Zungenblüten; letztere sind durch Karotinoide (Xanthophylle) lebhaft gelb. Körbchen nachts geschlossen. Staubfäden reizbar wie bei *Antennaria*. Bestäuber sind Bienen, Falter und verschiedene andere Insekten. FLÜGEL (2014) listet die stolze Zahl von >163 Besuchern auf, die an den Blütenkörbchen beobachtet wurden.
Früchte: Achänen nur 0,5 mm lang und 0,4 mg schwer, Pappus krönchenförmig. Spreublätter hinfällig. Windausbreitung. Selbstausstreuer (?). Außerdem Menschenausbreitung als Zier- und Nutzpflanze.
Verwendung: Alte Färberpflanze; aus den Blütenkörbchen wurden gelbe Flavonoide (vor allem Luteolin) zum Färben von Wolle und Gebäck gewonnen. Früher auch arzneilich genutzt. Beliebte Zierpflanze in mehreren Sorten, z. B. solchen mit weißen, blassgelben oder orangen Strahlblüten, und auch für Wildpflanzengärten sehr zu empfehlen. Häufiger Bestandteil von Blühstreifen.
Weitere Art/Verwandte:
Anthemis arvensis L., Acker-Hundskamille: Ein- bis zweijähriges Ackerwildkraut lehmiger und toniger Böden. Versauerungszeiger. Archäophyt. Kulturbegleiter. Zungenblüten weiß. Von der ähnlichen Echten Kamille (*Matricaria*) und der Geruchlosen Kamille (*Tripleurospermum*) u. a. durch das Vorhandensein von Spreublättern am Korbboden unterschieden. Stark zurückgegangen. Insekten- und Selbstbestäubung. Verschiedenfrüchtig (heterokarp): Die Randfrüchte der Körbchen sind mit ca. 1 mg doppelt so schwer wie die zentralen Früchte. Tierausbreitung: Klebhafter durch Schleim absondernde Höcker auf der Oberfläche der Früchte. Menschenausbreitung mit Ackererde. – Achtung: Die Geruchlose Kamille (*Tripleurospermum perforatum*) wird oft fälschlich für Hundskamille gehalten.
Chamaemelum nobile (L.) ALL. (= *Anthemis nobilis* L.), Römische Kamille, Edelkamille, Gartenkamille: Ähnlich voriger Art, aber ausdauernder Hemikryptophyt mit ± flaumiger Behaarung und einem Rhizom, das zahlreiche, sich bewurzelnde Sprosse treibt. Ganze Pflanze von ätherischen Ölen aromatisch fruchtig duftend (Name!, griech. chamai = niedrig, melon = Apfel; vgl. *Matricaria*). Spreublätter stumpflich und Früchte 3-kantig. Bauerngartenpflanze seit dem 16. Jh., Zierpflanze und Nutzpflanze. Selten verwildert. Heimat: Mittelmeergebiet bis Persien. Kultiviert werden meist Sorten mit gefüllten Körbchen, bei denen ein Teil der randlichen Röhrenblüten zu zusätzlichen Zungenblüten umgewandelt ist. Die Blütenkörbchen werden arzneilich ähnlich wie die der Echten Kamille (*Matricaria recutita*) bei Verdauungsstörungen, krampfartigen Schmerzen während der Monatsblutungen sowie äußerlich bei Entzündungen im Mund- und Rachenraum verwendet. Niedrigwachsende, nur ca. 5 cm hohe Kultursorten werden als Rasenersatz gezogen und liefern Duftteppiche. Aus der Pflanze wird auch ätherisches Öl für Likör und Parfüm gewonnen.
Anacyclus pyrethrum (L.) LINK, Echter, Römischer oder Mehrjähriger Bertram: Nur bis 5 cm hohe, aber bis 40 cm breit ausladende, kamillenähnliche Zierpflanze, ehemalige Heilpflanze und Likörgewürz. Liefert wie einige weitere nahestehende Arten (besonders *Tanacetum cinerariifolium*) das Insektizid Pyrethrum. Der deutsche Name geht unter volksetymologischer Anlehnung an den Vornamen ‚Bertram' auf das schon in der Antike verwendete Pyrethrum zurück.

Anthericum liliago LINNAEUS, Trauben- oder Große Graslilie

Asparagaceae (= Spargelgewächse)

Ausdauernder, sommergrüner Hemikryptophyt oder Geophyt mit kurzem Rhizom, 30–60 cm hoch. Blätter grasartig, blaugrün, alle grundständig. – Tiefwurzler.

Systematik: *Anthericum* umfasst etwa 60 Arten. Die systematische Einordnung wechselte immer wieder und ist noch nicht abschließend geklärt. Zurzeit wird die Gattung in die Unterfamilie Aga-

voideae der Familie Asparagaceae gestellt. Nahe verwandt ist die als Zimmerpflanze bekannte Grünlilie (*Chlorophytum*).

Namen: „*Anthericum*" ist eine der lat.-griech. Bezeichnungen für den Affodill (*Asphodelus*), die wegen der Ähnlichkeit auf die Graslilien übertragen wurde; „*liliago*" bedeutet ‚lilienähnlich', weil die Blüten an die von weißen Lilien erinnern. – „Graslilie" wegen der grasartigen Blätter.

Vorkommen: Felsfluren, Halbtrockenrasen, Trockenwälder und -gebüsche. Meist zerstreut bis selten und oft gefährdet, aber gebietsweise, z. B. in Rheinland-Pfalz, noch verbreitet. **Geschützt**!

Blüten: VI–VIII. „Nektar führende Scheibenblumen", in meist einfachen, blattlosen Trauben. Blütenhülle einfach (Perigon). Perigonblätter frei, weiß, 15–22 mm lang, innere und äußere gleich breit. Blütenstiele gegliedert. Blüten duftlos. Nektar frei zugänglich. Bestäuber sind Bienen, Käfer und Fliegen. Selbstbestäubung ist bedingt erfolgreich.

Früchte: Kapseln eiförmig, spitz, 3-fächerig, 9–15 mm lang. Wind- und Tierstreuer. Kältekeimer.

Verwendung: Diese und die folgende Art sind seit dem 16. Jh. als Zierpflanzen in Kultur.

Weitere Art:

Anthericum ramosum L., Rispen- oder Kleine Graslilie: Ähnlich voriger Art. Wächst ebenfalls in Trockenrasen und lichten Wäldern, aber auf Kalk. Entsprechend verbreitet in den Kalkgebieten von Süddeutschland, Thüringen und Sachsen-Anhalt, sonst zerstreut und oft gefährdet bis stark gefährdet. Typischer Vertreter kontinentaler Steppen. **Geschützt**! Blüten meist in Doppel-Trauben (Name!, lat. „*ramosus*" verzweigt). Perigonblätter 10–15 mm lang, die inneren fast doppelt so breit wie die äußeren, zur Blütezeit weit abgespreizt. Kapseln fast kugelig.

Anthoxanthum odoratum Linnaeus (Artengruppe), Gewöhnliches Ruchgras

Poaceae (= Süßgräser)

Ausdauernder, horstbildender Hemikryptophyt, 15–45 cm hoch. Blätter flach, beidseitig matt graugrün. In Lehmböden bis 50 cm tief wurzelnd.

Giftigkeit: Schwach giftig, da die oberirdischen Teile ein Cumarin-Glykosid enthalten, das beim Trocknen des Heus giftiges, wie Waldmeister duftendes, Cumarin abspaltet. Bei Überdosierung lähmt Cumarin Herz, Kreislauf und Atmung (deshalb z. B. als Wühlmausgift verwendet). Der Duft zeigt sich vor allem bei älteren und getrockneten Pflanzen.

Namen: „*Anthoxanthum*" ist ein vorlinnéscher Name, der von Linné übernommen wurde, von griech. anthos = Blüte und xanthos = gelb, wegen des (nach dem Abblühen) gelblichen Blütenstandes. Lat. „*odoratus*" = duftend, vgl. „Ruchgras".

Vorkommen: Magere Rasen und Weiden, lichte Wälder. Magerkeitszeiger, was heutzutage von Naturfreunden eher positiv gesehen wird! Ebene bis alpine Stufe (bis 2300 m), ab der montanen Stufe überwiegend die Kleinart *A. nipponicum* = *A. alpinum* (in den Zentralalpen bis > 3000 m).

Blüten: V–VI. Ährenrispengras. „Ähre“ dicht, 2–4 cm lang. Deckspelzen kahl. Windbestäubung: „Langstaubfädiger Typ“. Vorweiblich. Die Blüten besitzen nur 2 Staubblätter, die zur Blütezeit weit aus der Ähre herausragen. Die 1-blütigen Ährchen sind trotz fehlender Schwellkörper zur Blütezeit abgespreizt. Selbststeril. Heuschnupfenerreger.

Früchte: Karyopsen sehr klein, fest von den Deckspelzen umschlossen. Ausbreitungseinheit sind mehrblütige Teilblütenstände (Spelzfrüchte). Klettausbreitung durch den knieförmigen, bleibenden Griffel und die abstehenden Haare der unteren Deckspelzen, dazu Bohrfrüchte sowie wegen der zwischen Spelze und Frucht eingeschlossenen Luft Windausbreitung als Ballonflieger. Fruchtreife: VI–VIII. Lichtkeimer.

Vegetative Vermehrung durch lange Ausläufer.

Verwendung: Als Futtergras minderwertig. Wurde früher als Zusatz zu Schnupftabak und Kräuterkissen gebraucht. Die getrockneten Halme können wie Waldmeister zum Aromatisieren verwendet werden. Mit wenigen Halmen lässt sich jeder Wodka oder Korn ähnlich wie beim Mariengras (s. u.) in eine Art „Shubrovka“ verwandeln. – Die Art wird auch arzneilich verwendet. Bäder und Packungen haben eine stoffwechselanregende, durchblutungsfördernde, schmerzlindernde und beruhigende Wirkung bei rheumatischen Erkrankungen, Hexenschuss und Nervenentzündungen. – Für Wildpflanzengärten zu empfehlen.

Weitere Art/Verwandte:

Anthoxanthum aristatum BOISS. (= *A. puelii* LECOQ et LAMOTTE), Grannen-Ruchgras: Einjährig mit auch oben verzweigten Stängeln und bleichgrünen Blättern. Äcker, Ruderalstellen und lückige Weiden, auf mageren, stark sauren Sandböden, vor allem in der norddeutschen Tiefebene. Frostempfindlich. Erst 1850 eingeschleppt (Neophyt) und stellenweise mit Massenvorkommen, aber wegen allgemeiner Eutrophierung wieder stark zurückgegangen.

Hierochloe odorata (L.) P. BEAUV., Duftendes Mariengras, Vanillegras, Duftendes Ruchgras: Rhizom-

Geophyt mit langen Ausläufern, um 30(–50) cm hoch. Einem Rispengras (*Poa*) ähnlich, aber oberste Blätter mit sehr kurzer Spreite. Rispe 3,5–9(–15) cm lang. Nasswiesen, Moor- und Bruchwälder, salzverträglich. Stark gefährdet (Stand 2018) und oft schon ausgestorben. Enthält ebenfalls Cumarin-Glykosid. Wird als „Büffelgras“ zum Aromatisieren von Wodka und Bowle verwendet. Der Name „*Hierochloe*“ wurde von R. BROWN als Übersetzung des vorlinnéschen ‚Gramen Mariae odoratum‘ (Duftendes Gras der Maria) gebildet, von griech. hieros = heilig und chloa = Gras, gemäß der Legende, Maria habe das Gras wegen des angenehmen Duftes in die Krippe gelegt; daher auch der Name „Mariä Bettstroh“, der z. B. auch für den Waldmeister galt.

Anthriscus sylvestris (L.) HOFFMANN, Wiesen-Kerbel

Apiaceae (= Doldenblütler)

Ausdauernde oder zweijährige Halbrosettenpflanze, 60–150 cm hoch, mit Wurzelrübe. Stängel, wie bei allen Doldenblütlern, außer an den Knoten, hohl.

Systematik: Nahe verwandt sind Kälberkropf (*Chaerophyllum*), Klettenkerbel (*Torilis*), Möhre (*Daucus*) und Venuskamm (*Scandix*).

Namen: „*Anthriscus*" (anthryskon) ist der griech. Name des Kerbels und ähnlicher Arten, der von PERSOON 1805 als Gattungsname aufgegriffen wurde. Neulat. „*sylvestris*" = wild, im Vergleich zum Garten-Kerbel. Da „sylvestris" bei Pflanzennamen grundsätzlich nicht „Wald-" bedeutet, klärt sich so auch der scheinbare Widerspruch zwischen dem wiss. und dem deutschen Namen. – „Kerbel" ist von lat. ‚cerefolium' entlehnt (s. u.) und galt zunächst vor allem für den Garten-Kerbel. Der Name wird volkstümlich für verschiedene Doldenblütler verwendet, vgl. *Chaerophyllum!*

Die Spaltfrüchte sind im oberen Teil verschmälert. Ganz oben je ein bleibender Diskus und Griffel.

Vorkommen: Fettwiesen, grasige Raine und Hochstaudenfluren, auf frischen, nährstoffreichen Böden. Düngezeiger.

Blüten: IV–VIII (unser am frühesten blühender Doldenblütler). „Nektar führende Scheibenblumen vom *Heracleum*-Typ". In den zusammengesetzten Dolden finden sich neben zwittrigen auch männliche Blüten (andromonözisch). Randblüten strahlend. Besucher aller Art, besonders Käfer.

Früchte: Spaltfrüchte (Doppelachänen), die in zwei Teilfrüchte zerfallen. Diese sind 6–10 mm lang, sehr schmal, glatt und im obersten Teil unter dem Diskus (Griffelpolster) schnabelartig verjüngt (siehe Detailfoto). Vor allem Zufallsausbreitung durch Huftiere, d. h. die Früchte werden mit dem Futter aufgenommen und gelangen mit dem Dung zurück auf die Wiese. Auch Austrocknungsstreuer: Streuweite bis 1 m. Fruchtreife: VII–IX.

Verwendung: Frische Blätter sind für Frühlingssuppen geeignet (Vorsicht vor Verwechslungen mit den giftigen Arten *Chaerophyllum temulum* und *Conium maculatum*, die aber beide rotfleckige Stängel haben). Die Blätter kann man zum Gelbfärben von Wolle verwenden. Kinder schnitzten aus den Stängelgliedern Flöten. Bei Landwirten ist die Pflanze nicht beliebt. – Für Wildpflanzengärten zu empfehlen, wenn ausreichend Platz vorhanden ist.

Weitere Arten:

Anthriscus cerefolium (L.) HOFFM., Garten-Kerbel: Einjährig, winterannuell. Alte Bauerngartenpflanze, Heil- und Gewürzkraut. Wirkt Stoffwechsel fördernd und wird ähnlich wie Petersilie verwendet. Blätter aromatisch wie Fenchel oder Anis duftend, nur frisch zu verwenden. Heimat: Osteuropa/Westasien. Die Pflanze wurde schon von den Römern nach Mitteleuropa gebracht und ist zu Unrecht weitgehend in Vergessenheit geraten. Neben der Kulturform, die nicht selten verwildert anzutreffen ist mit Einbürgerungstendenz, gibt es vor allem im Bereich Rheinland-Pfalz und Baden-Württemberg auch eine Wildform (subsp. *trichospermus*). Örtlich in Ausbreitung. Verwechslungsmöglichkeit mit der giftigen Hundspetersilie (*Aethusa cynapium*), die jedoch unangenehm riecht. Bei den Römern hieß die Pflanze *„cerefolium"* oder *„chaerephyllum"*, worauf auch der Gattungsname *Chaerophyllum* basiert. Der Name wird meist von griech. chaerein = sich freuen und phyllon = Blatt abgeleitet, wegen des angenehmen Geruchs der Blätter. Im Aberglauben galt die Pflanze als Mittel gegen Hexen, so wurden z. B. die Kühe zum Schutz vor Verhexung mit Kerbel behangen („bekerbelt").

Anthriscus caucalis M. Bieb. (= *Caucalis scandix* Scop.), Hunds-Kerbel: Einjährig. Ebenfalls ehemalige Kulturpflanze. Sie ist bereits seit dem 16. Jh. eingebürgert und heute vor allem als „Burgenpflanze" zu finden. Blütenökologie und Verwendung ähnlich wie bei *A. sylvestris*. Bestäubung durch Fliegen, Selbstbestäubung. Die Teilfrüchte sind widerhakig bestachelt: Klettausbreitung durch das Weidevieh.

Anthyllis vulneraria Linnaeus, Gewöhnlicher Wundklee

Fabaceae (= Schmetterlingsblütler)

Ausdauernde Halbrosettenpflanze, 15–30 cm hoch. Formenreich mit vielen Unterarten. Blätter unpaarig gefiedert, Grundblätter oft bis auf die Endfieder reduziert. Pflanze seidig behaart zum Schutz vor Strahlung als Anpassung an den Standort. Wurzelknöllchen mit Luftstickstoff bindenden Bakterien.

Systematik: Formenreiche Art mit mehreren Unterarten im Gebiet.

Namen: *„Anthyllis"* ist ein griech. Pflanzenname bei Dioskurides, als Verkleinerungsform von anthos = Blüte. Der Name wurde von Linné im Anschluss an Rivinus auf den Wundklee übertragen. *„Vulneraria"* ist ein weiterer vorlinnéscher Name der Pflanze, zu lat. *„vulnerarius"* = Wund-, wegen der Verwendung.

Vorkommen: Kalkmagerrasen und Halbtrockenrasen, düngerfeindlich. Rohbodenpionier durch die Wurzelknöllchen. Wichtiger Bodenfestiger, z. B. auf Lawinenhängen. Ebene bis Hochgebirge. Durch Eutrophierung und Rückgang der Schafweide abnehmend. In den nördlichen Bundesländern gefährdet. – Verwandte Sippen sind neuerdings öfter auch mit Graseinsaaten an Straßenrändern und Böschungen eingeschleppt.

Blüten: V–VII. Streng vormännliche „Fahnenblumen" (= „Schiffchenblumen"), in vielzähligen, endständigen Köpfchen. Alle 10 Staubblätter sind (trotz der Bildung von Nektar) zu einer Röhre verwachsen, sodass dieser nur langrüsseligen Insekten (Hummeln, Faltern) zugänglich ist. Der Pollen wird in die Knospe entleert und durch den Griffelkolben beim Herunterdrücken des Schiffchens an dessen Spitze ausgepresst: „Pumpmechanismus". Narbe erst nach Abwetzen der zarten Oberflächenzellen klebrig. Neben normalerweise

gelben, höchstens rot gefleckten Formen treten zuweilen auch Mutationen mit rein hellroten Blüten auf.

Früchte: Ausbreitungseinheit sind 1(–2)-samige, vom vergrößerten, trockenen Kelch eingehüllte und daher relativ leichte, 4–5 mm lange Nüsse. Da diese sich nicht öffnen, handelt es sich also nicht um die sonst für die Familie typischen Hülsen. Bodenläufer, Regenschwemmlinge und Ballonflieger. Zufallsausbreitung durch Weidetiere. Fruchtreife: VII–X.

Verwendung: Die Blüten standen aufgrund des Saponingehaltes als Wundmittel in hohem Ansehen. Der Gebrauch geht evtl. auf die Signaturenlehre zurück, wegen der oft rot überlaufenen Blütenknospen. Selten angebaut, aber gute Futterpflanze. Auch in Kräuterteemischungen. Für Wildpflanzengärten zu empfehlen.

Antirrhinum majus LINNAEUS, Großes Löwenmaul oder Löwenmäulchen

Plantaginaceae (= Wegerichgewächse)

Ausdauernder, kurzlebiger, krautiger Chamaephyt, 30–70 cm hoch. Wird in Kultur meist einjährig gezogen. Blätter scharf schmeckend (Fraßschutz).

Systematik: Die Gattung umfasst ca. 20 Arten. Sie wurde früher zu den Scrophulariaceae (= Rachenblütler) gerechnet, wird aber jetzt aufgrund von DNA-Vergleichen in die weit gefasste Familie Plantaginaceae gestellt. Nahe stehen Leinkraut (*Linaria*), Zimbelkraut (*Cymbalaria*), Ackerlöwenmaul (*Misopates*, s. u.) und Klaffmund (*Chaenorrhinum*).

Namen: „*Antirrhinum*" ist der lat. Name der Pflanze, zu griech. anti = gegen, ähnlich wie; rhis, rhinos = Nase, wegen der Blütenform (oder der Fruchtform?). Auch die deutschen Namen spielen auf die Form der Blüte an, die sich wie ein „Löwenmaul" öffnet, wenn man sie von der Seite her zusammendrückt. Lat. „*major*" = größer, im Vergleich zu anderen Arten der Gattung in der weiten Fassung von LINNÉ, namentlich dem Klaffmund (*Chaenorrhinum minus*, siehe bei *Linaria*).

Vorkommen: Gartenzierpflanze. Zuweilen in nährstoffreichen Mauer- und Felsspalten verwildert (Neophyt) und eingebürgert, besonders an alten Burgen. Heimat: westliches Mittelmeergebiet.

Blüten: V–VIII. Homogame „Maskenblumen", in lockeren endständigen Trauben. Typische Hummelblume: Die Kronunterlippe muss durch das Gewicht der Hummeln (oder Holzbienen) heruntergedrückt werden. Honigbienen können deshalb nicht einkriechen. Der Nektar befindet sich in einer Aussackung der Kronröhre (bei dem sonst ähnlichen Leinkraut *Linaria* im Sporn), in deren Inneren 2 gelbe Haarstreifen als Blütenmal (Saftmal) den Weg zum Nektar zeigen. Die Besucher werden durch Staubbeutel und Narbe auf ihrer Rückseite berührt. Selbstbestäubung ist möglich. Blüten verschiedenfarbig durch rote Vakuolen- und gelbe Plastidenfarbstoffe. Die Wildform ist rotviolett.

Hauptduftstoff ist Methylbenzoat, dessen Produktion erst nach erfolgter Befruchtung eingestellt wird. – Interessant sind Formen („Rückschläge“) mit radiären Blüten („Pelorien“) statt dorsiventralen Blüten (vgl. *Linaria*).

Früchte: Porenkapseln: Wind- und Tierstreuer. Außerdem Anhafter und Menschenausbreitung (Kulturflüchter).

Vegetative Vermehrung durch Wurzelsprosse.

Verwendung: Beliebte Zierpflanze seit dem 15. Jh., heute in zahlreichen Sorten.

Verwandte:

Misopates orontium (L.) RAF. (= *Antirrhinum orontium* L.), (Gewöhnliches) Katzenmaul, Ackerlöwenmaul, Großer Orant: Einjährig, 5–30 cm hoch, einem kleinen Löwenmäulchen ähnlich. Alteinwanderer (Archäophyt) aus dem Mittelmeergebiet. In wintermilder Klimalage auf Äckern, seltener in Weinbergen, auf frischen, basenreichen, aber kalkarmen Böden. Durch Herbizide stark zurückgegangen und gefährdet. Blütezeit: VII–X. Blüten 8–10 mm lang, Maskenblumen (s. o.). Nektar in einer Aussackung der Kronröhre. Bestäuber sind Bienen, jedoch ist der Blütenbesuch nur spärlich. Porenkapseln: Wind- und Tierstreuer. Dazu Ausbreitung der feuchten Samen als Anhafter und Menschenausbreitung als Agrikulturbegleiter. – Der „Kleine Orant“ oder „Klaffmund“ ist die nahe verwandte Art *Chaenorrhinum minus* (siehe bei *Linaria*).

Apera spica-venti (L.) PALISOT DE BEAUVOIS, Gewöhnlicher Windhalm

Poaceae (= Süßgräser)

Einjährig: Sommer- oder winterannuelle Horstpflanze, 30–100 cm hoch. – 15–60 cm tief wurzelnd.

Namen: „*Apera*“ wurde von ADANSON 1763 nach Abgrenzung von *Agrostis* geprägt. Es ist vermutlich ein frei erfundener Name. Manche Autoren leiten ihn von griech. aperos = unverstümmelt ab, entweder weil im Vergleich zu *Agrostis* jedes Ährchen noch den Rest einer zweiten Blüte besitzt, oder wegen der im Vergleich zu *Calamagrostis* gut ausgebildeten Granne. Der Artbeiname „*spica-venti*“ = Windähre geht auf LINNÉ zurück, als lat. Übersetzung des schwed. Namens der Pflanze, der ebenso wie „Windhalm“ auf die große, lockere Rispe hinweist.

Vorkommen: Oft in Menge in Getreideäckern, auf nährstoffreichen, kalkarmen, oft sandigen Böden. Säurezeiger. Europa bis Mittelasien, außerdem z. T. verschleppt. Alteinwanderer (= Archäophyt). Durch die Anwendung neuerer Herbizide wurde die Pflanze oft stark zurückgedrängt, seit etwa 2010 breiten sich aber herbizidresistente Formen aus, die zunehmend ein Problem für die Landwirtschaft darstellen.

Blüten: VI–VII. Windbestäubung: „Langstaubfädiger Typ“. Selbststeril. Deckspelze mit auffällig langer, nicht geknieter Granne (5–10 mm lang). Ährchen 1-blütig. Ährchenachse zur Reife zwischen

oberer Hüllspelze und Blüte zerfallend. Rispen nach der Blüte zusammengezogen.
Früchte: Ausbreitungseinheit sind die Karyopsen mit den Vorspelzen und den lang begrannten Deckspelzen (Spelzfrüchte): Windstreuer, Schirmchenflieger und Kletthafter (z. T. kletten sich sogar ganze Blütenstandsteile an) sowie Menschenausbreitung (Agrikulturbegleiter und Ruderalpflanze). Es werden bis zu 600 Früchte pro Pflanze gebildet. – Samen zuweilen auf der Mutterpflanze auskeimend (Viviparie).
Verwendung: Als dekoratives Gras für Blumensträuße sehr geeignet. In früheren Zeiten wurden die winzigen Früchte zur Ernährung genutzt.

Aphanes arvensis LINNAEUS (= *Alchemilla arvensis* (L.) SCOP.), Gewöhnlicher Ackerfrauenmantel oder Ackersinau

Rosaceae (= Rosengewächse)

Einjährig (meist winterannuell), selten zweijähriger Hemikryptophyt, 5–20 cm hoch. Unscheinbar, daher oft übersehen. Zipfel der Nebenblätter in etwa dreieckig.

Systematik: Nächst verwandt mit dem Frauenmantel (*Alchemilla*) (siehe dort).
Namen: *„Aphanes"* ist ein Name von LINNÉ, von griech. a-phanes = unscheinbar. Neulat. *„arvensis"* = Acker-. Vgl. auch die Angaben zu *Alchemilla*. – „Ackerfrauenmantel" wurde künstlich gebildet, um auch im deutschen Gattungsnamen die Abgrenzung von *Alchemilla* zu vollziehen.
Vorkommen: Äcker, vor allem unter Getreide, auf nährstoffreichen Lehmböden, kalkmeidend, gern mit Kamille und Windhalm. Alteinwanderer (= Archäophyt). Kennart des Aphano-Matricarietum (= Kamillegesellschaft), unserer häufigsten Ackerwildkrautgesellschaft. Auch in Silikatmagerrasen und auf Ruderalflächen.
Blüten: V–IX. 4-zählige, unscheinbare „Scheibenblumen", in blattgegenständigen, knäueligen Doldenrispen. Diskus vorhanden, aber ohne Nektarabsonderung. Kronblätter fehlend. Je Blüte nur 1 Fruchtknoten und nur 1(–2) Staubblätter (seltener Fall unter den heimischen Blütenpflanzen). Pollen oft missgebildet. Meist Selbstbestäubung. Die Samen entwickeln sich zum Teil ohne Befruchtung (apomiktisch).
Früchte: Ausbreitungseinheit ist die vom langhaarigen Außenkelch umgebene, nur ca. 1mm lange, spitz-eiförmige Nussfrucht: Klebhafter und Anhafter. Zufallsausbreitung durch Pflanzenfresser. Menschenausbreitung: Agrikulturbegleiter.

Apium graveolens LINNAEUS, (Gemüse)-Sellerie

Apiaceae (= Doldenblütler)

Zweijährige, einmal blühende Halbrosettenpflanze mit Sprossrübe, 30–100(–200) cm hoch. Stark aromatisch riechend. Blätter (1–)2-fach gefiedert, dunkelgrün glänzend. – Die Wurzeln sind als Zugwurzeln ausgebildet, die sich verkürzen, um die Erneuerungsknospen in der richtigen Lage knapp über dem Boden zu halten.

Systematik: Die Gattung umfasst etwa 20 Arten. Sie ist namengebend für die Unterfamilie Apioideae, zu der die große Mehrzahl der heimischen Doldenblütler gehört. Nah verwandt sind Dill (*Anethum*), Fenchel (*Foeniculum*) und Petersilie (*Petroselinum*).

Namen: „*Apium*" ist ein lat. Name unklarer Zuordnung, der von LINNÉ auf diese Gattung übertragen wurde. Lat. „*graveolens*" = stark riechend. Der (oder die) „Sellerie" wurde im 17. Jh. von franz. céleri entlehnt und geht über lombardisch selleri (= Plural von sellero) und spätlat. selinum letztlich auf griech. selinon = Eppich, Sellerie zurück (vgl. die Namen *Selinum*, Petersilie, Silge).

Vorkommen: Meist als Kulturpflanze. Selten wild auf nassen, nährstoffreichen, tonigen Salzböden. Dort stark gefährdet und oft schon ausgestorben.

Blüten: VI–IX. „Nektar führende Scheibenblumen". Hülle und Hüllchen fehlend. Insekten- und Selbstbestäubung.

Früchte: Spaltfrüchte (Doppelachänen) mit Schwimmausbreitung. Lichtkeimer.

Verwendung: Sellerie wurde schon in der Antike als Nahrungs- und Heilpflanze kultiviert. Speicherstoffe sind u. a. Zucker, Asparagin und Tyrosin. Aus Früchten und Kraut wird Sellerieöl gewonnen. Alle Teile wirken harntreibend. Das ätherische Öl fördert die Unterleibsdurchblutung und gilt vielleicht deshalb als potenzfördernd. Alte Bauerngartenpflanze. In Teilen des antiken Griechenlands wurden die Blätter zu Siegerkränzen bei Sportkämpfen geflochten. – Vorsicht: Der Verzehr von Sellerie kann in Verbindung mit Pollenallergie zu Kreuzallergien führen; daher müssen in Deutschland seit Ende 2005 auch kleine Mengen der Pflanze als Bestandteil von Lebensmitteln deklariert werden. Sellerie ist sehr gesund und gilt auch als krebsvorbeugend. – Heute wird die Pflanze in drei unterschiedlich genutzten Varietäten angebaut, die jeweils mehrere Kultursorten umfassen:
– Knollensellerie: Das ist die bekannteste Varietät. Sie wird seit dem 17. Jh. angebaut und kann roh oder gekocht gegessen werden. Die Knolle umfasst im oberen Teil die fleischig verdickte Sprossbasis (mit daran ansitzenden Blättern bzw. Blattnarben) und das Hypokotyl und im unteren Teil die fleischig verdickte Wurzel mit verdickten Seitenwurzeln.
– Bleichsellerie: Bei dieser Varietät, die auch als Stauden- oder Stangensellerie bezeichnet wird, nutzt man die bleichen, verlängerten, rhabarberähnlichen Blattstiele, ebenfalls roh oder gekocht. Die Varietät ist ebenfalls seit dem 17. Jh. im Anbau und erfreut sich in letzter Zeit großer Beliebtheit.
– Schnittsellerie: Bei dieser eher selten kultivierten, aber schon seit der Römerzeit bekannten Varietät verwendet man die Blätter als Gewürz ähnlich wie Petersilie. Man kann sie gut auch getrocknet verwenden und mit Salz gemischt als Selleriesalz nutzen.

Aquilegia vulgaris LINNAEUS, Gewöhnliche Akelei

Ranunculaceae (= Hahnenfußgewächse)

Ausdauernder, kurzlebiger Hemikryptophyt (Halbrosettenpflanze), 40–80 cm hoch. Blätter gefiedert. Sie lassen Wassertropfen deutlich abperlen (Lotuseffekt, siehe *Tropaeolum*). – Wurzelrübe.

Systematik: Die Gattung umfasst etwa 80 Arten in den gemäßigten Klimazonen der Nordhalbkugel. Mehrere davon werden bei uns als Zierpflanzen kultiviert. Nah verwandt ist die Wiesenraute (*Thalictrum*).
Giftigkeit: Frühere Angaben über eine schwache Giftigkeit konnten nicht bestätigt werden.
Schädlinge: Verschiedene Minierfliegen bilden in den Blättern Fraßgänge. Die Blätter erscheinen an diesen Stellen weiß.
Namen: Die Etymologie von „*Aquilegia*" und „Akelei" ist ungeklärt. Aus der Antike ist kein Name der Pflanze überliefert. Mit agaleia/akileia waren zunächst verschiedene Dornsträucher gemeint, später dann auch die Akelei, so im 12. Jh. bei Hildegard von Bingen (Agleya = Acoleia) und im 13. Jh. bei Albertus Magnus (aquileia). Trotz der unklaren Situation gibt es Versuche, den Namen zu erklären, z. B. durch Vergleich der Blütensporne mit einem Füllhorn (zu lat. aqua = Wasser und legere = sammeln) oder mit Adlerkrallen (zu lat. aquila = Adler). Lat. „*vulgaris*" = häufig.
Vorkommen: Wärmeliebende, reiche Laubwälder, Säume und Wiesen, vor allem in den Kalkgebieten. Ebene bis Gebirge, im norddeutschen Tiefland selten. Die einzige Art außerhalb des Alpenbereichs (und der Schwäbischen Alb). Außerdem häufige Zierpflanze, die nicht selten verwildert, z. B. durch Selbstaussaat in Gärten und oft auch in Pflasterritzen, und im Norden auch eingebürgert ist. – **Geschützt** (alle Arten der Gattung)!

Blüten: V–VII. Blaue, bei Zierformen sehr unterschiedlich gefärbte „Glockenblumen mit klebrigem Pollen": 5 Glocken bilden eine hängende Blüte. Vormännlich. Blütenhülle einfach (Perigon) mit 5 Perigonblättern, dazu auf Lücke 5 kronblattartige, lang gespornte Nektarblätter: Nektardrüse in der gebogenen Spitze des 15 bis 22 mm langen Sporns. Die Ausbeutung des Nektars wird dadurch erschwert. Andere Arten haben gerade, aber meist längere Sporne. Einen längeren Sporn hat in Europa die Alpen-Akelei (*A. alpina*). Die Trichtermündung hat Hummelkopfgröße! Hauptbestäuber sind Hummeln (Hummelblume!), die die Blüten eifrig besuchen. Kürzerrüsselige Bienen, besonders Erdhummeln, beißen gerne den Sporn seitlich auf, um an den Nektar zu gelangen („Nektardiebe"). Sobald die Löcher vorhanden sind, stellen sich evtl. auch Honigbienen ein.
Früchte: Je Blüte entstehen mehrere drüsig-wollhaarige Balgfrüchte (apokarp). Da der Blütenstiel sich nach der Blüte nach oben aufrichtet, stehen die Früchte aufrecht. Sie springen bei der Reife entlang der Bauchnaht auf und schleudern die Samen fort: Austrocknungsstreuer. Vor allem aber Wind- und Tierstreuer durch den elastischen Stängel und die an der Spitze widerhakig gekrümmten Früchte, an denen vorbeistreifende Tiere hängen bleiben. Fruchtreife: ab VIII. Licht- und Frostkeimer.
Verwendung: Zierpflanze seit 1470, heute in zahlreichen verschiedenfarbigen Kultursorten, sich selbst aussäend. Auch viele weitere Arten sind in Kultur. Kurzlebig, d. h. eine Pflanze hält sich nur etwa 3–6 Jahre. Für Wildpflanzengärten zu empfehlen. Wurde früher auch volksheilkundlich genutzt und wird jetzt noch in der Homöopathie verwendet.
Weitere Art:
Aquilegia atrata W. D. J. KOCH, Schwarze Akelei: Sehr ähnlich voriger Art. Wildart der Kalkalpen und der Schwäbischen Alb. Unterscheidet sich durch braunviolette bis fast schwarze Blüten, nur bis 15 mm lange, aus der Blüte etwas herausragende Sporne.

Arabidopsis arenosa (L.) LAWALRÉE (= *Cardaminopsis arenosa* (L.) HAYEK), Sand-Schmalwand, Sand-Schaumkresse

Brassicaceae (= Kreuzblütler)

Zweijährige, seltener mehrjährige Halbrosettenpflanze, 15–40 cm hoch. Stängel unten abstehend behaart. Grundrosette mit fiederteiligen Blättern, kurz gestielt. Stängelblätter reduziert.

Systematik: Die vorliegende Art und ihre Verwandten wurden lange Zeit als eigene Gattung *Cardaminopsis* betrachtet, werden aber jetzt meist zu *Arabidopsis* gestellt.
Namen: Zu *Arabidopsis* siehe *A. thaliana*. „*Cardaminopsis*" wurde 1908 von v. HAYEK geprägt, von *Cardamine* (= Schaumkraut) und griech. -opsis = Aussehen, wegen der Ähnlichkeit mit dem Wiesen-Schaumkraut. Lat. „*arenosus*" = auf Sand, wegen des Standorts. – „Schaumkresse" ist künstlich gebildet in Anlehnung an Schaumkraut (*Cardamine*) und Kresse (*Lepidium*). Der Name „Schmalwand" gehört ursprünglich zu *A. thaliana*.
Vorkommen: Sandfluren und Bahnanlagen. In der subsp. *borbasii* einheimisch in reichen Laubwäldern des Berglandes in Felsfluren und auf Steinschutt.
Blüten: IV–VI. Blüten ähnlich denen von *Cardamine pratensis*, aber weiß bzw. bei der subsp. *borbasii* rosa.
Früchte: Deutlich abgeflachte Schoten. Streufrüchte. Samen der subsp. *arenosa* unberandet, die der subsp. *borbasii* mit Hautrand, was die Ausbreitung als Adhäsionshafter und als Klebsamen erleichtert.
Verwendung: Die jungen Blätter wurden früher als würzende Zugabe zu Salat und Gemüse genutzt.
Weitere Art (vgl. auch folgenden Abschnitt):
Arabidopsis halleri (L.) O'KANE et AL-SHEHBAZ (= *Cardaminopsis halleri* (L.) HAYEK), Haller-Schmalwand oder -Schaumkresse: Ausdauernde Pflanze mit Ausläufern (wurzelnde Legtriebe) und mit Brutsprossen im Bereich der Blütenstände. Grundblätter lang gestielt. Formenreich. Magerwiesen, Schwermetallrasen und Erzhalden. Die Pflanze ist besonders unempfindlich gegenüber Schwermetallen wie Zink, Blei, Cadmium und Nickel, die sie, was sonst selten ist, in den Blättern speichert und

u. U. stark anreichert. So wurden z. B. vom Trockengewicht bis zu 5 % Zink und 0,3 % Cadmium festgestellt (STEIN et al. 2016 New Phytol. 213 DOI 10.1111/nph.14219). Dies schützt vor Blattfraß. Die Pflanze kann aber auch auf nicht mit Schwermetallen belasteten Böden wachsen. Es laufen erste Versuche, ob mithilfe der Pflanzen durch Schwermetalle verseuchte Böden effektiv gereinigt werden können und ob es sich wirtschaftlich lohnt, Metalle wie etwa Cadmium aus der Asche der Blätter rückzugewinnen (Phytomining).

Arabidopsis thaliana (L.) HEYNHOLD, Acker-Schmalwand

Brassicaceae (= **Kreuzblütler**)

Einjährig, winterannuell (bis zweijährig), mit grundständiger Rosette. Unscheinbar und oft übersehen, etwas an ein kleines Hirtentäschelkraut erinnernd, von dem es aber im fruchtenden Zustand durch die langgestreckten Früchte leicht zu unterscheiden ist. Wie viele andere Arten von Ruderalstandorten in Größe und Wuchs stark variierend, 5–15(–40) cm hoch, unverzweigt oder verzweigt, einstängelig oder mehrstängelig. Blätter ungeteilt, ebenso wie die Stängelbasis mit einzelligen, zum Teil verzweigten Haaren. – Bis 40 cm tief wurzelnd. – Die Pflanze kann im Reagenzglas auf festem Nährboden gezogen werden, sodass bei einer Generationszeit von nur 6 Wochen mehrere Generationen pro Jahr möglich sind. Daher beliebtes Objekt für physiologische und genetische Versuche. Chromosomenzahl sehr niedrig: n = 5. Bei keiner Pflanze ist die Individualentwicklung so gut bekannt wie bei *A. thaliana*. Im Jahre 2000 wurde bei dieser Art als erster Blütenpflanze das vollständige Genom sequenziert. Überraschend war die Zahl der identifizierten Protein-codierenden Gene dieser unscheinbaren Pflanze, die mit etwa 25.000 sehr hoch liegt; selbst der Mensch verfügt nicht über eine größere Zahl solcher Gene. Man kennt zahlreiche Mutanten.

Die Früchte sind lang gestreckte Schoten.

Namen: „*Arabidopsis*" wurde von HEYNHOLD 1842 nach Abgrenzung von LINNÉS Gattung *Arabis* (= Gänsekresse) geprägt und bezieht sich auf die Ähnlichkeit mit dieser Gattung (griech. -opsis = Aussehen, so ähnlich wie). Der Name „*thaliana*" ehrt J. THAL (1542–1583), deutscher Arzt und Botaniker in Nordhausen, den Verfasser der ‚Flora Sylvae Hercyniae' (1588), einem der ersten deutschen Florenwerke, das anders als die typischen Kräuterbücher auch medizinisch nicht verwendete Pflanzen aufführt. Von THAL stammt auch die erste Beschreibung der Pflanze. – „Schmalwand" ist künstlich gebildet als Übersetzung des synonymen Gattungsnamens *Stenophragma* und bezieht sich auf die schmale Scheidewand der Schoten.
Vorkommen: Lückige Magerrasen, Ruderalstellen, Wegränder und Äcker, auf meist sandigen Böden.

Ebene bis Gebirge, bis 1400 m. Archäophyt. Heimat: Mittelmeergebiet.
Blüten: IV–V (Frühblüher), als typisches Ackerwildkraut aber oft auch noch später blühend. „Kleine Nektar führende Trichterblumen". Krone weiß, ungeteilt, nur 2–4 mm lang. Blüten nur bei Sonne geöffnet. Insektenbesuch spärlich, stattdessen erfolgt zu 99 % spontane Selbstbestäubung. Trotzdem ist aber auch Fremdbestäubung (durch solitäre Bienen, Zweiflügler und Blasenfüßer = Thripse) von Bedeutung.
Früchte: Schräg aufwärts abstehende, 10–25 mm lange, lang gestielte, meist nur 1 mm breite, kahle Schoten mit 20–30 Samen. Fruchtstand nach der Blüte verlängert. Regenschwemmling, Windstreuer und Klebausbreitung, da die Samenschale bei Nässe kurze Klebfäden produziert. Dazu unabsichtliche Ausbreitung durch den Menschen mit Erde. Fruchtreife: ab VI. Samen langlebig. Lichtkeimer.
Weitere Arten: siehe vorigen Abschnitt.

Arabis caucasica WILLDENOW (= *A. albida* J. JACQ.), Kaukasische Gänsekresse

Brassicaceae (= Kreuzblütler)

Immergrüner, krautiger Chamaephyt, d. h. Erneuerungsknospen oberhalb des Bodens, (5–)10–30 cm hoch. Pflanze reich verzweigt, durch oberirdische Ausläufer rasig wachsend (Polsterpflanze), durch Sternhaare dicht grau filzig behaart.

Systematik: Vielgestaltige, über 100 Arten umfassende Gattung vor allem der Gebirge der Nordhalbkugel. Nahe verwandt sind Hungerblümchen/Felsenblümchen (*Draba*) und Blaukissen (*Aubrieta*, s. u.).
Namen: Zu „*Arabis*" siehe *A. hirsuta*; „*caucasica*" bezieht sich auf den Kaukasus als Gebiet des Erstnachweises.
Vorkommen: Zierpflanze. Heimat: Hochgebirge Südosteuropas bis Kaukasus; dort vor allem an sonnigen, aber grundfeuchten Kalkfelsstandorten. Nicht selten verwildert und gebietsweise auch eingebürgert (etablierter Neophyt), so z. B. im Ahrtal und an alten Stadtmauern.
Blüten: III–V, Frühblüher. Als Gartenpflanze oft auch noch im Winter blühend. Weiße Stieltellerblumen (in Kultur auch rosablütig) mit ausgesackten, die Nektarien bergenden Kelchblättern. Staubblätter in der Blüte eingeschlossen. Bestäuber sind Bienen und Falter.
Früchte: Lange, schmale, zusammengedrückte Schoten, die bei der Reife abstehen. Samen in jedem Fach einreihig. Ausbreitung wegen der verfestigten Stängel der Fruchtstände als Wind- und Tierstreuer. Fruchtreife: ab IV/V.

Verwendung: Beliebte Steingartenpflanze (seit dem frühen 19. Jh.).
Weitere Art/Verwandte (vgl. auch den folgenden Abschnitt):
Arabis alpina L., Alpen-Gänsekresse: Voriger Art nächst verwandt und ökologisch sehr ähnlich,

aber vor allem in den Hochlagen der Zentralalpen beheimatet in offenen, feuchten, kalkhaltigen Felsschuttfluren. Seltenes Glazialrelikt der Mittelgebirge. Pflanze mit ausläuferartig kriechenden Stängeln. Für Wildpflanzengärten geeignet.

Aubrieta deltoidea (L.) DC., Griechisches Blaukissen, Aubrietie: Immergrüne Zierpflanze, kultiviert seit dem 18. Jh. Ähnlich wie *Arabis caucasica*, aber Blüten blauviolett und damit als behaarte, nur bis 20 cm hohe Polsterstaude bei uns einmalig. Blätter lineal- bis verkehrt-eiförmig, oft gezähnt. Frühblüher: IV–V. Bestäuber sind Bienen und Tagfalter. Die Früchte sind Schoten oder Schötchen. Heimat: Kalkfelsen der Gebirgshochlagen Griechenlands sowie auf Sizilien. Kultiviert werden vor allem Hybriden (*A.* × *cultorum*). Beliebte und pflegeleichte Zierpflanze für Steingärten und zur Mauerbepflanzung. Auch verwildert, aber meist nur unbeständig. Name nach dem Maler AUBRIET, der 1700 und 1702 TOURNEFORT auf seinen Expeditionen in die griechische Ägäis begleitete.

Arabis hirsuta (L.) SCOPOLI (Artengruppe), Behaarte oder Rauhaarige Gänsekresse

Brassicaceae (=Kreuzblütler)

Einjährig, seltener zweijährige Halbrosettenpflanze, 10–30(–100) cm hoch, mit abstehender Behaarung. Stängel steif aufrecht. Blätter länglich mit Gabelhaaren.

Systematik: Zur Gattung siehe *Arabis caucasica*. LINNÉ stellte die vorliegende Art als *Turritis hirsuta* in dieselbe Gattung wie *Turritis glabra* (Turmkraut oder Kahle Gänsekresse). Die beiden Arten erwiesen sich aber als nicht nahe verwandt.

Namen: „*Arabis*“ ist der vorlinnésche Name der Pflanze. Es ist eine unabsichtliche Entstellung von *Draba* (Felsenblümchen), indem in einer alten Handschrift des DIOSKURIDES aufgrund des defekten griech. Anfangsbuchstabens statt ‚Drabes‘ (Δ) ‚Arabes‘ gelesen wurde (FOURNIER 1952 Bull. Soc. Bot. France 99, 33). Mit Arabien hat der Name also nichts zu tun. Lat. „*hirsutus*“ = rauhaarig. – „Gänsekresse“ wurde künstlich gebildet und bedeutet ‚als wertloses Futter den Gänsen überlassene Kresse‘.

Vorkommen: Verbreitet in sonnigen, lückigen Kalkmager- und Trockenrasen, auf trockenen Ruderalflächen und in lichten Kiefernwäldern, auf basen- oder kalkreichen Böden.

Blüten: V–VII. Kronblätter nur 4–5 mm lang, Kelch halb so lang. Selbstbestäubung vor dem Abblühen. Sonstige Blütenökologie wie bei *A. caucasica*.

Früchte: Schoten bei der Reife dem Stängel dicht anliegend, 25–50 mm lang. Samen geflügelt, kreisrund, 1–1,5 mm lang. Ausbreitungsökologie wie bei *A. caucasica*, dazu Wasserhaftausbreitung. Fruchtreife: VII/VIII–IX.

Arctium minus (HILL) BERNHARDI, Kleine Klette

Asteraceae (= Korbblütler)

Zweijährige Halbrosettenpflanze, 50–130(–200) cm hoch. Grundblätter breit eiförmig, bis 60 cm lang und 40 cm breit, unterseits dünn graufilzig, ihre Stiele hohl. – Pfahlwurzel dick und bis 30 cm lang. – Achtung: Blätter von Kletten-Arten können mit denen der Gewöhnlichen Pestwurz (*Petasites hybridus*) verwechselt werden. Diese sind aber rundlich, ausgeprägt herzförmig und bis 100 cm breit.

Systematik: Die Gattung umfasst 10–14 Arten. Sie gehört in die Unterfamilie Carduoideae, siehe *Carduus*.

Namen: „*Arctium*“ ist ein lat.-griech. Pflanzenname, zu griech. arktos = Bär, Bedeutung und Zuordnung sind unklar. Falls es sich tatsächlich um einen alten Namen der Kletten handeln sollte, wäre der Benennungsgrund die Ähnlichkeit zwischen den rauen Fruchtkörbchen und dem rauen Bärenfell. Lat. „*minus*“ = kleiner. – „Klette“ wegen der anhaftenden Körbchen.

Vorkommen: Frische, basenreiche, ruderale Staudenfluren und Ufer. Kennart (mit *A. lappa*) des Arctio-Artemisietum vulgaris (= Klettengesellschaft). In Nordamerika eingeschleppt (invasiver Neophyt).

Blüten: VII–IX. Körbchenblumen vom „Disteltyp“. Einzelblüten purpurrot, zwittrig. Ausgeprägt vormännlich. Nektar wird reichlich produziert, ist aber in der langen Blütenröhre verborgen und daher nur langrüsseligen Bienen und Hummeln sowie Faltern zugänglich.

Früchte: Ausbreitungseinheit sind Klett-Fruchtstände (Körbchen) mit ihren hakigen Hüllblattspitzen und zahlreichen glatten Früchten (Achänen). Die zur Fruchtzeit weitestgehend geschlossenen Körbchen bleiben im Fell hängen und werden zum Teil als ganze abgerissen (Kletthafter), sodass im Anschluss die Früchte allmählich ausgeschüttelt werden. Zu Anfang der Reife können sie noch an der Pflanze verbleiben und schleudern – wieder losgelassen – beim Zurückschnellen der sparrig-dürren Pflanze die Früchte aus (= Tierstreuer). Bei Nässe bleiben die Früchte aber auch am Fell haften (Wasserhafter). Dazu kommt noch Bearbeitungsausbreitung durch körnerfressende Vögel, wie Distelfinken. Der Pappus (Fruchtkelchhaare) ist strohfarben, nur 1–2 mm lang, funktionslos, brüchig und hautreizend. Fruchtreife: IX–X. Wintersteher.

Verwendung: Die bitter schmeckenden, 27–45 % Inulin als Speicherstoff enthaltenden Wurzeln von *Arctium minus* und *A. lappa* wurden früher arzneilich verwendet (Radix Bardanae). Sie spielen noch eine gewisse Rolle in der Volksheilkunde. Samen mit 17 % genießbarem, fettem Öl (Klettensamenöl). Junge Blätter der *Arctium*-Arten sowie vor allem das Stängelmark und die jungen Wurzeln sind als Gemüse nutzbar. In einigen Ländern, z. B. in Japan, werden Kletten sogar als Wurzelgemüse feldmäßig angebaut. Neuerdings werden sie auch bei uns als ‚Japanische Kletten‘ angeboten. – Den Kletten verdanken wir übrigens den bekannten Klettverschluss, der 1951 von dem Schweizer Ingenieur G. DE MESTRAL als Patent angemeldet wurde und eine Nachahmung des Klettprinzips der *Arctium*-Arten darstellt – ein Paradebeispiel der Bionik.

Weitere Arten:

Arctium lappa L., Große Klette: Ökologisch und im Nutzen sehr ähnlich wie vorige Art. Stiele der Grundblätter zumindest an der Basis markig. Körbchen sitzend oder bis 3 cm (bei *A. minus* 3–10 cm) lang gestielt, zur Fruchtzeit offen. Gesamtblütenstand ausgebreitet, nicht traubig. Alteinwanderer (= Archäophyt). „*Lappa*" ist der lat. Name der Kletten.

Arctium tomentosum MILL., Filzige Klette: Blattunterseite und Blütenkörbchen weißwollig als Strahlungsschutz. Wärmeliebende Art auf basenreichen, vorzugsweise kalkhaltigen Böden. Hüllblätter zum Teil ohne hakig gekrümmte Spitzen, dafür aber mit Klebfäden besetzt, die auch der Ausbreitung dienen. Die Art wurde aufgrund ihrer harn- und schweißtreibenden Wirkung volksheilkundlich als Blutreinigungsmittel und gegen Rheuma eingesetzt, und kommt auch in der Homöopathie zur Anwendung.

Arctostaphylos uva-ursi (L.) SPRENGEL, Gewöhnliche, Echte oder Immergrüne Bärentraube

Ericaceae (Heidekrautgewächse)

Immergrüner, niederliegender Zwergstrauch (Spalierstrauch) mit oberseits glänzenden, ganzrandigen Lederblättern, 20–60 cm hoch. Die Zweige wachsen horizontal und können sich selten auch bewurzeln. Frosthart. Jahresgang der Frosthärte durch Anpassung der osmotischen Werte ähnlich wie bei Nadelbäumen. Dazu kommt der Schutz durch die Schneedecke. Kann etwa 100 Jahre alt werden. Blätter im Unterschied zur ähnlichen Preiselbeere (*Vaccinium vitis-idaea*) unterseits netzadrig und nicht drüsig punktiert, etwa 4 Jahre alt werdend. – Bis 1 m tief wurzelnd. Pilzwurzel (arbutoide und ericoide Ericaceen-Mykorrhiza).

Systematik: Die Gattung umfasst etwa 70 Arten in der temperaten bis arktischen Zone der Nordhalbkugel. Sie gehört in die Unterfamilie Arbutoideae, deren bekanntester Vertreter der Erdbeerbaum (*Arbutus*) ist.

Namen: „*Arctostaphylos*" ist der Name der Pflanze bei dem griech. Arzt GALENOS, zu griech. arktos = Bär und staphylos = (Wein-)Traube, da die Früchte, ähnlich wie die der verwandten *Vaccinium*-Arten, trotz ihrer geringen Größe eine wichtige Nahrung für Bären darstellen. Der Name wurde 1763 von ADANSON übernommen. Der vorlinnésche Name der Pflanze ist „*uva ursi*", also die Übersetzung des griech. Namens. LINNÉ stellte die Art zu *Arbutus*. – „Bärentraube" ist künstlich gebildet als Lehnübersetzung von ‚uva ursi'.

Vorkommen: Selten, aber oft gesellig in lichten Kiefernwäldern und Heiden auf humosen, oft flachgründigen Böden. Verbreitung arktisch-alpin. Bei uns vor allem in Norddeutschland und im Alpenbereich, sonst selten. Alpen bis über 2000 m. Stark gefährdet. – **Geschützt!**

Blüten: III–VI. Vormännliche, Nektar führende „Glockenblumen mit Streueinrichtung", ähnlich denen der Heidelbeere (*Vaccinium myrtillus*; vgl. dort), in endständigen, nickenden Trauben. Haare an der verdickten Staubfadenbasis und an der Innenwand der Krone dienen dem

Schutz des Nektars. Stachelig-raue, leicht bewegliche Schwänze an den sich oben öffnenden Staubbeuteln fördern das Ausstreuen des Pollens. Vibrationsbestäubung wie bei *Solanum dulcamara* beschrieben. Bestäuber sind Hummeln und Blasenfüße (Thysanoptera), daneben Selbstbestäubung.

Früchte: Scharlachrote, beerenartige, innen mehlige Steinfrüchte, 7–8 mm breit, mit 5–7 Steinkernen. Verdauungsausbreitung durch Vögel sowie früher durch Bären. Fruchtreife: VIII–X. Wintersteher. Kältekeimer.

Die mehligen Steinfrüchte sind eine beliebte Kost der Bären.

Verwendung: Blätter wegen der Hydrochinon-Glykoside (z. B. Arbutin) in Kombination mit den Gerbstoffen antibakteriell wirkend und daher häufiger Bestandteil von Blasen- und Nierentees (Bärentraubenblättertee), allerdings nicht harntreibend. Von Dauergebrauch ist dringend abzuraten, und auch Kinder und Schwangere sollten den Tee meiden. Früchte essbar, aber fade schmeckend. Trockene Blätter zum Färben von Juchtenleder und Wolle (gelb bis ocker) verwendbar. In Schweden wurde die Pflanze auch zum Schwarzfärben benutzt. Die Pflanze ist als bodendeckendes Ziergehölz für Heidegärten geeignet.

Weitere Art:
Arctostaphylos alpinus (L.) SPRENG.), Alpen-Bärentraube: Ebenfalls Spalierstrauch, aber meist nur ca. 10 cm hoch. Blätter sommergrün, krautig, gesägt, im Herbst auffällig leuchtend rot. Alpenpflanze in lange schneebedeckten Zwergstrauchheiden, kalkmeidend. Reife Früchte schwarz glänzend und saftig, etwas bitter, roh essbar, aber gekocht schmackhafter. Die Blätter werden volksmedizinisch ähnlich verwendet wie die der vorigen Art.

Arenaria serpyllifolia LINNAEUS (Artengruppe), Quendelblättriges Sandkraut

Brassicaceae (= Kreuzblütler)

Unscheinbare einjährige Pflanze (winter- oder sommerannuell), 3–10(–30) cm hoch. Aufrecht bis niederliegend, kurzhaarig, meist von Grund aus stark verzweigt. Oft in Herden wachsend. Blätter gegenständig, eiförmig, zugespitzt, unter 5 mm lang.

Systematik: Die Gattung umfasst 150–300 Arten. Sie ist nächst verwandt mit der Nabelmiere (*Moehringia*). – Die Artengruppe *A. serpyllifolia* ist sehr formenreich. Kleinarten sind *A. serpyllifolia* s. str. (Pflanze graugrün, Kapsel am Grunde bauchig) und *A. leptoclados* (= Dünnstängeliges S.) (Pflanze gelbgrün, Kapsel schmal kegelförmig).

Namen: „*Arenaria*“ ist der vorlinnésche Name bei J. BAUHIN 1631, gültig publiziert von LINNÉ 1753, von lat. arenarius = Sand-, wegen des Standorts. Neulat. „*serpyllifolius*“ = quendelblättrig (Quendel ist der alte Name für die heimischen Thymian-Arten, vgl. *Thymus*). – Die deutschen Namen „Sandkraut“ und „quendelblättrig“ sind durch Übersetzung künstlich gebildet.

Vorkommen: Lückige Trockenrasen, Ruderalstellen, Pflasterritzen, steinige Wege und Äcker, auf mäßig sauren Böden. Ebene bis Gebirge. Heimisch in Eurasien, weltweit verschleppt.

Blüten: (IV–)V–VIII. Unscheinbare „Nektar führende Scheibenblumen“, ca. 5 mm groß, in lockeren zymösen Blütenständen. Kronblätter weiß, ungeteilt, kürzer als die Kelchblätter. Blüten nur bei Sonnenschein geöffnet und nur dann Nektar absondernd. Es blühen immer nur wenige Blüten gleichzeitig. Die Bestäubung erfolgt überwiegend durch die Schwarze Wegameise (*Lasius niger*) (LEINS & ERBAR 2008). Es liegt also der seltene Fall von Ameisenbestäubung vor. Diese wird offenbar dadurch ermöglicht, dass ganze Pollenklumpen abgegeben

werden, die die Pollen abtötende Wirkung der Ameisen-Körperoberfläche abpuffern. Daneben erfolgt auch Selbstbestäubung.

Früchte: Die Kapseln sind birnenförmig und enthalten 10–15 schwarze Samen. Sie springen mit 6 kurzen Zähnen an der Spitze klappig auf: Wind- und Tierstreuer. Die Kapseln werden locker vom bleibenden, rauhaarigen Kelch umgeben und können mit diesem zusammen abbrechen: Klettausbreitung. Dazu weitere Ausbreitung der Samen als Regenschwemmling sowie Menschenausbreitung (Kulturfolger) durch Verschleppung mit Ackererde und beim Wegebau. Samen langlebig.

Verwendung: Junge Pflanzenteile wurden früher für Mischgemüse genutzt.

Aristolochia clematitis LINNAEUS, Gewöhnliche Osterluzei

Aristolochiaceae (= Osterluzeigewächse)

Rhizom-Geophyt, 30–70 cm hoch. Stängel oft hin und her gebogen. Blätter herzförmig, lang gestielt. Rhizom reich verzweigt und weit kriechend.

Systematik: Die Gattung umfasst 400–500 Arten mit Schwerpunkt Südamerika. Es sind überwiegend Lianen, von denen z. B. *A. macrophylla* (s. u.) im Gebiet als Ziergehölz kultiviert wird, seltener Sträucher oder Stauden, so *A. clematitis* als einzige heimische Art. Die Blüten einiger tropischer Arten gehören mit bis über 50 cm Länge zu den größten Blüten überhaupt. – Weiterer heimischer Vertreter der Familie ist die Haselwurz (*Asarum europaeum*).

Giftigkeit: Giftig durch Aristolochiasäure (Kapillargift, nierenschädigend, krebserregend, wehenfördernd, Abortivum). – Die Raupen der amerikanischen Tagfaltergattung *Battus* nehmen das Gift von *Aristolochia*-Arten auf und nutzen es zur eigenen Abwehr. Dasselbe gilt für den bei uns seltenen Osterluzeifalter (*Zerynthia polyxena*), für dessen Raupen Osterluzei-Arten die einzigen Futterpflanzen sind.

Namen: „*Aristolochia*" (aristolocheia) ist der lat.-griech. Name der Gattung, zu griech. aristos = das Beste und loch(e)ia = Geburt/Wochenbett, wegen der Verwendung. Die Betonung (*Aristolochia* oder *Aristolochia*) ist umstritten. „*Clemati(ti)s*" ist eine lat. Bezeichnung für verschiedene Kletterpflanzen inkl. Osterluzei-Arten (vgl. *Clematis* = Waldrebe), zu griech. klema = Weinranke, die der vorlinnésche Autor C. BAUHIN als Artbeinamen aufgreift (allerdings in diesem Fall für eine nicht kletternde Art). – „Osterluzei" ist eine frühe Eindeutschung von „*Aristolochia*" in volksetymologischer Anlehnung an Ostern, wo die Pflanze gemeinsam mit einigen weiteren Kräutern ins Osterfeuer geworfen wurde.

Vorkommen: Ehemals als Arzneipflanze angebaut und seit dem Mittelalter eingebürgert (Kulturrelikt; Archäophyt). Ruderalpflanze nährstoffreicher, warmer Säume und Kulturen, vor allem der Weinberge. Heimat: Mittelmeergebiet. Im Rückgang. – Schützenswert. Auf dem Balkan ist die Art ein häufiges Ackerunkraut, wodurch es dort immer wieder zu Vergiftungen kommt.

Blüten: V–VI. Kesselfallen vom Typ der „Gleitfallenblumen", in 2–6-blütigen Wickeln. Geruch widerlich. Vorweiblich. Die Blütenhülle ist einfach (Perigon). Sie besteht aus dem basalen Kessel, der Röhre und der oberseits durch Wachs glatten Lippe. Insektentäuschblume: Bestäuber sind vor allem kleine Mücken aus der Familie der Gnitzen (Ceratopogonidae). Ihnen wird durch spezifische Duftstoffe ein geeigneter Platz zur Eiablage vorgetäuscht. Sie rutschen aber auf der Lippe ab und gleiten über die nach unten gerichteten Reusenhaare in den Kessel. Die Reusen welken erst nach Bestäubung der Narben, etwa nach 2 Tagen. Bis dahin werden die Insekten durch Nektar am Leben gehalten. Spontane Selbstbestäubung ist möglich.

Früchte: Kapseln reif überhängend und sich mit Längsrissen öffnend: Windstreuer. Samen mit schwammiger, häutiger Außenschicht, die als schirmartiges Flugorgan zur Windausbreitung dient: Ballonflieger. Fruchtreife: IX–X, aber Fruchtansatz bei uns nur gering.

Vegetative Vermehrung erfolgt reichlich über die Rhizome und Wurzelsprosse.

Verwendung: Schon bei den Römern bekannte Heilpflanze in der Geburtshilfe sowie zur Heilung von Geschwüren. Noch vor wenigen Jahrzehnten wurde *Aristolochia* bei Venenleiden und zur Steigerung der körpereigenen Abwehr verwendet. Doch ist seit 1982 der Vertrieb von aristolochiasäurehaltigen Arzneimitteln wegen krebsauslösender und nierenschädigender Wirkung durch das Bundesgesundheitsamt untersagt. Dagegen haben die Inhaltsstoffe immer noch ein breites Anwendungsgebiet in der Homöopathie.

Weitere Art:

Aristolochia macrophylla LAM. (= *A. sipho* L'HÉR., *A. durior* HILL), Pfeifenwinde: Linkswindende Liane. Winterkahl. Junge Stängel zunächst grün. Schnellwüchsig. Beliebtes Mikroskopierobjekt: Zwischen den primären Leitbündeln schließt sich der Kambiumring, der dort breite Markstrahlen liefert (*Aristolochia*-Typ des sekundären Dickenwachstums), als Anpassung an die für Lianen typische Drehbeanspruchung. Als Zierpflanze angebaut und selten verwildert, hat sich z. B. im Ahrtal schon seit vielen Jahren gehalten. Heimat: Nordamerika. Kesselfallenblume ähnlich wie bei voriger Art. Die bräunlich grüne, 2–3 cm lange Blüte erinnert an eine Tabakpfeife (Name!).

Armeria maritima (MILL.) WILLDENOW, Gewöhnliche Grasnelke

Plumbaginaceae (= Bleiwurz- oder Grasnelkengewächse)

Ausdauernder Hemikryptophyt (Horstpflanze), 5–30 cm hoch. Blätter 1–3 mm breit. Die grasartigen Rasen schieben sich ähnlich wie der Wegerich (*Plantago*) über andere Pflanzen. – Tiefe Pfahlwurzel. – Grasnelken sind an Salzstandorte optimal angepasst: In ihren Zellvakuolen speichern sie Kochsalz. Entsprechend kann die Asche je 100 g bis 25 g Kochsalz und 0,8 mg Fluor enthalten. Zum osmotischen Ausgleich der hohen Salzkonzentration in den Vakuolen reichern die Pflanzen im Zytoplasma die Aminosäure Prolin an. Eine aktive Salzausscheidung erfolgt durch spezielle Salzdrüsen auf der Blattoberfläche und durch den frühzeitigen Abwurf älterer Blätter, in denen der Salzanteil besonders hoch ist.

Systematik: Die Gattung umfasst ca. 100 Arten, die meisten davon im mediterranen Bereich. Von *A. vulgaris* werden mehrere Unterarten/Kleinar-

ten unterschieden (s. u.). – Nah verwandt ist die Strandnelke (*Limonium*).

Namen: Der Name „*Armeria*“ war in der Antike unbekannt, in vorlinnéscher Zeit galt er für Grasnelken ebenso wie für z. B. die nicht verwandte Nelke *Dianthus armeria*. Das Wort geht auf den franz. Volksnamen ‚armoise‘ für eine Nelken-Art bzw. den Beifuß zurück. Für die oft angegebene Ableitung von kelt. ar mor = am Meer gibt es keine Basis (GENAUST 1996, KRAUSCH 2012). LINNÉ 1753 nannte die Art *Statice armeria*. Als Gattungsname erscheint „*Armeria*“ erst bei WILLDENOW 1809. Lat. „*maritimus*“ = am Meer. – „Grasnelke“ wegen der grasartigen Blätter der an Nelken erinnernden Pflanze.

Vorkommen: Die subsp. *maritima* wächst in Strand- und Salzwiesen der Küste, auf sandigen Tonböden und ist Kennart des Armerion maritimae (= Strandnelken-Gesellschaften). Die subsp. *elongata* wächst auf Graudünen, in Sandtrockenrasen und lichten Kiefernwäldern, vor allem in Norddeutschland, und ist z. B. in Brandenburg häufig, aber in Deutschland insgesamt gefährdet. Die subsp. *halleri* wächst in lückigen Rasen auf Schwermetallböden (Galmeiböden), besiedelt also eine ökologische Nische. Sie ist ebenfalls gefährdet. Die Pflanzen können bis 0,7 % Zink und 0,15 % Blei enthalten. Neuerdings wird die Art auch durch Streusalz an Straßenrändern gefördert. – Alle Arten der Gattung sind **geschützt**!

Blüten: V–IX. Homogame, trichterförmige, blassrote Einzelblüten sind zu kopfförmigen, von Hochblättern umgebenen Blütenständen vereinigt: „Körbchenblumen“. Verschiedengrifflig (Heterostylie) zur Förderung der Fremdbestäubung. Der am Grunde der Blüten abgesonderte Nektar wird von dicht stehenden Griffelhaaren bedeckt. Bestäuber sind Zweiflügler, Bienen und Falter. Daneben Selbstbestäubung.

Früchte: Einsamige Nüsse, außen rinnig, bei Trockenheit spitzwinklig abstehend behaart. Schaft des Fruchtstandes hoch und elastisch: Wind- und Tierstreuer. Der trichterförmige, bleibende Kelch wächst zum Fallschirm aus: Schirmchenflieger. Lichtkeimer.

Verwendung: Zierstaude (seit dem 19. Jh.) und auch für Wildpflanzengärten zu empfehlen. – Die Pflanze wurde früher als Geheimmittel gegen Epilepsie verwendet, vermutlich wegen des Gehaltes an Plumbagin, eines örtlich stark reizenden Naphthochinon-Derivats (vgl. *Drosera*). Außerdem fand sie volksheilkundlich Verwendung als harntreibendes Mittel und wurde sogar als Kochgemüse genutzt.

Armoracia rusticana G. GAERTNER, B. Meyer et Scherbius, Meerrettich, Kren

Brassicaceae (= Kreuzblütler)

Ausdauernder Wurzelknospen-Geophyt, 60–120 cm hoch. Der (im zweiten Jahr erstmalig wachsende) Blütenspross entspringt einer vielköpfigen, kräftigen Pfahlwurzel, die als Speicherorgan dient. Jugend- und Stängelblätter oft fiederspaltig, Rosettenblätter ungeteilt, gekerbt und bis 1 m lang. Winterhart, verträgt Temperaturen bis –50 °C.

Namen: „*Armoracia*“ ist der seit dem 1. Jh. n. Chr. belegte lat. Name der Pflanze. Er wird von RUPPIUS 1745 aufgegriffen, erscheint 1753 bei LINNÉ als *Cochlearia armoracia* und wird von GAERTNER et al. 1800 als Gattungsname gültig publiziert. Der Name bezieht sich auf die Landschaft Armorica (zu kelt. ar mor = am Meer), der heutigen Bretagne, von woher die Römer die Pflanze während ihrer Besatzungszeit vorzugsweise bezogen (P. FOURNIER), vgl. franz. neben ‚raifort‘ auch ‚cran(son) de Bretagne‘. Lat. „*rusticanus*“ = bäuerlich geht auf C. BAUHIN zurück, der die Pflanze als ‚Raphanus rusticanus‘ mit ‚Raphanus sativus‘, dem Rettich, verglich. – „Meerrettich“ leitet sich in ähnlicher Weise ab von ahd. meri ratih und bedeutet ‚größer/gröber‘ als der als Nutzpflanze länger bekannte Rettich (minner ratih). Das in Süddeutschland und Österreich verbreitete Wort „Kren“ (ahd. kren) ist slawischer Herkunft, was gut zu der osteuropäischen Heimat der Pflanze passt.

Vorkommen: Kulturpflanze. Außerdem häufig verwildert in ruderalen, nährstoffreichen Staudenfluren (Archäophyt und Neophyt seit dem 16. Jh.). Heimat: Osteuropa. Hat sich trotz fehlender Samenausbildung stark ausgebreitet.

Blüten: V–VII. „Nektar führende Scheibenblumen“. Blüten weiß, stark duftend. Besucher sind verschiedene Insekten. Auch Selbstbestäubung ist möglich.

Früchte: Längliche bis kugelförmige Schötchen. Die Wildform ist ein Windstreuer. Bei den Kulturformen und den verwilderten Pflanzen findet man fast keinen Samenansatz.

Vegetative Vermehrung ist vorherrschend. Sie erfolgt durch sprossbildende Wurzelstücke, z. B. mit Gartenabfällen, bei Erdbewegungen und wahrscheinlich auch über Wühlmäuse. Dazu Schwimmausbreitung an Flüssen, z. B. am Rhein.

Verwendung: Die Wurzeln sind ein beliebtes Gewürz, das ähnlich wie Senf verwendet und zu dessen Herstellung gebraucht wird. Der scharfe Geschmack beruht auf dem Gehalt an bis zu 0,3 % Senföl-Glykosiden (Glucosinolaten) mit Sinigrin als Hauptkomponente. Diese wird bei Verletzung des Gewebes durch das Enzym Myrosinase in Zucker und Allylsenföl (Allylisothiocyanat) gespalten. Die Ernte erfolgt vor der Blütezeit. Die Pflanze wurde schon im Altertum genutzt und ist heute weltweit in Kultur. Nach Mitteleuropa gelangte sie von Osteuropa aus bereits im 9. Jh. Sie wurde zunächst als Heilpflanze und erst später als Gewürz genutzt. Arzneilich verwendet wird sie bei Infekten der Harnblase und der Atemwege, in der Volkmedizin wegen der antibiotischen Wirkung auch äußerlich bei infizierten Wunden und in Form von Meerrettich-Essig bei Kopfschmerzen und Rheuma. Im Übrigen sind auch junge Blätter der Pflanze als Gewürz geeignet, was sowohl für die kultivierten als auch die wild wachsenden Formen gilt.

Arnica montana LINNAEUS, Arnika, Berg-Wohlverleih

Asteraceae (= Korbblütler)

Ausdauernde, aromatisch duftende Halbrosettenpflanze, 20–50 cm hoch. Speicher-Rhizom (bis 9 % Stärke, Inulin, Schleimstoffe).

Wird vom Weidevieh gemieden. Fast nur noch im Gebirge. In den Alpen bis über 2000 m, aber in der nivalen Stufe ohne Blüten. Vor allem in der Ebene stark zurückgegangen. In Deutschland insgesamt gefährdet. – **Geschützt**!

Blüten: VI–VIII. „Körbchenblumen-Typ". Meist nur 1 Blütenkopf je Pflanze. Zungenblüten (Strahlenblüten) durch Karotinoide (Lutein und Xanthophylle) orangegelb, weiblich, von gleicher Farbe wie die zwittrigen Röhrenblüten (Scheibenblüten). Geruch stark aromatisch. Bestäuber sind Honigbienen, Wildbienen, Schwebfliegen, Falter und Käfer. Daneben Selbstbestäubung. Licht- und Frostkeimer.

Früchte: Achänen mit 1-reihigem, rauem Pappus, der bei Trockenheit spreizt. Schirmchenflieger, Wasserhafter sowie Zufallsausbreitung durch Weidetiere. Fruchtreife: VIII–X.

Verwendung: Arnika wurde schon im Mittelalter als Heilmittel geschätzt. Die Blüten (z. B. als Creme oder Tinktur) wirken vor allem aufgrund des Sesquiterpen-Lactons Helenalanin entzündungshemmend, schmerzlindernd und antirheumatisch. Man benutzt sie bei Prellungen, Verstauchungen und Blutergüssen. Sie sind auch Bestandteil von Haarwaschmitteln und Badezusätzen. Bei der innerlichen Anwendung ist äußerste Vorsicht geboten, da Helenalanin bei stärkerer Konzentration stark giftig ist (u. a. Herzgift, Todesfälle durch Überdosierung). Außerdem sind Hautreizungen und Allergien nicht selten. Wegen des allgemeinen Rückgangs der Art sollte besser die Ringelblume (*Calendula officinalis*) verwendet werden, die die gleichen Wirkstoffe besitzt. – Arnika spielte auch eine Rolle im Aberglauben. – Für Wildpflanzengärten geeignet.

Giftigkeit: Schwach giftig (vgl. unten).

Namen: Die Herkunft des Namens „*Arnica*" ist unklar (in der Antike war die Pflanze unbekannt). Lat. „*montanus*" = auf Bergen. – „Wohlverleih" wird volksetymologisch auf die Heilwirkung bezogen; die ältesten Belege (ahd. wolfesgelegena) und zahlreiche Volksnamen hängen aber eher mit Wolf zusammen.

Vorkommen: Frische Silikatmagerrasen und Feuchtwiesen. Düngerfeindlich, kalkmeidend.

Arrhenatherum elatius (L.) J. Presl et C. Presl, Glatthafer

Poaceae (= Süßgräser)

Ausdauernder Hemikryptophyt (Horstgras), 40–150 cm hoch. – Tiefwurzler.

Systematik: Nahe verwandt mit Hafer (*Avena*) und Goldhafer (*Trisetum*).

Namen: „*Arrhenatherum*" wurde nach Ausgliederung aus der linnéschen Gattung *Avena* von BEAUVOIS 1812 künstlich gebildet, von griech. arrhen = männlich und ather = Granne, weil nur die männlichen Blüten lang begrannt sind. Lat. „*elatior*" = höher, wegen des hohen Wuchses, im Vergleich zu anderen Arten der weit gefassten Gattung *Avena* bei LINNÉ. – „Glatthafer" wurde von W. D. J. KOCH 1844 künstlich gebildet. Ein weiterer deutscher Name ist „Französisches Raygras".

Vorkommen: Bestandbildend in Fettwiesen und an Wegrändern, auf nährstoff- und basenreichen Lehmböden. Bis in mittlere Gebirgslagen aufsteigend. Kennart des Dauco-Arrhenatheretum (= Tieflands-Fettwiesen, Glatthaferwiesen). – Wird durch Eutrophierung stark gefördert. Nach starker Düngung, wie sie in den letzten Jahrzehnten die Regel ist, sind bereits nach 2 Jahren kleinere Arten nicht mehr konkurrenzfähig. Dadurch kommt es zu einer sehr bedenklichen Reduzierung der Artenvielfalt. Auf extrem gedüngten Wiesen wird *Arrhenatherum* allerdings von *Alopecurus pratensis* verdrängt. – Trotz ihrer heutigen weiten Verbreitung und Häufigkeit ist die Art bei uns nicht (oder höchstens lokal) einheimisch und hat sich erst zu Beginn der Neuzeit eingebürgert (Neophyt). Noch im 19. Jh. war die Art nicht überall verbreitet. Wahrscheinlich gehen unsere Vorkommen letztlich auf Ansaaten zurück, wobei das Saatgut zunächst aus Anbauten in Südfrankreich stammte; daher auch der Name „Französisches Raygras".

Blüten: VI–VII. Langtagpflanze. Rispe 10–20 cm lang, schmal. Wegen ihrer Größe sind die Ährchen zum Studium einer typischen Grasblüte sehr geeignet (siehe Detailfoto). Sie bestehen aus je 1 Zwitterblüte und 1 männlichen Blüte; letztere mit geknieter und gedrehter Granne. Selbststeril. Windbestäubung: „Langstaubfädiger Typ". Häufiger Heuschnupfenerreger.

Früchte: Ausbreitungseinheit ist die von Deck- und Vorspelze locker umgebene Karyopse mit daran hängendem Rest der männlichen Blüte und zugehöriger Granne. Solche Ausbreitungseinheiten nennt man Spelzfrüchte; sie sind durch

Lufteinschluss spezifisch leicht. Windausbreitung, Zufallsausbreitung durch Weidevieh, Klettausbreitung aufgrund der Granne sowie Selbstausbreitung durch Einbohren der hygroskopischen, korkenzieherartig gewundenen Granne in den Boden. Das Drehen der Granne lässt sich gut demonstrieren, indem man die reifen Ährchen (Reife ist an dem rechtwinklig abgespreizten vorderen Teil der Granne erkennbar) an der Basis zwischen zwei nassen Fingern hält. Die Drehung erfolgt sofort und ist schneller als bei dem klassischen Versuchsobjekt *Avena fatua*. Fruchtreife: VII–IX. Lichtkeimer.

Die großen Blüten des Glatthafers zeigen schön die heraushängenden Staubbeutel und federigen Narben

Vegetative Vermehrung durch unterirdische Ausläufer.

Verwendung: Wertvolles Futtergras. Vogelfutterpflanze. Früher wurden die Früchte und Wurzeln für Mehl genutzt.

Verwandte:

Helictotrichon pubescens (HUDS.) PILG. (= *Avenochloa pubescens* (HUDS.) HOLUB, *Avenula pubescens* (HUDS.) DUMORT.), Flaumhafer, Flaumiger Wiesenhafer: Ähnlich voriger Art, aber unteres Blatt und zugehörige Blattscheide kurzhaarig. Durch William HUDSON zuerst in der englischen Flora (1762) unterschieden. Artenreichere Fettwiesen, Magerrasen usw. Verbreitet, aber durch die „moderne Landwirtschaft" und durch zu frühes Mähen der Straßensäume oft im Rückgang. Einhäusig mit zwittrigen und männlichen Blüten (= andromonözisch). Biologie sonst wie bei voriger Art.

Artemisia absinthium LINNAEUS, Wermut, Absinth

Asteraceae (= Korbblütler)

Wintergrüner Halbstrauch, d. h. Stängelbasis meist verholzt und obere Teile krautig, 60–120 cm hoch. Pflanze stark aromatisch duftend, im Geschmack sehr bitter. Anpassungen an trockene Standorte sind die feinfilzigen, als Strahlungsschutz dienenden Blätter und das kräftige Wurzelsystem, weswegen abgeschnittene Teile sehr schnell welken.

Systematik: *Artemisia* ist eine sehr artenreiche, mit etwa 550 Arten über die ganze Nordhalbkugel verbreitete Gattung. Es sind vor allem Steppenpflanzen, entsprechend erklärt sich die Windbestäubung als Anpassung an eine insektenarme Umwelt. Wegen des Reichtums an ätherischen Ölen sind viele Heil- und Gewürzkräuter darunter. *Artemisia* gehört zur Unterfamilie Asteroideae und dort zur umfangreichen Gattungsgruppe (Tribus) Anthemideae (siehe *Anthemis*).

Giftigkeit: siehe Verwendung.

Namen: „*Artemisia*" ist der lat.-griech. Name von *Artemisia*-Arten, nach der Jagd- und Heilsgöttin Artemis, wegen der ehemaligen Verwendung bei Frauenleiden und/oder der Eignung als Gewürz für Wildbraten. LINNÉ, der den Namen aufgreift, bezieht sich allerdings auf Plinius, wonach die Gattung nach der heilkundigen griech. Königin Artemisia II benannt worden sein soll. Lat.-griech. „*absinthium*" = Wermut/Wermutwein wurde aus einer alten Sprache (evtl. persisch) entlehnt. – „Wermut" ist ein germ. Name von unklarer Bedeutung, der volksetymologisch an warm (wegen der wärmenden Wirkung des Getränks) und an Wurm (wegen der Verwendung mancher *Artemisia*-Arten als Wurmmittel) angelehnt wurde. Der Name „Absinth" ist die alte Apothekerbezeichnung der Pflanze und gelangte im 19. Jh. über franz. ‚absinthe' in den allgemeinen Sprachgebrauch.

Vorkommen: Sonnige, trockenere, basenreiche Ruderalstellen sowie in Felsspalten. Alteinwanderer (= Archäophyt). Heimat: östliches Mittelmeergebiet. Wächst gerne im Bereich ehemaliger Siedlungen. In Amerika und Neuseeland eingeschleppt.

Blüten: VII–IX. Körbchen 2–4 mm breit, ohne Zungenblüten. Lichtwendig. Im Gegensatz zu den meisten anderen Korbblütlern ist in der Gattung Windbestäu-

bung vorherrschend: „Unbeweglicher Typ". Selten Insektenbestäubung, da der reichlich produzierte Pollen auch verschiedenen Insekten als Nahrung dienen kann.
Früchte: Achänen nur ca. 1 mm lang und 0,1 mg schwer, ohne Anhängsel, Körbchen ohne Spreublätter. Wahrscheinlich Windstreuer, dazu Ausbreitung durch den Menschen (Kulturrelikt). Eine kräftige Pflanze kann pro Jahr bis zu 700.000 Früchte produzieren. Fruchtreife IX–X. Samen langlebig. Lichtkeimer.
Verwendung: Alte Gewürz- und Arzneipflanze, z. B. als Magen-Darm-Mittel. Als ausgeprägtes Bittermittel (Amarum) regt es die Verdauung an, fördert den Appetit, hilft bei Blähungen und bei Völlegefühl. Es wird meist als Kombinationspräparat eingesetzt. Bauerngartenpflanze. Wird seit dem Altertum kultiviert. Hauptwirkstoffe sind der Bitterstoff Absinthin aus der Gruppe der Sesquiterpen-Lactone als Geschmacksbildner (z. B. im Wermutwein) und die in allen Teilen bis 1,5 % enthaltenen ätherischen Öle. Zu diesen gehört das giftige Thujon, das vor allem in alkoholischen, weit weniger in wässerigen Drogenauszügen enthalten ist. Eine Überdosierung kann lebensgefährlich werden. Absinth-Schnaps, das Destillat aus der Wermutpflanze, ist seit 1921 in Deutschland verboten. Der Genuss führt schließlich zu vollständigem körperlichen und seelischen Verfall. Heute angebotene Wermutweine und -schnäpse enthalten kaum Thujon. Volkstümlich wird die Droge gegen Würmer und als Menstruation förderndes Mittel gebraucht. – Für Wildpflanzengärten zu empfehlen.
Weitere Arten: siehe folgende Abschnitte.

Artemisia campestris LINNAEUS, Feld-Beifuß

Asteraceae (= Korbblütler)

Immergrüner Halbstrauch, 30–60 cm hoch. Ähnelt – abgesehen von den seidig behaarten, in haarförmige, stachelspitzige Zipfel zerteilten Blättern (siehe Detailfoto) – dem Wermut (*A. absinthium*). Der meist rotbraune Stängel ist niederliegend bis aufsteigend. Pflanze geruchlos. An Trockenheit u. a. durch die bis 1,5 m tief reichenden Wurzeln angepasst.

Namen: Zu „*Artemisia*" siehe *A. absinthium*. Lat. „*campestris*" = auf dem Felde wachsend.
Vorkommen: Weit verbreitete, gesellige Charakterart sonniger, basenreicher Plätze, z. T. auch in Felsgesellschaften.
Blüten: VIII–X. Windbestäubung. Blütenkörbchen eiförmig, rotbraun, 4–5 mm breit. Insektenbestäubung soll ebenfalls vorkommen.
Früchte: Schirmchenflieger mit der bleibenden Blütenhülle als Flugapparat. Dazu Klebausbreitung durch die bei Feuchtigkeit verschleimende Fruchtwand. Fruchtreife: VIII–IX.
Verwendung: Das Kraut enthält bis zu 0,75 % ätherisches Öl, z. B. Santonin, einem der wirksamsten Wurmmittel. Früher schätzte man die Pflanze auch als Schlafmittel.
Weitere Arten (vgl. auch *Artemisia vulgaris*):

Artemisia maritima L., Meerstrands-Beifuß: Ähnlich voriger Art, aber weißfilzig und aufrecht wachsend und die gelben Blütenkörbchen nur 1–2 mm breit. Eine auf Salzböden beschränkte Art, d. h. Ha-

lophyt mit Trockenheitsanpassungen (z. B. Totalreflexion). An den Meeresküsten sowie im Binnenland. In England wegen der grauen Farbe auch ‚old woman' genannt und wie die anderen Arten als Wurmmittel gebraucht. Wird zur Zubereitung von Magenschnäpsen verwendet.

Artemisia dracunculus L., Estragon: Aufrecht wachsender, bis über 1 m hoher Hemikryptophyt. Aromatisch duftend. Blätter ungeteilt, lineal-lanzettlich. Alte Heil- und Nutzpflanze, stellenweise verwildert und im kontinentalen Klima als Stromtalpflanze eingebürgert (Neophyt). Alte Heilpflanze bei Kopf-, Herz- und Leberleiden, u. a. in Form von Estragonöl. Als Gewürzpflanze vielseitig einsetzbar und sollte z. B. keinem herzhaften Bohnengemüse fehlen. Estragon sollte aber nicht mitgekocht und nur in kleinen Mengen verwendet werden. Auch für Kräuteressig ist die Pflanze sehr zu empfehlen (Estragonessig). „*Dracunculus*" ist der lat. Name dieser oder einer ähnlichen Pflanze und bedeutet ‚kleiner Drache' oder ‚kleine Schlange'. Der Name basiert auf der geruchsmäßigen Ähnlichkeit des Estragons mit der ebenfalls einen intensiven Geruch abgebenden Drachenwurz (*Dracunculus vulgaris* SCHOTT), einem Aronstabgewächs, das nach seinem schlangenförmigen Rhizom so benannt wurde. „Drachenpflanzen" nannte man im Mittelalter allgemein solche Kräuter, von denen man glaubte, sie würden den Biss von gefährlichen Tieren und tollwütigen Hunden heilen.

Die Blätter sind fein zerteilt mit stachelspitzigen Zipfeln.

Artemisia vulgaris LINNAEUS, Gewöhnlicher Beifuß, Wilder Wermut

Asteraceae (= Korbblütler)

Ausdauernder, kurzlebiger Hemikryptophyt, 60–250 cm hoch. Ausläufer fehlen. Blätter im Gegensatz zum Wermut (*A. absinthium*) oberseits nicht filzig behaart. – Wurzeltiefe 60–150 cm.

Schädlinge: Von den Blüten- und Fruchtkörbchen dieser Art und von *A. absinthium* und *A. campestris* ernähren sich die farblich gut getarnten Raupen des Beifuß-Mönchs (*Cucullia absinthii*).

Namen: Zu „*Artemisia*" siehe *A. absinthium*. Lat. „*vulgaris*" = häufig, gewöhnlich. – „Beifuß" (althochdeutsch biboz) zu bozen = stoßen, entweder weil das Gewürz durch Stoßen pulverisiert wurde oder wegen der angeblichen Geister abstoßenden Wirkung. Die spätere Schreibweise erfolgte unter volksetymologischer Anlehnung an das Wort Fuß und dürfte mit der schon von PLINIUS erwähnten und im Volk verbreiteten abergläubischen Vorstellung zusammenhängen, am Bein (bei Fuß) getragener Beifuß würde vor Ermüdung schützen. Der Name „Beifuß“ galt ursprünglich nur für die vorliegende Art, wurde aber später auf die ganze Gattung übertragen.

Vorkommen: Häufige Ruderalpflanze, an Wegrändern, Säumen von Ufern und Gebüschen, Ackerrändern und auf Brachflächen. Kennart der Artemisietea (= zwei- bis mehrjährige Ruderalgesellschaften). Ökologisch ähnlich wie *A. absinthium*, aber einheimisch und weniger giftig. In Teilen Amerikas eingebürgert.

Blüten: VII–IX. Windbestäubung. Bedeutender Heuschnupfenerreger. Pollenfreisetzung morgens zwischen 6 und 11 Uhr. Blüht schon im 1. Lebensjahr.

Früchte: Achänen nur 1,5 mm lang und 0,1 mg schwer, kahl, ohne Pappus. Die Hüllblätter bilden von der Funktion her eine Kapsel, die sich bei Trockenheit öffnet: Windstreuer. Dazu Bearbeitungsausbreitung, z. B. durch Kleinvögel. Eine Pflanze kann pro Jahr bis maximal etwa 500.000 Früchte produzieren. Fruchtreife: ab IX. Samen langlebig. Lichtkeimer.

Verwendung: Ehemalige Heil- und Gewürzpflanze, noch heute als Gewürz für Gänse- und Schweinebraten beliebt, wird aber auch als Magenmittel verwendet. Wurde schon im Altertum kultiviert und war in Europa noch im 18. Jh. das am meisten verwendete Gewürz. Schwangere sollten wegen der wehenfördernden Wirkung zurückhaltend sein. Getrocknete Beifußzweige vertreiben Ungeziefer; sie wurden früher gerne zum Räuchern verwendet. – Für Wildpflanzengärten zu empfehlen, u. a. wegen der Verwendbarkeit, jedoch als häufiger Allergieverursacher mit Vorbehalt.

Weitere Arten: siehe vorige Abschnitte.

Arum maculatum LINNAEUS, Gefleckter Aronstab

Araceae (= Aronstabgewächse)

Ausdauernder Knollen-Geophyt, 15–25(–40) cm hoch. Frühjahrsgrün, d. h. Blätter im Sommer einziehend. Blätter breit spießförmig, abweichend von anderen Einkeimblättrigen netznervig und lang gestielt. Entgegen der Namengebung hat die am weitesten verbreitete, diploide Form ungefleckte und nur die mehr im Norden bzw. im ozeanisch beeinflussten Bereich vorkommende, tetraploide Form schwarz gefleckte Blätter (= Zellkomplexe mit Anthocyan-Überschuss). Die als Speicherorgan dienende Knolle enthält bis 70 % Stärke. Sie wird jährlich neu aus der Stängelbasis gebildet (Wechselknolle) und durch Zugwurzeln auf die artspezifische „Normtiefe“ gezogen. – Wurzelpilz (arbuskuläre Mykorrhiza). – **Stark giftig**.

Systematik: Die Gattung umfasst ca. 28 Arten in Europa und Asien, von denen mehrere bei uns als Zierpflanzen in Kultur sind. *Arum* ist (neben der Schlangenwurz = *Calla palustris*) der einzige heimische Vertreter der artenreichen, hauptsächlich tropisch verbreiteten Unterfamilie Aroideae, zu der zahlreiche Kletterpflanzen des tropischen Regenwaldes gehören, so etwa die als Zimmerpflanze bekannte Gattung *Philodendron*.

Giftigkeit: Alle Teile sind im frischen Zustand stark, jedoch gekocht oder getrocknet höchstens schwach giftig. Die hautreizende Wirkung kommt durch Salze der Oxalsäure sowie durch verschiedene Scharfstoffe zustande. Offenbar erleichtern die in großen Mengen enthaltenen Calciumoxalat-Nadeln (Raphiden) durch Verletzung der Schleimhäute das Eindringen der übrigen Giftstoffe. Schwerwiegende Vergiftungen, auch tödliche, vor allem beim Weidevieh.

Namen: *„Arum“* (aron) ist der lat.-griech. Name verschiedener Aronstabgewächse; lat. *„maculatus“* = gefleckt, wegen der Fleckung der Blätter, die aber auch fehlen kann (s. o.). – „Aronstab“ (ursprünglich Aron) ist eine Eindeutschung von *„Arum“*. Die Anlehnung an den ergrünenden Stab des biblischen Hohenpriesters Aaron (4. Mose 17, 23), ist volksetymologisch.

Vorkommen: Krautreiche Laubwälder und Hecken, auf grundfrischen, nährstoffreichen, lockeren, meist tiefgründigen Böden. Nährstoff- und Frischezeiger. Ebene bis mittlere Gebirgslagen (deutsche Alpen bis 950 m).

Blüten: IV–VI. „Kessel-Gleitfallenblumen“, gebildet aus einem großen Hochblatt (Spatha) und zahlreichen, bis auf den Stempel bzw. die Staubblätter reduzierten Blüten in kolbenartigem Blütenstand (Spadix). Einhäusig, vorweiblich. Die reif grünlich weiße Spatha stellt in ihrem oberen Abschnitt ein flächiges Schauorgan (Helm) dar und bildet in ihrem unteren Teil den Kessel, der die Blüten umschließt. Die Blütenstandsachse trägt dicht gedrängt zuunterst die weiblichen, darüber die männlichen und schließlich einen Kranz steriler Blüten, die als „Reusenhaare“ den Kessel im oberen Teil gegen das Eindringen größerer Insekten absperren und wohl auch Entweichen der gefangenen Insekten verhindern sollen. Oberhalb des Kessels schließt die verlängerte Blütenstandsachse mit einer sterilen, meist violetten (seltener gelblichen), keulenartigen Verdickung (Keule oder Appendix) ab. Bestäuber ist bei *A. maculatum* vorwiegend die winzige, stark behaarte Schmetterlingsmücken-Art *Psychoda phalaenoides*, die auch als „Abortfliege“ bekannt ist, weil ihre Larven in stark organisch belasteten Abwässern und in Fäkalien leben. In den Kesseln finden sich fast ausschließlich Weibchen, die durch den abendlich ausströmenden Harngeruch der Kesselfallenblumen angelockt werden, weil sie einen geeigneten Platz zur Eiablage vermuten. Sie gleiten dann, wenn sie auf die mit winzigen Öltröpfchen besetzte innere, untere Wand des Helms gelangen, durch die Reusenlücken in den Kessel. Die stärkereiche keulige Verdickung der Blütenstandsachse produziert zu dieser Zeit so reichlich Wärme, dass ihre Basis bis auf 40 °C aufgeheizt wird (was man an der Wange auch deutlich spüren kann), und somit die Temperatur im Kessel oft um 25 °C höher liegt als draußen in der kühlen Frühlingsnacht. Die Wärme dient nur indirekt der Anlockung, da mit ihrer Hilfe die Insekten anlockenden harnartig riechenden Duftstoffe doppelt so schnell abgegeben werden wie ohne sie. Zuerst reifen die weiblichen Blüten heran und sondern an der Narbenspitze einen Tropfen ab, an dem der an den Insekten haftende Pollen hängen bleibt. Dieser Empfängnistropfen dient zugleich dem Aufbau der lebensnotwendigen hohen Luftfeuchtigkeit. Er dient aber entgegen früheren Annahmen nicht zur Verköstigung der Besucher, da diese in ihrer nur einwöchigen Lebenszeit gar keine Nahrung aufnehmen (Lack & Diaz 1991 Watsonia 18: 333). Im Laufe der Nacht platzen auch die Staubbeutel auf und bepudern die gefangenen Insekten. Am nächsten Morgen erschlafft der Helm und die Öltröpfchen verschwinden, sodass die Besucher wieder entweichen können. Da die Bestäuber keinen Nutzen von dem Besuch haben, ist der Aronstab also eine Insektentäuschblume. – Bei *Arum* (und zahlreichen weiteren Vertretern der Aroideae) fehlen in der äußeren Pollenwand (Ektexine) die sonst für alle anderen Blütenpflanzen typischen Sporopollenine (Hesse 2006 Flora 201: 421). Die Bedeutung des Phänomens ist noch unverstanden, könnte aber mit der speziellen Bestäubungsökologie zusammenhängen.

Fruchtstand mit Beeren, die von Vögeln über den Darm ausgebreitet werden.

Früchte: Hellrote Beeren (siehe Detailfoto). Verdauungsausbreitung, vor allem durch Vögel. Fruchtreife: VII–VIII.
Verwendung: Die Knollen wurden früher nach einem Röstvorgang, der die Giftstoffe zerstörte, gegessen, arzneilich wie Weizenstärke genutzt oder zur Stärkekleisterherstellung verwendet. Sogar Sprosse und Blattstiele wurden nach entsprechender Aufbereitung gegessen. – Im Volksglauben nahm man an, die Kolben verschiedener Vertreter der Aronstabgewächse würden als Phallussymbole die Potenz steigern und den Nachwuchs sichern. – Seit dem Mittelalter in Kultur. Für Wildpflanzengärten geeignet und auch als Zierpflanze erhältlich.

Aruncus dioicus (WALTER) FERNALD (= *A. silvestris* KOSTEL., *Spiraea aruncus* L., *Actaea dioica* WALTER), (Wald-)Geißbart

Rosaceae (= Rosengewächse)

Ausdauernder Hemikryptophyt, 80–150 cm hoch. Rhizom holzig. Blätter >50 cm lang, mehrfach gefiedert, frischgrün, anfangs rot überlaufen. Nebenblätter, wie sie für die meisten Rosengewächse sonst typisch sind, fehlen. – Im Habitus sehr ähnlich sind neben einigen Spierstrauch-Arten (*Spiraea*) die Spierstauden/Mädesüß (*Filipendula*), das zu den Hahnenfußgewächsen gehörende Christophskraut (*Actaea*) und die zu den Steinbrechgewächsen gehörende Prachtspiere (*Astilbe*).

Systematik: Die Gattung umfasst nur diese eine, in der gemäßigten Zone der Nordhalbkugel verbreitete, krautige Art. Sie ist der einzige heimische Vertreter der Gattungsgruppe (Tribus) Spiraeeae, die bei uns sonst vor allem durch die Ziersträucher der Gattung *Spiraea* (= Spierstrauch) bekannt ist.
Namen: „*Aruncus*" ist der lat. Name der Pflanze, mit ungeklärter Etymologie. Lat. „*dioicus*" = zweihäusig, und zwar im Vergleich zum Christophskraut (*Actaea spicata*), da die Art nach Ausgliederung aus der linnéschen Großgattung *Spiraea* irrtümlich dieser Gattung zugeordnet wurde (s. o.). – „Geißbart" ist die Übersetzung des alten Namens ‚barba caprae' und bezieht sich auf eine gewisse Ähnlichkeit der Blütenstände mit einem Ziegenbart.
Vorkommen: Schattig-feuchte Gebirgswälder, auf oft steinigem, basenreichem Untergrund; vor allem in Bachtälern. Nährstoffliebend. Von den Alpen bis in die Mittelgebirge, meist zerstreut, aber z. B. in der Eifel und im Harz ganz fehlend. In den Alpen bis 1500 m. Auch aus Kultur verwildert.
Blüten: VI–VII. Meist zweihäusig (einziger Fall bei den Rosengewächsen). Eingeschlechtliche (selten zwittrige, homogame) „Pollen-Scheibenblumen" ohne Nektar. Reste des anderen Geschlechtes sind jeweils vorhanden. Die Blütenstände sind aus schmalen, oft etwas überhängenden Trauben zusammengesetzte Rispen von 20–30 cm Länge; sie enthalten bis zu 10.000 Einzelblüten. Weibliche Blüten rein weiß, männliche gelblich weiß. Reicher Besuch durch verschiedene Insekten, besonders kleine Käfer, Fliegen, Hummeln und Honigbienen.
Früchte: Je Blüte entstehen 3 meist gedrehte Balgfrüchte mit je 3–5 Samen: Austrocknungsstreuer.

Samen ca. 2 mm lang, lanzettlich, an den Enden geflügelt, nur 0,1 mg schwer: Wind- und Wasserausbreitung. Fruchtreife: IX–X. Wintersteher, oft noch im Frühjahr Samen tragend. Kältekeimer.
Vegetative Vermehrung durch die Rhizome, daher oft ganze Bestände bildend.
Verwendung: Eine empfehlenswerte Garten- und Parkpflanze für entsprechende Standorte. Auch für Wildpflanzengärten sehr geeignet. Vermehrung durch Teilung. Ein essbares Gemüse. Die jungen Triebe werden in Norditalien auf dem Markt angeboten. Die Pflanze enthält wenig Blausäureglykoside und sollte deshalb nur gekocht genossen werden. In den Samen kommen Saponine vor. Volksmedizinisch unbekannt.

Asarum europaeum LINNAEUS, Gewöhnliche Haselwurz

Aristolochiaceae (= Osterluzeigewächse)

Ausdauernder Hemikryptophyt, 5–10 cm hoch. Rhizom lang kriechend, verzweigt. Die Pflanze trägt je Trieb nur ein Paar wintergrüner, oberseits dunkelgrüner, glänzender Blätter, die im Frühjahr nach der Blüte ersetzt werden. Alle Teile von pfefferartigem Geruch und Geschmack (Ölzellen!). – Pilzwurzel (arbuskuläre Mykorrhiza). – **Stark giftig**.

Namen: „*Asarum*" (asaron) ist ein lat.-griech. Pflanzenname unklarer Zuordnung, der schon vor LINNÉ (z. B. bei Vitus AUSLASSER 1479) auf die vorliegende Gattung übertragen wurde. – „Haselwurz" (weiblich!) ist schon im Althochdeutschen belegt, vermutlich aus *Asarum* entlehnt und volksetymologisch auf das angebliche Vorkommen unter Haselnusssträuchern bezogen worden. „Wurz" = Pflanze.
Vorkommen: Krautreiche Wälder und Gebüsche, auf meist kalkhaltigen Lehmböden. In Westdeutschland selten.
Blüten: Frühblüher: IV–V. Vorweibliche „Glockenblumen mit klebrigem Pollen". Sie befinden sich dicht über dem Boden und sind oft unter dem Laub verborgen. Blütenduft pfefferartig. Blütenhülle einfach (Perigon). Die Zipfel der 3 zusammenneigenden Perigonblätter lassen Schlitze frei, durch die kleinere Insekten einkriechen können, die in den Blüten Unterschlupf suchen. Insektentäuschblume: Pilzmücken aus der Familie Mycetophilidae werden durch einen Duft angelockt, der Eiablageplätze vortäuscht. Vor allem aber erfolgt Selbstbestäubung.
Früchte: Aus dem 6-fächrigen Fruchtknoten entwickelt sich eine scheinbar verwachsenblättrige Kapsel mit zahlreichen Samen. Diese mit reichlich Nährgewebe (Endosperm) und mit Ölkörper (Elaiosom, siehe Detailfoto): Ameisenausbreitung und

Systematik: Die Gattung umfasst etwa 100 Arten. *A. europaeum* ist neben der (eingebürgerten) Osterluzei (*Aristolochia clematitis*) der einzige heimische Vertreter der vorwiegend tropischen Familie Aristolochiaceae. – Im Gebiet gibt es 2 Unterarten.
Giftigkeit: Stark giftig in allen Teilen durch das hautreizende α-Asaron, das bis zu 50 % des ätherischen Öles ausmachen kann. Die Anteile der Inhaltsstoffe variieren sehr stark; es gibt mehrere Chemorassen.

nach TÜRKE et al. (2010 Oecologia 163: 681) auch Ausbreitung durch Nacktschnecken. Dazu Selbstaussäer, indem die Kapsel mit dem nicht verholzenden Fruchtstängel auf den Boden sinkt. Fruchtreife: VI–VIII. Frostkeimer. Samen kurzlebig.

Samen mit Ölkörper (Elaiosom) zur Ameisenausbreitung.

Vegetative Vermehrung durch die knapp unter oder über dem Boden verlaufenden, ausläuferartigen Rhizome.
Verwendung: In der Volks- und Tierheilkunde wurde das widerlich schmeckende Rhizom als Brechmittel verwendet. Es wurde früher zusammen mit gepulvertem *Helleborus*-Rhizom zu Niespulver verarbeitet (Schneeberger Schnupftabak). Die scharf schmeckenden Blätter dienten als Pfefferersatz. Das Rhizom wurde gelegentlich arzneilich bei Atemwegserkrankungen verwendet, ist aber nicht mehr im Handel. – Für Wildpflanzengärten geeignet und auch zuweilen in Gärtnereien erhältlich.

Asparagus officinalis LINNAEUS, Gewöhnlicher Spargel

Asparagaceae (= Spargelgewächse)

Ausdauernder Rhizom-Geophyt, 75–150(–200) cm hoch. Rhizom horizontal wachsend, sympodial, d. h. die Endknospe wächst zu einem aufrechten Luftspross heran, während ein Seitentrieb das Rhizom fortsetzt. Dazu kommen durch basale Verzweigung weitere, sich aufrichtende Luftsprosse. Diese werden – solange sie sich noch im Boden befinden – wie bekannt als Gemüse verwendet. Lässt man sie durchwachsen, entwickeln sich zahlreiche Seitentriebe, die nach nochmaliger Verzweigung aus der Achsel von Schuppenblättern Büschel von nadelförmigen Kurztrieben (= Flachsprosse) hervorbringen. Laubblätter fehlen.

Systematik: Die Gattung umfasst etwa 200 Arten in Eurasien und Afrika, von denen mehrere als Zierpflanzen in Kultur sind, z. B. für Schnittgrün. – Die Familie Asparagaceae ist aufgrund von molekularen Daten stark erweitert worden, sodass jetzt auch die ehemaligen Familien Hyazinthengewächse (siehe *Scilla*) und Maiglöckchengewächse (siehe *Convallaria*) hierhin gestellt werden. Die Situation ist aber unbefriedigend, weil die Familie im erweiterten Umfang nicht mehr morphologisch definiert werden kann.
Giftigkeit: Die Beeren sind evtl. schwach giftig.
Schädlinge: Die Pflanze wird regelmäßig von einem kleinen Käfer, dem Spargelhähnchen (*Crioceris asparagi*), und seinen Larven befallen.
Namen: „*Asparagus*" ist der lat. Name der Pflanze, zu griech. asparagos = Spargel, junger Spross. Neulat. „*officinalis*" = arzneilich verwendet. – „Spargel" wurde im 15. Jh. über spätlat. sparagus entlehnt.
Vorkommen: Kulturpflanze sandiger Böden. An Wegrändern, in gestörten Sandrasen und an kiesigen Flussufern zuweilen verwildert (Neophyt und

wohl auch Archäophyt) und stellenweise eingebürgert. Heimat: Südwestasien.
Blüten: VI–VII. Die Blüten erinnern an kleine Maiglöckchen. Es gibt männliche und weibliche Pflanzen und solche, die weibliche und zwittrige Blüten haben (dreihäusig). Vorweibliche, kleine, Nektar führende „Glockenblumen mit klebrigem Pollen". Reiches Pollenangebot. Besucher sind vor allem Honig- und Wildbienen. Pflanze erst im dritten Jahr blühfähig.
Früchte: Beeren durch Karotinoide rot gefärbt, ca. 8 mm breit. Verdauungsausbreitung durch Kleinvögel, vor allem aber Menschenausbreitung. Die Fruchtwand trocknet im Gegensatz zu den meisten anderen Beeren vor der Samenreifung aus. Samen durch Phytomelanine schwarz. Fruchtreife: IX–X. Wintersteher. Samen kurzlebig.
Verwendung: Schon von den alten Ägyptern und Griechen kultivierte Gemüsepflanze, die bei uns vielleicht schon durch die Römer, sicher belegt aber erst im 15. Jh. zum Anbau gelangte. Durch Aufschütten von sandigem Boden erhält man bis 20 cm lange, bleiche, fleischige Schösslinge (Stängelgemüse). Die Ernte erfolgt meist bis Mitte Juni. Die Welternte lag 2012 bei 8 Mio. t und 2018 bei 9 Mio. t; 90 % davon stammten aus China. Neuerdings werden auch Kultursorten angebaut, bei denen die ergrünten Sprosse genutzt werden können (Grünspargel), was die Kulturkosten vermindert. Spargel ist reich an Asparaginsäure. Das Spargelaroma allerdings stammt vor allem von der damit nicht zu verwechselnden Asparagussäure und anderen ringförmigen, schwefelhaltigen Verbindungen. Der typische Geruch des Harns nach Spargelgenuss geht auf deren sekundären Abbau zurück, bei dem der Ring enzymatisch gespalten wird. Aufgrund von genetischen Unterschieden in der Bevölkerung wird dieser markante Geruch übrigens von manchen nicht oder kaum wahrgenommen. – Rhizom und Wurzeln sind wegen des hohen Gehaltes an Asparaginsäure und Kalium harntreibend und wurden daher, vor allem früher, auch volksmedizinisch verwendet. – Hinweis: Was auf Märkten gelegentlich als „Wilder Spargel" angeboten wird, stammt entweder vom Grünspargel oder vom Pyrenäen-Milchstern (*Ornithogalum pyrenaicum*).

Asperula: siehe bei *Galium*

Asplenium ceterach Linnaeus (= *Ceterach officinarum* Willd.), Milzfarn, Schriftfarn

Aspleniaceae (= Streifenfarngewächse)

Wintergrüner, ausdauernder Hemikryptophyt mit kurzem Rhizom, 6–35 cm hoch. Blätter (Wedel) ledrig, fiederschnittig, mit 9–12 rundlichen Abschnitten, unterseits durch dicht stehende, silbrige bis rostbraune Spreuschuppen pelzig. Sie sind zur völligen Austrocknung befähigt (poikilohydrisch). Bei Trockenheit ist die Wedelunterseite nach oben umgerollt und kehrt dadurch die reflektierenden Schuppen nach außen, sodass die grüne Blattoberseite nicht zu erkennen ist.

Systematik: Die Streifenfarngewächse sind u. a. durch die gegitterten Spreuschuppen und die zu langen Streifen zusammengefassten Sporangiengruppen (Sori, s. u.) charakterisiert. Linné fasste alle damals bekannten Arten in der Gattung *Asplenium* zusammen. Später wurde die Gattung meist in mehrere kleinere Gattungen aufgeteilt, so neben *Asplenium* s. str. vor allem *Ceterach* (s. u.) und *Phyllitis* (s. u.). Seit einigen Jahren werden diese Gattungen aber meist wieder zusammengefasst. Die Gattung *Asplenium* s. l. umfasst etwa 720 Arten. Die meisten davon sind Epiphyten.
Namen: „*Asplenium*" (asplenon) ist der lat.-griech. Name des Milzfarns, zu griech. a = gegen und splen = Milz, wegen der früheren Verwendung. „*Ceterach*" (cheterak) ist arab. Ursprungs; das hat damit zu tun, dass die Pflanze im Mittelalter vor allem auf dem Weg über die arabische Heilkunst bei

uns bekannt wurde. Neulat. „*officinarum*“ ist Genitiv Plural von officina = Apotheke, bedeutet also Heilpflanze. – „Milzfarn“ ist Lehnübertragung, „Schriftfarn“ ist Übersetzung des alten Synonyms *Grammitis* und bezieht sich auf die schriftzeichenähnlich angeordneten Sporangiengruppen (Sori).

Vorkommen: Wärmeexponierte Mauern und Felsfugen in wintermilder Lage, oft auf Kalk. – Gefährdet! Rückgang besonders durch „Mauerpflege“, also durch übertriebene Reinigung alter Mauern. – **Geschützt!**

Vermehrung: siehe *A. ruta-muraria*. Beim Milzfarn fehlt der Schleier (Indusium). Dessen Schutzfunktion wird von den Spreuschuppen übernommen. Sporenreife: VII–X (im Süden früher).

Verwendung: Galt bis ins Mittelalter als Mittel gegen Erkrankungen der Milz. – In wintermildem Klima als Steingartenpflanze für Wildpflanzengärten geeignet; wegen des Naturschutzes dürfen aber nur Pflanzen aus gärtnerischer Kultur genommen werden.

Asplenium ruta-muraria LINNAEUS, Mauerraute, Mauer-Streifenfarn

Aspleniaceae (= Streifenfarngewächse)

Immergrüne Rosettenpflanze, 3–15 cm hoch. Wedel 2–3-fach gefiedert, mit meist rhombischen Abschnitten. Kann wie die übrigen Arten der Gattung (im Gegensatz zu den meisten anderen Sprosspflanzen) einige Zeit austrocknen (poikilohydrisch). Weitere Trockenheitsanpassungen sind die Drüsen und das dicke Rhizom. Saisondimorphismus: Winter- und Sommerblätter sind unterschiedlich. – Pilzwurzel (arbuskuläre Mykorrhiza).

Systematik: siehe *A. ceterach*.

Namen: Zu „*Asplenium*“ siehe *A. ceterach*. Der Name „*ruta-muraria*“ geht auf den Kräuterbuchautor BRUNFELS zurück und bezieht sich auf die Blätter, die ähnlich sind wie die der Wein-Raute (*Ruta graveolens*), und auf das Vorkommen an Mauern (lat. murus). – „Streifenfarn“ wegen der streifenförmig angeordneten Sporangiengruppen (Sori). Ein alter Name dieser und vieler anderer Pflanzen ist „Widert(h)on“ (oder Widertot, Abthon = wider das Antun), weil man von diesen annahm, sie würden Hexenzauber abwehren.

Vorkommen: Lichte, oft sonnige Felsen und Mauerfugen, meist auf Kalk. Kosmopolit der gemäßigten Zonen.
Vermehrung: Wie bei allen Farnen erfolgt die Befruchtung durch Vermittlung eines Wassertropfens auf der Unterseite von Vorkeimen (= Prothallien). Die Samenzellen (Spermatozoiden) werden dabei von den Eizellen chemisch angelockt. Die Vorkeime sind etwa linsengroß und wachsen in feuchten Nischen. Im Anschluss an die Befruchtung entwickeln sich die Sporenpflanzen (Sporophyten). Diese dienen sowohl der Photosynthese als auch der Vermehrung. Die Sporenbildung erfolgt hier fast ganzjährig, weshalb die Pflanze im Schulunterricht gut einsetzbar ist. Die Sporenbehälter (Sporangien) stehen in Gruppen (Sori) zu langen Streifen angeordnet auf der Unterseite der Wedel entlang der Leitbündel und werden von einer Seite her durch einen Schleier (Indusium) bedeckt. Selbstausstreuer mit Kohäsionsmechanismus (vgl. *Dryopteris*). Weitere Ausbreitung der Sporen als Körnchenflieger. Sporenreife: VII–IX.
Verwendung: Im Volksglauben spielte die Pflanze eine große Rolle, wohl wegen der staubfeinen Sporen, und wurde auch, ähnlich wie das Frauenhaarmoos (*Polytrichum commune*), der Frauenhaarfarn (*Adiantum capillus-veneris*) und zahlreiche weitere Pflanzen „Widerthon“ genannt (s. o.). – Diese und die folgende Art sind für Wildpflanzengärten zur Mauerbepflanzung sehr zu empfehlen.
Weitere Arten (vgl. auch die beiden benachbarten Abschnitte):
Asplenium trichomanes L., Braunstieliger Streifenfarn: Wedel einfach gefiedert, mit schwarzbrauner Rhachis (Blattspindel). Aromatisch duftend. An ähnlichen, aber feuchteren, schattigeren Standorten. Ist auch als Zierpflanze im Handel.
Asplenium septentrionale (L.) Hoffm., Nordischer Streifenfarn: Wedel lange wintergrün, grasartig schmal lineal, gabelig geteilt. Unterseits im vordersten Teil mit braunen Sori. Verbreitet auf Silikatgestein in sonnig-trockenen Lagen. Dickes, durch Blattreste und Spreuschuppen geschütztes Speicherrhizom. Besitzt wie *A. ruta-muraria* einen auffällig hohen Chromosomensatz (tetraploid: = 144).

Asplenium scolopendrium Linnaeus (= *Phyllitis scolopendrium* (L.) Newm.), Hirschzunge, Hirschzungenfarn

Aspleniaceae (= Streifenfarngewächse)

Ausdauernde Pflanze: Hemikryptophyt (Rosettenpflanze). Wintergrün, frostempfindlich. Blätter 15–45(–50) cm lang, am Grunde herz-nierenförmig. Sie sind im Gegensatz zu den meisten übrigen Farnen ungeteilt, aber ebenfalls in der Jugend an der Spitze eingerollt

Systematik: siehe *A. ruta-muraria*. Neue Untersuchungen sprechen für eine Sonderstellung der Hirschzunge, sodass dieser Pflanze evtl. doch wieder der Rang einer eigenen Gattung *Phyllitis* zukäme.
Namen: Zu *„Asplenium“* siehe *A. ceterach; „scolopendrium“* ist der griech. Name der Pflanze bei Dioskurides, zu skolekes = kleine Würmer (vgl. auch skolopendrion = Hundertfüßer, Assel), wegen des wurmartigen Aussehens der Sporangiengruppen (Sori), vielleicht in Verbindung mit der ehemaligen Verwendung als Wurmmittel nach der Signaturenlehre. *„Phylli-*

tis“ ist ein weiterer griech. Name der Pflanze, zu phyllon = Blatt, weil hier die Wedel nicht farnartig geteilt sind. – „Hirschzunge“ bezieht sich auf die langgestreckte Form der Blätter.

Vorkommen: Schluchtwälder, schattige Mauern und Felsen sowie Brunnenschächte, auf sickerfeuchten, meist kalkhaltigen Fels- und Steinböden in luftfeuchter, wintermilder Klimalage. Schattenpflanze. In den Kalkalpen verbreitet. – Zum Teil bedroht durch Ausgraben und Kahlschläge. **Geschützt**!

Vermehrung: siehe *A. ruta-muraria*. Bei *A. scolopendrium* stehen die Sporangiengruppen (Sori) jeweils zu zweit dicht beieinander, wobei die einseitig angehefteten Schleier einander gegenüberliegen. Auf diese Weise erscheinen diese Doppel-Sori bei der Reife wie jeweils ein Sorus. Sporenreife: VII–VIII.

Verwendung: Zierpflanze der Gärten und auch Zimmerpflanze in zahlreichen Kultursorten, z. B. ‘Cristata’ mit unregelmäßig zerteilten Blättern. – Die Blätter wurden früher als Wurmmittel und in der Volksheilkunde gegen Tuberkulose und ähnlich wie bei *A. ceterach* bei Milzleiden verwendet.

Aster amellus LINNAEUS, Berg-Aster, Kalk-Aster

Asteraceae (= Korbblütler)

Ausdauernder Hemikryptophyt: Schaftpflanze, d. h. mit Erneuerungsknospen an der Stängelbasis, 15–50 cm hoch. – Obligater Wurzelpilz (arbuskuläre Mykorrhiza).

Systematik: Die Gattung umfasste im klassischen Sinne ca. 500 Arten. Neuerdings wurden aber mehrere kleinere Gattungen ausgegliedert (s. u.), sodass *Aster* i. e. S. nur noch knapp 200 Arten umfasst, die auf die Alte Welt beschränkt sind. – Die Gattung ist namengebend für die mit ca. 16.000 Arten besonders umfangreiche Unterfamilie Asteroideae, zu der auch die große Mehrzahl der heimischen Korbblütler gehört. Die Unterfamilie ist dadurch gekennzeichnet, dass kein Milchsaft produziert wird und dass die Blütenkörbchen typischerweise außen Zungenblüten (Strahlblüten) und in der Mitte Röhrenblüten (Scheibenblüten) besitzen. – Nah verwandt sind außer den anhangsweise genannten Gattungen noch Gänseblümchen (*Bellis*), Berufkraut (*Erigeron*) und Goldrute (*Solidago*).

Namen: „*Aster*“ (männlich) ist ein antiker Pflanzenname unklarer Zuordnung, der auf die Astern i. w. S. übertragen wurde, zu griech. aster = Stern, wegen der sternförmigen Anordnung der Strahlenblüten; „*amellus*“ ist der lat. Name eines Korbblütlers bei VERGIL, der später auf unsere Pflanze übertragen wurde. Das deutsche „Aster“ (weiblich) ist erst im 18. Jh. als Lehnwort entstanden. – Im gärtnerischen Bereich versteht man unter „Astern“ auch die unten aufgeführten Sommerastern (*Callistephus chinensis*) und die Winterastern, die meist

auf *Chrysanthemum indicum* zurückgehen (siehe *Glebionis*).

Vorkommen: Säume, Gebüsche, Wegränder, lichte Kiefernwälder, auf meist kalkreichen Böden. – Gefährdet (Stand 2018). **Geschützt**!

Blüten: VIII–X. „Körbchenblumen". Innere Blüten (Scheibenblüten, Röhrenblüten) goldgelb, zwittrig, äußere (Strahlblüten, Zungenblüten) rötlich blau, weiblich. Bestäuber sind Fliegen (z. B. Schwebfliegen), Falter usw.

Früchte: Achänen mit Pappus: Windausbreitung (Schirmchenflieger). Dazu Tierausbreitung als Adhäsionshafter. Fruchtreife: ab IX. Licht- und Frostkeimer.

Vegetative Vermehrung durch unterirdische Ausläufer.

Verwendung: Häufige Zierpflanze (seit dem 17. Jh.), z. B. in Sorten mit intensiv violett gefärbten Zungenblüten. Auch für Wildpflanzengärten zu empfehlen, wegen des Naturschutzes dürfen aber nur Pflanzen aus gärtnerischer Kultur verwendet werden

Weitere Arten/Verwandte:

Aster alpinus L., Alpen-Aster: Stängel meist einköpfig, 5–15 cm hoch. Felsfluren der alpinen Stufe, sonst selten. Zierpflanze.

Bellidiastrum michelii Cass. (= *Aster bellidiastrum* (L.) Scop.), Alpenmaßliebchen: Krautiger Chamaephyt, ca. 10–20 cm hoch. Zum Teil vegetative Vermehrung durch kurze Ausläufer. Blätter spatelig, in einer überdauernden Rosette. Feuchte, kalkreiche Standorte der Alpen und in Alpennähe, so z. B. auf der Schwäbischen Alb. Blütenstängel 1-köpfig, mit weißen Zungenblüten.

Tripolium pannonicum (Jacq.) Dobrocz. (= *Aster tripolium* L.), Pannonische Salzaster, Salz-Aster, Strand-Aster: An der Meeresküste (oft gemeinsam mit *Puccinellia maritima* = Strand-Salzschwaden) und an Binnensalzstellen. Bis über 70 cm hoch und damit die übrigen Salzwiesenpflanzen überragend, kahl. Fruchtstände im Herbst durch die zahlreichen Früchte mit ihren Haarkronen sehr auffällig. Schützt sich vor der Salzbelastung durch Abwerfen der älteren, salzreichen Blätter.

Galatella linosyris (L.) Rchb. fil. (= *Aster linosyris* (L.) Bernh.), Gold-Steppenaster, Gold-Aster: Überwintert mit grundständigen Knospen: Hemikryptophyt, lange wintergrün. Stängel beblättert, ästig, 15–45 cm hoch. Verträgt Trockenheit; bei starker Sonneneinstrahlung richtet die Pflanze die Blätter nach der Sonne aus (Kompasspflanze). Tiefwurzler (bis 60 cm). Kalkhold. Sonnig-trockene Standorte, besonders an Felsen. Stromtalpflanze mit gemäßigt-kontinentaler Verbreitung. Sie wird nach Roter Liste (Stand 2018) inzwischen als gefährdet eingestuft. Blütenkörbchen sehr dekorativ. Zungenblüten fehlend. Röhrenblüten goldgelb, zwittrig. Im männlichen Stadium mit ausgebreiteten, später mit aufgerichteten Zipfeln. Bestäuber sind Bienen, Schmetterlinge, Schwebfliegen und andere Zweiflügler. Herbstblüher: VIII–IX. Auch Zierpflanze.

Symphyotrichum novi-belgii (L.) G. L. Nesom (Artengruppe) (= *Aster novi-belgii* L.), Neubelgien-Herbstaster: Schaftpflanze, bis 160 cm hoch. Blätter auf der Fläche kahl. Stängel kahl oder oberwärts weichhaarig. Wurzelkriechpionier. Diese und einige weitere, aus Nordamerika stammende Arten werden als Zierpflanzen häufig kultiviert und sind teilweise in Uferstaudengesellschaften der Stromtäler als Neophyten fest eingebürgert (Neophyt). Bienentrachtpflanze. Auch Falter finden sich als Bestäuber ein.

Symphyotrichum novae-angliae (L.) G. L. Nesom (= *Aster novae-angliae* L.), Neuengland-oder Raublatt-Herbstaster: Ähnlich voriger Art und ebenfalls oft kultiviert und auch eingebürgert. Blätter auf der Fläche dicht borstig behaart. Stängel steifhaarig. Obere Blätter mit einfachen und mit drüsigen Haaren.

Callistephus chinensis (L.) Nees, Gartenaster oder Sommeraster: Beliebte einjährige Zierpflanze, selten verwildert und nur unbeständig. Heimat: China, Japan. Stängel 1- bis wenig-köpfig. Äußere Hüllblätter des Körbchens laubblattartig.

Astragalus glycyphyllos LINNAEUS,

Bärenschote, Süßer Tragant

Fabaceae (= Schmetterlingsblütler)

Hemikryptophyt: Kriechstaude, 40–80(–150 cm) lang und auch bis ebenso hoch. Blätter gefiedert, 10–20 cm lang, mit 9–15 Fiedern, süß schmeckend. – Wurzelknöllchen mit stickstoffbindenden Bakterien (vgl. *Lupinus*).

Systematik: *Astragalus* ist mit über 2000 Arten eine der artenreichsten Pflanzengattungen überhaupt. Die Hauptverbreitung liegt in den Steppen und Halbwüsten der Nordhalbkugel, wo die Pflanzen oft als Dornpolster oder auch als kleine Sträucher wachsen. In Europa kommen sie überwiegend im Hochgebirge vor. Verwandt ist der Blasenstrauch (*Colutea*).

Giftigkeit: Schwach giftig.

Namen: „*Astragalus*“ ist der lat. Name des Spanischen Tragants (*A. boeticus*), von lat. astragalus = Perlstabmuster (z. B. der Ionischen Säulen), wegen der in Reihe angeordneten Samen; „*glycyphyllos*“ von griech. glykys = süß und phyllon = Blatt, wegen des Geschmacks. – „Tragant“ ist entlehnt von lat. tragacantha, spätlat. tragantus, dem Namen der im Mittelmeergebiet heimischen Art *A. tragacantha* bzw. des aus ihr gewonnenen Tragant-Gummis, der arzneilich genutzt wurde.

Vorkommen: Gebüsche und Böschungen, auf sommerwarmen, basenreichen Lehmböden. Vor allem im Süden sehr verbreitet.

Blüten: V–VI. Homogame „Fahnenblumen (= Schiffchenblumen) mit Klappmechanismus“. Krone blass gelblich grün, im unteren Teil verwachsen. Blütenstand traubig, kürzer als die Laubblätter. Bestäuber sind Hummeln und Falter. Erdhummeln „stehlen“ den Nektar durch Aufbeißen der Kronröhre. Honigbienen entnehmen den Nektar an den so entstandenen Löchern.

Früchte: Hülsen 3–4 cm lang, aufwärts gekrümmt. Im Gegensatz zu den übrigen Fabaceae sind sie durch eine falsche Scheidewand zweifächerig. Zufallsausbreitung durch Huftiere sowie Tierausbreitung als Anhafter. Im offenen Gelände ist allerdings auch, wie bei den meisten Verwandten, Windausbreitung als Bodenroller möglich. Kältekeimer.

Verwendung: Wertvolle Futterpflanze, deren Blätter und Wurzeln süß schmecken. Ehemalige Heilpflanze. Die Früchte können als Kochgemüse verwendet werden.

Weitere Art:

Astragalus cicer L., Kicher-Tragant: Ähnlich voriger Art, aber seltener; vor allem im Süden und Südosten vorkommend. Pflanze behaart. Blätter mit 17–25 Fiedern. Säume und Lichtungen, auf basenreichen Böden. Tonzeiger und Tiefwurzler. Blütezeit: VI–VIII. Hülsen behaart und kugelig aufgeblasen; sie lösen sich leicht und können so als Bodenroller ausgebreitet werden (Steppenläufer). Ebenfalls gute Futterpflanze. Der Artbeiname „*cicer*“ bezieht sich auf die Ähnlichkeit der Früchte mit denen der Kichererbse (*Cicer arietinum*). „Kicher-“ ist sehr früh von lat. cicer = Erbse entlehnt.

Astrantia major LINNAEUS, Große Sterndolde

Apiaceae (= Doldenblütler)

Ausdauernder Hemikryptophyt (Schaftpflanze), 30–90 cm hoch. Blätter handförmig, in länglich-ovale Lappen geteilt (siehe Detailfoto).

Systematik: Die Gattung gehört gemeinsam mit Mannstreu (*Eryngium*) und Sanikel (*Sanicula*) in die Unterfamilie Saniculoideae. – Die 7 Arten der Gattung sind europäisch-westasiatisch verbreitet. Die beiden anderen Alpensippen sind kleiner. Es sind *A. bavarica* und *A. minor*.

Namen: „*Astrantia*" ist der mittellat. Name der Meisterwurz (*Peucedanum ostruthium*), der schon vor LINNÉ auf die vorliegende Gattung übertragen wurde, wohl weil man in dem Namen die griech. Wörter aster = Stern und anthos = Blüte zu erkennen meinte. Lat. „*major*" = größer (im Vergleich zu *A. minor*). – „Sterndolde" wurde künstlich gebildet und bezieht sich auf die sternförmige Hülle der Dolden. Die auffällige Art führt bereits Leonhart FUCHS 1543 in seinem Kräuterbuch unter dem Namen ‚Sanickel weible' auf, wobei mit ‚Sanickel mennle' der Sanikel (*Sanicula europaea*) gemeint ist.

Die Blätter sind handförmig geteilt.

Vorkommen: Bergwiesen, Gebüsche, krautreiche Wälder, auf frischen, nährstoff- und basenreichen, meist kalkhaltigen Lehmböden. In den Alpen bis über 2000 m.

Blüten: VI–VIII. „Körbchenblumen" in Analogie zu denen der Korbblütler. Dolden einfach (die übrigen Doldenblütler haben meist Doppeldolden), kopfig. Sie sind von auffälligen, derben, bis 3 cm langen weißen oder rötlichen Hochblättern (Hüllblättern) sternförmig umgeben, die die Schaufunktion übernehmen. Kelchzipfel stachelpitzig, deutlich erkennbar. Neben zwittrigen Blüten auch rein männliche mit langen Stielen und verkümmerten Fruchtknoten sowie kurzstielige, weibliche. Vormännlich; die männlichen Blüten können benachbarte zwittrige Blüten bestäuben (Nachbarbestäubung). Insektenbesuch ist spärlich.

Früchte: Spaltfrüchte (Doppelachänen) ohne besondere Anpassung an die Ausbreitung, mit den bleibenden Kelchblättern 5–8 mm lang. Die Hüllblätter der Dolde bilden bei der Reife eine Art Kapsel, die oben geöffnet ist und die Früchte entlässt. Windstreuer und wahrscheinlich auch Zufallsausbreitung durch Weidetiere. Fruchtreife: IX–X. Kältekeimer.

Verwendung: Wird gerne als Zierstaude (bevorzugt in einer rotblütigen Kultursorte) gezogen und ist auch für Wildpflanzengärten zu empfehlen. Die Rhizome wurden als Ersatz für die der Schwarzen Nieswurz (*Helleborus niger*) gesammelt.

Athyrium filix-femina (L.) Roth, Gewöhnlicher Frauenfarn

Athyriaceae (= Frauenfarngewächse)

Sommergrüne, ausdauernde Rosettenpflanze, mit Speicher-Rhizom, 30–100 cm hoch. Blätter (Wedel) doppelt gefiedert, feiner zerteilt und zarter als beim Gewöhnlichen Wurmfarn, im Herbst rasch braun werdend und vertrocknend, während sie beim Wurmfarn bis in den Winter hinein grün bleiben. – Pilzwurzel (arbuskuläre Mykorrhiza).

Systematik: Die Gattung ist mit etwa 200 Arten weltweit verbreitet. Einige tropische Arten sind baumförmig. Die Familienzugehörigkeit von *Athyrium* ebenso wie der Umfang der Familie haben in jüngster Zeit mehrfach gewechselt und sind noch nicht abschließend geklärt.
Giftigkeit: Das Rhizom enthält zwar nicht die für den Wurmfarn typische giftige Filixsäure, jedoch andere Filix-Wirkstoffe und soll deshalb ebenfalls besonders für niedere Tiere giftig sein.
Namen: „*Athyrium*“ wurde von Roth 1799 geprägt, nach griech. athyros = ohne Türe, da die Schleier die Sporangien (= Sporenbehälter) auch noch bei der Reife weitgehend bedecken. Lat. „*filix-femina*“ = Farn-Frau. Dieser Name rührt daher, dass man früher, lange bevor man Kenntnisse über die Sexualität der Pflanzen hatte, zur Unterscheidung ähnlicher Arten die derber gebaute als männlich, die andere als weiblich bezeichnete. Entsprechend war filix femina das ‚Farnweiblein' und filix mas, der heutige Wurmfarn, das ‚Farnmännlein'. Der Wortbestandteil „-farn“ verweist auf die ehemalige Verwendung von Farnarten als (Wurm abweisende) Streu für Rinder (= Farren) und anderes Vieh (Artur Kutzelnigg 1968 Orbis 17: 142), vgl. Wurmfarn (*Dryopteris filix-mas*).
Vorkommen: Krautreiche Wälder, auf frischen bis feuchten, basenreichen, aber kalkarmen Böden. Im Gebirge auch außerhalb der Wälder. In den deutschen Alpen kaum über 1200 m und dann von *A. distentifolium* (s. u.) abgelöst. Auch als Zierpflanze kultiviert und verwildert oder auch spontan in Gärten nicht selten.
Vermehrung: Vorkeime, Befruchtungs- und Ausbreitungsökologie wie bei *Dryopteris* beschrieben. Sporangiengruppen (Sori) und Schleier (Indusium) vor der Sporenreife kommaförmig (beim Wurmfarn breit nierenförmig), an der Basis der Fiederchen hakig gekrümmt (siehe Detailfoto), zur Spitze hin gerade. Eine ausgewachsene Pflanze produziert jährlich 20–80 Mio. Sporen. Sporenreife: VII–VIII.
Verwendung: Verbreitete Zierpflanze in zahlreichen Sorten. Für feuchtere Wildpflanzengärten sehr zu empfehlen.

Die Sporangiengruppen (Sori) sind anfangs von kommaförmigen Schleiern bedeckt.

Weitere Art:
Athyrium distentifolium OPIZ (= *A. alpestre* (HOPPE) T. MOORE), Alpen- oder Gebirgs-Frauenfarn: Im Gegensatz zu voriger Art mit rundlichen Sori und undeutlichem Schleier. Vorkommen auf Hochlagen der Gebirge beschränkt (vor allem über 900 m; deutsche Alpen bis 2120 m), auf ähnlichem Substrat, aber vorzugsweise in Hochstaudenfluren schneereicher Schattenlagen.

Atriplex patula LINNAEUS, Spreiz-Melde, Ruten-Melde

Amaranthaceae (= Amarantgewächse)

Einjährig, 30–90 cm hoch, reich verzweigt, sehr variabel. Im Habitus dem Weißen Gänsefuß (*Chenopodium album*) ähnlich, aber von diesem u. a. durch die auffälligen Vorblätter der Früchte sowie durch die sparrig ausgebreiteten Seitenäste unterschieden. – *A. patula* und die anhangsweise besprochenen Arten folgen dem normalen C_3-Weg der Photosynthese, während die anderen Arten der Gattung in der Mehrzahl C_4-Pflanzen sind.

Systematik: Die Gattung Melde umfasst etwa 300 Arten. Früher wurde sie zu den Gänsefußgewächsen (Chenopodiaceae) gestellt, die heute meist als Teil der Amarantgewächse aufgefasst werden. Verwandt sind Gänsefuß (*Chenopodium*) und Spinat (*Spinacia*).
Namen: „*Atriplex*" ist der lat. Name der Garten-Melde (s. u.), mit unklarer Etymologie. Lat. „*patulus*" = ausgebreitet/gespreizt, wegen der auffällig abstehenden Seitenäste. – „Melde" (ahd. melta) bedeutet ‚bemehlt' und bezeichnete verschiedene mehlig bestäubte Arten der Gänsefußgewächse. In den neuen Florenwerken ist der Name auf *Atriplex* beschränkt, während im allgemeinen Sprachgebrauch unter „Melde" meist der Weiße Gänsefuß (*Chenopodium album*) verstanden wird.

Vorkommen: Ruderalstellen, Äcker und Gärten, auf frischen, nährstoffreichen Böden. Lehmzeiger. Klassenkennart der Chenopodietea (= Hackfruchtgesellschaften).
Blüten: VI–X. Einhäusig. Blüten unscheinbar. Männliche und Zwitter-Blüten mit 5-zähliger, einfacher Blütenhülle (Perigon). Weibliche Blüten ohne Perigon, aber von zwei an der Basis verwachsenen, meist gezähnten Vorblättern umhüllt. Blütenstand ährenartig, unbeblättert, aus knäueligen Teilblütenständen zusammengesetzt. Nachbarbestäubung ist häufig.
Früchte: Ausbreitungseinheit sind Nüsse, die von den sich nach der Blüte verlängernden, als Flugorgane dienenden Vorblättern umgeben sind (Scheinfrüchte). Windausbreitung, Schwimmausbreitung und Menschenausbreitung als Ruderalpflanze. Scheinfrüchte derselben Pflanze verschieden gestaltet, größere mit bräunlichen bis ockergelben, kleinere mit schwarzen Nüssen. Fruchtreife: IX–X. Wintersteher.
Verwendung: Junge Blätter und Sprosse der *Atriplex*-Arten sind als mild schmeckende Beimischung zu Wildgemüse geeignet.
Weitere Arten:

Atriplex hortensis L., Garten-Melde: Einjährig, bis 150 cm hoch. Kulturpflanze seit der Antike, die wie Spinat verwendet werden kann (Spanischer Spinat), aber heute nur noch wenig bekannt ist. Früher kam die Pflanze auch als vielseitige Heilpflanze zum Einsatz. Neuerdings wird eine rote Kultursorte angeboten, die überwiegend als Zierpflanze genutzt wird. Auch verwildert anzutreffen, aber nur unbeständig. Heimat: Vorderasien. Scheinfrüchte flach, rundlich, geflügelt, 5–15 mm groß, ebenfalls verschieden gestaltet. Windstreuer, Segelflieger, Regenschwemmling.

Atriplex littoralis L., Strand-Melde: Ähnlich wie *A. patula*. Blätter dick (sukkulent, wie bei vielen Pflanzen der Salzstandorte), am Grunde nicht spießförmig. Spülsäume der Meeresküste, selten im Binnenland. Die für viele Vertreter der Gänsefußgewächse typischen 2-zelligen Blasenhaare dienen hier der Ausscheidung von überschüssigem Salz, indem sie bei der Reife zerplatzen.

Die Früchte sind von Vorblättern eingeschlossen.

Atriplex prostrata DC. (= *A. hastata* auct.), Spießblättrige Melde: Sehr formenreich. Ruderalstandorte und Spülsäume der Küste. Salzverträglich. Blätter und Vorblätter dreieckig.

Atriplex micrantha LEDEB. (= *A. heterosperma* BUNGE), Verschiedensamige Melde: Einjährig, bis >150 cm hoch, salzverträglich. Neophyt aus Mittelasien, der sich entlang von Autobahn-Mittelstreifen, Bundesstraßen usw. seit etwa 2000 stellenweise in Massen ausgebreitet hat.

Atropa bella-donna LINNAEUS, (Echte) Tollkirsche

Solanaceae (= Nachtschattengewächse)

Ausdauernder, krautiger, strauchförmig wachsender Hemikryptophyt, ohne Rosette, 50–150 cm hoch. Als Speicherorgan dient eine fleischige Knolle, bei der Sprossbasis und Hauptwurzel stark verdickt sind. Erneuerungsknospen an deren oberen Ende. Die Blätter sind an der Basis mit der Sprossachse verwachsen (Konkauleszenz), sodass z. B. die Blütenstände scheinbar neben den Tragblättern entspringen. – Pfahlwurzel bis 1 m tief. – **Stark giftig**.

Systematik: Die Gattung umfasst 3 Arten. Sie ist nah verwandt mit dem Bilsenkraut (*Hyoscyamus*).

Giftigkeit: Stark giftig in allen Teilen durch tödlich giftige Tropan-Alkaloide (Hyoscyamin, das durch Razemisierung zu Atropin wird, und Scopolamin): Einschränkung aller Sekretionen, insbesondere der Schleimhäute (Durstgefühl, Brennen). Bei Kindern gelten 3–5, bei Erwachsenen 10–20 Beeren als tödlich. Die Wirkung ist erst rauschartig, dann folgen Lähmung und Kollaps. Erste Hilfe bei Vergiftungen: Erbrechen; bei Kreislaufstörungen: starker Tee oder Kaffee. Arzt! – Auch für die meisten Säugetiere ist die Tollkirsche tödlich giftig.

Namen: „*Atropa*" wurde von LINNÉ geprägt, der den Namen wegen der Giftigkeit auf die Schicksalsgöttin Atropos (zu griech. atropos = unabwendbar tödlich) bezieht, die nach der griech. Mythologie den Lebensfaden abschneidet. Der vorlinnésche Name „*belladonna*" = schöne Frau ist ital. Herkunft. Er wird gewöhnlich damit in Verbindung gebracht, dass manche Frauen aus Schönheitsgründen die Pflanze zur Pupillenerweiterung verwendeten. Doch könnte mit Belladonna evtl. auch eine ganz andere Pflanze, wie etwa die als Zauberpflanze weithin bekannte Alraune (*Mandragora officinarum*) gemeint gewesen sein. – „Tollkirsche" wegen der tollwutartigen Rauschwirkung. Mit „(Großem)

Daneben Selbstbestäubung. Die Sperrhaare dienen dazu, kleine Käfer und Fliegen, die sich zum Schutz gerne in den Blüten aufhalten, an der unerwünschten Aufnahme von Nektar zu hindern. Unangenehmer Geruch nach Buttersäure. Pollen weiß. – Typisch für die Tollkirsche ist das gleichzeitige Vorkommen von Blüten und Früchten unterschiedlicher Reife an einer Pflanze.

Früchte: Vielsamige, reif durch Anthocyane schwarze (innen blaurote), süßlich fade schmeckende Beeren mit vergrößertem Kelch. Darmausbreitung (z. B. durch Drosseln und Fasane, für die die Beeren ungiftig sind). Nahausbreitung durch Schnecken, die die Samen mit dem Fruchtfleisch verzehren und unbeschädigt ausscheiden. Lichtkeimer. Fruchtreife: VII–IX.

Vegetative Vermehrung ist über Ausläufer möglich, aber selten.

Verwendung: Wichtige Arzneipflanze (Blätter und Wurzeln) in Fertigpräparaten als krampflösendes Mittel der inneren Organe. Die bei örtlicher Anwendung am Auge Pupillen erweiternde Funktion des Atropins wird in der Augenheilkunde genutzt; allerdings nimmt man heute zur kurzfristigen Pupillenerweiterung andere Mittel. In der Renaissance erfolgten entsprechende Anwendungen aus Schönheitsgründen („Schwarze Augen"). Im Volksglauben galt die Tollkirsche als wichtige Zauberpflanze. Sie kommt auch in der Homöopathie zur Anwendung.

Nachtschatten" in älteren Büchern war wohl oft die Tollkirsche gemeint.

Vorkommen: Schlag- und Saumfluren, auf basenreichen Böden, oft auf Kalk. Stickstoffzeiger. Meist im Gebirge.

Blüten: VI–VII. „Glockenblumen mit klebrigem Pollen", einzeln oder in 3-blütigen Wickeln. Die streng vorweiblichen, braunroten Blüten besitzen Sperrhaare im hummelgroßen Innenraum: Hauptbesucher sind Hummeln und auch Honigbienen.

Aubrieta deltoidea: siehe bei *Arabis caucasica*

Aurinia saxatilis (L.) Desvaux (= *Alyssum saxatile* L.), Echtes Felsensteinkraut

Brassicaceae (= Kreuzblütler)

Ausdauernder, immergrüner Chamaephyt (Erneuerungsknospen über der Erdoberfläche bis 30 cm Höhe), entweder krautig oder als Halbstrauch, d. h. untere Stängelteile verholzt, diesjährige krautig, 15–35 cm hoch, reich verzweigt. Blätter wechselständig, zungenförmig, in den Stiel verschmälert, ca. 4–10 cm lang und 8–10 mm breit, durch Sternhaare feinfilzig graugrün.

Systematik: Die Gattung umfasst ca. 10 Arten. Viele Autoren stellen sie zu *Alyssum* (= Steinkraut). Nahe steht auch die Gänsekresse (*Arabis*).
Namen: „*Aurinia*" wurde erst 1815 von DESVAUX nach Abtrennung von *Alyssum* geprägt, von lat. aurum = Gold, wegen der Blütenfarbe. Lat. „*saxatilis*" = auf Fels. – „Felsensteinkraut" wurde erst in letzter Zeit künstlich gebildet, um auch im Deutschen die Abgrenzung von *Alyssum* zu dokumentieren. Weiterer Name ist Felsen-Goldkraut.
Vorkommen: Ursprüngliche Vorkommen selten an sonnigen Felsen in Sachsen. Sonst vielfach aus Gartenkultur verwildert, meist unbeständig, aber stellenweise an Mauern und Felsen auch eingebürgert (Neophyt). – Die Wildvorkommen sind gefährdet und **geschützt**!
Blüten: IV–V. Goldgelbe, ca. 3–5 mm breite, 4-zählige, „Nektar führende Scheibenblumen" mit ausgesacktem Kelch und entsprechend mit Nektardrüsen am Grunde der geflügelten Staubfäden. Honigduftend. Reichblütige Doldenrispe. Bestäuber sind Bienen und kleinere Insekten. Selbststeril.
Früchte: Schötchen kreisrund, nur 4–8 mm lang mit aufsitzendem Griffel, flach und (im Gegensatz zu *Alyssum*) immer kahl und je Fach nur 2 Samen. Die verfestigten Fruchtstiele und Zweige ermöglichen Schleuderbewegungen im Wind: Windstreuer und Tierstreuer. Die berandeten kleinen Samen werden als Scheibenflieger durch den Wind und als Adhäsionshafter durch Tiere ausgebreitet. Menschenausbreitung als Gartenflüchter. Fruchtreife: VI–VII.
Vegetative Vermehrung durch Wurzelsprosse.
Verwendung: Beliebte Zierpflanze der Steingärten, seit 1680 in Kultur.

Avena sativa LINNAEUS, Saat-Hafer

Poaceae (= Süßgräser)

Überwiegend einjährig (Sommerfrucht), 60–150 cm hoch. Wie bei allen Getreidearten richten sich aufgrund von Sturm usw. niederliegende Halme durch ihr (unterseits stärkeres) Knotenwachstum wieder auf. Der Wachstumsvorgang wird positiv gravitrop, also durch die Erdanziehung ausgelöst.

Systematik: Die Gattung umfasst ca. 25 Arten. Sie ist namengebend für die umfangreiche Gattungsgruppe (Tribus) Aveneae, zu der u. a. Straußgras (*Agrostis*), Glatthafer (*Arrhenatherum*), Honiggras (*Holcus*) und Goldhafer (*Trisetum*) gehören.
Vorkommen: Als Getreide des kühl-gemäßigten Klimas seit der Bronzezeit. Anspruchslos, frostempfindlich, bevorzugt schwach saure Böden. – Samenkeimung bereits bei 4–5 °C, daher im Gebirge bis über 1600 m kultiviert.
Namen: „*Avena*" ist der lat. Name der Pflanze. Lat. „*sativus*" = Saat-. – „Hafer" ist ein germ. Wort.
Blüten: VII–VIII. Anders als bei unseren anderen Getreidearten ist der Blütenstand keine Ähre, sondern eine 15–30 cm lange Rispe. Windbestäubung: „Langstaubfädiger Typ". Homogam, selbstfertil. Blütenöffnung erst nachmittags, bei Trockenheit ab 18 Uhr = Anpassung an Steppenklima. Bei nasser Witterung bleiben die Blüten geschlossen, und es erfolgt Selbstbestäubung (Kleistogamie).

Früchte: Beim Saat-Hafer zerfallen die meist 2–3-blütigen Ährchen zur Reife nicht. Bei den oberen Blüten oder evtl. auch bei allen Blüten fehlen die Grannen. – Bei den Wildhafer-Arten ist die Ausbreitungseinheit die von den nicht abfallenden Spelzen umgebenen Karyopsen (Scheinfrüchte: Spelzfrüchte). Wegen der Luft zwischen den Spelzen sind diese spindelförmigen Gebilde von geringem spezifischem Gewicht. Zahlreiche Ausbreitungsmöglichkeiten: Die Früchte werden durch den Wind (z. B. als Bodenroller), als Regenschwemmlinge oder mittels der hygroskopischen Grannen als Klettfrüchte verbreitet. Haare und Grannen bewirken, dass die Körner sogar hüpfende Bewegungen ausführen: Selbstausbreitung als Bodenkriecher. Die Früchte können sich außerdem im Tierfell (oder in der Kleidung) bzw. in den Boden einbohren; solche Bohrfrüchte sind gleichzeitig ausbreitungshemmende Einrichtungen, wie sie als Anpassung für Trockengebiete oft typisch sind. Dazu Bearbeitungsausbreitung und Wasserhafter. Fruchtreife: VIII–X.

Verwendung: Hafer wurde schon im Altertum angebaut. In Deutschland war er noch bis in die erste Hälfte des 20. Jh. nach Roggen das wichtigste Getreide. Der Anbau ist dann aber stark zurückgegangen. So ist Hafer heute überwiegend Futterpflanze für Pferde, Geflügel usw. Wegen des geringen Kleber-Anteils eignet er sich nicht zur Herstellung von Brot. Der gesundheitliche Wert für den Menschen ist aber sehr hoch, z. B. in gewalzter Form als Haferflocken. Haferkörner enthalten außer Stärke auch Zucker, bis 14 % Eiweiß und 6–9 % Fett. Aufgrund der in den Zellwänden (vor allem der äußersten Schicht des Mehlkörpers) vorhandenen Beta-Glucane senken sie einen erhöhten Cholesterinspiegel und bewirken, dass nach den Mahlzeiten der Blutzuckerspiegel weniger ansteigt. Sie verringern so das Risiko für einen Herzinfarkt und sind günstig für Diabetiker. Haferschleim ist eine wichtige Diät bei Magen-Darm-Erkrankungen. Die Welternte für Hafer lag 2018 bei 23 Mio. t. Haferstroh wurde früher gegen Gicht, Rheuma usw. angewandt.

Weitere Art (vgl. auch *Arrhenatherum* = Glatthafer):

Avena fatua L., Flug-Hafer, Wind-Hafer: Ökologisch ähnlich wie vorige Art. Wird von manchen Autoren als Stammpflanze, von anderen als Verwilderung des Saat-Hafers angesehen. Getreidewildkraut auf basenreichen Lehm- und Tonböden. Früher bei Massenvorkommen ertragsmindernd (so heute noch im Oderbruch). Von Pflanzenzüchtern wegen der Bastardierung mit Kultursorten gefürchtet. Alteinwanderer (= Archäophyt). Deckspelze unten lang zottig behaart, Ährchen 2–3-blütig. Die Ährchenachse bricht zur Reifezeit, sodass die Blüten einzeln aus den stehenbleibenden Hüllspelzen entlassen werden (z. B. durch den Wind, Name!). Deck- und Vorspelze an der Frucht bleibend, Deckspelze unten lang zottig behaart. Die Drehung der Granne reifer Früchte (vorderer Teil der Granne rechtwinklig abstehend) lässt sich hier sehr schön demonstrieren, wenn man den unteren Teil der Frucht kräftig nass macht und zwischen zwei Fingern festhält. Anteile von Flug-Hafer im Haferstroh sind wegen der sich in den Darm usw. des Viehs einbohrenden Früchte gefürchtet. Früher wurden auch Flug-Hafer und andere, heute nur als Wildarten bekannte Vertreter der Gattung zur Ernährung genutzt und gebietsweise auch angebaut. Lat. „*fatuus*“ = narrend, wegen der täuschenden Ähnlichkeit mit dem Saat-Hafer.

Avenella flexuosa → *Deschampsia flexuosa*

Azolla filiculoides LAMARCK,

Großer Algenfarn, Wasserlinsenfarn

Salviniaceae (= Schwimmfarngewächse)

Sehr kleine Schwimmpflanze von nur wenigen mm Breite, einjährig bis ausdauernd. Unbenetzbar. Blätter blaugrün durch Symbiose mit Luftstickstoff bindenden, in Blatthöhlungen lebenden Blaualgen = Cyanobakterien (*Anabaena azollae*). Durch die Symbiose können im Jahr bis zu 50 kg Luft-Stickstoff je ha gebunden werden. Um dies zu nutzen, wird *Azolla* in Ostasien zum Teil in Reisfeldern zur Gründüngung eingesetzt, denn nach Absterben des Farns stehen die frei werdenden Stickstoff-Verbindungen den Reispflanzen zur Verfügung.

Systematik: Die Familie besteht aus den Gattungen *Azolla* und *Salvinia* (Schwimmfarn). *Azolla* zeichnet sich u.a. durch das Vorkommen echter Wurzeln und die wechselständigen (statt quirligen) Blätter aus und wurde daher früher manchmal in eine eigene Familie gestellt.
Namen: „*Azolla*" stammt aus einer Indianersprache Südamerikas, „*filiculoides*" zu lat. filicula = kleiner Farn und -oides = ähnlich.
Vorkommen: Aquarienpflanze. Heimat: warmgemäßigtes bis subtropisches Amerika. Stellenweise verschleppt, wegen der Frostempfindlichkeit aber meist nur vorübergehend. Allerdings ist die Tendenz zur Einbürgerung durch die milden Winter in den letzten Jahren stark angestiegen. Am mittleren Oberrhein seit 1870 beständig (eingebürgerter Neophyt) und im Herbst oft große Flächen stehender Gewässer überziehend. Bei flächendeckender Besiedlung wird die Art durch Behinderung des Gasaustausches für die Gewässer ökologisch problematisch.
Vermehrung: Heterosporie: Mikro- und Megasporen sind verschieden. Die sexuelle Fortpflanzung ist sehr kompliziert. Zur Reife entstehen fruchtähnliche Gebilde (Sporokarpien). Sporenreife: VIII–X. Sporen langlebig.
Vegetative Vermehrung: Die Vermehrung erfolgt bei uns überwiegend (aber nicht, wie oft angegeben, ausschließlich) vegetativ. Die Pflanzen teilen sich als ganze sehr lebhaft und können durch das Anhaften an Wasservögeln ausgebreitet werden. Eine zusätzliche Ausbreitung erfolgt über die Kultur der Pflanze in Gartenteichen und über im Freien entleerte Aquarien. Dazu ist anzumerken, dass das Aussetzen von Pflanzen laut Bundesnaturschutzgesetz verboten ist. In Florida z.B. wird das Ausbringen von Wasserpflanzen hart bestraft.
Verwendung: Zierpflanze für Aquarien und Gartenteiche.

Ballota nigra LINNAEUS (= *B. alba* L.), Schwarznessel, Stinkandorn, Gottvergess

Lamiaceae (= Lippenblütler)

Ausdauernde, kurzlebige, krautige Pflanze (Hemikryptophyt oder Chamaephyt), 30–100 cm hoch. Bei flüchtiger Betrachtung an eine rot blühende Taubnessel erinnernd. Sie riecht unangenehm und wird daher vom Vieh gemieden. Rübenpflanze.

Namen: „*Ballota*" ist der lat.-griech. Name der Pflanze. Lat. „*niger*" = schwarz. – „Schwarznessel" wegen der Ähnlichkeit mit Taubnesseln, aber dunklerem Erscheinungsbild. „Stinkandorn" wegen des unangenehmen Geruchs (daher auch „Gottvergess") und der Ähnlichkeit mit dem Andorn (*Marrubium vulgare*), von dem die Pflanze früher meist nicht unterschieden wurde.

Vorkommen: Frische bis mäßig trockene Ruderalstellen, Hecken und Gebüsche, besonders in Dörfern, anspruchsvoll. Stickstoffzeiger. Archäophyt. Meist verbreitet, gebietsweise aber auch im Rückgang.

Blüten: VI–IX. Vormännliche „Eigentliche Lippenblumen". Neben Zwitterblüten kommen auch weibliche Blüten oder rein weibliche Pflanzen vor. Kronröhre nur 7 mm lang. Reicher Blütenbesuch durch Hummeln und andere Wildbienen, Honigbienen, Schwebfliegen und Schmetterlinge, so etwa Gammaeulen (*Autographa*). Erfolgreiche Selbstbestäubung vor dem Abblühen.

Früchte: Klausen. Schwerkraftausbreitung durch die waagrecht stehenden Kelche sowie Tierstreuer durch die stachelspitzigen Kelchzähne und Windstreuer. Dazu Ameisenausbreitung. Fruchtreife: VIII–XI. Samen langlebig.

Verwendung: Wurde früher u. a. bei hysterischen und hypochondrischen Leiden sowie bei Erkrankungen des Viehs arzneilich verwendet.

Barbarea vulgaris W. T. AITON, Echte Winterkresse, Gewöhnliches Barbarakraut

Brassicaceae (= Kreuzblütler)

Zweijähriger bis kurzlebig ausdauernder Hemikryptophyt: Halbrosettenpflanze, 20–80 cm hoch.

Namen: „*Barbarea*“ ist ein vorlinnéscher Name und bezieht sich ebenso wie „Winterkresse“ auf den Verzehr im Winter, z. B. um den Barbaratag, den Tag der Heiligen Barbara am 4. Dezember. Lat. „*vulgaris*“ = gemein, häufig. – „Kresse“ ist die Bezeichnung verschiedener, in der Küche verwendeter Kräuter mit angenehm scharfem Geschmack.
Vorkommen: Offenerdige Ruderalstellen, z. B. Erdaufschüttungen, und Flussufer, auf frischen, nährstoff- und basenreichen Böden. Pionierpflanze. Vorkommen durch menschliche Aktivität gefördert. Weltweit verschleppt.
Blüten: V–VI, Frühblüher. Goldgelbe bei sonnigem Wetter bis 7–9 mm breite, „Nektar führende Scheibenblumen“, in Trauben. Die beiden halbmondförmigen Disken scheiden reichlich Nektar ab, der in den Aussackungen der Kelchblätter gesammelt wird. Selbstbestäubung ist erfolgreich.
Früchte: Schoten. Windausbreitung und Selbstausstreuer. Menschenausbreitung (als alte Kulturpflanze Kulturfolger). Samen mit etwa 30 % Öl. Fruchtreife: V–VII.
Vegetative Vermehrung durch Wurzelsprosse.
Verwendung: Die jungen Blattrosetten ergeben ein vorzügliches Gemüse bzw. einen durch den Gehalt an Senfölen wie Kresse schmeckenden bzw. zu verwendenden, wenn auch etwas derbblättrigen Salat. Hierzu wurden die Pflanzen früher in Bauerngärten usw. gezogen und die Rosetten im Winter oder im zeitigen Frühjahr geerntet.
Weitere Art:

Barbarea intermedia BOREAU, Mittleres Barbarakraut: Ökologisch ähnlich voriger Art und mit gleichem Nutzen. Obere Stängelblätter fiederteilig. Blüten heller und kleiner. Blütezeit: IV–VI. Neophyt seit 1840.

Bellis perennis LINNAEUS, Ausdauerndes Gänseblümchen, Maßliebchen

Asteraceae (= Korbblütler)

Ausdauernde, wintergrüne Rosettenpflanze, 5–15 cm hoch. Blätter spatelförmig bis verkehrt eiförmig. Überwinterung durch seitliche Rosetten.

Namen: „*Bellis*“ ist der lat. Name der Pflanze, zu bellus = schön. Lat. „*perennis*“ = ausdauernd. – „Gänseblümchen“, da die Licht liebende und Tritt vertragende Pflanze oft in Gänseweiden vorkommt. „Maß-lieb(chen)“ ist im 15. Jh. als Lehnübersetzung aus niederländ. madeliefje entstanden. Wegen Volksnamen wie ‚Marienblümchen‘ bzw. niederländ. ‚magdeliet‘ und der großen Rolle der Pflanzen in der Marienverehrung kommt wohl am ehesten die Bedeutung ‚der Magd (= Maria) lieb‘ in Betracht. Andere Deutungen sind ‚Esslust‘ (zu mat = Speise), wegen der appetitanregenden Wirkung der Pflanze, und ‚Wiesenblume‘ zu mate = Wiese.

Vorkommen: Frische, nährstoffreiche, lückige oder kurzgrasige Wiesen, Weiden und Zierrasen. Trittpflanze. Kulturfolger. Vermutlich Archäophyt (zumindest im Norden), d. h. die Ausbreitung erfolgte erst, als durch Rodung der Wälder Grünlandflächen entstanden. Im Mittelalter war die Pflanze seltener. Sie ist weltweit in wintermilden Gebieten eingebürgert.

Blüten: (I–)IV(–XII). Der Schwerpunkt der Blütezeit liegt im April, die Pflanze kann aber bei geeigneten Bedingungen das ganze Jahr über blühen und ist daher auch Winterblüher. Der Schwerpunkt liegt im Frühjahr. Auf Mähwiesen bleibt wegen der Beschattung ab Mitte Mai die Blütenbildung aus und beginnt erst wieder nach der Mahd. Die einzeln stehenden „Körbchenblumen" haben außen 2 Reihen von weißen, an der Spitze gelegentlich rosa bis rötlich gefärbten Zungenblüten, die rein weiblich sind, und in der Mitte zahlreiche gelbe Röhrenblüten. Die Reihenfolge des Aufblühens der Einzelblüten erfolgt von außen nach innen. Die Rotfärbung der Körbchen nach kalten Nächten ist evtl. als Schutz gegen Frosttrocknis zu verstehen. Die Körbchen sind sonnenwendig. Nachts und bei kühler Witterung schließen sie sich (Thermonastie) durch stärkeres Wachstum der Hüllblattaußenseiten. Zum Tag hin öffnen sie sich wieder, indem dann die Innenflächen der Hüllblätter stärker wachsen. Der Vorgang lässt sich auch dadurch auslösen, dass man die Zungenblüten mehrfach mit dem Finger anstößt. Die Bestäubung erfolgt durch verschiedene Insekten, z. B. Fliegen und Bienen. Dazu kommt Selbstbestäubung. – Die Blütenkörbchen vertragen bei trockener Luft noch Temperaturen von −15 °C.

Früchte: Winzige 1-samige Nussfrüchte (Achänen), nur 1–1,5 mm lang, eiförmig, abgeplattet, ohne Flugapparat (Pappus). Der Stängel ist zur Reifezeit stark verlängert, versteift und zugleich elastisch, und der Korbboden spitz empor gewölbt (s. Abb.). Dadurch ist die Pflanze hervorragend angepasst als Windstreuer, Tierstreuer und Regenschwemmling. Bei feuchtem Wetter erfolgt auch Klebausbreitung. Dazu Zufallsausbreitung durch Regenwürmer und Weidevieh. Die Fruchtreife tritt bereits etwa 10 Tage nach der Blüte ein. Samen kurzlebig. Lichtkeimer.

Vegetative Vermehrung erfolgt reichlich durch kurze (bis sehr kurze) Ausläufer, die Tochterrosetten bilden und sich dann ablösen. Jede Rosette bildet zwar nur einen einzigen Blütenschaft, der beim Rasenmähen meist gekappt wird, aber durch die Tochterrosetten, die schon nach wenigen Tagen wieder neue Blütenschäfte bilden, ist der Fortbestand im Rasen gesichert.

Die winzigen Früchte werden vom empor gehobenen Körbchenboden verweht.

Verwendung: Die jungen Blätter und Blütenkörbchen sind eine schmackhafte Beimischung für Salate, Quark und Kräutersuppen. Die noch festen, grünen, in Estragonessig eingelegten Blütenkörbchen können als Kapernersatz verwendet werden. Bei den Germanen war die Pflanze der Göttin Freya heilig, später spielte sie eine große Rolle in der Marienverehrung und in den Marienlegenden. Altbewährte Arzneipflanze mit harntreibender und schleimlösender Wirkung bei innerlicher Anwendung und entzündungshemmender und wundheilender Wirkung bei äußerer Anwendung. Bei Insektenstichen ist das Auflegen zerquetschter Blätter ähnlich wie beim Spitz-Wegerich eine erste Hilfe. Gänseblümchen werden seit dem 14. Jh. als Heil- und Zierpflanze in Bauerngärten gezogen. Sie werden auch in der Homöopathie verwendet. Kinder flechten Kränze aus Gänseblümchen oder benutzen sie als Orakelpflanze mit dem Spiel „Er liebt mich, er liebt mich nicht …", wobei jeweils eine Zungenblüte („Blütenblatt") entfernt wird, bis keine mehr übrig ist. – Formen mit „gefüllten Blüten" sind beliebte Zierpflanzen in zahlreichen Kultursorten; man nennt sie „Bellis" oder „Tausendschonchen". Bei ihnen sind entweder alle oder ein Teil der Röhrenblüten auffällig vergrößert oder zu Zungenblüten umgewandelt. Diese Kulturformen sind meist nur ein- bis zweijährig.

Ziersorten des Gänseblümchens werden „Bellis" oder „Tausendschönchen" genannt.

Berberis vulgaris LINNAEUS, Gewöhnliche Berberitze, Sauerdorn

Berberidaceae (= Berberitzengewächse)

Winterkahler Dornstrauch, bis 3 m hoch. Langtriebe mit Kurztrieben in der Achsel dreizinkiger Blattdornen. An Jungpflanzen zeigt sich, dass der Hauptdorn der Spreite und die Seitendornen den Nebenblättern eines Tragblattes entsprechen. Im Querschnitt von Sprossachse und Wurzel fällt die gelbe Färbung der Rinde auf. Herbstlaub weinrot. – Pilzwurzel (arbuskuläre Mykorrhiza).

Systematik: Die Gattung ist weltweit verbreitet mit etwa 600 Arten und stellt somit eine der artenreichsten Gehölzgattungen dar. Viele davon sind bei uns beliebte Ziersträucher. Es gibt sommergrüne, wintergrüne und immergrüne Arten. *B. vulgaris* ist die einzige mitteleuropäische Art. – Die Gattung *Mahonia* (s. u.) ist mit *Berberis* nahe verwandt und durch Hybriden verbunden (× *Mahoberberis*). Einige Autoren fassen beide Gattungen unter *Berberis* zusammen.

Giftigkeit: Schwach giftig in allen Teilen außer den reifen Früchten durch Isochinolin-Alkaloide, z. B. das intensiv gelb gefärbte Berberin.

Schädlinge: Zwischenwirt des gefürchteten Getreideschwarzrostes (*Puccinia graminis*), der orangefarbene Pusteln (= Äzidien, Sporenlager) auf der Blattunterseite bildet. Aus diesem Grunde befahl die preußische Bürokratie die Ausrottung aller *Berberis*-Sträucher, was naturgemäß nicht gelang, zumal der Pilz auch ohne den Zwischenwirt überlebensfähig ist. – Besonders bemerkenswert ist als weiterer Rostpilz der Hexenbesenrost *Puccinia arrhenatheri*, dessen Hauptfruchtform auf dem Glatthafer (*Arrhenatherum elatius*) wächst. Die Infektion führt zu einer teilweisen Verformung des Strauches (Hexenbesen). Im Frühjahr entstehen gelb verfärbte Blätter, die Nektar absondern und während der Keimzellbildung des Pilzlagers einen starken Blütenduft abgeben. Dadurch werden viele Insekten, vor allem Zweiflügler, angelockt, die die Befruchtungsrate und damit die Sporenproduktion stark fördern. Man spricht auch von „Pseudoblüten" bzw. „Geruchsmimikry" (NAEF et al. 2002 New Phytologist 154: 717). Eine – man möchte meinen – geniale Fortpflanzungsstrategie (vgl. auch die ähnliche Situation bei *Euphorbia cyparissias*).

Namen: „*Berberis*" ist der schon im Mittelalter verbreitete Name der Pflanze. Er geht über mittellat. berberis/barbaris auf den arab. Namen der Pflanze (bzw. ihrer Früchte) zurück. Ob sich der Name auf die muschelförmigen Kronblätter bezieht, zu griech.-arab. berberi = Muschel, ist ungeklärt. Lat. „*vulgaris*" = häufig. – „Sauerdorn" wegen der sauren Früchte und der dornigen Zweige; der Name ist erst seit dem 18. Jh. belegt. Ältere Namen sind z. B. Berbers und Surach (= Sauerpflanze).

Vorkommen: Hecken, Gebüsche und lichte Wälder, auf sommerwarmen, nährstoff- und basenreichen Lehmböden, vor allem in den Kalkgebieten Süddeutschlands. Auch aus Kultur verwildert und eingebürgert (Neophyt), so vor allem im Norden. – Die Art ist in großen Teilen Nordamerikas eingebürgert.

Blüten: IV–VI. Homogame, „Nektar führende Scheibenblumen" mit intensivem Honigduft, in bis zu 30-blütigen hängenden Trauben, die als Langtriebe endständig an Kurztrieben stehen. Blüten 3-zählig, Endblüte 5-zählig. 6 gelbe, kronblattähnliche Kelchblätter, 6 ebenfalls gelbe, halbkugelig zusammenneigende Kronblätter mit basalen Nektardrüsen, 6 Staubblätter und in der Mitte der 1-fächerige Fruchtknoten mit breit aufsitzender Narbe. Die Staubbeutel öffnen sich nicht wie bei den meisten anderen Pflanzen mit je 2 Längsrissen, sondern mit je 2 Klappen, die sich von unten nach oben öffnen. Außerdem stehen die äußeren Staubblätter direkt vor den inneren Kronblättern (obdiplostemon), was ebenfalls selten ist. Die Staubfäden sind im unteren Teil der Innenseite druckempfindlich (Seismonastie): Turgormechanismus mit Alles-oder-Nichts-Reaktion. Ab einem bestimmten Druck beträgt die Reizzeit unter optimalen Bedingungen nur 0,02 Sekunden und die Bewegung selbst nimmt noch einmal 0,1 Sekunde in Anspruch. Sie führt über die Staubblätter mit einer (reversiblen) Bewegung zum Griffel hin. Auslöser kann ein nektarsuchendes Insekt oder – im Schulversuch – auch eine Nadel sein. Dabei werden die Staubbeutel an das Insekt geschlagen. Besucher sind verschiedene Insekten, so Wespen, Wild- und Honigbienen. Vor dem Abblühen ist auch spontane Selbstbestäubung möglich.

Früchte: Scharlachrote, sehr saure, bis 1 cm lange Beeren. Verdauungsausbreitung. Fruchtreife: VIII–X, z. T. Wintersteher.

Verwendung: Die Beeren werden mit anderen Früchten gemischt zu Gelee, Kompott und Saft verarbeitet. Sie enthalten 6 % Äpfelsäure und andere Fruchtsäuren sowie viel Vitamin C und sind entsprechend sehr sauer; nach den ersten Frösten sind sie weniger sauer. Im Orient dienen sie zum Würzen von Reis, Braten und Fisch. Getrocknete Früchte sind schmackhaft und werden auch im Handel angeboten. Arme Leute verwendeten den Beerensaft früher wie Essig. Die Wurzelrinde wird als Bestandteil von Gallen- und Magenmitteln arzneilich verwendet. Sie wird auch schon seit langem zum Gelbfärben von Leder und Textilien genutzt. Das gelbe Holz wird im Kunsthandwerk eingesetzt. – *B. vulgaris* wird als Garten- und Heckenpflanze kultiviert. Als solche war sie früher sehr verbreitet, ist aber heute meist durch die zahlreichen anderen Zierarten der Gattung ersetzt worden.

Verwandte:

Mahonia aquifolium (PURSH) NUTT. (= *Berberis aquifolium* PURSH), Mahonie: Immergrüner Strauch mit unpaarig gefiederten, 5–9-zähligen Lederblättern; die einzelnen Fiedern erinnern an die Blätter der Stechpalme (*Ilex aquifolium*; vgl. den gemeinsamen Artbeinamen!). „*Mahonia*" zu Ehren des amerikanischen Züchters B. M'MAHON (1775–1816). Wird viel in Anlagen angepflanzt. Frostempfindlich; die Schäden treten bevorzugt an besonnten Blättern auf (Frosttrocknis!). Heimat: westliches Nordamerika. 1838 in England und 1841 nach Deutschland eingeführt. Oft verwildert und in Hecken und Wäldern vielerorts eingebürgert (Neophyt seit 1861) mit verstärkter Ausbreitung in den letzten Jahren (z. B. im Ahrtal), gefördert durch die milden Winter. Frühblüher: III–VI. Staubfäden ebenfalls reizbar (Versuch!). Bestäuber sind vor allem Hummeln. Früchte blauschwarz, durch eine UV-reflektierende Wachsschicht, die ein wichtiges Signal für Vögel darstellt, hellblau bereift. Verdauungsausbreitung durch Singvögel, z. B. Rotkehlchen. Evtl. Wintersteher. Vollreife Früchte sind für Kompott, Süßmost und Marmelade geeignet. Rohe Früchte gelten als schwach giftig, doch dürfte der Verzehr kleinerer Mengen ungefährlich sein. Wird in Nordamerika zur Wein- und Branntweinherstellung verwendet. Bestandteil von Hautpflegemitteln ähnlich wie Kamille und Ringelblume. Die Zweige sind für die Kranzbinderei geeignet. – Die Gattung umfasst über 100 Arten mit ca. 14 gärtnerisch interessanten Arten. Der Wurzelextrakt Rasanjana (von *M. napaulensis* DC.) aus Nepal ist in der Hindumedizin von großer Bedeutung.

Berteroa incana (L.) DE CANDOLLE, Gewöhnliche Graukresse

Brassicaceae (= Kreuzblütler)

Einjährig oder zweijährige Halbrosettenpflanze, 20–60 cm hoch oder auch höher. Graugrünfilzige Behaarung durch Sternhaare (über Totalreflexion) als Trockenheitsanpassung.

Systematik: Nah verwandt sind die Gattungen Steinkraut (*Alyssum*) und Felsensteinkraut (*Aurinia*).

Namen: „*Berteroa*" zu Ehren des ital. Botanikers C. G. L. BERTERO (1789–1831), Arzt im Piemont; lat. „*incanus*" = grau, wegen der Behaarung. „Kresse" ist Namensbestandteil zahlreicher Pflanzen, meist von Kreuzblütlern, vgl. *Lepidium sativum* = Garten-Kresse.

Vorkommen: Sandige und steinige, trockene Ruderalstellen. Neophyt seit dem 18. Jh.

Blüten: VI–X. Vorweibliche bis homogame „Nektar führende Scheibenblumen". Die weißen Blüten zeichnen sich durch tief 2-spaltige Kronblätter aus. Nektar halbverborgen, Nektarabsonderung an der Basis der großen Staubblätter. Bestäuber sind Schwebfliegen, Bienen und Falter. Selbststeril.

Früchte: Elliptische, 2 × 3 mm große Schötchen. Wind- und Tierstreuer. Menschenausbreitung. Samen mit hoher Keimfähigkeit.

Verwendung: Das aus den Samen gewonnene „Kresseöl" wird lokal für Speisezwecke oder als technisches Öl genutzt.

Berula erecta: siehe bei *Sium latifolium*

Beta vulgaris LINNAEUS, Beta-Rübe, Zuckerrübe, Runkelrübe, Rote Bete, Mangold

Amaranthaceae (= Amarantgewächse)

Meist zweijährige Halbrosettenpflanze, in Kultur 50–150 cm hoch. Die Wurzelrübe zeigt ein atypisches sekundäres Dickenwachstum mit mehreren konzentrischen Kambiumringen. – Neben der Wildform gibt es zahlreiche Kulturformen, bei denen jeweils sehr unterschiedliche Teile der Pflanze genutzt werden (s. u.). Der rote Farbstoff gehört zu den für die ganze Familie charakteristischen Betalainen, ist also kein Anthocyan. Im alkalischen Bereich schlägt er daher, etwa im Gegensatz zum Rotkohl, nicht in Blau um. – Der bekannte hohe Zuckergehalt der Wurzel verbunden mit dem hohen Mineralsalzgehalt (s. u.) dürfte als Anpassung an den Salzstandort der Wildform zu verstehen sein.

Systematik: Die Gattung umfasst etwa 12 Arten. Sie wurde früher zu den Chenopodiaceae (= Gänsefußgewächse) gestellt, die aber heute überwiegend als Teil der Amaranthaceae aufgefasst werden.

Schädlinge: Die Pflanze wird nicht selten von der Schwarzen Bohnenlaus (*Aphis fabae*) befallen, die im Eistadium auf Pfaffenhütchen (*Euonymus europaeus*) und Gewöhnlichem Schneeball (*Viburnum opulus*) überwintert.

Namen: „*Beta*" ist der lat. Name des Mangolds. Lat. „*vulgaris*" = häufig, gewöhnlich. – „Bete" (landschaftlich auch „Beete") wurde früh von lat. beta entlehnt, während das Wort „Rübe", das später auch allgemeiner gebraucht wurde, auf lat. rapa (rapum) = Rübe, Rettich zurückgeht. Der Name „Mangold" (oder Mangelt) ist seit dem 13. Jh. belegt, die Bedeutung ist unklar. Dabei ist interessant, dass die Runkelrübe im Englischen ‚Mangelwurzel' heißt.

Vorkommen: Die Wildform (subsp. *maritima* = Wilde oder Meerstrands-Rübe; siehe Foto) ist auf stickstoffreichen Salzböden europäischer Küsten, besonders in Strandwallgesellschaften, vor allem Süd- und Westeuropas heimisch. Salzpflanze = Halophyt. In Deutschland ist sie sehr selten, wird aber gemäß Roter Liste (Stand 2018) nicht mehr als gefährdet eingestuft. Sie ist die Stammform unserer Kulturrüben, gewöhnlich nur 20–50 cm hoch, kleinblättrig und hat eine spindelförmige Wurzel. – Die Kulturformen bevorzugen nährstoffreiche, tiefgründige Lehmböden. Sie sind, wohl wegen der hohen Nährsalzaufnahme-Aktivität (bis zu 15 % des Trockengewichts stellen die Mineralsalze!), empfindlich gegen Schwermetall-Immissionen. – In Kulturen von Beta-Rüben können sog. Schosser auftreten, also Pflanzen, die schon im 1. Jahr schießen und bei Nichtentfernung Samen bilden, aus denen dann Pflanzen hervorgehen, die als „Unkrautrüben" dem Landwirt Probleme machen können.

Blüten: VII–VIII. Meist Windbestäubung. Streng vormännliche, unscheinbare „Pollen-Scheibenblumen" ohne Nektar, in hohen, verzweigten Blütenständen mit knäueligen Teilblütenständen. Relative Langtagpflanze; sie benötigt zum Abbau der Blütenhemmstoffe eine längere Kälteeinwirkung (= Vernalisation) von unter 10 °C. Einzelne blühende Pflanzen (Schosser) in sonst grünen Rübenfeldern wurden zufällig vernalisiert.

Früchte: Kleine, 1-samige Nüsse, die bei der Reife von der erhärteten Blütenhülle (Perigon) umschlossen sind. Windstreuer. Die Luftzwischenräume gestatten Wind- und Wasserausbreitung. – Die 2–4 Früchte, die aus einem Blütenknäuel hervorgehen, verwachsen an ihrer Basis und werden zur Reife als Einheit (sog. Runkel) ausgebreitet, was zu 2–4 eng benachbarten Keimpflanzen führt, die „vereinzelt" werden müssen. Von daher ergab sich die Motivation zur Züchtung von „monogermem" Saatgut, also solchem mit nur je 1 Nuss pro Knäuel.

Bei der Zuckerrübe ist die Wurzel als Speicherorgan ausgebildet und wird zur Zuckergewinnung genutzt.

Verwendung: Als Kulturpflanze (subsp. *vulgaris*) seit der Antike bekannt. Es wurden aber zunächst vor allem die Blätter und Blattstiele genutzt und erst später auch die Wurzeln. Heute unterscheidet man folgende Züchtungen:

– Zuckerrübe: Hauptanteil der Rübe ist die Wurzel. Die Weltproduktion von Saccharose (= Rohr- oder Rübenzucker) lag 2012 bei 174 Mio. t. Davon stammten allerdings nur ca. 15 % von Zuckerrüben, der Rest von Zuckerrohr (*Saccharum officinale*); wenige Jahre davor lag der Anteil noch bei etwa 40 %. Die Rüben sind reich an verschiedenen Inhaltsstoffen, so Rohrzucker (Zuckerrübe 15–20(–27) %), Eiweißstoffe, Saponine, Vanillin und Mineralsalze. Die Blätter und die bei der Zuckerproduktion anfallenden entzuckerten Schnitzel sind ein wichtiges Viehfutter. – Zucker (Saccharose) war bereits in der Antike in Ostasien bekannt; er wurde aus Zuckerrohr hergestellt. In Mitteleuropa wurde der seinerzeit extrem teure Zucker erst im 11. Jh. durch die Kreuzzüge bekannt. 1747 entdeckte der Chemiker A. S. Marggraf, dass in der Runkelrübe derselbe Zucker enthalten ist wie im Zuckerrohr. Daraufhin wurde die Runkelrübe auf hohen Zuckergehalt selektiert und es entstand die Zuckerrübe. Die erste Zuckerrübenfabrik wurde 1801 in Schlesien errichtet. Heute liefert 1 ha bis zu 50 t Rüben, aus denen 6–8 t Zucker gewonnen werden können. Aus den weißen Blattrippen und -stielen kann man ein spargelartiges Gemüse bereiten.

– Runkelrübe = Futterrübe: Futterpflanze. Die weit aus dem Boden herausragende Rübe besteht aus der Wurzel und einem hohen Anteil an Hypokotyl, also dem untersten Teil der Sprossachse. Die Runkelrübe ist die Stammform der Zuckerrübe, enthält aber nur 3–5 % Rohrzucker. Man kann, wie nach dem Zweiten Weltkrieg, die Blattstiele und Blattrippen als spargelartiges Gemüse zubereiten.

– Rote Bete = Rote Rübe: Hier ist je nach Sorte entweder nur das Hypokotyl verdickt, also ähnlich wie beim Radieschen, oder auch der obere Teil der Wurzel. Erste wichtige Züchtungen kennt man seit dem 16. Jh. Rote Bete ist als gesundes Gemüse sehr zu empfehlen. Ihr Hauptfarbstoff ist das zu den Betalainen gehörende Betanin. Es ist als Farbstoff in der Lebensmittel- und Kosmetikindustrie (E 162) zugelassen. Als Besonderheit gibt es neuerdings auch Weiße und Gelbe Bete als Kultursorten mit abweichender Farbe. – Interessanterweise kann ein Teil der Bevölkerung den roten Farbstoff nicht vollständig abbauen, sodass bei diesen Personen nach Genuss von Roter Bete neben dem Stuhl auch der Urin rot gefärbt ist (Beturie). Als Ursache wurde lange Zeit ein erblicher Gendefekt angenommen; tatsächlich aber ist das Ausmaß der Rotfärbung von der momentanen physiologischen Konstitution der Personen abhängig, beson-

Beim Mangold werden die Blätter als Gemüse genutzt.

ders der Verfügbarkeit von Eisen, und auch je nach Kultursorte verschieden.
– Mangold = Römischer Kohl: Wurde als Blattgemüse schon von den Römern genutzt (Name!), gelangte zu uns durch die Römer und war bei uns lange Zeit eine bewährte Bauerngartenpflanze. Sie geriet dann zu Unrecht in Vergessenheit, kommt aber in letzter Zeit wieder vermehrt auf den Markt. Die Blätter sind deutlich und schmal bis 30 cm lang gestielt mit rotem, gelbem oder evtl. weißem Blattstiel (siehe Detailfoto). Die Wurzel ist wie die der Zuckerrübe nutzbar. Einige rot- und gelbstielige Sorten werden neuerdings auch als Zierpflanzen in Gärten angepflanzt. – Achtung: Was neuerdings auf Märkten als ‚Mangold' angeboten wird, ist oft Pak Choi, eine Zuchtform von *Brassica rapa*.

Betonica officinalis LINNAEUS (= *Stachys officinalis* (L.) TRÉVIS.), Heilziest, Gewöhnliche Betonie, Batunge

Lamiaceae (= Lippenblütler)

Ausdauernder Hemikryptophyt (Schaftpflanze) mit knotigem Rhizom, 30–70(–100) cm hoch. Stängel wenig beblättert (nur 1–3 Paar Stängelblätter). Blattspreite schmal zungenförmig, gekerbt, an der Basis herzförmig. Untere Blätter lang gestielt. Sehr variabel.

Systematik: Die 15 Arten umfassende Gattung wurde über längere Zeit in die Großgattung *Stachys* eingegliedert, wird aber jetzt überwiegend wieder als eigenständig angesehen. Molekulare Daten haben sogar ergeben, dass *Betonica* nicht in dieselbe Gattungsgruppe (Tribus) wie *Stachys* gehört. Von den anderen Ziest-Arten ist sie u. a. durch das Fehlen eines unangenehmen Geruches unterschieden.

Namen: *„Betonica"* (herba vettonica) ist der lat. Name der Pflanze, nach dem keltischen Volk der Vettonen in Südwestspanien, die nach PLINIUS als erste die Pflanze für Heilzwecke eingesetzt haben. Neulat. *„officinalis"* = arzneilich verwendet, daher auch „Heilziest". „Betonie" und „Batunge" (zur Verkleinerungsform bettonicula) sind Lehnwörter. Zum Namen „Ziest" siehe *Stachys palustris*.
Vorkommen: Moorwiesen, Magerwiesen, Heiden und Säume nährstoffarmer Gehölze. Wechselfeuchtigkeits- und Magerkeitszeiger. Kennart der Pfeifengraswiesen (= Molinion).
Blüten: VI-VIII. Hellrote, vormännliche bis homogame „Lippenblumen". Kronröhre innen behaart, aber ohne Haarring. Bestäuber sind Bienen (besonders Hummeln), Schwebfliegen und Schmetterlinge. Es wurden mehr als 20 verschiedene Tagfalterarten beobachtet. Auch Blüteneinbruch durch Erdhummeln kommt vor. Spontane Selbstbestäubung ist leicht möglich.
Früchte: Klausen bis 2,5 mm lang und 1,1 mg schwer. Wind- und Tierstreuer. Fruchtreife: IX bis Wintereinbruch. Lichtkeimer.
Verwendung: Seit dem Altertum geschätzte Heilpflanze, wird aber heute fast nur noch in der

Volksheilkunde verwendet, und zwar wegen des Gerbstoffgehalts gegen Durchfall, ansonsten bei Erkrankungen der Atemwege und äußerlich als Wundheilmittel. – Hübsche Wildgartenpflanze. Junge Blätter und Triebe sind als Gemüse verwendbar.

Betula pendula Roth (= *B. verrucosa* Ehrh.), Hänge-Birke, Sand-Birke, Weiß-Birke

Betulaceae (= Birkengewächse)

Sommergrüner Baum, bis 25(– 30) m hoch. In der Jugend schnellwüchsig. Wird meist nur 50–80 Jahre alt, seltener bis etwa 100 Jahre. Forstwirtschaftliche Umtriebszeit 60–80 Jahre. Spross-System sympodial, d. h. die Seitenzweige übergipfeln. – Der Blattstiel ist ähnlich wie bei den Pappeln (*Populus*) seitlich abgeflacht, sodass das Blatt schon bei leichtem Wind in Bewegung gerät. Zu möglichen Bedeutungen dieser Blattbewegung siehe Pappel (*Populus*). – Rinde weiß, glatt, zuerst „Spiegelrinde", später Ringelborke, zuletzt Schuppenborke mit schwarzen, rautenförmigen Einrissen. Die Weißfärbung der Rinde erfolgt hier durch einen Triterpen-Farbstoff, das Betulin (Birkenkampfer), während sie sonst bei Pflanzen gewöhnlich durch Totalreflexion des Lichtes geschieht. Die weiße Farbe verhindert bei hoher Lichteinstrahlung eine zu starke Erwärmung. Gleichzeitig schützt Betulin vor Fäulnis. – Flaches Herzwurzelsystem. Pilzwurzel: Ektomykorrhiza, z. B. mit dem Birkenpilz, aber auch vielen anderen Pilzarten.

Systematik: Die winterkahle Gehölzgattung ist mit etwa 40 Arten über die ganze Nordhalbkugel verbreitet. Nächst verwandt sind die Erlen (*Alnus*). In dieselbe Familie werden heute auch Hasel (*Corylus*) und Hainbuche (*Carpinus*) gestellt.

Schädlinge: Birken bieten etwa 300 pflanzenfressenden Tierarten, besonders Insekten einen Lebensraum.

Namen: „*Betula*" (betulla) ist der lat. Name der Pflanze, zu gallisch betu- = Birke, Baumharz. Lat. „*pendulus*" = hängend, wegen der herabhängenden Zweigspitzen, „*verrucosus*" = warzig, bezogen auf die jungen Zweige. – „Birke" ist ein germ. Wort mit der Bedeutung ‚hell, glänzend' im Hinblick auf die Rinde; es könnte aber auch die Farbe nach dem Baum benannt worden sein. Der alte Name „Mai" für die Birke (vgl. Maiengrün, Maibaum) beruht darauf, dass in den Maibräuchen – der Monat Mai galt als Sinnbild des Grünens – gerne junge Birkenzweige oder -Bäume verwendet wurden.

Vorkommen: Konkurrenzschwaches, meist ziemlich kurzlebiges Licht- und Pioniergehölz, insbesondere auf armen, vernässten Böden, in Schlägen, lichten Wäldern und Heiden. Magerkeitszeiger. Auch häufig kultiviert und aus Kultur verwildert. Heute typisch auf Bahngelände und Industriebrachen.

Blüten: IV–V. Windbestäubung: „Kätzchenblumen-Typ". Einhäusig. Männliche Kätzchen hängend, schon im Vorjahr angelegt und daher im Winter deutlich zu erkennen. Nach dem Stäuben werden

sie abgeworfen. Weibliche Kätzchen aufrecht bis abstehend, erst nach den männlichen Kätzchen mit der Laubentfaltung erscheinend, an diesjährigen Trieben. Pollen gelbgrün. Pollenkörner ca. 0,03 mm breit. Je Staubblatt 10.000, je Kätzchen 5 Mio. Pollenkörner. Trotz der Windbestäubung kann Birkenpollen eine wichtige erste Pollenquelle für Honigbienen sein. Da diese sich nicht an der Bestäubung beteiligen, handelt es sich streng genommen um Pollenraub. Beginn der Blüte mit 5–30 Jahren. – Unser bedeutendster Heuschnupfenerreger.

Früchte: Insgesamt 5 mm breite, nur etwa 1,3 mg schwere 1-samige Nüsse, mit beiderseits 2 mm breiten Flügeln. Die herabhängenden Fruchtstände (siehe Foto) zerfallen bei der Reife, wobei die Früchte („Birkensamen") gemeinsam mit den sie tragenden sterilen Fruchtschuppen (gebildet aus Deckblatt und 2 Vorblättern) freigelassen werden: Windausbreitung als Segelflieger, theoretische Flugweite bis 1,6 km (bei Wind viel weiter). Dazu Bearbeitungsausbreitung durch Körnerfresser und zahlreiche andere Vögel sowie bei Nässe Wasserhafter. Auch Schwimmausbreitung ist möglich. Fruchtreife: VII–IX. Alljährlich reichlich fruchtend. Wintersteher. Lichtkeimer. Die Früchte sind eine wichtige Nahrung für Singvögel.

Verwendung: Vielseitiger Nutzen. Dekorativer Baum für Gärten, Parks und Straßenränder; das flache Wurzelsystem trocknet den Boden aber schnell oberflächlich aus. Holz zäh und leicht (spezif. Gewicht 0,65 g/cm³), z. B. für Propeller („Fliegerbirken"), als Furnierholz usw. Es hat den höchsten Heizwert der heimischen Baumarten. Bei der Trockendestillation der Birkenrinde entsteht zunächst Birkenteer, der z. B. als Juchtenöl bei der Herstellung von Juchtenleder Verwendung findet und auch als Bestandteil von Mitteln gegen Hauterkrankungen wie z. B. Schuppenflechte verwendet wird; allerdings ist letztere Anwendung heute weitgehend durch andere Mittel verdrängt worden. Nach weiterer Trockendestillation entsteht Birkenpech, das schon in der Steinzeit vielseitig als Klebstoff und Dichtungsmittel genutzt wurde. Der Blutungssaft enthält im Frühjahr bis 2 % Traubenzucker. Er wurde früher als Getränk genutzt und war bei den Germanen ein wichtiges Nahrungsmittel. In Teilen der ehemaligen Sowjetunion wird der Saft zu einem berauschenden Getränk vergoren. – Blätter arzneilich als harntreibendes und Salz ausscheidendes Mittel, z. B. in Form von Tee; volksmedizinisch zur „Blutreinigung" in Frühjahrskuren und als angebliches Haarwuchsmittel (Birkenhaarwasser, „Birkin"). Junge Blätter sind für Salat und Gemüse verwendbar. Mit der Rinde kann man Wolle rot bis braun, mit den Blättern gelb färben. Die weiße Spiegelrinde wurde früher als Schreibpapier verwendet. Der Bast wurde bei den Germanen vielfältig für Kleidung genutzt. Maiengrün ist ein altes Frühlingssymbol (s. o.).

Weitere Arten:

Betula pubescens EHRH., Moor-Birke: Pflanze der Moor- und Bruchwälder. Flachwurzler, daher als Straßenbaum auf nassen Böden nicht geeignet. Ältere Borke ohne schwarze Rauten, Äste nicht hängend und jüngere Zweige kurzhaarig. Nicht selten sind Zwischenformen bzw. Bastarde zwischen dieser und der vorigen Art.

Betula nana L., Zwerg-Birke: Nur 20–70 cm hoher Strauch, auf sauren Torfböden, sehr selten, stark gefährdet, **geschützt**! Während der Eiszeit weiter verbreitet, als Glazialrelikt z. B. noch am Brocken und in den Hochmooren Süddeutschlands. Auf Grönland und Spitzbergen ist die Pflanze das einzige Holzgewächs.

Bidens tripartita LINNAEUS, Dreiteiliger Zweizahn

Asteraceae (= Korbblütler)

Einjährig (sommerannuell), aufrecht, 15–100 cm hoch. Sumpfpflanze. – Bis 50 cm tief wurzelnd.

Namen: „*Bidens*" ist ein vorlinnéscher Name, von lat. bis = zwei und dens = Zahn, wegen der oft in Zweizahl vorhandenen, zähnchenartigen Fruchtfortsätze. Lat. „*tripartitus*" = dreigeteilt, wegen der Blätter. Das grammatikalische Geschlecht war lange Zeit umstritten, es wurde beim Botanik-Kongress 2018 als weiblich festgelegt. – Der Name „Zweizahn" ist durch Übersetzung gebildet worden.

Vorkommen: Ufer und ruderale Staudenfluren, auf nährstoff- und stickstoffreichen Schlammböden.

Nässe- und Stickstoffzeiger. Im Bergland seltener.

Blüten: VII–X. Kurztagpflanze. „Körbchenblumen“. Zungenblüten meist fehlend, Schaufunktion durch kronblattartige Hüllblätter. Bestäuber sind Bienen, Hummeln und Schwebfliegen.
Früchte: Länglich-keilförmige, abgeflachte Achänen ohne Pappus. Klettausbreitung durch die 2(–3) grannenartigen Fruchtfortsätze mit ihren widerhakigen Borsten; Wasserausbreitung durch die Unbenetzbarkeit; Wasserhafter durch die glatte Oberfläche und die abgeplattete Form. Dazu Bearbeitungsausbreitung durch Körnerfresser, z. B. Distelfinken. Fruchtreife: IX–X.
Verwendung: Wird in Schweden zum Gelbfärben benutzt. Aus den Samen wurde früher Speiseöl hergestellt.
Weitere Arten:
Bidens frondosa L. (= *B. melanocarpa* WIEGAND), Schwarzfrüchtiger Zweizahn: Blätter oft fünfteilig, Stängel oft rot überlaufen. Seit 1894 eingebürgert (Neophyt). Heimat: Nordamerika. Durch beborstete Höcker auf den Achänen leicht von der vorigen Art zu unterscheiden. Bemerkenswert ist die var. *anomala*: Da die Früchte nicht rückwärts widerhakig sind, kommt Tierausbreitung nur bedingt infrage. Das bevorzugte Auftreten dieser Varietät an Fließgewässern legt Wasserausbreitung nahe.
Bidens cernua L., Nickender Zweizahn: An ähnlichen Standorten wie die beiden vorigen Arten. Blütenkörbchen nickend, 2–4 cm breit, häufig mit gelben Zungenblüten. Blätter ungeteilt, sitzend.

Biscutella laevigata LINNAEUS,
Gewöhnliche Brillenschote, Glattes Brillenschötchen
Brassicaceae (= Kreuzblütler)

Ausdauernder, rauhaariger oder kahler Hemikryptophyt (Halbrosettenpflanze) oder Chamaephyt mit Rosette und beblättertem Stängel, 15–35 cm hoch. Blätter keilförmig, sitzend.

Systematik: Formenreiche Sammelart. Nach der Eiszeit in viele endemische Unterarten gespalten (Neoendemiten). Eine der vielgestaltigsten Arten Europas. Die isolierten mitteleuropäischen Populationen nördlich der Alpen sind diploid (2x), die des Alpenraums, der in der Würmeiszeit vergletschert war, tetraploid (4x).

„Brillenschötchen“ wird die Pflanze nach ihren brillenartigen Früchten genannt.

Namen: „*Biscutella*“ ist ein vorlinnéscher Name, der von LINNÉ 1771 übernommen wurde, von lat. bi = zweifach und scutellum = kleiner Schild, nach den 2 scheibenförmigen Fruchthälften; daher auch „Brillenschötchen“. Mittellat. „*laevigatus*“ = glatt, wegen der (meist) unbehaarten Früchte.

Blüten: V–VII. Lockere Blütentrauben aus kleinen, hellgelben „Nektar führenden Trichterblumen". Die beiden Nektardrüsen befinden sich beiderseits am Fruchtknoten; der Nektar wird in Aushöhlungen der Kelchblätter aufbewahrt. Bestäuber sind Bienen und Schwebfliegen. Selbstbestäubung ist erfolgreich. – Am Beispiel des Brillenschötchens konnte jetzt gezeigt werden, dass nicht nur die Bestäuber, sondern auch die in den Blüten auf Beute lauernden Krabbenspinnen (*Thomisus onustus*) durch den Duftstoff β-Ocimen angelockt werden. Offenbar ist die Anwesenheit der Krabbenspinnen für die Pflanze nicht nur nachteilig, da auch blütenfressende Insekten vertilgt werden (Knauer et al. 2017 Nat. Comm. 9: 1367).

Früchte: Aus 2 kreisförmigen Fächern bestehende, brillenförmige, geflügelte Spaltfrüchte (siehe Detailfoto), die in 2 einsamige, 4–7 mm lange Flügelnüsse zerfallen. Es liegen also nicht die sonst für die Familie typischen Schoten/Schötchen vor. Die Spaltfrüchte sind an starke Winde angepasste Segelflieger. Das Fliegen wird außer durch die breiten Flügelränder auch durch das lufthaltige Gewebe der Fruchtwand ermöglicht. Auch Wasserhafter und Regenschwemmlinge. Fruchtreife: ab VIII.

Vegetative Vermehrung durch Wurzelsprosse.

Verwendung: Für Wildpflanzengärten geeignet.

Vorkommen: Alpine bis subalpine Steinschuttfluren und Felsspalten, seltener in tieferen Lagen in Felsfluren und Sandtrockenrasen. Kalkhold. Bis Nordeuropa vorkommend, mit vielen endemischen Unterarten, so z. B. subsp. *varia* im Ahrtal. **Geschützt**!

Bistorta officinalis Delarbre (= *Polygonum bistorta* L., *Persicaria bistorta* (L.) Samp.), Schlangen-Wiesenknöterich

Polygonaceae (= Knöterichgewächse)

Ausdauernde Halbrosettenpflanze mit kräftigem, S-förmig gebogenem Rhizom, 30–100 cm hoch. Stängel mit auffälligen Knoten. Blattstiele der unteren Blätter unregelmäßig geflügelt.

Systematik: Die Gattung wurde lange Zeit als Teil der weit gefassten Gattung *Polygonum* aufgefasst, siehe dort.

Namen: *„Bistorta"* ist ein vorlinnéscher Name, von lat. *„bistortus"* = zweimal gebogen, wegen des schlangenartig gebogenen Rhizoms. Als Gattungsname wurde er von Scopoli 1754 gültig publiziert. Neulat. *„officinalis"* = arzneilich verwendet. – Der deutsche Gattungsname „Wiesenknöterich" wurde erst in jüngster Zeit gebildet, um auch im Deutschen die Abtrennung von *Polygonum* deutlich zu

machen. „Schlangen-" bezieht sich auf die ehemalige Verwendung nach der Signaturenlehre (s. u.).

Vorkommen: Feuchte Wiesen, vor allem des Gebirges, Hochstaudenfluren und Auwälder, auf kühlen, nassen, nährstoffreichen, mäßig sauren Böden. Ebene bis Hochgebirge (deutsche Alpen bis 1790 m). Zirkumpolar verbreitet. Örtlich im Rückgang.

Blüten: V–VII. Streng vormännliche „Glockenblumen mit klebrigem Pollen", in endständigen, ährenförmigen, aus büscheligen Wickeln zusammengesetzten Gesamtblütenständen (im Volk „Zahnbürsten" genannt). Blütenhülle einfach (Perigon), rötlich weiß. Der Blütenduft stammt vermutlich vom Pollenkitt. Pollen blauschwarz. Reicher Insektenbesuch, besonders durch Honigbienen und Hummeln, aber auch von Schwebfliegen und Faltern. Selbstbestäubung ist weitgehend ausgeschlossen.

Früchte: Die kleinen, 10 mg schweren Nüsse werden mitsamt der bleibenden Blütenhülle ausgebreitet: Wind- und Tierstreuer. Schwimmausbreitung (wegen der lufthaltigen Hülle). Zufallsausbreitung durch Huftiere. Fruchtreife: VII–IX.

Vegetative Vermehrung durch das Rhizom.

Verwendung: Frisch wertvolles Viehfutter, jedoch im Heu wertlos, weil die Blätter zerbröseln. Bienentrachtpflanze. Die jungen Blätter und Stängel liefern ein ausgezeichnetes Gemüse. Früher wurden auch die Rhizome als Gemüse und die Samen als Mehlersatz verwendet. Da aber alle Teile viel Oxalsäure enthalten, sollten nicht zu große Mengen verzehrt werden. Wegen der schlangenartig gebogenen Rhizome galt die Pflanze als Mittel gegen Schlangenbiss! Arzneilich wurde das Rhizom ähnlich wie das des Tormentills (*Potentilla erecta*) lange Zeit als Gerbstoffdroge verwendet. – Zierpflanze und auch für Wildpflanzengärten zu empfehlen, ist allerdings sehr ausbreitungsfreudig.

Weitere Art:

Bistorta vivipara (L.) Delarbre (= *Polygonum viviparum* L.), Knöllchen- oder Lebendgebärender Wiesenknöterich: Halbrosettenpflanze. Alpine und subalpine Magerrasen. Vegetative Vermehrung durch Brutknospen (= Pseudoviviparie), die z. B. über den Kropf von Schneehühnern ausgebreitet werden (Zufallsausbreitung). Eine der wenigen krautigen Pflanzen mit ektotropher Mykorrhiza, wie man sie sonst fast nur bei Waldbäumen findet, was mit den extremen Lebensbedingungen zusammenhängen dürfte. Die Symbiose ist unspezifisch, da 20 verschiedene Pilzpartner nachgewiesen wurden. – Auch Zierpflanze.

Blechnum spicant (L.) Roth (= *Struthiopteris spicant* (L.) Weis), Rippenfarn

Blechnaceae (= Rippenfarngewächse)

Ausdauernde, immergrüne Rosettenpflanze oder Halbrosettenpflanze mit schiefem Rhizom, 15–50 cm hoch. Blätter einfach fiederteilig. Auffällig ist das Nebeneinander von 2 verschiedenen Blatt-Typen = Verschiedenblättrigkeit oder Heterophyllie: Außen befinden sich Blätter, die der Photosynthese dienen (= sterile Wedel, Trophophylle). Später erscheinen im Inneren der Rosette aufrechte Blätter mit schmalen, rippenartigen, zuletzt bräunlichen Blattabschnitten, an denen die Sporen gebildet werden (= fertile Wedel, Sporenblätter, Sporophylle). – Pilzwurzel (arbuskuläre Mykorrhiza).

Systematik: Zur Gattung gehören etwa 200 Arten, darunter in den Tropen auch kleine, baumförmige Vertreter. *Blechnum spicant* ist die einzige mitteleuropäische Art der Familie.

Namen: „*Blechnum*" (blachnon) ist der lat.-griech. Name eines Farns, der von Linné auf diese Gattung übertragen wurde, wobei er allerdings speziell die vorliegende Art noch als *Osmunda spicant* führte. Was der alte Name „*spicant*" (zu lat. spica =Ähre) bedeutet, ist unklar, jedenfalls wurde er u. a. auch für den Straußenfarn (*Matteuccia struthiopteris*) verwendet, bei dem ebenfalls sterile und fertile Wedel von unterschiedlicher Gestalt vorhanden sind. Dasselbe gilt für den vorlinnéschen Namen „*Struthiopteris*", der von Scopoli 1760 gültig publiziert wurde und bei Linné *Osmunda struthiopteris* hieß. – „Rippenfarn" wurde künstlich gebildet, wegen der wie Rippen angeordneten Abschnitte der Sporen tragenden Blätter.

Der Rippenfarn hat 2 Typen von Blättern. Hier ist ein Sporenblatt von unten abgebildet.

Vorkommen: Hang- und Bruchwälder sowie Böschungen, auf frischen bis feuchten, nährstoff- und basenarmen, sauren Lehmböden. Im Bergland verbreitet. In einigen Bundesländern gefährdet.

Vermehrung: An den Vorkeimen (Prothallien) erfolgt die Befruchtung durch Wasser, wie beim Wurmfarn (*Dryopteris*) beschrieben. – Die Sporen werden an speziellen Sporenblättern gebildet (s. o.). Die Sporangiengruppen (Sori) sind in je einem langen Streifen an der Unterseite der schmalen Blattabschnitte angeordnet (siehe Detailfoto). Die Sporen werden als Körnchenflieger durch den Wind ausgebreitet. Sporenreife: VI–IX.

Verwendung: Zierpflanze der Moorbeete und Teichränder. Die gekochten Rhizome wurden früher für Mischgemüse genutzt.

Bolboschoenus maritimus: siehe bei *Schoenoplectus*

Borago officinalis LINNAEUS, Borretsch, Boretsch, Gurkenkraut

Boraginaceae (= Raublattgewächse oder Borretschgewächse)

Einjährig, 20–50 cm hoch, mit Pfahlwurzel als Trockenheitsanpassung. Stängel borstig-steifhaarig als Fraßschutz. Blätter zerschnitten von gurkenartigem Geruch.

Giftigkeit: Die Pflanze inkl. Nektar enthält in kleinen Mengen Pyrrolizidin-Alkaloide. Die Gefahr des Verzehrs größerer Mengen der Pflanze wird unterschiedlich bewertet.
Namen: *„Borago"* ist ein vorlinnéscher Name, entlehnt über ital. borragine von arab. abu araq und bedeutet Schweiß treibend, da die Pflanze im Mittelalter wegen ihrer Harn und Schweiß treibenden Wirkung geschätzt war. Neulat *„officinalis"* = als Heilpflanze verwendet. – „Gurkenkraut" wegen des Geruchs. „Borretsch" ist frühes Lehnwort.
Vorkommen: Kulturpflanze, gelegentlich verwildert, vor allem auf warmen Ruderalstellen und in Weinbergen, aber nur unbeständig. Heimat: Mittelmeergebiet.
Blüten: VI–VII. Flache, vormännliche „Glockenblumen mit Streukegel", in lockeren, wenigblütigen Wickeln. Die für uns einfarbig blau erscheinenden Blüten zeigen im UV-Licht, also für Bienen sichtbar, Blütenmale (Strichsaftmale) und im Zentrum der Blüte einen deutlichen Farbring. Der Farbkontrast wird durch die dunklen Staubbeutel erhöht. Reiche und gleichmäßige Nektarproduktion. Kronzipfel am Grunde mit weißen Schlundschuppen, die den Zugang zum Nektar für unerwünschte Bestäuber verwehren. Pollen blau. Bestäuber sind Honigbienen und Wildbienen. Beim Besuch der Blüte ziehen sie einen zahnartigen Fortsatz am Staubfaden herab, wobei der Pollen aus dem Streukegel auf den Hinterleib des Tieres fällt. Hauptblütenbesuch gegen 13 Uhr. Bienentrachtpflanze. Nach der Bestäubung wird die Krone abgeworfen.
Früchte: Klausen mit Elaiosom zur Ameisenausbreitung, 7–10 mm lang. Tierstreuer durch den zur Reife spreizenden Kelch und die borstige Behaarung der ganzen Pflanze.
Verwendung: Vielseitige Verwendung. Junge Blätter sind frisch als würzende Beigabe für Salate geeignet oder mit Zucker und Zitrone für ein Erfrischungsgetränk. Beim Trocknen geht das Aroma verloren, aber Einfrieren ist möglich. Die Blüten wirken als essbare Garnierung von Speisen sehr dekorativ. Alte Bauerngartenpflanze. Die Blätter können schon 1 Monat nach der Aussaat gepflückt werden. Im Mittelalter wurde Borretsch als Heilpflanze mit Stoffwechsel fördernder und antidepressiver Wirkung sehr geschätzt.

Bothriochloa ischoemum (L.) KENG (= *Andropogon ischoemum* L.), Gewöhnliches Bartgras

Poaceae (= Süßgräser)

Ausdauernder, behaarter, sommergrüner Hemikryptophyt (Horst- und Rhizompflanze) oder im Süden Chamaephyt, 20–80 cm hoch. Blätter blaugrün. Blatthäutchen in Haare aufgelöst. *B. ischaemum* folgt wie alle Arten der Gattung dem C_4-Weg der Photosynthese mit Malat als CO_2-Speicher und gehört damit zu den sehr wenigen einheimischen C_4-Arten außerhalb der Salzstandorte.

Systematik: Die Gattung umfasst ca. 45 Arten. Sie ist nächst verwandt mit der Mohrenhirse (*Sorghum*, s. u.) und dem Chinaschilf/Stielblütengras (*Miscanthus*). Zu letzterer Gattung gehören die beliebte, schilfähnliche Zierpflanze *M. sinensis* und das in letzter Zeit auch bei uns angepflanzte Riesen-Chinaschilf *M. × giganteus*, das bis 2–6 m hoch wird und als Energie liefernde Pflanze Bedeutung erlangt hat.

Namen: Die Gattung „*Bothriochloa*" wurde erst 1891 von C. E. O. KUNTZE aufgestellt, von griech. bothrion = kleine Grube und chloa = Gras, weil die untere Hüllspelze des sitzenden Ährchens eine auffällige Vertiefung hat. „*Ischaemum*" (= blutstillend) ist der lat.-griech. Name eines vermeintlich blutstillenden Grases, der schon vor LINNÉ auf diese Pflanze übertragen wurde, wohl wegen der mit geronnenem Blut verglichenen, oft violett überlaufenen Blütenstände und rotvioletten Narben. Der Artbeiname wird der Wortherkunft entsprechend oft „*ischaemum*" geschrieben. LINNÉ schrieb aber „*ischoemum*", was gemäß den Nomenklaturregeln Gültigkeit hat; s und ch sind getrennt auszusprechen. – „Bartgras" ist künstlich gebildet wegen der auffälligen Bewimperung der Ährchenstiele.

Vorkommen: Lückige Trocken- und Halbtrockenrasen sowie trockene Ruderalstellen auf basen- oder kalkreichen Böden Süddeutschlands sowie im trockenwarmen Mitteldeutschland. Gefährdet.

Blüten: VII–X. Ähren zu mehreren fingerförmig an der Halmspitze, jeweils mit mehreren Paaren von 2-blütigen, am Grunde lang zottig behaarten Ährchen, oft violett überlaufen. Sitzendes Ährchen mit 1 männlichen und 1 zwittrigen Blüte. Hüllspelzen durchscheinend, violett.

Früchte: Ausbreitungseinheit sind die von den Spelzen locker eingeschlossenen Karyopsen (Scheinfrucht: Spelzfrucht). Die Deckspelze ist in eine 15 mm lange, gedrehte Granne umgewandelt, die bei Trockenheit gekniet ist. Die Ähren zerbrechen in lang begrannte, aus 2 Ährchen bestehende Teile, die mit einem Stück der seidenhaarigen Spindel verbunden sind. Dadurch erfolgt Windausbreitung (bei stürmischem Wetter) und wahrscheinlich auch Klettausbreitung. In die Spelzfrucht eingeschlossene Luftblasen fördern ebenfalls die Windausbreitung sowie die Ausbreitung als Regenschwemmlinge. Fruchtreife: X–XI.

Vegetative Vermehrung durch kurze Ausläufer.

Verwandte:

Sorghum halepense (L.) PERS., Aleppo-Mohrenhirse, Wilde Mohrenhirse, Johnsongras, Aleppo-Bartgras: Bis 2,50 m hoher Rhizom-Geophyt. Stängel markig. Blätter meist über 50 cm lang mit weißem Mittelstreif. Trockenheit ertragend. Wie die vorige Art C_4-Pflanze und damit gut an das heiße Tropenklima angepasst. Bei uns gelegentlich als Neophyt an Ruderalstandorten anzutreffen, besonders in Süddeutschland; meist aus Vogelfutter stammend, überwiegend unbeständig, aber oft mit Einbürgerungstendenz und inzwischen lokal bereits eingebürgert. Heimat: Südwestasien und Nordafrika. In Syrien noch heute wild zu finden (Name!, „*halepensis*" = aus Aleppo = Haleb in Syrien stammend). Weltweit verschleppt. Die Ähren sind traubig-rispig angeordnet. Für Trockensträuße geeignet. Die Pflanze wird in ihrer Heimat auch als Futtergras angebaut. Sie gilt als Stammpflanze der Echten Mohrenhirse *Sorghum bicolor* (= Kaffernkorn, Durra), einer weltwirtschaftlich bedeutenden Nahrungspflanze wärmerer Länder. Die Afrikaner haben aus dieser Art sehr unterschiedliche Nutzpflanzen gezüchtet, so neben Getreide z.B. auch Zucker-, Farbstoff- und Bastlieferanten. – Zu weiteren Pflanzen, die ebenfalls als Hirsen bezeichnet werden, vgl. *Echinochloa* und *Setaria*.

Botrychium lunaria (L.) SWARTZ, Echte Mondraute, Mond-Rautenfarn

Ophioglossaceae (= Natternzungengewächse)

Ausdauernder Rhizom-Geophyt, 5–30 cm hoch. Die Pflanze entwickelt jedes Jahr nur ein Blatt, bestehend aus dem 2–3-fach gefiederten fertilen Abschnitt, der die rispig angeordneten, relativ großen Sporenbehälter (Sporangien) trägt und dem fiederteiligen, gelblich grünen, fettglänzenden sterilen Blattabschnitt (Querfieder). Frühjahrsgrün, d.h. das Blatt ist nur wenige Wochen im Jahr sichtbar. Das ist neben der Unscheinbarkeit der Pflanze einer der Gründe, weshalb sie oft übersehen wird. Die Pflanze stellt in sonnigen Lagen die Blätter in Nord-Süd-Richtung: Kompasspflanze. Wichtiger Reservestoff ist das sonst bei Pflanzen seltene Disaccharid Trehalose. – Wurzelhaare fehlen; Pilzwurzel (arbuskuläre Mykorrhiza). Vorkeim (Prothallium) unterirdisch, bis 6 cm lang und evtl. bis 20 Jahre alt werdend. Vorkeim und Jungpflanze leben parasitisch auf dem Pilz (myko-heterotroph). Es kann mehrere Jahre dauern, bis oberirdische Organe ausgebildet werden. Diese können in manchen Jahren auch fehlen.

Systematik: Nächst verwandt mit der Natternzunge (*Ophioglossum*, siehe dort).

Namen: „*Botrychium*" ist ein vorlinnéscher Name, von griech. botrychion = kleine (Wein)-Traube, weil die Sporangien ähnlich wie bei einer Weintraube angeordnet sind. – „Mondraute" ebenso wie der vorlinnésche Name „*lunaria*" (lat. luna = Mond) beziehen sich auf den alten Aberglauben, wonach die merkwürdige Pflanze mit ihren halbmondförmigen Fiedern bei Mondenschein leuchten soll.

Vorkommen: Magerrasen, Wegböschungen und lichte Kiefernwälder. Konkurrenzschwacher Magerkeitszeiger, trotzdem gelegentlich in Massenvorkommen. Salzverträglich, aber düngerfeindlich. Weltweit verbreitet. – Gefährdet, nur in den Alpen etwas häufiger, sonst oft verschollen. **Geschützt**! – Fast weltweit verbreitet.

Vermehrung: Der unterirdische, gelblich/bräunliche Vorkeim (Prothallium) und die unterirdisch lebende Jungpflanze werden durch den Wurzelpilz ernährt. Sporangienwand mehrschichtig (eusporangiat), mit einem Querriss aufspringend. Sporen

gelblich. Sporenreife: V–VIII. Sporenkeimung unterirdisch.
Vegetative Vermehrung: Ausgiebiger und schneller als durch Sporen erfolgt die Vermehrung vegetativ durch das Rhizom und durch endogen (= von innen her) aus den Wurzeln gebildete Sprosse.
Verwendung: Im Aberglauben spielte die eigentümliche Pflanze eine große Rolle (s. o.). Man schrieb ihr auch verschiedene Heilwirkungen zu. Der Kräuterbuchautor Leonhart FUCHS (1543) nennt den Farn ‚Klein Monkraut' und schreibt, dass er auch *Lunaria minor* heiße. Neben medizinischen Hinweisen bemerkt er: „Die Alchimisten treiben mit diesem Kraut auch ihr abentheuer". In der Volksheilkunde gilt die Pflanze als potenzsteigerndes Mittel für Rinder.

Brachypodium sylvaticum (HUDS.) PALISOT DE BEAUVOIS, Wald-Zwenke

Poaceae (= Süßgräser)

Ausdauernder, hellgrüner Hemikryptophyt (Horstpflanze), 60–120 cm hoch. Die bodennahen Überdauerungsknospen werden durch behaarte Blattscheiden geschützt. Ganze Pflanze weich. Blätter herabhängend.

Namen: Der Name „*Brachypodium*" wurde von PALISOT DE BEAUVOIS 1812 geprägt, von griech. brachys = kurz und podion = kleiner Fuß, wegen der (im Gegensatz zur Trespe = *Bromus*) auffälligen, kurzen Ährchenstiele. Lat. „*sylvaticus*" = im Wald wachsend. – „Zwenke" wurde Anfang des 19. Jh. künstlich gebildet, in Anlehnung an Zwecke (= Quecke).

Vorkommen: Frische bis feuchte Laubmischwälder und ihre Säume. Basenhold und nährstoffliebend. Weit verbreitet, so auch an Feuchtstandorten Südeuropas.
Blüten: VII–VIII. Ährchen steif schräg abstehend, in lockeren Ähren. Mithilfe grundständiger Schwellkörper (Lodiculae), die auch als Reste der Blütenhülle gedeutet werden, spreizen die lang begrannten Deckspelzen auseinander. Vormännlich. Andromonözisch, d. h. in den Ährchen befinden sich neben zwittrigen Blüten auch männliche Gipfelblüten. Die Zwitterblüten haben je 2 Federnarben sowie Staubbeutel, die an langen Staubfäden heraushängend schon bei leisester Luftbewegung den glatten Pollen verstäuben. Selbstbestäubung ist erfolgreich.
Früchte: Die Karyopsen sind stärkereich und in die begrannten Spelzen eingeschlossen (Spelzfrüchte): Ähre schlaff, überhängend, mit Grannen, die die Ährchen überragen: Klettausbreitung. Spelzfrüchte lufthaltig: Regenschwemmlinge. Selbstausbreitung durch hygroskopische Bewegungen der Grannen: Bodenkriecher. Dazu Menschenausbreitung, d. h. durch menschliche Nutzung gefördert. Fruchtreife: VIII–X. Wintersteher.
Verwendung: Wird als Zierpflanze für schattige Standorte angeboten. Früher wurden die *Brachypodium*-Arten wegen ihrer getreideähnlichen Früchte zur Ernährung genutzt.
Weitere Art:

Brachypodium pinnatum (L.) P. BEAUV. (Artengruppe), Fieder-Zwenke: Bläulich grüne, 50–60 cm hohe, Herden bildende, derbe Pflanze (z. T. auch Chamaephyt) mit weit kriechendem Rhizom. Im Winter in braunen, kaum verrottenden Rasen. Rhizom nach Brand konkurrenzbegünstigt. Typische Art der Kalktrockenrasen und Trockengebüsche. Im nördlichen Tiefland selten. Weidegras. Ährchen kurz begrannt, steif abstehend.

Brassica napus LINNAEUS, Raps, Steckrübe, Kohlrübe, Wruke

Brassicaceae (= Kreuzblütler)

Zweijährig (Winterraps, Steckrübe) oder einjährig sommerannuell (Sommerraps), bis 120 cm hoch. Pflanze durch Wachsüberzug blaugrün.

Systematik: zur Gattung siehe *Brassica oleracea*. – *B. napus* ist tetraploid (2n = 38) und, wie experimentell bestätigt werden konnte, als Additionsbastard aus der Kreuzung *B. oleracea* (2n = 18) × *B. rapa* (2n = 20) hervorgegangen.

Giftigkeit: Raps enthält (ursprünglich) scharf schmeckende Senfölglykoside (= Glucosinolate) und die bitter schmeckende Erucasäure, die den Herzmuskel schädigen kann. In Deutschland dürfen Speiseöle nicht >5 % dieser Säure enthalten. Sorten für die Margarineherstellung usw. wurden auf geringen Gehalt an Erucasäure gezüchtet (0-Raps), während bei Sorten mit technischer Verwendung ein hoher Gehalt an Erucasäure sogar erwünscht ist. Sorten, die gleichzeitig arm an Senfölglykosiden sind, nennt man 00-Raps. Für Rinder usw. sind zu große Mengen an Raps u. a. wegen des hohen Eiweißgehaltes giftig.

Schädlinge: siehe *Brassica oleracea*.

Namen: Zu „*Brassica*" siehe *B. oleracea*; lat. „*napus*" = Rübe. – „Raps" stellt eine Kurzform von ‚Rapsaat' dar, das ähnlich wie „Rübsen" (s. u.) als Kurzform von ‚Rübsamen' gebildet ist. „Rübe" ist ein germ. Wort, sprachverwandt mit lat. rapa.

Vorkommen: Kulturpflanze, die wahrscheinlich aus Südeuropa stammt. Sie verwildert oft und teilweise sogar in großen Mengen. Die Vorkommen sind meist unbeständig, doch steigt seit etwa 1990 die Tendenz zur Einbürgerung, und inzwischen sind in mehreren Bundesländern auch Einbürgerungen nachgewiesen worden, besonders auf Bahngelände und anderen Ruderalstandorten.

Blüten: IV–V(–IX). Kelchblätter abstehend. „Nektarführende Scheibenblumen", die zu Trichterblumen überleiten. Schwach vorweiblich. Nektar mit bis zu 45 % Zucker. Die Nektar- und Pollendarbietung ist morgens am größten. Bestäuber sind vor allem Honig- und Wildbienen, daneben auch Schwebfliegen. Wichtige Bienentrachtpflanze. Selbstbestäubung ist erfolgreich. Auch der Wind kann den Pollen erfassen und fördert die Selbstbestäubung und bei dicht stehenden Pflanzen auch die Fremdbestäubung. Entsprechend spielt Raps auch eine Rolle als gelegentlicher Heuschnupfenerreger. Der Pollen kann bis zu 20 km weit fliegen. Dies ist z. B. in der Debatte um den Anbau von herbizidresistentem Raps von Bedeutung.

Früchte und Ausbreitung wie bei *B. oleracea*.

Vegetative Vermehrung über Wurzelknospen (im Gegensatz zu *B. oleracea*).

Verwendung: *B. napus* ist nur aus Kultur bekannt. Die Art wird bei uns seit dem 16./17. Jh. in 2 Unterarten kultiviert:

– **subsp. *napus***, Raps: Wegen der ölhaltigen Samen (40–50 %) seit frühen Zeiten angebaute Ölfrucht. Rapsöl soll in seiner Cholesterin senkenden Wirkung dem Olivenöl gleichen. Es spielt heute für die Margarineherstellung eine große Rolle. Die Welternte lag 2018 bei 25 Mio. t. Die Pressrückstände liefern als „Ölkuchen" bzw. „Rapsschrot" ein z. B. Rindern gern gebotenes Kraftfutter. Es ist das wichtigste Eiweißfuttermittel in Deutschland. Als Grünfutter nach der Sommerfrucht angebaut werden die jungen Pflanzen im Spätherbst geerntet. Auch als Frühlingssalat wurde, wie viel zu wenig bekannt ist, Raps im Garten gezogen und schrittweise gepflückt. Beliebte Bienenfutterpflanze: Raps-Honig ist hell cremefarben und relativ fest. Die Züchtung bitterstoffarmer Sorten brachte ein neues ökologisches Problem, da z. B. Rehe solchen Raps ungehemmt fressen und daran zugrunde gehen können. Zurzeit werden 70 % der deutschen Rapsernte zur Herstellung von Biokraftstoff (Bio-Diesel) als Erdölersatz verwendet. Die dazu nötigen großflächigen Monokulturen sind aus ökologischer Sicht abzulehnen, da sie über den vermehrten Verbrauch von Herbiziden, Pestiziden und Stickstoffdünger die biologische Vielfalt einschränken.

– **subsp. *napobrassica*** (L.) Hanelt (= subsp. *rapifera** Metzg.), Kohlrübe, Steckrübe, Wruke: Zweijährig. Ebenfalls alte Kulturpflanze. Es werden die bis 1,5 kg schweren Knollen genutzt, die durch Verdickung des oberen Wurzelabschnitts, des Hypokotyls und der Sprossbasis gebildet werden. Das Fleisch der Knollen ist weißlich oder gelb. Steckrüben werden heute meist als Futterpflanze verwendet, kommen aber in entsprechenden Sorten auch als Gemüse auf den Markt. Sie sind besser als ihr Ruf, der daher rührt, dass sie in armen Zeiten, vor allem in den Wintern während bzw. nach den beiden Weltkriegen, z. B. im „Steckrübenwinter" 1916/1917, oft das Hauptnahrungsmittel darstellten, das bei sämtlichen Mahlzeiten auf den Tisch kam, sodass man es bald leid war.

Weitere Art (vgl. auch *B. oleracea*):

Brassica rapa L., Rübsen, Stoppelrübe, China-Kohl usw.: Ein- bis zweijährig. Die durch Züchtung sehr formenreiche Art wird seit der Jungsteinzeit kultiviert. Die Heimat ist vermutlich das Mittelmeergebiet. Zuweilen aus Kultur verwildert. Von *B. napus* unterscheidet sie sich u. a. dadurch, dass die unteren Blätter nicht bereift und mindestens die Blätter des Haupttriebes ganz stängelumfassend sind. Man unterscheidet folgende Unterarten:

– **subsp. *rapa***: Bei den Stoppelrüben, Weißen Rüben, Wasserrüben oder Speiserüben werden die Wurzelrüben oder die Hypokotylknollen als Gemüse und Tierfutter genutzt. Hierher gehören auch die Teltower Rübchen, die Mairüben und Herbstrüben. Beim Stielmus = Rübstiel isst man die jungen, vor allem aus verlängerten Blattstielen bestehenden Blätter.

– **subsp. *oleifera*** (DC.) Metzg., Rübsen, Ölrübsen, Rübsamen, Rübsaat: Öllieferant durch die Samen (Rüböl) und Futterpflanze. Wurde weitgehend vom Raps verdrängt.

– **subsp. *pekinensis*** (Lour.) Hanelt, China-Kohl, Peking-Kohl: Bei uns seit etwa 1960 auf dem Markt. Hat in China schon eine lange Tradition. Wird als Gemüse oder Salat gegessen. Die oberen Rosettenblätter sind bis 50 cm lang, weisen eine bandartig verbreiterte Mittelrippe auf und stehen kopfartig, während in China vor allem nicht kopfbildende Formen angebaut werden.

– **subsp. *chinensis*** (L.) Hanelt, Pak-Choi, Pok-Choi: Bei uns erst seit Ende des 20. Jh. auf dem Markt. Kommt überwiegend aus Gewächshausanzucht in den Niederlanden. Die Blattstiele der Rosettenblätter sind auffällig breit, weiß, fleischig und nicht deutlich von der grünen Blattspreite abgesetzt. Pak Choi wird im Handel oft fälschlich als ‚Mangold' angeboten, der aber als Zuchtform von *Beta vulgaris* in eine ganz andere Familie gehört. Er ist u. a. durch schmale, bis 30 cm lange, weiße, gelbe oder rote Blattstiele unterschieden. Weiterer deutscher Name ist „Senfkohl"; aber der Name ist problematisch, da er auch für andere Pflanzen, z. B. *Eruca sativa* und *Brassica nigra*, verwendet wird. Gemäß dem wiss. Namen wird die Unterart oft auch China-Kohl genannt; der Name gilt aber für die subsp. *pekinensis*.

Brassica oleracea LINNAEUS, Gemüse-Kohl

Brassicaceae (= Kreuzblütler)

Die Wildform ist ein ausdauernder Chamaephyt, der oft erst nach mehreren Jahren blüht. Kulturformen sind zweijährig und werden am Ende des ersten Jahres geerntet. Blätter blaugrün, mit Wachsüberzug in Form von stäbchenförmigen Ausscheidungen, die einerseits die UV-Reflexion erhöhen, andererseits Wasser abperlen lassen und dabei Schmutzpartikel mitreißen (Lotuseffekt, siehe *Tropaeolum*). Die Keimblätter führen Schlafbewegungen aus, d. h. sie stellen sich nachts senkrecht.

Systematik: *Brassica* ist namengebend für die umfangreiche Gattungsgruppe (Tribus) Brassiceae, zu der u. a. *Diplotaxis* (Doppelsame, Rucola), *Eruca* (Senfrauke) und *Raphanus* (Rettich) gehören. Viele dieser Gattungen sind durch Kreuzungen miteinander verbunden. Die Gattungen *Brassica* und *Sinapis* sind nicht scharf voneinander getrennt und auch Senf liefernde Arten gibt es in beiden Gattungen; so wird der Weiße Senf entweder als *Brassica hirta* oder als *Sinapis alba* bezeichnet.

Schädlinge: Futterpflanze der Raupen des Kohlweißlings (*Pieris*), die sich – anders als der Name vermuten lässt – heute überwiegend von anderen Kreuzblütlern ernähren. Die Falter werden von den Senfölglykosiden (Glucosinolaten) angelockt und zur Eiablage stimuliert. Für die Weißlings-Raupen sind die an sich stark giftigen Substanzen aufgrund von Resistenzmechanismen ungefährlich. Die Raupen werden durch Aufnahme der Giftstoffe sogar vor Fressfeinden geschützt und geben diesen Schutz auch an die ausgewachsenen Falter weiter. – Bei den Brassica-Arten kann es außerdem u. a. zum Befall durch die Mikropilze *Albugo candida* (Weißer Rost), *Erysiphe*-Arten (Echter Mehltau) und *Peronospora*-Arten (Falscher Mehltau) kommen. – Von aktueller Bedeutung bei *Brassica*-Arten ist die Kohlhernie, die im Wurzelbereich zur Gallenbildung führt und zu starker Ertragsminderung führen kann. Der Erreger ist *Plasmodiophora brassicae*, der früher als Schleimpilz, heute als tierischer Einzeller aufgefasst wird. Er wird u. a. durch Monokulturen und fehlende Fruchtfolge gefördert.

Namen: „*Brassica*" ist der lat. Name der Pflanze, mit vermutlich kelt. Ursprung. Neulat. „*oleraceus*" = Gemüse-. – „Kohl" ist von lat. caulis (Stängel, Kohl) entlehnt. „Kappes" als mundartliche Bezeichnung von Weiß-Kohl leitet sich von lat. caput = Kopf ab. „Kohlrabi" ist von lat. caulis rapa = Stängelrübe entlehnt. „Wirsing" geht über ital. verza (grüner Kohl) auf lat. viridia = grünes Gemüse zurück.

Vorkommen: Wild im Mittelmeerraum und an der atlantischen Westküste Europas bis Helgoland, sonst stellenweise verwildert. Kulturformen auf nährstoffreichen, frischen, tiefgründigen Böden. Salzverträglich.

Blüten: V–IX. Gelbe, homogame bis vorweibliche „Nektar führende Scheibenblumen", in Trauben. Grünliche Nektardrüsen an der Basis von 4 Staubblättern. Insektenbestäubung. Dazu spontane Selbstbestäubung. Die daraus hervorgehenden Früchte entwickeln jedoch weniger Samen als solche über Fremdbestäubung. Da die Narbenpapillen kutinisiert sind, können auf ihnen (wie bei *Cardamine pratensis*) nur Pollenkörner keimen, die das Enzym Cutinase produzieren.

Früchte: Schoten. Meist Selbstausbreitung (Austrocknungsstreuer); außerdem Wind- und Tierstreuer. Typische Rollsamen. Samen ölreich.

Verwendung: Kohl wurde schon im Altertum genutzt und seit etwa dem 4. Jh. im Mittelmeergebiet in unterschiedlichen Zuchtformen angebaut, von wo aus diese seit dem 12. Jh. zu uns gelangten. Die europäischen Kohlsorten gehen alle auf *B. oleracea* zurück, sodass diese Art eine eindrucksvolle morphologische Vielfalt zeigt (siehe die Farbzeichnung). Einige asiatische Züchtungen stammen auch von *B. rapa* (s. o.). Zu den zahlreichen Kulturformen gehören vor allem: Markstammkohl (verdickte Sprossachse); Kohlrabi = Oberrübe (Sprossknollen mit primärem Dickenwachstum); Weißkohl, Spitzkohl, Rotkohl und Wirsing (gestauchte Sprosse mit dicht zusammengelegten Rosettenblättern); Rosen-Kohl (gestauchte Seitensprosse); Blumen-Kohl und Brokkoli (gestauchter Blütenstand); Grün-Kohl (Blätter locker und kraus). Alle Kohlsorten sind sehr wertvolle Gemüsepflanzen (vitaminreich, zahlreiche Mineralsalze) und Öllieferanten. Als besonders gesund gelten Grünkohl und Brokkoli. Leider wird heute, wegen der allgemeinen Überdüngung der Hackfruchtkulturen, oft nur sehr nitratreiche Ware angeboten. Besonders Kinder und Kranke sollten nitratreiche Nahrung meiden. Ein Grund mehr, gesündere Angebote aus alternativem Anbau zu bevorzugen. Blähungen werden vermindert oder vermieden, wenn dem Gemüse Kümmel zugegeben wird. Bestimmte Kultursorten, namentlich der bis zu 2 m hohe Markstammkohl, dienen auch als Viehfutter. Die Welternte aller Kohlarten zusammen lag 2012 bei 91 Mio. t und 2018 bei 96 Mio. t. – Neuerdings wird auch ein reiches Spektrum an Ziersorten angeboten, inkl. solcher, deren Blattrosetten Rosenblüten täuschend ähnlich sind. – In der Volksheilkunde werden Kohlblätter zur Behandlung offener Wunden verwendet. Kohlsaft soll die Heilung von Magen- und Zwölffingerdarmgeschwüren fördern. Nach Insektenstichen sind aufgelegte, zerdrückte Blätter ebenso hilfreich wie Wegerich (= *Plantago*). – Der regelmäßige Genuss von Kohl hat nachweislich eine Krebs vorbeugende und bekämpfende Wirkung. Grund dafür ist der Gehalt an Senfölglykosiden, so besonders das vor allem in Brokkoli reichlich vorhandene Glucoraphanin (vgl. STEVERDING 2014 Naturwiss. Rundschau 67: 109).

Wildkohl und verschiedene Kohlsorten (Nach LANGE, STRAUSS, DOBERS).

Weitere Art (vgl. auch oben *B. napus*):

Brassica nigra (L.) W. D. J. KOCH (= *Sinapis nigra* L.), Schwarzer Senf, Senf-Kohl: Einjährig, 30–200 cm hoch. Kelchblätter zur Blütezeit abstehend. Blüten- und Ausbreitungsbiologie wie bei *B. oleracea*. Früchte der Traubenachse eng anliegend. Beheimatet im östlichen Mittelmeergebiet. Uralte Heil- und Nutzpflanze. Das bekannte Gleichnis vom Senfkorn in der Bibel (Matth. 13: 32) bezieht sich wahrscheinlich auf diese Pflanze. Seit der Römerzeit auch bei uns kultiviert. Seit dem 16. Jh. vor allem als Stromtalpflanze nachgewiesen (Neophyt). Im Kraut und besonders reichlich in den Samen (bis 4,5 %) findet sich das Senfölglykosid Sinigrin, aus dem enzymatisch das scharf schmeckende und stechend riechende Allylsenföl abgespalten wird. Es ist u. a. ein starkes Hautreizmittel, z. B. für Senfpflaster. Die schwarzbraunen, mit ca. 1 mm Dicke relativ kleinen Senfkörner dienen gemeinsam mit den hellen Samen des Weißen Senfes (*Sinapis alba*) oder den braunen Samen des Sarepta-Senfes (*Brassica juncea*) der Senfherstellung. Da Schwarzer Senf maschinell schwieriger zu ernten ist, wird er heute deutlich weniger verwendet als die beiden anderen Arten. Die Samen sind auch (mit etwa 30 %) sehr ölreich. Sie werden in der Volksmedizin gegen Rheuma verwendet. Vgl. auch bei *Sinapis*.

Briza media LINNAEUS, Mittleres Zittergras

Poaceae (= Süßgräser)

Ausdauernder, lockerrasiger Hemikryptophyt: Horstpflanze, 20–50 cm hoch.

Namen: „*Briza*" ist der griech. Name für eine Getreideart, der von LINNÉ auf diese Pflanze übertragen wurde. Lat. „*medius*" = mittel, im Vergleich zu folgender Art. – „Zittergras", weil sich die seitlich zusammengedrückten Ährchen an ihren dünnen Stielen beim kleinsten Windzug zitternd bewegen.
Vorkommen: Schwach saure, trockene Wiesen und Weiden. Magerkeitszeiger. Ebene bis Gebirge. In Nordwestdeutschland oft selten geworden.
Blüten: V–VII. Windbestäubung: „Langstaubfädiger Typ". Homogam. Selbststeril. Rispen ausgebreitet, Ährchen herzförmig, 3–12-blütig, meist hängend.
Früchte: Windausbreitung wird möglich durch geringes spezifisches Gewicht (Luft zwischen den Karyopsen und den Spelzen): Ballonflieger? Bei Nässe Tierstreuer und Regenschwemmling. Dazu Zufallsausbreitung durch Weidetiere. Fruchtreife: IX–X.
Verwendung: Ziergras und sehr dekoratives Gras für Wildpflanzengärten. Früher wurde die Pflanze wegen des Zitterns der Blütenstände nach der Signaturenlehre gegen Herzrasen verwendet, was aber medizinisch unbegründet ist. – Früher wurden die Früchte und die jungen Blätter zur Ernährung genutzt.

Weitere Art:
Briza maxima L., Großes Zittergras: Einjährig, sommerannuell. Heimat: Mittelmeergebiet, dort eine häufige Frühlingspflanze. Ährchen etwa 1 cm breit. Ziergras, z. B. für Trockensträuße. Selten verwildert.

Bromus erectus HUDSON (= *Bromopsis erecta* (HUDS.) FOURR.), Aufrechte Trespe

Poaceae (= Süßgräser)

Ausdauernde, dichtrasige (seltener Ausläufer bildende) Horstpflanze, 30–90 cm hoch. Obergras (also mit aufrechten Halmen). Untere Blattscheiden und Blattrand locker abstehend behaart (bewimpert).

Namen: „*Bromus*" (bromos) ist der lat.-griech. Name einer Hafer-Art, der schon vorlinnésch auf diese Gattung übertragen wurde. Lat. „*erectus*" = aufrecht, wegen des hohen Wuchses. – „Trespe" ist ein germ. Wort mit unbekannter Etymologie; es galt zunächst nur für *B. secalinus* (s. u.).

Vorkommen: Trocken- und Halbtrockenrasen, vor allem auf Kalk. Ebene bis Gebirge. Kennart der Brometalia (= Trespentrockenrasen). Typische Mähwiesenpflanze, die nach Aufhören der Mahd rasch verdrängt wird. Im Norden oft Neophyt. – Ist unter Konkurrenzbedingungen trockenheitsver-

träglich, wächst aber bei guter Wasserversorgung viel besser.

Blüten: V–VII. Windbestäubung: „Langstaubfädiger Typ“. Ährchen 2–4 cm lang. Deckspelzen mit 4–10 mm langer Granne.

Früchte: Ausbreitungseinheit sind die von der Vor- und Deckspelze dicht umschlossenen, lineal-länglichen Karyopsen (Spelzfrüchte): Windausbreitung als Flügelflieger. Fruchtreife: VI–VIII.

Verwendung: Mittelmäßiges Futtergras. Wird auch für Böschungsansaaten verwendet.

Weitere Arten:

Bromus inermis LEYSS. (= *Bromopsis inermis (*LEYSS.) HOLUB), Unbegrannte oder Wehrlose Trespe: Habituell voriger Art ähnlich, aber stets mit Ausläufern, 30–100 cm hoch. Ohne gewimperte Blattränder und Ährchen grannenlos. An trockeneren, basenreichen Standorten. Für die Begrünung und Befestigung von Straßenböschungen sehr beliebtes, hohes Gras. Tiefwurzler und Kriechwurzelpionier. In trockeneren Regionen auch als Futtergras kultiviert. Oft aus Kultur verwildert und meist eingebürgert. Eine Art des kontinentalen Klimas.

Bromus ramosus HUDS. (= *Bromopsis ramosa* (HUDS.) HOLUB) (Artengruppe), Wald-Trespe: Unser schönstes und größtes Waldgras, ausdauernd, 50–190 cm hoch. Kalkhaltige und grundfeuchte Standorte bevorzugend. Nur in den westlichen Mittelgebirgen verbreitet. Rispe sehr groß, locker überhängend.

Bromus hordeaceus L. (= *B. mollis* L.), Weiche Trespe: Einjährig, 5–80 cm hoch. Pflanze graugrün. Blattscheiden und Hüllspelzen zottig weich behaart (Name!). Wegen der auffälligen Abhängigkeit der Wuchshöhe vom Nährstoffangebot des Bodens anschauliches Beispiel für Modifikationen; Kümmerformen können im Extremfall nur 1 Ährchen besitzen. Häufig an trockenen, nährstoffreichen Ruderalstellen und auf Wiesen. Ausbreitung hauptsächlich durch den Menschen. Inzwischen weltweit verschleppt und vielerorts, z. B. in Australien, eine Problempflanze.

Bromus secalinus L., Roggen-Trespe. Einjährig, 30–110 cm hoch. Kulturrelikt (Archäophyt). Wurde schon in der Jungsteinzeit als Getreide genutzt. Vielerorts stark zurückgegangen, aber teilweise auch wieder in Ausbreitung.

Bromus sterilis L. (= *Anisantha sterilis* (L.) NEVSKI), Taube Trespe: Einjährig, 15–100 cm hoch. Häufige Ruderalpflanze, an warmen, stickstoffreichen Wegrändern der Ebene, besonders in Siedlungen. Archäophyt. Rispe überhängend. Bohr- und Klettfrüchte. Der Name „*sterilis*“ bezieht sich auf die im Vergleich zu der früher als Getreide genutzten Roggen-Trespe (s. o.) kleinen Früchte bzw. schmalen Ährchen. Sehr dekoratives Gras für die Vase.

Bryonia dioica JACQUIN,

Rotbeerige oder Zweihäusige Zaunrübe

Cucurbitaceae (= Kürbisgewächse)

Kletternder, bis 4 m langer, sommergrüner Hemikryptophyt (Kletterstaude) mit zuletzt sehr großer (z. B. 20 cm dicker), übel riechender, Stärke speichernder Rübe. Diese entsteht aus der Wurzel und dem Hypokotyl. Die Erneuerungsknospen sitzen kranzartig am oberen äußeren Rand der Rübe. Frostempfindlich. Die Ranken sind aus einem Basalteil (= Spross) und einem fadenförmigem Endteil (= Blatt) gebildet. Sie führen Suchbewegungen aus: Die Spitze beschreibt kreisförmige Figuren, bis eine Berührung erfolgt, dann erfolgt innerhalb weniger Minuten eine Einkrümmung über starkes Wachstum der gegenüberliegenden Seite. Die Ranken sind also durch besondere „Fühltüpfel" berührungsempfindlich (thigmonastisch reizbar). Durch basale, schraubige Aufrollung der Ranken entsteht ein Umkehrpunkt. Die Einkrümmung kann im Experiment demonstriert werden, wenn man mit einem Strohhalm o. ä. über die Rankenspitze streicht. – Am Beispiel der Kreuzung dieser Art mit *Bryonia alba* konnte CORRENS den Verteilungsmodus der (mikroskopisch nicht unterscheidbaren) Geschlechtschromosomen aufklären. – **Stark giftig**.

Systematik: Die Gattung umfasst etwa 12 Arten in Eurasien und Nordafrika, 2 davon in Mitteleuropa. Nah verwandt sind Gurke (*Cucumis*) und Kürbis (*Cucurbita*).

Giftigkeit: Stark giftig durch Cucurbitacine. Für Kinder sollen bereits 15 Beeren tödlich sein, bei Erwachsenen können schon etwa 6 Beeren zu Erbrechen führen. Hautreizend und stark abführend. Das Ausmaß der Giftigkeit wird unterschiedlich bewertet.

Namen: „*Bryonia*" ist der lat.-griech. Name der Pflanze, zu griech. bryein = wachsen, sprossen, wegen des raschen Wachstums. Neulat. „*dioicus*" = zweihäusig, im Vergleich zu folgender Art. – „Zaunrübe", da die Pflanze oft als Kletterpflanze an Zäunen wächst, und wegen der auffälligen Rübe.

Vorkommen: Säume und Hecken wärmerer Lagen, auf frischen, nährstoffreichen Böden. Archäophyt (Kulturrelikt), im Norden Neophyt.

Blüten: VI–IX. „Nektar führende Trichterblumen". Zweihäusig, d. h. es gibt männliche und weibliche Pflanzen. Die männlichen Blüten (siehe Detailfoto) sind grünlich weiß. Die weiblichen Blüten (siehe Detailfoto) sind gelblich, relativ klein und besitzen einen kugeligen Fruchtknoten unterhalb der Blüte. Bei beiden Blütentypen wird Nektar vom Blütenbecher abgegeben. Bei den männlichen Blüten ist allerdings der Weg zum Nektar stark verengt, sodass die Bestäuber beim Nektarsaugen intensiv mit Pollen beladen werden, den sie dann beim Besuch einer weiblichen Blüte an deren Narben abstreifen. Hierzu sind vor allem Vertreter der Grabwespen und Faltenwespen sowie Bienen und gelegentlich Falter in der Lage. Honigbienen und einige Arten von Furchenbienen sammeln den Pollen. Die Weibchen der Zaunrüben-Sandbiene *Andrena florea* sammeln für ihre Brut ausschließlich Pollen von *Bryonia*-Arten, sind also von diesen vollständig abhängig. Die Männchen nutzen die Blüten als Nektarquelle.

Früchte: Rote Beeren. Verdauungsausbreitung durch Vögel: Hecken und Zäune sind sowohl die Aufenthaltsorte der Ausbreiter als auch die Haupt-

Die männlichen Blüten sind relativ groß und haben auffällige Staubbeutel.

Die weiblichen Blüten erkennt man u. a. am unterständigen, kugeligen Fruchtknoten.

wuchsorte der Zaunrüben. Wärme und Nährstoffreichtum fördern das schnelle Wachstum der relativ kurzlebigen, rankenden Sprosse. Fruchtreife: VII–IX.

Verwendung: Die Wurzeln der *Bryonia*-Arten waren schon in der Antike als drastisches Abführmittel bekannt. Sie werden heute nur noch in Fertigpräparaten und in der Homöopathie verwendet. Bei Überdosierung ist Tod durch Atemlähmung möglich. Beide Arten wurden früher als Arzneipflanzen angebaut. Im Mittelalter war die Pflanze begehrt, da aus der Wurzelrübe ein billiger Ersatz für die im Aberglauben hochgeschätzte Alraune (*Mandragora*) geschnitzt werden konnte.

Weitere Art:

Bryonia alba L., Weiße Zaunrübe: Blattlappen scharf gezähnt. An ähnlichen Standorten wie vorige Art, aber mehr östlich verbreitet, seltener und gefährdet. Ebenfalls Archäophyt. Meist einhäusig, d. h. weibliche und männliche Blüten sind ebenfalls getrennt, befinden sich aber auf der gleichen Pflanze. Reife Früchte schwarz. Verwendung wie bei voriger Art.

Buddleja davidii Franchet, Chinesischer Sommerflieder, Fliederspeer, Schmetterlingsstrauch

Scrophulariaceae (= Braunwurzgewächse)

Sommergrüner, zum Teil auch wintergrüner Strauch, bis 3 m hoch. Zweige überhängend. Frostempfindlich, friert in strengen Wintern oft bis fast zum Grunde zurück, vermag aber meist von der Basis her wieder auszutreiben. Blätter gegenständig, unterseits durch Sternhaare weißfilzig als Anpassung gegen die vom Boden her zurückstrahlende Wärme. Kann 30–40 Jahre alt werden.

Systematik: Die Gattung umfasst etwa 100 Arten in Amerika, Afrika und Asien. Mehrere davon sind bei uns als Zierpflanzen in Kultur. *Buddleja* hat eine wechselvolle Geschichte der systematischen Einordnung hinter sich. Heute wird die Gattung gemeinsam mit z. B. Braunwurz (*Scrophularia*) und Königskerze (*Verbascum*) in die völlig neu gefasste Familie Scrophulariaceae gestellt.

Namen: „*Buddleja*" wurde von Linné geprägt nach dem engl. Hobbybotaniker A. Buddle (1660–1715); „*davidii*" zu Ehren des franz. Missionars und Chinaforschers A. David (1826–1900). – „Sommerflieder" aufgrund der Ähnlichkeit der Blütenstände mit denen des Flieders (*Syringa*), mit dem unsere Pflanze aber nicht verwandt ist, und der späten Blütezeit. „Schmetterlingsstrauch", weil die Pflanze Falter anzieht.

Vorkommen: Angepflanzt (im Gebiet seit etwa 1900) und oft verwildert und eingebürgert (Neophyt), vor allem auf Schutt- und Trümmerplätzen, Bahndämmen und anderen Ruderalstellen. Heimat: China (dort an Bachufern des Hochlandes bis in Höhen von 2600 m). War in den Jahren nach dem zweiten Weltkrieg in einem ersten Ausbreitungsschub auffällige Pflanze der Trümmergrundstücke und hat sich in den letzten Jahren an warmen Ruderalstandorten weiter stark ausgebreitet. Sie wurde entsprechend als „potenziell invasiver Neophyt" eingestuft. Im Osten Deutschlands wird ihr Vorkommen durch die winterlichen Fröste begrenzt. In Österreich und der Schweiz, wo *Buddleja* sogar in naturnahe Flussauen eindringt, ist die Art zur ökologischen Problempflanze geworden.

Blüten: VII–VIII. Blütenrispen dicht, 20–30 cm lang. Krone lila, bei Zierformen auch weiß oder rosa. „Stieltellerblumen". Blüten angenehm nach Honig und Vanille duftend. Kronröhre etwa 1 cm lang, Nektar ist daher nur langrüsseligen Insekten zugänglich. Narben und Staubbeutel sind in der Kronröhre verborgen. Reicher Besuch durch Schmetterlinge aller Art sowie durch Bienen und Hummeln, daher ökologisch wertvoll. Schmetterlinge stoßen mit ihrem Rüssel Pollenkörner in den Nektar, sodass ihnen auch diese wichtige Eiweißquelle zugänglich ist. Selbststeril, sodass Fremdbestäubung nötig ist.

Früchte: 2-klappige Kapseln. Samen sehr klein (3 mm lang, nur 3 mg schwer) und spezifisch leicht, spanförmig, durch die an den Enden blasige Samenschale geflügelt: Windausbreitung als Körnchenflieger. Fruchtreife: IX–XI. Wintersteher. Eine Pflanze kann pro Jahr bis zu 20 Mio. Samen produzieren.

Verwendung: Zierpflanze, wegen des regelmäßigen Besuchs durch verschiedene Schmetterlinge sehr zu empfehlen. Regelmäßiges Abschneiden der abgeblühten Triebe führt zur ständigen Verlängerung dieser wunderbaren Schmetterlingspflanze.

Buglossoides purpurocaerulea (L.) I. M. Johnston (= *Lithospermum purpurocaeruleum* L., *Aegonychon p.* (L.) Holub), Purpurblaue Rindszunge, Blauroter Steinsame

Boraginaceae (= Raublattgewächse, Borretschgewächse)

Ausdauernder, sommergrüner Hemikryptophyt, 20–40(–60) cm hoch. Zweige bogig liegend, an den Knoten wurzelnd. Blätter wechselständig, lanzettlich, behaart, um 5 cm lang.

Systematik: Die Gattung umfasst 9–15 Arten. Sie ist nah verwandt mit *Lithospermum* (s. u.) und Natternkopf (*Echium*). Es gibt Argumente, die vorliegende Art zu Aegonychon zu stellen.

Giftigkeit: Die Samen sind durch den Gehalt an Pyrrolizidin-Alkaloiden schwach giftig.

Namen: „*Buglossoides*" wurde von Moench 1794 geprägt und bedeutet ‚ähnlich wie buglossos', das ist der lat.-griech. Name der Ochsenzunge (*Anchusa officinalis*), zu griech. bous = Rind und glossa = Zunge, wegen der rauen und zungenförmigen Blätter. „*Lithospermum*" (lithospermon) ist der lat.-griech. Name von *L. officinale*, zu griech. lithos = Stein und sperma = Same, wegen der steinharten Klausenfrüchte, in Verbindung mit deren Verwendung nach der Signaturenlehre bei Nieren- und Blasensteinleiden. Lat. „*purpurocaeruleus*" = purpurblau, wegen der erst purpurroten, dann tiefblauen Farbe der Krone. – „Rindszunge" und „Steinsame" sind durch Übersetzung künstlich gebildet.

Vorkommen: Bestandbildend vor allem in warmen, lichten Eichenwäldern und Gebüschen und an Säumen; kalkhold. Die Art wurde durch Niederwaldwirtschaft gefördert und ist auf regelmäßige Bewirtschaftung durch die Land- und Forstwirtschaft angewiesen. Regional gefährdet.

Blüten: IV–VI (Frühblüher). Langröhrige „kleine Trichterblumen" mit 5 Haarleisten im offenen

Schlund, durch die die Rüssel zum Nektar geführt werden. Eindrucksvoller Farbwechsel: bei der Entfaltung purpurrot, im geöffneten Zustand tiefblau. Bestäuber sind Bienen inkl. Hummeln. Auch spontane Selbstbestäubung.

Früchte (siehe Detailfoto): Die Klausen sind bei der Reife steinhart, kugelig, glatt, glänzend weiß: Rollfrüchte. Meist reifen nur 1(–3) Klausen pro Blüte. Fruchtreife: ab V. Wintersteher. Kältekeimer.

Vegetative Vermehrung durch die sich später herabbiegenden Sprosse (Bogentriebe), die an den Berührungspunkten Wurzelbüschel bilden, sowie durch das Rhizom.

Verwendung: Zierpflanze und auch in Wildpflanzengärten für Felsgruppen zu empfehlen, allerdings sehr ausbreitungsfreudig. Früher Heilpflanze bei Blasen- und Nierensteinleiden.

Weitere Arten/Verwandte:

Buglossoides arvensis (L.) I. M. JOHNST. (= *Lithospermum arvense* L.), Acker-Rindszunge: Einjährig, sommer- oder winterannuell. Pflanze aufrecht, 10–50 cm hoch, kurz rauhaarig, locker beblättert. Bis 60 cm tief wurzelnd. Vor allem im Wintergetreide, aber auch in einjährigen Rasengesellschaften, z. B. offenen Wegsäumen, auf basenreichen oder kalkhaltigen Böden. Blüten klein, weißlich, selten bläulich, vorweiblich, nur spärlich Nektar produzierend und daher nur wenig besucht durch Falter (vor allem Weißlinge = *Pieris*), Bienen und Schwebfliegen. Auch spontane Selbstbestäubung. Klausen im Gegensatz zu den beiden anderen Arten braun und matt. Haarkranz im rauhaarigen, abbrechenden Kelch: Klettausbreitung. Dazu Menschenausbreitung durch Verschleppung mit Ackererde. Elaiosomen fehlen. Die Früchte wurden früher arzneilich verwendet (Semen Lithospermi nigri).

Der Steinsame hat seinen Namen von den steinharten Teilfrüchten, von denen zur Reife meist nur eine übrig bleibt.

Lithospermum officinale L., Echter Steinsame: Ausdauernder Hemikryptophyt, dicht beblättert, oben reich verzweigt, 30–100 cm hoch. Tief wurzelnd. Auf mindestens basenreichen Böden sonniger bis halbschattiger Standorte. Im Nordwesten fehlend. Allgemein im Rückgang (Vorwarnliste). Blüten milchig weiß. Die kugeligen, senfkorngroßen Klausen sind kleinen Steinen ähnlich und reich an Kieselsäure und Karbonat. Sie wurden früher arzneilich verwendet (Semen Milii Solis) und im Volke nach der Signaturenlehre bei Nieren- und Blasensteinleiden angewandt. Es reifen meist nur 1–3 Klausen aus. Die Wurzelrinde enthält einen roten Farbstoff.

Bunias orientalis LINNAEUS,

Orientalisches Zackenschötchen, Zackenschote

Brassicaceae (= Kreuzblütler)

Ausdauernder, sommergrüner Hemikryptophyt (Halbrosettenpflanze), 25–125 cm hoch. Seltener auch einjährig (Therophyt) oder Geophyt. Pflanze rauhaarig. – Pfahlwurzel 60–130 cm tief.

Namen: „*Bunias*" ist der lat.-griech. Name einer Rübenpflanze, der auf diese Art übertragen wurde; „*orientalis*" wegen der Herkunft. – „Zackenschötchen" nach den auffällig höckerigen Früchten.

Vorkommen: Ruderalstellen, ruderal beeinflusste Trockenrasen und Kalkäcker. Nährstoff- und wärmeliebend. Neophyt seit dem 18. Jh. Heimat: Sibirien bis Ost- und Südosteuropa. Noch in Ausbreitung begriffen und stellenweise an Straßenrändern in Massenvorkommen. Die Art wurde als „potenziell invasiver Neophyt" eingestuft, weil sie gebietsweise an Trockenrasen, in Weinbergen usw. größere dauerhafte Dominanzbestände bildet, die die natürliche Vegetation verdrängen.

Blüten: IV–VII. Goldgelbe, duftende, 10–16 mm breite „Nektar führende Stieltellerblumen" in auffälligen Doppel-Trauben. Kelchblätter ohne Safthalter, bogig abstehend. Insektenbestäubung und spontane Selbstbestäubung.

Früchte (siehe Detailfoto): Schief eiförmige, mit unregelmäßigen Höckern versehene, 5–10 mm lange Nüsse (also keine Schoten/Schötchen wie bei den meisten übrigen Kreuzblütlern). Durch die drüsigen Fruchtstiele ist Klebausbreitung möglich. Dazu Ausbreitung vor allem durch den Menschen beim Transport von Erdmaterial (z. B. beim Kanalbau), das Samen und Wurzelstücke enthält, sowie mit ungereinigtem Saatgut. Fruchtreife: ab VII. Wintersteher. Samen im Boden über mehrere Jahre keimfähig.

Vegetative Vermehrung durch Wurzelsprosse und über Wurzelfragmente.

Verwendung: Wurde ehemals als Futterpflanze angebaut. Das Kraut ist essbar und z. B. für Salate verwendbar; die Pflanze wurde daher auch „Türkische Rauke" genannt. Aus den Samen wurde früher Öl gewonnen. Wird bisweilen auch als Zierpflanze angeboten.

Typisch sind die schief eiförmigen, höckerigen Früchte.

Bunium bulbocastanum LINNAEUS, Gewöhnlicher Knollenkümmel, Erdkastanie, Erdknolle

Apiaceae (= Doldenblütler)

Ausdauernder, 20–60 cm hoher Geophyt und Halbrosettenpflanze mit ca. 10 cm tief liegender Dauerknolle (Hypokotylknolle). Knolle meist walnussgroß, seltener bis 5 cm dick, Stärke speichernd. Pflanze im Habitus dem Kümmel (*Carum carvi*) recht ähnlich, dem aber die Knolle fehlt. Stängel im Gegensatz zu den meisten Doldenblütlern markig. Wie bei den meisten Knollenpflanzen sind die Keimblätter miteinander verwachsen. Die Erneuerung erfolgt über sympodiale Knospen.

Namen: „*Bunium*" ist der lat.-griech. Name der Pflanze, zu bunias = Rübenpflanze, da die kugeligen Knollen gegessen wurden. „*Bulbocastanum*" ist der vorlinnésche Name der Pflanze, von lat. bulbus = Knolle und griech. kastanon = Esskastanie. – „Erdkastanie" und „Erdeichel" haben denselben Bezug. „Knollenkümmel" wegen der Ähnlichkeit mit dem Kümmel.

Vorkommen: Vor allem in Kalktrockenrasen, aber auch auf kalkfreien Böden an Ackerrändern usw. In Westdeutschland nicht selten.

Blüten: VI–VII. Weiße „Nektar führende Scheibenblumen" ähnlich wie bei der Möhre (*Daucus carota*). Insektenbestäubung.

Früchte: Spaltfrüchte (Doppelachänen), 3–4 mm lang, kahl, reif schwarz. Ausbreitung wie bei beim Kümmel (*Carum carvi*). Menschenausbreitung als Kulturfolger und Zufallsausbreitung durch Huftiere.

Verwendung: Wurde früher als Knollengemüse gegessen (so nachweislich in Baden-Württemberg und in Rumänien, wahrscheinlich aber auch andernorts). Wird selten auch heute noch wie Ess-Kastanien geröstet oder wie Kartoffeln gekocht. Die Ernte sollte vor der Blüte erfolgen. Junge Blätter sind als würzige Beilage für Wildgemüse geeignet.

Bupleurum falcatum LINNAEUS, Sichel-Hasenohr

Apiaceae (= Doldenblütler)

Ausdauernder Hemikryptophyt: Schaftpflanze, d. h. Erneuerungsknospen am Stängel dicht oberhalb des Erdbodens; 20–100 cm hoch. Grundblätter länglich, obere lanzettlich, 5–10 cm lang, mit 5–7 parallel verlaufenden Nerven. Morphologen deuten diese sonst für Einkeimblättrige (Monokotyle) typischen Blätter als durch Verbreiterung der Blattstiele (also Phyllodien) entstanden. – Tiefwurzler.

Systematik: Die Gattung umfasst etwa 180 Arten mit Verbreitungsschwerpunkt im Mittelmeerraum. Dort sind es meist kurzlebige Arten sowie strauchige, immergrüne Sippen, die sich durch fiedernervige Blätter unterscheiden.

Namen: „*Bupleurum*“ ist der lat.-griech. Name mediterraner Arten der Gattung, zu griech. bous = rind und pleuron = Rippe, wegen der zähen Blattkonsistenz dieser Arten. Lat. „*falcatus*“ sichelförmig, wegen der Form der Blätter von *B. falcatus*. – Auch der Name „Hasenohr“ bezieht sich auf die Blattform. Er wurde auf die ganze Gattung übertragen.

Vorkommen: Trockenrasen und Gehölzsäume, an kalk- oder zumindest basenreichen, trockeneren Standorten. Subkontinental und submediterran. In den Mittelgebirgen zerstreut.

Blüten: Blütenstand eine wenigstrahlige, durch unscheinbare Hüllchen (= Hüllblätter zweiter Ordnung) ausgezeichnete Dolde. Ausgeprägt vormännliche „Nektar führende Scheibenblumen“. Kronblätter goldgelb. Bestäuber sind Fliegen, Bienen und Käfer. Selbstbestäubung ist erfolgreich.

Früchte: Spaltfrüchte (Doppelachänen) glatt und klein. Sie zerfallen bei der Reife in 2 Teilfrüchte, die als Wind- und Tierstreuer und wohl auch zufällig durch Weidetiere ausgebreitet werden.

Verwendung: Die Pflanze wurde früher als Heilpflanze verwendet und spielt eine Rolle in der chinesischen Medizin.

Weitere Art:

Bupleurum longifolium L., Langblättriges Hasenohr: Meist 40–60 cm hoher, kahler Hemikryptophyt mit beblättertem Stängel. Blätter länglich-eiförmig, obere sitzend. Laubwaldpflanze Mittel- und Süddeutschlands auf nährstoffreicheren, meist kalkhaltigen Böden. Hülle kurzblättrig, grün.

Butomus umbellatus LINNAEUS, Schwanenblume, Blumenliesch

Butomaceae (= Schwanenblumengewächse)

Ausdauernde Sumpfpflanze bzw. Rhizom-Geophyt oder Wasserpflanze (Hydrophyt), 50–150 cm hoch. Rhizom kräftig, bis 1 cm dick, monopodial wachsend, d. h. Hauptachse durchgehend. Stängel stielrund. Alle Blätter grundständig in 2-zeiliger Anordnung. Pflanze mit klarem Milchsaft. Die Pflanze ist ausgeprägt an unterschiedliche Wasserstände angepasst (amphibische Pflanze). Bei großer Wassertiefe bildet sie nur bandförmige, flutende Wasserblätter aus. Bei niedrigem Wasserstand werden grasartige Überwasserblätter gebildet, die bis 1 cm breit und in der unteren Hälfte dreikantig sind und von zahlreichen Durchlüftungskanälen durchzogen werden.

Systematik: *Butomus umbellatus* ist die einzige Art der Gattung und zugleich die einzige Art der Familie, was sonst nur selten vorkommt. Die Pflanze hat verschiedene als ursprünglich angesehene Merkmale und steht den Froschlöffelgewächsen (Alismataceae) und Froschbissgewächsen (Hydrocharitaceae) nahe. Sie ist eurasiatisch verbreitet.

Namen: „*Butomus*“ (butomos) ist der griech. Name einer Sumpfpflanze, zu bous = stark (wie ein Ochse) und tomos = schneidend, und würde demnach zu verschiedenen Sauergräsern passen. Der Name wurde im 16. Jh. auf die vorliegende Pflanze übertragen, obwohl ihre Blätter nicht schneidend sind, und so von LINNÉ übernommen. Neulat. „*umbel-*

latus“ = doldig, wegen des doldenähnlichen Blütenstandes. – „Schwanenblume“ wurde künstlich gebildet, wohl als romantische Umschreibung des Standortes, an dem sich auch die Schwäne aufhalten. „Liesch“ ist ein alter Name von Schilf und Riedgras, vgl. Lieschgras (*Phleum*). „Blumenliesch“ wegen der für Pflanzen des Röhrichts auffällig großen Blüten.

Vorkommen: Stehende oder langsam fließende, basen- und nährstoffreiche Gewässer und Ufer, bevorzugt bei schwankendem Wasserstand. Vorwiegend im Tiefland in den Stromtälern. Namengebende Art des Schwanenblumen-Röhrichts (Butometum umbellati). Wird nicht selten als Uferbepflanzung künstlich ausgebracht (angesalbt). Eingebürgert in Nordamerika.

Blüten: VI–VIII. „Nektar führende Scheibenblumen“, in Dolden, die aus Schraubeln zusammengesetzt sind. Blütenhülle weiß bis rötlich weiß mit dunkleren, strichförmigen Blütenmalen (Strichsaftmalen). Sie ist in Kelch und Krone gegliedert, was bei Einkeimblättrigen Pflanzen sonst selten ist, und besteht aus 3 kronblattartigen Kelchblättern und den 3 eigentlichen Kronblättern. Die Blüten duften angenehm nach Honig. Nektar wird reichlich an der Basis der Fruchtblätter abgeschieden. Ausgeprägt vormännlich, die männliche und weibliche Phase dauert je ca. 1 Tag und dazwischen liegt 1 weiterer Tag. Dadurch wird Selbstbestäubung verhindert. Da die Phasen innerhalb eines Blütenstandes in den meisten Blüten synchron sind, wird auch Nachbarbestäubung reduziert. Die Narben sind, wenn sie empfängnisfähig sind, gelb. Sie sehen dann reifen Staubbeuteln sehr ähnlich und dienen vermutlich als Staubbeutel-Attrappen. Hauptbestäuber sind Schwebfliegen, Schmetterlinge, Bienen und Hummeln. Streng selbststeril.

Einzelblüten aus dem Blütenstand.

Früchte: Je Blüte entstehen 6 samenreiche Balgfrüchte, die an ihrer Bauchseite aufspringen. Durch häufige basale Verwachsung der Fruchtblätter kann ein Übergang zu Kapseln vorliegen. Die Stielchen der Samen sind über die gesamte Fläche des Fruchtblattes verteilt, d. h. es liegt der seltene Fall einer laminalen Plazentation vor. Die Fruchtstiele verlängern sich bei der Reife um mehrere cm: Windstreuer. Dazu Schwimmausbreitung und Wasserhafter. Kältekeimer.

Vegetative Vermehrung erfolgt sehr reichlich durch Verzweigung des Rhizoms und durch Brutknospen, die sich im Herbst vom Rhizom lösen. Es entstehen dabei Klone, denen wegen der Selbststerilität oft jeder Samenansatz fehlt.

Verwendung: Ehemalige Heilpflanze, z. B. bei Wassersucht. Das Rhizom enthält bis ca. 60 % Stärke und kann als Gemüse gegessen oder zu Mehl verarbeitet werden. In Teilen Asiens ist es eine wichtige Nahrungsquelle. Die Stängel wurden früher zum Flechten von Körben genutzt. Bei uns kommt eine Verwendung allein schon wegen der Seltenheit und Schutzwürdigkeit der Pflanze nicht infrage. Zierpflanze seit dem 18. Jh. Für Gartenteiche sehr zu empfehlen; hierfür bietet der Handel auf Kultur zurückgehende Pflanzen an.

Buxus sempervirens LINNAEUS, (Europäischer) Buchs, Buchsbaum

Buxaceae (= Buchsbaumgewächse)

Immergrüner Strauch, sehr langsamwüchsig. Gewöhnlich niedrig (0,5–3 m), selten bis 5 m hoch, oder als Baum bis maximal 16 m hoch und dann bis 500 Jahre alt werdend. Blätter gegenständig, ganzrandig, glänzend, oberseits dunkelgrün, bis 3 cm lang. – Tiefwurzler. Pilzwurzel (arbuskuläre Mykorrhiza).

Systematik: Einzige mitteleuropäische Art der weltweit, allerdings disjunkt verbreiteten Familie. Die Gattung umfasst etwa 100 Arten.
Giftigkeit: Giftig durch verschiedene Steroid-Alkaloide, z. B. Cyclobuxin. Der Gesamt-Alkaloidgehalt ist in Blättern und Rinde mit bis zu 3 % besonders hoch. Frische Blätter haben gelegentlich beim Vieh zu Vergiftungen geführt. Beim Menschen sind jedoch Vergiftungsfälle kaum bekannt (außer bei Überdosierung nach volksmedizinischer Anwendung). Es kann aber bei Berührung zu Hautreizungen kommen.
Schädlinge: Seit 2006 wird in Mitteleuropa ein sich stark ausbreitender Befall durch die bis 5 cm langen, grünen Raupen des Kleinschmetterlings *Cydalima = Glyphodes perspectalis* (Buchsbaumzünsler) beobachtet, der aus Ostasien eingeschleppt wurde und durch Fraß der Blätter und der grünen Rinde zahlreiche Pflanzen zum Absterben gebracht hat. Parallel dazu hat sich in den letzten Jahren das durch den Mikropilz *Cylindrocladium buxicola* verursachte Buchsbaum-Triebsterben ausgebreitet; der Pilz dringt durch die Blätter ein und schädigt vor allem die Triebe. – Als Buxus-Ersatz werden zunehmend im Aussehen und in der Pflege ähnliche Sträucher wie die Japanische Stechpalme (*Ilex crenata*) oder die Heckenmyrte (*Lonicera pileata*) angeboten; letztere ist allerdings schnellwüchsiger.
Namen: „*Buxus*" ist der lat. Name des Buchsbaums und dessen Holzes. Er geht auf griech. pyxos zurück, womit der Buchs und daraus hergestellte Gegenstände bezeichnet wurden. Davon abgeleitet ist lat.-griech. pyxis = Büchse, Dose aus Buchsbaumholz. Da pyxos ein Fremdwort unbekannter Herkunft ist, scheint die oft zitierte Ableitung von griech. pyknos = fest, dicht (wegen des Holzes) fraglich. Lat. „*sempervirens*" = immergrün. – „Buchs" wurde früh von buxus entlehnt, als die

Germanen die Verwendung des Holzes von den Römern übernahmen. Unser Wort Büchse (im Sinne von Dose, Gewehrschaft, Gewehr) leitet sich über vulgärlat. buxis von pyxis ab.
Vorkommen: Zierstrauch. Wild selten in warmen, sonnigen Laubwäldern des Mosel- und Oberrheintals. War in der letzten Zwischeneiszeit noch wesentlich weiter verbreitet. – Schattenverträglich; vermag noch bei 1% des normalen Sonnenlichtes zu wachsen. – Wildvorkommen sind **geschützt**!
Blüten: III–V. Unscheinbare „Nektar führende Scheibenblumen", in blattachselständigen Knäueln, die bereits im Vorjahr angelegt werden. Einhäusig: weibliche Blüten endständig, jeweils von mehreren männlichen Blüten umgeben. Der Blütenduft wird teils als angenehm, teil als unangenehm empfunden. Nektar und Pollen wird reichlich dargeboten, ersterer ist auch kurzrüsseligen Insekten zugänglich. Fliegen und Wespen suchen vorzugsweise den Nektar, Wild- und Honigbienen vor allem den Pollen. Bienentrachtpflanze.
Früchte: 3-klappig sich öffnende, fachspaltige Kapseln. Jede Klappe ist durch die verlängerten, gespaltenen Griffel 2-hörnig und enthält 2 schwarze, glänzende Samen. Austrocknungsstreuer. Dazu Ameisenausbreitung durch Ölkörper (Elaiosomen) an der Basis der Samen – eine sonst bei unseren Gehölzen seltene Erscheinung. Fruchtreife: VIII–X.
Verwendung: Unser ältester Zierstrauch, der durch die Römer in die Bauerngärten kam. Er lässt sich gut beschneiden und wird daher gerne für Hecken zur Einfassung von Beeten oder auch von Gräbern benutzt oder durch Schnitt in verschiedene Wuchsformen gebracht. Er ist beliebt für Prozessionssträuße („Palmzweige") und daher noch oft als Bäumchen in Bauerngärten zu finden. Buchsbaum wurde seit der Antike als Heilpflanze verwendet, kommt aber wegen der Giftigkeit heute kaum noch zur Anwendung. Auch im Aberglauben spielte die Pflanze eine Rolle. – Das lebhaft gelborange gefärbte Holz ist sehr schwer (geht im Wasser unter) und fest (hornartig). Es wird gerne zur Herstellung von Flöten und zum Schnitzen, z. B. von Schachfiguren, verwendet. Schon im Altertum benutzte man das Holz für die Herstellung von kleinen Dosen (s. o.).

Cakile maritima Scopoli, Europäischer Meersenf

Brassicaceae (= Kreuzblütler)

Einjährig oder ausdauernder Hemikryptophyt, 20–30(–70) cm hoch. Zweige niederliegend. Blätter blaugrün, fiederteilig, wie bei vielen Pflanzen von Salzstandorten fleischig verdickt (= sukkulent). Wächst meist in ausgebreiteten Büschen.

Systematik: Die Gattung umfasst 7 Arten. Sie gehört in die umfangreiche Gattungsgruppe (Tribus) Brassiceae, siehe *Brassica*.
Namen: „*Cakile*" ist der vorlinnésche Name der Pflanze, entlehnt von arab. kakaleh/qaqulla, dem Namen einer Salzpflanze. Lat. „*maritimus*" = am Meer. – „Meersenf" wegen des Standorts und des scharfen Geschmacks.
Vorkommen: Typischer Küstenbewohner der Sand- und Kiesstrände mit Hauptverbreitung im Mittelmeerraum. Bei uns nur an der Ostsee- und Nordseeküste. Salzverträglich. Stickstoffzeiger. Trägt zur Festlegung von Sand und zur Dünenbildung bei. Wegen der Abhängigkeit vom Humus verrottender Flutsäume kann die Pflanze oft über Jahre hinweg fehlen, um dann wieder in Menge aufzutreten.

Für Kreuzblütler typisch sind die 4-zähligen Blüten, untypisch aber die 2-teiligen, später auseinander brechenden Früchte.

Blüten: V–VII. Blassviolette „Nektar führende Stieltellerblumen mit herausragenden Staubbeuteln", in tragblattlosen Trauben. Die Nägel der Kronblätter werden von den Kelchblättern fest umschlossen. Bestäubung nur durch langrüsselige Insekten, besonders Falter sowie Pollenfresser, z. B. Schwebfliegen.

Früchte (siehe Detailfoto): Die Frucht ist eigenartig gebaut und entspricht nicht der üblichen Kreuzblütler-Schote. Es sind nach der Blüte horizontal abstehende, 2-teilige, bis 25 mm lange, sich zur Reife trennende Bruchfrüchte (Gliederschoten). Der untere, an der Pflanze verbleibende Teil wird wegen seiner Form ‚Dolchgriff', der obere Teil ‚Dolch' genannt. Beide Teilfrüchte umschließen jeweils einen Samen, sind also Nüsse. Die Fruchtwand ist bei der Reife hart und lufthaltig. Der obere Teil wird durch starke Winde abgerissen und ein Stück vom Wind mitgenommen, bleibt aber meist in der für weiteres Wachstum geeigneten Umgebung liegen (Ausbreitungshemmung). Herbststürme reißen dann oft die ganzen, jetzt dürr gewordenen Pflanzen heraus und treiben sie als Steppenroller über den Boden. Diese verfangen sich dann öfter in angeschwemmten Seegraspolstern und werden bei Hochwasser mit diesen über weite Strecken transportiert. Schwimmdauer: 1–4 Monate. Fruchtreife: IX.

Verwendung: Wird als Wildsalat genutzt. Besonders früher war die Pflanze eine wichtige Vitamin-C-Quelle und wurde entsprechend gegen Skorbut verwendet.

Verwandte:

Crambe maritima L., Küsten-Meerkohl: 30–70 cm hoher Hemikryptophyt. Blätter durch Wachsüberzug blaugrün, buchtig. Zahlreiche sehr große, grundständige Blätter sowie kleinere Stängelblätter. Salzhaltige, sandige oder kiesige, stickstoffreiche Standorte im Küstenbereich. Salzpflanze (Halophyt). Gefährdet und **geschützt**! Blüten weiß, in zusammengesetzten, endständigen Trauben. „Stieltellerblumen". Bestäuber sind Fliegen und Bienen. Dazu Selbstbestäubung. Die Früchte sind kugelige, einsamige Nussfrüchte; ein zweites Fruchtfach ist stielartig, und enthält keine Samen. Wind- und Schwimmausbreitung. Samen ölreich. Krautartiges Wildgemüse mit deutlichem Salzgeschmack. Wird vor allem in Westeuropa seit Mitte des 18. Jh. wegen der (durch Bedeckung mit Erde) spargelartig-bleichen (etiolierten), bis 12 cm langen Blattstiele auch kultiviert.

Calamagrostis epigejos (L.) Roth, Land-Reitgras, Landschilf, Landrohr, Sandrohr

Poaceae (= Süßgräser)

Ausdauernder Rhizom-Geophyt, 60–150 cm hoch. Stängel rau. Blätter 8–15 mm breit, flach oder eingerollt, hart und beiderseits sehr rau, mit bis 9 mm langem Blatthäutchen. – Bis 2 m tief wurzelnd. Die Wurzeln sind sehr stärkereich; die Stärkekörner sind zusammengesetzt.

Systematik: Die Gattung umfasst etwa 140 Arten, davon 8 in Deutschland. Verwandt sind u. a. Straußgras (*Agrostis*) und *Avena* (Hafer, siehe dort). Interessant ist der konstante Bastard *C. epigejos* × *Ammophila arenaria*, siehe unter *Ammophila*.

Namen: „*Calamagrostis*" ist ein griech. Name des Schilfrohres, zu kalamos = Rohr und agrostis, einer Gras-Art. Der Name wurde von ADANSON 1763 auf die vorliegende Gattung übertragen. Der Artbeiname „*epigejos*" geht auf LINNÉ zurück (*Arundo epigejos*), von griech epigeios = auf dem Boden, also Landpflanze im Vergleich etwa zum Riesenschilf oder Pfahlrohr (*Arundo donax*) als Pflanze der Feuchtstandorte; daher auch der Name „Landschilf". „Reitgras" wurde in Anlehnung an Ried (= Pflanzen des Röhrichts) gebildet.
Vorkommen: Waldschläge, lichte Wälder, Ruderalstellen und Ufer, auf trockenen, aber in der Tiefe wasserzügigen Böden. Salzverträglich. Vor allem in tieferen Lagen, in den deutschen Alpen bis 1140 m. Hat sich in den letzten Jahren stellenweise stark ausgebreitet und ist dadurch z. B. in den Kiefernwäldern Ostdeutschlands zur ökologischen Problempflanze geworden. Auch in Sandtrockenrasen kann die Art sich u. U. aggressiv ausbreiten und die vorhandene Vegetation unterdrücken. Relativ unempfindlich gegenüber Herbiziden und daher z. B. auf Bahngelände oft große Bestände bildend. Kann in Forsten verjüngungshemmend wirken.
Blüten: VI–VIII. Windbestäubung: „Langstaubfädiger Typ". Ährchen 1-blütig, in dichter, knäuelig gelappter, bis 30 cm langer Rispe. Granne rückenständig, der Mitte der Deckspelze eingefügt, die Hüllspelze etwas überragend.
Früchte: Ausbreitungseinheit sind die von Deck- und Vorspelze umhüllten Karyopsen (Spelzfrüchte); Deckspelze am Grunde mit auffälligem, 4–5 mm langem Haarkranz, der länger als die Deckspelze ist und ähnlich wie der Pappus der Korbblütler als Flugorgan dient: Schirmchenflieger (bei Gräsern eher selten), Wasser- und Kletthafter. Fruchtreife: VIII–X.
Vegetative Vermehrung erfolgt sehr erfolgreich durch die sehr langen, dünnen unterirdischen Rhizome.
Verwendung: Als Streugras und zur Dünenbepflanzung verwendbar. Als Zierpflanze ist vor allem das Garten-Reitgras (*C. × acutiflora = C. epigejos × C. arundinacea*) in Kultur.
Weitere Art/Bastard:
Calamagrostis canescens (WEBER) ROTH, Sumpf-Reitgras: Hüllspelze lanzettlich, am Ende sehr kurz begrannt. Rispe lockerer, eleganter. Blätter unterseits glänzend hellgrün. Oft steril. Vor allem in Birken- und Erlenbrüchen, besonders in Westdeutschland oft flächendeckend. Staunässezeiger und Bruchwaldrelikt. Streunutzung wie bei voriger Art.
× *Calammophila baltica*: siehe bei *Ammophila*.

Calendula officinalis LINNAEUS, Gewöhnliche oder Garten-Ringelblume

Asteraceae (= Korbblütler)

Einjährig (sommerannuell), seltener zweijährig bis ausdauernd, 30–50(–70) cm hoch. Blätter lanzettlich, drüsig behaart, aromatisch duftend.

Systematik: Die Gattung umfasst ca. 10–15 Arten im Mittelmeerraum. Sie gehört zur Unterfamilie Asteroideae.

Namen: Der Name „*Calendula*“ kam erst im Mittelalter (14. Jh.) auf. Er wird gewöhnlich abgeleitet von lat. calendae = der erste Tag im Monat oder auch einfach nur Monat. Er bezieht sich wahrscheinlich auf die auffällig lange, sich über viele Monate hin erstreckende Blütezeit. Manche beziehen den Namen auch darauf, dass sich die Blütenkörbchen jeden Tag von neuem öffnen und schließen. GENAUST weist auf einen ganz anderen Zusammenhang hin: Die Ringelblumen hießen bei den Römern *Caltha*. Der Name wurde aber später auch oft für die Dotterblumen verwendet (und letztendlich auf diese übertragen). Gemeinsam haben beide Pflanzen, dass sie als „Butterblumen“ zum Färben von Butter genutzt wurden. Da nun zwei verschiedene Pflanzen denselben Namen teilten, ist es durchaus wahrscheinlich, dass der Name „*Calendula*“ zur Abtrennung von *Caltha* künstlich gebildet wurde. Neulat. „*officinalis*“ = arzneilich verwendet. – „Ringelblume“ (ahd. ringilo, ringula) wahrscheinlich wegen der ringförmigen inneren Früchte.

Vorkommen: Angebaut als Zier- und Arzneipflanze. Wildform unbekannt. Heimat: wahrscheinlich Mittelmeergebiet. Auch verwildert, aber nur unbeständig. Neuerdings nicht selten in Aussaatmischungen (Bienentütchen).

Blüten: VI–X, bei mildem Klima z. T. auch ganzjährig, bei überwinternden Exemplaren bereits ab IV. „Körbchenblumen“, bis 5 cm breit, außen mit mehreren Reihen von weiblichen Zungenblüten mit gekrümmten Fruchtknoten, innen mit funktionell männlichen Röhrenblüten mit verkümmerten Fruchtknoten. Kronblätter meist orange, reich an Karotinoiden. Blütenkörbchen sonnenwendig, 4–5 Tage blühend. Bei feuchtem Wetter und nachts schließen sich die Körbchen durch Krümmung der Hüllblätter und der äußeren Blüten. Besucher sind Honigbienen, Wildbienen, verschiedene Tagfalter und Schwebfliegen. Bienentrachtpflanze.

Früchte (siehe Detailfoto): In jedem Körbchen entwickeln sich mehrere Früchte (Achänen), die in Anpassung an das Nebeneinander mehrerer Ausbreitungsstrategien (Polychorie) auch äußerlich verschieden sind (Heterokarpie):

1. Außen stehen die Hakenfrüchte. Sie sind krallenförmig, lang geschnäbelt und am Rücken hakig bestachelt und werden als Klettfrüchte ausgebreitet.
2. Es folgen wenige Kahnfrüchte. Sie sind breit geflügelt, kahnförmig und luftgefüllt und werden vom Wind als Bodenroller fortbewegt.
3. Der innerste Kranz besteht aus zahlreichen Ringel- oder Larvenfrüchten, Diese sind klein, stark gekrümmt bis ringförmig und am Rücken kurz stachelig. Sie werden durch Regen verbreitet, bleiben aber auch evtl. im Tierfell hängen.

Es gibt auch Übergangstypen. Dazu kommt die Ausbreitung durch den Menschen mit Gartenabfall usw.

In jedem Blütenkörbchen entstehen 3 verschiedene Typen von Früchten (Heterokarpie).

Verwendung: Die Blüten werden schon seit der Antike arzneilich als entzündungshemmendes Mittel verwendet. Das Wirkprinzip ist unklar; es liegt wahrscheinlich im Zusammenwirken der ätherischen Öle, Flavonole, Karotinoide und weiterer Wirkstoffe. Die Anwendung erfolgt heute überwiegend äußerlich als Salbe. Ringelblumen wurden früher zur Färbung von Butter usw. verwendet und sind entsprechend noch heute als

Lebensmittelfarbstoff zugelassen. Auch als Bestandteil von Teemischungen dienen sie vor allem der Farbgebung (Schmuckdroge). Seit dem Altertum werden die Blüten zum Verzieren, Aromatisieren und Würzen und als Ersatz von Safran (*Crocus sativus*) verwendet. – Ringelblumen sind bei uns als Zier- und Nutzpflanzen seit dem 12. Jh. in Kultur und gehören zu den beliebtesten Gartenpflanzen. Es gibt zahlreiche Sorten, mit fast weißen bis orangeroten Blüten oder auch „gefüllte" Sorten, bei denen alle oder nur die äußeren Röhrenblüten zu Zungenblüten umgewandelt sind.

Weitere Art:

Calendula arvensis L., Acker-Ringelblume: Ähnlich voriger Art. Blütenkörbchen nur 1–2 cm breit, hellgelb, bei der Reife meist nach unten gerichtet. Aus dem Mittelmeergebiet mit dem Ackerbau eingebrachte Art der Weinberge und trockenen Äcker (Archäophyt). Inzwischen leider stark zurückgegangen und selbst aus den Weinbergen der Pfalz, wo sie noch nach dem Krieg reichlich wuchs, meist verschwunden. Laut Roter Liste (Stand 2018) inzwischen akut vom Aussterben bedroht. Für Wildpflanzengärten zu empfehlen, es dürfen aber selbstverständlich nur Exemplare aus gärtnerischer Kultur verwendet werden.

Calla palustris LINNAEUS,
Schlangenwurz, Drachenwurz, Calla, Schweinsohr

Araceae (= Aronstabgewächse)

Ausdauernder Rhizom-Geophyt bzw. Sumpfpflanze, 15–30 cm hoch. Laubblätter herzförmig, lang gestielt. Rhizom walzlich, grün, bis 0,5 m lang, oberirdisch kriechend, mit Durchlüftungsgewebe (Aerenchym) als Anpassung an den Sumpfstandort. Die Niederblätter am Rhizom sind zweizeilig angeordnet.

Systematik: Nahe steht der Aronstab (*Arum*, siehe dort).

Giftigkeit: Giftig und brennend scharf schmeckend. Wie bei anderen Aronstabgewächsen wird die Giftwirkung durch Trocknen stark vermindert.

Namen: „*Calla*" wurde von LINNÉ geprägt, vermutlich in Anlehnung an griech. kallos = Schönheit, wegen des dekorativen Hochblattes. Lat. „*palustris*" = im Sumpf (wachsend). „Schlangenwurz" (weiblich!) wegen des schlangenartig kriechenden Rhizoms. „Wurz" = Pflanze. – Hinweis: Die im allgemeinen Sprachgebrauch ‚Calla' oder ‚Kalla' genannte Zier- und Friedhofspflanze hat ihren Namen daher, dass sie früher in dieselbe Gattung gestellt wurde. Sie wurde aber schon vor längerer Zeit in die südafrikanische Gattung *Zantedeschia* überführt.

Vorkommen: Teichufer, Großseggenbestände und Sumpfwälder auf nassen, zeitweise überschwemmten Torfschlammböden. Stark zurückgegangen, jetzt nur noch selten. – Gefährdet. – **Geschützt**!

Blüten: V–VII. Blütenstand mit zahlreichen unscheinbaren Blüten, die insgesamt einen kolbenartigen Blütenstand bilden. Dieser wird von einem 6–7 cm langen Hochblatt (Spatha) umgeben, das im Gegensatz zu dem des Aronstabs (*Arum*) vergrünt und unten offen ist. Einzelblüten meist zwittrig, ohne Blütenhülle, vorweiblich, ohne Nektar. Duft etwas unangenehm. Besucher sind vor allem Aasfliegen und kleine Käfer. Angaben über Be-

stäubung durch Schnecken wurden angezweifelt, könnten aber vielleicht doch richtig sein.
Früchte: Scharlachrote, klebrige Beeren mit je 4–10 schleimigen Samen. Nach der Blüte verlängert sich der Fruchtstand und wächst zum Erdboden bzw. zum Wasser hin. Die reifen Beeren lösen sich leicht vom Kolben ab. Da das Fruchtfleisch große, luftgefüllte Interzellularen besitzt, können sie gut schwimmen. Durch Aufplatzen entlassen sie die ebenfalls schwimmfähigen Samen, die auch an Wasservögeln anhaften.

Vegetative Vermehrung durch die Rhizome.
Verwendung: Die Rhizome dienten früher als Schweinefutter, daher auch der Name „Schweinekraut"; in Lappland wurden sie auch zu Mehl verarbeitet. Ehemals wurde die Pflanze auch arzneilich genutzt. Die Rhizome wurden im Volk nach der Signaturenlehre gegen Schlangenbiss verwendet. Wird gelegentlich als Zierpflanze für Gartenteiche angeboten.

Callistephus chinensis: siehe bei *Aster*

Callitriche palustris LINNAEUS (Artengruppe), Gewöhnlicher Wasserstern

Plantaginaceae (= Wegerichgewächse)

Einjährig bis ausdauernd. Schlammwurzler in Gewässern oder Sumpfpflanze. Amphibisch, d. h. sowohl untergetaucht im Wasser (bis 80 cm lang) als auch auf feuchtem Boden (1–12 cm hoch) lebensfähig. Als Wasserpflanze gewöhnlich mit einer schwimmenden, sternförmigen Blattrosette endend. – Spaltöffnungen an den Unterwasserblättern fehlend, an den Schwimmblättern oberseits, an den Luftblättern unterseits.

Systematik: *Callitriche* ist die einzige Gattung der ehemaligen Familie Callitrichaceae, die heute in die weit gefasste Familie Plantaginaceae gestellt wird. Nahe steht der Tannenwedel (*Hippuris*).
Namen: „*Callitriche*" ist der lat.-griech. Name des Frauenhaarfarns (*Adiantum capillus-veneris*), von griech. kallos = Schönheit und thrix, trichos = Haar. Der Name wurde von LINNÉ auf die vorliegende Gattung übertragen, vielleicht wegen der Wuchsform oder der feinen Wurzeln. Lat. „*palustris*" = Sumpf-. – „Wasserstern" ist vermutlich die Lehnübersetzung des vorlinnéschen Namens ‚stellaria aquatica', nach dem Standort und der sternförmigen Blattrosette.
Vorkommen: Flache Gewässer, Pfützen, nasse Wege. Bei starker Wasserverschmutzung verschwindend.

Blüten: V–X, unscheinbar. Windbestäubung sowie Wasserbestäubung (Unterwasserblüher), dann Pollen zu den Narben an die Oberfläche steigend.

Früchte: Winzige, in vier steinartige Klausen zerfallende Spalt- bzw. Bruchfrüchte. Schwimmausbreitung und (mithilfe des Narbenrestes) Klettausbreitung. Fruchtreife: ab VIII.

Vegetative Vermehrung durch abgerissene Sprossteile.

Verwendung: Die Pflänzchen wurden früher als Viehfutter, selten auch als Salat verwendet.

Calluna vulgaris (L.) HULL (= *Erica vulgaris* L.), Heidekraut, Besenheide

Ericaceae (= Heidekrautgewächse)

Immergrüner Zwergstrauch oder kleiner Strauch. Meist ca. 30 cm hoch, bei ungestörter Entwicklung bis 100 cm. Langsamwüchsig. Gewöhnlich nur 10–20 Jahre alt werdend, aber ausschlagfähig und bei Verbiss durch Schafe oder durch Rückschnitt bis zu 40 Jahre alt werdend. Die ledrigen, 1–4 mm langen Rollblätter sind eher als Anpassung an stickstoffarme Böden (Peinomorphose) als an Trockenheit (Xeromorphose) zu verstehen. Spaltöffnungen nur an der Unterseite, von Haaren geschützt. Blätter im Gegensatz zu *Erica* gegenständig (statt quirlig) und schuppenförmig (statt nadelförmig). *Calluna* bekämpft konkurrierende Pflanzen (Allelopathie) indirekt, indem sie Stoffe abgibt, die die Mykorrhiza-Pilze einiger anderer Pflanzen, besonders der Fichte (Picea), hemmen. – Tiefwurzler (Trockenheitsanpassung). Pilzwurzel (Ericaceen-Mykorrhiza).

Systematik: Einzige Art der Gattung. Nah verwandt ist die artenreiche Gattung Glockenheide (*Erica*).

Schädlinge: Heidekraut ist Futterpflanze für zahlreiche Arten von Tag- und Nachtfaltern.

Namen: „*Calluna*" wurde 1802 von SALISBURY nach Abtrennung von *Erica* (siehe dort) als Gattungsname eingeführt, von griech. kallynein = schön machen, fegen, wegen der Verwendung für Besen. Bei LINNÉ und den vorlinnéschen Autoren hieß die Pflanze *Erica (vulgaris)*, wobei man davon ausging, mit dem antiken Namen ‚Erica' wäre das Heidekraut gemeint gewesen. Lat „*vulgaris*" = häufig. – Der Name „Heide" wurde von dem Standort Heide, der ursprünglich ‚unbebautes Land' bedeutete, schon früh auf dort wachsende Pflanzen übertragen, also vor allem Besenheide (*Calluna*), Glockenheide (*Erica*) und Heidelbeere (*Vaccinium myrtillus*). Im allgemeinen Sprachgebrauch wird nicht zwischen Besenheide (*Calluna*) und Glockenheide (*Erica*) unterschieden, und auch das durch Eindeutschung von Erica entstandene Wort Erika (19. Jh.) ist nicht festgelegt, und so stammt z. B. die ‚Erika-Blüte' der Lüneburger Heide von *Calluna*.

Vorkommen: Lichtpflanze saurer, nährstoff- und basenarmer Standorte, so in Heiden, Magerrasen, Mooren und an Silikatfelsen. Auch in Küstenheiden. Von der Ebene bis in die alpine Stufe. Mit dem Rückgang der Schafweide nehmen unsere, meist erst durch Weidewirtschaft entstandenen, Heidestandorte wieder ab. Europaweit sind die ursprünglichen Heidegebiete seit 1850 um >80% zurückgegangen! Bodenverschlechterer durch Rohhumusbildung. – Hauptverbreitung in Europa. In Nordamerika eingebürgert; ebenso in Neuseeland, wo sich die Art sogar zur Problempflanze entwickelt hat.

Blüten: Spätblüher: VIII–X. Kleine „Glockenblumen mit Streueinrichtung" (allerdings ohne Streukegel), in einseitswendigen Trauben. Schauwirkung durch die lange erhalten bleibenden Kelchblätter. Kronblätter unscheinbar, hellpurpurn bis weiß, kürzer als der Kelch, frei (bei *Erica* verwachsen). Unter der Blüte 4 kelchblattartige Laubblätter. Staubbeutel bereits in der Knospe geöffnet. Nektar relativ leicht zugänglich. Reicher Insektenbesuch, besonders durch Honigbienen („Heidehonig"), Wildbienen, Hummeln, Fliegen und kleine Falter. Auch Windbestäubung ist möglich: Unterbleibt der Insektenbesuch, verlängern sich die Staubfäden und geben reichlich Pollen durch den Wind ab. Bestäubung ist wie bei *Erica* (siehe dort) auch durch die winzige Blasenfuß-Art *Taeniothrips ericae* („Gewitterwürmchen") möglich. Die Weibchen fliegen auf der Suche nach den ungeflügelten Männchen von Blüte zu Blüte und führen dadurch die Bestäubung durch. – Beginn der Blühreife mit 4 Jahren.

Früchte: Die fachspaltigen Kapseln sind im Kelch verborgen und werden vom Wind ausgeschüttelt. Reichlich winzige, aber trotzdem langlebige Samen von nur ca. 0,5 mm Länge: Körnchenflieger. Fruchtreife: III–IV des folgenden Jahres. Wintersteher. Lichtkeimer (Pionierpflanze). Die Keimung wird durch nicht zu starke Brände deutlich gefördert.

Vegetative Vermehrung erfolgt gelegentlich durch sich bewurzelnde Zweige (Legtriebe).

Verwendung: Für Wildpflanzengärten zu empfehlen. Zur Begrünung sandiger Böschungen geeignet. Dazu beliebte Zierpflanze (‚Calluna-Heide' oder ‚Sommerheide'), die in > 1000 Sorten mit sehr unterschiedlichen Blütezeiten und Färbungen der Blüten und Blätter kultiviert wird. Besonders beliebt sind Sorten, die bis in den Winter hinein eine große Zahl von geschlossen bleibenden Blütenknospen zeigen (Knospenheiden) und dadurch den Eindruck erwecken, die Pflanzen würden (wie die Schnee-Heide = *Erica carnea*) im Winter blühen. Solche Knospenheiden beherrschen zurzeit leider den Markt; da sie aber von Bienen und anderen Insekten nicht besucht werden, sind sie aus ökologischer Sicht abzulehnen. – Die Pflanze war früher wichtig zur Herstellung von Besen. In der Volksmedizin kommt sie als harntreibendes und damit blutreinigendes Mittel zur Anwendung.

Caltha palustris LINNAEUS, Sumpf-Dotterblume

Ranunculaceae (= Hahnenfußgewächse)

Ausdauernde Halbrosetten- bzw. Sumpfpflanze, mit typisch röhrigem Stängel (Durchlüftung), 15–30(–60) cm hoch. Rhizom kräftig. Formenreich.

Giftigkeit: Frisch schwach giftig durch Protoanemonin. Wird vom Weidevieh gemieden.

Namen: „*Caltha*" ist der lat. Name der Ringelblume (*Calendula*), der von LINNÉ auf die Dotterblume übertragen wurde; noch im 17. Jh. wurden diese beiden nicht verwandten Gattungen gleichbedeutend verwendet, offenbar wegen der gemeinsamen Nutzung der gelben Blüten zum Färben. Lat. „*palustris*" = Sumpf-. – „Dotterblume" bezieht sich auf die Blütenfarbe. Im Volk auch „Butterblume" genannt – ein Name, der für sehr unterschiedliche Pflanzen gilt, die wegen der karotinreichen Blüten zum Färben von Butter verwendet wurden.

ne Insekten, besonders Schwebfliegen, Bienen, Käfer und Schmetterlinge. Die für das menschliche Auge einheitlich erscheinenden Blüten haben in der Mitte (zu ca. 2/3) einen Bereich starker UV-Absorption, der für die UV-empfindlichen Bestäuber als deutlich kontrastierendes Blütenmal („bulls eye") dient. Bei Regen sind die Blüten geöffnet und füllen sich mit Wasser. Da Staubbeutel und Narben auf gleicher Höhe stehen, kommt es dadurch zur Selbstbestäubung. Es liegt also der seltene Fall von Regenbestäubung vor. Die Blüten werden auch von Urmotten (*Micropteryx*) besucht, die den Pollen fressen.

Früchte: Je Blüte entwickeln sich 5–15, sternförmig angeordnete Balgfrüchte (siehe Detailfoto). Diese sind mehrsamig, bei Nässe weit geöffnet und innen unbenetzbar; daher können aufschlagende Regentropfen die Samen herausschleudern: Regenballist. Samen mit Schwimmgewebe: Schwimmausbreitung. Fruchtreife: VI. Licht- und Kältekeimer.

Verwendung: Die gelben Blüten wurden früher aufgrund des Karotingehaltes zum Färben der Butter, im Mittelalter nach der Signaturenlehre auch als angebliches Mittel gegen Gelbsucht benutzt. Die gekochten und in Essig eingelegten Blütenknospen wurden als Kapernersatz („Deutsche Kapern") gegessen (Vorsicht!). Auch die Blätter wurden ehemals für Speisezwecke genutzt, nachdem man sie vorher trocken gelagert und gekocht bzw. zweimal das Kochwasser gewechselt hatte. Die Wurzeln waren in Nord-und Osteuropa ein wichtiges Nahrungsmittel. Für Wildpflanzengärten zu empfehlen. Zierpflanze in mehreren Sorten, z.B. auch mit gefüllten Blüten.

Vorkommen: Nährstoffreiche Sumpfwiesen, Quellfluren, Au- und Bruchwälder. Durch Entwässerungsmaßnahmen und Aufgabe der Bewirtschaftung von Feuchtgrünland im Rückgang. Kennart des Calthion (= Sumpfdotterblumenwiesen). Von der Ebene bis in die alpine Stufe, in den deutschen Alpen bis knapp 2050 m.

Blüten: (III–)IV–VI, Frühblüher. Homogame „Nektar führende Scheibenblumen". Blütenhülle einfach, durch Karotinoide goldgelb. Fruchtknoten zu 5–15, untereinander nicht verwachsen. Nektar wird reichlich am Grunde der Fruchtknoten abgeschieden. Besucher sind verschiede-

In jeder Blüte bilden sich mehrere zur Reife schüsselförmige Balgfrüchte, deren Samen durch Regen herausgeschleudert werden.

Calystegia sepium (L.) R. Brown (= *Convolvulus sepium* L.), Gewöhnliche Zaunwinde

Convolvulaceae (= Windengewächse)

Ausdauernder Hemikryptophyt oder Geophyt: sommergrüne, windende Kletterstaude, maximal bis 3 m lang. Kriechpionier. Die Endabschnitte der Ausläufer bilden kurze Sprossknollen. Wie die meisten Windepflanzen Linkswinder (= gegen den Uhrzeigersinn). Kreisende Stängelspitzen mit einem Umgang in knapp zwei Stunden. Bei Berührung wird die Stütze durch stärkeres Wachstum der Außenseite umfasst. Blätter herzförmig, ähnlich wie bei den ebenfalls windenden Arten der Gattung Flügelknöterich (z. B. *Fallopia dumetorum*). Blätter lichtwendig zur optimalen Lichtausnutzung.

Systematik: *Calystegia* ist nah verwandt mit der Gattung *Convolvulus* (Winde), von der sie sich u. a. durch die großen, den Kelch umgebenden Vorblätter unterscheidet.

Giftigkeit: Schwach giftig durch Harzglykoside und Nortropan-Alkaloide (Calystegine).

Namen: Der Name „*Calystegia*" wurde von R. Brown nach Abtrennung von *Convolvulus* geprägt, von griech. kalyx = Kelch und stegein = bedecken, wegen des auffälligen Außenkelches. Lat. „*sepium*" ist Genitiv Plural von saepes (sepes) – Zaun, nach dem bevorzugten Standort. – Durch die Abtrennung der Gattung wurde auch im Deutschen ein neuer Gattungsname nötig: Während der Name „Winde" bei *Convolvulus* blieb, heißt *Calystegia* jetzt „Zaunwinde".

Vorkommen: Staudenreiche Ruderalfluren, Zäune, Gärten, Ufer und Auwaldsäume, auf feuchten, nährstoff- und basenreichen Böden. Kennart der Calystegietalia (= Uferstauden- und Schleiergesellschaften).

Blüten: VI–IX. „Große Trichterblumen", mit Außenkelch aus zwei Vorblättern. Die bis zu 7 cm langen, weißen Blüten gehören zu den größten unserer Flora. Der Nektar ist schwer zugänglich; er wird von 5 ringförmig den Fruchtknoten umgebenden, getrennten Nektarien abgesondert (siehe Foto). Pollen weiß. Nachtfalterblume, Hauptbestäuber ist der Windenschwärmer (*Agrius = Herse convolvuli*) mit seinem bis 8 cm langen Rüssel; er ist ein jährlich aus Südeuropa zu uns fliegender Wanderfalter. Dazu Bestäubung durch Pollen fressende Schwebfliegen. Blüten auch nachts geöffnet, aber bei trübem Wetter geschlossen. Selbstbestäubung ist erfolgreich.

Früchte: Trockenkapseln mit Längsrissen aufspringend, von den Vorblättern eingehüllt. Samen eiförmig, 4–6 mm lang und 25–30 mg schwer. Sie werden meist vom Wind ausgeschüttelt oder bei

Überschwemmung ausgespült: Schwimmausbreitung. Schwimmdauer bis zu 33 Monaten. Rollsamen. Fruchtreife: VII–IX.
Vegetative Vermehrung durch die weithin kriechenden Rhizome bzw. Bruchstücke davon, z. B. auch über Wühlmäuse und Gartenarbeit.
Verwendung: Früher als Abführmittel verwendet. Im Prinzip als Zierpflanze und Wildgartenpflanze zur Begrünung von Zäunen geeignet. Jedoch ist Vorsicht geboten, da die Pflanze außerordentlich ausbreitungsfreudig ist und im Garten sehr lästig werden kann.

Weitere Art:
Calystegia soldanella (L.) ROEM. et SCHULT., Strand-Zaunwinde: Stängel niederliegend, den Sand durchziehend. Blätter nierenförmig, 4–5 cm breit, etwas fleischig, an die der Troddelblume (*Soldanella*; Name!) erinnernd. Blütenkrone rosa, mit weißen Streifen, etwa 4 cm breit. Selten auf älteren Weißdünen im Nordseegebiet. **Streng geschützt!** Im Mittelmeergebiet noch häufiger, aber durch übermäßigen Tourismus ebenfalls im Rückgang.

Camelina sativa (L.) CRANTZ), Saat-Leindotter oder Öldotter

Brassicaceae (= Kreuzblütler)

Einjährig, sommerannuell, seltener winterannuell, 30–50(–100) cm hoch. Pflanze fast kahl. Stängel zur Reife verholzt. Blätter in etwa lanzettlich, mit pfeilförmigem Grund stängelumfassend, ungezähnt oder nur entfernt gezähnt.

Schädlinge: Der zu den Falschen Mehltaupilzen gehörende Mikropilz *Peronospora camelinae* ist auf den Leindotter spezialisiert.
Namen: „*Camelina*" ist ein vorlinnéscher Name, vermutlich lat.-griech. Ursprungs. Die Bedeutung ist unklar, evtl. ist ‚kamillenähnlich' gemeint, im Hinblick auf das Öl dieser uralten Kulturpflanze, das mit Kamillenöl verglichen wurde, oder von griech. chamai = niedrig und linon = Lein, also ‚unter Lein wachsend'. Lat. „*sativus*" = angebaut als Kulturpflanze. – Der Name „Leindotter" bezieht sich auf den Gezähnten Leindotter (*C. alyssum*), der mit seinen dottergelben Blüten als Wildkraut auf den blau blühenden Lein-Äckern sehr auffällig war. „Öldotter" wegen der Verwendung und der Blütenfarbe der Camelina-Arten.

Vorkommen: Ehemals wichtige Kulturpflanze. Sie wurde über Jahrzehnte hinweg kaum noch angebaut, wird aber in letzter Zeit zunehmend wieder in Kultur genommen, und entsprechend gibt es auch wieder neue Verwilderungen. Dabei ist zu beachten, dass manche für *C. sativa* gehaltene Wildvorkommen zu *C. microcarpa* gehören dürften.
Blüten: V–VIII. Zitronengelbe, unscheinbare, nur 4–6 mm breite „Nektar führende Scheibenblumen" in lang gestreckten Trauben. Gute Pollen- und Nektarquelle für Bienen, vor allem Wildbienen. Selbstbestäubung ist erfolgreich.
Früchte: Schötchen (siehe Detailfoto) birnförmig, bald verholzend und dann hartschalig, ca. 7–8 mm lang. Windstreuer und Tierstreuer. Samen im feuchten Zustand mit Schleimhülle, die der Klebausbreitung und durch die Bodenhaftung auch als

„ausbreitungshemmende Einrichtung" dieser ehemaligen Steppenpflanze dient. Dazu Menschenausbreitung als Agrikulturrelikt. Fruchtreife: ab VI. Samen mit 30–35% Öl, nur 1–2 Jahre lebensfähig. Lichtkeimer.

Verwendung: War von der Bronzezeit bis ins Mittelalter eine wichtige Ölpflanze, die für Speiseöl und Leuchtöl genutzt wurde. Der Anteil an Omega-3-Fettsäuren im Öl mit bis >40% ist hoch. Als „Deutsches Sesamöl" fand es auch in der Heilkunde Anwendung. Die Pflanze wurde früher auch als Viehfutter gezogen. Nach 1940 wurde sie bei uns zunächst nur noch selten kultiviert (Butterraps), erlangte aber in den letzten Jahren weltweite Aufmerksamkeit als möglicher Biokraftstoff. Man hat aus dem Öl, gemischt mit Leinöl, auch Schmierseife und Anstrichfarbe hergestellt, so z.B. in den USA. Auch als Komponente von Speiseöl gewinnt die Pflanze wieder an Bedeutung. Leindotter wird besonders auch als idealer Partner für den Mischfruchtanbau empfohlen.

In den rundlichen Schötchen reifen ölhaltige Samen heran, die der Ölgewinnung dienen.

Weitere Arten:

Camelina alyssum (Mill.) Thell. (= *C. sativa* subsp. *alyssum*), Gezähnter Leindotter: Stängel ebenfalls weitgehend kahl, untere Stängelblätter buchtig gezähnt. Hoch angepasstes Ackerwildkraut der Leinkulturen (*Linum usitatissimum*). Kalkmeidend. Ausgestorben. Die Art ist erst im Anbau von Lein aus *C. microcarpa* entstanden (Archäophyt), wobei Formen selektiert wurden, die an den Lein als Kulturpflanze angepasst waren. So wurde aus der winterannuellen Pflanze eine sommerannuelle Form. Speziell in Anpassung an die geschlossenen Früchte des Schließleins wurden Formen mit geschlossen bleibenden Früchten und in Anpassung an den Faserlein wenig verzweigte Formen ausgelesen. Über das Worfeln des Erntegutes (einer ursprünglichen Form der Saatgutreinigung) wurden großfrüchtige Typen selektiert, deren Samen denen der Kulturpflanzen so ähnlich waren (Samen-Mimikry), dass für ständigen Samennachschub der Wildpflanzen auf Leinäckern gesorgt war. Auch mit Vogelfutter erfolgte eine Ausbreitung. Mit Aufgabe des Leinanbaus um 1950 ist die Pflanze wieder verschwunden. – *C. alyssum* wurde wegen seiner negativen Beeinflussung des Leins gerne als Beispiel für Allelopathie genannt; jedoch sind die Verhältnisse nicht so eindeutig, wie zunächst angenommen.

Camelina microcarpa DC. (= *C. sativa* subsp. *microcarpa*), Kleinfrüchtiger Leindotter: Stängel im unteren Bereich und Blätter dicht kurz sternhaarig und auch mit längeren Haaren. Meist winterannuell. Blüten blassgelb. Nährstoffreiche Äcker, Ruderalstellen und Trockenrasen. Kalkliebend. Archäophyt. Gilt als Stammpflanze von *C. sativa* und *C. alyssum*. Die Pflanze ist beheimatet in den Steppen Südwestasiens und Südosteuropas.

Campanula patula Linnaeus, Wiesen-Glockenblume

Zweijährige bis ausdauernde, lockerrasige Halbrosettenpflanze, 30–50(–70) cm hoch. Stängel zart. Blätter alle lineal-lanzettlich. Rhizom kräftig, kriechend. – Hauptwurzel im Unterschied zu *C. rapunculus* dünn.

Systematik: Die Gattung umfasst 300–450 Arten auf der Nordhalbkugel, von denen ca. 20 bei uns wild vorkommen und ca. 50 als Zierpflanzen in Kultur sind. Verwandt sind Sandglöckchen (*Jasione*), Frauenspiegel (*Legousia*) und Teufelskralle (*Phyteuma*). – Die Familie steht den Korbblütlern (Asteraceae) nahe, was sich u.a. auch am Vorkommen von Inulin statt Stärke als Kohlenhydratspeicher zeigt.

Namen: Zu den Gattungsnamen siehe *C. trachelium*. Lat. *„patulus"* = ausgebreitet, wegen der Blütenform im Gegensatz zu den mehr walzlichen Blüten der *C. rotundifolia*-Verwandtschaft.

Vorkommen: Fettwiesen sowie seltener in Magerrasen und an Ruderalstellen. Im Westen und Nordwesten Deutschlands eher selten. Wärmeliebend und kalkmeidend. Bis in die montane Stufe.
Blüten: V–VII. Blüten blass rotviolett, 15–25 mm lang, im Längsschnitt dreieckig, in doldenartiger Rispe. Sonnenwendig. Blütenstiele meist <1 cm lang. Kelchzipfel pfriemlich, viel kürzer als die Kronröhre. Bestäubung wie bei *C. trachelium*.
Früchte: Porenkapseln aufrecht, ihre Poren oben. Ausbreitung ähnlich wie bei *C. trachelium*.
Verwendung: Die Wurzeln der Glockenblumen-Arten, vor allem der folgenden Art, werden schon seit langem für Speisezwecke genutzt; die jungen Blätter und Sprosse können als würzige Beilage zu Salaten und Gemüse verwendet werden; die Blüten sind als essbare Dekoration geeignet.
Weitere Arten (siehe auch folgenden Abschnitt):
Campanula rapunculus L., Rapunzel-Glockenblume oder Echte Rapunzel: Ähnlich wie vorige Art und oft für diese gehalten. Wächst vor allem an Wegrändern und Böschungen auf nährstoffreicheren Böden in Ortsnähe. Im Norden und Osten Deutschlands ist sie eher selten und Neophyt. Zweijährig. Blütenstand traubig-rispig. Blüten blauviolett, meist >1 cm lang gestielt. – Die Hauptwurzel ist fleischig verdickt und kann als wohlschmeckendes Wurzelgemüse (Name!, mittellat. „rapunculus" = kleine Rübe) wie Sellerie oder Rote Bete zubereitet werden. Rohe Wurzelscheibchen und Blätter ergeben einen guten Salat. Die Pflanze wurde im Mittelalter sowohl draußen gesammelt, als auch in Gärten kultiviert. Im Elsaß und in der Schweiz wurde die Art noch zwischen 1906 und 1929 angebaut. Ähnlich wie beim Feldsalat (*Valerianella locusta*) wurden im Winter auch die Rosettenblätter geerntet, wodurch sich erklären dürfte, weshalb auch dieser als Rapunzel bezeichnet wurde, was immer wieder Anlass für Verwechslungen gab. Typisches Kulturrelikt.
Campanula poscharskyana DEGEN, Hängepolster- oder Kriechende Glockenblume sowie ***Campanula portenschlagiana*** SCHULT., Dalmatiner-Glockenblume und Hybriden: Beliebte Zierpflanzen. Heimat: Balkan. Grundblätter nierenförmig. Reich blühend, meist hellblau. Blüten weit trichterförmig. In Gärten sehr ausbreitungsfreudig und seit etwa 2000 oft verwildert, besonders an Mauern, in Pflasterfugen und an anderen Ruderalstellen im Siedlungsbereich, mit zunehmender Einbürgerungstendenz. Blätter essbar.

Campanula trachelium LINNAEUS, Nesselblättrige Glockenblume

Campanulaceae (= Glockenblumengewächse)

Ausdauernde Halbrosettenpflanze, 30–100 cm hoch. Stängel scharfkantig, steifhaarig. Blätter ähnlich denen der Brennnessel.

Namen: „*Campanula*" (= kleine Glocke) ist der mittellat. bzw. ital. Name der Pflanze. „*Trachelium*" ist der vorlinnésche Name verschiedener Glockenblumen-Arten, vermutlich zu griech. trachys = rau,

wegen der rauhaarigen Stängel und Blätter. – „Glockenblume" ist Lehnübersetzung.

Vorkommen: Hecken, Schläge, krautreiche Wälder, auf frischen, nährstoff- und basenreichen Lehmböden.

Blüten: VII–VIII. „Glockenblumen mit klebrigem Pollen", 30–40 mm lang, bewimpert. Wie bei allen *Campanula*-Arten sind die Blüten ausgeprägt vormännlich (siehe die Abb. zu *C. rotundifolia*): Schon in der Knospe wird der Pollen an der Griffelbürste abgelagert und dann später durch Zurückziehen der Griffelhaare freigegeben (= sekundäre Pollenpräsentation). Der Griffel dient als „Kletterstange". Die Staubfäden sind an der Basis verbreitert und müssen von den Besuchern zur Seite gedrückt werden, damit diese an den Nektar gelangen können. Bestäuber sind verschiedene Insekten, besonders Bienen einschließlich Hummeln. Da die Narbenlappen vor dem Abblühen bis zur Griffelbürste zurückgekrümmt werden, ist Selbstbestäubung möglich. – Das Blau der Blüten schlägt nach Zugabe eines Tropfens Säure sofort in Rot um.

Früchte: Hängende Porenkapseln, mit klappigen Öffnungen an der Basis, die sich bei Nässe schließen: Wegen der bleibenden, abstehenden Kelchblätter Tier- und Windstreuer. Die sehr leichten Samen werden als Körnchenflieger ausgebreitet. Licht- und Frostkeimer. Fruchtreife: VIII–X. Lichtkeimer.

Verwendung: Die meisten heimischen *Campanula*-Arten sind als Zierpflanzen beliebt und auch für Wildpflanzengärten zu empfehlen. Darüber hinaus werden bei uns etwa 50 ausländische Arten als Zierpflanzen kultiviert.

Weitere Arten (mit ähnlicher Blüten- und Ausbreitungsökologie):

Campanula rapunculoides L., Acker-Glockenblume: Säume, Wegränder, Äcker, auf oft kalkhaltigen Böden. Wegen der früher genutzten Rhizome vielfach ein Kulturrelikt. Der vorigen Art sehr ähnlich, aber Stängel und Blüten kahl und Blüten in einseitswendiger Traube. Erfolgreiche vegetative Vermehrung durch unterirdische Ausläufer. Für Wildpflanzengärten nur beschränkt zu empfehlen, da sie sich stark ausbreiten kann. Siedelt z. B. auch in Pflasterritzen.

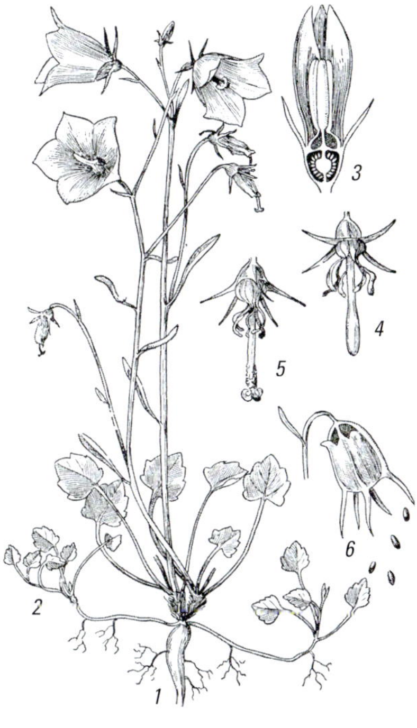

*Rundblättrige Glockenblume: **1** Pfahlwurzel, **2** Ausläufer mit „runden" Blättern, **3** junge Blüte längs, **4** u. **5** jüngere und ältere Blüte (ohne Blütenkrone), **6** Samen ausstreuende Porenkapsel.*

Campanula persicifolia L., Pfirsichblättrige Glockenblume: Kahle, bis über 50 cm hohe Waldpflanze mit linealischen Blättern. Blütenstand endständig, aus wenigen, 20–40 mm langen Blüten mit weitem Innenraum bestehend. Blaue „Hummelblumen". Kapseln reif aufrecht, mit Poren oben. Tierstreuer, da die ausdauernden, abstehenden Kelchblätter „hakeln". Zerstreut, fehlt nur im Nordwesten. Als Zierpflanze in unterschiedlichen Blütenfarben erhältlich. Ausbreitungsfreudige Wildgartenpflanze. Auch aus Kultur verwildert.

Campanula rotundifolia L. (Artengruppe), Rundblättrige Glockenblume: Kelchblätter borstlich. Rosettenblätter (an Ausläufern), nicht aber die Stängelblätter (!), rundlich (siehe die Abb.). Wenige, kleine, endständige blaue Blüten. Kapseln ähnlich denen von *C. trachelium*. Keimung auf dem Erdboden (epigäisch). Verbreitet. Vor allem in Magerrasen, in Fels- und Mauerspalten. Hier auch vegetative Vermehrung durch dünne unterirdische Ausläufer. In den Alpen auch die Kleinart *C. scheuchzeri* VILL.

Campanula glomerata L., Knäuelige Glockenblume: Trockene, artenreiche Wiesen auf basenreichen Böden, kalkhold. Früher ziemlich verbreitet aber inzwischen laut Roter Liste (Stand 2018) gefährdet. Die gewöhnlich blauvioletten Blüten sind ungestielt, stehen in endständigen Köpfen und darunter auch blattachselständig. Griffel bei großen Blüten eingeschlossen und nur bei kleinen Blüten herausragend. Blüten aufrecht und nachts sowie bei Regen geschlossen. Kapseln aufrecht mit basalen Poren.

Cannabis sativa LINNAEUS (= *C. indica* LAM.), Hanf, Indischer Hanf

Cannabaceae (= Hanfgewächse)

Einjährig, bis zu 3 m hoch (in den Tropen sogar bis zu 4 m). Zuwachs pro Tag bis zu 7 cm. Blätter handförmig geteilt. Weibliche Pflanzen riechen intensiv durch flüchtige Substanzen, die von Drüsenhaaren der Trag- und Kelchblätter abgegeben werden. Mehr als 1 m tief wurzelnd. – Geschlechtsdimorphismus: Weibliche Pflanzen sind kräftiger und stärker verzweigt. Das Genom wurde 2011 vollständig sequenziert.

Systematik: Nah verwandt ist der Hopfen (*Humulus*).

Giftigkeit: Das Harz der weiblichen Pflanze bewirkt u. a. durch Cannabinol Rauschzustände und Sinnestäuschungen (s. u.). Menge und Wirkung des Harzes sind in unserem Klima wesentlich geringer als in den Tropen.

Namen: „*Cannabis*" ist der lat.-griech. Name des Hanfs; lat. „*sativus*" = angebaut. – „Hanf" ist altgermanisch und geht ebenso wie kannabis auf eine Mittelmeersprache zurück.

Vorkommen: Alte Kulturpflanze, zuweilen verwildert, vor allem aus Vogelfutter. Wärmeliebende Kurztagpflanze. Heimat: Zentralasien.

Blüten: VII–VIII. Windbestäubung: „Hängeblütiger Typ" mit herabhängenden Staubfäden. Zweihäusig, d. h. es gibt männliche und weibliche Pflanzen (Zuchtformen auch einhäusig). Männliche Blüten in lockeren, kurzen Trauben (im Foto rechts), weibliche Blüten einzeln oder paarweise. Honigbienen sammeln sehr eifrig den reichlich vorhandenen Pollen (Bienentrachtpflanze), beteiligen sich aber nicht an der Bestäubung.

Früchte: Die kleinen Nüsse reifen wenige Wochen nach der Blüte aus. Die Samen sind reich an grünlichem fettem Öl. Selbstausbreitung oder Bearbeitungsausbreitung durch Vögel, z. B. durch die nach dieser Pflanze benannten Hänflinge (*Acanthis cannabina*).

Verwendung: Wegen der Bastfasern des Stängels sehr wertvolle und ehemals wichtige reißfeste Faserpflanze. Der Anbau erfolgte bei uns bereits vor der Römerzeit. Hanf gehört zu den ältesten Kulturpflanzen der Menschheit. Schon 10.000 v. Chr. wurde er für Textilien, Nahrungsmittel und wahrscheinlich auch medizinisch verwendet. Um 8000 v. Chr. kannte man Hanf bereits in Vorderasien als Gewebepflanze. In der Aurignac-Zeit sollen Höhlenbärenjäger bereits Hanfkörner in den Slowenischen Alpen hinterlassen haben. Bemerkenswert ist, dass Hanffasern schon 105 n. Chr. von Tsai Lun in China für Papier benutzt wurden. Das älteste Hanfpapier der Welt wird auf die Zeit 140–187 n. Chr. datiert. – Hanföl kann als Lösungsmittel und (wenig rentabel) als Treibstoff dienen. Die Früchte („Hanfsamen") werden zur Ölgewinnung (Leinölersatz) und als Vogelfutter genutzt. Zurzeit gibt es Bestrebungen, Hanf als Faser- und Ölpflanze in cannabinolfreien Zuchtformen wieder einzuführen. Die Pflanze wurde früher auch für Windschutzpflanzungen verwendet. Hanf besitzt auch ein bislang wenig beachtetes Potenzial auf den Gebieten der Ernährung, Kosmetik und Medizin. Neuerdings können *Cannabis*-Präparate bei bestimmten schweren Erkrankungen, z. B. bei chronischen Schmerzen, ärztlich verordnet werden; der Anbau erfolgt dann unter kontrollierten Bedingungen. – Das Harz aus dem Blütenbereich weiblicher Pflanzen bzw. die getrockneten Blätter der var. *indica* werden als Rauschdroge verwendet (Haschisch bzw. Marihuana). Sie wird neuerdings als „Biodroge" empfohlen. Obwohl wesentlich weniger gefährlich als Tabak kann auch Hanf zu psychischer Abhängigkeit und bleibenden psychischen Störungen und bei hoher Dosierung zu weiteren Gesundheitsschäden führen. Dauerhaftes Hasch-Rauchen zerstört wegen der mit aufgenommenen feinen Fasern die Lunge. Die Droge wird zum Teil mit anderen Rauschgiften vermischt

und gilt (dann) als Schrittmacher (Einstieg) für härtere Drogen. Wegen der Gefahr des Missbrauchs ist der Anbau nur unter strengen behördlichen Auflagen erlaubt. – Bemerkenswerterweise wird unter Stress, z. B. bei Hungerkuren, auch im menschlichen Gehirn Cannabinol produziert

Caps<u>e</u>lla bursa-p<u>a</u>storis (L.) Medikus, Gewöhnliches Hirtentäschel

Brassicaceae (= Kreuzblütler)

Sehr anpassungsfähig: einjährig (sommerannuell bis winterannuell) oder zweijährige Halbrosettenpflanze, in der Höhe zwischen 2 und 70 cm variierend. Formenreich. Pro Jahr sind bis zu 4 Generationen möglich. Verschiedenblättrig: Rosettenblätter gestielt, fiederteilig (sehr variabel), Stängelblätter nach der Spitze zu schließlich sitzend, lanzettlich, ganzrandig. – Günstiges Untersuchungsobjekt zu Studien der Embryonalentwicklung, zum einen wegen der durchscheinenden Samenschale, zum anderen, weil sich in einem Blütenstand alle Entwicklungsphasen von der unbefruchteten Eizelle in der Knospe bis hin zum reifen Samen finden lassen. – Im Schleim der Samenschale wurden Eiweiß spaltende Enzyme nachgewiesen. Möglicherweise werden mit ihrer Hilfe Kleinsttiere verdaut, deren Abbauprodukte als Zusatznahrung dienen könnten (Vorstufe zur Karnivorie).

Schädlinge: Die Pflanze ist oft von dem Mikropilz *Albugo candida* (= Weißer Rost) infiziert, erkennbar an einem weißen Überzug auf Stängel und Blättern.

Namen: „*Capsella*" (= kleine Tasche) ist der mittellat. Name der Pflanze und bezieht sich auf die Fruchtform, die an die früher von Hirten getragenen Felltaschen erinnert. LINNÉ stellte die Art zu *Thlaspi*. „*Bursa-pastoris*" ist der vorlinnésche Name der Pflanze, von lat. bursa = Fell und pastor, pastoris = Hirte, hat also denselben Bezug.

Vorkommen: Ruderalpflanze frischer, nährstoffreicher Standorte, besonders in Gärten, auf Äckern und Brachflächen und an Wegen. Vermutlich einheimisch, aber in Norddeutschland wohl eher Archäophyt oder Neophyt. Heute weltweit verbreitet.

Blüten: I–XII, also ohne Blühperiodizität, bei günstiger Witterung das ganze Jahr über blühend. Homogame bis vorweibliche, unscheinbare „Nektar führende Scheibenblumen", in reichblütigen, endständigen Trauben. Meist spontane Selbstbestäubung, daneben Bestäubung durch Schwebfliegen und kleinere Bienen.

Früchte: Reichsamige, zur Reife die beiden Fruchtklappen abwerfende, herzförmige Schötchen. Pro Pflanze werden bis zu 40.000 Samen produziert. Selbstausbreitung. Außerdem Wind- und Tierstreuer, sowie Regenballist: Aufschlagende Regentropfen lassen den Fruchtstiel zurückschnellen. Die nicht weit von der Mutterpflanze auftreffenden Samen werden durch Regenwürmer in den Boden eingearbeitet, wo sie lange keimfähig bleiben. Menschenausbreitung. Zufallsausbreitung: Die Samen wurden z.B. im Dung von Rindern und Möwen gefunden. Die klebrigen Samen werden außerdem als Klebhafter an Reifen, Schuhen, Hufen usw. ausgebreitet (Fernausbreitung). Bearbeitungsausbreitung durch Körner fressende Kleinvögel. Fruchtreife: IV–XII. Samen langlebig (bis etwa 30 Jahre). Die Keimung verteilt sich über einen sehr langen Zeitraum, was die Chance der Pflanze, sich zu etablieren, stark erhöht.

Verwendung: Wird seit dem Altertum zuweilen als Heilmittel gegen Blutungen (bei schlecht heilenden Wunden, Nasenbluten und zu starken Monatsblutungen) verwendet; die Wirkung ist aber nicht eindeutig belegt. Junge Blätter sind als Beigabe zu Salat und Gemüse geeignet. Die Samen bzw. Früchte dienen als Senf- bzw. Pfefferersatz. Die pulverisierten Wurzeln wurden früher zum Würzen verwendet.

Capsicum annuum LINNAEUS, Paprika, Spanischer Pfeffer

Ausdauernde krautige, buschig wachsende Pflanze (bis Halbstrauch), in Kultur meist einjährig gezogen, 20–50(–200) cm hoch. Blätter eiförmig bis lanzettlich, ganzrandig, gestielt.

Systematik: Die Gattung umfasst etwa 30 Arten im tropischen Süd- und Mittelamerika. Sie gehört zur Unterfamilie Solanoideae. – Formen von *C. annuum* mit halbstrauchigem Wuchs werden manchmal als eigene Art *C. frutescens* abgetrennt, hier aber mit eingeschlossen. – *Capsicum* steht der

Gattung *Solanum* (Nachtschatten, Kartoffel, Tomate) nahe.

Namen: *„Capsicum"* ist ein vorlinnéscher Name zu lat. capsa = Kapsel, Kästchen, wegen der Form der Frucht, die aber botanisch gesehen keine Kapsel ist. Lat. *annuus* = einjährig, was aber nur für kultivierte Exemplare gilt. – „Paprika" (pàprika) ist serbisch-ungarischen Ursprungs, was damit zusammenhängt, dass Gewürz-Paprika seit dem 18. Jh. besonders in Südosteuropa angebaut wurde. Der Name leitet sich von serbisch ‚pàpar' = Pfeffer ab, was von lat ‚piper' entlehnt ist, und bezieht sich auf den scharfen Geschmack vieler Herkünfte. Man sagt ‚die Paprika' oder ‚der Paprika', letzteres vor allem im Süden des deutschen Sprachgebietes. „Spanischer Pfeffer", weil die Pflanze im frühen 16. Jh. durch die Spanier in Europa eingeführt wurde und als Ersatz für den aus Asien importierten Echten Pfeffer (*Piper nigrum*) genutzt wurde. Sorten mit kleinen, oft scharfen Früchten heißen „Peperoni" oder „Chili", wobei letzterer Name auf ein indianisches Wort zurückgeht.

Vorkommen: Kulturpflanze. Wird bei uns meist in Folien- oder Glashäusern und in Gärten gezogen. Kälteempfindlich. Wärmeliebend. Heimat: Mittelamerika und benachbarte Gebiete, zuerst in Mexiko kultiviert. Gelegentlich verwildert, aber nur unbeständig.

Blüten: VI–VIII (in Kultur auch anders). Vorweibliche „Nektar führende Glockenblumen", etwas an die der Judenkirsche (*Physalis*) erinnernd. Krone nach unten hängend (nickend). Kronblätter verwachsen, gelblich weiß, seltener violett, radförmig ausgebreitet mit 3-eckigen Kronzipfeln. Nektar wird an der Basis der Kronblätter abgesondert. Die Blüten öffnen sich morgens. Die Staubbeutel reifen erst mehrere Tage nach der Narbe. Gewöhnlich erfolgt Selbstbestäubung, aber auch Hummeln kommen als Bestäuber infrage. Sie gelangen, wie man es z. B. von Tomaten kennt, erst dann an den Pollen, wenn sie vor den Staubbeuteln vibrieren (Buzzing).

Früchte: Die als „Paprikaschoten" allgemein bekannten Früchte sind aus botanischer Sicht Beeren, da die Fruchtwand zur Fruchtzeit fleischig ist (siehe Detailfoto). Wegen der bei Vollreife hart und brüchig werdenden Fruchtwände spricht man auch von Trockenbeeren. Sie bestehen aus 3–5 Fruchtblättern mit echten, aber unvollständigen Scheidewänden und sind innen hohl. Das Samen bildende Gewebe (Plazenta) befindet sich ähnlich wie bei der Tomate vor allem im unteren Teil der Frucht. Die Samen sind flach und sehr zahlreich. Bei der Wildform sind die Früchte klein, rundlich und aufgerichtet, und zur Reifezeit durch Karotinoide intensiv rot gefärbt. Bei Kulturformen findet sich ein breites Spektrum an Fruchtformen (kugelig, eiförmig, glockenförmig), Fruchtgrößen (1–30 cm lang) und Fruchtfarben (rot, gelb, grün, braun, violett). – Die Ausbreitung der Wildform erfolgt durch Vögel, für die die Früchte nicht scharf sind, da bei ihnen die anders aufgebauten Rezeptoren der Nervenzelloberflächen nicht auf Capsaicin reagieren. Verdauungsausbreitung: Da die Verdauung der Vögel die Samen nicht zersetzt, werden diese unverdaut zusammen mit dem Kot wieder ausgeschieden. Wärmekeimer.

Die „Paprikaschote" ist eine vielsamige Beere.

Vegetative Vermehrung ist durch Stecklinge möglich.

Verwendung: Paprika wird in Amerika schon seit mehreren Jahrtausenden kultiviert. Die

Spanier brachten die Pflanze dann im 16. Jh. nach Europa, wo sie zunächst als Gewürz und Pfefferersatz eine Rolle spielte. Seit dem 18. Jh. wurde bei uns die (der) Gewürzpaprika durch den Anbau in Ungarn sehr bekannt. In Mitteleuropa war die Art zunächst vor allem Zierpflanze und wurde erst seit Mitte des 20. Jh. nach Züchtung von mildem Gemüsepaprika auch gewerbsmäßig angebaut. Die Welternte lag 2018 bei 37 Mio. t, davon die Hälfte aus China stammend. – Für die unterschiedliche Verwendung der Pflanze ist ganz wesentlich der Gehalt an dem Scharfstoff Capsaicin verantwortlich. Dieses Alkaloid erzeugt einen Hitze- bzw. Schmerzreiz. Der Stoff wird in Drüsenzellen der Samenleiste (Plazenta) gebildet, also dort, wo die Samenanlagen ansitzen, und hat dort auch die höchste Konzentration. Er breitet sich aber auch etwas in die Samen und die Scheidewände der Früchte aus und nur sehr geringfügig in die restlichen Teile der Frucht. Der Gehalt ist je nach Sorte, Klima und Standort sehr verschieden. Bei Gewürzzubereitungen ist für den Schärfegrad außerdem entscheidend, welche Teile der Frucht verwendet werden. Man kennt heute etwa 2000 Kultursorten. Man kann folgende Gruppen unterscheiden:

- Gemüsepaprika: Hier wurde der Capsaicin-Gehalt weitestgehend weggezüchtet und liegt nur noch bei 0,01%. Früchte glockenförmig, hängend. Hoher Vitamin-C-Gehalt. Der Geschmack ist vor allem durch ätherische Öle bedingt.
- Gewürzpaprika: Scharf schmeckende Sorten mit einem Capsaicin-Gehalt zwischen 0,3 und 0,9%. Früchte aufrecht oder hängend. Hierher gehören z. B. Chili, Peperoni, Kirschpaprika und Jalapeño. Aus den getrockneten und zermahlenen Früchten wird sowohl das bekannte Paprika-Gewürzpulver als auch der Cayenne-Pfeffer hergestellt, der also trotz des Namens kein Pfeffer ist. Auch das umstrittene Pfefferspray enthält vor allem Paprika und hat nichts mit Pfeffer zu tun. Freunde scharfer Gewürze übertreffen sich gegenseitig mit der Schärfe ihrer Zubereitungen. Der Rekord liegt derzeit bei einer Chili-Sauce mit dem Scharfstoff-Grad 9.000.000 auf der Scoville-Skala (zum Vergleich: Gemüse-Paprika: 0–10, Cayenne-Pfeffer: 30.000–50.000, Pfefferspray: 100.000–200.000). Volksmedizinisch findet scharfer Paprika Verwendung in Wärmepflastern, die die Durchblutung fördern, zur Muskelentspannung dienen und bei Gicht und Rheuma zur Anwendung kommen.
- Zierpaprika: Wird meist als Topfpflanze kultiviert. Früchte meist sehr klein, aufrecht, kuglig bis eiförmig, scharf.

Cardamine bulbifera (L.) CRANTZ (= *Dentaria bulbifera* L.), Zwiebel-Zahnwurz

Brassicaceae (= Kreuzblütler)

Ausdauernde Pflanze: Rhizom-Geophyt, 30–60 cm hoch. Ausläuferartiges Speicher-Rhizom mit zahnförmigen Niederblattnarben. – Hochpolyploid: 2n = 12x = 96, vermutlich entstanden durch Bastardierung von Sippen eiszeitlicher Waldrefugien mit anschließender Chromosomenverdopplung (Alloploidie).

Namen: Zu „*Cardamine*“ siehe *C. pratensis*. „*Dentaria*“ ist der vorlinnésche Name der Pflanze, von lat. dens, dentis = Zahn, wegen der Rhizom-Anhänge. Neulat. „*bulbiferus*“ = Bulbillen (= Brutzwiebeln) tragend. – „Zahnwurz“ (weiblich!) ist künstlich gebildet. „Wurz“ = Pflanze.

Vorkommen: Krautreiche Laubwälder, vor allem Buchenwälder, auf frischen, nährstoff- und basenreichen, lockeren Lehmböden, besonders im Bergland. Namengebende Kennart des Dentario-Fagetum = Zwiebel-Zahnwurz-Buchenwald, aber auf nährstoffreicheren Böden auch in feuchten Eichen-Hainbuchenwäldern. Gelegentlich aus Kultur verwildert.

Blüten: IV–V, Frühblüher. Insektenbestäubung. Selbstbestäubung ist erfolgreich.

Früchte: Die Klappen der Schoten rollen sich bei der Reife plötzlich nach oben auf und schleudern dabei die Samen fort: Selbstausstreuer. Die Früchte sind aber fast immer steril.

Vegetative Vermehrung: Die Hauptvermehrung der Pflanze erfolgt durch Brutknospen (= Bulbillen), die an Stelle von Seitensprossen in den Blattachseln des Blütenstandsbereiches entstehen und zum Teil von Ameisen verschleppt werden. Hinzu kommt lebhafte Vermehrung durch Verzweigung des ausläuferartigen Rhizoms.
Verwendung: Wird gelegentlich als Gartenzierpflanze kultiviert und ist auch für Wildpflanzengärten zu empfehlen.
Weitere Art (vgl. auch folgende Abschnitte):
Cardamine enneaphyllos (L.) CRANTZ (= *Dentaria enneaphyllos* L.), Quirlblättrige Zahnwurz: Blätter handförmig, quirlig genähert. Bis 30 cm hoch, üppig. In frischen Schlucht- und Hangwäldern auf nährstoffreichen Böden. Seltene, aber herdenbildende Art. Nur im Alpenbereich und in den östlichen Mittelgebirgen. Blüten gelblich weiß, größer als bei voriger Art. Hummelblume. Blütenbiologie sonst ähnlich, aber die Bestäuber haben längere Rüssel.

Cardamine impatiens LINNAEUS, Spring-Schaumkraut

Brassicaceae (= Kreuzblütler)

Einjährig (winter- oder auch sommerannuell), oder zweijährige Halbrosettenpflanze, bis 50 cm hoch. Blätter fein zerteilt.

Namen: Zu „*Cardamine*" siehe *C. pratensis*. Lat. „*impatiens*" = ungeduldig, wegen der (bei dieser Art besonders ausgeprägten) Empfindlichkeit der reifen Früchte, die bei Berührung die Samen davon springen lassen.
Vorkommen: Krautreiche Wälder und Wegsäume, auf feuchten, nährstoffreichen, oft kalkhaltigen Lehmböden. Etwas in Ausbreitung.
Blüten: V–VII. Blüten gipfelständig, gelblich, unscheinbar, Kronblätter aufrecht, oft auch verkümmert. Insekten- und wohl auch Selbstbestaubung.
Früchte: Schoten. Selbstausbreitung als Saftdruckstreuer: Die Samen springen spontan bzw. nach Berührung 2(–5 m) weit. Dazu Klebausbreitung durch die frisch klebrigen Samen: Menschenausbreitung als Kulturbegleiter; entsprechend vor allem an Wegen. Fruchtreife: VII–VIII.
Vegetative Vermehrung durch Blattembryonie wie bei *C. pratensis*.

Cardamine pratensis LINNAEUS (Artengruppe), Wiesen-Schaumkraut

Brassicaceae (= Kreuzblütler)

Ausdauernde Halbrosettenpflanze mit dünnem, kriechendem Rhizom, 10–60 cm hoch. Rosette oft wintergrün. Blätter unpaarig gefiedert.

Schädlinge: Wichtige Futterpflanze der Raupen des Aurorafalters (*Anthocharis cardamines*), und der Wiesen-Schaumzikade (s. u.).

Namen: „*Cardamine*" (kardamon) ist der griech. und mittellat. Name der Garten-Kresse (*Lepidium sativum*), der von J. BAUHIN wegen des ähnlichen Geschmacks auf diese Gattung übertragen und von LINNÉ aufgegriffen wurde. Lat. „*pratensis*" = auf Wiesen wachsend. – „Schaumkraut", da man an den Pflanzen nicht selten weiße, schaumartige Massen (‚Kuckucksspeichel') findet, in denen die Larven von Schaumzikaden (*Philaenus spumarius*) leben, die aus den Stängeln Säfte saugen. Der dabei gebildete Schaum schützt sie vor Austrocknung und vor Fressfeinden. – Dasselbe Phänomen verhalf übrigens auch der Kuckucks-Lichtnelke (*Silene flos-cuculi*) zu ihrem Namen.

Vorkommen: Nährstoffreiche Nass- und Feuchtwiesen, frische bis feuchte Zierrasen der Gärten und Parks sowie lichte, feuchte Laubwälder und Großseggenriede. Wegen der zunehmenden Gefährdung der Feuchtwiesen wird diese meist noch häufige Art gebietsweise sogar als gefährdet eingestuft.

Blüten: IV–VI, Frühblüher. Hellviolette bis weiße „Nektar führende Scheibenblumen", Übergang zu Trichterblumen. Nektar wird reichlich von kleinen grünen Nektarien an der Fruchtknotenbasis abgesondert und ist nur Bienen, Faltern und Woll- oder Hummelschwebern zugänglich. Schwebfliegen fressen den Pollen. Die Blüten sind zum Teil verschiedengrifflig (Heterostylie). Die Blüten sind die wichtigste Pollenquelle der Sandbiene *Andrena lagopus* und werden auch vom Aurorafalter besucht, der die Pflanze zugleich zur Eiablage nutzt (s. o.). Wie auch bei anderen Kreuzblütlern sind die Narbenpapillen kutinisiert, sodass auf ihnen nur solche Pollenkörner keimen können, die auch Cutinase, also das Cutin auflösende Enzym produzieren.

Früchte: Die Schoten öffnen sich bei der Reife explosionsartig durch einen Turgormechanismus (Saftdruckstreuer): Selbstausbreitung. Streuweite bis 2,4 m. Der ausgeklügelte Ausschleudermechanismus der Samen inkl. der als Scharniergelenk dienenden Zellwände der inneren Fruchtwand wird (am Beispiel von *C. hirsuta*) ausführlich von HOFHUIS et al. (2016 Cell 166: 222) dargestellt. Fruchtreife: VI–VII. Lichtkeimer.

Vegetative Vermehrung durch Brutpflänzchen (Selbstableger), die an den Fiedern der Grundblätter entstehen, wenn diese feucht lagern (z. B. zwischen Moos) oder verletzt werden (= Blattembryonie). So z. B. reichlich in feuchten Parkrasen, wo die Pflanzen aber meist übersehen werden, weil sie dort gewöhnlich nicht zur Blüte kommen.

Verwendung: Junge Blätter und Blütensprosse sind roh oder gekocht schmackhaft und verwertbar. Die Pflanze enthält Senfölglykoside, Bitterstoffe und Vitamin C. Arzneiliche Verwendung wie bei der Brunnenkresse (*Nasturtium officinale*), siehe dort. Zierpflanze seit dem 17. Jh., z. B. auch in einer Form mit gefüllten Blüten. Für Wildpflanzengärten zu empfehlen. Als Schnittblume sollte man die Pflanze knospig schneiden, da die Kronblätter sonst schnell abfallen.

Weitere Arten (vgl. auch die vorigen Abschnitte):
Cardamine amara L., Bitteres Schaumkraut: Ähnlich wie vorige Art, aber stets weißblütig und mit breiteren Fiederblättchen. Quellfluren und Erlen-

bruch- und Auwälder. Erinnert sehr an die Brunnenkresse (*Nasturtium officinale*), ist aber von dieser u.a. durch die violetten Staubbeutel und die nicht deutlich vergrößerte Endfieder unterschieden. Ist ebenfalls als Salat geeignet, aber kräftiger im Geschmack, und war als Frühjahrspflanze aufgrund des Vitamin C-Gehaltes ehemals ein wichtiges Mittel gegen Skorbut.

Cardamine hirsuta L., Behaartes oder Viermänniges Schaumkraut: Einjährig, nur 5–15(–30) cm hoch, Stängel 2–4-blättrig. Wie viele andere Ruderalpflanzen sehr variabel, von winzigen einstängeligen bis zu vielstängeligen Exemplaren. Pflanze entgegen dem Namen meist fast kahl. „Viermännig", weil nur 4 statt der sonst für die Familie typischen 6 Staubblätter ausgebildet werden. Ehemals seltene Art, hat sich zwischen etwa 1975 und 1985 in wintermilden Lagen explosionsartig ausgebreitet und ist jetzt ein sehr häufiges Wildkraut der Gärten, offenen Ruderalstellen und lückigen Wegraine sowie inzwischen auch auf Äckern. Wurde sehr wahrscheinlich über Baumschulen und Gärtnereien eingeschleppt. Frühblüher (I–)II–V, aber auch noch bis in den Herbst blühend. Fruchtreife innerhalb weniger Wochen, dadurch sind mehrere Generationen im Jahr möglich. Saftdruckstreuer (Hofhuis et al. 2016 Cell 166: 222): Die Samen werden bis 1,4 m weit ausgestreut. Der eindrucksvolle Vorgang kann durch Vorbeistreifen mit der Hand ausgelöst werden. – Wegen der Ausbreitung der Samen wird die Pflanze volkstümlich oft „Springkraut" genannt; doch ist dieser Name für die Gattung *Impatiens* vorbehalten. – Für Salat und als Salatgewürz ähnlich wie Garten-Kresse (*Lepidium sativum*) zu empfehlen. Für sog. „Wildkräutersalate" wird die Pflanze neuerdings sogar gelegentlich angebaut!

Cardamine flexuosa With., Wald-Schaumkraut: Sehr ähnlich wie vorige Art, aber größer (bis 50 cm), mit 4–10 Stängelblättern und 6 Staubblättern. Feuchte Wälder. In Ausbreitung. Seit einigen Jahren auch außerhalb von Wäldern zu finden, dort öfter mit *C. hirsuta* zusammen (und wegen der hohen Modifikationsbreite beider Arten mit dieser zu verwechseln). Frühblüher: IV–VI(–X). Samen klebrig. Ebenfalls als Salatpflanze zu empfehlen.

Cardaminopsis arenosa → *Arabidopsis arenosa*

Cardaria draba → *Lepidium draba*

Carduus nutans Linnaeus, Nickende Distel

Asteraceae (= Korbblütler)

Zweijährige Halbrosettenpflanze, d. h. im ersten Jahr eine Rosette, im zweiten Jahr einen Blütenschaft bildend und nach der Frucht absterbend. 30–100 cm hoch. – Die Dornspitzen der Blätter dienen als Kondensationspunkte für zusätzliche Wassergewinnung an trockenen Standorten sowie als Fraßschutz gegen Weidetiere. Letzteres kann vor allem wegen der geringen Produktionskraft an sehr trockenen Standorten von Bedeutung sein.

Systematik: Die Gattung ist namengebend für die Unterfamilie Carduoideae, zu der z. B. die Kratzdisteln (*Cirsium*), Kletten (*Arctium*), Eselsdisteln (*Onopordum*), Flockenblumen (*Centaurea*) und Silberdisteln (*Carlina*) gehören. Die Carduoideae besitzen in ihren Blütenkörbchen nur Röhrenblüten, die bei einigen Gattungen randlich stark vergrößert sind; wie den Asteroideae fehlt ihnen Milchsaft. – Die etwa 100 *Carduus*-Arten sind eurasisch verbreitet und kommen auch noch im tropischen Afrika vor.

Schädlinge: *Carduus*- und *Cirsium*-Arten gehören zu den Hauptfutterpflanzen der Raupen des Distelfalters (*Vanessa cardui*) und sollten deshalb nicht unnötig vernichtet werden (s. u.).

Namen: „*Carduus*" ist der lat. Name verschiedener Disteln; lat. „*nutans*" = nickend, wegen der nach

duftenden Einzelblüten und bis 4(–6) cm im Durchmesser. Der Nektar steigt in der 1 cm langen Kronröhre auf. Reicher Besuch, besonders durch langrüsselige Hummeln und Falter sowie Schwebfliegen als Pollenfresser. Blütenbiologie ähnlich wie bei *Cirsium*.

Früchte: Achänen mit hygroskopisch beweglichem Pappus (= Haarkelch): Schirmchenflieger, Wasserhafter (bei feuchtem Wetter), Ausbreitung bei Bearbeitung der Fruchtstände durch Körnerfresser (z. B. Distelfinken = *Carduelis!*) sowie Ameisenausbreitung aufgrund von Ölkörpern (Elaiosomen). Früchte sehr ölreich (ca. 40 %). Pappus ungefiedert (bei *Cirsium* gefiedert; trocken untersuchen!) und an der Basis zu einem Ring verwachsen. Fruchtreife: IX–X.

Verwendung: Junge Blütenkörbchen sind wie Artischocken verwendbar. Die Wurzeln sind vermutlich zur Mehlgewinnung geeignet (Inulin als Speicherstoff). Alle Disteln sind wichtige Nährpflanzen für Körnerfresser, sie sind deshalb durchaus „nützliche" Ruderalpflanzen. Für Wildpflanzengärten zu empfehlen. – Hinweis: „Distelöl" stammt von der Färberdistel = Saflor (*Carthamus tinctorius*).

unten gerichteten Blütenkörbe. – „Distel" ist ein germ. Wort und bedeutet ‚stechende Pflanze'. Es wird im allgemeinen Sprachgebrauch genauso für die aus botanischer Sicht zu trennenden Gattungen Distel (*Carduus*) und *Cirsium* (Kratzdistel), aber auch für einige andere stechende Pflanzen wie Gänsedistel (*Sonchus*) und Kugeldistel (*Echinops*) verwendet. Seit Kurzem gibt es zwecks Gleichbehandlung den Vorschlag, den Namen „Distel" für *Carduus* durch „Ringdistel" zu ersetzen, wobei sich der Zusatz „Ring-" auf den Pappus-Ansatz bezieht.

Vorkommen: Mehrjährige Ruderalstellen, vor allem Wegränder und Böschungen, sowie trockenere Magerweiden, auf sommerwarmen, meist kalkhaltigen Böden. Stickstoffzeiger. Regional gefährdet.

Blüten: VII–IX. Blütenkörbchen mit über 100 purpurroten, süßlich (schwach moschusartig)

Weitere Arten:

Carduus crispus L., Krause Distel: Stängel breit kraus geflügelt. Blätter unterseits spinnweb-filzig. Dornen weich. Staudenreiche Ruderalstellen, Wegränder und Ufer, auf frischen bis feuchten, nährstoffreichen, humosen Lehmböden. Vor allem als Stromtalpflanze. Klassenkennart der Artemisietea (= Ausdauernde Ruderalgesellschaften). Verbreitet. Junge Pflanzenteile sind essbar.

Carduus acanthoides L., Weg-Distel, Stachel-Distel: Blätter beiderseits grün, kahl. Dornspitzen >5 mm lang und kräftig. Trockene, sonnige Ruderalstellen und Trockenrasen, basenhold. In warmkontinentalen Gegenden verbreitet.

Carex acutiformis EHRHART, Sumpf-Segge

Cyperaceae (= Riedgrasgewächse, Sauergräser)

Rhizomgeophyt bzw. Sumpfpflanze, 30–120 cm hoch. Blätter grasartig, 3 zeilig. – *Carex*-Arten sind in der Lage, sich an feuchte Standorte anzupassen, indem sie in den unterirdischen Organen durch Auflösen von Zellen Durchlüftungssysteme bilden.

Systematik: Die Gattung *Carex* ist mit etwa 2000 Arten extrem artenreich und mit etwa 120 Arten auch eine der umfangreichsten deutschen Pflanzengattungen. Als typische Sauergräser sind sie von den Süßgräsern vor allem durch den Blütenbau und den dreikantigen Stängel, der mit dreizeiliger Blattstellung verbunden ist, unterschieden. Die ökologischen Anpassungen sind innerhalb der Gattung sehr verschieden, sodass hier mehrere Gruppen von Arten in jeweils eigenen Abschnitten dargestellt werden. Die meisten sind Sumpfpflanzen, andere wachsen in Magerrasen, Wäldern usw.

Namen: Zum Gattungsnamen siehe *C. hirta*. Neulat. *„acutiformis"* = von ähnlicher Gestalt wie *C. acuta*, zu lat. acutus = spitz, wegen der zugespitzten Spelzen der weiblichen Blüten.

Vorkommen: Häufige und oft bestandsbildende Art an Ufern, in Sumpfwiesen und in Sumpfwäldern.

Blüten: V–VII. Blütenstand 10–35 cm hoch, verschiedenährig, mit 2–4 männlichen und 2–5 weiblichen Ähren. Narben 3. Durch die dickwalzigen männlichen Blütenstände besonders hohe Pollenproduktion.

Früchte: Schwimmausbreitung. Fruchtreife: VII–VIII.

Vegetative Vermehrung durch die unterirdischen Ausläufer.

Verwendung: Alle größeren *Carex*-Arten können als Streu genutzt werden. Als besonders wertvoll gelten *C. acutiformis* und *C. elata*. Die Früchte aller *Carex*-Arten wurden früher zur Ernährung genutzt.

Weitere Arten (vgl. auch die anderen Abschnitte mit *Carex*-Arten):

Carex elata ALL., Steife Segge: Verlandungspflanze. Große Horste bildend. Blätter 4–5 mm breit, mit scharfem Blattrand als Schutz gegen Tierfraß. Charakterart nasser und vernässter Standorte. Vor allem im Flachland meist ziemlich verbreitet. Schwimmausbreitung, Schwimmdauer der Schläuche über 15 Monate. Außerdem Klett- und Adhäsionsausbreitung durch Wasservögel. Gute Streu-, aber schlechte Futterpflanze.

Carex nigra (L.) REICHARD (= *C. fusca* auct.), Wiesen- oder Braun-Segge: In kurzrasigen, kalkfreien Feuchtwiesen und Wiesenmooren. Eine der kleineren, bis 25 cm hohen Sumpfarten, zuweilen auch größer. Mit kurzen Ausläufern, seltener auch horstbildend.

Carex acuta L. (= *Carex gracilis* CURTIS), Schlank-Segge: In Großseggen-Wiesen bestandbildend. Ähnlich wie *C. acutiformis*, aber mit 5–10 mm breiten Blättern und bis über 100 cm hoch.

Carex pseudocyperus L., Zypergras-Segge: Pflanze gelbgrün. Erlenbrüche, Verlandungsbereiche und Gräben auf mäßig basen- und nährstoffreichen Böden. Mit ihren schlanken, lang gestielten Ähren eine besonders attraktive Art, die auch als Zierpflanze für flache Teichränder angeboten wird.

Carex rostrata Stokes, Schnabel-Segge: Blätter 3–5 mm breit, graugrün. Bevorzugt bodensaure Standorte. Wird wie die folgende Art bis 70 cm hoch. Bildet über lange, unterirdische Ausläufer großflächig Großseggenwiesen. Wird als Streu genutzt.

Carex vesicaria L., Blasen-Segge: Von der vorigen Art durch breite, grasgrüne Blätter unterschieden. Außerdem mehr nährstoffbedürftig. Die Schläuche mit den spreizenden Zähnchen eignen sich auch zur Klettausbreitung.

Carex arenaria Linnaeus, Sand-Segge

Cyperaceae (= Riedgrasgewächse, Sauergräser)

Immergrüner Geophyt oder Hemikryptophyt, 15–40(–75) cm hoch. Unterirdische Ausläufer (Rhizome) bis zu 10 m lang, nur 2–3 mm dick, scharfspitzig (siehe Abb.). Von ihnen gehen in regelmäßigen Abständen oberirdische Sprosse (mit Adventivwurzeln) aus, weswegen die Pflanze auch Soldatengras genannt wird. Der Stängel ist scharf dreikantig. Die jungen Sprosse bestehen im Wesentlichen aus Büscheln schmal-rinniger Blätter.

Systematik: Siehe *C. acutiformis*. – *C. arenaria* gehört wie die unten anhangsweise genannten Arten zu den „Gleichährigen Seggen", bei denen alle Ähren gleich gestaltet sind, indem sie sowohl männliche als auch weibliche Blüten tragen.
Namen: Zu den Gattungsnamen siehe *C. hirta*; lat. *„arenarius"* = Sand-, wegen des Standorts.

Vorkommen: Sandtrockenrasen und Dünen, trockene Kiefernwälder. Kalkmeidend. Durch reichliche Ausläuferbildung wichtiger Dünenbefestiger.
Blüten: V–X. Wie bei allen *Carex*-Arten Windbestäubung: „Langstaubfädiger Typ", mit reicher Pollenproduktion; eingeschlechtlich und vorweiblich; Blüten ohne Blütenhülle, in der Achsel von Deckblättern (= Deckspelzen); weibliche Blüten von einem schlauchförmigen Vorblatt (= Utriculus, Schlauch) umhüllt, das als Verdunstungsschutz für den Fruchtknoten dient. – Neben Windbestäubung ist auch Selbstbestäubung erfolgreich. Der Pollen vieler *Carex*-Arten ist duftend und wird wohl deshalb auch von Insekten aufgenommen, z. B. von Pollen fressenden Urmotten, womit es auch zu Insektenbestäubung kommen kann. – Bei *C. arenaria* sind die Ähren endständig, 2–5 cm lang, hellbraun, zu 6–16, die unteren rein weiblich, die oberen rein männlich, die mittleren unten weiblich und oben männlich.
Früchte: Ausbreitungseinheit der *Carex*-Arten ist eine vollständig von einem „Schlauch" (Utriculus) eingehüllte kleine Nuss. Dabei können das oft geschnäbelte, 2-zähnige Ende des Schlauches zur Klettausbreitung und die zwischen Schlauch und eigentlicher Frucht eingeschlossene Luftblase – namentlich bei allen nässeliebenden Arten – zur Schwimmausbreitung dienen. Dazu kommt bei *C. arenaria* die Ausbreitung als Regenschwemmling und wegen der im unteren Teil breit geflügelten Schläuche wohl auch die Ausbreitung als Adhäsionshafter.

Vegetative Vermehrung ist vorherrschend, sie erfolgt durch die Ausläufer.

Verwendung: Wird zur Befestigung von Dünen angepflanzt. Die Rhizome wurden früher arzneilich bei Hauterkrankungen verwendet (Deutsche Sarsaparille). Diese und das Kraut sind reich an Kieselsäure, Saponin, Harzen und enthalten u. a. auch ätherisches Öl. Es wurde früher bei Ekzemen und bei Lues angewandt. In der Volksmedizin gelten Seggen u. a. als Blutreinigungsmittel.

Weitere Arten (vgl. auch die anderen Abschnitte mit *Carex-Arten*):

Carex paniculata L., Rispen-Segge: Prächtige Horste (mit bis fast 1 m hohen Basen aus alten Resten der Pflanze) in Erlenbrüchen oder als deren Relikt in Nasswiesen. Nährstoffliebend. Vielfach durch Entwässerung gefährdet. Die dicke und derbe Schlauchwand hat verkorkte Mittellamellen und ist reich an Interzellularen, deshalb vor allem Schwimmausbreitung. Streupflanze.

Vom Rhizom gehen streng in einer Reihe die Seitentriebe ab. Daher auch der Name „Soldatengras".

Carex muricata L. (Artengruppe), Sparrige Segge: Häufige Horstpflanze, vor allem an Weg- und Waldrändern. Adhäsionsausbreitung der Schläuche und als Bohrfrucht.

Carex remota L., Winkel-Segge: Gekennzeichnet durch entfernt stehende Ährchen in der Achsel laubiger Hochblätter. In Feuchtwäldern verbreitet. Nässezeiger.

Carex leporina L. (= *C. ovalis* Gooden.), Hasenpfoten-Segge: Rasig wachsender, aber ausläuferloser Hemikryptophyt. Wechselfeuchte bis nasse Wiesen, Weiden und Wege, besonders in Borstgrasrasen, kalkmeidend. Ähren gedrängt, eiförmig, einer Hasenpfote ähnlich, reif hellbraun. Schläuche flügelig berandet: Wasserhaft- und Windausbreitung.

Carex elongata L., Walzen-, Langährige oder Verlängerte Segge: Typische Horstpflanze nasser Erlenbrüche. Schläuche mit rauem Rand; sie werden auch als Bohrfrucht ausgebreitet.

Carex caryophyllea La Tourrette (= *C. verna* Chaix), Frühlings-Segge

Cyperaceae (= Riedgrasgewächse, Sauergräser)

Wintergrüner, ausdauernder Hemikryptophyt oder Geophyt mit kurzen unterirdischen Ausläufern, 5–30(–40) cm hoch. Stängel stumpf dreikantig, bis 1 mm dick. Blätter dunkelgrün, starr, nur 1–3 mm breit.

Namen: Zu den Gattungsnamen siehe *C. hirta*. Lat. „*caryophylleus*" = nelkenähnlich, vielleicht wegen der an Gewürznelken erinnernden, noch ungeöffneten Ähren.

Vorkommen: Trockenrasen, Magerrasen, wechseltrockene Wiesen und Heiden. Basenhold. Magerkeitszeiger. Ziemlich verbreitet, aber durch Intensivwirtschaft oft gefährdet.

Blüten: III–V, Frühblüher. Blütenstand verschiedenährig, 2–4(–7) cm lang, mit 1 endständigen männlichen Ähre und 1–4 weiblichen Ähren.

Früchte: Vgl. *C. arenaria*. Schläuche kurzhaarig, ihr Schnabel sehr kurz. Mit einem Ölkörper (Ameisenausbreitung). Dazu auch Regenschwemmling und Verdauungsausbreitung.

Vegetative Vermehrung durch unterirdische Ausläufer.

Weitere Arten (vgl. auch die anderen Abschnitte mit *Carex-Arten*):

Carex digitata L., Finger-Segge: Wintergrüne, rasige Pflanze. Ährentragende Stängel meist nicht über 5 cm hoch. Stängel fast stielrund. Typische Art kalk- oder mindestens basenreicher Laubwaldböden. Die schlanken weiblichen Ähren, außer dem unteren, sind einander fingerförmig genähert. Ausbreitung wie bei der vorigen Art.

Carex montana L., Berg-Segge: Wintergrüne Horstpflanze, 5–20(–30) cm hoch. Blätter dunkelgrün, nur 1–2 mm breit, unten rot. Stängel stumpf dreikantig, nur bis 1 mm dick. In Kalktrockenrasen und lichten Laubwäldern, basenhold. Frühblüher: III–V. Verschiedenährig, Ähren sitzend. Schläuche kurz geschnäbelt, kurzhaarig und mit schwarzen Tragblättern. Ameisenausbreitung, Regenschwemmling und Zufallsausbreitung durch Schafe usw.

Carex pilulifera L., Pillen-Segge: Wintergrüne Horstpflanze. Heiden und trockene Eichenwälder. Kalkmeidend. Blütezeit ab IV. Sonst wie *C. caryophyllea*.

Carex flacca Schreb. (= *C. glauca* Scop.), Blaugrüne oder Schlaffe Segge: Wintergrüne, rasige Pflanze. Wechselfeuchte Wiesen, Wälder und Moore, auf grundfeuchten bis quelligen, meist kalkhaltigen Standorten. Schläuche grün bis gelblich, kahl. Deckblätter schwarz. Regenschwemmling. Auch wurde Ausbreitung durch Regenwürmer beobachtet. Vegetative Vermehrung durch dicke, unterirdisch kriechende Ausläufer. Name wegen der durch einen stärkeren Wachsüberzug blaugrünen Färbung bzw. der zur Reifezeit langgestielten, überhängenden unteren Ähren.

Carex dioica Linnaeus, Zweihäusige Segge

Cyperaceae (= Riedgrasgewächse, Sauergräser)

Niedriger, wintergrüner Rhizom-Geophyt, 10–30 cm hoch. Lockerrasig. Stängel straff aufrecht. Rhizom ausläuferartig, bis 10 cm lang. Blätter borstenförmig (Trockenheitsanpassung).

*Bei der Zweihäusigen Segge sind dem Namen gemäß weibliche Pflanzen (**li**) und männliche Pflanzen (**re**) getrennt.*

Systematik: *C. dioica* ist ein Vertreter der „Einährigen Seggen“, die durch nur eine einzige, endständige Ähre pro Stängel gekennzeichnet sind. Diese sind entweder oben männlich und unten weiblich oder insgesamt eingeschlechtlich.
Namen: Neulat. „*dioicus*“ = zweihäusig.
Vorkommen: Kleinseggen-Sumpfrasen und Zwischenmoore. Basenhold. Durch Entwässerung und Aufforstung stark gefährdet und vielerorts bereits ausgestorben.
Blüten: Die Pflanze ist zweihäusig, d.h. es gibt männliche und weibliche Pflanzen. Männliche Ähren 1,5 cm, weibliche 1 cm lang. Selten befinden sich am Grund der männlichen Ähren einzelne weibliche Blüten.
Früchte: Die Schläuche (vgl. *C. arenaria*) sind hier ellipsoid-linsenförmig, beiderseits zugespitzt und kahl. Schwimmausbreitung, mit Schwimmdauer über 15 Monate. Dazu Klett- und Wasserhaft-Ausbreitung durch Vögel.
Vegetative Vermehrung durch die Rhizome.
Weitere Art:
Carex davalliana Sm., Davall-Segge: Ähnlich voriger Art und ebenfalls zweihäusig, aber dichte Horste bildend und ohne Ausläufer. Hemikryptophyt. Charakterart von stau- und sickernassen, kalkhaltigen Quellmooren; in den Alpen z. B. mit der Eis-Segge, *Carex frigida*, vergesellschaftet. Gefährdet. Schläuche länglich-lineal, gewölbt.

Carex hirta Linnaeus, Behaarte Segge

Cyperaceae (= Riedgrasgewächse, Sauergräser)

Ausdauernde, Ausläufer bildende Halbrosettenpflanze oder Rhizomgeophyt, 20–70 cm hoch. Pflanze behaart: Strahlungsschutz. Blätter 3–6 mm breit.

Namen: „*Carex*“ ist der lat. Name der Seggen und ähnlicher Arten und bedeutet ‚Pflanze mit schneidenden Blättern‘ (vgl. secare = schneiden). Lat. „*hirtus*“ = rau, wegen der Behaarung der Blätter und der Fruchtschläuche. – „Segge“ ist niederdeutsch, mit carex sprachverwandt und bedeutet ‚Schneide‘, wegen der scharfschneidigen Kanten (vgl. sägen) der sumpfbewohnenden Arten.
Vorkommen: Lückige, meist ruderal beeinflusste Wiesen- und Wegsaumgesellschaften aller Art, auf nährstoffreichen, zumindest wechselfeuchten Böden, besonders auf Sand. Kulturbegleiter. Wärmeliebend (deutsche Alpen bis 1100 m).
Blüten: IV–VII. *C. hirta* gehört zu den „Verschiedenährigen Seggen“, d. h. männliche und weibliche Ähren sind getrennt. Ähren lang gestielt, bis 50(–100) mm lang, in der Achsel normaler Laubblätter.
Früchte: Die Schläuche (vgl. *C. sylvatica*) sind hier gelbgrün und dicht kurzhaarig. Die geschnäbelte, 2-zähnige und gesägte Spitze sowie die Behaarung des Schlauches dienen zur Ausbreitung als Anhafter, die eingeschlossene Luftblase zur Windausbreitung und Schwimmausbreitung. Fruchtreife: VII–IX.
Vegetative Vermehrung durch die unterirdischen Ausläufer.

Weitere Arten: siehe die anderen Abschnitte mit *Carex*-Arten.

Carex sylvatica HUDSON, Wald-Segge

Cyperaceae (= Riedgrasgewächse, Sauergräser)

Wintergrüner, dichtrasiger, ausdauernder Hemikryptophyt, mittelgroße Horste bildend, mit Rhizom aber ohne Ausläufer, 30–100 cm hoch. Stängel 1–2 mm dick. Blätter 3–6 mm breit

Namen: Zu den Gattungsnamen siehe *C. hirta*. Neulat. „*sylvaticus*" = Wald-, wegen des Standorts.
Vorkommen: In frischen bis sickerfeuchten, krautreichen Laub- und Nadelmischwäldern und Gebüschen verbreitet. Bodenverdichtung anzeigend und daher bevorzugt auf vernässten Waldwegen.
Blüten: IV–VII. Blütenstand verschiedenährig, mit 1(–2) männlichen und 2–6 weiblichen Ähren. Weibliche Ähren schlank, lockerblütig, lang gestielt und zuletzt überhängend.
Früchte: Schläuche glatt, erst hellgrün, später hellbraun (vgl. *C. arenaria*). Klettausbreitung durch die Schnabelzähne. Trittausbreitung, Regenschwemmling. Fruchtreife: VII–IX.
Vegetative Vermehrung durch das Rhizom.
Verwendung: Für Wildpflanzengärten geeignet.
Weitere Art:
Carex pendula HUDS., Große Segge, Hänge-Segge: Wintergrüner Hemikryptophyt, bis 150 cm hoch, in dichten Horsten. Blätter doppelt gefaltet. Sickernasse, nährstoffreichere Wälder, besonders in Gewässernähe. Die lang gestielten, 5–10 cm langen Ähren hängen elegant herab. Schwimm- und Klettausbreitung. Wird oft auch als Zierpflanze kultiviert, z. B. in Parks, und verwildert auch von dort aus. Die Pflanze ist für Naturgärten zu empfehlen, aber sehr ausbreitungsfreudig.

Carlina acaulis LINNAEUS, Silberdistel, Große Eberwurz, Wetterdistel

Asteraceae (= Korbblütler)

Ausdauernde Rosetten- bzw. Halbrosettenpflanze, 3–60 cm hoch. Trockenheitsanpassungen: dornige Blätter und bis 1 m tief reichende Pfahlwurzel. Rhizom aromatisch riechend, durch ätherisches Öl (besonders das antibakterielle Carlinaoxyd) scharf und bitter schmeckend, daneben u. a. über 20 % Inulin als Speicherstoff. – Formenreich, fast sitzende Blütenkörbe nur im Hochgebirge.

Systematik: Die Gattung gehört in die Unterfamilie Carduoideae (siehe *Carduus*).

Namen: „*Carlina*" ist ein vorlinnéscher Name. Er geht auf altital./altfranz. carlina zurück, das sich von cardulina = kleine Distel (zu lat. *carduus*) ableitet. Der Name wurde volksetymologisch an Karl den Großen angelehnt, der geträumt haben soll, die Pflanze würde sein Heer von der Pest befreien. LINNÉ bezieht den Namen in Verbindung mit einer ähnlichen Legende auf Kaiser Karl V (1500–1558), was aber aus zeitlichen Gründen ebenfalls nicht stimmen kann. Neulat. „*acaulis*" = stängellos. – „Silberdistel" nach den Hüllblättern. „Eberwurz" (weiblich!) (ahd. eburwurz, mhd. eberwurz) wegen der ehemaligen Verwendung bei Schweinekrankheiten. „Wurz" hat hier die alte Bedeutung ‚Pflanze', vgl. Gewürz.

Vorkommen: Sommerwarme, meist beweidete Magerrasen, auf basenreichen Böden, vor allem in den Kalkgebieten. Gebirgspflanze. In Süd- und Mitteldeutschland noch verbreitet, aber insgesamt als gefährdet eingestuft. – **Geschützt**!

Blüten: VII–IX. Meist einköpfig. Blütenkörbchen 4–7 cm breit. Schauwirkung durch zahlreiche, zur Blütezeit abgestorbene, weißglänzende, innere Hüllblätter. Nur sie reflektieren im Gegensatz zum eigentlichen Blütenkörbchen UV. Bei Feuchtigkeit krümmen sie sich hygroskopisch durch stärkere Quellung der Unterseite ein („Wetterdistel"). Im Experiment genügt ein 5–10-maliges Anhauchen, um erste Aufrichtbewegungen der Hüllblätter auszulösen. Äußere Hüllblätter zerschlitzt, dornig (Fraßschutz?). Wegen der mindestens 1 cm langen Kronröhre kann die Bestäubung nur durch langrüsselige Bienen erfolgen.

Früchte: Achänen als Schirmchenflieger, aber meist Tierstreuer: Vorbeistreifende Tiere verhakeln sich an den dornigen Hüllblättern und schütteln die seidenhaarigen, einen kurzen Pappus tragenden Früchte aus. Dazu Bearbeitungsausbreitung durch Körnerfresser. Schließlich werden die von der Pflanze losgelösten Korbböden mit den verbliebenen Früchten als Steppenroller ausgebreitet. Fruchtreife: ab IX. Lichtkeimer.

Vegetative Vermehrung durch Wurzelsprosse.

Verwendung: Die Wurzeln wurden in der Volksheilkunde u. a. als harntreibendes Mittel sowie in der Tiermedizin als Mast- und Brunstpulver und früher als Mittel gegen Schweinekrankheiten verwendet. Der Blütenboden wird von den Almhirten als „Jagerbrot" verzehrt. Zierpflanze und auch für Wildpflanzengärten geeignet, es dürfen aber nur Pflanzen aus gärtnerischer Kultur verwendet werden.

Weitere Art:

Carlina vulgaris L., Golddistel, Kleine Eberwurz: Mehrjährige (aber nur 1-mal blühende) Halbrosettenpflanze, 10–30 cm hoch. Formenreich. An ähnlichen Standorten, aber insgesamt viel häufiger als die vorige Art und oft auch an Ruderalstandorten wie Bahnanlagen, auf Industriebrachen und in Steinbrüchen. Blütenkörbchen nur 1,5–4 cm breit, meist in mehrköpfigen Schirmrispen. Die ebenfalls überdauernden und auch hygroskopischen Hüllblätter sind strohgelb bis goldgelb (Name!). Sie spreizen bei Trockenheit ab und erhöhen so die Schauwirkung. Bestäuber sind Schmetterlinge und Bienen.

Carpinus betulus LINNAEUS, Gewöhnliche Hainbuche oder Weißbuche

Betulaceae (= Birkengewächse)

Meist nur bis 20 m hoher, sommergrüner Laubbaum oder hoher Strauch. 120–150 Jahre alt werdend. Langsamwüchsig. Forstwirtschaftliche Umtriebszeit 60–100 Jahre. Holz weißlich, heller als das der Rot-Buche. Jahresringgrenzen schlecht erkennbar, wellig. Splintholzbaum. Stamm oft leicht gedreht (Drehwuchs). Rinde mit unregelmäßiger, silbrigweißer Längsstreifung; es ist nur eine Korkschicht vorhanden (Peridermbaum). Blätter doppelt gesägt, spiralig angeordnet, aber zweizeilig gestellt, sodass alle Blattflächen eines Zweiges in einer Ebene liegen. Abgestorbene Blätter, ähnlich wie bei der Buche (*Fagus sylvatica*), oft noch bis zum Frühjahr am Baum bleibend. Nebenblätter fädlich, früh abfallend, nur beim Austrieb der Winterknospen gut sichtbar. Die Knospenschuppen sind umgebildete Nebenblätter. Die seitlichen Winterknospen liegen im Gegensatz zu denen der Rot-Buche dem Ast an. Die an der Spitze stehende Knospe ist in Wirklichkeit eine Seitenknospe in der Achsel eines Tragblattes; die Sprossspitze selbst ist nur als winziger Rest vorhanden (Lupe!). Der jährliche Neuzuwachs wird also – etwa im Gegensatz zur Rot-Buche – jeweils von einer seitlichen Verzweigung übernommen, entsprechend ist das Wachstum sympodial (Monochasium). – Herzwurzel. Pilzwurzel (ektotrophe Mykorrhiza).

Systematik: Die Gattung umfasst 30–40 Arten auf der Nordhalbkugel. Sie gehört zusammen mit der Hasel (*Corylus*) zur Unterfamilie Coryloideae. Diese ist durch die auffällige, aus 3 verwachsenen Vor- bzw. Tragblättern bestehende Fruchthülle gekennzeichnet und wurde früher oft als eigene Familie Corylaceae (Haselgewächse) abgetrennt. In die gleiche Familie gehören auch Birke (*Betula*) und Erle (*Alnus*). – Die (Rot-)Buche (*Fagus*) ist trotz des Namens nicht mit *Carpinus* verwandt, sondern gehört in die Familie Fagaceae (= Buchengewächse).

Namen: „*Carpinus*" ist der lat. Name der Pflanze. Die Erklärungsversuche sind sehr verschieden. Bemerkenswert ist die auf TRIER 1952 (Holz. Etymologien aus dem Niederwald) zurückgehende Ableitung von lat. carpere = abreißen, sammeln, im Hinblick auf die für den Menschen seinerzeit wichtige Nutzung der Zweige als Laubfutter. Lat. „*betulus*" (betula) = Birke, wegen mancher Gemeinsamkeiten. – „Hainbuche" (= Hanebuche, Hagebuche) ist ein germ. Wort und bezieht sich auf Hain (= Hagen) in der Bedeutung ‚Lichtung, von einer Hecke umfriedeter Ort, lebendiger Zaun', weil die Pflanze für Hecken verwendet wurde. „Hainbuche" wegen der Ähnlichkeit und gleichen Verwendung (Buchdruck) wie die Rot-Buche. „Weißbuche" nach dem im Vergleich zur Rot-Buche helleren Holz.

Vorkommen: Bestandbildend in krautreichen Laubwäldern und Gebüschen, auf mäßig nährstoffreichen, oft staunassen, meist mäßig sauren Sand- und Lehmböden der Tieflagen. Halbschattenholz. Kennart der Eichen-Hainbuchenwälder (Carpinion betuli). Da die Pflanze sehr ausschlagfreudig ist, wird sie im Nieder- und Mittelwaldbetrieb begünstigt. Andererseits sind viele ursprüngliche

Vorkommen durch Umwandlung in Ackerland verschwunden.

Blüten (siehe Detailfoto): III–V. Windblütig, vormännlich: „Kätzchenblütentyp". Im Gegensatz zur Hasel (*Corylus*) sind die männlichen Blütenstände im Winter verborgen; die zugehörigen Winterknospen sind größer als die Laubknospen und stehen vom Ast ab. Im Frühjahr treiben sie vor den Laubknospen aus. Die weiblichen Blütenstände entwickeln sich erst danach am Ende von Laubtrieben. Blühreife mit 10–40 Jahren. – Als Heuschnupfenerreger weniger bedeutsam als die zur gleichen Familie gehörenden Haseln (*Corylus*), Erlen (*Alnus*) und Birken (*Betula*).

Früchte: Die dreilappige, laubige Fruchthülle ist aus der Verwachsung von drei Vorblättern entstanden. Sie dient zuerst der Photosynthese und im Spätherbst (Wintersteher!) als Flugorgan der reifen, von der bleibenden Blütenhülle umgebenen, 1-samigen Nüsse. Typischer Drehflieger; theoretische Flugweite ca. 70 m, mit winterlichen Stürmen bis über 1 km. Dazu Speicherausbreitung durch kleinere Nager. Auch Kernbeißer fressen die Samen gerne. Fruchtreife: IX–X. Wintersteher.

Vegetative Vermehrung erfolgt gelegentlich über wurzelbürtige Sprosse.

Verwendung: Forstbaum. Als Heckenpflanze geeignet, da sie jeden Rückschnitt gut verträgt. In ärmeren Zeiten hat man sie vorzugsweise „geschneitelt", d. h. die abgeschnittenen Zweige wurden als Viehfutter verwendet. Auch als Parkbaum zur Solitärpflanzung zu empfehlen; dazu sind im Handel mehrere Ziersorten erhältlich, so auch solche mit säulenförmigem Wuchs. Das Holz ist (neben dem des Speierlings = *Sorbus domestica*) das härteste und schwerste (0,8 g/cm³) der einheimischen Bäume, sehr dauerhaft und gut zu bearbeiten. – Der Begriff ‚hanebüchen' bezog sich zunächst auf das wegen seiner knorrigen Stämme grobe Holz der Pflanze und erlangte erst später die allgemeine Bedeutung im Sinne von ‚grob' (vgl. hanebüchener Unsinn). Wegen des starken Schwindens, Reißens und Verwerfens ist das Holz nur begrenzt einsetzbar. Es wird besonders von Wagnern und Drechslern sowie für Klavierhämmer verwendet. Es liefert gutes Brennholz und wurde früher auch für Holzkohle genommen. Zur sehr frühen Verwendung für den Buchdruck siehe *Fagus*.

Blühender Zweig mit weiblichem Blütenstand (li) und 2 männlichen Blütenständen (re).

Carum carvi Linnaeus, Wiesen-Kümmel

Apiaceae (= Doldenblütler)

Zweijährige (in Kultur evtl. auch einjährige) Halbrosettenpflanze mit Wurzelrübe, 30–80 cm hoch. Stängel kahl. Blätter 2–3-fach gefiedert mit linealischen, <1 mm breiten, in allen Richtungen des Raumes abstehenden Abschnitten. Unterstes Fiederpaar zweiter Ordnung an die Blattspindel genähert, sodass die Fiedern dort fast quirlig stehen.

Systematik: Die Gattung umfasst etwa 20 Arten in der Gemäßigten Zone der Alten Welt. Nahe verwandt sind Giersch (*Aegopodium*) und Sichelmöhre (*Falcaria*).

Namen: „*Carum*“ ist der lat. Name der Pflanze, von griech. karon = Kreuzkümmel (*Cuminum cyminum*), einem wie Kümmel genutzten asiatischen Doldenblütler. Der Artbeiname „carvi“ leitet sich über arab. karawiya von lat. ‚carum‘ ab. – „Kümmel“ ist von lat.-griech. cuminum (kyminon) = Kümmel, Kreuzkümmel entlehnt.

Vorkommen: Fettwiesen und -weiden, auf frischen, nährstoff- und basenreichen Böden in kühlen Lagen. Oft vorzugsweise auf Kalk. Trittfest. Vor allem im Gebirge verbreitet. Durch Eutrophierung und Umwandlung von Grünland vor allem im Tiefland zurückgegangen. Auch in Rasenansaaten und von dort aus verwildert.

Blüten: IV–VI. Intensiv duftende, weiße oder selten rosa gefärbte „Nektar führende Scheibenblumen“, in Doppeldolden. Hüllblätter und Hüllchenblätter fehlen. Bestäuber sind Fliegen und Käfer.

Früchte: Doppelachänen, die bei der Reife in je 2 leicht gekrümmte Teilfrüchte zerfallen. Diese werden durch Weidetiere verbreitet: Zufallsausbreitung. Dazu Menschenausbreitung. Fruchtreife: ab VII. Lichtkeimer.

Verwendung: Alte Nutz- und Heilpflanze, die schon in den Pfahlbauten um 3000 v. Chr. nachgewiesen wurde. Heutiger Anbau vor allem in Ägypten, den Niederlanden und in Osteuropa. Die Teilfrüchte („Samen“) enthalten 3–7 % ätherische Öle. Die geruchsbestimmende Hauptkomponente ist Carvon; es liegt hier in der S+-Form vor, während das spiegelbildliche R–-Carvon der Krausen Minze (*Mentha spicata*) einen Minzengeruch ergibt. Zum Würzen und zugleich zur Verbesserung der Verträglichkeit blähungstreibender Speisen wie Kohl und frisches Brot, zur Likör- und Branntweinherstellung („Kümmel“) sowie arzneilich als magenstärkendes und krampflösendes Mittel und bei Reizdarm. Die Wurzelrübe und die jungen Blätter sind für Salat und Gemüse geeignet.

Castanea sativa Miller (= *C. vesca* Gaertn.), Esskastanie, Edel-Kastanie, Marone

Fagaceae (= Buchengewächse)

Sommergrüner Laubbaum, 20–25(–35 m) hoch. Am Ätna wurden besonders stattliche Stämme von über 6 m Durchmesser gefunden. Somit gehört die Kastanie neben der Platane zu den altweltlichen Bäumen mit dem größten Stammumfang. In Mitteleuropa werden sie kaum 200 Jahre alt, können aber in Südwesteuropa bis 2000 Jahre alt werden. Ältere Stämme zeigen Drehwuchs. Die Blätter sind 12–20 cm lang, länglich-lanzettlich, glänzend, derb und gezähnt. Sie sind spiralig angeordnet, erscheinen aber an Seitenzweigen durch Drehung der Blattstiele zweizeilig, sodass alle Blattflächen in einer Ebene liegen. Die Herbstfärbung ist gelbbraun und vor dem Abfallen braun. – Das Wurzelsystem ist kräftig; die Pfahlwurzel reicht aber nicht sehr tief. Pilzwurzel (ektotrophe Mykorrhiza).

Systematik: Die Gattung umfasst etwa 10 Arten, von denen bei uns mehrere in Kultur sind. Nahe steht die Eiche (*Quercus*). In dieselbe Familie gehört auch die Buche (*Fagus*).
Schädlinge: Der Rindenkrebs der Esskastanie wird durch den Mikropilz *Cryphonectria parasitica* verursacht. Er hat in Amerika den völligen Zusammenbruch der Bestände von *C. dentata* verursacht, in Europa wurden die Bestände von *C. sativa* stark beeinträchtigt. Der Pilz dringt bevorzugt durch kleine Schäden in der Rinde ein und breitet sich von dort über den Stamm aus. Zum Glück wird die Krankheit durch ein Virus in Schranken gehalten, das auf natürlichem Weg übertragen wird oder auch gezielt als biologisches Bekämpfungsmittel übertragen werden kann.
Namen: „*Castanea*“ ist der lat.-griech. Name der Pflanze. Er stammt aus einer kleinasiatischen Sprache und wird oft mit dem Ort Kastana in Thessalien in Verbindung gebracht. Lat. „*sativus*“ = gepflanzt, „*vescus*“ = essbar (vescus bedeutet im klassischen Latein zehrend, wird aber später oft fälschlich im Sinne von essbar verwendet). – „Kastanie“ ist Lehnwort. „Marone“ (oder Maroni) als Name der Frucht ist franz.-ital. Ursprungs und seit dem 16. Jh. belegt. Oft wird er nur als Bezeichnung von Formen mit besonders großen Früchten verstanden. – Achtung: „Rosskastanien“ (*Aesculus*) und Echte Kastanien sind nicht verwandt. Da aber beide im allgemeinen Sprachgebrauch als „Kastanien“ bezeichnet werden, kommt es immer wieder zu Missverständnissen. Die Gemeinsamkeit im Namen beruht darauf, dass die stacheligen Früchte der Rosskastanie eine gewisse Ähnlichkeit mit dem die Früchte einschließenden Fruchtbecher der Esskastanie haben, und weil ihre Blattfiedern an die Blätter der Esskastanie erinnern.
Vorkommen: Die Pflanze wurde durch die Römer in Süddeutschland und später auch z. B. im nördlichen Rheingebiet als Grundnahrungsmittel eingeführt. Aus Kultur verwildert und stellenweise eingebürgert (Archäophyt und Neophyt). Auch heute noch in Eichenwäldern und lichteren Buchen-Wäldern der Tieflagen und Mittelgebirge auf

basenreichen, aber kalkarmen Böden anzutreffen und dann häufig fruchtend. Die Heimat ist wohl Südwestasien, aber kaum Südeuropa, wie früher angenommen wurde.

Blüten: VI. Insektenblütig (Pinselblumen) und windblütig („Kätzchenblütentyp"). Einhäusig, also männliche und weibliche Blüten getrennt, aber am selben Baum. Ausgeprägt vormännlich, indem sich die männlichen Blüten etwa 1 Woche vor den weiblichen öffnen. Die Blüten entwickeln sich erst am belaubten Baum. Sie stehen in bis 25 cm langen, perlschnurförmigen, kätzchenartigen, aber meist aufrechten bis abstehenden Blütenständen. An älteren Trieben befinden sich rein männliche Blütenstände mit ca. 40 köpfchenartigen Teilblütenständen. Daneben gibt es zweigeschlechtliche Blütenstände, die aber auf diesjährige Triebe beschränkt sind. Sie tragen an der Basis 1–4 je 3-blütige weibliche Teilblütenstände, die von einer gemeinsamen Hülle umgeben sind, die sich später zum Fruchtbecher entwickelt, und darüber 15–20 je nur 2-blütige männliche Teilblütenstände. Die männlichen Blüten besitzen weit herausragende Staubbeutel, die weiblichen lange Narbenäste. Die durch Trimethylamin etwas unangenehm riechenden Blüten, vor allem die männlichen, werden durch Bienen, Käfer und Fliegen besucht. Reiche Nektar- und Pollenproduktion, die u. a. für Honigbienen von Bedeutung ist. Der Pollen ist anfangs und bei feuchtem Wetter durch Pollenkitt klebrig und bleibt daher an den Bestäubern haften, später trocknet der Kitt und der Pollen wird vom Wind übertragen (Amphiphilie). Eine Blütenhülle (Perigon) ist vorhanden, aber unauffällig. Selbststeril, daher ist Fremdbestäubung nötig. Außerdem sind viele Sorten männlich steril. Beginn der Blüte mit 20–(30)–60 Jahren.

Früchte: Kastanien sind 1-samige Nussfrüchte. Sie sind etwa 9 g schwer. Je 1–3 Nüsse werden von einem gemeinsamen, dicht stacheligen Fruchtbecher (= Cupula) umgeben, der anfangs noch zwischen den Stacheln kleine Blättchen trägt und als abgewandelter Spross (Sprossmetamorphose) anzusehen ist. Zur Fruchtreife öffnet er sich durch einen Austrocknungsmechanismus 4-klappig und entlässt die Früchte oder fällt mit diesen gemeinsam zu Boden, wodurch der Aufprall gemindert wird: Schwerkraftausbreitung („Plumpsfrüchte"). Dazu Klettausbreitung durch den dornigen Fruchtbecher als Klettorgan. Vor allem aber Speicherausbreitung: Nagetiere, Eichelhäher und Krähen legen Vorratslager an, in denen die Samen keimen, wenn das Versteck vergessen wird. Fruchtreife: X. Typische Dunkelkeimer. Samen kurzlebig.

Verwendung: Die dicken Speicher-Keimblätter enthalten trocken etwa 40 % Stärke, 16 % Zucker (vor allem Rohrzucker), 6 % Protein und 3 % Fett. Sie dienten deshalb früher in den Bergregionen Südeuropas vor Anbau der Kartoffel als Grundnahrungsmittel. Geröstete Maronen sind in Österreich und in Südeuropa und inzwischen auch darüber hinaus sehr beliebt; ihr Preis ist entsprechend gestiegen. Die Welternte aller Kastanien-Arten lag 2018 bei 2 Mio. t. – Die Blätter werden als Gerbstoffdroge und als Bestandteil von Hustensäften verwendet. Das Holz ist leicht spaltbar, aber stark schwindend, und ist auch ohne Behandlung witterungsbeständig. Es wird z. B. für Fassdauben verwendet und liefert ein gutes Brennholz. Esskastanien sind auch als Ziergehölze für Parkanlagen und Gärten geeignet.

Caucalis platycarpos: siehe bei *Torilis japonica*

Cedrus atlantica (ENDL.) CARRIÈRE, Atlas-Zeder

Pinaceae (= Kieferngewächse)

Immergrüner, bis 25–30 m (in der Heimat bis 50 m) hoher Nadelbaum. Bis 900 Jahre alt werdend. Stamm gerade mit einem Durchmesser von bis zu 2 m in Brusthöhe. Hauptäste in der Jugend steil aufwärts gerichtet, im Alter weit ausladend und horizontal abstehend. Lang- und Kurztriebe sind deutlich unterschieden. Letztere entstehen im Gegensatz zu fast allen übrigen Nadelbäumen bereits im ersten Jahr. Holz spezifisch leicht, etwas nach Honig duftend. Harzkanäle fehlen. Nadeln an den Langtrieben einzeln, an den Kurztrieben zu 40–50 allseits abstehend, 15–25 mm lang, hart und stechend, 3–6 Jahre alt werdend. Sie sind bei der im Gebiet ganz überwiegend kultivierten Sorte 'Glauca' blaugrün, bei der Wildform grün. – Herzwurzel. Wurzelpilz (ektotrophe Mykorrhiza).

Systematik: Die Gattung umfasst nur 4 Arten, die alle auch in Mitteleuropa als Zierbäume gepflanzt werden. Die Arten sind eng verwandt und werden z. T. als Unterarten von *C. libani* (s. u.) aufgefasst. Meist als getrennte Art geführt wird die Himalaja-Zeder *C. deodara*. Die Gattung ist nah verwandt mit den Tannen (*Abies*). – Die sogenannte ‚Japanischen Zeder' = Sicheltanne (*Cryptomeria japonica*) gehört nicht hierher, sondern zu den Zypressengewächsen.

Namen: „*Cedrus*" (kedros) ist der lat.-griech. Name der Zeder und verschiedener Zypressengewächse (vor allem des Rotfrüchtigen Wacholders, *Juniperus oxycedrus*) und von deren Holz und Öl, der später auf die Zeder beschränkt wurde. Lat. „*atlanticus*" = aus dem Atlasgebirge in Marokko stammend. – „Zeder" ist Lehnwort. Pflanzennamen mit „-zeder" können ganz unterschiedliche Gattungen von Nadelbäumen aus verschiedenen Familien betreffen.

Vorkommen: Häufig angepflanzter Zierbaum. Die bei uns bevorzugte Sorte 'Glauca' ist besonders winterhart. Kalkhold und trockenresistent. Gedeiht auch unter Stadtbedingungen. Heimat: Atlas- und Rif-Gebirge in Nordafrika.

Blüten: IX–XI, Spätblüher! Einhäusig. Blütenstände aufrecht stehend, die männlichen bis 5, zuletzt bis 8 cm lang, auf die unteren Astetagen beschränkt, die weiblichen nur 1–1,5 cm hoch, in den oberen Etagen des Baumes. Windbestäubung: „Unbeweglicher Typ". Ein Bestäubungstropfen zum Auffangen des Pollens fehlt, stattdessen werden die mit „Luftsäcken" ausgestatteten Pollenkörner von der Spitze der Samenanlage (Mikropyle) aufgefangen. Die Befruchtung und anschließende Samenentwicklung erfolgen erst im zweiten Jahr, die Samenreife erst im dritten Jahr. Beginn der Blüte bei den männlichen Blüten mit 15 Jahren, bei den weiblichen Blüten mit 30 Jahren. – Hinweis: Neuerdings machen Angaben über eine Pollenallergie

durch die zunehmend auch bei uns gepflanzten ‚Japanischen Zedern' Schlagzeilen, an der z. B. 30 % der japanischen Bevölkerung leiden. Bei diesen Pflanzen handelt es sich aber nicht um Vertreter der Gattung *Cedrus*, sondern um die Japanische Sicheltanne (*Cryptomeria japonica*).

Samen: Reife Zapfen aufrecht, eiförmig bis tonnenförmig, 5–8 cm lang und 3–5 cm breit, mit dicht aneinander gepressten, breiten Samenschuppen (siehe Detailfoto). Sie reifen erst im 2. oder 3. Jahr, wobei die Samen (in Anpassung an das Trockenklima) im hermetisch dicht geschlossenen Zapfen geborgen sind. Dann bis zum Frühjahr hin zerfallen die Zapfen ähnlich wie bei den Tannen (*Abies*) und setzen so die Samen frei, während die Zentralachse (Spindel) stehen bleibt. Samen mit einem 15–25 mm langen, breiten Flügel, aromatisch duftend. Drehflieger. Samenreife: IX–X des nächsten oder übernächsten Jahres. Keimblätter: 8–12.

Verwendung: Beliebter Zierbaum für Parks und Gärten, vor allem in der blaugrünen Varietät 'Glauca'. Wurde in Europa um 1839 eingeführt. Das schwach duftende Holz wird wegen seiner Resistenz gegen Fäulnis geschätzt. Dabei ist zu beachten, dass der Begriff „Zedernholz" (cedar) des Handels für eine Reihe von wohlriechenden Hölzern verschiedener Herkunft verwendet wird. So ist z. B. das bekannte als „Zedernöl" gehandelte Duftöl der Kosmetikindustrie ein Destillat der Virginischen Zypresse (*Juniperus virginiana*). Zedern lieferten früher u. a. Sargholz und wurden gerne zum Schiffsbau verwendet. Das Öl des Zedernholzes wurde lange Zeit als Immersionsöl in der Lichtmikroskopie verwendet, wo es eine bessere Auflösung bei starken Vergrößerungen bewirkte. Da seine Brechung mit 1,5 dieselbe ist wie die von Glas, setzt man es zur Verdrängung des Luftzwischenraums zwischen Deckglas und Linse ein und verhindert dadurch die Totalreflexion des Lichtes an den Grenzflächen. Heute verwendet man in der Mikroskopie meist synthetische Öle.

Die Samen sind bis kurz vor der Reife im Zapfen fest eingeschlossen.

Weitere Art:

Cedrus libani A. RICH., Libanon-Zeder: Bis 40 m hoher, im Alter breit ausladender Baum. Bis >1000 Jahre alt werdend. Zweige kahl, Kurztriebe nur mit 10–20 Nadeln. Äste weitgehend horizontal. Heimat: Gebirge von Libanon, Syrien und der östlichen Türkei, wo die Art im Altertum waldbildend war. In Europa seit 1638 kultiviert, bei uns nur in milden Lagen. Wegen der sehr großen Beliebtheit des wohlriechenden und dauerhaften Holzes, besonders für den Schiffsbau, wurde der Baum schon im Altertum großflächig gefällt und ist inzwischen fast ausgerottet. Sehr alte Bäume werfen evtl. wie Lärchen die Nadeln im Herbst ab.

Centaurea cyanus LINNAEUS (= *Cyanus segetum* HILL), Kornblume

Asteraceae (= Korbblütler)

Einjährig, sommer- oder winterannuell, 30–80 cm hoch. Blätter schmal-lanzettlich. – Tiefwurzler (20–60 cm). – Einige *Centaurea*-Arten geben durch die Wurzeln Catechine ab, mit deren Hilfe sie Nachbarpflanzen zum Absterben bringen (Allelopathie). – Junge Blütenkörbchen dieser und der folgenden Arten bieten extrafloralen Nektar an den Hüllblättern, besonders ausgeprägt bei *C. montana* (s. u.). Die dadurch bedingte Förderung von Feinden der Pflanzenschädlinge kommt auch benachbarten Pflanzen zugute.

Systematik: Die Gattung *Centaurea* (= Flockenblume) umfasst etwa 500 Arten, in Deutschland sind es etwa 15 Arten. Sie gehört zur Unterfamilie Carduoideae, siehe *Carduus*. – Hinweis: Die Kornblume (*C. cyanus*) wird nicht selten mit der z. B. in Gärten gerne kultivierten Berg-Flockenblume (*C. montana*) verwechselt, die aber nicht einjährig, sondern ausdauernd ist (s. u.).

Namen: „*Centaurea*" ist der lat.-griech. Name einer Heilpflanze, nach dem kräuterkundigen Zentauren Chiron aus der griech. Sage, und wurde erst viel später auf die Flockenblumen übertragen. „*Cyanus*“ ist der lat. Name der Kornblume, zu cyaneus = dunkelblau. – „Kornblume“ wegen des Vorkommens im Kornfeld. „Flockenblume“ wurde künstlich gebildet, wohl nach den flockigen Hüllblättern. – Hinweis: Die Farbstoffgruppe der Anthocyane ist nach *C. cyanus* benannt (griech. anthos = Blüte). Die Bezeichnung blieb erhalten, obwohl die Mehrzahl der später entdeckten Anthocyane Rottöne besitzt.

Vorkommen: Getreidefelder, auf nährstoffreichen, oft kalkarmen Böden, auch auf Brachflächen und an Wegrändern. Wärmeliebend (bis mittlere Gebirgslagen). Im Süden eine Gebirgsart offener Standorte. Alteinwanderer (= Archäophyt): Kulturbegleiter seit der jüngeren Steinzeit. Durch Herbizide oft stark zurückgegangen, andererseits durch Ansaaten von „Blumenwiesen“ örtlich auch wieder eingebürgert.

Blüten: VI–X (überwinternde Exemplare blühen schon ab V). „Körbchenblumentyp“. Es sind nur Röhrenblüten vorhanden, von denen die randlichen zur Erhöhung der Schauwirkung stark vergrößert sind. Blaufärbung durch Anthocyane (Anthocyanidin und das sehr lichtempfindliche Cyanidin). Letzterer Farbstoff ist zwar eigentlich rot, erscheint hier aber aufgrund eines Eisen-Aluminium-Komplexes blau. Die Blüten haben eine hohe UV-Reflexion und fallen dadurch den Besuchern schon von weitem auf. Die ca. 8 randlichen, trichterförmigen Röhrenblüten sind als Schaublüten vergrößert (= strahlend), tiefblau und steril. Vormännlich. Die Staubfäden sind wie bei allen *Centaurea*-Arten leicht reizbar: Nach Berührung (z. B. auch mit einer Fingerspitze) werden sie durch plötzlichen Zellunterdruck (Turgorverlust) entspannt, biegen sich dadurch knieförmig nach außen und ziehen den Staubbeutelring nach unten. Der feststehende Griffel schiebt dann jeweils einen Teil des nach innen entleerten Pollens aus der Staubbeutelröhre heraus: „Lampenputzer“-Prinzip. Bereits nach 1 Minute sind die Staubfäden erneut reizbar. Der Pollen ist hell graugrün. Bestäuber sind Honigbienen, Hummeln und andere Wildbienen, Schwebfliegen und Tagfalter: Maximaler Bienenbesuch gegen 11 Uhr. Bienentrachtpflanze. Fremdbestäubung ist vorherrschend, da die Pflanze meist selbststeril ist.

Früchte: Achänen mit basalem Ölkörper zur Ameisenausbreitung. Fruchthaare (Pappus) hygroskopisch, trocken spreizend: Selbstausbreitung als „Bodenkriecher“ bzw. als „Bohrfrucht“ in den

Boden eindringend. Zufallsausbreitung mit dem Saatgut: Menschenausbreitung. Fruchtreife: VII–IX. – Samen langlebig. Sie enthalten bis zu 28 % fettes Öl.

Verwendung: Die Blüten sind Bestandteil von Teemischungen als Schmuckdroge, d. h. man nutzt vor allem die farbgebende Wirkung, während der arzneiliche Wert eher unbedeutend ist. Sie dienen auch als essbare Dekoration von Speisen, der Geschmack ist leicht bitter. Für Wildpflanzengärten geeignet und auch als Zierpflanze in verschiedenen Blütenfarben von weiß über rosa bis tiefblau erhältlich. Wird manchmal mit der ebenfalls blau blühenden und als Zierpflanze sehr beliebten Berg-Flockenblume (s. u.) verwechselt, die aber ausdauernd ist.

Weitere Arten (vgl. auch folgenden Abschnitt):

Centaurea montana L. (= *Cyanus montanus* (L.) Hill), Berg-Flockenblume oder Berg-Blauflockenblume: Anfangs filzige, bis um 60 cm hohe, ausdauernde Schaftpflanze mit Rhizom. Blätter breit-lanzettlich. Auf Kahlschlägen und an Waldsäumen im Bergland, auf frischen, nährstoffreicheren Böden. Kalkhold. Blütezeit: V–VII. Randblüten blau, zentrale Blüten violett. Blütenbiologie wie bei *C. cyanus*, jedoch endet die Reizbarkeit der Staubfäden mit dem Abschluss des Griffelwachstums. Früchte mit kurzem Pappus. Ausbreitung wie bei *C. scabio-*

sa; dazu Ameisenausbreitung durch Ölkörper (Elaiosomen) an den Früchten. An den Hüllblättern der noch nicht vollständig geöffneten Blütenkörbchen wird reichlich extrafloraler Nektar abgesondert. Er wird von Ameisen, Wespen usw. gerne aufgenommen, die als „Gegenleistung" die Knospen und jungen Blüten vor Fressfeinden schützen. Im vorliegenden Fall sind es vor allem Blumenkäfer (Familie Anthicidae), die als vermeintliche Nektarkonkurrenten vertrieben werden. Häufige Zierpflanze und zuweilen eingebürgert (Neophyt). Auch für Wildpflanzengärten zu empfehlen.

Centaurea jacea LINNAEUS (Artengruppe), Wiesen-Flockenblume

Asteraceae (= Korbblütler)

Ausdauernder Hemikryptophyt (Schaftpflanze), 15–60 (–150) cm hoch. Blätter rau, länglich bis länglich-lanzettlich. Formenreich. Extrafloraler Nektar (s. *C. montana*).

Namen: Zu „*Centaurea*" siehe *C. cyanus*. „*Jacea*" (jacaea) ist ein vorlinnéscher Name der Flockenblumen; die Bedeutung ist unklar.

Vorkommen: Sonnige, trockenere Wiesen und Wegränder, basenhold. Durch Eutrophierung und Intensivwirtschaft zurückgegangen, aber immer noch häufig.

Blüten: VI–X. „Körbchenblumen" ähnlich denen von *C. cyanus*. Je Körbchen ca. 60–100 violette Blüten, Kronröhre bis 10 mm lang. Hüllblätter von trockenen, meist kreisförmigen Anhängseln bedeckt. Dreihäusig (= triözisch), d. h. neben Pflanzen mit Zwitterblüten, die hier durch stark vergrößerte Randblüten und verkümmerte Nektarien gekennzeichnet sind, gibt es auch rein männliche und rein weibliche Pflanzen. Vielerlei Besucher, so u. a. Bienen, Hummeln, zahlreiche Falter und Schwebfliegen. Maximaler Bienenbesuch um 15 Uhr. Angeblich soll Selbstbestäubung durch Krümmung der Griffel möglich sein, typischer ist aber Fremdbestäubung.

Früchte: Windausbreitung, aber Achänen ohne (oder fast ohne) Pappus und deshalb höchstens Windstreuer. Hauptsächlich Zufallsausbreitung durch Weidetiere. Dazu Ameisenausbreitung. Fruchtreife: VIII–X.

Vegetative Vermehrung ist durch Wurzelsprosse möglich.

Verwendung: Schlechte Futterpflanze, u. a. wegen des hohen Gerbstoffgehaltes.

Weitere Arten (vgl. auch vorigen Abschnitt):

Centaurea scabiosa L., Skabiosen-Flockenblume: Hemikryptophyt. Sonnige Magerrasen und Säume, oft auf basenreichen Böden. Blätter fiederteilig. Blütenökologisch ähnlich wie *C. jacea*, aber wegen der dunkler rotvioletten Blütenfarbe von dieser schon von Weitem zu unterscheiden. Ausbreitung durch Ameisen, außerdem Windstreuer und durch die „hakelnden" Hüllblätter auch Tierstreuer. Für Wildpflanzengärten zu empfehlen.

Centaurea stoebe L. (= *C. rhenana* BOREAU), Rispen- oder Gefleckte Flockenblume: Ähnlich wie vorige Art. Blätter graugrün, Blattzipfel lineal. Blütenkörbchen rispig gehäuft. Sonnige Trockenrasen auf basenreichen Böden, vor allem in Ostdeutschland.

Centaurium erythraea RAFN (= *C. minus* MOENCH, *C. umbellatum* GILIB.), Echtes Tausendgüldenkraut

Gentianaceae (= Enziangewächse)

Einjährig, sommerannuell, oder winterannuelle bis zweijährige Halbrosettenpflanze, 10–40 cm hoch.

Namen: „*Centaurium*" ist (genauso wie *Centaurea*) nach dem heilkundigen Zentauren Chiron aus der griech. Mythologie benannt. Neulat. „*erythraeus*" = rötlich, wegen der Blütenfarbe. – Der Name „Tausendgüldenkraut" gibt zwar gut die ehemalige Wertschätzung als Heilpflanze wieder (so viel wert wie tausend Gulden), ist aber ein früher Übersetzungsfehler aus dem 15. Jh., indem man aurium für aurum = Gold und cent(um) für Hundert hielt und auf Tausend verstärkte. Parallel gab es auch Namen wie ‚hundert güldin'. „Echt" = die für die Verwendung (als Heilpflanze) richtige Art.

Vorkommen: Sonnige, grasige Waldlichtungen; auf Magerwiesen und Brachen, auf nährstoffreichen, frischen Böden. In Teilen Nordamerikas und Australiens eingebürgert. – **Geschützt**!

Blüten: VII–IX. Bis 15 mm breite „Pollen-Stieltellerblumen", nur bei Sonne und mindestens 20 °C geöffnet. Statt Nektar werden „anbohrbare Gewebe" angeboten. Staubbeutel herausragend, Griffel verschieden lang (= Heterostylie). Reicher Insektenbesuch, u. a. auch durch Falter. Vielleicht auch Selbstbestäubung. Lebensdauer der Blüten ca. 5 Tage.

Früchte: Zweiklappige, vom Kelch eingeschlossene, ca. 1 cm lange Kapseln, wandspaltig (septizid). Die abgestorbenen Pflanzen sind Windstreuer. Außerdem werden die Samen wohl auch durch Regen verschwemmt. Fruchtreife: IX. Lichtkeimer.

Verwendung: Alte, hochgeschätzte Arzneipflanze. DIOSKURIDES widmet ihr eine ganze Seite. Wegen der Bitterstoffe (bis 3 %) wird sie vor allem bei Magen-, Leber- und Gallenleiden verwendet.

Cephalanthera damasonium (MILL.) DRUCE (= *C. alba* (CRANTZ) SIMONK.), Weißes Waldvöglein

Orchidaceae (= Orchideen)

Geophyt mit waagerecht kriechendem, meist verzweigtem, reich bewurzeltem Rhizom, 20–50 cm hoch. – Pilzwurzel (endotrophe Mykorrhiza vom Orchidaceen-Typ). Die Ernährung der zunächst unterirdisch wachsenden Pflanze erfolgt lange Zeit durch den Pilz (myko-heterotroph). Etwa im 9. Jahr wird das erste Laubblatt gebildet, die Blühreife beginnt dann etwa ab dem 10. Jahr. Die nordamerikanische Art *C. austiniae* ist bleich (mit nur Spuren von Chlorophyll) und parasitiert zeitlebens auf dem Mykorrhizapilz. Auch bei *C. damasonium* findet man nicht selten chlorophyllfreie Mutanten. Ein Teil der grünen Pflanzen bezieht etwa die Hälfte ihres Kohlenstoffbedarfs von den Wurzelpilzen, lebt also trotz Photosynthese parasitisch (BIDARTONDO et al. 2004 Proc. Roy. Soc. Lond. B), vgl. die ähnliche Situation beim Wintergrün (*Pyrola*). Da die Mykorrhizapilze von *Cephalanthera* im Gegensatz zu den meisten anderen Orchideen zugleich in Symbiose mit Bäumen leben, also zusätzlich eine ektotrophe Mykorrhiza eingehen, stellen letztlich die Bäume (hier Buchen) die Haupt-Kohlenstoffquelle dar (Epiparasitismus oder Mixotrophie). Diese von der fast chlorophyllfreien Nestwurz (*Neottia*) bekannte Situation ist bei grünen Orchideen vermutlich verbreiteter als bisher bekannt.

Systematik: Die Gattung umfasst 28 Arten auf der Nordhalbkugel. Sie gehört zu der überwiegend tropisch verbreiteten Unterfamilie Epidendroideae, siehe *Neottia* = Nestwurz.

Namen: „*Cephalanthera*" wurde von dem franz. Botaniker L. C. M. RICHARD 1817 geprägt, von griech. kephalos = Kopf und neulat. anthera = Staubbeutel, weil der Staubbeutel der Griffelsäule (Columna) wie ein Kopf aufsitzt; „*damasonium*" ist ein griech. Pflanzenname, der auf diese Gattung übertragen wurde. – „Waldvöglein" wurde von GARCKE 1848 künstlich gebildet.

Vorkommen: Buchen- und Eichenwälder, auf frischen, meist kalkreichen Böden. Vor allem in den Kalkgebieten Süddeutschlands. Schattenverträglich. In jungen Fichtenforsten kann die Zahl der Pflanzen evtl. recht hoch liegen, nimmt aber später wieder ab. In weiten Teilen Deutschlands ist die Art ungefährdet. Dennoch ist sie wie alle heimischen Orchideen besonders **geschützt**!

Blüten: V–VI. Fruchtknoten sitzend, gedreht, aufrecht. Perigonblätter gelblich weiß, zusammenneigend. Vorderglied der Lippe als Halteplatz für Insekten, Hinterglied mit sackartiger Vertiefung (Sporn). Insektentäuschblume, da kein Nektar abgegeben wird. Blüten meist halb oder ganz geschlossen, weitere Öffnung erst bei Temperaturen über 25 °C. Der Staubbeutel steht am Ende der Säule. Seine Fächer öffnen sich bereits in der geschlossenen Blüte, sodass Selbstbestäubung die Regel ist. Pollen in ungestielten Pollinien, pulverig und kaum durch Fäden verbunden.

Früchte: Je Stängel wenige, aber mit 25–35 mm Länge und 8–12 mm Breite relativ große Kapseln. Zur Reife aufrecht abstehend mit je drei vorspringenden Kanten und bei Trockenheit – wie bei Orchideen üblich – durch Längsspalten aufspringend: Windstreuer. Samen winzig, nur ca. 0,005 mg

schwer: Körnchenflieger. Je Kapsel ca. 6000 Samen. Fruchtreife: IX–X.
Vegetative Vermehrung durch Wurzelsprosse.
Weitere Art:
Cephalanthera rubra (L.) RICH., Rotes Waldvöglein: Perigonblätter rot, zur Blütezeit abstehend. Laub- und Nadelwälder, oft auf Kalk. Ebenfalls Insektentäuschblume: Die roten Blüten werden trotz fehlenden Nektars von Scherenbienen (*Osmia* = *Chelostoma*) und Glanzbienen (*Dufourea*) aufgesucht. Offenbar verwechseln die Bienen die Blüten mit blau blühenden Glockenblumen Arten (*Campanula*) desselben Standorts, da die Reflexionsmuster beider Arten in dem für sie sichtbaren Wellenbereich fast identisch sind: optische Mimikry (NILSSON 1983 Nature 305: 799). Selbstbestäubung ist erfolgreich.

Cerastium arvense LINNAEUS, Acker-Hornkraut

Caryophyllaceae (= Nelkengewächse)

Ausdauernder, krautiger Chamaephyt: Kriechstaude, 15–30 cm hoch. – Erinnert im blühenden Zustand an die Große Sternmiere (*Stellaria holostea*), von der sie sich u. a. durch 5 statt 3 Griffel und die deutliche Behaarung unterscheidet.

Systematik: Die Gattung umfasst etwa 100 Arten. Sie ist nah verwandt mit der Sternmiere (*Stellaria*).
Namen: „*Cerastium*“ wurde von dem vorlinnéschen Autor DILLENIUS geprägt und von LINNÉ übernommen, nach griech. keras = Horn, wegen der typischen Kapselform. Neulat. „*arvensis*“ = Acker-. – „Hornkraut“ wurde in Anlehnung an den botanischen Namen künstlich gebildet.
Vorkommen: Sommerwarme, lückige Trocken- und Magerrasen, Böschungen, Wegränder und Mauern.
Blüten: IV–VI. Weiße, über 1 cm breite, Nektar führende „Kleine Trichterblumen“. Neben vormännlichen zwittrigen Blüten gibt es auch rein weibliche, kleinere Blüten (gynodiözisch). Bestäuber sind besonders Fliegen und kleinere Bienen. Bei ungünstiger Witterung auch geschlossenblütig (kleistogam).
Früchte: Die reif schwach hornförmig gekrümmten Streukapseln öffnen sich bei Trockenheit an der Spitze mit Zähnchen. Samen warzig. Auch Ameisenausbreitung?
Verwendung: Für Wildpflanzengärten zu empfehlen, aber sehr ausbreitungsfreudig. Als Zierpflanze wird die dichte Polster bildende Sorte 'Compactum' kultiviert. Alle *Cerastium*-Arten lassen sich als Wildgemüse nutzen.
Weitere Arten:
Cerastium tomentosum L., Filziges Hornkraut: Krautiger Chamaephyt. Seit dem 16. Jh. beliebte Zierpflanze der Steingärten, jedoch ausbreitungsaktiv. Ähnlich *C. arvense*, aber weiß-filzig behaart (Strahlungsschutz). Blütezeit: V–VII. Biologie ähnlich, aber indem sich die Kapselzähne zurückkrümmen, auch Tierstreuer. Bei uns vorwiegend vegetative Ausbreitung. In den Gebirgen, z. B. des südlichen Italiens, beheimatet. Zuweilen verwil-

dert, besonders an Mauern, und zunehmend auch eingebürgert (etablierter Neophyt).

Cerastium holosteoides FRIES (= *C. vulgare* HARTM., *C. caespitosum* ASCH., *C. fontanum* BAUMG.) (Artengruppe), Gewöhnliches Hornkraut: Krautiger Chamaephyt, 5–20(–40) cm hoch. Häufig in Wiesen, Weiden, an Wegsäumen usw., auf frischen, nährstoffreichen Böden. Lehmzeiger. Blütenstiele nach der Blüte herabgebogen, als Fruchtstiele aber wieder aufrecht. Blütezeit: IV–X. Blütenökologie ähnlich wie bei *C. arvense*, aber wegen der kleineren Blüten meist nur von Fliegen besucht. Windstreuer und Tierstreuer.

Cerastium glomeratum THUILL., Knäuel-Hornkraut: Einjährig, 2–15(–40) cm hoch, reich drüsig. Gärten, Äcker und vor allem Ruderalstandorte, z. B. häufig auf Wegen und in lückigen Wiesen. Blütezeit: III–IX. Blütenökologie wie bei voriger Art. Ausbreitung auch als ganze, klebende Pflanze.

Cerastium semidecandrum L., Fünfmänniges oder Sand-Hornkraut: Einjährig. Trockenrasen-Art mit ähnlicher Biologie wie bei den vorigen Arten, aber mit Fruchtstielbewegungen nach dem Abblühen. Blütezeit: III–VI. Nur 5 statt 10 Staubblätter (Name!, semi = halb, deka = 10, ander = Mann).

Ceratophyllum demersum LINNAEUS, Gewöhnliches oder Raues Hornblatt

Ceratophyllaceae (= Hornblattgewächse)

Untergetauchte, schwimmende oder „festgehakte" Wasserpflanze, bis 3 m lang. Ganze Pflanze rau. Typische Anpassungen an das Leben im Wasser: Fehlen von Wurzeln (stattdessen Sprossteile mit Wurzelcharakter), keine Spaltöffnungen; ein zentraler Leitbündelstrang sorgt für Zugfestigkeit; Gerbstoffzellen als Fäulnisschutz; Durchlüftungsgänge. Die gabelig geteilten Blätter stehen zu 4–10 in Wirteln. Sie sind hornartig steif und brüchig. Sie behalten im Gegensatz zu ähnlichen Wasserpflanzen auch außerhalb des Wassers ihre Form.

Systematik: Die Gattung umfasst etwa 6 Arten und ist weltweit verbreitet. Sie ist die einzige Gattung der systematisch stark isoliert stehenden Familie Ceratophyllaceae, der einzigen Familie der Ordnung Ceratophyllales. Sie weicht von allen übrigen Zweikeimblättrigen Pflanzen (Dicotyledoneae) morphologisch und molekularbiologisch ab. Besonderheiten sind u. a. fehlende Wurzeln und Spaltöffnungen, die Bildung von nur einer Seitenknospe je Blattwirtel, die Unterwasserbestäubung, die stark reduzierte Pollenexine (äußere Pollenwand) und die fehlenden Tracheen der Leitbündel.

Namen: „*Ceratophyllum*" wurde von VAILLANT 1719 geprägt und von LINNÉ übernommen, nach griech. keras = Horn und phyllon = Blatt, wegen der hornartig steifen Blätter und deren leicht gekrümmten Abschnitte. Lat. „*demersus*" = untergetaucht. – „Hornblatt" ist Lehnübersetzung des wiss. Namens.

Vorkommen: Basenreiche, meist eutrophe, stehende Gewässer, untergetaucht (submers) bis 10 m Tiefe, oft massenhaft. Durch den Verlust an Kleingewässern und durch Gewässerverschmutzung gebietsweise im Rückgang. In höheren Lagen eher selten. – Weltweit verbreitet.
Blüten: VI–IX. Einhäusig, d. h. männliche und weibliche Blüten sind getrennt, aber auf derselben Pflanze. Blütenhülle einfach (Perigon), aus 9–10, am Grunde verwachsenen, kelchartigen Perigonblättern bestehend. Unterwasserblüher. Die pollenreichen Blüten pressen mithilfe eines Druckmechanismus des Perigons die 12–16 Staubblätter heraus. Während die oben lufthaltigen Staubbeutel nach oben schweben, fallen die mit einem ballonartigen Anhang versehenen Pollenkörner (spez. Gewicht: 1,0) heraus und gelangen durch Wasserbewegung an die langen Narben der weiblichen Blüten.
Früchte: Kleine, 1-samige Nüsse. Typische Klettfrucht: Der Griffelrest und zwei basale Stacheln dienen als Klettorgane. Ausbreitung durch Wasservögel und andere Wassertiere. Dazu Schwimmausbreitung. Die Embryonen sind grün und enthalten bereits Anlagen erster Blattquirle.
Vegetative Vermehrung erfolgt durch alle Teile der sehr brüchigen Pflanze, ein typisches Wasserpflanzen-Merkmal, sowie durch die im Winter absinkenden, im Frühjahr durch Gasproduktion aufsteigenden, stärkereichen Winterknospen (Turionen). Diese entstehen bei niederen Temperaturen durch Wachstumshemmung der Internodien.
Verwendung: Für Gartenteiche bedingt zu empfehlen.
Weitere Art:
Ceratophyllum submersum L., Zartes Hornblatt. Seltener als vorige Art. Unterschieden durch die zarteren, relativ weichen Blätter und stachellose, an den Rändern verflachte Früchte, also nur mit Schwimm- und Adhäsionsausbreitung. Blütenbiologie wie bei voriger Art.

Ceterach officinarum → *Asplenium ceterach*

Chaenomeles japonica (THUNB.) SPACH, Japanische Quitte, Zierquitte oder Scheinquitte

Rosaceae (= Rosengewächse)

Sommergrüner, 0,6–1 m hoher Strauch, mit Sprossdornen. Winterhart. Langtriebe mit großen, rundlichen, nicht abfallenden Nebenblättern.

Systematik: Die Gattung umfasst 3–5 Arten. Sie gehört zu den Kernobstgewächsen (siehe *Malus*) und steht z. B. den echten Quitten (*Cydonia*) nahe.
Namen: „*Chaenomeles*" (ursprünglich „*Choenomeles*") wurde von LINDLEY geprägt, nach griech. chainein = spalten, klaffen und melon = Apfel, Quitte, da die vollreifen Früchte oben auseinander klaffen. – „Zierquitte" und „Scheinquitte" im Vergleich zur echten Quitte (*Cydonia oblonga*), siehe dort.
Vorkommen: Als Zierstrauch seit 1874 in Kultur. Heimat: Japan. Frosthart. Verwilderungen sind kaum bekannt geworden, doch können sich die Pflanzen aufgrund von vegetativer Vermehrung lange halten.
Blüten: IV–VI. Vorweibliche „Nektar führende Scheibenblumen", orange- bis ziegelrot, in 2–3-blütigen, blattlosen, seitlich am Langtrieb stehenden Büscheln. Neben zwittrigen Blüten können auf derselben Pflanze auch überwiegend männliche Blüten mit unvollständig entwickelten Fruchtknoten vorkommen. Bestäuber sind Honigbienen und Hummeln, selten auch Fliegen. Selbstbestäubung ist kaum erfolgreich. – In ihrer Heimat werden die Zierquitten durch Vögel bestäubt.
Früchte: 5-fächerige, gelbliche, quittenähnliche Apfelfrüchte, 3–4 cm lang. Jedes Fruchtfach enthält zahlreiche Samen. Anders als bei *Cydonia* bleibt der Kelch zur Fruchtzeit nicht erhalten und

Die Früchte können wie echte Quitten zu Gelee verarbeitet werden.

sind die Samen nicht schleimig. Fruchtreife: IX–X. Kältekeimer.

Vegetative Vermehrung erfolgt reichlich durch Wurzelsprosse und durch sich bewurzelnde Zweige.

Verwendung: Die *Chaenomeles*-Arten sind beliebte, schnellwüchsige Ziersträucher. Man kennt heute etwa 500 Kultursorten, die überwiegend auf Bastardierung zurückgehen. Sie sind auch für Zierhecken geeignet. Die Früchte duften wie Quitten und können genauso wie diese zu Mus, Kompott oder Gelee verarbeitet werden. Sie sind u. a. sehr reich an Vitamin C. Seit einigen Jahren werden Zierquitten auch als Obststräucher kultiviert. So sind z. B. in Lettland Zierquitten nach Äpfeln und Erdbeeren die wichtigste Obstart. Besonders zu nennen ist die als „Zitronenquitte" bezeichnete, fast dornenlose Sorte 'Cido', die zur Herstellung von Erfrischungsgetränken verwendet wird.

Weitere Art/Bastard:

Chaenomeles speciosa (SWEET) NAKAI, Chinesische Zierquitte: Wird ebenfalls häufig kultiviert, allerdings meist nicht von letzterer Art unterschieden. Pflanze insgesamt größer, bis 2(–5) m hoch. Blätter lang zugespitzt, scharf gesägt. Blüten meist zu 2–6, rosa bis dunkelrot (aber nicht orange). Früchte bis 8 cm lang, grünlich.

Chaenomeles × superba (FRAHM) REHDER, Bastard-Zierquitte: Aus der Bastardierung zwischen den beiden vorigen Arten hervorgegangen. Hierher gehören die meisten heute kultivierten Sorten (und auch die Fotos).

Chaenorrhinum minus: siehe bei *Linaria*

Chaerophyllum temulum LINNAEUS, Hecken-Kälberkropf, Betäubender Kälberkropf

Apiaceae (= Doldenblütler)

Ein- bis zweijährig, 30–100 cm hoch. Stängel steifhaarig, rot gefleckt, an den Knoten etwas verdickt. Geruch unangenehm. Blätter doppelt gefiedert. – Wurzel spindelförmig, leicht aus dem Boden ziehbar.

Giftigkeit: Schwach giftig, wahrscheinlich durch das Polyin Falcarinol. Frühere Vermutungen über den Gehalt an einem flüchtigen Alkaloid konnten nicht bestätigt werden. Vergiftungen wurden bisher nur beim Vieh und nur nach Aufnahme größerer Mengen beobachtet (Taumeln, Durchfall). Möglicherweise gehen ältere Berichte über Giftwirkungen zum Teil auf Verwechslung mit dem Schierling (*Conium maculatum*) zurück.

Namen: „*Chaerophyllum*" (= cerefolium) ist der lat. Name des Garten-Kerbels (*Anthriscus cerefolium*), der auf die vorliegende Gattung übertragen wurde. Zur Namenserklärung siehe *Anthriscus*. Zu beachten ist, dass LINNÉ noch 1753 den Wiesen-Kerbel (*Anthriscus sylvestris*) als „*Chaerophyllum sylvestre*" führte. Lat. „*temulus*" = betäubend, berauschend, wegen der Giftwirkung von *C. temulum*. – Der Name „Kälberkropf" (mhd. Kelberkerne, Kelberkrut) galt ursprünglich für den als Nutzpflanze wichtigen Knolligen Kälberkropf (s. u.), wobei der erste Teil des Namens volksetymologisch aus ‚Kerbel' entstanden ist. Was „-kropf" bedeutet, ist unklar; vielleicht wurden die bei einigen Doldenblütlern blasig erweiterten Blattscheiden mit einem Kropf verglichen. Man beachte, dass der Name „Kälberkropf" früher auch für andere Doldenblütler verwendet wurde, besonders für den Wiesen-Kerbel.

Vorkommen: Waldränder, Hecken, Gebüsche, schattige Ruderalstellen und Parks, auf frischen, nährstoffreichen, lockeren Böden. Stickstoffzeiger. Etwas wärmeliebend, fehlt in den Alpen. Kennart des Alliario-Chaerophylletum (= Knoblauchhederich-Saumgesellschaft).

Blüten: V–VII. Vormännliche „Nektar führende Scheibenblumen vom *Heracleum*-Typ", mit männlichen und zwittrigen Blüten (andromonözisch) in Doppeldolden. Insektenbestäubung.

Früchte: Die Spaltfrüchte (Doppelachänen) zerfallen bei der Reife in zwei kahle, sehr schmale Teilfrüchte, die beim Anstoßen der reifen, trockenen Stängel weit fortgeschleudert werden: Tier- und Windstreuer. Fruchtreife: VII–X. Wintersteher.

Weitere Arten:

Chaerophyllum bulbosum L., Knolliger Kälberkropf, Knollenkerbel: Zweijährige bis mehrjährige, nur einmal blühende (= hapaxanthe) Knollenpflanze, 80–180 cm hoch. Blätter fein zerteilt. Hypokotyl knollig verdickt. Kann mit dem stark giftigen Schierling (*Conium maculatum*) verwechselt werden, der ebenfalls einen rot gefleckten, im oberen Teil kahlen Stängel hat. Beim Knolligen Kälberkropf ist der Stängel aber unterhalb der Stängelknoten

deutlich verdickt und im unteren Teil borstig behaart; die Blätter sind unterseits behaart und riechen angenehm nach Zitrone statt unangenehm nach Mäusen. Spülsäume der Flüsse und Auwälder, vor allem Stromtalpflanze. Die stärkereichen, pflaumengroßen, in Kultur bis 10 cm langen Hypokotylknollen wurden früher als Kartoffelersatz gegessen („Kerbelrüben") und werden zurzeit als Gemüse wiederentdeckt. Der Geschmack ist süßlich kastanienartig und kommt im Winter am besten zur Entfaltung. Kulturpflanze seit dem Mittelalter, heute aber nur noch Liebhaberpflanze, während die verwandte Art *C. prescotti* DC. noch heute in Russland angebaut wird. Ausbreitungsbiologie wie bei *C. temulum*, dazu bei Überschwemmungen vegetative Ausbreitung als Schwimmpflanze. Möglicherweise auch Menschenausbreitung.

Chaerophyllum hirsutum L. (Artengruppe), Behaarter oder Bewimperter Kälberkropf: Vorkommen in feuchten Bergwäldern und Hochstaudenfluren, besonders entlang von Fließgewässern; In den höheren Lagen der Alpen bis in die untere alpine Stufe durch die Kleinart *C. villarsii* vertreten. Biologie wie bei den vorigen Arten und auch Nährstoffzeiger. Blüten mit unangenehmem Geruch von Aminen, deshalb ein entsprechend reicher Fliegenbesuch. Pflanze niedriger, Blätter grob zerteilt und Kronblätter im Unterschied zu den vorigen Arten deutlich bewimpert.

Chamaecyparis: *siehe bei Cupressus*

Chamaemelum: *siehe bei Anthemis*

Chamaespartium sagittale → *Genista sagittalis*

Cheiranthus cheiri → *Erysimum cheiri*

Chelidonium majus LINNAEUS, Schöllkraut, Warzenkraut

Papaveraceae (= Mohngewächse)

Ausdauernde, wintergrüne, kurzlebige Halbrosettenpflanze, 30–70cm hoch. Gelegentlich durch die nach unten gerichteten Blattstiele kletternd (Spreizklimmer). Alle Teile mit einfachen, gegliederten, orangefarbenen Milchsaft führenden Schläuchen.

Systematik: Die Gattung umfasst nur diese eine Art. Sie ist nahe verwandt mit dem Mohn (*Papaver*).
Giftigkeit: Stark giftig in allen Teilen durch über 20 verschiedene Alkaloide, z.B. Chelerythrin und Chelidonin. Bei arzneilicher Anwendung kann eine Überdosierung zum Tod führen.
Namen: „*Chelidonium*" ist ein lat.-griech. Pflanzenname, der im Mittelalter als ‚Chelidonium majus' für das Schöllkraut (und z.T. auch für die Skabiose) und als ‚Chelidonium minus' für das Scharbockskraut (*Ranunculus ficaria*) verwendet wurde. Der Name geht auf griech. chelidon = Schwalbe zurück; daher auch die alten deutschen Namen „Schwalbenwurz" oder „Schwalbenkraut". Der Bezug ist unklar; oft wird der schon in der Antike geäußerte Erklärungsversuch zitiert, die Pflanze (welche?) würde mit dem Eintreffen der Schwalben blühen und mit ihrem Wegzug welken, was aber für unsere Pflanze nicht zutrifft. Lat. „*majus*" = größer (s. o.), im Vergleich zum Scharbockskraut. – „Schöllkraut" (ehemals Schellkraut) ist aus dem antiken Pflanzennamen entlehnt. „Warzenkraut" wegen der Verwendung.
Vorkommen: Ruderalpflanze auf nährstoffreichen, meist frischen Böden, an Wegsäumen, in Gebüschen und an Waldrändern, auf Mauern usw. Wärmeliebend. Ebene bis mittlere Gebirgslagen.

Stickstoffzeiger. Alteinwanderer (= Archäophyt), Kulturfolger.

Blüten: IV–IX. Durch Karotinoide gelb gefärbte, homogame „Pollen-Scheibenblumen“, in wenigblütigen Scheindolden. Bestäuber sind besonders Bienen und Fliegen. Bei schlechtem Wetter geschlossenblütig (kleistogam).

Früchte: Schoten ohne falsche Scheidewand, bei Öffnung Selbstausbreitung (Streufrüchte). Samen schwarzglänzend, mit Ölkörper (Elaiosom) zur Ameisenausbreitung (siehe Detailfoto), daher auch auf Mauern und hohlen Weiden anzutreffen. Fruchtreife: VII–IX.

Das weiße Anhängsel (Elaiosom) dient der Ausbreitung durch Ameisen.

Vegetative Vermehrung erfolgt hin und wieder durch kleine, blattbürtige Brutsprosse.

Verwendung: Schöllkraut ist häufiger Bestandteil von Leber-Galle-Tees und von Fertigpräparaten gegen Gallen- und Magenbeschwerden. Die Verwendung geht auf die Signaturenlehre zurück, nach der man annahm, der gelbe Milchsaft würde darauf schließen lassen, die Pflanze könne Gallenbeschwerden lindern. Hier liegt also einer der seltenen Fälle vor, dass die Anwendung nach der Signaturenlehre medizinisch belegt werden konnte. Allerdings wird neuerdings sehr vor der Einnahme gewarnt, da es zu Leberschädigungen kommen kann. In der Volksmedizin gilt der frisch austretende Milchsaft als Mittel gegen Warzen. Vielleicht stehen die zellteilungshemmende und Eiweiß spaltende Wirkung des Milchsaftes hiermit im Zusammenhang. Wird in Schweden zum Gelbfärben benutzt. Für Wildpflanzengärten zu empfehlen. Auch Zierpflanze, z. B. in einer Sorte mit gefüllten Blüten.

Chenopodium album LINNAEUS (Artengruppe), Weißer Gänsefuß

Amaranthaceae (= Amarantgewächse)

Einjährig, sommerannuell. Sehr variabel, meist ästig, 10–100(–150) cm hoch. Blätter eiförmig-rhombisch bis -länglich, ungleich gezähnt. Pflanze durch winzige Blasenhaare mehlig bestäubt, besonders im Blütenstandsbereich. – In der Familie der Amaranthaceae gibt es zahlreiche Arten mit C_4-Photosynthese, die Gattung *Chenopodium* selbst aber gehört zu den C_3-Pflanzen.

Systematik: Der Umfang der Gattung ist zurzeit noch nicht endgültig geklärt. Im traditionellen Sinne umfasste sie etwa 170 Arten. Je nach Autor sollen einige davon abgetrennt werden, siehe dazu die unten genannten Synonyme. – Die Gattung Gänsefuß und ihre Verwandten bildeten früher die Familie der Gänsefußgewächse (Chenopodiaceae), die nach neuerer Auffassung in die Fuchsschwanzgewächse eingegliedert wurde. Allerdings folgen viele Autoren nicht der Abtrennung der Familie, so besonders im deutschsprachigen Raum. – Nahe verwandt sind *Atriplex* (Melde) und *Spinacia* (Spinat).

Namen: Die Gattungen Gänsefuß und Melde wurden früher meist nicht unterschieden und trugen gemeinsam den germ. Namen ‚Melde‘, weil Vertreter beider Gattungen bemehlte Blätter haben. Auch heute noch wird im allgemeinen Sprachgebrauch etwa der Weiße Gänsefuß als ‚Melde‘ bezeichnet. – Der Name „*Chenopodium*“ entstand erst im 16. Jh., von griech. chen = Gans und podion = Füßchen, weil die Blätter einiger Arten gänsefußähnlich aussehen. Lat. „*albus*“ = weiß, wegen der mehlig bestäubten Blätter. – „Gänsefuß“ als Pflanzenname ist ein spät durch Übersetzung gebildeter Kunstname, der auch im Deutschen die Gattung *Chenopodium* von *Atriplex*, bei der der Name ‚Melde‘ blieb, trennen soll.

Vorkommen: Häufig auf Äckern (vor allem Hackfruchtäckern) und Ruderalstellen. Stickstoffzeiger.

Kulturbegleiter seit der jüngeren Steinzeit (Archäophyt?). Heimat: Eurasien. Weltweit verschleppt.
Blüten: VI–X. Blüten weißlich grün, zwittrig (bei *Atriplex* eingeschlechtig), streng vorweiblich: Die bereits in der unvollkommen entwickelten Blüte bestäubungsfähigen Narben treten aus einer Pore der noch geschlossenen Blütenhülle (Perigon) heraus. Im männlichen Stadium sind sie geschrumpft, und das Perigon ist gespreizt. Die Bestäubung erfolgt meist zufällig durch herumkriechende Fliegen und Käfer sowie durch den Wind. Die Blüten werden aber auch von einer großen Zahl verschiedener Wildbienen und von Schwebfliegen besucht (Warzecha et al. 2016 Verh. Ges. Ökol. 46: 90).
Früchte: Nüsse 1-samig, lange Zeit grün bleibend. Samen meist schwarz, glänzend, mit reichlich Nährgewebe. Samenschale glatt. Wind- und Tierstreuer, Selbstausstreuer und (bei Sturm) Ballonflieger, außerdem Zufallsausbreitung durch Säuger und Vögel, Menschenausbreitung und Bearbeitungsausbreitung durch Kleinvögel. Fruchtreife: VIII–X. Wintersteher. Wärmekeimer. Samen langlebig.
Verwendung: Wichtige Wildgemüsepflanze: Junge Blätter und Sprossspitzen eignen sich für Suppen, Salate und Kräutersäfte. Der Geschmack ist spinatartig mild. Die Stängel werden in Griechenland roh gegessen. Die Samen werden als Vogelfutter genutzt oder wie Buchweizen als Pseudogetreide zu Mehl verarbeitet (so schon in den Pfahlbauten und noch heute in Indien, aber der Wert ist umstritten). Die Blätter liefern zum Färben nach Vorbeize aus Alaun und Kupfer oder Eisen ein prächtiges Moosgrün.
Weitere Arten/Verwandte (vgl. auch. *C. bonus-henricus*):
Chenopodium quinoa Willd., Quinoa, Reismelde, Inkareis, Inkakorn: Als Brotgetreide (Pseudogetreide) in den Anden schon seit dem Altertum kultiviert. Dort noch bis 4200 m gedeihend. 50–300 cm hoch. Blütenstand rötlich. Die Samen sind reich an Eiweiß und Mineralstoffen, z. B. Eisen, aber glutenfrei. In den Handel gelangt bitterstofffreies Material. Der Anbau in Deutschland erwies sich als nicht lohnend.
Chenopodium hybridum L. (= *Chenopodiastrum hybridum* (L.) S. Fuentes et al.), Bastard-, Unechter oder Stechapfelblättriger Gänsefuß: Einjährig, 30–70 cm hoch. Bis über 1 m tief wurzelnd. Blätter breit, am Rand beiderseits mit 2–3 großen Zähnen. Auf nährstoffreichen Böden an ruderalen Säumen, (in Äckern) und Weinbergen (wärmeliebend). Altbürger (Archäophyt) seit der Bronzezeit (Kulturrelikt). Gefährdet. Blütezeit: VI–IX. Blütenrispe endständig, blattlos. War früher eine geschätzte Gemüsepflanze. Der Name „*hybridum*" beruht darauf, dass man früher die Pflanze für eine Mischform (aber nicht Hybride im heutigen Sinne) zwischen Gänsefuß (Blüten) und Stechapfel (Laubblätter) hielt.
Chenopodium polyspermum L. (= *Lipandra polysperma* (L.) S. Fuentes et al.), Vielsamiger Gänsefuß: 10–60 cm hoch. Blätter dünn, eiförmig, ganzrandig, gelblich bis grasgrün, zuweilen rot überlaufen. Häufige Art der feuchten Hackfruchtäcker und schlammigen Ufersäume.
Dysphania botrys (L.) Mosyakin et Clemants (= *Chenopodium botrys* L.), Klebriger oder Traubiger Drüsengänsefuß: Einjährig, sommerannuell, 2–50 cm hoch. Drüsig behaart und aromatisch duftend. Blätter fiederspaltig, eichenblattähnlich. C_3-Pflanze. Gynomonözisch, d. h. neben zwittrigen Blüten kommen auch weibliche Blüten vor. Neophyt, eingeschleppt aus Südamerika, eingebürgert in trockenwarmen Gebieten, bei uns z. B. in Berlin und am Rhein. Die Drüsen können als Trockenheitsanpassung (vgl. *Thymus*) oder als Fraßschutz gedeutet werden. Außerdem dienen sie der Klebausbreitung der Früchte und der ganzen Pflanze. Kulturbegleiter. Wurde wegen des hohen Gehaltes an ätherischen Ölen als Krampf lösendes Mittel, Duftpflanze und Mottenkraut angewandt und noch bis ins 19. Jh. gerne in Bauerngärten gezogen.

Chenopodium bonus-henricus Linnaeus (= *Blitum bonus-henricus* (L.) Rchb.), Guter Heinrich

Amaranthaceae (= Amarantgewächse)

Immergrüner, ausdauernder, krautiger Chamaephyt oder Hemikryptophyt, 20–80 cm hoch. Blätter 3-eckig spießförmig, bis 15 cm lang, unterseits durch Blasenhaare mehlig bestäubt. – Pfahlwurzel fleischig, rübenartig, bis 2 cm dick und 50 cm tief.

Namen: Zum Gattungsnamen siehe *C. album*. „*Bonus-henricus*" ist ein vorlinnéscher Name, als Übersetzung des deutschen Namens „Guter Heinrich". Die Namen beziehen sich auf ‚Heinrich' als (guten) Geist (vgl. Heinzelmännchen), da die Art früher als Heil- und Gemüsepflanze hochgeschätzt war. Nach Höfler wurde in der Pflanze die Verkörperung eines heilenden Geistwesens gesehen.

Vorkommen: Ruderalstellen und Dungplätze, auf frischen, stickstoffreichen (oft ammoniakalischen) Böden, besonders in der Nähe bäuerlicher Siedlungen. Auch an Straßensäumen zuweilen noch erhalten. Licht liebend. Kennart des Balloto-Chenopodietum boni-henrici (= Gesellschaft des Guten Heinrichs). – Durch die Verstädterung der Dörfer und deren übertriebene Säuberung (Stichwort: „Unser Dorf soll schöner werden") oft stark zurückgegangen, in der Ebene heute weithin fehlend. – Gefährdet!

Blüten: V–VIII. Windbestäubung. Perigon grünlich. Unscheinbare, vorweibliche „Pollen-Scheibenblumen". Nektar fehlt. Narben verlängert. Neben zwittrigen Blüten kommen auch rein weibliche Blüten vor (gynomonözisch). Blütenknäuel zu reichblütigen Rispen vereint.

Früchte: Kleine, einsamige Nüsse mit einem 2,2 mg schweren Samen. Windausbreitung (Windstreuer), Anhafter (Klebausbreitung) sowie Menschenausbreitung (Kulturrelikt). Zufallsausbreitung durch Rind, Schaf und Ziege. Fruchtreife: VIII–IX. Kältekeimer.

Verwendung: Alte Kulturpflanze, die schon in vorrömischer Zeit in Bauerngärten kultiviert wurde, aber heute kaum noch bekannt ist: Junge Blätter und Sprossspitzen ergeben ein wertvolles Gemüse („wilder Spinat"), das wie Stielmus oder Spargel zubereitet wird. Die Pflanze galt aber auch als Heilpflanze bei Hauterkrankungen und als Zauber abwehrend. Die Samen lassen sich zu Brotmehl verarbeiten. Im Balkan stellt man aus den zerstoßenen Wurzeln ein wie Erdnussbutter schmeckendes Konfekt her.

Weitere Arten: siehe *C. album*.

Chondrilla juncea LINNAEUS,
Großer Knorpellattich oder Knorpelsalat

Asteraceae (= Korbblütler)

Ausdauernder, sommergrüner Hemikryptophyt, 50–100 cm hoch. Aufsteigende bis aufrechte, spärlich beblätterte, ästige Rutenstaude (also mit grünen Zweigen). Milchsaft führend. Grundrosette zur Blütezeit vertrocknet. Obere Stängelblätter linealisch, senkrecht eingestellt (Kompasspflanze), in Trockenzeiten abfallend. An Trockenheit angepasst (Xerophyt), u. a. auch durch eine bis 2 m tief reichende Pfahlwurzel.

Systematik: Die Gattung umfasst 25–50 Arten in Eurasien. Sie gehört in die Unterfamilie Cichorioideae (siehe *Cichorium*).

Namen: „*Chondrilla*" ist der lat.-griech. Name dieser Pflanze bzw. der nah verwandten Zichorie oder Endivie (*Cichorium*), zu chondros = Knorpel, Kügelchen, da sich an der Pflanze in kleinen Kügelchen Milchsaft absetzt. Lat. „*junceus*" = binsenähnlich, wegen der rutenförmigen Äste. – „Knorpelsalat" und „Knorpellattich" (Lattich = Milchsaft führende Pflanze) haben denselben Bezug.

Vorkommen: Lückige Trockenrasen, Wegsäume usw., besonders auf sandigen, oft kalkhaltigen, sommerwarmen Standorten. In Nordostdeutschland meist noch verbreitet, sonst oft im Rückgang. Im gemäßigten Klima fast weltweit verschleppt (Kosmopolit), z. B. in Australien als gefürchtetes Unkraut der Weizenfelder.

Blüten: VII–IX. „Körbchenblumen" vom *Cichorium*-Typ. Blüten goldgelb, gleichzeitig geöffnet, in 7–12-zähligen Körbchen. Lichtliebender Vormittagsblüher. Insektenbestäubung. Vor allem Samenbildung ohne Befruchtung (Apomixis).

Früchte: Achänen 7–10 mm lang, stielrund und oberwärts knotig-schuppig, geschnäbelt. Pappus weiß, 6–8 mm lang: Schirmchenflieger und Wasserhafter. Fruchtreife: VIII–X.

Vegetative Vermehrung durch Wurzelsprosse, d. h. von der Pfahlwurzel gebildete Laubtriebe. Das Wurzelsystem ist sehr regenerationsfähig.

Chrysanthemum → *Glebionis*

Chrysosplenium alternifolium LINNAEUS, Wechselblättriges Milzkraut

Saxifragaceae (= Steinbrechgewächse)

Ausdauernder, sommergrüner Hemikryptophyt oder Geophyt, lockerrasig, 5–20 cm hoch. Stängel zart, dreikantig.

Systematik: Die Gattung umfasst etwa 60 Arten, von denen 2 bei uns wild vorkommen.

Namen: „*Chrysosplenium*" ist der griech. Name verschiedener Pflanzen, die bei Milzleiden verwendet wurden, zu chrysos = Gold und splen = Milz. Der Name wurde 1591 von TABERNAEMONTANUS für die vorliegende Pflanze verwendet, wegen der nieren- bis milzförmigen Laubblätter und der goldgelben Hochblätter in Verbindung mit der vermeintlichen Verwendbarkeit nach der Signaturenlehre. Neulat. „*alternifolius*" = wechselständig, wegen der Anordnung der Stängelblätter.

Vorkommen: Quellfluren, Bachufer und feuchte Wälder, auf nährstoff- und basenreichen, oft kalkhaltigen Böden. Vor allem im Gebirge.

Blüten: III–V, Frühblüher. Unscheinbare „Nektar führende Scheibenblumen" in Trugdolden. Krone gewöhnlich fehlend. Einzelblüten nur etwa 5 mm groß. Schauwirkung durch große goldgelbe Hochblätter. Vorweiblich, Narben lange empfängnisbereit bleibend. Bestäuber sind Fliegen und Käfer.

Früchte (siehe Detailfoto): Die geöffneten Kapseln bilden flache Schalen, aus denen die braunen, glänzenden Samen durch Wassertropfen herausgeschleudert werden (Regenballist). Weitere Ausbreitung der Samen als Regenschwemmlinge und wohl auch durch Ameisen. Fruchtreife: V–VI.

Verwendung: Im Mittelalter wurden die Blätter wegen ihrer Form nach der Signaturenlehre gegen Erkrankungen der Milz verwendet. Junge Blätter unserer Milzkraut-Arten können für Salat oder Gemüse verwendet werden.

Die Samen werden aus den zur Reife geöffneten Kapseln durch Regentropfen herausgeschleudert.

Vegetative Vermehrung durch unterirdische Ausläufer.

Weitere Art:

Chrysosplenium oppositifolium L., Gegenblättriges Milzkraut: Dichtrasig, Blätter gegenständig, wintergrün. Stängel vierkantig. Hochblätter weniger auffällig. An dauernassen, vor allem sickernassen Standorten, auf weniger nährstoffreichen, kalkfreien Böden. Im Mittelgebirge und in höheren Lagen, in der Ebene meist selten. Bestäubung durch Fliegen und Selbstbestäubung. Vegetative Vermehrung durch zahlreiche, niederliegende Blütentriebe.

Cicerbita alpina: siehe bei *Mycelis muralis*

Cichorium intybus LINNAEUS, Gewöhnliche Wegwarte, Zichorie

Asteraceae (= Korbblütler)

Ausdauernder, sommergrüner Hemikryptophyt (Schaftpflanze), 30–120 cm hoch. Stängel ästig. Pflanze rau behaart. Milchsaft kautschukhaltig. – Trockenpflanze: Blätter an trockeneren Standorten oft alle abfallend oder in Vertikalstellung wie beim verwandten Kompass-Lattich (*Lactuca serriola*), derbe Stängel, tief reichendes Wurzelsystem und kurzlebige Blüten; die Photosynthese wird weitgehend von den grünen Sprossen übernommen (Rutenstrauch). – Bemerkenswert ist, dass der Kräuterkundler Otto BRUNFELS erstmalig die Beobachtung veröffentlicht hat, dass Säure verspritzende Ameisen auf Wegwarte-Blüten rote Flecken hinterlassen. Es ist dies wohl die erste schriftliche Mitteilung einer „Lackmus-Reaktion", d. h. des Farbumschlags von blau nach rot bei niedrigen pH-Werten.

Systematik: *Cichorium* ist die namengebende Gattung der Unterfamilie Cichorioideae, die durch Milchsaft und das ausschließliche Vorkommen von Zungenblüten gekennzeichnet ist. Hierher gehören u. a. Habichtskraut (*Hieracium*), Löwenzahn (*Taraxacum*), Lattich (*Lactuca*) und Bocksbart (*Tragopogon*).

Namen: „*Cichorium*" ist der lat. Name der Endivie (s. u.) mit arab. Herkunft. „Zichorie" und „Chicorée" sind davon entlehnt; „*intybus*" ist der lat. Name der Wegwarte mit ebenfalls arab. Ursprung und bedeutet ‚im Januar geerntet'. „Endivie" ist davon entlehnt. – „Wegwarte" (ahd. wegawart) bezieht sich auf den Standort (‚warten' = bewachen).

Vorkommen: Sonnige Wegränder und andere lückige Ruderalstandorte, auf basenreichen, oft kalkhaltigen, ± stickstoffreichen Böden. Archäophyt (ehemalige Kulturpflanze). Vor allem in Süddeutschland verbreitet, in Nordwestdeutschland streckenweise fehlend. Heute weltweit verbreitet.

Blüten (siehe Detailfoto): VII–X. Blaue, lichtwendige „Körbchenblumen". Es sind nur Zungenblüten vorhanden. Die Blütenkörbchen öffnen sich nur an hellen Tagen oder bei Sonne. Bei warmem Wetter sind sie nur einen Vormittag lang geöffnet und welken schon ab mittags, bei kühlem Wetter schließen sie oft erst abends. Danach sind sie verblüht, es sind also Eintagsblumen. Die Blaufärbung der Blüten geht mit deren Schließen verloren. Die Flugzeit des Hauptbestäubers, der Hosenbiene (*Dasypoda plumipes*), liegt etwa zur gleichen Zeit. Weitere Bestäuber sind sonstige Bienen sowie Falter. Pollen graubraun. Selbststeril.

Früchte: Achänen unauffällig, nur 2 mm lang, mit schuppigem Kelchsaum, ohne Pappus. Hüllblätter bei Nässe spreizend: Regenschwemmlinge. Dazu Bearbeitungsausbreitung durch körnerfressende Vögel, Wasserhafter, Tierstreuer, Versteck- und

Menschenausbreitung. Fruchtreife: VIII–X. Lichtkeimer.

Verwendung: Im Altertum war die Pflanze vor allem als Heilpflanze von Bedeutung. Heute wird sie volksmedizinisch u.a. als Mittel von Beschwerden bei Leber, Galle und Milz verwendet. Der angenehm leicht bittere Geschmack von *C. intybus* und *C. endivia* geht auf das Sesquiterpen-Lacton Lactucopicrin zurück. Die jungen Triebe ergeben einen schmackhaften Salat. Die Wurzel kann frisch als Herbstgemüse verwendet werden. Seit dem 17. Jh. wird sie geröstet als Bohnenkaffee-Ersatz („Blümchenkaffee" oder „Muckefuck") genutzt. Wegen des Inulingehaltes (bis 20 %) ist sie für Diabetiker geeignet. – Für Wildpflanzengärten zu empfehlen. – Durch Züchtung ist eine große Vielfalt von Kultursorten entstanden, die man in mehrere Gruppen einteilen kann, so vor allem:

- Wurzel- oder Kaffee-Zichorie (Sativum-Gruppe) für Kaffee-Ersatz, dessen Hauptbedeutung bis kurz nach dem zweiten Weltkrieg lag. Heutige Ersatzkaffees bestehen z.B. aus ca. 85% Malz und 15% Zichorienwurzel. Die Wurzeln dienen als Hauptbasis für die industrielle Herstellung von Inulin bzw. der daraus gewonnenen kürzerkettigen Oligofructose. Sie finden als süßlich schmeckende Ballaststoffe für Diätzwecke, z.B. für Diabetiker, Verwendung und beeinflussen positiv die Tätigkeit bestimmter Darmbakterien (vgl. *Helianthus tuberosus* und *Inula helenium*), können aber auch zu Blähungen führen.
- Salatzichorie, Chicorée (Foliosum-Gruppe) (siehe Detailfoto), bekannt seit etwa 1800: Hier treiben im Winter im Dunkeln aus den Achselknospen und aus der Endknospe der geernteten Wurzelrüben Sprosse mit dicht gedrängten, bleichen und zarten Blättern aus (umgangssprachlich als „Kolben" bezeichnet). Man kann sie roh oder gedünstet verzehren.
- Radicchio-Gruppe, ähnlich wie Kopfsalat, aber leicht bitter schmeckend, typisch z.B. die rot gefärbte Sorte ‚Radicchio rosso'.

Weitere Art:

Cichorium endivia L., Endivie: Nahe verwandt und ökologisch ähnlich. Einjährig. Pflanze kahl. Wurzel dünn. Als Salatpflanze kultiviert unter dem Namen Winterendivie (wie Chicorée im Dunkeln gezogen, s. o.) oder als Schnittendivie. Wurde schon im Altertum als Wintersalat genutzt.

Die Blütenkörbchen bestehen aus zahlreichen Zungenblüten, von denen jede 1 Griffel mit 2-teiliger Narbe hat.

Die Chicorée-„Kolben" bestehen aus den dicht stehenden Rosettenblättern. Sie werden im Dunkeln herangezogen.

Cicuta virosa LINNAEUS, Wasserschierling, Wüterich

Apiaceae (= Doldenblütler)

Ausdauernde Schaftpflanze bzw. Sumpf- oder wurzelnde Wasserpflanze, 60–120 cm hoch. Blätter 2–3-fach gefiedert, ihre Abschnitte lineal-lanzettlich, scharf gesägt. Der röhrige Stängel und die knollig verdickte, gestauchte Sprossbasis mit Luftkammern im Bereich der Internodien (siehe Abb.) sind eine Anpassung an den sauerstoffarmen Untergrund. Dadurch sind die Knollen auch schwimmfähig. – **Stark giftig**.

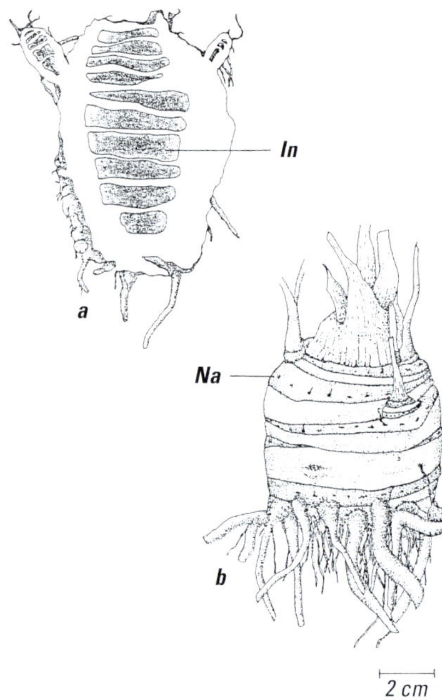

*Die dicke Knolle ist (**a**) innen gekammert (In = hohles Internodium), (**b**) außen mit breiten Blattnarben (Na) versehen.*

Systematik: Die Gattung umfasst 3–8 Arten. Nahe stehen Wasserfenchel (*Oenanthe*) und Merk (*Sium*). – Der ebenfalls giftige Schierling (*Conium*) ist nicht näher verwandt, obwohl dieser früher manchmal zu *Cicuta* gestellt wurde.

Giftigkeit: Sehr stark giftig in allen Teilen durch Polyine (Acetylen-Verbindungen), besonders Cicutoxin. Weniger als eine Knolle kann tödlich sein, 50 % der Vergiftungen verlaufen tödlich. Nach dem ehemaligen preußischen Polizeigesetz sollte die Pflanze ausgerottet werden, aber wer kennt schon diese Pflanze? Verwechslung der angenehm duftenden Knollen besonders mit Sellerieknollen. Wirkung: schon bald nach dem Verzehr Brennen, Übelkeit, heftige Krämpfe. Tod durch Lähmung und Ersticken.

Namen: „*Cicuta*“ ist der lat. Name des Gefleckten Schierlings (*Conium maculatum*), der schon vor LINNÉ auf diese Pflanze übertragen wurde. Lat. „*virosus*“ = giftig. – „Schierling“ ist ein germ. Wort. Es wird im allgemeinen Sprachgebrauch für verschiedene Doldenblütler verwendet. Ältere Quellen machen oft keinen Unterschied zwischen Schierling und Wasserschierling.

Vorkommen: Verlandungspflanze an Ufern stehender Gewässer mittleren Nährstoffgehaltes, auf mäßig sauren Schlammböden. Im Rückgang.

Blüten: VII–IX. „Nektar führende Scheibenblumen“, in zusammengesetzter, 10–20-strahliger Dolde (*Heracleum*-Typ). Bestäuber sind Zweiflügler, besonders Schwebfliegen. Kelchblätter im Unterschied zu den meisten Apiaceae ansatzweise zu erkennen.

Früchte: Spaltfrüchte (Doppelachänen). Teilfrüchte ca. 2 mm breit, fast kugelig, gerippt, mit Schwimmgewebe: Schwimmausbreitung. Licht- und Kältekeimer.

Vegetative Vermehrung durch entwurzelte, schwimmende Knollen.

Verwendung: Die Pflanze wird häufig in der Homöopathie verwendet.

Circaea lutetiana LINNAEUS, Großes oder Gewöhnliches Hexenkraut

Onagraceae (= Oenotheraceae) (= Nachtkerzengewächse)

Rhizom-Geophyt, 20–60 cm hoch. Blätter gegenständig, gestielt, herz- bis eiförmig, spitz zulaufend. Scheinbar einjährig (s. u.).

Namen: „*Circaea*" (kirkaia) ist der lat.-griech. Name verschiedener Zauberpflanzen, der auf die (Männer fesselnde) Zauberin/Göttin Circe aus der griech. Sage bezogen wurde, die auch Odysseus „bezirzte". Der Name wurde im 16. Jh. von LOBELIUS auf die vorliegende Gattung übertragen, weil sie als Zaubermittel galt. Der vom gleichen Autor stammende Artbeiname „*lutetianus*", von lat. Lutetia = Paris, bezieht sich vermutlich auf den ehemaligen Ruf von Paris als Hexenstadt (vgl. auch *Paris quadrifolia*) und nicht auf das Vorkommen dieser weit verbreiteten Art. Der engl. Name ist ‚enchanter`s nightshade' = Zauberers Nachtschatten. – „Hexenkraut" ist in Anlehnung an den botanischen Namen künstlich gebildet. Der Name wird im Volksmund auch für andere Zauberpflanzen verwendet, aber in den neueren Floren auf die Gattung *Circaea* beschränkt.

Vorkommen: Feuchte, krautreiche Wälder, besonders an Waldwegen, sowie halbruderal in Parkanlagen und Gärten. Halbschattenpflanze. Nährstoff-, Basen- und Sickerfeuchtezeiger.

Blüten: V–VII. Homogame „Nektar führende Scheibenblumen", im Bau (trotz fehlender Kronröhre) analog denen der Ehrenpreis-Arten (*Veronica*) Blüten in endständigen Trauben. Tragblätter fehlen. Staubblätter 2 je Blüte. Blütenachse stielartig über den Fruchtknoten verlängert und mit dem Griffel verwachsen. Bestäuber sind vor allem Honigbienen und Schwebfliegen.

Früchte (siehe Detailfoto): Kleine, 2-fächerige, dicht mit Widerhaken bedeckte nussartige Scheinfrüchte: Klettausbreitung.

Vegetative Vermehrung erfolgt lebhaft durch nicht allzu tief liegende, am Ende verdickte Ausläufer (Rhizome). Im Winter besteht keine Verbindung mehr zur Mutterpflanze und es sind nur noch die verdickten Ausläuferenden vorhanden, sodass die Pflanzen scheinbar einjährig sind. Allgemein sagt man der Gattung ein starkes Regenerationsvermögen nach.

Verwendung: Wird gelegentlich auch als Zierpflanze angeboten, die sich dann allerdings evtl. stark ausbreiten kann. Galt früher als Hexenpflanze. Das könnte damit zusammenhängen, dass sich die Klettfrüchte unbemerkt an die Kleidung anhängen und haften bleiben, als wäre man verhext, und man daher gemäß Signaturenlehre der Pflanze Zauberkräfte zusprach.

Durch die hakig gekrümmten Haare kletten sich die Früchte an Fell und Kleidung.

Weitere Art:
Circaea intermedia EHRH., Mittleres Hexenkraut. Konstante Hybride aus der Kreuzung des Alpen-H., *C. alpina* (zierlich, mit kahlen Blütenstielen) und *C. lutetiana*. Von letzterer Art u. a. durch die geschweift-gezähnten Blätter, kahle Stängel und Blütenstiele ohne borstliche Tragblätter sowie die spätere Blütezeit (VI–VIII) unterschieden. Frucht nur 1-samig.

Cirsium arvense (L.) SCOPOLI, Acker-Kratzdistel

Asteraceae (= Korbblütler)

Ausdauernder Wurzelknospengeophyt, 60–120 cm hoch. Blätter dornig gezähnt wie bei der verwandten Gattung Distel (*Carduus*), siehe dort. Pflanze zur Blütezeit ohne Rosettenblätter. Formenreich. – Tiefwurzler (bis 2,8 m!).

Systematik: Die Gattung ist nächst verwandt mit *Carduus* (siehe dort). Mit ca. 250 Arten ist sie wesentlich artenreicher als letztere Gattung.

Schädlinge: Die Pflanze wird nicht selten vom Ackerdistelrost (*Puccinia punctiformis = suaveolens*) befallen, der auf diese Art spezialisiert ist und ganze Pflanzen zum Absterben bringen kann. Oft gibt der Pilz einen veilchenartigen Duft ab. Dies stellt ähnlich wie z. B. bei *Berberis vulgaris* und *Euphorbia cyparissias* eine „Geruchsmimikry" dar, denn auch hier werden dadurch Insekten angelockt, die für die Befruchtung des Pilzes sorgen. – Auffallend sind auch walnussgroße Gallbildungen (als Stängelverdickungen), hervorgerufen durch die Larven der Distelbohrfliege *Urophora cardui*.

Namen: „*Cirsium*" ist der lat.-griech. Name einer distelartigen Pflanze, der von MILLER 1754 auf diese Gattung übertragen wurde. Neulat. „*arvensis*" = Acker-. – Der Name „Kratzdistel" wurde künstlich zur Abgrenzung von der Gattung Distel (*Carduus*) eingeführt. Der Bezug zum Kratzen ist hier aber nicht stärker als dort. Die beiden Gattungen sind habituell zum Teil sehr ähnlich und werden im allgemeinen Sprachgebrauch auch nicht unterschieden (siehe *Carduus*).

Vorkommen: Äcker, Ruderalstellen, Waldschläge und Ufer, auf meist frischen, nährstoffreichen, oft tiefgründigen Lehmböden. Stickstoffzeiger. Aufgrund der vegetativen Vermehrung oft in größeren Beständen. – In Nordamerika seit 1600 eingeschleppt.

Blüten: VII–IX. Unvollständig zweihäusig, d.h. es gibt männliche und weibliche Pflanzen, in denen typischerweise jeweils das andere Geschlecht unterdrückt ist, aber auch Zwitterblüten kommen vor. Blütenkorbchen 2 cm breit, mit ca. 100 blasslila Röhrenblüten. Weibliche Blüten mit etwa 2–4 mm, männliche mit bis zu 6 mm langen Kronblattzipfeln. Angenehm und deutlich nach Honig duftend. Die Griffeläste sind auf der Außenseite dicht mit Fegehaaren besetzt. Die nach oben wachsende Griffelbürste schiebt den Pollen aus der sich nach innen entleerenden Staubblattröhre heraus. Der Nektar steigt in der bis über 10 mm langen Kronröhre bis zum Ausgang, wodurch er Insekten aller Art zugänglich ist, wovon reichlich Gebrauch gemacht wird. Eine wichtige Nektarquelle für Tagfalter. Bei schlechtem Wetter ist in den Zwitterblüten spontane Selbstbestäubung möglich.
Früchte: Achänen mit hygroskopischem Haarkelch (Pappus): Schirmchenflieger. Im Unterschied zu *Carduus* sind die Pappusstrahlen gefiedert, was aber nur im trockenen Zustand gut zu erkennen ist. Bei beiden Gattungen sitzt der Pappus der Frucht dicht auf, d.h. anders als z.B. beim Löwenzahn (*Taraxacum*) fehlt ein Fruchtschnabel. Sinkgeschwindigkeit nur 26 cm/s, daher sind bei Aufwind Flugweiten über 10 km möglich. Häufig auch Wasserhafter sowie Bearbeitungsausbreitung durch körnerfressende Kleinvögel. Fruchtreife: VIII–X, jeweils bereits kurz nach Blühbeginn. – Die Pflanze ist bezüglich ihrer Standortwahl sehr anspruchsvoll, sodass nur am geeigneten Standort aus den Samen auch Pflanzen heranwachsen.
Vegetative Vermehrung durch Wurzelsprosse, die aus den tief im Boden (20–50 cm) liegenden, annähernd waagerecht verlaufenden Wurzeln (Ausläuferwurzeln) hervorgehen: Wurzelkriechpionier. Daher auf Äckern und Weiden oft gefürchtetes „Unkraut". Sogar aus kleinen, abgehackten Wurzelstücken können neue Pflanzen austreiben. Kulturbegleiter.
Verwendung: Die Blütenkörbchen liefern gekocht und ausgepresst einen süß-aromatischen Saft, der zu einem schmackhaften, rosa Gelee eingedickt werden kann (A. Schniechels, pers. Mitt.). Die jungen Pflanzenteile einschließlich Wurzeln aller *Cirsium*-Arten sind für Wildgemüse geeignet. Getrocknete Wurzeln wurden früher zu Mehl verarbeitet.
Weitere Arten: siehe folgende Abschnitte.

Cirsium oleraceum (L.) Scopoli, Kohl-Kratzdistel, Kohldistel

Asteraceae (= Korbblütler)

Ausdauernder Hemikryptophyt mit Rhizom, 50–150 cm hoch. Pflanze hellgrün, fast kahl. „Dornzähne" sehr weich und nicht stechend.

Namen: Zu den Gattungsnamen siehe *C. arvense*. Neulat. „*oleraceus*" = kohlartig, Gemüse-, wegen der Verwendung als Wildgemüse.
Vorkommen: Nährstoffreiche, meist kalkhaltige Nasswiesen und Uferstaudenfluren.
Blüten: VI–IX. Blüten gelblich weiß. Ökologie ähnlich wie bei *C. vulgare*. Besuch durch Bienen und Tagschmetterlinge. Gelbgrüne Hochblätter umhüllen kohlblattartig die gedrängt stehenden Körbchen.
Früchte: Ausbreitung der Achänen als Schirmchenflieger und Wasserhafter sowie Bearbeitungsausbreitung durch Finken, Meisen, Hänflinge und Kreuzschnäbel. Fruchtreife: VIII/IX–X.
Verwendung: Da die Pflanze nicht dornig, aber nährstoffreich ist, war sie eine beliebte Futterpflanze, so z.B. nach dem Krieg für Kaninchen. Die

kohlartig schmeckenden jungen Blätter können als Wildgemüse genutzt werden. Die Wurzeln können als Gemüse genutzt werden. Der Korbboden kann ähnlich wie der von Artischocken gegessen werden.

Weitere Art:

Ci̱rsium spinosi̱ssimum (L.) Scop., Alpen-Kratzdistel: 20–60(–100) cm hoch. Die ganze Pflanze mitsamt den bleichen Hüllblättern, die als Schauorgan dienen, ist derb dornig gezähnt (Name!, lat. „*spinosissimus*" = sehr dornig). Ebenfalls mit weißlichen Blüten in gedrängt stehenden Blütenkörbchen. Typisch für Unkrautfluren auf nährstoff- und stickstoffreichen Böden der Alpen (in Deutschland ab 1300 m), so um die Sennhütten, in Viehlägern usw. Weideunkraut. Trotz der Dornen werden Jungpflanzen von Ziegen und Schafen gefressen.

Ci̱rsium vulga̱re (Savi) Tenore (= *C. lanceolatum* (L.) Scop.), Gewöhnliche oder Lanzett-Kratzdistel

Asteraceae (= Korbblütler)

Zweijähriger Hemikryptophyt (Halbrosettenpflanze) mit Wurzelrübe, 60 bis über 150 cm hoch. Im ersten Jahr bildet die Pflanze eine dekorative Blattrosette (siehe Detailfoto). – Achtung: Da die Acker-Kratzdistel (*C. arvense*) bei uns häufiger ist als *C. vulgare*, was man vom Namen her nicht vermuten würde, kommt es immer wieder zu Verwechslungen; erstere Art ist aber ausdauernd und hat zur Blütezeit keine Rosette.

Die große Blattrosette der Gewöhnlichen Kratzdistel ist sehr dekorativ.

Namen: Zum Gattungsnamen siehe *C. arvense*. Lat. „*vulgaris*" = häufig. – „Lanzett-" bezieht sich auf die Form der Blattabschnitte.

Vorkommen: Staudenreiche Ruderalstellen. Stickstoffzeiger.

Blüten: VI–IX. Körbchen 2–4 cm breit. Blüten purpurn. Im Gegensatz zu *C. arvense* wird nur Pollen und kein Nektar dargeboten. Bestäuber sind u. a. Hummeln.

Früchte: Achänen 4–5 mg schwer. Ausbreitung wie bei *C. arvense*, aber Fallgeschwindigkeit mit 22 cm/s wegen der größeren Früchte viel geringer. Auch Bearbeitungsausbreitung durch körnerfressende Kleinvögel. Fruchtreife: VIII–XI.
Verwendung: Für Wildpflanzengärten zu empfehlen, da die Rosetten des ersten Jahres (siehe Foto) aufgrund ihrer Regelmäßigkeit sehr dekorativ sind. Als Weideunkraut kann diese Schönheit allerdings sehr lästig sein. GOETHE, der für seine Zeit auch ein exzellenter Botaniker und Gärtner war, wusste bereits, dass man durch Ausstechen der Rosetten der Distelplage bald Herr wird. In seiner „Italienischen Reise" äußert er sich entsprechend abfällig über die italienischen Hirten. – Die jungen Pflanzenteile aller *Cirsium*-Arten sind als Wildgemüse verwendbar. Störende Dornzähne werden am besten vorher abgeschnitten.
Weitere Arten (vgl. auch die vorigen Abschnitte):
Cirsium eriophorum (L.) SCOP., Wollköpfige oder Wollkopf-Kratzdistel: Ebenfalls zweijährig. Stängel ungeflügelt, wollig-zottig, mit maximal 2 m Höhe die größte und dazu auch die schönste heimische Distel. Blätter fiederspaltig, mit lineal-lanzettlichen, z. T. aufrecht stehenden Zipfeln. Nicht selten in Kalkmagerrasen Mittel- und Süddeutschlands. Licht- und Wärmeliebend. Weideunkraut. Blüten dunkel-purpurn. Köpfe 4–7 cm breit. Besucher sind Bienen und Tagfalter. Mit ca. 6 mg größte heimische Distelfrucht.
Cirsium palustre (L.) SCOP., Sumpf-Kratzdistel: Mehrjährig, aber nur 1-mal blühend (hapaxanth). Die bis 2 m hohen Stängel sind durch die herablaufenden Blätter dornig kraus geflügelt und daher von ähnlichem Aussehen wie bei *Carduus crispus*. Nasswiesen und Waldschläge. Vernässungszeiger. Es gibt rein weibliche Pflanzen und solche mit Zwitterblüten. Blüten purpurrot, mit vielfältigem Insektenbesuch.
Cirsium acaulon (L.) SCOP., Stängellose Kratzdistel: Ausdauernder Hemikryptophyt (Rosettenpflanze). Rosetten im Habitus ähnlich wie die der Silberdistel (*Carlina acaulis*). Unsere einzige purpurrot blühende Distel mit sehr kurzer Sprossachse, daher Blütenkörbchen und entsprechend auch die Fruchtkörbchen meist sitzend: Anpassung an Trockenheit und Beweidung. Sonnige Magerweiden, auf basenreichen, meist kalkhaltigen Ton- und Lehmböden. Dazu Ausbreitung durch die Rote Waldameise (*Formica rufa*).

Claytonia perfoliata DONN ex WILLDENOW (= *Montia perfoliata* (WILLD.) HOWELL), Gewöhnliches Tellerkraut, Kubaspinat, Winterportulak, Postelein, Durchwachsenblättrige Claytonie

Montiaceae (= Quellkrautgewächse)

Einjährig, sommer- oder winterannuell, 5–40 cm hoch. Pflanze mehrstängelig. Blätter fleischig. Grundständige Blätter in einer Rosette, löffelförmig, lang gestielt. Dazu dicht unter dem Blütenstand 2 sitzende Hochblätter, die teilweise oder oft auch vollständig verwachsen sind und dann meist wie ein unregelmäßig 2-spitziger bis kreisrunder Teller oder Trichter aussehen.

Systematik: Die Gattung umfasst ca. 26 Arten. Sie ist nah verwandt mit *Montia* = Quellkraut. Die beiden Gattungen wurden früher zu den Portulacaceae gestellt, jetzt aber in eine eigene Familie ausgegliedert.
Namen: „*Claytonia*" wurde von GRONOVIUS 1743 geprägt, zu Ehren des Botanikers John CLAYTON (1694–1773), der die Art *C. virginica* in Virginia gesammelt hatte. LINNÉ hat 1753 den Namen aufgegriffen und gültig publiziert. Lat. „*perfoliatus*" = mit verwachsenen Blättern. – „Tellerkraut" wegen der wie ein Teller aussehenden Verwachsung. „Kubaspinat", weil die Pflanze von der Karibik aus (über Australien) zu uns gelangte. „Winterportulak", da die Pflanze im Winterhalbjahr ausgesät, aber sonst ähnlich wie der später geerntete Gemüse-Portulak (*Portulaca oleracea*) verwendet wird. „Postelein" ist der niederländ. Name des Portulaks und von Portulaca entlehnt. Im Vergleich dazu ist der niederländ. Name von *Claytonia* „Winterpostelein",

während im Deutschen meist der klärende Zusatz „Winter-“ weggelassen wird.

Vorkommen: Selten als winterharte Salat- und Gemüsepflanze angebaut. Außerdem aus Kultur verwildert (Neophyt seit 1850) und sich zunehmend (besonders über Baumschulen und durch Containerpflanzen aus Südeuropa) in wintermilden Lagen einbürgernd, so etwa in Grünanlagen, an Ruderalstellen und in Gärten, aber auch in Dünengebüschen der Nordseeküste. Heimat: Westliches Nordamerika und Mittelamerika.

Blüten: IV–VI, Frühblüher. Der Blütenstand befindet sich oberhalb der verwachsenen Hochblätter und besteht aus 5–40 Blüten. Blütenhülle einfach (Perigon) weiß bis rosa, kronblattartig, 5–10 mm breit. Selbstbestäubung.

Früchte: Wenigsamige Kapseln. Samen mit Ölkörper (Elaiosom) zur Ameisenausbreitung. Dazu Selbstausbreitung. Kältekeimer.

Verwendung: Blätter schmackhaft wie Feldsalat, nitratarm und vitaminreich. Sie wurden schon von den Indianern als Gemüse gegessen, später auch von Trappern und Goldgräbern („Goldgräbergemüse“). Da die Pflanze im allgemeinen Sprachgebrauch meist als Portulak bezeichnet wird (s. o.), kommt es ständig zu Verwechslungen.

Clematis vitalba LINNAEUS, Gewöhnliche Waldrebe

Ranunculaceae (= Hahnenfußgewächse)

Sommergrüner Kletterstrauch (= Liane). Stämme bis über 5(–15) m lang werdend und Armstärke erreichend. Zugfestigkeit durch zentrales Festigungsgewebe. Typisch sind die weiten Gefäße (= Tracheen) des Holzteiles. Im Experiment kann man durch ein ca. 30–50 cm langes Sprossstück Rauch bzw., wenn man ein Ende in Wasser taucht, Luft blasen, die dann in Form von zahlreichen Bläschen austritt. Linkswinder und Blattstielkletterer, d. h. die später zwar absterbenden, aber bleibenden (und verholzenden) Blattstiele und Spindeln umklammern nach Berührung ihre Stützen (Spreizklimmer und Blattstielranker). Die Pflanze ist kein eigentlicher Parasit, kann aber dünnere Stämme der Wirtspflanze „abwürgen“ bzw. die Trägerpflanze durch Überwucherung und die daraus folgende Beschattung benachteiligen. Auch kann vorkommen, dass die Wirtspflanze als ganze oder Teile davon durch das Gewicht der Waldrebe heruntergerissen werden. Sehr ähnlich wie beim Wein (*Vitis vinifera*) entwickelt sich, als Anpassung an die Drehbeanspruchung, eine sog. Streifenborke. Blätter 5-zählig gefiedert. – Die Wurzeln gehen eine Symbiose mit Pilzen ein, die aber keine Fruchtkörper bilden (arbuskuläre Mykorrhiza).

Systematik: Die Gattung umfasst >300 Arten. Sie gehört zu den wenigen Hahnenfußgewächsen mit verholzender Sprossachse und weicht auch durch die gegenständigen Blätter und die Vierzahl der Perigonblätter ab. Trotz des anderen Habitus steht sie dem Windröschen (*Anemone*) nahe. – Verschiedene großblütige *Clematis*-Arten und Hybriden werden gerne als Zierpflanzen in Gärten kultiviert, insbesondere zur Hausbegrünung. Sie gedeihen gewöhnlich nur in feuchtem (bedecktem) Boden.

Giftigkeit: Alle Arten der Gattung sind in allen Teilen schwach giftig durch den Scharfstoff Protoanemonin (0,01%). – Das Aufbringen des frischen Saftes führt zur Blasenbildung auf der Haut. Entsprechend gehört die Waldrebe zu jenen Pflanzen, die im Mittelalter von Bettlern benutzt wurden, die sich mithilfe des Saftes Geschwüre beibrachten, um Mitleid zu erregen und dadurch die Spendenfreudigkeit der Bürger zu fördern (vgl. *Ranunculus sceleratus*).

Namen: „*Clematis*“ ist der lat.-griech. Name verschiedener Kletterpflanzen, zu griech. klematis bzw. klema = Weinranke, Ranke und wurde später auf die vorliegende Gattung begrenzt. Die Bezeichnung „*vitalba*“, von lat. vitis = Rebe und alba = weiß, d.h. weiß blühende Kletterpflanze, wurde ursprünglich für die Zaunrübe (*Bryonia*) verwendet und später auf die Waldrebe übertragen. – Ein alter Name für die Pflanze ist „Teufelszwirn“, den sie mit den Seiden-Arten (*Cuscuta*) und dem Bocksdorn (*Lycium*) teilt. Er bezieht sich auf die schädigende Wirkung auf andere Pflanzen. Zum Volksnamen „Bettlerkraut“ vgl. Giftigkeit.

Vorkommen: Frische, nährstoffreiche Auwälder, Säume, Gebüsche und Ruderalstellen. Im Norden nur Neophyt.

Blüten: VI–VIII. Vorweibliche „Scheibenblumen“ bzw. „Pinselblumen“, in Trugdolden. Blütenhülle einfach (Perigon). Neben Pollen wird an der Basis der Staubblätter auch ein zäher Nektar produziert. Perigonblätter 4 (sonst sind es in der Familie fast immer 5), weiß, außen leicht grünlich, 1–2 cm lang. Die Blüten sind durch fischartig riechende Amine von unangenehmem Geruch. Sie werden von Fliegen und Käfern, aber auch gerne von Honigbienen, seltener von Wildbienen aufgesucht. Pollen gelblich.

Früchte (siehe Detailfoto): Je Blüte entstehen zahlreiche Nüsschen. Die schwanzartig verlängerten, lang behaarten, bis 3 cm langen Griffel dienen als Flugorgan: Federschweifflieger. Ausbreitung nur durch starke Winde, außerdem durch die hygroskopischen, bei Trockenheit abstehenden Haare. Bei Nässe Klettausbreitung als Wasserhafter oder auch als Bodenkriecher (Bohrfrucht). Einige Früchte werden auch dadurch ausgebreitet, dass sie von Vögeln für den Nestbau verwendet werden (Zufallsausbreitung). Fruchtreife: IX–XI, aber erst im Winter voll ausgereift. Wintersteher, denn die Hauptausbreitung kann erst im Frühjahr durch entsprechend starke Winde erfolgen. Kältekeimer. Samen langlebig.

Die verlängerten Griffel sind behaart und dienen als Flugorgan.

Verwendung: Wird wegen ihrer guten Wüchsigkeit zuweilen als Zierpflanze angeboten und zum Teil als Unterlage für die typischen Zierarten der Gattung (s.u.) genommen. Sie ist sehr ausbreitungsfreudig und findet sich auch spontan in Gärten. – Die Pflanze wird in der Homöopathie verwendet. Die Frühjahrstriebe wurden früher als Kochgemüse genutzt.

Weitere Art:

Clematis alpina (L.) Mill., Alpenrebe, Alpen-Waldrebe: Alpine Gebüsche und Nadelwälder. **Geschützt**! Blüten einzeln, mit 4, meist blauen, 4–6 cm langen Perigonblättern. „Nektar führende Scheibenblumen“. Die äußeren Staubblätter sind zu Nektarblättern umgewandelt (allmählicher Übergang) und stellen eine Nektarquelle für Bienen, Wespen und Schmetterlinge dar. Die Früchte wiegen je ca. 2,4 mg. Die behaarten, schwanzartig verlängerten Griffel sind ca. 3,5 cm lang.

Clinopodium vulgare LINNAEUS (= *Calamintha clinopodium* SPENN., *Satureja vulgaris* (L.) FRITSCH), **Wirbeldost**

Lamiaceae (= Lippenblütler)

Ausdauernder Hemikryptophyt (Schaftpflanze), (20–)30–60 cm hoch. Durch ätherische Öle duftend.

Systematik: Die Gattung ist nah verwandt mit Bergminze (*Calamintha*), Steinquendel (*Acinos*, s. u.) und Bohnenkraut (*Satureja*). Diese Pflanzen werden je nach Autor mal in die eine, mal in die andere Gattung gestellt. Sie alle gehören in die gleiche Gattungsgruppe wie die Minzen (*Mentha*, siehe dort).

Namen: „*Clinopodium*" ist der lat.-griech. Name der Pflanze, zu griech. kline = Bett und podion = Füßchen, da die etagenartig übereinander stehenden Scheinwirtel des Blütenstands an die gedrechselten Füße antiker Betten erinnerten. Lat. vulgaris = häufig. – „Wirbeldost" wurde künstlich gebildet, nach den Scheinwirteln und der Ähnlichkeit zum Dost (*Origanum*). Ein weiterer Name ist „Kölme", der auch für die verwandten Bergminzen und den Steinquendel (s. u.) gilt; er wurde in Anlehnung an *Calamintha* künstlich gebildet.

Vorkommen: Sommerwarme Säume, Wegränder, aufgelassenes Bahngelände und lichte Wälder, auf basenreichen Lehmböden.

Blüten: VII–X. „Eigentliche Lippenblumen", in vielblütigen Scheinquirlen (Zymen) in den Achseln der Blätter. Narbe und Staubbeutel nur von oben bedeckt. Nektar reichlich, aber wegen der langen Kronröhre nur Bienen, Hummeln und Faltern zugänglich. Kurzrüsselige Hummeln (besonders Erdhummeln) beißen die Kronröhre seitlich an und begehen so Nektarraub. Selbstbestäubung ist erfolgreich. Neben Zwitterblüten kommen auch kleinere, weibliche Blüten vor oder auch rein weibliche Pflanzen.

Früchte: Klausen. Ausbreitung als Windstreuer und Kletthafter.

Vegetative Vermehrung durch unterirdische Ausläufer.

Verwendung: Die Pflanze wurde schon im Altertum arzneilich verwendet, u. a wegen der entzündungshemmenden und blutstillenden Wirkung, und kommt auch heute noch in der Volksmedizin zur Anwendung. Sie gilt als magenstärkend und verdauungsfördernd. Es konnte eine antibakterielle und Tumor hemmende Wirkung nachgewiesen werden. Die Blätter können als Gewürz Salaten und warmen Speisen beigegeben oder auch als Tee verwendet werden. Für Naturgärten geeignet.

Verwandte:

Acinos arvensis (LAM.) DANDY (= *Clinopodium acinos* (L.) O. KUNTZE, *Calamintha acinos* (L.) CLAIRV.), Gewöhnlicher oder Feld-Steinquendel: Einjährig bis zweijährig oder selten ausdauernd (Hemikryptophyt), 10–30 cm hoch. Ohne Rosette. Blätter klein, fast kreisförmig. Pflanze von angenehm aromatischem Minzen-Duft. Felsfluren, lückige, basenreiche Magerrasen, trockene Ruderalstellen, Bahnanlagen, Mauern und extensiv genutzte magere Äcker. Im Norden Archäophyt. Gebietsweise gefährdet. Blütezeit: VI–IX. Scheinquirle sitzend, nur etwa 6-blütig. Blüten blauviolett, 8–10 mm lang. Bestäuber sind Honigbienen, Hummeln, Woll-

oder Hummelschweber und Tagfalter. Fruchtkelch geschlossen (trocken innen mit Luftblase, schwer benetzbar), abwärts gekrümmt, kurzborstig, bei der Reife mitsamt den Klausen abfallend. Ausbreitung als Regenschwemmlinge bzw. durch Ameisen; evtl. auch Klettausbreitung. Samen langlebig. Vegetative Vermehrung durch oberirdische Ausläufer. „*Acinos*" (akinos) ist der lat.-griech. Name einer duftenden Pflanze, der auf diese Gattung übertragen wurde. Neulat. „*arvensis*" = auf Äckern wachsend, was aber heute eher die Ausnahme ist. „Steinquendel" wegen der Ähnlichkeit mit dem Quendel, wie die heimischen Thymian-Arten früher hießen. Zum Namen „Kölme" s. o.

Acinos alpinus (L.) MOENCH (= *Calamintha alpina* (L.) LAM.), Alpen-Steinquendel: Ausdauernd. Alpen und Vorland, bis in die alpine Stufe. Steinrasen und Halbtrockenrasen. Meist auf Kalk. Blüten rotviolett, 15–20 mm lang. Für Naturgärten geeignet.

Cochlearia danica LINNAEUS, Dänisches Löffelkraut

Brassicaceae (= Kreuzblütler)

1-jährig überwinternde bis 2-jährige Halbrosettenpflanze, selten ausdauernd, 10–20 cm hoch. Grundblätter rundlich, ca. 1 cm breit, mittlere Stängelblätter gestielt und efeuähnlich gelappt, oberste Stängelblätter z. T. sitzend. Pflanze hexaploid: 2n = 6x = 42.

Namen: „*Cochlearia*" ist ein vorlinnéscher Name, der von LINNÉ aufgegriffen wurde, von lat. cochlear = Löffel, wegen der Form der Grundblätter. Neulat. „*danicus*" = aus Dänemark.

Vorkommen: Ursprünglich an der Nord- und Ostseeküste, zerstreut. Gedeiht aber nur, wenn der Salzgehalt des Bodens 0,5% nicht überschreitet. Anpassungen an den Salzstandort erfolgen u. a. durch die Verdünnung des aufgenommenen Salzes in den großen Vakuolen (Salzsukkulenz) und das frühzeitige Abwerfen der älteren Blätter, in denen das Salz angereichert wurde. – Seit etwa 1990 an Autobahnmittelstreifen und -ausfahrten als Folge der Streusalzgaben stellenweise in Massen auftretend und (bis zur zur Blütezeit) dichte Teppiche bildend, so vor allem in Norddeutschland. Ihre Herkunft verdanken sie ursprünglich der Ausbringung mit dem zur Düngung verwendeten Strandgut von der Küste. Durch die winterliche Verwendung von Auftausalzen werden sie gefördert. Seit etwa 2005 auch außerhalb von Autobahnen an Straßenrändern, mit zunehmender Tendenz. – Trotz der neuerlichen Ausbreitung ist diese Art wie alle anderen Arten der Gattung **geschützt**!

Blüten: Frühblüher: IV–V. Blüten 3–5 mm breit. Kronblätter weiß, die Kelchblätter weit überragend. Insekten- und Selbstbestäubung.

Früchte: Eiförmige, 4–6 mm lange Schötchen (siehe Detailfoto). Wasserausbreitung als Regenschwemmling. Fruchtreife: V.

Verwendung: Kann wie die folgende Art als Gemüse verwendet werden.

Weitere Art:

Cochlearia officinalis L. (Artengruppe), Echtes Löffelkraut: Zweijährig bis ausdauernd. Obere Blätter sitzend. Salzpflanze (Halophyt): Küsten und Binnensalzstellen. Biologie wie bei voriger Art. Das kresseartig und salzig schmeckende Kraut dient als Beilage zu Salaten und Gemüsesuppen, es enthält u. a. Senfölglykoside (= Glucosinolate). Die Pflanze wird daher gelegentlich auch kultiviert. Frisch ist es reich an Vitamin-C und daher ein altbekanntes Mittel gegen Skorbut, das entsprechend ebenso wie *Ranunculus ficaria* auch als Scharbockskraut bezeichnet wurde. Die Pflanze wird zu „Frühjahrs- bzw. Blutreinigungskuren“ gebraucht. Das frische, zerquetschte Kraut wird zu Umschlägen bei schlecht heilenden Geschwüren angewandt.

Die eiförmigen Schötchen fruchten schon im Mai.

Coeloglossum viride (L.) Hartman (= *Dactylorhiza viridis* (L.) R. M. Bateman et al.), Grüne Hohlzunge

Orchidaceae (= Orchideen, Knabenkrautgewächse)

Geophyt. Beblätterte, 5–30(–38) cm hohe, kahle Knollenpflanze. Blätter zu 2–5, eiförmig. Knollen zu zweit, elliptisch.

Systematik: Die Gattung umfasst 1–4 Arten. Sie gehört zur Gattungsgruppe (Tribus) Orchideae (siehe *Orchis*). Einige Autoren stellen die Gattung neuerdings zu *Dactylorhiza*.

Namen: „*Coeloglossum*“ wurde 1820 von Hartman geprägt, von griech. *koilos* = hohl und glossa = Zunge, bezieht sich also auf den Bau der Blütenlippe. Lat. „*viridis*“ = grün, wegen der Blütenfarbe. – „Hohlzunge“ ist ein durch Übersetzung gebildeter Kunstname.

Vorkommen: Saure Silikat-Magerrasen, z. B. Borstgraswiesen, auf ± basenreichen, trockenen bis frischen, humosen Böden. Daneben auch in Halbtrockenrasen. Heute meist selten und im nördlichen Tiefland fehlend. Noch öfter im höheren Mittelgebirge und im deutschen Alpenbereich und dort bis 2280 m; außerhalb sogar bis 2700 m gefunden. Laut Roter Liste (Stand 2018) inzwischen als stark gefährdet eingestuft. **Geschützt**!

Blüten: V–VII. Blüten schwach duftend, grünlich, oft braunrot überlaufen, in lockerer Ähre. Die Blütenhülle ist helmförmig zusammengeneigt. Der kurze, sackförmige Sporn ist nach vorn gerichtet. Die 3-lappige Lippe ist hohl. Am Lippengrund wird reichlich Nektar abgesondert (= Unterschied zu *Dactylorhiza*). Pollinien mit Klebscheibchen, aber ohne Tasche. Bestäubung durch Käfer, Nachtfalter, Schlupfwespen, kleine Blattwespen und Furchenbienen. Keine Selbstbestäubung.

Früchte: VII–X. Mit Spalten aufreißende Kapseln mit zahlreichen, sehr kleinen, nur 0,5 mm langen, feilspanförmigen Samen: Körnchenflieger.

Colchicum autumnale Linnaeus, Herbst-Zeitlose

Colchicaceae (= Zeitlosengewächse)

Knollen-Geophyt, 5–40 cm hoch. Wechselknolle, die jährlich aus der Achsel eines Niederblattes neu gebildet wird (siehe Abb.) und ca. 15 cm tief im Boden liegt. Die Blüte entspringt als Seitenspross der Knollenbasis. Blüh- und Frucht-Phase sind weit getrennt. Zur Blütezeit im Herbst fehlen die Blätter. Diese erscheinen erst im folgenden Frühjahr zusammen mit den Früchten (siehe Foto). Dies ist wohl ursprünglich als Anpassung an wintertrockenes Steppenklima zu verstehen, aber gleicherweise günstig als Anpassung an Wiesenwirtschaft. – Ausgegrabene Knollen vermögen ohne Erde und Wasser auszutreiben. – **Stark giftig**.

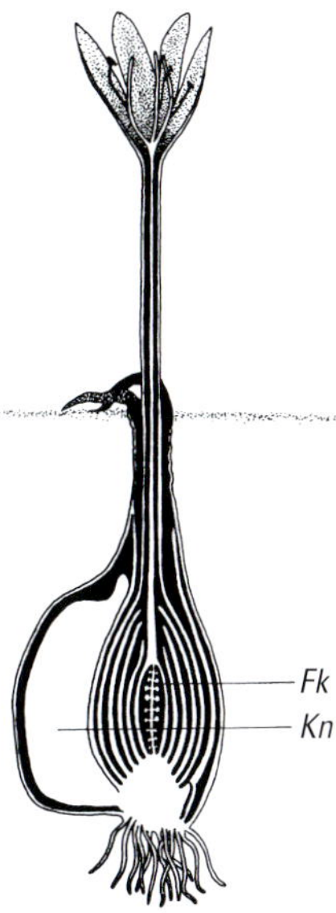

*Herbstzeitlose zur Blütezeit: Der Fruchtknoten (**Fk**) ist tief im Boden verborgen. Eine Tochterknolle (**Kn**) wächst heran.*

Giftigkeit: Alle *Colchicum*-Arten sind **sehr stark giftig** in allen Teilen, besonders in den Blüten und Samen, durch das jahrelang beständige Zell- und Kapillargift Colchicin. Bereits 20 mg dieses Alkaloids bzw. etwa 1–5 g Samen sind für den Menschen tödlich. Frisch wird die Pflanze meist vom Vieh gemieden. Wenn nicht, kann es z. B. über die Milch der weniger empfindlichen Schafe und Ziegen beim Menschen zu Vergiftungen kommen. Die Wirkung tritt erst nach Stunden, der Tod nach 1–2 Tagen ein. Im Heu bleibt das Gift erhalten.

Namen: „*Colchicum*" ist der lat.-griech. Name der Pflanze, nach Colchis, einer Landschaft am Schwarzen Meer (heute Teil Georgiens), die in der griech. Mythologie als Heimat der Giftmischerinnen galt. Lat. „*autumnalis*" = herbstlich, wegen der späten Blütezeit. – „Zeitlose" wegen der ungewöhnlichen Zeiten von Blühen und Fruchten.

Vorkommen: Wiesen und lichte, feuchte Wälder, auf tiefgründigen, nährstoffreichen Böden. Im Norden selten und im Rückgang.

Blüten: VIII–XI. Vorweibliche „Große Trichterblumen", mit bis zu 20 cm langer, weitgehend im Boden verborgener Kronröhre (siehe Abb.) und bis zu 8 cm langen Perigonzipfeln. Nektar wird am Grunde der Staubblätter abgeschieden und ist neben Faltern und Bienen auch langrüsseligen Fliegen zugänglich. Fruchtknoten im Boden. Der Pollenschlauch benötigt Monate bis zum Eindringen in die Samenanlage. Die Befruchtung erfolgt erst im Winter.

Die Früchte erscheinen im Juni des Folgejahres, scheinbar vor den ab August sich öffnenden Blüten.

Früchte: Gestielte, scheidewandspaltige (septizide) Kapseln (siehe Detailfoto): Windstreuer. In der Vulkaneifel werden die (oben offenen) Kapseln „Nacktärsch" genannt. Samen anfänglich mit klebrigem, aus Resten des Nabelstrangs (= Hilum) gebildetem Anhängsel (Elaiosom), deshalb auch Ameisenausbreitung sowie Klebausbreitung durch Weidetiere und Menschen. Fruchtreife: VI–VII des folgenden Jahres. Die Früchte tauchen also scheinbar vor den Blüten auf, weshalb man der Pflanze im Volk den Beinamen „filius ante patrem" (= Sohn vor dem Vater) gab.

Verwendung: Colchicin wird in der Pflanzenzüchtung zur Erzeugung polyploider Zellen benutzt. Es hemmt die Zellteilung (Mitose) durch Wirkung auf den Spindelfaserapparat. Die Pflanze wird auch arzneilich verwendet, z. B. bei Gicht und Hauterkrankungen und in der Homöopathie, ist aber wegen der Giftigkeit gefährlich. Diese und vor allem weitere Arten und Hybriden sind beliebte Zierpflanzen.

Colutea arborescens LINNAEUS, Gewöhnlicher oder Gelber Blasenstrauch

Fabaceae (= Schmetterlingsblütler)

Sommergrüner, unbehaarter, reich verzweigter Strauch, 1–2(–6) m hoch. Blätter unpaarig gefiedert mit 7–13 Fiedern. – Wurzelknöllchen mit stickstoffbindenden Bakterien.

Systematik: Die Gattung umfasst ca. 25 Arten. Verwandt ist die Bärenschote *(Astragalus)*.

Giftigkeit: Samen und Blätter sind durch Coluteasäure giftig. Die Samen enthalten die Aminosäure Canavanin. Für die abführende Wirkung wird ein noch nicht erforschter Bitterstoff verantwortlich gemacht. Für Säugetiere, z. B. Pferde und Katzen, besonders giftig.

Namen: „*Colutea*" (kolytea) ist der lat. Name der Pflanze bzw. seiner Früchte, und seinerseits Fremdwort mit unklarer Herkunft. Lat. „*arborescens*"

= baumartig werdend, d.h. verholzend. – „Blasenstrauch“ wegen der aufgeblasenen Früchte.

Vorkommen: Lichte, trockenwarme Gebüsche und Wälder, vor allem der submediterranen Gebirge. Kalkhold. In Deutschland selten und nur im südlichen Rheinhügelland einheimisch. Dazu oft gepflanzt, öfter verwildert und vor allem im Osten aus Kultur verwildert und nicht selten eingebürgert, so aber auch z.B. im Ahrtal (Neophyt).

Blüten: VI–VII. Vormännliche „Fahnenblumen (= Schiffchenblumen) mit Bürsteneinrichtung“, in achselständigen, armblütigen Trauben. Krone ca. 2 cm lang, goldgelb, mit rotbraun berandeten Blütenmalen (Strichsaftmalen) auf der Fahne (s. Abb.), die als Staubbeutelattrappen dienen. Blüten ohne Duft. 9 der 10 Staubblätter sind zu einer oben offenen Röhre verwachsen, das zehnte ist frei und gibt den Zugang zum Nektar frei. Bestäuber sind Hummeln und andere schwere Wildbienen, da nur diese Kraft genug haben, das Schiffchen nach unten zu drücken. Die Weibchen des Großen Wanderbläulings (*Lampides boeticus*) legen ihre Eier im Fruchtknoten ab – ein seltenes, sonst fast nur von der Palmlilie (*Yucca*) bekanntes Verhalten.

Früchte: Hülsen bei der Reife aufgrund der pergamentartigen, gasundurchlässigen Fruchtwand durch CO_2-Bildung blasig aufgetrieben und dann bis 7 × 3 cm groß. Die als Ganzes abfallenden Früchte werden bei starken Winden als Ballonflieger bzw. als Bodenläufer ausgebreitet. Im Herbst und Winter verfault die Fruchtwand und gibt die Samen frei. Auch Wintersteher und dann Windstreuer der im vorderen Drittel auf der Oberseite geöffneten Frucht. Samen schwarzbraun, linsenförmig, an 3 mm langen Stielchen. Fruchtreife: VIII–X.

Verwendung: Ehemalige Heilpflanze mit abführender Wirkung. Die Blätter wurden früher als milder Ersatz für Sennesblätter (*Senna alexandrina*) verwendet. Nach der Signaturenlehre wurden die blasenartig aufgetriebenen Früchte auch bei Blasenleiden angewendet, was aber medizinisch unbegründet ist. Zierstrauch seit dem 16. Jh. Wurde im Altertum als Futter für Ziegen und Schafe verwendet, für die die Pflanze offenbar nicht giftig ist.

Comarum palustre LINNAEUS (= *Potentilla palustris* (L.) SCOP.), **Blutauge, Sumpf-Fingerkraut**

Rosaceae (= Rosengewächse)

Krautiger Chamaephyt, Hemikryptophyt oder Sumpfpflanze, 25–50(–100) cm hoch. Stängel oft rot überlaufen. Die Hauptachse ist bis 1 m lang kriechend, als Ausläufer oder als Rhizom ausgebildet, oft untergetaucht oder im Schlammboden. Von ihr zweigen die blühenden und nicht blühenden Seitensprosse nach oben ab. Grundständige Blätter 5–7-zählig gefiedert, unterseits graugrün.

Systematik: Die Gattung umfasst 1(–2) Art(en). Einige Autoren stellen sie zu *Potentilla* (= Fingerkraut). Nächst verwandt sind außerdem die Erdbeeren (*Fragaria*, siehe dort).

Namen: „*Comarum*“ ist der lat.-griech. Name des Erdbeerbaums (*Arbutus*), der wegen der Ähnlichkeit der Früchte schon in der Antike auf diese Art übertragen wurde. Lat. „*palustris*“ = im Sumpf wachsend. – „Blutauge“ wegen der Farbe und der Form der Blüten. „Fingerkraut“ bezieht sich auf die in der Gattung *Potentilla* verbreiteten fingerförmig geteilten Blätter.

Vorkommen: Verbreitet in zeitweilig überfluteten, mesotrophen, kalkfreien Mooren, Sumpfwiesen, Gräben, Bruchwäldern u. ä. Oft einen schwanken-

Schauorgan sind die rotbraunen, zur Blütezeit zurückgeschlagenen Kelchblätter. Die dunkelroten Kronblätter sind sehr klein.

den Teppich auf der Oberfläche mooriger Gewässer bildend. Gefährdet durch Entwässerung und Überdüngung, gebietsweise im Rückgang.

Blüten (siehe Detailfoto): VI–VII. Vormännliche „Nektar führende Scheibenblumen" mit ca. 20 auffällig schwarzpurpurnen Staubblättern in 2 Kreisen und zahlreichen freien Fruchtknoten. Das eigentliche Schauorgan ist der innen rotbraune, zur Blütezeit weit zurückgeschlagene Kelch. Die Kronblätter sind blutrot, aber unscheinbar. Ihre Farbe verleihen sie aber den rot blühenden Erdbeeren, die alle auf Einkreuzung von *Comarum* zurückgehen. Nektar wird von einem Ring am Grund des Kelches reichlich abgesondert. Bestäuber sind verschiedene Insekten.

Früchte: Die Blütenachse ist zur Fruchtzeit erdbeerähnlich aufgedunsen (aber nicht fleischig) und trägt sehr zahlreiche, nur 1,5 mm lange Nüsschen. Im Gegensatz zur Erdbeere (*Fragaria*) trennt sich die Achse aber nur selten von der Blüte, sondern es lösen sich die Einzelfrüchte ab. Nüsschen kahl, mit hakig gekrümmter Spitze: Klettausbreitung durch Wasservögel. Fruchtwände mit zartem Schwimmgewebe: Schwimmausbreitung (Schwimmdauer bis zu 12 Monate). Fruchtreife: VIII–X.

Vegetative Vermehrung durch abgerissene Stängel- oder Rhizomteile, die sich auf dem feuchten Boden leicht bewurzeln.

Verwendung: Als Zier- und Wildgartenpflanze geeignet für den Rand von Gartenteichen. Kann sich stark ausbreiten. – Hybriden mit der Garten-Erdbeere (*Fragaria × ananassa*; siehe dort) werden neuerdings gerne als Bodendecker gepflanzt.

Conium maculatum LINNAEUS, Gefleckter Schierling

Apiaceae (= Doldenblütler)

Einjährig, überwinternd oder zweijährige Halbrosettenpflanze, 80–180 cm hoch. Oft stark nach Mäusen riechend. Pflanze kahl. Stängel rot gefleckt (siehe Detailfoto). Blätter 2–4-fach gefiedert. Wurzelrübe. – Die Pflanze ist dem Knolligen Kälberkropf (*Chaerophyllum bulbosum*) sehr ähnlich und wird oft mit diesem verwechselt (siehe dort). Auch hoch gewachsene Exemplare der Hundspetersilie (*Aethusa cynapium*) können ähnlich sein. – **Stark giftig.**

Systematik: Die Gattung umfasst 3 Arten. Der ebenfalls stark giftige Wasserschierling (*Cicuta*) wird heute nicht mehr als näher verwandt betrachtet.

Giftigkeit: Sehr stark giftig! Hauptgift ist das Alkaloid Coniin mit ähnlich tödlicher Wirkung wie Nicotin und Curare. Es wirkt lähmend auf das Atemzentrum bei vollem Bewusstsein. Außerdem kommen noch 4 weitere Alkaloide vor. Bei Berührung der Pflanze können auf der Haut unangenehme Ausschläge entstehen. Zum Schierlingsbecher des Altertums s. u.

Der Stängel ist rot gefleckt und unter den Stängelknoten nicht verdickt.

Namen: „*Conium*" (koneion) ist der lat.-griech. Name der Pflanze. Lat. „*maculatus*" = gefleckt, wegen der Fleckung des Stängels. – „Schierling" ist ein germ. Wort. „Schier-" (= Mist, Dünger) bezieht sich auf den Standort.

Man beachte, dass der Name „Schierling" im allgemeinen Sprachgebrauch für ganz unterschiedliche Doldenblütler, manchmal sogar als Sammelbegriff für alle weiß blühenden Doldenblütler benutzt wird. Die wegen ähnlicher Giftigkeit als Wasserschierling bezeichnete Gattung *Cicuta*, die allerdings andere Wirkstoffe enthält, ist mit *Conium* nicht näher verwandt.

Vorkommen: Staudenreiche Ruderalstellen in warmen Lagen, z. B. an alten Burgen und Flussufern. Lehm- und Stickstoffzeiger. Im norddeutschen Tiefland selten. In Flussauen Kennart des Lamio albi-Conietum (= Taubnessel-Schierlingsflur). Gebietsweise zurückgegangen und gefährdet, hat sich aber andererseits seit ca. 2010 an Autobahnen usw. stellenweise massenhaft ausgebreitet. Die in Eurasien und Nordafrika heimische Art ist heue weltweit verschleppt.

Blüten: VII–VIII. „Nektar führende Scheibenblumen vom *Heracleum*-Typ". Bestäuber sind u. a. Schmeiß- und Dungfliegen, Sandbienen, Wegwespen, Streifenwanzen und Käfer (Hintermeier & Hintermeier 2012).

Früchte: Doppelachänen, 2,5–3,5 mm lang. Meist, wie für die Familie typisch, in 2 Teilfrüchte zerfallend, zum Teil aber auch als Doppel abfallend. Licht- und Kältekeimer. Samen langlebig.

Verwendung: Auszüge der unreifen Früchte waren neben Mohnsaft berühmt-berüchtigter Bestandteil des tödlich giftigen Schierlingsbechers, mit

dem im Altertum Verbrecher hingerichtet wurden, aber auch – allerdings aus politischen Gründen – der Philosoph Sokrates. Die Pflanze wurde gerne an den Ritterburgen als Schädlingsgift gehalten. Sie war früher in starker Verdünnung seltener Bestandteil von Arzneimitteln.

Consolida regalis Gray (= *Delphinium consolida* L.), Gewöhnlicher Feldrittersporn, Feld- oder Acker-Rittersporn

Ranunculaceae (= Hahnenfußgewächse)

Einjährig, sommer- oder winterannuell und dann als Rosette überdauernd, 20–60 cm hoch. Blätter stark zerteilt mit feinen Zipfeln.

Systematik: Die etwa 40 *Consolida*-Arten werden (vor allem in der älteren Literatur) meist in eine weit gefasste Gattung *Delphinium* s. l. eingeschlossen. Heute werden die Gattungen *Consolida* (mit nur einjährigen Arten) und *Delphinium* s. str. (mit überwiegend ausdauernden Arten) meist getrennt. Die Zweiteilung wird aber durch neue molekulare Untersuchungen wieder infrage gestellt (Jabbour & Renner 2011 Taxon 60: 1029).

Giftigkeit: Giftig durch ähnliche Alkaloide wie bei *Aconitum*, aber weniger gefährlich als dieser. Allerdings sind erhebliche Verluste beim Weidevieh durch verwandte Arten in Nordamerika aufgetreten. Die jungen Blüten sind ungiftig.

Namen: „*Consolida*" ist der mittelalterliche Name verschiedener Heilpflanzen zur Wundbehandlung, von lat. consolidare = fest machen, heilen (vgl. konsolidieren), nämlich ‚Consolida major' für den

Beinwell (*Symphytum officinale*), ‚Consolida media' für den Günsel (*Ajuga reptans*) und ‚Consolida regalis' für den Rittersporn. Lat. „*regalis*" = königlich. „*Delphinium*" ist der griech. Name der vorliegenden Gattung, nach der an Delphine erinnernden Form der Blütenknospen oder der Nektarien. – „Rittersporn" wegen der gespornten Blüten. Der Gattungsname „Feldrittersporn" wurde künstlich gebildet, um auch im Deutschen die Abtrennung von *Delphinium* zum Ausdruck zu bringen.

Vorkommen: Getreidefelder und Wegränder, auf warmen, basenreichen, meist kalkhaltigen Lehmböden. Archäophyt. Heimat: Mittelmeergebiet, mit dem Ackerbau eingewandert. Jetzt aber durch übermäßigen Herbizideinsatz auf den Äckern allgemein sehr im Rückgang. Gefährdet.

Blüten: VI–VIII. Vormännliche „Glockenblumen mit klebrigem Pollen", in wenigblütigen Trauben. Anders als bei den meisten anderen Hahnenfußgewächsen ist nur 1 Fruchtblatt pro Blüte vorhanden. Blütenhülle einfach (Perigon), durch das Anthocyan Delphinidin blau gefärbt. Das obere der 5 Perigonblätter ist gespornt, ebenso das entsprechende der viel kleineren, im Inneren der Blüte verborgenen Nektarblätter. Nektartrichter mit hummelkopfgroßem Eingang. Nektar nur langrüsseligen Hummelarten und anderen Insekten mit mindestens 15 mm langem Rüssel zugänglich. Griffel und Staubblätter biegen sich zur Reife nach oben.

Früchte: Das einzige Fruchtblatt entwickelt sich zu einer kahlen, vielsamigen Balgfrucht. Selbstausbreitung (Austrocknungsstreuer) und Windstreuer. Fruchtreife: VIII–IX. Kältekeimer. Samen >10 Jahre keimfähig.

Verwendung: Zierpflanze. Blüten zum Schönen von Tees (Schmuckdroge) und zum Blaufärben von Wolle, früher auch als Wundheilmittel und gegen Würmer verwendet.

Weitere Arten/Verwandte (vgl. auch *Delphinium elatum*):

Consolida ajacis (L.) SCHUR, Garten-Feldrittersporn oder -Rittersporn: Ähnlich voriger Art, aber bis 90 cm hoch, Blüten größer, zahlreicher in den Trauben sowie mit behaartem Fruchtknoten. Zierpflanze, nicht selten verwildert und zuweilen auch eingebürgert. Heimat: Mittelmeergebiet. Blütezeit: VI–VIII.

Convallaria majalis LINNAEUS, (Gewöhnliches) Maiglöckchen, Maiblume

Asparagaceae (= Spargelgewächse)

Ausdauernder Rhizom-Geophyt, 15–20 cm hoch. Rhizom (Erdspross) dünn, monopodial wachsend, d. h. sich im Boden unverzweigt fortsetzend, während die jährlich neu gebildeten oberirdischen Sprosse jeweils hinter der Rhizomspitze abzweigen. Blätter gestielt, 20–30 cm lang, elliptisch-lanzettlich, meist zu zweit, stängelständig (beim ähnlichen Bärlauch *Allium ursinum* grundständig!). Das erste Blatt wird erst nach dem zweiten Winter gebildet. Der junge Trieb hat zunächst die Form eines Kegels und durchbricht so den Boden. – Bis 50 cm tief wurzelnd. Pilzwurzel (arbuskuläre Mykorrhiza). – **Stark giftig**.

Systematik: *C. majalis* ist die einzige Art der Gattung. Sie bildete früher gemeinsam mit dem Schattenblümchen (*Maianthemum*), der Weißwurz (*Polygonatum*) und einigen weiteren Gattungen die Familie der Maiglöckchengewächse (Convallariaceae). Diese Gattungen werden heute in die Unterfamilie Nolinoideae der weit gefassten Familie Asparagaceae gestellt (siehe *Asparagus*).
Giftigkeit: Durch Digitalis-Glykoside vom Cardenolid-Typ sowie durch Saponine sind alle Teile der Pflanze **stark giftig**. Bei Kindern führt schon der Verzehr weniger Beeren zu Brechdurchfall. Das Ausmaß der Giftigkeit wird allerdings nicht einheitlich als so hoch eingestuft. Bei Berührung der Pflanze kann es zu Haut- und Augenreizungen kommen.
Namen: „*Convallaria*" wurde von LINNÉ nach dem aus der lat. Bibelübersetzung Vulgata bekannten ‚lilium convallium' (= Lilie der Täler; Hoheslied 2,1) gebildet, entsprechend der bei den Botanikern des 15.–17. Jh. verbreiteten Annahme, damit wäre das Maiglöckchen gemeint gewesen, vgl. auch den engl. Namen: lily of the valley. LINNÉ fasste die Gattung weit und schloss *Maianthemum* und *Polygonatum* mit ein. Neulat. „*majalis*" = im Mai, wegen der Blütezeit.
Vorkommen: Wärmeliebende Wälder und Säume, auf humosen, mäßig nährstoff- und basenreichen, meist kalkarmen Böden. Ebene (hier Schwerpunkt) bis höhere Gebirgslagen (deutsche Alpen bis 1870 m). – Außerdem aus Gartenkultur verwildert und örtlich, z. B. in der Eifel, auch eingebürgert.
Blüten: V–VI. Vormännliche „Glockenblumen mit Streueinrichtung", in Trauben. Stark duftend. Nektar fehlt, dafür wird am Grund des Fruchtknotens saftreiches Gewebe angeboten. Die zurückgekrümmten Zipfel der verwachsenen Blütenhülle (Perigon) dienen zum Festhalten der Bestäuber (vor allem Honigbienen), auf die der Pollen herabrieselt. Verschiedengrifflig: Förderung der Fremdbestäubung, allerdings ist in diesem Fall auch Selbstbestäubung von Erfolg.
Früchte: Rote Beeren, die als „Wintersteher" eventuell entgiftet werden. Samen hartschalig. Verdauungsausbreitung, z. B. durch Drosseln. Fruchtreife: IX–XI. Wintersteher.
Vegetative Vermehrung erfolgt reichlich durch die sich verzweigenden Rhizome. Daher treten die Pflanzen stets truppweise auf.

Verwendung: Häufige Zierpflanze (seit dem 15. Jh., vor allem in großblütigen Formen), Parfümpflanze sowie wegen der herzwirksamen Digitalis-Glykoside alte Arzneipflanze, die wegen der Giftigkeit heute nicht mehr angewandt wird. Eine der wenigen heimischen Arten, die schon im Mittelalter den Weg als Zierpflanze in die heimischen Gärten fanden. Für Wildpflanzengärten nur beschränkt empfehlenswert (sehr giftig!). Aufgrund des Saponingehaltes waren die getrockneten Blüten niesreizerregender Bestandteil des früher beliebten „Schneeberger Schnupftabaks".

Convolvulus arvensis LINNAEUS, Acker-Winde

Convolvulaceae (= Windengewächse)

Rhizom- und Wurzelknospen-Geophyt, 20–80 cm hoch. Wurzeln zur Sprossbildung fähig. Pflanze niederliegend oder kletternd: Linkswinder. Typische Trockenpflanze: Reiches, bis 2 m tief reichendes Wurzelwerk; Pflanze abgeschnitten rasch welkend, was die große Saugkraft der Wurzeln beweist; Blüten nur 1 Tag lang geöffnet (Eintagsblumen).

Systematik: Die Gattung umfasst etwa 250 Arten, von denen etwa die Hälfte im Bereich Mittelmeergebiet/Südwestasien vorkommt. *C. arvensis* ist nah verwandt mit der Zaunwinde (*Calystegia sepium*), die 4–7 cm statt 2–3 cm lange Blüten und große, den Kelch einhüllende Vorblätter besitzt und von Nachtfaltern bestäubt wird.

Namen: „*Convolvulus*" ist der lat. Name der Zaunwinde (*Calystegia sepium*), zu convolvere = umwinden, nach den windenden Stängeln. Neulat. „*arvensis*" = Acker-. – „Winde" erscheint als Pflanzenname spätalthochdeutsch. Nach Abtrennung von *Calystegia* blieb der Name „Winde" bei *Convolvulus*, während *Calystegia* den Gattungsnamen „Zaunwinde" erhielt.

Vorkommen: Ruderalstellen, Wegsäume, Äcker und Gärten, auf nährstoffreichen Böden. Lehm- und Wärmezeiger. Lichtpflanze. Kulturbegleiter. Vermutlich Alteinwanderer (= Archäophyt). Weltweit verschleppt. Zählt zu den 16 am meisten gefürchteten „Unkräutern" der Welt.

Blüten: VI–IX. „Große Trichterblumen", zu 1–4. Homogam, d.h. Narben und Staubbeutel sind gleichzeitig reif. Blüten duftend, weiß mit schmalen oder breiten rötlichen Streifen oder einheitlich rosa, am Grunde mit gelbem Blütenmal. Sie sind nur einen Tag geöffnet, und zwar von ca. 7–13 Uhr. Bei kühlem Wetter schließen sie sich durch Wachstum der Kronenaußenseite (Thermonastie). Bei Regenwetter bleiben sie geschlossen und gelten daher auch als Wetterpropheten. Der Nektar wird reichlich am Grunde des Fruchtknotens abgesondert. Er ist aber von der Basis der Staubfäden bedeckt und nur durch 5 enge Spalten erreichbar. Staubbeutel violett. Bestäuber sind Insekten aller Art, die sich in den Blüten wälzen und so mit Pollen eingepudert werden. Nur Hummeln und andere langrüsselige Wildbienen gelangen an den Nektar, ebenso der aus Afrika zu uns kommende Windenschwärmer *Herse convolvuli*, der mit seinem bis zu 10 cm langen Rüssel ähnlich wie ein Kolibri vor den Blüten schwebt. Die Spiralhornbienen-Art *Systropha planidens* sammelt ausschließlich den Pollen der Acker-Winde für ihre Brut, ist also auf das Vorkommen dieser Art angewiesen. Schwebfliegen und andere Fliegen fressen den Pollen. Im Sommer erfolgt auch Selbstbestäubung.

Früchte: Unauffällige, etwa 8 mm breite, zur Reife nach unten hängende, 2-klappige Kapseln mit 4–5 Samen. Diese sind eiförmig, ca. 4 mm lang und 9–14 mg schwer, dunkelbraun und warzig. Der Samenansatz ist bei uns aber meist gering. Hauptausbreitung erfolgt durch den Menschen über Ackergeräte usw. Dazu Schwerkraftausbreitung, Zufallsausbreitung durch Weidetiere sowie Rollsamen als Bodenroller. Fruchtreife: VIII–X. Samen lange keimfähig (>26 Jahre).

Vegetative Vermehrung durch Ausläufer und Wurzelsprosse: Bei der Bodenbearbeitung wachsen abgetrennte kleinste unterirdische Teile zu ganzen Pflanzen heran, daher lästiges Acker- und Garten-Unkraut.

Verwendung: Wurde früher als Abführmittel verwendet und kommt heute noch in der Homöopathie zur Anwendung. Die Blätter wurden früher als Gemüse genutzt.

Conyza canadensis → *Erigeron canadensis*

Corallorhiza trifida: siehe bei *Neottia*

Coriandrum sativum Linnaeus, Echter Koriander

Apiaceae (= Doldenblütler)

Einjährig, 30–60 cm hoch. Blätter doppelt gefiedert, verschiedenblättrig (siehe Foto): jüngere mit breiten Abschnitten (glattblättriger Petersilie ähnelnd), ältere fein zerteilt mit linealischen Abschnitten. – Der Geruch von Korianderblättern wird manchmal als unangenehm wanzenartig oder seifenartig bezeichnet, evtl. sogar als ekelerregend. Das liegt daran, dass das Korianderaroma auf Aldehyde zurückgeht, die so oder ähnlich auch in Seifen vorkommen bzw. von manchen Insekten zur Abschreckung abgegeben werden. Der Geruch wird aber von etwa 80 % der Weltbevölkerung als angenehm empfunden. Offenbar handelt es sich dabei überwiegend um Personen, die mit dem Aroma vertraut sind. Man hat eine genetische Ursache vermutet, entscheidend aber dürfte die Beobachtung sein, dass viele Menschen ihre anfängliche Abneigung gegen Korianderblätter nach wiederholtem Verzehr überwunden haben.

Namen: „*Coriandrum*" (koriannon, koriandron) ist der lat.-griech. Name der Pflanze, zu griech. koris = Wanze, wegen des intensiven Geruchs der Blätter. – „Koriander" ist frühes Lehnwort. Der Volksname „Wanzenkraut" ist nicht eindeutig, da er für verschiedene Pflanzen verwendet wird.
Vorkommen: Gewürz- und Heilpflanze, nicht selten verwildert, aber stets nur unbeständig. Heimat: Südeuropa/Südwestasien.
Blüten: V–VI. „Nektar führende Scheibenblumen". Blüten weiß. Die am Rande der Dolden stehenden Kronblätter sind auffällig verlängert (strahlend), was die Schauwirkung erhöht (siehe Detailfoto). Nektar und Pollen wird reichlich dargeboten. Reger Besuch durch Bienen, Hummeln und Fliegen. Bienentrachtpflanze.
Früchte (siehe Detailfoto): Die beiden Teilfrüchte verwachsen zu einer einheitlichen, kugeligen, 3–5 mm breiten, gerieften Frucht. Der Kelchsaum bleibt erhalten. Die Früchte bleiben bei der Reife meist dicht zusammen stehen. Ausbreitung als Rollfrüchte und Menschenausbreitung. Kältekeimer.
Verwendung: Koriander wurde als Gewürz- und Heilpflanze schon im Altertum hoch geschätzt. Zu uns kam die Pflanze durch die Römer und wird seit den Zeiten Karls des Großen, der in seinem Capitulare de Villis den Anbau für die Landgüter des Reiches anordnete, in größerem Umfang angebaut. Als Gewürz werden sowohl die Blätter als auch die

Die randlichen Blüten der Dolde sind nach außen stark verlängert.

Die kugeligen Früchte sind ein bekanntes Gewürz.

reifen Früchte verwendet, die je ihr eigenes Aroma haben. Der Anbau erfolgt in weiten Teilen der Welt, vor allem in wärmeren Gegenden. – Die reif durch die ätherischen Öle Linalool, Pinen, Geraniol usw. angenehm riechenden Früchte werden zum Würzen von Backwaren (z. B. Lebkuchen), Wurst, Gemüse und Likören und als Duftstoff in zahlreichen Kosmetika verwendet. So verdankt etwa der Wacholderschnaps „Gin“ sein typisches Aroma der Mischung von Korianderfrüchten und Wacholderbeeren. Heute wird weltweit der größte Teil der Früchte zur Herstellung von Currypulver verwendet. Wegen seiner verdauungsfördernden, krampflösenden und blähungstreibenden Wirkung sind die Früchte auch als Arzneimittel bedeutend und entsprechend häufiger Bestandteil von Mitteln bei Magen- und Darmleiden. Koriander-Öl ist auch ein wirksames Antibiotikum. Auch darüber hinaus wird Koriander (Früchte und Blätter) in der Volksmedizin vielfältig verwendet. – Die scharf-bitter schmeckenden Blätter werden zu Salaten und Käsegerichten genommen. Letztere Nutzung ist zwar in Deutschland wenig bekannt, spielt aber im Mittelmeergebiet, in Asien usw. eine große Rolle.

Cornus mas LINNAEUS,

Kornelkirsche, Herlitze, Gelber Hartriegel

Cornaceae (= Hartriegelgewächse)

Sommergrüne, reich verzweigte Sträucher oder kleine Bäume von 2–5 m Höhe. Blätter gegenständig, ganzrandig, bogennervig, 5–10 cm lang. Zu den Leitbündeln siehe *C. sanguinea*. Der Strauch ist im Winter leicht an den zahlreichen kugeligen Blütenstandsknospen zu erkennen, die in dieser Form einmalig in der heimischen Flora sind.

Systematik: Die Gattung umfasst etwa 60 Arten. Mehrere davon sind beliebte Ziergehölze der Gärten und Anlagen.

Namen: Zu den Gattungsnamen siehe *C. sanguinea*. Der Name „*mas*“ (= männlich) geht auf den antiken Autor THEOPHRAST zurück. Bevor man die Geschlechtlichkeit der Pflanzen im 17. Jh. erkannt hatte, bedeutete bei Pflanzen die Bezeichnung „männlich“ meist „gröber“ als ein entsprechendes weibliches Gegenstück; vgl. Frauenfarn (*Athyrium filix-femina*). Im vorliegenden Fall war es das harte Holz im Vergleich zu ‚Cornus femina‘. Welche Pflanze damit gemeint war, ist umstritten; diskutiert werden der Blutrote Hartriegel (*Cornus sanguinea*; bei C. BAUHIN ‚Cornus femina‘), die Süß-Kirsche (*Prunus avium*) und der Wollige Schneeball (*Viburnum lantana*). – „Kornelkirsche“ ist im ersten Wortbestandteil von ‚cornus‘ entlehnt, wobei die Betonung unterschiedlich gehandhabt wird. Im zweiten Teil erinnert der Name an die Ähnlichkeit der Früchte mit Kirschen.

Vorkommen: Trockengebüsche, lichte Trockenwälder, Steinbrüche und Auwälder, kalkhold. Ursprüngliche Vorkommen sind eher selten, so vor allem in Mittel- und Süddeutschland, in warmen Lagen. Vorkommen außerhalb der Stromtäler sind

oft nicht ursprünglich. Häufig gepflanzt und zuweilen eingebürgert. Hauptverbreitung in den sommergrünen Wäldern und Gebüschen des Hügel- und Berglandes im östlichen Mittelmeergebiet.

Blüten: II–IV, vor der Laubentfaltung. Blüten gelb, 4-zählig, zu 20–25 in kleinen Dolden, unscheinbar, aber durch ihre große Anzahl und ihr Erscheinen vor den Blättern auffällig. Die kugeligen Blütenstandsknospen sind schon im Winter deutlich zu erkennen. Der Nektar wird offen dargeboten: „Nektar führende Scheibenblumen“. Auch Pollen wird reichlich dargeboten. Die Blüten sind z. T. rein männlich. Besucher sind verschiedene Insekten, vor allem Bienen, Hummeln, Fliegen und Käfer. Wegen der frühen Blütezeit wichtige Bienentrachtpflanze.

Früchte: Rote, elliptische, hängende, bis 2 cm lange 1–2-samige Steinfrüchte. Verdauungsausbreitung durch Vögel, z. B. Kernbeißer, Dompfaff und Eichelhäher, oder Speicherausbreitung, z. B. durch Nager. Samen steinhart, länglich. Dazu Menschenausbreitung (Kulturpflanze). Fruchtreife: IX–X.

Verwendung: Häufiger Frühblüher unserer Anlagen, der durch seine gelben, vor den Blättern erscheinenden Blütenstände im zeitigen Frühjahr sehr auffällig ist. Er wird in zahlreichen Sorten kultiviert, eignet sich als Heckenpflanze und wird auch gerne zur Bodenbefestigung entlang von Straßen angepflanzt. Das Holz wird noch mehr geschätzt als das der anderen Hartriegel-Arten. Die Schösslinge lieferten die früher üblichen Studenten-Spazierstöcke („Ziegenhainer“), benannt nach einem Dorf, das jetzt Stadtteil von Jena ist. Im Altertum war das Holz wegen der Schwere und Härte besonders für Wurfspieße beliebt (vgl. lat. cornum = Holz des Hartriegels). Die Kirschen ähnelnden Früchte sind vollreif dunkel- bis schwarzrot, wohlschmeckend (süßsauer) und können für Marmelade und Likör oder, in Zucker und Essig eingelegt, als Beilage verwendet werden. Sie wurden schon in der Steinzeit und Bronzezeit genutzt, und entsprechend wurden die Steinkerne in alten Siedlungen z. T. massenhaft gefunden. Im Orient bereitet man aus den Früchten u. a. den Sorbet, ein Limonadengetränk. Junge Früchte in Essig gelegt schmecken ähnlich wie Oliven. Die nach Vanille duftenden Kerne wurden früher geröstet als Kaffee-Ersatz verwendet.

Cornus sanguinea LINNAEUS, Blutroter Hartriegel

Cornaceae (= Hartriegelgewächse)

Sommergrüner Strauch oder kleiner Baum von 2–4 m, selten bis 8 m Höhe. 30–40 Jahre alt werdend. Formenreich. Junge Zweige mit dünner, photosynthetisch aktiver, primärer Rinde. Diese ist im Schatten gelblich grün, an der Sonnenseite und vor allem im Herbst und Winter durch Anreicherung von Anthocyan oft blutrot. Blätter mit 3–4 Paar Seitennerven, im Herbst intensiv weinrot gefärbt. Winterknospen ohne Schutz durch Knospenschuppen. – Beim vorsichtigen Auseinanderziehen unvollständig durchgebrochener Blattstiele oder Blattnerven (Leitbündel) kann man bei den *Cornus*-Arten sehr gut die aus den Wasserleitungselementen (Tracheen) herausgezogenen Spiralverdickungen als weiße Fäden erkennen. – Pilzwurzel (arbuskuläre Mykorrhiza).

Giftigkeit: Rohe Früchte sind ungenießbar.
Namen: „*Cornus*" ist der lat. Name der Gattung, zu cornu = Horn, wegen des sehr harten Holzes von *C. mas* und *C. sanguinea*. Man vergleiche hierzu den Namen Hornstrauch für *Cornus mas*. Von ‚cornus' abgeleitet ist lat. cornum = Holz bzw. Lanze aus Hartriegelholz. Lat. „*sanguineus*" = blutrot, da die Zweige und Blätter oft auffällig rot gefärbt sind. – „Hartriegel" hängt mit der Verwendung kräftiger Äste als Querholz (Riegel) zum Verriegeln von Toren zusammen.
Vorkommen: Gebüsche und krautreiche Laubwälder sowie Steinbrüche und Brachflächen, auf frischen, nährstoffreichen Lehmböden. Auch aus Kultur verwildert.
Blüten: V–VI. Weiße, homogame „Nektar führende Scheibenblumen", in auffälligen Doldenrispen. Unangenehm fischartiger Geruch durch Methylamin. Bestäubung durch verschiedene Insekten, z. B. Fliegen, Wildbienen und Käfer. Selbstbestäubung ist erfolgreich.
Früchte: Schwarze Steinfrüchte, 5–8 mm groß, mit 1–2 großen Steinkernen. Verdauungsausbreitung durch verschiedene Vögel oder Speicherausbreitung, z. B. durch Eichhörnchen. Samen mit 30 % Öl. Fruchtreife: VIII–X. Wintersteher. Kältekeimer. Samen kurzlebig.
Vegetative Vermehrung durch Wurzelausläufer sowie durch herabgesenkte Zweige (Bogentriebe), die sich unter Laub leicht bewurzeln, so besonders in feuchtschattigen Wäldern, wo die Pflanze kaum blüht.
Verwendung: Beliebte Zierpflanze und Heckenpflanze, die sich gut zurückschneiden lässt. Bienentrachtpflanze. Das Holz ist wegen seiner großen Härte und Festigkeit bei Drechslern geschätzt. Bereits der steinzeitliche Ötzi (ca. 3000 v. Chr.) trug einen Pfeil aus Hartriegelholz bei sich. Die Früchte sind zum Graufärben von Kleidern geeignet. Sie werden manchmal zu Marmelade verarbeitet. Die Pflanze wurde früher arzneilich verwendet, ähnlich wie *C. sericea*. Das Öl der Samen wurde für Speise- und Brennzwecke verwendet.
Weitere Arten (vgl. auch *C. mas*):
Cornus sericea L. (= *C. stolonifera* MICHX., *C. alba* subsp. *stolonifera*), Seidiger oder Weißfrüchtiger Hartriegel: Zierstrauch mit lebhafter vegetativer Vermehrung durch zahlreiche unterirdische Aus-

läufer und durch sich bewurzelnde Zweige, auch verwildert (Neophyt) und zunehmend in Einbürgerung begriffen (etablierter Neophyt), in der Schweiz sogar als invasiv eingestuft. Volksmedizinisch in der Heimat z. B. als Adstringens (zusammenziehendes Mittel), gegen Wassersucht und als leichtes Stimulans, z. B. bei Typhus, angewandt. Die Blüten wurden anstelle von Kamille-Blüten arzneilich verwendet. Die pulverisierte Borke wurde als Zahnpulver zum Weißen der Zähne genutzt. Beheimatet im nordwestlichen Nordamerika. Dort z. B. an Flussufern und in Sümpfen. Früchte weiß oder zartblau. Steinkerne so breit wie hoch und an der Basis abgerundet, Blätter spitz zulaufend, unterseits kurzhaarig und durch mehr als 4 Paar Seitennerven von *C. sanguinea* gut zu unterscheiden.

Cornus alba L. (= *C. tatarica* MILL.), Tatarischer Hartriegel: Sehr ähnlich der vorigen Art, aber in Nord- und Ostasien beheimatete eigene Sippe. Unterschieden durch elliptische Steinkerne und unterseits fast kahle, bis 14 cm lange Blätter. Fast ohne wurzelnde Ausläufer. Zierpflanze in verschiedenen Kultursorten, z. B. 'Sibirica' mit ganzjährig leuchtend roten Zweigen; ebenfalls verwildert, aber meist unbeständig.

Cornus suecica L., Schwedischer Hartriegel: Krautige Pflanze, 5–25 cm hoch. Selten wild in Norddeutschland in Zwergstrauchgesellschaften auf sauren Torfböden. In Deutschland akut vom Aussterben bedroht. **Geschützt**! Zuweilen angepflanzt. Köpfchenförmiger Blütenstand, der wie eine Einzelblüte wirkt (= Pseudanthium, Scheinblüte), mit unscheinbaren Blüten und 4 kronblattartigen Hochblättern. Die sich daraus entwickelnden Fruchtstände erinnern an die Sammelfrüchte von Brombeer-Arten (*Rubus*).

Cornus canadensis L., Kanadischer Hartriegel: Voriger Art nächst verwandt und ebenfalls mit Scheinblüten. Bodendecker, der gelegentlich auch bei uns angepflanzt wird. Amerikanische Botaniker haben jetzt die bisher schnellste bekannte Bewegung im Reich der grünen Pflanzen festgestellt (EDWARDS et al. 2005 Nature 435: 164). Zuerst trennen sich die Kronblätter dieser Art in weniger als 0,2 ms ruckartig voneinander und klappen zurück. Dann entfalten sich die unter Spannung stehenden Staubbeutel und setzen den Pollen mithilfe eines äußerst effektiven Katapultmechanismus explosionsartig frei und schleudern ihn in weniger als 0,5 ms weit von sich. Normalerweise gelangen die Pollenkörner bis 2,5 cm hoch (im geschlossenen Raum sogar bis 22 cm). Die Venusfliegenfalle (*Dionaea*), bei der das Zuklappen der Fangblätter in rund 100 ms lange Zeit als schnellste Bewegung des Pflanzenreiches galt, ist damit weit abgeschlagen. Man beachte auch den mit 2–15 ms sehr schnellen Schluckvorgang des Wasserschlauchs (*Utricularia*).

Coronilla: siehe Securigera

Corydalis cava SCHWEIGGER et KOERTE (= *C. bulbosa* (L.) PERS.), Hohler Lerchensporn

Papaveraceae (= Mohngewächse)

Ausdauernder Knollen-Geophyt, 10–35 cm hoch. Die Erneuerungsknospen befinden sich am oberen Rand der Knolle. Frühjahrsgrün, d. h. die oberirdischen Teile welken früh und sind im Sommer nicht mehr vorhanden; man sagt auch „die Pflanze zieht ein“. Blätter zart, geteilt, blaugrün, jeweils zu zweit. Die Knolle ist ausdauernd und tief im Boden verborgen; es handelt sich um eine Sprossknolle, bei der vor allem das Hypokotyl, also der Abschnitt zwischen Wurzel und Keimblattansatz, verdickt ist. Mit jedem Jahr wird die Knolle nach außen zu dicker und dadurch nach innen hohl (siehe Abb.). Obwohl die Pflanze zu den Zweikeimblättrigen gehört, besitzt sie – wie viele andere Knollenpflanzen – nur ein Keimblatt.

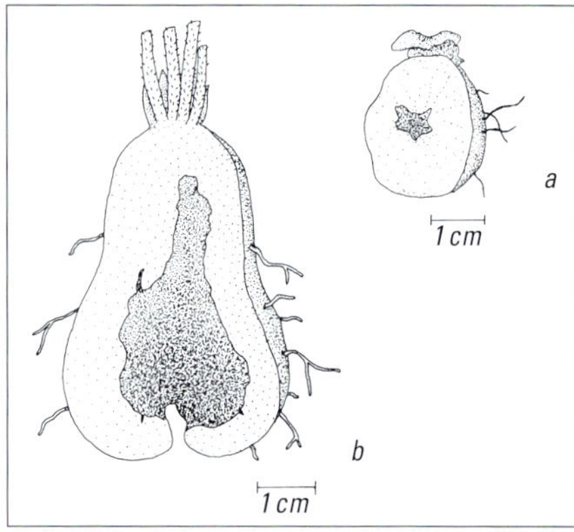

*Der Hohle Lerchensporn hat eine tief im Boden verborgene Knolle (**a**), die im Laufe der Jahre innen hohl wird (**b**).*

Systematik: Die Gattung umfasst etwa 400 Arten. Sie gehört in die Unterfamilie Fumarioideae, die früher als eigene Familie Fumariaceae (= Erdrauchgewächse) aufgefasst wurde. *Corydalis* ist nahe verwandt mit dem Erdrauch (*Fumaria*), mit dem sie zuweilen zusammengefasst wird.

Giftigkeit: Giftig durch Alkaloide mit Einfluss auf das Zentralnervensystem. Oberirdische Teile nur schwach giftig. Jedoch ist die Knolle, die bis zu 6% Alkaloide enthalten kann, stark giftig.

Namen: „*Corydalis*" von griech. korydalis = Haubenlerche, wegen der wie Lerchenzehen gespornten Blüte. Lat. „*cavus*" = hohl, wegen der hohl werdenden Knolle. – Auch „Lerchensporn" bezieht sich auf die verlängerte hintere Zehe der Lerchen.

Vorkommen: Artenreiche Laubmischwälder, Gebüsche und Weinberge, auf frischen, lockeren, tiefgründigen, nährstoff- und basenreichen Lehmböden. Nicht selten in großen Beständen. Auch aus Gärten verwildert und örtlich eingebürgert.

Blüten: III–IV, Frühblüher. Homogame „Fahnenblumen" (= Schiffchenblumen), analog denen der Schmetterlingsblütler. Schwach herb-würzig duftend. Blüte dorsiventral, d.h. mit Ober- und Unterseite. Das obere Kronblatt ist gespornt und birgt den Nektar. Meist kommen rotblütige und weißblütige Formen nebeneinander vor, erstere gewöhnlich in der Mehrzahl. Die Blüten sind um 90° gedreht, d.h. die Symmetrieebene ist nicht zugleich die Mediane, daher sind meist nur lernbegabte Bienen in der Lage, den ungewöhnlichen Eingang zu nutzen (und zu öffnen), man spricht daher auch von „Intelligenzblumen". Nektar wird an der Basis der Staubblätter abgegeben. Bestäuber sind langrüsselige Hummeln und Pelzbienen sowie als Pollensammler die Gehörnte Mauerbiene (*Osmia cornuta*). Nicht selten beißen Erdhummeln seitlich den Sporn an, um an den Nektar zu gelangen (Nektarraub), wodurch dieser im Anschluss auch anderen Bienen usw. zur Verfügung steht. Wir konnten aber auch beobachten, dass Honigbienen aus der etwas nach unten geneigten Blüte gut Nektar aufnehmen können. Selbststeril. Blütenbeginn erst im 4. Jahr.

Früchte: 2-klappige Schoten, die im Gegensatz zu den Schoten der Kreuzblütler keine (falsche) Scheidewand besitzen. Bei der Reife fallen die Samen heraus: Schwerkraftausbreitung. Dazu vor allem Ameisenausbreitung: Samen reif schwarz-glänzend, mit auffälligem, weißem Ölkörper (Elaiosom, Karunkula, siehe Detailfoto). Die Ameisen tragen an dem klebrigen Elaiosom den Samen in ihren Bau. Fruchtreife: IV–VI, bereits 4–5 Wochen nach dem Aufblühen; entsprechend wächst der Embryo erst während der Nachreife des Samens im Boden zur vollen Größe heran. Kältekeimer.

Vegetative Vermehrung durch Tochterknollen.

Verwendung: Zierpflanze seit dem 16. Jh. Extrakte der Knollen sind Bestandteile von Beruhigungsmitteln, die bei Überdosierung gefährlich sind. Alle Arten sind für Wildpflanzengärten zu empfehlen, sie können aber auf geeigneten Böden sehr ausbreitungsfreudig sein. Die Knollen der *Corydalis*-Arten wurden früher zur Ernährung genutzt (vermutlich nach vorheriger Entgiftung).

Weitere Arten/Verwandte:

Corydalis solida (L.) CLAIRV., Gefingerter oder Finger-Lerchensporn: Knolle massiv (lat. „*solidus*" = fest). Tragblätter der Blüten fingerförmig eingeschnitten. Zierlicher als *C. cava* und nur selten weißblütig. An ähnlichen Standorten wie vorige Art, aber meist seltener. Ebenfalls eine sehr ausbreitungsfreudige Zierpflanze.

Die Samen haben auffällige Anhängsel (Elaiosomen) zur Ausbreitung durch Ameisen.

Pseudofumaria lutea (L.) BORKH. (= *Corydalis lutea* (L.) DC.), Gelber Scheinlerchensporn, Scheinerdrauch (oder Lerchensporn): Reich verzweigter, 10–20 cm hoher, herabhängender, knollenloser Hemikryptophyt und entsprechend – im Gegensatz zu *Corydalis* – mit 2 Keimblättern. Blüten gelb. Zierpflanze (seit 1596) der Steingärten und Mauern an luftfeuchten Standorten. Kalkhold. Heimat: Steinschuttfluren und Felsspalten der Südalpen. In wintermilder Lage nicht selten eingebürgert (Neophyt 16. Jh.), vor allem in Gartennähe, an alten Mauern und in Lichtschächten. Blütezeit: V–X. Ausbreitung durch Ameisen.

Corylus avellana LINNAEUS, Gewöhnliche Haselnuss oder Hasel

Betulaceae (= Birkengewächse)

Winterkahler Strauch, bis 5 m, sehr selten bis 9 m hoher Baum. Wuchs sympodial. Nur 1 Korkschicht (Periderm) vorhanden, daher ohne Borkenbildung. Bis 100 Jahre alt werdend. – Blätter anfänglich mit rundlichen, ziemlich früh abfallenden Nebenblättern. Die Knospenschuppen sind umgebildete Nebenblattpaare. – Flachwurzler. Pilzwurzel (ektotrophe Mykorrhiza).

Systematik: Die Gattung umfasst 15 Arten in der nördlichen gemäßigten Zone. Sie gehört zur Unterfamilie Coryloideae, die früher oft als eigene Familie Corylaceae (= Haselgewächse) abgetrennt wurde. Nächst verwandt ist die Hainbuche (*Carpinus*).

Schädlinge: Als verbreitete Art wird die Hasel durch vielerlei Schädlinge befallen. Das sind weit über 100 verschiedene Insekten, und auch zahlreiche Vögel und Säuger ernähren sich von allen Teilen dieses Strauches. Bemerkenswert sind die dicken Knospendeformationen, hervorgerufen durch die Haselnussgallmilbe (*Phytoptus avellanae*). Auf nährstoffreichen Böden sind die Wurzeln gelegentlich von der vollparasitischen Schuppenwurz (*Lathraea squamaria*; s. dort) besetzt. Die Nüsse werden nicht selten durch die

Larven eines Rüsselkäfers, des Haselnussbohrers (*Curculio nucum*) befallen, die den Samen fressen.
Namen: „*Corylus*“ (corulus) ist der lat. Name der Pflanze, sprachverwandt mit germ. Hasel; „*avellana*“ bezieht sich auf die italienische Stadt Abella (jetzt Avella), die wegen der dort kultivierten Haselnüsse (*C. maxima*) bekannt war. „Nuss“ ist germanisch und bezeichnete ursprünglich nur die Frucht der Hasel, wurde aber später auch auf andere hartschalige Früchte wie Walnuss übertragen.
Vorkommen: Krautreiche Laubwälder, Säume und Hecken, auf grundfrischen, nährstoffreichen Böden. Licht- und Halbschattenpflanze. Besonders verbreitet in und am Saum von Laubwäldern. Auch oft angepflanzt und von dort verwildert und eingebürgert. Stellenweise wohl ein Kulturrelikt, so die oft ausgedehnten Gebüsche, z. B. in der Eifel. - Die „große Zeit“ der Haselnüsse war während der frühen Wärmezeit (etwa 6000 v. Chr.), bevor sich die Kiefer neben ihr etablieren konnte (die „Haselzeit“ der Palynologen = Pollenkundler).
Blüten: (I–)II–IV. Ausgeprägter Frühblüher, seit Jahren oft besonders früh blühend (teilweise schon Ende Dezember). Mit der Haselblüte beginnt in der Phänologie der Vorfrühling. Windblütig: „Kätzchenblütentyp“. Einhäusig, d.h. männliche und weibliche Blüten sind getrennt, aber auf derselben Pflanze. Die männlichen Blütenstände („Lämmerschwänze“) werden schon im Vorjahr angelegt, sind also vom Herbst an und über den ganzen Winter deutlich sichtbar (siehe Hauptfoto unten links). Sehr zeitig im Frühjahr, lange vor dem Laubaustrieb, streckt sich die Achse der männlichen Kätzchen (siehe Detailfoto) und die Staubbeutel öffnen sich explosionsartig, wobei der reife Pollen über 20 cm weit fortgeschleudert wird (Juliane Rahmel, pers. Mitt.); nur der Rest rieselt auf das hohle Deckblatt und wird von hier fortgeweht. Bemerkenswerterweise soll das Ausstäuben erst ab 12 Uhr Mittag beginnen. Im Gegensatz zu den allgemein bekannten männlichen Blütenständen sind die weiblichen sehr unauffällig und werden von den meisten gar nicht wahrgenommen: Von den 8–12-blütigen weiblichen Blütenständen ragen nur die roten, paarigen, fädlichen Narben aus den Knospen heraus (siehe Detailfoto). Sie erblühen meist vor den männlichen Kätzchen (bei > 9 °C), seltener nach diesen (bei 4–9 °C). Ihre Knospen sind kaum von den Laubknospen verschieden. Auf etwa 2 Mio. Pollenkörner (so viel enthält ein einziges Kätzchen) kommt nur 1 Samenanlage. Auffälligerweise stäuben die einzelnen Sträucher zu sehr unterschiedlichen Zeitpunkten, sodass man für eine lange Zeit noch nicht aufgeblühte Pflanzen neben solchen findet, die längst verblüht sind. Erst nach der Bestäubung wächst die Samenanlage zu einem befruchtungsfähigen Gebilde heran. Die Hasel gehört trotz der Windbestäubung zu den wichtigen Pollenlieferanten für Honigbienen im Vorfrühling. Die Pflanze hat davon keinen Vorteil, da die Bienen die weiblichen Blüten nicht anfliegen (Pollenraub). Beginn der Blühreife mit etwa 10 Jahren. – Bedeutender Heuschnupfenerreger.
Früchte: Die Fruchthülle (Cupula) entsteht aus den sich stark vergrößernden, verwachsenen 3 Vorblättern und enthält meist nur 1 Nussfrucht, die 1, sehr selten 2 Samen enthält. Ausbreitung durch die Schwerkraft und anschließend als Rollfrüchte, dazu Speicherausbreitung durch Eichhörnchen, Haselmäuse (!) usw., und Schwimmausbreitung. Fruchtreife: IX–X (spät!). Samen kurzlebig, mit Speicherkeimblättern.

Die männlichen Blütenstände („Lämmerschwänze“) stäuben z. T. schon im Dezember.

Die weiblichen Blütenstände der Hasel werden oft übersehen. Typisch sind die heraus ragenden Narben, die den Pollen auffangen sollen.

Verwendung: Haselnüsse waren schon in der Steinzeit eine wichtige Nahrungsquelle und galten früher entsprechend als heilig. Die Samen dienen zum Rohverzehr oder auch gemahlen als Zutat zu Backwaren. Die Welternte lag 2018 bei 864.000 t. Das feine Öl (Anteil 60 %) als Speiseöl, für Kosmetika und Malfarben. Auch als Zierstrauch gepflanzt, aber seltener als *C. maxima*, z. B. auch in einer eigenwilligen Form 'Contorta' mit stark gedrehten Trieben (Korkenzieherhasel), die im Winter besonders auffällig sind. Liefert beste Korbmacherruten und wird auch für Wünschelruten verwendet. Holz früher für Schießpulverkohle. Inhaltsstoffe der Blätter sind Flavonoide, Triterpene und reichlich Gerbstoffe. Entsprechend häufig ist die Verwendung in Teemischungen bei Leber- und Gallenerkrankungen. Volkstümlich als Ersatz für *Hamamelis* (= Zaubernuss) bei Venenerkrankungen und Blutungen. Die Nüsse enthalten auch reichlich Vitamin E, ein Vorbeugemittel gegen Herz- und Kreislauferkrankungen. Bereits DIOSKURIDES und PLINIUS empfehlen die Haselnuss gegen Husten, Lungenentzündung und sogar gegen Impotenz. Die Blätter galten als blutreinigend, blutstillend und als Fiebermittel. – Als Kuriosum eine GOETHE-Weisheit: „Gott machte die Nüsse, öffnen müssen wir sie selbst".

Weitere Arten:

Corylus maxima MILL., Lambert-Hasel, Lambertsnuss: Diese Art und Hybriden mit voriger Art sind die Hauptlieferanten der Haselnüsse des Handels. Sie werden auch häufig als Ziersträucher gepflanzt. Heimat: Südosteuropa (vgl. Lambertsnuss = aus der Lombardei in Italien stammende Nuss, volksetymologisch an den Personennamen Lambert angelehnt). Hauptanbaugebiete sind die Türkei, Südeuropa und USA. Der Gewöhnlichen Hasel ähnlich, aber in allen Teilen größer. Fruchthülle röhrenförmig, länger als die Nuss und diese im unteren Teil einschließend. Ob es gerechtfertigt ist, *C. maxima* im Artrang von *C. avellana* abzutrennen, ist fraglich. Die „Blut-Haseln" unserer Gärten, das sind durch ihr dunkelrotes bis schwarz-purpurnes Laub auffallende anthocyanreiche Formen ('Purpurea'), gehören meist hierher; es gibt aber auch rotlaubige Formen von *C. avellana*.

Corylus colurna L., Baum-Hasel, Türkische Hasel: Beliebter Zierbaum, bis 20 m hoch, meist mit auffällig geradem, hellem Stamm und grobschuppiger Borke. Gilt als unempfindlich gegenüber Luftverschmutzung und ist daher besonders als Straßenbaum geeignet. Früchte in dichten Büscheln, die als Ganzes abfallen. Fruchthülle zerschlitzt, starr. Früchte relativ klein, essbar. Heimat: Südosteuropa bis Himalaja. Wie die beiden anderen Arten Frühblüher.

Corynephorus canescens (L.) PALISOT DE BEAUVOIS, Gewöhnliches oder Graues Silbergras

Poaceae (= Süßgräser)

Blaugrünes, oft ausgedehnte Bestände bildendes Horstgras (Hemikryptophyt), meist um 20–30 cm hoch. Blätter borstlich, durch Wachsüberzug bläulich grün, gefaltet, steif aufrecht (Trockenheitsanpassungen). Ein typisches Merkmal sind die violetten Stängelknoten. Pflanze oft rot überlaufen. – Tiefwurzler und dadurch die Festlegung von Dünen einleitend.

Namen: „*Corynephorus*" wurde 1812 von PALISOT DE BEAUVOIS nach Ausgliederung aus der linnéschen Gattung Aira geprägt, von griech. koryne = Keule und phoros = tragend, wegen der an der Spitze auffällig keulenförmig verdickten Grannen der Deckspelzen. Lat. „*canescens*" = silbergrau werdend, wegen der nach dem Abblühen im Licht silbrig glänzenden Blütenstände. – „Silbergras" wurde künstlich gebildet.

Vorkommen: Charakterart kalkarmer Sanddünen des Binnenlandes und der Küsten, Silikatmagerrasen und armer, sandiger Kiefernwälder, zerstreut, aber den Alpen fehlend. Pionierart, z. B. an Bahndämmen und in ehemaligen Sandgruben auch eingewandert (Neophyt). Verbreitungsschwerpunkt im atlantisch-submediterranen Bereich. Regional gefährdet.

Blüten: VI–VII. „Langstaubfädiger Typ". Ährenförmige Rispen. Durch achselständige Schwellkörper (nur) während der Blüte mit spreizenden Ästen. Deckspelzen am Grunde behaart und mit ebenfalls am Grunde inserierter, rückenständiger Granne, die in ihrem oberen Teil keulig verdickt ist.
Früchte: Ausbreitungseinheit sind die von Deck- und Vorspelze eng umschlossenen, länglichen Früchte (= Spelzfrüchte). Bei Trockenheit erfolgt Einkrümmung bzw. Spreizen, feucht hingegen Streckung der hygroskopisch reagierenden Haare und Grannen. Dadurch erfolgt die Ausbreitung als Bodenkriecher und als Bohrfrucht (Selbstausbreitung), z. B. im Fell von Schafen (Klettausbreitung).

Cotoneaster integerrimus MEDIKUS, Gewöhnliche Zwergmispel

Rosaceae (= Rosengewächse)

Sommergrüner, dornenloser, reichästiger, meist niedriger Strauch, 50–200 cm hoch. Blätter ganzrandig, unterseits graufilzig, oberseits grün. – Pilzwurzel (arbuskuläre Mykorrhiza).

Systematik: Die Gattung gehört zu den Kernobstgewächsen (siehe *Malus*). Sie umfasst je nach Artauffassung 50–70(–300) Arten. In Mitteleuropa sind nur 3 Arten ursprünglich, aber viele Arten sind bei uns als Zierpflanzen in Kultur, oft in zahlreichen Varietäten bzw. Hybriden. Sie kommen überwiegend aus China, viele aus den Hochlagen des Himalaja. An Wuchsformen findet man Spaliersträucher und niedrige Zwergsträucher bis hin zu großen Sträuchern und kleinen Bäumen. Besonders verbreitet sind Bodendecker. Viele kultivierte Arten sind zunehmend auch verwildert anzutreffen. – Die Arten kreuzen untereinander bereitwillig. Interessant und unerwartet ist ein spontaner Gattungsbastard zwischen *C. melanocarpus* (*C. integerrimus*-ähnlich) und der Sibirischen Eberesche (*Sorbus aucuparia* s. l.). Er heißt × *Sorbocotoneaster pozdnjakovii* und bildet in Sibirien ein eigenes Areal.

Giftigkeit: Die Früchte der *Cotoneaster*-Arten sind ebenso wie die vegetativen Teile schwach giftig, da sie nach Verletzung Blausäure abspalten. Einige Zierarten haben wesentlich höhere Werte als die heimischen Arten. Dennoch kann insgesamt der Verzehr weniger Früchte (bis etwa 80 g) als unbedenklich gelten.
Namen: „*Cotoneaster*" nach lat. ‚cotonea' = Quittenbaum und der Endung ‚-aster' = wild, vergleichsweise minderwertig. Das grammatikalische Geschlecht ist im Gegensatz zu den meisten übrigen Holzgewächsen männlich; „*integerrimus*" zu lat. integer = unversehrt, ganzrandig, wegen des Blattrandes. – „Zwergmispel", weil die heimischen Arten ähnlich, aber kleiner sind als die verwandte Mispel (*Mespilus germanica*). Der deutsche Name ist die Übersetzung des vorlinnéschen ‚Chamaemespilus', das auch für die Zwerg-Mehlbeere (*Sorbus chamaemespilus*) galt. In Österreich und der Schweiz nennt man die Pflanze „Steinmispel". Im Gartenhandel heißt die Gattung meist „Cotoneaster".

Bei der Gewöhnlichen Zwergmispel neigen die Kronblätter zusammen.

Vorkommen: An sonnigen Felshängen und in trockenen Eichen-Kiefernwäldern, meist auf Kalk. Vom Hügelland bis ins Gebirge. Kennart des Cotoneastro-Amelanchieretum (= Felsenbirnengebüsch). – Neuerdings **geschützt**!
Blüten (siehe Detailfoto): IV–V. Unscheinbare, vorweibliche „Nektar führende Scheibenblumen", meist zu 2–3. Nektar wird reichlich von der Innenwand des Blütenbechers abgeschieden, ist aber durch die zusammengeneigten Kronblätter verdeckt. Bestäuber sind Wespen, vor allem Feldwespen (= Papierwespen; *Polistes*). Vor dem Verblühen ist Selbstbestäubung möglich.
Früchte: Rote, kugelige, beerenartige, oben offene Apfelfrüchte, ähnlich denen des Weißdorns (*Crataegus*), mit mehligem Fruchtfleisch und 2–3 Steinkernen (bzw. Nüsschen). Verdauungsausbreitung durch Vögel, besonders Rabenvögel, und Speicherausbreitung durch Nagetiere. Fruchtreife: VII–VIII. Wintersteher.
Vegetative Vermehrung durch Wurzelsprosse.
Verwendung: Die Art ist schon seit dem 17. Jh. als Gartenzierpflanze bekannt, spielt aber heute im Vergleich zu den nicht heimischen Arten praktisch keine Rolle mehr.
Weitere Arten: Viel bekannter als die heimischen Arten sind die kultivierten Ziersträucher der Gattung. Viele davon sind eine wichtige Nektarquelle für Honigbienen und Wildbienen. Verwilderungen sind in zunehmendem Maße zu beobachten. Einige Arten sind an geeigneten Wuchsorten wie Ruderalstandorten, Mauern, Felsen, Steinbrüchen, siedlungsnahen Wäldern usw. fest eingebürgert (ab 1970) und werden z. T. sogar örtlich als invasiv eingestuft, so etwa *C. horizontalis* (s. u.), *C. dammeri* (Teppich-Z.), *C. bullatus* (Runzel.-Z.), *C. dielsianus* Diels Z.) und *C. divaricatus* (Gespreizte Z.). – Hinweis: Einige Arten können mit kultivierten *Lonicera*- und *Symphoricarpos*-Arten verwechselt werden, die aber immer gegenständige (statt wechselständige) Blätter besitzen. – Von den Zierarten sei stellvertretend auf folgende Art hingewiesen:
Cotoneaster horizontalis Decne., Fächer-Zwergmispel: Halbimmergrüner Strauch oder Spalierstrauch. Zweige aufsteigend bis horizontal ausgebreitet, sich bis etwa 1(–2) m über den Boden hebend. Sie sind deutlich zweizeilig gestellt (fischgrätenartig) und tragen zahlreiche kleine, rote Früchte und wirken dadurch sehr dekorativ. Herbstfärbung rötlich. Häufig angepflanzt, oft verwildert und zunehmend in Felsgebüschen und an warmen Ruderalstandorten in Einbürgerung (Neophyt seit 1970). Heimat: China. Bienentrachtpflanze. Die Früchte werden von Amseln usw. verbreitet (Darm- und Mundwanderer).

Crambe maritima: siehe bei *Cakile*

Crataegus monogyna Jacquin, Eingriffeliger Weißdorn

Rosaceae (= Rosengewächse)

Winterkahler Laubstrauch, selten Baum, bis maximal 10 m Höhe und 0,3 m Stammdurchmesser. Vor allem an jungen Trieben befinden sich Sprossdornen (jung mit Blattnarben): Fraßschutz gegen Huftiere, wohl auch Kondensationspunkte. – Wurzelpilz (ektotrophe und arbuskuläre Mykorrhiza).

Systematik: Die Gattung gehört zu den Kernobstgewächsen (siehe *Malus*). Sie umfasst 200–300 Arten, von denen viele im Gebiet als Ziergehölze in Kultur sind. Dazu kommen in Nordamerika noch ca. 1000 schwer abgrenzbare, durch Hybridisierung entstandene, sich meist apomiktisch, also ohne Befruchtung aus Samen, entwickelnde Kleinarten. Nächst verwandt ist die Gattung *Mespilus* (Mispel). Interessant ist die Existenz eines Gattungsbastards mit *Mespilus (× Crataemespilus)*. – Im Gebiet nicht selten sind Sippen, die auf Hybridisierung zwischen *C. monogyna* und *C. laevigata* zurückgehen. Sie sind u. a. an der von Blüte zu Blüte zwischen 1 und 2 wechselnden Zahl der Griffel zu erkennen.

Namen: „*Crataegus*" ist der lat.-griech. Name des Weißdorns und/oder ähnlicher Arten, zu griech. krataios = fest, wegen des harten Holzes. Neulat. „*monogyna*" = eingriffelig. – „Weißdorn" als Übersetzung von lat. ‚spina alba' bezieht sich auf die Bedornung und die im Vergleich zum Schwarzdorn (*Prunus spinosa*) helle Rinde der Äste. Ein alter deutscher Name ist „Hagedorn" von Hag = Dornstrauch, Hecke, von Hecken umstandenes Gelände. Im Volk nennt man die etwas mehlig-fade schmeckenden Früchte – genauso wie die von *Sorbus aria* – „Mehlbeeren".

Vorkommen: Lichte Wälder, Gebüsche und Felsen, auf sommerwarmen, basenreichen, oft kalkhaltigen Böden. Außerdem oft angepflanzt oder aus Kultur verwildert und eingebürgert.

Blüten: V–VI. Vorweibliche „Scheibenblumen" mit verdecktem Nektar. Der von Aminen herrührende Duft ist aus der Entfernung angenehm, wird aber aus der Nähe von vielen als unangenehm empfunden (Maikäfer- oder Fischgeruch). Bestäuber sind besonders Fliegen und Käfer, aber auch Bienen. Fruchtknoten unterständig.

Früchte: Beerenartige Apfelfrüchte. Der bei der Reife zu einem Steinkern werdende innere Teil der Fruchtwand wird von dem fleischig werdenden Blütenbecher umgeben (= Steinapfel). Vögel schälen den fleischigen Teil ab: Mundwanderer. Bei Säugern meist Darm- sowie auch Speicherausbreitung, so besonders durch Nager. Fruchtreife: IX. Wintersteher, bei dem erst die bräunlich gewordenen Früchte immer gefressen werden.

Verwendung: Zierbaum, aber auch als Heckenpflanze bestens geeignet, da er sich gut zurückschneiden lässt. Wegen der Dornen für Vogelschutzgehölze besonders zu empfehlen. – Als „Rotdorn" werden verschiedene rotblühende Kultursorten bezeichnet, die unter Beteiligung der folgenden Art entstanden sind. Beliebt ist z. B. die Kultursorte 'Paulii' mit leuchtend karminroten, gefüllten Blüten. Sie ist nicht erbfest und kann daher nur vegetativ vermehrt werden. – Das feste Holz ist für Drechslerarbeiten geeignet. – Die vitaminreichen Früchte werden als „Mehlbeeren" oder „Mehlfässchen" gegessen und wurden in Notzeiten getrocknet und gemahlen dem Mehl zugesetzt. Sie sind für die Herstellung von „Früchtebrot" zu empfehlen. Vollreife Früchte eignen sich auch als Mischfrucht zu Kompott und Gelee. – Junge Blätter sind essbar (Geschmack mandelartig) und auch für Teemischungen beliebt, u.a. auch weil sie eine goldgelbe Farbe ergeben (Schmuckdroge). – Blätter mit Blüten sind wegen ihrer Gerbstoffe arzneilich ein wichtiges Herzmittel bei beginnender Herzschwäche, das schon im Mittelalter genutzt wurde. Die Wirkung tritt aber erst nach mehrwöchiger Anwendung ein.

Weitere Arten:
Crataegus laevigata (Poir.) DC. (= *C. oxyacantha* auct.), Zweigriffeliger Weißdorn: Blüten mit Doppelgriffel. Blattspreite verkehrt-eiförmig, nur vorn schwach gelappt mit nach vorn gerichteten Zähnen. Meist an etwas feuchteren und schattigeren Standorten, so vor allem in Hartholzauen und in Wäldern auf basenreichen Böden. Frucht mit 2(–3) Steinkernen.

Crepis capillaris (L.) Wallroth (= *Crepis virens* L.), Kleinköpfiger oder Grüner Pippau, Kleinköpfige Grundfeste

Asteraceae (= Korbblütler)

Einjährig, sommerannuell oder winterannuell, aufrecht, 15–60 cm hoch. Blätter überwiegend grundständig, unregelmäßig fiederspaltig. Pflanze Milchsaft führend.

Systematik: Pippau gehört zur Unterfamilie Cichorioideae (siehe *Cichorium*). Nächst verwandt sind Rainkohl (*Lapsana*) und Löwenzahn/Kuhblume (*Taraxacum*).
Namen: „*Crepis*" ist ein lat. Pflanzenname, zu griech. krepis = Schuh, vermutlich wegen der dem Boden aufliegenden Rosettenblätter; aber es ist unklar, welche Pflanze gemeint war. Lat. „capillaris" = haarfein, wegen der kleinen Blütenkörbchen. – „Pippau" ist slawischer Herkunft und galt ursprünglich dem verwandten Löwenzahn (*Taraxacum*). „Grundfeste" dürfte wie der Name „*Crepis*" auf die grundständige Blattrosette anspielen.
Vorkommen: Magere Wiesen, Weiden und Ruderalstellen in gemäßigter Klimalage. Alteinwanderer (= Archäophyt).
Blüten: VI–IX. Unscheinbare „Körbchenblumen vom *Leontodon*-Typ", d.h. mit ausschließlich Zungenblüten. Die Körbchen aller *Crepis*-Arten schließen und öffnen sich periodisch durch Zusammenlegung der Zungenblüten. Körbchen innen mit geringer, außen mit hoher UV-Reflexion, daher den Bestäubern zweifarbig erscheinend. Stängel vielköpfig, Einzelkörbchen nur 10–15 mm breit. Bestäubung durch Fliegen und Bienen.
Früchte: Achänen. Pappus ungestielt, in mehreren Reihen angeordnet, weiß. Pappusstrahlen unverzweigt, biegsam, bei Trockenheit spreizend: Schirmchenflieger. Außerdem Zufallsausbreitung durch Distelfinken u. ä. und Menschenausbreitung als Bestandteil von Rasenmischungen. Fruchtreife: VII/VIII–X.

Weitere Art:
Crepis biennis L., Zweijähriger oder Wiesen-Pippau: Zweijährige Halbrosettenpflanze, tief wurzelnd, 30–100 cm hoch. Fettwiesen und Wegränder, auf frischen, nährstoffreichen Lehmbö-

den. Gebietsweise im Rückgang. Blütenkörbchen 20–35 mm breit. Bestäubung durch Bienen sowie Selbstbestäubung. Die Vermehrung erfolgt aber weitgehend apomiktisch, d. h. die Samen entwickeln sich ohne Befruchtung. Früchte als Kanarienvogelfutter verwendbar.

Crepis paludosa (L.) MOENCH, Sumpf-Pippau: Blätter dünn, grob gezähnt, stängelumfassend, unterseits bläulich. Nasswiesen und nasse Hochstaudenfluren, kalkmeidend. Pappus gelblich weiß, spröde (zu Pulver zerreibbar).

Crepis aurea (L.) CASS., Gold-Pippau: Krone orangerot. Stängel blattlos, nur mit Rosette. Habituell an das Orangerote Habichtskraut (*Hieracium aurantiacum*) erinnernd, aber einköpfig und niedriger. Subalpine Wiesen und Weiden der Alpen und im Alpenvorland.

Crocus albiflorus KITAIBEL (= *C. vernus* subsp. *albiflorus* (KIT.) CES.), Weißer Krokus

Iridaceae (= Schwertliliengewächse)

Knollen-Geophyt, 10–15 cm hoch. Frühjahrsgrün, d. h. Blätter früh einziehend und im Spätsommer nicht mehr sichtbar. Wechselknolle: diesjährige Sprossknolle etagenartig über der vorjährigen, ausgelaugten angelegt. Zugwurzeln regulieren die Lage wieder ein. Blätter rinnig versteift, mit Bohrspitze aus verdickten Zellen zum Durchstoßen der Schneedecke.

Systematik: Die Gattung umfasst je nach Autor 80–230 Arten, von denen etwa 30 bei uns als Zierpflanzen kultiviert werden. Nah verwandt ist die Siegwurz = Gladiole (*Gladiolus*). – *C. albiflorus* wird oft mit folgender Art als *C. vernus* zusammengefasst.

Giftigkeit: Die heimischen Arten sind für den Menschen allenfalls schwach giftig, für Hasen aber stark giftig. Beim Safran (s. u.) können allerdings die Knollen und Narben zu Vergiftungen führen.

Namen: „*Crocus*“ ist der lat.-griech. Name des Safrans (s. u.), vermutlich zu kroke = Faden, wegen der langen Griffel und Narben. Er wurde vorlinnésch auf die Gattung Krokus übertragen. Neulat. „*albiflorus*“ = weißblütig. – „Krokus“ wurde erst im 17. oder 18. Jh. vom wissenschaftlichen Namen entlehnt.

Vorkommen: Frische, tiefgründige nährstoff- und basenreiche Bergwiesen und -weiden, wild fast nur in den Alpen und im Alpenvorland, sonst als Zierpflanze kultiviert und gelegentlich verwildert, aber meist nur unbeständig. – Alle Arten der Gattung sind am Naturstandort **geschützt**!

Blüten: II–IV, Frühblüher; in Schneetälchen kann sich die Blüte bis in den August hinauszögern. Weiße oder blassviolette, vormännliche „Große Trichterblumen“, analog denen der Herbst-Zeitlose (*Colchicum*). Blütenhülle einfach (Perigon), in 2 Kreisen, im unteren Teil zu einer bis zu 6 cm langen, trichterförmigen Blütenröhre verwachsen. Fruchtknoten unterständig, im Boden verborgen.

Der Blütenduft nimmt zum Grunde hin zu. Wie bei allen Schwertliliengewächsen ist nur 1 Staubblattkreis entwickelt. Der Nektar wird am Grunde der Blütenröhre abgesondert, steigt aber auch kapillar auf, sodass er außer (überwinterten) Faltern auch Bienen inkl. Hummeln zugänglich ist. Für Honigbienen ist aber besonders der reichlich dargebotene, dottergelbe bis orange Pollen eine wichtige Nahrungsquelle. Selbstbestäubung ist durch Drehung der Staubblätter um 90° möglich. Die Perigonblätter reagieren sehr empfindlich auf Temperaturänderungen (thermonastisch), so bereits auf Schwankungen von nur 0,2 °C, und entsprechend schließen sich die Blüten schon bei größeren vorbeiziehenden Wolken. Die Bewegungen erfolgen aufgrund von Wachstumsvorgängen (vgl. Tulpe = *Tulipa*). Lebensdauer der Blüten etwa 12 Tage. Beginn der Blüte erst 3–5 Jahre nach der Keimung.

Früchte: Die fachspaltigen Kapseln neigen sich zur Fruchtreife mit dem dann stark verlängerten Fruchtstängel zu Boden: Selbstaussäer. Samen mit Anhängsel (Elaiosom), dadurch Ameisenausbreitung. Fruchtreife: VI–VII. Kältekeimer.

Vegetative Vermehrung durch Brutknospen aus den unteren Blattachseln. Dazu Versteckausbreitung der Knollen durch Wühlmäuse.

Der Gold-Krokus ist eine Zierpflanze.

Verwendung: Krokus-Arten und ihre Hybriden sind bekannte Zierpflanzen in einer kaum überschaubaren Sortenvielfalt. Speziell *C. albiflorus* ist schwierig heranzuziehen und in Kultur nur wenig verbreitet.

Weitere Arten:

Crocus vernus (L.) HILL (= *C. napolitanus* auct.), Frühlings-Krokus: Blüten größer, meist blauviolett. Häufige Zierpflanze, z. T. in Parkanlagen, auf Friedhöfen usw. eingebürgert. Heimat: Südeuropa.

Crocus chrysanthus HERB., Gold- oder Balkan-Krokus: Blüten groß, goldgelb (siehe Abb.). Zierpflanze, auch verwildert. Heimat: östliches Mittelmeergebiet.

Crocus tommasinianus HERB., Elfen- oder Tommasini-Krokus: Blütenröhre weißlich, Perigonzipfel blassviolett, nicht dunkler geadert. Blütezeit: II. Ebenfalls häufige Gartenzierpflanze, nicht selten verwildert und z. T. eingebürgert (etablierter Neophyt). Heimat: Südosteuropa.

Crocus sativus L., Echter Safran: Schon im Altertum geschätzte Nutzpflanze. Sie stammt aus Vorderasien, ist aber nur in Kultur bekannt und wegen des triploiden Chromosomensatzes steril; sie wird vegetativ durch Teilung der Knollen vermehrt. Der Name „Safran" geht über span. azafran auf arab. asfar = gelb zurück und bezieht sich auf die Narbenfarbe. Blüht im Herbst: X–XII. Blüten groß, blauviolett, vorweiblich. Griffel gelb, bis 20 cm lang, Narbenäste orangerot, 2–4 cm lang. Im weiblichen Stadium ragen sie aus der Blüte heraus und stellen eine attraktive Staubbeutelimitation dar (vgl. LUNAU 2011). Die getrockneten Narben enthalten den zu den Karotinoiden gehörenden, aber wasserlöslichen Farbstoff Crocetin. Färbwirkung noch in einer Verdünnung von 1 : 100.000. Die Narben werden seit dem Altertum zum Färben von Backwaren („Safran macht den Kuchen gel") und Textilien sowie als Gewürz verwendet. Wegen der geringen Ausbeute sind sie sehr teuer (ca. 20–30 € je Gramm), denn für 1 g Safran braucht man mehr als 100 Blüten. Safran wird heute meist importiert, wurde aber früher auch in Deutschland angebaut. Hier wurden 1914 noch 100 t gehandelt. Der Anbau erfolgt in Europa in größerem Umfang in Südfrankreich und Spanien und stellt dort eine wichtige Erwerbsquelle dar. Die Welternte liegt bei ca. 300 t pro Jahr und stammt zu etwa 90 % aus dem Iran. – Die üblicherweise verwendeten kleinen Mengen sind unbedenklich, doch führen bereits 5–10 g der Droge zu ernsten bis tödlichen Vergiftungen.

Cruciata laevipes: siehe bei *Galium verum*

Cucumis sativus LINNAEUS, Gurke

Cucurbitaceae (= Kürbisgewächse)

Einjährig, sommerannuell. Bis 3 m lang. Sprosse niederliegend oder mit Blattranken kletternd. Pflanze rauhaarig. Blätter herzförmig, spitz 5-eckig. Die Pflanzen zeigen im Sommer Kälteschäden, wenn die Temperaturen an mehreren Tagen hintereinander unter 10 °C absinken. Ursache sind Membran-Umwandlungen, d. h. die flüssig-kristallinen Biomembranen wechseln in einen (unbrauchbaren) Gelzustand.

Namen: „*Cucumis*" ist der lat. Name der Gurke. Lat. „*sativus*" = angebaut. – Gurken waren im Mittelalter bei uns kaum bekannt; entsprechend wurde unser Wort „Gurke" erst im 16. Jh. von altpolnisch ‚ogurek' entlehnt, das seinerseits auf mittelgriechisch ‚angurion' = Gurke zurückgeht. Das Wort bedeutet ‚unreif geerntete Frucht' und stellt damit zutreffend das Gegenstück zur reif geernteten Melone (*C. melo*) dar.

Vorkommen: Kulturpflanze seit dem 16. Jh. Heimat: Indien. Selten verwildert und nur unbeständig.

Blüten: VI–IX, tagneutral. Einhäusig. „Große Trichterblumen". Kronblätter etwa bis zur Hälfte verwachsen. Männliche Blüten gehäuft. Weibliche Blüten einzeln, am unterständigen Fruchtknoten leicht kenntlich. Blütenökologisch ähnlich wie die Zaunrübe (*Bryonia*). Bestäubung durch Bienen und Grabwespen. Bei den meisten neueren Kultursorten erfolgt die Fruchtbildung ohne Bestäubung und Samenentwicklung (Jungfernfrüchtigkeit = Parthenokarpie).

Früchte: Beerenfrüchte, aus 3 verwachsenen Fruchtblättern (parakarpe Panzerbeeren), bis 50(–100) cm lang. Menschenausbreitung und Verdauungsausbreitung durch Vögel. Samen länglich, mit scharfem Rand, nur 2–3 Jahre keimfähig. Typischer Wärmekeimer.

Verwendung: Gurken wurden schon in der Antike als Nahrungsmittel genutzt. Sie gelangten von Indien aus über Vorderasien und das Mittelmeergebiet erst im späten Mittelalter nach Mitteleuropa. Sie gehören mit 97 % Wasser und etwa 49 kJ pro 100 g zu den wasserreichsten und kalorienärmsten Früchten unserer Nahrung. Gurken werden im unreifen Zustand geerntet. Die Welternte lag 1986 bei 12 Mio. t, 2012 bei 65 Mio. t und 2018 bei 75 Mio. t; der weitaus höchste Anteil stammt aus China. Wegen der hohen Temperaturansprüche erfolgt die Kultur heute weltweit fast ausschließlich in Gewächshäusern oder in Folientunneln. „Salzgurken" (auch saure Gurken genannt) entstehen ähnlich wie Sauerkraut über eine Milchsäuregärung; in Deutschland sind die Spreewälder Gurken wegen ihrer guten Qualität besonders beliebt. Dazu gehören auch Essiggurken, Gurkensalat und geschmorte Gurken für viele Menschen zu den sogar billigen Delikatessen. – Aus dem fetten Öl der Samen wird in tropischen Ländern Speiseöl gewonnen. Auf die Haut aufgelegte, frische Gurkenschalen sind ein altbekanntes Schönheitsmittel.

Weitere Art:
Cucumis melo L., Melone, Zucker-Melone: Kulturpflanze, selten verwildert. Heimat: tropisches und subtropisches Afrika und Asien. Durch starke Transpiration der Blätter kann bei heißem Wetter die Temperatur der Blätter bis 15 °C unter der Lufttemperatur liegen. Die sehr saftigen, zuckerreichen, kugeligen Früchte werden als Obst (!) und in den warmen Ländern zum Durststillen verwendet. Der Name „*melo*" ist die Kurzform von griech. melo pepon und bedeutet etwa ‚gurkenähnliche Frucht, die erst vollreif gegessen wird'. Anbau bei uns meist unter Glas, im Freiland nur in sehr günstigen Lagen.

Cucurbita pepo Linnaeus, Garten-Kürbis

Cucurbitaceae (= Kürbisgewächse)

Einjährige Kletterpflanze, maximal 10 m lang. Blätter gelappt. Die Pflanze erfriert schon bei länger anhaltender kühler Sommerwitterung (unter 10 °C): Tropenpflanze, d. h. Keim- und optimale Wachstumstemperaturen liegen höher als bei den heimischen Pflanzen. Sprosszuwachs pro Tag bis 14 cm. Die Keimblätter legen sich abends zusammen: „Schlafbewegung". Haarzellen der Pflanze mit im Mikroskop gut sichtbarer Plasmaströmung. Die ästigen Blattranken sind wahrscheinlich aus Mittelrippen abzuleiten. Sie reagieren in wenigen Sekunden auf eine Belastung von weniger als 1 Millionstel Gramm. Bei feuchtwarmem Wetter erfolgt die Reaktion so schnell, dass man die Einkrümmung verfolgen kann. – Leitbündel mit großen Zellen des Siebteils (Phloem), daher beliebtes Mikroskopierobjekt. – Historisch interessant ist, dass Malpighi in seinem Werk „Anatome plantarum" (1675) erstmals am Beispiel dieser Pflanze feststellte, dass auch die Keimblätter echte Blätter sind.

Namen: „*Cucurbita*" ist der lat. Name der aus Zentralafrika stammenden Wassermelone (*Citrullus lanatus*) bzw. des Flaschenkürbis (*Lagenaria siceraria*), zu lat. cucumis = Gurke und orbis = Kreis, der erst kurz vor Linné auf diese neuweltliche Pflanze übertragen wurde. Der von ‚cucurbita' bereits im 9. Jh. entlehnte Name „Kürbis" galt entsprechend ebenfalls zunächst der Wassermelone, deren Kultur die Germanen von den Römern übernommen hatten, und wurde erst viel später im heutigen Sinne verwendet. „*Pepo*" war bei den Römern der Name der Melone (*Cucumis melo*), der im 16. Jh. auf den aus Nordamerika eingeführten Garten-Kürbis übertragen wurde.
Vorkommen: Kulturpflanze. Heimat der Stammpflanze ist das tropische Amerika, wo die Pflanze schon vor Tausenden von Jahren kultiviert wurde. Ursprüngliche Kürbisse gibt es heute nicht mehr. Als Wärme und Nährstoff liebende Pflanze wächst Kürbis besonders gut auf Kompost und in Hochbeeten. Zuweilen verwildert.
Blüten: VI–VIII. Einhäusig, d. h. männliche und weibliche Blüten getrennt, aber auf derselben Pflanze. „Große Trichterblumen". Vormittags geöffnet. Zuckerproduktion im Nektar mit 28 mg pro

Tag und Blüte sehr hoch. Reicher Bienenbesuch. Entsprechend ihrer UV-Absorption dienen bei den männlichen Blüten die Staubbeutel und bei den weiblichen die großen Narbenlappen, die Staubbeutel vortäuschen, der Anlockung. – Die stacheligen Pollenkörner mit knapp 0,2 mm Durchmesser und einem Gewicht von 0,001 mg gehören, neben denen von Nachtkerze (*Oenothera*) und Hibiskus (*Hibiscus*), zu den größten überhaupt; sie erreichen damit die Größenordnung der kleinsten Samen, wie wir sie etwa beim Netzblatt *(Goodyera)* und einigen weiteren Orchideen finden.

Früchte: Die Beeren (Panzerbeeren) werden bis über 30 kg schwer und gehören damit zu den größten Früchten überhaupt. Die bisher schwersten Kürbisse wurden 2014 mit 921 kg und 2016 mit 1190 kg gewogen (www.bigpumpkins.com). Andererseits gibt es auch sehr kleine Exemplare von kaum 2 cm Dicke. Tierausbreitung: Mundwanderer. Weitere Ausbreitung der flachen und schleimigen Samen als Klebhafter.

Verwendung: Alte Kulturpflanze des Südens von Nordamerika, wo die Art bereits lange vor Kolumbus in zahlreichen Sorten kultiviert wurde. Zu uns gelangte der Kürbis im 16. Jh. Zu der Vielzahl an Kultursorten zählen auch die „Zucchini" und die vielfältigen „Zierkürbisse". Das Fruchtfleisch, zerkleinert und süßsauer eingemacht, ist als Kompott oder Fleischbeilage sehr schmackhaft. Lange Zeit war Kürbis lediglich Viehfutter oder ein Essen für arme Leute. Seit einiger Zeit ist er aber auch bei Feinschmeckern beliebt. So kann eine gut gewürzte Kürbissuppe sehr schmackhaft sein. – Bei den Zucchini (cv. *giromontiina*), die in Italien schon seit dem 17. Jh. angebaut werden, bei uns aber erst seit Ende des 20. Jh. die Märkte erobert haben, werden – wie bei den Gurken – die unreifen Früchte geerntet. Sie liefern gewürzt ein schmackhaftes Gemüse. Die großen Früchte, vom kernigen Inhalt befreit und z. B. mit Hackfleisch gefüllt, schmort man im Ofen. Die Welternte aller Kürbisarten lag 2012 bei 25 Mio. t und 2018 bei 28 Mio. t. Die Samen („Kürbiskerne") enthalten bis etwa 35 % fettes Öl (z. B. beim „Ölkürbis"), das in manchen Ländern als Speiseöl genutzt wird. Kürbissamen sind roh oder geröstet eine Delikatesse. Arzneilich werden sie aufgrund des Gehaltes an Phytosterolen traditionell bei Blasen- und Prostataleiden empfohlen, eine Wirkung ist aber nicht eindeutig belegt. Volksmedizinisch finden Kürbissamen auch als Wurmmittel Verwendung. Die Blüten können gekocht, paniert oder roh als schmückende, schmackhafte Salatbeigabe genutzt werden.

Weitere Art:

Cucurbita maxima DUCH., Riesen-Kürbis, Hokkaido-Kürbis: Ähnlich der vorigen Art und ähnlich genutzt. Heimat: Südamerika. Fruchtstiele weich und rundlich (statt verholzt) und deutlich 5-kantig. Sprossachse weich. Fruchtfleisch kaum faserig. Viele unserer Zier- und Schnitzkürbisse und z. B. auch die besonders empfehlenswerten Hokkaido-Kürbisse sowie solche mit turbanartiger Gestalt gehören zu dieser formenreichen Art. Nutzung als Nahrungsmittel wie *C. pepo*.

Cupressus sempervirens LINNAEUS, Mittelmeer- oder Italienische Zypresse

Cupressaceae (= Zypressengewächse)

Immergrüner Nadelbaum, bis 30 m hoch, aber in Kultur viel kleiner. Grüne, schnurförmige Zweige mit winzigen Schuppenblättern (Trockenheitsanpassung). Wildform breitkronig. Jungpflanzen der Säulenform raschwüchsig mit einem Jahreszuwachs von bis zu 1 m, später langsamwüchsig. Holz ohne Harzkanäle. – Pilzwurzel (arbuskuläre Mykorrhiza).

Systematik: Die Gattung umfasst 8–12 Arten der warmgemäßigten bis subtropischen Zone. Verwandt sind Scheinzypresse (*Chamaecyparis*, s. u.), Wacholder (*Juniperus*) und Lebensbaum (*Thuja*).

Namen: „*Cupressus*" ist der lat. Name der Pflanze, der über griech. kyparissos auf eine Mittelmeersprache zurückgeht. Lat. „*sempervirens*" = immergrün. – „Zypresse" ist Lehnwort. Der Name wird im allgemeinen Sprachgebrauch auch für ähnliche

Nadelhölzer verwendet, so vor allem die Scheinzypressen (s. u.).

Vorkommen: Zierpflanze. Heimat: östliches Mittelmeergebiet bis Westasien. Im Mittelmeerraum als trockenresistente, schnellwuchsige Art wichtiger Forstbaum (meist in der var. *horizontalis*). Bei uns nur für wintermilde Lagen geeignet.

Blüten: III. Einhäusig. Männliche Blüten eiförmig, grünlich, 3–8 mm lang. Weibliche Zapfen 25–40 mm lang, mit 8–14 Zapfenschuppen, jede mit zahlreichen Samenanlagen. Blühbeginn mit 10 Jahren.

Samen: Reife Zapfen kugelig, ca. 2–3 cm breit und – als Trockenheitsanpassung – lange dicht geschlossen. Die vollreif trockenen Zapfen öffnen sich durch Schrumpfung der verholzten, tischchenförmigen Zapfenschuppen im Herbst des zweiten Jahres. Je Zapfenschuppen werden etwa 8–20 winzige, schmal geflügelte Samen entlassen, die als Segel- und Körnchenflieger ausgebreitet werden. Wie üblich ist nur ein kleiner Teil keimfähig.

Verwendung: Zierbaum der Parks, Friedhöfe und Gärten in wintermilden Lagen, meist in der Säulenform var. *sempervirens* (= var. *pyramidalis*), die schon von den Römern gepflanzt wurde, aber erst um 1500 in Mitteleuropa eingeführt wurde. Sie ist samenecht und soll auf Zypern beheimatet sein. Das Holz wird seit dem Altertum für den Schiffs- und Möbelbau geschätzt. Zypressenöl ist ein seltener Bestandteil von Hustenmitteln.

Verwandte:

Chamaecyparis lawsoniana (A. MURRAY) PARL., Lawsons Scheinzypresse oder Gartenzypresse: Sehr häufiges Ziergehölz der Gärten, Friedhöfe und Parks, besonders in nicht zu trockenen Lagen. Auch für Hecken geeignet. Es sind etwa 200 Kultursorten auf dem Markt, die sich durch sehr unterschiedliche Wuchsformen und Färbung der Nadeln unterscheiden. Pflanzen schnell- und hochwüchsig (bei uns 20–30 m, in der Heimat bis 60 m), sodass der erste Teil des Gattungsnamens (griech. chamai = niedrig) irreführend ist. Im Wuchs dem Lebensbaum (*Thuja*) sehr ähnlich, unterscheidet sich von diesem durch die kugeligen (statt eiförmigen) Zapfen mit schuppenförmigen (statt schildförmigen) Zapfenschuppen, zartere, bei Kulturformen oft bläulich bereifte Zweige mit unterseits weißer Zeichnung und den meist überhängenden Gipfeltrieb. Ist weniger giftig als *Thuja*. Schuppenblätter nur ca. 1 mm breit, beim Zerreiben schwach nach Petersilie duftend. Blütezeit: IV. Männliche Blütenstände 3–4 mm lang, dunkelrot, nach dem Stäuben braun. Zapfen nur 8 mm dick, zur Reifezeit zwischen den Zapfenschuppen klaffend. *Cupressus* hat meist viel dickere Zapfen und keine abgeflachten Zweige. Blüten- und Ausbreitungsökologie wie bei voriger Art. Samen breit geflügelt, ebenfalls meist im 1. Jahr reifend. Heimat: Westliche USA. Ist auch verwildert anzutreffen, aber meist nur unbeständig.

Cuscuta europaea LINNAEUS,
Nessel-Seide, Hopfen-Seide, Teufelszwirn
Convolvulaceae (= Windengewächse)

Einjähriger Vollschmarotzer (= Holoparasit), 30–150 cm hoch. Linkswinder. Laubblätter und Wurzeln fehlen. Chlorophyll ist nur in Resten vorhanden. Der fadenförmige, keimblattlose Keimling bewegt sich dadurch fort, dass er an der Spitze weiterwächst. Gleichzeitig führt er kreisende Suchbewegungen (Circumnutationen) durch. Währenddessen stirbt der Keimling, indem alle Wertstoffe zur Spitze hin befördert werden, mehr und mehr vom Hinterende her ab (Bodenkriecher). Findet der Keimling keine Wirtspflanze, stirbt er nach 5–10 Tagen ab. Bei Kontakt mit der Wirtspflanze windet er sich um diese, indem das Wachstum der gegenüberliegenden Fadenseite wie bei der Winde (*Convolvulus*) gefördert wird. Gleichzeitig bildet der Keimling Saugfortsätze (Haustorien), die unter Auflösung der Zellwände des Wirtes bis zu dessen Sieb- und Gefäßteilen (Phloem und Xylem) vordringen und dort die gelösten Assimilate bzw. Wasser entziehen. Die Pflanze vermag aber auch Zucker vom Wirt zu beziehen, ohne bis in den Siebteil einzudringen. Im Übrigen wurden Stoffaustausch und Gentransfer zwischen Wirt und Parasit nachgewiesen. Auch hat man herausgefunden, dass die gezielte Bewegung der *Cuscuta*-Keimlinge in Richtung ihrer potenziellen Wirtspflanzen durch von diesen abgegebene flüchtige Inhaltsstoffe gefördert bzw. von anderen Inhaltsstoffen unterdrückt wird, d. h. die Parasiten „riechen“ ihren Wirt (RUNYON et al. 2006 Science 313: 1964). Ein Absterben der Wirtspflanze ist bei übermäßiger Ausbeutung möglich.

Systematik: *Cuscuta* ist die einzige Gattung der Unterfamilie Cuscutoideae, die früher den Rang einer eigenen Familie Cuscutaceae (= Seidengewächse) hatte. Die Gattung umfasst weltweit etwa 200 Arten, die alle parasitisch leben, wenn auch in unterschiedlichem Ausmaß.

Namen: „*Cuscuta*“ ist der mittellat. Name der Pflanze mit hebräisch-/aramäischer Herkunft und bedeutet ‚bedecken, umkleiden‘ (COSTEA & TARDIF 2004 Sida 21: 369-378). – „Seide“ oder „Zwirn“ wegen der fadenförmigen Sprosse. „Teufels-“ wegen der parasitischen Lebensweise. Allerdings wird der Name „Teufelszwirn“ auch für den Bocksdorn (*Lycium barbarum*) verwendet und war früher auch eine Bezeichnung für die Gewöhnliche Waldrebe (*Clematis vitalba*).

Vorkommen: Staudengesellschaften feuchter, nährstoffreicher Standorte, vor allem der Flusstäler. Wirtspflanzen sind Brennnesseln, Hopfen, Luzerne und andere Stauden, selten Gehölze; während einige andere Arten der Gattung bevorzugt auf Gehölze gehen. Weltweit verschleppt.

Blüten: VI–VIII. Je nach Wirt entweder Langtag- oder Kurztagpflanze. Weißliche bis blassrosa, homogame „Glockenblumen mit klebrigem Pollen“, in köpfchenförmigen Blütenständen in den Achseln winziger Tragblätter. Der Nektar ist durch die Schlundschuppen bedeckt. Besucher sind Wespen, vor allem Grabwespen („Wespenblume“). Blüten teilweise geschlossenblütig (= kleistogam). Lebensdauer der Blüten etwa 10 Tage.

Früchte: Kapseln mit je 4 hartschaligen Samen. Sie werden von der bleibenden Blütenhülle umgeben und sind dadurch spezifisch leicht: Windausbreitung als Ballonflieger und Schwimmausbreitung. Dazu Zufallsausbreitung durch Weidetiere und wahrscheinlich auch Ausbreitung durch Schwimm samen. Fruchtreife: VIII–XI. Dunkelkeimer. Die Samen sind im Boden 5–10 Jahre keimfähig.

Verwendung: Wird in Schweden zum Rotfärben benutzt.

Weitere Art:

Cuscuta epilinum WEIHE, Flachs-Seide: Vollschmarotzer, der auf Flachs (= Lein) spezialisiert ist. Archäophyt. Wegen Aufgabe des Leinanbaus in Deutschland wieder ausgestorben. Blütenknäuel ohne Tragblätter.

Cyclamen purpurascens MILLER (= *C. europaeum* auct.), Wildes Alpenveilchen

Primulaceae (= Primelgewächse)

Knollen-Geophyt mit ausdauernder, rundlicher Hypokotylknolle, 5–15 cm hoch. Wie bei anderen Knollenpflanzen der Zweikeimblättrigen wird nur 1 Keimblatt entwickelt. Immergrün: Die neuen Blätter erscheinen in etwa zur selben Zeit, wie die alten absterben. Blütenstiele fast ohne Festigungsgewebe, daher nur bei optimaler Wasserversorgung aufrecht. Ausgegrabene Knollen vermögen ohne Erde und Wasser auszutreiben. – **Stark giftig**.

Systematik: Die Gattung gehört zur Unterfamilie Myrsinoideae. Sie umfasst etwa 22 Arten, die meisten davon im Mittelmeerraum. Mehrere Arten sind als Zierpflanzen in Kultur. Nahe steht der Gilbweiderich (*Lysimachia*).

Giftigkeit: Die Knollen sind durch Saponine, z. B. Cyclamin, das eine sehr starke hämolytische (die roten Blutkörperchen auflösende) Wirkung hat, stark giftig. Für den Menschen sollen schon 10 g tödlich sein. Für Schweine nicht giftig, für Fische jedoch sehr giftig.

Namen: „*Cyclamen*“ (kyklaminos) ist der lat.-griech. Name der Pflanze, zu griech. kyklos = Kreis, Scheibe, wegen der Knolle. Lat. „purpurascens“ = sich purpurrot verfärbend, bezogen auf die Blütenfarbe. – „Alpenveilchen“ wurde als Gattungsname künstlich gebildet, allerdings sehr ungeschickt, da die Ähnlichkeit mit Veilchen nicht groß ist und nur *P. purpurascens* auch in den Alpen verbreitet ist.

Vorkommen: Buchen-Tannen-Bergwälder, auf lockeren, kalkhaltigen Böden. Als Wildpflanze nördlich der Alpen sehr selten und nur in Süddeutschland. Gefährdet (Stand 2018). Vereinzelt auch Zierpflanze und öfter verwildert. – **Geschützt**!

Blüten: VI–IX. Vormännliche „Glockenblumen mit Streukegel“, ohne Nektar. Wohlriechend durch ätherische Öle. Das zuckerreiche, anbohrbare Gewebe in den Blüten ist wahrscheinlich ohne ökologische Bedeutung. Bestäubung durch Hummeln. Auch Selbstbestäubung. – Bei Zimmerpflanzen ist

zur Erzielung von Fruchtansatz eine Bestäubung durch Pinsel o.ä. erforderlich.
Früchte: Kapseln kugelig, sich an der Spitze klappig öffnend. Selbstaussäer. Fruchtstiele spiralig gedreht, bei der Reife niederliegend, Öffnung der Früchte im folgenden Jahr (VII–VIII, meist unter dem Laub): Dunkelkeimer. Samen mit Ölkörper (Elaiosom) zur Ameisenausbreitung. Die Entlassung der Samen erfolgt also sinnvollerweise zu einem Zeitpunkt, an dem die Ölkörper für die Ameisenbrut besonders gebraucht werden.
Vegetative Vermehrung durch kurze Ausläufer.
Verwendung: Gartenzierpflanze (seit dem 16. Jh.). Wurde ehemals als drastisches Abführmittel verwendet und findet heute noch in der Homöopathie Anwendung. In Sizilien wurden die für Fische sehr giftigen Knollen zum Fischfang verwendet.
Weitere Art:
Cyclamen persicum MILL., Zimmer-Alpenveilchen: Die als Topfpflanzen gezogenen Alpenveilchen (17. Jh.) gehen auf diese Art und ihre Hybriden zurück. Sie sind nicht frosthart. Heimat: Bereich Kreta, Türkei, Kaukasus usw., aber (trotz des Namens) nicht Persien. Es ist aber ungeklärt, ob sich der Name auf die vermeintliche Herkunft bezieht oder in diesem Fall ‚pfirsichfarben‘ bedeutet. Die Fruchtstiele sind bei dieser Art nicht spiralig eingerollt.

Cydonia oblonga MILLER (= *C. vulgaris* PERS.), Quitte, Echte Quitte

Rosaceae (= Rosengewächse)

Sommergrüne, dornenlose Bäume oder Sträucher, 3–4(–8) m hoch. In Kultur wurden sie oft auf Weißdorn gepfropft (heute allerdings bevorzugt auf speziell geeignete Quittenunterlagen), während sie ihrerseits gerne als Unterlage für Birnen genommen werden, deren Früchte dadurch früher reifen und besonders aromatisch werden. – Am Beispiel dieser Pflanze (und von *Acer campestre*) beschreibt MALPIGHI 1675 in seinem Werk „Anatome plantarum“ erstmals die Blattentwicklung.

Systematik: Die Gattung gehört zu den Kernobstgewächsen (siehe *Malus*). Nächst verwandt sind *Pyrus* (= Birne) und *Malus* (= Apfel). Zu *Cydonia* zählt nach Ausschluss von *Chaenomeles* (= Zierquitte) nur diese eine Art.

Namen: *„Cydonia“* (kydonia) ist der lat.-griech. Name der Pflanze, der vermutlich aus einer kleinasiatischen Sprache stammt und volksetymologisch mit der antiken Stadt Kydon(ia) auf Kreta in Verbindung gebracht wurde. Lat. *„oblongus“* =

länglich, wegen der Fruchtform der Birnenquitten (s. u.). – „Quitte" ist über vulgärlat. quidonea von cydonia entlehnt. „Echt" im Unterschied zur Japanischen Quitte = Zierquitte (*Chaenomeles*).

Vorkommen: Obst- und Zierbaum. Anbau in wärmeren Lagen, vor allem im Süden des Gebietes. Nur selten an sonnigen Hängen verwildert, aber kaum beständig. Heimat: Südwestasien.

Blüten: V–VI. Große, vorweibliche, intensiv duftende „Nektar führende Scheibenblumen", meist einzeln stehend. In jedem der 5 Fruchtfächer befinden sich 8–16, in 2 Reihen angeordnete Samenanlagen. Nektar wird am Grunde der Kronblätter abgeschieden. Besucher sind vor allem kleine Hummeln und andere Bienen. Die meisten Sorten sind zwar selbstfertil, doch fördert Fremdbestäubung den Fruchtansatz meist beträchtlich.

Früchte: Große, apfel- oder birnenähnliche Apfelfrüchte, von den bleibenden, sich bis zur Fruchtzeit vergrößernden Kelchblättern gekrönt. Fruchtfleisch mit zahlreichen Steinzellen, besonders um das Kerngehäuse, und daher dort sehr hart. Der angenehme Duft beruht auf einem Gemisch von mindestens 80 Duftstoffen, vor allem Estern. Die bekannte goldgelbe Färbung der reifen Früchte („quittegelb"), die nach Entfernen des dünnen, hellbraunen Haarfilzes besonders deutlich hervortritt, geht hauptsächlich auf das Flavon Quercetin zurück. Ausbreitung vor allem durch Siebenschläfer. Fruchtreife: (IX–)X.

Vegetative Vermehrung durch Wurzelsprosse.

Verwendung: Kulturpflanze seit der Antike. Quittenfrüchte sind ideal für die Bereitung von Gelee, Geleefrüchten, Mus und Marmelade. Man kennt an die 200 Kultursorten, deren Früchte teils apfelförmig (Apfelquitten), teils birnförmig (Birnenquitten) sind oder Zwischenformen darstellen. Die Welternte lag 2018 bei 689.000 t. Die Früchte können im Extremfall bis 500 g schwer werden. Während Quitten bei uns nur gekocht zubereitet werden, können sie in wärmeren Ländern, wo sie besser ausreifen, auch roh verzehrt werden. Unser Wort Marmelade stammt von portug. marmelada = Quittenmus, von marmelo = Quitte zu griech. melimelon = Honig-Apfel. – Eine besondere Rolle spielen die Quitten in den warmen Mittelmeerländern. Sie werden dort mancherorts wegen des angenehmen Duftes in Empfangsräume gelegt, und noch heute soll es im Balkan Brauch sein, dass die Braut vor Betreten des Schlafgemachs eine Quitte essen soll. Quittengelee wurde benutzt, um die Hochzeit für die Braut erträglicher zu gestalten. Die „Liebes-Äpfel" der alten Griechen waren Quitten. – Die Schleim absondernden Samen sind schon seit dem Altertum als kühlendes und einhüllendes Mittel für Wunden bekannt. Heute nimmt man Auszüge davon vor allem als Hustenmittel. Das Holz ist hart und für Drechslerarbeiten geeignet. Eine der wichtigsten Nutzungen der Quitte heute ist ihre Verwendung als Pfropfunterlage für Birnen (s. o.). – Die vielfach in Vergessenheit geratene Quitte sollte vermehrt wieder in Gärten angepflanzt werden, jedoch zur Förderung des Fruchtansatzes am besten in mindestens zwei Exemplaren.

Cymbalaria muralis G. Gaertner, B. Meyer et Scherbius (= *Linaria cymbalaria* (L.) Mill.), Mauer-Zimbelkraut (oder Zymbelkraut)

Plantaginaceae (= Wegerichgewächse)

Immergrüne, kurzlebige Kriechstaude, Spaltenkriecher, 5–30 cm hoch. Blätter klein, rundlich.

Systematik: Die Gattung umfasst 10 Arten in Südeuropa bis Vorderasien. Sie ist nah verwandt mit Löwenmäulchen (*Antirrhinum*, siehe dort) und Leinkraut (*Linaria*) und wurde wie diese früher zu den Scrophulariaceae (= Rachenblütler) gestellt.

Namen: Der vorlinnésche Name „*Cymbalaria*" basiert auf griech. kymbalon = Zimbel, Zymbel oder Schallbecken, wegen der rundlichen, in der Mitte vertieften Blattspreite. Lat. „*muralis*" = Mauer-. – Zimbelkraut ist Lehnwort.

Vorkommen: Zierpflanze. Eingebürgert in Fugen von Mauern und in Felsspalten sowie auf steinigen Rohböden von Brachflächen (Gartenflüchter, Neophyt seit dem 17. Jh.) – und sogar in Blumentöpfen. Heimat: Südwesteuropa. Heute weltweit verschleppt. – Schützenswert. – Die Pflanze ist wohl das erste Beispiel für eine Ansalbung (= bewusste Ausbringung im Gelände), nachdem der seinerzeit bekannte Schriftsteller H. Seidel im Jahre 1900 empfohlen hatte, die Pflanze im Freien auszusäen, wodurch ein Ausbreitungsschub erfolgt sein soll.

Blüten: V–IX. Kleine, homogame „Maskenblumen", mit Kronblattsporn. Blütenökologisch ähnlich wie *Linaria*, d.h. der Nektar wird nur durch Herunterdrücken der hochgewölbten Unterlippe erreicht, was man z.B. mit einem Bleistift gut demonstrieren kann. Die gelben Blütenmale außen auf der Unterlippe der Blüte wirken als Staubbeutelattrappen. Blüten zum Licht gewendet (positiv phototrop). Bestäuber sind Bienen und Schwebfliegen. Außerdem erfolgt Selbstbestäubung in den Blütenknospen kurzer, sich in die Erde einbohrender Seitenzweige: geschlossenblütig (= kleistogam).

Früchte: Nach der Befruchtung verlängert sich der Fruchtstiel und die kleinen Zahnkapseln springen mit 3 Klappen auf, um die grob lamellierten Samen freizusetzen. Es bleibt aber der letzte Samen mit der Frucht fest verbunden, die schließlich durch weiteres von der Sonne abgewandtes Wachstum des Fruchtstiels in dunkle Mauer- oder Felsspalten hineingeschoben wird (negativ phototrop): Selbstaussäer. Findet der Fruchtstiel keine geeigneten Spalten, fallen die Samen durch Schwerkraft heraus oder werden durch den Wind ausgestreut. Menschenausbreitung als Gartenflüchter. Fruchtreife: VIII–IX. Dunkelkeimer.

Verwendung: Gartenzierpflanze an Mauern und in Steingärten. Junge Sprosse wurden früher zu Speisezwecken genutzt.

Cynanchum vincetoxicum → *Vincetoxicum hirundinaria*

Cynoglossum officinale Linnaeus,
Echte oder Gewöhnliche Hundszunge

Boraginaceae (= Raublattgewächse, Borretschgewächse)

Zweijährige (bis ausdauernde) Halbrosettenpflanze, 30–80 cm hoch. Stängel kräftig, dicht beblättert. Unangenehm nach Mäusen oder Hundeharn riechend.

Giftigkeit: Giftig durch Pyrrolizidin-Alkaloide, die sich vor allem in den Samen befinden und zu Leberschädigungen führen können. Bei Kaltblütern wirken sie schon in geringen Dosen lähmend, sind aber für größere Warmblüter weniger schädlich.

Namen: „*Cynoglossum*“ (kynoglosson) ist ein antiker Pflanzenname (ursprünglich des Wegerichs), zu griech. kyon, Genetiv kynos = Hund und glossa = Zunge, der schon früh, wohl wegen der Beschaffenheit der Blätter, auf diese Pflanze übertragen wurde. Neulat. „*officinalis*“ = arzneilich verwendet. – „Hundszunge“ ist schon im Althochdeutschen belegt. „Echt“ = die für die Verwendung (als Heilpflanze) richtige Art.
Vorkommen: Trockenwarme Ruderalstellen und gestörte Trockenrasen, auf basenreichen, oft kalkhaltigen Böden. Stickstoffzeiger. Kulturbegleiter.
Blüten: V–VII. Homogame, trichterförmige „Stieltellerblumen“, in rispenartig angeordneten Wickeln. Die ziemlich lange Kronröhre ist durch Hohlschuppen (Schlundschuppen) verschlossen, daher ist der Nektar nur Bienen und Faltern zugänglich. Krone zuerst dunkel-violett, später bräunlich. Vor dem Abblühen ist spontane Selbstbestäubung möglich.
Früchte: Die vier mit dem Mittelsäulchen verwachsenen Teilfrüchte (= Klausen) sind außen widerhakig-stachelig und werden als Kletthafter verbreitet, z.B. durch Kaninchen. Der Vorgang erinnert sehr an die modernen Klettverschlüsse. Fruchtreife: VII–X. Wintersteher. Dunkelkeimer, was durch anhaftende und dann z.T. auch bedeckende Erde gefördert wird. Zugleich gehört hier die Bestachelung zu den ausbreitungshemmenden Einrichtungen.
Verwendung: Die Früchte sind ein altbekanntes Mäusegift (mit Mäusegeruch!). Kraut und Wurzeln wurden früher arzneilich verwendet, z.B. bei schlecht heilenden Wunden. Wegen der Giftigkeit ist vom Gebrauch abzuraten. Aus den Samen wurde Speiseöl gewonnen.

Cynosurus cristatus LINNAEUS, Wiesen- oder Weide-Kammgras

Poaceae (= Süßgräser)

Ausdauernder, kurzlebiger Hemikryptophyt (Horstgras), aufrecht, meist um 20–40 cm hoch. Blätter 1–3 mm breit, flach oder z.T. auch gefaltet.

Namen: „*Cynosurus*“ wurde von LINNÉ geprägt, nach griech. kyon, kynos = Hund und oura = Schwanz, wegen der Gestalt der Ährenrispen. Lat. „*cristatus*“, mit einem Kamm versehen, wegen der kammförmigen Fiederung der sterilen Ährchen.
Vorkommen: Charakterart der beweideten Fettweiden und -wiesen (Cynosurion). Frische-, Verdichtungs- und Nährstoffzeiger. Dazu oft in Trittrasen, so auf wenig zivilisierten und deshalb floristisch reichhaltigen Wegen. Ursprünglich ozeanische Art, aber inzwischen in ganz Mitteleuropa verbreitet.
Blüten: VI–VIII. „Langstaubfädiger Typ“. Ähren-Rispengras. Jedes der einseitswendigen,

2–3(–5)-blütigen Ährchen ist durch eine kammförmige, wohl zusätzlich schützende Hülle (= steriles Ährchen) ausgezeichnet. Selbstfertil. Wichtiger Heuschnupfenerreger.
Früchte: Ausbreitungseinheit sind die von Deck- und Vorspelze umgebenen, 2,0–2,3 mm langen Karyopsen (= Spelzfrüchte): Windausbreitung. Dazu vor allem Ausbreitung durch Tritt, d. h. Verschleppung mit Erde, die den Füßen (Hufen) der Weidetiere anhaftet. Vielleicht auch Zufallsausbreitung (mit dem Futter). Menschenausbreitung als Kulturbegleiter. Fruchtreife: ab VIII. Lichtkeimer.
Vegetative Vermehrung durch kurze Ausläufer ist möglich. Zuweilen tritt eine vivipare (lebendgebärende) Form auf, bei der sich die Ährchen zu Laubsprossen entwickeln.
Verwendung: Ziemlich trittfestes Kulturgras, z. B. für Sportrasen, und Futtergras, das aber wenig Masse liefert. Außerdem werden die überdauernden, dürren Stängel (engl. „bents") als unerfreulich empfunden, wenn z. B. die Schafe nur den Ährenteil fressen. Früher wurden die Früchte als Getreide-Ersatz genutzt.

Cypripedium calceolus LINNAEUS, Gelber oder Marien-Frauenschuh

Orchidaceae (= Orchideen, Knabenkrautgewächse)

Rhizom-Geophyt, 15–50 cm hoch. Die scheidigen Blätter sind relativ groß, aber durch Längsfalten versteift (Wellblechprinzip) und leiten das Wasser zum Stängel hin ab. Das Rhizom ist als Speicherorgan verdickt und trägt Niederblattschuppen. – Wurzelpilz ist der rindenbewohnende Basidiomycet (Ständerpilz) *Tulasnella* (Formgattung Rhizoctonia). Die Ernährung erfolgt jahrelang über den Pilz (= mykotroph); das erste grüne Blatt wird im 4. Jahr angelegt, die Blühreife erfolgt erst vom 16. Jahr an. Auch ausgewachsene Pflanzen ernähren sich trotz Photosynthese mindestens zeitweilig vom Wurzelpilz (partielle Myko-Heterotrophie bzw. Mixotrophie) (GEBAUER et al. 2016 New Phytol. 211).

Systematik: *C. calceolus* ist der einzige heimische Vertreter der mit nur 4–5 Gattungen kleinen Unterfamilie Cypripedioideae, die u. a. durch die sackförmige Lippe und 2 (statt 1) fruchtbare Staubblätter gekennzeichnet ist. Die Gattung umfasst etwa 50 Arten, von denen mehrere als Zierpflanzen in Kultur sind.
Namen: „*Cypripedium*" wurde von LINNÉ geprägt, nach Kypris, dem Namen der auf Zypern besonders verehrten Aphrodite = Venus, und griech. pedilon = lat. „*calceolus*" = kleiner Schuh, wegen der Blütenform. – „Frauenschuh" bezieht sich auf ‚unsere liebe Frau' = Maria, gemäß dem mittelalterlichen Namen ‚Calceolus marianus'.
Vorkommen: Lichte Wälder und Gebüsche, auf basenreichen, meist kalkhaltigen Böden. Ebene bis mittlere Gebirgslagen. Im Norden selten. Oft ausgerottet, vor allem durch Ausgraben. Stark gefährdet! **Streng geschützt**!
Blüten: V–VI, Frühblüher. Mit bis zu 8 cm Länge gehören sie zu den größten heimischen Blüten. Zur Öffnung drehen sie sich um 180° durch Über-

krümmung (Resupination) des Blütenstiels, d.h. der „Schuh“ (= Labellum) ist ursprünglich das obere, innere Perigonblatt. „Kesselfallenblume“: Insekten, besonders Bienen, namentlich Weibchen von Sandbienen (*Andrena*), dringen durch das Loch auf der Oberseite der Labellumbasis in den Kessel ein oder fallen in den Kessel, dessen glatte und glänzende Wände einen Ausstieg verhindern. Der einzige „Weg“ aus der Falle führt über den Geschlechtsapparat (Gynostemium) hinweg zu einer fensterartig durchsichtigen Wand, die eine Öffnung vortäuscht. Auf diese Weise werden zuerst die Narbe und dann zumindest eine der beiden klebrigen Pollenmassen berührt. Frauenschuh ist eine typische „Insektentäuschblume“, da den Bestäubern keine „Belohnung“ dargeboten wird. Der Insektenbesuch ist insgesamt sehr spärlich. Weitere Details siehe CLAESSENS & KLEYNEN (2011) und LUNAU (2011). – Im Gegensatz zu den meisten anderen Orchideen sind die Pollenkörner eines Staubbeutelfaches nicht zu einer Masse (Pollinium) verbunden. Zur Zeit der Bestäubung sind die Samenanlagen noch nicht ausgereift. Zuweilen lauern gelbgrün gefärbte Blumenspinnen (z.B. Thomisiden = Krabbenspinnen) in den Kesseln und verwandeln diese dann für den Besucher zur tödlichen Falle.

Früchte: 1-fächerige Trockenkapseln. Sinkgeschwindigkeit der winzigen Samen (Körnchenflieger) nur 25 cm pro Sekunde und damit Flugweiten von ca. 10 km möglich. Das Samengewicht liegt nur bei 0,002 mg! Fruchtreife: VII–X. Samenansatz meist nur 0–16 %.

Verwendung: Zierpflanze seit dem 16. Jh. Wegen des Naturschutzes dürfen nur Pflanzen aus gärtnerischer Kultur gehandelt werden.

Cystopteris fragilis (L.) BERNHARDI, Zerbrechlicher Blasenfarn

Cystopteridaceae (= Blasenfarngewächse)

Ausdauernder, sommergrüner Hemikryptophyt, 10–50 cm hoch. Rhizom kurz, schwärzlich. Blätter (Wedel) spiralig angeordnet, büschelig gehäuft. Spreite (entsprechend den luftfeuchten Standorten) zart und durchscheinend, 2–3-fach gefiedert, gelblich grün bis dunkelgrün. Blattstiel nur etwa 2 mm dick, etwa so lang wie die Spreite. Formenreich. Hohe Chromosomenzahlen, z.B. 2n = 4x = 168 oder 6x = 252, selten sogar 8x = 336, die auf Allopolyploidie zurückgehen.

Systematik: Die Gattung umfasst etwa 27 Arten und ist weltweit verbreitet. Nächst verwandt ist der Eichenfarn (*Gymnocarpium*). Beide Gattungen haben eine wechselvolle Geschichte der Familienzugehörigkeit hinter sich und werden wegen ihrer isolierten Stellung heute als eigenständige Familie eingestuft.

Namen: *„Cystopteris“* wurde 1805 von BERNHARDI geprägt, von griech. kystis = Blase und pteris = Farn, wegen des blasenförmig die Sori umgebenden Schleiers. Lat. *„fragilis“* = zerbrechlich, wegen der zerbrechlichen Blattstiele. – „Blasenfarn“ ist durch Übersetzung gebildeter Kunstname.

Vorkommen: Frische bis sickerfeuchte, schattige Felsen, Mauern und Brunnenschächte sowie Steinschutthalden in Laubwäldern, meist auf Kalk. Verbreitet, vor allem in höheren Lagen; im Norden selten. Namengebende Charakterart des Asplenio-Cystopteridetum im Verband Cystopteridion. Weltweit verbreitet.
Vermehrung: Sporangiengruppen (Sori) rundlich. Schleier (Indusium) eiförmig, nur an einer Seite angewachsen, später zurückgeschlagen und dann von den Sporangien verdeckt. Sporenreife: VII–IX.
Verwendung: Zuweilen ein Zierfarn luftfeuchter, schattiger Mauern und dort gelegentlich in attraktiven, größeren Beständen.

Cytisus scoparius (L.) Link (= *Sarothamnus scoparius* (L.) W. D. J. Koch), Gewöhnlicher Besenginster

Fabaceae (= Schmetterlingsblütler)

Winterkahler, z.T. auch sommerkahler Rutenstrauch, selten kleiner Baum bis 3m Höhe. Meist nicht älter als 12 Jahre alt werdend. Blätter der Kurztriebe und am Grunde der Langtriebe 3-zählig, sonst ungeteilt. Rutensträucher sind Charakterformen des Mittelmeer- und Seeklimas: Zweige assimilierend, Blätter oft auf 1 Fieder reduziert und in Trockenperioden abfallend. – Tiefwurzler. Wurzelknöllchen mit Stickstoff bindenden Bakterien.

Systematik: Die Gattung umfasst etwa 30 Arten in Europa bis Westasien. Nah verwandt ist der (echte) Ginster (*Genista*, siehe dort), der u.a. durch niedrigen Wuchs (nur bis 1m), stets ungeteilte Blätter und fehlenden Nabelwulst an den Samen gekennzeichnet ist.
Giftigkeit: Die ganze Pflanze ist giftig durch stark bittere Chinolizidin-Alkaloide (z.B. Spartein mit lähmender Wirkung und Cytisin), bei arzneilicher Überdosierung auch tödlich.
Schädlinge: Einige Blattlaus-Arten, z.B. die Besenginsterblattlaus (*Aphis cytisorum*), nehmen die Alkaloide auf und werden dadurch vor Fressfeinden geschützt. Auch der Ginstersamenkäfer (*Bruchidius villosus*) ist gegen die Alkaloide resistent. Seine Larven ernähren sich im Inneren der Samen. Nach dem Schlüpfen des nur 2–4mm großen Käfers bohrt dieser ein Loch in die Samenschale und wartet in der Hülse, bis diese aufplatzt.
Namen: „*Cytisus*" ist der lat.-griech. Name eines Hülsenfrüchtlers, der schon vor Linné auf diese Gattung übertragen wurde, zu der er allerdings zunächst noch nicht *C. scoparius* zählte. Spätlat. „*scoparius*" = besenliefernd. „*Sarothamnus*" wurde 1832 von Wimmer geprägt, der die vorliegende Art aus der Gattung *Spartium* ausgliederte, von griech. saros = Besen und thamnos = Strauch. – „Ginster" ist von lat. genista entlehnt und verdrängte fast völlig den alten deutschen Namen „Bram" (Löns: Brambusch; vgl. engl.: broom = Ginster, Besen), der noch in vielen Flurnamen erhalten ist. Bram bedeutet Dornbusch und liegt auch dem Namen Brombeere (*Rubus fruticosus*) zugrunde. Im allge-

meinen Sprachgebrauch versteht man unter „Ginster“ meistens den Besenginster.
Vorkommen: Meist frische, nährstoffreiche, aber saure, kalkfreie Eichen- und Kiefernwälder sowie Waldsäume. Bestandbildend und örtlich landschaftsbestimmend („Eifelgold“) in heideartigen Gesellschaften sowie an Autobahn- und Bahnböschungen. Kennart der subatlantischen Besenginster-Felsheide (Genisto pilosae-Sarothamnetum). Lichtpflanze. Frostempfindlich, daher in wintermilder Klimalage nur bis ins Mittelgebirge verbreitet. Friert in sehr strengen Wintern stark zurück, treibt aber oft vom Grunde her wieder aus. In Nordamerika, Australien usw. eingeschleppt und z. T. als invasiv eingestuft.

Blüten (siehe Detailfoto): V–VI, vereinzelt aber auch durchgehend bis VIII blühend. Homogame „Pollen-Fahnenblumen (= Schiffchenblumen) mit Schnellmechanismus“. Duftlos. Nektar fehlend, entsprechend sind alle 10 Staubfäden zur Röhre verwachsen. Rote Blütenmale (Strichsaftmale). In dem mit den Flügeln durch ein Gelenk verzahnten Schiffchen sind die spiralig eingerollten Staubblätter verborgen. Bei Druck auf das Schiffchen durch kräftige Hummeln oder auch Holzbienen (selten Honigbienen) erfolgt eine Trennung der Ränder, die Staubblätter schnellen heraus, und der Besucher wird bestäubt, und zwar zuerst bauchseitig und unmittelbar danach durch Berührung mit den 4 unteren Staubbeuteln rückenseitig. Der Schnellvorgang lässt sich bei Blüten im geeigneten Reifestadium auch mit einem Bleistift auslösen; er ist irreversibel, sodass sich bestäubte Blüten leicht erkennen lassen. Sind die Blüten erst einmal geöffnet, werden sie auch von kleineren Bienen, Schwebfliegen und Käfern besucht und auch bestäubt. Selbststeril. Blühbeginn meist im dritten Jahr.

Früchte: Die zur Reife schwarzen und deshalb Wärme speichernden Hülsen sind typische Austrocknungsstreuer (vgl. *Lotus* = Hornklee). Selbstausbreitung, Schleuderweite der Samen mehrere Meter. Weitere Ausbreitung der rundlichen, hartschaligen Samen als Rollsamen, über den Kropf von Tauben sowie wegen der Ölkörper (Elaiosomen) durch Ameisen. Fruchtreife: VIII–X. Lichtkeimer. Die Keimung wird durch Brand gefördert. – Wahrscheinlich waren es diese Trockenfrüchte, an denen der Franzose DUHAMEL DU MONCEAU (1700–1782) erstmals beobachtete, dass die Öffnungsbewegungen solcher Früchte auf verschieden gerichtete Faserlagen ihrer Wände zurückzuführen sind.

Die nach Bienenbesuch geöffnete Blüte zeigt die „Fahne“ (oben), das „Schiffchen“ (unten) und den aufgerollten Griffel.

Verwendung: Früher wichtig für Kehrbesen und zur Anreicherung armer Standorte mit Stickstoff. Die Pflanze liefert auch brauchbare Bastfasern, die für Seile und grobe Stoffe verwendet wurden zur Böschungsbefestigung und als Winterfutter für Hasen und Rehe. Wird arzneilich bei Kreislaufstörungen und zu niedrigem Blutdruck verwendet und diente früher in der Eifel als Hopfenersatz für die Bierbrauerei, was wegen der Giftigkeit gefährlich war. Die grünen Früchte wurden nach Kochen in Salzwasser sogar für Speisezwecke genutzt. Mit den Blättern und Blüten lässt sich Wolle gelb färben. – Beliebte Zierpflanze in zahlreichen Kul-

tursorten, besonders in einer Form mit hellroten Blüten, die stellenweise auch verwildert ist.
Weitere Art (vgl. auch *Genista* = **Ginster**):
Cytisus nigricans L. (= *Lembotropis nigricans* (L.) Griseb.), Schwarzwerdender oder Schwarzer Geißklee: Winterkahler niedriger Strauch, der bisweilen bis über 1 m hoch wird. Endständige Blütenstände (VI–VII) charakterisieren die Art. Subkontinentale Pflanze lichter, trockenwarmer Eichen- oder Kiefernwälder und deren Säume, auf basenreichen Böden Süd- und Mitteldeutschlands bis Brandenburg. Gefährdet (Stand 2013). Nektarlose Pollenblumen mit „Pumpmechanismus", Übergang zum „Klappmechanismus". Bestäubung durch Bienen und Hummeln. Austrocknungsstreuer (Explosionsfrüchte). Alte Gartenzierpflanze. – Der Name „*nigricans*" verweist auf das Schwarzwerden der beim Herbarisieren langsam trocknenden Pflanze. Ähnlich verhalten sich die Orchideen sowie der Klappertopf (*Rhinanthus*) und verwandte Gattungen. Das Schwarzwerden beruht darauf, dass in den absterbenden Zellen die Membranen durchlässig werden und die nach dem Absterben entstehenden Phenole mithilfe von Enzymen (Phenoloxidasen) zu schwarzen Verbindungen oxidieren. Sofort abgetötete Pflanzen, z. B. durch Eintauchen in heißes Wasser (oder Bügeln), bleiben grün.

Dactylis glomerata Linnaeus, Gewöhnliches Knäuelgras oder Knaulgras

Poaceae (= Süßgräser)

Meist wintergrüner Hemikryptophyt (Horstpflanze), 50–120 cm hoch. Obergras, d. h. hoch wachsend und Sprossachsen reich beblättert. Die Blätter sind durch basale Faltung und Längskielung versteift.

Systematik: Zur Gattung gehören 2–6 Arten. Nah verwandt ist u. a. das Rispengras (*Poa*).
Schädlinge/Symbiose: Der Befall mit dem Gras-Kernpilz = Erstickungs-Schimmel (*Epichloe typhina*; Familie Mutterkornpilze), den man äußerlich an den weißen, später orangegelben, muffartigen Hüllen um den Stängel erkennen kann und der auch an verschiedenen anderen Gräsern zu finden ist, führt einerseits zur Schädigung der Pflanze, andererseits schützt er durch die Produktion von Alkaloiden auch den Wirt vor Fressfeinden, sodass man die Beziehung auch als Symbiose bezeichnen kann.
Namen: „*Dactylis*" wurde von Linné geprägt, von griech. daktylos = Finger, wohl wegen der in etwa fingerförmig angeordneten Rispenäste. Lat. „*glomeratus*" = geknäuelt, wegen der dicht stehenden Ährchen.
Vorkommen: Fettwiesen, Wege, Waldschläge, Waldränder und Ruderalstellen, auf frischen, nährstoffreichen Böden. Stickstoffzeiger. Bei Überdüngung Konkurrent vieler Kräuter und damit zur „Vergrünung" der Nutzwiesen beitragend.
Blüten: V–VI. Ährchen in knäuelig gedrängter Rispe. Windblütig: „Langstaubfädiger Typ". Der Pollen ist eine häufige Ursache für Heuschnupfen. Selbststeril. Die Pflanze ist selten auch pseudovivipar, d. h. im Blütenstand bilden sich Brutknospen aus, die der vegetativen Vermehrung dienen.
Früchte: Ausbreitungseinheit sind die von der Vorspelze und der gewimperten oberen Deckspelze

umgebenen Karyopsen (= Spelzfrüchte), dadurch Klettausbreitung sowie Wind- und Schwimmausbreitung. Außerdem Zufallsausbreitung über Heu und Weidefutter. Fruchtreife: VIII–X. Wintersteher. Lichtkeimer.

Verwendung: Eines unserer wertvollsten Futtergräser. Es ist widerstandsfähig, ertragreich und nährstoffreich.

Dactylorhiza majalis (Rchb.) Hunt et Summerhayes (= *Orchis majalis* Rchb., *O. latifolia* auct.) (Artengruppe), **Breitblättriges Fingerknabenkraut, Breitblättrige Fingerwurz**

Orchidaceae (= Orchideen, Knabenkrautgewächse)

Knollen-Geophyt, 15–70 cm hoch. Pflanze sehr variabel. Stängel hohl. Blätter meist oberseits gefleckt. Die Knollen dienen als Speicherorgan. Sie sind zusammengedrückt, dreiteilig-handförmig. Sie bestehen aus den verwachsenen Wurzelknollen und den verdickten Nebenwurzeln. Wechselknolle. Wurzelpilz (endotrophe Mykorrhiza vom Orchideen-Typ). Pflanze im Jugendstadium auf dem Pilz parasitierend.

Systematik: Die Gattung umfasst etwa 40 Arten. Sie gehört in die Unterfamilie Orchidoideae und dort in die Gattungsgruppe (Tribus) Orchideae (siehe *Orchis*).

Namen: „*Dactylorhiza*“ wurde 1790 von de Necker zur Abgrenzung von *Orchis* geprägt, aber erst 1937 durch Nevski gültig publiziert, von griech. daktylos = Finger und rhiza = Wurzel, im Hinblick auf die handförmig geteilten Knollen. Lat „*majalis*“ = im Mai (blühend). – Zum Namen „Knabenkraut“ vgl. *Orchis*. „Fingerknabenkraut“ ebenso wie „Fingerwurz“ (weiblich!) wurden erst spät künstlich gebildet, um auch im Deutschen die Abtrennung von der Gattung Knabenkraut (*Orchis*) nachzuvollziehen. „Wurz“ = Pflanze.

Vorkommen: Nasswiesen, offene Quellsümpfe, Niedermoore und Küstendünentäler, auf nährstoffreichen, meist kalkarmen Böden. Salzverträglich. Mancherorts stark zurückgegangen. Vernichtung meist durch landbauliche Maßnahmen, z.B. Trockenlegungen und Aufgabe der Wiesennutzung. – Gefährdet. – **Geschützt**! (wie alle Orchideen).

Blüten: V–VI. „Lippenblumen vom *Orchis*-Typ“, in Ähren. Sporn ohne Nektar, daher Insektentäuschblume. Perigon meist mit Punkt- und Strichsaftmalen. Pollen in 2 gestielten, mit Klebscheiben ausgestatteten Pollinien (= fädig verbundene Pollenmasse eines Staubbeutelfaches) mit je 50.000 Pollenkörnern. Diese hohe Zahl ist eine Anpassung an die samenanlagenreichen Fruchtknoten. Bestäuber sind besonders Hummeln und andere Wildbienen, die die am Kopf klebenden, nach 30 Sekunden sich nach vorn neigenden Pollinien auf die klebrige Narbe einer anderen Blüte übertragen. Würden die zuerst aufrechten Pollinien ihre Stellung beibehalten, würde der Pollen nicht auf die Narbenoberfläche, sondern an deren Seite gelangen.

Früchte: Kapseln mit hygroskopisch verschließbaren Längsspalten, die entsprechend die Samen nur bei trockenwarmem Wetter entlassen. Ca.

6.000 Samen je Frucht. Samen winzig, feilspanartig, mit wenigzelligem Keimling und statt mit Reservegewebe mit Luftraum: typische Körnchenflieger. Sinkgeschwindigkeit: 25 cm/s, entsprechend sind Flugweiten von 10 km und mehr möglich. Fruchtreife: IX. Samenkeimung an spezifischen Wurzelpilz gebunden.
Vegetative Vermehrung durch basale Brutknospen.
Verwendung: Knollen als Schleimdroge (vgl. *Orchis*). – Im Aberglauben galten die am Johannistag ausgegrabenen Knollen („Johannishändchen“) als Glücksbringer.

Weitere Art:
Dactylorhiza maculata (L.) Soó (= *Orchis maculata* L.), Geflecktes Fingerknabenkraut oder Gefleckte Fingerwurz (Artengruppe): Ökologisch ähnlich, aber mehr auf ärmeren Böden, auch in lichten Wäldern und auf Moorwiesen. Kleinarten sind *D. maculata* s. str. und *D. fuchsii* (Druce) Soó. Die Bestäubung erfolgt durch kleine Bockkäfer, Schnellkäfer, Pinselkäfer usw., die am Narbenschleim fressen. Bienen und andere Hautflügler besuchen die Blüten, bestäuben sie aber nicht. Pollinarien wurden auch auf der Tanzfliege *Empis pennipes* und auf Hummeln beobachtet.

Dahlia pinnata Cavanilles (= *D. variabilis* Desf.), Dahlie, Georgine

Asteraceae (= Korbblütler)

Knollen-Geophyt, 50–150 cm hoch. Allopolyploid (= Additionsbastard). – Wurzeln im oberen Abschnitt knollig verdickt mit Inulin (stärkeähnliches Kohlenhydrat, das aus Fructose-Einheiten aufgebaut ist) als Speicherstoff, im unteren Teil wie normale Nährwurzeln ausgebildet. Gilt als Standardbeispiel für Wurzelknollen, müsste aber nach Troll wegen der Doppelfunktion als Speicherwurzel oder Knollenwurzel bezeichnet werden.

Namen: *„Dahlia“* wurde 1791 von Cavanilles geprägt, zu Ehren des schwed. Botanikers A. Dahl (1751–1789). Lat. *„pinnatus“* = gefiedert, im Hinblick auf die unteren Blätter. – „Georgine“ nach dem synonymen Gattungsnamen *„Georgina“*, den Willdenow 1805 zu Ehren des Naturforschers J. G. Georgi (1729–1802) einführte.
Vorkommen: Angepflanzt als Gartenzierpflanze. Heimat: Mexiko. Wegen der Frostempfindlichkeit werden bei uns die unterirdischen Organe im Herbst ausgegraben und frostsicher aufbewahrt. Doch können die Pflanzen in milden Wintern gut überdauern.
Blüten: VIII–X, Kurztagpflanze (es gibt aber auch bereits ab Mai blühende Züchtungen). Körbchenblumen. Reicher Besuch durch Bienen und Tagfalter, allerdings sind bei Zierformen oft viele oder alle Röhrenblüten zu sterilen Zungenblüten u. ä. umgebildet.
Früchte: Gewöhnlich erfolgt kein Samenansatz.
Vegetative Vermehrung ist durch Teilung der unterirdischen Pflanzenteile möglich. Es müssen

aber basale Sprossteile dabei sein, weil die Knollen selbst keine Erneuerungsknospen tragen.
Verwendung: Formenreiche Zierpflanze. Kultiviert werden fast ausschließlich Hybriden mit *D. coccinea* CAV., die als ***D. × hortensis*** GUILLAUMIN (= *D. pinnata* hort.) zusammengefasst werden. Die Pflanze wurde wegen ihrer inulinhaltigen Knollen von den Azteken schon vor Columbus als Nahrungsmittel und als Heilpflanze kultiviert. Zu uns gelangte sie erst um 1800 und wurde zunächst ebenfalls wegen der essbaren Knollen kultiviert. Inzwischen kennt man etwa 20.000 Ziersorten. Darunter sind zahlreiche Sorten, bei denen alle oder ein Teil der Röhrenblüten stark vergrößert oder zu Zungenblüten umgewandelt sind. Eindrucksvoll ist der Dahliengarten in Hamburg, der 600 verschiedene Ziersorten zeigt und eine sehenswerte Internetpräsentation bietet. Junge Blätter sind für Mischsalate geeignet. Die Blüten sind eine essbare Dekoration für Salate. Die Knollen einiger Sorten sind zum Verzehr geeignet.

Danthonia decumbens (L.) DE CANDOLLE (= *Sieglingia decumbens* (L.) BERNH.), Dreizahn(gras)

Poaceae (= Süßgräser)

Ausdauernder, meist dichtrasiger Hemikryptophyt (Horstgras) mit blaugrünen, steifen, gefalteten Blättern. Vom Aussehen eines kleineren Rispengrases (*Poa*), aber statt eines Blatthäutchens mit einem 0,5 mm langen Haarkranz an der Blattscheidenöffnung. Blattspreiten 4–15 cm lang und 1–3 mm breit. – Pilzwurzel (arbuskuläre Mykorrhiza).

Systematik: Die Gattung umfasst etwa 100 Arten. *D. decumbens* ist der einzige heimische Vertreter der Unterfamilie Danthonioideae.
Namen: „*Danthonia*" wurde 1805 von DE CANDOLLE geprägt, zu Ehren des franz. Botanikers D. E. DANTHOINE (1739–1794). Lat. „*decumbens*" = niederliegend, wegen der anfangs niederliegenden Zweige. – „Dreizahn" wurde künstlich gebildet, nach den kurz dreizähnigen Deckspelzen.
Vorkommen: Silikatmagerrasen, Heiden, Moore, wechselfeuchte Wiesen und lichte Stellen bodensaurer Wälder, insbesondere auf Wegen. Säure- und Magerkeitszeiger. Im Rückgang. Sehr selten ist die kalkholde, locker rasig wachsende Unterart subsp. *decipiens*. Von der Ebene bis ins Hochgebirge, in den deutschen Alpen bis 2250 m. Subatlantisch verbreitet: Zur Verbreitung passt folgende Geschichte eines Botaniker-Ehepaars im Zweiten Weltkrieg: Der Ehemann durfte als Soldat in der Feldpost nicht mitteilen, ob er an der Westfront oder Ostfront eingesetzt war. Durch das scheinbar unverfängliche Aufkleben eines Stückes von *Danthonia decumbens* wusste aber die Ehefrau Bescheid, dass er an der Westfront war.
Blüten: VI–VII. Selbst- und Windbestäubung: Die meisten Blüten öffnen sich wegen fehlender

Schwellkörper (Lodiculae) nicht (geschlossenblütig = kleistogam); die zugehörigen Staubbeutel sind nur 0,2–0,3 mm lang. Daneben gibt es einzelne, sich öffnende Blüten mit Schwellkörpern; ihre Staubbeutel sind 1–2 mm lang. Rispe locker, zusammengezogen. Ährchen 4–7-blütig, 6–12 mm lang.
Früchte: Ausbreitungseinheit ist die von Deck- und Vorspelze umgebene Karyopse (Spelzfrucht); sie ist kahnförmig und am Grunde behaart. Ameisenausbreitung mithilfe eines (an den Spelzen befindlichen) Ölkörpers (Elaiosom), was sonst bei Gräsern selten ist, sowie Regenschwemmling und Wasserhafter.
Verwendung: Wie bei den meisten Gräsern wurden früher die Früchte in armen Zeiten zur Ernährung genutzt.

Daphne mezereum LINNAEUS, Gewöhnlicher Seidelbast, Kellerhals

Thymelaeaceae (= Spatzenzungengewächse, Seidelbastgewächse)

Winterkahler Strauch, 40–120 cm hoch, (bis auf die Blüten) unangenehm riechend. Laubblätter nur an den Zweigenden. – Wurzelpilz. – Stark giftig.

Systematik: *Daphne* ist (neben der seltenen Spatzenzunge = *Thymelaea*) die einzige heimische Gattung der weltweit verbreiteten Familie. Die Gattung umfasst je nach Autor 50–100 Arten, von denen in Mitteleuropa 5 wild vorkommen und ca. 15 als Ziersträucher in Kultur sind.
Giftigkeit: Alle Teile, vor allem Rinde und Samen, enthalten stark giftige Scharfstoffe, z. B. Mezerein, die u. a. narkotisierend wirken. Schon wenige Früchte können tödlich wirken und schon eine einzige Frucht kann heftige Halsschmerzen verursachen. Bei Berührungen der frischen Zweige sind Hautreizungen und blasige Geschwüre möglich. Bettler rieben sich früher die Früchte in die Haut ein, um durch die entstehenden Hautveränderungen besonderes Mitleid zu erregen – eine Situation, wie wir sie u. a. auch von *Clematis* und *Ranunculus* kennen.
Namen: „*Daphne*" ist der griech. Name des Lorbeerbaums (*Laurus nobilis*). Er geht auf eine alte Mittelmeersprache zurück und wurde in der griech. Mythologie mit der Baumnymphe Daphne in Verbindung gebracht. Der Name wurde von LINNÉ auf den Seidelbast übertragen, wohl weil die Blätter und Früchte einiger immergrüner Arten der Gattung lorbeerähnlich sind. „*Mezereum*" ist die arabisch-persische Bezeichnung der Pflanze. – „Seidelbast" (ahd. ziulint/ziolinta/zilant, mhd. zidelbast/zeiland) ist nach dem germ. (Frühlings-)Gott Ziu (= Tyr) benannt, wohl wegen der ehemaligen Verwendung als Heil- und Zauberpflanze in Verbindung mit der Blütezeit. Der zweite Wortteil bedeutet jeweils Bast (vgl. Linde = *Tilia*) und erinnert an die frühere Verwendung des Bastes bei der Papierherstellung. Verbindungen mit zidel = Honig (vgl. Zeidler = Imker) passen gut dazu,

dass der Strauch schon zeitig im Frühjahr eine willkommene Bienennahrung darstellt, sind aber nur eine sekundäre Anlehnung. Genauso ist die heutige Schreibweise „Seidel-“ eine volksetymologische Anlehnung an Seide, wegen des Seidenglanzes von Blüten und Bast. „Kellerhals“ von chellen = quälen, wegen des pfefferartigen Brennens im Hals und des würgenden Gefühls bei Vergiftungen, die bei der Anwendung als Heilpflanze (z. B. als Gewaltmittel bei Halskrankheiten) auftraten.

Die Steinfrüchte sind durch Scharfstoffe stark giftig.

Vorkommen: Krautreiche Wälder, auf frischen, nährstoff- und basenreichen, meist kalkhaltigen Böden, vor allem im Gebirge. Stark gefährdet durch „Sträußesammler“ sowie durch einseitige Nadelholzaufforstungen. – **Geschützt!** (alle Arten der Gattung).

Blüten: II–IV, Frühblüher. Die Blüten erscheinen vor dem Laubaustrieb. Sie entspringen meist zu dritt direkt am Stängel in den Achseln abgefallener, vorjähriger Blätter. *D. mezereum* ist also das einzige heimische Beispiel für Stängelblütigkeit (= Kauliflorie), wie sie bei Tropenpflanzen (z. B. bei Kaffee und Kakao) verbreitet ist. „Stieltellerblumen mit verborgenen Staubbeuteln und Narben“. Stark duftend und reichlich Nektar bildend. Kronblätter stark reduziert, daher übernehmen die Kelchblätter die Schauwirkung. Blütenbecher kurz röhrenförmig. Besucher sind vor allem Honigbienen, aber auch überwinternde Hummeln und Falter. Erst an dem durch den Nektar klebrigen Rüssel bleibt der Pollen beim „Rückziehen“ haften. Zuweilen kommen auch rein weibliche Pflanzen vor (= gynodiözisch). Spontane Selbstbestäubung ist erfolgreich. Beginn der Blüte ab dem 4. und 5. Jahr.

Früchte (siehe Detailfoto): Scharlachrote, beerenartige, 10 mm große, 1-samige Steinfrüchte. Da sie unter Beteiligung der Blütenachse gebildet werden, spricht man auch von „Scheinfrüchten“. Samen mit bis zu 31% fettem Öl. Ausbreitung besonders als Mundwanderer durch Bachstelzen, Rotkehlchen, Drosseln usw., die offenbar gegen das giftige Fruchtfleisch immun sind und die Steinkerne wieder ausspeien. Fruchtreife: VI–VIII. Dunkelkeimer.

Verwendung: Zierpflanze seit 1561. Sie wurde früher als Heilmittel (wegen der Giftigkeit gefährlich) und als Mittel gegen Läuse eingesetzt und spielte auch eine große Rolle im Aberglauben. Heute kommt sie noch in der Homöopathie zur Anwendung. In frühen Zeiten diente der Bast von *Daphne*-Arten zur Herstellung von Papier. Noch heute gibt es wertvolle Papiere aus Asien mit dem Bast der nepalesischen Art *Daphne papyracea* (= Loktabusch). Beliebter Zierstrauch.

Datura stramonium LINNAEUS, Weißer Stechapfel

Solanaceae (= Nachtschattengewächse)

Einjährig, sommerannuell, 30–120 cm hoch. Stängel gabelästig (dichasial verzweigt). – **Stark giftig.**

Systematik: Zur Gattung gehören 9 Arten, von denen bei uns 4 als Zierpflanzen in Kultur sind. Verwandt sind u. a. Bilsenkraut (*Hyoscyamus*) und Tollkirsche (*Atropa*).

Giftigkeit: Stark giftig in allen Teilen durch Alkaloide (vor allem Hyoscyamin und nur wenig Scopolamin; vgl. *Atropa* = Tollkirsche) mit u. a. halluzinogener Wirkung. Mengen ab 0,3 g wirken giftig. Schon 20 Samen sind für Kinder tödlich. Ein Grund mehr, die Kapseln nicht mehr in Trockensträußen zu verwenden. In den letzten Jahren gab es nach Missbrauch der Pflanze als „Biodroge“ mehrere schwere Vergiftungsfälle – auch wegen der Möglichkeit chronischer psychischer Störungen ein gefährliches Unternehmen.

allein Nachtfaltern zugänglich, z. B. dem Windenschwärmer *Agrius = Herse convolvuli*, der in die Blüte einkriecht. Selbstbestäubung ist erfolgreich, z. B. durch gerne in den Blüten herumlaufende Glanzkäfer.

Früchte: 4-klappig aufspringende, meist reich bestachelte Kapseln (siehe Detailfoto). Windstreuer. Tierstreuer durch kurzfristig an vorbeistreifenden Tieren hängen bleibende Kapseln und elastische Stängel. Fruchtreife: VIII–IX. Die Kapselwände verholzen nach der Öffnung. Wärmekeimer. Samen langlebig.

Verwendung: Die Pflanze gelangte im 16. Jh. als Zierpflanze nach Europa und wurde ab dem 18. Jh. eine Zeit lang auch als Arzneipflanze angebaut. Getrocknete Blätter wurden früher als Mittel gegen Asthma verwendet, doch waren besonders bei Kindern Vergiftungen und sogar Todesfälle durch übermäßigen Genuss der „Asthma-Zigaretten“ nicht selten. In der Homöopathie wird die Pflanze noch heute angewendet. – Altbekanntes Rauschgift, deshalb für Hexensalben und Liebestränke verwendet. Die Anwendung ist äußerst gefährlich und wurde daher z. B. schon im preußischen Landrecht unter Strafe verboten. Auch Gartenzierpflanze, besonders in der violettblütigen var. *tatula*. – Hühnerdiebe betäubten mit der Pflanze ihre Opfer.

Namen: „*Datura*“ ist der (über das Portugiesische zu uns gelangte) altindische Name des Indischen Stechapfels (*Datura metel*), einer im antiken Indien als Rauschmittel verwendeten Art. „*Stramonium*“ ist ein vorlinnéscher Pflanzenname unklarer Bedeutung, der von LINNÉ auf diese Pflanze übertragen wurde. – „Stechapfel“ wegen der meist bestachelten Früchte.

Vorkommen: Nährstoffreiche, meist sandige Ruderalstellen an Flussufern, auch auf Äckern. Stickstoffzeiger. Neophyt seit dem 17. Jh. Heimat: Subtropisches Nordamerika, Asien. Kulturflüchter. Wärmeliebend, deshalb in den Alpen fehlend. Hitzeresistent. Kann an manchen Standorten über Jahre fehlen und dann plötzlich wieder auftreten, weil die Samen im Boden jahrzehntelang keimfähig bleiben. In gemäßigten und warmen Zonen weltweit verschleppt. Kultivierte Pflanzen haben einen hohen Wasserbedarf.

Blüten: VI–X. Bis 7 cm lange, homogame „Große Trichterblumen“, einzeln, übergipfelt. Geruch insgesamt widerlich (die Pflanze wird aber auch für Duftgärten empfohlen). Typische Nachtfalterblumen: Blütenfarbe weiß (bei der var. *tatula* hellviolett), Kronblätter ohne Blütenmale, Öffnung erst abends gegen 19 Uhr, Hauptduft nachts, Welken am nächsten Tag. Blüten an trüben Tagen auch tagsüber geöffnet. Nektar wegen der 5 cm langen Röhre

Die tödlich giftigen Samen wurden früher als Rauschmittel verwendet.

Verwandte:

Brugmansia × candida PERS. (= *Datura × candida* (PERS.) STAPF) und ***B. suaveolens*** WILLD., Engelstrompete, Baum-Stechapfel: Beliebte Ziersträucher, die wegen der Frostempfindlichkeit meist in Kübeln gezogen werden, 1–4 m hoch. Wie bei der vorigen Art ist der Wasserbedarf sehr groß. Heimat: Amerika. Blüten 30–40 cm lang, herabhängend. Nachtfalterblumen mit einem abends ab 18 Uhr (= Nachtbeginn in Äquatornähe) ausströmenden, intensiven Duft. Typische Kolibri-Pflanzen. Streng selbststeril. Alle Pflanzenteile sind **stark giftig** durch Scopolamin. Auch bei diesen Arten gab es in letzter Zeit bei Missbrauch als „Biodroge“ schwere Vergiftungsfälle.

Daucus carota LINNAEUS, Möhre

Apiaceae (= Doldenblütler)

Zweijährige Halbrosettenpflanze (in Kultur auch zum Teil einjährig), 30–100 cm hoch. Blätter 2-3-fach gefiedert. – Tiefwurzler (30–80 cm). Wurzelrübe aus verdickter Hauptwurzel und Hypokotyl entstanden. Die Seitenwurzeln fallen bald ab und hinterlassen Narben, d. h. Querriefen. Bei Kulturformen (subsp. *sativus*) ist die Rübe besonders kräftig ausgebildet. Sie ist das Ergebnis sekundären Dickenwachstums. Das innere, etwas durchscheinende „Herz" stellt den „Holzkörper" dar, die äußere, fleischige Schicht entspricht dem „Bast" (= sekundäre Rinde). Da der Bast mächtiger entwickelt ist als der Holzkörper, spricht man von einer „Bastrübe". Als „Karotten" (im engeren Sinn) wird eine kugelförmige Zuchtform bezeichnet, bei der nur der obere Teil der Hauptwurzel verdickt ist. – Die orangerote Färbung stammt von weitgehend auskristallisierten Karotinen. Das Genom wurde 2016 sequenziert, es umfasst die hohe Zahl von ca. 32.000 Genen.

Systematik: Die Gattung umfasst etwa 25 Arten. Verwandt ist u. a. der Kerbel (*Anthriscus*). – Man unterscheidet die Wildform subsp. *carota* und die Kulturform subsp. *sativus*, die manchmal auch als eigene Art *D. sativus* abgegrenzt wird.

Schädlinge sind u. a. die Mehlige Möhrenblattlaus (*Semiaphis dauci*) und, bekannter noch, die Möhrenfliege (*Psila rosae*), deren Maden durch die Wurzelspitze eindringen, was letztlich zu Fäulnis führt.

Namen: „*Daucus*" (daukos) ist der lat.-griech. Name der Pflanze, aber auch verschiedener anderer Doldenblütler, und wurde von LINNÉ auf die Möhre beschränkt; „*carota*" ist ein weiterer lat.-griech. Name der Möhre. – „Karotte" ist von dort über niederländ. karote im 16. Jh. entlehnt worden. Die Farbstoffgruppe der Karotine ist nach ihrem Vorkommen in den Wurzeln der Pflanze benannt. Das Wort „Möhre" ist westgermanisch. Weitere Namen sind je nach Gegend u. a. „Mohrrübe", „Gelbe Rübe" und „Wurzel" (z. B. in Hamburg).

Vorkommen (der Wildform subsp. *carota*)**:** Trockenere, nährstoffreiche Wiesen- und Wegränder. Kulturbegleiter.

Blüten: (VI–)VII–IX. „Nektar führende Scheibenblumen vom *Heracleum*-Typ", in zusammengesetzter Dolde. Hüllblätter groß, fein fiederteilig (= Unterschied zu sonst ähnlichen Doldenblütlern). Blüten streng vormännlich, indem die Staubbeutel bereits abgefallen sind, bevor die Narben reifen. In der Doldenmitte befindet sich oft ein abgewandeltes Döldchen mit 1 (bis wenigen) durch Anthocyane rötlich bis schwarzviolett gefärbten, sterilen „Mohrenblüten", die nach ihrer dunklen Farbe so benannt sind (siehe Detailfoto). Die Bedeutung dieses wohl einmaligen Phänomens ist noch ungeklärt. Vielleicht soll es vorhandene Bestäuber vortäuschen, durch die dann weitere Bestäuber angelockt werden. Die Doldenstiele krümmen sich nachts einwärts (= Nyktinastie). Besucher sind Insekten aller Art, besonders Käfer und Fliegen, aber auch Bienen und Wespen. Hauptpollenquelle für die Sandbienen *Andrena pallitaris* und *A. nitidiuscula*. – Auf den weißen Dolden lauern gerne die hier

Oft befinden sich in der Doldenmitte 1 bis wenige schwarzviolette „Mohrenblüten".

weiß gefärbten, gut getarnten Weibchen der Veränderlichen Krabbenspinne (*Misumena vatia*) auf ihre Beute.

Früchte: Stachelige, in 2 Teilfrüchte zerfallende Doppelachänen: Klettfrüchte. Während der Fruchtreife bleiben die Doldenstiele dauernd einwärts gekrümmt, im reifen und abgestorbenen Zustand sind sie hygroskopisch beweglich, d. h. die Dolden sind dann bei Trockenheit gespreizt und bei Feuchtigkeit als „Vogelnest" zusammengezogen (siehe Detailfoto). Auch Schwerkraftausbreitung und Bearbeitungsausbreitung, z. B. durch Distelfinken. Fruchtreife: VII–IX. Wintersteher. Samen 15–40 Jahre keimfähig.

Zur Fruchtreife sind die Doldenstrahlen bei Feuchtigkeit vogelnestartig nach innen gekrümmt.

Verwendung: Alte, schon den Römern, Griechen und Germanen bekannte Kulturpflanze. Die Gartenmöhre (= Gelbe Rübe, Mohrrübe, Karotte; subsp. *sativus*) stammt wahrscheinlich von einer asiatischen Unterart/Kleinart ab. Sie ist u. a. reich an Zuckern, Vitamin B und C sowie Provitamin A (= β-Karotin). Die Welternte lag 2008 bei 27 und 2012 bei 37 Mio. t. Die Pflanze kann Hautreizungen hervorrufen. Junge Blätter sind als Gemüse nutzbar. – Frischer Möhrensaft wird arzneilich in der Säuglingsernährung, bei Vitamin A-Mangel und als schwaches Wurmmittel verwendet. Mohrrüben werden zur Herstellung von Vitamin A genutzt. Das Samenöl wird technisch genutzt. – Die Kulturmöhren waren bei uns bis ins 17. Jh. durch Anthocyane dunkelviolett, also so wie sie noch heute z. B. in Afghanistan typisch sind, bis sie durch die in den Niederlanden erstmals aufgetretenen gelborangen Sorten verdrängt wurden. Neuerdings sind Kultursorten mit dunkelvioletter Schale wieder auf dem Markt und werden dort z. B. als „Urmöhren" verkauft. Bei ihnen ist der äußere Teil der Rübe durch Anthocyane intensiv rotviolett gefärbt, die – ähnlich wie die der Heidelbeere – Hände und Zähne sofort färben.

Delphinium elatum LINNAEUS, Hoher Rittersporn

Ranunculaceae (= Hahnenfußgewächse)

Ausdauernder Hemikryptophyt mit Rhizom, 80–150 cm hoch. Blätter handförmig geteilt. **Stark giftig.**

Systematik: Zur Gattung gehören etwa 300, überwiegend ausdauernde Arten. Sie ist nah verwandt mit dem Feldrittersporn (*Consolida*, siehe dort).

Giftigkeit: Alle Pflanzenteile, besonders die Samen, sind durch Alkaloide für Mensch und Tier **stark giftig**. Giftstoffe und Symptome sind ähnlich wie beim Eisenhut (*Aconitum*).

Namen: „*Delphinium*" ist der griech. Name des Feldrittersporns (*Consolida*), dessen Blütenknospen oder Nektarien an Delphine erinnern. Lat. „*elatus*" = hoch, wegen des im Vergleich zum Feldrittersporn höheren Wuchses. – „Rittersporn" wegen der gespornten Blüten.

Vorkommen: Zierpflanze. Heimat: Hochstaudenfluren der subalpinen Stufe der östlichen Zentralalpen, z. B. in den Hohen Tauern, und auch im Rie-

sengebirge in Tschechien. Selten verwildert, aber nur unbeständig.
Blüten: VI–VIII. „Glockenblumen mit klebrigem Pollen". Blütenhülle einfach (Perigon), tiefblau durch das Anthocyan Delphinidin, bei Kultusorten auch andersfarbig. Perigonblätter (inkl. Sporn) mit duftenden Blütenmalen. Von den 5 Perigonblättern hat das oberste einen langen Sporn. Je Blüte sind 3(–5) Fruchtknoten und 4 dunkelbraune Nektarblätter vorhanden, von denen die beiden oberen ebenfalls gespornt sind. Reichblütige, traubenartige Blütenstände, die von unten her aufblühen, und daher von den Bestäubern von unten her angeflogen werden. Typische Hummelblume.
Früchte: Je Blüte entstehen mehrere, freie, kahle Balgfrüchte: Austrocknungsstreuer. Fruchtreife: VIII–X.
Verwendung: Beliebte Gartenpflanze (seit 1578) mit zahlreichen Hybriden (*D. × cultorum* Voss) und Kulturvarietäten.

Dentaria bulbifera → *Cardamine bulbifera*

Deschampsia cespitosa (L.) PALISOT DE BEAUVOIS (Artengruppe), Rasen-Schmiele

Poaceae (= Süßgräser)

Ausdauernder, wintergrüner Hemikryptophyt (Horstgras), 40–150 cm hoch. Blätter flach, derb und oberseits stark gerippt. Die Spaltöffnungen befinden sich in den dazwischen liegenden Rinnen und werden bei Trockenheit durch schwaches Einrollen des Blattes geschützt. Die Rippen sind rückwärts rau, was vermutlich dem Fraßschutz dient und leicht demonstriert werden kann, indem man das Blatt zwischen den Fingern erst nach unten und dann nach oben durchzieht. – Bis 1 m tief wurzelnd.

Systematik: die Gattung umfasst etwa 40 Arten.
Namen: „*Deschampsia*" wurde von PALISOT DE BEAUVOIS 1812 geprägt, zu Ehren des franz. Naturforschers DESCHAMPS (1765–1842). Lat. „*c(a)espitosus*" = rasig wachsend. – „Schmiele" (Schmele) ist ein altes Wort für verschiedene schmalblättrige Gräser, abgeleitet von althochdeutsch smelha = schmal; der Name trifft besonders auf *D. flexuosa* zu.
Vorkommen: Nasse Wiesen und Wälder, auf wechselnassen, humosen, stickstoffarmen Lehm- und Tonböden. Quell- und Grundwasserzeiger. Ebene bis alpine Stufe.
Blüten: VI–VIII. Windblütig: „Langstaubfädiger Typ". Ährchen 4–5 mm lang, oft violett überlaufen, 2(–3)-blütig.
Früchte: Ausbreitungseinheit sind die von den Deck- und Vorspelzen locker umhüllten und dadurch relativ leichten Karyopsen (Spelzfrüchte). Sie werden durch Wind (als Windstreuer bzw. Ballonflieger) oder Wasser (als Regenschwemmling bzw. Schwimmfrucht) ausgebreitet. Wegen der langen, knieförmig gekrümmten und hygroskopischen Grannen können sie auch im Fell von Tieren (z. B.

Wildschweinen) haften bleiben und sich am feuchten Boden durch hüpfende Bewegungen selbst ausbreiten. Dazu kommen Zufallsausbreitung durch fressende Huftiere sowie Wasserhaftausbreitung. Fruchtreife: VIII–X. Lichtkeimer.

Vegetative Vermehrung ist durch unterirdische Ausläufer möglich.

Verwendung: Als Futtergras kaum geeignet, wird aber manchmal auf Almweiden genutzt. Kann als Füllmaterial für Polster ähnlich wie Seegras verwendet werden. Für Wildpflanzengärten zu empfehlen. Die Blütenstände sind sehr dekorativ für Trockensträuße. – Wird auch als Zierstaude in verschiedenen Sorten mit sehr unterschiedlicher Wuchshöhe angeboten.

Weitere Art: siehe folgenden Abschnitt.

Deschampsia flexuosa (L.) Trinius (= *Avenella flexuosa* (L.) Drejer), Draht-Schmiele, Geschlängelte Schmiele

Poaceae (= Süßgräser)

Ausdauernder Hemikryptophyt (Horstpflanze), lockerrasig, weiche Polster bildend, 30–50 cm hoch. Blätter borstlich, gefaltet, im Querschnitt oval, mit flacher Rinne, bis 20 cm lang, sich ölig anfühlend. Pflanze an sonnigen Standorten oft rot überlaufen. – Tiefwurzler bis 1 m.

Namen: Zu den Gattungsnamen siehe *C. cespitosa*. Lat. „*flexuosus*" = geschlängelt, in Bezug auf die Rispenäste.

Vorkommen: Bodensaure magere Wälder, Waldschläge, Weiden und Heiden. Säure- und Magerkeitszeiger. Oft auf weite Strecken den Boden bedeckend. In schattigen Wäldern kann die Pflanze im nichtblühenden Zustand durch die dem Boden aufliegenden, langen, schmalen Blätter ausgedehnte dunkelgrüne Teppiche bilden. Ebene bis alpine Stufe.

Blüten: VI–VIII. Rispenäste ausgebreitet mit geschlängelten Ästen (siehe Detailfoto), nach der Blüte wieder zusammengezogen. Granne deutlich gekniet, 5 mm lang, die Spelzen weit überragend. Ährchen meist 2-blütig, seltener mit 1 oder 3 Blüten. Windbestäubung. Selbststeril. – Blüht an lichten Stellen auffällig mehr als an schattigen.

Früchte: Karyopsen, locker von den Deck- und Vorspelzen umgeben. Windausbreitung (Ballon- und Flügelflieger), Tierausbreitung (Kletthafter und Wasserhafter) sowie Wasserausbreitung (Regenschwemmling). Fruchtreife: VIII–X. Lichtkeimer.

Vegetative Vermehrung durch kurze, unterirdische Ausläufer.
Verwendung: Sehr dekoratives Gras für Trockensträuße und auch für Wildpflanzengärten zu empfehlen. Wird zuweilen auch als Ziergras in verschiedenen Sorten angeboten. – Früher wurden die Früchte der *Deschampsia*-Arten als Getreide-Ersatz genutzt.
Ähnliche Art (vgl. auch *Deschampsia cespitosa*):
Aira caryophyllea L., Nelken-Haferschmiele, Gewöhnlicher Nelkenhafer: Einjährig (sommer- oder winterannuell), 5–10(–40) cm hoch. Lückige, sonnige, bodensaure Magerrasen. Tieflagenart auf Dünensand und Steingrus. Rispe ästig ausgebreitet, mit ca. 3 mm langen Ährchen und 2–3 mm langer Granne (vgl. *Avena*). Blüte- und Fruchtzeit im Sommer (die verwandten Mittelmeerarten sind Frühjahrsblüher). Windbestäubung. Karyopse rinnig, mit basalem Haarkranz; dazwischen bei Nässe ein Luftbläschen: Regenschwemmling. Dazu Bohrfrucht, Eigenbewegung als Bodenkriecher sowie Klettausbreitung durch die hygroskopischen Grannen.

Die Ährchen sind 2-blütig und haben geschlängelte Stiele.

Descurainia sophia: siehe bei *Sisymbrium*

Dianthus carthusianorum Linnaeus, Kartäuser-Nelke

Caryophyllaceae (= Nelkengewächse)

Ausdauernder wintergrüner Hemikryptophyt, 15–45 cm hoch, mit Trockenheitsanpassungen: dichtrasig; derbe, linealische, wachsbereifte Blätter, Rhizom kriechend und tiefreichend.

Systematik: Die Gattung umfasst 300 Arten, von denen bei uns etwa 10 wild vorkommen und etwa 15 als Zierpflanzen in Kultur sind. Nah verwandt sind Felsennelke (*Petrorhagia*, s. u.) und Seifenkraut (*Saponaria*).
Schädlinge: Zum Befall der Blüten durch Brandpilze siehe *Silene latifolia*.
Namen: „*Dianthus*" wurde von Linné als Name für die echten Nelken geprägt (in Anlehnung an den alten Namen dios anthos = göttliche Blume), zu griech. dios = Genitiv von Zeus und anthos = Blume. „*Caryophyllus*" (karyophyllon) ist der lat.-griech. Name der Gewürznelke (*Syzygium aromaticum*, Familie Myrtaceae) und seinerseits eine volksetymologische Umbildung des altind. Namens Kutakaphalam (Krausch 2012). Der Name wurde von den vorlinnéschen Autoren wegen der Ähnlichkeit des Duftes und der Blütenform auf die echten Nelken übertragen. Linné benutzte „*Caryophyllus*" als Gattungsname im ursprünglichen Sinn und als Artbeiname für die Garten-Nelke (s. u.). Mittellat. „*carthusianorum*" nach den Kartäuser-

Mönchen, die die Pflanze in ihren Klostergärten zogen, und nicht – wie früher vermutet – nach den Naturforschern J. und F. KARTHAUSER. – Die Namen „Nelke" oder „Näglein" (mhd. negelkin) bedeuten ‚kleiner Nagel' und galten ebenso wie „*Caryophyllus*" zunächst für die nagelförmigen Blütenknospen der Gewürznelken (so ist etwa in einem bekannten Schlaflied die Wiege „mit Näglein besteckt", um Insekten und Krankheiten fernzuhalten) und wurden später auf die echten Nelken ausgedehnt. Gebietsweise wurde aus ähnlichen Gründen auch der Flieder (*Syringa vulgaris*) als ‚Näglein' bezeichnet.

Vorkommen: Magerrasen, Felsspalten und Böschungen, auf warmen, trockenen, meist kalkreichen Böden. Im Norden selten. Gefährdet, u.a. durch Rückgang der Schafweide. – **Geschützt**! (alle Arten der Gattung).

Blüten: VI–IX. Vormännliche „Stieltellerblumen mit herausragenden Staubbeuteln und Narben", in kopfig gestauchten Dichasien. Pollen blaugrün. Bestäuber sind meist Tagfalter. Durch Hochblätter (= „Außenkelch") wird die „unerlaubte" seitliche Entnahme des Nektars durch Bienen mittels „Einbruch" verhindert. Blütenduft sehr angenehm durch das ätherische Öl Eugenol. Dieses verdankt seinen Namen dem gleichzeitigen Vorkommen in den Blütenknospen der Gewürznelke (s. o.). Eugenol ist auch im arzneilich verwendeten Nelkenöl (Oleum Caryophylli) vorhanden.

Früchte: Länglich-becherförmige Kapseln. Bei Trockenheit öffnen sie sich durch 4 nach außen gekrümmte Zähne, im feuchten Zustand schließen sie sich wieder. Im Experiment schließen sich geöffnete Kapseln 30 Sekunden nach Eintauchen ins Wasser. Wind- und Tierstreuer. Samen flach, schalenartig geflügelt: Regenschwemmlinge und Wasserhafter. Fruchtreife: IX–XI. Lichtkeimer.

Vegetative Vermehrung durch Verzweigung des Rhizoms.

Verwendung: Zahlreiche *Dianthus*-Arten und Hybriden werden als Zierpflanzen kultiviert, allen voran *D. caryophyllus* (s.u.). – In früheren Zeiten wurden Nelken auch zu Speisezwecken genutzt.

Weitere Arten/Verwandte:

Dianthus deltoides L., Heide-Nelke: Bodensaure Sandtrocken- und Magerrasen. Verbreitungsschwerpunkt im subozeanischen Bereich. Auch Zierpflanze. Blüten einzeln, mit weißen Tüpfelsaftmalen und abendlichen Schließbewegungen (20 Uhr). Blüten- und Ausbreitungsbiologie wie bei voriger Art, aber neben Zwitterblüten sind auch weibliche Blüten oder gänzlich weibliche Pflanzen vorhanden. Durch Vergrasung oft gefährdet.

Dianthus caryophyllus L., Garten-Nelke: Bereits im Altertum kultivierte, bei uns seit dem 14. Jh. angepflanzte Zierart. Heimat: Mittelmeergebiet, dort durch Hybridisierung unbekannter Elternarten entstanden. Kronblätter vorn tief gezähnt. Zählt zu den 10 weltweit am meisten verkauften Schnittblumen. Hauptanbaugebiet ist Kolumbien. Die einfachen Formen wurden früher „Simplizen", die mehrfarbigen „Bizarden" genannt. Die Vermehrung erfolgt meist vegetativ durch Stecklinge und Ableger oder auch durch Gewebekultur, d.h. winzige Teile der Zuchtpflanze werden zuerst in Nährlösungen (früher in steriler Kokosmilch) aufgezogen. Zum Namen „*caryophyllus*" siehe oben.

Dianthus superbus L., Pracht-Nelke: Moor- und Pfeifengraswiesen sowie saure, feuchte Eichenwälder. Gefährdet. Überwinterung durch bodennahe Langtriebe. Optimale Schauwirkung durch die 1,5–3 cm langen, tief fransenförmig geteilten Kronblätter. (Versuche mit Bienen haben gezeigt, dass sie Blüten desto mehr bevorzugen, je ausgeprägter die Zerteilung ist. Vermutlich gilt das auch für Schmetterlinge). Blüte am Grunde bärtig: Nektarschutz. Schwacher Vanilleduft. Wegen der sehr engen Kelchröhre ist der – in der Kronröhre bis zu den Staubfäden aufsteigende – Nektar nur langrüsseligen Faltern zugänglich, z.B. dem Taubenschwänzchen (*Macroglossum*), einem tagaktiven Nachtfalter. Es sind zwittrige und weibliche Pflanzen vorhanden. Für Wildpflanzengärten zu empfehlen (Naturschutz beachten!).

Dianthus armeria L., Raue Nelke, Büschel-Nelke: Einjährig, bis 50 cm hoch. Von *D. carthusianorum* außerdem durch dunkler rote Blüten und drüsig behaarte Kelche unterschieden. Ruderalpflanze auf kalkarmen, basenreichen Böden, vor allem an Wegsäumen. Ist in der Eifel weit verbreitet und wird dort als Erzzeiger betrachtet.

Dianthus gratianopolitanus Vill. (= *Dianthus caesius* SM.), Pfingst-Nelke: Chamaephyt, 10–20 cm hoch. Polsterpflanze mit graugrünen Blättern und rosa Einzelblüten mit ca. 3 cm breiter Krone. In Nischen basen- oder kalkreicher Felsen, wärmeliebend. Auch an Mauern. Über Anpflanzung an Burgen örtlich verschleppt. Duftende Tagfalterblume. Fruchtreife: ab VI. Sehr dankbare Steingartenpflanze.

Dianthus barbatus L, Bart-Nelke, Schuster-Nelke: Ausdauernder, kurzlebiger, in Kultur meist 2-jähriger Chamaephyt. Gartenzierpflanze in vielen Farbvarianten, z.T. durch hohe Anthocyankonzentration mit fast schwarzen Blüten. Alte Bauerngartenpflanze. Stellenweise verwildert. Wild schon in Bergwiesen Österreichs.

Petrorhagia prolifera (L.) Ball et Heywood (= *Tunica prolifera* (L.) Scop.), Sprossende Felsennelke, Sprossendes Nelkenköpfchen: Einjährig, unverzweigt, 25–45 cm hoch. In trocken-warmen, lückigen Sand- und Silikatmagerrasen, oft ruderal, z. B. auf Bahngelände. Von *Dianthus* durch die von einer gemeinsamen, trockenhäutigen Hülle umgebenen Blütenköpfchen unterschieden. Blüten rosa, ca. 1 cm breit, homogam, mit herausragenden Staubbeuteln und Narben, nur von 8–13 Uhr geöffnet. Neben zwittrigen Blüten finden sich rein weibliche Blüten, selten kommen auch rein weibliche Pflanzen vor. Besuch spärlich durch Bienen und Tagfalter. Ausbreitungsökologie wie bei *Dianthus*. Streukapseln feucht geschlossen. Samen bootförmig: Regenschwemmlinge. Fruchtreife: VII–VIII.

Dictamnus albus Linnaeus, Diptam, Brennender Busch

Rutaceae (= Rautengewächse)

Ausdauernder Hemikryptophyt: Schaftpflanze, 60–90(–120) cm hoch. Ganze Pflanze von starkem zitronen- bzw. zimtartigem Geruch durch ätherische Öle, die sich in Drüsenzotten sowie in lysigenen Ölbehältern befinden. Dadurch erscheinen die eschenähnlichen Blätter durchsichtig punktiert. Die Ausdünstung ist, besonders aus den Blüten, so stark, dass man bei hoher Sonneneinstrahlung die Duftwolke mit dem Streichholz anzünden kann. Die Pflanze nimmt dabei keinen Schaden. Selten kommt es nach Tröpfchenbildung auch zur Selbstanzündung. – Wurzelpilz (arbuskuläre Mykorrhiza).

Systematik: Die Gattung umfasst nur diese eine Art. Sie ist gemeinsam mit der Weinraute (*Ruta graveolens*) der einzige heimische Vertreter der vorwiegend tropisch verbreiteten Familie Rutaceae. Bekannteste Gattung der Familie ist *Citrus*.
Giftigkeit: Ganze Pflanze durch Furanocumarine schwach giftig und phototoxisch, d. h. sie führt nach Kontakt mit der Haut zur Lichtempfindlichkeit.
Schädlinge: Diptam gehört neben der Weinraute (ebenfalls Rautengewächse) und Doldenblütlern wie Möhre und Pastinak zu den Futterpflanzen der Raupen des seltenen Schwalbenschwanzes (*Papilio machaon*). Die Raupen vermögen die für beide Familien typischen Furanocumarine abzubauen.
Namen: „*Dictamnus*“ ist der lat.-griech. Name des auf Kreta beheimateten Diptam-Dostes (*Origanum dictamnus*), abgeleitet von dem Berg Dikta auf Kreta und griech. thamnos = Busch. Der Name wurde vorlinnésch auf den Diptam übertragen, weil beide Pflanzen stark aromatisch duften und eine ähnliche arzneiliche Verwendung hatten. Lat. „*albus*“ = weiß, wegen des weißen Rhizoms im Vergleich zum vorlinnéschen ‚dictamnus niger‘ = Gelber Günsel (*Ajuga chamaepitys*). – „Diptam“ ist Lehnwort. „Brennender Busch“ wegen der eindrucksvollen Selbstanzündung (s. o.).
Vorkommen: Säume, Gebüsche, lichte Trockenwälder, auf warmen, trockenen, mageren, meist kalkreichen Böden. Vor allem im Süden (Hauptverbreitung als Steppenheidenpflanze des südlichen Eurasiens). – Gefährdet, z. T. durch Ausgraben,

besonders aber durch Rückgang des Niederwaldbetriebes, da die Pflanze offenbar kaum länger als 20 Jahre auf vollschattigem Waldboden überdauern kann. Gebietsweise ausgestorben. – **Geschützt**!

Blüten: V–VI. Vormännliche „Eigentliche Lippenblumen“, in Trauben. Sie gehören zu den schönsten Blüten der heimischen Flora. Durch Schwerkraft induzierte Dorsiventralität: 4 Kronblätter weisen nach oben, das fünfte bildet die Unterlippe. Die Staubfäden krümmen sich durch autonome Wachstumsbewegungen im oberen Teil nach oben, sodass sie den Besuchern als Anflugstangen dienen. Nach innen nimmt der Griffel dieselbe Stellung ein. Von der blütenökologisch ähnlichen Rosskastanie (*Aesculus*) ist der Diptam durch Vormännlichkeit unterschieden. Blüten durch purpurne Drüsen (mehrzellige Drüsenhaare), die sich vor allem an den Staubfäden befinden, stark duftend. Nektar wird vom Blütenboden abgeschieden. Bestäuber sind größere Hautflügler und andere Insekten.

Früchte: Die 5 Fruchtblätter sind nur an der Basis miteinander verwachsen. Bei der Reife entsteht eine Spaltkapsel, die an sternförmig angeordnete Balgfrüchte erinnert. Es sind Schleuderfrüchte (Austrocknungsstreuer): Bei der Reife lösen sich zuerst Exo- und Mesokarp, danach öffnet sich das Endokarp explosionsartig mit einem Knall und streut die Samen bis über 50 cm weit aus: Selbstausstreuer sowie Wind- und Tierstreuer. Der eindrucksvolle Schleudervorgang war einer der Gründe, weshalb man die Pflanzen in die Gärten holte. Dunkel- und Kältekeimer.

Verwendung: Zierpflanze und Bauerngartenpflanze seit dem frühen Mittelalter. Wurde früher auch arzneilich bei Frauenkrankheiten usw. verwendet und kommt heute noch gelegentlich in der Homöopathie zur Anwendung.

Digitalis purpurea LINNAEUS, Roter Fingerhut

Plantaginaceae (= Wegerichgewächse)

Zweijährige Halbrosettenpflanze, seltener kurzlebig ausdauernd und dann Wiederaustrieb aus basalen Achselknospen, 60–140 cm hoch. Blattstellung spiralig, das sechste Blatt steht genau über dem ersten, das entspricht bei 2 Umkreisungen einem Divergenzwinkel von 144°. – **Stark giftig**.

Systematik: Die Gattung umfasst etwa 25 Arten. Sie wurde früher zu den Scrophulariaceae (= Rachenblütler) gestellt.

Giftigkeit: Stark giftig in allen Teilen durch herzwirksame Cardenolide (Digitalis-Glykoside), die zu den Steroid-Glykosiden gehören. Stark bitter schmeckend. Schon 0,3 g getrocknete Blätter sind für Erwachsene giftig.

Namen: „*Digitalis*“ erscheint als Name für die im Altertum unbekannte Pflanze erstmals bei dem Kräuterbuchautor Leonhart FUCHS 1542. Er ist abgeleitet von mittellat. digitale = Fingerhut, was seinerseits vermutlich eine Latinisierung des deutschen Wortes ist, und bezieht sich auf die einem metallenen Fingerhut ähnlichen Blüten.

Vorkommen: Schläge und Säume, auf frischen, nährstoffreicheren, kalkarmen Böden. Bezeichnend für milde, humide Klimalagen. Auch in lichteren Wäldern, aber dann meist nur als steriler Bodenbewuchs. Stellenweise auch Neubürger (Neophyt), so in Ostdeutschland, wo die Art im Flachland nur zerstreut vorkommt.

Blüten: VI–VIII. Langtagpflanze. Blütentrauben durch Orientierung der Blüten zum Licht hin einseitswendig (= positiv phototrop). Einzelblüten durch Reaktion des Blütenstiels schräg abwärts gerichtet (= positiv gravitrop), ihre Röhre bis 5 cm lang. „Rachenblumen" mit der Innenwand dicht anliegenden Staubbeuteln und Narben. Der Eingang in die Blüten wird kleineren Insekten durch senkrecht stehende Sperrhaare (Lupe!) verwehrt; gewöhnlich können nur Hummeln eindringen („Einkriechblume"). Blüten ausgeprägt vormännlich; sie erblühen an der Traube von unten nach oben. Über 3 Tage hinweg wird Pollen dargeboten, dann erst sind die Narben empfängnisfähig. Wenn die unteren sich im weiblichen Stadium befinden, sind die oberen im männlichen Stadium. Da der Anflug von Blütenständen durch Hummeln immer von unten nach oben erfolgt, wird so Fremdbestäubung sichergestellt. Die dunklen, hell umrandeten Flecken der Blütenunterseite wurden früher als Blütenmale gedeutet. Inzwischen konnte gezeigt werden, dass die Blüten bei Abdeckung der Flecken nur 1/5 mal so oft angeflogen werden wie sonst; man deutet die Flecken daher heute als Staubbeutel-Attrappen. Lebensdauer der Blüten ca. 6 Tage. Blüten gewöhnlich rot, aber auch weißblütige Formen sind nicht selten.

Früchte: Kapseln mit sehr zahlreichen kleinen Samen: Körnchenflieger. Wind- und Tierstreuer. Öffnung der Kapseln vor allem entlang der Scheidewände (septizid). Fruchtreife: VIII. Lichtkeimer.

Verwendung: Zierpflanze und Bauerngartenpflanze. Auch für Wildpflanzengärten zu empfehlen. Auffällig ist die Sorte 'Campanulata' mit einer übergroßen, glockenförmigen, Blüte (ähnlich einer Pelorie, s. *Linaria*) an der Spitze des Blütenstands. Sie geht auf eine epigenetisch bedingte Entwicklungsstörung zurück, die immer wieder auch spontan auftritt. – Die Blätter werden seit dem 18. Jh. arzneilich als herzstärkendes und kreislaufförderndes Mittel verwendet (Herz-Glykoside). Vergiftungen durch Überdosierung sind nicht selten. Der Wirkstoff wird heute vor allem von der südosteuropäischen Art *D. lanata* (= Wolliger Fingerhut) gewonnen.

Weitere Arten:

Digitalis grandiflora MILL., Großblütiger Fingerhut: Auf basenreichen, sommerwarmen Böden, vor allem im Bergland. **Geschützt**! Ökologisch ähnlich voriger Art. Blüten hellgelb, ihre Krone enger, aber weiter und größer als bei der folgenden Art. Für Wildpflanzengärten sehr zu empfehlen; wegen des Naturschutzes sollte man die Pflanze im Fachhandel aus Kultur beziehen.

Digitalis lutea L., Gelber Fingerhut: Von *D. grandiflora* durch kleinere, nur bis 2,5 cm lange röhrenförmige Blüten und Kahlheit unterschieden. Kalkholde Art der süddeutschen Gebirge in nährstoffreichen Laubwäldern und auf Schlagfluren. Ebenfalls **geschützt**! Fruchtreife: ab VIII. Wird zuweilen in Gärten kultiviert.

Digitaria sanguinalis: siehe bei *Echinochloa*

Diphasiastrum alpinum: siehe bei *Lycopodium*

Diplot̲axis tenuif̲olia (L.) De Candolle, Schmalblättriger Doppelsame, Stinkrauke, Rucola, (Rauke)

Brassicaceae (= Kreuzblütler)

Ausdauernder, kurzlebiger Hemikryptophyt bzw. Chamaephyt, da an der Basis schwach verholzend, 20–80 cm hoch. Rosettenbildung nur im ersten Jahr. Pflanze fast kahl. Blätter unregelmäßig 1(–2)-fach fiederteilig mit schmalen Abschnitten ohne vergrößerten Endabschnitt. Blätter beim Zerreiben nach Schweinebraten riechend; allerdings nehmen manche einen Geruch kaum wahr und wieder andere empfinden ihn als unangenehm, weshalb die Pflanze manchmal auch Stinkrauke genannt wird. – Biochemisch ist die Pflanze bemerkenswert, weil sie als einzige Art der heimischen Flora einen zwischen C_3- und C_4-Photosynthese intermediären Weg beschreitet. – Pfahlwurzel.

Systematik: Die Gattung umfasst ca. 30 Arten in der Alten Welt. Sie gehört wie der Kohl (*Brassica*) in die Gattungsgruppe (Tribus) Brassiceae, siehe *Brassica oleracea*.

Giftigkeit: Wildformen enthalten die bitter schmeckende und in Konzentrationen von >5% giftige Erucasäure (vgl. *Brassica napus*). Bei Zuchtformen ist der Gehalt niedrig.

Namen: „*Diplotaxis*" wurde 1821 von De Candolle geprägt, von griech. diploos = doppelt und taxis = Reihe/Anordnung, wegen der in 2 Reihen angeordneten Samen, daher auch „Doppelsame". Bei Linné 1755 gehörte die Art zu *Sisymbrium*. Lat. „*tenuifolius*" = schmalblättrig. – Als Salat- und Gewürzpflanze heißt die Pflanze meist „Rucola" als Kurzform ihres ital. Namens ‚Rucola selvatica' (wörtlich: Wilde Rauke). Das führt aber ständig zu Verwechslungen, da die für den gleichen Zweck verwendete, aber heute bei uns viel seltener kultivierte Senfrauke (*Eruca sativa*, s. u.) oft ebenfalls Rucola (‚Rucola coltivata') genannt wird. Der Name „Rauke" ist von lat. eruca (s. u.) entlehnt und erscheint als Namensbestandteil verschiedener Kreuzblütler, sollte aber als Gattungsname für *Sisymbrium* vorbehalten bleiben (siehe dort).

Vorkommen: Nährstoff-, kalk- und wärmeliebende Ruderalpflanze. Vor allem im städtischen Bereich, auf Wegen, Mauern und Bahnanlagen sowie an der Küste. Schwach salztolerant. Heimat: Mittelmeerraum. Seit 1768 in Deutschland nachgewiesen (Neophyt) und gebietsweise verbreitet und auch häufig; meiste Nachweise aber erst nach 1980. Seit ca. 2000 zunehmend auch bei uns angebaut und aus Kultur verwildert. Stark in Ausbreitung, so besonders an Straßenrändern und Autobahnen. Weltweit verschleppt.

Blüten: V–X, also mit langer Blütezeit. Kleine, schwefelgelbe, 10–20 mm breite, länger gestielte „Nektar führende Scheibenblumen" mit ± verborgenem Nektar und ausgesacktem Kelch. Blüten duftend, nektarreich. Sie erinnern an die vom Raps (*Brassica napus*), erscheinen aber meist viel später. Bestäuber sind Schwebfliegen, Bienen und Falter.

Früchte: Schoten mit zahlreichen, 2-reihig angeordneten Samen. Fruchtstiele so lang wie die Schoten. Selbstausbreitung sowie Wind- und Tierstreuer: Die reifen Früchte platzen bei Trockenheit auf, besonders wenn die Pflanze geschüttelt wird. Die Samen werden bei Benetzung schleimig und dann auch als Klebhafter ausgebreitet. Fruchtreife: ab VII.

Verwendung: Die Pflanze wird seit langem in Südeuropa als Gewürz- und Salatpflanze genutzt und auch angebaut. Die Blätter schmecken etwas nussartig, sind aber oft durch Senfölglykoside (Glucosinolate) ziemlich scharf. Man nimmt die jungen Rosettenblätter zu Mischsalaten, z. B. mit Kopfsalat oder Tomaten, als Würze oder auch als Brotbelag. Nach ihrer Einbürgerung in Mitteleuropa war die Verwendung der Pflanze bei uns als Wildgemüse- und als Kulturpflanze von untergeordneter Bedeutung. Das änderte sich ab etwa 2000, als die Pflanze im Zuge der zunehmenden Beliebtheit mediterraner Kost parallel zur *Eruca sativa* (s. u.) zu uns gelangte und bald auch hier angebaut wurde. Schnell zeigte sich, dass bei uns *D. tenuifolia* bevorzugt wurde, sodass heute im Erwerbsgartenbau fast nur noch diese Art in Kultur ist, während *Eruca sativa* auf gelegentlichen Anbau im privaten Bereich beschränkt ist. Wie oben beschrieben, werden die beiden Arten trotz deutlicher Unterschiede meist gleichermaßen Rucola genannt, was selbst in Fachkreisen oft nicht bekannt ist.

Verwandte:

Eruca sativa MILL. (= *E. vesicaria* (L.) CAV. em. THELL.), Senfrauke, Rucola, Salatrauke, Ölrauke, Ruke: Ein- bis zweijährig, in Kultur einjährig, 5–40 cm hoch. Blätter ebenfalls fiederteilig, aber Abschnitte breiter und Endlappen sehr groß. Von voriger Art außerdem unterschieden durch die schmalen, weißgelben (!) Kronblätter mit braunvioletter Aderung und den schwertförmigen Fruchtschnabel. Blütezeit: IV–VI. Bienentrachtpflanze. Samen ebenfalls 2-reihig; sie sind groß und kugelig und können in Hanglage auch als Rollsamen ausgebreitet werden. – Die Senfrauke ist im Mittelmeergebiet beheimatet und wird dort seit der Römerzeit als Gewürz-, Salat-, Öl- und Heilpflanze sowie als Aphrodisiakum genutzt. In Mitteleuropa wurde sie gelegentlich kultiviert und war früher zeitweise eingebürgert (Archäophyt). Heutige Vorkommen sind unbeständig; sie gehen vor allem auf Saatgutverunreinigungen in Aussaaten von Persischem Klee (*Trifolium resupinatum*) und auf neuerliche Kultur zurück. *E. sativa* schmeckt ähnlich wie *D. tenuifolia*, ist aber insgesamt milder. Die Art ist sehr variabel und umfasst mehrere Kultursorten. Die Sorten 'Runway' (= Würzrauke) und 'Speedy' sind Hybriden zwischen den beiden Gattungen und vermitteln in den Eigenschaften zwischen diesen. In der Volksheilkunde wird die Senfrauke wegen ihrer appetitanregenden, harntreibenden und schwach antibiotischen Wirkung genutzt. Die Samen können wie Senf verwendet werden und dienen z. B. in Asien auch der Gewinnung von Öl. – Der gelegentlich zu findende Name „Senfkohl" sollte besser nicht verwendet werden, da der Schwarze Senf (*Brassica nigra*) denselben Namen trägt.

Dipsacus fullonum LINNAEUS (= *D. sylvestris* HUDS.), Wilde Karde

Caprifoliaceae (= Geißblattgewächse)

Zweijährige Halbrosettenpflanze, 70–200 cm hoch. Stängel und Blätter stachelig. Zisternenpflanze: Blätter gegenständig, unten scheidig verwachsen, ein Wassersammelbecken (Phytothelme) bildend, in dem sich oft zahlreiche verendete Insekten finden. Über dessen Funktion gibt es unterschiedliche Theorien: So wurden sie als Aufkriechschutz für Ameisen als unerwünschte Blütenbesucher gedeutet, was aber nicht bestätigt werden konnte. Nach einer anderen, schon von DARWINS Sohn Francis geäußerten Vermutung soll es sich um eine Vorstufe von Karnivorie handeln, indem durch die zufällig gefangenen Insekten eine zusätzliche Versorgung mit Stickstoffverbindungen erfolgt. Erste experimentelle Untersuchungen gehen in diese Richtung (SHAW & SHACKLETON 2011 PLoS ONE 6 (3): e17935).

Systematik: *Dipsacus* ist die namengebende Gattung der Unterfamilie Dipsacoideae, die früher als eigene Familie Dipsacaceae (= Kardengewächse) eingestuft wurde. In die gleiche Unterfamilie gehören die Witwenblumen (*Knautia*), die Skabiosen (*Scabiosa*) und der Teufelsabbiss (*Succisa*). – *Dipsacus* umfasst etwa 20 Arten. Ob *D. sativus* als eigen-

ständige Art von *D. fullonum* zu trennen ist, wird unterschiedlich gehandhabt.

Namen: „*Dipsacus*“ ist der lat.-griech. Name der Pflanze, zu dipsa = Durst, wegen der Wasserbehälter. Der Name wurde schon vor LINNÉ aufgegriffen. Lat. „*fullonum*“ = von den Tuchmachern (Gen. Pl. von fullo), vgl. die mittelalterliche Bezeichnung ‚Fuller‘ für Tuchmacher = Walker. – „Karde“ ist von lat. carduus = Distel i. w. S. entlehnt.

Vorkommen: Frische, nährstoffreiche Ruderalstellen und Ufer-Hochstaudenfluren. Alteinwanderer (= Archäophyt).

Blüten: VII–VIII. „Körbchenblumen“, analog denen der Korbblütler. Die Blütenstände sind hier walzenförmig und von stacheligen, unterschiedlich langen, nach oben gebogenen Hüllblättern umgeben. Die Einzelblüten stehen in der Achsel von schmallinealischen Tragblättern (= Spreublätter), die länger sind als die Blüte. Die Entfaltung der Blüten geht ringförmig von der Mitte des Blütenstandes aus (Sonderfall!) und schreitet sowohl nach oben als auch nach unten weiter fort. Blüten vormännlich, mit 1 cm langer, enger Röhre und herausragenden Narben und Staubbeuteln. Sehr reicher Insektenbesuch. Der Nektar ist nur für langrüsselige Hummeln und Falter erreichbar. Selbstbestäubung ist erfolgreich.

Früchte: Häutige, vom Kelch gekrönte einsamige Nüsse (Achänen). Typische Tierstreuer: Die Tiere bleiben an allen stacheligen Teilen, besonders an den Fruchtständen hängen. Die Früchte werden von den elastischen Spreublättern sowie durch den Rückschlag der ganzen Pflanze meterweit weggeschleudert. Manchmal spricht man daher auch von Tierballisten. Dazu Bearbeitungsausbreitung, z. B. durch Stieglitze (= Distelfinken). Fruchtreife: IX–X. Wintersteher.

Verwendung: Früher zum Aufrauen von Geweben genutzt (siehe folgende Art, die wegen ihrer starren Spreublätter für den Zweck geeigneter ist). Wie die folgende Art als Zierpflanze für Trockensträuße geeignet. Als ökologisch wertvolle Pflanze für Wildpflanzengärten zu empfehlen, allerdings sehr ausbreitungsfreudig. Wurde früher auch volksheilkundlich bei Hautleiden angewandt.

Weitere Arten:

Dipsacus sativus (L.) HONCK. (= *D. fullonum* HUDS., non L.), Weber-Karde: Ökologisch wie vorige Art. Spreublätter im Unterschied zu voriger Art starr und mit zurückgekrümmter (statt gerader) Spitze. Hüllblätter nicht oder kaum nach oben gebogen. Die nur aus Kultur bekannte Art wurde noch bis Anfang des 20. Jh. in Deutschland und Frankreich angebaut, da ihre Fruchtstände zum Aufrauen von Wollgewebe (= Kardieren) benutzt wurden. Auch neuerdings wird die Pflanze wieder zur Bearbeitung von Loden verwendet. Selten und nur vorübergehend verwildert.

Dipsacus pilosus L. (= *Cephalaria pilosa* (L.) GREN. et GODR.), Behaarte Karde oder Schuppenkarde: Bis 120(–200) cm hoch, rauhaarig. Stängelblätter gestielt. Feuchte Laubwälder, besonders Auwälder, z. T. bestandbildend. Nährstoffliebende Halbschattenpflanze. Blütenkörbchen in etwa kugelig, ohne stachelige Hüllblätter. Blüten gelblich weiß. Ökologisch ähnlich wie *D. fullonum*; dazu Ausbreitung mit Fließwasser.

Dittrichia graveolens: siehe bei *Inula*

Draba verna LINNAEUS (= *Erophila verna* (L.) CHEVALL.) (Artengruppe), Frühlings-Hungerblümchen

Brassicaceae (= Kreuzblütler)

Einjährige, winterannuelle Rosettenpflanze: Die Samen keimen im Herbst, die Pflanze überwintert als Blattrosette, blüht im zeitigen Frühjahr und stirbt nach der Samenreife ab. Wie andere Einjährige in der Größe sehr variabel: 3–20 cm hoch. Blätter eiförmig, leicht gezähnt, wie die Stängelbasis mit (einfachen und) verzweigten Haaren (Lupe!). Die Chromosomenzahl variiert sehr stark. – Flachwurzler.

Systematik: Die Gattung *Draba* umfasst etwa 360 Arten. *D. verna* als bekannteste Art wurde lange Zeit als getrennte Gattung *Erophila* geführt, wird aber seit einiger Zeit wieder bei *Draba* eingegliedert. Die Artengruppe *D. verna* umfasst je nach Auffassung drei bis zahlreiche, schwer zu trennende Kleinarten. Nah verwandt ist die Gänsekresse (*Arabis*).

Namen: „*Draba*" (drabe) ist der griech. Name einer krautigen Pflanze bei DIOSKURIDES, der schon vor LINNÉ auf die vorliegende Gattung übertragen wurde. „*Erophila*" von griech. er = Frühling und phile = Freundin. Lat. „*vernus*" = Frühlings-. – „Hungerblümchen" bezieht sich auf die nährstoffarmen Böden bzw. die damit zusammenhängende karge Entwicklung der angebauten Feldfrüchte; ihr zahlreiches Auftreten im Frühjahr sollte angeblich Missernten ankündigen. „Felsenblümchen" wurde als Name der Gattung *Draba* s. str. geprägt, deren Arten überwiegend steinige und felsige Standorte besiedeln.

Vorkommen: Lückige Magerrasen, Sandrasen und Äcker sowie sekundär an offenen, mageren Ruderalstandorten, z. B. an Wegrändern, auf Friedhöfen, Sportplätzen, in Kiesgruben, auf Kiesdächern und im Gleisschotter. Ursprüngliche Vorkommen sind rückgängig, sonst aber ist die Pflanze meist häufig, wird aber wegen der geringen Größe und der sehr kurzen Vegetationszeit oft übersehen. In Nordamerika eingeschleppt.

Blüten: II–V. Unscheinbare „Nektar führende Scheibenblumen". Kronblätter weiß, fast bis zum Grunde zweiteilig. Insektenbesuch spärlich, z. B. durch Wildbienen. Selbstbestäubung ist vorherrschend und wird durch Schließen der Blüten während der Nacht und bei Regen gefördert.

Früchte: Schötchen länglich-elliptisch, mit zahlreichen Samen. Windausbreitung, gefördert durch den nach der Blüte verlängerten, elastischen Fruchtstängel und die als Windfang dienenden falschen Scheidewände: Körnchenflieger (Samen nur 0,01 mg schwer). Dazu Regenschwemmlinge und Tierstreuer. Fruchtreife: V.

Verwandte:

Draba muralis L., Mauer-Felsenblümchen: Ähnlich voriger Art, aber oft bis 30 cm hoch. Einjährig oder zweijährig. Pionierpflanze basenreicher, trockenwarmer Standorte, besonders in Flusstälern. Vor allem in West- und Südwestdeutschland, nördlich bis zum Harz; z. T. verschleppt. Kronblätter weiß, ungeteilt.

Draba aizoides L., Immergrünes Felsenblümchen: Polsterstaude mit wimperhaarigen Rosetten. Blüten goldgelb, bis 15 mm breit, in kopfigen Schirmtrauben. Alpenpflanze sonniger Kalkfelsen und in Felsspalten sowie selten in Steinschutt; in Südwestdeutschland Eiszeitrelikt. Blütezeit: IV–VIII.

Vornehmlich spontane Selbstbestäubung, indem sich die Staubblätter zur Narbe hin krümmen. Windstreuer. Fruchtreife: V–IX. Wintersteher. Beliebte Zierpflanze der Steingärten.

Drosera rotundifolia LINNAEUS, Rundblättriger Sonnentau

Droseraceae (= Sonnentaugewächse)

Ausdauernde, sommergrüne Rosettenpflanze, 5–15 cm hoch. Überdauerung durch achselbürtige Winterknospen. Blattspreite rundlich. – Fleischfressende (karnivore) Pflanze: Die Blätter sind zu Fangblättern umgebildet (Blattmetamorphose). Diese tragen zahlreiche lang gestielte, tentakelartige Drüsenhaare mit besonderen Leitbahnen für die aufgenommenen Stoffe (siehe Detailfoto). Der Tierfang dient vor allem der zusätzlichen Gewinnung von Stickstoffverbindungen auf nährsalzarmen Böden. Die Drüsenhaare (Tentakel) sind durch Eiweißstoffe reizbar. Sie scheiden an der Spitze einen zähflüssigen, glänzenden, duftenden Tropfen ab, der u. a. Eiweiß spaltende Enzyme und Ameisensäure enthält. In der Blattmitte befinden sich kurzstielige Verdauungsdrüsen. Winzige Insekten, z. B. Mücken, werden vom Fangschleim festgehalten. Nach etwa 1 Stunde bewegen sich die gereizten Tentakel aufgrund eines Wachstumsvorgangs zur Blattmitte hin. Schließlich beginnt sich nach etwa 2 Stunden das ganze Blatt einzukrümmen, sodass weitere Verdauungsdrüsen in Kontakt mit der Beute treten können. Nach etwa 8–12 Stunden ist der Vorgang abgeschlossen. Nach mehreren Tagen ist die Verdauung beendet, und die Blattspreiten werden wieder flach. Nur der Chitinpanzer wird nicht verdaut. Für Schulversuche empfiehlt sich vor allem *Drosera capensis*, die in allen Botanischen Gärten gehalten wird und jetzt auch schon in Blumenläden zu bekommen ist. – Bemerkenswert ist die australische Art *D. glanduligera*, die zusätzlich zu den Klebtentakeln am Blattrand leimfreie Schnelltentakel ausbildet, die sich nach Berührung durch bodennahe Insekten innerhalb von nur 75 ms explosionsartig zusammenziehen und dabei die Beute in die Mitte des Blattes katapultieren, wo diese dann verdaut wird (POPPINGA et al. 2012 PloS ONE 7 (9) e45735). Wie kürzlich festgestellt wurde, können auch unsere heimischen *Drosera*-Arten in der Jugend am Rande der Blätter leimfreie Schnelltentakel besitzen, mit denen sie Springschwänze fangen können (HARTMEYER 2016 auf Youtube).

Systematik: Die Gattung umfasst etwa 200 Arten und kommt auf allen Kontinenten vor. Die Hauptverbreitung liegt in Südost-Australien, wo sogar halbstrauchige, kletternde Arten vorkommen. In Mitteleuropa sind es 3 Arten, die ebenso wie 2 weitere Arten auch gelegentlich in Moorbeeten als Zierpflanzen kultiviert werden.
Namen: „*Drosera*“ wurde von LINNÉ geprägt, von griech. droseros = mit Tau versehen, wegen der in der Sonne wie Tautropfen leuchtenden Sekrettropfen. Lat. „*rotundifolius*“ = rundblättrig.
Vorkommen: Nährstoffarme, meist nasse Torf- und Heidestandorte, besonders Hoch- und Übergangsmoore. Lichtpflanze, kalkmeidend. Zirkumpolar verbreitet. – Durch Zerstörung der Standorte, besonders der Moore, und durch Überdüngung der Landschaft gefährdet. – Alle Arten der Gattung sind **geschützt**!
Blüten: VII–VIII. Die Blütenstände sind ährenförmige Wickel, die ähnlich wie bei Farnwedeln jung

schneckenförmig eingerollt sind, eine Ausnahme bei Blütenpflanzen. Pollen in Tetraden. Blüten anfangs meist geschlossenblütig (kleistogam). Erst später werden normale Blüten ausgebildet, die meist nur für kurze Zeit am Morgen geöffnet sind. Bestäuber sind kleine Zweiflügler, die gefahrlos anfliegen können, da die Blüten weit genug von den klebrigen Rosetten entfernt sind.

Früchte: Fachspaltige Kapseln: Windstreuer. Winzige, feilspanförmige, nur 0,010–0,020 mg schwere, etwa 1,5 mm lange Samen ohne Nährgewebe, mit reduziertem Keimling und aufgeblasener Samenschale: Körnchenflieger mit über 10 km Flugweite. Dadurch wird die schnelle Besiedlung freigewordener Standorte, z. B. verlassener, feuchter Sandgruben möglich. Licht- und Frostkeimer. Fruchtreife: VIII–X. Wintersteher.

Mit den klebrigen Drüsenzotten werden Insekten gefangen.

Vegetative Vermehrung an absterbenden Blättern im feuchten Moos durch Brutknospen (= Blattembryonie).

Verwendung: Arzneilich als Bestandteil von Hustenmitteln verwendet, wobei der Bedarf vor allem durch Importe gedeckt wird. In der Volksmedizin wird der Saft z. B. gegen Warzen, Asthma und als Aphrodisiakum für Haustiere („Bullenkraut") angewandt. In der Schulmedizin wird die Art auch zur Langzeittherapie bei arteriosklerotischen Beschwerden angewendet. Wirkstoff ist das toxische Napthochinon-Derivat Plumbagin, bei dem jetzt auch antibiotische und krebshemmende Wirkungen nachgewiesen wurden. Unsere Sonnentau-Arten werden gelegentlich auch in Moorbeeten kultiviert.

Weitere Arten:

Drosera anglica HUDS. (= *D. longifolia* L.), Langblättriger Sonnentau: Auf ähnlichen, aber etwas basenreicheren Standorten. Kräftiger als vorige Art, 8–20 cm hoch. Blattspreiten lang und schmal. Noch stärker gefährdet als die beiden anderen Arten. Vor allem im Alpenvorland. In Norddeutschland nur noch selten.

Drosera intermedia HAYNE, Mittlerer Sonnentau: Hochmoor-Schlenken und Zwischenmoore. Pflanze nur 3–10 cm hoch. Blattspreiten elliptisch. Vor allem in Norddeutschland und im Alpenvorland. Gefährdet.

Dryas octopetala LINNAEUS, (Weiße) Silberwurz

Rosaceae (= Rosengewächse)

Immergrüner Spalierstrauch, d. h. die Zweige liegen der Unterlage dicht auf, um so die bodennahe Wärme ausnutzen zu können, 5–15 cm hoch. Langsamwüchsig, oft tief in Felsspalten wurzelnd. Die Kriechtriebe können eine Länge von bis zu 1 m erreichen. In der Arktis kann die Pflanze bis über 100 Jahre alt werden. Die weißfilzige Behaarung der Blattunterseite ist hygroskopisch und dient als Transpirationsschutz, indem die Haare bei Trockenheit zum Licht gewandt sind. – Bildung von Wurzelknöllchen aufgrund der Symbiose (Actinorhiza) mit Luftstickstoff bindenden Bakterien der Gattung *Frankia* aus der Gruppe der Actinomyceten (= „Strahlenpilze"). Als weitere Symbiose findet sich eine ektotrophe Mykorrhiza, was außerhalb unserer Waldbäume nur sehr selten vorkommt.

Systematik: Die Gattung umfasst nur 2–3 Arten. Sie sind arktisch-alpin auf der Nordhalbkugel verbreitet. Nach neueren Erkenntnissen gehört *Dryas* mit drei weiteren Gattungen einer eigenen, isoliert stehenden Unterfamilie Dryadoideae innerhalb der Rosaceae an. Eine Beziehung zu der von den Früchten her sehr ähnlichen Gattung *Geum* (– Nelkenwurz) besteht nicht.

Namen: „*Dryas*" wurde von LINNÉ geprägt, der sie auf die Baumnymphe Dryas aus der griech. Mythologie bezog, vielleicht in Anlehnung an griech. drys = Baum, Eiche, weil die Pflanze verholzt ist und ihre

Die Früchte mit ihren langen, federig behaarten Griffeln spreizen bei Trockenheit und werden vom Wind fort getragen.

Blätter denen gewisser Eichen-Arten ähneln. Neulat. „*octopetalus*" = mit acht Kronblättern, wegen der ungewöhnlichen Kronblattzahl. – „Silberwurz" (weiblich!) wegen der Farbe der Blattunterseite. „Wurz" in der alten Bedeutung ‚Pflanze' (vgl. Gewürz).

Vorkommen: Pionier-Zwergstrauch alpiner Kalkschutthalden und in Kalkmagerrasen und Steinrasen der alpinen Stufe, auf flachgründigen Böden. Auch oft mit den Flüssen herabgeschwemmt. Arktisch-alpine Pflanze, war während der Eiszeiten Charakterart der Tundra. Paläontologen unterscheiden entsprechend eine älteste (ca. 11.000 vor Chr.) bzw. Jüngere „Dryas-Zeit", ca. 7000 vor Chr.). Damals über ganz Deutschland verbreitet, ist aber heute weitestgehend auf Nordeuropa und die Alpenbereiche beschränkt. Aus Norddeutschland noch bis in die Nacheiszeit nachgewiesen. Schützenswert.

Blüten: VI–VIII. Große, weiße „Nektar führende Scheibenblumen", einzeln auf langen Stielen. Kelch- und Kronblätter meist 8. Insekten- und Selbstbestäubung. Die Blüten richten sich nach der Sonne aus (Heliotropismus) und bündeln das einfallende Licht wie ein Hohlspiegel zum Blütenzentrum. Das führt zu einer messbaren Temperaturerhöhung, sodass sich vermehrt Insekten zum Aufwärmen niederlassen und dabei zur Fremdbestäubung beitragen.

Früchte (siehe Detailfoto): In jeder Blüte entstehen mehrere Nussfrüchte mit dem zur Fruchtreife stark verlängerten, federig weiß behaarten Griffel: Federschweifflieger. Die Haare liegen bei Nässe an und spreizen bei Trockenheit. Außerdem Menschenausbreitung als Gartenpflanze und Schwimmausbreitung durch Gebirgsbäche. Fruchtreife: ab VII.

Vegetative Vermehrung durch Verzweigung der Sprosse.

Verwendung: Als immergrüne Art – auch wegen der Fruchtbärte – sehr dekorativ als Steingartenpflanze und auch für Wildpflanzengärten zu empfehlen. Als Zierpflanze beliebt ist auch der Bastard mit der nordamerikanischen Art *D. drummondii*.

Dryopteris filix-mas (L.) SCHOTT (Artengruppe),

Gewöhnlicher Wurmfarn

Dryopteridaceae (= Wurmfarngewächse)

Ausdauernde, sommergrüne Rosettenpflanze, 30–120 cm hoch. Das kräftige Rhizom speichert fettes Öl und Zucker. Trockene, braune „Spreuschuppen" hüllen das Rhizom und den unteren Teil der Blattspindel sowie die jung eingerollten Blätter ein und dienen so als Schutz vor Verdunstung und vor Kälte. Der Jahreszuwachs ist am Rhizom gut erkennbar. Die Blätter (Wedel) sind einfach gefiedert mit tief fiederspaltigen Fiedern (siehe Detailfoto). Sie benötigen von ihrer Anlage am Rhizom bis zur vollen Entfaltung mehrere Jahre. – Wurzelpilz (arbuskuläre Mykorrhiza).

Giftigkeit: Pflanze (vor allem jung) giftig durch ein in den Exkretzellen der Rhizome und Blattstielbasen befindliches, offenbar auf die Gattung beschränktes Gemisch von Buttersäure-Phloroglucin-Verbindungen (Filicin, Filixsäure). Vergiftungen auch bei Säugern, z. B. sind bei Schafen bereits 25 g und bei Rindern 100 g tödlich. Besonders giftig für niedere Tiere (s. u.).

Systematik: Die Gattung *Dryopteris* umfasst etwa 400 Arten. Nahe verwandt ist der Schildfarn (*Polystichum*). Der in vielerlei Hinsicht ähnliche Frauenfarn (*Athyrium filix-femina*) gehört in eine andere Familie. – *D. filix-mas* ist ein konstanter, tetraploider Additionsbastard, entstanden aus der Kreuzung *D. caucasica* × *D. oreades*.

Namen: „*Dryopteris*" ist bei DIOSKURIDES der Name eines auf alten Eichen wachsenden Farns (vielleicht meint er epiphytisches *Polypodium*), abgeleitet von griech. drys = Baum, Eiche und pteris = Farn. Zur Bedeutung von „filix-mas" = männlicher Farn siehe beim Frauenfarn (*Athyrium filix-femina*). – „Wurmfarn", weil die Pflanze bei Farren (= Rindern) als Mittel gegen Würmer verwendet wurde (Artur KUTZELNIGG 1968 Orbis 17: 142). Die übliche Erklärung, Farn leite sich entsprechend seiner Blattgestalt von einem indogerm. Wort für Feder ab, erwies sich als unbegründet.

Die Sporangiengruppen sind anfangs von einem runden Schleier bedeckt.

Vorkommen: Frische und nährstoffreiche Wälder, Gebüsche und Gärten sowie an Mauern und auf Bahnanlagen. Schattenpflanze. Bis in die subalpine Stufe. Auch als Zierpflanze kultiviert und verwildert.

Vermehrung: Der Vorkeim (= Prothallium) ist bis ca. 1 cm groß, grün, herzförmig. Er stellt die Geschlechtspflanze dar und trägt entsprechend auf der Unterseite, vor allem im Bereich der Einkerbung, zahlreiche ± stark eingesenkte, weibliche und männliche Geschlechtsorgane (Archegonien bzw. Antheridien). Zwischen Erdboden und Vorkeim kann kapillar Wasser festgehalten werden (ähnlich wie zwischen Deckglas und Objektträger). In diesem „Miniaquarium" platzen die Antheridien, und schließlich schwimmen die Spermatozoiden (= Schwärmerzellen) zu den Eizellen in den Archegonien. Dabei werden sie bereits von 26 Milliardstel mg Äpfelsäure chemotaktisch angelockt. – Vorkeime findet man in der Nähe der Farnpflanzen, besonders in feuchten, hohlen Baumstümpfen, an Grabenböschungen und in schattig-feuchten Nischen. – Nach der Befruchtung entwickelt sich

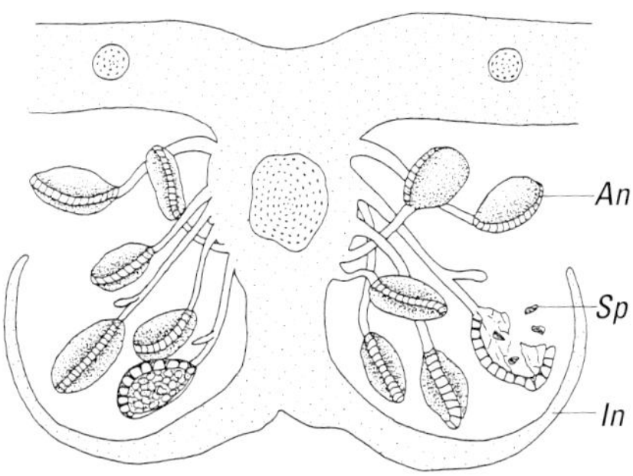

Sporangiengruppe (Sorus) quer: ***In*** *= Indusium (Schleier),* ***Sp*** *= Spore,* ***An*** *= Anulus (Ring).*

am Vorkeim die Sporenpflanze, die nach einigen Jahren in der Lage ist, im Sommer auf der Wedelunterseite wieder Sporenbehälter (= Sporangien) zu bilden. Zahlreiche Sporangien liegen jeweils in einer Gruppe dicht zusammen, die man Sorus (Plural: Sori) nennt (siehe Abb.). Beim Wurmfarn ist der Sorus von außen gesehen anfänglich durch einen runden Schleier geschützt (siehe Detailfoto), beim ähnlichen Frauenfarn ist dieser kommaförmig. – Es liegt also ein (heteromorpher und heterophasischer) Generationswechsel zwischen dem haploiden Vorkeim (Prothallium) und der diploiden eigentlichen Farnpflanze vor. Sporenreife: IX–X. Die Sporangien haben einen ringförmigen Rückenwulst (= Anulus) aus einseitig verdickten Zellen. Durch einen Austrocknungsmechanismus bringt der Anulus die Kapsel zum Aufreißen, wobei die meisten Sporen ausgeschleudert und die übrigen später ausgeblasen werden: Selbst- bzw. Windstreuer. – Am Beispiel des Farns *Phlebodium aureum* wurde jetzt gezeigt, dass dieser Mechanismus sehr ähnlich ist wie der von mittelalterlichen Katapulten (NOBLIN et al. 2012 Science 335: 1322). Weitere Ausbreitung der Sporen als Körnchenflieger. Die Keimung erfolgt an feuchtschattigen Plätzen. Nach etwa 2–3 Monaten ist der Vorkeim befruchtungsfähig.

Vegetative Vermehrung durch Verzweigung des Rhizoms.

Verwendung: Das Rhizom ist als Mittel gegen Würmer und Ungeziefer seit dem Altertum bekannt, wird aber wegen der Gefahr der Vergiftung bei Überdosierung nicht mehr verwendet. Im Mittelalter spielten Farnkräuter allgemein eine große Rolle als wurmabweisende Streu für Rinder und andere Haustiere. – Im Aberglauben wurde Farnen eine große Bedeutung beigemessen. So sollten z. B. die in der Johannisnacht gesammelten „Farnsamen" (gemeint sind die Sporen) angeblich unsichtbar machen und gegen Hieb und Stich feien. Wurmfarn wird seit langem als Zierpflanze in zahlreichen Sorten kultiviert und ist auch für Wildpflanzengärten an schattigen Plätzen zu empfehlen. Oft findet er sich ohnehin in Gärten spontan ein.

Weitere Arten:

Dryopteris carthusiana (VILL.) H. P. FUCHS (= *D. spinulosa* (O. F. MÜLL.) KUNTZE), Dorniger Wurmfarn, Gewöhnlicher Dornfarn: Ähnlich wie vorige Art. Blätter 2-fach gefiedert, mit Spitzen, die der Form nach dornähnlich (Name!) sind. Wälder, Heiden und Moorränder, auf staufeuchten, nährstoff- und basenarmen, sauren Böden.

Dryopteris dilatata (HOFFM.) A. GRAY, Breitblättriger Dornfarn, Breiter Wurmfarn: Sehr ähnlich wie *D. carthusiana* und oft mit dieser Art als Artengruppe zusammengefasst. Habituell durch breiteren Wuchs, dunkler grüne und stärker zerteilte Fiedern (Wedel 3–4-fach gefiedert), einen dunklen Mittelteil der Spreuschuppen und kleine, gelbe Drüsen unterschieden. Wächst in krautreichen Wäldern, auf sickerfrischen, ± nährstoffreichen Böden.

Duchesnea indica → *Potentilla indica*

Dysphania: siehe bei *Chenopodium album*

Echinochloa crus-galli (L.) PALISOT DE BEAUVOIS (= *Panicum crus-galli* L.), Gewöhnliche Hühnerhirse

Poaceae (= Süßgräser)

Einjährig, sommerannuell, 30–90 cm hoch. Halme knickig aufsteigend. Stark frostempfindlich: stirbt nach dem ersten Herbstfrost sofort ab. C_4-Pflanze mit Malat als CO_2-Speicher. – Bis über 1 m tief wurzelnd.

Systematik: Die Gattung ist nahe verwandt mit Fingerhirse (*Digitaria*, s. u.), Rispenhirse (*Panicum*; s. u.) und Borstenhirse (*Setaria*).

Namen: „*Echinochloa*" wurde 1812 von PALISOT DE BEAUVOIS geprägt, von griech. echinos = Igel und chloa = Gras, wegen der allseitigen Grannen; „*crus-galli*" von lat. crus = Bein, Fuß und gallus = Hahn, angeblich wegen der Ähnlichkeit der Blütenstände mit dem Fuß eines Hahnes. – „Hühnerhirse" ist künstlich gebildet und bezieht sich auf die Verwendung der Früchte als Vogelfutter.

Vorkommen: Hackfruchtäcker, besonders Maisäcker, Weinberge und Ruderalstellen, auf sandigen bis lehmigen Böden. Nährstoff- und Frischezeiger. Anfangs als Wildkraut der Hirseäcker eingeschleppt: Archäophyt. In neuerer Zeit stellenweise Problempflanze, so in Mais-Äckern und Baumschulen. In warmgemäßigten bis subtropischen Zonen weltweit verschleppt, z. B. in Reisfeldern. – Relativ unempfindlich gegenüber den auf Maisfeldern oft als Herbizide angewandten Triazinen und sich deshalb mit dem Maisanbau ausbreitend. Die Pflanze ist laut FAO weltweit gesehen das drittwichtigste Unkraut.

Blüten: VII–IX. Windblütig: „Langstaubfädiger Typ." Ährenartige Trauben einseitswendig, zu einer stark zusammengezogenen Rispe vereint, aus der allseitig die Grannen hervortreten.

Früchte: Karyopsen. Die Ährchen fallen bei der Reife meist als Ganzes ab; die oberste Hüllspelze ist stachelspitzig oder begrannt und dient als Klettorgan: Klettausbreitung. Außerdem Windstreuer sowie Menschenausbreitung als Agrikulturbegleiter. Die Samen reifen bei uns nur nach langen, warmen Sommern aus. Fruchtreife: IX–X. Wärmekeimer.

Verwendung: Die unreifen Früchte können roh, die reifen Früchte gekocht als Getreideersatz genutzt werden und wurden zu diesem Zweck früher sogar gebietsweise angebaut. Sie sind auch Bestandteil von Vogelfutter. Junge Blätter können als Gemüse gegessen werden. In Russland wird die Pflanze noch heute als Futterpflanze kultiviert.

Verwandte:

Digitaria sanguinalis (L.) SCOP., Blutrote Fingerhirse: Ebenfalls einjähriger, sommerannueller Wärmekeimer und C_4-Pflanze. 10–30(–80) cm hoch. Zweige niederliegend oder knickig aufsteigend. Blattscheiden meist dicht behaart. 3–8 fingerförmig angeordnete, endständige, sehr schlanke, ca. 5 cm lange, oft blutrot überlaufene Ähren (Fingergras). Die Ährchen entspringen paarweise – jeweils ein kürzer und ein länger gestieltes – von einer Seite der Ährenachse (Lupe!). Obere Hüllspelze halb so lang wie die Deckspelze. Wegränder und andere Ruderalstandorte sowie Hackfruchtäcker nährstoff- und besonders stickstoffreicher, sonni-

ger Standorte warmer Lagen, auf kalkarmen Silikatböden. Hat sich gebietsweise stark ausgebreitet, so auch z. T. in Gartenrasen. Wie vorige Art Maisbegleiter. Einheimisch oder Archäophyt und heute weltweit verschleppt. Blütezeit: VII–X. Die Früchte werden von Rasenameisen (*Tetramorium*) als Nahrung für ihre Larven gesammelt; es handelt sich also um Versteckausbreitung und nicht um Ameisenausbreitung, zumal Ölkörper (Elaiosomen) fehlen. Dazu Ausbreitung der von Spelzen eingeschlossenen Früchte als Regenschwemmlinge sowie Menschenausbreitung als Kulturbegleiter. Wie bei voriger Art wurden die Pflanzen früher wegen der getreideartigen Früchte gesammelt und z. T. auch angebaut.
Digitaria ischaemum (SCHREB.) MUHL., Kahle oder Faden-Fingerhirse: Voriger Art sehr ähnlich und an ähnlichen Standorten und ebenfalls in Ausbreitung. 10–50 cm hoch. Blätter und obere Blattscheiden kahl. Obere Hüllspelze so lang (statt halb so lang) wie die Deckspelze.
Panicum miliaceum L., Echte Hirse oder Rispenhirse: Einjährig, sommerannuell, 30–100(–150) cm hoch. C_4-Pflanze. Breitblättrig. Rispenäste zuletzt meist überhängend. Seit der Jungsteinzeit kultivierte Nahrungspflanze, die auch bei uns noch bis in die frühe Neuzeit eine große Rolle spielte, besonders als Getreide der ärmeren Bevölkerung, vgl. auch das bekannte Märchen vom süßen Hirsebrei. Heimat: Zentralasien. Heute bei uns nur noch selten und fast nur als Vogelfutter- oder Zierpflanze in Kultur, aber in weiten Teilen Asiens noch wichtige Nahrungspflanze. Zuweilen verwildert, aber überwiegend nur unbeständig. – Zu weiteren Vertretern der im Deutschen als „Hirse" bezeichneten Pflanzen siehe *Setaria* und *Sorghum* (bei *Bothriochloa*).

Echinops sphaerocephalus LINNAEUS, Große oder Drüsige Kugeldistel

Asteraceae (= Korbblütler)

Hemikryptophyt (Schaftpflanze), zweijährig (bis ausdauernd), bei uns meist nur einmal blühend (hapaxanth). 60–120 cm (maximal bis 3 m) hoch. Stängel oberwärts dicht braunrot drüsig, vielköpfig. Blätter fiederspaltig, unterseits graufilzig. – Pflanze mit Wurzelrübe.

Systematik: Die Gattung gehört zur Unterfamilie Carduoideae, siehe *Carduus*. Sie umfasst etwa 120 Arten in Eurasien und Afrika. Mehrere Arten davon werden bei uns als Zierpflanzen kultiviert, von denen *E. sphaerocephalus*, *E. exaltatus* (Drüsenlose K.) und *E. bannaticus* (Banater K.) auch eingebürgert sind.
Namen: „*Echinops*" wurde von LINNÉ geprägt, von griech. echinos = Igel und -opsis = Aussehen. Neulat. „*sphaerocephalus*" = kugelköpfig, wegen der kugeligen und stacheligen Blütenstände. – „-Distel", wegen der dornigen Beblätterung und der auch sonst distelähnlichen Erscheinung.
Vorkommen: Gartenpflanze (seit dem 16. Jh.). Heimat: Süd- und Südosteuropa. An trockenwarmen, nährstoff- und basenreichen Stellen vielfach eingebürgert (etablierter Neophyt). – Hat sich in den letzten Jahren als invasiver Neophyt stark ausgebreitet und gefährdet stellenweise, vor allem durch das Vordringen in Trockenrasen, die heimische Vegetation.
Blüten: VI–VIII. „Körbchenblumen". Die hier auf je eine Blüte (!) reduzierten Einzelköpfe sind ihrer-

seits zu kopfigen Gesamtblütenständen zweiter Ordnung vereint. Diese stehen meist zu mehreren und sind je 4–8 cm breit. Kontrastwirkung durch die blauen Staubblätter und die weißliche bis blaugraue Krone. Kronröhre 6 mm lang. Nektar reichlich. Griffelbürste vorhanden. Bestäuber sind Bienen, Wespen und Tagfalter. *Echinops*-Arten sind wichtige Bienenfutterpflanzen.

Früchte: Achänen mit krönchenartigem Pappus (Haarkelch): Windausbreitung? Hüllblätter bei Nässe schließend, bei trockener Witterung spreizend: Tierstreuer. Menschenausbreitung (Gartenflüchter). Auch Klettausbreitung möglich. Fruchtreife: IX–X.

Verwendung: Zierpflanze und Bienenfutterpflanze der Gärten. Für größere Wildpflanzengärten zu empfehlen.

Echium vulgare LINNAEUS, Gewöhnlicher Natternkopf, Stolzer Heinrich

Boraginaceae (= Raublattgewächse, Borretschgewächse)

Zweijährige Halbrosettenpflanze, 30–70(–100) cm hoch. Trockenpflanze: Tiefwurzler (bis 2,5 m). Borstig behaart: Wasserdampfkondensation und Fraßschutz.

Giftigkeit: Pflanze für Mensch und Tier bei Aufnahme großer Mengen giftig durch Allantoin und Pyrrolizidin-Alkaloide, z. B. das lebertoxische Consolidin. Auch bei Pollen und Honig ist Vorsicht geboten, vor allem bei ausländischen Herkünften.

Systematik: Die Gattung umfasst etwa 65 Arten, darunter auch mehrere strauchförmige Arten auf den Kanarischen Inseln. Nah verwandt ist der Steinsame (*Lithospermum*).

Namen: „*Echium*“ (echios, echion) ist der lat.-griech. Name von Echium-Arten (?), zu griech. echis = Natter, wegen der an einen züngelnden Schlangenkopf mit gespaltener Zunge erinnernden Blüte, in Verbindung mit der ehemaligen Verwendung nach der Signaturenlehre bei Schlangenbissen. Der Name wird vorlinnésch für die heutige Gattung verwendet. Lat. „*vulgaris*“ = häufig, gewöhnlich. – „Natternkopf“ ist Lehnübertragung. „Stolzer Heinrich“ im Sinne von ‚guter Geist‘, wegen der vermeintlichen Heilwirkung (s. u.). Derselbe Name wurde u. a. auch für das Echte Johanniskraut (*Hypericum perforatum*) vergeben.

Vorkommen: Sonnige Ruderalstellen, vor allem Bahn- und Hafenanlagen und Industrieflächen, sowie Mauerkronen und Trockenrasen, auf sommerwarmen, mäßig trockenen, oft humusarmen Böden. Kennart des Echio-Melilotetum (= Natternkopfgesellschaft). – Alteinwanderer (= Archäophyt) aus dem Mittelmeergebiet.

Blüten: V–X. Vormännliche „Rachenblumen“, mit weit herausragenden Narben und Staubbeuteln. Die Blüten stehen in zahlreichen seitenständigen, zu einem rispigen Gesamtblütenstand vereinigten Wickeln. Griffel und Staubblätter dienen als Landeplatz für die zahlreichen Bestäuber. Das sind Schmetterlinge, von denen über 40 Arten festgestellt wurden, sowie Hummeln, Wild- und Honigbienen. Hauptbesuch von Bienen gegen 15 Uhr. Farbwechsel der Blüten von rosa nach blau (was schon L. FUCHS 1543 angibt). Bienen lernen, dass nur rosa Blüten nektarreich sind. Blüten im Unterschied zu den meisten anderen Raublattgewächsen dorsiventral, also mit Ober- und Unterseite. Pollenkörner graublau, mit nur 0,01 mm sehr klein. Wichtige Pollenquelle für Mauerbienen, von denen mehrere Arten ausschließlich diesen Pollen als Nahrung für die Brut nutzen, und weitere weniger spezialisierte Wildbienenarten.

Früchte: Spaltfrüchte, die in 4 kleine, glatte Teilfrüchte (= Klausen) zerfallen. Wind- und Tierstreuer: Die Tiere bleiben an den borstigen Pflanzen hängen. Klettausbreitung durch die im borstigen Kelch verbleibenden Klausen. Fruchtreife: VIII–IX.

Verwendung: Wird als Zierpflanze angeboten und ist auch für Wildpflanzengärten zu empfehlen. Ehemalige Arzneipflanze, z. B. bei Melancholie; galt im Altertum – wie eine ganze Reihe anderer ebenfalls absolut wirkungsloser Pflanzen – als Mittel gegen Schlangenbiss. – Junge Triebe sind als Gemüse verwendbar. Die Blüten können als essbare Dekoration von Speisen verwendet werden.

Egeria densa: siehe bei *Elodea*

Elaeagnus: siehe bei *Hippophae*

Eleocharis palustris (L.) ROEMER et SCHULTES (= *Scirpus palustris* L.) (Artengruppe), Gewöhnliche Sumpfsimse oder Sumpfbinse

Cyperaceae (= Riedgrasgewächse, Sauergräser)

Ausdauernder, wintergrüner Hemikryptophyt mit weithin kriechendem Rhizom, 10–50(–80) cm hoch. Pflanze den nicht näher verwandten Binsen (*Juncus*) ähnlich, aber u. a. durch die endständigen Blütenköpfchen unterschieden. Stängel in Anpassung an den sauerstoffarmen Sumpfstandort hohl, 1–3 mm dick, grün oder graugrün.

Systematik: Obwohl man die Pflanze auf den ersten Blick für eine Binse (*Juncus*) halten könnte, gehört sie zur Familie der Sauergräser und steht anderen Vertretern der ehemaligen Großgattung *Scirpus* = Simse nahe. – Die Gattung umfasst etwa 200–250 Arten, darunter viele untergetaucht lebende. Etwa 50 Arten der Gattung sind C_4-Pflanzen, d. h. sie haben eine vom Normaltyp abweichende Photosynthese, hier mit Aspartat als CO_2-Speicher. Zur Gattung gehört auch die tropische Wasserkastanie (*E. dulcis*), deren Ausläuferknollen gegessen werden und auch bei uns gelegentlich auf den Markt kommen. Dabei ist anzumerken, dass auch die Wassernüsse (*Trapa natans* und *bicornis*) oft als Wasserkastanien bezeichnet werden. – Häufigste Kleinart der Artengruppe im Gebiet ist *E. vulgaris*.

Namen: Der Name „*Eleocharis*" wurde von R. BROWN 1810 geprägt, von griech. helos = Sumpf und charis = Zierde, Freude, d. h. Sumpfbewohner. Lat. „*palustris*" = Sumpf-. – Die binsenartigen Vertreter der Familien Cyperaceae und Juncaceae werden im allgemeinen Sprachgebrauch nicht unterschieden und meist entweder Simsen oder Binsen genannt. Die heutigen deutschen Gattungsnamen sind künstlich gebildet. Leider werden sie in der Literatur nicht einheitlich verwendet (vgl. *Juncus!*).

Vorkommen: Charakterpflanze vernässter, auch zeitweilig trocken fallender Standorte, z. B. im Uferbereich stehender Gewässer, in Nasswiesen

und an Gräben. Nährstoffzeiger. Vermag noch in Wassertiefen bis zu 1 m Tiefe zu gedeihen. Invasive Art, die allelopathisch wirksam ist, d. h. wachstumshemmend auf benachbart wachsende Arten wirkt.
Blüten: V–VIII. Windbestäubung. Vorweiblich. Blütenköpfchen (Ähren) endständig, 20(–30) mm lang, elliptisch, braun.
Früchte: Nüsse, ähnlich denen der Seggen (*Carex*), aber vom zwiebelförmig verdickten Griffelrest gekrönt. Wind- und Wasserausbreitung sowie Klettausbreitung mithilfe der bleibenden Kelchborsten durch Wasservögel. Fruchtreife: ab VII. Fruchtansatz aber gering, daher Hauptausbreitung vegetativ.
Vegetative Vermehrung durch die weithin kriechenden, ausläuferartigen Rhizome, die reichlich oberirdische Sprosse bilden, sodass große Reinbestände von bis zu 2 m Durchmesser entstehen können.
Verwendung: Die Früchte wurden früher zur Ernährung genutzt.

Elodea canadensis MICHAUX (= *Anacharis canadensis* (MICHX.) PLANCH.), Kanadische Wasserpest

Hydrocharitaceae (= Froschbissgewächse)

Untergetauchte, ausdauernde Wasserpflanze bis 3 m Länge, oft wintergrün, selten Überdauerung durch Winterknospen. Blattquirle meist 3-zählig. Blätter zahlreich, dünn, zungenförmig, bis 10 mm lang. – Verletzte Blätter mit auffälliger Plasmaströmung, was man im Mikroskop gut erkennen kann. Beliebte Schulversuchspflanze, z. B. zur Demonstration der Sauerstoffproduktion bei Belichtung. – An das Leben als Schwimmpflanze ist *Elodea* gut angepasst durch die große Zahl und geringe Dicke der Blätter, die eine Vergrößerung der Oberfläche bedingen, sodass die notwendigen Nährsalze sowie CO_2 bzw. O_2 effektiver aufgenommen werden können. Außerdem nutzt die Pflanze in Anpassung an die oft geringe Verfügbarkeit von CO_2 in stehenden Gewässern bei der Photosynthese neben dem C_3-Weg fakultativ auch den C_4-Weg. Letzterer verläuft aber anders als beim Normaltyp, indem die beiden Teilprozesse (Speicherung von CO_2 und dessen Verarbeitung im Calvin-Zyklus) nicht auf unterschiedliche Zelltypen, sondern auf unterschiedliche Teile (Kompartimente) derselben Zelle verteilt sind.

Namen: „*Elodea*" wurde von MICHAUX 1803 geprägt, von griech. helodes = Sumpf, wegen des Standorts. Das Wort „Wasserpest" wurde 1864 von ASCHERSON geprägt, aufgrund der pestartigen Ausbreitung.
Vorkommen: Stehende oder langsam fließende, nährstoffreiche Gewässer bis 3 m Tiefe. Meist im Tiefland. – Heimat: Nordamerika. In Europa über Irland (1836) und Schottland (1841) sowie den Botanischen Garten Berlin (1854) nach Deutschland gebracht und von dort eingebürgert (etablierter Neophyt = Neubürger): Potsdam 1859, Leipzig 1861, Trier und Hamburg 1863, Regensburg 1865, Kleve 1866 usw. Zuerst erfolgte eine Massenentwicklung

bis zur Verstopfung ganzer Kanäle. Nach Wiederherstellung des „biologischen Gleichgewichts" schon seit Beginn des 20. Jh. kam es aber wieder zum Rückgang. Zu den Ursachen gehört u.a. der Befall mit Fadenwürmern (Nematoden), die den Vegetationskegel zerstören. Inzwischen ist die Pflanze kaum noch eine „Gewässerplage", sondern vielmehr ökologisch wertvoll als Laichplatz und Sauerstoffproduzent. Sie wird aber nach wie vor als invasiver Neophyt eingestuft.

Blüten: In Europa fast nicht blühend. Zweihäusig. Bei uns fast nur weibliche Pflanzen; männliche wurden u.a. bei Altenburg in Sachsen gefunden. Wasserbestäubung als „Überwasserblüher". Blüten 3–6 mm breit. Männliche und weibliche Blüten schwimmen an der Wasseroberfläche und sind entsprechend lang gestielt, u. U. bis > 20 cm. Weibliche Blüten mit 3 purpurnen Narben, deren Spitzen in das Wasser eintauchen. Pollen in Tetraden. Er wird vom Wind auf der Wasseroberfläche bis zu den weiblichen Blüten transportiert. Da deren Kelchblätter unbenetzbar sind, liegen die Narben in einer kleinen Vertiefung der Wasseroberfläche, sodass der Pollen ziemlich genau auf die Narben trifft.

Früchte: Mehrsamige, eiförmige Kapseln, die unter Wasser ausreifen.

Vegetative Vermehrung ist in Europa die bisher einzig sicher beobachtete Vermehrung, ist aber auch in Nordamerika vorherrschend. Die Pflanzen sind sehr brüchig, und jeder Quirl wächst zu einer neuen Pflanze aus. Außerdem ist Schwimm- und Klettausbreitung durch Vögel möglich sowie Menschenausbreitung (Kulturflüchter).

Verwendung: Wertvolles Viehfutter (trocken 18 % Eiweiß, 43 % Stärke und 2,5 % Fett) und auch wertvoller Dünger. – Beliebte Zierpflanze für Aquarien und Gartenteiche.

Weitere Arten/Verwandte:

Elodea nuttallii (PLANCH.) H. St. John, Nuttalls oder Schmalblättrige Wasserpest: Diese ebenfalls aus Nordamerika stammende Art, die viel für Aquarien verwendet wird, breitet sich seit einigen Jahren sehr stark aus und hat gebietsweise die vorige Art verdrängt. Neophyt: Erstnachweis 1953. In einigen Seen, z.B. entlang der Ruhr ist die Art zur Problempflanze geworden. So wurden etwa im Jahre 2004 aus dem Harkortsee 450 t Pflanzenmaterial mit *E. nuttallii* als Hauptanteil geborgen („gemäht"). Entsprechend wird die Art ebenfalls als invasiver Neophyt bewertet. Die Blätter sind vorne spitz, meist leicht spiralig gedreht bzw. zurückgebogen und länger und schmaler als bei *E. canadensis*. Salzverträglich. Blütenstiele kürzer als bei voriger Art, stets <10 cm. Die männlichen Blüten lösen sich unter Wasser ab und öffnen sich später an der Wasseroberfläche, wo sie den Pollen entlassen.

Egeria densa PLANCH. (= *Elodea densa* (PLANCH.) CASP.), Nektarwasserpest, Dichte Wasserpest: Blattquirle meist 4-zählig. Wird als Aquarienpflanze häufiger verwendet als *Elodea canadensis*. Heimat: Südamerika. Oft vorübergehend eingeschleppt, aber nur selten und nur in Warmwassergräben eingebürgert, z.B. in der Erft (Neophyt seit 1910). Weltweit verschleppt. Blüten 12–20 mm breit. In Deutschland kommen nur männliche Pflanzen vor. Die Art kann wie *Elodea canadensis* fakultativ dem C_4-Weg der Photosynthese folgen, was bei dieser Art deshalb von besonderem Vorteil ist, weil Warmwasser die Verfügbarkeit von Kohlendioxid stark einschränkt (SAGE et al. 2000 Plant Physiol. 123: 1611).

Elymus repens (L.) GOULD (= *Agropyron repens* (L.) P. BEAUV., *Elytrigia repens* (L.) NEVSKI), Gewöhnliche Quecke

Poaceae (= Süßgräser)

Rhizom-Geophyt und Hemikryptophyt, 30–150 cm hoch. Umfangreiches System von unterirdischen Ausläufern (s. u.). Die nadelspitzen Ausläufer-(Rhizom-)Spitzen vermögen sogar Holz und Asphaltauflagen zu durchdringen.

Systematik: Der Umfang und die Nomenklatur der Gattung wurden mehrfach umgestellt und werden immer noch diskutiert. Nahe verwandt sind Weizen (*Triticum*, siehe dort), Gerste (*Hordeum*) und Roggen (*Secale*).

Namen: „*Elymus*" ist der griech. Name der Kolbenhirse (*Setaria italica*), der von LINNÉ auf diese Gattung übertragen wurde (allerdings gehörte bei ihm die vorliegende Art zu *Triticum*). Lat. „*repens*" = kriechend, wegen der Ausläufer. – „Quecke" von germ. quiqua = lebendig, lebhaft (vgl. quicklebendig), im Hinblick auf die Vitalität und die durch die Rhizome bedingte Langlebigkeit der Pflanze.

Vorkommen: Frische bis trockene Ruderalstellen, Äcker, Ufer und Dünen. – Wegen der tief liegenden Rhizome ist die Bekämpfung der Quecke als Wildpflanze der Äcker und Gärten schwierig, soll aber durch Kartoffelanbau leicht möglich sein.

Blüten: VI–VII. Windblütig: „Langstaubfädiger Typ". Ährengras. Weitgehend selbststeril.

Früchte: Ausbreitungseinheit sind die von der Deck- und Vorspelze umgebenen Karyopsen (Spelzfrüchte). Bei der Reife brechen meist die ganzen Ährchen von ihrer Spindel ab: Klettausbreitung. Dazu Wind- und Menschenausbreitung. Fruchtreife: VIII–X.

Vegetative Vermehrung erfolgt sehr reichlich durch die ausläuferartigen Rhizome. Diese liegen meist in einer Tiefe von 2–8 cm im Boden, werden bis 2 m lang und können einen jährlichen Neuzuwachs von 30–100 cm erreichen und dadurch unter günstigen Bedingungen pro Jahr eine Fläche von 10 m² durchwuchern. Am Ende oder auch an den Knoten der Ausläufer werden aufwärts gerichtete Halmtriebe gebildet; das können bis zu 150 pro Jahr sein.

Verwendung: Die durch den Gehalt an verschiedenen Zuckern süßlich schmeckenden Rhizome können als harntreibendes Mittel arzneilich verwendet werden, z. B. bei Erkrankungen der Harnwege. Sie sind häufiger Bestandteil von Gesundheitstees. Sie können aber auch als Beigabe für Salate und Suppen sowie getrocknet als Mehlersatz genutzt werden. Die Früchte wurden vor allem als Getreideersatz verwendet. Als Heu ist Quecke wertlos, da es zerbröselt. In Nordeuropa, z. B. in Finnland, ist die Pflanze ein wichtiges Futtergras. Bei uns wird sie gelegentlich zur Hangbefestigung gepflanzt.

Weitere Arten (vgl. auch *Leymus* = Strandroggen): ***Elymus caninus*** (L.) L. (= *Agropyron caninum* (L.) P. BEAUV., *Triticum caninum* L.), Hunds-Quecke: Deckspelzen lang begrannt: Klettausbreitung. Pflanze horstbildend. Feuchte Hang- und Auwälder sowie Ufer, auf nährstoff- und basenreichen Böden. Stickstoffzeiger. Im norddeutschen Tiefland selten. Der Artbeiname bedeutet minderwertig, im Vergleich zum Saat-Weizen (*Triticum aestivum*). ***Elymus junceiformis*** (A. LÖVE et D. LÖVE) HAND et BUTTLER (= *Agropyron junceum* (L.) P. BEAUV.,

Elymus farctus (VIV.) MELDERIS p.p.), Strand- oder Binsen-Quecke, Strandweizen: Derbe und kräftige Halme und Ähren bildende, blaugraue bis blaugrüne Horstpflanze. Häufig auf den Außendünen der Küsten bis ins Mittelmeergebiet. Kennart der Strandquecken-Vordünen-Gesellschaft (Elymo-Agropyretum juncei = Elymetum farcti). Salzverträglich. Wird zur Dünenbefestigung gepflanzt.

Elymus arenarius → *Leymus arenarius*.

Empetrum nigrum LINNAEUS, Schwarze Krähenbeere

Ericaceae (= Heidekrautgewächse)

Niederliegender, immergrüner Spalierstrauch, teppichbildend, 15–30(–50) cm hoch, mit aufrechten Trieben und bis >1 m langen Kriechtrieben. Über 80 Jahre alt werdend. Junge Triebe rötlich, ältere rotbraun, etwas an Fichtenzweige erinnernd. Wurzelkriecher. Blätter nadelartig, rinnig (siehe Abb.). Blattrand umgerollt, sodass die auf der Blattunterseite befindlichen Spaltöffnungen nur durch einen schmalen Spalt mit der Außenluft in Verbindung stehen, was wohl eher eine Anpassung an die Mineralsalzarmut des Bodens darstellt als an die Trockenheit. – Pilzwurzel (endotrophe Mykorrhiza vom Ericaceen-Typ).

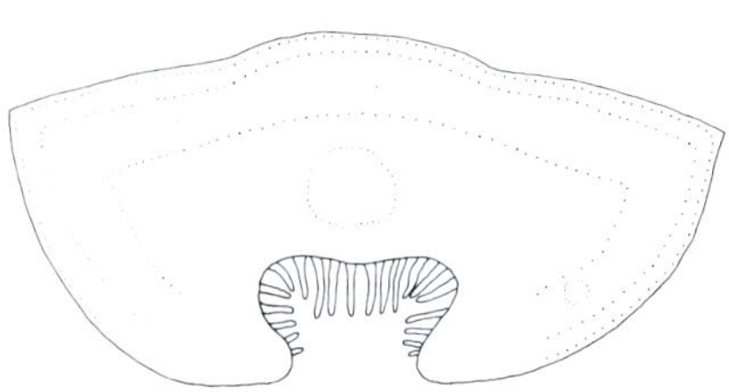

Blattquerschnitt: Die Blätter sind eingerollt und tragen die Spaltöffnungen in einem kleinen Bereich auf der Unterseite.

Systematik: Lange Zeit wurde *Empetrum* u.a. wegen der freien Blütenhülle und der 1-samigen Früchte in eine eigene Familie Empetraceae gestellt, zu der 3-4 Gattungen gezählt wurden. Inzwischen wird diese Verwandtschaft aber wieder in die Ericaceae eingegliedert und dort in die Unterfamilie Ericoideae gestellt (vgl. *Erica*).

Giftigkeit: Trotz des Gehaltes an Andromedotoxin vermutlich nicht oder nur schwach giftig. Bienenhonig von *Empetrum* kann evtl. zu Magen-Darmproblemen führen. Die Früchte sind kaum giftig (s.u.).

Namen: „*Empetrum*“ ist der lat.-griech. Name verschiedener Pflanzen, von denen man nach der Signaturenlehre annahm, sie könnten Blasensteine auflösen, zu empetros = auf Felsen oder Steinen wachsend. Man sah nämlich eine Beziehung zwischen Standort und Verwendung (vgl. Steinbrech = *Saxifraga*). Warum LINNÉ den Namen auf die Krähenbeeren übertragen hat, ist unklar; vielleicht hatte er die im Gebirge nicht seltenen Vorkommen an Felsen vor Augen. Lat. „*niger*“ = schwarz, wegen der Früchte. – „Krähenbeere“, weil die Pflanze eine bevorzugte Nahrung dieser Vögel ist. Ein alter Name ist „Rauschbeere“, der aber heute für *Vaccinium uliginosum* vorbehalten ist.

Vorkommen: Moorheiden, Kiefernmoore, Dünentäler der Küsten, auf feuchten, nährstoffarmen, sauren Böden in humider Klimalage. Oft große Bestände bildend. Vor allem im Norden. In den deutschen Alpen durch folgende Art ersetzt. Zirkumpolar verbreitet. – Gefährdet.
Blüten: IV–V. Unscheinbare, nektarreiche „Scheibenblumen“, einzeln an Kurztrieben, 2–3-zählig. Vorwiegend zweihäusig, männliche Blüten mit langen Staubfäden, die die Krone weit überragen, weibliche mit 1 Griffel und 6–9 Narben. Bestäuber sind Bienen und Schwebfliegen. Auch Windbestäubung ist möglich. Kronblätter frei.
Früchte: Schwarze, beerenartige Steinfrüchte. Verdauungsausbreitung durch Krähen usw. Fruchtreife: VII–IX. Wintersteher.
Vegetative Vermehrung erfolgt reichlich durch die sich bewurzelnden Legtriebe.
Verwendung: Die leicht säuerlichen Früchte sind roh und gekocht essbar und werden vor allem in Nordeuropa und in Sibirien in Menge verzehrt, besonders nach Frost, bzw. zu Gelee verarbeitet. – Als Zierpflanze sehr geeignet als Bodendecker für geschützte, sonnige Standorte.
Weitere Art:
Empetrum hermaphroditum HAGERUP, Zwittrige Krähenbeere: Sehr ähnlich wie vorige Art, aber vorwiegend zwittrig und reichlich fruchtend. Tetraploid. Junge Triebe grün, ältere braun. Kräftigere, mehr aufrechte und tetraploide Pflanze der subalpinen Zwergstrauchheiden, z. B. in den Alpen.

Epilobium angustifolium LINNAEUS (= *Chamaenerion angustifolium* (L.) SCOP.), Schmalblättriges Weidenröschen oder Feuerkraut

Onagraceae (= Nachtkerzengewächse)

Ausdauernder Hemikryptophyt (Schaftpflanze; Rosette fehlend) und Rhizomgeophyt, (5–)50–150 cm hoch. Blätter wechselständig, schmal lanzettlich, unterseits blaugrün, 5–20 cm lang.

Systematik: Die Gattung umfasst etwa 160 Arten. Der alte Vorschlag, das Schmalblättrige Weidenröschen gemeinsam mit den anderen Arten mit dorsiventralen Blüten als Gattung *Chamaenerion* SÉG. (= *Chamerion* (RAF.) HOLUB) abzutrennen, wurde jetzt durch molekulare Untersuchungen wiederbelebt, hat sich aber nicht allgemein durchgesetzt. – In dieselbe Familie gehören die Nachtkerzen (*Oenothera*) und Hexenkräuter (*Circaea*).
Namen: „*Epilobium*“ ist ein vorlinnéscher Name, von griech. epi = auf und lobion = Schote, also Krone oberhalb des schotenähnlichen Fruchtknotens. Lat. „*angustifolius*“ = schmalblättrig. – „Weidenröschen“ wegen der Ähnlichkeit der Blätter mit denen von schmalblättrigen Weiden (z. B. Silber-Weide) und wegen der rötlichen Blüten. Der Name galt zunächst nur für das Schmalblättrige W., wurde dann aber auf die ganze Gattung übertragen.

Die langen Fruchtkapseln öffnen sich bei der Reife und entlassen zahlreiche Samen mit Haarschopf.

Vorkommen: Kahlschläge, Säume und Ruderalstellen, z. B. auch Trümmergrundstücke. Auf frischen, nährstoffreichen Lehmböden. Lichtpflanze. Kalkmeidend. Zirkumpolar verbreitet. Ebene bis Krummholzstufe.
Blüten: VII–VIII. Vormännliche „Scheibenblumen mit bedecktem Nektar“, in langer, aufrechter Traube. In Hochlagen schließlich vorweiblich werdend. Nektar durch die untersten Staubfadenabschnitte bedeckt. Auffällig langer,

unterständiger Fruchtknoten. Blüten schwach dorsiventral; die Dorsiventralität wird durch die Schwerkraft eingestellt (Gravitropismus). Kron- und Kelchblätter dienen als Schauorgane. Pollen purpurrosa oder blau, in Tetraden, durch Klebfäden (Viscin) verbunden als Anpassung an die vielsamigen Fruchtknoten. Bei der Öffnung der Blüten dienen zuerst die Staubblätter, dann an ihrer Stelle der lange Griffel als Anflugstange, der Pollen wird an der gleichen Stelle am Insektenunterleib abgeschmiert. Aufblühfolge von unten nach oben und deshalb Fremdbestäubung gesichert (vgl. *Digitalis*), die an diesen Blüten im Jahre 1790 von SPRENGEL, dem Begründer der Blütenökologie, erstmals erkannt wurde. Bestäuber sind vor allem Bienen und Hummeln, außerdem Wespen und Tagfalter. Wichtige Bienenfutterpflanze. Vor dem Abblühen ist Selbstbestäubung möglich, indem sich die Narbenäste zu den Staubbeuteln krümmen.

Früchte: Dünne, lange fachspaltige (= lokulizide) Kapseln (so bei allen Arten). Samen winzig, aber trotzdem langlebig, mit langem Haarschopf (siehe Detailfoto). Es sind typische Schirmchenflieger bzw. Schopfflieger mit Sinkgeschwindigkeit von ca. 20 cm/s, wodurch Flugweiten von mindestens 10 km möglich sind. Auch Wasserhafter. Pro Pflanze werden Hunderttausende von Samen produziert. Daher ist es verständlich, dass die Art schon sehr bald nach Entstehen einer Kahlschlagfläche dort in großer Zahl auftreten kann. Fruchtreife: ab VIII. Lichtkeimer.

Vegetative Vermehrung durch Wurzelsprosse und Verzweigung des Rhizoms.

Verwendung: Junge Triebe und Blätter aller *Epilobium*-Arten sind als Gemüse verwertbar und zu empfehlen. Die Blüten eignen sich als essbare Dekoration für Salate. Früher wurden auch die Wurzeln für Speisezwecke genutzt, weshalb die Pflanze in Osteuropa sogar kultiviert wurde. Tees aus den gerbstoffreichen Blättern dieser Art und vor allem der kleinblütigen Arten gelten in der Volksmedizin als wirksames Mittel gegen gutartige Prostatabeschwerden. Als Hochstaude für Wildpflanzengärten besonders empfehlenswert. Zierpflanze in mehreren Sorten.

Weitere Arten: Die Gattung umfasst zahlreiche, meist weit verbreitete Arten, die im Gegensatz zu *E. angustifolium* vorwiegend radiäre Blüten haben (Untergattung *Epilobium*), z. B.:

Epilobium montanum L., Berg-Weidenröschen: Die Mutterpflanze stirbt im Herbst ab, die Überwinterung erfolgt durch unterirdisch angelegte Erneuerungssprosse (= Sobolonen). Eigenartiger Saisondimorphismus: Neben Herbst- bzw. Frühjahrskeimern gibt es auch aus Sobolonen entstandene Pflanzen. Homogame, aufrechte „Kleine Trichterblumen", wie die beiden folgenden Arten mit 4-lappiger Narbe. Meist Selbstbestäubung. Spärlicher Besuch durch Fliegen und Falter. Häufige Art, die außer im Wald auch als Ruderalpflanze vorkommt.

Epilobium hirsutum L., Zottiges oder Behaartes Weidenröschen: Stängel durch Drüsenhaare abstehend dicht und weich behaart (beim Anfassen als kühl empfunden). Häufige Art der Uferstaudenfluren. Aus den Achselknospen der unteren Stängelteile entwickeln sich bald fleischige Ausläufer bis zu 30 cm Länge. Zierstaude, die vor allem früher als Bauerngartenpflanze beliebt war. Für Wildpflanzengärten zu empfehlen. Wurde in Australien und USA als Zierpflanze eingeführt und hat sich seit etwa 1990 dort stellenweise stark ausgebreitet.

Epilobium parviflorum SCHREB., Kleinblütiges Weidenröschen: Weichhaarig-filzig. Feuchtpflanze, aber daneben auch z. B. Weinbergsunkraut. Blüten meist homogam. Schwacher Insektenbesuch, aber regelmäßig spontane Selbstbestäubung. Überdauerung durch eine im Herbst gebildete Rosette.

Epilobium ciliatum RAFIN (= *E. adenocaulon* HAUSSKN.), Drüsiges Weidenröschen: Stängel oberwärts mit Drüsen. Pflanze der Ruderalstellen, Ufer und Waldränder, auf frischen, nährstoffreichen Lehmböden. Narbe wie bei den folgenden Arten keulig. Neophyt seit 1927. Heimat: Nordamerika. Eine besonders starke Ausbreitung erfolgte nach 1950 und inzwischen ist die Art oft eine unserer häufigsten *Epilobium*-Arten.

Epilobium tetragonum L. (= *E. adnatum* GRISEB.), Vierkantiges Weidenröschen: Meist fast kahle Pflanze, 30–100 cm hoch. Ziemlich häufig an feuchten bis nassen Plätzen, oft Uferpflanze, auch als Wildkraut der Äcker und Gärten. Nährstoffliebend.

Epilobium obscurum SCHREB., Dunkelgrünes Weidenröschen: 30–100 cm hoch. Stängelbasis mit langen, nur entfernt beblätterten Ausläufern. Vor allem an Ufern von Gräben und Bächen.

Epilobium roseum SCHREB., Rosenrotes Weidenröschen: 25–80 cm hoch. Ähnlich voriger Art, aber mit 0,5–2 cm lang gestielten Blättern. Die homogamen Blüten erleben regelmäßig spontane Selbstbestäubung. Überdauerung wie bei *E. parviflorum*.

Epilobium palustre L., Sumpf-Weidenröschen: 20–50 cm hoch. Blätter lineal-lanzettlich. Feuchtgebietspflanze. Aus Achselknospen der unteren Stängelteile bilden sich fadenförmige, bis 10 cm lange Ausläufer, an deren Spitze ein etwa haselnussgroßes Zwiebelchen sitzt, mit dem allein die Pflanze überwintert. Blütezeit: VII–IX. Blüten bis 15 mm breit. Durch die Drainierung der Feuchtwiesen stark zurückgegangen.

Epipactis helleborine (L.) CRANTZ (= *E. latifolia* (L.) ALL.) (Artengruppe), Breitblättrige Sumpfwurz oder Ständelwurz, Breitblättriger Sitter

Orchidaceae (= Orchideen, Knabenkrautgewächse)

Rhizom-Geophyt, 15–100 cm hoch. Die für viele unserer Orchideen typischen Knollen fehlen. Blätter wechselständig, eiförmig, 4–10 cm lang. Austrieb Ende Mai. – Pilzwurzel (endotrophe Mykorrhiza vom Orchideen-Typ). Die Pilzpartner sind hier ähnlich wie bei parasitischen Orchideen (z. B. *Neottia*) gleichzeitig Ektomykorrhiza-Partner von Waldbäumen. Eine Besonderheit ist dabei, dass organische Substanzen, die letztlich aus dem Baum stammen, auch in der Orchidee nachzuweisen sind (BIDARTONDO et al. 2004 Proc. Roy. Soc. Lond. B). Es liegt also ein indirekter Parasitismus vor, der als partielle Mykoheterotrophie oder auch Epiparasitismus bezeichnet wird. So ist verständlich, warum relativ oft chlorophyllfreie Individuen auftreten, die vital sind, weil sie aufgrund der Ernährung durch den Pilz bzw. die Bäume mit ernährt werden.

Systematik: Die Gattung umfasst ca. 70 Arten. Sie gehört zu der überwiegend tropisch verbreiteten Unterfamilie Epidendroideae und ist nah verwandt mit Waldvöglein (*Cephalanthera*), Nestwurz (*Neottia*) und Zweiblatt (*Listera*).

Schädlinge: Die Pflanze wird oft von Blattläusen befallen, die wiederum den Besuch von Ameisen nach sich ziehen.

Namen: „*Epipactis*“ ist ein lat.-griech. Pflanzenname, der nach Ausgliederung aus der linnéschen Gattung *Serapias* von J. G. ZINN 1757 auf diese Gattung übertragen wurde. „*Helleborine*“ ist ein alter Name der Gattung und bedeutet ‚ähnlich wie der Weiße Germer (*Veratrum album*)‘, der früher ‚(h)elleborum (album)‘ hieß. Der Bezug ist u. a. die Ähnlichkeit der Blätter und deren Stellung. Im Englischen heißt die Gattung daher noch heute ‚Helleborine‘. – „Sumpfwurz“ (weiblich!) wurde künstlich gebildet, wohl wegen des Standorts der Echten Sumpfwurz (s. u.). „Wurz = Pflanze. „Ständelwurz“ gilt ursprünglich für verschiedene knollentragende Orchideen wie Knabenkraut (*Orchis*, siehe dort) und Ragwurz (*Ophrys*) und wurde später auf die vorliegende Gattung übertragen.

Vorkommen: Laubwälder, Ruderalstandorte und Gärten, auf frischen basenreichen, humosen Lehmböden. Vielerorts die häufigste Orchideenart; an Waldwegen, in Parks, Gärten usw. weiter in Ausbreitung. In den deutschen Alpen bis 1700 m. In Nordamerika seit etwa 1800 eingeschleppt und inzwischen weit verbreitet. – **Geschützt** wegen des „Kollektivschutzes" aller Orchideen, jedoch eine der wenigen nicht gefährdeten Arten der Familie, die sich sogar weiter ausbreitet.

Blüten: VI–VIII. „Lippenblumen vom *Orchis*-Typ", ohne Sporn. Unterlippe aus zwei gelenkartig verbundenen Teilen bestehend, der hintere Teil wannenförmig, mit Nektarium. Bestäuber sind

Die Blüten werden von Wespen bestäubt.

fast ausschließlich die Wespen-Arten *Vespula germanica* und *V. vulgaris*. Sie heften sich, wenn sie wieder zurückkriechen, durch Berühren der von Narbendrüsen abgegebenen Klebmasse das ungestielte Pollinium (= Staubfachinhalt) an den Kopf, das dann übertragen wird. Der Vorgang lässt sich leicht mit einem Bleistift nachahmen. Die Wespen werden durch Duftstoffe der Blüten angelockt, die Schmetterlingsraupen als potenzielle Beute vortäuschen (chemische Mimikry), erhalten aber reichlich Nektar (BRODMANN 2010 Diss. Univ. Ulm). Selbstbestäubung ist aber vorherrschend.

Früchte: Kapseln hängend, mit bei Trockenheit geöffneten Längsspalten. Samen winzig, aber sehr zahlreich (etwa 5.000 pro Frucht), nur 0,003 mg schwer! Sie werden durch den Wind ausgeblasen: Körnchenflieger. Sinkgeschwindigkeit 20 cm/s, dadurch Flugweiten über 10 km (bei verwandten Arten bis 50 km) möglich. Fruchtreife: VIII–IX.

Vegetative Vermehrung erfolgt lebhaft durch Verzweigung des Rhizoms.

Verwendung: Diese und weitere Arten der Gattung werden gelegentlich als Zierpflanzen gezogen.

Weitere Arten:

Epipactis atrorubens (HOFFM.) BESSER (= *Epipactis rubiginosa* (CRANTZ) W. D. J. KOCH), Rotbraune Ständelwurz, Rotbrauner Sitter: Bis 50 cm hohe Pflanze mit steif lanzettlichen, unterseits oft rotviolett überlaufenen Blättern und dunkel-lilaroten, nach Vanille duftenden Blüten. Auf meist kalkreichen, nährstoffarmen Böden in lichten Wäldern (Kiefernbegleiter) und Gebüschen. Bestäuber sind Bienen und Wespen.

Epipactis palustris (L.) CRANTZ, Sumpf-Ständelwurz, Echte Sumpfwurz: Kalkflachmoore und Kleinseggenwiesen. Blüten relativ groß und sehr dekorativ. Durch Entwässerung und Überdüngung gefährdet. Bestäuber sind Bienen, Fliegen, Käfer und Grabwespen. Selbstbestäubung ist in begrenztem Umfang möglich.

Equisetum arvense LINNAEUS,
Acker-Schachtelhalm oder Zinnkraut
Equisetaceae (= Schachtelhalmgewächse)

Rhizom-Geophyt, 20–50 cm hoch. Unterirdische Sprossachsen (= Ausläufer, Rhizome) tief im Boden liegend, bis zu 2 m Tiefe vordringend und evtl. bis 100 m weit kriechend. Seitliche, kurze Erdsprosse wachsen zu knollig verdickten, stärkereichen Speicherorganen heran. *Equisetum* besitzt den höchsten Kieselsäuregehalt aller Gefäßpflanzen. Die in die Zellwände eingelagerte Kieselsäure dient der Festigkeit der Pflanze und übernimmt hier im Unterschied zu allen anderen Gefäßpflanzen sogar die Funktion des Holzstoffs Lignin. Durchlüftungskanäle durchziehen die ganze Pflanze und befinden sich sogar in den Leitbündeln. – Die Blätter sind unscheinbar schuppenförmig und zu einer gezähnten Scheide verwachsen. Sie stehen wie die Äste wirtelig. Die Photosynthese erfolgt praktisch nur durch die Sprossachse. *E. arvense* gehört zu den Arten mit zwei verschiedenen Typen von oberirdischen Sprossen mit entsprechender Arbeitsteilung: 1. Im zeitigen Frühjahr erscheinen hellbraune, chlorophyllfreie, fertile, d. h. Sporen bildende Sprosse, die bald absterben. 2. Vom Frühsommer bis in den Herbst findet man die grünen, sterilen, der Photosynthese dienenden Sprosse. Pflanzen schattiger Standorte sind deutlich größer und stärker verzweigt als die von sonnigen Standorten. – Alle Wurzeln entstehen sprossbürtig. Mykorrhiza fehlend oder arbuskulär. –Chromosomenzahl sehr hoch: 2n = 216.

Systematik: Die Familie der Schachtelhalmgewächse, die u. a. in der Steinkohleformation weit verbreitet war und damals auch baumförmige Vertreter hervorbrachte, gehört zu den Farnpflanzen. – *Equisetum* ist die einzige Gattung der Familie und umfasst etwa 15–20 Arten, so u. a. im tropischen Amerika die mehrere Meter hoch werdende Art *E. giganteum*.

Giftigkeit: Schachtelhalme sind für den Menschen unbedenklich. Für Tiere aber können sie gefährlich werden. Gibt man Pferden über mehrere Wochen Heu mit >20 % Schachtelhalm-Anteil, kann es zu ernsthaften, im Falle des Sumpf-Schachtelhalms (s. u.) evtl. sogar zu tödlichen Vergiftungen kommen.

Namen: „*Equisetum*“ ist der lat. Name der Pflanze, von lat. equus = Pferd und seta = Borste, Haar (als Lehnübersetzung von griech. hippochaite), weil die Zweige mancher Arten rosshaarähnlich aussehen. Auch mehrere Volksnamen weisen auf die Ähnlichkeit mit dem Schwanz einiger Tiere hin, z. B. „Katzenwedel“. Neulat. „*arvensis*“ = Acker-. – Der Name

„Schachtelhalm“ (= Schaftel, Schaftheu; vgl. mhd. schaftel = Binse) rührt daher, dass die Sprossachse wie ein Schaft in der von den Blättern gebildeten Scheide steckt (und man sie herausziehen und wieder zurückstecken kann). Die Vorstellung, der Name hinge sprachlich mit (ineinander) geschachtelt zusammen, ist allerdings volksetymologisch. „Zinnkraut“ wegen der Verwendung. – Ein alter Name für den Acker-Schachtelhalm ist „Duwock“ (verkürzt aus Taubenrock/Daubenrock), der sich auf die Ähnlichkeit der an der Spitze fertiler Sprosse befindlichen Sporangienträger mit dem beim Spinnen benutzten Spinnrocken bezieht. Der Name wurde später auf den Sumpf-Schachtelhalm (s. u.) übertragen (MARZELL, SAUERHOFF).

Vorkommen: Äcker, Wege, Ruderalstellen, Wiesen und Wälder, auf offenen, nährstoffreichen Böden. Lehm- oder Grundfeuchtezeiger. Im Garten oft ein lästiges, schwer zu bekämpfendes Unkraut. In Neuseeland eingebürgert und dort zur Problempflanze geworden.

Vermehrung: Die Vorkeime (= Prothallien; geschlechtliche Generation) lassen sich nur selten beobachten. Sie sind winzig, kurzlebig, grün, reich verzweigt, potenziell zweigeschlechtig, aber meist eingeschlechtlich, wobei die Geschlechtsbestimmung meist durch die Umwelt erfolgt. – Die fertilen Sprosse (siehe Detailfoto) tragen schildförmige Sporangienträger (von einigen Autoren auch als Sporophylle = Sporenblätter aufgefasst) mit randständigen, hängenden Sporenbehältern (= Sporangien). Sie sind jung zu einer dicht mosaikartig schließenden Sporenähre (= Strobilus) vereint. Durch Wachstum der Sprossachse und Schrumpfung der Sporangienträger werden die Sporen entlassen: Körnchenflieger. Die Sporen sind durch Chlorophyll grün (!) und tragen 4 armförmige Anhängsel (= Hapteren). Diese umschließen die Sporen im feuchten Zustand schraubenbandartig, trocken spreizen sie. Sie reagieren schon auf Anhauchen (Lupe!). Meist verhakeln sich mehrere Sporen, sodass sich weibliche und männliche Vorkeime nebeneinander entwickeln und die vielgeißeligen Samenzellen (= Spermatozoiden) bis zu den Eizellen in den Archegonien schwimmen können. Sporenreife: IV–V. Lebensdauer der Sporen nur etwa eine Woche. Die Keimung ist lichtabhängig. Sie kann sehr rasch erfolgen, insbesondere auf Wasserflächen.

Im Frühjahr erscheinen fertile bleiche Sprosse, die die Sporen ausstreuen.

Vegetative Vermehrung erfolgt sehr reichlich durch die unterirdischen Sprossachsen (Rhizome) sowie – zerhackt – sogar durch einzelne Sprossteile! – Die Vernichtung der *Equisetum*-Arten mit entsprechend angepriesenen Herbiziden ist schon deshalb abzulehnen, weil sie wegen der tief liegenden Rhizome praktisch ohne Erfolg bleibt. Die besonders im Garten oft nötige Bekämpfung gelingt nur über tiefgehendes Entwässern und Rigolen des Bodens; nur bei kleineren Beständen kann auch konsequentes Ausreißen zum Erfolg führen.

Verwendung: Die grünen Sommertriebe werden seit dem Altertum als harntreibendes und blutstillendes Heilmittel geschätzt. Heute steht die harntreibende Wirkung bei Blasenentzündungen, z. B. als Tee oder Fertigpräparat, im Vordergrund. Es gibt aber auch vielfältige weitere Anwendungen, für die Inhaltsstoffe wie Kieselsäure, Gerbstoffe, Flavonoide usw. verantwortlich sind. In der Volksmedizin auch bei Tuberkulose. Die getrocknete Pflanze enthält bis zu 7 % Kieselsäure und wurde daher früher (wie andere Arten der Gattung, besonders auch *E. hyemale*) zum Putzen von metallenem Geschirr („Zinnkraut“) benutzt. Wässerige Schachtelhalm-Extrakte beugen dem Befall von Pflanzen durch Pilze und Blattläuse vor. Die bräunlichen Sporenähren können für Salate oder Omelettes verwendet werden.

Weitere Arten:

Equisetum telmateia EHRH. (= *E. maximum* auct.), Riesen-Schachtelhalm: Mit maximal 2 m Höhe größte heimische Art. Fertile Sprosse ähnlich wie bei *E. arvense*, aber größer und dicker. Dazu wurden selten auch Formen mit durchwachsener Sporenähre ähnlich wie *E. palustre* gefunden. Quellfluren, auf kalkreichen Tonböden (Name!, griech. telmatiaios = Morast).

Equisetum palustre L., Sumpf-Schachtelhalm, Duwock: Sporenähre am Ende grüner Triebe, d. h. im Gegensatz zu *E. arvense* liegt keine Arbeitsteilung zwischen den Sporenähren tragenden Sprossen und den Assimilationssprossen vor. Nasswiesen und Sümpfe. Sporenreife: VI–X. – Stark **giftig** für Pflanzenfresser. Beim Menschen sind keine Vergiftungen bekannt. Wirkstoffe sind ein Vitamin B1-zerstörendes Enzym und das Piperidin-Alkaloid Palustrin, das auch im Heu über Jahre hinweg erhalten bleibt und evtl. zu tödlichen Vergiftungen führen kann. Ersteres ist vor allem bei Pferden wirksam (Taumelkrankheit), letzteres nur bei Rindern (Lähmung). Zum Ausmaß der Giftigkeit gibt es widersprüchliche Angaben.

Equisetum fluviatile L. (= *E. limosum* L.), Teich-Schachtelhalm: Stängel glatt, in Anpassung an den Standort mit sehr weiter Zentralhöhle. Außer in Teichen auch in nährstoffarmen Sümpfen. Oft Röhrichte bildend. Sporenähren am Gipfel der grünen Sprosse.

Equisetum sylvaticum L., Wald-Schachtelhalm: Sprosse anfangs bleich, unverzweigt und fertil. Mit dem Vergehen der Sporenähre ergrünen sie und bilden doppelt verzweigte, hellgrüne Äste, die besonders streng etagenförmig angeordnet sind und sehr dekorativ aussehen. Feuchtwälder und Sumpfwiesen, auf sauren Böden. Halme hellgrün, zart.

Equisetum hyemale L. (= *Hippochaete hyemalis* (L.) BRUHIN), Winter-Schachtelhalm: Halme hart, wintergrün und meist ohne Seitenäste, mit endständiger Sporenähre. Gehört zu der u. a. durch raue Äste und tief eingesenkte Spaltöffnungen gekennzeichneten Untergattung *Hippochaete*. Meist seltene Art der Auwälder, in Süddeutschland sowie in Schleswig-Holstein etwas häufiger. Die Halme wurden früher zum Polieren von Holz und zum Reinigen von Zinngeschirr verwendet. Neuerdings werden sie in Gärtnereien für Trockensträuße angeboten („Schlangengras“). Auch Zierpflanze an Gartenteichen.

Eragrostis minor HOST (= *E. poaeoides* P. BEAUV.), Kleines Liebesgras

Poaceae (= Süßgräser)

Einjährig, 5–40 cm hoch. Erinnert habituell an das Einjährige Rispengras (*Poa annua*), hat aber u. a. behaarte Blattscheiden und statt des Blatthäutchens einen Haarkranz. Blattscheiden an der Öffnung mit wimpernartigen Haarbüscheln. Blattspreiten an den Rändern mit grubenförmigen Drüsen.

Systematik: *Eragrostis* gehört zu den wenigen heimischen Vertretern der überwiegend tropisch/subtropisch verbreiteten Unterfamilie Chloridoideae. Die Gattung umfasst etwa 350 Arten, die alle dem C_4-Weg der Photosynthese folgen. Die C_3-Pflanze „*E. walteri*“, die früher wegen ihrer Morphologie in Eragrostis eingeordnet wurde, gehört nach DNA-Untersuchungen nicht mehr hierher, sondern in die Unterfamilie Arundinoideae (INGRAM et al. 2011 Ann. Bot. 107: 321). In die Gattung gehört auch die Zwerghirse = Teff (*E. tef*), eine wichtige tropische/subtropische Getreideart, die besonders in Äthiopien angebaut wird und bei uns gelegentlich aus Vogelfutter verwildert anzutreffen ist.

Die vielblütigen Ährchen sind sehr dekorativ

Namen: „*Eragrostis*“ ist ein vorlinnéscher Name, von griech. eros = Liebe und agrostis = Gras, wegen des zierlichen Aussehens, und stellt offenbar eine Lehnübersetzung des franz. Volksnamens ‚amourette‘ dar. Lat. „*minor*“ = kleiner, im Vergleich zu anderen Arten der Gattung. – „Liebesgras“ ist seinerseits die Übersetzung des wissenschaftlichen Namens.

Vorkommen: Trockene, meist sandige bis kiesige Ruderalstellen, vor allem auf Bahnanlagen, an Straßenrändern, in Pflasterritzen und Rinnsteinen, kalkmeidend. Neophyt seit 1782. Heimat: Südeuropa. Die Ausbreitung erfolgte zunächst überwiegend entlang von Bahnanlagen. Zuweilen typische Großstadtpflanze (z. B. in Berlin). In weiterer Ausbreitung begriffen.

Blüten (siehe Detailfoto): VII–IX. 5–20-blütige, 6–10 mm lange, sehr dekorative Ährchen. Windbestäubung.

Früchte: Karyopsen eiförmig, nur 0,1 mg schwer und 0,7 mm lang. Sie werden im Unterschied zu den meisten übrigen Gräsern nicht gemeinsam mit den Deck- und Vorspelzen verbreitet. Windstreuer, Adhäsionshafter, Ameisenausbreitung und Menschenausbreitung. Fruchtreife: VIII–X. Wärmekeimer.

Verwendung: Getrocknete Pflanzen sind (z. B. aufgeklebt) sehr dekorativ. Die Früchte wurden früher als Getreide-Ersatz genutzt.

Weitere Art:

Eragrostis multicaulis STEUD., Japanisches Liebesgras: Nur 2–20 cm hoch. Blattscheiden an der Öffnung ohne Haarbüschel. Blattspreiten ohne grubenförmige Drüsen. Ährchen nur 4–7-blütig. Neophyt seit 1825. Heimat: Asien. Hat sich seit etwa 2005 oft explosionsartig ausgebreitet, und zwar wegen der Ähnlichkeit und ähnlicher Standorte (besonders Pflasterfugen, Rinnsteine und gesalzene Straßenränder) mit *E. minor* oft unbemerkt, und ist jetzt meist häufiger als letztere Art.

Eranthis hyemalis (L.) SALISBURY, Winterling

Ranunculaceae (= Hahnenfußgewächse)

Knollen-Geophyt mit ausdauernder Sprossknolle bzw. knolligem Rhizom, 5–20 cm hoch. Laubblätter grundständig, handförmig geteilt, meist erst nach der Blüte erscheinend. Frühjahrsgrün, d. h. die Blätter vergilben Ende Mai und ziehen dann ein.

Systematik: Bei LINNÉ gehörte die Pflanze zu *Helleborus* (Nieswurz/Christrose). Sie wird aber heute gemeinsam mit dem Christophskraut (*Actaea*) in die Artengruppe (Tribus) Actaeeae gestellt.

Giftigkeit: Ältere Angaben, wonach die ganze Pflanze und besonders die Knollen giftig sein sollen, wurden nicht bestätigt.

Namen: „*Eranthis*" wurde 1807 von SALISBURY geprägt, von griech. er = Frühling und anthos = Blüte. Mittellat. „*hyemalis* = winterlich, bezogen auf die sehr frühe Blütezeit. – „Winterling" ist eine Lehnübertragung.

Die Samen werden von Regentropfen aus den Balgfrüchten herausgeschleudert.

Vorkommen: Zierpflanze. Heimat: Süd- und Südosteuropa. Zuweilen verwildert und in Parkanlagen, Wäldern und Weingärten (meist auf nährstoffreichen, lockeren Lehmböden) auch eingebürgert (Neophyt), oft große Bestände bildend.

Blüten: II–III, Frühblüher und Schneeblüher. Durch Wärmeproduktion wird ggf. der umgebende Schnee geschmolzen. „Nektar führende Scheibenblumen", einzeln am Ende des Stängels. Narben und Staubbeutel gleichzeitig reifend (homogam). Blütenhülle einfach (= Perigon), 6-zählig. Die schützende Funktion des Kelches wird anfangs von drei dicht unter der Blüte stehenden, quirlig angeordneten, handförmig geteilten Hochblättern übernommen. Es liegt also eine zum Leberblümchen (*Hepatica*) analoge Situation vor. Die Blüten sind nur bei Sonnenschein geöffnet. Das Öffnen und Schließen der Blüten erfolgt mithilfe eines temperaturabhängigen Wachstumsprozesses (Thermonastie), entsprechend verlängert sich die Blütenhülle im Laufe der Zeit auf etwa das Doppelte. Zwischen Perigon und Staubblättern befinden sich zahlreiche zweilippige, tütenförmige, etwa 6 mm lange, gelbe Nektarblätter, also sehr ähnlich wie bei der Christrose (*Helleborus niger*). Die Blüten sind aber besonders als Pollenquelle von Bedeutung. Bestäuber sind Bienen, Hummeln, Tagfalter und Fliegen. Wichtige Bienentrachtpflanze im Frühjahr. Der Duft wird von den Nektarblättern und Staubblättern abgegeben. Selbstbestäubung ist möglich, aber wenig erfolgreich. Blühbeginn erst mit 3–5 Jahren.

Früchte (siehe Detailfoto): In jeder Blüte entstehen 4–8 mehrsamige, zur Reifezeit bis 15 mm lange Balgfrüchte. Diese sind auf der Innenseite Wasser abstoßend und ergeben beim Öffnen ein schaufelförmiges Gebilde. Da der Blütenschaft etwas verholzt und sehr elastisch ist, werden die Samen beim Aufschlag von Regentropfen ausgeschleudert (Regenballist). Bei heftigem Regen ist eine Schleuderweite von 40 cm und mehr möglich. Die Ausbreitung kann außerdem durch Wind erfolgen, als Regenschwemmling und durch Ameisen, obwohl Elaiosomen als nahrhafte Samenanhängsel nicht angeboten werden (vgl. *Anemone*). Kältekeimer.

Vegetative Vermehrung durch das Rhizom, so auch bei Verschleppung der Pflanze über Gartenabfälle.

Verwendung: Gartenzierpflanze (seit 1570), die als zeitiger Frühblüher sehr zu empfehlen ist.

Erica carnea LINNAEUS (= *E. herbacea* L.), Schnee-Heide

Ericaceae (= Heidekrautgewächse)

Immergrüner Zwergstrauch, 20–30 cm hoch, mit am Rand umgerollten nadelartigen Blättern als Anpassung an Nährsalzarmut (Peinomorphose). – Wurzelpilz (Ericaceen-Mykorrhiza).

Systematik: siehe *Erica tetralix*.

Namen: Zu den Gattungsnamen siehe *E. tetralix*. Lat. „*carneus*" = fleischfarben, bezogen auf die Blüte.

Vorkommen: Wild fast nur in Kiefernwäldern und im Latschengebüsch der Kalkalpen sowie auf den Schottern der Alpenflüsse. Dort oft ausgedehnte Bestände bildend. Typisches Beispiel für eine aus dem Mittelmeergebiet eingewanderte Alpenpflanze. Im Gegensatz zu vielen anderen *Erica*-Arten kalkverträglich, aber in Kultur auch auf sauren Böden gedeihend. Kennart der Erico-Pinetalia (= Schneeheide-Kiefernwälder).

Blüten: Schnee- und Frühblüher: I–IV. Die Blütenknospen sind bereits im Herbst fertig ausgebildet. „Glockenblumen mit Streueinrichtung" wie bei *E. tetralix*. Bestäubung durch Honig- und Wildbienen (z. B. die Gehörnte Mauerbiene), Tagfalter usw. Wichtige Bienentrachtpflanze im Frühjahr. Selbstbestäubung ist wohl auch durch die ungeflügelten Männchen des Blasenfußes *Taeniothrips ericae* möglich (vgl. *E. tetralix*).
Früchte: Wandspaltige Trockenkapseln, in der Krone verborgen: Windstreuer. Samen sehr klein (nur ca. 0,1 mg schwer) und zahlreich: Körnchenflieger.
Vegetative Vermehrung durch sich bewurzelnde Zweige (Legtriebe).
Verwendung: Häufig und in zahlreichen Sorten in Gärten angepflanzt (als ‚Erica-Heide' oder ‚Winterheide'), mit Blütenfarben zwischen rein weiß und dunkelrot.

Erica tetralix LINNAEUS, Glocken-Heide, Moor-Heide

Ericaceae (= Heidekrautgewächse)

Immergrüner Zwergstrauch, 20–50 cm hoch, mit am Rand umgerollten Nadelblättern als Anpassung an Nährsalzarmut (Peinomorphose). – Pilzwurzel (Ericaceen-Mykorrhiza).

Systematik: Die Gattung *Erica* ist mit etwa 600 Arten sehr umfangreich. Ihre Hauptverbreitung liegt in Südafrika, wo es auch Arten mit Bestäubung durch Nektarvögel gibt. Mehrere Arten werden bei uns als Zierpflanzen kultiviert. Die Gattung gehört zur Unterfamilie Ericoideae. Verwandt sind u. a. *Calluna* (Besenheide), *Rhododendron* (Alpenrose), *Kalmia* = *Loiseleuria* (Alpenazalee) und *Empetrum* (Krähenbeere). – Zur Unterscheidung von der oft ebenfalls „Erika" genannten Besenheide (*Calluna*) siehe dort.
Namen: „*Erica*" (lat. erice, griech. ereike) ist der antike Name von Arten der Gattungen *Erica* und *Calluna* (vermutlich vor allem der Baum-Heide *E. arborea*), evtl. zu griech. ereikein = brechen, wegen der brüchigen Zweige. Die Betonung liegt – im Gegensatz zu dem sprachlich nicht verwandten Vornamen Erika – auf dem i, da es auf griech. ei basiert und daher lang ist (*Erica*). „*Tetralix*" ist der lat. Name eines Heidekrautgewächses, der von LINNÉ auf unsere Art übertragen wurde, offensichtlich im Hinblick auf die meist 4-zähligen Blattquirle (tetra = vier). – Der Pflanzenname „Heide" gilt im allgemeinen Sprachgebrauch sowohl für die Gattung *Erica* als auch für das viel häufigere Heidekraut (*Calluna vulgaris*). Er bezieht sich auf den Standort Heide, der ursprünglich die Bedeutung von ‚nicht kultiviertes Land' hatte. „Glocken-Heide" nimmt auf die Blütenform Bezug. Der deutsche Pflanzenname „Erika" ist ein erst im 19. Jh. gebildetes Lehnwort; eindeutig ist der Name aber nicht, da er genauso wie „Heide" für beide Gattungen gilt.

Vorkommen: Feuchtheiden, Moore und lichte Moorwälder, auf basenarmen, sauren Böden. Atlantisch verbreitet, daher vor allem in Nordwestdeutschland. Wächst an nasseren Stellen als *Calluna*. Kennart der Sphagno-Ericetalia (= Heidemoore). – Durch Entwässerung und Wiederaufforstung stark im Rückgang. Regional verschollen oder stark gefährdet. – Schutzbedürftig.
Blüten: VI–VIII. Hellrosa „Glockenblumen mit Streueinrichtung", d.h. die Staubblätter sind zu einem Streukegel vereint. Die Krone bleibt nach der Bestäubung erhalten, sodass die Pflanze lange Zeit wie blühend erscheint. Nektar wird am Fruchtknoten abgeschieden. Honigbienen können (im Gegensatz zu *Calluna*) wegen ihres relativ kurzen Rüssels gerade eben nicht an den Nektar gelangen; allerdings steht ihnen nach Blüteneinbruch durch die Dunkle Erdhummel Nektar zur Verfügung. Langrüsselige Hummeln können sowohl den Nektar nutzen als auch den Pollen. Zu diesem Zweck veranlassen sie durch Vibrieren vor den Blüten („Buzzing") die Staubblätter dazu, Pollenportionen freizugeben (Vibrationsbestäubung). Spontane Selbstbestäubung ist verbreitet. Auch Windbestäubung ist möglich, aber seltener als bei *Calluna*. Nach Hagerup (1953 New Phytol. 52, 1) sind in der Mehrzahl der Blüten ca. 1 mm große Insekten aus der Gruppe der Blasenfüßer = Thripse, die sog. „Gewitterwürmchen", vor allem *Taeniothrips ericae*, zu finden. Die Weibchen legen die Eier in das Innere der etwas fleischigen Krone, wo auch die Entwicklung der Larven erfolgt. Auch die erwachsenen Insekten leben in den Blüten, wo sie durch Nektar gut versorgt werden. Es sind überwiegend geflügelte Weibchen, die nach Öffnung der Blüten

zwischen diesen hin- und herfliegen, um mit den seltenen und ungeflügelten Männchen zu kopulieren und dabei sowohl Fremdbestäubung als auch Selbstbestäubung durchführen.
Früchte: Wandspaltige Trockenkapseln, in der Krone verborgen: Windstreuer. Samen sehr klein (nur 0,02 mg schwer und 0,4 mm lang) und zahlreich: Körnchenflieger. Lichtkeimer. Samen langlebig.
Verwendung: Zierpflanze in mehreren Kultursorten, jedoch deutlich weniger angepflanzt als vorige Art.
Weitere Art: siehe vorigen Abschnitt.

Erigeron acris Linnaeus, Scharfes oder Raues Berufkraut

Asteraceae (= Korbblütler)

Zweijährige bis ausdauernde Halbrosettenpflanze, 10–60 cm hoch. Kurzhaarig.

Systematik: Die Gattung ist mit etwa 400 Arten in den gemäßigten Zonen der Nordhalbkugel sehr umfangreich. Sie gehört in die Unterfamilie Asteroideae und ist nahe verwandt mit Aster (*Aster*) und Goldrute (*Solidago*).
Namen: „*Erigeron*" ist der lat. und vorlinnésche Name des Gewöhnlichen Greiskrautes (*Senecio vulgaris*), von griech. eri = früh und geron = Greis, da diese Pflanze schnell Früchte mit grauer Haarkrone bildet. Da das auch für *Erigeron* zutrifft, wurde der Name von Linné auf diese Gattung übertragen. Lat. „*acris*" = scharf, im Hinblick auf den Geschmack. – „Berufkraut" wegen der Vorstellung, die Pflanze würde gegen das „Berufen" (= Be-

schreien) durch Hexen und Zauberer schützen. Der Name „Berufkraut" wurde entsprechend im Volke auch für zahlreiche andere Pflanzen verwendet.
Vorkommen: Magerrasen und Ruderalstellen, auf sommerwarmen, trockenen, meist kalkreichen Böden. Ebene bis Gebirge. Zirkumpolar verbreitet.
Blüten: VI–IX. Insektenbestäubung. Die an *Aster*-Arten oder Gänseblümchen erinnernden, weiß bis blassvioletten, unauffälligen Körbchen stehen in armblütigen Trauben oder Rispen. Die fadenförmigen Zungenblüten enthalten Nektar und sind kaum länger als die nektarlosen Röhrenblüten.
Früchte: Achänen lineal-länglich mit einreihiger, aus gleichlangen rauen Haaren gebildeter, leicht abfallender Haarkrone (Pappus): Schirmchenflieger und Anhafter (durch die Schirmhaare vor allem bei nassem Wetter an Tieren anhaftend). Fruchtreife: VII-VIII.

Verwendung: Im Aberglauben galt die Pflanze als Schutz vor Hexenzauber (s. o.) und so hat man sie z. B. auch Kleinkindern in die Wiege gelegt.
Weitere Art/Verwandte:
Erigeron annuus (L.) Pers., Feinstrahl-Berufkraut, Einjähriger Feinstrahl: Durch die weißen oder blass violetten, abstehenden Zungenblüten sieht die Pflanze sehr ähnlich aus wie eine Aster. Blütenkörbchen in Spirren, bis 3 cm breit. Pflanze meist zweijährig (trotz des Namens!), bis zu 1 m hoch, behaart und oben reich verzweigt. Ruderalstandorte, besonders Wegsäume. Ehemals als Zierpflanze eingeführt und von dorther verwildert und eingebürgert. Neophyt seit der zweiten Hälfte des 17. Jh., häufiger erst seit dem 19. Jh. Heimat: Nordamerika.
Erigeron canadensis L. (= *Conyza canadensis* (L.) Cronquist), Kanadisches Berufkraut, Katzenschweif: Einjährig, meist unscheinbar, vielgestaltig. Je nach Standort (2–)20–70(–150) cm hoch und mit wenigen bis > 6000 Blütenkörbchen. Häufige Ruderalpflanze (Neophyt), aus Nordamerika eingeschleppt; europäischer Erstnachweis 1655 in Frankreich, in Deutschland um 1700. Randblüten die Hülle kaum überragend, schmutzig weiß. Körbchen klein, zylindrisch, in dichter Rispe. Überwiegend Selbstbestäubung. Früchte nur 0,03 mg schwer, trocken anliegend, feucht (durch basale Schwellkörper) abstehend behaart; dadurch auch Klettfrucht. Größere Pflanzen können > 200.000 Früchte produzieren. Wird als Tee in der Volksmedizin gegen Blutungen und starken Durchfall verwendet. – In den USA gehört die Pflanze zu jenen Arten, die im Zusammenhang mit der hohen Ausbringung des Herbizids Glyphosat auf Feldern mit gentechnisch veränderten Kulturpflanzen Resistenz gegen dieses Herbizid entwickelt haben (Superunkraut, engl. superweed), was zunehmend zum Problem für die Landwirtschaft wird (vgl. Beres et al. 2018 Sci. Rep. 8: 10483).

Eriophorum angustifolium Honckeny (= *E. polystachion* L.), Schmalblättriges Wollgras

Cyperaceae (= Riedgrasgewächse, Sauergräser)

Wintergrüner Rhizom-Geophyt mit unterirdischen Ausläufern, 30–60 cm hoch. Die lineal-rinnigen Blätter sind wohl als Anpassung an die Mineralsalzarmut des Standorts zu verstehen, stellen also eine Peinomorphose dar, wie sie für viele Moorpflanzen typisch ist. Stängel mit 3–5 Blütenköpfchen.

Namen: *„Eriophorum“* wurde von dem vorlinnéschen Autor DODONAEUS (16. Jh.) geprägt, von griech. erion = Wolle und pherein = tragen, da die Fruchtstände zu weißen Wollschöpfen werden. Neulat. *„angustifolius“ = schmalblättrig.*
Vorkommen: Flach- und Zwischenmoore, auf nährstoff- und kalkarmen, sauren Torfböden. Klassenkennart der Scheuchzerio Caricetea fuscae (= Flach- und Zwischenmoorgesellschaften). – Durch Düngung und Entwässerung im Rückgang. Regional stark gefährdet. Eine nordische, bis in die Arktis und in den Alpen bis in die alpine Stufe (in Deutschland bis 1900 m) verbreitete Art. – Schutzbedürftig.
Blüten: IV–V. Windblütig: „Langstaubfädiger Typ“. Vorweiblich. Blütenhülle unscheinbar. Blüten in verschieden lang gestielten, z. T. später überhängenden, köpfchenförmigen Ähren.
Früchte: Kleine, von den stark verlängerten Perigonborsten gekrönte Nüsse, zu vielen als weißwolliger Kopf zusammenstehend: Schirmchenflieger. Sinkgeschwindigkeit ca. 22 cm/s und damit Flugweiten von mindestens 10 km möglich. Dazu bei feuchtem Wetter Wasserhaftausbreitung. Große Exemplare können bis zu 130.000 Früchte produzieren. Fruchtreife: VI.
Vegetative Vermehrung durch unterirdische Ausläufer und dadurch Bestände bildend.
Verwendung: Gute Streupflanze. Die Fruchthaare wurden als Wundwatte, zum Füllen von Kissen und zuweilen auch für Kerzendochte verwendet. Aus den Blattscheiden wurde „Fasertorf“ hergestellt, den man z. B. für die Papierherstellung oder für Gespinste benutzte. Die Wollgras-Arten sind auch als Zierpflanzen für Moorbeete erhältlich.
Weitere Arten:
Eriophorum latifolium HOPPE, Breitblättriges Wollgras: Horstpflanze ohne Ausläufer. Stängel

stumpf dreikantig, mit 5–12 Blütenköpfchen. Nieder- und Quellmoore usw., kalkhold. Gefährdet, im Norden inzwischen selten und meist stark gefährdet.
Eriophorum vaginatum L., Scheidiges oder Moor-Wollgras: Horstpflanze ohne Ausläufer. Stängel mit 1 endständigen Blütenköpfchen. Blattscheiden der Stängelblätter aufgeblasen. Auf Torfmoosbulten der Hochmoore, kalkmeidend. Regional gefährdet. – In arktischen Tundrengebieten stellt die Pflanze wegen ihres frühen Austriebs eine wichtige Nahrung für Rentiere und Lemminge dar. Letztere fressen die jungen Triebe im Winter unter der Schneedecke(!). Bemerkenswert ist, dass LINNÉ neben *E. polystachyon = angustifolium* allein dieses Wollgras beschreibt. Erst 1800 werden von W. D. J. KOCH und HOPPE weitere Arten unterschieden.

Erodium cicutarium (L.) L'HÉRITIER (Artengruppe), Gewöhnlicher Reiherschnabel

Geraniaceae (= Storchschnabelgewächse)

Einjährig winterannuelle (bis zweijährige) Rosetten- oder Halbrosettenpflanze, seltener sommerannuell, 10–40 cm hoch. Blätter im Gegensatz zu denen der Storchschnabel-Arten (*Geranium*) gefiedert statt handförmig geteilt. – Wurzeln 8–40(– 100) cm reichend.

Systematik: Zur Gattung gehören 80 Arten. Nächst verwandt ist der Storchschnabel (*Geranium*).

Namen: „*Erodium*" ist ein vorlinnéscher Name, von griech. erodios = Reiher, wegen der Fruchtschnäbel. Er wurde von L'HÉRITIER 1789 gültig publiziert. Bei LINNÉ 1753 ist *Erodium* Teil von *Geranium*. Auch im Deutschen wurde früher oft der Name Storchschnabel für *Erodium*-Arten verwendet. Neulat. „*cicutarium*" = ähnlich wie der Wasserschierling (*Cicuta*), im Hinblick auf die Blätter.

Vorkommen: Sandäcker, lückige Ruderalfluren, Trockenrasen und Weinberge, auf warmen, nährstoffreichen, oft kalkarmen Böden. Auch in Pflasterritzen und auf Dünen. Sandzeiger. Ebene bis Mittelgebirge (ca. 500 m). Alteinwanderer (= Archäophyt), jetzt zirkumpolar verbreitet und z. B. auch im Mittelmeergebiet nicht selten.

Blüten: IV–IX. Homogame „Kleine Trichterblumen". Seltener auch etwas zweiseitig symmetrisch und vormännlich. Meist Selbstbestäubung.

Früchte: Spaltfrüchte, lang geschnäbelt durch die sich stark verlängernden Griffel. Reif lösen sich die Teilfrüchte von der Fruchtachse (= Mittelsäule) und können bis zu 0,5 m weit fortgeschleudert werden. Da ihre Schnäbel ebenso wie die Haare der nussartigen, samentragenden Basis (Lupe!) hygroskopisch sind (siehe Detailfoto), bohren sie sich als Bohrfrucht in die Erde, bewegen sich als Bodenkriecher fort oder werden eingedreht im Tierfell ausgebreitet (Details der Mechanik bei EVANGELISTA et al. 2011 J. Exp. Biol. 214: 521; dort und bei Youtube auch Videoclips). Interessant sind Angaben, wonach die Teilfrüchte z. B. im Mittelmeerraum und Nordamerika von Ernteameisen der Gattung *Messor* gesammelt werden (Speicherausbreitung). Wegen der empfindlichen Reaktion auf Feuchteunterschiede kann man die Teilfrüchte für ein einfaches Hygrometer verwenden. Fruchtreife: VIII–X.

Verwendung: Ehemalige Arzneipflanze. Als Wildgemüse nutzbar. Für Wildpflanzengärten geeignet.

Erophila verna → *Draba verna*

Eruca sativa: siehe bei *Diplotaxis*

Eryngium campestre Linnaeus, Feld-Mannstreu

Apiaceae (= Doldenblütler)

Ausdauernde Halbrosettenpflanze, 20–50 cm hoch, im Umriss kugelig. Tiefwurzler (bis 2 m). Typische Trockenpflanze (Xerophyt) mit derben, kaum welkenden, dornigen Blättern. Ursprünglich wohl mediterrane Art, aber seit langem auch bis an die Nord- und Ostseeküste verbreitet.

Systematik: Die Gattung gehört in die Unterfamilie der Saniculoideae. Verwandt sind *Astrantia* (Sterndolde) und *Sanicula* (Sanikel). – Obwohl die Gattung zu den Doldenblütlern gehört, hat sie sowohl durch die kopfartigen Blütenstände als auch die Bedornung große Ähnlichkeiten mit den zu den Korbblütlern (Asteraceae) zählenden Disteln. Daher auch der Name Stranddistel für *E. maritimum*.

Namen: „*Eryngium*“ (eryngion) ist der lat.-griech. Name der Pflanze, vielleicht abgeleitet von eryganein = rülpsen, da die Pflanze früher gegen Blähungen verwendet wurde und dabei Aufstoßen verursachte. Lat. „*campestris*“ = Feld-. – „Mannstreu“ (oder „Männertreu“) vermutlich weil die als Aphrodisiakum verwendete Pflanze „dem schwachen Manne treu zur Seite stand“ bzw. im Volksglauben dem Mann, der die Pflanze bei sich trägt, Glück bei den Frauen verspricht (‚treu‘ hier in der alten Bedeutung Wohlgeneigtheit). Man beachte, dass die Ehrenpreis-Arten (*Veronica*, siehe *V. officinalis*) im Volksmund auch „Männertreu“ heißen.

Vorkommen: Magerrasen und Dämme, auf warmen, trockenen, oft kalkreichen Böden. Im Norden und Westen auch Stromtalpflanze. Durch Abnahme der Schafweide teilweise im Rückgang. – **Geschützt**!

Blüten: VII–VIII. Dolden im Gegensatz zu denen der übrigen Doldenblütler zu kopfigem Blütenstand vereint, analog dem der Korbblütler. Vorweibliche „Körbchenblumen“. Blütenkörbe von dornigen Hüllblättern umgeben. Steif aufrechte Kelchblätter bilden „Kleine Trichterblumen“. Nektar ist deshalb nur Insekten mit mindestens 2 mm langem Rüssel zugänglich, z. B. Bienen, Wespen und Faltern. Fliegen fressen nur den Pollen.

Früchte: Spaltfrüchte (Doppelachänen). Die Pflanzen sind typische „Bodenroller“: Reif werden die Sprosse bei Windgeschwindigkeiten von mindestens 4 m/s an einer vorgegebenen Abbruchstelle

am Wurzelhals abgerissen und dann als Ganzes fortgerollt, wobei die Früchte allmählich ausgestreut werden. Ausbreitung außerdem als Wind- und Tierstreuer. Verhakeln sich mehrere Pflanzen, entstehen ± große „Steppenhexen“, wie sie – oft meterhoch – besonders für osteuropäische Steppen charakteristisch sind. Licht- und Frostkeimer.

Verwendung: Früher arzneilich vielseitig verwendet, heute nur noch in der Volksmedizin bei Husten. Die jungen Blätter der *Eryngium*-Arten wurden als Gemüse genutzt.

Weitere Arten:

Eryngium maritimum L., Stranddistel, Strand-Mannstreu: Küstenpflanze. Xerophyt (= Trockenpflanze). Bewohner der Weißdünen, bis ins Mittelmeergebiet. Stark gefährdet (wegen der Beliebtheit für Trockensträuße und wegen des Verbisses durch Kaninchen) und ebenfalls **geschützt**! Rhizome nach Möhren schmeckend, aber etwas scharf.

Erysimum cheiri (L.) CRANTZ (= *Cheiranthus cheiri* L.), Goldlack

Brassicaceae (= Kreuzblütler)

Ausdauernder, kurzlebiger Halbstrauch, d. h. untere Stängelteile verholzend, obere krautig und im Herbst absterbend, in Kultur oft nur zweijährig, 20–60 cm hoch. Blattrosetten grundständig. Blühsprosse werden erst im zweiten Jahr gebildet.

Systematik: Zur Gattung gehören je nach Autor 150–350 Arten.

Giftigkeit: Ganze Pflanze, besonders die Samen, durch Herzglykoside giftig und außerdem hautreizend.

Namen: „*Erysimum*" (erysimon) ist der lat.-griech Name verschiedener Pflanzen. Er wurde von LINNÉ auf diese Gattung übertragen, allerdings gehörte bei ihm die vorliegende Art zu *Cheiranthus*. „*Cheiri*" (hairi, kheri) ist der arab. Name der Nelke/Gewürznelke. – „Goldlack" nach der Blütenfarbe der Wildform. „Schöterich" (als Name für die weit gefasste Gattung) wurde künstlich gebildet, nach den langen Schoten. Die Minnesänger besangen den Goldlack wegen seines Duftes als „Gelbveigelein" (= Gelbes Veilchen). Man beachte, dass Duftpflanzen wie Goldlack, Levkoje (s. u.) usw. früher oft nicht getrennt wurden; vgl. auch *Viola odorata*.

Vorkommen: Gartenzierpflanze. Zuweilen in wärmeren Lagen verwildert und z. T. eingebürgert (Archäophyt 12. Jh. bzw. Neophyt), so vor allem an alten Stadtmauern und Burgen. An solchen Standorten vielfach wieder zurückgegangen. Nährstoffzeiger. Heimat: Mittelmeergebiet.

Blüten: IV–VI(–X). „Nektar führende Stieltellerblumen" mit intensivem Veilchenduft, in Trauben. Blüten 20–25 mm breit. Krone durch das Zusammenwirken des roten Anthocyans Cyanidin und verschiedener Karotinoide gelb bis braun (oder rötlich), bei der Wildform goldgelb. Zwei Nektarien am Grunde der kurzen Staubfäden scheiden den Nektar in die als Safthalter dienenden Kelchblattaussackungen aus. Narbe zweilappig. Bestäubung z. B. durch Bienen und Hummeln. Bienentrachtpflanze. Selbstbestäubung ist erfolgreich.

Früchte: Abgeflachte Schoten. Windstreuer. Kulturflüchter.

Verwendung: Goldlack wurde schon im Altertum als Arzneipflanze genutzt. In Mitteleuropa ist er seit dem frühen Mittelalter in den Kloster- und Bauerngärten anzutreffen. Er gehört mit zu den ersten Pflanzen, die in erster Linie wegen ihres Zierwertes angepflanzt wurden. Besonders geeignet zur Bepflanzung von Schichtmauern. Bei heutigen Gartenformen sind die Blüten oft gefüllt, d. h. die Staubblätter sind zu zusätzlichen Kronblättern umgebildet. Goldlack ist Bestandteil von Fertigpräparaten für Erkrankungen der Leber. Aus den Samen der *Erysimum*-Arten wurde früher Öl gewonnen.

Weitere Art/Ähnliche Art:

Erysimum cheiranthoides L., Acker-Schöterich, Acker-Schotendotter: Einjähriges Wildkraut feuchter Äcker, Ruderalstellen und Ufer. Im Rückgang. Kronblätter gelb, nur 4–5 mm lang. Narbe ungeteilt. Reicher Besuch durch Bienen und Hummeln.

Die Blätter wurden früher für Speisezwecke genutzt.

Matthiola incana (L.) R. Br. (= *Cheiranthus incanus* L.), Garten-Levkoje: Zierpflanze. Bis über 60 cm hoher, mit einem Sternhaarfilz überzogener Halbstrauch, der bei uns meist einjährig gezogen wird. Die 2–3 cm breiten, weißen bis roten „Stieltellerblumen" duften wie Nelken. Man vergleiche dazu den bekannten Dialog bei Kleist: Prinz von Homburg: „Ach, wie die Nachtviole lieblich duftet! Spürst du es nicht?" – Rittmeister Stranz: „Es sind Levkojn und Nelken". Typische Falterblume. Die Samen sind geflügelte Scheibenflieger und Wasserhafter. Alte Bauerngartenpflanze seit dem 16. Jh. Heimat: Mittelmeergebiet. Benannt zu Ehren von P. A. Mattioli (latinisiert Matthiolus) (1500–1577), kaiserlich-österreichischer Leibarzt und einer der größten Botaniker seiner Zeit. „Levkoje" ist Lehnwort von griech. leukoion und bedeutet ‚weißes Veilchen' bzw. allgemeiner ‚helle Duftpflanze' (vgl. auch *Leucojum vernum* und *Viola odorata*).

Euonymus europaeus Linnaeus, Europäisches Pfaffenhütchen, Spindelstrauch

Celastraceae (= Spindelstrauchgewächse)

Winterkahler Strauch oder kleiner Baum mit wintergrünen Zweigen (= Rutenstrauch), die durch Korkleisten vierkantig sind, 1–3(–5) m hoch. Stämme bis 10 cm dick. Blätter kreuzgegenständig, im Herbst oft gelb oder leuchtend rot. – Flachwurzler. Pilzwurzel (arbuskuläre Mykorrhiza). – **Stark giftig**.

Systematik: *Euonymus* ist (neben *Parnassia* = Herzblatt) der einzige heimische Vertreter der überwiegend tropisch verbreiteten Familie. Die Gattung umfasst etwa 170 Arten, von denen zahlreiche bei uns als Ziersträucher in Kultur sind. Verbreitungsschwerpunkt ist Ostasien.

Giftigkeit: Ganze Pflanze, vor allem Samen und Früchte, **stark giftig** durch Steroid-Glykoside vom Cardenolid-Typ (Evonosid, Evobiosid, Evomonosid), das Alkaloid Evonin, Lektine und Triterpene. Etwa 40 Früchte sollen für den Menschen tödlich sein; für Kinder sind schon wenige Früchte gefährlich. Die Wirkung ist lokal stark reizend, nach Resorption erfolgen Magen-Darm-Koliken, Kreislaufstörungen und Krämpfe. Auch für Säugetiere giftig, für Pferde evtl. sogar tödlich.

Schädlinge: Die Pflanze wird nicht selten von Gespinstmotten der Gattung *Yponomeuta* befallen, die die Sträucher einspinnen und kahl fressen. Trotz des eindrucksvollen Schadbildes kommt es meist nicht zu großen Schäden, da der Befall so frühzeitig erfolgt, dass ein Neuaustrieb möglich ist. Ähnliche Situationen kennt man z. B. von der Trauben-Kirsche (*Prunus padus*), einigen Weiden (*Salix*) und verschiedenen Obstbäumen. Da die Bäume nach Befall wie versilbert erscheinen können, ist das ein auffallendes Phänomen. – Die Schwarze Bohnenlaus (*Aphis fabae*), überwintert mit derbwandigen Wintereiern überwiegend auf Pfaffenhütchen, seltener auf Gewöhnlichem Schneeball (*Viburnum opulus*), und lebt dort auch noch im Frühjahr in großer Zahl, um dann u. a. auf Ackerbohne (*Vicia faba*) und Zuckerrübe (*Beta vulgaris*) umzuwechseln.

Namen: „*Euonymus*“ ist der lat.-griech. Name der Gattung, zu eu = gut und onoma = Name, also ‚in gutem Ruf stehend‘, was hier aber wohl ironisch oder verdeckend (euphemistisch) gemeint ist, weil die Samen als tödlich giftig für Ziegen und Schafe galten. LINNÉ schrieb 1753 *Evonymus*, ein Jahr später aber *Euonymus*. Zur Beendigung der Unsicherheit, welcher Name richtig ist, wurde 1994 von der Nomenklaturkommission die Konservierung von *Euonymus* beschlossen. Die lange Zeit ungeklärte Frage, ob das grammatikalische Geschlecht weiblich (*europaea*) oder männlich (*europaeus*) ist, wurde 2000 endgültig zu Gunsten der männlichen Form entschieden, obwohl in den alten Sprachen die Gehölze gewöhnlich als weiblich galten. – „Pfaffenhütchen“ wegen der Ähnlichkeit der geöffneten Fruchtkapseln mit der Kopfbedeckung der Priester (Mitra, Birett = Barett). Älter ist der Name „Spindelstrauch“, er bezieht sich darauf, dass man aus dem zähen, festen Holz Garnspindeln drechselte.

Die orangefarbene Samenhülle wird gerne von Vögeln abgeschält.

Vorkommen: Hecken, krautreiche Auwälder, auf frischen, nährstoffreichen Lehmböden. In den Allgäuer Alpen bis 1100 m ansteigend. Auch öfter angepflanzt.

Blüten: V–VI. Unscheinbare, 4-zählige, grünliche, vormännliche, „Nektar führende Scheibenblumen“, in wenigblütigen Dichasien. Dreihäusig, d. h. neben Pflanzen mit zwittrigen Blüten kommen auch solche mit männlichen und solche mit kleinen weiblichen Blüten (mit tauben Staubbeuteln) vor. Nektarabsonderung vom fleischigen Diskus. Reicher Besuch von Insekten aller Art, besonders Schwebfliegen und anderen Fliegen, aber auch z. B. Bienen, Käfern und Ameisen.

Früchte: Meist 4-fächerige, fachspaltige, rotviolette Kapseln mit saftiger Fruchtwand. In jedem Fruchtfach befindet sich 1 Samen mit lebhaft orangefarbenem Samenmantel (Arillus), der einen interessanten Farbkontrast zur rotvioletten Fruchtwand darstellt (siehe Detailfoto). Die Samen hängen am verlängerten Stielchen (Funiculus) eine Zeit lang aus der geöffneten Kapsel heraus. Vor allem Mundausbreitung durch Rotkehlchen, die die Samen nach Verzehr des Samenmantels wieder auswürgen. Dazu Verdauungsausbreitung durch Amseln und Drosseln. Meisen schälen den Samenmantel vor Ort ab und lassen dabei den Samen fallen. Samen weiß, mit reichlich Nährgewebe (Endosperm) und mit bereits ergrünten Keimblättern, was sonst selten ist. Wintersteher. Fruchtreife: VIII–X. Keimung erst nach einer Samenruhe von 4–5 Jahren.

Vegetative Vermehrung durch sich bewurzelnde Kriechsprosse.

Verwendung: Die Pflanze wird wegen der dekorativen Früchte und des bunten Herbstlaubs gerne als Ziergehölz in Anlagen ausgebracht. Es ist wegen des weitstreichenden Wurzelwerks auch zur Böschungsbefestigung geeignet. Das harte, dauerhafte Holz wird von Drechslern insbesondere zur Herstellung von Garnspindeln sehr geschätzt. Die Blätter werden zuweilen arzneilich verwendet, doch ist wegen der Giftigkeit vom Gebrauch abzuraten. Die getrockneten Früchte können pulverisiert zum Abtöten von Insekten verwendet werden. Wird auch in der Homöopathie angewandt.

Weitere Arten: Zu den ausländischen Arten, die als Ziergehölze gezogen werden, gehören die aus Ostasien stammenden, immergrünen Arten ***E. fortunei*** (TURCZ.) HAND.-MAZZ. (Kletter-P.) und ***E. japonicus*** L. fil. (Japanisches P.). Beide Arten werden auch gerne in buntlaubigen Formen in milden Lagen angepflanzt. *E. fortunei* wird als Bodendecker oder kleiner Strauch kultiviert, verwildert zunehmend und ist stellenweise schon in Einbürgerung begriffen. Ähnlich wie Efeu vermag die Art mithilfe von Haftwurzeln auf Wirtspflanzen zu klettern, evtl. bis in deren Kronenbereich.

Euonymus latifolius (L.) MILL., Breitblättriges Pfaffenhütchen: Vom Gewöhnlichen Pfaffenhütchen durch meist 5-zählige Blüten, geflügelte Früchte und größere Blätter (Name!) unterschieden. Seltene Art der Alpen und Voralpen. In krautreichen Mischwäldern, auf meist kalkreichen, wärmeren Standorten. Häufiger Zierstrauch.

Eupatorium cannabinum LINNAEUS,
Gewöhnlicher Wasserdost, Kunigundenkraut

Asteraceae (= Korbblütler)

Ausdauernde Schaft- und Sumpfpflanze, 50–100 cm hoch. Mittlere Blätter handförmig 3(–5)-teilig.

Systematik: Die Gattung ist mit etwa 500 Arten sehr formenreich und umfasst in den Tropen sogar baumförmige Vertreter.
Giftigkeit: Ganze Pflanze durch Pyrrolizidinalkaloide bei Einnahme großer Mengen giftig. Auch bei Pollen und Honig ist Vorsicht geboten, aber deutscher Honig gilt als unbedenklich.
Namen: „*Eupatorium*" ist der antike Name des Odermennigs (*Agrimonia eupatoria*), der schon früh auf verschiedene andere Pflanzen übertragen und schließlich von LINNÉ 1753 auf die vorliegende Gattung begrenzt wurde. Die auf PLINIUS zurückgehende Annahme, der Name bezöge sich auf Mithridates Eupator, König von Pontus, der die Pflanze gegen Leberleiden verwendet haben soll, dürfte falsch sein (vgl. *Agrimonia eupatoria*). Neulat. „*cannabinum*" = hanfähnlich, wegen der Form der größeren Blätter, daher auch „Wasserhanf" als ältere deutsche Bezeichnung. „Wasserdost" wegen des Standorts und der entfernten Ähnlichkeit der Blütenstände mit denen des Dosts (*Origanum vulgare*), wobei Dost so viel wie ‚Busch' bedeutet. „Kunigundenkraut" nach der Heiligen Kunigunde, wegen der ehemaligen heilkundlichen Verwendung.
Vorkommen: Schläge, Ufer und Ruderalstellen, auf feuchten, nährstoffreichen, vor allem kalkhaltigen Böden. Stickstoffzeiger.
Blüten: VII–IX. Wenigblütige, zwittrige, vormännliche „Körbchenblumen", mit Griffelbürste und ca. 3 mm langer Röhre. Wegen der Kleinheit der Blütenkörbchen und deren großen Anzahl in dicht gedrängten, doldenartigen Rispen wird die Pflanze oft erst auf zweiten Blick als Korbblütler erkannt. Reicher Besuch durch Tagfalter (z. B. Tagpfauenauge und Kaisermantel), die gerne lange auf den Blüten verweilen, Bienen, für die die Pflanze wegen der späten Blütezeit eine wichtige Nahrungsquelle darstellt, und viele andere Gäste. Daneben Selbstbestäubung und auch Samenbildung ohne Bestäubung (Apomixis).
Früchte: Achänen mit Haarkelch (= Pappus). Schirmchenflieger, Sinkgeschwindigkeit 23 cm/s, d. h. Flugweite von 10 km möglich. Dazu bei feuchtem Wetter Wasserhaftausbreitung. Samen mit 25 % fettem Öl. Fruchtreife: IX–X.
Vegetative Vermehrung durch die reich verzweigten, ausläuferartigen Rhizome.
Verwendung: Wasserdost ist wegen der fiebersenkenden und die Abwehrkräfte fördernden Wirkung als Heilpflanze bei Erkältungskrankheiten usw. beliebt. Auch in der Homöopathie spielt er eine große Rolle. Er ist apothekenpflichtig. Heute nimmt man meist anstelle der heimischen Art den Indianischen Wasserhanf (*E. perfoliatum*), der früher zu den meistbenutzten Heilpflanzen Amerikas gehörte. – Als Wildgartenpflanze empfehlenswert, z. B. für Teichufer, vor allem auch wegen des reichen Besuchs durch Bienen und Falter. Wird auch als Zierpflanze angeboten.

Ähnliche Art:
Adenostyles alliariae (GOUAN) KERN., Grauer Alpendost: Ähnlich voriger Art, aber nicht näher verwandt. Um 1 m, seltener bis 1,5 m hohe Schaftpflanze. Blätter unten gestielt, kreisförmig-herzförmig, unterseits weitmaschig-netzig. Oberste Blattspreiten klein, am Grunde geöhrt, sitzend. Auf frischen, nährstoff- und basenreichen Böden in offenen Staudenfluren sowie in lichten Bergwäldern der höheren Gebirge. Blüten- und Ausbreitungsökologie ähnlich wie bei *Eupatorium*.

Euphorbia cyparissias LINNAEUS, Zypressen-Wolfsmilch

Euphorbiaceae (= Wolfsmilchgewächse)

Sommer- oder selten wintergrüner Hemikryptophyt (Schaftpflanze) und Wurzelknospen-Geophyt, 15–30 cm hoch. Wurzelkriechpionier. Alle Arten der Gattung haben ungegliederte Milchsaftschläuche, in denen der bis 15 % Harz, Kautschuk, Fette, Eiweiß, Stärke und andere Stoffe enthaltende Saft unter Druck steht und deshalb bei Verletzung sofort austritt. Funktion: Wundverschluss und Fraßschutz. – **Stark giftig**.

Systematik: *Euphorbia* (im weiteren Sinne) ist eine der artenreichsten Gattungen überhaupt und umfasst etwa 2000 Arten mit sehr verschiedenen Wuchsformen. So findet man in Afrika und auf den Kanarischen Inseln z. B. auch kakteenähnliche, oft durch paarige Nebenblattdornen charakterisierte Stammsukkulenten (Analogie zu den Kakteen).
Giftigkeit: Die meisten Arten der Gattung sind durch hautreizende Diterpen-Ester im Milchsaft **stark giftig**, evtl. sogar tödlich giftig. Sie werden zwar vom Weidevieh gemieden, doch sind Vergiftungen durch Heu möglich, da sich die Giftwirkung beim Trocknen nicht verliert.
Schädlinge: Bekannt sind die prächtigen Raupen des Wolfsmilchschwärmers (*Hyles euphorbiae*), deren einzige Futterpflanze die Euphorbien sind. Die Raupen sind nicht nur immun gegen das Gift, sondern werden durch diese Nahrung selbst höchst giftig für potenzielle Jäger (ähnliches kennt man z. B. von den Raupen der Widderchen = *Zygaena*). Andererseits werden viele andere Fressfeinde durch den Gehalt an Phorbin im Milchsaft abgehalten oder sterben durch dieses Gift. – Oft beobachtet man neben den normalen Pflanzen missgebildete unverzweigte Stängel (siehe Detailfoto) mit elliptischen Blättern, die an den Triebspitzen gelb gefärbt und rosettenartig gehäuft sind. Diese Verformung wird durch den Erbsenrostpilz (*Uromyces pisi*) bewirkt, der sich nach der Infektion in den Blättern ausbreitet. Der Pilz lockt durch die golde-

ne Farbe der blütenähnlichen Blattrosetten und die Darbietung von duftendem Nektar Blütenbesucher an (PFUNDER 1999 Dissertation ETH Zürich). Diese verhelfen dem Pilz zur notwendigen Fremdbefruchtung, die dann zur Bildung von orangeroten Sporenlagern mit Äzidiosporen führt. Es liegt also ähnlich wie bei *Berberis* eine Geruchsmimikry vor. Die Sporen werden dann durch den Wind auf verschiedene Schmetterlingsblütler (z.B. Erbse) als Hauptwirte verweht.

Namen: „*Euphorbia*" ist der lat.-griech. Name der Gattung, nach Euphorbos, dem Leibarzt des Königs Juba von Mauretanien (50 v. Chr.); „*cyparissias*" ist ein vorlinnéscher Name zu griech. kyparissias = Zypresse, wegen der Ähnlichkeit der Zweige mit Jungpflanzen mancher Nadelbäume. Eine alte Bezeichnung der Gattung ist Esula, der sich z.B. im Namen *E. esula* (s.u.) wiederfindet. – „Wolfsmilch" wegen des auffälligen Milchsaftes, wobei das Wort Wolf im Sinne von wertlos/giftig zu verstehen ist.

Vorkommen: Trockenrasen und trockene, sonnige Säume und Ruderalstellen, auf basenreichen Böden. Ebene bis alpine Stufe (bis 2240 m).

Diese stark veränderte Blattform entsteht durch Infektion mit dem Erbsenrostpilz.

Blüten: IV–VI. Streng vorweibliche „Nektar führende Scheibenblumen". Gesamtblütenstand doldenartig, durch Übergipfelung des Hauptsprosses durch die Seitenzweige entstanden. Die Seitenzweige enden mit einem blütenähnlichen Teilblütenstand (= Scheinblüte, Pseudanthium; bei *Euphorbia* „Cyathium" genannt). Ein Cyathium besteht aus eingeschlechtlichen Blüten, die auf den Fruchtknoten bzw. auf je ein einziges Staubblatt reduziert sind, sowie den zugehörigen Nektarien und den z.T. als Schauorgan dienenden Hochblättern. Letztere sind erst gelb gefärbt und zur Fruchtzeit oft rot. Die Nektarien sind kleine, goldgelbe Drüsen, die honigduftenden Nektar absondern. Insektenbesuch erfolgt reichlich, besonders durch Schwebfliegen, von denen über 20 Arten beobachtet wurden. Auch die auf der Pflanze reichlich vorkommenden Ameisen können zur Bestäubung beitragen (PFUNDER 1999), was sonst sehr selten ist; allerdings spielt die Ameisenbestäubung auch hier nur eine untergeordnete Rolle.

Früchte: Die dreiteiligen Spaltfrüchte zerfallen in 3 „Kokken", die sich durch einen Stoßmechanismus explosionsartig öffnen und bei manchen Arten die Samen bis maximal 2 m weit fortschleudern: Selbstausbreitung. Samen mit Ölkörper (= Elaiosom; hier Caruncula genannt) zur Ameisenausbreitung. Ameisenhaufen sind oft dicht besetzt mit den hier auf trockenem, nährstoffreichem Grund gut wachsenden Pflanzen. Fruchtreife: VII–IX. Samen langlebig.

Vegetative Vermehrung erfolgt lebhaft durch Wurzelsprosse, weswegen die Pflanze gewöhnlich in kleinen Herden auftritt.

Verwendung: Für Wildpflanzengärten beschränkt zu empfehlen. Der Milchsaft wird gelegentlich als Mittel gegen Warzen verwendet, doch sollte man wegen der Giftigkeit davon unbedingt Abstand nehmen, zumal eine entsprechende Wirkung ohnehin umstritten ist.

Weitere Arten:

Euphorbia esula L., Esels-Wolfsmilch (Artengruppe): Ähnlich wie vorige Art, aber viel kräftiger, 30–70 cm hoch. Blätter lanzettlich, ca. 5 cm lang, mit stumpfer Spitze. Hochblätter gelblich grün. Weiden und Ufer der Tieflagen und Stromtäler. Kapseln fein punktiert. Der deutsche Name ist volksetymologisch von mittellat. esula = Wolfsmilch abgeleitet. Gilt als besonders giftig. Wurde in Nordamerika auf Weideflächen eingeschleppt und als invasive Art eingestuft. Sie steht auf der Liste der 100 gefährlichsten invasiven Arten der Welt.

Euphorbia palustris L., Sumpf-Wolfsmilch: Ausdauernder Hemikryptophyt. Größte heimische Art. Moorwiesen und Weidengebüsche der Stromtäler. Tonzeiger. Gefährdet und **geschützt**! Als Sumpfpflanze ohne Elaiosom an den Samen und entsprechend ohne Ameisenausbreitung. Wird als Zierpflanze für Teichränder angeboten.

Euphorbia lathyris L., Spring- oder Kreuzblättrige Wolfsmilch: Zweijährig oder winterannuell, bis 1 m hoch. Habitus unverkennbar durch die bis 15 cm langen, linealischen Blätter in streng kreuzgegenständiger Anordnung. Blätter kreuzgegenständig. Attraktive Zierpflanze und Bauerngartenpflanze, aber besonders giftig. Verwildert nicht selten und ist stellenweise eingebürgert (Archäophyt und/oder Neophyt). Heimat: Mittelmeergebiet und wärmeres Asien. Die Erneuerungsknospen liegen trotz der krautigen Natur der Pflanze mehr als 50 cm über dem Boden, was eine seltene Ausnahme darstellt. Selbstausbreitung als Austrocknungsstreuer („Springfrüchte"), Streuweite bis über 3 m. Wird außerdem mit Gartenabfällen verschleppt. Ehemalige Arzneipflanze, die unter dem Namen „lathyris" schon in der Antike bekannt war. Die Samen enthalten 40–50 % fettes Öl und wurden früher für Brennöl genutzt. Das Anpflanzen im Garten gilt als Mittel gegen Wühlmäuse und Maulwürfe, doch ist die Wirkung umstritten. Der reichlich fließende Milchsaft enthält 8–12 % Kohlenwasserstoffe in Form von Terpenen. Daher gab es in der 2. Hälfte des 20. Jh. Versuche, die Pflanze als Treibstoffquelle zu nutzen, was aber zugunsten anderer Projekte aufgegeben wurden.

Euphorbia helioscopia LINNAEUS, Sonnenwend- oder Sonnen-Wolfsmilch

Euphorbiaceae (= Wolfsmilchgewächse)

Meist einjährig, 10–30 cm hoch. Pflanze kahl, mit verkehrt-eiförmigen, vorn abgerundeten, an der Basis keilförmigen Blättern. – Meist 15–40, selten bis 85 cm tief wurzelnd. – **Stark giftig**.

Giftigkeit: Die ganze Pflanze ist **stark giftig**, vgl. *E. cyparissias*.

Namen: Zu den Gattungsnamen siehe *E. cyparissias*; *„helioscopia"* von griech. helios = Sonne, skopein = schauen, wegen der nach dem Sonnenstand ausgerichteten Blütenstände.

Vorkommen: Auf nährstoffreichen Lehmböden an Ruderalstandorten, Wegrändern und auf Äckern häufig. Kulturbegleiter seit der jüngeren Steinzeit (Archäophyt).

Blüten: IV–XI, inzwischen auch im Winter blühend (Zivilisationseffekt). Der Blütenstand ist ein 5-strahliges Pleiochasium. Hochblätter grün oder goldgelb überlaufen. Nektardrüsen abgerundet (Merkhilfe: wie die Sonne). Blütenstände durch gerichtete Bewegungen (Photonastie) der Sonne zugewandt. Bestäubung vor allem durch Fliegen.

Früchte: Kapseln und Ausbreitung der Samen wie bei *E. cyparissias*. Samen netzig-grubig. Streuweite der Samen bis 2 m. Fruchtreife: VII–X. Samen langlebig. Auch Apomixis, also die Bildung von Samen ohne Befruchtung, ist möglich.

Vegetative Vermehrung durch Wurzelsprosse ist möglich.

Weitere Arten (vgl. auch *E. cyparissias*):

Euphorbia peplus L., Garten-Wolfsmilch: Ökologisch ähnlich wie *E. helioscopia*. Sommerannuell, im milden Klima z. T. auch winterannuell. Wildkraut der Gärten, Ruderalstellen und Äcker, auf nährstoffreichen Böden, meist in Ortsnähe. Angeblich Archäophyt, aber wohl eher Neophyt. Nektardrüsen grünlich, sichelförmig.

Euphorbia exigua L., Kleine Wolfsmilch: Ökologisch ähnlich den vorigen Arten, aber meist kleiner und Blätter linealisch. Kalkhold. Verbreitetes Ackerwildkraut in den Kalkgebieten, aber im

Rückgang. Archäophyt. Besitzt zusätzliche Wurzelsprosse.

Euphorbia pulcherrima WILLD. (= *Poinsettia pulcherrima* (WILLD.) GRAHAM), Mexikanischer Weihnachtsstern: Bekannte Zimmerpflanze. Ist u.a. wegen der großen roten Hochblätter und der auffallenden becherförmigen Nektarien bemerkenswert. Schwach giftig. In ihrer Heimat wächst die Pflanze baumförmig und wird durch Kolibris bestäubt. Eine typische Kurztagpflanze, daher auch die weihnachtliche Blütezeit (Name!).

Euphrasia officinalis LINNAEUS (= *E. rostkoviana* HAYNE), Echter oder Wiesen-Augentrost

Orobanchaceae (= Sommerwurzgewächse)

Halbschmarotzer auf Wiesenpflanzen, 5–30 cm hoch. Einjährig, aber als Halbparasit zwischen ausdauernden Pflanzen konkurrenzfähig. Mithilfe von Saugwurzeln (Haustorien) werden die Wasserleitungsbahnen (Xylem) der Wirtswurzeln angezapft (vgl. *Melampyrum*). Trotz eigener Photosynthese und obwohl im Xylem nur wenige organische Verbindungen transportiert werden, erhält die Pflanze ca. 20 % des Kohlenstoffs von der Wirtspflanze, vor allem in Form von Aminosäuren (TESITEL 2011 Thesis. Univ. Ceské Budejovice). Da die Pflanze durch die parasitische Lebensweise zur Ertragsminderung der Wiesen führen kann, gehört sie zu den sog. „Milchdieben". – Formenreich. Saisondimorphismus, d.h. im Sommer und im Herbst heranwachsende Pflanzen sind bei *Euphrasia* und verwandten Gattungen (z.B. *Melampyrum*) von unterschiedlicher Gestalt.

Systematik: Zur Gattung gehören 200–350 Arten. Nächst verwandt ist der Zahntrost (*Odontites*). Zur systematischen Einordnung siehe *Rhinanthus* (= Klappertopf).

Namen: „*Euphrasia*" ist der vorlinnésche Name der Pflanze, zu griech. euphrasia = Wohlbefinden, Freude, was sich ebenso wie „Augentrost" auf die Verwendung bei Augenleiden nach der Signaturenlehre bezieht. Neulat. „*officinalis*" = arzneilich verwendet.

Vorkommen: Magere Wiesen und Weiden, auch auf Strandwiesen. Durch intensive Grünlandwirtschaft oft stark im Rückgang. Ebene bis Hochgebirge.

Blüten: V–X. Vorweibliche „Eigentliche Lippenblumen", einzeln, blattachselständig, 10–15 mm groß. Oberlippe meist violett und mit Strichsaftmalen; Unterlippe mit gelbem Farbflecksaftmal. Bei Berührung der Staubbeutel rieselt der trockene Pollen auf die Besucher, besonders Bienen und Schwebfliegen, herab. Nektarabsonderung an der Unterseite des Fruchtknotens. Die Blütenmale werden auch als Staubbeutelattrappen gedeutet, weil die Bestäuber die Blüten auch außerhalb der männlichen Phase anfliegen. Bei älteren Blüten ist Selbstbestäubung möglich, indem sich durch Wachstum der Krone Staubbeutel und Narbe berühren.

Früchte: 2-klappige Kapseln, trocken offen, Klappen etwas spreizend: Wind- und Tierstreuer. Außerdem wird die ganze Pflanze mit Heu oder

Tierfellen (u. a. wegen der grannig gezähnten Deckblätter) verbreitet: Zufalls- und Klettausbreitung. Fernausbreitung vor allem mit dem Heu. Weitere Ausbreitung der Samen als Körnchenflieger. Fruchtreife: IX–X.

Verwendung: Abkochungen des Krautes werden in der Volksmedizin bei Augenleiden angewandt. Der Gebrauch geht auf die Signaturenlehre zurück (die Blüten ähneln Augen + Wimpern). Da tatsächlich eine gewisse entzündungshemmende Wirkung vorliegt, war die Augenähnlichkeit vermutlich Merkhilfe für die Verwendung. Hauptinhaltsstoffe sind Iridoide und Phenylpropan-Glykoside. Aromatisch duftende harzartige Substanzen, zu deren Hauptinhaltsstoff auch Aucubin (ein Phenylpropan-Glykosid) gehört, haben tatsächlich auch eine antiseptische Wirkung.

Weitere Art:

Euphrasia stricta J. F. LEHM., Steifer Augentrost: Sehr ähnlich voriger Art, aber nicht kalkhold und kleinblütiger. Häufige, meist 10–20, selten bis 50 cm hohe, gewöhnlich durch zahlreiche, schräg aufrechte Seitenzweige ausgezeichnete Art. Unterschieden durch grannig gezähnte Blätter, kleinere, nur bis 10 mm große (zuweilen lila) Blüten und spätere Blütezeit (VII–IX). Pflanze oft durch Anthocyane rot gefärbt.

Fagopyrum esculentum MOENCH (= *F. sagittatum* GILIB.), Echter Buchweizen, Heidenkorn

Polygonaceae (= Knöterichgewächse)

Einjährig, sommerannuell, 15–70(–120) cm hoch. Blätter herz-pfeilförmig. Stängel zuletzt rot überlaufen. Die schnellwüchsige Pflanze benötigt zu ihrer Entwicklung nur 10–12 Wochen. Keine andere Feldfrucht kommt mit einer so kurzen Vegetationszeit aus. Tagneutral.

Systematik: Die Gattung umfasst etwa 15 Arten. In die gleiche Familie gehören die Knöteriche (*Polygonum, Bistorta, Persicaria, Fallopia*), Ampfer (*Rumex*) und Rhabarber (*Rheum*). – Nicht verwandt ist der Weizen (*Triticum*).

Giftigkeit: Die ganze Pflanze, besonders die junge Blütenhülle, aber auch die Fruchtwand enthalten das lichtempfindlich machende (photosensibilisierende) rote Fagopyrin (ähnlich dem Hypericin, vgl. *Hypericum*), das z. B. bei Verfütterung der grünen Pflanze vor allem bei Schweinen und Schafen entzündliche Hautveränderungen, Durchfall und Krämpfe verursachen kann (Fagopyrismus = Buchweizenkrankheit). – Die Blätter enthalten bis zu 6 % des Flavonoids Rutin.

Namen: „*Fagopyrum*" ist ein vorlinnéscher Name, von lat. fagus = Buche und griech. pyros = Weizen, entstanden als Übersetzung von niederdeutsch bokweite = „Buchweizen", welcher nach Form und Verwendung der bucheckernartigen Früchte benannt wurde. Bei LINNÉ hieß die vorliegende Art *Polygonum fagopyrum*. Lat. „*esculentus*" = essbar. – „Heidenkorn" oder „Tatarenkorn", weil die ursprünglich zentralasiatische Pflanze im Zusammenhang mit den Kreuzzügen aus fernen, heidnischen Ländern zu uns gelangte (und außerdem bevorzugt in sandigen Heidegebieten wie der Lüneburger Heide feldmäßig angebaut wurde).

Vorkommen: Kulturpflanze, selten verwildert und nur unbeständig. Heimat: Zentralasien. Wärmeliebend und frostempfindlich, daher erfolgt die Aussaat erst ab Mitte Mai. Vermag auf nährstoffarmen Sandböden zu gedeihen, wächst aber optimal auf nährstoffreichen, leicht lehmigen Sandböden. Der Anbau ist nur bis etwa 800 m möglich.

Blüten: VII–X. Blütenhülle einfach (Perigon), 5-zählig, unscheinbar, weiß oder rötlich. „Nektar führende Scheibenblumen", in endständigen, blattachselständigen, traubenähnlichen Blütenständen. Staubblätter 8. Stempel mit 3 Griffeln. Reiche Produktion von honigduftendem Nektar aus orangegelben Nektardrüsen an der Staubfadenbasis: Ergiebige Bienentrachtpflanze. Maximales Nektarangebot morgens gegen 7 Uhr. Verschiedengrifflig (Heterostylie): Es gibt Pflanzen mit langgriffligen Blüten mit kleineren Pollenkörnern und solche mit kurzgriffligen Blüten (siehe Detailfoto) mit größeren Pollenkörnern (vgl. die Situation bei *Primula*). Neben zwittrigen Pflanzen kommen meist noch rein männliche vor, gelegentlich auch rein weibliche. Trotz allem kann Selbstbestäubung erfolgreich sein. Der Fruchtansatz ist aber mit nur ca. 9 Nüssen pro Pflanze meist gering.

Auffällig sind die 8 Staubbeutel. Die vorliegende Pflanze ist kurzgrifflig, andere sind langgifflig.

Die geschälten Früchte des Buchweizens liefern ein wertvolles Mehl.

Früchte: Scharf dreikantige, 5–6 mm lange, 1-samige, stärkereiche Nüsse (siehe Detailfoto), die das bleibende Perigon weit überragen. Sie fallen bei der Reife aus dem Perigon heraus (Schwerkraftausbreitung), hauptsächlich aber erfolgt die Ausbreitung durch den Menschen. Wärmekeimer: Die Keimung erfolgt erst ab 10 °C Bodentemperatur.

Verwendung: Bedeutende, Stärke liefernde Nutzpflanze, die schon im Altertum in weiten Teilen Asiens und Südeuropas angebaut wurde. Das Korn muss wegen des in der rot gefärbten Fruchtwand enthaltenen Fagopyrins (s. o.) unbedingt geschält werden. Das geschälte Korn enthält u. a. etwa 10 % hochwertiges Eiweiß, 2 % Fett, 72 % Kohlenhydrate, 4 % Ballaststoffe und 2 % Mineralstoffe. Wegen der Getreideähnlichkeit zählt man Buchweizen zu den Pseudogetreiden (Pseudocerealien). Im Gegensatz zu Weizen, Roggen und Hafer ist es frei von Gluten. Die Weltproduktion lag 2012 mit 2,3 Mio. t und 2018 mit 3 Mio. t vergleichsweise sehr niedrig; zum Vergleich war sie beim Weizen ca. 2000 × so hoch, der höchste Anteil davon in Russland und China. Die Nüsse werden zu Grütze oder Mehl verarbeitet oder zu Pfannkuchen und Fladen verbacken. Der leicht bittere Geschmack wird nicht von allen als angenehm empfunden. Nach Mitteleuropa gelangte der Buchweizen im 13. oder 14. Jh., war lange Zeit eine wichtige Nahrungspflanze, geriet dann aber weitgehend in Vergessenheit. Erst seit einigen Jahren wird Buchweizen in Deutschland wieder vermehrt angebaut für Biokost, als Heilpflanze (Blüten und grüne Pflanzenteile) bei Venenleiden (Wirkstoff: Rutin), als Wildacker- und Bienenfutterpflanze, als Zwischenfrucht zur Gründüngung und für Blühstreifen. Buchweizenhonig ist sehr dunkel und von kräftigem Aroma und wird nicht von jedermann gemocht; er wird u. a. für Lebkuchen verwendet.

Weitere Art:

Fagopyrum tataricum (L.) GAERTN., Tataren-Buchweizen: Unterscheidet sich durch grünliche Blüten und ausgeschweift gezähnte, nicht scharfkantige Früchte sowie gewöhnlich grüne Stängel. Wildkraut der Buchweizenfelder, aber gelegentlich auch Kulturpflanze. Archäophyt. Heimat: Sibirien. Kulturbegleiter. Inzwischen als Wildpflanze verschollen (Stand 2018).

Fagus sylvatica LINNAEUS, Buche, Rot-Buche, Rotbuche

Fagaceae (= Buchengewächse)

Sommergrüner Laubbaum von 20–35 m, maximal 45 m Höhe, über 300 (angeblich bis 900) Jahre alt und bis 2 m dick werdend. Forstwirtschaftliche Umtriebszeit 120–140 Jahre. Die Krone eines Baumes kann bis zu 450 m² bedecken. Nach Guttenberg soll eine ausgewachsene Buche 200.000 Blätter (mit 50 Billionen Blattgrünkörnern) und eine Blattfläche von 1220 m² besitzen. – Die weit verbreitete Vorstellung der geringeren Blitzanfälligkeit („... doch die Buchen sollst du suchen.") ist falsch. Der Unterschied etwa zur Eiche liegt lediglich darin, dass die Einschläge durch die glatte Rinde besser abgeleitet werden als durch die raue Borke und daher kaum Spuren hinterlassen. Es liegt meist keine echte Borke vor, vielmehr wird die „Rinde" von einem einzigen Periderm produziert (Peridermbaum). Daher halten sich Einritzungen von Namen usw. sehr lange. Sehr alte Bäume können im Stammbereich aber auch eine Borkenbildung zeigen. – Blätter jüngerer Bäume bleiben nach ihrem herbstlichen Absterben (braun und vertrocknet) oft noch bis zum Frühjahr, ähnlich wie bei Eichen (*Quercus*) und Hainbuche (*Carpinus*). Die Blätter sind spiralig angeordnet, erscheinen aber an Seitenzweigen durch Drehung der Blattstiele streng zweizeilig, sodass alle Blattflächen eines Zweiges in einer Ebene liegen. Dadurch ergibt sich auch der typische etagenartige Bau des Baumes. – Winterknospen lang, spitz; auffallend zweizeilig angeordnet. Es lohnt sich, eine Knospe aufzupräparieren (vgl. den in der Abb. gezeigten zugehörigen Querschnitt) und die zahlreichen Knospenschuppen sowie die bereits im Sommer angelegten grünen, stark behaarten Blättchen zu studieren. Die Knospenschuppen entsprechen (wie bei allen Fagales) Nebenblättern; am frischen Austrieb bleiben sie eine Zeit lang erhalten. Die fädlichen Nebenblätter der Laubblätter fallen früh ab. Die Primärblätter sind gegenständig im Gegensatz zur sonst wechselständigen Beblätterung. – Herzwurzel. Pilzwurzel (ektotrophe Mykorrhiza). Intensiver Oberbodendurchwurzeler.

Systematik: Die Gattung umfasst 10 Arten in der gemäßigten Zone der Nordhalbkugel. Die meisten davon sind bei uns auch als Ziergehölze in Kultur. Verwandt sind die Kastanien (*Castanea*) und Eichen (*Quercus*). – Die Hainbuche (*Carpinus*) gehört trotz des Namens nicht zu den Buchengewächsen.

Giftigkeit: Bucheckern sind durch Saponine, Trimethylamin und hohen Oxalsäuregehalt schwach giftig. Probleme treten bei empfindlichen Personen ab etwa 50 Samen auf. Die Giftwirkung wird durch Rösten abgemildert. Auch Tiere sind anfällig, z. B. Pferde, Kälber, Hunde und Meerschweinchen, wenn sie mit größeren Mengen gefüttert werden; bei Pferden gelten 300–1000 g als tödlich. – Buchenholzstaub ist krebserregend.

Namen: „*Fagus*" ist der lat. Name der Pflanze. Neulat. „*sylvaticus*" = Wald-. – „Buche" ist ein germ. Wort, sprachverwandt mit lat. fagus und griech. phegos, wobei aber letzterer Name für eine Eichen-Art galt. „Rotbuche" bezieht sich auf das (für den Buchdruck verwendete) leicht rötliche Holz der Rotbuche im Vergleich zum weißen Holz der Weißbuche. Unser Wort ‚Buch' ist davon abgeleitet (s. u.). ‚Ecker' ist ein alter Name für die Früchte von Buchen und Eichen sowie die damit verbundene Schweinemast in der Waldweide. ‚Heister' sind junge Laubbäume bzw. Stämme, vor allem die von Buchen.

Vorkommen: In nicht zu nährstoffarmen Mischwäldern und als Reinbestände. Insgesamt hat die Buche einen Anteil von 16% am deutschen Wald und steht damit an dritter Stelle hinter Fichte und Kiefer; in Hessen ist der Anteil noch höher. Kernstück des jüngst geschaffenen „Nationalparks Eifel" sind seine ausgedehnten, bodenständigen

Rotbuchenwälder. Schattenpflanze; verdrängt z. B. im Mischbestand auf Dauer die Eiche. Obwohl die Buche gegenüber Schäden (z. B. Massenbefall durch Schadinsekten) als stabil gilt, steht sie zurzeit bei den (vor allem durch Versauerung der Böden verursachten) Waldschäden mit den Eichen an erster Stelle, denn ein Drittel der Bäume ist geschädigt. Das Buchenlaub verrottet noch schlechter als das der Eiche. Auch absorbieren die sehr flach streichenden Wurzeln das meiste Oberflächenwasser. Dies sind neben dem Lichtmangel die wesentlichen Ursachen für die artenarme Bodenflora der Buchenwälder. – Der Wasserverbrauch eines Rotbuchenwaldes ist enorm. Das ergibt sich aus seiner Wasserabgabe. Man sagt, dass 1 ha Wald 3500–5000 t Wasserdampf abgibt.

Blüten: IV–V (mit dem Laubaustrieb). Windbestäubung: „Hängeblütiger Typ". Einhäusig. Männliche Blüten (siehe Detailfoto) in hängenden Blütenköpfchen, am Grunde von Langtrieben, dazu zum Teil weitere männliche Blütenstände unterhalb davon aus Kurztrieben. Nach der Blüte werden die männlichen Blütenstände abgeworfen. Weibliche Blüten aufrecht, ebenfalls gestielt, zu zweit, an der Spitze desselben Langtriebs wie die meisten männlichen Blüten. Blütenknospen rundlich, silberglänzend. Blütenhülle einfach (Perigon), unauffällig klein. Selbststeril. Obwohl die Bestäubung ausschließlich durch den Wind erfolgt, wird der Pollen eifrig von Honigbienen gesammelt und kann bis zu 20 % von deren Gesamtpollenernte ausmachen. Blühreife mit 40–80 Jahren. – Heuschnupfenerreger.

Früchte: Der 4-klappig aufspringende, „stachelige" Fruchtbecher (= Cupula) entspricht einem stark verzweigten, aber verwachsenen Spross-System. Zur Reife enthält er 1–2 einsamige Nüsse (= Bucheckern), die je aus einem 3-fächerigen Fruchtknoten entstehen. Fruchtbecher zur Reife trocken und aufspringend, sodass die dreieckigen, glatten Nüsse heraus gleiten können. Zum Teil fällt auch der Fruchtbecher mitsamt den Bucheckern als Ganzes ab. Diese enthalten 15–20 %, maximal 25 % fettes Öl. Die Keimfähigkeit bleibt nur bei Bedeckung, z. B. im Waldboden, erhalten. Schwerkraftausbreitung („Plumpsfrüchte"), besonders aber Speicherausbreitung durch Eichhörnchen, Eichelhäher, Mäuse usw. Fruchtreife: X. Besonders reichen Fruchtertrag gibt es etwa alle 5–8 Jahre. Er ist für die Vermehrung entscheidend, da sich die in den Samen parasitierenden Insekten auf diesen Rhythmus nicht einzustellen vermögen. Keimung oberirdisch (epigäisch). Keimblätter groß, gefaltet, fleischig (Speicherkeimblätter), ölreich, bald ergrünend.

Vegetative Vermehrung durch Stockausschlag und selten auch durch Wurzelbrut.

Verwendung: Einer der wichtigsten Forstbäume Europas und beliebter Parkbaum in zahlreichen Kultursorten. Rotbuchen werden örtlich auch als Hecken gepflanzt, die dann meist höher sind als die allgemein viel häufigeren Hainbuchen-Hecken. Bei Blutbuchen ('Atropunicea') überdeckt der Überschuss an roten Farbstoffen (Anthocyan) in der Epidermis das Blattgrün. Das harte, mittelschwere (0,72 g/cm³), wenig elastische Holz ist sehr vielseitig verwendbar. Als Möbelholz wird es z. B. für Stühle, Büroeinrichtungen sowie auch für Eisenbahnschwellen usw. verwendet, wobei die rötlich braune Färbung durch einen Dämpfprozess erreicht wird. Buchenholz ist außerdem ein wertvolles Brennholz und wird als Rohstoff für die Zelluloseindustrie verwendet. Früher wurde es zur Gewinnung von Holzessig und zur Herstellung von Holzgeist (= Methanol) verwendet. Neuerdings wird auch ein „Buchenlikör" empfohlen, der aus aufgesetzten Blättern gewonnen wird. Buchenholzteer wird gelegentlich gegen Hauterkrankun-

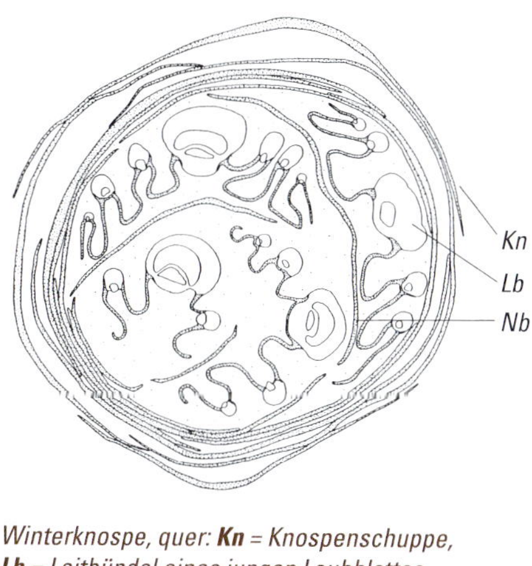

Winterknospe, quer: ***Kn*** *= Knospenschuppe,* ***Lb*** *= Leitbündel eines jungen Laubblattes,* ***Nb*** *= Nebenblatt*

gen genutzt, früher auch gegen Rheuma. Die an Pottasche (Kaliumcarbonat) reiche Asche wurde früher für Waschlauge benutzt. – Eine sehr frühe Verwendung des Holzes ist die für die Anfertigung von Schreibtafeln (Buchdruck!) sowie von (mit Runen versehenen) „Buchstäbchen", auf die unsere Wörter „Buch" und „Buchstabe" zurückgehen. Zur Herstellung von Buchholztafeln wurde sowohl das der Rotbuche als auch das der Weißbuche verwendet. – Früher waren Bucheckern wichtig für die Schweinemast im Weidewald (= Hardt). Entsprechend sind Buchenbestände außerhalb der subozeanischen Bereiche oft erst durch menschliche Förderung entstanden. Hirten im Buchenwald waren eine wichtige Berufsgruppe, sie wurden u. a. Eckehardt genannt, was zugleich einer der häufigsten Personennamen des Mittelalters war, bzw. nach den geweideten Tieren z. B. Eberhard (Artur KUTZELNIGG 1980 Muttersprache 90: 13). – Buchen gehören auch zu den Lieferanten von Waldhonig, den Honigbienen nicht auf der Basis von Blütennektar, sondern von süßen Ausscheidungsprodukten von Blattläusen (Honigtau) produzieren.

Falcaria vulgaris BERNHARDI, Sichelmöhre, Sicheldolde

Apiaceae (= Doldenblütler)

Meist ausdauernder Hemikryptophyt: Halbrosettenpflanze, 30–80 cm hoch. Pflanze kahl, blaugrün, an Trockenheit angepasst (Xerophyt). Blätter fiederteilig mit scharf gesägten, linealischen, leicht sichelförmigen Abschnitten. Blattbau äquifazial, d. h. Ober- und Unterseite sind gleich gebaut. – Wurzelrübe. Tiefwurzler bis maximal 6 m!

Systematik: Die Gattung umfasst nur diese eine Art.

Namen: „*Falcaria*" wurde von LINNÉ geprägt (*Sium falcaria*), von lat. falx = Sichel, wegen der Form der Blattabschnitte. Lat. „*vulgaris*" = häufig, gewöhnlich. – Als „Möhren" wurden früher viele der kleineren Doldenblütler bezeichnet.

Vorkommen: Sonnige Säume, Wegränder und Äcker, auf mäßig trockenen, nährstoff- und kalkreichen Böden. Vor allem in den wärmeren Kalkgebieten. Eventuell Archäophyt. Fehlt im Norden meist, aber stellenweise in Ausbreitung. Hauptverbreitung: Europa und Asien. In Nordamerika eingebürgert.

Blüten: VII–IX. „Nektar führende Scheibenblumen vom *Heracleum*-Typ". Bestäuber sind Fliegen, Käfer usw. Doldenstrahlen mit Tag-Nacht-Bewegung (Nyktinastie).

Früchte: Spaltfrüchte (Doppelachänen). Windausbreitung durch Fortbewegung der ganzen Pflanze als Steppenläufer. Außerdem Zufallsausbreitung durch Huftiere.

Vegetative Vermehrung durch Wurzelsprosse, dadurch oft herdenbildend.

Verwendung: Die Pflanze wird z. B. in Teilen Armeniens als Gemüse angebaut. Das Kraut wurde früher volksmedizinisch verwendet.

Fallopia convolvulus (L.) A. Löve (= *Polygonum convolvulus* L., *Bilderdykia convolvulus* (L.) Dumort.), Acker-Flügelknöterich, Gewöhnlicher Windenknöterich

Polygonaceae (= Knöterichgewächse)

Einjährige Kletterpflanze, hin- und hergebogen bis windend (nur in der Sommermitte Rechtswinder) sowie niederliegend, 30–120 cm hoch bzw. bis > 100 cm breit. Blätter pfeilförmig. – Tiefwurzler (bis 80 cm Tiefe). – Bei feuchter Witterung sondern extraflorale, grubenförmige Nektarien an der Basis der Blattstiele ein Sekret ab, das von Ameisen aufgenommen wird. – Habituell sehr ähnlich der Acker-Winde (*Convolvulus arvensis*), aber von dieser u. a. durch die Nebenblattscheide (Ochrea) und die auffällige Fruchtform unterschieden.

Systematik: Die Gattung umfasst 16 Arten. Eingeschlossen ist hier die im folgenden Abschnitt behandelte Gattung *Reynoutria*, die nach molekularbiologischen Daten von 2019 wieder als eigenständige Gattung abgetrennt wird. – Zu verwandten Gattungen siehe *Polygonum* (Vogelknöterich).
Namen: „*Fallopia*" wurde von Adanson 1763 geprägt, zu Ehren des ital. Anatoms und Leiters des Botanischen Gartens in Padua G. Falloppio (lat. Fallopius) (1523–1562); „*convolvulus*" wegen der Ähnlichkeit mit der Acker-Winde (*Convolvulus*). – Der Name „Flügelknöterich" wurde erst neuerdings künstlich gebildet, um Gemeinsamkeiten mit den Staudenknöterich-Arten um *F. japonica* zum Ausdruck zu bringen. Er bezieht sich auf die geflügelte Blütenhülle, die allerdings speziell bei *F. convolvulus* meist nur schwach ausgeprägt ist. Vor der Vereinigung mit dem Staudenknöterich hieß die Gattung „Windenknöterich".
Vorkommen: Äcker, vor allem Getreideäcker, Gärten und Ruderalstellen, auf frischen, nährstoffreichen Lehmböden. Licht liebend. Alteinwanderer (= Archäophyt). Heimat: Südeuropa bis Westasien. Heute in kühl-gemäßigten Zonen weltweit verbreitet.
Blüten: VII–X. Unscheinbar, nur schwach Nektar führend. Selbstbestäubung vorherrschend, seltener Insektenbestäubung, z. B. durch Bienen.
Früchte: Einsamige, dreikantige, kleine Nüsse, vom bleibenden Perigon eingeschlossen. Zufallsausbreitung, Regenschwemmlinge, Ameisenausbreitung sowie Ausbreitung durch den Menschen (Agrikulturbegleiter, Ruderalpflanze). Fruchtreife: ab VII/VIII.
Weitere Arten (vgl. auch folgenden Abschnitt):
Fallopia dumetorum (L.) Holub (= *Bilderdykia dumetorum* (L.) Dumort.), Hecken-Flügelknöterich:

Von voriger Art u. a. durch den fast stielrunden, kahlen, bis 2(–3) m langen, nur rechtswindenden Stängel und glänzende, glatte Nüsse unterschieden. Ebenfalls Ameisenausbreitung. Auf frischen, nährstoffreichen Böden in Hecken und an Waldsäumen verbreitet. Blüten homogam, nur bei Sonnenschein ausgebreitet. Anfangs nur Insektenbestäubung, später ist jedoch spontane Selbstbestäubung möglich. Wegen der geflügelten, bleibenden Perigonblätter erfolgt Windausbreitung als Drehwalzenflieger. Dazu in Bach- und Flusstälern auch Regenschwemmling.
Fallopia baldschuanica (Regel) Holub (incl. *F. aubertii* (L. Henry) Holub), Schling- oder Chinesischer Flügelknöterich, Silberregen: Raschwüchsiger, meist schon im ersten Jahr verholzender Kletterstrauch (Liane), 9–15 m hoch steigend, mit mehreren Metern Zuwachs im Jahr. Linkswinder. Häufiges Ziergehölz, im Herbst reich blühend. Hei-

mat: China. Bestäuber sind vor allem Honigbienen. Extraflorale Nektarien wie bei *F. convolvulus*. Zur Fassadenbegrünung und als Kletterpflanze sehr geeignet, aber nur wenn ausreichend Platz vorhanden ist, da die Pflanze stark wuchert. Zunehmend auch verwildert anzutreffen und örtlich eingebürgert (etablierter Neophyt). Die Pflanze bildet aber bei uns keine keimfähigen Samen.

Fallopia japonica (HOUTT.) RONSE DECRAENE (= *Reynoutria japonica* HOUTT., *Polygonum cuspidatum* SIEBOLD et ZUCC.), Japanischer Flügelknöterich oder Staudenknöterich

Polygonaceae (= Knöterichgewächse)

Ausdauernder Rhizom-Geophyt mit sehr hoher Produktionskraft, 100–300(–400) cm hoch. Rhizom bis 10 cm dick, stark verzweigt, sich an den Enden pro Jahr bis 1 m verlängernd. 2/3 der Biomasse finden sich in den unterirdischen Organen. Stängel hohl, deutlich rot gefleckt. Der Längenzuwachs kann unter günstigen Bedingungen bis 30 cm pro Tag betragen. Blattspreiten 10–20 cm lang, vorne mit Träufelspitze (schnelle Ableitung von Regenwasser), an der Basis gestutzt. Oberirdische Teile stark frostempfindlich. – Extraflorale, napfförmige Nektarien wie bei *F. convolvulus*. – Blattstellung spiralig, auf 2 Umdrehungen kommen 5 Blätter, entsprechend einem Divergenzwinkel von 144°. Spreitengrund gerade. – Die Art wird in Japan nur 50–150 cm hoch, ist dort aber sonst wesentlich variabler als bei uns und besiedelt sehr unterschiedliche Standorte.

Systematik: siehe *Fallopia convolvulus*.
Namen: Zu den Gattungsnamen siehe *F. convolvulus*. Neulat. „*japonicus*“ = japanisch. „*Reynoutria*“ zu Ehren des belgischen Pflanzensammlers und Mäzens Baron C. DE REYNOUTRE = K. VAN SINT OMAARS (1533–1569). – Zum Namen „Flügelknöterich“ siehe *F. convolvulus*. „Staudenknöterich“ bezieht sich auf die früher als *Reynoutria* abgetrennten Arten.
Vorkommen: Ehemalige Nutz- und Zierpflanze, oft verwildert und vor allem zunehmend eingebürgert an Ufern, Waldrändern und Ruderalstandorten, auf feuchten, nährstoffreichen Böden. Als Neophyt seit 1872 nachgewiesen. Heimat: Ostasien. Unterdrückt oft die ursprüngliche Vegetation und ist daher in den letzten Jahren zur ökologischen Problempflanze geworden und wurde entsprechend als invasiver Neophyt eingestuft. Eine Bekämpfung ist nur durch regelmäßiges Abmähen möglich. Natürliche Feinde fehlen der Pflanze bei uns weitgehend. Man fand nur 4 Insektenarten, die sich von *Fallopia japonica* ernähren, während es bei heimischen Pflanzen bis zu 100 oder mehr sein können. Meidet im Gegensatz zu *F. × bohemica* stark beschattete Waldstandorte. Durch die Entwicklung von Massenbeständen an Ufern, Deichen und Gleisanlagen entstehen jährlich wirtschaftliche Schäden

in Millionenhöhe. Auch in Großbritannien und Nordamerika ist die Art zu einer bedeutenden Problempflanze geworden. Sie steht auf der Liste der 100 gefährlichsten invasiven Arten der Welt.

Blüten: VII–IX. Reich blühende Rispen. Echte Zwitterblüten sind sehr selten, vielmehr ist in einer Pflanze gewöhnlich ein Geschlecht reduziert, sodass die Pflanzen funktionell zweihäusig sind. Weibliche Pflanzen sind in Deutschland meist wesentlich häufiger als männliche. In Großbritannien sind nur weibliche Pflanzen eingeschleppt worden. Reicher Besuch durch verschiedenste Insekten, z.B. Honigbienen. Im Herbst als Bienentrachtpflanze von Nutzen.

Früchte: Bei uns findet man relativ selten Fruchtansatz, oft auch dann, wenn Pollen spendende Pflanzen in der Nähe sind. Die Samen sind zwar gut keimfähig, doch sind Jungpflanzen hierzulande die Ausnahme.

Vegetative Vermehrung erfolgt sehr reichlich durch die Rhizome. Manche Pflanzen können auf diese Weise aus mehreren Hundert Einzeltrieben bestehen. Im Zusammenhang mit Hochwasser, durch Tiere oder bei Erdbewegungen durch den Menschen werden Rhizomteile freigelegt, wegen der Brüchigkeit des Rhizoms leicht von der Mutterpflanze abgerissen und verschleppt. Bereits kleinste Rhizomstücke können einen neuen Bestand begründen.

Verwendung: Wurde 1823 als Zier- und Viehfutterpflanze nach Europa gebracht, in der Forstwirtschaft als Sichtschutz (Deckungspflanze) und als Äsungspflanze für Fasane, Rotwild usw. (was sich beides nicht bewährte) und später auch als Arzneipflanze angebaut. Das Rhizom ist kräftig und durch Anthrachinon-Glykoside orangerot gefärbt. Es gilt volksmedizinisch als gutes Abführmittel. In Japan und Kanada werden die jungen, säuerlich schmeckenden Rhizome (Stärkeanteil bis 50%) und das Stängelmark gegessen. Neuerdings wurde die Pflanze bei uns als kulinarische Besonderheit entdeckt. So findet man im Internet Rezepte zur Zubereitung der jungen Sprosse als schmackhaftes Gemüse oder auch als „Wildrhabarberkompott" usw. (nicht roh essen, da abführend!). Aus ca. 1cm breiten Stängelstücken, die an einer Seite durch die Knotenzwischenstücke geschlossen sind, kann man Pfeifen bzw. bei Verwendung unterschiedlicher Pfeifenlängen eine Art Panflöte bauen. Massenbestände sind als Lieferant für Bioenergie geeignet.

Weitere Arten (vgl. auch den vorigen Abschnitt):

Fallopia sachalinensis (F. SCHMIDT) RONSE DECR. (= *Reynoutria sachalinensis* (F. SCHMIDT) NAKAI, *Polygonum sachalinense* F. SCHMIDT), Sachalin-Staudenknöterich oder Flügelknöterich: Ähnlich wie vorige Art, aber meist seltener. Die Art wird ebenfalls als invasiver Neophyt eingestuft. Sprosse stets rein grün. Blätter bis 40cm lang, Spreitengrund herzförmig. Heimat: ebenfalls Ostasien. Wurde ebenso wie die vorige Art früher als Deckungspflanze für Wild angepflanzt.

Fallopia × bohemica (CHRTEK et CHRTKOVÁ) J. P. BAILEY (= *F. japonica × F. sachalinensis*), Bastard-Staudenknöterich oder Flügelknöterich: Sehr verbreitet und unabhängig von den Eltern auftretend, namentlich im Unterwuchs von Wäldern oft flächendeckende Bestände bildend. Ebenfalls invasiver Neophyt.

Festuca ovina LINNAEUS (Artengruppe), Schaf-Schwingel

Poaceae (= Süßgräser)

Ausdauerndes Horstgras, 20–50cm hoch. Anpassungen an die Trockenheit (Xeromorphose) bzw. an die Mineralsalzarmut des Bodens (= Peinomorphose): Blätter borstenförmig, im Querschnitt V-förmig oder fast kreisförmig, außen durch Sklerenchymfasern in einer für die Kleinarten jeweils charakteristischen Anordnung versteift (= Faltblätter; Entfaltungsmechanismus hier allerdings rudimentär und funktionslos). Spaltöffnungen in der Blattrinne eingesenkt. Einige Kleinarten auch mit Wachsüberzug. Die abgestorbenen Blätter hüllen als „Strohmantel" die Pflanze ein und bieten somit einen zusätzlichen Schutz.

Namen: *„Festuca“* ist der lat. Name eines Wildgrases bzw. allgemein die Bezeichnung für einen Grashalm, der im 16. Jh. auf die vorliegende Gattung übertragen wurde. Lat. *„ovinus“* = Schaf-, wegen der Nutzung entsprechender Magerrasen als Schafweide. – Die Entstehung des Namens „Schwingel“ ist unklar.

Vorkommen: Magerrasen, Felsspalten und lichte Wälder, auf meist trockenen, nährstoffarmen, sauren Böden.

Blüten: V–VIII. Windblütig: „Langstaubfädiger Typ“.

Früchte: Ausbreitungseinheit sind die von den meist kurzgrannigen Spelzen umgebenen Karyopsen (= Spelzfrüchte). Ballonflieger. Kletthafter. Wasserhafter. Zufallsausbreitung durch Pflanzenfresser. Fruchtreife: ab VII. Lichtkeimer.

Vegetative Vermehrung ist durch Brutknospen im Fruchtstand (= Pseudoviviparie) möglich.

Verwendung: Die Pflanze ist als Futtergras im Allgemeinen wertlos, wurde aber hin und wieder zur Schafweide genutzt und zu diesem Zweck früher auf Sandböden Norddeutschlands auch kultiviert. In Steingärten werden durch Wachsüberzüge intensiv blau gefärbte Zuchtformen (vegetativ vermehrte Bastarde) gezogen. Neuerdings werden bestimmte Kleinarten (z. B. *F. brevipila* = *F. trachyphylla*) als dauerhaftes Gras an Straßenrändern und zur Böschungsbefestigung an Autobahnen usw. verwendet. Früher nutzte man die getreideähnlichen Früchte der *Festuca*-Arten für die Ernährung.

Weitere Art (vgl. auch *Festuca pratensis*):

Festuca rubra L. (Artengruppe), Rot-Schwingel: Grundblätter borstig, ähnlich wie bei *F. ovina*, Stängelblätter flach bis gefaltet, oberseits rinnig (Heterophyllie!). Sehr formenreich. 20–60 cm hoch. Rhizom kurz oder kriechend. Häufig auf Wiesen, Weiden, Gebirgs- und Salzwiesen, Binnen- und Küstendünen, Ruderalstellen, an Wegrändern und Ufern. Außerdem oft großflächig ausgesät. Salztolerant. Mittelwertiges Weide- und Futtergras, als solches vor allem im Gebirge wichtig. Für magere Gartenrasen sehr geeignet.

Festuca pratensis Hudson (= *F. elatior* L. p. p., *Schedonorus pratensis* (Huds.) P. Beauv.), Wiesen-Schwingel

Poaceae (= Süßgräser)

Ausdauernder Hemikryptophyt (Horstgras), 30–80(–120) cm hoch. Rhizom kurz kriechend. Alle Blätter flach, 3–8 mm breit, 10–30 cm lang, unterseits rinnig.

Systematik: Die drei hier aufgeführten *Festuca*-Arten sind u. a. durch halmumfassende Öhrchen an der Scheidenmündung der Blätter gekennzeichnet. Sie gehören zur Untergattung *Schedonorus*, die wiederum mit der Gattung *Lolium* (= Raygras) nächst verwandt ist und mit dieser Hybriden bildet (× *Festulolium* = Schweidelgras), die nicht selten spontan auftreten, aber auch als Futterpflanze gezüchtet wurden.

Namen: Zu den Gattungsnamen siehe *C. ovina*. Lat. „*pratensis*" = auf Wiesen wachsend.

Vorkommen: Nährstoffreiche Wiesen, oft aus ehemaliger Kultur (Einsaaten) stammend, z. B. verschleppt an Weg- und Straßensäumen. Auch in Halbtrockenrasen, Moorwiesen und Hochstaudenfluren.

Blüten: VI–VII. Der unterste Rispenast ist meist nur 4–6-ährig, sonst ähnlich wie bei *F. ovina*. Ährchen 10–20 mm lang.

Früchte: Vgl. *F. ovina*. Fruchtreife: VII–IX. Licht- und Kältekeimer.

Vegetative Vermehrung durch das Rhizom.

Verwendung: Geschätztes Weidegras und ausgezeichnetes Futtergras.

Weitere Arten (vgl. auch *C. ovina*):

Festuca arundinacea SCHREB. (= *Festuca elatior* L. p.p.), Rohr-Schwingel: Kräftiges, 50–200 cm hohes Horstgras mit bis zu 18 mm breiten und bis zu 70 cm langen, harten und starren Blättern und 5–25-ährigen Rispenästen. In frischen bis nassen Wiesen, an Flussufern und Gräben verbreitet. Oft entlang der Straßen verschleppt. Salzverträglich. Sehr ertragreiches Futtergras.

Festuca gigantea (L.) VILL., Riesen-Schwingel: Ist im Gegensatz zu den vorigen Arten ein Waldbewohner. Er ist an den unterseits glänzend dunkelgrünen, weit überhängenden Blättern, den krallenartigen Blattöhrchen und den langen, gedrehten Grannen der Ährchen leicht erkennbar. 40–100(–150) cm hoch. Häufig in nährstoffreichen, meist grundfeuchten Laubmischwäldern. FLÜGEL (2014) beobachtete Nachtfalter, die im Blütenbe-

reich abgegebenes Zuckerwasser aufnahmen; die Bedeutung des Phänomens ist noch unverstanden.

Festuca altissima ALL. (= *F. sylvatica* (POLLICH) VILL.), Wald-Schwingel: Ausdauerndes Horstgras, bis > 1 m hoch, bläulich grün. Oft in flächendeckenden Beständen an frischen, nährstoffreicheren Standorten von Berglaubwäldern. Von *F. pratensis* u. a. durch 3–5 mm lange Blatthäutchen und sehr kleine, nur 7–8 mm lange Ährchen unterschieden.

Ficaria verna → *Ranunculus ficaria*

Filipendula ulmaria (L.) MAXIMOWICZ, Echtes Mädesüß, Spierstaude, Rüsterstaude

Rosaceae (= Rosengewächse)

Ausdauernder Hemikryptophyt: Schaftpflanze, 50–150 cm hoch. Blätter mit der höchstbekannten Spaltöffnungsdichte von 1300 je mm².

Systematik: Die Spierstauden umfassen ca. 15 Arten. Sie unterscheiden sich vom Spierstrauch (*Spiraea*), zu der sie LINNÉ noch zählte, mit denen sie aber nicht verwandt sind, außer durch die Lebensform u.a. durch die sich nicht öffnenden Früchte und das Vorkommen von Nebenblättern.

Namen: „*Filipendula*" ist der vorlinnésche Name von *F. vulgaris*, von lat. filum = Faden und pendulus = hängend, wegen der knolligen Verdickungen der Wurzeln dieser Art (s.u.). Lat. „*ulmarius*" = ulmenartig, wegen der Ähnlichkeit der Fiedern mit den Blättern von Ulmen. Daher auch der deutsche Name „Rüsterstaude". – „Mädesüß" (vgl. engl. meadow sweet), weil die Pflanzen den Mähwiesen (altdeutsch mada, mede), vor allem nach der Mahd, einen süßlichen Duft verleihen und entsprechend früher als Duft spendende Streu für die Fußböden von Wohnungen und Ställen verwendet wurden (SAUERHOFF 2001). Da die Blütenstände zum Aromatisieren von Getränken einschließlich Met genommen wurden, wird auch eine sprachliche Beziehung zwischen ‚Mäde' und ‚Met' diskutiert. „Spierstaude" wurde künstlich gebildet, um die Beziehung zum Spierstrauch (*Spiraea*) aufzuzeigen.

Vorkommen: Auwälder, Nasswiesen, Hochstaudenfluren und Ufer, auf nährstoffreichen, frischen Böden. Kennart des Filipendulion (= Mädesüß-Uferfluren).

Blüten: VI–VII. Intensiv mandel- bis honigartig duftende, cremeweiße „Pollen-Scheibenblumen", in Spirren (= Rispen, bei denen seitenständige Äste die zentralen übergipfeln). Nektar fehlt. Durch Aufrichten geben die heranreifenden Staubblätter allmählich die Narbe frei. Fremd- und Selbstbestäubung erfolgt vor allem durch Honigbienen sowie Pollen fressende Fliegen und Käfer, etwa dem oft in großer Zahl anzutreffenden Rapsglanzkäfer. Wie bei der folgenden Art kommen auch Pflanzen mit männlichen Blüten und Zwitterblüten vor. Pollen lichtgrün.

Früchte: Je Blüte entwickeln sich meist 6–8 zweisamige, dünnwandige, sichelförmig gekrümmte, lufthaltige, sich bei der Reife nicht öffnende, balgähnliche Nüsschen, die in ihrer Gesamtheit den Eindruck einer einzelnen Frucht vermitteln: Wind- und Tierstreuer sowie Ballonflieger. Dazu Wasserausbreitung als Schwimmer und Adhäsionshafter am nassen Tierfell. Fruchtreife: VII–IX. Wintersteher.

Verwendung: Volksmedizinisch gegen Gicht und Rheuma, früher auch zum Würzen von Honigbier/Honigwein (Met) verwendet (so noch heute in England). Junge Triebe und Wurzeln sind als Gemüse geeignet. Die Blütenstände werden wegen des durch Salicylsäuremethylester angenehm duftenden Duftes für Duftsträuße und zum Aromatisieren von Gelees und Getränken sowie für Kopfschmerztee verwendet (vgl. *Salix*). Früher streute man die duftenden Pflanzen auch auf Fußböden (s.o.). 1839 wurde aus der Pflanze Salicylsäure isoliert, die zunächst Spir(aea)säure hieß, nach *Spiraea ulmaria*, ihrem früheren Namen. Bei Bayer wurde 1897 die verwandte Verbindung Acetylsalicylsäure synthetisch hergestellt, die sich als magenverträglicher erwies und Aspirin genannt wurde (nach **A**cetyl-**Spir**aeasäure). – Zierpflanze in verschiedenen Sorten und auch für Wildpflanzengärten zu empfehlen, allerdings sehr ausbreitungsaktiv.

Weitere Art:

Filipendula vulgaris MOENCH (= *F. hexapetala* GILIB.), Kleines Mädesüß, Knollige Spierstaude: Bis etwa 50 cm hohe, vielstängelige Staude mit fiederspaltigen Blättern. Ausgezeichnet durch teilweise verdickte sprossbürtige Wurzeln mit Speicher- und Wurzelfunktion. Sie bilden außerdem Laubsprosse zur Selbstausbreitung. Keimung bereits im Vorfrühling. Trockenrasen, Gebüschsäume und Wälder. Basenhold; meist auf Kalk. Gefährdet (Stand 2018). Blütezeit: VI–VII. Kronblätter 6. Die sich strahlig ausbreitenden Griffel bieten Bestäubern eine gute Aufsitzfläche, womit in der Regel Fremdbestäubung erfolgt. Bei ausbleibendem Besuch krümmen sich die innersten Staubblätter zur Narbe hin und es kommt zur Selbstbestäubung. Früchte behaart, gerade, mit gebogenem Griffelrest: Kletthafter. Ebenfalls Zierpflanze. Für Wildgärten zu empfehlen, aber ausbreitungsstark. Das Kraut enthält auch Blausäureglykosid. Wird in der Volksmedizin ähnlich wie die vorige Art angewendet.

Foeniculum vulgare MILLER, Echter oder Garten-Fenchel

Ausdauernde, in Kultur meist zweijährige Halbrosettenpflanze, 80–150(–200) cm hoch. Pflanze kahl, durch ätherische Öle (Anethol, Fenchon, Pinen u. a.) von angenehm süßem, anisartigem Geschmack und Geruch. Stängel stielrund, oberwärts durch Wachs bläulich bereift (Schutz vor Austrocknung). Sprossbasis bei der var. *azoricum* durch fleischige Verdickung der Blattscheiden zwiebelförmig. Blätter 3–4-fach gefiedert mit fadenförmigen Blattzipfeln, ähnlich wie beim Dill (*Anethum*), aber Blattscheiden ›3 cm (evtl. bis 15 cm) lang. – Wurzelrübe vielköpfig.

Beim Gemüsefenchel werden vor allem die verdickten Blattscheiden genutzt.

Systematik: Die Gattung umfasst nur diese eine Art. Sie ist nahe verwandt mit den ebenfalls in der Küche verwendeten Gattungen Dill (*Anethum*), Sellerie (*Apium*) und Petersilie (*Petroselinum*).

Schädlinge: Fenchel ist Futterpflanze für die Raupen des Schwalbenschwanzes.

Namen: „*Foeniculum*“ (feniculum) ist (neben ferula) der lat. Name der Pflanze. Er ist eine Verkleinerungsform von fenum = Heu, vermutlich weil der markante Geruch an den von Heu erinnerte (und/oder weil die getrocknete Pflanze wie Heu aussah). Lat. „*vulgaris*“ = gewöhnlich. – Fenchel ist Lehnwort. „Echt“ = die für die Nutzung (hier als Heilpflanze) richtige Art im Vergleich zu ähnlichen Arten. – Wegen des gleichermaßen anisartigen Geschmacks haben in vielen Ländern Anis und Fenchel denselben Namen.

Vorkommen: Kulturpflanze seit dem frühen Mittelalter. Heimat: Südeuropa, Südwestasien. Auch aus Kultur verwildert, meist unbeständig, aber gebietsweise auch an mäßig trockenen Ruderalstellen, in Magerrasen und an Weinbergrändern eingebürgert, mit zunehmender Tendenz (etablierter Neophyt). Eingeschleppt in Nordamerika und Australien.

Blüten: VII–IX. Vormännliche „Nektar führende Scheibenblumen" in vielblütigen, ca. 15–25 cm breiten Doppeldolden. Hülle und Hüllchen fehlend. Blüten leuchtend gelb, mit 1,5–2 mm besonders klein. Die Schauwirkung wird durch die hohe Zahl der Blüten in der Dolde erreicht. Kronblätter am Rand eingerollt. Nektar wird reichlich abgegeben. Bestäuber sind vor allem Schwebfliegen, die besonders am Pollen interessiert sind, und Honigbienen. Bienentrachtpflanze.

Früchte: Spaltfrüchte (Doppelachänen) walzenförmig (siehe Detailfoto), 6–10 mm lang, ungeflügelt (beim Dill linsenförmig und schmal geflügelt), bei der Reife in 2 je 1-samige, bräunlich grüne Teilfrüchte zerfallend. Fruchtreife IX–X.

Verwendung: Fenchel wurde schon im Altertum als Heilpflanze genutzt. Bei uns ist er als Gemüse-, Gewürz- und Heilpflanze seit dem frühen Mittelalter in Kultur, z. B. in den Klostergärten. Im Capitulare de Villis Karls des Großen wird der Anbau auf den Reichsgütern angeordnet. Man unterscheidet heute 3 Varietäten.

– Zwiebel- oder Knollenfenchel (var. *azoricum*): Die langen, zwiebelartig verdickten Blattscheiden der Sprossbasis (siehe Detailfoto) werden als Gemüse gegessen. Sie sind z. B. in Scheiben gebraten eine Delikatesse. Hauptanbaugebiet ist Italien.

Die Früchte liefern den bekannten Fencheltee.

– Gewürz- oder Süßer Fenchel (var. *dulce*): Hier werden die Blätter als Salatgewürz verwendet.

– Bitter- oder Wilder Fenchel (= var. *vulgare*): Die kümmelartigen Spaltfrüchte werden für Fencheltee oder Fenchelhonig verwendet, die bei Blähungen und Atemwegserkrankungen helfen und beruhigend wirken. Sie werden besonders gerne bei Säuglingen genommen. Auch dienen sie als Ausgangsstoff für die Gewinnung des ätherischen Öls Anethol. Außerdem kommen sie in der Homöopathie vielfältig zum Einsatz.

Fenchel-Pollen wird u. a. in Italien und Kalifornien als sehr teures Gewürz angeboten.

Forsythia suspensa (THUNB.) VAHL, Forsythie, Goldflieder, Goldglöckchen

Oleaceae (= Ölbaumgewächse)

Winterkahler Strauch, bis über 3 m hoch, mit z. T. noch grünen, photosynthetisch aktiven, jungen Zweigen und deshalb gut entwickelten Korkwarzen (= Lenticellen) für den Gasaustausch. Stängel zwischen den Knoten hohl. Neben normalen Knospen kommen oft noch zusätzliche Knospen in den Blattachseln vor (seriale Beiknospen). Blätter gegenständig, 6–10 cm lang, gesägt und dunkelgrün. – Pilzwurzel (arbuskuläre Mykorrhiza).

Systematik: Die Gattung umfasst 11 Arten, davon 1 Art in Südeuropa, die übrigen in Asien. In die gleiche Familie gehören z. B. Jasmin (*Jasminum*, s. u.) Esche (*Fraxinus*), Liguster (*Ligustrum*) und Flieder *Syringa (Flieder)*.

Schädlinge: An den Zweigen treten gelegentlich bis mehrere cm dicke Wucherungen (Gallen) auf, verursacht durch das Bakterium *Rhodococcus* (= *Corynebacterium) fascians*.

Namen: „*Forsythia*" wurde von VAHL 1804 geprägt, zu Ehren des schottischen Botanikers W. A. FORSYTH (1737–1804). Lat. „*suspensus*" = herabhängend, bezogen auf die Zweige im Vergleich zu anderen Arten der Gattung. – „Goldflieder" wegen Ähnlichkeit und Verwandtschaft mit *Syringa vulgaris*.

Vorkommen: Zierstrauch. Heimat: China. Nur selten verwildert.

Blüten: III–V, Frühblüher. Blüten vor dem Laub erscheinend (vorlaufend). Der Blühbeginn gilt als

Anfang des Erstfrühlings; er liegt in letzter Zeit zunehmend früher. Die vierzipfeligen „Trichterblumen" sind intensiv durch die Flavonoide Rutin und Quercitrin gelb gefärbt, was als Schutz vor zu hoher UV-Strahlung gedeutet wird. Ausgeprägte Verschiedengriffligkeit (= Heterostylie): Es gibt 2 verschiedene Blütentypen, die auf unterschiedliche Individuen verteilt sind. Die eine Form hat einen langen Griffel und kurze Staubfäden, die andere einen kurzen Griffel und lange Staubfäden. Dadurch wird Fremdbestäubung gefördert. Der Pollen der langgriffligen Form enthält Quercitrin, der der kurzgriffligen Rutin als Stoff, der die Pollenkeimung hemmt. „Enthemmend" wirken Enzyme der zugehörigen Narbe und so kann z. B. auf der kurzgriffligen Form nur Quercitrin gespalten werden. Die Pflanze ist selbststeril. Da die Sorten in den Baumschulen vegetativ vermehrt werden, haben benachbarte Pflanzen meist dieselbe Griffellänge und sind daher fast immer steril. – Bestäuber sind besonders Bienen, doch ist der Besuch trotz des Nektarangebotes bei uns sehr spärlich, und u. a. deshalb ist die Pflanze ökologisch kaum wertvoll.

Früchte: Kapseln mit schmal geflügelten Samen: Windstreuer. Segelflieger. Fruchtreife: VIII–IX, jedoch bei uns meist ohne Fruchtansatz.

Vegetative Vermehrung durch Bogentriebe (Absenker), und auch eine Vermehrung durch Stecklinge ist leicht möglich.

Verwendung: Beliebter Zierstrauch seit dem 19. Jh. Kultiviert wird heute aber ganz überwiegend der Bastard *F. × intermedia* (siehe Foto).

Weitere Arten/Verwandte: In Kultur befinden sich noch verschiedene Arten und Bastarde, vor allem die Garten- oder Hybrid-Forsythie (*F. × intermedia* ZABEL = *F. suspensa × F. viridissima*). Sie haben im Gegensatz zu *F. suspensa* keinen vollständig hohlen Stängel, sondern ein in Nähe der Knoten quer gefächertes Mark.

Forsythia europaea DEGEN et BALD., Europäische Forsythie: Einzige europäische Art der Gattung. Typisches Tertiärrelikt, das in Albanien neben anderen Relikten die Eiszeit überlebt hat. Blätter meist ganzrandig. Weniger attraktiv als die anderen Arten und deshalb kaum kultiviert. Stängelmark gefächert.

Jasminum nudiflorum LINDL., Gelber oder Winter-Jasmin: Häufige Gartenzierpflanze milderer Lagen; ziemlich winterhart. Heimat: Nordchina. Kletterstrauch (Spreizklimmer) mit dünnen, grünen, 2–5 m langen, herabhängenden Ästen, die sich an der Spitze oft reichlich bewurzeln (Legtriebe), sodass dadurch evtl. größere Bestände entstehen können. Blätter klein, gefiedert, wechselständig, zur Blütezeit oft abgefallen (Name!, neulat. „*nudiflorus*" = nacktblütig). Winterblüher: X–III, mit zahlreichen gelben, einzeln achselständigen, 2–3 cm breiten Stieltellerblumen mit ca. 2 cm langer Kronröhre an den vorjährigen Zweigen. Blütenbesuch sehr selten, manchmal durch überwinterte Schmetterlinge. Blühende Pflanzen werden oft für Forsythien (*Forsythia*) gehalten, die aber nur eine sehr kurze Kronröhre und 4 längliche statt 5 runde Kronzipfel haben. Die Früchte sind Beeren, werden aber bei uns nicht ausgebildet. – Die Blüten duften nicht; jedoch wird aus den Blüten anderer Arten, vor allem des Echten Jasmins (*J. officinale*), das ätherische Öl (Jasmin-Öl) extrahiert und für Parfüms und zum Aromatisieren von grünem Tee verwendet (Jasmin-Tee).

Fragaria vesca LINNAEUS, Wald-Erdbeere

Rosaceae (= Rosengewächse)

Ausdauernder, wintergrüner Hemikryptophyt (Rosettenpflanze), 5–20 cm hoch. Ausläufer bildend. Diploid. An den Spitzen der zahlreichen Blattzähne befinden sich Wasserspalten (Hydathoden), die bei hoher Luftfeuchtigkeit kleine Wassertropfen ausscheiden (Guttation). Sommerblätter und Winterblätter sind sowohl morphologisch als auch physiologisch verschieden (Saison-Dimorphismus); letztere halten ihre Fähigkeit zur Photosynthese den ganzen Winter über aufrecht (ÅSTRÖM et al. 2015 Flora 215: 33).

Vorkommen: Lichte, konkurrenzarme Waldstandorte, vor allem Schläge, Waldwege und Waldränder, auf frischen, nährstoffreichen, humosen Böden. Stickstoffzeiger. Zirkumpolar verbreitet. Ebene bis Hochgebirge (deutsche Alpen bis 2200 m).

Blüten: V–VI. Kurztagpflanze. Vorweibliche, weiße „Nektar führende Scheibenblumen", in Dolden mit kleinen Hochblättern. Besucher sind verschiedenste Insekten außer Faltern. An geneigten Blüten ist spontane Selbstbestäubung möglich und erfolgreich.

Früchte: Je Blüte entwickeln sich zahlreiche, hartschalige Nüsschen, die zur Fruchtreife durch eine fleischige Wucherung der Blütenachse verbunden sind (Sammel-Nussfrucht): Verdauungsausbreitung, vor allem durch Vögel und wegen der bodennahen Früchte durch Schnecken. Auch Klebausbreitung, z. B. durch Fußgänger. Ameisen verschleppen die Sammelfrüchte in ihren Bau, verfüttern das „Fruchtfleisch" an ihre Larven und tragen die unversehrten Nüsschen nach außen. Fruchtreife: VII–VIII. Lichtkeimer.

Vegetative Vermehrung durch die bis zu 2,6 m langen Ausläufer, deren Knoten kleine Rosetten entwickeln und sich bei Bodenkontakt bewurzeln. Nach Absterben der Internodien werden die Tochterpflanzen selbständig, das ist meist schon im Folgejahr.

Verwendung: Beliebtes Wildobst (bis 10 % Zucker). Beim Verzehr der Früchte kann man sich mit dem Fuchsbandwurm infizieren, doch ist die allgemeine Panikmache davor ungerechtfertigt. Die Wurmeier werden im gesunden Magen gewöhnlich schon abgetötet, und auch im gesunden menschlichen Darm kommen die Eier nur selten zur Entwicklung. Wenn überhaupt, treten die Krankheitssymptome erst nach 10–20 Jahren auf. Wer ganz sicher gehen

Systematik: Die Gattung umfasst etwa 20 Arten. Sie ist nächst verwandt mit Fingerkraut (*Potentilla*) und Blutauge (*Comarum*), mit denen sie auch Hybriden bildet (s. u.). Die gelb blühende Indische Scheinerdbeere wird heute in die Gattung *Potentilla* gestellt (siehe dort). – Sehr ähnlich ist das früh blühende Erdbeer-Fingerkraut (*Potentilla sterilis*). Es wird oft übersehen, weil es für eine Wald-Erdbeere gehalten wird. Es ist u. a. wie folgt unterschieden: Bei der Fruchtreife fehlt der fleischige Fruchtboden; die Kronblätter sind kürzer als der Kelch; die Blätter sind graugrün; der Endzahn des mittleren Blättchens ist klein und kürzer als die benachbarten Zähne.

Giftigkeit: Kann Kontaktallergien verursachen.

Namen: *„Fragaria"* ist der von LINNÉ übernommene mittelalt. Name der Gattung, von lat. fragum = Erdbeere, zu fragare = duften. Mit lat. *„vescus"* (zu vesci = verzehren, auszehren) ist hier ‚essbar' gemeint, im Vergleich zu dem später zu *Potentilla* gestellten Erdbeer-Fingerkraut (*P. sterilis*); dahinter steht die seinerzeit verbreitete irrige Meinung, lat. ‚vescus' bedeute ‚essbar', obwohl es in Wirklichkeit ‚ausgezehrt, schmächtig' bedeutet.

will, sollte solche niedrig wachsenden Wildfrüchte vor dem Verzehr gründlich waschen. – Junge Blätter sind für Salat und Gemüse geeignet. – Erdbeeren werden in der Volksmedizin zuweilen bei Leberleiden und Durchfall verwendet. Getrocknete Blätter ergeben einen guten Tee. – Wald-Erdbeeren wurden vor allem früher auch gerne in Gärten kultiviert, so in Frankreich schon seit dem 14. Jh., oder auch großflächig angebaut. Im Garten gepflanzt breitet sich die Art schnell aus. Bekannte Zuchtsorte ist die „Monatserdbeere", die bis in den Herbst blüht und fruchtet.

Weitere Arten (vgl. auch das Erdbeer-Fingerkraut *Potentilla sterilis*):

Fragaria × ananassa (DUCHESNE) DECNE. et NAUDIN, Garten-Erdbeere: Sammelbezeichnung für verschiedene Kultursorten und Bastarde, die durch Kreuzung oktoploider (2n = 8x) amerikanischer Arten, besonders der Riesen-Erdbeere (*F. chiloensis*) und der Scharlach-Erdbeere (*F. virginiana*) entstanden sind. Letztere wurde schon 1623, erstere 1712 nach Europa gebracht. Die Garten-Erdbeere gelangte über Holland nach Deutschland. Die Weltproduktion lag 2007 bei knapp 4 Mio. t, 2018 bei 8 Mio. t. Neuerdings werden zur Erzielung großer und gleichmäßiger Früchte im Freiland oder Gewächshaus Hummelvölker der Dunklen Erdhummel (*Bombus terrestris*) ausgesetzt, die man in geeigneten Kartons käuflich erwerben kann. Die Garten-Erdbeere ist auch verwildert anzutreffen mit zunehmender Tendenz und selten sogar eingebürgert (etablierter Neophyt). – Jede Sammelfrucht besitzt mehrere Hundert Einzelfrüchte. Ihre spiralige Anordnung ist gut zu erkennen. Garten-Erdbeeren verwildern auch leicht und sind stellenweise eingebürgert. – Erdbeersorten mit rosa oder roter Blütenfarbe (z.T. als *F. × rubra* oder Zier-Erdbeeren bezeichnet) sind Hybriden zwischen *F. × ananassa* und dem Sumpf-Blutauge (*Comarum palustre = Potentilla palustris*). Sie haben einen 7-fachen Chromosomensatz mit 4 Sätzen der oktoploiden *F. × ananassa* und 3 Sätzen der hexaploiden *C. palustre*. Der korrekte botanische Name ist × *Comagraria rosea* (MABB.) BÜSCHER et G. H. LOOS. Sie erfreuen sich als bodendeckende Zierpflanzen mit zugleich schmackhaften Früchten zunehmender Beliebtheit.

Fragaria viridis (DUCHESNE) WESTON, Knack- oder Knackel-Erdbeere: Unterschieden durch fest anliegende Kelchblätter, außerdem mit (gleichgroßen) weiblichen und männlichen Blüten. Hier sind die Früchte besonders schmackhaft. Charakterart von Trockenrasen und Säumen. Kalkhold. Diploid.

Frangula alnus MILLER (= *Rhamnus frangula* L.), Faulbaum, Pulverholz

Rhamnaceae (= Kreuzdorngewächse)

Winterkahler Laubstrauch oder kleiner Baum, 1–3(–5) m hoch. Blätter einfach, wechselständig. Knospenschuppen fehlen, d.h. die Winterknospen sind nackt, was sonst selten ist. Die glatte Borke ist abgezogen von unangenehmem Geruch. – Pilzwurzel (arbuskuläre Mykorrhiza).

Systematik: Die Gattung umfasst ca. 30 Arten der Nordhalbkugel, von denen mehrere bei uns als Ziergehölze in Kultur sind. Nächst verwandt ist der Kreuzdorn (*Rhamnus*, siehe dort).

Giftigkeit: Alle Teile sind durch stark abführende Anthrachinon-Glykoside giftig (s.u.), z.B. führen unreife Früchte zu Brechdurchfall.

Schädlinge: Faulbaum und Kreuzdorn sind die einzigen Futterpflanzen der Raupen des Zitronenfalters (*Gonepteryx rhamni*). Die grünen Raupen sind bestens getarnt und auf den Blättern kaum zu erkennen. Der Faulbaum kann von Gespinstmotten befallen werden (siehe *Euonymus* und *Prunus padus*).

Namen: „*Frangula*" ist der vorlinnésche Name der Pflanze, von lat. frangere = brechen, wegen der Brüchigkeit des Holzes im Vergleich zum Kreuzdorn (*Rhamnus cathartica*). „*Alnus*" weist auf eine gewisse Ähnlichkeit mit Erlen hin. – „Faulbaum" nach dem unangenehmen (jedoch nicht fauligen) Geruch der Borke. Man beachte, dass auch andere Pflanzen, besonders die Gewöhnliche Trauben-

Trichter wird durch den Kelch gebildet; die Krone ist stark reduziert. Nektar wird offen dargeboten und von zahlreichen Besuchern genutzt, von denen an die 300 Arten gezählt wurden. Die Bestäubung erfolgt vor allem durch Honigbienen, aber auch durch Wespen, Hummeln, Wildbienen, Fliegen und Falter. Bienentrachtpflanze.

Früchte: Steinfrüchte erst rot, dann schwarz. Verdauungsausbreitung durch Drosseln und andere Kleinvögel, die aber junge Früchte meiden, da dort die giftigen Anthrachinone noch nicht ausreichend abgebaut sind. Typisch ist im Hochsommer wegen der langen Blütezeit das Nebeneinander von Blüten und Früchten unterschiedlichen Reifestadiums. Fruchtreife: VIII–IX. Keimung im Erdboden (hypogäisch).

Vegetative Vermehrung durch Wurzelsprosse.

kirsche (*Prunus padus*), gelegentlich Faulbaum genannt werden. „Pulverholz“ wegen der Verwendung (s. u.)

Vorkommen: Bruchwälder, Moorgebüsche und lichte, feuchte Laubwälder, auf kalkfreien Böden. Wechselfeuchtezeiger.

Blüten: V–VIII. Unscheinbare, vormännliche „Kleine Trichterblumen“ in kleinen Büscheln. Der

Verwendung: Das Holz liefert die beste Holzkohle. Früher wurde es zu Schießpulverkohle verarbeitet, daher auch der Name „Pulverholz“. ‚Faulbaumrinde‘ ist ein altbekanntes, heute noch arzneilich viel verwendetes dickdarmwirksames Abführmittel (Vorsicht bei Überdosierung!). Die unreifen Früchte benutzt man in Schweden zum Gelbfärben.

Fraxinus excelsior LINNAEUS, Gewöhnliche Esche

Oleaceae (= Ölbaumgewächse)

Winterkahler Laubbaum bis maximal 45 m Höhe und damit einer der höchsten Laubbäume Europas, bis 1,7 m Stammdurchmesser, ca. 200–250 Jahre alt werdend. Frostempfindlich, dafür sind jedoch neben der Haupt- noch zwei Ersatzknospen vorhanden, die z. B. nach Absterben des Austriebs durch Spätfröste in Funktion treten. Blätter unpaarig gefiedert, 20–35 cm lang, mit 4–6 Paar breiter, gezähnter Fiedern. Winterknospen unverwechselbar (siehe Abb.): schwarz, samtig, kreuzgegenständig, spät austreibend (meist erst im Mai). Es lohnt sich, auf die gelegentlichen Übergänge zwischen inneren Knospenschuppen und Laubbblättern zu achten (vgl. *Acer*). Hauptreservestoff ist der Zuckeralkohol Mannit. – Tiefwurzler. Die Wurzeln gehen zwar eine Symbiose mit Pilzen ein, diese bilden aber keine Fruchtkörper aus (arbuskuläre Mykorrhiza).

Systematik: Die Gattung *Fraxinus* umfasst 50–65 Arten auf der Nordhalbkugel, von denen viele bei uns als Ziergehölze in Kultur sind. Nah verwandt sind Liguster (*Ligustrum*) und Flieder (*Syringa*).

Schädlinge: Die Blüten werden nicht selten von der Gallmilbe *Aceria fraxinivora* befallen, sodass statt der Früchte rundliche, verholzende Gallen entstehen. Manche Bäume können so stark befallen sein, dass man als Laie denken könnte, es handle sich um Früchte. – Seit 2007 hat sich in großer Geschwindigkeit das durch Infektion mit der Nebenfruchtform *Chalara fraxinea* des eingeschleppten Kleinpilzes *Hymenoscyphus pseudoalbidus* verursachte Eschentriebsterben ausgebreitet. Die Bedrohung wurde 2013 so hoch eingestuft, dass von einer forstwirtschaftlichen Neuanpflanzung von Eschen generell abgeraten wird.

Namen: „*Fraxinus*" ist der lat. Name der Esche und des meist aus Eschenholz gefertigten Speeres. Die Erklärungsversuche sind widersprüchlich; bemerkenswert ist die auf Trier 1952 (Holz. Etymologien aus dem Niederwald) zurückgehende mögliche Ableitung von lat. frangere = brechen im Zusammenhang mit der für den Menschen seinerzeit wichtigen Nutzung der Zweige für Laubfutter. Lat. „*excelsior*" = höher, wegen der beachtlichen Wuchshöhe. – „Esche" ist ein germ. Wort. Die örtlich häufige Ortsbezeichnung ‚Esch' hat meist nichts mit diesem Baum, sondern eher mit „äschen" zu tun, einer Bewirtschaftungsform magerer Ackerböden.

Vorkommen: Krautreiche Auwälder, Schlucht- und Laubmischwälder, auf basenreichen Böden. Kennart des Aceri-Fraxinetum (= Schluchtwald). Breite ökologische Amplitude: auf nassen bis trockenen bzw. sauren bis kalkreichen Böden. Ebene bis Hochgebirge.

Blüten: IV–V. Windblütig: „Hängeblütiger" oder „Langstaubfädiger Typ", vorweiblich. Blütenrispen aufrecht, abstehend oder hängend. Blütenhülle fehlend. Die „vorlaufenden", d.h. vor den Blättern erscheinenden Blüten, entspringen aus den Achseln vorjähriger Blätter. Pflanze dreihäusig, d.h. es gibt männliche und weibliche Pflanzen und solche mit Zwitterblüten. Je Staubblatt werden ca. 12.000 Pollenkörner gebildet. Der Pollen wird von Honigbienen gesammelt. Beginn der Blühreife mit 20–45 Jahren. – Heuschnupfenerreger.

Früchte: 2-samige, 0,1 g schwere Nüsse mit propellerartigem, einseitigem Flügel: Drehflieger. Ablösung bei starkem Wind (Wintersteher) und dann statt ca. 25 m bis 500 m Flugweite möglich. Für die Ausbreitung ist aber auch die Verschleppung der Früchte durch Kleinsäuger und Vögel wichtig. So verzehrt der Dompfaff im Spätwinter mit Vorliebe Eschenfrüchte. Fruchtreife: IX–X. – Der Embryo wächst erst bei der Nachreife der über mehrere Monate im feuchten Boden lagernden Früchte zur vollen Größe heran. Kältekeimer.

Männliche Blüten mit noch geschlossenen Staubbeuteln.

Zweig mit Winterknospen.

Verwendung: Zierbaum und Forstgehölz, Laubfutterbaum seit der Bronzezeit (besonders bei Kopfschnitt, bei Ziegen und beim Rind sehr begehrt; unter den Laubfuttergehölzen die Nummer eins) und Heilpflanze: Die Rinde enthält u.a. Cumarin-Glykosid und in Lösung blaugrün fluoreszierendes Fraxin (deshalb in Schweden auch zum Blaufärben benutzt). Der Bast speichert viel Schleim (u.a. Mannit). In der Volksmedizin wurde die Rinde frisch zur Wundheilung, getrocknet als

Chinarindenersatz und Wurmmittel verwendet. Bemerkenswert ist die Kulturform 'Diversifolia' (= Einblatt-Esche) mit nur 1(–3) Fiedern pro Blatt. – Das Holz ist hart, elastisch und leicht zu bearbeiten. Es ist sehr wertvoll, vielseitig verwendbar und z. B. auch als Brennholz geeignet. Früher wurde es u. a. für Skier und Bogen verwendet (was wir schon als Jungen wussten). Eine wichtige ehemalige Verwendung war die für Speere (s. o.). Als „Kopf"-Esche von ähnlicher ökologischer Bedeutung wie Kopfweiden (*Salix*). Die ‚Weltenesche' Yggdrasil war neben der Eiche der berühmteste Baum in der germanischen Mythologie.

Weitere Art:
Fraxinus ornus L., Blumen-Esche, Manna-Esche: Zierbaum in wärmeren Lagen. Heimat: Südeuropa bis Österreich und Schweiz. Selten an Felshängen eingebürgert (Neophyt). Fiedern weniger und kürzer als bei voriger Art. Knospen braungrau. Blütenhülle (Kelch und Krone) vorhanden, weißlich: Insektenbestäubung. Blütezeit: V–VI, nach dem Laubaustrieb. Einhäusig mit männlichen Blüten und Zwitterblüten. Der getrocknete Blutungssaft ist als „Manna" bekannt. Er enthält bis 80 % der zuckerähnlichen Verbindung Mannit und wird volksmedizinisch als mildes Abführmittel verwendet.

Fritillaria meleagris LINNAEUS, (Gewöhnliche) Schachblume, Schachbrettblume, Kiebitzei

Liliaceae (= Liliengewächse)

Ausdauernder, frühjahrsgrüner Zwiebel-Geophyt, 15–30 cm hoch. Pflanze kahl. Stängel mit meist 4–6 graugrünen, weit abstehenden, bis 1 cm breiten, grasartigen Blättern. Zwiebeln 1–2 cm dick, mit nur wenigen Zwiebelschuppen.

Systematik: Die Gattung umfasst etwa 100–140 Arten in den gemäßigten Zonen der Nordhalbkugel. Davon werden etwa 30 Arten bei uns als Zierpflanzen kultiviert. *Fritillaria* ist nahe verwandt mit den Lilien (*Lilium*), Tulpen (*Tulipa*) und Goldsternen (*Gagea*).

Giftigkeit: Alle Teile der Pflanze, vor allem die Zwiebeln, der *Fritillaria*-Arten sind giftig durch herzwirksame Steroid-Alkaloide. Nach Berührung kann es auch zu Hautausschlägen kommen.

Namen: „*Fritillaria*" ist ein vorlinnéscher Name (zuerst bei LOBELIUS im 16. Jh.), der von LINNÉ aufgegriffen wurde, von lat. fritillus = Würfelbecher/Brettspiel, nach den schachbrettartig gemusterten Blüten von *F. meleagris*. Lat.-griech. „*meleagris*" = Perlhuhn, ebenfalls wegen dieses Musters. – Auch die deutschen Namen beziehen sich auf die Musterung der Blüte.

Vorkommen: Ursprünglich Zierpflanze. Heimat: Osteuropa, Balkan, Frankreich. Seit langem durch Verwilderung und bewusste Ausbringung eingebürgert (Archäophyt und/oder Neophyt) auf wechselfeuchten oder zeitweilig überschwemmten Wiesen und an Gräben. Lichtpflanze. Zerstreut, aber oft in großen Beständen. So erblühen z. B. im bayerischhessischen Grenzgebiet um Markt Obersinn jedes Jahr auf über 500 ha mehr als 10 Mio. Exemplare. Weitere Vorkommen u.a. an der Unteren Elbe. Die Art galt durch Zerstörung ihrer Lebensräume lange Zeit als stark gefährdet, konnte aber dank Naturschutzmaßnahmen in der Roten Liste von 2018 auf „nur noch" gefährdet hochgestuft werden. **Geschützt**! Übrigens haben wir hier den interessanten seltenen Fall, dass eine gebietsfremde, verwilderte Pflanze sowohl auf der Roten Liste als auch unter Naturschutz steht!

Blüten: IV–V. „Glockenblumen", einzeln oder seltener zu zweit, schachbrettartig rosa und purpurbraun gefeldert, selten weiß. Blütenhülle einfach (Perigon), 6-blättrig, 30–45 mm lang, hängend. Der Blütenaufbau ist ähnlich wie bei der Tulpe (*Tulipa*), aber es ist ein Griffel vorhanden. Blüten fast geruchlos, mit auffälligen Nektardrüsen an der Basis der Perigonblätter. Bestäubung vor allem durch Hummeln und Bienen. Es gibt aber auch Angaben, wonach auch Blaumeisen den Nektar aufnehmen und sich sogar an der Bestäubung beteiligen sollen.

Früchte: 3-fächerige, aufrechte, wandspaltige, bis 15 mm lange Kapseln mit zahlreichen flachen Samen: Wind- und Tierstreuer sowie vor allem Ausbreitung der Samen mit dem Wasser bei Überflutungen. Fruchtreife: VI. Kältekeimer.

Vegetative Vermehrung durch Brutzwiebeln.

Verwendung: Beliebte Zierpflanze in zahlreichen Kultursorten, in Mitteleuropa seit 1572. Bauerngartenpflanze.

Weitere Art:

Fritillaria imperialis L., Kaiserkrone: Prächtige Zierpflanze in zahlreichen Kultursorten, 50–150 cm hoch. Giftig. Heimat: Kleinasien bis westlicher Himalaja. Blüten orangerot oder gelb, hängend, zu 3–8 in Scheinquirlen, vom Blattschopf überragt. Blütezeit: IV–V(–VIII). Ergiebige Pollen- und Nektarquelle für Honigbienen und Hummeln, in der Heimat auch für Vögel. Pflanze widerstandsfähig. Selten verwildert, besonders auf Friedhöfen, z.T. mit Einbürgerungstendenz. Die Pflanze kam 1573 über Persien nach Mitteleuropa und bildete im 16. und 17. Jh. den Hauptschmuck der eleganten deutschen Gärten, gelangte mit der Zeit aber auch in die Bauerngärten. Die Zwiebeln verströmen einen unangenehmen Geruch und sollen angeblich lokal begrenzt Wühlmäuse und Maulwürfe fern halten. Die Larven des Lilienhähnchens fressen wie auch bei anderen Vertretern der Familie gerne an den Blättern.

Fumana procumbens: siehe bei *Helianthemum*

Fumaria officinalis LINNAEUS, Gewöhnlicher Erdrauch

Papaveraceae (= Mohngewächse)

Einjährig, sommerannuell, 15–30 cm hoch. Vielgestaltig. Aufrecht bis aufsteigend, aber auch zum Klettern fähig, dann Spreizklimmer. Blattstiele bei Berührung reizbar (Thigmonastie), sich auf die Unterlage stützend oder diese sogar umwindend. Ein Wachsüberzug über alle Teile der Pflanze wirkt wasserabstoßend. Wasserüberschüsse werden durch nächtliche (gut zu beobachtende) Wasserabgabe (Guttation) abgeführt. – 20–60 cm tief wurzelnd.

Systematik: Die Gattung *Fumaria* umfasst etwa 50 Arten. Sie gehört zur Unterfamilie Fumarioideae, die früher den Rang einer Familie Fumariaceae hatte. Nah verwandt ist der Lerchensporn (*Corydalis*).

Giftigkeit: Ganze Pflanze giftig durch verschiedene Alkaloide (z.B. Fumarin = Protopin), die in besonderen Zellen (Idioblasten) gebildet werden.

Namen: „*Fumaria*" geht über mittellat. fumus terrae (= Rauch der Erde) auf lat. fumus = Rauch zurück, vielleicht weil die Krone dieser Art mit ihrer schwarzroten bis fast schwarzen Spitze wie angeräuchert erscheint. Neulat. „*officinalis*" = arzneilich verwendet. – „Erdrauch" ist Lehnübersetzung von ‚fumus terrae', das seinerseits durch Übersetzung von griech. kapnos entstanden ist, das ‚Rauch' bedeutet und gleichzeitig der Name der Pflanze bei DIOSKURIDES ist. Die Pflanze wurde bei den Kelten und Germanen als Räuchermittel bei kultischen Zwecken verwendet. Man nahm an, die Pflanze

wäre aus Dämpfen entsprungen, die aus der Erde aufsteigen.
Vorkommen: Offene Äcker und Gärten, vor allem unter Hackfrucht, sowie auf Ruderalflächen, auf frischen, nährstoffreichen, lehmigen Böden. Alteinwanderer (Archäophyt): Wurde mit dem Ackerbau eingeschleppt. Wegen der Herbizide heute meist nur noch außerhalb der Anbauflächen. Dabei ist Erdrauch eines der wirklich harmlosen „Unkräuter".
Blüten: V–IX. „Fahnenblumen" (= Schiffchenblumen), ähnlich denen von *Corydalis*, aber kleiner und ohne Sporn. Krone purpurrot, vorn mit dunklem Saftmal. Selbstbestäubung vorherrschend, daneben Bestäubung durch kleinere Bienen usw.
Früchte: Nussfrüchte, 2(–3) mm lang, 1-samig. Fruchtstiele aufrecht. Schwerkraftausbreitung, Regenschwemmling, Ameisenausbreitung sowie Ausbreitung durch den Menschen mit Saatgut und Gartenerde. Fruchtreife: VII–X. Samen langlebig.
Verwendung: Alte Heilpflanze, die vor allem in der Volksmedizin bei Gallen- und Hautleiden verwendet wurde. Darauf aufbauend kommen heute in der Schulmedizin synthetisch hergestellte Fumarsäureester bei den Autoimmunerkrankungen Schuppenflechte und Formen der Multiplen Sklerose zum Einsatz. – Zur Rolle der Pflanze im Volksglauben siehe oben. – Die zierliche Pflanze ist als Wildkraut eine attraktive Bereicherung der Gartenbeete.
Weitere Art:
Fumaria vaillantii LOISEL., Vaillants oder Blasser Erdrauch: Pflanze mit grauem Wachsüberzug. Blüten (V–VIII) kleiner als bei voriger Art, blassrosa bis weiß und auch die Kelchblätter kleiner. Charakterart der Kalkäcker, Stickstoffzeiger und wärmeliebend. Archäophyt aus dem Mittelmeerraum (Agrikulturbegleiter). Vielerorts stark im Rückgang.

Gagea lutea (L.) KER GAWLER, Gewöhnlicher Goldstern, Wald-Gelbstern

Liliaceae (= Liliengewächse)

Zwiebel-Geophyt. Frühjahrsgrün, d. h. Blätter früh einziehend und daher im Sommer nicht mehr sichtbar, 10–30 cm hoch. Die fleischigen Zwiebelschuppen sind durch Verdickung der Blattscheiden (Blattgrund) entstanden.

Systematik: Die Gattung umfasst je nach Autor 90–250 Arten. Sie steht den Lilien (*Lilium*) und Tulpen (*Tulipa*) nahe.
Namen: „*Gagea*" wurde 1806 von SALISBURY geprägt, zu Ehren des engl. Botanikers T. GAGE (1781–1820). Bei LINNÉ gehörten die Arten zu *Ornithogalum*. Lat. „*luteus*" = gelb. – Goldstern wegen der Blütenfarbe und -form.
Vorkommen: Krautreiche Auwälder und feuchte Laubwälder, auf nährstoff- und basenreichen, meist tiefgründigen Böden. Vor allem in den Kalkgebieten.

Blüten: III–V, Frühblüher. Vorweibliche, geruchlose „Nektar führende Scheibenblumen“, in Scheindolden, die aus mehreren gestauchten Schraubeln entstanden sind. Nektar wird zwischen den Fruchtknotenfächern, gebildet. Bestäuber sind kleine Fliegen, Käfer sowie Wild- und Honigbienen. Bei feuchtem Wetter und vor dem Abblühen ist Selbstbestäubung möglich.

Früchte: Fachspaltige Kapseln. Samen 2,5 mm lang, mit Ölkörper (Elaiosom). Die Stängel schrumpfen nach der Samenreife, sodass dann die Früchte auf dem Boden liegen: Selbstaussäer. Weitere Ausbreitung der Samen durch Ameisen. Fruchtreife: V–VI.

Vegetative Vermehrung erfolgt reichlich durch Brutzwiebeln und selten auch durch Brutknospen (Bulbillen) im Blütenbereich (Pseudoviviparie).

Verwendung: Auf tiefgründigen Böden für Wildpflanzengärten geeignet. Die Zwiebeln der *Gagea*-Arten wurden früher gekocht gegessen.

Weitere Arten:

Gagea pratensis (PERS.) DUMORT., Wiesen-Goldstern oder Gelbstern: Neben der Hauptzwiebel werden noch 1–2 Nebenzwiebeln ausgebildet. Blätter linealisch. Weinberge, grasige Säume und Äcker, auf kalkreichen Böden. Gefährdet. Viele Fundorte heute auf alten Friedhöfen, aber auch dort gefährdet.

Gagea villosa (M. Bieb.) Sweet (= *G. arvensis* DUMORT.), Acker-Goldstern oder Gelbstern: Unterscheidet sich u.a. durch die wollige Behaarung der Blütenstiele und der Perigon-Außenseiten. Kalkmeidendes Ackerwildkraut sowie in Parks und Weinbergen. Agrikulturbegleiter (Archäophyt). Zurückgegangen, nach Roter Liste (Stand 2018) nicht mehr als gefährdet eingestuft, jedoch auf der Vorwarnliste. Mit reicher unterirdischer Brutzwiebelbildung.

Galanthus nivalis LINNAEUS, Kleines Schneeglöckchen

Amaryllidaceae (= Amaryllisgewächse)

Ausdauernder Zwiebel-Geophyt, 8–20 cm hoch. Typische Frühjahrspflanze; sogar die Blüten sind frosthart. Frühjahrsgrün, d.h. Blätter frühzeitig einziehend und deshalb schon im Frühsommer wieder verschwunden. Blätter grasartig, etwas fleischig, unter 1 cm breit, blaugrün, wachsbereift.

Systematik: Die Gattung umfasst etwa 20 Arten, von denen die meisten bei uns als Zierpflanzen kultiviert werden. *Galanthus* gehört gemeinsam mit den Knotenblumen (*Leucojum*) und Osterglocken (*Narcissus*) in die Unterfamilie Amarylloideae.

Giftigkeit: Schwach giftig, vor allem in den Zwiebeln, durch Amaryllidaceen-Alkaloide (z.B. Galanthamin). Giftig auch für Kleinsäuger.

Namen: „*Galanthus*“ ist ein Name LINNÉS, von griech. gala = Milch und anthos = Blüte, wegen der milchweißen Blütenhülle. Lat. „*nivalis*“ = Schnee-, schneeweiß, hier offenbar sowohl auf die Blütenfarbe als auch auf das Blühen im Schnee anspielend.

Vorkommen: Reiche Laubmischwälder und Gebüsche. Häufig auch angepflanzt und (besonders

über „Gartenmüll") oft verwildert und zum Teil auch eingebürgert (Neophyt seit dem 16./17. Jh.). Als ursprünglich gelten nur die Vorkommen in Süddeutschland; es wird sogar diskutiert, ob selbst diese nur auf Verwilderungen zurückgehen. – **Geschützt!** (durch EG-Verordnung).

Blüten: I–III, Frühblüher. Homogame „Glockenblumen mit Streueinrichtung", mit „anbohrbarem Gewebe" und etwas Nektar. Blütenfarbe durch Lufteinschluss zwischen den Zellen weiß. Die Blütenknospenscheide ist aus der Verwachsung zweier Hochblätter entstanden. Die Einzelblüte ist aus einer reduzierten Trugdolde abzuleiten. Blütenhülle einfach (Perigon). Die inneren Perigonblätter duften stärker als die äußeren und dienen so der Orientierung der Besucher; an der Spitze zeigen sie grüne Flecken in Form eines umgedrehten V. Grüne Längsstreifen im „Krönchen" umgeben die Nektarrinnen. Pollen orangerot. Er rieselt auf die sich anklammernden Bienen und Falter herab. Wegen ihrer UV-Absorption heben sich die Blüten auch bei Schnee für die Besucher deutlich vom Hintergrund ab. Besucher sind vor allem Honigbienen, die in erster Linie am Pollen interessiert sind, sowie überwinterte Falter. Vor dem Verblühen erfolgt Selbstbestäubung. – Im Unterschied zum ähnlichen Märzenbecher (*Leucojum*) stehen die äußeren Perigonblätter aufgeblüht nach außen ab und sind bis doppelt so lang wie die inneren.

Früchte: Fleischige Spaltkapseln, die mit dem erschlaffenden Fruchtstängel zu Boden sinken (siehe Detailfoto) und sich dort von der Spitze her öffnen: Selbstaussäer. Samen mit Ölkörper (Elaiosom) zur Ameisenausbreitung (siehe Detailfoto). Fruchtreife: V–VI. Kälte- und Dunkelkeimer.

Verwendung: Wurde im 16. Jh. als Zierpflanze aus Südeuropa (oder auch aus Süddeutschland) eingeführt. Heute gibt es zahlreiche Kultursorten. In der Homöopathie wird die Zwiebel als Herzmittel verwendet. Der Inhaltsstoff Galanthamin wird aufgrund seiner Wirkung als Cholinesterase-Hemmer als Mittel gegen Demenz und Alzheimer eingesetzt.

Vegetative Vermehrung erfolgt reichlich durch Tochterzwiebeln.

Weitere Art (vgl. auch *Leucojum* = Märzenbecher):

Galanthus elwesii HOOK. fil., Kaukasisches, Großblütiges oder Elwes-Schneeglöckchen: Ökologisch ähnlich voriger Art. In Gärten zunehmend kultiviert und auch verwildert mit Einbürgerungstendenz. In allen Teilen größer. Blätter bis >2 cm breit, glänzend grasgrün, ihre Spitze oft etwas kapuzenförmig. Innere Perigonblätter meist auch an der Basis mit großem, grünem Fleck. Pflanze etwas früher blühend. Heimat: Gebirge Südosteuropas, der Türkei und Weißrusslands.

Die Kapselfrucht neigt sich zu Boden …

… und entlässt Samen mit Ölkörper (Elaiosom) zur Ausbreitung durch Ameisen.

Galeobdolon → *Lamium*

Galeopsis tetrahit LINNAEUS,
Stechender oder Gewöhnlicher Hohlzahn, Hanfnessel
Lamiaceae (= Lippenblütler)

Einjährig, 10–60 (–80) cm hoch. Frostempfindlich. Knoten auffällig verdickt und mit stechenden Borstenhaaren versehen. Bemerkenswert ist in dieser Gattung das Fehlen der sonst bei fast allen Lippenblütlern vorkommenden ätherischen Öle.

Systematik: Die Gattung umfasst etwa 10 Arten, von denen 7 auch bei uns vorkommen. *G. tetrahit* ist ein tetraploider, erbkonstanter Bastard aus der Kreuzung *G. pubescens* × *G. speciosa*. Er ist viel häufiger als die Eltern.
Namen: „*Galeopsis*" wurde von LINNÉ, geprägt, vermutlich von griech. gale = Wiesel und -opsis = Aussehen, wegen der beiden auffälligen Zähne auf der Unterlippe; „*tetrahit*" bezieht sich vermutlich auf den vierkantigen Stängel (griech. tetra = vier). – „Hohlzahn" ist künstlich gebildet, wegen der hohlen Zähne. „Stechend" wegen der Borstenhaare an den Stängelknoten und der dornigen Kelchzähne. „Hanfnessel" wegen der ehemaligen Verwendung als Faserpflanze in Verbindung mit der Ähnlichkeit der Blätter mit denen der Brennnessel.
Vorkommen: Ruderalstellen, Äcker und Waldschläge, auf frischen, nährstoffreichen lockeren Böden. Stickstoffzeiger. Kulturbegleiter. Ebene bis Gebirge (deutsche Alpen bis 1560 m). In Nordamerika eingebürgert.
Blüten: VI–X. „Eigentliche Lippenblumen". Die 2 Höcker („Hohlzähne") auf der Unterlippe (siehe Detailfoto) dienen als Kopfführung der Besucher (vor allem Bienen), d. h. sie zwingen diese, so in die Blüte einzukriechen, dass die Staubbeutel bzw. Narben berührt werden. Vor dem Abblühen ist spontane Selbstbestäubung möglich.
Früchte: Die rauen Klausen werden durch vorbeistreifende Tiere ausgestreut, indem diese an den Borstenhaaren des Stängels und vor allem an den dornigen Kelchzähnen hängen bleiben (Tierstreuer). Weiden- und Sumpfmeisen sammeln die Klausen und legen in der Borke von Bäumen Vorräte an (Versteckausbreitung). Die Klausen werden auch zufällig mit dem Futter von Huftieren aufgenommen (Zufallsausbreitung) und wegen der passenden Klausenlänge von 3 mm als Saatgutverunreinigung

ausgebreitet (Menschenausbreitung). Fruchtreife: VIII–X.
Verwendung: Die mild schmeckenden Blätter der Hohlzahn-Arten eignen sich gut als Grundlage für Salate und Gemüse. Aus den Samen lässt sich ein leicht bitteres Speiseöl gewinnen; sie wurden ehemals auch als Mehlersatz genutzt. Die Fasern von *G. tetrahit* dienten früher zur Herstellung von Seilen (daher auch der Name Hanfnessel).
Weitere Arten:
Galeopsis bifida BOENN., Kleinblütiger oder Zweispaltiger Hohlzahn: Sehr ähnlich wie vorige Art und an ähnlichen Standorten. Krone kleiner, bis 15 mm (statt 15–25 mm) lang, blassrot, Mittelzipfel der Unterlippe länglich (statt quadratisch) und deut-

lich ausgerandet bis zweispaltig. Kelchzipfel kaum stechend. Ebenfalls tetraploid.

Galeopsis segetum NECK. (= *G. ochroleuca* LAM.), Gelber oder Saat-Hohlzahn: Einjährig, bis 30(–40) cm hoch, bestandbildend. Stängel ohne knotige Verdickung. Kelch drüsig. Blüten größer als bei *G. tetrahit*, meist blassgelb. Seltener ist eine Form mit rotvioletten Blüten. Kalkmeidend, aber nährstoffliebend. Besonders an sonnigen Böschungen auf Steinschutt, aber auch Ackerwildkraut. Hauptsächlich in Westdeutschland. Die Asche enthält bis über 15 % Kieselsäure (Siliziumdioxid) und wird deshalb als Volksheilmittel gegen Lungentuberkulose (TBC) angewandt. Eine weitere Anwendung ist die bei chronischen Katarrhen der Atemwege. Diploid.

Die Unterlippe hat zwei zahnartige Fortsätze.

Galeopsis speciosa MILL., Bunter Hohlzahn, Bunter Daun: Äcker und Waldschläge. Vor allem im Süden und Osten. Unsere schönste Hohlzahn-Art. Blüten (VII–IX) viel größer als bei *G. tetrahit*. Kronröhre 10–22 mm lang, daher Nektar nur langrüsseligen Insekten zugänglich. Unterlippe violett, mit goldgelbem Saftmal, das zwar schwächer, aber andersartig duftet als die übrige, blassgelbe Krone. Diploid.

Galinsoga parviflora CAVANILLES, Kleinblütiges Knopfkraut oder Franzosenkraut

Asteraceae (= Korbblütler)

Einjährig, sommerannuell, 10–60 cm hoch. Licht- und Wärmekeimer. In günstigen Jahren 2 und mehr Generationen. Als Tropenpflanze stark frostempfindlich, schon bei den ersten Frösten erfrierend. – Wurzel 25–80 cm tief.

Systematik: Zur Gattung gehören je nach Auffassung 10–30 Arten in den Tropen und Subtropen der Neuen Welt.

Namen: „*Galinsoga*" wurde von den span. Botanikern RUIZ und PAVÓN 1794 geprägt, zu Ehren des span. Arztes und Botanikers M. M. GALINSOGA (1766-1799). Lat. „*parviflorus*" = kleinblütig. – Der Name „Franzosenkraut" geht auf HOMANN 1830 zurück, der die Nachricht erhielt, die Pflanze sei bei Osterode nach der Besetzung durch die Franzosen aufgetreten. „Knopfkraut" wurde künstlich gebildet und bezieht sich auf die knopfförmigen Blütenkörbchen.

Vorkommen: Hackfruchtäcker, Gärten und Ruderalstellen, auf frischen, nährstoffreichen Böden. Nährstoffzehrer und daher bei Massenvorkommen Konkurrent der Kulturpflanzen. Bodengarezeiger. Wärmeliebende Lichtpflanze. Ebene bis mittlere Gebirgslagen (bis 700 m). – Neubürger (Neophyt).

Heimat: tropisches Südamerika. Aus Liebhabergärten (z. B. Vegesack 1798) und aus den Botanischen Gärten Berlin 1812, Erlangen 1821 usw. eingebürgert. Diese und die folgende Art sind weltweit verschleppt.

Blüten: V–X. „Körbchenblumen", mit 5 weißen, sehr kurzen Strahlenblüten (Zungenblüten) und zahlreichen gelben Scheibenblüten (Röhrenblüten). Spreublätter vorhanden, dreiteilig. Köpfe in Abständen nacheinander reifend. Nur Selbstbestäubung!

Früchte: Achänen mit krönchenartigem Pappus: schlechte Schirmchenflieger. Zentrale Früchte von den Randfrüchten verschieden (Heterokarpie). Hauptausbreitung als Tier- und Windstreuer sowie Zufalls- bzw. Klettausbreitung durch Menschen und Haustiere. Samenproduktion je Pflanze bis maximal 300.000. Fruchtreife: VII–X.

Verwendung: Als nährstoffreiche Futterpflanze verwendbar. Junge Stängel, Blätter und Blütenkörbchen werden als Gemüse und Salat empfohlen. Die Pflanze liefert auch wertvollen Kompost.

Weitere Art:

Galinsoga quadriradiata RUIZ et PAV. (= *G. ciliata* (RAF.) S. F. BLAKE), Behaartes oder Zottiges Knopfkraut: Sehr ähnlich wie vorige Art und ebenso verwendbar. Stängel oberwärts abstehend behaart. Neophyt seit 1850. Heimat: Mexiko bis Chile. Inzwischen oft häufiger als vorige Art. Zungenblüten entgegen dem Namen (lat. „*quadriradiatus*" = 4-strahlig) meist zu 5. Pappus gut entwickelt.

Galium aparine LINNAEUS (Artengruppe), Kletten-Labkraut, Klebkraut

Rubiaceae (= Rötegewächse)

Einjährige Kletterpflanze, 60–200 cm hoch. Spreizklimmer mit rückwärts steifhaarigen Stängeln und abstehenden Zweigen. Ganze Pflanze wie eine Klette festhaftend. Blätter in Scheinquirlen, bestehend aus 2 gegenständigen Laubblättern und den dazugehörigen laubblattartigen Nebenblättern. Biomechanische Untersuchungen der Blätter haben gezeigt, dass vor allem die kräftigen, zur Blattbasis hin gekrümmten Haare der Blattunterseiten bestens für das Anhaften am Wirt angepasst sind und im Zusammenspiel mit den anders aufgebauten Haaren der Blattoberseite eine unnötige Beschattung der Blätter durch den Wirt verhindern (BAUER et al. 2011 Naturwiss. Rundschau 64: 649). – Wurzeltiefe 20–40 cm.

Systematik: Die Gattung *Galium* ist weltweit verbreitet und umfasst 400–600 Arten, von denen >40 in Mitteleuropa vorkommen. Zu verwandten Gattungen siehe die Anhänge bei *G. verum*. – Die Familie Rötegewächse gehört zu den 5 artenreichsten Familien weltweit. Bekannter Vertreter ist der Kaffestrauch (*Coffea arabica*).

Namen: Zu „*Galium*" bzw. „Labkraut" siehe *G. verum*; „*aparine*" ist der lat.-griech. Name der Pflanze. – „Klebkraut" wegen des auffälligen Anklettens der Pflanze und ihrer Früchte.

Vorkommen: Wegränder und Waldsäume, Ufer, Äcker, Gärten und Ruderalstellen, auf frischen, nährstoffreichen Böden. Lehm- und Stickstoffzeiger. Kulturbegleiter seit der Steinzeit. Durch Anwendung von Herbiziden oft stark gefördert. Weltweit verschleppt und stellenweise Ernteverluste von über 50% verursachend.

Früchte, Blätter und Stängel sind widerhakig. Daher auch der Name Klebkraut.

Blüten: VI–X. Weiße, vormännliche „Nektar führende Scheibenblumen", in achselständigen Trugdolden (= Zymen). „Fliegenblume", aber auch andere Besucher. Spontane Selbstbestäubung ist erfolgreich.
Früchte (siehe Detailfoto): Spaltfrüchte aus 2 kleinen, einsamigen Nüssen, fest mit dem widerhakigen Kelch verbunden: Klettausbreitung (lässt sich an der eigenen Kleidung leicht demonstrieren!). Im Herbst können auch Stängelteile oder ganze fruchtende Pflanzen durch Tiere bzw. als Bodenroller durch den Wind ausgebreitet werden. Fruchtreife: VII–IX. Samen 1–3(–8) Jahre keimfähig.
Verwendung: Die Blätter dieser und einiger anderer *Galium*-Arten können als Kochgemüse genutzt werden. Eine sehr frühe Nutzung ist die der gerösteten Früchte als Ersatz für den zur gleichen Familie gehörenden Kaffee (MACHATSCHECK 2010). Aus den Wurzeln bzw. Rhizomen zahlreicher *Galium*-Arten wurde früher ähnlich wie beim verwandten Krapp (*Rubia tinctorum*) wegen des Gehaltes von Alizarin-Farbstoffen ein roter Farbstoff zum Färben von Textilien und Wolle gewonnen.
Weitere Arten: siehe folgende Abschnitte.

Galium odoratum (L.) SCOPOLI (= *Asperula odorata* L.), Waldmeister

Rubiaceae (= Rötegewächse)

Wintergrüner Geophyt oder Chamaephyt mit unterirdischen Ausläufern (Rhizomen), 15–30 cm hoch, oft bestandbildend. Stängel vierkantig. Blätter glänzend dunkelgrün, zu 6–9 in Scheinquirlen.

Giftigkeit: Die Pflanze ist schwach giftig, da beim Welken Cumarin frei wird. Nach Genuss von Waldmeister-Bowle oder anderen Zubereitungen der Pflanze kann es evtl. zu leichten Kopfschmerzen kommen. Gefahr besteht außerdem durch die hemmende Wirkung des Cumarins auf die Blutgerinnung. In hohen Dosen ist reines Cumarin stark giftig und findet u.a. Anwendung gegen Wühlmäuse. Besonders empfindlich sind Hunde, bei denen schon 0,6–0,8 g pro kg Körpergewicht tödlich sein sollen.
Namen: Zu den Gattungsnamen siehe *G. verum*. Lat. „*odoratus*" = wohlriechend. – Der Name „Meister" nimmt vermutlich auf die vermeintlich hervorragende Heilwirkung Bezug. Er könnte aber auch eine Umdeutung von Meier sein, der für Arten der Gattung *Asperula* gilt, in die die Pflanze früher gestellt wurde.
Vorkommen: Krautreiche, schattige Wälder, auf frischen, basenreichen Lehmböden. Namengebende Charakterart der Waldmeister-Buchenwälder (Galio-Fagetum). Außerdem oft gepflanzt und verwildert.
Blüten: V–VI. Weiße, vormännliche „Kleine Trichterblumen", in endständigen Trugdolden. Meist Bestäubung durch Fliegen, daneben Selbstbestäubung.
Früchte: Spaltfrüchte borstig behaart: Klettausbreitung. Fruchtreife: VIII. Frostkeimer.
Vegetative Vermehrung erfolgt sehr reichlich durch die Ausläufer.

Verwendung: Das Kraut wird wegen des Gehaltes an Cumarin (s. o.) bekanntlich zum Aromatisieren von Bowle, Sirup usw. verwendet (seit dem 19. Jh.). Davor war Waldmeister nur Heilpflanze und Bierwürze (s. u.). Entgegen einer verbreiteten Annahme kann Waldmeister auch während und nach der Blüte verwendet werden. Allerdings ist das Aroma kurz vor der Blüte am kräftigsten. – Das Kraut wird in der Volksmedizin bei Entzündungen und Ödemen verwendet, doch ist die Wirkung ungeklärt; außerdem nutzte man die krampflösende und beruhigende Wirkung bei Leibschmerzen und Schlafstörungen. Heute setzt man die entzündungshemmenden, gefäßerweiternden und durchblutungsfördernden Eigenschaften in Fertigpräparaten bei Venenerkrankungen und Durchblutungsstörungen ein. – Waldmeister wird in Gärten als dekorativer Bodendecker gepflanzt und ist auch für Wildpflanzengärten sehr zu empfehlen.

Galium sylvaticum LINNAEUS, Wald-Labkraut

Rubiaceae (= Rötegewächse)

Rhizom-Geophyt oder Hemikryptophyt (Schaftpflanze), bis über 50 cm hoch, kaum bestandsbildend. Blätter matt blaugrün, lanzettlich mit Stachelspitze und am Rande rau.

Namen: Zu den Gattungsnamen siehe *G. verum*. Neulat. „*sylvaticus*“ = im Wald wachsend.
Vorkommen: Krautreiche, lichte Laubwälder, auf basenreichen Lehmböden. Verbreitet. Vor allem in höheren Lagen.
Blüten: VII–VIII. Kleine, weiße, vormännliche „Nektar führende Scheibenblumen“, in rispenartigen Blütenständen. Besucher sind Fliegen und Käfer. Spontane Selbstbestäubung ist möglich.
Früchte: Spaltfrüchte glatt bis leicht runzelig, kugelig. Ameisenausbreitung und wahrscheinlich Zufallsausbreitung durch Rehe usw. Wohl auch als Rollfrüchte vom Regen ausgeschwemmt. Fruchtreife: VIII–X.
Weitere Arten (vgl. auch die benachbarten Abschnitte):

Galium mollugo L. (Artengruppe), Wiesen-Labkraut: Ausdauernde, glatte (Name!, lat. mollugo = weichlich, d.h. ohne Kletthaare) Schaftpflanze. Im Winter durch Schutzpigmente oft braunrot. Säume und Wiesen. Blütezeit: V–IX. Blüten weiß, vormännlich. Bestäuber sind Zweiflügler und Falter. Die glatten Früchte werden meist zufällig durch Grasfresser ausgebreitet. Wurde früher wie *G. verum* wegen des Gehalts an Lab-Enzym zur Käsebereitung verwendet. Junge Sprossteile sind für Salat und Gemüse geeignet. – Im Gebiet findet sich ganz überwiegend die meist schwach behaarte tetraploide Kleinart *G. album* MILL. und viel seltener *G. mollugo* s. str.

Galium palustre L., Sumpf-Labkraut: In Feuchtbiotopen häufige, meist bis 50 cm hohe Schaftpflanze. Blätter meist zu 4–6, abgerundet, ohne Grannenspitze. Blütezeit: V–IX. Spontane Selbstbestäubung ist möglich.

Galium uliginosum L., Moor-Labkraut: Sehr ähnlich wie vorige Art und ziemlich verbreitet an Feuchtstandorten, mit Schwerpunkt in wechselfeuchten Moorwiesen. Blätter meist zu 6 und mit kurzer Grannenspitze. Blüten blendendweiß.

Galium saxatile L. (= *G. harcynicum* WEIGEL), Harzer oder Felsen-Labkraut: Niederliegende bis aufsteigende, rasenbildende Art, 5–20 cm hoch. Blätter spatelig, d.h. vorne verbreitert. In Magerrasen und lichten Wäldern auf nährstoffarmen, sauren, vor allem lehmigen Böden, verbreitet. Früchte körnig-rau.

Galium verum LINNAEUS, Echtes Labkraut

Rubiaceae (= Rötegewächse)

Ausdauernder Hemikryptophyt (Schaftpflanze) mit unter- und oberirdischen Ausläufern, 20–70 cm hoch. Durch rückwärts gerichtete Äste auch Spreizklimmer. Blätter nadelig, mit umgerolltem Rand (Trockenheitsanpassung), beim Trocknen meist schwarz werdend.

Schädlinge: Die Art ist die Haupt-Futterpflanze der Raupen des Kleinen Weinschwärmers (*Deilephila porcellus*).

Namen: „*Galium*“ (galion) ist der lat.-griech. Name von *G. verum* (zu griech. gala = Milch) und bezieht sich ebenso wie „Labkraut“ darauf, dass diese Art wegen ihres Gehaltes an Lab-Enzym der Milch zugesetzt wurde. Lat. „*verus*“ = echt, d.h. für den vorgenannten Zweck geeignet.

Vorkommen: Magerrasen, Wegränder, magere Wiesen und Weiden, meist auf Kalk.

Blüten: V–IX. Blüten gelb, honigduftend. Selbststeril, jedoch ist Nachbarbestäubung möglich. Neben zwittrigen Blüten gibt es auch männliche Blüten mit nicht funktionsfähigen Fruchtknoten. Bestäuber sind Fliegen, Mücken und Käfer, aber auch Honigbienen. Wichtige Bienentrachtpflanze.

Früchte: Früchte glatt, schwarz. Vor allem Ameisen- und Zufallsausbreitung durch Grasfresser. Fruchtreife: VIII–X.

Vegetative Vermehrung durch die Ausläufer.

Verwendung: Die Art enthält bis zu 1 % Lab-Enzym und wird daher seit dem Altertum zur Gerinnung von Milch für die Käsebereitung verwendet. Heute hat man andere Quellen für das Labferment, doch für den englischen Chester-Käse wird unverändert das Kraut von *G. verum* genutzt, dessen Blüten diesem außerdem die typische gelborange Farbe und den Geschmack verleihen. – Pflanze trocken wie Waldmeister duftend, besonders vor Gewittern und diese dadurch angeblich anzeigend. Aphrodisiakum („macht feuriger in der Liebe") und alte Heilpflanze. In der Volksmedizin und Homöopathie nutzte man früher die harntreibende Wirkung bei Wasseransammlungen sowie bei Magendarm-Katarrhen. Äußerlich wurde die Pflanze bei Hautleiden und Wunden angewandt. Sie wird auch „Mariä Bettstroh" genannt, weil nach der Legende Maria dieses Kraut dem Christkind unter die Windeln gelegt haben soll. Entsprechend legte man Kindern gerne die Pflanze in die Wiege in der Annahme, sie dadurch vor Hexerei und anderen bösen Einflüssen schützen zu können. Das Echte Labkraut wurde gelegentlich als Färberpflanze verwendet, wie es z. B. noch heute in Schottland geschieht (für Harris-Tweed). Die blühende Pflanze ist zum Aromatisieren und Gelbfärben von Getränken geeignet. Wird als Zierpflanze angeboten und ist auch für Wildpflanzengärten sehr zu empfehlen.

Verwandte (vgl. auch die vorigen Abschnitte):

Asperula cynanchica L., Hügel-Meier: Ein meist unter 20 cm hoher, niederliegender bis aufsteigender, grüner, ästiger Hemikryptophyt. Blätter schmal linealisch, grün, in 4–6-zähligen Quirlen. Eine Art steiniger, trocken-sonniger, lückiger Magerrasen. Charakterart der Kalktrockenrasen. Trichterblüten klein, 4-spaltig, weiß bis rosa, in zu Doldenrispen vereinten Zymen. Insektenbestäubung durch Zweiflügler, Falter und Käfer. Außerdem spontane Selbstbestäubung. Die Früchte sind kleine gekörnelte Nüsse. Ausbreitung wie bei voriger Art. Wurzeln reich verzweigt. Vegetative Vermehrung als Wurzelkriecher.

Asperula tinctoria L., Färber-Meier: Aufrecht, bis 50 cm hoch. Krone dreispaltig, weiß. Früchte glatt. An ähnlichen Standorten wie vorige Art, gefährdet. Wegen der in den Wurzeln enthaltenen Alizarin-Farbstoffe wurde vor allem diese Asperula-Art früher als Ersatz für Krapp (s. u.) zur Färbung von Wolle verwendet.

Cruciata laevipes Opiz (= *Galium cruciata* (L.) Scop.), Gewimpertes oder Gewöhnliches Kreuzlabkraut: Schaftpflanze, 10–30(–50) cm hoch. Blätter rauhaarig, ca. 1 cm lang, in 4-zähligen Wickeln. Gebüschränder, vor allem in Stromtälern, in Magerwiesen und lichten Auwäldern. Frühblüher: IV–VI. Blüten gelblich grün, nur in blattachselständigen Wickeln, mit Honigduft (Bienenblume). Zwittrige und männliche Blüten auf derselben Pflanze (andromonözisch). Blütenökologie wie bei *G. mollugo*. Frucht kahl und glatt, daher wohl Schwimm- und Rollausbreitung. Dekorative Duftpflanze für Wildpflanzengärten.

Sherardia arvensis L., Ackerröte: Einjährig, 5–15 cm hoch. Blütezeit: V–X. Blüten in endständigen, kopfigen Blütenständen. Trichterblüten sehr klein, rotviolett, trichterförmig. Archäophyt seit der Steinzeit. Heimat: Mittelmeergebiet. Die Pflanze war früher auf lehmigen, oft kalkreichen Getreideäckern häufig, ist aber an diesen Standorten vor allem im Norden stark zurückgegangen. Andererseits hat sie sich in Zierrasen ausgebreitet. Bestäuber sind vor allem Fliegen. Die Wurzeln können zum Rotfärben von Textilien verwendet werden.

Rubia tinctorum L., Färber-Röte, Krapp: Rhizom-Geophyt. Spreizklimmer. Rhizom bis 1 m lang, rot. Als Färberpflanze seit dem Altertum bekannt. Heimat: Vorderasien. Aus den gemahlenen Rhizomen wurde ein leuchtend roter Alizarin-Farbstoff gewonnen (Name!, lat. ruber = rot, tinctor = Färber), der „Krapprot" oder „Türkisch Rot" genannt und zum Färben von Wolle benutzt wurde. Nach Eisenbeize ist auch Gelbfärbung möglich. Die Pflanze war noch im 19. Jh. eine der wichtigsten Kulturpflanzen Europas und wurde auch bei uns in wärmeren Lagen angebaut. Der Anbau ging aber nach der synthetischen Herstellung von Alizarin aus Steinkohlenteer um 1868 rapide zurück. Selten aus früherer Kultur an warmen Standorten verwildert. Wurde arzneilich gegen Harnstein verwendet. Nach Anwendung kann der Urin eine rötliche Farbe annehmen.

Genista sagittalis LINNAEUS (= *Chamaespartium sagittale* (L.) GIBBS, *Genistella sagittalis* (L.) GAMS), Flügel-Ginster

Fabaceae (= Schmetterlingsblütler)

Wintergrüner Zwergstrauch mit kriechender Grundachse, 10–25 cm hoch. Stängel geflügelt, grün, die früh abfallenden, 2-zeiligen Blätter als Photosyntheseorgan ersetzend. Das ist das einzige Beispiel in der heimischen Flora für einen Flachspross (= Platykladium). Der Spross überdauert bis zur Blütezeit, danach werden neue Triebe gebildet. Pflanzen schattiger Standorte haben nur schwach geflügelte, dafür aber reicher beblätterte Stängel.

Systematik: siehe *G. tinctoria*.
Namen: Zu den Gattungsnamen siehe *G. tinctoria*. „*Chamaespartium*" von griech. chamai = niedrig und spartion = Pfriemen- oder Binsenginster (*Spartium junceum*), wegen der (zuletzt) blattlosen, als Photosyntheseorgan dienenden Sprossachse. Neulat. „*sagittalis*" = Flügel-, wegen der geflügelten Stängel.
Vorkommen: Lückige Magerrasen und lichte Wälder, auf warmen, trockenen Böden. Magerkeits- und Säurezeiger. Etwas frostempfindlich. Im Rückgang.
Blüten: V–VI. „Fahnenblumen" (= Schiffchenblumen) mit Klappmechanismus, sonst ähnlich wie *G. germanica*. Blüten in endständigen, fast kopfigen Trauben an diesjährigen Trieben. Bestäuber sind Bienen.
Früchte: Hülsen zur Reife schwarz: Austrocknungsstreuer.
Vegetative Vermehrung durch sich bewurzelnde Zweige (Legtriebe).

Genista tinctoria LINNAEUS, Färber-Ginster

Fabaceae (= Schmetterlingsblütler)

Zwergstrauch oder Strauch, 20–70 cm hoch. Blätter im Gegensatz zum ähnlichen Besenginster (*Cytisus scoparius*) stets ungeteilt. – Wurzelknöllchen mit symbiontischen, Stickstoff bindenden Bakterien, die hier wie bei allen Ginsterverwandten zur Gattung *Bradyrhizobium* gehören.

Systematik: Die Gattung umfasst 60–100 Arten, von denen mehrere bei uns in Kultur sind. Sie ist namengebend für die Gattungsgruppe (Tribus) Genisteae, zu der von den heimischen Gattungen auch Besenginster (*Cytisus*), Goldregen (*Laburnum*), Lupine (*Lupinus*) und Stechginster (*Ulex*) gehören.
Giftigkeit: Die Ginster-Arten sind in allen Teilen, besonders in den Samen, durch verschiedene Alkaloide giftig, die zu Lähmungen und Krämpfen führen können. Es sind vor allem die Chinolizidin-Alkaloide Cytisin und Spartein (vgl. *Cytisus* und *Laburnum*).
Schädlinge: siehe Besenginster (*Cytisus scoparius*).
Namen: „*Genista*" ist der lat. Name des Ginsters und verwandter Gattungen; „*tinctorius*" = in der Färberei verwendet. – „Ginster" ist früh von ge-

nista entlehnt. – Man beachte, dass im allgemeinen Sprachgebrauch mit Ginster meist der Besenginster (*Cytisus scoparius*) gemeint ist.

Vorkommen: Magerwiesen, Moorwiesen, lichte Wälder und Felsstandorte, auf frischen, basenreichen Böden. Magerkeits- und Grundfeuchtezeiger. Im Rückgang, stellenweise nur noch an Weg- und Straßenböschungen erhalten.

Blüten: V–VIII. Nektarlose „Fahnenblumen" (= Schiffchenblumen) mit Schnellmechanismus", ähnlich denen des Besenginsters. Besucher sind Bienen, Fliegen, Falter und Käfer. Selbstbestäubung ist erfolgreich.

Früchte: Die zur Reifezeit schwarzen Hülsen erwärmen sich relativ schnell und springen bei Trockenheit auf: Austrocknungsstreuer. Fruchtreife: VIII–IX.

Vegetative Vermehrung durch sich bewurzelnde Zweige (Legtriebe).

Verwendung: Die durch Flavone (Luteolin) intensiv gelb gefärbten Blüten wurden früher zum Gelbfärben verwendet. Das Kraut dient in der Volksmedizin als harntreibendes und antirheumatisches Mittel, in der Homöopathie vor allem bei Kopfschmerzen. Wird auch als Zierpflanze kultiviert und ist für Wildpflanzengärten zu empfehlen.

Weitere Arten (vgl. auch den vorigen Abschnitt):

Genista pilosa L., Behaarter Ginster: Meist niederliegender Zwergstrauch, 10–20 cm hoch. Im Winter an sonnigen Plätzen oft durch Anthocyanbildung dunkelrot (Schutzpigment). Heiden, nährstoffarme Weg- und Waldsäume und lichte Wälder. Vorwiegend im Westen Deutschlands. Blüten mit Übergang vom Klapp- zum Schnellmechanismus. Früchte seidig behaart.

Genista germanica L., Deutscher Ginster: Zwergstrauch oder kleiner Strauch, 20–60 cm hoch. Pflanze behaart, mit Sprossdornen. Heiden, Wald- und Wegränder und lichte Wälder, auf nährstoffarmen, warmen Böden, kalkmeidend. Blüten in endständigen, reichblütigen Trauben, mit Klappmechanismus.

Gentiana acaulis Linnaeus s. str. (= *G. kochiana* E. P. Perrier et Songeon), Stängelloser Enzian, Kochs Enzian

Gentianaceae (= Enziangewächse)

Ausdauernde Rosettenpflanze und Geophyt, 5–15 cm hoch. Blütenstängel sehr kurz, wenige cm lang, 1-blütig. Die aufrecht abstehenden Blätter dienen durch nach innen geneigte Rinnen als Wassersammler. – Zugwurzeln halten die Rosette dauerhaft dicht am Boden.

Systematik: Die Gattung umfasst etwa 300 Arten. Nahe stehen die früher oft in *Gentiana* eingeschlossenen Gattungen *Gentianella* (Kranzenzian) und *Gentianopsis* (Fransenenzian).

Namen: Zu *Gentiana* siehe *G. lutea*. Neulat. „*acaulis*" = stängellos.

Vorkommen: Subalpine und alpine Magerrasen, auf frischen, kalkarmen, sauren Böden. In Deutsch-

land gefährdet (so auch die unten genannten Arten) und **geschützt**! (alle Arten der Gattung).
Blüten: V–VIII. Vormännliche „Große Trichterblumen“, einzeln stehend, ca. 5 cm lang. Typische, durch Anthocyane blau gefärbte „Hummelblumen“. Die Kronblattzipfel sind durch Berührung reizbar (Thigmonastie), außerdem ist die ganze Blüte bei nassem Wetter verschlossen (Regenschutz?, Insektenversteck?). Die 5 Staubblätter umgeben eng den Griffel, und die Staubbeutel bilden eine Röhre. Die Staubfäden sind, wie bei der Zaunwinde (*Calystegia*), durch Lamellen mit der Krone verbunden, sodass 5 röhrenförmige Zugänge zu dem am Grunde des Fruchtknotens abgeschiedenen Nektar entstehen (Revolverblume). Kronröhre innen mit auffälligen olivgrünen Tüpfelsaftmalen auf hellem Grund, die im durchscheinenden Licht besonders gut sichtbar sind. Bestäuber sind Hummeln und Falter. Selbstbestäubung ist durch an die Staubbeutel gedrückte Narbenlappen möglich.
Früchte: Einfächerige, zweiklappige Kapseln, sind von der als Windfang dienenden, bleibenden Krone umschlossen und werden durch den sich nach der Blüte stark verlängernden Stängel emporgehoben: Windstreuer. Die kleinen, flachen, oft etwas geflügelten Samen werden als Körnchenflieger oder als Anhafter ausgebreitet. Fruchtreife: VIII–X. Dunkel- und Kältekeimer.
Verwendung: Zierpflanze in zahlreichen Sorten. Die bei dieser Art besonders bittere Wurzel wurde früher in Italien ähnlich wie die des Gelben Enzians (*G. lutea*) verwendet.
Weitere Art (vgl. auch *C. lutea*):
Gentiana clusii E. P. PERRIER et SONGEON, Clusius-Enzian, Kalk-Glocken-Enzian: Ähnlich wie vorige Art und früher mit dieser als „Stängelloser Enzian“ zusammengefasst. Ist u. a. dadurch unterschieden, dass die Kelchbuchten spitz und die Kelchzipfel mindestens so lang wie die Kronröhre sind. Die Blütezeit liegt etwas früher (IV–VIII). Blüten ohne Tüpfelsaftmale. Ersetzt in den Kalkgebirgen die vorige Art. Im Rückgang, aber laut Roter Liste (Stand 2018) in Deutschland nicht mehr als gefährdet eingestuft. Ebenfalls Zierpflanze.

Gentiana lutea LINNAEUS, Gelber Enzian

Gentianaceae (= Enziangewächse)

Ausdauernder Geophyt oder Hemikryptophyt (Halbrosettenpflanze), 50–120 cm hoch. Die miteinander verwachsenen Blattscheiden bilden Zisternen, die sich mit Wasser füllen. Darin leben Kleintiere, nach deren Verwesung der Pflanze zusätzliche Nährsalze zur Verfügung stehen dürften. Die Pflanze benötigt mehrere Jahre bis zur Blühreife. – Speicherwurzel ausdauernd, fleischig verdickt, bis 60 Jahre alt werdend und dann armdick und meterlang. – Äußerlich ähnlich ist (von der Blüte abgesehen) der stark giftige Weiße Germer (*Veratrum album*), der sich u. a. durch wechselständige Blätter und fehlende Zisternen unterscheidet.

Systematik: siehe *Gentiana acaulis*.
Namen: „*Gentiana*“ ist der lat.-griech. Name des Gelben Enzians bei DIOSKURIDES und PLINIUS, nach dem letzten illyrischen König Gentianus (Genthios) († 168 v. Chr.), der die Pflanze als Heilmittel empfahl. Lat. „*luteus*“ = gelb, wegen der Blütenfarbe. – „Enzian“ ist früh von ‚Gentiana‘ entlehnt.

Vorkommen: Wechselfeuchte Magerrasen und lichte Nadelmischwälder der montanen und subalpinen Stufe süddeutscher Gebirge. In Ostdeutschland (z. B. bei Jena) auch kultiviert und verwildert. In den deutschen Alpen bis 2110 m. Gefährdet und wie alle Arten der Gattung **geschützt**! Allerdings kann er auf Gebirgswiesen auch zur Plage werden.
Blüten: VI–VIII. Die durch Karotinoide gelb gefärbten, relativ einfachen „Nektar führenden Scheibenblumen" mit sternförmig spreizender Krone stehen in bis zu 6 Etagen dichtblütiger, trugdoldiger Teilblütenstände in den Achseln der Hochblätter zusammen. Sie werden durch verschiedene Insekten, z. B. Fliegen und Hummeln bestäubt. Auch Selbstbestäubung. Blühreife erst etwa ab dem 10. Jahr.
Früchte: Fachspaltige Kapseln: Windstreuer. Samen geflügelt: Segelflieger und Adhäsionshafter. Eine Pflanze kann bis zu 10.000 der nur 1 mg schweren Samen produzieren. Fruchtreife: IX–X. Wintersteher. Licht- und Kältekeimer.
Verwendung: Zierpflanze und wie alle Enzianarten als Wildgartenpflanze geeignet. Die Speicherwurzeln sind reich an Zuckern (z. B. Gentiobiose) und an wertvollen Bitterstoffen (Gentiopikrin und Amarogentin). Sie werden daher seit dem Altertum arzneilich als Bittermittel, z. B. als appetitanregender Magenbitter und für Schnaps („Enzian") verwendet. Zu diesem Zweck wird die Pflanze nach wie vor auch angebaut. Es gibt aber auch Sondergenehmigungen zur schonenden Entnahme am Wildstandort. Als Heilpflanze und zur Schnapsherstellung werden die Speicherwurzeln auch aller anderen hochwüchsigen Arten verwendet („Radix Gentianae"). Früher wurde Enzian auch als Mittel gegen Malaria eingesetzt.
Weitere Arten (vgl. auch die benachbarten Abschnitte):
Gentiana punctata L., Tüpfel-Enzian: Sehr ähnlich voriger Art aber nur bis 60 cm hoch. Krone blassgelb, schwarzpurpurn punktiert. Frische Magerrasen der Alpen, kalkmeidend. Gefährdet. Wintersteher.
Gentiana verna L., Frühlings-Enzian: Niedrige, ausdauernde Halbrosettenpflanze. Kalkmagerrasen der Gebirge. Gefährdet. „Stieltellerblumen". Kronröhre 2–2,5 cm lang, eng, am Eingang durch die zweilappig-papillösen Narben verschlossen. Bestäubung u. a. durch den tagaktiven Nachtfalter *Macroglossum* (= Taubenschwänzchen).
Gentiana pneumonanthe L., Lungen-Enzian: Bis 40 cm hoher Hemikryptophyt. Typisch für wechselfeuchte Moorwiesen, vielerorts sehr zurückgegangen. Inzwischen (Stand 2018) als stark gefährdet eingestuft. „Große Trichterblumen". Tüpfelsaftmale grünlich. Die Blüten dieser (und der folgenden Art) sind die einzige Nahrungsquelle der Jungraupen des Enzian-Ameisenbläulings (*Phengaris alcon*). Ältere Raupen werden dann von Knotenameisen (*Myrmica*), die durch Zuckersaft angelockt und durch Pheromone (= Botenstoffe) besänftigt werden, in ihre Nester geschleppt und bis zur Verpuppung verköstigt. Sie lassen sich also ähnlich wie ein junger Kuckuck füttern (Brutparasitismus); vgl. die ähnliche Situation beim Großen Wiesenknopf = *Sanguisorba officinalis*. Wegen des Gehaltes an Gentiopikrin (Enzianbitter) wurde die Pflanze früher ähnlich wie andere Enziane als Fiebermittel, bei Verdauungsproblemen, gegen Darmwürmer usw. und in England gegen die Pest angewendet.
Gentiana asclepiadea L., Schwalbenwurz-Enzian: Ähnlich der vorigen Art, aber bis 60 cm groß und durch die breiteren, 5-nervigen Blätter leicht zu unterscheiden. Kommt nur in den Wäldern des Alpenbereichs vor. Die nach oben geöffneten Blüten sind nur bei >19 °C voll geöffnet und schließen sich zum Schutz der Staubbeutel bei Regen und bei Abkühlung durch Wolken. Zierpflanze.

Gentianopsis ciliata (L.) Ma (= *Gentianella ciliata* (L.) Borkh., *Gentiana ciliata* L.), Gewöhnlicher Fransenenzian

Gentianaceae (= Enziangewächse)

Zweijähriger bis ausdauernder Hemikryptophyt (Schaftpflanze) und Geophyt mit kriechendem Rhizom, 7–30 cm hoch. Flachwurzler. Saisondimorphismus: Zu unterschiedlichen Jahreszeiten heranwachsende Pflanzen sind unterschiedlich gebaut.

Systematik: Die Gattung *Gentianopsis* mit ihren ca. 20 Arten wurde erst 1951 von *Gentianella* (s. u.) abgetrennt. *G. ciliata* ist der einzige heimische Vertreter dieser neuen Gattung.
Namen: „*Gentianopsis*" (= ähnlich wie *Gentiana*) wurde von Ma zur Abgrenzung von *Gentianella* geprägt. Lat. „*ciliatus*" = bewimpert, wegen der gefransten Kronblattzipfel. – „Fransenenzian" wurde in jüngster Zeit künstlich gebildet, um auch im deutschen Namen die Abtrennung von *Gentianella* (Kranzenzian) nachzuvollziehen.

Vorkommen: Magerrasen und Trockenwaldsäume, auf kalkreichen, lockeren Böden. Ebene bis Gebirge (deutsche Alpen bis 2240 m). Im Rückgang, aber nach Roter Liste (Stand 2018) in Deutschland nicht mehr als gefährdet eingestuft. – **Geschützt!** (alle Arten der Gattung).
Blüten: VIII–X. Vierzählige, blaue „Große Trichterblumen". Erhöhung der Anlockung durch Veilchenduft, starke UV-Reflexion und gefranste Kronblätter. Bestäuber sind Hummeln und Tagfalter. Vormännlich. Verschiedengrifflig (Heterostylie).
Früchte: Kapseln. Kelch als Windfang, Stängel und Fruchtstiele elastisch, nach der Blüte stark verlängert: Wind- und Tierstreuer. Fruchtreife: IX–X.
Vegetative Vermehrung durch Verzweigung des Rhizoms.
Verwandte:
Gentianella germanica (Willd.) Börner (Artengruppe), Deutscher Kranzenzian: Zweijährig, 5–40 cm hoch. Ähnlich wie vorige Art, aber später blühend, verzweigt und oft vielblütig. Blüten meist violett, mit 5 ganzrandigen Kronblattzipfeln. Kronröhre durch ein Haargitter für einkriechende Insekten verschlossen. Der Nektar ist daher nur langrüsseligen Insekten zugänglich: Stieltellerblume. Erdhummeln verüben nicht selten Einbruch in die Blüte durch seitliches Anbeißen der Kronröhre (Nektarraub). Die Blätter enthalten den Bitterstoff Gentiopikrin (= „Enzianbitter", vgl. oben bei *Gentiana lutea*).
Gentianella campestris (L.) Börner, Feld-Kranzenzian: Ein- bis zweijährig. Silikatmagerrasen und Heiden, auf basenreichen, aber kalkarmen Böden. Montan bis alpin. Gefährdet. Blüten 4-zählig.

Geranium pratense LINNAEUS, Wiesen-Storchschnabel

Geraniaceae (= Storchschnabelgewächse)

Ausdauernder Hemikryptophyt (Halbrosettenpflanze), 20–60 cm hoch. Aufgrund von Blattgelenken können sich die Pflanzen auf anderen größeren Arten als Spreizklimmer aufstutzen. Mithilfe der Blattgelenke ist außerdem eine effektive Ausrichtung der Blattfläche zum größten Lichteinfall hin möglich (Phototropismus). Pflanze reich drüsig-zottig durch Köpfchenhaare mit ätherischen Ölen. Rhizom kräftig. Blätter ziemlich breitlappig, denen des Scharfen Hahnenfußes (*Ranunculus acris*) ähnlich (aber Blattstiel ohne Rinne).

Systematik: Zur Gattung gehören etwa 430 Arten. Verwandt sind die „Geranien" (*Pelargonium*, s. u.) und der Reiherschnabel (*Erodium*), der durch gefiederte statt handförmig geteilte Blätter gekennzeichnet ist und manchmal für einen kleinblütigen Storchschnabel gehalten wird.
Namen: „*Geranium*" ist der lat.-griech. Name der Gattung, zu griech. geranos = Kranich, nach der zur Fruchtzeit deutlich entwickelten, schnabelartigen Verlängerung der Früchte. Der deutsche Name „Storchschnabel" ist daran angelehnt. Das griech. Wort ‚pelargos' für Storch findet sich in der von *Geranium* abgetrennten Gattung *Pelargonium* wieder, deren als Balkonpflanzen bekannte Vertreter im allgemeinen Sprachgebrauch ‚Geranien' heißen. Lat. „*pratensis*" = auf Wiesen wachsend.
Vorkommen: Fettwiesen, vor allem der Stromtäler, auf frischen, nährstoff- und basenreichen, tiefgründigen Böden. Nährstoffzeiger. Lichtpflanze. Im Norden selten.
Blüten: VI–VIII. Streng vormännliche, blassblaue „Nektar führende Scheibenblumen", 4–5 cm breit. Nektar durch Haarkranz („Saftdecke") geschützt. Zuerst spreizen die inneren, dann die äußeren Staubblätter und zuletzt die 5 Narbenäste. Neben zwittrigen Pflanzen finden sich nicht selten auch rein weibliche Pflanzen mit kleineren Blüten (gynodiözisch). Die drüsige Behaarung des nach der Blüte herabgebogenen Blütenstängels soll aufkriechende Insekten (als unerwünschte Besucher) abhalten. Lebensdauer der Blüten: 2 Tage. Bestäuber sind besonders Bienen und Schwebfliegen, seltener Falter. Wichtige Bienentrachtpflanze der Sommermonate und des beginnenden Herbstes. Selbstbestäubung ist fast ausgeschlossen.
Früchte: Austrocknungsstreuer. Im Unterschied zu *G. robertianum* liegt der Samen lose im becherförmigen unteren Teil des Fruchtfaches. Sein vorzeitiges Herausfallen wird durch Vorsprünge oder Haare verhindert. Lösen sich dann die Fruchtfächer plötzlich von der Mittelsäule, werden die Samen katapultartig bis über 2 m fortgeschleudert. Dazu Menschenausbreitung durch Verschleppung mit dem Mähgut und Zufallsausbreitung durch Huftiere, indem diese die reifen Samen mit Gras aufnehmen und unverletzt wieder ausscheiden. Kältekeimer.
Verwendung: Alle großblütigen *Geranium*-Arten sind als Zierpflanzen und für Wildpflanzengärten zu empfehlen. *G. pratense* ist auch als Wildgemüse geeignet.

Weitere Arten/Verwandte: Außer den hier besprochenen großblütigen Arten gehören zur Gattung u.a. zahlreiche kleinblütige, meist ruderale Arten (siehe folgenden Abschnitt) und die ebenfalls getrennt besprochene Art *G. robertianum*.

Geranium sylvaticum L., Wald-Storchschnabel: Sickerfeuchte Bergwiesen, Hochstaudenfluren und Schluchtwälder, vor allem der Hochgebirge und Mittelgebirge. Blüten rotviolett, auf stets aufrechten Blütenstielen. Schleuderweite der Samen bis 2,7 m.

Geranium palustre L., Sumpf-Storchschnabel: Quellfluren, Sumpfwiesen und Hochstaudenfluren. Kalkhold. Blüten hellpurpurrot und Blütenstiele rückwärts rauhaarig, nach der Blüte herabgebogen. Pflanze drüsenlos. Selbstbestäubung ist ausgeschlossen. Vielerlei Bestäuber, besonders Bienen und Schwebfliegen. Fruchtreife: ab VIII. Größte Streuweite der Samen 2,5 m.

Geranium sanguineum L., Blutroter Storchschnabel: Blätter in Anpassung an den Standort tief siebenteilig, mit linealischen Abschnitten. Blüten einzeln, purpurrot. Wächst vor allem am Rande sonniger Trockengebüsche und trockener Wälder, auf warmen, meist kalkreichen Böden. In der Ebene meist fehlend. Vormännlich. Bei ausbleibendem Insektenbesuch erfolgt spontane Selbstbestäubung. Gute Bienenfutterpflanze und dankbare Zierpflanze. Öfter aus Gärten verwildert. Kommt in der Volksheilkunde wegen gleicher Inhaltsstoffe wie *G. robertianum* zur Anwendung.

Pelargonium zonale (L.) AITON, Geranie, Zonal-Pelargonie: Die als Balkonpflanzen in vielen Zuchtformen beliebten „Geranien" werden heute in diese Gattung gestellt. In Kultur sind zahlreiche Hybriden, an deren Entstehung mehrere Arten beteiligt sind. Die Wildformen kommen aus Südafrika, *P. zonale* ist am Kap der Guten Hoffnung beheimatet. Bemerkenswert sind die wasserspeichernden (sukkulenten) Stängel (es gibt auch dickbauchige Arten) dieser Chamaephyten. Stecklinge entwickeln sich problemlos zu neuen Pflanzen. Früher waren die Pflanzen u.a. wegen ihres starken Duftes als Fensterpflanzen beliebt, da die ätherischen Öle Gliederfüßler aller Art fernhalten.

Geranium pusillum BURMAN fil., Kleiner Storchschnabel

Geraniaceae (= Storchschnabelgewächse)

Einjährig (sommer- oder winterannuell) oder zweijährige Halbrosettenpflanze, 15–30 cm hoch. Stängel und Blattstiele dicht behaart. Blätter gelappt.

Vorkommen: Lückige Ruderalstellen, Wegränder und Äcker, etwas wärmeliebend. Archäophyt.

Blüten: V–X. Blüten klein, blasslila, vorweiblich. „Nektar führende Scheibenblumen". Sehr spärlicher Insektenbesuch durch Bienen und Schwebfliegen. Vor dem Abblühen spontane Selbstbestäubung. Blütenstand mit gestielten Drüsen, was kleine Insekten aber nicht am Aufkriechen hindert.

Früchte: Früchte jung drüsig. Austrocknungs-Schleuderfrüchte wie bei *G. robertianum*. Schleuderweite bis 1,90 m. Die dicht anliegend behaarten Teilfrüchte nehmen begierig Wasser auf und haften sehr gut an feuchten/nassen Wirbeltieren: Ausbreitung als Wasserhafter und bei

Namen: Zu den Gattungsnamen siehe *G. pratense*. Lat. „*pusillus*" = klein.

Wechselfeuchte als Bodenkriecher. Dazu Bearbeitungsausbreitung durch Vögel und Zufallsausbreitung durch Huftiere. Fruchtreife: VI–X.

Weitere Arten (vgl. auch die benachbarten Abschnitte):

Geranium molle L., Weicher Storchschnabel: Stängel und Blattstiele tragen neben kurzen Drüsenhaaren noch 1–2 mm lange Haare, und die etwas größeren, roten Blüten sind schwach vormännlich. Lückige Ruderalstellen, Wegränder und ruderal beeinflusste Sandtrockenrasen. In Süddeutschland stellenweise fehlend. Archäophyt.

Geranium pyrenaicum BURMAN fil., Pyrenäen- oder Anger-Storchschnabel: Halbrosettenpflanze, zweijährig bis ausdauernd. Rosettenblattstiele mit Stützfunktion wie bei *G. robertianum*. Wegsäume und Böschungen, auf nährstoffreichen Böden. Neophyt seit 1800. Heimat: Pyrenäen, Südalpen, Gebirge des Mittelmeergebietes und Kaukasus. In Nordwestdeutschland oft fehlend. Blüten (V–X) blasslila, kleiner als bei den übrigen ausdauernden Arten, nachts und bei trübem Wetter geschlossen. Schleuderweite bis 2,1 m. Fruchtreife: VII–X. Für Wildpflanzengärten gut geeignet.

Geranium dissectum L., Schlitzblättriger Storchschnabel: Einjährig. Meist um 20 cm hohe, aufrechte Pflanze mit ausgebreiteten Ästen. Äcker, Gärten und Ruderalstellen. Blüten purpurrot, um 1 cm breit und kurz gestielt. Archäophyt. Bei dieser und der folgenden Art bleiben die Fruchtklappen bei der Samenreife hochgerollt. Die Samen werden separat ausgeschleudert (vgl. BOMBLE 2013 Jahrb. Bochumer Bot. Ver. 5: 197).

Geranium columbinum L., Tauben- oder Stein-Storchschnabel: Voriger Art sehr ähnlich. Wichtiger Unterschied sind die langen, nicht drüsigen Blütenstiele. Ruderalstellen und ruderal beeinflusste Rasen, basenhold. Archäophyt.

Geranium robertianum LINNAEUS, Stinkender Storchschnabel, Ruprechtskraut

Geraniaceae (= Storchschnabelgewächse)

Einjährig (sommerannuell oder winterannuell) oder zweijährige Halbrosettenpflanze, 20–40 cm hoch. Frische Blätter durch ätherische Öle unangenehm riechend. Sehr schattenverträglich und noch bei 1/25–1/40 des normalen Tageslichts (bei Keimpflanzen noch weniger) lebensfähig. Mithilfe der Blattgelenke ist eine genaue Ausrichtung der Blattfläche zum größten Lichteinfall hin möglich (Photonastie). Höhlenpflanze! Andererseits kann die Pflanze auch im vollen Sonnenlicht wachsen, wobei sie sich durch Produktion von Lichtschutzpigmenten dunkelrot verfärbt. Spreizklimmer: Die Blattstiele der unteren Blätter und z. T. auch Seitensprosse biegen sich an Blattgelenken nach unten und legen sich fest dem Substrat an. Hierdurch wird die Pflanze gestützt, was u. a. beim Wachstum an Felsen und auf Mauern von Vorteil ist, zumal die Blattstiele auch nach Absterben der Spreite überdauern.

Namen: Zum Gattungsnamen siehe *G. pratense*. Der vorlinnésche Name *„robertianum"* geht auf die mittelalterliche Bezeichnung herba Roberti/Ruperti (= herba rubra) zurück und weist darauf hin, dass diese ehemals hochgeschätzte Volksheilpflanze zunächst dem Gott Wodan mit dem Beinamen Hruodperaht, später dem Heiligen Ruprecht/Rupert/Robert geweiht war. Dasselbe gilt für den deutschen Namen „Ruprechtskraut". Vermutlich haben sich die Namen ursprünglich auf die auffällige Rotfärbung der Pflanze (s. o.) im Herbst und an besonnten Standorten und die sich daraus ableitende Verwendung nach der Signaturenlehre zum Stillen blutender Wunden bezogen und wurden volksetymologisch an den Heiligennamen angelehnt. Dabei wurde althochdeutsch ‚rotpreht' = rot glänzend zu ‚Hruotpert' bzw. ‚herba rubra' = rotes Kraut zu ‚herba Ruperti'. – „Stinkend" in Bezug auf die Blätter.

Vorkommen: Krautreiche Wälder, Säume, Felsen, Mauern und Ruderalstellen, auf frischen, nährstoffreichen Lehmböden, in luftfeuchter Lage. Wächst auch als Epiphyt i. w. S., d. h. als „Überpflanze", z. B. auf Kopfweiden. Ebene bis Hochgebirge (deutsche Alpen bis 1700 m).

Blüten: V–IX. Meist vormännlich. Im Unterschied zu den anderen Geranium-Arten mit ihren Scheibenblumen sind es „Kleine Trichterblumen". Entsprechend ist der Nektar nur langrüsseligen Bienen und Faltern zugänglich. Selbstbestäubung ist erfolgreich, indem bei fehlendem Sonnenschein die Blüten durch Krümmung der Blütenstiele nach unten geneigt werden.
Früchte: 5-fächerige Kapseln bzw. Spaltfrüchte. Zur Reife lösen sich die einsamigen, nussartigen Fruchtklappen durch Austrocknung von der Mittelsäule plötzlich ab und werden als Ganzes bis zu 3,6(–6) m weit fortgeschleudert: Austrocknungsstreuer. Durch zwei lange Haarstränge ist auch Klettausbreitung möglich. Zuletzt Ausbreitung als Bodenkriecher. Fruchtreife: VII–X.
Verwendung: Die Pflanze wurde früher als vielseitige Heilpflanze (Herba Ruperti), z. B. nach der Signaturenlehre wegen der häufigen Rotfärbung der Pflanze gegen Blutungen und Rotlauf und auch gegen Durchfall, sehr geschätzt. Auch wurde sie gegen Motten und – in Töpfen gehalten – gegen Fliegen eingesetzt. In der Volksmedizin gilt ein aus den Blättern zubereiteter Tee als Mittel bei Kinderwunsch. Ruprechtskraut wird gelegentlich auch als Zierpflanze angeboten und ist für Wildpflanzengärten zu empfehlen.
Weitere Art:
Geranium purpureum VILL. (= *G. robertianum* subsp. *purpureum* (VILL.) NYMAN), Purpur-Storchschnabel: Sehr ähnlich und zur selben Artengruppe zählend wie vorige Art. Kronblätter dunkelrosa (statt hellpurpurn) und nur 5–8 mm (statt 9–14 mm) lang. Geschlossene Staubbeutel hellgelb (statt orange bis rotbraun). Pollen gelb (statt orange). Kelch kurz (statt lang) behaart, meist grün (statt rot). Geruch meist nicht unangenehm. Neophyt. Hauptverbreitung: Mittelmeergebiet. Hat sich seit etwa 1990 vielerorts im Bahnschotter stark ausgebreitet. Inzwischen gibt es auch zu *G. robertianum* vermittelnde Zwischenformen.

Geum rivale LINNAEUS, Bach-Nelkenwurz

Rosaceae (= Rosengewächse)

Ausdauernder Hemikryptophyt (Halbrosettenpflanze), 30–70 cm hoch. Rhizom waagerecht, monopodial verzweigt. Es enthält ähnlich wie *G. urbanum* Nelkenöl.

Namen: Zu den Gattungsnamen siehe *G. urbanum*. Lat. „*rivalis*" = Bach-, da die Pflanze oft an Bachrändern zu finden ist. – Regional ist auch der Name „Blutströpfchen" im Gebrauch, der aber auch für andere Pflanzen wie *Adonis aestivalis* und *Sanguisorba officinalis* und auch für Nachtfalter der Gattung *Zygaena (Widderchen)* verwendet wird.
Vorkommen: Nasswiesen, Flachmoore, Hochstaudenfluren, Gewässerufer und Auwälder. Von der Ebene bis ins Hochgebirge. Durch Entwässerung und Düngung besonders in der Ebene sehr im Rückgang und daher in mehreren Bundesländern gefährdet.
Blüten (siehe Detailfoto): IV–VII. Der Kelch ist auffällig braunrot, die weitgehend verdeckte Krone außen weiß bis rötlich und innen gelblich. Neben zwittrigen Blüten gibt es rein männliche Blüten oder rein männliche Pflanzen. Von den anderen heimischen Arten der Gattung durch die hängenden (= nickenden) Blüten mit aufrechten Kronblättern

unterschieden, weshalb man die Blüte zu den „Glockenblumen mit klebrigem Pollen" zählt. Der Nektar wird am Grunde der Staubblätter abgeschieden. Bestäubung vor allem durch Hummeln und Bienen sowie durch Schwebfliegen als Pollenfressern. Blüteneinbruch durch Aufbeißen zwischen den Kelchblattlücken durch die Erdhummel *Bombus terrestris*. Auch spontane Selbstbestäubung ist möglich.

Früchte: Die Blütenachse ist gestreckt und verlängert sich deutlich bei der Reife. Je Blüte entstehen 60–80 freie Nussfrüchtchen, die jeweils nach der Blüte durch starke Verlängerung des Griffels auf eine Länge von 12 mm heranwachsen. Der Griffel ist etwas oberhalb der Mitte hakenförmig gekrümmt und im unteren Teil federschweifartig behaart. Der oberhalb des Hakens befindliche, ebenfalls behaarte Teil des Griffels bricht kurz vor der Reife oberhalb des verholzenden, nach außen gerichteten Hakens mithilfe eines Trenngewebes ab. Entsprechend erfolgt vor allem Klettausbreitung durch den Haken (Angelhakentyp). Wegen der Behaarung des unteren Griffelteils ist aber bei starken Winden auch die Ausbreitung als Federschweifflieger möglich, was vor allem im Gebirge von Vorteil ist. Fruchtreife: VII–X.

Vegetative Vermehrung durch das Rhizom.

Verwendung: In der Volksheilkunde wird das Rhizom wegen des Gehaltes an Eugenol usw. bei Verdauungsstörungen, Durchfallerkrankungen und Appetitlosigkeit sowie als Gurgelmittel bei Entzündungen in Mund und Rachen angewendet. Früher benutzte man es auch wie bei *G. urbanum* als Gewürznelkenersatz in der Küche. Für Wildpflanzengärten zu empfehlen und in Gartenzentren auch als Zierpflanze erhältlich, z. T. als Bastard mit *G. urbanum*. Noch dekorativer ist die aus dem Balkan stammende Rote Nelkenwurz (*Geum coccineum*) mit flacher Krone.

Die nickenden Blüten sind blütenökologisch Glockenblumen.

Geum urbanum LINNAEUS,

Echte oder Gewöhnliche Nelkenwurz, Benediktenkraut

Rosaceae (= Rosengewächse)

Ausdauernder, wintergrüner Hemikryptophyt (Halbrosettenpflanze), 30–120 cm hoch. Rhizom dick und kurz, wie Gewürznelken riechend. Der Geruch stammt von dem schwach giftigen Nelkenöl (Eugenol), einem ätherischen Öl, auf das u. a. auch der typische Geruch von Zahnarztpraxen zurückgeht. Blätter unterbrochen unpaarig gefiedert. Nebenblätter groß.

Namen: „*Geum*“ ist der lat. Name der Pflanze, der von LINNÉ aufgegriffen wurde. Lat. „*urbanus*“ = städtisch, da die Art oft in Siedlungsnähe wächst. – „Nelkenwurz“ (weiblich!) wegen des auffälligen Gewürznelken-Geruchs des Rhizoms. „Wurz“ = Pflanze (vgl. Gewürz). „Echt“ wegen der (arzneilichen) Verwendung. „Benediktenkraut“ (mhd. benedicte) nach dem Heiligen Benedikt, wegen der Heilwirkung. Der Name wird allerdings auch für andere Heilpflanzen verwendet, z. B. die mediterrane Art *Centaurea benedicta* = *Cnicus benedictus*.

Vorkommen: Nährstoffreiche, grundfrische Laubwälder, Gebüsche, Wegränder, Mauern und Ruderalstandorte. Typisch auch an gestörten Stellen im Siedlungsbereich. Etwas wärmeliebend, deshalb in den deutschen Alpen (meist) nur bis 1000 m. Wurde nach Nordamerika und Australien verschleppt.

Die Früchte sind an der Spitze hakig gekrümmt und kletten sich am Fell oder an der Kleidung an.

Blüten: V–VIII(–X). Gelbe, schwach vorweibliche „Nektar führende Scheibenblumen“. Insektenbesuch spärlich durch Käfer und Schwebfliegen. Vor allem spontane Selbstbestäubung durch gleichzeitiges Reifen der innersten Staubbeutel und der äußeren Narben. Auch dreihäusig (triözisch), d. h. es gibt zuweilen rein männliche Pflanzen und solche mit männlichen und Zwitterblüten (vgl. *G. rivale*).

Früchte (siehe Detailfoto): Der Aufbau ist ähnlich wie bei *G. rivale*. Der obere Teil des Griffels ist nicht, der untere nur schwach behaart. Die hakige Krümmung ist dieselbe wie bei G. rivale, daher Ausbreitung als Klett- und Bohrfrüchte, die sich im Wald auch häufig an Kleidung (besonders Strümpfen) anheften. Fruchtreife: VII–X.

Vegetative Vermehrung durch das Rhizom.

Verwendung: Die Pflanze wurde schon im Altertum als Heilpflanze geschätzt und später dann auch in Klostergärten usw. angebaut. Verwendet werden Rhizom und Wurzeln mit Nelkenöl (Eugenol), Triterpenen und Flavonoiden als Wirkstoffen. Heute wird Nelkenwurz arzneilich vor allem in der Volksheilkunde verwendet, u. a. als stopfendes Mittel und als Gurgelmittel bei Zahnfleischentzündungen. Auch in der Homöopathie kommt sie zur Anwendung. Das Rhizom wurde früher auch als Gewürznelken-Ersatz verwendet. Junge Blätter sind für Mischgemüse und Salat verwendbar.

Weitere Arten (vgl. auch vorigen Abschnitt):

Geum montanum L. (= *Sieversia montana* (L.) R. BR.), Berg-Nelkenwurz, Berg-Petersbart: Magerrasen und Zwergstrauchheiden der subalpinen und alpinen Stufe. Die Früchte sind durch die dichte Behaarung des nach der Blüte stark verlängerten, aber nicht hakenförmig gekrümmten Griffels typische „Federschweifflieger“, angepasst an die starken Winde der Berge. In ihrer Gesamtheit erscheinen sie wie ein Bart, die der Volksmund mit dem Apostel Petrus in Verbindung gebracht hat (Name!). Auch Wasserhafter. Zierpflanze und auch für Wildpflanzengärten besonders zu empfehlen.

Geum reptans L. (= *Sieversia reptans* (L.) R. BR.), Kriechende Nelkenwurz, Gletscher-Petersbart: Ähnlich wie vorige Art. Auf feuchtem Silikatschutt und Gletschermoränen. In Deutschland selten. Die bis 1 m langen Ausläufer sind an den leicht beweglichen Untergrund angepasst; sie dienen zur vegetativen Vermehrung, sorgen aber zugleich auch für die Festigung des Bodens. Ebenfalls für Wildpflanzengärten zu empfehlen.

Ginkgo biloba LINNAEUS,

Ginkgo, Ginkgobaum, Silberaprikose, Fächerblattbaum

Ginkgoaceae (= Ginkgogewächse)

Sommergrüner Nadelbaum, in Kultur bis 35, in China bis 50 m hoch. Einige Exemplare in chinesischen Tempelgärten sollen 3000 Jahre alt sein. In Deutschland gibt es mehrere alte Bäume, die in der Zeit zwischen 1750 (Frankfurt) und 1780 gepflanzt wurden. Schnellwüchsig. Harzkanäle fehlen. Typisch für Ginkgo ist der stark ausgeprägte Unterschied zwischen Langtrieben und Kurztrieben! Der Baum ist frosthart; man hat Frostschutz-Proteine nachweisen können. – Die Blätter sind lederartig, wie Nadelblätter, die an der Spitze sehr stark verbreitert sind, und streng gabeladerig (dichotom). Sie sind im typischen Fall (siehe Detailfoto) am Vorderende schwach zweilappig (Name!), es kommen aber auch fast ungeteilte und – namentlich bei Jungpflanzen und bei Langtrieben älterer Bäume – tief eingeschnittene oder mehrlappige Blätter vor. Vor dem herbstlichen Laubfall sind die Blätter leuchtend gelb. – Pilzwurzel (arbuskuläre Mykorrhiza) Alte Bäume können an der Unterseite kräftiger Äste Adventivwurzeln (Chi-Chi) bilden. – Ginkgo hat Geschlechtschromosomen, indem bei weiblichen Pflanzen ein Chromosomenpaar unterschiedlich geformt ist, während bei männlichen Pflanzen alle Chromosomenpaare untereinander gleich sind. Das Genom wurde 2016 sequenziert, es erwies sich als überraschend groß, vor allem durch Vervielfachung einzelner Abschnitte, und zeigte die längsten bisher bekannten Introns. – Schon Goethe war von der Pflanze fasziniert und schrieb in Anspielung auf die Zweilappigkeit der Blätter in seinem Gedichtzyklus ‚Westöstlicher Divan': „*Ginkgo biloba* – Dieses Baumes Blatt, der von Osten / meinem Garten anvertraut, / giebt geheimen Sinn zu kosten, / wie's den Wissenden erbaut. // Ist es ein lebendig Wesen, / das sich in sich selbst getrennt, / sind es zwey, die sich erlesen, / daß man sie als Eines kennt. // Solche Frage zu erwidern / fand ich wohl den rechten Sinn, / fühlst du nicht an meinen Liedern, / daß ich eins und doppelt bin."

Systematik: *Ginkgo biloba* gehört wie die Nadelbäume zu den Nacktsamern (Gymnospermae). Er ist der einzige rezente Vertreter der sonst ausgestorbenen, isoliert stehenden Ordnung Ginkgoales, die seit dem Perm nachgewiesen ist. Speziell die Gattung *Ginkgo* ist seit dem Jura bekannt, wo die Familie zusammen mit 16 weiteren Gattungen weltweit verbreitet war. Von den zahlreichen fossil bekannten Vertretern der Ginkgoaceae hat sich nur die eine Art *Ginkgo biloba* erhalten. Sie ist ein Musterbeispiel für ein „lebendes Fossil": Zunächst waren nur fossile Reste bekannt (auch aus Mitteleuropa), bis schließlich von dem deutschen Arzt und Botaniker E. KAEMPFER in Japan auch rezente Vorkommen entdeckt wurden. Dabei stellte man fest, dass sich die Pflanzen seither nur unwesentlich verändert hatten. Die fast ausgestorbene Art hatte sich dort nur durch ihre Kultur in Tempelgärten in wenigen Exemplaren halten können. Von dort hat Kaempfer den Baum nach Utrecht gebracht. Zu den ältesten deutschen Exemplaren dürfte der mächtige, 1813 durch den Gärtner Skell auf Wunsch von Goethe am Weimarer Fürstenpalais gepflanzte Baum gehören.

Namen: „*Ginkgo*" (eigentlich Ginkyo) ist der chines.-japan. Name der Pflanze mit der Bedeutung Silberaprikose, wegen der Ähnlichkeit der gelben, vom fleischigen Arillus umhüllten Samen mit Aprikosen (allerdings sind sie eher mirabellenähnlich). Der Name wurde von E. KAEMPFER 1712 geprägt und von LINNÉ übernommen. Die Rechtschreibreform erlaubt als deutschen Namen auch die Schreibweise „Ginko“. Neulat. „*bilobus*“ = zweilappig, nach der Blattform.

Vorkommen: Lichtbedürftiger (schattenunverträglicher), aber gegenüber Trockenheit, Hitze, Luftverunreinigungen und Krankheiten unempfindlicher Zierbaum! Nach dem Atombombenabwurf in Hiroshima 1945 waren Ginkgos die ersten wieder ergrünenden Bäume. Wildvorkommen sind selten und auf ein sehr kleines Areal im Südosten Chinas beschränkt. Der Baum wurde aber in China mindestens seit dem 11. Jh. und später auch in Japan in größerem Umfang angepflanzt. Nach seiner Einführung wurde der Ginkgo in Europa bald intensiv vermehrt und ist seit etwa 200 Jahren wieder in allen Teilen der Welt anzutreffen.

Die Blätter sind oft zweilappig.

Weiblicher (li) und männlicher (re) Baum im Winter.

Blüten: IV–V. Zweihäusig (ausnahmsweise können ältere männliche Pflanzen auch samentragende Zweige tragen). Die Blüten unterscheiden sich stark von dem, was wir von anderen Blütenpflanzen kennen. Sie stehen zu mehreren an der Spitze mehrjähriger Kurztriebe. Eine Blütenhülle fehlt ebenso wie ein die Samenanlagen schützender Fruchtknoten. Die männlichen Blüten tragen an einer etwa 2 cm langen Achse zahlreiche Staubblätter mit je 2 Pollensäcken und wirken insgesamt kätzchenartig. Die weiblichen Blüten sind etwa 1–2 cm lang gestielt und tragen an ihrer Spitze 2(–3) freie Samenanlagen, von denen oft nur eine zur Ausreifung kommt. Der Pollen wird mithilfe eines zuckerhaltigen Bestäubungstropfens eingefangen, der sich an der Spitze der Samenanlagen befindet. Die Befruchtung erfolgt über große, frei bewegliche männliche Geschlechtszellen (Schwärmer, Spermatozoiden), was sonst bei rezenten Pflanzen nur noch bei Palmfarnen vorkommt. Die Spermatozoiden werden durch Aufplatzen des Pollenschlauches freigelassen. Letzterer dient überwiegend als Saugorgan (Haustorium). Bestäubung und Befruchtung sind durch Monate getrennt, also ähnlich wie bei Kiefer (*Pinus*) oder Erle (*Alnus*). Die Befruchtung findet erst im September in den noch grünen Samenanlagen statt oder erfolgt sogar erst im Oktober, nachdem die gelben Samen (also eigentlich Samenanlagen) zu Boden gefallen sind. Der Embryo reift je nach Standort evtl. erst im Frühjahr des folgenden Jahres. – Beginn der Blühreife mit 20–40 Jahren.

Samen: Als typischer Nacktsamer bildet die Pflanze keine Früchte aus, da die Samen nicht von einem Fruchtknoten eingeschlossen sind, sondern frei stehen. Was man für Früchte halten könnte, sind die Samen, die hier ähnlich aussehen wie Mirabellen. Sie sind kugelig, ca. 2 cm dick, erst grünlich, später gelb und fallen zum Winter hin ab. Von der Funktion her entsprechen die Samen den Steinfrüchten der Bedecktsamer, indem die Samenschale in einen festen inneren Teil (Sklerotesta) und einen fleischigen äußeren Teil (Sarkotesta) gegliedert ist. Letzterer stinkt durch den Gehalt an Buttersäure, Capronsäure und Valeriansäure beim Verwesungsprozess sehr intensiv. Verdauungs- und Mundausbreitung. Allerdings ist ein natürlicher Ausbreiter für die Samen nicht bekannt. Samenreife: X–XI. Samen mit stärkehaltigem primärem Nährgewebe. Keimling mit nur 2 Keimblättern (unsere heimischen Nadelbäume haben zahlreiche Keimblätter). Keimung unterirdisch (hypogäisch). Aufzucht in Kultur aus Samen.

Verwendung: Beliebter, sehr widerstandsfähiger und dekorativer Zierbaum der Parkanlagen und Gärten sowie Straßenbaum; in zahlreichen Kultursorten. Er wurde etwa um 1730 nach Europa eingeführt. In Japan ist er der meist angepflanzte Straßenbaum. Wegen des unangenehmen Geruchs der reifen Samen sind bei uns ganz überwiegend männliche Pflanzen in Kultur, während in Ostasien im Hinblick auf die Nutzung vor allem weibliche Bäume gepflanzt werden. Die Vermehrung erfolgt meist vegetativ über Stecklinge. – Wichtige Heilpflanze (Blätter) bei Schwindel, Durchblutungs- und Hirnleistungsstörungen (inkl. leichter bis mittelschwerer Demenz) und zur Konzentrationssteigerung. Man sollte nur Präparate aus der Apotheke verwenden, da in diesen der Gehalt an Ginkgolsäure, die im Verdacht steht, gesundheitsgefährdend zu sein, reduziert ist. Ginkgo-Präparate führen die Liste der meistverkauften Heilmittel auf pflanzlicher Basis, weswegen die Pflanze neuerdings großflächig angebaut wird. Auch in China ist Ginkgo eine alte Heilpflanze, die dort vor allem bei Husten eingesetzt wurde. In China und Japan wird der von der Samenschale befreite, fischartig schmeckende, ölhaltige Kern („Ginkgonuss") geröstet und gilt als Delikatesse. Er enthält ca. 40 % Stärke, 4 % Eiweiß und 2 % Fett. Samen sind auch bei uns in Dosen konserviert zu kaufen.

Gladiolus palustris GAUDIN, Sumpf-Schwertel, Sumpf-Siegwurz oder Siegmarswurz, Sumpf-Gladiole

Iridaceae (= Schwertliliengewächse)

Ausdauernder Geophyt, 30–60 cm hoch. Rhizom knollig, bis 2 cm dick. Blätter schwertförmig, kahl, unter 1 cm breit.

Systematik: Die Gattung umfasst etwa 260 Arten, von denen etwa 15 bei uns als Zierpflanzen kultiviert werden. Nah verwandt ist der Krokus (*Crocus*).

Namen: „*Gladiolus*" ist der lat. und vorlinnésche Name der Pflanze, zu gladius = Schwert, wegen der schwertförmigen Blätter. Lat. „*palustris*" = Sumpf-. – „Siegwurz" (weiblich!) nach dem Aberglauben, der Besitz der Pflanze würde ihren Träger unbesiegbar machen (s. u.). Der gleiche Name in Verbindung mit der gleichen Verwendung galt früher auch für den Allermannsharnisch (*Allium victorialis*, vgl. dort).

Vorkommen: Wechselfeuchte, nährstoffarme, aber kalkreiche Moorwiesen. Mit östlicher Hauptverbreitung. Inzwischen sehr selten und stark gefährdet. **Streng geschützt**!

Blüten: V. Dunkelrote, vormännliche „Rachenblumen", in 2–6-blütigen Ähren. Dreihäusig. Blütenhülle einfach (Perigon); Perigonblätter unten zu einer kurzen Röhre vereint. Nektar wird von der Oberseite des Fruchtknotens abgeschieden. Besucher sind langrüsselige Hummeln. Blühbeginn erst nach 3–5 Jahren. – Nordamerikanische Arten der Gattung werden auch von Kolibris und afrikanische von Nektarvögeln besucht.

Früchte: 3-facherige, fachspaltige Streukapseln, sich bei Trockenheit öffnend. Samen breit geflügelt, mit Lufteinschluss. Windstreuer, Segelflieger und Wasserhafter. Fruchtreife: VIII–IX.

Vegetative Vermehrung durch zusätzliche Sprossknollen.

Verwendung: Da die netzig-faserige Hülle der Knollen unsere Vorfahren an einen Kettenharnisch erinnerte, entwickelte sich nach der Signaturenlehre die Vorstellung, die Pflanze würde ihren Träger unbesiegbar machen und gegen böse Geister helfen. – *G. palustris* wird gelegentlich in Gartencentern für die Bepflanzung von Gartenteichrändern angeboten.

Weitere Arten:
Die als Zierpflanzen beliebten Garten-Gladiolen (G. × *hortulanus* BAILEY) sind Hybriden, die auf verschiedene afrikanische Arten zurückgehen. Wegen der Frostempfindlichkeit werden die unterirdischen Organe im Herbst ähnlich wie bei Dahlien ausgegraben und frostsicher aufbewahrt.

Glaux maritima: siehe bei *Lysimachia*

Glebionis segetum (L.) FOURREAU (= *Chrysanthemum segetum* L., *Xanthophthalmum segetum* (L.) SCH. BIP.), Saat-Wucherblume

Asteraceae (= Korbblütler)

Einjährig (sommerannuell), sehr wüchsig, 20–60 cm hoch. Durch Wachsbereifung blaugrün. Blätter tief eingeschnitten gesägt, etwas fleischig (Wasserspeicherung). Ziemlich trockenresistent (s. u.).

Systematik und Nomenklatur: Die Gattung umfasst nur die beiden hier aufgeführten Arten und

gehört zur Unterfamilie Asteroideae (siehe *Aster*). Sie wurde lange Zeit unter dem Namen *Chrysanthemum* geführt, dann aber umbenannt. Grund dafür ist, dass nach Aufteilung der Großgattung *Chrysanthemum* bei LINNÉ bzw. BERNHARDI für die bekannten und als Zierpflanzen kommerziell wichtigen Chrysanthemen eine Namensänderung hin zu *Dendranthema* nötig gewesen wäre, während die Wucherblumen aus taxonomischen Gründen den Namen *Chrysanthemum* (s. str.) beibehalten hätten. Zur Beendigung dieser Problematik hat der Internationale Botaniker-Kongress von 1999 beschlossen, den Chrysanthemen den Namen *Chrysanthemum* zuzuordnen und für die Wucherblumen den alten Namen *Glebionis* zu reaktivieren. – Nahe verwandt sind als Teile der weit gefassten Gattung *Chrysanthemum* noch Margerite (*Leucanthemum*), die auf den Kanaren heimische Strauchmargerite (*Argyranthemum*) und Rainfarn (*Tanacetum*) sowie u. a. Hundskamille (*Anthemis*) und Kamille (*Matricaria*).

Giftigkeit: Das Kraut enthält Cumaringlykosid (nach Hydrolyse: Cumarin), das wohl als Fraßschutz dient, da es besonders für Kleinsäuger giftig ist.

Namen: „*Glebionis*" wurde von CASSINI 1826 geprägt, von lat. gleba = kultiviertes Land, wegen des Standorts dieser Wildpflanze. „*Chrysanthemum*" ist der lat.-griech. und vorlinnésche Name von *G. segetum* und und ähnlichen Korbblütlern mit goldgelben Zungenblüten, zu griech. chrysos = golden und anthemon = Blume. Der Name wurde von LINNÉ auf seine weit gefasste Gattung übertragen, deren Vertreter aber nur zum Teil gelb blühen. Lat. „*segetum*" = Saat-, nach dem Vorkommen auf Getreideäckern. – „Wucherblume", weil die Pflanze wegen ihres starken Wachstums ehemals ein gefürchtetes Unkraut war. Da der Name früher auf die ganze weit gefasste Gattung übertragen wurde, erklärt sich die Bezeichnung ‚Gewöhnliche Wucherblume' für die Margerite (*Leucanthemum*).

Vorkommen: Sandige und lehmige Äcker, vor allem Hackfruchtäcker, und Ruderalstellen. Nährstoff liebend, Kalk meidend. Archäophyt. Heimat im Mittelmeergebiet, aber auch dort vor allem an Ruderalstandorten. Durch Massenentfaltung auf Äckern war die Pflanze früher zuweilen ein lästiges Unkraut, sodass z.B. im 19. Jh. gebietsweise ihre Bekämpfung Pflicht war. Auch heute ist sie im Norden und Westen Deutschlands stellenweise nicht selten, aber insgesamt doch sehr im Rückgang und in vielen Bundesländern als gefährdet eingestuft.

Blüten: V–X. Durch Karotinoide (Xanthophylle) goldgelbe, 4–5 cm breite „Körbchenblumen", mit weiblichen Zungenblüten und sehr zahlreichen goldgelben, zwittrigen Röhrenblüten (gynomonözisch). Besucher sind verschiedene Insekten, z.B. Fliegen.

Früchte: Spreublätter fehlen, Achänen mit bleibendem Kronrest: Wind- und Tierstreuer sowie Kletthafter, dazu Wasserhaft- und Zufallsausbreitung durch Huftiere usw. Menschenausbreitung (Kulturbegleiter) mit Erde über den Landbau. Mittel- und Randfrüchte desselben Körbchens stark verschieden (heterokarp). Fruchtreife etwa ab VII. Samen langlebig (5–20 Jahre).

Verwendung: Zierpflanze und dankbare Schnittblume. In Schottland werden die blühenden Spitzen zum Gelbfärben von Wolle benutzt (Farbstoff: Quercimeritrin, ein Glykosid des Flavonols Quercetin). Junge Triebe und überbrühte Blüten können in kleinen Mengen zu Gemüsegerichten zugegeben werden.

Weitere Arten:

Glebionis coronaria (L.) SPACH (= *Chrysanthemum coronarium* L., *Xanthophthalmum coronarium* (L.) P. D. SELL), Kronen-Wucherblume oder Margerite, Salat-Chrysantheme, Goldblume: Einjährige, ebenfalls schnell wachsende, bis 80 cm hohe Zierpflanze und Bauerngartenpflanze. Blätter doppelt fiederteilig. Blütenkörbchen einheitlich gelb oder Röhrenblüten gelb und Zungenblüten hellgelb bis weiß. Zuweilen verwildert, aber unbeständig. Heimat: Mittelmeergebiet bis Indien. Die Pflanze war schon im Altertum als Schmuck der Felder berühmt und wurde zum Kranzbinden verwendet. Die jungen Triebe bestimmter Zuchtsorten werden als herzhaft schmeckender Salat gegessen und finden vor allem in der ostasiatischen Küche Verwendung. Die essbaren Blütenkörbchen werden gerne als Garnierung verwendet.

Chrysanthemum indicum L. (= *C. morifolium** HEMSL., *Dendranthema indicum* (L.) DES MOUL.), Garten-Chrysantheme, Winteraster: Ausdauernde krautige Pflanzen oder Halbsträucher, die in China und Japan seit über 3000 Jahren in Kultur sind. Mit >1000 Ziersorten zeigt die Pflanze eine eindrucksvolle Fülle an Farben und Formen. Die meisten Sorten sind Hybriden mit der Sammelbezeichnung *C. × grandiflorum*. Chrysanthemen werden als Schnittblumen oder Zierpflanzen für den Garten gezogen. Trotz des Namens „Winteraster" gibt es Sorten, die schon im Sommer blühen. Die Pflanzen können Kontaktallergien verursachen. In Ostasien, wo die Blätter als Salat gegessen werden, treten keine Allergien auf. Da die hochgradig polyploiden und überzüchteten Pflanzen gewöhnlich unter sehr hohem Einsatz von chemischen Spritzmitteln angezogen werden, stellen sie eine unnötige Belastung für die Umwelt dar. Daher sollte man den weiteren Anbau nicht noch durch den Kauf dieser Schnittblumen fördern.

Glechoma hederacea LINNAEUS, Gundermann, Gundelrebe

Lamiaceae (= Lippenblütler)

Wintergrüner, kriechender Hemikryptophyt (Schaftpflanze) oder Rhizom-Geophyt, 10–40 cm hoch. Blätter rundlich-nierenförmig, beim Zerreiben unangenehm riechend. Flachwurzler.

Giftigkeit: Schwach giftig durch den Bitterstoff Glechomin; für den Menschen kaum gefährlich, aber bei Säugetieren wurden Vergiftungen beobachtet, so bei Pferden z. T. sogar tödliche.

Namen: „*Glechoma*" geht auf griech. glechon = Polei-Minze (*Mentha pulegium*) zurück und wurde von LINNÉ (zuerst fälschlich als *Glecoma*) auf den Gundermann übertragen. Lat. „*hederaceus*" = efeuartig, wegen der Ähnlichkeiten im Wuchs und in der Bewurzelung. – Auch „Gundelrebe" (ursprünglich ‚grunderebe') bezieht sich auf den an Kletterpflanzen erinnernden Wuchs dieser am Boden wachsenden Pflanze (vgl. engl. ground ivy). Daraus wurde später in Anlehnung an den Personennamen Gundram „Gundermann" (gunderam). Daher ist die oft zitierte Verbindung zu gund = Eiter irrelevant. Ehemals hieß die Pflanze auch „Hederich" (entlehnt von ‚hederaceus'), vgl. *Raphanus raphanistrum*.

Vorkommen: Wälder, Waldränder, Wiesen und Gärten, auf frischen, nährstoff- und basenreichen, humosen Lehmböden. Nährstoffzeiger. Ebene bis mittlere Gebirgslagen (deutsche Alpen bis 1380 m). Deckt oft große Flächen an Waldwegrändern sowie unter Hecken und Zäunen und wird daher in der Eifel „Kräutchen unter dem Zaun" genannt.

Blüten: IV–VI. Vormännliche „Eigentliche Lippenblumen", in lichtwendigen Halbquirlen. Neben zwittrigen Blüten kommen häufig auch rein weibliche Blüten (mit kurzer Kronröhre und kürzerer Unterlippe) vor. Auch rein weibliche Pflanzen wurden beobachtet (gynodiözisch). Unterlippe mit Tüpfelsaftmalen. Zwitterblüten mit 1,6 cm langer Kronröhre, deshalb Nektar nur langrüsseligen Insekten, besonders verschiedenen Wildbienen, zugänglich. Schwebfliegen fressen nur den Pollen. Selbstbestäubung ist erfolgreich, bedarf aber des Insektenbesuches.

Früchte: Klausen, je 2 mm lang. Ameisenausbreitung. Dazu Klebausbreitung durch die bei Nässe verschleimende Fruchtwand. Fruchtreife: VI–VII. Kältekeimer.

Vegetative Vermehrung sehr lebhaft durch unterirdische Ausläufer und vor allem durch oberirdische Ausläufer, die an den Knoten wurzeln, eine Länge von >2 m erreichen können und besonders mit Ende der Blütezeit stark wachsen.

Verwendung: Junge Blätter und Triebe sind wegen des würzigen Geschmacks als Beimischung zu Gemüsen, Salaten oder Quark sehr geeignet. Früher wurde die Pflanze arzneilich gegen schlecht heilende Wunden, bei Verdauungsstörungen usw. verwendet. Auch im Aberglauben spielte sie eine große Rolle. Vor der Kultivierung von Hopfen nahm man sie zuweilen auch zur Konservierung von Bier. Im Wildpflanzengarten ein hübscher, früh blühender Bodendecker, der allerdings leicht alles andere überwuchern kann. Er eignet sich auch als Ampelpflanze, z. B. zur Mauerbegrünung. Es gibt auch verschiedene Zuchtformen für den Ziergarten.

Globularia bisnagarica LINNAEUS (= *G. punctata* LAPEYR., *G. elongata* HEGETSCHW.), Gewöhnliche Kugelblume

Plantaginaceae (= Wegerichgewächse)

Ausdauernder Hemikryptophyt (Schaftpflanze), meist 10–20 cm hoch, fast kahl. Grundblätter zungenförmig, glänzend. Stängel bis oben beblättert, Stängelblätter nur ca. 1 cm lang. Pflanze bis 1 m tief wurzelnd. – Erinnert vom Blütenstand her an das nicht verwandte Berg-Sandglöckchen (*Jasione montana*).

Systematik: Die Gattung umfasst 20–25 Arten. Sie wurde früher in eine eigene Familie Globulariaceae (= Kugelblumengewächse) gestellt.
Giftigkeit: Alle Pflanzenteile sind leicht giftig. Hauptwirkstoff ist das bitter schmeckende Iridoid-Glykosid Globularin.
Namen: „*Globularia*" wurde von PLUKENET geprägt und von LINNÉ übernommen, zu lat. globulus = kleine Kugel, wegen der Form der Blütenstände. Neulat. „*bisnagaricus*" = aus Südindien stammend, was hier allerdings nicht zutrifft. Zur Geschichte der Namengebung vgl. HOLLÄNDER & JÄGER (1998 Hercynia 31: 143).
Vorkommen: Steinige, sonnige Kalkmagerrasen. Hauptverbreitung im Jura und in den Kalkalpen, zerstreut in den Kalkgebieten der Eifel. Europäische Art. Gefährdet und **geschützt**!
Blüten: Frühblüher: IV–VI. „Körbchenblumen" (Analogie zu den Korbblütlern), 10–20 mm breit, bestehend aus zahlreichen blauvioletten, nur 6–8 mm langen Einzelblüten. Staubblätter 4. Bestäuber sind Falter, aber auch Selbstbestäubung ist möglich.
Früchte: Ausbreitungseinheiten sind die 1-samigen, vom bleibenden Kelch umhüllten Nüsse. Körbchenstiele zur Fruchtreife auf das 2–4-fache verlängert: Wind- und Tierstreuer sowie Ballonflieger und Wasserhafter. Dazu Versteckausbreitung durch Mäuse. Fruchtreife: VII–IX, Wintersteher.

Vegetative Vermehrung durch Wurzelsprosse.

Glyceria maxima (HARTM.) HOLMBERG, Wasser-Schwaden, Großes Mannagras

Poaceae (= Süßgräser)

Ausdauernder Geophyt bzw. Sumpfpflanze: Schlammwurzler, 1–2 m hoch. Blätter ca. 1 cm breit, 25–60 cm lang, gekielt, ihre Spitze schiffchenförmig. Rhizom weit kriechend.

Vorkommen: Ufer- und Verlandungsgesellschaften nährstoffreicher, lichter Standorte, meist bestandsbildend. Überdüngungs- und Verschmutzungszeiger. Verdrängt bei zu großem Nährstoffangebot die übrigen Uferpflanzen. Wärmeliebend. In höheren Lagen seltener, in den Alpen völlig fehlend. Kennart des Glycerietum maximae (= Wasserschwadenröhricht). Weltweit verschleppt, z. T. als invasiver Neophyt.

Blüten: VII–VIII. Windblütig: „Langstaubfädiger Typ“. Zellsaftdruckschwankungen in den Gelenken der Rispenäste sorgen dafür, dass diese vor und nach der Blüte anliegen.

Früchte: Die Karyopsen sind unbenetzbar und werden im Unterschied zu den meisten anderen Gräsern ohne die Spelzen ausgebreitet: Schwimmausbreitung. Dazu Klebausbreitung (mit Teichschlamm) über Wasservögel und Viehtränkenbesucher.

Vegetative Vermehrung durch unterirdische Ausläufer sowie gelegentlich durch Pseudoviviparie.

Verwendung: Streugras und Futtergras. Zierpflanze (u.a. in der panaschierten Form 'Variegata'), aber stark wuchernd. Wird auch zur Uferbefestigung ausgebracht und ähnlich wie Schilf (*Phragmites*) für Reetdächer verwendet. Die Früchte wurden in Notzeiten als Getreideersatz genutzt, doch eignet sich *G. fluitans* dafür besser.

Giftigkeit/Schädlinge: Viehvergiftungen (vor allem Blähungen) sind möglich bei Befall durch den Brandpilz *Ustilago filiformis*, der sich durch lange Streifen an den Blättern der *Glyceria*-Arten zeigt.

Namen: Die Gattung „*Glyceria*“ wurde 1810 von R. Brown aufgestellt, von griech. glykeros = süß, wegen der süß schmeckenden, zu Mannagrütze verarbeiteten Früchte von *G. fluitans*. Linné rechnete die *Glyceria*-Arten noch zu *Festuca*. Lat. „*maximus*“ = der größte, im Vergleich zu *G. fluitans*. – Die Herkunft des Namens „Schwaden“ gilt als ungeklärt, doch bietet sich angesichts der Nutzung als Futtergras usw. der Bezug zu Schwaden/Schwade in der Bedeutung ‚abgemähtes, in einer Reihe liegendes Gras oder Getreide‘ an.

Weitere Art (vgl. auch *Puccinellia = Salzschwaden*): ***Glyceria fluitans*** (L.) R. Br. (Artengruppe), Flutender Schwaden, Manna-Schwaden: Amphibische Pflanze der Bäche, Gräben und Quellen. Bildet ggf. flutende, d. h. in Strömungsrichtung orientierte Schwimmblätter aus. Vegetative Vermehrung durch weit kriechende Rhizome und durch die sich bewurzelnden niederliegenden Stängel. Gilt als wertvollstes Futtergras der Sumpfwiesen. Die Früchte schmecken süß und wurden früher, und zwar schon seit der Steinzeit, und später vor allem in Ostdeutschland und Polen, als „Schwaden-Grütze“ bzw. „Manna“-Ersatz (Name!) gesammelt und gegessen.

Glycine max (L.) Merrill (= *Soja hispida* Moench), Sojabohne

Fabaceae (= Schmetterlingsblütler)

Einjährig, sommerannuell, bis 30 cm (je nach Sorte bis 100 cm) hoch, im Wuchs einer Buschbohne ähnlich. Pflanze braunborstig behaart. Blätter 3-zählig mit ca. 10 cm langen Fiedern. – Wurzelknöllchen mit symbiontischen, Stickstoff bindenden Bakterien (vgl. *Lupinus*), hier hauptsächlich mit *Bradyrhizobium japonicum*. Die symbiontischen Knöllchenbakterien können unter günstigen Bedingungen bis zu 100 kg Stickstoff pro Hektar und Saison binden. – Aber auch auf der Oberfläche von Blättern, Blüten und Früchten der Pflanze wurden 3–60 Mio. Bakterien je g Frischgewicht gefunden, ein schönes Beispiel für die noch wenig untersuchten, vielfältigen Wechselbeziehungen zwischen Pflanzen und Mikroorganismen.

Namen: „*Glycine*" ist ein Name Linnés, der verschiedene Schmetterlingsblütler umfasste, z. B. die Glyzine (*Wisteria*), nicht aber die Sojabohne. In seiner heutigen Bedeutung wurde der Name von Willdenow 1802 aufgestellt. Der Artbeiname „*max*" geht ebenfalls auf Linné zurück (im Synonym *Phaseolus max*), die Bedeutung ist unklar. – Das Wort „Soja" gelangte über den niederländischen Ostasienhandel zu uns, zu japan. shoya, der bekannten japanischen Speisewürze, deren Name wiederum über eine Bedeutungsverschiebung von dem chines. Wort für Sojaöl entlehnt ist. – Hinweis: Wegen des gleichen Namens kommt es gelegentlich zu Verwechslungen mit dem Kletterstrauch Glycine = Blauregen (*Wisteria sinensis*).

Vorkommen: Wahrscheinlich aus dem Amur-Ussuri-Gebiet stammend. Alte Kulturpflanze der ostasiatischen Hochkulturen und schon um 3000 vor Chr. in China angebaut. Wird heute unter geeigneten Klimabedingungen (Optimaltemperatur bei 24–25 °C) weltweit angebaut (s. u.). Für die Kultur sind frische, nährstoff- und basenreiche Böden besonders geeignet.

Blüten: VII–VIII. „Fahnenblumen" (= Schiffchenblumen) in hängenden, büscheligen Trauben. Blüten klein, nur 5–6 mm lang, violett oder weiß, nah an der Sprossachse (siehe Detailfoto). Kurztagpflanze, d. h. Blühbeginn erst im Herbst bei weniger als 12 Stunden Tageslänge. Selbstbestäubung ist erfolgreich.

Früchte: Die relativ kurzen, 2–3-samigen Hülsen sind dicht braunborstig behaart (siehe Detailfoto).

Die winzigen Blüten sitzen nah am Stängel.

Verwendung: Gelangte als Kulturpflanze aus Ostasien nach Europa und Amerika erst im 19. Jh. Erste Anbauschwierigkeiten gab es u. a. deshalb, weil das spezifische Stickstoffbakterium außerhalb Ostasiens fehlte. Inzwischen ist Soja eine sehr bedeutende, in vielen Kultursorten angebaute Weltwirtschaftspflanze mit klimatischen Ansprüchen wie Mais und Wein. Die Jahresproduktion ist von 16 Mio. t im Jahre 1948 über 242 Mio. t im Jahre 2012 auf 348 Mio. t im Jahre 2018 gestiegen. Dieser Wert wird nur noch von Kartoffeln mit 368 Mio. t, Weizen mit 734 Mio. t, Mais mit 1.150 Mio. t und Zuckerrohr mit 1.900 Mio. t übertroffen. Hauptanbauländer sind die USA und Brasilien. In Deutschland spielte der Anbau lange Zeit keine Rolle, jedoch ist die Erntemenge inzwischen (Stand 2019) auf 60.000 t gestiegen. Das ist sehr erfreulich, selbst wenn es nur 1 % der importierten Menge entspricht. – Unglücklicherweise werden in

Südamerika für den Soja-Anbau jährlich große Flächen wertvollsten Tropenwaldes ähnlich wie für die Ausweitung der Rinderzucht geopfert. Kraftfutter enthält große Mengen Sojamehl. Massenviehhaltung und der Genuss von Steaks südamerikanischer Herkunft tragen somit indirekt zur Vernichtung des Regenwaldes und dadurch möglicherweise zur Vermehrung unserer Klimaprobleme bei. – Die Samen enthalten in den Speicherkeimblättern bis zu 48 % Eiweiß und etwa 19 % hochwertiges Öl (davon ca. 50 % der Omega-6- Fettsäure Linolsäure und 2–11 % der ernährungsphysiologisch wichtigen Omega-3-Fettsäure Linolensäure). Die unreifen Samen werden in China und den USA wie Bohnen und Erbsen als Gemüse zubereitet. In Holland stellte man aus Soja-Eiweiß schon frühzeitig fleischähnliche Nahrungsmittel her (Sojawurst). In Teilen Ostasiens dient aus Soja hergestellte Sojamilch als Ersatz für Kuhmilch, und außerdem bereitet man aus Sojamilch auch Sojaquark. Dies sind insgesamt wertvolle Nahrungsmittel, die besonders von Vegetariern genutzt werden. Dazu bietet der Soja-Anbau eine reale Möglichkeit, den Hunger in der Welt zu bekämpfen, u. a. weil er auch noch die Böden mit Stickstoffverbindungen anreichert. – Soja wird zunehmend auch als vielfältig verwendbare Heilpflanze angeboten, besonders bei verschiedenen Frauenleiden sowie bei Brust- und Prostatakrebs. – Hinweis: Die „Sojasprossen“ oder „Sojakeimlinge“ des Handels stammen überwiegend von der Mungbohne (*Vigna radiata = Phaseolus aureus*), die ihrerseits nicht mit der schwarzsamigen Urdbohne (*Vigna mungo*) verwechselt werden sollte.

Die Früchte (Hülsen) sind borstig behaart.

Gnaphalium uliginosum LINNAEUS, Sumpf-Ruhrkraut

Asteraceae (= Korbblütler)

Einjährig (sommerannuell), meist niederliegend mit sternförmig abstehenden Ästen, 5–20 cm hoch. Blätter filzig behaart. – Wurzeltiefe 7–25 cm.

Systematik: Die Gattung umfasst etwa 120 Arten. Früher wurde sie sehr weit gefasst, sodass z. B. bei LINNÉ auch Katzenpfötchen (*Antennaria*), Strohblume (*Helichrysum*) und Edelweiß (*Leontopodium*) dazugehörten.

Namen: „*Gnaphalium*“ (gnaphallion) ist der lat.-griech. Name der Gattung in der weiten Fassung, zu griech. gnaphalon = Filz, wegen der Behaarung. Lat. „*uliginosus*“ = Sumpf-, wegen der Bevorzugung feuchter Böden. – Der Name „Ruhrkraut“ galt früher für verschiedene Pflanzen, die man gegen die Ruhr und andere Durchfallerkrankungen gebrauchte, wurde aber später auf die Gattung in der heutigen Fassung begrenzt.

Vorkommen: Krumenfeuchte Äcker, vernässte Wege, feuchte Ruderalstellen und Ufer, auf offenen, feuchten oder zeitweise überschwemmten Böden. Auf Äckern Krumenfeuchte- bzw. Oberflächenverdichtungszeiger. Deshalb besonders typisch für die gestörten Maisanbauböden. Ebene bis mittlere Gebirgslagen (deutsche Alpen bis 1000 m).

Blüten (siehe Detailfoto): VII–IX. Unscheinbare „Körbchenblumen", zu knäueligen, zymösen Gesamtblütenständen vereint, die von weißhaarigen, strahlenden Hochblättern umgeben sind, ähnlich wie beim verwandten Edelweiß (*Leontopodium*). Randblüten fadenförmig, weiblich. Bestäuber sind Bienen.

Die Blütenkörbchen sind klein und unauffällig.

Früchte: Achänen kahl oder papillös und schwach behaart, nur 0,07 mg schwer. Pappus 1,5 mm lang, hinfällig. Hülle sich bei Trockenheit öffnend. Schirmchenflieger. Bei Nässe treten aus den Haaren klebrige Viszinfäden aus: Klebhafter und Wasserhafter. Fruchtreife: ab VIII. Samen lange keimfähig (>50 Jahre).

Verwendung: Die Ruhrkraut-Arten i. w. S. wurden früher wegen ihres Gerbstoffgehaltes als Mittel gegen Durchfallerkrankungen, z. B. die Ruhr, verwendet. Darauf wies schon DIOSKURIDES hin.

Weitere Art:

Gnaphalium sylvaticum L. (= *Omalotheca sylvatica* (L.) SCH. BIP. et F. W. SCHULTZ), Wald-Ruhrkraut: Ausdauernde Halbrosettenpflanze. Pionierpflanze der Waldschläge und -säume, auch in Magerrasen. Stickstoffzeiger. Ebene bis Hochgebirge (deutsche Alpen bis 1700 m). Früchte mit kurzen, trocken anliegenden, feucht schräg abstehenden Haaren besetzt. Pappus trocken spreizend, feucht zusammenneigend.

Goodyera repens (L.) R. BROWN, Kriechendes Netzblatt, Kriechständel

Orchidaceae (= Orchideen)

Ausdauernder, immergrüner (bzw. wintergrüner) Hemikryptophyt, 10–20(–30) cm hoch, mit eiförmigen, oft auffällig hell netznervigen Grundblättern. Rhizom im Moos oder Humus kriechend und nicht scharf von den Luftsprossen abgesetzt. Blütentriebe mit zugehöriger Blattrosette kurz nach der Blüte absterbend. Einzige immergrüne Orchidee Deutschlands. Knollen sind nicht vorhanden. – Wie alle Orchideen lebt die Pflanze eng mit einem Mykorrhizapilz zusammen (endotrophe Mykorrhiza vom Orchideentyp); wie bei vielen weiteren Arten der Familie ist es ein Vertreter der Gattung *Ceratobasidium* bzw. der Formgattung *Rhizoctonia*, zu der u. a. auch der Erreger der Rübenfäule gehört. *Goodyera* parasitiert wie alle Orchideen in der Jugendphase auf dem Pilz. Es konnte bei dieser Pflanze jetzt erstmals nachgewiesen werden, dass – sobald die Orchidee photosynthetisch aktiv wird – der Pilz im Gegenzug mit Kohlenhydraten versorgt wird (CAMERON et al. 2006 New Phytologist 171: 405).

Systematik: *G. repens* ist (neben *Spiranthes*) der einzige heimische Vertreter der überwiegend subtropisch verbreiteten Gattungsgrupe (Tribus) Cranichideae innerhalb der Unterfamilie Orchidoideae. Die Gattung umfasst ca. 100 Arten, von denen bei uns mehrere in Kultur sind.

Namen: „*Goodyera*" wurde von R. BROWN 1813 zu Ehren des engl. Botanikers J. GOODYER (1591–1664) benannt. Lat. „*repens*" = kriechend. – „Netzblatt" wurde künstlich gebildet, wegen der Nervatur der Blätter. „-Ständel" ist eine Bezeichnung verschiedener knollentragender Orchideen (vgl. *Orchis*).

Vorkommen: Moosreiche, frische Nadelwälder auf basen- und humusreichen Böden, auch über Kalk. Außerhalb Süddeutschlands mit Nadelholzaufforstung verschleppt, z. B. in der Eifel. An solchen

Die unauffälligen Blüten riechen süßlich und sind lichtwendig.

Sekundärstandorten in Nadelwäldern wird die Art durch die natürliche Sukzession, besonders die Umwandlung in Mischwälder rasch verdrängt, und ist daher dort oft wieder im Rückgang. Gefährdet. **Geschützt**! Die Art ist auf der ganzen Nordhalbkugel verbreitet, vor allem in der borealen Zone und in den Gebirgen. Sie ist in Skandinavien die häufigste Orchidee.

Blüten (siehe Detailfoto): VI–VIII. Lippenblumen vom *Orchis*-Typ. Blüten klein, weiß bis gelb und süßlich duftend, mit Pollinien, spiralig angeordnet in dichten, lichtwendigen, vielblütigen Trauben. Pollinien granulär, ungestielt. Blüten Nektar führend, spornlos, aber hinten bauchig vertieft. Perigonblätter zusammenneigend. Dadurch sind den Bestäubern zuerst nur die Pollinien zugänglich; danach öffnet sich die Blüte etwas mehr, sodass auch die Narbe erreicht wird. Das verringert die Möglichkeit der Selbstbestäubung. Die Blüten sind außen ebenso wie der Stängel drüsig (Aufkriechschutz?). Bestäubung durch Hummeln und Furchenbienen, evtl. aber auch Honigbienen (Claessens & Kleynen 2013). Selbstbestäubung ist erfolgreich.

Früchte: Streukapseln. Die Samen gehören mit einem Gewicht von nur 0,001–0,004 mg gemeinsam mit einigen weiteren Orchideen sowie dem Kleinen Wintergrün (*Pyrola minor*) zu den leichtesten überhaupt und sind entsprechend Körnchenflieger. Sie gehören neben denen vieler anderer Orchideen und der Sommerwurz-Arten (*Orobanche*) zu den leichtesten Samen des Pflanzenreichs. Fruchtreife: X.

Vegetative Vermehrung erfolgt lebhaft durch ausläuferartige Seitentriebe des kriechenden Rhizoms.

Gymnadenia conopsea (L.) R. Brown,
Große oder Mücken-Händelwurz
Orchidaceae (= Orchideen, Knabenkrautgewächse)

Knollen-Geophyt, 20–50(–100) cm hoch. Knollen dick, abgeplattet, zweispaltig, mit handförmig geteilten, kurzen Lappen. An den Tragblättern der Blüten wird reichlich extrafloraler Nektar angeboten und z. B. von Ameisen aufgenommen, die die Pflanze vor Fressfeinden schützen. – Pilzwurzel (endotrophe Mykorrhiza vom Orchideentyp).

Systematik: Die Gattung umfasst etwa 20 Arten. Sie gehört in die Gattungsgruppe (Tribus) Orchideae (siehe *Orchis*). Sie ist nächst verwandt mit dem Kohlröschen (*Nigritella*), das von manchen Autoren heute in *Gymnadenia* eingeschlossen wird, und mit der Höswurz = Weißzunge (*Pseudorchis*).
Namen: „*Gymnadenia*" wurde 1813 von R. Brown geprägt, von griech. gymnos = nackt und aden = Drüse, wegen der unbedeckten Klebkörper (Viscidien) an den Pollinien. Der Name „*conopsea*" ist abgeleitet von lat. conops = Mücke, Fliege, nach der Blütenform. – „Händelwurz" (weiblich!) weist auf die handförmig geteilten Knollen hin. „Wurz" = Pflanze. Ein älterer Name ist „Höswurz", der später auf die Gattung *Pseudorchis* übertragen wurde, die früher zu *Gymnadenia* gehörte.
Vorkommen: Moorwiesen, Kalkmagerrasen und lichte Wälder, auf frischen, basenreichen Böden. Wechselfeuchtezeiger. Ebene bis Gebirge (deutsche Alpen bis 2120 m). Im Norden selten. Vielfach in starkem Rückgang, u. a. durch „Kultivierung" der Feuchtgebiete. – **Geschützt**! (wie alle heimischen Orchideen).
Blüten: V–VIII. Blütenstand schmal, bis 20 cm lang. Blütenbau ähnlich wie bei *Platanthera*. Perigonblätter helmförmig zusammenneigend. Sporn 12–18 mm lang, deutlich länger als der Fruchtknoten. Der reichlich abgesonderte Nektar ist im Gegenlicht sichtbar. Sporneingang weniger als 1 mm weit, Nektar daher nur Faltern zugänglich (Tag- und Nachtfalter). Pollinien von kleinen Beutelchen bedeckt. Klebkörper schmal, abwärts gerichtet, nackt. Geruch (für den Menschen) ± angenehm bis fehlend. Die Pollinarien werden in der Regel der Rüsselbasis der Falter angeheftet. Über die Duftstoffe und Insektenanlockung berichten Huber et al. (2005 Oecologia 142: 564).
Früchte: Die Kapseln öffnen sich mit Spalten: Windstreuer. Winzige Samen: Körnchenflieger. Das Samengewicht ist wie bei den übrigen Orchideen sehr niedrig (0,008 mg). Es sind mehrere Tausend pro Kapsel. Fruchtreife: ab VIII.
Weitere Art (vgl. auch *Nigritella* = Kohlröschen): ***Gymnadenia odoratissima*** (L.) Rich., Wohlriechende Händelwurz: Ähnlich voriger Art, aber meist zierlicher (15–30 cm hoch). Verbreitet in den Alpen, seltener in den Mittelgebirgen. Blüten stark duftend. Sporn nur 4–5 mm lang, d. h. höchstens so lang wie der Fruchtknoten. Bestäuber sind kleinere Tagfalter und vor allem Nachtfalter. Lippe 3-spaltig mit spitzen Zipfeln.

Gymnocarpium dryopteris (L.) NEWMAN (= *Phegopteris dryopteris* (L.) FÉE), Eichenfarn

Cystopteridaceae (= Blasenfarngewächse)

Ausdauernder Rhizomgeophyt, 10–20(–45) cm hoch und meist in größeren Herden. Blätter (Wedel) einzeln dem Rhizom entspringend; ihre Spreite horizontal stehend (Schattenpflanze!), im Umriss dreieckig, zart, matt hellgrün, wenigstens am Grund 2-fach gefiedert. Blattstiel schwarzbraun, 5–10(–25) cm lang.

Systematik: Der Eichenfarn ist in der Vergangenheit mindestens 9 verschiedenen Gattungen zugeordnet worden und hat entsprechend ein stolzes Sortiment an Synonymen. Auch die Familienzugehörigkeit hat mehrfach gewechselt. Lange Zeit zu den Woodsiaceae (= Wimperfarngewächse) gerechnet, wird die Gattung heute gemeinsam mit dem Blasenfarn (*Cystopteris*) in eine eigene kleine Familie gestellt. Die Gattung umfasst 8 Arten auf der Nordhalbkugel. – Nicht näher verwandt ist der von der äußeren Erscheinung und Ökologie her ähnliche Buchenfarn (*Phegopteris connectilis*).

Namen: *„Gymnocarpium"* wurde von NEWMAN 1851 geprägt, von griech. gymnos = nackt und karpos = Frucht, weil die Sporangiengruppen (Sori) meist nicht von einem Schleier bedeckt sind; *„dryopteris"* ist bei DIOSKURIDES der Name einer auf Eichen wachsenden Pflanze, zu griech. drys = Eiche und pteris = Feder/Farn. Der Name wurde von LINNÉ zunächst auf die vorliegende Art (als *Polypodium dryopteris*) und später auch auf die Gattung Wurmfarn (*Dryopteris*) übertragen.

Vorkommen: Schattenpflanze auf frischen, nährstoff- und basenreichen Böden, vor allem in Buchen- und Nadelmischwäldern, sowie an schattigen Mauern. Oft bestandbildend. Vorwiegend im Gebirge und dort verbreitet.

Vermehrung: Sporangiengruppen (Sori) randnah. Schleier (Indusium) fehlend oder hinfällig. Körnchenflieger. Sporenreife: VII–VIII.

Vegetative Vermehrung durch das Rhizom.

Weitere Art (vgl. auch *Phegopteris* = Buchenfarn): ***Gymnocarpium robertianum*** (HOFFM.) NEWMAN, Ruprechtsfarn, Kalkfarn: Name wegen der Ähnlichkeit der Wedel mit den Blättern des Ruprechtskrautes (*Geranium robertianum*). Wächst wie die vorige Art oft in Herden. Charakterart der Kalkschotterhalden, aber auch auf Mauern und in Felsnischen. Lichtpflanze mit derben, drüsigen Wedeln. Sehr ähnlich voriger Art, aber u. a. durch den Standort und die Drüsen unterschieden. In Kalkgebirgen nicht selten und im Gebiet von der Hügelstufe bis 2330 m aufsteigend. Verschleppt an Ruinen.

Hedera helix LINNAEUS, Gewöhnlicher Efeu

Araliaceae (= Efeugewächse)

Immergrüner Kletterstrauch (Liane), bis maximal 20(–30) m Länge und über 10(–30) cm Stammdurchmesser. In der Jugend zunächst krautig. Wurzelkletterer: Die sprossbürtigen Luftwurzeln dienen als Kletterwurzeln der Haftung am Substrat (Bäume, Felsen oder Mauern), vermögen aber bei Kontakt mit Humus zu Nährwurzeln auszuwachsen. Obwohl der Efeu im eigentlichen Sinne kein Schmarotzer ist, kann er doch kleinere Wirtspflanzen durch Lichtkonkurrenz schädigen. Zuweilen wächst er nach Absterben des Trägerbaumes selbst als kleiner Baum weiter. Kann über 400 Jahre alt werden. – Verschiedenblättrig (= heterophyll): Die Blätter der sterilen, im Schatten wachsenden Zweige sind gelappt, die der zum Licht hin wachsenden Blütenzweige ungelappt, spitz-eiförmig. Als Stecklinge vermehrte Blütenzweige behalten den Wuchstyp bei (= Dauermodifikation). Diese Tatsache wird z. B. bei der Verwendung als „Efeustämmchen“ genutzt. – Pilzwurzel (arbuskuläre Mykorrhiza).

Systematik: Einziger mitteleuropäischer Vertreter der vorwiegend tropisch verbreiteten Familie Araliaceae. Die Gattung umfasst ca. 15 Arten.
Giftigkeit: Alle Teile sind durch Saponine und den Alkohol Falcarinol giftig. Als besonders giftig gelten die Beeren, doch verhindert der unangenehm bittere Geschmack gewöhnlich die Aufnahme gefährlicher Mengen. Bereits 2–3 Früchte führen zu Brennen im Hals, Kopfschmerzen usw. Efeu ist auch für Pferde und zahlreiche andere Säugetiere giftig. Nach Berühren der Pflanze kann es zu Hautreizungen, gelegentlich auch zu Allergien kommen.
Namen: „*Hedera*“ ist der lat. Name des Efeus, vermutlich abgeleitet von griech. hedra = sitzen, wegen des Festsitzens auf der Unterlage. Lat.-griech. „*helix*“ = gewunden, spiralig; der Name wurde für verschiedene Kletterpflanzen verwendet. – „Efeu“ (früher auch „Epheu“, wie noch im 19. Jh. üblich) ist ein germ. Wort.

Vorkommen: Krautreiche Laubwälder, Parkanlagen, an Felsen und Mauern, auf frischen, nährstoffreichen, lockeren, humosen Lehmböden. Ebene bis mittlere Gebirgslagen (deutsche Alpen bis 1230 m). Blüht aber nur in tieferen, luftfeuchten, milden Lagen. In Gärten und Parkanlagen auch angepflanzt und von dort aus verwildernd. Die in Europa und Kleinasien heimische Pflanze wurde in viele Teile der Erde mit gemäßigtem Klima verschleppt und wird z. T. als invasive Pflanze bekämpft.
Blüten: VIII–XI, Herbst- und Winterblüher. Vormännliche „Nektar führende Scheibenblumen“, in halbkugeligen echten Dolden, die meist zu 1 bis mehreren zusammenstehen. Lichtblüher, d. h. die Pflanze bleibt im Schatten steril. Die Nektarabscheidung ist so reichlich, dass man in den Blüten manchmal auskristallisierten Zucker finden kann. Geruch widerlich süß. Sehr reicher Blütenbesuch, vor allem durch Wespen, aber auch Fliegen, Honig-

und Wildbienen, Hornissen und Tagfalter. Wichtige Nektar- und Pollenquelle für Honigbienen im Herbst. Pollen gelblich grau. Die Efeu-Seidenbiene (*Colletes hederae*) sammelt ausschließlich Pollen vom Efeu. Selbststeril. Blühreife erst mit etwa 8–10 Jahren.
Früchte: Schwarzblaue, dünnfächerige Beeren. Verdauungsausbreitung, besonders durch Vögel. Fruchtreife erst im Frühjahr (I–IV) des folgenden Jahres. Frostkeimer.
Verwendung: Seit dem Altertum bekannte und bewährte Zierpflanze zur Hausbegrünung, vorzugsweise in Nordlage. Sie schützt durch die dachziegelig angeordneten Blätter die Mauern und wirkt wärmeisolierend (vgl. *Parthenocissus*). Einfache vegetative Vermehrung durch genügend tief (2/3) eingegrabene Stecklinge. Im Schatten ein bewährter Bodendecker, kann sich allerdings im Garten u. U. sehr aggressiv ausbreiten. Es gibt > 400 Kultursorten. „Efeubäumchen" sind Kultursorten, bei denen die Altersform durch Stecklingsvermehrung erhalten wurde. – Efeublätter wurden schon im Altertum arzneilich verwendet. Heute kommen Zubereitungen der Blätter wegen der schleimlösenden und Auswurf fördernden Wirkung als Bestandteile von Präparaten gegen Husten, Keuchhusten und Bronchitis zum Einsatz. Auch in der Homöopathie finden sie Anwendung. – Zerkleinerte Efeublätter können ähnlich wie das Seifenkraut (*Saponaria*) wegen des hohen Saponingehaltes zusammen mit Waschnatron als biologisches Waschmittel verwendet werden.

Helianthemum nummularium (L.) Miller (Artengruppe), Gewöhnliches Sonnenröschen

Cistaceae (= Zistrosengewächse)

Niederliegender (bis aufsteigender) Chamaephyt (Zwergstrauch) mit immergrünen Lederblättern, 10–20(–30) cm hoch. Nutzt das wärmere Klima der bodennahen Luftschichten. Anpassungen an den Trockenstandort (Xeromorphosen) sind: Derbblättrigkeit, umgerollter Blattrand und glänzende Blattoberseite. – Wie auch bei den anderen Vertretern der Familie kommt ektotrophe Mykorrhiza vor, eine außerhalb unserer Waldbäume sehr seltene Form der Symbiose mit einem Wurzelpilz.

Systematik: Die Gattung umfasst etwa 80 Arten mit Hauptverbreitung im Mittelmeergebiet. Nah verwandt sind die strauchigen Zistrosen (*Cistus*) und das Nadelröschen (*Fumana*, s. u.).
Namen: „*Helianthemum*" ist der vorlinnésche Name der Pflanze, von griech. helios = Sonne und anthemon = Blume, nach den leuchtend gelben Blüten und dem sonnigen Standort, daher auch „Sonnenröschen". Mittellat. „*nummularius*" bezieht sich auf eine gewisse Ähnlichkeit in Blütenfarbe und Wuchs mit dem Pfennigkraut (*Lysimachia nummularia*).
Vorkommen: Sonnige Magerrasen und Säume, auf trockenen, basenreichen, meist kalkhaltigen Böden. In der Ebene sehr im Rückgang. – Schützenswert.
Blüten: VI–X. Sonnenwendige, homogame „Pollen-Scheibenblumen", in wenigblütigen Wickeln. Nektar fehlt. Die weit über 100 Staubblät-

ter sind sekundär durch Vervielfachung entstanden (1 Büschelchen entspricht 1 Staubblatt). Blüten nur bei Sonne und Temperaturen über 20 °C geöffnet. Die äußeren Staubblätter reagieren auf Berührung ihrer Basis mit sofortigem, langsamem Abspreizen. Dies dient offensichtlich dazu, Pollen suchende Insekten mit Pollen zu bepudern. Der Vorgang ist reversibel. Kronblätter mit starker UV-Reflexion, daher für Bienen gut sichtbar. Spontane Selbstbestäubung erfolgt beim wärme- und lichtabhängigen Öffnen und Schließen der Blüten. Lebensdauer der Blüten nur 1 Tag. Nachmittags fallen die Kronblätter bereits ab.

Früchte: Fachspaltige Trockenkapseln, im Gegensatz zu den Blüten vom Licht abgewendet (negativ phototrop). Wind- und Zufallsausbreitung und wegen der bei Benetzung klebrigen Samen wohl auch Klebhafter. Auch Regenschwemmling. Fruchtreife: VII–XI. Lichtkeimer.

Verwendung: Wird neuerdings als Steingartenpflanze verwendet. Auch für Wildpflanzengärten sehr zu empfehlen, doch sollten dazu nur Pflanzen aus gärtnerischer Kultur genommen werden. Wird in der Volksmedizin wie Arnika und Ringelblume bei Wunden angewandt.

Verwandte:

Fumana procumbens (DUNAL) GREN. (= *Helianthemum fumana* (L.) MILL.), Gewöhnliches Nadelröschen oder Heideröschen: Ähnlich voriger Art, 5–20 cm hoch. Blätter nadelförmig, immergrün, wechselständig. Tiefwurzler. Lückige Trockenrasen auf kalkreichen Sand- oder Skelettböden, licht- und wärmeliebend. Stark gefährdet (Stand 2018). Hauptverbreitung im Mittelmeergebiet. Blüten einzeln, achselständig, kaum 1 cm breit. Blüht nur vormittags und nur bei Sonnenschein; nachmittags sind wie bei voriger Art die Kronblätter bereits abgefallen. Verschiedene Bestäuber, aber vorwiegend Selbstbestäubung (vor dem Abblühen). Kapseln oft als Ganzes abfallend: Bodenroller. Dazu Klebausbreitung durch verschleimende Samen. Zierpflanze.

Helianthus annuus LINNAEUS, Einjährige Sonnenblume

Asteraceae (= Korbblütler)

Mit maximal 4 m Höhe größte hier kultivierte sommerannuelle Pflanze; 1991 wurde in Köln sogar ein Exemplar mit einer Höhe von 4,40 m festgestellt. Entsprechend sehr photosyntheseaktiv: Eine große Pflanze bindet pro Tag das in einem Raum von 100 m³ vorhandene Kohlendioxid. Allerdings sind die Pflanzen sehr lichtabhängig: Die Nettophotosyntheserate steht im direkten Verhältnis zum Logarithmus der Lichtintensität, deshalb bleiben bereits geringfügig schlechter besonnte Pflanzen wesentlich kleiner. Für Wärmepflanzen typisch: Wärmekeimer; maximales Wurzelwachstum bei 20 °C. Die Keimblätter legen sich nachts zusammen. – Blätter breit herzförmig, rau. Die Blattstiele und Blattadern der Laubblätter und Hüllblätter der Blütenkörbchen dieser und der folgenden Art tragen kleine extraflorale Nektarien, die den ganzen Sommer über reichlich Nektar darbieten. Er wird von Ameisen und verschiedenen anderen Insekten aufgenommen, die als „Gegenleistung“ vor Pflanzenschädlingen schützen (vgl. MOSCARDINI et al. 2014 Bio. Control 59: 503). – Die Wildform von *H. annuus* ist reich verzweigt und trägt zahlreiche Blütenkörbchen. – Wurzeln bis 2 m tief reichend.

Namen: „*Helianthus*“ ist ein vorlinnéscher Name, von griech. helios = Sonne und anthos = Blüte, wegen der Blütenkörbchen, in Verbindung mit deren Sonnenwendigkeit. Lat. „*annuus*“ = einjährig. – „Sonnenblume“ wurde künstlich gebildet.

Vorkommen: Zier- und Nutzpflanze. Gelegentlich feldmäßig angebaut, besonders in sommerwarmen Gebieten. Nährstoff- und lichtliebend. Heimat: subtropisches Mittelamerika. In Europa seit dem 16. Jh. kultiviert. Oft verwildert, aber nur unbeständig.

Blüten: VII–IX. „Körbchenblumen“, bis 40 cm Durchmesser und oft aus über 15.000 Einzelblüten bestehend. Blüten vormännlich. Anordnung der Blüten nach der goldenen Spirale, d. h. der Divergenzwinkel beträgt 137,5°. Die Randblüten (Zungenblüten) sind steril und zeigen eine hohe UV-Reflexion, an der Basis befinden sich aber UV-freie Bereiche, die den Bestäubern als Blütenmale den Weg zum Zentrum des Körbchens weisen. Die Röhrenblüten sind braun und zwittrig. Besucher sind Honigbienen und ver-

schiedene andere Insekten. Bienentrachtpflanze. Der Nektar hat zur Zeit der Hauptdarbietung zwischen 10 und 14 Uhr auch den höchsten Zuckergehalt (35%). Pollen dunkelgelb. – Die jungen Blütenkörbchen sind vor dem Aufblühen sonnenwendig (heliotrop), folgen also der Sonne und richten sich bis zum Morgen hin wieder nach Osten. Bei älteren Pflanzen aber bleiben sie unverändert und zeigen den ganzen Tag dieselbe Ausrichtung, und zwar meist nach Osten.

Früchte: Achänen ohne Pappus, dafür auf dem Korbboden reichlich harte Spreublätter (= Tragblätter der Einzelblüten), die der katapultartigen Ausbreitung der Früchte dienen, besonders bei Bearbeitung durch Vögel. Dazu kommt Versteckausbreitung durch Mäuse usw., auch Regenschwemmling. – Licht- und Wärmekeimer.

Verwendung: Die Pflanze wurde in Amerika bereits vor 3000 Jahren kultiviert. Zu uns gelangte sie im 16. Jh., und zwar zunächst als reine Zierpflanze und erst ab dem 19. Jh. als Ölfrucht. Die Samen sind Bestandteil von Backwaren, Müslis usw. und werden auch roh verzehrt, was z.B. in Russland und in der Türkei eine lange Tradition hat. Vor allem aber werden sie zu Sonnenblumenöl verarbeitet. Sie enthalten bis 53% fettes Öl und reichlich Eiweiß. Die Welternte lag 2007 bei 26 Mio. t, 2012 bei 37 Mio. t und 2018 bei 52 Mio. t. Anbau bei uns vor allem als Zwischenfrucht zur Gründüngung. Vogelfutterpflanze. Die Blätter werden als Viehfutter, die Stängel zur Zellulose-Gewinnung genutzt. Junge Blätter können für Mischgemüse, junge Blütenkörbchen wie Artischocken, die gelben Randblüten der Blütenkörbchen als essbare Dekoration für Salate verwendet werden.

Weitere Art:

Helianthus tuberosus L., Topinambur, Langer Heinrich, Erdbirne, Indianerkartoffel: Knollen-Geophyt, bis 2,50 m hoch. Blätter eiförmig, lang zugespitzt, rau. Die Sprossknollen stehen am Ende der zum Teil sehr langen unterirdischen Ausläufer und sind in Form und Größe sehr verschieden, können aber bis faustgroß werden. Sie sind reich an Inulin und finden daher als Viehfutter, für Diabetikermehl, als Kartoffelersatz, für Branntwein (im Ruhrgebiet „Topi" genannt) sowie auch als Rohkost oder Gemüse Verwendung. Der Geschmack ist leicht süßlich. Zier- und Gemüsepflanze (in geeigneten Sorten), die in Notzeiten eine große Rolle spielte und in den letzten Jahren in der Feinschmeckerküche neu entdeckt wurde. Die Knollen sind nicht lange lagerfähig. Der Speicherstoff Inulin (ein Kohlenhydrat, das aus Fruchtzucker-Einheiten besteht) kann im menschlichen Stoffwechsel nicht verwertet werden und stellt einen Ballaststoff dar. Weil die Knollen etwas freie Fructose enthalten, sind sie auch für Diabetiker interessant. Außerdem haben sie einen hohen Eisengehalt. Bei empfindlichen Personen kann der Abbau des Inulins durch Bakterien im Dickdarm allerdings zu heftigen Blähungen führen. – Neben den Knollen werden auch die Blätter als Viehfutter genutzt. – Die Pflanze wird vor allem auf Sandböden, so am mittleren Oberrhein und in Nordostdeutschland, seit dem 17. Jh. kultiviert (in Europa zuerst 1607 in Paris). Sie ist aber auch auf armen Böden in unteren Gebirgslagen anbauwürdig. Heimat: Nordamerika (der Name „Topinambur" stammt von den kanadischen Tupinambus-Indianern). Häufig verwildert und – neben ähnlichen, aus Gärten verwilderten *Helianthus*-Arten – eingebürgert (Neophyt seit 1827), vor allem an Ufern eutrophierter Gewässer. Agriophyt, d.h. die Pflanze dürfte auch nach Aufhören menschlichen Einflusses Bestandteil der Vegetation bleiben. Sie wurde als „potenziell invasiver Neophyt" eingestuft. Die Knollen der verwilderten Pflanzen sind spindelförmig. Spät blühend (Kurztagpflanze): (IX–)X; die Früchte reifen daher bei uns nicht aus. Wichtige Bienentrachtpflanze im Herbst. Vegetative Vermehrung durch die Sprossknollen; auch Schwimmausbreitung.

Helichrysum arenarium (L.) MOENCH, Sand-Strohblume

Asteraceae (= Korbblütler)

Ausdauernder sommergrüner Hemikryptophyt (Halbrosettenpflanze) mit weißwolliger Behaarung als Strahlungs- und Austrocknungsschutz, 10–30 cm hoch.

Systematik: Die Gattung umfasst weltweit 500–600 Arten, z. B. im Mittelmeergebiet mehrere immergrüne Zwergstrauch- und Halbstraucharten. Nahe verwandt sind die Immortellen (*Xerochrysum*, s. u.), Katzenpfötchen (*Antennaria*) und Ruhrkraut (*Gnaphalium*).
Namen: „*Helichrysum*" ist ein griech. Pflanzenname ungeklärter Zuordnung (zu helios = Sonne und chrysos = Gold), der von MILLER 1754 auf diese Pflanze übertragen wurde. LINNÉ führte die Art unter *Gnaphalium*. Lat. „*arenarius*" = auf Sand (wachsend). – „Strohblume", weil die Blütenkörbchen auch nach der Blüte noch lange halten.
Vorkommen: Sandrasen, Dünen und lichte Kiefernwälder, auf sommerwarmen, mageren, aber basenreichen Sandböden. Vor allem im Nordosten des Gebietes. Gefährdet, in Westdeutschland stark gefährdet. – **Geschützt**!
Blüten: VII–VIII. „Körbchenblumen". Die Hüllblätter sind durch Flavone gelb gefärbt, die hier ausnahmsweise in die Zellwand eingelagert sind. Ausgewachsen sterben sie ab. Sie glänzen dann und dienen als Schauorgan und über hygroskopische Bewegungen dem Schutz der reifenden Früchte. Randliche Blüten weiblich, übrige männlich. Besucher sind verschiedene Insekten.
Früchte: Kaum 1 mm lange Achänen mit einfachem, rauem Pappus: Schirmchenflieger und Klettausbreitung.
Verwendung: Die Blütenkörbchen (= „Katzenpfötchenblüten") wurden vor allem früher arzneilich verwendet. Im Volk gelten sie als gutes harntreibendes und die Magensaftsekretion förderndes Mittel und kommen auch in der Homöopathie zur Anwendung. Früher dienten sie auch als Mottenmittel. Ehemalige Zierpflanze, die wie die folgende Art „Immortelle" genannt wurde. Für Wildpflanzengärten zu empfehlen, aber es dürfen nur Pflanzen aus gärtnerischer Kultur verwendet werden!
Verwandte:
Xerochrysum bracteatum (VENT.) TZVELEV (= *Helichrysum bracteatum* (VENT.) WILLD.), Immortelle, Gartenstrohblume: Wegen der Farbresistenz beliebte, sommerannuelle Zierpflanze, z. B. für Trockensträuße (Name!, lat. „*immortellus*" = unsterblich). Verschiedenfarbig. Blütenkörbchen bei Nässe geschlossen. Heimat: australische Trockenzone. Selten verwildert und nur vorübergehend.

Helictotrichon: siehe bei *Arrhenatherum*

Helleborus niger LINNAEUS,
Christrose, Schneerose, Schwarze Nieswurz
Ranunculaceae (= Hahnenfußgewächse)

Immergrüne Rosettenpflanze mit schwarzem Rhizom und schwarzen Wurzeln, 15–30 cm hoch. An geeigneten Plätzen bis 25 Jahre alt werdend. Blätter in grundständiger Rosette. Blätter fußförmig geteilt, fast ledrig, frostempfindlich (am natürlichen Standort durch Schnee geschützt). Neue Blätter werden erst nach der Fruchtreife gebildet. – Wegen ihrer festen Konsistenz lassen sich relativ leicht Blattquerschnitte anfertigen, die entsprechend ein beliebtes Objekt im Mikroskopierkurs sind, zumal die Blätter ganzjährig zur Verfügung stehen. – Stark giftig.

Systematik: Die Gattung umfasst 20–25 Arten, von denen einige in den Gebirgswäldern Südeuropas und Vorderasiens beheimatet sind. Gesamtverbreitung bis Zentralasien.

Giftigkeit: Ganze Pflanze **stark giftig** durch Saponine und Protoanemonin. In der Gattung kommen außerdem starke Herzgifte vor. Die Giftwirkung der *Helleborus*-Arten war schon im Altertum bekannt. So wird berichtet, dass Solon im Jahre 600 v. Chr. als Kriegslist einen Bach mit zerkleinerten *Helleborus*-Rhizomen vergiftete und damit den Feind, der aus dem Bach trank, kampfunfähig machte.

Namen: „*Helleborus*“ (elleborus) ist der lat.-griech. Name von Nieswurz-Arten und vom Weißen Germer (*Veratrum album*), vielleicht zu griech. helein = töten, erobern und bora = Nahrung, wegen der Giftigkeit; vielleicht handelt es sich aber nur um eine Umbildung eines vorgriechischen Namens. Lat. „*niger*“ = schwarz, vermutlich wegen des Rhizoms; man vergleiche dazu, dass ehemals in Apotheken sowohl das pulverisierte Rhizom der Schwarzen Nieswurz als auch – unter dem Namen ‚elleborus albus‘– das (allerdings ebenfalls schwarze) Rhizom des Weißen Germers (*Veratrum album*, vgl. dort) vorrätig gehalten wurde. – „Nieswurz“ (weiblich) wegen der Verwendung als Niespulver, wobei „Wurz“ allgemein ‚Pflanze‘ bedeutet (vgl. Gewürz). Der Name „Christrose“ bezieht sich auf die Tradition, die Pflanze so heranzuziehen, dass sie zu Weihnachten zum Blühen kam.

Vorkommen: Hochmontane und subalpine Bergwälder, auf frischen, kalkhaltigen Böden. Wild nur in den Alpen. Gefährdet (u. a. durch Ausgraben)! – Als Zierpflanze häufig in Gärten und auf Friedhöfen kultiviert. – **Geschützt**! (alle Arten der Gattung).

Blüten (siehe Hauptfoto): (XII–)II–III, Winter- bzw. Schneeblüher. Am natürlichen Standort kaum vor Februar blühend; zur Weihnachtszeit blühende Sorten wurden durch Züchtung ausgelesen. Große, vorweibliche „Nektar führende Scheibenblumen“, meist einzeln stehend. Blütenhülle (Perigon) weiß bis rosa, nach dem Verblühen nicht abfallend, sondern lange erhalten bleibend und später vergrünend und dann der Photosynthese dienend. Fruchtknoten frei. Zahlreiche trichterförmige, gelbliche Nektarblätter sondern reichlich Nektar ab. Sie duften stärker und anders als die Blütenhülle. Staubblätter ebenfalls zahlreich, spiralig angeordnet an verlängerter Blütenachse. Besucher sind Pollen fressende Insekten sowie Bienen, Hummeln und Schmetterlinge. Der Jahreszeit gemäß ist der Besuch spärlich; dafür ist Selbstbestäubung der lange empfängnisbereit bleibenden Blüten erfolgreich.

Früchte (siehe Detailfoto): Je Blüte entwickeln sich etwa 3–8 vielsamige Balgfrüchte. Drückt man diese an der Bauchnaht, öffnen sie sich mit leichtem Knacken. Sie stehen bei der Reife seitlich oder sind nach unten gerichtet: Schwerkraftausbreitung. Samen schwarz-glänzend mit seitlichem, weißem Ölkörper (Elaiosom) zur Ameisenausbreitung. Dunkelkeimer. Fruchtreife: V–VI, also in der Zeit, in der die Ameisenbrut die Ölkörper gut gebrauchen kann.

In jeder Blüte entwickeln sich mehrere Balgfrüchte.

Vegetative Vermehrung durch Verzweigung des Rhizoms.

Verwendung: Altbekannte Zierstaude, die heute in zahlreichen Varietäten und Hybriden kultiviert wird, und ehemalige Heilpflanze. Das gepulverte Rhizom verursacht heftiges Niesen und war Bestandteil des „Schneeberger Schnupftabaks". Seit dem Altertum (und noch bis ins 18. Jh.) galt die Pflanze als Brechmittel und Heilmittel gegen Epilepsie und Geisteskrankheiten. Dahinter steht vermutlich die alte Annahme, beim Niesen würden böse Mächte den Körper verlassen. Bei den Römern (und ähnlich bei den Griechen) gab es sogar das Adjektiv ‚(h)elleborosus' = nicht recht bei Verstand, d. h. jemand, der es nötig hatte, die Pflanze (also Niespulver) einzunehmen. Als Heilpflanze wird die Christrose heute in der Schulmedizin nicht mehr verwendet. – Im Aberglauben galt die Pflanze wegen ihrer Blüte zur „Heiligen Zeit" als heilig. Man schrieb ihr besondere Kräfte zu, z. B. böse Geister auszutreiben bzw. die Pest zu heilen. Bauern steckten Schweinen gegen die Schweinepest die Blüten ins Ohr.

Weitere Arten:

Helleborus foetidus L., Stinkende Nieswurz: Immergrüner, kurzlebiger Halbstrauch, d. h. untere Stängelteile verholzend, diesjährige krautig. Grundblätter fehlen daher. Blattabschnitte schmal und dunkelgrün. Der Artbeiname „stinkend" bezieht sich vor allem auf die nach Zerreiben unangenehm riechenden Laubblätter. Bekanntes Lehrbuchbeispiel für gleitende Übergänge von normalen Laubblättern über Hochblätter bis zu Blütenhüllblättern. Subozeanische Waldpflanze der westlichen Mittelgebirge, häufig auch in den Weinbergen am Rhein. Außerdem Zierpflanze seit dem 16. Jh. Frühblüher: II–IV. Blüten in vielblütigen Blütenständen, gelbgrün, hängend: „Glockenblumen mit klebrigem Pollen". Bestäuber sind verschiedene Bienen, besonders Hummeln und Pelzbienen. Der Bestäubungsmechanismus ist ähnlich wie bei *Pulsatilla*. – Im Nektar leben Hefepilze, die bei dessen Abbau in den Blüten Temperaturen erzeugen, die bis zu 6° über der der Umgebung liegen können. Auf diese überraschende Weise (Heizen mithilfe von Hefe) werden auch bei niedrigen Außentemperaturen Hummeln zur Bestäubung angelockt (HERRERA & POZO 2010 Proc. Roy. Soc. Biol. online), was für Frühblüher von Vorteil ist.

Helleborus viridis L., Grüne Nieswurz: Sommergrüne Rosettenpflanze, 15–40 cm hoch. Blätter im Sommer einziehend und Pflanze dann allein durch das Rhizom überdauernd. Krautreiche Wälder, auf frischen Böden, kalkhold. Außerdem alte Heilpflanze und gebietsweise aus ehemaliger Kultur verwildert. Selten auch Zierpflanze. Frühblüher: III–V. Blüten grün, 3–5 cm breit, flach ausgebreitet, meist einzeln stehend.

Hepatica nobilis SCHREBER (= *Anemone hepatica* L.), Leberblümchen

Ranunculaceae (= Hahnenfußgewächse)

Ausdauernder, wintergrüner Hemikryptophyt: Rosettenpflanze, 5–15 cm hoch. Die Erneuerungsknospen befinden sich in den Achseln und im Schutz der überdauernden Blätter. Charakteristisch ist die dreilappige Form der Blattspreite. Die neuen Blätter entfalten sich erst nach der Blüte! Sie sind zunächst hellgrün und werden später dunkel. Das Rhizom liegt schräg im Boden und ist mit schuppenförmigen Niederblättern besetzt. – Tiefwurzler (bis 50 cm).

Systematik: Die Gattung umfasst 7 Arten. Sie wurde früher und wird auch heute wieder von einigen Autoren gemeinsam mit *Pulsatilla* (Küchenschelle) in die Gattung *Anemone* (siehe dort) eingeschlossen.

Giftigkeit: Die ganze Pflanze ist im frischen Zustand durch Protoanemonin schwach giftig.

Namen: „*Hepatica*" ist der lat.-griech. Name der Pflanze, von lat. (morbus) hepaticus = Leber(leiden), da die Pflanze wegen ihrer dreilappigen Blätter und der rötlichen Unterseite entfernt an eine Leber erinnert, in Verbindung mit der Verwendung bei Leberleiden nach der Signaturenlehre. Lat. „*nobilis*" = edel, wegen der vermeintlichen Heilkraft.

Vorkommen: Krautreiche Wälder, auf sommerwarmen, meist kalkhaltigen Lehmböden. Vor allem im Gebirge. Oft in größeren Beständen. Im Westen fehlend. Ostgrenze u. a. am Teutoburger Wald. Zum Teil durch Ausgraben gefährdet. – **Geschützt**!

Blüten: III–IV, Frühblüher. Vorweibliche bis homogame „Pollen-Scheibenblumen", einzeln, blattachselständig. Nektar fehlt. Blütenhülle einfach (= Perigon), lebhaft blau gefärbt. Zum Teil Übergänge zwischen Perigon- und Staubblättern. Wenige mm unterhalb der Perigonblätter befinden sich 3 quirlig zusammenstehende, kelchblattartige Hochblätter (= in dieser ausgeprägten Form einziges heimisches Beispiel). Die Blüten öffnen und schließen sich durch wärmeabhängige Wachstumsbewegungen, wobei sie ihre Länge bis zum Verblühen verdoppeln können. Pollen weiß. Bestäuber sind verschiedene Insekten, z. B. Käfer. Lebensdauer der Blüten etwa 8 Tage.

Früchte: Je Blüte entstehen mehrere einsamige Nüsschen. Fruchtstängel zur Reife zu Boden neigend: Selbstaussäer. Nüsschen mit ölhaltigem Gewebe: Ameisenausbreitung. Offensichtlich werden die Ameisen aber getäuscht und erhalten keine verwertbare Nahrung; vgl. *Anemone nemorosa*. Allerdings ist die Bereitschaft der Ameisen, solche Samen abzutransportieren, geringer als bei echten Elaiosomen. Embryo zunächst klein und ungegliedert. Anfangsentwicklung sehr langsam. Blühreife erst nach Jahren. Die nach der Blüte sich vergrößernden Hochblätter tragen durch ihre Photosynthese wesentlich zur Ernährung der Früchte bei. Fruchtreife bereits ab V. Kälte- und Lichtkeimer.

Verwendung: Zierpflanze, z. B. auch mit gefüllten Blüten, und Wildgartenpflanze. Die Blätter wurden nach der Signaturenlehre als Mittel gegen Leberleiden verwendet, aber mit wenig Erfolg. Entsprechende Anwendungen finden sich noch heute gelegentlich in der Volksmedizin und in der Homöopathie.

Heracleum sphondylium LINNAEUS, Gewöhnlicher Bärenklau, Wiesen-Bärenklau

Apiaceae (= Doldenblütler)

Ausdauernde oder zweijährige Halbrosettenpflanze, bis ca. 1,5 m hoch. Stängel rau, kantig gefurcht. Blätter ca. 50 cm breit, mit großer, als Knospenschutz dienender Blattscheide. Pflanze reich an ätherischen Ölen. – Tiefwurzler.

Giftigkeit: Nach Berührung der Pflanze können unangenehme Rötungen und Schwellungen auf der Haut auftreten („Wiesendermatitis"). Sie werden durch die lichtempfindlich machenden Furanokumarine (Psoralene) verursacht. Besonders gefährlich und inzwischen allgemein bekannt ist diese Wirkung beim Riesen-Bärenklau (s. u.).
Namen: „*Heracleum*" ist der griech. Name des Bärenklaus oder eines anderen Doldenblütlers, nach dem Helden Herakles = Herkules aus der griech. Sage, der die Heilwirkung der Pflanze entdeckt haben soll; „*sphondylium*" ist ein lat. Name dieser Pflanze. – „Bärenklau" (weiblich oder männlich) (mhd. berenklaw), weil die vorderen Blattabschnitte die Form einer gespreizten Klaue haben.
Vorkommen: Frische, nährstoffreiche Fettwiesen, Wegränder und Hochstaudenfluren. Überdüngungszeiger. Verdrängt bei Überdüngung andere Arten und führt damit zur Verminderung der Artenvielfalt.
Blüten: VI–IX. „Nektar führende Scheibenblumen", in zusammengesetzten Dolden. Randblüten „strahlend", d. h. ihre Kronblätter sind nach außen zu länger als zur Doldenmitte hin, damit die Dolden insgesamt für die Bestäuber attraktiver sind (siehe Detailfoto). Namengebende Art des „*Heracleum*-Typs": Die Blüten der Hauptdolde sind meist zwittrig, die übrigen besitzen neben zwittrigen Blüten oft noch männliche und weibliche. Vormännlich: Die Staubblätter strecken sich nach ihrer Entfaltung nach außen und entladen den Pollen. Die Griffel mit der kopfigen Narbe entwickeln sich meist erst später, wodurch Selbstbestäubung verhindert wird. Sie sind von einem grünlichen, reichlich Nektar absondernden Griffelpolster (Diskus) umgeben. Geruch der Blüten harnartig. Man hat >100 verschiedene Besucher aus ganz unterschiedlichen Insektengruppen beobachtet. Effektive Bestäuber sind aber deutlich seltener, so vor allem mittelgroße Fliegen, Käfer und Erdhummeln. Hauptpollenquelle der Sandbiene *Andrena rosae*. – Zu der auf den Blütenständen auf Beute lauernden Veränderlichen Krabbenspinne siehe *Daucus carota*.
Früchte: Spaltfrüchte (Doppelachänen). Teilfrüchte bis 11 mm lang, breit elliptisch, flach, geflügelt: Scheibenflieger. Hauptausbreitung als Regenschwemmlinge und Wasserhafter sowie Zufallsausbreitung durch Weidetiere und über Stallmist. Fruchtreife: VIII–IX.
Verwendung: Junge Blätter inkl. Blattstiele sind ein gutes Viehfutter, z. B. für Kaninchen. Außerdem ergeben sie roh oder gekocht ein leckeres, mildes

Gemüse. Früher wurde die Pflanze arzneilich gegen Durchfall, als Wurmmittel und gegen Schuppenflechte verwendet. Die noch unreifen Früchte können zum Würzen verwendet werden.

Weitere Art:

Heracleum mantegazzianum SOMMIER et LEVIER, Riesen-Bärenklau, Herkulesstaude: Mit bis über 3 m Höhe und 1 m langen Blattspreiten ist sie neben dem Hopfen (*Humulus*) die größte bei uns wild wachsende krautige Pflanze. Trotz des deutschen Namens Herkulesstaude ist die Pflanze nicht ausdauernd, sondern wird etwa 2–4(–7) Jahre alt, bevor sie blüht und nach der Fruchtreife abstirbt (hapaxanth). Neubürger (Neophyt): Ursprünglich als Zierpflanze für größere Gartenanlagen eingeführt (Heimat: Kaukasus) und noch in der 2. Hälfte des 20. Jh. für Imker als Trachtpflanze zum Anbau empfohlen, hat sie sich in den letzten Jahrzehnten stark ausgebreitet und wird als invasiver Neophyt eingestuft. Sie verdrängt zunehmend an Straßenrändern und vor allem im Uferbereich der Fließgewässer die heimische Vegetation. Die Art muss daher dringend durch geeignete Maßnahmen reduziert werden und sollte auf keinen Fall mehr in Gärten gezogen werden. Neuerdings wurden zur Bekämpfung erfolgreich Schafe eingesetzt, die die Pflanzen ohne Schaden fressen. **Stark giftig**: Die Giftwirkung auf der Haut ist wesentlich stärker als bei voriger Art. So können durch Berührung oder durch austretenden Stängelsaft nach mehreren Stunden bis Tagen gefährliche Brandblasen auftreten, wenn die Stellen nicht rechtzeitig vor Sonnenlicht geschützt werden. In letzter Zeit mussten Kinder schon bis zu 2 Wochen im Krankenhaus behandelt werden. Beachtlicherweise wird im Kaukasus das Mark gegessen, und auch sonst scheint die Pflanze dort keine Probleme zu bereiten. Ergiebige Futterpflanze für Bienen und zahlreiche andere Bestäuber. Ausbreitungsökologie ähnlich wie bei voriger Art, aber besonders auch Schwimmausbreitung. Pro Pflanze werden bis zu 100.000 Teilfrüchte gebildet.

Die Blüten werden von vielerlei Insekten besucht. Die Kronblätter sind am Rand der Blütenstände besonders groß.

Herminium monorchis (L.) R. BROWN,

Einknollige Honigorchis, Einknolle, Elfenständel

Orchidaceae (= Orchideen)

Ausdauernder Knollen-Geophyt, 10–15(–30) cm hoch. Zur Blütezeit ist nur 1 Knolle vorhanden, später wird an den Enden der kurzen Ausläufer zusätzlich jeweils noch 1 weitere Knolle gebildet. Stängel mit 2 grundständigen, eiförmig-lanzettlichen Blättern. Ganze Pflanze gelbgrün. – Pilzwurzel (Orchideen- und ektotrophe Mykorrhiza).

Systematik: Die Gattung umfasst 50, über das temperate Eurasien verteilte Arten. Sie gehört wie die Mehrzahl der heimischen Orchideen zur Gattungsgruppe (Tribus) Orchideae in der Unterfamilie Orchidoideae (siehe *Orchis*). Nächst verwandt ist die subtropisch-tropische, artenreiche Gattung *Habenaria*.

Namen: „*Herminium*“ wurde von LINNÉ 1758 geprägt, der den Namen auf den Gott Hermes bezieht. Allgemein wird aber eine Ableitung von griech. hermis = Stütze, (gedrechselter) Bettpfosten, Ständel (vgl. *Epipactis*) angenommen, wobei die Deutungen sehr verschieden sind. LINNÉ stellte die Art zunächst (1753) noch zu *Ophrys*. Griech. „*monorchis*“ = mit nur einem Hoden, zu monos = eins und orchis = Hoden (vgl. *Orchis*), weil zur Blütezeit nur 1 Knolle vorhanden ist. – „Honigorchis“

wegen des Blütenduftes. „Elfen-" deutet auf eine ehemalige Verwendung als Zauberpflanze hin.
Vorkommen: Wechselfrische Halbtrockenrasen und wechselfeuchte Moorwiesen. Kalkliebend. Zerstreut nur noch im Alpenvorland, sonst selten, im Norden fehlend oder ausgestorben. In den deutschen Alpen bis 1850 m, im Schwarzwald noch bei 1350 m. Stark gefährdet und **geschützt**!
Blüten: V–VII. „Lippenblumen vom Orchis-Typ." Blüten klein, gelblich weiß, mit Honigduft und großer Klebscheibe, glockig und ohne Sporn, in lockeren, reichblütigen, spiraligen, einseitswendigen Blütenständen. Bestäuber sind winzige Hautflügler, z. B. Zwergschlupfwesen, und Käfer. Die Pollinien heften sich an eines der Vorderbeine.
Früchte: Fachspaltige Kapseln, trocken durch Längsspalten geöffnet: Wind- und Tierstreuer. Pro Kapsel finden sich zahlreiche winzige Samen: Körnchenflieger. Fruchtreife: VIII–X.
Vegetative Vermehrung durch die Ausläuferknollen.

Herniaria glabra LINNAEUS, Kahles Bruchkraut

Caryophyllaceae (= Nelkengewächse)

Ausdauernd (Hemikryptophyt) oder einjährig (Kriechtherophyt), gelbgrün. Pflanze dem Boden dicht anliegend, daher oft übersehen; 1–2 cm hoch und 5–30 cm breit. Trittfest. Blätter elliptisch, kahl, an der Basis ± stark gewimpert, 3–7 mm lang, gegenständig bis wechselständig. Nebenblätter vorhanden, 0,5 mm lang. Pflanze getrocknet mit Waldmeisterduft, aber ohne Cumarin.

Systematik: *Herniaria* gehört gemeinsam mit Spark (*Spergula*) und Schuppenmiere (*Spergularia*) in eine heterogene, durch das Vorhandensein von Nebenblättern gekennzeichnete Verwandtschaft, die früher als Unterfamilie Paronychioideae aufgefasst, aber neuerdings in einzelne Gruppen aufgelöst wurde. *Herniaria* hat, anders als die meisten Nelkengewächse, eine einfache Blütenhülle und 1-samige Früchte.
Schädlinge: An den Wurzeln kann es zur Gallenbildung kommen, hervorgerufen durch die Polnische Karminschildlaus (*Porphyrophora polonica*), aus der vom Mittelalter bis in die frühe Neuzeit der

zum Rotfärben verwendete Farbstoff Karmin gewonnen wurde. Heute verwendet man dazu die leichter zu haltende Kakteen- oder Cochenille-Schildlaus. Der Farbstoff ist als Lebensmittelfarbstoff E 120 von Bedeutung.
Namen: „*Herniaria*" ist der vorlinnésche Name der Pflanze, abgeleitet von lat. hernia = Leistenbruch, wegen der früheren Verwendung der Pflanze (s. u.), daher auch der Name Bruchkraut. Lat. „*glaber*" = kahl.
Vorkommen: Lückige, ruderal beeinflusste Trittrasen und Pflasterritzen, auf sommerwarmen, kalkarmen, meist feinerdearmen Sand- oder Kiesböden, z. B. auf Parkplätzen und Bahngelände. Pionierpflanze trittbelasteter Standorte. Ebene bis mittlere Gebirgslagen, fehlt in den Alpen. Auch sonst in Süddeutschland über weite Strecken fehlend.
Blüten: VI–X. Nur etwa 1 mm groß, 5-zählig, in 5–10-blütigen, achselständigen Knäueln. Vorweiblich. Krone winzig, weiß oder fehlend. Kelch im unteren Drittel verwachsen. Staubfäden kürzer als die Staubbeutel. Griffel tief zweiteilig. Fruchtknoten etwas eingesenkt. Bestäubung durch winzige Zweiflügler sowie Selbstbestäubung.
Früchte: Ausbreitungseinheit sind die von der bleibenden Blütenhülle eingeschlossenen und daher spezifisch leichten, rauen, einsamigen Nüsse. Samen glänzend schwarz, linsenförmig, 0,5 mm lang. Ausbreitung als Ballonflieger, Regenschwemmling und Wasserhafter (z. B. am Schuhwerk) sowie durch den Menschen. Fruchtreife: VII–X.
Verwendung: Das Kraut wird bei Harnwegserkrankungen benutzt. Es wirkt harntreibend und krampflösend und wird für Blasen- und Nierentees genommen, besonders in Verbindung mit Bärentraubenblättern. Inhaltsstoffe sind neben Gerbstoffen, ätherischem Öl und Herniarin, einem Glykosid, vor allem Saponine. Daher schäumt die Pflanze mit Wasser zerrieben wie Seife. Im Mittelalter galt die Pflanze nach der Signaturenlehre (Sprosse brüchig) als Mittel gegen Bruchleiden. Wird auch als Zierpflanze für Steingärten angeboten.

Hesperis matronalis LINNAEUS, Gewöhnliche Nachtviole

Brassicaceae (= Kreuzblütler)

Zweijähriger oder auch kurzlebig ausdauernder Hemikryptophyt (Schaftpflanze), 40–100 cm hoch. Pflanze kahl, verzweigt, reich wechselständig beblättert. Blätter lanzettlich. Durch Senfölglykoside scharf schmeckend.

Giftigkeit: Die ganze Pflanze ist durch Cardenolid-Glykoside schwach giftig.
Namen: „*Hesperis*" ist der lat.-griech. Name der Pflanze, zu hesperos = Abend, da die Blüten abends am stärksten duften. Lat. „*matronalis*" = Frauen-, Matronen-, evtl. weil die Pflanze wegen ihres Duftes von Frauen in Gärten gezogen wurde oder in Anlehnung an den engl. Volksnamen „mother-of-the-evening". Der Name kam als ‚viola matronalis' erst im 16./17. Jh. auf. – „Viole" (= Veilchen) war im Altertum eine allgemeine Bezeichnung von Pflanzen mit wohlriechenden Blüten.
Vorkommen: Zierpflanze. Heimat: Südeuropa bis Mittelasien. Aus Kultur verwildert und wohl schon seit längerem fest eingebürgert, so in Thüringen schon um 1857 (Neophyt). Zerstreut bis verbreitet in Fluss- und Bachauen auf frischen, nährstoffreichen Böden. Dazu ruderal (über Gartenmüll). In Ausbreitung. In Amerika eingeschleppt.

Blüten: V–VII. Etwa 2 cm breite, hell rotviolette homogame bis vormännliche „Stieltellerblumen" mit Nektardrüsen auf der Innenseite der Staubfadenbasis. Nektar schwer zugänglich. Erst abends intensiv nach Veilchen duftende Nachtschwärmerblume. Obwohl die sich nach innen öffnenden Staubbeutel die Narbe bepudern, erfolgt regelmäßig Fremdbestäubung, durch Schwebfliegen, Bienen und Tagschmetterlinge.

Früchte: Aufrecht abstehende, über 5 cm lange, dünne Schoten. Ausbreitung als Tier- und auch Windstreuer sowie mit Fließwasser. Menschenausbreitung als Gartenflüchter.

Verwendung: Alte, dankbare Bauerngartenpflanze. Auch für Wildpflanzengärten geeignet. Die Blätter sind für Speisezwecke nutzbar.

Hibiscus: siehe bei *Malva*

Hieracium murorum LINNAEUS (= *H. sylvaticum* (L.) L.), Wald-Habichtskraut

Asteraceae (= Korbblütler)

Ausdauernder Hemikryptophyt (Halbrosettenpflanze), 20–60 cm hoch. Blattspreiten am Grund mit 1–2 groben Zahnpaaren. Hüllblätter und Stängel oberwärts drüsig, was wohl als Schutz gegen aufkriechende Insekten (als unerwünschte Blütenbesucher) zu werten ist. Stängel fast blattfrei. Oberirdische Ausläufer fehlen.

Systematik: *Hieracium* gehört in die Unterfamilie Cichorioideae (siehe *Cichorium*). Die Gattung ist bei uns sehr artenreich. Die Bestimmung der Arten ist wegen zahlreicher hybridogener Sippen schwierig und oft nur Spezialisten möglich. Viele Arten vermehren sich apomiktisch, d. h. die Samenbildung erfolgt ohne Befruchtung. In Deutschland gibt es nach derzeitigem Stand 170 Arten bzw. Kleinarten, davon 78 in der Untergattung *Hieracium* (Echte Habichtskräuter), die im vorliegenden Abschnitt, und 92 in der Untergattung *Pilosella* (= Mausohr-Habichtskräuter), die im folgenden Abschnitt mit *H. pilosella* als Leitart besprochen wird.

Namen: „*Hieracium*" ist der lat.-griech. Name von Habichtskräutern, zu hierax = Habicht, ohne klares Benennungsmotiv; nach der griech. Mythologie sollen die Habichte angeblich ihre Sehkraft durch den Milchsaft der Pflanze geschärft haben. Lat. „*murorum*" = auf Mauern. – „Habichtskraut" ist lediglich eine Übersetzung des wissenschaftlichen Namens.

Vorkommen: Frische bis mäßig trockene Wälder, Säume, Wiesen, Felsen, Mauern und Schuttfluren.

Blüten: V–VIII. Körbchenblumen. Blütenkörbchen zu 2–15 in Doldenrispen. Bestäuber sind Bienen.

Früchte: Ungeschnäbelte Achänen mit rauem, brüchigem (zerreibbarem) Pappus (Haarkelch). Bei der Untergattung *Hieracium* sind die Achänen 3–5 mm lang, die Pappusborsten 2-reihig und die Fruchtrippen oben in einem glatten Wulst verschmolzen. Schirmchenflieger und Wasserhafter. *H. murorum* hat schwarze, 3–3,5 mm lange Früchte und bis 4 mm lange Pappusborsten. Fruchtreife: VI–VIII.
Vegetative Vermehrung durch das Rhizom. Ausläufer fehlen stets in der Untergattung Hieracium im Gegensatz zur Untergattung Pilosella, wo sie oft vorhanden sind.
Verwendung: Wird arzneilich heute nur noch in der Homöopathie angewandt. – Die Blätter und Blüten aller Habichtskraut-Arten sind für Salate und Gemüse geeignet.
Weitere Arten/Verwandte (vgl. auch folgenden Abschnitt):
Hieracium lachenalii C. C. GMEL. (= *H. vulgatum* auct.), Gewöhnliches Habichtskraut: Bis 60, selten bis 100 cm hohe Schaftpflanze mit meist 3 Stängelblättern. Ziemlich verbreitet in lichten, bodensauren Wäldern, Gebüschen, Magerrasen und auf Ruderalstandorten. Blütezeit: VI–VII.
Hieracium sabaudum L., Savoyer Habichtskraut: Bis über 100 cm hohe Schaftpflanze. Stängel dicht und gleichmäßig beblättert. Blätter unten elliptisch-lanzettlich, gezähnt, nach oben zu kleiner werdend. Gesamtblütenstand kurz traubig bis rispig. Blütezeit: VIII–X. Ebenfalls verbreitet auf kalkfreien Böden in lichten Laubwäldern und deren Säumen, auf Industriebrachen und an Wegböschungen.
Hieracium laevigatum WILLD., Glattes Habichtskraut: Reich beblätterte Schaftpflanze mit schmallanzettlichen Blättern. Hüllblätter unregelmäßig. Blütezeit: VII–IX. Die Blüten werden von Bienen, Schwebfliegen und Faltern besucht. An ähnlichen Orten wie *H. umbellatum*.
Hieracium umbellatum L., Dolden-Habichtskraut: Reich beblätterte, bis 100 cm hohe Schaftpflanze. Blätter oft linealisch. Gesamtblütenstand doldenartig, aus ca. 2,5 cm breiten Körbchen zusammengesetzt. Blütezeit: VII–X. Die Blüten werden durch verschiedene Insekten besucht. Bei ausbleibendem Besuch erfolgt Selbstbestäubung. Überdauert mit grundständigen Knospen. Heiden, Magerrasen und Waldsäume. Kalkmeidend. Frostempfindlich.
Picris hieracioides L., Gewöhnliches Bitterkraut: Habituell höherwüchsigen Habichtskräutern sehr ähnlich und immer wieder für diese gehalten, aber ganze Pflanze durch widerhakig gegabelte Borsten insgesamt rau (Gabelhaare: Lupe!). Zweijähriger oder ausdauernder Hemikryptophyt (Halbrosettenpflanze), 30–80 cm hoch. Pflanze beim Zerreiben wie Gurken riechend. Ruderalstellen, Wiesen und Hochstaudenfluren. Blüten- und ausbreitungsökologisch ähnlich wie *Hieracium*. Blütezeit: VI–X. Pappus gefiedert, zur Reife abfallend. Name „Bitterkraut" wegen des bitteren Geschmacks der Wurzel; „*hieracioides*" = ähnlich wie *Hieracium*.

Hieracium pilosella LINNAEUS (= *Pilosella officinarum* F. W. SCHULTZ et SCH. BIP.), Kleines Habichtskraut, Mausohr, Kleines Mausohrhabichtskraut

Asteraceae (= Korbblütler)

Ausdauernde Rosettenpflanze mit Ausläufern, nur 5–25 cm hoch. Blätter wie bei allen Arten der Untergattung *Pilosella* ganzrandig. Trockenheitsanpassungen: Blätter oberseits mit langen Borstenhaaren, unterseits weißfilzig. Bei Trockenheit rollen sie sich ein, wonach dann die weiße, Licht reflektierende Unterseite nach außen weist, wodurch die Erwärmung vermindert wird.

Systematik: siehe *Hieracium murorum*.
Namen: Zu den Gattungsnamen siehe *H. murorum*; „*pilosellus*" ist die Verkleinerungsform von lat. pilosus = behaart. Neulat. „*officinarum*" = (Pflanze) der Apotheken, wegen der ehemaligen arzneilichen Verwendung. – „Mausohr" wegen der entfernten Ähnlichkeit der lang behaarten Blätter mit dem Ohr einer Maus.

Vorkommen: Kurzgrasige, magere Wiesen, Trockenrasen, in Pflasterritzen, auf Mauern usw. Lichtpflanze.

Blüten: V–IX. „Körbchenblumen vom *Leontodon*-Typ", d.h. mit ausschließlich Zungenblüten, hier mit bis zu 64 hellgelben Zungenblüten je Körbchen. Stängel einköpfig. Die Körbchen reflektieren (im Gegensatz zur Untergattung *Hieracium*, siehe *H. murorum*) das UV-Licht im Randbereich stärker als im Zentrum und erscheinen deshalb den Bestäubern zweifarbig. Die Blütenkörbchen sind bei Sonne von 8–15 Uhr weit geöffnet und nachts geschlossen; das Öffnen erfolgt dadurch, dass bei Wärme die Oberseite der Hüllblätter stärker wächst als die Unterseite und bei niedrigeren Temperaturen die Unterseite. Hauptbesucher sind Trugbienen (*Panurgus*), die den Pollen mit den ganzen Beinen durch Krümmen und Strecken des Körpers auskämmen. Spontane Selbstbestäubung ist erfolgreich, allerdings entstehen die Samen meist apomiktisch (vgl. *H. murorum*).

Früchte (siehe Detailfoto): Die Untergattung *Pilosella* hat 1–2,5 mm lange Achänen, die Fruchtrippen enden oben in kleine, getrennte Zähne. Der Pappus ist brüchig: Schirmchenflieger. Sinkgeschwindigkeit 20 cm pro Sekunde, damit sind Flugweiten von über 10 km möglich. Hauptausbreitung wohl als Wasserhafter. Fruchtreife VII–IX.

Vegetative Vermehrung erfolgt reichlich durch bis 30 cm lange, beblätterte Ausläufer mit endständiger Rosette. Dadurch entgeht die Pflanze z.B. in Gartenrasen dem Rasenmäher.

Verwendung: Schöne Zier- und Wildgartenpflanze für sonnige Mauern, Heidegärten und andere Trockenstandorte, allerdings sehr ausbreitungsfreudig. Wird in der Volksheilkunde bei Darm- und Atemwegserkrankungen verwendet. Blätter und Blüten essbar.

Weitere Arten:

Hieracium aurantiacum L. (= *Pilosella aurantiaca* (L.) F. W. SCHULTZ et SCH. BIP.), Orangerotes Habichtskraut: Ausdauernde, relativ langstielige Halbrosettenpflanze, 20–30(–50) cm hoch. Pflanze reich behaart. Stängelblätter 1–4. Blütenkörbchen orangerot, bis 2 cm breit, in endständiger, dichter Scheindolde. Blütezeit: VI–VIII. Zerstreut in Magerwiesen und an Wegsäumen der höheren Gebirge, besonders in den Alpen. Auch verbreitete Zierpflanze (seit 1616) und von dort aus nicht selten verwildert und stellenweise, insbesondere in Gartenrasen, eingebürgert (Neophyt). Durch reiche Bildung von ober- und unterirdischen Ausläufern auch vegetativ sehr ausbreitungsfreudig. Weltweit verschleppt, z.B. bis nach Nordamerika, wo die Art zur Problempflanze geworden ist.

Die Pappushaare sind schmutzig weiß und brüchig.

Hieracium piloselloides VILL. (= *Pilosella piloselloides* (VILL.) SOJÁK), Florentiner Habichtskraut: Ausdauernde Halbrosettenpflanze, 20–80 cm hoch. Stängelblätter 1–3. Blütenkörbchen gelb, ebenfalls in endständiger Scheindolde. Ausläufer fehlend. Verbreitet in lückigen Rasen, Trockengebüschsäumen und Ruderalstellen. Blütezeit: V–VI.

Hierochloe odorata: siehe bei *Anthoxanthum*

Himantoglossum hircinum (L.) Sprengel, Bocks-Riemenzunge

Orchidaceae (= Orchideen, Knabenkrautgewächse)

Ausdauernder, kurzlebiger, herbst- bis frühjahrsgrüner Knollengeophyt mit ungeteilter, länglicher Wurzelknolle (Wechselknolle), 30–60(–100) cm hoch. Basale Blätter eiförmig bis länglich, 7–15 cm lang, obere lanzettlich. Grundblätter zur Blütezeit meist schon welkend.

Systematik: Die Gattung ist europäisch verbreitet und umfasst etwa 10 Arten. Sie gehört zur Unterfamilie Orchidoideae und dort in die Gattungsgruppe (Tribus) Orchideae (siehe *Orchis*).

Namen: „*Himantoglossum*" wurde von Sprengel 1826 geprägt, von griech. himas, Gen. himantos = Riemen und glossa = Zunge, wegen des lang ausgezogenen Mittellappens der Lippe. Lat. „*hircinus*" = wie ein Ziegenbock stinkend, wegen des aufdringlichen Geruchs der Blüten. – „Riemenzunge" ist die Übersetzung des botanischen Namens.

Vorkommen: In sonnig-warmen Lagen auf Kalkböden in Halbtrockenrasen. In der Eifel, Mittel- und Süddeutschland. Oft bestandbildend. Da die Art meist als Rosette überwintert und deshalb in schneearmen Wintern zurückfriert, schwankt die Anzahl der blühenden Exemplare von Jahr zu Jahr sehr stark. Galt lange Zeit als gefährdet, war aber gebietsweise in Ausbreitung und wird in der Roten Liste mit Stand von 2018 nicht mehr als gefährdet eingestuft.

Blüten: V–VI. „Lippenblumen vom *Orchis*-Typ" in reichblütigen Ähren mit bis zu 100 Blüten. Äußere Perigonblätter helmförmig zusammenneigend. Der meist 3-teilige Mittellappen der Lippe ist bis zu 7 cm (!) lang, mit dunkelvioletten Tüpfelsaftmalen. Blüten stinkend. Der kurze Sporn ist fast sackförmig und enthält nur wenig oder auch keinen Nektar. Die beiden Pollinien sind kugelig-eiförmig und durch gelbliche Stielchen mit der gemeinsamen Klebscheibe verbunden. Bestäuber sind Wildbienen, vor allem große Sandbienen (*Andrena*).

Früchte: Kapseln 15–20 mm lang. Die Samen sind Körnchenflieger. Fruchtreife: ab VIII.

Hippocrepis comosa: siehe bei *Securigera varia*

Hippophae rhamnoides LINNAEUS, Sanddorn

Elaeagnaceae (= Ölweidengewächse)

Sommergrüner, 1–4(–8) m hoher Strauch oder kleiner Baum mit Sprossdornen. Bis 40 Jahre alt werdend. Zweige, Winterknospen, Blattunterseiten und Früchte sind durch gold- bis silbergraue, schuppenförmige Schildhaare bedeckt (siehe Abb.). Diese Haare sind ebenso wie das weitreichende Wurzelsystem, das bis 3 m Tiefe gehen kann, Anpassungen an die Trockenheit des Standorts. Blätter lineal-lanzettlich. Ihre rötlich braune Herbstfärbung tritt relativ früh auf, der Laubfall erfolgt aber erst ab November. – Wurzelknöllchen („Actinorhiza") mit Luftstickstoff bindenden Fadenbakterien (= „Strahlenpilze") der Gattung *Frankia* und zusätzlich Wurzelpilz (arbuskuläre Mykorrhiza).

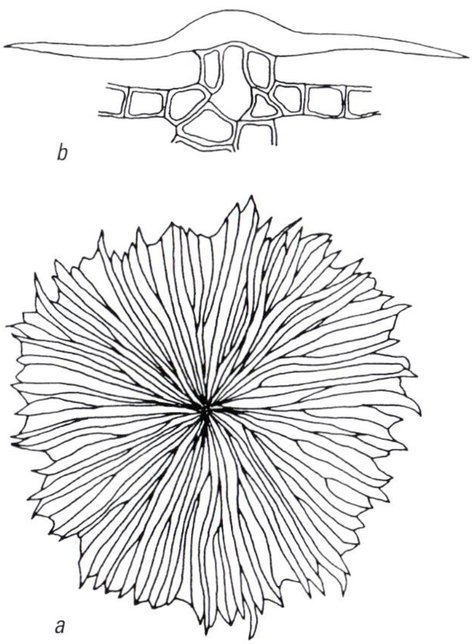

*Schildförmiges Schuppenhaar in Aufsicht (**a**) und im Querschnitt (**b**).*

Namen: „*Hippophae*" ist der griech. Name einer stark bedornten Wolfsmilchart bei THEOPHRAST, der von LINNÉ, offenbar wegen der Bedornung, auf diese im antiken Südeuropa unbekannte Gattung übertragen wurde. Neulat. „*rhamnoides*" = ähnlich dem Kreuzdorn (*Rhamnus cathartica*), also ebenfalls wegen der Bedornung. – „Sanddorn" wegen der Bevorzugung sandiger Standorte.

Vorkommen: Pioniergehölz der Fluss-Schotterauen der Alpen und des Alpenvorlandes (subsp. *carpatica*) oder auf Küstendünen, auf rohen, basen- und meist kalkreichen Böden. Salzresistent. Licht- und sommerwärmeliebend. An der Küste und im Binnenland häufig angepflanzt und auch eingebürgert (Neophyt). – Regional schützenswert.

Blüten: III–V, lange vor Entfaltung der Blätter. Zweihäusig, d. h. es gibt männliche und weibliche Pflanzen, erstere mit kugeligen, letztere mit unscheinbaren, kurz ährenförmigen Blütenständen. Nektar fehlt. Windblütig: „Unbeweglicher Typ": Der Pollen wird in den Kelchblättern gesammelt und, wenn er getrocknet ist, verweht. Entsprechend müssen für einen guten Fruchtansatz männliche und weibliche Pflanzen nicht >15 m weit auseinander stehen. Zwar werden sowohl männliche als auch weibliche Blüten von Insekten besucht (besonders Schwebfliegen), aber dass diese auch als Bestäuber fungieren, konnte nicht nachgewiesen werden.

Bedornter Zweig mit Scheinfrüchten.

Früchte (siehe Detailfoto): Saftreiche, leuchtend orangerote bis gelbe, beerenartige, ovale, sehr saure, 1-samige Scheinfrüchte. Sie entstehen dadurch, dass die Nussfrucht bei der Reife von der fleischig werdenden Kelchröhre bzw. dem Blütenboden umschlossen bleibt. Die eigentliche Fruchtwand ist pergamentartig. Die Samen enthalten 9 % Fett. Darmausbreitung durch Vögel, besonders Fasane, aber auch Stare und Drosseln. Samen schwimmfähig. Fruchtreife: VIII–IX. Wintersteher. Ausbreitung überwinterter Früchte auch als Bodenläufer. Licht- und Kältekeimer.

Vegetative Vermehrung erfolgt reichlich durch wurzelbürtige Sprosse (Wurzelbrut).

Verwendung: Zierstrauch der Gärten und Anlagen, auch für Wildpflanzengärten zu empfehlen. Wird im Küstenbereich gezielt angepflanzt und seit Kurzem in Nordostdeutschland zur Nutzung der Früchte auch plantagenmäßig angebaut. Das größte Anbaugebiet ist China. Entlaubte Fruchtzweige sind als Wintersträuße schön, riechen aber später unangenehm nach Buttersäure. Die vollreifen Früchte werden wegen des mit 0,2–1,2 % sehr hohen Vitamin C-Gehaltes als Saft oder Marmelade genutzt (Vitaminspender!). 1 kg Beeren sollen die 100–200-fache Vitamin-C-Menge enthalten, die ein erwachsener Mensch täglich benötigt. Der orangenartig schmeckende Presssaft wird mithilfe von „Holzquetschen" am Zweig gewonnen. Aus den Pressrückständen gewinnt man Sanddornöl, das wegen der Heilwirkung auf die menschliche Haut in der Kosmetikindustrie Verwendung findet.

Verwandte:

Elaeagnus angustifolia L., Schmalblättrige Ölweide: Zierstrauch oder kleiner Baum aus Asien. Blätter elliptisch-lanzettlich, unterseits durch die hier besonders dicht stehenden Schildhaare silbrig. Ebenfalls mit Wurzelknöllchen. Blüten weiß. Blütezeit: V–VI. Im Mittelmeerraum im 17. Jh. eingeführt und dort inzwischen weit verbreitet. Öfter an sandigen Ruderalstellen, z. B. in Tagebauen, verwildert und gebietsweise auch eingebürgert (etablierter Neophyt). An der Küste auch als Pioniergehölz angepflanzt. Blüten zwittrig, wohlriechend. Bienentrachtpflanze. Früchte essbar.

Elaeagnus commutata BERNH. ex RYDB., Breitblättrige oder Silber-Ölweide: Wird wie vorige Art an der Küste als Pioniergehölz angebaut und verwildert gelegentlich. Heimat: Nordamerika. Junge Zweige rostfarben.

Hippuris vulgaris LINNAEUS, Tannenwedel

Plantaginaceae (= Wegerichgewächse)

Wasserpflanze, z. T. flutend (dann bis >1 m lang), oder Sumpfpflanze (amphibisch), mit am Grunde der Gewässer bzw. im feuchten Boden wurzelndem, sympodial verzweigtem Rhizom, 10–50 cm hoch. Stängel mit Durchlüftungsgewebe, Blätter fast nadelförmig, in Quirlen zu 6–12. Untergetauchte (= submerse) Blätter schlaff, über dem Wasser stehende Blätter steif. – Der Vegetationskegel mit seinen zahlreichen Blattanlagen ist wegen seiner relativen Größe ein beliebtes Objekt für mikroskopische Untersuchungen. Er ist leicht zugänglich, während bei typischen Landpflanzen die den Vegetationskegel schützenden Blätter schwierig abzupräparieren sind. Allerdings stellt er mit seiner fünfschichtigen Tunica einen seltenen Sonderfall gegenüber dem zweischichtigen Standardtyp dar.

Systematik: Die Gattung umfasst nur diese eine Art. Sie wurde früher als eigene Familie Hippuridaceae (= Tannenwedelgewächse) aufgefasst, wird aber heute aufgrund von molekularen Daten in die morphologisch heterogene Familie Plantaginaceae gestellt, wo sie gemeinsam mit *Callitriche* (= Wasserstern) die Gattungsgruppe (Tribus) Callitricheae bildet.

Namen: „*Hippuris*" ist ein griech. Pflanzenname, von griech. hippos = Pferd und oura = Schwanz, wegen der entfernten Ähnlichkeit mit einem Pferdeschweif. Der ursprünglich für den Schachtelhalm (*Equisetum*) geltende Name wurde von LINNÉ auf den Tannenwedel übertragen. Lat. „*vulgaris*" = häufig. – „Tannenwedel" bezieht sich auf den durch die Blattquirle bedingten tannenähnlichen Habitus.

Vorkommen: In Wasserpflanzengesellschaften oder im Röhricht stehender bis langsam fließender, nährstoffreicher, vorwiegend kalkhaltiger, klarer Gewässer von 0,2–5 m Tiefe. Ebene bis Gebirge (deutsche Alpen bis 1600 m). Weltweit verbreitet. Im Gebiet gefährdet. – Wird auch an Teichen künstlich ausgebracht (angesalbt) sowie in Garten- und Parkteichen angepflanzt.

Blüten: VI–VIII. Unscheinbare, vorweibliche Blüten mit ganzrandigem Kelchsaum, einzeln blattachselständig an den aus dem Wasser herausragenden Sprossteilen. Blüten meist zwittrig mit je nur 1 Staubblatt und 1 Fruchtblatt, seltener eingeschlechtlich. Windblütig: „Unbeweglicher Typ".

Früchte: 1-samige Steinfrüchte. Verdauungsausbreitung, z. B. durch Vögel, sowie Schwimmausbreitung.

Vegetative Vermehrung durch unterirdische Ausläufer und Turionen (= Winterknospen).

Verwendung: Als Zierpflanze und in Wildpflanzengärten für Teichränder zu empfehlen.

Holcus lanatus LINNAEUS, Wolliges Honiggras

Poaceae (= Süßgräser)

Ausdauernder Hemikryptophyt: Horstpflanze, 20–100 cm hoch, dichte Horste bildend, z. T. wintergrün. Frostempfindlich. Blattscheiden dicht und weich behaart. – Humuswurzler mit Pilzwurzel (arbuskuläre Mykorrhiza).

Namen: „*Holcus*" ist der lat. Name der Mäuse-Gerste (*Hordeum murinum*), der von LINNÉ ohne erkennbares Motiv auf diese Gattung übertragen wurde. Lat. „*lanatus*" = wollig, wegen der dichten (allerdings nicht wolligen) Behaarung der Pflanze. – „Honiggras" wegen der süß schmeckenden Halme.

Vorkommen: Bestandbildend in feuchten bis frischen Wiesen und Weiden, auf kühlen, humosen, mäßig nährstoffreichen Lehm- und Torfböden. Wird bei Beweidung zurückgedrängt. Ebene bis mittlere Gebirgslagen (deutsche Alpen bis 900 m).

Blüten: V–VIII. Windblütig: „Hängeblütiger Typ". Ährchen zur Blütezeit in lockerer, meist rötlich überhauchter Rispe, sonst zusammengezogen. Ährchen 2-blütig, untere Blüte zwittrig, obere meist männlich. Schwellkörper (Lodiculae) groß. Selbststeril.

Früchte: Ausbreitungseinheit sind die bei der Reife als Ganzes abfallenden Ährchen: Ballonflieger, Windstreuer, Schwimmer, Regenschwemmlinge, Wasserhafter. Hüllspelzen an den Kielen steif behaart, obere Deckspelze mit bis 2 mm langer Granne, die sich im trockenen Zustand wie ein

Angelhaken krümmt: Kletthafter. Außerdem Zufallsausbreitung durch Weidetiere. Fruchtreife: VII–XI. Lichtkeimer.

Verwendung: Als Futtergras wertlos. Dekorativ für Gräsersträuße. Früher wurden die Früchte der Honiggras-Arten für Speisezwecke genutzt.

Weitere Art:

Holcus mollis L., Weiches Honiggras: Rhizom- und Wurzelknospengeophyt sowie Hemikryptophyt, lockere Rasen bildend. An den Halmknoten bärtig behaart, sonst kahl. Heiden, artenarme Eichenwälder, Äcker und Umbruchwiesen. Säure-, Sand- und Magerkeitszeiger. Bodenfestiger. Verbandskennart des Quercion robori-petraeae (= Eichen-Birkenwälder). Granne der oberen Deckspelze nicht angelhakenförmig. Bei uns kaum fruchtend. Stattdessen reichliche vegetative Vermehrung durch die Rhizome. Kleine Rhizomstücke können wieder zu neuen Pflanzen auswachsen. In einer Bodentiefe von 15–20 cm wurden auf 1 m^2 Sandboden etwa 40 m an Rhizomen gefunden.

Homogyne alpina: siehe bei *Petasites*

Hordelymus: siehe bei *Leymus*

Hordeum vulgare LINNAEUS, Saat-Gerste

Poaceae (= Süßgräser)

Einjährig, winterannuell (Wintergerste) oder sommerannuell (Sommergerste), 60–150 cm hoch. Wie bei allen Getreidearten richten sich durch Sturm etc. niederliegende Halme durch ihr (unterseits stärkeres) Knotenwachstum wieder auf. Der Wachstumsvorgang wird positiv gravitrop initiiert, d. h. durch die Erdanziehung ausgelöst. – Bis 2,60 m tief wurzelnd.

Namen: „*Hordeum*“ ist der lat. Name der Pflanze. Lat. „*vulgaris*“ = häufig. – „Gerste“ ist ein altdeutsches Wort.

Vorkommen: Kulturpflanze seit der jüngeren Steinzeit. Heimat: Vorderasien. Braucht guten Boden und ist auch klimatisch anspruchsvoll, wird aber im Norden trotzdem bis zum Polarkreis angebaut. Auch verwildert, aber nur unbeständig.

Blüten: VI. Windblütig: „Langstaubfädiger Typ“. Oft Selbstbestäubung in geschlossen bleibenden Blüten (kleistogam). Im Gegensatz zu den anderen Getreidearten stehen bei *Hordeum* 3 Ährchen pro Absatz. Die (dem Licht nahen) Grannen haben durch ihre Photosynthese einen wesentlichen Anteil am Aufbau des Mehlkörpers der heranreifenden Früchte. Die Sommergerste gehört, wie Sommerroggen und -weizen zu den relativen Langtagpflanzen.

Früchte: Karyopsen mit den Deck- und Hüllspelzen etwas verwachsen und eine Scheinfrucht (Spelzfrucht) bildend oder frei. – Ausbreitung der Wildarten als Bodenkriecher (auch als Bohrfrucht) und als Klettfrucht. Wasserausbreitung als Regenschwemmling (Luft zwischen Spelze und Frucht) wie bei vielen Steppenpflanzen.

Verwendung: Gerste wird als Futterpflanze, Braugerste sowie für Graupen, Gries usw. angebaut. Erste Nachweise von Gerste gehen auf das Jahr 10.500 v. Chr. zurück. Sie wurden wohl zuerst zum Bierbrauen und erst später für Brot gesammelt. Die Körner enthalten bis zu 70 % Stärke, bis zu 15 % Schleime und bis zu 12 % hochwertiges Eiweiß. Gerstenkörner senken (ähnlich wie Hafer) aufgrund der in den Zellwänden vorhandenen Beta-Glucane einen erhöhten Cholesterinspiegel und führen außerdem zu einem geringeren Anstieg des Blutzuckerspiegels nach den Mahlzeiten. In Nord- und Südeuropa ist Gerste Hauptbrotfrucht (für „Fladenbrot"). Die Weltproduktion lag im Jahre 2008 bei 158 Mio. t, 2012 bei 133 Mio. t und 2018 bei 141 Mio. t (zum Vergleich: Weizen 734 Mio. t). Deutschland steht an vierter Stelle der Erzeugerländer. – Volksmedizinische Anwendung bei Magen- und Darmerkrankungen und in Form von Malzextrakt bei Luftwegskatarrhen. Es gibt vierzeilige, sechszeilige und zweizeilige Sorten. Bei letzteren sind die beiden seitlichen Ährchen eines Ährenabsatzes männlich oder verkümmert. Früher wurden sie als eigene Art *H. distichon* L. aufgefasst. Sie werden überwiegend als Sommerfrucht gebaut, vor allem als Braugerste für Bier, Malz und Whisky. Sie sind noch empfindlicher und ebenfalls seit der jüngeren Steinzeit im Gebiet.

Weitere Art:

Hordeum murinum L., Mäuse-Gerste: Sommer- oder winterannuelle Ruderalpflanze, 15–40 cm hoch. Halm bis zur Ähre beblättert. Licht- und

wärmeliebend, deshalb typische „Stadtpflanze". Kennart des Hordeetum murini (= Mäusegerstenflur). Vermutlich Alteinwanderer (= Archäophyt). Blüten- und Ausbreitungsökologie ähnlich wie bei *H. vulgare*, jedoch zerbrechen die Ähren bei der Reife an ihrer Spindel in die jeweils aus den 3 Ährchen eines Absatzes bestehenden, nur 1 Frucht enthaltenden Teilfruchtstände. Dies ist auch bei den Stammformen der Saat-Gersten der Fall. – Der Name (vgl. lat. mus = Maus) bezieht sich auf die für die Nutzung durch den Menschen zu kleinen Körner. Sie sind aber für Stadtvögel wichtig, weshalb man die Pflanzen nicht „wegspritzen" sollte. Für Wildpflanzengärten zu empfehlen.

Hottonia palustris LINNAEUS,

(Europäische) Wasserfeder oder Wasserprimel

Primulaceae (= Primelgewächse)

Ausdauernde, wintergrüne, untergetauchte Wasserpflanze, im Schlamm wurzelnd, 15–50 cm hoch. Seltener Sumpfpflanze in trocken fallenden Gewässern. Die Blätter sind stark zerteilt (kammförmig fiederschnittig). Das dient einer Vergrößerung der Oberfläche und ist eine typische Anpassung von Unterwasserblättern, die dadurch Nährsalze sowie Sauerstoff und Kohlendioxid besser aufnehmen können. Überdauert als grüne Pflanze und übersteht auch das Einfrieren in winterlichen Gewässern recht gut.

Systematik: Die Gattung mit nur 2 Arten gehört in die Unterfamilie Primuloideae. Nahe stehen Schlüsselblume (*Primula*) und Alpenglöckchen (*Soldanella*).

Namen: Der Name „*Hottonia*" wurde von dem niederländ. Botaniker H. BOERHAAVE 1720 zu Ehren seines Kollegen P. HOTTON (1648–1709) geprägt und später von LINNÉ übernommen. Lat. „*palustris*" = Sumpf-. – „Wasserfeder" wegen des Standorts und der stark zerteilten Blätter.

Vorkommen: In Schwimmblattgesellschaften flacher, stehender bis langsam fließender, mesotropher, oft saurer Gewässer, über torfigen Schlammböden. Licht- bis Halbschattenpflanze. Vor allem in Tieflagen im Norden des Gebietes. Stromtalpflanze, z.B. am Rhein. Kennart des Hottonietum palustris (= Wasserfedergesellschaft). Durch Eutrophierung der Gewässer im Rückgang und entsprechend in der Roten Liste mit Stand von 2018 auf der Vorwarnliste geführt, wird aber nicht mehr als gefährdet eingestuft. – **Geschützt**!

Blüten: V–VI. „Nektar führende Scheibenblumen", in Trauben mit 3–6-blütigen Quirlen, oberhalb der Wasseroberfläche. Blüten blassrosa bis weiß mit gelbem zentralem Saftmal. Verschiedengrifflig (heterostyl) zur Förderung der Fremdbestäubung. Bestäuber sind Zweiflügler, besonders Schwebfliegen und andere kurzrüsselige Insekten. Zuweilen geschlossenblütig (kleistogam).

Früchte: Kugelige Kapseln, die sich an der Spitze durch 5 Klappen öffnen. Schwimmausbreitung sowie Anhafter an Wasservögeln. Lichtkeimer.

Vegetative Vermehrung über Verzweigung im Wasser.

Verwendung: Wird als Zierpflanze für Gartenteiche angeboten.

Humulus lupulus LINNAEUS, (Gewöhnlicher) Hopfen

Cannabaceae (= Hanfgewächse)

Ausdauernder Hemikryptophyt: Schaftpflanze, d.h. Erneuerungsknospen an der Stängelbasis. Kletterstaude, d.h. die bis über 6 m langen, mit feinen Widerhaken (= Kletterhaaren) besetzten Sprosse werden jedes Jahr (innerhalb von gut 2 Monaten) neu gebildet; eine erstaunliche Leistung. Im Gegensatz zu den meisten übrigen Windepflanzen handelt es sich um einen Rechtswinder (der Techniker würde das als Linksschraube bezeichnen). Die untersten Internodien (Stängelabschnitte zwischen den Blättern) wachsen aufrecht, die Sprossspitze ist geneigt und führt autonome, kreisende Bewegungen (Nutationen) im Uhrzeigersinn durch. Ein Umgang dauert etwa 2 Stunden. Bei Berührung geeigneter Unterlagen wird das Wachstum der gegenüberliegenden Stängelseite gefördert, sodass sich die Pflanze um die Stütze herum windet. Die teilweise verwachsenen Nebenblätter dienen als Knospenschutz.

Systematik: Die Gattung umfasst 3 Arten auf der Nordhalbkugel. Nahe verwandt ist der Hanf (*Cannabis*).

Namen: Der Name „*Humulus*" ist im Mittelalter als latinisierte Form des altdeutschen Hopfennamens ‚humel' entstanden; „*lupulus*" ist eine Verkleinerungsform von lat. lupus = Wolf, mit der Nebenbedeutung ‚Hopfen' bei PLINIUS; der Name gelangte über ital. lupulo zu uns. – Das altdeutsche Wort „Hopfen" bezeichnete zunächst die für die Bierbrauerei wichtigen weiblichen Zapfen und wurde später auf die ganze Pflanze übertragen.

Vorkommen: Wild in Auwäldern und Gehölzsäumen, auf frischen bis nassen, nährstoffreichen, tiefgründigen Böden wärmerer Lagen (deutsche Alpen bis 810 m, Tirol bis 1150 m). Hopfen ist seit dem 8. Jh. auch Kulturpflanze. Der Anbau lohnt nur auf guten Böden in sommerwarmer Lage. Solche Bedingungen sind z.B. in Böhmen (Saazer Hopfen), aber auch in verschiedenen Gegenden Deutschlands gegeben, z.B. in der Hallertau nördlich von München.

Blüten: VII–VIII. Windblütig: „Langstaubfädiger Typ", allerdings sind hier die Staubbeutel viel länger als die Staubfäden. Zweihäusig, d.h. männliche und weibliche Pflanzen sind getrennt. Geschlechtschromosomen sind vorhanden. Männliche Blüten in lockeren Rispen, weibliche in kleinen dichten Ähren mit weit herausragenden Narben. Auch apomiktische Vermehrung ist möglich.

Nach der Bestäubung wachsen die Hochblätter (= paarweise verwachsene Nebenblätter) stark heran, sodass die einzelnen Blüten verdeckt sind und der weibliche Blütenstand zapfenartig aussieht („Hopfenzapfen"). – In Kultur versucht man, eine Bestäubung möglichst zu verhindern (s.u.). – Heuschnupfenerreger.

Früchte: Ausbreitungseinheit sind die von den als Flugorgan dienenden verlängerten Hochblättern umgebenen, kleinen Nüsse: Flügelflieger. Fruchtreife: IX.

Vegetative Vermehrung durch unterirdische Ausläufer.

Verwendung: Die an den Zapfenschuppen reichlich vorhandenen, gelben, kurz gestielten, sandkorngroßen Drüsen (Harzkügelchen) werden abgelöst und sind als „Hopfenmehl" das wichtigste Produkt der Pflanze. Sie enthalten eine harzige Masse, die als Wirksubstanzen die Bitterstoffe Humulon und Lupulon enthalten. Letztere gehen bei der Lagerung in einschläfernd wirkende Substanzen über. Die Welternte betrug 2008 etwa 135.000 t (2018 etwa 150.000 t), wobei etwa ein Fünftel aus Deutschland (überwiegend Bayern) stammte. Das bayerische Reinheitsgebot von 1516 erlaubt allein den Hopfen als Bierwürze. Hopfen ist auch (bzw. war ursprünglich vor allem) Konservierungsmittel. Stark gehopftes Bier macht müde. Guten Ertrag gibt nur der Kulturhopfen. Es werden allein weibliche Pflanzen kultiviert. Samenansatz ist als ertragsmindernd unerwünscht. Entsprechend erfolgt die Vermehrung vegetativ über „Fechser", das sind überdauernde, unterirdische Sprossteile mit 4–5 Augen. – In der Medizin wird Hopfen (meist kombiniert mit Baldrian) als mildes Schlaf- und Beruhigungsmittel verwendet; die Wirkung tritt aber erst nach 2–4 Wochen ein. SPOERL: „Bier macht gut bürgerlich" (beruhigt). In der Volksmedizin gilt er zusätzlich als appetitanregendes und magenstärkendes Mittel. – Die Frühjahrstriebe können roh oder gekocht gegessen werden. Sie gelten als Delikatesse. Dasselbe gilt für den „Hopfenspargel", das sind die im März und April aus der Erde ausgegrabenen, weißen, frisch ausgetriebenen Sprosse des Kultur-Hopfens, die wegen der dazu nötigen mühevollen Handarbeit extrem teuer sind (z. B. 2015 bis 100,– € pro kg). Die Römer und Griechen kannten nur die Nutzung des Hopfens als Gemüse- und Heilpflanze. – Die faserreichen Stängel lassen sich zu Stricken, Seilen und groben Geweben verarbeiten. – Den Germanen war Hopfen in den ersten Jahrhunderten n. Chr. noch unbekannt; zur Bereitung und Haltbarmachung von Bier wurde zunächst vor allem Gagel (*Myrica gale*), im Norden und östlich der Elbe auch Sumpf-Porst (*Rhododendron tomentosum = Ledum palustre*), und besonders im Süden auch Bilsenkraut (*Hyoscyamus*) dem Bier zugesetzt. – Hopfen ist auch zur Hausbegrünung und, bei geeigneter Stütze, als sommergrüne Heckenpflanze geeignet. Zurzeit wird er als Zierpflanze sehr empfohlen.

Huperzia selago (L.) BERNHARDI ex SCHRANK et MARTIUS, Tannenbärlapp, Teufelsklaue

Lycopodiaceae (= Bärlappgewächse)

Immergrüner Chamaephyt, 5–30 cm hoch. Sprosse aufrecht, gabelig verzweigt, dicht büschelig und gleich lang; im Gegensatz zu unseren anderen Bärlappen (siehe *Lycopodium*) nicht kriechend. Blätter nadelförmig, meist in 8 Zeilen angeordnet. – Pilzwurzel (arbuskuläre Mykorrhiza); der Vorkeim (s. u.) und junge Stadien der Sporenpflanze leben parasitisch (mykoheterotroph) auf dem Wurzelpilz. – **Stark giftig**.

Systematik: Die Gattung umfasst weltweit etwa 300 Arten, die meisten davon in den Tropen. Im Gebiet kommt nur diese eine Art vor. Von den anderen Vertretern der Familie unterscheidet sich *Huperzia* dadurch, dass die Sporangien (Sporenbehälter) einzeln in der Achsel von Tragblättern stehen und nicht wie sonst zu endständigen Ähren zusammengefasst sind. Daher wird die Gattung manchmal in eine eigene Familie Huperziaceae gestellt. – Zu weiteren Vertretern der Familie siehe *Lycopodium* (Bärlapp).

Giftigkeit: Die ganze Pflanze ist durch Huperzin A (= Selagin A) und andere Alkaloide des Curare-Typs **stark giftig**. Die Giftwirkung ist stärker als bei *Lycopodium*. Symptome sind u. a. Schwindel, Taumeln und Bewusstlosigkeit. Bei Pferden ist es schon zu Todesfällen gekommen.

Namen: *„Huperzia"* wurde von BERNHARDI 1801 nach Ausgliederung aus der Gattung *Lycopodium* geprägt, zu Ehren des deutschen Arztes J. HUPERZ, dem Autor der 1798 erschienenen Dissertation „De Filicum Propagatione" (Über die Vermehrung der Farne). „*Selago*" war bei PLINIUS der Name einer dem Sadebaum (*Juniperus sabina*) ähnlichen Pflanze, die von den Galliern als Heil- und Zauberpflanze benutzt wurde. Wahrscheinlich war damit *Huperzia* und/oder *Lycopodium* gemeint, die ja äußerlich eine gewisse Ähnlichkeit mit einem Nadelbaumzweig hat. Bei LINNÉ hieß die vorliegende Art *Lycopodium selago*. – „Tannenbärlapp" ist künstlich gebildet. „Teufelsklaue" bezieht sich, ähnlich wie der Name „Bärlapp", auf die tatzenartigen Sprosse, letzterer Name speziell in Verbindung mit der Giftigkeit bzw. Verwendung als Zauberpflanze.

Vorkommen: Fichten-, Buchen- und Eichenwälder sowie Blockhalden, vor allem im Gebirge. In den Zentralalpen bis 3000 m ansteigend. Fast weltweit verbreitet, z. B. auch in tropischen Hochgebirgen. In Nord- und Ostdeutschland stark gefährdet. **Geschützt**!

Vermehrung: Die Sporangien (= Sporenbehälter) sind im Gegensatz zu den anderen Bärlappen nicht zu Sporenähren vereinigt, sondern stehen einzeln in den Achseln von Tragblättern, in der Mitte der Jahrestriebe. Diese Triebe können weiterwachsen. Ausbreitung der Sporen als Körnchenflieger. Sporen wie bei allen Vertretern der Familie zu 4 in Tetraden. Sporenreife: VII–X. Vorkeim (Prothallium) unterirdisch, jahrelang auf den Pilzhyphen parasitierend und erst nach 10–12 Jahren geschlechtsreif. **Vegetative Vermehrung** durch die reichlich an den Sprossenden gebildeten Brutknospen, die an Tieren anhaften bzw. bei Berührung bis 1 m weit abspringen können, sowie durch Bildung von Tochtersprossen an älteren oder beschädigten Sprossen.

Verwendung: Wurde früher als Abführmittel und in der Tiermedizin gegen Würmer verwendet; aber von beidem ist wegen der Giftigkeit dringend abzuraten. Bei den gallischen Druiden war Tannenbärlapp eine wichtige Zauberpflanze. Das aus der Pflanze und aus *H. serrata* gewonnene Huperzin A hemmt effektiv den Abbau des Neurotransmitters Acetylcholin und ist in niedriger Dosis als Arzneimittel zur Verlangsamung der Degeneration von Nervenzellen (z. B. bei Alzheimer) in der Erprobung.

Hyacinthoides non-scripta (L.) CHOUARD ex ROTHMALER (= *Scilla non-scripta* (L.) HOFFMANNS. et LINK), **Atlantisches oder Englisches Hasenglöckchen oder Blauglöckchen**

Asparagaceae (= Spargelgewächse)

Frühjahrsgrüner Zwiebelgeophyt, 15–40 cm hoch. Habituell einer Hyazinthe ähnlich. Blätter grundständig, lineal, maximal bis 50 cm lang. Wechselzwiebel 10–15 mm breit, mit nur einer einzigen Zugwurzel.

Systematik: Die Gattung umfasst 12 Arten. Im Gebiet gibt es die beiden hier behandelten Arten. Was man aber überwiegend findet, ist der schwer abgrenzbare Bastard zwischen beiden Arten (s. u.), wozu auch das Foto gehört. Die Gattung ist nahe verwandt mit Hyazinthe (*Hyacinthus*, s. u.), Traubenhyazinthe (*Muscari*) und Blaustern (*Scilla*). Von letzterem ist sie durch die glockige Blüte

und 2 Tragblätter je Blüte, von *Hyacinthus* durch die freien Perigonblätter unterschieden. – Die genannten Gattungen gehörten früher zur Familie Hyacinthaceae (= Hyazinthengewächse), die heute als Unterfamilie Scilloideae der Asparagaceae eingestuft wird.

Giftigkeit: Die grüne Pflanze und besonders die Zwiebel sollen im frischen Zustand wegen ihres Gehaltes an Saponinen und Herzglykosiden evtl. giftig sein. Genaueres ist aber nicht bekannt.

Namen: „*Hyacinthoides*" (= ähnlich wie *Hyacinthus*) wurde von L. HEISTER nach Ausgliederung aus der weit gefassten linnéschen Gattung *Hyacinthus* (s. u.) geprägt und von FABRICIUS 1759 gültig publiziert. Lat. „*non-scriptus*" = nicht mit Schrift versehen, wegen der fehlenden Zeichnung auf der Blüte. Dahinter steht der bekannte Mythos bei Ovid, wonach aus dem Blut des von Apollo geliebten Jünglings Hyacinthus die klassische Hyazinthe des Altertums entstanden sein soll, die als Wehklagelaute den Schriftzug AI bzw. Y auf der Blüte trug; es ist aber ungeklärt, welche Pflanze damit tatsächlich gemeint war.

Vorkommen: Zierpflanze seit 1594. Heimat: Westeuropa, dort in frischen bis wechselfeuchten Laubwäldern und Gebüschen auf nährstoffreichen Böden. Die Pflanze ist schon früh in Wäldern und auf alten Friedhöfen verwildert, so vor allem in Norddeutschland, und gelegentlich auch eingebürgert (Neophyt). Zu beachten ist dabei, dass Verwilderungen der letzten Zeit meist auf Hybriden mit der folgenden Art zurückgehen (s. u.). Am Niederrhein zwischen Erkelenz und Heinsberg befindet sich ein eindrucksvoller Massenbestand im „Wald der blauen Blumen" bei Hückelhoven. Manche halten die dortigen Vorkommen für ursprünglich, das ist aber fraglich. **Geschützt**! (alle wild wachsenden Arten der Gattung).

Blüten: IV–V. „Nektar führende Glockenblumen mit klebrigem Pollen", in einseitswendigen, oft vielblütigen Trauben. Blüten hängend, 14–20 mm lang, dunkelblau, stark duftend. Blütenstand an der Spitze meist hängend. Staubbeutel gelblich weiß. Blütenhülle einfach (Perigon); Perigonblätter an der Basis verwachsen, an der Spitze zurückgekrümmt. Besucher sind Bienen.

Früchte: Die schwarzen, kugeligen Samen werden aus den trockenen Kapseln ausgestreut und dann von Ameisen weiter ausgebreitet; zwar fehlen Ölkörper (Elaiosomen), aber die Samenschale enthält reichlich Öl (vgl. *Anemone*). Die Samen keimen meist über der Erde. Kältekeimer.

Vegetative Vermehrung durch die Zwiebeln.

Verwendung: Als Zierpflanze war die reine Art ehemals sehr beliebt, ist aber aus der Mode gekommen und wird heute weitestgehend durch das Bastard-H. ersetzt (s. u.). Die Zwiebel wurde früher volksmedizinisch als harntreibendes Mittel verwendet.

Weitere Arten/Verwandte (vgl. auch *Muscari* = Traubenhyazinthe und *Scilla* = Blaustern):

Hyacinthoides hispanica (MILL.) ROTHM. (= *Scilla hispanica* MILL.), Spanisches Hasenglöckchen: In Deutschland seit 1613 als Zierpflanze in Kultur. Heimat: Südwesteuropa und Nordwestafrika. Blüten nur schwach duftend, ihre Öffnung nach oben gerichtet. Blütenstand aufrecht, allseitswendig. Staubbeutel blau. Blüten weit glockig. Was man heute im Gartenhandel unter diesem Namen bekommt, ist meist die Hybride mit voriger Art, das Bastard-Hasenglöckchen (*H. × massartiana*). Ihre Blüten sind meist himmelblau, seltener rosa oder weiß. Der Bastard ist vielgestaltig und kommt in allen Übergangsformen vor. Insgesamt dürften die nicht seltenen Verwilderungen der Gattung *Hyacinthoides* vor allem auf die Hybride zurückgehen.

Hyacinthus orientalis L., Garten-Hyazinthe: Bekannte Zierpflanze, die bei uns um 1600 aus Kleinasien eingeführt wurde. Frühblüher: III–V. Perigon etwa bis zur Mitte röhrig verwachsen. Bestäuber sind Honig- und Wildbienen inkl. Hummeln. Es gibt zahlreiche Kultursorten in allen Blütenfarben. **Giftig** durch Oxalsäure und weitere Scharfstoffe. Samen mit Ölkörpern. „*Hyacinthus*" (hyakinthos) ist ein Pflanzenname der Antike (s. o), der bei LINNÉ und ähnlich schon vor ihm für verschiedene Pflanzen verwendet wurde, so u. a. auch für die Traubenhyazinthe (*Muscari*) und das Hasenglöckchen (*Hyacinthoides*). Später wurde die Gattung auf die Garten-Hyazinthe beschränkt.

Hydrocharis morsus-ranae LINNAEUS, Froschbiss

Hydrocharitaceae (= Froschbissgewächse)

Ausdauernde, frei auf dem Wasser schwimmende Pflanze, 15–30 cm hoch. Schwimmblätter kreisrund, ledrig, rosettig angeordnet mit stark entwickeltem Durchlüftungsgewebe, oberseits mit Spaltöffnungen und durch einen Ölfilm unbenetzbar. – Die kleinen Wurzeln dienen der Wasser- und Nährsalzaufnahme und zur Aufrechterhaltung des Gleichgewichts.

Systematik: Die Gattung umfasst 3 Arten. Verwandt sind Krebsschere (*Stratiotes*) und Wasserpest (*Elodea*).

Namen: „*Hydrocharis*" wurde von LINNÉ geprägt, von griech. hydor = Wasser und charis = Freude, Zierde, und bedeutet ‚gerne im Wasser lebend'. Der Name ist offenbar in Anlehnung an den Namen eines Frosches in einer Komödie des griech. Dichters Aristophanes entstanden. Die Bedeutung des vorlinnéschen Namens „*morsus-ranae*", von lat. morsus = Biss und rana = Frosch, und des durch Übersetzung künstlich gebildeten Namens „Froschbiss" ist ungeklärt. Meist wird er auf den auffälligen Einschnitt am unteren Blattrand bezogen, der so aussieht, als wäre er von Fröschen ausgebissen. Vielleicht steht dahinter die Beobachtung, dass Frösche gerne die sich auf den Schwimmblättern ausruhenden Insekten wegschnappen.

Vorkommen: Schwimmblattgesellschaften mit *Lemna*-Arten auf stehenden oder langsam fließenden, nährstoff- und basenreichen, oft kalkarmen Gewässern in windgeschützten Gräben sowie Uferbuchten von Seen und Altwassern. Sommerwärme liebend. In Moorgebieten Eutrophierungszeiger. Vor allem in den Tieflagen, aber noch bis etwa 600 m Meereshöhe. Im Rückgang und daher auf der Roten Liste (Stand 2018) auf der Vorwarnliste geführt, aber nicht mehr als gefährdet eingestuft.

Blüten: V–VIII. „Scheibenblumen". Zweihäusig, selten einhäusig. Männliche Pflanzen meist mit 3 Blüten, weibliche gewöhnlich mit nur einer Blüte.

Die 3 äußeren Perigonblätter sind schmal, kelchartig, die 3 inneren weiß mit gelbem Saftmal am Grunde. Staubblätter 12, je einfächerig. Bestäuber sind Schwebfliegen usw.

Früchte: ca. 1 cm große kugelige Beeren, die durch Quellung unregelmäßig aufplatzen. Die zahlreichen schleimigen Samen sinken auf den Grund des Gewässers und quellen dort: Klebausbreitung durch Wasservögel, Schwimmausbreitung. Die Samen keimen im nächsten Frühjahr, und nach der Blattentwicklung steigen die Jungpflanzen zur Wasseroberfläche auf. In Deutschland ist allerdings der Samenansatz gering.

Vegetative Vermehrung sehr reichlich durch die 10(–20) cm langen, schwimmenden Ausläufer und durch Turionen (= Winterknospen) mit reservestoffreichen Hüllblättern, die im Herbst am Ende der Sprosse entstehen, sich dann ablösen und auf den Grund des Gewässers sinken. Im Frühjahr wachsen sie zunächst am Boden aus und steigen dann mithilfe der lufterfüllten Blätter empor.

Verwendung: Zierpflanze für Gartenteiche.

Hydrocotyle vulgaris LINNAEUS, Gewöhnlicher Wassernabel

Araliaceae (Araliengewächse)

Ausdauernder Hemikryptophyt bzw. Sumpfpflanze, 5–25 cm hoch. Der Hauptspross ist aufrecht, tritt aber kaum in Erscheinung, da er früh hinfällig ist. Seine Funktion wird durch bis 1 m lange oberirdische Ausläufer übernommen, die von ihrer Natur her Seitensprosse sind. Sie bewurzeln sich an den Knoten, stellen also Kriechtriebe dar. Blätter bis 25 cm lang gestielt, kreisrund, gekerbt, schildförmig mit in der Mitte ansitzendem Blattstiel (peltat).

Systematik: Die Gattung mit ihren weltweit 130 Arten gehört in die Unterfamilie Hydrocotyloideae. Früher wurde sie oft zu den Doldenblütlern (Apiaceae) gerechnet, wo sie allerdings isoliert stand (innere Schicht der Fruchtwand holzig, Ölsekretbehälter fehlend oder in die Hauptrippen abgesenkt), sodass sie manchmal auch als eigene Familie Hydrocotylaceae (= Wassernabelgewächse) aufgefasst wurde.

Namen: „*Hydrocotyle*" ist ein vorlinnéscher Name, von griech. hydor = Wasser und kotyle = Nabel, wegen der nabelartigen Vertiefung des Blattes im Bereich des Blattstielansatzes. Lat. „*vulgaris*" = häufig, gewöhnlich. – „Wassernabel" ist durch Übersetzung künstlich gebildet.

Vorkommen: Sumpfwiesen und Flachmoore, auf nassen, kalkarmen, oft offenen Böden. Vor allem in den Tieflagen Norddeutschlands, im Süden selten. Wegen Entwässerung stellenweise im Rückgang und in mehreren Bundesländern gefährdet bis stark gefährdet.

Blüten: VI–VIII. Selten blühend. Unscheinbare, weißliche Zwitterblüten, nur etwa 1 mm breit, zu 3–5 in kopfiger Dolde oder in Wirteln. Doldenstiel etwa halb so lang wie der Blattstiel. Selbstbestäubung.

Früchte: Nussfrüchte flach, warzig, geflügelt.

Vegetative Vermehrung durch die ausläuferartig kriechenden Stängel.

Verwendung: In Wildpflanzengärten ein dankbarer Besiedler kleiner Gartenteiche. Auch als Aquarienpflanze geeignet. Volksmedizinisch wird Wassernabel gelegentlich als harntreibendes Mittel verwendet.

Hylotelephium: siehe bei *Sedum*

Hyoscyamus niger LINNAEUS, Bilsenkraut, Schwarzes Bilsenkraut

Solanaceae (= Nachtschattengewächse)

Einjährig (sommer- oder winterannuell) oder zweijährig, 10–80 cm hoch. Pflanze durch klebrige Drüsenhaare stinkend. – Bis 55 cm tief wurzelnd. – **Stark giftig**.

Systematik: Die Gattung umfasst 20 Arten. Sie ist nah verwandt mit der Tollkirsche (Atropa).

Giftigkeit: Alle Teile, am meisten die Samen, sind **stark giftig**. Sie enthalten die Alkaloide Hyoscyamin (stinkend), Atropin, Scopolamin usw. Symptome ähnlich wie bei *Atropa* (Tollkirsche) und *Datura* (Stechapfel): u.a. sinnestäuschend und stark einschläfernd. Dazu kommt die Wirkung von Cholin, das die vegetativen Funktionen wie Speichelsekretion und Peristaltik anregt. Bei Kindern sollen schon 15 Samen tödlich sein. Hauptvergiftungen bei Missbrauch als halluzinogene Droge.

Namen: „*Hyoscyamus*" ist der lat.-griech. Name der Pflanze, zu hys, hyos = Schwein und kyamos = Saubohne (*Vicia faba*); die Bedeutung ist unklar. Lat. „*niger*" = schwarz, wegen der dunklen Strichsaftmale der Blüten, die bei *H. albus* fehlen. – „Bilsenkraut" (ahd. bilisa, belina) vielleicht zu altdeutsch ‚pilisa' = tödlich, jedenfalls wurde im Altertum vor der Pflanze gewarnt. Der volkstümliche Name „Zigeunerpflanze" bezieht sich auf die Ausbreitung der Rauschdroge durch Zigeuner.

Vorkommen: Sonnige Ruderalstandorte, vor allem Müllplätze, und z.B. auch ehemalige Gräberfelder, aber auch Weideland, auf sehr nährstoffreichen Lehmböden. Stickstoffzeiger. Wärmeliebend. Kulturbegleiter: Alteinwanderer (Archäophyt). Heimat: Mittelmeergebiet. Vorwiegend in Tieflagen, in den deutschen Alpen noch bis 1650 m. Im mitteldeutschen Trockengebiet noch verbreitet, sonst zerstreut und oft unbeständig (ausgeprägter Wärmekeimer) und zurückgegangen. Gefährdet. In gemäßigten Zonen heute weltweit verbreitet.

Blüten: VI–X. Vorweibliche „Große Trichterblumen", in dichten ährenförmigen Wickeln. Typische Langtagpflanze; blüht erst ab einer Tageslänge von mindestens 11 Stunden. Krone trichterig, blassgelb mit dunkelvioletten Strichsaftmalen, an der Basis ebenfalls violett, schwach dorsiventral. Die Narbe überragt die Staubbeutel. Die Staubfäden sind am Grunde behaart und schränken dadurch den Zugang zum Nektar ein (= Saftdecke), lassen aber drei spaltenförmige Eingänge zum Nektar frei. Dieser wird von den unteren Fruchtknotenhälften abgeschieden und im unteren Teil der Kronröhre gesammelt. Bestäuber sind Hummeln. Selbstbestäubung durch besuchende Insekten ist möglich. Pollen giftig.

Früchte: Deckelkapseln mit kurzem, nach der Blüte starrem Stiel. Reichsamig: 300–400 schwarzbraune Samen pro Kapsel. Kelch zur Samenreife vergrößert und steif (= Windfang): Windstreuer (bei starkem Wind). Kelch klebrig-drüsig und Kelchzipfel stachelspitzig: Tierstreuer. Regentropfenwanderer. Menschenausbreitung (Kulturbegleiter und -relikt). Fruchtreife: VIII–X. Wärmekeimer. Samen sehr lang keimfähig (> 600 Jahre).

Verwendung: Blätter und Samen werden schon seit dem Altertum arzneilich als schmerzstillendes und beruhigendes Mittel (z. B. gegen das Alterszittern) verwendet. Auch in der Volksmedizin spielte die Pflanze eine Rolle, vor allem in Form eines Ölauszuges zum Einreiben bei Rheuma. Wegen der Giftigkeit sollte die Pflanze jedoch unbedingt gemieden werden. Im Mittelalter gebrauchte man die Pflanze, ähnlich wie *Datura*, für Liebestränke und Hexensalben (erotisierende und berauschende Wirkung mit Halluzinationen). Wegen letzterer Wirkung wurden mancherorts Samen dem Bier zugesetzt, um dessen Wirkung zu verstärken (gefährlich!). Zu diesem Zweck wurde noch bis ins 17. Jh. Bilsenkraut von einigen Brauereien angebaut. Das Pilsener Bier geht auf die tschechische Stadt Pilsen zurück. Da dort im Mittelalter wahrscheinlich Bilsenkraut als Bierzusatz angebaut wurde, besteht möglicherweise eine Namensbeziehung zwischen Bilsenkraut und Pilsener Bier. Nach anderer Quelle wurde dort allerdings *Datura* als berauschender Bierzusatz angebaut. – Obwohl Einwanderer aus Nordamerika befällt der Kartoffelkäfer (Coloradokäfer) auch diese Pflanze.

Hypericum perforatum LINNAEUS, Tüpfel-, Echtes oder Gewöhnliches Johanniskraut, Tüpfel-Hartheu

Hypericaceae (= Johanniskrautgewächse)

Ausdauernder, sommergrüner Hemikryptophyt: Schaftpflanze, d. h. Erneuerungsknospen an der Stängelbasis, 30–60 cm hoch. Formenreich. Blätter kreuzgegenständig, durch zahlreiche helle, schizogene (= durch Auseinanderweichen von Zellen in Zellzwischenräumen entstandene) Ölbehälter punktiert, die am besten im Gegenlicht zu erkennen sind. An den Blättern und vor allem im Blütenbereich befinden sich außerdem dunkle Ölbehälter, die u. a. das intensiv rot gefärbte Hypericin enthalten. Formenreich. – Bis 50 cm tief wurzelnd.

Systematik: Die Gattung ist mit 400–500 Arten fast weltweit verbreitet und umfasst neben Kräutern und Halbsträuchern auch Sträucher und Bäume.

Giftigkeit/Schädlinge: Durch den Gehalt an Hypericin wirkt die Pflanze photosensibilisierend. Dadurch kommt es nach Aufnahme größerer Mengen der Pflanze, z. B. bei Pferden und Rindern, zur „Lichtkrankheit" der Haut, d. h. es entstehen im Licht brandblasenähnliche, evtl. sogar tödliche Hautveränderungen. In Nordamerika, wo die Pflanze eingeschleppt wurde, entstanden auf diese Weise erhebliche Schäden beim Weidevieh. – Das Hypericin hält pflanzenfressende Insekten ab. Ausnahme sind die Larven von Blattkäfern der Gattung *Chrysolina*, die den Giftstoff unbeschadet aufnehmen. Zum Schutz vor Sonnenlicht sind sie besonders in der Dämmerung aktiv und verstecken sich sonst im Boden. In den USA wurden die Käfer erfolgreich zur biologischen Schädlingsbekämpfung eingesetzt.

Namen: „*Hypericum*" ist ein. lat.-griech. Pflanzenname von nicht genau bekannter Zuordnung und unsicherer Etymologie mit ganz unterschiedlichen Deutungen. Lat. „*perforatus*" durchlöchert (s. u.). – „Hartheu" wegen der harten, lange bleibenden Stängel, die ein nur wenig brauchbares Heu ergeben. „Johanniskraut" wegen der Bedeutung von *H. perforatum* bei den Sonnenwendfeiern (s. u.), die später zum Johannistag (24. 6.) umgewidmet wurden, wohl im Zusammenhang mit dem Blühbeginn des Echten Johanniskrauts. Der Bezug zu Johannes dem Täufer und seiner Ermordung findet sich auch in einer Reihe von Legenden, in denen die von den Blüten beim Quetschen abgegebene blutrote Färbung (Johannisblut) und die durchlöcherten Blätter (s. u.) eine Rolle spielen. „Tüpfel-" wegen der Öldrüsen. „Echt" bezieht sich auf die Nutzung als

Heilpflanze. – „Johanniskraut" hießen früher im Volk sehr verschiedene Pflanzen, die im Aberglauben eine Rolle spielten, bei den Germanen dem Gott Donar geweiht waren und nach der Christianisierung auf Johannes den Täufer bezogen wurden.

Vorkommen: Säume, Wegränder, Magerwiesen, Heiden, Schläge und Ruderalstellen, auf meist trockenen Böden. Magerkeitszeiger. Ebene bis Gebirge (Deutschland bis 1000 m, im Wallis bis 2000 m). – Relativ resistent gegenüber Herbiziden, daher z. B. auf gespritztem Bahngelände oft größere Bestände bildend. In Nordamerika eingeschleppt und als invasive Art eingestuft.

Blüten: VI–VIII. Homogame „Pollen-Scheibenblumen", in zusammengesetzten Dichasien (Trugdolden) mit (zur Fruchtreife gut erkennbaren) Schraubeln. Staubblätter zahlreich, ca. 80 je Blüte, in 3 Büscheln zusammenstehend. Statt Nektar wird anbohrbares Gewebe von unsicherer ökologischer Bedeutung angeboten. Bestäuber sind Pollen suchende Insekten wie Wildbienen und Schwebfliegen. Hauptdarbietung des Pollens um 6 Uhr morgens. Selbstbestäubung vor dem Abblühen, wenn die schrumpfenden Kronblätter die Blüte wieder einhüllen. Samenbildung ohne Befruchtung (= Apomixis) ist verbreitet.

Früchte: Bei Trockenheit geöffnete, wandspaltige (= septicide) Kapseln: Wind- und Tierstreuer. Samen nur 0,15 mg schwer: Körnchenflieger. Daneben Speicherausbreitung durch Rasenameisen (*Tetramorium caespitum*). Fruchtreife: IX–X(–XII). Wintersteher. Samen langlebig.

Vegetative Vermehrung durch Wurzelsprosse.

Verwendung: Wegen des Gehaltes an ätherischen Ölen, Gerbstoffen und dem entzündungshemmenden Hypericin ist die Pflanze ein altbewährtes Volksheilmittel. Auch spielte sie im Aberglauben eine große Rolle, z. B. als Schmuckpflanze bei den Sonnwendfeiern am 21. Juni. Früher wurde das Kraut auch als Mittel bei Stichwunden verwendet (Merkhilfe nach der Signaturenlehre: a) durchstochene Blätter, die „Stiche" sind die durchscheinenden Öldrüsen; b) blutroter Farbstoff). In den letzten Jahren ist Johanniskraut als Mittel gegen Verstimmungszustände wiederentdeckt worden und wird vor allem bei Altersdepressionen eingesetzt. Allerdings wurde inzwischen als mögliche Nebenwirkung die Minderung der Konzentration bestimmter anderer Medikamente im Blut beobachtet. Als Wirkstoff wurde zunächst Hypericin und später Hyperforin angenommen; vermutlich aber wirken beide Stoffe zusammen. Hoch dosierte Präparate aus der Apotheke sind bei mittelschweren Depressionen effektiv, aber wegen möglicher Nebenwirkungen verschreibungspflichtig. Niedrig dosierte Präparate und Tees sind oft ohne Nutzen. – Die Wirkung von Johanniskrautöl, einem beliebten Wundheil- und Einreibungsmittel, beruht u. a. auf dem Gehalt an Gerbstoffen. Neuerdings wurde eine hemmende Wirkung von Hyperforin auf das Bakterienwachstum nachgewiesen. Bei allen Johanniskraut-Präparaten muss grundsätzlich mit einer Erhöhung der Lichtempfindlichkeit gerechnet werden. Doch trifft dies nur für sehr hellhäutige Personen zu und ist durch starke Verminderung des Hypericin-Anteils in den modernen Darreichungsformen nur noch von untergeordneter Bedeutung. – Im Mittelalter sprach man dem

Hartheu (auch Teufelsflucht oder Jageteufel genannt) besondere Kräfte zu, man sagte „es besitzt eine Kraft gegen Zauberei und gegen den Teufel wie sonst kaum ein anderes Kraut". So wurde bei den abscheulichen Hexenprozessen den Beschuldigten der Saft des Johanniskrautes eingegeben, damit sie bei der Tortur die Wahrheit sagen sollten. – Zierpflanze und auch für Wildpflanzengärten zu empfehlen. Dazu als Färberpflanze nutzbar. Die jungen Blätter schmecken herb-aromatisch und können als Zutat zu Salaten usw. verwendet werden. Die süßlichen Blüten können als essbare Dekoration dienen.

Weitere Arten (vgl. auch *H. pulchrum*):

Hypericum maculatum Crantz, Geflecktes oder Kantiges Johanniskraut: Von voriger Art u. a. unterschieden durch den 4-kantigen statt 2-kantigen Stängel, kaum durchscheinend punktierte Blätter, vorne stumpfliche bis abgerundete statt spitze Kelchblätter und den späteren Blühbeginn. Silikatmagerrasen, vor allem der Gebirge, Waldränder, Staudenfluren und Moorwiesen, auf feuchten, basenreichen, sauren Böden. Ebene bis Gebirge (deutsche Alpen bis 1940 m). Zeiger für ± extensive Bewirtschaftung. Die den Kronblättern aufsitzenden Drüsen halten möglicherweise aufkriechende Insekten (als unerwünschte Blütenbesucher) ab. – Nicht selten sind Sippen, die zu *H. perforatum* vermitteln.

Hypericum humifusum L., Niederliegendes Johanniskraut: Einjährige (winter- oder sommerannuelle), im milden Klima auch ausdauernde Kriechpflanze, nur 5–10(–15) cm hoch. Lückige Zwergpflanzenstandorte, besonders auf Waldwegen. Feuchtezeiger. Blüten klein mit relativ wenigen Staubblättern. Meist Selbstbestäubung, z. T. auch geschlossenblütig (kleistogam). Ausbreitung der schwer benetzbaren Samen vermutlich als Regenschwemmlinge sowie mit Erde durch Tritt.

Hypericum hirsutum L., Behaartes Johanniskraut: Kurzhaarig, 40–100 cm hoch. Auf basen- oder kalkreichen Böden in lichten Wäldern und besonders an Gehölzsäumen. Die goldgelben Blüten sind kleiner und besitzen weniger Staubblätter als *H. perforatum*, sind aber blütenökologisch sonst ähnlich. Samen samtig behaart, daher bei Nässe Adhäsionshafter.

Hypericum tetrapterum Fr., Flügel-Hartheu oder -Johanniskraut: Kahle, meist um 40–50 cm hohe Sumpfpflanze. Stängel 4-flügelig. Vor allem in Gräben, im Röhricht und an anderen nassen Standorten. Die Stängelflügel dienen der Stabilisierung in Trockenzeiten. Die hohlen Stängel sichern die Sauerstoffversorgung des Wurzelbereichs. Blüten- und Ausbreitungsökologie ähnlich wie bei *H. perforatum*, aber durch die kleineren und blassgelben Blüten unterschieden. Auch Schwimmausbreitung der Samen. Vegetative Vermehrung über kurze, fadenförmige, unterirdische Ausläufer. Zierpflanze für Teichränder.

Hypericum pulchrum LINNAEUS, Schönes Johanniskraut

Hypericaceae (= Johanniskrautgewächse)

Wintergrüner Chamaephyt, 30–60 cm hoch und meist einstängelig. Blätter dunkelgrün, breitoval, sich an sonnigen Standorten durch Anreicherung von Anthocyanen, die als Lichtschutzpigmente dienen, dunkelrot verfärbend. Unterirdische Ausläufer sind vorhanden.

Namen: Zu den Gattungsnamen vgl. *H. perforatum*. Lat. „*pulcher*" = schön, wegen des hübschen Aussehens dieser Pflanze.
Vorkommen: Eichenmischwälder und Besenginstergebüsche, oft auf und an Waldwegen und in Heiden, auf basen- und nährstoffarmen, sauren Böden in wintermilder Lage. Mit westlicher Verbreitung. Im Flachland seltener.
Blüten: VII–IX. Goldgelb, ca. 1–1,5 mm breit. Kelchblätter mit randlichen Drüsen, die evtl. als Aufkriechschutz dienen. Bestäuber wie bei *H. perforatum*.
Früchte: Wandspaltige Kapseln. Wind- und Tierstreuer. Samen langlebig.
Vegetative Vermehrung durch unterirdische Ausläufer.
Verwendung: Für Wildpflanzengärten sehr zu empfehlen.
Weitere Art (vgl. auch vorigen Abschnitt):
Hypericum calycinum L., Großblütiges oder Immergrünes Johanniskraut: Niedriger, bis 30–50 cm hoher Halbstrauch. Rasig wachsend durch reichliche, unterirdische Ausläufer. Attraktive, häufig kultivierte, anspruchslose Zierpflanze; z. B. als Flächendecker, etwas frostempfindlich. Heimat: Südosteuropa und Nordtürkei. Blüten um 8 cm breit, mit 5 Staubblattbündeln. Ergiebige Pollenquelle für Bienen. Es sind nur helle Ölbehälter vorhanden.

Hypochaeris radicata LINNAEUS, Gewöhnliches Ferkelkraut

Asteraceae (= Korbblütler)

Ausdauernde, kurzlebige Rosettenpflanze, 15–60(–80) cm hoch. Milchsaft führend. Stängel blaugrün, ohne Laubblätter, oben meist mit wenigen Schuppenblättern, unten steifhaarig, oben kahl und (etwa im Unterschied zum Löwenzahn *Taraxacum*) meist gabelig verzweigt mit je einem Blütenkörbchen am Ende der Astgabel. Rhizom kurz. Rosettenblätter in kräftiger, dem Boden dicht aufliegender Rosette, 5–20 cm lang, unregelmäßig gelappt bis gezähnt oder fast ganzrandig, meist auffällig zerstreut borstig behaart. – Tiefwurzler mit 30–50 cm langer, kräftiger Pfahlwurzel.

Systematik: Die Gattung umfasst 30–60 Arten. Sie gehört in die Unterfamilie Cichorioideae (siehe *Cichorium*). Nächst verwandt sind Schuppenlöwenzahn (*Scorzoneroides*) und Leuenzahn/Löwenzahn (*Leontodon*).

Die Früchte sind lang geschnäbelt mit Pappus als Flugorgan. Typisch sind die zwischen den Früchten befindlichen weißen Spreublätter.

Namen: „*Hypochoeris*" (hypochoiris) ist der griech. Name dieser oder einer anderen *Cichorium*-ähnlichen Wildpflanze bei THEOPHRAST, wohl zu choiros = Ferkel, die Bedeutung ist aber unklar. Evtl. bezieht es sich auf unbelegtes griech. hypochoeros = Ferkel säugend, wegen des Milchsaftes, oder weil die Pflanze anders als die kultivierten *Cichorium*-Arten nur als Ferkelfutter verwendet wurde. Bei den vorlinnéschen Autoren ist sowohl die Schreibweise „*Hypochoeris*" als auch „*Hypochaeris*" zu finden. LINNÉ übernahm letztere Schreibweise 1753, änderte diese aber ein Jahr später zu „*Hypochoeris*" ab. Trotzdem bleibt die Schreibung mit ‚ae' gültig, da es sich bei der Änderung nicht um die Korrektur eines Fehlers handelt. – Lat. „*radicatus*" = mit Wurzel versehen, im Hinblick auf die kräftige Pfahlwurzel. Der Name „Ferkelkraut" (Ferkleinkraut) wurde von TABERNAEMONTANUS (16. Jh.) in Anlehnung an ‚porcellia' (von porcella = Ferkel), einer späten lat. Übertragung von griech. Hypochoiris, geprägt. Ein weiterer alter Name ist „Saukraut".

Vorkommen: Verbreitet in Magerrasen, Garten- und Parkrasen, Heiden, Felsfluren, auf kalkarmen, mäßig nährstoffreichen Böden. In den deutschen Alpen bis 1535 m. Weltweit verschleppt und dann oft ökologische Problempflanze, da die kräftigen Rosetten das Wachstum anderer Pflanzen behindern (Überkriechstrategie).

Blüten: VI–X. Goldgelbe „Körbchenblumen", nur an sonnigen Tagen und nur vormittags geöffnet. Körbchen 2–4 cm breit, mit > 100 Zungenblüten. Unterschied zu ähnlichen Korbblütlern ist das Vorhandensein von Spreublättern, also Tragblättern zwischen den Einzelblüten; sie sind hier weiß und fallen zur Fruchtreife ab (siehe Abb.). Bestäuber sind verschiedenste Insekten. Bienentrachtpflanze. Selbstbestäubung ist erfolgreich.

Früchte (siehe Detailfoto): Lang geschnäbelte Achänen mit zweireihigem, schmutzig-weißem Pappus, von dem der äußere Kranz kurz und rau, der innere lang und gefiedert ist: Windausbreitung als Schirmchenflieger (ähnlich wie beim Löwenzahn = *Taraxacum*). Dazu bei feuchtem Wetter Wasserhaftausbreitung. Nach der Mahd wachsen die Blütenstängel innerhalb kurzer Zeit wieder empor. Fruchtreife: VII–X.

Verwendung: Alle jungen Pflanzenteile ergeben, ggf. nach Entbitterung durch Einweichen in Wasser, ein mildes Gemüse. Die Wurzeln können wegen des Inulin-Gehaltes, ähnlich wie die der Zichorie/Wegwarte (*Cichorium*), geröstet und als Kaffee-Ersatz genutzt werden.

Hypochaeris maculata L., Geflecktes Ferkelkraut: 30–100 cm hoch. Stängel steifhaarig. Grundblätter breit lanzettlich, oft braun gefleckt. Magerrasen und lichte Kiefernwälder, auf meist kalkreichen, nährstoffarmen Böden. Wechselfeuchtezeiger. Stark gefährdet (Stand 2018). Körbchen 2–6 cm breit. Pappus einreihig, alle Haare gefiedert.

Hypopitys monotropa → *Monotropa hypopitys*

Hyssopus officinalis: siehe bei *Nepeta*

Iberis umbellata LINNAEUS, Doldige Schleifenblume

Brassicaceae (= Kreuzblütler)

Einjährig, sommerannuell oder winterannuell, 20–50 cm hoch.

Systematik: Die Gattung umfasst 6 Arten. Nahe verwandt ist die Knoblauchsrauke (*Alliaria*).
Namen: „*Iberis*“ (hiberis) ist der lat.-griech. Name einer heilkräftigen, kresseähnlichen Pflanze aus Spanien = (H)iberia. Der Name wurde von LINNÉ auf die vorliegende Gattung übertragen. Ob damit evtl. *I. amara* gemeint war, ist unklar. Lat. „*umbellatus*“ = doldig, wegen der doldenähnlichen Blütentrauben. – „Schleifenblume“ bezieht sich auf die Anordnung der 4 Kronblätter der Randblüten, von denen die 2 äußeren vergrößert sind, sodass der Eindruck einer Schleife entsteht. Ein weiterer Name ist „Bauernsenf“, der sich auf die (ehemalige) Verwendung der Samen bezieht. Er ist aber nicht eindeutig und sollte für die Gattung *Teesdalia* vorbehalten sein.
Vorkommen: Häufige Gartenzierpflanze. Oft mit Gartenerde verschleppt, aber fast immer nur vorübergehend (unbeständig). Neuerdings auch selten eingebürgert, z. B. im Ruhrgebiet auf sonnenexponierten Hängen von Kohleabraumhalden. Heimat: Mittelmeergebiet.
Blüten: (V–)VI–VIII. „Nektar führende Scheibenblumen“, in dichten, doldenartigen Trauben (Schirm- oder Doldentrauben). Die äußeren Kronblätter der Randblüten sind deutlich vergrößert (strahlend), was die Schauwirkung erhöht, sodass der Blütenstand den Eindruck einer großen Einzelblüte erweckt, ähnlich wie bei Korbblütlern. Nektar wird am Grunde der Staubfäden abgesondert.

Früchte (siehe Detailfoto): Schötchen. Typisches Beispiel für einen Regenballisten: Die reifen Fruchtstiele sind hygroskopisch, bei Trockenheit einwärts gekrümmt und bei Feuchte spreizend (bei *Thlaspi* = *Microthlaspi perfoliatum* ist es umgekehrt); die Früchte besitzen eine hohle, waagrechte Aufschlagfläche; beim Auftreffen der Regentropfen zerspringt das Schötchen und die Samen werden bis zu 80 cm weit fortgeschleudert. Fruchtreife: VIII–X.

Verwendung: Zierpflanze seit dem 16. Jh. Die Iberis-Arten wurden früher auch als Salatpflanzen, ihre Samen zur Zubereitung von Senf genutzt.

Weitere Arten:

Iberis amara L., Bittere Schleifenblume, Bitterer Bauernsenf: Seltene und unbeständige Art der Getreideäcker, auf warmen, basenreichen Böden. Inzwischen bundesweit verschollen (Stand 2018). Wird auch als Zierpflanze kultiviert (seit dem 16. Jh.). Blüten honigduftend. Früchte unabhängig vom Wetter immer waagerecht abstehend. Hier auch Windausbreitung. Wird seit der Antike als Heilpflanze, heute vor allem bei Reizdarm, Völlegefühl und Blähungen, angewendet, z. B. in dem nach dieser Pflanze benannten Kombinationspräparat Iberogast.

Iberis sempervirens L., Immergrüne Schleifenblume: Immergrüner Halbstrauch. Blütezeit: V–VI (bei mildem Wetter evtl. auch schon im Winter). Blüten leuchtend weiß, beim Verblühen rosa. Häufige, pflegeleichte Zierpflanze der Steingärten (19. Jh.). Heimat: Gebirge des östlichen Mittelmeergebietes.

Die schaufelförmigen Früchte platzen beim Auftreffen von Regentropfen, wobei die Samen weit fortgeschleudert werden.

Ilex aquifolium LINNAEUS, (Gewöhnliche) Stechpalme, Hülse, Ilex

Aquifoliaceae (= Stechpalmengewächse)

Immergrüner bis wintergrüner Laubstrauch von meist 1–5 m Höhe, selten und nur im wintermilden Klima baumförmig und dann bis maximal 10(–15) m hoch und 300 Jahre alt werdend. In Irland sind kleine Bäume von 50 cm Stammdurchmesser nicht selten. In den Alpen meist nicht über 2 m hoch, da die nicht schneebedeckten Zweige im Winter erfrieren. Ähnlich als Strauch an frostgefährdeten Standorten. Im strengen Winter 1928/29 hat Heinrich WALTER bei *Ilex* einen steilen Anstieg der Zellsaftkonzentration von etwa 15 auf 24 at beobachtet. Dies führte schließlich zum Absterben der Blätter. Lebensdauer der Blätter 1–4 Jahre. Blätter ledrig, Epidermis mehrschichtig, mit Wachsüberzug, glänzend (= Erwärmungs- und Verdunstungsschutz durch Reflexion), ziemlich trockenresistent. Zweige lange grün bleibend. Blätter deutlich verschieden (Heterophyllie): An den unteren, nicht blühenden Ästen sind sie meist buchtig-dornig, was wohl dem Fraßschutz dient, während sie an den oberen, blühenden Zweigen oft nur schwach dornig bis ganzrandig sind. (Diese Verhältnisse gelten aber nicht für alle Ziersorten.) An sonnigen Standorten sind die Blätter stark wellig und besonders stark dornig gezähnt. Weibliche Pflanzen sind oft besonders dornig. Sehr ausschlagfähig (z. B. nach Erfrieren). – Pilzwurzel (arbuskuläre Mykorrhiza). – **Stark giftig**.

Systematik: *Ilex* ist die einzige Gattung der Familie. Sie umfasst 400–500 Arten, vor allem in den Tropen und Subtropen. Mehrere Arten sind bei uns als Ziersträucher in Kultur.

Giftigkeit: Blätter und Früchte enthalten noch unbekannte Giftstoffe. 20–30 Früchte sollen für Erwachsene tödlich sein, doch wird das Ausmaß der Giftigkeit sehr unterschiedlich bewertet. Symptome sind Erbrechen, Durchfall und Herzrhythmusstörungen. Die Pflanze ist auch für Säuger gefährlich; die Angaben schwanken aber auch hier. Für Hunde soll

Blüten einer weiblichen Pflanze mit Stempel und funktionslosen Staubblättern.

Ilex besonders giftig sein, dort gelten 20 Früchte als tödlich.
Schädlinge: In den Blättern finden sich nicht selten Fraßgänge von Larven der Minierfliege *Phytomyza ilicis*.
Namen: „*Ilex*" ist der lat. Name der Stein-Eiche (*Quercus ilex L.*), der später wegen der ebenfalls uneinheitlich gestalteten und oft dornig gezähnten Blätter auf die Stechpalme übertragen wurde. „*Aquifolium*" (oder acrifolium) ist der lat. Name der Pflanze (bzw. ebenfalls einer dornspitzigen Eichenart), zu acus = Nadel, Spitze und folium = Blatt, also mit spitzigen, stechenden Blättern. Der (konservierte) Familienname Aquifoliaceae geht auf den Gattungsnamen *Aquifolium* zurück, der von MILLER 1754 aufgestellt wurde, aber ungültig ist, weil LINNÉ bereits ein Jahr früher *Ilex* als gültigen Namen eingeführt hatte. – „Stechpalme" wegen der dornigen Blattzähnung und der (ehemaligen) Verwendung der immergrünen Zweige an Palmsonntag. „Hülse" (vgl. engl. holly, z. B. in ‚Hollywood') ist ein weiterer alter Name der Pflanze, der sich z. B. noch in vielen Orts- und Flurnamen wiederfindet. Der Name bedeutet ‚spitz, stechend'.
Vorkommen: Laubwälder und Buchen-Tannenwälder, auf meist frischen, milden bis mäßig sauren Lehmböden mit Mull- oder Moderhumus in wintermilder, humider Klimalage. Atlantisch-submediterran verbreitet, vom Mittelmeer- und atlantischen Gebiet bis Westdeutschland und Küstengebiet der Ostsee bis Westmecklenburg. In den letzten Jahren erfolgte aufgrund der milder werdenden Winter eine Arealerweiterung in Nordostdeutschland und Skandinavien. Ebene bis Gebirge (deutsche Alpen bis 1800 m). Schatten- oder Halbschattenpflanze. Durch Kahlschlagwirtschaft in einigen Gegenden gefährdet. – Ursprüngliche Vorkommen sind **geschützt**!

Blüten: V–VI. Meist zweihäusig, d. h. männliche und weibliche Pflanzen sind getrennt, allerdings sind in den Blüten noch Rudimente des jeweils anderen Geschlechts vorhanden (funktionell eingeschlechtlich). Honigduftende „Nektar führende Scheibenblumen", in büscheligen Dichasien. Hohe Pollenproduktion. Nektar wird offen am Blütengrund dargeboten. Blüten vierzählig, weiß, mit zentralem hellkarminrotem Saftmal. Kron- und Staubblätter an der Basis miteinander verwachsen, als Ganzes abfallend. Bestäuber sind besonders Bienen.
Früchte: Lebhaft rote Steinfrüchte mit meist 4 dreikantigen, einsamigen Steinkernen. Verdauungsausbreitung durch Vögel; z. B. Amseln und Tauben nehmen sie gerne an und sorgen damit für die Ausbreitung der Art besonders in Siedlungsnähe. Fruchtreife: IX–XI. Wintersteher. Anlockungseffekt durch Kontrast zwischen grünen Blättern und roten Früchten. Die Früchte bleiben oft lange am Strauch; erst wenn sie überreif sind bzw. nach mehreren Frösten, werden sie plötzlich innerhalb weniger Tage von den Vögeln geholt. Lichtkeimer.
Vegetative Vermehrung erfolgt reichlich bei Laubbedeckung durch sich bewurzelnde herabhängende oder niederliegende Zweige sowie durch Wurzelsprosse.
Verwendung: Beliebte Zierpflanze („Ilex"), in zahlreichen Sorten gepflanzt, die sich oft auch durch Art und Ausmaß der Bedornung unterscheiden. Der besondere Schmuck durch die roten Früchte ist natürlich nur bei den weiblichen Pflanzen gegeben. Auch als Heckenpflanze geeignet. Hübscher Winter- und Weihnachtsschmuck, so z. B. besonders beliebt in Großbritannien. Die Blätter wurden früher arzneilich bei Bronchitis, Rheuma und Gicht, und die Früchte gegen Epilepsie verwendet. – Liefert gutes Drechslerholz, z. B. für Schachfiguren. Wie alle im-

mergrünen Pflanzen war auch die Hülse Sinnbild des ewigen Lebens und wurde deshalb zur Weihnachtszeit als Schmuck verwendet (so noch heute in England), oder auch für Palmsonntag (s. o.). Die Pflanze spielte auch eine große Rolle im Aberglauben. – Von etwa 20 südamerikanischen Arten der Gattung, besonders von ***Ilex paraguariensis***, werden die Blätter wegen ihres Gehalts an Theobromin und ca. 1,5% Coffein zur Bereitung von Matetee (span. Yerba mate) verwendet. Das aus Paraguay stammende, aber auch im übrigen Südamerika vielfach kultivierte, durch dornenlose Blätter ausgezeichnete Gehölz gilt u. a. als wertvolles Mittel zur Blutreinigung (Diuretikum und Diaphoretikum). Die Art dient auch der Färbung von Stoffen, und aus den unreifen Früchten wird Gerbstoff gewonnen. – Die in Kultur meist niedrig wachsende Japanische Stechpalme (***Ilex crenata***) ist als Buchsbaum-Ersatz interessant, da sie im Aussehen und in der Pflege sehr ähnlich ist. Sie hat schwarze Steinfrüchte.

Impatiens glandulifera Royle (= *I. roylei* Walp.), Drüsiges oder Indisches Springkraut

Balsaminaceae (= Balsaminengewächse)

Einjährige, 0,5–2,5 m hohe Pflanze. Stängel durchscheinend, glasig, bis 5 cm dick. Blätter blaugrün, weich, gegenständig oder zu 3 quirlig. Stängelknoten, Blattstiele und untere Zähne des Blattrandes mit mehrere mm großen Drüsen. Diese dienen als extraflorale Nektarien der Anlockung von Ameisen, die die Pflanze vor Fressfeinden schützen sollen. Frostempfindlich. Schon der erste Frost lässt die Pflanzen in sich zusammenfallen. Die Pflanze gibt Stoffe ab, die die Keimung einheimischer Begleitpflanzen hemmen (Allelopathie). – Flachwurzler mit zahlreichen sprossbürtigen Wurzeln.

Systematik: Die Gattung ist mit etwa 1000 Arten besonders umfangreich.
Giftigkeit: Alle Arten der Gattung sind im frischen Zustand schwach giftig.
Schädlinge: Als typischer Neophyt war die Pflanze lange Zeit ohne nennenswerte Schädlinge. In jüngster Zeit wurde sie aber zu einer wichtigen Futterpflanze der Larven des Mittleren Weinschwärmers (*Deilephila elpenor*).
Namen: Zu den Gattungsnamen siehe *I. noli-tangere*. Lat. „*glandulifer*" = Drüsen tragend. Walpers hat 1842 die Art zu Ehren ihres Entdeckers und Erstbeschreibers J. F. Royle (1798–1858), eines Erforschers der Indischen Flora, in *I. roylei* umbenannt; da das aber dem Prioritätsprinzip widerspricht, ist der Name ungültig.
Vorkommen: Ursprünglich Zierpflanze und Bienentrachtpflanze. Oft verwildert und seit etwa 1960 völlig eingebürgert (Neophyt seit 1854), vor allem an Pionierstandorten in Auwäldern, feuchten Eichen-Hainbuchenwäldern und an Ufern, in luftfeuchter Klimalage. Stellenweise auch an Ruderalstandorten, aber dort meist nicht sehr vital. Nährstoffliebend. Heimat: Ostindien/Himalaja. Obwohl die Pflanze seit 1854 im Gebiet nachgewiesen ist, erfolgte eine größere Expansion aber erst ab 1950. Inzwischen ist die Art überall im temperaten Europa und in Nordamerika eingebürgert. In Deutschland ist sie als „potenziell invasiver Neophyt" eingestuft. Eine Bekämpfung

Die reifen Früchte öffnen sich bei Berührung und schleudern die Samen weit weg.

dieser einjährigen Pflanze ist am ehesten durch Ausreißen (bzw. Abmähen) vor der Blüte (!) zu erreichen, das man so lange fortsetzen muss, bis ausdauernde, einheimische Arten das Terrain zurückerobert haben. Ob sich ein solcher Aufwand lohnt, und ob die Pflanze wirklich eine ökologische Problemart ist, wird unterschiedlich beurteilt.

Blüten: VI–X, also auch Spätblüher. Blütenfarbe variabel, karminrot bis blassrosa oder auch weiß. Blüten 2–4 cm lang, sehr intensiv riechend, von manchen als unangenehm empfunden. Ausgeprägt lichtwendig. Sehr ergiebige Nektarquelle für Hummeln und Honigbienen mit dem höchsten Nektarangebot pro Stunde in der heimischen Flora. Für Honigbienen besonders als Spättracht wichtig. Für kleinere Wildbienen ist die Pflanze eher bedeutungslos. Zuweilen erfolgt Blüteneinbruch durch Erdhummeln (Nektarraub). An der Ahr wurde auch der tagaktive Nachtschmetterling *Macroglossum stellatarum* = Taubenschwänzchen beobachtet – ein Wanderfalter aus dem Süden, der in den letzten Jahren zunehmend auch in Deutschland überwintert. Selbstfertil, aber Selbstbestäubung ist selten.

Früchte: 5-fächerige Spalt-Kapseln mit je 5–10 Samen. Typische Saftdruckstreuer: Die Früchte stehen bei der Reife durch den Turgor (= Zellsaftdruck) unter Spannung. Bei der leisesten Berührung oder bei Erschütterung reißen die Früchte an vorgebildeten Nähten zwischen den Fruchtklappen blitzschnell auf (siehe Detailfoto). Es sind also Explosionsfrüchte. Dabei rollen sich die saftigen Fruchtklappen ein und schleudern die Samen katapultartig nach außen. Der genaue Mechanismus der Ausstreuung ist bei Deegan (2012 Proc. Natl. Acad. Sci. USA 109: 5166) beschrieben. Es wurde ein sehr hoher Wirkungsgrad festgestellt, mit dem die elastische Energie in Wurfenergie umgewandelt wird. Streuweiten 1(–7) m, wobei die weit ausladenden Blätter z. T. als Sprungbretter dienen. Dazu auch Klebausbreitung, u. a. durch Vögel, die die Früchte berühren, und Wasserausbreitung durch wandernden Flusssand und Flusskies. Menschenausbreitung (Gartenpflanze). Fruchtreife: IX–X. Die Samenproduktion ist mit 32.000 pro m² sehr hoch. Die Samen sind 4–5 Jahre keimfähig.

Vegetative Vermehrung: Bei Hochwasser können abgerissene Pflanzen beim Anlanden erneut wurzeln und weiterwachsen. Auch abgeschnittene Knoten bewurzeln sich leicht.

Verwendung: Die Pflanze gelangte Mitte des 19. Jh. zu uns als Gartenzierpflanze („Bauernorchidee") und als Bienentrachtpflanze. Inzwischen hat man sie auch als ergiebiges Schweinefutter entdeckt. Die Samen haben ein angenehmes Nussaroma und können (reif oder unreif) roh verzehrt oder als Zutat für Gebäck usw. verwendet werden.

Weitere Arten (vgl. auch den folgenden Abschnitt):

Impatiens walleriana Hook. fil. (= *I. holstii* Engl.), Fleißiges Lieschen, Balsamine: Halbstrauchige Staude, die aber meist als Einjährige gezogen wird. Heimat: Tropisches Afrika. Beliebte Topfpflanze, u. a. weil sie sich leicht als Steckling vermehren lässt, denn ins Wasser gesteckt bewurzelt sie sich sehr schnell. Inzwischen sind verschiedene Sorten und Hybriden auch beliebte Zierpflanzen für Pflanzschalen und Balkonkästen, ebenso wie für Sommerrabatten der Gärten und Parks. Die Blüten sind radförmig und nur kurz gespornt. Heimat: Südafrika, aber inzwischen in den Tropen weltweit verschleppt.

Impatiens balsamina L. (= *Balsamina hortensis* Desp.), Garten-Balsamine, Garten-Springkraut: Besonders im Süden eine beliebte einjährige Zierpflanze. Voriger Art sehr ähnlich und mit ähnlichen Namen. Alte Bauergartenpflanze. Sie wurde im 16. Jh. nach Europa eingeführt. Heimat: Süd- und Ostasien. Selten verwildert, aber nur unbeständig.

Impatiens noli-tangere LINNAEUS, Großes Springkraut, Rührmichnichtan

Balsaminaceae (= Balsaminengewächse)

Einjährig, bis 1 m hoch (sehr produktiv). Blätter wechselständig, rein grün. Ausgesprochene Schattenpflanze: Blätter durch Wachsüberzug unbenetzbar, Blattrand mit Wasserspalten (Hydathoden), an denen vor allem morgens tauartige Tropfen zu finden sind (Guttation), wodurch trotz fehlender Verdunstung der Flüssigkeitsstrom in der Pflanze aufrecht erhalten wird; Stängel saftig, durchscheinend, Leitbündel gut sichtbar. *Impatiens*-Arten lassen bei zu starker Besonnung die Blätter hängen und schützen sich dadurch vor zu starker Austrocknung, im Schatten richten sie sich sofort wieder auf. Blätter mit extrafloralen Nektarien an der Basis der Blattstiele. Gewebe mit Oxalatkristallen („Drusen"), die vermutlich dem Fraßschutz dienen. Wie alle *Impatiens*-Arten frostempfindlich und nach den ersten Frösten zugrunde gehend (Frostlochzeiger). – Flachwurzler.

Namen: „*Impatiens*" ist der bereits vorlinnésch verwendete Name der Pflanze, von lat. „*impatiens*" = ungeduldig und „*noli-tangere*" = rühre (mich) nicht an! Alle diese Namen beziehen sich ebenso wie „Springkraut" darauf, dass die reifen Früchte bei Berührung aufspringen und ihre Samen ausschleudern. – MILLER wählte für die Gattung den Namen *Balsamina* (vgl. oben *I. balsamina*), auf dem bis heute der Name der Familie Balsaminaceae basiert, obwohl „*Balsamina*" gemäß den Nomenklaturregeln ungültig ist, da LINNÉ „*Impatiens*" schon vorher gültig veröffentlicht hatte. – Hinweis: Das durch seine ebenfalls aufspringenden Früchte gekennzeichnete Behaarte Schaumkraut (*Cardamine hirsuta*) wird volkstümlich ebenfalls „Springkraut" genannt.

Vorkommen: feuchte Wälder, auf nährstoffreichen, sickerfeuchten oder -nassen, gut durchlüfteten Böden. Ebene bis Gebirge (deutsche Alpen bis 1300 m).

Blüten: VI–VIII. Ausgeprägt vormännliche, hängende „Rachenblumen", in wenigblütigen Trauben. Das obere Kelchblatt ist wie die Krone gelb gefärbt, hat rote Tüpfelsaftmale und trägt einen 5–7 mm langen Sporn mit Nektarium. Der Sporn dient als Safthalter. Staubblätter zur Röhre verwachsen. Pollenkörner durch Fäden verbunden. Narbenentwicklung erst nach Abfallen der Staubbeutel. Bestäuber sind Hummeln und andere größere Bienen. Der Besuch ist aber weit geringer als bei *I. glandulifera*. Zusätzlich erfolgt (als Vorsichtsmaßnahme) spontane Selbstbestäubung in winzigen, geschlossen bleibenden Blüten (= Kleistogamie). Erdhummeln verüben Nektarraub durch seitliches Anbeißen des Sporns, wodurch dann auch Honigbienen der Zugang zum Nektar möglich wird.

Früchte: 5-fächerige Spaltkapseln. Saftdruckstreuer wie bei *I. glandulifera* beschrieben. Die Samen werden bis über 3 m weit fortgeschleudert. Fruchtreife: VIII–X.

Verwendung: Aus den Samen der *Impatiens*-Arten wurde früher Speiseöl gewonnen.

Weitere Arten:

Impatiens parviflora DC., Kleinblütiges Springkraut: Ähnlich wie vorige Art, Blätter ebenfalls wechselständig, aber gelblich grün. Bis 60 cm hoch. Laubwälder, Gebüsche und Parks, auf frischen, nährstoffreichen, meist kalkarmen Lehmböden in luftfeuchter Lage. Stickstoffzeiger. Oft in Siedlungsnähe. 1837 aus dem Berliner Botanischen Garten verwildert und heute über fast ganz Mitteleuropa verbreitet (Neophyt). Heimat: Nordostasien. Inzwischen hält sich die Ausbreitung in Grenzen. Die Pflanze ist aber noch als „potenziell invasiv" eingestuft. Es passt zur Naziideologie, dass die Hitlerjugend motiviert wurde, diesen „bolschewistischen Eindringling" durch Ausreißen zu vernichten. Blüten nur 1 cm lang, hellgelb, ± aufrecht. Bestäubung hier besonders durch Pollen suchende Schwebfliegen. Spontane Selbstbestäubung ist erfolgreich, es fehlen aber kleistogame Blüten. Streuweite bis 3,4 m. Vermutlich auch Klebausbreitung der Samen (Klebhafter). Die stärkereichen Stängel wurden früher in Notzeiten getrocknet und gegessen.

Inula helenium LINNAEUS, Echter Alant, Helenenkraut

Asteraceae (= Korbblütler)

Stattliche, besonders in den unterirdischen Teilen aromatisch duftende, bis um 2 m hohe ausdauernde Halbrosettenpflanze (Hochstaude), die Anfang Mai austreibt. Die unterseits locker filzigen, oberseits dunkelgrünen, in einen bis 25 cm langen Stiel verschmälerten unteren Blätter haben eine breitlanzettliche Blattspreite von etwa 80 cm Länge. Obere Blätter stängelumfassend. Rhizom kurz, rübenartig, mehrköpfig.

Giftigkeit: Das Berühren der Pflanze kann zu Kontaktallergien führen.
Namen: „*Inula*" und „*helenium*" sind lat.-griech. Namen der Pflanze. „Alant" ist vermutlich von helenium entlehnt. Die Pflanze hieß ehemals „Großer Heinrich", da ihre Heilkraft guten Geistern (vgl. Heinzelmännchen) zugeschrieben wurde.
Vorkommen: Früher öfter angebaut, so in Thüringen und bei Stuttgart, heute nur noch selten als Gartenpflanze. Schattenpflanze, nährstoffliebend. Zuweilen aus Kultur verwildert und zuweilen auch eingebürgert (etablierter Neophyt) an Ufern sowie Weg- und Waldsäumen. Heimat: Südosteuropa/Westasien.
Blüten: VII–VIII. Um 6 cm breite, goldgelbe „Körbchenblumen" mit einer Reihe feiner, weiblicher Strahlblüten sowie zahlreichen vormännlichen, zwittrigen Röhrenblüten in einem wenigköpfigen, endständigen Gesamtblütenstand (gynomonözisch). Äußere Hüllblätter laubblattartig, abstehend. Bestäuber sind Bienen, Schwebfliegen und auch Falter. Bienentrachtpflanze. Die äußeren Hüllblätter sind laubig.
Früchte: Achänen mit 1-reihigem, rauhaarigem Pappus. Schirmchenflieger und Wasserhafter. Dazu Kulturflüchter: Menschenausbreitung. Kältekeimer.
Verwendung: Alte Heil-, Färber- und Bauerngartenpflanze. Das getrocknete Rhizom von 2–3-jährigen Pflanzen wird medizinisch verwendet (Rhizoma Helenii). Es enthält neben dem nach dieser Gat-

tung benannten, 1804 erstmals aus *Inula* isolierten Inulin (dem Fructose-Polysaccharid Fructosan) u.a. auch 1–3% ätherisches Öl. Hauptwirkstoff ist der Bitterstoff Alantolacton, der allerdings potenziell Allergien auslösen kann. Bewährtes Mittel gegen Hustenreiz und auch auswurffördernd. Dazu u.a. gutes, für Wirbeltiere kaum toxisches Wurmmittel. Inulin ist, als Ersatz für Stärke, Bestandteil von Diabetikernährmitteln. Das kandierte Rhizom wurde früher gerne als Nachtisch verzehrt und wird heute noch zur Aromatisierung von Likören verwendet. Auch die Blätter sind essbar.

Weitere Arten und Verwandte:

Inula britannica L., Ufer-Alant: Der folgenden Art ähnliche, aber oft behaarte Schaftpflanze. Blätter unterseits wollig-filzig, stängelumfassend. Vor allem Stromtalpflanze, Feuchtpflanze der Auen, örtlich selten, so in Südwestdeutschland. Im Rückgang. Blütenkörbchen mit goldgelben Strahlenblüten, bis 5 cm breit, einzeln oder zu wenigen. Blüten- und Ausbreitungsbiologie wie bei voriger Art. Bestäuber sind Bienen. Früchte behaart. Auch Schwimmausbreitung (Stromtalpflanze) und vegetative Vermehrung als Wurzelkriecher.

Inula salicina L., Weiden-Alant: Fast kahle, rasig wachsende Halbrosettenpflanze mit stängelumfassenden Blättern. Halbtrockenrasen, wechselfrische Moorwiesen und Gehölzsäume. Kalkhold. In Mittel- und Süddeutschland zerstreut. Im Nordwesten meist fehlend. Bestäuber sind Bienen und Grabwespen. Sinkgeschwindigkeit der Schirmchen 0,27 m/s. Ebenfalls vegetative Vermehrung als Wurzelkriecher. Für Wildpflanzengärten zu empfehlen.

Inula conyzae (GRIESS.) MEIKLE, Dürrwurz, Rauhaariger Alant: 40–80(–120) cm hoher Hemikryptophyt. Stängel oberwärts verzweigt. An „dürren" Plätzen, d.h. in Trockenrasen und an Säumen auf nährstoff- und basenreichen Böden verbreitet. Blütenkörbchen doldig-rispig angeordnet, ohne Strahlblüten; Hüllblätter zurückgekrümmt. Bestäuber wie bei voriger Art. Das Rhizom wurde früher arzneilich zur Wundheilung und das stark riechende Kraut zur Vertreibung von Fliegen verwendet.

Dittrichia graveolens (L.) GREUTER (= *Inula graveolens* L.), Stinkender Klebalant: Einjährige, drüsig behaarte, stark nach Kampfer duftende (dadurch unverwechselbare), (10–)20–40 cm hohe, von Grund an verzweigte Art mit linealischen Blättern. Seit 1950 eingeschleppt aus dem Mittelmeergebiet (Neophyt). Tausalzresistent. Zunächst nur lokal eingebürgert, hat sich die Pflanze in den letzten Jahren an Ruderalstandorten stark ausgebreitet, vor allem entlang von Autobahnen und Eisenbahngleisen. – Eignet sich als Insektizid, so als Mottenmittel.

Iris pseudacorus LINNAEUS, Wasser-Schwertlilie

Iridaceae (= Schwertliliengewächse)

Ausdauernde Sumpfpflanze und Wasserpflanze (Schlammwurzler) bzw. Geophyt. Speicherrhizom kräftig, dichasial verzweigt, oberirdisch gebildet, aber durch Zugwurzeln nach unten verlagert. Der jährliche Zuwachs ist gut daran zu erkennen, dass die Jahresabschnitte in der Mitte dick und an den Enden auffällig verjüngt sind. Blätter zweizeilig, „reitend", unifazial (d.h. die Blattfläche entwickelt sich nur aus der Unterseite der Blattanlage, wodurch Blattober- und -unterseite gleichgestaltet sind), durch Wachsüberzug unbenetzbar, im oberen Teil schwertförmig und scharfkantig.

Systematik: Die Gattung umfasst etwa 350 Arten, von denen ca. 60 als Zierpflanzen in Kultur sind. Zur gleichen Familie gehören die Gattungen *Crocus* und *Gladiolus*.

Giftigkeit: Alle Teile der Pflanze enthalten noch unerforschte, scharf schmeckende Giftstoffe, die beim Trocknen erhalten bleiben. Beim Vieh wurden nach dem Fressen von Blättern schwere blutige Durchfälle beobachtet.

Namen: „*Iris*" ist der lat.-griech. und vorlinnésche Name der Pflanze, zu griech. iris = Regenbogen, wegen des Farbenreichtums der Blüten verschiedener Arten der Gattung. LINNÉ bezieht den Namen auf die gleichnamige griech. Göttin des Regenbogens. Neulat. „*pseudacorus*" = Falscher Kalmus, wegen der Ähnlichkeit mit dem Kalmus (*Acorus calamus*), der als Arzneipflanze hochgeschätzt wurde und seinerzeit bekannter war als *Iris*. – „Schwertlilie"

(Schwertel) wegen der Blattform. – *Iris* ist übrigens auch der Gattungsname der Fangschrecken.

Vorkommen: Wald- und Wiesensümpfe, Verlandungsröhrichte und Großseggenbestände, auf nassen, zeitweilig überschwemmten, nährstoffreichen, sauren Sumpfhumusböden. Etwas wärmeliebend. Ebene bis mittlere Gebirgslagen (nur bis Alpenvorland). – **Geschützt**! (wie alle Arten der Gattung), obwohl speziell die vorliegende Art nicht gefährdet ist.

Blüten: V–VI. Streng selbststerile, kurzlebige „Dreier-Rachenblumen", d. h. Blüten scheinbar aus 3 Einzelblüten bestehend. Fruchtknoten unterständig. Blütenhülle einfach (Perigon) aus zwei Kreisen: innen 3 aufrechte (hier schmale) Perigonblätter („Domblätter") und außen 3 breite, herabgebogene Perigonblätter („Hängeblätter") mit Strichsaftmalen. Außerdem befinden sich in der Blütenmitte 3 über den äußeren Perigonblättern liegende kronblattartige Griffeläste mit lippenartiger, empfängnisfähiger Schuppe (der Narbe entsprechend). Die Perigonblätter sind im untersten Teil zu einer engen Röhre verwachsen. Der Nektar ist in der Röhre verborgen und nur langrüsseligen Bestäubern, besonders Hummeln zugänglich („Einkriechblume" oder „Kraftblume"); nur sie allein streifen auch die Narbe.

Früchte: Fachspaltige Kapseln. Stängel des Fruchtstands elastisch: Windstreuer. Samen flach, mit hornartigem Nährgewebe, geldrollenartig in den drei Fruchtfächern gestapelt, unbenetzbar, dazu Samenschale mit Hohlräumen: Schwimmausbreitung (12 Monate und länger schwimmfähig). Außerdem Wasserhafter. Fruchtreife: IX–X. Kältekeimer.

Vegetative Vermehrung durch Verzweigung des Rhizoms sowie durch sich ablösende und dann schwimmfähige Rhizomteile.

Verwendung: Die gerbstoffreichen Rhizome wurden zum Gerben und mit Eisensalzen versetzt zum Schwarzfärben benutzt. Zierpflanze seit dem 16. Jh. und auch für Wildpflanzengärten zu empfehlen. Zur Verwendung als Heil- und Parfümpflanze siehe *I.* × *germanica*.

Weitere Arten (vgl. auch *Gladiolus* = Schwertlilie):

Iris germanica L., Deutsche Schwertlilie: Durch Bastardierung entstandene, sterile Zierpflanze. Die Eltern vermutlich *I. pallida* und *I. variegata*. Herkunft: östliches Mittelmeergebiet. Hemikryptophyt. Alte Bauerngartenpflanze, öfter verwildert und in Deutschland bereits seit dem Mittelalter eingebürgert an Weinbergmauern und in grasigen Böschungen, auf warmen, meist kalkhaltigen Böden. Blütezeit: V–VI. Blüten blau, duftend. Äußere Perigonblätter mit andersfarbigem Haarbesatz (= Farbflecksaftmal), innere groß, auffällig. Vermehrung nur vegetativ. Das geschälte, veilchenartig riechende Rhizom („Veilchenwurzel") von *I. germanica* bzw. *I. pallida* war früher ein beliebtes Mittel gegen Erkältungskrankheiten (schwach auswurffördernd) und wird auch für Zahnpulver und in der Parfümerie verwendet. Das Rhizom wurde schon im Altertum wegen seines Wohlgeruchs zu Irisöl und -salbe verarbeitet. Wegen der aufwändigen Aufbereitung sind Extrakte der Duftstoffe (Irone) extrem teuer, ihre Herstellung erfolgt aber heute oft synthetisch. Gedrechselte Rhizomstücke werden noch heute in der Volksmedizin zahnenden Kindern zum Kauen gegeben; davon ist aber abzuraten, da die befeuchteten Flächen einen Nährboden für Mikroorganismen darstellen.

Iris sibirica L., Sibirische Schwertlilie: Die um 60 cm hohe Art zeichnet sich durch nur 2–6 mm breite Blätter und dunkelblaue Blüten mit gelbem Saftmal aus. Blütezeit: V–VI. Seltene und gefährdete Pflanze wechselfeuchter, mesotropher Moorwiesen. Empfehlenswerte Zierpflanze.

Iris pumila L., Zwerg-Schwertlilie: Pflanze nur bis 15 cm hoch. Frühblüher: IV–V. Blüten einzeln. Perigon blauviolett und durch einen Längsstreifen saftiger Haare (Futterhaare?) auf den äußeren Perigonblättern besonders prächtig. Nektar wird nicht dargeboten. Blätter den Blütenstängel etwas überragend. Zierpflanze und selten auch verwildert (Neophyt). Heimat: Osteuropa, Kaukasus. Als Kulturrelikt auf alten Kalkmauern, so in Thüringen manchmal noch auf Kirchhofsmauern.

Isatis tinctoria LINNAEUS, Färber-Waid

Brassicaceae (= Kreuzblütler)

Zweijährige Halbrosettenpflanze, 40–120 cm hoch. Vielseitige Anpassungen an trockene Standorte: Die Blätter sind durch einen dünnen Wachsüberzug blau bereift und z.T. am Rand umgerollt. Der Wachsüberzug vermindert die Erwärmung und lässt das Wasser abperlen, was auch Fäulnis verhindert. Außerdem wird durch die Wasserleitung zum Zentrum der Rosette das ausgedehnte Wurzelwerk besser mit Wasser versorgt.

Namen: „*Isatis*" (visatis) ist der lat.-griech. Name der Pflanze. Lat. „*tinctorius*" = Färber-. – „Waid" ist ein germ. Wort und bedeutet ‚blaue Farbe'; das Wort ist mit visatis sprachverwandt, vgl. auch lat. vitrum = (blaugefärbtes) Glas, Waid. Der Name „Deutscher Indigo" weist auf dieselbe Verwendung wie die der echten Indigopflanze (*Indigofera tinctoria*) hin.

Vorkommen: Ruderalstellen, lückige Magerrasen, Böschungen und Mauern, auf sommerwarmen, trockenen, nährstoff- und basenreichen, meist kalkhaltigen Böden. Vor allem im Süden und im Rheingebiet. – In Deutschland seit dem 9. Jh. (nach anderen Angaben bereits in der Bronzezeit) angebaut und verwildert (Kulturflüchter) und bereits seit dem 13. Jh. eingebürgert: Archäophyt. Heimat: Westasien.

Die Früchte sind Flügelflieger.

Blüten: V–VI. Homogame „Nektar führende Scheibenblumen", in zusammengesetzter Doldentraube. Staubblätter weit nach außen gebogen, daher meist Fremdbestäubung. Am Grunde der 6 Staubblätter je 1 Nektarium. Mit starkem Honigduft. Besucher sind verschiedene Insekten.

Früchte (siehe Detailfoto): Die Früchte weichen stark von denen anderer Kreuzblütler ab. Es sind abgeflachte, 1-samige Schließfrüchte (Nüsse) mit langem, gedrehtem Flügelrand: Flügelflieger. Diese Ausbreitungsart setzt entweder eine große Höhe, wie sie in der heimischen Flora fast nur bei Waldbäumen vorkommt (z.B. *Fraxinus* = Esche), oder aber starken Wind voraus, und ist vermutlich eine Anpassung an die Steppenwinde des östlichen Mittelmeergebietes. Auch Menschenausbreitung. Fruchtreife: VII–VIII.

Vegetative Vermehrung durch Wurzelsprosse.

Verwendung: Alte Bauerngarten- und Zierpflanze. Das älteste Blaufärbemittel der Alten Welt ist der Färber-Waid. Er wurde als Lieferant des blauen Farbstoffs Indigo seit dem Altertum kultiviert. Die Blätter enthalten das farblose Glykosid Isatan, das nach längerer Gärungszeit enzymatisch in Zucker und Indoxyl gespalten und nach Zutritt von Luftsauerstoff zu Indigo (giftig!) oxidiert. Zur Gewinnung des Farbstoffs werden die Blätter mit Mühlsteinen in sog. Waidmühlen oder Blaumühlen zermahlen. Die Ausbeute ist nur gering. 1 Zentner Waid liefert nur 130 g Indigo (die indische Pflanze jedoch das 30-fache!). Bis etwa ins 16. Jh. spielte die Pflanze bei uns eine große Rolle für die Herstellung von blauem Leinen. Der Anbau brachte oft Reichtum. Hauptanbaugebiete waren u.a. der Niederrhein, Thüringen und Brandenburg. Die Pflanze wurde dann aber im Zusammenhang mit der zunehmenden Handelsschifffahrt nach Indien, vorzüglich durch die Holländer, durch die Einfuhr von Indigo, das aus *Indigofera tinctoria* (s. o.) gewonnen wurde, allmählich zurückgedrängt. Indischer Indigo war bereits Babyloniern und Ägyptern, wie auch den Juden bekannt. Er kam auf dem Landwege zu ihnen, aber wegen des in Nordafrika ungünstigen Klimas lohnte sich dort der Anbau nicht. Mit der ersten Darstellung von Indigo im Jahre 1879 durch den deutschen Chemiker BAEYER und die ab 1880 begonnene Produktion (im großen Umfang ab 1897 durch die BASF) des noch billigeren synthetischen Indigos verschwand aber schließlich auch der indische Indigo vom Markt. – Seit einiger Zeit wird Färber-Waid auch in Deutschland wieder angebaut, so z. B. in Thüringen. Zunehmend wird die Pflanze auch als alternatives Holzschutzmittel empfohlen. Wegen der entzündungshemmenden Wirkung werden Extrakte der Pflanze in Cremes für trockene und neurodermitische Haut verwendet.

Jasione montana LINNAEUS,

Berg-Sandglöckchen, Berg-Jasione oder Sandrapunzel

Campanulaceae (= Glockenblumengewächse)

Zweijährige oder einjährig überwinternde Halbrosettenpflanze, 10–45(–80) cm hoch. Stängel niederliegend bis aufrecht. Blätter nur im unteren Teil des Stängels. – Bis 1 m tief wurzelnd (Sandpflanze). – Die Pflanze hat eine gewisse Ähnlichkeit mit den nicht verwandten Kugelblumen (*Globularia*) und dem Teufelsabbiss (*Succisa*) und wird wegen des Blütenstands evtl. für einen Korbblütler (Asteraceae) gehalten.

Systematik: Die Gattung umfasst 15 Arten. Verwandt sind *Campanula* (Glockenblume), *Legousia (Frauenspiegel)* und *Phyteuma* (Teufelskralle).

Namen: „*Jasione*“ ist ein griech. Pflanzenname unklarer Zuordnung, der von LINNÉ auf diese Gattung übertragen wurde. Lat. „*montanus*“ = Berg-. – „Sandglöckchen“ ist ein Kunstname, nach dem Standort und der Form der Einzelblüten. „Sandrapunzel“ wegen der ehemaligen Verwendung als Wurzelgemüse (vgl. *Phyteuma*).

Vorkommen: Lückige Sandmagerrasen, Dünen, Felsen, Dämme, Wege und Brachen, auf sommerwarmen, trockenen, kalkarmen, sauren bis mäßig sauren, feinerdearmen Sand- und Steingrusböden. Konkurrenzschwache Pionierpflanze. Ebene bis mittlere Gebirgslagen. In den Alpen fehlend. Oft im Rückgang.

Blüten: VI–X. Vormännliche „Körbchenblumen“, sehr ähnlich denen der Korbblütler, von denen sie sich aber u. a. durch die später freien Staubblätter unterscheiden. Die Einzelblüten sind bis zum Grunde gespalten. Ihre Öffnung erfolgt von unten nach oben. Die Staubfäden sind frei, die Staubbeutel an der Basis verwachsen und versperren dadurch für unerwünschte Besucher den Weg zum Nektar. Der orangefarbene Pollen wird schon in der Blütenknospe auf die Griffelbürste entleert. Später breiten sich die Staubbeutel aus, der Griffel verlängert sich stark und die zweilappige Narbe entfaltet sich. Bestäuber sind viele Zweiflügler, bis zu 100 verschiedene Bienen-Arten, Falter und Käfer. Die

Wildbiene *Dufouaea halictula* sammelt Pollen ausschließlich von *Jasione*. Keine Selbstbestäubung.
Früchte: Kleine, 2-fächerige, abstehende, an der Spitze mit 2 Poren aufspringende Kapseln. Kelchblätter krallenförmig. Samen klein: Tierstreuer und Windstreuer. Heranreifende Samen sind zum Studium der Embryonalentwicklung gut geeignet. Fruchtreife: IX–X. Ausgeprägter Wärmekeimer.
Verwendung: Für Wildpflanzengärten zu empfehlen. Die Pflanzen sollten aber auf keinen Fall vom Wildstandort genommen werden.

Jasminum nudiflorum: siehe bei *Forsythia*

Jovibarba → *Sempervivum*

Juglans regia LINNAEUS, Echte Walnuss

Juglandaceae (= Walnussgewächse)

Winterkahler Laubbaum bis etwa 25–30 m Höhe und über 0,5 m Stammdurchmesser. Selten auch strauchig (vor allem in Kultursorten). Ziemlich schnellwüchsig. 125–160 Jahre alt werdend. Mark junger Zweige deutlich quer gefächert. Laubaustrieb erst Ende Mai. Blätter 5–9-zählig gefiedert, 20–40 cm lang, gerieben stark würzig duftend. Beim herbstlichen Laubfall werden erst die seitlichen Fiedern und zuletzt die Spindel gemeinsam mit der Endfieder abgeworfen. An Keimpflanzen und älteren Zweigen werden zusätzliche Knospen (seriale Beiknospen) gebildet. – Die Bäume bilden tiefe Pfahlwurzeln, gehen aber auch in die Breite, sodass das Wurzelwerk bis zum Fünffachen über die Krone hinausreicht. Die Wurzeln gehen zwar eine Symbiose mit Pilzen ein, diese bilden aber keine Fruchtkörper (arbuskuläre Mykorrhiza). – Vor allem mit dem Laubfall gibt der Baum ein Glykosid ab, das nach Freisetzung in Juglon umgewandelt wird, welches die Keimung und das Wachstum zahlreicher Arten hemmt (Allelopathie), aber z. B. nicht das der meisten Gräser. Es konnte gezeigt werden, das der den Boden wie ein Netzwerk durchziehende Mykorrhizapilz bei der Verteilung des Juglons hilft (ACHATZ 2013 Diss. FU Berlin).

Systematik: Einzige europäische Art der 15–20 Arten umfassenden, weltweit verbreiteten Gattung.
Namen: „*Juglans*“ (iuglans) ist der lat.-griech. Name der Pflanze. Er findet sich schon bei Cicero (von ‚Jovis glans‘ = Nuss Jupiters) als Lehnübersetzung aus dem Griechischen (Alexander der Große hatte die Art schon im 4. Jh. v. Chr. vom Pontus im Schwarzmeergebiet nach Griechenland gebracht). Lat. „*regius*“ = königlich. – „Walnuss“ von „Welsche Nuss“ (welsch = fremdländisch, romanisch), im Gegensatz zur heimischen Haselnuss, da die Walnuss vor allem über Frankreich bzw. Italien zu uns gelangte.

Vorkommen: Kulturpflanze seit der jüngeren Steinzeit. Heimat: östliches Mittelmeergebiet bis Himalaja. Vor der Eiszeit auch in Mitteleuropa einheimisch. Anbau vor allem in den Weinbaugebieten. Frostempfindlich. – Verwildert und eingebürgert in Auwäldern und Hangwäldern, auf warmen, sickerfeuchten, nährstoff- und kalkreichen, tiefgründigen Böden in milder Klimalage, z. B. im Schwäbischen Jura. Ebene bis ca. 700 m. Seit etwa 2000 verwildert der Baum zunehmend auch im Siedlungsbereich, z. B. in Hecken, an Waldwegen und auf Ruderalflächen, mit starker Tendenz zur Einbürgerung. Verantwortlich sind vermutlich die milden Winter und die verlängerte Vegetationszeit.

Blüten: V. Die Blüte beginnt zur selben Zeit wie die Laubentfaltung. Einhäusig. Windblütig: „Kätzchenblütentyp“. Weibliche Blüten zu 2–3 endständig an diesjährigen Zweigen, mit unscheinbarer Blütenhülle, 2-fächerigem (sehr selten 3-fächerigem) unterständigem Fruchtknoten und 2 langpapillösen Narbenlappen (siehe Detailfoto). Männliche Blüten in hängenden Kätzchen (siehe Detailfoto), einzeln in den Achseln vorjähriger, abgefallener Laubblätter. Ausgeprägt vormännlich. Pollenkitt fehlt. Beginn der Blühreife mit ca. 20 Jahren. Selbstfertil, doch steigert Fremdbestäubung gewöhnlich den Fruchtansatz erheblich.

Früchte (siehe Detailfoto): Nach neuerer Erkenntnis (MARKOWSKI 2007 Mitt. Deutsch. Dendrol. Ges. 92: 49) handelt es sich um Scheinfrüchte: Die Nüsse haben eine holzige Fruchtwand und werden von einer grünen, gerbstoffreichen, unregelmäßig aufspringenden und sich ablösenden Schale umgeben. Letztere entwickelt sich aus der Blütenhülle und entspricht daher nicht – wie früher angenommen – dem äußeren Teil einer Steinfrucht. Je Frucht wird nur 1 Samen entwickelt, der sich trotz der vorhandenen Scheidewand auf beide Fruchthälften verteilt. Dazu kommt eine senkrecht zu dieser echten Scheidewand stehende unvollständige, falsche Scheidewand. Dabei entsprechen die beiden Schalenhälften nicht den beiden Fruchtblättern, sondern setzen sich aus je 2 Fruchtblatthälften zusammen. Die bekannten netzartigen Strukturen auf dem „Steinkern“ stammen von ehemaligen Leitbündeln. Die Ausbreitung der Früchte erfolgt zunächst durch Herabfallen („Plumpsfrüchte“). Die äußere Schale dämpft den Aufprall. In Hanglage ist auch Herabrollen der Früchte möglich. Als Uferbaum auch mit Schwimmausbreitung. Da die Keimung nur nach Abbau von Hemmstoffen durch winterliche Feuchtlagerung unter Laubbedeckung bzw. im feuchten Waldboden erfolgen kann, ist Versteckausbreitung wichtig: Eichhörnchen, Eichelhäher, Saatkrähen und andere Tiere verschleppen die Steinkerne bei der Anlage von Vorratskammern. Fruchtreife: IX–X. – Die Keimblätter sind fleischig, gefaltet und sehr nährstoffreich (= Speicherkeimblätter, enthalten über 60 % Nussöl). Bei der Keimung öffnet sich die Frucht gemäß dem Verlauf der Fruchtwandhälften (der fachspaltigen Öffnung von Kapseln entsprechend). Kältekeimer.

Männliche Blütenstände (Kätzchen).

Von den weiblichen Blüten erkennt man vor allem den Fruchtknoten mit den 2 kräftigen Narben.

Nussfrucht mit aufgeplatzter grüner Schale.

Verwendung: Die Samen („Nüsse“) dienen zum Rohverzehr, zum Backen, als Basis für Speiseöl (Nussöl) usw. Durch den Gehalt an Omega-3-Fettsäuren, Vitaminen und Mineralstoffen usw. sind sie sehr gesund. Sie beeinflussen den Cholesterinhaushalt günstig, beugen Herz-Kreislauf-Erkrankungen vor und fördern die Gehirnleistung. Größte Walnuss-Sorten haben bis zu 10 × 7 cm große Nüsse. Die Welternte lag 2007 bei 2,0, 2012 bei 3,4 Mio. t und 2018 bei 3,6 Mio. t. Von den in Deutschland gehandelten Nüssen stammen 75% aus Kalifornien. Früher galten die Samen nach der Signaturenlehre wegen ihrer Hirnform als Mittel bei Hirnleiden bzw. als Hirnnahrung. Dies ist also eines der wenigen Beispiele, wo sich die Verwendung nach der Signaturenlehre mindestens teilweise bestätigt hat. Nussöl wurde früher für die Ölmalerei gebraucht. In der Volksmedizin wurden Auszüge der Samen auch gegen Spulwürmer eingesetzt. Der Verzehr von Walnüssen kann in Verbindung mit Pollenallergie zu Kreuzallergien führen. Daher müssen in Deutschland seit Ende 2005 auch kleine Mengen als Bestandteil von Lebensmitteln deklariert werden. – Das sehr schöne, dunkle, harte, aber zugleich biegsame und leicht spaltbare Holz ist für Möbel und auch für Gewehrschäfte sehr beliebt. Extrakte der grünen Fruchtschale dienen zur künstlichen Hautbräune und zum Haarfärben. Die Blätter werden als Gerbstoffdroge, vor allem äußerlich bei Hautleiden, angewandt, sind aber ebenso wie die grüne Fruchtschale zum Braunfärben von Haaren und Wolle geeignet. – Beliebter und dekorativer Zierbaum der Gärten und Parkanlagen. Am Niederrhein pflanzte man den Baum gerne vor die Bauernhöfe, da man glaubte, der herbe Geruch würde Mücken und Fliegen vertreiben.

Juncus effusus LINNAEUS, Flatter-Binse

Juncaceae (= Binsengewächse)

Ausdauernder, immergrüner Hemikryptophyt (Horstpflanze) oder Sumpfpflanze mit lang kriechendem Rhizom, 30–120 cm hoch. Blätter reduziert. Die Photosynthese erfolgt in den bis 6 mm dicken, rundlichen Stängeln. Alle Pflanzenteile mit weißem Durchlüftungsgewebe (Aerenchym) aus abgestorbenen sternförmigen Zellen als Anpassung an sauerstoffarme Böden. – Nach Entfernen der grünen Rinde des Stängels kann man das schaumgummiartige Durchlüftungsgewebe (Mark) leicht mit dem Fingernagel herausschieben.

Systematik: Die Gattung umfasst etwa 300 Arten, davon ca. 30 in Mitteleuropa. Verwandt sind die Hainsimsen (*Luzula*).

Namen: „*Juncus*" (iuncus) ist (neben scirpus) ein lat. Name für Binsen und Simsen mit ungeklärter Etymologie. Nach GENAUST wird er trotz entsprechender Verwendung oft zu Unrecht mit lat. jungere = binden in Verbindung gebracht. Lat. „*effusus*" = frei, flatternd, wegen der (meist) lockeren Blütenstände (etwa im Vergleich zur sonst ähnlichen Knäuel-Binse). – „Binse" ist ein altdeutsches Wort, das ähnlich wie „Simse" für verschiedene grasähnliche Sumpfpflanzen galt. Bezüglich der Verwendung der Begriffe „Binse" und „Simse" herrscht ziemliche Verwirrung (vgl. FISCHER 2002). So heißt etwa in der Liste der Gefäßpflanzen Deutschlands *Juncus* „Binse" und die zu den Sauergräsern (Cyperaceae) gehörende Gattung *Scirpus* „Simse", während in der Exkursionsflora von Österreich umgekehrt *Juncus* „Simse" und *Scirpus* „Waldbinse" heißt. Auch im allgemeinen Sprachgebrauch gehen die Begriffe durcheinander, so bezieht sich etwa die viel diskutierte gewässerreinigende Wirkung der ‚Binsen' vor allem auf die nicht verwandte Teichbinse = Teichsimse (*Schoenoplectus*), siehe dort. – Die Redewendung ‚das geht in die Binsen' bezieht sich auf Enten, die bei der Jagd ins Röhricht flüchten bzw. fallen und damit aus Sicht des Jägers verloren

Der scheinbar seitenständige Blütenstand ist meist locker.

sind, weil die Jagdhunde sie nicht finden. Eine ‚Binsenweisheit' ist etwas ebenso Selbstverständliches wie das Fehlen der für Gräser typischen Stängelknoten bei der Binse. Das war schon den alten Römern bekannt (quaerere nodum in scirpo = einen Knoten in der Binse suchen).

Vorkommen: Nasse Wiesen, Weiden, Wege, Ufer, Quellmoore und Waldschläge, auf sicker- und staunassen, nährstoffreichen, meist kalkarmen Lehm- oder Torfböden. Stör- und Nässezeiger. Ebene bis Gebirge (deutsche Alpen bis 1300 m).

Blüten (siehe Detailfoto): VI–VIII. Windblütig: „Unbeweglicher Typ" (Übergang zum „Langstaubfädigen Typ"). Schwach vorweiblich. Zahlreiche Blüten öffnen sich gleichzeitig in „Pulsen". Blütenstand locker, rispenartig (Spirre), reichblütig, überwinternd. Dadurch, dass das stängelartige Tragblatt den Stängel direkt fortsetzt, steht der Blütenstand scheinbar seitenständig.

Früchte: Fachspaltige Kapseln: Wind- und Tierstreuer. Die winzigen Samen werden als Körnchenflieger weiter ausgebreitet und, da sie nass gut haften, auch als Klebhafter. Lichtkeimer.

Vegetative Vermehrung durch Verzweigung des weit kriechenden Rhizoms.

Verwendung: Die Art diente früher als Flechtmaterial für Matten, Körbe, Fischreusen usw. Das weiße Mark wurde als Lampendocht gebraucht; die Kapillarwirkung lässt sich im Experiment schön zeigen. Die Asche ist reich an Kieselsäure (35 %). Die Rhizome wurden in der Volksmedizin für Blutreinigungskuren verwendet. – Als Futterpflanze wertlos. Zierpflanze für Gartenteiche und Sumpfbeete; so auch die meisten der folgenden *Juncus*-Arten.

Weitere Arten (vgl. auch folgenden Abschnitt):

Juncus conglomeratus L., Knäuel-Binse: Ähnlich wie vorige Art, aber mit geringerer ökologischer Amplitude und daher auf weniger eutrophierten, extensiver bewirtschafteten Standorten. Blütenstand stets kopfig gestaucht (geknäuelt). Stängel gerillt. Formen von *J. effusus* mit gestauchter Spirre unterscheiden sich durch den glatten, glänzenden Stängel.

Juncus inflexus L. (= *J. glaucus* SIBTH.), Blaugrüne oder Graugrüne Binse: Ähnlich wie die beiden vorigen Arten, aber nur bis 60 cm hoch. Mark deutlich gekammert. Stängel durch Wachsüberzug graublau, außen stark gerieft, dünner und härter. Blütenstand locker. Beweidete Feuchtwiesen und Ufer, auf meist verdichteten, basenreichen, oft kalkhaltigen Lehmböden. Salzverträglich.

Juncus tenuis WILLDENOW (= *J. macer* GRAY), Zarte Binse

Juncaceae (= Binsengewächse)

Ausdauernder Hemikryptophyt (Horstpflanze) mit kurzem Rhizom, 15–40 cm hoch. Laubblätter deutlich ausgeprägt, schmal, nur im unteren Teil des Stängels und höchstens fast so lang wie dieser.

Namen: Zu den Gattungsnamen siehe *J. effusus*; lat. „*tenuis*" = zart, wegen der zarten Stängel und Blätter.

Vorkommen: Wald- und Wiesenwege, Trittrasen und Pflasterritzen, auf frischen bis nährstoffreichen Böden, kalkmeidend. In Europa seit 1824 (Deutschland 1834) aus Nordamerika eingeschleppt und heute allgemein eingebürgert (Neophyt). Der erste Ausbreitungsschub erfolgte wegen der Klebsamen entlang ungeteerter Wege durch Trittausbreitung und durch an Wagenrädern anhaftende Erde. Kulturbegleiter.

Blüten: VI–IX. Blütenstand armblütig. Perigonblätter spitz, länger als die Kapsel. Windbestäubung.

Früchte: Kapseln. Samen klein. Bei Trockenheit Windstreuer. Bei Nässe typische Klebhafter: Benetzt man reife Kapseln mit Wasser, treten nach wenigen Minuten die Samen froschlaichartig aus, ähnlich wie bei der danach benannten Kröten-Binse. Fruchtreife: VIII–X.

Weitere Arten (vgl. auch vorigen Abschnitt):

Juncus compressus Jacq., Zusammengedrückte Binse: Ähnlich wie vorige Art, aber Geophyt und Perigonblätter kürzer als die Kapsel und stumpflich. Stängel etwas zusammengedrückt, graugrün. Auch öfter an Straßenrändern verschleppt (salzresistent).

Juncus gerardii Loisel., Salz-Binse, Bodden-Binse: Ähnlich voriger Art. Stängel fast stielrund, rein grün. Salzwiesen und Salz-Standorte des Binnenlandes. An der Küste häufig.

Juncus articulatus L. (= *J. lampocarpus* Hoffm.), Glieder-Binse, Glanzfrüchtige Binse: Horstpflanze, 20–50 cm hoch. Blätter deutlich quergefächert (= gegliedert), flach. Stängel oft niederliegend bis aufsteigend. Nasswiesen, nasse Wege und Flachmoore. Pionierpflanze an Sumpfstandorten. Spirre endständig.

Juncus acutiflorus Ehrh. ex Hoffm., Spitzblütige Binse: Stängel aufrecht und bis 1 m hoch. Sonst ähnlich wie vorige Art und an ähnlichen Standorten. Blätter hellgrün, im Querschnitt rundlich. Rhizom lang kriechend. Ausbreitung der Samen als Körnchenflieger.

Juncus filiformis L., Faden-Binse: Kalkmeidende Gebirgspflanze meist nasser Standorte. Selten im Tiefland. Sozusagen eine zierliche Ausgabe der Flatter-Binse, aber u. a. mit lang kriechendem Rhizom.

Juncus bufonius L. (Artengruppe), Kröten-Binse: Einjährig, sommerannuell. Pflanze von Grund an büschelig verzweigt, nur 5–25 cm hoch. Stängel dünn. Blätter flach, relativ lang. Offene, feuchte Wege, Gräben, Äcker usw. Auf Äckern Vernässung bzw. oberflächliche Bodenverdichtung anzeigend. Gipfelblüten meist geschlossen bleibend (kleistogam). Samen klein, nur 0,02 mg schwer, bei Nässe durch die schleimig aufgequollene Samenschale krötenlaichartig (Name!). Typische Trittausbreitung: Die Klebsamen bleiben an Füßen und Schuhen kleben. Dazu kommt die Ausbreitung mit Erde durch Wasservögel. Neben den Blüten können sich im Blütenbereich Brutsprosse entwickeln (Pseudoviviparie); sie entstehen nach Einstich durch den Binsenfloh *Livia junci (= juncorum)* – ein Phänomen, das auch bei einigen anderen Binsen-Arten nicht selten ist.

Juncus bulbosus L., Rasen- oder Zwiebel-Binse: Sprossbasis zwiebelartig verdickt. Sehr variable, ausdauernde Pflanze, als Hemikryptophyt aufrecht oder niederliegend, 3–30 cm hoch, an den Knoten wurzelnd, als Wasserpflanze (Schwimmblattpflanze) bis 1,50 m lang flutend. Ufer, Gräben, Niedermoore und Flachgewässer, nährstoff- und kalkmeidend.

Juniperus communis LINNAEUS, Gewöhnlicher Wacholder

Cupressaceae (= Zypressengewächse)

Immergrüner Strauch oder kleiner Baum bis 3 m Höhe (sehr selten bis 12 m Höhe und 0,9 m Stammdurchmesser). Wuchs meist säulenförmig, seltener breit strauchig oder niederliegend (so in Küstennähe). Angeblich bis 2000 Jahre alt werdend. Ringelborke. Blätter nadelförmig, mit oberseitigen Spaltöffnungsreihen und Wachsstreifen, scharf gespitzt (Fraßschutz, Kondensationspunkt, Trockenheitsanpassung). Nadeln am Zweig mit Gelenk ansitzend, in 3-zähligen Wirteln, aromatisch duftend. Pflanze im Gegensatz zu den meisten anderen Nadelbäumen mit nur zwei Keimblättern und ohne Harzkanäle. – Tiefwurzler. Pilzwurzel (arbuskuläre Mykorrhiza).

Systematik: Die Gattung umfasst etwa 50–60 Arten, vor allem auf der Nordhalbkugel. *J. communis* ist das weltweit am weitesten verbreitete Nadelgehölz, zumindest wenn man die Unterarten einbezieht. Nahe verwandt sind u.a. die Zypressen (Cupressus, siehe dort).

Giftigkeit: Schwach giftig. Der Verzehr von wenigen „Beeren" ist in der Regel unbedenklich, doch kann es bei Überdosierung zu Reizungen der Niere kommen. Der Gewöhnliche Wacholder ist weit weniger giftig als andere Arten der Gattung.

Schädlinge: *Juniperus*-Arten sind Zwischenwirte von Rostpilzen der Gattung *Gymnosporangium* (Gitterrost), die im Frühjahr als gallertartige Auswüchse der Äste sichtbar sind. Die Sporen werden vom Wind auf Blätter von Kernobstgewächsen, wie Birne, Apfel und Weißdorn übertragen, wo die Pilze Schäden verursachen können. Beim bekannten Birnen-Gitterrost sind vor allem *J. sabina* und deren Verwandte die Zwischenwirte (vgl. bei *Pyrus*).

Namen: „*Juniperus*" (iuniperus) ist der lat. Name von Wacholder und Sadebaum, abgeleitet von iuniperus = zu früh gebärend, im Hinblick auf die abtreibende Wirkung, die bei *J. sabina* besonders stark ausgeprägt ist (s.u.). Lat. „*communis*" = gemein, gewöhnlich. – Der Name „Wach(h)older" (ahd. wechalter), von ‚wechal' = wach, lebensfrisch, immergrün, wegen der immergrünen Blätter, und der Baumnamenendung ‚-der'. Er wurde volksetymologisch an Holder/Holunder angelehnt. Die oft zitierte Angabe, ‚wechal' bedeute ‚wickeln', weil die Zweige zum Wickeln oder Flechten verwendet worden seien, ist von der Sache her unbegründet. Ein alter deutscher Name ist „Kranewite" (von Kran = Kranich, der die Samenzapfen gerne frisst, und witu = Holz) oder abgekürzt „Krammet", vgl. Krammetsvogel= Wacholderdrossel und Kranewitter = Wacholderschnaps.

Vorkommen: Sonnige Magerweiden, Heiden, Felsgebüsche und lichte Wälder, auf milden bis

sauren, mageren Böden. Oft Zeiger ehemaliger Beweidung. Ebene bis Hochgebirge (deutsche Alpen bis 2300 m). In der Krummholzstufe durch den niedrigen Zwerg-Wacholder (subsp. *nana* SYME = *J. sibirica* BURGSD.) vertreten. Zirkumpolar verbreitet. Früher auch in der Ebene weit verbreitet, aber schon seit Jahrzehnten stark zurückgegangen, vor allem durch Rückgang der Schafweide und Aufforstung. – Schützenswert.

Blüten: V–VI. Windbestäubung: „Unbeweglicher Typ". Zweihäusig, d.h. es gibt männliche und weibliche Pflanzen; selten einhäusig. Die Blüten werden schon im Herbst angelegt. Die weiblichen Blütenstände (Blütenzapfen) sind dreischuppig; speziell bei *J. communis* (und nah verwandten Arten) stehen die Samenanlagen (anders als sonst bei den Cupressaceae) zwischen den Zapfenschuppen. Der Zugang zu den Samenanlagen ist nur von oben möglich. Den Pollenkörnern fehlen die für die meisten anderen Nadelbäume typischen „Luftsäcke". Die Aufnahme des Pollens, also die Hinfüh-

rung zur Samenanlage, geschieht dadurch, dass der Bestäubungstropfen nach erfolgter Bestäubung aktiv eingezogen wird (Dörken & Jagel 2014 Flora 209: 34-44), und nicht, wie man früher annahm, durch Eintrocknen.
Samen: Die Samenschuppen verwachsen später und werden fleischig. Die Entwicklung zum reifen „Beerenzapfen" dauert drei Jahre. Im ersten Jahr nach der Bestäubung ist er noch grün, im dritten Jahr wird er schließlich schwarzbraun, bläulich bereift (Wachsschicht). Samen holzig mit knochenharter Schale. Verdauungsausbreitung durch Wacholderdrosseln (= Krammetsvögel), Amseln, Rotkehlchen, Birkhühner usw. Bearbeitungsausbreitung durch Säuger und Kleinvögel. Samenreife: VII–VIII. Wintersteher. Lichtkeimer.
Verwendung: Ziergehölz und Nutzpflanze. Für die erfolgreiche Kultur dürfen männliche und weibliche Pflanzen nicht zu weit auseinander stehen. Ein erwerbsmäßiger Anbau ist nicht bekannt. „Wacholderbeeren" enthalten ätherische Öle, vor allem Pinen und Terpinenol (in Mitteleuropa bis 1%, in Südeuropa bis 2%), 9% Harz, 30% Zucker, Gerbstoffe usw. Sie sind ein beliebtes Gewürz, z. B. für Sauerkraut. Es macht die Speisen bekömmlicher und beugt Völlegefühl vor, doch sollten nicht mehr als drei „Beeren" pro Portion genommen werden. Vergoren bzw. als Auszug liefern sie Wacholderschnaps (z. B. Gin, Genever, Köhm, Kranewitter). Noch 1880 wurden 90 t Wacholderbeeren nach Frankreich exportiert. Arzneilich werden die „Beeren" seit dem Altertum verwendet, vor allem als harntreibendes Mittel (Vorsicht bei Überdosierung, nicht während einer Schwangerschaft einnehmen!). Die Pflanze wurde früher auch äußerlich gegen Hautflechte usw. angewendet. Im Aberglauben spielte sie eine große Rolle. – Das Holz ist für Drechslerarbeiten, Peitschenstiele usw. wertvoll und liefert eine Holzkohle von großer Brennkraft. Außerdem eignet es sich vortrefflich zum Räuchern. In Schweden wird es auch zum Rotfärben benutzt.
Weitere Art:
Juniperus sabina L., Sadebaum, Stink-Wacholder: Niederliegender oder aufsteigender, bis 2(–3) m hoher Strauch oder Baum. Nadelblätter bei jungen Pflanzen nadelförmig, an älteren Pflanzen schuppenförmig. Sprosse beim Zerreiben sehr unangenehm riechend. Alle Pflanzenteile, vor allem die jungen Zweigspitzen, sind **stark giftig**, sie verursachen z. B. Krämpfe, Atemlähmung, Nierenschädigung und Gebärmutterkrämpfe. Der Sadebaum ist Überträger des Birnen-Gitterrostes (siehe *Pyrus*). Pflanze einhäusig oder zweihäusig. Früher wurde die Pflanze häufig als Abtreibungsmittel missbraucht (daher im Volk auch „Mägdebaum", „Jungfernrosmarin" oder „Rosmarin" genannt); dabei kamen nicht selten tödliche Vergiftungen vor. Schon wenige Tropfen des ätherischen Öles sind für den Menschen tödlich, bereits durch Einreiben sind Vergiftungen möglich. Alte und ehemals sehr verbreitete Bauerngarten- und Friedhofspflanze. Die jungen Zweigspitzen wurden arzneilich gegen Warzen verwendet. Auch im Aberglauben spielte die Pflanze eine große Rolle, da sie vor Zauber schützen sollte. Wegen der Gefährlichkeit bei der Anwendung als Abtreibungsmittel wurde der Anbau gebietsweise gesetzlich verboten. Einheimisch ist die Pflanze vor allem an sonnigen Trockenhängen der Zentralalpen. In Deutschland ist die Art selten; sie kommt hier nur in den Alpen vor und ist gefährdet. Der Name „Sadebaum" (ursprünglich Sabenbaum oder Sebenbaum) ist von sabina (arbor), dem lat. Namen der Pflanze, entlehnt.

Kalmia procumbens (L.) Gift et Kron (= *Loiseleuria procumbens* (L.) Desv.), Alpenazalee, Gämsheide

Ericaceae (= Heidekrautgewächse)

Immergrüner Zwergstrauch, 15–30 cm hoch. Er kann mehrere m^2 große, spalierartige, dem Boden dicht aufliegende Teppiche ausbilden. Die Blätter lederig, fast nadelförmig und am Rande umgerollt. So sind sie gut an die Mineralsalzarmut des Bodens und an die verdunstungsfördernde Wirkung des windexponierten Standorts angepasst. Die Wasseraufnahme ist durch die Blätter möglich, die unterseits zwei behaarte, schwach kutinisierte, in eine Kapillarspitze auslaufende Rinnen besitzen; z. B. im Sommer aus dem Tauniederschlag, im Winter an sonnigen Standorten durch zeitweiliges Auftauen des Schnees („Ausapern“) bzw. der obersten Bodenschichten. Anpassung an die durch den Standort oft schneefreie Lage und die dadurch bedingte fehlende Wärmeisolation durch im Winter stark erhöhte osmotische Werte des Zellsaftes. Ausgleich der Atmungsverluste an solchen Stellen durch reichliche Fettspeicherung. – Effektives Wurzelsystem. Mykorrhiza vom Ericaceen-Typ.

Systematik: *Kalmia* (Berglorbeer, Lorbeerrose) mit 8–10 Arten ist eine überwiegend nordamerikanische Gattung, in die heute auch die vorliegende Art eingeschlossen wird. Mehrere Arten sind bei uns als Ziersträucher in Kultur. Die Gattung gehört gemeinsam mit z. B. Alpenrose (*Rhododendron*) und Heide (*Erica*) in die Unterfamilie Ericoideae (siehe *Erica*).
Namen: „*Kalmia*“ wurde von Linné geprägt, zu Ehren des schwed. Botanikers P. Kalm (1716–1779). „*Loiseleuria*“ geht auf Desvaux 1813 zurück, nach dem franz. Botaniker Loiseleur-Deslongchamps (1774–1849). Lat. „*procumbens*“ = niederliegend.
Vorkommen: Alpine Spalier- und Zwergstrauchheiden, oft in windgefegter Exposition oberhalb der Knieholzstufe. Gehört zu den in den Alpen am weitesten aufsteigenden Gehölzen, so in den Zentralalpen bis >3000 m. Kalkmeidend. Zirkumpolar verbreitet. Rohhumuswurzler und -bildner.
Blüten: VI–VII. Kelch dunkelrot, Krone hellrosa. Vorweibliche „Glockenblumen mit offenem Streukegel“. Fruchtknoten oberständig. Krone zu 1/2 bis 2/3 verwachsen. Pollen in Tetraden, ohne Fäden. Bestäuber sind vor allem Hautflügler.
Früchte: Kleine, fachspaltige, sich von oben öffnende Kapseln (mit zahlreichen staubfeinen Samen) auf starrem Stiel: Windstreuer. Wintersteher. Fruchtreife erst in dem auf die Bestäubung folgenden Jahr. Lichtkeimer.
Vegetative Vermehrung durch unterirdische Ausläufer.

Knautia arvensis (L.) T. Coulter (= *Scabiosa arvensis* L.),

Acker- oder Wiesen-Witwenblume, Acker-Knautie

Caprifoliaceae (= Geißblattgewächse)

Ausdauernde, sommergrüne Halbrosettenpflanze mit Rhizom, 30–80 cm hoch. – Meist verschiedenblättrig: Stängelblätter fiederteilig (siehe Detailfoto), Grundblätter einfach.

Die Stängelblätter sind fiederteilig.

Systematik: *Knautia* mit ca. 60 Arten gehört in die Unterfamilie Dipsacoideae (= Kardengewächse), vgl. Dipsacus. Sie ist nächst verwandt mit *Scabiosa* (Skabiose), von der sie sich u. a. durch die 4-zipfelige (statt 5-zipfelige) Krone unterscheidet.

Namen: Der Name „*Knautia*" wurde von Linné geprägt, zu Ehren des Arztes und Botanikers Christian Knaut (1654–1716) aus Halle. Allerdings zählte die Art bei Linné (wie auch vor ihm) nicht zu *Knautia*, sondern zu *Scabiosa* und wurde erst 1823 von T. Coulter zu *Knautia* verschoben. Neulat. „*arvensis*" = auf dem Acker wachsend, was aber bei den heutigen Bewirtschaftungsmethoden nicht mehr zutrifft. – Der Name „Witwenblume" wurde erst relativ spät künstlich gebildet, offenbar als Übersetzung von engl. mournful widow (trauernde Witwe) aus dem Jahre 1588, womit zunächst die Gartenpflanze *Scabiosa atropurpurea* gemeint war, da diese (neben Formen mit violetten Blüten) auch solche mit samtig schwarzpurpurnen Blüten hat. Der Name wurde dann auf die vorliegende Art übertragen. In der älteren Literatur (erster Beleg im 13. Jh.) heißt die Pflanze „Acker-Skabiose" oder einfach nur „Skabiose", was mit ihrer damaligen Verwendung (s. u.) zusammenhängt.

Vorkommen: Wiesen und Raine, auf nährstoff- und basenreichen Böden. Lehmzeiger. Etwas wärmeliebend (deutsche Alpen nur bis 1000 m).

Blüten: VI–VIII. „Körbchenblumentyp" (Konvergenz zu Korbblütlern = Asteraceae). Blüten vierzipfelig, dorsiventral. Blütenkörbchen mit bis zu 50 Blüten, Randblüten etwas „strahlend" (vergrößert). Neben Pflanzen mit zwittrigen Blüten gibt es auch rein weibliche Pflanzen (Gynodiözie). Vormännliche, duftende Blüten mit bis 9 mm langer Kronröhre; Nektar mit Saftdecke, aber auch kurzrüsseligen Insekten zugänglich, z. B. dem Gefleckten Schmalbock. Schwebfliegen fressen den Pollen. Zuerst öffnen und strecken sich nacheinander die Staubblätter, dann die Griffel. Pollen rötlich. Die Pollenkörner sind mit 0,1 mm besonders groß. Bestäuber sind vor allem zahlreiche Bienen- und Falterarten, so die auf *Knautia* und *Scabiosa* regelmäßig anzutreffenden Widderchen-Arten = Blutströpfchen (*Zygaena*). Manchmal erfolgt Selbstbestäubung.

Früchte: Achänen mit lang behaartem Außenkelch, der noch bis nach der Ablösung photosynthetisch aktiv ist, und weißen, borstenförmigen Kelchblättern sowie mit einem aus der Basis des Vorblattes gebildeten Ölkörper (Elaiosom): Ameisenausbreitung. Körbchenboden steif behaart: Tierstreuer. Dazu Menschenausbreitung. Fruchtreife: IX. Samen lange keimfähig (>35 Jahre).

Verwendung: Wurde früher als Mittel gegen Hautkrankheiten, besonders Krätze oder Grind (Skabies), verwendet. In der Homöopathie kommt die Pflanze ebenfalls zur Anwendung. Für Wildpflanzengärten geeignet.

Laburnum anagyroides Medikus (= *L. vulgare* Griseb.), Gewöhnlicher Goldregen

Fabaceae (= Schmetterlingsblütler)

Winterkahler Strauch oder Baum, selten bis 7 m hoch. Nur 20–30 Jahre alt werdend. Äste mit nur 1 Korkschicht (Periderm), d. h. es wird keine Borke gebildet. Blätter dreizählig, 3–6 cm lang. – Pilzwurzel (arbuskuläre Mykorrhiza) und Wurzelknöllchen (siehe Lupinus). – **Stark giftig**.

Systematik: Die Gattung umfasst nur die beiden hier genannten Arten. Sie ist nahe verwandt mit Besenginster (*Cytisus*), Ginster (*Genista*, siehe dort) und Lupine (*Lupinus*).
Giftigkeit: Alle Teile, besonders die Samen, sind im frischen ebenso wie im trockenen Zustand durch Chinolizidin-Alkaloide, vor allem Cytisin stark giftig, bisweilen tödlich. Es erfolgt eine zentrale Atemlähmung. Besonders Kinder sind durch Lutschen der auffälligen Blüten sowie Kauen und Schlucken der erbsenähnlichen Samen gefährdet.
Schädlinge: Zum Ginstersamenkäfer (*Bruchidius villosus*) siehe beim Besenginster (*Cytisus scoparius*).
Namen: „*Laburnum*" ist der lat. Name der Pflanze bei Plinius; „*anagyroides*" = ähnlich dem Stinkstrauch (*Anagyris*), wegen der Blattform. Bei Linné hieß die Pflanze *Cytisus laburnum*. – „Goldregen" bezieht sich auf die in großer Fülle herabhängenden, goldgelben Blütenstände.
Vorkommen: Zierbaum, selten verwildert und eingebürgert (Neophyt seit dem 16. Jh.) in sonnigen Trockenwäldern auf kalkreichen Lehmböden. Heimat: Südeuropa bis Südwestasien.
Blüten: V–VI. Vormännliche, (bei der reinen Art!) duftlose, ca. 2 cm lange „Pollen-Fahnenblumen" (= Schiffchenblumen) mit Klappmechanismus. Wie es für Schmetterlingsblütler, die keinen Nektar anbieten, typisch ist, sind alle Staubblätter zu einer Röhre verwachsen. Blüten mit anbohrbarem Gewebe. In der hängenden Traube gelangen die Blüten erst durch Drehung (Resupination) in die waagerechte Lage. Selbststeril. Bestäuber sind kräftigere Bienen, vor allem Hummeln, seltener Käfer und Schmetterlinge.
Früchte: Hülsen 3–8 cm lang, scharfkantig, bei Trockenheit aufspringend (xerochas): Selbststreuer. Streuweite mehrere Meter. Wintersteher. Rollsamen mit fettem Öl. Fruchtreife: VIII–IX.
Verwendung: Als Zierpflanze mindestens seit dem 16. Jh. in Kultur. – Neben der reinen Art findet man heute in Anlagen meist den Bastard *L. × watereri* (G. Kirchn.) Dippel (= *L. anagyroides × L. alpinum*), der ebenfalls stellenweise verwildert ist. Er ist ausgezeichnet durch spärliche Behaarung, ungestielte Blättchen, über 30 cm lange Trauben und intensiven Honigduft.

Lactuca sativa LINNAEUS, Grüner Salat, Garten-Lattich

Asteraceae (= Korbblütler)

Einjährige Rosettenpflanze, 60–100 cm hoch. Milchsaftführend. Typische Langtagpflanze: An langen, feucht-warmen Sommertagen kommt es durch schnelles Längenwachstum des Blütensprosses zum sog. „Schießen“ des Salates.

Systematik: Die Gattung umfasst etwa 100 Arten mit fast weltweiter Verbreitung. Sie gehört in die Unterfamilie Cichorioideae (siehe *Cichorium*). Nahe verwandt sind Milchlattich (*Cicerbita*) und Mauerlattich (*Mycelis*).

Namen: „*Lactuca*“ ist der lat. Name des Kopfsalats, zu lac, lactis = Milch, wegen des Milchsaftes. Lat. „*sativus*“ = angepflanzt. – „Lattich“ ist Lehnwort (9. Jh.). „Salat“ geht auf ital. ‚insalata‘ = eingesalzen zurück, das später zu ‚eingesalzene Speise, Salat‘ verallgemeinert wurde.

Vorkommen: Kulturpflanze, selten verwildert, aber nur unbeständig. Nur aus Kultur bekannt und wahrscheinlich auf *L. serriola* (s. u.) zurückgehend.

Blüten (siehe Detailfoto): VI–VIII. „Körbchenblumen vom *Cichorium*-Typ“ (siehe dort). Blüten gelb. Bestäuber sind verschiedene Insekten. Spontane Selbstbestäubung ist erfolgreich (selbstfertil). Meist Langtagpflanze, die erst bei >12 Stunden Tageslänge blüht; sie benötigt zum Abbau der Blütenhemmstoffe eine längere Kälteeinwirkung (= Vernalisation).

Früchte: Geschnäbelte Achänen mit Pappus: Schirmchenflieger. Fruchtreife: VIII–X. Die Samen enthalten bis zu 35 % fettes Öl. Lichtkeimer und Wärmekeimer (>20 °C). Keimblätter mit vertikaler „Schlafstellung“.

Die Blütenkörbchen sind aus zahlreichen gelben Zungenblüten zusammengesetzt.

Beim Kopfsalat stehen die Blätter an einer gestauchten Sprossachse.

Verwendung: Salat wurde schon im alten Ägypten kultiviert. Er gelangte im frühen Mittelalter als Kulturpflanze zu uns. Kopfsalat (siehe Detailfoto) ist allerdings eine erst in Mitteleuropa vermutlich im 15. Jh. entstandene Züchtung. Zu den zahlreichen heute genutzten Kultursorten gehören u. a. Romana-Salat, Grüner Salat, Pflücksalat und Eisbergsalat. Salat enthält viel Eisensalze und zahlreiche Vitamine, z. B. Vitamin C. Kopfsalat aus dem heute üblichen Feldanbau kann allerdings auch übermäßig nitratreich (und sonst weniger gehaltvoll) und damit eher ungesund sein. Als Empfehlung: Ergänzen Sie Ihren Grünen Salat durch fein geschnittenen (gewässerten) Löwenzahn aus dem Garten. Übrigens: Salat ist auch gekocht sehr schmackhaft! In der Volksheilkunde wurde der eingedickte Milchsaft (auch der Stammart) als Beruhigungsmittel und gegen Hustenreiz angewandt (besser wirksam ist allerdings der von *L. virosa*, dem Gift-Lattich). Der Milchsaft enthält geringe Mengen von Bitterstoffen.

Weitere Arten/Verwandte (vgl. auch *Mycelis* = Mauerlattich):

Lactuca serriola L. (= *L. scariola* L.), Kompass-Lattich, Stachel-Lattich: Einjährig überwinternd bis zweijährig, 60 bis >150 cm hoch. Ausgeprägte Anpassungen an Trockenheit und Sonneneinstrahlung: Blätter an sonnigen Plätzen in „Kompass-Stellung“, d. h. Spreite senkrecht, ihre Schmalseite in Nord-Süd-Richtung ausgerichtet, parallel zur Sonneneinstrahlung. Wurzeln bis 2 m tief. Formenreich. Hauptverbreitung als südeuropäisch-westasiatische Steppenpflanze. Im Gebiet an meist trockenen Ruderalstandorten, vor allem in Stadtgebieten noch in Ausbreitung. Weltweit verschleppt. Junge Blätter sind als Beigabe für Salat und Gemüse zu empfehlen, junge Stängel können als Gemüse genutzt werden. Gilt als Stammpflanze des Grünen Salates. In China werden die Stängel einer Zuchtform ähnlich wie Grünspargel gegessen.

Lactuca virosa L., Gift- oder Stink-Lattich: Unangenehm riechende Ruderalpflanze sonniger Böschungen, Weinberge usw. Stromtalpflanze. Neophyt: Kulturrelikt. Blätter blaugrün, meist ungeteilt, stachelig gezähnt. Die Früchte haften im feuchten Zustand besonders gut. Der eingedickte und getrocknete Milchsaft ist stark giftig (Name!) und wurde seit der Antike bis Anfang des 20. Jh. arzneilich als Schlafmittel, bei Reiz- und Keuchhusten sowie als harntreibendes Mittel verwendet. Hierzu wurde die Pflanze früher auch angebaut. Die Wirkung ist ähnlich wie die von Opium, aber deutlich schwächer. Alkaloide konnten nicht nachgewiesen werden; offenbar geht die Wirkung auf Sesquiterpen-Lactone zurück, vor allem Lactucin und Lactopicrin.

Lactuca perennis L., Blauer Lattich, Dauer-Lattich: Ausdauernder Hemikryptophyt, 30–50 cm hoch. Blätter stängelumfassend, fiederteilig, mit linealischen bis lanzettlichen Zipfeln. In basenreichen, trocken-warmen Felsfluren der Gebirge Süd- und Mitteldeutschlands; sonst selten. Gefährdet (Stand 2018). Die hellblauen Blütenkörbchen öffnen sich frühmorgens und schließen sich spätnachmittags.

Lactuca muralis → *Mycelis muralis*

Prenanthes purpurea L., Hasenlattich, Purpur-Hasenlattich: Im mittel- und süddeutschen Bergland sowie im Hochgebirge auf kalkarmen, aber nährstoffreichen Böden verbreitete Art der Laubwälder und Hochstaudenfluren. Die ausdauernde Schaftpflanze ist kahl, bis 1(–1,5) m hoch. Die etwa 10 mm langen, nickenden, hellpurpurnen Blütenkörbchen sind nur 5-blütig. Der Griffel ragt 7 mm aus der Staubblattröhre, seine Narbenlappen rollen sich vollständig rückwärts, sodass bei ausbleibendem Insektenbesuch spontane Selbstbestäubung erfolgt. Besucher sind neben Bienen auch Fliegen und Käfer. Ausbreitungsökologie wie bei *Lactuca*.

Lamium galeobdolon (L.) LINNAEUS (Artengruppe) (= *Lamiastrum galeobdolon* s. l., *Galeobdolon luteum** s. l.), Goldnessel

Lamiaceae (= Lippenblütler)

Ausdauernder Chamaephyt (Kriechstaude), oft wintergrün, 15–30(–60) cm hoch. Blätter weich, gestielt und kreuzgegenständig.

Systematik: Die Goldnesseln sind von den übrigen Taubnesseln durch die Blütenfarbe, die dreilappige Unterlippe und die kahlen Staubbeutel deutlich abgegrenzt. Ob ihnen aber deshalb der Rang einer eigenen Gattung zukommt, ist nach wie vor umstritten. – Zur Artengruppe gehören die Kleinarten *L. flavidum* (Alpen, Voralpen), *L. galeobdolon* s. str. und *L. montanum* sowie *L. argentatum* (s. u.).

Namen: Zu den Namen „*Lamium*" und „Nessel" vgl. bei *L. maculatum*. „*Galeobdolon*" ist der lat.-griech. Name eines nach Wieseln stinkenden Lippenblütlers (zu griech. gale = Wiesel und bdolos = Gestank), der von ADANSON willkürlich auf die vorliegende Pflanze übertragen wurde. Gleichbedeutend ist „*Galeopsis*". LINNÉ stellte die Art zunächst in letztere Gattung und überführte sie dann später in die Gattung *Lamium*.

Vorkommen: Krautreiche Laubwälder, auf basenreichen, lockeren Böden. Schattenpflanze.

Blüten: V–VII. „Eigentliche Lippenblumen" ähnlich denen der Gefleckten Taubnessel. Wegen der etwas kleineren Blüten kommen auch Honigbienen als Bestäuber infrage, die allerdings zur Nektaraufnahme gerne die von Erdhummeln in die Kronröhre gebohrten Löcher nutzen. Bemerkenswert ist, dass die Erdhummeln auch auf „legalem" Wege an die Blüten gelangen könnten, dies aber oft nicht tun und stattdessen Nektarraub verüben. Blühfähig erst ab dem 2. oder 3. Jahr.

Früchte: Klausen mit basalem Ölkörper (Elaiosom), dunkelbraun, bis 4 mm groß. Ausbreitung z. B. durch Wald- und Wegameisen (*Formica rufa* bzw. *Lasius niger*). Fruchtreife: VI–VII.

Vegetative Vermehrung erfolgt sehr reichlich durch lange oberirdische Ausläufer, die allerdings bei der Kleinart L. flavidum fehlen.

Verwendung: Die jungen Sprosse und Blätter der Goldnesseln sind als Gemüse sehr geeignet. Auch die Wurzeln wurden früher entsprechend genutzt. Für Wildpflanzengärten als dekorativer Bodendecker für schattige Standorte – wie besonders auch die folgende Art – sehr zu empfehlen.

Weitere Art (vgl. auch folgenden Abschnitt): ***Lamium argentatum*** (SMEJKAL) HENKER et G. LOOS (= *Galeobdolon argentatum** SMEJKAL), Silberblättrige Goldnessel: Bodendeckende Zierpflanze mit weiß gefleckten Blättern. Diese tetraploide, stark wuchernde Sippe ist in Kultur entstanden. Man kennt sie seit 1873 (W. DIETRICH), trifft sie vor allem öfter in Siedlungsnähe (als Zeiger für Gartenabfall-"Entsorgung"). Von dort verwildert sie und ist seit Jahrzehnten vielerorts an siedlungsnahen Wald- und Gebüschrändern eingebürgert (Neophyt). Als „Ampelpflanze" kann man sie auch gut im Zimmer kultivieren.

Lamium maculatum LINNAEUS, Gefleckte Taubnessel

Lamiaceae (= Lippenblütler)

Ausdauernder, oft wintergrüner Hemikryptophyt (Schaftpflanze, selten auch Spreizklimmer), schon im ersten Jahr blühfähig, seltener einjährige Sommerpflanze, 15–30(–60) cm hoch. Stängelkanten wie bei allen Arten der Gattung durch Festigungsgewebe (Kollenchym) versteift (beliebtes Objekt für Mikroskopierkurse). Ausläufer ober- und unterirdisch, im letzteren Falle bleich. Optimale Lichtausnutzung dadurch, dass die unteren Blätter länger gestielt sind als die oberen.

Namen: „*Lamium*" ist der lat. Name der Taubnesseln, mit ungeklärter Etymologie. Oft wird angegeben, der Name leite sich von griech. lamos = Rachen ab und bezöge sich damit auf die Blütenform; Rachen heißt aber im Griechischen gar nicht ‚lamos', sondern ‚laimos'. Lat. „*maculatus*" = gefleckt, bezogen auf die Blütenunterlippe. – „Taubnessel" wegen der Ähnlichkeit mit der Brennnessel (*Urtica dioica*) als der eigentlichen Nessel, aber fehlender Brennhaare. Der Name kam erst um 1500 auf. Ein verbreiteter Volksname ist „Bienensaug", der aber auch für verschiedene andere Pflanzen, die von Honigbienen besucht werden, verwendet wird, und durch Verwechslung auch für das Immenblatt (*Melittis*, s. u.).

Vorkommen: Ruderale Säume, Hecken, Waldränder und Laubwälder, auf frischen bis feuchten, nährstoffreichen, lockeren Böden. Stickstoffzeiger. Halbschattenpflanze. Ebene bis alpine Stufe (bis 2.000 m).

Blüten: IV–IX(–XII). Homogame „Eigentliche Lippenblumen" in Scheinquirlen. Die Oberlippe weicht beim Einkriechen gelenkartig zurück, der Besucher wird rückenseitig zuerst von der (etwas reizbaren) Narbe, dann von den Staubbeuteln berührt. Die Unterlippe besitzt deutliche Strichsaftmale und duftet stärker als die Oberlippe. Der zuckerreiche Nektar (42 %) wird vom Grunde der 15–17 mm langen Kronröhre abgegeben und ist daher nur langrüsseligen Hummeln zugänglich. Einige Wildbienen nutzen die Pflanze als Pollenquelle. Erdhummeln mit ihrem nur 8–10 mm langen Rüssel beißen die Kronröhre seitlich an und begehen so Nektarraub. Danach können dann auch Honigbienen (ebenfalls als „Nektardiebe", d. h. ohne Gegenleistung für die Pflanze) den Nektar entnehmen, sodass die Gefleckte ebenso wie die Weiße Taubnessel ertragreiche Bienentrachtpflanzen sind. Pollen blutrot. Im unteren Teil der Kronröhre befindet sich ein auffälliger Haarring, der kleinere Insekten daran hindert, den Nektar aufzunehmen.

Früchte: Klausen mit basalem Ölkörper zur Ameisenausbreitung. Zur Reife schrumpft der Kelch: Selbstausstreuer. Fruchtreife: VI–IX.

Vegetative Vermehrung durch die Ausläufer.

Verwendung: Die jungen Sprosse und Blätter der Taubnesseln sind als Gemüse, vor allem gemischt mit Spinat oder Brennnesseln, sehr gut geeignet und gehören zu den gehaltvollsten Kräutern überhaupt. Die intensiv schmeckenden Wurzeln wurden früher als Kochgemüse verwendet. Kinder saugen aus den Blüten der großblütigen Arten gerne den Nektar. – Die Gefleckte Taubnessel wird als Zierpflanze in zahlreichen Kultursorten, z. B. panaschiert, gezogen und ist auch für Wildpflanzengärten zu empfehlen.

Weitere Arten/Verwandte (vgl. auch vorigen Abschnitt):

Lamium album L., Weiße Taubnessel: Ruderalpflanze mit ähnlichen Bodenansprüchen. Archäophyt und Kulturfolger. Heimat: Sibirien (?). Sehr lange Blütezeit (IV–X), bei milder Witterung sogar Winterblüher. Pollen hellgelb bis weiß. Bestäubung wie bei *L. maculatum*; der Nektar ist aber einer größeren Zahl von Hummeln, einigen weiteren Wildbienen und auch längerrüsseligen Schwebfliegen zugänglich. Die Blüten werden volksmedizinisch bei Erkrankungen der Atemwege und bei Frauenkrankheiten angewandt. Ebenfalls ein wertvolles Gemüse und auch für Wildpflanzengärten geeignet, aber sehr ausbreitungsaktiv.

Lamium purpureum L., Purpurrote Taubnessel: Einjährig, meist sommerannuell. Schnellwüchsig, benötigt oft nur wenige Wochen von der Keimung bis zur Samenreife. Daher sind pro Jahr 3–4 Generationen möglich. Äcker und Ruderalstellen. Weltweit verschleppt. Die relativ kleinen Blüten werden von Honig- und Wildbienen bestäubt, bleiben allerdings oft geschlossen und bestäuben sich dann selbst (kleistogam). Ganzjahresblüher: I–XII. Pollen rot.

Lamium amplexicaule L., Stängelumfassende Taubnessel: Ähnlich wie vorige Art. Die Blattpaare im Blütenstand sind breit miteinander verwachsen. Äcker und Ruderalstellen. Meidet stark saure, nasse und sehr trockene Böden. Kronröhre lang und dünn. Nektarabsonderung gering. Überwiegend Selbstbestäubung: Neben normalen Blüten werden bei schlechtem Wetter auch kleinere, geschlossen bleibende, im Kelch verborgene Blüten gebildet, die einen guten Fruchtansatz zeigen (kleistogam).

Melittis melissophyllum L., Immenblatt: Weichhaariger Hemikryptophyt, 20–50(–80) cm hoch, einer Taubnessel ähnelnd. Zerriebene Blätter und Blüten mit intensivem Honigduft (Namen!; griech. melitta oder melissa = Honigbiene = Imme). Seltenere Pflanze in Laubwäldern und Gebüschen Süd- bis Mitteldeutschlands. Wärme und Nährstoff liebend. Gefährdet (Stand 2018). **Geschützt**! Blüten streng vormännlich. Krone in der Färbung sehr variabel und oft auch gebietsweise verschieden, weiß oder rosa mit purpurner Fleckung oder auch rein weiß. Nektarien mit schöner Saftdecke, reichlich Nektar produzierend. Die Falten der Kronröhre bilden einen engen Gang, sodass der Nektar nur langrüsseligen Besuchern, wie Tagfaltern und Schwärmern (Sphingiden und Noctuiden), und weniger auch Hummeln zugänglich ist. Die Blütenkrone ist mit bis zu 4,5 cm Länge die größte eines heimischen Lippenblütlers. Der Fruchtstand ist verlängert, der Kelch später breit glockig und mit waagerechter Oberlippe: Regentropfenwanderer. Die Klausen sind im Sommer reifende, bei Benetzung verschleimende Klebfrüchte. Zierpflanze und Heilpflanze. Die jungen, zur Blütezeit gesammelten Sprosse werden in der Volksmedizin bei Magenkrämpfen und Schlaflosigkeit verwendet. Hauptwirkstoffe sind Cumarin und ätherische Öle. – Der gelegentlich verwendete Name „Bienensaug" für die Pflanze ist unzutreffend, da Honigbienen nicht an der Pflanze saugen; er wurde offensichtlich von der Zitronenmelisse (*Melissa*) übernommen, die früher im Volk oft nicht von *Melittis* getrennt wurde.

Lapsana communis LINNAEUS, Gewöhnlicher Rainkohl

Asteraceae (= Korbblütler)

Einjährig, winterannuell, oder zweijähriger bis ausdauernder Hemikryptophyt (Halbrosettenpflanze), 30–100 cm hoch. Alle Teile mit Milchsaft. Untere Blätter (siehe Detailfoto) unregelmäßig tief eingeschnitten mit großem Endabschnitt, sehr vielgestaltig; obere Blätter ungeteilt. – Pfahlwurzel, 35–50 cm tief wurzelnd.

Systematik: Die Gattung umfasst nur diese eine Art. Sie gehört in die Unterfamilie Cichorioideae. Nächst verwandt sind Pippau (*Crepis*) und Löwenzahn (*Taraxacum*).

Namen: „*Lapsana*" ist ein lat.-griech. Pflanzenname, der von LINNÉ auf diese Pflanze übertragen wurde. Lat. „*communis*" = häufig. – „Rainkohl" wegen des Standorts, der Verwendung und des Geschmacks.
Vorkommen: Wald- und Wegränder, Äcker und Ruderalstellen, auf offenen, frischen Böden in milder Klimalage. Nährstoffzeiger. Kulturbegleiter seit der jüngeren Steinzeit. Eurasische Pflanze, in Nordamerika vielerorts eingebürgert.
Blüten: VI–IX. „Körbchenblumen vom *Cichorium*-Typ". Blüten blassgelb. Körbchen klein und wenigblütig, in lockerer Rispe. Bei sonnigem Wetter sind sie von ca. 7–15 Uhr geöffnet, bei schlechtem Wetter und Dunkelheit bleiben sie geschlossen. Spärlicher Blütenbesuch durch Bienen und Schwebfliegen. Spontane Selbstbestäubung, indem sich die Randblüten über die inneren krümmen, so z. B. bei schlechtem Wetter.
Früchte (siehe Detailfoto): Achänen ohne Pappus, 3–5 mm lang und nur 1 mg schwer. Spreublätter fehlen, Hüllblätter reif fast aufrecht und elastisch: Selbstausstreuer sowie Wind- und Tierstreuer, dazu Ameisenausbreitung. Fruchtreife: VIII–X. Samen langlebig (>6 Jahre).
Verwendung: Als Wildgemüse und Salat nutzbar und zu diesem Zweck schon bei den Römern kultiviert. Der Geschmack ist herb und erinnert an Kohl. Beliebtes Kaninchenfutter. Ein Umschlag aus frischen, klein zerhackten Blättern wird in der Volksmedizin zur Wundheilung verwendet.

Die von den Hüllblättern umgebenen Früchte haben keinen Haarkranz (Pappus).

Die Blätter sind vielgestaltig, oft tief eingeschnitten mit großem Endlappen.

Larix decidua MILLER (= *L. europaea* DC.), Europäische Lärche

Pinaceae (= Kieferngewächse)

Winterkahler Nadelbaum, bis 35(–54) m hoch. Bis 600 (nach anderer Angabe bis 1000) Jahre alt werdend. Forstwirtschaftliche Umtriebszeit 100–140 Jahre. Borke graubraun. Nadeln im Gegensatz zu anderen Nadelbäumen gewöhnlich einjährig, ausnahmsweise bis zu 4 Jahren überwinterungsfähig, hellgrün, im Herbst leuchtend goldgelb, zu vielen an Kurztrieben sowie einzeln an Langtrieben. – Pilzwurzel (ektotrophe Mykorrhiza), zugehörige Pilze sind z. B. der Goldröhrling = Goldgelber Lärchenröhrling (*Suillus grevillei*), der auf die Lärche als Symbiosepartner angewiesen ist, und der Fliegenpilz (*Amanita muscaria*), der u. a. auch mit Birken zusammenlebt.

dann durch Schrumpfung zur Samenanlage gezogen. Ein Bestäubungstropfen, wie er bei unseren anderen Nadelbäumen typisch ist, fehlt. Eine Bestäubung mit Pollen desselben Individuums bei Windstille wird dadurch verhindert, dass die sich auf ihrer Unterseite öffnenden Pollensäcke durch Herabhängen der männlichen Blütenstände nach oben gerichtet sind. Blühreife mit 15–60 Jahren.

Samen: Samenzapfen im ersten Jahr reifend, bleibend. Zapfen eiförmig, reife Samenschuppen vorwärts gerichtet und meist angedrückt. Samen geflügelt: Drehflieger. Außerdem Bearbeitungsausbreitung durch Vögel und Wasserhaftausbreitung. Durch Verwildern (Kulturflüchter) auch Menschenausbreitung. Samenreife: X–XI. Wintersteher.

Verwendung: Zuckerhaltige Ausscheidungen der Blätter waren früher als „Manna von Briançon" im Gebrauch. Die giftigen Nadeln enthalten ca. 0,2% ätherische Öle. Aus dem verletzten Stamm fließt als Balsam das schon im Altertum genutzte „Venezianische Terpentin" mit 10–25% Terpentin aus. Die Lärche ist schnellwüchsig und liefert gutes Bauholz und anderes Nutzholz, so besonders erstklassige, sehr dauerhafte Holzdachziegeln. Spezif. Gewicht 0,55 g/cm³. – Außerhalb ihres Verbreitungsgebietes war die Lärche lange Zeit kaum bekannt und hat sich als Forstbaum erst ab dem 18. Jh. durchsetzen können. Als Zierbaum ist sie wegen des zarten Grüns im Frühling und wegen der gelben Herbstfärbung beliebt; man findet sie in größeren Gärten, Parks und auf Friedhöfen. – Die energiereichen Samen werden im Handel als Vogelfutter angeboten.

Systematik: Die Gattung umfasst 10–20 Arten, von denen 8 bei uns kultiviert werden. In Ostsibirien bilden Lärchen die subarktische Waldgrenze. Zu weiteren Vertretern der Familie siehe *Pinus* (= Kiefer).

Namen: „*Larix*" ist der lat. Name der Pflanze. Lat. „*deciduus*" = hinfällig, wegen des herbstlichen Laubfalls. – „Lärche" ist früh von larix (Gen. laricis) entlehnt.

Vorkommen: In den Zentral- und Ostalpen die obere Baumgrenze bildend und bis 2500 m aufsteigend. In Deutschland nur im Süden Bayerns ursprünglich, sonst aufgeforstet und auch eingebürgert. Lichtbedürftig, ausgesprochen frosthart. Bei Monokultur sind Lärchen wegen der enormen Rohhumusbildung Bodenzerstörer.

Blüten (siehe Detailfoto): IV–V. Windblütig: „Unbeweglicher Typ". Einhäusig. Männliche Blüten gelb, nach unten gerichtet, weibliche Blütenzapfen rot, nach oben gerichtet. Die Pollenkörner haben im Gegensatz zu anderen heimischen Kieferngewächsen keine Luftsäcke. Sie werden bei der Bestäubung durch ein narbenartiges Gebilde an der Spitze der Samenanlage (Mikropyle) festgehalten und

Männliche Blüten (gelb) und weibliche Blütenzapfen (rot) sowie ein vorjähriger Samenzapfen (braun).

Weitere Art:

Larix kaempferi (Lamb.) Carrière (= *L. leptolepis* (Siebold et Zucc.) Endl.), Japanische Lärche: Wird seit einiger Zeit nicht selten als Forstbaum kultiviert und ist zum Teil häufiger als *L. decidua*, für die sie oft gehalten wird. Unterscheidet sich von dieser u.a. durch die blaugrünen Nadeln, die fast kugeligen, 2–3 cm langen Zapfen mit bei Trockenheit am Rand zurückgebogenen Samenschuppen und die rotbraune (statt gelbliche) Färbung der jungen Triebe. Ist in Gebieten mit hoher Luftfeuchtigkeit voriger Art überlegen. Wurde in Deutschland 1861 eingeführt. Auch aus Kultur verwildert und gebietsweise mit Einbürgerungstendenz. Kultiviert wird auch der Bastard zwischen den beiden Arten *L. × eurolepis* A. HENRY (= *L. × marschlinsii* COAZ). Auch er ist verwildert anzutreffen, selten sogar mit Einbürgerungstendenz.

Laserpitium latifolium LINNAEUS, Breitblättriges Laserkraut, Bergkümmel

Apiaceae (= Doldenblütler)

Ausdauernder, kahler, ästiger Hemikryptophyt (Halbrosettenpflanze) mit verdickter Rübe, 60–150 cm hoch. Blätter wechselständig, gestielt und 1-2-fach 3-zählig, mit breit elliptischen, gezähnelten Abschnitten (siehe Detailfoto).

Typisch sind die Fiederblätter mit ihren rundlichen Abschnitten.

Namen: „*Laserpitium*" (laserpicium) ist der lat. Name einer aromatischen Gewürz- und Heilpflanze, der schon vorlinnésch auf diese Pflanze übertragen wurde. Lat. „*latifolius*" = breitblättrig. – „Laserkraut" entstand in Anlehnung an den wiss. Namen. „Bergkümmel" wegen des Standorts und der Ähnlichkeit mit dem Kümmel.

Vorkommen: Sonnige, trockene Gebüsche und Säume, lichte Trockenwälder und subalpine Rasen. Kalkhold. In den Gebirgen Mittel- und Süddeutschlands zerstreut, sonst selten. Im Rückgang gemäß Vorwarnliste, Stand 2018.

Blüten: VII–VIII. Weiße „Nektar führende Scheibenblumen" vom „*Heracleum*-Typ" in bis über 20 cm breiten, zusammengesetzten Dolden. Neben Zwitterblüten kommen auch rein männliche Blüten vor (andromonözisch). Besucher sind verschiedene Insekten, besonders Fliegen und Käfer.

Früchte: Spaltfrüchte (Doppelachänen). Teilfrüchte an den Rippen geflügelt, 7–10 mm lang, 4–6 mm breit und 8 mg schwer: Wind- und Tierstreuer sowie Transport durch Fließgewässer und Zufallsausbreitung durch Wiederkäuer. Fruchtreife: IX–X. Kältekeimer.

Verwendung: Neben ätherischem Öl enthält die Pflanze auch Bitterstoffe und wurde früher arzneilich z. B. als harntreibendes und magenstärkendes

Mittel angewandt. Aus den Wurzelrüben wurde in Thüringen ein dem „Enzian" ähnlicher Schnaps gebrannt, weshalb die Pflanze dort auch „Enzsch" genannt wird.

Lastrea: siehe *Phegopteris* und *Thelypteris*

Lathraea squamaria LINNAEUS, Schuppenwurz

Orobanchaceae (Sommerwurzgewächse)

Fast chlorophyllfreier Vollschmarotzer (Holoparasit): Ausdauernder Rhizom-Geophyt, 10–30 cm hoch. Die Pflanze lebt zunächst mehrere Jahre lang unterirdisch. Das Rhizom ist mit fleischigen, stärkereichen Schuppenblättern mit Speicherfunktion besetzt und kann bis zu 5 kg schwer werden. Wurzeln mit ziemlich kleinen Haustorien (= Saugorganen): Blutungssaftschmarotzer (Xylemparasit) auf Wurzeln, vor allem der Hasel, selten aber auch von Erle, Pappel, Weide usw., noch seltener sogar Fichte. Es handelt sich also um einen Sonderfall unter den Holoparasiten, indem die organischen Substanzen nicht aus dem Phloem (= Siebteil) geholt werden, sondern aus dem Xylem (= Holzteil). Zu diesem Zweck deckt sich der Parasit im Frühjahr mit den dann auch im Xylem transportierten organischen Verbindungen ein und speichert sie in seinen reich verzweigten unterirdischen Organen. Sowohl die Schuppenblätter des Rhizoms als auch die des oberirdischen Stängels besitzen Wasserdrüsen (Hydathoden), die aktiv Wasser ausscheiden, um das nötige Wasserpotenzial zwischen Wirt und Parasit aufrecht zu erhalten, da der Transpirationssog der Blätter fehlt. – Ältere Angaben, wonach in den hohlen Schuppen des Rhizoms kleine Insekten gefangen würden, erwiesen sich als falsch.

Systematik: Die Gattung umfasst 5 Arten in Eurasien. Sie schließt sich als Holoparasit den hemiparasitischen Gattungen *Rhinanthus* (Klappertopf, siehe dort), *Melampyrum* (Wachtelweizen) usw. an, die traditionell zu den Scrophulariaceae (= Rachenblütler) gerechnet wurden, jetzt aber in eine weit gefasste parasitische Familie Orobanchaceae gestellt werden.

Giftigkeit: Schwach giftig durch Aucubin und andere Iridoid-Glykoside.

Namen: „*Lathraea*" wurde von LINNÉ geprägt, von griech. lathraios = verborgen, da die Pflanze oft lange im Boden verborgen bleibt; „*squamarius*" zu lat. squama = Schuppe, ebenso wie „Schuppenwurz" (weiblich!) wegen der schuppenförmigen Blätter. „Wurz" = Pflanze.

Vorkommen: Laubwälder auf frischen, basenreichen, meist kalkhaltigen Böden, im Norden selten. – Schützenswert.

Blüten: III–IV(–VII). Die Blütezeit fällt mit dem Hauptsaftstrom der Wirtsgehölze zusammen. Vorweibliche „Rachenblumen" in dichter, einseitswendiger, von Anfang an nickender Traube. Blüten rosa oder weiß. Die Besucher werden bei Berührung der Haare und der Staubbeutelanhängsel mit trockenem Pollen bepudert. Besucher sind vor allem Hummeln. In kühlen Jahren unterirdisch blühend (geophil) und geschlossenblütig (kleistogam), es ist also der seltene Fall, dass eine blühende Pflanze im Boden verborgen bleibt und dort auch die Samen produziert. Auch Windbestäubung wurde beobachtet. Beginn der Blühreife mit 10 Jahren.

Früchte: Kapseln mit Schwellgewebe im Inneren, sich zweiklappig öffnend: Saftdruckstreuer. Samen rundlich, 1–2 mm breit und 0,6–0,8 mg schwer. Das ist um Größenordnungen mehr als bei anderen Vollschmarotzern, so etwa der nur 0,001 mg schweren Sommerwurz-Art *Orobanche caryophyllacea*. Weitere Ausbreitung der Samen durch Ameisen. Fruchtreife: VI–VII. Samen langlebig. Sie müssen näher als 1 cm an der Wirtswurzel liegen, um keimen zu können.

Lathyrus pratensis LINNAEUS, Wiesen-Platterbse

Fabaceae (= Schmetterlingsblütler)

Ausdauernder Hemikryptophyt (Kletterstaude), 30–100 cm hoch. Blätter gefiedert mit nur 1 Fiederpaar, die Endfiedern als Ranke ausgebildet. Wurzelknöllchen mit dem Stickstoff bindenden Bakterium *Rhizobium leguminosarum*. – Bis 25 cm, selten bis >1m tief wurzelnd.

Systematik: Die Gattung ist nahe verwandt mit Erbse (*Pisum*) und Wicke (*Vicia*).
Giftigkeit: Die Samen von *Lathyrus*-Arten sind durch nicht in Proteinen enthaltene Aminosäuren schwach giftig; es kann aber zu gefährlichen Nervenschädigungen (Lathyrismus) bei Mensch und Vieh kommen, falls die Samen der Saat-Platterbse (*L. sativus*) über Monate hinweg wesentlicher Bestandteil der Nahrung sind. In Mitteleuropa spielt diese ehemalige Nutzpflanze aber heute praktisch keine Rolle mehr für die menschliche Ernährung. *L. pratensis* wird wegen ihrer Bitterstoffe von Rindern gemieden.
Namen: „*Lathyrus*" (lathyros) ist der griech. Name der Saat-Platterbse (*L. sativus*). Lat. „*pratensis*" = Wiesen-. – „Platterbse" wegen der bei vielen Arten der Gattung im Vergleich zur Erbse (*Pisum*) auch noch bei der Reife abgeplatteten Früchte.
Vorkommen: Nährstoffreiche, frische Wiesen und Säume.
Blüten: VI–VII. „Fahnenblumen (= Schiffchenblumen) mit Klappmechanismus", in Trauben. Der Pollen wird an der Griffelbürste abgelagert. Als „Kraftblumen" können sie nur von kräftigen Großbienen, besonders Hummeln, geöffnet werden. Bienentrachtpflanze. Die Sandbienen-Art *Andrena lathyri* schlitzt die Kelchröhren von *Lathyrus*- und *Vicia*-Arten mit ihren Mandibeln seitlich auf, bis sie mit ihrem kurzen Rüssel den Nektar erreicht (Nektarraub).
Früchte: Die Hülsen sind im Gegensatz zur Erbse abgeflacht. Typische Austrocknungsstreuer (xerochas): Die Hülsen können aufgrund der Schwarzfärbung besonders intensiv Wärme aufnehmen. Samen kugelig: Bodenroller. Dazu oft Zufallsausbreitung durch Heu usw. Fruchtreife: VIII–IX.

Vegetative Vermehrung durch lange, unterirdische Ausläufer.
Verwendung: Junge Blätter und Triebspitzen ergeben ein wohlschmeckendes Gemüse. Roh sollte man sie aber nicht verwenden. Früher wurden auch die grünen Früchte als Kochgemüse genutzt.
Weitere Arten (vgl. auch die beiden folgenden Abschnitte):
Lathyrus sylvestris L., Wilde Platterbse: Ausdauernde Kletterpflanze, bis 2 m hoch. Stängel und Blattstiel geflügelt. Sonnige Wald- und Wegränder und Lichtungen. Blüten durch Drehung von Griffel und Schiffchen asymmetrisch, daher Nektar nicht allgemein zugänglich („Intelligenzblume"). Oft als Wald-

Platterbse übersetzt, aber neulat. „*sylvestris*" bedeutet „wild", hier im Vergleich zur Saat-Platterbse (*L. sativus*), einer alten Kulturpflanze, die bei uns heute nur noch selten als Futterpflanze angebaut wird. Samen meist kugelig. Besucher sind Wildbienen und Schmetterlinge.

Lathyrus latifolius L., Breitblättrige Platterbse, Staudenwicke: Beliebte Zierstaude zur Zaunbekleidung. Gebietsweise eingebürgert (Neophyt). Blütenstand im Unterschied zu voriger Art mehrmals länger als das Tragblatt. Blüten duftlos. Diese und die folgende Art werden oft auch als „Wicke" bezeichnet.

Lathyrus odoratus L., Gartenwicke, Edelwicke, Wohlriechende Platterbse: Einjährige, überwinternde (winterannuelle) Kletterpflanze. Beliebte Zierpflanze, die seit dem 18. Jh. in Kultur ist. Obwohl die Pflanze im allgemeinen Sprachgebrauch als „Wicke" bezeichnet wird, gehört sie nicht in die Gattung der Wicken (*Vicia*). Heimat: Süditalien.

Lathyrus aphaca L., Ranken-Platterbse: Einjährig, bis 50 cm hoch. Die gesamte Spreite ist als Ranke ausgebildet, dafür übernehmen laubblattartige Nebenblätter die Photosynthese. Selten auf sommerwarmen Äckern und an Wegrändern. Archäophyt. Heimat: Mittelmeergebiet. Gefährdet.

Lathyrus tuberosus LINNAEUS, Knollen- oder Erdnuss-Platterbse

Fabaceae (= Schmetterlingsblütler)

Ausdauernder Geophyt oder Hemikryptophyt (Kletterstaude), mit unterirdisch kriechenden Ausläufern, 30–100 cm hoch. Blätter mit 1 Paar Fiedern, mit Blattranken und halb-pfeilförmigen Nebenblättern. Wurzelknollen spindelförmig, bis haselnussgroß, sprossbürtig am Ende der Ausläufer. Sie benötigen zu ihrer Entwicklung etwa 3–4 Jahre. – Wurzelknöllchen wie bei *L. pratensis*.

Namen: Zu „*Lathyrus*" siehe *L. pratensis*; lat. „*tuberosus*" = knollig, wegen der Wurzelknollen.

Vorkommen: Basenreiche Äcker, Wegränder und Ruderalstellen der Tieflagen, kalkhold. Neophyt (Kulturrelikt). Durch moderne Landwirtschaft zum Teil im Rückgang und oft nur noch an Wegsäumen der Ackerlandschaft erhalten. In Nordamerika eingebürgert.

Blüten: VI–VIII. Krone karminrot. Blüten wohlriechend, in langgestielten, meist 3–5-blütigen Trauben. Bestäubung wie bei *L. pratensis*.

Früchte: Kurze, flache Hülsen. Austrocknungsstreuer. Rollsamen. Auch Zufallsausbreitung durch Wiederkäuer. Menschenausbreitung als Kulturflüchter und -relikt. Fruchtreife: VII–IX. Samen nur kurze Zeit keimfähig.

Vegetative Vermehrung durch die unterirdischen Ausläufer und die Wurzelknollen.

Verwendung: Die Wurzelknollen sind süß und essbar. Daher wurde die Pflanze früher z. T. auch feldmäßig angebaut. Mit der „Erdnuss" des Handels (*Arachis hypogaea*) hat sie nichts zu tun; dort werden die Samen bzw. Keimlinge verzehrt. Die Blüten wurden im 16. Jh. zur Destillation eines Parfüms verwendet.

Weitere Art (vgl. auch die benachbarten Abschnitte):
Lathyrus maritimus (L.) BIGELOW (= *L. japonicus** WILLD.), Strand-Platterbse: Blätter mit 2–4 Paar Fiedern. 15–50 cm hoch. Krone purpurn, später blau. Pflanze lockerer Küstendünen. Gefährdet. **Geschützt**!

Lathyrus vernus (L.) BERNHARDI, Frühlings-Platterbse

Fabaceae (= Schmetterlingsblütler)

Rhizomgeophyt, kahl, 20–40 cm hoch. Büschelig wachsend, mit horizontal ausgerichteten und dadurch an den Waldschatten angepassten, unpaarigen Fiederblättern. Entfernt ähnlich *L. linifolius* und wie die folgenden Arten auch zur rankenlosen Untergattung *Orobus* gehörig, aber Rhizom und Pflanze kräftiger und die bis über 7 cm langen Fiedern eiförmig-lanzettlich, zugespitzt und unterseits glänzend.

Giftigkeit: siehe bei *L. pratensis*.
Namen: Zu den Gattungsnamen siehe *L. pratensis*; lat. „*vernus*" = Frühlings-, wegen der Blütezeit.
Vorkommen: Krautreiche, frische Laubmischwälder wärmerer Gebirgslagen, auf meist kalkhaltigen Böden. Im Westen Deutschlands selten.
Blüten: IV–V (Frühblüher). „Fahnenblumen (= Schiffchenblumen) mit Klappmechanismus", in kurzen Trauben. Reiche Nektarproduktion. Breiter Farbwechsel von anfänglich blaurot und blau zu abgeblüht schmutzigblau und grünlich. In kühlen Frühjahren kommt es auch zur Geophilie, d.h. die Blütenknospen verbleiben im Boden und sind so geschlossenblütig (kleistogam). Besucher sind Bienen. Blüteneinbruch durch Erdhummeln.
Früchte: Schwarze Hülsen: Austrocknungsstreuer, Streuweiten bis 1,5 m. Samen kugelig oder abgeflacht, oft marmoriert. Weitere Ausbreitung der Samen auch durch Ameisen. Die im Boden entwickelten Früchte reifen dort auch aus (= Erdfrüchtigkeit oder Geokarpie). Fruchtreife: VI–IX.
Vegetative Vermehrung durch Rhizome; daher oft in Herden wachsend.
Verwendung: Schattenverträgliche Zierpflanze und empfehlenswerte Pflanze für Wildgärten und Parks.
Weitere Arten (vgl. auch die beiden vorigen Abschnitte):

Lathyrus linifolius (REICHARD) BÄSSLER (= *L. montanus* BERNH.), Berg-Platterbse: Rhizom-Geophyt und Hemikryptophyt, 15–25 cm hoch. Stängel kantig. Rhizom abschnittweise knollig verdickt. Blätter durch Reduktion der Endfieder paarig gefiedert, zu 4–6. Fiedern elliptisch-lanzettlich. Interessant sind Formen mit schmal linealischen Fiedern, auf die der Name „*linifolius*" (= leinblättrig) zurückgeht. Lichte Wälder, Magerrasen, Heiden. Säurezeiger. Im Rückgang. Frühblüher: IV–VI. Blüten wie bei *L. vernus* mit dem gleichen, auffälligen Farbwechsel bei gleichzeitigem Rückgang der Nektarproduktion. Man nahm früher an, lernfähige Insekten würden den Zusammenhang erkennen und deshalb ältere Blüten meiden, doch könnte das auch mit dem zunehmend leichteren Abfallen der alternden

Blütenkrone in Zusammenhang stehen. Erdfrüchtigkeit (Geokarpie) wie bei voriger Art.

Lathyrus niger (L.) BERNH., Schwarzwerdende oder Schwarze Platterbse: Blätter beim Trocknen schwarz werdend (Name!), beiderseits matt, abgerundet. Stängel ungeflügelt. Lichte Trockenwälder und Waldsäume. Kalkhold. Im Rückgang. Ökologie wie bei *L. vernus*. Blütezeit: VI–VII.

Lavandula angustifolia MILLER (= *L. OFFICINALIS* CHAIX, *L. vera* DC.), Echter Lavendel

Lamiaceae (= Lippenblütler)

Immergrüner Halbstrauch, d. h. untere Stängelteile verholzend, obere krautig, 20–100 cm hoch. Durch ätherische Öle aromatisch duftend. Blätter linealisch, 3–5 cm lang, in Anpassung an die Trockenheit am Rande umgerollt und anfangs durch Sternhaare dicht weißfilzig, später vergrünend.

Systematik: Die Gattung umfasst etwa 30 Arten. Sie gehört in die durch ihre ätherischen Öle gekennzeichnete Unterfamilie Nepetoideae.

Namen: Der erst im Mittelalter aufgekommene Name „*Lavandula*" (mittellat. lavindula) wird allgemein zu lat.-ital. lavare = waschen gestellt, mit der Begründung, dass die Pflanze als wohlriechender und heilender Zusatz zum Badewasser verwendet wurde. Nach GENAUST ist diese Ableitung aber keineswegs sicher. Lat. „*angustifolius*" = schmalblättrig. – „Lavendel" ist über ital. ‚lavandula' entlehnt. Die Pflanze wird manchmal auch „Kleiner Speik" genannt (zu lat. spica = Ähre, wegen des ährenartigen Blütenstandes). Allerdings wird der Name Speik auch für andere stark duftende Pflanzen verwendet, vor allem *Valeriana celtica*.

Vorkommen: Kulturpflanze, die auch bei uns ziemlich frosthart ist. Sie gedeiht am besten auf trockenen, kalkhaltigen Böden. Gelegentlich an Ruderalstellen, z. B. in Steinbrüchen, verwildert, meist nur unbeständig, aber z. T. mit Tendenz zur Einbürgerung. Heimat: Westlicher Mittelmeerraum, dort Charakterart der Macchie bzw. Garigue.

Blüten: VI–VIII. Vormännliche „Echte Lippenblumen", in Scheinquirlen und diese in endständigen, 2–8 cm langen Scheinähren (Thyrsen) mit unscheinbaren Tragblättern angeordnet. Krone blauviolett, bei Kultursorten auch weiß, rosa, blau usw. Ober- und Unterlippe gleich gestaltet. Pollen orange. Reicher Blütenbesuch durch Honigbienen, Hummeln und andere Wildbienen sowie verschiedene Falter. Bienentrachtpflanze. Echter Lavendel zählt zu bei uns wachsenden Pflanzen mit besonders hohem Nektar- und Pollenangebot.

Früchte: Ausbreitungseinheit sind die vom Kelch zur Reifezeit fest umschlossenen Klausen, die mit diesem zusammen abfallen: Regenschwemmlinge und Ameisenausbreitung.

Vegetative Vermehrung durch sich bewurzelnde Zweige, bzw. durch Stecklinge oder Teilung größerer Stöcke.

Verwendung: Alte Bauerngarten-, Zier-, Heil- und Parfümpflanze, die schon von den Römern genutzt wurde. Verwendet werden die Blüten, die kurz vor der vollen Entfaltung gesammelt werden. Die schwach beruhigende und aromatisierende Wirkung geht auf ätherische Öle zurück und wird vor allem in Teemischungen genutzt. Sie kann bei Schlafstörungen und evtl. auch bei Angstzuständen helfen. Die Blüten können als Gewürz und essbare Dekoration für Fleischgerichte ebenso wie Süßspeisen verwendet werden, was aber in Deutschland noch keine lange Tradition hat. Die getrockneten Zweige wurden zur Mottenabwehr zwischen die Wäsche gelegt. Lavendelöl dient auch zur Vertreibung von Insekten, z. B. Blattläusen, benachbarter Pflanzen. Lavendel galt als Symbol der Reinheit und spielte im Aberglauben eine Rolle als Hexenzauber abwehrendes Mittel. – Das wichtigste Anbaugebiet liegt in der Provence in Südfrankreich mit riesigen Lavendelfeldern. Dort wird bevorzugt die Hybride *L. angustifolia* × *L. latifolia* angebaut, die Lavandin genannt wird.

Ledum palustre → *Rhododendron tomentosum*

Legousia speculum-veneris (L.) CHAIX, Großer oder Echter Frauenspiegel, Großer Venusspiegel

Campanulaceae (= Glockenblumengewächse)

Einjährig (sommerannuell), 10–30 cm hoch, im Getreidebestand selten bis 70 cm hoch. Blätter wechselständig, länglich-eiförmig, gekerbt. – Wurzel ca. 15–20 cm tief.

Namen: „*Legousia*" wurde 1782 von DURANDE geprägt, zu Ehren des franz. Gelehrten und Mäzens LE GOUZ DE GERLAND (1695–1774), der der Stadt Dijon das Gelände für den Botanischen Garten zur Verfügung stellte. Bei LINNÉ gehörten die Arten zu *Campanula*. „*Speculum-veneris*" (= Spiegel der Venus) ist der vorlinnésche Name der Pflanze, nach der rundlichen, im Zentrum weißen Krone.

Vorkommen: Mediterranes, mit dem Ackerbau eingeschlepptes Ackerwildkraut (Archäophyt). In Getreidefeldern auf nährstoff- und basenreichen Böden. Licht und Wärme liebend. Im Norden und Osten Deutschlands selten. Durch modernen Ackerbau stark im Rückgang und gefährdet.

Blüten: VI–VIII. Streng vormännliche, blauviolette „Stieltellerblumen" mit zentralem weißen Saftmal, in endständigen, wenigblütigen Rispen. Reiche Nektarproduktion. Bemerkenswert sind die periodischen Schließbewegungen: Die Blüten öffnen sich morgens und schließen sich spät nachmittags. Spontane Selbstbestäubung ist nicht selten, gelegentlich findet sich auch Geschlossenblütigkeit (Kleistogamie). Als Bestäuber wurden Zweiflügler beobachtet. Von ähnlichen *Campanula*-Arten durch die schlanken Fruchtknoten unterschieden.

Früchte: Unterhalb der Spitze sich durch 3 Klappen öffnende, 10–15 mm lange, längliche Porenkapseln.

Samen hartschalig, aber leicht, ca. 1,5 mm lang. Wind- und Tierstreuer. Weitere Ausbreitung der Samen als Körnchenflieger. Dazu Menschenausbreitung als Kulturfolger. Fruchtreife: ab IX.
Verwendung: Als Wildgemüse und -salat geeignet. Für Wildpflanzengärten zu empfehlen.

Weitere Art:
Legousia hybrida (L.) DELARBRE, Kleiner Frauenspiegel: Ähnlich voriger Art, aber Blüten oben ährenartig genähert, nur bis 15 mm breit. Kelchzipfel lanzettlich. Blütezeit: V–VII. Stark gefährdet.

Lemna minor LINNAEUS, Kleine Wasserlinse, Entengrütze

Araceae (= Aronstabgewächse)

Freischwimmende Wasserpflanze, ausdauernd, mit extremen Anpassungen: Der linsenförmige, im Durchmesser nur wenige mm große Vegetationskörper besteht aus blattartigen Gliedern, die sich durch Sprossung vermehren. Es ist unklar, ob diese nur Sprossen oder sowohl Blättern als auch Sprossen entsprechen. Spaltöffnungen auf der Oberseite. Je Glied eine Wurzel. Schwimmfähigkeit durch Durchlüftungsgewebe (Aerenchym) in den Gliedern. Die relativ schweren Wurzeln wirken wie Bootskiele. Spezialzellen (Idioblasten) sind reich an Oxalatnadeln, die evtl. dem Schutz vor Schneckenfraß dienen. – Wasserlinsen gehören zu den am schnellsten wachsenden Blütenpflanzen. Das bietet den Anlass für einen schönen Schülerversuch.

Systematik: Die Gattung umfasst ca. 15 Arten. – Die Wasserlinsen und ihre Verwandten bildeten früher die Familie der Wasserlinsengewächse (Lemnaceae), die heute als Unterfamilie Lemnoideae der weitgefassten Familie Araceae (= Aronstabgewächse) eingestuft wird. Nahe verwandt sind Teichlinse (*Spirodela*) und Zwergwasserlinse (*Wolffia*, s. u.).
Namen: „*Lemna*" ist der griech. Name einer Wasserpflanze, vermutlich zu limne = Sumpfteich, der von LINNÉ auf diese Gattung übertragen wurde. – „Wasserlinse" wegen der Linsenform der Pflanze. „Entengrütze", weil die Pflanze eine wichtige Nahrung dieser Vögel ist.
Vorkommen: Stehende oder kaum fließende, eutrophe Gewässer, selten auf überrieseltem Gestein. Kennart der Lemnetea (= Wasserlinsendecken). Bei Nährstoffüberschuss erfolgt im Sommer starke Vermehrung (Verdopplung der Biomasse in zwei Tagen) bis zur völligen Abdeckung der Wasseroberfläche bei kleineren Gewässern. Dem folgt schließlich der Zusammenbruch des Ökosystems durch Sauerstoffmangel. – Fast weltweit verbreitet, bei uns bis 1200 m Meereshöhe.
Blüten: V–VI. „Pollen-Scheibenblumen". Nektar fehlt. Wasserbestäubung. Nur sehr selten blühend: Überwasserblüher. Zufallsbestäubung durch Wasserläufer, Spinnen und Schnecken. Die Blüten sind stark reduziert und sehr klein; die männlichen bestehen aus 1 Staubblatt, die weiblichen nur aus 1 Stempel mit trichterförmiger Narbe.
Früchte: Ein- bis mehrsamige Nüsse. Samen ca. 1 mm lang: Schwimmausbreitung.
Vegetative Vermehrung durch Sprossung absolut vorherrschend (Schwimmausbreitung) sowie Verschleppung ganzer Pflanzen als Wasserhafter

(Adhäsion) an Wassertieren, vor allem Enten. – Bei widrigen Umständen bilden Wasserlinsen winzige Überdauerungsknospen (Turionen), die zum Gewässergrund sinken und mehrere Jahre überdauern können.

Verwendung: Beliebtes Entenfutter, auch Fischfutter, durch den hohen Nährstoffgehalt wachstumsfördernd. Wird wegen des hohen Eiweißgehaltes, der mit Sojabohnen vergleichbaren Aminosäure-Zusammensetzung und des hohen Gehaltes an Spurenelementen als Wildgemüse empfohlen. In Asien werden Wasserlinsen für Speisezwecke kultiviert. – Die Pflanze vermag wirkungsvoll Mineralien zu binden und zu speichern. Auf diese Weise kann z. B. die Konzentration von Radium 100–600-mal so hoch sein wie im umgebenden Wasser. Wenn z. B. Enten überwiegend solche Wasserlinsen fressen, wird ihr – eventuell später vom Menschen verzehrtes – Fleisch nach den Regeln der Nahrungskette eine noch weiter erhöhte Radium-Konzentration (etwa das 10-fache) aufweisen.

Weitere Arten/Verwandte (vgl. auch *Spirodela* = Teichlinse):

Lemna trisulca L., Untergetauchte oder Dreifurchige Wasserlinse: Glieder meist untergetaucht (schwebend), lanzettlich, kreuzweise zusammenhängend, 4–10 mm lang. In weniger eutrophen Gewässern.

Lemna minuta HUMB., BONPL. et KUNTH (= *L. minuscula* HERTER), Zierliche oder Kleinste Wasserlinse: Eingeschleppt aus Amerika. Inzwischen z. B. im Rheintal vielfach eingebürgert. Unterscheidet sich von *L. minor* durch vorn meist kurz bespitzte (statt breit abgerundete) und nur 1–3 mm (statt 2–4 mm) lange Sprossglieder. Neophyt seit 1968.

Lemna gibba L., Buckelige Wasserlinse: Unterschieden durch unterseits grob gefeldert aufgeblähtes Gewebe. Im Winter absinkend; diese Wintersprosse sind flacher. Im Frühjahr wird durch Neubildung von Lufthöhlen der Wiederauftrieb ermöglicht. Blütezeit: IV–V. Soll relativ am häufigsten von allen Wasserlinsen blühen. Vorkommen vor allem in übermäßig eutrophierten, meist stehenden Gewässern. Etwas wärmeliebend und darum auf tiefere Lagen beschränkt.

Wolffia arrhiza (L.) WIMM., Wurzellose Zwergwasserlinse oder Zwerglinse: Die kleinste Blütenpflanze der Welt, kaum stecknadelkopfgroß (0,5–1 mm) und nur 0,2 mg schwer, wurzellos. Wurde nur höchst selten, und bei uns bis jetzt noch nicht blühend beobachtet. Weltweit verbreitet, vor allem in den Tropen. Immer zusammen mit anderen Wasserlinsen, aber an Sommerwärme angepasste Tieflagenpflanze. Bei uns sehr selten und sporadisch, lange Zeit als ‚stark gefährdet' angesehen, aber in der Roten Liste (Stand 2018) nur noch als ‚gefährdet' eingestuft. Im Süden meist fehlend. Ausbreitung als Wasserhafter durch Wasservögel. Name zu Ehren des deutschen Arztes J. F. WOLFF (1778–1806). – Vermutlich ist die Art in Deutschland noch seltener als angenommen, da sich mehrere vermeintliche Vorkommen der Art als *Wolffia columbiana* herausstellten, einem seit 2013 im Gebiet nachgewiesenen Neophyten, der sich von ersterer Art nur wenig unterscheidet (SCHMITZ et al. 2016 Veröff. Bochumer Bot. Ver. 8: 1).

Leontodon: siehe bei *Scorzoneroides*

Leontopodium alpinum CASSINI, Alpen-Edelweiß

Asteraceae (= Korbblütler)

Ausdauernder Hemikryptophyt: Schaftpflanze, 5–20 cm hoch. Die bekannte Weißfärbung besonders im Blütenbereich beruht auf der Reflexion des sichtbaren Lichtes durch einen dichten Filz toter Haare, die als Transpirationsschutz und kurzfristiger Kälteschutz dienen. Die im Hochgebirge besonders intensive UV-Strahlung (UV-A) wird zwar nahezu vollständig von den Haaren absorbiert, aber Faserstrukturen der Haaroberfläche leiten das UV-Licht so ab, dass die darunterliegenden Zellen geschützt sind. Im Tiefland wachsende Pflanzen werden wegen der geringeren, wachstumshemmenden UV-Einstrahlung größer und erscheinen wegen der weniger dichten Behaarung grünlich.

Vorkommen: Sonnige, sommerwarme Steinrasen und erdige Felsspalten der alpinen Stufe, meist auf Kalk. Selten mit den Flüssen herabgeschwemmt und die Früchte auch in die Täler geweht. Typisches Beispiel einer während der Eiszeit aus den zentralasiatischen Gebirgen eingewanderten Pflanze: altaisch-alpin. – Stark gefährdet. **Geschützt**!

Blüten: VII–IX. 5–6(–10) Körbchen sind zu einem endständigen knäueligen (zymösen) Gesamtblütenstand vereint. Schaufunktion durch die dicht weißfilzigen Hochblätter. Randblüten fadenförmig, weiblich, Scheibenblüten (Röhrenblüten) männlich. Die Blüten werden von verschiedenen Insekten besucht, die Bestäubung erfolgt aber vor allem durch Echte Fliegen (Muscidae) (ERHARDT 1993 Bot. J. Linnean Soc. 111: 229).

Früchte: Ausbreitung der Achänen als Schirmchenflieger, bei Nässe auch als Anhafter an Tieren. Pappus leicht abfallend. Auch als Bodenläufer über Schneeflächen. Fruchtreife: ab IX. Wintersteher. Lichtkeimer.

Verwendung: Wird trotz der berechtigten Naturschutzbestimmungen immer wieder als Mitbringsel von alpinen Klettertouren für Trockensträuße usw. mitgebracht. Als Zierpflanze eher selten. Für den Garten gibt es im Handel aus dem Himalaja stammende Arten, die im Gegensatz zu unserer Art auch im Tiefland ihre weiße Farbe behalten.

Systematik: Nahe verwandt mit dem Ruhrkraut (*Gnaphalium*) und dem Katzenpfötchen (*Antennaria*).

Namen: „*Leontopodium*“ ist ein griech. Pflanzenname, zu leon, Gen. leontos = Löwe und podion = Füßchen, der von dem vorlinnéschen Autor MATTIOLI auf diese in der Antike unbekannte Pflanze übertragen und durch CASSINI 1819 gültig veröffentlicht wurde. Bei der Übertragung dachte man offenbar an die filzige Behaarung einer Löwentatze, als Steigerungsform zum Katzenpfötchen (*Antennaria dioica*).

Leonurus cardiaca LINNAEUS, Echtes Herzgespann, Löwenschwanz

Lamiaceae (= Lippenblütler)

Ausdauernder Hemikryptophyt (Schaftpflanze) mit Rhizom, 30–100 cm hoch. In allen Teilen kurzhaarig. Überdauerung durch aus den untersten Blattachseln gebildete Sprosse. Charakteristisch sind die unten herzförmig-rundlichen, 5–7-spaltigen, am Stängel nach oben verschmälerten, keilförmigen Blätter.

Namen: „*Leonurus*“ wurde von LINNÉ geprägt und bezieht sich auf die Ähnlichkeit mit dem Löwenohr (*Leonotis leonurus*), einem südafrikanischen Lippenblütler, dessen Teilblütenstände mit einem Löwenschwanz (griech. leonuros) verglichen wurden. „*Cardiaca*“ ist der vorlinnésche Name der Pflanze (zu lat. cardiace = Herzleiden) und bezieht sich genauso wie „Herzgespann“ auf die ehemalige Verwendung, die wiederum nach der Signaturenlehre mit der herzförmigen Blattform zusammenhängt. „Gespann“ ist ein altes Wort für Krampf und Herzklopfen. Da die Pflanze auch bei Mutterleiden angewandt wurde, hieß sie volkstümlich auch „Mutterkraut“, ein Name den sie mit zahlreichen anderen Arten teilt, z. B. *Tanacetum parthenium* und *Meum athamanticum* (Bärwurz). „Löwenschwanz“ wurde in Anlehnung an den bot. Namen künstlich gebildet.

Vorkommen: Nährstoff- und insbesondere stickstoffreiche, sonnig-trockene Plätze und Säume. Im dörflichen bis urbanen Bereich Bestandteil von Staudengesellschaften wärmerer Lagen. Inzwischen jedoch mit der allgemeinen Dorfbereinigung („Unser Dorf soll schöner werden“) auch Opfer der Zivilisation und vielfach verschwunden. Früher auch oft als Heilpflanze gezogen und entsprechend aus Kultur verwildert (Kulturrelikt). Stark gefährdet (Stand 2018). Andererseits ist die Art durch Verwilderung und Einbürgerung der als Bienenfutterpflanze ausgebrachten subsp. *villosus* zum Teil auch in Ausbreitung.

Blüten: VI–IX. In Halbquirlen (Zymen) aus der Achsel von Laubblättern, insgesamt einen schlanken, stark verlängerten Thyrsus bildend. Blassrote, aus dem Kelch herausragende, 5–8 mm lange, schwach vormännliche „Lippenblumen“ mit zottiger Krone. Unterlippe mit dunkelroten Flecksaftmalen. Besucher sind Bienen und Hummeln. Bienentrachtpflanze.

Früchte: Kleine Spaltfrüchte (Klausen). Typischer Tierstreuer: Mensch und Tier verhakeln sich an den sich nach der Blüte entwickelnden, stechend dornspitzigen, zurückgekrümmten Kelchzähnen. Der elastisch nachgebende Stängel „springt“ schließlich zurück und die Klausen werden meterweit fortgeschleudert. Fruchtreife: ab IX.

Verwendung: Altbekannte, früher vielfältig angewandte und geschätzte Heilpflanze und Bauerngartenpflanze. Medizinisch werden Auszüge des Krautes zur Unterstützung der Herzfunktion verwendet und schon die alten Kräuterkundler hielten die Pflanze nach der Signaturenlehre für das beste herzstärkende Mittel. In der Volksmedizin kommen weitere Anwendungen hinzu, so auch als wehenförderndes Mittel. Neuerdings wird die subsp. *villosus* als Zierpflanze und Bienentrachtpflanze angebaut.

Lepidium campestre (L.) R. Brown, Feld-Kresse

Brassicaceae (= Kreuzblütler)

Einjährig, winterannuell, (5–)20–50 cm hoch. Stängel einfach oder über der Mitte verzweigt. Blätter mit pfeilförmigem Spreitengrund stängelumfassend.

Systematik: Die Gattung umfasst etwa 230 Arten. Lange Zeit wurden die Gattungen Krähenfuß (ehemals *Coronopus*, s. u.) und Pfeilkresse (ehemals *Cardaria*) als eigenständig abgegrenzt, werden aber jetzt wieder in *Lepidium* einbezogen.

Namen: „*Lepidium*" ist der lat.-griech. Name der Garten-Kresse (s. u.), zu griech. lepidion = Schüssel, Schüppchen, wegen der schuppenförmigen Gestalt der Früchte in Verbindung mit deren ehemaligen Verwendung nach der Signaturenlehre bei Lepra als schuppender Hauterkrankung. Lat. „*campestris*" = Feld-. – „Kresse" ist Bezeichnung verschiedener Kräuter mit angenehm scharfem Geschmack (siehe Register).

Vorkommen: Lückige Ruderalstellen und Äcker, auf nährstoff- und basenreichen Lehmböden. Im Norden selten.

Blüten: IV–VI. Unscheinbare, weiße Blüten, in kurzen, endständigen Trauben. Wie bei allen Kreuzblütlern ohne Tragblätter.

Früchte: Die Schötchen stehen bei der Reife horizontal, sind hohl und geflügelt. Durch aufprallenden Regen platzen die Früchte, und die Samen werden ausgeschleudert: Regenballist. Details siehe bei *Thlaspi = Microthlaspi perfoliatum*. Jedes Fruchtfach mit nur 1 Samen. Fruchtreife: VI–VIII.

Verwendung: Junge Blätter und Blütentriebe der *Lepidium*-Arten eignen sich als würzige Beilage zu Salat und Gemüse. Die Samen können wie Senf verwendet werden.

Weitere Arten (vgl. auch folgenden Abschnitt):

Lepidium heterophyllum BENTH., Verschiedenblättrige Kresse: Sehr ähnlich voriger Art und deshalb lange Zeit übersehen. Ausdauernd (Hemikryptophyt), vielstängelig. Verschiedenblättrig: Grundblätter fiederlappig, Stängelblätter ungeteilt. Griffel die Fruchtkerbe deutlich überragend. Meist ruderal an Wegsäumen und steinigen Böschungen, auf nährstoffreichen, auch metallbelasteten Böden. Neophyt.

Lepidium ruderale L., Weg- oder Schutt-Kresse: Pflanze kleiner als *L. campestre*, mit strauchförmigem Wuchs und scharfem (unangenehmem) Kressegeruch. Wärmeliebende Ruderalpflanze, vor allem der Trittstellen und Straßenränder. Kann auch als ganze Pflanze ausgebreitet werden („Steppenhexe").

Lepidium sativum L., Garten-Kresse: Kulturpflanze seit dem frühen Mittelalter. Heimat: Vorderasien. Die jungen, 10–14 Tage alten Pflänzchen werden als Ganzes zum Würzen von Salaten verwendet. Sie enthalten Senfölglykoside, die eine milde antibiotische Wirkung zeigen, aber die Darmbakterien nicht schädigen. Wegen der schnellen und guten Keimfähigkeit beliebte Versuchspflanze für Keimungsversuche und auch für „Geburtstagsaussaaten", d. h. man sät im Sommer in Furchen in der Anordnung der Zahl des Geburtstages aus, die dann nach etwa 2 Tagen grün erscheint.

Lepidium latifolium L., Breitblättrige Kresse, Pfefferkraut: Ausdauernd, 40–100 cm hoch. Dünen der Nord- und Ostseeküste sowie Ruderalstellen des Binnenlandes. Salztolerant. Vegetative Vermehrung durch Wurzelsprosse. Hält sich z. B. zäh zwischen Pflasterritzen und in Mauerfugen. Hat sich in den letzten Jahren stark ausgebreitet, z. B. entlang einiger Flüsse wie der Mosel, und auch zunehmend an Autobahnen. Wurde früher wegen der pfefferartig schmeckenden Samen als Gewürzpflanze angebaut.

Lepidium didymum L. (= *Coronopus didymus* (L.) J. E. SMITH), Zweiknotiger Krähenfuß: Einjährig, Niederliegend, 5–20 cm hoch. Blätter 1–2-fach fiederschnittig mit typischem Kressegeruch. Frische Ruderalstellen und Gärten, besonders Trittstellen und Straßenränder. Neophyt seit 1808, weltweit verschleppt. Heimat: Südamerika. Eine weitere Ausbreitung erfolgt neuerdings über Containerpflanzen aus dem Mittelmeerraum. Blüten in niederliegenden Trauben. Die Früchte sind im Unterschied zu typischen Kreuzblütlern zweiknotige, glatte Spaltfrüchte.

Lepidium draba LINNAEUS (= *Cardaria draba* (L.) DESV.), Pfeilkresse

Brassicaceae (= Kreuzblütler)

Ausdauernder Hemikryptophyt und Wurzelknospengeophyt, 20–60 cm hoch. Wurzelkriechpionier. Blätter sitzend, mit pfeilförmigem Spreitengrund. – Tiefwurzler bis >3 m. Pfahlwurzel und ausgedehntes Wurzelsystem mit weit kriechenden Wurzeln, an denen neue Sprosse gebildet werden.

Systematik: siehe *L. campestre*.
Namen: Zum Namen „*Lepidium*" siehe *L. campestre*. „*Cardaria*" wurde 1815 von DESVAUX geprägt, von griech. kardia = Herz, wegen des herzpfeilförmigen Spreitengrundes und der herzförmigen Früchte; „*draba*" wegen der Ähnlichkeiten mit der Gattung *Draba* (Felsenblümchen, Hungerblümchen).
Vorkommen: Weg-, Straßen- und Autobahnränder, Brachflächen, Bahngelände, Äcker, Gärten und Weinberge, auf sommerwarmen, trockenen, nährstoff- und basenreichen Böden. Oft große Bestände bildend. Verträgt das Abmähen. Neophyt seit 1728. Heimat: Südosteuropa/Westasien. Weltweit verschleppt.
Blüten: V–VI. Unscheinbare, weiße „Nektar führende Scheibenblumen", in Doldentrauben. Vorweiblich. Nach Honig duftend. Bestäubung durch Fliegen, Käfer und Wildbienen. Dazu Selbstbestäubung, indem sich die Staubblätter vor dem Abblühen zur Narbe hin krümmen.
Früchte: Schötchen herzförmig, 1- bis 2-samig, bei der Reife nicht aufspringend. Windausbreitung als Körnchenflieger. Die starke Ausbreitung entlang der Bahngleise soll darauf zurückgehen, dass die Früchte vom Luftzug der Züge mitgerissen wurden. Allerdings ist der Samenansatz meist sehr gering. Lichtkeimer.
Vegetative Vermehrung erfolgt reichlich durch Wurzelsprosse. Daher wachsen die Pflanzen oft in großen Herden. Unter günstigen Bedingungen können die Bestände pro Jahr einen Zuwachs von >3 m^2 erlangen. Die vegetative Ausbreitung wird stark durch den Menschen durch Verschleppen von Spross- und Wurzelstücken gefördert.

Verwendung: Die wegen der Senfölglykoside scharf schmeckenden Samen wurden früher als Pfefferersatz verwendet. Die jungen Blätter eignen sich für Mischsalate.

Leucanthemum vulgare Lamarck (= *Chrysanthemum leucanthemum* L. s. l.) (Artengruppe), Wiesen-Margerite, (Gewöhnliche Wucherblume)

Asteraceae (= Korbblütler)

Ausdauernder, kurzlebiger Hemikryptophyt: Schaftpflanze; später rasenbildend, 20–80(–100) cm hoch. – Tiefwurzler.

Systematik: Die Gattung ist nahe verwandt mit Rainfarn (*Tanacetum*), Wucherblume (*Glebionis*), Chrysantheme (*Chrysanthemum*) und den als Kübelpflanzen beliebten Strauch-Margeriten (*Argyranthemum*) der Kanarischen Inseln. – Zur Artengruppe *L. vulgare* gehören mehrere schwer zu unterscheidende Kleinarten, am häufigsten ist *L. ircutianum* DC. als Art der Fettwiesen, gefolgt von *L. vulgare* s. str. (= Kleine Wiesen-Margerite) als Art der Trockenwiesen.

Giftigkeit: Nicht giftig, aber alle Teile der Pflanze können zu Kontaktallergien führen.

Namen: „*Leucanthemum*" ist der lat.-griech. Name der Kamille und ähnlicher Pflanzen, von griech. leukos = weiß und anthemon = Blume. Der Name wurde schon vor Linné auf die Margerite übertragen und als Gattungsname von Miller 1754 gültig publiziert. – „Margerite" (ebenso wie der Vorname Margarete) ist von franz. marguerite entlehnt und bedeutet Perle; der Name galt ursprünglich für das Gänseblümchen (*Bellis perennis*) und wurde später auf die Margerite (grande marguerite) übertragen. Der Name „Wucherblume" bezieht sich auf das lebhafte Wachstum der Saat-Wucherblume (*Glebionis segetum*), die früher genauso wie *Leucanthemum* in die Gattung *Chrysanthemum* gestellt wurde, die als Ganzes den deutschen Namen Wucherblume trug

Vorkommen: Nährstoffreiche Wiesen, Weiden, Ruderalstandorte und Äcker. Oft im Bereich von Wiesen-Neusaaten, z. B. an Autobahnen. Pionierpflanze. Die Kleinart *L. vulgare* s. str. ist eine Pflanze der Felsen und Magerrasen. Ebene bis Hochgebirge. – Hat sich in Nordamerika und Australien stellenweise eingebürgert.

Blüten: V–X. „Körbchenblumentyp". Kontrast zwischen 20–25 weißen, weiblichen Zungenblüten und 300–400 goldgelben, zwittrigen Röhrenblüten (gynomonözisch). Besucher sind verschiedene Wildbienen, Wespen, Fliegen, Käfer und Tagfalter. Spontane Selbstbestäubung ist möglich.

Früchte: Spreublätter fehlen, Achänen mit bleibendem Kronrest: Wind- und Tierstreuer, dazu Wasserhaft- und Zufallsausbreitung durch Huftiere usw. Fruchtreife: IX–X.

Verwendung: Wird seit dem Mittelalter als Zierpflanze kultiviert, heute allerdings meist von folgender Art abgelöst, und ist auch für Wildpflanzengärten zu empfehlen. Die Pflanze ist als Gemüse verwendbar. Die getrockneten Wurzeln wurden früher als Mehlersatz genutzt.

Weitere Art (vgl. auch *Glebionis* = Wucherblume): ***Leucanthemum maximum*** (Ramond) DC., Garten-Margerite: Die großblumige Margerite der Gärten, in allen Teilen größer als unsere Margerite. In Kultur besonders häufig sind Hybriden (*L. × superbum*). Einige Sorten sind gefüllt, d. h. auch die Scheibenblüten (Röhrenblüten) des Körbchens sind zungenförmig. Gegenüber *L. vulgare* agg. (2n = 18, 36) ist der Chromosomensatz höher (2n = 90, 108). Vermehrung durch Teilung der Stöcke.

Leucojum vernum LINNAEUS,

Frühlings-Knotenblume, Märzenbecher

Amaryllidaceae (Amaryllisgewächse)

Zwiebel-Geophyt, 10–20 cm hoch. Frühjahrsgrün, d. h. Blätter früh einziehend und im Sommer nicht mehr sichtbar. Zwiebel ca. 2 cm dick, etwa 20 cm tief liegend, vom scheidenförmigen Blattgrund gebildet.

Systematik: Nächst verwandt ist das Schneeglöckchen (*Galanthus*).
Giftigkeit: Giftig durch herzwirksame Glykoside.
Namen: „*Leucojum*" (leukoion) ist der lat.-griech. Name der Levkoje (*Matthiola incana*), von griech. leukos = weiß und ion = Veilchen (bzw. duftende Pflanze). Vorlinnésch verstand man darunter neben der vorliegenden Art und der Levkoje, deren Name als Lehnwort noch auf die ursprüngliche Bedeutung hinweist, auch andere duftende Kreuzblütler wie etwa die Mondviole (*Lunaria*). Lat. „*vernus*" = Frühling-. – „Knotenblume" wegen des unterständigen Fruchtknotens als auffälliger Verdickung unterhalb der eigentlichen Blüte. „Märzenbecher" wegen Blütezeit und Blütenform.
Vorkommen: Auwälder, Schluchtwälder, Wiesen und Ufer auf nährstoffreichen, sauren Böden. In Deutschland lange Zeit als gefährdet angesehen, doch gibt es in Thüringen noch Bestände mit über 1 Mio. blühenden Pflanzen. Wird auf der Roten Liste (Stand 2018) auf der Vorwarnliste geführt, aber nicht mehr als gefährdet eingestuft. **Geschützt**!

Blüten (siehe Detailfoto): II–IV, Frühblüher. Blütenstängel 1(–2)-blütig. Fruchtknoten unterständig. Blütenhülle einfach (Perigon), im Unterschied zu *Galanthus* glockig mit 6 gleich langen Perigonblättern. Homogame „Glockenblumen mit Streueinrichtung". Die Nektarabsonderung ist gering und ökologisch wertlos, aber die Diskuszellen sind saftreich, dünnwandig und von Insekten anbohrbar. Der Geruch ist veilchenartig, am Saftmal intensiver als am übrigen Perigon. Die Staubfächer (Theken) sind an der nach unten gerichteten Spitze offen und geben bei Berührung den Pollen frei. Bestäuber sind Bienen und Tagfalter. Spontane Selbstbestäubung vor dem Abblühen ist erfolgreich.
Früchte: Kapseln fachspaltig. Samen kugelig, mit Ölkörper (Elaiosom). Selbstaussäer durch den bald erschlaffenden Fruchtstängel. Weitere Ausbreitung der Samen durch Ameisen. Menschen-

ausbreitung als Gartenflüchter. Fruchtreife: V–VI. Kältekeimer.

Verwendung: Zierpflanze seit dem Mittelalter. Aus Naturschutzgründen sollten keine Wildvorkommen in die Gärten mitgenommen werden.

Weitere Art (vgl. auch *Galanthus* = Schneeglöckchen):

Leucojum aestivum L., Sommer-Knotenblume: 30–60 cm hoch, horstig, mit 3–7-blütigen Scheindolden. Blütezeit: IV–V. Samen ohne Ölkörper. Zierpflanze seit Ende des 16. Jh. Von dort aus verwildert und gelegentlich eingebürgert (etablierter Neophyt) in Nasswiesen und Auwäldern, z. B. in Brandenburg und am Oberrhein. Wärmeliebend. Heimat: Europa vom Südosten und Süden bis Irland. – **Geschützt** und auch nach Roter Liste mit Stand 2018 als gefährdet eingestuft, was deshalb bemerkenswert ist, weil Neophyten als gebietsfremde Pflanzen definitionsgemäß keine Kandidaten für Verzeichnisse gefährdeter oder geschützter heimischer Pflanzen sind. Hier (und in wenigen weiteren Fällen) wurde aber aus pragmatischen Gründen eine Ausnahme gemacht.

Levisticum officinale W. D. J. Koch, Liebstöckel, Maggikraut

Apiaceae (= Doldenblütler)

Ausdauernder, sommergrüner Hemikryptophyt (Schaftpflanze), 1–2 m hoch und bis 1 m breit. Ganze Pflanze meist nach Maggi bzw. Curry duftend. Blätter 2–3-fach gefiedert, lang gestielt, untere bis 70 cm lang (siehe Detailfoto). Rhizom fleischig, mehrköpfig. Auch ein Teil der Wurzeln ist fleischig verdickt.

Giftigkeit: Die Pflanze enthält die phototoxischen Furanocumarine Psoralen und Bergapten, die unter starker Sonneneinstrahlung Hautreizungen hervorrufen können.

Namen: „*Levisticum*" (oder *ligusticum*) ist der lat.-griech. Name dieser oder einer ähnlichen Pflanze, der von Plinius mit ‚ligusticus' = aus Ligurien stammend in Verbindung gebracht wurde. Neulat. „*officinalis*" = arzneilich verwendet. – „Liebstöckel" ist Lehnwort, das wegen der angeblichen Eignung der Pflanze als Aphrodisiakum volksetymologisch an ‚Liebe' und ‚Stöckel' angelehnt wurde. Der Name „Maggikraut" ist relativ jung und geht darauf zurück, dass der Geschmack der Pflanze große Ähnlichkeit mit dem seit 1886 bekannten und beliebten Maggigewürz hat. Diese von Julius Maggi als preiswerter Ersatz für Fleischextrakt erfundene Würze, die den japanischen Sojasaucen nachempfunden wurde, enthält aber weder Liebstöckel, noch andere Gewürzkräuter, sondern besteht aus Sojaschrot, Weizenkleber, Hefeextrakt, Glutamat usw.

Vorkommen: Kulturpflanze. Heimat: Südwestasien. Nährstoff- und sonnenliebend. Selten verwildert, aber nur unbeständig.

Blüten: VI–VII. Blassgelbe „Nektar führende Scheibenblumen" in zusammengesetzten, bis über 20 cm breiten Dolden. Bestäuber sind vor allem Bienen. Bienentrachtpflanze.

Früchte: Ebenfalls sehr aromatisch. In 2 kahle Teilfrüchte zerfallende Doppelachänen. Windausbreitung durch 5 geflügelte Hautrippen. Menschenausbreitung (Kulturbegleiter). Fruchtreife: VIII–IX.

Verwendung: Wurde im Mittelmeerraum schon im Altertum, bei uns seit dem frühen Mittelalter, in Kloster- und Bauerngärten kultiviert und auch im Capitulare de Villis Karls des Großen zum Anbau auf den Reichsgütern empfohlen. Junge Teile dienen zum Würzen von Speisen, z. B. von Kartoffelsuppe. Alle Teile enthalten einen Würzstoff, dem sie den typischen Maggigeruch (im englischen Sprachraum auch als Curryduft bezeichnet) verdankt. Die Blattstiele und Stängelbasen wurden früher als Gemüse gegessen. Sehr zu empfehlen für die Herstellung eines würzigen Speiseessigs, wie er z. B. aus Südbaden bekannt ist. – Rhizom und Wurzelrüben, die wie die Früchte bis 1 % ätherisches Öl (vor allem Terpineol) enthalten (die übrigen Teile viel weniger), werden seit Langem arzneilich verwendet, heute überwiegend volksmedizinisch. Im 14. Jh. war das Ansehen der Droge wesentlich durch den angenehmen Duft begründet. Das Kraut wirkt (durch das ätherische Öl) harntreibend und wurde, wie andere Doldenblütler, auch bei Magenverstimmungen usw. sowie als wehenförderndes Mittel angewandt. Nierenkranke sollten die Droge meiden. Ein alkoholischer, roter Auszug von Rhizom und Wurzel enthält Ligulin. Er eignet sich für die Indikation von Trinkwasser, da er sich bei alkalischer Reaktion sofort in Blau verfärbt. Die Pflanze wird über Wurzelteilung oder durch Samen vermehrt. Früher wurde sie in Thüringen und in der Schweiz großflächig angebaut. – Zum „Maggi"-Gewürz s. o.

Die Blätter sind 2- bis 3-fach gefiedert und bis zu 70 cm lang.

Leymus arenarius (L.) HOCHSTETTER (= *Elymus arenarius* L.), Gewöhnlicher Strandroggen, Blauer Helm

Poaceae (= Süßgräser)

Rhizomgeophyt, 60–150 cm hoch. Durch Wachsüberzug blaugrünes, sehr derbes, lange Ausläufer bildendes Gras. Blätter steif, stechend, bei Trockenheit eingerollt. Blatthäutchen (Ligula) kurz. Ausgeprägt an Trockenheit angepasst (xeromorph). Gleichzeitig verhindert die Derbheit der Blätter das Abfressen durch Huftiere.

Systematik: Nahe verwandt sind u. a. Quecke (*Elymus*) und Weizen (*Triticum*, siehe dort).

Namen: „*Leymus*" wurde von HOCHSTETTER 1848 geprägt als Anagramm (Buchstabenverdrehung) von *Elymus*, wozu die Art vorher gestellt wurde. Lat. „*arenarius*" = Sand bewohnend. Nicht zu verwechseln mit *Elymus arenosus* (= Sand-Quecke), einer sehr seltenen Art des Binnenlandes. Zum Namen „Helm" vgl. *Ammophila*.

Vorkommen: Pionierpflanze der Weißdünen und dort an den Meeresküsten verbreitet und heimisch. Auf Binnendünen zuweilen eingebürgert (Neophyt). Verträgt bis 12 % Kochsalz im Boden.

Blüten: VI–VIII. Ähren bis ca. 30 cm lang, an eine übergroße Weizenähre erinnernd. Ährchen unbegrannt, sitzend, 3(–4)-blütig, scheinbar mehrere nebeneinander stehend. Windbestäubung. – Der ähnliche, ebenfalls weißlich grüne Strandhafer (*Ammophila*) ist ein Ähren-Rispengras mit langen Blatthäutchen.

Früchte: Ausbreitungseinheit sind die von den bleibenden Spelzen umhüllten Karyopsen (= Spelz-

früchte). Regenschwemmling und Schwimmausbreitung im Meer. Dazu Bearbeitungsausbreitung durch Vögel und Windausbreitung.

Vegetative Vermehrung erfolgt reichlich durch die bis zu mehreren m langen Ausläufer.

Verwendung: Wird ähnlich wie der Strandhafer (*Ammophila*) zur Festigung der Küstendünen und zum Teil auch der Binnendünen angepflanzt. Strandroggen wird für die Leeseiten, Strandhafer für die Luvseiten bevorzugt. *Leymus* wird auch als Ziergras angeboten, kann sich allerdings stark ausbreiten. Früher hat man das Mehl zum Brotbacken verwendet.

Weitere Arten:

Hordelymus europaeus (L.) C. O. HARZ, Waldgerste: Dichtrasiger, grüner, über 50 cm hoher Hemikryptophyt. Ohne Ausläufer. Blätter flach. Laubwaldpflanze auf basen- und oft kalkreichen Böden, zerstreut, im Nordwesten fehlend. Ähnlich der Hunds-Quecke (*Elymus caninus*), aber Ährchen behaart und nicht 2-zeilig. Ähren mit bis zu 2,5 cm langen, rückwärts behaarten Grannen. Windverbreitung (Flügelflieger) und Klettausbreitung.

Ligustrum vulgare LINNAEUS, Gewöhnliche Rainweide, Liguster

Oleaceae (= Ölbaumgewächse)

Sommergrüner, in milder Lage auch wintergrüner (zum neuen Laubaustrieb laubabwerfender, in strengen Wintern oft zurückfrierender) Strauch, seltener kleiner Baum, 1–5 m hoch. Blätter etwas lederig, 2,5–6 cm lang, oberseits dunkelgrün. – Pilzwurzel (arbuskuläre Mykorrhiza).

Systematik: Die Gattung umfasst ca. 50 Arten, von denen mehrere bei uns als Ziersträucher in Kultur sind. Die meisten Arten stammen aus Asien. *L. vulgare* ist die einzige europäische Art. Nahe verwandt sind Esche (*Fraxinus*) und Flieder (*Syringa*).

Giftigkeit: Schwach giftig in allen Teilen. Der Verzehr von 5–10 Früchten gilt als unbedenklich. Bei zahlreichen Tieren sind Vergiftungen möglich.

Schädlinge: Futterpflanze der Raupen zahlreicher Tag- und Nachtfalter, z. B. des prächtigen

Die Steinfrüchte bleiben oft noch bis in den Winter stehen.

Ligusterschwärmers (*Sphinx ligustri*).

Namen: *„Ligustrum"* ist der lat. und vorlinnésche Name der Pflanze, vermutlich zu ligare = binden (s. u.). Lat. *„vulgaris"* = häufig. – „Rainweide" wegen des Standorts und derselben Verwendung wie bei Weiden. „Liguster" ist Lehnwort.

Vorkommen: Sonnige Gebüsche, lichte Wälder und Säume auf meist kalkreichen Böden. Wärmeliebend (Jura bis 950 m). In der Ebene nur verwildert.

Blüten: VI–VII. Homogame, weiße „kleine Trichterblumen", in dichten Rispen. Der Geruch ist schwer und wird von manchen als unangenehm empfunden. Die Staubblätter überragen die zweilappige Narbe. Der zuckerreiche Nektar wird am Grunde der ca. 3 mm langen Kronröhre abgeschieden. Pollen hellgelb. Reicher Blütenbesuch durch Honigbienen, Wildbienen, Hummeln, Schwebfliegen und verschiedene Falter. Bienentrachtpflanze. Vor dem Abblühen erfolgt auch Selbstbestäubung (selbstfertil). Regelmäßig beschnittene und im Schatten stehende Hecken kommen kaum zum Blühen. Trotz Anpassung an die Insektenbestäubung kann der Pollen auch durch den Wind übertragen werden und dann auch Heuschnupfen verursachen.

Früchte (siehe Detailfoto): Durch hohe Anthocyankonzentration schwarze, innen grüne, mehlige, beerenartige Steinfrüchte mit 1–2(–4) dünnwandigen Steinkernen. Verdauungsausbreitung durch Kleinvögel, z. B. Amsel, Drossel, Dompfaff und Wintergäste, sowie Nagetiere. Auch Menschenausbreitung (Kulturflüchter). Fruchtreife: VIII–IX, aber Früchte lange bleibend: Wintersteher.

Vegetative Vermehrung durch unterirdische Ausläufer. In Erde gesteckte Zweige bewurzeln sich leicht.

Verwendung: Häufig als Heckenpflanze kultiviert. Durch das engmaschige, weitreichende Wurzelwerk ist Liguster auch zur Befestigung von Böschungen geeignet. Die jungen, biegsamen Zweige wurden früher wie die der Weiden als Flechtwerk benutzt. Das Holz ist sehr hart und z. B. für Drechslerarbeiten geeignet. Die Beeren können zum Rot- und Blaufärben, die Rinde zum Gelbfärben von Wolle verwendet werden.

Weitere Art:

Ligustrum ovalifolium HASSK., Japanischer, Eiblättriger oder Wintergrüner Liguster: Vorwiegend wintergrün, noch frostempfindlicher. Blätter breiter als bei voriger Art. Ebenfalls Bienentrachtpflanze. Als Heckenpflanze bei uns gebietsweise häufiger kultiviert als *L. vulgare*. Lässt sich besonders gut zurückschneiden. Heimat: Ostasien.

Lilium martagon LINNAEUS, Türkenbund, Türkenbund-Lilie

Liliaceae (= Liliengewächse)

Zwiebel-Geophyt, 50–100(–200) cm hoch. Langlebig (bis 50 Jahre). „Schuppenzwiebel" aus zahlreichen dachziegelig angeordneten Niederblättern. Blätter in Scheinquirlen (siehe Detailfoto). Zugwurzeln sorgen dafür, dass die Zwiebel in ausreichender Bodentiefe gehalten wird.

Systematik: Die Gattung umfasst etwa 115 Arten, von denen etwa 25 bei uns als Zierpflanzen in Kultur sind. In die gleiche Familie gehören u. a. Schachbrettblume (*Fritillaria*) und Goldstern (*Gagea*).

Schädlinge: Die Lilien-Arten können durch das Lilienhähnchen (*Lilioceris* = *Crioceris lilii*), einem roten Blattkäfer, stark geschädigt werden, der die Blütenstände durchtrennt oder die Pflanze bereits

Nachtschwärmerblume mit nächtlichem Hauptduft. Nektarabscheidung innen, unten auf den Perigonblättern in einer von Haaren überdeckten Rinne. „Großbienen" können sich an den warzigen Vorsprüngen der Blüte festhalten. Im Übrigen ist das Perigon durch einen öligen Überzug so glatt, dass nur frei vor der Blüte schwirrende Schwärmer (z.B. der Ligusterschwärmer = *Sphinx ligustri* und das Taubenschwänzchen = *Macroglossum stellatarum* mit seinem 25 mm langem Rüssel) oder Eulenfalter (Noctuidae) an den Nektar gelangen können. Nahe verwandte Arten werden in Kalifornien gern von Kolibris aufgesucht. Selbstbestäubung durch herabfallenden Pollen, aber selbststeril. Die Blütenstiele reagieren positiv auf die Schwerkraft, die Fruchtstiele jedoch wieder negativ gravitrop.

Früchte: Fachspaltige Kapseln: Wind- und Tierstreuer. Samen geflügelt, flach: Scheibenflieger und Adhäsionshafter. Fruchtreife: IX–X. Dunkel- und Kältekeimer. Blühreife mit 4–5 Jahren.

vorher so stark schädigt, dass sie erst gar nicht zum Blühen kommt. Im Garten empfiehlt es sich, die durch ihren Kot vor Fressfeinden getarnten Larven mit einem scharfen Wasserstrahl abzuspritzen. – Rehe fressen nicht selten die Blütenknospen.

Namen: *„Lilium"* ist der lat. Name der Lilien; *„martagon"* als vorlinnéscher Name leitet sich von türk. martagan ab, die im 15. Jh. von Sultan Mohammed I. = Mehmet I. eingeführte neue Form des Turbans, und bezieht sich auf die stark zurückgekrümmten Perigonblätter. – „Türkenbund" ist volksetymologisch angelehnt an türk. tülbent = ‚Turban' (vgl. Tulpe) und somit Lehnübersetzung von *„martagon"*. Bis heute ist der Begriff „Lilie" im Volke ziemlich weit gefasst.

Die Blätter stehen in Scheinquirlen.

Vorkommen: Artenreiche, wärmeliebende Wälder, Bergwiesen und subalpine Hochstaudenfluren, auf sickerfrischen, basenreichen Böden, vor allem auf Kalk. Im Rückgang und daher in mehreren Bundesländern gefährdet. – **Geschützt**! Gefährdung durch Sammler, Wildverbiss und das Lilienhähnchen (s. o.).

Blüten: VI–VII. Ökologisch ähnlich den „Glockenblumen mit klebrigem Pollen". Blütenhülle einfach (Perigon), mit 6 freien Perigonblättern. Homogam.

Verwendung: Eine unserer ältesten Zierpflanzen, die seit dem 9. Jh. nachgewiesen ist. Heute kennt man mehr als 200 Ziersorten und Hybriden, z.B. vielblütige Formen mit bis zu 40 Blüten. Im Mittelalter galt die Pflanze als vielseitiges Heilmittel; noch heute kommt sie volksmedizinisch bei Hämorrhoiden zur Anwendung. Die Alchemisten des Mittelalters nahmen an, sie könnten mit den goldgelben Zwiebeln unedle Metalle in Gold umwandeln. Die Zwiebeln der *Lilium*-Arten können roh oder gekocht gegessen werden, doch ist der Naturschutz zu beachten.

Weitere Arten:

Lilium bulbiferum L., Feuer-Lilie: In Mittel- und Süddeutschland wild. Gefährdet und **geschützt**! Außerdem häufige Zierpflanze, besonders in den Bauerngärten des Alpengebietes; deshalb schon bei Leonhart FUCHS (1543) wie die übrigen Arten aufgeführt und abgebildet. Blütezeit: VI–X. Perigonblätter orange, schräg aufrecht, schwarzpunktiert. Große „Trichterblumen". Blütenbesuch durch Tagfalter sowie Schwebfliegen als Pollenfressern. Fruchtreife VIII–

X. Gewöhnlich vegetative Vermehrung durch achselständige Brutzwiebeln (siehe Abb.). Meist schon nach 3 Jahren blühfähig.

Die Feuer-Lilie bildet in den Blattachseln Brutzwiebeln.

Lilium candidum L., Weiße Lilie, Madonnenlilie, Ilge: Zierpflanze und Bauerngartenpflanze. Heimat: Südosteuropa/Südwestasien. Sie war im Mittelalter eine wichtige Heilpflanze bei Schwellungen, Prellungen und Verbrennungen. Heimat: Vorderasien. Blütenökologisch ähnlich wie *L. martagon*, aber eine „Große Trichterblume". Mit ihren weißen Blüten, die abends und nachts ihren Duft ausströmen, ist sie eine typische Nachtfalterblume. Die Pflanze wurde schon im Altertum kultiviert, und dürfte eine der ältesten Zierpflanzen überhaupt sein. Sie zierte schon die Säulenkapitelle vieler alter Kulturen, z. B. in Ägypten, bei den Minoern und auch im Tempel Salomos. In der Bibel werden Lilien mehrfach erwähnt, doch ist unklar, welche Pflanzen gemeint waren. In Israel ist die Weiße Lilie selten; evtl. war sie früher häufiger (so ZOHARI). Zumindest in Frankreich wird sie erstmalig um 1175 erwähnt, und möglicherweise wurde die Pflanze erst durch die Kreuzfahrer nach Mitteleuropa gebracht. Wahrscheinlich deshalb und wegen ihrer strahlend weißen Farbe galt sie seit dieser Zeit als Symbol der Reinheit und spielte in der Marienverehrung eine große Rolle (Name!).

Limodorum abortivum: siehe bei *Neottia*

Limonium vulgare Miller (= *Statice limonium* L.), Gewöhnlicher Strandflieder, Strandnelke, Meerlavendel

Plumbaginaceae (= Bleiwurzgewächse, Grasnelkengewächse)

Ausdauernder Hemikryptophyt: Rosettenpflanze, 20–50 cm hoch. Blätter etwas ledrig. Salzpflanze (Halophyt): In Anpassung an den Salzstandort wird an den Blättern über Wasserspalten (Hydathoden) eine Salzlösung ausgeschieden, die an der Blattoberfläche zu Salzkristallen auskristallisiert, die man mit der Lupe gut erkennen kann. Die Pflanze enthält Jod- sowie Chlor- und Fluorsalze.

Systematik: Die Gattung umfasst je nach Autor 100–350 Arten, von denen etwa 8 bei uns als Zierpflanzen in Kultur sind. Nahe verwandt sind die Grasnelken (*Armeria*).

Namen: „*Limonium*" ist ein lat.-griech. Pflanzenname, der vorlinnésch auf diese Pflanze übertragen wurde. Lat. „*vulgaris*" = gewöhnlich. – „Strandflieder" wegen des Standortes und einer gewissen Ähnlichkeit der Blütenstände mit denen des Flieders (*Syringa vulgaris*).

Vorkommen: Strandpflanze auf salzhaltigen, sandigen, tonigen oder felsigen Böden und in Salzwiesen. Kennart des Plantagini-Limonietum (= Strandfliederwiese). – **Geschützt**! Gemäß Roter Lise (Stand 2018) nicht mehr als gefährdet eingestuft.

Blüten: VIII–IX. „Kleine Trichterblumen", in einseitswendigen, auffällig doldenrispig angeordneten Ähren. Verschiedengrifflig (heterostyl) und zugleich mit 2 verschiedenen Typen von Pollenkörnern. Insektenbestäubung und Selbstbestäubung. Nektar in der schmalen Kronröhre, dazu ist ein ca. 5 mm langer Rüssel nötig.

Früchte: Ausbreitungseinheit ist eine kleine, einsamige Nuss, die vom bleibenden, trockenhäutigen Kelch umgeben wird. Der Kelch dient als Flugapparat: Windausbreitung als Schirmchenflieger. Dazu Schwimmausbreitung über das Meerwasser.

Vegetative Vermehrung durch Wurzelsprosse.

Verwendung: Die getrockneten Blütenstände werden häufig als Trockensträuße verkauft. Sie sind meist mediterraner Herkunft. Am Wildstandort sollte die Art bei uns unbedingt geschont werden! Früher wurden die jungen Blätter als Wildgemüse genutzt.

Linaria vulgaris MILLER, Gewöhnliches Leinkraut, Frauenflachs

Plantaginaceae (= Wegerichgewächse)

Ausdauernder Wurzelknospen-Geophyt oder Hemikryptophyt, 20–75 cm hoch. Stängel durch lineallische, graugrüne Blätter dicht spiralig beblättert. – Bis 1 m tief wurzelnd. – Außerhalb der Blütezeit kann die Pflanze evtl. mit der Zypressen-Wolfsmilch (*Euphorbia cyparissias*) verwechselt werden, die aber u. a. durch Milchsaft unterschieden ist.

Systematik: Die Gattung umfasst etwa 150 Arten, von denen mehrere bei uns als Zierpflanzen kultiviert werden. Sie ist nahe verwandt mit Löwenmäulchen (*Antirrhinum*, siehe dort) und Zimbelkraut (*Cymbalaria*).

Giftigkeit: Wegen der scharf und bitter schmeckenden, schwach giftigen Blätter meiden z. B. Kühe die Pflanze.

Namen: „*Linaria*" ist ein mittelalt. Name, nach der Ähnlichkeit in Wuchs, Beblätterung und Verwendung mit *Linum* (= Lein, Flachs). Lat. „*vulgaris*" = häufig. – „Frauenflachs" = Unser lieben Frauen Flachs, d. h. der Name wurde zu Ehren von Maria gegeben, und entsprechend war die Pflanze Bestandteil der an Mariä Himmelfahrt geweihten Kräuterbüschel. Wird wegen der zweifarbigen Blüten in England auch „butter and eggs" (= Butter und Eier) genannt.

Vorkommen: Sonnige Ruderalstellen, grasige Säume und Schläge, auf basenreichen, trockeneren Böden, etwas wärmeliebend. Rohbodenpionier und Bodenbefestiger. In den deutschen Alpen bis 1100 m. Praktisch nur an menschlich beeinflussten (anthropogenen) Standorten, deshalb möglicherweise Archäophyt.

Blüten: VI–X. „Echte Maskenblumen" in zuweilen einseitswendiger Traube. Blüten durch Flavone hellgelb mit orangefarbenen Saftmalen auf der Unterlippe, die auch als Staubbeutel-Attrappen dienen. Die Unterlippe wird durch ein federndes Gelenk an die Oberlippe gepresst und kann so nur von Hummeln und größeren Wildbienen geöffnet werden: „Kraftblume". Die Haarwülste der Unterlippe sind eine Abdichtung und Führungslinie zum Nektar, der sich in dem 10–13 mm langen Kronblattsporn befindet. Blüten homogam, aber selbststeril. Besucher sind besonders Hummeln und andere langrüsselige Bienen. Auch Falter gelangen mithilfe ihres schmalen Rüssels an den Nektar, was sich im Experiment durch Einführen einer Nadel zeigen lässt. Erdhummeln beißen den Sporn seitlich an, begehen also Nektarraub. – Eindrucksvoll ist die abweichende Form 'Peloria' (von griech. pelor = Ungetüm), die eine radiärsymmetrische statt dorsiventrale Blüte mit 5 statt 4 Staubblättern besitzt, und bei der alle 5 Kronblätter gespornt sind. Wegen der starken äußerlichen Abweichung stellte LINNÉ die Pflanze in eine eigene Gattung *Peloria*. Genetisch besteht der Unterschied allerdings lediglich darin, dass bei der abweichenden Form ein Gen durch Methylierung eines einzigen DNA-Bausteins (Nucleotids) blockiert ist; es handelt sich also anders, als man früher dachte, nicht um eine Mutation, sondern um eine epigenetische Veränderung.

Früchte: Porenkapseln. Wind- und Tierstreuer. Samen flach, hautrandig: Segelflieger, auch Wasserhafter und Ameisenausbreitung. Reiche Samenproduktion von bis zu 32.000 je Pflanze. Fruchtreife: VII–IX.

Vegetative Vermehrung erfolgt reichlich durch Ausläufer und Wurzelsprosse.

Verwendung: Wird volksmedizinisch vielfältig angewandt, z. B. als Abführ-, Blutreinigungs- und schmerzstillendes Mittel, doch ist die Wirkung kaum erforscht. Wurde früher auch als Insektizid benutzt, so in Milch gekocht gegen Fliegen. Wegen des Gehalts an Flavonoid-Glykosiden wurde die Pflanze auch zum Gelbfärben und zum Blondieren der Haare verwendet. Die Samen wurden als Nahrung genutzt. Noch heute werden mit dem Leinkraut die Marienbilder am Niederrhein geschmückt (s. o.). Für Wildpflanzengärten zu empfehlen, allerdings sehr ausbreitungsfreudig.

Weitere Art/Verwandte:
Linaria alpina (L.) MILL., Alpen-Leinkraut: Stängel niederliegend bis aufsteigend. Blätter dicklich, blaugrün. Blüten blauviolett mit orangegelbem Schlund, der als Staubbeutelattrappe dient, seltener einfarbig. Alpine Steinschuttfluren und Fluss-Schotter der Alpenflüsse, auf feinerdearmen, basenreichen, oft kalkhaltigen Böden. Schuttüberkriecher. Montane bis alpine Stufe. Wird auch als Zierpflanze an Trockenmauern kultiviert.

Chaenorrhinum minus (L.) LANGE (= *Linaria minor* (L.) DESF., *Antirrhinum minus* L., *Microrrhinum minus* (L.) FOURR.), Klaffmund, Kleiner Orant, Zwerglöwenmaul: Einjährig, meist nur 5–35 cm hoch, bis 20–40 cm tief wurzelnd. Drüsig behaart. Untere Blätter gegenständig. Die Wurzeln bilden Laubsprosse. Mäßig nährstoff- und wärmeliebende Lichtpflanze auf Ruderalplätzen, besonders an Bahnhöfen und an Wegsäumen. Blüten hellviolett, Gaumen blassgelb, Schlund etwas geöffnet (Name Klaffmund!). Insektenbesuch selten, aber regelmäßig Selbstbestäubung durch die höher gelegenen Staubbeutel. 3-löcherige Porenkapseln. Windstreuer und Tierstreuer. Dazu Klebausbreitung der ganzen Pflanze aufgrund der drüsigen Behaarung. Die schwarzen Samen sind auffallend strukturiert. – Der Große Orant ist *Misopates orontium* (siehe bei *Antirrhinum*).

Linnaea borealis LINNAEUS, Moosglöckchen

Caprifoliaceae (= Geißblattgewächse)

Immergrüner, kriechender Halbstrauch, 5–12(–20) cm hoch. Blätter einfach, rundlich, etwa 12–16 Monate alt werdend. Blütentriebe aufrecht und krautig. Ab einem Alter von etwa 5–15 Jahren werden fadenförmig dünne, verholzende Kriechsprosse (oberirdische Ausläufer) gebildet. – Bis 50 cm tief wurzelnd.

Systematik: *Linnaea* gehört in die Unterfamilie Linnaeoideae, die früher oft den Rang einer eigenen Familie Linnaeaceae (= Moosglöckchengewächse) hatte. Zur Gattung gehört nur diese eine Art; allerdings gibt es aufgrund neuerer Daten Vorschläge, Vertreter anderer Gattungen (z. B. *Abelia* und *Kolkwitzia*) einzubeziehen.

Namen: „*Linnaea*" war ausgesprochene Lieblingspflanze von LINNÉ, mit der er sich gerne porträtieren ließ. Ob er die Pflanze nach sich selbst benannte, kann man unterschiedlich sehen. Inoffiziell gab er nämlich bereits 1732 im Tagebuch seiner Lapplandreise der Pflanze den Namen *Linnaea*. Da er die Pflanze nicht offiziell nach sich selbst benennen wollte, weil so etwas als anstößig galt, übernahm sein Lehrer und Gönner GRONOVIUS das für ihn im Jahre 1737. LINNÉ übernahm dann den Namen 1753 in seinen ‚Species plantarum'. Da alle Pflanzennamen nach den Nomenklaturregeln erst von diesem Zeitpunkt an als gültig publiziert gelten, trägt *Linnaea* nun doch LINNAEUS als Autor. Die Pflanze selbst ist schon viel länger bekannt und wurde zuerst von den Brüdern BAUHIN 1596 unter dem Namen ‚Campanula serpyllifolia' beschrieben.

Lat. „*borealis*" = im Norden, allerdings kommt die Art auch in höheren Lagen der Alpen vor, ist also boreo-alpin verbreitet. – „Moosglöckchen" ist ein erst um 1900 künstlich gebildeter Name, der sich auf den Standort und die herabhängenden kleinen Blüten bezieht. Vorher hieß die Pflanze im Deutschen meist ‚Linnäe".

Vorkommen: Lichte, moosreiche Nadelwälder, auf frischen, nährstoffarmen, sauren Rohhumusböden. Kalkmeidend. In Deutschland seltene, in letzter Zeit stark zurückgegangene und laut Roter Liste (Stand 2018) inzwischen akut vom Aussterben bedrohte Art. In Nordeuropa und stellenweise auch in den Zentralalpen noch verbreitet. – **Geschützt**!

Blüten: VI–VIII. Kleine, nickende „Glockenblumen mit klebrigem Pollen", nachts nach Vanille duftend. Blüten meist zu zweit. Narbe vor den Staubbeuteln liegend. Blüten blassrosa bis weißlich, innen mit blutroten oder orangefarbenen Strichsaftmalen. Abwärts gerichtete Haare in der Blüte sowie die drüsig-klebrige Behaarung der Blütenstiele schützen vor „unerwünschten" Insekten. Bestäuber sind vor allem Schwebfliegen, seltener andere Zweiflügler.

Früchte: Schließfrüchte mitsamt den klebrigen Vorblättern abfallend und vermutlich durch Vögel weiter ausgebreitet (Klebhafter). Der Klebstoff soll bis zu 3 Jahre wirksam bleiben. Fruchtreife: X. Fruchtansatz meist gering. Samen kurzlebig.

Vegetative Vermehrung erfolgt reichlich durch die bis 1 m langen Kriechsprosse, die ab einem Alter von 5 Jahren gebildet werden. Auf diese Weise können größere Bestände entstehen, deren Einzelpflanzen genetisch identisch sind, also Klone darstellen.

Verwendung: *Linnaea* wird gelegentlich als Zierpflanze für Torfbeete, Steingärten und als Bodendecker kultiviert. Früher galt sie als Mittel gegen Rheuma.

Linum usitatissimum LINNAEUS, Saat-Lein, Flachs

Linaceae (= Leingewächse)

Meist einjährig, je nach Sorte 20–100 cm hoch. – Die Zellen der Bastfasern sind 4–6 cm lang und damit über 1000-mal so lang wie eine normale Zelle.

Systematik: Die Gattung umfasst etwa 180 Arten, von denen bei uns 9 Arten wild vorkommen und etwa 10 als Zierpflanzen in Kultur sind.

Giftigkeit: Leinsamen enthalten Blausäure-Glykoside, die aber bei Aufnahme nicht allzu großer Mengen von <15 g pro Mahlzeit als unbedenklich gelten. Häufiger Umgang mit Leinsamen kann zu Allergien führen. Bei Tieren können nach Verfütterung zu großer Samenmengen Vergiftungen auftreten.

Namen: „*Linum*" (linon) ist der lat.-griech. Name der Pflanze und der daraus hergestellten Fasern. Lat. „*usitatissimus*" = sehr nützlich, wegen der Verwendung. – „Lein" ist sehr frühes Lehnwort. „Flachs" wird im Hinblick auf die Verwendung meist von ‚flechten' abgeleitet; es ist aber wahrscheinlicher, dass es genau umgekehrt ist.

Vorkommen: Kulturpflanze aus dem östlichen Mittelmeergebiet, in Mitteleuropa seit der Jungsteinzeit angebaut. Stammpflanze ist die mediterrane Art *L. bienne*. Zuweilen verwildert, vor allem aus Vogelfutter, aber nur unbeständig.

Blüten: VI–VII. Homogame „Nektar führende Scheibenblumen", in Wickeln. Es erfolgt ganz über-

wiegend Selbstbestäubung, aber die Bestäubung durch Honigbienen fördert deutlich den Samenansatz. Die Blüten sind bereits mittags geschlossen. – In der Gattung *Linum* gibt es zahlreiche Arten mit Heterostylie (Verschiedengriffligkeit), allerdings haben bei *L. usitatissimum* und *L. catharticum* alle Pflanzen die gleiche Griffellänge.

Früchte: Kapseln durch 5 echte und 5 falsche Wände gefächert. Bei der ursprünglichen Form, dem „Spring-Lein", sind es elastisch aufspringende Kapseln: Selbstausbreitung. Außerdem Klebausbreitung mithilfe der bei Feuchtigkeit schleimig aufquellenden Samenschale. In einem einfachen Experiment kann man zeigen, dass Leinsamen als typische Klebhafter an feuchten Gegenständen anhaften und sich im Gegensatz zu Adhäsionshaftern auch beim Trocknen nicht lösen. Überwiegend Menschenausbreitung als Kulturflüchter.

Die Samen sind Klebhafter. Durch den Gehalt an Ölsäure sind sie sehr gesund.

Verwendung: Wegen seiner Fasern wurde Lein schon in der Steinzeit genutzt und gehörte in der Antike zu den wichtigsten Kulturpflanzen. Bei uns war die Pflanze bis ins 19. Jh. hinein nicht nur der wichtigste Faserlieferant („Leinwand, Leintuch, Linnen"), sondern eine der bedeutendsten landwirtschaftlichen Kulturpflanzen überhaupt. Die unversponnenen Fasern heißen Flachs. Die reifen, dürren Stängel wurden in Wasserlöchern (= Flachskuhlen) der Fäulnis ausgesetzt, wobei sich die Fasern vom übrigen Gewebe lösten. Man nannte das Flachs „rösten" oder „rotten" (vgl. „verrotten"). Danach erfolgten das Brechen und das Auskämmen zum blonden Flachs. Wegen des sehr intensiven Gestanks der Flachskuhlen wurden diese weit außerhalb der Siedlungen angelegt. Viele Flurnamen weisen noch heute auf ehemalige Vorkommen hin. Flachsbauern wurden Hermann (und deren Söhne Hermanns) (Artur KUTZELNIGG 1980 Muttersprache 90: 289). Der Flachsanbau kam während des 20. Jh. fast völlig zum Erliegen, gewinnt aber seit einiger Zeit wieder an Bedeutung. Die Weltproduktion an Leinfasern lag 2004 bei knapp 1 Mio. t. – Leinsamen werden meist vom „Schließ-Lein" gewonnen, bei dem die Kapseln geschlossen bleiben. Sie enthalten 33–40 % Leinöl, das ungesättigt ist und deshalb bei Sauerstoffaufnahme trocknet, d. h. verharzt. Leinöl war früher Grundsubstanz aller Malerfarben und ist wegen seiner Umweltverträglichkeit inzwischen wieder im Kommen. Frisches Leinöl ist ernährungsphysiologisch besonders wertvoll, da es neben ca. 15 % der Omega-6-Fettsäure Linolsäure ca. 65 % der Omega-3-Fettsäure Alpha-Linolensäure enthält. Es ist entzündungshemmend und gilt als Vorbeugungsmittel gegen Arteriosklerose. – Die Samen werden wegen der Schleimstoffe der Samenschale als mildes Abführmittel und auch bei inneren Entzündungen verwendet. Bei zerkleinerten (geschroteten) Samen ist die Wirkung besonders hoch, da dann durch die austretenden fetten Öle ein Schmiereffekt hinzukommt, und so die wertvollen Inhaltsstoffe dem Körper besser zugänglich sind.

Weitere Art:

Linum catharticum L., Purgier-Lein, Wiesen-Lein: Einjährige Pionierpflanze (in höheren Lagen auch zwei- bis mehrjährig), 5–20(–30) cm hoch. Pilzwurzel (arbuskuläre Mykorrhiza). Feuchtere Kalkmagerrasen und Moorwiesen. Dort örtlich gefährdet. Sekundär öfter auch an Straßensäumen. Tonzeiger. Kleine, weiße, etwas trichterige „Nektar führende Scheibenblumen". Blütenökologie ähnlich wie bei voriger Art, aber Bestäubung vor allem durch kleinere Zweiflügler. Klebsamen wie bei voriger Art. Blätter volksmedizinisch als Brech- und Abführmittel (Name!, vgl. neulat. „*catharticus*" = abführend, purgierend), bei Überdosierung stark giftig.

Liriodendron tulipifera: siehe bei *Magnolia*

Listera ovata (L.) R. Brown (= *Neottia ovata* (L.) Bluff et Fingerh.), Großes Zweiblatt

Orchidaceae (= Orchideen, Knabenkrautgewächse)

Rhizom-Geophyt mit kurzem, walzlichem, aus mehreren Jahresabschnitten gebildetem Rhizom, 20–40 cm hoch. Stängel mit zwei eiförmigen, fast gegenständigen Blättern. Von der Keimung bis zum oberirdischen Erscheinen der Pflanze dauert es etwa 9–15 Jahre. Gelegentlich kommt es vor, dass eine Pflanze 1–2 Jahre oberirdisch nicht in Erscheinung tritt. – Wurzeln fleischig, überwiegend horizontal kriechend. Pilzwurzel (endotrophe Mykorrhiza vom Orchideen-Typ). Man konnte die erstaunliche Zahl von 60 verschiedenen Pilzpartnern nachweisen. Die Pflanze ernährt sich mindestens zeitweilig vom Wurzelpilz (partielle Myko-Heterotrophie bzw. Mixotrophie).

Systematik: Die Gattung umfasst etwa 30, im gemäßigten Klima über die ganze Nordhalbkugel verbreitete Arten, davon 2 in Europa. Nächst verwandt ist die vollparasitische Gattung *Neottia* (= Nestwurz). Viele Autoren fassen beide Gattungen zusammen, und zwar aus Prioritätsgründen unter dem Namen *Neottia*.
Namen: „*Listera*" wurde von R. Brown 1813 geprägt, zu Ehren des engl. Arztes und Naturforschers M. Lister (1639–1712). Lat. „*ovatus*" = eiförmig, wegen der Form der Blattspreite im Vergleich zu folgender Art. – „Zweiblatt" wegen des Blattpaares. Der Name erscheint schon im 16. Jh. bei den Kräuterbuchautoren H. Bock und L. Fuchs.
Vorkommen: Feuchte Wälder, Gebüsche, Bergwiesen, auf meist wechselfrischen, basenreichen, oft kalkhaltigen Böden. Ebene bis Gebirge. Im Norden seltener. Eine der häufigeren und damit eine der wenigen Orchideen, die mindestens stellenweise ungefährdet ist. – **Geschützt**!
Blüten: V–VII. „Lippenblumen vom *Orchis*-Typ", ähnlich denen der Nestwurz (*Neottia*). Blütenhülle unscheinbar, grünlich, nach der Bestäubung völlig vergrünend. Vormännlich. Blüten ohne Sporn, Nektarabsonderung auf der rinnigen Unterlippe. Blütenstängel mit klebrigen Drüsenhaaren; sie wurden früher als Schutz gegen aufkriechende

Insekten interpretiert, was aber nach Claessens & Kleynen (2011) fraglich ist, weil oft Ameisen in den Blüten beobachtet werden. Staubbeutel ohne Klebscheibe, dem Rostellum aufliegend. Aus der Rostellumspitze (= Haftorgan für die Pollinien) quillt bei Berührung explosionsartig zäher Schleim (= „Leimtropfen"), der die Pollinien an die Besucher heftet. Bestäuber sind verschiedene kleine Käfer,

Schlupfwespen, Blattwespen, Fliegen, Mücken, kleine Bienen und Ameisen. Selbstbestäubung ist möglich, aber selten, ebenso Samenbildung ohne Befruchtung (Apomixis).
Früchte: Kapseln mit zahlreichen, winzigen feilspanförmigen Samen von nur 0,2 mm Breite und dem extrem niedrigen Gewicht von nur 0,001 mg. Sie gehören somit zu den leichtesten überhaupt: Windstreuer und Körnchenflieger.

Die unscheinbaren Blüten ergrünen nach der Blüte.

Weitere Art (vgl. auch *Neottia* = Nestwurz):
Listera cordata R. Br., Herz-Zweiblatt: 5–15 cm hohes, zartes Pflänzchen. Charakterart moosiger, rohhumusreicher Gebirgs-Nadelwälder; selten im Tiefland. Kalkmeidend. Gefährdet. **Geschützt**! Blütenlippe rotviolett. Blütezeit: VI–VII. Geruch unangenehm: Bestäubung durch Pilzmücken und kleine Käfer. Samen nur 0,7 mm lang. Fruchtreife: ab VII. Wurzelkriecher.

Lithospermum: siehe *Buglossoides*

Loiseleuria procumbens → *Kalmia procumbens*

Lolium perenne Linnaeus, Ausdauerndes oder Deutsches Weidelgras, Englisches Raigras (Raygras)

Poaceae (= Süßgräser)

Ausdauernder, wintergrüner Hemikryptophyt, rasenbildend, 10–30 cm hoch.

Systematik: Die Gattung umfasst etwa 8 Arten. Sie ist nächst verwandt mit dem Schwingel (*Festuca*) und mit diesem durch Hybridisierung verbunden.
Namen: „*Lolium*" ist der lat. Name des Lolchs (s. u.), der von Linné auf die vorliegende Gattung übertragen wurde. Lat. „*perennis*" = ausdauernd. – „Weidelgras" bedeutet ‚wertvolles Weidegras'.
Vorkommen: Nährstoffreiche, frische Fettwiesen und Trittstellen. Verträgt häufigen Schnitt. Frostempfindlich (deutsche Alpen nur bis 1100 m). Kennart des Lolio-Cynosuretum (= Weidelgrasweide). Wird oft auch für „künstliche" Wiesen ausgesät, die dann leider meist sehr artenarm sind. Auch Bastarde mit der folgenden Art sind in Kultur.
Blüten: V–VI. Windblütig: „Langstaubfädiger Typ". Ährengras, schwach vorweiblich, selbststeril. Ährchen (außer der endständigen) mit nur 1 Hüllspelze (während z. B. die Quecke = *Elymus* 2 hat). Deckspelzen zarthäutig. Häufiger Heuschnupfenerreger.

Früchte: Ausbreitungseinheit ist die von der (unbegrannten) Deck- und Vorspelze umschlossene Karyopse (Spelzfrucht). Menschenausbreitung (Kulturflüchter), Zufallsausbreitung durch Grasfresser sowie Wasserhaft- und Trittausbreitung. Fruchtreife: VIII–X. Lichtkeimer.

Vegetative Vermehrung durch kurze Ausläufer, durch die auch die horstartigen Pflanzen netzartig verbunden sind.

Verwendung: Wird in England schon seit über 300 Jahren kultiviert („large lawn"). Wichtigstes Weide- und Parkrasengras sowie Futterpflanze. – Hinweis: Die übermäßige Pflege (Düngung, Berieselung und oft wöchentlicher Schnitt) der so beliebten kurzen Gartenrasen ist aus ökologischer Sicht abzulehnen, da diese Grünflächen sehr artenarm sind.

Weitere Arten:

Lolium multiflorum LAM., Vielblütiges oder Italienisches Raygras, Welsches Weidelgras: Ausdauernd oder auch einjährig, überwinternd; langgrannig. Häufig angebaut und oft an Ruderalstellen eingebürgert (etablierter Neophyt). Heimat: Mittelmeergebiet. Inzwischen gibt es auch bei dieser Art gegen Glyphosat als das am meisten gebrauchte Herbizid resistente Typen. Angebaut ein gutes Futtergras. Frostempfindlicher, dafür produktiver als vorige Art. Äcker mit diesem Gras ersetzen immer mehr die kraut- und artenreicheren subspontanen Wiesen und tragen so dazu bei, unsere Umwelt eintöniger zu gestalten. Ährchen auch mit Klettausbreitung.

Lolium temulentum L., Taumel-Lolch: Früher als einjähriges Ackerwildkraut auf feuchten Böden nicht selten, vor allem im Sommergetreide und auf Lein-Feldern; inzwischen in Deutschland verschollen. Archäophyt. Von den vorigen Arten durch lederig-knorpelige Deckspelzen unterschieden. Früchte größer, getreideähnlich, und daher z. B. durch Sieben nicht vom Weizen zu trennen. Ein einziger Kurztag genügt, um die Pflanze zum Blühen zu bringen. Lolch ist fast regelmäßig von einem in den Interzellularen lebenden und durch die Früchte verbreiteten Pilz der Gattung *Epichloe* (= *Endoconidium*) aus der Familie Mutterkornpilze (Clavicipitaceae) infiziert und dadurch stark giftig (vgl. *Dactylis*). Der Pilz produziert ein Alkaloid, das Schwindel erregt (Name!). Früher waren Vergiftungen nicht selten, vor allem über Lolch-Verunreinigungen von Brot und Bier. Die Pflanze ist schon aus dem Alten Ägypten bekannt, wo sie in einem 4000 Jahre alten Grab gefunden wurde. Sie wird auch in der Bibel als Unkraut erwähnt.

Lonicera periclymenum LINNAEUS, Wald-Geißblatt, Deutsches Geißblatt

Caprifoliaceae (= Geißblattgewächse)

Sommergrüne Kletterpflanze mit verholztem Stamm (= Liane), 2–3(–5) m hoch. Im Gegensatz zu den meisten übrigen Windepflanzen gewöhnlich Rechtswinder, d. h. im Uhrzeigersinn windend (siehe Detailfoto). Blätter breit eiförmig bis schmal elliptisch, 3–8 cm lang, oberseits dunkelgrün, unterseits bläulich grün. – Tiefwurzler.

Systematik: *Lonicera* gehört in die Unterfamilie Caprifolioideae der neuerdings im Umfang stark erweiterten Familie Geißblattgewächse. Die Gattung umfasst etwa 180, vorwiegend auf der Nordhalbkugel verbreitete Arten. Etwa 50 davon werden bei uns als Zierpflanzen kultiviert, darunter auch immergrüne Arten. Zur Gattung gehören einerseits die hier am Beispiel von *L. periclymenum* besprochenen kletternden Arten (Untergattung *Lonicera*), die im Deutschen „Geißblatt" genannt werden, und andererseits die als „Heckenkirschen" bezeichneten nicht kletternden Arten (Untergattung *Xylosteum*), die hier am Beispiel von *L. xylosteum* behandelt werden. Nächst verwandt ist die Schneebeere (*Symphoricarpos*).

Giftigkeit: siehe *L. xylosteum*.

Schädlinge: Futterpflanze der Raupen des Kleinen Eisvogels (*Limenitis camilla*), eines prächtigen Tagfalters aus der Familie der Edelfalter (Nymphalidae).

Namen: „*Lonicera*“ wurde von LINNÉ als Name für die vorliegende Gattung gewählt, zu Ehren des Frankfurter Arztes und Kräuterbuchautors Adam LONITZER (lat. LONICERUS) (1528–1586), obwohl PLUMIER diesen Namen bereits 1703 für die später *Loranthus* genannte Gattung aufgestellt hatte. „*Periclymenum*“ ist der lat.-griech. und vorlinnésche Name von Geißblatt und ähnlichen Kletterpflanzen. Ein weiterer spätlat. und vorlinnésch verwendeter Name der Gattung ist ‚*Caprifolium*‘, der sich darauf bezieht, dass Ziegen angeblich gerne die Blätter fressen. Er wurde von LINNÉ als Artbeiname für das Echte Geißblatt (s. u.) und von MILLER 1754 als Gattungsname „*Caprifolium*“ aufgegriffen. Letzerer Name ist zwar nach den Prioritätsregeln ungültig, aber die Familie Caprifoliaceae ist gültig danach benannt. – „Geißblatt“ ist künstlich durch Übersetzung gebildet.

Das Wald-Geißblatt ist eine Liane.

Vorkommen: Laubwälder, vor allem Eichen-Birkenwälder, sowie Schläge und Säume, auf frischen, kalkarmen, sauren Böden. Schattenverträglich, aber Lichtblüher.

Blüten: VI–VIII. „Eigentliche Lippenblumen“, in gestielten, kopfigen Zymen. Streng vormännlich. Die Besucher werden durch Staubbeutel und Narbe auf ihrer Bauchseite berührt. Typische Nachtschwärmerblume: Erste Öffnung der Blüten abends gegen 19 Uhr mit starkem Duft, dazu ölig glatte Lippen und bis zu 4 cm lange Kronröhren. Farbwechsel der Blüten von rot über weiß nach gelb. Der Nektar ist bei reichlicher Absonderung auch für langrüsselige Hummeln zugänglich. Der Pollen der herausgestreckten Staubbeutel ist auch für Schwebfliegen erreichbar. Erdhummeln beißen die Kronröhre seitlich an, um an den Nektar zu gelangen (Nektarraub).

Früchte: Rote, kopfig dicht stehende, fast kugelförmige, dunkelrote Beeren: Verdauungsausbreitung. Fruchtreife: VIII–IX.

Vegetative Vermehrung durch unterirdische Ausläufer.

Verwendung: Für Wildpflanzengärten zu empfehlen, z. B. auch für Gartenlauben. – In der Eifel werden Haselzweige, die vom Wald-Geißblatt umschlungen wurden und deshalb eine schraubenähnliche Gestalt haben, als „Knotenstöcke“ verkauft.

Weitere Art (vgl. auch folgenden Abschnitt): ***Lonicera caprifolium*** L., Echtes oder Wohlriechendes Geißblatt, Jelängerjelieber: Gartenzierpflanze. War früher wegen des Duftes und des dichten Wuchses sehr beliebt für „Liebeslauben“. Der Duft ist für den Menschen noch über 20 m Entfernung wahrnehmbar. Hochblätter paarweise verwachsen. Blüht etwa 3 Wochen früher als *L. periclymenum*. In Mittel- und Süddeutschland öfter in Säumen und Wäldern, auf warmen, meist kalkreichen Böden verwildert (Neophyt) und eingebürgert. Vielleicht auch einheimisch oder aus dem Mittelmeergebiet eingeführt. – „Jelängerjelieber" hießen verschiedene im Volk beliebte Pflanzen. Die Bedeutung ist jeweils verschieden; hier ist vermutlich gemeint: Je langer man den Duft der Pflanze genießt, desto lieber wird sie einem.

Lonicera xylosteum LINNAEUS, Rote oder Gewöhnliche Heckenkirsche

Caprifoliaceae (= Geißblattgewächse)

Sommergrüner Strauch, 1–3 m hoch. Blätter, Zweige und Blütenstiele behaart. Im Gegensatz zu *L. periclymenum* nicht windend. Blätter elliptisch, um 5 cm lang. Seitenknospen zu mehreren, übereinanderstehend (seriale Beiknospen). Eines der am frühesten austreibenden heimischen Gehölze. – Flachwurzler.

Giftigkeit: Die Beeren dieser Art und einiger Verwandter sind u. a. durch Saponine, Blausäure abspaltende Glykoside und das Alkaloid Xylostosidin schwach giftig, doch sind die entsprechenden Kenntnisse gering. Symptome sind z. B. Erbrechen, Durchfall und Fieber. Für zahlreiche Säugetiere sind die Beeren giftig bis stark giftig. Die hier und bei verwandten Arten, z. B. bei *L. tataricum*, johannisbeerähnlichen Früchte reizen immer wieder Kinder zum Verzehr. Andererseits werden Arten wie die Blaue Heckenkirsche = Honigbeere oder Maibeere (*L. caerulea* var. *kamtschatica*) in mehreren Ländern wegen ihrer essbaren Früchte kultiviert und auch bei uns als Gartenpflanze angeboten.

Namen: Zum Namen „*Lonicera*" siehe *L. periclymenum*; „*xylosteum*" von griech. xylon = Holz und osteon = Knochen, wegen des knochenharten Holzes. – „Heckenkirsche" ist die Übersetzung von ‚chamaecerasus', dem neulat. Namen der Pflanze, von chamai = niedrig und cerasus = Kirsche, die so nach dem vergleichsweise niedrigen Wuchs und den kirschähnlichen Früchten benannt wurde.

Vorkommen: Laub- und Nadelwälder und Gebüsche sommerwarmer, meist kalkhaltiger Standorte. Wird neuerdings auch an Straßenrändern gepflanzt und dann evtl. durch Vögel km-weit verschleppt.

Blüten: V–VI. Typisch für die Heckenkirschen sind im Unterschied zu den oben besprochenen *Lonicera*-Arten die zu zweit auf einem gemeinsamen, blattachselständigen Stiel stehenden Blüten (Dichasien ohne Mittelblüte). Krone weiß, zuletzt blassgelb. Homogame „Nektar führende Lippenblumen", duftlos. Kronröhrenaussackung als Safthalter. Besucher sind Hummeln, Honigbienen, Schwebfliegen usw. Allerdings bewirken nur Hummeln regelmäßig Fremdbestäubung, da Honigbienen beim Nektarsammeln oft gar nicht mit der Narbe in Berührung kommen. Durch Krümmung des Griffels ist später auch spontane Selbstbestäubung möglich.

Früchte: Die paarweise stehenden Früchte sind etwas miteinander verwachsen: Doppelbeeren. Sie sind hier lebhaft rot und glänzend. Darmausbreitung durch Kleinvögel, aber auch Menschenausbreitung. Fruchtreife: VII–IX. Kältekeimer.

Verwendung: Zierpflanze. Wird besonders bei Straßenbegrünungen gepflanzt. Das harte Holz liefert das sehr zähe „Beinholz" und eignet sich z. B. für Drechslerarbeiten.

Weitere Arten (vgl. auch vorigen Abschnitt):

Lonicera alpigena L., Alpen-Heckenkirsche, Alpen-Doppelbeere: Bis 2 m hoher Strauch. Blätter größer als bei *L. xylosteum*, bis 10 cm lang, unterseits glänzend. Hochstaudenfluren und Gebüsche der Gebirge sowie Wälder mittlerer Lagen. Blüten trübrot, Röhre der nach unten gerichteten Blüten mit abwärts weisenden Haaren als Einkriechschutz. Bestäuber sind Hummeln und Wespen. Die lang gestielte, rote Doppelbeere ist hier zu einem kugeligen Gebilde verwachsen, das wie eine einzige Frucht erscheint und besonders kirschenähnlich aussieht.

Lonicera tatarica L., Tatarische Heckenkirsche: Bis 3 m hoher Zierstrauch. Blätter kahl. Häufig in Anlagen angepflanzt in verschiedenen Kultursorten und Hybriden. Nicht selten verwildert mit Einbürgerungstendenz. Heimat: Südostrussland bis Sibirien. Blüten rosarot (oder weiß). Bestäubung durch Schwebfliegen und Bienen. Früchte hellrot bis gelblich.

Lonicera pileata Oliv. (inkl. *L. nitida*), Immergrüne oder Glänzende Heckenkirsche, Heckenmyrte: Bis ca. 2 m hoher, aber meist niedrigerer, breit ausladender, stark verzweigter, immergrüner Zierstrauch. Winterhart. Er wird gerne in Grünanlagen und Gärten für (niedrige) Hecken und als Bodendecker verwendet. Er dient auch als Ersatz für Buchsbaum (*Buxus*), wächst aber schneller als dieser. Die Blätter sind denen von manchen *Cotoneaster*-Arten ähnlich und stehen an waagerechten Zweigen auch in einer Ebene, sind aber gegenständig. Blütezeit: IV–VI. Blüten cremeweiß, duftend, zahlreich, aber sehr klein und unauffällig. Reicher Besuch durch Bienen! Die attraktiven Früchte sind dunkel purpurn, klein und rund. Heimat: China. Seit einiger Zeit zunehmend verwildert mit Einbürgerungstendenz.

Loranthus europaeus: siehe bei *Viscum*

Lotus corniculatus Linnaeus (Artengruppe), Gewöhnlicher oder Wiesen-Hornklee

Fabaceae (= Schmetterlingsblütler)

Ausdauernder Hemikryptophyt (kriechende bis aufrechte Schaftpflanze), 5–40 cm hoch. Blätter 5-zählig gefiedert, das unterste Paar nebenblattartig („Pseudostipeln") dicht am Stängel als Knospenschutz, Nebenblätter borstlich. Nächtliche „Schlafbewegungen" (Nyktinastie) der Fiedern und der Keimblätter mithilfe von Blattgelenken. – Tiefwurzler bis 1 m Tiefe als Anpassung an die Trockenheit. Wurzelknöllchen mit Stickstoff bindenden Bakterien (vgl. auch bei *Lupinus*), hier hochspezifisch mit *Rhizobium loti*.

Systematik: Die Gattung umfasst ca. 150 Arten, vor allem in wärmeren Gebieten Eurasiens. Sie ist namengebend für die Gattungsgruppe (Tribus) Loteae, zu der u. a. auch Wundklee (*Anthyllis*), Vogelfuß (*Ornithopus*), Beilwicke (*Securigera*) und Hufeisenklee (*Hippocrepis*) gehören. – Mit der bekannten Schwimmblattpflanze Lotus- oder Lotosblume (*Nelumbo nucifera*) und dem danach benannten Lotuseffekt (siehe *Tropaeolum*) hat *Lotus* nichts zu tun.

Giftigkeit/Schädlinge: Die Pflanze enthält cyanogene (= bei Verletzung Blausäure abspaltende) Verbindungen. Die gewöhnlich vorhandenen Mengen sind für Säuger unschädlich, für Schnecken als potenzielle Hauptfeinde der frisch austreibenden Pflanzen aber giftig. Larven des Sechseck-Widderchens = Blutströpfchen (*Zygaena filipendulae*) sind gegen das Gift immun, nehmen es auf und werden so selbst ungenießbar für Fressfeinde. Auch die ausgewachsenen Schmetterlinge enthalten noch Blausäure-Glykoside, sodass die auffällige Rotfärbung auf den Flügeln hier eine echte Warnfarbe ist. – Nicht selten entwickeln sich einige Blütenknospen von Hornklee-Arten zu blasigen, oft rötlichen Gallen, in denen sich gelbliche, springfähige Larven der Hornklee-Gallmücke (*Contarinia loti*) befinden.

Namen: „*Lotus*" ist der griech. Name sehr verschiedener Pflanzen (einschließlich der Lotusblume), vor allem aber von Schmetterlingsblütlern, der von LINNÉ auf die vorliegende Gattung beschränkt wurde. Lat. „*corniculatus*" = gehörnt, wegen der Form der Schiffchenspitze. – „Hornklee" ist künstlich gebildet.

Vorkommen: Fettwiesen, Halbtrockenrasen und Wegränder auf nährstoff- und basenreichen Lehmböden. Ebene bis alpine Stufe. Wird auch ausgesät.

Blüten: VI–VIII. Vormännliche „Fahnenblumen (= Schiffchenblumen) mit Pumpmechanismus" in köpfchenartigen Dolden. Auf dem hornförmigen Schiffchen aufsitzende Bienen bewirken durch ihre Last das Herausquetschen des Pollens bzw. später des Griffels aus der Schiffchenspitze (Bleistiftversuch!): Beides wird an den Besucherbauch gedrückt. Das freie Staubblatt der Staubblattröhre lässt eine „Nektarlücke" frei. Wichtige Pollenquelle für zahlreiche (etwa 60) Wildbienenarten inkl. Hummeln und Honigbienen („Bienentrachtpflanze"). Die Blüten werden auch von zahlreichen Schmetterlings-Arten, vor allem Bläulingen, besucht. Pollen weiß.

Früchte: Schwarzbraune, glänzende Hülsen: Selbstausbreitung als Austrocknungsstreuer. Streuweite bis 2 m. Vollreif Trennung von Bauch- und Rückennaht, Einrollung der Fruchtklappen durch Zugspannung wegen überkreuzter Zelluloselagerung. Außerdem Zufallsausbreitung durch Weidetiere, die die noch geschlossenen Hülsen mit der Nahrung aufnehmen. Weitere Ausbreitung der Samen im offenen Gelände als Bodenroller. Fruchtreife: VII–IX.

Verwendung: Wird zuweilen als Futterpflanze ausgesät und auch mit Gras an Straßenrändern.

Weitere Art:

Lotus pedunculatus CAV. (= *L. uliginosus* SCHKUHR), Sumpf-Hornklee: An feuchten Standorten. Blüten dunkler gelb. Stängel in Anpassung an vernässte (und daher sauerstoffarme) Böden hohl, sodass Luft leichter zu den Wurzeln gelangt. Pflanze mit Ausläufern. Kelchzähne der Blütenknospen zurückgekrümmt.

Lunaria rediviva LINNAEUS,

Wildes oder Ausdauerndes Silberblatt, Wilde Mondviole

Brassicaceae (= Kreuzblütler)

Ausdauernder Hemikryptophyt: Halbrosettenpflanze mit Rhizom, 30–140 cm hoch. – Zur Blütezeit der Nachtviole (*Hesperis matronalis*) ähnlich, aber von dieser u. a. durch die großen, herzförmigen Blätter unterschieden.

Schädlinge: Die Silberblatt-Arten sind gemeinsam mit verschiedenen anderen Kreuzblütlern Raupenfutterpflanzen (und zugleich Nektarquelle) des Aurorafalters (*Anthocharis cardamines*).
Namen: „*Lunaria*" ist der vorlinnésche Name der Gattung, von lat. lunaris = mondähnlich, wegen der Form und des Silberglanzes der Scheidewand der Schötchen. Lat. „*redivivus*" = ausdauernd, im Vergleich zu *L. annua*. – „Mondviole" wegen des Veilchenduftes.
Vorkommen: Schattige Schlucht- und Hangwälder, auf sickerfrischen, reichen Steinschuttböden, in luftfeuchter Lage. – **Geschützt**!
Blüten: V–VII. Große „Stieltellerblumen", aber mit herausragenden Staubbeuteln. Wohlriechend. Kelchröhre ziemlich lang (8–9 mm). Nektar wird am Grund der Staubblätter abgesondert. Bestäuber sind Nachtfalter und Bienen, dazu Pollen fressende Insekten und u. a. auch der Aurorafalter. Wohl selbststeril.
Früchte: Schoten (Schötchen) länglich-elliptisch, zugespitzt, 4–8 cm lang. Sie werfen zur Reife die Fruchtklappen ab. Es bleibt neben dem samentragenden Rahmen als auffälliges Gebilde die falsche Scheidewand zurück. Diese dient als Windfang und fördert so die Ausbreitung als Windstreuer. Samen mit schmalen Hautrand: Segelflieger. Fruchtreife: VIII–X. Kältekeimer.
Verwendung: Zuweilen Zierpflanze.
Weitere Art:
Lunaria annua L., Einjähriges Silberblatt, Silbertaler, Judaspfennig: Winterannuelle bis (entgegen dem Namen!) zweijährige Gartenpflanze. Heimat: östliches Mittelmeergebiet. Auch verwildert, meist nur unbeständig, aber örtlich seit einigen Jahren auch eingebürgert. Schoten oval bis fast kreisrund. Beliebt wegen der hübschen violetten, duftenden Blüten und noch mehr wegen der Fruchtstände. Diese werden wegen der dekorativen Wirkung der bei der Reife stehen bleibenden, silbrigen, an Gaeldstücke (Name!) erinnernden Scheidewände gerne für Trockensträuße verwendet.

Lupinus polyphyllus Lindley, Vielblättrige Lupine, Wolfsbohne

Fabaceae (= Schmetterlingsblütler)

Ausdauernder Hemikryptophyt (Halbrosettenpflanze), 60–150 m hoch. Zuweilen schon im ersten Jahr blühend. Fiederblätter schildförmig (= peltat), d. h. Blattstiel nicht am Rande der Spreite, sondern an deren Unterseite ansitzend. – Rohbodenpionier und Stickstoffsammler durch relativ große Wurzelknöllchen mit symbiontischen Bakterien, hier mit der Gattung *Rhizobium*. Diese im Boden frei lebenden (dort aber nicht N-bindenden) Bakterien dringen über die Wurzelhaare in die Wurzelrinde ein. Angelockt werden sie durch spezielle, von den Wurzeln abgeschiedene Signalproteine. Die Bakterien reagieren darauf mit der Ausschüttung von Lipo-Oligosacchariden, die als „Nodulations-Faktoren" bezeichnet werden. Diese führen wiederum zu Reaktionen der Wirtspflanze. Die Wurzelhaare krümmen sich ein und drücken die Bakterien gegen die Zellwand, die daraufhin das zum Eintritt notwendige, Pektin lösende Enzym Polygalakturonase ausscheidet und auch reichlich Zellteilungen von Rindenzellen auslöst, die schließlich zur Bildung von Gallen, den „Knöllchen", führen. Die Knöllchenzellen erreichen gegenüber normalen Zellen ein bis 80-mal größeres Volumen. Notwendigerweise sind sie hochgradig polyploid; sie zeichnen sich durch einen bis 64-fachen Chromosomensatz aus. In ihnen vermehren sich jetzt die Knöllchenbakterien und wandeln sich schließlich zu sogenannten Bakteroiden um. Man hat bis zu 80.000 Bakteroide geschätzt. Die ernährende Pflanze liefert bis über die Hälfte der produzierten Kohlenhydrate an die Bakterien ab und bezieht dafür gleichzeitig von den Bakteroiden organische Stickstoffverbindungen. Zum Schluss werden die Bakterien fast alle aufgelöst (Lyse). Ganz zuletzt sterben die Knöllchen ab. Danach verbleiben im Boden immer noch genügend Bakterien für eine neue Infektion. Insgesamt haben beide Partner – durch zeitlich begrenzten Parasitismus – einen großen Nutzen voneinander gehabt. – Bis 1,5 m tief wurzelnd.

Systematik: Die Gattung umfasst ca. 230 Arten. Sie ist nahe verwandt mit Ginster (*Genista*, siehe dort), Besenginster (*Cytisus*) und Goldregen (*Laburnum*).

Giftigkeit: Vor allem die Samen der *Lupinus*-Arten sind durch bittere Chinolizidin-Alkaloide (Lectine) stark giftig. Auch Tiervergiftungen sind seit langem bekannt; besonders für Schafe und Pferde sind die Samen in hohen Dosen tödlich. Heute gibt es auch giftfreie Kultursorten (s. u.).

Namen: „*Lupinus*" ist der lat. Name der Lupinen, zu lat. lupus = Wolf, wegen der wolfsgrauen Behaarung der Früchte einiger Arten in Verbindung mit der hinterhältigen Wirkung der in den Samen enthaltenen Gifte; „*polyphyllus*" = vielblättrig, im Sinne von ‚vielzählig gefingert'.

Vorkommen: Ursprünglich Zier- und Nutzpflanze. Nicht selten verwildert und seit dem 19. Jh. vielerorts fest eingebürgert (etablierter Neophyt) in Waldsäumen und -schlägen, auf frischen, nährstoffreichen, kalkarmen Böden, vor allem der Gebirge. Oft die heimische Vegetation verdrängend. Ökologisch problematisch ist vor allem das Eindringen der Pflanze in Magerrasen, verbunden mit einer unerwünschten Nährstoffanreicherung dieser

Standorte. Daher wurde die Pflanze als invasiver Neophyt eingestuft. Besonders auch in Finnland ist die Lupine zur Problempflanze geworden und bedeckt dort inzwischen große Flächen. Heimat: Nordamerika. 1826 nach England eingeführt.

Blüten: VI–VIII. Vormännliche „Pollen-Fahnenblumen (= Schiffchenblumen) mit Pumpmechanismus", in oft mehr als 50 cm langen Trauben. Der Mechanismus wird durch Herabdrücken des Schiffchens durch schwere Insekten ausgelöst (im Demonstrationsversuch durch einen Bleistift): Bei den jüngeren Blüten quillt der ockerfarbene Pollen aus der Schiffchenspitze, bei den älteren erscheint der Griffel mit dem Narbenköpfchen. Da die Blüte keinen Nektar darbietet, braucht (anders als beim Hornklee = *Lotus*) keine „Nektarlücke" frei zu bleiben, d. h. es sind alle 10 Staubblätter im unteren Teil zu einer Röhre verwachsen. Staubblätter in 2 Reihen: Die längeren entleeren sich in der Blütenknospe, die kürzeren wachsen weiter und wirken wie Kolben, indem sie bei Druck auf das Schiffchen den Pollen nach außen pressen. Bestäuber sind Hummeln und andere Bienen. Selbstbestäubung wird durch einen Haarkranz an der Narbenbasis verhindert.

Früchte: Die Fruchtklappen der Hülsen reißen beim Austrocknen explosionsartig auseinander, rollen sich aufgrund der Zugspannung durch überkreuzte Zelluloselagerung spiralig ein und schleudern die Samen mit großer Kraft über mehrere Meter hinweg: Austrocknungsstreuer. Samen kugelig, daher auch Bodenroller. Fruchtreife: VII–X. Dunkel- und Kältekeimer. Durch feste Schale und Reservestoffe der Keimblätter sind unsere Arten über 50 Jahre keimfähig. – Ältere Angaben, wonach Samen von *Lupinus arcticus* im kanadischen Eis noch nach 10.000 Jahren lebensfähig waren, haben sich als Irrtum herausgestellt (Zazula et al. 2009 New Phytol. 182: 788). Somit liegt der Altersrekord keimfähiger Samen mit ca. 2000 Jahren bei der Dattelpalme (*Phoenix dactylifera*).

Vegetative Vermehrung durch unterirdische Ausläufer.

Verwendung: Wird sehr viel ausgesät zur Böschungsbefestigung, zur Stickstoffanreicherung des Bodens (z. B. in Waldschlägen), als Wildfutter (bitterstoffarme Sorten) und als Zierpflanze. Ein drastisches Beispiel für die Folgen mangelnder ökologischer Einsicht bietet die Aussaat dieser Lupinen an den Böschungen der ersten Autobahnen. Die vom Wild gern als Futterpflanze angenommenen Lupinen führten zu häufigem Wildwechsel und dann zu zahlreichen Wildunfällen.

Weitere Arten:

Lupinus luteus L., Gelbe Lupine, ***Lupinus albus*** L., Weiße Lupine, und ***Lupinus angustifolius*** L., Blaue oder Schmalblättrige Lupine: Diese 3 einjährigen Arten stammen aus dem Mittelmeerraum. Trotz der Giftigkeit wurden die eiweißreichen Samen dort nach entsprechender Vorbehandlung schon seit dem Altertum von der ärmeren Bevölkerung als Nahrungsmittel genutzt. Bei uns werden die Arten seit dem 19. Jh. als Futterpflanzen bzw. wegen der Wurzelknöllchen als Gründüngungspflanzen ausgesät, z. B. auf Sandboden und in neu angelegten Gärten. Seit 1928 hat man in der Züchtung bitterstoffarme und daher ungiftige Sorten ausgelesen, die man allgemein Süßlupinen nennt. Inzwischen werden überwiegend alkaloidfreie Sorten kultiviert. Seit etwa 1990 werden die Samen verschiedener Süßlupinen auch großtechnisch – ähnlich wie Soja – als Eiweißquelle für Viehfutter, aber auch in der menschlichen Ernährung, z. B. als vegetabilisches Milchpulver, als Ei- oder Tofu-Ersatz (Lopino) verwendet. Die Welternte an Lupinen lag 2012 bei 1,3 Mio. t und 2018 bei 1,2 Mio. t, die meisten stammten aus Australien.

Luzula pilosa (L.) WILLDENOW,

Behaarte Hainsimse, Haar-Hainsimse oder Marbel

Juncaceae (= Binsengewächse)

Ausdauernder Hemikryptophyt: Halbrosetten- bzw. immergrüne Horstpflanze, im Habitus grasähnlich, 15–40 cm hoch. Blattrandbehaarung durch fädliche Randstreifenablösung. Blätter scheidig, Spreite etwas hohl und so zisternenartige Rosetten bildend (Wassersammler). Blattstellung im Gegensatz zu den Süßgräsern dreizeilig.

Systematik: *Luzula* umfasst ca. 115 Arten. Nahe verwandt sind die Binsen (*Juncus*).
Namen: Der vorlinnésche Name „*Luzula*" geht auf ital. (erba) luzuola, lucciola zurück. Der Bezug zu lat. lux = Licht bzw. lucere = leuchten dürfte klar sein, aber was an der Pflanze leuchten soll, ist unklar. Vermutlich ist der Zusammenhang der, dass das Stängelmark einiger Arten (evtl. aber auch die der von Hainsimsen oft nicht abgetrennten Binsen = *Juncus*) früher als Lampendochte verwendet wurden. – „Hainsimse" wurde im 19. Jh. künstlich gebildet, um die Pflanzen auch im Deutschen von ähnlich benannten Gattungen wie *Juncus*, *Scirpus* usw. abzugrenzen. Zur Problematik der deutschen Namen rund um Binse und Simse siehe *Juncus effusus*. Ein weiterer deutscher Name ist „Marbel", was so viel wie Marmor bzw. Murmel bedeutet, aber der Bezug ist unklar.
Vorkommen: Krautreiche, mäßig nährstoffreiche Wälder und Schläge. In den deutschen Alpen bis 1400 m.
Blüten: III–V, Frühblüher. Windblütig: Übergang zum „Langstaubfädigen Typ". 6 freie, spelzenartige Perigonblätter. Schöne Federnarbe! Vorweiblich. Öffnung der Blüten erst im männlichen Stadium. Der Blütenstand ist eine lockerblütige, doldenähnliche Spirre.
Früchte: Fachspaltige Kapseln. Fruchtstängel reif zu Boden sinkend: Selbstaussäer. Samen glänzend, mit langen, weißen „Ölkörpern" (= Elaiosomen) zur Ameisenausbreitung, die allerdings hier vor allem Zucker enthalten. Fruchtreife: VI–VII. Samen langlebig.
Vegetative Vermehrung bisweilen durch unterirdische Ausläufer
Verwendung: Niedrige Wildgartenpflanze und Zierpflanze für Gehölzgruppen. – Die Samen der *Luzula*-Arten wurden früher für Speisezwecke genutzt.
Weitere Arten:

Luzula campestris (L.) DC., Gewöhnliche oder Feld-Hainsimse, Hasenbrot: 5–15 cm hoch. Lichtpflanze in Magerrasen. Versauerungs- und Basenarmutszeiger. Ähren ± kugelig, Blüten sitzend, mit prächtigen Elaiosomen. Dazu Ausläufervermehrung. Blütezeit: III–IV. Für Magerrasen in Wildpflanzengärten zu empfehlen.
Luzula multiflora (EHRH.) LEJ., Vielblütige Hainsimse: Von *L. campestris* u. a. durch das Fehlen von Ausläufern, 20–50 cm hohe Stängel und 3–10 Ähren unterschieden. Magerrasen und lichte Wälder. Magerkeitszeiger, wird durch Düngung verdrängt. Blütezeit: IV–V.

Luzula luzuloides (LAM.) DANDY et WILM. (= *L. albida* (HOFFM.) DC.), Schmalblättrige oder Weiße Hainsimse: 30–60 cm hoch. Verbreitet in artenarmen, bodensauren Wäldern und auch Heiden. Kennart des Luzulo-Fagetum (= Hainsimsen-Buchenwald). Blütenstand locker, Perigonblätter weiß (Name!, vgl. lat. albidus = weißlich) bis rötlich. Blüten kurz gestielt, zu 2–6. Samenanhängsel undeutlich. Bestandteil von „Waldgrasmischungen" des Handels.
Luzula sylvatica (HUDS.) GAUDIN, Wald-Hainsimse: Ähnlich wie vorige Art, aber an ärmeren und frischeren Standorten und mehr im Gebirge. 30–80 cm hoch. Horste breit ausladend. Blätter bis >1 cm breit und bis 30 cm lang, ältere Blätter bleibend. Hochblätter kürzer als der Blütenstand. Perigonblätter braun. Blütezeit: IV–VI. Wird gerne als dekorative, wintergrüne, rasige Zierpflanze in Anlagen kultiviert und ist auch für Wildpflanzengärten zu empfehlen, vor allem für Nordlagen; ist aber sehr ausbreitungsfreudig und findet sich auch in Gärten, in denen sie nie gepflanzt wurde.

Lychnis → *Silene*

Lycium barbarum LINNAEUS (= *L. halimifolium* MILL.), Gewöhnlicher Bocksdorn, Teufelszwirn

Solanaceae (= Nachtschattengewächse)

Sommergrüner, 1–3 m hoher Dornstrauch mit bogenförmig überhängenden, rutenförmigen, meist dornigen Zweigen: Spreizklimmer ähnlich wie die Brombeeren (*Rubus*). Blätter graugrün, wechselständig, lanzettlich, 3–6 cm lang. Entwickelt ähnlich wie Efeu (*Hedera*) am Grunde auch Luftwurzeln.

Systematik: Die Gattung ist weltweit verbreitet und umfasst etwa 100 Arten.
Giftigkeit: Die früher angenommene Giftigkeit der Pflanze einschließlich ihrer Beeren aufgrund eines angeblichen Gehaltes des Alkaloids Hyoscyamin mit ähnlicher Wirkung wie bei der Tollkirsche (*Atropa belladonna*) konnte nicht bestätigt werden. Sie passt auch nicht zu ihrer Nutzung als Nahrungs- und Heilpflanze.
Schädlinge: Die Pflanze wird häufig großflächig von Echtem Mehltau befallen.
Namen: „*Lycium*" ist der lat.-griech. Name eines Dornstrauchs, der vorlinnésch auf diese Pflanze übertragen wurde. Lat. „*barbarus*" = ausländisch. – „Bocksdorn" (eigentlich Buchsdorn) ist die Übersetzung von ‚pyxacantha', eines buchsblättrigen Dornstrauchs bei DIOSKURIDES. „Teufelszwirn" wegen der sehr dünnen, lang herabhängenden Zweige in Verbindung mit der vermeintlichen Giftigkeit. Der Name wird allerdings volkstümlich auch für ganz andere Pflanzen mit auffällig langen, dünnen Stängeln verwendet, so etwa die Seiden-Arten (*Cuscuta*) oder die Gewöhnliche Waldrebe (*Clematis vitalba*). Die Früchte sind unter dem aus dem Chinesischen stammenden Namen „Goji-Beeren" im Handel erhältlich (s. u.).
Vorkommen: Gartenzierpflanze (seit 1740) und Straßenbegleitgrün zur Bodenbefestigung. Öfters verwildert (Neophyt) und eingebürgert (19. Jh.),

vor allem in den Stromtälern, an sonnig-trockenen Ruderalstellen, auf Böschungen und Küstendünen, auf kalkarmen, oft sandigen Böden. Da sich die Art von den Anpflanzungen ausgehend stark vermehren kann, wurde sie als potenziell invasiver Neophyt eingestuft. Frosthart. Fehlt im Bergland. Heimat: (Östliches Mittelmeergebiet bis) China. Seit Langem weltweit verschleppt, sodass das Ursprungsgebiet nicht sicher bekannt ist.

Blüten: VI–IX. Blüten rosa bis hellviolett, auf 1–2 cm langen Stielen, zu 1–3 in den Blattachseln. Etwas trichterförmige, homogame oder vorweibliche „Stieltellerblumen mit herausragenden Narben und Staubbeuteln". Im Schlund tiefviolette Strichsaftmale. Kronröhre bis 10 mm lang und im Eingang dicht behaart. Die goldgelben Staubbeutel bilden einen Farbkontrast. Der Nektar wird vom Fruchtknoten abgeschieden. Bestäuber sind Bienen, Hummeln, Falter und als Pollenfresser Schwebfliegen. Dazu auch Selbstbestäubung, z. B. vor dem Abblühen.

Früchte (siehe Detailfoto): Hellrote, längliche, durch Karotinoide gefärbte, saftreiche, 2-fächerige Beeren, mit 4–20 gelbbraunen Samen. Verdauungsausbreitung durch Vögel. Nach DENNERT sollen reife Früchte platzen und dabei die Samen ausschleudern. Fruchtreife: VIII–X.

Die Früchte werden als „Gojibeeren" verkauft.

Vegetative Vermehrung erfolgt lebhaft (z. B. im Garten) durch wurzelbürtige Sprosse und durch sich bewurzelnde Zweige.

Verwendung: Zierstrauch sowie durch die Wurzelsprosse auch Hangbefestiger. Kann evtl. sehr stark wuchern. In China werden die Früchte gekocht oder roh gegessen und die jungen Blätter als Blattgemüse gegessen. Im Mittelmeerraum nutzt man die jungen Sprosse wie Spargel. In der traditionellen chinesischen Medizin werden die getrockneten Früchte bei Bluthochdruck zur Stärkung des Immunsystems und zur Krebsbehandlung verwendet. Die durch Trocknen oder durch Zubereitung als Saft haltbar gemachten Früchte (Gojibeeren, Chinesische Wolfsbeeren) kommen zunehmend auch bei uns auf den Markt; sie sind reich an Vitamin C und Mineralstoffen und wirken antioxidativ. Auch enthalten sie das zur Vorbeugung von Augenkrankheiten wichtige Lutein. Sie sind also ohne Zweifel gesund, werden aber zu Unrecht als „Allheilmittel" oder „Superfood" gepriesen.

Lycopersicon esculentum → *Solanum lycopersicum*

Lycopodium clavatum LINNAEUS, Keulen-Bärlapp

Lycopodiaceae (= Bärlappgewächse)

Immergrüner Chamaephyt (Kriechstaude), 5–30 cm hoch und bis 4 m weit kriechend. Blätter nadelförmig (= Mikrophylle), in Haarspitze auslaufend. Die Sprosse und Wurzeln der Lycopodiaceae sind im Gegensatz zu fast allen anderen Gefäßpflanzen gabelig verzweigt (echt dichotom). Das Wachstum erfolgt nicht wie bei den meisten übrigen Farnpflanzen durch Scheitelzellen, sondern durch Gruppen von Initialzellen. – Pilzwurzel (arbuskuläre Mykorrhiza). Wurzelhaare fehlen. Der Vorkeim und die unterirdisch lebende Jungpflanze parasitieren auf dem Pilz (Gattung *Glomus*). Die Pflanze ist also myko-heterotroph.

Systematik: Zur Familie Bärlappgewächse gehören die Gattungen *Lycopodium* und die anhangsweise besprochenen Gattungen *Diphasiastrum* und *Lycopodiella*, die je nach Autor auch als Teil von *Lycopodium* aufgefasst werden, sowie *Huperzia* (siehe dort). – Die Bärlappgewächse sind Teil der Farnpflanzen und bilden gemeinsam mit den Moosfarngewächsen (Selaginellaceae, siehe *Sela-*

ginella) und den Brachsenkräutern (Isoetaceae) die isoliert stehende Gruppe der Bärlappe (Lycopodiophytina), die z. B. in der Steinkohlenzeit mächtige baumförmige Vertreter hervorbrachte.

Giftigkeit: Alle Teile (vermutlich außer den Sporen) enthalten Alkaloide (Lycopodin und Annotin) mit Curare-ähnlicher, lähmender Wirkung. Für Mäuse und Frösche sind schon 0,2 g des Krautes tödlich.

Namen: „*Lycopodium*" ist ein vorlinnéscher Name, von griech. lykos = Wolf und podion = Füßchen, und bezieht sich ebenso wie „Bärlapp" (altdeutsch lappe = Tatze, Pfote) auf die Ähnlichkeit der Zweige von *L. clavatum* mit den zottig behaarten Vorderfüßen von Bären oder Wölfen. Linné hat den Namen übernommen. Lat. „*clavatus*" = Kolben-, im Hinblick auf die keulenförmigen Sporenähren.

Vorkommen: Heiden, Magerrasen, Waldränder und Nadelwälder, auf frischen, armen, sauren Böden und Rohhumus. Auch an nährstoffarmen Sekundärstandorten. Ebene bis subalpine Stufe (bis 2300 m). Zirkumpolar verbreitet. Gefährdet. – **Geschützt**! (wie alle Arten der Familie).

Vermehrung: Vorkeim (Prothallium) rübenförmig, mehrjährig, unterirdisch, etwa 1 cm groß, auf dem Wurzelpilz parasitierend. Einhäusig, d. h. der Vorkeim produziert männliche und weibliche Keimzellen. Die Geschlechtsreife erfolgt erst nach 10–15 Jahren. – Sporenblätter (= Sporophylle) mit je 1 nierenförmigen Sporenbehälter (= Sporangium) zu endständigen Sporophyllständen („Sporenähren") zusammengesetzt. Bei *L. clavatum* stehen diese auf einem langen, mit Schuppenblättern besetzten Stiel. Die Sporenpflanze ist entgegen Literaturangaben schon wenige Jahre nach der Sporenkeimung entwickelt. Sinkgeschwindigkeit der Sporen ca. 2 cm/s und somit Flugweiten von 300 km und mehr möglich: Körnchenflieger. Sporenreife: X. Die Sporen keimen erst nach ca. 6 Jahren.

Vegetative Vermehrung ist vorherrschend. Sie erfolgt über die langen Ausläufer.

Verwendung: Bärlappsporen wurden früher arzneilich als Wundpuder und zum Bestreuen der vom Apotheker hergestellten Pillen verwendet. Sie sind stark wasserabstoßend und schwimmen auf dem Wasser. Wegen des hohen Ölgehaltes wurden sie früher auch als Blitzlichtpulver gebraucht (z. B. im Theater), indem man sie z. B. aus einem gefalteten Papier in eine Kerze blies. Noch heute werden die Sporen beim „Feuerspucken" verwendet. Bärlappkraut wurde in der Volksmedizin als harntreibendes Mittel bei Nieren- und Blasenleiden verwendet. Die Zweige wurden in Trichter eingelegt auch als Milchfilter benutzt. – Im Aberglauben galten die Bärlappe als Schutz vor Hexen usw., sie gehören also zu den „Berufkräutern".

Weitere Arten/Verwandte (vgl. auch *Huperzia* = Tannenbärlapp, Teufelsklaue):

Lycopodium annotinum L., Sprossender oder Wald-Bärlapp: Blätter haarlos als Feuchtigkeitsanpassung. Fichtenwälder, Kiefern- und Birkenmoore, vor allem der Gebirge. Schattenpflanze. Vielerorts gefährdet. **Geschützt**! Sporenähre ungestielt.

Diphasiastrum alpinum (L.) Holub (= *Diphasium alpinum* (L.) Rothm., *Lycopodium alpinum* L.), Alpen-Flachbärlapp: Hauptspross meist oberirdisch kriechend, grün. Blätter schuppenförmig, in 4 Reihen, der Sprossachse angedrückt, wachsüberzogen, ungleich gestaltet (Anisophyllie), sodass die Kriechsprosse flach erscheinen (Name!, vgl. dis = zwei, phasis = Erscheinung). Kurzgrasige Gebirgswiesen bis in die alpine Stufe. Stark gefährdet. **Geschützt**! Sporenähren sitzend. Vorkeime wie bei *Lycopodium*.

Diphasiastrum complanatum (L.) Holub (= *Diphasium complanatum* (L.) Rothm., *Lycopodium complanatum* L.), Gewöhnlicher Flachbärlapp: Schuppenblätter hellgrün, unterseits ungestielt.

Hauptspross meist unterirdisch kriechend, chlorophyllfrei, bis über 1 m lang: Trockene Kiefernwälder, besonders im Bergland, aber auch in der Ebene. Stark gefährdet. **Geschützt**! Sporenähren lang gestielt. Sporangien werden erst vom 4. Jahr an ausgebildet. Vegetative Vermehrung durch Ausläufer. ***Lycopodiella inundata*** (L.) HOLUB (= *Lycopodium inundatum* L., *Lepidotis inundata* (L.) BOERNER), Sumpfbärlapp oder Moorbärlapp: Niedrige, am Boden kriechende, in der ganzen Länge wurzelnde Sprossachse. Pflanze sommergrün, jährlich nur 1 ungestielte, endständige Sporenähre. Vorkeim oberirdisch, mit grünen, assimilierenden Lappen. Lichtpflanze offener, nasser Stellen der Zwischen- und Hochmoore. Stark gefährdet. **Geschützt!**

Lycopsis arvensis → *Anchusa arvensis*

Lycopus europaeus LINNAEUS, Ufer-Wolfstrapp

Lamiaceae (= Lippenblütler)

Hemikryptophyt (Schaftpflanze) oder Sumpfpflanze, 20–80(–130) cm hoch. Verschiedenblättrig: untergetauchte Blätter tief fiederspaltig, übrige buchtig gezähnt bzw. (nach unten zu) etwas fiederspaltig. Rhizom im Wasser mit fein zerteilten Wasserblättern, im Boden oft mit zerteilten Niederblättern.

Die Blüten stehen in Scheinquirlen. Haare versperren für unerwünschte Besucher den Weg zum Nektar.

Namen: „*Lycopus*" ist ein vorlinnéscher Name bei TOURNEFORT, der von LINNÉ aufgegriffen wurde, von griech. lykos = Wolf und pous = Fuß (= Trapp). Der Bezug ist unklar.
Vorkommen: Zeitweilig überschwemmte Ufer, Röhrichte und Erlenbrüche; Nasswiesen.
Blüten (siehe Detailfoto): VII–VIII. „Eigentliche Lippenblumen" in vielblütigen, blattachselständigen Scheinquirlen (Zymen), diese zu Thyrsen als Gesamtblütenstand vereint. Krone weiß mit purpurnen Tüpfelsaftmalen, ca. 3 mm lang, schwach dorsiventral, trichterig, innen durch derbe Querhaare für unerwünschte Blütenbesucher versperrt. Es sind nur 2 Staubbeutel entwickelt, die wie der Griffel etwas aus der Blüte herausragen. Vormännlich. Dreihäusig. Weibliche Blüten viel kleiner als die

männlichen. Nektar wird vom Diskus abgeschieden. Besucher sind Wespen und Fliegen, vor allem Schwebfliegen. Spontane Selbstbestäubung bei Zwitterblüten durch Einkrümmen der Staubfäden nach der Reife.
Früchte: Die 4 Klausen sind keilförmig und anfangs noch am Grunde verbunden und bilden somit eine tassenförmige Ausbreitungseinheit, die – auf das Wasser gefallen – im Hohlraum eine Luftblase behält und daher schwimmfähig ist: Schwimmausbreitung. Der Viererverband (Spaltfrucht) zerbricht leicht, und die kleinen, kugeligen Klebdrüsen auf der gewölbten Innenseite der Klausen treten deutlich hervor: Klebhafter an Wasservögeln. Vermutlich auch Tierstreuer. Fruchtreife: IX–X. Lichtkeimer.
Vegetative Vermehrung als Wurzelkriecher durch unterirdische Ausläufer bis 20 cm Länge.
Verwendung: Arzneilich bei Schilddrüsenüberfunktion, früher auch bei Malaria, in der Volksmedizin gegen Nervosität und Fieber verwendet. Die Wurzeln wurden früher als Gemüse genutzt. Zierpflanze für Teichränder.

Lysimachia vulgaris LINNAEUS, Gewöhnlicher Gilbweiderich oder Felberich

Primulaceae (= Primelgewächse)

Ausdauernder Hemikryptophyt (Schaftpflanze) und Geophyt oder Sumpfpflanze, 50–150 cm hoch. Blätter 10–15 cm lang, meist in Scheinquirlen. – Tiefwurzler.

Systematik: Die Gattung umfasst ca. 180 Arten. Sie gehört zur Unterfamilie Myrsinoideae. Es gibt einerseits den Vorschlag, die Gattungen Gauchheil (*Anagallis*), Milchkraut (*Glaux*, s. u.) und Siebenstern (*Trientalis*) in eine weit gefasste Gattung *Lysimachia* einzubeziehen. Andererseits wurde daran gedacht, *Lysimachia* s. str. in mehrere kleinere Gattungen aufzuteilen und dabei z. B. *L. nemorum* zu *Anagallis* zu stellen.
Namen: Unter „*Lysimachia*" wurden vorlinnésch verschiedene weidenblättrige Pflanzen zusammengefasst, die LINNÉ in die 3 Gattungen *Lysimachia* s. str., *Lythrum* (Blutweiderich) und *Epilobium* (Weidenröschen) trennte. Der Name ist gemäß C. BAUHIN 1623 nach Lysimachos, dem Feldherrn Alexanders des Großen, später König von Thrakien, gemäß BOERHAAVE 1727 nach Lysimachos von Sizilien benannt. – „Gilbweiderich" wegen der Ähnlichkeit der Blätter an den Austrieben von *L. vulgaris* mit schmalblättrigen Weiden (= Felbern; daher auch der Name „Felberich") und der z. B. im Vergleich zum Blutweiderich (*Lythrum salicaria*) goldgelben Blüten in Verbindung mit der Verwendung.
Vorkommen: Nasse, meist basenreiche, lichte Wald- und Wiesenstandorte sowie in Ufernähe. Lehmzeiger. Ebene bis Hochgebirge (bis 1840 m).
Blüten: VI–VII. Homogame „Öl-Scheibenblumen", in endständigen, zusammengesetzten traubig-rispigen Blütenständen (Thyrsen). *L. vulgaris*, *punctata* und *nummularia* sind die einzigen Beispiele in der heimischen Flora für Ölblumen, d. h. sie bieten neben Pollen anstelle von Nektar fettes Öl dar. Das Öl wird von Drüsenhaaren abgegeben, die sich außen

an den im unteren Teil röhrig verwachsenen Staubfäden befinden. Die Bestäubung erfolgt weitestgehend durch Weibchen der seltenen Schenkelbienen-Art *Macropis europaea* (= *M. labiata*), manchmal auch von *M. fulvipes*, die sich auch auf den Blüten der Pflanze paaren. Sie nehmen das Öl kapillar mithilfe von Saugpolstern des ersten und zweiten Beinpaares auf und streichen es in die Sammelbürsten der Hinterbeine, wo es sich mit dem gesammelten Pollen zu einem dicken Klumpen mischt. Dieser dient als Nährpaste für die Larven und zum Auskleiden der Brutzellen. Daher sind diese Bienen auf die Existenz von *Lysimachia*-Arten angewiesen. Für den eigenen Energiebedarf müssen sich die Bienen Nektar von anderen Pflanzen besorgen. – Die Fähigkeit der Öl sammelnden Bienen, mit den Haaren der Sammelbürsten Öl kapillar aufzunehmen (bei ausländischen Ölbienen bis zum 30-fachen des Gewichts der Haare), hat das Interesse der Bionik auf sich gezogen (vgl. RÜTTGERS et al. 2015 Computers & Fluids 119: 115), und so hat man begonnen, diese Eigenschaft für das Entfernen unerwünschter Ölfilme technisch zu nutzen. – Die Fernerkennung der Blüten durch die Ölbienen erfolgt durch den spezifischen Duft. Der Blütenbesuch ist insgesamt gering. Außer Schenkelbienen wurden auch Schwebfliegen und Furchenbienen beobachtet. – Je nach Belichtung gibt es zwei verschiedene Blütentypen (Photodimorphismus). Bei den Lichtblüten sind die Kronblätter dunkelgelb und an der Basis rot, der Griffel ist deutlich länger als die Staubblätter und entsprechend herrscht Fremdbestäubung vor. Die Schattenblüten sind heller und kleiner, der Griffel ist nur so lang wie die Staubblätter, daher erfolgt Selbstbestäubung. Es gibt auch Übergänge zwischen den beiden Blütentypen.

Früchte: 5-klappige Kapseln: Wind- und Tierstreuer. Weitere Ausbreitung der Samen mithilfe der lufthaltigen Samenschale als Körnchenflieger sowie als Schwimmer (Schwimmdauer: 1 Woche). Fruchtreife: X. Wintersteher.

Vegetative Vermehrung durch unterirdische Ausläufer.

Verwendung: Alte Bauerngartenpflanze und noch heute zuweilen als Zierpflanze kultiviert, allerdings weit weniger als *L. punctata*. Für Wildpflanzengärten geeignet. Die krautigen Teile enthalten einen gelben Farbstoff, der früher zum Färben benutzt wurde. Junge Blätter der *Lysimachia*-Arten sind als Zutat für Suppen und Gemüse geeignet. Die Blüten dienen als essbare Dekoration.

Weitere Arten/Verwandte (vgl. auch *Trientalis europaea = Lysimachia europaea*):

Lysimachia punctata L., Drüsiger Gilbweiderich oder Felberich, Tüpfelstern: Sehr ähnlich der vorigen Art, aber Kronblätter drüsig bewimpert (Lupe!); „*punctatus*“ wegen zahlreicher dunkler Punkte auf der Blattunterseite. Ölblume. Sehr ausbreitungsfreudige Bauerngarten- und Zierpflanze, oft verwildert und stellenweise in Uferstaudenfluren eingebürgert (Neophyt). Ursprünglich vor allem im Balkan. Bestäubung durch die Schenkelbienen-Art *Macropis fulvipes*, die lange Zeit auf *L. nummularia* beschränkt war. Samenansatz gering.

Lysimachia thyrsiflora L., Strauß- oder Straußblütiger Gilbweiderich: 30–70 cm hohe, öfter bestandsweise auftretende Sumpfpflanze mit schmal-lanzettlichen, sitzenden, kreuz-gegenständigen Blättern. Typisch für die Ufer mesotropher, ärmerer Gewässer, Moore und ähnliche Standorte. Nur im Norden häufiger. Blütezeit: V–VII. Blüten 6–7-zählig, in kopfig verdichteten, gestielten, achselständigen Trauben. Die um 5 mm lange, hellgelbe Krone und die Kelchblätter sind linealisch. „Pollen-Scheibenblumen“ mit herausragenden Staubbeuteln. Keine Ölblume. Hauptbesucher sind standortsgemäß Schwebfliegen. Durch Herabkrümmen der Staubblätter zur Narbe der Nachbarblüten erfolgt Nachbarbestäubung. Wind- und Tierstreuer. Die Samen zeichnen sich durch ein epidermales Schwimmgewebe aus: Schwimmausbreitung. Zuweilen zur Bepflanzung von Gartenteichen verwendet.

Lysimachia nummularia L., Pfennigkraut, Pfennig-Gilbweiderich (siehe Abb.): Wintergrüne Kriechstaude feuchter, nährstoffreicher Stellen. Zum Teil auch aus Kultur verwildert. Name wegen der pfennigförmigen Blätter (lat. nummus = Münze). Blüten streng selbststeril. Fruchtansatz ist selten, da die oft in großen Rasen auftretenden „Bestände“ (= Klone) meist aus einer einzigen Pflanze hervorgegangen sind. Ölblume. Bestäubung durch

Das „Pfennigkraut“ ist eine Art der Gattung „Gilbweiderich“. Es ist eine Kriechstaude.

Macropis fulvipes (s. o.). Hauptvermehrung erfolgt durch die bis 0,5 m langen, reichlich gebildeten Ausläufer (Kriechtriebe). Seit langem beliebt als bodendeckende Zierpflanze der Gärten und auch für Wildpflanzengärten zu empfehlen, allerdings sehr ausbreitungsfreudig. Wird auch als untergetauchte (!) Aquarienpflanze verwendet. In der Volksmedizin als Hustenmittel. Die Blätter eignen sich als Brotbelag.

Lysimachia nemorum L., Hain-Gilbweiderich, Hain-Felberich: Ähnlich wie vorige Art, aber Blüten etwas kleiner und Blätter breit zugespitzt. An feuchten Standorten. Waldpflanze der Mittelgebirge. Keine Ölblume. Die Blüten bleiben bei trübem Wetter geschlossen. Guter Fruchtansatz. Fruchtreife: IX/X–XII. Regenschwemmling. Vegetative Vermehrung durch Ausläufer.

Lysimachia arvensis → *Anagallis arvensis*.

Glaux maritima L. (= *Lysimachia maritima* (L.) Galasso, Banfi et Soldano), Milchkraut: Niedriger, fast teppichartig am Boden kriechender kahler Hemikryptophyt. Die aufrechten Seitensprosse sind 3–10(–20) cm hoch. Blätter gegenständig, lanzettlich bis elliptisch, etwas fleischig. Einzige Art der Gattung. In Salzgebieten auf der ganzen Nordhalbkugel verbreitet. Vor allem an der Küste, im Binnenland selten und im Rückgang. Blüten radiär, sitzend, achselständig. Vormännlich bis homogam. Krone fehlend. Ihre Schaufunktion wird durch den kronblattartigen, glockigen, rosa gefärbten, 3 mm langen Kelch übernommen. Bestäuber sind winzige Fliegen und vermutlich auch Ameisen. Kapseln wie bei *L. vulgaris*. Schwimmausbreitung und wahrscheinlich auch Regenschwemmling. Wird vom Weidevieh gerne gefressen. Die jungen Triebe können für Mischsalat und Gemüse verwendet werden (Kochwasser wegschütten!). „*Glaux*" ist ein Pflanzenname unklarer Zuordnung bei Plinius, der dazu schreibt, dass Kühe nach Genuss der Pflanze gute Milch geben. Auf diese Anmerkung geht offenbar der künstlich gebildete Name „Milchkraut" zurück.

Lythrum salicaria Linnaeus, Gewöhnlicher Blutweiderich

Lythraceae (= Blutweiderichgewächse)

Ausdauernder, sommergrüner Hemikryptophyt (Schaftpflanze) und Sumpfpflanze, 50–100 (–130) cm hoch und meist reich verzweigt. Blätter länglich, ungestielt, gegenständig oder in 3-zähligen Quirlen, oben evtl. wechselständig. Untergetauchte Sprosse entwickeln ein Durchlüftungsgewebe (Aerenchym), das das Rhizom mit Sauerstoff versorgt.

Der Blutweiderich ist verschiedengrifflig.

Systematik: Die Gattung umfasst 15–35 Arten. Sie gehört zur Unterfamilie Lythroideae.

Namen: „*Lythrum*" wurde von Linné zur Abtrennung von *Lysimachia* = Gilbweiderich (siehe dort) geprägt, nach griech. lythron = Blut, Saft der Purpurschnecke, wegen der Blütenfarbe. Der Name „Blutweiderich" weist auf die mit dem Gilbweiderich gemeinsame weidenartige Blattform hin. In dieselbe Richtung geht auch neulat. „*salicarius*" = weidenartig.

Vorkommen: Ufer, staudenreiche Nasswiesen und feuchte Hochstaudengesellschaften, vor allem tiefer Lagen. Lichtpflanze. Wurde nach Nordamerika eingeschleppt und ist dort im Bereich von Gewässern zur Problempflanze geworden, die teilweise bekämpft wird. Die Art steht auf der Liste der 100 gefährlichsten invasiven Arten der Welt.

Blüten (siehe Detailfoto): VI–IX. Homogame „Kleine Trichterblumen", in Zymen und diese zu ährenartigem Gesamtblütenstand (Thyrsus) vereinigt. Eine Besonderheit ist die Verschiedengriffligkeit (Heterostylie) der Blüten: Es gibt nebeneinander verschiedene Typen von Blüten, die auf verschiedene Individuen verteilt sind. Es ist also eine ähnliche Situation wie etwa bei *Primula*, nur dass hier drei statt zwei verschiedene Blütentypen existieren. Das sind: 1. Langgrifflige Blüten mit einem Kreis mittellanger und einem Kreis kurzfädiger Staubblätter. 2. Blüten mit mittellangem Griffel, einem langfädigen und einem kurzfädigen Staubblattkreis. 3. Kurzgrifflige Blüten mit langen und mittellang gestielten Staubblättern. Die Pollenkörner sind bei den lang gestielten Staubblättern grün und groß, bei den übrigen gelb und kleiner. Fremdbestäubung wird dadurch sichergestellt, dass die Narben der langen Griffel die längsten, die der kurzen die kürzesten Narbenpapillen haben. Schon Darwin wies nach, dass von 18 möglichen Kombinationen nur 6 eine volle Samenproduktion herbeiführen („legitime Bestäubung"); dabei ist legitime Bestäubung 7-mal erfolgreicher als illegitime. Besucher sind Schwebfliegen, Bienen und verschiedene Tagfalter, besonders Kohlweißlinge.
Früchte: 2-fächerige Kapseln, die als ganze abfallen und dann die Samen entlassen: Wind- und Tierstreuer. Dazu Klebhafter (durch verschleimende Haare), z. B. an Wasservögeln, und Schwimmausbreitung. Fruchtreife: X. Wintersteher. Samen langlebig. Lichtkeimer. Eine Pflanze kann bis zu 3 Mio. Samen produzieren.
Vegetative Vermehrung durch die bis zu 1,5 m langen Rhizome, aus denen bis zu 50 Sprosse hervorgehen können.
Verwendung: Die Pflanze enthält das Glykosid Salicarin sowie Flavone und Gerbstoffe (bis 14 % in den Blüten). Die Wurzeln werden selten arzneilich bei Durchfällen, Typhus und Ruhr sowie in der Volksmedizin als blutstillendes Mittel benutzt. Letzterer Gebrauch geht auf die Signaturenlehre zurück, hier ist die blutrote Blütenfarbe vermutlich die Merkhilfe. Die jungen Sprosse wurden in Notzeiten als Gemüse gegessen. Als Zierpflanze in mehreren Sorten in Kultur und auch für Wildpflanzengärten zu empfehlen. Junge Blätter und Triebe sind für Salate, junge Stängel als Gemüse geeignet.

Magnolia × soulangeana Soulange-Bodin, Garten-Magnolie, Tulpen-Magnolie

Magnoliaceae (= Magnoliengewächse)

Winterkahler Laubbaum, oft vom Grund an mehrstämmig, 3–6(–9) m hoch. Hybride aus der Kreuzung *M. denudata × M. liliiflora*. Blätter bis 20 cm lang. Nebenblätter tütenförmig verwachsen und jung die Sprossspitze umschließend, früh abfallend. Blütenknospen im Winter von 2 dicht seidenhaarigen, knospenschuppenähnlichen Hochblättern umgeben.

Blüten: IV–V. „Nektar führende Scheibenblumen", einzeln, endständig, cremeweiß und rosa überhaucht, vor den Blättern erscheinend. Die großen, seidig behaarten Blütenknospen sind schon ab dem Herbst deutlich erkennbar. Kelch- und Kronblätter wirtelig, speziell bei *M.* × *soulangeana* gleichgestaltet (es gibt in der Gattung aber auch einen deutlichen Unterschied zwischen Kelch und Krone), 9-zählig, 8–10 cm lang. Staub- und Fruchtblätter spiralig, einer verlängerten Blütenachse ansitzend. Staubblätter flächig, Staubfäden fehlend. Nektar wird von der gesamten freien Fläche der Fruchtblätter abgesondert. Besucher sind u. a. Bienen und Käfer. Die Temperatur kann abends in den Blüten bis 10 °C über der Außentemperatur liegen, was wohl als thermische Anlockung zu deuten ist.

Systematik: Die Familie Magnoliaceae war im Tertiär weltweit verbreitet, ist aber heute fast nur noch in Nordamerika und Ostasien anzutreffen. Wegen der spiraligen Anordnung der Fruchtblätter einiger Arten und auch wegen anderer Merkmale wird die Familie als ursprünglich angesehen. Die Gattung *Magnolia* umfasst je nach Auffassung 120–245 Arten. Mehrere davon sind bei uns als Ziergehölze in Kultur, am häufigsten die vorliegende Art.

Namen: „*Magnolia*" wurde von Plumier 1703 geprägt und von Linné übernommen, zu Ehren des franz. Botanikers P. Magnol (1638–1715), der u. a. den Begriff der Familie in der Botanik einführte; „× *soulangeana*" nach É. Soulange-Bodin (1774–1846), dem Gründer der Société Horticale de France, in dessen Baumschule die Hybride 1820 auftrat. In der Literatur findet man fast genauso oft die Schreibweise „× *soulangiana*", die aber nach den aktuellen Nomenklaturregeln nicht mehr gültig ist. Das Malzeichen × weist auf die hybridogene Entstehung hin.

Vorkommen: Zierpflanze (seit 1826). Heimat der Stammeltern: Mittelchina. Die Blüten können evtl. Spätfrösten zum Opfer fallen.

Kelch-, Kron- und Staubblätter sind abgefallen. Die jungen Einzelfrüchte werden sichtbar.

Früchte (siehe Detailfoto): Bei den Wildarten entstehen je Blüte zahlreiche 1–2-samige, der verlängerten Blütenachse spiralig ansitzende, balgähnliche Früchte. Die Samen werden aber anders als bei typischen Balgfrüchten nicht durch Öffnung der Bauchnaht, sondern durch Öffnung der Rückennaht entlassen, wobei sich die der Blütenachse zugewandte Bauchnaht nur im oberen Teil öffnet. Der äußere Teil der Samenschale (manchmal als Samenmantel = Arillus aufgefasst) ist lebhaft rot. Die Samen ragen zuletzt an einem Faden aus der Frucht heraus, der durch die sich lang abrollenden Schraubengefäße des Samenstiels entsteht: Vogelausbreitung. Die Kulturformen sind oft steril oder bilden nur wenige Samen.

Verwendung: Diese und weitere winterkahle Arten und Hybriden werden bei uns öfter als Zierpflanzen in Gärten und Anlagen kultiviert, häufig auch die mehr strauchförmige Stern-Magnolie (*M. stellata* (Siebold et Zucc.) Maxim.), mit kleineren, weißen Blüten, aus Japan. – In ihrer Heimat werden die aromatischen Teile der Magnolien für Heilzwecke genutzt. Junge Blüten werden gelegentlich als essbare Dekoration verwendet.

Verwandte:
Liriodendron tulipifera L., Tulpenbaum (siehe Abb.): Blattspreiten an der Spitze wie abgeschnitten. Zierbaum (seit dem 17. Jh.) und wegen der hohen Produktivität auch als Forstbaum geeignet, bis 35(–60) m hoch werdend. Heimat: östliches Nordamerika; dort wichtiger Waldbaum. Fossil schon aus der Kreidezeit und noch aus dem Pliozän in Deutschland (z. B. bei Frankfurt/Main) nachgewiesen. Blütezeit: IV–V. Sehr dekorative grünlich gelbrote „Nektar führende Scheibenblumen", die in Knospenlage von einem sackförmigen, hinfälligen Hochblatt eingehüllt werden. Nektar wird reichlich angeboten. Er liegt völlig frei in Tropfen auf den großen Kronblättern. Besucher sind Honigbienen und Hummeln. Bienentrachtpflanze. Fruchtblätter spiralig, aber Staubblätter und Blütenhülle wirtelig; letztere in Kelch und Krone geschieden. Die geflügelten Nüsschen werden als Drehflieger ausgebreitet. Ihre Sinkgeschwindigkeit beträgt 1,25 m/s.

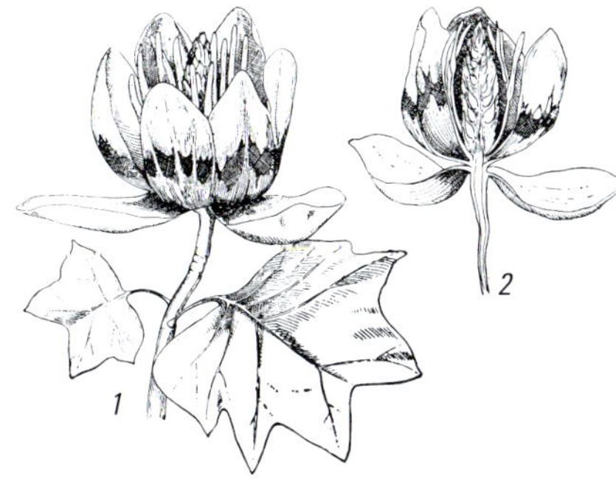

*Tulpenbaum: Blütenzweig (**1**). Blüte im Längsschnitt (**2**).*

Sie haben bei normalen Flugverhältnissen entsprechend eine mittlere Ausbreitungsgrenze von 65 m. Das Holz ist vielseitig verwendbar.

Mahonia aquifolium: siehe bei *Berberis*

Maianthemum bifolium (L.) F. W. Schmidt, Schattenblümchen, Zweiblättrige Schattenblume

Asparagaceae (= Spargelgewächse)

Ausdauernder Rhizom-Geophyt, 5–15 cm hoch. Rhizom dünn, kriechend, verzweigt. Blätter trocken mit schwachem Cumarinduft. Grundblätter zur Blütezeit meist verwelkt, blühende Stängel meist 2-blättrig, nicht blühende 1-blättrig. – Bis 15 cm tief wurzelnd.

Systematik: Die Gattung umfasst etwa 30 Arten. Sie gehört in die Unterfamilie Nolinoideae, die früher den Rang einer eigenen Familie Convallariaceae (= Maiglöckchengewächse) hatte. Nächst verwandt ist die Weißwurz (*Polygonatum*).
Giftigkeit: Alle Teilen, vor allem die Beeren, sind durch Steroid-Saponine giftig. Angaben über das Vorkommen herzwirksamer Digitalis-Glykoside konnten nicht bestätigt werden.
Namen: „*Maianthemum*" wurde von dem vorlinnéschen Autor Siegesbeck 1736 geprägt, zu lat. Maius = Mai und griech. anthemon = Blume (vermutlich als Übersetzung des deutschen Namens Maiblume). Der Name wurde

von WIGGERS 1780 nach Abtrennung von LINNÉS weit gefasster Gattung *Convallaria* (Maiglöckchen) übernommen. Neulat. „*bifolius*" = zweiblättrig, bezogen auf die Beblätterung der Blütenstängel im Vergleich zum Gewöhnlichen Maiglöckchen. – „Schattenblume" ist Kunstname (Anfang 19. Jh.) und bezieht sich wahrscheinlich auf den Standort.
Vorkommen: Artenarme Laub- und Nadelwälder, auf nährstoff- und kalkarmen Böden. In tieferen Lagen Schattenpflanze, im Hochgebirge auch Lichtpflanze.
Blüten: V–VI. Kleine, vorweibliche, wohlriechende „Nektar führende Scheibenblumen", zu 1–3 in traubenartigen Gesamtblütenständen. Einzelblüte 4-zählig, erst schwach trichterig, dann flach. Bestäuber sind vor allem kleinere Fliegen. Spontane Selbstbestäubung erfolgt bei ausbleibendem Insektenbesuch.
Früchte: Erbsengroße, erst rosa marmorierte, später rote, meist 1-samige Beeren. Samen kugelig. Verdauungsausbreitung. Fruchtreife: IX–X. Wintersteher.
Vegetative Vermehrung durch unterirdische Ausläufer, Pflanze daher herdenbildend.
Verwendung: Wird manchmal in der Volksmedizin als harntreibendes Mittel verwendet. Zierpflanze seit dem 16. Jh.

Malus domestica BORKHAUSEN (= *Pyrus malus* L. p. p.), Kultur-Apfel

Rosaceae (= Rosengewächse)

Winterkahler Laubbaum bis 10 m Höhe, heute meist nur als kleiner Stamm gezogen. Blätter breit eiförmig, gesägt, unterseits bleibend behaart. – Pilzwurzel (arbuskuläre Mykorrhiza).

Systematik: *Malus* gehört zu den Kernobstgewächsen, die früher den systematischen Rang einer Unterfamilie (Maloideae) hatten und heute als Gattungsgruppe (Tribus) Maleae, Subtribus Malinae innerhalb der neu aufgestellten und weit gefassten Unterfamilie Amygdaloideae geführt werden. Die Kernobstgewächse sind eine in sich sehr einheitliche Gruppe, die vor allem durch die typische Apfelfrucht gekennzeichnet ist. Von den in diesem Buch behandelten Gattungen gehören hierher: Felsenbirne (*Amelanchier*), Zierquitte (*Chaenomeles*), Zwergmispel (*Cotoneaster*), Weißdorn (*Crataegus*), Quitte (*Cydonia*), Mispel (*Mespilus*), Feuerdorn (*Pyracantha*), Birne (*Pyrus*) und Eberesche (*Sorbus*). Die Gattungen sind weitgehend auch über den Gattungsrahmen hinaus durch Kreuzungen verbunden. – Die Gattung *Malus* umfasst 25–50 Arten. Der Kultur-Apfel ist das Kreuzungsprodukt

südwestasiatischer Wildäpfel. Zahlreiche Arten mit sehr kleinen Früchten und einige ihrer Hybriden werden bei uns als Zierpflanzen kultiviert.
Schädlinge: Die bekannten „Würmer“ im Fruchtfleisch stammen von den Larven des Apfelwicklers (*Cydia pomonella*). Der Apfelschorf wird durch den Mikropilz *Venturia inaequalis* verursacht. Die konzentrischen Ringe der Monilia-Fruchtfäule an der Oberfläche der Früchte verschiedener Obstbäume sind die Sporenlager des Mikropilzes *Monilia fructigena*.
Namen: „*Malus*“ ist der lat. Name des Apfelbaums. Lat. „*domesticus*“ = zum Haus gehörig. – „Apfel“ ist indogermanisch.
Vorkommen: Obstbaum in zahlreichen Kultursorten, gelegentlich auch verwildert. – Die traditionelle Form des Obstanbaus sind die Streuobstwiesen, bei denen Hochstämme verschiedener Obstarten auf Grünland stehen und wie zufällig „gestreut“ erscheinen. Solche Wiesen sind landschaftlich besonders reizvoll und bieten vielen seltenen und auch gefährdeten Pflanzen- und Tierarten Lebensraum. Für sie ist z. B. in Nordrhein-Westfalen ein eigenes Schutzprogramm geschaffen worden.
Blüten: IV–V. Vorweibliche, duftende „Nektar führende Scheibenblumen“, in wenigblütigen Doldentrauben. Kronblätter außen rosa. Staubbeutel gelb (bei der Birne rotviolett). Griffel 5, an der Basis verwachsen (bei der Birne frei). Die Blüten werden eifrig von verschiedenen Wildbienen, Honigbienen, Fliegen und Pollen fressenden Käfern und gelegentlich auch von Schmetterlingen besucht. Der Nektar wird vom Blütenbecher abgegeben und ist mit 75 % extrem zuckerreich. Fremdbestäubung ist bei den meisten Sorten obligat. Einige Apfelsorten lassen sich auch untereinander nicht kreuzen (= Intersterilität). Im Gegensatz zu Wildbienen, wie z. B. *Osmia* = Mauerbiene, tragen Honigbienen – was selbst in Fachkreisen wenig bekannt ist – meist nur wenig zu einer erfolgreichen Bestäubung bei (Westerkamp 1999, Foeldesi et al. 2016 Agric. Forest Entomol. 18: 68). Das liegt daran, dass Honigbienen beim Nektarsammeln schnell lernen, sich nicht mit Pollen zu „beschmutzen“. Das Ausbringen von Honigbienen-Völkern führt daher nur dann zum Erfolg, wenn immer wieder neue Völker ausgebracht werden, die noch keinen Kontakt mit Äpfeln hatten, und sich daher als Neulinge zunächst noch bepudern.
Früchte: Apfelfrüchte. Sie sind das Verwachsungsprodukt aus den 5 balgfruchtartigen, meist 2-samigen Einzelfrüchten, die das pergamentartige Gehäuse bilden, und dem Blütenbecher. Letzterer wächst zu dem bei der Reife mächtig entwickelten, zuckerreichen (ca. 13 %) „Fruchtfleisch“ heran. Kelch bleibend. Verdauungsausbreitung, vor allem durch den Menschen, dazu Schwimmausbreitung ganzer Äpfel, Bearbeitungsausbreitung durch Nager usw. Die bekannte Braunfärbung der Schnittflächen der Apfelfrucht beruht auf der Oxidation des Polyphenols Chlorogensäure. Reifende Äpfel, wie auch Birnen, Tomaten und Bananen produzieren Äthylen-Gas, welches die Reifung auch anderer (mit diesen gemeinsam aufbewahrter Früchte) ebenfalls fördert. Dies kann zu deren vorzeitigen Verderb führen. – Samenruhe: Erst nach Abbau der unter der Samenschale befindlichen Hemmstoffe im feuchtem Substrat sind die Samen keimfähig. Fruchtreife je nach Sorte VII–XI, meist IX–X.
Vegetative Vermehrung: Da die Kultursorten nicht samenbeständig sind, erfolgt die Vermehrung überwiegend vegetativ durch Stecklinge. Gewöhnlich werden die gewünschten Sorten auf eine gutwüchsige Unterlage gepfropft (= „veredelt“). – Wildpflanzen und verwilderte Pflanzen vermehren sich reichlich durch Wurzelsprosse.
Verwendung: Wichtigster Obstlieferant im gemäßigten Klima. Der Anbau erfolgte schon im Altertum. Das Paradies der Kelten hieß Avalon = Apfelland. Die Welternte lag 2012 bei 76 Mio. t und 2018 bei 86 Mio. t. Weltweit gibt es etwa 10.000 Apfelsorten, davon etwa 1500 in Deutschland (früher waren es noch mehr). Im Handel sind aber nur relativ wenige Sorten. Daher ist sehr zu begrüßen, dass es bei uns Aktivitäten zur Erhaltung alter Obstsorten gibt. Der gesundheitliche Wert ist bekanntlich sehr hoch, vgl. den englischen Vers: „An apple a day keeps the doc away“ (wer täglich einen Apfel isst, braucht keinen Arzt). Apfelsaft kann durch seinen Gehalt an Polyphenolen auch der Bindung der (u. a. krebsfördernden) „Radikale“ dienen. Naturtrüber Apfelsaft hat einen höheren Gesundheitswert als klarer. Im Magen entstehen aus Apfelsaft geringe Mengen Alkohol, sehr ungünstig für Menschen die einen Alkohol-Entzug durchmachen. Die Früchte sind reich an gelierenden Pektinen. Das bekannte Geliermittel „Opekta“ wird aus Pressrückständen der Apfelsaftherstellung gewonnen. Das typische Apfelaroma setzt sich aus zahlreichen Estern, Aldehyden und Alkoholen zusammen, deren Zusammensetzung je nach Sorte, Reifung und Lagerung stark schwankt. Übrigens sind auch die Blüten mit ihrem angenehm fruchtigen Geschmack als essbare Dekoration geeignet. – Der Apfel war Sinnbild unumschränkter Herrschaft („Reichsapfel“). Wegen der zahlreichen

Samen, die er in einem besonderen Gehäuse umschließt, galt er als Abbild und Zeichen weiblicher Fruchtbarkeit und der Liebe. Im Gegensatz zu einer verbreiteten Ansicht ist im Paradiesbericht der Bibel nur allgemein von einer Frucht, nicht aber speziell von einem Apfel die Rede. – Kulturäpfel sind auch als Zierbäume sehr dekorativ. Das Holz ist von geringer wirtschaftlicher Bedeutung, hat aber eine hohe Brennkraft. – Der Verzehr von Äpfeln kann in Verbindung mit Pollenallergie zu Kreuzallergien führen. Daher müssen in Deutschland seit Ende 2005 auch kleinste Mengen der Pflanze als Bestandteil von Lebensmitteln deklariert werden. Nach eigenen Beobachtungen können Allergiker heimische Apfelsorten gut vertragen, jedoch nicht einige Neuzüchtungen, z. B. solche aus australischen Importen. – Die Borke wird in Schweden zum Gelbfärben benutzt.

Weitere Art:
Malus sylvestris (L.) MILL., Wilder Apfel, Holz-Apfel: Von voriger Art durch die kleineren, herben Früchte, das Vorkommen von Sprossdornen und die unterseits kahlen Blätter und Blütenbecher unterschieden. Lichte Wälder und sonnige Abhänge. Holzäpfel wurden schon in den Pfahlbaukulturen genutzt.

Malva neglecta WALLROTH,
Weg-Malve, Gänse-Malve, Kleine Käsepappel
Malvaceae (= Malvengewächse)

Einjährige bis ausdauernde, niederliegende Halbrosettenpflanze, 10–40 cm hoch.

Systematik: Die Gattung *Malva* umfasst etwa 15 Arten in Europa, Nordafrika und Asien. Sie gehört in die Unterfamilie Malvoideae, zu der z. B. auch Stockrose (*Alcea*), Eibisch (*Althaea*) und *Hibiscus* (s. u.) sowie an exotischen Pflanzen z. B. Baumwolle (*Gossypium*) zählen.

Namen: „*Malva*“ (malache) ist der lat.-griech. Name der Pflanze und der daraus hergestellten Husten- und Abführmittel. Er stammt aus einer Mittelmeersprache. Lat. „*neglectus*“ = unbeachtet, weil LINNÉ diese Art übersehen hatte. – Malve ist Lehnwort (16. Jh.). „Käsepappel“ wegen der tortenstückartig aufgeteilten, käseähnlichen Früchte und weil aus diesen wegen des Schleimgehaltes ‚Papp‘ = Kinderbrei (vgl. auch *Papaver*) bereitet wurde.

Vorkommen: Frische, meist sehr nährstoffreiche Ruderalstellen, vor allem an Wegen und in Dörfern und deren Nähe sowie auch an Jaucherinnen (Ammoniakpflanze). Stickstoffzeiger. Wärmeliebend. Gebirge nur bis 900 m. Kulturfolger: Archäophyt.

Blüten: VI–IX. Vormännliche „Nektar führende Scheibenblumen“ mit Strichsaftmalen. Nektar verdeckt, im Gegensatz zu den meisten übrigen Blütenpflanzen wird er von der Oberseite der Kelchblätter abgeschieden. Da die Kronblätter an der Basis sehr schmal sind (genagelt), ist der Nektar für die Bestäuber zugänglich. Der Außenkelch wird aus Vorblättern gebildet. Staubblätter zahlreich. Staubbeutel mit je nur 1 Fach (Theka). Die Staubfäden sind im unteren Teil zu einer den Griffel umgebenden hohlen Säule (Columna) verwachsen. Die Pollenkörner sind groß und stachelig und daher als Mikroskopierobjekt interessant. Blütenbesuch erfolgt nur spärlich durch Bienen und Fliegen. Spontane Selbstbestäubung ist möglich.

Früchte (siehe Detailfoto): Scheibenförmige Spaltfrüchte, bei der Reife entlang der Scheidewände (= wandspaltig, septizid) in zahlreiche 1-samige Teilfrüchte (= Nüsse) zerfallend, bei feuchtem Wetter schleimig-klebrig: Klebausbreitung. Regenschwemmlinge durch den bei Nässe geöffneten Kelch. Außerdem Zufallsausbreitung durch Huftiere. Fruchtreife: ab VII.

Die Teilfrüchte der Malven sind wie bei einem tortenstückartig aufgeteilten Käse angeordnet.

Verwendung: Die unreifen, in der Form an Käseecken erinnernden, kohlartig schmeckenden Teilfrüchte der Malven-Arten wurden von Kindern gern roh gegessen. Junge Blätter und Sprosse dieser und der folgenden Arten sind als Salat und Gemüse geeignet und werden so schon seit der Antike genutzt. Auch die Blüten der Malven sind von angenehmem Geschmack und eignen sich zur Dekoration von Salaten. Von alters her wurden Malven auch für Brei und Breiumschläge bei Verletzungen und Entzündungen sowie als Tee als hochgeschätztes Hustenmittel verwendet. Zum „Malventee" siehe *M. sylvestris*. – Alle Malvenarten sind für Wildpflanzengärten zu empfehlen.

Weitere Arten/Verwandte (vgl. auch *Alcea rosea* = Stockrose, Garten-Malve):

Malva sylvestris L., Wilde Malve, Große Käsepappel: Ausdauernde, seltener zweijährige Halbrosettenpflanze, meist aufrecht. Ökologisch ähnlich voriger Art. Der Name *„sylvestris"* bedeutet wild (im Vergleich zur ähnlichen, kultivierten Stockrose (*Alcea rosea*)). Insektenbesuch reichlich, z. B. durch Honigbienen und Schmetterlinge. Die Blüten dienen auch als Schlafplatz für Wildbienen. Ohne Selbstbestäubung. Blätter und Blüten werden wegen des hohen Schleimstoffgehaltes (ca. 8 %) arzneilich als Hustenmittel angewandt sowie in der Volksmedizin auch äußerlich bei Entzündungen. Malvenblüten sind (ähnlich wie die der Stockrose) außerdem als hustenlindernde und farbgebende Komponente (Schmuckdroge) für Teemischungen beliebt („roter Früchtetee") und können auch zum Färben von Lebensmitteln verwendet werden. Sie stammen von der subsp. *sylvestris* oder von der südeuropäischen subsp. *mauritiana* mit dunkelpurpurnen Blüten. Letztere findet man häufig in sog. Blühstreifen an Straßenrändern usw. Hinweis: Als „Malventee" wird meist der von *Hibiscus sabdariffa* stammende „Hibiskustee" bezeichnet (s. u.). – Die Wilde Malve ist eine ehemalige Gemüsepflanze. Sie wird heute in zahlreichen Sorten als Zierpflanze angebaut.

Malva alcea L., Rosen-Malve, Siegmarswurz: Ähnlich der Wilden Malve. Blätter fiederteilig. An sonnigen, meist kalkhaltigen Standorten. Archäophyt. Blüten duftlos. Ausbreitung der zarten Teilfrüchte als Flügelflieger und bei feuchtem Wetter als Anhafter an Wirbeltieren. Wird auch als Gartenzierpflanze sowie als Arzneipflanze angebaut. Name *„alcea"* wegen der Ähnlichkeit mit der verwandten Stockrose (*Alcea rosea*, siehe dort). *M. alcea* ist tetraploid und aus der Kreuzung *Malva moschata* × *Lavatera thuringiaca* hervorgegangen.

Malva moschata L., Moschus-Malve: Biologie ähnlich der vorigen Art, aber u. a. durch dicht behaarte Früchte und feinzerteilte Stängelblätter unterschieden und wesentlich häufiger eingebürgert. Archäophyt; im Norden Deutschlands Neophyt. Wärmeliebend. Vor allem an sonnigen Straßen- und Wegsäumen. Blüten duftend. Zierpflanze mit langer Blütendauer (VI–X) und empfehlenswerte Wildgartenpflanze. Die welken Blätter können nach Moschus duften.

Hibiscus syriacus L., Strauch-Hibiskus, Garteneibisch, Echter oder Freiland-Roseneibisch: Beliebter Zierstrauch, 1–4 m hoch. Heimat: Ostasien. In weiten Teilen Asiens und in Südeuropa ist der Strauch eingebürgert. Er ist die Nationalblume von Südkorea. Nach Europa kam die Pflanze im 16. Jh. über Vorderasien (daher der Name!) und ist seither in zahlreichen Sorten und Blütenfarben in Kultur, auch solchen mit gefüllten Blüten. Sommergrün, in milden Lagen meist winterhart. Sommerblüher: VII–X. Wegen der reichen Produktion von Pollen und Nektar werden die Blüten eifrig von Hummeln und Honigbienen besucht. Die Blüten leben nur 1 Tag, werden aber ständig durch neue ersetzt. Die Pollenkörner gehören mit einem Durchmesser von ca. 0,15 mm, neben denen von Nachtkerze (*Oenothera*) und Kürbis (*Cucurbita*), zu den größten überhaupt. Windausbreitung: Fachspaltige

Kapseln entlassen als Segelflieger ausgebildete, stark gewundene Samen mit einer mähnenartigen Haarreihe. Dazu Adhäsionsausbreitung und Menschenausbreitung (Kulturrelikt). Wintersteher. Die Samen gehören, ähnlich wie die der Linden (*Tilia*), zur bevorzugten Nahrung der Feuerwanzen. Die Blüten sind schmackhaft und als essbare Dekoration sehr geeignet. Auch die Blätter sind roh oder gegart essbar.

Hibiscus sabdariffa L., Rosella, Jamaica Sorrel: Die zur Samenreife roten, fleischigen Kelchblätter dieser Art (var. *sabdariffa*) liefern getrocknet den bekannten, intensiv rot gefärbten Hibiskusblütentee. Besonders verbreitet und beliebt ist der Tee in Nordafrika, wo er Karkady/Karkadeh genannt wird. Die Blätter werden in einigen asiatischen Ländern als Gemüse genutzt. Heimat der Pflanze ist vermutlich Angola, in den Tropen ist sie eingebürgert.

Matricaria recutita Linnaeus (= *Chamomilla recutita* (L.) Rauschert, *Matricaria chamomilla* L.), Echte Kamille

Asteraceae (= Korbblütler)

Einjährig, sommerannuell, oder winterannuelle Halbrosettenpflanze, 15–40 cm hoch. Blätter mehrfach fein fiederig zerteilt. – Bis 70 cm tief wurzelnd.

Systematik: Die Nomenklatur der Kamille und ihrer Verwandten ist problematisch, zum einen weil Linné versehentlich dem Namen *M. chamomilla* die Beschreibung der Geruchlosen Kamille beigefügt hat, zum anderen weil über den Umfang der Gattung Uneinigkeit besteht. Gliedert man die Geruchlose Kamille als eigene Gattung ab, müsste diese nach Auffassung einiger Autoren *Matricaria* (statt *Tripleurospermum*) und die Echte Kamille wiederum *Chamomilla* heißen. Ob *M. recutita* L. 1753 oder *M. chamomilla* L. 1755 richtiger ist, bleibt Interpretationssache. – Nahe stehen u. a. Hundskamille (*Anthemis*, siehe dort) und Margerite (*Leucanthemum*).

Namen: „*Matricaria*" ist ein vorlinnéscher Name, zu lat. matrix = Gebärmutter, wegen der ehemaligen Verwendung bei Frauenleiden. Lat. „*recutitus*" = abgeschnitten, stumpf, wohl wegen der Form des Blütenkörbchens. Der (ehemalige) Artbeiname „*chamomilla*" (als Nebenform von chamaemelon; vgl. *Chamaemelum* bei *Anthemis*) ist der lat. Name der Kamillen, zu griech. chamai = niedrig und melon = Apfel, wegen des apfelartigen Geruches. – „Kamille" ist über franz. camomille davon entlehnt.

Vorkommen: Äcker, vor allem Getreidefelder und Ruderalstellen, auf frischen, nährstoffreichen, meist kalkarmen Böden. Lehmzeiger. Etwas wärmeliebend (deutsche Alpen bis 1050 m). Alteinwanderer (= Archäophyt): Kulturbegleiter seit der jüngeren Steinzeit. Heimat: Mittelmeergebiet. Eingebürgert in Amerika und Australien.

Blüten: V–VII. „Körbchenblumentyp". Kontrast zwischen weißen, weiblichen Strahlblüten (Zungenblüten) und gelben, zwittrigen Röhrenblüten. Korbboden hohl (bei der Geruchlosen Kamille markig) und ohne Spreublätter (bei der ähnlichen

Acker-Hundskamille *Anthemis arvensis* mit Spreublättern). Es wird Nektar und Pollen angeboten. Besucher sind verschiedene Insekten.

Früchte: Achänen nur 1 mm lang und 0,1–0,2 mg schwer, mit bleibender, trockener Blütenkrone als Flugapparat und Klettorgan: Windausbreitung und Anhafter. Dazu Menschenausbreitung über Saatgut, Mutterbodentransport usw. sowie Zufallsausbreitung durch Huftiere. Die Früchte innerhalb eines Körbchens sind unterschiedlich gestaltet (= Heterokarpie). Fruchtreife: VI–IX. Die Samen scheinen im Boden mindestens 100 Jahre überdauern zu können.

Verwendung: Der aus den Blütenkörbchen bereitete Kamillentee ist ein allbekanntes und bewährtes Heilmittel bei innerer und äußerer Anwendung. Durch das Zusammenspiel mehrerer Komponenten der ätherischen Öle wirkt er entzündungshemmend und krampflösend. Kamille enthält bis zu 1% des besonders wirksamen Chamazulens. Der Jahresverbrauch ist in den letzten Jahren stark angestiegen. Heute stammt die Droge fast ausschließlich aus Kultur. Früher war sie eine typische Pflanze der Bauerngärten. Kamille wird vor allem bei Magenverstimmungen und Entzündungen der oberen Atemwege angewandt. Die weite Verbreitung ist auch der Tatsache zu verdanken, dass Kamille nur sehr selten Allergien auslöst. Altes Mittel bei Frauenkrankheiten. Für Wildpflanzengärten zu empfehlen (wegen der Verwendung). Trotz aller Vorzüge wird die Pflanze aber zu Unrecht als „Allheilmittel" gepriesen. – Hinweis: Ähnliche Anwendung findet die Römische oder Edel-Kamille (*Chamaemelum nobile = Anthemis nobilis*), die oben bei *Anthemis* besprochen ist. – Junge Blätter und junge Blütenkörbchen dieser und der folgenden Art sind, fein gehackt, als Wildgewürz geeignet, die reifen Blütenkörbchen auch als essbare Dekoration.

Weitere Arten/Verwandte (vgl. auch *Anthemis* = Hundskamille):

Matricaria discoidea DC. (= *Chamomilla suaveolens* (PURSH) RYDB.), Strahlenlose Kamille: Strahlblüten (= Zungenblüten) fehlen, Scheibenblüten (= Röhrenblüten) zwittrig. Typische Trittpflanze und entsprechend mit Klebausbreitung. Erstmals 1852 als Gartenflüchter aus dem Berliner Botanischen Garten in Schöneberg beobachtet, danach sehr schnelle Ausbreitung, namentlich entlang der Schienenwege (Neophyt bzw. Industriophyt). Heimat: Nordostasien, pazifisches Nordamerika. Hat ebenfalls Kamillengeruch, ist aber kein Ersatz für die Echte Kamille. Die im östlichen Nordamerika eingeschleppte Form riecht nach Äpfeln.

Tripleurospermum perforatum (MÉRAT) LAINZ (= *T. inodorum* (K. KOCH) SCH. BIP., *Matricaria perforata* MÉRAT), Geruchlose Strandkamille (oder Kamille): Im Aussehen und in der Ökologie sehr ähnlich wie *Matricaria recutita*, aber nicht duftend. Korbboden markig. Archäophyt, gebietsweise in Ausbreitung, z. B. an Straßensäumen und auf überdüngten Äckern. Blüht bis in den Spätherbst (VI–X). Wird zuweilen als Zierpflanze kultiviert, z. B. in Sorten mit gefüllten Blütenkörbchen. – An der Küste wächst die ähnliche und durch Übergangsformen verbundene, salztolerante Kleinart *T. maritimum* (L.) W. D. J. KOCH (= Echte Strandkamille). Sie hat etwas fleischige Blätter, ist ausdauernd oder zweijährig und hat niederliegende bis aufsteigende Sprosse.

Matteuccia struthiopteris (L.) TODARO (= *Struthiopteris germanica* WILLD.), Europäischer Straußenfarn oder Straußfarn

Onocleaceae (= Perlfarngewächse)

Ausdauernde sommergrüne Rosettenpflanze mit Rhizom (und deshalb in Reihe wachsend), 50–150(–200) cm hoch. Blätter (Wedel) hellgrün, in der Art der Fiederung an den Gewöhnlichen Wurmfarn (*Dryopteris filix-mas*) erinnernd, aber anders als dieser auffällig trichterförmig angeordnet. Verschiedenblättrig (heterophyll): Die äußeren Blätter dienen der Photosynthese (Trophophylle), die inneren, erst später im Jahr gebildeten Blätter der Fortpflanzung (Sporophylle).

mit dem Königsfarn (*Osmunda*) und weil die fertilen Wedel an Straußenfedern erinnern, nach griech. strouthion = Strauß und pteris = Feder. Man beachte, dass „*Struthiopteris*" auch ein alternativer Name für den nicht verwandten Rippenfarn (*Blechnum*) ist! – „Straußenfarn" ist Lehnübersetzung.

Vorkommen: Auwälder, Gebirgsbachränder und Quellmulden der Gebirge, auf sickernassen, nährstoff- und basenreichen Tonböden. Auch aus Kultur verwildert (synanthrop). **Geschützt**! Im Rückgang (Vorwarnliste), aber nicht mehr als gefährdet eingestuft.

Systematik: Zur Gattung gehört nur diese eine Art. Sie wurde früher oft als Teil der Woodsiaceae (= Wimperfarngewächse) betrachtet, wird aber neuerdings in die mit nur 5 Arten sehr kleine Familie der Onocleaceae gestellt.

Namen: „*Matteuccia*" wurde 1866 von TODARO geprägt, zu Ehren des ital. Naturforschers C. MATTEUCCI (1811–1868). Da im Italienischen e und u getrennt ausgesprochen werden, ergibt sich die für uns ungewohnte Betonung auf dem u, also *Matteuccia*. Bei LINNÉ hieß die Pflanze *Osmunda struthiopteris*, wegen einer gewissen Ähnlichkeit

Fortpflanzung: Sporenreife VII–VIII. Sporophylle zuerst grün, später braun. Sporen grün. Windausbreitung: Körnchenflieger und Wasserschwemmlinge (Flusstalpflanze!). – Lebhafte vegetative Vermehrung durch über 0,5 m lange unterirdische Ausläufer/Rhizome.

Verwendung: Beliebte Zierpflanze, auch für Wildpflanzengärten sehr zu empfehlen, braucht aber einen ausreichend feuchten Boden. Neigt leider dazu, sich übermäßig auszubreiten. In Japan und Kanada werden junge, noch eingerollte Blätter als Gemüse gegessen.

Matthiola incana: siehe bei *Erysimum*

Medicago sativa LINNAEUS, Saat-Luzerne, Blauklee, Alfalfa

Fabaceae (= Schmetterlingsblütler)

Ausdauernder Hemikryptophyt (Schaftpflanze), zuweilen Chamaephyt (Halbstrauch), 30–80 cm hoch. Durch Blattgelenke sind nächtliche Schlafbewegungen möglich, wobei sich die Fiedern zum Schutz vor nächtlichem Wärmeverlust nach oben zusammenlegen. – Ausgeprägter Tiefwurzler (bis 5 m Tiefe): Trockenheitsanpassung. Wurzelknöllchen mit Stickstoff bindenden Bakterien (vgl. *Lupinus*), hier hochspezifisch mit *Rhizobium meliloti*. Die Ausbeute mit bis zu 300 kg fixiertem Stickstoff pro Hektar ist hier besonders hoch.

Systematik: Die Gattung umfasst etwa 50–75, meist niederwüchsige und fast nur krautige Arten mit Hauptverbreitung im Mittelmeergebiet. *M. sativa* kommt bei uns in Reinform kaum vor und wird durch *M. × varia* vertreten (s.u.). – Verwandt sind

Steinklee (*Melilotus*), Hauhechel (*Ononis*) und Klee (*Trifolium*).

Giftigkeit: Die Blätter enthalten Saponine (Medicagensäure). Beim Fressen zu großer Mengen können beim Vieh Vergiftungen auftreten. Stark giftig für Insekten und Fische.

Namen: „*Medicago*" geht auf den durch die gerne für Pflanzen verwendete Endung ‚-ago' erweiterten lat.-griech Namen der Pflanze (medica, medike) zurück, nach der Herkunft aus Medien/Persien, da die Pflanze während der Perserkriege (um 470 v. Chr.) von dort nach Griechenland gelangte. Lat. „*sativus*" = angebaut. – „Luzerne" ist von franz./provenzal. ‚luzerne" entlehnt (18. Jh.) und bedeutet leuchtend, wegen der auffällig glänzenden Samenkörner. „Blauklee" nach der Blütenfarbe. „Alfalfa" ist der arab. Name der Pflanze.

Vorkommen: Als Futterpflanze angebaut, vor allem in den Kalkgebieten. Heimat: Westasien. Häufig verwildert und fest eingebürgert in sonnigen Magerrasen, an Wegen und Böschungen, auf warmen, basenreichen Böden. Ebene bis mittlere Gebirgslagen, nur im Jura bis ca. 1000 m. Verträgt mehrfachen Schnitt.

Blüten: VI–IX. Vormännliche „Nektar führende Fahnenblumen (= Schiffchenblumen) mit Schnellmechanismus", in köpfchenförmigen Trauben. Die Spannung zwischen Schiffchen und Geschlechtssäule wird durch ein Schwellgewebe an der Unterseite der Staubfadenröhre hervorgerufen. Der Schnellvorgang lässt sich durch Drücken einer Bleistiftspitze auf das Schiffchen gut demonstrieren. Der Pollen wird bereits vor Öffnung der Blüte entleert und den Besuchern beim Aufsitzen an den Bauch geschleudert. Besucher sind Bienen (etwa 30 verschiedene Arten), aber auch zahlreiche Tag- und Nachtfalter. Beim Schnellvorgang bekommen die Bestäuber einen Schlag, was viele Bienenarten nicht stört. Aber die lernfähigen Honigbienen umgehen bei weiteren Versuchen die unangenehme Erfahrung, indem sie den Nektar mit dem Rüssel von der Seite her erreichen. Dadurch wiederum bleibt die Bestäubung und Saatgutbildung aus. Daher werden neuerdings Völker der Blattschneiderbienen-Art *Megachile rotundata* ausgebracht, um Samenansatz zu erhalten.

Die Blüten sind selbststeril, da Pollen und Narbe durch ein Häutchen getrennt sind, das durch den Schnellmechanismus zerrissen wird.

Früchte (siehe Detailfoto): Mehrsamige, spiralige, sich nur wenig öffnende Hülsen mit 2–3 Windungen von 5–6 mm Durchmesser. Windausbreitung als Bodenläufer (Rollfrüchte), meist Zufallsausbreitung durch Huftiere usw. Fruchtreife: ab VIII.

Die Früchte sind mehrfach gewunden.

Vegetative Vermehrung durch Verzweigung des Rhizoms.

Verwendung: Als Futterpflanze seit der Antike angebaut und nach wie vor eine der am meisten verbreiteten Futterpflanzen der Welt, als Vor- und Dauerfrucht. Sie wird auch zur Bodenverbesserung und Böschungsbefestigung angepflanzt. Heute wird überwiegend der Bastard *M. × varia* (s.u.) angebaut. Die Samen werden ähnlich wie die von Kresse, Mungbohne und Weizen zum Ankeimen im Rahmen einer gesunden Rohkost angeboten.

Weitere Arten/Bastarde:
Medicago falcata L., Sichelklee, Gelbe Luzerne: Sehr ähnlich wie *M. sativa*. Wildpflanze der Magerrasen und sonnigen Gebüschsäume. Blütentrauben gelb, kugelig. Früchte sichelförmig. Im Gegensatz zu den meisten *Medicago*-Arten verbleiben sie an der Pflanze und entlassen ihre Samen.
Medicago × varia MARTYN, Verschiedenfarbige oder Bastard-Luzerne: Hybride zwischen den beiden vorigen Arten. Viel häufiger angebaut als *M. sativa* und auch oft verwildert (etablierter Neophyt). Blütenfarbe von violett über grün nach gelb variierend, aber nicht rein violettblau. Hülsen mit nur 0,5–1,5(–2) Windungen.
Medicago lupulina L., Hopfenklee, Gelbklee, Gelber oder Hopfen-Schneckenklee: Einjährige Sommerpflanze bis ausdauernder Hemikryptophyt. Häufige Wiesen- und Ruderalpflanze, auf warmen, basenreichen Lehmböden. Archäophyt. Blüten gelb, nur 2 mm lang. Im Habitus an *Trifolium dubium* erinnernd, aber von diesem durch die hinfällige Krone, die eigenartigen, stark gekrümmten Früchte (1-samige Nüsse) und die fehlende Bewurzelung der niederliegenden Triebe unterschieden: Zufallsausbreitung und Regenschwemmlinge. Wurde vor allem früher als Futterpflanze auch angebaut. Name „Hopfenklee“ wegen der hopfenähnlichen Blütenstände, „Schneckenklee“ wegen der schneckenartig geformten Früchte.
Medicago minima (L.) L., Zwerg-Schneckenklee: Einjährige Pflanze sonniger Magerrasen und Ruderalstellen, auf warmen, trockenen, meist kalkhaltigen Böden. Im Nordwesten fehlend. Im Rückgang (Vorwarnliste). Dicht zottige Behaarung als Lichtschutz. Blütezeit: V–VI. Hülsen flach, schneckenförmig gewunden (Name!) und 2-reihig stachelig, dadurch wirkungsvolle Ausbreitung als Kletthafter. – Hafteinrichtungen besitzen auch viele *Medicago*-Arten des Mittelmeergebietes, die oft ausgesprochen hübsche Früchte haben.

Melampyrum pratense LINNAEUS, Wiesen- oder Gewöhnlicher Wachtelweizen

Orobanchaceae (Sommerwurzgewächse)

Einjähriger Halbschmarotzer (Hemiparasit), der mit knotigen Saugorganen (Haustorien) auf den Wurzeln anderer Pflanzen, z. B. Fichten, Eichen, Heidekraut, Gräsern usw., parasitiert. 10–50 cm hoch. Um an Wasser und gelöste Nährsalze gegen die Saugkräfte des Wirtes gelangen zu können, hat die Pflanze eine besonders hohe Transpirationsrate, die noch durch wasserabscheidende Blattdrüsen verstärkt wird, und welkt daher nach dem Abpflücken sehr schnell. Beim Herbarisieren werden die Pflanzen aufgrund von Oxidationsprozessen schnell fast schwarz. Keimblätter als Assimilationsorgane lange erhalten bleibend. Hochblätter mit extrafloralen Nektarien. – Sehr variabel und mit Saisondimorphismus (vgl. *Euphrasia*). Selten mit Pilzwurzel vom Typ der arbuskulären Mykorrhiza.

Giftigkeit: Schwach giftig in allen Teilen, vor allem den Samen, durch Aucubin (so bei allen Arten). Die schwarz-blaue Färbung des Brotgetreides (s. u.) geht auf das Aucubin zurück. Vergiftungen wurden auch bei Pflanzenfressern beobachtet. Die Samen können z. B. für Mäuse tödlich sein.
Systematik: Früher als Teil der Scrophulariaceae (= Rachenblütler) aufgefasst, wird die Gattung heute in die weit gefasste Familie Orobanchaceae gestellt. Sie umfasst ca. 20 Arten. Verwandt sind u. a. Klappertopf (*Rhinanthus*, siehe dort) und Augentrost (*Euphrasia*).
Namen: „*Melampyrum*“ (melampyron) ist der griech. Name eines Getreideunkrauts (evtl. *Neslia paniculata* = Finkensame) bei THEOPHRAST, zu melas = schwarz, unheilvoll und pyros = Weizen, vielleicht wegen der schädigenden Wirkung auf die Getreideernte bei Massenvorkommen. Der Name wurde in vorlinnéscher Zeit auf den Acker-Wachtelweizen bezogen, wegen der weizenähnlichen, das Brot schwarz(blau) färbenden Samen, und von LINNÉ so übernommen. Lat. „*pratensis*“ = auf Wiesen, was aber in Mitteleuropa kaum zutrifft. – Warum die Pflanze „Wachtelweizen“ bzw. früher „Kuhweizen“ heißt, ist ungeklärt.

Vorkommen: Lichte Wälder, Säume, Heiden und Hochmoore, auf nährstoffarmen, sauren, humosen Böden. Kalkmeidend. Ebene bis Gebirge, in den deutschen Alpen bis 1965 m. Stellenweise im Rückgang, so vor allem im Flachland.

Blüten: VI–VIII. „Maskenblumen" (Übergang zu „Rachenblumen"), in lichtwendigen, ährenförmigen Trauben. Pollen glatt, trocken, er wird bei Berührung der Staubblattanhängsel ausgestreut. Wegen der bis 15 mm langen Röhre kommen nur Hummeln als Bestäuber infrage. Kurzrüsselige Bienen verüben „Einbruch". Dazu spontane Selbstbestäubung durch Krümmung der Griffel zu den Staubbeuteln. Die Unterlippe stellt eine übergroße Staubbeutelattrappe dar, wobei die dort befindlichen Haare in etwa die Größe von Pollenkörnern haben.

Früchte: Fachspaltige, 2-fächerige Kapseln mit wenigen Samen. Windstreuer und Tierstreuer durch 2 abstehende Kelchzähne. Dazu Ameisenausbreitung durch Waldameisen aufgrund eines Ölkörpers (Elaiosom). Die Reifezeit der Samen ist hierfür zwar recht spät, da die Tiere dann für ihre Brut auch andere Nahrungsangebote haben, die Pflanzen locken die Ameisen aber bis zur Fruchtreife auch durch extraflorale Nektarien an den Hochblättern an. Außerdem sind die ca. 4 mm langen Samen Ameisenpuppen täuschend ähnlich (Mimikry) und werden von den Ameisen auch als solche behandelt. Die Tiere holen sie aus den offenen Früchten und schleppen sie in ihre Nester, wo sie schließlich keimen. Fruchtreife: VII–IX. Kältekeimer. Samen kurzlebig.

Weitere Arten:

Melampyrum sylvaticum L., Wald-Wachtelweizen: Ähnlich wie vorige Art, aber Krone nur 6–9 mm lang, dunkelgelb, mit offenem Schlund = „Rachenblume". Blüten homogam. Vor allem in höheren Lagen in Fichten- und Fichten-Tannenwäldern. Halbschmarotzer auf Fichte und Heidelbeere.

Melampyrum arvense L., Acker-Wachtelweizen: Halbschmarotzer auf Getreide und anderen Pflanzen. Äcker und Halbtrockenrasen. Stark im Rückgang und inzwischen (Stand 2018) als gefährdet eingestuft. Gelegentlich Bestandteil von Ackerwildkraut-Aussaaten. Blüten in allseitswendigen Ähren, im oberen Bereich mit purpurrot gefärbten Hochblättern als Farbkontrast. Typische „Maskenblumen". Die extrafloralen Nektarien der Hochblätter sind hier besonders zahlreich und schwarzglänzend und fallen dadurch auf. Früher konnte es durch Verunreinigung mit Wachtelweizensamen zu Mehlvergiftungen und zur Schwarzfärbung des Brotes kommen.

Melampyrum nemorosum L., Hain-Wachtelweizen: Obere Hochblätter blauviolett. Lichte Laubmischwälder und Trockengebüsche. Vor allem im Osten. Im Rückgang (Vorwarnliste).

Melica nutans LINNAEUS, Nickendes Perlgras

Poaceae (= Süßgräser)

Rhizom-Geophyt oder Hemikryptophyt, 30–60 cm hoch, mit hellgrünen Blättern und bis 50 cm tief wurzelnd.

Namen: „*Melica*“ (lat. milium) ist der mittelalterliche Name der Hirse (*Panicum miliaceum*), der von LINNÉ auf die vorliegende Gattung übertragen wurde. Lat. „*nutans*“ = nickend, wegen der herabhängenden Ährchen. – „Perlgras“ nach der Form der Ährchen dieser und der folgenden Art.

Vorkommen: Krautreiche Wälder, Gebüsche und Schläge. Kalkhold. Im Gegensatz zu *M. uniflora* in den deutschen Alpen noch bis 1885 m.

Blüten: V–VI. Ährchen nickend, mit 2(–3) fruchtbaren und darüber 3–4 sterilen Blüten, in einseitswendigen, traubenförmigen Rispen. Windblütig: „Langstaubfädiger Typ“.

Früchte: Ausbreitungseinheit sind die von den glänzenden Spelzen locker umhüllten, länglichen Karyopsen (Spelzfrüchte). Bei der Reife fallen zuerst die oberen Karyopsen heraus; später wird dann die unterste Karyopse mitsamt den Hüllspelzen des Ährchens verweht: Ballonflieger. Dazu kommt die bei Gräsern sonst seltene Ausbreitung durch Ameisen aufgrund von Ölkörpern (Elaiosomen), die in diesem Fall allerdings kein Fett enthalten; sie sind aus einer sterilen Blüte entstanden. Fruchtreife: VI–VII, bei der untersten Blüte bis X. Lichtkeimer.

Vegetative Vermehrung durch die bis zu mehrere Dezimeter langen Ausläufer.

Verwendung: Sehr dekoratives Gras, auch für Wildpflanzengärten zu empfehlen, aber nur im Schatten konkurrenzfähig. Früher wurden die Früchte und die jungen Blätter der Perlgras-Arten für Speisezwecke genutzt.

Weitere Arten:

Melica uniflora RETZ., Einblütiges Perlgras: Bodendeckendes Gras, bis 40(–50) cm hoch und bis 50 cm tief wurzelnd. Frische, reiche Laubwälder, oft in ausgedehnten Rasen, vor allem in Buchenwäldern der Tieflagen (im Schwarzwald bis 950 m). Lehmzeiger. Schattenpflanze. Kennart des Melico-Fagetum (= Perlgras-Buchenwald). Ährchen gewöhnlich mit nur einer (Name!) fertilen Blüte, aufrecht in lockerer Rispe. Ebenfalls Ameisenausbreitung. Vegetative Vermehrung erfolgt reichlich durch unterirdische Ausläufer. – Ein hübsches Gras für Wildpflanzengärten.

Melica ciliata L., Wimper-Perlgras: Blaugrüne Horstpflanze mit Rollblättern, 20–70 cm hoch. Wärmeliebende, kalkholde, submediterrane Trockenrasenpflanze felsiger, steiniger Standorte. Im Rückgang (Vorwarnliste). Ährchen in aufgelockerten, walzlichen, zuletzt einseitswendigen Ährenrispen. Bei der Reife lösen sich die Ährchen als Ganzes. Mithilfe der auffälligen, langhaarigen Deckspelzen werden sie als Schirmchenflieger in Anpassung an den sonnig-offenen Standort (mit starken Aufwinden!) ausgebreitet. Attraktive Zierpflanze für Steingärten (noch schöner ist z. B. die mediterrane subsp. *magnolii*).

Melilotus officinalis (L.) Lamarck,
Echter oder Gelber Steinklee oder Honigklee
Fabaceae (= Schmetterlingsblütler)

Zweijähriger bis ausdauernder Hemikryptophyt: Schaftpflanze, bis über 1 m hoch. Blätter 3-zählig gefiedert. Fiedern verkehrt eiförmig, sich mithilfe von Blattgelenken nachts zusammenlegend (Nyktinastie). Zerrieben mit Cumaringeruch. – Tiefwurzler bis 90 cm. Durch das ausgedehnte Wurzelwerk vermögen die *Melilotus*-Arten zur Befestigung von Kies- und Schutthängen beizutragen. Wurzelknöllchen mit Stickstoff bindenden Bakterien (vgl. dazu auch bei *Lupinus*).

Systematik: Die Gattung umfasst etwa 20 in Eurasien verbreitete Arten. Sie gehört gemeinsam mit Klee (*Trifolium*), Luzerne (*Medicago*) und Hauhechel (*Ononis*) in die Gattungsgruppe (Tribus) Trifolieae. – Hinweis: *M. officinalis* kann mit *M. altissimus* verwechselt werden (s. u.).
Giftigkeit: Schwach giftig in allen Pflanzenteilen, z. B. auch den Blüten, durch Cumarin (dem Aroma des Waldmeisters), das bei Überdosierung eine leicht narkotisierende Wirkung ausübt. Der Geruch ist je nach Sonneneinstrahlung unterschiedlich intensiv und bei getrockneten Pflanzen besonders deutlich. Bei unsachgemäßer Lagerung des Heus kann es beim Vieh durch die sekundäre Bildung von Dicumarol, das das Blut zum Gerinnen bringt, zum Verbluten kommen.
Namen: „*Melilotus*" ist der lat.-griech. Name der Pflanze, zu griech. meli = Honig und lotos = Klee, wegen des Honigduftes der Blüten und der Ähnlichkeit mit Klee. Neulat. „*officinalis*" = arzneilich. – „Echt" bezieht sich auf die Verwendung als Heilpflanze.
Vorkommen: Sonnige Ruderalstellen, an Bahndämmen usw., auf sommerwarmen, nährstoffreichen Böden. Rohbodenpionier. Kulturbegleiter. Kennart des Echio-Melilotetum (= Natternkopfflur); so auch *M. albus*.
Blüten: VI–IX. „Nektar führende Fahnenblumen (= Schiffchenblumen) mit Klappmechanismus", in langen Trauben. Flügel an der Basis mit dem Schiffchen verwachsen. Sehr nektarreich und nach Honig duftend. Wegen der nur 2 mm langen Kronröhre ist der Nektar auch kurzrüsseligen Insekten zugänglich. Bestäuber sind Bienen, Hummeln und Schwebfliegen. Bienentrachtpflanze. Kronblätter durch Karotinoide gelb gefärbt.
Früchte: 1(–2)-samige, nicht oder unvollkommen aufspringende, nur etwa 3–5 mm lange Früchte (Übergangsform zwischen Hülsen und Nüssen). Windausbreitung (?) sowie Ausbreitung durch den Menschen (s. u.). Fruchtreife: VIII–X. Wintersteher.
Verwendung: Wichtige Bienentrachtpflanze, daher auch gerne von Imkern ausgesät. Gründüngungspflanze. Die Blätter der blühenden Pflanze werden arzneilich sowie als Hausmittel bei Venenleiden angewendet. Das blühende Kraut wird nach Trocknung für Duftsträuße und zum Aromatisieren von Getränken genutzt. Wegen des Cumaringehaltes als Futterpflanze kaum geeignet; es gibt aber inzwischen cumarinfreie Sorten. Diente früher als Mottenmittel und wurde in Notzeiten als Tabakersatz („Bahndamm, letzter Hieb") geraucht. Junge

Blätter und Sprosse können in kleinen Mengen als würzende Beilage für Gemüse usw. verwendet werden.

Weitere Arten:

Melilotus albus MED., Weißer Steinklee, Bokharaklee: Ökologisch ähnlich wie vorige Art und oft mit dieser zusammen vorkommend. Mit fast kreisförmigen Blättchen und oft größer, mit höherem Cumaringehalt. Auch in der Verwendung ähnlich. Blüten weiß. Früchte 1- bis 2-samig. Wird gelegentlich zur Gründüngung angepflanzt. Bokhara ist eine Stadt in Usbekistan.

Melilotus altissimus THUILL., Hoher Steinklee: Gelbblühend wie *M. officinalis* und daher oft für diesen gehalten. Unterschieden u.a. durch behaarte (statt kahle) Früchte und Schiffchen gleich lang wie Fahne und Flügel (statt deutlich kürzer). Kalkhold. Ökologisch und in der Verwendung ähnlich wie der Echte Steinklee.

Melissa officinalis LINNAEUS, Zitronen-Melisse

Lamiaceae (= Lippenblütler)

Ausdauernder Hemikryptophyt und Geophyt mit unterirdischen Ausläufern, 30–80 cm hoch. Blätter angenehm nach Zitrone duftend.

Die Schwebfliege sucht Pollen an einer der kleinen, quirlig angeordneten Blüten.

Systematik: Die Gattung umfasst ca. 4 Arten. Nah verwandt ist u.a. die Minze (*Mentha*).

Namen: „*Melissa*" ist ein vorlinnéscher Name, von griech. melissa = Biene, da die honigduftende Pflanze als Bienentrachtpflanze angebaut wurde (so schon im Altertum). Neulat. „*officinalis*" = arzneilich verwendet. – „Zitronen-" wegen des Geruchs der Blätter.

Vorkommen: Kulturpflanze. Heimat: Südosteuropa bis Westasien. Nicht selten verwildert und oft auch eingebürgert (Archäophyt und Neophyt) an warmen, schattigen Ruderalstandorten.

Blüten: Kleine „Nektar führende Lippenblumen", zu 3–5 in Halbquirlen in der Achsel laubiger Tragblätter. Blüten weiß, blassgelb oder zart rosa. Bestäuber sind Honigbienen, Hummeln und Schwebfliegen. Bienentrachtpflanze.

Früchte: Klausen (Teilfrüchte), sie verschleimen bei Feuchtigkeit: Klebhafter. Ausbreitung vor allem durch den Menschen, besonders als Gartenflüchter. Lichtkeimer.

Vegetative Vermehrung durch unterirdische Ausläufer.

Verwendung: Seit dem Altertum kultivierte Gewürz- und Heilpflanze. Auszüge der Blätter wirken durch ihre ätherischen Öle beruhigend auf die Nerven, sind krampflösend, antibakteriell, Gallensekret fördernd und werden auch bei Frauenleiden angewandt. Man verwendet sie in Form von wohlschmeckenden Tees oder in alkoholischen Auszügen, z.B. dem bekannten, von den Karmelitern 1611 entwickelten Melissengeist, der neben Melisse noch Auszüge von 12 weiteren Kräutern enthält. Er ist auch ein gutes Mittel gegen Fieberbläschen (Lippenherpes). Bekannte Kräuterliköre aus Melisse sind Chartreuse und Bénédictine. Junge Blätter und Blüten können zum Würzen von Salaten und Kochspeisen verwendet werden. Für Wildpflanzengärten geeignet, jedoch sehr ausbreitungsfreudig.

Melittis melissophyllum: siehe bei *Lamium maculatum*

Mentha aquatica LINNAEUS, Wasser-Minze

Lamiaceae (= Lippenblütler)

Hemikryptophyt (Schaftpflanze) bzw. Sumpfpflanze, 30–90 cm hoch. Kriechwurzelpionier. Blätter reich an ätherischen Ölen. – Historisches: Der Brite HALES stellte mithilfe eines Minzenstängels fest, dass die Pflanze nachts und bei feuchter Luft weniger Wasser verbraucht als am Tage.

Systematik: Die Gattung umfasst etwa 20 Arten. Sie gehört in die Unterfamilie Nepetoideae. Nahe verwandt sind die ebenfalls durch ihre ätherischen Öle als Gewürz- und Heilpflanzen allgemein bekannten Gattungen Dost/Oregano (*Origanum*), Bohnenkraut (*Satureja*) und Thymian (*Thymus*).
Namen: „*Mentha*" (minthe) ist der lat.-griech. Name der Minzen und verwandter Arten. Lat. „*aquaticus*" = Wasser-. – „Minze" ist frühes Lehnwort.
Vorkommen: Röhrichte, Gräben, Nasswiesen und Bruchwälder, auf nassen, zeitweise überschwemmten, nährstoff- und basenreichen Böden.
Blüten: VII–IX. Vormännliche „Kleine Trichterblumen", in endständigen (seltener achselständigen), aus dicht stehenden Scheinquirlen zusammengesetzten, kopfigen Gesamtblütenständen. Die einzelnen Blüten sind unscheinbar und nur schwach dorsiventral, d.h. im Unterschied zu den meisten übrigen Vertretern der Familie fehlt die ausgeprägte Zweiteilung der Krone in Ober- und Unterlippe, sodass die Blüten fast radiär sind. Der Nektar wird am Grunde der Blüte von einer großen Nektardrüse abgesondert und durch lange Innenhaare der Krone („Saftdecke") geschützt. Meist unvollständig zweihäusig (gynodiözisch), d.h. neben zwittrigen Pflanzen gibt es auch weibliche mit kleineren Blüten (so bei allen Arten der Gattung). Blüten duftend, deshalb guter Besuch durch verschiedene Insekten, z.B. Bienen, Schwebfliegen und viele andere. Bienentrachtpflanze.

Früchte: Spaltfrüchte, in vier oben warzige Klausen zerfallend. Schwimmausbreitung. Fruchtreife: IX–X.
Vegetative Vermehrung bei allen Arten durch ober- und unterirdische Ausläufer.
Verwendung: Kann wie die Pfeffer-Minze für Tee verwendet werden. Blätter und Blüten sollen ein vielseitiges Gemüse ergeben. Wird als Zierpflanze für Teichränder angeboten. Im Übrigen sind alle

Minzen-Arten für Wildpflanzengärten geeignet, sind aber oft sehr ausbreitungsfreudig.

Weitere Arten/Bastarde:

Mentha × piperita L., Echte Pfeffer-Minze: Kulturpflanze, zuweilen auch verwildert an frischen, nährstoffreichen Ruderalstellen (als Kulturrelikt oder mit Gartenmüll verschleppt). Steriler Bastard, entstanden aus der Kreuzung *M. aquatica × M. spicata*, evtl. sogar Tripelbastard unter Beteiligung von *M. longifolia*. Blüten ähnlich wie bei voriger Art. Bestäubung durch Fliegen. Kein Fruchtansatz, daher nur vegetative Vermehrung über Rhizomteile bzw. Ausläufer. – Offenbar werden andere Pflanzen desselben Standorts durch die ätherischen Öle geschädigt, daher sollten Minzen im Garten getrennt kultiviert werden. – Allbekannte Tee-, Arznei- und Gewürzpflanze. Besonders geeignet bei Magen- und Darmbeschwerden, vor allem bei Koliken und Blähungen. Bei Dauergebrauch sollten nicht zu große Mengen Tee getrunken werden! Für Kleinkinder ungeeignet. Das Hauptwirkprinzip liegt im Gemisch der ätherischen Öle (1–4%, z.B. Menthol und Menthon), dazu 6–12% Gerbstoffe. Das für Pfefferminz typische Kältegefühl wird durch Reizung der kälteempfindlichen Nervenenden erzeugt. Überwiegen jedoch wärmeempfindliche Nervenenden (z.B. an den Augenlidern), entsteht ein Wärmegefühl.

Mentha × villosa Huds., Zottige oder Apfel-Minze: Vorkommen und Verwendung wie bei der Echten Pfeffer-Minze, diese gebietsweise ersetzend. Ebenfalls steriler Bastard, und zwar aus der Kreuzung *M. spicata × M. suaveolens*. Blätter rundlich, dicht behaart und ungestielt. Wird oft für *M. suaveolens* gehalten, die sich aber durch weichhaarig-zottige Stängel unterscheidet.

Mentha spicata L., Krause oder Grüne Minze: Ähnlich wie *M. × piperita*, aber fruchtbildend und Blätter ± sitzend. Kulturpflanze und auf frischen bis feuchten Ruderalstellen stellenweise eingebürgert. Von der Verwendung her eine der wichtigsten Minzen (engl. spearmint), z.B. als Aromaspender in Kaugummi und Zahnpasta. Die geruchsbestimmende Komponente ist R−-Carvon, welches ein Spiegelbild-Isomer des vom Kümmel (*Carum carvi*) her bekannten S+-Carvons darstellt.

Mentha arvensis L., Acker-Minze: Feuchte Äcker und Nasswiesen, heute meist nur noch außerhalb des Ackerlandes. Tiefwurzler (bis 40 cm tief). Vernässungszeiger. Blütenökologisch ähnlich wie *M. aquatica*, aber Scheinquirle nicht in endständigen Köpfen, sondern in den Achseln von Laubblättern. Bestäuber sind Schwebfliegen und andere Fliegen. Klausen oben ziemlich glatt. Ausbreitung wahrscheinlich als Regenschwemmling sowie mit Ackerboden. Wird wegen ihres Mentholgehaltes in der var. *piperascens* (Japanische Minze) in vielen asiatischen Ländern kultiviert.

Mentha longifolia (L.) L., Ross-Minze: Diese kräftigste (bis fast 1 m hohe) Minze ist ausgezeichnet durch zylindrische, um 5 cm lange oder längere Blütenstände und einen aufdringlichen Minzegeruch. Häufig, insbesondere an Uferstandorten. Wurzelkriechpionier. Neben Zwitterblüten kommen auch weibliche Blüten vor. Bestäuber sind u.a. Falter. Wird manchmal als Teepflanze genutzt. Die Blätter dienen frisch oder getrocknet als Würze für Süßspeisen, Salate und Gemüse.

Mentha pulegium L., Polei-Minze: Unsere kleinste Art, meist niederliegend. Ziemlich selten an Feuchtstandorten wärmerer Lagen, insbesondere in Stromtälern. Gefährdet (Stand 2018), davor als stark gefährdet eingestuft. Blütenstände ähnlich wie bei *M. aquatica*. Eine noch heute in Südeuropa verbreitete und ehemals auch bei uns sehr geschätzte Heilpflanze und Bauerngartenpflanze. Schon bei den Römern war sie ein beliebtes Würzkraut und wird als „Polei" auch bei Hildegard von Bingen aufgeführt. Im ätherischen Öl ist der Hauptbestandteil das sehr **giftige** Pulegon, außerdem Menthon. Gebraucht wie Pfefferminze, aber auch als Abortivum – mit zuweilen auch tödlicher Wirkung für die Frau! „*Pulegium*" (als Nebenform zu puleium) ist der lat. Name der Pflanze, der vermutlich in volksetymologischer Anlehnung an die Verwendung zur Vertreibung von Flöhen (lat. pulex) und anderen Insekten gebildet wurde. „Polei" ist davon entlehnt.

Menyanthes trifoliata Linnaeus, Fieberklee, Bitterklee

Menyanthaceae (= Fieberkleegewächse)

Ausdauernde, sommergrüne Wasserpflanze (Wasserwurzler) oder Sumpfpflanze mit einem bis 2 m langen Rhizom, 15–30 cm hoch. Rhizom im Gewässerboden kriechend, bis 2m lang und stark verzweigt. Pflanze kahl. Blätter dreizählig gefiedert, 10–20 cm lang gestielt. Sie sitzen an den Knoten des kriechenden, etwa fingerdicken Rhizoms. Rhizom und Blattstiele mit Durchlüftungskanälen, wodurch in Anpassung an den sauerstoffarmen Standort besser Sauerstoff zu den unteren Pflanzenteilen gelangen kann und zugleich der Auftrieb gefördert wird. Der Gerbstoffgehalt von bis zu 7 % dient der Fäulnishemmung.

Systematik: Die Gattung umfasst nur diese eine, auf der Nordhalbkugel weit verbreitete Art. In die gleiche Familie gehört die Seekanne (*Nymphoides*). – Die Familie wurde früher als Teil der Gentianaceae (Enziangewächse) aufgefasst, dann aber aus dieser Familie ausgegliedert.

Giftigkeit: Schwach giftig in allen Teilen durch bittere Alkaloide wie Gentianin.

Namen: „*Menyanthes*" ist ein griech. Pflanzenname bei Theophrast mit unsicherer Zuordnung und Bedeutung. Der Name wurde von dem vorlinnéschen Autor Tournefort auf diese Pflanze übertragen und so von Linné übernommen. Neulat. „*trifoliatus*" = dreizählig gefiedert. – „Fieberklee" wegen der früheren Annahme, die Pflanze würde Fieber senken, und wegen der kleeartigen Blätter. „Bitterklee" wegen der heilkundlichen Verwendung als Bittermittel.

Vorkommen: Verlandungssümpfe (Schwingrasen) und Moore, auf nassen, zeitweise überschwemmten, mäßig nährstoffreichen Torf-Schlammböden. Kalkmeidend. Lichtpflanze. Ebene bis Hochgebirge (bis 1830 m). Zirkumpolar verbreitet. Gefährdet, Rückgang durch Entwässerung und Eutrophierung. – **Geschützt**!

Blüten: V–VI. Homogame „Große Trichterblumen", in lang gestielten, dichten Trauben. Kronblätter mit langen Fransen, die als Sperrhaare für kleine Insekten dienen und zugleich die Schauwirkung erhöhen. Verschiedengrifflig (Heterostylie). Pollen orange. Nektar wird am Grunde des Fruchtknotens abgesondert. Die Blüten reagieren auf Berührungs- und Temperaturreize. Bestäuber sind Hummeln und andere Bienen. Selbstbestäubung ist möglich, aber selbststeril.

Früchte: Vielsamige, 1-fächerige, sich 2-klappig öffnende Kapseln: Windstreuer. Samen mit Schwimmausbreitung. Fruchtreife: VII–VIII. Kältekeimer.

Vegetative Vermehrung erfolgt reichlich durch Verzweigung des Rhizoms.

Verwendung: Zierpflanze im Uferbereich von Gartenteichen. Die Blätter werden arzneilich als appetitanregendes und die Magensaftproduktion förderndes Bittermittel verwendet (ähnlich wie der Gelbe Enzian = *Gentiana lutea*) und auch bei Gallen- und Leberleiden. Galt früher als fiebersenkend, doch konnte eine solche Wirkung nicht nachgewiesen werden. – Die Rhizome wurden in Lappland gemahlen und in den Brotteig gemischt.

Mercurialis annua LINNAEUS, Einjähriges Bingelkraut

Euphorbiaceae (= Wolfsmilchgewächse)

Einjährig, 20–50 cm hoch. Bei uns nicht selten 2 Generationen pro Jahr bildend. Pflanze gelblich grün. Frostempfindlich. Geschlechter deutlich unterschieden (Geschlechtsdimorphismus): weibliche Pflanzen mit schmaleren Blättern als die männlichen. – Im Gegensatz zu *Euphorbia* ohne Milchsaft.

Giftigkeit: Schwach giftig in allen frischen Pflanzenteilen durch Saponine usw. (so auch bei folgender Art). Giftig für Weidetiere. Nach Verzehr der Pflanze färbt sich die Milch blau und der Urin rot.

Bei den Bingelkräutern sind weibliche (♀) und männliche (♂) Pflanzen getrennt.

Namen: *„Mercurialis"* ist der lat. Name der Pflanze als Lehnübertragung von griech. Hermu botane = Pflanze des Hermes. Er wurde offenbar im Hinblick auf die hodenähnlichen Früchte auf den als Symbol der Männlichkeit geltenden Gott Merkur (= Hermes) bezogen, verbunden mit dem Mythos, Merkur habe die Pflanze entdeckt. Ohne Kenntnis der tatsächlichen Geschlechtsverhältnisse hat man im Altertum zwei Formen unterschieden, nämlich eine weibliche (foemina) und eine männliche (mas). Letztere waren aber in Wirklichkeit die weiblichen Pflanzen, weil nur dort die Früchte als hodenähnliche Gebilde zu finden sind. Dazu passt der noch bis weit ins Mittelalter erhaltene Aberglaube, der Verzehr der Pflanzen bzw. ihrer Früchte würde die Geburt von Knaben fördern. – In der mittelalterlichen Alchemie, deren Ziel es war, aus unedlen Metallen Gold zu machen, wurde in den Namen „Mercurialis" eine neue Bedeutung hineingelegt. Man brachte ihn mit dem nach dem Planeten (!) Merkur benannten Metall ‚mercurium' = Quecksilber in Verbindung, weil die Pflanzen in ihrem Namen dieses Wort enthalten und beim Trocknen (z. B. im Herbar) durch Bildung von Indigo einen an Quecksilber erinnernden, blauschwarzen Metallglanz bekommen. Lat. *„annuus"* = einjährig. – Der deutsche Name „Bingelkraut" bezieht sich wahrscheinlich auf Bunge = Knolle bzw. Bingel = Hoden, wegen der Form der Früchte, wozu auch der vorlinnésche Name ‚mercurialis testiculatus' (= mit Hoden versehen) passen würde. Nach anderer Deutung ist der Bezug die harntreibende Wirkung (bingeln = pinkeln).

Vorkommen: Gärten, Äcker, Weinberge und Ruderalstellen, auf meist frischen, nährstoffreichen, lockeren Lehmböden. Stickstoffzeiger. Neueinwanderer (Neophyt) aus dem Mittelmeergebiet: Kulturfolger seit dem 16. Jh. Wärmeliebend (nur bis 500 m!).

Blüten: V–X. Windbestäubung und auch Insektenbestäubung. Meist zweihäusig, weibliche Blüten zu 1–3, achselständig, männliche Blüten in knäueligen, zymösen Blütenständen, diese zu unterbrochenen, gestielten Scheinähren vereint. „Explosionstyp":

Kelchblätter mit innerem Schwellgewebe, bei plötzlicher Öffnung reißen die Staubbeutel ab, werden fortgeschleudert und entlassen erst in der Luft den Pollen. Pro Pflanze wurde die beachtliche Zahl von 1,3 Milliarden Pollenkörnern errechnet. Pollenkitt ist vorhanden, die Pollenkörner werden je nach Wind einzeln oder in Klumpen verbreitet. – Der Botaniker und Mediziner R. J. CAMERARIUS (1665–1721) in Tübingen stellte im Jahre 1694 am Beispiel des Bingelkrautes (und z. B. auch des Spinates) über getrennte Kultur männlicher und weiblicher Pflanzen fest, dass es ohne das andere Geschlecht nicht zum Samenansatz kommt. Vor ihm hatte bereits der Altgrieche THEOPHRAST für die Dattelpalme (*Phoenix*) dasselbe vermutet.

Früchte: Die Kapseln öffnen sich wie bei *Euphorbia* durch einen „Stoßmechanismus": Austrocknungsstreuer. Dabei werden die Samen bis 4 m weit fortgeschleudert. Weitere Ausbreitung der Samen durch Ameisen. Fruchtreife: ab VII. Samen langlebig. Wärmekeimer.

Verwendung: Wurde früher in der Volksmedizin u. a. als Abführmittel und Diuretikum gebraucht, wovon aber wegen der Giftigkeit abzuraten ist. Junge Pflanzenteile wurden früher nach entsprechender Aufbereitung als Kochgemüse genutzt. – Bei den Germanen war die Pflanze dem Gott Wodan geweiht und spielte im Aberglauben eine große Rolle.

Weitere Art:

Mercurialis perennis L., Ausdauerndes oder Wald-Bingelkraut: Rhizom-Geophyt, im atlantischen Klima evtl. wintergrün, 20–30 cm hoch. Blätter von unangenehmem Geruch. Blattbasis mit extrafloralen Nektarien. In der Giftwirkung stärker als vorige Art. Krautreiche Wälder, auf sickerfrischen, basenreichen, oft kalkhaltigen, lockeren Lehmböden. Streng zweihäusig. Blüten- und Ausbreitungsökologie ähnlich wie bei voriger Art. Blütezeit: IV–V, Frühblüher. Blüten durch Amine fischartig stinkend. Reiche vegetative Vermehrung durch verzweigte Ausläufer, weswegen männliche und die meist selteneren weiblichen Pflanzen voneinander getrennte Bestände bilden. Die Entwicklung von Samen ist auch bei ausbleibender Bestäubung möglich (Apomixis).

Mespilus germanica LINNAEUS, Echte oder Deutsche Mispel

Rosaceae (= Rosengewächse)

Dorniger Strauch, in Kultur meist dornenloser, ausladender Baum, bis 5 m Höhe. Blätter lanzettlich, ihre Spreiten 6–12 cm lang, ganzrandig oder fein gezähnt.

Systematik: Die Gattung besteht nur aus dieser einen Art. Sie gehört zu den Kernobstgewächsen (siehe *Malus*). Nächst verwandt ist der Weißdorn (*Crataegus*).

Namen: „*Mespilus*“ ist der lat.-griech. Name dieser und evtl. weiterer ähnlicher Pflanzen. „Mispel“ ist davon entlehnt. Der Artbeiname „*germanica*“, den LINNÉ von C. BAUHIN übernahm, ist irreführend; er rührt daher, dass letzterer die Pflanze aus Deutschland kennenlernte. – Hinweis: Wegen des ähnlichen Wortklangs werden Mispel und Mistel (*Viscum*) immer wieder verwechselt.

Vorkommen: Sonnige Hänge, Gebüsche und lichte Laubwälder, auf basenreichen, lockeren Lehmböden. Oft in der Nähe menschlicher Siedlungen. Vor allem in der Ebene und Hügelstufe. Die Art wurde erst von den Römern nach Deutschland eingeführt. Heute ist sie bei uns gelegentlich verwildert anzutreffen und in wärmeren Lagen auch eingebürgert (Archäophyt und Neophyt, so mindestens im Norden). Heimat: Schwarzmeergebiet bis Nordiran. Wegen der sehr frühen Kultivierung über das Ursprungsgebiet hinaus sind die Grenzen der ursprünglichen Vorkommen unklar. Im Rückgang (Vorwarnliste).

Blüten: V–VI (als letzter unserer Obstbäume). „Nektar führende Scheibenblumen“, einzeln, endständig an Kurztrieben. Blüten weiß, etwa 2–3 cm breit, sehr schwach, aber markant duftend. Selbstbestäubung erfolgt häufig, weshalb auch isoliert stehende Bäume reichlich Früchte ansetzen. Kelchblätter laubblattartig, am Rande drüsig, an der Frucht erhalten bleibend.

Früchte: Große, 5-fächerige, 1,5–3 cm dicke Apfelfrüchte, bei Kultursorten bis 8 cm. Fruchtfleisch zuletzt braun, weich, essbar. Fruchtfächer 1-samig, reif verhärtend, den Samen schützend. Verdauungs- und Versteckausbreitung, vorwiegend durch Säuger. Fruchtreife: X–XI. Die Samenkeimung wird durch die harten Fruchtfächer sehr behindert. Die Samen der Wildform keimen leichter als die der Kulturform (MANNER, pers. Mitt.).

Vegetative Vermehrung durch Wurzelsprosse. In Kultur wird die Mispel gewöhnlich auf Weißdorn gepfropft, aber auch auf Stämmchen von Mispel, Apfel oder Birne. Blüten und Früchte sind dann größer als bei wurzelechten Mispeln.

Verwendung: Ehemals wichtiger Obstbaum, aber heute bei uns nur noch wenig bekannt und kaum genutzt. Im Altertum wurden Mispeln in weiten Teilen des östlichen Mittelmeerraumes und in Babylonien kultiviert, in Griechenland mindestens seit 700 v. Chr., und gelangten um 200 v. Chr. nach Italien. Mit den Römern gelangten sie nach Mitteleuropa und waren schließlich im Mittelalter als Obstbaum sehr verbreitet. – Der Hauptanbau erfolgt heute am Schwarzen Meer und im Mittelmeerraum; weltwirtschaftlich ist er unbedeutend. Die zuckerreichen (9–11 %), etwas säuerlichen Früchte sind im überreifen Zustand, wenn der Inhalt breiig wird (Auflösung der Mittellamellen), bzw. nach den ersten Frösten roh essbar, werden aber am besten zu Marmelade oder Mus verarbeitet oder auch in Alkohol eingelegt. Ein spezieller Obstwein aus Mispeln nennt sich „Cyder“, nicht zu verwechseln mit dem französischen Apfelmost „Cidre“. – Mispeln sind auch als Zierpflanzen sehr geeignet. Das Holz ist sehr widerstandsfähig und daher bei Drechslern begehrt.

Meum athamanticum Jacquin, Gewöhnliche Bärwurz, Bärenkümmel

Apiaceae (Doldenblütler)

Ausdauernder Hemikryptophyt (Halbrosettenpflanze), blühend meist 20–30(–45) cm hoch. Würzig nach Maggi bzw. Curry oder Fenchel (*Foeniculum*) riechend. Blätter dunkelgrün, sehr fein zerteilt mit fädlichen Zipfeln, ähnlich dem Dill (*Anethum graveolens*). – Bis 1 m tief wurzelnd.

Systematik: Die Gattung umfasst nur diese eine Art. Verwandt ist u. a. der Kümmel (*Carum*).

Namen: „*Meum*" (meion) ist der lat.-griech. und vorlinnésche Name der Pflanze. Die Bedeutung gilt als ebenso ungeklärt wie die des Namens „Bärwurz". Wegen der früheren Verwendung als wehenförderndes Mittel ist aber eher eine parallele Anlehnung an griech. ‚maiosis' = Entbindung bzw. deutsch ‚Gebären' zu vermuten. Dafür spricht auch die Bezeichnung „Mutterkraut", den die Pflanze mit sehr unterschiedlichen anderen Arten (u. a. *Tanacetum parthenium*) teilt. „Wurz" bedeutet hier allgemein ‚Kraut' und bezieht sich nicht speziell auf die Wurzel. „-Kümmel" wegen der Ähnlichkeit der Früchte. „*Athamanticum*" (athamantikos) ist ein weiterer antiker Name der Pflanze, vermutlich benannt nach dem aus Griechenland stammenden Volk der Athamanen; gehört aber nicht, wie manchmal angegeben, zu dem Namen *Athamantha* = Augenwurz, da dieser erst von Linné aufgestellt wurde.

Vorkommen: Frische Bergwiesen und Magerrasen (Nardetum); kalkmeidend. Zerstreut in den Mittelgebirgen. Durch Düngung gebietsweise stark gefährdet.

Blüten: VI–VIII. Weiße, vormännliche „Nektar führende Scheibenblumen", in zusammengesetzten Dolden. Neben zwittrigen Blüten kommen auch rein männliche vor (andromonözisch). Bestäuber sind Zweiflügler usw.

Früchte: 6–10 mm lange, gerippte, Spaltfrüchte (Doppelachänen). Sie werden vor allem durch Huftiere zufällig über den Darm ausgebreitet.

Verwendung: Alte Gewürzpflanze, die schon im Capitulare de Villis Karls des Großen genannt wird und auch sonst zeitweilig angebaut wurde. Die würzigen Blätter passen gut zu Wildkräutersalaten und Gemüse. Mit Branntwein aufgesetzt wird aus den Wurzeln ein magenstärkender Likör gewonnen. In der Volksheilkunde wird das Kraut als appetitanregendes und verdauungsförderndes Mittel, teilweise auch bei Menstruationsstörungen eingesetzt. Für die genannten Zwecke wird die Pflanze seit einiger Zeit von spezialisierten Landwirten angebaut. Früher wurde die Pflanze als blähungstreibendes und wehenförderndes Mittel (s. o.) verwendet und auch zu Abtreibungszwecken missbraucht. Der Futterwert ist gering, jedoch ist die Pflanze als Weidefutter eine Futterwürze, die bei den Kühen die Milchabsonderung fördert. Wird gelegentlich als Zierpflanze angeboten und ist eine Bereicherung von Wildgärten.

Milium effusum LINNAEUS,
Gewöhnliches Flattergras, Waldhirse
Poaceae (= Süßgräser)

Ausdauernder, wintergrüner Hemikryptophyt (Horstpflanze) mit kriechendem Rhizom und flach wurzelnden, unterirdischen Ausläufern, 60–120 cm hoch.

Namen: „*Milium*“ ist der antike Name der Hirse, der wegen ähnlicher Verwendung und Fruchtform schon vor LINNÉ auf diese Pflanze übertragen wurde (vgl. auch den Namen „Waldhirse“). Lat. „*effusus*“ = weit ausgedehnt, flatternd, nach den lockeren Blütenständen.

Vorkommen: Krautreiche Wälder, auf frischen, nährstoffreichen, meist kalkarmen mittel- bis tiefgründigen Lehmböden. Ebene bis Gebirge (deutsche Alpen bis 1880 m).

Blüten: V–VII. Windblütig. „Langstaubfädiger Typ“, schwach vorweiblich. Ährchen 1-blütig, in sehr lockeren Rispen, deren Äste (!) von der Blütezeit an durch Schwellkörper in ihren Achseln in charakteristischer Weise schräg nach unten gerichtet sind.

Früchte: Ausbreitungseinheit sind die von der knorpelig verhärteten, glänzenden, unbegrannten Deck- und Vorspelze umschlossenen Karyopsen (= Spelzfrüchte). Die Hüllspelzen bleiben auf der Pflanze zurück. Windausbreitung: Flieger und Windstreuer. Dazu auch Ameisenausbreitung. Fruchtreife: VII/VIII–X. Kältekeimer.

Vegetative Vermehrung durch kurze, unterirdische Ausläufer.

Verwendung: Früher wurden die winzigen, der Hirse ähnlichen Früchte als Getreideersatz gesammelt. Für Wildpflanzengärten zu empfehlen.

Mimulus guttatus DE CANDOLLE,

Gefleckte oder Gelbe Gauklerblume

Phrymaceae (= Gauklerblumengewächse)

Ausdauernder Hemikryptophyt (Halbrosetten- oder Schaftpflanze) oder Sumpfpflanze, 30–60 cm hoch. Stängel schwach 4-kantig, hohl, kahl, nur oberwärts etwas drüsig. Blätter gegenständig, ungeteilt, obere sitzend.

Systematik: Die Gattung wurde traditionell zu den Rachenblütlern (Scrophulariaceae s. l.) gestellt, aber jetzt in die sonst bei uns nicht vertretene Familie Phrymaceae ausgegliedert. Es gibt neuere Untersuchungen, wonach die vorliegende Art in eine von *Mimulus* abgetrennte Gattung *Erythranthe* zu stellen wäre.

Namen: „*Mimulus*" wurde von LINNÉ geprägt, nach lat. mimulus = kleiner Gaukler, weil die Blüte wie dieser eine Maske trägt. Lat. „*guttatus*" = gefleckt, in Bezug auf die Blütenunterlippe. „Gauklerblume" ist Lehnübersetzung. – *Mimulus* ist übrigens auch der Name einer Krabbengattung.

Vorkommen: Zierpflanze. Gelegentlich verwildert und in Ufergesellschaften von Bächen und Flüssen völlig eingebürgert (Neophyt 1824), auf nassen, zeitweise flach überschwemmten, nährstoffreichen, meist kalkarmen, kiesig-sandigen Tonböden. Einbürgerungen vor allem in den Mittelgebirgen. Heimat: Nordamerika. Weltweit verschleppt.

Blüten (siehe Detailfoto): VII–VIII. Große, 3–4 cm lange, ausgeprägt zweilippige, unvollkommene „Maskenblumen": Der Kroneneingang ist bis auf einen schmalen Spalt durch die Lippen verschlossen. Dort versperren Haare für unerwünschte Besucher den Weg ins Innere der Blüte. Die zweilappigen Narben sind durch Erschütterung (seismonastisch) reizbar, z. B. durch einen Insektenrüssel, und klappen innerhalb weniger Sekunden zusammen. Falls kein Pollen abgelegt wird, ist die Bewegung reversibel. Die Erholungsphase dauert 30–60 Minuten. Bestäuber sind Bienen. Die Unterlippe dient als Attrappe eines riesigen Staubbeutels. – In der Neuen Welt gibt es neben Arten, die durch Bienen bestäubt werden, z. B. auch rot blühende Sippen, welche von Kolibris besucht werden. In der Alten Welt werden rotblühende Mutanten, die durch eine Überkonzentration von Karotinoiden gekennzeichnet sind, von den rotblinden Bienen kaum aufgesucht.

Die Unterlippe ist maskenartig gewölbt.

Früchte: 2-fächerige Kapseln. Windstreuer und Schwimmausbreitung. Dazu Menschenausbreitung (Kulturflüchter). Lichtkeimer.

Vegetative Vermehrung erfolgt lebhaft durch oberirdische Ausläufer.

Verwendung: Die *Mimulus*-Arten sind beliebte Zierpflanzen.

Misopates: siehe bei *Antirrhinum*

Moehringia trinervia (L.) CLAIRVILLE, Dreinervige Nabelmiere

Caryophyllaceae (= Nelkengewächse)

Einjährig überwinternd bis ausdauernder Hemikryptophyt (Schaftpflanze), 10–20(–30) cm hoch. Blätter 3(–5)-nervig, durch große, morgensternartige Calciumoxalatkristalle (Drusen) mit durchscheinenden Punkten. – Die Art wird oft übersehen, weil sie für eine Vogelmiere (*Stellaria media*) gehalten wird, die aber u. a. durch 1-nervige Blätter und geteilte Kronblätter unterschieden ist.

Systematik: Die Gattung umfasst etwa 25 Arten. Nah verwandt ist das Sandkraut (*Arenaria*).
Namen: „*Moehringia*" wurde von LINNÉ zu Ehren des deutschen Arztes, Botanikers und Ornithologen P. H. MÖHRING (1710–1792) geprägt. Neulat. „*trinervius*" = dreinervig, im Hinblick auf die Blätter. – „Nabelmiere" wegen des nabelförmig verbreiterten Samenstiels.
Vorkommen: Krautreiche Wälder und Schläge, auf frischen, vorwiegend sauren, humosen, lockeren Lehmböden. Ebene bis Gebirge.
Blüten: V–VII. Unscheinbare, schwach vormännliche „Nektar führende Scheibenblumen", blattachselständig oder in lockeren, beblätterten Trugdolden. Blütenstiel aufrecht, nach der Blüte waagerecht und bei der jungen Frucht nach unten gebogen. Besucher sind kleine Fliegen und Bienen. Spontane Selbstbestäubung ist möglich.
Früchte: Kapseln fast kugelig, sich mit 6–8 nach unten umrollenden Zähnen öffnend. Samen glänzend, mit einem kleinen, weißen, durch nabelartige Verdickung des Samenstiels entstandenen, ölhaltigen Anhängsel (= Elaiosom) zur Ameisenausbreitung. Fruchtreife: VI–X. Samen langlebig. Kältekeimer.
Verwendung: Junge Pflanzenteile wurden früher für Mischgemüse genutzt.

Molinia caerulea (L.) MOENCH (Artengruppe), Pfeifengras, Benthalm, Besenried

Poaceae (= Süßgräser)

Ausdauernde sommer- bis wintergrüne Horstpflanze. Untere Stängelknoten nahe am Boden, darunter kurze Internodien, das darüber liegende Internodium fast die Gesamtlänge des bis 1(–2) m hohen Halmes ausmachend. Halme daher scheinbar knotenlos. An den Knoten bilden sich neue Pflanzen („Bestockungsknoten"). Einzelne der kurzen Internodien schwellen an und dienen als Speicherorgane (Reservezellulose!). Trockenheitsanpassungen: Wurzel bis 1 m Tiefe und Einrollung der Blätter bei Wassermangel. Anpassung an den nährstoffarmen Standort auf Streuwiesen usw.: Die Pflanze verlagert im Herbst die Mineralstoffe in die Sprossbasis, sodass diese beim Mähen nicht verloren gehen. Bei einer frühen Mahd wird die Pflanze bald zurückgedrängt. – Pilzwurzel (arbuskuläre Mykorrhiza).

Namen: Der Name *„Molinia"* geht auf VON SCHRANK 1789 zurück, zu Ehren des chilen.-ital. Jesuiten und Naturforschers J. I. MOLINA (1740–1829. Mittellat. *„coeruleus"* = blau, wegen der oft blauviolett gefärbten Ährchen. – „Pfeifengras" nach der Verwendung der Stängel zur Reinigung von Pfeifen. „Bent-" ist eine Variante des Wortes ‚Binse' und bezeichnet wie diese verschiedene grasartige Pflanzen von Feuchtstandorten. Dasselbe gilt auch für „Ried".

Vorkommen: Moorwiesen, Heiden und lichte Wälder, auf wechselfeuchten bis nassen, nährstoffarmen, meist basenreichen, mäßig sauren Böden. Magerkeitszeiger. Ebene bis Gebirge.

Blüten: VI–VIII, Spätblüher. Windblütig: „Langstaubfädiger Typ". Rispe bis 40 cm lang. Ährchen 2–5-blütig. Staubbeutel violett. Selbststeril.

Früchte: Karyopsen locker von den unbegrannten Spelzen umgeben (Spelzfrüchte mit Lufteinschluss), dadurch Windausbreitung (Ballonflieger und Windstreuer) und auch Schwimmausbreitung. Fruchtreife: VIII–IX.

Vegetative Vermehrung durch unterirdische Ausläufer sowie zuweilen durch in Laubsprosse umgewandelte Ährchenanlagen (= Pseudoviviparie).

Verwendung: Wertvolle Streupflanze, aber schlechte Futterpflanze. Hochwüchsige Sippen werden als Zierpflanzen für Gärten angeboten. –

Früher wurden die langen, harten und knotenlosen Halme zum Reinigen der langen Tabakpfeifen verwendet. Die Früchte wurden zu Speisezwecken genutzt.

Moneses uniflora: siehe bei *Pyrola*

Monotropa hypopitys Linnaeus (= *Hypopitys monotropa** Crantz) (Artengruppe), Fichtenspargel

Ericaceae (Heidekrautgewächse)

Ausdauernder Vollschmarotzer (Geophyt). Pflanze fleischig, wachsartig. Stängel 10–20(–30) cm hoch, bleichgelb, praktisch chlorophyllfrei, von schuppenförmigen Niederblättern bedeckt. Ein ähnliches Erscheinungsbild bieten sonst nur gewisse parasitische Orchideen, so die Nestwurz (*Neottia nidus-avis*). – Wurzel bis 50 cm tief, dicht von Pilzhyphen überzogen, die haustorienartige Fortsätze in die Wirtszellen hinein senden (Sonderform der ektotrophen Mykorrhiza: monotropoide Ericaceen-Mykorrhiza). *Monotropa* lebt rein parasitisch (myko-heterotroph) auf Arten der Pilz-Gattung Ritterling (*Tricholoma*). Da diese gleichzeitig Verbindung zu Baumwurzeln von Vertretern der Buchengewächse oder Kieferngewächse (vor allem Fichte), manchmal auch von Weiden (*Salix*) haben, wird die Pflanze also indirekt von Waldbäumen versorgt (Epiparasitismus). Dies konnte durch radioaktive Markierung von Zuckern anschaulich gezeigt werden. Die früher oft gewählte Bezeichnung „Saprophyt" (= Fäulniszehrer) ist falsch, da nicht die Sprosspflanze, sondern der Pilz die organischen Substanzen des Bodens aufschließt. Zwar sind Spuren von Chlorophyll vorhanden, doch sind diese funktionslos. – Die Keimpflanzen sind kleine, praktisch nur aus der Wurzel bestehende, oft verzweigte Gebilde. Der Keimling kann erst nach Infektion durch den Pilz heranwachsen.

Systematik: *Monotropa* gehört zu der durch Parasitismus gekennzeichneten Unterfamilie Monotropoideae, die früher als eigene Familie Monotropaceae (Fichtenspargelgewächse) oder als Teil der Pyrolaceae (Wintergrüngewächse) aufgefasst wurde. Die heimischen Arten der Gattung werden heute oft in die von *Monotropa* abgegrenzte Gattung *Hypopitys* gestellt. – Die Kleinart (oder Unterart) *M. hypopitys* s. str. hat dichte 10–15-blütige Trauben und wächst meist im Bereich von Fichten, die seltenere Kleinart *M. hypophegea* (Buchenspargel) hat lockere 3–6-blütige Trauben und wächst meist im Bereich von Buchen.

Namen: „*Monotropa*" wurde von Linné geprägt, von griech. monotropos = einzeln lebend, eigensinnig, wegen der eigenartigen Lebensweise. „*Hypopitys*" ist ein vorlinnéscher Name der Pflanze, von griech. hypo = unterhalb und pitys = Fichte, weil sie meist unter Fichten zu finden ist. – „Fichtenspargel" wegen der an Spargel erinnernden Sprosse in Verbindung mit deren ehemaliger Nutzung als Spargelgemüse.

Vorkommen: Nadelwälder und artenarme Laubwälder, auf basenreichen, moderig humosen Böden. Meist an Standorten mit hoher Luftfeuchtigkeit. In regenreichen Jahren häufiger als in trockenen. Schatten- bis Halbschattenpflanze. Ebene bis Gebirge. Wird gebietsweise als gefährdet eingestuft. – Da die Pflanze kein Licht zur Entwicklung benötigt, findet man sie oft als einzige Blütenpflanze in tiefschattigen Wäldern. – Die Zahl der Blütenstängel schwankt sehr stark von Jahr zu Jahr und ist in regenreichen Jahren besonders hoch.

Blüten: VI–VIII. Glockenförmig bis trichterig, homogam, in nickender, einseitswendiger Traube. Endblüten 5-zählig, Seitenblüten 4-zählig. Nektar wird am Grunde der Staubblätter abgesondert und in einer darunterliegenden Aussackung („Safthalter") gesammelt. Der Narbenkopf verschließt den engen Kroneingang fast völlig, sodass nur Insekten

mit einem mindestens 1 cm langen Rüssel eindringen können. Hierbei wird der Rüssel durch Sekrete einer Klebdrüse beschmiert und deshalb beim Herausziehen mit Pollen bedeckt. Bestäuber sind Honigbienen und Wildbienen, vor allem Hummeln. Meist aber erfolgt Selbstbestäubung, sodass der Fruchtansatz gut ist.
Früchte: 4–5-klappig aufspringende Kapseln, zur Fruchtzeit aufrecht. Stängel trocken elastisch: Wind- und Tierstreuer. Samen zahlreich, sehr klein und schmal, nur 0,1mm lang: Körnchenflieger. Mit einem Gewicht von nur 0,003 mg gehören sie neben denen der Orchideen zu den weltweit leichtesten Samen. Der Embryo besteht nur aus 4 Zellen, das Nährgewebe (Endosperm) nur aus 9 Zellen. Außerdem Menschenausbreitung, indem die Pflanze durch Aufforstungen mit Fichte verschleppt wird. Fruchtreife: VIII–IX. Ausgeprägter Wintersteher.
Vegetative Vermehrung durch Wurzelsprosse.
Verwendung: Die jungen Sprosse wurden früher wie Spargel gegessen.

Montia fontana LINNAEUS s. l., Bach-Quellkraut

Montiaceae (= Quellkrautgewächse)

Einjährige bis ausdauernde Sumpfpflanze mit meist fleischigen Blättern, niederliegend bis aufsteigend, 2–10 cm hoch oder flutend bis 50 cm lang. Formenreich, mit mehreren schwierig zu bestimmenden Unterarten bzw. Kleinarten.

Systematik: *Montia*, *Claytonia* und verwandte Gattungen werden neuerdings als Familie Montiaceae aus der Familie der Portulacaceae (= Portulakgewächse) ausgegliedert. In letzterer verbleibt daher als einzige Gattung der Portulak (*Portulaca*). Man beachte dabei, dass sowohl *Claytonia perfoliata* als auch *Portulaca oleracea* im allgemeinen Sprachgebrauch als Portulak bezeichnet werden.
Namen: „*Montia*“ wurde von dem vorlinnéschen Autor MICHELI 1729 geprägt, zu Ehren des ital. Botanikers G. MONTI (1682–1760). Der Name wurde von LINNÉ übernommen. Lat. „*fontanus*“ = Quell-.
Vorkommen: Quellfluren, Bachränder, sickernasse Wiesen und feuchte Äcker, kalkmeidend. Im Rückgang.
Blüten: VI–VIII. Unscheinbar weiß, in end- oder seitenständigen Trauben. Kronblätter 3–5, nur 1 mm lang, oft ungleich. Knospen zuerst abwärts gekrümmt, dann aufrecht und zur Reife wieder abwärts gerichtet. Selbstbestäubung und Insektenbestäubung. Bei trübem Wetter bleiben die Blüten geschlossen.
Früchte: Vielsamige, fachspaltige Kapseln. Selbstausbreitung (Austrocknungsstreuer): Die Samen werden durch Einrollen der 3 Fruchtklappen und

folgendes Herauskatapultieren bis 2 m weit und bis 0,6 m hoch fortgeschleudert. Dazu Klettausbreitung. Fruchtreife: VII–VIII.
Verwendung: Quellkraut kann ähnlich wie Portulak (*Portulaca oleracea*) gegessen werden („Flachsalat“) und hat z. B. in Spanien eine gewisse Tradition.

Muscari comosum (L.) Miller,

Schopfige Traubenhyazinthe oder Schopf-Träubel

Asparagaceae (= Spargelgewächse)

Zwiebel-Geophyt, 30–70 cm hoch. Frühjahrsgrün, d.h. Blätter früh einziehend und im Sommer verschwunden. Blätter grundständig, schmal lineal, fleischig, bis 40 cm lang, glänzend (Lichtreflexion), Trockenheit ertragend. Zwiebel 20–30 cm tief im Boden.

Systematik: Die Gattung umfasst etwa 30–50 Arten, von denen mehrere als Zierpflanzen in Kultur sind. Nahe verwandt sind Blaustern (*Scilla*), Hasenglöckchen (*Hyacinthoides*) und Hyazinthe (*Hyacinthus*). Zur systematischen Einordnung siehe *Scilla*.
Giftigkeit: Die Angaben variieren von ungiftig bis giftig durch stäbchenförmige Calciumoxalat-Kristalle und Saponine. Auch von Hautreizungen und allergischen Reaktionen der Haut wird berichtet.
Namen: „*Muscari*" ist ein vorlinnéscher Name der Hyazinthen und Traubenhyazinthen. Er geht über engl. muscari auf arab. misk qarih = reiner Moschus zurück und bezieht sich auf den Geruch bestimmter Zuchtformen von *Hyacinthus*-Arten. Der Name wurde von Miller 1754 auf die Gattung im heutigen Umfang begrenzt. Bei Linné 1753 gehörten die Arten zu *Hyacinthus*. Lat. „*comosus*" = schopfig, wegen des Blütenstands.
Vorkommen: Lückige Kalkmagerrasen, Wegränder und Äcker, auf basenreichen Böden. Wärmeliebend. Vor allem in den Weinbaugebieten, im Norden fehlend. Archäophyt. Gefährdet. – Alle Arten der Gattung sind **geschützt**!
Blüten: IV–V, Frühblüher. Blütentrauben locker; an der Spitze ein Schopf aufrechter, lang gestielter, stark abweichender, steriler Blüten mit Schaufunktion; darunter olivbraune, hängende „Glockenblumen mit klebrigem Pollen", mit weißen Zipfeln, Nektar führend sowie mit „anbohrbarem Gewebe" am Grunde des Fruchtknotens. Blüten fruchtig duftend. Bestäuber (und Besucher der sterilen Blüten) sind Bienen und besonders in Südeuropa auch die zu den Zweiflüglern zählenden Woll- oder Hummelschweber; sie werden von den violetten Blüten angelockt. Selbstbestäubung ist erfolgreich.
Früchte: Scharf dreikantige, etwas geflügelte, fachspaltige (lokulizide) Kapseln, die bei der Reife waagerecht abstehen und unabhängig vom Wetter geöffnet sind. Je Fach (1–)2 runzlige, kugelige, schwarze, bis 2 mm große Samen. Blütenstängel zur Fruchtreife stark verlängert. Regenballisten sowie Wind- und Tierstreuer. Menschenausbreitung als Zierpflanze. Fruchtreife: VI–VIII.
Vegetative Vermehrung durch Brutzwiebeln, die u.a. auch über die Gänge von Mäusen ausgebreitet werden.
Verwendung: Zierpflanze seit dem Altertum. Die Zwiebeln wurden früher von den ärmeren Menschen ausgegraben und als Gemüse verzehrt. In Südeuropa werden die jungen Sprosse von *Muscari*-Arten noch heute genutzt, wobei sie wegen möglicher Giftstoffe entsprechend aufbereitet werden.
Weitere Arten (vgl. auch *Hyacinthoides* = Hasenglöckchen):
Muscari botryoides (L.) Mill., Kleine Traubenhyazinthe: Blätter lanzettlich, steif aufrecht, fast so

lang wie der 10–20 cm hohe Stängel. Frische Magerrasen und Eichenwälder. Gefährdet. Trauben wie bei den folgenden Arten ohne den endständigen Schopf farblich differenzierter Schaublüten; aber auch hier sind die oberen Blüten steril. Auch Zierpflanze und zuweilen verwildert. Blüten hellblau mit weißen Zipfeln, geruchlos. Blütezeit: IV–V.
Muscari neglectum TEN. (= *M. racemosum* (L.) MILL.), Weinbergs- oder Übersehene Traubenhyazinthe: Blätter schmal, schlaff, oberseits rinnig, bereits im Herbst erscheinend. Blüten blau, duftend. Zierpflanze sowie in Weinbergen und an sonnigen Böschungen, meist auf Kalk (Archäophyt). Gefährdet.
Muscari armeniacum BAKER, Armenische Traubenhyazinthe: Wurde früher oft nicht von *M. neglectum* getrennt. Blüten hellblau. Frühblüher: IV–V. Blätter länger als der Stängel, oberseits meist blaugrün. Häufig kultiviert und nicht selten verwildert und gebietsweise in Siedlungsnähe und in Weinbergen auch eingebürgert (Neophyt).

Mycelis muralis (L.) DUMORTIER (= *Lactuca muralis* (L.) G. GAERTN.), Mauerlattich

Asteraceae (= Korbblütler)

Ausdauernder Hemikryptophyt (Schaftpflanze), 30–100 cm hoch. Stängel hohl. Blätter wechselständig, sitzend, leierförmig fiederteilig mit großem, dreieckigen Endlappen. Bei Verletzung tritt deutlich Milchsaft aus. – Wird gelegentlich mit dem Rainkohl (*Lapsana communis*) verwechselt.

Systematik: Die Gattung umfasst nur diese eine Art. Sie gehört zur Unterfamilie Cichorioideae (siehe *Cichorium*) und ist nächst verwandt mit Lattich (*Lactuca*) und Milchlattich (*Cicerbita*, s. u.).
Giftigkeit: Die Pflanze enthält Intybin und evtl. sehr wenig eines atropinähnlichen Alkaloids (?), ist aber kaum giftig.
Namen: „*Mycelis*" wurde 1824 von CASSINI geprägt. Die Bedeutung ist unklar, vermutlich ist der Name frei erfunden. Lat. „*muralis*" = auf Mauern wachsend. – „Mauerlattich" wegen des Standorts und des Milchsafts (vgl. lat. lac, lactis = Milch) sowie der Verwandtschaft mit der Gattung Lattich (*Lactuca*).
Vorkommen: Ursprünglich auf basenreichen Böden in Laubwäldern und deren Säumen, aber in luftfeuchten Lagen seit langem auch auf älteren Mauern, z. B. von Burgen, zwischen Steinplatten und an Straßenrändern sowie in Parks und Hecken halbruderal. Außer in der Ebene meist verbreitet. In Nordamerika eingebürgert.
Blüten: VII–VIII. Vormännliche „Körbchenblumen vom *Cichorium*-Typ", in lockeren, sparrig verzweigten Gesamtblütenständen. Die geöffnet nur gut 1 cm breiten Körbchen sehen auf den ersten Blick wie eine Einzelblüte aus, sind aber aus meist 5 hellgelben Zungenblüten zusammengesetzt. Bestäuber sind Bienen, Fliegen usw.

Früchte: Achänen schwarz, oben stachelig, kurz geschnäbelt, mit Haarkranz (Pappus), nur 0,3 mg schwer, mit Schnabel 3–4 mm lang, Pappus 7 mm lang. Schirmchenflieger, Wasserhafter, Ameisenausbreitung und Menschenausbreitung als Kulturfolger. Fruchtreife: VIII–X.
Verwendung: Junge Pflanzenteile sind für Mischsalate verwendbar, aber nicht lohnend.
Verwandte (vgl. auch *Lactuca* = Lattich):
Cicerbita alpina (L.) WALLR. (= *Mulgedium alpinum* (L.) LESS.), Alpen-Milchlattich: Bis über 1 m hoher, oben reichdrüsiger Hemikryptophyt. Endlappen der Blattspreiten dreieckig-spießförmig. In Herden wachsend. Typische Art der Hochstaudenfluren auf nährstoffreichen, frischen Standorten der höheren Gebirge. Blütenkörbchen reichblütig, blauviolett, in schlanken Rispen. Besucher sind Hummeln (Blüten blau!), Schwebfliegen und Käfer. Selbstbestäubung beim Zurückkrümmen der Griffeläste ist ausgeschlossen. Körbchen nachts und bei Regen geschlossen.

Myosotis scorpioides LINNAEUS (= *M. palustris* HILL) (Artengruppe), Sumpf-Vergissmeinnicht

Boraginaceae (= Raublattgewächse oder Borretschgewächse)

Ausdauernde Halbrosetten- und Sumpfpflanze, 10–30(–50) cm hoch. Stängel von herablaufenden Blättern kantig (= Rekauleszenz). Die Kanten wirken bei Erschlaffen der Pflanzen stabilisierend. Blätter wechselständig, behaart.

Giftigkeit: *Myosotis*-Arten enthalten in geringen Mengen curareartig wirkende Alkaloide, sind aber wegen der geringen Dosen kaum **giftig**.

Namen: „*Myosotis*“ wurde von LINNÉ geprägt, von griech. mys, myos = Maus und ous, otos = Ohr, angeblich weil sich die Blätter wie Mäuseohren anfühlen. – „Mausohr“ findet man noch heute als Volksnamen, entsprechend dem antiken Namen ‚auricula muris‘. „Vergissmeinnicht“ ist seit dem 15. Jh. bezeugt und wird mit dem Brauch in Verbindung gebracht, dass Liebende beim Abschied einander diese Blumen schenkten, um die Erinnerung wach zu halten. Interessanterweise existiert der Name in zahlreichen anderen Sprachen inkl. Chinesisch als Lehnübersetzung aus dem Deutschen.
Vorkommen: Nasse, nährstoffreiche Wiesen, Bruchwälder und Ufersäume. Wechselfeuchtezeiger. Fast zirkumpolar verbreitet. Ebene bis Hochgebirge (bis 1690 m). Durch Entwässerung im Rückgang. Außerdem Zierpflanze für Feuchtbiotope.
Blüten (siehe Detailfoto): V–X. Kleine „Stieltellerblumen“, in blattlosen Wickeln. Die Blüten sind homogam, d.h. die (hier in der Krone eingeschlossenen) Narben und Staubbeutel werden gleichzeitig reif. Kelch (bei vorliegender Art) glatt. Kronröhre ca. 3 mm lang. Der Blüteneingang ist durch 5 gelbe Schlundschuppen (siehe Foto) verengt. Diese dienen als Sperre für kleinere, bestäubungsunfähige Besucher und zugleich als ringförmiges Blütenmal, das den Bestäubern den

Weg zum Nektar weist. Man hat auch herausgefunden, dass die Schlundschuppen vor allem auch als Staubbeutelattrappen dienen. Deren Wirkung wird noch durch die benachbarten, aufgefalteten Bereiche der Kronzipfel erhöht, die als Attrappen der Staubfäden dienen (Lupe!). Der Nektar ist für Bienen (vor allem Honigbienen), Falter und langrüsselige Fliegen, z. B. Tanzfliegen und Woll- oder Hummelschweber, erreichbar. Schmetterlinge stoßen mit ihrem Rüssel die winzigen Pollenkörner (s. u.) in den Nektar, sodass ihnen auch diese wichtige Eiweißquelle zugänglich ist. Narben und Staubbeutel stehen in gleicher Höhe, daher ist vor dem Abblühen spontane Selbstbestäubung möglich. Sobald die Nektarproduktion eingestellt wird, werden die Schlundschuppen weiß, verbunden mit einer höheren UV-Reflexion, als Signal an die Bestäuber, dass kein Nektar mehr dargeboten wird. Gleichzeitig erhöht sich auch die UV-Reflexion der Kronblätter, was das menschliche Auge allerdings nicht erkennt. Die weißen Pollenkörner gehören mit nur 0,008 mm Durchmesser zu den kleinsten der heimischen Flora. – C. K. SPRENGEL (1750–1816) war der große Pionier der Blütenökologie. Ihm fiel der gelbe, zum blauen Kronteller stark kontrastierende Ring am Schlund der Blüte auf. Er kommentierte es so: „Sollte die Natur wohl diesen Ring zu dem Ende besonders gefärbt haben, damit derselbe den Insekten den Weg zum Safthalter zeige?“ Er fand daraufhin bei vielen Blüten „Flecken, Figuren, Linien oder Tüpfel von besonderer Farbe immer da, wo sich der Eingang zum Safthalter [= Nektarbehälter] findet“ und nannte diese Zeichnungen ‚Saftmale‘. Seine Schlussfolgerung ist die, dass alle Besonderheiten auffälliger Blüten der Anlockung der Insekten dienen. – Hinweis: Ähnliche Blüten findet man bei den vor allem als Zierpflanzen bekannten Gattungen Gedenkemein (*Omphalodes*, s. u.) und Kaukasusvergissmeinnicht (*Brunnera*).

Der Eingang in die Kronröhre wird durch Schlundschuppen verengt.

Früchte: Spaltfrüchte, die in 4 Klausen zerfallen: Schwimmausbreitung sowie Windstreuer. Fruchtreife: VI–VIII.

Vegetative Vermehrung durch oberirdische Ausläufer, die hier wie bei vielen anderen Sumpfpflanzen kurz sind.

Verwendung: Zierpflanze für feuchte Standorte. Vergissmeinnicht-Arten gelten wegen des klaren Blaus und der Kleinheit der Blüten als Symbol der Treue. Die jungen Blätter vor der Blüte wurden früher in der Küche genutzt. Die Blüten können als essbare Dekoration verwendet werden.

Weitere Arten/Verwandte:

Myosotis arvensis (L.) HILL, Acker-Vergissmeinnicht: Einjährig (sommerannuell), seltener winterannuelle bis zweijährige Halbrosettenpflanze. Frische Äcker, Ruderalstellen und Schläge. Blütenstand kurz, dichtblütig. Krone klein, etwas trichterig. Blütenbesuch spärlich, vor allem durch Fliegen. Kelch wie bei den folgenden Arten abstehend behaart; hier außerdem ganz widerhakig: Vorbeistreifende Tiere bleiben hängen und fördern somit das Ausstreuen der Teilfrüchte (Tierstreuer), oder sie reißen den Kelch samt Klausenfrüchten an einer Sollbruchstelle ab und verschleppen diese (Kletthafter). Klausen schwarzglänzend: auch Ameisenausbreitung.

Myosotis alpestris F. W. SCHMIDT, Alpen-Vergissmeinnicht: Ausdauernde Halbrosettenpflanze alpiner und subalpiner Steinrasen. Besucher sind Zweiflügler, Bienen und Schmetterlinge. Krone flach ausgebreitet, dunkelblau. Kelchgrund spitz. Kelchhaare meist gerade. Als Zierpflanze relativ selten; was in Gartenkatalogen unter diesem Namen geführt wird, gehört überwiegend zu folgender Art.

Myosotis sylvatica HOFFM., Wald- oder Garten-Vergissmeinnicht: Voriger Art nächst verwandt. Allbekannte Gartenzierpflanze. Am Naturstandort ausdauernd, aber kurzlebig, in Kultur einjährig, winterannuell gezogen. Vermehrung vor allem durch Selbstaussaat. Häufig verwildert und stellenweise eingebürgert. Ursprünglich in Hochstaudenfluren und auf Waldschlägen, vor allem in den Gebirgen Süddeutschlands. Kelchgrund abgerundet. Kelchhaare hakig gekrümmt, dadurch Klettausbreitung durch Abreißen des Kelches mitsamt den darin befindlichen Klausen. Entsprechend bleiben reife Kelche z. B. an der Kleidung haften.

Omphalodes verna MOENCH, Frühlings-Gedenkemein oder Nabelnüsschen: Bekannte Gartenzierpflanze (seit 1594), frühblühender Bodendecker für halbschattige Standorte. Heimat: Südosteuropa bis Österreich, vor allem in feuchten Bergwäldern. Außerdem nicht selten aus Kultur verwildert (Neophyt 18. Jh.), so vor allem in frischen Laubwäldern, Parks und auf Friedhöfen und gebietsweise auch eingebürgert. Ausdauernder Hemikryptophyt: Halbrosettenpflanze. Frühjahrsgrün, d. h. die Blätter werden zum Sommer hin eingezogen. Pflanze mit Rhizom und langen oberirdischen Ausläufern. Blätter breit herzförmig bis ei-lanzettlich, fast kahl, mit deutlicher Netznervatur, gestielt. Blütezeit: III–V. Blütenkrone intensiv himmelblau. Die Blüten erinnern sehr stark an die von großblütigen Vergissmeinnicht-Arten und vom Kaukasusvergissmeinnicht (*Brunnera macrophylla*), sie sind von letzterer Art aber durch weiße Strichsaftmale unterschieden, die ähnlich wie bei *Myosotis* von den Einschnitten zwischen den Kronzipfeln zu den Schlundschuppen am Eingang der Kronröhre weisen. Kronröhre fast fehlend. Bestäuber sind Bienen und Fliegen, z. B. Woll- oder Hummelschweber. Selbstbestäubung ist möglich. Klausen napfförmig, mit Ölkörper (Elaiosom) zur Ameisenausbreitung. Das Wort „Gedenkemein" hat denselben Bezug wie „Vergissmeinnicht".

Myosoton aquaticum → *Stellaria aquatica*

Myosurus minimus LINNAEUS, Kleines Mäuseschwänzchen

Ranunculaceae (= Hahnenfußgewächse)

Einjährig, nur 2–15 cm hoch. Meist in Herden wachsend. Frühjahrsannuell: Die aus kleinen, linealischen Blättern gebildeten Rosetten erscheinen meist ab März. Aus ihnen treten ein oder meist mehrere der gestielten Blütenschäfte hervor.

Systematik: *Myosurus* ist nah verwandt mit dem Hahnenfuß (*Ranunculus*).
Namen: „*Myosurus*" ist ein vorlinnéscher Name, zu griech. mus, myos = Maus und oura = Schwanz, entstanden als Übersetzung von lat. „cauda muris', und bezieht sich auf die zur Fruchtzeit stark verlängerte, an einen Mäuseschwanz erinnernde Blütenachse. Lat. „*minimus*" = der kleinste, wegen der sehr niedrigen Wuchshöhe. – „Mäuseschwänzchen" ist Lehnübersetzung.
Vorkommen: Feuchte Äcker, Ruderalstellen und Ufer sowie auf und an lehmigen Wegen. Kalkmeidend, nährstoff- und etwas wärmeliebend. Salzverträglich. Archäophyt.
Blüten: IV–VII. Homogame „Nektar führende Scheibenblumen". Fruchtknoten sehr zahlreich, untereinander nicht verwachsen, spiralig der zuerst ca. 1 cm langen, später sich streckenden Blütenachse ansitzend. Am Grunde der Blüte befindet sich ein Kranz von 5–10 Staubblättern. Blütenhülle einfach, kelchartig, beste-

hend aus 5 am Grunde gespornten, früh abfallenden, nur etwa 3 mm langen Perigonblättern. Dazu gibt es innen noch 5 ebenfalls unscheinbare, grünliche, mit einer röhrigen Nektargrube ausgestattete, kronblattartige Staminodien (Nektarblätter). Insektenbesuch durch winzige Zweiflügler, Käfer und Schlupfwespen. Spontane Selbstbestäubung während der Streckung der Achse durch Vorbeistreifen der Narben an den Staubbeuteln.

Früchte: In jeder Blüte entstehen an der zur Reife bis zu 6 cm heranwachsenden Blütenachse zahlreiche 1-samige Nüsschen. Sie sind schwach konkav, ca. 1 mm lang und nur 0,06 mg schwer: Windstreuer, Schwerkraftausbreitung, Haftausbreitung mit Erde und Regenschwemmling. Neuerdings verschiedentlich durch Weidevieh ausgebreitet. Fruchtreife: V–X. Samen langlebig.

Myrica gale LINNAEUS, Gagel, Moor-Gagelstrauch

Myricaceae (= Gagelgewächse)

Winterkahler Laubstrauch, 0,50–1,50(–2,50) m hoch. Pflanze dicht mit sitzenden, goldglänzenden Drüsen besetzt, die stark aromatisch duftende, ätherische Öle absondern. Blätter länglich, 3–6 cm lang, oberseits dunkelgrün, unterseits graugrün, Weidenblättern ähnlich, aber vorn gezähnelt. – Seitenwurzeln mit knöllchenförmigen Verdickungen, die symbiontische, Stickstoff bindende Fadenbakterien („Strahlenpilze") der Gattung *Frankia* beherbergen, ähnlich wie bei der Erle (*Alnus*). Frühere Angaben über das Vorkommen eines Wurzelpilzes (Mykorrhiza) wurden nicht bestätigt.

Systematik: *Myrica* gale ist die einzige europäische Art der ca. 55 Arten umfassenden Familie Myricaceae.

Giftigkeit: Alle Teile enthalten giftige ätherische Öle.

Namen: „*Myrica*" ist der lat.-griech. Name der Tamariske, der von LINNÉ auf den Gagel übertragen wurde; „*gale*" ist die engl. Form des germ. Namens „Gagel". – Da die Pflanze als Bierwürze (neben dem Hopfen = *Humulus lupulus*) auch mit dem Porst (*Rhododendron tomentosum* = *Ledum palustre*) konkurrierte, hatten beide Pflanzen oft denselben Namen.

Vorkommen: Gebüsch bildend in atlantischen Feuchtheide- und Moorgebieten der Ebene. Oft stark zurückgegangen. **Gefährdet!** Größere Bestände befinden sich fast nur noch in Naturschutzgebieten.

Blüten: IV–V. Windblütig: „Unbeweglicher Typ". Zweihäusig. Weibliche Blüten in kurzen, männliche in längeren, abstehenden Ähren (Kätzchen). Blütenhülle fehlend. Blüten vor den Blättern erscheinend. Der Pollen kann Allergien hervorrufen, außerdem besteht eine Kreuzallergie mit Pollen von Birke, Erle und Hasel.

Früchte: 1-samige, winzige Steinfrüchte mit Wachsüberzug. Wind- und Tierstreuer. Flug- und Schwimmausbreitung. Fruchtreife: IX. Kälte- und Lichtkeimer. Die Keimblätter dienen der Stoffspeicherung.

Vegetative Vermehrung durch unterirdische Ausläufer.

Verwendung: Die Pflanze wurde früher vielseitig genutzt. Besonders bedeutend war die Nutzung der Blätter als Bestandteil von ‚Grut' oder ‚Gruit' zum Konservieren und Würzen von Bier, was später durch den Hopfen (*Humulus lupulus*) verdrängt wurde. Ähnlich wie beim ähnlich verwendeten Porst (*Rhododendron tomentosum*) verstärkte der Zusatz die berauschende Wirkung des Bieres. ‚Grut' war eine je nach Gegend variierende Kräutermischung, die neben den Hauptbestandteilen Gagel bzw. Porst noch zahlreiche andere Bestandteile enthielt, z. B. Wacholder und Rosmarin. Personen, die Grut ernteten und verwerteten, hießen „Grüter". Übrigens haben Grutbiere seit einiger Zeit wieder einen Markt gefunden. Bemerkenswert ist, dass im Mittelalter zum Brauen von Grutbier als Getreide vor allem Hafer verwendet wurde, der sich für Hopfenbiere schlecht eignet. – Die Blätter wurden auch arzneilich verwendet, Blätter und Früchte als Würze für Likör, die Rinde zum Gerben, die Blütenknospen zum Gelbfärben, die Früchte zur äußerlichen Anwendung bei Geschwüren. Die Zweige sind für Duftsträuße und gegen Motten geeignet und werden bereits 1350 in einem Kräuterbuch als Deodorant gepriesen. – Gagel wird als Zierpflanze angeboten und ist auch für Wildpflanzengärten zu empfehlen. Man sollte aber zum Schutz der Wildvorkommen nur Exemplare aus gärtnerischer Kultur verwenden.

Myriophyllum spicatum LINNAEUS, Ähriges Tausendblatt

Haloragaceae (= Seebeerengewächse)

Untergetauchte, bis 3 m lange Wasserpflanze: Freischwimmend oder mit dem Rhizom im Schlamm verankert (= Schlammwurzler). Stängel wie bei allen Wasserpflanzen mit ausgeprägtem Durchlüftungsgewebe (= Aerenchym) zum Gasaustausch und Auftrieb. Echte, meist 4-zählige Blattquirle, mit einer insgesamt großen Zahl von Blattzipfeln. An den Blättern oft Kalkabscheidungen. – Überwinterung meist als Turionen (= Winterknospen), das sind durch Kälte im Wachstum gehemmte, endständige Sprossteile, die im Herbst auf den Grund des Gewässers sinken und im Frühjahr mithilfe der mit ansteigender Wassertemperatur und damit erhöhten Atmungsintensität verbundenen Gasentwicklung wieder nach oben steigen. Genügend Wärme lässt sie dort zu normalen Pflanzen heranwachsen. – Die Pflanze ist allelopathisch, d. h. sie gibt Substanzen ab, die sich hemmend auf das Wachstum anderer Arten, in diesem Fall von Algen und Cyanobakterien, auswirken (V. D. BERG 2012 Thesis, Univ. Utrecht).

Systematik: Die Gattung umfasst ca. 60 Arten. Sie ist der einzige heimische Vertreter der Familie.

Namen: „*Myriophyllum*" (myriophyllon) ist der griech. Name der Pflanze, zu myrios = unzählig, phyllon = Blatt, wegen der zahlreichen Blattabschnitte. Lat. „*spicatus*" = ährig, nach dem Blütenstand. – „Tausendblatt" ist Lehnübersetzung.

Vorkommen: Stehende bis langsam fließende, nährstoffreiche Gewässer bis 5 m Tiefe. Wärmeliebend (nur bis ca. 800 m Meereshöhe), bis ins subtropische Afrika verbreitet. Nach Nordamerika eingeschleppt. – Nützlich als Laichpflanze und als Sauerstoffproduzent.

Blüten: VI–VIII. Windblütig: „Unbeweglicher Typ". Eingeschlechtig, in endständigen, senkrecht aus dem Wasser ragenden Blütenähren. Weibliche Blüten über den männlichen stehend.

Früchte: Spaltfrüchte, in 4 sehr kleine Nüsse zerfallend: Schwimmausbreitung. Fruchtreife: X.

Vegetative Vermehrung über Verzweigung und Winterknospen.
Verwendung: Diese und die folgende Art sind für Gartenteiche, vor allem in Wildpflanzengärten zu empfehlen. – Die jungen Sprosse können als Wildgemüse genutzt werden.
Weitere Arten:
Myriophyllum verticillatum L., Quirliges Tausendblatt: Ähnlich wie vorige Art, aber Blattquirle 5–6-zählig. Blüten zum Teil untergetaucht und weibliche unterhalb der männlichen stehend. Daher neben Windbestäubung auch Unterwasserbestäubung. Vorkommen mehr in stehenden, saubereren, flacheren und wärmeren Gewässern. Zirkumpolar verbreitet.
Myriophyllum alterniflorum DC., Wechselblütiges Tausendblatt: Ähnlich *M. spicatum*, aber die feinen Fiederteile z.T. wechselständig und mehr voneinander entfernt. Allein in nährstoff- und kalkarmen Gewässern. Ökologie wie bei den übrigen Arten, aber vorwiegend nur vegetative Ausbreitung und schon deshalb ziemlich selten. Nordisch-subatlantisch.

Narcissus pseudonarcissus LINNAEUS, Osterglocke, Gelbe Narzisse

Amaryllidaceae (= Amaryllisgewächse)

Frühjahrsgrüner Zwiebel-Geophyt, 15–40 cm hoch. Zwiebel aus fleischig verdickten Blattscheiden gebildet. Blätter mit bläulichem Wachsüberzug.

Systematik: Die Gattung umfasst ca. 50 Arten. Sie gehört zur Unterfamilie Amaryllidoideae. Nah verwandt sind Schneeglöckchen (*Galanthus*) und Knotenblume (*Leucojum*).
Giftigkeit: Alle Teile der *Narcissus*-Arten, besonders die Zwiebeln, sind durch verschiedene Alkaloide (u.a. Galanthamin) giftig. Wird vom Vieh gemieden. 15 g einer frischen Zwiebel sind für Hunde tödlich. In die Vase gestellt, wird das Wasser schnell schleimig und schädigt andere Schnittblumen. Daher sollte man Narzissen etwa 1 Tag ausschleimen lassen und dann das Wasser wechseln, ohne die Stängel nachzuschneiden.
Namen: „*Narcissus*" ist der lat.-griech. Name der Dichter-Narzisse (*N. poeticus*). Das Wort ist aber älteren Ursprungs. Es wurde bei den Griechen wegen des starken Blütenduftes volksetymologisch an narkao = betäuben (vgl. Narkose) angelehnt. Von Narzisse abgeleitet ist in der griech. Mythologie (vgl. OVIDS Metamorphosen) der Name des in sein Selbstbildnis verliebten Jünglings Narkissos (Narziss), der nach seinem Tod in eine Narzisse verwandelt wurde. Die merkwürdige Kombination „*Narcissus pseudonarcissus*" erklärt sich dadurch, dass die Osterglocken früher oft nicht als echte Narzissen empfunden wurden. – „Osterglocke"

wegen Blütezeit und Blütenform. „Narzisse" ist Lehnwort (16. Jh.).

Vorkommen: Als Wildpflanze bei uns selten und gefährdet, aber gesellig in Hunsrück, Eifel und Vogesen, auf feuchten, kalkarmen Bergwiesen. Berühmt sind etwa die Narzissen-Wiesen im Bereich des Naturparks Eifel, wo jährlich mehr als 10 Mio. Exemplare die Bachtäler in ein Blütenmeer verwandeln. **Geschützt**! – Außerdem stellenweise aus Kultur verwildert.

Blüten: III–V, Frühblüher. Homogame, große „Glockenblumen", meist einzeln aus einer häutigen Hochblattscheide (Knospenschutz) entspringend. Blütenhülle einfach (Perigon). Sie besteht aus einem unteren röhrenförmigen, bis 1,5 cm langen Teil, der ebenfalls röhrig verwachsenen „Nebenkrone" (bei Gartenformen bis 7 cm lang) und 6 abstehenden Perigonzipfeln: Hummelblumen („Einkriechblumen"), die wie auch bei anderen größeren Blumen Insekten als wärmender Unterschlupf dienen können. Alle Teile des Perigons sind durch Karotinoide gelb gefärbt. Fruchtknoten unterständig. Nektar wird am Grunde der „Nebenkrone" abgesondert, die auffällig anders duftet als das übrige Perigon. Spontane Selbstbestäubung ist möglich. Auch Einbruch in die Blüten durch Erdhummeln wurde beobachtet (Nektarraub). Blütenhülle wie bei allen Amaryllidoideae nach dem Verblühen bleibend. – Der Geruch der *Narcissus*-Arten ist sehr intensiv.

*Vergleich von Osterglocke (**1**) und Weißer Narzisse (**2**).*

Früchte: Fachspaltige Kapseln mit fast kugeligen Samen. Reifer Fruchtstängel zur Erde herabsinkend: Selbstausbreitung (Selbstaussäer). Dazu Ausbreitung der Samen durch Ameisen und als Rollsamen. Menschenausbreitung durch Gartenmüll und als Kulturrelikt. Fruchtreife: V–VI. Kältekeimer. Von der Samenkeimung bis zur Blühreife dauert es 6–7 Jahre.

Vegetative Vermehrung durch Brutzwiebeln, daher oft große Bestände bildend. Die vegetative Vermehrung ist aber auf etwa 10 Jahre begrenzt, dann kann eine weitere Vermehrung nur durch Nachschub von Samen erfolgen.

Verwendung: Zierpflanze seit dem Altertum, bei uns seit 1500 in Kultur und heute in vielen Kultursorten und Hybriden weit verbreitet. Zurzeit sind weltweit 24.000 Narzissen-Sorten registriert (noch höher ist mit 30.000 nur noch die Zahl der Rosen-Sorten).

Weitere Art:

Narcissus poeticus L. (Artengruppe), Weiße, Echte oder Dichter-Narzisse (siehe Abb.): Zierpflanze seit dem Altertum. Mit „Dichter-" ist Ovid gemeint (s. o.). Im Gebiet oft verwildert und gebietsweise auch eingebürgert (Neophyt). Beheimatet in den südwesteuropäischen Gebirgen. Wiesenpflanze. Perigonröhre und -zipfel weiß. Die nur wenige mm hohe „Nebenkrone" dient als Farbflecksaftmal. Sie ist durch Karotin-Kristalle orangerot gefärbt und hat außerdem einen anderen und intensiveren Duft als das übrige Perigon. Perigonröhre bis 3 cm lang: Bestäubung durch Falter. Schwebfliegen fressen den Pollen. Ausbreitung wie bei voriger Art, bei uns aber nur selten mit Samenansatz. Die Pflanze ist noch giftiger als vorige Art; so wurde sogar der Tod eines 4-jährigen Mädchens bekannt.

Nardus stricta LINNAEUS, Borstgras

Poaceae (= Süßgräser)

Ausdauernder Hemikryptophyt; dichte, feste Horste bildend, 10–25(–40) cm hoch. Rhizom kurz kriechend, ein an den Jahresabschnitten zickzackförmig gebogenes, brettförmiges Sympodium bildend. Blätter borstlich; vermutlich als Anpassung an die Mineralsalzarmut des Bodens (= Peinomorphose), gefaltet, mit rauem Rand. Halme am Grunde mit auffälligen, dicht stehenden Resten der Blattscheiden besetzt („Strohtunica"). – Bis 80 cm tief wurzelnd. Pilzwurzel (arbuskuläre Mykorrhiza): Rohhumuszehrer.

Systematik: Zur Gattung gehört nur diese eine Art.

Namen: „*Nardus*" ist ein lat.-griech. Pflanzenname, der von LINNÉ auf diese Gattung übertragen wurde. Er bezieht sich eigentlich auf ein indisches Baldriangewächs, aus dem wohlriechendes ‚Nardenöl' gewonnen wurde. Lat. „*strictus*" = straff, nach den steif aufrechten Sprossen. – „Borstgras" wegen der Form der Blätter.

Vorkommen: Bestandbildend in Magerrasen und Heiden, auf frischen, kalk- und nährstoffarmen, sauren, humosen Böden. Vor allem im Gebirge, in den deutschen Alpen bis 2600 m. Kennart der Borstgrasrasen (= Nardetalia). Wird durch Dauerbeweidung gefördert. Durch Düngung und Entwässerung allgemein im Rückgang und vor allem in niederen Lagen oft selten geworden.

Blüten: V–VI. Windblütig, vorweiblich. Ährchen 1-blütig, violett, eingesenkt, ausgeprägt einseitswendig, begrannt, zuletzt auffallend kammförmig abstehend. Schwellkörper fehlen, nur 1 Narbe vorhanden, die vor den Staubbeuteln aus der Blüte heraus geschoben wird.

Früchte: Von den bleibenden Deck- und Vorspelzen umhüllte (Luftraum!), 3–4 mm lange Karyopsen (= Spelzfrüchte): Regenschwemmling. Wegen der rauen Deckspelzen auch Klettausbreitung (z. B. als Wasserhafter). Zufallsausbreitung mit der Nahrungsaufnahme durch Huftiere. Fruchtreife: VIII–X.

Vegetative Vermehrung durch die kriechenden, bis 5 cm langen Rhizome.

Verwendung: Minderwertiges Futtergras (Weide-„Unkraut"). Allenfalls sind junge Triebe in höheren Lagen als Weidefutter brauchbar. Die alten, sehr zähen Blätter werden vom Vieh verschmäht, oft mitsamt den brettförmigen Rhizomen ausgerissen und wieder ausgespien.

Narthecium ossifragum (L.) HUDSON, Moor-Ährenlilie, Beinbrech

Nartheciaceae (= Beinbrechgewächse)

Rhizomgeophyt mit dünnem Rhizom und 10–30(–40) cm hohem, klebrigen Blütenstängel. Blätter grün, an Trockenheit angepasst (xeromorph), schwertförmig (gefaltet), reitend.

Systematik: *N. ossifragum* ist die einzige mitteleuropäische Art der Familie. Die systematische Zuordnung der Gattung hat mehrfach gewechselt.

Giftigkeit: Die ganze Pflanze ist durch das Saponin Narthecin für den Menschen und vor allem für das Weidevieh giftig. Symptome sind Schädigung der Leber, Photosensibilisierung, Wasserstauungen und Schwellungen, vor allem im Kopf und in den Kniegelenken. Der Verzehr der Pflanze hat in Nordeuropa schon bei vielen Tieren zum Tod geführt. Die namengebende Knochenbrüchigkeit beim Vieh ist aber wohl eher die Folge des durch die Nährstoffarmut des Standorts bedingten Kalkmangels in Verbindung mit der Unwegsamkeit des Geländes.

Namen: *„Narthecium"* als Gattungsname erscheint zuerst 1742 bei MÖHRING und wird 1762 von HUDSON gültig publiziert. Bei LINNÉ heißt die Pflanze *Anthericum ossifragum*. Das Motiv der Benennung ist unklar. Meist wird der Name von griech. narthex = Stab abgeleitet, wegen des stabförmigen Blüten- und Fruchtstandes der Pflanze. GENAUST weist darauf hin, dass es sich um ein Anagramm (Buchstabenverdrehung) von *Anthericum* handeln könnte. Lat. *„ossifragus"* = Knochen brechend, weil die Pflanze für Knochenbrüche beim Vieh verantwortlich gemacht wurde (s. o.). – „Beinbrech" ist durch Übersetzung künstlich gebildet.

Vorkommen: In nassen, nährstoffarmen Mooren und Zwischenmooren bestandbildend. „Torfzehrer". Stark gefährdet und **geschützt**! Atlantische, bei uns auf West- und Nordwestdeutschland beschränkte Art.

Blüten (siehe Detailfoto): VII–VIII. 1-griffelige Pollenblumen, in steif aufrechten, dichtblütigen Trauben. Nektar fehlend. Kronblätter zu 6, oberseits gelb, außen mit grünem Streifen. Blüten duftend. Windbestäubung, selten auch Insektenbestäubung. Staubblätter aufrecht, an der Spitze mit kleinen, orange-roten Staubbeuteln. Die dicht und lang behaarten Staubfäden sammeln den Pollen, bis dieser vom Wind erfasst wird. Es wird auch diskutiert, dass die in den Staubfadenhaaren gesammelten Pollenkörner bei Regen zu den Narben schwimmen (durch Regen vermittelte Selbstbestäubung). Die Bestäubung er-

Die Staubfäden sind dicht behaart und nehmen den Pollen auf, bis er vom Wind erfasst wird.

folgt relativ selten auch durch Bienen und Fliegen; vielleicht sind die Staubfadenhaare dann auch als Futterattrappen anzusehen.

Früchte: Fachspaltige Kapseln mit reichlich linealischen, lang geflügelten, gelblichen Samen: Segelflieger und Wasserhafter.
Vegetative Vermehrung durch die Rhizome.

Nasturtium officinale R. BROWN (Artengruppe), Brunnenkresse

Brassicaceae (= Kreuzblütler)

Ausdauernde Sumpfpflanze oder Wasserpflanze (Wasserwurzler), 20–80 cm hoch. Blätter unregelmäßig gefiedert oder klein und ungeteilt. Typische Anpassungen an den Standort: Stängel hohl, Blätter kahl und saftreich. Blätter durch Senföl-Glykoside und Bitterstoffe von etwas scharfem, bitterem Geschmack. – Verwechslungsmöglichkeit mit dem Bitteren Schaumkraut (*Cardamine amara*), das aber u. a. einen markigen (statt hohlen) Stängel und violette (statt gelbe) Staubbeutel hat.

Systematik: Die Gattung umfasst ca. 5 Arten. An Kleinarten wachsen im Gebiet die Echte, Gewöhnliche oder Zweireihige Brunnenkresse (*N. officinale* s. str.) und die vermutlich viel häufigere, im Herbst purpurn bis bronzefarben gefärbte Kleinblättrige, Einreihige oder Braune Brunnenkresse (*N. microphyllum*) sowie ihr Bastard *N.* × *sterile*. – Nah verwandt sind u. a. Schaumkraut (*Cardamine*), Barbarakraut (*Barbarea*) und Sumpfkresse (*Rorippa*).
Namen: „*Nasturtium*" ist der lat. Name der Garten-Kresse (*Lepidium sativum*), der auf die Brunnenkresse übertragen wurde. Bei LINNÉ 1753 hieß die Pflanze *Sisymbrium nasturtium-aquaticum*. Als Gattungsname wurde *Nasturtium* von R. BROWN 1812 veröffentlicht. Neulat. „*officinalis*" = arzneilich verwendet. – „Brunnenkresse" (11. Jh.), wegen des Standorts (Brunnen = Quelle) und des Kressegeschmacks.
Vorkommen: Lichte Röhrichte, Bachufersäume und Quellfluren mit vornehmlich kühlem, schnell fließendem Wasser, auf basenreichen Schlammböden, gerne zusammen mit *Glyceria*-Arten. Im Yellowstone-Park/USA am Ufer von über 40 °C heißen Thermen beobachtet. Im Mittelmeergebiet auch in sommertrockenen Gräben. Ebene bis Gebirge, stellenweise fehlend (so vor allem in kalkarmen Gegenden).
Blüten: V–IX. „Nektar führende Scheibenblumen", ähnlich denen von *Cardamine*. Staubbeutel gelb. Nektar wird am Grunde der ausgesackten Kelchblätter abgesondert und ist nur Bienen und Faltern zugänglich. Bei schlechtem Wetter erfolgt

spontane Selbstbestäubung in den geschlossen bleibenden Blüten.
Früchte: Langgestielte, im Querschnitt rundliche Schoten. Samen bei *N. officinale* s. str. in 2 Reihen

nebeneinander, bei *N. microphyllum* in 1 Reihe. Windstreuer. Samen an Wasservögeln anhaftend und dadurch verschleppt (Wasserhafter). Fruchtreife: IX–X.

Vegetative Vermehrung durch Ableger, besonders durch abgerissene und mit dem fließenden Wasser transportierte Teile, sowie durch Blattknospen, d. h. sich am Ansatz von Blattfiedern entwickelnde Tochterpflanzen (Blattembryonie).

Verwendung: Alte Bauerngartenpflanze. Karl der Große befahl im Capitulare de Villis den Anbau auf den Reichsgütern. Junge Pflanzen werden vom Vorfrühling an bis vor der Blütezeit von alters her als Salat und Gemüse gegessen, wegen des scharfen Geschmackes vor allem in Mischung mit anderen Wildgemüsen; besonders schmackhaft mit rohem Spinat. Hierzu wurden sie z. B. in Thüringen in Wasserbecken kultiviert, wo diese Tradition zuweilen noch aktuell fortgesetzt wird. Der heutige Bedarf wird weitgehend durch Ware aus Südosteuropa gedeckt. – Wird wegen der stoffwechselfördernden und harntreibenden Wirkung arzneilich verwendet, vor allem in der Volksheilkunde zu Frühjahrskuren, z. B. bei rheumatischen Erkrankungen. Wirksubstanz ist u. a. das Senfölglykosid Gluconasturtiin. Ehemals wichtiger Vitamin C-Lieferant durch die schon vom Vorfrühling an mögliche Ernte. Bei der Nutzung ist die Gefahr durch evtl. vorhandene Würmer, insbesondere unter wärmeren Klimabedingungen in Südeuropa zu beachten. Zu Infekten mit dem Großen Leberegel (*Fasciola hepatica*) kann es dort kommen, wo Rinderweiden an Uferbereiche fließender oder stehender Gewässer grenzen. Das geschieht über Metazerkarien (Larven), die mit den Blättern aufgenommen werden, und dann die Darmwand durchdringen und so in die Leber gelangen. In Afrika und Asien ist es der Riesen-Leberegel (*Fasciola gigantea*), der zum Befall führt (pers. Mitt. Prof. GRIESHABER).

Neottia nidus-avis (L.) L. C. M. RICHARD, Nestwurz

Orchidaceae (= Orchideen, Knabenkrautgewächse)

Ausdauernder Geophyt bzw. Vollschmarotzer (Holoparasit), 25–50 cm hoch. Stängel nur mit Schuppenblättern, gelbbraun, fast ohne Chlorophyll, das aber z. B. nach Erhitzen durch ein Feuerzeug deutlich hervortritt (so auch in den Blüten). Spaltöffnungen spärlich und funktionslos. Rhizom kräftig, mit zahlreichen, nestartig verflochtenen, fleischigen Wurzeln. Die Pflanze benötigt bis zur Blühreife etwa 9 Jahre. Nach der Blüte zerfällt das Rhizom oft von der Mitte her, und es entwickeln sich von randlichen Wurzeln ausgehend Tochterpflanzen, die dann nach einigen Jahren zur Blühreife gelangen. – Wurzelhaare fehlen. Stattdessen versorgt der Pilz die Pflanze vollständig mit Wasser, Nährsalzen und Assimilaten (= Myko-Heterotrophie): Die äußeren Schichten der Wurzelrinde besitzen Pilzhyphen im Zellinneren (= endotrophe Mykorrhiza des Orchideen-Typs), in den weiter innen gelegenen Schichten werden diese verdaut. Die Pflanze ist also (ähnlich wie der Fichtenspargel *Monotropa*) kein Saprophyt (= Humuszehrer), sondern parasitiert auf dem Pilz (hier dem Ständerpilz *Sebacina* s. l. = Wachskruste). Da der Pilz – wie allgemein bei parasitischen Orchideen – gleichzeitig als ektotropher Mykorrhiza-Pilz in Kontakt mit Baumwurzeln (z. B. von Buchen) lebt, stammen die organischen Verbindungen letztlich von den Bäumen (Epiparasitismus). – Die Entstehung des Parasitismus kann man sich hier gut vorstellen, wenn man vergleicht, dass das verwandte Zweiblatt (*Listera*) zwar Photosynthese betreibt, aber mindestens zeitweilig organische Verbindungen vom Pilzpartner bezieht.

Systematik: Die Gattung umfasst ca. 70 Arten. Sie gehört innerhalb der überwiegend tropisch verbreiteten Unterfamilie Epidendroideae zur Gattungsgruppe (Tribus) Neottieae, zu der auch das Waldvöglein (*Cephalanthera*), die Sumpfwurz (*Epipactis*) und der Dingel (*Limodorum*, s. u.) zählen. In die gleiche Unterfamilie gehört auch die Korallenwurz (*Corallorhiza*, s. u.). Nächst verwandt ist das Zweiblatt (*Listera*), das heute oft in *Neottia* eingeschlossen wird.

Namen: „*Neottia*" wurde von GUETTARD 1750/1754 geprägt, von griech. neottia = Vogelnest, wegen der nestartig verflochtenen Wurzeln. Bei LINNÉ hieß die Art *Ophrys nidus-avis*, von lat. „*nidus-avis*"

= Vogelnest. – „Nestwurz“ (weiblich!) ist Lehnübertragung. „Wurz“ = Pflanze.

Vorkommen: Laub- und Kiefernmischwälder auf frischen, meist kalkhaltigen, humosen Lehmböden. Schattenpflanze! Ebene bis Gebirge (deutsche Alpen bis 1400 m). – **Geschützt**!, d. h. hier liegt der merkwürdige Fall vor, dass ein Parasit unter amtlichen Schutz gestellt wurde.

Blüten: V–VI. Unscheinbare, bräunliche, honigduftende „Lippenblumen“ vom *Orchis*-Typ, in reichblütiger Ähre. Sporn fehlend; das Nektarium befindet sich in einer sackförmigen Ausbuchtung des hinteren Teils der Lippe. Vormännlich. Pollen pulverig, wenig zusammenhängend. Am Rostellum (einem Narbenfortsatz) beschmieren sich die Besucher, besonders Fliegen, mit einer hier abgegebenen Klebmasse (Leimtropfen), mit deren Hilfe der Pollen an den Tieren haften bleibt. Selbstbestäubung erfolgt durch Pollen, der auf die Narbe herabfällt. Auch geschlossenblütig (= kleistogam) und dann teilweise unterirdisch blühend und fruchtend (geokarp).

Früchte: Kapseln trocken durch Längsspalten geöffnet: Wind- und Tierstreuer. Vertrocknete Fruchtstängel oft jahrelang erhalten bleibend. Die winzigen, länglichen Samen sind Körnchenflieger (nur 0,2–0,3 mm breit und 0,008 mg schwer). Fruchtreife: VIII–X. Wintersteher. Wie bei allen Orchideen ist die Keimung des wenigzelligen Samens nur mithilfe eines Mykorrhiza-Pilzes möglich.

Vegetative Vermehrung durch an den Enden der Wurzeln entstehende Sprosse (s. o.).

Verwandte:

Neottia ovata → *Listera ovata*.

Limodorum abortivum (L.) Sw., Dingel: Ebenfalls Vollschmarotzer auf einem Mykorrhizapilz (meist einem Täubling = *Russula*) und ebenfalls epiparasitisch; eine geringe Photosyntheseleistung ist allerdings vorhanden. Pflanze violett bis stahlblau, 20–50 cm hoch. Trockene Wälder und Halbtrockenrasen, basenhold. Galt lange Zeit als vom Aussterben bedroht, die Bestände haben sich aber erholt, sodass die Rote Liste mit Stand von 2018 die Art nur noch als gefährdet einstuft. **Geschützt**! Blüten hellviolett; ihr Sporn 15–25 mm lang. Überwiegend Selbstbestäubung.

Corallorhiza trifida Châtel., Korallenwurz: Pflanze grünlich gelb, 8–25 cm hoch. Halbschmarotzer (partiell mykoheterotroph). Äußerlich wegen des

Chlorophyllmangels und der damit zusammenhängenden Reduzierung der Blätter *Neottia nidus-avis* ähnlich. Wurzeln fehlen. Das verzweigte, korallenartige (Name!) Rhizom ist dicht von Pilzhyphen der Gattung *Tomentella* umsponnen, auf denen die Pflanze parasitiert (hemi-mykoheterotroph). Da die Pilze auch hier gleichzeitig Verbindung zu Baumwurzeln haben, liegt wie bei *Neottia* Epiparasitismus vor. Anders als dort deckt die Pflanze aber ca. 25 % ihres Kohlenstoff-Bedarfs aus eigener Photosyntheseleistung (Zimmer et al. 2008 New Phytol. 178: 395) und ist entsprechend als hemi-mykoheterotroph einzustufen. Alle anderen Arten der Gattung sind voll mykoheterotroph und haben als Pilzpartner Vertreter der Gattung *Russula* (= Täubling). Vorkommen überwiegend in bodensauren Bergwäldern, fast nur noch im Süden, sonst meist fehlend. Gefährdet. **Geschützt**! Blüten nur 5 mm groß, fast ohne Sporn, in 4–10-blütiger Traube. Blütenbesuch durch verschiedene Insekten, besonders Fliegen, aber Selbstbestäubung ist vorherrschend.

Nepeta cataria LINNAEUS,

Echte Katzenminze, Echtes Katzenkraut

Lamiaceae (= Lippenblütler)

Ausdauernder, kurzlebiger Hemikryptophyt, 40–100 cm hoch. Pflanze grauflaumig bis graufilzig. Blätter herz-eiförmig, grob gekerbt-gesägt, 3–7 cm lang, lang gestielt, unterseits graufilzig. Pflanzen der Varietät *citriodora* duften beim Zerreiben intensiv nach Zitrone und werden daher oft für Melisse (*Melissa*) gehalten. – Durch das ätherische Öl Nepetalacton (ein Iridoid-Alkaloid) üben die Pflanzen eine starke Anziehungskraft auf Katzen aus (außer auf sehr junge und sehr alte Tiere), und anders als beim Baldrian (*Valeriana*) auf beide Geschlechter. Die Tiere werden durch den Geruch stimuliert und wälzen sich in den Pflanzen, was offenbar die Duftstoffabgabe und damit die berauschende, euphorisierende Wirkung steigert. Das Fressen der Blätter hingegen wirkt eher beruhigend und nach etwa 10 Minuten ist die Euphorie meist vorüber. Die Vorliebe betrifft nur etwa 50 % der Hauskatzen und ist genetisch bedingt. Sogar Großkatzen wie Tiger und Löwen sind betroffen.

Systematik: Die Gattung umfasst etwa 250 Arten, vor allem in trockeneren Gebieten Europas und Asiens. Mehrere davon werden bei uns als Zierpflanzen kultiviert. Die Gattung ist namengebend für die Unterfamilie Nepetoideae. Nah verwandt ist u. a. die Minze (*Mentha*).

Namen: „*Nepeta*“ ist der lat. Name der Pflanze. Er wird meist in Zusammenhang mit der etruskischen Stadt Nepet gebracht, wo die Pflanze kultiviert worden sein soll. Spätlat. „*cat(t)arius*“ = Katzen-, wegen der Anziehungskraft auf Katzen. – „Katzenminze“ wegen des Geruchs. „Echt“ bedeutet hier ‚Heilpflanze‘.

Vorkommen: Basenholde, nährstoffliebende Ruderalpflanze trocken-warmer Standorte, vor allem in Dörfern. Kulturrelikt (Archäophyt). Diese Vorkommen sind heute gefährdet. Außerdem gelegentlich in Gärten, besonders von Katzenliebhabern, kultiviert und von da aus auch verwildert (Neophyt), vor allem im Bereich der Großstädte. Heimat: Südeuropa bis Asien.

Blüten: VII–IX. Ausgeprägt vormännliche „Eigentliche Lippenblumen“. Blütenstände ährenartig, end- und seitenständig. Neben Zwitterblüten kommen auch weibliche Blüten oder rein weibliche Pflanzen vor. Blüten mit flacher Oberlippe, weiß bis rötlich. Unterlippe muschelförmig, mit roten Punktsaftmalen. Bestäuber sind Hummeln, weitere Bienen und Falter. Ergiebige Bienentrachtpflanze. – Am Beispiel dieser Art konnte nachgewiesen werden, dass die Blütenbesucher an den Blüten Duftmarken hinterlassen, die anzeigen, dass die Blüten schon besucht wurden, und sich daher eine weitere Nektaraufnahme nicht lohnt.

Früchte: Je Blüte entstehen vier 1-samige Teilfrüchte (Klausen). Wind- und Tierstreuer sowie Anhafter an Tieren, z. B. Katzen. Menschenausbreitung (Kulturrelikt).

Verwendung: Alte Arzneipflanze, die bei uns schon aus der Steinzeit nachgewiesen ist und seit der Römerzeit auch kultiviert wurde. Besonders zu nennen ist die var. *citriodora* mit den ätherischen Ölen Citral, Geraniol, Limonen usw., deren Blätter beim Zerreiben intensiv nach Zitrone duften. Sie wird ähnlich angewendet wie Melisse (*Melissa*),

z. B. als beruhigendes Mittel. Man kann die Blätter in kleinen Mengen als Speisewürze verwenden. Die Pflanze wirkt abweisend gegenüber Insekten, namentlich Mücken. Sie wird auch als Zierpflanze angeboten.

Weitere Art/Verwandte:

Nepeta × faassenii STEARN, Garten- oder Hybrid-Katzenminze: Sehr beliebte Zierpflanze der Anlagen und Gärten und als Straßenbegleitgrün. Sie ist auch verwildert anzutreffen, gebietsweise mit Einbürgerungstendenz. Blätter länglich. Krone blau. Früchte steril.

Hyssopus officinalis L., Gewöhnlicher Ysop, Bienenkraut: Bauerngarten-, Heil- und Gewürzpflanze (seit dem 16. Jh.). Ebenfalls Halbstrauch, aber nur 30–50 cm hoch. Blätter lineal-lanzettlich. Heimat: Südosteuropa/Südwestasien. Aus Kultur verwildert (Burgenpflanze) und in ruderalen Felsfluren und Trockenrasen z. T. eingebürgert (Neophyt seit 1829). Blütezeit: VII–X. Vormännliche, blaue Lippenblumen mit weit herausragenden Staubbeuteln. Sehr reicher Blütenbesuch durch Honig- und Wildbienen sowie Falter. Klausen mit Klebausbreitung. Alte Arzneipflanze, die aufgrund der ätherischen Öle und Gerbstoffe volksmedizinisch bei Magen- und Darmbeschwerden und als Wurmmittel verwendet wurde. Als Gewürzpflanze ist Ysop wieder im Kommen, man verwendet ihn am besten frisch, fein gehackt und nur in kleinen Mengen. Der Geschmack erinnert an eine Mischung aus Oregano, Rosmarin und Salbei. Die Pflanze wird auch als Zierpflanze und Bienentrachtpflanze angebaut. – Hinweis: Der Ysop der Bibel ist der Syrische Dost (*Origanum syriacum*).

Nicotiana tabacum LINNAEUS, Virginischer Tabak

Solanaceae (= Nachtschattengewächse)

In Kultur einjährig, am Naturstandort ausdauernd, kurzlebig, 75–150(–200) cm hoch. Mithilfe der aufrecht abstehenden Blätter werden die Niederschläge am Stängel herab den Wurzeln zugeleitet: Trockenheitsanpassung. Stängel, Blätter und Krone durch Drüsenhaare klebrig; besonders bei heißem Wetter werden nikotinhaltige Sekrete abgegeben, die an der Luft verharzen. – **Stark giftig**.

Giftigkeit: Alle Arten der Gattung sind **stark giftig**, vor allem durch das Alkaloid Nicotin mit der bekannten narkotisierenden und gefäßverengenden Wirkung. Es wird in den Wurzeln gebildet und von dort in die Blätter transportiert. Der Gehalt schwankt zwischen 0,5 und 18 % vom Trockengewicht. Beim Rauchen entstehen Teerstoffe und andere Schadstoffe, die Krebs fördern. Nicotin wird intensiv von der Haut aufgenommen. Reines Nicotin ist ein äußerst starkes Gift, bereits 40–60 mg sind für einen Erwachsenen tödlich. Der Extrakt einer einzigen Zigarre oder von 5 (oder weniger) Zigaretten ist tödlich. Geringere Mengen führen zu Schwindel und Zittern, höhere Mengen zu Herzstillstand und Atemlähmung. Die Körper von „Postrauchern" benötigen Jahre, bis sich ihr Körper wieder gereinigt hat. Man schätzt, dass sich der Kreislauf nach etwa 10 Jahren, die Lunge aber erst nach 15 Jahren wieder im Nichtraucher-Zustand befindet. – Ziegen scheinen Nicotin weitgehend zu vertragen, jedoch ist ihre Milch kontaminiert, und so ist es schon zu starken Vergiftungen gekommen. – Die Funktion des Giftstoffes ist der Schutz vor Insektenfraß. Nach Verletzung durch Fraßinsekten bildet die Pflanze als Alarmstoff Jasmonsäure, die in alle Pflanzenteile gelangt und eine stark vermehrte Nikotinproduktion zur besseren Abwehr veranlasst.

Schädlinge sind zahlreich. Bei der amerikanischen Art *N. attenuata* hat man beobachtet, dass die Pflanzen als direkte Abwehr nach dem Anknabbern durch Kaninchen die Nikotinproduktion in den Blättern stark erhöhen. Im Gegenzug verlangsamt sich die Entwicklung der betreffenden Pflanze. Beides gilt wohl auch für unseren . Insekten (so der amerikanische Tabakschwärmer, *Manduca sexta*) passen sich wiederum in der Weise an, dass sich das Gift in ihrer Hämolymphe anreichert und sie dadurch die Larven ihrer Feinde (hier der endoparasitischen Wespe *Cotesia congregata*) an der Entwicklung hindern. Gleichzeitig hält der Duft weitere Fressfeinde von der Eiablage ab, da diese (aus Konkurrenzgründen) unbeschädigte Pflanzen bevorzugen. Außerdem konnte gezeigt werden, dass die Pflanzen nach Befall durch Insekten Duftstoffe freisetzen und auf diese Weise Räuber und Parasiten dieser Tiere anlocken (SCHUMAN et al. 2012 eLife e00007). – Eine gefürchtete Erkrankung ruft das Tabakmosaikvirus (TMV) hervor. Es regt die Tabakzelle zur Bildung von Virus-RNA und -protein an. Mit der Vermehrung der Viren in der Zelle kommt es zur Ausbildung der charakteristischen Krankheitssymptome, das sind braune Blattnekrosen. Das „TMV" gehörte zu den ersten Viren, die isoliert werden konnten. Bis dahin sprach man von infektiösen „Agentien", weil sie auch Bakterienfilter noch passieren können.

Namen: „*Nicotiana*" ist der vorlinnésche Name der Gattung, nach dem franz. Diplomaten in Portugal J. NICOT, der 1560 erstmals (heimlich) Samen nach Paris brachte. Der Name erscheint zuerst bei DALÉCHAMPS 1586 als ‚Herba Nicotiana'. – „Tabak" ist eine Bezeichnung der Indianer zur Zeit des Columbus für Tabakrollen.

Vorkommen: Kulturpflanze, selten verwildert, aber immer nur unbeständig. Anbau in warmen, luftfeuchten Lagen. Heimat: Bolivien, Peru (heute nur noch in Kultur bekannt).

Blüten: VI–IX. Kurztagpflanze. Vorweibliche bis homogame, fleischrote „Große Trichterblumen", in rispenartigem Blütenstand. Nektar ist im unteren Teil der Kronröhre reichlich vorhanden, aber nur für langrüsselige Falter zugänglich. Hauptbestäuber ist das zu den Schwärmern gehörende, aber tagaktive Taubenschwänzchen (*Macroglossum stellatarum*). Selbstbestäubung ist erfolgreich. In Amerika, der Heimat des Tabaks, werden die Blüten durch Kolibris bestäubt.

Früchte: 2-fächerige, 2-klappig aufspringende Kapseln mit bleibendem Kelch: Windstreuer. Ausbreitung der sehr kleinen Samen durch den Wind. Wärme- und Lichtkeimer.

Verwendung: Genusspflanze, in Europa erstmals im 16. Jh. angebaut. 1986 betrug die Welternte 6,0 Mio. t Tabak, 2012 waren es 7,5 Mio. t und 2018 6 Mio. t. Reines Nicotin oder Tabakbrühe werden als hochtoxische Insektenbekämpfungsmittel (Kontaktgift) verwendet. Großblütige Formen dienen als Zierpflanzen. Daneben gibt es mehrere attraktive Ziertabakarten.

Weitere Art:

Nicotiana rustica L., Bauern-Tabak, Machorka: Weniger kultiviert als vorige Art, alte Bauerngartenpflanze. Heimat: Mittelamerika und nördliches Südamerika. Untere Blätter gestielt. Blüten gelblich grün, mit kurzbauchiger Kronröhre. Die Blätter wurden, z. B. von der ärmeren Bevölkerung Russlands, grob zerkleinert und in tütenförmig zusammengerolltes Zeitungspapier gesteckt, geraucht.

Nigella damascena LINNAEUS, Damaszener Schwarzkümmel, Jungfer im Grünen, Gretchen im Busch

Ranunculaceae (= Hahnenfußgewächse)

Einjährig, sommer- oder winterannuell, 15–40 cm hoch. Stängel verzweigt.

Namen: „*Nigella*" ist der spätlat. Name des Echten Schwarzkümmels, als Verkleinerungsform von lat. niger = schwarz, nach der für die Gattung typischen Samenfarbe. Lat. „*damascenus*" = aus Damaskus stammend, als Hinweis darauf, dass die Pflanze durch die Handelsbeziehungen Venedigs

mit dem Vorderen Orient im 16. Jh. in Mitteleuropa eingeführt wurde. „Schwarzkümmel" nach der Verwendung von *N. sativa*. Die anderen deutschen Namen vergleichen die attraktive, von zerzausten Hochblättern umgebene (und dadurch etwas verborgene) Blüte mit einem im Grünen versteckten Mädchen.

Vorkommen: Zierpflanze. Heimat: Mittelmeergebiet. Zuweilen an Ruderalstandorten verwildert, im Gebiet aber nur unbeständig. Als einjährige Pflanze im Garten immer wieder an neuen Stellen zu finden.

Blüten: VI–VIII. Selbststerile, vormännliche „Nektar führende Scheibenblumen", von einem grünen, 3-zähligen Scheinquirl von stark zerteilten Hochblättern umgeben. Diese übernehmen ähnlich wie beim Winterling (*Eranthis*) oder Leberblümchen (*Hepatica*) anfänglich die Funktion eines Kelches. Blütenhülle einfach (Perigon). Perigonblätter hellblau bis weiß, selten rosa. Die Nektarblätter sind zweilippige, gestielte, blaue, oben durch einen Deckel verschlossene „Spornnektarien" und deshalb die kompliziertesten der Hahnenfußgewächse; bei manchen Ziersorten sind sie zu zusätzlichen Perigonblättern umgebildet. Staubblätter sehr zahlreich. Bestäuber sind Bienen und Hummeln. Um an den Nektar zu gelangen, zwängen sie ihren Rüssel zwischen Ober- und Unterlippe. Indem sie sich auf der Blüte im Kreise bewegen, entleeren sie eine Nektartüte nach der anderen. Dabei berühren sie gleichzeitig die geöffneten Staubbeutel bzw. in älteren Blüten die Narben. Dieser Kontakt wird dadurch ermöglicht, dass sich beide Geschlechtsorgane über die Nektarblattöffnungen krümmen. Bienentrachtpflanze.

Früchte: Die Fruchtblätter sind im Unterschied zu den anderen *Nigella*-Arten (und den übrigen Ranunculaceae) vollständig verwachsen. Die Frucht ist eine kugelige, aufgeblasene Kapsel von bis zu 3 cm Durchmesser. An jedem Fruchtfach entsteht bei der Reife oben ein kleiner, ca. 7 mm langer Spalt (Porenkapsel). Die blasig aufgetriebenen Fruchtfächer dienen als Windfang: Windstreuer. Vorbeistreifende Tiere verhakeln sich an den Narbenresten und den bleibenden Hochblättern: Tierstreuer. Menschenausbreitung als Kulturflüchter. Samen schwarz, querrunzelig, erdbeerartig duftend. Dunkelkeimer.

Verwendung: Altbekannte Zier- und Bauerngartenpflanze seit dem 16. Jh., z. T. mit gefüllten Blüten. Die dekorativen Fruchtstände sind beliebt für Trockensträuße. Die Pflanze sät sich im Garten selbst aus. – Die ölreichen, würzigen Samen wurden früher ähnlich wie die des Echten Schwarzkümmels (s. u.) genutzt, der sich dafür aber besser eignet.

Weitere Arten:

Nigella arvensis L., Acker-Schwarzkümmel: Selten gewordenes Ackerwildkraut. Inzwischen akut vom Aussterben bedroht (Stand 2018). Stammt ebenfalls aus dem Mittelmeergebiet. Archäophyt. Die Fruchtblätter sind bis zur Mitte verwachsen, lang gestreckt und erinnern an die freien Balgfrüchte anderer Hahnenfußgewächse, wie etwa der Akelei (*Aquilegia*); zusammen bilden sie einen Stern.

Nigella sativa L., Echter Schwarzkümmel: Alte Kulturpflanze. Beheimatet in Nordafrika und Westasien. Blüten weiß. Die schwarzen, pfeffer- bzw. anisartig schmeckenden, kümmelartig duftenden Samen im Türkischen Brot stammen von dieser

Pflanze. Die Art wird auch als Heilpflanze sehr geschätzt, z. B. bei Blähungen, als Abwehr stärkendes Mittel, besonders bei Heuschnupfen, Asthma und Neurodermitis, sowie zur Förderung der Milchabsonderung. Schon die alten Ägypter schätzten die Heilwirkung der Pflanze und benutzten sie für die Schönheitspflege. In größerer Menge aufgenommen sind die Samen aber giftig. Man findet die Pflanze auch in Sommerblumenbeeten.

Nigritella nigra (L.) Reichenbach filius (= *Gymnadenia nigra* (L.) Rchb. f.) (Artengruppe), Schwarzes Kohlröschen

Orchidaceae (= Orchideen, Knabenkrautgewächse)

Knollengeophyt, 8–15(–30) cm hoch. Blätter linealisch, grasartig. Sterile Pflanzen ähneln Grasbüscheln. Knollen 2-teilig bis 5-lappig. Formenreiche Artengruppe.

Systematik: Die Gattung gehört zur Unterfamilie Orchidoideae (siehe *Orchis*). Sie ist nächst verwandt mit der Händelwurz (*Gymnadenia*) und bildet mit dieser spontane Bastarde. Viele Autoren schließen *Nigritella* in *Gymnadenia* ein. Die Artengruppe *N. nigra* ist im Gebiet vor allem durch die Kleinart *N. rhellicani* vertreten.

Namen: „*Nigritella*" ist vermutlich als Verkleinerungsform von lat. niger = schwarz zu verstehen, in Bezug auf die dunkel rotbraune bis schwärzlich purpurne Blütenfarbe. – „Kohl-" dürfte ebenfalls auf die dunkle Blütenfarbe anspielen (vgl. Kohle).

Vorkommen: Auf basenreichen, meist kalkhaltigen Böden in alpinen Magerrasen nicht selten. Reagiert empfindlich auf Düngung und intensive Beweidung. **Geschützt**!

Blüten: (V–)VI–VIII. Lippenblumen vom *Orchis*-Typ. Nach Vanille duftend. Blütenstand konisch. Die gewöhnlich schwarzrote, sternförmig ausgebreitete, hier ausnahmsweise nicht gedrehte Blütenhülle (Perigon) hat einen kurzen, 2 mm langen Sporn. Die Lippe ist ungeteilt und aufwärts gerichtet. Wird von etwa 50 verschiedenen Insekten besucht, besonders von kleineren Tagfaltern und kleineren Nachtfaltern, bei denen sich die Pollinarien an den Rüsselspitzen anheften. Auf dem Monte Baldo beobachtete R. Düll Hummeln als Besucher. Einige Kleinarten vermehren sich apomiktisch, d. h. es entstehen Samen ohne vorhergehende Befruchtung.

Früchte: Kapseln klein, 3–5 mm lang, mit zahlreichen, nur 0,36 mm langen, feilspanförmigen Samen: Körnchenflieger. Fruchtreife: IX–X.

Nuphar lutea (L.) SMITH, Gelbe Teichrose oder Gelbe Mummel

Nymphaeaceae (= Seerosengewächse)

Ausdauernde Wasserpflanze mit Schwimmblättern und salatblattartigen Unterwasserblättern. Sehr ähnlich wie die Seerose (*Nymphaea*, siehe dort). Bis maximal 6 m Wassertiefe vorkommend, dann oft auch in einer untergetauchten, flutenden Form ohne Schwimmblätter. – Als typische Wasserpflanze zeichnet sich die Teichrose durch ein spezielles Durchlüftungsgewebe (Aerenchym) aus. Dieses stellt über die Zellzwischenräume (Interzellularen) eine direkte Verbindung zwischen den Spaltöffnungen und den Wurzeln her. Dass ein solcher Weg der Luft existiert, hat erstmals der Franzose DUTROCHET (1776–1847) beim Studium dieser Art erkannt.

Systematik: Die Gattung umfasst 8–11 Arten. In die gleiche Familie gehört die Seerose (*Nymphaea*, siehe dort).

Giftigkeit: Die ganze Pflanze, vor allem das Rhizom, ist schwach giftig durch Alkaloide.

Namen: „*Nuphar*" ist der vorlinnésche Name der Pflanze, abgeleitet von ‚ninufar' oder ‚nilufar', dem von den mittelalterlichen Ärzten verwendeten arab. Namen der Pflanze. Er wurde 1809 von J. E. SMITH aufgegriffen, als er die Teichrosen (*Nuphar*) von den vorher weitgefassten Seerosen (*Nymphaea*) abtrennte. Lat. „*luteus*" = gelb, nach der Blütenfarbe. – „Teichrose" wurde vermutlich zur Unterscheidung von den Seerosen künstlich gebildet. Zum Volksnamen (Gelbe) Mummel siehe bei *Nymphaea*.

Vorkommen: Bevorzugt im Vergleich zu *Nymphaea alba* eher (größere) Fließgewässer bzw. mehr mineralische Böden. Ebene (dort oft verbreitet) bis mittlere Gebirgslagen. – **Geschützt**!

Blüten (siehe Detailfoto): VI–VIII. „Nektar führende Scheibenblumen", halbkugelig, bis 4 cm breit, stark und angenehm duftend, gewöhnlich über die Wasseroberfläche erhoben. Die Blütenhülle besteht aus 5 goldgelben Kelchblättern (bzw. Perigonblättern mit Kelchblattfunktion) und bis zu 25 spatelförmigen, ebenfalls goldgelben Kronblättern (bzw. Nektarblättern mit Kronblattfunktion). Die Staubblätter sind zahlreich. Die Nektarien sind rückenständig. Die scheibenförmige Narbe besteht aus zahlreichen Narbenstrahlen. Bestäuber sind Käfer sowie (anders als bei *Nymphaea*) auch Schwebfliegen.

Der dicke Stempel ist umgeben von vielen Staub- und Kronblättern und 5 großen Kelchblättern.

Früchte: Die zahlreichen, freien Balgfrüchte werden vom fleischigen Achsengewebe umgeben, sodass eine Sammelfrucht entsteht, die bei der Reife durch Ablösung des umgebenden Achsengewebes in halbmondförmige, vielsamige Einzelfrüchte zerfällt. Die Samen sind aufgrund von lufthaltigem Schleim schwimmfähig. Licht- und Kältekeimer.

Vegetative Vermehrung durch verzweigte oder abgerissene Rhizome.

Verwendung: Zierpflanze der Gartenteiche. Die stärkereichen Rhizome und die Samen sind essbar (Naturschutz beachten!).

Nymphaea alba LINNAEUS, Weiße Seerose, Weiße Mummel

Nymphaeaceae (= Seerosengewächse)

Ausdauernde Wasserpflanze: Schwimmblattpflanze, d. h. anders als bei Schwimmpflanzen wie Froschbiss (*Hydrocharis*) oder Krebsschere (*Stratiotes*) schwimmt nur die Blattspreite. Die Sprossachse ist auf das fast armdicke, im Schlammboden befindliche Rhizom (siehe Abb.) beschränkt, das im Herbst viel Stärke enthält und als Speicherorgan dient. Am Rhizom entspringen die hohlen Wurzeln und die elastischen und somit den Wasserstandsschwankungen angepassten Blatt- und Blütenstiele, deren Ansatzstellen an älteren Rhizomabschnitten als charakteristische Narben erkennbar sind (siehe Farbzeichnung). Blatt- und Blütenstiele sind maximal 3 m lang und damit die längsten der heimischen Flora. Alle Teile der Pflanze einschließlich des Rhizoms sind mit einem Durchlüftungsgewebe (= Aerenchym) ausgestattet. Das ist eine Anpassung an die Sauerstoffarmut des Standortes und dient zugleich dem Auftrieb; so haben z. B. die Blattstiele vier auffällige Durchlüftungskanäle. Die Spaltöffnungen liegen auf der Schwimmblattoberseite, die auch eine Wasser abstoßende Wachsschicht besitzt, was u. a. die Behinderung des Gasaustausches verringert. Den von den Schwimmblättern der Indischen Lotosblume (*Nelumbo nucifera*) bekannten Lotus-Effekt, bei dem die Wassertropfen vom Blatt abperlen, zeigt die Seerose allerdings nicht. – Die von den Blättern, vor allem den jungen, aufgenommene Luft erwärmt sich im Blatt und gelangt dadurch in die übrigen Pflanzenteile. Im Winter und in Fließgewässern bilden sich oft spaltöffnungsfreie, salatblattartige Unterwasserblätter. Wie die meisten Wasserpflanzen zeichnen sich auch die Gewebe der Seerosen durch hohen Gerbstoffgehalt aus, der dem Schutz vor Fäulnis dient.

Systematik: Die Seerosengewächse haben innerhalb der Blütenpflanzen eine Sonderstellung und werden gemeinsam mit einigen bei uns nicht vertretenen Familien als „Basale Bedecktsamer" abgetrennt. Ihnen fehlen die für fast alle Bedecktsamer typischen Tracheen als Wasserleitungselemente (es sind nur Tracheiden vorhanden); die Samenanlagen sind nicht am Rande der Fruchtblätter inseriert, sondern auf deren Fläche (laminale Plazentation); die Leitbündel sind wie bei den Einkeimblättrigen zerstreut angeordnet. Molekularbiologische Daten bestätigen die isolierte Situation. – *Nymphaea* umfasst 40–50 Arten und ist fast weltweit verbreitet mit Schwerpunkt in den Tropen. – In die gleiche Familie, allerdings eine andere Unterfamilie, gehört die Teichrose (*Nuphar*).

Giftigkeit: In allen Teilen schwach giftig (und antibakteriell) durch Alkaloide und Glykoside.

Namen: „*Nymphaea*" (nymphaia) ist der lat.-griech. Name der Seerosen, in Anlehnung an die Wasser bewohnenden Nymphen aus der griech. Mythologie. Er wurde von LINNÉ aufgegriffen. Lat. „*albus*" = weiß, nach der Blütenfarbe, im Vergleich zur Gelben Teichrose. – Der Volksname „Weiße Mummel" bezieht sich, ähnlich wie der wiss. Name, auf die mystische Gestalt der ‚Muhme' (Wassergeist, Nixe), die im Volksglauben mit der Pflanze in Verbindung gebracht wurde. Die ‚Gelbe Mummel' war entsprechend die ‚Gelbe Teichrose'.

Vorkommen: Mäßig nährstoffreiche (meso- bis eutrophe), stehende bis langsam fließende Gewässer von geringer Tiefe (bis 3 m) mit schlammigem Grund. Kennart der Schwimmblattpflanzenge-

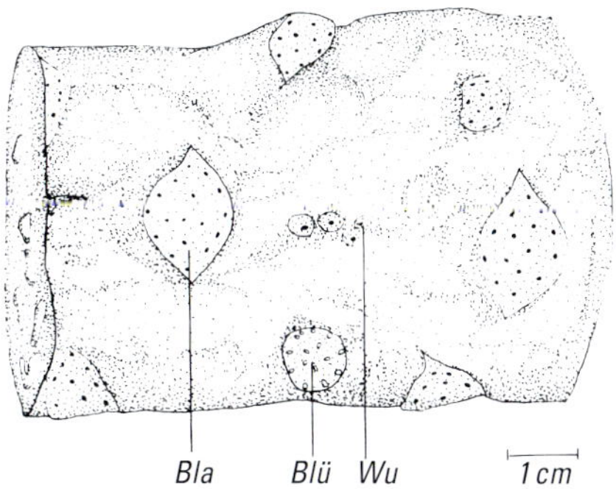

*Im Boden verborgen liegt der armdicke Erdspross (Rhizom) mit den Abnarbungsstellen von Blattstiel (**Bla**), Blütenstiel (**Blü**) und Wurzel (**Wu**).*

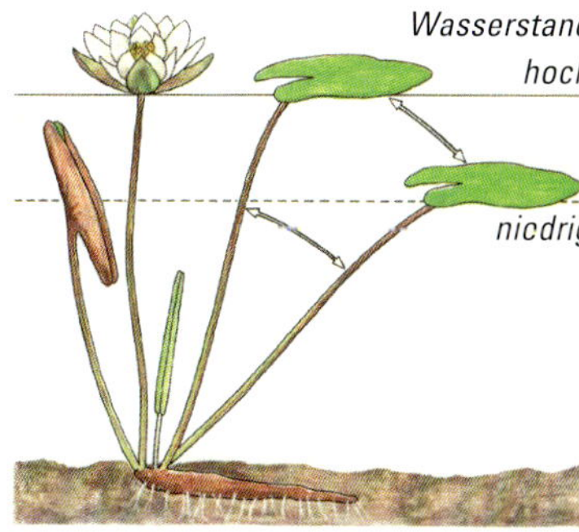

Durch den elastischen Blattstiel passt sich die Blattspreite dem wechselnden Wasserstand an. (Nach von Hagen)

sellschaften (= Nymphaeion albae). Ebene (dort stellenweise nicht selten) bis Gebirge (bis etwa 1000 m). – Reiche Bestände zeigen Eutrophierung an. Manche Angler meinen dann, die Seerosen mit Kalk bekämpfen zu müssen, was aber eher das Gegenteil bewirkt. – Auch aus Kultur verwildert und eingebürgert sowie auch im Freiland ausgebracht (= angesalbt). Am Beispiel Hessens wurde jetzt gezeigt (Nierbauer et al. 2014 Flora 209: 122), dass 75 % der „Wildvorkommen" überwiegend sterile Hybriden mit der Zierpflanze *N. odorata* sind, die morphologisch nicht unterscheidbar sind und letztlich auf gärtnerische Züchtung zurückgehen. Entsprechend dürfte die Gefährdung der reinen Art deutlich höher liegen, als bisher angenommen. – In zahlreichen Bundesländern gefährdet. **Geschützt**!

Blüten: VI–VIII. Die 8–12 cm breiten „Pollen-Scheibenblumen" sind unsere größten Blüten. Sie werden von 4 außen grünen, innen weißen Perigonblättern („Kelchblättern") umhüllt. Nach innen folgen zahlreiche, spiralig angeordnete, zunächst mit grünem Mittelstreifen versehene, dann rein weiße „Kronblätter", anschließend alle Übergänge bis zu den normalen, lebhaft gelb gefärbten Staubblättern. Die Narbenstrahlen scheiden eine zuckerhaltige Flüssigkeit ab. Die zwischen 7 Uhr morgens und 16 Uhr (bei Kulturformen evtl. auch noch länger) geöffneten Blüten werden vor allem von Käfern besucht, die den Pollen fressen oder nachts und bei kühlem Wetter die Blüte als Herberge benutzen. Die Käfer sind in der Lage, durch ihre kauenden Mundwerkzeuge den Pollen zu zermalmen und können so direkt an deren eiweißreichen Inhalt gelangen.

Früchte: Die freien Fruchtblätter sind von Achsengewebe umwuchert, sodass zur Reife eine beerenartige Sammelfrucht vorliegt, die sich als Ganzes von der Pflanze ablöst. Durch Verwesung lösen sich die Wände der Teilfrüchte auf und geben Samenklumpen frei. Die Samen sind dann mithilfe eines lufthaltigen, sackartigen Samenmantels (= Arillus) schwimmfähig, steigen kurzfristig an die Wasseroberfläche und können durch die Strömung weiter getragen werden. Nach kurzer Zeit wird der Samenmantel zersetzt, und die schweren Samen sinken wieder auf den Grund des Gewässers, um dort schließlich auszukeimen. Dazu Klebausbreitung durch Wasservögel. Fruchtreife: VIII–X.

Vegetative Vermehrung durch abgelöste Rhizomteile: Schwimmausbreitung.

Verwendung: *Nymphaea*-Arten, so vor allem auch rot blühende, und ihre Bastarde sind beliebte Zierpflanzen für Park- und Gartenteiche. – Die Rhizome wurden früher arzneilich verwendet, vor allem auch in der Tierheilkunde, sowie in Notzeiten zu Mehl verarbeitet, das mit Getreidemehl vermischt zum Brotbacken diente (vgl. aber Giftigkeit und Naturschutz). Außerdem wurden sie zum Gerben benutzt. Auch die stärkereichen Samen sollen essbar sein.

Nymphoides peltata (S. G. GMEL.) KUNTZE (= *Limnanthemum nymphoides* (L.) HOFFMANNS. et LINK), Seekanne

Menyanthaceae (= Fieberkleegewächse)

Ausdauernde Schwimmblattpflanze mit im Schlammboden kriechendem Rhizom und (im Unterschied zur Seerose) flutendem Stängel. Mit 2 m langen Ausläufern. Die Schwimmblätter sind denen der Seerose (*Nymphaea*) ähnlich, aber viel kleiner und unterseits drüsig punktiert.

Systematik: Die Gattung umfasst etwa 40 Arten. In die gleiche Familie gehört der Fieberklee (*Menyanthes*). Beide Gattungen wurden früher zu den Gentianaceae (= Enziangewächse) gestellt.

Namen: „*Nymphoides*" ist ein vorlinnéscher Name. Er bezieht sich auf die Ähnlichkeit mit *Nymphaea* = Seerose. LINNÉ stellte die Pflanze in die Gattung *Menyanthes* (= Fieberklee). Lat. „*peltatus*" = schildartig, d. h. der Blattstiel sitzt nicht wie üblich der Spreite seitlich an, sondern auf deren Unterseite, etwa wie bei einem Schirm.

Vorkommen: Stehende bis langsam fließende, flache, sommerwarme, nährstoffreiche (eutrophe) Gewässer über humosen Schlammböden, in wintermilder Klimalage. Anscheinend strengeren Frösten nicht gewachsen. Optimum bei 0,5–1,5 m Wassertiefe. Im Norden und Westen vor allem in den Tieflagen, im Süden nur in den Stromtälern. Gefährdet! – **Geschützt**!

Blüten: VII–VIII. Gelbe, bis 3 cm breite, bis 7 cm lang gestielte „Große Trichterblumen", zu 2–5 in achselständigen Büscheln, über die Wasseroberfläche ragend. Der innen lang bärtig gewimperte Kronrand erhöht die Schauwirkung. Bestäuber sind verschiedene Insekten.

Früchte: Eiförmige, sich unregelmäßig öffnende Kapseln. Samen sehr flach: Wasserschwimmer sowie Wasserhafter am Gefieder von Wasservögeln. Auch Kulturrelikt. Lichtkeimer.

Vegetative Vermehrung durch das Rhizom.

Verwendung: Wird nicht selten in Teichen als Zierpflanze kultiviert. Früher wurden Blätter, Blütenknospen und Blüten als Salat und Gewürz genutzt.

Odontites vulgaris Moench (= *O. ruber* Besser, *Euphrasia odontites* L.), Gewöhnlicher, Roter oder Später Zahntrost

Orobanchaceae (Sommerwurzgewächse)

Einjähriger Halbschmarotzer (vgl. *Melampyrum*), 10–30(–60) cm hoch. Parasitiert auf verschiedenen Wiesenpflanzen. Saugorgane (Haustorien) ähnlich denen von *Rhinanthus*, aber kleiner. Blätter kreuzgegenständig, lineal-lanzettlich. Saisondimorphismus wie bei *Euphrasia*.

Systematik: Die Gattung umfasst ca. 25 Arten, vor allem im westlichen Mittelmeergebiet. Sie ist nächst verwandt mit dem Augentrost (*Euphrasia*). Nahe steht u. a. auch der Klappertopf (*Rhinanthus*, siehe dort).

Namen: „*Odontites*" wurde von Linné geprägt (als *Euphrasia odontites*), zu griech. odontes = Zähne, wegen der lanzettlichen Kelchzähne, offenbar in Verbindung mit der Verwendung der Pflanze nach der Signaturenlehre bei Zahnleiden. – Das Wort „Zahntrost" wurde künstlich gebildet, um der vom Augentrost (*Euphrasia*) abgetrennten Gattung einen eigenen deutschen Namen zu geben.

Vorkommen: Sonnige Fettweiden, Ruderalstandorte und Trittrasen auf kalk- oder basenhaltigen Böden, salztolerant.

Blüten: VIII–X. Fleischrot, in einseitswendigen Trauben. Streng vorweibliche „Rachenblumen mit Streueinrichtung": Staubbeutel mit spitzem Vorsprung und entsprechend trockenem, glattem Pollen. Oberlippe helmartig, ungeteilt. Bestäuber sind Bienen, dazu auch spontane Selbstbestäubung. Wegen der späten Blütezeit von Bedeutung für Wildbienen; so ist z. B. die spät fliegende Sägehornbiene *Melitta tricincta* vor allem auf *Odontites*-Arten zu finden.

Früchte: Bei Trockenheit sich öffnende (xerochase) Streukapseln. Samen bis 1,7 mm lang. Ausbreitung als Windstreuer, dazu auch Zufallsausbreitung durch z. B. Enten und Wachteln. Fernausbreitung vor allem mit dem Heu. Fruchtreife: ab VII. Kältekeimer. Keimung im Frühjahr über dem Erdboden (epigäisch).

Verwendung: Ehemalige Heilpflanze bei Zahnleiden.

Weitere Arten (vgl. auch *Euphrasia* = Augentrost): ***Odontites vernus*** (Bell.) Dum., Frühlings- oder Acker-Zahntrost: Sehr ähnlich wie vorige Art, aber

Samenreife erst ab IX. Seltene und zurückgegangene Wildpflanze des Wintergetreides. Inzwischen laut Roter Liste (Stand 2018) als gefährdet eingestuft. Blütezeit: V–VIII.

Odontites luteus (L.) Clairv. (= *Orthanthella lutea* (L.) Rauschert), Gelber Zahntrost: Blüten gelb, gewimpert. Blütezeit: VII–IX. Vorkommen in Trocken- oder Halbtrockenrasen auf basischen Böden in Süd- und Mitteldeutschland, sonst nur im Odertal in Brandenburg. Blüten- und Ausbreitungsökologie wie bei *O. vulgaris*.

Oenanthe aquatica (L.) POIRET (= *Phellandrium aquaticum* L.) (Artengruppe), Großer Wasserfenchel, Wasser-Pferdesaat, Rosskümmel, Rebendolde

Apiaceae (= Doldenblütler)

Zweijährige (evtl. auch einjährige) bis mehrjährige, nur einmal blühende Wasserpflanze bzw. Hemikryptophyt: Halbrosettenpflanze, 30–120(–150) cm hoch. Pflanze aromatisch duftend. Stängel hohl, im unteren Teil bis 8 cm dick, und zwar – wie sonst meist nur bei Einkeimblättrigen – aufgrund von primärem Dickenwachstum. Pflanze stark verzweigt, mit weit abstehenden Ästen. Blätter 2–3-fach gefiedert. Verschiedenblättrig: Unterwasserblätter haarfein zerteilt, Überwasserblätter mit ca. 1 mm breiten Zipfeln. – Primärwurzel kurzlebig, bald durch dünne, büschelig angeordnete, sprossbürtige Wurzeln ersetzt.

Systematik: Nah verwandt mit Merk (*Sium*) und Wasserschierling (*Cicuta*).

Giftigkeit: Ganze Pflanze giftig durch Polyine, die zu Krampfanfällen führen können. Die Wirkung ist ähnlich wie beim Wasserschierling (*Cicuta virosa*), aber deutlich schwächer. Für Rinder, Pferde und Schweine ist die Pflanze stark giftig. Man beachte, dass die süd- und westeuropäische Art *O. crocata* (= Safran-Rebendolde) als äußerst gefährliche Giftpflanze bekannt ist.

Namen: „*Oenanthe*" ist ein griech. Pflanzenname, zu oinos = Wein und anthos = Blüte, wegen des weinartigen Duftes. Der Name galt in der Antike ebenso wie im Mittelalter für ganz verschiedene Pflanzen, z.B. auch für Mädesüß (*Filipendula*). LINNÉ übertrug den Namen auf die vorliegende Gattung, wohl wegen des Duftes. Lat. „*aquaticus*" = Wasser-, wegen des Standorts. – „Wasserfenchel" wegen der fenchelartigen Blätter in Verbindung mit der ehemaligen volksmedizinischen Verwendung der Früchte als Ersatz für Fenchel bzw. Kümmel, besonders auch für Pferde, worauf sich auch die Namen „Rosskümmel" und „Pferdesaat" beziehen. „Rebendolde" ist die Lehnübertragung von *Oenanthe* in einer früheren Bedeutung des Namens.

Vorkommen: Verlandungsgesellschaften flacher, sommerwarmer, stehender Gewässer, auf flach überschwemmten, zeitweise trocken fallenden, nährstoff- und oft kalkreichen Schlickböden, mit stark schwankendem Wasserstand bis etwa 0,5–1,5 m Wassertiefe. Vor allem in den Tieflagen. Stellenweise im Rückgang.

Blüten: VI–VIII. „Nektar führende Scheibenblumen", mit offen dargebotenem Nektar, in scheinbar blattgegenständigen Doppeldolden. Etwas nach Wein duftend. Anders als die meisten Doldenblütler sind deutliche Kelchzähne vorhanden, die auch an der Frucht erhalten bleiben. Bestäuber sind Käfer, Fliegen, Wespen und Bienen.

Früchte: Spaltfrüchte (Doppelachänen). Schwimmausbreitung mithilfe eines Schwimmgewebes. Dazu Ausbreitung durch Wasservögel als Anhafter.

Vegetative Vermehrung durch die Ausläufer.

Verwendung: Die Früchte wurden früher ähnlich wie Kümmel oder Fenchel arzneilich verwendet, z.B. gegen Husten, Blähungen und zur Entwässerung. Sie wurden auch in der Tierheilkunde verwendet. Auszüge kommen in der Homöopathie zum Einsatz.

Weitere Art (vgl. auch *Peucedanum* = Haarstrang, Meisterwurz):
Oenanthe fistulosa L., Röhriger Wasserfenchel: 30–60 cm hoch. Wurzeln z. T. knollig verdickt. Ebenfalls giftig! Doppeldolden endständig und mittlere Blüten fast ungestielt. Stängel und Blattstiele röhrig. Gefährdet!

Oenothera biennis LINNAEUS (Artengruppe), Gewöhnliche Nachtkerze

Onagraceae (= Oenotheraceae) (= Nachtkerzengewächse)

Zweijährige Halbrosettenpflanze, d. h. im ersten Jahr mit Blattrosette, im zweiten Jahr blühend. Im Garten gelegentlich auch einjährig, 50–150(–250) cm hoch. Tiefwurzler (bis 1,6 m Tiefe). Langtagpflanze, d. h. erst von einer bestimmten Tageslänge an blühfähig.

Systematik: Die Gattung umfasst 120–200 Arten und hat ihren Ursprung in der Neuen Welt. Seit ihrer Einschleppung aus Nordamerika (ab 1619) haben sich die meisten mitteleuropäischen Arten erst hier entwickelt, sind also mit den ursprünglich eingeführten Sippen nicht mehr identisch.
Genetik: Viele Nachtkerzen-Arten sind dadurch gekennzeichnet, dass die vom Vater stammenden Chromosomen von den mütterlichen grundsätzlich verschieden sind und sich gewöhnlich unvermischt wieder trennen (Komplexheterozygotie). Die leichte Kreuzbarkeit, die erbliche Verschiedenheit der Plastiden verschiedener Arten, die sonst eher seltene Situation der Übertragung von Plastiden auch durch den Vater (= Pollenelter) sowie die weitgehend ausbleibende MENDELsche Rekombination führten dazu, dass *Oenothera* zum Standardobjekt der Plastidengenetik wurde.
Schädlinge: Nachtkerzen sind Futterpflanzen der Raupen des Nachtkerzenschwärmers (*Proserpinus proserpina*), die sich allerdings trotz ihres Namens hauptsächlich von den zur gleichen Familie zählenden Weidenröschen (*Epilobium*) ernähren. Die ausgewachsenen Falter saugen den Nektar nicht von Nachtkerzen, sondern z. B. von Geißblatt-Arten (*Lonicera*).
Namen: „*Oenothera*" (oenotheris, onotheris) ist der griech. Name eines Strauches, der von LINNÉ auf die vorliegende Gattung übertragen wurde. Da Nachtkerzen in der Antike unbekannt waren, sind Versuche der Namensdeutung irrelevant, und selbst bei dem antiken Namen streitet man sich, ob er mit onos = Esel oder oinos = Wein zu tun hat. Lat. „*biennis*" = zweijährig. – „Nachtkerze" wegen des abendlichen Aufblühens und der kerzenartigen Blütenstände. – Der Familienname Onagraceae geht auf den Gattungsnamen *Onagra* zurück, ein altes Synonym von *Oenothera*.
Vorkommen: Trockene, sandige oder kiesige Ruderalstellen, z. B. charakteristisch auf Bahngelände und Industriebrachen. Eingebürgerter Neophyt seit 1618. Heimat: Nordamerika. Inzwischen in der gemäßigten Zone weltweit verbreitet. Die aus Gärten bekannte großblütige Kleinart *O. glazioviana* MICHELI = *O. erythrosepala* BORBAS = Rotkelchige

Nachtkerze trat lange Zeit außerhalb der Gärten meist nur vereinzelt und unbeständig auf, hat sich aber seit Ende des 20. Jh. stark ausgebreitet und fest eingebürgert. Diese Kleinart ist erst in Europa (vermutlich in England) durch Kreuzung amerikanischer Eltern, *O. biennis* und *O. grandiflora*, entstanden (W. DIETRICH 2006).

Blüten: VI–VIII. Vormännliche „Stieltellerblumen mit herausragenden Staubbeuteln", in traubenförmigen Ähren. Der unterständige Fruchtknoten sitzt ungestielt in der Achsel eines Deckblattes. Darüber befindet sich eine mehrere cm lange, den Griffel umgebende Blütenröhre (= Hypanthium), in der der Nektar kapillar aufsteigt und von langrüsseligen Insekten aufgenommen wird. Die leuchtend gelben, bis 30 mm (bei der Rotkelchigen N. bis 60 mm) langen Kronblätter haben eine hohe UV-Reflexion und zeigen in dem für den Menschen unsichtbaren UV-Bereich deutliche Strichsaftmale. Die Blüten öffnen sich in der Dämmerung, ausgelöst u. a. durch die Abkühlung (thermonastisch), und entsprechend an warmen Tagen später als an kühlen. Die zunächst verwachsenen Kelchblätter reißen mit deutlichem Knistern an den Verwachsungsnähten auf und anschließend entfalten sich die eingerollten Kronblätter. Der sehenswerte Vorgang dauert an warmen Sommerabenden nur wenige Minuten und lässt sich bei Bedarf durch Erwärmen der Blüten mit der warmen Hand beschleunigen. Als typische Nachtfalterblume entwickelt sich der Hauptduft abends. Besucher sind mehrere Arten aus der Familie der Schwärmer (z. B. Windenschwärmer, Mittlerer Weinschwärmer, Taubenschwänzchen), jedoch nicht der Nachtkerzenschwärmer (s. o.), der meist schon vor der Blütezeit fliegt. Erst am nächsten Tag entfalten sich die großen, vierlappigen Narben und bis zum Mittag sind die Blüten meist verblüht. Tagsüber erfolgt auch reicher Besuch durch Honigbienen, Hummeln und Tagfalter. Schwebfliegen bestäuben beim Fressen des Pollens. Dazu erfolgt Selbstbestäubung, z. T. schon in der geschlossenen Blüte. – Weil die durch klebrige Fäden (Viszinfäden) verbundenen Pollenkörner an Honigbienen kleben bleiben, ist die Pflanze bei Imkern unbeliebt. Die Fäden sind aber sinnvoll, da für die hohe Zahl von ca. 200 Samenanlagen pro Frucht viele Pollenkörner nötig sind. Die stärkereichen Pollenkörner gehören mit einem Durchmesser von etwa 0,15 mm, neben denen von Hibiskus (*Hibiscus syriacus*) und Kürbis (*Cucurbita*), zu den größten überhaupt und sind mit bloßem Auge gerade noch erkennbar. Im Umriss sind sie dreieckig und besitzen Ecklappen. Mit der Pollengröße im Zusammenhang steht der von den Pollenschläuchen zurückzulegende, mehrere cm lange Weg (bei ausländischen Arten bis zu 25 cm!). – Am Beispiel von *Oenothera drummondii* konnte jetzt erstmalig gezeigt werden, dass Pflanzen auch hören können. Sie sind offenbar durch die leicht muschelförmig gebauten Kronblätter in der Lage, bestimmte Frequenzbereiche von Schallwellen, wie sie von fliegenden Bienen verursacht werden, wahrzunehmen, und produzieren daraufhin innerhalb weniger Minuten mehr Nektar bzw. konzentrierteren Nektar (VEITS et al. 2018 bioRxiv online) zum gegenseitigen Nutzen beider Partner.

Früchte: Kapseln mit zahlreichen kleinen Samen, aufgesprungen durch die trocken zurückgekrümmten Kapselzähne sparrig und an vorbeistreifenden Tieren anhaftend: Wind- und Tierstreuer. Fruchtreife: VIII–X. Wintersteher.

Verwendung: Die fleischigen, etwas bitteren Wurzeln (des ersten Jahres) wurden früher als Gemüse gegessen („Gelbe Rapunzel, Rapontika") und zu diesem Zweck auch stellenweise angebaut, vgl. die ähnliche Verwendung der Rapunzel-Glockenblume (*Campanula rapunculus*). Sie werden auch neuerdings wieder sehr empfohlen. Am besten bereitet man sie wie Schwarzwurzeln zu und mischt sie mit anderen Wurzelgemüsen. Gekocht nehmen sie eine rötliche Färbung an, weshalb sie auch „Schinkenwurzel" genannt werden. Mit Essig und Öl ergaben sie „Schinkensalat". Im Nachkriegs-Berlin gehörte die in den Trümmern häufige Pflanze zu den gesuchten Wildgemüsen. – Die Kronblätter werden als schmückende Zugabe zu Salaten empfohlen. – Die arzneiliche Verwendung der Nachtkerzen war schon den Indianern bekannt, spielte aber zunächst in Europa eine völlig untergeordnete Rolle. Erst gegen Ende des 20. Jh. wurde in den fettreichen Samen der ungewöhnlich hohe Anteil von 8–10 % der stoffwechselphysiologisch bedeutsamen Gamma-Linolensäure (eine dreifach ungesättigte Omega-6-Fettsäure) entdeckt. Inzwischen ist Nachtkerzenöl eine wichtige Basis für Kosmetika. Es hilft bei trockener Haut und wird auch zur Behandlung von Neurodermitis und anderen Hauterkrankungen, für Beschwerden in den Wechseljahren und für „die Tage vor den Tagen" empfohlen, doch ist die Wirksamkeit umstritten. – Zierpflanze und auch für Wildpflanzengärten sehr zu empfehlen, so vor allem die großblütige Kleinart *O. glazioviana*.

Weitere Art:

Oenothera parviflora L. (= *O. muricata* L.), Kleinblütige Nachtkerze: Ebenfalls Neophyt seit dem

17. Jh. Heimat: Östliches Nordamerika. Unterscheidet sich von *O. biennis* u. a. wie folgt: Blütenstände bis zur Blütezeit nickend, Rosettenblätter schmaler, Blüten kleiner (Kronblätter zur Hauptblütezeit bis 15 mm lang); dabei ist zu beachten, dass bei *O. biennis* die Blüten gegen Ende der Blütezeit auffällig kleiner werden, und es dadurch immer wieder zu Verwechslungen kommt. Wächst bevorzugt an sandigen Standorten, so auch an der Küste. Meist zerstreut, aber z. B. in Brandenburg verbreitet.

Omphalodes verna: siehe bei *Myosotis*

Onobrychis viciifolia Scopoli (= *O. sativa* Lam.), Saat- oder Futter-Esparsette

Fabaceae (= Schmetterlingsblütler)

Ausdauernder Hemikryptophyt (Schaftpflanze), 30–70 cm hoch. Blätter unpaarig gefiedert, mit 6–12 Paar Fiedern. Tiefwurzler bis 4 m Tiefe (= Trockenheitsanpassung). Wurzelknöllchen mit Stickstoff bindenden Bakterien (vgl. *Lupinus*).

Systematik: Die Gattung umfasst etwa 130 Arten. Bei Linné hieß die Art *Hedysarum onobrychis*.
Namen: „*Onobrychis*" ist der lat.-griech. Name eines Hülsenfrüchtlers, zu onos = Esel und brychein (brykein) = gierig fressen. Der Name wurde von dem vorlinnéschen Autor Dodonaeus (16. Jh.) auf unsere Pflanze übertragen, vermutlich weil sie ebenfalls eine beliebte Futterpflanze ist. Neulat. „*viciifolius*" = wickenblättrig. – „Esparsette" ist provenzalischer Herkunft.
Vorkommen: Kulturpflanze, vor allem der Kalkgebiete. Heimat: Südosteuropa. Seit dem 16. Jh. angebaut (anstelle von Klee) und seither häufig verwildert und eingebürgert (Neophyt) in sonnigen Kalkmagerrasen, an Wegrändern und Böschungen, auf warmen, kalkhaltigen Lehmböden. Ebene bis mittlere Gebirgslagen (Jura bis 900 m).
Blüten: V–VII. Vormännliche „Fahnenblumen (= Schiffchenblumen) mit Klappeinrichtung", in lang gestielten Trauben. Flügel mit purpurner Aderung (= Strichsaftmale). Beim Aufsitzen genügend schwerer Insekten klappt das Schiffchen herab, sodass deren Bauch mit Pollen bedeckt bzw. später von der Narbe berührt wird. Nektar wird reichlich abgegeben und ist auch kurzrüsseligen Bienen zugänglich. Bestäuber sind Honigbienen, Wildbienen inkl. Hummeln und Falter. Bienentrachtpflanze.
Früchte: 1-samige, stachelige Nüsse (Lupe!) (also nicht Hülsen wie bei den meisten anderen Schmetterlingsblütlern): Klettausbreitung.

Schwerkraftausbreitung. Wahrscheinlich auch Zufallsausbreitung durch Huftiere. Fruchtreife: VII–IX. Licht- und Wärmekeimer.

Verwendung: Wertvolle, eiweißreiche Trockenfutterpflanze, z. B. ehemals für Ackergäule. Bodenverbesserer. Der Anbau erfolgte etwa ab dem 16. Jh., ging später wieder zurück und ist heute kaum noch von Bedeutung. Die Pflanze ist aber noch wichtiger Bestandteil von Wildackermischungen zur Wildäsung und in Wildblumenmischungen.

Ononis spinosa LINNAEUS (= *O. campestris* W. D. J. KOCH), Dornige Hauhechel

Fabaceae (= Schmetterlingsblütler)

Winterkahler, dorniger Halbstrauch (Chamaephyt), 30–60(–100) cm hoch. Trockenheitsanpassungen: Sprossdornen, obere Blätter schmal, auf die Endfieder reduziert (dafür Blattgrund erweitert) und Tiefwurzler. Pflanze reich an ätherischen Ölen. Wurzelknöllchen mit Stickstoff bindenden Bakterien (vgl. *Lupinus*). Außerdem Pilzwurzel (arbuskuläre Mykorrhiza).

Systematik: Nahe verwandt ist der Klee (*Trifolium*, siehe dort).

Namen: „*Ononis*“ ist der lat.-griech. Name der Pflanze, zu griech. onos = Esel, wegen des unangenehmen Geruchs der Laubtriebe, der z. B. bei der Kleinart *O. arvensis* = Bocks-Hauhechel besonders stark ist. Lat. „*spinosus*“ = dornig. – „Hauhechel“ (Heuhechel), weil die Dornen an eine Hechel erinnern; das ist ein Gerät mit nebeneinander liegenden Metallspitzen, durch das gebrochener Flachs gezogen wurde. Einer unserer Volksnamen ist „Weiberzorn“.

Vorkommen: Sonnige Halbtrockenrasen, grasige Wegränder und Moorwiesen, auf warmen, meist kalkhaltigen, wechseltrockenen Lehmböden. Magerkeitszeiger. Auch an der Meeresküste. Ebene bis mittlere Gebirgslagen, vor allem in Kalkgebieten. Im Jura bis 980 m.

Blüten: VI–VIII. Hellrote „Pollen-Fahnenblumen (= Schiffchenblumen) mit Pumpmechanismus“, ähnlich wie bei *Lotus* und *Lupinus*, meist einzeln achselständig. Das Heraustreten des Pollens lässt sich durch Herabdrücken des Schiffchens mit einem Bleistift schön demonstrieren. Später entsteht durch Abnutzung ein Klappmechanismus. Blüten mit schönen Strichsaftmalen. Nektar wird nicht angeboten, entsprechend sind alle 10 Staubblätter zu einer Röhre verwachsen. Umso erstaunlicher ist es, dass Bienen die Hauptbesucher sind.

Früchte: Wenigsamige Hülsen mit Austrocknungsmechanismus: Selbstausstreuer und Tierstreuer; dazu Zufallsausbreitung. Fruchtreife: VIII–IX.

Verwendung: Seit dem Altertum bekanntes, mildes, harntreibendes Mittel. Die Wurzel wird auch heute noch arzneilich verwendet, außerdem in der Volksmedizin bei rheumatischen Beschwerden und

Hautleiden. Als Futterpflanze ziemlich wertlos. Die jungen Blüten sind als essbare Dekoration von Speisen geeignet.

Weitere Art:

Ononis repens L., Kriechende Hauhechel: Ähnlich wie vorige Art. Fiedern breiter. Pflanze reich zottig-drüsig (Transpirationsschutz) und oft dornenlos.

Onopordum acanthium LINNAEUS, Gewöhnliche Eselsdistel

Asteraceae (= Korbblütler)

Zweijähriger Hemikryptophyt, d. h. im 1. Lebensjahr eine (bis 1 m breite) Rosette ausbildend, im 2. Lebensjahr blühend, fruchtend und dann absterbend. Seltener auch einjährig. Pflanze bis über 2 m Höhe erreichend und damit eines unserer größten Nichtgehölze. Zahlreiche Anpassungen an die Trockenheit (Xeromorphie): Die ganze Pflanze ist dicht grau-weißfilzig (Totalreflexion!), was die Erwärmung mindert. Die bis über 50 cm langen, ovalen Blätter sind wie ihr am ganzen Stängel herablaufender Spreitengrund dornig gezähnt. Durch das Herablaufen der Blätter ist der Stängel geflügelt (Konkaulesszenz). Die Flügel dienen der Stabilisierung im Sturm und auch der Ableitung des Regenwassers direkt in den Wurzelbereich. Die Dornen dienen als Kondensationspunkte für die Aufnahme von Taufeuchte. Außerdem halten sie Huftiere (auch Esel) vom Fraß ab. Die Wurzeln reichen sehr tief und sichern so eine ausreichende Wasserversorgung.

Systematik: Die Gattung umfasst je nach Auffassung 25–60 Arten in Eurasien und Nordafrika. Sie gehört in die Unterfamilie Carduoideae (siehe *Carduus*).

Namen: „*Onopordum*" (onopordon) ist der griech. Name einer distelartigen Pflanze, der vorlinnésch auf diese Art übertragen wurde, wohl zu onos = Esel und porde = Blähung (vgl. Verwendung); „*acanthium*" von griech. akanthos = Dorn, Distel.

Vorkommen: Trockene Ruderalstellen und Trockenrasen, auf humosen, basenreichen Böden. Hauptvorkommen im mitteldeutschen Trockengebiet. Archäophyt. Heimat: Ost- und Südosteuropa. Heute weltweit verschleppt. Außerdem aus Kultur verwildert, wobei es sich dann allerdings meist um Hybriden handelt.

Blüten: VII–VIII. In oft über 5 cm breiten, von dornig gezähnten Hüllblättern umgebenen, reichblütigen Körbchen am Ende dorniger Seitenzweige. Homogame „Körbchenblumen". Die Röhrenblüten im Inneren des Körbchens (Scheibenblüten) sind hellpurpurn. Wegen ihrer bis 12 mm langen Kronröhre können nur langrüsselige Besucher an den Nektar gelangen. Die bis 5 mm langen Griffeläste spreizen nicht, sondern wenden zur Reife allein ihre mit Papillen besetzten Außenränder. Dieses abweichende Verhalten eines Korbblütlers führt zu geringerer Verdunstung im Narbenbereich. Besucher sind neben Bienen, Grabwespen und Schmet-

terlingen auch Schwebfliegen, die den Pollen von den aus der Blütenkrone ragenden Staubbeuteln holen.

Früchte: Die ölreichen Nüsse (Achänen) sind durch einen wenigreihigen, gefiederten und hygroskopischen (nur bei Trockenheit spreizenden) Pappus gekennzeichnet, der allerdings früh abfällt: Tierstreuer und Windstreuer (Schirmchenflieger) sowie Bearbeitungsausbreitung durch Vögel. Dazu Adhäsionshafter bei feuchtem Wetter, Ausbreitung durch Ameisen sowie Menschenausbreitung als Kulturflüchter. Fruchtreife: VIII–X. Lichtkeimer. Samen langlebig.

Verwendung: Eine prächtige, empfehlenswerte, aber Platz beanspruchende Zier- und Wildgartenpflanze: Sie wird zur Blütezeit reichlich von Bienen und Schmetterlingen besucht und zur Fruchtreife von zahlreichen Körnerfressern. Im Mittelalter wird die Pflanze bei dem britischen Kräuterkundigen GERARD genannt. James VII. von Schottland erließ mehrere Gesetze in der Hoffnung, dieser Distel auf seinem Herrschaftssitz Herr zu werden. Blätter und Wurzeln wurden – übernommen von DIOSKURIDES – u.a. bei verrenkten Wirbeln angewandt, möglicherweise nach der Signaturenlehre (Bezug nehmend auf die Standfestigkeit der Pflanze). Kurioserweise sollte die Pflanze auch gegen Läuse bei Kindern nützlich sein, und wurde als Volksheilmittel z.B. bei Verdauungsstörungen (auch Blähungen) angewandt. Eselsdistel-Blüten enthalten Onopordopikrin, Flavonglykoside und Gerbstoffe. Das Kraut ist Bestandteil homöopathischer Präparate. – In südlichen Regionen werden Wurzeln, frische junge Sprosse und die Korbböden verschiedener Arten auch als Gemüse genossen. Der abgeschabte Wollfilz wurde zu Wundtampons verarbeitet. Das aus den Samen gewonnene Öl hat man sowohl als Lampenöl als auch als Nahrungsmittel genutzt.

Ophioglossum vulgatum LINNAEUS, Gewöhnliche Natternzunge

Ophioglossaceae (= Natternzungengewächse, Natternfarne)

Ausdauernde Pflanze: Rhizom-Geophyt, d.h. mit Erneuerungsknospen im Boden, 5–20(–30) cm hoch, öfter in Herden wachsend. Frühjahrsgrün, d.h. Pflanze vom Spätsommer an oberhalb des Erdbodens nicht mehr erkennbar. Sprossachse kurz, unterirdisch, d.h. auf das Rhizom beschränkt, aber stark verzweigt. Blätter einzeln stehend, lang gestielt, aus einem eiförmigen, gelblich grünen, fettig glänzenden Photosynthese treibenden Teil und einem senkrecht dazu stehenden, zungenartigen Teil bestehend, der die ährenartig angeordneten Sporangien (= Sporenbehälter) trägt. Die Blätter sind also dreidimensional und bestehen aus einem sterilen und einem fertilen Abschnitt, wobei letzterer oft fehlt. Pro Jahr entfaltet sich gewöhnlich nur 1 Blatt, das bis zu seiner Entwicklung 3 Jahre benötigt und an seiner Spitze nicht eingerollt ist; nach der Sporenreife stirbt es ab. Es kommt vor, dass in manchen Jahren keine oberirdischen Teile ausgebildet werden. – Pilzwurzel (arbuskuläre Mykorrhiza): Vorkeim, Embryo und die unterirdisch lebende Jungpflanze parasitieren auf dem Pilz (= Myko-Heterotrophie), während die grüne Pflanze autotroph ist und mit dem Pilz in Symbiose lebt. Wurzelhaare fehlen. Die Pflanze lebt bis zu 10 Jahren unterirdisch, bis sie oberirdisch erscheint. – Die Chromosomenzahl ist mit 2n = 480 (32-ploid?) extrem hoch; bei einem Bestand in den Appalachen hat man sogar die rekordverdächtige Zahl von ca. 1320 Chromosomen gezählt.

Systematik: Die Familie steht innerhalb der Farne isoliert durch die mehrschichtigen Sporangienwände und das Wachstum mittels Initialzellgruppen statt mit Scheitelzellen. Nach neueren Erkenntnissen wird die Familie zu den Nacktfarnen (Psilophytina) gestellt. – Nächst verwandt ist die Mondraute (*Botrychium*).

Schädlinge: Die jungen Pflanzenteile werden im Gegensatz zu den meisten anderen Farnpflanzen relativ oft von Fraßschädlingen angefressen.

Namen: „*Ophioglossum*" wurde von dem Kräuterbuchautor Leonhart FUCHS 1542 geprägt, von griech. ophis = Natter und glossa = Zunge, wegen des zungenartigen Sporangien tragenden Teils des Blattes in Verbindung mit der Verwendung; allerdings ist die Zunge der Nattern vorne geteilt. Lat. „*vulgatus*" = allgemein bekannt, verbreitet.

Vorkommen: Moorwiesen und feuchte, lückige Magerwiesen, auf wechselnassen, milden, kalkhaltigen bis sauren, basenreichen, dichten Tonböden, gelegentlich auch in Steinbrüchen und Tagebauen.

Lichtpflanze. Ebene bis mittlere Gebirgslagen, in den deutschen Alpen bis 940 m (in Tirol bis 1400 m). Salzertragend, düngerfeindlich. Allgemein im Rückgang. Gefährdet! – Schützenswert!
Vermehrung: Vorkeim (= Prothallium, Gametophyt) chlorophyllfrei, unterirdisch, wenige mm lang, zuerst knöllchenförmig, später unregelmäßig wurmförmig; langlebig (bis 20 Jahre). Spermatozoiden vielgeißelig. Die sich auf dem Vorkeim entwickelnde Jungpflanze (Embryo) lebt mehrere Jahre unterirdisch und wird vom Mykorrhizapilz versorgt, bis die ersten Blätter und Wurzeln gebildet werden. Die Sporangien sind zweizeilig angeordnet. Sie öffnen sich 2-klappig durch einen Querriss. Im Gegensatz zu den meisten übrigen einheimischen Farnen fehlt ein Ring (Anulus) mit Kohäsionsmechanismus, sodass die Sporen nicht ausgeschleudert werden: Windstreuer. Körnchenflieger. Sporenreife: VI–VII. Dunkelkeimer.
Vegetative Vermehrung ist vorherrschend. Sie erfolgt durch Wurzelsprosse an den waagerecht verlaufenden Wurzeln, die mehrere Meter lang werden können. Entsprechend kann es sein, dass manche „Bestände" in Wirklichkeit aus einer einzigen Pflanze bestehen, also einen Klon darstellen.
Verwendung: Ehemals beliebtes Wundheilmittel, aber heute nicht mehr im Gebrauch. Wurde früher gemäß Signaturenlehre als Mittel gegen Schlangenbisse verwendet.

Ophrys insectifera LINNAEUS (= *O. muscifera* HUDS.), Fliegen-Ragwurz, Fliege

Orchidaceae (= Orchideen, Knabenkrautgewächse)

Knollen-Geophyt, 15–30(–40) cm hoch. Knolle klein, länglich bis kugelig, in ihrem oberen Teil Nebenwurzeln tragend. Sie besteht hauptsächlich aus einer verdickten Wurzel (Wurzelknolle), trägt aber an ihrer Spitze einen kleinen Sprossanteil, der im folgenden Jahr zum oberirdischen Spross auswächst (siehe die Abb. bei *Orchis*). Wechselknolle, d. h. pro Jahr entsteht eine neue Knolle als Seitenorgan aus der Achsel des untersten Niederblattes und durchbricht dieses. Die 2–5 Laubblätter sind in einer Rosette angeordnet, die im Gegensatz zu den Rosettenblättern der anderen heimischen Arten der Gattung nicht dem Boden anliegen, sondern aufrecht stehen. Sie werden im Herbst gebildet und sterben im Frühsommer wieder ab (herbst-frühjahrsgrün). – Pilzwurzel (endotrophe Mykorrhiza vom Orchideen-Typ), hier mit dem Basidiomyceten (Ständerpilz) *Thanatephorus*, dessen imperfekte (sterile) Form *Rhizoctonia* genannt wird. Wie viele andere Orchideen beginnt die Pflanze zunächst ihre Entwicklung unterirdisch, indem sie auf dem Pilz parasitiert, und bildet erst nach Jahren blühfähige Sprosse aus. Im ausgewachsenen Zustand ernährt sie sich trotz eigener Photosynthese mindestens zeitweilig vom Wurzelpilz (partielle Myko-Heterotrophie bzw. Mixotrophie) (GEBAUER 2016 New Phytologist 211).

Systematik: Die Gattung umfasst je nach Auffassung 10–250 Arten mit Schwerpunkt Mittelmeergebiet. Sie gehört zur Unterfamilie Orchidoideae (siehe *Orchis*).

Namen: „*Ophrys*" ist der lat. und vorlinnésche Name des Zweiblattes (*Listera*), der nach Abtrennung der Gattung von *Orchis* durch LINNÉ auf die Ragwurz-Arten übertragen wurde. Der Name selbst leitet sich von griech. ophrys = Augenbraue, erhöhter Rand ab, aber es ist kein eindeutiger Bezug zu *Listera* und daher auch nicht zu *Ophrys* erkennbar. Neulat. „*insectifer*" = insektentragend, wegen der Blüten, die Insekten täuschend ähnlich sehen. LINNÉ war allerdings noch nicht bekannt, dass Insekten getäuscht werden (s. u.)! – „Ragwurz" (weiblich!) ist die Bezeichnung verschiedener Orchideen (vgl. *Orchis*).

Vorkommen: Magerrasen und lichte Kieferntrockenwälder, auf sommerwarmen, kalkreichen Böden. Ebene bis Hochgebirge (deutsche Alpen bis 1620 m). Im Norden selten. Im Rückgang. Gefährdet! – **Geschützt**! (wie alle heimischen Orchideen).

Blüten: V–VI. „Lippenblumen vom *Orchis*-Typ" (siehe *Orchis*), in einseitswendiger Ähre. Nektar fehlt. An der Basis der Lippe befinden sich glänzende Höcker (= „Scheinnektarien"), die aber vermutlich blütenökologisch unbedeutend sind. „Insektentäuschblume" bzw. „Fetischblume": Männchen von Grabwespen (vor allem *Gorytes* = *Argogorytes mystaceus*) führen auf der Lippe Begattungsbewegungen aus (Pseudokopulation), wobei die Pollinien (= umhäutete Pollenmassen) auf den Kopf (bei einigen anderen Arten der Gattung ist es der Hinterleib, das hängt von der Anordnung der Haare ab) übertragen werden. Dieses Verhalten hört nach dem Schlüpfen der Weibchen auf. Die Anlockung erfolgt durch die Ähnlichkeit der Unterlippe mit Weibchen, wird aber wesentlich verstärkt durch den spezifischen, für den Menschen kaum wahrnehmbaren Duft, der chemisch mit den Sexuallockstoffen der Weibchen nahezu identisch ist, und durch Berührungsreize. Ausführliche Darlegung der Bestäubung von *Ophrys*-Arten bei PAULUS 2005. Andere Hautflügler werden meist abgeschreckt, da eine „Besetzung" vorgetäuscht wird. Die Insektenbestäubung ist insgesamt spärlich. Im Gebiet erfolgt meist Selbstbestäubung und die Samenbildung z. T. apomiktisch, d. h. ohne Bestäubung. Chemorassen unterscheiden sich in der Duftstoffzusammensetzung; entsprechend wurde z. B. in Frankreich auch eine *Andrena*-Art als Bestäuber festgestellt.

Früchte: Fachspaltige Kapseln, trocken durch Längsspalten geöffnet: Wind- und Tierstreuer. Pro Kapsel finden sich ca. 12.000 winzige Samen mit einem Gewicht von nur 0,005 mg: Körnchenflieger. Sinkgeschwindigkeit 20 cm/s. Es wurden Flugweiten bis 50 km nachgewiesen. Fruchtreife: VIII–X. Samenansatz meist unter 10 %. Samenentwicklung wie bei allen Orchideen nur in Gegenwart des Mykorrhizapilzes.

Weitere Art:

Ophrys apifera HUDS., Bienen-Ragwurz, Biene: Ähnlich wie vorige Art. Galt lange Zeit als stark gefährdet, wird aber in der Roten Liste mit Stand von 2018 nicht mehr als gefährdet eingestuft. Blüte viel größer. Vermehrung ganz überwiegend durch Selbstbestäubung, was bei Orchideen sonst selten ist: Staubbeutel mit gebogenem Fortsatz; die Pollinien hängen bald nach dem Aufblühen an langen, dünnen Stielchen aus den Pollenfächern heraus und senken sich schließlich auf die Narbe herab. Im Mittelmeerraum, dem Hauptverbreitungsgebiet der Art, wurden sehr selten auch verschiedene Arten von Langhornbienen (*Eucera*) als Bestäuber beobachtet. Bei uns wurden sehr selten Schwebfliegen der Gattung *Microdon* als Bestäuber beobachtet. Der Name „*apifera*" = bienentragend bezieht sich übrigens nicht auf den Bestäuber, sondern auf die Ähnlichkeit der Blüte mit Bienen! – Formenreich (polymorph): Am gleichen Standort können bei einigen *Ophrys*-Arten, besonders im Mittelmeerraum, und bei verwandten Gattungen erblich verschiedene Formen mit unterschiedlichen Blütenmustern nebeneinander vorkommen.

Orchis militaris LINNAEUS, Helm-Knabenkraut

Orchidaceae (= Orchideen, Knabenkrautgewächse)

Frühjahrsgrüner Knollen-Geophyt, 25–45 cm hoch. Wechselknolle eiförmig (siehe Abb.), wie bei *Ophrys* beschrieben. Zur Entwicklung vgl. ebenfalls *Ophrys*.

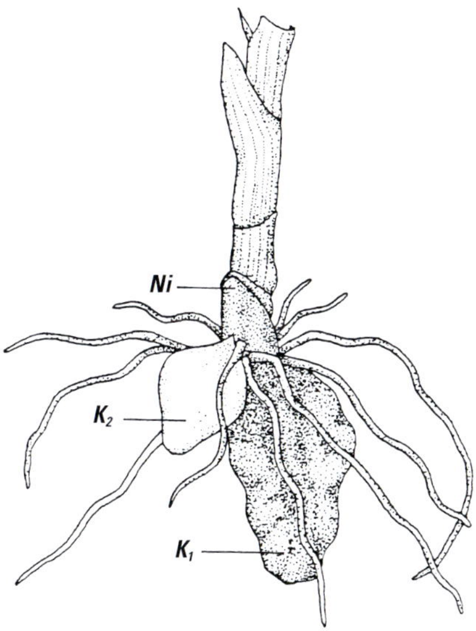

*Wenn die alte Knolle (**K_1**) schon z. T. aufgebraucht ist und die neue (**K_2**) schon gut entwickelt ist, erinnern die beiden an Hoden. **Ni** = Niederblatt. (Nach VON WETTSTEIN, verändert)*

Systematik: Die Gattung umfasst etwa 20 Arten. Sie gehört zur Unterfamilie Orchidoideae und dort zur Gattungsgruppe (Tribus) Orchideae, zu der die Mehrzahl der heimischen Orchideen zählt, z. B. Fingerknabenkraut (*Dactylorhiza*), Händelwurz (*Gymnadenia*), Ragwurz (*Ophrys*), Waldhyazinthe (*Platanthera*) und Weißzüngel (*Pseudorchis*). – Hybridisierung ist bei Orchideen häufiger als in allen anderen Pflanzenfamilien und überschreitet nicht selten die Gattungsgrenzen. So sind nahezu alle Gattungen der Tribus Orchideae direkt oder indirekt durch Hybridisierung verbunden. – Die mit *Orchis* verwandten Gattungen *Anacamptis* (Hundswurz) und *Neotinea* (Keuschorchis, s. u.) werden von den meisten Autoren heute aus *Orchis* ausgegliedert bzw. um Teile von *Orchis* erweitert, während umgekehrt die ehemals abgetrennte Gattung *Aceras* (Ohnhorn, s. u.) eingegliedert wurde.

Giftigkeit: Die oberirdischen Teile der Gattung *Orchis* und einiger weiterer Orchideen sind aufgrund des Glykosids Loroglossin schwach giftig und werden im frischen Zustand vom Vieh gemieden.

Namen: „*Orchis*“ ist der lat.-griech. Name der Knabenkräuter i. w. S. (einschließlich *Ophrys*), zu griech. orchis = Hoden, da bei den in Blüte stehenden Pflanzen die alte und die neu gebildete Knolle nebeneinander liegen und somit an Hoden erinnern. Parallel dazu wurde der Name ‚kynos orchis‘ bzw. ‚cynosorchis‘ benutzt (zu kynos = Hund). Die Namengebung hängt eng mit der ehemals sehr gebräuchlichen Verwendung nach der Signaturenlehre als angebliches Aphrodisiakum zusammen (s. u.). Lat. „*militaris*“ ebenso wie „Helm-“ weisen auf die Blütenform. – Der Name „Knabenkraut“ (belegt seit 15. Jh.) geht dabei auf die von THEOPHRAST (ca. 300 v. Chr.) stammende und lange tradierte Vorstellung zurück, dass Frauen nach Genuss der kräftigeren der beiden Knollen, also der diesjährigen, einen Knaben gebären würden. Alte Namen verschiedener knollentragender Orchideen sind außerdem „Ständelwurz" (weiblich!) und „Ragwurz", von denen ersterer auf *Epipactis*, letzterer auf *Ophrys* übertragen wurde. Auch diese Namen spielen wegen der hodenähnlichen Knollen und des aufragenden Stängels auf die männlichen Geschlechtsteile an. „Wurz" = Pflanze.

Vorkommen: Magerrasen, Moorwiesen und lichte Gebüsche, auf kalkreichen, tiefgründigen Böden. Kalkzeiger. Etwas wärmeliebend: Ebene bis mittlere Gebirgslagen, deutsche Alpen bis 950 m. Im Rückgang, vor allem durch veränderte Wirtschaftsweisen. Gefährdet! – **Geschützt**! (wie alle heimischen Orchideen).

Blüten: V–VI. „Lippenblumen vom *Orchis*-Typ": Wie bei fast allen Orchideen drehen sich die Blüten nach der Knospenbildung um 180° (Resupination), sodass die Lippe dann unten liegt. Die Pollenkörner sind nicht frei, sondern der gesamte Inhalt eines Staubbeutelfaches (Theke) wird als Pollinium übertragen. Die damit verbundene hohe Zahl von gleichzeitig übertragenen Pollenkörnern ist eine Anpassung an die hohe Zahl von Samenanlagen bzw Samen, die nötig sind, weil die Samen nur in Gegenwart eines bestimmten Mykorrhizapilzes keimfähig sind. – *Orchis militaris* gehört zu den Insektentäuschblumen, da sie einen auffälligen Sporn besitzt, der Nektar vortäuscht, aber nicht enthält. Dies wurde bereits 1793 von SPRENGEL erkannt, der von ‚Scheinsaftblumen' sprach. Perigonblätter blassrosa bis graublau, helmartig zusammenneigend. Lippe hellrot, mit behaarten, dunkelvioletten Papillen als Tüpfelsaftmalen, Mittellappen nur 1–2-mal so breit wie die Seitenlappen. Bestäuber sind vor allem Hummeln, die allerdings nach einiger Zeit gelernt haben, dass die Pflanzen keinen Nektar bieten, und diese meiden, sodass die Bestäubung vor allem durch junge, unerfahrene Hummeln erfolgt. Spontane Selbstbestäubung ist nicht möglich.

Früchte: Fachspaltige Kapseln, trocken durch Längsspalten geöffnet: Wind- und Tierstreuer. Die winzigen, nur 0,5 mm langen und nur ca. 0,004 mg schweren Samen sind Körnchenflieger (vgl. *Ophrys*). Fruchtreife: VI–IX.

Verwendung: Die Knollen verschiedener Orchideen, vor allem Salep-Knabenkraut (*Anacamptis morio*) und *Orchis mascula* wurden als Schleimdroge („Tubera Salep"), besonders in der Kinderheilkunde bei Reizerscheinungen des Magen-Darmtraktes, angewandt. Schleimstoffgehalt bis 55 % (Reservepolysaccharide), außerdem 25 % Stärke und bis 15 % Eiweiß. Die Droge stammt vor allem aus Griechenland und der Türkei, wo die Bestände durch starkes Sammeln z. T. bedroht sind. – Im Orient hat die Verwendung von Salep für die Zubereitung von Eis und Getränken eine lange Tradition und neuerdings wird auch bei uns Salep-Pulver angeboten. Wegen des Handelsverbotes in der EU ist das problematisch. Inwieweit es sich um zugelassene Ersatzpräparate handelt, scheint nicht immer geklärt. – Im Altertum und bis in die frühe Neuzeit galten die Knollen wegen ihrer hodenähnlichen Gestalt nach der Signaturenlehre, „wonach man jedem Ding ansehen könne, wozu es gut sei", wie andere Schleim führende Drogen als Aphrodisiakum.

Weitere Arten (vgl. auch *Anacamptis pyramidalis* und *morio*):

Orchis mascula (L.) L., Stattliches, Männliches oder Manns-Knabenkraut: Ähnlich wie *O. militaris*. Blüten purpurn, die seitlichen Perigonblätter abstehend. Hauptbestäuber sind Hummeln. Spontane Selbstbestäubung ist nicht möglich. Oft in Laubwäldern. In den deutschen Alpen bis 1750 m. In Norddeutschland selten. Ehemalige Verwendung als Schleimdroge wie vorige Art.

Orchis purpurea HUDS., Purpur-Knabenkraut: Von *O. militaris* wie folgt unterschieden: Helm kugeligeiförmig, außen viel dunkler als die durch dunkelrote Saftmale punktierte Lippe, Mittellappen 3–4-mal so breit wie die Seitenlappen. Zuweilen bis 75 cm hoch. Kalkmagerrasen und trockene Wälder und Gebüsche. Im Norden meist fehlend. Samen 0,3 mm lang. Fruchtreife: V–VI.

Orchis anthropophora (L.) ALL. (= *Aceras anthropophorum* (L.) W. T. AITON), Ohnhorn-Knabenkraut, Ohnsporn, Hängender Mensch, Männchenorchis, Puppenorchis: Blüten unscheinbar, grünlich bis rotbraun in langer, vielblütiger Ähre (bis >100 Blüten). Mittellappen der Lippe lang linealisch, 2-spaltig, an einen hängenden (bzw. gehenkten) Menschen erinnernd (Namen!; vgl. griech. anthropos = Mensch, phoros = tragend). Blütensporn fehlend (Name!, vgl. griech. a = ohne, keras = Horn), aber Nektar vorhanden. Bestäubung durch kleine Käfer (besonders Schnellkäfer), aber Samenansatz meist nur gering (3–20 %). Halbtrockenrasen und Trockengebüsche. Kalkstet und ausgeprägt wärmeliebend. Zerstreut, z. B. in Teilen der Eifel, der Rhön, des Maintales und des Oberrheins. Sonst meist selten. Hauptverbreitung: Mittelmeergebiet. Gefährdet.

Orchis pyramidalis → *Anacamptis pyramidalis*.

Orchis morio → *Anacamptis morio.*
Neotinea ustulata (L.) R. M. BATEMAN et al. (= *Orchis ustulata** L.), Brand-Knabenkraut oder -Keuschorchis, -Keuschständel, -Waldwurz: Halbtrockenrasen, Sumpfwiesen, Gebüsche. In Süddeutschland zerstreut, im Norden selten bis meist fehlend. Stark gefährdet! Blüten sehr klein, duftend. Obere Perigonblätter anfangs außen schwarz-purpurn; Ähre daher vor dem Aufblühen wie angebrannt aussehend (Name!). Lippe lang, weiß. Bestäubung der subsp. *ustulata* durch Raupenfliegen, der subsp. *aestivalis* durch kleine Käfer und Hummeln.

Oreopteris limbosperma → *Thelypteris limbosperma*

Origanum vulgare LINNAEUS, Echter oder Gewöhnlicher Dost, Oregano, Wilder Majoran

Lamiaceae (= Lippenblütler)

Ausdauernder Hemikryptophyt: Schaftpflanze, d. h. Erneuerungsknospen an der Stängelbasis, evtl. auch an der Basis verholzender Chamaephyt, 20–60 cm hoch. Die Blätter sind unterseits durch Ölbehälter drüsig punktiert, die reich an ätherischen Ölen sind, und riechen deshalb stark aromatisch. Sie schmecken scharf, bitter und herb.

Namen: „*Origanum*" ist der lat.-griech. Name der Pflanze und/oder von Majoran, der volksetymologisch an griech. oros = Berg und ganos = Zierde angelehnt wurde, also Bergbewohner. – „Dost" = Busch, Strauß, wegen der buschigen Blütenstände. Das Lehnwort „Oregano" (20. Jh.) hat sich erst über das Pizzagewürz eingebürgert.
Vorkommen: Sonnige Wald- und Gebüschränder, lichte Wälder und Magerrasen, auf sommerwarmen, basenreichen Böden, vor allem der Kalkgebiete. Pionierpflanze. Wird durch Düngung zuerst gefördert, dann aber, z. B. durch große Gräser verdrängt. Ebene bis mittlere Gebirgslagen, deutsche Alpen bis 1800 m. In fast ganz Europa verbreitet.
Blüten: VII–X. „Eigentliche Lippenblumen", zu vielen in kugelig gedrängter Scheinrispe (Thyrsus). Neben relativ großen zwittrigen Blüten gibt es auch kleine weibliche Blüten oder rein weibliche Pflanzen (gynomonözisch oder gynodiözisch). Wohlriechend. Der Nektar ist sehr zuckerreich (bis 76 %) und wird reichlich abgesondert; ein Haarring (Saftdecke) schützt ihn vor unerwünschten Nektardieben. Die Blüten werden gerne von Honigbienen besucht (Bienentrachtpflanze), aber auch von anderen Insekten, so von 50 verschiedenen Schmetterlings-Arten und von Schwebfliegen. Maximaler Blütenbesuch gegen 13 Uhr. Keine Selbstbestäubung. Die Krone wird nach der Bestäubung abgeworfen.

Früchte: Klausen. Kelch bei Trockenheit geöffnet: Windstreuer und Selbstausstreuer. Außerdem wurde festgestellt, dass Regenwürmer bevorzugt Früchte dieser Art aufnehmen. Fruchtreife: X–XI. Wintersteher. Samen langlebig.

Vegetative Vermehrung durch unterirdische Ausläufer.

Verwendung: Das Kraut der blühenden Pflanze kann als Gewürz ähnlich wie folgende Art verwendet werden (südländische Herkünfte sind aber aromatischer). Es ist in letzter Zeit als Pizzagewürz („Oregano") allgemein bekannt geworden, aber auch für andere Speisen geeignet. Dost wird in Italien und Spanien – z. B. in der stärker duftenden subsp. *hirtum* – seit langem angebaut, seit einiger Zeit aber auch bei uns, und zwar als Gewürz-, Heil- und Zierpflanze in verschiedenen Sorten. Bei uns war sie früher ein typisches Element der Bauerngärten. Für Wildpflanzengärten auch wegen des reichen Besuchs durch Bienen und Falter sehr zu empfehlen, aber ziemlich ausbreitungsaktiv. – Wird als Heilpflanze (sie enthält bis 4 % ätherische Öle, Bitterstoffe und Gerbstoffe) vor allem in der Volksmedizin sehr vielseitig angewandt, auch als Badezusatz, in der Parfümerie und in der Homöopathie. Im Aberglauben spielte die Pflanze eine große Rolle.

Weitere Art:

Origanum majorana L. (= *Majorana hortensis* MOENCH), Majoran: Als Gewürzpflanze angebaut. Heimat: Östliches Mittelmeergebiet. Nur selten und vorübergehend verwildert. Magenstimulans und ausgezeichnetes Wurst- und Suppengewürz, z. B. in der „Thüringer Leberwurst". Die Pflanze wurde schon in der Antike im Mittelmeerraum angepflanzt. Ebenfalls Bienentrachtpflanze. Von voriger Art u. a. durch die graufilzigen Blätter und den nur aus der Oberlippe bestehenden, scheinbar 1-blättrigen Kelch unterschieden. Teilblütenstände sehr kompakt, kugelig bis eiförmig.

Ornithogalum umbellatum LINNAEUS (Artengruppe), Doldiger Milchstern

Asparagaceae (= Spargelgewächse)

Ausdauernder Zwiebel-Geophyt, 10–20(–30) cm hoch. Zwiebeln in 2–4 cm Tiefe liegend. Frühjahrsgrün, d. h. Blätter früh einziehend und im Sommer nicht mehr sichtbar. Zwiebel kugelig, bis 3 cm breit, aus dem fleischig verdickten Blattgrund gebildet. Blätter zu 6–9 grundständig, fleischig-rinnig (zur Leitung des Wassers zu den Wurzeln hin), mit weißem Mittelstreifen. – Chromosomenzahl sehr verschieden: 18, 27, 28 oder 54.

Systematik: Die Gattung umfasst etwa 100 Arten, von denen mehrere als Zierpflanzen kultiviert werden. Sie gehört in die Unterfamilie Scilloideae, die früher den Rang einer Familie Hyacinthaceae (= Hyazinthengewächse) hatte.

Giftigkeit: Alle Pflanzenteile, besonders die Zwiebel, sind durch herzwirksame Cardenolide giftig. Beim Vieh ist es schon zu tödlichen Vergiftungen gekommen.

Namen: *„Ornithogalum"* (ornithogalon) ist der lat.-griech. Name der Pflanze, zu griech. ornis = Vogel und gala = Milch, wegen der Blütenfarbe dieser und ähnlicher Arten der Gattung (mit Vogelmilch war Hühnereiweiß gemeint). Lat. *„umbellatus"* = doldig. – „Milchstern" wegen der bei Sonne sternförmig ausgebreiteten weißen Blüten. Die Pflanze

wird wegen der dekorativen sternförmigen Blüten manchmal auch „Stern von Bethlehem" genannt.
Vorkommen: Weinberge, trockenere Wiesen, Parkrasen und Gebüsche, auf nährstoffreichen, tiefgründigen Lehmböden. Oft gesellig. Ebene bis mittlere Gebirgslagen (bis 710 m). Archäophyt. Heimat: Mittelmeergebiet. Auch als Zierpflanze kultiviert und verwildert.
Blüten (siehe Detailfoto): IV–VI, Frühblüher. Vorweibliche „Nektar führende Scheibenblumen", in aufrechter, im oberen Teil doldenähnlicher Traube. Bei uns oft steril. Blüten nur bei Sonnenschein geöffnet. Blütenhülle einfach (Perigon). Perigonblätter milchig weiß, außen mit breitem, grünen Streifen. Staubfäden flächig verbreitert, weiß. Nektar wird am Rande der Fruchtblätter abgeschieden (Septalnektarien) und läuft an deren Außenfurchen herab. Von den Staubbeuteln öffnen sich zuerst die 3 äußeren, dann die 3 inneren. Neben zwittrigen Pflanzen kommen auch solche mit sich nicht öffnenden Staubbeuteln vor (gynodiözisch). Bestäuber sind verschiedene Insekten, z. B. Honig- und Wildbienen. Spontane Selbstbestäubung ist verbreitet, z. B. wenn sich die Blüten bei trübem Wetter oder nachmittags schließen oder sich die Staubbeutel vor dem Abblühen zur Narbe hin bewegen.

Der Milchstern verdankt seinen Namen der weißen Blütenhülle. Auffällig sind die flächig verbreiterten Staubfäden.

Früchte: Keulenförmige, fachspaltige Kapseln, mit 4–6 schwarzen Samen je Fach. Kapseln am reifen Fruchtstand mit waagerecht abstehenden Stielen: Schwerkraftausbreitung. Samen runzelig und mit ölhaltiger Samenschale: Ameisenausbreitung. In Mitteleuropa oft ohne Samenansatz.
Vegetative Vermehrung durch kleine, nur spärlich gebildete Brutzwiebeln, die z. B. durch Wühlmäuse, aber auch durch den Menschen mit Ackererde verschleppt werden.
Verwendung: Zierpflanze der Bauerngärten, auch für Wildpflanzengärten zu empfehlen. Die nährstoffreichen Zwiebeln wurden früher roh oder gekocht gegessen und vor allem in Südosteuropa gerne wie Ess-Kastanien geröstet.
Weitere Art:
Ornithogalum nutans L. (Artengruppe), Nickender Milchstern: Bis 50 cm hoch. Zwiebeln in 12–16 cm Tiefe liegend. Zierpflanze seit 1594. Nicht selten verwildert, z. B. in Weinbergen, auf Friedhöfen und in Parkrasen. Blütenknospen aufrecht. Blüten vormännlich. Perigon auffällig, breit glockig, um 2 cm lang, zuletzt hängend.

Ornithopus perpusillus LINNAEUS, Kleiner Vogelfuß, Mäusewicke

Fabaceae (= Schmetterlingsblütler)

Einjährig (sommer- und winterannuell), 5–30 cm hoch. Stängel niederliegend bis aufsteigend, u. a. in Anpassung an den leicht beweglichen, sandigen Untergrund. – Wurzelknöllchen mit Stickstoff bindenden Bakterien (vgl. *Lupinus*).

Systematik: *Ornithopus* ist verwandt mit Beilwicke (*Securigera*), Hufeisenklee (*Hippocrepis*) und Hornklee (*Lotus, siehe* dort).
Namen: „*Ornithopus*" ist ein vorlinnéscher Name, von griech. ornis = Vogel und pous = Fuß, wegen der Gestalt des Fruchtstandes. Lat. „*perpusillus*" = sehr klein, wegen der geringen Größe der Pflanze.
Vorkommen: Magere Sandfelder, Brachen, Äcker und Dünen, auf kalkarmen, sauren, lockeren Sandböden. Vor allem im Nordwesten.
Blüten: V–VI. Kleine, nur 3–4 mm lange „Fahnenblumen" (= „Schiffchenblumen"), zu 3–7 in Dolden oder Köpfchen. Im Aufbau ähnlich den Blüten der Beilwicke = Kronwicke (*Securigera*). Krone weißlich,

Der Fruchtstand erinnert an einen Vogelfuß.

mit gelblichem Schiffchen und rotgestreifter Fahne. Meist Selbstbestäubung.

Früchte (siehe Detailfoto): Gebogene, 1–2 cm lange Glieder- bzw. Bruchhülsen, bei der Reife in 4–7 einsamige Teilfrüchte zerfallend. Die zu mehreren zusammenstehenden Früchte sehen Vogelfüßen sehr ähnlich.

Weitere Art:

Ornịthopus satịvus BROT., Serradella, Großer Vogelfuß: Einjährig, seltener zweijährig. Stängel aufsteigend, kräftiger als bei voriger Art. Blüten 4–8 mm lang, rosa. Hülsen gerade. Als Futterpflanze, z. B. auf Wildäckern, und Bodenverbesserer bei uns nur noch selten auf sauren, möglichst nährstoffreichen Sandböden angebaut und gelegentlich in Sandtrockenrasen verwildert, aber kaum beständig. Heimat: Westliches Mittelmeergebiet. Dort als Zwischenfrucht noch häufiger anzutreffen, aber auch bei uns wieder mit zunehmender Tendenz.

Orobanche caryophyllacea Smith (= *O. vulgaris* Poir.), Gewöhnliche oder Nelken-Sommerwurz, Nelken-Würger

Orobanchaceae (= Sommerwurzgewächse)

Mehrjähriger, nur einmal blühender Geophyt mit überdauernder Speicherknolle, 10–50 cm hoch. Pflanze nach Gewürznelken duftend. Chlorophyllfreier Vollschmarotzer (Wurzelschmarotzer) auf diversen Labkraut-Arten, z. B. dem Echten Labkraut (*Galium verum*). Andere Arten der Gattung haben jeweils andere spezifische Wirte, aber immer Vertreter der Zweikeimblättrigen. Die winzigen, keimblattlosen Samen keimen erst nach Kontakt mit spezifischen Pflanzenhormonen (Strigolactonen), die von den Wurzeln geeigneter Wirtspflanzen ausgeschieden werden. Sie wachsen zu einem Keimfaden heran, der bis in den Siebteil (= Phloem) der Nährwurzel eindringt und dort mittels eines Saugorgans (= Haustorium) Wasser und Assimilate entzieht. Zunächst entsteht ein kleines, knöllchenartiges Gebilde an der Wirtswurzel, das erst nach einigen Jahren zur blühenden Pflanze auswächst. Diese stirbt nach der Samenreife ab, blüht also nur 1-mal (= hapaxanth).

Systematik: Die Gattung *Orobanche* umfasst etwa 200 holoparasitische Arten, von denen etwa 20 bei uns wild vorkommen. Die Familie wird heute meist durch Aufnahme der holo- und hemiparasitischen Gattungen *Lathraea, Euphrasia, Melampyrum, Rhinanthus* usw., die früher zur Familie Scrophulariaceae gestellt wurden, erweitert.

Giftigkeit: Schwach giftig durch Gehalt an Aucubin, doch sind Vergiftungsfälle nicht bekannt.

Namen: „*Orobanche*" ist der lat.-griech. und vorlinnésche Name der Pflanze, von griech. orobos = Kichererbse, anchein = würgen, wegen des Schmarotzens einiger Arten auf verschiedenen Schmetterlingsblütlern. Neulat. „*caryophyllaceus*" = gewürznelkenartig, wegen des Blütenduftes. – „Sommerwurz" (weiblich!), weil die Pflanze (aus Sicht des Landwirts) erst im Sommer erscheint, d. h. später als die entsprechenden Kulturpflanzen.

Vorkommen: Sommerwarme, mäßig trockene Kalkmagerrasen. Parasitiert auf Labkraut-Arten (*Galium*). Ebene bis mittlere Gebirgslagen (Jura bis 970 m). Im nordwestdeutschen Tiefland fehlend. Oft im Rückgang. Gefährdet! – Schützenswert! – *Orobanche*-Arten können ähnlich wie andere ausdauernde Ernährungsspezialisten (z. B. manche Orchideen) oft über Jahre hinweg oberirdisch nicht erscheinen.

Blüten: V–VII. Homogame „Rachenblumen", 20–30 mm breit, in endständiger Traube. Duft nach Nelken. Hauptduft abends. Staubbeutel mit geschwänzten Fortsätzen, Pollen wenig klebrig: Streumechanismus. Da die Staubbeutel vom Kopf der Narbe überragt werden, erfolgt stets Fremdbestäubung. Besucher sind besonders Hummeln.

Früchte: Fachspaltige, 1-fächerige, 2-seitig mit einem Schlitz aufspringende Kapseln: Wind- und Tierstreuer. Samen wie bei den meisten Parasiten sehr klein und sehr zahlreich (mehrere Tausend je Frucht): Körnchenflieger mit ölhaltigem Nährgewebe. Die Samen sind lufthaltig. Ihr Gewicht ist ähnlich wie bei anderen Ernährungsspezialisten (z. B. einigen Vertretern der Orchidaceae und Ericaceae) mit nur 0,001 mg extrem niedrig. Theoretisch sind Flugweiten von 100 km oder mehr zu erwarten.

Vegetative Vermehrung auf ausdauernden Wirtspflanzen durch Bildung von unterirdischen Spros-

sen, an deren Kontaktstellen mit den Wirtswurzeln neue Blütensprosse entstehen.
Verwendung: Die jungen Sprosse wurden früher wie Spargel gegessen.
Weitere Arten (in Deutschland sind etwa 25 Arten einheimisch):
Orobanche minor SM. (= *O. barbata* auct.), Kleewürger, Kleine Sommerwurz, Kleeteufel: Einjährig bis ausdauernd. Parasitiert auf Schmetterlingsblütlern, vor allem auf *Trifolium pratense*. Archäophyt. War früher gefürchteter Schädling von Kleekulturen und Fettwiesen, ist aber sehr zurückgegangen und wie die meisten Sommerwurz-Arten gefährdet.
Orobanche rapum-genistae THUILL., Ginster-Sommerwurz: Mit bis 80 cm Höhe unsere größte Sommerwurz-Art. Der Name (lat. rapum = Rübe und genista = Ginster) bezieht sich auf den rübenförmigen Grund des Stängels, der allerdings auch für andere Arten typisch ist, und auf die Wirtspflanzen. Bei diesen handelt es sich um Besenginster (*Cytisus*), Ginster (*Genista*) und Stechginster (*Ulex*). Kalkmeidend. Gefährdet. Blütezeit: V–VI. Auch Blüteneinbruch durch Erdhummeln wurde beobachtet.

Orthilia secunda (L.) HOUSE (= *Pyrola secunda* L., *Ramischia secunda* (L.) GARCKE), Birngrün, Nickendes Wintergrün

Ericaceae (= Heidekrautgewächse)

Immergrüner Chamaephyt oder Halbstrauch , d. h. untere Teile schwach verholzend, diesjährige krautig, 8–20 cm hoch, mit langen, verzweigten, unterirdischen Ausläufern (Rhizomen). Blätter im unteren Drittel des Stängels, eiförmig, zugespitzt, hellgrün, birnblattähnlich. Rosette fehlend. – Die Pflanze ist ebenso wie *Pyrola* (siehe dort) streng auf Symbiose mit Pilzen (ektendotrophe Ericaceen-Mykorrhiza) angewiesen (hemi-mykoheterotroph).

Systematik: *Orthilia* umfasst nur diese eine, auf der Nordhalbkugel weit verbreitete Art. Sie gehört in die Unterfamilie Pyroloideae, die früher den Rang einer Familie (Pyrolaceae = Wintergrüngewächse) hatte. Nächst verwandt ist das Wintergrün (*Pyrola*, siehe dort). Von dieser ist sie u. a. wie folgt unterschieden: immergrün statt wintergrün, Blüten einseitswendig statt allseitswendig, Stängelbasis verholzt statt krautig, Blätter stängelständig statt in Grundrosette.

Giftigkeit: Schwach giftig durch Aucubin.
Namen: „*Orthilia*" wurde von RAFINESQUE 1840 nach Abtrennung von *Pyrola* geprägt, von griech. orthos = aufrecht, gerade wegen der geraden Griffel. Lat. „*secundus*" (= der folgende) bedeutet bei Pflanzen ‚einseitswendig', im Hinblick auf den Blütenstand. – „Birngrün" geht als Übersetzung auf „*Pyrola secunda*" zurück, den früheren Namen der Pflanze, zu neulat. pyrus = Birne, und bezieht sich auf die birnblattartigen Blätter, die übrigens den *Pyrola*-Arten im heutigen Sinne fehlen. Der Name „Wintergrün" wurde von *Pyrola* übernommen.

Vorkommen: Nadelwälder, Laubmischwälder und Steinbrüche, auf bemoosten, mageren Böden; oft über Kalk. Im Westen und Nordwesten Deutschlands meist selten und gebietsweise gefährdet, sonst noch oft verbreitet. Wird zum Teil von der sich in Kiefernwäldern regional stark ausbreitenden Drahtschmiele (*Deschampsia flexuosa*) allmählich verdrängt.
Blüten: VI–VII. Blüten grünlich weiß, zahlreich in einseitswendigen, anfänglich nickenden Trauben, nektarreich. Krone glockig bis halbkugelig. Griffel länger als die Krone. Pollenkörner einzeln und mehlig. Insekten- und Selbstbestäubung.
Früchte: Kapseln vielsamig, 4–5-blättrig, aber nur 1 Griffel vorhanden, sich bei Trockenheit öffnend: Windstreuer. Samen wie oft bei Ernährungsspezialisten winzig, nur 0,6 mm lang und 0,1 mm breit: Körnchenflieger. Fruchtreife: VIII–IX. Wintersteher.
Vegetative Vermehrung erfolgt reichlich durch die unterirdischen Ausläufer und Wurzelsprosse.
Verwendung: Wird volksmedizinisch als Harndesinfiziens und bei Frauenleiden angewandt.

Osmunda regalis LINNAEUS, Königsfarn, Königs-Rispenfarn

Osmundaceae (= Rispenfarngewächse)

Ausdauernder, sommergrüner Hemikryptophyt (Schaftpflanze) oder Sumpfpflanze. Sprossachse kurz, unterirdisch (= Rhizom), verholzt. Die Blätter (Wedel) sind bis 180 cm lang, stehen aufrecht und sind doppelt gefiedert. Einige davon bilden neben den der Photosynthese dienenden Abschnitten im oberen Drittel für die Fortpflanzung umgewandelte Abschnitte, die die Sporangien (= Sporenbehälter) tragen, aber keine flächige Ausbildung der Spreite haben und zuletzt rostbraun sind. Es liegt hier also der seltene Fall vor, dass ein- und dasselbe Blatt einen sterilen und einen fertilen Teil besitzt, wie man es auch von der Mondraute (*Botrychium*) und der Natternzunge (*Ophioglossum*) kennt. Die Sporangien sind auch nicht, wie für viele Farne typisch, zu Gruppen (Sori) zusammengefasst. Die grünen Teile färben sich im Herbst gelb. – Pilzwurzel (arbuskuläre Mykorrhiza).

Systematik: Sehr alte Gattung (Reliktpflanze), die ca. 15 Arten umfasst. Die Familie ist schon aus dem Karbon fossil bekannt und entsprechend weltweit verbreitet.
Namen: „*Osmunda*" ist ein vorlinnéscher Name, abgeleitet von Osmund(er), einem alten Namen für den germ. Donnergott Odin/Wodan/Thor. Der Name galt zunächst für verschiedene Farne und parallel für ein hochwertiges Eisen, das von Schweden nach England transportiert wurde. Lat. „*regalis*" = königlich, wegen der stattlichen Erscheinung.
Vorkommen: Bruchwälder und Waldquellmoore, seltener Feuchtheiden, auf nassen, kalkarmen, sauren Böden, in luftfeuchter, wintermilder Klimalage: ozeanische Art. Im übrigen Europa z. T. auch an Fließgewässern in Schluchtwäldern. Durch Entwässerung und Verdrängung z. B. durch Adlerfarn sowie durch Ausgraben vielerorts im Rückgang. Stark gefährdet! – **Geschützt**!
Vermehrung: Vorkeim (= Prothallium) grün, fleischig, oberirdisch, ausdauernd. – Die Sporenbehälter (Sporangien) öffnen sich an der Spitze, aber ohne den von anderen Farnen bekannten Kohäsi-

onsmechanismus. Ein Anulus fehlt. Sporen grün. Sie sind typische Körnchenflieger. Sporenreife: VI–VII. Sporen kurzlebig. Lichtkeimer.
Verwendung: Zierpflanze in mehreren Sorten (keine Wildvorkommen verwenden!). Die unterirdischen Teile sind ein beliebtes Substrat für Orchideen (Import meist aus Nordamerika). Früher wurde die Pflanze wegen des Gerbstoffgehaltes gerne als Wundheilmittel verwendet. Die stärkereichen Rhizome wurden als Mehlersatz genutzt.

Oxalis acetosella LINNAEUS, Wald-Sauerklee

Oxalidaceae (= Sauerkleegewächse)

Wintergrüner Hemikryptophyt (Rosettenpflanze) oder Rhizom-Geophyt, 5–12 cm hoch. Reservespeicherung vor allem im fleischig verdickten Blattgrund an den dünnen Rhizomen. Laubblätter 3-zählig gefiedert, kleeblattähnlich, peltat (d. h. Blattstiel in der Mitte der Spreite ansitzend). An der Basis der Fiedern befinden sich Gelenke, die sich bei Änderungen des Zelldrucks (= Turgor) bewegen. Die Normalstellung ist waagerecht, bei kühleren Temperaturen und bei Dunkelheit sowie bei Überbelichtung klappen die Fiedern nach unten („Schlafstellung"), und zwar durch Turgorabnahme auf der Gelenkunterseite und der Rippenoberseite. Der Vorgang dient der Transpirationsminderung, da sich dabei die spaltöffnungstragenden Blattunterseiten aneinanderlegen. Als „Messgeräte" dienen wahrscheinlich linsenförmige Zellen der Blattoberseite. Bei abgepflückten Blättern legen sich die Fiedern schnell nach unten, ins Wasser gestellt heben sie sich wieder. Besonders bei warmem Wetter sind die Blätter auch schlagempfindlich: Die Fiedern senken sich bereits nach 1 bis 3 Minuten. Es sind also nebeneinander mehrere Typen von Nastien (= Bewegungen nach vorgegebenem Muster) zu beobachten. Für die Steuerung sind Turgorine verantwortlich. Bei hoher Luftfeuchtigkeit ist aktive Wasserabscheidung (= Guttation) möglich. – Pilzwurzel (arbuskuläre Mykorrhiza).

Systematik: Die Gattung *Oxalis* ist mit ca. 800 Arten sehr artenreich. Die meisten davon wachsen in den Tropen und Subtropen. Etwa 15 Arten werden bei uns als Zierpflanzen kultiviert. Einzige einheimische Art ist *O. acetosella*, daneben gibt es mehrere eingeschleppte Arten. – Mit der Gattung Klee (*Trifolium*), die zu den Schmetterlingsblütlern gehört, ist der Sauerklee nicht verwandt.
Giftigkeit: Alle Arten der Gattung sind durch die nach dieser Pflanze benannten Verbindungen Oxalsäure und Kleesalz (= Kaliumhydrogenoxalat) von saurem Geschmack und schwach giftig. Der Verzehr kleinerer Mengen ist unbedenklich (siehe Verwendung). Vergiftungen können vor allem auch beim Vieh nach Aufnahme zu großer Mengen auftreten.
Namen: „*Oxalis*" ist der lat.-griech. Name des Sauerampfers (*Rumex acetosa*), zu griech. oxys = sauer, der von LINNÉ wegen des gleichermaßen säuerlichen Geschmacks auf den Sauerklee übertragen wurde. Lat. „*acetosellus*" = säuerlich. – „Sauerklee" wurde in Anlehnung an den botanischen Namen und die Ähnlichkeit der Blätter mit denen der echten Klee-Arten (*Trifolium*) künstlich gebildet.

Vorkommen: Herdenweise in krautreichen Wäldern, auf sauren, humosen, mäßig nährstoffreichen, frischen Böden. Schattenverträglichste heimische Blütenpflanze: Minimum bei 1/160 des Tageslichtes. Wächst in höheren Lagen auch an sonnigen Stellen. – Ebene bis Krummholzstufe (bis 1940 m).

Blüten: IV–V, Frühblüher. „Nektar führende Scheibenblumen", einzeln an langen Stielen. Sehr variabel. Kelchblätter dachziegelig angeordnet. Narben und Staubbeutel gleichzeitig reifend (homogam). Nur bei Sonne mittags geöffnet. Blüten innen mit schwacher, am Rand mit starker UV-Reflexion, daher Bienen und Hummeln zweifarbig erscheinend. Strichsaftmale und gelbe Flecksaftmale am Grunde der Blüte. Sie dienen als Staubbeutelattrappen zur effektiveren Anlockung der Bestäuber. Nektar wird an der Basis der Kronblätter abgeschieden. Griffellänge unterschiedlich (Heterostylie), was in diesem Fall aber eine erfolgreiche Selbstbestäubung nicht verhindert. Bestäuber sind besonders kleinere Fliegen und Käfer sowie Honigbienen und Hummeln. Jedoch erfolgt der Samenansatz meist in später (noch bis in den August hinein) erscheinenden, stecknadelkopfgroßen und geschlossen bleibenden Blüten (Kleistogamie), die oft unter Moos oder Laub verborgen sind. Diese Doppelstrategie (2 Blütentypen, wie wir sie etwa auch von *Viola odorata* kennen) garantiert sowohl eine genetische Durchmischung als auch eine ausreichende Samenanzahl.

Früchte: Saftige, 5-spaltig aufspringende Kapseln mit ca. 10 Samen. Die Fruchtstiele verlängern sich zur Fruchtreife und heben die Früchte damit über das Laub. Saftdruckstreuer mit Quetschmechanismus: Bei Berührung der reifen Kapseln werden die von einem stark turgeszenten weißen Samenmantel (= Arillus) umgebenen Samen explosionsartig mit 16–17 at zwischen den dann geöffneten Fruchtklappen herausgedrückt (zum Vergleich: PKW-Reifen haben nur ca. 2–3 at). Streuweiten: bis 1(–3) m. Ältere Angaben über die weitere Ausbreitung der anfangs klebrigen Samen durch Ameisen wurden nicht bestätigt. Fruchtreife: VI–VIII. Kältekeimer.

Vegetative Vermehrung durch die ausläuferartigen Rhizome, deren Internodien später z. T. absterben.

Verwendung: Bisweilen Zierpflanze, vor allem in einer rosablütigen Sorte, die sporadisch auch wild vorkommt. Unsere *Oxalis*-Arten können wegen ihres angenehm säuerlichen Geschmacks als Zutat zu Salaten und Suppen verwendet werden und werden in der Volksmedizin auch als Heilpflanze empfohlen. Wegen des Oxalsäuregehaltes (s. o.) ist aber Vorsicht geboten: Gesunde sollten jeweils nur kleine Mengen nehmen, empfindliche Personen, z. B. solche die zu Nierensteinen neigen, sollten die Pflanze genauso wie Rhabarber meiden. Sauerklee wurde früher wegen des Vitamin C-Gehaltes gegen Skorbut eingesetzt. „Kleesalz" (s. o.) und Oxalsäure können zum Bleichen wie auch zur Entfernung von Blut- und Rostflecken benutzt werden.

Weitere Arten:

Oxalis stricta L. (= *O. europaea* JORD., *O. fontana* BUNGE), Aufrechter oder Steifer Sauerklee: Einjährig oder als Rhizom-Geophyt ausdauernd, 10–40 cm hoch. Gelb blühend. Gehackte Äcker und Gärten, auf nährstoffreichen Böden, in wärmeren Lagen. Neubürger (= Neophyt), in Deutschland erstmals 1807 in Schleswig-Holstein und 1850 in Bayern nachgewiesen. Heimat ist vermutlich Nordamerika (trotz des früheren Artbeinamens „*europaea*"). Die Art ist außergewöhnlich trockenresistent: Ausgerissene Pflanzen bewurzeln sich wieder, einzelne Blätter bilden im Wasserglas Wurzeln. Die Blätter sind wie bei allen Arten schlagempfindlich. Sie nehmen bereits bei Mondschein Tagstellung ein. Blüten gewöhnlich nur bei Sonne geöffnet, meist mit spontaner Selbstbestäubung. Schleuderfrüchte dieser und der folgenden Art wie bei *O. acetosella*.

Oxalis corniculata L. (inkl. *O. repens*), Gehörnter oder Horn-Sauerklee: Einjährig oder ausdauernder Rhizom-Geophyt, dann mit Pfahlwurzel überwinternd. Stängel niederliegend, bis 40 cm lang kriechend mit ober- und unterirdischen Ausläufern, an den Knoten wurzelnd. Blühtriebe aufrecht. Pflanze an sonnigen Standorten oft durch Anthocyane rotbraun überlaufen (Lichtschutz!). Spaltöffnungen an der Ober- und Unterseite. Früher selten, heute meist verbreitet bis häufig an trockenen bis mäßig trockenen Ruderalstellen, in Gärten und auf Friedhöfen, auf Kieswegen und in Pflasterfugen. Wärmeliebend und trockenresistent, aber frostempfindlich. Archäophyt und Neophyt. Heimat: evtl. Mittelmeergebiet oder tropisches Asien. Heute weltweit verbreitet. Die dekorativen Blüten sind intensiv goldgelb gefärbt und nur bei warmem Wetter geöffnet. Bestäuber sind u. a. Bienen und Hummeln. Die Früchte schleudern die Samen aus wie bei *O. acetosella* beschrieben. Wird relativ oft durch Ameisen auf Bäume verschleppt. Die Pflanze wurde bei uns im 16. Jh. als Zierpflanze eingeführt und war u. a. als Grabbepflanzung beliebt, besonders in einer dunkel purpurbraunen Form, wird aber heute nur noch selten angeboten. Dafür stellt sie sich inzwischen in vielen Gärten von selbst ein und kann dann wegen der intensiven Ausläuferbildung leicht zur Plage werden. Ausrotten kann man die

Pflanze nicht; strenge Winter können ihr aber sehr zusetzen. Erfreulicherweise ist die ganze Pflanze in kleinen Mengen (s. o.) essbar und gesund.

Oxalis tetraphylla CAV. (= *O. deppei* SWEET), Glücksklee: Zierpflanze, die vor allem wegen der regelmäßigen Vierzähligkeit der Blätter („Vierblättriger Klee") bekannt geworden ist und z. B. an Neujahr als sogenannte Glückspflanze verkauft wird. Heimat: Mexiko. Blüten und Blätter größer als bei den vorigen Arten. Pflanze stängellos, am Grunde mit Brutzwiebeln, die der Vermehrung dienen. Die säuerlich schmeckenden Wurzelrüben sind essbar.

Paeonia officinalis LINNAEUS, Stauden-, Bauern- oder Echte Pfingstrose oder Päonie

Paeoniaceae (= Pfingstrosengewächse)

Ausdauernder Rhizom-Geophyt mit Wurzelknollen, 50–90 cm hoch. – Gleitender Übergang von den grundständigen, gestielten, geteilten Laubblättern über ungestielte Stängelblätter bis zu typischen Kelchblättern, an denen sich z. T. noch Spreitenreste befinden. Die meisten Fiederteile sind zerteilt, meist schmal lanzettlich, kahl, aber unterseits weichhaarig. – An den Kelchblatträndern der Blütenknospen wird schließlich auskristallisierendes Zuckerwasser abgegeben (extrafloraler Nektar, siehe Detailfoto), das von verschiedenen Insekten, besonders Ameisen, aufgenommen wird, die die jungen Knospen vor Tierfraß schützen. Der Hilfeschrei mancher Gartenfreunde, was sie gegen die Ameisen an ihren Pfingstrosen tun können, ist also gegenstandslos.

Systematik: Die früher einmal zu den Ranunculaceae gestellte Gattung zeigt verschiedene für ursprünglich gehaltene Merkmale: Im Sekundärholz fehlen Tracheen; Kronblätter und Staubblätter sind spiralig angeordnet; die Embryonalentwicklung beginnt mit einem nukleären Stadium (= zunächst ohne Zellwandbildung) und weicht damit von allen übrigen Bedecktsamern ab. – *Paeonia* ist die einzige Gattung der Familie und umfasst etwa 33 Arten auf der Nordhalbkugel. Es sind Stauden, Halbsträucher oder Zwergsträucher. Mehrere Arten sind bei uns als Zierpflanzen in Kultur.

Giftigkeit: Alle Teile sind durch ein Monoterpenester-Glykosid (Paeoniflorin), das Erbrechen und Durchfall bewirkt, schwach giftig.

Namen: „*Paeonia*" ist der lat.-griech. Name der Gattung, nach dem griech. Götterarzt Paion bzw. nach griech. paionios = heilend, wegen der früheren Verwendung als Heilpflanze. Neulat. „*officinalis*" = arzneilich verwendet. – „Pfingstrose" wegen der Blütezeit und der an Rosen erinnernden Blüten.

Vorkommen: Zierpflanze. Heimat: Gebirge Südeuropas und des südlichen Mitteleuropas, z. B. in den Südalpen und auf dem Apennin. Zuweilen verwildert und selten auch eingebürgert. Kalkstet.

Blüten (siehe Detailfotos)**:** V–VI. Große, vorweibliche „Pollen-Scheibenblumen". Nektar fehlt. Kronblätter durch das Anthocyan Paeonidin rot, 4–8 cm lang, intensiv duftend. Die roten Staubfäden stehen im Kontrast zu den gelben Staubbeuteln. Mit 3,6 Mio. höchste bekannte Pollenkornzahl je Blüte. Bestäuber sind Pollensucher aller Art, z. B. Honigbienen. – Die Blütenknospen besitzen außen extraflorale Nektarien (s. o.).

Die Kelchblätter sondern Nektar ab, der besonders von Ameisen aufgenommen wird, die die Pflanze vor Fressfeinden schützen.

Früchte: Je Blüte entwickeln sich bis zum Herbst 2 oder mehr derbe, dicht-filzige Balgfrüchte mit zahlreichen, bis 8 mm langen Samen. Sie öffnen sich mit spreizenden Klappen und zeigen dann neben normalen, schwarzblau glänzenden Samen noch rote Samen mit Schaufunktion. Ausbreitung durch größere Ameisen sowie Bearbeitungsausbreitung durch Vögel. Samen ölreich. Kälte- und Lichtkeimer.

Vegetative Vermehrung durch Wurzelbrut.

Verwendung: Gartenzierpflanze in zahlreichen Sorten, meist mit gefüllten Blüten. Bauerngartenpflanze. Die Wurzelknollen wurden früher arzneilich verwendet, besonders gegen Epilepsie und Gicht („Gichtrose"). Heute spielt die Pflanze vor allem in der Homöopathie eine Rolle. Zurzeit wird sie außerdem wegen des Gehaltes an Paeoniflorin als mögliches Mittel gegen Demenz usw. getestet. Im Altertum war sie eine geschätzte Heilpflanze. Wegen ihrer Duftstoffe werden die Kronblätter auch heute noch gelegentlich als Füllmaterial für Riechkissen bzw. in der pharmazeutischen Industrie verwendet. Deshalb wurde die Pflanze früher, z. B. in Thüringen, im großen Stil angebaut. Mancherorts wurden den Kindern die Samen als angebliches Mittel gegen Zahnschmerzen („Zahnkorallen") um den Hals gehängt, was nicht nur unsinnig, sondern auch gefährlich ist.

Weitere Arten:

Paeonia lactiflora Pall., Garten-, Beet- oder Chinesische Pfingstrose, Edel-Päonie: Diese im 18. Jh. aus China eingeführte Art und ihre Hybriden überwiegen heute als Gartenpflanzen. Von *P. officinalis* unterscheiden sie sich durch fein gesägte Fiedern (Lupe!) und mehr als 1 Blüte pro Stängel. In China haben sie eine lange Tradition als Pflanze der Kaiser. Zurzeit gibt es etwa 3000 Kultursorten in zahlreichen Blütenfarben.

Paeonia mascula (L.) Mill. (= *P. corallina* Retz.), Korallen- oder Großblättrige Pfingstrose: Neben *P. officinalis* bekannteste europäische Zierart der Gattung. Fiedern eiförmig, ganzrandig. Alte Kulturpflanze, die auch heute noch zuweilen in Gärten anzutreffen ist. Heimat: Südeuropa bis Österreich und Zentralfrankreich.

Paeonia × suffruticosa Andrews (= *P. moutan* Sims), Strauch-Pfingstrose: Prächtiger, winterkahler, bis 2 m hoher, aber oft niedrig bleibender Zierstrauch. Blätter bis 35 cm lang. Krone weiß bis rosarot. Kreuzungsprodukt mehrerer Arten. Man kennt heute etwa 1000 Ziersorten. Sie werden vor allem in Parks kultiviert. Heimat: Ostasien. Vermehrung über Pfropfung, z. B. auf *P. officinalis.*

Panicum: siehe bei *Echinochloa*

Papaver rhoeas LINNAEUS, Klatsch-Mohn

Papaveraceae (= Mohngewächse)

Einjährig (sommerannuell) oder winterannuelle Halbrosettenpflanze, 20–80 cm hoch. Pflanze mit Milchsaft. Milchsaftröhren gegliedert sowie netzartig verbunden. – Tiefwurzler bis 1 m Tiefe.

Blüten: V–VII. Vormännliche „Pollen-Scheibenblumen“, bis 8 cm breit. Nektar- und duftlos. Kronblätter in der Knospe unregelmäßig zusammengeknautscht – ein seltener Fall in der heimischen Flora. Kelch früh abfallend. Die durch Anthocyane lebhaft rot gefärbte Krone wird von den rotblinden, dafür aber UV-Licht wahrnehmenden Bienen wegen ihrer starken UV-Reflexion wahrscheinlich blauviolett gesehen. An der Basis der Kronblätter befinden sich oft schwarze Blütenmale (Flecksaftmale), deren Färbung auf der Überlagerung von blauen und roten Farbzellen beruht (Subtraktionsfarbe). 164 Staubblätter; je Blüte etwa 2,5 Mio. Pollenkörner; diese ungewöhnlich hohe Zahl wird nur noch von der Pfingstrose (*Paeonia*) übertroffen. Die Pollendarbietung unterliegt wie die Blütenöffnung einer Tagesrhythmik. Am reichlichsten ist sie zur Zeit des Hauptbesuchs bis 10 Uhr morgens. Pollen grünschwarz. Die streifenförmigen Narben liegen einer Scheibe auf dem Fruchtknoten auf, die als Anflugplatz für verschiedene Insekten dient. Bestäuber sind besonders Wildbienen inkl. Hummeln, Honigbienen und Schwebfliegen. Hummeln vibrieren und summen in den Blüten, um die Abgabe des Pollens zu fördern („Buzzing“). Osteuropäische Formen werden von Blatthornkäfern bestäubt, die sich auch auf den Blüten paaren. Auch Windbestäubung ist möglich. Selbststeril. Die Kronblätter fallen oft schon am ersten Tag, spätestens aber nach 3 Tagen ab. – Die seltene Mohn-Mauerbiene (*Osmia papaveris*) verwendet zahlreiche, fingernagelgroße Stücke der Kronblätter zum Nestbau (Mohntapete).

Früchte (siehe Abb.): Durch zahlreiche „falsche“ Scheidewände (= Wucherungen der Samenleisten) unvollständig gefächerte Porenkapseln (= Streubüchsen). Samen winzig, nur 0,5 mm lang, je Kapsel 2000(–5000). Die unmittelbar über den Poren liegende dachartige Verbreiterung dient im Verbund mit der aufgeblasenen Kapsel als Windfang. Mithilfe der so in der Kapsel entstehenden Luftwirbel können die Samen beschleunigt ausgeblasen wer-

Giftigkeit: Außer den Samen enthalten alle Pflanzenteile, besonders der Milchsaft, zahlreiche giftige Alkaloide, vor allem Rhoeadin. Das vom Schlaf-Mohn bekannte Morphin fehlt. Der dem Wundverschluss dienende Milchsaft hat antibiotische Eigenschaften. Bei Pferden, Kühen und Schweinen kann es zu Krämpfen, epileptischen Anfällen usw. kommen.

Namen: „*Papaver*“ ist der lat. Name des Mohns und hängt mit dem alten Brauch zusammen, Kleinkindern zur Beruhigung einen Absud von Schlaf-Mohnköpfen zu verabreichen (kelt. papa = Kinderbrei); „*rhoeas*“ ist der lat.-griech. Name des Klatsch-Mohns. – „Mohn“ (mage) ist ein germ. Name und bezeichnete ursprünglich nur den Schlaf-Mohn. „Klatsch-“, weil ein zwischen Daumen und Zeigefinger gelegtes Kronblatt unter lautem Knall zerplatzt, wenn man mit der Hand drauf schlägt, was bei *P. rhoeas* besonders gut gelingt.

Vorkommen: Getreidefelder, seltener Ruderalstellen, auf sommerwarmen, basenreichen, oft kalkhaltigen Lehmböden. Ebene bis Gebirge (Jura bis 990 m). Altbürger (= Archäophyt) seit der Steinzeit: Kulturbegleiter. Heimat: Mittelmeergebiet. Durch übermäßige Herbizidanwendung oft sehr zurückgegangen, dafür oft in Mengen z. B. an ungespritzten, offenerdigen Straßenböschungen. Heute weltweit verschleppt.

den: „Fliehkraft-Windstreuer“. Flugweite bis 4 m, bei starkem Wind noch wesentlich weiter. Nur bei trockenem Wetter sind die Poren offen, und nur dann kann die Ausstreuung der Samen erfolgen. Die meist abstehenden Borstenhaare des Stängels und das Kapseldach dienen als Klettorgane: Tierstreuer. Menschenausbreitung (Kulturbegleiter). Fruchtreife: VII–VIII. Lichtkeimer. Samen mit ölreichem Nährgewebe: Typisch für Windausbreitung, da bei gleichem Gewicht Fette doppelt so energiereich sind wie Kohlenhydrate. Samen im Boden extrem langlebig (angeblich bis >150 Jahre). – Der Populärschriftsteller R. H. FRANCÉ hat ein bemerkenswertes Patent angemeldet, nämlich einen Salzstreuer nach dem Vorbild der Mohnkapsel. Dies gilt als Pionierleistung für die Forschungsrichtung der Bionik, bei der Naturphänomene für technische Zwecke genutzt werden. FRANCÉ selbst benutzte allerdings in seinem Buch „Die Pflanze als Erfinder“ (1920) den Begriff „Biotechnik“, der inzwischen anders definiert ist.

Verwendung: Die Kronblätter und Samen wurden früher arzneilich genutzt, die Kronblätter außerdem zum Färben und zur Herstellung einer roten Tinte. Schon im Altertum wurden die Samen wegen ihres aromatisch-nussigen Geschmacks in Kuchen eingebacken oder als Kuchenbelag verwendet. Die gepressten Samen liefern ein feines Öl. Junge Blätter sind für Salat und Gemüse, die Blüten als essbare Dekoration geeignet. – Klatsch-Mohn wird seit dem 16. Jh. in verschiedenen Sorten als Zierpflanze kultiviert, z. B. in einer Form mit gefüllten Blüten. Aber auch zahlreiche ausländische *Papaver*-Arten sind beliebte Zierpflanzen. Alle Arten der Gattung sind für Wildpflanzengärten zu empfehlen. Kinder mögen „Mohnmädchen“, das sind Blüten, deren Kronblätter man herabbiegt und das „rote Kleid“ mit einem Stängel umgürtet.

Weitere Arten:

Papaver dubium L., Saat-Mohn: Sehr ähnlich wie vorige Art und oft für diese gehalten. Stängel angedrückt behaart. Vorzugsweise an kalkarmen Standorten. Kronblätter orangerot, ohne dunklen Fleck am Grund. Kapsel keulenförmig (statt kugelig-eiförmig), Narbenstrahlen 4–10 (statt 8–18). Blüten besonders kurzlebig. Sie sind oft schon bis zum Mittag verblüht und werfen bis dahin bereits ihre Kronblätter ab.

Papaver argemone L., Sand-Mohn: Einjährig, überwinternd. Ackerwildkraut kalkfreier Silikatböden, vor allem Sandböden (Name!). Kennart des Papaveretum argemonis (= Sandmohngesellschaft). Windstreuer und wegen der zur Reifezeit abstehenden Borstenhaare der Kapsel auch Tierstreuer.

Papaver somniferum L., Schlaf-Mohn (siehe Abb.): Seit der jüngeren Steinzeit angebaute Kulturpflanze. Bauerngartenpflanze. Blätter graugrün, mit Wachsüberzug. Alle Pflanzenteile giftig. Gelegentlich auf Schuttplätzen verwildert, aber nur unbeständig. Langtagpflanze. Samen ca. 0,5 g schwer, etwa 2.000 je Kapsel. 40–50 % des Tro-

__1–5__ Klatsch-Mohn: __1__ Habitus, __2__ Stempel + Staubblätter, __3__ Frucht quer, __4__ Frucht, Samen ausstreuend, __5__ Samen. – __6__ Schlaf-Mohn.

ckengewichts entfällt auf Öl, das zur Herstellung von Speiseöl (vor allem in Asien) und von hochwertigen Malerfarben verwendet wird. Der Presskuchen ergibt eiweiß- und fettreiches Viehfutter. Die nahezu alkaloidfreien reifen Samen werden bei uns vor allem für Mohngebäck verwendet. – Opium ist der aus den unreifen Kapseln gewonnene und dann getrocknete Milchsaft. Neben zahlreichen anderen Alkaloiden ist wohl das Morphin der wichtigste Bestandteil. Die schon den alten Griechen bekannte Droge gilt noch heute als wirksamstes Mittel gegen starke Schmerzen. Die Wirkung ist euphorisch und einschläfernd (Name!, vgl. lat. „*somniferum*" = Schlaf bringend). Doch ist der Gebrauch sehr problematisch, da er gewöhnlich zur Sucht führt. Der Missbrauch als Rauschgift geht wohl bis ins Mittelalter zurück. Heroin ist ein acetylierter Abkömmling des Morphins (und diente ursprünglich als Hustenmittel!). Es wird halbsynthetisch hergestellt. – Der Anbau ohne Sondergenehmigung ist strafbar.

Parietaria: siehe bei *Urtica*

Paris quadrifolia LINNAEUS, **Vierblättrige Einbeere**

Melanthiaceae (= Germergewächse)

Ausdauernder Rhizom-Geophyt, 10–30 cm hoch. Blätter meist zu viert in einem Scheinquirl stehend. Hin und wieder auch 5- oder 6-blättrig. Stängelbasis mit Niederblättern. Rhizom monopodial, d. h. die Luftsprosse sind Seitensprosse. Man fand bis zu 17 Jahre alte Rhizome. – Pilzwurzel (arbuskuläre Mykorrhiza).

Systematik: Von den meisten Einkeimblättrigen durch die Netznervatur der Blätter sowie die Vierzähligkeit der Blüten abweichend. Nächst verwandt ist die in Nordamerika mit vielen Arten vertretene Gattung *Trillium*. In die gleiche Familie gehört der Germer (*Veratrum*).

Giftigkeit: Alle Teile, besonders die Beeren, enthalten giftige Saponine, die früher meist als stark giftig angesehen wurden, aber möglicherweise für Säuger nur schwach giftig sind. Allerdings soll das Rhizom für Gliedertiere und Fische tödlich sein.

Namen: „*Paris*" wurde von LOBELIUS 1576 geprägt (als Herba Paris). Die erste Erwähnung der Pflanze findet sich bei Vitus AUSLASSER 1479. Die Etymologie ist ungeklärt. Meist wird der Name auf den Trojaner Paris aus der griech. Mythologie bezogen, wonach die Beere den Apfel symbolisiert, um den sich Paris und die Göttinnen Athene, Hera und Aphrodite versammelten. Andere beziehen den Namen auf die auffällige Gleichzahl (durchgehend 4-zählig) aller Teile (lat. par = gleich). Vielleicht ist aber die Stadt Paris gemeint, die im Ruf stand, eine Stadt der Hexen zu sein (DAUZAT et al. nach GENAUST). Dazu passt, dass man die Pflanze wegen der an die Tollkirsche (*Atropa bella-donna*) erinnernden Früchte für ein Nachtschattengewächs hielt und ihr entsprechend Zauberkräfte zuschrieb. Bei Leonhart FUCHS 1543 heißt die Pflanze ‚Dolwurz' (= Tollkraut), ein Name der auch für andere Zauberpflanzen wie *Atropa* und *Mandragora* verwendet wurde. LOBELIUS 1576 nennt als alternativen Namen ‚Solanum tetraphyllum' (= Vierblättriger Nachtschatten) und bildet die Pflanze gemeinsam mit *Circaea lutetiana* (siehe dort) ab, was wörtlich ‚Pariser Hexenkraut' heißt. Neulat. „*quadrifolius*"

= vierblättrig. – „Einbeere" (ahd. einber) wegen der einzeln stehenden Früchte.

Vorkommen: Krautreiche, frische Laubwälder und Gebüsche auf nährstoff- und basenreichen, humosen, lockeren Böden. Grund- und Sickerwasserzeiger. Ebene bis Krummholzstufe (deutsche Alpen bis 1870 m). – Im Norden Deutschlands schutzbedürftig.

Blüten: IV–VI, Frühblüher. Blüten meist 4-zählig. Vorweibliche „Pollen-Scheibenblumen". Nektar fehlt. Geruchlos. Blütenhülle grün, wenig auffällig. Schauwirkung vermutlich eher durch die Staubblätter und den glänzend-schwarzvioletten Fruchtknoten. Griffel frei. Narben langlebig. Die kaum klebrigen, länglichen Pollenkörner werden auch durch den Wind verbreitet (Amphiphilie). Angeblich „Fliegentäuschblume": Der Fruchtknoten soll Fleisch vortäuschen, aber wahrscheinlich lockt vor allem der Glanz.

Beere aus der Nähe.

Früchte (siehe Detailfoto): 4-fächerige, vielsamige, stahlblaue, heidelbeerähnliche Beeren, bis 1 cm dick, einzeln stehend. Verdauungsausbreitung. Fruchtreife: VII–IX.

Vegetative Vermehrung durch das Rhizom.

Verwendung: Die ganze Pflanze mit Rhizom wurde früher in der Volksmedizin als Mittel gegen ansteckende Krankheiten angewandt („Pestbeere"). Heute findet sie nur noch in der Homöopathie Verwendung.

Parnassia palustris LINNAEUS, Sumpf-Herzblatt

Celastraceae (= Spindelstrauchgewächse)

Ausdauernder, sommergrüner Hemikryptophyt (Halbrosettenpflanze), 10–20(–30) cm hoch. Rhizom aufrecht, oft verzweigt. Grundständige Blätter lang gestielt. Stängel mit nur 1 sitzenden, herzförmigen Blatt oder blattlos. – Tiefwurzler.

Systematik: Die Gattung gehört zur Unterfamilie Parnassioideae, die früher als eigene Familie Parnassiaceae (= Herzblattgewächse) eingestuft wurde. Sie umfasst etwa 60 Arten. *P. palustris* ist der einzige mitteleuropäische Vertreter der Unterfamilie.

Namen: *„Parnassia"* geht zurück auf eine ‚Gramen Parnassi' (= Gras von Parnass) genannte Pflanze bei DIOSKURIDES und PLINIUS und bezieht sich auf den Berg Parnass(os) in Griechenland, dem Sitz der Musen, an dessen Hang die heilige Quelle Kastalia lag. Ob es sich bei der Pflanze um das Herzblatt handelte, ist unklar, jedenfalls wurde sie allgemein dafür gehalten und heißt entsprechend im Englischen noch heute ‚Grass of Parnassus'. Bei der Übertragung des Namens dürfte die Anmut der Blüten und die Bevorzugung von Quellstandorten eine Rolle gespielt haben. Lat. *„palustris"* = Sumpf-. – „Herzblatt" ist künstlich gebildet, nach der Blattform.

In der Blüte befinden sich außen abgewandelte Staubblätter mit goldglänzenden Drüsenköpfen und weiter innen echte Staubblätter in unterschiedlichem Reifezustand.

Vorkommen: Flach- und Quellmoore sowie Kalkmagerrasen, auf sickernassen bis grundfeuchten Böden. Zirkumpolar auf der Nordhalbkugel verbreitet. In der Ebene selten und stark zurückgegangen. Bis ins Hochgebirge (deutsche Alpen bis 2500 m). Gefährdet! – **Geschützt!**

Blüten (siehe Detailfoto): VII–IX. „Nektar führende Scheibenblumen", einzeln stehend. Kronblätter mit Strichsaftmalen, UV-absorbierend. Der äu-

ßere Staubblattkreis besteht aus 5 Staubblättern, von denen jeden Tag eines heranreift, der innere aus 5 gelbgrünen, umgewandelten Staubblättern (= Staminodien). Letztere sondern anfänglich an der Basis (bei Besonnung) Duftstoffe und etwas Nektar ab und tragen an ihrer Spitze 7–13 goldglänzende, kugelige Gebilde, die von fester Konsistenz sind und keinen Nektar abgeben. Verschiedene Fliegen lassen sich von diesen Scheinnektarien anlocken und lecken an den vermeintlichen Nektartröpfchen („Fliegentäuschblume“) und gelangen dann von den Strichsaftmalen geleitet ins Zentrum der Blüte. Außerdem dienen die Staminodien auch als Staubbeutelattrappen. Zur Anlockung sind sie allerdings nicht zwingend nötig, da auch nach ihrer Entfernung noch ein gewisser Blütenbesuch beobachtet wurde. Streng vormännlich: Die Staubbeutel werden nacheinander (also jeden Tag ein anderer) auf den Fruchtknoten gedrückt und öffnen sich auf der Oberseite. Anschließend spreizt sich der zugehörige Staubfaden nach außen, und der Staubbeutel wird abgeworfen. Erst danach sind die sitzenden Narben empfängnisbereit. – Offenbar sammeln und fokussieren die parabolspiegelartigen, weißen Kronblätter das Sonnenlicht, sodass die Blüten an kalten Tagen gern von Insekten als Platz zum Aufwärmen aufgesucht werden, die dabei die Bestäubung durchführen. In Griffelnähe (also etwa im Brennpunkt) wurden 1,4–2,9 °C höhere Temperaturen gefunden als in der umgebenden Luft. Selbstbestäubung ist erfolgreich; sie erfolgt u. a. durch die ungeflügelten Männchen von Blasenfüßen (Thysanopteren), die sich aus den in die Blüten gelegten Eiern entwickeln. – Der zunächst etwas klebrige Pollen wird nach einiger Zeit trocken und kann dann auch vom Wind übertragen werden (Amphiphilie).

Früchte: Fachspaltig sich öffnende Kapseln: Wind- und Tierstreuer. Samen winzig, feilspanförmig, mit breitem Flügelrand, ohne Nährgewebe (vermutlich mykotroph, d. h. vom Pilz ernährt): Körnchenflieger. Es bestehen also mehrere Parallelen zur Situation bei Orchideen. Fruchtreife: VIII–X.

Verwendung: Die Pflanze wurde früher arzneilich angewandt, z. B. bei Herzklopfen (wohl gemäß Signaturenlehre wegen der herzförmigen Blätter) und bei Magenbeschwerden, findet heute aber keine Verwendung mehr.

Parthenocissus inserta (KERN.) FRITSCH (= *P. quinquefolia* auct.), Gewöhnliche oder Fünfblättrige Jungfernrebe, Zaunrebe (oder Wilder Wein)

Vitaceae (= Weingewächse, Weinrebengewächse)

Winterkahler Kletterstrauch, bis über 15 m hoch. Blätter 5–7-zählig gefingert, bis 10 cm lang gestielt, wie die jungen Triebe im Herbst durch Anthocyane intensiv rot gefärbt. In vielfacher Hinsicht ähnlich dem verwandten Echten Wein (*Vitis vinifera*), z. B. wie dieser mit Sprossranken, die den Blättern gegenüberstehen (Sympodium). Ranken 2–5-teilig, im Gegensatz zu *P. quinquefolia* ohne oder nur mit schwach entwickelten, funktionsuntüchtigen Haftscheiben. Daher kann die Pflanze nur an Gittern oder an sehr rauen Maueroberflächen empor klettern. Gelegentlich findet man Ranken mit einzelnen Blüten. Frühjahrstriebe grün. – Hier und beim Wein entdeckte der Engländer T. A. KNIGHT (1749–1838) den Hydrotropismus der Wurzeln (= gerichtete Bewegung zum Wasser) und den negativen Phototropismus der Ranken (= Abwendung vom Licht).

Systematik: Die Gattung umfasst ca. 13 Arten in Nordamerika und Asien. Nahe verwandt ist der Wein (*Vitis*).

Giftigkeit: Alle Teile der Pflanze sind durch Oxalsäure und ihre Salze schwach giftig, jedoch in Maßen genossen kaum gesundheitsschädlich, also ähnlich wie z. B. Sauerampfer (*Rumex acetosa*, siehe dort) oder Rhabarber (*Rheum rhabarbarum*).

Namen: „*Parthenocissus*" wurde von PLANCHON 1887 geprägt, von griech. parthenos = Jungfrau und kissos = Efeu, evtl. wegen der im Vergleich zum (efeuartig kletternden) Echten Wein (*Vitis vinifera*) kaum nutzbaren Früchte. Bei der Benennung könnte aber auch eine Rolle gespielt haben, dass *P. quinquefolia* aus Virginia (vgl. lat. virgo = Jungfrau) stammt; der Name wäre dann eine Übersetzung von engl. „Virginia creeper", die dann auf die ganze Gattung übertragen wurde. Lat. „*insertus*" = eingebürgert, wegen der Einbürgerung dieser Art in Mitteleuropa. „Jungfernrebe" ist Lehnübersetzung. – Der Name „Wilder Wein" ist in doppelter Weise verwirrend, da es sich (bei uns) weder um eine Wildpflanze, noch um Wein handelt, und nicht mit der Wildform der Weinrebe verwechselt werden darf.

Vorkommen: Häufige Zierpflanze. Heimat: Nordöstliches Nordamerika. Zuweilen, besonders in Flussauen, so an der Ahr, sowie an Waldrändern und ruderalen Böschungen, auch eingebürgert (Neophyt) und wie die Waldrebe (*Clematis vitalba*) alles überwuchernd.

Blüten: VII–IX. „Nektar führende Scheibenblumen", ähnlich denen von *Vitis*, aber streng vormännlich. Kronblätter nicht verwachsen, bei

Narbenreife abfallend. Die Blütenstände sind verästelte Zymen. Reicher Insektenbesuch, vor allem durch Honigbienen, die durch den angenehmen Duft angelockt werden. Bienentrachtpflanze.
Früchte: Blauschwarze von Wachs bereifte, fast geschmacklose, 5–7 mm dicke Beeren mit je 1–2 kugelig-tropfenförmigen, hartschaligen Samen: Verdauungsausbreitung durch Drosseln, Tauben usw. Fruchtreife: VIII–IX.
Verwendung: Als Zierpflanze seit dem 17. Jh. in Europa. Der Nutzen dieser schönen Kletterpflanze für die Haus- und Dachbegrünung ist unbestreitbar. Die dachziegelig angeordneten Blattspreiten schützen das Mauerwerk vor Prallregen und Sonne und wirken temperaturausgleichend. Das Pflanzengeflecht bietet zahlreichen Tieren Lebensraum, besonders auch Vögeln. Es stimmt jedoch nicht, dass dadurch mehr Kleintiere in die Innenräume gelangen. Die fühlen sich außerhalb gewöhnlich wohler. In Städten ist die Wandverkleidung von Betonmauern und Hauswänden mit Wildem Wein besonders zu empfehlen, da dadurch die Luftfeuchtigkeit erhöht und vor allem auch der Feinstaubgehalt der Luft wesentlich herabgesetzt wird. – Kinder kauen die säuerlich schmeckenden Ranken. Junge Blätter und Triebe eignen sich für Salate und Gemüse. Die Verwendung der Blätter statt derer der Echten Rebe als Umhüllung der „Dolmades“ (= gefüllte Weinblätter), wie z. B. auf der ägäischen Insel Lesbos, erscheint für den gesunden Menschen kaum problematisch. Sie mag zudem sogar besser sein als die Verwendung gespritzten Weinlaubs. – Alle Arten der Gattung lassen sich vor Laubausbruch leicht über Stecklinge vermehren. Dabei ist wichtig, dass 2/3 des Stecklings von Erde bedeckt sind.
Weitere Arten:
Parthenocissus quinquefolia (L.) PLANCH., Selbstkletternde Zaunrebe oder Jungfernrebe: Voriger Art sehr ähnlich. Ranken 5–12-teilig, stets mit Haftscheiben. Frühjahrstriebe hellrot. Als Zierpflanze seltener als vorige Art und auch nur selten verwildert. Heimat: Ostamerika.
Parthenocissus tricuspidata (SIEBOLD et ZUCC.) PLANCH., Dreilappige oder Dreispitz-Zaunrebe, Kletterwein: Blätter dreilappig oder ungeteilt oder dreizählig. Haftscheiben deutlich ausgebildet und sehr stabil haftend. Bei uns besonders häufig angepflanzt. Herbstfärbung durch Anthocyane prächtig dunkelrot. Heimat: Japan.

Pastinaca sativa LINNAEUS, Pastinak

Apiaceae (= Doldenblütler)

Zweijährige Halbrosettenpflanze, 30–100 cm hoch. Stängel kantig gefurcht. Blätter unpaarig gefiedert, 10–20 cm lang. Formenreich. – Wurzelrübe fleischig, bis 40 cm lang, im Bau der der Möhre (*Daucus*) entsprechend, diese bei Kulturformen aber bezüglich der Dicke übertreffend. – Hinweis: Die Wurzelrüben der Kulturformen von Pastinak und Petersilie (*Petroselinum crispum*) sind zum Verwechseln ähnlich. Letztere unterscheidet sich durch folgende Merkmale: Blattansatz eingesunken (statt vorgewölbt), oberer Teil nicht auffällig dicker als unterer Teil (statt deutlich dicker) und Geruch und Geschmack nach Petersilie (statt ähnlich wie Möhre).

Systematik: Die Gattung umfasst 14 Arten mit *P. sativa* als einziger mitteleuropäischer Art. Nahe verwandt ist der Bärenklau (*Heracleum*).
Giftigkeit: Beim Umgang mit der Pflanze können auf der Haut phototoxische Reaktionen auftreten. Die hierfür verantwortlichen Furanocumarine sind für bestimmte Schmetterlingsraupen bei Tageslicht tödlich. Bemerkenswerterweise produzieren die Blätter bei Verletzung oder Tierfraß etwa doppelt so viel Giftstoffe wie sonst.

Die Wurzelrüben werden ähnlich wie Möhren genutzt

Namen: „*Pastinaca*“ ist der lat. Name von Pastinak und Möhre, der von TOURNEFORT 1700 auf erstere begrenzt wurde. Lat. „*sativus*“ = angebaut. – „Pastinak“ ist Lehnwort; es wird männlich (der Pastinak) oder weiblich (die Pastinake) verwendet.

Vorkommen: Ruderalstellen (vor allem Wegränder) und Wiesen auf frischen, nährstoff- und basenreichen, vorzugsweise kalkhaltigen Böden. Außerhalb der Kalkgebiete nicht selten an Straßenrändern auftretend, wo sich die Art in letzter Zeit oft stark ausgebreitet hat. Lehm- und Verdichtungszeiger. Wärmeliebend (Jura nur bis 990 m, deutsche Alpen bis 630 m). Wahrscheinlich Kulturflüchter (Archäophyt bzw. in Nordwestdeutschland Neophyt), allerdings entsprechen die bei uns eingebürgerten Sippen nicht der kultivierten var. *sativa*. Heute weltweit verschleppt.

Blüten: VII–IX. „Nektar führende Scheibenblumen vom *Heracleum*-Typ". Blüten sattgelb. Besucher sind Insekten aller Art.

Früchte: Doppelachänen in zwei flache, schmal geflügelte Teilfrüchte zerfallend: Segelflieger und Wasserhafter. Wind- und Tierstreuer. Zufallsausbreitung durch Huftiere. Menschenausbreitung. Fruchtreife: VIII–X.

Verwendung: Seit dem Altertum bekannte, bei uns von der Römerzeit an bis ins 18. Jh. allgemein angebaute, wichtige Kulturpflanze und Bauerngartenpflanze. In Großbritannien, Südeuropa und einigen weiteren Ländern wurde die Pflanze durchgehend kultiviert, während sie bei uns von der Möhre verdrängt und erst gegen Ende des 20. Jh. wiederentdeckt wurde. Zunächst fand sie bei uns vor allem als Babynahrung Verwendung, hat aber inzwischen auch einen festen Platz auf dem allgemeinen Markt. Tendenz steigend. Auf Moorböden ist sie die ertragreichste Hackfrucht überhaupt. Die bis 1,5 kg schweren, würzig schmeckenden Wurzelrüben (siehe Detailfoto) werden außer als Gemüse auch als Viehfutter („Hammelrübe"), als Kaffee-Ersatz usw. verwendet. Sie übertreffen Möhre und Steckrübe an Nährwert und enthalten z. B. neben

relativ reichlich fettem Öl vor allem Rohr- und Traubenzucker und auch etwas Inulin. Wegen des etwas strengen Geschmackes werden sie gerne mit Möhren usw. gemischt. – Auch die einjährigen Wurzeln der Wildpflanzen können gegessen werden, am besten erst nach Frosteinwirkung. Die sehr würzigen jungen Blätter und Sprosse eignen sich für Mischgemüse. Das Kraut führt bei empfindlichen Personen wegen der Photosensibilisierung zu Ausschlägen. – Die Früchte werden in der Volksmedizin und als Gewürz verwendet.

Pedicularis palustris Linnaeus, Sumpf-Läusekraut

Orobanchaceae (Sommerwurzgewächse)

Einjährig (winterannuell) oder zweijähriger bis ausdauernder Hemikryptophyt (Schaftpflanze) oder Sumpfpflanze, 20–30(–50) cm hoch. Halbschmarotzer: Haustorien (Saugorgane) ähnlich wie bei *Melampyrum* (siehe dort). Stängel einzeln, aufrecht, hohl. Blätter doppelt fiederspaltig, bis 8 cm lang, unangenehm riechend.

Systematik: Die Gattung ist mit ca. 600 Arten besonders artenreich. Nah verwandt sind die ebenfalls hemiparasitischen Gattungen Augentrost

(*Euphrasia*), Wachtelweizen (*Melampyrum*) und Klappertopf (*Rhinanthus*, siehe dort).

Giftigkeit: Alle Teile, vor allem die Samen, sind durch Aucubin giftig. Auch Tiervergiftungen sind vorgekommen. Das Kraut schmeckt brennend scharf.

Namen: „*Pedicularis*" ist der lat. Name der Pflanze, zu pediculus = Laus, wegen der Verwendung. Lat. „*palustris*" = Sumpf-.

Vorkommen: Flach-, Quell- und Zwischenmoore sowie Binsenwiesen, auf nassen, meist kalkarmen Sumpfhumusböden. Ebene bis Gebirge (deutsche Alpen bis 1560 m). – Stark gefährdet! – **Geschützt**! (alle Arten der Gattung).

Blüten: V–VII. Homogame „Eigentliche Lippenblumen". Kelchblätter zweispaltig, teilweise laubig. Blüten horizontal ausgerichtet, aber schief stehend, daher ist für den richtigen Anflug eine hohe Lernfähigkeit nötig: „Intelligenzblume". – Um an den vom Diskus abgesonderten Nektar zu gelangen, muss die Hummel die nur 0,5 mm breite Öffnung der Kronröhre auseinanderdrücken: „Kraftblume". Zuerst wird die Narbe berührt. Wenn der Kopf tiefer in die Blüte eindringt, wird der trockene Pollen ausgestreut. Erdhummeln können nur durch seitliches Aufbeißen der Kronröhre an den Nektar gelangen, da ihr Rüssel mit nur 7–9 mm Länge zu kurz ist.

Früchte: Kapseln 2-fächerig, mehrsamig, nach oben offen. Stängel trocken elastisch, Kelchblätter als Wind- und Regentropfenfänger dienend: Windstreuer und Regenballist. Seltener auch Tierstreuer durch vorbeistreifende, hakelnde Tiere. Samen dunkelbraun, bis 2,4 mm lang. Mit Ölkörper zur Ameisenausbreitung. Fruchtreife: VIII–X. Lichtkeimer.

Verwendung: Die *Pedicularis*-Arten wurden früher, vermutlich wegen der antibiotischen Wirkung, arzneilich verwendet und auch für Speisezwecke genutzt. Hauptsächliche Anwendung war aber wegen des Aucubin-Gehaltes die als Insektenmittel gegen Läuse und anderes Ungeziefer.

Weitere Art:

Pedicularis sylvatica L., Wald-Läusekraut: An ähnlichen Standorten, aber kalkmeidend und auch in Borstgraswiesen. Sonst wie vorige Art, aber mit normalen Kelchblättern. Pflanze mit mehreren niederliegend-aufsteigenden Stängeln und nur am Grunde verzweigt. Nur bis in mittlere Gebirgslagen. Gefährdet. Blüten nach unten geneigt; Eingangsspalt 2–4 mm breit. Blüteneinbruch durch Erdhummeln, deren Rüssel für eine normale Nektaraufnahme zu kurz ist.

Persicaria lapathifolia (L.) Delarbre (= *Polygonum lapathifolium* L.), Ampfer-Knöterich

Polygonaceae (= Knöterichgewächse)

Einjährig, sommerannuell, 20–50(–160) cm hoch. Fast kahl. Sehr formenreich mit zahlreichen Unterarten. – Tiefwurzler: 20–100 cm tief wurzelnd.

Systematik: Die Gattung wurde lange Zeit zu *Polygonum* gestellt. Sie umfasst weltweit etwa 150 meist einjährige Arten.
Namen: „*Persicaria*" ist der mittellat. und vorlinnésche Name der Pflanze und ihr nahestehender Arten, zu lat. (malum) Persicum = Pfirsich, wegen der ähnlichen Blattform. LINNÉ 1753 stellte die Art in seine Großgattung *Polygonum*. Als separater Gattungsname wurde „*Persicaria*" zuerst von MILLER 1754 gültig publiziert. Neulat. „*lapathifolius*" von lat. lapathum = Ampfer und -folius = -blättrig. – „Knöterich" wegen der auffällig verdickten Stängelknoten bei vielen Arten der alten Gattung *Polygonum*, nach deren Aufspaltung dieser Name der neuen Gattung *Persicaria* zugeordnet wurde.
Vorkommen: Nährstoffreiche Ufer, feuchte oder nasse Äcker, Gärten und Ruderalstellen.
Blüten: VI–X. Scheinähre (Thyrsus) dicht, walzlich, bis 1 cm dick. Blütenhülle einfach (Perigon), grünlich weiß bis rosa. Ährenstiele und Blüten drüsig. Wegen geringer Nektarproduktion spärlicher Blütenbesuch und meist Selbstbestäubung.
Früchte: Nüsse flach, bis 3 mm lang und 3 mg schwer. Sie werden meist mitsamt dem Perigon ausgebreitet. Beim Verwesen der Perigonblätter bleiben die an der Spitze hakenförmig gekrümmten Leitbündel als Ankerhaken stehen: Klettausbreitung. Dazu Zufallsausbreitung durch Huftiere, Bearbeitungsausbreitung durch Vögel, Menschenausbreitung als Kulturbegleiter (z. B. mit Ackererde verschleppt), Kieswanderer an Fließgewässern. Fruchtreife: IX–X.
Verwendung: Junge Blätter sind für Salat und Gemüse verwendbar.
Weitere Arten (vgl. auch die beiden vorigen Abschnitte):
Persicaria maculosa GRAY (= *Polygonum persicaria* L.), Floh-Knöterich, Pfirsichblättriger Knöterich: Sehr ähnlich wie *P. lapathifolium*, aber ohne Drüsen, mit langhaariger Blattscheide und lockeren Scheinähren. Frische Äcker, Ufer und Ruderalstellen. Kennart der Polygono-Chenopodietalia (= Wildkrautgesellschaften der Hackfruchtäcker). Nutzpflanze in der Steinzeit. Die pfefferartig scharf schmeckenden Blätter sind als Gewürz geeignet.
Persicaria amphibia (L.) DELARBRE (= *Polygonum amphibium* L.), Wasser-Knöterich: Ausdauernd (Geophyt bzw. Wasserpflanze). Als amphibische Pflanze kann diese Art bei ausreichender Grundfeuchtigkeit sowohl auf dem Land (z. B. an trockenen Wegrändern) als auch im Wasser vorkommen. Landform: Schaftpflanze, klebrig behaart, schmalblättrig, Stängel markig, nur ausnahmsweise blühend. Wasserform: Schlammwurzler, kahl, breite Schwimmblätter mit oberseitigen Spaltöffnungen, Stängel mit weiten Luftgängen, bis 3 m lange, bogig aufsteigende Schwimmsprosse. Außerdem besitzt die Wasserform einen höheren Anteil an antibiotischen Stoffen als die Landform. – Ausgedehntes, bis 60 cm tief liegendes System unterirdischer Ausläufer von >1 cm Dicke und >2 m Länge. Die Schwimmblätter erinnern stark an die einiger Laichkraut-Arten (*Potamogeton*), sind aber nicht wie diese parallelnervig, sondern netzvnervig. Blütenhülle rosa. Angenehm duftende, verschiedengrifflige „Scheibenblumen". An trockeneren Standorten bleibt der Samenansatz aus, dafür erfolgt eine intensive, vom Rhizom ausgehende vegetative Vermehrung. – Als Unterrichtsobjekt kann die Wasserform anstelle der bekannteren, aber unter Naturschutz stehenden See- und Teichrose empfohlen werden.
Persicaria hydropiper (L.) DELARBRE (= *Polygonum hydropiper* L.), Wasserpfeffer, Pfeffer-Knöterich: Einjährig. Blätter mit durchscheinenden Öldrüsen, von pfefferartigem Geschmack (Name!). Der schwach giftige Scharfstoff ist bemerkenswerterweise der gleiche wie beim Lebermoos *Porella arboris-vitae*. Ufer und nasse Waldwege. Spätblüher: VII–IX. Scheinähren sehr schmal. Blüten unscheinbar, Nektarien verkümmert. Regelmäßig spontane Selbstbestäubung in geschlossen bleibenden (kleistogamen) Blüten. Samen und junge Blätter eignen sich als scharfe Würze.

Petasites hybridus (L.) G. Gaertner, B. Meyer et Scherbius (= *P. officinalis* Moench), Gewöhnliche Pestwurz

Asteraceae (= Korbblütler)

Ausdauernd: Hemikryptophyt (Rosettenpflanze) oder Rhizom-Geophyt, zur Fruchtreife 30–70(–100) cm hoch. Das Rhizom ist oben knollig verdickt und enthält, wie die übrigen Korbblütler, statt Stärke Inulin und andere Kohlenhydrate als Reservestoffe. Die Pflanze ist – ähnlich wie der nahe verwandte Huflattich – vorlaufend (= vorziehend), d. h. die Laubblätter sind zur Blütezeit noch kaum entwickelt. Im ausgewachsenen Zustand sind die herzförmigen, 30–60(–100) cm breiten, unterseits graufilzig behaarten Grundblätter die breitesten der heimischen Flora. Sie sehen denen der Kletten (*Arctium*, siehe dort) sehr ähnlich, werden aber viel größer.

Systematik: Die Gattung umfasst 15–18 Arten. Sie gehört zur Unterfamilie Asteroideae und ist nah verwandt mit Huflattich (*Tussilago*), Brandlattich (*Homogyne*, s. u.) und Greiskraut (*Senecio*).
Giftigkeit: Blätter und Rhizome sind durch Pyrrolizidinalkaloide (z. B. Senecionin) giftig.
Namen: „*Petasites*" ist der griech. Name der Pflanze bei Dioskurides, zu petasos = breitkrempiger Hut, wegen der großen Grundblätter. Linné beschrieb eine mehr männliche Form als *Tussilago petasites* und eine mehr weibliche als *T. hybrida*, womit aber keine Kreuzung, sondern eine Mischung von Merkmalen gemeint war. Als Gattungsname wurde „*Petasites*" zuerst von Miller 1754 gültig publiziert. – „Pestwurz" (weiblich!), weil die Pflanze früher als Mittel gegen die Pest galt. „Wurz" = Pflanze. Ein alter Name ist „Großer Huflattich".
Vorkommen: Bestandbildend an Ufern von Fließgewässern, an Quellhängen, in Nasswiesen und Bruchwäldern, auf nährstoff- und basenreichen Tonböden. Ebene bis mittlere Gebirgslagen (deutsche Alpen bis 1440 m).
Blüten: III–V, Frühblüher. „Körbchenblumen". Die zahlreichen Körbchen stehen in einem walzlich-ährenähnlichem Gesamtblütenstand. Unvollständig zweihäusig, d. h. jeweils das andere Geschlecht ist ± verkümmert. Es sind nur Röhrenblüten vorhanden. Männliche Blütenkörbchen mit rosa (seltener weißen) Blüten. Diese zeichnen sich durch auffallende, aber nicht empfängnisfähige, kolbenartige Griffel aus, die allein dazu dienen, den Pollen aus der Staubblattröhre herauszudrücken. Die immer weißen weiblichen Blütenkörbchen besitzen an der Spitze gespaltene Griffel sowie im Zentrum wenige männliche, Nektar führende Blüten mit 5-zipfeliger Krone. Wohlriechend. Bestäuber sind Bienen, Hummeln, Fliegen und als Falter überwinternde Schmetterlinge.

Früchte: Nach der Blüte wachsen die etwa 10–40 cm hohen Gesamtblütenstände weiblicher Pflanzen zu bis zu 100 cm langen Fruchtstängeln heran, deren Körbchenstiele ebenfalls verlängert sind. Achänen mit Haarkelch (Pappus): Schirmchenflieger. Außerdem Schwimmer und bei Nässe Adhäsionshafter. Fruchtreife: V–VI.

Vegetative Vermehrung erfolgt reichlich durch unterirdische Ausläufer.

Verwendung: Die Pflanze wird in der Volkmedizin vielseitig eingesetzt, z. B. wegen des Schleimstoffgehalts als Hustenmittel. Früher wurden die Blätter auch für Wurmmittel sowie zur Behandlung von Wunden und Hauterkrankungen verwendet. Im Mittelalter glaubte man, der durch die ätherischen Öle verursachte, starke und unangenehme Geruch könne die Pest, die man als Person ansah (siehe DÜRER), austreiben. Spielende Kinder benutzen die großen Blätter gerne als Kopfbedeckung. – In jüngster Zeit wurde die Pflanze als Arzneimittel neu entdeckt, und zwar wegen des Gehaltes an Petasin, einem Sesquiterpen-Ester, der eine krampflösende und beruhigende Wirkung hat.

Weitere Art/Verwandte:

Petasites albus (L.) GAERTN., Weiße Pestwurz: Von der vorigen Art durch weißliche Blüten und die kleineren, rundlich-breitdreieckigen, stärker und ungleich gezähnten Blätter unterschieden. Ihr Vorkommen beschränkt sich auf schattige, niederschlagsreiche, vor allem gebirgige Lagen. In den deutschen Alpen bis 2050 m.

Homogyne alpina (L.) CASS., Grüner oder Gewöhnlicher Alpenlattich oder Brandlattich: Stängel nur 1-köpfig, 10–40 cm hoch. Grundblätter klein, rundlich-nierenförmig, ledrig, oberseits glänzend, unterseits fast kahl. Montane Nadelwälder, subalpine Zwergstrauchheiden und Silikatmagerrasen, kalkmeidend. Typisch auch an stark windexponierten Stellen.

Petrorhagia prolifera: siehe bei *Dianthus*

Petroselinum crispum (MILL.) NYMAN ex A. W. HILL (= *P. sativum* HOFFM.), Petersilie

Apiaceae (= Doldenblütler)

Zweijähriger Hemikryptophyt (Halbrosettenpflanze), steril 10–20, fruchtend 30–90 cm hoch (bei Zuchtformen oft niedriger). Blätter gefiedert, bei glatten Sorten dunkelgrün, mit glänzender Oberseite, bei krausen Sorten heller grün. – Die ähnliche, hochgiftige Hundspetersilie (*Aethusa cynapium*) riecht zerrieben unangenehm und hat nie krause Blätter. – Pfahlwurzel bzw. bei der Wurzelpetersilie fleischig verdickte Wurzelrübe.

Systematik: Die Gattung umfasst nur 2 Arten. Sie ist nächst verwandt mit Dill (*Anethum*), Sellerie (*Apium*) und Fenchel (*Foeniculum*).

Giftigkeit: Insgesamt gering giftig. Die Früchte enthalten ca. 3 % ätherisches Öl. Der darin enthaltene Petersilienkampfer (Apiol) wirkt insektizid und führt in größeren Mengen u. a. zu Schleimhautblutungen und ausbleibender Urinausscheidung (Anurie). Außerdem fördert er die Kontraktion der glatten Muskulatur, z. B. von Blase, Darm und Uterus (s. u.). Die in den Blättern enthaltenen Furanokumarine können phototoxische Reaktionen auf der Haut (Blasen u. ä.) hervorrufen.

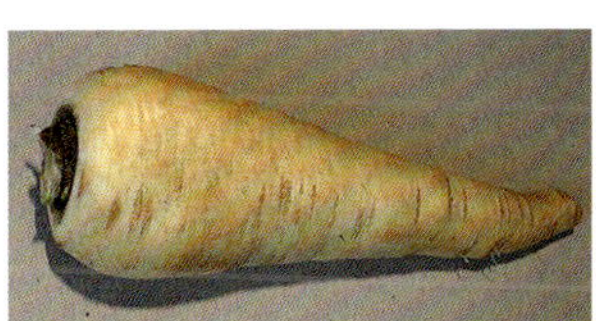

Die Wurzeln einiger Zuchtformen („Wurzelpetersilie") werden als Gemüse genutzt.

Namen: *„Petroselinum"* (petroselinon) ist der lat.-griech. Name der Pflanze, zu petra = Stein und selinon, dem Namen von Sellerie und ähnlichen Doldenblütlern, bedeutet also Steinsellerie. Der Bezug ist die

ehemalige Anwendung der Pflanze bei Nieren- und Blasensteinen. Im Mittelalter hieß die Petersilie ‚apium hortense', d.h. Garten-Sellerie. LINNÉ nannte sie *Apium petroselinum*. Lat. *„crispus"* = kraus, weil viele Kultursorten krause Blätter haben. – „Petersilie" ist Lehnwort, entstanden unter Anlehnung an den Personennamen Peter.

Vorkommen: Gepflanzt und zuweilen verwildert. Die Wildform soll an quelligen, steinigen Plätzen im östlichen Mittelmeergebiet wachsen. Ein genauer Herkunftsort ist nicht bekannt. – Die einzige europäische Wildart der Gattung ist *P. segetum* (L.) W. D. J. KOCH. Diese atlantisch-mediterran verbreitete Art kommt auch in den Niederlanden vor und ist eine bis 1 m hohe, ein- oder zweijährige Pflanze mit einfachen Fiederblättern und weißen Blüten.

Blüten: V–VI. Gelbliche „Nektar führende Scheibenblumen", in 8–15-strahligen, zusammengesetzten Dolden. Besucher sind Insekten aller Art.

Früchte: Doppelachänen graubraun, etwa 2–3 mm lang, breit eiförmig. Vor allem Menschenausbreitung. Fruchtreife: VII. Samen nur 2–3 Jahre keimfähig.

Verwendung: Petersilie war im alten Griechenland ein heiliges Kraut, das nicht gegessen wurde. Sie wurde schon von den Römern genutzt. In Deutschland ist sie seit Karl dem Großen bekannt. Jetzt ist sie das bekannteste Küchengrün. Man unterscheidet var. *crispum* (Blatt- oder Krause Petersilie) und var. *neapolitanum* (Italienische Petersilie) als Blattkräuter. Bemerkenswert ist, dass lange Zeit bevorzugt krausblättrige Petersilien angebaut wurden, um eine Verwechslung mit der Hundspetersilie zu vermeiden. Die var. *tuberosum* (= var. *radicosum*) ist die Wurzel-Petersilie. Ihre gelblich weißen Wurzeln (siehe Detailfoto) werden als Gemüse ähnlich wie Sellerie-Knollen (*Apium graveolens*) gegessen und finden sich auch bisweilen als Bestandteil von „Suppengrün". Sie erfreuen sich zunehmender Beliebtheit. Sie sehen ähnlich aus wie die Wurzeln des Pastinaks (*Pastinaca sativa*), riechen aber nicht möhrenartig und haben einen eingesenkten (statt vorgewölbten) Blattansatz. – Arzneilich angewandt wurde die Petersilie schon im Altertum. Früchte und Wurzeln wirken harntreibend und verdauungsfördernd und helfen gegen Blähungen. Das Kraut wird bei Arteriosklerose, Osteoporose, Blasenschwäche und Eisenmangel verwendet. Es fördert zu schwache Regelblutungen. Schwangere sollten aber auf keinen Fall mehr als einen Esslöffel Petersilie am Tag essen, weil zu große Mengen abtreibend wirken. Äußerlich nutzt man die Pflanze gegen Ungeziefer und Insektenstiche. Frisches, biologisch angebautes Kraut ist wegen des Gehaltes an den Vitaminen A, B1, B2, C, E und Folsäure sehr gesund, auch ist es durch den hohen Gehalt an Kalium, Kalzium, Eisen und Mangan ausgezeichnet. Aus „modernem" Anbau stammendes, mit Nitraten usw. belastetes Kraut sollte man meiden. Getrocknetes und tiefgefrorenes Kraut verliert schnell seine Qualität und ist oft kontaminiert.

Peucedanum ostruthium (L.) W. D. J. Koch (= *Imperatoria ostruthium* L.), **Meisterwurz**

Apiaceae (= Doldenblütler)

Ausdauernder, kräftiger, sommergrüner Hemikryptophyt (Schaftpflanze), 30–100 cm hoch. Stängel hohl und dadurch relativ stabil. Blätter groß, meist doppelt 3-zählig. Blattscheiden bauchig. Rhizom aromatisch riechend.

Systematik: Die Gattung umfasste im klassischen Sinne 100–200 Arten: Manche Autoren haben aber in jüngster Zeit viele Arten ausgegliedert, sodass dann nur noch 8–10 Arten übrig bleiben. Verwandt sind u. a. Engelwurz (*Angelica*) und Silge (*Selinum*).

Giftigkeit: Wirkt durch Furanocumarine photosensibilisierend.

Namen: „*Peucedanum*" ist der lat.-griech. Name des Echten Haarstrangs (*P. officinale*), mit der Bedeutung ‚bitter schmeckend', bezogen auf das ehemals arzneilich verwendete Rhizom. Der Name „*Ostruthium*" kam im Mittelalter auf (z. B. als ‚Astrenica' bei Hildegard von Bingen); er stammt aus Südfrankreich, bedeutet ‚glücklich, nützlich' und bezieht sich ebenfalls auf die damalige Verwendung als Heilpflanze. Den gleichen Bezug hat „Meisterwurz" (weiblich!). „Wurz" = Pflanze.

Vorkommen: In frischen, nährstoffreichen Bergwiesen sowie Hochstauden- und Lägerfluren, oft in der Nähe der Sennhütten (hier wohl Kulturrelikt). In den höheren Mittelgebirgen und Alpen ziemlich verbreitet, sonst nur verschleppt (Neophyt).

Blüten: VI/VII–VIII. Krone weiß-rosa. Vormännliche „Nektar führende Scheibenblumen vom *Heracleum*-Typ", in großen, zusammengesetzten Dolden. Andromonözisch, d. h. mit männlichen Blüten und Zwitterblüten. Reichlicher Besuch durch Insekten, die die Blütenstände als „Sonnendeck" nutzen, so u. a. Männchen der Bremsen-Art *Tabanus borealis*.

Früchte: Spaltfrüchte: Doppelachänen. Teilfrüchte 4–5 mm breit, fast kreisrund und breit geflügelt: Segelflieger. Dazu Zufallsausbreitung durch Huftiere sowie Menschenausbreitung als Kulturrelikt und -flüchter. Fruchtreife: IX–X. Wintersteher.

Vegetative Vermehrung durch die unterirdischen Ausläufer.

Verwendung: Alte Arzneipflanze, die früher z. B. in Bauerngärten nicht selten gezogen wurde. Sie wurde gelegentlich ähnlich wie die Engelwurz (*Angelica*) als Bittermittel verwendet und spielte auch in der Tierheilkunde eine große Rolle. Die Wurzeln und Rhizome wirken verdauungsfördernd. Letztere sind, gekaut, ein gutes Mittel gegen Zahnschmerzen. Kraut und Schösslinge wurden als Gewürz, insbesondere als Zutat zum Schabzigerkäse, verwendet. Der frühere Anbau ist weitgehend aufgegeben worden.

Weitere Arten:

Peucedanum cervaria (L.) Lapeyr. (= *Selinum cervaria* L.), Hirschwurz, Hirsch-Haarstrang: 0,5 bis 1 m hoher Hemikryptophyt. Die Stängelbasis ist durch einen schwarzen Haarschopf, der aus Blattresten entstanden ist, gekennzeichnet. Rhizom mit bezeichnendem Geruch, deshalb auch „Schwefelwurz" genannt. Blätter 2–3-fach gefiedert, blaugrün, Fiederteile 1–2 cm. In Trockenrasen, Trockengebüschen, -säumen usw. der Gebirge nicht selten; kalkhold. Blüten- und Ausbreitungsökologie ähnlich wie bei voriger Art.

Peucedanum palustre (L.) MOENCH (= *Thysselinum palustre* (L.) HOFFM.), Sumpf-Haarstrang, Ölsenich: Zweijährig, 80–150 cm hoch. Blätter mehrfach gefiedert mit lineal-lanzettlichen Abschnitten. Stängel hohl, kantig gefurcht, mit Milchsaft. Blüten wie bei *P. ostruthium*. Blütezeit: VII–VIII. Sumpfwiesen, Moore, Teich- und Grabenränder sowie Bruchwälder. Teilfrüchte geflügelt, elliptisch, 4 × 2,5 mm groß. Wind- und Schwimmausbreitung.

Phacelia tanacetifolia BENTHAM, Büschelschön, Rainfarn-Phazelie, Bienenfreund

Boraginaceae (= Raublattgewächse)

Einjährig, 30–70 cm hoch. Blätter fiederteilig, rainfarnähnlich. Friert bei –8 °C ab. – Bis 40 cm tief wurzelnd.

Systematik: Die Gattung umfasst etwa 200 Arten, von denen mehrere bei uns als Zierpflanzen in Kultur sind. Sie gehört zur Unterfamilie Hydrophylloideae, die früher oft in eine getrennte, im Gebiet sonst nicht vertretene Familie Hydrophyllaceae (= Wasserblattgewächse) gestellt wurde.

Giftigkeit: Der Kontakt mit den Blättern kann zu sehr unangenehmen Hautausschlägen führen.

Namen: „*Phacelia*" wurde von JUSSIEU 1789 geprägt, von griech. phakelos = büschelig, und nimmt auf die Blütenstände Bezug. Neulat. „*tanacetifolius*" = Blätter ähnlich denen des Rainfarns (*Tanacetum vulgare*). – „Büschelschön" ist Lehnübertagung. „Bienenfreund" wegen der Bedeutung für Imker.

Vorkommen: Kulturpflanze. In den letzten Jahren zunehmend verwildert anzutreffen, vor allem in Wärme liebenden Ruderalfluren, aber meist nur unbeständig. Heimat: Kalifornien.

Blüten: VI–X. Kronblätter verwachsen, violettblau, Staubbeutel weit herausragend, Pollen blau. Die Blütenstände sind lange, schneckenförmig eingerollte Wickel. Wichtige Nektar- und Pollenquelle für Honigbienen (Bienentrachtpflanze). Auch Hummeln und weitere Wildbienen sowie verschiedene Schmetterlinge und Schwebfliegen finden sich als Besucher ein.

Früchte: 2-spaltige, leicht aufspringende Kapseln. Samen sehr leicht, apfelsinenähnlich mit warziger Oberfläche. Dunkelkeimer.

Verwendung: Phazelien wurden 1832 in England und 1843 in Deutschland als Zierpflanze eingeführt. Lange Zeit überwiegend als Bienenfutter- und Zierpflanze ausgesät, gewinnt die Art mehr und mehr Bedeutung als Zwischenfrucht zur Gründüngung (u. a. weil Schädlinge bei uns fehlen) und zur Hangbefestigung. Außerdem findet man sie neuerdings regelmäßig in den sog. Blühstreifen.

Phalaris arundinacea LINNAEUS (= *Typhoides arundinacea* (L.) MOENCH), Rohr-Glanzgras

Poaceae (= Süßgräser)

Rhizom-Geophyt, 50–200 cm hoch. – Bis 3,5 m tief wurzelnd. – Vom ähnlichen Schilf (*Phragmites*) auch im nicht blühenden Zustand leicht durch das als Hautsaum (statt als Wimpernkranz) ausgebildete Blatthäutchen zu unterscheiden.

Systematik: Die Gattung umfasst ca. 20 Arten. Sie gehört in die artenreiche Gattungsgruppe (Tribus) Aveneae (siehe *Avena*).
Namen: „*Phalaris*" ist der lat.-griech. Name des Kanariengrases (s. u), zu griech. phalaros = glänzend, weiß gefleckt, wegen dessen grün-weiß-gestreiften Hüllspelzen. Der Name wurde von LINNÉ auf die ganze Gattung übertragen. Lat. „*(h)arundinaceus*" = schilfrohrartig. – „Glanzgras" ist Lehnübertragung.
Vorkommen: Bestandbildend im Uferröhricht von Fließgewässern und Seen, auf nährstoff- und basenreichen Böden. Wechselnässezeiger. Benötigt bewegtes und daher sauerstoffreicheres Wasser im Untergrund. Kennart des Phalaridetum (= Rohrglanzgrasröhricht). Zirkumpolar verbreitet.
Blüten: VI–VII. Windblütig: „Langstaubfädiger Typ". Deckspelzen glänzend. Ährchen mit einer fertilen Blüte.
Früchte: Ausbreitungseinheit sind die von der Deck- und Vorspelze umgebenen Karyopsen (Spelzfrüchte): Ballonflieger sowie Zufallsausbreitung durch Weidetiere, wie auch, wegen der unter den Spelzen eingeschlossenen Luft, Schwimmausbreitung.
Vegetative Vermehrung erfolgt reichlich durch die langen unterirdischen Ausläufer. Ähnlich wie beim Schilf entsprechen oft ganze „Bestände" einer einzigen Pflanze.
Verwendung: Wertvolles und ertragreiches Futtergras. Bei genügend Platz für Wildpflanzengärten geeignet, kann sich allerdings sehr aggressiv ausbreiten. Wird bereits seit etwa 1600 als Zierpflanze in der weißgestreiften Gartenform 'Picta' kultiviert.
Weitere Art:
Phalaris canariensis L., Kanariengras: Einjährig, 15–40 cm hoch. Zierpflanze und wegen der Samen Vogelfutterpflanze. Heimat: Westliches Mittelmeergebiet; sonst eingebürgert. Trotz des Namens ist es zweifelhaft, ob die Art auf den Kanarischen Inseln heimisch ist. Ährchen in einer kurzen, eiförmigen Ährenrispe. Bei uns zuweilen verwildert, aber nur unbeständig. Die Samen werden z. B. mit weggeworfenem Vogelsand ausgebracht (Müllzeiger!).

Phaseolus vulgaris LINNAEUS, Garten-Bohne

Fabaceae (= Schmetterlingsblütler)

Einjährige Kletterpflanze. Linkswinder. Stängel bis 4 m lang. Abends gegen 6 Uhr nehmen die Blätter eine Schlafstellung ein (Nyktinastie), indem sie durch Abnahme des Zellsaftdruckes (Turgors) in den Zellen der Blatt- und Fiedergelenke nach unten gesenkt werden. Einer inneren, tagesperiodischen (circadianen) Rhythmik folgend heben sich Blattstiele und Fiedern am nächsten Morgen gegen 6 Uhr wieder. Bei praller Mittagssonne stellen sich die Fiedern senkrecht in Nord-Südrichtung (Kompasspflanze). Bei hoher Luftfeuchtigkeit werden zur Aufrechterhaltung des Saftstroms Wassertröpfchen aktiv gegen das Konzentrationsgefälle durch Hydathoden ausgeschieden (Guttation). – Bohnen sind beliebte Objekte für Keim- und Wachstumsversuche. – Wurzelknöllchen mit Stickstoff bindenden Bakterien (vgl. bei *Lupinus*). – **Stark giftig (rohe Früchte und Samen)**.

Systematik: Die Gattung umfasst etwa 250 Arten. Mit der Ackerbohne (*Vicia faba*) ist sie nicht verwandt.

Giftigkeit: Die rohen Früchte und Samen aller Bohnen-Arten enthalten den Giftstoff Phasin (ein Glykoprotein aus der Gruppe der Lektine). Besonders viel ist etwa in rohen Samen roter Kidney-Bohnen enthalten. Dieses Toxalbumin (giftiges Eiweiß) verklumpt die roten Blutkörperchen. Es wird erst durch Kochen zerstört und deshalb kann es schon nach dem Verzehr weniger roher Samen oder Früchte zu schweren Vergiftungen mit Übelkeit und Erbrechen kommen. Es folgen kolikartige Bauchschmerzen und Kreislaufkollaps. Der Giftstoff zerfällt nach etwa 15 Minuten Kochen, aber nicht beim Trocknen.

Namen: „*Phaseolus*" ist der lat. Name mehrerer bohnenartiger Pflanzen, zu griech. phaseolos = Kahn, wegen der Form der Früchte. Der Name wurde von dem vorlinnéschen Autor TOURNEFORT auf die im 16. Jh. aus Amerika bei uns eingeführte Gartenbohne übertragen, was LINNÉ übernahm. – Parallel dazu erfolgte auch im Deutschen ein Bedeutungswandel, indem mit dem germ. Wort „Bohne" jetzt nicht mehr die Ackerbohnen (*Vicia faba*), sondern die aus Amerika eingeführten Bohnen (*Phaseolus*) gemeint waren. In Österreich heißen die grünen Bohnen „Fisolen", entlehnt von lat. ‚phaseolus'. Zur Problematik der im Lebensmittelhandel unterschiedlich gehandhabten Begriffe ‚Dicke Bohnen' und ‚Große Bohnen' siehe bei *Vicia faba*.

Vorkommen: Kulturpflanze, die im 16. Jh. aus Amerika nach Europa gebracht wurde.

Blüten: VI–IX. Streng vormännliche „Pollen-Fahnenblumen (= Schiffchenblumen) mit Griffelbürsten-Klappeinrichtung", in Trauben. Blüten weißlich, gelblich oder lila. Die Öffnung der Staubbeutel erfolgt schon in der Blütenknospe. Nur kräftige Hummeln vermögen die Blüten zu öffnen. Selbstbestäubung ist möglich.

Früchte: Hülsen. Bei den Kulturformen bleiben die Früchte gewöhnlich geschlossen. Die Wildform ist ein Austrocknungsstreuer. – Die Keimblätter dienen als Nährstoffspeicher. Sie entfalten sich über dem Boden, wobei sie ergrünen (epigäische Keimung). Der Keimspross (innerhalb des Samens zwischen den Keimblättern gelegen) ist relativ weit entwickelt, sodass sogar die ersten Laubblätter erkennbar sind (Lupe!).

Verwendung: Neben der „Stangenbohne" gibt es als besonderes Züchtungsprodukt die „Buschbohne“, die nicht windet, sondern niedrig bleibt und einen buschigen Wuchs hat. – Der Hauptnutzen der Bohnen liegt darin, dass die Samen einen hohen Eiweißgehalt haben (ca. 21%) und daneben noch Kohlenhydrate und Fett enthalten. Sie enthalten alle essenziellen Aminosäuren und können damit Fleischkost ersetzen. Die bekannten Blähungen nach dem Verzehr von Bohnen beruhen darauf, dass ein Teil der Kohlenhydrate vom Menschen nicht direkt abgebaut werden können, sondern nur durch bestimmte Darmbakterien. Für die ärmere Bevölkerung Lateinamerikas sind Bohnen wesentlicher Nahrungsbestandteil. Kletternde Bohnen sind auch als Zierpflanzen sehr dekorativ, besonders die folgende Art. – In der Volksmedizin werden die getrockneten, leeren Fruchthüllen als harntreibender Tee angewandt („Bohnenschalentee“).

Weitere Art (vgl. auch *Vicia faba* = Saubohne, *Glycine max* = Sojabohne):
Phaseolus coccineus L. (= *P. multiflorus* LAM.), Feuer-Bohne oder Prunk-Bohne: Bei uns als einjährige, sommerannuelle Windepflanze gezogen, jedoch im milden Klima auch mit dicken Speicherwurzeln mehrere Winter überdauernd. Heimat: Mittelamerika. Gemüsepflanze, wegen der hübschen Blüten aber auch Zierpflanze. Früchte derber als bei voriger Art. Feuerrote „Vogelblumen“. Selbststeril. Samen violett mit schwarzem Muster. Die Keimblätter bleiben im Gegensatz zur Garten-Bohne im Boden, ergrünen also nicht (hypogäische Keimung). Schlafbewegungen der Blätter sind ähnlich wie bei der Garten-Bohne.

Phegopteris connectilis (MICHX.) WATT (= *Thelypteris phegopteris* (L.) SLOSS., *Lastrea phegopteris* (L.) BORY), Buchenfarn

Thelypteridaceae (= Sumpffarngewächse)

Sommergrüner Rhizom-Geophyt, 15–30 cm hoch. Rhizom nur 1–2,5 mm im Durchmesser. Blätter 10–30 cm lang, matt hellgrün, behaart; doppelt fiederschnittig, d. h. zwischen den primären Blatteinschnitten findet sich lappenförmiges Blattgewebe. Die beiden untersten Blattabschnitte sind nach hinten gerichtet. Spaltöffnungen in Anpassung an den luftfeuchten Standort auf Blattoberseite und -unterseite.

Systematik: Die Gattung weist eine bewegte Benennungsgeschichte mit einer umfangreichen und verwirrenden Liste von Synonymen auf. Nahe verwandt ist die Gattung *Thelypteris* (Lappenfarn, Sumpffarn, Bergfarn). – Der Buchenfarn ist im Habitus dem nicht verwandten Eichenfarn (*Gymnocarpium dryopteris*) sehr ähnlich.
Namen: „*Phegopteris*“ ist ein vorlinnéscher Name, von griech. pteris = Farn und phegos, was ursprünglich der Name einer Eichen-Art war aber später wohl in Anlehnung an das sprachverwandte lat. fagus als Buche interpretiert wurde, wohl wegen des Standorts (was aber auch nur zum Teil zutrifft). Bei LINNÉ hieß die Art *Polypodium phegopteris*. Lat. „*connectilis*“ = verbunden, wegen der verbundenen Fiederpaare. – Daher auch der frühere Name „Lappenfarn“ (siehe *Thelypteris*). „Buchenfarn“ ist durch Übersetzung künstlich gebildet.

Vorkommen: Farnreiche Hangwälder, Gebüsche und Hochstaudenfluren, auf sickerfrischen, kühlen, basenreichen, kalkarmen Böden. Schattenpflanze, vor allem montaner Buchenwälder. Meist

selten im Tiefland und der unteren Bergstufe, aber sonst zerstreut bis in die subalpine Stufe. In den Zentralalpen bis 2400 m.
Vermehrung: Die auf der Blattunterseite befindlichen Sporangiengruppen (Sori) stehen nahe am Blattrand! Sie sind nicht von einem Schleier bedeckt. Ausbreitung der Sporen als Körnchenflieger. Sporenreife: VII–IX. Vermehrung apomiktisch, d. h. Vorkeim und Sporophyt haben denselben Chromosomensatz (hier triploid: 2n = 3x = 90), weil sich der Sporophyt ohne Befruchtung aus der Eizelle entwickelt und bei der Sporenbildung die Reduktionsteilung entfällt.
Vegetative Vermehrung durch die Rhizome.

Philadelphus coronarius LINNAEUS, Gewöhnlicher Pfeifenstrauch, Sommerjasmin, Falscher Jasmin

Hydrangeaceae (= Hortensiengewächse)

Sommergrüner Strauch, 2–3(–5) m hoch. Zweige zimtbraun, markerfüllt. Blätter gegenständig, elliptisch-lanzettlich, entfernt gezähnt, 5–10 cm lang, gestielt.

Systematik: Die Gattung umfasst 20–60 Arten, von denen zahlreiche bei uns als Ziersträucher in Kultur sind. Nah verwandt sind die häufig kultivierten Deutzien (*Deutzia*) mit 5-zähligen Blüten. In dieselbe Familie gehören auch die als Zierpflanzen bekannten Hortensien (*Hydrangea*).
Namen: „*Philadelphus*" (philadelphos) ist der griech. Name der Pflanze. Er bedeutet wörtlich ‚geschwisterliebend' und ist nach dem naturkundlich interessierten ägyptischen König Ptolemaios II. benannt, der den Beinamen Philadelphos trug, weil er die Geschwisterehe einführte. Lat. „*coronarius*" = zum Kranz gehörig, da die Pflanzen in Kränze eingebunden wurden. Vorlinnésch wurde der Strauch auch genauso wie der Flieder ‚Syringa' genannt. – „Pfeifenstrauch", weil die ausgehöhlten Zweige dieser Pflanzen für Pfeifen (zu griech. syrinx = Blasinstrument aus hohlen Pflanzenstängeln) bzw. zu Klistierspritzen verwendet wurden. „Falscher Jasmin" wegen des zuweilen betäubenden Blütenduftes, der an den Echten Jasmin (siehe bei *Forsythia*) erinnert.
Vorkommen: Zierstrauch. Heimat: Trockengebüsche und Flaumeichenwälder im submediterranen Südeuropa (bis Südtirol) und Südwestasien. Auch verwildert mit Einbürgerungstendenz, in Österreich auch eingebürgert.
Blüten: V–VI. Blüten weiß, meist 4-zählig. Stark und angenehm duftend, aber oft erst abends und dann besonders intensiv. Vorweibliche „Nektar führende Scheibenblumen" in 1–3(–19)-blütigen Zymen. Auf dem kahlen Fruchtknoten, der mit dem Blütenboden verwachsen ist, befindet sich der Nektarbehälter. Besucher sind vielerlei Insekten einschließlich Nachtschwärmer. Der Pollen wird offenbar auch vom Wind übertragen, da er als gelegentlicher Heuschnupfenerreger bekannt ist.
Früchte: Fächerige, kreiselförmige, aus unterständigen Fruchtknoten entwickelte, wandspaltige Trockenkapseln mit zahlreichen länglichen Samen: Windstreuer. Dazu Menschenausbreitung (Kulturrelikt). Fruchtreife: IX-X.

Verwendung: Beliebter, reich blühender Zierstrauch. Gelangte als Zierpflanze im 16. Jh. nach Mitteleuropa. Heute werden zahlreiche, oft auf Bastardierung mit weiteren Arten zurückgehende Zuchtsorten angeboten, so neben der Normalform auch solche mit gefüllten Blüten oder mit weißbunten Blättern. Aus den Zweigen kann man leicht Flöten herstellen, da sich das Mark leicht entfernen lässt.

Phleum pratense LINNAEUS (Artengruppe), Wiesen-Lieschgras, Timothegras

Poaceae (= Süßgräser)

Ausdauernder Hemikryptophyt (Horstgras). Pflanzen einzeln stehend, 20–100 cm hoch. – Hexaploid (2n = 42) und wahrscheinlich durch Vervielfachung des Chromosomensatzes (Autopolyploidie) aus dem ähnlichen Knollen-Lieschgras *P. bertolonii* (2n = 14) entstanden.

Systematik: Die Gattung umfasst etwa 16 Arten. Sie gehört zur Gattungsgruppe (Tribus) Poeae (siehe *Poa*).
Namen: „*Phleum*" (phleos) ist einer der griech. Namen für Schilf oder Röhricht, der von LINNÉ auf diese Gattung übertragen wurde. „Lat. „*pratensis*" = Wiesen-. – „Lieschgras" (ahd. lisca, liska) ist einer der deutschen Namen für Schilf, Riedgras usw. „Timothe(e)gras" nach dem amerik. Farmer Timothy HANSON, der um 1720 die Ausbreitung der Pflanze zu Futterzwecken in den Vereinigten Staaten vorantrieb.
Vorkommen: Fettwiesen, Parkrasen und Wegränder, auf frischen, nährstoffreichen Lehm- und Tonböden. Tritt- und weidefest. Auch kultiviert und verschleppt. Ebene bis mittlere Gebirgslagen (deutsche Alpen bis 1650 m).
Blüten (siehe Detailfoto): VI–VII(–IX). Langtagpflanze, kritische Tageslänge unter 12 Stunden. Windblütig: „Langstaubfädiger Typ". Ährenrispengras mit rauer Spindel („Haardreher"). Ährchen einblütig, vorweiblich, abgeflacht, stiefelknechtförmig.
Früchte: Die Karyopsen werden gemeinsam mit den bleibenden Hüllspelzen verbreitet (Spelzfrüchte): Windstreuer. Hüllspelzen auf dem Rücken (= Kiel) steifhaarig gewimpert: Kletthafter, Wasserhafter und Tierstreuer. Fruchtreife: VIII–X. Lichtkeimer.

Die einzelnen Ährchen erinnern an einen Stiefelknecht.

Vegetative Vermehrung durch unterirdische Ausläufer.
Verwendung: Wertvolles, nährstoffreiches Futtergras (Timothegras), das – vor der Blüte geschnitten – das schwerste und nährstoffreichste Heu überhaupt liefern soll. Die Blätter wurden früher zum Verstopfen („Verlieschen") von Fassfugen verwendet (vgl. *Acorus* und *Typha*). Die Früchte wurden früher zur Ernährung genutzt.

Phragmites australis (CAV.) TRINIUS ex STEUDEL (= *P. communis* TRIN.), Gewöhnliches Schilfrohr, Schilf, Reet

Poaceae (= Süßgräser)

Ausdauernder Rhizom-Geophyt und Sumpfpflanze. Normalform maximal 4 m hoch, das „Riesen-Schilf" (= var. *pseudodonax*) bis 8(–12) m hoch und damit höchste mitteleuropäische Staude. In der Hauptwachstumsperiode verlängern sich die Rhizome an der Spitze täglich bis zu 3 cm. Die ältesten Rhizomteile sterben jeweils ab. Im Donaudelta fand man Pflanzen, deren Alter auf ca. 8000 Jahre geschätzt wurde. – Die Blätter haben statt eines Blatthäutchens (= Ligula) einen Haarkranz (siehe Detailfoto). Die Abflachung der zunächst wie die Blattscheide röhrigen Spreite erfolgt durch ein Gelenk. Blattoberfläche kaum benetzbar, mit Lotuseffekt (siehe *Tropaeolum*).

Systematik: Die Gattung umfasst 5 fast weltweit verbreitete Arten. Sie gehört zur Unterfamilie Arundinoideae und ist nahe verwandt mit dem Pfeifengras (*Molinia*).

Schädlinge: In den oft riesige Flächen bedeckenden „natürlichen Monokulturen" des Schilfrohres regulieren sich die Schädlinge selbst: Die Raupen der Schilfeule (*Nonagria typhae*) klettern fressend in den Internodien nach oben und zerstören auch den Vegetationskegel. Wegen der damit verbundenen Ausdünnung des Bestandes werden in den Folgejahren zahlreiche dünne Halme gebildet, die für die in den Halmen stattfindende Verpuppung zu eng sind, sodass die Schilfeulenpopulation an diesen Stellen zugrundegeht.

Namen: „*Phragmites*" ist der lat.-griech. Name einer schilfähnlichen Pflanze, vermutlich des Pfahlrohres (*Arundo donax*), zu phragma = Zaun, Bedeckung, wegen der Verwendung. Der Name wurde von LINNÉ als Artbeiname (*Arundo*) *phragmites* aufgegriffen und später von ADANSON als Gattungsname verwendet. Lat. „*australis*" = aus dem Süden stammend, was allerdings nicht zutrifft, da die Pflanze fast weltweit verbreitet ist. – „Schilf" (ahd. skiluf) ist aus lat. scirpus = Binse, Simse entlehnt und bezeichnet sowohl die Pflanze als auch den Standort. „Reet" ist die norddeutsche Form von Ried, einer weiteren Bezeichnung für im Sumpf oder Röhricht wachsende, schilfartige Pflanzen bzw. den zugehörigen Standort (vgl. auch die Ausführungen bei *Scirpus*).

Vorkommen: Meist bestandbildend als Röhricht stehender und langsam fließender Gewässer oder an anderen nassen, zeitweise überschwemmten, nährstoff- und basenreichen Standorten. Grundwasserzeiger. Verlandungspionier. Klassenkennart der Phragmitetea australis (= Schilfröhricht). Ebene bis mittlere Gebirgslagen (bis 1150 m). Wirkt durch die große Halmoberfläche und durch die Sauerstoffabgabe der im Wasser stehenden Stängelteile auch wasserreinigend und ist daher auch für private, biologische Kleinkläranlagen zu empfehlen. Verdrängt bei Nährstoffüberschuss als Verlandungspflanze die übrige Vegetation, bei zu starkem Nährstoffeintrag brechen aber auch die Schilfbestände schließlich zusammen. Insgesamt im Rückgang. – Weltweit verbreitet bis in die Arktis und Tropen.

Blüten: VII–IX. Rispengras. Rispe bis 50 cm lang. Windblütig: „Langstaubfädiger Typ". Ährchen meist 3–5-blütig, 10–16 mm lang, am Grunde mit 1 männlichen, darüber mit zwittrigen Blüten.

Früchte: Bei der Reife zerfallen die Ährchen. Die Hüllspelzen mit der männlichen Blüte bleiben stehen. Der Rest zerfällt in Teilstücke, die die Ausbreitungseinheiten darstellen. Diese bestehen jeweils aus einem Stück der mit langen, abstehenden Haaren versehenen Ährchenachse, die als Flugorgan dient, und der von Deck- und Vorspelze umgebenen Karyopse (Spelzfrucht): Schirmchenflieger, Schwimm- und Wasserhafter und Bearbeitungsausbreitung durch Kleinvögel. Fruchtreife: XI. Wintersteher.

Vegetative Vermehrung erfolgt sehr ausgeprägt durch die bis zu 20 m langen und 0,5–3 cm dicken Rhizome sowie durch niederliegende, sich an den Knoten bewurzelnde Halme (= Legehalme). Ganze „Schilfbestände" stellen oft eine einzelne Pflanze dar.

Verwendung: Der Nutzen für den Menschen ist sehr vielseitig. Aus den Rhizomen kann man Mehl gewinnen. Die jungen Triebe können gekocht gegessen werden. Rhizome steriler Pflanzen enthalten 3–5 % Rohrzucker. In der Asche liegt der Anteil von Kieselsäure bei 77 %. Außerdem wird die Pflanze als Zelluloselieferant genutzt (z. B. im Donaudelta). Der Ertrag ist beachtlich: Pro Flächeneinheit wird mehr Zellulose produziert als von einer gleichgroßen Fichtenwaldparzelle. Hauptbelag der „Reetdächer" (Strohdächer), besonders in Norddeutschland, oder zum Flechten von Zäunen. Gut installierte Reetdächer sollen 30–50 Jahre halten. Dafür betragen die Preise bei seriösen Dachdeckern auch schon mindestens 80–130 € pro m². Gutes Reet muss „knacketrocken" sein und darf vor allem nicht nur aus Stroh bestehen. Übrigens sind wegen der nötigen, guten Entwässerung nur solche Dächer für einen Reetbelag geeignet, die mindestens 45° Neigung aufweisen. – Schilf dient außerdem als Uferbefestigung bzw. im Frühsommer als Grünfutter. Bei der Rekultivierung der Uferbereiche von Baggerseen und anderen künstlichen Gewässern kann Schilf eine wichtige Rolle spielen: Die Schilfbestände gewähren zahlreichen Vögeln Schutz und tragen wesentlich zur Selbstreinigung der Gewässer bei (s. o.). – Für die Vermehrung muss man im Sommer Halmstücke (mit 1–3 Knoten) schneiden und in wenige cm tiefen Rinnen im nassen Uferbereich eingraben. Nach einigen Wochen werden an den Stängelknoten Wurzeln und Tochtersprosse gebildet. – Schilfstängel dienten im Altertum im Zweistromland als Schreibgriffel, indem man ihren Querschnitt in weiche Tontafeln drückte, so z. B. für Zahlenangaben. Drückte man senkrecht, so ergab das Kreise, schräg gedrückt jedoch Halbkreise. Letztere standen für einstellige, Kreise für zweistellige Zahlen. – Die Pflanze ist auch im Gartenfachhandel zur Anpflanzung an Teichrändern erhältlich, ist allerdings sehr ausbreitungsintensiv.

Die Blätter haben statt eines Blatthäutchens einen Haarkranz.

Phyllitis scolopendrium → *Asplenium scolopendrium*

Physalis alkekengi LINNAEUS, Gewöhnliche Blasenkirsche oder Judenkirsche, Lampionblume, Laternenpflanze

Solanaceae (= Nachtschattengewächse)

Ausdauernder Hemikryptophyt oder Geophyt mit weit kriechendem, ausläuferartigem Rhizom, 20–60(–100) cm hoch. Blätter eiförmig, zugespitzt; durch basale Verwachsung mit der Sprossachse (Konkauleszenz) stehen sie scheinbar den Seitenachsen gegenüber.

Systematik: Die Gattung umfasst etwa 90 überwiegend amerikanische Arten. *P. alkekengi* ist die einzige europäische Art. Die z. T. als eigene Art abgegrenzte, durch größere, eilängliche Fruchtkelche gekennzeichnete Japanische Judenkirsche (*P. franchetii*) ist hier eingeschlossen.

Giftigkeit: Alle Teile der Pflanze, außer den Beeren, enthalten Withanolide (Physaline), die dem Schutz vor Fressfeinden dienen. Die reifen Früchte sind ungiftig.

Namen: „*Physalis*" (physallis) ist der griech. Name der Pflanze, von griech. physa = Blasebalg, wegen des Fruchtkelches; „*alkekengi*" ist der arabische Name der Pflanze. – „Judenkirsche", weil die kirschähnliche Frucht mit dem sie umgebenden Kelch an die mittelalterliche Kopfbedeckung der Juden erinnerte.

Vorkommen: Gartenzierpflanze, in warmen Lagen zuweilen verwildert und zum Teil auch eingebürgert (Archäophyt und Neophyt), z. B. in Auwäldern am Oberrhein. Heimat: Südeuropa/Westasien (oder Ostasien?). Weltweit verschleppt.

Blüten: V–VIII. Einzeln stehende, vorweibliche, radförmige „Glockenblumen", mit Andeutung einer Streukegeleinrichtung. Krone grünlich weiß. Nektar wird spärlich von der gelben Fruchtknotenbasis abgegeben. Haare schützen als Saftdecke den Nektar. Bestäubung durch langrüsselige Insekten wie Hummeln, Bienen und Falter. Spontane Selbstbestäubung erfolgt durch Drehen der sich zunächst nach außen öffnenden Staubbeutel.

Früchte: Der Kelch vergrößert sich bis zur Fruchtreife auf mehr als das zehnfache und wird zu einem blasenartigen, ziegelroten, die rote Beerenfrucht einschließenden, hängenden Gebilde, das bei starken Winden als Ballonflieger und vor allem anschließend als Bodenläufer ausgebreitet wird. Weiterausbreitung der Beeren durch Vögel usw. Samen zahlreich, gelblich weiß, nierenförmig. Fruchtreife: IX–XI. Wintersteher. Licht- und Frostkeimer. – Im Freien verwest das weiche Gewebe des Kelches und es bleibt schließlich ein filigranes Gerüst an Leitgewebe stehen.

Vegetative Vermehrung erfolgt reichlich durch Verzweigung der langen unterirdischen Ausläufer (Rhizome). In Gärten evtl. sehr ausbreitungsfreudig.

Verwendung: Zierpflanze, die im reifen Zustand z. B. für Trockensträuße und als Grabschmuck Verwendung findet. Bauerngartenpflanze. Die getrockneten Früchte wurden früher bei Blasenleiden usw. arzneilich verwendet; der Gebrauch dürfte auf die Signaturenlehre zurückgehen (Pflanze mit blasenförmigem Kelch). Die Wirkung beruht vermutlich auf den für *Physalis* und einigen weiteren Nachtschattengewächsen typischen Withanoliden, von denen einige antibakteriell sind und im Labor auch für den Menschen medizinisch interessante Wirkungen zeigten. Die Früchte schmecken im reifen Zustand wie bei der folgenden Art angenehm säuerlich, sind aber nicht jedermanns Geschmack.

Weitere Art:

Physalis peruviana L. (= *P. edulis* SIMS), Kapstachelbeere, Physalis, Peruanische Blasenkirsche, Andenkirsche: Obstpflanze. Einjährig. Beheimatet in den Anden von Venezuela bis Chile, aber hauptsächlich angebaut in den altweltlichen Tropen und Subtropen, so am Kap der Guten Hoffnung (Name!) und in Australien. Neuerdings selten auch bei uns in Kultur und auch zuweilen verwildert, aber nur unbeständig. Die sattgelben, kirschgroßen, vom hellbraunen, nur leicht aufgeblasenen Kelch umgebenen, leicht säuerlichen Früchte werden auch bei uns als Delikatesse angeboten und roh gegessen, hauptsächlich aber zu Marmelade und Fruchtkonserven verarbeitet.

Phyteuma spicatum LINNAEUS, Ährige Teufelskralle oder Rapunzel

Campanulaceae (= Glockenblumengewächse)

Ausdauernder Hemikryptophyt (Halbrosettenpflanze), mit fleischig verdickter Rübe, 30–80 cm hoch. Grundblätter lang gestielt, ihre Spreite deutlich herzförmig, oft mit schwarzem Fleck. Erneuerungsknospen am knolligen Wurzelhals.

Systematik: Die Gattung umfasst ca. 20 Arten. Sie gehört in die gleiche Unterfamilie Campanuloideae wie Sandglöckchen/Sandrapunzel (*Jasione*) und Glockenblume (*Campanula*, siehe dort).

Namen: „*Phyteuma*" ist ein griech. Pflanzenname, der von LINNÉ auf diese Gattung übertragen wurde. Davor hatte er unterschiedliche Bedeutungen. MILLER nannte die Gattung „*Rapunculus*". Lat. „*spicatus*" = ährig, wegen des Blütenstandes. – „Teufelskralle" wegen der krallenartig gebogenen Einzelblüten. „Rapunzel" ist die Verkleinerungsform von lat. rapa = Rübe (*Brassica rapa*) und bezieht sich auf die Verwendung als Wurzelgemüse. Den Namen hat die Pflanze gemeinsam mit weiteren Pflanzen, die ähnlich genutzt wurden, so die Rapunzel-Glockenblume (*Campanula rapunculus*), die Nachtkerzen (*Oenothera*) und die Sandrapunzel (*Jasione montana*). Als Rapunzel/Rapünzchen wird aber auch der als Blattsalat genutzte Feldsalat (*Valerianella locusta*) bezeichnet (siehe dort). – Zu der ebenfalls „Teufelskralle" genannten Heilpflanze *Harpagophytum* siehe unter Verwendung.

Die Einzelblüten sind krallenartig gekrümmt.

Vorkommen: Krautreiche Wälder und Bergwiesen, auf frischen, nährstoff- und basenreichen, mittel- bis tiefgründigen Lehmböden. Ebene bis Hochgebirge, deutsche Alpen bis 2100 m.

Blüten (siehe Detailfoto): V–VI. Blütenstände (Scheinähren) walzlich: „Körbchenblumentyp"; wenn auch mit verlängerter Blütenstandsachse, so doch ähnlich wie bei den verwandten Korbblütlern. Krone grünlich weiß. Blüten vormännlich. Die Kronröhre reißt mit 5 Längsrissen von unten nach oben auf. Sind nur noch die Spitzen der Kronblätter verbunden, drücken diese die Staubbeutel an die Griffelbürste, wo der Pollen entleert wird. Erst nach völliger Trennung der Kronblätter steht den Besuchern der Pollen zur Verfügung (sekundäre Pollenpräsentation) und dann erst erfolgt auch die

Entfaltung der Narbenäste. Besucher sind Bienen, Falter und Käfer. Zuweilen erfolgt Selbstbestäubung.

Früchte: 2-fächerige, an der Spitze mit 2 Poren aufspringende Porenkapseln. Wind- und Tierstreuer (die dürren Griffel dienen als Widerhaken). Samen winzig, 1,0–1,4 mm lang und nur 0,16 mg schwer: Körnchenflieger. Fruchtreife: VII–VIII. Licht- und Kältekeimer. Keimung epigäisch, d. h. die Keimblätter entfalten sich über dem Erdboden.

Vegetative Vermehrung durch Wurzelsprosse.

Verwendung: Junge Blätter der *Phyteuma*-Arten sind sehr schmackhaft und werden roh als Brotbelag oder gekocht als Wildgemüse gegessen („Waldspinat"). Ebenso sind die Wurzeln und jungen Blütenstände essbar. *Phyteuma*-Arten werden zuweilen auch als Zierpflanzen angeboten. – Achtung: Als „Teufelskralle" wird auch die bei Gelenkbeschwerden gerne verwendete Heilpflanze *Harpagophytum procumbens* bezeichnet. Sie stammt aus Südwestafrika und ist nach ihren großen, krallenförmigen Früchten so benannt.

Weitere Arten:

Phyteuma nigrum F. W. SCHMIDT, Schwarze Teufelskralle: Ähnlich wie vorige Art. Blütezeit: V–VI. Blüten schwarzblau (selten weiß), mit dem dunkelroten Pollen kontrastierend. Blütenstände eiförmig oder gestreckt, kürzer als bei voriger Art, an Magerstandorten aber auch fast kugelig. Bestäuber sind Bienen und Schwebfliegen. Auf kalkarmen Standorten, vor allem in den Mittelgebirgen. Fehlt in den Alpen. Lehmzeiger. Im Rückgang (Vorwarnliste, Stand 2018).

Phyteuma orbiculare L., Kugelige oder Kopfige Teufelskralle: Blütenstand kugelig. Von ähnlichen, kurzköpfigen *P. nigrum*-Formen durch den z. T. herzförmigen Spreitengrund der relativ breiteren Grundblätter, die spätere Blütezeit (VI–VII) und die Vorliebe für kalkhaltige Standorte unterschieden. Vor allem Gebirgspflanze. Besucher sind verschiedene Zweiflügler, Hautflügler und Schmetterlinge. Kapsel 3-fächerig.

Picea abies (L.) H. Karsten (= *P. excelsa* (Lam.) Link), Gewöhnliche Fichte, Rottanne

Pinaceae (= Kieferngewächse)

Immergrüner Nadelbaum. Mit bis zu 50 m, maximal bis 62 m Höhe und bis 2 m Stammdurchmesser größter europäischer Baum (neben der Tanne). Bis 600 Jahre alt werdend; forstwirtschaftliche Umtriebszeit aber nur 80–120 Jahre. Schnellwüchsig, größte Produktivität unterhalb der natürlichen Fichtenstufe, dafür dort stärker durch Rotfäule und Sommerdürre gefährdet. Der größte jährliche Höhenzuwachs beträgt zwischen dem 20. und 40. Lebensjahr etwa 50 cm. – Borke älterer Bäume im Gegensatz zur Weiß-Tanne rotbraun und zuletzt graubraun. – Zweige abwärts geneigt bis hängend: Anpassung gegen Schneebruch. – Die Nadeln stehen ausschließlich an Langtrieben. Sie sind spitz (Merksatz: Fichte sticht, Tanne nicht) und im Querschnitt vierkantig, im Schatten etwas abgeflacht. Sie stehen spiralig, sind aber an der Zweigunterseite gescheitelt, d. h. in eine Ebene gestellt. Sie werden bei gesunden Bäumen 4–8 Jahre alt, im Hochgebirge auch älter. Besonders empfindlich gegenüber Luftverunreinigungen: Bei geschädigten Pflanzen bleiben die Nadeln oft nur noch 1–3 Jahre an den Zweigen (Möglichkeit zur Bioindikation). Ältere Zweige sind – im Gegensatz zur Weiß-Tanne (*Abies alba*) – rau, da die abgefallenen Nadeln jeweils den mit der Sprossachse verwachsenen Blattgrund zurücklassen (Blattkissen). An einem Weihnachtsbaum von 1,20 m Höhe wurden 400.000 Nadeln gezählt. – Während der kalten Jahreszeit werden Photosynthese und Atmung praktisch eingestellt (Winterruhe). – Ausgeprägte Frostresistenz, die mit den kürzer werdenden Tagen zunimmt. Zur Zeit der ersten Fröste sind die Fichten bereits gegen Temperaturen von –20 °C gewappnet. Im tiefen Winter wurde noch eine Frostresistenz bis unter –60 °C beobachtet. Der Frostschutz wird durch die Anreicherung von Zuckern (Gefrierpunktserniedrigung) bewirkt. Im Frühjahr nimmt mit zunehmender Tageslänge die Frostresistenz ab, sodass die Pflanzen gegen Spätfröste empfindlich sind. – Flachwurzler, aber auf tiefgründigen, gut durchlüfteten Böden mit tief reichendem Wurzelsystem. Pilzwurzel (ektotrophe Mykorrhiza).

Systematik: Die Gattung ist mit ca. 40 Arten über die ganze Nordhalbkugel verbreitet.

Schädlinge: Bekannt und gefürchtet sind Borkenkäfer, vor allem der Fichtenborkenkäfer oder Buchdrucker (*Ips typographus*). Bei gesunden Bäumen wird er durch Harz abgewehrt. Bei geschwächten Bäumen, wie sie z. B. nach extremen Witterungsbedingungen anzutreffen sind, kann er sich aber intensiv vermehren und evtl. ganze Bestände zum Absterben bringen. Der Käfer und seine Larven leben in der Baumrinde und ernähren sich dort vom Bastgewebe. Der Name Buchdrucker stammt von den Larvengängen des Käfers, die in der Aufsicht Drucktypen ähneln.

Namen: „*Picea*" ist der lat. Name von Fichte und Kiefer, zu pix = Pech, wegen der Verwendung. Als Gattungsname wurde er von A. G. Dietrich 1824 aufgegriffen. Linné nannte die Art „*Pinus abies*", wobei „*abies*" ein weiterer lat. Name für Tanne und Fichte ist. – Das germ. Wort „Fichte" bedeutet vermutlich ‚stechend'. Die Gewöhnliche Fichte wird auch „Rottanne" genannt, wegen der Farbe der Borke, im Vergleich zur Weiß-Tanne (*Abies alba*).

Vorkommen: Von Natur aus bestandbildend ist die Fichte bei uns nur in den Mittelgebirgen und in den deutschen Alpen über 800–900 m Höhe. Als Einzelbaum kann man sie noch bis ca. 2000 m antreffen. Sie siedelt auf frischen, lockeren Lehm- und Tonböden, in feucht-kalter Klimalage. Im Flachland nur in der Lausitz ursprünglich. Durch Pflanzung heute überall verbreitet, aber z. B. in der Ebene und in Südlagen nicht zu empfehlen. Die Fichte ist heute mit 26 % Flächenanteil die häufigste Waldbaumart Deutschlands, knapp hinter der Kiefer mit 23 %. Leider wurden ganze Landschaften durch einseitige Aufforstungen auch noch in den vergangenen Jahrzehnten in Fichtenmonokulturen umgewandelt. Der Schaden ist seit langem bekannt. Schon im 19. Jahrhundert polemisierte ein elsässischer Forstmeister: „Die Zahl der Fichten in einem Revier ist umgekehrt proportional zur Intelligenz des Revierförsters". Die durch Fichtenmonokulturen erwachsenden Schäden sind vielfältig. Im Gegensatz zu den natürlichen, lichten Fichtenbeständen unterdrücken sie das Aufkommen der Krautschicht bzw. natürlicher Waldverjüngung oft völlig. Durch

die saure, kaum verwesliche Nadelstreu fördern sie die Rohhumusbildung und verschlechtern den Boden. Dichte Fichtenanpflanzungen können Kaltluftstau bewirken und dadurch Nebel- und Taubildung verursachen.

Blüten: V–VI. Windblütig: „Unbeweglicher Typ". Männliche Blütenzapfen stehen zu mehreren seitlich an vorjährigen Trieben, schräg aufrecht. Pollenkörner mit je 2 „Luftsäcken" (vgl. dazu *Pinus* = Kiefer). Zur Hauptblütezeit werden – wie auch bei anderen Nadelbäumen – riesige Pollenmengen ausgeschüttet („Schwefelregen"). Die Pollenkörner gehören mit knapp 0,1 mm Breite zu den größten der heimischen Flora und sind mit bloßem Auge noch als getrennte Punkte erkennbar, bei der Kiefer (Pinus) sind sie nur 0,06 mm breit. Durch die spiralige Anordnung der männlichen Blütenstände wird der frei werdende Pollen durch Aufwinde aufwärts befördert. Die Narben evtl. gleichzeitig blühender Obstbäume können durch Fichtenpollen „sterilisiert" werden. Weibliche Blütenstände (= Zapfen) stehen endständig an den Zweigen, vor allem in der Wipfelregion, und sind daher meist den Blicken verborgen. Sie sind zunächst aufrecht, aber nach der Bestäubung hängend. Beginn der Blühfähigkeit mit 30–60 Jahren. Relativ junge Pflanzen besitzen zunächst nur weibliche Blüten. – Der Pollen ist wie bei unseren anderen Nadelbäumen als Heuschnupfenerreger unbedeutend.

Samen: Samenreife innerhalb eines Jahres, aber nur alle 3–4 Jahre reiche Samenproduktion. Zapfen 8–18 cm lang. Samen nur 5–8 mg schwer, sie enthalten Öl als Reservestoff (typisch für Windausbreitung). Samenflügel häutig, schwach gedreht: typische Dreh- oder Schraubenflieger. Flugweite schon bei Windstille mehr als 300 m. Die Samen können auch bei der Bearbeitung der Zapfen durch Spechte, Eichhörnchen, Fichtenkreuzschnäbel usw. ausgebreitet werden. Samenzapfen hängend. Bei Trockenheit spreizen die Samenschuppen, sodass die Samen herausfallen können. Schließlich fallen die Zapfen (im Gegensatz zur Tanne) als Ganzes ab. Überreiche und häufige Zapfenproduktion kann ein Symptom für Stress, z. B. zu hohe Immissionsbelastung sein. Samenreife: IX–X. Wintersteher. Lichtkeimer. – Um für die gezielte Aussaat an Saatgut zu gelangen, werden die Zapfen durch speziell geschulte Baumsteiger in luftiger Höhe vom Baum abgesammelt. In Alaska werfen Flughörnchen die Zapfen zu Boden und legen davon Vorräte an (Versteckausbreitung).

Vegetative Vermehrung ist durch Bewurzelung herabgesenkter Zweige möglich.

Verwendung: Wichtiger Forst- und Zierbaum. Das leichte, gut bearbeitbare, aber wenig dauerhafte

Holz wird vielseitig genutzt, z.B. als Bauholz. Spezif. Gewicht 0,45 g/cm³. Außerdem stellt es den wichtigsten Rohstoff der deutschen Papierindustrie dar und ist wichtiger Zellstofflieferant. Die bis 18% Gerbstoffe enthaltende Borke war vor allem früher (neben Eichenborke) ein bedeutendes Gerbmittel (Lohe, Gerberlohe). – Aus dem Harz wird das „Jura-Terpentin" gewonnen und wurde früher künstliches Vanillin hergestellt (abgeschlagene Stämme duften nach Besonnung wie Vanille). – Die Samen sind für Speiseöl nutzbar. – Extrakte junger Fichtenzweige sind Bestandteile von Hustenmitteln, alkoholische Auszüge dienen zum Einreiben bei rheumatischen Beschwerden. Die zartgrünen Frühjahrstriebe sind reich an Vitamin C. Schon CHAMISSO (1827) berichtet, dass sie vor allem von Seefahrern entsprechend als Mittel gegen Skorbut genutzt wurden (wie z.B. auch das Scharbockskraut = *Ranunculus ficaria*). Die jungen Austriebe können im Mai gesammelt und (mit Kandis oder Zucker gekocht) zu einem Sirup (Triebspitzensirup) verarbeitet werden. Er wird manchmal fälschlich als „Fichtenhonig" bezeichnet, ist aber nicht zu verwechseln mit „(Echtem) Fichtenhonig" (auch „Tannenhonig" genannt); das ist ein besonders dunkler und etwas harziger Bienenhonig, der nicht von Blütennektar stammt, sondern von den zuckerhaltigen Ausscheidungsprodukten (Honigtau) der an den Ästen der Fichten saugenden Blattläuse aus der Familie Lachnidae (= Rindenläuse). – Aus dem Holzteer wurde ehemals Pech gewonnen. – Seit dem späten Mittelalter wurde die Fichte allmählich unser wichtigster Weihnachtsbaum („Tannenbaum"), ist als solcher aber inzwischen längst von der Nordmann-Tanne (*Abies nordmanniana*) eingeholt worden. Als immergrüner Baum gilt die Fichte als Sinnbild des Lebens.

Weitere Arten:

Picea omorika (PANČIĆ) Purk., Serbische Fichte: Von den meisten übrigen Fichten durch die flachen, oberseits glänzenden, unterseits mit 2 hellen Spaltöffnungsreihen versehenen Nadeln unterschieden. Wegen späterer Drehung entspricht die Blattunterseite der morphologischen Oberseite. Zapfen eiförmig, glänzend braun bis rotbraun. Beheimatet in einem eng begrenzten Areal Serbiens, dort Tertiärrelikt.. Sehr wüchsig. Der schlanke Umriss stellt eine Anpassung an schneereiche Hochgebirgslagen dar. Hübsches Ziergehölz, das häufig gepflanzt wird, doch sollte man aus ökologischen Gründen im Garten fruchttragende Laubgehölze bevorzugen. Weniger empfindlich gegen Luftverschmutzung und trockene Sommer als *P. abies*. Treibt spät aus und entgeht dadurch den Spätfrösten.

Picea pungens ENGELM., Stech-Fichte, Blau-Fichte: Nadeln relativ kurz, derber und stachelspitzig, dunkelmattgrün bis silbergrau oder blauweiß, spiralig angeordnet. Besonders die blaugrauen Kultursorten (Blau-Fichten = 'Glauca'-Gruppe) sind als Gartenpflanzen (und neuerdings als Weihnachtsbäume, Anteil 2019 bei 15%) sehr beliebt und werden dann meist fälschlicherweise als „Blau-Tannen" bezeichnet. Heimat: trockenere Gebirge Nordamerikas. Wenig empfindlich gegenüber Rauchgasen, austrocknungsresistent. Zapfen 2 Jahre am Baum bleibend, weicher, gelbbraun und etwas kleiner als bei *Picea abies*.

Picris hieracioides: siehe bei *Hieracium umbellatum*

Pimpinella major (L.) HUDSON, Große Pimpinelle (oder Bibernelle)

Apiaceae (= Doldenblütler)

Ausdauernder Hemikryptophyt (Halbrosettenpflanze), 20–60(–100) cm hoch. Stängel scharfkantig gefurcht. Blätter einfach gefiedert, dunkelgrün glänzend.

Giftigkeit: *Pimpinella*-Arten enthalten, ähnlich wie einige andere Doldenblütler, Furanocumarine, die eine Photosensibilität (= Lichtempfindlichkeit) hervorrufen.

Namen: „*Pimpinella*" ist ein im Mittelalter aufgekommener Name, der sowohl für die vorliegende Gattung als auch für den zu den Rosengewächsen gehörenden Kleinen Wiesenknopf (*Sanguisorba minor*) verwendet wurde. Der Name geht vermutlich auf altfranz. pi(m)prinelle zurück. Die Etymologie ist ungeklärt. Lat. *major* = größer, im Vergleich zu folgender Art. – Die deutschen Namen „Pimpinelle" und „Bibernelle" (und Varianten davon) hängen sprachlich eng mit dem wiss. Namen zusammen. Dabei kommt es ständig zu Verwechslungen, weil auch die deutschen Namen im allgemeinen Sprachgebrauch und z. T. sogar in den Gebietsfloren sowohl für *Pimpinella* als auch *Sanguisorba minor* verwendet werden.

Vorkommen: Fettwiesen und Staudenfluren, auf frischen, nährstoff- und basenreichen, humosen, tiefgründigen Lehmböden, in feuchter Klimalage, vor allem im Gebirge. Nährstoffzeiger.

Blüten: VI–IX. „Nektar führende Scheibenblumen vom *Heracleum*-Typ". Neben zwittrigen Blüten kommen männliche, seltener auch weibliche Blüten vor. Hülle und Hüllchen fehlen. Bestäuber sind Fliegen, Käfer und andere Insekten. Bemerkenswert sind die bei allen *Pimpinella*-Arten jung nickenden (positiv gravitrop reagierenden) Dolden.

Früchte: Kleine, kahle, ungeflügelte Doppelachänen. Zufallsausbreitung. Fruchtreife: VIII–X. Wintersteher.

Verwendung: Die jungen Blätter können als Gemüse und Salat gegessen werden. Die scharf schmeckende, durch Capronsäure etwas nach Ziegenbock riechende Wurzel wird arzneilich u. a. als Hustenmittel und gegen Angina oder auch zum Würzen verwendet. Sie enthält u. a. ätherische Öle und Bitterstoffe. In der Volksmedizin spielt sie eine große Rolle als Gurgelmittel bei Halsentzündungen.

Weitere Arten:

Pimpinella saxifraga L., Kleine Pimpinelle (oder Bibernelle): Voriger Art ähnlich und auch genauso verwendet. Stängel gerillt, meist nicht über 30 cm hoch. Blätter kleiner, mattgrün. Fiedern der Grundblätter eiförmig, grob gezähnt oder gelegentlich auch stark zerteilt mit schmalen Abschnitten. Sonnige Magerrasen und Kieferntrockenwälder. Ziemlich verbreitet.

Pimpinella anisum L., Anis: Einjährige, seit dem Altertum bekannte Gewürz- und Arzneipflanze. Wird aber in Deutschland nur noch selten angebaut. Heimat: Östliches Mittelmeergebiet. Zuweilen aus Kultur verwildert, aber nur unbeständig. Grundblätter ungeteilt. Die Früchte enthalten 2–5 % ätherische Öle (Anisöl) mit Anethol als geruchsgebender Hauptkomponente. Sie sind wichtig für die Herstellung von Likören und Schnäpsen (z. B. Anisette, Pernod und Ouzo) und für Gebäck (z. B. Anisplätzchen). Frische Blätter dienen als würzige Beimischung zu Salat, Gemüse oder Käse. – Früher benutzte man die Früchte zur Bekämpfung von Krätz-Milben und Läusen.

Pinguicula vulgaris LINNAEUS,
Gewöhnliches Fettkraut oder Fettblatt
Lentibulariaceae (= Wasserschlauchgewächse)

Ausdauernder, sommergrüner Hemikryptophyt, 5–15 cm hoch. Die Überwinterung erfolgt in Form einer Stärke speichernden, dem Boden aufliegenden zwiebelartigen Winterknospe (Hibernakel), die im Frühjahr wieder eine Rosette bildet. Der karnivoren Lebensweise entsprechend ist das Wurzelwerk sehr schwach ausgebildet; speziell bei *P. vulgaris* sind die Wurzeln dünn, nur 1–3 cm lang, sterben bei der Bildung der Winterknospen ab und werden alljährlich durch neue ersetzt. – Fleischfressende Pflanze (karnivor); Blätter hell oder gelblich grün, etwas fleischig, oberseits durch Drüsensekrete fettglänzend: Kleinere Gliedertiere (besonders Trauermücken) werden bei Berührung der Blattoberfläche durch die gestielten, kopfigen Klebdrüsen festgehalten. Daraufhin scheiden zahlreiche kleine, der Blattoberfläche dicht aufsitzende Drüsen Verdauungssekrete (Eiweiß spaltende, aber auch Stärke und Nukleinsäure spaltende Enzyme) ab und absorbieren später die löslichen Spaltprodukte. Da hierfür in der Cuticula, die allgemein vor Austrocknung schützen soll, kleine Löcher ausgespart bleiben, sind die Pflanzen auf luftfeuchte Standorte angewiesen. Pro Blatt sind etwa 40.000 Drüsen vorhanden. Beim Verdauungsvorgang rollen sich die Blätter allmählich vom Rand her ein, vor allem im Bereich der Beute. Hierdurch werden die Tiere mit mehr Drüsen in Kontakt gebracht, und die Verdauungsprodukte werden besser auf dem Blatt festgehalten. Auch angewehter Pollen wird festgehalten und verdaut, >50 % des aufgenommenen Proteins kann von Pollen stammen (HARDER & ZEMLIN 1967). Nach erfolgreichem Fang haben die Blätter ausgedient und werden durch neue ersetzt.

Systematik: Die Gattung ist weltweit verbreitet und umfasst ca. 100 Arten, die meisten davon in Mittelamerika. In die gleiche Familie gehört auch der ebenfalls fleischfressende Wasserschlauch (*Utricularia*).

Namen: „*Pinguicula*“ wurde 1561 von dem vorlinnéschen Autor GESNER geprägt, von lat. pinguis = Fett, wegen des Glanzes der Blätter. Lat. „*vulgaris*“ = häufig.

Vorkommen: Überrieselte Felsen, Quell- und Flachmoore, auf nassen, meist nährstoffarmen, basenreichen Sumpfhumusböden. Ebene bis Hochgebirge (deutsche Alpen bis 1620 m, weltweit bis 2300 m), heute vorwiegend in der Bergstufe. Zirkumpolar verbreitet. Gefährdet, vor allem durch Düngung und Entwässerung. – **Geschützt**! (alle Arten der Gattung).

Blüten: V–VIII. Kleine, durch Überkrümmung des Blütenstiels auf dem Kopf stehende, vorweibliche „Rachenblumen“, einzeln, endständig. Je Pflanze bilden sich zahlreiche Blütentriebe. Die langen Blütenstiele sollen das Einfangen möglicher Bestäuber verhindern. Die Bestäubung erfolgt meist durch Bienen. Selbstbestäubung ist erfolgreich. Früher wurden die Blüten vor allem als „Fliegenklemmfallenblumen“ gedeutet: Rückwärts gerichtete Sperrhaare des Blütenschlunds zwingen die Besucher, besonders Fliegen, sich hochzustemmen, wobei sie den Rücken gegen die Narbe und Staubbeutel drücken. Zu große Fliegen klemmen sich fest und verhungern. Statt Nektar befinden sich im Sporn Schleimhaare, die aber wohl nur der Täuschung

der Besucher dienen. Blühreife erst nach mehreren Jahren.
Früchte: 2-klappig aufspringende, nur bei Trockenheit geöffnete, vielsamige Kapseln auf starrem Stiel: Wind- und Tierstreuer. Samen winzig, ohne Nährgewebe: Körnchenflieger. Aufgrund einer netzartigen Oberflächenstruktur sind sie schwimmfähig. Fruchtreife: VI/VII–IX. Lichtkeimer.
Vegetative Vermehrung durch ca. 3 mm große Brutzwiebeln, die sich während oder nach der Blütezeit in den Blattachseln bilden. Außerdem können die Winterknospen durch Schnee oder Tiere von der Stelle bewegt werden.
Verwendung: In Skandinavien wurde durch Übergießen der Blätter mit Milch eine Dickmilch zubereitet. Als Wirkprinzip vermutete man ein Lab-Enzym. Tatsächlich aber beruht die Wirkung auf der Tätigkeit von Bakterien und Mikropilzen, die bei dem Vorgang zufällig eingefangen wurden. Das Kraut wird selten in der Volksmedizin angewandt, z. B. bei starkem Husten und Krämpfen. *Pinguicula*-Arten findet man zuweilen als Zierpflanzen in Moorbeeten.
Weitere Art:
Pinguicula alpina L., Alpen-Fettkraut: An ähnlichen Standorten in den Alpen, meist auf Kalk. Wurzeln ausdauernd, daher auch die Winterknospen bewurzelt. Gefährdet. Krone gelblich weiß. Bestäubung meist durch Fliegen.

Pinus sylvestris LINNAEUS, Gewöhnliche Kiefer oder Föhre

Pinaceae (= Kieferngewächse)

Immergrüner Nadelbaum bis maximal 48 m Höhe und 1 m Stammdurchmesser. Schnellwüchsig. Bis 600 Jahre alt werdend, forstwirtschaftliche Umtriebszeit aber nur 100–120 Jahre. – Nadeln (außer an Keimpflanzen) ausschließlich an Kurztrieben, und zwar jeweils zu zweit; jung von häutigen Niederblättern geschützt. Alle Zweige verlängern sich jährlich um einen Langtrieb (wodurch eine Altersabschätzung leicht möglich ist). Die Nadelspitzen wirken als Kondensationspunkte, d. h. sie fördern die Taubildung und dienen so der zusätzlichen Wassergewinnung. – Die Nadeln fallen gemeinsam mit dem zugehörigen Kurztrieb ab, gewöhnlich nach 3–4 Jahren, in Gebieten mit hoher Luftverschmutzung auch schon im 2. Jahr; außerdem werden die Nadeln bei Luftverunreinigung kürzer. – Der Bau der Nadelblätter zeigt ausgesprochene Trockenheitsanpassungen, besonders gegen Frosttrocknis: a) ledrig-derber Bau (Skleromorphie) durch stark verdickte Zellwände der Epidermis und Hypodermis, b) Spaltöffnungen eingesenkt (= Transpirationsschutz). Zum Teil ist der Bau wohl auch als Anpassung an die Nährsalzarmut des Bodens zu verstehen (= Peinomorphose). – Pfahlwurzel bis 5 m Tiefe. Pilzwurzel (ektotrophe Mykorrhiza, z. B. durch Fliegenpilz, Reizker-Arten und Butterröhrling).

Systematik: Die Gattung *Pinus* umfasst mehr als 100 Arten und ist damit die größte und auch die am weitesten verbreitete Nadelholzgattung. In die gleiche Familie gehören u. a. Fichte (*Picea*), Tanne (*Abies*), Zeder (*Cedrus*), (Hemlocktanne) *Tsuga*, Lärche (*Larix*) und Douglasie (*Pseudotsuga*).

Schädlinge: Als Schädling wurde u. a. der zu den Borkenkäfern gehörende Waldgärtner (*Tomicus = Blastophagus piniperda*) beobachtet. Seine Larven leben im Nadelansatz, weshalb sich der Befall durch abgefallene Nadeln bemerkbar macht. Diese und andere Kiefer-Arten werden auch von dem Mikropilz *Sphaeropsis sapinea* (= *Diplodia pinea*) befallen, der das Triebsterben verursacht. Die Infektion erfolgt über austreibende, zarthäutige Nadeln; aber auch Verletzungen der Borke oder der Nadeln durch Hagelschlag können Infektionen zur Folge haben. – Zum Mikropilz *Herpotrichia nigra* (= Schwarzer Schneeschimmel) siehe *Pinus mugo*, zum Mikropilz *Cronartium ribicola* (= Blasenrost) siehe *Pinus strobus*.

Namen: „*Pinus*" ist der lat. Name der Kiefer (und weiterer harzreicher Nadelbäume). Neulat. „*sylvestris*" = wild, hier im Vergleich zur der schon bei den Römern als Zierbaum kultivierten Pinie (*Pinus pinea*). Der oft zu findende Name „Wald-Kiefer" ist also ein Übersetzungsfehler, denn hier war schon bei den Römern ausdrücklich die Nebenbedeutung ‚wild' gemeint. „Kiefer" von „Kien-Föhre" oder „Kien tragender Baum" (siehe Verwendung). – Früher nannte man den Baum wie alle Nadelhölzer auch Tanne.

Vorkommen: Auf armen, laubholzfeindlichen Standorten (z. B. Dünen und Moore) bestandbildend, auf nährstoffreicheren Böden auch in Mischwäldern. Licht- oder Halbschattenholz. Ebene bis Gebirge (deutsche Alpen bis 1600 m). Frosthart (erträgt in Sibirien Temperaturen von −40 °C). Kommt mit weniger Wasser aus als alle anderen heimischen Baumarten. – Durch häufige Aufforstung einer der am meisten verbreiteten Waldbäume Deutschlands (ca. 25 % unserer Waldfläche sind Kiefernforsten, in Brandenburg sogar 70 %). – Schöne und alte Bäume sind schützenswert. Kiefernmonokulturen sind aber oft biotopschädigend.

Blüten: V. Windblütig: „Unbeweglicher Typ". Pollen mehrere km weit fliegend. Einhäusig. Vormännlich. Männliche Blüten büschelig gedrängt in der unteren Hälfte diesjähriger Langtriebe. Staubblätter zahlreich, spiralig angeordnet, auf je 2 Pollensäcke reduziert. Die Pollenkörner besitzen seitlich zwei „Luftsäcke"; diese sind aber im trockenen Zustand nicht ausgestülpt und dienen entgegen allgemeiner Annahme nicht dem Fliegen, sondern der besseren Absorption im Bestäubungstropfen (Stützel & Röwekamp 1999). Wegen der überreichen Pollenproduktion kommt es zur Hauptblütezeit oft zum Phänomen des „Schwefelregens"; selbst in Großstädten wie Berlin kann man große Flächen des gelben, staubartigen Niederschlags finden, besonders auffällig auf Regenpfützen. Ungeachtet der Windblütigkeit stellt Kiefernpollen eine wichtige Nahrungsquelle für Bienen dar, die hier streng genommen Pollenraub begehen, da sie sich an der Bestäubung nicht beteiligen. – Die roten weiblichen Blütenstände (= Zapfen) stehen seitlich an der Spitze von Langtrieben. Sie bestehen aus zahlreichen, spiralig angeordneten Deckschuppen und jeweils 1 Samenschuppe mit 2 zur Achse gerichteten Samenanlagen in deren Achsel. Der Bestäubungstropfen ist nur zwischen Mitternacht und etwa 5 Uhr morgens ausgebildet. – Nach der Bestäubung erfolgt nur sehr langsames Pollenschlauchwachstum, sodass die Befruchtung erst im folgenden Jahr in den inzwischen etwas herangewachsenen, noch grünen und völlig geschlossenen Zapfen stattfindet. – Beginn der Blüte erst mit etwa 30–70 Jahren. Trotz der oft gewaltigen Produktion von Pollen sind Kiefern ähnlich wie die anderen heimischen Nadelbäume als Heuschnupfenerreger unbedeutend, da keine Reste von Pollenkitt vorhanden sind.

Samen: Die Samen reifen im Herbst des zweiten Jahres und werden erst im Frühjahr des dritten Jahr aus den Zapfen entlassen. Die Samenschuppen sind dann verholzt und haben die Deckschuppen überwachsen. Das bekannte Öffnen und Schließen der Kiefernzapfen (im Volksmund Tannenzapfen) als Wetterpropheten beruht auf hygroskopischen Bewegungen und zeigt somit unterschiedliche Witterungsverhältnisse an: Bei feuchtem Wetter quillt die Unterseite (= Außenseite) der Samenschuppen stärker als die Oberseite und der Zapfen schließt sich. Bei Trockenheit spreizen die Zapfen und entlassen die geflügelten Samen. Der Vorgang lässt sich im Experiment nachvollziehen: In Wasser eingetauchte trockene Zapfen sind nach etwa 2 Stunden geschlossen; das erneute Austrocknen dauert länger. Windausbreitung: Drehflieger. Die Samen liegen in zwei Formen vor: Die kurzflügelige Form hat Mindestflugweiten von 150 m, die langflügelige solche von ca. 1000 m. Daneben kommt Bearbeitungsausbreitung durch Spechte und Eichhörnchen sowie auch Wasserhaftausbreitung vor. Die Samen speichern fettes Öl. Zahl der Keimblätter 4–7. Lichtkeimer.

Verwendung: Wichtiger Forst- und Zierbaum. Wertvolles Nutzholz, z. B. für Möbel. Sehr leicht, spezif. Gewicht nur 0,5 g/cm³. Aus dem Harz wird Terpentin und das vielseitig verwendete, lichtdurchlässige Kolophonium gewonnen. Das Harz selbst diente früher auch als Zahnersatz. Die harzreichen Kienspäne (ursprünglich nur Kien genannt) waren ehemals oft einziges Beleuchtungsmittel. Aus dem Holzteer wurde Kienöl (für Lampen) sowie Schusterpech gewonnen. Die Nadeln wurden als „Waldwolle" (Stopf- und Füllmaterial) genutzt. – Manchmal wurden die jungen Zweigspitzen wegen ihres hohen Vitamin C-Gehaltes gegessen bzw. zu „Falschem Kiefernhonig" verarbeitet. Echter „Kiefernhonig" geht auf die zuckerhaltigen Ausscheidungsprodukte von Blattläusen und Schildläusen zurück, die an den Nadeln saugen (Waldhonig, Honigtau-Waldtracht). Eine kräftige Kiefer kann mehrere kg Honig pro Jahr liefern. Das an ätherischen Ölen reiche Kiefernnadelöl wird noch heute arzneilich als Inhalationsmittel bei Bronchitis verwendet. Der Pollen enthält reichlich Mineralstoffe und Vitamine sowie Testosteron. Obwohl die Wirkung noch nicht eindeutig belegt ist, wird er zunehmend als allgemeines Stärkungsmittel (engl. pine pollen) und auch als Aphrodisiakum angeboten. – „Bernstein" ist fossiles Harz, das oft von Kiefern stammt.

Weitere Arten:

Pinus mugo TURRA (Artengruppe), Berg- oder Krummholz-Kiefer: Die einzelnen Kleinarten bzw. Unterarten dieser formenreichen Artengruppe sind in Wuchs, Verbreitung und Ökologie verschieden. Die Zapfen sind kleiner als bei *P. sylvestris*. Der Wuchs ist stark standortabhängig, relativ selten baumförmig (= „Spirke"), viel häufiger strauchförmig, niederliegend (= „Latsche" oder „Legföhre"). Letztere bildet oberhalb der Waldgrenze ausgedehnte Bestände im subalpinen Krummholzgürtel. In den Mittelgebirgen nur Reliktvorkommen. Nadeln zu zweit. Die elastischen Äste sind vorzüglich dem winterlichen Schneedruck der Hochlagen angepasst. In Nordlagen, bei zu langer Schneebedeckung, wird die Latsche stark durch den Mikropilz *Herpotrichia junipera = nigra* (Schwarzer Schneeschimmel) geschädigt und von der Grün-Erle (*Alnus alnobetula*) ersetzt. Verwendung ähnlich wie bei voriger Art. Wegen des Harzreichtums der Pflanze spielt Latschenkiefernöl eine besondere Rolle und wird auch als Badezusatz verwendet. Weil schwachwüchsig und immergrün, ist diese Art auch beliebt als Zierstrauch in Hausgärten, Parks und auf Friedhöfen, besonders auf Gräbern.

Pinus cembra L., Zirbel-Kiefer, Zirbe, Arve: Bis 25 m hoher Baum der Hochlagen und der Waldgrenze. Deutsche Alpen bis 1960 m. Laut Roter Liste (Stand 2018) inzwischen gefährdet. In den Zentralalpen noch verbreitet. Nadeln zu 5 an den Kurztrieben, steif. Zapfen bis 10 cm lang, eiförmig. Samenschuppen bläulich mit brauner Spitze. Samen nussartig („Zirbelnüsse"), hartschalig, ungeflügelt, etwas harzig, aber wohlschmeckend. Ausbreitung durch Tannenhäher (Versteckausbreitung), für die sie eine wichtige Nahrungsgrundlage darstellen, sowie Spechte und Nager. Anpassung an den Standort mit oft nur dreimonatiger Vegetationszeit und oft extrem niedrigen Temperaturen z. B. durch den Jahresgang der Frostresistenz und die im Winter grundsätzlich geschlossenen Spaltöffnungen. Jahreszuwachs im Holz minimal. 10-jährige Bäume sind oft kaum 1 m hoch. Alter mancher Bäume mehr als 1000 Jahre. Vorzügliches, schön gemasertes Holz, das viele Tiroler Stuben ziert. Das Holz übt durch die Abgabe ätherischer Öle eine beruhigende Wirkung auf den Menschen aus. Dieses alte Volkswissen wurde jetzt wissenschaftlich belegt (vgl. http://www.zirbe-michel.de/fileadmin/zirbel-forschungsarbeit.pdf). Die rundlichen Samen („Zirbelnüsse") werden ähnlich wie die der Pinie (*Pinus pinea* L.) gegessen und auch gehandelt. Wegen der hohen Harzkonzentration brennt Zirbenholz mit einer leuchtenden Flamme, weshalb die Späne früher als Lichtquelle genutzt wurden.

Pinus nigra J. F. ARNOLD, Schwarz-Kiefer: Nadeln zu zweit, 8–15 cm lang, starr, gewöhnlich 4–5 Jahre am Baum. Stamm schwarzgrau (Name!) bis graubraun, im Gegensatz zur Wald-Kiefer auch im oberen Teil dunkel. Zier- und Forstbaum. Häufig in Kultur ist z. B. die subsp. *nigra* (var. *austriaca*), beheimatet vom Mittelmeergebiet bis Österreich; dort in Kalk-Kiefernwäldern. Zapfen dick, 4–8 cm lang, harzig. Die Art ist in Deutschland nicht selten verwildert (etablierter Neophyt). Sie gilt örtlich als ökologische Problempflanze, da sie z. B. in Kalkmagerrasen eindringen kann und diese verändert, und wird daher in Deutschland als potenziell invasiver Neophyt eingestuft.

Pinus strobus L., Weymouth-Kiefer, Strobe: Nadeln zu 5; 5–14 cm lang, dünn und biegsam. Sehr frosthart; vermag bei Abkühlung und Erwärmung von weniger als 10 °C pro Stunde Temperaturen von unter –100 °C zu überstehen. Zier- und Forstbaum. 1705 in Deutschland eingeführt. Heimat: Nordamerika. Zapfen schlank, 9–20 cm lang, sehr harzreich. Samen ungeflügelt. – Die hohen Erwartungen an den Anbau wurden erheblich getrübt durch die starke Schädigung der Bäume durch den ebenfalls aus Nordamerika stammenden Blasenrost (*Cronartium ribicola*), einem parasitischen Mikropilz, der auf Johannisbeer-Arten (*Ribes*) als Zwischenwirt parasitiert. Heute wird der Baum nur noch vereinzelt forstlich angebaut. Dennoch nehmen Verwilderungen zu, die z. B. an Felsstandorten zu ökologischen Problemen führen können. Daher wurde der Baum als potenziell invasiver Neophyt eingestuft.

Pisum sativum LINNAEUS, Kultur-Erbse, Garten-Erbse

Fabaceae (= Schmetterlingsblütler)

Einjährige Kletterpflanze, 30–100 cm hoch, bis 2 m tief wurzelnd. Blätter unpaarig gefiedert, mit großen, halbkreisförmigen Nebenblättern, 2–3 Paaren von laubigen Fiedern und endständigen Fiederranken. Spaltöffnungen an Ober- und Unterseite. – Bis 1 m tief wurzelnd. Wurzelknöllchen mit Stickstoff bindenden Bakterien, hier *Rhizobium leguminosarum* (vgl. dazu auch bei *Lupinus*). Diese wurden hier (und bei anderen Schmetterlingsblütlern) erstmals durch den Italiener MALPHIGI 1675 in seinem Werk „Anatome plantarum" beschrieben. Zusätzlich ist arbuskuläre Mykorrhiza möglich. – Klassisches Objekt der Mutationsforschung (2n = 14). Besonders auffällig sind die heute weit verbreiteten doppelt gefiederten Mutanten, bei denen alle Fiedern zu Ranken umgebildet sind, sodass wie bei der Ranken-Platterbse (*Lathyrus aphaca*) die Photosynthese fast nur von den großen Nebenblättern übernommen wird.

Namen: „*Pisum*" ist der lat. Name der Pflanze. Lat. „*sativus*" = angebaut. – „Erbse" ist ein germ. Wort, sprachverwandt mit lat. ervum und griech. orobos = Hülsenfrucht/Wicke sowie griech. erebinthos = Kichererbse. Vermutlich gehen alle diese Namen auf eine alte Mittelmeersprache zurück.

Vorkommen: Kulturpflanze, gelegentlich verwildert, aber nur unbeständig. Heimat: Östliches Mittelmeergebiet bis Indien.

Blüten: V–VII. „Nektar führende Fahnenblumen (= Schiffchenblumen)", in 1–3-zähligen, traubigen Blütenständen. Übergang zwischen Griffelbürsten- und Pumpmechanismus. Krone weiß oder purpurn. Die unteren Kronblätter sind eng miteinander verbunden, sodass nur kräftige Hummeln zum Nektar gelangen können, aber selbst diese besuchen die Blüten wenig. Der Samenansatz erfolgt daher bei uns überwiegend über Selbstbestäubung der geschlossen bleibenden (= kleistogamen) Blüten.

Früchte: Aufgeblähte Hülsen, mit bis zu 8 Samen: Austrocknungsstreuer. Typische Rollsamen. Samenschale durchscheinend, daher sind einige Merkmale der Folgegeneration bereits auf der Mutterpflanze an den Samen zu erkennen, was z. B. Gregor MENDEL in seinen berühmten Kreuzungsversuchen an Erbsen nutzte.

Verwendung: Seit der jüngeren Steinzeit nachgewiesene Kulturpflanze. Gemüse- und Futterpflanze. Reife Samen mit etwa 50 % Kohlenhydraten und dem relativ hohen Eiweißgehalt von 20–25 %. Da sie alle essenziellen Aminosäuren enthalten, sind sie ein wertvoller Bestandteil der Ernährung und vor allem als Ergänzung einer fleischarmen oder fleischfreien Kost empfehlenswert. Zunächst wurden wegen der Haltbarkeit nur trockene Samen genutzt, ab dem 17. Jh. kamen zunehmend Sorten hinzu, bei denen die frischen Samen oder auch die (pergamentfreien) Hülsen mit unausgereiften Samen (Zucker-Erbsen, Kaiser-Erbsen) verzehrt werden. Insgesamt kennt man heute etwa 250 Kultursorten. Die Weltproduktion an Trockenerbsen lag 2007 bei 10 Mio. t und 2018 bei 21 Mio. t. Dazu kommen noch ebenso viele grüne Erbsen. Die bei uns heute überwiegend angebauten Sorten sind durch Umwandlung der Fiedern zu Ranken gekennzeichnet (s. o.). Junge Erbsenpflanzen bis zu einer Höhe von etwa 20 cm können zu Salaten oder Saucen gegessen werden. Im Handel werden sie unter dem Namen „Erbsenkresse" angeboten.

Plantago major LINNAEUS (Artengruppe), Breit-Wegerich

Plantaginaceae (= Wegerichgewächse)

Ausdauernder, sommergrüner Hemikryptophyt, 3–25(–40) cm hoch: Rosettenpflanze mit blattachselständigen Blütensprossen und Zugwurzeln. Formenreich. Blattstellung mit einem Winkel von 135° (8 Blätter auf 3 Umwindungen) zur optimalen Lichtausnutzung. Die Blattspreiten sind parallel- (bis bogennervig) wie sonst bei Einkeimblättrigen; sie werden manchmal als verbreiterte Mittelrippen gedeutet. Bereits Albertus Magnus (ca. 1200–1280) erkannte die „Fäden", die nach Brechen der Blätter sichtbar werden (nämlich die Leitbündel) als Wege für den Nahrungssaft. – Tiefwurzler (30–80 cm Tiefe). Die Primärwurzel ist wenig dauerhaft. Daher erfolgt die Bewurzelung in der Hauptsache aus der kurzen Rosettenachse.

Systematik: Die Gattung umfasst etwa 260 Arten. Sie ist weltweit verbreitet, aber in den Tropen selten. Aufgrund molekularbiologischer Studien wurde die Familie jetzt wesentlich erweitert, z. B. um viele Arten der Familie der Rachenblütler (Scrophulariaceae). – Zur Artengruppe *P. major* gehören *P. major* s. str. und *P. uliginosa* (= *P. major* subsp. *intermedia*) = Kleiner oder Vielsamiger Wegerich. Letzterer ist einjährig (statt ausdauernd), hat hellgrüne (statt dunkelgrüne) Blätter und meist aufsteigende (statt aufrechte) Stängel.

Schädlinge: Der Veilchen-Scheckenfalter (*Euphydryas cynthia*) nimmt das in den Blättern von *Plantago*-Arten enthaltene Aucubin auf und nutzt es zur eigenen Abwehr.

Namen: „*Plantago*" ist der lat. Name der Pflanze, zu lat. planta = Fußsohle und der bei Pflanzennamen häufigen Endung ‚-ago', wegen der Ähnlichkeit der an den Boden gepressten Blätter mit einem Fußabdruck in Verbindung damit, dass die Pflanze an ihrem Standort mit den Füßen niedergetreten und mit diesen ausgebreitet wird. Lat. „*major*" = größer, wegen der im Vergleich zu *P. lanceolata* breiteren Blätter. – Die Bedeutung des Namens „Wegerich" (ahd. wegarih) ist ungeklärt. Verbreitet ist die Vorstellung, der Name bedeute ‚Pflanze der Wege', wobei entweder eine Anlehnung an Personennamen wie Heinrich, Dietrich usw. gedacht wird oder gemäß des alten Namens ‚rich' = König/Herrscher auch an die Bedeutung ‚wegbeherrschende Pflanze'. HÖFLER als Kenner germanischen Brauchtums geht davon aus, dass das Wort ‚Weg' nicht in der heutigen Bedeutung gemeint ist, sondern dass der Weg ins Totenreich gemeint ist. Denn man nahm an, dass hinter dieser als höchst heilkräftig angesehenen Pflanze Kräfte stehen, die auch vor dem sicheren Weg ins Totenreich bewahren können.

Vorkommen: Trittpflanze der Wege, Plätze, Ufer, Weiden und kurzgrasigen Parkrasen, auf frischen, nährstoffreichen, dichten Ton- und Lehmböden, auch in Pflasterritzen. Salz ertragend, z. T. Vernässungszeiger. Weltweit verschleppt (bei den Indianern „Fußstapfen des weißen Mannes"). Ebene bis Hochgebirge (deutsche Alpen bis 2375 m).

Blüten: VI–X. Windblütig: „Langstaubfädiger Typ". Ausgeprägt vorweiblich. Pollen mit Kittresten (vgl. das Vorkommen von Insektenblutigkeit in derselben Gattung!). Narben lang, fast fiederig behaart. Krone trockenhäutig. Pollensäcke bei feuchtem Wetter geschlossen. Blütenstand ährig. Je Blütenstand werden ca. 2–3 Mio. Pollenkörner produziert. Selbstbestäubung ist möglich. Breit- und Spitzwegerich sind bedeutende Heuschnupfenerreger.

Früchte: 6–12-samige Deckelkapseln: Wind- und Tierstreuer. Hauptsächlich aber Klebausbreitung: Samen bei Nässe mit quellender, klebriger Samenschale (Trittausbreitung, z. B. durch den Menschen). Dazu Bearbeitungsausbreitung, z. B. durch Körnerfresser. Fruchtreife: VII–IX. Licht- und Kältekeimer.

Verwendung: Die jungen Blätter der Wegerich-Arten können nach Entfernung der „Fäden" (= Leitbündel) roh oder als Gemüse gegessen werden. Sie wurden zu diesem Zweck schon in vorrömischer Zeit kultiviert. Im Aberglauben spielten sie eine sehr große Rolle (s. o.). Die jungen Blütenstände gelten als Delikatesse. Auch die würzigen Samen wurden früher als Nahrung genutzt. Vogelfutterpflanzen. *P. major* wird seit dem Altertum arzneilich ähnlich wie die folgende Art verwendet, wird aber in der Heilwirkung meist von dieser übertroffen. Die Samen der meisten Wegerich-Arten können als mildes Abführmittel verwendet werden.

Weitere Arten:

Plantago lanceolata L., Spitz-Wegerich: Fettwiesen, Wege und Äcker. Bestäubung vor allem durch den Wind, daneben aber auch durch Pollen suchende Insekten. Die Art ist eine Langtagpflanze, es bedarf der Einwirkung von mindestens 25 Langtagen, um die Blüte zu induzieren. Inzwischen gibt es bei dieser Wildkraut-Art gegen das am meisten gebrauchte Herbizid, Glyphosat, resistente Typen. Ein gutes Beispiel dafür, dass unsere Chemie sehr wohl an ihre Grenzen gelangen kann. – Samen weniger quellfähig als bei voriger Art. Vegetative Vermehrung durch Wurzelsprosse. Die arzneilichen Anwendungen sind seit dem Altertum bekannt. Bewährtes Hustenmittel. Das Aufträufeln des Press-Saftes oder Auflegen gequetschter Blätter auf Insektenstiche beseitigt meist den Juckreiz und wirkt abschwellend; ähnliche Anwendungen auch bei Prellungen und anderen Schwellungen. Der Saft ist antibiotisch wirksam und schimmelt daher im Gegensatz zu den meisten anderen Pflanzensäften nicht. Er wird z. B. bei Entzündungen im Magen-Darm-Bereich verwendet. Wirkstoffe der Pflanze sind Schleim- und Bitterstoffe, Gerbstoffe, Kieselsäure (über 1 %) und Aucubin. Vielseitige Anwendung auch in der Homöopathie. Die jungen Blütenstände in Essig und Öl eingelegt dienen als Kapernersatz.

Plantago media L., Mittlerer Wegerich: Trockenrasenpflanze auf basenreichen, oft kalkhaltigen Böden. Blüten wohlriechend, im Gegensatz zu den vorigen Arten insektenblütig: Pinselblumentyp. Schauwirkung durch die auffälligen violetten Staubfäden. Besucher sind Pollensucher wie Honigbienen, Schwebfliegen, Käfer und Urmotten. Daneben kommt Geschlossenblütigkeit (Kleistogamie) und auch Windbestäubung vor. Vorweiblich. Verschiedengrifflig. Pollenkörner glatt und trocken. Vegetative Vermehrung durch Wurzelsprosse.

Plantago maritima L., Strand-Wegerich: Blätter lang linealisch, grasartig, fleischig (sukkulent). Habituell dem Strand-Dreizack (*Triglochin maritima*) ähnlich. Ähren sehr lang, auf bis 30 cm langen Stielen. Lückige Salzwiesen der Küste und Binnensalzstellen. Insgesamt stark gefährdet, aber an gesalzenen Straßenrändern stellenweise sekundär in Ausbreitung. Anpassungen an den Salzstandort: Sukkulenz (Ablagerung des Salzes in großen Vakuolen), frühzeitiger Abwurf der ältesten Blätter, in denen das Salz angereichert ist, Anreicherung des Zuckeralkohols Sorbitol im Zytoplasma als osmotisches Gegengewicht zur hohen Salzkonzentration in den Vakuolen. Trotz all dieser Anpassungen ist die Pflanze nur eine fakultative Salzpflanze (Halophyt) mit Wachstumsoptimum bei geringem oder fehlendem Salzgehalt. Die salzig schmeckenden Blätter werden als Gemüse gegessen bzw. als Gewürz den Speisen zugegeben.

Plantago coronopus L., Krähenfuß- oder Schlitzblättriger Wegerich: Blätter grob gezähnt bis fiederteilig. Pflanze der Salzwiesen der Küste. Im Binnenland ursprünglich selten, aber als Folge der Salzstreuung entlang von Straßen in Ausbreitung. Alte Salat- und Gemüsepflanze, die z. B. in Norditalien auch angebaut wird und zurzeit bei uns eine Renaissance erlebt.

Plantago arenaria Waldst. et Kit. (= *Psyllium arenarium* (Waldst. et Kit.) Mirbel, *Plantago indica* L., *P. psyllium* auct.), Sand-Wegerich, Sand-Flohsamen: Blütenbau ähnlich wie bei den vorigen Arten, aber durch verzweigten Wuchs, Einjährigkeit und lealische, gegenständige Blätter unterschieden. Sandpflanze nährstoffreicherer Standorte, auch auf Kies, z. B. auf Sanddünen, aber oft auch ruderal und weithin verschleppt (Neophyt). Ährenstiele fast doldig. Windbestäubung. Ebenfalls mit verschleimenden Samen (Klebausbreitung); es ist eindrucksvoll zu beobachten, wie z. B. in einem Glasröhrchen die Samen nach Wasserzugabe ein Vielfaches ihres vorherigen Volumens einnehmen. Wegen der starken Quellbarkeit werden die Samen dieser Art (und vor allem des Indischen Flohsamens *P. ovata*) wie Leinsamen als mildes Abführmittel angewandt (am besten geschrotet); außerdem sind sie ein gutes Mittel bei Reizdarm.

Platanth<u>e</u>ra bif<u>o</u>lia (L.) L. C. M. Richard, Weiße Waldhyazinthe, Zweiblättrige Kuckucksblume oder Kuckucksständel

Orchidaceae (= Orchideen, Knabenkrautgewächse)

Knollen-Geophyt (vgl. *Ophrys*), 15–45 cm hoch. Knollen ziemlich groß, ungeteilt, rübenförmig mit wurzelartigem Fortsatz. Laubblätter grundständig, meist zu zweit. – Pilzwurzel (endotrophe Mykorrhiza). Trotz Photosynthese bezieht die Pflanze u. U. organische Verbindungen über den Mykorrhiza-Pilz von mit diesen in Verbindung stehenden Bäumen (Mixotrophie, vgl. *Cephalanthera*) (Tedersoo et al. 2007 Oecologia 151: 206).

Systematik: Die Gattung ist mit ca. 90 Arten weltweit verbreitet. Sie gehört zur Unterfamilie Orchidoideae (siehe *Orchis*).

Namen: „*Platanthera*" wurde von L. C. M. Richard 1817 geprägt, von griech. platys = flach und neulat. anthera = Staubbeutel wegen der flachen, scheibenförmigen Staubbeutelfächer von *P. bifolia* und nicht, wie oft angegeben, von *P. chlorantha* (Baum & Baum 2012 Ber. Arbeitskr. Heim. Orch. 29, Beiheft 8). Bei Linné hieß die Art *Orchis bifolia*. Neulat. „*bifolius*" = zweiblättrig. – „Waldhyazinthe" wurde in Anlehnung an den Standort und den Blütenduft künstlich gebildet, um für die von *Orchis* abgetrennte Gattung einen eigenen Namen zu haben. Weitere künstlich gebildete Namen sind „Kuckucksblume", „Kuckucksständel" (nach der Blütezeit) und „Breitkölbchen". „-Ständel" ist Namensbestandteil verschiedener knollentragender Orchideen (vgl. *Orchis*).

Vorkommen: Lichte Eichen- und Kiefernwälder, Heiden und Magerrasen, auf basenreichen, auch kalkarmen Böden. Mull- und Moderpflanze. Oft Wechselfrischezeiger. Ebene bis Gebirge (deutsche Alpen bis 1860 m). – Gefährdet (Stand 2018). – **Geschützt**!

Blüten: V–VI. Weiße „Lippenblumen vom *Orchis*-Typ". Typische Nachtfalterblumen: Hauptduft nachts, etwas nach Maiglöckchen riechend. Saftmale fehlen, dafür zeigt die kreuzförmige Anordnung

der Blütenblätter den Bestäubern den Weg zum Nektar. Sporn sehr lang (20–30 mm), meist sehr nektarreich, sein Eingang so eng, dass nur Falterrüssel eindringen können. Davor liegt die papillöse Narbe, auf der sich später durch Verschleimung eine dick-zähflüssige Masse bildet, die als Klebmittel dient. Staubbeutelfächer (Theken) parallel. Die Pollinarien werden auf die Basis des Falterrüssels übertragen. Die seitlich der Staubfächer befindlichen Gewebepolster haben eine Epidermis, die reich an Raphiden (= nadelförmigen Kalzium-Oxalat-Kristallen) ist und ebenfalls verschleimt.
Früchte: Kapseln mit winzigen, feilspanförmigen, ca. 0,8 mm langen Samen: Körnchenflieger. Das Samengewicht gehört mit nur knapp 0,002 mg zu den leichtesten der heimischen Flora. Fruchtreife: ab VII bis Wintereinbruch. Wintersteher.
Verwendung: Aus den Knollen wurde „Salep" gewonnen (vgl. *Orchis* und *Anacamptis*).
Weitere Art:
Platanthera chlorantha (CUSTER) RCHB.) (= *P. montana* RCHB. fil.), Grünliche Waldhyazinthe oder Kuckucksblume: Ähnlich der vorigen Art und an ähnlichen Standorten, aber mehr auf Kalk. Blüten etwas größer, dafür ihr Sporn mit einer Länge von 28–43 mm nur relativ kürzer. Schwach süßlich duftend. Staubbeutelfächer spreizend. Hauptbestäuber sind Nachtfalter der Familien Eulen und Spanner, denen sich die Pollinarien auf die Augen setzen. Samen kleiner als bei voriger Art. – Es gibt auch Zwischenformen mit voriger Art und seltener auch Hybriden.

Platanus × hispanica MILLER ex MÜNCHHAUSEN (= *P. × acerifolia* (AITON) WILLD., *P. × hybrida* BROT.), Bastard-Platane, Ahornblättrige Platane

Platanaceae (= Platanengewächse)

Winterkahler Laubbaum, bis 25 m hoch. Sympodial verzweigt. Winterknospen mit nur 1 Knospenschuppe, vor dem Laubfall in der kapuzenförmigen Blattstielbasis verborgen. Blätter ahornähnlich (vgl. die wechselseitigen Verweise zwischen *Platanus acerifolia* und *Acer platanoides* bzw. *A. pseudoplatanus*), aber wechselständig und nach dem Laubfall viel langsamer verrottend als bei *Acer*. Blätter anfänglich mit Sternhaaren, die sich beim Austrieb ablösen und die Luftwege zum „Platanenhusten" reizen können. – Schuppenborke, bei der durch ein Abtrennungsgewebe die jeweils äußerste Borkenschicht in relativ großen Platten abgesprengt wird. – Ausgeprägte Herzwurzel. Pilzwurzel vom Typ der arbuskulären Mykorrhiza, also anders als bei unseren meisten heimischen Bäumen ohne Bildung oberirdischer Fruchtkörper.

Systematik: Die Familie umfasst nur diese eine Gattung mit ca. 10 Arten. *P. × hispanica* ist eine erbkonstante, voll fertile Hybride aus einer Kreuzung der winterharten, nordamerikanischen *P. occidentalis* und der balkanisch-westasiatischen *P. orientalis*, was durch gezielte Kreuzungen experimentell bestätigt werden konnte. Die Hybride trat erstmals um 1670 spontan im Botanischen Garten in Oxford auf.
Schädlinge: Platanen werden von 2 Mikropilzen befallen: Länger bekannt ist die Blattbräune, bei der Blätter oder Teile davon nach Infektion mit dem Schlauchpilz

(Ascomycet) *Apiognomonia veneta* schon im Sommer braun bis schwarz werden und ggf. absterben. Seit 2003 wird in Deutschland auch die Massaria-Krankheit beobachtet, vor allem in den Städten, verursacht durch den Schlauchpilz (Ascomycet) *Splanchnonema platani*, der geschwächte Zweige infiziert und zum Absterben bringt.

Namen: „*Platanus*“ (platanos) ist der lat.-griech. Name von *P. orientalis*, die Etymologie ist unklar. Lat. „*hispanicus*“ = spanisch, weil die Pflanze schon früh in Spanien auftrat und 1770 nach dort kultivierten Exemplaren beschrieben wurde. Neulat. „*acerifolius*“ = ahornblättrig. Das Malzeichen × weist auf die Bastardnatur hin. – „Platane“ ist Lehnwort.

Vorkommen: Anspruchsloser Park- und Alleebaum, optimal auf frischen, tiefgründigen Böden. Typische Lichtholzart, zum Waldbau daher nicht geeignet. Kann extreme Trockenheit vertragen. Verwilderungen auf Brachflächen und an Flussufern.

Blüten: V. Windblütig: „Kätzchenblüten-Typ“ oder „Hängeblütiger Typ“. Einhäusig. Weibliche und männliche Blüten in vielblütigen, kugeligen Köpfchen an derselben Hauptachse. Blütenhülle stark reduziert. Männliche Köpfchen klein und früh abfallend. Weibliche Köpfchen etwa 1 cm breit, meist zu zweit, jede Blüte mit 3–4 freien Fruchtblättern.

Früchte: Je weiblicher Blüte entwickeln sich mehrere einsamige Nüsschen mit hakigem Griffelrest und basalem Haarbüschel. Im Winter vermorschen die steifen Fruchtstandsachsen und werden dann leicht beweglich. Danach zerfallen die kugeligen, etwa 3 cm breiten Fruchtstände. Die Einzelfrüchte werden als Schirmchenflieger (Flugweite aber sehr gering) bzw. bei Nässe als Adhäsionshafter sowie als Klett-, Bohr- und Tretfrüchte („Triangel“) ausgebreitet. Dazu Bearbeitungsausbreitung durch Kleinvögel. Fruchtreife: XI–XII. Wintersteher. Lichtkeimer. – Für Hunde sind die Tretfrüchte sehr unangenehm, da die spitzästigen Gliederhaare (vor allem der jungen Teile) zu Schleimhautreizungen führen können. Beim Menschen können die beim Zerfall der Fruchtstände sich zum Teil ablösenden Haare zu heuschnupfenähnlichen Zuständen führen.

Verwendung: Zierbaum (s. o.). Das Holz ist ähnlich verwertbar wie das des Ahorns. Außerdem ist es als Brennholz gut geeignet.

Weitere Art:

Platanus orientalis L., Orientalische oder Türkische Platane: Bei uns ebenfalls Zierbaum. Heimat: Südosteuropa bis Südwestasien; bildet dort in Flussauen schöne Galeriewälder. Einzige europäische Art der Gattung (Tertiärrelikt). Da die reine Art etwas frostempfindlich ist, wird sie bei uns sehr viel seltener als der Bastard gepflanzt. Zu *P. orientalis* gehören mit die ältesten bekannten Bäume, die 2000, evtl. sogar 4000 Jahre alt sein sollen sowie – neben der Sumpfzypresse (*Taxodium*) – die dicksten bekannten Stämme überhaupt: Durchmesser bis 15,4 m. Sie sind weit ausladend und können bei einer Höhe von nur 30–40 m eine Kronenfläche von >1000 m² erreichen (aus DÜLL & DÜLL 2007).

Poa annua LINNAEUS (= *Ochlopoa annua* (L.) H. SCHOLZ), Einjähriges Rispengras

Poaceae (= Süßgräser)

Einjährig (sommerannuell) oder winterannuelle bis ausdauernde Horstpflanze, 2–30(–50) cm hoch. Blattspitze wie bei allen *Poa*-Arten kahnförmig. – Flachwurzler (10–35 cm).

Systematik: Die Gattung umfasst etwa 560 fast weltweit verbreitete Arten. Sie ist namengebend für die umfangreiche Gattungsgruppe (Tribus) Poeae, zu der u.a. auch Knäuelgras (*Dactylis*), Schwingel (*Festuca*), Weidelgras (*Lolium*) und Lieschgras (*Phleum*) gehören.

Namen: „*Poa*“ ist der griech. Name für Gras/Futtergras. Lat. „*annuus*“ = einjährig. – „Rispengras“ ist ein Kunstname und bezieht sich auf den Blütenstand. – Es ist zu beachten, dass der Ausdruck ‚Rispengräser‘ gleichzeitig ein Oberbegriff für solche

Süßgräser ist, die eine (lockere) Rispe als Blütenstand besitzen.

Vorkommen: Trittrasen, Ruderalstellen aller Art, Waldwege, Äcker und Gärten, auf frischen, nährstoffreichen Böden, in humider Lage. Überdüngungszeiger. Kulturbegleiter. Heute weltweit verschleppt. Ebene bis Hochgebirge (deutsche Alpen bis 2400 m).

Blüten: I–XII. Ohne Wachstums- und Blühperiodizität, daher auch Schneeblüher. Selbstbestäubung sowie Windbestäubung: „Langstaubfädiger Typ". Ährchen und Rispenachseln mit Schwellkörpern. Einjährige Formen vermögen bereits nach 45–60 Tagen zu blühen.

Früchte: Karyopsen ganzjährig reifend, von den bleibenden, steifhaarigen Spelzen umgeben (Spelzfrüchte), insgesamt nur 0,2–0,4 mg schwer. Meist Trittausbreitung (Wasserhafter), dazu Menschenausbreitung, Windstreuer, Körnchen- und Ballonflieger, Zufallsausbreitung durch Vögel, Verdauungsausbreitung durch Huftiere sowie Ameisenausbreitung (ohne Ölkörper: Speicherausbreitung), z. B. durch Rasenameisen (*Tetramorium*). Fruchtreife: ab V. Lichtkeimer.

Verwendung: Futtergras und Sportrasengras. In früheren Zeiten wurden die Früchte der Rispengras-Arten zur Ernährung genutzt, was wegen deren Kleinheit bemerkenswert ist.

Weitere Arten:

Poa pratensis L. (Artengruppe), Wiesen-Rispengras: Rhizom-Geophyt mit langen unterirdischen Ausläufern und Hemikryptophyt (Horstpflanze). Blatthäutchen kaum 2 mm lang. Spelzfrüchte mit Klebzotten: Klebhafter. Eines unserer besten Futtergräser, da es auch trockenheits- und schneeverträglich ist. Artengruppe mit mehreren apomiktischen Kleinarten.

Poa trivialis L., Gewöhnliches Rispengras: Horstpflanze. Blatthäutchen bis 7 mm lang. Feuchte, nährstoffreiche Wiesen und Äcker. Spelzfrüchte ebenfalls mit Klebzotten: Anhafter. Vegetative Vermehrung durch Bewurzelung niederliegender Triebe. Wertvolles Futtergras.

Poa nemoralis L., Hain-Rispengras: Horstpflanze. Blattspreiten im Schatten fast horizontal abstehend, weshalb die Pflanze auch „Wegweisergras" genannt wird. Blatthäutchen sehr kurz oder fehlend. Laubmischwälder und Schläge. Durch Befall mit dem Mikropilz *Epichloe typhina* können bei dieser Art, zuweilen auch bei anderen Arten, weiße, später muffartige Hüllen um den Stängel entstehen (vgl. *Dactylis glomerata*).

Poa compressa L., Flaches oder Platthalm-Rispengras: Stängel abgeplattet. Blätter schmal. Pflanze graugrün, knickig aufsteigend. Trockene, feinerdearme, sommerwarme Ruderalstellen, z. B. typisch auf Bahngelände sowie auf Mauerkronen. Rispe armblütig, 3–8 cm lang.

Poa chaixii Vill., Wald- oder Berg-Rispengras: Blätter breit (4–15 mm), wintergrün, aber nicht ganz frosthart. Rispe lang (15–30 cm). Laubwälder und Wiesen der Gebirge, kalkmeidend. Als Bodendecker für schattige Stellen der Wildpflanzengärten sehr zu empfehlen. Name nach dem franz. Botaniker Chaix.

Poa bulbosa LINNAEUS, Zwiebel- oder Knollen-Rispengras

Poaceae (= Süßgräser)

Ausdauernder Hemikryptophyt, schopfig, am Grunde zwiebelartig verdickt, meist 20–30 cm hoch. Blätter graugrün, dünn, frühjahrsgrün, d. h. schon im Mai/Juni absterbend.

Namen: Zu „*Poa*" siehe bei *P. annua*; lat. „*bulbosus*" = knollig, wegen der Verdickung der Stängelbasis.

Vorkommen: Basenreiche Silikatmagerrasen, oft an Wegen. Wärmeliebend, bis mittlere Gebirgslagen. Fehlt in den höheren Gebirgen und in Nordwestdeutschland. Außer in den größeren, warmen Tälern selten.

Blüten: V–VI. Windbestäubung: „Langstaubfädiger Typ".

Früchte: Spelzfrüchte. Klettausbreitung aufgrund von Wollhaaren. Wohl auch Steppenläufer. Fruchtreife: VI–VII. Die meisten Ährchenanlagen schlagen allerdings fehl und entwickeln sich zu Brutknospen (= Brutpflänzchen, Bulbillen) (s. u.).

Vegetative Vermehrung erfolgt reichlich durch die ab IX reifenden Bulbillen (Pseudoviviparie).

Verwendung: Reizvolle Wildgartenpflanze.

Weitere Art (vgl. auch vorigen Abschnitt):

Poa alpina L., Alpen-Rispengras: Horstpflanze, 20–50 cm hoch. Alpine und subalpine Fettwiesen. Kennart des Poion alpinae (= Alpen-Fettweiden). Ährchen violett überlaufen. Hauptausbreitung wie bei voriger Art durch Bulbillen. Schwerkraftausbreitung erfolgt dadurch, dass sich nasse Halme herabneigen und sich die Brutpflänzchen bewurzeln. Auch Klebausbreitung der außen mit Klebzotten besetzten Spelzfrüchte. Klettausbreitung durch Schafe. Dazu Windausbreitung als Schneeläufer. Wertvolles Futtergras (enthält 10 % Rohproteine und 3 % Fett).

Polemonium caeruleum LINNAEUS, Blaue Himmelsleiter, Jakobsleiter, Sperrkraut

Polemoniaceae (= Himmelsleiter- oder Sperrkrautgewächse)

Ausdauernder Hemikryptophyt, 30–50(–90) cm hoch. Stängelblätter gefiedert.

Systematik: Die Gattung umfasst 20–30 über die Nordhemisphäre verbreitete Arten. *P. caeruleum ist* neben der arktischen Art *P. boreale* die einzige europäische Art der Familie.

Namen: „*Polemonium*" ist der lat. Name der Pflanze bei PLINIUS, mit ungeklärter Etymologie. Lat. „*caeruleus*" = blau, im Hinblick auf die Blüten. – „Himmelsleiter" wegen der Vorstellung, die leiterartig gefiederten Blätter würden zu den him-

melblauen Blumen aufstreben. „Jakobsleiter" ist entsprechend eine Anspielung auf den biblischen Stammvater Jakob, dem im Traum eine von der Erde bis zum Himmel reichende Leiter erschien, auf der die Engel auf- und niederstiegen (1. Mose 28, 12). „Sperrkraut" gehörte ursprünglich zu einer Baldrianart und wurde auf *Polemonium* übertragen.
Vorkommen: In feuchten Schuttfluren und kalkhaltigen Flachmooren. Außerhalb der Alpen nur reliktisch und dort noch bis 1500 m. Außerdem aus Kultur verwildert mit zunehmender Einbürgerungstendenz.
Blüten: VI–X. Hellblau (blauviolett oder weiß), um 2 cm breit, glockig-radförmig und kurzröhrig, mit 5 Staubblättern und ringförmigen Diskus. Es sind vormännliche „Scheibenblumen mit verborgenem Nektar", in drüsig behaarten Thyrsen (Rispen aus wickeligen Teilblütenständen). Die Drüsen hindern aufkriechende Insekten daran, Nektarraub zu verüben. Bei trübem Wetter und vor dem Verblühen krümmen sich die Blütenstiele, und die Blüten schließen sich teilweise, sodass der Pollen auf die Narbe gelangen kann, was spontane Selbstbestäubung ermöglicht. Bestäuber sind Bienen und Fliegen, besonders Schwebfliegen.
Früchte: Dreifächerige, fachspaltige Kapseln, mit ungeflügelten Samen. Austrocknungsstreuer (Wind- und Tierstreuer). Dazu Menschenausbreitung (Kulturflüchter). Fruchtreife: VIII–X.

Verwendung: Beliebte, sich selbst wieder aussäende Gartenpflanze, die seit dem 16. Jh. in Kultur ist.

Polygala vulgaris LINNAEUS, Gewöhnliche Kreuzblume oder Kreuzblümchen

Polygalaceae (= Kreuzblumengewächse)

Ausdauernder Hemikryptophyt: Schaftpflanze (also zur Blüte ohne Rosette), 5–25 cm hoch.

Systematik: Die Gattung *Polygala* umfasst weltweit etwa 600 Arten, darunter zahlreiche Gehölze, und gehört somit zu den formenreichsten Gattungen überhaupt.
Namen: „*Polygala*" ist ein vorlinnéscher Name, von griech. polys = viel, gala = Milch, wegen der unbestätigten alten Vorstellung, die Pflanze würde die Milchproduktion beim Vieh steigern. Lat. „*vulgaris*" = häufig. – „Kreuzblume" wegen des Blühens während der Kreuzwoche, also der zweiten Woche vor Pfingsten, in der früher Prozessionen (Bittgänge) abgehalten und Kreuzblümchen in Kränze eingebunden wurden.
Vorkommen: Magerrasen, Heiden, Wegränder, auf armen, sauren Böden. Magerkeitszeiger. Ebene bis Gebirge (deutsche Alpen bis 1850 m).
Blüten: V–VIII. Kleine, homogame „Fahnenblumen" (= Schiffchenblumen), in endständiger Traube. Blütenfarbe meist blau, seltener weiß oder rosa. Von den 5 Kelchblättern sind die 2 seitlichen groß und wie die Kronblätter gefärbt; sie bilden die „Flügel" und hüllen fast die ganze Blüte ein. Das größere, untere Kronblatt (= „Schiffchen") ist an

der Spitze gefranst und dient den Insekten als Anflugstange. Auf seiner Oberseite besitzt es in der Blüte eine zweiklappige Tasche, die die Staub- und Fruchtblätter umschließt. Von den 8 Staubblättern sind je 4 untereinander verwachsen. Der Griffel endet in einer löffelartigen Bildung, in die die an der Spitze mit Loch aufspringenden Staubbeutel den Pollen entleeren. Unterhalb davon befindet sich die Narbe als klebriger, zu einer Spitze ausgezogener Vorsprung. Der Nektar wird am Grunde der Blüte abgeschieden. Bestäuber sind Bienen und Schmetterlinge. Sie können nur dadurch an den Nektar gelangen, dass sie den Rüssel zwischen den beiden Klappen sowie am „Pollenlöffel" und an der Narbe vorbei hindurch stecken. Dort streifen sie den mitgebrachten Pollen ab und beschmieren gleichzeitig ihren Rüssel mit der Klebmasse, an der dann beim Zurückziehen des Rüssels neuer Pollen hängen bleibt. Auf diese Weise soll Fremdbestäubung sichergestellt werden. Jedoch ist spontane Selbstbestäubung häufig, z. T. infolge von Schließbewegungen.

Früchte: Flache, 2-klappige, 2-samige Kapseln. Samen bis 3 mm lang, schwarz, behaart, mit dreiteiligem, weißem Ölkörper (Elaiosom) und spezifisch schwer. Ausbreitung durch Zufall sowie durch verschiedene Ameisen, z. B. die Rote Waldameise (*Formica rufa*). Fruchtreife: VII–X.

Weitere Arten:

Polygala amarella CRANTZ, Sumpf-Kreuzblume: Kleine, büschelige, meist nur bis 10 cm hohe Halbrosettenpflanze (Rosette bleibend!). Blüten klein (meist unter 4 mm lang), weiß oder bläulich. Ausbreitung z. B. durch die Schwarze Wegameise (*Lasius niger*). Charakterart der Kalkmagerrasen sowie in kalkreichen Nasswiesen und Quellfluren.

Polygala comosa SCHKUHR, Schopfige Kreuzblume: Ähnlich wie *P. vulgaris*, aber mit Deckblättern, die die Blütenknospen überragen, und mit oft purpurnen, auffälligeren, über 5 mm langen Blüten. Besucher sind Bienen und Schmetterlinge. Sonnige Kalkmagerrasen. Im Norden selten und im Nordwesten fehlend.

Polygala chamaebuxus L., Zwergbuchs, Buchsblättrige Kreuzblume: Immergrüner, niederliegender bis aufsteigender Halbstrauch mit Lederblättern. Trockenwälder und Kalkmagerrasen, auf basenreichen, meist kalkreichen, humosen Böden. Gebirgspflanze. Fehlt im Norden des Gebietes. Krone groß, gelblich weiß bis orange. Unterstes Kronblatt schiffchenartig, weiß bis gelborange, Staubbeutel vortäuschend. Kelchblätter weiß bis hellgelb oder rot, kronblattartig. Bestäuber sind ausschließlich Hummeln. Samen eiförmig und langhaarig, mit gelapptem Elaiosom: Ameisenausbreitung. Wind- und Wasserhaftausbreitung. Fruchtreife: VII–VIII. Vegetative Vermehrung durch Ausläufer. Für Wildpflanzengärten zu empfehlen.

Polygonatum multiflorum (L.) Allioni,
Vielblütige Weißwurz oder Vielblütiges Salomonssiegel

Asparagaceae (= Spargelgewächse)

Ausdauernder Rhizom-Geophyt, 30–80 cm hoch. Stängel bogenförmig geneigt, im Querschnitt rundlich. Blätter breit-lanzettlich, längsnervig. Das auffällige, weiße Rhizom (siehe Abb.) ist knotig verdickt. Die Knoten entsprechen jeweils einem Jahreszuwachs. Sie entstehen als seitliche Verzweigungen aus der Achsel von schuppenförmigen Niederblättern, während sich die Rhizomspitze jeweils in den aufrechten Blütenspross verlängert. Das Rhizom stellt also ein Sympodium dar. Es wurden bis zu 17 Jahresabschnitte hintereinander gezählt. Die scheibenförmigen Vertiefungen auf der Oberseite der Knoten sind die Abnarbungsstellen der Blütensprosse.

Die Blüten sind jeweils zu 3–5 blattachselständig.

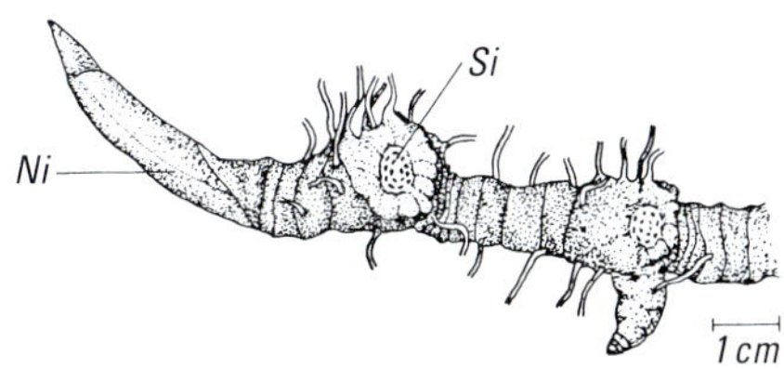

*Das Rhizom wächst jährlich zu einem Blütenspross aus, der jeweils eine Abnabelungsstelle (**Si** = Siegel) zurücklässt. Ein Seitenspross mit Niederblättern (**Ni**) setzt das Rhizom fort.*

Systematik: Die Gattung umfasst etwa 60 Arten, von denen mehrere bei uns als Zierpflanzen kultiviert werden. Sie gehört gemeinsam mit z. B. Schattenblümchen (*Maianthemum*) und Maiglöckchen (*Convallaria*) in die Unterfamilie Nolinoideae, die früher den Rang einer eigenen Familie Convallariaceae (= Maiglöckchengewächse) hatte.
Giftigkeit: Alle Teile der *Polygonatum*-Arten, vor allem die Beeren, enthalten in geringer Menge Saponine und andere Giftstoffe. Ältere Angaben über das Vorkommen von herzwirksamen Digitalis-Glykosiden wurden nicht bestätigt.

Namen: „*Polygonatum*“ ist der griech. Name der Gattung, zu polys = viel und gony = Knoten, wegen der knotigen Verdickungen des Rhizoms. Der Name wurde von vorlinnéschen Autoren wie C. Bauhin aufgegriffen. Linné nannte die vorliegende Art *Convallaria multiflora*, und die Echte Weißwurz *C. polygonatum*. Neulat. „*multiflorus*“ = vielblütig, im Vergleich zu letzterer Art. – „Weißwurz“ (weiblich!) wegen der Farbe des Rhizoms. „-Wurz“ = Pflanze. „Salomonssiegel“ (mittelalt. Sigillum Salomonis), weil die Abnarbungsstellen der Blütensprosse am Rhizom aufgrund ihrer zahlreichen Leitbündelnarben an ein Siegel erinnern. Der biblisch nicht belegte Siegelring des Königs Salomo spielte in der Legende und als Symbol mittelalterlicher Zauberpraktiken eine große Rolle.

Vorkommen: Krautreiche Laub- und Mischwälder und Säume, auf nährstoff- und basenreichen, lockeren Lehmböden. Ebene bis Gebirge (deutsche Alpen bis 1800 m).

Blüten: V–VI. Homogame „Glockenblumen mit klebrigem Pollen", jeweils zu 3–5 blattachselständig. Blütenhülle geruchlos, röhrig verwachsen. Neben zwittrigen Blüten kommen oft auch rein männliche vor, die mit 2 cm Länge etwas größer sind als die übrigen. Der Nektar wird von den Scheidewänden gebildet und außen am Fruchtknoten abgegeben. Er ist nur von langrüsseligen Hummeln erreichbar bzw. von Faltern, die aber nur selten die Blüten aufsuchen. Selbstbestäubung ist häufig. Beginn der Blühreife mit 10 Jahren.

Früchte: Bläulich bereifte, etwa erbsengroße Beeren, widerlich süß schmeckend: Verdauungsausbreitung. Fruchtreife: VIII–IX. Kältekeimer.

Vegetative Vermehrung durch Verzweigung des Rhizoms, die ab dem 4. Jahr erfolgt (KOSINSKI 2015 Flora 216: 1).

Verwendung: Nach der Signaturenlehre galten die Weißwurz-Arten als Mittel gegen Hühneraugen! Nach der Sage ist das Rhizom die geheimnisvolle Springwurz, die nur der Specht zu finden weiß, und vor dessen Besitzer sich verschlossene Türen wie durch Zauberschlag öffnen (vgl. Namenserklärung). – Als Wildgartenpflanze geeignet. In Gärten werden diese und die folgende Art (beide seit dem 16. Jh.) sowie vor allem der gemeinsame Bastard *P. × hybridum* BRÜGGER (= Garten- oder Riesen-Weißwurz) (seit dem 19. Jh.) gezogen, der mit 50–120 cm Höhe deutlich größer wird als die Elternarten und nicht selten durch Gartenauswurf verwildert anzutreffen ist. – Früher wurden sehr junge Sprosse der *Polygonatum*-Arten nach entsprechender Entgiftung für Speisezwecke genutzt.

Weitere Arten:

Polygonatum odoratum (MILL.) DRUCE (= *P. officinale* ALL.), Salomonssiegel, Echte oder Duftende Weißwurz: Ähnlich wie vorige Art. Stängel kantig statt rund, nur 20–40 cm hoch. Blüten größer und nur zu je 1–2(–5). Sonnige, meist kalkhaltige Standorte. Im Rückgang (Vorwarnliste, Stand 2018). Blüten duftend (Name!). Oft wird der Name Salomonssiegel nur auf diese Art bezogen. Das Rhizom wurde früher arzneilich bei Quetschungen und Entzündungen verwendet.

Polygonatum verticillatum (L.) ALL., Quirl-Weißwurz: Blätter schmal lanzettlich, zu 3–6 in Scheinquirlen. Stängel ca. 30–70 cm hoch, durch Unterdrückung der Endknospe mit Blattschopf endend. Subalpine und montane bis kolline Bergmischwälder und Hochstaudenfluren. Wegen der relativ kurzen Kronröhre erfolgt die Bestäubung außer durch Hummeln auch durch langrüsselige Bienen und kleinere Falter. Beeren erst rot, später dunkelblau. Ebenfalls Zierpflanze.

Polygonum aviculare LINNAEUS (Artengruppe), Gewöhnlicher Vogelknöterich, (Vogel-Knöterich)

Polygonaceae (= Knöterichgewächse)

Einjährig (sommerannuell), meist mit niederliegenden, locker wechselständig beblätterten Zweigen von bis >50 cm Länge. Aufrechte Formen bis 30(–50) cm hoch. Die jungen Blätter führen nachts Schlafbewegungen aus, indem sie sich aufrecht stellen und aneinander legen. – Wurzeln 25–70 cm tief.

Systematik: Die früher oft weit gefasste Gattung *Polygonum* wird heute überwiegend aufgeteilt in *Polygonum* s. str. (Vogelknöterich), *Persicaria* (Knöterich) und *Bistorta* (Wiesenknöterich). Bei LINNÉ gehörten außerdem noch *Fagopyrum* (Buchweizen) und *Fallopia* (Flügelknöterich) dazu. – Die Artengruppe *P. aviculare* ist im Gebiet durch mehrere, schwer unterscheidbare Kleinarten vertreten.

Namen: „*Polygonum*" ist ein vorlinnéscher Name, von griech. polys = viel und gony = Knoten, Knie, wegen der deutlichen Stängelknoten. Es wurden damals viel mehr Arten dazu gezählt als heute

(s. o.). Lat. „*avicularis*“ = bei Vögeln beliebt, wegen der Verwendung.

Vorkommen: Nährstoff und Licht liebende Trittpflanze an Ruderalstandorten, besonders an Straßenrändern (salzresistent) und auf ungepflegten Wegen. Auch auf Äckern, Küstendünen, an Kiesufern usw. Weltweit verschleppt.

Blüten: V–XI. Blüten einzeln, achselständig, rot, grün oder weiß, unscheinbar und nektarlos. Übergang zwischen „Glockenblumen“ und „Scheibenblumen“. Selbstbestäubung ist vorherrschend. Blühbeginn bereits 5 Wochen nach der Keimung.

Früchte: Nüsse 1,5–3 mm lang, rot bis schwarzbraun, kaum länger als das Perigon. Ausbreitung als Regenschwemmlinge und Wasserhafter (Trittausbreitung). Bearbeitungsausbreitung durch Vögel, z. B. Sperlinge. Zufallsausbreitung durch Huftiere. Fruchtreife: ab VII. Samen langlebig. Wärmekeimer.

Vegetative Vermehrung durch wurzelnde Ausläufer.

Verwendung: Alte Vogelfutterpflanze (Samen, Blätter, Blüten). Wegen des Gehaltes an Kieselsäure, Gerbstoffen und Flavonoiden früher arzneilich gegen Tuberkulose, Lungenleiden und Husten angewendet; heute vor allem in der Volksmedizin, z. B. in Form von Knöterichpastillen. Junge Stängel und Blätter werden seit langem als Gemüse geschätzt.

Polypodium vulgare LINNAEUS (Artengruppe), Gewöhnlicher Tüpfelfarn, Engelsüß

Polypodiaceae (= Tüpfelfarngewächse)

Wintergrüner Rhizom-Geophyt oder kriechender Chamaephyt, 10–50 cm hoch. Zweizeilig beblättert. Einzige heimische Sprosspflanze, die ein echter Epiphyt ist, indem er (bei hoher Luftfeuchtigkeit) auf der Rinde/Borke von Gehölzen zu wachsen vermag. Blätter (Wedel) bis 60 cm lang, ziemlich austrocknungs- und frostresistent (poikilohydrisch), jeweils auf kleinen Vorsprüngen des Rhizoms entspringend. Rhizom kriechend, dicht mit den trocken glänzenden, als Licht- und Wärmeschutz sowie der kapillaren Wasserleitung dienenden Spreuschuppen besetzt. Hohe Chromosomenzahl (allotetraploid): 2n = 148. – Pilzwurzel (arbuskuläre Mykorrhiza).

Systematik: Die Gattung umfasst etwa 100 meist epiphytische Arten mit Hauptverbreitung in den Tropen. Sie ist die einzige heimische Gattung der artenreichen, überwiegend aus Epiphyten bestehenden Familie.

Namen: „*Polypodium*“ ist der lat.-griech. Name der Pflanze, zu griech. poly = viel und podion = Füßchen, wegen der zahlreichen, braunschuppigen, zweizeilig stehenden Blattansätze am Rhizom, die an behaarte Füße erinnern. Lat. „*vulgaris*“ = ge-

Die Sporangiengruppen (Sori) sind groß, rund und ohne Schleier.

wöhnlich. – „Tüpfelfarn" ist Kunstname und weist auf die runde Form der Sporangiengruppen (Sori). „Engelsüß" wegen des süßen Rhizoms, auf das schon DIOSKURIDES hinwies.

Vorkommen: Lichte Eichen- und Birkenwälder, Felsen und Mauern sowie selten epiphytisch (s. o.) auf bemoosten Baumstämmen. Im Berner Oberland bis 2780 m Höhe. Zirkumpolar verbreitet.

Vermehrung: Vorkeim (Prothallium, Geschlechtspflanze) und Sporenbehälter (Sporangium) wie bei *Dryopteris* beschrieben. Sori (siehe Detailfoto) groß und rund, nackt, d. h. nicht von einem Schleier (Indusium) bedeckt. Die Sporen werden als Körnchenflieger ausgebreitet. Sporenreife: VIII–IX. – Vegetative Vermehrung durch die bis 30 cm langen Rhizome.

Verwendung: Das Rhizom schmeckt durch Zucker und das für Süßholz charakteristische Glycyrrhizin intensiv lakritzartig süß. Außerdem enthält es Schleimstoffe und einen für Darmwürmer sehr giftigen Bitterstoff. Früher wurde das Rhizom arzneilich bei Husten, Leberleiden, Gicht usw. verwendet und auch als Rohkost gegessen. Wird auch als Zierpflanze angeboten und eignet sich gut für Steingärten und Naturmauern.

Polystichum aculeatum (L.) ROTH (= *P. lobatum* (HUDS.) BASTARD, *Polypodium aculeatum* L.), Gelappter, Dorniger oder Glanz-Schildfarn

Dryopteridaceae (Wurmfarngewächse)

Ausdauernder Hemikryptophyt (Rosettenpflanze), 50–100 cm hoch. Blätter (Wedel) wintergrün (d. h. im folgenden Sommer durch neue ersetzt), lederig, dunkelgrün, glänzend, 2-fach gefiedert, mit langen, spreuschuppigen Stielen. Fiederteile unsymmetrisch, sichelförmig vorwärts geneigt, sitzend oder kurz gestielt, mit stachelspitzigen Zähnen. Wedel junger Pflanzen nur fiederschnittig. Rhizom kurz, dick.

Systematik: Die Gattung ist weltweit verbreitet und mit ca. 500 Arten besonders artenreich. *P. aculeatum* ist durch Chromosomenverdopplung aus der Hybride *P. lonchitis* × *P. setiferum* entstanden (2n = 4x = 164).

Namen: „*Polystichum*" wurde von ROTH 1799 geprägt, von griech. polystichos = vielreihig, entweder wegen der auffällig zahlreichen, senkrecht zur Blattspindel stehenden Fiederpaare oder wegen der mehrreihigen Sori. Bei LINNÉ hieß die Art *Polypodium aculeatum*. Lat. „*aculeatus*" = scharf, dornig, wegen der dornspitzigen Zähne der Fiedern. – „Schildfarn" im Hinblick auf die schildförmigen Schleier (s. u.).

Vorkommen: Sickerfrische Hang- und Schluchtwälder, vor allem in höheren Lagen. An Felsen und auf basenreichen, kalkreichen oder kalkarmen Böden in wintermilder Lage. Im Norden stark zurückgegangen. Alle Arten der Gattung sind wie alle großen wintergrünen Farne **geschützt**!

Vermehrung: Sporangiengruppen (Sori) auf den Blattnerven rundlich, kaum 1 mm breit. Schleier (Indusium) schildförmig, im Unterschied zu *Dryopteris* in seiner Mitte angeheftet. Sporenreife: VIII–IX. Vorkeime wie bei *Dryopteris* beschrieben.

Vegetative Vermehrung durch das Rhizom.

Verwendung: Diese und die folgenden Arten werden als Zierpflanzen angeboten, z. B. für beschattete Steingärten und Mauern bzw. als Unterwuchs immergrüner Gehölze, und sind auch für Wildpflanzengärten zu empfehlen. In milder Klimalage empfiehlt sich für Gärten die Kultursorte 'Pulcherrimum'. – Die Rhizome der *Polystichum*-Arten wurden früher gekocht für Speisezwecke genutzt.

Weitere Arten:

Polystichum setiferum (FORSSK.) WOYN., Grannen- oder Borstiger Schildfarn: Als Wildpflanze z. B. im Schwarzwald, sonst selten, im Norden fehlend. Gefährdet. Wedel 2(–3)-fach gefiedert, gelbgrün, glanzlos, meist nicht überwinternd. Fiedern 2. Ordnung deutlich gestielt, lang begrannt. Gartenzierpflanze in zahlreichen Sorten. Sehr dekorativ ist z. B. die Sorte 'Plumosum-Densum', die durch starke Zerteilung ihrer überlappenden Fiedern flauschig erscheint. Interessant ist auch die Sorte

'Proliferum', die entlang der Mittelrippe Brutknospen bildet, mit denen sich die Pflanze leicht vermehren lässt.

Polystichum lonchitis (L.) ROTH, Lanzen-Schildfarn: Wedel meist nur bis 40(–60) cm lang, nur einfach gefiedert, Fiedern sichelförmig. Die Wedel sind über den Leitbündeln benetzbar, was der zusätzlichen Wasseraufnahme dient. Zirkumpolar verbreitete Alpenpflanze offener, meist beschatteter, grundfeuchter Steinschuttfluren, seltener in tieferen Lagen. Im Rückgang (Vorwarnliste, Stand 2018). Einer der höchst steigenden Farne, der z. B. am Morteratgletscher (Schweiz) noch in 2700 m Höhe gefunden wurde. Auch diese Art ist in Gartencentern erhältlich. Beide Arten sind besonders für beschattete Steingärten und Mauern sehr zu empfehlen. Es dürfen aber nur Exemplare aus gärtnerischer Kultur verwendet werden.

Populus nigra LINNAEUS, Schwarz-Pappel

Salicaceae (= Weidengewächse)

Winterkahler, bis über 30 m hoher Baum. Maximal bis 300, gewöhnlich aber nicht über 100 Jahre alt werdend. Forstwirtschaftliche Umtriebszeit: 30–50 Jahre. Sehr schnellwüchsig; der jährliche Zuwachs von Pappeln kann in der Länge über 1 m und im Stammumfang über 2 cm betragen. Entsprechend ist das Holz sehr leicht, spezif. Gewicht 0,5. Splintholzart, d. h. die inneren Teile des Holzkörpers werden nicht mit Gerbstoffen imprägniert und können deshalb leicht faulen (Kernfäule). Alte Stämme mit Netzborke. – Blätter rautenförmig, lang gestielt. Blattstiele seitlich zusammengedrückt und daher die Blattspreite in der Horizontale sehr labil; schon kleinste Luftbewegungen „kippen" sie aus ihrer horizontalen Stellung, aber der elastische Blattstiel bringt sie danach sofort in die „Normallage" zurück. Die so erzeugte, fast ständige Blattbewegung wirkt stark transpirationsfördernd. Mehr Transpiration bedeutet zum einen eine bessere Nährsalzversorgung und damit mehr Wachstum; zum anderen erklärt sie die hohe Pumpkraft der Pappeln (s. u.). Dabei dürfte aber auch die bessere Lichtausnutzung durch die Bewegung eine Rolle spielen. Es wird auch diskutiert, ob die zitternde Blattbewegung auch die Funktion hat, Schadinsekten von der Eiablage abzuhalten. Frühblätter deutlich kleiner als Spätblätter. Bemerkenswert ist die Rotfärbung der austreibenden Blätter, eine in unserer Flora seltene, in den Tropen weit verbreitete Erscheinung, die evtl. dem Austrocknungsschutz dient. – Blattzähne junger Blätter mit extrafloralen Nektarien. – Sehr regenerationsfähig: Abgesägte Pappeln bestocken sich schon im ersten Jahr mit meterlangen Trieben, die sich oft durch (über 30 cm breite) Riesenblätter auszeichnen. – Bei *P. trichocarpa* wurde inzwischen das vollständige Genom sequenziert. Man konnte die unerwartet hohe Zahl von etwa 45.000 Genen identifizieren. – Pilzwurzel: ektotrophe und arbuskuläre Mykorrhiza.

Systematik: Die Gattung umfasst etwa 40 Arten, die vor allem in der temperaten Zone der Nordhalbkugel verbreitet sind, aber auch bis in die afrikanischen Tropen vordringen. – Alle Arten zeigen ähnlich wie die nahe verwandten Weiden (*Salix*) eine hohe Kreuzungsbereitschaft. Mithilfe von Embryokultur sind jetzt auch Hybridisierungen mit der Gattung *Salix* gelungen (vgl. PRZYBOROWSKI et al. 2012 Ind. Crops Prod. 36: 549).

Schädlinge: Pappeln sind reich an Schädlingen. Bemerkenswert sind häufiger zu beobachtende Gallenbildungen, so die rundlichen Gebilde der Blattrippen-Gallenlaus (*Pemphigus populinigrae*) auf Blattoberseiten; die wachsausscheidenden Läuse wandern im Sommer an die Möhre (*Daucus*) aus, um dort als Wurzelläuse zu leben. An den Blattstielen beobachtet man Verdickungen, die von der Blattstiellaus (*Pemphigus bursarius*) stammen, oder auch die interessanten spiraligen Gallbildungen, die durch die Blattstieldrehlaus = Spiral-Gallenlaus (*Pemphigus spirothecae*) verursacht werden. Im Holz leben die Larven der Pappelböcke (*Saperda*). Nicht selten ist der kleine, braune Pappelblattkäfer (*Melasoma populi*). Seine Larven nehmen mit der Nahrung Salicin auf, aus der ein unangenehm riechendes Sekret aufgebaut wird, das die Tiere bei Gefahr aus einer Wehrdrüse ausscheiden. Ist die Gefahr vorüber, ziehen sie den „Saft“ wieder ein! – An Pappeln fressen die Raupen von ca. 80 Großschmetterlings-Arten.

Namen: „*Populus*“ ist der lat. Name der Pflanze mit ungeklärter Etymologie; eine Verbindung zu lat. ‚populus‘ (mit kurzem o) = ‚Volk‘ ist spekulativ. Lat. „*niger*“ = schwarz, wegen der bald schwärzlich werdenden Rinde. – „Pappel“ ist Lehnwort.

Vorkommen: Ursprünglich in Auwäldern und an Altwässern, auf feuchten, periodisch überschwemmten, tiefgründigen Böden in der Weichholzaue. Pionierpflanze. Als Wildart z. T. gefährdet, jedoch z. B. am Mittelrhein noch öfter anzutreffen. Außerdem angepflanzt, aber weit seltener als die viel wüchsigeren Bastarde (z. B. *P. × canadensis*). – Eine Pappel nutzt, obwohl sie optimal wüchsig ist, nur etwa 1 % des einfallenden Sonnenlichts, bindet aber 10-mal mehr CO_2, als die auf gleicher Fläche erzeugten „Bio-Kraftstoffe“ an CO_2-Immissionen verhindern (MICHEL 2012: http://www.solarify.eu/2012/07/27/mpg-forscher-vom-unsinn-der-biokraftstoffe/). Dennoch sind flächenhafte Pappelaufforstungen aus ökologischer Sicht eher schädlich. Durch Beschattung und Absenkung des Grundwassers (bis über 1 m) wird die meist reichere Vorvegetation verdrängt. Andererseits sind Reihenpflanzungen an Wiesenwegen und Gräben durchaus empfehlenswert, schon weil sie das Landschaftsbild bereichern.

Blüten: III–IV. Windblütig: „Kätzchenblütentyp“. Wie alle Weidengewächse zweihäusig, d. h. es gibt männliche und weibliche Pflanzen. Nektar fehlt im Unterschied zu den Weiden (*Salix*). Pollen graugelb. Honigbienen sammeln den Pollen, allerdings ohne sich an der Bestäubung zu beteiligen, begehen also Pollenraub. Nach dem Stäuben werden die männlichen Blütenstände abgeworfen.

Früchte: 2-klappig aufspringende Kapseln. Samen zahlreich und sehr ähnlich denen von *Salix*-Arten, ohne Nährgewebe und entsprechend kurzlebig (1–2 Wochen), am Grunde mit Haarschopf: Schopfflieger bzw. Ballonflieger sowie bei Nässe Adhäsionshafter. Flugweiten von mehr als 15 km sind möglich. Auch Wasserhaftausbreitung. Fruchtreife: (VI–)VII. In der Nähe von Pappelbeständen findet man oft große Mengen der miteinander verbundenen Flugsamen als „Pappelwolle“. Die unvorstellbar große jährliche Produktion von bis zu 26 Mio. Samen pro Baum stellt den höchsten Wert der heimischen Flora dar. Lichtkeimer. Die Samenhaare können ähnlich wie Pollenkörner Allergien verursachen.

Vegetative Vermehrung durch Wurzelsprosse der bis 35 m weit reichenden Wurzeln und deswegen öfter recht unbeliebt, jedoch gleichzeitig ein gutes Pioniergehölz.

Verwendung: Park- und Forstbaum. Das Holz der Pappel-Arten wird für Kisten, Streichhölzer usw. sowie für die Zellulosefabrikation verwendet, da es nur etwa 20 % Holzstoff (= Lignin) enthält. Blätter als Viehfutter geeignet. Aus den klebrigen Blattknospen („Gemmae Populi“) wird „Pappelsalbe“ hergestellt, die z. B. als Wundsalbe dient. Sie sind zugleich eine wichtige Quelle für das von Bienen erzeugte, antibiotische Bienenkittharz Propolis, das auch vom Menschen für verschiedene Zwecke, vor allem gesundheitliche, genutzt wird. Nach CHAMISSO (1827) glaubte man, dass in die Ohren geträufelter Pappelsaft als Mittel gegen Taubheit und Ohrensausen wirksam wäre (vielleicht weil der Pappelwald ein ständiges Rauschen vernehmen lässt?). Aus Rinde und Blättern wurden früher grüne und gelbe Farben gewonnen. Pappelwolle wurde in Notzeiten als Zelluloselieferant genutzt. Als Straßenbaum sind Pappeln wegen der relativ hohen Sturmanfälligkeit der Äste nicht brauchbar. Als wüchsiger Einzelbaum in Wiesen und Parks oft eine Schönheit.

Weitere Arten/Bastarde:

***Populus nigra* 'Italica'**, Pyramiden-Pappel: Wuchsform mit fast senkrecht stehenden Ästen. Sie wurde angeblich zuerst von NAPOLEON aus Südeuropa eingeführt, der sie entlang seiner Heerstraßen anpflanzen ließ, u. a. damit diese auch noch bei hohem Schnee zu erkennen seien. Tatsächlich ist die Varietät aber schon im frühen Mittelalter nachgewiesen (KNÖRZER). Die Pflanzen werden wie alle Pappeln (durch gesteckte Zweige oder Aststücke) rein vegetativ vermehrt. Pyramidenpappeln lassen aber inzwischen „Alterserscheinungen“ erkennen. Ein Hinweis darauf, dass rein vegetative Vermehrung zeitlich begrenzt ist. Man findet überwiegend männliche Pflanzen.

Populus tremula L., Zitter-Pappel, Espe, Aspe: Wälder, Waldränder und Gebüsche. Allgemein verbreitet. Pionierpflanze („Vorholz“). Die zitternde Blattbewegung (vgl. oben) ist hier besonders auffällig (Name!, zittern wie Espenlaub). Ältere Blätter rundlich, grob gekerbt und lang gestielt, jüngere Blätter und die der Wassertriebe dreieckig, mit kurzem und kaum abgeflachtem Stiel, der am oberen Ende extraflorale Nektarien trägt. Futterpflanze für die Raupen von etwa 80 verschiedenen Schmetterlingsarten, vor allem Nachtfalter. Als typische Lichtholzart kann die Zitter-Pappel sich in ihrem eigenen Schatten nicht mehr verjüngen. Männliche Exemplare sind viel häufiger als weibliche, wie es für zweihäusige Pflanzen typisch ist. Durch Wurzelsprosse entstehen im Nieder- und Mittelwaldbetrieb Gruppen von dicht zusammenstehenden Stämmen. – In Nordamerika gibt es bei der verwandten Art. *P. tremuloides* eine aus 47.000 Einzelstämmen bestehende männliche Pflanze, also einen Klon, der unter dem Namen „Pando" berühmt geworden ist und eine Fläche von 44 ha einnimmt.

Populus alba L., Silber-Pappel: Blätter unterseits weißfilzig, am Rande buchtig gelappt. Stamm mit weißgrauer Borke. Nur selten ursprünglich in Auwäldern der Stromtäler, z. B. am Rhein nördlich bis in den Kölner Raum. Häufig als Zierbaum angepflanzt und zum Teil verwildert, ebenso der Bastard *P.* × *canescens* (AITON) SM., Grau-Pappel (= *P. alba* × *P. tremula*). Letzterer wird auch gerne als Versuchspflanze verwendet. Fruchtreife: V.

Populus × canadensis MOENCH, Kanadische- oder Bastard-Pappel: Bastard zwischen *P. nigra* und der nordamerikanischen *P. deltoides* MARSHALL, um 1700 spontan in Kultur entstanden. Gepflanzt und auch verwildert und oft eingebürgert (etablierter, invasiver Neophyt). Besonders nach dem Krieg hat man ertragreiche Kultursorten für die Zelluloseindustrie gezüchtet. Das ligninarme Holz der Pappeln ist hierfür wesentlich umweltfreundlicher als etwa Buchen- oder Nadelholz. Der Handelswert des Holzes deckt inzwischen allerdings kaum mehr die Kosten für den Arbeitsaufwand.

Portulaca oleracea LINNAEUS, Gemüse-Portulak

Portulacaceae (Portulakgewächse)

Einjährig (sommerannuell). Stängel meist niederliegend, seltener aufrecht, reich verzweigt, 2–30(–40) cm hoch. Pflanze bis 150 cm breit. Stängel und Blätter fleischig (sukkulent), oft (durch Lichtschutzpigmente) purpurfarben überlaufen. Blätter 1–3 cm lang, stumpf spatelförmig. Formenreich. – *P. oleracea* (gemeinsam mit 3 weiteren Arten der Gattung) ist das einzige Beispiel für eine Pflanze, die normalerweise C_4-Photosynthese betreibt, aber bei Trockenstress auf CAM-Photosynthese (siehe *Sedum acre*) umschalten kann. Die für C_4-Pflanzen typische Anordnung von kranzartig die Leitbündel der Blätter umgebenden Zellen lässt sich an dem marmorierten Nervennetz schon mit bloßem Auge erkennen.

Systematik: *Portulaca* umfasst 40–100 Arten in den Tropen und Subtropen. Die meisten sind C_4-Pflanzen, es gibt aber auch C_3-Pflanzen, C_3-C_4-intermediäre Pflanzen und solche, die fakultativ C_4 oder CAM-Photosynthese betreiben können. – Nach neueren Vorstellungen gehört zu der Familie nur noch die eine Gattung *Portulaca*, nachdem der übrige Teil mit z. B. Quellkraut (*Montia*) und Kubaspinat (*Claytonia*) als Familie Montiaceae ausgegliedert wurde. – Zu *P. oleracea* gehören die zuweilen als Gartenpflanze kultivierte subsp. *sativa* mit aufrechtem Stängel und weitere Unterarten.

Namen: „*Portulaca*" ist der lat. und vorlinnésche Name der Pflanze, zu portula = kleine Pforte, wohl wegen der abführenden Wirkung, evtl. auch in Verbindung damit, dass sich die auffällige Kapsel mit einem Deckel öffnet. Neulat. „*oleraceus*" = Gemüse-. – „Portulak" ist, ebenso wie die Volksnamen „Burzelkraut" (ahd. purzela) und „Postelein", von portulaca entlehnt, über mittellat. porcilaca bzw. ital. porcellana. – Man beachte, dass die ebenfalls als Gemüse angebaute *Claytonia perfoliata* oft auch als Portulak (evtl. mit dem unterscheidenden Zusatz Winterportulak) oder unter dem niederländ. Namen ‚Postelein' angeboten wird, der eigentlich für *Portulaca* gilt.

Vorkommen: Alte Gemüsepflanze, im Gebiet aus Kultur verwildert (Archäophyt und Neophyt). Heimat ist vermutlich Südeuropa oder Vorderasien. Eingebürgert an trockenen, warmen, sandigen und nährstoffreichen Standorten, z. B. unter Hackfruchtkulturen, in Weinbergen, an Ruderalstellen, in Pflasterritzen und an Flussufern. Vor allem im Flach- und Hügelland und im Siedlungsbereich. Im Norden z. T. selten. Durch die C_4 und CAM-Photosynthese (s. o.) hat die Pflanze an warmen, trockenen Standorten beste Bedingungen, an weniger warmen Standorten kümmert sie oft. Gebietsweise ist sie aufgrund der Klimaerwärmung in starker Ausbreitung, z. B. in der Pfalz, z. T. auch gefördert durch den Import von Containerpflanzen aus dem Mittelmeerraum. – Heute ist die Art als Wildpflanze in der warmgemäßigten Zone weltweit verbreitet. Sie gehört dort zu den häufigsten Pflanzenarten und zugleich zu den „zehn schädlichsten Unkräutern der Welt".

Die Fruchtkapseln öffnen sich mit einem Deckel.

Blüten: VI–X. Unscheinbare „Nektar führende Scheibenblumen", bis 6 mm breit, hellgelb, duftlos. Nur vormittags für wenige Stunden und nur einmalig geöffnet! Daneben gibt es häufig auch reduzierte, in den Hochblättern eingeschlossene Blüten, die geschlossen bleiben und sich dann selbst bestäuben (geschlossenblütig = kleistogam). Staubfäden reizbar. Kronblätter gelb durch Betalaine (Betaxanthine). Besucher sind Fliegen, Ameisen und andere Insekten, außer Faltern. Selbstbestäubung ist vorherrschend.

Früchte (siehe Detailfoto): Eiförmige Deckelkapseln, mit bei der Reife aufspringendem Deckel. Samen zahlreich, schwarz, rundlich. Selbstausbreitung, Regenschwemmlinge und Ameisenausbreitung. Menschenausbreitung. Fruchtreife: VII–XI. Samenproduktion reichlich, an günstigen Standorten wurden bis knapp 200.000 Samen pro Pflanze gezählt. Ausgeprägter Wärme- und Lichtkeimer. Samen langlebig.

Verwendung: Portulak ist als Kulturpflanze (subsp. *sativa*) weitgehend in Vergessenheit geraten. Die Pflanze wurde schon im Altertum als Heil- und Gemüsepflanze geschätzt. Heute wird sie nur noch gelegentlich (in entsprechenden großwüchsigen Kultursorten) als vitaminreiche Kost für Brühen, Soßen, Salate usw. angebaut. Die Ernte kann oft schon 4 Wochen nach der Aussaat erfolgen. Der würzige Geschmack geht auf die Omega-3-Heptalinolsäure zurück. Die Pflanze enthält relativ viel Oxalsäure und sollte daher nur in kleinen Mengen verzehrt werden (vgl. Sauer-Ampfer = *Rumex acetosa*). Wie oben schon angesprochen, ist zu beachten, dass der Name Portulak auch für den Kubaspinat (*Claytonia perfoliata*) verwendet wird. Volksmedizinisch wird die Pflanze von alters her u. a. als abführendes und harntreibendes Mittel verwendet. Sie kann auch als Wildgemüse genutzt werden.

Weitere Art:

Portulaca grandiflora HOOK., Portulakröschen, Großblütiger Portulak: Beliebte Zierpflanze (seit 1827) für Kübel, Balkons und Beete. Zuweilen verwildert. Heimat: Südamerika. Pflanze ebenfalls einjährig, aber Stängel stets aufrecht. Ebenfalls sowohl C_4- als auch CAM-Pflanze. Blütezeit: VI–IX. Blüten seidig glänzend, magentarot, durch Züchtung auch leuchtend gelb, rotviolett oder orange, oft gefüllt, 2(–10) cm breit, nur mittags geöffnet. Die Farben stammen von Betalainen, wie sie etwa auch für die Rote Bete (*Beta vulgaris*, siehe dort) und die Kakteen typisch sind. Staubblätter zahlreich. Staubfäden ebenfalls reizbar. Die Blüten werden gerne von Honigbienen und Hummeln besucht.

Potamogeton crispus LINNAEUS, Krauses Laichkraut

Potamogetonaceae (= Laichkrautgewächse)

Ausdauernde, untergetauchte, freischwimmende oder wurzelnde Wasserpflanze bis maximal 2 m Länge. Unterwasserblätter starr, gewellt scharf gezähnt (klettend).

Systematik: Die Gattung ist mit ca. 80–90 Arten weltweit verbreitet. Einige Autoren trennen die Verwandtschaft um *P. pectinatus* als Gattung *Stuckenia* ab. – Durch eine Neufassung der Familie gehört jetzt auch der Teichfaden (*Zannichellia*) in die gleiche Familie, während das Seegras (*Zostera*) ausgeschlossen wurde.
Namen: „*Potamogeton*" ist der lat.-griech. und vorlinnésche Name der Pflanze, zu griech. potamos = Fluss, geiton = benachbart, nach dem Standort. Lat. „*crispus*" = kraus, wegen der gewellten Blätter. – „Laichkraut" wurde künstlich gebildet, im Hinblick darauf, dass einige Wassertiere gerne an der Pflanze ihren Laich ablegen.
Vorkommen: Basen- und nährstoffreiche, oft verschmutzte, stehende oder langsam fließende Gewässer, von 0,4–3,0 m Wassertiefe. Wärmeliebend (nur bis ca. 800 m). Klassenkennart der Potametea (= Schwimmblattgesellschaften). Fast weltweit verbreitet. Als Sauerstoffproduzent und Laichplatz ökologisch wertvoll. In Amerika eingebürgert.
Blüten: VI–VIII. Blütenähren senkrecht aus dem Wasser ragend: Windbestäubung („Unbeweglicher Typ"), Überwasserbestäubung (wenn der unbenetzbare Pollen durch Wasser an die Narben getragen wird) oder Tierbestäubung (durch Wasserläufer, Wasserspinnen oder Wasserschnecken). Blüten zwittrig, vorweiblich. Eine Blütenhülle fehlt, ihre Funktion wird von 4 Staubblattanhängseln übernommen, die den ausfallenden Pollen vorübergehend aufnehmen.
Früchte: Kleine steinfruchtartige Nüsse mit an der Spitze hakenförmig gekrümmtem Schnabel: Schwimmausbreitung sowie Zufalls- und Klettausbreitung durch Wasservögel. Zufallsausbreitung durch Fische ist wahrscheinlich; jedenfalls wurde für *P. natans* nachgewiesen, dass Fische die Früchte aufnehmen und unversehrt ausscheiden. Fruchtreife: IX–X.
Vegetative Vermehrung durch die leicht abbrechenden Stängelglieder (Selbst-, Klett- und Schwimmausbreitung) sowie durch Turionen (Winterknospen), die im Spätsommer keimen und grün überwintern.
Verwendung: Ehemalige Dünger- und Viehfutterpflanze. Die Rhizome der Laichkraut-Arten können als Gemüse verwendet werden. Früher wurden auch die Blätter nach entsprechender Aufbereitung genutzt. Das bei der Reinigung übermäßig verkrauteter Fischteiche anfallende Material ergibt einen wertvollen Kompost. – Laichkraut-Arten sind auch im Gartenfachhandel erhältlich.
Weitere Arten:
Potamogeton natans L., Schwimmendes Laichkraut: Rhizom mit knollig verdickten Gliedern, stärkereich, am Gewässergrund kriechend. Schwimmblätter mit oberseitigen Spaltöffnungen, wobei Wasser abstoßende Öltröpfchen den Gasaustausch sichern. Schwimmdauer der Früchte bis 12 Monate. Rhizome früher zur Schweinemast verwendet.
Potamogeton lucens L., Glänzendes Laichkraut: Blätter untergetaucht, lebhaft grün, gestielt, elliptisch, 10–20 × 4–4,5 cm groß, gezähnelt-rau, deutlich nervig, durchscheinend. Ährenstiele oben verdickt, bis 25 cm lang. In Laichkrautgesellschaften stehender oder langsam fließender, basen- und nährstoffreicher, bis mesotropher Gewässer. Zuweilen bis 6 m Tiefe vordringend.
Potamogeton perfoliatus L., Durchwachsenes Laichkraut: Im Habitus ähnlich wie *P. lucens*, aber

Blätter stängelumfassend, höchstens 6 cm lang, spitz, rundlich-eiförmig bis länglich-lanzettlich. Standorte wie bei *P. lucens*, aber noch bis 7 m Tiefe vordringend. Im Gebirge bis 1680 m gefunden. Nur *P. filiformis* steigt höher (bis 1800 m).

Potamogeton pectinatus L. (= *Stuckenia pectinata* (L.) BÖRNER), Kamm-Laichkraut: Blätter untergetaucht, sehr schmal, binsenförmig, zweizeilig angeordnet, kammähnlich (Name!, vgl. lat. pecten = Kamm). Als Vertreter der Untergattung *Stuckenia* von den übrigen Laichkräutern u. a. durch die mit dem Blattgrund vereinigten Blattscheiden und den hexaploiden (6 x) Chromosomensatz unterschieden. Verträgt noch relativ starke Verschmutzung. Salztolerant. Rhizome im Neusiedler See ringförmige „Atolle" bildend.

Potentilla anserina LINNAEUS (= *Argentina anserina* (L.) RYDB.), Gänse-Fingerkraut

Rosaceae (= Rosengewächse)

Ausdauernde Rosettenpflanze, 10–20 cm hoch. Trittfeste Kriechpflanze. Blätter 10–15 cm lang, unterbrochen gefiedert, unterseits silbrig weiß, bei Trockenheit aufgebogen, dadurch Licht (und Wärme) reflektierend.

Systematik: Die Gattung *Potentilla* umfasst 300–500 Arten auf der Nordhalbkugel. Die Abgrenzung der Gattung wird sehr unterschiedlich gehandhabt. *Potentilla* und *Fragaria* (Erdbeere) sind nah verwandt und durch Bastardierung verbunden.

Namen: *„Potentilla"* ist relativ spät als vorlinnéscher Name für *P. anserina* entstanden und wird wegen der Heilkraft mit lat. potentia = Kraft in Verbindung gebracht. Lat. *„anserinus"* = „Gänse-", weil die Pflanze früher für Gänseweiden typisch war. – Der deutsche Gattungsname „Fingerkraut", der speziell auf *P. anserina* nicht zutrifft, erklärt sich durch die nachträgliche Zusammenfassung dieser Art mit Arten wie *P. erecta* mit ihren fingerförmig geteilten Blättern. Ein älterer Name ist „Gänserich".

Vorkommen: Pionier-Standorte und Ruderalstellen, besonders auf Wegen, in Trittrasen und auf Gänseweiden, auf frischen, oft verdichteten, nährstoff-, nitrat- (Gänsekot!) und basenreichen Böden. Salz ertragend, daher auch auf Dünen und in Strandwiesen. Wärmeliebend (Jura bis 990 m). Durch Verschleppung weltweit verbreitet (Kulturfolger).

Blüten: VI–VIII/IX. Homogame „Nektar führende Scheibenblumen", 2–3 cm breit, einzeln an den Knoten der Ausläufer. Nur bei Sonne völlig geöffnet. Kronblätter innen mit auffälligen Saftmalen im UV-Bereich, die für das menschliche Auge nicht erkennbar sind. Besucher sind verschiedene Insekten. Vor dem Abblühen erfolgt auch Selbstbestäubung.

Früchte: Je Blüte entstehen 5–8 einsamige Nüsschen, die sich bei der Reife vom kegeligen Blütenboden ablösen: Selbstausbreitung. Häufig auch Zufallsausbreitung durch Huftiere und Klebausbreitung (mit Schlamm) durch Gänse, Menschen usw.

Vegetative Vermehrung durch bis 1 m lange Ausläufer vom Erdbeer-Typ sowie bei Verletzung durch Wurzelsprosse.

Verwendung: Enthält u. a. Flavonoide, Gerbstoffe, Cholin und Phenolcarbonsäuren. Die Blätter werden seit dem Altertum arzneilich, vor allem in der Volks- und Tiermedizin, als krampflösendes und entzündungshemmendes Mittel verwendet, z. B. auch in Form von Tee bei schmerzhaften Monatsblutungen. Junge Blätter und Wurzeln sind fein gehackt als Gemüse geeignet. Die Blätter wurden früher als Einlegesohlenersatz in die Holzschuhe gelegt. Alle Arten sind für Wildpflanzengärten zu empfehlen. Die Ausläufer bildenden Arten sind naturgemäß sehr ausbreitungsfreudig, können aber, auf Mauern gepflanzt, schöne Girlanden bilden und z. B. Beton abdecken. Im Blumentopf kann man mit ihnen an Gerüsten kreisförmige Kunstgebilde heranziehen.

Weitere Arten/Verwandte:

Potentilla erecta (L.) RÄUSCHEL (= *P. tormentilla* NECK., *Tormentilla erecta* L.), Blutwurz, Tormentill, Aufrechtes Fingerkraut: Schaftpflanze. Rhizom dick, angeschnitten sich rot färbend (Name!). Oberirdischer Spross aufsteigend bis niederliegend, nicht wurzelnd. Blätter wie bei allen folgenden Arten fingerförmig geteilt. Magerrasen, Heiden und lichte Wälder, auf mageren, sauren Böden. Von der Ebene bis ins Hochgebirge. Wind- und Tierstreuer sowie Zufalls- und Ameisenausbreitung. Das Rhizom wurde früher zum Rotfärben benutzt. Die Pflanze wird von alters her wegen ihres sehr hohen Gerbstoffgehaltes (15–20 %) als Magenmittel (vgl. lat. „*tormenta*" = Bauchschmerzen), bei leichten Durchfällen sowie äußerlich bei Entzündungen im Mund- und Rachenraum und bei schlecht heilenden Wunden arzneilich verwendet; vgl. den süddeutschen Spruch: „Mag mer fehle was mer will, i trink halt mei Durmedill". Die ehemalige Anwendung als blutstillendes Mittel nach der Signaturenlehre wegen der sich blutrot färbenden Anschnitte des Rhizoms ist medizinisch unbegründet; allenfalls könnte es bei kleinen Wunden wegen der zusammenziehenden Eigenschaft einen blutstillenden Effekt geben. – Hinweis: Durch die Überführung der Art in die Gattung *Potentilla* stehen jetzt dort sowohl *P. erecta* als auch *P. recta* (s. u.), wodurch Verwechslungen vorprogrammiert sind.

Potentilla verna L. (= *P. neumanniana* RCHB., *P. tabernaemontani* ASCH.), Frühlings-Fingerkraut: Halbrosettenpflanze, durch blütenlose Rosettentriebe lockere Polster bildend. Warme Magerrasen, Sandtrockenrasen, lichte Kiefern-Steppenwälder und Mauerkronen. Frühblüher: IV–VI, evtl. Nachblüte im Herbst. Die Nüsschen werden von Ameisen ausgebreitet. Vegetative Vermehrung durch die Rhizome.

Potentilla argentea L., Silber-Fingerkraut: Blätter unterseits silbrig-weiß. Stängel aufrecht oder aufsteigend, 10–30 cm hoch. Trockenrasen, steinige Wege und deren Säume. Blüten in wenig-blütiger Rispe. Fruchtstiele aufrecht. Blütezeit: VII–VIII.

Potentilla reptans L., Kriechendes Fingerkraut: Rosettenpflanze. Kriechpionier lichter Ruderalstandorte, vor allem der Wegsäume. Ameisen- und Zufallsausbreitung. Ausläufer bis 1,5 m lang. Wie *P. verna* zur Mauerbepflanzung geeignet (Hängetriebe!). Junge Triebe eignen sich für Salate oder Gemüse. – Am Beispiel von. *P. reptans* konnte jetzt durch Simulationsexperimente gezeigt werden, dass sich die Pflanze im Falle einer drohenden Beschattung zwischen 3 Strategien entscheiden kann: a) höheres Wachstum, b) Ausbildung von Schattenblättern oder c) verlängerte Ausläufer (GRUNTMANN et al. 2017 Nat. Comm. 8: 2235).

Potentilla recta L., Hohes Fingerkraut: Stängel steif aufrecht, 25–70 cm hoch. Blüten meist schwefelgelb, 20–25 cm breit. Trockenrasen, Felsfluren und trockene Ruderalstellen. Seltener in Wiesen. Archäophyt. Heimat: Osteuropa. Außerdem beliebte Zierpflanze und von dorther verwildert. Nicht mit *P. erecta* (s. o.) zu verwechseln! Wintersteher.

Potentilla sterilis (L.) GARCKE, Erdbeer-Fingerkraut: Wintergrün. Blätter matt blaugrün, sonst aber der Wald-Erdbeere täuschend ähnlich und wie diese auch weißblütig. Sie setzt jedoch nicht die von der Erdbeere gewohnten „Früchte" an. LINNÉ (und vorher schon BAUHIN usw.) nannten sie daher *Fragaria sterilis*. Die Pflanze ist aber keineswegs steril, vielmehr fehlt im Gegensatz zur Erdbeere der fleischig werdende Blüten- bzw. Fruchtboden. Zu weiteren Unterschieden zu *Fragaria vesca* siehe dort. Frühblüher: (II–)III–V. Blüten vorweiblich. Krautreiche Laubwälder, Gebüsche und grasige Wegränder, etwas wärmeliebend. Einzelfrüchte mit Elaiosom, Stängel nach der Blüte erschlaffend: Selbstaussäer und Ameisenausbreitung, z. B. durch die Rote Waldameise (*Formica rufa*). Fruchtreife: VI–X. Vegetative Vermehrung durch kurze, 5–10 cm lange, fast fleischige, oberirdische Ausläufer.

Potentilla alba L., Weißes Fingerkraut: Ebenfalls weißblütig, aber die handförmig geteilten Blätter sind 5-zählig, oberseits grün und unterseits seidig anliegend behaart. Gebirgspflanze warmer Säume, Gebüsche und Eichenwälder. Basenhold. Zerstreut; fehlt z. B. in den Alpen und im Nordwesten. Blütezeit: IV–VI. Fruchtreife: VII/VIII–X.

Potentilla indica (ANDREWS) Th. WOLF (= *Duchesnea indica* (ANDREWS) FOCKE, *Fragaria indica* ANDREWS), Scheinerdbeer-Fingerkraut, Scheinerdbeere: Blüten gelb, bis 2,5 cm breit, mit großem Außenkelch. Blütezeit: V–VI(–X). Die Früchte sind wie bei der Erdbeere zu einer Sammelnussfrucht vereinigt, kugelig, intensiv rot und schmecken fade. Als Zierpflanze öfter kultiviert, z. B. als wintergrüner Bodendecker, aber auch als Ampel- und Zimmerpflanze. Seit längerem auch an Ruderalstandorten, in Gärten usw. verwildert (Neophyt seit 1903), aber erst seit Anfang des 20. Jh. in lebhafter Ausbreitung, vor allem auch wegen der langen, an den Knoten wurzelnden, bis 50 cm langen Ausläufer. Nachschub kommt auch über Containerpflanzen aus Südeuropa. Heimat: Ostasien, dort an feuchtschattigen Plätzen, besonders an Bächen.

Dasiphora fruticosa (L.) RYDB. (= *Potentilla fruticosa* L.), Strauchfingerkraut, Fingerstrauch: Beliebter Zierstrauch, bis 1,40 m hoch, reichblühend bis in den Herbst: VI–XI. Blüten gelb, seltener weiß. Zuweilen verwildert.

Potentilla palustris → *Comarum palustre*

Primula auricula LINNAEUS, Alpen-Aurikel, Gamsblume

Primulaceae (= Primelgewächse)

Ausdauernder Hemikryptophyt (Rosettenpflanze), blühend bis 20 cm hoch. Rhizom kräftig, walzenförmig. Blätter immergrün, dickfleischig (sukkulent), ganzrandig, hellgrün, mehlig bestäubt, bis 15 cm lang, im Winter als Stärkespeicher dienend. – Tiefwurzler.

Giftigkeit: Die ganze Pflanze kann wie alle Primeln bei empfindlichen Personen bei Berührung zu Hautreizungen führen, die aber im Gegensatz zu Primeln ostasiatischer Herkunft (z. B. *P. obconica*) nicht mit Juckreiz verbunden sind. Die unterirdischen Teile enthalten Saponine.

Systematik: Die Gattung umfasst die sehr hohe Zahl von ca. 500 Arten, von denen etwa 50 bei uns als Zierpflanzen kultiviert werden. Sie gehört in die Unterfamilie der Primuloideae, zu der z. B. auch Wasserfeder (*Hottonia*) und Alpenglöckchen (*Soldanella*) gerechnet werden.

Namen: Zu „*Primula*" siehe *P. veris*. Lat. „*auricula*" = Öhrchen, da die Blätter die Form eines Bärenohres haben (vgl. den vorlinnéschen Namen: Primula auriculae ursi).

Vorkommen: In sickerfrischen Kalkfelsspalten (Blätter mit guter Wasserhaltekraft bis über 1 Monat). Alpenpflanze. Als Eiszeitrelikt vereinzelt im Hochschwarzwald, im Jura bei Weltenburg und selten in Kalkmooren des Alpenvorlandes. **Geschützt**! Zuweilen aus Kultur verwildert.

Blüten: IV–VI, Frühblüher. Homogame „Stieltellerblumen mit eingeschlossenen Staubbeuteln und Narben", in einseitswendigen, endständigen Trugdolden, z.T. hängend, ähnlich denen von *P. veris*. Blüten hellgelb mit weißem Schlund, wohlriechend. Besucher sind meist Hummeln, seltener Falter. Langgrifflige Exemplare blühen vor den kurzgriffligen. Bei ersteren soll beim Abfallen der Krone Selbstbestäubung möglich sein.
Früchte: Kugelige Kapseln. Samen braunschwarz, mit bis 1,5 mm Länge relativ groß. Windstreuer, Regenschwemmlinge sowie Menschenausbreitung (Gartenpflanze). Fruchtreife: IX–X. Licht- und Kältekeimer.
Vegetative Vermehrung durch das Rhizom.
Verwendung: Als Zierpflanze besonders für schattige Mauern und Steingärten zu empfehlen. Im Handel angeboten werden vor allem großblütige Exemplare der folgenden Sippe.
Weitere Art/Bastard (vgl. auch folgenden Abschnitt):
Primula × pubescens JACQ. (= *P. × hortensis* WETTST.), Garten-Aurikel, Garten-Primel: Eine der schönsten, altbekannten Gartenpflanzen. Züchtungsprodukt aus der Kreuzung *P. auricula × P. hirsuta*. Wird seit dem 16. Jh. bei uns kultiviert, der Höhepunkt der Züchtung mit mehr als 100 Sorten lag um 1900.

Primula veris LINNAEUS (= *P. officinalis* HILL), Echte, Duftende oder Wiesen-Schlüsselblume, Wiesen-Primel, Himmelschlüssel

Primulaceae (= Primelgewächse)

Ausdauernde Rosettenpflanze, mit zwiebelförmigen Erneuerungsknospen, 10–30 cm hoch. Kurzlebig. Speicher-Rhizom kräftig, ziemlich senkrecht stehend, sich evtl. schon vom zweiten Jahr an verzweigend.

Namen: *„Primula"* ist Teil des mittelalterlichen Begriffes *„Primula veris"* für verschiedene Frühjahrsblumen, später vor allem der Primel-Arten, von lat. primula, Verkleinerungsform von prima = die erste (Blume), und ver (Genitiv veris) = Frühling. Der Name wurde vorlinnésch aufgegriffen und von LINNÉ auf die vorliegende Gattung beschränkt. Neulat. *„officinalis"* = als Heilpflanze verwendet – „Primel" ist die seit dem 18. Jh. belegte, eingedeutschte Form. „Schlüsselblume" oder „Himmel(s)schlüssel" beziehen sich auf die Ähnlichkeit des Blütenstands mit altgermanischen Schlüsseln, wobei im Zusammenhang mit der Heilwirkung angenommen wurde, hierdurch würde der Himmel aufgetan. „Duftend" im Unterschied zu *P. elatior*. „Echt" = die für die Verwendung (als Heilpflanze) richtige Art. Man beachte, dass lat. verus (weibl. vera) zwar ‚echt' bedeutet, aber *„veris"* sich auf den Frühling bezieht.

Vorkommen: Magerrasen und lichte, krautreiche Wälder, auf grundfrischen, basenreichen, oft kalkhaltigen Böden. Ebene bis Hochgebirge. Vielerorts zurückgegangen, besonders stark in der Ebene (Vorwarnliste). – Alle Arten der Gattung zu Recht geschützt, denn wegen der absoluten Selbststerilität sind Primeln auch durch Pflücken gefährdet.
Blüten: IV–VI, Frühblüher. Blüten duftend. Homogame „Stieltellerblumen mit eingeschlossenen Staubbeuteln und Narben", in endständiger Trugdolde, z.T. hängend. Krone durch Flavonole gelb gefärbt, mit orangefarbenen, duftenden Saftmalen. Nektar wird am Grunde der langen Kronröhre abgesondert. Bestäuber sind entsprechend langrüsselige Insekten wie Falter, Hummeln, Woll- oder Hummelschweber usw. – Auffällig ist die schon von Darwin beschriebene Verschiedengriffligkeit (Heterostylie), die auch für die meisten anderen Primeln gilt und wesentlich zur Verhinderung der Selbstbestäubung beiträgt (vgl. *Forsythia*). Bei der kurzgriffligen Form befinden sich die Staubbeutel am Eingang der Krone und die Narbe ist in der Mitte der Kronröhre verborgen, bei der langgriffligen Form ist es umgekehrt, d.h. man erkennt von oben her in der Kronröhre nur die kopfförmige Narbe. Bei der kurzgriffligen Form sind die Narbenpapillen lang und die Pollenkörner sehr klein, bei der langgriffligen Form sind die Narbenpapillen kurz und die Pollenkörner deutlich größer. Streng selbststeril, d.h. nur der Pollen der anderen Form passt gut auf die Narbe. Das Erstaunliche bei der geschilderten Situation ist, dass entweder die Merkmalskombination "langer Griffel, niedriger Staubblattansatz, kleine Pollenkörner, lange Narbenpapillen" im Block auftritt oder aber das entsprechende Gegenstück ebenfalls im Block, aber fast nie eine Situation irgendwie dazwischen. Nach klassischer Vorstellung ist die kurzgrifflige Form heterozygot mit den Allelen GAP und gap, und die langgrifflige Form homozygot mit 2 rezessiven Allelen gap und gap, sodass durch Kreuzung die beiden Blütentypen im Verhältnis 1:1 resultieren. Tatsächlich handelt es sich aber nach neuesten Erkenntnissen um 5 getrennte, eng gekoppelte Einzelgene, die zu einem Supergen verbunden sind (Li et al. 2016 Nature Plants 2, 16188). Außerdem stellte sich völlig unerwartet heraus, dass die als rezessiv postulierten Allele physisch gar nicht existieren, also das Genom des langgriffligen Typs kleiner ist als das des kurzgriffligen (Kappel et al. 2017 J. Exp. Bot. 68, 5719).
Früchte: Die Kapseln öffnen sich trocken mit 5 Zähnen, der Kelch ist vergrößert und dient als Windfang, der Fruchtstandsstängel ist elastisch: Windstreuer. Bei Nässe schließen sich die Kapseln in wenigen Minuten. Fruchtreife: VII. Wintersteher. Kältekeimer.
Verwendung: Wegen des Saponingehaltes werden die Rhizome einschließlich der Wurzeln seit dem Mittelalter arzneilich als Auswurf förderndes Mittel bei Husten und Bronchitis verwendet. Fertigpräparate enthalten oft zusätzlich Thymian, der durch seine ätherischen Öle die Wirkung gut ergänzt. Volksmedizinisch kommen auch die Blüten für ähnliche Zwecke zur Anwendung. Die Rhizome wurden früher auch für Niespulver verwendet. Diese und die beiden folgenden Arten und ihre Bastarde werden häufig als Zierpflanzen kultiviert und sind auch für Wildpflanzengärten geeignet; dazu sollten aber unbedingt Pflanzen aus gärtnerischer Anzucht genommen werden, um die Arten am Wildstandort zu schützen. Bei allen 3 Arten können die jungen Blätter für Salat und Gemüse und die Blüten roh oder kandiert als schmackhafte, essbare Dekoration verwendet werden; aber auch hier sollten nur Pflanzen aus dem eigenen Garten verwendet werden.
Weitere Arten:
Primula elatior (L.) Hill (= *P. veris* var. *elatior* L.), Hohe Schlüsselblume, Wald-Primel (siehe Abb.): Ähnlich wie vorige Art. Laubwälder und Wiesen, auf meist feuchten, nährstoffreichen Lehmbö-

Stängellose (li) und Hohe Schlüsselblume (re).

den. Frühblüher: III–V. Blüten ohne Duft. Kapsel, aus dem Kelch herausragend, bei der Reife an der Spitze mit 10 zurückgekrümmten Zähnen, deshalb auch Tierstreuer.

Primula vulgaris Huds. (= *P. acaulis* (L.) Hill), Stängellose oder Schaftlose Schlüsselblume oder Primel, Garten-Primel (siehe Abb.): Allbekannte Zierpflanze in zahlreichen, oft durch Hybridisierung mit anderen Arten entstandenen Sorten in fast allen Blütenfarben. Stängel sehr kurz. Blüten in Dolden. Überwiegend verschiedengrifflig (siehe *P. veris*); auch hier lassen sich die kurz- und langgriffligen Formen leicht erkennen. Als Wildpflanze nur noch sehr selten, in Schleswig-Holstein zerstreut, in krautreichen Wäldern und auf Wiesen, in wintermilder Klimalage. Gefährdet. Außerdem aus Kultur verwildert. Frühblüher: II–IV. Duft nachts am stärksten. Zahlreiche Blütenbesucher, z. B. Nachtfalter und Käfer. Der Nektar wird durch Hefepilze erwärmt, was bei Frühblühern wegen der oft noch niedrigen Außentemperaturen von Vorteil ist (Herrera & Pozo 2010 Proc. Roy. Soc. Biol. online). Zur Fruchtreife erschlafft der kurze Stängel und die Früchte hängen bis auf den Boden herab: Selbstaussäer. Samen dunkelbraun, warzig, mit weißem Ölkörper (Elaiosom) zur Ausbreitung durch Ameisen. Im Vergleich dazu besitzen die vorigen Arten mit ihren aufrechten Fruchtstängeln keine Elaiosomen. – Wird in Schweden zum Rotfärben benutzt.

Prunella vulgaris Linnaeus, Gewöhnliche oder Echte Braunelle

Lamiaceae (= Lippenblütler)

Hemikryptophyt (Halbrosettenpflanze), seltener kriechender Chamaephyt, 5–30 cm hoch. – Flachwurzler, bis 15 cm tief wurzelnd.

Namen: „*Prunella*" ist die latinisierte Form des deutschen (!) Namens. Lat. „*vulgaris*" = häufig, gewöhnlich. – „Braunelle" bezieht sich aufgrund einer früheren Bedeutung des Wortes ‚braun' auf die dunkelvioletten Blütenköpfe und ist im Zusammenhang mit der ehemaligen Verwendung gegen die Bräune (s. u.) zu sehen. „Echt" = die für die Verwendung (als Heilpflanze) richtige Art. – Hinweis: Es gibt auch eine Singvogelgattung *Prunella* = Braunelle.

Vorkommen: Fettwiesen (auch in Zierrasen) und Wegränder, auf frischen, nährstoffreichen Böden. Kulturbegleiter. Ebene bis Hochgebirge (deutsche Alpen bis 2200 m). In gemäßigten Zonen jetzt weltweit verbreitet.

Blüten: VI–IX. Vormännliche bis homogame „Eigentliche Lippenblumen", in endständigen Köpfchen (= Thyrsen). Kronröhre innen mit Haarring (als Saftdecke). Die längeren Staubblätter unterhalb des Staubbeutels mit Zahn. Auch rein weibliche Blüten kommen vor. Sie sind kleiner als die Zwitterblüten. Bestäuber sind Hummeln. Selbstbestäubung ist erfolgreich.

Früchte: Klausen klebrig, vom Fruchtkelch umschlossen, der sich innerhalb einer Minute bei feuchtem Wetter öffnet (hygrochas) und dann waagrecht absteht: Regenballist (auf die verlängerte, untere Kelchlippe fallende Tropfen schleudern die Klausen aus dem elastischen Kelch heraus). Dazu Klebhafter sowie Zufallsausbreitung durch Huftiere. Fruchtreife: ab VIII. Lichtkeimer. Samen langlebig.

Vegetative Vermehrung durch die oberirdischen Ausläufer.

Verwendung: Die Pflanze wurde früher wegen der braunvioletten Blütenköpfe entsprechend der Signaturenlehre als Heilmittel gegen die Bräune (violette Hautveränderungen, vgl. Diphtherie = Rachenbräune) verwendet. Heutige Anwendungen sind nur noch volksmedizinisch. Mittlerer Futterwert. Die jungen Pflanzenteile können vor der Blüte für Kräutersuppen und Salat genommen werden. Zierpflanze der Rasenflächen. Diese und vor allem die folgende Art sind für Wildpflanzenwiesen zu empfehlen.

Weitere Art:

Prunella grandiflora (L.) SCHOLLER, Großblütige Braunelle: Ähnlich wie vorige Art, aber insgesamt größer. Halbtrockenrasen und Trockenwaldsäume, auf sommerwarmen, meist kalkhaltigen Böden. Im Norden selten. Oberlippe der Blüte 2–3-mal so lang wie der Kelch. Die vorderen Staubfäden bilden ungleiche Hebel, deren längere Arme den Nektar sammelnden Hummeln den Pollen auf den Rücken schlagen (= nototrib). Zufallsausbreitung. Zierpflanze.

Prunus avium LINNAEUS (= *Cerasus avium* (L.) MOENCH), Vogel-Kirsche, Süß-Kirsche

Rosaceae (= Rosengewächse)

Sommergrüner Laubbaum bis 20(–30) m Höhe und >0,5 m Stammdurchmesser. Anfänglich schnell wachsend. Lebensdauer 80–90(–150) Jahre. Rinde mit lang ausdauerndem Periderm, bei dem sich der glänzend rotbraune Kork später wie bei der Birke in bandförmigen Lappen als Ringelkork ablöst. Die oft gebrauchte Bezeichnung Ringelborke ist falsch, da kein Tiefenperiderm mitwirkt, und sich erst im Alter eine flachrissige Borke ausbildet. Die Rindenporen (Korkwarzen) sind bis mehrere cm breit ausgezogen (siehe Detailfoto). – Blätter 6–15 cm lang, elliptisch, doppelt gesägt mit Drüsenspitzen, zugespitzt. Am oberen Ende des Blattstiels tragen sie 2(–3) rote, extraflorale (= außerhalb der Blüte befindliche) Nektarien, an denen Zuckersaft abgegeben wird. Die schon seit längerem ausgesprochene Vermutung, es handle sich um „Polizistenfutter“ für Ameisen, die als „Gegenleistung“ die Pflanze vor Fressfeinden schützen, konnte inzwischen bestätigt werden: Die Nektarproduktion ist in den ersten Wochen nach Knospenaustrieb besonders groß und zieht größere Mengen der Ameise *Formica obscuripes* an, die die zu dieser Zeit noch kleinen schädlichen Raupen angreifen. Der extraflorale Nektar wird auch von Wespen gerne angenommen. Herbstlaub prächtig gelb oder auch leuchtend rot. Die Knospenschuppen entsprechen dem Blattgrund; besonders an Blütenknospen findet man, durch Übergänge verbunden, an den innersten Schuppen Spreitenreste. – Herzwurzel kräftig und weitstreichend. Wurzelpilz (arbuskuläre Mykorrhiza).

Systematik: *Prunus* ist die einzige Gattung der Steinobstgewächse innerhalb der Rosengewächse, die früher meist als Unterfamilie Prunoideae aufgefasst wurden, neuerdings aber als Gattungsgruppe (Tribus Amygdaleae) innerhalb der neu umgrenzten, weit gefassten Unterfamilie Amygdaloideae gelten. Die Gattung umfasst die hohe Zahl von ca. 600 Arten, die sich auf folgende 6 Untergattungen aufteilen, die manchmal auch als eigenständige Gattungen aufgefasst werden: *Prunus* s. str. (Pflaume, Schlehe), *Amygdalus* (inkl. *Persica*; Mandel, Pfirsich), *Armeniaca* (Aprikose), *Cerasus* (Kirsche), *Padus* (Traubenkirsche) und *Laurocerasus* (Kirschlorbeer).

Giftigkeit: Alle *Prunus*-Arten enthalten in den Samen das giftige Blausäure-Glykosid Amygdalin

gewöhnlich damit erklärt, dass die kleinen Früchte der Wildform („Vogel-Kirsche") den Vögeln zum Verzehr überlassen wurden. Nach KATZER (2002) kommt der Name aber daher, dass aus dem Harz von *P. avium* Leim zum Vogelfang hergestellt wurde. Dabei ist zu beachten, dass die Pflanze ursprünglich „Weichsel" hieß, dieser Name aber im 13. Jh. auf die Sauer-Kirsche (*P. cerasus*, s. u.) übertragen wurde und dass das Wort „Weichsel" (ahd. wihsla) sprachlich mit lat. viscum = Mistel, Vogelleim zusammenhängt. – „Kirsche" ist von lat. „*cerasus*" = Kirschbaum entlehnt, dessen Ableitung unsicher ist. Die oft angeführte Ableitung von der Stadt Kerasos am Schwarzen Meer ist nach GENAUST überholt.

Vorkommen: Wildform in krautreichen Wäldern, an Waldrändern und in Hecken, auf frischen, nährstoff- und basenreichen, mittel- bis tiefgründigen Lehmböden. Auch Pionierholz in Waldschlägen. Ebene bis mittlere Gebirgslagen (deutsche Alpen bis 1700 m). – Außerdem kultiviert und eingebürgert.

Blüten: IV, Frühblüher. Homogame „Nektar führende Scheibenblumen", in wenigblütigen Dolden, fast glöckchenförmig herabhängend, schwach honigduftend. Fruchtknoten 1-fächerig, mittelständig, d. h. nicht mit dem Blütenbecher verwachsen (seltener Fall). Nektar vom Blütenbecher abgesondert, stärker duftend als die Kronblätter; leicht zugänglich, daher Besuch durch verschiedene Insekten, vor allem Bienen. Bienentrachtpflanze. Für die Honigbienen spielt auch das Sammeln des Pollens eine große Rolle; auf dem Körper einer Biene fand man bis zu 1 Mio. Pollenkörner. Empfängnisfähigkeit der Narbe erst 36 Stunden nach Blütenöffnung. Selbstbestäubung ist meist nicht erfolgreich. Die Blütezeit beträgt etwa 5–7 Tage.

(siehe *P. dulcis*). Manche Arten (vgl. unten) enthalten auch in den übrigen Pflanzenteilen Blausäure-Glykoside (Prunasin). Diese cyanogenen Verbindungen dienen dem Schutz vor parasitischen Pilzen, aber auch als sofort wirkender Schutz vor Insektenfraß, so z. B. bei *P. laurocerasus*, *P. padus* und *P. serotina*.

Schädlinge: Schadinsekten meiden im Allgemeinen die *Prunus*-Arten. Auffallend ist jedoch das gelegentliche Auftreten von „Hexenbesen", verursacht durch den Mikropilz *Taphrina wiesneri* (= *cerasi*), der das Wachstum hemmt. Hexenbesen sind Zweigbüschel, die in der Entfernung an Misteln erinnern (vgl. z. B. auch bei *Betula*). Zu den „Narrentaschen" vgl. *Prunus domestica*.

Namen: „*Prunus*" ist der lat. und vorlinnésche Name von Pflaumenbaum und Schlehe, der von LINNÉ auf die weit gefasste Gattung *Prunus* übertragen wurde. Der Artbeiname „*avium*" der Süß-Kirsche (Gen. Plural von lat. avis = Vogel) wird

Kirschen sind Steinfrüchte.

Ältere Rinde mit breit ausgezogenen Rindenporen.

Nach dem Abblühen wird der Blütenbecher aufgrund eines ringförmigen Abtrennungsgewebes abgeworfen, was ihn vor Verletzung schützt – ein für den aufmerksamen Beobachter interessantes Detail. Beginn der Blühreife mit 20–25 Jahren. Blütenstand über den Knospenschuppen ohne Laubblätter. Ein freistehender Kirschbaum kann die stattliche Zahl von etwa 1 Mio. Blüten tragen.

Früchte: 1-samige Steinfrüchte (siehe Detailfoto). Verdauungsausbreitung durch Säuger, Mundausbreitung beim Abschälen des Fruchtfleisches durch Vögel sowie Versteckausbreitung durch Eichhörnchen und Mäuse, die die Steinkerne verstecken. Kernbeißer vermögen die Steinkerne zu knacken, um an den Samen zu gelangen; auch sie legen versteckte Vorratskammern an. Dazu Menschenausbreitung. Fruchtreife: VII. Kältekeimer. Die Keimblätter ergrünen nach der Samenkeimung (epigäische Keimung).

Vegetative Vermehrung erfolgt sehr reichlich durch Wurzelsprosse, die oft meterweit von der Ausgangspflanze entfernt sind.

Verwendung: Die Pflanze wurde schon in steinzeitlichen Siedlungsresten nachgewiesen, trat aber nach KNÖRZER erst ab dem 14. Jh. häufiger auch als Waldbaum auf (s. o.). Gepflanzte Wildkirschen zeigen sehr verschieden große Früchte (fast bis zur Größe bei Gartenbäumen), die alle essbar sind. Süßkirschen werden in verschiedenen Kultursorten angebaut; gewöhnlich gepfropft auf Unterlagen der Wildform. Die „Edelkirschen" wurden von den Römern eingeführt. Das Fruchtfleisch enthält ca. 10 % Zucker. Die Früchte sind durch Anthocyane gefärbt. Ihr Genuss ist schon wegen der antioxidativen und damit u. a. auch Krebs bekämpfenden Wirkung besonders zu empfehlen. 250 g Kirschen sollen angeblich ähnlich schmerzlindernd wirken wie 1–2 Schmerztabletten. Samen mit 25–35 % fettem Öl. – Die gesäuberten Kirschkerne eignen sich wegen ihrer hohen Wärmekapazität ausgezeichnet als Füllung für „Wärmebeutel" (Kirschkernkissen). Die getrockneten Blätter sind zum Aromatisieren von Tees zu empfehlen. Junge Blätter schmecken mandelartig und können zum Würzen von Soßen und Salaten verwendet werden. Die Blüten eignen sich als essbare Dekoration und zur Bereitung von Tee. – Wertvolles, schön gemasertes Werkholz (als Innenholz) und Möbelholz, spezif. Gewicht: 0,66. Der aus Kohlenhydraten (Pentosanen) bestehende, aus Stamm und Ästen austretende und dem Wundverschluss dienende „Kirschgummi" wird in der Kattun(= Stoff)-Druckerei und auch als Heilmittel bei Husten verwendet. Kirschen sind auch als Ziergehölz sehr geeignet. Am 4. Dezember (Barbaratag!) im warmen Zimmer in die Vase gestellte Zweige erblühen noch vor Weihnachten („Barbarazweige"). Am besten legt man sie vorher über Nacht in die Badewanne mit lauwarmem Wasser. Die Zweige haben zu dieser Zeit gewöhnlich die für Gehölze unserer Breiten zum Austreiben nötige Mindestzeit von 1 Monat mit Temperaturen unter 10 °C durchlebt, die für den Abbau der Blüh-Hemmstoffe nötig ist. – Der Weltrekord im Kirschkern-Weitspucken liegt bei erstaunlichen 28 m (USA 2004).

Weitere Arten (vgl. auch *Prunus mahaleb*):

Prunus cerasus L. (= *Cerasus vulgaris* MILL.), Sauer-Kirsche, Schattenmorelle, Weichsel: Voriger Art nahestehend. Kulturpflanze, die ebenfalls seit der Römerzeit angepflanzt wird. Stellenweise eingebürgert. Frühblüher: IV–V. Extraflorale Nektarien hier an der Basis der Spreite, grünlich (!). Blütenstand über den Knospenschuppen mit 1 bis mehreren Laubblättern. Entstanden aus der Kreuzung *P. avium* × *P. fruticosa* PALL. Zu den Namen siehe *P. avium*.

Prunus serrulata LINDL. (= *Cerasus serrulata* (LINDL.) LOUDON) (Artengruppe), Japanische oder Grannen-Kirsche: Name wegen der feinspitzigen Blattzähne. Die als früh blühende (IV) Ziergehölze sehr beliebten Japanischen Zierkirschen werden in zahlreichen Sorten mit weißen oder meist rosa, überwiegend gefüllten Blüten kultiviert. Sie gehen auf Hybridisierung verschiedener japanischer und chinesischer Arten zurück und werden auf *P. avium* veredelt (= gepfropft).

Prunus domestica L., Zwetschge, Pflaume, Mirabelle: Verschiedene durch Züchtung und Kreuzung aus Wildarten hervorgegangene Kultursorten. Die Pflaume (von manchen als eigene Art *P. insititia* L. aufgefasst) wird seit der jüngeren Steinzeit, die Zwetschge seit der Römerzeit bei uns kultiviert. Diese und die folgende Art besitzen keine extrafloralen Nektarien. Frühblüher: IV. Die Fruchtknoten beider Arten sind nicht selten von dem Mikropilz *Taphrina pruni* infiziert, wodurch hohle Früchte entstehen (Narrentaschen). „Zwetsch(g)e" ist von lat. damascena = Damaszenerpflaume entlehnt; als Heimat galt schon in der Antike die Umgebung von Damaskus in Syrien. „Pflaume" (althochdeutsch ‚pfrume') ist von ‚prunus' entlehnt. Steinfrüchte mit Wachsüberzug. Mirabellen sind gelb und sehr süß und besitzen einen rundlichen Kern; sie werden vor allem zu Likör verarbeitet.

Prunus spinosa L., Schlehe, Schwarzdorn (siehe Abb.): Strauch mit Sprossdornen. Sonnige He-

Schwarzdorn = Schlehe: blühender und fruchtender Zweig.

cken und Waldränder, auf nährstoffreichen Böden. Licht- und wärmeliebend (kaum über 1000 m aufsteigend). Kennart der Prunetalia spinosae (= Schlehengebüsche). Bildet aufgrund reicher Ausbildung von Wurzelsprossen undurchdringliche Dorngestrüppe, in denen kleine Vögel und Säugetiere vor Feinden geschützt sind. Außerdem dienen Schlehen ähnlich wie Sal-Weiden (*Salix caprea*) über 100 Schmetterlings-Arten, vor allem Nachtfaltern, als Nahrung und sind daher wichtige Komponenten im Ökosystem. Andererseits können Schlehengestrüppe als Pioniergehölze auf Trockenhängen usw. die dortige krautige Vegetation verdrängen und dadurch ein Problem für die Erhaltung dieser Biotope darstellen. Frühblüher: IV. Blüten vorlaufend, d. h. vor dem Laubaustrieb blühend. Steinfrüchte mit Wachsüberzug, der wie bei vielen anderen Früchten durch seine UV-Reflexion ein wichtiges Signal für Vögel darstellt. Wintersteher. Die sehr herben Früchte schmecken nach den ersten Frösten etwas milder. Sie werden zu Marmelade, Kompott und Schnaps verarbeitet. Blüten und Früchte finden seit dem Altertum Anwendung in der Volksmedizin für verschiedene Zwecke (z. B. schweißtreibend und leicht abführend). Aus der Rinde wurde im Mittelalter rote und schwarze Tinte gewonnen. „Schlehe" ist ein germ. Name mit der Bedeutung blau (wegen der blauschwarzen Früchte). Sprachlich verwandt ist russ. „sliva" = Pflaume, vgl. den bekannten Pflaumenschnaps ‚Slibowitz'. „Schwarzdorn" (lat. spina nigra) bezieht sich auf die im Vergleich zum Weißdorn (*Crataegus*) im Alter dunkel werdenden Zweige.

Prunus armeniaca L. (= *Armeniaca vulgaris* Lam.), Aprikose, Marille: In milden, sommerwarmen Lagen als Obstbaum kultiviert. Frühblüher: III–IV. Früchte gelb bis orangerot, meist kugelig, 4–8 cm dick. Heimat: Asien. Hauptanbaugebiete sind Asien und das Mittelmeergebiet. Der Name „Aprikose" leitet sich von lat. (persicum) praecoquum = frühreifer Pfirsich ab.

Prunus dulcis (Mill.) D. A. Webb (= *P. amygdalus* Batsch, *Amygdalus communis* L.), Mandelbaum (siehe Abb.): Aus Turkmenien und dem Tien-Schan

Mandelbaum: blühender und fruchtender Zweig.

stammende und zuerst aus Persien bekannte, früh auch schon in Palästina kultivierte Art. Sie wurde später auch in China und Südeuropa gepflanzt, und ist heute auch in sehr milden Lagen Südwestdeutschlands anzutreffen. Frühblüher: II–(III–IV). Blüten vorweiblich, fast sitzend. Der Nektar wird von einer „Saftdecke" aus Wollhaaren vor unerwünschten Blütenbesuchern geschützt. Der äußere Teil der Steinfrucht ist zur Reife vertrocknet und zerreißt unregelmäßig 2-klappig. Nach Entfernung des Steinkerns werden die Samen frei. Verzehrt wird gewöhnlich die **var. *dulcis*** = Süße Mandel. Sie dient u.a. auch zur Herstellung von Marzipan und die seit dem Mittelalter bekannte Mandelmilch, die in den Mittelmeerländern eine große Rolle spielt, aber auch bei uns als wohlschmeckender, kalorienarmer Milchersatz wiederentdeckt worden ist. Er kommt auch in der kosmetischen Industrie zum Einsatz. Den Samen der Süßen Mandel fehlt das giftige Amygdalin (s.u.) fast völlig, weil dessen Vorläufersubstanz bereits abgebaut wird, bevor sich die Keimblätter entwickeln. Der Name „Mandel" ist über spätlat. amandula von lat. amygdala entlehnt.

Die „Bitteren Mandeln" gehören zur **var. *amara***. Sie enthalten ca. 5% Amygdalin, das leicht in Bittermandelöl (Geruch!) und die **stark giftige** Blausäure aufspaltet. Für Kinder z.B. können unter ungünstigen Randbedingungen bereits 6–10 Bittere Mandeln tödlich sein, für Erwachsene ca. 60; beim Kochen verschwindet die Gefahr. – Erst 1802 wurde das Cyanid durch den Pharmazeuten BÖHM bei der Destillation von Bittermandeln als wirksamer Giftstoff identifiziert. 30 Jahre später wurde das Amygdalin isoliert. – Hinweis: Die ebenfalls früh blühenden „Mandelbäumchen" der Baumschulen gehören zu der aus China stammen Art *P. triloba*.

Prunus persica (L.) BATSCH (= *Amygdalus persica* L., *Persica vulgaris* MILL.), Pfirsich: In milden Lagen als Obstbaum kultiviert. Beheimatet in China, gelangte die Pflanze über Persien zu den Römern und erhielt daher den Namen ‚malum persicum' (= Persischer Apfel). Die Römer führten sie schließlich bei uns ein. „Pfirsich" ist von ‚persicum' entlehnt. Frühblüher: IV–V. Aus den Samen von Pfirsich und Aprikose stellt man Persipan her, das dem aus Mandeln gewonnenen Marzipan ähnelt, aber preisgünstiger ist. Auch das Aroma des Likörs Amaretto und des Gebäcks Amarettini stammt aus den Samen von Pfirsichen (oder Mandeln).

Prunus padus L. (= *Padus avium* MILL.), Gewöhnliche oder Frühe Traubenkirsche: Strauch oder kleiner Baum in feuchten, reichen Wäldern. Grundwasserzeiger. Außerdem sehr häufig als Zierstrauch und zuweilen als Baum angepflanzt, z.B. entlang von Autobahnen. Frühblüher: IV–V. Blüten in hängenden Trauben mit betäubendem Amingeruch (fischartig). Bestäubung durch Zweiflügler, Bienen und Käfer. Fruchtfleisch essbar, aber übrige Pflanze, besonders Samen und Rinde, **giftig**. Rinde unangenehm faulig bis essigartig riechend; daher auch der Name „Faulbaum", der aber zur Vermeidung von Verwechslungen für *Frangula alnus* vorbehalten bleiben sollte. Die roh leicht bitter schmeckenden Früchte kann man als Wildobst zu Marmelade oder Säften verarbeiten. Die Zweige dienen in Russland als Flechtmaterial. Traubenkirschen können auch zum Färben verwendet werden. – Die Pflanze wird im späten Frühjahr nicht selten von Gespinstmotten-Larven der Gattung *Yponomeuta* befallen, die sie kahl fressen und mit einem riesigen, silbrig schillernden, spinnwebartigen Netz überziehen. Nach dem Verpuppen der Raupen erholen sich die Pflanzen meist wieder (vgl. *Euonymus* = Pfaffenhütchen).

Prunus serotina EHRH. (= *Padus serotina* (EHRH.) BORKH.), Späte Traubenkirsche: Ähnlich wie vorige Art und ebenfalls **giftig**, aber das angenehm schwach bittere Fruchtfleisch ist essbar. Häufiges Zier- und Forstgehölz (seit dem 19. Jh., als Ziergehölz schon seit 1623). Heimat: Nordamerika. Blütezeit: V–VII. Hat sich seit Ende des 20. Jh. durch vegetative Vermehrung, aber auch über Samen, stark ausgebreitet (eingebürgerter Neophyt), bildet stellenweise einen dichten Unterwuchs der Wälder und unterdrückt dadurch die heimische Vegetation. Die Pflanze wurde entsprechend als invasiver Neophyt eingestuft, ist aber weniger aggressiv als oft angenommen. Sehr schnellwüchsig und bereits ab dem 7. Jahr fruchtend, weshalb die Pflanze sich bei uns, auch ohne Baumgröße zu erreichen, lebhaft vermehren konnte. Blütenbecher und Kelch bleibend, d.h. unterhalb der reifen Frucht noch erkennbar (so nur bei dieser Art). Keimung anders als bei allen anderen *Prunus*-Arten unter der Erde (hypogäisch). Herbstlaub gelb, orange oder rot.

Prunus laurocerasus L. (= *Laurocerasus officinalis* M. ROEM.), (Pontische) Lorbeer-Kirsche, Kirschlorbeer: Beliebter 2–3 m hoher Zierstrauch (z.B. für Hecken) oder bis 8 m hoher Baum mit großen, ledrigen, lorbeerartigen, immergrünen Blättern. Es gibt zahlreiche Kultursorten. Extraflorale Nektarien befinden sich meist zu 1–4 auf der Blattunterseite an der Spreitenbasis junger, diesjähriger Triebe; sie sind bräunlich und werden von Ameisen, Bienen, Hummeln und Wespen gerne aufgesucht.

Heimat: Bulgarien bis Kaukasus (Tertiärrelikt). Bei uns in strengen Wintern oft zurückfrierend. Blätter **stark giftig** (deutlicher Bittermandelgeruch beim Zerreiben). Bei schneller Aufnahme größerer Blattmengen durch Säugetiere kann es zu ernsthaften Blausäurevergiftungen kommen. Alexander der Große soll auf seinem Zug nach Indien viele Pferde dadurch verloren haben, dass diese ungehindert Blätter des Kirschlorbeers fraßen. Allerdings werden Jungpflanzen vom Rehwild niedergefressen. Auch die Samen sind giftig, das Fruchtfleisch der kleinen, schwarzen Kirschen aber nur sehr wenig. Blütezeit: IV–VI, aber oft ein zweites Mal blühend. Obwohl die Pflanze bereits seit dem 16. Jh. in Kultur gehalten wird, sind erst seit etwa 1990 nennenswerte Verwilderungen beobachtet worden; inzwischen zeigen sie wegen der Züchtung winterfesterer Sorten und im Zusammenhang mit den milder werdenden Wintern eine zunehmende Einbürgerungstendenz und dringen wie auch einige andere Arten mit immergrünen Lederblättern auch in Wälder ein und überdauern z. T. sogar in höheren Lagen. – Die Pflanze ist vom Erscheinungsbild her dem nicht verwandten Echten Lorbeer (*Laurus nobilis*) ähnlich, der bei uns nur in sehr mildem Klima winterhart ist und dessen Blätter angenehm aromatisch duften.

Prunus mahaleb Linnaeus (= *Cerasus mahaleb* (L.) Mill.), Steinweichsel, Felsen-Kirsche

Rosaceae (= Rosengewächse)

Winterkahler, sparriger Strauch oder kleiner Laubbaum bis 6(–8) m Höhe und bis 20–30 cm Stammdurchmesser. Laubblätter oberseits kahl, unterseits anfangs flaumig behaart. Blattspreite 4–6(–8) cm lang, bespitzt, breit elliptisch und an der Basis schwach herzförmig. Der Rand ist gekerbt-gesägt. Die für viele *Prunus*-Arten typischen extrafloralen Nektarien des Blattstiels fehlen oft.

Giftigkeit: Das Blausäure abspaltende Amygdalin ist hier nur in den Samen enthalten. Rinde, Blätter und Holz enthalten Cumarin-Glykosid, das beim Zerfall den „Waldmeisterduft“ verursacht. Wegen des Gehaltes an Cumarin wird das Laub von Weidetieren aller Art gemieden. Cumarin kann für allerlei Kleintiere tödlich giftig sein.

Namen: „*Mahaleb*“ ist ein vorlinnéscher Name und volkssprachlich in Frankreich seit 1530 belegt. Der Name ist arab. Herkunft, bezieht sich aber wahrscheinlich auf die echte Weichsel (*P. cerasus*). Auch der Name „Steinweichsel“ weist auf die Ähnlichkeit mit letzterer Art hin.

Vorkommen: In krautreichen Wäldern, an Waldrändern, in Felsgebüschen. Oft neben Felsenbirne (*Amelanchier ovalis*) und Zwergmispel (*Cotoneaster integerrimus*). In meist sonnig-warmer Lage auf frischen, nährstoff-, kalk- oder mindestens basenreichen Lehm- und Felsböden. Ursprüngliche Vorkommen in Deutschland in den Kalkgebieten am Hochrhein und im Donautal des Jurabereiches, angeblich auch nördlich bis zum Ahrtal. Alle anderen Vorkommen sind als Kulturrelikte anzusehen (Neophyt).

Blüten: IV–V(–VI). Blüten weiß, 12–15 mm breit, schwach vorweiblich, sich mit der Laubentfaltung öffnend. „Nektarführende Scheibenblumen", in meist aufrechten, gewölbten, 4–10-blütigen, duftenden Doldentrauben. Es kommen auch Bäume mit rein weiblichen Blüten vor (gynodiözisch). Sonst wie die Süß-Kirsche. – Der Pollentransport erfolgt durch verschiedene Fliegen und Bienen. Weibliche Bäume haben andere Besucher als zwittrige. Die Pollenausbreitung reicht nur bis ca. 500 m.

Früchte: 1-samige, fast kugelige, 8–10 mm dicke, schwarze, dünnfleischige, bitter schmeckende Steinfrüchte. Verdauungsausbreitung durch Säuger, z. B. auch Marder, Mundausbreitung beim Abschälen des Fruchtfleisches durch Vögel sowie Versteckausbreitung durch Eichhörnchen und Mäuse. Als Verbreiter wurden Drosseln und Laubsänger beobachtet. Kernbeißer vermögen die Steinkerne zu knacken. Fruchtreife: VII. – Spanische Botaniker konnten mithilfe von modernen Analysemethoden genaue Daten zur Weite der Ausbreitung erbringen (García et al. 2007 Mol. Ecol. 16: 1947). Erwartungsgemäß waren folgende Vögel Ausbreiter: Mönchsgrasmücke und Rotkehlchen sorgten bei „Mundwanderung" nur für Ausbreitung in nächster Nähe (maximal bis 51 m). Misteldrossel, Tauben und Rabenkrähe, die über den Darm verbreiten, erzielten größere Weiten, aber auch nur unter 51 m. Einige wenige Kerne wurden auch von Dachs, Steinmarder und Fuchs aufgenommen und fortgetragen. Sie spielen für eine weitere Ausbreitung die wichtigere Rolle. Deshalb kann das Fehlen von Säugern in diesen Biotopen die Ausbreitung von Arten mit Verdauungsausbreitung enorm einschränken! Nur größere Vögel und Säuger sorgen für eine Ausbreitung von 110 bis 990 m.

Vegetative Vermehrung erfolgt sehr reichlich durch Wurzelsprosse, die oft meterweit von der Ausgangspflanze entfernt austreiben.

Verwendung: Zierpflanze der Parkanlagen. Wegen des Gehaltes an Cumarin (s. o.) wurden getrocknete Blätter oder auch Holzspanabfall als Mottenmittel oder zur Bekämpfung von Maulwürfen eingesetzt. Die Samen (ohne Schale) werden als aromatisch-bitteres Gewürz für süße Backwaren genutzt (Katzer 2002). Aus Blättern und Rinde kann man gelbe, wasserlösliche Farbstoffe gewinnen und aus dem Fruchtfleisch einen roten Farbstoff. Die frische Zweigrinde wird in der Homöopathie verwendet. Die Steinweichsel liefert ein sehr schweres, hartes Holz (spez. Gewicht lufttrocken 0,84 g/cm³) und ist bei Drechslern sehr beliebt. Wegen des angenehmen Waldmeistergeruchs hat man daraus besonders Schnupftabakdosen und Pfeifenrohre sowie Zigarren- und Zigarettenspitzen und Andenken-Artikel hergestellt. Aus dem gleichen Grund wurden die getrockneten Blätter in Notzeiten als Tabakersatz genutzt.

Pseudofumaria lutea: siehe bei *Corydalis*

Pseudolysimachion: siehe *Veronica spicata*

Pseudorchis albida (L.) A. Löve et D. Löve (= *Leucorchis albida* (L.) E. H. F. Mey., *Gymnadenia albida* (L.) Rich.), **Gewöhnliches Weißzüngel, Weißzunge, Höswurz**

Orchidaceae (= Orchideen)

Ausdauernder, sommergrüner Knollen-Geophyt mit Spross-Wurzel-Knollen, 10–30 cm hoch. Stängel mit 3–7 eiförmig-länglichen, meist schräg aufrechten Blättern. Knollen lang gestreckt, allmählich in Wurzeln auslaufend. Manchmal treten einzelne Pflanzen für 1–2 Jahre oberirdisch nicht in Erscheinung. – Wurzelpilz (endotrophe Mykorrhiza vom Orchideen-Typ).

Systematik: Die Gattung umfasst nur die eine, auf der Nordhalbkugel verbreitete Art. Sie gehört in die Unterfamilie Orchidoideae (siehe *Orchis*). Nahe verwandt sind Kohlröschen (*Nigritella*), Händelwurz (*Gymnadenia*) und Fingerknabenkraut (*Dactylorhiza*).

Namen: „*Pseudorchis*" bedeutet Scheinorchis, weil im Vergleich zum ähnlichen Knabenkraut *Orchis* (siehe dort) die Knollen langgestreckt statt rundlich sind und daher nicht an Hoden erinnern. Der Name geht auf den vorlinnéschen Autor MICHELI 1729 zurück und wurde von SÉGUIER 1754 gültig publiziert. Bei LINNÉ 1753 hieß die Art *Satyrium albidum*. Lat. „*albidus*" = weiß, wegen der Blütenfarbe. – „Weißzunge" wegen des zungenförmigen Mittellappens der Lippe. „Höswurz" ist ein alter Name für *Gymnadenia*, zu der die Pflanze z. T. gestellt wurde, zu ‚Höser' = kleiner Knabe und ‚-Wurz' = Pflanze, und wurde später auf die vorliegende Art übertragen.

Vorkommen: Kalkfreie Magerwiesen der Gebirge, seltener auch auf flachgründigen Kalkböden. In den Alpen bis in die subalpine Stufe noch verbreitet, sonst selten. Gefährdet (Stand 2018). **Geschützt**!

Blüten: VI–VIII. Lippenblumen vom *Orchis*-Typ. Blütenstand schmal zylindrisch, 2–6 cm lang, dicht mit 20–50 Blüten besetzt. Blüten unauffällig, glockenartig, grünlich weiß oder gelblich weiß, bis 5 mm lang, schwach süßlich duftend. Lippe 3-lappig, der mittlere Teil zungenförmig. Sporn 2–2,5 mm lang. Nektarangebot gering. Perigonblätter helmförmig zusammenneigend. Bestäubung durch kleinere Nacht- und Tagfalter und Tanzfliegen (Empididae), aber Blütenbesuch spärlich. Da der Fruchtansatz meist gut ist, ist auch von erfolgreicher Selbstbestäubung auszugehen.

Früchte: Kapseln 4–8 mm lang, sich bei Trockenheit öffnend. Samen wie bei den meisten Orchideen sehr zahlreich, winzig und lange unbenetzbar bleibend. Das Samengewicht gehört mit nur knapp 0,002 mg zu den niedrigsten der heimischen Flora. Körnchenflieger. Fruchtreife: ab X.

Pseudotsuga menziesii (MIRB.) FRANCO,
Douglasie, Douglastanne
Pinaceae (= Kieferngewächse)

Immergruner Nadelbaum, 30–60 m (in der Heimat bis 110 m) hoch, schattenfest, schnellwüchsiger als die ähnliche Fichte. Bis etwa 400 Jahre alt werdend; forstwirtschaftliche Umtriebszeit 60–100 Jahre. In ihrer Heimat fand man 800 Jahre alte Bäume von 70(–90) m Höhe und einem Stammdurchmesser von 2 m, die damit zu den größten Bäumen der Welt gehören. 1991 wurde in Neumexiko sogar ein 929 Jahre alter Baum mit einer Höhe von nur 9 m bei 2070 m Meereshöhe gefunden. – Nadeln einzeln, flach und weich, 25–35 mm lang, zerrieben nach Orangen oder Kalmus duftend. Unterseits haben sie 2 silbrig-weiße Wachsstreifen, ähnlich wie bei Tannen (*Abies*); diese sitzen aber wie bei Fichten auf kleinen Stielchen, die nach dem Abfallen der Blätter als kleine Höcker zurückbleiben. – Herzwurzel. Pilzwurzel (ektotrophe Mykorrhiza).

Systematik: Die Gattung umfasst 4 Arten.

Namen: „*Pseudotsuga*" wurde 1867 von CARRIÈRE geprägt, zur Abtrennung von der Hemlocktanne (*Tsuga*, s. u.), zu der er die Art vorher gestellt hatte. Der aktuelle Artbeiname „*menziesii*" ist dem britischen Arzt A. MENZIES gewidmet, der die Art 1793 entdeckte. – Der deutsche Name „Douglasie" bezieht sich auf den schottischen Gärtner und Botaniker D. DOUGLAS, der die Art 1827 in Europa einführte, woran auch Synonyme wie *Tsuga douglasii* erinnern.

Vorkommen: Als Forstbaum vor allem im Bergland angepflanzt, mit stark steigender Tendenz in den letzten Jahren. Auch häufiger Zierbaum der Parks und Gärten. Heimat: Westliches Nordamerika. Im Tertiär auch in Europa. Breitet sich von den Anbauflächen ausgehend durch Samenflug deutlich aus und ist gebietsweise, z. B. im Schwarzwald, zur ökologischen Problempflanze geworden, da sie sich z. B. auch auf Felsstandorte ausdehnt und dort die ursprüngliche Vegetation verdrängt. Die Douglasie wurde daher als invasiver Neophyt eingestuft, was aber umstritten ist.

Blüten: IV–V, vor dem Austrieb. Windblütig. Pollenkörner ohne Luftsäcke. Bestäubungstropfen fehlend. Beginn der Blüte mit 12–40 Jahren.

Samenzapfen mit Samenschuppen und dreizipfeligen Deckschuppen.

Samen: Zapfen 6–10 cm lang (siehe Detailfoto), zur Reifezeit hängend und als Ganzes abfallend wie bei der Fichte. Deckschuppen lang und über die Samenschuppen deutlich herausragend wie bei der Tanne, hier an der Spitze dreizipfelig. Die Samen sind Schraubenflieger. Samenreife: VIII–IX. Lichtkeimer. Keimung überirdisch (epigäisch) mit 8–10 Keimblättern. – Um gezielt an Saatgut zu gelangen, müssen Baumkletterer in luftiger Höhe die Zapfen absammeln, noch bevor diese sich öffnen.

Verwendung: Häufigster fremdländischer Forstbaum Mitteleuropas und eindrucksvoller Parkbaum. Wurde 1827 in Europa eingeführt. In Nordamerika wichtigste Baumart für die Holzwirtschaft. Liefert schneller Holz alle heimischen Baumarten und weist zugleich gute Holzeigenschaften auf. Beliebt als Weihnachtsbaum und zur Gewinnung von Schmuckreisig.

Verwandte:

Tsuga canadensis (L.) CARRIÈRE, Kanadische Hemlocktanne, Schierlingstanne: Immergrüner, kleiner bis mittelgroßer, in der Heimat Nordamerika zuweilen bis 50 m hoher Baum. Nadeln ungleich gerichtet, nur 10–18 mm lang, vorn gezähnt. Zapfen hängend, nur bis 2 cm lang, ohne heraushängende Deckschuppen, lange bleibend. Beliebter Zierbaum. Zuweilen als Forstbaum kultiviert. Das Holz ist weich, leicht zu bearbeiten und z. B. für Zäune geeignet. Der Name „Schierlingstanne" weist auf die angebliche Ähnlichkeit des Geruchs mit dem des Schierlings (*Conium maculatum*, engl. hemlock) hin. Der Baum wird oft verkannt, weil man ihn im sterilen Zustand für eine Eibe (*Taxus*) hält.

Psyllium arenarium → *Plantago arenaria*

Pteridium aquilinum (L.) KUHN, Adlerfarn

Dennstaedtiaceae (= Adlerfarngewächse)

Ausdauernder Rhizom-Geophyt. Oberirdisch erscheinen nur die Blätter (Wedel), die anders als bei ähnlichen Farnen einzeln stehen und meist 60–200 cm hoch werden. Mithilfe der waagrecht abstehenden Fiedern 1. Ordnung kann sich der Farn auf anderen Pflanzen aufstützen und ist so in der Lage zu klettern (Spreizklimmer), wobei er dann Höhen von mehreren Metern erreichen kann. Die Blätter sind frostempfindlich. Jung sind sie an der Spitze eingerollt, wodurch das dort liegende Scheitelzellenmeristem geschützt ist. Die unteren Blattfiedern 1. und 2. Ordnung besitzen in der Jugend an der Basis extraflorale Nektarien. – Tiefwurzler. Pilzwurzel (arbuskuläre Mykorrhiza).

Systematik: Der Adlerfarn ist weltweit verbreitet. Zur Gattung gehören 1(–4) Arten.

Giftigkeit: Alle Pflanzenteile sind giftig (die oberirdischen auch noch nach dem Trocknen) durch das Enzym Thiaminase, Blausäureglykoside und das Saponin Pteridin. Bei regelmäßigem Verzehr ist die Pflanze krebsauslösend. Besonders giftig ist sie für das Weidevieh; bei hohem Adlerfarnanteil im Futter ist es schon zu tödlichen Vergiftungen gekommen. Gefahr für den Menschen ist auch über Kuhmilch möglich.

Namen: „*Pteridium*" wurde nach Ausgliederung aus der Gattung *Pteris* von GLEDITSCH geprägt und von SCOPOLI 1760 gültig publiziert, von griech. pteridion, einer Verkleinerungsform von pteris = Farn. Die Bedeutung der Namen „*aquilinum*" bzw.

„Adlerfarn“ (lat. aquila = Adler) ist umstritten. Vermutlich beziehen sie sich auf die auffälligen, schwingenartigen Fiederpaare. Schon früh wurde aber der Name damit erklärt, dass sich bei schräger Führung eines Querschnittes (gelingt am besten mit einer scharfen Rasierklinge) durch den untersten, im Boden befindlichen Blattstielabschnitt eine Leitbündelanordnung in Form eines Doppeladlers zeigt. Vielleicht fasste man diese Beobachtung zunächst nicht als Begründung, sondern als Bestätigung des Namens auf. Die Silbe „-farn“ bezieht sich auf die früher sehr verbreitete Verwendung der Pflanze als Streu für Rinder (Farren) und anderes Vieh (vgl. Wurmfarn = *Dryopteris*).

Die Sporangien werden unter dem weißen Saum am Rand der Fiederchen gebildet (li), der sich zur Sporenreife auflöst (re). Die Pflanzen bleiben aber meist steril.

Vorkommen: Waldränder und Schläge, artenarme Eichen- und Kiefernwälder, seltener in anderen Wäldern. Vorwiegend auf basenarmen, sauren, in der Tiefe wasserzügigen Sandböden. Magerkeitszeiger. Oft in Massenvorkommen, daher verjüngungshemmend. Verdrängt nach Entwässerungsmaßnahmen häufig die übrige Krautflora. Größere Bestände verhindern außerdem jede Naturverjüngung von Bäumen. Etwas wärmeliebend. Ebene bis mittlere Gebirgslagen (bis 1200 m; im Himalaja bis 2500 m). Hat sich in weiten Teilen der Erde stark ausgebreitet und ist dadurch oft zur Problempflanze geworden, so z. B. in Südamerika.

Vermehrung: Der Vorkeim (Prothallium) ist grün und blattförmig. An ihm erfolgt die Wasserbefruchtung wie beim Wurmfarn (*Dryopteris*) beschrieben. – Die Sporangiengruppen werden abweichend von den übrigen heimischen Farnen unter dem umgerollten Blattrand gebildet (siehe Detailfotos). Allerdings sind die Pflanzen meist steril, d. h. die Sporenbildung erfolgt nur in sonnigen, milden Klimalagen. Dabei sind die sporentragenden Blattabschnitte schmaler als die übrigen. Ausbreitung der Sporen als Körnchenflieger. Sporenreife: X.

Vegetative Vermehrung erfolgt sehr reichlich durch die langen unterirdischen Kriechsprosse (Rhizome). Es wurden Rhizome von bis zu 60 m Länge gefunden, entsprechend einem angenommenen Alter von 1.500 Jahren.

Verwendung: Wurde früher sehr viel als Würmer abweisende Streu und trotz der Giftigkeit z. T. auch zur Fütterung des Viehs verwendet und spielt mancherorts auch heute noch eine Rolle als „Streufarn“. Insektengift. Die Asche ist reich an Kieselsäure (ca. 6–50 %) und Kalium und wird zuweilen arzneilich verwendet. Auch für die menschliche Ernährung wurden bzw. werden Teile der Pflanze verwendet, wovor aber auch wegen der Giftigkeit dringend abzuraten ist. So werden jeweils nach Vorbehandlung die stärkereichen Rhizome wohl noch heute u. a. in Neuseeland und Afrika gegessen. Die abgekochten Blattspitzen werden in Teilen Asiens als Gemüse verzehrt. In den Teilen Japans, in denen dieses Gemüse regelmäßig genossen wird, hat man eine erhöhte Krebsrate festgestellt. – Wird auch als Zierpflanze angeboten. Schön, aber sehr ausbreitungsfreudig.

Puccinellia distans (JACQ.) PARLATORE, Gewöhnlicher oder Abstehender Salzschwaden

Poaceae (= Süßgräser)

Ausdauernder, wintergrüner Hemikryptophyt (Horstgras), 15–30(–50) cm hoch. Pflanze blaugrün, meist ohne Ausläufer, von weitem etwas an kleine Rispengrasarten (*Poa*) erinnernd.

Systematik: Die Gattung umfasst etwa 150 Arten.
Namen: „*Puccinellia*" wurde von PARLATORE 1848 geprägt, zu Ehren des ital. Arztes und Botanikers B. L. PUCCINELLI (1808–1850). Lat. „*distans*" = abstehend, bezogen auf die unteren Rispenäste. – „Salzschwaden" wegen des Standorts und einer gewissen Ähnlichkeit mit dem Schwaden (*Glyceria*), mit dem die Pflanze aber nicht näher verwandt ist.
Vorkommen: Ursprünglich in Spülsäumen und Salzwiesen der Küste und in Salzrasen von Binnensalzstellen. Typische Salzpfannenpflanze der Steppen. Seit etwa 1970 als salzresistente Pflanze weithin an Straßenrändern, auf Industriestandorten und Bahnanlagen eingebürgert (Neophyt). Wechselfeuchtezeiger. Steigt in den deutschen Alpen bis 1900 m.
Blüten: V–IX. Rispengras mit stachelig-rauen Ästen. Untere Rispenäste zur Blütezeit waagerecht abstehend, zur Fruchtreife abwärts geneigt. Ährchen 3–9-blütig, am Rücken abgerundet, 3–5 mm lang, grannenlos, etwas an die von *Glyceria* erinnernd. Windbestäubung: Langstaubfädiger Typ.
Früchte: Ausbreitungseinheit sind die von Deck- und Vorspelze umgebenen ca. 1,5 mm langen Karyopsen (Spelzfrüchte): Wasserhafter und Ballonflieger sowie Menschenausbreitung (s. o.).
Vegetative Vermehrung durch kurze, oberirdische Ausläufer ist selten.
Weitere Art:
Puccinellia maritima (HUDS.) PARL., Andel, Andelgras, Strand-Salzschwaden, Strandschwingel: Charaktergras häufig vom Meer überfluteter, schlickreicher Salzrasen (Puccinellietum maritimae = Andelwiesen). Rispe dicht. Nicht blühende Triebe im Herbst ausläuferartig verlängert.

Pulmonaria officinalis LINNAEUS,
Geflecktes oder Echtes Lungenkraut
Boraginaceae (= Raublattgewächse, Borretschgewächse)

Wintergrüner Hemikryptophyt (Halbrosettenpflanze) mit ziemlich dünnem Rhizom, 10–30 cm hoch. Stängel und Blätter rauhaarig, mit weißen oder hellgrünen Flecken oder ungefleckt.

Systematik: Die Gattung umfasst 14–20 Arten in Europa und Asien. Sie ist nahe verwandt mit Boretsch (*Borago*), Beinwell (*Symphytum*) und Krummhals (*Anchusa*).

Namen: „*Pulmonaria*" ist der vorlinnésche Name dieser (und einiger anderer Pflanzen), von lat. pulmo = Lunge, wegen der (bei der Kleinart *P. officinalis* s. str.) gefleckten und daher etwas an die menschliche Lunge erinnernden Blätter in Verbindung mit dem rot/blau-Farbwechsel der Blüten (siehe Foto), der an den Farbwechsel der Lunge je nach Sauerstoffsättigung erinnert. Neulat. „*officinalis*" = arzneilich verwendet. Die Namengebung hängt eng mit der Verwendung nach der Signaturenlehre zusammen. Auch Volksnamen wie „Hänsel und Gretel" weisen auf den Farbwechsel hin. „Lungenkraut" wurde in Anlehnung an den botanischen Namen künstlich gebildet.

Vorkommen: Krautreiche Laubwälder, auf frischen, nährstoff- und basenreichen, meist kalkhaltigen und steinigen Lehmböden. Ebene bis Hochgebirge (deutsche Alpen bis 1700 m).

Blüten (siehe Detailfoto): III–V, Frühblüher. „Stieltellerblumen mit eingeschlossenen Staubbeuteln und Narben". Krone durch Anthocyane gefärbt, mit starker UV-Reflexion, etwa 6–8 Tage erhalten bleibend. Die Blütenfarbe ist anfangs rot-purpurn, nach 3–4 Tagen erfolgt (durch Änderung des Säuregrades im Zellsaft) ein Farbwechsel zu blau. Die Bestäuber bevorzugen die jungen roten Blüten, die nektarreicher sind als die blauen. Der Nektar befindet sich am Grunde der ca. 1 cm langen Kronröhre und ist daher nur für langrüsselige Bienen, z. B. Pelzbienen der Gattung *Anthophora*, für Acker- und Gartenhummeln sowie Falter zugänglich. Auch Woll- oder Hummelschweber wurden als Bestäuber beobachtet. Honigbienen, Sand- und Mauerbienen und Schwebfliegen nutzen den Pollen. Der Kelch umschließt fest die Kronröhre und verhindert so, dass Nektarräuber die Kronröhre seitlich aufbeißen. Außerdem schützt ein Haarsaum am Eingang der Kronröhre vor unerwünschten Blütenbesuchern. – Die Pflanzen sind verschiedengrifflig (Heterostylie), d. h. verblüffend ähnlich wie etwa bei den nicht verwandten Schlüsselblumen (*Primula*) gibt es 2 Typen von Blüten: Bei dem einen Typ ist der Griffel sehr lang, sodass sich die Narbe auf der Höhe des Eingangs zur Kronröhre befindet, während die Staubbeutel in der

Die Blüten sind anfangs rot, mit nachlassendem Nektarangebot blau.

Tiefe der Kronröhre verborgen sind. Beim anderen Typ ist es umgekehrt, sodass sich die Staubbeutel von außen am Eingang zur Kronröhre befinden. Die Heterostylie fördert die Fremdbestäubung. Zugleich ist jeder Typ in sich selbststeril, eine erfolgreiche Bestäubung ist also nur zwischen den Typen möglich.

Früchte: Klausen mit Ölkörper (Elaiosom) zur Ameisenausbreitung. Fruchtstängel reif zur Erde neigend: Selbstaussäer. Fruchtreife: V–VI. Lichtkeimer.

Verwendung: Junge Rosettenblätter sind für Suppen, Spinat und Mischsalat geeignet. Eine Abkochung der krautigen Teile wurde nach der Signaturenlehre (die vermutlich auch hier „Merkhilfe" war) gegen Krankheiten der Lunge und der Atemwege zu Recht verwendet. Sie enthält Kieselsäure (bis 35%) sowie Schleim- und Gerbstoffe und Saponine. In der Volksmedizin ist diese schon bei Hildegard von Bingen erwähnte Verwendung noch aktuell. Auch sagt man, dass verwundete oder kranke Rehe, Hirsche usw. gerne das Lungenkraut aufsuchen, um sich zu heilen. *P. officinalis* und verwandte Arten sind beliebte Zierpflanzen und auch für Wildpflanzengärten zu empfehlen.

Ähnliche Art:

Pulmonaria obscura DUM., Dunkles Lungenkraut. Auf nährstoffreicheren Böden in Laubwäldern weit verbreitet. Von der vorigen Art u. a. durch einfarbig grüne, nicht überwinternde Blätter unterschieden.

Pulsatilla vulgaris MILLER (= *Anemone pulsatilla* L.), Gewöhnliche oder Echte Küchenschelle oder Kuhschelle

Ranunculaceae (= Hahnenfußgewächse)

Ausdauernder Hemikryptophyt (winterkahle Rosettenpflanze) mit fast schräg stehendem Rhizom, 5–20 cm, fruchtend bis um 30 cm hoch. Die Knospen überdauern im Schutze der abgestorbenen Rosettenblätter an der Erdoberfläche. Laubblätter grundständig, doppelt gefiedert. Anpassung an trockene Standorte: Tiefwurzler (über 1 m), junge Triebe dicht behaart. Der aus 3 laubigen, sitzenden Hochblättern gebildete Scheinquirl dient der jungen Blüte als Knospenschutz.

Systematik: Die Gattung umfasst etwa 33 Arten der Nordhalbkugel. Zur Einbeziehung in die Gattung *Anemone* siehe dort.

Giftigkeit: Frisch führen alle *Pulsatilla*-Arten in allen Teilen durch das Alkaloid Protoanemonin und weitere Wirkstoffe evtl. zu heftigen örtlichen Reizungen sowie zu Kreislauf- und Atemlähmungen. Allerdings hindert der sehr bittere Geschmack gewöhnlich an der Aufnahme gefährlicher Mengen.

Namen: „*Pulsatilla*" ist der vorlinnésche Name der Pflanze, von lat. pulsare = schlagen, läuten, wegen der an eine Glocke = Schelle erinnernden Blüten. Lat. „*vulgaris*" = gewöhnlich, häufig (was heute nicht mehr zutrifft). – Die Bedeutung des seit dem 16. Jh. belegten Namens „Küchenschelle" (Kuchelschelle) ist im ersten Wortbestandteil umstritten, am ehesten bezieht er sich wohl auf die ‚Gugel' oder ‚Kugel' genannten kapuzenartigen Kappen der Hofnarren mit den daran hängenden Glöckchen (SÖHNS 1907), was aber keinen Eingang in die neueren Etymologiebücher gefunden hat. Beziehungen zu den Glöckchen der Kühe (nach der kaum geläufigen Verkleinerungsform ‚Kühchen') oder zur Küche, in der die Pflanze keine Verwendung hatte, sind allenfalls volksetymologisch. Erwähnt sei noch die immer wieder zitierte Ableitung von bayer.-österr. ‚Kucke' oder ‚Gucke' = hohle, halbe Eierschale – ein Erklärungsversuch, bei dem auch der erste Wortbestandteil auf die Glockenform der Blüte Bezug nehmen würde. Volksnamen wie „Petersbart", die auf die auffällig behaarten Früchte hinweisen, teilt die Pflanze mit den Nelkenwurz-Arten *Geum montanum* und *reptans* (Familie Rosaceae).

Vorkommen: Magerrasen und Kalk-Kiefernwälder, auf warmen, trockenen, basenreichen Böden. Nässeempfindlich. Wärmeliebend (nur im Jura bis 1000 m). Kennart der Brometalia (= submediterrane Trocken- und Halbtrockenrasen). Gefährdet, vor allem durch Rückgang der Schafweide, und im Norden Deutschlands oft vom Aussterben bedroht oder ausgestorben. – **Geschützt**! (alle Arten der Gattung).

Blüten: III–V, Frühblüher. Vorweibliche, durch Anthocyan blauviolette „Glockenblumen mit klebrigem Pollen". Nektar wird von Nektarblättern und vom Konnektiv (= Zwischenstück des Staubbeutels) abgeschieden. Zahlreiche Staubblätter mit reicher Pollenproduktion. Bestäuber sind Bienen und Hummeln, zuweilen auch Falter. Blüte abends geschlossen.

Früchte: Sammelfrucht: Je Blüte entstehen zahlreiche Nüsschen. Blütenschaft zur Fruchtzeit stark verlängert („Hexenbesen"). Die bleibenden Griffel sind ebenfalls verlängert (bis 50 mm) und stark behaart (hygroskopisch: Haare trocken spreizend). Die Früchte erinnern vom Habitus und der Funktion her sehr an die der Waldreben (*Clematis*) und der alpinen Nelkenwurz-Arten (*Geum*): Federschweifflieger, Klettausbreitung (Bohrfrüchte), Selbstausbreitung (Bodenkriecher) und Wasserhafter. Fruchtreife: VI–VII. Kältekeimer.

Verwendung: Steingartenpflanze in zahlreichen Sorten und hübsche Wildgartenpflanze. Es dürfen aber nur Pflanzen aus gärtnerischer Kultur verwendet werden. Das Kraut wurde früher arzneilich gegen Gicht, Grippe usw. verwendet, heute spielt es nur noch in der Homöopathie eine Rolle.

Weitere Arten:

Pulsatilla pratensis (L.) MILL. (= *P. nigricans* STÖRCK), Wiesen- oder Nickende Küchenschelle: Kontinentale, basenreiche Sandtrockenrasen und trockene Kiefernwälder. Typische Art Ostdeutschlands, in den alten Bundesländern vom Aussterben bedroht, insgesamt stark gefährdet. Blüten schwarzviolett, nickend. Ebenfalls Frühblüher: IV–V.

Pulsatilla alpina subsp. ***alpina*** (L.) DELARBRE, Alpen-Küchenschelle, Alpen-Anemone: Halbrosettenpflanze. Blätter des Scheinquirls gestielt. Alpine Kalkrasen. „Scheibenblumen". Nektar meist fehlend. Blüten durch Totalreflexion weiß, außen z. T. violett überlaufen.

Pulsatilla alpina subsp. ***apiifolia*** (SCOP.) NYMAN (= *P. apiifolia* (SCOP.) SCHULT., *P. sulphurea* auct.), Gelbe Alpen-Küchenschelle, Schwefelgelbe Anemone: Ähnlich voriger Unterart und oft mit dieser zusammengefasst. Blüten durch Flavone intensiv gelb gefärbt. Silikat-Magerrasen der Alpen, auf basenreichen, sauren Böden. In Deutschland selten und stark zurückgegangen, inzwischen (Stand 2018) bereits akut vom Aussterben bedroht.

Pyracantha coccinea M. ROEMER, Feuerdorn

Rosaceae (= Rosengewächse)

Immergrüner Laubstrauch, bis 2(–5) m hoch, mit kräftigen Sprossdornen, diese teils blattlos, teils beblättert und evtl. sogar mit seitlichen Blütentrieben. Blätter einfach, 2–4 cm lang, dunkelgrün. Blüten und Früchte an Kurztrieben vorjähriger Zweige.

Systematik: Die Gattung umfasst 7–10 Arten. Sie gehört zu den Kernobstgewächsen (siehe *Malus*). Sie steht *Cotoneaster* und *Crataegus* nahe, bildet aber z. B. auch mit *Sorbus* Hybriden.

Giftigkeit: Die Samen sind durch Blausäure-Glykoside schwach giftig.
Namen: „*Pyracantha*" ist der griech. Name der Pflanze, zu griech. pyr = Feuer und akanthos = Dorn, wegen der feuerroten Fruchtfarbe und der Bedornung. Lat. „*coccineus*" = scharlachrot.
Vorkommen: Als Zierstrauch angepflanzt. Nur sehr selten verwildert und nur unbeständig. Kann in strengen Wintern stark zurück frieren. Heimat: östliches Mittelmeergebiet bis Vorderasien. Im Tertiär auch in Mitteleuropa.
Blüten: V–VI. „Nektar führende Scheibenblumen", in aufrechten, dichten Doldenrispen, sehr reich blühend und fruchtend. Fruchtblätter 5, ihre Wände bei der Reife steinig verhärtend. Bestäuber sind Käfer, Bienen, Hummeln usw.
Früchte: Erbsengroße Apfelfrüchte, durch Karotinoide lebhaft feuerrot, bei einigen Kultursorten auch gelb. Samen schwach giftig durch Blausäure abspaltende Verbindungen. Fruchtfleisch nicht giftig. Der Verzehr nicht allzu großer Mengen der auffälligen Früchte dürfte unbedenklich sein. Verdauungsausbreitung, wird z. B. im Spätwinter gerne von Amseln gefressen. Dazu Bearbeitungsausbreitung durch z. B. Grünlinge. Fruchtreife: IX. Wintersteher.
Vegetative Vermehrung durch Wurzelsprosse.
Verwendung: Dekorativer, anspruchsloser Zierstrauch der Gärten und Anlagen. Seit dem 17. Jh. in Kultur. Als Wandspalier sehr geeignet. Die Früchte können zu Marmelade verarbeitet werden.

Pyrola minor LINNAEUS, Kleines Wintergrün

Ericaceae (= Heidekrautgewächse)

Wintergrüner Hemikryptophyt (Rosettenpflanze) oder Chamaephyt, 10–20 cm hoch. Oft in Herden. Blätter in grundständiger Rosette. – Pilzwurzel: Wurzel dicht von Pilzhyphen überzogen, die auch die Rindenzellen umspinnen, in diese eindringen, und schließlich dort verdaut werden (= Ericaceen-Mykorrhiza, eine Zwischenform zwischen endotropher und ektotropher Mykorrhiza). Auch die Keimlingsentwicklung ist vom Pilzpartner abhängig (s. u.). *Pyrola* und Verwandte sind trotz Photosynthese ähnlich wie der nahezu chlorophyllfreie Fichtenspargel (*Monotropa*) mykoheterotroph, d. h. sie beziehen organische Verbindungen vom Pilz, der diese wiederum über die Symbiose mit Bäumen erhält. Man nennt solche Beziehungen Epiparasitismus bzw. wegen der vorhandenen Photosynthese Hemi-Mykoheterotrophie. So wird verständlich, dass ähnlich wie bei manchen Orchideen chlorophyllfreie Individuen lebensfähig sind (TEDERSOO et al. 2007 Oecologia 151: 206).

Systematik: Die Gattung umfasst etwa 30 Arten auf der Nordhalbkugel. *Pyrola* und die verwandten Gattungen Moosauge (*Moneses*, s. u.) und Birngrün (*Orthilia*) gehören in die Unterfamilie Monotropo-

ideae und dort zur Gattungsgruppe (Tribus) Pyroleae. Vorher wurden sie lange Zeit als eigene Familie Pyrolaceae eingestuft.
Giftigkeit: Schwach giftig durch Aucubin (s. u.).
Namen: „*Pyrola*" ist ein vorlinnéscher Name, von neulat. pyrus = Birne, wegen der Blattform des früher in diese Gattung gestellten Birngrüns (*Orthilia secunda*). Lat. „*minor*" = kleiner. – „Wintergrün" wegen der überwinternden Blätter.
Vorkommen: Nadelwälder, Birkenmoore und arme Laubwälder, auf frischen, basenreichen, humosen Böden, kalkmeidend. Gelegentlich in Massenvorkommen – eine Erscheinung, die bei Pflanzen, die stark vom Pilzpartner abhängig sind, nicht selten ist. Ebene bis Hochgebirge (deutsche Alpen bis 2120 m). Zirkumpolar verbreitet. Ehemals durch Nadelholzaufforstung gefördert, sind die meisten Arten heute außerhalb der Gebirge im Rückgang. – Schützenswert.
Blüten: VI–VII. Homogame, nektarlose „Glockenblumen mit Streueinrichtung", in Trauben. Kronblätter nicht verwachsen. Pollen mehlig, in Tetraden (= Anpassung an die sehr zahlreichen Samenanlagen), aus Staubbeutelporen herabrieselnd. Narbe tiefer gelegen, schleimig, daher spontane Selbstbestäubung häufiger als Fremdbestäubung. Besuch spärlich, besonders durch Käfer und Fliegen.
Früchte: 5-fächerige, 5-klappig mit Längsspalten aufspringende Kapseln: Windstreuer. Samen winzig, mit aufgeblasener Samenschale: Körnchenflieger. Keimling ohne Keimblätter, Keimung nur mithilfe des Wurzelpilzes. Das Samengewicht ist ähnlich wie bei vielen anderen Ernährungsspezialisten (z. B. Orchideen) mit nur 0,001–0,004 mg extrem niedrig. Entsprechend existiert fast kein Nährgewebe, sodass der Keimling von Mykorrhizapilzen abhängig ist. Je Frucht werden ca. 4000 Samen gebildet. Fruchtreife: VIII–IX. Wintersteher.
Vegetative Vermehrung erfolgt oft reichlich durch kurze, unterirdische Ausläufer.
Verwendung: Die *Pyrola*-Arten und ihre Verwandten enthalten das (giftige) Iridoid-Glykosid Aucubin, das im Harn das desinfizierende Hydrochinon bildet. Sie werden daher in der Volksmedizin bei Blasenleiden verwendet.

Weitere Arten/Verwandte (vgl. auch *Orthilia* = Birngrün und *Monotropa* = Fichtenspargel):
Pyrola rotundifolia L., Rundblättriges Wintergrün: Ökologisch wie vorige Art. Nadelwälder und Laubwälder, auf sauren, basenreichen Böden. Im Norden selten. Gefährdet. Blüten größer, schwach duftend, Kronblätter ausgebreitet.
Moneses uniflora (L.) A. GRAY (= *Pyrola uniflora* L.), Moosauge, Einblütiges Wintergrün: Stängel 3–8 cm hoch. Rosettenblätter spatelig-kreisförmig. Moosreiche Nadelwälder, besonders in den höheren Gebirgen. Im Norden selten. Außerhalb der Alpen auch Ausbreitung durch Nadelholzaufforstungen. Stark zurückgegangen und laut Roter Liste (Stand 2018) stark gefährdet. Blüten einzeln, wohlriechend, bis 20 mm breit. Kronblätter ausgebreitet, nickend (daher in Tirol auch „Gschamigs Maderle" genannt). Früchte aufrecht. Je Frucht ca. 8000 Samen.

Pyrus communis LINNAEUS, Kultur-Birne

Rosaceae (= Rosengewächse)

Winterkahler Laubbaum, 15(–20) m hoch. Schuppenborke. Blätter rundlich bis elliptisch, 5–9 cm lang, 1,5–5 cm lang gestielt. Herbstliche Braunfärbung der Blätter durch Oxidation des Phenols Hydrochinon zu Chinon. – Tiefreichende Pfahlwurzel. Pilzwurzel (arbuskuläre Mykorrhiza).

Systematik: Die Gattung umfasst 25(–70) Arten in Europa, Nordafrika und Asien. Sie gehört zu den Kernobstgewächsen (siehe *Malus*). – Die Kultur-Birne ist das Kreuzungsprodukt der heimischen Wild-Birne und verschiedener südosteuropäisch/westasiatischer Wildarten.

Schädlinge: Bekannter Schädling ist der Birnen-Gitterrost (*Gymnosporangium sabinae = G. fuscum*), der auf den Blättern auffällige orangerote Sporenlager bildet (siehe Foto). Zwischenwirte des Pilzes sind *Juniperus*-Arten, vor allem der Sadebaum *J. sabinae*, aber auch die oft kultivierte Art *J. chinensis*, besonders die hybridogene Sorte 'Pfitzeriana'.

Namen: „*Pyrus*" ist der mittellat. und neulat. Name des Birnbaums, die klassische Schreibung der Pflanze ist „pirus". Lat. „*communis*" = gemein, gewöhnlich. – „Birne" ist Lehnwort.

Vorkommen: In zahlreichen Kultursorten angepflanzt. Zuweilen verwildert und an geeigneten Standorten auch eingebürgert, wobei die sortentypischen Eigenschaften verloren gehen.

Blüten: IV–V, Frühblüher. Vorweibliche „Nektar führende Scheibenblumen", in doldenartigen Trauben. Bei Öffnung der Blüten sind die Narben bereits empfängnisfähig. Unangenehmer Duft nach Trimethylamin, ähnlich wie Heringslake oder Urin. Das Narbengewebe duftet anders und stärker als die Kronblätter. Meist selbststeril. Besucher sind Honigbienen, die besonders den Pollen sammeln, Käfer, Fliegen usw. Zu den Unterschieden zum Apfel (*Malus*) siehe dort.

Früchte: Apfelfrüchte (vgl. *Malus*). Fruchtfleisch mit grießkornartigen Gruppen von Steinzellen. Verdauungs- und Speicherausbreitung durch Vögel, Säugetiere und Mensch. – Bei einigen Kultursorten entwickeln sich Früchte auch ohne heranreifende Samen (= Jungfernfrüchtigkeit, Parthenokarpie – nicht zu verwechseln mit Jungfernzeugung = Parthenogenese, bei der die Samen ohne vorhergehende Befruchtung entstehen).

Vegetative Vermehrung durch Wurzelsprosse. Zur Pfropfung vgl. bei *Malus*. Kultur-Birnen werden bei uns überwiegend auf Quittenunterlagen (*Cydonia oblonga*) gepfropft (veredelt), wobei die Quitte bestimmte Eigenschaften verleiht, so auch ein intensiveres Aroma der Früchte.

Verwendung: Wichtiger Obstlieferant, der unter den Laub abwerfenden Obstbäumen mit einer Ernte von weltweit 24 Mio. t (im Jahre 2018) nur noch vom Apfel (86 Mio. t) übertroffen wird. Die Früchte enthalten ca. 8 % Zucker. „Mostbirnen" sind reich an Gerbstoffen und werden zum Klären von Most und Wein verwendet. Das Holz des Birnbaums ist dauerhaft und sehr wertvoll, spezif. Gewicht 0,7. Der Birnbaum ist auch eine hübsche Zierpflanze.

Weitere Art:

Pyrus pyraster (L.) BURGSD., Wild-Birne, Holz-Birne: Baum oder Strauch mit Sprossdornen (= Fraßschutz gegen Huftiere). Sonnige Hänge, Gebüsche, Felsen oder Laubmischwälder und Auwälder, auf sommerwarmen, sickerfeuchten, nährstoff- und basenreichen, meist kalkhaltigen Böden. Ebene bis mittlere Gebirgslagen (meist nicht über 950 m). Ebenfalls Verdauungs- und Speicherausbreitung. – Durch Einkreuzung von Erbgut der Kultur-Birne findet man heute kaum noch reine Wildpflanzen.

Quercus robur LINNAEUS (= *Q. pedunculata* EHRH.), Stiel-Eiche

Fagaceae (= Buchengewächse)

Winterkahler Laubbaum, bis ca. 40–50 m Höhe und 3 m (angeblich sogar 7 m) Stammdurchmesser. Langsamwüchsig, daher Holz schwer, spezif. Gewicht 1,0. Gewöhnlich bis etwa 700 Jahre alt werdend. Die forstwirtschaftliche Umtriebszeit ist mit 180–300 Jahren die längste unserer Forstbäume. Die älteste deutsche Eiche ist etwa 1000–1400 Jahre alt und steht in Erle/Westfalen. Schuppenborke; da diese – im Gegensatz zur Buche (*Fagus*) – rau ist, werden Blitzspuren besser wahrgenommen. Die alte Volksweisheit „von den Eichen sollst du weichen" ist berechtigt, nicht aber „... doch die Buchen sollst du suchen" (vgl. *Fagus*). Holz ringporig. Markstrahlen auffällig breit (bis >1 mm), am gefällten Stamm mit bloßem Auge gut erkennbar. Der Durchmesser der Tracheen von ebenfalls bis 0,3 mm wird nur noch von Lianen übertroffen. Entsprechend stellt die Wasserleitung von mehr als 40 m pro Stunde den höchsten Wert aller heimischen Bäume dar. – Blätter spiralig angeordnet, nur sehr kurz gestielt, an der Spreitenbasis geöhrt. Nach ihrem herbstlichen Absterben vor allem in der Jugendphase noch bis ins Frühjahr bleibend, also ähnlich wie bei Rotbuche (*Fagus*) und Hainbuche (*Carpinus*). Winterknospen auffällig an der Zweigspitze gedrängt, angedeutet 5-kantig. – Tiefwurzler. Pilzwurzel (ektotrophe Mykorrhiza), z. B. mit dem Steinpilz. – Bei Keimversuchen mit Eicheln erkannte der Franzose H. L. DUHAMEL DU MONCEAU (1700-1782) erstmals, dass das Wachstum des Sprosses nach oben ebenso wie das der Wurzel nach unten weder durch Licht, noch durch Feuchtigkeit oder Temperatur induziert wird – *Q. robur* gehört seit 2018 zu den inzwischen zahlreichen Pflanzenarten, deren Genom weitestgehend sequenziert wurde. Es codiert für ca. 26.000 Proteine.

Systematik: Mit über 500 Arten ist *Quercus* eine der artenreichsten Baumgattungen der Nordhalbkugel. Viele davon sind bei uns in Kultur. Etwa die Hälfte der Arten ist immergrün. Verwandt sind Kastanie (*Castanea*) und Buche (*Fagus*).

Giftigkeit: Blätter und Früchte sind für bestimmte Haustiere (Kaninchen, Ziegen usw.) giftig.

Schädlinge: Eichen werden von zahlreichen Schädlingen befallen. Besonders auffällig sind die fast kirschgroßen „Galläpfel", das sind Gewebewucherungen, die von der Pflanze nach dem Einstich von Gallwespen in das Blatt produziert werden und als „Kinderstube“ für die Wespenlarven dienen. Ähnliche Gallbildungen befinden sich auch an den Zweigen. Insgesamt können an unseren Eichen über 100 verschiedene Gallen gefunden werden. Außerdem sind Eichenblätter häufig von einem Mehltau-Pilz (*Microsphaera alphitoides*) befallen. – Eichen bilden die Nahrungsquelle für die Raupen von >30 Schmetterlingsarten, vor allem Nachtfalter. Dazu gehört der Eichenprozessionsspinner, der immer wieder Schlagzeilen macht. Bei ihm besitzen ältere Raupen außer den auffälligen langen Haaren noch winzige, widerhakige und giftige Brennhaare. Diese brechen leicht ab und können zu unangenehmen Reizungen an Haut und Schleimhaut oder auch zu heftigen Allergien führen.

Namen: „*Quercus*“ ist der lat. Name der sommergrünen Eichen. Der Artbeiname „*robur*“ geht auf LINNÉ zurück. Lat. „*robur*“ war ursprünglich die Bezeichnung des harten Kernholzes verschiedener Eichen und der daraus gefertigten Gegenstände; später bekam das Wort die allgemeine Bedeutung ‚Stärke‘, vgl. ‚robust‘ (zu lat. robustus = aus Eichenholz, fest, stark) und im nachklassischen Latein auch die Bedeutung ‚Eiche‘. Die oft gegebene Erklärung, der Name wäre gewählt worden, um die Stärke der Eiche zu symbolisieren, ist also falsch. – „Eiche“ ist ein germ. Wort (das sich möglicherweise von altindisch „ighja“ = Verehrung ableitet; vgl. unten) oder – nach anderer Deutung – mit lat. esca = Speise zusammenhängt und sich auf die ehemalige Bedeutung für die Schweinemast bezieht. „Stiel-“ wegen der gestielten Blüten- und Fruchtstände (die Blätter sind bei *Q. robur* fast ungestielt!).

Vorkommen: Bestandbildend (so überwiegend als Forstbaum) oder einzeln in Laubmischwäldern des sommerwarmen Klimas, auf meist frischen, tiefgründigen Böden. Ebene bis Bergstufe (bis nur ca. 1000 m). Alte Exemplare werden als „Naturdenkmale“ geschützt.

Blüten: IV–V, Frühblüher. Windblütig: „Kätzchenblütentyp“. Einhäusig, Blüten mit den Blättern erscheinend, männliche und weibliche Blüten am selben Zweig. Weibliche Blütenstände an der Spitze beblätterter Langtriebe, schräg aufwärts gerichtet, unscheinbar. Männliche Blütenstände hängend, schmal, lockerblütig, am Grunde der Langtriebe sowie zu je mehreren an unbeblätterten Kurztrieben; nach dem Stäuben werden sie abgeworfen. Blütenhülle einfach (Perigon), unauffällig. Selbststeril. Trotz der Windblütigkeit wird der Pollen eifrig von Honig- und Wildbienen gesammelt. Außerdem liefern Eichen den Honigbienen einen auf zuckerhaltige Ausscheidungen von Blattläusen (Honigtau) zurückgehenden ‚Blatthonig‘ oder ‚Waldhonig‘. Beginn der Blühreife mit 40–80 Jahren.

Früchte: Aus dem 3-fächerigen Fruchtknoten entwickelt sich eine 1-samige Nuss, die Eichel. Sie ist von einem Fruchtbecher (= Cupula, vgl. *Fagus*) umgeben, der aus sterilen Blütenstandsachsen entstanden ist. Fruchtstand (nicht – wie oft angegeben – die Frucht) gestielt, mit 1–3 Früchten. Typische Schwerkraftausbreitung: Nach dem Aufprall rollen die Früchte wegen ihrer runden Form und glatten Oberfläche als „Rollfrüchte“ weiter. Die Hauptausbreitung erfolgt allerdings als „Versteckfrucht“: Eichhörnchen und besonders Eichelhäher legen Vorratskammern an, in denen die Eicheln z. T. keimen können. So trugen etwa 65 Häher aus 37 Hektar Wald in ihrem Kropf ca. 300.000 Eicheln in einem Monat heraus. Die Bedeutung der Versteckausbreitung liegt u. a. darin, dass die Samen nur in oder auf feuchtem Substrat, am besten im Boden, keimen. Nur dort können die unter der Schale gelagerten keimungshemmenden Stoffe abgebaut werden. Fruchtreife: X, nennenswerte Größenentwicklung der Fruchtknoten erst ab VIII.

Vegetative Vermehrung am natürlichen Standort durch Stockausschlag und Ableger.

Verwendung: Das Holz ist fest und dauerhaft und wird in der Bau- und Möbelindustrie sehr geschätzt. Selbst Stämme, die während der Römerzeit bei Mainz versenkt worden waren, konnten dank ihrer natürlichen Konservierungsstoffe noch zu vollwertigem Bauholz verarbeitet werden. Venedig und Amsterdam stehen weitgehend auf Eichenpfählen. Die Dichte liegt bei 0,7 g/cm³. – Aus der jungen Borke werden Gerbstoffe gewonnen, mit deren Hilfe man z. B. Textilien braunrot färben kann. In Schweden wird sie auch zum Schwarzfärben benutzt. Die bis 15 % Gerbstoffe enthaltende Borke von noch glattrindigen Stämmen ist ein wichtiges Gerbmittel für die Lederherstellung (Lohe = Gerbrinde), das vor allem früher von großer wirtschaftlicher Bedeutung war. Aus der Gallussäure der Galläpfel stellte man in Verbindung mit Eisensalzen urkundenfeste „Eisengallustinte“ her. Eichenwälder waren ehemals für die Schweinemast sehr wichtig. Heute verwendet man Eicheln nur für die Wildfütterung. Die Nutzung von Eicheln für die menschliche Ernährung durch Rösten ist seit der Steinzeit belegt, erfolgte später hauptsächlich in Hungerjahren und noch bis in die Neuzeit hinein bereitete man so auch Eichelkaffee. – Arzneiliche Verwendung findet die junge Rinde (vor der Borkenbildung) als wohl wichtigste Gerbstoffdroge, z. B. bei Bindehautentzündungen (die Wirkung ist zusammenziehend und entzündungshemmend) sowie als Badezusatz bei Frostbeulen. – Eichen wurden besonders verehrt. Bei den Germanen war der Baum dem Gott Thor/Wodan geweiht. Unter „Mahleichen" wurde Gericht gehalten. Eichenlaubkränze schmückten die Sieger. Die hohe Wertschätzung der Eiche wird auch dadurch deutlich, dass sie auf den Pfennigbzw. deutschen 1-, 2- und 5-Centmünzen eingeprägt ist. – Eichen werden auch als Ziergehölze für Parks und größere Gärten angeboten.

Weitere Arten:

Quercus petraea LIEBL. (= *Q. sessiliflora* SALISB.), Trauben-Eiche: Mehr westlich verbreitet und weniger in der Ebene anzutreffen. Fehlt z. B. im kontinentalen Osteuropa. Grundwasser meidend. Etwas frostempfindlich. Fruchtstände ungestielt, Früchte zu 2–7 traubig gehäuft (Name!), Blätter deutlich gestielt, an der Spreitenbasis keilförmig. Häufig sind Hybriden bzw. Übergangsformen zwischen dieser und der vorigen Art, die aber mehr auf der großen Variationsbreite der Arten als auf Bastardierung beruhen sollen. Verwendung weitgehend wie bei der vorigen Art. Die Art wurde früher oft „Stein-Eiche" genannt, was aber wegen der Verwechslungsgefahr mit der eigentlichen Stein-Eiche, der mediterranen Art *Quercus ilex*, nicht sinnvoll ist.

Quercus pubescens WILLD., Flaum-Eiche: Kennart der Eichen-Buschwälder sonniger Hänge, auf warmen, trockenen, meist kalkhaltigen Böden (Quercetalia pubescentis). Wärmezeitrelikt. Ausgewachsene Blätter unterseits mit Sternhaaren.

Quercus rubra L., Rot-Eiche: Ehemals wichtigster fremdländischer Laubbaum der Forstwirtschaft, wird wegen des relativ schnellen Wuchses bereits seit 1740 forstlich kultiviert. Inzwischen mit zurückgehender Bedeutung als Forstbaum. Kalkunverträglich. Heimat: Nordamerika. Oft verwildert an Ruderal- und Waldstandorten, zuerst weitgehend unbeständig, seit einigen Jahren aber gebietsweise eingebürgert, z. B. auch in naturnaher Felsvegetation (invasiver Neophyt). Blätter groß, spitzlappig, wenig ausgebuchtet, bis 22 cm lang, winterkahl, besonders anfällig gegenüber Luftverschmutzung. Herbstlaub durch Anthocyan-Synthese kurzzeitig intensiv rot, danach braun. Es werden aber nicht alle Bäume gleich intensiv rot. Die Blätter werden von den heimischen Mikroorganismen nur schlecht zersetzt und lassen daher nur wenig Unterwuchs aufkommen. Die Früchte reifen wie bei den immergrünen Eichen erst im zweiten Jahr. Sie sind im ersten Jahr bei genauerem Hinsehen an den Winterzweigen als kleine braune, knospenartige Gebilde zu erkennen.

Quercus coccinea MÜNCHH., Scharlach-Eiche: Ähnlich voriger Art und ebenfalls oft gepflanzt. Unterscheidet sich durch tiefer eingeschnittene, schmale Blattlappen (die längsten 2–6-mal so lang wie der schmale Mittelteil) und kleinere, nur bis 15 cm lange Blattspreiten. Heimat: Nordamerika.

Ranunculus acris LINNAEUS, Scharfer Hahnenfuß

Ranunculaceae (= Hahnenfußgewächse)

Ausdauernder Hemikryptophyt (Schaftpflanze), d. h. Erneuerungsknospen dicht über dem Boden an der Sprossbasis, 30–120 cm hoch. Pflanze anliegend behaart, ohne Ausläufer. Blätter tief handförmig geteilt, wechselständig. Grundständige Blätter lang gestielt.

Systematik: Die Gattung *Ranunculus* ist weltweit verbreitet. Sie umfasst etwa 500 Arten, wovon bei uns ca. 30 wild vorkommen und etwa ebenso viele als Zierpflanzen in Kultur sind. Das Scharbockskraut (*R. ficaria*) wird heute – wie früher schon einmal – meist in eine eigene Gattung *Ficaria* gestellt.

Giftigkeit: Alle *Ranunculus*-Arten sind im frischen Zustand durch Protoanemonin giftig, können Vergiftungen beim Vieh hervorrufen und werden deshalb frisch vom Weidevieh gemieden. Man weiß inzwischen, dass Kälber glücklicher „Bunte-Wiesen-Kühe" von ihren Müttern die Pflanzen erlernen. Die Giftigkeit verliert sich beim Trocknen. Merkmale innerer Vergiftungen sind: Brennen im Mund, Erbrechen, kolikartige Leibschmerzen, Magen- und Darmentzündungen sowie Nierenreizung. Abgeschnittene Stängel können Hautreizungen hervorrufen (Wiesendermatitis). Solche Hautausschläge

sind auch durch Barfußlaufen und Lagern nackter Körperteile auf frisch geschnittenem Gras möglich. Entsprechend gehört *R. acris* zu jenen Pflanzen, deren Saft Bettler in ihre sichtbaren Hautpartien einrieben, um durch die auftretenden Wunden Mitleid zu erregen (vgl. auch bei *R. sceleratus* und *Clematis).*
Namen: „*Ranunculus*" ist der lat. Name speziell der Wasser-Hahnenfuß-Arten, abgeleitet von lat. rana = Frosch bzw. ranunculus = Fröschchen, und weist auf den Lebensraum dieser Arten hinweisend. Der Name wurde dann auf die gesamte Gattung übertragen. Lat. „acris" (Nebenform von acer) = scharf, wegen des Geschmacks der Blätter und der spitz ausgezogenen Blattlappen. – „Hahnenfuß" bezieht sich auf die Blattform von Arten wie *R. acris* und *R. repens*. Gelb blühende Hahnenfuß-Arten werden volkstümlich auch „Butterblumen" genannt. Das liegt weniger an der Farbe als daran, dass die Blüten früher wegen des Karotinoid-Gehaltes zum Färben von Butter verwendet wurden. Als „Butterblumen" werden aus dem gleichen Grund u. a. auch Ringelblume (*Calendula*), Dotterblume (*Caltha*) und Löwenzahn (*Taraxacum*) bezeichnet. – Der Name „Ranunkel" des Blumenhandels wird für unterschiedliche Zierpflanzen benutzt, meist für Zierformen von *R. asiaticus*, evtl. auch die von *R. acris* und *R. repens*. „Goldranunkel" ist ein anderer Name für die Trollblume (*Trollius europaeus*), „Ranunkelstrauch" die deutsche Bezeichnung für den zu den Rosengewächsen gehörenden Zierstrauch *Kerria japonica*.
Vorkommen: Frische bis feuchte Mähwiesen, Nährstoff und Licht liebend.
Blüten: V–IX. „Nektar führende Scheibenblumen". Blütenökologie ähnlich wie bei *R. repens*. Bestäuber sind zahlreiche Insekten. Auch spontane Selbstbestäubung ist erfolgreich. – Die Blütenhülle der Hahnenfuß-Arten wird unterschiedlich interpretiert. Obwohl weitgehende Übereinstimmung darüber besteht, dass sich die kronblattartigen Nektarblätter mit ihrer basalen Nektarschuppe von Staubblättern ableiten (also Staminodien sind) und entsprechend die kelchblattähnlichen äußeren Blütenblätter eine einfache Blütenhülle (Perigon) darstellen, hat es sich durchgesetzt, von Kelch und Krone zu sprechen. – Bau und Funktion der intensiv gelben Kronblätter der meisten Hahnenfuß-Arten mit ihrem typischen Fettglanz sind einmalig im Pflanzenreich. Für den Fettglanz verantwortlich ist die obere Epidermis. Sie ist optisch transparent, da sie mit Öl gefüllt ist, das in hoher Konzentration Karotinoide gelöst hat, und mit nur 0,003 mm ungewöhnlich dünn ist. Außerdem liegt darunter ein luftgefüllter Bereich. Durch diese Merkmalskombination kommt es zu Interferenzen, wie jetzt VAN DER KOOI et al. (2017 J. Roy. Soc. Interface) nachweisen konnten, sodass beim Hahnenfuß nicht nur Pigmentfarben, sondern auch Strukturfarben vorliegen, wie sie sonst nur aus dem tierischen Bereich, z. B. von Schmetterlingsflügeln ,bekannt sind. Unter der Epidermis befindet sich eine mehrere Zelllagen dicke Stärkeschicht mit Stärkekörnern, die das eintreffende Licht streuen und reflektieren, wodurch die Gelbfärbung stark intensiviert wird. Auch das Vorkommen einer solchen Stärkeschicht ist im Pflanzenreich einmalig.. – An der Basis der Kronblätter (bzw. Nektarblätter) befinden sich die Nektarschuppen, in denen der Nektar produziert wird. In diesem Bereich wird kaum UV reflektiert und es fehlt auch der typische Fettglanz. Der aufmerksame Beobachter kann den Farbunterschied gerade noch erkennen (vgl. das Detailfoto bei *R. repens*), für die UV-empfindlichen Bestäuber erscheint jedoch der gesamte innere Bereich der Blüte als sich auffällig kontrastierendes Flecksaftmal mit nach außen weisenden Strichsaftmalen. – Bestäuber der Hahnenfuß-Arten sind vor allem Fliegen und kleine Käfer sowie verschiedene Schmetterlings-Arten.
Früchte: Nüsschen flach und mit kurzem Fruchtschnabel, nur bis 3 mm lang und 1,5 mg schwer: Segelflieger. Dazu Darmausbreitung durch Rinder und

auch Menschenausbreitung durch Heutransport. Fruchtreife: VII–X.

Verwendung: Für Wildkrautwiesen als Bienenpflanze geeignet. Wird auch im Gartenhandel angeboten, z. B. in einer Ziersorte mit gefüllten Blüten. Früher wurden die Blätter mehrerer Hahnenfuß-Arten für Speisezwecke genutzt, nachdem man sie vorher trocken gelagert und aufgekocht hatte.

Weitere Arten (vgl. auch unten):

Ranunculus arvensis L., Acker-Hahnenfuß: Einjähriges Ackerwildkraut basenreicher, lehmiger Getreideäcker. Archäophyt. Heimat: Mittelmeergebiet. Heute in Deutschland nur noch selten und stark gefährdet. Die Nektarschuppen sind relativ groß. Selbstbestäubung ist vermutlich selten. Nüsschen groß, aber nur wenige je Blüte, bis 7,5 mm lang und 12 mg schwer. Typische Klettfrüchte („Ackerläuse") mit bis 3 mm langen, meist gekrümmten Stacheln. Auch Bearbeitungsausbreitung durch Kleinvögel. Fruchtreife: VI–IX.

Ranunculus bulbosus L., Knolliger Hahnenfuß: Knollen-Geophyt mit Spross-Wechselknolle. Durch das Absterben der oberirdischen Teile im Juli kann die Pflanze trockene Sommer- und Herbstmonate überdauern. Mäßig trockene Magerrasen, etwas wärmeliebend. Lehmzeiger. Kelch bei der Reife nach unten geschlagen. Nüsschen berandet, nur 3–4 mg schwer: Flügelflieger. Feldmäuse sammeln die Knollen und sorgen, wenn Mauskolonien zugrunde gehen, für die Ausbreitung (Versteckausbreitung). Wird auch homöopathisch angewendet. Für Wildpflanzengärten zu empfehlen.

Ranunculus lanuginosus L., Wolliger Hahnenfuß: Auffallend behaarte, kräftige, bis 100 cm hohe Schaftpflanze. Nährstoffreiche und grundfeuchte Laubwälder und -säume, bis in die subalpine Stufe. Kalkhold. Ausbreitung wohl vor allem durch Ameisen, obwohl die flügelrandigen, geschnäbelten Nüsschen auch für Segelflug-, Klett- und Wasserhaftausbreitung geeignet scheinen.

Ranunculus aquatilis Linnaeus (= *Batrachium aquatile* (L.) Dum.) (Artengruppe), Wasser-Hahnenfuß

Ranunculaceae (= Hahnenfußgewächse)

Einjährige Wasserpflanze (Schlammwurzler) oder Sumpfpflanze, bis 2 m lang. Bekanntes Beispiel für umweltbedingte (modifikative) Verschiedenblättrigkeit (Heterophyllie) (siehe Farbzeichnung): Fadenförmig zerteilte Unterwasserblätter (die Oberflächenvergrößerung fördert die Nährsalzaufnahme und den Gasaustausch) bis 80 cm lang, gelappte Schwimmblätter (mit oberseitigen Spaltöffnungen) und eventuell ± tief geteilte Überwasser- bzw. Landblätter. Manche Verwandte besitzen nur Unterwasserblätter. Stängel mit reichlich Durchlüftungsgewebe.

Giftigkeit: siehe *R. acris*.

Namen: Zu den Gattungsnamen siehe *R. acris*. Lat. „*aquatilis*" = im oder am Wasser lebend.

Vorkommen: Stehende oder fließende, überwiegend nährstoffreiche, meist kalkarme Gewässer bis etwa 2 m Tiefe. Ebene bis mittlere Gebirgslagen. Kennart des Verbandes Nymphaeion albae (= Seerosendecken). In der gemäßigten Zone weltweit verbreitet. Sehr zurückgegangen und vielerorts stark gefährdet. – Schützenswert!

Blüten: V–IX. Senkrecht aus dem Wasser herausragende, wohlriechende „Nektar führende Scheibenblumen". Kelch un-

Die Blätter sind je nach Umgebung sehr unterschiedlich gestaltet (Heterophyllie) (Nach Ewald & Venzl).

scheinbar. Krone durch Totalreflexion des Lichtes an den Interzellularen weiß, mit am Grunde gelbem Saftmal und unbedeckter Nektardrüse. Homogam oder vorweiblich. Bestäuber sind verschiedene Insekten. Neben spontaner Selbstbestäubung kommt bei hohem Wasserstand auch Geschlossenblütigkeit vor.

Früchte: Die Fruchtstiele krümmen sich bei der Reife zurück. Die meist flachen, spezifisch leichten Nüsschen werden als Schwimmfrüchte oder als Wasserhafter durch Wasservögel usw. ausgebreitet. Fruchtreife: VII–IX.

Vegetative Vermehrung durch sich abtrennende, schwimmende Teile der Pflanze.

Weitere Arten (der weißblütigen Untergattung *Batrachium):*

Ranunculus trichophyllus Chaix, Haarblättriger Wasserhahnenfuß: Von *R. aquatilis* unterschieden durch – aus dem Wasser genommen – schopfig zusammenfallende, höchstens kurz gestielte Unterwasserblätter. Die Blüten sind kleiner und haben nur bis 15 Staubblätter. Ökologie wie bei *R. aquatilis*, aber mehr in Fließgewässern.

Ranunculus fluitans Lam., Flutender Hahnenfuß: Untergetauchte, ausdauernde, bis 5 m lange, flutende Pflanze der Fließgewässer. Kennart der Fluthahnenfuß-Gesellschaften (Ranunculion fluitantis). Es werden nur Unterwasserblätter ausgebildet. Ökologisch wichtig als Sauerstoffproduzent und als Laichpflanze. Oft sind die Blüten untergetaucht und dann unfruchtbar, jedoch können sich abgerissene Stängelteile wieder bewurzeln (vegetative Vermehrung). Bestäubung u. a. durch Schwebfliegen. Jedoch können die Blüten bei hohem Wasserstand auch geschlossenblütig (kleistogam) sein.

Ranunculus auricomus LINNAEUS (Artengruppe), Gold- oder Goldschopf-Hahnenfuß

Ranunculaceae (= Hahnenfußgewächse)

Ausdauernder Hemikryptophyt (Schaftpflanze), meist um 20–30 cm hoch. Ausgeprägt verschiedenblättrig: Stängelblätter linealisch, sitzend, Hochblättern entsprechend; Grundblätter handförmig, ± tief gelappt. Die Form der Blattspreiten liefert das wichtigste Bestimmungsmerkmal für die Kleinarten.

Systematik: Formenreiche Artengruppe mit ca. 50 Kleinarten in Deutschland, die sich ähnlich wie *Rubus fruticosus* (= Brombeeren) apomiktisch vermehren, d.h. die Samenbildung erfolgt ohne Befruchtung. Es ist anzunehmen, dass daneben gelegentlich auch sexuelle Vermehrung erfolgt. Zwei Kleinarten vermehren sich auch rein sexuell.
Giftigkeit: wie *R. acris*.
Namen: Zu den Gattungsnamen siehe *R. acris*. Lat. „*auricomus*" = mit goldenem Haar, zu lat. aurum = Gold, wegen der Blütenfarbe.
Vorkommen: Krautreiche Laubmischwälder, Feuchtwiesen und Bergwiesen, oft in Ortsnähe. Nährstoff liebend. Fehlt in den Alpen.
Blüten: IV–V, Frühblüher. Hochblätter linealisch. Aufbau und Färbung der Blüten wie bei *Ranunculus acris* beschrieben. Die Schauwirkung ist durch die oft reduzierten oder fehlenden Kronblätter (bzw. Nektarblätter) reduziert, dennoch erfolgt Blütenbesuch durch Bienen und Fliegen.
Früchte: Nüsschen behaart, Schnabel kurz hakig, bis 4 mm lang, etwas aufgeblasen: Ballonflieger. Dazu Ameisenausbreitung, z.B. durch die Rote Waldameise (*Formica rufa*). Wie experimentell gezeigt werden konnte, werden die Ameisen zwar chemisch angelockt, erhalten aber keine Belohnung, da abtrennbare Elaiosomen fehlen; vgl. *Anemone nemorosa*. Fruchtreife VII–IX.
Vegetative Vermehrung durch das Rhizom.

Ranunculus ficaria LINNAEUS (= *Ficaria verna** HUDS.), Scharbockskraut, Feigwurz

Ranunculaceae (Hahnenfußgewächse)

Ausdauernder, frühjahrsgrüner Hemikryptophyt (Halbrosettenpflanze) oder Geophyt, 5–20 cm hoch, mit jährlich neu gebildeten, etwa 1–2 cm langen, feigwarzenähnlichen Wurzelknollen als Stärkespeicher (nicht zu verwechseln mit den Stickstoff fixierenden Wurzelknöllchen der Schmetterlingsblütler). Die Erneuerungsknospen befinden sich aber nicht an den Wurzelknollen, sondern an dem mit 1–2 cm dicht unter dem Erdboden befindlichen Rhizom. Frühjahrspflanze, die bereits im Mai/Juni wieder „einzieht", d. h. zu diesem Zeitpunkt sind die neuen Knollen fertig ausgebildet und das Kraut beginnt sich gelb zu verfärben und welkt dann. – Die für unser Gebiet typische Unterart subsp. *bulbilifer* LAMBINON ist tetraploid und vermehrt sich fast ausschließlich vegetativ durch Bulbillen; das sind weiße, etwa getreidekorngroße Brutknöllchen, die aus gehemmten Seitentrieben vor allem in den Achseln der unteren Blätter entstehen, später zu Boden fallen und zu neuen Pflanzen auswachsen. Der diploiden, südwesteuropäischen Stammform (subsp. *calthifolius = nudicaulis = Ficaria calthifolia**) fehlen gewöhnlich die Bulbillen; sie vermehrt sich über Samen.

Systematik: Das Scharbockskraut wird heute – wie schon früher eine Zeit lang üblich – oft wieder als eigene Gattung *Ficaria* von *Ranunculus* abgetrennt.
Giftigkeit: Alte Blätter sind für den Verzehr ungeeignet, da sich während der Blütezeit das schwach giftige, brennend scharf schmeckende Protoanemonin (vgl. *R. acris*) bildet, das Reizungen der Schleimhäute hervorruft. Der Verzehr nicht allzu großer Mengen vor der Blütezeit ist unbedenklich.
Namen: Zu den Gattungsnamen siehe *R. acris*. „*Ficaria*" ist der mittelalterliche Name der Pflanze, gekürzt aus lat. ‚herba ficaria' = feigwarzenähnliches Kraut, wegen der Form der Wurzelknollen in Verbindung mit der früheren Anwendung gegen Feigwarzen. Daher auch der Name „Feigwurz" (ahd. ficwurz). „Wurz" (weiblich) = Pflanze. „Scharbockskraut" nach der Verwendung gegen Skorbut (früher Scharbock genannt). Ein weiterer mittelalterlicher Name ist ‚Chelidonium minus' (vgl. Schöllkraut = *Chelidonium majus*).
Vorkommen: Krautreiche Laubwälder (vor allem Auwälder), Säume und Wiesen, auf feuchten bis frischen, nährstoff- und basenreichen, meist tiefgründigen Lehmböden. Außerdem nicht selten in Parks und waldnahen Gärten als Relikt der ursprünglichen Vegetation. Etwas wärmeliebend. Stromtalpflanze. Ebene bis mittlere Gebirgslagen (deutsche Alpen bis 1450 m).
Blüten: III–V, Frühblüher. „Nektar führende Scheibenblumen". Aufbau und Färbung der Blüte wie bei *Ranunculus acris* beschrieben. Blüten nur von 9–17 Uhr geöffnet, abends und bei kühler Witterung schließen sie sich durch Wachstum der Kronblatt-Außenseiten (Thermonastie). Es wird Pollen und reichlich Nektar angeboten. Besucher sind vor allem Fliegen, Bienen und Käfer. – Während bei den Hahnenfuß-Arten i. e. S. Kelch- und Krone gewöhnlich in 5-Zahl auftreten, sind es beim Scharbockskraut meist 3 Kelch- und 8–12 Kronblätter (bzw. Nektarblätter).
Früchte: Trotz reichen Insektenbesuchs erfolgt bei der bei uns fast ausschließlich vorkommenden subsp. *bulbilifer* fast kein Fruchtansatz. Die keimenden

Samen besitzen – wie bei Knollenpflanzen üblich, entgegen dem für die Klasse der Zweikeimblättrigen typischen Modus – nur ein Keimblatt; das andere ist verkümmert. Menschenausbreitung mit Erde.
Vegetative Vermehrung durch die Bulbillen (siehe oben), die im Mai abfallen, an der Erdoberfläche überwintern und im Frühjahr wieder auskeimen: Selbstausbreitung sowie Schwimm-, Ameisen- und Speicherausbreitung.
Verwendung: Die Blätter wurden früher – als erstes Frühlingsgrün – wegen des Gehalts an Vitamin C gegen Skorbut angewendet. Zum gleichen Zweck nahm man z. B. auf langen Schiffsreisen Bulbillen oder getrocknete Pflänzchen mit. Das junge Kraut (vor der Blüte) ist auch als Beimischung zu Spinat oder Salat geeignet; größere Mengen können allerdings zu Vergiftungen führen. Die tropfenförmigen Wurzelknollen wurden nach der Signaturenlehre gegen Feigwarzen (= Hämorrhoiden bzw. langstielige Warzen) verwendet. In Notzeiten verarbeitete man sie zu Mehl. Mit Essig behandelte Blütenknospen können wie Kapern gegessen werden. Die nach der Blüte (besonders nach starkem Regen) oft in Menge am Boden liegenden Bulbillen („Himmelsbrot", „Himmelsgerste") sollen die Sage vom Getreideregen veranlasst haben; auch sie können – z. B. eingelegt in Salz und Essig – gegessen werden. – Wird in etwa 50 verschiedenen Sorten als Zierpflanze angeboten und ist auch für Wildpflanzengärten zu empfehlen. Sie kann sich aber evtl. stark ausbreiten.

Ranunculus lingua LINNAEUS, Zungen-Hahnenfuß

Ranunculaceae (= Hahnenfußgewächse)

Ausdauernde, kahle Sumpfpflanze bzw. Schaftpflanze mit unterirdischen Ausläufern, 50–150 cm hoch. Stängel in Anpassung an den sauerstoffarmen Standort dick und hohl. Blätter schmal lanzettlich, bis ca. 30 cm lang. Sie sind, anders als bei typischen Zweikeimblättrigen Pflanzen, parallelnervig! Hohe Chromosomenzahl von etwa 112–128.

Giftigkeit: siehe *R. acris*.
Namen: Lat. „*lingua*" = Zunge, wegen der Blattform.
Vorkommen: Seltene Art der Röhrichte, Großseggenrieder und Weidengebüsche. Nährstoff liebend. Gefährdet durch die allgemeinen Entwässerungsmaßnahmen und **geschützt**!
Blüten: VI–VIII. Vorweiblich. Aufbau und Färbung der Blüte wie bei *Ranunculus acris* beschrieben. Die Blüten sind mit 3–4 cm Durchmesser die größten unserer heimischen *Ranunculus*-Arten. Bestäubung durch Fliegen, Käfer usw.
Früchte: Schwimmausbreitung, Menschenausbreitung als Gartenflüchter und Kulturrelikt.
Vegetative Vermehrung durch die Ausläufer.
Verwendung: Attraktive, ausbreitungsfreudige Zierpflanze für den Rand von Gartenteichen, an künstlichen Waldweihern usw. und auch für Wildpflanzengärten geeignet; es dürfen aber nur (die leicht erhältlichen) Pflanzen aus gärtnerischer Kultur verwendet werden.
Weitere Art (vgl. auch die benachbarten Abschnitte):

Ranunculus flammula L., Brennender Hahnenfuß: Blätter ungeteilt, ± ganzrandig, ebenfalls parallelnervig. Erstbesiedler und Kriechpionier in Sumpfwiesen und an Ufern. Stängel niederliegend, an den Knoten wurzelnd: Ausläuferausbreitung. Insekten- und Regenbestäubung. Schwimmausbreitung.

Ranunculus platanifolius LINNAEUS, Platanenblättriger Hahnenfuß

Ranunculaceae (= Hahnenfußgewächse)

Ausdauernder Hemikryptophyt (Halbrosettenpflanze), 40–120 cm hoch. Stängel beblättert, mit aufrechten Ästen. Blätter handförmig gelappt.

Giftigkeit: siehe *R. acris*.

Namen: Neulat. „*platanifolius*“ = platanenblättrig, wegen der Blattform.

Vorkommen: Hochstaudenpflanze nährstoff- und basenreicher, kalkfreier, frischer Laubwälder, Schluchtwälder, Hochgrasfluren und Gebüsche. Mittelgebirge bis Alpen.

Blüten: V–VII. Weiße, homogame bis vormännliche „Nektar führende Scheibenblumen“. Blütenstiele kahl.

Früchte: Nüsschen 3–4 mm lang, fast kugelig, geschnäbelt, etwas aufgeblasen: Ballonflieger. Fruchtreife: VII–X. Kältekeimer.

Vegetative Vermehrung durch das Rhizom.

Weitere Arten (vgl. auch die benachbarten Abschnitte):

Ranunculus aconitifolius L., Eisenhutblättriger Hahnenfuß: Weniger häufig als vorige Art, aber sonst ähnlich. Unterschieden durch oft geringere Größe, gespreizte Äste und flaumig behaarte Blütenstiele. An ähnlichen Standorten, meist auf kalkarmen Böden und auch an nassen Stellen.

Ranunculus glacialis L., Gletscher-Hahnenfuß: Hemikryptophyt, 5–15 cm hoch. Blätter dunkelgrün, glänzend. Silikatschutt und Moränen der alpinen und nivalen Stufe. Oft im Schutz von Eisüberhängen (Glashauseffekt!) und dann eine der höchst steigenden Pflanzen überhaupt. Arktisch-alpin verbreitet. Vor allem in den Zentralalpen (dort bis etwa 4000 m), in Deutschland sehr selten. Zwitterblüten in 2 Formen. Meist homogam. Bestäubung durch Fliegen. Nüsschen flach, geflügelt: Segelflieger und Adhäsionshafter. Dazu Bearbeitungsausbreitung durch z. B. Schneefinken.

Ranunculus repens LINNAEUS, Kriechender Hahnenfuß

Ranunculaceae (= Hahnenfußgewächse)

Ausdauernder Hemikryptophyt (Halbrosettenpflanze) mit Ausläufern, oft wintergrün, 15–40 cm hoch. Rinde bei Wachstum auf nassen Böden in Anpassung an den sauerstoffarmen Standort mit großen Interzellularen. Raschwüchsig: Bereits 1 Monat nach der Keimung können kräftige Pflanzen herangewachsen sein, die aber zunächst noch keine Ausläufer haben. – Bis 50 cm tief wurzelnd.

Giftigkeit: siehe *R. acris*. Vorliegende Art enthält vergleichsweise wenig Protoanemonin.

Namen: Zu den Gattungsnamen siehe *R. acris*. Lat. „*repens*" = kriechend.

Vorkommen: Pionierpflanze der Äcker, Gärten, Ufer, Wiesen, Wälder und Ruderalstellen, auf grundfrischen, nährstoffreichen Böden. Lehm- und Bodenverdichtungszeiger. Ebene bis Hochgebirge (deutsche Alpen bis 2375 m). Weltweit verschleppt, richtet in Amerika vor allem als giftiges Weideunkraut teilweise Schaden an.

Blüten (siehe Detailfoto): V–VII. Homogame bis vormännliche „Nektar führende Scheibenblumen". Aufbau und Färbung der Blüte wie bei *R. acris* beschrieben. Die Basis der Kronblätter reflektiert kaum UV-Licht und erscheint dadurch für die Bestäuber stark kontrastiert. Neben Pflanzen mit zwittrigen Blüten kommen auch rein weibliche Pflanzen vor (= gynodiözisch). Bestäuber sind verschiedene Insekten, vor allem kleine Käfer, aber auch Falter. – Bei Regen bleiben die schüsselförmigen Blüten geöffnet, sodass sich darin Wasser sammelt und schließlich der Pollen zu den Narben schwimmen kann. Es wurde experimentell nachgewiesen, dass diese durch Regenwasser vermittelte Selbstbestäubung zu Samenansatz führt.

Früchte (siehe Detailfoto): In jeder Blüte entstehen zahlreiche Nüsschen. Flügelflieger, Wind- und Tierstreuer, Wasserhaftsowie Zufallsausbreitung durch Grasfresser. Samen langlebig.

Die Basis der Kronblätter ist für die UV-empfindlichen Bestäuber deutlich abgesetzt.

In jeder Blüte entstehen zahlreiche Einzelfrüchte mit widerhakiger Spitze.

Vegetative Vermehrung durch lange, oberirdische Ausläufer vom Erdbeertyp. Gegen Jahresende sterben die Elternpflanzen ab und die Tochterrosetten werden unabhängig.

Weitere Art (vgl. auch die vorigen Abschnitte):

Ranunculus sceleratus L., Gift-Hahnenfuß: Einjährige, aufrechte Sumpfpflanze. Pionierpflanze auf trocken fallenden Schlammböden. Amphibisch, im Wasser mit typischen Schwimmblättern. Blütenökologisch von den meisten vorigen Arten durch unbedeckte Nektarien („Fliegenblume") und die zylindrische Blütenachse unterschieden, die bis zu 100 Fruchtknoten trägt, wie man es etwa von dem nahe verwandten Mäuseschwänzchen (*Myosurus minimus*) kennt. Nüsschen geschnäbelt: Klettausbreitung durch Wasservögel. Dazu aufgrund eines

Schwimmgewebes auch Schwimmausbreitung! **Stark giftig** (Name!). Bei Kontakt mit dem Saft der Pflanze entstehen Hautausschläge, weswegen sich manche Bettler damit an sichtbaren Körperstellen einrieben, um mitleiderregende Wunden hervorzurufen.

Raphanus raphanistrum LINNAEUS, Hederich, Acker-Rettich

Brassicaceae (= Kreuzblütler)

Einjährig, sommerannuell, 25–60 cm hoch. Untere Laubblätter leierförmig fiederspaltig bis fiederteilig mit großem Endlappen, obere ungeteilt. – Tiefwurzler (bis über 1 m Tiefe).

Namen: „*Raphanus*" ist der lat. Name des Garten-Rettichs (zu lat. rapa = Rübe); „*raphanistrum*" ist ein vorlinnéscher Name verschiedener Kreuzblütler als Hybridbildung aus lat. raphanus = Rettich und lat. rapistrum = Acker-Senf. Der Name wurde von LINNÉ auf die vorliegende Art übertragen. – Der Name „Hederich" galt zunächst für den Gundermann (*Glechoma hederacea*) und ist schon früh unter Anlehnung an Pflanzennamen wie ‚Wegerich' von lat. ‚hederaceus' = efeuähnlich entlehnt worden. Später wurde der Name auch für die vorliegende Art sowie für den Acker-Senf und weitere Unkräuter aus der Familie der Kreuzblütler verwendet und schließlich formal auf unsere Art beschränkt. „Rettich" wurde früh von lat. radix = Wurzel entlehnt, gilt aber von der Wortbedeutung her nur für *R. sativus*. „Radieschen" wurde im 17. Jh. von franz. ‚radis' entlehnt, geht also letztlich auch auf lat. radix zurück.

Die Früchte sind deutlich gegliedert.

Vorkommen: Äcker und Ruderalstellen, auf meist frischen, nährstoff- und basenreichen, kalkarmen Böden. Versauerungszeiger. Kulturbegleiter seit der jüngeren Steinzeit. Ebene bis Gebirge (deutsche Alpen bis 1300 m). In gemäßigten Zonen heute weltweit verbreitet. – Wächst, offenbar durch Konkurrenz bedingt, vorzugsweise auf mäßig sauren Böden. Im Gegensatz dazu haben Reinkulturen dieser Art ihr Wachstumsoptimum im alkalischen Bereich.

Blüten: V–VI. „Nektar führende Scheibenblumen", in Trauben. Die Kronblätter haben eine hohe UV-Reflexion und besitzen violette Adern, die als Strichsaftmale dienen. In der Färbung variieren sie stark; sie sind oft weiß bis hellviolett oder auch hellgelb bis gelb. Schwebfliegen bevorzugen eindeutig die gelben Formen. Der Kelch ist aufrecht und verdeckt so den zuckerreichen (55 %) Nektar (bekannte Eselsbrücke: „He-

derich hebt, Senf senkt den Kelch"). Bienentrachtpflanze. Selbststeril.
Früchte (siehe Detailfoto): Zwischen den Samen eingeschnürte Bruchfrüchte (Gliederschoten), die bei der Reife in 1-samige, nussartige Teilfrüchte zerfallen. Selbst- und Menschenausbreitung. Zufallsausbreitung durch Kleinvögel und Rinder. Samen ölreich (40–45 %). Fruchtreife: VIII–X. Samen langlebig (20–30 Jahre).
Verwendung: Die jungen Blätter und Sprosse sind in Salzwasser gekocht wie Spinat verwendbar. Die Samen können zur Herstellung von Senf verwendet werden.
Weitere Art:
Raphanus sativus L., Garten-Rettich, Radieschen, Ölrettich: Seit der Antike bekannte, bei uns seit der Römerzeit angebaute Kulturpflanze, vermutlich von mediterranen Wildarten abzuleiten. Eine konsequente Langtagpflanze. Ebenfalls Bienentrachtpflanze. Wichtige Kultursorten sind der schwarze Winter-Rettich und der weiße Sommer-Rettich, bei denen Wurzel und Hypokotyl als Speicherorgan ausgebildet sind (morphologisch als „Holzrübe" bezeichnet, da der Hauptanteil der Verdickung vom Holzkörper stammt), das Radieschen, bei dem nur das Hypokotyl verdickt ist („Hypokotylknolle"), und der Ölrettich, eine in Asien genutzte Ölpflanze, die bei uns als Zwischenfrucht zur Gründüngung sowie zur biologischen Bekämpfung von Nematoden (= Fadenwürmern) angebaut wird. Rettich findet sich neuerdings auch ziemlich regelmäßig in sog. Blühstreifen. – Der scharfe Geschmack von Rettich und Radieschen stammt von dem hohen Gehalt an Senföl-Glykosiden, die Rotfärbung des Radieschens von Anthocyanen. Die bis 6 cm langen, geschnäbelten Früchte sind äußerlich nur wenig gegliedert und zerfallen auch nicht in Teilfrüchte, doch sind auch sie gekammert. Das Fruchtfleisch ist zunächst fleischig, bei der Reife aber trocken und lufthaltig. Die Frucht öffnet sich nicht und fällt bei der Reife zunächst noch nicht ab; sie entspricht in etwa einer Beere. Durch Bestreuen von Radieschen oder Rettich mit Zucker kann man einen guten Hustensaft herstellen, ähnlich wie bei der Küchen-Zwiebel.

Reseda luteola LINNAEUS, Färber-Resede, Färber-Wau

Resedaceae (= Resedengewächse)

Zweijährige Halbrosettenpflanze, 40–90(–150) cm hoch. Blätter lineal-lanzettlich. Blätter, Stängel und Blüten enthalten den gelben, zu den Flavonen zählenden Farbstoff Luteolin. – Tiefwurzler.

Systematik: *Reseda* ist die einzige in Europa vorkommende Gattung der Familie. Sie umfasst etwa 55 Arten.
Namen: „*Reseda*" ist der Imperativ von lat. resedare = heilen, lindern und stammt aus einer bei PLINIUS aufgeführten Heilformel (reseda morbos! = Heile die Krankheiten!) und nimmt Bezug auf die ehemalige Verwendung als Heilpflanze. Lat. „*luteolus*" = gelblich, zu lutum = Resede bzw. (davon abgeleitet) gelbe Farbe. – „Wau" geht auf eine alte Bezeichnung für die vorliegende Art bzw. den ebenfalls zum Gelbfärben verwendeten Färberwaid (*Isatis tinctoria*) zurück, vgl. altital. guada, franz. gaude. Albertus Magnus (13. Jh.) übernimmt den Namen als gauda; im gleichen Jh. erscheint der Name waude. Im 17. Jh. setzt sich durch Entlehnung aus mittelniederl. wouw die heutige Schreibweise durch. „Resede" ist Lehnwort, es kam erst im 18. Jh. im Zuge der Wiederentdeckung der Pflanze auf. – Es ist zu beachten, dass noch heute der Name Wau bisweilen für den Färber-Waid (*Isatis tinctoria*) verwendet wird.

Die Blüten fallen vor allem durch die gelben Staubbeutel ins Auge.

Vorkommen: Lückige Ruderalstellen, auf warmen, trockenen,

Wind- und Tierstreuer, sowie Ameisenausbreitung der schwarzen Samen durch winzige Ölkörper und Menschenausbreitung. Wegen der Kleinheit der Öffnung werden die Samen nur sehr allmählich ausgestreut. Fruchtreife: IX–X. Samen winzig, langlebig. Kälte- und Lichtkeimer.
Verwendung: Uralte, schon aus den Pfahlbauten Italiens und der Schweiz bekannte und bei den Römern wegen des licht- und waschechten Farbstoffes Luteolin kultivierte Färberpflanze. Verwendet wird das Kraut, das gelbe, gelbgrüne („resedagrüne“) bis braune Farbtöne für Textilien und für Malerfarben liefert. Die Art wurde bei uns noch bis ins 19. Jh. angebaut und neuerdings als Naturfarbe wieder entdeckt. Kurz nach der Blüte werden die Pflanzen aus dem Boden gerissen und der Farbstoff durch Kochen in Wasser extrahiert. – Die Pflanze wurde auch arzneilich als Beruhigungsmittel verwendet. Die Samen enthalten bis zu 35 % technisch verwertbares Öl. – Diese und die folgende Art sind für Wildpflanzengärten geeignet.
Weitere Arten:
Reseda lutea L., Gelbe oder Wilde Resede, Gelber Wau: Ähnlich voriger Art. Blätter fiederspaltig. Einjährig (winterannuell) oder zweijährig. Kronblätter 6. Die Staubblätter öffnen sich nacheinander und führen Wachstumsbewegungen aus. Aus den Wurzeln beider Arten stellt man das „Reseda-Wurzelöl“ her. Es wird arzneilich nicht direkt angewendet, ist aber für Flavontherapien geeignet. Beide Arten enthalten wie die Kreuzblütler, mit denen die Familie verwandt ist, Senföl-Glykoside. – Junge Blätter sind als Zutat für Salat und Gemüse geeignet.
Reseda odorata L., Duftende oder Garten-Resede: Zierpflanze. Heimat: Nordafrika. Sommerannuell. Blüten unscheinbar weiß-grünlich oder rötlich. Wegen des angenehm veilchenartigen Blütenduftes eine beliebte Bauerngartenpflanze. War vor allem früher, seit dem Ende des 18. Jh., in Gärten sehr verbreitet. Bienentrachtpflanze. Ausbreitung der Samen durch Ameisen.

nährstoff- und basenreichen Böden. Rohbodenpionier. Kulturbegleiter seit der jüngeren Steinzeit (Archäophyt, Heimat: Mittelmeergebiet). Ebene bis mittlere Gebirgslagen. Fehlt in den Alpen.
Blüten (siehe Detailfoto): VI–IX. Unauffällige, homogame „Nektar führende Scheibenblumen“, zu auffälligen, ährigen Blütenständen vereinigt. Die schwach dorsiventralen Blüten erhalten durch die 4 im oberen Teil zerschlitzten Kronblätter und die zahlreichen gelben Staubbeutel ein eigenartiges Aussehen. Gelbfärbung durch das Flavon Luteolin. Selbstfertil. Das Nektarium ist überdeckt. Bestäuber sind vor allem kleinere Wildbienen, Fliegen und Käfer.
Früchte: Kapseln mit einer endständigen Pore. Bereits junge Früchte sind an der Spitze geöffnet.

Reynoutria: siehe *Fallopia japonica*

Rhamnus cathartica LINNAEUS, Echter oder Purgier-Kreuzdorn

Rhamnaceae (= Kreuzdorngewächse)

Winterkahler Strauch oder kleiner Baum bis über 3(–8) m Höhe und bis über 20 cm Stammdurchmesser. Zweige oft in Dornspitzen auslaufend. Blätter rundlich bis elliptisch mit 3–4 Paar deutlichen Seitennerven, lang gestielt. Blattstellung zwischen gegenständig und wechselständig variierend, was sonst selten vorkommt.

Systematik: *Rhamnus* ist fast weltweit verbreitet und umfasst etwa 100 Arten, von denen etwa 12 als Ziergehölze in Kultur sind. Nahe verwandt ist der Faulbaum (*Frangula alnus*), der früher zu *Rhamnus* gestellt wurde. Er unterscheidet sich u.a. durch fehlende Knospenschuppen der Winterknospen, durchgängig wechselständige Blätter und fehlende Dornen.
Giftigkeit: Früchte (vor allem unreife) und Rinde sind durch stark abführende Anthrachinon-Glykoside und Saponine giftig (siehe Verwendung).
Schädlinge: Zwischenwirt des orangefarbenen Hafer-Kronenrostes (*Puccinia coronata*), einem bedeutenden Schädling des Getreides und der Futtergräser. Nahrungspflanze der Raupen des Zitronenfalters (*Gonepteryx rhamni*) und des Großen Kreuzdornspanners (*Philereme transversata*).
Namen: „*Rhamnus*" (rhamnos) ist der lat.-griech. Name der Pflanze oder allgemein von Dornsträuchern. LINNÉ begrenzte den Namen auf die vorliegende Gattung, die er allerdings sehr weit fasste. Spätlat. „*catharticus*" = abführend (= purgierend), wegen der Verwendung. – „Kreuzdorn", da die gegenständigen Dornen mit den nächstfolgenden ein Kreuz bilden. Das grammatikalische Geschlecht von *Rhamnus* ist wie das der meisten Gehölze weiblich.
Vorkommen: Sonnige Hecken, Magerweiden, Böschungen und Waldränder, auf sommerwarmen, mäßig trockenen, basenreichen Böden. Ebene bis mittlere Gebirgslagen (Kalk- und Lehmgebiete, deutsche Alpen bis 1310 m), im Norden selten.
Blüten: V–VI. Unscheinbare, 4-zählige „Nektar führende Scheibenblumen", ähnlich denen von *Euonymus*. Kronblätter sehr klein. Zweihäusig. In den eingeschlechtlichen Blüten finden sich jeweils Rudimente des anderen Geschlechtes. Die männlichen Blüten sind größer. Die Griffel werden in zwei verschiedenen Längen ausgebildet (Heterostylie). Der Nektar wird offen von einem Diskus abgesondert. Bestäuber sind besonders Fliegen und Bienen.
Früchte: Mehrsamige, schwarze, kugelige, 6–8 mm dicke Steinfrüchte mit 2–4 dreikantigen Steinkernen. Verdauungsausbreitung durch Vögel, die aber junge Früchte meiden, da in diesen die giftigen Anthrachinone noch nicht ausreichend abgebaut sind. Fruchtreife: IX–X. Keimung der Samen über dem Erdboden (epigäisch).
Vegetative Vermehrung durch Wurzelsprosse.
Verwendung: Die Pflanze hat eine stark abführende Wirkung, die am Dickdarm angreift. Vor allem die Früchte werden seit langem hierzu verwendet, doch sollte man wegen der stark giftigen, evtl. sogar tödlichen Wirkung davon Abstand nehmen. – Das harte, im Kern orangerote Holz wird zu Drechslerarbeiten benutzt. Aus den unreifen Früchten wird „Saftgrün" gewonnen, das im alkalischen Milieu in Gelb („Gelbbeere"), in saurem Milieu in Rot umschlägt. Entsprechend ist Kreuzdorn eine alte, auch heute noch genutzte Färberpflanze für Textilien. – Empfehlenswert für Wildpflanzengärten und als Heckenpflanze.
Verwandte: siehe Faulbaum (*Frangula alnus* = *Rhamnus frangula*).

Rheum rhabarbarum LINNAEUS, Krauser Rhabarber, Speise-Rhabarber

Polygonaceae (= Knöterichgewächse)

Ausdauernder, sommergrüner Geophyt (Rhizomstaude), 80–200 cm hoch. Über primäres Dickenwachstum entsteht im zweiten Jahr ein knolliger Körper. An ihm treiben jährlich aus den Achseln vorjähriger Blätter neue, gestauchte Knospen aus, die angeschwollen ein Rhizom bilden. Zugwurzeln ziehen über Kontraktion das Rhizom immer wieder in die gleich bleibende Bodentiefe. Stängel nur mit wenigen kleinen, ungestielten oder sehr kurz gestielten Blättern. Rosettenblätter lang gestielt und mit über 50 cm breiten Spreiten.

Giftigkeit: Die Blattstiele des Rhabarbers, vor allem wenn sie roh und unreif sind, sind durch Oxalsäure (0,3–0,7 %) und Anthrachinone schwach giftig. Wer zu Nierensteinen usw. neigt, sollte wegen der Fällung des Blutkalziums Rhabarber unbedingt meiden. Bei Kindern kommt es nach Verzehr größerer Mengen immer wieder zu schweren Vergiftungen, vor allem zu Nierenversagen. Für Kleinkinder können schon wenige Blattstiele gefährlich sein. – Die Blattspreiten enthalten größere Mengen der Giftstoffe und sollten unbedingt gemieden werden. Eine Blattverfütterung an Schweine kann zu schweren bis tödlichen Vergiftungen führen. Auch beim Menschen sollen nach dem Verzehr von „Rhabarberspinat" tödliche Vergiftungen vorgekommen sein.

Namen: „*Rheum*" ist der griech. Name des im Rhodopegebirge in Bulgarien heimischen Pontischen Rhabarbers (*R. rhaponticum* L.) und bedeutet Wurzel, da das Rhizom der Art für Heilzwecke genutzt wurde. Auch das Wort „*rhabarbarum*" (spätlat. ‚rheu barbarum' = fremdländische Wurzel) bezeichnete zunächst letztere Art und wurde später auf unsere Art bzw. die ganze Gattung übertragen. – „Rhabarber" wurde im 16. Jh. über ital. ‚rabarbaro' entlehnt.

Vorkommen: Gartenpflanze. Bevorzugt frische, nährstoffreiche Böden. Heimat: Nordostasien (Mongolei usw.). Selten verwildert und nur unbeständig.

Blüten: V–VI. Blüten weiß, in weit ausladenden, lang gestielten, reichblütigen, rispigen, bis 2 m hohen Blütenständen. Blütenhülle (Perigon) aus gleichartigen, hinfälligen Blättchen. Narbe kopfig, 3-lappig. Die 9 Staubblätter sind auffällig. Nektar fehlt. Windbestäubung sowie mäßiger Besuch durch Honigbienen und Käfer.

Früchte: Ausbreitungseinheit sind kleine Nüsse mit 3 häutigen Flügeln, die dem bleibenden Perigon entsprechen: Windausbreitung. Im Gebiet aber praktisch nicht fruchtend.

Vegetative Vermehrung ist durch Teilung des Rhizoms leicht möglich.

Verwendung: Es liegt hier der seltene Fall vor, dass die Blattstiele zum Verzehr genutzt werden, nämlich für Kompott und Marmelade. Außerdem fällt es schwer zu entscheiden, ob Rhabarber Obst oder Gemüse ist. Rhabarber ist erst im 18. Jh. über England zu uns gekommen und noch heute in Russland unbekannt. Andererseits sind die als Abführmittel hochgeschätzten Arten *R. officinale* und *R. palmatum* schon im 12. Jh. durch die Araber aus Indien zu uns gelangt. Genutzt werden die Rhizome dieser Arten (Rhizoma Rhei), von denen kleinere Mengen stopfend, größere Mengen aber durch Sennoside abführend wirken. Diese Arten wurden schon vor 4000 Jahren arzneilich verwendet, zuerst in China. Das Rhizom des Speise-Rhabarbers hat eine ähnliche, aber schwächere Wirkung. Für Speisezwecke kultiviert werden heute überwiegend Bastarde des Typs *R. rhabarbarum* × *R. rhaponticum*.

Rhinanthus alectorolophus (Scop.) Pollich (= *R. hirsutus* Lam.), Zottiger Klappertopf

Orobanchaceae (Sommerwurzgewächse)

Einjährig (sommerannuell), 5–50(–80) cm hoch. Halbschmarotzer (Hemiparasit) auf verschiedenen Blütenpflanzen, besonders auf Süßgräsern, die evtl. stark geschwächt werden und oft schließlich absterben. Kleine Saugfortsätze (Haustorien) dringen zu den Wasserleitungsbahnen (Xylem) der Wirtswurzeln vor (vgl. auch *Melampyrum*). Um an die Nährsalze und die im Xylem gelösten organischen Verbindungen des Wirtes zu gelangen, transpirieren die Pflanzen stark und halten selbst im Dunkeln die Spaltöffnungen offen. Zusätzlich besitzen die Blätter auf der Unterseite wasserabgebende Drüsen (Hydathoden). Trotz eigener Photosynthese beziehen die Pflanzen auch einen beträchtlichen Anteil an Kohlenstoffverbindungen vom Wirt, so etwa bei *R. minor* 40–75 % (Tesitel 2011 Thesis. Univ. Ceské Budejovice). – Formenreich: Im Frühsommer blühende Rassen haben oft unverzweigte, Herbstrassen hingegen stark verzweigte Stängel (Saisondimorphismus). – Zum Schwarzwerden der Pflanzen beim Herbarisieren vgl. die Angaben bei *Cytisus nigricans*.

Systematik: *Rhinanthus* mit etwa 50 Arten und die ihr nahestehenden, ebenfalls hemiparasitischen Gattungen *Euphrasia* (Augentrost), *Melampyrum* (Wachtelweizen), *Odontites* (Zahntrost) und *Pedicularis* (Läusekraut) sowie die holoparasitische Gattung *Lathraea* (Schuppenwurz) wurden lange Zeit als Vertreter der Scrophulariaceae angesehen, werden aber neuerdings zu den Orobanchaceae gestellt, und zwar in die Gattungsgruppe (Tribus) Rhinantheae.
Giftigkeit: Schwach giftig durch Aucubin (= Rhinanthin), das u. a. zu Koliken und Durchfall führt, aber auch antibiotisch wirkt. Pferde gelten als besonders empfindlich. Wird vom Weidevieh gemieden; im Heu ist die Pflanze ungefährlich. Früher kam es gelegentlich zu Vergiftungen, wenn Brotgetreide mit Klappertopfsamen verunreinigt war.
Namen: „*Rhinanthus*" wurde von Linné geprägt, von griech. anthos = Blüte und rhis, rhinos = Nase, wegen der etwas an eine Hakennase erinnernden Form der Blütenoberlippe. Griech. „*alectorolophus*" (lat. „crista galli") = Hahnenkamm, wegen der gezähnten Deckblätter. Lat. „*hirsutus*" = zottig, wegen der Behaarung des bleibenden Kelches. – „Klappertopf" ist ein alter Name, bezogen auf die bei Wind in der reifen Frucht klappernden Samen.
Vorkommen: Halbtrockenrasen, arme Fettwiesen und Getreidefelder, auf basenreichen, meist kalkhaltigen, mageren Böden. Lehmzeiger. Wärmeliebend. Ebene bis Hochgebirge (deutsche Alpen bis 2300 m); im Norden meist fehlend. War früher wegen der Ertragsminderung der Wiesen häufiges und gefürchtetes Weideunkraut („Milchdieb"). In Süddeutschland und z. B. in der Schweiz wurden in den letzten Jahren auf extensiv bewirtschafteten Wiesen gelegentlich wieder Massenvorkommen der Pflanze festgestellt, die andere Arten unterdrücken. Bei nicht zu starkem Besatz fördern aber Klappertopf-Arten durch Hemmung des Graswuchses die Artenvielfalt.
Blüten: V–IX. Homogame „Eigentliche Lippenblumen", in einseitswendiger, ährenförmiger Traube. Schauorgane sind neben den Blüten auch deren auffällige, bleichgelbe Deckblätter. Streumechanismus mit kaum klebrigem Pollen. Kelch zottig behaart. Kronröhre 9–10 mm lang, gebogen. Bestäuber sind Hummeln und andere schwerere

Wildbienen sowie Falter. Erdhummeln beißen die Blüten seitlich an (Nektarraub).

Früchte: Fachspaltige, von dem als Windfang dienenden, blasigen Kelch umgebene Kapseln: Wind- und Tierstreuer. Auffällig ist das Klappern der Samen in den reifen Früchten. – WAGGERL formuliert es so: „Was hat der Klappertopf in seinem hohlen Kopf? Nur wieder Klappertöpfe, ihr Plapperköpfe!" – Samen flach, schwach geflügelt, ca. 2 mg schwer und mit Flügelsaum bis 6 mm lang; sie werden bei kräftigen Winden als Segelflieger ausgebreitet, allerdings meist nur bis 25 cm weit. Weitere Ausbreitung der Samen als Adhäsionshafter. Hinzu kommt Menschenausbreitung, indem bei der Mahd die Samen optimal ausgestreut werden. Fruchtreife: VI/VII–IX. Die Samen sind aber erst mit Winterbeginn keimfähig und auch nur bis zum Frühjahr, und danach erst wieder ab nächstem Winter. Kältekeimer. Samen kurzlebig.

Verwendung: Das Kraut wurde wegen des Aucubingehaltes früher genauso wie das verwandte Läusekraut (*Pedicularis*) gegen Läuse und andere Schädlinge angewendet. Gilt bei den Landwirten als Wiesen- und Ackerschädling (s. o.).

Weitere Arten:

Rhinanthus minor L., Kleiner Klappertopf: Kalkarme Magerrasen. Im Norden gefährdet. Blütezeit: V–VI. Kelch kahl. Kronröhre nur 7–8 mm lang, gerade. Zähne der Deckblätter ohne Granne. Spontane Selbstbestäubung ist möglich. – Für *R. minor* wurde nachgewiesen, dass die Pflanze auch ohne Wirt existieren kann, gewöhnlich aber auf mehreren Wirtspflanzen gleichzeitig parasitiert.

Rhinanthus serotinus (SCHÖNH.) OBORNY (= *R. angustifolius* C. C. GMEL.), Großer Klappertopf: Formenreich. Stängel ästig. Blätter oft lineallanzettlich. Basenreiche, aber nährstoffarme Feuchtwiesen und Halbtrockenrasen, seltener auf Äckern. Gefährdet. Blütezeit: V–VIII (inkl. Frühsommerform). Maskenblume. Kelch kahl. Kronröhre schwach gekrümmt, goldgelb, Schlund oft blaufleckig, fast geschlossen. Zähne der Deckblätter mit bis 1 mm langer Granne. Bestäuber sind langrüsselige Hummeln, seltener Falter.

Rhododendron hirsutum LINNAEUS,

Raublättrige oder Bewimperte Alpenrose oder Almenrausch

Ericaceae (= Heidekrautgewächse)

0,5–1 m hoher Strauch mit immergrünen Lederblättern. Blätter locker behaart mit umgebogenen Rändern. Unsere Alpenrosen haben einen Jahreszuwachs von nur 1/25 normaler Laubbäume. Spaltöffnungsbewegungen erfolgen schon bei Winden unter 1 m/s. Selbst bei guter Wasserversorgung schließen sie sich schon bei Winden über 1,5 m/s. Der Jahresgang der Frosthärte erfolgt wie bei den Nadelbäumen über die Anpassung der osmotischen Werte. Meist überdauern die Pflanzen allerdings im praktisch Wasserdampf gesättigten Zustand unter dem Schnee. Im Flachland, wo sowohl eine so ausgeprägte Frostanpassung als auch der Schneeschutz fehlen, erfrieren sie oft, ebenso wie an rasch ausapernden Standorten der Alpen. Auffällig ist bei einigen *Rhododendron*-Arten die Senkrechtstellung und leichte Einrollung der Blattflächen bei Minusgraden, was dem Frost- und Austrocknungsschutz dient. – Pilzwurzel (Ericaceen-Mykorrhiza). – **Stark giftig**.

Systematik: Die Gattung *Rhododendron* gehört in die Unterfamilie der Ericoideae (siehe *Erica*). Sie umfasst weltweit etwa 600–1200 Arten und ist damit die artenreichste Gehölzgattung überhaupt. Sie kommt von den tropischen Regenwäldern bis in die boreale Zone vor. Etwa 100 Arten sind bei uns als Ziersträucher in Kultur, so auch die meist kleinblättrigen und überwiegend sommergrünen Azaleen.

Giftigkeit: Viele *Rhododendron*-Arten enthalten als wirksamen Schutz vor Fressfeinden in ihren Blüten (einschließlich Nektar), Früchten, Blättern und Sprossachsen das **stark giftige** Andromedotoxin (Acetylandromedol, Grayanotoxin I). Starke Giftwirkung auch bei Säugern und Vögeln. Besonders gefährdet sind Wiederkäuer, bei denen jährlich bei der eingeschränkten Futterwahl im Winter Vergiftungen auftreten. Schon seit dem Altertum sind immer wieder Vergiftungsfälle durch Honig von *Rhododendron*-Arten (und anderen Ericaceen) beschrieben worden. Der unangenehm bittere Geschmack dieser meist aus Kleinasien oder Japan stammenden Erzeugnisse scheint keineswegs alle Menschen vom Verzehr schädlicher Mengen abzuhalten. In Mitteleuropa besteht die Gefahr einer Vergiftung durch *Rhododendron*-Honig allerdings kaum. Die beiden einheimischen Arten enthalten kein Andromedotoxin, dafür aber etwas Arbutin, außerdem ätherische Öle und Gerbstoffe.

Schädlinge: Seit einigen Jahren hat sich in Gärten und Parks bei einigen *Rhododendron*-Arten eine Infektion durch den Mikropilz *Pycnostysanus azaleae* stark ausgebreitet, die zum Absterben der Blütenknospen führt („Knospenfäule"). Die befallenen Knospen verfärben sich während des Winters grau und erscheinen durch die aus ihnen heraus wachsenden Sporenträger dunkel behaart. Die Infektion wird von der Rhododendron-Zikade *Graphocephala fennahi* übertragen, einem Neubürger aus Nordamerika, der bei der Eiablage an den Knospen Verletzungen verursacht, die dem Pilz als Eintrittspforte dienen. Zur Reduzierung der Infektionsgefahr müssen spätestens im Frühjahr alle befallenen Knospen entfernt werden und dürfen nicht in den Gartenabfall gelangen.

Namen: „*Rhododendron*" war bei DIOSKURIDES und noch bei den meisten vorlinnéschen Autoren der Name des Oleanders (*Nerium oleander*) und wurde erst von LINNÉ für die Alpenrosen verwendet, die vor LINNÉ meist *Ledum* genannt wurden (siehe *R. tomentosum*). Der Name leitet sich von griech. rhodon = Rose und dendron = Baum ab. Lat. „*hirsutus*" = zottig, wegen der Behaarung der Blätter. – Bei „Alm(en)rausch" bedeutet der zweite Wortbestandteil ‚niederes Gestrüpp, Busch' (vgl. Rauschbeere = *Vaccinium uliginosum*).

Vorkommen: Legföhrenbestände und lichte Kiefernwälder, auf basenreichen, meist kalkhaltigen Böden. Kennart des Erico-Rhododendretum (= Schneeheide-Alpenrosen-Gebüsch). Deutsche Alpen von etwa 1400 bis 2350 m. – Unsere *Rhododendron*-Arten sind nicht mehr ausdrücklich gesetzlich geschützt, aber auf jeden Fall **schützenswert**!

Blüten: VI–VIII. Waagerechte bis schräg abwärts gerichtete, vormännliche „Glockenblumen mit Streueinrichtung". Pollen mehlig, in Tetraden, durch klebrige Fäden verbunden. Narben sehr schleimig. Nektar wird unterhalb des Fruchtknotens reichlich abgeschieden und ist dort von den Staubfadenhaaren bedeckt. Bestäuber sind vor allem Hummeln, aber auch Bienen und Schwebfliegen. Wegen der langhaarigen Blütenstiele und Kelche genügt die leichteste Berührung, um den Pollen auszuschütteln. Selbstbestäubung ist möglich.

Früchte: Kapseln oberständig, aufrecht, wandspaltig, 5-fächerig, sich trocken öffnend: Wind- und Tierstreuer. Samen zahlreich, sehr klein, flach, geflügelt, mit lockerer Samenschale: Körnchenflieger. Fruchtreife: ab VIII. Wintersteher. Lichtkeimer.

Verwendung: Allbekannte Zierpflanzen-Gattung. Die einheimischen Arten *R. hirsutum* und *R. ferrugineum* werden weit seltener gepflanzt als die zahlreichen ausländischen Zierarten. – Übrigens halten sich abgeschnittene Blütenzweige wochenlang in der Vase.

Weitere Arten (vgl. auch den folgenden Abschnitt:

Rhododendron ferrugineum L., Rostblättrige Alpenrose oder Almenrausch: Ähnlich voriger Art. Blätter unterseits rostbraun, nicht bewimpert. Auf basenarmen, sauren Böden in humider Klimalage. Kennart des Rhododendro-Vaccinietum (= bodensaures Alpenrosengebüsch). Alpenvorland und Alpen (in Deutschland bis 2030 m; in Tirol bis 2450 m). *R. hirsutum* und *R. ferrugineum* sind ein typisches Beispiel für vikariierende Arten, also ähnliche Arten mit anzunehmender gemeinsamer Abstammung, die sich aufgrund ihrer Standortansprüche in ihrem Vorkommen gegenseitig ausschließen.

Rhododendron ponticum L., Pontische Alpenrose: Immergrüner Zierstrauch in wintermilden, sommerkühlen Lagen. Blüten violett. Frucht zylindrisch. Heimat: Tertiärrelikt im Strandza (Südostbulgarien), als Unterholz in artenarmen *Fagus orientalis*-Wäldern. Auch in Kleinasien, im Kaukasus und in Portugal. Fossile Nachweise auch in anderen Teilen Europas. Bei uns angepflanzt werden vor allem Hybriden und Formen mit gefüllten Blüten. Der Nektar ist wie bei der folgenden Art für Bienen giftig, weswegen entsprechend auch durch Honig bedingte Vergiftungen möglich sind (s. o.). – Wurde im 18. Jh. auf den Britischen Inseln als Zierpflanze eingeführt und hat sich inzwischen so stark vermehrt, dass sie dort zu einer ausgeprägten ökologischen Problempflanze geworden ist.

Rhododendron luteum SWEET (= *R. flavum* G. DON = *Azalea pontica* L.), Pontische Azalee, Duft-Azalee: Winterkahler Zierstrauch, meist bis 1 m hoch, am Naturstandort auch bis 4 m. Junge Zweige drüsig behaart. Blüten gelb, stark duftend, ca. 5 cm breit. Früchte länglich-zylindrisch. Heimat: Schwarzmeerküste bis Kaukasus, sonst eingebürgert. – Achtung: Da auch die vorige Art die pontische Herkunft im Namen trägt, kann es leicht zu Verwechslungen kommen.

Rhododendron tomentosum HARMAJA (= *Ledum palustre* L.), Sumpfporst

Ericaceae (= Heidekrautgewächse)

Immergrüner Strauch, 0,6–1,5 m hoch. Höchstalter 30 Jahre. Blätter lederartig, am Rande umgerollt, unterseits dicht rostfilzig, stark aromatisch. Auch das Holz ist wohlriechend. Die überwinternden Blätter dienen als Reservespeicher für den Austrieb des folgenden Frühjahrs. Entfernt man sie, stirbt die Pflanze ab. – Pilzwurzel (Ericaceen-Mykorrhiza). – **Stark giftig**.

Systematik: Einzige europäische Art der 4–10 Arten umfassenden Untergattung *Ledum*, die früher als eigenständige Gattung aufgefasst wurde.

Giftigkeit: Giftig in allen Teilen durch ätherische Öle mit den Hauptbestandteilen Ledol = Porstkampfer und Palustrol, die Rausch, Krämpfe und bei starker Dosis Gleichgewichtsstörungen bewirken.

Namen: Zum Namen „*Rhododendron*" siehe *R. hirsutum*. Lat. „*tomentosus*" = filzig behaart. „*Ledum*" (ledon) ist der lat.-griech. Name der Zistrosen (*Cistus*), der wegen der ledrigen Blätter vorlinnésch auf *Rhododendron*-Arten übertragen und von LINNÉ auf die vorliegende Art begrenzt wurde. – Unter „Porst" verstand man ursprünglich den Gagelstrauch (*Myrica gale*), so z. B. noch bei LÖNS. Weiterer Name ist „Wilder Rosmarin" wegen des ähnlichen Duftes und der ähnlichen Blätter wie beim Rosmarin (*Rosmarinus*). Zur Bezeichnung „Grut" siehe unter Verwendung.

Vorkommen: Kiefernbrüche und Hochmoore. Kalkmeidend. Kennart des Ledo-Sphagnetum (= Porst-Torfmoor). Wächst im Elbsandsteingebirge außerdem auch als Felsstrauch („Sächsische Alpenrose"). Durch die Trockenlegung der Moore sehr selten geworden und jetzt fast nur noch in Norddeutschland. Hauptverbreitung: Nordeuropa bis Westsibirien. Gefährdet. – **Geschützt**!

Blüten: V–VI. Vorweibliche, aromatisch-betäubend duftende „Nektar führende Scheibenblumen vom *Veronica*-Typ", in endständigen, reichblütigen Doldentrauben. Krone im Unterschied zu den meisten anderen Heidekrautgewächsen fast bis zum Grunde geteilt. Pollen in Tetraden. Bestäuber sind Fliegen und Bienen. Spontane Selbstbestäubung durch Einkrümmen der Staubfäden.

Früchte: Die unscheinbaren, herabhängenden, von unten her aufspringenden Kapseln entlassen zahlreiche längliche, durch Lufteinschluss leichte Samen: Windausbreitung als Körnchenflieger. Fruchtreife: VII–VIII. Wintersteher. Keimung erst nach 1 Jahr.

Verwendung: Die Blätter wurden früher arzneilich und wegen des durchdringenden Geruches häufig als Motten- und Wanzenmittel verwendet. Ähnlich wie Hopfen (*Humulus lupulus*) oder Gagel (*Myrica gale*) wurde Porst, vor allem östlich der Elbe und in Nordeuropa, als konservierender und aromatisierender Bestandteil dem Bier zugesetzt. Der Zusatz wirkte rauschverstärkend. Daher soll Porstbier Ursache der sprichwörtlichen „Berserkerwut" der Wikinger gewesen sein. Wegen der gesundheitsschädigenden Wirkung wurde z. B. im 18. Jh. im Hannoverschen die Verwendung von Porst zum Bierbrauen verboten. Biere mit Zusatz von Porst und/oder Gagel werden ‚Grutbiere' genannt (vgl. *Myrica gale*), wobei Grut (oder Gruit) neben Porst

oder Gagel in wechselnden Anteilen weitere Kräuter enthielt, so u. a. Wacholder.
Vegetative Vermehrung durch oberirdische Ausläufer (Legtriebe).
Weitere Art:

Rhododendron groenlandicum (OEDER) KRON et JUDD (= *Ledum groenlandicum* OEDER), Grönländischer Porst: Blätter breiter als bei voriger Art. Zier- und Teepflanze. Selten eingebürgert. Heimat: Nordamerika.

Rhus typhina L. (= *R. hirta* (L.) SUDW.), Essigbaum, Hirschkolben-Sumach

Anacardiaceae (= Sumachgewächse)

Sommergrüner Strauch, 3–6(–10) m hoch. Schnell wachsend, aber kurzlebig. Milchsaft führend. Zweige anfangs dicht braun samthaarig, später verkahlend. Blätter groß, unpaarig gefiedert, bis 40–50 cm lang. Fiedern unregelmäßig gesägt. Herbstfärbung der Blätter von gelb über orange bis leuchtend scharlachrot (siehe Detailfoto). – Unterschiede zu dem vom Habitus und der Lebensweise her ähnlichen Götterbaum (*Ailanthus altissima*) sind u. a. die gesägten (statt glatten, mit 1 bis wenigen Zähnen versehenen) Fiedern, die rote (statt fehlende) Herbstfärbung, die kompakten karminroten Blütenstände und der Strauchwuchs.

Systematik: Die Gattung umfasst weltweit 200–250 Arten. Sie gehört zu der im Gebiet sonst nicht vertretenen Familie der Anacardiaceae.
Giftigkeit: Alle Pflanzenteile sind schwach giftig durch Gerbstoffe (Ellagsäure) und Fruchtsäuren und verursachen bei Aufnahme größerer Mengen Magen- und Darmreizung und Erbrechen. Auch Säugetiere sind gefährdet. Der Milchsaft kann zu Haut- und Augen-Entzündungen führen. Die Pflanze enthält aber nicht den stark hautreizenden Giftstoff Urushiol wie der berüchtigte, in Asien und Nordamerika heimische Kletternde Giftsumach = Poison Ivy (*Toxicodendron radicans*).
Namen: „*Rhus*" ist der lat.-griech. Name des schon in der Antike genutzten Gerber-Sumachs (*R. coriaria*). Der Artbeiname „*typhinus*" = rohrkolbenartig geht auf LINNÉ 1756 zurück. Er bezieht sich nicht, wie meist angegeben, auf die angebliche Ähnlichkeit der Fruchtstände mit denen des Rohrkolbens (*Typha*), sondern auf die kräftigen Zweige, die in der Jugend samtig braun behaart wie Rohrkolben sind und an die Haut des sich neu bildenden Hirschgeweihs erinnern. Das geht aus der bei LINNÉ et al. in Centuria II Plantarum angegebenen Unterscheidung zu *R. glabra* hervor: ‚Ramis hirtis uti typhi cervini' = mit rauen Zweigen wie Kolben des Hirsches. – „Hirschkolben-" ist die zugehörige Übersetzung. „Sumach" wurde im 12. Jh. von arab. summaq entlehnt. „Essigbaum" wegen der Verwendung der Früchte als Zusatz bei der Essigherstellung.
Vorkommen: Wurde als Zierstrauch 1602 in Europa und 1676 in Deutschland eingeführt. Heimat: östliches Nordamerika. Anspruchslos, winterhart. Resistent gegenüber Luftverschmutzungen.

In Deutschland oft verwildert und in jüngster Zeit auch eingebürgert (etablierter Neophyt), z. B. in Ballungsgebieten, mit steigender Tendenz. Er ist als „potenziell invasiver Neophyt" eingestuft, ein dauerhaftes Eindringen in die natürliche Vegetation ist aber bisher noch nicht nachgewiesen worden. In der Schweiz ist das Ausbringen der Pflanze verboten.

Die Blätter sind bis 50 cm lang und im Herbst oft leuchtend scharlachrot. Die Fiedern sind gesägt.

Blüten: VI–VII. Sie erscheinen vor dem Blattaustrieb in bis zu 20 cm langen, dichten, pyramidenförmigen Rispen endständig an jungen Trieben. Pflanze zweihäusig, d. h. männliche und weibliche Pflanzen sind getrennt. Männliche Blütenstände gelbgrün, weibliche rot. Bestäuber sind verschiedene Insekten. Bienentrachtpflanze. Die Samen entwickeln sich häufig ohne Befruchtung (Apomixis).

Früchte: Rote, trockene, stark behaarte Steinfrüchte, 3–5 mm lang, zahlreich in aufrechten, karminroten, weithin sichtbaren Fruchtständen. Ausbreitung durch Vögel ist möglich, doch überwiegt die vegetative Vermehrung. Fruchtreife: VII–IX. Wintersteher.

Vegetative Vermehrung erfolgt reichlich durch Tochtersprosse an bis >10 m langen Wurzelausläufern bzw. durch Verschleppung von Pflanzenteilen mit Gartenerde usw.

Verwendung: Wegen der leuchtenden Herbstfärbung beliebter Zierstrauch in zahlreichen Kultursorten, z. B. auch schlitzblättrigen Formen. Wegen der dekorativen Fruchtstände werden weibliche Exemplare bevorzugt. Die getrockneten Blätter enthalten bis zu 25 % Gerbstoff und sind daher eine ergiebige Gerbstoff-Quelle, was beim verwandten Gerber-Sumach (*R. coriaria*) schon in der Antike genutzt wurde. Die Früchte wurden ähnlich wie bei letzterer Art als Zusatz bei der Essig-Herstellung verwendet. Man kann aus ihnen auch ein Erfrischungsgetränk (‚Indian lemonade') zubereiten, das reich an Vitamin C ist. Die Rinde kann zum Färben verwendet werden, z. B. stellten die Indianer daraus eine hellgelbe Kriegsbemalung her.

Ribes uva-crispa LINNAEUS (= *R. grossularia* L.), Stachelbeere

Grossulariaceae (= Stachelbeergewächse)

Winterkahler Strauch mit (1–)3–5-zackigen Stacheln, bis 1,50 m hoch. Blätter lang gestielt, 3–5-lappig. Nur 1 Korkschicht (Periderm) vorhanden, daher ohne Borkenbildung. – Flachwurzler. Pilzwurzel (arbuskuläre Mykorrhiza).

Systematik: *Ribes* umfasst etwa 150 Arten und ist die einzige Gattung der Familie Grossulariaceae, die früher zu den Saxifragaceae (= Steinbrechgewächse) gestellt wurde.

Schädlinge: *Ribes*-Arten sind Zwischenwirte des Rostpilzes *Cronartium ribicola*, dem Weymouthskiefern-Blasenrost. Er befällt 5-nadelige Kiefer-Arten (z. B. *Pinus strobus*; s. dort), jedoch nicht *P. peuce*, eine Balkan-Kiefer.

Namen: „*Ribes*" ist der persisch-arabische Name des in Westasien beheimateten und ehemals bis nach Mitteleuropa ge-

nutzten Syrischen Rhabarbers (*Rheum ribes*). Der Name wurde im Mittelalter auf die Johannisbeere (s. u.) übertragen, entweder weil diese als Ersatz für den aus dieser Pflanze gewonnenen Sirup verwendet wurde oder wegen des Vergleichs der säuerlichen Früchte der Johannisbeere mit den säuerlichen Blattstielen der Rhabarber-Art. „*Uva crispa*" ist der vorlinnésche Name der Stachelbeere, zu lat. uva = Weintraube und crispus = kraus, wahrscheinlich wegen der durch die Drüsen rauen, sonst aber weinbeerenähnlichen Früchte. Die Stachelbeere wurde früher zum Teil als eigene Gattung *Grossularia* von *Ribes* abgetrennt, worauf der noch heute gültige Familienname Grossulariaceae zurückgeht. – Der bekannte Zucker Ribose ist übrigens nicht nach *Ribes* benannt, sondern ein aus Arabinose umgebildetes Kunstwort.

Der reichlich abgegebene Nektar ist für unerwünschte Besucher durch Haare versperrt.

Vorkommen: Gebüsche, Waldsäume und reiche Laubwälder, auf frischen, nährstoff- und basenreichen Böden. Die Pflanzen wachsen gelegentlich ähnlich wie Epiphyten auf alten Kopfweiden oder Mauern, wohin sie durch Vogelkot gelangen. Wärmeliebend. Ebene bis mittlere Gebirgslagen (bis etwa 1000 m). Außerdem seit dem 16. Jh. in Kultur und häufig verschleppt (Neophyt).

Blüten (siehe Detailfoto): IV–V. Kleine, vorweibliche „Glockenblumen mit klebrigem Pollen", in 1–3-blütigen Trauben. Nektar wird reichlich abgegeben; der Zugang ist aber durch Griffelhaare für unerwünschte Besucher weitgehend versperrt. Die Narbe ist reif klebrig. Reicher Besuch durch Honigbienen, Wildbienen, Blattwespen, Fliegen usw.

Früchte: Beeren aus Fruchtknoten und Achsenbecher (= Blütenboden) gebildet, reif gelblich (bei Kultursorten durch Anthocyan auch rot; vgl. *R. nigrum*). Samen chlorophyllhaltig, vom schleimigen Samenmantel umgeben: Verdauungs- und Klebausbreitung. Fruchtreife: VIII.

Vegetative Vermehrung durch Absenker von Laub bedeckten Seitenzweigen.

Verwendung: Die Früchte wurden lange Zeit nur als Wildobst genutzt und erst im 15. Jh. in Kultur genommen. Ab dem 18. Jh. entstanden dann die großfrüchtigen Kultursorten, überwiegend durch Einkreuzung nordamerikanischer Arten. Die Welternte lag 2018 bei 175.000 t, wobei die Hälfte davon aus Deutschland stammte. Den Römern und Griechen war die Nutzung von Stachel- und Johannisbeeren unbekannt.

Weitere Arten:

Ribes rubrum L. (Artengruppe), Rote Johannisbeere: Stacheln fehlen. Beeren rot, bei Kultursorten auch weiß. Gelbliche „Nektar führende Scheibenblumen", in reichblütigen, hängenden Trauben. Nektar wird offen dargeboten. Die Kronblattzipfel sind zurückgebogen, sodass Bienen usw. sich an der Blüte festhalten können. Wild in Auwäldern. Kultur seit dem 15. Jh. Heutige Sorten gehen oft auf Kreuzungen mit der Felsen-Johannisbeere *R. petraeum* zurück. Sie werden gerne auf *R. aureum* PURSH gepfropft (veredelt). Zum Teil sind sie verwildert und eingebürgert. Name „Johannisbeere", weil die ersten Sorten um den Johannistag (= 24. Juni) reif werden. Der österreichische Name „Ribisel" leitet sich von *Ribes* ab. In Schwaben heißen die Früchte „Träuble". Die roten Beeren enthalten oligomere Anthocyanidine (OPC; siehe bei *Vitis*), ein wertvolles, vielseitiges Heilmittel.

Ribes nigrum L., Schwarze Johannisbeere, Cassis: Voriger Art sehr ähnlich, doch durch die von goldgelben Drüsen der Blattunterseite und der schwarzen Früchte abgegebenen ätherischen Öle von eigenartigem Geruch und Geschmack. Wild in Erlenbruch- und Auwäldern; gefährdet. Kultiviert seit dem 16. Jh. und, wie die vorigen Arten, ebenfalls verwildert und eingebürgert. Sehr wertvolles Obst. Die Beeren enthalten besonders viel Vitamin C und außerdem entsprechend ihrer fast schwarzen Färbung reichlich Anthocyane, die ähnlich wie bei *R. rubrum* bei Mensch und Tier die körpereigenen Abwehrkräfte steigern (antioxidative Wirkung!). Die Pflanze wird zur Herstellung von Fruchtsäften großflächig angebaut. Getrocknete Blätter ergeben einen sehr wohlschmeckenden Tee, den man z. B. auch gut mit schwarzem Tee mischen kann. In Schweden werden die Früchte zum Rotfärben benutzt. – Die seit 1975 auf dem Markt befindliche Jostabeere (abgekürzt aus Johannis- und Stachelbeere; *R.* × *nidigrolaria*) ist die durch mehrfache Kreuzung entstandene, tetraploide Hybride (*R. nigrum* × *R. uva-crispa*) × (*R. nigrum* × *R. divaricatum*), wobei letzteres eine amerikanische Stachelbeer-Art ist.

Ribes sanguineum PURSH, Blutrote Johannisbeere: Zierstrauch seit 1826. Heimat: Westliches Nordamerika. Hübscher Frühblüher: IV–V. Kelch- und Kronblätter rot. Beeren schwarz, aber weiß punktiert bis bereift, genießbar. Geruch ähnlich wie bei *R. nigrum*. Die Blüten werden in Kalifornien gern von Kolibris, bei uns von Faltern besucht.

Robinia pseudoacacia LINNAEUS, Robinie, Falsche Akazie, Scheinakazie

Fabaceae (= Schmetterlingsblütler)

Winterkahler Laubbaum, bis 25 m hoch, schnellwüchsig. Blätter unpaarig 7–9-zählig gefiedert. Nebenblattdornen 1–2(–3) cm lang, als Fraßschutz und Kondensationspunkte; man findet sie vor allem an Schösslingen. Blühende Zweige sind meist dornenlos, da deren Nebenblätter hinfällig sind. Junge Nebenblätter haben extraflorale Nektarien; sie dienen der Anlockung von Ameisen, die die Pflanze vor Fressfeinden schützen. – Borke tief gefurcht und häufig netzartig-längsrissig. Winterknospen der Seitentriebe winzig klein und ohne Knospenschuppen, von den Blattstielbasen geschützt. Wasserleitungsgefäße (Tracheen) bis 0,4 mm weit und entsprechend sehr gute Wasserleitung von bis zu 30 m pro Stunde. Dieser Wert wird bei uns nur noch von der Eiche sowie von Lianen übertroffen. Das Splintholz ist viel schmaler als das dunkle Kernholz und tritt daher im Stammquerschnitt als auffälliger heller Ring hervor. – Die Blätter führen ausgeprägte tagesperiodische (= circadiane) Blattbewegungen durch. Sie werden durch die Saftgelenke der Blattstiele und Fiedern ermöglicht. Nachts sind die Fiedern nach unten gesenkt („Schlafstellung"), tagsüber stehen sie horizontal ab. Zusätzlich zu diesen endogen bedingten, autonomen Schlafbewegungen kommt es bei intensiver Sonneneinstrahlung zu einer photonastischen Bewegung, bei der die Fiedern jedoch schräg nach oben gestellt werden (Lichtschutz). Für die Steuerung der Bewegung sind die auch bei *Mimosa* vorkommenden Turgorine verantwortlich. Die waagerecht stehenden Fiedern können außerdem seismonastische Bewegungen ausführen: Nach Erschütterung werden sie innerhalb einer Minute um 45° und innerhalb von 4 Minuten um 90° abgesenkt. Beim herbstlichen Laubfall fallen die Fiedern, die dann meist noch grün, seltener gelb sind, früher ab als die Blattspindel. – Pfahlwurzel, bis 15 m tief reichend. Wurzelpilz (hier arbuskuläre Mykorrhiza!), der den Baum u. a. mit Phosphor versorgt, sowie mehrjährige, bis 5 mm breite Wurzelknöllchen mit Stickstoff bindenden Bakterien der Gattung Rhizobium. Die Wurzeln sondern Stoffe ab, die das Wachstum anderer Pflanzen hemmen (Allelopathie). Daher sind Robinienbestände oft auffällig unterwuchsarm. – **Stark giftig**.

Giftigkeit: Alle Teile, vor allem die süßlich schmeckende Rinde und die Samen, sind durch Eiweißstoffe (Toxalbumine), Lectine, Glykoside usw. **stark giftig**. Die Blätter sind für zahlreiche Säugetiere, besonders auch für Pferde, sowie für Vögel tödlich giftig. Von Ziegen werden sie aber gerne und problemlos gefressen. – Der Sägestaub ist sehr giftig. Möglicherweise enthält auch der Nektar in geringem Maße Giftstoffe.

Namen: „*Robinia*" ist ein vorlinnéscher Name, zu Ehren des franz. Hofgärtners J. ROBIN (1550–1629), der den Baum 1601 aus Nordamerika nach Paris brachte. – Im Volksmund werden die (meist weiß blühenden) Robinien fälschlich als „Akazien" bezeichnet (daher „*pseudoacacia*"), dafür aber die echten (gelb blühenden) *Acacia*-Arten im Blumenladen als „Mimosen" verkauft (Echte Mimosen wiederum sind rosablütig).

Vorkommen: Angepflanzt und stellenweise, vor allem in Trockengebieten, verwildert und fest eingebürgert (Neophyt seit 1824). Heimat: Nordamerika. Rohbodenpionier. Bevorzugt frische bis mäßig trockene, ± tiefgründige Böden. Wärmeliebend, spätfrostempfindlich. Salzverträglich. In der Ebene verbreitet, seltener bis in mittlere Gebirgslagen. Nach dem zweiten Weltkrieg erfolgte eine zusätzliche Ausbreitung in mehreren Großstädten, z. B. Berlin, ausgehend von Trümmergrundstücken. –

usw. sowie Menschenausbreitung als Kulturflüchter. Die Samen sitzen oft überwiegend nur an einer Seite an, sodass nach der Trennung der Hülsenklappen die eine Hälfte oft deutlich mehr Samen hat als die andere. Samen sehr hartschalig, langlebig (bis ca. 30 Jahre). Fruchtreife: IX–X. Typischer Wintersteher. Lichtkeimer.

Vegetative Vermehrung erfolgt reichlich durch Wurzelsprosse (Wurzelbrut), die oft auch in größerer Entfernung des Hauptstammes auftreten.

Verwendung: Wurde als Zierbaum um 1635 in Deutschland eingeführt und seit etwa 1750 zur Befestigung von Halden, Böschungen und Eisenbahndämmen und gebietsweise großflächig zur Aufforstung von Ödland angepflanzt. Außerdem ist die Art ein wichtiger Park- und Alleebaum. Interessant ist die Kultursorte 'Monophylla' (= 'Unifoliola', „Straßen-Akazie"), bei der die Endfieder stark vergrößert ist und nur wenige oder keine Seitenfiedern vorhanden sind. In Deutschland ist die Robinie forstwirtschaftlich von untergeordneter Bedeutung, stellt aber in Teilen Ungarns und der Slowakei den wichtigsten Forstbaum dar. – Das sehr harte, feste und zugleich biegsame Holz ist von großer wirtschaftlicher Bedeutung für den Möbel-, Schiffs- und Bogenbau. Es ist dauerhafter als Eichenholz. Früher war es ein beliebtes Grubenholz, weil es frühzeitig durch Knacken ankündigte, dass das Holz unter Druck stand und daher der Stollen einzustürzen drohte. In Botanischen Gärten werden die Stämme gerne als Unterlage für Epiphyten benutzt. – Bienenfutterpflanze, die den bekannten „Akazienhonig" liefert. Dieser hat eine helle bis goldgelbe Farbe, schmeckt sehr milde und bleibt wegen des hohen Fructose-Anteils lange flüssig. In Brandenburg stellt die Robinie in manchen Jahren über die Hälfte der Honigernte. – Wie aus Holunderblüten, lässt sich auch aus Robinienblüten ein schmackhaftes Getränk herstellen. Die Blätter werden als Ziegenfutter verwendet (vgl. aber oben die Giftigkeit für andere Tiere und den Menschen). Die Samen können gekocht wie Erbsen verwendet werden, dürfen aber auf keinen Fall roh verzehrt werden.

Aufgrund der Stickstoffanreicherung durch die in den Wurzelknöllchen lebenden Bakterien vermögen Robinien auch auf nährstoffarmen Böden einen ertragreichen Wald aufzubauen. Andererseits werden im Unterwuchs der Robinienforste Stickstoff liebende Arten gefördert, die schließlich die artenreiche Vorvegetation völlig verdrängen. So wurden z. B. in Ostdeutschland sehr wertvolle Trockenrasen durch Robinien-Aufforstung vernichtet. Entsprechend wurde die Art in Deutschland als invasiver Neophyt eingestuft.

Blüten: V–VI. Homogame bis vormännliche, stark duftende, nektarreiche „Fahnenblumen" (= „Schiffchenblumen"), in vielblütigen, 10–25 cm langen, hängenden Trauben an jungen Zweigen. Die Blüten gelangen erst durch Drehung um 180° (Resupination) in die für die Bestäubung richtige Lage. Pumpmechanismus mit Bürsteneinrichtung; bei Druck auf das Schiffchen tritt zuerst die Narbe, dann der Pollen aus der Spitze des Schiffchens. Bestäuber sind besonders Honigbienen und Hummeln. Fremdbestäubung wird durch Anflug von unten gefördert. Bienentrachtpflanze: unsere nektarreichste Trachtpflanze für Honigbienen; jede Blüte bildet etwa 2–3 mg Nektar pro Tag. Beginn der Blühreife bereits ab dem 5. Jahr. Der Pollen wird offenbar auch vom Wind übertragen, da er als gelegentlicher Heuschnupfenerreger bekannt ist.

Früchte: Die flachen, 5–10 cm langen Hülsen bleiben bei uns lange geschlossen. Austrocknungsstreuer sowie vor allem Ausbreitung der Samen mit den vom Wind verwehten, geschlossenen oder geöffneten Hülsen bzw. Hülsenhälften. Außerdem Zufalls- und Bearbeitungsausbreitung durch Vögel

Rorippa sylvestris (L.) BESSER, Wilde Sumpfkresse

Brassicaceae (= Kreuzblütler)

Ausdauernder, durch grundständige Blätter überwinternder Hemikryptophyt (Schaftpflanze), aufrecht oder niederliegend, 20–40(– 60) cm hoch. Blätter gefiedert bis fiederteilig. – Bis >80 cm tief wurzelnd. Die Wurzeln produzieren Laubsprosse.

Namen: Die Bedeutung des 1760 von SCOPOLI geprägten Namens „*Rorippa*" ist unklar. Neulat. „*sylvestris*" = wild, nämlich im Vergleich zu der von LINNÉ in dieselbe Gattung *Sisymbrium* gestellten, oft angebauten Brunnenkresse (*Nasturtium officinale*). – Zum Begriff „Kresse" vgl. bei *Lepidium*.

Vorkommen: Pionierstandorte an Fluss- und Seeufern, feuchte Äcker und Ruderalstellen. Zum Teil über Pflanzen aus Baumschulen verschleppt. Nährstoffzeiger.

Blüten: V–IX. „Kleine Trichterblumen", deren goldgelbe Kronblätter den Kelch überragen. Im Kronengrund sind zwischen je 2 Staubfäden je 2 Nektarien inseriert. Die Narben und die Staubbeutel der 4 längeren Staubblätter stehen in gleicher Höhe, sodass Besucher mit dem Kopf beides berühren, wobei Selbst- und Fremdbestäubung erfolgt. Bei Regenwetter öffnet sich die Krone nur halb, wobei durch die längeren Staubblätter spontane Selbstbestäubung erfolgt.

Früchte: Schoten, 8–18 mm lang, spitz. Wind- und Tierstreuer, Wasserausbreitung und Menschenausbreitung über Gärtnereien. Fruchtreife: VIII–X.

Vegetative Vermehrung als rasenbildender Kriechpionier und durch Wurzelsprosse. Ganze Pflanzen können auch durch Hochwasser ausgebreitet werden.

Verwendung: Mit den tiefen Wurzeln und als Kriechpionier wertvoller Uferbefestiger. Wegen ähnlicher Inhaltsstoffe (Senföl-Glykoside usw.) können die Blätter der *Rorippa*-Arten wie *Nasturtium* zu Salaten usw. und auch arzneilich verwendet werden.

Weitere Arten:

Rorippa palustris (L.) BESSER (= *R. islandica* auct.), Gewöhnliche Sumpfkresse: Einjährig, kann aber durch grundständige Laubtriebe überwintern. Blätter fiederspaltig. Blüten kleiner, Kronblätter unscheinbar. Die langen Staubbeutel dienen der spontanen Selbstbestäubung, die 2 kurzen der Fremdbestäubung. Schötchen gedunsen.

Rorippa amphibia (L.) BESSER, Wasser-Sumpfkresse: Stängel niederliegend bis aufsteigend, bis zu 1 m hoch, Blätter meist ungeteilt, aber auch fiederschnittig. Schötchen kurz, auf bis 17 mm langen Stielen. Vor allem in Ufer- und Verlandungsgesellschaften. Stromtal- und Tieflandpflanze. Nektarien oft zu einem Nektarring vereint.

Rosa canina LINNAEUS (Artengruppe), Hunds-Rose, Hecken-Rose

Rosaceae (= Rosengewächse)

Winterkahler Dornstrauch mit überwiegend grünen, Photosynthese treibenden Zweigen. Als Spreizklimmer bis über 5 m hoch. Bis maximal 300 Jahre alt werdend. Im ersten Jahr wachsen bis über 2 m lange, einfache Schösslinge heran. Im zweiten Jahr entwickeln sich aus den Achseln der vorjährigen Blätter kurze Seitentriebe, die oft in Blüten enden. Die sprichwörtlichen „Dornen" der Rose sind aus botanischer Sicht Stacheln, d. h. Bildungen der Epidermis und der darunterliegenden Hypodermis. Sie dienen als Kletterorgane, zum Fraßschutz und evtl. als Kondensationspunkte. Bereits Albertus MAGNUS (ca. 1200–1280) unterscheidet erstmals die „Dornen" der Rosen, die nur der Rinde aufsitzen, von den „echten Dornen", die aus der Tiefe der Pflanze herauswachsen, wie z. B. beim Weißdorn (*Crataegus*). Auch fiel ihm bereits die Unterschiedlichkeit der Kelchblätter der Wildrosen auf und dass die Kronblätter hier (wie auch bei anderen Pflanzen) alternierend über den Kelchblättern stehen. Blätter unpaarig gefiedert, 8–12 cm lang, mit verlängertem und verbreitertem Blattgrund mit Nebenblattzipfeln. – Bezüglich der Benetzbarkeit der Blüten berichten FENG et al. (2008 Langmuir 24: 4114), dass die Kronblätter Wassertropfen intensiv festhalten, sodass diese sogar bei Wind oder auf der Unterseite der Blätter nicht wegrollen. Diese Erscheinung ist quasi das Gegenstück zum Lotus-Effekt (vgl. *Tropaeolum*) und wird ‚rose petal effect' genannt. Beide Phänomene gehen auf submikroskopisch kleine Unterschiede der Oberflächenstruktur (Nanostrukturen) zurück. Über technische Anwendungsmöglichkeiten (Bionik) schreiben LAW et al. (2014 Langmuir 30: 325). – Pilzwurzel (arbuskuläre Mykorrhiza).

Systematik: Die Gattung umfasst 100–150 Arten, von denen bei uns ca. 25 wild vorkommen und ca. 50 als Ziersträucher in Kultur sind. Unsere Wildrosen sind taxonomisch sehr schwierig, da sie oftmals Hybridschwärme darstellen und die Merkmale oft nur durch einen sonst unbekannten Fortpflanzungsmechanismus konstant gehalten werden. Die Chromosomen stammen zum überwiegenden Teil von der Mutterpflanze.

Schädlinge: Nicht selten findet man an Rosen mehrere cm breite Gallbildungen („Rosenäpfel" oder „Schlafäpfel"), das sind Gewebewucherungen, die nach dem Einstich durch die Rosengallwespe (*Diplolepis rosae*) erfolgen und in mehreren kleinen Kammern deren Larven beherbergen. Es gibt aber auch zahlreiche weitere durch Gallwespen verursachte Gallen. Blattschneiderbienen (*Megachile*) schneiden bis zu 1 cm breite rundliche

Stücke aus den Blättern, um damit ihre Brutröhren auszukleiden.

Namen: „*Rosa*“ ist der lat. Name der Kultur-Rosen, als Lehnwort von griech. rhodon, das seinerseits auf eine vorderasiatische Quelle zurückgeht. Lat. „*caninus*“ = Hunds-, mit der in der Antike üblichen abwertenden Bedeutung, im Vergleich zu den edlen Kultur-Rosen. – „Rose“ ist ein frühes Lehnwort (6. Jh.) für die durch die Klöster neu eingeführten Edelrosen im Unterschied zu den ‚hiufaltra‘ oder ‚hiefen‘ genannten Wildrosen und verdrängte schließlich deren Namen, der nur noch im Begriff ‚Hiefenmark‘ (s. u.) erhalten ist. „Butte“ ist der altdeutsche Name der Rosenfrucht, zu Butte = Fass (vgl. Büttenredner), wegen der Form, und wurde im 15. Jh. zur Verdeutlichung zu „Hagebutte“ erweitert, zu hag = Hecke, Hain, wegen des Vorkommens. „Hunds-Rose“ ist eine Lehnübersetzung. Das im 18. Jh. aufgekommene Farbadjektiv ‚rosa‘ (blassrot) leitet sich von *Rosa* ab.

Vorkommen: Hecken, Säume und lichte Wälder, auf warmen, frischen bis mäßig trockenen, basenreichen, meist tiefgründigen Lehmböden. Ebene bis mittlere Gebirgslagen (deutsche Alpen bis 1330 m).

Blüten: VI. Homogame „Pollen-Scheibenblumen“, d. h. es wird kein Nektar angeboten. (Achtung: „Rosennektar“ des Handels wird aus den duftenden Kronblättern von Rosen unter Zugabe von reichlich Zucker hergestellt.) Farbkontrast zwischen gelben Staubbeuteln und rosa Kronblättern. Blütenfärbung durch Anthocyane, vor allem Cyanidin. Der Pollen steht nur vormittags zur Verfügung. Duft zum Blütengrund hin zunehmend. Bestäuber sind Insekten aller Art (außer Faltern). Sie setzen sich in die Mitte der Blüte und bewirken so Fremdbestäubung. Bemerkenswert ist der Rosenkäfer (*Cetonia aurata*), der neben Nektar und Pollen auch andere Teile der Blüten frisst. Auch Selbstbestäubung ist z. T. von Erfolg. – Zahlreiche freie Fruchtblätter (apokarp). Anordnung der Kelchblätter spiralig (2/5 Schraube), die untersten sind weitgehend laubig (geteilt), nach oben zu werden sie fortschreitend vereinfacht. Dazu ein alter Rätselvers: „Fünf Brüder sind's / zu gleicher Zeit geboren, / zwei tragen einen vollen Bart, / dem dritten ist eine Wang' geschoren, / die beiden letzten bleiben unbehaart“.

Früchte: Hagebutten sind Sammel-Nussfrüchte. Sie entstehen dadurch, dass die freistehenden (chorikarpen) Fruchtknoten zu Nüsschen (= „Kerne“) heranwachsen und insgesamt von dem zur Reife fleischigen Fruchtbecher umgeben werden. Rotfärbung des Bechers durch Karotinoide, besonders Lycopin. Verdauungs-, Versteck- und Verarbeitungsausbreitung. Fruchtreife: IX–X.

Vegetative Vermehrung durch Wurzelsprosse, unterirdische Ausläufer und herabgesenkte, sich bewurzelnde Zweige.

Verwendung: Hagebutten sind wegen des hohen Gehaltes an Vitamin C und anderen Vitaminen ein bewährtes Mittel bei Erkältungskrankheiten. Sie werden z. B. zu einem herzhaft säuerlich schmeckenden Tee, zu Mus (= Hagebutten- oder Hiefenmark), zu Suppen, Wein usw. verarbeitet. Die Hunds-Rose dient auch als wüchsige Unterlage für Zierrosen und ist besonders auch für Wildpflanzengärten zu empfehlen. Die Rosengallen spielten wegen ihrer merkwürdigen Erscheinung in Aberglauben und Volksheilkunde eine Rolle. Die Blüten der Rosen-Arten können kandiert oder als essbare Dekoration verwendet werden. – Unsere Gartenrosen sind von verschiedenen Wildarten und ihren Bastarden abzuleiten. Sie liefern das als Parfüm geschätzte „Rosenöl“, das seit dem Altertum aus den Kronblättern verschiedener Rosen-Arten (namentlich *R. damascena*) gewonnen wird. Für 1 g Rosenöl braucht man 700 g Kronblätter. Man kennt heute etwa 30.000 verschiedene Kultursorten von Rosen. – Den Griechen war die Rose Symbol der Liebe, der Anmut und der Lebensfreude, den Germanen hingegen Sinnbild des Feuers und des Weltuntergangs. Auch ist sie ein wichtiges Symbol der Marienverehrung.

Weitere Arten (vgl. auch den folgenden Abschnitt):

Rosa gallica L., Essig-Rose, Zucker-Rose: Stängel dicht besetzt mit gekrümmten und geraden Stacheln. Blüten tiefrot, bis 7 cm breit. Wärme liebend. In Norddeutschland meist fehlend. Vegetative Vermehrung durch unterirdische Ausläufer. Stammart der „Zentifolien“ (s. u.). Kaum unter Blattlausbefall leidend. Die Blüten dieser Art und ihrer Verwandten werden unter Verwendung von Apfelessig bzw. Wein und Honig zur Herstellung des schon seit der Römerzeit arzneilich genutzten Rosenessigs verwendet (Name!).

Rosa rubiginosa L. (= *R. eglanteria* L.), Wein-Rose: Wegen der reich drüsigen Blätter stark nach Rosinen oder Äpfeln duftend, besonders nach Regen. Blüten zu 1–5, klein, dunkelrot, duftend und mit Nektar: Besucher sind Hummeln und verschiedene Käfer, z. B. der Rosenkäfer (*Cetonia*). Dazu reichlich spontane Selbstbestäubung. Trocken-warme Säume und Gebüsche, zerstreut. Als Heckenpflanze sehr zu empfehlen.

Rosa arvensis HUDS., Kriechende Rose: Griffel zu einer weit aus der Blüte herausragenden, dünnen Säule verwachsen. Krone weiß, duftlos. Waldpflanze, aber nur an lichtreichen Plätzen blühend, früher auch an Ackerrändern (Name!, neulat. arvensis = Acker-). Früchte schlank, gekrönt von den zu einer 3 mm langen Säule verwachsenen Griffeln. Zweige grün, niederliegend bis aufsteigend, kletternd oder überhängend, aber trotz des deutschen Namens nicht kriechend (d. h. nicht an den Knoten wurzelnd). In Laubmischwäldern und deren Säumen.

Rosa multiflora THUNB., Vielblütige Rose: Häufige, weil immer reichblühende Zierpflanze, stellenweise verwildert. Blüten nur bis 2 cm groß, weiß, zuweilen blassrosa, in vielblütigen, Blütenständen. Früchte nur ca. 7 mm lang. Heimat: Ostasien.

Rosa rugosa THUNBERG, Kartoffel- oder Runzelblättrige Rose

Rosaceae (= Rosengewächse)

Sommergrüner Strauch, 1–2 m hoch, durch unterirdische Ausläufer rasig wachsend. Zweige dicht dünnstachelig. Stängel aufrecht. Blätter dunkelgrün, runzelig, Kartoffelblättern ähnlich, aber kleiner und mit abgerundeten Fiedern.

Namen: Zu den Gattungsnamen siehe *R. canina*. Lat. „*rugosus*“ = runzelig, nach der Art der Blätter. – „Kartoffel-Rose“ wegen der Ähnlichkeiten der Blätter.

Vorkommen: Häufig angepflanzt und stellenweise (besonders im Norden und dort vor allem an der Küste) auch fest eingebürgert (seit dem 19. Jh.) und dadurch zum Teil Problempflanze, die als invasiver Neophyt an den Küsten Bestände bildet, in denen nur wenige andere Arten wachsen können. Salztolerant. Heimat: Ostasien.

Blüten: VI–VIII. Krone 6–8 cm breit, stark duftend, meist dunkelrosa, bei Kulturformen auch weiß. Bestäuber sind Hummeln, Bienen, Käfer usw. Man fand heraus, dass Bienen zwischen den spezifischen Pollendüften z. B. der Arten *R. rugosa* und *R. canina* zu unterscheiden vermögen.

Früchte: Sammelfrüchte bis über 2 cm breit, ziemlich dick, breiter als lang, ziegelrot. Verdauungsausbreitung sowie Schwimmausbreitung, z. B. durch Meerwasser. Vor allem aber Menschenausbreitung (Kulturflüchter und -relikt). Fruchtreife: VIII–X. Kältekeimer.

Vegetative Vermehrung durch die unterirdischen Ausläufer, wodurch schnell großflächige, dichte Bestände entstehen können.

Verwendung: Zierpflanze (in Europa seit 1796), die u. a. wegen der Salzverträglichkeit als Straßenbegleitgrün beliebt ist. An der Küste wird sie gerne zur Dünenbefestigung und zur Besucherlenkung gepflanzt. Kulturbestände müssen regelmäßig „auf Stock“ gesetzt, also stark zurückgeschnitten werden, da sie sonst leicht unansehnlich werden. Die Früchte sind wie alle Hagebutten essbar. Zu dem Zweck wird die Pflanze in Osteuropa eigens auch kultiviert.

Weitere Arten (vgl. auch den vorigen Abschnitt):

Rosa × damascena MILL. (= *R. gallica × R. moschata*), Portland- oder Damaszener Rose: Bis 2 m hoher Zierstrauch mit kräftigen Hakendornen und Borsten. Fiedern relativ groß, oft 2–6 cm lang, unterseits weichhaarig. Blüten bläulich bis rot. Blütenstiele drüsig und stachelig. Blütezeit: VI–VII. Kelch fiederig, abfallend. Früchte verkehrt-eiförmig. Wird in Süd- und Südosteuropa vor allem zur Rosenöl-Gewinnung angebaut.

Rosa × centifolia L., Zentifolie, Hundertblatt-Rose: Unproblematische alte Bauerngartenpflanze. Meist entstanden aus der Kreuzung der vorigen Sippe mit *R. canina*. Diese früher sehr beliebten Rosen sind den anderen Gartenrosen vorzuziehen, da sie kaum unter Blattlausbefall leiden und daher keiner Spritzung bedürfen. Mit wundervollem Duft. Hierher gehören auch die Moos-Rosen.

Rosmarinus officinalis LINNAEUS, Echter Rosmarin

Lamiaceae (= Lippenblütler)

Immergrüner, weit ausladender Strauch, bei uns meist bis 1 m, in Südeuropa bis 2 m hoch. Blätter nadelblattartig, 2–4 cm lang, glänzend dunkelgrün, unterseits durch Sternhaare dicht graufilzig, am Rande umgerollt. Gekennzeichnet durch einen kräftigen, kampferartigen Geruch von ätherischen Ölen, der besonders an Sonnentagen sehr intensiv ist.

Giftigkeit: Kann bei Überdosierung giftig sein. Bei Berührung kann es bei empfindlichen Personen zu Hautausschlägen kommen.

Namen: „*Rosmarinus*" (ros marinus) ist der lat. Name der Pflanze, der wörtlich ‚Meerestau' (oder ‚Spritzwasser') bedeutet. Er wird oft mit dem Standort an den Meeresküsten Südeuropas in Verbindung gebracht, aber die Etymologie ist ungeklärt. Neulat. „*officinalis*" = arzneilich verwendet. – „Rosmarin" ist Lehnwort (15. Jh.). „Echt" = für die Verwendung (als Heilpflanze) richtige Art.

Vorkommen: Kulturpflanze, die bei uns nur bedingt winterhart ist und daher in kälteren Lagen oft nur in Kübeln gezogen wird. Heimat: Mittelmeergebiet.

Blüten: V–VII. „Echte Lippenblumen", in Scheinquirlen. Krone hellblau, bei Kulturformen auch rosa oder weiß. Unterlippe dreiteilig, mit großem, löffelförmigem Mittelteil. Staubblätter 2 (sonst bei Lippenblütlern fast immer 4), weit aus der Blüte herausragend. Die Blütenstände sind im Unterschied zum Lavendel (*Lavandula angustifolia*) kurz und achselständig. Sie werden von Honig- und Wildbienen fleißig besucht.

Früchte: Die Klausen werden aus den schrumpfenden Kelchen herausgedrückt (Selbstausstreuer). Sie besitzen an der Basis einen Ölkörper (Elaiosom) und werden entsprechend durch Ameisen weiter ausgebreitet.

Verwendung: Als Heil-, Duft- und Gewürzpflanze bereits in der Antike wegen der ätherischen Öle, Bitterstoffe und Gerbstoffe genutzt. Außerdem Zierpflanze in zahlreichen Kultursorten. Gelangte als Heilpflanze im Mittelalter durch Mönche

zu uns. Karl der Große befahl 812 im ‚Capitulare de villis' die Anpflanzung in den kaiserlichen Landgütern. Als Gewürz passt es z. B. zu Fleisch, Fisch und Kartoffeln. Äußerlich nutzt man das ätherische Öl (Rosmarinöl) der Blätter in hautreizenden, schmerzlindernden Einreibungen bei Rheuma, Nervenschmerzen und Durchblutungsstörungen, in Bronchialbalsamen, Gurgellösungen und als Badezusatz. Innerlich wird Rosmarin bei Verdauungsstörungen, Erschöpfungszuständen und Kreislaufstörungen angewendet. Wirkstoffe sind verschiedene ätherische Öle (z. B. Kampfer), Saponine und Carnosinsäure. Vorsicht: Vergiftungserscheinungen bei Überdosierung; die ehemalige Verwendung für Abtreibungszwecke konnte lebensgefährlich werden. Die aus der Pflanze isolierte Carnosinsäure ist wichtiger Ausgangsstoff für verschiedene Arzneimittel. Beliebtes Fischgewürz. Rosmarin ist Hauptkomponente von Kölnisch Wasser. Noch bis ins 16. Jh. bestand bei uns der Brautkranz aus Rosmarin und wurde dann vom Myrtenkranz verdrängt. Die Pflanze spielte im Aberglauben eine Rolle und wurde auch als Weihrauchersatz verwendet.

Rubia tinctorum: siehe bei *Galium verum*

Rubus fruticosus LINNAEUS (Artengruppe), Echte Brombeere

Rosaceae (= Rosengewächse)

Winterkahler oder wintergrüner (und dann im Frühjahr Laub werfender) Strauch bzw. – genau genommen – holzige Staude mit zweijährigen Trieben: Die überwinternden Triebe lassen aus ihren Knospen ausschließlich Blütenstände hervorgehen und sterben nach dem Fruchten ab. Man nennt diese nur bei *Rubus* auftretende Lebensform Scheinstrauch. Häufig kletternd: Dünne und derbe Stacheln (vgl. *Rosa*) dienen als Kletterhaken und wohl auch als Fraßschutz. Oft typischer Spreizklimmer: Die wachsenden Zweige mit den rückwärts gerichteten Stacheln schieben sich über die Unterlage und verhakeln sich, wenn sie schließlich wegen ihres Gewichtes zurücksinken. Steigt an günstigen Standorten bis 5 m hoch in die Bäume und kann dann wieder bis zum Boden herunterhängen. Die Zweigachsen sind meist immergrün und photosynthetisch aktiv. Das Blattgrün wird aber öfter von roter Lichtschutzfärbung überdeckt. Viele Kleinarten haben fingerförmig 5-zählige Blätter: Dieser Blättertyp fehlt sonst bei heimischen Holzpflanzen. – Pilzwurzel (arbuskuläre Mykorrhiza) und Symbiose mit Stickstoff bindenden Fadenbakterien der Gattung *Frankia* (Actinorhiza).

Systematik: Apomixis (= Bildung von Samen ohne vorhergehende Befruchtung) ist verbreitet, was in Verbindung mit häufiger Bastardierung zu einer großen Zahl von Arten („Kleinarten") geführt hat. Das trifft auch für die an dieser Stelle nicht eigens abgegrenzte *Rubus corylifolius*-Artengruppe (= Haselblatt-Brombeeren) zu. In Mitteleuropa sind es bei enger Artauffassung insgesamt etwa 400 Kleinarten, die sich in ihren ökologischen Ansprüchen erheblich unterscheiden. Eine davon ist die neophytische, aus Kultur verwilderte und inzwischen überall, besonders auch in Ballungsgebieten, fest eingebürgerte Armenische B. (*R. armeniacus*) mit wohlschmeckenden Früchten. – Eine diploide (nicht apomiktische) Art ist *R. canescens* (s. u.). – Spezialisten, die sich mit dieser interessanten Pflanzengruppe beschäftigen, heißen Batologen (griech. batos = Brombeere).

Namen: *„Rubus"* ist der lat. Name der Pflanze, der zu Unrecht immer wieder mit lat. ruber = rot in Verbindung gebracht wird. Lat. *„fruticosus"* = strauchig, zu frutex = Strauch (nicht zu verwechseln mit fructus = Frucht!). – „Brombeere" zu altdeutsch brama = Dornstrauch/Ginster.

Vorkommen: Wälder, Hecken, Schläge, Säume, Heiden, Böschungen usw., auf meist nährstoff- und basenreichen, oft kalkarmen Lehmböden. Vor allem im luftfeuchten, wintermilden Klima. In Wäldern oft nur steril (wenn auch z. T. bestandbildend). Ebene bis mittlere Gebirgslagen, bis nahe an die Baumgrenze (deutsche Alpen bis 1650 m). – Brombeerhecken sind als ideale Refugien für zahlreiche Tiere und insbesondere als günstiger Nistplatz ökologisch wertvoll. Allerdings breiten sich Brombeeren mancherorts aufgrund einseitiger menschlicher Eingriffe, besonders als Folge von Eutrophierung und Entwässerung, zu sehr aus und können dann eine artenreichere Vorvegetation verdrängen und so eine eklatante Verringerung der örtlichen Biodiversität erzwingen. Nach neueren Untersuchungen durch den Baseler Ökologen C. Körner profitieren Lianen und auch Schattenpflanzen von einem erhöhten CO_2-Angebot. So dürfte die allgemeine Zunahme der bodendeckenden *Rubus*-Bestände in den Wäldern auf eine Zunahme des CO_2-Gehaltes der Atmosphäre zurückzuführen sein. Dies ist sehr gut zu beobachten in den noch in den 60er-Jahren fast bodenkahlen Kiefernwäldern der Oberrheinebene.

Blüten: V–VIII. Vorweibliche „Nektar führende Scheibenblumen", in Trauben oder Rispen, duftlos und mit großem Pollenangebot. Besucher sind Bienen (auch kurzrüsselige), die neben Fremd- auch Selbstbestäubung ermöglichen. Auch zahlreiche Schmetterlings-Arten stellen sich ein. Zur Apomixis siehe oben. Zur Entwicklung der Samen ist die Bestäubung nötig, da zwar nicht die Eizelle, wohl aber die Polkerne (in der Samenanlage neben der Eizelle liegend) für die Entwicklung des Nährgewebes (Endosperm) befruchtet werden müssen (Pseudogamie).

Früchte: Je Blüte entwickeln sich zahlreiche Steinfrüchtchen, die sich zu einer Sammelsteinfrucht verbinden. Früchte durch Traubenzucker und Fruchtsäuren süßsäuerlich. Färbung durch Anthocyane. Verdauungsausbreitung, besonders durch Vögel, aber z. B. auch durch Schnecken. Fruchtreife: VIII–IX(–X).

Vegetative Vermehrung durch lange Ausläufer (bei manchen Kleinarten bis 6 m), durch Wurzelsprosse und vor allem durch sich bogig nieder senkende Zweige, die sich bei Bodenkontakt bewurzeln.

Verwendung: Wegen der Früchte in zahlreichen Kultursorten angepflanzt. Sie enthalten 9 % Kohlenhydrate und sind u. a. reich an Vitamin A und Vitamin C (ca. 17 mg auf 100 g). Neuerdings sind stachellose Züchtungen sehr beliebt. Aus dem Saft lässt sich guter Wein und Brombeerschnaps herstellen. Sehr geschätzt sind auch Marmeladen und Gelees. Die Blätter geben einen beliebten Tee, der wegen des Gerbstoffgehaltes auch arzneiliche Verwendung findet. Tee aus fermentierten Blättern schmeckt ähnlich wie Schwarzer Tee.

Weitere Art (vgl. auch den folgenden Abschnitt):

Rubus canescens DC., Graue oder Filz-Brombeere: Diploide, nicht apomiktische Kleinart aus der *R. fruticosus*-Gruppe. Einzige heimische Brombeere mit normaler sexueller Vermehrung (2n = 2x = 14). Niederliegend oder aufsteigend mit beiderseits (bei der var. *glabratus* nur unterseits) sternhaarig-graufilzigen Blättern. Charakterart sonniger, basenreicher, aber oft kalkarmer Vegetation. Submediterrane, bis in die mediterranen Gebirge aufsteigende, bei uns in Weinbaugebieten verbreitete Art. Blüten weiß bis gelblich weiß.

Rubus caesius L., Kratz- oder Kroatzbeere, Bereifte Brombeere, Ackerbeere: Den Echten Brombeeren ähnlich. Bevorzugt nährstoffreichere, oft kalkhaltige Böden, viel an Wegböschungen und oft im Uferbereich: überschwemmungstolerant. Bodenverdichtungszeiger. Wuchs niedriger und Zweige kaum über 3–4 mm dick, Stacheln einfach, borstlich. Nebenblätter breit lanzettlich. Blüten homogam, weiß. Früchte durch Wachsüberzug bläulich bereift, oft mit nur wenigen Einzelfrüchten. Intensive vegetative Vermehrung durch Wurzelsprosse und sich bewurzelnde Triebe. Liefert den bekannten „Kroatzbeeren-Likör".

Rubus idaeus LINNAEUS, Himbeere

Rosaceae (= Rosengewächse)

Sommergrüner Scheinstrauch (vgl. *R. fruticosus*). Die aufrechten, 1–2 m hohen Triebe werden alljährlich aus dem überwinternden Rhizom neu gebildet. Sie blühen und fruchten im zweiten Jahr (selten bei einigen Kultursorten schon im ersten Jahr) und sterben nach der Fruchtreife: ab. Im Gegensatz zu *R. fruticosus* bewurzeln sich die Triebe meist nicht an der Spitze. Dünne, weiche Stacheln sind vorhanden, dienen aber nicht dem Klettern. Blätter der Schösslinge unterseits weißfilzig, im Gegensatz zu den anderen Arten (3–)5(–7)-zählig gefiedert, an jeder Pflanze mindestens einige Blätter 5-zählig; Endfieder deutlich gestielt.

Schädlinge: Die bekannten „Würmer" in den Früchten sind die Larven des Himbeerkäfers *Byturus tomentosus*. Früchte zuweilen mit dem unangenehmen Geschmack der an ihnen saugenden Beerenwanzen.

Namen: Zu den Gattungsnamen vgl. *R. fruticosus*; „*idaeus*" (batos Idaia) ist der lat.-griech. Name der Pflanze, zu batos = Brombeerstrauch und vermutlich dem in der griech. Mythologie bedeutenden Idagebirge in Troas (Kleinasien), jedenfalls nicht des gleichnamigen Berges auf Kreta. – Das deutsche Wort „Himbeere" (althochdeutsch hintberi) ist von ungeklärter Bedeutung; es wird oft mit der Hinde = Hirschkuh in Verbindung gebracht.

Vorkommen: Lichte Wälder, Gebüsche und Staudenfluren, auch in weniger milden Klimalagen. Außerdem als Obststrauch kultiviert. Verträgt keine Staunässe.

Blüten: V–VI. Homogame „Glockenblumen mit klebrigem Pollen", seitlich an Vorjahrstrieben. Kronblätter unscheinbar, kürzer als der Kelch. Reiches Pollenangebot. Duftlos, aber nektarreich, daher gerne von Bienen aller Art sowie von Faltern und Schwebfliegen besucht. Nektar zuckerreich (46 %). Bienentrachtpflanze. Normale sexuelle Vermehrung (2n = 14).

Früchte: Hellrote Sammelsteinfrüchte, die sich im Unterschied zu den anderen Arten der Gattung bei der Reife nicht mitsamt dem Blütenboden lösen. Verdauungsausbreitung durch größere und kleinere Säuger und Vögel. Menschenausbreitung als Gartenpflanze. Fruchtreife: VII–IX.

Vegetative Vermehrung durch unterirdische Kriechsprosse (Wurzelsprosse). Öfter typische Kahlschlagpflanze. Dadurch auch in Gärten sehr invasiv und so schnell zum „Unkraut" werdend. Seltener ist die Vermehrung über Absenker.

Verwendung: Wildobst. Außerdem in zahlreichen Kultursorten und Hybriden angebaut. Die Welternte lag 2018 bei 370.000 t. Die Früchte sind zuckerreich wie Brombeeren, haben aber mit 25 mg auf 100 g einen noch höheren Vitamin C-Gehalt. Die Heilwirkung der Früchte war schon im Altertum bekannt. Himbeerblätter werden in der Volksmedizin ähnlich wie Brombeerblätter bei Durchfallerkrankungen verwendet.

Weitere Arten (vgl. auch den vorigen Abschnitt):
Rubus chamaemorus L., Moltebeere, Multbeere: Niedrige, 5–25(–45) cm hohe, sich jährlich aus

dem Rhizom erneuernde Staude. Stängel stachellos. Blätter 5-lappig. Arktische Reliktpflanze mit Hauptverbreitung im kaltgemäßigten (borealen) Klima der Nordhalbkugel. Sie ist entsprechend z. B. auf der finnischen 2-Euro-Münze abgebildet. Aktuelle Vorkommen bei uns nur noch in Hochmooren im nördlichen Niedersachsen. Stark gefährdet. **Streng geschützt!** Blüten erdbeerähnlich. Meist zweihäusig, indem alle Blüten einer Pflanze durch frühzeitigen Abwurf des einen Geschlechts eingeschlechtlich werden. Früchte wohlschmeckend, anfangs rot, reif gelb bis orange, weich; der Fruchtansatz ist aber bei uns selten; die Hauptausbreitung erfolgt vegetativ durch unterirdische Sprosse. Die Pflanze vermag in der arktischen Mitternachtssonne noch eine positive Photosynthesebilanz zu erzielen. In den nordischen Ländern sehr geschätzte Obst-, Likör- und Heilpflanze.

Rubus saxatilis L., Steinbeere, Stein-Himbeere: Staude (Hemikryptophyt). Stängel nur 10–20(–30) cm hoch, wenig borstig. Blätter 3-zählig, geteilt. Wälder, Waldsäume und Gebüsche, bis in die subalpine Stufe. Blütezeit: V–VII. Blüten vorweiblich, unscheinbar, aufrecht, mit schmalen, weißen Kronblättern, die sich über dem Nektar absondernden Blütenboden zusammen neigen. Bestäuber sind Bienen und Wespen, die zwischen den Kronblättern zum Nektar gelangen. Später auch Selbstbestäubung. Sammelfrüchte aus nur (1–)6 hellroten Steinfrüchtchen gebildet, mit Geschmack nach Johannisbeeren. Fruchtreife: ab VI. Vegetative Vermehrung durch wurzelnde Kriechsprosse.

Rumex acetosa LINNAEUS, Wiesen-Sauerampfer

Polygonaceae (= Knöterichgewächse)

Ausdauernde, meist wintergrüne Halbrosettenpflanze mit Rhizom, 30–100 cm hoch. Blattspreite am Grunde pfeilförmig. Die tütenförmigen Blattscheiden (= Ochrea) sind durch Verwachsung der Nebenblätter entstanden und dienen als Knospenschutz.

Systematik: Die Gattung umfasst ca. 130 Arten, überwiegend in der gemäßigten Zone der Nordhalbkugel, von denen ca. 23 bei uns wild vorkommen. – Bemerkenswert sind die Polyploidreihen bei *Rumex*-Arten: *R. sanguineus* 2n = 20, *R. obtusifolius* 2n = 40, *R. crispus* 2n = 60 und *R. hydrolapathum* (die größte dieser Arten) 2n = 200.

Giftigkeit: Pflanze schwach giftig durch den hohen Gehalt an Oxalsäure und deren löslichen Salzen, vor allem Kleesalz (= Kalium-Hydrogen-Oxalat). Vom Verzehr größerer Mengen ist abzuraten, da es beim Menschen u. a. zu Calcium-Mangel kommen kann. Bei Kindern sind sogar schon tödliche Vergiftungen vorgekommen. Viehvergiftungen sind bei Massenauftreten der Pflanze möglich.

Schädlinge: Futterpflanze für zahlreiche Tag- und Nachtfalter. – Zum Ampferblattkäfer vgl. *R. obtusifolius*.

Namen: „*Rumex*" ist der lat. Name des Garten- und/oder Schild-Ampfers. „*Acetosa*" ist der vorlinnésche Name verschiedener Sauerampfer-Arten, von lat. „*acetosus*" = (essig)sauer, wegen des säuerlichen Geschmacks der Blätter. – „Ampfer" bedeutet ‚sauer' und bezog sich ursprünglich nur

Die Blattspreite ist spießförmig.

auf den Sauerampfer. Letzteres Wort ist also eine Doppelbezeichnung (Tautologie).

Vorkommen: Wiesen aller Art, auf frischen bis feuchten, nährstoffreichen, meist kalkarmen Böden. Stickstoffzeiger. Ebene bis Gebirge (deutsche Alpen bis ca. 1700 m). Zirkumpolar verbreitet.

Blüten: V–VI. Windblütig: „Langstaubfädiger Typ". Zweihäusig; weibliche Pflanzen mit 2 X-Chromosomen, männliche mit 1 X- und 2 Y-Chromosomen. Blütenhülle einfach (Perigon). Blütenstände rispenartig (Thyrsen), Teilblütenstände dichasial, wickelig. Hohe Pollenproduktion: 30.000 Pollenkörner je Staubblatt und 300 Mio. je Blütenstand. Honigbienen sammeln den Pollen. Heuschnupfenerreger.

Früchte (siehe Detailfoto): Die inneren 3 Perigonblätter wachsen nach der Blüte weiter und hüllen dann als „Valven" die kleinen Nussfrüchte ein. Die Valven dienen zusammen mit einer lufthaltigen Schwiele und durch Einschluss von Luft sowie durch die Flügelbildung als Ausbreitungsorgan. Ausbreitung als Segelflieger (bei starkem Wind) und als Wasserhafter. Zufallsausbreitung durch Huftiere. Schwimmausbreitung. Fruchtreife: VI–VIII. Lichtkeimer. Samen langlebig.

Die Früchte sind geflügelt.

Vegetative Vermehrung durch Wurzelsprosse, besonders nach Verletzung.

Verwendung: Blätter am besten im Frühjahr, aber selbst noch bis in den Herbst hinein als Suppengewürz und Spinatbeimischung geeignet. Wegen möglicher Giftwirkung siehe oben. Auf jeden Fall sollten Nierenkranke, unter Kalziummangel Leidende und zum Sodbrennen Veranlagte Sauerampfer meiden. Sauerampfer ist eine sehr alte Kulturpflanze, die lange Zeit kaum noch angebaut wurde, aber wieder zunehmend in Kultur genommen wird.

Weitere Arten (vgl. auch die folgenden Abschnitte):

Rumex thyrsiflorus FINGERH., Rispen- oder Straußblütiger Sauerampfer: Ähnlich voriger Art, aber Blütenstand dicht und mehrfach verzweigt. Ruderalstandorte, z.B. Straßenränder, und ruderal beeinflusste Wiesen, besonders auch in Stromtälern. Noch in Ausbreitung begriffen. Blüht 2–6 Wochen später als *R. acetosa*.

Rumex scutatus L., Schild-Sauerampfer, Schild-Ampfer: Ursprünglich in basenreichen Steinschutt- und Geröllfluren der Alpen (in Deutschland bis 2050 m); dort typischer Schuttwanderer. Wird seit der Römerzeit gelegentlich als Gemüse-, Salat- und Gewürzpflanze angebaut („Französischer oder Römischer Spinat"), ist stellenweise aus Kultur verwildert und zuweilen auch in tieferen Lagen eingebürgert, so auch an Burgruinen und Stadtbefestigungen. Sie soll ein feineres Gemüse als z.B. der Garten-Ampfer liefern. Windausbreitung als mehrflügelige Drehflieger sowie Menschenausbreitung (Kulturflüchter und -relikt).

Rumex arifolius ALL. (= *R. alpestris* auct.), Berg-Sauerampfer: Ähnlich *R. acetosa*, aber untere Stängelblätter fast dreieckig und Blattscheiden ganzrandig. Pflanze der Hochstaudenfluren und Wiesen im höheren Mittelgebirge (ab ca. 900 m) und verbreitet in den Alpen. Blütezeit: VI–VIII. Windbestäubung. Drehflieger sowie Verdauungs- und Zufallsausbreitung durch Weidetiere und z.B. Gämsen. Fruchtreife: ab VII. Verwendung in der Küche wie bei den vorigen Arten.

Rumex acetosella L., Kleiner Sauerampfer: Silikatmagerrasen, Heiden, Ruderalstellen, Brachen usw., meist auf sauren Sandböden. Magerkeitszeiger. 10–15(–30) cm hoch. Blätter klein, spießförmig, mit waagrecht abstehenden Zipfeln an der Spreitenbasis. Durch weithin ziehendes Wurzelwerk und durch Bildung von Wurzelsprossen wichtiger Bodenfestiger der Sanddünen und Pionierpflanze auf ärmsten Böden. Ausbreitung u.a. als Regenschwemmling. Junge Blätter können gekocht verwendet werden.

Rumex alpinus LINNAEUS (= *R. pseudoalpinus* HÖFFT), Alpen-Ampfer

Polygonaceae (= Knöterichgewächse)

Ausdauernder Hemikryptophyt (Halbrosettenpflanze), 50–150 cm hoch. Entfernt dem Rhabarber ähnlich. Blätter bis 50 cm lang.

Giftigkeit: Wegen des Gehaltes an Oxalsäure (vgl. *R. acetosa*) werden die Pflanzen vom Vieh gemieden.
Namen: Zu den Gattungsnamen siehe *R. acetosa*. Lat. „*alpinus*" = in den Alpen bzw. in der alpinen Stufe wachsend.
Vorkommen: Lägerfluren der subalpinen Stufe, vorzüglich in Siedlungsnähe bzw. Zeiger ehemaliger Siedlungen. Stickstoffzeiger. Kennart des Rumicetum alpini (= Alpen-Ampfer-Lägerflur). Gefürchtetes „Unkraut" der Weiden: Überweidungszeiger. – Bereits in der Aurignaczeit haben Höhlenbärenjäger in den Slowenischen Alpen Früchte hinterlassen (nach REISIGL).
Blüten: VI–VIII. Windbestäubung. Blüten in langen, dichten, stark verzweigten Rispen. Innere Perigonblätter (Valven) grün, zur Fruchtzeit auffällig rotbraun gefärbt.
Früchte: Nüsse gelbbraun, glänzend. Flügelflieger (Drehwalzenflieger) sowie Zufallsausbreitung durch Kleinvögel. Fruchtreife: VIII–X. Wintersteher. Samen mehr als 10 Jahre keimfähig.
Verwendung: Viehfutterpflanze (als solche vor allem früher sehr wichtig). In den Almhütten nahm man die Blätter zum Einwickeln von Käse oder verarbeitete sie wie Sauerkraut zur Winterfütterung (Silage; die Oxalsäure wird dabei wohl abgebaut). Hierzu wurden die Pflanzen zum Teil gefördert, was einen Übergang zur Kultivierung darstellt. Sie dürften damit eines der ältesten Wildgemüse in Mitteleuropa sein (s. o.). – Als „Mönchsrhabarber" waren die Blätter und Rhizome in den Alpenländern ein beliebtes, mildes Abführmittel.

Rumex obtusifolius LINNAEUS, Stumpfblättriger Ampfer

Polygonaceae (= Knöterichgewächse)

Ausdauernder Hemikryptophyt (Schaftpflanze), 50–120 cm hoch. Von *R. acetosa* u.a. durch die am Grunde nicht pfeilförmigen Blattspreiten und das Fehlen des sauren Geschmacks unterschieden. Untere Blätter bis 15 cm breit und bis 40 cm lang. – Bis 2 m tief wurzelnder Intensivwurzler.

Giftigkeit: Diese und verwandte Arten sind giftig bis schwach giftig und können zu Herz- und Nierenschädigungen sowie zu Hautreizungen führen. Bei Massenvorkommen in Wiesen kann es zu Vergiftungen beim Weidevieh kommen. Im Rhizom be-

finden sich Anthrachinone und Gerbstoffe, in den Blättern Oxalsäure.

Schädlinge: Haupt-Fressfeind der Ampfer-Arten sind der 4–7 mm lange Ampferblattkäfer (*Gastrophysa viridula*) und seine Larven, die sehr eifrig das Blattgewebe zwischen den Blattnerven fressen. Der Käfer lebte noch Anfang des 20. Jh. vorwiegend auf dem Alpen-Ampfer (*R. alpinus*), breitete sich dann stark aus und frisst jetzt an verschiedenen großblättrigen Ampfer-Arten. Versuche, Ampfer mithilfe des Ampferblattkäfers biologisch zu bekämpfen, erwiesen sich als für die Praxis wenig geeignet.

Namen: Neulat. „*obtusifolius*" = stumpfblättrig, im Vergleich zu *R. crispus*.

Vorkommen: Ruderalstellen, Waldschläge, Wiesen usw., auf grundfrischen, nährstoffreichen Böden. Stickstoff- und Überdüngungszeiger. Entwickelt bei Überweidung flächendeckende Bestände und ist wegen der Bildung von Wurzelsprossen als „Unkraut" kaum auszurotten. *R. obtusifolius* ist weltweit verschleppt.

Blüten: VII–VIII. Pflanze mit männlichen und größeren, vormännlichen Zwitterblüten (andromonözisch). Durch die räumliche Trennung von Staubbeuteln und Narben ist Selbstbestäubung innerhalb der Blüte nicht möglich.

Früchte: Nüsse hellbraun, glänzend, von den 3 inneren Perigonblättern (Valven) fest umgeben. Valven lang gezähnt, 1–3 davon mit Schwiele: Flügelflieger (Drehwalzenflieger), Klettausbreitung (durch die Valvenzähne) und Schwimmausbreitung. Dazu Menschenausbreitung sowie Zufallsausbreitung durch Huftiere. Fruchtreife: VIII–IX. Wintersteher. Samen langlebig.

Vegetative Vermehrung durch Wurzelsprosse.

Verwendung: Arzneilich wird das Rhizom u. a. als Abführmittel angewandt. Die gerbstoffreichen Früchte hingegen sind ein altes Volksmittel gegen Durchfall. – Frische Blätter werden manchmal als Salatbestandteil oder als Gemüse gegessen (aber Vorsicht: Oxalsäure!; vgl. *R. acetosa*).

Weitere Arten (vgl. auch die vorigen Abschnitte):

Rumex crispus L., Krauser Ampfer: Ähnlich wie *R. obtusifolius*, von diesem u. a. durch die am Rande gewellten Stängelblätter und die ungezähnten inneren Perigonblätter unterschieden. Feuchte, nährstoffreichere Ruderalstellen, Äcker und gestörte Wiesen. Blütenökologie wie bei voriger Art. Wegen der glatten Ausbreitungseinheiten ohne Klett-, aber wahrscheinlich mit Wasserhaftausbreitung. Bastarde mit voriger Art sind nicht selten (*R.* × *pratensis* = Bastard-Ampfer). Arzneiliche Verwendung früher ähnlich wie bei *R. obtusifolius*. Bestandteil von pflanzlichen Mitteln gegen Erkältung.

Rumex sanguineus L., Hain-Ampfer, Blut-Ampfer: Verbreitet insbesondere an schattig-feuchten Waldwegen. Die lufthaltige, später gerötete (einzige) Schwiele an einer der ganzrandigen Valven dient der Ausbreitung als Regenschwemmling und auch der Anlockung von Ameisen. Der aus den Leitbündeln beim Abreißen der Blätter austretende blutrote Saft ist seit langem bekannt und war namengebend.

Rumex conglomeratus Murray, Knäuel-Ampfer: Verbreitet an Ufern und anderen Feuchtstandorten. Blütenstand fast bis zur Spitze beblättert. Teilblütenstände dicht knäuelig (Name!).

Rumex hydrolapathum Huds., Fluss-Ampfer, Hoher Ampfer: Mit 1–2 m Höhe unser größter Ampfer und bei uns wohl auch die höchstwachsende, heimische, dikotyle Schaftpflanze überhaupt. Auch die länglich-lanzettlichen Blätter sind mit 1 m Länge rekordverdächtig. In unseren Breiten kann natürlich nur ein Bewohner nährstoffreicher, dauerfeuchter Standorte der wärmeren Lagen solche Ausmaße erreichen. Stromtalpflanze, die den Alpen fehlt. Charakterart der Röhrichte und ufernaher Großseggengesellschaften. Windbestäubung und Schwimmausbreitung. Attraktive Uferpflanze für Gartenteiche.

Rumex patientia L., Garten-Ampfer, Ewiger oder Englischer Spinat: Ähnelt entfernt *R. obtusifolius*, hat aber kleinere Blätter und u. a. ungezähnte, flügelartige innere Perigonblätter (= Valven), bis 1,50 m hoch.

Seit dem Mittelalter bekannte und viel in Klostergärten gezogene Blattgemüse- und Zierpflanze, die aber heute kaum noch in Kultur ist. In mildem Klima können die Blätter das ganze Jahr hindurch geerntet werden. Soll besonders zusammen mit Bärlauch (*Allium ursinum*) gekocht ein gutes Frühjahrsgemüse liefern. Wird wegen des dicken Rhizoms ähnlich wie *R. alpinus* „Mönchsrhabarber“ genannt und entsprechend angewandt (s. o.). Auch bei dieser Art ist der Oxalsäuregehalt ziemlich hoch. Gelegentlich verwildert und stellenweise eingebürgert.

Ruta graveolens Linnaeus, Wein-Raute

Rutaceae (= Weinrautengewächse)

Halbstrauch, am Grunde schwach verholzend, diesjährige Triebe krautig, 30–80 cm hoch. Ganze Pflanze, wie alle Vertreter der Familie, mit zahlreichen Öldrüsen und wegen der ätherischen Öle von unangenehmem, sehr intensivem Geruch. Blätter bläulich grün, kahl, 1–2-fach gefiedert mit fiederteiligen Abschnitten, etwas dicklich und von leicht bitterem Geschmack; im durchscheinenden Licht lassen sich die Öldrüsen gut erkennen.

Systematik: Die Gattung umfasst 7 Arten. Zur gleichen Familie gehört die artenreiche Gattung *Citrus*.

Giftigkeit: Die Weinraute enthält Furanocumarine, die im Licht zu Hautausschlägen führen können, also photosensibilisierend wirken. Gemeinsam mit dem Riesen-Bärenklau (*Heracleum mantegazzianum*) gehört sie zu den Pflanzen, bei der diese Reaktion besonders heftig ist und schon nach leichter Berührung der Pflanze auftreten kann. Auch sonst ist die Pflanze giftig durch verschiedene Alkaloide, Cumarin-Derivate sowie das nach *Ruta* benannte Flavonoid Rutin.

Namen: „*Ruta*“ (rhyte) ist der lat.-griech. Name der Pflanze, mit ungeklärter Etymologie. Lat. „*graveolens*“ = stark duftend. – „Raute“ (ahd. ruta) ist Lehnwort, das mit der geometrischen Figur Raute/Rhombus sprachlich nicht zusammenhängt. „Wein-“ wegen der Verwendung. – „Raute“ ist auch Namensbestandteil weiterer Pflanzen mit rautenförmigen Blattabschnitten, z. B. Mauerraute (*Asplenium ruta-muraria*) und Wiesenraute (*Thalictrum*).

Vorkommen: Kulturpflanze. In wärmeren Lagen nicht selten verwildert und in Weinbaugebieten stellenweise eingebürgert (Neophyt und Archäophyt). In sonnigen Lagen leicht zu kultivieren. Heimat: Mittelmeergebiet. Gefährdet (Stand 2018).

Die endständigen Blüten sind 5-zählig, die übrigen 4-zählig.

Blüten (siehe Detailfoto): VI–IX. Gelbe, streng vormännliche „Nektar führende Scheibenblumen“, in rispenartigen Pleiochasien (= mehrstrahlig, sympodial verzweigte Blütenstände). Nektar offen zugänglich, zuckerreich (55 %), vom gut sichtbaren Diskus abgesondert. Zugleich Pollenblume; die auffälligen autonomen Bewegungen der Staubblätter (sie nehmen der Reihe nach die Stellung ein, wo sich später die Narben befinden) hängen offenbar mit deren Schaufunktion zusammen. Seitliche Blüten 4-zählig, endständige 5-zählig. Besucher sind vor allem Schwebfliegen und andere Fliegen sowie Wespen und Bienen. Bienentrachtpflanze. Spontane Selbstbestäubung ist möglich.

Früchte: 4–5-fächerige Kapseln. Austrocknungsstreuer.

Verwendung: Alte Zier-, Heil- und Gewürzpflanze. Bauerngartenpflanze. Schon die Römer benutzten die Blätter als Gewürz. Man kann sie gut dem Wein zusetzen, um dessen Aroma zu verfeinern, oder auch zum Aromatisieren von Salat und Rohkost verwenden; wegen der gefäßwirksamen Inhaltsstoffe sollte man aber immer nur wenige Blättchen nehmen. Auch für Duftkissen und Duftsträuße geeignet. Die Pflanze wurde früher als vielfältige Heilpflanze verwendet, wird aber heute nur noch gelegentlich volksmedizinisch als beruhigendes und krampflösendes Mittel verwendet, doch sollten Allergiker und Schwangere die Pflanze meiden. Bei Missbrauch als Abortivum ist es schon zu Todesfällen gekommen sein. In den Klöstern wurde den Mönchen und Nonnen empfohlen, die Pflanze täglich zu essen, um keusch zu bleiben.

Sagina procumbens LINNAEUS, Niederliegendes Mastkraut

Caryophyllaceae (= Nelkengewächse)

Kriechender, krautiger Chamaephyt, zweijährig oder wenige Jahre ausdauernd. Pflanze meist niederliegend, nur 2–15 cm hoch, moosähnlich und oft für ein Moos gehalten, dichtrasig, mit nicht blühender Mittelrosette und bis 15 cm langen Seitentrieben. Stängelblätter fast fädlich, mit kurzer Stachelspitze. Ganzjährig grün.

Vorkommen: Pflasterfugen, Wege, Äcker usw., auf frischen, nährstoffreichen, meist kalkarmen Böden. Trittfest, salzverträglich. Nährstoffzeiger, auf Äckern Feuchte- und Verdichtungszeiger. Da die Pflanze zu den wenigen Arten gehört, die auch selbst noch in stark versiegelten Gebieten vorkommen, ist sie ökologisch wertvoll. Gemeinsam mit dem Silbermoos (*Bryum argenteum*) ist sie Kennart der Pflasterritzengesellschaft (= Sagino-Bryetum argentei).

Blüten: V–IX. Unscheinbare „Nektar führende Scheibenblumen". Blüten meist 4-zählig (= Ausnahme in der Familie), Kronblätter winzig, halb so lang wie die Kelchblätter. Nektar halb verborgen, am Grunde der Staubfäden abgeschieden. Bestäuber sind kleine Fliegen und Bienen. Bei ungünstigem Wetter geschlossenblütig (= kleistogam).

Früchte: Längliche, bis zum Grund durch 4 stumpfliche Klappen aufspringende Kapseln. Fruchtstiel nach der Blüte zunächst hakig nach unten gekrümmt, zur Reife wieder aufrecht. Samen sehr klein, durch regelmäßige Papillenreihen gezähnt. Ausbreitung als Wasserhafter (Trittausbreitung)

Namen: „*Sagina*", von lat. sagina = Mästung, bezieht sich auf den entfernt ähnlichen, vorlinnésch von LOBELIUS als ‚Sagina Spergula' bezeichneten, aber danach nicht mehr zu dieser Gattung gestellten Acker-Spark (*Spergula arvensis*), der früher z. B. zur Schweinemast angebaut wurde und auch heute noch gelegentlich als Futterpflanze in Kultur ist. Lat. „*procumbens*" = niederliegend. – „Mastkraut" ist Lehnübersetzung.

und Regentropfenwanderer/Regenschwemmling. Fruchtreife: VI–X.

Vegetative Vermehrung durch Ausläufer.

Weitere Arten:

Sagina subulata (Sw.) C. Presl, Pfriemen-Mastkraut: Wegen der kleinen, dekorativen Polsterrasen nicht selten in Gärten, vor allem Steingärten, und auf Friedhöfen gepflanzt und bisweilen auch verwildert. Wegen des moosähnlichen Aussehens in Gartenkatalogen auch als „Sternmoos" oder „Saginamoos" bezeichnet. Blüten 5-zählig. Kronblätter fast so lang wie der Kelch. Am natürlichen Standort selten und inzwischen meist ausgestorben.

Sagittaria sagittifolia Linnaeus, Gewöhnliches Pfeilkraut

Alismataceae (= Froschlöffelgewächse)

Ausdauernde Sumpf- oder Wasserpflanze (Schlammwurzler), 20–80(–100) cm hoch. Verschiedenblättrig (Heterophyllie): Unterwasserblätter bandförmig, 2 cm breit, lang flutend, Schwimmblätter eiförmig, dem Wasser aufliegend, Überwasserblätter tief pfeilförmig. Als amphibische Pflanze (siehe Abb.) kann sie sowohl im Wasser leben als auch auf dem Land und stellt somit ein anschauliches Beispiel für umschlagende Modifikationen dar. Kompasspflanze: An sonnigen Standorten weisen die basalen Blattzipfel nach Norden.

Systematik: Die Gattung umfasst etwa 40 Arten. In die gleiche Familie gehört der Froschlöffel (*Alisma*).

Giftigkeit: Für Rinder stark giftig.

Namen: „*Sagittaria*" ist ein vorlinnéscher Name, von lat. sagitta = Pfeil, wegen der Form der Luftblätter. Neulat. „*sagittifolius*" = mit pfeilförmigen Blättern.

Vorkommen: Lichte Röhrichte und Ufer sowie in vorwiegend langsam fließenden, basen- und nährstoffreichen (meso- bis eutrophen) Gewässern, bis 2 m Tiefe. Ebene bis mittlere Gebirgslagen (deutsche Alpen bis 700 m). Durch Gewässerverschmutzung und Entwässerung z. T. im Rückgang und in einigen Bundesländern gefährdet.

Blüten: VI–VIII. „Pollen-Scheibenblumen", in quirlig-traubigen Blütenständen. Perigonblätter 6, weiß mit purpurrotem Saftmal am Grund. Staubblätter zahlreich, spiralig angeordnet, dunkelviolett. Fruchtblätter ebenfalls zahlreich, frei, auf gewölbtem Blütenboden. Einhäusig, selten zweihäusig. Blüten durch Fehlschlagen eines Geschlechts meist eingeschlechtig. Der Nektar wird am Grunde der Fruchtknoten abgeschieden und ist leicht zugänglich. Besucher sind Schwebfliegen und andere Insekten. Bei hohem Wasserstand auch geschlossenblütig (kleistogam).

Früchte: Zahlreiche 1-samige, an Rücken- und Bauchnaht geflügelte, etwa 3–5 mm lange, stark abgeflachte und kurz geschnäbelte Nüsschen mit Schwimmgewebe. Früchte unbenetzbar, daher Schwimmdauer bis zu 12 Monaten möglich: Ausbreitung als Schwimmer sowie wohl auch Anhafter

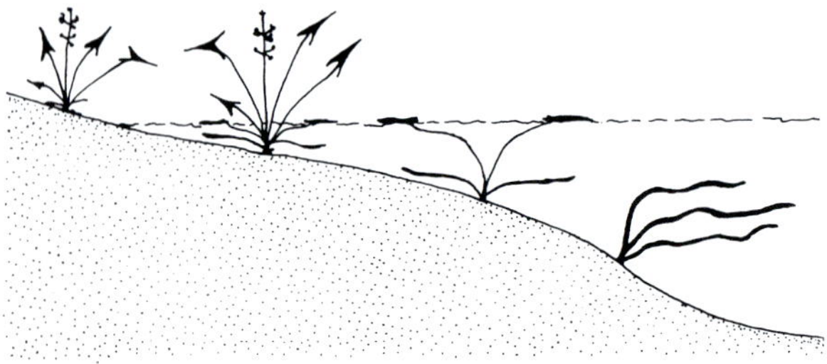

Der Wuchs ist je nach Standort verschieden: (v. l. n. r.) Landform, halb untergetauchte Form, Schwimmblattform, Unterwasserform (Nach H. E. WEBER).

an Wasservögeln. Auch Windstreuer. Fruchtreife: ab VIII–IX.
Vegetative Vermehrung durch stärkereiche, walnussgroße Sprossknollen, die im Herbst am Ende dünner, leicht abbrechender Ausläufer gebildet werden: Überwinterungs- und Ausbreitungsorgan. Die Knollen sind von einem Blatt umhüllt und durch dessen starre Spitze bespitzt, sodass sie mithilfe der Knollenstiele leicht in den Schlamm gedrückt werden.
Verwendung: Diese und verwandte Arten sind beliebte Pflanzen für Gartenteiche und Aquarien und auch für Wildpflanzengärten zu empfehlen. Die frisch nussartig schmeckenden Knollen sind nahrhaft und werden wie Erbsen gekocht. In China wird Pfeilkraut deshalb als Nahrungspflanze angebaut.

Salicornia europaea LINNAEUS (Artengruppe), Europäischer Queller

Amaranthaceae (= Amarantgewächse)

Einjährige stammsukkulente Pflanze, 10–20(–40) cm hoch. Stängel ± stark verzweigt, aufrecht oder niederliegend. Blätter zu häutigen Blattscheiden umgebildet. Pflanzen im Herbst meist rötlich gefärbt – ein Anzeichen dafür, dass die inzwischen angesammelte Salzkonzentration bald zum Absterben der Pflanze führt. Maximale Lebensdauer 6 Monate. Andererseits obligate Salzpflanze (= Halophyt), d. h. die Pflanze ist im Gegensatz zu anderen Arten der Salzwiesen ohne Salzzufuhr nicht lebensfähig. Das hat seinen Grund. Die Sukkulenz ist hier die Folge der Anreicherung von bis zu 10 % Kochsalz in den Zellsaftvakuolen zur Erhöhung des osmotischen Wertes, dient also nicht wie sonst zur Wasserspeicherung, sondern vielmehr zur Wasseraufnahme. Die extrem hohe Saugkraft von maximal 50–60 at ist eine Anpassung an die hohe Salzkonzentration der Bodenlösung von 2,5–3 %. – *Salicornia* folgt entgegen früheren Annahmen nicht dem C_4-Weg der Photosynthese, wohl aber die verwandte Art *Halosarcia indica*.

Systematik: Queller ist die einzige heimische Gattung der Unterfamilie Salicornioideae, die früher zu den Gänsefußgewächsen (Chenopodiaceae) gestellt wurde. Sie umfasst 8–13 Arten und ist fast weltweit verbreitet, vor allem an den Meeresküsten. Im Gebiet wachsen mehrere, nicht leicht unterscheidbare Kleinarten.
Namen: „*Salicornia*" ist der vorlinnésche Name der Pflanze, zuerst bei DODONAEUS 1583. Er ist entlehnt von arab. salcoran, zu salaq = sieden, rösten, und weist auf die ehemalige Verwendung der Asche bei der Glasschmelze hin (s. u.). Daher auch die Namen „Glasschmalz" oder „Glasschmelz", die wegen ähnlicher Verwendung auch für die Salzpflanzen Salzkraut (*Salsola*) und Sode (*Suaeda*) verwendet werden. Die meist gegebene Ableitung von lat. sal = Salz und cornu = Horn, wegen des Standorts und der hornartig gekrümmten Sprossenden, trifft nicht zu. Im Handel (s. u.) wird die Pflanze oft mit ihrem franz. Namen „Salicorne" bezeichnet. Die Herkunft des Namens „Queller" ist unsicher.

Vorkommen: Erstbesiedler offener Salzschlickstellen des Watts der Nord- und Ostsee, seltener an Salzstellen des Binnenlandes. Kennart der Salicornietalia (= Kurzlebige Wattfluren). Außerdem kultiviert (s. u.). Bildet im Watt oft große Bestände (Quellerfluren), neuerdings vielfach gemeinsam mit dem aus England eingeschleppten Salz-Schlickgras (*Spartina anglica*), von dem es zum Teil verdrängt wird (siehe dort).

Blüten: VIII–X. Windblütig: „Unbeweglicher Typ". Unscheinbare, schwach vormännliche Zwitterblüten in zapfenförmigen Scheinähren, eingesenkt in die Zweigenden. Staubbeutel herausragend, Narben fast federig. Bestäubung zum Teil auch durch das Wasser (mit dem Gezeitenstrom). Selbstbestäubung ist möglich.

Früchte: Vom sackförmigen, schwammigen Perigon eingehüllte, 1-samige Nüsse. Es sind etwa 10.000 pro Pflanze, die erst nach deren Absterben frei werden. Die Fruchtwände werden schließlich aufgelöst, sodass die winzigen, mit Hakenhaaren besetzten, fast nährgewebelosen Samen entlassen werden: Schwimm- und Klettausbreitung sowie Ausbreitung durch Vögel, auch Ballonflieger. Die zu Tausenden am Spülsaum angeschwemmten Samen dienen zahlreichen Kleinvögeln als Nahrung. Die Samen sind bis zu 50 Jahre keimfähig.

Verwendung: Die Pflanze wird an geeigneten Stellen im Watt zur Landgewinnung ausgesät. Die Asche enthält bis 75 % Kochsalz, 10 % Kalium, Jod, Brom usw. und wurde daher früher der Glasmasse als Flussmittel zur Herabsetzung des Schmelzpunktes beigesetzt und wegen des Sodagehaltes (bis 15 %) auch zur Seifenherstellung sowie als Waschmittel verwendet (vgl. *Salicornia*). Die Pflanze kann zur Salzgewinnung genutzt werden. Die jungen Triebspitzen werden als Gemüse gegessen und sind neuerdings als Delikatesse wiederentdeckt worden. Man bekommt sie im Handel unter Namen wie „Salicornes", „Meeresbohnen", „Meeresspargel", „Friesenspargel" oder unter der irrigen Bezeichnung „Algen". Sie stellen u. a. eine natürliche Quelle für Jod und Kalium dar. Der Geschmack erinnert an grüne Bohnen. Schmeckt wirklich lecker, salzig und etwas scharf! Die Zubereitung erfolgt über kurzes Anbraten oder Blanchieren oder aber auch mit etwas Zitrone als Rohkost. Hauptlieferant ist die Normandie. – Angesichts der weltweit zunehmenden Versalzung der Böden und da nur 1 % unserer Wasserressourcen Süßwasser sind, rücken salztolerante Pflanzen zunehmend in das Interesse der Landwirtschaft. Die nordamerikanische Art *S. bigelovii* TORREY wird dort mit Erfolg kultiviert und liefert pro ha 18 t Biomasse, davon 2 t ölhaltige, für die menschliche Ernährung gut geeignete Früchte (etwa doppelt so viel wie die Sonnenblume). Könnte auch Bioenergie liefern.

Salix alba LINNAEUS, Silber- oder Weiß-Weide

Salicaceae (= Weidengewächse)

Baum oder Strauch. Mit bis 20(–30) m Höhe unsere größte Weidenart. Blätter schmal-lanzettlich, unterseits fein weiß-haarig, mit extrafloralen Nektarien an der Basis der Spreite. Sehr schnellwüchsig (Weichholz), jährlicher Längenzuwachs bis über 2 m. „Splintholzpflanze", d. h. die inneren, nicht mehr der Wasserleitung dienenden Teile des Holzkörpers sind nicht durch Gerbstoffe vor Fäulnis geschützt und verwittern bald. Daher sind alte Weidenbäume innen oft hohl. Diese Eigenart zeigen besonders „Kopfweiden". Sie entstehen dadurch, dass man die Zweige regelmäßig bis fast zum Stamm zurückschneidet, um sie wirtschaftlich zu nutzen. Meist werden Silber-, Korb- oder Bruchweiden so behandelt. Kopfweiden können z. B. am Niederrhein das Landschaftsbild bestimmen. Neben ihrem ästhetischen Wert haben sie zudem eine große ökologische Bedeutung als Unterschlupf für zahlreiche selten gewordene Tiere und als Nistplätze für Fledermäuse und Eulen. Oft wachsen auf ihnen andere Pflanzen (z. B. Holunder und Stachelbeere) als „Überpflanzen". Im Gegensatz zu den echten Epiphyten haften sie nicht direkt am Baum, sondern wurzeln in Humusresten und Humusansammlungen in Astgabeln und Höhlungen. Dorthin gelangen die Samen durch Vögel, Ameisen und Kleinsäuger. Weil das Zurückschneiden der Kopfweiden im Zuge der „modernen" Landwirtschaft zu mühsam bzw. zu unrentabel wurde, wuchsen viele Kopfweiden aus und brachen zusammen. Dankenswerterweise haben inzwischen engagierte Naturschützer die verdienstvolle Aufgabe der Kopfweidenpflege übernommen (vgl. E. STAUDT 1991: Kopfweiden. 2. Aufl. Duisburg: Mercator). – Tiefwurzler. – Vgl. auch *Salix caprea.*

♂

Systematik: siehe *Salix caprea*.
Schädlinge: Die „Wirrzöpfe" der Weiden sind bis 20 cm lange, gestauchte Sprosse, bei denen die Blätter zu Schuppen verkümmert sind. Sie werden durch Gallmilben der Gattungen *Eriophyes, Aceria* und *Vasates* verursacht. Hier hat der Italiener MALPHIGI 1675 in seinem Werk „Anatome plantarum" wichtige Vorarbeit geleistet. Er beschreibt nicht nur erstmals die „Wirrzöpfe" der Weiden, sondern auch noch weitere, insgesamt 60 verschiedene Gallen. – Zu weiteren Schädlingen vgl. *S. caprea*.
Namen: Zu den Gattungsnamen siehe *S. caprea*. Lat. „*albus*" = weiß, wegen der silbrig-weißen Blattunterseite.
Vorkommen: Der natürliche Standort der Silber-Weide sind Ufer und Auwälder, besonders der Flüsse, auf nassen, periodisch überschwemmten, nährstoff- und basenreichen, meist kalkhaltigen Tonböden. Kennart des Salicetum albae (= Silberweiden-Auwald), aber auch Pioniergehölz auf Brachflächen.
Blüten: IV–V, Frühblüher. Blüten- und ausbreitungsökologisch ähnlich wie *S. caprea*, aber die Blätter erscheinen fast gleichzeitig mit den Kätzchen. Blüten mit 1–2 Nektardrüsen.
Früchte: Wie bei *S. caprea*. Fruchtreife: VI–VII.
Vegetative Vermehrung durch sich bewurzelnde Zweige sowie durch abgerissene Äste, die mit dem Fließwasser an andere Stellen des Ufers gelangen und dort Wurzeln ausbilden.
Verwendung: Die Stämme dienen u. a. als Brennholz und für Holzschuhe („Holzpantinen" oder „Klotschen"), die Zweige zur Ufer- und Hangbefestigung („Flechtzäune"). – Beliebte Varietäten sind

die Dotter-Weide ('Vitellina') mit dottergelben bis leuchtend roten Zweigen und die Hänge-Dotter-Weide ('Tristis') mit auffällig herabhängenden, gelben Zweigen und gelber Herbstfärbung (vgl. auch folgende Art und den gemeinsamen Bastard). Man vergleiche auch die Angaben zu *Salix caprea*. Junge Blätter der *Salix*-Arten können fein gehackt als Zutat zu Speisen verwendet werden.

Weitere Arten:

Salix babylonica L., Chinesische Hänge-Weide, Echte oder Babylonische Trauer-Weide: Zweige lang herabhängend, hellgrau, in der Jugend olivgrün bis rotbraun. Wird wegen fehlender Frosthärte in der reinen Form in Deutschland kaum gepflanzt. Heimat: Ostasien. Der Name *babylonica* geht auf eine alte Legende zurück: Seit die Weide die Wehklage der Juden, als diese aus dem gelobten Land nach Babylon vertrieben wurden, gehört hat, lässt sie traurig ihre Äste hängen. Die Legende rankt sich um Psalm 137, wonach das Volk Israel während der babylonischen Gefangenschaft an den Strömen Babylons unter Bäumen saß und weinte. Die Bäume wurden lange Zeit als Trauer-Weiden interpretiert, es handelt sich aber um Euphrat-Pappeln (*Populus euphratica*). – Im Gebiet wird derzeit als Trauerweide ganz überwiegend die aus der Kreuzung *S. alba 'Vitellina'* × *S. babylonica* hervorgegangene Dotter-Trauer-Weide *S.* × *sepulcralis* SIMONK. 'Chrysocoma' mit ihren leuchtend gelben, peitschenartig herabhängenden Zweigen gepflanzt (vgl. lat sepulcralis = zum Grab gehörig). Der Bastard ist daran erkennbar, dass in den männlichen Kätzchen z.T. auch weibliche Blüten erscheinen, sodass diese Bäume also nicht streng zweihäusig sind. Weiterhin unterscheidet sich der Bastard durch die grüne bis graue Herbstfärbung.

Salix viminalis L., Korb-Weide: Der Silber-Weide ähnlich. Blätter schmal-lanzettlich mit schmal umgebogenem Rand, unterseits dicht seidig behaart. Wild vor allem an Ufern von Flüssen und Bächen. Außerdem vielfach angepflanzt (z.B. wie *S. alba* als Kopfweide) und wegen der bei dieser Art besonders elastischen Zweige für Flechtwerk aller Art, vor allem Körbe, bevorzugt (Name!, lat. viminalis = zum Flechten geeignet). Die Verwendung für Körbe hat eine lange Tradition und lässt sich bis in die Steinzeit zurückverfolgen. Noch zu Beginn des 20. Jahrhunderts wurden jährlich für mehrere Mio. Goldmark Flechtkörbe in die USA ausgeführt.

Salix fragilis L., Bruch- oder Knack-Weide: Den vorigen Arten ähnlich und wie diese verwendet. Blätter kahl. „Bruch-" bezieht sich darauf, dass die Seitenzweige im Unterschied etwa zu *S. alba* an der Basis leicht und mit knackendem Geräusch abbrechen. Durch tief reichendes Wurzelwerk guter Bodenbefestiger und auch sonst ähnlich wie *S. alba* genutzt. Besiedelt im Unterschied zu dieser vor allem kalkarme Standorte.

Salix* × *rubens SCHRANK, Fahl- oder Hohe Weide (= *S. alba* × *fragilis*): Soll bis 12 m hoch werden. Im Gebiet auf kalkhaltigen Böden eine der häufigsten Baum- und Kopfweiden. Junge Blätter seidig behaart. Blüten nur mit 1 Nektardrüse.

Salix triandra L. (= *S. amygdalina* L.), Mandel-Weide: Strauch 1–5 m hoch. Blätter länglich, mandelblättrig (Name!), beiderseits kahl. Verbreitet an Bach- und Flussufern. Auch als Flechtweide kultiviert. Männliche Blüten mit 3 Staubblättern (Name!).

Salix caprea LINNAEUS, Sal-Weide

Salicaceae (= Weidengewächse)

Winterkahler Strauch oder kleiner Baum von maximal 9 m Höhe und bis 20(–30) cm Stammdurchmesser in 1 m Höhe. Schnellwüchsig (vgl. auch *S. alba*): Eine dreijährige Pflanze war z.B. schon 4 m hoch und hatte in 1 m Höhe eine Dicke von 5,5 cm. Viele *Salix*-Arten (allerdings *S. caprea* vergleichsweise wenig) sind sehr regenerationsfähig, d.h. abgeschnittene Zweige bewurzeln sich in kurzer Zeit (Schulversuch). Sie werden zur Ufer- und Hangbefestigung oder zur Bildung lebender Lauben, z.B. für Kindergärten, in den Boden gesteckt und wachsen dann zu neuen Pflanzen heran. Typisch für Weiden sind die Winterknospen: Sie sind scheinbar von nur einer kapuzenartigen Knospenschuppe umhüllt, tatsächlich sind es zwei verwachsene Knospenschuppen. – Ausgeprägte Herzwurzel. Pilzwurzel (ektotrophe und arbuskuläre Mykorrhiza).

Systematik: Die Gattung umfasst weltweit etwa 500 Arten, von denen bei uns ca. 50 wild wachsen und ca. 60 als Ziergehölze in Kultur sind. Hybridisierung zwischen den Arten ist vergleichsweise häufig, was schon GOETHE erkannte („ein lotterhaftes Geschlecht"). Andererseits wird sie dadurch eingeschränkt, dass den Bestäubern jeweils artspezifische Duftstoffgemische angeboten werden (FÜSSEL et al. 2007 J. Chem. Ecol. 33 (4)). – Zur Familie der Salicaceae gehörten lange Zeit nur noch die Pappeln (*Populus*). Aufgrund von molekularbiologischen Daten werden aber neuerdings auch die Vertreter der umfangreichen ehemaligen Familie Flacourtiaceae zu den Salicaceae gestellt.

Weibliche Blütenstände (Kätzchen).

Schädlinge: Sal-Weiden sind, ähnlich wie Schlehe (*Prunus spinosa*) und Heidelbeere (*Vaccinium myrtillus*), Futterpflanzen für etwa 100 Arten von Schmetterlingsraupen und daher ökologisch wertvoll. Eine Liste befindet sich auf der deutschen Wikipedia-Seite. – Der auf Weidenblätter als Nahrung spezialisierte nordamerikanische Blattkäfer *Chrysomela aeneicollis* und seine Larven bauen Salicin zum giftigen Salicylaldehyd um, das sie zur Abwehr von Fressfeinden nutzen. Ähnliches gilt für den heimischen Moschusbock (*Aromia moschata*). – Bei Befall mit dem Weidenrostpilz (*Melampsora salicina*) finden sich auf der Blattunterseite rostfarbene Sporenlager von Uredosporen und oberseits gelbliche Flecken; dabei kommt es auch zu Blattdeformationen und Blattdürre. – Das mit den symbiontischen Wurzelknöllchen-Bakterien verwandte *Agrobacterium tumefaciens* (= *Rhizobium radiobacter*) verursacht Missbildungen (Tumore) an Zweigen. – Bezüglich der zahlreichen Gallbildungen durch Gallwespen usw. vgl. *Salix alba*.

Namen: „*Salix*" ist der lat. Name der Weiden. Lat. „*capreus*" = Ziegen-, wegen der Verwendung als Ziegenfutter. – „Sal" (salaha) ist der mit salix sprachverwandte altdeutsche Name für die Sal-Weide. „Weide" ist ebenfalls ein altdeutscher Name, zu widen = biegen, nach den biegsamen, zum Flechten geeigneten Zweigen. „Sal-Weide" ist also eine Tautologie, d.h. der Sachverhalt wird doppelt wiedergegeben. Weiterer alter Name der Weiden, vor allem der zum Flechten verwendeten Arten, ist „Felber" (vgl. Felberich = Gilbweiderich *Lysimachia*). – Die häufige Bezeichnung „weidenblättrig" bei Pflanzennamen bezieht sich auf die länglichen Blätter von Silber-Weiden (*S. alba*) usw. und nicht auf die eher rundlichen Blätter der Sal-Weide.

Vorkommen: Pionierpflanze auf Waldschlägen, an Waldrändern sowie auf Ruderalplätzen (z.B. Trümmergrundstücken) usw., auf grundfrischen bis feuchten, nährstoffreichen Lehmböden. Ebene bis Gebirge (deutsche Alpen bis 1730 m). – Früher standen blühende Zweige unter Naturschutz, da sie eine wichtige Bienennahrung darstellen, aber wegen der Verwendung als Palmzweige z.T. in großen Mengen abgeschnitten wurden (s.u.).

Blüten (siehe Detailfotos)**:** III–IV. Zweihäusig. Blütenstände ährenartig = Kätzchen. Blüten „vorlaufend", d.h. sie erscheinen lange vor den Laubblättern. Duft honigsüß. Die weiblichen Kätzchen gehören zum „Körbchenblumentyp"; die männlichen Kätzchen sind wegen der herausragenden, leuchtend gelben Staubbeutel auffälliger als die graugrünen weiblichen Kätzchen und lassen sich blütenökologisch dem von den echten Akazien her bekannten „Pinselblumentyp" (= „Bürstentyp") zuordnen.

Die Kätzchen entwickeln sich aus Seitenknospen vorjähriger Langtriebe. Blüten ohne Blütenhülle (nackt) in den Achseln von Tragblättern. Diese bedingen durch ihre lange Behaarung das kätzchenartige Aussehen vor dem Aufblühen, wonach übrigens der Blütenstands-Typ „Kätzchen" seinen Namen hat. Die weiblichen Blüten (Stempelblüten) zeichnen sich durch eine große Narbe aus. Die männlichen Blüten bestehen aus 2 Staubblättern und enthalten je etwa 5 Mio. Pollenkörner. Bei beiden Geschlechtern produziert die goldgelbe Nektardrüse reichlich Nahrung für die verschiedenen Besucher. Es sind vor allem Honigbienen, die Nektar und Pollen sammeln. Trotz der hohen Nektarproduktion sind Weiden für die Besucher hauptsächlich Pollenspender. Für Honig- und Wildbienen sind Weiden im Frühjahr eine wichtige erste Futterquelle; es wurden ca. 30 verschiedene Wildbienenarten als Besucher festgestellt. Auch für verschiedene Fliegen und Schmetterlinge, besonders Nachtfalter, stellen Pollen und Nektar eine wichtige Nahrungsquelle dar. Bienen inkl. Hummeln fliegen im Laufe des Tages zunächst die für sie durch die auffälligen Staubbeutel attraktiveren männlichen Blüten an, um dort den Nektar zu saugen und bepudern sich dabei mit Pollen; später wechseln sie zu den weiblichen Blüten, was die Bestäubungsrate deutlich fördert (vgl. DÖTTERL et al. 2014 PLOS ONE 9, e93421). – Seit einiger Zeit haben auch Zilpzalp und Blaumeisen den Nektar der Sal-Weiden, letztere auch deren Pollen, als Nahrung entdeckt. Das verwundert nicht, da etwa der Zilpzalp in seinem Winterquartier im weiteren Bereich des Mittelmeeres den Nektar verschiedener Pflanzen aufnimmt. Ob dabei eine Bestäubung erfolgt, bedarf weiterer Klärung. – Trotz reicher Pollenproduktion ist Windbestäubung wegen der Klebrigkeit des Pollens selten (vgl. aber unten bei *Salix herbacea*).

Männlicher Blütenstand (Kätzchen) mit gelben Staubbeuteln.

Unterer Teil eines Fruchtstands: Die Kapseln entlassen die Samen mit ihrem langen Haarschopf.

Früchte (siehe Detailfoto): 2-klappig aufspringende Trockenkapseln. Die Kätzchenachse ist in Anpassung an die Windausbreitung zur Reife auf ein Vielfaches verlängert. Die Samen sind in Anpassung an das Pionierverhalten der Pflanze sehr klein, ohne Nährgewebe und Lichtkeimer, die meist nur wenige Tage keimfähig sind. Samenschale mit langem Haarschopf: Schopfflieger bzw. Ballonflieger sowie bei Nässe Adhäsionshafter. Sinkgeschwindigkeit 20–30 cm/s, daher Flugweiten von über 10 km möglich. Außerdem erfolgt bei *Salix*- und *Populus*-Arten Zufallsausbreitung dadurch, dass die Samen zum Nestbau verschiedener Kleinvögel verwendet werden und dabei zum Teil verloren gehen. Fruchtreife: V.

Vegetative Vermehrung erfolgt bei vielen *Salix*-Arten (aber nur wenig bei *S. caprea*) spontan durch sich bewurzelnde Zweige, namentlich bei Ufer bewohnenden Arten, deren brüchige Zweige bei Hochwasser mitgerissen werden und später zu neuen Pflanzen heranwachsen.

Verwendung: Die männlichen Blütenzweige wurden/werden mancherorts am Palmsonntag als „Palmzweige" oder „Palmweiden" bzw. „Palmkätzchen" verwendet und auch zum Kauf angeboten. Als Flechtmaterial für Körbe usw. bevorzugt man besonders *S. viminalis*. Diese Verwendung wurde schon im Altertum genutzt. Die gerbstoffreiche Rinde benötigt(e) man für Birkenteer (vgl. *Betula*) und zum Gerben des Juchtenleders. Außerdem kann man mit ihrer Hilfe Wolle gelb bis braunrot färben. Schon seit dem Altertum wurden die Rinde (und die Blätter) wegen ihres hohen Gehaltes an Salicin, das im menschlichen Körper zu Salicylsäure umgebaut wird, arzneilich in Form von Tee als Fieber- und Kopfschmerzmittel verwendet, was aber seit der synthetischen Herstellung der Acetyl-Salicylsäure (ASS, z. B. Aspirin) erheblich an Bedeutung verloren hat. Übrigens hat man beobachtet, dass Pferde gelegentlich bei Schmerzen Weidenrinde fressen. Aktuell wird Weidenrinde (vor allem von *S. alba*) unterstützend bei Rückenschmerzen, Rheuma und Arthrose sowie als Bestandteil von Erkältungstees verwendet. Zur Herkunft des Namens Aspirin siehe *Filipendula*. – Die Zweige wurden früher (wie die anderer Weiden-Arten) als Ziegenfutter verwendet. Aus den Langtrieben einiger Weiden-Arten lassen sich im Frühjahr durch Ablösen der Rinde Weidenflöten herstellen. – Auch Zierpflanze, z.B. in einer Form mit herabhängenden Zweigen. Für Wildpflanzengärten zu empfehlen (Futterpflanze für Schmetterlingsraupen, Bienenfutterpflanze usw.).

Weitere Arten (vgl. auch unter *S. alba*):

Salix aurita L., Öhrchen-Weide: Ähnlich wie vorige Art, aber durch die bleibenden Nebenblätter mit „Öhrchen" am Blattgrund, die netzrunzligen, kleineren Blätter und den stets nur strauchigen Wuchs (meist nur 1–2 m hoch) unterschieden. Pionierpflanze nährstoffarmer Bruchwälder und Moore. Blüht 1 Monat später als *S. caprea*, ist aber sonst ökologisch ähnlich.

Salix cinerea L., Grau- oder Asch-Weide: Ähnlich wie *S. caprea*, aber u.a. die jungen Zweige und Knospen dicht graufilzig behaart und im Wuchs meist nur strauchig. Pionierpflanze auf vernässten Böden, z.B. in Moorwiesen und lichten Erlenbrüchen. Bei mangelnder Pflege von Feuchtgebieten kann sie wie die vorige Art die artenreiche Vorvegetation schnell überwuchern und ist entsprechend unerwünscht. In entwässerten Sumpfwiesen zeigen die verbliebenen Weiden, dass hier einmal eine größere Artenvielfalt herrschte.

Salix herbacea L., Kraut-Weide: 2–10 cm hoher, niederliegender Zwergstrauch mit unterirdisch kriechendem, verholztem Stamm (Linné: „der kleinste Baum der Welt"). Der Dickenzuwachs ist mit weniger als 0,5 mm pro Jahr äußerst gering. Hauptverbreitung: Nordeuropa und Alpen. Eiszeitrelikt. Typisch für kalkarme Schneetälchen: Kennart des Salicetum herbaceae. Anpassungen an den insektenarmen Standort und die lange Schneebedeckung: Windblütig („Unbeweglicher Typ", Pollen trocken); Kätzchen am Ende diesjähriger, beblätterter Zweige; Samen im kalten Boden wegen der Atmungshemmung lange keimfähig.

Salix retusa L., Stumpfblättrige Weide: Ökologisch ähnlich wie vorige Art, aber weniger extrem angepasst. 5–30 cm hoher Zwerg- oder Spalierstrauch. Zweige oberirdisch kriechend und überall wurzelnd.

Salsola kali Linnaeus (Artengruppe) (= *Kali soda* Moench), Kali-Salzkraut, Kalikraut

Amaranthaceae (= Amarantgewächse)

Einjährig (sommerannuell), ohne Rosette, graugrün, vom Grund an sparrig verzweigt. Sehr variabel: entweder meist niederliegend, 10–60 cm hoch (Kleinart *S. kali*) oder aufrecht, 10–100 cm hoch (Kleinart *S. tragus*). Blätter pfriemlich, stielrund oder flach, stechend dornspitzig. Blattstellung unten gegenständig, oben wechselständig. – Folgt wie viele andere Salzpflanzen dem C_4-Weg der Photosynthese.

Systematik: *Salsola* gehört in die Unterfamilie der Salsoloideae, die früher zu den Gänsefußgewächsen (Chenopodiaceae) gestellt wurde. Einige Autoren trennen eine eigene Gattung *Kali* ab, zu der dann auch die im Gebiet vorkommenden Kleinarten zählen.

Giftigkeit: Die Pflanze ist durch die Tetrahydroisochinolin-Alkaloide Salsolin und Salsolidin giftig. Bei höherer Dosis kommt es zur starken Abnahme des Blutdrucks sowie zu Herzrhythmusstörungen.

Namen: „*Salsola*" ist der alt-ital. und vorlinnésche Name verschiedener Küstenpflanzen, aus denen Pottasche und Soda gewonnen wurde, zu ital. salso = salzig (schmeckend). Der Name wurde dann von Linné stärker begrenzt. „Kali" ist ein weiterer vorlinnéscher Name dieser Pflanzen, von arab. qali = Asche, Soda (vgl. Akhani et al. 2014 Taxon 63, 647). – „Salzkraut" ist künstlich durch Übersetzung gebildet worden. „Glasschmalz" (oder „Glasschmelz") bezieht sich auf die ehemalige Verwendung (s.u.) und wird entsprechend auch für die Gattungen Sode (*Suaeda*, s.u.) und Queller (*Salicornia*) verwendet.

Vorkommen: Küstenspülsäume, salzverträglich (Kleinart *S. kali*). Stickstoff und Wärme liebend. Verbreitet an den Küsten Eurasiens und Afrikas. – Daneben findet sich als Neophyt auf sandigen bis kiesigen Ruderalstandorten des Binnenlandes die

Kleinart *S. tragus* mit Hauptverbreitung in Osteuropa. – *S. tragus* ist heute weltweit verschleppt und stellt z. B. im Westen Nordamerikas im Bereich der Wüsten und ausgeräumten Landschaften eine ökologische Problemart dar.

Blüten: VII–IX. Blüten zu 1–3 blattachselständig, von 2 längeren, dornigen, stechenden Vorblättern umgeben. Blütenhülle unscheinbar, einfach (Perigon). Windbestäubung: „Unbeweglicher Typ". Dazu gelegentlich auch Insektenbestäubung durch kurzrüsselige Bienen, Fliegen und Käfer. Selbstbestäubung ist erfolgreich.

Früchte: Ausbreitungseinheit sind von der Blütenhülle fest umgebene und gekrönte Nüsse (Scheinfrüchte). Es können bis zu 250.000 Früchte pro Pflanze gebildet werden. Typische Bodenläufer (Steppenroller), d. h. die Pflanzen brechen im Herbst an einer bodennahen Sollbruchstelle ab und werden mitsamt den Früchten von starken Winden über den Boden gerollt (vgl. Wildwestfilme). Aus Amerika ist auch bekannt, dass auf diese Weise Gebilde entstehen, die die Größe eines Kleinwagens erreichen können. Im Laufe der Zeit fallen die Früchte aus. Dazu Tritthafter und Kletthafter, Windausbreitung als Flügelflieger sowie Wasser- und Menschenausbreitung. Wärmekeimer.

Verwendung: Aus der Pflanze wurden früher durch Trocknen und Verbrennen Pottasche (Kaliumcarbonat) und Waschsoda (Natriumcarbonat) gewonnen, die für die Herstellung von Glas (als Flussmittel zur Herabsenkung des Schmelzpunktes) und zur Seifenherstellung benötigt wurden. Das Wort ‚Pottasche' geht darauf zurück, dass das Salzkraut und ähnliche Salzpflanzen in speziellen Töpfen (Pötten) verascht wurden. Interessant ist auch, dass die engl. Bezeichnungen ‚potassium' für Kalium auf den Begriff Pottasche und ‚sodium' für Natrium auf den Begriff Soda (s. u.) zurückgehen. – Junge Sprosse wurden als Gemüsebeilage und Salatwürze genutzt, ggf. nach Auswechseln des Kochwassers. Außerdem wurden sie arzneilich als harntreibendes Mittel verwendet.

Verwandte:

Suaeda maritima (L.) DUMORT., Strand-Sode oder Salzmelde: Einjährig. 10–100 cm hoch. Pflanze formenreich, oft rot überlaufen. Blätter linealisch, fleischig. Küstenpflanze im Übergangsbereich zwischen Salzschlamm-Standorten und Salzwiesen sowie an Binnensalzstellen. In der Gattung gibt es C_4- und C_3-Pflanzen; *S. maritima* folgt dem C_3-Photosyntheseweg. Der Name „*Suaeda*" geht auf die arab. Bezeichnung ‚suwwad' des mediterranen Halbstrauchs *Suaeda vera* zurück. Von dieser Pflanze wurde seinerzeit bevorzugt Soda gewonnen und entsprechend geht der im 18. Jh. über ital./span. soda entlehnte Name Soda für Natriumcarbonat auf den Namen dieser Pflanze zurück. Der deutsche Gattungsname „Sode" ist davon abgeleitet. – Die Pflanze kann als Gemüse genutzt werden.

Salvia glutinosa LINNAEUS, Klebriger Salbei

Lamiaceae (= Lippenblütler)

Ausdauernde, drüsig-klebrige Halbrosettenpflanze, 50–80(–120) cm hoch. Blattspreiten am Grund spießförmig. – Pfahlwurzel bis 1 m tief reichend.

Namen: Zu den Gattungsnamen siehe *S. pratensis*. Lat. „*glutinosus*" = klebrig.
Vorkommen: Frische, nährstoff- und basenreiche, lichte Laubwälder, Schläge und Säume. Kalkhold. Lichtpflanze. Ziemlich verbreitet im Alpenbereich, seltener bzw. nur vereinzelt in deren weiteren Umgebung. In den Bayerischen Alpen bis 1430 m.
Blüten: VI–IX. Vormännliche, gelbe „Lippenblumen", ähnlich denen von *S. pratensis*. Bestäuber sind vor allem Hummeln, seltener andere Bienen. Der klebrige Stängel kann als Aufkriechschutz gegen kleinere Insekten gedeutet werden, die hier vielfach verenden.
Früchte: Ausbreitungseinheiten sind gewöhnlich die klebrigen Kelche mit den darin enthaltenen Klausen. Sie fallen als Ganzes ab (Schwerkraftausbreitung) oder bleiben an vorbeistreifenden Tieren und Menschen haften (Klebausbreitung). Fruchtreife: IX–XI. Dunkel- und Kältekeimer.
Verwendung: Aufgehängte Pflanzen sind als „biologische" Fliegen- und Mückenfänger geeignet. Attraktive Zier- und Wildgartenpflanze. Junge Blätter werden als würzige Beilage für Salat und Gemüse empfohlen.

Salvia pratensis LINNAEUS, Wiesen-Salbei

Lamiaceae (= Lippenblütler)

Ausdauernde Halbrosettenpflanze, 30–60 cm hoch. Lichtpflanze, die bei weniger als 20 % des normalen Lichtgenusses steril bleibt. Runzelblätter und ätherische Öle wirken transpirationshemmend. Die Pflanze wird wegen des Geruchs vom Weidevieh gemieden. – Pfahlwurzel bis in 1 m Tiefe.

Systematik: *Salvia* gehört mit etwa 800 Arten zu den artenreichsten Pflanzengattungen der Welt. In Deutschland gibt es 3 einheimische Arten, im Mittelmeergebiet etwa 20, in Europa insgesamt 36. In Südamerika wachsen zahlreiche, prächtig hellrot- oder blaublütige Arten, die von Vögeln bestäubt werden. Auch unter den Zierpflanzen ist die vielgestaltige Gattung mit besonders vielen Arten vertreten. – Nahe verwandt sind Rosmarin (*Rosmarinus*) und Melisse (*Melissa*).
Namen: „*Salvia*" ist der lat. und vorlinnésche Name von *S. officinalis*, zu salvus = gesund, wegen der bekannten Verwendung als Heilpflanze. Lat. „*pratensis*" = Wiesen-. – „Salbei" (männlich oder weiblich) ist Lehnwort und bezog sich zunächst ebenfalls nur auf *S. officinalis*.

Vorkommen: Magerrasen, Halbtrockenrasen, warme Fettwiesen und Böschungen, auf sommerwarmen, basenreichen, vor allem kalkhaltigen Lehmböden. Ebene bis Gebirge (bis ca. 1000 m). Durch Intensivbewirtschaftung der Wiesen gebietsweise stark zurückgegangen. Andererseits nicht selten in Saatmischungen für Blumenwiesen, z. B. für Straßenränder.

Blüten: V–VIII. Vormännliche „Eigentliche Lippenblumen", in Scheinquirlen (Thyrsen). Die Unterlippe dient als Sitz, die helmförmige Oberlippe verbirgt die 2 Staubblätter und den Griffel. Durch starkes Wachstum des Konnektivs (= Staubbeutel-Zwischenstück) sind die Staubbeutelhälften jeweils weit auseinandergerückt. Eines der beiden Konnektive ist zur „Platte" umgewandelt und wirkt als Hebel (Schlagbaum-Mechanismus). Insekten, die auf die den Schlund versperrende Platte drücken, schlagen sich die beiden verlängerten Staubbeutelarme auf den Rücken. Neben den zwittrigen kommen auch kleinere weibliche Blüten vor. Der Nektar ist nur langrüsseligen Insekten zugänglich, der Hebelmechanismus kann nur von Hummeln (seltener von anderen Bienen) betätigt werden. Drückt man eine Bleistiftspitze oder ähnliches in den Blütenschlund, kann man die Tätigkeit der Bestäuber nachahmen. Von den Bestäubern kann der Mechanismus wiederholt betätigt werden. Es wird jeweils eine Teilmenge des Pollens abgegeben (= Pollenproportionierung, ca. 12 Portionen). Zuweilen werden die Blüten auch von Schmetterlingen besucht. Bei älteren Blüten ragen die inzwischen empfängnisbereiten Narben oben aus der Blüte heraus und nehmen den Pollen der auf der Oberseite bepuderten Bestäuber auf. Auch Selbstbestäubung ist von Bedeutung.

Früchte: Spaltfrüchte, in 4 Klausen zerfallend: Tier- und Windstreuer. Dazu Klebhafter und Regenballisten durch die waagerecht abstehenden Kelche. Fruchtreife: VII–VIII.

Verwendung: Zierpflanze in verschiedenfarbigen Sorten und auch für Wildpflanzengärten zu empfehlen. Junge Blätter unserer Salbei-Arten sind vielfältig als würzige Zutat zu Salaten, Suppen, Quark oder Kräuterlikör verwendbar. Die Blüten eignen sich in kleinen Mengen als essbare Dekoration.

Weitere Arten:

Salvia officinalis L., Echter Salbei, Garten-Salbei: Halbstrauch (Stängel im unteren Teil verholzt) mit winter- bis immergrünen, runzligen und filzigen Blättern. Altbekannte Heil-, Gewürz- und Zierpflanze in zahlreichen Sorten mit verschiedenen Blütenfarben und sehr verschieden gestalteten und gefärbten Blättern. Bauerngartenpflanze. Wird bei uns mindestens seit dem 9. Jh. kultiviert. Heimat: Mittelmeergebiet. Selten und nur in wärmsten Lagen verwildert, aber nur unbeständig. Reger Blütenbesuch durch Hummeln, Honigbienen usw. Innerlich werden die Blätter zur Hemmung der Schweißsekretion, z. B. bei Tuberkulose und Nervosität, eingesetzt oder auch zur Hemmung der Milchsekretion (abstillend!), ferner als entzündungshemmendes Mittel im Bereich der Atmungsorgane, seltener auch des Magen- und Darmkanals. Hauptanwendung als Gurgellösung bei Schleimhautentzündungen im Mund und Rachen. Reines Salbeiöl hat bakterienabtötende Eigenschaften, in höheren Dosen ist es giftig. Auch Tees sollten nicht über längere Zeit getrunken werden. Beliebte Gewürzpflanze für Fleisch- und Fischgerichte und Salate. In Öl gebratene Blätter sind eine Delikatesse.

Salvia sclarea L., Muskateller-Salbei: Alte Bauerngarten- und Gewürzpflanze, Zierpflanze und ehemalige Heilpflanze. Heimat: Mittelmeergebiet. Zweijährig bis ausdauernd, kurzlebig. Die Tragblätter der Teilblütenstände sind groß, breit eiförmig, oft rötlich bis violett überlaufen und erhöhen die Schauwirkung. Die besonders nach dem Trocknen durch ätherische Öle (vor allem Linalylacetat) intensiv duftenden Blüten und Blätter werden zum Aromatisieren von Wein sowie in der Kosmetik- und

Parfümindustrie und auch für Aromatherapien verwendet. In manchen Gegenden werden junge Blätter mit Zucker und Orangensoße als Dessert gegessen. In Weinbaugebieten verwildert.

Salvia splendens Schult., Pracht- oder Feuer-Salbei oder Salvie: In Kultur einjährige Gartenzierpflanze. Heimat: Südamerika. Kelch und Krone durch Anthocyane (vor allem Pelargonidin) lebhaft rot gefärbt. Wird in ihrer Heimat durch Kolibris bestäubt. Bei kurzem Erhitzen der Blüten schlägt deren Farbe sofort von Rot nach Blau um; der Vorgang ist reversibel. Die langlebigen Kelche täuschen noch lange blühende Pflanzen vor. Unter den zahlreichen Zuchtsorten gibt es auch solche mit weißen, violetten oder schwarzblauen Blüten.

Salvia hispanica L., (Mexikanische) Chia: Einjährige, bis 1,80 m hohe Nutzpflanze. Sie stammt aus Mexiko, wurde aber zu Beginn der Neuzeit auch in Spanien angebaut, wodurch sich der Name „*hispanica*" erklärt. Chia wurde schon bei den Azteken als Nahrungsmittel genutzt. Die Teilfrüchte („Chia-Samen") werden roh gegessen oder als Verdickungsmittel benutzt. Ähnlich wie bei Leinsamen (*Linum usitatissimum*) und Flohsamen (*Plantago arenaria*) bilden sie in Wasser eingelegt eine umfangreiche Schleimschicht. Chia-Samen erfreuen sich in letzter Zeit großer Beliebtheit und gelten als sehr gesund, u.a. durch einen hohen Anteil an Omega-3-Fettsäuren. Heutige Anbaugebiete sind besonders Mittelamerika und Australien.

Salvinia natans (L.) Allioni, Gewöhnlicher Schwimmfarn

Salviniaceae (= Schwimmfarngewächse)

Vorwiegend einjährige Schwimmpflanze, bis 20 cm lang, verzweigt. Ungleichblättrig (Anisophyllie): Blätter in 3-zähligen Quirlen. Die beiden oberen sind als Schwimmblätter ausgebildet. Das unterste, dem Wasser zugewandte Blatt („Wasserblatt") ist fein zerteilt in wurzelartige Abschnitte. Echte Wurzeln fehlen. Schwimmblätter innen mit großen Luftkammern, auf der Oberseite mit aufrecht stehenden, etwas gekrümmten, langen, schneebesenförmigen Haaren und dadurch Wasser abstoßend: Wassertropfen bleiben als „Perlen" auf dem Haar-Luftpolster liegen, da die Haare an ihrer Basis hydrophob (Wasser abweisend), an ihrer äußersten Spitze aber hydrophil sind. Auf diese Weise werden die Spaltöffnungen vor einer den Gasaustausch behindernden Benetzung mit Wasser geschützt. Beim Untertauchen reißen die Haare Luftblasen mit, die das Blatt sofort wieder an die Wasseroberfläche ziehen. Diese von W. Barthlott um 2002 entdeckte dauerhafte Stabilisierung einer Luftschicht auf einer Oberfläche unter Wasser (Salviniaeffekt) wird inzwischen auch technisch genutzt (Bionik). – Die Chromosomengrundzahl x = 9 ist die niedrigste aller Farne.

Systematik: Die Gattung umfasst 10–12 Arten. Verwandt ist der Algenfarn (*Azolla*).

Namen: „*Salvinia*" wurde 1729 von dem ital. Botaniker P. A. Micheli zu Ehren des ital. Philologen A. M. Salvini (1633–1729) aufgestellt, der für sein Werk ‚Nova plantarum genera' die Kosten für die Kupfertafel der Pflanze übernommen hatte. Das ist vermutlich das erste Beispiel für das Sponsoring eines wissenschaftlichen Namens, also dass ein Name aus Dank für eine finanzielle Unterstützung vergeben wurde. Der franz. Botaniker J. F. Séguier hat 1754 den Namen aufgegriffen und gültig publiziert. Lat. „natans" = schwimmend.

Vorkommen: Ruhige, windgeschützte, nährstoffreiche, z. T. kalkarme Gewässer, z. B. am Oberrhein oder bei Dessau. Daneben auch aus Aquarien verwildert und selten eingebürgert. In Deutschland stark gefährdet. – **Geschützt**!
Vermehrung: Die Fortpflanzungsverhältnisse sind recht kompliziert. Es gibt 2 Typen von Sporen: Mikrosporen und Megasporen (Heterosporie). Die Mikro- bzw. Megasporangiengruppen sind jeweils von einer sterilen Hülle (Indusium) fest eingeschlossen, wodurch fruchtähnliche Gebilde (Sporokarpien) entstehen. Im Megasporangium entwickelt sich eine einzige Megaspore, die von der Sporangienwand umgeben ist, sich später mit dieser von der Mutterpflanze löst und im Schlammboden überwintert. In der Megaspore wächst das vielzellige weibliche Prothallium heran und in diesem dann nach der Befruchtung der Embryo. Im Frühjahr keimen aus den Megasporen neue Pflanzen, die dann wieder zur Wasseroberfläche aufsteigen. Sporenreife: VIII–X. Wärmekeimer.
Verwendung: *Salvinia-Arten*, insbesondere die größere *S. auriculata* AUBLET, beheimatet in Südamerika, werden gelegentlich als Aquarienpflanzen kultiviert und auch ausgesetzt.

Sambucus nigra LINNAEUS, Schwarzer Holunder

Adoxaceae (= Moschuskrautgewächse)

Winterkahler Strauch oder kleiner Baum bis maximal 9 m Höhe. An einem 9 m hohen Baum in der Eifel bei Mayen wurde am Boden ein Stamm-Umfang von 1,5 m gemessen. Winterknospen nur locker von Knospenschuppen besetzt. Blätter unpaarig gefiedert, am Grunde der Blattstiele mit einem Paar stäbchenförmiger, als rudimentäre Fiedern gedeutete extraflorale Nektarien. Zweige mit auffälligen, pustelartigen, dem Gasaustausch dienenden Rindenporen (= Lenticellen). Mark interzellularenreich, weiß. Das für die Anfertigung mikroskopischer Schnitte verwendete „Holundermark" nimmt man von „Wassertrieben", das sind senkrecht nach oben wachsende Sprosse mit sehr langen Internodien. Sie haben ein besonders dickes Mark, und die vertrocknete Wand lässt sich leicht entfernen. Keimpflanzen zeichnen sich durch ungeteilte Primärblätter aus. MALPHIGI beschreibt 1675 in seinem bahnbrechenden Werk „Anatome plantarum" hier (und z. B. auch bei *Acer*), erstmals die Blattentwicklung. – Pilzwurzel (arbuskuläre Mykorrhiza).

Systematik: Die Gattung umfasst etwa 10 Arten, darunter kleine Bäume, Sträucher und ausdauernde krautige Pflanzen. Die systematische Einordnung variierte in der Vergangenheit stark. Heute wird *Sambucus* meist in die im Umfang erweiterte Familie Adoxaceae gestellt, die nunmehr äußerlich so verschiedene Gattungen wie Holunder, Schneeball (*Viburnum*) und Moschuskraut (*Adoxa*) vereinigt.
Giftigkeit: Alle Teile der *Sambucus*-Arten sind roh giftig durch harzartige Stoffe, die Brechreiz erregen und abführend wirken. Nur Blüten und reifes Fruchtfleisch von *S. nigra* sind ungiftig. Das in den Samen enthaltene Lectin wird durch Erhitzen unschädlich gemacht.
Namen: „*Sambucus*" ist der lat. Name der Pflanze, mit ungeklärter Etymologie. Lat. „*niger*" = schwarz, wegen der Fruchtfarbe. – „Holunder" (Holder, Holler) bezieht sich auf Frau Holle, d. h. die germanische Göttin Freya = Holda (Genitiv Hollun), der bei den Germanen die Pflanze wegen ihrer Heilwirkung geweiht war (vgl. Söhns 1907). Die Silbe „-der" ist eine alte Baumnamen-Endung (vgl. Wacholder). Der norddeutsche Name des Baumes ist „Flieder". Auch hier liegt dieselbe Baumnamenendung vor. Die Bedeutung der Silbe „Flie-„ (mittelniederdeutsch vle-) ist unbekannt. Der Name „Flieder" gilt heute meist für *Syringa vulgaris*, die im 16. Jh. über Konstantinopel und später über Spanien eingeführt wurde, zunächst als Türkischer bzw. Spanischer Flieder bezeichnet wurde und schließlich nur noch kurz ‚Flieder' hieß.
Vorkommen: Feuchte Wälder, Hecken, Schläge, Säume und Schuttplätze, auf frischen, nährstoffreichen, tiefgründigen Böden. Oft in der Nähe von Siedlungen (Kulturbegleiter). Stickstoff- und Müllzeiger. Ebene bis mittlere Gebirgslagen (deutsche Alpen bis 1600 m). Sehr schattenverträglich, vermag noch bei 7 % Lichteinstrahlung zu existieren, ist aber auch im vollen Sonnenlicht anzutreffen.
Blüten: V(Ende)–VI. Der Blütenbeginn gilt als Einsetzen des Frühsommers. Homogame „Pollen-Scheibenblumen", in zymösen, bis zu 20 cm breiten Doldenrispen. Die Kronblätter sind verwachsen, sodass beim Verblühen, die Krone als Ganzes abfällt. Nektar fehlt. Betäubend duftend (u. a. durch Ammoniak). Entsprechend erfolgt die Bestäubung vor allem durch Fliegen und Käfer, die auf den Blüten herumlaufen. Selbstbestäubung ist erfolgreich. – Da Holunderpollen leicht vom Wind verweht wird und in einigen Pollenflugkalendern als Heuschnupfenerreger geführt wird, ist auch Windbestäubung anzunehmen. – Beginn der Blühreife mit 5–7 Jahren.
Früchte: Schwarze, saftreiche Steinfrüchte mit drei knorpeligen Steinkernen. Samen mit hornartigem Nährgewebe. Fruchtstand hängend. Verdauungsausbreitung besonders durch Vögel, aber auch durch Säuger und z. B. Schnecken. Es wurden mehr als 60 verschiedene Vogelarten gezählt, was nur noch von der Eberesche übertroffen wird. Fruchtreife: VIII–IX. Das Reifen der ersten Früchte gilt in der Meteorologie als Einsetzen des Frühherbstes.
Verwendung: Wegen seiner frühzeitig erkannten großen Heilwirkung war der Baum den alten Germanen heilig (s. o.) und spielte bis in die Neuzeit hinein eine große Rolle im Aberglauben. Er fehlte in keinem Bauerngarten und ist auch heute noch eine beliebte Gartenpflanze. Auch im Mittelmeergebiet trifft man den Holunder in vielen Dörfern und Klöstern an. Der aus den Blüten zubereitete Tee („Fliederblütentee") ist ein ausgezeichnetes Hausmittel zur Vorbeugung von Erkältungskrankheiten. Er wirkt schweißtreibend und regt die körpereigene Abwehr an. Die Blütenstände können auch gut in Pfannkuchenteig eingebacken („Hollerkuchen") bzw. zu weinartigen Getränken oder Gelee verarbeitet werden. Man kann sie auch kandieren oder als essbare Dekoration verwenden. – Die reifen Früchte sind reich an Vitamin C, Zucker, Anthocyanen, Gerbstoffen usw. Man kann sie für „Fliederbeersuppe" verwenden und aus ihrem Press-Saft Sirup oder Gelee bereiten. Beide sind wohlschmeckend und haben eine ähnliche Wirkung wie die Blüten. Die Giftwirkung der rohen Teile verschwindet beim Kochen. Man hat herausgefunden, dass die Anthocyane dadurch vor Viren schützen, dass sie deren Andocken in den Schleimhäuten verhindern. Die Früchte wurden früher zum Färben von Wolle und Leder verwendet und erlangen zurzeit eine zunehmende Bedeutung als natürlicher Farbstoff für Lebensmittel. – Das harte, feste Holz wurde von Drechslern und Kammmachern benutzt. Die leicht auszuhöhlenden Wassersprosse liefern der Jugend Blasrohre. – Für Wildpflanzengärten sehr zu empfehlen. Besonders dekorativ ist der Schlitzblättrige Holunder ('Laciniata'), eine Form mit doppelt gefiederten Blättern und lanzettlichen Blattabschnitten. Man trifft diese Form bzw. Bastarde mit der Normalform nicht selten auch wild bzw. verwildert an.
Weitere Arten:
Sambucus racemosa L., Trauben-, Berg- oder Roter Holunder: Maximal bis 3 m hoher Strauch. Mark älterer Zweige rotbraun. Knospenschuppen vorhanden. Lichte Wälder, Schläge und Steinschutthalden, auf frischen, nährstoff- und stickstoffreichen Böden. Kennart des Sambucetum racemosi (= Traubenholunder-Vorwaldgesellschaft). Vor allem in höheren Lagen, im Tiefland seltener. Blütezeit: V–VI. Blüten-

stand eiförmig, rispenartig (Thyrse), also im botanischen Sinne keine Traube. Früchte rot, reich an Karotinoiden (u. a. Provitamin A), Vitamin C und fettem Öl (trocken bis zu 35 %). Letzteres gibt raffiniert, d. h. von dem harzartigen, stark schleimhautreizenden Wirkstoff gereinigt, ein gutes Speiseöl. Verwendung der reifen Früchte wie bei voriger Art, doch sind sie nicht jedem zuträglich. Roh und unreif sind sie giftig. Sie führen zu Brechdurchfall und wurden deshalb im Volke auch als Brech- und Abführmittel angewandt. Auf jeden Fall müssen die Steinkerne entfernt werden, da das Gift der Samen bei dieser Art nicht durch Kochen unschädlich gemacht wird.

Sambucus ebulus L., Zwerg-Holunder, Attich: 0,5 bis 1,5 m hohe Staude (also anders als die beiden übrigen heimischen Arten kein Strauch!). Pflanze der Waldschläge und ruderalen Staudenfluren. Einheimisch, aber oft auch aus alter Kultur verwildert und eingebürgert. Die im Gegensatz zu den vorigen Arten Nektar führenden Blüten werden von zahlreichen Tagfaltern und auch Rosenkäfern besucht. Früchte schwarz. Sie wurden früher als harn- und schweißtreibendes Mittel sowie zum Färben von Textilien (hellblau) und Wein benutzt. Sie sind auch nach Abkochen noch **stark giftig**! Pflanze besonders auch für Pferde giftig. Wird auch als Zierpflanze kultiviert und zur Dünenbefestigung gepflanzt.

Samolus valerandi LINNAEUS, Salzbunge, Salz-Bunge

Primulaceae (= Primelgewächse)

Ausdauernder, wintergrüner Hemikryptophyt (Halbrosettenpflanze) mit Rhizom, (5–)10–30(–50) cm hoch. Pflanze kahl. Stängelblätter reduziert, wechselständig. Grundständige Blätter spatelförmig, etwas fleischig, glänzend.

Systematik: Die Gattung umfasst 10–15 Arten. *S. valerandi* ist der einzige heimische Vertreter der Unterfamilie Theophrastoideae.

Namen: „*Samolus*“ ist ein alter Name bei PLINIUS mit unklarer Zuordnung, der bei J. BAUHIN für den entfernt ähnlichen Wasser-Ehrenpreis (*Veronica anagallis-aquatica*) verwendet und von LINNÉ auf diese Pflanze übertragen wurde. Der Name „*valerandi*“ wurde von J. BAUHIN geprägt, zu Ehren des mit ihm verwandten flämischen Apothekers und Botanikers Valérand DOUREZ (16. Jh.). – „Salzbunge“ wegen des Standorts und weil die älteren Botaniker die Pflanze als eine Art Bachbunge (*Veronica beccabunga* bzw. *V. anagallis-aquatica*) ansahen.

Vorkommen: Wechselfeuchte, periodisch überflutete, oft salzhaltige Grabenränder und Röhrichte, vor allem an der Küste. Wärme und Licht liebend. Stark gefährdet.

Blüten: VI–X. Blüten unscheinbar, in lockeren Trauben oder Rispen. Fruchtknoten halb unterständig. Nektarring vorhanden, aber ohne Nektar-Absonderung. Pollenblume. Blütenbesuch spärlich. Überwiegend spontane Selbstbestäubung.

Früchte: Sich bei Trockenheit klappig öffnende Kapseln. Samen ca. 0,4 mm lang, einseitig abgeflacht. Wasserhaft- und Schlammausbreitung

durch Wasservögel sowie Windausbreitung (Windstreuer). Lichtkeimer. Samen langlebig.
Vegetative Vermehrung durch das Rhizom.

Verwendung: Zierpflanze für Teiche und Aquarien, besonders Brackwasser-Aquarien.

Sanguisorba minor Scopoli (= *Poterium sanguisorba* L.), Kleiner Wiesenknopf, Kleine Bibernelle, (Pimpinelle)

Rosaceae (= Rosengewächse)

Ausdauernde, oft wintergrüne Halbrosettenpflanze, 30–60 cm hoch. Blätter unpaarig gefiedert mit 3–12 Paar gezähnter Fiedern. Bei hoher Luftfeuchtigkeit geben sie über Wasserspalten (Hydathoden) aktiv Wasser ab (Guttation). – Pilzwurzel (arbuskuläre Mykorrhiza): Rohbodenpionier.

Namen: „*Sanguisorba*“ ist ein vorlinnéscher Name der Pflanze, von lat. sanguis = Blut und sorbere = aufsaugen, wegen der ehemaligen Verwendung von *S. officinalis* mit seinen blutroten Blütenköpfchen nach der Signaturenlehre als blutstillendes Mittel. Lat. „*minor*“ = kleiner, im Vergleich zu *S. officinalis*. – „Wiesenknopf“ wegen des Standorts und der Form der Blütenköpfchen. Vor dem Hintergrund der Verwendung als Salat- und Gewürzpflanze wird *S. minor* meist „(Kleine) Bibernelle“ oder auch „Pimpinelle“ genannt. Dadurch kommt es regelmäßig zu Verwechslungen, weil die Gattung *Pimpinella* wegen ähnlicher Blätter in Verbindung mit ähnlicher Nutzung dieselben deutschen Namen trägt. Manchmal wird *S. officinalis* oder sogar die ganze Gattung „Blutströpfchen“ genannt; der Name ist aber nicht eindeutig, da er auch für rotblühende *Adonis*-Arten und die Bach-Nelkenwurz (*Geum rivale*) und sogar für die zu den Schmetterlingen gehörenden Widderchen gilt.

Vorkommen: Sonnige, oft lückige Mager- und Halbtrockenrasen, auf mäßig trockenen, meist kalkhaltigen, lockeren Lehmböden. Magerkeitszeiger. Etwas wärmeliebend. Ebene bis mittlere Gebirgslagen (deutsche Alpen bis 1220 m). Auch angebaut und aus Kultur verwildert. – Neuerdings sind an grasigen Wegrändern verschiedentlich unbeständige bis zunehmend eingebürgerte Vorkommen der aus Südeuropa stammenden subsp. *balearica* (= *polygama, muricata*) anzutreffen (Blütenbecher zur Fruchtzeit höckerig).

Blüten (siehe Detailfotos): V–VIII. Windblütig (= Ausnahme bei den Rosengewächsen): „Langstaubfädiger Typ“. Vorweiblich. Blüten ohne Kronblätter, nur mit grünem (bis rötlichem) Kelch, in kugeligen Köpfchen. An diesen stehen oben die weiblichen Blüten mit rosa oder roten, pinselförmigen Narben, darunter zwittrige und zuunterst (zur Förderung der Fremdbestäubung) die zuletzt reifenden männlichen Blüten mit lang gestielten, leicht beweglichen Staubbeuteln. Bienen sammeln den Pollen, sodass auch mit Insektenbestäubung zu rechnen ist.

Früchte: Ausbreitungseinheit sind kleine Nüsse, die vom bleibenden Blütenbecher, der sowohl als Flug- als auch als Schwimmapparat dient, fest umschlossen sind: Ballonflieger, Regenschwemmlinge; evtl. auch Wasserhaft- und Zufallsausbreitung. Fruchtreife: VII–X. Wintersteher.

Vegetative Vermehrung durch unterirdische Ausläufer (Rhizome).

Verwendung: Alte Salat- und Gewürzpflanze der Bauerngärten und z.B. fester Bestandteil der „Hessischen Grünen Soße". Der Geschmack ist nussartig. Ursprünglich wurden auch die Wurzeln genutzt. Die Pflanze wurde früher auch ähnlich wie *S. officinalis* (s.u.) und als Hausmittel gegen Husten verwendet. Wertvolle Futterpflanze. Auch Zierpflanze.

Weitere Art:

Sanguisorba officinalis L., Großer Wiesenknopf: Feucht- und Moorwiesen. Kennart der Molinietalia (= Feuchtwiesen). Nächst verwandt mit voriger Art, aber insektenblütig. Blütenköpfchen vor dem Aufblühen nickend. „Nektar führende Scheibenblumen", mit dunkelkarminrotem Kelch, kurzstieligen Staubbeuteln und kopfiger Narbe. Anders als bei voriger Art sind die Blüten zwittrig und außerdem homogam, d.h. die Narben und die Staubbeutel reifen etwa zur gleichen Zeit. Bestäuber sind Schwebfliegen und verschiedene Tagfalter, z.B. Bläulinge. Spontane Selbstbestäubung ist möglich. Junge Blätter und Triebe sind als Beigabe zu Salat, Kräutersuppen und Gemüse geeignet. Zierpflanze in mehreren Sorten. Das Rhizom wurde wegen des hohen Gerbstoffgehaltes früher arzneilich bei Blutungen, Durchfällen und Entzündungen, vor allem des Mund- und Rachenraumes verwendet. Der Gebrauch geht auf die Signaturenlehre zurück (Blütenköpfchen blutrot). – Die Blütenstände sind die einzige Nahrungsquelle der Jungraupen der Wiesenknopf-Ameisenbläulinge *Phengaris (= Maculinea) nausithous* (und *teleius*). Diese imitieren durch ihre rote Farbe die Blütenköpfchen, an denen und in denen sie fressen, und sind dadurch vor Fressfeinden geschützt (Mimese). Nach einiger Zeit lassen sie sich fallen und warten, bis sie von Knotenameisen (*Myrmica rubra* und *scabrinodis*) in deren Bau verschleppt werden, wo sie aufgrund einer Tarnung nach Art eines jungen Kuckucks parasitisch leben. Nach dem Schlüpfen der ausgewachsenen Tiere müssen diese sich beeilen, nicht von den Ameisen gefressen zu werden, da jetzt die Tarnung wegfällt. Ähnliche Verhältnisse beobachtet man übrigens auch beim Lungen-Enzian (*Gentiana pneumonanthe*).

Blütenstand im weiblichen Stadium.

Blütenstand im männlichen Stadium.

Sanicula europaea Linnaeus, Sanikel, Wald-Sanikel

Apiaceae (= Doldenblütler)

Sommer- oder wintergrüne, ausdauernde Halbrosettenpflanze, 20–45 cm hoch. Grundständige Blätter handförmig gelappt.

Systematik: Die Gattung umfasst etwa 22 Arten mit Schwerpunkt Nordamerika. *S. europaea* ist die einzige europäische Art. Die Gattung gehört gemeinsam mit Sterndolde (*Astrantia*) und Mannstreu (*Eryngium*) zur Unterfamilie Saniculoideae.

Namen: „*Sanicula*" ist der vorlinnésche Name verschiedener Pflanzen, der von Linné auf die vorliegende Gattung beschränkt wurde. Er ist abgeleitet von lat. sanare = heilen, wegen der ehemaligen Verwendung.

Vorkommen: Krautreiche Wälder, auf frischen, nährstoff- und basenreichen, vor allem kalkhaltigen, humosen, lockeren Böden. Lehm- und Basenzeiger. Schatten- bis Halbschattenpflanze. Tertiärrelikt. – Ebene bis Gebirge (deutsche Alpen bis 1300 m).

Blüten: V–VII. Kleine, weiße oder rosa „Nektar führende Scheibenblumen", in einer endständigen zusammengesetzten Dolde mit kopfigen Döldchen. Je 1–3 zentrale, vormännliche Zwitterblüten sind im Köpfchen von je 10–20 männlichen, sich später entwickelnden Randblüten umgeben (andromonözisch). Bestäuber sind z. B. Schwebfliegen.

Früchte: Hakig bestachelte, fast kugelige Doppelachänen, die ohne Fruchtträger in die beiden Teilfrüchte zerfallen: Klettausbreitung durch Waldtiere. Fruchtreife: VIII–X. Wintersteher.

Verwendung: Sanikel wurde früher als Allheilmittel betrachtet und entsprechend im Volke „Heilkraut" oder „Heil aller Schäden" genannt, ist aber heute nur noch gelegentlich als blähungsvertreibender Bestandteil von Teemischungen (z. B. „Schweizertee") im Gebrauch. Ein „Muss" in Apothekerherbarien!

Saponaria officinalis LINNAEUS, Echtes oder Gewöhnliches Seifenkraut

Caryophyllaceae (= Nelkengewächse)

Ausdauernder Hemikryptophyt: Schaftpflanze, d. h. Pflanze ohne Rosette mit Erneuerungsknospen an der Stängelbasis, 30–80 cm hoch. Rhizom bis fingerdick und stark verzweigt. Blätter gegenständig, lanzettlich.

Systematik: Die Gattung umfasst 30–40 Arten in Europa und Asien. Nahe verwandt sind die Nelken (*Dianthus*).

Giftigkeit: Alle Teile der Pflanze sind schwach giftig.

Schädlinge: Die Pflanze wird nicht selten von dem Brandpilz *Microbotryum saponariae* befallen, sodass die Staubbeutel statt Pollen braunschwarze Sporenmassen produzieren, die von den Blütenbesuchern gezielt übertragen werden. Man vergleiche die ähnliche Situation bei der Weißen Lichtnelke (*Silene latifolia*). Weil *Saponaria* ausdauernd ist und auch über den Winter hinweg infiziert bleibt, wiederholt sich die Situation in den Folgejahren.

Namen: „*Saponaria*" ist der vorlinnésche Name der Pflanze, von lat. sapo = Seife, wegen der Verwendung. Neulat. „*officinalis*" = arzneilich verwendet. – „Echt" bedeutet wie immer bei Pflanzennamen, dass es sich um die im Vergleich zu ähnlichen Arten, z. B. der Weißen Lichtnelke (*Silene latifolia*), richtige Pflanze für die gewünschte Verwendung handelt.

Vorkommen: Ruderalstellen und Uferstaudenfluren, auf nährstoffreichen, meist frischen Stein-, Sand- oder Kiesböden. Stromtalpflanze. Wärmeliebend. Ebene bis mittlere Gebirgslagen (kaum über 700 m). Kulturbegleiter (seit der Jungsteinzeit gepflanzt; Archäophyt?). Wurde auch nach Nordamerika verschleppt und ist dort eingebürgert.

Blüten: VII–VIII. Vormännliche „Stieltellerblumen mit wenig herausragenden Staubbeuteln und Narben", in dichten Trugdolden (Dichasien). Der Blütenduft ist abends und nachts am stärksten. Nektar wird an der Basis der Kronblätter abgesondert. Diese sind zwar frei, werden aber im unteren Teil von den verwachsenen Kelchblättern eingeschlossen, wodurch eine 20–25 mm lange Röhre entsteht. Bestäuber sind entsprechend vor allem Nachtfalter aus der Gruppe der Schwärmer, die unter den Schmetterlingen die längsten Rüssel besitzen. Tagsüber finden sich auch am Pollen interessierte Bienen und Schwebfliegen als Bestäuber ein. Erdhummeln und Holzbienen beißen die Kelchröhre seitlich an, um an den Nektar zu gelangen, begehen also Nektarraub. – Die Blüten zeigen eine auffällige Ähnlichkeit mit dem nicht verwandten *Phlox*, einer aus Nordamerika stammenden Zierpflanze.

Früchte: Kapseln trocken 4-zähnig aufspringend: Wind- und Tierstreuer. Der Kelch dient als Windfang. Fruchtreife: IX–X. Kältekeimer.

Vegetative Vermehrung durch die weithin kriechenden, verholzenden Rhizome, so z. B. im Schotter von Gleisanlagen. Dadurch bildet die Pflanze größere Bestände.

Verwendung: Aufgrund des Saponingehaltes (im Rhizom 2–5 %) wird die Pflanze arzneilich als schleimlösendes Mittel bei Husten, in der Volksmedizin darüber hinaus bei Hautleiden angewandt. Bei Überdosierung giftig. Auszüge von Rhizom und Wurzel dienten seit dem Altertum als Seifenersatz, so auch bei empfindlichen Stoffen, die heiße Seifenlauge nicht vertragen. Entsprechend wurde die Pflanze zur Entfettung von Wolle und Seide noch bis zum Beginn des 20. Jh. in großem Umfang angebaut. In der Slowakei und auf dem Balkan werden noch heute Wäschestücke mit angeschnittenen Rhizomstücken „eingeseift". – Zierpflanze, vor allem in einer Form mit gefüllten Blüten, und auch für Wildpflanzengärten zu empfehlen. Ziemlich ausbreitungsfreudig.

Sarothamnus scoparius → *Cytisus scoparius*

Satureja hortensis LINNAEUS,
Sommer-, Einjähriges oder Echtes Bohnenkraut
Lamiaceae (= Lippenblütler)

Einjährig, sommerannuell, 10–30 cm hoch, stark buschig verzweigt. Stängel an der Basis verholzt, was bei einjährigen Pflanzen die Ausnahme ist. Sie sind oft violett überlaufen und rundum angedrückt behaart. Blätter kreuzgegenständig, linealisch, 2–4 mm breit, ganzrandig, locker kurzflaumig behaart, mit Drüsenschuppen an der Oberseite, die ätherische Öle enthalten, welche nach Zerreiben der Blätter einen intensiven würzigen Geruch abgeben, der ähnlich ist wie beim Thymian.

Systematik: Die Gattung umfasst etwa 38 Arten. Früher wurden oft auch die nahestehenden Gattungen *Clinopodium* (Wirbeldost), *Calamintha* (Bergminze) und *Acinos* (Steinquendel) einbezogen. Verwandt sind auch die als Gewürz- und Heilpflanzen allgemein bekannten Gattungen Minze (*Mentha*, siehe dort), Dost/Oregano (*Origanum*) und Thymian (*Thymus*).

Namen: „*Satureja*" (satureia) ist der lat. und vorlinnésche Name der Pflanze, mit unbekannter Etymologie. Lat. „*hortensis*" = Garten-. – „Bohnenkraut" wegen der Verwendung als Gewürz für Bohnengerichte. Dabei ist zu beachten, dass die Nutzung der Pflanze als Gewürz sehr viel älter ist als die heute dominierende Verwendung für Garten-Bohnen (*Phaseolus vulgaris*), die erst nach der Entdeckung Amerikas zu uns kamen! Davor (und z. T. noch heute) hieß die Pflanze entweder „Kölle", als Lehnwort von lat. conila, dem Namen des oft nicht von *Satureja* getrennten Quendels (*Thymus pulegioides/serpyllum*), oder „Sat(u)rei", ebenfalls als Lehnwort, und schließlich „Pfefferkraut", womit ganz unterschiedliche Pflanzen bezeichnet wurden, die wegen ihrer scharfen Inhaltsstoffe als Pfefferersatz genutzt wurden.

Vorkommen: Kulturpflanze. Gedeiht am besten auf nicht zu trockenen, stickstoffreichen, lockeren Böden in sonniger Lage. Heimat: Südosteuropa bis Südwestasien. Selten verwildert und nur unbeständig.

Blüten: VII–IX. Vormännliche „Eigentliche Lippenblumen", in wenigblütigen, lichtwendigen Scheinquirlen in den Achseln der oberen Blätter. Neben rein weiblichen Pflanzen gibt es regelmäßig auch solche mit Zwitterblüten (gynodiözisch). Blüten weißlich oder hell lila. Krone 4–6 mm lang, mit dreilappiger Unterlippe. Kelch (im Gegensatz zum Thymian) gleichmäßig gezähnt. Nektar wird reichlich abgegeben und von Honigbienen gerne angenommen. Bienentrachtpflanze.

Früchte: In jeder Blüte entstehen 4 einsamige Teilfrüchte (Klausen). Diese sind dunkelbraun, rundlich bis oval und tragen am unteren Ende ein ölhaltiges Anhängsel (Elaiosom) zur Ameisenausbreitung. Menschenausbreitung. Lichtkeimer. Samen langlebig.

Verwendung: Seit dem Altertum wegen der ätherischen Öle (vor allem das mit Thymol isomere Carvacrol) genutzte Gewürzpflanze, die nicht nur wegen ihrer Würzkraft, sondern auch wegen der verdauungsfördernden Wirkung bei fetten und blähungstreibenden Speisen sehr geschätzt war. Sie wurde von den Römern zu uns gebracht und dann auch in Klostergärten und in Bauerngärten als Gewürzpflanze und vielfältig verwendete Heilpflanze kultiviert. Karl der Große ordnete im „Capitulare de villis" den Anbau auf den Reichsgütern an. Das Kraut wird hauptsächlich bei grünen Bohnen mitgekocht, kann aber auch für andere Hülsenfrüchte genommen werden, deren Verdauung dadurch erleichtert wird. Es kann aber auch gut für anderes Gemüse und Pilzgerichte sowie für die Herstellung von Wurst verwendet werden. Man kann es frisch oder getrocknet verwenden. Es ist meist ein wichtiger Bestandteil der Gewürzmischung „Herbes de Provence". In Ländern wie Bulgarien und Georgien ist es die wichtigste Gewürzpflanze. Wegen des scharfen Geschmacks dient es auch als Pfefferersatz. Man kann aus dem Kraut auch einen durstlöschenden Tee bereiten. Arzneilich wirkt die Pflanze verdauungsregulierend. Altbewährt sind Bohnenkraut-Bäder bei Keuchhusten. Bohnenkraut wird auch industriell für Liköre und Parfüms verwendet.

Weitere Art:

Satureja montana L., Winter-, Ausdauerndes oder Berg-Bohnenkraut: Dicht verzweigter, kahler, bis 50 cm hoher Zwergstrauch. Zier-, Gewürz- und Volksarzneipflanze, selten verwildert. Wärmebedürftig, aber meist winterhart. Heimat: Mittelmeergebiet. Krone 6–10 mm lang. Als Gewürzpflanze wegen des etwas strengeren Geschmacks weniger genutzt als die vorige Art. Wie beim Thymian (*Thymus*) gibt es auch Chemorassen mit Zitronenduft.

Saxifraga paniculata MILLER (= *S. aizoon* JACQ.), Trauben- oder Rispen-Steinbrech

Saxifragaceae (= Steinbrechgewächse)

Immergrüner krautiger Chamaephyt mit halbsukkulenten (= Wasser speichernden) Rosettenblättern, 15–30 cm hoch. Polsterbildung durch zahlreiche, an kurzen Ausläufern stehende Blattrosetten. In den Winkeln der Blattzähne befinden sich Wasserspalten (Hydathoden), die aktiv (kalkreiches) Wasser abscheiden. Nach Verdunstung des Wassers bleiben dort kleine „Kalkschüppchen" zurück.

Systematik: Die Gattung *Saxifraga* umfasst etwa 400 Arten, überwiegend Gebirgspflanzen, von denen bei uns ca. 20 wild vorkommen und ca. 50 als Zierpflanzen in Kultur sind.

Namen: Der Name „*Saxifraga*" geht auf PLINIUS zurück: ‚quia saxa frangit' = weil er die Felsen bricht = Steinbrech. Einige Arten der Gattung können tatsächlich so aus Felsspalten hervortreten, dass man denken könnte, die Felsen wären durch die Pflanze gesprengt worden. Der Erhalt des Namens dürfte aber vor allem mit der Anwendung der Pflanze nach der Signaturenlehre bei Steinleiden zusammenhängen. Lat. „*paniculatus*" = rispig, wegen des Blütenstands. – „Steinbrech" ist Lehnübersetzung.

Vorkommen: Sonnige bis halbschattige Felsspalten sowie auf Steinschutt und Mauern, auf humosen, basenreichen, meist kalkhaltigen Steinböden. – Gebirgspflanze der montanen bis alpinen Stufe (deutsche Alpen bis über 2500 m). Verbreitung arktisch-alpin, z. T. Eiszeitrelikt, z. B. im Nahetal. – **Geschützt**! (alle Arten der Gattung außer S. tridactylites).

Blüten: V–VII. „Nektar führende Scheibenblumen", in traubenartiger Rispe. Ausgeprägt vormännlich: Die Griffel entwickeln sich erst nach dem Verstäuben der Staubbeutel. Der zweiblättrige Fruchtknoten endet in 2 freien Griffeln. Die gelben Flecken an der Basis der Kronblätter verstärken die Signalwirkung der Staubblätter und ersetzen diese nach Abwurf der Staubbeutel (Antheren-Imitation). Dies soll verhindern, dass die Bestäuber die Blüten außerhalb der männlichen Phase meiden.

Früchte: Fachspaltige Kapseln. Samen sehr klein: Körnchenflieger. Fruchtreife: ab IX.

Vegetative Vermehrung durch bis 4 cm lange Ausläufer.

Verwendung: Steinbrech-Arten sind beliebte Zierpflanzen der Steingärten. Früher wurden sie – nach der Signaturenlehre – auch als Mittel gegen Blasensteine (!) verwendet.

Der Knöllchen-Steinbrech hat seinen Namen von den basalen Brutknöllchen.

Weitere Arten:

Saxifraga granulata L., Knöllchen-Steinbrech (siehe Abb.): Wintergrüne Halbrosettenpflanze mit Zugwurzeln. Brutknöllchen im Boden in den Achseln abgestorbener Rosettenblätter zur vegetativen Vermehrung. Wächst vor allem in kalkarmen Magerrasen der Tieflagen. Blüten- und ausbreitungsökologisch ähnlich wie vorige Art, jedoch wegen der bleibenden, hornförmigen Griffel auch Tierstreuer. Für Wildpflanzengärten zu empfehlen.

Saxifraga rotundifolia L., Rundblättriger Steinbrech: Blätter groß, relativ dünnfleischig. Feuchtluftpflanze der subalpinen und hochmontanen Bergmischwälder, auch an feuchtschattigen Standorten des Mittelmeergebietes. Reliktpflanze.

Saxifraga aizoides L., Fetthennen- oder Bach-Steinbrech: Quellfluren, Bachufer und überrieselte Felsen, vor allem in den Alpen. Dichte Rasen bildend. Blätter fleischig, länglich. Krone goldgelb bis orange (oder rot).

Saxifraga tridactylites L., Finger- oder Dreifinger-Steinbrech: Einziger einjähriger Vertreter der Gattung bei uns. In der Größe sehr variabel: 1–20 cm hoch. Reich drüsig. Blätter klein, dreilappig (Name!) oder ungeteilt, frühjahrsgrün. Wächst in offenen, warmen, sommertrockenen, meist sandigen Pionierrasen, auch an Bahndämmen, auf alten Mauern usw. Hat sich in den letzten Jahren auf Bahngelände oft stark ausgebreitet. Frühblüher: III–V. Nach KIRCHNER sollen die Drüsenhaare angeblich die Fähigkeit haben, kleinere aufkriechende Insekten festzuhalten und deren stickstoffhaltige Zersetzungsprodukte aufzunehmen (fleischfressende Pflanze). Blüten vorweiblich oder vormännlich. Oft spontane Selbstbestäubung (selbstfertil). Körnchenflieger, Regenschwemmling (Samen ziemlich unbenetzbar) sowie Ausbreitung der ganzen Pflanze als Klebhafter.

Scabiosa columbaria LINNAEUS, Tauben-Skabiose

Caprifoliaceae (= Geißblattgewächse)

Ausdauernde Halbrosettenpflanze, 25–60 cm hoch. Verschiedenblättrig: Stängelblätter fein zerteilt, Grundblätter oft nur gekerbt. – Tiefwurzler, bis 1,5 m Tiefe.

Systematik: Die Gattung umfasst 30–100 Arten. Sie gehört in die Unterfamilie Dipsacoideae, die früher den Rang einer eigenen Familie Dipsacaceae (= Kardengewächse) hatte. Nahe verwandt sind Witwenblume (*Knautia*), Teufelsabbiss (*Succisa*) und Karde (*Dipsacus*).
Namen: „*Scabiosa*" ist der vorlinnésche Name verschiedener Pflanzen, der von LINNÉ auf diese Gattung (inkl. *Knautia* und *Succisa*) begrenzt wurde. Der Name wird oft damit erklärt, dass die Pflanze gegen Krätze oder Grind (lat. scabies) verwendet wurde, was aber nur für die früher ‚Acker-Skabiose' bzw. bei LINNÉ *Scabiosa arvensis* genannte Acker-Witwenblume (*Knautia arvensis*) zutrifft. „*Columbaria*" ist der lat. Name der Pflanze, zu columba = Taube, wegen der taubengrauen Blütenfarbe.
Vorkommen: Sonnige Magerrasen und wechselfeuchte Wiesen, auf mäßig nährstoffreichen, meist kalkhaltigen Lehmböden. Düngerfeindlich. Ebene bis Hochgebirge (deutsche Alpen bis 1510 m). Vor allem in Süddeutschland. Durch Düngung und Verbuschung stellenweise im Rückgang.
Blüten: VI–X. „Körbchenblumen" mit strahlenden Randblüten. Sie ähneln stark den Körbchen der Korbblütler, doch stehen anstelle der Einzelblüten gestauchte Teilblütenstände (Zymen). Vormännlich. Neben Pflanzen mit zwittrigen Blüten gibt es auch rein weibliche Pflanzen. Krone 5-zipfelig (bei der ähnlichen Witwenblume, *Knautia*, 4-zipfelig). Spelzenartige Spreublätter sind (im Gegensatz zu *Knautia*) am Korbboden vorhanden. Selbststeril (und daher auch durch den Rückgang der Insekten gefährdet). Besucher sind verschiedene Insekten, z. B. Bienen und Falter, typisch etwa Schachbrettfalter (*Melanargia galathea*) und Widderchen (*Zygaena*).
Früchte: Achänen vom häutig verlängerten Außenkelch eingeschlossen, der am oberen Ende einen als Fallschirm dienenden Saum bildet, und mit 5 langen, schwarzen, stielrunden, hygroskopischen Kelchborsten. Die ganze Ausbreitungseinheit erinnert etwas an einen Federball. Fruchtkörbchen kugelig. Zur Reife werden die Einzelfrüchte durch den Druck der Spreublätter emporgehoben und dadurch flugfähig: Schirmchenflieger (bei starkem Wind). Außerdem Kletthafter, Ameisenausbreitung, bei Nässe Adhäsionshafter und wegen der hygroskopischen Kelchborsten auch Bodenkriecher. Fruchtreife: ab VIII. Samen langlebig.
Vegetative Vermehrung durch Wurzelsprosse.
Verwendung: Soll früher als Mittel gegen Hautausschläge verwendet worden sein; aber die entsprechenden Angaben gehören zu der ebenfalls oft ‚Skabiose' genannten Witwenblume (*Knautia arvensis*). Als Wildgartenpflanze zu empfehlen. Diese und vor allem einige weitere Arten der Gattung werden gelegentlich als Zierpflanzen kultiviert.

Scandix pecten-veneris LINNAEUS,

Gewöhnlicher Venuskamm, Nadelkerbel

Apiaceae (= Doldenblütler)

Einjährig (sommer- oder selten winterannuell). Größe sehr variabel, 5–20(–30) cm hoch. Blätter 2–3-fach gefiedert mit schmalen Abschnitten. – Bis 40 cm tief wurzelnd (= Trockenheitsanpassung).

Namen: „*Scandix*" ist der griech. Name der Pflanze. Lat. „*pecten-veneris*" = Kamm der Venus, wegen der Fruchtstände. – „Nadelkerbel" wegen einer gewissen Ähnlichkeit mit dem Garten-Kerbel (*Anthriscus cerefolium*), aber nadelförmigen Früchten.
Vorkommen: Getreidefelder, Brachen und Ruderalplätze, auf sommerwarmen, nährstoff- und basenreichen, meist kalkhaltigen und humusarmen Lehm- und Tonböden. Vermutlich Archäophyt. Wärmeliebend. Ebene bis Hügelstufe. Im Norden selten. Früher in den Kalkgebieten häufig, inzwischen meist nur noch selten und gebietsweise ausgestorben. In der Bundesrepublik insgesamt stark gefährdet, in den östlichen Bundesländern z. T. verschollen. Im Mittelmeergebiet noch häufig.
Blüten: V–VII. Kleine, weiße „Nektar führende Scheibenblumen". Neben Zwitterblüten auch lang gestielte männliche Blüten, oft in der Mitte der Dolden. Bestäubung durch Fliegen und Käfer. Erfolgreiche Selbstbestäubung vor dem Abblühen, indem sich die Staubfäden einwärts krümmen, sodass die Staubbeutel die Narben berühren. Beim Heranwachsen der Früchte bleiben an deren Spitze die übrigen Blütenteile noch lange erhalten.
Früchte: Spaltfrüchte (Doppelachänen) lang geschnäbelt, bis 80 mm lang! Schnabel etwa 3–4-mal so lang wie die Frucht. Die parallel zueinander senkrecht stehenden (negativ gravitropen) reifen Früchte der Pflanze sehen aus wie ein großer Kamm. Bei der Fruchtreife springen die an den Seiten borstig behaarten Teilfrüchte elastisch vom Fruchtträger ab: Selbstausbreitung; Bohrfrüchte (im Fell von Säugern) und Klettfrüchte; Menschenausbreitung (Agrikultur- und Siedlungsbegleiter). Heterokarpie: Im Zentrum des Fruchtstandes bleiben kleinere Früchte stehen und werden erst im Herbst mitsamt der ganzen, vom Wind ausgerissenen Pflanze ausgebreitet (Bodenläufer, Steppenhexen). Dieses Merkmal ist ebenso wie der z. T. „ausbreitungshemmende" Charakter der Bohrfrüchte für Wüstenpflanzen typisch. Samen sehr kurzlebig.
Verwendung: Blätter und junge Stängel wurden früher als Kochgemüse genutzt.

Scheuchzeria palustris: siehe bei *Triglochin*

Schoenoplectus lacustris (L.) Palla (= *Scirpus lacustris* L.), Gewöhnliche Teichbinse oder Teichsimse, See- oder Flechtbinse

Cyperaceae (= Riedgrasgewächse, Sauergräser)

Rhizom-Geophyt bzw. Sumpf- oder Wasserpflanze (Schlammwurzler), 1–2(–4) m hoch. Rhizom kräftig, sympodial. Stängel im Querschnitt rund, an der Basis mit scheidenförmigen Niederblättern, zuweilen auch im tiefen Wasser mit flutenden, bandförmigen Wasserblättern (Tauchblättern). Rhizom und Stängel besitzen ein Durchlüftungsgewebe, wodurch Sauerstoff gut in die tiefer gelegenen Pflanzenteile gelangt und auch unter Wasser noch Photosynthese möglich ist. – Im Habitus sehr ähnlich wie große Binsen-Arten (*Juncus*).

Systematik: Die *Schoenoplectus*-Arten wurden lange Zeit als Teil der Großgattung *Scirpus* = Simse betrachtet, siehe dort.

Namen: „*Schoenoplectus*“ (s und ch sind als zwei Laute zu sprechen) wurde 1846 von Reichenbach als Name einer Untergattung von *Scirpus* geprägt, von griech. schoinos = Binse und plektos = geflochten, wegen des binsenartigen Habitus und der Verwendung. Lat. „*lacustris*“ = See-, Teich-. – „Simse“ ebenso wie „Binse“ sind alte Wörter für verschiedene habituell ähnliche Sumpfpflanzen, vgl. *Scirpus* und *Juncus*. „Flecht-“ wegen der Verwendung.

Vorkommen: Ähnlich wie Schilf (*Phragmites*), aber meist nur im Wasser stehend. Verlandungspionier, noch bis 6 m Wassertiefe wurzelnd. Schmutzwasserreiniger durch aerobe Bakterien, die dem im Wasser befindlichen Teil des Sauerstoff ausscheidenden Stängels aufsitzen. Wärmeliebend (deutsche Alpen nur bis 1060 m). Kennart des Teichröhrichts (= Scirpo-Phragmitetum). In der temperierten Zone fast weltweit verbreitet.

Blüten (siehe Detailfoto): V–VII. Windblütig: „Langstaubfädiger Typ“. Die eiförmigen Ährchen sind zu einer lockeren Spirre vereint. Diese ist scheinbar seitenständig, indem das zugehörige, zylindrische Tragblatt den Stängel fortsetzt. Es liegt also eine ähnliche Situation wie bei vielen Binsen (*Juncus*) vor. Blüten zwittrig.

Aus den Ährchen schauen hier die langen Narbenäste heraus.

Früchte: Die kleinen, nur 2,5 mm langen und 0,13 mg schweren Nüsse können aufgrund der bleibenden, rauen Perigonborsten als Klettfrüchte ausgebreitet werden, z. B. durch Vögel. Dazu Schwimm- und Bearbeitungsausbreitung. Fruchtreife: IX–X. Wintersteher.

Vegetative Vermehrung wie bei den meisten Sumpfpflanzen

durch die weithin kriechenden Rhizome. Dadurch können ähnlich wie beim Schilf ausgedehnte Röhrichte entstehen.

Verwendung: Die Pflanze wird zur Uferbefestigung und zur Neulandgewinnung eingesetzt. Der Stängel ist zur Zellulosegewinnung sowie als Flechtmaterial, z. B. für Stuhlsitze, geeignet. Das Mark wurde früher für Lampendochte genutzt. Wertvolle Futterpflanze. Das Rhizom und junge Triebe können als Gemüse verwendet werden. Auch die Samen wurden früher zur Ernährung genutzt. Zierpflanze für Park- und Gartenteiche sowie Wildgartenpflanze. Wegen der Sauerstoffabgabe der untergetauchten Stängelteile kann die Art wie Schilf der Gewässerreinigung dienen. Gut geeignet auch für Kleinkläranlagen, die allerdings oft dadurch verhindert werden, dass Kanalanschlusszwang besteht.

Weitere Arten/Verwandte:

Schoenoplectus tabernaemontani (C. C. GMEL.) PALLA, Salz-Teichsimse: 0,5–1,5 m hoch. Durch Wachsüberzug graugrün. Pflanze ohne Tauchblätter. Salzverträglich, entsprechend auch an der Küste, dort z. B. Verlandungspflanze im Brackwasser. Ährchen gedrängt. Blütezeit: VI–VII. Nur 2 Narben. Früchte platt gedrückt, 2 mm lang und 1 mg schwer. Wasserhafter und Kletthafter. Fruchtreife: VIII–IX. Weil kleiner und zierlicher, besser als vorige Art für Gartenteiche geeignet.

Bolboschoenus maritimus (L.) PALLA (= *Scirpus maritimus* L.), Gewöhnliche Strandsimse, Knollensimse, Strandbinse, Meerbinse: Ausdauernde Sumpfpflanze, 50–120 cm hoch. Stängel scharf dreikantig. Rhizom kriechend. Blätter grasartig, grundständig. Wächst im Röhricht von Salz- und Brackwasser, seltener im Süßwasser. Oft dichte Bestände bildend. Vor allem an der Küste. Der Blütenstand wird von den laubblattartigen Tragblättern weit überragt. Ährchen eiförmig, 10–20 mm lang, kopfig gehäuft. Wurde früher als Flechtmaterial genutzt.

Scilla bifolia LINNAEUS, Zweiblättriger Blaustern, Scilla, Sternhyazinthe

Asparagaceae (= Spargelgewächse)

Frühjahrsgrüner Zwiebel-Geophyt, 5–20 cm hoch. Blätter linealisch, zu 2 (selten 3).

Systematik: Zur Gattung gehören etwa 50 Arten, von denen etwa 12 als Zierpflanzen kultiviert werden. Nächst verwandt sind Hasenglöckchen (*Hyacinthoides*), Hyazinthe (*Hyacinthus*) und Traubenhyazinthe (*Muscari*). Diese früher in der Familie Hyacinthaceae (= Hyazinthengewächse) zusammengefassten Gattungen werden heute als Unterfamilie Scilloideae der Asparagaceae aufgefasst.

Giftigkeit: Giftig durch Saponine, Herzglykoside usw.

Namen: „*Scilla*“ (skilla) ist der lat.-griech. Name der Meerzwiebel (*Urginea*) und ähnlicher Pflanzen. Vorlinnésch wurde er z. T. auf die vorliegende Gattung übertragen, was LINNÉ übernahm. Lat. „*bifolius*“ = zweiblättrig.

Vorkommen: Auf frischen, nährstoffreichen Böden besonders in Auwäldern und -gebüschen. Als Waldrelikt in Wiesen, z. B. im Moselgebiet. Teilweise Stromtalpflanze (bis zur Elbe). **Geschützt**! In Bielefeld und Bad Godesberg in Parkanlagen neben der folgenden Art eingebürgert. Hauptverbreitung: Gebirgswälder des Mittelmeerraumes.
Blüten: Frühblüher: III–IV. Blüten hellblau, maximal 2 cm breit, in 1–10-blütiger, einseitswendiger Traube. Blütenhülle einfach (Perigon). Homogame „Nektar führende Scheibenblumen" mit spreizenden Perigonblättern. Blüten seitlich abstehend bis aufrecht. Nektar wird an den Wänden der Fruchtknoten abgeschieden (Septalnektarien). Pollen dunkelblau. Besucher sind u. a. Honigbienen und kleine Fliegen.
Früchte: 3-fächerige Spaltkapseln. Selbstaussäer: Die reifen Fruchtstängel neigen sich zum Boden, und die weichen Kapseln platzen. Die gelben Samen mit ihren großen Ölkörpern (Elaiosomen) werden durch Ameisen (z. B. *Lasius niger* = Schwarze Wegameise) ausgebreitet.
Vegetative Vermehrung: Die Zwiebeln werden durch Wühlmäuse ausgebreitet.

Verwendung: Altbekannte Zierpflanze seit 1594, aber heute viel seltener als die folgende Art.
Weitere Arten (vgl. auch *Hyacinthoides* = Hasenglöckchen):
Scilla siberica HAW. (= *Othocallis siberica* (HAW.) SPETA), Nickender oder Sibirischer Blaustern oder Schmuckblaustern: Blüten dunkelblau, nickend, breiter als bei voriger Art. Perigonblätter zusammenneigend. Griffel deutlich vom Fruchtknoten abgesetzt. Häufige Zierpflanze, die auch öfter verwildert und stellenweise eingebürgert ist (Neophyt). Heimat: Kleinasien bis Mittelrussland. Blütezeit ebenfalls III–IV. Kann durch Massenbestände größere Rasenflächen in ein blaues Meer verwandeln. Pollen ebenfalls blau. Typischer Bestäuber ist die Gehörnte Mauerbiene (*Osmia cornuta*).
Scilla siehei (STAPF) SPETA (= *Chionodoxa siehei* STAPF, *C. forbesii* hort.), Siehe-Schneeglanz: Häufige Zierpflanze. Perigonblätter blauviolett bis blau mit großer weißer, scharf abgegrenzter Basis, 12–19 mm lang. Oft verwildert und in alten Parks, auf Friedhöfen usw. auch eingebürgert (Neophyt seit 1900).

Scirpus sylvaticus LINNAEUS, Wald- oder Flecht-Simse, Waldbinse

Cyperaceae (= Riedgrasgewächse, Sauergräser)

Rhizom-Geophyt oder Sumpfpflanze, rasenbildend, 0,3–1,0 m hoch. Stängel dreikantig, seggenähnlich.

Systematik: Die Gattung *Scirpus* im weiteren Sinne wird heute meist in zahlreiche kleinere Gattungen aufgeteilt (in Mitteleuropa sind es bis zu 9, darunter *Schoenoplectus* = Teichbinse/Teichsimse und *Eleocharis* = Sumpfsimse), doch ist diese Aufteilung umstritten.
Namen: „*Scirpus*" ist der lat. Name binsenartiger Pflanzen, zu scirpere = flechten, wegen der Verwendung. Er wird vorlinnésch auf die vorliegende Gattung i. w. S. bezogen und so von LINNÉ übernommen. Neulat. „*sylvaticus*" = im Wald. – „Simse" (ahd. semede) ist ein altes Wort mit ziemlich derselben Bedeutung wie „Binse" (ahd. binuz) und entsprechend gibt es in den Florenwerken ein ziemliches Durcheinander in der Verwendung der Namen, vgl. die Ausführungen bei *Juncus effusus*. – Da das deutsche Wort Schilf von lat. scirpus

entlehnt ist, wird insgesamt deutlich, dass Namen wie Schilf, Ried, Reet, Liesch, Simse und Binse für grasähnliche Pflanzen der Feuchtstandorte und des Röhrichts weitgehend synonym verwendet wurden, obwohl sie botanisch gesehen zu ganz verschiedenen Familien gehören, nämlich Süßgräser (Poaceae), Sauergräser/Riedgrasgewächse (Cyperaceae) und Binsengewächse (Juncaceae).
Vorkommen: Nasswiesen, Flachmoore und quellige Auwälder, auf nassen, nährstoffreichen, kühlen Böden. Wird durch Düngung dieser Standorte ähnlich wie z. B. auch die Spierstaude (*Filipendula ulmaria*) gefördert. Ebene bis mittlere Gebirgslagen (deutsche Alpen bis 1000 m). Kennart des Scirpetum sylvatici (= Waldsimsenwiese). Wächst oft zusammen mit Schlangen-Wiesenknöterich (*Bistorta officinalis*) und Sumpf-Dotterblume (*Caltha palustris*). Auf der ganzen Nordhabkugel verbreitet.
Blüten: V–VIII. Windblütig: „Langstaubfädiger Typ". Reich verzweigte, aus zahlreichen 3–5-ährigen Köpfchen zusammengesetzte Spirren. Blüten zwittrig.
Früchte: Nüsse 1 mm lang, mit rauen Perigonborsten. Windausbreitung? Klettausbreitung (Perigonborsten als Haftorgan) durch Sumpf- und Wasservögel. Bearbeitungsausbreitung durch Kleinvögel. Fruchtreife: VIII.
Vegetative Vermehrung durch Verzweigung der Rhizome.
Verwendung: Wertvolle Streupflanze. Früher als Flechtmaterial für Matten und Körbe genutzt. Die Samen und die Rhizome wurden für Speisezwecke verwendet.

Scleranthus annuus LINNAEUS (Artengruppe), Einjähriger Knäuel

Caryophyllaceae (= Nelkengewächse)

Einjährig (sommer- oder winterannuell) oder zweijährig, 5–15(–20) cm hoch. Äste niederliegend bis aufsteigend. Blätter linealisch-pfriemlich, derb, gegenständig, an Trockenheit angepasst (= xeromorph).

Systematik: Die Gattung umfasst 10–17 Arten.

Namen: „*Scleranthus*" ist der vorlinnésche Name der Gattung, von griech. skleros = hart und anthos = Blüte, nach dem verhärteten Kelch. Der Name wurde von LINNÉ übernommen. Lat. „*annuus*" = einjährig. – „Knäuel" wegen der dicht gedrängt stehenden Blüten.
Vorkommen: Sandige bis lehmige Äcker und Ruderalstellen, nährstoffliebend, aber kalkmeidend.
Blüten: IV–X. Krone fehlend, Kelchzipfel grün, spitz. Blüten in Knäueln. Trotz Nektarabsonderung nur spärlicher Insektenbesuch. Überwiegend Selbstbestäubung.
Früchte: Im Gegensatz zu den meisten anderen Nelkengewächsen handelt es sich um Nüsse. Ausbreitungseinheiten sind die vom knorpelig verhärteten Kelch eingeschlossenen 1-samigen Früchte mit einer Gesamtlänge von 4,5 mm. Kelchblätter spreizend, gezähnt: Klett- und Windausbreitung. Darmausbreitung, z. B. durch Rotwild. Menschenausbreitung durch Ackergeräte. Fruchtreife: ab VI. Samen langlebig.
Weitere Art:

Scleranthus perennis L., Ausdauernder Knäuel: Ausdauernder, wintergrüner Chamaephyt. Sandige bis felsige, sonnige Trockenstandorte, auf stickstoffarmen Böden. Viel seltener als vorige Art und als düngerfeindliche Art oft gefährdet. Blütezeit: V–VIII. Kelchblätter stumpflich, durch den breiten, weißen Hautrand kronblattartig. Die unscheinbaren Blüten werden vor allem durch Ameisen bestäubt, was sonst sehr selten ist. Selbstbestäubung ist erfolgreich. Fruchtreife: VIII. Die Pflanze ist Hauptwirt der Polnischen Schildlaus *Porphyrophora polonica*, deren Larven an den Wurzeln parasitieren, und die ähnlich wie die Kakteen-Schildlaus eine Zeit lang als Lieferant eines Farbstoffs zum Rotfärben von Bedeutung war (vgl. *Herniaria glabra*).

Scorzonera hispanica LINNAEUS, Gewöhnliche oder Gemüse-Schwarzwurzel

Asteraceae (= Korbblütler)

Ausdauernder Hemikryptophyt (Halbrosettenpflanze), in Kultur meist einjährig gezogen, 60–120 cm hoch. Rosette aus aufrechten, lanzettlichen Blättern. Die Blütenkörbchen durch dachziegelig angeordnete Hüllblätter ausgezeichnet. Mit Milchsaft.

Systematik: Die Gattung umfasst etwa 175 Arten. Sie gehört in die Unterfamilie Cichorioideae (siehe *Cichorium*). Nahe verwandt ist der Bocksbart (*Tragopogon*).

Namen: „*Scorzonera*" ist der vorlinnésche Name der Pflanze, zu altspan. escurza bzw. altital. scorzone = Giftschlange, wegen der ehemaligen Verwendung gegen Schlangengift, unter volksetymologischer Anlehnung an ital. scorza nera = schwarze Rinde (bezogen auf die Wurzel). Lat. „*hispanicus*" = aus Spanien, von wo aus die Art zu uns als Kulturpflanze kam. – „Schwarzwurzel", weil die Wurzelrübe außen eine schwarze Korkschicht trägt. Der Name galt früher u. a. auch für den Beinwell (*Symphytum*).

Vorkommen: Ursprünglich in kontinentalen Kalkmagerrasen und -gebüschen des mittel- und süddeutschen Hügellandes. Gefährdet. **Geschützt**! Außerdem Kulturpflanze und zuweilen verwildert und stellenweise eingebürgert. Hauptverbreitung: Südosteuropa.

Blüten (siehe Detailfoto): VI–VIII. Blüten nach Vanille oder Schokolade duftend. Blütenökologie wie bei *Tragopogon*. Als Besucher sind auch Käfer anzutreffen.

Früchte: Früchte nicht geschnäbelt; aber wie bei *Tragopogon* ist das Schirmchen verwebt und sitzt einem kurzen Stielchen auf. Schirmchenflieger sowie Wasserhafter und Menschenausbreitung (Kulturrelikt). Dunkel- und Wärmekeimer. Samen meist nur 1 Jahr keimfähig.

Verwendung: Wurzelgemüse (siehe Detailfoto), das etwas an Spargel erinnert (Winterspargel, Spargel der armen Leute). Die Nutzung der Pflanze ist erst seit dem Mittelalter bekannt. Erstmals erwähnt sie MATTHIOLUS aus Siena (1500–1577). Bei uns wurde sie im 17. Jh. in Kultur genommen. Im

Blütenkörbchen mit zahlreichen gelben Zungenblüten.

Die Wurzeln dienen als Gemüse.

Gartenboden werden die fleischigen Pfahlwurzeln bis 30 cm lang und 2–4 cm dick. Mit etwa 20 % Trockensubstanz ist es eines unserer wasserärmsten Gemüse. Es ist reich an Vitamin E und besonders wichtig für Schwangere und im zunehmenden Alter. Neben Mannit findet sich als Hauptreservestoff das für Korbblütler typische, im Stoffwechsel des Menschen nicht abbaubare Inulin (vgl. *Inula* und *Cichorium*). Das weißliche Wurzelfleisch ist von zahlreichen Milchröhren durchsetzt, aus denen bei der Zubereitung ein gelblich weißer, kautschukhaltiger, die Haut braun färbender Milchsaft austritt. Jung sind auch die Rosettenblätter als Gemüse oder Salat nutzbar. Die gerösteten Wurzeln wurden früher wie Zichorie als Kaffeeersatz verwendet.

Scorzoneroides autumnalis (L.) Moench (= *Leontodon autumnalis* L.), Herbst-Schuppenlöwenzahn (oder Herbstlöwenzahn)

Asteraceae (= Korbblütler)

Ausdauernder Hemikryptophyt: Halbrosettenpflanze, 10–50 cm hoch. Stängel markig (beim ähnlichen Löwenzahn = *Taraxacum* hohl) und meist ästig, im oberen Teil mit zahlreichen winzigen Schuppenblättern. Rosettenblätter fiederspaltig bis fiederteilig mit meist schmal länglichen Zipfeln, vorwiegend kahl.

Systematik: Die Gattung gehört in die Unterfamilie Cichorioideae (siehe *Cichorium*). Sie umfasst etwa 25 Arten. Ihre schon 1794 von Moench erkannte Eigenständigkeit gegenüber *Leontodon* (s. u.) wurde jetzt durch molekulare Daten bestätigt. Nächst verwandt ist das Ferkelkraut (*Hypochaeris*).

Namen: „*Scorzoneroides*" bezieht sich auf eine gewisse Ähnlichkeit mit *Scorzonera* (= Schwarzwurzel). Der frühere Gattungsname „*Leontodon*" wurde von Linné geprägt, zu griech. leon, Gen. leontos = Löwe und odon = Zahn von deutsch „Löwenzahn", das seinerseits eine Lehnübersetzung des vorlinnéschen Namens ‚dens leonis' ist. Alle diese Namen beziehen sich auf die Ähnlichkeit der Blätter mit Raubtierzähnen, wobei wohl vor allem an den Gewöhnlichen Löwenzahn (*Taraxacum officinale*) gedacht wurde, der bei Linné als *Leontodon taraxacum* in dieselbe Gattung gestellt wurde. Lat. „*autumnalis*" = herbstlich, wegen der im Vergleich zu *Taraxacum officinale* späteren Blütezeit. – „Schuppenlöwenzahn" im Hinblick auf die zahlreichen, bis an das Blütenkörbchen heranreichenden

Schuppenblätter von *S. autumnalis*. Zum Problem der deutschen Gattungsnamen von *Taraxacum*, *Leontodon* und *Scorzoneroides* siehe *Taraxacum*.

Vorkommen: Häufig in Fettweiden, Zierrasen und an Trittstellen, auf frischen, nährstoffreichen, dichten Böden, Kalk meidend. Ebene bis Gebirge (deutsche Alpen bis 1850 m). Europa bis Sibirien; in Nordamerika, Neuseeland usw. eingeschleppt.

Blüten (siehe Detailfoto): VII–IX. „Körbchenblumen vom *Leontodon*-Typ", d.h. wie bei allen Vertretern der Unterfamilie Cichorioideae nur mit Zungenblüten; diese sind hier zahlreich, goldgelb und werden nach innen zu kleiner. Körbchen auch vor dem Aufblühen aufrecht. Sie sind vom Stängel, der oberwärts zahlreiche Schuppen trägt, nicht scharf abgesetzt. Da die Randblüten UV-Licht nur in ihrem oberen Teil reflektieren, erscheinen die für uns einheitlich gefärbten Körbchen für den Besucher innen dunkel und am Rande hell. Bestäuber sind wegen der kurzen Kronröhre verschiedenste Insekten. Selbstbestäubung ist erfolgreich.

Früchte (siehe Detailfoto): Achänen mit Haarkranz (Pappus), der hier im Gegensatz zu *Taraxacum* ungestielt, aber dafür lang gestreckt ist. Pappusstrahlen gefiedert, bei Nässe nach außen gespreizt (hygrochas). Windausbreitung als Schirmchenflieger. Außerdem bei feuchtem Wetter Wasserhafter. Eigene Zählungen erbrachten ca. 200 Früchte je Blütenkörbchen. Fruchtreife: VIII–XI. Samen langlebig.

Verwendung: Die jungen Blätter der *Scorzoneroides*- und *Leontodon*-Arten können für Salat verwendet werden. Aus den Wurzeln lässt sich ein Gemüse und nach stärkerer Röstung auch ähnlich wie bei *Cichorium* ein Kaffee-Ersatz zubereiten.

Verwandte:

Leontodon hispidus L., Rauer oder Steifhaariger Leuenzahn (oder Löwenzahn): Blätter meist mit Gabelhaaren. Stängel einfach, mit 0–2 Schuppenblättern. Formenreich. Artenreiche Fettwiesen, Nasswiesen und Halbtrockenrasen. Ebene bis alpine Stufe. Blütenkörbchen von 5–15 Uhr geöffnet, vor dem Aufblühen nickend. Pappus bei Trockenheit gespreizt.

Die Blütenkörbchen sind nicht scharf abgesetzt. Der Stängel trägt zahlreiche Schuppen.

Die Früchte tragen einen Haarkranz zur Ausbreitung durch den Wind.

Scrophularia nodosa LINNAEUS, Knoten-Braunwurz

Scrophulariaceae (= Rachenblütler, Braunwurzgewächse)

Hemikryptophyt (Schaftpflanze) mit vierkantigem Stängel, 40–80(–120) cm hoch. Rhizom knollig, bräunlich, an der Oberfläche knotig.

Namen: *„Scrophularia"* ist der mittelalterliche Name der Pflanze, von spätlat. scrofulae = Geschwülste der Halsdrüsen (= Skrofeln, Bräune). Benennungsgrund sind ebenso wie für *„nodosus"* (= knotig) die knotigen Anschwellungen am Rhizom in Verbindung mit der Verwendung der Pflanze nach der Signaturenlehre. – „Braunwurz" (weiblich) bezieht sich sowohl auf die braunen Blüten als auch die genannte Verwendung, die auch Bräune genannt wurde. „Wurz" = Pflanze.

Vorkommen: Krautreiche Wälder, Säume, Gebüsche und Ruderalstandorte, auf frischen, nährstoffreichen, meist kalkarmen Böden. Ebene bis Gebirge (deutsche Alpen bis 1270 m).

Blüten (siehe Detailfoto): VI–VIII. Vorweibliche „Rachenblumen". Zahlreiche Wickel in den Achseln laubiger Tragblätter sind zu einem rispenartigen Gesamtblütenstand (Thyrsus) vereint. Fünftes Staubblatt steril (Staminodium). Blüten am Grunde mit einem gelben, ringförmigen Nektarium: Kontrastwirkung zur relativ weiten, braunen Kronröhre. Zuerst erscheint die Narbe im Kroneingang, dann sieht man an derselben Stelle die vier nacheinander reifenden Staubbeutel. Die weibliche und die männliche Phase dauern je 2 Tage. Besucher sind Bienen und Wespen, besonders Echte Wespen („Wespenblume"). Die Bestäubung erfolgt bauchseitig. Bei der Anlockung der Wespen ist von Bedeutung, dass die Blüten den Geruch fleischlicher Nahrung imitieren, die diese ja zum Füttern ihrer Brut benötigen (chemische Mimikry) (BRODMANN 2010 Dissertation, Univ. Ulm). Vor dem Abblühen ist Selbstbestäubung möglich. – In Nordamerika, wo die Art eingebürgert ist, wurden auch Kolibris als Bestäuber beobachtet.

Früchte: Kapseln aus 2 Fruchtblättern gebildet, aufgeblasen, wandspaltig, sich bei Trockenheit öffnend, an der Spitze etwas hakig; Samen klein, bis

Systematik: Zur Gattung gehören etwa 200 Arten. Nahe verwandt ist die Königskerze (*Verbascum*). – Der Umfang der Familie ist, wenn man den neuen molekularbiologischen Ergebnissen folgt, stark geschrumpft. Viele Vertreter der Familie im klassischen Sinne werden heute zu den Plantaginaceae (= Wegerichgewächse), die hemiparasitischen und parasitischen Arten zu den Orobanchaceae (= Sommerwurzgewächse) gestellt.

Schädlinge: Futterpflanze der bis 5 cm langen Raupen des Braunwurz-Mönchs (*Cucullia = Shargacucullia scrophulariae*), der auch an Königskerzen (*Verbascum*) zu finden ist. – Nicht selten sind Anschwellungen der Blüten, die durch die Larven der Gallmücke *Contarinia scrophulariae* hervorgerufen werden.

Im Blüteneingang erkennt man in dieser Phase 2 der 4 Staubbeutel.

1 mm lang und nur ca. 0,08 mg schwer: Körnchenflieger. Fruchtstängel elastisch und verholzt: Wind- und Tierstreuer sowie Bearbeitungsausbreitung. Fruchtreife: VIII–X. Kältekeimer.

Vegetative Vermehrung ist nach der Blüte durch unterirdische Ausläufer möglich.

Verwendung: Früher als Heilpflanze sehr geschätzt, z. B. gegen Drüsengeschwulste (= Skrofeln), das sind Schwellungen im Halsbereich als Symptom der ehemals häufigen Lymphdrüsentuberkulose. Der Gebrauch geht auf die Signaturenlehre zurück (s. o.). Dabei ist bemerkenswert, dass die Braunwurz noch heute Bestandteil von Präparaten mit anregender Wirkung auf das Lymphsystem ist. Inhaltstoffe sind Iridoide und Saponine.

Weitere Art:

Scrophularia umbrosa DUM. (= *S. alata* GILIB.), Flügel-Braunwurz: Sumpfpflanze nährstoffreicher, oft kalkhaltiger Standorte. Vor allem an Ufern. Stängel geflügelt (Stützfunktion). Blüten- und Ausbreitungsökologie wie bei voriger Art. Blütenkrone schmutzig grün, auf dem Rücken braun. Samen 0,8 mm lang und 0,07 mg schwer. Auch Schwimmausbreitung. Fruchtreife: VIII–X. Wintersteher.

Scutellaria galericulata LINNAEUS, Sumpf-Helmkraut

Lamiaceae (= Lippenblütler)

Ausdauernder Hemikryptophyt (Schaftpflanze) oder Sumpfpflanze, 10–40 cm hoch. Schon im ersten Jahr blühfähig.

Namen: „*Scutellaria*" ist der vorlinnésche Name der Pflanze, von lat. scutulum = kleiner Schild, wegen der charakteristischen Oberseite der zur Fruchtreife helmförmig verlängerten Kelchoberlippe. – „Helmkraut" ebenso wie „*galericulatus*" (zu lat. galea = Helm bzw. galericulum = kleine Fellkappe) beziehen sich ebenfalls auf diese Kelchoberlippe.

Vorkommen: Nasswiesen, Verlandungsgesellschaften und Erlenbrüche, auf nassen, zeitweise überschwemmten, modrig-humosen Böden. Licht- oder Halbschattenpflanze.

Blüten: VI–IX. Homogame bis vormännliche „Eigentliche Lippenblumen", einzeln, blattachselständig. Sie sind einseitswendig und stehen wegen der gegenständigen Blätter jeweils paarweise zusammen. Krone blauviolett, auf der Unterlippe mit weißem Fleck- und drei dunkelvioletten Strichsaftmalen. Nektar wird am Blütengrund abgeschieden. Bei Insektenbesuch erfolgt Fremd- und Selbstbestäubung. Besucher sind vor allem Bienen. Erdhummeln beißen die Kronröhre seitlich an, um an den Nektar zu gelangen (Nektarraub).

Früchte: Die kugeligen, dicht warzigen Klausen sind 1,5 mm lang, 0,7 mg schwer und von einem lufthaltigen, unbenetzbaren Gewebe eingehüllt. Ihre Schwimmdauer beträgt ca. 12 Monate. Die Klausen werden nacheinander aus dem zur Fruchtreife zu einem kapselartigen Behälter umgebildeten, nach der Blüte vergrößerten Kelch herausgeschleudert, dessen untere Hälfte eine nach vorn verlaufende Rinne bildet: Selbstausstreuer und Tierstreuer.

Auch Regenballist: Das helmförmige Anhängsel auf dem Kelchrücken dient als Tropfenfänger. Zuletzt löst sich die Kelchoberlippe und evtl. verbliebene Klausen rollen über die schaufelförmige Kelchunterlippe zu Boden: Schwerkraftausbreitung. Fruchtreife: VIII/IX–X.

Vegetative Vermehrung durch kurze unterirdische Ausläufer.

Secale cereale LINNAEUS, Roggen, Saat-Roggen

Poaceae (= Süßgräser)

Einjährig, meist überwinternd („Winterroggen"), seltener sommerannuell („Sommerroggen"). Langtagpflanze. Um 1 m, maximal bis 2 m hoch, doch werden heute kurzhalmige Sorten bevorzugt. – Wurzeln bis 1 m Tiefe (Intensivwurzler). Bei einer freistehenden Pflanze wurden folgende erstaunliche Werte ermittelt: Wurzellänge gesamt (ohne Wurzelhaare) 620 km, Länge der Wurzelhaare 11.000 km, Wurzeloberfläche 640 m^2, davon 400 m^2 auf die Wurzelhaare entfallend, was einem Vielfachen der Blattoberfläche entspricht. – Niedergedrückte Halme sind (wie bei allen Gräsern) in der Lage, sich durch einseitiges Wachstum eines Knotens (Nodium) schnell wieder aufzurichten. Der Wachstumsvorgang wird durch die Erdanziehung ausgelöst.

Schädlinge: Von unseren Getreidearten wird Roggen am meisten von dem stark giftigen Mutterkornpilz (*Claviceps purpurea*) befallen. Nach Infektion der Blüten entsteht an Stelle der Früchte ein langes, braunes, hartes, giftiges Korn („*Secale cornutum*"), das arzneilich verwendet wird.

Namen: „*Secale*" ist der lat. Name der Pflanze. Lat. „*cerealis*" = der Göttin Ceres heilig, zum Ackerbau gehörig, vgl. cerealia = Getreide. – „Roggen" ist ein germ. Wort.

Vorkommen: Kulturpflanze seit der Jungsteinzeit; erste archäologische Nachweise von 6600 v. Chr. Stammpflanze ist der westasiatische Berg-Roggen (*Secale montanum*). Möglicherweise war Roggen zunächst Wildart der Getreideäcker, wie es heute noch in Südostasien der Fall ist, und wurde dann erst in Kultur genommen, z. B. weil er sich als wesentlich winterhärter als Weizen erwies. Er keimt schon bei Temperaturen von 1–2 °C, d. h. eher als alle anderen Getreidearten, und wird daher noch bis ca. 1100 m Höhe angebaut.

Blüten: V–VI. Windblütig: „Langstaubfädiger Typ". Pollen relativ groß und schwer. Ährengras. Ährchen zur Blütezeit durch Anstieg des Zellsaftdruckes (Turgor) in den Schwellkörpern geöffnet, danach innerhalb ½ Stunde durch Absinken des Turgors wieder geschlossen. Kurz vor der Blüte kann man das Öffnen manchmal auch durch Druckreize auslösen. Oft öffnen sich viele Ährchen gleichzeitig, d. h. in „Pulsen". Durch sehr schnelles Wachstum schieben sich zunächst die Staubfäden, nach Öffnung der

Staubbeutel dann auch die federigen Narben aus der Blüte heraus. Selbststeril, aber Nachbarbestäubung ist möglich. – Allergiepflanze: Roggenpollen gilt als der stärkste Allergieauslöser unter den heimischen Gräsern. Eine einzelne Ähre kann >4 Mio. Pollenkörner freisetzen.

Früchte: Getreidekörner sind botanisch gesehen Karyopsen, also 1-samige Nussfrüchte, bei denen die Samenschale mit der Fruchtwand fest verwachsen ist. Sie sind hier von den begrannten Spelzen eingehüllt (= Spelzfrüchte). Durch die Grannen Klett- und Selbstausbreitung (Bodenkriecher) sowie Bohrfrucht. Dazu Speicher- und Bearbeitungsausbreitung. Fruchtreife: VII–VIII. Zeit von der Samenkeimung bis zur Fruchtreife beim Winterroggen ca. 280–320 Tage. – Versuche zum Stofftransport haben gezeigt, dass die (lichtnahen!) Grannen durch ihre Photosynthese einen wesentlichen Anteil an der Versorgung der reifenden Karyopsen haben.

Verwendung: Brotgetreide; Kleie als Viehfutter. Das Roggenkorn enthält etwa 53 % Stärke, 12 % Eiweiß und 2 % Fett. Der gesundheitsfördernde Wert des Schwarzbrotes kann nicht hoch genug eingeschätzt werden. Insbesondere die Fähigkeit, die Darmbewegungen (Peristaltik) anzuregen, fördert eine rechtzeitige und gründliche Entschlackung unseres Körpers. Roggen wird außerdem zur Herstellung von „Kornkaffee", Korn-Branntwein usw. verwendet. – Roggenfelder bedeckten 1951 16 %, 1978 nur noch 8 % der Ackerfläche Deutschlands. Weltwirtschaftlich spielt der Roggen mit einer Produktion von 15 Mio. t im Jahre 2012 und 11 Mio. t im Jahre 2018 (1990 waren es noch 38 Mio. t) eine eher untergeordnete Rolle; im gleichen Jahr waren es z. B. beim Weizen 734 Mio. t und beim Mais sogar 1.150 Mio. t. Je etwa 20 % davon stammten aus Deutschland, aus Polen und aus Russland.

Securigera varia (L.) LASSEN (= *Coronilla varia* L.), Bunte Beilwicke (oder Kronwicke)

Fabaceae (= Schmetterlingsblütler)

Ausdauernder Hemikryptophyt: Schaftpflanze, d. h. mit Erneuerungsknospen an der Stängelbasis, 30–80 cm hoch. Stängel niederliegend bis aufsteigend. Blätter gefiedert, mit 7–12 Fiederpaaren. Diese sind nachts nach oben geklappt (Nyktinastie). – Bis 90 cm tief wurzelnd. Wurzelknöllchen (siehe *Lupinus*) durch Symbiose mit Stickstoff bindenden Bakterien, hier aus der Gattung *Bradyrhizobium*.

Systematik: Die Beilwicke umfasst nach heutiger Auffassung 13 Arten. Nahe verwandt sind Kronwicke (*Coronilla*, s. u.), Hufeisenklee (*Hippocrepis*, s. u.), Vogelfuß (*Ornithopus*) und Hornklee (*Lotus*, siehe dort).

Giftigkeit: Giftig durch herzwirksame Digitalisglykoside und Nitropropionsäure-Derivate. Das Ausmaß der Giftigkeit wird unterschiedlich beurteilt.

Namen: „*Securigera*" wurde von DE CANDOLLE 1805 geprägt, nach lat. securiger = Axt, Beil tragend, nach der Form der bogenförmig gekrümmten Früchte der linnéschen Art *Coronilla securidaca*. Der Name bezieht sich also nicht auf die vorliegende Art, die gerade Früchte hat und erst viel später in die Gattung überführt wurde. Lat. „*varius*" = verschieden, nach der unterschiedlichen Kronfärbung. – „Beilwicke" ist Lehnübertragung. „Kronwi-

cke“, weil die Blütendolden an eine Krone erinnern (lat. coronilla = kleine Krone).

Vorkommen: Säume, Böschungen, Halbtrockenrasen und lichte Gebüsche, auf basenreichen Böden, vor allem auf Kalk. Rohbodenpionier. Im Norden ehemals selten, aber auch hier neuerdings an Sekundärstandorten wie Bahndämmen und Straßenböschungen in Ausbreitung. In Nordamerika eingeschleppt.

Blüten: VI–VIII. 15–20 kurz gestielte Einzelblüten in lang gestielter, köpfchenförmiger Dolde. „Pollen-Fahnenblumen (= Schiffchenblumen) mit Pumpeinrichtung“ (vgl. *Lotus corniculatus*). Im Gegensatz zu anderen Schmetterlingsblütlern mit 1 freien Staubblatt wird in der Blüte kein Nektar abgesondert, wohl aber an der fleischigen Außenseite des Kelches. Besucher sind Honigbienen und andere Hautflügler. Selbststeril. Blühreife erst ab dem 2. Jahr.

Früchte: 3–5 cm lange, nur 2 mm breite, bei der Reife meist senkrecht stehende, gerade Bruchfrüchte. Sie sind zwischen den Samen durch sekundäre Trennwände eingeschnürt und zerfallen bei der Reife in 4–10 einsamige, nussartige, 4–5 mg schwere Glieder (Bruchhülsen). Es fehlen also die für die meisten Schmetterlingsblütler typischen Hülsen, da diese als Öffnungsfrüchte definiert sind. Die spezifisch leichten Teilfrüchte können herunterfallen (Schwerkraftausbreitung) oder werden durch starke Winde fort getragen (Windausbreitung). Auch Wasserhafter und evtl. auch Windstreuer.

Vegetative Vermehrung durch wurzelbürtige Sprosse (= Wurzelbrut).

Verwendung: Wird zuweilen als Zierpflanze angeboten und zur Hangbefestigung ausgesät. Als hübsche Art auch für Wildpflanzengärten geeignet.

Weitere Arten/Verwandte:

Coronilla coronata L. (= *C. montana* Jacq.), Berg-Kronwicke: Lichte Wälder und Säume der sonnig-warmen Kalkgebiete Mittel- und Süddeutschlands. Gefährdet (Stand 2018). Ähnlich voriger Art, aber aufrechte, bis 50 cm hohe, blaugrüne Pflanze mit goldgelben Blütendolden. Früchte hängend, Teilfrüchte 2 mg schwer. Fruchtreife: IX–X. Ausbreitung wie bei *Securigera varia*.

Hippocrepis comosa L., Gewöhnlicher Hufeisenklee: Niedriger, meist bis 10 cm hoher, wintergrüner Hemikryptophyt oder Chamaephyt. Typisch für lückige, sonnige, magere Kalktrockenrasen. Blütezeit: V–X. Blüten goldgelb, hängend, in kurz gestielten Dolden, denen von *Lotus corniculatus* ähnlich, auch blütenökologisch. Obwohl es den Anschein hat, dass Bestäuber durch einen seitlichen Blütenschlitz an den Nektar gelangen könnten, wird dies durch eine den Nektar überdeckende Platte verhindert. Dadurch kann der Rüssel der Besucher – Hummeln, Bienen und Schmetterlinge – nur an Narbe und Staubbeuteln vorbei eingeführt werden und somit die Bestäubung sichern. Blüteneinbruch durch Erdhummeln ist möglich. Die Bruchfrüchte zerfallen bei der Reife in 4–6 Teilfrüchte. Diese sind zuletzt hufeisenförmig (Name!), ca. 4 mg schwer und enthalten je 1 sichelförmig gekrümmten Samen. Darmausbreitung durch Ziegen und Gämsen. Wasserhafter und Flügelflieger. Fruchtreife: ab VIII.

Sedum acre LINNAEUS, Scharfer Mauerpfeffer

Crassulaceae (= Dickblattgewächse)

Krautiger Chamaephyt mit sukkulenten (= Wasser speichernden) Blättern, 3–15 cm hoch. Blütentriebe nach der Blüte absterbend. Blätter dick, 4 mm lang und am Grunde 3 mm breit, sechszeilig. Spaltöffnungen anders als bei den meisten anderen Pflanzen auf Oberseite und Unterseite (amphistomatisch), etwa 18 Spaltöffnungen pro mm2. Blätter mit zentralem Wasserspeichergewebe. Austrocknungsfest: Die Pflanze wächst im Herbar weiter, wenn sie nicht vorher z. B. abgebrüht wird. – Die *Sedum*-Arten zeichnen sich durch eine interessante physiologische Anpassung an ihre Standorte aus: Sie sind typische CAM-Pflanzen, d. h. sie betreiben Photosynthese auf dem Wege des „Säurestoffwechsels der Dickblattgewächse" = **C**rassulacean **A**cid **M**etabolism. Das Besondere ist, dass die Spaltöffnungen bei Wasserstress tagsüber geschlossen, nachts aber geöffnet sind. Das Verhalten einer Normalpflanze ist auf den Kopf gestellt. Das nächtlich aufgenommene CO_2 wird in den Vakuolen des Assimilationsgewebes in Form von Äpfelsäure gespeichert. Am Tag wird diese in das Zytoplasma zurück transportiert, wo sie als Malat vorliegt, und das CO_2 wird abgespalten und für die Photosynthese verbraucht. Damit wechselt eine Absäuerung tagsüber mit einer nächtlichen Ansäuerung (den Unterschied kann man schmecken). Außerdem wird auch der Stärkehaushalt umgekehrt geregelt: Nachts erfolgt eine Abnahme (d. h. höhere Zuckerkonzentration), tagsüber eine Zunahme der Stärke im Gewebe. Insgesamt eine wirkungsvolle, wassersparende Anpassung an ein arides Klima, also an sonnige, heiße Tage und kalte Nächte.

Systematik: Die Gattung umfasst etwa 500, vorwiegend auf der Nordhalbkugel verbreitete Arten. Besonders artenreich ist das Himalaja-Gebirge. In Europa kommen die meisten Arten in den Hochgebirgen und im Mittelmeerraum vor. Bei uns kommen 15 Arten wild vor und sind ca. 25 Arten als Zierpflanzen in Kultur. Nahe steht die Hauswurz (*Sempervivum*).

Giftigkeit: Alle Pflanzenteile sind durch Piperidin-Alkaloide und unerforschte Scharfstoffe giftig. Die Wirkung ist örtlich reizend und narkotisierend. Pflanze (meist) von pfefferartig scharfem Geschmack, der beim Trocknen verloren geht.

Namen: „*Sedum*" ist der lat. Name für Arten dieser Gattung und der Hauswurz (*Sempervivum*), der vorlinnésch auf erstere Gattung beschränkt wurde. Die Etymologie ist trotz zahlreicher Erklärungsversuche unklar. Lat. „*acer*" = scharf, wegen des Geschmacks. – Im Deutschen heißen die *Sedum*-Arten teils Mauerpfeffer, teils Fetthenne, letzteres gilt besonders für die breitblättrigen Arten. „Mauerpfeffer" wegen des Standorts und scharfen Geschmacks von *S. acre*. „Fetthenne" wegen der fleischigen Blätter.

Vorkommen: Sandtrockenrasen, sonnige Felsfluren, Mauern, alte Dächer und lückige Pionierstandorte, auf warmen, trockenen, humus- und feinerdearmen, nährstoffarmen Sand- und Steinböden. Ebene bis mittlere Gebirgslagen (im Jura noch bis 1000 m). Kennart der Klasse Sedo-Scleranthetea (= Sand- und Felsgrus-Trockenrasen).

Blüten: VI–VII. Unvollständig vormännliche „Nektar führende Scheibenblumen". Die Staubblätter biegen sich zum Verstäuben zur Mitte, und zwar zuerst die äußeren, dann die inneren. Der Nektar ist leicht zugänglich. Besucher sind Insekten aller Art. Spontane Selbstbestäubung ist erfolgreich. – Die Kronblätter decken sich in der Knospe seitlich.

Früchte: Je Blüte entwickeln sich 5 aufrechte, reif trockene, aber sich nur bei Nässe auf der Ober-

seite etwas öffnende (= hygrochase) Balgfrüchte. Typischer Regenballist: Nach längerer Befeuchtung können die feingerippten, 0,6 mm langen Samen durch auffallende starke Regentropfen ausgespült und fortgeschleudert werden. Die weitere Ausbreitung der Samen erfolgt dann durch fließendes Wasser als Regenschwemmlinge. Dazu Ameisenausbreitung und Windausbreitung. Fruchtreife: VII–VIII. Sommersteher, d. h. die Früchte geben (unter den nötigen Voraussetzungen) noch über den ganzen Sommer Samen ab. Lichtkeimer.

Vegetative Vermehrung durch die sich leicht bewurzelnden Stängelteile.

Verwendung: Zierpflanze, z. B. zur Dachbegrünung sehr geeignet und wie die folgenden Arten auch für Wildpflanzengärten zu empfehlen. Ehemalige Heilpflanze; der Saft der Blätter wirkt kühlend und schmerzstillend.

Weitere Arten/Verwandte:

Sedum sexangulare L. (= *S. boloniense* LOISEL.), Milder Mauerpfeffer: Sehr ähnlich wie vorige Art und an ähnlichen Standorten. Blätter walzenförmig, am Grunde gespornt, bis 6 mm lang, von mildem Geschmack. Die sechszeilige Blattstellung tritt hier deutlich hervor (Name!, lat. sexangularis = sechskantig).

Sedum album L., Weißer Mauerpfeffer, Weiße Fetthenne: Den vorigen Arten ähnlich und auch an gleichen Standorten, jedoch im Norden selten. Beliebte Zierpflanze. Blüten weiß. Blätter stielrund, stumpflich, 6–12 mm lang, an sonnigen Standorten oft hellrot verfärbt (Schutzpigment!). *S. album* ist bei uns (neben einigen weiteren *Sedum*-Arten) die bevorzugte Futterpflanze des streng geschützten Apollofalters (*Parnassius apollo*), dessen aktuelles Verbreitungsgebiet aber deutlich kleiner ist als das der Wirtsart. Die ausgewachsenen Falter findet man besonders auf Disteln (*Carduus*), Flockenblumen (*Centaurea*) und Dost (*Origanum vulgare*).

Sedum rupestre L. (= *S. reflexum* L.), Felsen-Fetthenne, Tripmadam: Chamaephyt mit stielrunden, stachelspitzigen, z. T. bereiften Blättern und niederliegenden, wurzelnden Trieben, 10–30 cm hoch. Felsen, Mauerkronen und Sandtrockenrasen. Einheimisch sowie alte Zier- und Gemüsepflanze. Blütezeit: VI. Blütenstände lang gestielt. Blüten gelb, vormännlich. Die Balgfrüchte öffnen sich nur bei Trockenheit (xerochas). Die länglich-elliptischen Samen sind 1 mm lang und durch 3 Längslamellen ausgezeichnet. – Die säuerlich schmeckenden Blätter und Spitzen nichtblühender Triebe können für Salat und Gemüse und zum Würzen verwendet werden. Der würzige Geschmack geht auf verschiedene organische Säuren zurück, vor allem Isozitronensäure. Die Pflanze wurde früher in wärmeren Gegenden sogar angebaut. Der Name „Tripmadam" (= Dickmadam) spielt genauso wie „Fetthenne" auf die dickfleischigen Blätter an.

Sedum telephium L (= *S. maximum* (L.) HOFFM., *Hylotelephium telephium** (L.) OHBA) (Artengruppe), Purpur- oder Große Fetthenne oder Waldfetthenne: Schaftpflanze (Hemikryptophyt), bis 30 cm (bei Zierformen bis 80 cm) hoch, mit fleischigen, flachen, im Winter einziehenden Blättern und Wurzelknollen. Steinschuttfluren, Magerrasen und trockene, grasige Böschungen, auf warmen, basenreichen, wenig humosen Böden. Blüten in dichten, doldenartigen, zymösen Blütenständen. Wegen der späten Blütezeit wichtige Nektarquelle für Bienen und Falter. Wind- und Tierstreuer, Regenschwemmling, Menschenausbreitung (Kulturrelikt). Alte Heil-, Zier- und Salatpflanze. Wurzelknollen und junge Blätter sind essbar. Heute sind zahlreiche Ziersorten auf dem Markt, so auch von der aus China stammenden Kleinart *S. spectabile* BOREAU (= Stattliche Fetthenne) mit dichten, reichblütigen, rötlichen Blütenständen und löffelförmigen, bläulich bereiften, gegenständigen oder quirligen Blättern.

Sedum spurium M. BIEB. (= *Phedimus spurius** (M. BIEB.) 'T HART), Kaukasus-Fetthenne oder -Asienfetthenne: Blätter ebenfalls flach. Nichtblühende Triebe niederliegend bis aufsteigend, am Grunde wurzelnd, rasenbildend, immergrün. Blütentriebe aufrecht, bis 20 cm hoch, nach der Blüte absterbend. Blätter gegenständig. Blüten rosa oder weiß. Häufige Zierpflanze. Auf trockenen, warmen Stein- und Sandböden nicht selten verwildert und eingebürgert (Neophyt seit 19. Jh.). Sehr ausbreitungsfreudig. Heimat: Kaukasus.

Selaginella selaginoides (L.) Palisot de Beauvois (= *S. spinulosa* A. Braun), Gezähnter oder Dorniger Moosfarn

Selaginellaceae (= Moosfarngewächse)

Krautiger Chamaephyt (Kriechstaude), bis 10 cm kriechend. Sprosse niederliegend bis aufrecht, 3–8(–12) cm hoch, einem kleinen Bärlapp (*Lycopodium*) ähnelnd. Die kleinen, scharf gezähnten Blätter (Mikrophylle) spiralig angeordnet, mit schuppenförmigem Blatthäutchen (Ligula) zur schnellen Wasseraufnahme. – Pilzwurzel (arbuskuläre Mykorrhiza).

Systematik: *Selaginella* ist die einzige Gattung der Familie. Mit etwa 700 Arten zählt sie zu den artenreichsten Gattungen der Welt. Die größte Formenfülle ist in den Tropen. In Mitteleuropa kommen nur 2 Arten vor. – Die Familie gehört zu den Farnpflanzen und dort zur Gruppe der Bärlappe (Lycopodiophytina) (vgl. *Lycopodium*).

Namen: „*Selaginella*" wurde von Palisot de Beauvois 1804 nach Ausgliederung aus Linnés Gattung *Lycopodium* geprägt, als Verkleinerungsform von lat. selago = Tannenbärlapp (*Huperzia selago*, siehe dort), da die Arten einem kleinen Tannenbärlapp ähnlich sind. Bei Linné hieß die vorliegende Art *Lycopodium selaginoides* (= dem Tannenbärlapp ähnlicher Bärlapp); durch die Überführung in die neue Gattung ergab sich der unsinnig erscheinende Name *Selaginella selaginoides*. – „Moosfarn" wegen der Moosähnlichkeit bei gleichzeitiger Zugehörigkeit zu den Farnpflanzen. „Dornig" bzw. „gezähnt", weil die Blätter im Gegensatz zu folgender Art eine scharfe Spitze besitzen und wimpernartige Zähnchen tragen.

Vorkommen: Subalpine und alpine Magerrasen und Quellfluren, auf frischen bis feuchten, basenreichen, meist kalkhaltigen Böden. Lichtpflanze. In den höheren Mittelgebirgen selten, in den deutschen Alpen verbreitet bis 2400 m.

Vermehrung: Sporenähre sitzend. Sporenbehälter (Sporangien) einzeln, den Blättern aufsitzend. Heterosporie (siehe die Abb. zu *S. helvetica*): Mikrosporangien mit zahlreichen Mikrosporen; Megasporangien mit jeweils nur 4, die Sporangienwand ausbeulenden Megasporen (Lupe!). Windausbreitung der Sporen (Körnchenflieger). Innerhalb der Sporenwand entwickeln sich die stark reduzierten männlichen bzw. weiblichen, kurzlebigen Vorkeime (Prothallien). Schwärmer (Spermatozoiden) zweigeißelig. Nach der Befruchtung entwickelt sich zunächst noch innerhalb der Megasporenwand der Embryo.

Weitere Art:

Selaginella helvetica (L.) Spring, Schweizer Moosfarn: Ähnlich wie vorige Art, aber überwiegend

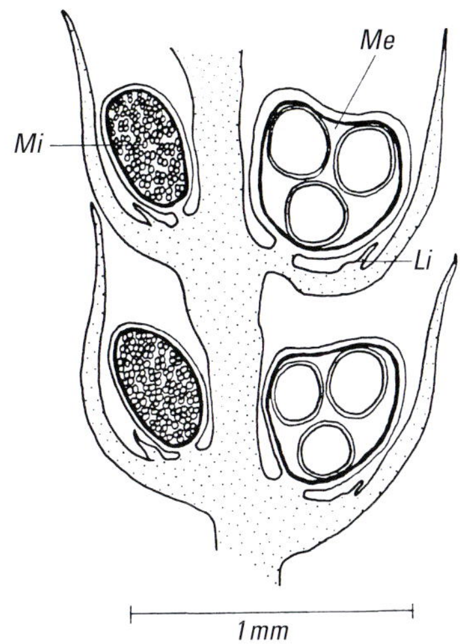

*Schweizer Moosfarn: Sporophyllstand längs mit **Mi** Mikrosporangien, **Me** Megasporangien und **Li** Ligula..*

niederliegend, bis 20 cm kriechend und oft dichte Rasen bildend. Blätter 4-reihig, paarweise ungleich (Anisophyllie); an jedem Knoten steht jeweils auf der Unterseite ein relativ großes Bauchblatt (Ventralblatt) und auf der Oberseite ein kleines Rückenblatt (Dorsalblatt). Blätter fast ganzrandig und vorne stumpf. Sporenähren gestielt, 2–8 cm hoch. Lückige Kalkmagerrasen und erdige Böschungen, vor allem der Alpen. Im Rückgang (Vorwarnliste).

Selinum carvifolia (L.) LINNAEUS (= *Seseli carvifolia* L.), Kümmel-Silge

Apiaceae (= Doldenblütler)

Ausdauernder, sommergrüner Hemikryptophyt (Halbrosettenpflanze), 30–90 cm hoch. Stängel kantig gefurcht bis geflügelt (Stabilisierung!). Fiedern stachelspitzig, ca. 0,5 cm lang.

Systematik: Die Gattung umfasst 8 Arten. Nahe verwandt sind u. a. Engelwurz (*Angelica*) und Haarstrang (*Peucedanum*). Ähnlich ist die Wiesensilge (*Silaum silaus*, s. u.).

Namen: „*Selinum*" (selinon) ist der lat.-griech. Name der Sellerie (*Apium graveolens*) und anderer Doldenblütler, der von LINNÉ auf diese Pflanze übertragen wurde. Neulat. „*carvifolia*" = mit Blättern wie Kümmel. Die Doppelnennung des Autorennamens beruht darauf, dass LINNÉ die Art ursprünglich in die Gattung *Seseli* gestellt hatte und das später revidierte. „Silge" ist ein parallel zu ‚Sellerie' bzw. ‚(Peter)silie' gebildetes Lehnwort.

Die Früchte sind geflügelt.

Vorkommen: Frische bis wechselfeuchte, meist kalkarme Wiesen, Hochstaudenfluren und lichte Wälder. Früher außer im Nordwesten häufig. Düngerfeindlich und darum oft im Rückgang (Vorwarnliste).

Blüten: VII–VIII. Weiße „Nektar führende Scheibenblumen", in Doppeldolden, mit männlichen und zwittrigen (dann vormännlichen) Blüten. Besucher sind besonders Zweiflügler und Käfer.

Früchte (siehe Detailfoto): Spaltfrüchte (Doppelachänen) bei der Reife braun, glatt, 2,5–3,5 mm lang. Rippen schmal geflügelt. Windstreuer und Flügelflieger. Zufallsausbreitung durch Weidetiere. Fruchtreife: VIII–X.

Verwandte:

Silaum silaus (L.) SCHINZ et THELL. (= *Silaus pratensis* (CRANTZ) BESSER), Wiesensilge: Stängel oben gefurcht, bis 80(–100) cm hoch. Fiedern allmählich zugespitzt, bis über 2 cm lang. Tiefwurzler. Nährstoff- und basenreiche Wiesen. Außer in Süddeutschland meist gefährdet. Blüten blassgelb, sämtlich zwittrig. Blütezeit: VI–VIII. Teilfrüchte schwach geflügelt. Ausbreitung ähnlich wie bei voriger Art. Die Wurzeln können Laubsprosse bilden. Junge Blätter sind für Suppen und Gemüse geeignet.

Sempervivum tectorum LINNAEUS, Dach-Hauswurz

Crassulaceae (= Dickblattgewächse)

Krautiger Chamaephyt mit sukkulenten (= Wasser speichernden) Blättern, 15–30(–50) cm hoch. Polsterpflanze durch Bildung von Rosetten an kurzen Ausläufern. Wie bei *Aloe* stirbt die Hauptrosette nach der Fruchtreife ab, und die Pflanze lebt aufgrund der zuvor gebildeten Tochterrosetten weiter. – Alle *Sempervivum*-Verwandten haben Blätter mit zentralem Wasserspeichergewebe und Spaltöffnungen auf Ober- und Unterseite und sind entsprechend austrocknungsresistent. Es handelt sich um CAM-Pflanzen (vgl. *Sedum acre*). Sie reichern nachts CO_2 an (in Form von Äpfelsäure bzw. Calcium-Malat), was eine Anpassung an die oft trocken-heißen Standorte darstellt. Auf der Oberfläche der Blätter dieser und der folgenden Art wurden bei Sonne Temperaturen von 50–60 °C gemessen. Offensichtlich ist die stark entwickelte Cuticula – wie bei anderen Sukkulenten – ein guter Isolator.

Systematik: Die Gattung umfasst ca. 65 Arten, die in Mittel-, Süd- und Südosteuropa und Südwestasien vorkommen. Nach vergleichenden Untersuchungen von P. NEEFF (2008 Diss. Univ. Duisburg-Essen) ist die Abtrennung einer Gattung *Jovibarba* (s. u.) nicht gerechtfertigt.

Namen: „*Sempervivum*“ ist der lat. Name der Pflanze, zu lat. semper = immer und vivus = lebend, wegen der immergrünen Blätter. Lat. „*tectorum*“ = Genitiv Plural von tectum = Dach, wegen der früher verbreiteten Anpflanzung auf Dächern zum angeblichen Schutz vor Blitzschlag (s. u.). – Die Pflanze war entsprechend dem Jupiter bzw. dem Donnergott Donar als dessen germanischer Entsprechung geweiht und trug daher auch die Namen „Donarsbart“ oder „Jupiterbart“, die sich in „*Jovibarba*“ (s. u.) wieder finden (lat. Jovis barba = Bart des Jupiters, wohl zugleich in der Bedeutung ‚so alt wie Jupiters Bart‘. „Hauswurz“ und „Donnerwurz“ (weiblich) wegen der ehemaligen Verwendung, „-Wurz“ ist ein alter Name für Pflanze (vgl. ‚Gewürz‘).

Vorkommen: Meist angepflanzt auf Mauern und Dächern. In Süd-, West- und Südwestdeutschland auch wild in Felsritzen, auf warmem, trockenem, meist kalkarmem Substrat. Steigt in Deutschland bis 2000 m Höhe, in den Zentralalpen noch höher. – **Geschützt**! (alle Arten der Gattung).

Blüten: VII–VIII. Unvollständig vormännliche „Nektar führende Scheibenblumen“. Blütenstände vielstrahlig. Nektar wird von Drüsenschuppen an den Fruchtknoten abgeschieden. Besucher sind verschiedene Insekten. Auch Selbstbestäubung ist möglich, besonders durch die räumliche Nähe von Narben und Staubbeuteln vor dem Abblühen.

Früchte: In jeder Blüte entstehen zahlreiche Balgfrüchte mit winzigen, nur 0,05 mg schweren Samen ohne Nährgewebe. Wind- und Tierstreuer. Körnchenflieger. Fruchtreife: VIII–IX.

Vegetative Vermehrung durch bis 10 cm lang gestielte Tochterrosetten, die sich z. T. auch ablösen und wegen der ± kugeligen Form leicht bergab rollen: „Rollausbreitung“.

Verwendung: Altbekannte Zierpflanze, für Dach- und Hausbegrünung geeignet. Die Pflanze wurde seit der Antike viel auf Dächern und Mauern gepflanzt, weil sie angeblich gegen Blitzschlag schützen sollte, weswegen z. B. Karl der Große in seinem ‚Capitulare de Villis‘ – einer Anleitung zur erfolgreichen Bewirtschaftung seiner bis dahin kaum ertragreichen Güter – die Anpflanzung auf den Dächern aller Reichsgüter befahl. Die römischen Kaiser bekränzten sich mit den Rosetten, um ihr Haupt vor Blitzen zu schützen. Im Mittelalter wurde die Pflanze meist nicht von der Großen Fetthenne (*Sedum telephium*) unterschieden. – Die Pflanze wurde früher arzneilich verwendet und spielte im Aberglauben eine Rolle. Heute kommt sie nur noch in der Volksmedizin und in der Homöopathie zur Anwendung.

Weitere Arten:

Sempervivum arachnoideum L., Spinnweb-Hauswurz: Blattrosette oben geschlossen, kugelig und daher Ausbreitung als Bodenroller und evtl. auch als „Schneeläufer". Blätter lang spinnwebig behaart (= Strahlungsschutz). Die Spinnwebhaare entstehen durch Verkleben von jeweils zwei Drüsenhaaren benachbarter Blattspitzen und anschließendes starkes Wachstum der Blätter. Silikatfelsspalten und Magerrasen der Alpen, vor allem der höheren Lagen der Zentral- und Südalpen. In Deutschland sehr selten. Zierpflanze wie auch die anderen Arten der Gattung.

Sempervivum globiferum L. (= *Jovibarba globifera* (L.) J. PARNELL), Sprossende oder Fransen-Hauswurz, Jupiterbart: Im Gebiet in der Unterart *globiferum*, einer osteuropäischen Sippe, bei uns an der Westgrenze der Verbreitung. Im Unterschied zu obigen Arten ist nach dem Absterben der Hauptrosette keine Verbindung mehr zu den Tochterrosetten vorhanden, sodass hier die sonst in der heimischen Flora seltene Lebensform einer mehrjährigen (pluriennen), nur einmal blühenden (hapaxanthen) Pflanze vorliegt. Die kugeligen jungen Tochterrosetten werden vom Regen verschwemmt oder als Bodenroller durch die Schwerkraft oder vom Wind fortgerollt. Seltene Art flachgründiger Steinböden. Zuweilen als Zierpflanze kultiviert und stellenweise auf alten Mauern eingebürgert, so in Franken und Thüringen. Gefährdet (Stand 2018). **Geschützt**! Kronblätter im Gegensatz zu den vorigen Arten zu 6, aufgerichtet und gefranst, stets gelb. Naturschutz beachten!

Senecio ovatus (G. GAERTN., B. MEY. et SCHERB.) WILLDENOW (= *S. fuchsii* C. C. GMEL., *S. nemorensis* L. p. p.) (Artengruppe), Fuchssches Greiskraut oder Kreuzkraut

Asteraceae (= Korbblütler)

Ausdauernder Hemikryptophyt (Schaftpflanze) mit kurzem, ästigem Rhizom, 60–150 cm hoch. Blätter ungeteilt, länglich, gesägt. – **Stark giftig**.

Systematik: *Senecio* ist weltweit verbreitet und zählt mit etwa 1250 Arten zu den artenreichsten Gattungen überhaupt. Die Auffassungen über die Abgrenzung der Gattung haben sich immer wieder geändert und die systematische Bearbeitung ist noch nicht abgeschlossen. Zur Gattung gehören so unterschiedliche Lebensformen wie Kräuter, Halbsträucher und Sträucher, verschiedene Typen von Sukkulenz und Kletterpflanzen. – Nahe stehen die Gattungen Huflattich (*Tussilago*) und Pestwurz (*Petasites*).

Giftigkeit (alle Arten der Gattung): Für die Gattung sind Pyrrolizidin-Alkaloide typisch, die zum großen Teil leberschädigend und Krebs auslösend sind. Für *S. ovatus* wurde außerdem eine mutagene Wirkung nachgewiesen. Die Vergiftungssymptome treten meist erst sehr spät, d.h. nach Wochen oder Monaten auf. Vergiftungen können auch über Honig und Kuhmilch erfolgen. Vergifteter Honig schmeckt bitter und hält gewöhnlich von weiterem Verzehr ab. Das Vieh meidet *Senecio*-Arten auf der Weide, jedoch nicht im Heu, wo das Gift erhalten bleibt. Hohe Greiskraut-Anteile können deshalb starke Schäden beim Vieh verursachen. Sehr hohe Dosen führen auch zu sofortigen, zum Teil tödlichen Vergiftungen, besonders bei Kleinsäugern. Besonders gefährdet sind Pferde und Kühe.

Schädlinge: Obwohl die Alkaloide gewöhnlich für Insekten sehr giftig sind, gibt es einige Arten, die ihren gesamten Lebenszyklus auf *Senecio*-Arten verbringen. Hierzu gehört der Jakobskrautbär = Blutbär (*Tyria jacobaeae*), ein Nachtfalter aus der Gruppe der Bärenspinner. Die Raupen nehmen die Giftstoffe ohne Schaden auf und speichern sie. Sie sind dadurch von bitterem Geschmack und so vor Fressfeinden geschützt. Durch die leuchtenden Warnfarben der schwarz-gelb geringelten, etwa 3 cm langen Raupen des Blutbären werden für Fressfeinde entsprechende Assoziationen hergestellt. Auch die ausgewachsenen Tiere enthalten noch die Abwehrstoffe. – Einige Blattlaus-Arten sind ebenfalls an Senecio-Arten angepasst. Der von ihnen abgegebene Honigtau lockt Ameisen an, die die Pflanze von Raupen des Jakobskraut-Bärs freihalten.

Namen: „*Senecio*" ist der lat. Name der Gattung, zu senex = Greis, da die Körbchen zur Fruchtreife wie ein Greisenhaupt aussehen. Lat. „*ovatus*" = eiförmig, bezogen auf die Blätter; „*fuchsii*" zu Ehren von Leonhart FUCHS, Tübingen 1501–1568, dem berühmten Kräuterbuchautor. – „Kreuzkraut" ist missverstandenes Greiskraut.

Vorkommen: Krautreiche Laubwälder. Vor allem an lichten Stellen und auf Schlägen der montanen Stufe, auf frischen, nährstoffreichen, humosen Lehmböden. Stickstoffzeiger. Ebene bis Hochgebirge (deutsche Alpen bis 2000 m), in den warmen Tieflagen selten.

Blüten: VII–IX. „Körbchenblumen". Röhrenblüten (Scheibenblüten) zwittrig, Zungenblüten (Strahlblüten) weiblich, nur zu 2–8. Die Körbchen der *Senecio*-Arten zeigen außer im Zentrum eine hohe UV-Reflexion, heben sich dadurch deutlich vom Hintergrund ab und erscheinen außerdem für die Bestäuber zweifarbig. Besucher sind verschiedene Insekten.

Früchte: Achänen mit Haarkelch (= Pappus). Die Gesamtheit der Pappusstrahlen eines Körbchens erinnert bei der Reife bei fast allen *Senecio*-Arten an ein Greisenhaupt. Schirmchenflieger und Wasserhafter. Fruchtreife: ab IX.

Vegetative Vermehrung durch kurze unterirdische Ausläufer.

Verwendung: Das Kraut dieser Art (sowie von *S. vulgaris*, selten auch anderer Arten) wurde lange Zeit als blutstillendes Mittel gebraucht; wegen der inzwischen erkannten Giftigkeit ist davon dringend abzuraten.

Weitere Arten (vgl. auch unten bei *S. vulgaris*):

Senecio inaequidens DC., Schmalblättriges oder Ungleichzähniges Greiskraut: Halbstrauch. Neophyt seit 1889. Heimat: Südafrika. Die Pflanze wurde zunächst mit Wollabfällen eingeschleppt, hielt sich aber nur an wenigen Stellen. In der Zeit zwischen etwa 1985 und 2000 hat sie sich dann vielerorts explosionsartig ausgebreitet. Sie bildete z. B. auf Bahngeländen oder entlang von Straßen und Autobahnen riesige, besonders im Herbst intensiv gelb blühende Bestände. Die inzwischen als „potenziell invasiv" eingestufte Art findet man heute an sehr verschiedenen offenen Standorten. Entlang von Straßenrändern ist sie eine unserer häufigsten Arten. Die Hauptblütezeit war zunächst der Spätherbst, inzwischen findet man blühende Pflanzen bereits ab Mai. Zungenblüten zu 10–13.

Senecio jacobaea L. (= *Jacobaea vulgaris* GAERTN.), Jakobs Greiskraut: Ausdauernde oder zweijährige Halbrosettenpflanze ohne nicht blühende Sprosse, 30–100 cm hoch. Blätter fiederteilig. Wiesen, Säume und Wegränder. Hat sich auf Brachflächen und extensiv bewirtschafteten Standorten stark ausgebreitet und wird daher wegen seiner Giftigkeit (s. o.), die hier besonders hoch ist, vor allem auch auf Pferdeweiden gefürchtet; aber auch Rinder sind gefährdet, besonders über Silagefutter. Blüten- und Ausbreitungsökologie ähnlich wie bei voriger Art. Vegetative Vermehrung: Von der Pflanze isolierte Nebenwurzeln bilden Wurzelsprosse, was an unbeschädigten Pflanzen selten geschieht. Der vorlinnésche Name „*jacobaea*" bezieht sich auf den heiligen Jakobus, wohl wegen der ehemaligen Verwendung als Heilpflanze und nicht im Hinblick auf den angeblichen Blühbeginn um Jakobi (25. Juli), da die Pflanze bei uns bereits ab Mitte Juni blüht. Wichtige Futterpflanze der Raupen des Jakobskraut-Bären (s. o.).

Senecio erucifolius L. (= *Jacobaea erucifolia* (L.) G. GAERTN., B. MEY. et SCHERB.), Raukenblättriges Greiskraut: Oft übersehen, weil für vorige Art gehalten, aber gebietsweise häufiger als diese. Ihr Blattschnitt ist von mehr regelmäßiger Fiederung und erinnert etwas an Beifuß (*Artemisia vulgaris*). Ausläufer bildend. Blüht ca. 6–8 Wochen später als *S. jacobaea*. Magerrasen, Halbtrockenrasen und Wegränder, auf meist wechseltrockenen, lehmigen, oft kalkhaltigen Böden. Im norddeutschen Tiefland selten.

Senecio vulgaris LINNAEUS,
Gewöhnliches Greiskraut oder Kreuzkraut
Asteraceae (= Korbblütler)

Einjährig, sommer- oder winterannuell (dann meist Halbrosettenpflanze), 10–40(–90) cm hoch. Oft mehrere Generationen pro Jahr. Blätter fiederspaltig. – Wurzeltiefe 15–45 cm. – Stark giftig.

Giftigkeit: siehe *Senecio ovatus*.
Namen: Zum Gattungsnamen siehe *S. ovatus*. Lat. „*vulgaris*" = häufig.
Vorkommen: Äcker (vor allem Hackfruchtäcker), Gärten, Ruderalstellen und Waldschläge, auf frischen, nährstoffreichen Böden. Stickstoffzeiger. Lichtpflanze. Kulturbegleiter. Ebene bis Hochgebirge (deutsche Alpen bis 1860 m). Weltweit verschleppt. – Es gibt Ökotypen, die gegen Staunässe resistent sind und solche, die es nicht sind.
Blüten: I–XII, ohne Blühperiodizität, daher auch Winterblüher. „Körbchenblumen". Körbchen klein, mit 60–80 zwittrigen Röhrenblüten. Zungenblüten sind nur ausnahmsweise vorhanden. Hüllblätter anliegend, zur Reife spreizend. Bestäuber sind Bienen und Schwebfliegen. Spontane Selbstbestäubung erfolgreich.
Früchte: Achänen mit Pappus (vgl. *S. ovatus*): Schirmchenflieger. Fruchtwand mit weichen Haaren, die bei Feuchtigkeit Schleimfäden absondern (wodurch auch die Frucht im Keimbett befestigt wird): Klebausbreitung. Speicherausbreitung durch Rasenameisen (*Tetramorium*). Menschenausbreitung (Ruderalpflanze). Fruchtreife: ab III. Samen ca. 3 Jahre keimfähig.
Verwendung: Die Pflanze wurde früher als Heilmittel gegen Nasenbluten und im Winter als Grün für Käfigvögel verwendet, was aber wegen der Giftigkeit nicht zu empfehlen ist.
Weitere Arten (vgl. auch weiter oben):
Senecio viscosus L., Klebriges Greiskraut: Ähnlich wie vorige Art, aber u. a. ist die ganze, viel kräftigere Pflanze drüsig-klebrig. Pionierpflanze der Steinschuttfluren, Waldschläge und steinigen Ruderalstellen, z. B. Bahnanlagen, Straßenränder und Schutthalden. Blüten mit zahlreichen, bei sonnigem Wetter ausgebreiteten, sonst zurückgekrümmten Zungenblüten. Bestäuber sind Bienen. Aufkriechende Insekten werden vermutlich vom klebrigen Stängel zurückgehalten. Schirmchenflieger. Früchte kahl, dennoch auch Wasserhaftausbreitung. Eine 75 cm hohe Pflanze produzierte an 426 Körbchen etwa 260.000 Einzelfrüchte.
Senecio sylvaticus L., Wald-Greiskraut: Häufige Pionier- und Kahlschlagpflanze kalkarmer, aber nährstoffreicher Böden. Stickstoffzeiger. Einjährig. Blüten- und Ausbreitungsökologie wie bei voriger Art.

Sesl̲eria caeru̲lea (L.) ARDUINO (= *S. albicans* SCHULT., *S. varia* auct.), Kalk-Blaugras

Poaceae (= Süßgräser)

Ausdauernder Hemikryptophyt (Horstpflanze), dichtrasig, mit meist kriechendem Rhizom, 10–45 cm hoch. Sprosse am Grunde von den alten verwelkten Blattscheiden umgeben (= „Strohtunica"): Schutz vor Austrocknen und Umknicken. Starre, stachelspitzige Faltblätter (= Trockenheitsanpassung): Spreite bei Feuchtigkeit (z. B. morgens) ± flach ausgebreitet, bei Trockenheit gefaltet. Die Bestände sind daher je nach Witterung unterschiedlich gefärbt. Die Faltbewegungen werden durch große, lebende Gelenkzellen ermöglicht. Die Stängelblätter sind sehr kurz. – Wurzelsystem bis 80 cm tief gehend.

Die Früchte sind locker von Deck- und Vorspelzen umhüllt.

Systematik: Die Gattung umfasst etwa 30 Arten in Europa und Kleinasien, vorwiegend in den Gebirgen. Nahe steht das Kammgras (*Cynosurus*).

Namen: „*Sesleria*" wurde 1760 von SCOPOLI geprägt, zu Ehren des deutsch-ital. Arztes und Naturforschers L. SESLER, der in Venedig lebte († 1785) und einen botanischen Garten auf der Insel St. Helena unterhielt. Lat. „*caeruleus*" = blau, wegen der Ährchenfarbe.

Vorkommen: Stein- und Trockenrasen, auf Felsvorsprüngen und in lichten Wäldern, auf frischen, kalkreichen, lockeren, steinigen Böden. Magerkeitszeiger. Schuttstauer und Humusbildner. Hügelstufe bis Hochgebirge, bis in die alpine Stufe (deutsche Alpen bis 2560 m), fehlt in der Ebene. Außerhalb der Alpen oft Eiszeitrelikt.

Blüten: III–V, Frühblüher. Windblütig: Übergang zwischen „Langstaubfädigem" und „Unbeweglichem Typ". Vorweiblich. Zwittrige und männliche Blüten. Ährenrispengras. Ährchen blau, glänzend (UV-Reflexion?), 2(-3)-blütig. Öffnung der Blüten (wie bei den meisten Gräsern) durch Schwellkörper, die später wieder schrumpfen.

Früchte: Karyopsen länglich, runzlig, von Deck- und Vorspelze lose umhüllt (= Scheinfrüchte oder Spelzfrüchte mit Luftzwischenraum). Deckspelzen an der Spitze kurzhaarig: Ballonflieger, Wasserhafter, Regenschwemmling sowie Zufallsausbreitung durch Weidetiere. Fruchtreife: V–IX.

Vegetative Vermehrung durch zahlreiche Ausläufer.

Verwendung: Zierpflanze.

Setaria viridis (L.) PALISOT DE BEAUVOIS, Grüne Borstenhirse

Poaceae (= Süßgräser)

Einjährig, sommerannuell, 5–50(–100) cm hoch. Stängel niederliegend bis knickig aufsteigend. Das Blatthäutchen ist ein Wimpernkranz aus 1–2 mm langen Haaren.

Systematik: Die Gattung umfasst je nach Auffassung 100–180 Arten. Sie ist nah verwandt mit der Hühnerhirse (*Echinochloa*) und der Fingerhirse (*Digitaria*).

Namen: „*Setaria*" wurde 1812 von PALISOT DE BEAUVOIS von *Panicum* (Hirse) abgetrennt und als eigene Gattung definiert, von lat. saeta/seta = Borste, wegen der auffälligen Borsten im Blütenstand. Lat. „*viridis*" = grün, im Vergleich zu folgender Art.

Vorkommen: Äcker (vor allem Hackfruchtäcker), Gärten, Weinberge und Ruderalstellen, auf nährstoff- und stickstoffreichen Sandböden. Wärmeliebend. Ebene bis mittlere Gebirgslagen (deutsche Alpen vereinzelt bis 800 m). Archäophyt (ursprünglich Hirse-Unkraut). – Wird teilweise durch Maisherbizide gefördert, da die Gattung (ebenso wie *Echinochloa*) eine ähnliche Resistenz gegenüber Triazinen besitzt wie Mais. – Alle Arten der Gattung sind C_4-Pflanzen.

Blüten: VII–X. Windblütig: „Langstaubfädiger Typ". Ährenrispengras. Ährchen 2-blütig, ca. 2 mm lang, das untere steril. Unter jedem Ährchen befinden sich 1–3 zackig-raue, 5–10 mm lange Borsten.

Früchte: Ausbreitungseinheit sind die zur Reife als Ganzes abfallenden Ährchen, die je 1 Karyopse enthalten. Deck- und Vorspelzen zur Fruchtreife verhärtet. Borsten rückwärts sehr rau. Tierstreuer, Windstreuer und Kletthafter. Bearbeitungsausbreitung durch Vögel. Auch Ausbreitung über den Kropf von Tauben wurde beobachtet. Menschenausbreitung als Kulturbegleiter, z. B. Verschleppung mit Saatgut, z. B. Mais. Fruchtreife: VIII–X. Wärmekeimer. Samen >40 Jahre keimfähig.

Verwendung: Die *Setaria*-Arten wurden früher wegen der getreideartigen Früchte zur Ernährung genutzt.

Weitere Arten:

Setaria pumila (POIR.) ROEM. et SCHULT. (= *Setaria glauca* auct.), Fuchsrote Borstenhirse: Ähnlich wie vorige Art und an ähnlichen Standorten, aber Borsten erst gelb, später fuchsrot. Archäophyt. In Ausbreitung. In Nordwestdeutschland gebietsweise fehlend, in warm temperierten Zonen heute weltweit verschleppt. Fruchtreife: VIII–IX. Für Trockensträuße geeignet.

Setaria italica (L.) P. BEAUV., Kolbenhirse: Alte Kulturpflanze, die in Europa seit der Bronzezeit als Getreide angepflanzt wird. Rispe größer, oft kolbenartig (Name!), 10–25 cm lang und 2–3 cm breit. Körner bis 2 mm lang. Die Art ist nur aus Kultur bekannt und stammt von *S. viridis* ab. Sie wird heute bei uns nur noch vereinzelt und kleinflächig als Vogelfutter angebaut, ist aber in Asien noch eine wichtige Kulturpflanze. Unbeständige Vorkommen, vor allem aus Vogelfutter-Resten sind nicht selten. – Zu weiteren Vertretern der im Deutschen als „Hirse" bezeichneten Pflanzen siehe *Sorghum* (bei *Bothriochloa*) und *Panicum* (bei *Echinochloa*) bzw. im Verzeichnis der Pflanzennamen.

Sherardia arvensis: siehe bei *Galium verum*

Silaum silaus (= Silaus pratensis): siehe bei *Selinum carvifolia*

Silene flos-cuculi (L.) CLAIRVILLE (= *Lychnis flos-cuculi** L.), Kuckucks-Lichtnelke

Caryophyllaceae (= Nelkengewächse)

Ausdauernder, kurzlebiger, wintergrüner Hemikryptophyt: Halbrosettenpflanze, 30–80 cm hoch.

Systematik: siehe *Silene latifolia*.
Schädlinge: Nicht selten findet man im Frühjahr an den Stängeln Schaumklumpen. Sie werden verursacht durch Larven der Schaumzikade (*Philaenus spumarius*), die aus den Stängeln Pflanzensäfte saugen und sich durch den Schaum eine Schutzschicht bilden. – Mit Sporen statt Pollen gefüllte Staubbeutel gehen auf die Infektion mit dem Antheren-Brandpilz zurück, siehe *Silene latifolia*.
Namen: Zu den Gattungsnamen siehe *S. latifolia*. Der vorlinnésche Name *„flos cuculi"* (= Blume des Kuckucks) bezieht sich auf die von Schaumzikaden hervorgerufenen Schaumklumpen, die im Volksmund ‚Kuckucksspeichel' genannt werden. Man machte nämlich bei der Suche nach einem Verursacher dieser eigentümlichen Erscheinung den Kuckuck verantwortlich, der Anfang Mai zurückkommt, wenn unsere Pflanze zu blühen beginnt. Übrigens ist auch das Wiesen-Schaumkraut (*Cardamine pratensis*) nach diesem Schaum benannt. – *„Lychnis"* ist der griech. Name der Kronen-Lichtnelke (*S. coronaria*, s. u.), zu lychnos = Leuchte, Lampe, wegen der ehemaligen Verwendung der filzigen Blätter dieser Art als Lampendochte (vgl. auch *Verbascum lychnitis*).

Die Fruchtkapseln öffnen sich an der Spitze.

Vorkommen: Feuchte bis nasse, nährstoffreiche Wiesen und Flachmoore. Auch Pionierpflanze. Durch Entwässerung stark zurückgegangen und im Norden z. T. gefährdet.
Blüten: V–VII. Vormännliche „Stieltellerblumen", in lockeren Trugdolden (Dichasien). Die Blütenstängel sind unter den Knoten klebrig und besitzen rückwärts gerichtete Borstenhaare, was beides dem Aufkriechschutz gegen kleinere Insekten dient. Die Blüten sind überwiegend zwittrig, doch kommen auch rein weibliche und selten auch rein männliche Pflanzen vor (dreihäusig). Die Kronblätter sind fein zerteilt, was die Anlockung von Insekten erhöht. Sie sind frei, werden aber durch den verwachsenen Kelch im unteren Teil

zu einer Art Röhre verbunden. An der Öffnung der Kelchröhre befindet sich eine Nebenkrone („Krönchen"), die unerwünschte Blütenbesucher fernhält. Bestäuber sind Tagfalter und langrüsselige Bienen. Selbstbestäubung ist möglich.
Früchte (siehe Detailfoto): Kapseln mit 5, bei Trockenheit nach außen gebogenen Zähnen aufspringend: Wind- und Tierstreuer. Fruchtreife: VII–X.
Vegetative Vermehrung durch Ausläufer.
Verwendung: Zierpflanze, die in früheren Zeiten besonders verbreitet war. Auch für Wildpflanzengärten zu empfehlen. Die jungen Blätter sind für Salate und Gemüse geeignet, die Blüten können als schmackhafte Dekoration für Mischsalate verwendet werden.
Weitere Arten (vgl. auch die beiden folgenden Abschnitte):
Silene coronaria (L.) CLAIRV. (= *Lychnis coronaria** (L.) DESR.), Kranz- oder Kronen-Lichtnelke, Vexiernelke: Zweijährig bis ausdauernd, kurzlebig. Weißfilzig behaart. Blüten dunkelkarminrot mit auffälliger Nebenkrone, 3–4 cm breit. Beliebte Zierpflanze und Bauerngartenpflanze (seit 1410), nicht selten verwildert, meist unbeständig aber gebietsweise auch eingebürgert. Breitet sich im Garten über Samen von selbst aus. Verbreitungsschwerpunkt sind die Eichentrockenwälder Südosteuropas. Der Name „Vexiernelke" rührt daher, dass spielende Kinder andere neckten (= vexierten), indem sie ihnen die Blüten zum Riechen hinhielten und mit der harten Nebenkrone in die Nase piekten. Lat. „*coronarius*" = zum Binden von Kränzen verwendet.
Silene chalcedonica (L.) E. H. L. KRAUSE (= *Lychnis chalcedonica** L.), Brennende Liebe, Scharlach-Lichtnelke: Zierpflanze und Bauerngartenpflanze seit 1560, selten verwildert. Blütenstand kopfig mit kleineren, zinnoberroten Blüten. Heimat: Russland. Name „*chalcedonica*" vermutlich nach der orangeroten Variante des Edelsteins Kalzedon.

Silene latifolia POIRET (= *S. alba* (MILL.) E. H. L. KRAUSE, *S. pratensis* (RAFN) GODR., *Melandrium album* (MILL.) GARCKE), Weiße Lichtnelke, Nacht-Lichtnelke

Caryophyllaceae (= Nelkengewächse)

Einjährig (sommer- oder winterannuell) oder zweijährige Halbrosettenpflanze, 30–100 cm hoch. Pflanze behaart. Blätter gegenständig.

Systematik: Über den Umfang der Gattung *Silene* gibt es nach wie vor unterschiedliche Vorstellungen. Viele Systematiker schließen *Lychnis* mit ein. Dem schließen wir uns hier an. Die Gattung umfasst ohne *Lychnis* etwa 600 und mit Lychnis etwa 700 Arten. Nahe verwandt ist die Rade (*Agrostemma*). – Von *S. latifolia* kommt im Gebiet nur die Unterart subsp. *alba* vor, die lange Zeit als eigene Art betrachtet wurde. Nicht selten ist die durch rosa Blüten gekennzeichnete Hybride mit der Roten Lichtnelke (*S. dioica*).
Schädlinge: Lichtnelken-Arten werden, ähnlich wie das Seifenkraut = *Saponaria*, nicht selten von dem Antheren-Brandpilz *Microbotryum violaceum* (= *Ustilago vi-*

olacea) infiziert, sodass sich in den Staubbeuteln (Antheren) statt Pollen dunkelbraune staubartige Massen von Pilzsporen bilden, die dann durch die Blütenbesucher gezielt auf weitere Blüten übertragen werden. Selbst bei weiblichen Pflanzen gelingt es dem Mikropilz, die Blüten so zu manipulieren, dass der Fruchtknoten verkümmert und sich stattdessen sporengefüllte Staubbeutel entwickeln.

Namen: „*Silene*" ist der vorlinnésche Name der Pflanze bei LOBELIUS 1576, angelehnt an Silen(os), den Begleiter des Gottes Dionysos/Bacchus in der griech. Mythologie, der meist fettbäuchig und aufgedunsen dargestellt wurde, wegen des aufgeblasenen Kelches von *S. vulgaris*. Der Name wurde von LINNÉ aufgegriffen. Lat. „*latifolius*" = breitblättrig. – „Lichtnelke" ist die Übersetzung von *Lychnis coronaria* (siehe *Silene flos-cuculi*) im Hinblick auf die Verwendung der Blätter für Lampendochte als Lichtquelle, und wurde auf weitere Arten der weit gefassten Gattung *Silene* übertragen. „Nacht-" wegen der abendlichen Blütezeit. Der für einige Arten der Gattung verwendete Name „Leimkraut" (s. u.) bezieht sich auf den klebrigen Ring unter den Stängelknoten von Arten wie *S. viscaria*.

Die Kapseln streuen nach Berührung oder im Wind die Samen aus.

Vorkommen: Nährstoffreiche, mäßig trockene Ruderalfluren aller Art. Wärmeliebend, kaum über 600 m aufsteigend. Archäophyt? (= Alteinwanderer), Kulturbegleiter seit der Jungsteinzeit. In Nordamerika eingebürgert.

Blüten: VI–IX. „Stieltellerblumen mit herausragenden Staubbeuteln und Griffeln", in armblütigen Dichasien. Zweihäusig bis dreihäusig. Weibliche Pflanzen sind deutlich seltener als männliche. Verteilung der Geschlechtschromosomen wie beim Menschen (XX, XY). Kelch der männlichen Blüten 10-nervig, der weiblichen 20-nervig, nur bei letzteren und bei zwittrigen Blüten aufgeblasen (mit Fruchtknoten). Die Kronblätter sind zwar frei, es wird aber indirekt eine Blütenröhre gebildet, indem der verwachsene Kelch die unteren Teile der Kronblätter (Kronblattnägel) fest umschließt. Typische Nachtfalterblume, erst abends bzw. bei schlechtem Wetter nachmittags sich öffnend und erst dann intensiv duftend; allerdings schließen die Blüten in der Dämmerung schon wieder. Zwitterblüten vormännlich. „Krönchen" (Nebenkrone) dienen als Einkriechschutz gegen kleinere Insekten. Nektar wird vom fleischigen Blütenboden abgeschieden, er ist bei weiblichen Blüten 2,0–2,5 cm, bei männlichen Blüten 1,5–1,8 cm tief verborgen. Bestäuber sind vor allem Nachtfalter der Familien Noctuidae und Sphingidae. Erdhummeln beißen bei *Silene*-Arten die Kelchröhre seitlich an, um an den Nektar zu gelangen, begehen also Nektarraub.

Früchte (siehe Detailfoto): Kapseln vom vergrößerten Kelch umgeben (= Windfang), feucht geschlossen, Kapselzähne trocken nach außen zurückgekrümmt (= Klettorgan): Wind- und Tierstreuer. Fruchtreife: ab VIII. Wintersteher. – Die Samen der *Silene*-Arten sind durch zahlreiche, in Reihen und spiralig angeordnete kleine Höcker sehr dekorativ (Lupe!).

Verwendung: Die Wurzeln wurden früher wegen des Gehaltes an Saponinen als „Weiße Seifenwurz" arzneilich sowie zum Waschen benutzt, also ähnlich wie das Seifenkraut (*Saponaria officinalis*).

Weitere Arten (vgl. auch die benachbarten Abschnitte):

Silene dioica (L.) CLAIRV. (= *Melandrium rubrum* GARCKE), Rote oder Tag-Lichtnelke: Voriger Art nahestehend. Zweijährige bis ausdauernde Halbrosettenpflanze. Wiesen und Wälder, auf feuchten, nährstoff- und basenreichen Böden. Ebene bis Hochgebirge (deutsche Alpen bis ca. 2400 m), vor allem Bergpflanze. Dreihäusig (der Artbeiname *dioica* ist also nicht ganz korrekt). Tagfalterblume: hellrot, geruchlos, tagsüber geöffnet. Bestäuber sind Falter, langrüsselige Hummeln, Schwebfliegen usw. Trotz unterschiedlicher Bestäubungstypen ist dort, wo *S. latifolia* und *S. dioica* nebeneinander vorkommen, der durch seine rosa Blüten auffallende Bastard nicht selten. – Ausbreitung der Samen wie bei voriger Art. Dazu Schwimmausbreitung (Bach- und Stromtalpflanze). Zierpflanze in mehreren Sorten, z. B. auch rosa blühende und gefüllte Formen.

Silene vulgaris (MOENCH) GARCKE (= *S. cucubalus* WIBEL, *S. inflata* SM.), Gewöhnliches oder Aufgeblasenes Leimkraut, Taubenkropf: Ausdauernd. Blätter blaugrün, meist kahl. Bis 1 m tief wurzelnd. Lückige Magerrasen und Böschungen. Rohbodenpionier. Blüten zwittrig oder auch männlich oder weiblich. Blütenstand locker trugdoldig. Bestäuber sind Nachtfalter und längerrüsselige Bienen (inkl. Honigbienen). Kelch eiförmig bis fast kugelig (wie aufgeblasen, „taubenkropfförmig"): Windfang. Samen dicht stachelig. Fruchtreife: VII–X. Auch Zufallsausbreitung über den Darm von Rindern. Blätter und junge Sprosse vor der Blüte sind für Mischsalat und wie Spinat verwendbar; entsprechende Zubereitungen sind vor allem in einigen Mittelmeerländern beliebt. Niedrig bleibende Sorten werden als Zierpflanzen angeboten und sind auch für Wildpflanzengärten zu empfehlen. In Nordamerika eingeschleppt.

Silene nutans L., Nickendes Leimkraut: Ausdauernd. Magerrasen und lichte Wälder, auf flachgründigen Böden. Vormännliche Nachtfalterblume, abends mit intensivem Hyazinthenduft. Kronblätter tagsüber eingerollt. Blüten hängend. Die Bestäuber (kleine Nachtfalter aus der Familie der Eulenfalter) nutzen die Blüte als Brutstätte – ein z. B. von Palmlilien (*Yucca*) bekanntes, in der heimischen Flora aber seltenes Verhalten. Kleinere Insekten werden wie bei *S. viscaria* durch ein klebriges Drüsensekret am Stängel unterhalb des Blütenstandes am Aufkriechen gehindert und bleiben dort zuweilen auch haften.

Silene acaulis (L.) JACQ., Stängelloses Leimkraut: Niedrige, dichte Polsterpflanze mit lineal-pfriemlichen, lederigen, spitzen Blättern. Dadurch morphologisch gut an die widrigen Verhältnisse alpiner Lagen gut angepasst. Die langsam wachsenden, tief wurzelnden Polster können ein Alter von 100 Jahren erreichen. Arktisch-alpin verbreitet. Deutsche Alpen von 1500–2600 m. Stängel je einblütig. Rote, tagsüber geöffnete Stieltellerblumen. Dreihäusige Falterblume. Tierstreuer; der glockige Kelch dient als Windfang: Windstreuer. Wird auch als Zierpflanze in Steingärten gezogen.

Silene viscaria (L.) BORKHAUSEN (= *Lychnis viscaria* L., *Viscaria vulgaris** BERNH.), Gewöhnliche Pechnelke

Caryophyllaceae (= Nelkengewächse)

Ausdauernder Chamaephyt oder Hemikryptophyt (Halbrosettenpflanze), 30–60 cm hoch. Klebring deutlich ausgebildet.

Systematik: Je nach Autor werden die Pechnelken entweder zu *Silene* oder zu *Lychnis* gestellt oder als eigene Gattung *Viscaria* abgetrennt.

Namen: Zu „*Silene*" vgl. bei *S. latifolia*. Spätlat. „*viscarius*" = klebrig, zu viscum = Vogelleim, wegen der unter den Knoten stark klebrigen Stängel. Daher auch der Name „Pechnelke". Zu *Lychnis* vgl. *Silene flos-cuculi*.

Vorkommen: Sonnige, warme Magerrasen und Säume, auf kalkarmen, steinigen Böden. Im Norden und Südwesten selten. Gemäßigt-kontinental verbreitet.

Blüten: V–VII. Vormännliche „Stieltellerblumen" mit 3 mm hoher Nebenkrone, die als Einkriechsperre dient, die unerwünschte Blütenbesucher fernhalten soll. Blütenstände traubig-rispig. Stängel mit deutlich ausgebildetem Klebring als Aufkriechschutz gegen kleine Insekten, oft mit daran klebenden Insekten. Kronblätter zweiteilig, purpurn. Typische Falterblume.

Früchte: Kapseln lang gestielt. Austrocknungsstreuer: Wind- und Tierstreuer. Samen warzig, 0,5 mm lang. Fruchtreife: VI–VII.

Verwendung: Dankbare Zierpflanze für Steingärten. Da experimentell nachgewiesen wurde, dass Pechnelken aufgrund des Gehaltes an pflanzlichen Hormonen (Brassino-Steroide) die sie umgebenden Pflanzen im Wachstum fördern, wurden jetzt Extrakte der Pflanze von der Biologischen Bundesanstalt für Land- und Forstwirtschaft als Pflanzenstärkungsmittel zugelassen. – Die Pflanze wird in Schweden zum Rotfärben benutzt.

Weitere Arten: siehe die vorigen Abschnitte.

Sinapis arvensis LINNAEUS,

Ackersenf, Acker- oder Wilder Senf

Brassicaceae (= Kreuzblütler)

Einjährig, sommerannuell, 20–60 cm hoch. Blätter dunkelgrün, unregelmäßig grob gezähnt, die unteren zuweilen fiederteilig. – Bis 1 m tief wurzelnd.

Systematik: Die Gattung umfasst 4 Arten des Mittelmeerraumes. Nahe verwandt sind Hederich/Rettich (*Raphanus*) und Kohl (*Brassica*); die Grenzen zwischen *Sinapis* und *Brassica* sind unscharf.
Namen: „*Sinapis*“ ist der lat.-griech. Name der aus verschiedenen Kreuzblütlern hergestellten Speisewürze Senf. Neulat. „*arvensis*“ = auf Äckern. – „Senf“ ist früh entlehnt. Früher wurde die Pflanze genauso wie *Raphanus raphanistrum* auch „Hederich“ genannt, weil diese beiden Ackerunkräuter oft nicht unterschieden wurden.
Vorkommen: Äcker (besonders Hackfruchtäcker) und Ruderalstellen, vor allem auf Frischerde-Aufschüttungen. Auf nährstoff- und basenreichen, aber kaum auf sauren Böden. Lehmzeiger. Ebene bis Gebirge (bis 1000 m). Mit dem Ackerbau aus dem Mittelmeergebiet eingeschleppt (Archäophyt). In gemäßigten Zonen heute weltweit verschleppt.
Blüten: V–X. Homogame bis vorweibliche „Nektar führende Scheibenblumen“, in Trauben. Blüten gelb. Lebensdauer 2 Tage. Da der Kelch an den geöffneten Blüten absteht (vgl. die Merkhilfe: „Hederich hebt, Senf senkt den Kelch“), wird der Nektar offen dargeboten. Die Pollen abgebende Seite der Staubbeutel weist zur Reife nach oben. Die Kronblätter zeigen im äußeren Teil eine hohe, im inneren eine geringe UV-Reflexion und erscheinen dadurch den Besuchern zweifarbig. Bestäuber sind Käfer, Fliegen, Bienen und Falter. Bienentrachtpflanze. Auch Selbstbestäubung ist häufig.
Früchte: Schoten mit samenfreiem oberen Abschnitt (Schnabel), sich durch Austrocknung öffnend: Selbst-, Wind- und Tierstreuer. Menschenausbreitung (Kulturbegleiter). Samen kugelig, bei Feuchtigkeit mit schleimig aufquellender Samenschale: Klebausbreitung. Eine kräftige Pflanze kann bis zu 5000 Samen hervorbringen. – Die Samen bleiben über viele Jahre keimfähig, keimen aber nur, wenn sie dicht unter der Oberfläche liegen bzw. durch Umpflügen aus tieferen Schichten dorthin gelangen. Fruchtreife: VIII–X.
Verwendung: Samen als Beimischung zu echtem Senf (s. u.). Feingehackte Blätter als Gewürz. Letztere Verwendung war schon den Germanen bekannt. Blütenknospen wie Brokkoli zuzubereiten. Krautige Teile nach längerem Kochen als Gemüse geeignet.
Weitere Art:
Sinapis alba L. (= *Brassica hirta* MOENCH), Weißer Senf, Gelbsenf: Kulturpflanze aus dem östlichen Mittelmeerraum, bisweilen verwildert, meist nur unbeständig, aber stellenweise mit Einbürgerungstendenz. Untere Blätter fiederteilig bis gefiedert. Ein einziger Kurztag genügt, um die Pflanze zum Blühen zu bringen. Früchte steifborstig, mit langem Schnabel. Wichtige Futter- und Gründüngungspflanze sowie Senf- und Ölpflanze. Entsprechende

Felder werden von Laien nicht selten für Raps gehalten, sie blühen aber erst viel später. Als Bienentrachtpflanze genauso wichtig wie *S. arvensis*. Die gemahlenen, hellen Samen (Name!) sind ebenso wie die des Braunen Senfes (= Sarepta-Senf) (*Brassica juncea*) und des Schwarzen Senfs (*Brassica nigra*) die Grundlage des Speisesenfs. Die Germanen erlernten die Senfzubereitung von den Römern; die Hauptverbreitung erfolgte bei uns aber erst im frühen Mittelalter über arabische Anpflanzungen in Spanien. Die Chinesen nutzten Senf schon vor über 3000 Jahren. Die bekannte Senfschärfe stammt von den durch die Thiocyanat-Gruppe (-SCN) ausgezeichneten Senfölglykosiden. Es gibt inzwischen eine große Zahl der verschiedensten Senfsorten. Bei uns ist z. B. eine Senfherstellerin in Monschau dafür berühmt. In Frankreich gilt Lyon als Zentrum der Senfproduktion. Die oft synonym für Senf gebrauchten Namen „Mostrich" oder „Mostert" (engl. mustard) gehen auf Senfsorten zurück, zu deren Herstellung statt Essig oder Wein unvergorener Traubensaft (= Most) verwendet wird, und leiten sich von lat. ‚mustum ardens' = brennender Most ab. Zur Senfherstellung verwendet man heute Importe aus wärmeren Anbaugebieten. Die wegen der örtlichen Durchblutungsförderung benutzten Senfpflaster sind für empfindliche Haut ungeeignet und können zu starken Reizungen führen, sodass die Anwendung nicht allgemein zu empfehlen ist.

Sisymbrium officinale (L.) SCOPOLI, Weg-Rauke

Brassicaceae (= Kreuzblütler)

Einjährig (sommer- oder winterannuell), 30–60(–100) cm hoch. Äste sparrig abstehend. 20–50 cm tief wurzelnd.

Systematik: Die Gattung umfasst etwa 40 Arten, vor allem in der gemäßigten Zone der Nordhalbkugel, wovon 9 Arten bei uns wild vorkommen.
Namen: „*Sisymbrium*" ist der lat.-griech. Name von senfähnlichen Pflanzen, der von LINNÉ auf diese Gattung übertragen wurde. Neulat. „*officinalis*" = arzneilich verwendet. – „Rauke" ist Lehnwort (16. Jh.) von lat. eruca (= Senfrauke) über ital. ruca, und Gemeinschaftsname verschiedener Kreuzblütler mit kresse- bzw. senfartigem Geschmack. Dazu gehören z. B. Knoblauchsrauke (*Alliaria*), Senf- oder Ölrauke (*Eruca*), Stinkrauke (*Diplotaxis*) und Besenrauke (*Descurainia sophia*, s. u.), vgl. auch das Register der Pflanzennamen. Als deutscher Gattungsname sollte aber „Rauke" für *Sisymbrium* vorbehalten bleiben.
Giftigkeit: Alle Teile der Pflanze sind durch Senfölglykoside und herzwirksame Glykoside schwach giftig.
Vorkommen: Ruderalstellen, auf nährstoffreichen, wenig humosen Böden. Stickstoffzeiger. Pionierpflanze. Namengebende Kennart des Verbandes Sisymbrion (= Kurzlebige Ruderalgesellschaften). Archäophyt. In kühl-gemäßigten Zonen heute weltweit verbreitet.

Blüten: V–VIII. Unscheinbare, blassgelbe „Nektar führende Scheibenblumen“, in Trauben. Selbstbestäubung und Insektenbestäubung.
Früchte: Schoten dem Stängel dicht angedrückt, zugespitzt, 10–20 mm lang. Windstreuer. Die Samen verbleiben lange in den Früchten und werden oft erst mit der ganzen sparrigen Pflanze verschleppt, sobald diese abgestorben ist (vgl. folgende Art). Fruchtreife: VII–X. Wintersteher. Lichtkeimer.
Verwendung: Ehemalige Heilpflanze, z. B. als Tee bei Entzündungen des Kehlkopfes. Junge Blätter der *Sisymbrium*-Arten eignen sich im gekochten Zustand als würzende Beigabe für Gemüse usw. Die Samen können wie Senf verwendet werden. Die abgestorbenen Pflanzen wurden als Besen benutzt.
Weitere Art/Verwandte:
Sisymbrium altissimum L., Hohe Rauke, Ungarische Rauke: Wuchshöhe stark umweltabhängig, 5–100 cm hoch. Stängel unten abstehend steifhaarig. Sommerwarme, lückige Ruderalstellen. Neophyt: Die Pflanze ist aus dem kontinentalen Osteuropa eingewandert. In Brandenburg seit etwa 1830. Eine besonders starke Ausbreitung erfolgte zu Beginn dieses Jahrhunderts mit Eisenbahnen. Die Pflanze befindet sich noch in weiterer Ausbreitung. Krone weißlich gelb. Die zur Fruchtzeit starre und leichte Pflanze kann vom Wind als ganze aus dem Boden gerissen und dann als Steppenläufer verbreitet werden. Die zahlreichen Samen sind in Mulden der Schoten eingebettet und fallen bei Erschütterung nach und nach heraus.
Descurainia sophia (L.) PRANTL (= *Sisymbrium sophia* L.), Gewöhnliche Besenrauke, Sophienkraut: Ruderalpflanze nährstoffreicher, oft kalkhaltiger Böden. Wärmeliebend (subkontinental). Archäophyt (Alteinwanderer). Inzwischen Kosmopolit. Blüten meist mit Selbstbestäubung. Selbstausstreuer, Wind- und Tierstreuer. Ausbreitung der Samen als Klebhafter. Wintersteher. Gekennzeichnet durch 2–3-fach gefiederte Blätter mit linealischen Zipfeln, unscheinbare oder fehlende Krone und sehr dünne vielsamige Schoten. Die jungen Blätter können als Beigabe zu Salat verwendet werden. Name „Besenrauke“ nach der ehemaligen Verwendung für Besen, „*Descurainia*“ zu Ehren des franz. Apothekers und Botanikers F. DÉSCURAIN (1658–1740). Der Artbeiname „*sophia*“ bezieht sich nach dem vorlinnéschen Autor TABERNAEMONTANUS auf die angeblich hervorragende Heilwirkung entsprechend dem Ausdruck ‚sophia chirurgorum‘ = Weisheit der Wundärzte.

Sium latifolium LINNAEUS, Großer oder Breitblättriger Merk

Apiaceae (= Doldengewächse)

Ausdauernder Hemikryptophyt: Schaftpflanze, d. h. Erneuerungsknospen an der Stängelbasis, 60–120 cm hoch. Stängel tief gefurcht, mit Durchlüftungsgewebe und primärem Dickenwachstum. Verschiedenblättrig (Heterophyllie): Überwasserblätter einfach gefiedert; untergetauchte Blätter fein zerteilt, sodass in Anpassung an den Wasserstandort die Aufnahmefläche für Nährsalze und Sauerstoff vergrößert wird. Pflanzen im Wasser nur bis ca. 0,6 m Tiefe wurzelnd.

Giftigkeit: Wurzeln und Früchte sind durch den Gehalt an Polyacetylinen giftig. Auswirkungen sind Erbrechen und Durchfall. Besonders betroffen sind Rinder.
Namen: „*Sium*“ (sion) ist ein lat.-griech. Pflanzenname. Lat. „*latifolius*“ = breitblättrig, im Vergleich zu folgender Art. „Merk“ ist ein altdeutscher Name verschiedener am Wasser wachsender Pflanzen.
Vorkommen: Vor allem im Uferbereich basenreicher, reiner bis eutrophierter, stehender oder langsam fließender Gewässer.
Blüten: VII–VIII. „Nektar führende Scheibenblumen“, in endständigen, zusammengesetzten Dolden. Besucher sind verschiedene Insekten, besonders Schwebfliegen.
Früchte: Spaltfrüchte (Doppelachänen) eiförmig. Sie enthalten 6–7 % ätherisches Öl, darunter reichlich Limonen, das auch in der Zitrone vorkommt. Zweifellos mit antibakterieller Wirkung (gegen Fäulnis), wodurch eine effektive Schwimmverbreitung überhaupt erst möglich wird.
Vegetative Vermehrung durch Wurzelsprosse.

Verwendung: Die Blätter wurden früher für Kochgemüse genutzt.
Verwandte:
Berula erecta (HUDS.) COVILLE (= *Sium erectum* HUDS.), Berle, Schmalblättriger Merk: Vor allem in langsam fließenden, auch eutrophierten Fließgewässern. Kalkstet, Salz ertragend. Wie viele unserer Wasserpflanzen zirkumpolar verbreitet. Hemikryptophyt, maximal noch bei 1,5 m Wassertiefe wurzelnd. Meist in niedrigen (selten bis 80 cm hohen), durch Ausläuferbildung ausgedehnten, aus dem Wasser ragenden Beständen. Zuweilen auch ganz untergetaucht. Überdauert als untergetauchter, krautiger Bestand oder zumindest mithilfe grundständiger Knospen. Im ersteren Falle ist die Pflanze ein bedeutsamer Unterschlupf für überwinternde Amphibien und Fische und wichtiger Laichplatz. Blütenstände kurz gestielt, blattgegenständig. Blüten- und Ausbreitungsökologie wie bei *Sium*. In Asien, z. B. in Korea, ein beliebter Salat.

Solanum dulcamara LINNAEUS, Bittersüßer Nachtschatten, Bittersüß

Solanaceae (= Nachtschattengewächse)

Kletternder oder niederliegender bis aufrechter Halbstrauch, d. h. untere Stängelteile meist verholzt, obere krautig, im Winter meist erfrierend, 0,3–3(–7) m hoch. Schwach links oder rechts windend, im Gebüsch auch Spreizklimmer, wobei rückwärts gerichtete Seitensprosse und evtl. auch die einseitigen Blatteinschnitte dem „Einhakeln" dienen. Junge Triebe mit Ansätzen von Luftwurzeln. – Es konnte jetzt gezeigt werden, dass an den durch Insektenfraß entstandenen Wundflächen ein zuckerhaltiger Saft abgegeben wird, der sich von dem sonst nach Verletzung austretenden Saft unterscheidet. Dieses Sekret dient wahrscheinlich, ähnlich wie extrafloraler Nektar, der Anlockung von Ameisen, die vor weiteren Aktivitäten der Fressfeinde schützen sollen (LORTZING et al. 2016 Nature Plants 2).

Systematik: Die Gattung gehört mit etwa 1500–2000 Arten zu den artenreichsten überhaupt. Die meisten Arten sind tropisch. Bei uns wachsen ca. 12 Arten wild und ca. 15 Arten sind als Nutz- oder Zierpflanzen in Kultur.
Giftigkeit: Alle Pflanzenteile, vor allem die grünen, enthalten das giftige Solanin. Es ist ein Glykosid eines Steroid-Alkaloids (also ein Saponin), das bei der Reife zu einem ungiftigen Steroid-Saponin abgebaut wird. Der Gehalt an Alkaloiden und deren Zusammensetzung ist je nach Herkunft (Chemorasse) sehr verschieden, in grünen Beeren am höchsten, niedriger in Blatt und Stängel, kaum vorhanden in reifen Früchten. Für Kinder sollen 30–40 unreife Beeren tödlich sein (Krämpfe und Atemlähmung).
Namen: „*Solanum*" ist der lat. Name des Schwarzen Nachtschattens, zu lat. solamen = Trost, wegen der schmerzlindernden Wirkung. Mittellat. „*dulcamara*" (zu dulcis = süß und amarus = bitter), wegen des Geschmacks der Früchte. – Als „Nachtschatten" wurde im Mittelalter vor allem der Schwarze Nachtschatten (*S. nigrum*) bezeichnet, während mit „Großer Nachtschatten" die Tollkirsche (*Atro-*

pa bella-donna) gemeint war. Der Name „Nachtschatten“ (Nachtschade) hängt wahrscheinlich mit der Giftwirkung bzw. halluzinogenen Wirkung letzterer Art zusammen, wobei dann „Nachtschatten“ so viel wie Alptraum (nightmare) oder Schwarzer Feind bedeutet.

Vorkommen: Weidengebüsche, Schläge, Ufer und Ruderalstellen, auf feuchten, nährstoffreichen, humosen Böden. Stickstoffzeiger. Wurzelkriechpionier. Bodenfestiger. Ebene bis Gebirge (deutsche Alpen bis 1360 m).

Die Beeren sind wie die ganze Pflanze giftig.

Blüten: VI–IX. Homogame „Pollen-Glockenblumen“, in rispenartigen Wickeln. Nektar fehlt wie bei allen Nachtschatten-Arten. Die nur an der Spitze mit je 2 Poren (1 je Staubfach = Theke) geöffneten Staubbeutel sind miteinander verbunden, wodurch eine effektive Übertragung des Pollens ermöglicht wird (Pfefferstreuer-Prinzip). Vibrationsbestäubung: Pollen wird erst durch aktives Vibrieren (Buzzing) seitens der Blütenbesucher freigegeben. Der Zusammenhalt der Staubbeutel erfolgt durch ein klebriges Sekret, bei der nahe verwandten Tomate (*S. esculentum*) durch widerhakige Härchen. Außerdem Fliegentäuschblume: Der Blütengrund ist napfförmig, glänzend, dazu befinden sich am Kronblattgrund weiß gesäumte Höcker, die Nektarien vortäuschen und an denen daher Fliegen lecken. Selbstbestäubung ist erfolgreich.

Früchte (siehe Detailfoto): Längliche, etwas gebogene, durch Karotinoide zuletzt scharlachrot gefärbte Beeren mit je ca. 30 Samen. Zuckerreich. Geschmack anfangs bitter, später süß. Verdauungsausbreitung durch Kleinsäuger, Vögel und Schnecken. Vielleicht auch Anhafter, indem die schleimigen Samen aus den bei der Reife aufplatzenden Früchten auf vorbeistreifende Tiere geschleudert werden. Fruchtreife: VIII–X. Wintersteher.

Vegetative Vermehrung durch Wurzelsprosse.

Verwendung: Die 2–3-jährigen, nach dem Blattfall gesammelten Stängelstücke wurden früher arzneilich bei Hautleiden sowie bei Asthma und chronischer Bronchitis verwendet. Die Wirkung ist Stoffwechsel fördernd und schmerzlindernd. Geschmack bittersüß. In der Volksmedizin als Blutreinigungsmittel usw. beliebt, aber wegen der Giftigkeit ist davon abzuraten.

Weitere Arten: siehe die folgenden Abschnitte.

Solanum lycopersicum Linnaeus (= *Lycopersicon esculentum* Mill.), Kultur-Tomate

Solanaceae (= Nachtschattengewächse)

In Kultur einjährig, am Wildstandort ausdauernd, 50–150 cm hoch. Pflanze stark drüsig behaart, mit kräftigem Geruch. Frostempfindlich. Die Keimblätter legen sich nachts zusammen: „Schlafbewegung“ (Nyktinastie). – Pilzwurzel (arbuskuläre Mykorrhiza).

Giftigkeit: Schwach giftig in allen Teilen durch kleinere Mengen von Alkaloiden (Solanin), das sich vor allem in grünen Pflanzenteilen befindet. Daher sind unreife Früchte frisch giftig. Bei der

Reife verschwinden in den Früchten die Alkaloide; das gilt auch für Kultursorten, die auch bei der Reife grün bleiben. Das Kraut enthält örtlich stark reizende ätherische Öle, die Fliegen abhalten und evtl. Ursache einer bei Gärtnern beobachteten Hautkrankheit sind. Die rauen Samen können in empfindlichen Därmen zu unangenehmen Reaktionen führen.

Namen: Zu den Gattungsnamen siehe *S. dulcamara*. „*Lycopersicon*" ist ein griech. Pflanzenname, der vorlinnésch auf die Tomate übertragen wurde. Lat. „*esculentus*" = essbar. – Das Wort „Tomate" (von tomatl oder tomana) stammt aus einer Indianersprache Mexikos und bedeutet ‚unangenehm riechend'. Alte Namen sind „Liebesäpfel" und „Paradiesäpfel". In Österreich heißen sie entsprechend noch heute „Paradeiser".

Vorkommen: Kulturpflanze reicher, frischer Böden in warmfeuchter Klimalage. Heimat ist wahrscheinlich Mittelamerika. Nicht selten verwildert, meist unbeständig, aber neuerdings gebietsweise mit Einbürgerungstendenz. Ufer verunreinigter Fließgewässer, Rieselfelder, Klärschlamm, Müllplätze usw. Wildpflanzen selten ausreifend, vielmehr werden die Bestände immer wieder über häusliche Abwässer und Küchenabfälle ergänzt: Verschmutzungszeiger. An Ufern Anzeiger für die Einleitung ungeklärter Kloaken, so z.B. am Niederrhein. Dort wachsende Tomaten sind aber wegen ihres Phenolgehaltes ungenießbar.

Blüten: VII–X. Homogame „Pollen-Glockenblumen mit Streukegel", d.h. der fast trockene Pollen rieselt auf den Besucher herab. Nektar fehlt. Die seitlich durch widerhakige Härchen verbundenen Staubbeutel (bei *S. dulcamara* erfolgt diese Verbindung durch ein klebriges Sekret) öffnen sich mit einer winzigen gemeinsamen Öffnung an der Spitze. Der Pollen wird nur bei Vibration des Kegels frei, so durch das „Brummen" (Buzzing) der Hummeln oder im Experiment z.B. durch eine Stimmgabel. Für Gewächshaustomaten wird deshalb jährlich eine große Zahl von künstlich herangezogenen Hummelvölkern (meist *Bombus terrestris*) eingesetzt. Honigbienen gelangen nicht durch Vibration an den Pollen, sondern trennen dazu die Staubbeutel auf. Selbstbestäubung ist möglich. – Durch gentechnische Veränderungen ist jetzt die Züchtung von Tomaten gelungen, die nicht mehr bestäubt werden müssen, da trotz ausbleibender Samenentwicklung Früchte gebildet werden (Parthenokarpie = Jungfernfrüchtigkeit; nicht zu verwechseln mit Parthenogenese = Ausbildung von Samen ohne Befruchtung) (Ueta et al. 2017 Scient. Reports 7).

Die Tomate ist eine vielsamige Beere.

Früchte (siehe Detailfoto): Bei der Reife durch Karotinoide meist rot gefärbte Beeren: Verdauungsausbreitung. Dazu Ausbreitung der einzelnen Samen wegen der schleimigen (trocken stacheligen) Samenschale als Anhafter (Klebausbreitung) sowie Schwimmausbreitung (daher das Vorkommen an Ufern). Fruchtblätter 2 (bei Zuchtformen oft 3 oder mehr). Der samentragende Teil (Plazenta) ist stark vergrößert. Wärmekeimer. Samen 3–6 Jahre keimfähig. – Reifende Tomaten geben Äthylen ab, das die Reife anderer Früchte fördert (vgl. *Malus*).

Verwendung: Die Pflanze gelangte im 16. Jh. von Mexiko aus durch die Spanier nach Europa. Obwohl sie schon den Indianern Mexikos und Perus als Nutzpflanze bekannt war, wurde sie in Europa lange Zeit vor allem als Zierpflanze angebaut, soll aber bereits um 1560 in Italien gegessen worden sein. Noch zu Anfang des 19. Jh.

waren Tomaten als Gemüse verpönt, weil man sie (auch im reifen Zustand) für giftig hielt, und noch bis Ende des 19. Jh. kam man ins Gerede, wenn man diese „Liebesäpfel" anbaute. Erst seit etwa 1900 setzten sich Tomaten als Nutzpflanzen durch und inzwischen stehen sie mit ihren zahlreichen Kultursorten an der Spitze der produzierten Gemüse- und Salatpflanzen. Die Welternte lag 2012 bei 162 Mio. t und 2018 bei 182 Mio. t, mit weitem Abstand gefolgt von Kohl mit 96 Mio. t. Zu den ca. 15.000 Kultursorten gehören neben den bekannten „Fleischtomaten" auch die kleinen „Kirschtomaten" und solche mit gelben, orangen, violetten oder auch im ausgereiften Zustand noch grünen Früchten. Die Früchte sind reich an Vitamin C und Provitamin A und enthalten u. a. das Karotinoid Lycopin, welches im Zusammenspiel mit anderen Inhaltsstoffen die körpereigenen Abwehrkräfte steigern soll. Bei den durch gentechnische Veränderung entstandenen schwarzvioletten Tomaten wird dieser Effekt noch durch hohen Gehalt an Anthocyanen verstärkt. Tomaten können zu Saft und Marmelade verarbeitet werden. Der typische Tomatengeruch beruht auf dem Zusammenwirken von mehreren Hundert Duftkomponenten. – Die stark duftende Pflanze soll auch Fliegen abwehren. Man zog sie zu diesem Zwecke in Blumentöpfen.

Solanum nigrum LINNAEUS (Artengruppe), Schwarzer Nachtschatten

Solanaceae (= Nachtschattengewächse)

Einjährig, sommerannuell, 10–80 cm hoch. In warmen Ländern auch ausdauernd. Pflanze behaart bis fast kahl. Unangenehm riechend. Blätter eiförmig, zugespitzt, ± ganzrandig. Kelchzipfel durch spitze Buchten getrennt. – Wurzeln 40–70 cm tief reichend und sich seitlich maximal bis >1 m ausdehnend.

Systematik: Zur Gattung siehe *S. dulcamara*. Die Artengruppe *S. nigrum* besteht aus *S. nigrum* s. str. und der im Hauptfoto abgebildeten Kleinart *S. decipiens* (= subsp. *schultesii*). Letztere unterscheidet sich durch die dichte, abstehende, drüsig-zottige Behaarung (statt kahl oder angedrückt behaart) und durch meist buchtig gezähnte (statt ganzrandig bis geschweift gezähnte) Blätter. Ob es sich um eigenständige Arten handelt, ist noch nicht abschließend geklärt.

Giftigkeit: Alle Teile der Pflanze, besonders die Beeren, sind durch Solanin (vgl. *S. dulcamara*) und weitere Alkaloide giftig. Der Giftgehalt ist je nach Herkunft, Reifezustand und Zubereitung extrem verschieden. Mitteleuropäische Herkünfte sind gewöhnlich kaum giftig. Vollreife Beeren sind meist alkaloidfrei. Berichten über Vergiftungen bei Menschen und Tieren steht gegenüber, dass die Pflanze als Gemüse und wegen der essbaren Beeren bei uns noch bis ins 16. Jh. angebaut wurde und im Mittelmeergebiet, Teilen Amerikas und der Sowjetunion noch heute als Gemüsepflanze gesammelt und/oder kultiviert wird. Vermutlich geht die Nutzung auf Herkünfte bzw. Zuchtformen mit geringem Giftgehalt zurück.

Namen: Zu den Gattungsnamen siehe *S. dulcamara*. Lat. „*niger*" = schwarz, wegen der Farbe der reifen Früchte.

Vorkommen: Ruderalpflanze sowie Hackfrucht- und Garten-Wildkraut. Ausgeprägter Stickstoffzeiger, z.B. bei Überdüngung. Frostempfindlich, d.h. nach den ersten Frösten fällt die Pflanze in sich zusammen. Alteinwanderer (= Archäophyt). Offenbar ist diese ehemalige Nutzpflanze (!) aus Kultur verwildert und hat sich dann stark ausgebreitet. – Seit einigen Jahren findet man zunehmend an Ruderalstellen die Kleinart *S. decipiens*, die inzwischen gebietsweise häufiger ist als *S. nigrum* s. str.

Die reifen Beeren sind meist kaum giftig.

Blüten: VI–X. Blüten weiß, oft mit orangegelbem Saftmal am Schlund, sonst wie bei *S. dulcamara*, aber keine Fliegentäuschblume. Blüten nachts geschlossen. Bestäuber sind vor allem Hummeln und andere Wildbienen.

Früchte (siehe Detailfoto): Beeren kugelig, maximal 1cm breit, schwarz, Fruchtfleisch grün, süßlich schmeckend. Fruchtstiele herabgebogen. Samen flach, 2mm lang. Je Beere etwa 50, je Pflanze oft bis 25.000 Samen. Darmausbreitung durch Huftiere und Vögel. Auch Kleb- und Trittausbreitung durch die schleimigen Samen. Menschenausbreitung, z.B. mit Saatgut. Fruchtreife: ab VIII.

Verwendung: In zahlreichen Ländern wird das Kraut als Gemüse verkauft, was angesichts der Giftproblematik bemerkenswert ist (s. o.). Auch bei uns wurde die Pflanze früher als Gemüse angebaut (s. o.).

Weitere Art:

Solanum villosum MILL. (= *S. luteum* MILL.), Gelbfrüchtiger Nachtschatten: Weichhaarig, mit abgerundeten Kelchbuchten und eiförmigen gelben, selten roten Beeren. Wärmeliebende Ruderalpflanze. Neophyt. Bei uns ziemlich selten.

Solanum tuberosum LINNAEUS, Kartoffel

Solanaceae (= Nachtschattengewächse)

Knollen-Geophyt, 40–100 cm hoch. Sprossknollen am Ende unterirdischer Ausläufer als Speicher- und Ausbreitungsorgan. An der ausgewachsenen Knolle (siehe Abb.) lässt sich die Abnabelungsstelle des Ausläufersprosses am hinteren Ende als „Nabel" erkennen. Die „Augen" sind Seitenspross-Anlagen mit zugehörigem Tragblatt (Niederblatt). Sie sind spiralig angeordnet und stehen am vorderen Ende der Knolle dicht zusammen. Unter Einfluss von Wärme und Licht treiben der endständige Hauptspross und die Seitensprosse aus; im allgemeinen Sprachgebrauch spricht man vom „Keimen" der Kartoffeln. Die vor dem Austrocknen schützende „Pelle" ist Korkgewebe (Periderm). – Sehr geeignete Pflanze für Schulversuche, z.B. für den Nachweis des Austrocknungsschutzes durch die verkorkte Schale; Stärkenachweis mit Jodlösung; exakt ausgerichtetes Wachstum der „Keime" sprossender Knollen auf ein Lichtloch zu (dazu setzt man eine Kartoffel in einen mit einem Loch versehenen, sonst aber geschlossenen Karton); sowie vegetative Vermehrung durch Teilung der Knolle (s. u.).

Giftigkeit (vgl. auch oben bei *S. dulcamara*)**:** Alle Teile der Pflanze, vor allem die grünen Teile, enthalten das Alkaloid Solanin, meist zwischen 0,5 und 1%. Nach Verzehr solcher Teile, vor allem der Beeren, wurden auch tödliche Vergiftungen beobachtet. In den ergrünenden Teilen der Knolle sowie in den austreibenden Knospen („Keimen") kann der Alkaloidgehalt bis zu 5% ansteigen, sodass insgesamt die für den Menschen kritische Konzentration von 200–400 mg/kg Körpergewicht erreicht wird. Solche Kartoffeln sollten daher großzügig geschält werden, zumal Solanin sehr hitzebeständig ist! Al-

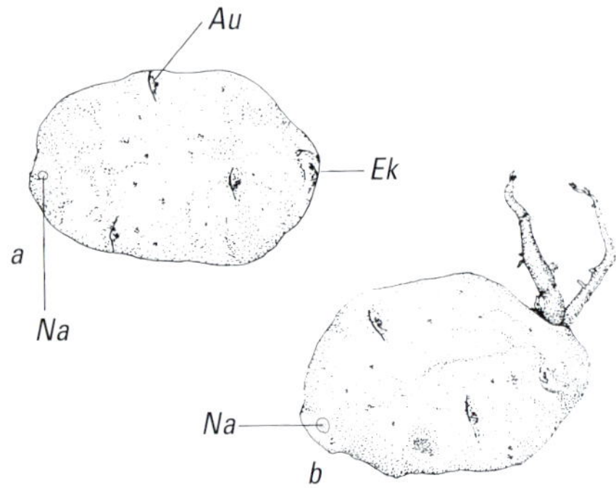

*(**a**) Sprossknolle mit Nabel (Na), Augen (Au) und Endknospe (Ek). (**b**) Austreibende („keimende") Knolle.*

lerdings enthalten moderne Zuchtformen auch in ergrünenden Knollenteilen nur noch geringe Mengen von Solanin.

Schädlinge: Zu nennen wären Trocken- und Nassfäule. Bemerkenswert ist der Wechsel des Kartoffelkäfers (früher Coloradokäfer genannt) von *S. rostratum* und anderen Wildarten der Gattung auf die Kartoffel als Haupt-Wirtspflanze und seine anschließende weltweite Verschleppung in die Kartoffelanbaugebiete. Übrigens behauptete die kommunistische Propaganda nach dem letzten Weltkrieg, die US-Amerikaner hätten Kartoffelkäfer über der DDR abgeworfen. Witzbolde erklärten daraufhin, das könne man leicht erkennen, denn die Käfer wären mit „Sambaschuhen" ausgestattet.

Namen: Zum Namen „*Solanum*" siehe *S. dulcamara*. Lat. „*tuberosus*" = knollig. – Das Wort „Kartoffel" ist über ital. ‚tartuffoli' = Trüffel entstanden, wegen der Ähnlichkeit der Knollen mit Trüffeln. Weitere Namen sind z. B. „Erdäpfel", „Grundbirne" oder „Grumbiere". Das englische „potatoe" leitet sich von Batata (eigentlich Süßkartoffel) ab.

Vorkommen: Wichtige Kulturpflanze der gemäßigten Breiten. Heimat: Hochanden Perus. Kartoffelsorten stellen Klone dar, d. h. sie sind vegetative Abkömmlinge jeweils einer einzigen Pflanze. Der Anbau erfolgt überwiegend auf frischen, nährstoffreichen, leichten Böden, im Gebirge bis ca. 1200 m (in Tirol noch bis 1600 m). Selten verwildert, aber nur unbeständig.

Blüten: VII–X. Nektarlose „Glockenblumen mit Streukegel", in endständigen, gestielten Wickeln. Krone weiß oder violett als Kontrastfärbung zu den gelben Staubbeuteln. Abends faltet sich die Krone zusammen und der Blütenstand krümmt sich abwärts. Spärlicher Besuch durch Hummeln und Schwebfliegen. Vibrationsbestäubung wie bei *S. dulcamara* und *S. lycopersicum* beschrieben. Spontane Selbstbestäubung ist häufig; Zuchtformen sind allerdings meist steril, sogar die Blütenbildung ist oft eingeschränkt bis fehlend. Die Staubbeutel kopieren die Signalfarbe des Pollens, geben aber durch winzige Poren jeweils nur eine kleine Pollenmenge ab, was einen länger anhaltenden Besuch der Bestäuber bewirkt.

Früchte: Beeren zur Reifezeit gelblich grün, saftig. Bei uns selten ausreifend. Außerdem ist bei vielen modernen Sorten die Blüten- und Fruchtbildung eingeschränkt. Verdauungsausbreitung. – Die Keimfähigkeit der Samen liegt gewöhnlich bei nur wenigen Jahren, jedoch gibt es Angaben, wonach unter bestimmten Bedingungen gelagerte Samen noch nach 200 Jahren keimfähig gewesen sein sollen.

Vegetative Vermehrung durch die Ausläuferknollen bzw. deren Teile: Ein „Auge" genügt.

Verwendung: Kartoffeln wurden von Pizarro um 1555 nach Spanien eingeführt und gelangten über Italien und England als Zierpflanze zu uns. Erst etwa 200 Jahre später befahl Friedrich der Große wegen der häufigen Hungersnöte in Preußen den Anbau als Grundnahrungsmittel. Inzwischen gibt es über 1000 Kultursorten, darunter auch solche mit dunkelvioletten Knollen. Kartoffeln gehören zu den Nahrungsmitteln mit den vielseitigsten Zubereitungsmöglichkeiten. Sie sind für eine gesunde Ernährung sehr zu empfehlen! In der obstarmen Zeit sind sie wichtigster Vitamin C-Lieferant. 500 g Kartoffeln decken den Tagesbedarf des Menschen an essenziellen Aminosäuren (Fleischersatz). Die aus den Knollen extrahierte Stärke wird arzneilich als entzündungshemmendes und kühlendes Mittel genutzt. Weitere Nutzungen sind die zur Viehfütterung sowie zur Stärke-, Kleister- (Dextrin-) und Alkoholherstellung (Industriekartoffeln). Eine amylosefreie Zuchtform (d. h. die Stärke enthält nur Amylopektin) dient seit einiger Zeit als Basis für die Herstellung von Folien und biologisch abbaubaren Tüten („Ich war eine Kartoffel"), aber Achtung: In den Kompostieranlagen sind sie unerwünscht, da sie dort nicht kompostiert werden können. Das Kraut ist zur Papierherstellung brauchbar. – Der Ertrag liegt bei uns (durch reichliche Düngung!) mit ca. 400 dt Knollen pro ha sehr hoch. Bei gleicher Fläche wird fast so viel Eiweiß und etwa doppelt so viel an Kohlenhydraten produziert wie beim Getreide. Die Welternte lag 2018 bei 368 Mio. t, davon stammten 9 Mio. t aus Deutschland.

Soldanella alpina LINNAEUS, Alpen-Troddelblume, Echtes Alpenglöckchen, Alpen-Soldanelle

Primulaceae (= Primelgewächse)

Ausdauernder Hemikryptophyt (Rosettenpflanze), 5–15 cm hoch. Blätter immergrün, 2–3 cm breit, kreisförmig. Rhizom kurz, knollig verdickt.

Systematik: Die Gattung umfasst 16 Arten der europäischen Gebirge. Nahe verwandt ist die Schlüsselblume (*Primula*).

Namen: „*Soldanella*" ist der vorlinnésche Name der Pflanze, von ital. soldo = Geldstück (vgl. Sold, Soldat), nach der Blattform. – „Alpenglöckchen" wegen der Blütenform.

Vorkommen: Subalpine Rieselfluren, Schneetälchen und Hochstaudenfluren, auf kühlen, sickerfeuchten, ± nährstoff- und basenreichen, oft kalkhaltigen Böden. Alpen von 1000–2880 m. Isolierte Vorkommen auf dem Feldberg im Schwarzwald als Eiszeitrelikt. Gebirgspflanze Mittel- und Südeuropas. – **Geschützt**! (alle Arten der Gattung).

Blüten: IV–VI. Homogame bis vorweibliche „Glockenblumen mit Streueinrichtung", in 1–3-blütigen Blütenständen. Krone blauviolett, trichterig-glockig mit bis über die Hälfte zerschlitzten Zipfeln. Kurze Schlundschuppen verbergen teilweise den von der Basis des Fruchtknotens abgegebenen Nektar. Der Griffel ist von 5 langen, kegelförmig zusammenneigenden Staubblättern umgeben. Beim Blütenbesuch fällt der Pollen, mit bedingt durch die umgebogenen Spitzen des Konnektivs (= Staubbeutelzwischenstück), auf den Rücken der Besucher. Da die Narbe die Krone und den Streukegel überragt, wird sie von den anfliegenden Insekten zuerst berührt. Bestäuber sind Hummeln, Falter und andere Insekten. Selbstbestäubung ist möglich.

Früchte: Aufrechte Kapseln, die sich bei Trockenheit öffnen (xerochas). Blütenschaft zur Fruchtzeit verlängert, Kelch bleibend (Windfang): Windstreuer. Die nur 0,24 mg schweren, bis 0,8 mm langen Samen sind Körnchenflieger. Fruchtreife: ab VII.
Verwendung: *Soldanella*-Arten werden auch als Zierpflanzen kultiviert, vor allem *S. montana*.
Weitere Arten:
Soldanella montana WILLD., Berg-Alpenglöckchen: Ähnlich der vorigen Art, aber Blätter bis 7 cm breit. Moosreiche Fichtenwälder. Im Bayerischen Wald und selten in den Voralpen. Zierpflanze.
Soldanella pusilla BAUMG. (= *S. alpicola* F. K. MEY.), Zwerg-Alpenglöckchen: Blätter nur etwa 1 cm breit. Blütenstand meist einblütig. Blüten blassviolett, nur ein Viertel eingeschnitten, eng glockenförmig. Fruchtreife: ab VIII. Ausbreitung bis nach der Schneeschmelze. Schneetälchen und schneefeuchte Magerrasen und -weiden der alpinen Stufe, kalkmeidend. Kennart der Silikat-Schneeböden (= Salicion herbaceae). Alpen, vor allem Zentralalpen.

Solidago canadensis LINNAEUS, Kanadische Goldrute

Asteraceae (= Korbblütler)

Ausdauernder Hemikryptophyt (Halbrosettenpflanze), 50–250 cm hoch und damit eine der höchsten unserer wild wachsenden Stauden. Stängelblätter lanzettlich, gesägt.

Namen: „*Solidago*" ist ein vorlinnéscher Name, von lat. solidus = fest, gesund bzw. solidare = fest machen, zusammenfügen und der Pflanzennamenendung -ago, wegen der ehemaligen medizinischen Anwendung bei schlecht heilenden Wunden. Der Name galt außer für die Echte Goldrute (*S. virgaurea*, s. u.) z. T. auch für andere Pflanzen mit ähnlicher Anwendung, z. B. *Symphytum* (Beinwell) und *Consolida* (Rittersporn), die dieselbe Wortbedeutung haben. – „Goldrute" ist die Übersetzung des vorlinnéschen Namens der Echten Goldrute ‚Virga aurea', von lat. virga = Rute und aureus = golden, wegen der rutenförmigen Äste mit ihren goldgelben Blüten.
Vorkommen: Bei uns ursprünglich Zierpflanze und Bienentrachtpflanze. Heimat: Nordamerika. Verwildert und seit einigen Jahrzehnten vielfach eingebürgert (Neophyt seit 1853), vor allem an Ruderalstellen, in aufgelassenen Gärten und an Ufern, auf sommerwarmen, grundfrischen, nährstoff- und basenreichen Böden. Lehm- und Nährstoffzeiger. Ebene bis mittlere Gebirgslagen, vor allem in Auen und Stromtälern. – Verdrängt bei Massenvorkommen die Vorvegetation und kann dadurch das ökologische Gleichgewicht beeinträchtigen. Entsprechend wurde die Art als invasiver Neophyt eingestuft.
Blüten: VIII–IX. „Körbchenblumen". Röhrenblüten zwittrig, homogam, Zungenblüten weiblich. Korbboden ohne Spreublätter. Bestäuber sind vor allem Fliegen. Bei Massenbestand aber auch Bienentrachtpflanze.
Früchte: Achänen mit einreihiger Haarkrone (Pappus): Schirmchenflieger. Bei feuchtem Wetter Was-

serhafter. Menschenausbreitung (Gartenflüchter). Fruchtreife: IX. Wintersteher. Lichtkeimer.

Vegetative Vermehrung erfolgt sehr reichlich durch die weithin kriechenden unterirdischen Ausläufer.

Verwendung: Die Blätter der *Solidago*-Arten enthalten bis zu 4 % Kautschuk und wurden zu dessen Gewinnung versuchsweise angebaut. Neuerdings wird das Kraut dieser und der folgenden Art zunehmend arzneilich genauso wie das von *S. virgaurea* verwendet. Stängel und Blätter sind zum Gelbfärben von Naturfasern geeignet. Junge Triebe können roh oder gekocht gegessen werden. – Häufige Zierpflanze in zahlreichen Sorten und Hybriden, im Gebiet seit dem 17. Jh. Alle Arten der Gattung sind für Wildpflanzengärten geeignet, breiten sich allerdings zum Teil sehr aggressiv aus.

Weitere Arten:

Solidago gigantea AITON (= *S. serotina* AITON), Riesen- oder Späte Goldrute: Sehr ähnlich wie vorige Art und wie diese eingebürgert (Neophyt seit 1832) und ebenfalls als invasiver Neophyt eingestuft. Zungenblüten länger als die Röhrenblüten. Stängel (außer im Blütenstand) kahl. Als Zierpflanze heute viel seltener als vorige Art. – Die Artbeinamen sind insofern verwirrend, als *S. gigantea* sowohl früher blüht als auch meist kleiner bleibt als *S. canadensis*.

Solidago virgaurea L., Echte oder Gewöhnliche Goldrute: 15–80 cm hoch. Bis 100 cm tief wurzelnd, ohne unterirdische Ausläufer. – Zum Namen „*virgaurea*“ s.o. Einheimisch. Lichte, krautreiche, meist magere Wälder, Schläge, Heiden und Magerweiden. Ebene bis Hochgebirge, oberhalb der Waldgrenze von der subsp. *minuta* (L.) ARCANG. (= *S. alpestris* W. et K.) abgelöst. Blütenstand aufrecht. Körbchen größer als bei den vorigen Arten. Bestäuber sind Bienen, Hummeln, Schwebfliegen und Falter. Ausbreitung wie bei *S. canadensis*. Als Zierpflanze selten. Arzneilich als harntreibendes und entzündungshemmendes Mittel bei Blasen- und Nierenentzündungen, in der Volksmedizin außerdem bei schlecht heilenden Wunden gebraucht. Bestandteil sog. Blutreinigungstees.

Sonchus oleraceus LINNAEUS, Gewöhnliche oder Kohl-Gänsedistel

Asteraceae (= Korbblütler)

Einjährig, sommerannuell, oder winterannuelle Halbrosettenpflanze, 30–80(–100) cm hoch. Stängel hohl. Blätter stängelumfassend, sehr variabel, ungeteilt oder unregelmäßig geteilt bis tief geteilt. Sie stehen gelegentlich ± senkrecht, sodass es sich dann, ähnlich wie beim verwandten Kompass-Lattich (*Lactuca serriola*), um eine Kompasspflanze handelt. – Bis 100 cm tief wurzelnd.

Systematik: Die Gattung umfasst etwa 130 Arten. Besonders viele Arten gibt es auf den Kanarischen Inseln, darunter auch Gehölze. In Mitteleuropa kommen 4 Arten vor. *Sonchus* gehört in die artenreiche Unterfamilie Cichorioideae (siehe *Cichorium*).

Namen: „*Sonchus*“ (sonchos) ist der lat.-griech. Name von Gänsedistel-Arten. Neulat. „*oleraceus*“ = als Gemüse verwendet. – „Gänsedistel“ oder auch „Saudistel“, weil die Pflanze ehemals eine beliebte Futterpflanze war.

Vorkommen: Lückige Ruderalstellen, zwischen Steinplatten, oft vor Hauswänden und alten Mauern, Äcker (vor allem Hackfruchtäcker) und Gärten, auf nährstoffreichen, humosen Böden aller Art. Stickstoffzeiger. Aggressives Wildkraut. Wärmeliebend (deutsche Alpen bis 920, Jura bis 980 m), friert bei sehr starken Frösten im Winter ab. Kulturbegleiter: Alteinwanderer (= Archäophyt). Die Art ist weltweit verschleppt und stellt gebietsweise ein Problem für die Landwirtschaft dar.

Blüten: VI–X. Hellgelbe oder weißgelbe „Körbchenblumen“. Es sind nur Zungenblüten vorhanden, und zwar je Korb etwa 100–200. Kronröhre bis 10 mm lang. Bestäuber sind Falter und Schwebfliegen. Bei feuchtem Wetter biegen sich die äußeren Blüten über die inneren.

Früchte: Achänen ungeschnäbelt, flach, weichhaarig, ölreich. Pappus rein weiß. Heterokarp, d. h. in Anpassung an wechselnde Außenfaktoren bildet dieselbe Pflanze unterschiedliche Früchte aus.

Schirmchenflieger: Sinkgeschwindigkeit 29 cm pro Sekunde und damit Flugweiten von über 10 km möglich. Wasserhaftausbreitung. Fruchtreife: V–X. **Verwendung:** Wertvolles Viehfutter. Die Pflanze wurde früher auch gegessen, gebietsweise sogar als Gemüse angepflanzt und ist noch heute in Griechenland Bestandteil der „Chorta“, eines Wildsalates (siehe auch bei *Amaranthus*).

Weitere Arten:

Sonchus asper (L.) HILL, Raue Gänsedistel: Sehr ähnlich wie vorige Art und an ähnlichen Standorten. Blätter derb, glänzend, rau (stachelig gezähnt). Körbchenstiele oft zerstreut drüsig behaart. Neben Windausbreitung wurde auch Speicherausbreitung durch Rasenameisen (*Tetramorium*) beobachtet. An einer 140 cm hohen Pflanze wurden 220 Körbchen mit je ca. 250 Früchten, also insgesamt etwa 55.000 Früchte festgestellt. Verwendung wie bei voriger Art.

Sonchus arvensis L., Acker-Gänsedistel: Ausdauernde Schaftpflanze oder Wurzelknospen-Geophyt mit weit reichenden ausläuferartigen Wurzeln. 1–2 m tief wurzelnd. Die Blätter sind auch hier oft senkrecht gestellt (Kompasspflanze). Lehmige Äcker, Ufer, Gräben, Ruderalstellen und salzige Dünen. Lehmzeiger. Neuerdings auch öfter an Rändern gesalzter Straßen. Die Art ist weltweit verschleppt und stellt gebietsweise eine Problempflanze für die Landwirtschaft dar. Hüllblätter und Körbchenstiele mit auffälligen gelben, gestielten Drüsen. Sie dienen evtl. als Verdunstungsschutz, sicher aber als Aufkriechschutz gegen unerwünschte Blütenbesucher. Körbchen nur bei sonnigem Wetter, besonders vormittags, geöffnet, abends nickend. Wurzelstücke von nur 1 cm Länge vermögen neue Sprosse hervorzubringen.

Sorbus aucuparia LINNAEUS, Gewöhnliche Eberesche, Vogelbeere

Rosaceae (= Rosengewächse)

Winterkahler Laubbaum bis maximal 16 m Höhe. In den ersten 20 Jahren sehr schnellwüchsig. Ziemlich kurzlebig (meist nur etwa 80 Jahre alt werdend). An der Baumgrenze zum Teil auch strauchförmig. Es ist nur 1 Korkschicht (Periderm) vorhanden, daher ohne Borkenbildung. Blätter unpaarig gefiedert, mit meist früh abfallenden Nebenblättern. Hauptreservestoff ist der (nach seinem Vorkommen in der Gattung *Sorbus* benannte) Zuckeralkohol Sorbit. – Pilzwurzel (arbuskuläre Mykorrhiza).

Systematik: *Sorbus* gehört zu den Kernobstgewächsen (siehe *Malus*). Die Gattung umfasst, wenn man die zahlreichen Kleinarten nicht mitzählt, etwa 80 Arten, von denen zahlreiche bei uns wild vorkommen und auch als Forstbäume oder Ziergehölze in Kultur sind. Verschiedene Ansätze, die heterogene Gattung *Sorbus* in mehrere kleinere Gattungen aufzuspalten (vgl. unten stehende Sy-

nonyme), haben sich nicht allgemein durchsetzen können. – Bemerkenswerterweise können fast alle *Sorbus*-Arten erbkonstante Bastarde bilden. Diese sind gewöhnlich polyploid und vermehren sich apomiktisch, d.h. sie erzeugen Samen ohne Befruchtung. Entsprechend sind alle Nachkommen einer Pflanze untereinander gleich. Die Bastarde verhalten sich im Übrigen wie normale Arten, haben also je eigene Merkmalskombinationen und eigene Areale. Nach den Nomenklaturregeln ist es möglich, den Namen dieser Arten das Bastardzeichen × voranzustellen, doch beschränkt man dies meist auf die nicht-erbkonstanten Primärbastarde.

Giftigkeit: Die rohen Früchte sind durch Parasorbinsäure schwach giftig, gekocht aber essbar (siehe Verwendung).

Schädlinge: Verformungen der Blätter verursacht die Vogelbeerblattlaus (*Dysaphis sorbi*). Rostrote Flecken erzeugt einerseits die Birnenpockenmilbe (*Eriophyes pyrisorbi*), andererseits durch seine Sporenlager (Äzidien) der Ebereschen-Rostpilz (*Gymnosporangium cornutum*). Dessen Zwischenwirt ist der Wacholder (*Juniperus communis*), weshalb man diese Pflanze nicht nahebei haben sollte.

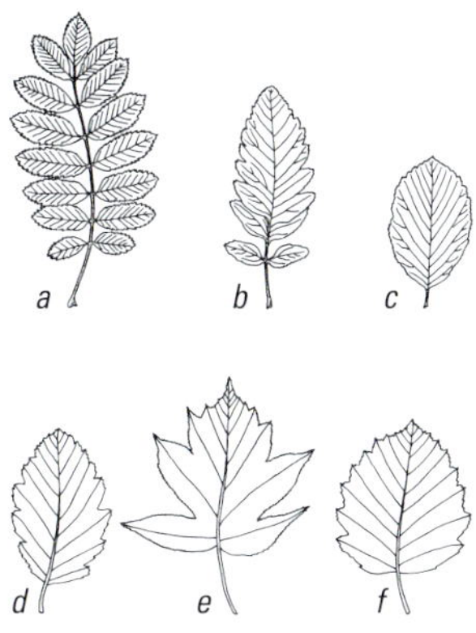

Blätter einiger Sorbus-Arten: ***a*** *S. aucuparia,* ***b*** *S. × pinnatifida (= S. aria × S. aucuparia),* ***c*** *S. aria,* ***d*** *S. intermedia,* ***e*** *S. torminalis,* ***f*** *S. latifolia (= S. aria × S. torminalis)*

Namen: „*Sorbus*“ ist der lat. Name des Speierlings (*S. domestica*) bzw. der Elsbeere (*S. torminalis*). Die Etymologie ist ungeklärt. Der vorlinnésche Name „*aucuparia*“ leitet sich von lat. aucupium = Vogelfang (zu avis = Vogel und capere = fangen) ab und bezieht sich auf die frühere Verwendung zum Anlocken und Fangen von Vögeln. – „Vogelbeere“ hat denselben Bezug. „Eberesche“ (mhd. z.B. eberboum) bezieht sich auf die früher bedeutende Nutzung zur Schweinemast in der Waldweide (Artur Kutzelnigg 1974 Muttersprache 84: 240). Die Erklärung, Eberesche bedeute ‚Falsche Esche‘ (eber = aber) ist falsch. Dasselbe gilt für die unbegründete Annahme, ‚Eber-‘ hätte nichts mit dem gleichnamigen Tier zu tun. Man vergleiche dazu etwa den Namen ‚Eberwurz‘ für die Silberdistel (*Carlina acaulis*), die eine wichtige Arznei bei Schweinekrankheiten war. Der Baum hat als Spiegel für seine Popularität und vielseitige Nutzung die besonders hohe Zahl von etwa 150 verschiedenen Volksnamen.

Vorkommen: Lichte Wälder, Säume und Hecken, auf sauren, lockeren Lehmböden, in humider Klimalage. Vorholz auf Schlägen. Lichtpflanze. Ebene bis Hochgebirge (deutsche Alpen bis 2000 m), in den höheren Lagen der Gebirge zum Teil durch die subsp. *glabrata* vertreten, einem Krummholzbegleiter, der laut Roter Liste (Stand 2018) als gefährdet eingestuft ist. Außerdem häufig gepflanzt und verwildert.

Blüten: V–VI. Vorweibliche, weiße „Nektar führende Scheibenblumen“. Die flachen Doldenrispen bestehen aus ca. 300 Blüten (nicht nur 100, wie oft angegeben). Geruch nach Maikäfern oder Heringslake durch Trimethylamin. Nektar verdeckt. Besucher sind Insekten aller Art. Durch den Geruch werden besonders auch Fliegen und Käfer angelockt. Bienentrachtpflanze.

Früchte: 3-fächerige, 9–10 mm lange Apfelfrüchte. Sie werden vor allem nach dem Frost von verschiedenen Vögeln sowie Eichhörnchen usw. gesammelt. Die frischen, durch Karotinoide grellroten Früchte (Warnfarbe) werden weniger angenommen. Speicher- und Versteckausbreitung. Verdauungs- und Bearbeitungsausbreitung durch zahlreiche Vögel und Säuger, deshalb örtlich z. B. auch als „Ziegenobst" bezeichnet. Menschenausbreitung als Ziergehölz. Fruchtreife: ab IX. Wintersteher. Samen nur nach längerer Feuchtlagerung keimfähig.

Vegetative Vermehrung bei allen Arten durch Wurzelsprosse. Auf diese Weise repräsentieren zusammenstehende Gruppen von Pflanzen unter Umständen nur ein einziges Individuum (Polykormon).

Verwendung: Häufiger Zier- und Obstbaum. Schon Karl der Große verordnete den Anbau auf seinen Reichsgütern. Aus den Vitamin C-reichen Früchten lässt sich eine gute Marmelade bereiten. Auch Bestandteil z. B. des Sechsämtertropfens. Unreife Früchte sind roh durch Parasorbinsäure schwach giftig (abführend), doch verschwindet diese beim Kochen. In Baumschulen erhält man heute oft die parasorbinfreie Sorte Mährische oder Süße Eberesche 'Edulis'. Wegen des Gehaltes an Sorbit (bis 12 %) sind die Früchte auch für Diabetiker geeignet. Getrocknete Früchte wirken durch ihren Gerbstoffgehalt stopfend. Die Borke eignet sich zum Braun- und Rotfärben von Wolle. Das Holz ist hart und zäh und schwer zu spalten. Es ist als Drechsler- und Schreinerholz sowie für Schnitzereien geeignet. Aus frischen Zweigstücken lassen sich einfache Flöten herstellen, die allerdings nur etwa 1 Stunde halten. – Über die ehemaligen Verwendungen zum Vogelfang und zur Schweinemast siehe oben.

Weitere Arten/Bastarde:

Sorbus aria (L.) CRANTZ (= *Aria nivea* HOST), Mehlbeere: Blätter ungeteilt, unterseits weißfilzig (Transpirations- und Wärmeschutz). Sonnige Wälder und Trockengebüsche, auf sommerwarmen, oft kalkhaltigen Böden. In den deutschen Alpen noch bis um 1500 m. Fehlt in der Ebene. Auch Zierbaum. Fruchtreife ab VIII. Die Früchte sind ca. 1,5 cm breit, reif rot und innen mehlig und schmecken fade. Sie wurden in Notzeiten getrocknet, wie Mehl (Name!) gemahlen und als Brotzusatz verwendet (heute zahlt man für „Früchtebrot" einen Aufpreis!). Sie können auch für Mischkompott verwendet werden.

Sorbus intermedia (EHRH.) PERS., Schwedische Mehlbeere: Häufiger und dekorativer Zier- und Straßenbaum. Von *S. aria* durch am Rand gelappte Blätter unterschieden (siehe Abb.), sonst ähnlich. Öfter verwildert und zunehmend in Einbürgerung begriffen. Heimat: Südskandinavien. Eventuell sind auch einige wenige Bestände an der deutschen Ostseeküste ursprünglich. Blätter derb, buchtig gezähnt. Konstanter, tetraploider, apomiktischer Tripelbastard (*S. aria* × *S. aucuparia* × *S. torminalis*). Früchte essbar und (vor allem nach dem Frost) zur Herstellung von Saft, Marmelade und Gelee geeignet.

Sorbus × pinnatifida (SM.) DÜLL (= *S. thuringiaca* (ILSE) FRITSCH), Deutsche Bastard-Eberesche: Primärer Bastard aus der Kreuzung *S. aria* × *S. aucuparia*. Die Weitergabe der Merkmalskombination ist daher nur durch vegetative Vermehrung möglich. Bemerkenswert ist die Blattform, die zwischen der fiederblättrigen Eberesche und der Mehlbeere vermittelt (siehe Abb.). Wird nicht selten in Anlagen gepflanzt. – Ähnlich sind die vor allem aus Nordeuropa bekannten, konstanten Kleinarten der *S. hybrida*-Gruppe.

Sorbus chamaemespilus (L.) CRANTZ (= *Chamaemespilus alpina* (MILL.) K. R. ROBERTSON et J. B. PHIPPS), Zwerg-Mehlbeere: Niedriger Strauch. Blätter ungeteilt, am Rande fein gezähnt. Sonnige Gebüsche der Krummholz- und Zwergstrauchstufe, vor allem der Alpen, in Deutschland ab 800 m bis 2000 m. Blütezeit: VII–VIII. Blüten rosa, aufrecht, glockig, nektarreich, vormännlich. Vielfältiger Insektenbesuch. Oft mit Selbstbestäubung. Früchte rot, später braunrot, bis 1,3 cm lang. Alpendohlen sorgen für Verdauungsausbreitung; Kreuzschnäbel für Bearbeitungsausbreitung. Fruchtreife: IX–XI.

Sorbus torminalis (L.) CRANTZ (= *Torminalis clusii* (M. ROEM.) K. R. ROBERTSON et J. B. PHIPPS), **Elsbeere**

Rosaceae (= Rosengewächse)

Sommergrüner Laubbaum, 3–12(–14) m hoch. Blätter ahornartig gelappt (aber im Gegensatz zu *Acer* wechselständig), meist kahl. Herbstfärbung weinrot. Borke rau. – Tiefwurzler. – Literaturhinweis: W. KAUSCH BLECKEN VON SCHMELING 1994: Die Elsbeere, Bovenden: Selbstverlag.

Namen: „*Sorbus*" ist der lat. Name von Elsbeere und Speierling. Lat. „*torminalis*" = gegen Bauchschmerzen/Rote Ruhr verwendbar (so schon bei CELSUS und PLINIUS). – „Elsbeere" ist ein germ. Name.
Vorkommen: Sommerwarme Trockenwälder und -gebüsche. Nicht selten nur als strauchiges Unterholz. Kalkliebend. Vor allem im Hügelland, aber im Jura noch bis 900 m aufsteigend.
Blüten: V–VI. Blütenökologie ähnlich wie bei *S. aucuparia* und ebenfalls mit starkem Amingeruch, aber Blüten in eiförmigen (statt doldenartigen) Rispen, größer und entsprechend weniger zahlreich.
Früchte: Früchte braun, durch Lenticellen hell punktiert. Verdauungs- und Bearbeitungsausbreitung usw. wie bei *S. aucuparia*. Fruchtreife: ab X.
Vegetative Vermehrung durch Wurzelsprosse.
Verwendung: Früchte nach Frosteinwirkung teigig, angenehm süßsauer schmeckend und für Marmelade geeignet. Früher verwendete man sie in gemahlener Form ähnlich wie Mehlbeeren als Brotzusatz. Hübscher Forstbaum und wegen der dekorativen roten Herbstfärbung auch als Ziergehölz geeignet. Das harte, zähe Holz ist sehr geschätzt und gehört zu den teuersten Hölzern überhaupt („Schweizer Birnbaum"). Auch ein aus den Früchten bereiteter Schnaps ist sehr geschätzt und sehr teuer. Ehemalige Heilpflanze: Schon bei den Römern wurden die Früchte gegen die Ruhr verwendet.
Weitere Arten (vgl. auch vorigen Abschnitt):
Sorbus latifolia (LAM.) PERS. (Artengruppe), Breitblättrige Mehlbeere: Konstanter Bastard aus der Kreuzung *S. aria* × *S. torminalis*. Zahlreiche Kleinarten mit endemischen Vorkommen. Schwerpunkt in sonnigen Eichenwäldern von Franken, Baden und Thüringen, sowie – noch unbeschrieben – in den westdeutschen Mittelgebirgen. Vgl. auch MEYER et al., Beiträge zur Gattung *Sorbus* in Bayern. Ber. Bayer. Bot. Ges., Sonderband (2005). Allerdings sind nach MEYER et al. 2010 mindestens die bisher

als Kleinarten angesehenen Thüringer Sippen primäre Bastarde (*S.* × *decipiens*). – Auch als Zierpflanze kultiviert.
Sorbus domestica L. (= *Cormus domestica* (L.) SPACH), Speierling: Blätter unpaarig gefiedert, denen von *S. aucuparia* sehr ähnlich, aber Blattzähne mit brauner, später abfallender Drüsenspitze und Borke rau. In den warmen Gebieten, besonders in Weinbaulagen, angepflanzt und dort z. T. seit langem eingebürgert (evtl. auch einheimisch als Wärmezeitrelikt). Heimat: Mittelmeergebiet; dort schon in der Antike kultiviert. Gefährdet (Stand 2018) und schützenswert. Blüten doppelt so groß wie die von *S. aucuparia*, mit ähnlicher Ökologie. Doldenrispen mit höchstens 80 Blüten. Auch Früchte relativ groß (bis 3 cm lang), rotbäckig, von der Gestalt kleiner Birnen oder Äpfel. Wegen ihres Gerbstoffreichtums werden sie für die Klärung von Wein, vor allem von Apfelwein und dort auch als Geschmack gebende Komponente (herb) verwendet. Vollreife Früchte zerfallen ähnlich wie Mispeln (*Mespilus*) zu einem säuerlichen, essbaren Mus. Das Holz wird sehr geschätzt und ist entsprechend sehr teuer. – Literaturhinweis: W. KAUSCH BLECKEN VON SCHMELING 1992: Der Speierling, Bovenden: Selbstverlag.

Sorghum halepense: siehe bei *Bothriochloa*

Sparganium erectum LINNAEUS (= *S. ramosum* HUDS.), Ästiger Igelkolben

Typhaceae (= Rohrkolbengewächse)

Ausdauernde Sumpf- und Wasserpflanze (Schlammwurzler) mit Rhizom, 30–90(–150 cm) hoch. Blätter zweizeilig, aufrecht, bis 50 cm lang und mit Durchlüftungsgewebe (Aerenchym) in Anpassung an die Sauerstoffarmut des Standorts. Die grünen Teile sind reich an nadelförmigen Calciumoxalat-Kristallen (Raphiden), die dem Fraßschutz dienen. – Aus den Blättern lassen sich nach Durchknicken ähnlich wie beim Hartriegel (*Cornus*) die Spiralversteifungen der Tracheen herausziehen.

Systematik: Die Gattung umfasst ca. 14 Arten. Früher in eine eigene Familie Sparganiaceae (= Igelkolbengewächse) gestellt, bildet sie nach heutiger Auffassung gemeinsam mit dem Rohrkolben (*Typha*) die Familie Typhaceae. – Von *S. erectum* gibt es im Gebiet 4 Unterarten, die unterschiedliche ökologische Ansprüche haben.

Namen: *„Sparganium"* ist ein lat.-griech. Pflanzenname von ungeklärter Bedeutung, der vorlinnésch auf die vorliegende Gattung übertragen wurde. Lat. *„erectus"* = aufrecht, wegen der im Vergleich zu folgender Art stets aufrechten, nicht schwimmenden Blätter. – „Igelkolben" wegen der Fruchtstände mit den nach außen gerichteten Fruchtschnäbeln.

Vorkommen: Uferröhrichte stehender, nährstoffreicher Gewässer, auf humosen, oft kalkhaltigen Schlammböden bis 0,5 m Wassertiefe. Verlandungspionier. Verschmutzungszeiger. Lichtpflanze. Etwas wärmeliebend. Ebene bis mittlere Gebirgslagen (bis 845 m).

Blüten: VI–IX. Windblütig: „Unbeweglicher Typ". Einhäusig. Ausgeprägt vorweiblich; allerdings sind die Samenanlagen zur Zeit der Bestäubung noch nicht voll entwickelt. Gesamtblütenstand ästig, rispig; Teilblütenstände (Blütenköpfchen) kugelig, vielblütig, untere weiblich, obere männlich. Selbstbestäubung ist erfolgreich. Der Pollen wird auch von Insekten verzehrt, sodass diese ebenfalls Bestäuber sein können.

Früchte: Je Blütenköpfchen entstehen zahlreiche 1-samige Steinfrüchte mit festem Kern und trockenschwammigem Schwimmgewebe: Schwimmausbreitung. Schwimmdauer bis 12 Monate. Früchte mit Griffelrest, deshalb auch Klettausbreitung als Bohrfrucht durch Wassertiere. Seltener ist Verdauungsausbreitung durch Wasservögel.

Vegetative Vermehrung erfolgt reichlich durch die stärkereichen, ausläuferartigen Rhizome.

Verwendung: Zierpflanze für Park- und Gartenteiche. Die unteren, saftigen Stängelteile wurden von Kindern als „Speck" gegessen. Die geschälten Wurzeln können als Kochgemüse genutzt werden.

Weitere Art:

Sparganium emersum REHMANN (= *S. simplex* HUDS.), Einfacher Igelkolben: An ähnlichen Standorten, aber seltener als vorige Art und z. T. gefährdet. Nur bis 60 cm hoch. Blätter meist aufrecht, im Unterschied zu voriger Art gelegentlich aber auch flutend, d. h. auf der Wasseroberfläche oder evtl. sogar unter Wasser schwimmend. Blütenstand unverzweigt. Bestäubung und Ausbreitung wie bei voriger Art.

Spartina anglica C. E. Hubbard, Englisches oder Salz-Schlickgras

Poaceae (= Süßgräser)

Immergrüner Geophyt bzw. Salzpflanze (Halophyt) oder Wasserpflanze (Hydrophyt) mit dicken, fleischigen unterirdischen Ausläufern (Rhizomen), 30–130 cm hoch. Wächst in dichten, schilfartigen Horsten. Halme in ganzer Länge von Blattscheiden umgeben. Obere Blätter fast senkrecht abstehend. Blattspreiten graugrün, spitz, bis 50 mm lang und 15 mm breit, durch Kieselsäureeinlagerung stark verhärtet und widerstandsfähig, ihre Ränder scharfkantig. An ihrer gerippten Oberfläche bildet sich bei Überflutung ein Luftfilm, der den Gasaustausch im untergetauchten Zustand erleichtert. Dadurch kann die Pflanze Überflutungen von bis zu 16 Stunden aushalten. Haarkranz anstelle eines Blatthäutchens, 2–3 mm lang. – Alle 16 Arten der Gattung folgen dem für viele Salzpflanzen typischen C_4-Weg der Photosynthese, wodurch weniger Wasser verdunstet und entsprechend weniger Salz aus dem Boden aufgenommen werden muss. Bei *Spartina* wird das CO_2 in Form von Aspartat gebunden. Eine weitere Anpassung an den Salzstandort ist die effektive Ausscheidung einer Kochsalzlösung durch Salzdrüsen (= 2-zellige Blatthaare).

Schädlinge: Entlang der gesamten Wattenmeerküste wurde jetzt ein hoher Befall der Früchte mit Mutterkorn (siehe Roggen = *Secale cereale*) festgestellt, der hier die giftigen Alkaloide in hoher Konzentration enthält (Papenbrock et al. 2012, Bio Invasions Record 1 (1)).

Namen: „*Spartina*“ wurde 1789 von von Schreber geprägt, zu griech. spartos (= eine zur Herstellung von Seilen verwendete Gras- oder Ginsterart), vermutlich im Hinblick auf das Espartogras (*Stipa tenacissima*), wegen der habituellen Ähnlichkeit mit diesem in Spanien und Nordafrika wachsenden Gras. – „Schlickgras“ oder „Marschgras“ wegen des Standortes im Watt. – Der Name „*Spartina anglica*“ ist erst 1978 gültig veröffentlicht worden.

Vorkommen: Pionierpflanze auf stark salzhaltigem Schlick im Watt der Nordsee. Sie gedeiht noch bis 1 m unter der Hochwasserlinie. Obligate Salzpflanze. Die Art ist erst 1890 an der englischen Kanalküste durch Chromosomenverdopplung von *S. × townsendii* (s. u.) entstanden (2n = 4x = 122). Sie wurde dann vielerorts zur Landgewinnung gepflanzt, so in Deutschland seit 1927, ist oft verwildert (Neophyt seit 1927) und jetzt an der deutschen Nordseeküste verbreitet und immer noch in Ausbreitung (invasiver Neophyt). Die starke Vermehrung hat negative ökologische Folgen, z.B. durch Bildung einer artenarmen neuen Pflanzengesellschaft im Wattenmeer, der Schlickgrasgesellschaft (Spartinetum anglicae), verbunden mit der Verdrängung der Queller-Bestände (*Salicornia europaea*). Für Wattvögel ist bis zur Hälfte der Nahrungsgrundlage dadurch verloren gegangen. Außerdem dringt die Art auch in die Salzwiesen ein und verdrängt dort die Pflanzen der Andelzone mit Andelgras (*Puccinellia maritima*) usw. Trotz ihres jungen Alters ist die Art inzwischen weltweit verschleppt, wird international als invasive Fremdpflanze angesehen und steht entsprechend auf der Liste der 100 gefährlichsten invasiven Arten der Welt.

Blüten: VII–X. Rispe aus 2–10 ährenartigen Trauben zusammengesetzt, 10–40 cm lang, aufrecht und zusammengezogen. Ährchen 1–3 mm lang gestielt, 1-blütig, 15–20 mm lang, vorweiblich. Staubbeutel 8–12 mm lang. Windbestäubung. Meist Fremdbestäubung, selten Selbstbestäubung in geschlossen bleibenden (kleistogamen) Blüten.

Früchte: Zur Reifezeit fallen die Ährchen als Ganzes ab, wobei die Spelzen locker die 10–11 mm lange Karyopse einschließen: Wind- und Wasserausbreitung.

Vegetative Vermehrung durch die Rhizome und losgerissene Rhizomstücke, die mit dem Wasser ausgebreitet werden.

Verwendung: Der Einsatz zur Landgewinnung zur Unterstützung des Quellers (*Salicornia europaea*) hat die Erwartungen nicht erfüllt, u.a. weil die Bestände nicht geschlossen sind und sich in Bereiche verlagerten, in denen eine Befestigung des Bodens bereits erfolgt war. Auch führen die kräftigen Einzelhorste durch Strudelbildung sogar zur teilweisen Ausspülung des Bodens. – Die Früchte wurden früher in großem Umfang zur Ernährung genutzt.

Weitere Art:

Spartina × townsendii H. GROVES et J. GROVES, Hohes oder Townsend-Schlickgras: Pollensteriler Bastard, an der englischen Kanalküste vor 1870 durch Kreuzung von *S. maritima* (CURTIS) FERNALD mit der aus Amerika um 1800 eingeschleppten Art *S. alterniflora* LOISEL. entstanden. Stammpflanze voriger Art und dieser sehr ähnlich, aber viel seltener. Obere Blätter schräg aufrecht. Staubbeutel sich nicht öffnend. Fruchtansatz fehlend. Ebenfalls früher zur Landgewinnung gepflanzt und Neophyt.

Spergula arvensis LINNAEUS, Acker-Spark, -Spörgel oder -Spergel

Caryophyllaceae (= Nelkengewächse)

Einjährig, sommerannuell, 10–50 cm hoch. Blätter pfriemlich, etwas fleischig, unterseits gefurcht, in Scheinquirlen, mit häutigen Nebenblättern. – Bis 50 cm tief wurzelnd.

Systematik: Die Gattung umfasst ca. 6 Arten. Sie ist nächst verwandt mit der Schuppenmiere (*Spergularia*). Beide Gattungen wurden gemeinsam mit dem Bruchkraut (*Herniaria*) früher in die durch das Vorkommen von Nebenblättern gekennzeichnete Unterfamilie Paronychioideae(= Familie Illecebraceae) gestellt, die aber wegen ihrer Heterogenität jetzt in einzelne Gruppen aufgelöst wurde.

Namen: Die Etymologie des vorlinnéschen Namens *Spergula* und der damit sprachlich zusammenhängenden deutschen Namen ist ungeklärt. Neulat. „*arvensis*“ = auf Äckern.

Vorkommen: Äcker (vor allem Hackfruchtäcker) und Ruderalstellen, auf frischen, nährstoffreichen, kalk- und basenarmen Böden. Versauerungs- und Garezeiger. Relativ widerstandsfähig gegen Herbizide. Ebene bis Gebirge (deutsche Alpen bis über 1200 m). Alteinwanderer (= Archäophyt). In kühl gemäßigten Zonen heute weltweit verschleppt.

Blüten: VI–IX. Weiße „Nektar führende Scheibenblumen“, in endständigen, lockeren, dichasialen Blütenständen. Der Nektar ist halb verborgen und wird an der Basis der Staubblätter abgesondert. Die Blüten sind nur bei Sonnenschein geöffnet. Bestäuber sind Zweiflügler und Hautflügler. Bei kaltem Wetter sowie beim Abblühen erfolgt Selbstbestäubung, indem sich die Staubbeutel zur

Narbe hin neigen. Die Blüten sind nach der Blütezeit abwärts gerichtet.
Früchte: Aufrechte, 5-klappige Kapseln. Klappen tief eingeschnitten, sich zur Reifezeit bei Trockenheit nach außen biegend. Samen schwarz, flachlinsenförmig (ausbreitungshemmend), mit sehr schmalem Rand und keulenartigen Papillen (hygroskopisch?), reich an fettem Öl. Tierausbreitung (Wasserhafter), Windausbreitung (Scheibenflieger) und Menschenausbreitung (Kulturbegleiter). Fruchtreife: VII–VIII, bereits 8 Wochen nach der Keimung. Samen lange keimfähig.
Verwendung: In Kultursorten als Futterpflanze angebaut; früher auch zur Schweinemast. Bestandteil von Aussaatmischungen für Wildäcker zur Wildäsung. Die jungen Triebe können als Salat oder Gemüse genutzt werden. Die Samen können zum Strecken von Mehl verwendet werden.
Weitere Art (vgl. auch *Spergularia = Schuppenmiere, Spärkling*):
Spergula morisonii BOREAU (= *S. vernalis* auct.), Frühlings-Spark, Sand-Spörgel: In mageren Sandtrockenrasen und trockenen Kiefernwäldern. Tieflagenart und deshalb vor allem in Nord- und Nordwestdeutschland. Kennart des Spergulo vernalis-Corynephoretum canescentis (= Frühlingsspark-Silbergrasflur), einer Pioniergesellschaft offener Sandflächen und Binnendünen. Vermag auch bei Überschichtung mit Sand weiterzuwachsen. Frühblüher: IV–VI. Samen mit breitem Hautrand.

Spergularia rubra (L.) J. PRESL et C. PRESL, Rote oder Acker-Schuppenmiere, Roter Spärkling

Caryophyllaceae (= Nelkengewächse)

Einjährig, selten wenige Jahre ausdauernd, 4–25 cm hoch. Sozusagen eine kleine Ausgabe von *Spergula* und von dieser u. a. durch den niederliegenden Wuchs, die gegenständigen (statt scheinquirligen) Blätter und 3 (statt 5) Griffel unterschieden. Blätter pfriemlich, stachelspitzig (Kondensationspunkte!). – Flachwurzler.

Systematik: Die Gattung umfasst etwa 25 Arten. Sie ist nächst verwandt mit dem Spark (*Spergula*, siehe dort).
Namen: Die Gattung „*Spergularia*" wurde 1819 von J. und C. PRESL zur Abgrenzung von *Spergula* aufgestellt. Der Name selbst geht auf PERSOON 1805 zurück, der damit eine Untergattung von *Arenaria* bezeichnete. Lat. „*ruber*" = rot, wegen der Blütenfarbe, die allerdings oft eher hellrosa ist.
Vorkommen: Verbreitet in offenen Pioniergesellschaften, auch auf Äckern. Weltweit verbreitet (Kosmopolit). Kalkmeidend, Versauerungszeiger. Salzverträglich und Bodenverdichtungszeiger; deshalb zunehmend auch an den im Winter von Tausalz beeinflussten Straßensäumen. Ziemlich verbreitet von der Ebene bis in mittlere Gebirgslagen.
Blüten: V–IX. Fleischrot, bei hellem Wetter von 9–15 Uhr geöffnet. Blütenökologie ähnlich wie bei *Spergula*. Einhäusig mit weiblichen Blüten und

Zwitterblüten oder zweihäusig mit weiblichen Pflanzen und solchen mit Zwitterblüten (gynomonözisch und gynodiözisch). Homogam bis schwach vormännlich. Bestäuber sind Fliegen, aber oft erfolgt nur Selbstbestäubung (vor dem Abblühen).

Früchte: 3-klappige Streukapseln (Zahnkapseln). Samen birnförmig (zuweilen geflügelt), bis 0,6 mm lang. Windstreuer und Klebausbreitung. Menschenausbreitung (mit Erde durch Fahrzeuge verschleppt). Fruchtreife: VII–X. Samen langlebig.

Verwendung: Arzneipflanze der Volksmedizin.

Weitere Arten:

Spergularia marina (L.) Besser (= *S. salina* J. Presl et C. Presl) , Salz-Schuppenmiere: Blätter dicklich. Pflanze mit überwiegend niederliegenden, stark verzweigten Stängeln. Typische Salzpflanze lückiger Salzwiesen an Meeresküsten und Binnensalzstellen. Zuweilen an Straßenrändern verschleppt. Blüten bis 8 mm breit. Die meisten Samen ohne Hautrand.

Spergularia media (L.) C. Presl (= *S. maritima* (All.) Chiov.), Flügelsamige Schuppenmiere: Ebenfalls niederliegende Salzpflanze der Küsten und Binnensalzstellen; bevorzugt auf Schlick- und Sandböden. Krone blassrosa. Blüten 8–12 mm breit. Samen breit hautrandig.

Spinacia oleracea LINNAEUS, Spinat

Amaranthaceae (= Amarantgewächse)

Einjährig, sommer- oder winterannuell, 30–50(–100) cm hoch. Blätter lang gestielt, länglich oder dreieckig, frosthart, sodass im Herbst gesäter Spinat im zeitigen Frühjahr geerntet werden kann. Langtagpflanze, d. h. die Pflanze geht im Sommer bei mehr als 12–14 Stunden Lichtdauer von mindestens 14 Tagen bei nur schwacher Rosettenbildung gleich zur Blüte über, während sich unter Kurztagbedingungen die Blattrosette kräftig ausbildet und die Blütenbildung unterbleibt. – Wurzel rötlich oder weiß, spindelförmig.

Systematik: Die Gattung umfasst 3 in Asien heimische Arten. Sie gehört zur Unterfamilie Chenopodioideae, die oft auch als eigenständige Familie Chenopodiaceae (= Gänsefußgewächse) aufgefasst wird. Nahe verwandt sind u. a. auch Gänsefuß (*Chenopodium*, siehe dort) und Melde (*Atriplex*).
Namen: „*Spinacia*" ist ebenso wie „Spinat" von pers. aspanach über arab. isbanah und span. espinaca entlehnt. Die Araber brachten die Pflanze nach Spanien, von wo aus sie in die übrigen europäischen Länder gelangte. Neulat. „*oleraceus*" = Gemüse-.
Vorkommen: Kulturpflanze, meist als Wintergemüse angebaut. Heimat: Südwestasien, aber wild dort unbekannt. Vorteilhafter Anbau auf nährstoffreichen Lehmböden in wintermilder Klimalage. Wird in den Alpen noch bis 2000 m Höhe angebaut. Nur selten verwildert und immer nur unbeständig.
Blüten: V–VII (Langtagpflanze, s. o.). Meist zweihäusig, d. h. es gibt männliche und weibliche Pflanzen. Blüten unscheinbar, grünlich, in knäueligen Blütenständen. Männliche Blüten mit einfacher Blütenhülle, in unbeblätterten Scheinähren, weibliche Blüten ohne Blütenhülle, aber mit Vorblättern, in achselständigen Knäueln. Neuerdings gibt es auch einhäusige Zuchtformen, bei denen auf derselben Pflanze Blüten beider Geschlechter oder sogar zwittrige Blüten entwickelt werden. Selbststeril.
Früchte: Ausbreitungseinheit ist die von den erhärtenden Vorblättern umgebene einsamige Nuss. Fruchtansatz ist bei uns selten.
Verwendung: Nährstoffreiche, vitaminreiche und leicht verdauliche Gemüsepflanze mit günstiger Wirkung auf die Verdauung. Gelangte im 13. Jh. nach Deutschland und verdrängte bald andere Blattgemüse wie die Garten-Melde (*Atriplex hortensis*). Hauptverwendung heute als Tiefkühlkost. Die Welternte lag 2018 bei 26 Mio. t, wovon >90 % aus China stammten. Angaben über einen besonders hohen Eisengehalt erwiesen sich als Irrtum, es sind nur 3–4 mg auf 100 g Frischgewicht. Zu stark mit Nitrat gedüngter Spinat sollte gemieden werden. Bei Säuglingen können hohe Nitratwerte aufgrund der bakteriellen Umwandlung zu Nitrit zur Störung der Sauerstoffabgabe der roten Blutkörperchen führen (Methämoglobinämie). Spinat sollte frisch verzehrt werden, weil bei der Lagerung der Nitritgehalt besonders hoch werden kann. Der Gehalt an Oxalsäure ist mit etwa 0,8 % relativ gering und nur für Nierenkranke bedenklich. Spinat wirkt aufgrund des Saponin-Gehaltes abführend. Er wird auch industriell zum Färben von Lebensmitteln, z. B. Nudeln, verwendet.

Spiraea salicifolia LINNAEUS, Weiden-Spierstrauch

Rosaceae (= Rosengewächse)

Sommergrüner Strauch, 1–1,5 m hoch. Blätter wechselständig, lanzettlich, 4–7 cm lang, vom Grunde an gesägt; Nebenblätter im Gegensatz zu den meisten übrigen Vertretern der Familie bei dieser Gattung fehlend. – *Spiraea*-Arten gehören zu den ersten Gehölzen, bei denen im zeitigen Frühjahr frisches grünes Laub erscheint.

Systematik: Die Gattung umfasst etwa 80 Arten, von denen bei uns mehrere als Ziersträucher in Kultur und auch verwildert anzutreffen sind. Sie gehört in die Gattungsgruppe (Tribus) Spiraeeae innerhalb der Unterfamilie Amygdaloideae. Nahe verwandt ist der Geißbart (*Aruncus*, siehe dort). LINNÉ stellte auch die aus heutiger Sicht nicht verwandte Spierstaude (*Filipendula*) zu *Spiraea*. – Bei der im Gebiet eingebürgerten Sippe „*S. salicifolia*" handelt es sich meist um den Bastard mit *S. douglasii* HOOKER = *S. × billardii* HÉRINCQ.

Namen: Die Etymologie des lat.-griech. Namens „*Spiraea*" (speiraia) ist sehr schwierig, zumal nicht genau bekannt ist, welche Pflanzen darunter verstanden wurden. Oft wird auf die auffällig gedrehten Früchte hingewiesen (von griech. speira = Windung), die aber bei *Spiraea* gar nicht gedreht sind und sich allenfalls auf die bei TOURNEFORT und LINNÉ in *Spiraea* einbezogene Spierstaude (*Filipendula ulmaria*) beziehen könnten. Neulat. „*salicifolius*" = weidenblättrig. – Spierstrauch ist in Anlehnung an den wiss. Namen künstlich gebildet.

Vorkommen: Zierpflanze, zuweilen verwildert und eingebürgert (Neophyt).

Blüten: VI. Rosa „Nektar führende Scheibenblumen", in dichten, schmalen Rispen. Blütenbecher schüsselförmig. Nektarium als orangefarbener, ringförmiger Wulst entlang der inneren Kelchwand. Da die Blüten erst vorweiblich und dann homogam sind, vollziehen die Insekten zuerst Fremd- und dann Selbstbestäubung.

Früchte: Je Blüte sind mehrere freie Fruchtknoten vorhanden, die sich zur Reife zu mehrsamigen Balgfrüchten entwickeln: Austrocknungsstreuer.

Vegetative Vermehrung durch unterirdische Ausläufer.

Verwendung: Zierstrauch. – Die habituell ähnlichen Astilben = Prachtspieren (*Astilbe*) gehören nicht hierher, sondern zu den Steinbrechgewächsen.

Weitere Arten:

Spiraea chamaedryfolia L. (= *S. ulmifolia* SCOP.), Gamander- oder Ulmen-Spierstrauch: Blätter eiförmig, vorn gezähnt. Zweige kantig. Blüten weiß, ca. 8 mm breit, in etwa 5 cm breiten, flachen Doldenrispen. Zierstrauch. Heimat: Ostasien bis Ostalpen.

Spiraea media SCHMIDT, Karpaten-Spierstrauch: Ähnlich voriger Art. Zweige rund. Auch diese Art und ihre Hybriden sind beliebte Ziersträucher.

Spirodela polyrhiza (L.) Schleiden (= *Lemna polyrhiza* L.), Teichlinse, Vielwurzlige Wasserlinse

Araceae (= Aronstabgewächse)

Ausdauernde, frei schwimmende Schwimmpflanze. Blattartige Sprossglieder relativ groß (3–10 mm), fast kreisrund, dicklich, luftgefüllt, unterseits meist rot, stets mit einem Büschel von Wurzeln. Im Herbst sinken taschenförmige, 2–3 mm breite Winterknospen (= Turionen), die Reservestärke enthalten, auf den Gewässergrund. Im Frühjahr bilden sich an den Turionen Knospen mit gasgefüllten Hohlräumen, sodass die Gebilde schließlich nach oben steigen. – Das Genom wurde 2014 sequenziert.

Systematik: Die Gattung umfasst nur 2 Arten, eine davon in Südamerika. Sie gehört in die Unterfamilie Lemnoideae, die früher den Rang einer eigenen Familie Lemnaceae (= Wasserlinsengewächse) hatte. Nahe verwandt ist die Wasserlinse (*Lemna*).
Namen: „*Spirodela*" wurde von Schleiden 1839 nach Abgrenzung der Gattung von *Lemna* geprägt, von lat. spira (griech. speira) = Windung und griech. delos = deutlich, wohl wegen der deutlichen Spiralgefäße. Griech. „*polyrhizos*" = vielwurzelig, da jedes Sprossglied nicht wie bei *Lemna* nur 1 Wurzel, sondern zahlreiche Wurzeln trägt.
Vorkommen: Stehende oder langsam fließende, höchstens 1,5 m tiefe Gewässer, nährstoffanspruchsvoll. Wärmeliebende Tieflagenpflanze, oft kaum über 400 m Meereshöhe. Fast weltweit verbreitet. – Wächst zwar schneller als *Lemna gibba*, wird aber in Mischkultur von letzterer verdrängt, da diese aufgrund ihrer luftgefüllten Säckchen (Interzellularlücken) oberhalb von *Spirodela* an der Wasseroberfläche treibt (Lichtkonkurrenz).
Blüten: VI–VII. „Pollen-Scheibenblumen" ähnlich denen von *Lemna*. Die Blüten sind stark reduziert und sehr klein; die männlichen bestehen nur aus 1 Staubblatt, die weiblichen nur aus 1 Stempel mit trichterförmiger Narbe. Wasserbestäubung: Überwasserblüher. Selbstbestäubung durch Wasserläufer, Spinnen und Schnecken. Allerdings wurden in Deutschland noch keine blühenden Pflanzen beobachtet.
Früchte: Winzige ein- bis mehrsamige Nüsse, Samen ca. 1 mm lang: Schwimmausbreitung.
Vegetative Vermehrung ist absolut vorherrschend. Sie geschieht durch Sprossung (Turionen = Winterknospen: Schwimmausbreitung) sowie durch Verschleppung ganzer Pflanzen als Wasserhafter (Adhäsionshafter) an Wassertieren, vor allem Enten.

Stachys germanica LINNAEUS, Deutscher oder Filziger Ziest

Lamiaceae (= Lippenblütler)

(Ein-), zwei- oder mehrjährige, meist nur einmal blühende (hapaxanthe) Halbrosettenpflanze, 60–80(–120) cm hoch. Blätter eiförmig-länglich, gekerbt. Die ganze Pflanze ist von einem grau-weißen Haarfilz bedeckt, der dem Strahlungsschutz dient.

Systematik: Die Gattung ist mit etwa 300 Arten sehr artenreich. Von manchen Autoren wird auch der Heilziest (*Betonica*) mit einbezogen, der aber nach morphologischen und molekularen Daten nicht näher verwandt ist.

Namen: siehe *Stachys palustris*. Lat. „*germanicus*" = aus Deutschland stammend; die Art ist aber über Deutschland hinaus verbreitet, einerseits bis Südengland, andererseits vom Mittelmeergebiet bis Südwestasien.

Vorkommen: Steinige, oft kalkreiche und sonnige Weg- und Waldränder, Halbtrockenrasen und Gebüsche. Gefährdet. Hauptvorkommen in Mittel- und Süddeutschland. Im übrigen Deutschland oft stark gefährdet. Oft auch aus ehemaliger Kultur verwildert.

Blüten: VI–VIII. Krone hellpurpurn. Kronröhre wie bei allen *Stachys*-Arten innen mit Haarring, der vor unerwünschten Besuchern schützt. Gynodiözisch, mit kleinblütigen weiblichen Pflanzen. Scheinquirle 15–20-blütig, im oberen Teil des Gesamtblütenstandes dicht gedrängt. Besucher sind Bienen.

Früchte: Klausen bis 2,4 mm lang, glatt, in glockigen Kelchen: Windstreuer (wie bei allen folgenden Arten). Fruchtreife: IX–X.

Verwendung: Ehemalige Zierpflanze, die inzwischen aber von der folgenden Art verdrängt wurde. Attraktive Wildgartenpflanze.

Weitere Art:

Stachys byzantina K. KOCH (= *S. lanata* JACQ.), Zottiger oder Wolliger Ziest, Eselsohr: Niedriger als vorige Art, mit winterharten Rosettenblättern. Die Behaarung deckt das Chlorophyll vollkommen ab und sorgt aufgrund der Totalreflexion des Lichtes an den Grenzflächen zwischen den Haaren und der sie umgebenden Luft für das weiß-wollige Aussehen der Pflanze. Daraus resultiert sowohl ein Schutz des Blattgrüns, wie auch eine geringere Erwärmung der Pflanze. Diese Trockenpflanze (Xerophyt) stammt aus Südosteuropa. Eine dankbare, trockenresistente Zierpflanze besonders in Steingärten. Ausbreitung wie bei voriger Art, dazu vegetative Vermehrung. Ausbreitungsfreudig und entsprechend stellenweise in Einbürgerung begriffen. Reicher Besuch durch Bienen. Wichtige Bienentrachtpflanze. Wird gerne von der Garten- oder Großen Wollbiene (*Anthidium manicatum*) besucht, einer solitären Biene, deren Männchen die Blütenstände als Territorium verteidigen und deren Weibchen die Blatthaare zum Nestbau verwenden.

Stachys palustris LINNAEUS, Sumpf-Ziest, Schweinsrübe

Lamiaceae (= Lippenblütler)

Ausdauernder Knollen-Geophyt, 30–50(–100) cm hoch, reich beblättert. Blätter kreuz-gegenständig, grün, gekerbt, sitzend, länglich-lanzettlich. Stängel 4-kantig. Pflanze kaum riechend. Typisch sind die unterirdischen Ausläufer, deren vorderes Ende zuletzt zu rhizomartigen Sprossknollen anschwillt. Diese sind im Prinzip ähnlich aufgebaut wie die Ausläuferknolle der Kartoffel und dienen wie diese als Überdauerungs- und Speicherorgan. Sie sind aber dadurch perlschnurartig gegliedert, dass die Verdickungen hauptsächlich die Internodien und weniger die Stängelknoten erfassen. Im Herbst stirbt die oberirdische Pflanze ab. Dafür wachsen im Folgejahr achselbürtige Knospen an den Knollen, die dabei aufgebraucht werden, zu neuen Pflanzen heran. – Bis 60 cm tief wurzelnd.

Systematik: siehe *S. germanica*.
Namen: „*Stachys*" ist der lat. Name eines Lippenblütlers, zu griech. stachys = Ähre, wegen der ährenartigen Blütenstände. Der Name wurde von LINNÉ auf die vorliegende Gattung übertragen. Lat. „*palustris*" = Sumpf-. – „Ziest" taucht als Name erst im 18. Jh. auf und ist aus dem Wendischen (= Sorbischen) entlehnt. „Schweinsrübe" wegen der Verwendung; botanisch handelt es sich allerdings nicht um eine Rübe (s. o.).
Vorkommen: Uferstaudenfluren, Nasswiesen, vernässte Äcker und Wegränder, auf nassen bis wechselnassen, nährstoff- und basenreichen Böden. Kriechpionier. Licht- bis Halbschattenpflanze. Wärmeliebend (deutsche Alpen nur bis 820 m). Kulturbegleiter. Verbreitet von Europa bis Ostasien.
Blüten: VI–IX. Vormännliche, rote „Eigentliche Lippenblumen vom *Satureja*-Typ", in ährenartigen Blütenständen (Thyrsen). Kronröhre bis 9 mm lang, mit Haarring, der als „Saftdecke" den Nektar verdeckt. Oberlippe kurz, Unterlippe mit hübschen Strich- und Tüpfelsaftmalen. Wegen der reichen Nektarabsonderung werden die Blüten gerne von Bienen, Faltern und Schwebfliegen besucht. Bienentrachtpflanze. Vor dem Abblühen ist spontane Selbstbestäubung möglich.
Früchte: Klausen von den Kelchzähnen überragt: Tier- und Windstreuer. Evtl. auch Austrocknungsstreuer durch den zur Reife waagerecht stehenden, erst vergrößerten, dann aber schrumpfenden Kelch. Auch Schwimmausbreitung und Menschenausbreitung durch Ackergeräte. Fruchtreife: ab VII/VIII.
Vegetative Vermehrung erfolgt reichlich durch die unterirdischen Ausläufer und die Ausläuferknollen (s. o.).
Verwendung: Die Knollen sind durch den Gehalt an Stachyose, einem zuckerähnlichen Tetrasaccharid, sehr nährstoffreich. Sie können zu Mehl oder

wie Kartoffeln zu Kochgemüse verarbeitet werden und waren früher ein wichtiges Schweinefutter. Junge Triebe der *Stachys*-Arten können ebenfalls als Gemüse genutzt werden. Volksmedizinisch wurde die Pflanze als Gerbstoffdroge gebraucht
Weitere Art (vgl. auch die benachbarten Abschnitte sowie *Betonica officinalis* = Heilziest):
Stachys affinis BUNGE (= *S. sieboldii* MIQ.), Japanische Kartoffel, Knollen-Ziest, Japanische Artischocke: Selten als Gemüsepflanze kultiviert. In China und Japan beheimatet und 1887 nach Frankreich eingeführt. Nahe verwandt mit voriger Art. Unter-

irdische Ausläufer sind hier besonders zahlreich vorhanden und jeweils an den Enden zu dicht perlschnurartig gegliederten Knollen angeschwollen, die hier eine Länge von ca. 4–8 cm und eine Dicke von ca. 2 cm erreichen. Sie enthalten 14–18 % (trocken 63 %) Stachyose (s. o.). Wie Spargel zubereitet ergeben sie ein leckeres, blumenkohlartig schmeckendes Gemüse, das zurzeit ein Comeback erlebt.

Stachys sylvatica LINNAEUS, Wald-Ziest

Lamiaceae (= Lippenblütler)

Ausdauernder Hemikryptophyt: Schaftpflanze, mit knolligen Wurzeln, 30–60(–100) cm hoch. Pflanze durch drüsige Behaarung beim Zerreiben unangenehm riechend. Stängel abstehend behaart. Blätter 5–8 cm breit, herzeiförmig, zugespitzt, untere gestielt, grob gezähnt, Nesselblättern ähnlich.

Namen: Zu den Gattungsnamen siehe *S. palustris*. Neulat. „*sylvaticus*" = Wald-.

Vorkommen: Besonders in frischen, nährstoffreichen Säumen, an Waldwegen und in Gebüschen, z. B. mit *Lapsana communis* und *Chaerophyllum temulum*.

Blüten: VI–IX. Blütenökologisch ähnlich wie *S. palustris*. Blüten rot, unangenehm riechend. Vormännliche Zwitterblüten. Die senkrecht stehende Unterlippe ist sehr schön gezeichnet und zeigt so den Bestäubern den Weg ins Blüteninnere. Kronröhre bis 11 mm lang. Besucher sind Bienen und Schwebfliegen. Spontane Selbstbestäubung erfolgt dadurch, dass sich die Narbenäste vor dem Verblühen zu den Staubbeuteln herabneigen und diese berühren. Vereinzelt erfolgt Blüteneinbruch durch Erdhummeln.

Früchte: Ausbreitung wie bei *S. palustris*, aber Kelchzähne nach außen gekrümmt. Fruchtreife: ab VIII bis Wintereinbruch. Licht- und Kältekeimer. Samen langlebig.

Vegetative Vermehrung durch unterirdische Ausläufer.

Verwendung: Die Inhaltsstoffe sind ähnlich denen von *Betonica officinalis*. Die jungen Blätter können für Salate und Suppen verwendet, die Wurzeln zu Mehl verarbeitet oder als Kochgemüse genutzt werden. – Volksmedizinisch wurde die Pflanze als Gerbstoffdroge gebraucht. – Für Wildpflanzengärten geeignet.

Weitere Arten (vgl. auch vorige Abschnitte):

Stachys recta L., Aufrechter Ziest: Gebüschsäume, lichte Wälder und Magerrasen, auf warmen, basenreichen Böden. Fehlt dem norddeutschen Tiefland. Hemikryptophyt (Schaftpflanze), 20–60 cm hoch. Stängel rauhaarig. Überdauert durch Sprosse, die sich an dem verzweigten Rhizom bilden und dann zu mehreren nebeneinander zu Luftsprossen auswachsen. Trockenheitsanpassungen: schmale, ungezähnte Runzelblätter und bis in 2 m Tiefe reichenden Wurzeln. Blütezeit: VI–X. Blüten gelblich weiß mit purpurnem Saftmal. Kronröhre 7–8 mm lang. Streng vormännlich. Nektarreich. Besucher sind Bienen. Klausen bis 2,5 mm lang und ca. 1,5 mg schwer. Kelche mit stachelspitzigen Zähnen: Tierstreuer. Auch Bearbeitungsausbreitung durch Vögel. – Die Pflanze war bei den Germanen eine wichtige Heilpflanze und spielte eine große Rolle im Volksaberglauben.

Stachys officinalis → *Betonica officinalis*.

Statice → *Limonium*

Stellaria aquatica (L.) Scopoli (= *Myosoton aquaticum* (L.) Moench, *Malachium aquaticum* (L.) Fr.), Gewöhnlicher Wasserdarm

Caryophyllaceae (= Nelkengewächse)

Ausdauernder Rhizom-Geophyt, ausnahmsweise auch einjährig, 15–60 (–120) cm hoch. Spreizklimmer durch den mehrfach gabelartig (dichasial) verzweigten Stängel, dessen Abschnitte jeweils an der Basis durch Gelenke verdickt sind. Habituell ähnlich wie *S. nemorum*. Von dieser u. a. durch die drüsige Behaarung, 5 statt 3 Griffel, die spätere Blütezeit, die auch im unteren Stängelbereich ungestielten Blätter und den biegsamen Stängel unterschieden.

Systematik: Die Gattung umfasst etwa 175 Arten. *S. aquatica* wird von einigen Autoren als eigene Gattung *Myosoton* = *Malachium* abgegrenzt, die nur diese Art enthält. *Stellaria* ist nah verwandt mit dem Hornkraut (*Cerastium*).

Namen: Zu „*Stellaria*" siehe *S. holostea*. Lat. „*aquaticus*" = Wasser-. – Der Name „Wasserdarm" wurde künstlich gebildet, wegen des bevorzugten Standorts und der Ähnlichkeit mit dem Hühnerdarm (*S. media*).

Vorkommen: Uferbereiche und Waldwegränder, oft auf nassen, zum Teil überschwemmten, nährstoffreichen Böden. Ebene bis vor allem Gebirge. Noch im subalpinen Knieholzgestrüpp.

Blüten: VI–IX. Griffel 5 (bei den anderen Arten sind es nur 3). Weiße, vormännliche Blüten ähnlich denen von *S. holostea*, jedoch sind auch die Kelchblätter drüsig behaart (wohl Aufkriechschutz gegen unerwünschte Blütenbesucher, was aber Blasenfüße = Thripse nicht abhält). Neben Pflanzen mit Zwitterblüten findet man auch solche mit nur weiblichen Blüten (gynodiözisch); bei ihnen ist die Krone nicht länger als der Kelch. Spontane Selbstbestäubung erfolgt dadurch, dass die Narben gegen Ende der Blütezeit die Staubbeutel berühren. Besucher sind Zweiflügler, Hautflügler und Käfer sowie Blasenfüßer.

Früchte: Kapseln mit bis 1 mm langen, durch kleine Höcker rauen Samen. Bei der Reife neigen sich die Stängel nach unten, sodass die Früchte schließlich am Boden liegen: Selbstaussäer. Fruchtreife: ab VII.

Vegetative Vermehrung durch lange, oberirdische Ausläufer.

Verwendung: Die Blätter aller *Stellaria*-Arten eignen sich für Salat oder Gemüse.

Weitere Art:

Stellaria nemorum L., Hain- oder Wald-Sternmiere: Nährstoff und Feuchtigkeit liebende Art der Laubwälder und Säume in Bach- und Flussauen der Gebirge, seltener der Ebene. Hemikryptophyt mit weit kriechenden Ausläufern. Ähnlich wie vorige Art. Stängel rund, brüchig. Blätter ei- oder herzeiförmig, weich, die unteren gestielt. Griffel 3. Blüten größer als bei *S. aquatica* mit auffällig fast bis zur Basis geteilten Kronblättern. Bestäuber sind Fliegen und Käfer. Samen warzig, bis 1,3 mm groß. Windstreuer und Schwimmausbreitung.

Stellaria holostea LINNAEUS, Große oder Echte Sternmiere

Caryophyllaceae (= Nelkengewächse)

Meist wintergrüner krautiger, um 20–30 cm hoher, rasiger Chamaephyt: An vorjährigen Trieben entstehen in den Achseln alter Blätter aufsteigende blühende und kurze nicht blühende Triebe. Falls in strengen Wintern die oberirdischen Teile erfrieren, können Wurzelknospen zu neuen Sprossen heranwachsen: auch Wurzelknospen-Geophyt. Die durch umgebogene Ränder elastisch abstehenden, grasartigen Blätter können zum Klettern dienen: Spreizklimmer. – Flachwurzler.

Bei der Reife neigt sich der Fruchtstängel zu Boden und entlässt die Samen.

Namen: „*Stellaria*“ ist einer der vorlinnéschen Namen der Gattung, von lat. stellaris = sternförmig, nach der Blütenkrone; „*holostea*“ bezieht sich auf die Ähnlichkeit mit der Gattung *Holosteum* (= Spurre). – „Miere“ ist erst seit dem 16. Jh. belegt und von unklarer Etymologie. „Sternmiere“ wurde in Anlehnung an den botanischen Namen künstlich gebildet.

Vorkommen: Lichte, krautreiche Wälder, Säume und Hecken, auf lockeren, meist sandigen Lehmböden. Ebene bis Gebirge (bis 1100 m), streckenweise fehlend, z. B. im Alpengebiet.

Blüten: IV–V. Vormännliche „Kleine Trichterblumen“, in bis dreifach gegabelten Dichasien. Tragblätter laubig. Neben zwittrigen Blüten finden sich z. T. kleinere weibliche Blüten, selten kommen auch rein weibliche Pflanzen vor. Nektar halb verborgen.

Reicher Blütenbesuch durch verschiedene Insekten (Zweiflügler, Bienen, Käfer, Falter). Selbstbestäubung ist erfolgreich.
Früchte (siehe Detailfoto): Kugelige, trocken mit 5 Zähnen aufspringende Kapseln. Fruchtstiele jung herabgekrümmt, reif aufrecht. Der Kelch dient als Windfang: Wind- und Tierstreuer. Wohl auch Ameisenausbreitung. Samen mit dekorativen Höckern. Fruchtreife: VI.
Vegetative Vermehrung durch sich bewurzelnde, zunächst aufsteigende Laubtriebe (Legtriebe).

Verwendung: Für Wildpflanzengärten zu empfehlen.
Weitere Arten (vgl. auch die benachbarten Abschnitte):
Stellaria graminea L., Gras-Sternmiere: Magere, grundfeuchte Wiesen und Wegränder. Versauerungszeiger. Schaftpflanze und ebenfalls z.T. Spreizklimmer. Blätter grün, grasartig (Name!) und Blüten kleiner. Blütezeit: VI–VII. Blütenökologisch ähnlich wie vorige Art. Fruchtstiele zur Reife herabgebogen. Selbstaussäer oder Windstreuer. Fruchtreife: ab VII.

Stellaria media (L.) VILLARS (Artengruppe), Vogelmiere, Hühnerdarm

Caryophyllaceae (= Nelkengewächse)

Einjährige, sommerannuelle Kriechpflanze oder winterannuelle, seltener zweijährige Halbrosettenpflanze, 3–40 cm hoch. Oft vielstängelig. Sehr variabel, selten sogar Spreizklimmer. Meist kahl, aber mit einem charakteristischen, am Stängel herablaufenden Haarstreif. Ohne Blüh- und Wachstumsperiodizität, daher sind pro Jahr bis zu 4 Generationen möglich. Keim- und Laubblätter mit Tag-/Nachtstellung (Schlafbewegungen). Blütenbeginn bereits 4 Wochen nach der Keimung. – Flachwurzler. – Hinweis: Die in Wäldern nicht seltene Dreinervige Nabelmiere (*Moehringia trinervia*) wird oft fälschlich für Vogelmiere gehalten. Sie unterscheidet sich u.a. durch die 3-nervigen Blätter und ungeteilte Kronblätter.

Systematik: Zur Gattung siehe *S. aquatica*. – Die Artengruppe besteht aus der allgemein verbreiteten und häufigen Art *S. media* s. str., der in ruderalen Rasen im Frühjahr durch gelbgrüne Blätter auffallende, aber meist übersehenen Bleichen S. (*S. pallida*) sowie der an Säumen feuchter Wälder und Flussufer wachsenden Auwald-S. (*S. neglecta*), die, anders als die beiden anderen Kleinarten, meist 10 Staubblätter hat und 20–80 cm hoch wird.
Namen: Zu „*Stellaria*“ siehe *S. holostea*. Lat. „*medius*“ = mittelgroß, im Vergleich zu *S. holostea*. – „Vogelmiere“, weil die Pflanze ein beliebtes Futter für Vögel ist. Auch die Namen „Hühnerdarm“ und „Hühnerbiss“, die für mehrere ähnliche Arten im Gebrauch sind, weisen auf diese Nutzung hin. Nach MARZELL hängt „Hühnerdarm“ damit zusammen, dass beim Auseinanderziehen des Stängels die zentral gelegenen Leitbündel wie ein darmähnlicher Strang stehen bleiben.
Vorkommen: (*S. media* s. str.) Äcker, Gärten, Wege und lückige Ruderalstellen, auf frischen, sehr nähr-

stoffreichen Böden. Stickstoff- und Überdüngungszeiger. Kennart der Polygono-Chenopodietalia (= Wildkrautgesellschaften nährstoffreicher Äcker und Gärten). Alteinwanderer (= Archäophyt). Weltweit verschleppt. – Die Vogelmiere wird meist als „Unkraut“ bezeichnet, doch ist ihr Nutzen gerade in Kulturen wie Weinbergen und Gärten recht groß, indem sie den Boden feucht hält, Erosion verhindert und auch im Winter den Boden deckt.
Blüten: III–X, vereinzelt aber das ganze Jahr über blühend. Kleine, weiße, vormännliche „Nektar führende Scheibenblumen“, in wenigblütigen, doldenartigen Dichasien. Kronblätter fast bis zum Grunde geteilt oder fehlend. Nektar wird am Grunde der äußeren Staubblätter abgesondert, und zwar nur bei sonnigem Wetter. Staubblätter meist nur 1–5. Insektenbesuch spärlich: Hautflügler, Zweiflügler und Blasenfüßer (Thysanopteren). Meist Selbstbestäubung durch Hinkrümmen der Staubblätter zur Narbe.
Früchte: Kapseln gedunsen. Samen papillös (= keimungsfördernd, weil kapillar wasseranziehend?). Selbstausstreuer. Ameisenausbreitung. Menschenausbreitung, z. B. durch Tritt und mit Erde. Fruchtreife: ab IV.
Vegetative Vermehrung durch abgerissene Stängelteile, die sich zu bewurzeln vermögen.
Verwendung: Die mild schmeckende, etwas erdig riechende Pflanze ist als Bestandteil von Salaten, Suppen oder Gemüse zu empfehlen; sie lässt sich z. B. leicht im Garten anziehen. Ihrem Namen entsprechend ist Vogelmiere noch bekannter als Futter für kleinere und auch größere Vögel, die das Kraut und besonders gerne auch die Samen verzehren. – Volksheilmittel bei Lungenerkrankungen usw. (enthält Saponine und viel Kalium). Wertvolle Kompostierungspflanze.
Weitere Art (vgl. auch weiter oben):
Stellaria alsine GRIMM (= *S. uliginosa* MURRAY), Quell- oder Bach-Sternmiere: Quellfluren und nasse Waldwege. Voriger Art ähnlich, aber völlig kahl und im Sommer etwas blaugrün. Blüten mit tief geteilten, sich berührenden Kronblättern. Blütenökologisch wie vorige Art. Blütezeit: V–VII. Selbstaussäer und auf Wegen auch Trittausbreitung. Samen nur 0,6–0,8 mm lang. Fruchtreife: VII–IX.

Stipa pennata LINNAEUS (Artengruppe), Echtes Federgras, Mädchenhaargras

Poaceae (= Süßgräser)

Ausdauernder Hemikryptophyt (Horstgras), 40–90 cm hoch. Blätter fadenförmig, bis 50 cm lang. Die Pflanze ist an Trockenheit angepasst (Xerophyt): Die Blätter sind derb und gefaltet (Rollblätter), ihre Spaltöffnungen befinden sich auf deren Oberseite, also durch die Faltung geschützt, und sind eingesenkt; die Sprosse werden im unteren Teil von den nicht verrottenden Blattscheiden geschützt (Strohtunica, vgl. *Sesleria*); die Wurzeln reichen sehr tief.

Namen: „*Stipa*“ wurde von LINNÉ geprägt, vermutlich von lat. stipula = Getreidehalm bzw. spätlat. stipa = Stab zum Abstützen von Amphoren, weil die zähen Halme von *Stipa tenacissima* (= Espartogras) zum Abstützen antiker Amphoren benutzt wurden. Der früher oft gegebene Bezug zu griech. stype = Werg (Hanf), wegen der angeblichen ehemaligen Verwendung der Grannen ist nicht gerechtfertigt. Lat. „*pennatus*“ = gefiedert, ebenso wie „Federgras“ nach den langhaarigen Grannen.
Vorkommen: Trockenrasen, sonnige Felshänge und Steppenrasen. Bei uns selten und stark gefährdet. Hauptverbreitung als kontinentale Steppenpflanze. Nur an voll besonnten Standorten optimal fruchtend (Lichtzeiger). – **Geschützt**! (alle Arten der Gattung).
Blüten: V–VII. Windblütig: „Langstaubfädiger Typ“. Ährchen 1-blütig, vorweiblich, mit je 3 Schwellkörpern. Staubbeutel an der Spitze meist bärtig. Rispe armblütig. Überwiegend Selbstbestäubung.
Früchte: Karyopsen von der Vorspelze und der knorpelig verhärtenden Deckspelze dicht umschlossen (Scheinfrüchte bzw. Spelzfrüchte), 50 mg schwer. Hüllspelzen mit 3–5 cm langer Granne, zur Reife an der Pflanze verbleibend. Die Deckspelzen mit der 20–30 cm langen, federig

behaarten Granne bilden das Ausbreitungsorgan. Haare anfangs feucht anliegend, bei Trockenheit abstehend: Federschweifflieger und fakultativ auch Bodenkriecher sowie Bohrfrucht, die sich durch hygroskopische Bewegungen der Haare und der übrigen Granne in den Boden dreht; ausbreitungshemmende Einrichtungen, wie sie für viele Steppen- und Wüstenpflanzen typisch sind. Auch Klettausbreitung: Bohrt sich als Klettfrucht z.B. auch in das Fell von Schafen. Dabei kommt es vor, dass die Diasporen bis in deren Darm vordringen. Fruchtreife: VII-IX. Kältekeimer (außerhalb der trockenen Sommerzeit).

Verwendung: *Stipa*-Arten werden als Ziergräser für den Garten angeboten. Die lang begrannten Früchte werden als Hut- und Zimmerschmuck verwendet.

Weitere Art:

Stipa capillata L., Pfriemengras, Haar-Pfriemengras, Büschelhaargras: Ähnlich wie vorige Art und auch an ähnlichen Standorten (etwas häufiger), wie auch Ziergras. Ebenfalls gefährdet und **geschützt**. Deckspelzen-Granne nur 10–15 cm lang, im Unterschied zu voriger Art nicht federig behaart, pfriemlich, oft gedreht. Zum Teil geschlossenblütig (kleistogam). Bohr- und Kriechfrucht, aber auch durch starke Winde verweht.

Stratiotes aloides LINNAEUS, Krebsschere, Wasseraloe

Hydrocharitaceae (= Froschbissgewächse)

Ausdauernde, frei schwimmende bzw. schwebende Wasserpflanze, 15–40 cm hoch. Sprosse nur 1-mal blühend (hapaxanth). Pflanze durch Ausläufer rasenbildend. Blätter in dichter, trichterförmiger Blattrosette, dreikantig, schwertförmig, stachelig gesägt, zur Blütezeit im oberen Teil aus dem Wasser ragend, sonst unter Wasser (submers), im Herbst auf den Grund des Gewässers sinkend und dort überwinternd. In tieferen Gewässern ständig untergetaucht und so auch blühend.

Systematik: Heute gehört zur Gattung *Stratiotes* nur diese eine eurasiatisch verbreitete Art, während es zur Tertiärzeit in Mitteleuropa noch weitere Arten gab. Verwandt sind Froschbiss (*Hydrocharis*) und Wasserpest (*Elodea*).

Schädlinge: Manche Großlibellen stechen ihre Eier in die Blätter der Pflanze, wo sich diese entwickeln. Die in Deutschland vom Aussterben bedrohte Grüne Mosaikjungfer (*Aeshna viridis*) ist sogar auf die Krebsschere spezialisiert und daher von ihr abhängig.

Namen: „*Stratiotes*“ ist der lat.-griech. Name der Pflanze, zu griech. stratiotes = Krieger, Soldat, wegen der schwertförmigen, stacheligen Blätter. Neulat. „*aloides*“ (= der Aloe ähnlich) ebenso wie „Wasseraloe“ weisen auf die Ähnlichkeit der Rosetten mit denen von *Aloe*-Arten hin (vgl. den vorlinnéschen Namen ‚*Aloe palustris*‘ für *Stratiotes*). „Krebsschere“, vermutlich weil je 2 der schwertförmigen, stachelig gesägten Blätter wie die klaffende Schere eines Großkrebses aussehen.

Vorkommen: Stehende oder langsam fließende, nährstoffreiche Gewässer bis 2 m Tiefe, über humosen Schlammböden, in windgeschützter Lage. Typisch in Altwässern der großen Flüsse. Vor allem im Süden meist selten, stellenweise aber in Massenvorkommen. Kennart des Hydrocharitetum morsus-ranae (= Froschbissgesellschaft). In Fischteichen als Laichablage ausgebracht (angesalbt) und verwildert. Gefährdet und **geschützt**!

Blüten (siehe Detailfoto): V–VII. Geruchlose „Nektar führende Scheibenblumen". Äußere Perigonblätter grün, innere weiß, 20 mm breit. Zweihäusig. Männliche Blüten gestielt, weibliche sitzend. Nektarium aus 15–30 hellgelben, drüsigen Fäden bestehend. Staubbeutel nur einfächerig. Bestäubung durch Insekten, z. B. Schwebfliegen.

Blüte einer männlichen Pflanze mit fädigen Nektarien (außen) und zahlreichen fädigen Staubblättern.

Früchte: Kapseln eiförmig, bis 3,5 cm lang, mit Widerhaken an 2 Kanten: Kletthafter. Samen schleimig verquellend und auf den Boden des Gewässers sinkend. Da bei uns meist nur männliche Pflanzen vorkommen, gibt es hier aber kaum Samenansatz.

Vegetative Vermehrung durch Bildung von Brutpflänzchen (Winterknospen = Turionen) an den Ausläufern. Hier wäre Verschleppung durch Wasservögel möglich.

Verwendung: Wo die Pflanze häufig ist, wird sie als Schweinefutter und wegen ihres hohen Phosphor- und Kaliumgehaltes zur Gründüngung benutzt. Im Mittelalter wurde die Pflanze nach der Signaturenlehre wegen der schwertförmigen Blätter zur Wundheilung verwendet. Zierpflanze für Gartenteiche in sommerwarmen Gebieten.

Succisa pratensis MOENCH, Gewöhnlicher Teufelsabbiss

Caprifoliaceae (= Geißblattgewächse)

Ausdauernder Hemikryptophyt: Halbrosettenpflanze, 15–40(–80) cm hoch. Blätter dunkelgrün, länglich-lanzettlich. Rhizom senkrecht, bis 50 cm Tiefe reichend, im Herbst am unteren Ende meist abgefault und daher wie abgebissen wirkend.

Systematik: Die Gattung umfasst etwa 80 Arten. Sie gehört gemeinsam mit den Witwenblumen (*Knautia*), den Skabiosen (*Scabiosa*) und den Karden (*Dipsacus*) in die Unterfamilie Dipsacoideae, die früher als eigene Familie Dipsacaceae (= Kardengewächse) eingestuft wurde.

Namen: „*Succisa*" ist ein vorlinnéscher Name, von lat. succisus = unten abgeschnitten, wegen des Rhizoms (s. o.). Als Gattungsname wurde er von VON HALLER 1768 gültig publiziert. Bei LINNÉ hieß die Pflanze *Scabiosa succisa*. Lat. „*pratensis*" = Wiesen-. – „Teufelsabbiss" ist Lehnübersetzung von lat. ‚morsus diaboli', nach der Sage, der Teufel hätte die Wurzel von unten her abgebissen, weil er den Menschen die Heilwirkung der Pflanze nicht gönnte.

Vorkommen: Moor- und Magerwiesen, vor allem im Bergland, auf wechselfeuchten, basenreichen, mäßig sauren, humosen Böden. Magerkeits- und Wechselfeuchtezeiger. Ebene bis Gebirge (deutsche Alpen bis 1040, Schwarzwald bis 1400 m). Durch Entwässerungen in der Ebene oft im Rückgang und in zahlreichen Bundesländern, vor allem Norddeutschlands, gefährdet.

Blüten (siehe Detailfoto): VII–IX, also relativ spät blühend. „Körbchenblumen", analog denen der Korbblütler. Körbchen zuerst halbkugelig, später kugelig, mit je 50–80 meist dunkelblauen Blüten. Randblüten nicht strahlend. Vormännlich. Gynodiözisch, d. h. es gibt weibliche Pflanzen und solche mit Zwitterblüten. Der Nektar wird durch einen Haarkranz vor unerwünschten Besuchern geschützt. Krone 4-spaltig. Kronröhre 3–4 mm lang. Besucher sind Honig- und Wildbienen (z. B. Hummeln), Fliegen und zahlreiche Tag- und Nachtfalter. Keine Selbstbestäubung. – Interessant ist die ungewöhnliche Blühfolge, bei der sich nicht wie sonst üblich zuerst die äußeren und zuletzt die inneren Blüten öffnen. Dies ist ein Hinweis auf die Verwandtschaft mit den Karden (*Dipsacus*), bei denen ebenfalls eine ungewöhnliche Blühfolge vorliegt.

Blütenkörbchen von unten mit Hüllblättern und zahlreichen Einzelblüten. Anders als bei Korbblütlern sind die Staubfäden frei.

Früchte: Außenkelch 4-kantig, Innenkelch 5-borstig. Die Achänen werden zur Fruchtreife durch den Druck der Spreublätter emporgehoben. Tierstreuer und Windstreuer. Fruchtreife: ab VIII.

Verwendung: Die Pflanze stand früher als Heilmittel in hohem Ansehen, z. B. bei Augenleiden. Sie wird auch als Zierpflanze angeboten, benötigt aber torfreiches Substrat. Junge Triebe können in Mischsalaten verwendet werden.

Suaeda maritima: siehe bei *Salsola kali*

Symphoricarpos albus (L.) S. F. Blake (= *S. rivularis* Suksd.), Gewöhnliche Schneebeere, Knallerbse

Caprifoliaceae (= Geißblattgewächse)

Winterkahler Strauch von 1–2,5 m Höhe. Blätter kreuzgegenständig, jedoch sind ihre Spreiten an waagerechten und herabhängenden Zweigen zur besseren Lichtausnutzung durch Drehung der Blattstiele in einer Fläche ausgerichtet, sodass sie wie zweizeilig erscheinen.

Giftigkeit: Die Früchte sind durch Saponine und Alkaloide giftig. Der Verzehr größerer Mengen führt zu Schleimhautreizungen, Übelkeit und Erbrechen.
Systematik: Die Gattung umfasst etwa 16 Arten, die meisten in Nordamerika. Einige davon sind bei uns als Ziersträucher in Kultur. *Symphoricarpos* gehört gemeinsam mit Geißblatt/Heckenkirsche (*Lonicera*) in die Unterfamilie Caprifolioideae.
Namen: „*Symphoricarpos*" ist der vorlinnésche Name der Pflanze, von griech. sympherein = häufen und karpos = Frucht, nach den dichten Fruchtständen. Er wurde 1755 von Duhamel du Monceau gültig publiziert. Linné stellte die Art fälschlicherweise zu *Vaccinium*. Lat. „*albus*" = weiß, wegen der Fruchtfarbe, im Vergleich zu Blaubeere und Preiselbeere. – „Schneebeere" wegen der weißen und bis in den Winter bleibenden Früchte von *S. albus*. Zum Namen „Knallerbse" siehe bei Verwendung.
Vorkommen: Häufige Zierpflanze der Gärten und Anlagen. Heimat: Nordamerika. Nicht selten verwildert und gebietsweise fest eingebürgert (Neophyt). Durch lebhafte vegetative Vermehrung, vor allem in Siedlungsnähe, ist die Art in manchen Gegenden sogar zur ökologischen Problempflanze geworden (potenziell invasiver Neophyt). Heimat: Auwälder Nordamerikas.
Blüten: VI–IX. Schwach dorsiventrale, homogame „Glockenblumen mit klebrigem Pollen". Nektar wird von ziemlich großen Papillen auf der Innenseite der Kronröhre reichlich abgesondert. Anbohrbares Gewebe ist vorhanden. Bestäuber sind Wespen, Bienen und Schwebfliegen. Wichtige Bienentrachtpflanze. Selbstbestäubung ist möglich.
Früchte: Weiße, kugelige beerenartige Steinfrüchte mit meist 2 einsamigen Steinkernen, dicht gedrängt stehend. Fruchtfleisch großzellig und schwammig. Weißfärbung durch Totalreflexion an den luftgefüllten Interzellularen. Verdauungsausbreitung durch Drosseln, Finken usw.; die Früchte werden aber wenig angenommen. Fruchtreife: VIII–XI. Wintersteher.
Vegetative Vermehrung: Durch ihre unterirdischen Kriechsprosse kann die Pflanze schnell dichte Bestände bilden. Abgebrochene Zweige können sich bewurzeln und zu neuen Pflanzen heranwachsen.
Verwendung: Der heute so bekannte Zierstrauch wurde erst 1906 in Europa eingeführt. Die „Beeren" sind bei Kindern sehr beliebt, weil sie mit einem leichten Knall zerplatzen, wenn man auf sie tritt oder sie gegen einen Stein wirft („Knallerbse", „Knackbeere").
Weitere Arten: Neuerdings sind zahlreiche Arten und Bastarde als Zierpflanzen, z. B. als Straßenbegleitgrün, in Kultur.

Symphoricarpos × chenaultii REHDER, Bastard-Korallenbeere, Purpurbeere: Häufiger, anspruchsloser und schnell wachsender Zierstrauch, locker verzweigt, 0,6–2 m hoch. Wird meist in Form von dichten, niedrigen Hecken gezogen. Salzverträglich und stadtklimafest. Bisweilen verwildert. Blätter eiförmig, auffällig in einer Ebene angeordnet. Blütezeit: V–VI(–IX). Reicher Besuch durch Bienen! Früchte weiß, auf der Sonnenseite rot, lange haftend bleibend. Hervorgegangen aus der Kreuzung *S. microphyllus* × *S. orbiculatus*.

Symphyotrichum: siehe bei *Aster*

Symphytum officinale LINNAEUS (Artengruppe), Gewöhnlicher oder Arznei-Beinwell, Wallwurz

Boraginaceae (= Raublattgewächse, Borretschgewächse)

Ausdauernder, sommergrüner Hemikryptophyt: Halbrosettenpflanze, 50–80(–100) cm hoch. Blätter meist bis zum nächsten Blatt am Stängel herablaufend, d. h. im unteren Teil mit der Sprossachse verwachsen, die dadurch geflügelt ist; das gilt auch z. T. für die Seitensprosse: Konkauleszenz bzw. Rekauleszenz. Stängel mit Borstenhaaren, die in ihrem Haarfuß Kalkeinlagerungen besitzen. – Die Pflanze trägt meist dicht nebeneinander mehrere kräftige, rübenförmige (rhizomartige), bis 50 cm lange Wurzeln, die als Reservestoff u. a. Inulin enthalten. Bis 1,8 m tief wurzelnd.

Systematik: Die Gattung umfasst etwa 40 Arten in Eurasien und Nordafrika. Sie ist nahe verwandt mit Borretsch (*Borago*), Lungenkraut (*Pulmonaria*) und Krummhals (*Anchusa*). – Zur Artengruppe gehören vor allem die verbreitete tetraploide Kleinart *S. officinale* s. str. mit gewöhnlich rotvioletten Blüten und die diploide Kleinart *S. bohemicum* mit kürzerer, gelblich weißer Krone.

Giftigkeit: Die *Symphytum*-Arten enthalten in allen Teilen (als Schutz vor Fressfeinden) Pyrrolizidin-Alkaloide (z. B. Symphytin), die die DNA angreifen und bei längerer Einnahme die Leber schädigen und Krebs auslösen können. Der gelegentliche Verzehr kleinerer Mengen gilt als unbedenklich. Gefährdet sind auch Nutztiere, wenn das verfütterte Heu einen zu großen Anteil an Beinwell-Blättern enthält. Weidetiere meiden die Pflanze.

Namen: „*Symphytum*" ist der lat.-griech Name der Pflanze, zu griech. symphytos = zusammengewachsen, zugeheilt, wegen der Verwendung nach der Signaturenlehre (s. u.). Lat. „*officinalis*" = arzneilich. – „Beinwell" ebenso wie „Wallwurz" (weiblich!) und „Brechwurz" beziehen sich ebenfalls auf die Verwendung: ‚Bein' = Knochen, ‚well' von wallen = zuwachsen der Wunde, ‚Wurz' = Pflanze. Der alte Name „Schwarzwurzel", den die Pflanze

mit der Gemüsepflanze *Scorzonera hispanica* teilt, spielt auf die dunklen Wurzelrüben an. – Im Mittelalter hieß die Pflanze ‚Consolida major', zu lat. consolidare = festmachen, heilen; offenbar eine Lehnübersetzung von *Symphytum* (vgl. *Consolida* und *Solidago*).

Vorkommen: Nasswiesen, Bruchwälder, Ufer und feuchte Wegränder und Ruderalstellen, auf nassen oder wechselnassen, nährstoff- und basenreichen Böden, vor allem tieferer Lagen. Nährstoffzeiger. Ebene bis mittlere Gebirgslagen (deutsche Alpen bis 1000 m). Örtlich im Rückgang.

Blüten: V–VII. Homogame „Glockenblumen mit Streueinrichtung“, in beblätterten Wickeln. Krone rötlich violett oder gelblich weiß. Schlundschuppen verschließen den Streukegel, sodass der Nektar nur langrüsseligen Bienen (Rüssellänge >11 mm) zugänglich ist. Die Besucher klammern sich an dem mit auffälligen Papillen ausgestatteten Rand der Krone fest und führen den Rüssel an die am Austritt des Griffels freibleibende Öffnung. Dabei rieselt der mehlige Pollen auf sie herab. Pollen weiß. Langrüsselige Hummeln fördern die Freisetzung des Pollens durch Vibrieren (Buzzing). Kurzrüsselige Arten (Erdhummeln) verüben oft durch seitliches Anstechen der Kronröhre „Einbruch“, wodurch dann auch Honigbienen an den Nektar gelangen können. Verschiedene Wildbienen sammeln den Pollen. Spontane Selbstbestäubung scheint möglich.

Früchte: In dem nach der Blüte vergrößerten, weit geöffneten, hängenden oder seitlich abstehenden Kelch gelangen von den 4 Teilfrüchten (Klausen) meist nur 1–2, seltener bis zu 4 zur Reife; diese sind schwarzglänzend und tragen an der Basis zuerst einen weißen Ölkörper (Elaiosom), später sind sie hohl mit Luftblase in der Klausenhöhlung: Schwerkraftausbreitung durch herausfallende Klausen sowie Ameisen- und Schwimmausbreitung. Fruchtreife: VII–IX.

Vegetative Vermehrung durch abgetrennte Teile.

Verwendung: Die Wurzeln werden seit dem Altertum bei schlecht heilenden Wunden, Prellungen, Knochenhautreizungen und Knochenbrüchen arzneilich verwendet. Das dürfte auf die Signaturenlehre zurückgehen, da die Blätter mit der Sprossachse verwachsen sind. Wirkstoff ist vor allem Allantoin, das die Zellteilung anregt und die Wundheilung fördert. Beinwell zählte zu den wichtigsten Kräutern der Klostergärten und wurde auch in Bauerngärten gehalten. Die heutige Nutzung beschränkt sich auf die äußerliche Anwendung bei Zerrungen und Prellungen; bei den entsprechenden Präparaten aus der Apotheke (z. B. der bekannten „Kyttasalbe“) sind die leberschädigenden Alkaloide weitgehend entfernt. Von einer innerlichen Anwendung ist wegen der geschilderten Giftigkeit abzuraten; sie ist auch in einigen Ländern gesetzlich verboten. – Junge Sprosse können gedünstet als Gemüse, die Blätter als Salat gegessen werden; doch ist aus den genannten Gründen auch hier von einem Verzehr über längere Zeit abzuraten. – Beinwell-Arten sind für Wildpflanzengärten geeignet, allerdings sind sie sehr ausbreitungsaktiv. Sie werden auch als Zierstauden angeboten.

Weitere Arten/Bastarde:

Symphytum asperum Lepech., Rauer Beinwell: 80–100(–150) cm hoch. Blätter nicht herablaufend. Blüten erst rötlich, später hellblau. Wurde zu Beginn des 18. Jh. als Zierpflanze bzw. Futterpflanze eingeführt (vor allem für Schweinefutter), und ist bisweilen verwildert, aber nur selten eingebürgert. Heimat: Kaukasus.

Symphytum × uplandicum Nyman (= *S. asperum* × *S. officinale*), Futter-Beinwell oder Comfrey: Blätter teilweise schmal herablaufend. Blüten meist nicht hellblau. Viel häufiger eingebürgert als vorige Art und z. B. in England (oder z. B. der Eifel) verbreiteter als die Eltern. Auch als Futterpflanze werden heute überwiegend Zuchtformen des Bastards verwendet. Ausbreitung erfolgt vor allem durch den Menschen, z. B. mit Mutterboden: Kulturrelikt und -flüchter. Kann zum lästigen Unkraut werden, das einheimische Arten überwuchern kann, liefert jedoch bestes Kompostiergut (Mulchmaterial). Kelch nach der Blüte stark vergrößert und widerhakig, dadurch auch Tierstreuer. Wegen des reichen Besuchs durch Honigbienen und Hummeln auch als Bienenfutterpflanze von Nutzen.

Syringa vulgaris LINNAEUS, Gewöhnlicher Flieder

Oleaceae (= Ölbaumgewächse)

Winterkahler Laubstrauch oder kleiner Baum bis 5 m Höhe. Stammdurchmesser bis 20 cm. Borke längsrissig. Blätter herzförmig-spitz und gestielt, jung mit extrafloralen Nektarien. Verzweigung der Äste oft gabelartig (dichasial), indem die Triebspitze verkümmert oder im Blütenstand aufgeht. – Pilzwurzel (arbuskuläre Mykorrhiza).

Systematik: Die Gattung umfasst etwa 20–30 Arten in Südosteuropa und Asien. Einige davon werden bei uns als Ziersträucher kultiviert. – Nahe verwandt ist die Rainweide/Liguster (*Ligustrum*).

Namen: Obwohl in den Balkangebirgen beheimatet, war der Flieder im antiken Schrifttum nicht bekannt. In vorlinnéscher Zeit wurden sowohl Flieder als auch Pfeifenstrauch (*Philadelphus*) mit ‚*Syringa*' bezeichnet, nach der Nymphe Syrinx aus der griech. Sage, die der Hirtengott Pan zur Frau nehmen wollte. LINNÉ beschränkte den Namen auf die vorliegende Gattung, obwohl er sich von der Wortbedeutung her auf den Pfeifenstrauch bezieht (siehe dort). Lat. „*vulgaris*" = häufig. – „Flieder" ist der norddeutsche Name des Holunders (*Sambucus*). Bei der Einführung von *Syringa vulgaris* über die Türkei (Konstantinopel) im 16. Jh. erhielt diese neue Pflanze zunächst den Namen „Türkischer Flieder". Als man ihn später nur noch „Flieder" nannte (und z. T. sogar den Namen „Holunder" auf die neu eingeführte Art übertrug), waren Verwechslungen mit *Sambucus* vorprogrammiert. – Man beachte auch, dass der Sommerflieder (*Buddleja*) mit unserer Pflanze nicht verwandt ist. Weitere Verwechslungen ergeben sich dadurch, dass die Pflanze landschaftlich wegen der Ähnlichkeit mit Gewürznelken in Blütenform und Duft genauso wie andernorts Nelken (*Dianthus*; vgl. dort) als „Näglein" bezeichnet wurden. – Da die Araber schon einmal um das Jahr 900 die Pflanze nach Spanien gebracht hatten, erklärt sich die alte Bezeichnung „Spanischer Flieder". – Unser Farbadjektiv ‚lila' (= fliederfarben; seit dem 18. Jh.), geht über franz. ‚lila' auf ‚lilak', den arab. Namen der Pflanze zurück (vgl. engl. lilac = Flieder).

Vorkommen: Seit dem 16. Jh. in Mitteleuropa als Zierstrauch. Zuweilen eingebürgert (Neophyt) und neuerdings gebietsweise an Felshängen und Bahndämmen in Ausbreitung. Verdrängt z. T. auf flachgründigen Felsstandorten die ursprüngliche Vegetation. Beheimatet in den Kalktrockenwäldern der Balkangebirge; Tertiärrelikt.

Blüten: IV–V. Meist homogame „Stieltellerblumen mit eingeschlossenen Narben und Staubbeuteln", in dichter, aufrechter Ripse. Die Wildform hat dunkellila Blüten. Wohlriechend, u. a. durch das ätherische Öl Farnesol. Nektar ist wegen der bis 10 mm langen Kronröhre nur langrüsseligen Insekten wie Schmetterlingen und Holzbienen (*Xylocopa violacea*), nicht aber Honigbienen zugänglich. Der Pollen wird von Schwebfliegen gefressen; dieser bleibt nur an durch Nektar befeuchteten Rüsseln haften. Schmetterlinge stoßen mit ihrem Rüssel Pollenkörner in den Nektar, sodass ihnen auch diese wichtige Eiweißquelle zugänglich ist. Vor dem Abblühen erfolgt auch Selbstbestäubung. Trotz Anpassung an Insektenbestäubung kann der Pollen auch durch Wind verweht werden und entsprechend ggf. Heuschnupfen verursachen.

Früchte: 2-fächerige, fachspaltige, 4-samige Kapseln, 10–15 mm lang. Samen schmal geflügelt: Segelflieger und Wasserhafter. Fruchtreife: IX–X. Samenansatz bei uns gering. Wintersteher.

Vegetative Vermehrung durch unterirdische Ausläufer, selten auch durch Wurzelsprosse.

Verwendung: Beliebte Zierpflanze in mehr als 500 Sorten. Altbekannt sind besonders auch weißblütige Züchtungen und solche mit gefüllten Blüten. Hauptnutzen durch Anzucht in Gewächshäusern (Treibflieder). Hartes, festes Drechslerholz. Die „Panflöten" sollen angeblich aus Fliederholz gefertigt worden sein, vermutlich aber eher aus dem Holz des Pfeifenstrauches (*Philadelphus*). Achtung: Die Blüten von *Syringa vulgaris* schmecken leicht bitter; Empfehlungen, sie als essbare Dekoration zu verwenden, dürften darauf beruhen, dass in manchen Gegenden unter Flieder der Holunder (*Sambucus nigra*) verstanden wird.

Tanacetum vulgare LINNAEUS (= *Chrysanthemum vulgare* (L.) BERNH.), Rainfarn

Asteraceae (= Korbblütler)

Ausdauernde, wintergrüne Halbrosettenpflanze, 40–120 cm hoch. Blätter wechselständig, fein zerteilt, farnartig. Kompasspflanze: Blätter im vollen Sonnenlicht ± senkrecht nach Süden gerichtet (= Anpassung an die Wärmestrahlung sonniger Standorte). – Wurzeln bis 90 cm Tiefe.

Vorkommen: Staudenreiche Ruderalstellen (z. B. „Raine") und Ufer, auf sommerwarmen, nicht zu trockenen, nährstoffreichen, neutralen, humosen Böden, vor allem in den Stromtälern. Kennart des Tanaceto-Artemisietum (= Rainfarn-Beifuß-Gestrüpp). Ebene bis Gebirge (deutsche Alpen bis 1000 m). In der kühlgemäßigten Zone weltweit verschleppt.

Blüten: VII–IX. Vorweibliche „Körbchenblumen", die jeweils aus ca.100 winzigen, gelben Röhrenblüten bestehen, die alle zwittrig sind. Randliche Zungenblüten (Strahlblüten), wie sie sonst bei vielen Korbblütlern die Attraktivität für die Bestäuber erhöhen, fehlen; stattdessen stehen aber zahlreiche Körbchen in einer Doldenrispe dicht zusammen. Wegen der nur 1 mm langen Kronröhre ist der Nektar allen Besuchern leicht zugänglich. Entsprechend erfolgt reicher Besuch durch Insekten aller Art inkl. Faltern. Jedoch wird vor allem Pollen angeboten.

Früchte: Achänen ohne Pappus, aber mit krönchenförmigem Saum. Fruchtkörbchen ohne Spreublätter. Wind- und Tierstreuer. Wasserhaftausbreitung ist möglich. Fruchtreife: VIII–X.

Vegetative Vermehrung erfolgt reichlich durch unterirdische Ausläufer.

Verwendung: Die Blüten wurden früher arzneilich verwendet, sind aber u.a. wegen der Giftigkeit

Giftig: Alle Teile sind giftig, vor allem durch das ätherische Öl Thujon.

Namen: „*Tanacetum*" ist ein mittelalterlicher Pflanzenname, der zunächst für den Rainfarn, später aber auch für einige andere Korbblütler verwendet wurde. Lat. „*vulgaris*" = häufig. – „Rainfarn" hat mit der Ähnlichkeit der Blätter mit gewissen Farnen und vor allem mit der gleichen Verwendung als Wurm abweisende Streu für Rinder (= Farren) zu tun (vgl. *Dryopteris* = Wurmfarn), daher auch alte Namen wie „Wurmkraut" und „Wurmfarn". „-Rain" (= Wegrand) wegen des typischen Standorts.

(bei Überdosierung evtl. tödlich) nicht mehr im Gebrauch. Wegen des kampferartigen Geruchs wurde die Pflanze als Wurmmittel verwendet und gilt noch heute als wirksames Mittel gegen Motten und anderes Ungeziefer, z. B. als Bestandteil von Kräuterkissen, und wird auch als Duftpflanze verwendet. Es gibt verschiedene Duftrassen. Aufgüsse der Blätter werden als Mittel gegen Blattläuse und Milben empfohlen. In Pferdeställen wurden getrocknete Pflanzen gegen die Fliegen aufgehängt. Getrocknete Pflanzen werden in der Imkerei als Rauchmittel zur Beruhigung der Bienen verwendet. Die Pflanze soll eine gute Bier- und Backwürze sein. Auch ein Kräuterlikör wird aus der Pflanze hergestellt. Die jungen Blütenkörbchen wurden nach Abkochung früher für Speisezwecke verwendet. Rainfarn war bis ins 19. Jh. eine beliebte Gartenzierpflanze und Bauerngartenpflanze und wird auch neuerdings wieder als Zierstaude angeboten. Schöne Wildgartenpflanze, breitet sich aber oft aggressiv aus.

Weitere Arten:

Tanacetum corymbosum (L.) SCH. BIP. (= *Chrysanthemum corymbosum* L.), Straußblütige Wucherblume, Ebensträußige Margerite: Ähnlich wie vorige Art, aber Körbchen mit weißen, länglichen Zungenblüten. Der Hinweis auf den Blütenstand im Artbeinamen (Schirmrispe = Doldenrispe, Ebenstrauß, Corymbus) ist im Vergleich zu anderen Arten der Gattung *Chrysanthemum* im Sinne von LINNÉ zu verstehen. Pflanze geruchlos. Waldsäume und lichte Wälder, auf sommerwarmen, basenreichen, oft kalkhaltigen Böden. Zierpflanze und hübsche Wildgartenpflanze. Man sollte aber unbedingt Pflanzen aus gärtnerischer Kultur verwenden, um sie am Naturstandort zu schonen.

Tanacetum parthenium (L.) SCH. BIP. (= *Chrysanthemum parthenium* (L.) BERNH.), Mutterkraut: Zweijährig bis kurzlebig ausdauernd. 30–60 cm hoch. Fiedern zu 3–5, eirundlich, ähnlich wie bei Chrysanthemen. Pflanze durch ätherische Öle intensiv kampferartig duftend. Zungenblüten weiß, rundlich. Alte Bauerngartenpflanze, oft verwildert und vielerorts eingebürgert (Archäophyt): Zierpflanze in zahlreichen Kultursorten, ehemalige Heilpflanze gegen Frauenkrankheiten (Name!, vgl. griech. parthenos = Jungfrau). Wegen der abtreibenden Wirkung ist aber Vorsicht geboten. Wurde schon vor 2000 Jahren von den Chinesen und wird genauso noch heute wegen des Gehaltes an Pyrethrinen (vgl. *Anacyclus pyrethrum* bei *Anthemis*) überwiegend als Kontaktgift gegen Insekten gebraucht. Hierbei ist größte Vorsicht geboten. Das Insektenpulver und die frische Pflanze können beim Menschen nicht nur Kontaktallergien verursachen, sondern auch als Nervengift wirken und so dauerhafte Schäden verursachen. Wurde u. a. in England als fiebersenkendes Mittel verwendet. Heimat: Mittelmeergebiet. In der Nähe alter Gärten verwildert und stellenweise eingebürgert (z. B. am Rhein), auf frischen, nährstoffreichen Lehmböden. Zuweilen mit „gefüllten Blüten“, d. h. in diesem Fall, dass alle oder ein Teil der Röhrenblüten zu Zungenblüten umgewandelt oder in anderer Weise vergrößert sind. Andererseits kommen neuerdings auch Zuchtformen ohne Zungenblüten als „Knopfkamillen“ auf den Markt.

Tanacetum cinerariifolium (TREVIR.) SCH. BIP., Weißes Pyrethrum, Aschblättrige Straußmargerite: Blätter dicht silbergrau behaart. Strahlblüten weiß, bis 16 mm lang. Zierpflanze und Nutzpflanze. Heimat: Balkan. Liefert neben dem Bertram (*Anacyclus pyrethrum*) das wichtige Insektizid Pyrethrum. Anbau früher auch in Deutschland, heute vor allem im Mittelmeergebiet. Giftwirkung wie bei voriger Art!

Taraxacum officinale WIGGERS (= sect. *Ruderalia*) (Artengruppe), Gewöhnlicher oder Wiesen-Löwenzahn, Gewöhnliche Kuhblume

Asteraceae (= Korbblütler)

Ausdauernde Rosettenpflanze, 5–30(–40) cm hoch. Stängel unbeblättert, hohl. Blätter meist grob (schrotsägeförmig) gezähnt, maximal bis ca. 50 cm lang. Sehr formenreich. Milchsaft mit 0,1% Kautschuk. – Sehr regenerationsfreudig. Daher auch das berühmte Modifikationsexperiment: Nach Längsteilung einer Pfahlwurzel beließ man den einen Teil im Flachland, der dort zur normalen Form regenerierte; die andere Hälfte wurde ins Hochland verpflanzt und wuchs dort zu einer kleinen, niedrigen Form heran. Andererseits ist zu beachten, dass beim Löwenzahn im Allgemeinen die Unterschiede in Größe und Aussehen erblich bedingt sind, d. h. dass sich zahlreiche ökologisch spezialisierte Kleinarten (Ökotypen) entwickelt haben, bei denen es sich also nicht, wie oft fälschlich angenommen, um Modifikationen handelt. – Bekannt ist auch der physiologische Versuch zur Gewebespannung: Nach Spaltung des röhrigen Stängels rollen sich die Spaltteile nach außen spiralig. Legt man den Stängel in Wasser, so erfolgt die Spiralisierung bereits innerhalb weniger Sekunden. Ursache dieser Bewegungen ist der Umstand, dass sich die Zellen der Röhren-Innenwand nach diesem Eingriff jetzt stark ausdehnen können. – Pfahlwurzel, die zugleich Zugwurzel ist, also die Rosette auf gleicher Höhe hält. Sie enthält im Herbst bis zu 40% Inulin, im Frühjahr nur noch 1–2%, dafür reichlich Einfachzucker, vor allem Fruchtzucker. Tiefwurzler (bis 2 m).

Systematik: *Taraxacum* ist ein typischer Vertreter der Unterfamilie Cichorioideae, die durch Milchsaft und das ausschließliche Vorkommen von Zungenblüten gekennzeichnet ist (vgl. *Cichorium*). Die Gattung umfasst ca. 40–60, aber unter Einschluss der zahlreichen Kleinarten >2000 Arten. – Von der Artengruppe *T. officinale* (das entspricht der Sektion *Ruderalia*) sind in Deutschland >200 Kleinarten nachgewiesen worden. Diese große Zahl hängt damit zusammen, dass sich die meisten Arten apomiktisch vermehren, d. h. Samen ohne Befruchtung ausbilden, und entsprechend alle Nachkommen genauso aussehen wie die Eltern. Es ist also eine ähnliche Situation wie etwa bei den Habichtskräutern (*Hieracium*) oder den Brombeeren (*Rubus*).

Giftigkeit: Löwenzahn galt früher, wohl zu Unrecht, als giftig. Trotzdem sollte man die Pflanze nicht ungewaschen verzehren, da z. B. auf Rinderweiden die Nachkommen von Leberegeln und in Waldnähe die Eier des Fuchsbandwurms an den Pflanzen anhaften können. Personen mit Gallenproblemen sollten vor dem Verzehr mit dem Arzt sprechen.

Namen: Der vorlinnésche Name „*Taraxacum*" ist pers.-arab. Ursprungs. Er kam zu uns über die arab. Medizin des Mittelalters, bedeutet ‚bitteres Kraut', bezeichnete eine der Wegwarte oder Endivie (*Cichorium intybus* oder *endivia*) ähnliche Wildpflanze und wurde von LINNÉ auf den Löwenzahn übertragen, den er „*Leontodon taraxacum*" nannte. Später wurde die Pflanze aus der Gattung *Leontodon* ausgegliedert und von WIGGERS 1780 in eine eigene Gattung *Taraxacum* gestellt. Neulat. „*officinalis*" = arzneilich verwendet. – „Löwenzahn" wegen der an ein Raubtiergebiss erinnernden Blätter, als Übersetzung von mittellat. ‚dens leonis', man vergleiche dazu die Ausführungen bei *Scorzoneroides* (= Leuenzahn). „Kuhblume", da die Pflanze auf Rinderweiden häufig ist und gerne vom Weidevieh gefressen wird. „Maiblume" nach der Hauptblütezeit. Der volkstümliche Name „Butterblume", den der Löwenzahn mit einigen weiteren Pflanzen wie Sumpf-Dotterblume (*Caltha palustris*) und Hahnenfuß-Arten (*Ranunculus*) teilt, hängt mit der ehemaligen Verwendung der Blüten zum Färben von Butter zusammen. Volksnamen wie „Bettseicherle" oder „Pissblume" (franz. pissenlit) spielen auf die harntreibende Wirkung an. – Über den korrekten deutschen Namen von *Taraxacum* herrscht nach wie vor Uneinigkeit. Nach Aufspaltung von *Leontodon* in die Gattungen *Taraxacum*, *Scorzoneroides* und *Leontodon* s. str. waren auch im Deutschen unterschiedliche Gattungsnamen notwendig. Das wurde aber oft nicht konsequent durchgeführt. *Scorzoneroides* wird jetzt meist ‚Schuppenlöwenzahn' genannt, *Leontodon* entweder ‚Löwenzahn' oder neuerdings vermehrt ‚Leuenzahn'. Das ist zwar gewöhnungsbedürftig, aber eindeutig, während unter ‚Löwenzahn' doch allgemein *Taraxacum* verstanden wird. Der Versuch, letztere Gattung zum Zwecke der Unterscheidung nur noch ‚Kuhblume' zu nennen, dürfte sich wohl kaum durchsetzen.

Die „Pusteblume" bildet 1-samige Früchte mit lang gestieltem Haarkranz (Pappus).

Vorkommen: Wiesen, Weiden, Ruderalstellen, Äcker und Gärten, auf frischen, nährstoffreichen, meist tiefgründigen Böden. Kulturbegleiter. Massenvorkommen z. B. auf Kuhweiden. Durch Überdüngung oft gefördert. Entsprechend war die Pflanze noch vor etwa 200 Jahren wesentlich seltener als heute. Die in den Sendungen der Schwarzwaldklinik gern gezeigten Löwenzahnwiesen sind also keinesfalls Kennzeichen einer ungestörten Natur. Ebene bis Hochgebirge (deutsche Alpen noch bis 2590 m). Bis in subtropische Bereiche und vor allem in den gemäßigten Zonen weltweit verschleppt. – Im Gartenrasen ist Löwenzahn wegen der für Rosettenpflanzen typischen „Überkriechstrategie" der Blätter als Graszerstörer gefürchtet, hat aber einen größeren ökologischen Nutzen als der Rasen, u. a. als Bienenpflanze und weil die Früchte bei Körnerfressern begehrt sind.

Blüten: IV–VII(–IX). „Körbchenblumen vom *Leontodon*-Typ", d. h. mit ausschließlich Zungenblüten, hier mit bis 200 Blüten je Körbchen. Durch Karotinoide (Xanthophylle) Gelbfärbung und hohe UV-Reflexion. Da das Zentrum des Körbchens weit weniger UV reflektiert, erscheint das Körbchen den Bestäubern zweifarbig. Bei Sonne und bei hellem Wetter ist es geöffnet, sonst durch stärkeres Wachstum der Hüllblattaußenseite geschlossen (Photonastie). Lichtwendig (phototrop). Die Blüten werden reich besucht, besonders durch Honigbienen, das Maximum ist morgens von 7 bis 9 Uhr. 125.000 Blütenkörbchen ergeben 1 kg Honig. Zusätzlich stellt der dargebotene Pollen eine wichtige Nahrungsquelle für zahlreiche Wildbienenarten dar. Auch kleine Käfer findet man als Blütenbesucher und verschiedene Schmetterlings-Arten. Selbst- und Nachbarbestäubung; allerdings erfolgt die Samenbildung weitgehend ohne Befruchtung durch Jungfernzeugung (Apomixis). – Da Löwenzahn-Pollen in den Pollenflugkalendern als Heuschnupfenerreger geführt wird, muss auch mit Windbestäubung gerechnet werden. Irreführend ist allerdings, dass die Werbung für Heilmittel gegen Pollenallergie oft mit Bildern der typischen Löwenzahn-Früchte versehen ist.

Früchte (siehe Detailfoto): Achänen nur 0,6 mg schwer, ölreich (bis 20 %), oberwärts mit schuppigen Weichstacheln, die der Landehaftung dienen. Früchte sehr schnell reifend, d. h. schon wenige Tage nach der Blütenbildung ausgereift. Pappus lang gestielt, Pappushaare bei Trockenheit spreizend und den bekannten „Fallschirm" der „Pusteblume" bildend; Stängel zur Reife 2–4 mal so lang wie zur Blütezeit; außerdem wölbt sich der Körbchenboden empor: Schirmchenflieger. Theoretische Flugweite ca. 10 km. Bei Sonnenwetter kann man in einem kleinen Experiment beobachten, wie die Früchte über Pflaster mit der Warmluft aufsteigen, während sie über der (wegen der Transpiration) relativ kühleren Wiese absinken. Die geniale Strategie der Ausbreitung wurde von Cummins et al. (2018 Nature 562: 414) untersucht: Die Feinstruktur der Pappushaare erzeugt einen ringförmigen Luftwirbel, der für Auftrieb und Stabilisierung im Luftstrom sorgt. Das ist ein bisher unbekanntes aerodynamisches Konzept, das auch für die Entwicklung technischer Systeme, also für die Bionik, von Interesse sein dürfte. – Bei feuchtem Wetter erfolgt häufig auch Wasserhaftausbreitung. Außerdem Trittausbreitung, Zufallsausbreitung durch Weidetiere, Speicherausbreitung durch Ameisen, Bearbeitungsausbreitung durch Kleinvögel und Menschenausbreitung (Kulturbegleiter). Fruchtreife: ab V, jeweils nur 3–4 Wochen nach dem Aufblühen. Lichtkeimer. – Wegen der Apomixis (s. o.) erfolgt auch nach schlechtem Wetter guter Samenansatz.

Verwendung: Löwenzahn wurde schon im Altertum als Heilpflanze genutzt. Im Mittelalter wurde er als Zier- und Heilpflanze der Bauerngärten kultiviert, u.a. sprach man ihm nach der Signaturenlehre wegen der gelben Blüten eine Wirkung gegen Gelbsucht zu. Bewährt hat sich Löwenzahn als Heilpflanze wegen der Speichelfluss, Verdauung und Gallensekretion fördernden, appetitanregenden und harntreibenden Wirkung. Verantwortlich dafür sind Bitterstoffe und der Gehalt von bis zu 4,5% Kalium. Medizinisch verwendbar sind alle Teile der Pflanze. Sie werden z.B. wegen der „blutreinigenden" Wirkung für „Frühjahrskuren" verwendet. Auch in der Homöopathie spielt die Pflanze eine Rolle. – Die jungen Blätter und Stängel sind als leicht bitterer, aber schmackhafter Salat sehr zu empfehlen, vor allem für Mischsalate oder als Salatwürze. Die Bitterstoffe können ggf. durch Wässern der geschnittenen Blätter reduziert werden oder indem man, wie beim Chicorée, durch Abdecken oder Dunkelhalten gebleichte Pflanzen verwendet (siehe *Cichorium*). In manchen Gegenden wird Löwenzahn-Salat in Restaurants und auf Märkten angeboten, so besonders in Frankreich, wo die Pflanze wegen der entwässernden Wirkung auch „Pissenlit" genannt wird. – Die jungen Blütenkörbchen können als Kapernersatz genutzt werden. Bei den Wurzeln kann der Inulin-Anteil bis zum Herbst hin auf bis zu 40% ansteigen, weswegen man im Herbst gegrabene Wurzeln geröstet wie Zichorie (siehe *Cichorium*) als Kaffee-Ersatz nutzen kann. Auch kann man die Wurzeln für Salat nutzen. Aus den Blüten lässt sich Sirup, Gelee oder Marmelade bereiten. Man kann sie auch als essbare Dekoration für Salate nehmen. Sie wurden früher auch zum Färben der Butter verwendet (s. o.). – Löwenzahn ist ein beliebtes Futter für Kaninchen und Meerschweinchen, sonst aber nur von mittlerem Futterwert. – Wegen des hohen Gehaltes von 6–10% Kautschuk wurden Mitte des 20. Jh. Zuchtformen der zentralasiatischen Art Kok-Saghyz (*Taraxacum kok-saghyz*) als Kautschuklieferant der gemäßigten Breiten genutzt. Aufbauend auf den damaligen Erfahrungen laufen zurzeit neue Versuche mit dem Ziel, Löwenzahn als Rohstoffquelle zu nutzen. Großer Vorteil ist, dass die Pflanzen auf wenig ertragreichem Boden wachsen können. Parallel dazu wurde inzwischen für Autoreifen ein Kautschuk mit guten Abriebeigenschaften entwickelt, der zwar synthetisch hergestellt wird, bei dem aber Eigenschaften des Löwenzahn-Kautschuks genutzt werden (biomimetischer Synthesekautschuk).

Vegetative Vermehrung durch die Bildung von Wurzelsprossen.

Weitere Art:

Taraxacum laevigatum (WILLD.) DC. (Artengruppe), Schwielen-Löwenzahn oder -Kuhblume (= sect. *Erythrosperma*): Auffallend sind die kleineren, nur bis 2–3 cm breiten Blütenkörbchen, die kapuzenförmigen Hüllblattspitzen und die kleineren (bis 5 cm langen), fein zerteilten Rosettenblätter. In Kalk- und anderen Trockenrasen sowie an Wegrändern. Die Früchte sind oft zinnoberrot. Für eine genaue Bestimmung der Kleinart sind reife Früchte erforderlich.

Taxus baccata LINNAEUS, Eibe, Beeren- oder Europäische Eibe

Taxaceae (= Eibengewächse)

Immergrüner Nadelbaum, meist strauchförmig wachsend, 2–5 m hoch oder als Baum maximal bis 17 m hoch und bis 9 m Stammdurchmesser. Im Kaukasus werden sie vereinzelt noch höher. Die älteste bekannte Eibe (in Fortingall/Schottland) wurde auf 3000, der älteste deutsche Baum (in Mönchshagen/Mecklenburg) auf 1500 Jahre geschätzt. Letzterer erwies sich aber tatsächlich als höchstens 500 Jahre alt. Das liegt daran, dass viele Stämme wegen des reichen Stockausschlags, dessen Triebe nachträglich verschmelzen können, viel jünger sind als angenommen. Borke mit großen, flachen, unregelmäßig geformten Schuppen. Lenticellen (Rindenporen) fehlen. Nadelblätter tannenähnlich, an Langtrieben, ohne Wachsstreifen auf der Unterseite, 3–8 Jahre alt werdend. Sie stehen spiralig, sind aber an Seitenzweigen zweizeilig gestellt (gescheitelt), sodass alle Nadeln in einer Ebene stehen. Ganze Pflanze ohne Harzgänge. Entsprechend fehlt beim Zerreiben der Nadeln der für die meisten Nadelhölzer typische Harzgeruch. – Tiefwurzler mit ausgeprägtem Herzwurzelsystem. Pilzwurzel vom Typ der arbuskulären Mykorrhiza; daher gehören Eiben zu den wenigen Waldbäumen, deren Wurzeln keine Symbiose mit Fruchtkörper bildenden Mykorrhiza-Pilzen eingehen. – **Stark giftig**.

Systematik: Die Gattung umfasst etwa 10 Arten. *T. baccata* ist Tertiärrelikt und der einzige europäische Vertreter der Familie.

Giftigkeit: Alle Teile der Pflanze – außer dem Samenmantel und dem Pollen – enthalten das bittere und sehr **stark giftige** Alkaloid-Gemisch Taxin. Schon der Verzehr einer Handvoll Nadeln kann zum Tode führen. Die tödliche Giftwirkung war schon im Altertum bekannt. Taxin ist ein Herzgift, verursacht erst Brechdurchfall, dann Lähmung und schließlich Koma. Der stark bittere Geschmack des Taxins hält Menschen gewöhnlich von weiterem Verzehr ab, nicht aber zahlreiche Tierarten, die die Pflanze ungehindert fressen. Pferde und Rinder sind besonders empfindlich, während Hirsche und Rehe gerne und ohne Schaden Eiben abäsen. Bei Elchen wird in Nordschweden, wo die Eibe nur angepflanzt vorkommt, über Vergiftungen berichtet, nicht aber in südlicheren Gebieten, wo die Eibe heimisch ist. Entweder sind die Elche dort resistent, oder sie haben es gelernt, die Pflanze zu meiden. – Der ungiftige, süße, wohlschmeckende Samenmantel kann an sich ohne Bedenken verzehrt werden. Wenn aber die Samen mit gegessen oder zerbissen werden, kann das zu schweren bis tödlichen Erkrankungen führen.

Namen: „*Taxus*" ist der lat. Name der Pflanze, zu griech. toxon = Bogen, nach der Verwendung. Neulat. „*baccatus*" = Beeren tragend, wegen der beerenähnlichen Samen. – „Eibe" (ahd. iwa) ist ein germ. Wort, das ebenfalls ‚Bogen' bedeutet.

Vorkommen: Oft angepflanzt. Spontan nur noch selten im Unterstand reicher Laubmischwälder; fast nur noch im Gebirge (deutsche Alpen bis 1400 m). Schattenbaumart, die mit nur 1% des üblichen Sonnenlichtes existenzfähig ist, aber andererseits auch Besonnung verträgt. – Noch in den ersten nachchristlichen Jahrhunderten war der Baum bei uns sehr verbreitet, ist aber seitdem selten geworden. Dazu haben der Raubbau und vermutlich auch die bewusste Beseitigung wegen der Vergiftungsgefahr für das Vieh bei der Waldweide beigetragen. Heutige ursprüngliche Vorkommen sind besonders durch Kahlschläge gefährdet, da das Laub die plötzliche Freistellung nicht verträgt. Andererseits treten seit einigen Jahren zunehmend in Gärten, auf Mauern, in Gebüschen, Wäldern usw. aus Anpflanzung verwilderte Exemplare mit Einbürgerungstendenz auf. – Ursprüngliche Vorkom-

Die männlichen Blüten besitzen je 6–14 schildförmige Staubblätter.

men – was zuweilen schwer nachzuweisen ist – sind **geschützt**!

Blüten (siehe die Fotos): (II–)III–IV, Frühblüher. Windblütig: „Unbeweglicher Typ". Auch Honigbienen sammeln gerne den Pollen, ohne sich an der Bestäubung zu beteiligen, verüben also Pollenraub. Meist zweihäusig, d.h. männliche und weibliche Pflanzen sind getrennt. Männliche Blüten abwärts geneigt, bestehend aus 6–14 schildförmigen Staubblättern mit je 6–8 Pollensäcken auf der Unterseite, ähnlich den Sporangienträgern des Schachtelhalms (*Equisetum*). Pollenkörner ohne Luftsäcke, aber mit der geringen Sinkgeschwindigkeit von 1,6 cm/s, sodass sie durch Luftbewegungen weit fortgetragen werden. Weibliche Blüten in 1- oder selten 2-blütigen Samenzapfen mit je nur 1 Samenanlage. Seitliche kragenartige Auswüchse der Samen wachsen zum roten (bei Kulturformen auch gelben) Samenmantel (Arillus) heran. Ein am Knospeneingang abgeschiedener „Bestäubungstropfen" dient als Pollenfänger und zieht beim Eintrocknen den Pollen zur Samenanlage. Die Befruchtung erfolgt erst 2–3 Monate nach der Bestäubung. Beginn der Blühreife frühestens mit 15 Jahren. – Der Pollen kann in seltenen Fällen bei hoher Konzentration Heuschnupfen verursachen und auch bei Nicht-Allergikern zu Reizungen der Atemwege führen.

Samen: Je Blüte entsteht ein grüner, nur wenige mm großer Samen, der zur Reife rings von dem durch Karotinoide lebhaft rot gefärbten, saftigen Samenmantel (= Arillus) umgeben ist. Diese Ausbreitungseinheit hat den Charakter einer Beere, ist aber morphologisch betrachtet keine Frucht, da der Eibe als Nacktsamer ein die Samenanlagen umschließender Fruchtknoten fehlt. Mund- und vor allem Verdauungsausbreitung durch größere Vögel (besonders Drosseln) oder Kleinsäuger sowie Versteckausbreitung. Kleiber verstecken die Samen in Mauerfugen oder Borkenritzen. Einige Vögel mit kräftigem Schnabel, wie Dompfaff, Kernbeißer, Spechte und Kohlmeisen, knacken die Samen auf und entfernen die giftige, harte Samenschale, um an das fettreiche Innere zu gelangen. Mäuse knacken die heruntergefallenen Samen. Samenreife: IX–X. Sehr ausgeprägte endogene Samenruhe.

Vegetative Vermehrung erfolgt reichlich durch Stockausschlag (einziger Fall bei unseren Nadelbäumen), Wurzelsprosse und durch den Boden berührende, sich bewurzelnde Zweige (Legtriebe).

Verwendung: Bei den alten Griechen galt die Eibe als Baum der Trauer und des Todes; den Germanen war der Baum heilig. Die Dryaden (Baumgeister der griech. Mythologie) pflanzten in ihren heiligen Hainen auch Eiben. Die Römer hatten die Pflanze den Göttern der Unterwelt geweiht. – PLINIUS der Ältere gibt an, dass aus Eibenholz verfertigte Weinbecher den Tod bringen. CÄSAR schreibt, dass manche Gallier mit Eibensaft vergiftete Lanzenspitzen benutzt haben. – Das Holz gehört neben dem des Buchsbaums zu den härtesten, zähesten und schwersten heimischen Hölzern, spezif. Gewicht 0,7 g/cm³. Es war früher für Bogen und Armbrustbogen sowie für Wurfspieße sehr begehrt. Daher wurden Eiben häufig an Burgen gepflanzt. Im späten Mittelalter wurden Eibenbestände für den Holzhandel regelrecht geplündert. Bereits „Ötzi" (d.h. einer unserer Vorfahren ca. 3000 v. Chr.) besaß einen Bogen aus Eibenholz (von 1,82 m Länge!). Noch älter sind Wurfspieße, die man in einem Waldelefanten der letzten Warmzeit gefunden hat. Inzwischen sind sogar schon als 400.000 Jahre alt datierte Wurfspieße (vom *Homo heidelbergensis*) bei Schöningen in Niedersachsen gefunden worden. Sie zeigen, dass unsere Vorfahren bereits auf Großwildjagd gingen. Schon die neolithischen Pfahlbauer stellten aus dem außerordentlich dauerhaften Eibenholz verschiedenste Geräte her. Auch später war das Holz für Haushaltswaren und Möbel begehrt. In den Karpaten diente es sogar zur Entrichtung der Steuern. Auszüge aus den Pflanzen wurden auch als Pfeilgift verwendet. – Häufiges Gehölz der Kirchhöfe, da die Zweige als Ersatz für „Palmzweige" dienten. Schöne Heckenpflanze, die sich gut beschneiden lässt und daher auch in der Gartenkultur von Bedeutung ist. Inzwischen gibt es mehr als 200 Ziersorten, die im Hinblick auf Wuchsform, Farbe und Form der Nadeln sehr verschieden sein können, darunter auch eine mit einem gelben Samenmantel ('Lutea'). – Aus dem Samenmantel lässt sich Marmelade zubereiten, doch ist das wegen der sonstigen Giftigkeit der Pflanze kaum zu empfehlen. – Aus *Taxus*-Extrakten wird halbsynthetisch der Wirkstoff Paclitaxel = Taxol hergestellt, der die Zellvermehrung blockiert und daher in der Krebstherapie Verwendung findet.

Teucrium chamaedrys LINNAEUS, Echter, Gewöhnlicher oder Edel-Gamander

Lamiaceae (= Lippenblütler)

Nur am Grunde verholzter, kriechender Halbstrauch, 10–30 cm hoch. Trockenheitsanpassungen: bis 1,2 m tief wurzelnd, Blätter derb, wintergrün, Stängel zottig behaart, ganze Pflanze reich an ätherischen Ölen (transpirationshemmend) und daher aromatisch duftend.

Systematik: Die Gattung umfasst etwa 250 Arten. Sie ist nah verwandt mit dem Günsel (*Ajuga*). Die beiden Gattungen sind die einzigen heimischen Vertreter der Unterfamilie Ajugoideae.
Namen: „*Teucrium*" ist der lat. Name einiger Gamander-Arten, mit ungeklärter Etymologie. Er wurde von LINNÉ auf die ganze Gattung ausgeweitet. „*Chamaedrys*" ist der lat.-griech. Name des Edel-Gamanders, zu griech. chamai = niedrig und drys = Eiche, wegen der eichenähnlichen Blätter und des niedrigen Wuchses. – „Gamander" ist über die Nebenform chamandrys früh von chamaedrys entlehnt. „Echt" und „Edel-" beziehen sich auf die (ehemalige) Verwendung als Heilpflanze.
Vorkommen: Sonnige Magerrasen, lichte Eichen- und Kiefernwälder und ihre Säume, auf trockenen, basenreichen, meist kalkhaltigen, steinigen Lehmböden. Lichtpflanze. Vor allem in Süddeutschland. Wärmeliebend (deutsche Alpen bis 1100 m).
Blüten: VII–VIII. Vormännliche „Eigentliche Lippenblumen", in 4–6-blütigen Scheinquirlen, in den Achseln der oberen Blätter. Kronröhre kurz, ohne Haarring. Krone hellrot mit kurzer, tief 2-spaltiger Oberlippe, die mit der Unterlippe verbunden ist, sodass diese scheinbar 5-spaltig ist. Schwach wohlriechend. Staubblätter anfangs nach vorn, später – wenn der Griffel nach vorn weist – nach oben gerichtet. Pollen rosarot. Bestäuber sind Hummeln, Bienen und Schwebfliegen. Bienentrachtpflanze. Spontane Selbstbestäubung ist nur wenig erfolgreich.
Früchte: Klausen bis 2,5 mm lang, zur Reife vom aufgeblasenen Kelch umgeben, der als Windfang dient. Der Kelch bricht leicht ab und übernimmt die Funktion einer Kapsel, da seine inneren Sperrhaare ein Herausfallen der Klausen verhindern. Tier- und Windstreuer sowie durch Lufteinschluss Regenschwemmling. Auch Zufallsausbreitung über den Darm von Weidetieren. Fruchtreife: VIII–X. Wintersteher. Samen langlebig. Lichtkeimer.
Vegetative Vermehrung durch lange, unterirdische Ausläufer, die nach der Blüte gebildet werden.
Verwendung: Ehemals in der Volksheilkunde bei Wechselfieber und Gicht verwendet. Hübsche Zierpflanze für Steingärten und andere Trocken-

standorte. Auch für Wildpflanzengärten zu empfehlen, es sollten aber nur Exemplare aus gärtnerischer Kultur verwendet werden. Beliebt als Zierpflanze ist auch der Bastard-Gamander (*T. × lucidrys = T. chamaedrys × T. lucidum*), der an der Basis stark verholzt ist und keine Ausläufer ausbildet.

Weitere Arten (vgl. auch *T. scorodonia*):

Teucrium montanum L., Berg-Gamander: Ebenfalls Halbstrauch. Blüten weißlich, kopfig gehäuft. Blätter ungeteilt, linealisch-lanzettlich, ganzrandig, unterseits filzig (Trockenheitsanpassung). Felsfluren und Trockenrasen. Kalkstet. Im Norden selten oder fehlend.

Teucrium botrys L., Trauben-Gamander: Ein- bis zweijährig. Pflanze drüsig-klebrig, stark aromatisch duftend. Blätter fiederteilig. Licht- und Wärmeliebende Pionierpflanze in offenen Steinschutthalden und lückigen Trockenrasen, auf feinerdearmen Kalkstein- und Lavaböden, vor allem in Süddeutschland. Wind- und Tierstreuer (Pflanze wegen der klebrigen Behaarung an Tieren anhaftend).

Teucrium scorodonia LINNAEUS, Salbei-Gamander, Wald-Gamander

Lamiaceae (= Lippenblütler)

Im milden Klima ein krautiger Chamaephyt und sonst auch Hemikryptophyt (Schaftpflanze), 30–50 cm hoch. Blätter runzlig, gekerbt.

Namen: Zu den Gattungsnamen vgl. *T. chamaedrys; „scorodonia"* ist ein vorlinnéscher Name, nach der habituellen Ähnlichkeit mit dem ehemals als Heilpflanze geschätzten Knoblauch-Gamander (*Teucrium scordium*). „Salbei-" wegen der Ähnlichkeit der Blätter mit denen des Echten Salbeis (*Salvia officinalis*).

Vorkommen: Lichte Wälder, Säume, Heiden und Ruderalstellen, auf nährstoffarmen, sauren Böden in wintermilder Klimalage, vor allem im Westen (subozeanische Art). Kennart des Quercion roboripetraeae (= Bodensaure Eichen-Mischwälder).

Blüten: VII–IX. Blüten gelblich weiß. Kronröhre 9–10 mm lang, oft fast bis zur Hälfte mit Nektar gefüllt. Kelch 2-lippig. Narben anfangs hinter den Staubbeuteln, später diese überragend. Sonst in der Blütenökologie ähnlich wie die vorigen Arten. Bienentrachtpflanze.

Früchte: Klausen kugelig, bis 1,5 mm lang. Wie bei *T. chamaedrys* übernimmt der Kelch die Funktion einer Kapsel. Tier- und Windstreuer, Regenschwemmlinge sowie Bearbeitungsausbreitung durch Vögel. Fruchtreife: VII–IX. Wintersteher. Samen langlebig. Lichtkeimer.

Vegetative Vermehrung durch unterirdische Ausläufer.

Verwendung: Inhaltsstoffe sind u. a. äthteriche Öle, Bitterstoffe und Gerbstoffe. Wird arzneilich gelegentlich bei Magen-Darm-Verstimmungen und bei Bronchitis verwendet. Äußerlich wird die Pflanze als entzündungshemmendes Mittel in Mund- und Gurgelwässern und zum Auftragen auf Wunden benutzt. Auch in der Homöopathie spielt sie eine Rolle.

Thalictrum aquilegiifolium LINNAEUS, Akeleiblättrige Wiesenraute oder Amstelraute

Ranunculaceae (= Hahnenfußgewächse)

Ausdauernder Hemikryptophyt (Schaftpflanze), (40–)60–120 cm hoch. Blätter dreifach gefiedert.

Systematik: Die Gattung umfasst weltweit etwa 300 Arten in der gemäßigten Zone. Sie ist namengebend für die Unterfamilie Thalictroideae, zu der auch die Akelei (*Aquilegia*) gehört.
Namen: „*Thalictrum*" ist ein lat.-griech. Pflanzenname, der im Anschluss an TOURNEFORT von LINNÉ auf diese Gattung übertragen wurde. Neulat. „*aquilegiifolius*" = akeleiblättrig. – „Wiesenraute" nach der Ähnlichkeit der Blätter mit denen der Wein-Raute (*Ruta graveolens*).
Giftigkeit: Die ganze Pflanze ist durch verschiedene Alkaloide (besonders Magnoflorin) schwach giftig.
Vorkommen: Subalpine Hochstaudenfluren, Gebüsche, selten in Auwäldern, auf sicker- und wechselnassen, nährstoffreichen, meist kalkhaltigen Böden. Nährstoff- und Nässezeiger. Vor allem im Süden in den Kalkgebieten (deutsche Alpen bis 2280 m).
Blüten: V–VII. Vormännliche „Pinselblumen" (in der deutschen Flora sehr selten), in reichblütigen Rispen. Nektar fehlt. Blütenhülle klein, früh hinfällig. Als Schauorgan dienen die hellvioletten, selten weißen Staubfäden, die oben keulig verdickt sind. Sie stehen zunächst aufrecht und umhüllen die Narben, später spreizen sie ab und geben den Bestäubern die hakenförmigen Narben frei. Bienentrachtpflanze. Auch Windbestäubung ist möglich, die bei den folgenden Arten dominiert.
Früchte: In jeder Blüte entwickeln sich mehrere frei stehende, zur Reife herabhängende Nüsschen. Diese sind lang gestielt, dreikantig, geflügelt, 7–10 mm lang, 3 mg schwer, mit Hohlraum zwischen Fruchtwand und Samen: Flügelflieger. Dazu Tierausbreitung (Wasserhafter). Fruchtreife: VII–X. Wintersteher. Licht- und Kältekeimer.

Verwendung: Gartenzierpflanze (seit 1720), auch für Wildpflanzengärten zu empfehlen.
Weitere Arten:
Thalictrum minus L., Kleine Wiesenraute: 20–120 cm hoch. Blätter 3–5-fach gefiedert. Sonnige Rasen, Gebüsche und lichte Wälder, auf warmen, mäßig trockenen, meist kalkreichen Böden. Ebene bis Gebirge (deutsche Alpen bis 1880 m). Gefährdet. Im Gegensatz zu voriger Art und als Ausnahme bei den Hahnenfußgewächsen windblütig: „Hängeblütiger Typ". Vorweiblich. Staubfäden hängend, nicht verdickt; Staubbeutel gelb, ziemlich lang und leicht beweglich (= Anpassungen an die Windbe-

stäubung), bei schlechtem Wetter geschlossen. Die Staubblätter dienen aber auch als Schauorgan für Pollen fressende Besucher. Außerdem ist Selbstbestäubung nicht selten. Nüsschen sitzend, bis 2 mm lang, spindelförmig, längs gerippt. Windstreuer, Ballonflieger, evtl. auch Bohrfrucht, Regenschwemmling.

Thalictrum flavum L., Gelbe Wiesenraute: Ähnlich voriger Art, aber meist über 1 m hoch. An wechselfeuchten Standorten in Hochstaudenfluren, Moorwiesen und Auen. Stromtalpflanze. Blüten gelblich. Staubfäden aufrecht, in einer zusammengezogenen Rispe. Neben Wind- auch Insektenbestäubung (Pollenblume). Vegetative Vermehrung durch unterirdische Ausläufer (Wurzelkriecher). Flügelflieger und Schwimmfrüchte.

Thelypteris limbosperma (BELLARDI ex ALL.) H. P. FUCHS (= *Oreopteris limbosperma* (ALL.) HOLUB, *Lastrea limbosperma* (ALL.) HEYWOOD), Bergfarn, Berg-Lappenfarn

Thelypteridaceae (= Sumpffarngewächse)

Ausdauernder, sommergrüner Hemikryptophyt, 50–100 cm hoch. Blätter (Wedel) in trichterartigen Rosetten, mit gelben Köpfchendrüsen (Lupe!), mit feinem Zitronengeruch. Unterste Fiedern nur 1–2 cm lang. Die Fiedern sind denen des nicht verwandten Wurmfarns (*Dryopteris filix-mas*) sehr ähnlich, aber u. a. durch die randnahe Stellung der winzigen Sporangiengruppen (Sori) mit früh abfallendem Schleier (Indusium) unterschieden (siehe Detailfoto). Pflanze diploid.

Systematik: Die Familie umfasst etwa 900, überwiegend tropische Arten. Früher wurden die Arten oft in die Gattung *Dryopteris* (= Wurmfarn) gestellt, die aber jetzt zu einer anderen Familie gehört. Einige Autoren fassen alle Arten der Familie unter *Thelypteris* (= Lappenfarn) zusammen, andere unterscheiden bis zu 30 Gattungen. Entsprechend umfangreich und verwirrend ist die Liste der Synonyme auf Gattungsebene. Nahe verwandt ist der Buchenfarn (*Phegopteris connectilis*).

Namen: „*Thelypteris*" ist der lat.-griech. Name eines Farns, zu thelys = weiblich und pteris = Farn, und galt ähnlich wie der Frauenfarn (*Athyrium filix-femina*, siehe dort) als Gegenstück zum (als männlich empfundenen) Wurmfarn (*Dryopteris filix-mas*). Der Name wurde von LINNÉ als Artbeiname auf den Sumpffarn (s. u.) übertragen und 1763 von SCHMIDEL als Gattungsname aufgegriffen. „*Oreopteris*" leitet sich von griech. oros = Berg und pteris = Farn ab und bezieht sich auf das vorwiegend montane Vorkommen. Der Name „*limbospermus*" setzt sich zusammen aus lat. limbus = Saum, Rand und sperma = Samen, wegen der randnahen Sori. – „Bergfarn" ist künstlich gebildet als Übersetzung von *Oreopteris*. „Lappenfarn" ist ursprünglich der Name des verwandten Buchenfarns (*Phegopteris connectilis*), der später auf *Thelypteris* übertragen wurde.

Vorkommen: Bergmischwälder, Bergweiden und artenarme Eichenwälder, auf wechselfeuchten, sauren Böden in luftfeuchter Lage, z. T. mit dem Rippenfarn (*Blechnum spicant*). Vor allem im Gebir-

ge (oft erst über 400 m), in der Ebene selten, im Norden stark zurückgegangen und dort oft stark gefährdet.
Vermehrung: Sporenreife: VII–VIII. Windausbreitung: Körnchenflieger. Zu den zunächst braunen, später schwarzen Sporangiengruppen (Sori) s. o.
Vegetative Vermehrung durch das Rhizom.
Weitere Arten:
Thelypteris palustris SCHOTT (= *Dryopteris thelypteris* (L.) A. GRAY), Sumpffarn, Sumpf-Lappenfarn: Ähnlich der vorigen Art, aber Blätter einzeln stehend, ausgewachsen kahl, 15–60 cm lang. Rhizome bis 50 cm lang. Die sporentragenden Wedel entfalten sich mehrere Wochen nach den sterilen und sind von diesen durch den umgebogenen Blattrand unterschieden. Erlenbruchwälder, Röhrichte und Sümpfe. Staunässezeiger. Vor allem in der Ebene, selten bis in die subalpine Stufe. Im Rückgang und gefährdet. Diploid.
Thelypteris phegopteris = Buchenfarn → *Phegopteris connectilis*

Die Sporangiengruppen (Sori) stehen nah am Rand der Fiedern.

Thesium pyrenaicum POURRET, Wiesen-Leinblatt, -Bergflachs oder -Vermeinkraut

Santalaceae (= Sandelholzgewächse)

Ausdauernder, sommergrüner Hemikryptophyt, Stängel aufsteigend, verzweigt, 10–40 cm hoch. Blätter lineal-lanzettlich, schwach 3-nervig, 1–3 mm breit, an sonnigen Standorten oft gelblich grün. Halbschmarotzer (Hemiparasit), der durch unterirdische Saugorgane (Haustorien) den Wurzeln des Wirtes Wasser und Nährsalze entzieht (Xylemparasit). Das Spektrum an Wirtspflanzen ist offenbar sehr breit und wenig spezifisch.

Systematik: Die Gattung umfasst ca. 300 hemiparasitische Arten, die meisten davon in Südafrika. In die gleiche Familie wird heute auch die hemiparasitische Mistel (*Viscum*) gestellt.
Namen: „*Thesium*" (theseion) ist ein lat.-griech. Pflanzenname, der von LINNÉ auf die vorliegende Gattung übertragen wurde. – „Leinblatt" und „Bergflachs" beziehen sich auf den Standort und die Ähnlichkeit der Blätter mit denen des Saat-Leins = Flachs (*Linum usitatissimum*). „Vermeinkraut" leitet sich von vermainen = beschreien, verhexen ab und hängt mit der Vorstellung zusammen, die Pflanze würde vor Hexenzauber schützen (vgl. *Erigeron* = Berufkraut).
Vorkommen: Magerrasen, magere Bergwiesen und Bergweiden, auf meist kalkarmen, z.T. modrig-humosen Lehmböden. Vor allem in der montanen Stufe, im

norddeutschen Tiefland fehlend, im Gebirge bis zur Waldgrenze (deutsche Alpen bis 1950 m). Durch Eutrophierung der Böden gefährdet.
Blüten: VI–VII. Unscheinbare „Nektar führende Scheibenblumen", in allseitswendiger Rispe. Blütenhülle einfach (Perigon), weißlich, 5-zählig. Nektar wird reichlich vom Inneren des Blütenbechers abgegeben. Bienen- und Selbstbestäubung. Nach der Blüte ist die bleibende Blütenhülle nur an der Spitze eingerollt.
Früchte: Die zur Reifezeit leicht abfallende, 5–6 mm lange Ausbreitungseinheit besteht aus der kleinen Nussfrucht, dem aus dem Blütenstiel hervorgehenden Ölkörper (Elaiosom) und dem bleibenden Perigon: Ameisenausbreitung. Evtl. auch Rollfrucht. Fruchtreife: VIII–IX.
Weitere Arten:
Thesium linophyllon L., Mittleres Leinblatt oder Vermeinkraut: Geophyt oder Hemikryptophyt mit unterirdischen Ausläufern, 10–30 cm hoch. Blätter 1–3(–5)-nervig und 1–5 mm breit. Kontinentale Sandtrockenrasen warmer Tieflagen, kalkhold. Fehlt im Nordwesten. Gefährdet und gebietsweise verschollen. Blüten- und Ausbreitungsökologie wie bei voriger Art, aber schon ab Juni reifend. Die Ausbreitungseinheiten sind mit 4 mm relativ klein. Die Blütenhülle ist ganz eingerollt.
Thesium bavarum SCHRANK, Berg-Leinblatt oder -Vermeinkraut: Rhizomgeophyt, 25–60 cm hoch. Blätter 3-nervig, 2–7 mm breit. Trockengebüsche und lichte Kiefernwälder der Mittelgebirge. In Mittel- und Süddeutschland nicht selten (Name!, neulat. „*bavarus*" = bayerisch), vor allem auf Kalk. Inzwischen als gefährdet eingestuft (Stand 2018). Vegetative Vermehrung über Wurzelsprosse.

Thlaspi arvense LINNAEUS, Acker-Hellerkraut

Brassicaceae (= Kreuzblütler)

Einjährig, sommer- oder winterannuell, 10–50 cm hoch. Blätter beim Zerreiben mit leichtem Knoblauchgeruch. – Bis 50 cm tief wurzelnd und vielleicht deshalb relativ unempfindlich gegen Herbizide.

Systematik: Die Gattung umfasst nach Ausschluss der zwar ähnlichen, aber heute in eine andere Gattungsgruppe (Tribus) gestellten Gattungen Kleintäschelkraut (*Microthlaspi*, s. u.) und Täschelkraut (*Noccaea*, s. u.) nur noch 6 Arten. Nahe steht die Knoblauchsrauke (*Alliaria*).
Namen: „*Thlaspi*" ist der lat.-griech. Name dieser oder einer ähnlichen Pflanze, wohl zu griech. thlaein = quetschen, zerstoßen, weil die Samen der zugehörigen Pflanze zerquetscht und wie Senf verwendet wurden. Neulat. „*arvensis*" = Acker-. – „Hellerkraut" wegen der geldstückartigen Früchte.
Vorkommen: Verbreitet auf Äckern (vor allem Hackfruchtäckern) und Ruderalstellen, auf frischen, nährstoff- und basenreichen Böden. Lehmzeiger. Etwas wärmeliebend. Ebene bis Gebirge (deutsche Alpen bis 1320 m). Kulturbegleiter seit der jüngeren Steinzeit: Alteinwanderer (Archäophyt). Jetzt zirkumpolar verbreitet. Anscheinend ziemlich herbizidresistent.
Blüten: IV–VI(–IX). Kleine, weiße, homogame bis vorweibliche „Nektar führende Scheibenblumen", in endständigen Trauben. Insektenbesuch spärlich. Meist spontane Selbstbestäubung. Typisch ist an den langen Trauben, dass oben neue Blüten angelegt werden, während unten bereits die ersten Früchte reif sind.

Früchte (siehe Detailfoto): Schötchen rundlich, mit breitem Saum, der als Windfang dient. Windstreuer und Tierstreuer sowie Regenballist. Menschenausbreitung (Trittausbreitung der Samen mit Ackererde sowie Verschleppen mit Erntegeräten). Samen sehr schön strukturiert, ölreich, bis >30 Jahre keimfähig. Fruchtreife: V–XI, bereits 10 Wochen nach der Keimung (Schnellentwickler).

Verwendung: Die kresseartig schmeckenden Blätter und die jungen Blütenstände sind für Salat und Suppen geeignet. Aus den ölreichen Samen (ca. 33 %) lässt sich Speiseöl herstellen; sie werden gelegentlich auch als Senfersatz verwendet.

Die flachen Früchte (Schötchen) haben dem Hellerkraut ihren Namen verliehen.

Ähnliche Arten:

Microthlaspi perfoliatum (L.) F. K. MEY. (= *Thlaspi perfoliatum* L.), Durchwachsenblättriges Kleintäschelkraut (oder Hellerkraut): Einjährige, oft unter 10 cm hohe Frühlingspflanze. Flachwurzler (nur bis 5 cm Tiefe). Stängel und Blätter mit bläulichem Wachsüberzug. Sonnige lückige Magerrasen, Weinberge, Wegsäume und Äcker, auf kalk- oder basenreichen Böden. Im Norden selten. Blüten ähnlich wie bei *T. arvense*, jedoch kelchförmig und nur eine 1 mm große Öffnung frei lassend. Frühblüher: III–VI. Regenballist: Bei heftigen Regenschauern werden die Samen bis 80 cm weit geschleudert. Trifft ein Regentropfen in die Schötchenschüssel, so biegt sich der Fruchtstiel durch die Kraft des Aufschlags herab, und im Schötchen entsteht eine Spannung, die zum ruckartigen Ablösen beider Fruchtfächer vom Rahmen führt; die Frucht zerfällt und bei der Rückbewegung des Fruchtstiels werden die Samen fortgeschleudert.

Noccaea rotundifolia (L.) MOENCH (= *Thlaspi rotundifolium* (L.) GAUDIN), Rundblättriges Täschelkraut: Rasenbildende Alpenpflanze feinerdearmer Kalkgrobschutthalden. Stängel im Geröll kriechend: Schuttstauer. Kennart der Alpinen Täschelkrauthalden (= Thlaspietum rotundifolii). Blüten rosa, in Doldentrauben.

Thuja occidentalis LINNAEUS, Abendländischer Lebensbaum

Cupressaceae (= Zypressengewächse)

Immergrüner, 6–10 m hoher Nadelbaum, in der Heimat bis 30 m hoch. Langsamwüchsig, bis 400 Jahre alt werdend. Verschiedenblättrig: in der Jugend mit nadelfömigen, später nur noch mit schuppenförmigen Blättern. Harzdrüsen auf dem Blattrücken. Zweige oberseits dunkel-, unterseits blassgrün. Im Winter zumindest an sonnigen Orten durch rote Schutzpigmente braunrot verfärbt. – *Thuja*-Arten lassen sich zum Teil am Geruch unterscheiden, zerriebene Blätter von *T. occidentalis* duften wie Apfelmus mit Gewürznelken. – Die Pflanze ist äußerlich der Scheinzypresse (*Chamaecyparis*, siehe Anhang zu *Cupressus*) sehr ähnlich, die viel häufiger gepflanzt wird, aber sehr oft als „Thuja" bezeichnet wird. – **Stark giftig**.

Systematik: Die Gattung umfasst nach Ausschluss des Orientlebensbaums (*Platycladus* s. u.) nur noch 5 Arten. Nahe verwandt sind außerdem die Zypressen (*Cupressus*), die Scheinzypressen (*Chamaecyparis*), die äußerlich dem Lebensbaum besonders ähnlich sind (siehe den Anhang zu *Cupressus*), und der Wacholder (*Juniperus*).

Giftigkeit: In allen Teilen sehr **stark giftig** durch das ätherische Öl Thujon sowie Bitterstoffe und Gerbstoffe mit ähnlich gefährlicher Wirkung wie *Juniperus sabina*. Es kann auch zu Kontaktallergien kommen. Die Pflanze ist auch für zahlreiche Säugetiere, besonders Pferde, und Vögel giftig.

Namen: „*Thuja*" ist der griech. Name eines für Brandopfer benutzten harzreichen Baumes,

zu thyein = opfern, und wurde im 16. Jh. auf den Lebensbaum übertragen. Neulat. *„occidentalis“* = westlich, amerikanisch, bezieht sich auf den „Wilden Westen“, wie das östliche Nordamerika lange Zeit genannt wurde, im Unterschied zu der in Ostasien beheimateten Art *T. orientalis* (s. u.). – „Lebensbaum“ nach den immergrünen Nadeln. – Hinweis: Wie oben erwähnt, werden oft die häufig gepflanzten Scheinzypressen (*Chamaecyparis*) fälschlich als „Thuja“ bezeichnet.

Vorkommen: Ziergehölz. Heimat: östliches Nordamerika (dort in Erlenbrüchen und an ähnlichen nassen Standorten). Wurde bereits 1536 nach Europa gebracht. Nur sehr selten verwildert und nur unbeständig.

Blüten: III–V. Einhäusig. Die Blüten werden bereits im Herbst des Vorjahres angelegt. Männliche Blütenstände kugelig, rötlich, nur 1–2 mm groß. Weibliche Blütenzapfen länglich, nur ca. 6–8 mm dick, gelbbraun. Windbestäubung.

Samen: Zapfen länglich, 6–14 mm lang, ihre Schuppen sich mit den Rändern überlappend, bei der Reife steif aufrecht und auseinanderklaffend. Zapfenschuppen dünnholzig, ohne hakigen Dorn an der Spitze. Samen rötlich, geflügelt.

Verwendung: Bekanntes Ziergehölz, besonders der Friedhöfe; oft auch zum Sichtschutz als Heckenstrauch geschnitten. Wird in etwa 100 verschiedenen Kultursorten gepflanzt, die sich in Farbe und Wuchsform unterscheiden. Als Gartengehölz aus ökologischen Gründen nicht zu empfehlen, weil sie der heimischen Tierwelt nur wenig Nist- und Nahrungsmöglichkeiten bieten. Wurde früher volksmedizinisch verwendet; doch ist wegen der starken Giftigkeit davon dringend abzuraten.

Verwandte:

Platycladus orientalis (L.) FRANCO (= *Thuja orientalis* L.), Orientlebensbaum, Morgenländischer Lebensbaum: Ähnlich voriger Art und ähnlich verwendet, aber seltener gepflanzt. Zweige senkrecht stehend und entsprechend auf beiden Seiten gleichfarbig. Ebenfalls stark giftig. Zapfen stark verholzt, hängend. Blütezeit: IV. Zapfenschuppen mit je einem zurückgekrümmten Dorn. Samen ungeflügelt. Heimat: Ostasien. Selten verwildert mit Einbürgerungstendenz.

Thymus pulegioides LINNAEUS (= *T. serpyllum* L. s. l.), Gewöhnlicher oder Arznei-Thymian oder Quendel

Lamiaceae (= Lippenblütler)

Kriechender Halbstrauch, d. h. nur die untersten Stängelteile verholzend, 5–30 cm hoch. Trockenheitsanpassungen: Kleine, elliptische, immergrüne Lederblätter; eingesenkte Drüsen mit ätherischen Ölen (transpirationshemmend) sowie Tiefwurzler (bis 1 m Tiefe). An sonnigen Orten bildet die Pflanze im Winter rote Schutzpigmente; im Sommer ist sie grün. – Hin und wieder findet man Pflanzen, die statt des typischen durch Thymol bedingten Thymiangeruchs nach Zitrone duften. Diese Chemorasse enthält das dem Thymol chemisch verwandte Citronellol. Die Pflanzen werden auch in speziellen Staudengärtnereien angeboten. Es gibt insgesamt mindestens ein Dutzend unterschiedlich duftender Typen, die sich auch genetisch unterscheiden. Zitronenduft findet man oft auch bei dem als Zitronen-Thymian (*T. × citriodorus*) bezeichneten Bastard zwischen *T. pulegioides* und *T. vulgaris*, der als Zierpflanze beliebt ist.

Systematik: Die Gattung umfasst etwa 200–350 Arten in Europa und Asien mit der höchsten Artenzahl im Mittelmeerraum. Nahe verwandt sind u. a. die ebenfalls durch ätherische Öle gekennzeichneten und als Gewürzpflanzen bekannten Gattungen Minze (*Mentha*), Bohnenkraut (*Satureja*) und Dost/Oregano (*Origanum*).
Namen: „*Thymus*“ ist ein griech. Pflanzenname, der ebenso wie der von *Thuja* von thyein = opfern abgeleitet ist, weil die Pflanze wegen ihres Duftes im Opferfeuer mit verbrannt wurde; „*pulegioides*“ = ähnlich der Polei-Minze (*Mentha pulegium*). – „Thymian“ ist Lehnwort und war zunächst auf den Garten-Thymian beschränkt, während die heimischen Arten früher „Quendel“ hießen. Letzterer Name ist von lat. ‚cunila‘ bzw. griech ‚konile‘ = Quendel, Majoran, Oregano entlehnt.
Vorkommen: Sonnige Magerrasen und -weiden, erdige Felsen, Mauern, auf Ameisenhaufen usw., vor allem auf trockenen, basenreichen, sehr nährstoffarmen Böden. Lichtpflanze. Wärmeliebend. Ebene bis Hochgebirge (deutsche Alpen bis 2270 m).
Blüten: VI–IX. Vormännliche „Eigentliche Lippenblumen“, mit herausragenden Staubbeuteln und Narben. Neben Zwitterblüten findet man auch weibliche Blüten, daneben auch rein weibliche Pflanzen. Nektar wird reichlich produziert, er ist von würzigem Geschmack und wird von Haaren der Kronröhre geschützt (verdeckt). Blüten stark duftend. Reicher Blütenbesuch durch vielerlei Insekten, vor allem Honigbienen, Wildbienen und Schmetterlinge. Keine Selbstbestäubung.
Früchte: Klausen mit Ölkörpern: Ameisenausbreitung. Fruchtkelch durch Haarkranz verschlossen. Fruchtreife: VIII–XI.
Vegetative Vermehrung durch bis über 30 cm lange Ausläufer (Kriechpionier).
Verwendung: Ähnlich wie bei *T. vulgaris*. *Thymus*-Arten eignen sich sehr gut als Steingartenpflanzen, so auch für Wildpflanzengärten und Mauerkronen. Bienenweide.
Weitere Arten:
Thymus serpyllum L. s. str., Sand-Thymian: Sandtrockenrasen, Dünen und trockene Kiefernwälder. Kontinentale Art, vor allem im Norden und Nordosten. In den alten Bundesländern stark

gefährdet. Blüten am Ende der Zweige kopfig gedrängt. Blätter linealisch bis schmal elliptisch; nur wenig ätherische Öle enthaltend. – „*Serpyllum*" ist der lat. Name des Quendels, zu serpens = kriechend, wegen der Wuchsform.

Thymus vulgaris L., Echter Thymian, Garten-Thymian: Immergrüner Zwergstrauch, d.h. anders als bei den heimischen Arten verholzen alle Achsen; aber die Erneuerungsknospen liegen nicht höher als 30 cm. Alte Bauerngartenpflanze und zuweilen auch heute noch angepflanzt und z.T. verwildert, aber meist nur unbeständig. Heimat: Mittelmeergebiet. Die Blüten werden gerne von Bienen aufgesucht. Küchengewürz, das appetitanregend und verdauungsfördernd wirkt und besonders für fette Speisen zu empfehlen ist. Wird als Heilpflanze von alters her für vielerlei Zwecke eingesetzt, vor allem als Hustenmittel. Die Wirkung ist auswurffördernd, krampflösend und desinfizierend. Hauptbestandteil ist das ätherische Öl Thymol. Es ist in den vorliegenden Mengen unbedenklich, kann aber in konzentrierter Form (z.B. im „Quendelöl") bei Überdosierung zu starken (bis tödlichen) Vergiftungen führen. Wirkungsvolles Mittel gegen Würmer. Die antiseptische Wirkung nutzten schon die Ägypter beim Einbalsamieren der Leichen.

Tilia cordata Miller (= *T. parvifolia* Ehrh.), Winter-Linde

Malvaceae (= Malvengewächse)

Winterkahler Laubbaum von 10–25, maximal 30 m Höhe. Soll angeblich bis 1000 (oder sogar 1900) Jahre alt werden. Monochasiale Verzweigung, d.h. jeweils ein Seitenast übergipfelt den Hauptast und übernimmt dessen Funktion. Die jungen Zweige sind grün und können auch im Winterhalbjahr zur Photosyntheseleistung beitragen. Winterknospen eiförmig, glänzend rotbraun, mit 2(–3) ungleich großen Knospenschuppen. Alte Stämme sind innen hohl und bilden häufig Innenwurzeln, die sich vom zersetzenden Holz ernähren und der zusätzlichen Festigung dienen. Linden gehören zu den „Fettbäumen", d.h. nach Ablauf der Vegetationsperiode wird die Reservestärke in fettes Öl umgewandelt, im Frühjahr erfolgt die Rückwandlung in Kohlenhydrate. – Blätter herzförmig, rundlich, wechselständig, meist zweizeilig gestellt. Die Blattspreiten sind meist nach beiden Seiten aufwärts gewölbt. Auf der Blattunterseite befinden sich in den Winkeln der Leitbündeläste („Blattnerven") bräunliche bis rostrote Haarbüschel, in denen man regelmäßig Milben antreffen kann. Die Blätter von Schösslingen sind wesentlich größer als die übrigen. Die Herbstfärbung ist leuchtend goldgelb. Die Keimblätter sind gelappt, was sonst selten vorkommt. – Unter Linden parkende Autos sind im Sommer oft klebrig. Ursache davon ist der von Blattläusen (s.u.) abgeschiedene, leicht abwaschbare Zuckersaft (Honigtau). Zum Herbst hin wird der verbliebene Honigtau auf den Blättern zunehmend von Rußtaupilzen besiedelt, sodass die Blätter dann unansehnlich grauschwarz sind. – Herzwurzel. Pilzwurzel (ektotrophe und arbuskuläre Mykorrhiza).

Systematik: Die Gattung umfasst etwa 20–40 Arten der Nordhalbkugel. Sie neigt stark zur Hybridisierung, sodass die genaue Bestimmung oft schwierig ist, besonders bei kultivierten Pflanzen. *Tilia* ist die einzige heimische Gattung der Unterfamilie Tilioideae, die früher als eigenständige Familie Tiliaceae (= Lindengewächse) aufgefasst wurde.

Schädlinge: Die Lindenzierlaus (*Eucallipterus tiliae*) verursacht bei Massenbefall starke Honigtaubildung. Verschiedene Gallmilben führen zu Gallenbildungen, so die Hörnchengallmilbe (*Eriophyes tiliae*) oder die Filzgallmilbe (*E. leiosoma*), die filzige Flecken bildet.

Namen: „*Tilia*" ist der lat. Name der Pflanze und des Lindenbastes. Neulat. „*cordatus*" = herzförmig, wegen der Blätter, die allerdings bei anderen Arten der Gattung eine ähnliche Form haben. – „Linde" ist der germ. Name der Pflanze und gebietsweise auch der aus Lindenholz gefertigten Schilde, Speere und Gürtel bzw. des aus Linden gewonnenen Bastes. Das Adjektiv ‚lind' bedeutet ‚weich, mild, biegsam', gibt also die Eigenschaften des Lindenholzes gut wieder. Üblicherweise wird der Baumname von der Eigenschaft ‚lind' abgeleitet, es könnte aber gut sein, dass umgekehrt die Eigenschaft nach dem Baum benannt ist. Lattenzäune aus Lindenholz hießen früher „Landen“, womit unser Wort „Geländer“ zusammenhängt. „Winter-“ bezieht sich auf die im Vergleich zu folgender Art spätere Blütezeit.

Vorkommen: Sommerwarme Laubmischwälder, auf basenreichen, meist tiefgründigen Böden. Schattenverträglich. Vermag auch auf lockeren Schuttböden und staunassen Böden zu wurzeln. Ebene bis Gebirge (deutsche Alpen bis 1360 m). Oft angepflanzt. Streusalzempfindlich. In Norddeutschland nur selten ursprünglich, aber oft verwildert und zum Teil auch fest eingebürgert.

Blüten: VI–VII. Vormännliche „Nektar führende Scheibenblumen“ (siehe Detailfoto), in hängenden Doldentrauben. Nach Honig duftend. Nektar wird auf den hohlen Kelchblättern abgesondert und von Haaren überdeckt. Die maximale Abscheidung erfolgt abends und nachts. Narbe schleimig. Hauptbesucher sind Bienen, Hummeln, Schwebfliegen und andere Fliegen sowie Nachtfalter. Der Nektar ist entgegen früheren Angaben ungiftig (siehe *T. tomentosa*). Wichtige Pollenquelle für Honigbienen: Bienentrachtpflanze. Der Pollen kann vom Wind übertragen werden und dann evtl. Heuschnupfen verursachen. Ein Baum kann bis zu 60.000 Blüten haben.

Früchte (siehe Detailfoto): Ausbreitungseinheit ist der Fruchtstand, dessen Stiel zur Hälfte mit dem zungenförmigen Vorblatt verwachsen ist (Rekauleszenz) und 5–7 dünnschalige und daher leicht zerdrückbare, 1–2-samige Nüsse trägt, die je aus einem 5-fächerigen Fruchtknoten entstanden sind: Drehflieger. Fruchtreife: IX. Wintersteher. Keimung oberirdisch (epigäisch). Selbst noch grün geerntete Früchte keimen sofort. Keimblätter handförmig gelappt (= Ausnahme). – Heruntergefallene Samen sind die Hauptnahrung der Feuerwanzen.

Verwendung der Linden-Arten: Linden sind altbekannte Bäume der Dorfplätze, Parks, Straßen, Alleen und Bildstöcke. Lindenblütentee ist wohlschmeckend und wird gern als schweißtreibendes Mittel bei Erkältungskrankheiten verwendet. Wirkstoffe sind ätherische Öle und Flavonoide. Lindenblütenhonig gilt als besonders wertvoll. Davon zu unterscheiden ist der „Lindenhonig“, der zusätzlich auf Honigtau, also

auf zuckerhaltige Ausscheidungsprodukte von Blattläusen, zurückgehende Anteile enthält. Das aus den Blüten gewonnene ätherische Öl soll an Feinheit alle anderen Parfüm-Öle übertreffen. – Die jungen Blätter schmecken mild und lassen sich roh oder gekocht in der Küche verwenden. Die Blüten eignen sich zum Aromatisieren von Getränken und Desserts. – Das weiche, dichte Holz wurde schon im Altertum genutzt, z. B. zur Herstellung von Schilden und Speeren, aber auch für Mäntel. Es hat ein spezif. Gewicht von nur 0,53 g/cm^3. Es wird gerne zum Schnitzen und Drechseln genommen und war u. a. Ausgangsstoff für viele mittelalterliche Kunstwerke. Es wird auch zur Herstellung von Papier und Zellstoff verwendet. Als Bau- oder Brennholz ist es nicht geeignet. Lindenkohle war für Schießpulver sehr begehrt. – Lindenbast, d. h. die Sklerenchymstränge des sekundären Phloems, benutzte man früher zum Flechten von Matten, Schuhen, Kleidungsstücken usw. Er wurde schon in den Pfahlbauten der Steinzeit benutzt. Auch heute noch verwendet man ihn als Gärtnerbast

Die Fruchtstände der Linden sind mit Hilfe der bleibenden Vorblätter typische Drehflieger.

und zum „Basteln“. – Linden galten als Sinnbild der Gerechtigkeit. Unter den alten „Dorflinden“ wurde Gericht abgehalten, aber auch gefeiert. In vielen alten Liedern werden sie besungen. Linden waren der Göttin Freya (Freia) bzw. nach der Christianisierung der Maria heilig.

Weitere Arten und Bastarde:

Tilia platyphyllos Scop., Sommer-Linde: Sehr ähnlich wie vorige Art. Formenreich. Haarbüschel der Blattunterseite hell. Blätter größer und weicher als bei voriger Art. Oft >40 m hoch werdend. Blüht 14 Tage früher als *T. cordata*. Der Blütenbeginn gilt in der Phänologie (z. B. beim Deutschen Wetterdienst) als Einsetzen des Hochsommers. Früchte nur zu 3(–5), dickwandig (und daher im Gegensatz zu *T. cordata* nicht leicht zerdrückbar) und 5-kantig. In Norddeutschland ohne ursprüngliche Vorkommen.

Tilia × vulgaris Hayne (= *T. europaea* auct.), Holländische Linde: Hybride zwischen den beiden vorigen Arten. Wird heute gebietsweise häufiger angepflanzt als die reinen Arten und kommt auch spontan im Überschneidungsbereich der beiden Arten vor.

Tilia tomentosa Moench, Silber-Linde: Seit langem bekannter Zierbaum, der besonders auch in der letzten Zeit viel in Anlagen gepflanzt wurde. Heimat: Südosteuropa. Blätter unterseits dünn weißfilzig. Bei starker Sonneneinstrahlung wird die Blattunterseite, die das Licht reflektiert und dadurch die Blätter vor Überhitzung schützt, in Richtung zur Sonne gestellt, sodass die Baumkrone ein silbrig-weißes Aussehen bekommt. Der Blattlausbefall ist wegen der Behaarung geringer als bei vorigen Arten. Der Baum blüht noch später als die heimischen Linden und wird gerne von Hummeln und anderen Bienen besucht, da diese zu der Zeit kaum andere Nahrung finden. Der an sich reichlich produzierte Nektar reicht aber zu diesem Zeitpunkt insgesamt nicht aus, sodass man relativ viele tote Blütenbesucher unter den blühenden Bäumen findet. Früher nahm man daher an, die Linden wären für diese Tiere giftig, etwa durch Produktion des für Bienen gefährlichen Zuckers Mannose. Inzwischen wurde aber nachgewiesen, dass die Arten ungiftig sind. Auch die Empfehlung, fremdländische Linden nicht mehr anzupflanzen, muss daher zurückgenommen werden. Wichtiger wäre, mehr spätblühende Gehölze in die Parkanlagen einzubringen.

Tilia × euchlora K. Koch, Krim-Linde: Hybride zwischen *T. cordata* und *T. dasystyla*. Es gilt das für vorige Art Gesagte. Die bekannte Straße „Unter den Linden“ in Berlin ist mit Krim-Linden bestanden. Auch bei dieser Sippe gibt es kaum Blattlausbefall.

Tofie̲ldia calycula̲ta (L.) Wahlenberg, Kelch- oder Gewöhnliche Simsenlilie

Tofieldiaceae (Simsenliliengewächse)

Ausdauernder Hemikryptophyt (Halbrosettenpflanze) bzw. Sumpfpflanze mit Rhizom, 15–30 cm hoch. Blätter grasartig, Grundblätter sattgrün, rosettig gehäuft, Stängelblätter zweizeilig angeordnet.

Systematik: *Tofieldia*, inkl. 3 weiterer kleiner Gattungen, wurde in der Vergangenheit ganz verschiedenen Familien zugeordnet oder als selbständige Familie angesehen. Letztere Auffassung wurde jetzt durch molekulare Daten bestätigt.
Namen: „*Tofieldia*" wurde 1778 von Hudson geprägt, zu Ehren des engl. Wasserbauingenieurs und Botanikers T. Tofield (1730–1779). Bei Linné hieß die Pflanze *Anthericum calyculatum*. Neulat. „*calyculatus*" = mit Außenkelch. – „Simsenlilie" wurde künstlich gebildet und bezieht sich auf den gras- bzw. simsenartigen Habitus und die lilienähnlichen Blüten.
Vorkommen: Feuchte bis nasse, nährstoffarme, meist kalkreiche Flach- und Quellmoore, im Gebirge auch in relativ feuchten Halbtrockenrasen. Lichtpflanze. Kalk- und Feuchtezeiger. Vor allem in den Alpen und Voralpen, sonst selten bis fehlend. Eiszeitrelikt. In Deutschland insgesamt gefährdet.
Blüten: VI–VII. „Nektar führende Scheibenblumen", klein, gelblich, in 3–8 cm langen ährenartigen, reichblütigen Trauben. Vorweiblich. 6 freie Perigonblätter, Fruchtknoten oberständig, dreiteilig, Fruchtblätter im oberen Drittel frei. Außenhülle (Außenkelch) dreilappig, kelchartig. Bestäuber sind Bienen, Schwebfliegen, Käfer und andere Insekten. Wegen der weit herausragenden Staubblätter ist auch Windbestäubung und wegen der langlebigen Narben bei ausbleibender Fremdbestäubung auch spontane Selbstbestäubung möglich.
Früchte: Vielsamige, sich bei Trockenheit an der Spitze klappig öffnende Kapseln: Windstreuer. Die leichten, spindelförmigen Samen werden als Körnchenflieger ausgebreitet bzw. haften bei feuchtem Wetter an Tieren an. Fruchtreife: VIII–X. Lichtkeimer.

Torilis japonica (HOUTT.) DE CANDOLLE, Gewöhnlicher Klettenkerbel

Apiaceae (= Doldenblütler)

Einjährig überwinternde bis zweijährige Halbrosettenpflanze, 30–120 cm hoch. Blätter 1–2-fach gefiedert. Pflanze gelegentlich, vor allem an sonnigen Plätzen, rot überlaufen.

Systematik: Die Gattung umfasst ca. 20 Arten. Verwandt sind u. a. die Haftdolde (*Caucalis*, s. u.) und der Venuskamm (*Scandix*).

Namen: Der Name „*Torilis*" wurde von ADANSON 1763 geprägt, indem er Teile der linnéschen Gattungen *Tordylium* und *Caucalis* zu der neu aufgestellten Gattung „*Torilis*" vereinigte und dabei Namensteile beider Gattungen zusammenfügte. Bei LINNÉ 1753 hieß die vorliegende Art *Tordylium anthriscus* (vgl. dazu auch *Anthriscus sylvestris*). Der Artbeiname „*japonica*" dieser bei uns genauso wie in Japan verbreiteten Art hängt mit der komplizierten Geschichte der Nomenklatur zusammen. – „Klettenkerbel" weist auf die Ähnlichkeit mit Kerbel (im weiteren Sinne) und auf die klettenden Früchte hin.

Die Früchte sind widerhakig.

Vorkommen: Waldränder, Schläge, Wegsäume und beschattete Ruderalstellen, auf frischen, nährstoff- und basenreichen, humosen Lehmböden. Ebene bis Gebirge (deutsche Alpen bis 1040 m, Jura bis 950 m). Einheimisch, aber oft an Sekundärstandorten. Das Areal erstreckt sich von Europa bis Ostasien.

Blüten: VII–VIII. Weiße, vormännliche „Nektar führende Scheibenblumen". Neben zwittrigen Blüten finden sich in der Doldenmitte noch männliche, kurz gestielte Blüten. Seltener sind rein männliche Dolden. Bestäuber sind Fliegen.

Früchte (siehe Detailfoto): Spaltfrüchte (Doppelachänen). Hakig bestachelte Klettfrüchte (Lupe!) mit borstigen Hauptrippen und Vertiefungen. Durch Menschen und Hunde oft entlang der Wege verbreitet.

Verwendung: Die Früchte waren früher ein wichtiges Gewürz. In der chinesischen Medizin werden sie von alters her bei Entzündungen usw. verwendet. Neuere Untersuchungen weisen auf eine Wirksamkeit bei einigen Krebserkrankungen hin.

Weitere Arten/Verwandte:

Torilis arvensis (HUDS.) LINK, Acker-Klettenkerbel: Früchte gedrängt stehend, Borsten an der Spitze mit Widerhaken: Kletthafter. Äcker wärmerer Lagen. Heute z. T. auch verschleppt.

Caucalis platycarpos L. (= *C. daucoides* L. p. p.), Acker- oder Möhren-Haftdolde: Einjährig, meist nur 10–20 cm hoch. Angeblich Archäophyt, der mit dem Ackerbau aus dem Mittelmeergebiet eingeschleppt wurde, aber wohl eher Neophyt; nach noch anderen Angaben sogar einheimisch. War noch nach dem letzten Weltkrieg im Getreide auf Kalkäckern warmer Lagen verbreitet. Ist jetzt aber weitflächig durch Herbizideinsatz vernichtet worden und wird deshalb auf der „Roten Liste" (Stand 2018) als stark gefährdet eingestuft. Armblütige Dolden mit weißen, am Rande strahlenden Blüten.

Doldenmitte mit Gipfelblüte und Sitz der männlichen Blüten. Meist homogam. Neben Insektenbestäubung kommt auch Selbstbestäubung vor. Die auffälligen, widerhakigen Klettfrüchte sind 8–10 mm lang. Neben Klett- auch Trittausbreitung. Außerdem kann sich die starke Bodenhaftung der Früchte auch ausbreitungshemmend auswirken, was an Steppen-Standorten durchaus von Vorteil ist.

Tragopogon pratensis LINNAEUS, Wiesen-Bocksbart

Asteraceae (= Korbblütler)

Meist zweijährige Halbrosettenpflanze, seltener einjährig überwinternd oder ausdauernd (dann evtl. Rhizom-Geophyt), 30–70 cm hoch. Pflanze Milchsaft führend. Blätter grasartig, bis 50 cm lang. – Tiefreichende Pfahlwurzel.

Systematik: Die Gattung umfasst 100–150 Arten. Sie gehört in die Unterfamilie Cichorioideae (siehe *Cichorium*). Nächst verwandt ist die Schwarzwurzel (*Scorzonera*).

Namen: „*Tragopogon*" ist der lat.-griech. Name von Bocksbart-Arten, zu griech. tragos = Ziegenbock und pogon = Bart, weil der reife, aber noch geschlossene Fruchtstand mit den herausragenden Pappushaaren an den Bart eines Ziegenbocks erinnert. Lat. „*pratensis*" = Wiesen-. – „Bocksbart" ist durch Übersetzung künstlich gebildet.

Vorkommen: Fettwiesen und Wegränder, auf frischen, nährstoff- und basenreichen, lockeren Ton- und Lehmböden, Staunässe meidend. Sommerwärme liebend. Ebene bis Hochgebirge (deutsche Alpen bis 1690 m).

Blüten: V–VII. „Körbchenblumen vom *Leontodon*-Typ", d.h. mit ausschließlich Zungenblüten. Sie sind nur vormittags und nur bei sonnigem Wetter geöffnet (bei der Kleinart *orientalis* bis 11 Uhr, bei der Kleinart *pratensis* bis 14 Uhr). Je Körbchen 20–50 Blüten. Randständige Blüten mit 6–7, mittlere mit 5 mm langer Kronröhre. Besucher sind Bienen, Falter, Schwebfliegen und Woll- oder Hummelschweber (= Zweiflügler). Spontane Selbstbestäubung wird dadurch möglich, dass sich die beiden Narbenäste zuletzt spiralig einkrümmen und dabei die Fegehaare berühren, an denen noch Pollen haften kann.

Die Haare des lang gestielten Fallschirms sind miteinander verwoben.

Früchte: Achänen mit dekorativen „Fallschirmen" mit gefiederten Pappushaaren. Windausbreitung: Schirmchenflieger. Mit einem Durchmesser von bis zu 4 cm gehören sie zu den größten Schirmfliegern des Pflanzenreichs. Der Schirm ist oben durch Verwebung der gefiederten Pappushaare besonders dicht. Dadurch ergibt sich nach Untersuchungen von CASSEAU et al. (2015 PLoS ONE 10, e0125040) eine optimale Aerodynamik, obwohl die Früchte gut 10-mal so schwer sind wie etwa die des Löwenzahns (*Taraxacum*). Wie bei letzterem ist das Fußstück lang und dünn, sodass der Schwerpunkt sehr tief liegt, was für das Ausbalancieren wichtig ist. Entsprechend diente dieses Bauprinzip als Vorbild für die Konstruktion eines Fallschirmes (Bionik). Auch Wasserhafter und Kletthafter (5 raue Haupt-Pappusstrahlen) und Zufallsausbreitung. Schirm leicht abbrechend. Die Körbchen zeichnen sich durch verschieden gestaltete Früchte aus (Heterokarpie): Die äußeren Früchte sind doppelt so schwer wie die glatten, inneren und dürften eher für den Nahtransport, die inneren eher für den Ferntransport geeignet sein. Fruchtreife: VII–VIII.

Verwendung: Alle jungen Pflanzenteile der *Tragopogon*-Arten sind als Gemüse geeignet. Die Wurzelrüben sind wie die der Schwarzwurzel (*Scorzonera hispanica*) verwendbar. Das süßliche, milchartig schmeckende Stängelmark kann man roh essen. Früher wurden auch die in Essig eingelegten jungen Blütenkörbchen gegessen.

Weitere Arten (vgl. auch *Scorzonera* = Schwarzwurzel):

Tragopogon dubius SCOP. (= *T. major* JACQ.), Großer Bocksbart: Ähnlich wie vorige Art. Einjährig, sommerannuell. Körbchenstiele oben keulig verdickt und hohl. Sonnige und lückige Halbtrockenrasen und Wegränder. Mehr südlich verbreitet. Zierpflanze.

Tragopogon porrifolius L., Haferwurz: Violett bis weinrot blühend. Blütenkörbchen von den abstehenden, schmalen Hüllblättern weit überragt. Seit der Antike bekanntes Wurzelgemüse, das bei uns zwischen dem 15. und 17. Jh. auch feldmäßig angebaut wurde, dann aber weitgehend von der Schwarzwurzel (*Scorzonera hispanica*) verdrängt wurde. Der Geschmack ist süßlich und soll an Austern erinnern. Auch die Blätter können als Salat oder Gemüse genutzt werden. Wird auch als Zierpflanze kultiviert. Gelegentlich verwildert, aber meist nur unbeständig. Heimat: Mittelmeergebiet, wo die Pflanze heute noch als Wurzelgemüse angebaut wird.

Trapa natans LINNAEUS, Gewöhnliche Wassernuss

Lythraceae (= Blutweiderichgewächse)

Einjährig, sommerannuell. Schwimmblattpflanze. Stängel untergetaucht, dünn und biegsam, 1–4 m lang und in einer Tiefe von 30–60(–200) cm im Schlamm verankert. Die bis 40 cm breite Schwimmblattrosette besteht aus 5–30 rautenförmigen, ledrigen, oberseits später oft roten Blättern. Sie erscheint erst im Laufe des Junis an der Wasseroberfläche. Ihre Spaltöffnungen liegen an der Blattoberseite. Die Blattstiele sind nach der Blüte aufgeblasen, was dem Auftrieb für die dann durch die Fruchtbildung schwerer werdende Pflanze dient. Die Blattrosetten zeigen eine merkwürdige Tagesrhythmik, indem sie sich nachts zusammenziehen und evtl. sogar mehrere cm unter die Wasseroberfläche abtauchen. Am untergetauchten Stängel gehen fast in ganzer Länge von den Stängelknoten paarig angeordnete Wurzeln (Nebenwurzeln) aus, die 4-zeilig angeordnete, haarfeine Seitenwurzeln tragen. Letztere sind photosynthetisch aktiv, weswegen die Wurzeln manchmal fälschlich als gefiederte Blätter aufgefasst werden. Die feine Zerteilung der Blätter dient durch die Vergrößerung der Oberfläche zugleich einem besseren Gasaustausch und einer besseren Aufnahme von Nährsalzen aus dem Wasser. Zusätzlich befinden sich an den Stängeln noch kleine, linealische, früh hinfällige Blätter ohne Spaltöffnungen. An der Blattunterseite wie am Stängel befinden sich Säure abscheidende Drüsen, die als Fraßschutz gegen Wassertiere gedeutet werden. Im Herbst färben sich die Blätter durch erhöhte Produktion von Anthocyanen oben rotbraun bis tief violettbraun.

Systematik: *Trapa* umfasst 2–5 Arten und ist die einzige Gattung der Unterfamilie Trapoideae, die früher meist den Rang einer eigenen Familie Trapaceae (= Wassernussgewächse) hatte.

Namen: „*Trapa*" wurde von LINNÉ geprägt, von spätlat. calcitrapa bzw. franz. trappe = Fußangel, nach der Fruchtform. In der Antike und auch vor LINNÉ hieß die Pflanze *Tribulus*. Lat. „*natans*" = schwimmend. – „Wassernuss" wegen des Standorts und der Verwendung. Ein weiterer Name ist „Jesuitennuss", der darauf hinweist, dass die Pflanze früher gerne an Klöstern kultiviert wurde. Zum manchmal verwendeten Namen „Wasserkastanie" siehe unter Verwendung.

Vorkommen: Schwimmblattbestände sommerwarmer, nährstoffreicher, stehender, nicht zu seichter Gewässer über humosen Schlammböden. Vor allem in den Tieflagen in Altwassern der Flüsse. Kennart des Trapetum natantis (= Wassernussgesellschaft). War in der Wärmezeit weit verbreitet. Heute bei uns meist nur noch selten und stark gefährdet. **Geschützt!** In Australien und Nordamerika eingeschleppt und z. T. als invasiv eingestuft.

Blüten: VII–VIII. Blütezeit nur kurz. Nektar führende „Kleine Trichterblumen". Blüten unscheinbar, weißlich, in den Achseln der Schwimmblätter, kurz gestielt, 4-zählig. Sie sind nur wenige Stunden geöffnet. Fruchtknoten mittelständig. Griffel walzlich mit kopfiger Narbe. Selbstbestäubung ist vorherrschend.

Früchte (siehe Abb.): 1-samige, steinfruchtartige, zur Reife von der vergrößerten Blütenachse eingeschlossene Nüsse. Die klappenförmigen Kelchblätter werden zu 4 (selten 2) dornartigen, mit Widerhaken besetzten Fortsätzen, die später zur Verankerung im Boden dienen. Schwimmausbreitung, Klettausbreitung durch Wasservögel, Menschenausbreitung (Kulturflüchter und -relikt). Fruchtreife: IX–X. Wärmekeimer. Samen ohne Nährgewebe. Von den beiden Keimblättern dient eines als Stärkespeicher und verbleibt in der Frucht, das andere ist schuppenförmig und tritt mit dem Keimstängel aus. In seiner Achsel entstehen neben einem Seitenspross zwei sich später ablösende, der vegetativen Vermehrung dienende Beiknospen.

Verwendung: Die stärkereichen (50–60 %) Samen wurden roh oder gekocht gegessen oder zu Brotmehl verarbeitet und spielten auch in der Volksmedizin eine Rolle. Die Nutzung lässt sich bis in die jungsteinzeitlichen Pfahlbauten zurückverfolgen. Früher wurde die Pflanze in Teichen auch angebaut, z. B. im Bergischen Land. Die Früchte wurden noch zu Beginn des 20. Jh. auf Märkten angeboten. Heute spielen sie vor allem in der ostasiatischen Küche eine Rolle, dort besonders die z. T. als eigene Art *T. bicornis* abgegrenzte Form, deren Früchte zwei hornartige Fortsätze tragen und so an Büffelköpfe erinnern. Wassernüsse schmecken ähnlich wie Maronen und sollten vor dem Verzehr unbedingt in Wasser gekocht werden. Es ist nicht ganz einfach, an das Innere heranzukommen; es geht aber mit einem scharfen Messer. – Hinweis: Manchmal werden Wassernüsse auch als „Wasserkastanien" bezeichnet. Das ist vom Geschmack her verständlich, aber insofern verwirrend, als dieser Name eigentlich für das tropische Sauergras *Eleocharis dulcis* gilt, bei dem die kastanienähnlichen Ausläuferknollen ähnlich verwendet werden wie die Früchte der Wassernuss und bei uns in Dosen konserviert im Handel erhältlich sind. – Die gerbstoffreichen Früchte der Wassernuss wurden zusammen mit eisenhaltigem Wasser zu Tinte verarbeitet.

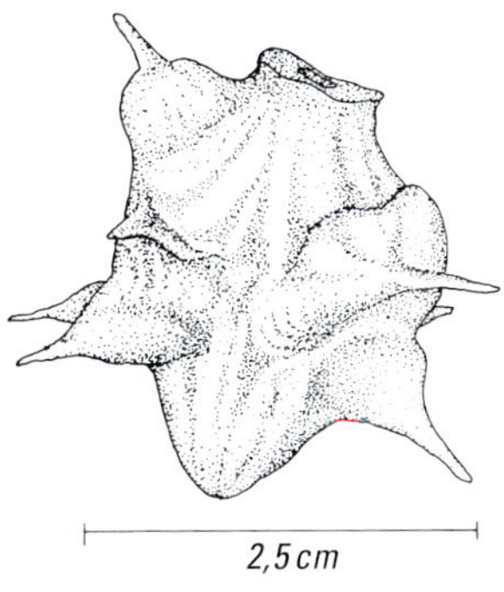

Die essbaren Früchte sind widerhakig.

Trientalis europaea Linnaeus (= *Lysimachia europaea* U. Manns et Anderb.), Europäischer Siebenstern

Primulaceae (= Primelgewächse)

Rhizom-Geophyt, 10–20 cm hoch. Stängel im oberen Teil mit 5–7 fast quirlständigen Blättern, darüber im letzten Drittel die Blüte. Ausläufer (Rhizome) am Ende knollig verdickt. Ausreichende Biomasseproduktion erfolgt nur bei niedrigen Nachttemperaturen, wohl wegen der Einschränkung der nächtlichen Atemverluste. – Bis 15 cm tief wurzelnd.

Systematik: Die Gattung umfasst 3 Arten und gehört zur Unterfamilie Myrsinoideae. Sie wird neuerdings oft in die Gattung Gilbweiderich (*Lysimachia*) einbezogen (siehe dort).
Namen: „*Trientalis*" ist ein vorlinnéscher Name (16. Jh.), wahrscheinlich von lat. trientalis = 1/3 Fuß hoch (ca. 10 cm). – „Siebenstern" wegen der 7-zähligen Blüten.
Vorkommen: Selten in moosreichen Nadel- und Laubwäldern und Flachmooren. Rohhumuspflanze. Nordisch bis arktisch, zirkumpolar verbreitet. In Deutschland vor allem im Norden und Osten. – **Schützenswert**.
Blüten: VI–VII. Weiße „Pollen-Scheibenblumen". Saftreicher Ring am Grunde der Blütenkrone. Bestäuber sind kurzrüsselige Bienen, Fliegen und Käfer. Selbstbestäubung ist vor dem Abblühen möglich. Einzige heimische Art mit (meist) 7-zähligen Blüten.
Früchte: Sich bei Trockenheit durch unregelmäßigen Zerfall öffnende Kapseln, vom Kelch überragt: Windstreuer. Samenansatz selten. Fruchtreife: VIII–IX. Lichtkeimer. Samen langlebig.
Verwendung: Wegen des Saponingehaltes des Rhizoms ehemalige Heilpflanze.
Vegetative Vermehrung durch unterirdische Ausläufer.

Trifolium arvense Linnaeus, Hasen-Klee, Acker- oder Katzen-Klee

Fabaceae (= Schmetterlingsblütler)

Einjährig, 8–30 cm hoch. Pflanze behaart, mit vom Grund an ausgebreiteten Ästen. Blätter 3-zählig, gestielt, mit Nebenblättern. Fiedern länglich, blaugrün. – Alle *Trifolium*-Arten bilden Wurzelknöllchen (vgl. *Lupinus*).

Systematik: Die Gattung ist in den gemäßigten und subtropischen Klimaten der nördlichen Erdhälfte verbreitet und umfasst etwa 300 Arten, davon ca. 100 in Europa. Charakteristisch ist die an der Frucht verbleibende Krone. *Trifolium* ist namengebend für die Gattungsgruppe (Tribus) Trifolieae, zu der u. a. auch Schneckenklee (*Medicago*), Steinklee (*Melilotus*) und Hauhechel (*Ononis*) gehören.

Namen: Zu den Gattungsnamen siehe *T. pratense*. Neulat. „*arvensis*“ = Acker-.
Vorkommen: Bodensaure Sandmagerrasen und sandige Äcker, auch an der Küste. Ziemlich verbreitet. Ebene bis mittlere Bergstufe. Auch im Mittelmeergebiet nicht selten.
Blüten: VI–IX. Blütenköpfchen eiförmig bis walzlich. Kelch zottig, mit pfriemlich-borstigen Zähnen, länger als die unscheinbare weiße, später rosa Krone. „Nektar führende Fahnenblumen (= Schiffchenblumen) mit Klappeinrichtung“. Bestäuber sind Bienen, seltener Schmetterlinge. Spontane Selbstbestäubung ist erfolgreich.
Früchte: 1–2-samige, wenig aufspringende Hülsen. Ausbreitungseinheit sind zunächst die von den auffällig federig behaarten Kelchen umhüllten Früchte. Die Kelche dienen dabei als Flugorgan: Ausgeprägte Schopfflieger. Die Haare führen hygroskopische Bewegungen aus. Auch Haftausbreitung. Später werden die Samen im Gegensatz zu den meisten anderen *Trifolium*-Arten entlassen und weiter ausgebreitet. Fruchtreife: ab VIII.
Verwendung: Das blühende Kraut ist gerbstoffreich und gilt als ausgezeichnetes Hausmittel gegen Durchfall. – Für Trockensträuße zu empfehlen, da die Kelchhaare den Blütenköpfchen ein dekoratives, kätzchenartiges Aussehen verleihen. Für Wildpflanzengärten auf Silikatböden geeignet.

Trifolium campestre SCHREBER, Feld-Klee

Fabaceae (= Schmetterlingsblütler)

Einjährig, niederliegend-aufsteigend, 15–20(–30) cm hoch. Blätter wechselständig, mit Nebenblättern, 3-zählig gefiedert. Endfieder länger gestielt als die seitlichen.

Namen: Zu den Gattungsnamen siehe *T. pratense*. Lat. „*campestris*“ = Feld-.
Vorkommen: Magerrasen, Sandfelder, Wege und Äcker, auf warmen, mäßig trockenen, basenreichen, sauren Böden. Magerkeitszeiger. Bodenfestiger. Ebene bis Gebirge (deutsche Alpen bis 1860 m).
Blüten: VI–VIII. „Fahnenblumen (= Schiffchenblumen) mit Klappmechanismus“. Krone schwefelgelb. Köpfchen 20–50-blütig, 7–10 mm lang, kugelig; durch das Abwechseln von UV-reflektierenden und UV-absorbierenden Bereichen für den Besucher zweifarbig erscheinend. Bestäuber sind Honigbienen,

kleinere Wildbienen, Fliegen und Falter. Spontane Selbstbestäubung ist erfolgreich.

Früchte: 1-samige, kleine Nüsse, von der bleibenden, bräunlichen, pergamentartigen, löffelförmigen, nach der Blüte vergrößerten Krone umgeben, die durch Lufteinschluss als Flugorgan dient: Ballon- und Flügelflieger sowie Regenschwemmlinge. Zufallsausbreitung durch Huftiere. Fruchtreife: ab VII–VIII.

Verwendung: Wertvolle Futterpflanze, deshalb zuweilen angesät. Wichtiger Bodenverbesserer durch Anreicherung magerer Böden mit Stickstoffverbindungen. Bienentrachtpflanze. Eine Bereicherung unserer Park- und Gartenrasen.

Weitere Arten (vgl. auch bei *T. pratense*):

Trifolium dubium Sibth. (= *T. minus* Sm.), Kleiner Klee, Faden- oder Zwerg-Klee: Ähnlich wie vorige Art, besonders wie deren Kümmerformen. Blütenköpfchen kleiner, nur 5–10-blütig, mit einheitlicher UV-Absorption. Blüten zurückgebogen. Ausbreitung wie bei voriger Art. Fettwiesen, Ruderalstellen und Zierrasen. Lehmzeiger. Kann mit dem Hopfenklee (*Medicago lupulina*, siehe dort) verwechselt werden, ist aber von diesem u. a. durch die bleibende Krone und die fehlende Blättchenspitze zu unterscheiden.

Trifolium aureum Pollich, Gold-Klee: Sehr ähnlich wie *T. campestre*, aber Blütenköpfe 10–15 mm lang, goldgelb (Name!). Endfieder nicht länger gestielt als die seitlichen. In kalkarmen, basenreichen Magerrasen. Ökologie ähnlich wie bei *T. campestre*, aber viel seltener. Besucher sind Bienen und Schmetterlinge, dazu auch Selbstbestäubung.

Trifolium pratense Linnaeus, Rot-Klee, Wiesen-Klee

Fabaceae (= Schmetterlingsblütler)

Ausdauernder oder ein- bis zweijähriger Hemikryptophyt (Schaftpflanze) mit kräftigem Rhizom und Zugwurzeln, 10–30(–80) cm hoch. Blätter 3-zählig gefiedert. Endfieder nur kurz gestielt. Schon die Keimblätter führen hier und bei anderen Klee-Arten, indem sie sich nachts zusammenlegen, im 2–4-stündigen Rhythmus autonome Tag-/Nachtbewegungen durch. Sie beruhen auf Turgoränderungen. – Tiefwurzler (bis 2 m Tiefe). Wurzelknöllchen mit Stickstoff bindenden Bakterien (vgl. *Lupinus*). Sie sorgen nach Klee-Anbau für eine natürliche Bodenverbesserung.

Namen: „*Trifolium*" (triphyllon) ist der lat.-griech. und vorlinnésche Name verschiedener Pflanzen mit dreizähligen Blättern, zu lat. tres = drei und folium = Blatt. Der Name wurde von Linné auf die vorliegende Gattung beschränkt. Lat. „*pratensis*" = Wiesen-. – Im Deutschen ist die Situation ähnlich: Der Gattungsname „Klee" ist heute auf die Gattung *Trifolium* begrenzt, galt aber früher auch für zahlreiche andere kleeblättrige Pflanzen, z. B. für verwandte Gattungen wie Steinklee (*Melilotus*) oder nicht verwandte Gattungen wie Sauerklee (*Oxalis*). Die Bedeutung des Wortes „Klee" (niederdeutsch Klever) ist nicht sicher geklärt. – In einer allgemeinen Bedeutung war Klee früher auch eine Bezeichnung für die (durch Kleeblumen gezierten) Wiesen und entsprechend Symbol der Frische. Die Redewendung ‚über den grünen Klee loben' bedeutet, etwas noch mehr zu loben als die Dichter die grünen Kleewiesen.

Systematik: siehe *Trifolium arvense*.

Vorkommen: Fettwiesen und -weiden und andere frische, nährstoffreiche Wiesen in humider, wintermilder Klimalage und dort seit dem 16. Jh. auch häufig kultiviert. Ebene bis Hochgebirge (deutsche Alpen bis 2270 m; dort eine eigene Sippe). In der kühl-gemäßigten Zone weltweit angebaut und verschleppt.

Blüten: VI–IX. Homogame „Fahnenblumen (= Schiffchenblumen) mit Klappmechanismus", in Blütenköpfchen. Honigduftend. Die Kronblätter sind – wie bei allen *Trifolium*-Arten – am Grunde zu einer Röhre verwachsen. Die Krone ist in Nordeuropa bis 10 mm lang, in Mittel- und Südeuropa meist nur 8–9 mm lang. Nektar ist deshalb nur langrüsseligen Bienen und Schmetterlingen zugänglich, wobei sich zahlreiche Arten von Tag- und Nachtfaltern einfinden. Im Norden sind es überwiegend langrüsselige Hummeln, im Süden außerdem z. B. auch Honigbienen. Erdhummeln verüben nicht selten „Einbruch" durch seitliches Anbeißen der Kronröhre. Im Übrigen sind Rot- und Kriech-Klee eine wichtige Pollenquelle für einige Hummel-Arten. Selbststeril; Nachbarbestäubung ist von geringem Erfolg. Voraussetzung für guten Samenansatz ist in Nordeuropa reichlicher Hummelbesuch. Darwin erkannte einen kausalen Zusammenhang zwischen der besonderen Katzenliebe unverheirateter Damen und dem Gedeihen der dortigen Kleefelder: Viele Katzen bedeuteten wenig Wühlmäuse und, da diese die Hauptfeinde der Hummeln sind, viele Hummeln und somit wiederum reichlich Kleesamen. Also: viel Katzenliebe = viele Kleesamen. – In Mitteleuropa ist Klee wegen des zuckerreichen Nektars und des stickstoffreichen Pollens eine wichtige Bienentrachtpflanze. Dies ist besonders dadurch möglich, dass durch den oben erwähnten Blüteneinbruch der Erdhummeln Löcher an den Kronröhren entstehen, an denen die Honigbienen Nektar saugen können (sekundärer Nektarraub) (vgl. Flügel 2014). Für 1 kg Honig müssen ca. 20 Mio. Blüten angeflogen werden. Pollenfarbe braun.

Früchte: Die winzigen, 1–2-samigen Früchte springen mit einem Deckel auf. Kelch behaart, 10-nervig, bleibend, Kelchzipfel gewimpert und gemeinsam mit der ebenfalls bleibenden, trockenen Blütenkrone als Flugorgan dienend: Ballon- und Flügelflieger. Dazu Zufallsausbreitung durch Grasfresser, Ameisenausbreitung und Ausbreitung durch Regenwürmer (ein bisher zu wenig beachteter Typ). Menschenausbreitung mit Saatgut. Fruchtreife: VIII–X. Die Samen bleiben, wie bei allen Hülsenfrüchtlern, lange keimfähig (unter günstigen Bedingungen länger als 100 Jahre).

Vegetative Vermehrung durch unterirdische Ausläufer.

Verwendung: Hochwertige, auf tiefgründigen Böden in Mitteleuropa ertragreichste und wichtigste Futterpflanze. Bei der im 18. Jh. als Fortschritt eingeführten Dreifelderwirtschaft wurde die Brache des dritten Jahres durch Klee-Aussaat ersetzt. – Die Blätter der *Trifolium*-Arten sind wie Spinat verwendbar. Die Samen können roh oder auch nach Ankeimen gegessen oder zu Mehl verarbeitet werden. Die Wurzeln wurden früher als Mehlersatz genutzt. Die Blütenköpfchen dienen als essbare Dekoration von Speisen. Blüten von Rot- und Weiß-Klee sind als Gerbstoffdroge bei Husten sehr beliebt, vor allem als Hausmittel. – Für Wildpflanzengärten zu empfehlen. – Modifikative Abweichungen von Kleeblättern mit 4 Blättchen gelten wegen ihrer relativen Seltenheit (ca. 1 %) als Glücksbringer. Der aufmerksame Beobachter findet auf gut gedüngten Böden regelmäßig solche Abweichungen (bis zu 7 Fiedern und mehr pro Blatt).

Weitere Arten (gelb blühende Arten siehe oben):

Trifolium repens L., Kriech-Klee, Weiß-Klee: Kriechstaude; an den Knoten wurzelnd. Wird durch häufigen Schnitt nach dem gleichen Muster wie das Raygras/Weidelgras (*Lolium perenne*) gefördert, kann dieses aber auch stellenweise in Gartenrasen durch Überdecken unterdrücken. Fettweiden, Parkrasen, Ruderalstellen, Äcker, auf nährstoffreichen, meist dichten Lehm- und Tonböden. Bodenverbesserer. Wird auch als Futterpflanze und Bienentrachtpflanze angebaut. Ökologisch wertvoll als Rasenpflanze und als oft wintergrüne Trittpflanze. Kennart der Intensivweiden (= Cynosurion cristati). Bemerkenswerte Höhenstufenamplitude: Ebene bis nivale Stufe (dort steril). Die Blätter geben bei Verletzung Blausäure ab, die in diesem Fall für Schnecken besonders giftig ist (vgl. *Lotus corniculatus*). Blütenstängel in günstiger Lage bis um 20 cm hoch. Krone weiß, Kronröhre nur 3 mm lang. Bestäuber sind meist Honigbienen (Bienentrachtpflanze). Entsprechend die Empfehlung: „Betrete nie einen Kleerasen mit nackten Füßen". Besucher sind Fliegen und zahlreiche Schmetterlings-Arten, die allerdings nur zufällig Fremdbestäubung bewirken. Meist selbststeril. Hülsen 3–4-samig, bei Trockenheit aufspringend. Die Ausbreitungseinheiten sind 2 mg schwer. Ausbreitung wie bei voriger Art, dazu Bearbeitungsausbreitung durch z. B. Enten. Fruchtreife: VIII–X. Sehr intensive vegetative Vermehrung durch Ausläufer und Wurzeltriebe.

Trifolium hybridum L., Schweden-Klee, Bastard-Klee: Ähnlich wie sowohl *T. pratense* als auch *T.*

repens, aber Stängel aufrecht, verzweigt, nicht wurzelnd. Blüten weiß, später weiß-rosa, wie bei voriger Art kurz gestielt. Fiedern kreisförmig. Ist trotz des Namens kein Bastard. Meist an Wegsäumen. Nährstoffliebend. Neophyt: Kulturrelikt oder verschleppt. Bestäubung und Ausbreitung wie bei *T. pratense*. Besucher sind Bienen. Hülsen 2–3-samig. Fruchtreife (meist): VIII–IX. Ebenfalls Futterpflanze.
Trifolium medium L., Mittlerer oder Zickzack-Klee: Ähnlich wie *T. pratense*. Stängel zickzackförmig, in kugeligen Blütenköpfchen endend, vom Seitentrieb deutlich übergipfelt (sympodial monochasial). Kelch außen kahl, 10-nervig, im Schlund behaart; Kelchzähne bewimpert. Wärmeliebende Gebüsche und grasige Säume, auf basenreichen, oft kalkhaltigen, tiefgründigen Lehmböden. Kennart des Trifolion medii (= Mittelklee-Saumgesellschaften). Blütenökologie wie bei *T. pratense*. Hülsen 1–2-samig, klappig aufspringend. Wind- und wahrscheinlich auch Klettausbreitung. Vegetative Vermehrung durch unterirdische Ausläufer. Hübsche Saumpflanze für Wildpflanzengärten.
Trifolium montanum L., Berg-Klee: Ähnelt *T. pratense*, hat aber weiße, kugelige Blütenköpfe und wächst in Halbtrockenrasen und Säumen. Kalkhold. Besucher sind Bienenverwandte, Tag- und auch Nacht-Schmetterlinge (Blüten weiß!). Früchte meist 1-samig. Fruchtreife: ab VIII. Darm- und Zufallsausbreitung durch Weidetiere.
Trifolium resupinatum L., Persischer Klee, Schabdar: Futterpflanze. Auch verwildert und zuweilen eingebürgert. Niederliegend-aufsteigend, sonst dem Wiesenklee am ähnlichsten. Blüten gedreht (= resupinat), d. h. das Schiffchen ist nach oben, die Fahne nach unten gerichtet. Die vom aufgeblasenen Kelch umgebenen Früchte sind Ballonflieger.

Triglochin maritima LINNAEUS, Strand-Dreizack

Juncaginaceae (= Dreizackgewächse)

Ausdauernder Hemikryptophyt (Rosettenpflanze) bzw. Salzpflanze, 15–70 cm hoch. Alle Blätter grundständig, zweizeilig, grasartig, linealisch, mit mehreren engen Luftröhren. Blätter beim Zerreiben nach Chlor riechend. – Kann bis zu 20 % des Trockengewichts die Aminosäure Prolin enthalten, die im Zytoplasma dem osmotischen Ausgleich zur hohen Salzkonzentration in den Vakuolen dient. Weitere Anpassung an den Salzstandort ist das Abwerfen der älteren, stark salzhaltigen Blätter.

Systematik: Die Gattung umfasst 25 Arten mit fast weltweiter Verbreitung. Die Dreizackgewächse wurden manchmal als Teil der Blumenbinsengewächse (Scheuchzeriaceae) aufgefasst. Die Familien sind aber jetzt wieder getrennt, wobei letztere nur noch aus der Blumenbinse (*Scheuchzeria palustris*, s. u.) als einziger Art besteht.
Giftigkeit: Die ganze Pflanze, vor allem die frischen, grünen Teile, ist durch Blausäureglykoside giftig, besonders auch für das Vieh.
Namen: „*Triglochin*" ist ein vorlinnéscher Name, von griech. tria = drei, glochis = Spitze, Ecke, wegen der 3 Teilfrüchte von *T. palustris*, die bei der Reife nach unten abgespreizt sind. Lat. „*maritimus*" = am Meer. – „Dreizack" ist Lehnübersetzung.
Vorkommen: Salzwiesen der Nord- und Ostsee, im Binnenland selten. Deutlich zurückgegangen, aber die Bestände haben sich wieder etwas erholt, sodass gemäß Roter Liste mit Stand von 2018 die Art nicht mehr als gefährdet eingestuft wurde, aber doch auf die Vorwarnliste gesetzt wurde. An den Meeresküsten des kalten und gemäßigten Klimas weltweit verbreitet.
Blüten: VI–VIII. Unscheinbare, grünliche, vorweibliche Zwitterblüten in dichter, tragblattloser, bis 20 cm langer Traube. Windblütig: „Unbeweglicher Typ". Das meist 6-zählige Perigon umschließt die 6 sitzenden Staubblätter und die 6 verwachsenen Fruchtblätter mit ihren büscheligen Narben. Der austretende Pollen sammelt sich in den Perigonblättern und wird von hier aus vom Wind ausgeblasen.
Früchte: Fruchtstand zur Reife verlängert. Die eiförmigen Spaltfrüchte zerfallen bei der Reife in 6 einsamige Teilfrüchte. Sie werden als Klettfrüchte verbreitet, die sich leicht im Fell von Tieren einbohren. Licht- und Kältekeimer.
Vegetative Vermehrung durch unterirdische Ausläufer.
Verwendung: Die jungen, basalen Teile werden ähnlich wie Spargel gestochen und ergeben ein

wohlschmeckendes, spinatähnliches Gemüse. Der chlorartige Geruch verliert sich beim Kochen. Auch die grünen Teile und Blütentriebe werden als essbar angegeben, doch ist wegen des schwankenden Gehaltes an Blausäure-Glykosiden Vorsicht geboten. Die Pflanze wurde auch zur Herstellung von Soda bzw. Seife und Glas genutzt.

Weitere Art/Ähnliche Art:

Triglochin palustris L., Sumpf-Dreizack: Kleiner als vorige Art. Alle Organe kurzlebig. Blätter mit je 2 Luftröhren. Die Blattscheiden bilden an der Basis Scheinzwiebeln. Inzwischen eine Seltenheit in basenreichen oder kalkhaltigen Sumpfwiesen und Mooren, oft an gestörten Stellen. Gefährdet. Blüten ähnlich wie bei voriger Art. Blütezeit: VI–VIII. Die Frucht zerfällt in 3 Teilfrüchte, die der Gattung zum Namen verholfen haben. Ebenfalls mit Bohrfrüchten. Dazu Schwimm- und Bearbeitungsausbreitung, z. B. durch Enten. Fruchtreife: ab VIII.

Scheuchzeria palustris L., Blasenbinse oder Blumenbinse: Blätter binsenartig (Name!). Meist 10–20 cm hoher Rhizomgeophyt mit unterirdischen Ausläufern. Einziger Vertreter der jetzt von den Juncaginaceae abgetrennten Familie Scheuchzeriaceae. Typischer Bewohner meso- bis oligotropher Moore, kalkmeidend. Stark gefährdet. **Geschützt**! Blütezeit: V–VI. Hülle der 3-zähligen, zu Trauben angeordneten Blüten unscheinbar, aber bleibend. Windbestäubung. Je Blüte entwickeln sich 3(–6) blasige 2-samige Balgfrüchte. Samen 3 × 2 mm groß. Samenschale von großen Interzellularräumen durchsetzt: Schwimmausbreitung. Dazu wohl auch weitere Ausbreitungsarten. Fruchtreife: ab VI. Die Gattung wurde von LINNÉ zu Ehren der Schweizer Naturforscher J. G. SCHEUCHZER (1684–1738) und J. J. SCHEUCHZER (1672–1733) benannt.

Tripleurospermum: siehe bei *Matricaria*

Trisetum flavescens (L.) PALISOT DE BEAUVOIS, Gewöhnlicher oder Wiesen-Goldhafer

Poaceae (= Süßgräser)

Ausdauernder Hemikryptophyt, 30–80 cm hoch, lockere Horste bildend. Zahlreiche Erneuerungsknospen an kurzen, oberirdischen Kriechsprossen.

Systematik: Die Gattung umfasst ca. 80 Arten. Nächst verwandt sind Glatthafer (*Arrhenatherum*) und Hafer (*Avena*).

Namen: „*Trisetum*“ wurde von PERSOON 1805 geprägt, von lat. tres = drei und saeta = Borste, da die Deckspelzen oft neben der Mittelgranne noch 2 seitliche Grannen tragen. Bei LINNÉ gehörte die

Pflanze zu *Avena*. Lat. „*flavescens*“ = gelb werdend ebenso wie „Goldhafer“ wegen der Ährchenfarbe zur Zeit der Fruchtreife.

Vorkommen: Fettwiesen, auf nährstoff- und basenreichen, lockeren Böden. Bestandbildend in Gebirgswiesen. Deutsche Alpen bis 2380 m. Kennart des Trisetetum flavescentis (= Goldhaferwiese).

Blüten: V–VII(–X). Ährchen 2–3-blütig. Blüten ähnlich wie die von *Arrhenatherum* und *Deschampsia flexuosa* (siehe dort). Deckspelzen mit zentraler Granne und zwei seitlichen, grannenspitzigen Lappen.

Früchte: Karyopsen mit den sie umgebenden Spelzen wie bei *Arrhenatherum*. Ährchen bis zur Reife goldgelb werdend. Die kleinen Früchte werden durch den Wind oder Tiere ausgeschüttelt. Auch Kulturfolger. Fruchtreife: VII–X. Lichtkeimer.

Vegetative Vermehrung durch kurze ober- oder unterirdische Ausläufer.

Verwendung: Wertvolles und in höheren Lagen wichtigstes Futtergras. Aber gerade dort kann es beim Fraß junger Pflanzenteile über eine Vitamin-D-Hypervitaminose zu übermäßiger Kalkeinlagerung beim Weidevieh kommen. Früher wurde Goldhafer wie die meisten Gräser wegen seiner getreideähnlichen Früchte zur Ernährung genutzt.

Triticum aestivum LINNAEUS (= *T. vulgare* VILL.), Saat-Weizen

Poaceae (= Süßgräser)

Einjährig. Sommerweizen benötigt von der Aussaat bis zur Reife nur etwa 125–140 Tage, Winterweizen jedoch 280–350 Tage. Pflanzen bis 1,60 m hoch, bis 1 m tief wurzelnd. Heute werden kurzstrohige Sorten bevorzugt. Umgelegte Halme richten sich – wie bei allen Gräsern – durch verstärktes Wachstum der Stängelknotenunterseite wieder auf. Bei Winterweizen hat man Frostschutz-Proteine nachweisen können. – Langtagpflanze. – Die Wurzeln sind allelopathisch, d. h. sie hemmen durch Abgabe von Stoffen in den Boden das Wachstum anderer Pflanzen. Am Beispiel des Weizens wurde jetzt erstmals ein molekularer Wirkmechanismus allelopathischer Reaktionen aufgeklärt (VENTURELLI et al. 2015 Plant Cell doi: 10.1105/tpc.15.00585): Die abgegebenen Stoffe werden im Boden zu Verbindungen umgewandelt, die bei anderen Pflanzen zu epigenetischen Störungen führen.

Systematik: Die Gattung ist namengebend für die Gattungsgruppe (Tribus) Triticeae = Weizenartige, zu der u. a. auch Gerste (*Hordeum*), Roggen (*Secale*), Quecke (*Elymus*) und Strandroggen (*Leymus*) gehören. Die zugehörigen Gattungen sind miteinander eng verwandt und bilden untereinander zahlreiche Gattungsbastarde. – *Triticum vulgare* ist Additionsbastard von *T. dicoccum* und dem Wildgras *T. tauschii* (= *Aegilops squarrosa*) und hat entsprechend einen sechsfachen Chromosomensatz: 2n (= 6x) = 42.

Namen: „*Triticum*“ ist der lat. Name des dreschbaren Nacktweizens, zu tritus = gedroschen, zerrieben. Er wurde schon vorlinnésch auf die vorliegende Gattung übertragen. Lat. „*aestivus*“ =

sommerlich. – „Weizen“ nimmt auf die weiße Farbe des Mehls Bezug.

Vorkommen: Wird in Mitteleuropa seit der Jungsteinzeit angebaut. Heimat: Südwestasien. Wärmeliebender und anspruchsvoller als der Roggen, deshalb Anbau nach Südosten zunehmend.

Blüten: VI–VII. Windblütig: „Langstaubfädiger Typ“. Ährengras. Deckspelzen beim Bartweizen begrannt, beim Kolbenweizen unbegrannt. Selbstbestäubung ist vorherrschend, vor allem in geschlossen bleibenden (kleistogamen) Blüten, weswegen Weizen als Heuschnupfenerreger gegenüber dem Roggen stark zurücktritt. Fremdbestäubung findet man besonders in Trockengebieten. Die Hauptöffnung der Blüten erfolgt nachmittags.

Früchte: Getreidekörner sind botanisch gesehen Karyopsen, also 1-samige Nussfrüchte, bei denen die Samenschale mit der Fruchtwand fest verwachsen ist. Speziell beim Saat-Weizen sind die Karyopsen anders als bei den meisten anderen Gräsern nackt, d. h. nicht von bleibenden Spelzen umgeben („Nacktweizen“). Wildformen mit Klettausbreitung (ähnlich wie bei *Hordeum murinum*), Regenschwemmlinge und Selbstausbreitung als „Kriechfrüchte“. Fruchtreife: ab VII. – Aus Versuchen zum Stofftransport weiß man, dass bei den wild wachsenden Vorläufern des Kultur-Weizens die Grannen durch ihre Photosyntheseleistung wesentlich an der Nährstoffversorgung der Früchte beteiligt sind. Bei *Triticum aestivum* wird diese Aufgabe vom obersten Blatt, dem sog. Flaggenblatt, übernommen.

Verwendung: Erste archäologische Weizen-Nachweise stammen von 7800 v. Chr. Weizen war lange Zeit die weltweit wichtigste Getreideart, wurde aber inzwischen vom Mais übertroffen. Die Weltproduktion lag im Jahre 2012 bei 671 Mio. t und 2018 bei 734 Mio. t (zum Vergleich: Reis 782 Mio. t, Mais 1.150 Mio. t). Weizenkörner enthalten ca. 12 % Eiweiß, 2 % Fett und 60 % Stärke. Die Asche ist reich an Phosphorsäure (47 %). Weizen wird vorwiegend als Brotgetreide genutzt. Ungeschälte Körner (Vollkorn) sind zwar weniger haltbar, aber viel gesünder. Weizen als Biergrundlage war schon im Altertum bekannt, in Bayern und z. T. auch anderenorts wird aus ihnen obergäriges Weizenbier gebraut. Weizenstärke wird in der Medizin zu Pudern verarbeitet oder als Bindemittel für Pillen verwendet.

Weitere Arten:

Triticum spelta L., Dinkel, Spelt (siehe Abb.): Früher in Süddeutschland häufig, heute nur noch selten angebaut, allerdings im Rahmen der Reformkost wieder deutlich zunehmend. Vor allem als Wintergetreide, auf sommerwarmen, kalkhaltigen, schweren Böden. 2n = 42. Ist vermutlich in ähnlicher Weise wie *T. aestivum* entstanden. In Süddeutschland seit der Bronzezeit nachgewiesen. Ährchen als Ganze abfallend (Ährchenachse brüchig), daher sind reife Körner von Spelzen umgeben („Spelzenweizen“). Die im milchreifen Zustand geernteten Körner liefern „Grünkern“, der in Form von Graupen, Gries oder Mehl als Suppeneinlage usw. genutzt wird und wegen seines Kleberreichtums besonders wertvoll ist; er wird heute meist aus den USA importiert.

Triticum dicoccum SCHRANK, Emmer oder Zweikorn (siehe Abb.): „Spelzenweizen“ (s. o.). Ährchen zweikörnig. Älteste und wichtigste Getreideart in der Frühgeschichte des Menschen. Mit niedrigem Chromosomensatz: 2n (= 4x) = 28. Im Gebiet seit der Jungsteinzeit. Heimat: Vorderasien oder Nordostafrika. Wird heute nur noch selten angebaut. Eine altägyptische Bildtafel von etwa 6000 v. Chr. übermittelt das erste Brauverfahren. Hierbei wurde die Maische aus Brotfladen gewonnen. Das Bier diente als Opfergabe für die Fruchtbarkeitsgöttin Nin-Harra. Demnach hat man auch dieses Getreide wahrscheinlich zuerst zum Brauen und erst später als Brotgetreide genutzt (vgl. *Hordeum vulgare*).

Triticum monococcum L., Einkorn (siehe Abb.): Spelzenweizen (s. o.). Ährchen einkörnig. Im Nährgewebe (Endosperm) wurde ein Rohproteinanteil von 21% nachgewiesen, das ist der höchste, der in Getreidearten nachgewiesen wurde. Außerdem gilt Einkorn als ziemlich resistent gegenüber den meisten Weizenkrankheiten. Deshalb könnte diese Art für künftige Getreide-Neuzüchtungen zu besonderer Bedeutung gelangen. Ebenfalls nicht nur eine alte, sondern möglicherweise auch die am frühesten kultivierte Getreideart. Bei uns seit der Jungsteinzeit nachgewiesen. 2n = 14.

Triticum-Arten (v. l. n. r.): Dinkel/Spelt, Emmer, Einkorn.

× *Triticosecale rimpaui* A. CAMUS (= *Secale cereale* × *Triticum aestivum*), Triticale: Bastarde dieses Typs sind bereits im 19. Jh. durch künstliche Kreuzung entstanden, doch haben sich Zuchtsorten erst seit etwa 1980 durchgesetzt, Tendenz steigend. Die Pflanze stand z. B. 1995 in der Anbaustatistik von Nordrhein-Westfalen an dritter Stelle der Getreide (ohne Mais). Die Weltproduktion lag 2018 mit 13 Mio. t sogar etwas höher als Roggen. Es gibt zahlreiche Sorten, die z. T. auch auf Rückkreuzungen zurückgehen. Sie stehen geschmacklich zwischen den Eltern. Triticale hat relativ schlechte Backeigenschaften und wird in Deutschland ausschließlich als Viehfutter verwendet.

Trollius europaeus LINNAEUS, Trollblume

Ranunculaceae (= Hahnenfußgewächse)

Ausdauernde krautige Pflanze (Schaftpflanze) mit Rhizom, 30–60 cm hoch.

Systematik: Die Gattung umfasst etwa 30 Arten. Nah verwandt ist das Adonisröschen (*Adonis*).

Giftigkeit: Alle Pflanzenteile sind im frischen Zustand durch Protoanemonin giftig. Die Pflanze wird vom Weidevieh gemieden.

Namen: „*Trollius*“ ist der vorlinnésche Name der Pflanze und vermutlich die Übersetzung (Latinisierung) von „Trollblume“, zu altdeutsch troll = kugelig (vgl. lat. trulleus = rundes Gefäß), wegen der Blütenform, wobei zugleich eine Beziehung zu den Trollen

(Kobolden) besteht, da der Pflanze Zauberkräfte zugeschrieben wurden. Der deutsche Name wird im heutigen Sinne zuerst von K. GESNER in seinem Werk „Horti germanici“ (1561) benutzt. Weitere deutsche Namen sind „Gold- oder Kugel-Ranunkel“.

Vorkommen: Flachmoore und Quellwiesen, vor allem des Gebirges, auf kühlen, sauren, humosen Lehmböden. Deutsche Alpen bis 2330 m. In Norddeutschland selten. Gefährdet! – **Geschützt**!

Blüten: V–VI. Homogame bis vorweibliche „Nektar führende Scheibenblumen“, zu 1–3 endständig, je 2–3 cm breit. Blütenhülle einfach (Perigon). Kleine, gelbliche, tütenförmige Nektarblätter (Staminodien) zwischen Perigon und Staubblättern. Perigonblätter durch Karotinoide goldgelb gefärbt, zu 5–15, sich kugelig zusammenschließend und nur an der Spitze eine kleine Öffnung freilassend. Kleinere Insekten (besonders Blumenfliegen der Gattung *Chiastocheta*) dringen dort ein (z. T. zwecks Paarung und Eiablage) und vollziehen dabei die Fremdbestäubung, wobei ein Gleichgewicht zwischen Nutzen der Bestäubung und der Schädigung durch Samenfraß seitens der geschlüpften Larven besteht. Nach Abfallen der Blütenhülle lassen sich an den heranreifenden Früchten evtl. noch die hellen Eier der Blumenfliegen erkennen. Größere Insekten drängen sich zwischen den Perigonblättern durch („Kraftblume“) bis zu dem am Grunde der Nektarblätter abgegebenen Nektar. Spontane Selbstbestäubung ist erfolgreich.

Früchte: Je Blüte entstehen zahlreiche, wenigsamige Balgfrüchte. Windstreuer. Dazu Menschenausbreitung mit dem Heu. Samen schwarz. Fruchtreife: VI–X. Dunkel- und Kältekeimer.

Verwendung: Gartenzierpflanze, die bereits um 830 in der Schweiz nachgewiesen ist. Auch für Wildpflanzengärten zu empfehlen.

Tropaeolum majus LINNAEUS, Kapuzinerkresse

Tropaeolaceae (= Kapuzinerkressengewächse)

Bei uns wegen der Frostempfindlichkeit einjährig gezogene Kletterpflanze, bis 50–300 cm hoch. Wächst in den Tropen auch als ausdauernde Pflanze (Chamaephyt). Stängel niederliegend bis aufsteigend, etwas fleischig. Als Kletterorgan dienen die Blattstiele. Die Blattspreite ist schildförmig (peltat), d. h. der Blattstiel sitzt in der Mitte der Spreite an. Der Blattrand scheidet aus Wasserspalten (Hydathoden) aktiv Wasser aus (Guttation); das lässt sich besonders nachts und sonst bei hoher Luftfeuchtigkeit beobachten und stellt eine Anpassung an die luftfeuchten Standorte ihrer südamerikanischen Heimat dar. – Die Blätter zeigen ausgeprägt den bekannten Lotus-Effekt: Mikro- und Nanostrukturen der unbenetzbaren Blattoberfläche (Cuticula) sorgen dafür, dass einerseits Wasser in Tropfen abperlt und dass andererseits die Haftung für Schmutzpartikel verringert ist, sodass durch die abperlenden Wassertropfen jeglicher Schmutz mit entfernt wird. Diese nach der Indischen Lotosblume, *Nelumbo nucifera*, einer Schwimmblattpflanze, benannte Selbstreinigungsfähigkeit wurde in den 1970er-Jahren von W. BARTHLOTT und Mitarbeitern entdeckt und wird seit Mitte der 1990er-Jahre technisch genutzt, mit steigender Tendenz. Sie ist ein gutes Beispiel der Bionik. Dass die Wassertropfen das Blatt nicht benetzen, lässt sich in einem einfachen Versuch demonstrieren.

Systematik: Die Gattung umfasst etwa 100 Arten. Sie ist die einzige Gattung der überwiegend südamerikanischen Familie.

Schädlinge: Die Pflanzen werden gerne von den Raupen der Kohlweißling-Arten (*Pieris*) aufgesucht, die ähnlich wie bei Kreuzblütlern von diesen die Senföl-Glykoside (s. u.) aufnehmen und damit für Fressfeinde ungenießbar werden. – Kapuzinerkresse wird auch oft von Blattläusen, z. B. der Schwarzen Bohnenlaus (*Aphis fabae*), befallen. Man macht sich das im Gartenbau zunutze, um andere Pflanzen wie Obstbäume oder Bohnen von Blattläusen freizuhalten.

Namen: „*Tropaeolum*“ wurde von LINNÉ geprägt, von lat. tropaeum = Siegeszeichen (vgl. Trophäe), wegen der schildartigen Blätter und der helmförmigen Blüten. – „Kapuzinerkresse“ wegen der Ähnlichkeit der gespornten Blüten mit der Kopfbedeckung der Kapuzinermönche (also Kapuze)

tane Selbstbestäubung durch Bewegung der Staubblätter ist möglich. – In ihrer Heimat erfolgt die Bestäubung dieser und vor allem verwandter Arten durch Kolibris.

Früchte: Spaltfrüchte, die in je 3 kugelige, etwa 10 mm lange, 1-samige, runzlige, etwa bohnengroße Teilfrüchte mit lufthaltiger Fruchtwand zerfallen. Sie wenden sich zur Fruchtzeit vom Licht ab, sind also negativ phototrop. Schwerkraft- und Schwimmausbreitung. Samen mit großen Keimblättern als Nährstoffspeicher.

Verwendung: Sehr empfehlenswerte, vielseitig verwendbare Zier-, Heil-, Speise- und Gewürzpflanze. Bauerngartenpflanze. Sie wurde 1684 bei uns aus Peru eingeführt, ist aber auch dort nur aus Kultur bekannt und wahrscheinlich hybridogenen Ursprungs. Im 19. Jh. fehlte die Pflanze in kaum einem Garten, verlor dann aber an Bedeutung. Heute beginnt man sie wiederzuentdecken. Verwendet werden die frischen Blätter, Blüten und Früchte. Die Blüten werden gerne als essbare Dekoration von Speisen verwendet. Der Verzehr zu großer Mengen der Pflanze kann evtl. zu Darmreizungen führen. Reich an Vitamin C und daher altes Heilmittel gegen Skorbut. Angenehm scharfer (bis sehr scharfer) Geschmack durch Senfölglykoside (Benzylsenföl), wie sie sonst für Vertreter der Kreuzblütler (Brassicaceae) typisch sind. Die unreifen Früchte und die Knospen können, in Essig und Salz eingelegt, als Kapernersatz gegessen werden. Die Knollen sind roh, gekocht oder geröstet essbar. Wegen der antibakteriellen Wirkung ist die Pflanze Bestandteil von Arzneimitteln bei Harnwegsinfektionen und Bronchitis.

und wegen des kresseartigen Geschmacks (vgl. *Lepidium*).

Vorkommen: Zier- und Nutzpflanze. Heimat: Peru bis Kolumbien. Bei uns selten verwildert.

Blüten: VI–IX. Dorsiventrale, vormännliche, 5-zählige „Glockenblumen mit klebrigem Pollen", zu „Trichterblumen" überleitend, einzeln, lang gestielt. Lichtwendig (positiv phototrop). Krone und Kelch sind durch Karotinoide blassgelb bis feuerrot gefärbt, mit Saftmalen, die zugleich Duftmale sind. Hinteres Kelchblatt bis 3 cm lang gespornt. Maximale Nektarproduktion nachmittags bis abends. Der Nektar steigt in Kapillarleisten vom Sporn in die Blüte auf. Bestäubung durch Hummeln und das Taubenschwänzchen, einem tagaktiven langrüsseligen Nachtfalter. Erdhummeln beißen den Sporn seitlich an und begehen Nektarraub. Spon-

Tsuga canadensis: siehe bei *Pseudotsuga menziesii*

Tulipa × gesneriana LINNAEUS, Garten-Tulpe

Liliaceae (= Liliengewächse)

Ausdauernder, frühjahrsgrüner Zwiebel-Geophyt, ca. 30–60 cm hoch. Die Zwiebel ist aus fleischigen, sackförmigen Niederblättern zusammengesetzt. Tochterzwiebeln werden in den Achseln der Niederblätter gebildet. In der ausgewachsenen Zwiebel ist bereits die Blütenanlage zu erkennen, was man an einer halbierten Zwiebel gut erkennen kann. Die mit Wachs überzogenen Laubblätter bilden einen Wasser sammelnden Trichter, der wie die Zwiebeln eine Trockenheitsanpassung darstellt (Tulpen sind ursprünglich Steppenpflanzen). Die Oberhaut (Epidermis) ist leicht abziehbar.

Systematik: Die Gattung umfasst etwa 150 Arten, von denen mehrere Arten (sog. botanische Tulpen) und ihre Hybriden als Zierpflanzen kultiviert werden.

Giftigkeit: Angaben über eine starke Giftigkeit der Pflanze durch eine Aconitin-ähnliche Verbindung sind unbestätigt. Doch ist vor dem Verzehr der Zwiebeln zu warnen. Bei Personen, die viel mit Tulpen zu hantieren haben, kann es zu unangenehmen allergischen Hautveränderungen kommen („Tulpenfinger"), verursacht von antibiotischen Substanzen, die sich vor allem in den äußeren Schichten der Zwiebel befinden.

Namen: „*Tulipa*" ist über türk. tulipan von pers. dulbend = Turban abgeleitet. Der Name geht auf O. G. DE BUSBECQ (= BUSBEQUIUS) 1554 zurück, der als Gesandter von Kaiser Ferdinand I. in Konstantinopel tätig war. Er verglich die Blütenknospen mit einem Turban. Den Artbeinamen „*gesneriana*" erhielt die Pflanze zu Ehren des Schweizer Arztes, Botanikers und Zoologen K. GESNER, der die Pflanze erstmals im Jahre 1559 beschrieb. – In Mitteleuropa hieß die Pflanze zunächst „Tulipan".

Vorkommen: Zierpflanze. „*Tulipa × gesneriana*" ist eine Sammelbezeichnung für verschiedene hybridogene Gartenformen. Bisweilen verwildert, vor allem mit Gartenabfall, meist unbeständig, aber z. T. mit Ausbreitungstendenz, besonders im Norden.

Blüten: IV–V. „Pollen-Scheibenblumen" bzw. zu Blühbeginn „Große Trichterblumen", mit wenig oder fehlendem Nektar. Blütenhülle einfach (= Perigon). Schwarze Saftmale am Grunde der Perigonblätter sind das Ergebnis einer Subtraktionsfärbung (Totalabsorption des Lichtes). Blüte mit temperaturabhängigen Wachstums-Schließbewegungen (Thermonastie): Bei Wärme wächst die Oberseite, bei Kühle die Unterseite der Perigonblätter stärker. Diese werden dadurch bei jedem Öffnen um ca. 7 %, insgesamt bis ca. 100 % verlängert. Die Blüten sollen schon auf Temperaturschwankungen von 1 °C reagieren. Der Blütenbesuch ist sehr spärlich. Besucher sind Pollen suchende Insekten, z. B. Bienen. Die Blüten sind gewöhnlich steril. Der Fruchtknoten ist unvollständig gefächert, daher sind die Samenanlagen parietal (= randlich) inseriert (statt wie bei den meisten Blütenpflanzen zentralwinkelständig).

Früchte: Fachspaltige Kapseln. Austrocknungs-, Wind- und Tierstreuer. Samen flach: Wasserhafter und Regenschwemmlinge. Kältekeimer. Entwicklungsdauer vom Samen bis zur blühenden Pflanze ca. 7 Jahre. Gartenformen sind meist ohne Samenansatz.

Vegetative Vermehrung ist vorherrschend. Die Tochterzwiebeln sind ungestielt oder seltener gestielt. Wühlmäuse können sie in ihren Gängen verschleppen.

Verwendung: Beliebte Zierstaude mit inzwischen über 6000 Sorten. Die ersten Gartentulpen wurden durch Busbequius (s. o.) im Jahre 1554 von Konstantinopel (Istanbul) nach Europa gebracht. In den Niederlanden fand sich eine große Zahl von Liebhabern und im 17. Jh. wurden neue Sorten zu Höchstpreisen versteigert („Tulpomanie"), so vor allem in Harlem zwischen 1634 und 1640. Zuletzt handelte man nur noch Gutschriften für bestimmte Zwiebeln, die wie Aktien gehandelt wurden. Als der Wert einer einzigen Zwiebel schließlich fast ins Unendliche wuchs (maximal 16.000 Gulden), brach der Markt zusammen. Das war wohl der erste Börsenkrach der Weltgeschichte (1637). Nach wie vor sind die Niederlande mit über 2 Mia. Zwiebeln (= 80 % der Welternte) der größte Tulpenproduzent. Übrigens gehörten in der ehemaligen DDR selbst Tulpen zu den Mangelwaren. – Neben *T. × gesneriana* findet man in Gärten und Anlagen zahlreiche weitere Arten als Zierpflanzen; sie werden oft als „botanische Arten" bezeichnet, obwohl viele davon auch Ziersorten darstellen.

Weitere Art:

Tulipa sylvestris L., Wilde Tulpe: Neubürger (Neophyt) seit dem 16. Jh., in Mitteleuropa zuerst als Zierpflanze kultiviert, dann stellenweise eingebürgert, besonders in Weingärten, z. B. in Thüringen und Franken (dort auch in Parks). Heimat: Mittelmeergebiet. Vielerorts leider wieder verschwunden. Kennart des Geranio-Allietum (= Weinbergslauch-Gesellschaft). Gefährdet. **Geschützt**! Man beachte, dass eigentlich gebietsfremde Arten nicht in eine Gefährdungs- oder Schutzkategorie eingeordnet werden; aber hier wurde aus pragmatischen Gründen eine berechtigte Ausnahme gemacht. Frühblüher: IV–V. Homogame, wohlriechende „Nektar führende Scheibenblumen" mit im Sonnenlicht zu einem 7–8 cm großen hellgelben Stern ausgebreiteten Perigon. Nektarabsonderung an der äußeren Staubfadenbasis. Narben papillös, auffällig gelb, mit zuckerhaltiger Flüssigkeit, die gelegentlich von Insekten aufgenommen wird. Besucher sind Honig- und Wildbienen. Im Schatten selten blühend und auch sonst oft samensteril. Austrocknungsstreuer: Feuchtigkeit bewirkt langsames Schließen der Kapseln. Samen bis 4,5 mm groß, aber nur ca. 6 mg schwer. Sie sind flach und flügelig berandet, daher bei starken Winden auch Ausbreitung als Segelflieger. Fruchtreife: VII. Vegetative Vermehrung durch oft lang gestielte Tochterzwiebeln (an schattigen Orten fast nur so). Ausbreitung durch den Menschen mit Erde und als gelegentliche Zierpflanze.

Turritis glabra LINNAEUS (= *Arabis glabra* (L.) BERNH.), Turmkraut, Kahle Gänsekresse

Brassicaceae **(= Kreuzblütler)**

Zweijähriger Hemikryptophyt mit ganzjährig blaugrünen Blättern, 60–120 cm hoch, aufrecht. Grundblätter durch Gabel- und Sternhaare rau. Stängelblätter stängelumfassend, fast kahl. – Pfahlwurzel.

Systematik: Die Gattung umfasst nur 3 Arten. Sie wurde früher oft in die Gattung *Arabis* (Gänsekresse) gestellt, ist aber mit dieser nicht näher verwandt. Nahe steht der Leindotter (*Camelina*).
Namen: „*Turritis*" ist ein vorlinnéscher Name, von lat. turris = Turm, wegen des hoch aufgerichteten Wuchses und der steil aufgerichteten Früchte. Lat. „*glaber*" = kahl, im Vergleich zur Behaarten Gänsekresse (*Arabis hirsuta*), die bei LINNÉ *Turritis hirsuta* hieß.
Vorkommen: Lichte, basenreiche Waldsäume, Böschungen, Dünen und Ruderalstellen. Kalkhold. Außer im Nordwesten verbreitet. In mehreren Bundesländern gefährdet. Weltweit verschleppt.
Blüten: VI–VII. Gelblich weiße „Stieltellerblumen" in reichblütigen Trauben. Insekten- und Selbstbestäubung.
Früchte: Schoten 4-kantig, steif aufrecht, der Achse angedrückt, 4–7 cm lang. Samen in jedem Fruchtfach zweireihig. Fruchtstand bis über 40 cm lang. Tier- und Windstreuer. Fruchtreife: ab VII/VIII.

Verwendung: Junge Blätter und Sprossspitzen wurden früher für Speisezwecke genutzt.

Tussilago farfara LINNAEUS, Huflattich

Asteraceae (= Korbblütler)

Ausdauernder Rhizom-Geophyt, blühend bis fruchtend 7–30 cm hoch. Die Laubblätter (siehe Detailfoto) erscheinen erst nach der Blüte. Sie sind grundständig, entfernt gezähnt, unterseits weißgraufilzig, herz- bis hufförmig und ausgewachsen bis 20 cm breit. Ältere Blätter können mit denen der Weißen Pestwurz (*Petasites albus*) verwechselt werden, sind aber durch die unterseits kaum erkennbaren Leitbündel unterschieden. – Bis über 1 m tief wurzelnd. Unterirdische Ausläufer bis 2 m lang und weit verzweigt.

Systematik: Die Gattung umfasst nur diese eine Art. Sie gehört in die Unterfamilie Asteroideae und ist eng verwandt mit der Pestwurz (*Petasites*) und dem Greiskraut (*Senecio*).
Giftigkeit: Die Pflanze ist durch den Gehalt an Pyrrolizidin-Alkaloiden (u. a. Senecionin), der je nach Herkunft bis zu 0,02 % betragen kann, schwach giftig.
Namen: „*Tussilago*" ist der lat. Name der Pflanze, zu lat. tussis = Husten und der Pflanzennamenendung -ago (und nicht von ‚ago' = ich vertreibe), wegen der altbekannten Heilwirkung bei Husten.

Blüten meist zwittrig sind. Entsprechend sind die Körbchen bei der Reife in der Mitte leer. Die Körbchen sind nur bei Sonne geöffnet (Photonastie), abends und bei schlechtem Wetter schließen sie sich wie viele andere Korbblütler durch Wachstum der Hüllblattaußenseiten. Nur die männlichen Blüten enthalten Nektar. Der Pollen wird durch Einknicken der Staubfäden mit der Griffelbürste heraus geschoben. Besucher sind Bienen, Käfer, Schwebfliegen und Woll- oder Hummelschweber sowie solche Schmetterlinge, die als ausgewachsene Tiere überwintert haben. Bienentrachtpflanze. Beim abendlichen Schließen der Blütenkörbchen ist Selbstbestäubung möglich.

Früchte: Achänen mit Pappus. Körbchen abgeblüht hängend (= nickend), zur Fruchtreife wieder aufrecht. Fruchtstandstängel nach der Blüte mehrfach verlängert. Die Pappushaare reagieren bei Feuchtigkeit schon nach wenigen Minuten. Schirmchenflieger sowie bei Nässe auch Adhäsionshafter. Fruchtreife: V–VI. Lichtkeimer. Samen sehr kurzlebig.

Der Artbeiname farfara" (*farferum*) ist ein weiterer lat. Name der Pflanze von unklarer Etymologie, eventuell zu far = Mehl und -fer = tragend, wegen der weißen Behaarung der Blattunterseite. – „Lattich" geht auf lat. lapathum (= Ampfer und andere großblättrige Pflanzen) zurück, hat also hier eine andere Wurzel als bei *Lactuca*. „Huf-" bezieht sich auf die Form und Struktur junger Blätter.

Vorkommen: Pionierpflanze der Wegränder, Äcker, Erdanrisse und anderer Sekundärstandorte, auf offenen, lichten, grund- und sickerfeuchten, basenreichen Böden. Lehm- und Staunässezeiger. An Straßenrändern Verdichtungszeiger. Wichtiger Bodenfestiger. Ebene bis Hochgebirge (deutsche Alpen bis 2300 m).

Blüten: III–IV, Frühblüher. Blütenstängel mit Schuppenblättern. „Vorziehend", d. h. die Blütenkörbchen erscheinen lange vor den Laubblättern im zeitigen Frühjahr. Vorweibliche „Körbchenblumen", einzeln, endständig. Blüten durch Karotinoide hell goldgelb. In der Mitte der Körbchen befinden sich ca. 30–40 männliche Röhrenblüten und außen ca. 300 weibliche, sehr schmale Zungenblüten; während sonst bei Korbblütlern die inneren

Die ausgewachsen bis zu 20 cm breiten Blätter erscheinen erst nach der Blüte.

Vegetative Vermehrung erfolgt reichlich durch die bis 2 m langen unterirdischen Ausläufer.

Verwendung: Die schleimstoffreichen Blätter und die Blütenkörbchen liefern ein bekanntes und bewährtes Hustenmittel, z. B. in Form von Tee. Sie wurden schon in der Antike entsprechend verwendet. Allerdings bestehen Vergiftungsgefahr und Krebsrisiko wegen der enthaltenen Pyrrolizidin-Alkaloide bei Langzeitbehandlung mit zu hoher Dosis. Daher sollte Huflattich nicht länger als 4–6 Wochen im Jahr eingenommen werden. Alle jungen Pflanzenteile sind im frischen Zustand für Gemüse, Salat und Kräutersuppen geeignet. Die Blätter wurden auch als „Wanderers Klopapier" genutzt. In armen Zeiten dienten sie als Tabakersatz. Bemerkenswert ist die Fähigkeit der Pflanze, größere Mengen von Metallionen zu speichern. Entsprechend kann die Wurzelasche z. B. von Pflanzen auf zinkhaltigen Böden bis zu 3 % Zink enthalten.

Typha latifolia LINNAEUS, Breitblättriger Rohrkolben

Typhaceae (= Rohrkolbengewächse)

Ausdauernde Sumpf- oder Wasserpflanze: Schlammwurzler mit Rhizom. Stängel 1–2(–2,5) m hoch. Blätter 10–20 mm breit, bandförmig, flach, zweizeilig angeordnet. Ihre Blattscheiden bilden – ähnlich wie bei der Banane – einen Scheinstamm (siehe Abb.). Alle Teile (außer dem Kolben) besitzen ein Durchlüftungsgewebe (Aerenchym) als Anpassung an sumpfige Standorte, da dort der Sauerstoff knapp ist.

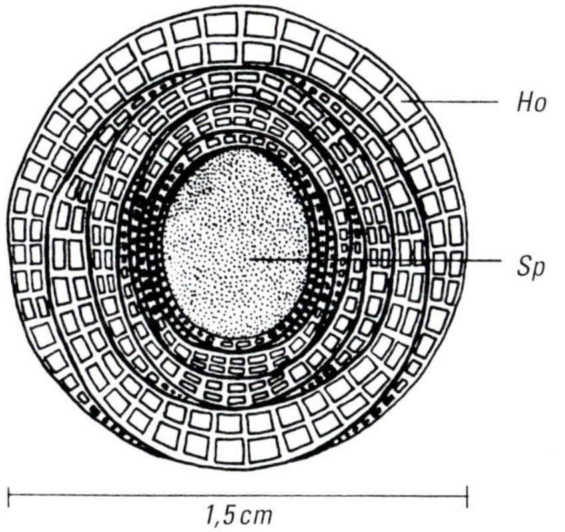

*Die Sprossachse (**Sp**) wird im unteren Bereich von gekammerten Blattscheiden mit Hohlräumen (**Ho**) umgeben, sodass ein Scheinstamm entsteht.*

Systematik: Die Gattung umfasst je nach Auffassung 16–40 Arten. Sie galt früher als einzige Gattung der Familie. Diese wurde aber inzwischen um den Igelkolben (*Sparganium*) erweitert.

Namen: „*Typha*" ist der griech. Name der Pflanze, mit ungeklärter Etymologie. Vielleicht ist er von griech. typhos = Rauch abzuleiten und würde sich dann auf die rauchbraune Farbe des reifen Kolbens beziehen. Lat. „*latifolius*" = breitblättrig. – „Rohrkolben" wegen des Vorkommens im Röhricht und der Ähnlichkeit mit dem Schilfrohr.

Vorkommen: Ufer stehender oder langsam fließender, nährstoffreicher Gewässer, auf humosen Schlammböden. Verlandungspionier. Optimal bei 0,5 m, maximal bis 2 m Wassertiefe. Oft große Bestände bildend. Eutrophierungszeiger. Oft einer der ersten Besiedler am Rande von durch Erdaushub neu geschaffenen Tümpeln. Ebene bis Gebirge (deutsche Alpen bis 800 m). Fast weltweit verbreitet. – Schützenswert!

Blüten: VI–VII. Windblütig: „Unbeweglicher Typ". Einhäusig. Streng vorweiblich. Blütenkolben unten mit Tausenden von weiblichen, oben mit etwa ebenso zahlreichen männlichen Blüten. Blütenhülle (Perigon) zu einem Haarkranz reduziert. Pollen in Tetraden zusammenbleibend.

Früchte: Winzige, nur 1,2 mm lange Nüsse (Achänen), die zur Reife einen dunkelbraunen Kolben bilden („Schilfzigarre", „Lampenputzer"). Bei Trockenheit wird eine riesige Zahl von Früchten entlassen, die gemeinsam mit den als Flugorgan dienenden bleibenden Perigonhaaren vom Wind verblasen werden (ein eindrucksvolles Schauspiel): Schirmchenflieger; Sinkgeschwindigkeit ca.

13 cm/s. Dazu Wasserhaft-, Schwimm- und Bearbeitungsausbreitung. Fruchtreife: IX–X. Wintersteher. Kältekeimer.

Vegetative Vermehrung durch die ausläuferartigen Rhizome, wodurch ausgedehnte, dichte Bestände entstehen können.

Verwendung: Schon in der Steinzeit wurden die leicht entzündlichen Fruchtstände (Rohrkolbenwatte) zur Erzeugung von Feuer verwendet. Die stärkereichen Rhizome dienten als Schweinefutter. In Notzeiten wurden sie zu Mehl verarbeitet, das mit Getreidemehl vermischt zum Brotbacken verwendet wurde. Junge Triebe können in Marinade oder Öl eingelegt gegessen werden. Die frisch aufgeblühten weiblichen Kolben können als Kochgemüse gegessen werden. Das Stroh wird neben Schilf für Reetdächer und als Brennmaterial sowie auch als Flechtwerk genutzt. Die Fruchtwolle war früher ein Bettfederersatz. Küfer benutzen die Blätter zum Abdichten der Fassfugen („Böttcherschilf"). Rohrkolben dienen auch, ähnlich wie Teichbinse (*Schoenoplectus*) und Schilf (*Phragmites*), zur Klärung von Abwässern und gewinnen als nachwachsender Rohstoff an Bedeutung. Die Pflanze mit den hübschen Fruchtkolben ist beliebt für Trockensträuße (doch sollte man sie, wo sie nicht sehr zahlreich vorkommt, stehen lassen!). – Rohrkolben-Arten werden als Zierpflanzen für Gartenteiche angeboten und sind auch für Wildpflanzengärten zu empfehlen.

Weitere Art:

Typha angustifolia L., Schmalblättriger Rohrkolben: Ökologisch ähnlich wie vorige Art, aber Blätter nur 5–10 mm breit, im Querschnitt plankonvex. Weibliche Blütenstände dünner, etwa 1–5 cm von den männlichen abgesetzt, zur Reife zimtbraun. Auch auf weniger nährstoffreichem Substrat, etwas wärmeliebender, Salz ertragend.

Typhoides arundinacea → *Phalaris arundinacea*

Ulex europaeus LINNAEUS,
Gewöhnlicher Stechginster, Gaspeldorn

Fabaceae (= Schmetterlingsblütler)

Stark dorniger Strauch, 60–120 cm hoch, mit Sprossdornen und dornartigen, stechenden Blättern als Fraßschutz gegen verschiedene Wiederkäuer, aber z. B. nicht gegen Kaninchen, Pferde und Ziegen. Die Dornen sind auch als Kondensationspunkte ökologisch bedeutsam. Jugendblätter gefiedert, nicht dornig. Nebenblätter reduziert. Zweige grün, photosynthetisch aktiv, in strengen Wintern zurück frierend. – Wurzelknöllchen (siehe *Lupinus*). – **Stark giftig**.

Systematik: *Ulex* ist nahe verwandt mit Besenginster (*Cytisus*) und Ginster (*Genista*, siehe dort).

Giftigkeit: Stark giftig durch Cytisin in Früchten und Zweigen. Das Gift bewirkt Krämpfe und Lähmungen.

Namen: „*Ulex*" ist ein lat. Pflanzenname, der von LINNÉ auf diese Pflanze übertragen wurde. – „Stechginster" wegen der Dornen und der Ähnlichkeit mit dem Besenginster (*Cytisus scoparius*).

Vorkommen: In geschützten Lagen angepflanzt. Zuweilen eingebürgert (Neophyt seit dem 18. Jh.) mit zunehmender Tendenz an Waldrändern und Böschungen, auf kalkarmen Böden, in milden luftfeuchten Lagen (z. B. im Rheingebiet und südlichen Schwarzwald sowie auf den Nordseeinseln). In ozeanisch-gemäßigten Zonen heute weltweit verbreitet. Diese in West- und Südeuropa beheimatete atlantisch-mediterrane Art ist eine bedeutende Pionierpflanze der Brachen, Schläge und Heiden. – Die Pflanze bietet ein Beispiel dafür, dass Eingriffe des Menschen in das ökologische Gleichgewicht unerwartete, kaum reparable Nachwirkungen haben können: Nachdem man in Teilen Englands erfolgreich die Kaninchen bekämpft hatte, wucherte der Stechginster, da er seinen stärksten Feind verloren hatte, zu so dichten Beständen heran, dass weite Gebiete unbegehbar wurden und sogar Militär eingesetzt werden musste, um die Wege wieder frei zu schlagen. Die Art steht auf der Liste der 100 gefährlichsten invasiven Arten der Welt. In Deutschland ist sie allerdings (noch?) nicht als invasiv eingestuft.

Blüten: V–VII. Nektarlose „Fahnenblumen (= Schiffchenblumen) mit Schnellmechanismus", von ähnlichem Aufbau wie bei *Genista*. Alle Staubblätter sind im unteren Teil zu einer Röhre verwachsen, wie es für jene Schmetterlingsblütler typisch ist, die den Besuchern nur Pollen und keinen Nektar anbieten. Bestäuber sind Hummeln und Bienen.

Früchte: 15–20 mm lange, meist zweisamige, stark behaarte, von der bleibenden Blütenkrone umhüllte Hülsen. Samen mit ölhaltigem Anhängsel (Elaiosom) zur Ameisenausbreitung. Menschenausbreitung über Verwilderungen aus Anpflanzungen. Fruchtreife: VII–VIII. Samen langlebig, feuerresistent.

Vegetative Vermehrung durch Wurzelsprosse.

Verwendung: Futterpflanze für Wild und z. B. Pferde sowie Heckenpflanze. Aus den Blüten wird ein gelber Farbstoff zum Färben von Textilien gewonnen. Wird auch als Zierstrauch angeboten und zur Dünenbefestigung angepflanzt.

Ulmus glabra HUDSON (= *U. scabra* MILL., *U. montana* WITH.), Berg-Ulme, Weiß-Rüster

Ulmaceae (= Ulmengewächse)

Winterkahler Baum bis 30 m Höhe und 3 m Stammdurchmesser. Bis 400 Jahre alt werdend. Umtriebszeit in der Forstwirtschaft 120–140 Jahre. Stamm und Äste mit einfacher Übergipfelung durch Seitensprosse (sympodial monochasial). – Blätter (siehe Detailfoto) an der Spreitenbasis asymmetrisch, sehr rau (durch Fühlen leicht feststellbar), größere Schattenblätter oft mehrspitzig. Die Blätter sind spiralig angeordnet, erscheinen aber an den Seitenzweigen durch Drehung der Blattstiele zweizeilig, sodass dann alle Blattflächen eines Zweiges in einer Ebene liegen. Bemerkenswert ist bei den Ulmen, dass die Photosynthese im Frühjahr, bevor die Laubblätter erscheinen, von den blattartigen Flügeln der heranreifenden Früchte übernommen wird. – Herzwurzel. Pilzwurzel (arbuskuläre Mykorrhiza; frühere Angaben über eine ektotrophe Mykorrhiza wurden nicht bestätigt).

Systematik: Die Gattung umfasst 30–40 meist winterkahle Arten, von denen bei uns etwa 10 als Ziergehölze in Kultur sind. *Ulmus* ist die einzige heimische Gattung der Familie.

Schädlinge: Das bekannte „Ulmensterben" (vor allem bei *U. minor* und *glabra*) wird durch die Schlauchpilze (Ascomycetes) *Ceratocystis (= Ophiostoma, Graphium) ulmi* und *novo-ulmi* verursacht. Diese „holländische Ulmenkrankheit" wurde erstmals 1917 in Europa festgestellt, in den USA aber erst 1930. Der Pilz lebt in den Tracheen des jüngsten Jahresringes und regt zur Thyllenbildung an, die zur Verstopfung der Tracheen und damit zum Absterben des Baumes führt. Der Pilz wird durch die zu den Borkenkäfern gehörenden Ulmensplintkäfer *Scolytus scolytus*, *laevis* und *mul-*

anderen Ulmen-Arten lange Zeit glatte Rinde. – „Ulme" ist Lehnwort (12. Jh.), das den sprachverwandten älteren deutschen Namen Elm verdrängt hat. Der Name ist aber z.B. noch im niedersächsischen Ortsnamen ‚Elmenhorst' erhalten. Die Bezeichnung „Rüster" wird vor allem für das Holz der Ulmen verwendet; sie ist zusammengesetzt aus mittelhochdeutsch rust = Ulme und der Baumnamenendung -der (vgl. Flieder, Wacholder).

Vorkommen: Schluchtwälder und schattige Hangwälder, auf sickerfeuchten, nährstoff- und basenreichen, lockeren Lehm- und Tonböden in kühler, luftfeuchter Klimalage. Frostharter Halbschattenbaum. Mittlere Gebirgslagen (deutsche Alpen bis 1380 m). Gebietsweise gefährdet. Schutzbedürftig! Oft gepflanzt.

Blüten: III–IV, Frühblüher. Blütenknospen überwinternd. Blüten ungestielt, in blattlosen Kurztrieben. „Vorlaufend", d.h. die Blüten erscheinen vor dem Laubaustrieb. Windblütig: „Hängeblütiger Typ". Streng vormännliche Zwitterblüten mit 5-spaltigem, meist rotem Perigon in kleinen, knäueligen Trugdolden. Reste von Pollenkitt, wie er für Insektenbestäubung typisch ist, sind vorhanden. Außerdem produzieren Reste von Nektardrüsen am Grunde der Staubblätter Spuren von Nektar, sodass auch an dieser Stelle die prinzipielle Anlage zur Insektenbestäubung zu erkennen ist. Der Pollen stellt zudem eine wichtige Bienennahrung im Frühjahr dar. Beginn der Blühreife mit 30–40 Jahren.

Früchte (siehe Detailfoto): 1-samige Flügelnüsse, Samen in der Mitte der Frucht. Segelflieger, die nur bei starkem Wind weit fort transportiert werden und eine Sinkgeschwindigkeit von 0,67 m/s haben. Auch Wasserhaftausbreitung durch Tiere ist möglich. Fruchtreife: IV–V; dieser frühe Termin wird durch die in den heranreifenden Früchten stattfindende Photosynthese ermöglicht. Samen nur wenige Tage keimfähig. Lichtkeimer.

tistriatus übertragen, vor allem wenn die Bäume – wie in Anpflanzungen an Straßen – ungünstige Standortbedingungen haben und außerdem auf engem Kontakt stehen. Leider ist dieser biologische Zusammenhang bei manchen Landschaftsgärtnern unbekannt. Auch wird die Krankheit durch Grundwasserabsenkung deutlich gefördert. Erkrankte Äste (oder auch die ganzen Bäume) sollten sofort vernichtet werden. – Wichtigster tierischer Schädling ist der Ulmenblattkäfer (*Xanthogaleruca luteola*), der ebenso wie seine Larven an den Blättern Löcher frisst. Nach erfolgter Eiablage sendet die Pflanze einen speziellen Duft aus, der bereits nach wenigen Stunden Erzwespen (*Oomyzus gallerucae*) als Parasiten anlockt. Die Weibchen legen ihre Eier in die relativ großen Käfereier, wo sie sich entwickeln und später verpuppen.

Namen: „*Ulmus*" ist der lat. Name der Ulme. Die Bedeutung ist ‚rötlich, bräunlich' und bezieht sich (wie bei der Erle *Alnus*) auf die Farbe des Kernholzes frisch geschlagener Bäume. Lat. „*glaber*" = glatt, kahl bezieht sich nicht auf die Blätter (s. o.), sondern auf die im Gegensatz zu

Die Blätter sind rau und an der Basis asymmetrisch.

Die Früchte sind breit geflügelt mit den Samen in der Mitte.

Verwendung: Parkbaum. Wertvolles Möbelholz für Furniere („Rüster“). Der Bast wurde früher ähnlich wie der der Linden zum Flechten und Nähen verwendet. Das Laub diente als Viehfutter oder wurde getrocknet als Mehlersatz verwendet. Die jungen Blätter und jungen Früchte können für Salat oder Gemüse genutzt werden. Ulmen waren im Altertum Symbol des Todes und der Trauer. In Südfrankreich spielten sie als Orte der Gerechtigkeit eine ähnliche Rolle wie bei uns die Linden. In den USA sind Ulmen seit 1785 Symbol der Freiheit.

Weitere Arten und Bastarde:

Ulmus minor MILL. (= *U. carpinifolia* GLED.), Feld-Ulme, Rot-Rüster: Auwälder und Hangwälder, auf sickerfrischen, meist kalkhaltigen Tonböden. Basen- und Nährstoffzeiger. Wärmeliebend. Lichtholz. Vor allem in den Stromtälern. Galt lange Zeit als gefährdet, wird aber auf der Roten Liste mit Stand von 2018 nicht mehr als gefährdet eingestuft. Oft angepflanzt, z. B. für Hecken, da sich der Baum gut zurückschneiden lässt. Der Samen befindet sich im oberen Teil der Frucht am Einschnitt des Flügelrandes. Die Blätter sind fast kahl und haben beiderseits nur je 8–14 Seitennerven (bei *U. glabra* sind es 12–20). Vegetative Vermehrung erfolgt durch Wurzelbrut (Wurzelsprosse). Um die Blätter als Schaffutter zu nutzen, wurden die Pflanzen früher stark beschnitten (geschneitelt). Die Borke wurde ehemals als Gerbstoffdroge arzneilich genutzt. Blüten- und Ausbreitungsökologie sowie Verwendung wie bei voriger Art. Ausbreitung als Heckenpflanze durch den Menschen. Eine häufig auftretende Variante ist die Kork-Ulme (var. *suberosa*), deren Zweige durch mehrere Korkleisten auffallen.

Ulmus × hollandica MILL. (= *U. minor* × *U. glabra*), Bastard-Ulme: Dieser Bastard tritt spontan auf, wird aber außerdem häufig kultiviert und ist stellenweise verwildert. Vegetative Vermehrung durch Wurzelbrut. Hierher gehört als Kulturform u. a. die durch die goldgelbe Laubfärbung und meist säulenförmigen Wuchs auffällige Gold-Ulme.

Ulmus laevis PALL., Flatter-Ulme: Blätter unterseits und Früchte ganz behaart. Blüten und Früchte bis 4 cm lang gestielt, daher schon bei leichtem Wind flatternd (Name!). Früchte nur etwa 1 cm lang, deutlich bewimpert. Auwälder der Stromtäler in sommerwarmen Lagen. Bildet auf nassen Böden Brettwurzeln aus, wie man das von manchen Tropenbäumen kennt, was aber unter heimischen Bäumen einmalig ist. Ebenfalls öfter angepflanzt. Weniger durch die Ulmenkrankheit gefährdet als die vorigen Arten. Im Rückgang (Vorwarnliste, Stand 2018).

Urtica dioica LINNAEUS, Große Brennnessel

Urticaceae (= Brennnesselgewächse)

Ausdauernder Hemikryptophyt (Schaftpflanze, d. h. die Erneuerungsknospen befinden sich an der Stängelbasis) mit Rhizom, an bodennahen Trieben oft wintergrün. Bis über 2 m hoch. Die Bastfaserzellen sind mit 5,0–7,5 cm Länge die längsten Zellen der heimischen Sprosspflanzen. – Bis >70 cm tief wurzelnd.

Systematik: Die Gattung umfasst ca. 60 Arten. Zur gleichen Familie gehört die überwiegend tropisch/subtropisch verbreitete Gattung Glaskraut (*Parietaria*, s. u.).

Giftigkeit: Die Brennhaare (siehe Abb.) sind wenige mm lang und daher mit einer Lupe gut erkennbar. Wegen der Beteiligung subepidermaler Schichten bei der Bildung des becherförmigen Fußes sind sie als Emergenzen zu bezeichnen. Die eigentliche Haarzelle besteht aus dem elastischen, in den Fuß eingesenkten Bulbus, dem starren, verkieselten und verkalkten Mittelstück und einem winzigen Köpfchen. Bei zarter Berührung bricht das Köpfchen an einer Sollbruchstelle ab, sodass sich das in einer Art Kanüle endende, scharfkantige Mittelstück in die Haut einbohrt und der flüssige Inhalt durch den Druck auf den Bulbus eingespritzt wird. – Der Brennsaft wirkt durch Histamin, Acetylcholin und Serotonin, wobei die bekannten Quaddeln auf der Haut entstehen. Ameisensäure kommt nur wenig und nur als Salz vor. Bei kräftigem Zugriff brennt die Pflanze nicht, da dann die Haare wegen ihres weichen Sockels umgebogen werden bzw. ihre Spitzen so abbrechen, dass sie nicht senkrecht, sondern im flachen Winkel in die oberen, nicht reizbaren Schichten der Haut eindringen. Personen mit Allergie gegen Brennnesseln müssen bei Wespenstichen mit erheblichen Komplikationen rechnen, da bei ihnen der Brennsaft ähnlich wirkt wie das ebenfalls histaminhaltige Wespengift. – Die auf Neuseeland vorkommende Art *U. ferox* (= Ongaonga) ist besonders giftig und kann bereits nach intensiver Berührung für den Menschen sowie auch für Hunde, Pferde usw. lebensbedrohlich werden. Sie soll ebenso wie die „Teufelsnessel" auf Timor (*U. urentissima*) nach Berührung ein 7-tägiges Nesselfieber verursachen. Weiteres unter „Verwendung".

Schädlinge: Brennnesseln sind wichtige Nahrungspflanzen zahlreicher Schmetterlings-Raupen, z.B. vom Kleinen Fuchs und Tagpfauenauge, zwei unserer wenigen noch relativ häufigen Tagfalter, und aus dieser Sicht ökologisch wertvoll.

Namen: *„Urtíca"* ist der lat. Name der Pflanze, zu urere = brennen. Neulat. *„dioicus"* = zweihäusig. – „Nessel" ist der germ. Name der Pflanze. Er hängt sprachlich mit ‚nähen, vernetzen' zusammen und nimmt Bezug auf die Verwendung der Fasern zur Herstellung von Nesseltuch. Die Verdeutlichung „Brennnessel" zur Unterscheidung von ‚Taubnessel' (*Lamium*) entstand erst im 16. Jh.

Vorkommen: Feuchte Wälder, Säume, Ufer und Ruderalstellen, auf frischen bis feuchten, nährstoffreichen, lockeren, meist tiefgründigen Lehm- und Tonböden. Typischer Stickstoffzeiger. Ebene bis Hochgebirge (deutsche Alpen bis 2375 m). Zirkumpolar verbreitet und bereits in 3000 Jahre alten Ablagerungen Schweizer Pfahlbauten nachgewiesen. – Kriechpionier. Durch Eutrophierung und Entwässerung von Auwäldern und besonders im Saumbereich der Wälder oft übermäßig stark gefördert und dann als Vernichter artenreicher Vorvegetation unerwünscht. Andererseits sind Brennnesseln wichtig als Nahrungspflanzen von Schmetterlingsraupen (s. o.). Isolierte Wuchsorte von Brennnesseln an nicht allzu nährstoffreichen Standorten sind oft Anzeiger ehemaliger menschlicher Aktivitäten. – Falls Brennnesseln sich in Gärten und Anlagen zu sehr ausbreiten, ist das oft die Folge zu starken Düngereintrags durch Abfall, Hundekot usw. Es empfiehlt sich dann allein regelmäßiges Ausreißen und Mähen. Chemische Brennnesselvernichter schädigen auch andere Pflanzen und können Boden und Grundwasser mit vergiften.

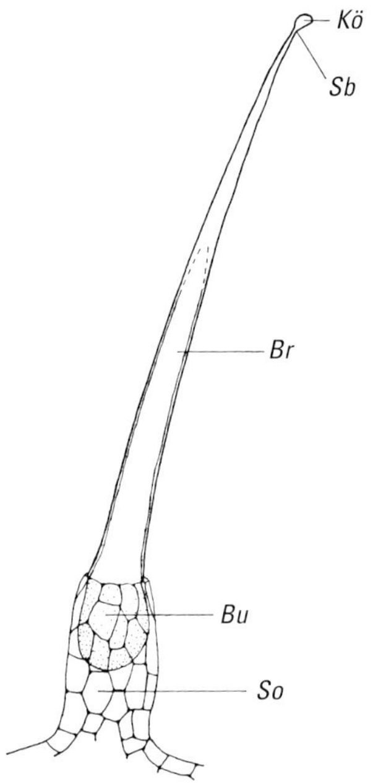

*Brennhaar (**Br**) mit Köpfchen (**Kö**), Sollbruchstelle (**Sb**) und Bulbus (**Bu**), der von Zellen des Sockels (**So**) umgeben ist.*

Blüten: VI–X. Pflanze meist zweihäusig, d.h. männliche und weibliche Pflanzen sind getrennt. Windblütig: „Explosionstyp". Die Staubblätter sind eingekrümmt und stehen unter Spannung. Reif genügen geringe Erschütterungen (z.B. Luftbewegungen), um die Blütenhülle – besonders bei Sonnenschein – aufplatzen und damit die Staubbeutel explodieren zu lassen, wobei kleine Pollenwolken entweichen (ein eindrucksvolles Schauspiel). Weibliche Blüten (siehe Hauptfoto) haben eine weiße, pinselförmige Narbe. Das ist eine Anpassung an die Windbestäubung, da die auf diese Weise stark vergrößerte Narbenoberfläche effektiver Pollen aus der Luft auffangen kann. Männliche Blüten mit Fruchtknotenrest. – Bedeutender Heuschnupfenerreger.

Früchte: Ausbreitungseinheiten (Diasporen) sind die von der bleibenden, zweiflügeligen Blütenhülle umgebenen Nüsse. Letztere sind nur 1,2 mm lang und 0,1 mg schwer, die Diasporen insgesamt 2,0 mm lang und durch Lufteinschluss spezifisch leicht. Sie werden vielseitig verbreitet, so als Ballon- oder Flügelflieger, als Schwimmer, als Anhafter im Tierfell (z.B. von Wildschweinen), als Tierstreuer, durch Zufallsausbreitung über den Darm von Tieren oder bei der Bearbeitung durch z.B. Sperlinge. Darmausbreitung wurde z.B. bei Wildschweinen und Ziegen beobachtet. Diese vielseitige Ausbreitung ist sicher mit einer der Gründe für die Häufigkeit der Pflanze. Fruchtreife: IX–X. Wintersteher. Samen langlebig.

Vegetative Vermehrung erfolgt sehr reichlich durch Verzweigung des Rhizoms. Daher stehen in älteren Beständen gewöhnlich größere Gruppen von Pflanzen des gleichen Geschlechts zusammen (und getrennt von denen des anderen Geschlechts). **Verwendung:** Wurde bei uns schon in der Steinzeit als Faserpflanze genutzt und zu diesem Zweck etwa vom 12. bis ins 18. Jh. auch kultiviert. Neuerdings wurde die Kultur vereinzelt wiederentdeckt; so gibt es inzwischen Züchtungen mit einem Fasergehalt von bis zu 16 %. Brennnessel ist vorzüglich geeignet für feste Stoffe, Netze, Stricke usw. „Nessel" ist noch heute die Bezeichnung für ein ungebleichtes Gewebe. Nesselfaser ist fester als Leinfaser (aus Lein/Flachs = *Linum usitatissimum*). – Das Kraut eignet sich zum Gelbfärben von Textilien. – Die jungen Triebe der Brennnessel-Arten ergeben ein nahrhaftes, wohlschmeckendes und vitaminreiches Gemüse („Brennnesselspinat"). Eine Brennwirkung fehlt dabei. Entsprechend sind Brennnesseln auch ein bewährtes Futter für Pferde, Schafe und Geflügel. – Arzneilich wird das Kraut seit dem Altertum als harntreibendes Mittel und darüber hinaus volksmedizinisch für vielerlei Zwecke eingesetzt. Früher nutzte man die starke Reizwirkung bei Rheuma usw., indem man die Haut mit frischen Brennnesseln peitschte („Urtikationen"), andererseits wurden die Behandelten oft schnell immun. Auch die Verwendung sowohl zur Züchtigung von Kindern als auch für Selbstkasteiungen ist bekannt. Das war, wie alle Urtikationen, nicht nur schmerzlich, sondern in selteneren Fällen sogar tödlich. Brennnesselsaft und -tee sind für Frühjahrs- und Herbstkuren sehr beliebt (Stoffwechsel anregend). Die ölreichen Samen werden in der Volksmedizin als aufbauendes Mittel für ältere Leute geschätzt. Sie sind schmackhaft und nährstoffreich und lassen sich lagern. In der Eifel werden sie z. B. für Plätzchen verwendet. – Brennnesselabkochungen (Absud), 1: 10 verdünnt, sind ein gutes alternatives Bekämpfungsmittel gegen Blattläuse. Brennnesseljauche (Pflanzen in Wasser angesetzt) gilt als wertvoller Dünger für Tomaten usw. Wegen ihres Mineralreichtums (Stickstoffverbindungen, Kalium und Phosphor) sind Brennnesseln auch zur Anreicherung des Komposts geeignet. – Schließlich könnten die oft in Wäldern und auf Ruderalflächen wuchernden Nesseln auch billige Lieferanten für Bioenergie (Biogas) sein. –Wer sich für die vielfältige Nutzung der Brennnesseln im Laufe der Zeiten interessiert, sei auf das Büchlein „Brennnesseln" von L. Fischer hingewiesen (Verlag Matthes & Seitz, 2017).

Weitere Arten/Verwandte:

Urtica urens L., Kleine Brennnessel: Einjährig, sommerannuell. Stärker brennend als *U. dioica*. An sehr

nährstoffreichen, frischen Ruderalstellen, in Gemüsekulturen und an Dungplätzen. Stickstoff- und Bodengarezeiger. Archäophyt. In der gemäßigten und warmgemäßigten Zone weltweit verschleppt: Kulturbegleiter. Einhäusig. Männliche und weibliche Blüten am gleichen Zweig. Von Mai bis in den Herbst blühend. Blüten- und Ausbreitungsökologie wie bei voriger Art. Die 0,5 mg schweren Nüsse sind flach und 1,8 mm (mit Blütenhülle 2,1 mm) lang. Bei Benetzung verschleimen die Diasporen: Klebausbreitung. Wärmekeimer.

Parietaria officinalis L. (= *P. erecta* Mert. et W. D. J. Koch), Aufrechtes Glaskraut: Vielgestaltige ausdauernde Pflanze (Hemikryptophyt), 30–100 cm hoch. Stängel aufrecht, 3–6 mm dick, wenig verzweigt. Blätter breit elliptisch, beiderseits zugespitzt, ganzrandig. Ruderalpflanze auf nährstoffreichen Böden (Archäophyt), aber auch auf Schutt. Außerdem auch aus ehemaliger Kultur als Heilpflanze verwildert (Kulturrelikt), z. B. an Burgen, Klöstern und Mauern (Name!, lat. paries = Wand) sowie in Parks, Auwäldern und Gebüschen. Aus dem Mittelmeergebiet, wo die Pflanze häufig ist, eingeschleppt. In Südtirol z. B. in Ausbreitung und inzwischen als Allergiepflanze gefürchtet. In Deutschland nur in Brandenburg und Sachsen-Anhalt ungefährdet, sonst zurückgegangen (Vorwarnliste, Stand 2018). Blüten unscheinbar, in Knäueln, windblütig. Heuschnupfenerreger. Nüsse bis 2 mm lang, schwarz, glänzend: Ameisenausbreitung. Mit Blütenhülle auch Ballonflieger. Fruchtreife: VIII–IX. Das Kraut wurde früher als wundheilendes und harntreibendes Mittel sowie gegen Husten und Rheuma arzneilich verwendet. Es enthält neben einem wenig erforschten Bitterstoff und Flavonoiden auch Gerbstoffe und ziemlich viel Kalisalpeter (KNO_3). Junge Pflanzenteile können roh oder gegart gegessen werden. Das Kraut der *Parietaria*-Arten wurde früher zum Reinigen von blinden Gläsern verwendet, daher auch (in Verbindung mit dem gläsernen Aussehen) der Name.

Parietaria judaica L. (= *P. ramiflora* MOENCH), Ausgebreitetes oder Mauer-Glaskraut: Sehr ähnlich voriger Art, ebenfalls sehr variabel, aber meist in allen Teilen kleiner. Stängel aufsteigend oder liegend, 5–80 cm hoch, nur 2–3 mm dick. Wächst an mäßig feuchten Ruderalstandorten warmer Lagen, vor allem in Mauerritzen und zwischen Steinplatten. Wärmezeiger. Schwerpunkt: Stromtäler, besonders von Rhein und Nebenflüssen; dort Archäophyt, sonst Neophyt. Neuerdings über Importe von Containerpflanzen aus Südeuropa in Ausbreitung.

Utricularia vulgaris LINNAEUS, Gewöhnlicher Wasserschlauch

Lentibulariaceae (= Wasserschlauchgewächse)

Untergetauchte, wurzellose, gewöhnlich frei schwebende Wasserpflanze. Nur zur Blüte an die Wasseroberfläche schwimmend. Sprosse reich verzweigt, bis 1(–3) m oder länger; Sprossachse und Blätter sind nicht eindeutig voneinander abgegrenzt. Die Überdauerung erfolgt durch kugelige, haselnussgroße Turionen (= Winterknospen). Fleischfressende Pflanze (Karnivore). Der Tierfang dient als zusätzliche Quelle für Stickstoff- und Phosphorverbindungen. Die Blätter sind in haarfeine Zipfel zerteilt, von denen je ca. 20, maximal 200, zu Fangblasen (Schluck- oder Saugfallen) umgebildet sind. Fangblasen (siehe Detailfoto) 4–5 mm lang. An einer großen Pflanze haben wir über 26.000 gezählt. Durch eine mit Borsten versehene Klappe sind sie von innen fest verschlossen. Die Wand ist mit verschiedenen Drüsen besetzt, z. B. Keulendrüsen, die zuckerhaltigen Schleim absondern, der der Anlockung potenzieller Beute dient. Vierstrahlige Drüsen auf der Innenwand haben drei verschiedene Funktionen:

1. Sie pumpen nach dem Fang das Wasser in der Blase nach außen, indem sie als Ionenpumpen Alkali-Ionen nach außen befördern und damit den osmotischen Wert im Inneren absenken, sodass wieder ein Unterdruck entsteht (0,14 bar).
2. Sie geben Verdauungsenzyme (Protease, Esterase und Phosphatase) und Benzoesäure ab.
3. Sie nehmen die entstandenen Abbauprodukte zur Weiterleitung auf.

Zweiarmige Drüsen der Innenwand beteiligen sich an der Abgabe von Enzymen. Berühren Kleintiere die als Hebel dienenden Klappenborsten, z. B. beim Fressen der auf diesen anhaftenden Bakterienfäden, so schnappt die Klappe nach innen, und die Tiere werden mit dem umgebenden Wasser in den Fangschlauch gesogen bzw. geschluckt. Der Vorgang dauert nur 2–15 Millisekunden und stellt somit eine der schnellsten Bewegungen des Pflanzenreichs dar. Anschließend erfolgt die Verdauung und erneutes Auspumpen. Nach etwa 0,2–2 Stunden ist die Falle wieder fangbereit. In 600 untersuchten Schläuchen waren insgesamt 2000 Tierchen gefangen (bis 14 je Schlauch), davon über die Hälfte Kleinkrebse (z. B. Daphnien), aber auch Insektenlarven, z. B. von Mücken. Auch Pollen und kleine Algen werden mit gefangen. PEROUTKA-KOLLER et al. (2014) konnten nachweisen, dass diese vegetarische Kost eine wichtige Nahrungsgrundlage für Wasserschlauch-Arten darstellen kann. Die Autoren konnten außerdem zeigen, dass sich die Saugfallen nicht nur nach Berührung durch Tiere, sondern nach einiger Zeit auch spontan öffnen können, was für die Aufnahme vegetarischer Kost besonders wichtig ist.

Systematik: Die Gattung *Utricularia* umfasst weltweit etwa 200–300 Arten und ist damit die artenreichste der fleischfressenden Pflanzen. Die meisten davon leben anders als die europäischen Arten nicht im Wasser (aquatisch), sondern im Boden (terrestrisch), einige auch auf Bäumen (epiphytisch). Die terrestrischen Arten sind deutlich kleiner als die aquatischen und ernähren sich von tierischen Einzellern aus der Gruppe der Wimpertierchen (= Ciliaten). Heimisch sind 7 Arten. – In die gleiche Familie gehört das ebenfalls fleischfressende, aber nicht im Wasser lebende Fettkraut (*Pinguicula*).

Namen: „*Utricularia*" ist ein vorlinnéscher Name, von lat. utriculus = kleiner Schlauch, im Hinblick auf die Fangblasen. Lat. „*vulgaris*" = gewöhnlich. – „Wasserschlauch" wurde in Anlehnung an den botanischen Namen künstlich gebildet.

Vorkommen: Stehende oder langsam fließende, meist nährstoffreiche (meso- bis eutrophe), vorzugsweise kalkarme, flachere (10–70 cm tiefe) Gewässer in sommerwarmem Klima. Vor allem in den Tieflagen, seltener im Gebirge (deutsche Alpen bis 930 m?). Gefährdet. Zirkumpolar verbreitet. – Es gibt auch Landformen, die aber nur bis zu 2 Fangblasen ausbilden. – Gefährdet. Der Rückgang unserer *Utricularia*-Arten liegt an der Entwässerung bzw. Verschmutzung, Kalkung und Verschlammung der Gewässer. Werden die im Herbst auf den Gewässerboden gesunkenen Winterknospen = Turionen mit Schlamm überdeckt, sind sie im nächsten Frühjahr nicht zur Gasentwicklung fähig und können entsprechend nicht wieder auftauchen. – Neuerdings nicht mehr ausdrücklich geschützt, aber **schützenswert**. Mehrere Vorkommen gehen auch auf künstliche Ausbringung (Ansalbung) zurück.

Blüten: VI–VIII. Große goldgelbe „Maskenblumen" in senkrecht aus dem Wasser ragenden, 10–30 cm langen, wenigblütigen Trauben. Blütenstängel im oberen Teil klebrig (= Aufkriechschutz gegen „unerwünschte" Blütenbesucher). Krone mit kurzem, kegelförmigem, 6–7 mm langem Sporn als Safthalter (Nektarspeicher). Die zweilippige Narbe liegt der Oberlippe innen an und ist reizbar: Bei Berührung krümmt sich der untere Narbenlappen sofort nach oben. Staubbeutel einfächerig. Besucher sind besonders Schwebfliegen, die die weiche Maske leicht herunterdrücken können, seltener Bienen. Selbstbestäubung ist nicht selten, zum Teil findet man auch kleistogame (geschlossen bleibende) Blüten.

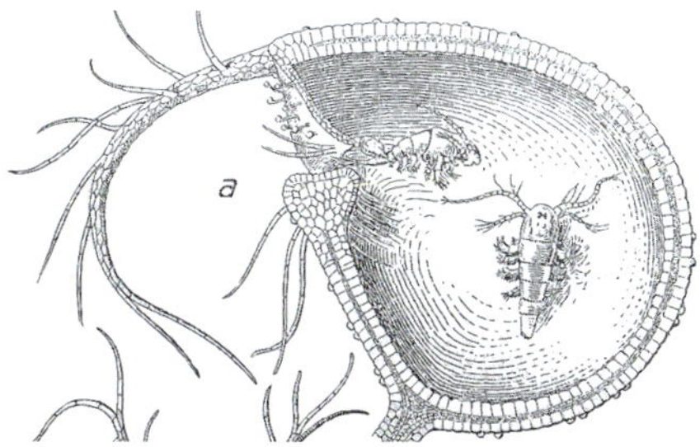

Untergetauchte Fangblase mit dem Kleinkrebs Cyclops (= Hüpferling).

Früchte: Unregelmäßig aufreißende Kapseln. Samenansatz gering. Samen mit 2 „Luftrillen", dadurch wochenlang schwimmfähig: Schwimm- und Wasserhaftausbreitung durch Wasservögel. Fruchtreife: ab IX. Lichtkeimer.

Vegetative Vermehrung durch abgebrochene – auch kleinste – Stängelteile und durch die Winterknospen (Turionen).

Weitere Arten:

Utricularia australis R. BR. (= *U. neglecta* LEHM.), Südlicher oder Verkannter Wasserschlauch: Voriger Art sehr ähnlich, daher oft mit dieser verwechselt, wahrscheinlich häufiger als diese. Blätter mit weniger (8–75) und kleineren (bis 3 mm großen) Fangblasen. In nährstoffarmen bis nährstoffreichen Gewässern, über Torfschlammböden. Steht laut Roter Liste 2018 auf der Vorwarnliste, war aber vorher als gefährdet eingestuft. Blüten blassgelb. Besucher: Bienen. Steril, daher kein Samenansatz.

Utricularia intermedia HAYNE, Mittlerer Wasserschlauch: Pflanze mit farblosen, im Boden verankerten Schlammsprossen und grünen Wassersprossen. Fangblasen nur an den Schlammsprossen, zu 1–5 pro Blatt. Stark gefährdet. Blüten selten. Sporn walzlich, 1 cm lang.

Vaccinium myrtillus LINNAEUS, (Wilde) Heidelbeere, Blaubeere

Ericaceae (= Heidekrautgewächse)

Meist winterkahler, stark verzweigter Zwergstrauch mit wintergrünen, Photosynthese treibenden Sprossachsen (Rutenstrauch). Bis 0,5 m, selten bis 1 m hoch. Höchstalter einzelner Sträucher 30 Jahre. Herbstlaub tiefrot. – Bis 1 m tief wurzelnd. Pilzwurzel (Ericaceen-Mykorrhiza).

Systematik: Die Gattung umfasst ca. 450 Arten und ist weltweit verbreitet. – Hinweis: Die Kultur-Heidelbeeren (s. u.) sind keine Zuchtformen unserer heimischen Heidelbeeren, sondern gehen auf amerikanische *Vaccinium*-Arten zurück! Der gesundheitliche Wert kann daher nicht einfach übertragen werden.
Giftigkeit: Die Blätter sind durch den Gehalt an Chinolizidin-Alkaloiden, das Iridoid-Glykosid Aucubin und Hydrochinon schwach giftig.
Namen: „*Vaccinium*“ ist ein lat. Pflanzenname, der von dem vorlinnéschen Autor TOURNEFORT auf die Heidelbeere und ihre Verwandten übertragen und so von LINNÉ übernommen wurde. Entgegen immer wiederholten Angaben hängt der Name nicht mit lat. ‚bacca‘ = Beere zusammen. „*Myrtillus*“ (= myrtenähnlich) ist der spätlat. Name der Heidelbeere, der sich auf die Ähnlichkeit der Blätter und Früchte mit denen der Myrte bezieht. – „Heidelbeere“ (Heidel) ist die auf dem Standort Heide (= unbebautes Land) wachsende, Beeren tragende Pflanze. Weitere deutsche Namen sind u. a. „Blaubeere“, „Waldbeere“ und „Bickbeere“, in Österreich auch „Schwarzbeere“.
Vorkommen: Lichte Laub- und Nadelwälder, Gebirgs-Fichtenwälder sowie Moor- und Bergheiden, auf frischen, nährstoff- und basenarmen, sauren Rohhumusböden in humider Klimalage. Spätfrostempfindlich. Im Gebirge in Schneelagen, schneeschutzbedürftig, in schneearmen Wintern großenteils oberirdisch erfrierend. Vermag auch bei tiefen Temperaturen und sogar aus Schnee über die Zweige Wasser aufzunehmen. Im Schneeschutz einer der am höchsten aufsteigenden Zwergsträucher: Ebene bis Hochgebirge, in den deutschen Alpen bis 2200 m. Zirkumpolar verbreitet. – Empfindlich gegenüber industriellen Immissionen, besonders Schwefeldioxid, wahrscheinlich durch Schädigung des Wurzelpilzes. Im Hochgebirge haben *Vaccinium*-Arten mit etwa 5 kcal/g Trockengewicht einen vergleichsweise hohen Energiegehalt. Das ist die für

die Überdauerung der langen Winterperiode nötige Energiereserve.

Blüten (siehe Detailfoto): V–VII. Nektarreiche, schwach vormännliche „Glockenblumen mit Streueinrichtung“, meist einzeln in den Blattachseln. Blüten fast kugelig, hängend, 4–6 mm groß, mit sehr kleinem Blüteneingang am unteren Ende, blassgrün, oft rosa angehaucht. Pollen trocken, in Tetraden. Staubbeutel mit Anhängsel; sie öffnen sich an der Spitze mit einem Loch. Der Griffel ragt aus dem Streukegel heraus. Bestäuber sind Hummeln, die vor den Blüten vibrieren, um an den Pollen zu gelangen, sowie andere langrüsselige Wildbienen (Sandbienen, Mauerbienen) und Honigbienen. Sie klammern sich an den zurückgekrümmten Kronblattzipfeln fest, wobei der Pollen auf sie herabrieselt. Bienentrachtpflanze. Selbstbestäubung ist erfolgreich.

Die hängenden Blüten sind kugelig mit einer winziger Öffnung ganz unten.

Früchte: Durch Wachsüberzug blau bereifte, bis 8 mm dicke, kugelige Beeren. Verdauungsausbreitung durch Vögel (z. B. Drosseln, Häher, Tauben, Rebhühner) sowie Mäuse, Füchse usw. und – nicht zu vergessen – auch durch den Menschen. Außerdem Ausbreitung durch Schnecken, z. B. die Weinbergschnecke (*Helix pomatia*) und Nacktschnecken (*Arion*) sowie Bearbeitungsausbreitung durch Vögel. Fruchtreife: VII–X. Lichtkeimer.

Vegetative Vermehrung durch unterirdische Ausläufer sowie durch Wurzelsprosse. Eine Pflanze kann sich über 1 Hektar ausbreiten und dann über 1000 Jahre alt sein.

Verwendung: Empfehlenswertes Wildobst, roh, als Kompott oder Marmelade. Auch zu Heidelbeergeist und -wein verarbeitet. Die Früchte enthalten bis zu 30 % Gelierstoffe (Pektine) sowie reichlich Zucker, Fruchtsäuren und Vitamine. Frisch sind sie abführend, getrocknet jedoch stopfend (Gerbstoffwirkung) und werden daher arzneilich gegen Durchfälle, vor allem bei Kleinkindern, verwendet. Hierfür werden auch die Blätter genommen, die aber schwach giftig sind (s. o.). Von Dauergebrauch wird dringend abgeraten. Heidelbeeren sollen aufgrund der Anthocyane auch das nächtliche Sehvermögen stärken. Im Gegensatz zu folgender Art ist eine erfolgreiche Kultivierung als Beerenstrauch schwierig und kaum ergiebig. Im Handel bekommt man die Früchte heimischer Heidelbeeren fast nur noch von Sammlern vor Ort bzw. aus Osteuropa, meist eingemacht in Gläsern. Zur Unterscheidung von den Kultur-Heidelbeeren (*V. corymbosum* und Hybriden) werden sie manchmal als „Wald-Heidelbeeren“ bezeichnet. – Blätter der *Vaccinium*-Arten wurden auch anstelle der zur gleichen Familie gehörenden Bärentraube (*Arctostaphylos*) als harndesinfizierendes Mittel benutzt. Früher waren die Pflanzen auch wichtig für die Herstellung kleiner Besen. Die Beeren werden gelegentlich zum Blaufärben benutzt. Für Wildpflanzengärten zu empfehlen und selten auch im Garten-Handel im Angebot.

Weitere Arten (vgl. auch den folgenden Abschnitt):

Vaccinium corymbosum L., Amerikanische Heidelbeere, Strauch-Heidelbeere: Die weltweit in mehr als 100 Sorten angebauten Kultur-Heidelbeeren gehen auf diese nordamerikanische, bis 5 m hohe Art und auf Kreuzungen mit weiteren amerikanischen Arten zurück, besonders der Niedrigstrauch-Heidelbeere (*V. angustifolium* AITON). Systematisch gesehen gehören sie in eine andere Sektion als unsere heimischen Heidelbeeren, sind also – anders als oft angenommen – keine Züchtungen unserer Wilden Heidelbeere (*V. myrtillus*). *V. corymbosum* und *V. angustifolium* wurden im 18. Jh. nach Europa als Zierpflanzen eingeführt und in der Folge auch als Beerenobst genutzt. Besondere Bedeutung erlangte die ***V. × atlanticum*** E. P. BICKNELL genannte Hybride zwischen den beiden Arten, die seit 1929 in Deutschland erwerbsmäßig angebaut wird, zunächst vor allem in Niedersachsen. Sie wird bis 4 m hoch und zeigt im Herbst eine leuchtend rote Blattfarbe. Geeignete Standorte sind Moorböden. Die Früchte sind mit bis ca. 1 cm Dicke deutlich größer als die von *V. myrtillus*. Sie sind aber weniger aromatisch und enthalten im Fruchtfleisch kaum Anthocyane, weshalb sie auch kaum die bekannte Blaufärbung der Zähne bewirken. Blütezeit: V. Blüten weiß, krugförmig (bei *V. myrtillus* kugelig). Vibrationsbestäubung wie bei *Solanum dulcamara* beschrieben. Bienentrachtpflanze. Fruchtreife: VII–VIII. – Seit etwa 1970 sind bei uns verwilderte Vorkommen der Hybride bekannt, die auf die Ausbreitung durch Vögel und Säuger zurückgehen, sich aber vor allem auch vegetativ vermehren. In den letzten Jahren haben sich die Bestände in der Nähe der Anbauflächen, besonders in Kiefernforsten, stark ausgebreitet, sodass die Pflanze dort zur ökologischen Problempflanze geworden ist und entsprechend als invasiver Neophyt eingestuft wurde. – Die Weltproduktion aller Kultur-Heidelbeeren lag 2005 bei 245.000 t und 2018 bei beachtlichen 683.000 t. Der größte Teil stammte aus Nordamerika. In Deutschland wurden 2018 immerhin 13.000 t produziert.

Vaccinium uliginosum L., Rauschelbeere, Rauschbeere, Trunkelbeere, Moorbeere: Sehr ähnlich voriger Art, aber Blätter blaugrün bereift, Fruchtfleisch farblos. Tetraploid. Blüten weiß, rosa angehaucht. Moorwälder und subalpine Zwergstrauchheiden. Oft im Rückgang, daher auf der Vorwarnliste. Allgemeine Verbreitung: Nord- und Zentraleuropa und in subalpinen Zwergstrauchheiden von Spanien bis Bulgarien. Der Verzehr der Beeren kann zu Rauschzuständen führen, allerdings nur, wenn eine Infektion mit dem Pilz *Sclerotinia megalospora* vorliegt, und auch dann nur nach Verzehr großer Mengen. Der Namensbestandteil „-Rausch" bedeutet ‚niedriger Strauch' (vgl. Almenrausch = *Rhododendron hirsutum*), wurde aber volksetymologisch auf den Rauschzustand bezogen.

Vaccinium vitis-idaea L., Preiselbeere, Kronsbeere: Blätter immergrün, glänzend, ledrig, am Rande umgebogen. Nadelwälder, Moore, alpine Zwergstrauchheiden. Weit verbreitet in Eurasien und Nordamerika. Eiszeitrelikt? Blüten 4-zählig (bei den anderen Arten meist 5-zählig). Blütenökologisch ähnlich wie *V. myrtillus*, aber Staubbeutel ohne Anhängsel, dafür Staubfäden lang behaart. Die roten Beeren reifen ab September, bleiben oft über Winter und kommen dann erst nach dem Abschmelzen des Schnees wieder zum Vorschein. Nicht selten sind rote Gallwucherungen an den Blättern, verursacht durch den Pilz *Exobasidium vaccinii*. Die Beeren sind vor allem gekocht als Marmelade oder als Beilage zu Wildbraten geeignet. Zierpflanze und auch für Wildpflanzengärten zu empfehlen. Es werden auch einige Sorten als Beerensträucher kultiviert. „Preiselbeere" ist aus alttschech. „bruslica" entlehnt, was so viel wie ‚(beim Ernten) leicht abstreifbare Beere' bedeutet. „Krons-" = Kranich-. – Hinweis: Die im Handel unter dem Namen „Kultur-Preiselbeere" angebotene Ware stammt nicht von *V. vitis-idaea*, sondern von der Großfrüchtigen Moosbeere (*V. macrocarpon*, s. u.), besser bekannt unter dem Namen Cranberry.

Vaccinium oxycoccos LINNAEUS (= *Oxycoccus palustris* PERS.), Gewöhnliche Moosbeere

Ericaceae (= Heidekrautgewächse)

Immergrüner Halbstrauch (oder Hemikryptophyt), 15–80 cm hoch, mit fadenförmigen, 10–80 cm langen, niederliegenden Zweigen. Blätter lederig, klein, bis 8 mm lang, am Rande umgebogen, unterseits weiß. – Pilzwurzel (Ericaceen-Mykorrhiza).

Namen: Zu „*Vaccinium*" siehe *V. myrtillus*. „*Oxycoccus*" ist ein vorlinnéscher Name der Pflanze, von griech. oxys = sauer und kokkos = Kern. – „Moosbeere" wegen des Standorts (Moos hier im Sinne von Hochmoor, Sumpf) und wohl weniger wegen der oft dem Moos direkt aufliegenden Früchte.

Vorkommen: Hochmoorbulte, über Torfmoosen, auf nassen, nährstoffarmen, sauren Torfböden. Als „Überkriecher" gegenüber den Torfmoosen konkurrenzfähig. Kennart der Sphagnetalia (= Hochmoor-Torfmoos-Gesellschaften). Vor allem in Norddeutschland, im Süden mehr im Gebirge (deutsche Alpen bis 1300 m). Eiszeitrelikt. Gefährdet.

Blüten: VI–VIII. Nektar führende „Glockenblumen mit Streukegel", einzeln, lang gestielt. Kronzipfel zurückgeschlagen. Streukegel völlig offen. Bestäuber sind Hummeln und andere Bienen. Die Lebensdauer der Blüten gehört mit etwa 18 Tagen zu den längsten der heimischen Flora.

Früchte: Beeren kugelig, rot, 5–10 mm dick, oft dem Moos direkt aufliegend. Verdauungsausbreitung der nach dem Frost weichen, bis in den nächsten Sommer überdauernden Früchte, besonders durch Vögel. Fruchtreife: ab IX. Wintersteher. Oft kommen die Früchte erst nach dem Abschmelzen des Schnees wieder zum Vorschein und werden erst dann ausgebreitet. Lichtkeimer.

Vegetative Vermehrung durch die wurzelnden Kriechsprosse.

Verwendung: Die leicht säuerlichen Beeren ergeben, besonders wenn sie nach Frosteinwirkung gesammelt werden, eine schmackhafte und wegen des Gehaltes an antibiotischen Inhaltsstoffen haltbare Marmelade. Verwendung insgesamt ähnlich wie Preiselbeeren. In Skandinavien, wo die Moosbeeren in Massen vorkommen, bereitet man daraus u. a. den „Polarlikör".

Weitere Art (vgl. auch den vorigen Abschnitt):
Vaccinium macrocarpon AITON, Großfrüchtige Moosbeere, Cranberry, Kranichbeere, („Amerikanische Preiselbeere"): Als bodendeckende Zier- und Nutzpflanze auf feuchten, sauren Böden zunehmend angepflanzt. Heimat: Nordamerika. Selten in Hochmooren auch eingebürgert (Neophyt seit 1830). Vibrationsbestäubung wie bei *Solanum dulcamara* beschrieben. Bienentrachtpflanze. Früchte essbar, 10–20 mm dick (Name!, griech. makros = groß, karpos = Frucht), durch 4 große Luftkammern spezifisch sehr leicht, bei der Reife meist rot. Sie werden ähnlich wie Preiselbeeren verwendet, sind herb-sauer und aromatisch und werden wegen des hohen Gehaltes an Vitamin C und Kalium und ihrer antibiotischen Wirkung zunehmend als gesunde Kost und als Heilpflanze empfohlen, z. B. bei Harnwegsinfektionen. Proanthocyanidine verhindern das Andocken von Coli-Bakterien an die Schleimhäute. Getrocknete, stark gezuckerte Früchte werden als Delikatesse angeboten, sie schmecken ähnlich wie Rosinen. Die Welternte lag 2005 bei 360.000 t und 2017 bei 625.000 t, ganz überwiegend aus Nordamerika stammend. Die Kultur erfolgt dort überwiegend in riesigen Becken, die zur Erntezeit geflutet werden, um die Früchte abzuschlagen und an der Wasseroberfläche abzusammeln. Ihre Produktion ist relativ preisgünstig, weshalb sie auch gerne zum Strecken von teureren Lebensmitteln verwendet werden.

Valeriana officinalis LINNAEUS (Artengruppe), Echter oder Arznei-Baldrian

Caprifoliaceae (= Geißblattgewächse)

Ausdauernder Hemikryptophyt (Schaftpflanze), 30–160(–200) cm hoch, nur im oberen Teil verzweigt. Blätter gefiedert (bei *V. excelsa* mit 9–15 lanzettlich-eiförmigen, bei *V. officinalis* s. str. mit 15–19 lanzettlich (eiförmigen) Blättchen). – Die kurzen Rhizome schwellen am Ende an und bilden dort sprossbürtige Wurzeln und Blattbüschel. Aus dem verdickten Abschnitt entsteht der nächstjährige Blühspross, während das Verbindungsstück abstirbt. – Getrocknete Pflanzenteile haben (selbst noch nach Jahren im Herbar) durch den Gehalt an Isovaleriansäure einen starken Geruch nach verschwitzter Kleidung. Die bekannte stark anziehende Wirkung auf Kater geht auf das Iridoid-Alkaloid Actinidin zurück, das dem Lockgeruch läufiger Katzen sehr ähnlich ist.

Systematik: Die Gattung umfasst 150–250 Arten. Sie gehört gemeinsam mit dem Feldsalat (*Valerianella*) in die Unterfamilie Valerianoideae, die früher oft als Familie Valerianaceae eingestuft wurde. – Zur Artengruppe gehören *V. officinalis* s. str., der vielgestaltige Kriech-Baldrian *V. excelsa (V. procurrens = V. repens)* und *V. pratensis*.

Namen: „*Valeriana*" ist der mittellat. und vorlinnésche Name des Arznei-Baldrians, der oft mit lat. valere = gesund sein (s. u.) in Verbindung gebracht

wird, aber wohl eher die Latinisierung des deutschen Namens in Anlehnung an ‚valere' darstellt. Neulat. „*officinalis*" = arzneilich verwendet. – „Baldrian" wohl nach dem nordischen Gott Baldur, entsprechend der Verwendung als Heilpflanze und vermeintlich Geister abwehrende Pflanze, unter volksetymologischer Anlehnung an die Endung ‚-ian', wie man sie bei einigen Männernamen findet.

Vorkommen: Staudenfluren, Ufer und lichte Wälder, auf nassen, nährstoff- und basenreichen Böden. Ebene bis mittlere Gebirgslagen.

Blüten: V–X. Kleine vormännliche „Trichterblumen" in rispenartigen Blütenständen. Die Blüten sind schwach asymmetrisch, d. h. es liegt der seltene Fall vor, dass sie weder radiär noch zweiseitig symmetrisch sind. Neben zwittrigen Pflanzen kommen auch rein weibliche vor (gynodiözisch). Krone hellrosa bis weiß, mit – später verblassenden – purpurnen Strichsaftmalen. Stark duftend; der Geruch wird als unterschiedlich angenehm empfunden. Das Nektarium befindet sich in einer Kronröhrenaussackung. Bestäuber sind verschiedene Zweiflügler, Bienen und Tagfalter. Bienentrachtpflanze. Selbstfertil. Keine spontane Selbstbestäubung.

Früchte: Bis 4 mm lange, nur 0,5 mg schwere Nüsse (Achänen), zur Reife mit einem sehr hübschen, federigen, hygroskopischen (sich bei Feuchtigkeit einrollenden), später abfallenden Haarkranz (Pappus), der sich bei der Reife aus dem reduzierten Kelch entwickelt: Schirmchenflieger; Sinkgeschwindigkeit 28 cm/s. Dazu Wasserhafter und Schwimmausbreitung (durch die leeren Fruchtfächer, nach Abbrechen des Haarkranzes). Fruchtreife: VIII/IX–X.

Vegetative Vermehrung (von *V. excelsa*) durch die kurzen Ausläufer (Kriechpionier).

Verwendung: Extrakte von Wurzel und Rhizom sind ein altbekanntes Heilmittel. Es wird z. B. bei Einschlafstörungen und Prüfungsangst genommen, meist in Kombination mit anderen beruhigenden Arzneipflanzen. Das Wirkprinzip beruht auf dem Zusammenspiel verschiedener Inhaltsstoffe. Ein Beweis für die Wirksamkeit steht allerdings noch aus. Im Volksglauben spielte das Rhizom wegen seines unangenehmen Geruchs eine Rolle als Mittel zur Abwehr von Hexen, bösen Geistern und der Pest. Außerdem wurde die Pflanze als Abführmittel, gegen Spulwürmer bei Kleinkindern und als Aphrodisiakum verwendet. – Für Wildpflanzengärten geeignet, allerdings sehr ausbreitungsfreudig. Junge Blätter sind als würzige Zutat für Wildgemüse, die Blüten zur Aromatisierung von Getränken verwendbar. – Valeriansäure stammt von *V. celtica* L., dem Echten Speik, dessen Wurzeln in der Parfümerie Verwendung finden, z. B. in der Speikseife.

Vegetative Vermehrung durch das Rhizom.

Weitere Arten:

Valeriana tripteris L., Stein- oder Dreiblättriger Baldrian: 10–60 cm hoch. Spaltenbewohner basen- bis kalkreicher Felsen der höheren Mittelgebirge Süddeutschlands und der Alpen. Grundblätter ungeteilt, Stängelblätter 3-teilig (Name!). Blütezeit: IV–VI. Blüten blassrosa. Bestäuber sind Fliegen. Früchte 3,5–4 mm lang. Fruchtreife: ab VI.

Valeriana dioica L., Sumpf- oder Kleiner Baldrian: Untere Stängelblätter einfach, obere fiederteilig (Heterophyllie). Nasswiesen, Moorwiesen und Ufer, auf Sumpfhumus- und Torfböden. Durch Entwässerung stellenweise im Rückgang. Blütezeit: V–VI. Zweihäusig. Männliche Blüten größer (ca. 3 mm lang) und deshalb von Insekten meist zuerst besucht. Weibliche Blüten ca. 1 mm lang. Alle Übergänge zwischen rein männlichen und rein weiblichen Blüten. Bestäuber sind Fliegen und Bienen. Früchte 2,5–3,5 mm lang. Vegetative Vermehrung durch Ausläufer mit endständiger Blattrosette, aus der im folgenden Jahr der Blütenstängel hervorgeht.

Valerianella locusta (L.) LATERRADE (= *V. olitoria* (L.) POLLICH), Gewöhnlicher Feldsalat, Rapünzchen, (Rapunzel)

Caprifoliaceae (= Geißblattgewächse)

Einjährig, sommer- oder winterannuell. Stängel gabelig (dichasial) verzweigt. Blühend 5–10 cm hoch. Herbarisierte Pflanzen verbreiten ähnlich wie Baldrian (*Valeriana*) einen unangenehmen Geruch durch Isovaleriansäure.

Rosette einer Kulturform des Feldsalats.

Systematik: *Valerianella* umfasst etwa 60–80 Arten auf der Nordhalbkugel. Nächst verwandt ist der Baldrian (*Valeriana*, siehe dort).

Namen: „*Valerianella*" ist ein vorlinnéscher Name, der von MILLER 1754 aufgegriffen wurde. Er bedeutet „Kleiner Baldrian" und weist auf die Ähnlichkeit mit dieser Pflanze hin. Die Bedeutung des Namens „*Locusta*", *den schon* GESNER 1541 zitiert, gilt als ungeklärt. Es könnte aber gut sein (und so deutet es auch GENAUST an), dass bei der Benennung angesichts der ehemals verbreiteten Nutzung der Pflanze als Wildsalat an die Ernährung von Johannes dem Täufer angeknüpft wurde, von dem es in Markus 1,6 nach der lat. Bibelübersetzung Vulgata heißt: ‚locustas et mel silvestre edebat' (= er ernährte sich von Heuschrecken und wildem Honig). – „Feldsalat" bezieht sich auf die Verwendung als Blattsalat. „Rapunzel" (Verkleinerungsform von rapa = Rübe) ist ursprünglich der Name von Arten wie *Campanula rapunculus* und *Phyteuma* (siehe dort), die als Wurzel-, aber auch Blattgemüse verwendet wurden, und wurde offenbar wegen ähnlicher Nutzung auf unsere Pflanze übertragen. In Österreich heißt die Pflanze „Vogerlsalat".

Vorkommen: Äcker, lückige Wegränder und Trockenrasen, auf frischen, nährstoff- und basenreichen, sandigen oder reinen Lehmböden in wintermilder, humider Klimalage. Ebene bis Gebirge (Jura bis 980 m, fehlt in den Alpen). Alteinwanderer (Archäophyt): Kulturflüchter. Heimat: Mittelmeergebiet. In Süddeutschland seit der jüngeren Steinzeit. Auf Äckern wegen der Anwendung von Herbiziden meist verschwunden.

Blüten: IV–V, Frühblüher. Winzige, blassblaue homogame „Trichterblumen" in kleinen, gedrungenen Trugdolden (Dichasien). Nektar wird in der Kronröhre abgesondert, aber nur wenig. Bestäuber sind Käfer, Zweiflügler, Bienen und Falter. Überwiegend spontane Selbstbestäubung, indem die Narben erst unterhalb, später auf gleicher Höhe stehen wie die Staubbeutel.

Früchte: Kleine asymmetrische, in etwa kreisförmige, knapp 1 mg schwere und 2 mm lange Nüsse.

Diese besitzen ein 1-samiges Fach mit schwammig verdickter Wand und 2 taube Fruchtfächer, die als Schwimmeinrichtung dienen. Regenschwemmling. Ballonflieger. Menschenausbreitung (Kulturbegleiter und -relikt). Fruchtreife: V–VI.

Verwendung: Altbekannte schmackhafte Salatpflanze, die bei uns seit etwa 1700 in großblättrigen Kultursorten (siehe Detailfoto) auch angebaut wird. Für Wildpflanzengärten zu empfehlen.

Weitere Arten:

Valerianella dentata (L.) POLLICH, Gezähnter Feldsalat: Sommerwarme Getreidefelder und Trockenrasen. Blütezeit: V–IX. Früchte kegelförmig, bis 2,5 mm lang. Durch die 3 größeren, bleibenden Kelchzähne werden sie auch als Klettfrüchte verbreitet. Als Ackerwildkraut stellenweise gefährdet. Wird ebenfalls als Salatpflanze gezogen.

Valerianella carinata LOISEL., Gekielter Feldsalat: Von *V. locusta* durch längliche, gerillte Nüsse unterschieden, aber mit gleicher Chemie (J. WUNDER, mdl.) und Ökologie wie *V. locusta*. Da die Formenvielfalt der Früchte bei Einjährigen allgemein groß ist, stellt sich die Frage, ob es sich wirklich um 2 getrennte Arten handelt.

Veratrum album LINNAEUS, Weißer Germer

Melanthiaceae (= Germer- oder Honigstrauchgewächse)

Ausdauernder Hemikryptophyt (Schaftpflanze), 50–150(–200) cm hoch. Stängel einfach. Rhizom walzenförmig, schwarz, bis 8 cm lang und 3 cm dick. Blätter wechselständig, stängelumfassend, bis 30 cm lang, schräg aufwärts gerichtet und der Länge nach gefaltet. Dadurch entstehen zahlreiche Längsrinnen, die an der Blattbasis münden und der zentripetalen Wasserableitung dienen. Blätter erst im Juni erscheinend. – Die Pflanze erinnert vor der Blüte an den Gelben Enzian, der aber u. a. durch gegenständige Blätter unterschieden ist. – **Stark giftig.**

Systematik: Die Gattung umfasst etwa 30 Arten auf der Nordhalbkugel. In die gleiche Familie gehört im Gebiet nur noch die Einbeere (*Paris*).

Giftigkeit: Alle Pflanzenteile, vor allem das Rhizom, sind durch verschiedene Steroid-Alkaloide **stark giftig**. Die Alkaloide wirken als Herzgift und führen im Extremfall (z. B. bei Überdosis der Droge oder bei Verwechslung mit Enzian) zum Tod durch Herzstillstand und Atemlähmung. Die Giftstoffe können auch durch die Haut eindringen und verursachen dann u. a. Jucken und Brennen. Die Augenberührung verursacht heftige Schmerzen, und eingeatmeter Staub führt zu heftigem Reizhusten. In der Nase bewirken die Giftstoffe Jucken und Niesreiz. Deshalb ist die Droge u. a. Bestandteil des „Schneeberger Schnupftabaks". Als Teil von Niespulver ist Germer aber heute gesetzlich verboten. Der Wirkstoffgehalt nimmt mit zunehmender Meereshöhe ab. Die Pflanze muss aus dem Heu ausgelesen werden. Auf Jungviehweiden sind schon viele Tiere durch Aufnahme von Germer verendet. Das erfahrene ältere Vieh meidet aber die Pflanze. Pferde sind weniger empfindlich.

Namen: Von der Antike bis in die vorlinnésche Zeit wurde der Germer mit der nicht verwandten Nieswurz als *Helleborus* zusammengefasst (vgl. dort), weswegen die Pflanze manchmal auch als „Weiße Nieswurz" bezeichnet wird. Beiden gemeinsam ist, dass das pulverisierte Rhizom als Niespulver verwendet wurde und auch als Mittel gegen psychische Krankheiten galt. *„Veratrum"* ist ein weiterer lat. Name der beiden Arten, der von LINNÉ zur Abtrennung der vorliegenden Gattung gewählt wurde. Er geht auf lat. verus = wahr zurück, da angenommen wurde, Niesen würde den Verstand schärfen und die Wahrheit bestätigen, was sich bis heute als Redewendung erhalten hat. Ob der Wortbestandteil -atrum mit lat. ater = schwarz zusammenhängt und sich auf das sowohl bei *Veratrum* als auch *Helleborus* schwarze Rhizom bezieht, ist ungeklärt. Lat. *„albus"* = weiß erklärt sich durch die aus dem Altertum übernommene Unterscheidung dieser Art von *Helleborus niger* (= Schwarze Nieswurz). – „Germer" ist ein germanischer Pflanzenname.

Die Staubbeutel neigen sich nach außen und öffnen sich zweiklappig.

Vorkommen: Hochstaudenfluren und Viehläger des Hochgebirges sowie in wechselfeuchten Wiesen und lichten Au- und Bruchwäldern tieferer Lagen, kalkhold. Außerdem aus ehemaliger Kultur verwildert und eingebürgert. Weideunkraut, das durch Düngung gefördert wird. Nährstoffzehrer. Gesamtverbreitung boreal-alpin.

Blüten (siehe Detailfoto): VI–X. Ährenartige Rispen im unteren Teil mit vormännlichen Zwitterblüten, im oberen Teil mit rein männlichen Blüten (= andromonözisch), selten auch zwittrige und rein männliche Pflanzen (androdiözisch). Blütenhülle einfach (= Perigon). Perigonblätter in 2 Kreisen, außen grünlich, innen weiß. „Nektar führende Scheibenblumen", Nektarabscheidung erfolgt beidseitig an der Perigonbasis. Die 6 Staubblätter neigen sich auswärts und ihre Staubbeutel entleeren sich 2-klappig durch Querspalten (!) nach außen (extrors). Nach der Entleerung neigen sie sich wieder zur Mitte, und erst danach spreizen die 3 Griffeläste auswärts. Blüten mit unangenehmem Geruch nach faulendem Obst, der besonders bei Sonne aufdringlich bis fast betäubend wirkt. Entsprechend hauptsächlicher Besuch durch Fliegen und Käfer, aber auch Schlupfwespen und Falter. Blühreife erst nach etwa 10 Jahren.

Früchte: Spaltkapseln 2–3 cm lang, aufrecht, sich bei Trockenheit im oberen Drittel mit gebogenen bis hakenförmigen Spitzen öffnend. Perigonblätter an der Frucht bleibend. Samen flach, ringsum geflügelt, 6–9 mm lang, 3–4 mm breit: Wind- und Tierstreuer. Weitere Ausbreitung der Samen als Drehflieger bzw. bei Nässe als Anhafter an größeren Tieren (und den Menschen). Fruchtreife: VIII–X. Fruchtansatz zuweilen schlecht. Wintersteher. Kältekeimer.

Vegetative Vermehrung durch das Rhizom.

Verwendung: Ehemalige Heilpflanze. Das bitter und scharf schmeckende, pulverisierte Rhizom („Rhizoma Veratri") diente u. a. als Brech- und Abführmittel, als Niespulver (s. o.) und als Mittel gegen psychische Erkrankungen (vgl. auch *Helleborus*). Im Volke wurde es bei Hautleiden angewandt. Das Alkaloid Protoveratrin ist von Bedeutung bei der Behandlung bestimmter Formen von starkem Bluthochdruck. Auch in der Homöopathie spielt die Pflanze eine Rolle. Seit dem Altertum wurde das Rhizom gegen Ungeziefer eingesetzt, aber auch als Pfeilgift und sogar zu Giftmorden. Zierpflanze seit dem 16. Jh., so auch der Schwarze Germer (*V. nigrum*) mit schwarz-purpurfarbener Blütenhülle.

Verbascum densiflorum Bertoloni (= *V. thapsiforme* Schrad.), Großblütige Königskerze oder Wollblume

Scrophulariaceae (= Rachenblütler, Braunwurzgewächse)

Zweijährige Halbrosettenpflanze, 50–200(–300) cm hoch. Trockenheitsanpassungen: Blätter runzlig-grubig, am Stängel herablaufend (= u. a. zur Regenableitung zur Wurzel); Pflanze von einem dichten Filz bäumchenförmiger Haare überzogen, die als Einstrahlungs- und Verdunstungsschutz dienen. Die Rosettenblätter richten sich nachts aufwärts.

Systematik: Sehr artenreiche Gattung mit weltweit etwa 360 Arten mit Hauptverbreitung in Südosteuropa und Kleinasien. *Verbascum* gehört (ebenso wie *Scrophularia*) zu den wenigen Gattungen, die auch nach der Neudefinition der Scrophulariaceae in dieser Familie verbleiben.
Schädlinge: Königskerzen-Arten sind Futterpflanzen der Raupen des Braunen oder Königskerzen-Mönchs (*Cucullia = Shargacullia verbasci).*
Namen: „*Verbascum*" ist der lat. und vorlinnésche Name der Pflanze mit ungeklärter Etymologie. Er wird oft, aber wohl zu Unrecht, als entstelltes barbascum aufgefasst und wegen der filzigen Blätter in Verbindung mit lat. barba = Bart gebracht. Lat. „*densiflorus*" = dichtblütig. – „Königskerze" wegen der stattlichen Erscheinung der Pflanze mit ihren leuchtenden Blütenkerzen, in Verbindung mit der ehemaligen Nutzung der mit Harz, Teer oder Wachs getränkten Pflanzen als Kerzen oder Fackeln. „Wollblume" wegen der Konsistenz der Blätter.
Vorkommen: Sonnige Ruderalstellen und Waldschläge, auf mäßig trockenen, nährstoff- und basenreichen, oft kalkhaltigen Lehmböden. Etwas wärmeliebend. Ebene bis mittlere Gebirgslagen (Jura bis 850 m, Alpen fehlend).
Blüten: VII–IX. Schwach zweiseitig-symmetrische, 3–4 cm breite, goldgelbe „Pollen-Scheibenblumen" in knäueligen Wickeln, die zu einem ährigen Gesamtblütenstand vereinigt sind. Die Blüten sind nur knapp einen Tag geöffnet (Eintagsblumen). Nektar wird nicht angeboten. Pollen steht nur morgens bis 10 Uhr zur Verfügung. Hummeln gelangen an den Pollen zur frühen Morgenstunde, indem sie durch Brummen Vibrationen ausführen (Buzzing). Die Krone ist durch Flavonoide gelb gefärbt und zeigt entsprechend eine hohe UV-Reflexion. Die Staubbeutel sind ungleich (Heterantherie), die oberen 3 produzieren nur wenig Pollen, die zugehörigen Staubfäden sind dicht weißwollig behaart; die unteren 2 Staubblätter haben kahle Staubfäden und produzieren reichlich Pollen. Die Wollhaare wurden früher als „Futterhaare" gedeutet, die den Bestäubern als Belohnung dienen sollten. Da sie aber nicht abgefressen werden und doch regelmäßig abgesucht werden, hält man sie heute für Pollenattrappen. Bestäuber sind Wildbienen (vor allem Hummeln), Honigbienen, Schwebfliegen usw. Die Blüten sind vorweiblich; da Hautflügler ährenartige Blütenstände stets von unten nach oben anfliegen, wird so Fremdbestäubung gefördert.
Früchte: Fachspaltige, bei Trockenheit geöffnete Kapseln mit je 300 winzigen, kaum 1 mm langen und nur 0,1 mg schweren Samen. Bei etwa 200 Blüten je Pflanze sind das ca. 60.000 Samen. Wind- und Tierstreuer. Weitere Ausbreitung der Samen als Körnchenflieger. Fruchtreife: IX–X. Wintersteher. Licht- und Frostkeimer. – In einem Langzeitversuch in Michigan mit 20 getesteten Arten behielten Samen von *Verbascum*-Arten mit >120 Jahren die längste Keimfähigkeit, was für so kleine Samen sehr erstaunlich ist.
Verwendung: Wegen der Schleimstoffe und Saponine werden die Blüten („Wollblumen") arzneilich

bei Husten als Auswurf förderndes und Reiz milderndes Mittel gebraucht, darüber hinaus in der Volksmedizin bei Rheuma. Die jungen Wurzeln der *Verbascum*-Arten wurden als Mehlersatz verwendet. Die durch die Saponine giftigen Samen wurden früher zum Fischfang benutzt. – Alte Bauerngarten- und hübsche Gartenzierpflanze, die wie alle Arten der Gattung auch für Wildpflanzengärten zu empfehlen ist. Im Winter mit bis um 50 cm breiten, weißwolligen, attraktiven Rosetten. – Schon die alten Griechen zerschnitten Stängel und Blätter von *Verbascum*-Arten in Streifen und benutzten sie als Lampendochte bzw. die ganze in Pech oder Harz getauchte Pflanze als Fackel oder Kerze.

Weitere Art (vgl. auch folgenden Abschnitt):
Verbascum thapsus L., Kleinblütige Königskerze oder Wollblume: Sehr ähnlich wie vorige Art, aber wegen der kleineren Blüten (<3 cm) weniger attraktiv. Bis 180 cm hoch. Steigt in den deutschen Alpen bis 1620 m. Selbstfertil. Blüten- und Ausbreitungsökologie wie bei voriger Art. Spontane Selbstbestäubung ist erfolgreich. Lichtkeimer.

Verbascum nigrum LINNAEUS, Schwarze Königskerze

Scrophulariaceae (= Rachenblütler, Braunwurzgewächse)

Mehrjährige oder zweijährige Halbrosettenpflanze mit Wurzelrübe, 50–120 m hoch. Blätter oberseits glänzend-dunkelgrün, unterseits dünnfilzig.

Namen: Zu den Gattungsnamen siehe *V. densiflorum*. Lat. „*niger*" = schwarz, dunkel, bezogen auf die dunkelvioletten Staubfadenhaare.

Vorkommen: Trockenwiesen, Ruderalstandorte (Bahndämmen und Wegränder) und Waldschläge. Nährstoff- und basenliebend. Von der Ebene bis ins Gebirge (deutsche Alpen bis 1430 m).

Blüten: VI–IX. Krone gelb, am Grunde rot gefleckt. „Pollen-Scheibenblumen". Die Blüten sind homogam, d.h. Staubbeutel und Narben reifen gleichzeitig. Nektarabsonderung gering und vermutlich ohne ökologische Bedeutung. Krone an der Basis mit blutrotem Farbflecksaftmal; im Kontrast dazu Staubbeutel orangefarben und Staubfäden dicht und lang violett behaart. Blütenökologie sonst wie bei *V. densiflorum*. Selbststeril.

Früchte und Ausbreitungsökologie wie bei *V. densiflorum*.

Verwendung: Attraktive Zierpflanze und Wildgartenpflanze. Im Winter mit bis ca. 30 cm breiten, hübschen Rosetten.

Weitere Arten:
Verbascum lychnitis L., Mehlige Königskerze: Bis maximal 130 cm hoch. Blätter oberseits verkahlend, unterseits weißfilzig, nicht am Stängel herablaufend. Tiefwurzler. Trockengebüsche und Trockenwaldsäume, auf nährstoffarmen, basenreichen Böden. Blüten weiß oder hellgelb. Staubfäden weißwollig. Selbstfertil. Der Name „*lychnitis*" (von griech. lychnos = Lampe) ist schon im Altertum belegt und weist darauf hin, dass Blätter und Stängel von *Verbascum*-Arten schon früh als Lampendochte verwendet wurden (vgl. *V. densiflorum*).

Verbascum phoeniceum L. Violette oder Purpur-Königskerze: Violett blühend (Name!, lat. *phoeniceus* = purpurn), mit oberseits fast kahlen, unterseits flaumhaarigen Blättern. Auf Nordostdeutschland und Sachsen beschränkte kontinentale Art der Trockenvegetation, auf nährstoffarmen, basenreichen Böden. Gefährdet. Auch als Zierpflanze kultiviert und von dort aus verschleppt.

Verbena officinalis LINNAEUS, Echtes oder Gewöhnliches Eisenkraut

Verbenaceae (= Eisenkrautgewächse)

Ausdauernde, kurzlebige Halbrosettenpflanze, seltener einjährig. 20–50(–80) cm hoch. Blätter gegenständig, schwach fiederteilig. – Bis 60 cm tief wurzelnd.

Systematik: *V. officinalis* ist der einzige heimische Vertreter der überwiegend tropisch verbreiteten, vor allem aus Gehölzen bestehenden Familie, die den Lippenblütlern (Lamiaceae) nahe steht. Die Gattung umfasst je nach Autor 70–200 Arten. Mehrere davon sind bei uns als Zierpflanzen in Kultur, namentlich *V. bonariensis* (s. u.). Einige Arten sind auch verwildert anzutreffen. Die Blüten werden gerne von Bienen und Schmetterlingen besucht.

Namen: „*Verbena*“ ist ein mittelalterlicher und vorlinnéscher Name, abgeleitet von lat. verbena(e), womit allgemein Zweige gemeint waren, die bei religiösen Zeremonien Verwendung fanden. Der lat. Name von *V. officinalis* war ‚verbenaca‘. Neulat. „*officinalis*“ = arzneilich verwendet. – „Eisenkraut“ wegen der ehemaligen Verwendungen (s. u.). Der Name ist schon alt (ahd. isarnhart, mhd. isenkrut).

Vorkommen: Ruderalstellen, Wegränder und gestörte Weiden, auf frischen, nährstoffreichen Böden. Stickstoffzeiger. Lichtpflanze. Alteinwanderer (= Archäophyt): Kulturbegleiter bzw. -relikt (z. B. in der Nähe von Burgen und alten Siedlungen) seit der jüngeren Steinzeit. Ebene bis Gebirge. In den deutschen Alpen bis 1100 m. Fehlt im Nordwesten.

Blüten: VII–IX. „Lippenblumen“, in traubig angeordneten Thyrsen. Staubbeutel und Narben gleichzeitig reifend (homogam). Kronröhre 3 mm lang, Kronsaum fast zweilippig, präsentiertellerförmig. Nektar wird vom Diskus abgesondert und von einem Haarring zum Schutz vor unerwünschten Blütenbesuchern verdeckt. Die Abgabe des Pollens erfolgt morgens zwischen 7 und 12, seltener bis 14 Uhr. Besucher sind Bienen, Tagfalter und Schwebfliegen. Spontane Selbstbestäubung ist erfolgreich.

Früchte: Spaltfrüchte, in 4 Klausen zerfallend. Der schräg aufrecht stehende Kelch umschließt die Klausen (= Windfang) und fällt zur Reife mit diesen ab: Wind- und Tierstreuer. Klebausbreitung. Menschenausbreitung (Kulturrelikt und Trittausbreitung). Fruchtreife: X–XI. Wintersteher. Lichtkeimer.
Verwendung: Seit dem Altertum bekannte, universell eingesetzte, hochgeschätzte, inzwischen aber nur noch wenig gebräuchliche Heilpflanze (Gerbstoffe und Bitterstoffe). – Eisenkraut wurde früher bei der Eisenverhüttung verwendet: Die Pflanze wurde der Schmelze zugesetzt, der enthaltene Kohlenstoff wirkte härtend. Natürlich hätte man prinzipiell auch jedes andere Kraut benutzen können, aber hier verhalf die Tradition nach dem Motto „keine Experimente" zur Sicherheit. Dazu spielte sicher auch der Aberglaube eine Rolle, denn auch im Volksglauben der Römer und Gallier wurden der Pflanze magische Kräfte zum Schutz gegen Verwundung durch eiserne Waffen zugeschrieben. – Als Verbena- oder Verveine-Tee wird ein besonders in Frankreich beliebtes Getränk bezeichnet; es stammt jedoch von der verwandten südamerikanischen Art *Aloysia citrodora = triphylla*, dem Zitronenstrauch = Zitronenverbene (frz. Citronella), nicht aber von unserer Art.
Weitere Art:
Verbena bonariensis L., Argentinische oder Hohe Verbene: Zierpflanze. Heimat: Gebirge Südamerikas. Ausdauernd, in Kultur oft einjährig, 50–150 cm hoch. Blätter länglich-lanzettlich, 7–13 cm lang. Spätblüher: VII–X. Die Blütenstände sind sehr dicht. Sie werden gerne von Faltern besucht. Sät sich im Garten selbst aus. Nicht selten verwildert, aber unbeständig.

Veronica beccabunga LINNAEUS, Bachbungen-Ehrenpreis, Bachbunge

Plantaginaceae (= Wegerichgewächse)

Ausdauernde, wintergrüne, etwas fleischige, kahle Sumpfpflanze mit am Grunde kriechenden, dann aufrechten, 20–30(–50) cm hohen, stielrunden Stängeln. Blätter gegenständig, ganzrandig, eiförmig bis länglich, kurz gestielt.

Systematik: Zur Gattung in der heute üblichen weiten Fassung gehören etwa 500 Arten, die meisten davon auf der Nordhalbkugel. Sie wurde früher zu den Scrophulariaceae (= Rachenblütler) gestellt.
Namen: Zu den Gattungsnamen siehe *V. officinalis*. Der vorlinnésche Name „Beccabunga" geht auf den flämischen Botaniker DODONAEUS 1554 zurück und ist eine frühe Latinisierung des deutschen Namens „Bachbunge" bzw. des flämischen „Beeckpunghen".
Vorkommen: Langsam fließende Bäche, Quellen, Gräben und nasse Waldwege. Häufig.
Blüten: V–VIII. Tiefblaue „Nektar führende Scheibenblumen", in gestielten Trauben aus den Achseln der Laubblätter. Vorweiblich, nur bei Sonne ausgebreitet. Schlund weiß. Bestäuber sind vor allem kleine Schwebfliegen, seltener auch Bienen. Blütenökologie ähnlich wie bei *V. chamaedrys*. Auch spontane Selbstbestäubung.
Früchte: Kapseln bei Feuchtigkeit geöffnet (hygrochas). Ausbreitung der Samen wie bei *V. cha-*

maedrys, aber auch Regenschwemmling und Schwimmausbreitung im offenen Wasser (Samen plankonvex!) sowie mit Schlamm. Dazu Wasserhaft- und Zufallsausbreitung durch Wasservögel. Samen klein, nur 0,6 mm lang und 0,06 mg schwer. Fruchtreife: VIII/IX–X.

Vegetative Vermehrung durch oberirdische und unterirdische Ausläufer (Kriechpionier).

Verwendung: Der Presssaft wurde früher arzneilich verwendet. Die vor der Blüte gesammelten Sprosse sind für Mischsalat geeignet. Als gut wüchsige, lang blühende Uferpflanze für Gartenteiche zu empfehlen.

Weitere Art (vgl. auch folgende Abschnitte):

Veronica anagallis-aquatica L. (Artengruppe), Wasser-Ehrenpreis: Ähnlich voriger Art und an ähnlichen Standorten, aber Stängel kantig, hohl. Mittlere und obere Stängelblätter sitzend. Blüten blauviolett oder blau, Blütezeit: VI–IX. Blütenbesuch nur durch Zweiflügler. Ausbreitungsökologie ähnlich wie bei *V. beccabunga*. Fruchtreife: IX–X.

Veronica chamaedrys Linnaeus, Gamander-Ehrenpreis

Plantaginaceae (= Wegerichgewächse)

Krautiger, wintergrüner Chamaephyt, oft rasig wachsend, 15–30(–40) cm hoch. Flachwurzler. Stängel mit zwei auffälligen Haarleisten (= Wasserableitung?). Blätter gekerbt-gezähnt.

Vorkommen: Wiesen, Säume, Wegränder und lichte Eichenwälder, auf meist frischen und nährstoffreichen Lehmböden. Häufig. Ebene bis Hochgebirge (deutsche Alpen bis 2150 m).

Blüten: V–VI. „Nektar führende Scheibenblumen", in gestielten, wenigblütigen Trauben in der Achsel von Laubblättern. Staubbeutel und Narben reifen gleichzeitig (homogam). Im Gegensatz zu den meisten anderen Vertretern der Familie sind nur 4 Kronblätter und 2 Staubblätter vorhanden. Kronröhre kurz. Der Nektar ist von einem Haarkranz bedeckt, der vor unerwünschten Blütenbesuchern schützt. Schöne, zur Blütenmitte weisende, dunkelblaue Strichsaftmale sowie am Eingang der Kronröhre ein weißes Ringsaftmal. Der abstehende Griffel, die beiden Staubblätter und das untere Kronblatt dienen als Anflugplatz. Bestäuber sind Fliegen, Bienen und kleine Tagfalter. Bei den meisten übrigen Ehrenpreis-Arten kommt außerdem auch spontane Selbstbestäubung vor. Bei Erschütterung wird die Krone abgeworfen (s. o.).

Früchte: 2-klappige, bei Nässe geöffnete Kapseln mit schüsselförmigen Samen: Regentropfenwanderer (Regenballist und Regenschwemmling). Dazu möglicherweise auch Windstreuer, Zufalls-

Schädlinge: Am Stängel findet man öfter kugelige, filzig behaarte Anschwellungen (Gallen), die durch die sich dort ernährenden Larven der Ehrenpreis-Gallmücke (*Jaapiella veronicae*) verursacht werden.

Namen: Zu den Gattungsnamen siehe *V. officinalis*; „*chamaedrys*" wegen der Ähnlichkeit der Blätter mit denen des Echten Gamanders (*Teucrium chamaedrys*), dessen Name seinerseits auf griech. chamai = niedrig und drys = Eiche basiert, d. h. niedrige Pflanze mit Eichenblättern. Der Kräuterbuchautor Leonhart Fuchs 1543 nennt die Pflanze entsprechend „Gamanderle".

und Ameisenausbreitung. Fruchtreife: VII–VIII. Lichtkeimer.

Vegetative Vermehrung durch unterirdische Ausläufer.

Verwendung: Sehr schöne Wildrasenpflanze, aber auch für naturnahe, nicht zu stark gedüngte Gartenrasen sehr geeignet.

Weitere Arten (vgl. auch die benachbarten Abschnitte):

Veronica montana L., Berg-Ehrenpreis: Niederliegend bis aufsteigend, 10–20 cm hoch, wenig behaart, mit kurzen oberirdischen Ausläufern. Blätter lang gestielt, horizontal ausgerichtet (Schattenpflanze). Auf reicheren, frischen Böden in Laubwäldern. Insbesondere entlang der Wege. Blütezeit: V–VII. Blüten achselständig, gestielt, blassblau mit blauroten Strichsaftmalen, ökologisch wie *V. chamaedrys*. Zahlreiche Blütenbesucher. Früchte und Samen scheibenförmig. Samen bis 2 mm breit. Wohl Tritt- und Wasserhaftausbreitung.

Veronica teucrium L., Großer Ehrenpreis: Schaftpflanze. Zerstreut bis selten in sonnigen Halbtrockenrasen und lichten, sommerwarmen Wäldern, meist auf Kalk. Vielerorts gefährdet. Größer, aber Habitus und Blüten ähnlich wie bei *V. chamaedrys*, in achselständigen Trauben, lebhaft himmelblau, aber reichblütiger und so sehr dekorativ. Reicher Besuch durch verschiedenste Insekten. Austrocknungsstreuer: Tier- und Windstreuer sowie Ameisenausbreitung. Samen 1,5 mm lang. Auch Gartenflüchter. Fruchtreife: IX–X. Das Rhizom bildet wenige aufsteigende oder aufrechte Stängel. An geeigneten Standorten eine prächtige Wildgartenpflanze und auch als Zierpflanze im Handel.

Veronica serpyllifolia L., Quendel-Ehrenpreis: 3–10(–40) cm hohe Kriechstaude. Blätter kahl, elliptisch, klein und kaum gesägt. Verbreitet auf Weiden, Wiesen, Parkrasen und Trittstellen. Feuchtezeiger. Blütezeit: V–X. Blüten weißlich, mit blauen Strichsaftmalen, meist homogam. Besucher sind kleine Fliegen. Dazu spontane Selbstbestäubung. Benetzt öffnen sich die Kapseln, und die Fruchtklappen spreizen auseinander: typischer Regenschwemmling und -ballist. Samen bikonvex, bis 0,8 mm lang und 0,1 mg schwer. Auch Wasserhaftausbreitung sowie Tritt- und Darmausbreitung. Eine Bereicherung etwas lückiger, kurz gehaltener Garten- und Parkrasen. Blüten einzeln. Wurzelkriechpionier.

Veronica filiformis Smith, Faden-Ehrenpreis

Plantaginaceae (= Wegerichgewächse)

Ausdauernder, krautiger Chamaephyt und Hemikryptophyt mit fadenförmigen, dicht dem Boden aufliegenden, bis 50 cm langen, sich bewurzelnden Kriechsprossen, 2–7 cm hoch. Blätter klein, rundlich, schwach gekerbt. Frühjahrsgrün, d. h. die Blätter sind schon im Sommer nicht mehr vorhanden. Deshalb und wegen des niedrigen Wuchses und der kurzen und frühen Blütezeit wird die an sich sehr verbreitete und auffällige Art oft übersehen.

Namen: Zu den Gattungsnamen siehe *V. officinalis*. Lat. „*filiformis*" = fadenförmig, wegen der dünnen Ausläufer.

Vorkommen: Ideal angepasst an früh gemähte Zierrasen. Neubürger (Neophyt), in Deutschland seit 1930. Hat sich in den letzten Jahrzehnten stark ausgebreitet. Heimat: Kaukasus. Die Einschleppung erfolgte über die Anpflanzung als Zierpflanze auf Friedhöfen.

Blüten: IV–V, Frühblüher. Blütenökologisch ähnlich wie *V. chamaedrys*. Blüten bei trübem Wetter oft geschlossen. Selbststeril, d. h. auf Fremdbestäubung eines anderen Genotyps angewiesen. Da aber nur 1 Genotyp eingeschleppt wurde, kommt es bei uns nicht zum Fruchtansatz.

Vegetative Vermehrung: Die Ausbreitung geschieht ausschließlich vegetativ durch Brutknöllchen in den Achseln der Blätter sowie durch abgerissene und sich bewurzelnde Stängelstücke. Für die Ausbreitung dürfte Rasenmähern eine wesentliche Rolle als Transporteur zukommen.

Verwendung: Zierpflanze auf Gräbern und in Zierrasen.

Weitere Arten:

Veronica arvensis L., Acker-Ehrenpreis: Einjährig, sommer- oder winterannuell. Äcker und Ruderalstellen. Alteinwanderer (Archäophyt). Als Bodendecker bei Frühjahrstrockenheit gegen Bodenaustrocknung von Bedeutung. Blütezeit: III–VII. Blüten blassblau, klein, einzeln, in den Achseln kleiner Tragblätter. Besucher sind Bienen. Der Fruchtstand ist nach der Blüte verlängert. Fruchtklappen bei Nässe flach ausgebreitet; Samen schildförmig, bis 1 mm lang, 50–80 mg schwer: Regentropfenballist und Regenschwemmling. Dazu Zufallsausbreitung über den Darm von Rindern.

Veronica hederifolia L. (Artengruppe), Efeublättriger Ehrenpreis: Einjährig, sommer- oder winterannuell, frühjahrsgrün. Stängel liegend oder aufsteigend. Verbreitet. Nährstoffliebend, sowohl in reicheren Laubwäldern und Gebüschen (auch in Siedlungen) (Hecken-E. = *V. sublobata*) als auch als Wildkraut im Wintergetreide (*V. hederifolia* s. str.), selten in Trockenrasen (Dreilappen-E. = *V. triloba*). Blütezeit: III–V. Blüten einzeln, sehr klein, blau oder lila, bei Regen geschlossen bleibend. Besucher sind Bienen, aber meist erfolgt spontane Selbstbestäubung: Die Staubbeutel sind bereits in der Blüte geöffnet und umschließen die Narben. Die Fruchtstiele sind nach der Blüte verlängert und abwärts gekrümmt. Kapseln meist geschlossen bleibend. Samen groß, bis 3 mm lang, schüsselförmig, Höhlung später mit Luftblase: Regenschwemmlinge. Samen mit Elaiosom zur Ameisenausbreitung. Zufallsausbreitung durch z. B. Distelfinken. Auch Selbstaussäer. Fruchtreife: IV–VI. Dunkelkeimer.

Veronica persica Poir., Persischer Ehrenpreis: Einjährig. Stängel niederliegend bis aufsteigend. Äcker, Gärten und Wegränder. Häufig. In Europa seit 1805 eingebürgert (über Kultur in Botanischen Gärten). Heimat: Südwestasien. Früh- und Winterblüher (I–IX). Blüten homogam, himmelblau, einzeln, lang gestielt. Ökologisch ähnlich wie *V. chamaedrys*. Auch Selbstbestäubung. Die Fruchtstiele wenden sich vom Licht ab (negativ phototrop). Samen konkav-konvex, mit kleinem Elaiosom, ca. 2 mm lang. Ausbreitung durch die Schwarze Wegameise (*Lasius niger*). Menschenausbreitung (z. B. über Gartenerde). Fruchtreife: VIII/IX–X. Vegetative Vermehrung durch bis 40 cm lange Ausläufer. Als niedriges Wildkraut auch auf den Beeten eine Bereicherung.

Veronica officinalis LINNAEUS, Echter oder Wald-Ehrenpreis

Plantaginaceae (= Wegerichgewächse)

Krautiger, rauhaariger, wintergrüner Chamaephyt, 5–10 cm hoch, bis 40 cm lang kriechend. – Bis 50 cm tief wurzelnd.

Namen: „*Veronica*" ist der vorlinnésche Name dieser und zahlreicher weiterer Pflanzen, der von LINNÉ auf die Ehrenpreis-Arten beschränkt wurde. Der Name geht vermutlich auf die lat. Bezeichnung ‚vera unica (medicina)' = ‚das einzig wahre (Heilmittel)' zurück, wegen der Heilkraft von *V. officinalis*, unter volksetymologischer Anlehnung an die Heilige Veronika. Neulat. „*officinalis*" = arzneilich verwendet. – Auch der Name „Ehrenpreis" nimmt auf die seinerzeit hochgeschätzte Heilwirkung von *V. officinalis* Bezug, derentwegen die Pflanze „zu loben und zu preisen" sei. – Im Volksmund werden die *Veronica*-Arten (vielleicht wegen der nach dem Abpflücken leicht abfallenden Blüten und/oder wegen einer vermuteten Wirkung als Aphrodisiakum) „Männertreu" genannt – ein Name, der allerdings auch für einige andere Arten gilt, so etwa für die bekannte, meist blau blühende Balkonpflanze *Lobelia erinus* oder für *Eryngium campestre* (Mannstreu).

Vorkommen: Wälder, Magerrasen und Heiden, auf mäßig trockenen, nährstoffarmen, sauren Böden. Nässe- und düngerfeindlich.

Blüten: VI–VII. Blütenökologie ähnlich wie bei *V. chamaedrys*. Blüten blassviolett, in Trauben. Besucher sind Bienen und Zweiflügler.

Früchte: Kapseln. Samen flach, 1 mm groß. Wasserhafter und Regenschwemmlinge. Fruchtreife: IX–XI.

Vegetative Vermehrung durch die niederliegenden, sich bewurzelnden Stängel.

Verwendung: Ehemals sehr geschätzte Heilpflanze (s. o.; Gerbstoffe, Bitterstoff, Aucubin). Wird heute überwiegend in der Volksheilkunde verwendet, vor allem bei Husten sowie bei Magen- und Darmkatarrhen, Blasenleiden, Rheuma und Hauterkrankungen (Juckreiz usw.). Kommt teilweise auch in der Homöopathie zur Anwendung. Als Bodendecker für Wildpflanzengärten auf mageren Silikatböden sehr zu empfehlen.

Veronica spicata LINNAEUS (= *Pseudolysimachion spicatum* (L.) OPIZ), Ähren- oder Heide-Ehrenpreis oder -Blauweiderich

Plantaginaceae (= Wegerichgewächse)

Ausdauernder Hemikryptophyt (Halbrosettenpflanze) oder krautiger Chamaephyt, 15–30(–50) cm hoch. Blätter 1–5 cm lang, meist fein gekerbt.

Systematik: Zur Gattung siehe *V. beccabunga*. – *V. spicata* und *V. maritima* wurden oft als eigene Gattung *Pseudolysimachion* = Blauweiderich abgetrennt, werden aber heute mehrheitlich wieder zu der jetzt weit gefassten Gattung *Veronica* gestellt.
Namen: Zu „*Veronica*" siehe *V. officinalis*. „*Pseudolysimachion*" wurde von OPIZ 1852 geprägt, wegen der Ähnlichkeit der Pflanzen und ihrer Blütenstände mit denen des Blutweiderichs (*Lythrum salicaria*), der vorlinnésch zu ‚*Lysimachia*' gerechnet wurde (siehe dort). Daher auch der künstlich gebildete Name „Blauweiderich". Lat. „*spicatus*" = ährenförmig.
Vorkommen: Felsen und sonnige Trockenrasen, kalkmeidend. Klassenkennart der Festuco-Brometea (= Trocken- und Halbtrockenrasen). Gefährdet und gebietsweise bereits ausgestorben. **Geschützt**! Daneben auch aus Kultur verwildert.
Blüten: VI–IX. Blüten im Unterschied zu den zuvor behandelten *Veronica*-Arten trichterförmig, zweilippig, mit längerer Kronröhre, in endständigen, ährenartigen Trauben. Meist ist nur 1 Blütenstand pro Pflanze vorhanden. Blütenstiele höchstens 1 mm lang. Bestäuber sind Bienen, Falter und Zweiflügler. Nachbarbestäubung ist möglich.
Früchte: Kapseln. Wind- und Tierstreuer. Samen ca. 1 mm lang, abgeflacht. Fruchtreife: ab IX. Lichtkeimer.
Vegetative Vermehrung durch das Rhizom.
Verwendung: Wird auch als Zierpflanze kultiviert und ist für Wildpflanzengärten sehr zu empfehlen. Wegen des Naturschutzes dürfen nur Exemplare aus gärtnerischer Kultur genommen werden.
Weitere Art:
Veronica maritima L. (= *V. longifolia* L. s. l., *Pseudolysimachion longifolium* (L.) OPIZ), Langblättriger Ehrenpreis oder Blauweiderich: Ähnlich wie vorige Art, 50–120 cm hoch, meist mehrere Blütenstände. Blätter scharf gesägt. Pflanze der Sumpfstaudenfluren der Stromtäler und z. B. selten in der Rheinebene. Im Rückgang (Vorwarnliste, Stand 2018). **Geschützt**! Verbreitete, dankbare Zierpflanze der Gärten. Zuweilen auch verwildert.

Viburnum opulus LINNAEUS, Gewöhnlicher Schneeball

Adoxaceae (= Moschuskrautgewächse)

Winterkahler, breitbuschiger Strauch von meist 2, maximal 4 m Höhe. Blattspreiten 3–5-lappig, beiderseits gleich grün. Blattstiel an der Basis mit 2 fädlichen Nebenblättern und am oberen Ende mit ca. 2–3 grünen extrafloralen Nektarien (und dadurch von den ähnlichen Blättern des Feld-Ahorns (*Acer campestre*) unterschieden). – Intensiv- und Flachwurzler. Pilzwurzel (arbuskuläre Mykorrhiza).

Systematik: Die Gattung umfasst etwa 120 Arten. Viele davon sind bei uns als Ziersträucher in Kultur. – Die systematische Einordnung der Gattung hat eine wechselvolle Geschichte. Früher wurde sie meist bei den Caprifoliaceae (= Geißblattgewächse) geführt. Die Angiosperm Phylogeny Group (2016) schließt die Gattung (ebenso wie *Sambucus*) aus den Caprifoliaceae aus und stellt sie gemeinsam mit dem krautigen Moschuskraut (*Adoxa*) in die äußerlich sehr heterogene Familie Adoxaceae.
Giftigkeit: Rinde, Blätter und unreife Früchte enthalten verschiedene Giftstoffe, u. a. den Bitterstoff Viburnin. Die reifen Früchte sind, in kleinen Mengen verzehrt, nach neueren Angaben ungiftig.
Schädlinge: Die Blätter werden häufig von den Larven des Schneeballblattkäfers (*Pyrrhalta viburni*) und anderen Insekten löcherig zerfressen.
Namen: „*Viburnum*" ist der lat. Name von *V. lantana* und bedeutet biegsam, im Hinblick auf dessen Zweige, die zum Flechten benutzt wurden. Lat. „*opulus*" = Feld-Ahorn (*Acer campestre*), nach der Ähnlichkeit der Blätter. – Der Name „Schneeball" ist seit 1586 belegt. Er bezieht sich ursprünglich auf die Kultursorte 'Roseum' von *V. opulus* mit ihren weißen, kugeligen, etwa schneeballgroßen Blütenständen (s. u.). Er wurde später auf die gesamte Art und dann auch auf die Gattung übertragen. Dabei verdrängte er ältere Namen wie „Glasbeere", „Herzbeere" und „Wasserholder".
Vorkommen: Auwälder und -gebüsche, Hecken, Wald- und Bachränder. Verbreitet. Auch öfter angepflanzt. Auf sickerfeuchten bis frischen, nährstoff- und basenreichen Böden. Etwas wärmeliebend. Ebene bis Gebirge (deutsche Alpen bis 1000 m). In Nordamerika eingebürgert.
Blüten: V–VI. Schüsselförmige „Scheibenblumen", in flachen Trugdolden (Thyrsen). Staubbeutel und Narben reifen gleichzeitig (homogam). Die Randblüten sind stark vergrößert, aber steril und dienen als Schauapparat. Nektar wird offen, aber nur in geringer Menge dargeboten. Wohlriechend. Der Duft geht vermutlich vom Pollenkitt aus. Bestäuber sind Insekten aller Art (außer Faltern), besonders Fliegen und Käfer, die, ähnlich wie bei den Doldenblütlern, auf dem Blütenstand umherlaufend die Bestäubung vollziehen. Spontane Selbstbestäubung ist erfolgreich.

Früchte: Scharlachrote, kugelige, zuletzt glasige Steinfrüchte mit einem lederartigen Steinkern. Fruchtreife: ab VIII. Typischer Wintersteher. Verdauungsausbreitung: Die Früchte werden von manchen Vögeln, z.B. Drosseln, gemieden, aber von anderen Vögeln im Laufe des Winters gefressen. Zerquetschte Früchte haben einen deutlichen Schweißgeruch.

Verwendung: Die sehr sauren Früchte sind gekocht für Marmelade oder Gelee verwendbar. In Teilen Osteuropas werden die reifen „Beeren" auch roh gegessen. Die Rinde wurde früher arzneilich verwendet. Auch in der Homöopathie spielt sie eine Rolle. Die Früchte können zum Färben verwendet werden. Häufige Zierpflanze der Parkanlagen und Gärten, oft in der Kulturform 'Roseum', dem Garten-Schneeball, mit kugeligem Blütenstand, der ausschließlich aus sterilen Schaublüten besteht und seit dem Ende des 16. Jh. in Kultur ist. Wildform für Gehölz-Anpflanzungen sowie für Wildpflanzengärten empfehlenswert. Wegen ihres hohen Ausschlagvermögens lässt sich die Art gut beschneiden und als Heckenpflanze verwenden.

Vegetative Vermehrung: Tief gesteckte Zweige wachsen oft an.

Weitere Arten:

Viburnum lantana L., Wolliger Schneeball: Blätter weich, runzlig, unterseits sternhaarig-graufilzig behaart (Trockenheitsanpassungen), in milder Klimalage zuweilen wintergrün. Ohne Winterknospenschutz. Sonnige Gebüsche, Wälder und Hecken (dort neuerdings auch oft gepflanzt), meist auf Kalk. Im Norden ohne ursprüngliche Vorkommen (Hauptverbreitung: Südeuropa). Blüten alle gleichartig. Nektar wird weniger dargeboten als bei *V. opulus*. Blütengeruch harn- oder fischartig (Methylamin). Früchte eiförmig, erst rot, später schwarz. Unterschiedlich reifend, daher im Fruchtstand lange Zeit beide Farben nebeneinander (Anlockungsmittel?). Fast alle Teile der Pflanze sind giftig. Die im Volksmund „Schwindelbeeren" genannten Früchte sind allerdings im reifen Zustand kaum giftig. Zweige elastisch biegsam (Name!, „*Viburnum*" bedeutet genauso wie „*lantana*" ‚biegsam'). Sie wurden früher zum Flechten von Körben und zum Binden von Korngarben verwendet.

Viburnum rhytidophyllum Hemsl., Runzelblättriger Schneeball: Zierstrauch mit großen, runzligen, immergrünen Lederblättern, ähnlich denen von *V. lantana*, aber länger. Heimat: China. Ziemlich winterhart, sollte aber in wärmeren und gegen Morgensonne geschützten Lagen (da sonst die Gefahr der Frosttrocknis im Winter besteht) kultiviert werden. Außerhalb der Gärten und Parks sind aber heimische Gehölze für Anpflanzungen unbedingt zu bevorzugen. – Neuerdings sind Verwilderungen zu beobachten, z.T. mit Einbürgerungstendenz.

Vicia cracca Linnaeus, Vogel-Wicke

Fabaceae (= Schmetterlingsblütler)

Ausdauernder Hemikryptophyt: Kletterstaude und Halbrosettenpflanze, 30–120 cm hoch steigend. Fiederblätter mit endständigen Wickelranken aus umgewandelten Fiedern, die wie alle Ranken kreisende Suchbewegungen ausführen und auf Berührungsreize reagieren (Thigmonastie). – Tiefwurzler. Alle *Vicia*-Arten bilden Wurzelknöllchen (siehe *Lupinus*) mit symbiontischen, Stickstoff bindenden Bakterien, hier mit *Rhizobium leguminosarum*.

Systematik: siehe *Vicia faba*.

Giftigkeit: Nach Verfütterung größerer Mengen von *Vicia*-Arten kann es beim Vieh zu Vergiftungen kommen (vgl. *V. faba*).

Namen: „*Vicia*" ist der lat. Name der Wicken, zu vincire = umwinden, wegen des Kletterns. „*Cracca*" ist der lat. Name einer Futterpflanze, der vorlinnésch auf die Vogel-Wicke übertragen wurde. – „Wicke" ist ein bereits im 1. Jh. v. Chr. gebildetes Lehnwort, als lat. v noch wie w und lat. c vor i noch wie k gesprochen wurde. „Vogel-Wicke", weil die Samen dieser ehemals als Getreideunkraut gefürchteten Pflanze im Vergleich zu kultivierten Arten der Gattung den Vögeln überlassen wurden, für die sie ein begehrtes Futter waren. – Achtung: Die „Wicken" der Gärten gehören zur Gattung *Lathyrus*.

Vorkommen: Wiesen, Weiden, Säume, Äcker und Ruderalstellen, auf frischen bis mäßig trockenen

Lehm- und Tonböden. Ebene bis Gebirge (deutsche Alpen bis 1180 m). Kulturbegleiter seit der jüngeren Steinzeit.

Blüten: VI–VIII. Blauviolette, vormännliche „Fahnenblumen (= Schiffchenblumen) mit Bürsteneinrichtung“, in reichblütigen, lang gestielten, einseitswendigen, achselständigen Trauben. Die Staubbeutel entleeren den Pollen oft schon in der Knospe über dem behaarten Griffel. Beim Besuch durch Insekten klappt das Schiffchen herab, und die Griffelbürste drückt sich an den Bauch des Insektes. Nach mehrmaliger Wiederholung dieses Vorgangs ist die Griffelbürste frei von Blütenstaub und die zarte Narbenoberfläche ist abgewetzt. Dadurch ist sie jetzt klebrig und empfängnisfähig. Bestäuber sind Bienen und verschiedene Schmetterlings-Arten. Nektarraub durch seitliches Anbeißen der Blüte durch Erdhummeln ist nicht selten. Anschließend können an diesen Löchern Honigbienen den Nektar entnehmen. Auch die Sandbiene *Andrena lathyri* schlitzt die Kelchröhren von *Vicia*- und *Lathyrus*-Arten mit ihren Mandibeln seitlich auf und erreicht so mit ihrem kurzen Rüssel den Nektar.

Früchte: Mehrsamige, schwarze (Wärmespeicherung!) Hülsen. Austrocknungsstreuer, Streuweite 1–2 m. Samen eiweißreich, kugelig, bis 3 mm dick und 9–16 mg schwer. Sie rollen meist noch ein Stück allein weiter (= „Rollsamen“). Dazu Bearbeitungsausbreitung durch verschiedene Vögel, Zufallsausbreitung sowie Menschenausbreitung mit z. B. Saatgut von Esparsette (*Onobrychis viciifolia*) und Serradella (*Ornithopus sativus*). Fruchtreife: VIII–X. Die Speicher-Keimblätter bleiben bei der Keimung im Boden (hypogäische Keimung).

Vegetative Vermehrung durch unterirdische Ausläufer.

Verwendung: Verschiedene Wicken-Arten sind wertvolle Futterpflanzen. In früheren Zeiten wurden auch die Samen zur Ernährung genutzt; einige Arten wurden zu diesem Zweck sogar kultiviert, dann aber als Nahrungspflanzen von der Linsenkultur abgelöst (Machatschek 2010).

Weitere Arten:

Vicia tenuifolia Roth, Feinblättrige Vogel-Wicke: Ähnlich voriger Art. Aber u. a. kalkhold und auf die wärmeren Tieflagen im Südwesten, Süden und Osten Deutschlands beschränkt. Die Blüten sind größer als bei voriger Art (12–16 mm lang), hellblau, mit weißlichen Flügeln. Fiederblättchen lineal.

Vicia villosa Roth (Artengruppe), Zottel-Wicke: Kletterstaude. Zuweilen als Futterpflanze gezogen, meist gemischt mit anderen Wicken, und auch verwildert (und sich dann auch zum lästigen Unkraut entwickelnd). Der vorigen Art sehr ähnlich, aber stark behaart.

Vicia sepium L., Zaun-Wicke: Niedrige, meist unter 30 cm hohe Kletterstaude mit schwärzlichen, extrafloralen Nektarien an der Unterseite der Nebenblätter, sodass sie nur für die von unten aufkriechenden Insekten gut zu erkennen sind. Der nur bei schlechtem Wetter produzierte Nektar dient der „Belohnung“ der stets reichlich an den Pflanzen vorhandenen Ameisen, die ihre Wirtspflanzen vor Fressfeinden auf den Blättern schützen. Wiesen, Wälder, Säume, Zäune (Name!, saepium = Gen. Pl. von saepes = Zaun) und Wegränder. Blütezeit: IV–VI(–XII). Blüten in wenigblütigen, gestauchten Blütenständen. In der Knospe rotviolett, später bald blassblau, zuletzt bräunlich. Die Kronblätter sind so fest und dick, dass nur kräftige Hummeln die Blüten öffnen können (Kraftblume). Erdhummeln als Nektarräuber wie bei *V. cracca*. Hauptpollenquelle der Sandbiene *Andrena lathyri*. Ausbreitung ebenfalls wie bei *V. cracca*. Samen ca. 25 mg schwer. Fruchtreife: VI/VII–X. Wegen des Eiweißreichtums wertvolle Futterpflanze und auch als Wildgemüse nutzbar.

Vicia sylvatica L., Wald-Wicke: Kletterstaude. Säume und lichte Wälder. Ebene bis Hochgebirge (deutsche Alpen bis 1950 m). Im Norden selten. Blüten weiß, seltener blassviolett, in reichblütigen Trauben. Fahne mit violetten Strichsaftmalen, Schiffchenspitze violett. Bestäubung durch kräftigere Bienen. Vegetative Vermehrung durch Bodenausläufer. Als Wildgartenpflanze empfehlenswert.

Vicia sativa L. (Artengruppe), Saat-Wicke, Futter-Wicke: Einjährige, sommerannuelle Kletterpflanze.

Extraflorale Nektarien wie bei *V. sepium*. Die Kleinart *V. sativa* s. str. wird als Futterpflanze und Gründüngungspflanze angebaut und ist zuweilen an Ruderalstandorten usw. verwildert, aber meist nur vorübergehend. Blüten zu 1–2(–3) blattachselständig. Blütenökologie ähnlich wie bei *V. sepium*, aber Blüten noch fester verschlossen und nur durch kräftigste Hummeln zu öffnen. Spontane Selbstbestäubung ist erfolgreich. Hülsen einzeln oder zu zweit, bis 5 cm lang, meist abgeflacht. Einheimisch und verbreitet sind die als Stammpflanze von *V. sativa* geltende Schmalblättrige Wicke (*V. angustifolia* L.) und die oft übersehene Korn-Wicke (*V. segetalis* THUILL. = *V. angustifolia* subsp. *segetalis*).

Vicia faba LINNAEUS, Ackerbohne, Saubohne, Dicke Bohne, Pferdebohne, Puffbohne

Fabaceae (= Schmetterlingsblütler)

Einjährig, sommerannuell. Stängel kahl, aufrecht, 50–80(–120) cm hoch. Blätter mit 1–2 Paar Fiedern. Endfieder fast völlig reduziert. Ranken fehlen. Nebenblätter mit extrafloralen Nektarien wie bei *V. sepium*. – Bis 1 m tief wurzelnd. Wurzelknöllchen (siehe *Lupinus*), hier mit dem symbiontischen, Stickstoff bindenden Bakterium *Rhizobium leguminosarum*. – Beliebtes Objekt für Chromosomenuntersuchungen; 2n = 14.

Systematik: Die Gattung umfasst etwa 160 Arten, von denen ca. 25 bei uns wild vorkommen. Nah verwandt sind Erbse (*Pisum*) und Platterbse (*Lathyrus*), aber trotz des ähnlichen Namens nicht die (Garten-)Bohne (*Phaseolus*).

Giftigkeit: Der Verzehr von rohen, seltener von gekochten Samen und sogar das Einatmen des Pollens kann bei empfindlichen Personen zu der nicht ungefährlichen Erscheinung des Favismus (Blutschädigung) kommen. Die Erkrankung tritt besonders im Mittelmeergebiet und bei amerikanischen Schwarzen auf und wird durch einen erblich bedingten Glucose-6-phosphat-dehydrogenase-Mangel noch deutlich gesteigert. Vergiftungserscheinungen durch *Vicia*-Arten wurden auch bei Pferden, Kühen, Schweinen usw. beobachtet.

Schädlinge: Die Pflanze wird ziemlich regelmäßig von der Schwarzen Bohnenlaus (*Aphis fabae*) befallen, die auch an zahlreichen anderen Pflanzen zu finden ist.

Namen: „*Faba*" ist der lat. Name der Pflanze mit der Bedeutung geschwollen, wegen der Samenfächer der Früchte; deshalb auch „Dicke Bohne" und „Puffbohne" (vgl. Puffärmel). „Bohne" ist ein germanisches Wort, vermutlich sprachverwandt mit faba. Es bezog sich ursprünglich nur auf diese Pflanze und wurde erst nach Einführung der Garten-Bohne (*Phaseolus vulgaris*) aus Amerika im 16. Jh. auf letztere übertragen. „Sau-" bzw. „Pferdebohne", weil die Pflanze nach Einführung von *Phaseolus* überwiegend als Tierfutter verwendet wurde. Im allgemeinen Sprachgebrauch werden die Ackerbohne und Garten-Bohne oft nicht unterschieden (s. u.). – MEDIKUS nannte 1787 die Pflanze „*Faba bona*", wonach bis heute die ganze Familie Fabaceae benannt wird.

Vorkommen: Bei uns öfter kultiviert. Bevorzugt frische, nährstoffreiche, tiefgründige Böden in mild-humider Klimalage. Ziemlich salzresistent und weniger kälteempfindlich als *Phaseolus*. Heimat: Vorderer Orient. Nur als Kulturpflanze bekannt.

Die eiweißreichen Samen sind essbar.

Blüten: V–VI. Blüten kurz gestielt, groß, weiß, zu 1–5(–12) in blattachselständigen Trauben. Flügel mit dunklem Flecksaftmal aufgrund von Anthophäin aus der bei Pflanzen sonst seltenen Farbstoffgruppe der Melanine. Während der Dämmerung schließt sich die Fahne um die anderen Blütenteile und hüllt sie während der Nacht ein. Blütenökologie wie bei *V. sepium*, aber Nektar leichter zugänglich. Selbststeril. Erdhummeln beißen evtl. die Krone seitlich an, um an den Nektar zu gelangen (Nektarraub).

Früchte (siehe Detailfoto): Aufrechte oder hängende Hülsen, walzlich, bis 12 cm lang und fleischig, durch sekundäre Gewebewucherungen quergefächert. Samen zu 3–7, rundlich-oval und abgeflacht. Sie enthalten 20–30 % Eiweiß und ca. 50 % Kohlenhydrate. Fruchtreife: VI–VII.

Verwendung: Futter- und Gemüsepflanze. Wird im Gebiet seit der Bronzezeit kultiviert; der älteste Fund stammt nach KÖRBER-GROHNE aus dem östlichen Alpenvorland. In Ägypten ist die Art bereits aus der Zeit um 2500–2300 vor Chr. nachgewiesen. Ehemals bedeutendes Nahrungsmittel. Die jungen, noch zarten Hülsen liefern ein schmackhaftes Gemüse, so im Rheinland und z. B. auch in Griechenland. Allgemein bekannt ist Gemüse oder Suppe aus den reifen Samen. Dicke Bohnen waren früher Grundnahrung der ärmeren Leute. Wegen des hohen Eiweißgehaltes wird die Pflanze in den letzten Jahren wieder vermehrt als Sojaersatz für Viehfutter, z. B. auf Wildäckern zur Wildäsung, aber auch in Verbindung mit Dinkel zur Herstellung von eiweißreichem Brot angebaut. Die Weltproduktion lag 2002 bei ca. 4 Mio. t, 2018 bei 5 Mio. t. – Achtung: In griechischen Restaurants usw. werden großsamige Sorten der Garten-Bohne (*Phaseolus vulgaris*) auch als „Dicke Bohnen" angeboten. Umgekehrt werden im Handel die Samen von *Vicia faba* teils als „Große Bohnen", teils als „Dicke Bohnen" bezeichnet.

Vicia hirsuta (L.) Gray, Behaarte Wicke, Zitterlinse

Fabaceae (= Schmetterlingsblütler)

Einjährige, unscheinbare, zierlich beblätterte Kletterpflanze, 15–60 cm hoch, weit kriechend. – Bis 60 cm tief wurzelnd.

Die Hülsen sind zweisamig und rau behaart.

Namen: Zu den Gattungsnamen siehe *V. cracca*. Lat. „*hirsutus*" = rauhaarig, wegen der Früchte.
Vorkommen: Äcker, Gebüschsäume und Ruderalstellen auf frischen, nährstoff- und basenreichen Böden. Archäophyt (seit der Jüngeren Steinzeit). Verbreitet, noch bis 990 m im Jura, fehlt jedoch den Alpen. Schwer zu bekämpfendes, Nutzpflanzen überwucherndes Wildkraut.
Blüten: VI–VII. Sehr kleine „Fahnenblumen (= Schiffchenblumen) mit Klappmechanismus". Wegen reicher Nektarabsonderung guter Besuch durch Insekten, vor allem Bienen. Selbstbestäubung ist erfolgreich.

Früchte (siehe Detailfoto): Hülsen zweisamig, rau behaart, mit kugeligen, 3 mm dicken, 9 mg schweren Samen. Austrocknungsstreuer mit Rollsamen. Dazu Zufallsausbreitung über den Darm von Huftieren, Bearbeitungsausbreitung durch Tauben usw. sowie Menschenausbreitung über Erdbewegungen und Saatgutverunreinigung. Fruchtreife: VII–X.
Vegetative Vermehrung: durch unterirdische Ausläufer.
Weitere Art:
Vicia tetrasperma (L.) Schreb., Viersamige Wicke: Sehr ähnlich der vorigen Art und an gleichen Standorten, aber sogar bis 70 cm tief wurzelnd und wahrscheinlich heimisch in Mitteleuropa. Blühbeginn etwas später als bei voriger Art. Hülsen viersamig, kahl. Samen kleiner, nur 3,6 mg schwer. Fruchtreife: VI/VII–X.

Vinca minor LINNAEUS, Kleines Immergrün

Apocynaceae (= Hundsgiftgewächse)

Immergrüner, kriechender Chamaephyt, 10–20 cm hoch. Stängel an der Basis schwach verholzt. Staudenstrauch, d. h. anders als bei typischen Halbsträuchern sterben die diesjährigen Stängelteile im Winter nicht ab. Pflanze mit ungegliederten Milchröhren. Blätter gegenständig, lederig, oberseits glänzend, ihre Stiele an der Basis verwachsen.

Giftigkeit: Giftig durch Indol-Alkaloide (vor allem Vincamin); stark blutdrucksenkend und herzschwächend.

Schädlinge: Futterpflanze der Raupen des Oleanderschwärmers (*Daphnis nerii*), der eine Spannweite von bis zu 12 cm besitzt.

Systematik: Die Gattung umfasst 4 Arten. Sie ist neben der Schwalbenwurz (*Vincetoxicum*), die neuerdings auch in diese Familie gestellt wird, der einzige heimische Vertreter der Familie.

Namen: „*Vinca*" ist schon bei PLINIUS als ‚Vincapervinca' erwähnt, zu lat. pervincire = (zu Kränzen) binden, da die langen, biegsamen Stängel gerne zum Binden von Kränzen, besonders Braut- und Totenkränzen, benutzt wurden. Lat. „*minor*" = kleiner, im Vergleich zu *V. major* mit größeren Blättern und Blüten. – Der Name „Immergrün" ist relativ neu. Der alte Name ist „Sinngrün" (sin = immer).

Vorkommen: Bodendeckende Zierpflanze. In artenreichen Laubmischwäldern, oft unter Buchen, auf frischen, nährstoffreichen Ton- und Lehmböden in mild-humider Klimalage. Vor allem in der Nähe von ehemaligen Siedlungen, Burgen und Grabanlagen. Neophyt seit dem 16. Jh. (Kulturrelikt), stellenweise fest eingebürgert und auch in naturnaher Vegetation konkurrenzfähig (Agriophyt). Ebene bis Gebirge (bis 900 m).

Blüten: III–V. Homogame, stieltellerförmige „Große Trichterblumen", einzeln, lang gestielt, in den Blattachseln diesjähriger, aufrechter Triebe. Krone hellblau bis violett mit 5-teiligem Saum aus propellerförmigen, asymmetrischen, rechts gedrehten Kronblattzipfeln (= seltenes Merkmal in der heimischen Flora). Nektar am Grunde der 11 mm langen Kronröhre, durch Haarkranz (Saftdecke) geschützt. Narbe plattenförmig, durch sekundäre Verwachsung der Fruchtblätter gebildet, an der Spitze mit Haarschopf, in den der Pollen entleert wird. Darunter befindet sich ein Klebrand, an dem Insekten ihren Rüssel beschmieren, wenn sie ihn zum Nektar führen, sodass der Pollen erst beim Herausziehen des Rüssels aus der Blüte haften bleibt. Dadurch ist auch Selbstbestäubung möglich. Bestäuber sind Falter, Bienen und die zu den Zweiflüglern gehörenden Woll- oder Hummelschweber.

Früchte: In jeder Blüte entstehen 2 Balgfrüchte. Samen ohne Haarschopf, mit Nährgewebe. Ausbreitung durch Ameisen, aber bei uns kaum fruchtend bzw. Samenansatz gering. Fruchtreife: VI–VIII.

Vegetative Vermehrung ist vorherrschend. Sie erfolgt durch die später niederliegenden, sich an den Knoten bewurzelnden Stängel, die pro Jahr bis zu 2 m lang werden können.

Verwendung: Hübscher, trockenheits- und sehr schattenverträglicher, jährlich reich blühender Bodendecker, z. B. für Gärten und Gräber. Ist schon durch Ausreißen ganzer Pflanzen leicht zu vermehren. Ehemalige Arzneipflanze (Alkaloide, Gerbstoffe, Flavonoide), die aber heute nicht mehr im Gebrauch ist. Immergrün wurde früher zum Binden von Kränzen verwendet (s. o.).

Weitere Art:
Vinca major L., Großes Immergrün: Ähnlich wie vorige Art. Blätter und Blüten viel größer. Überdauernde Blütensprosse frostempfindlich, aber aus den Rhizomen wieder austreibend. Zierpflanze, nicht selten verwildert, mit Einbürgerungstendenz.

Vincetoxicum hirundinaria MEDIKUS (= *Cynanchum vincetoxicum* (L.) PERS., *V. officinale* MOENCH), Weiße Schwalbenwurz, Hundswürger

Apocynaceae (= Hundsgiftgewächse)

Ausdauernder Hemikryptophyt: Schaftpflanze oder Klimmstaude, 30–100(–160) cm hoch, im oberen Teil oft windend. Rhizom kriechend, knotig. Pflanze mit gegliederten Milchröhren. Blätter gegenständig, fast sitzend, eiförmig-lanzettlich, lang zugespitzt, am Grund abgerundet. – Tief- und Intensivwurzler.

Systematik: Die Gattung umfasst 15 Arten. Sie gehört zur Unterfamilie Asclepioideae, die früher als eigenständige Familie Asclepiadaceae (= Seidenpflanzengewächse) gewertet wurden. Die Familie Apocynaceae ist überwiegend subtropisch/tropisch verbreitet und in Mitteleuropa nur durch die vorliegende Art und die Gattung Immergrün (*Vinca*) vertreten.

Giftigkeit: Alle Pflanzenteile, besonders die unterirdischen, enthalten Steroid-Glykoside (Vincetoxin). Die Wirkung ist ähnlich wie beim Eisenhut (*Aconitum*). Bei hoher Dosis soll angeblich Tod durch Atemlähmung eintreten. Die Gefährlichkeit wird aber unterschiedlich bewertet. Die früher angenommene starke Giftwirkung auf Hunde wurde nicht bestätigt. Für Pferde ist die Pflanze schwach giftig.

Schädlinge: Die Pflanze dient dem Kiefern-Blasenrost (*Cronartium flaccidum*) als Zwischenwirt. Dadurch bewirkt sie indirekt eine Schädigung der Kiefern.

Namen: „*Vincetoxicum*" ist ein vorlinnéscher Name, von lat. vince! = besiege! und toxicum = Gift, weil die Pflanze als Brechmittel gegen andere Gifte verwendet wurde (Antidot). „*Cynanchum*" (kynanchon) ist der griech. Name dieser oder einer ähnlichen Pflanze, von der man annahm, sie würde gegen die ‚kynanche' genannte Atemwegserkrankung helfen, bei der man wie ein Hund die Zunge hängen ließ, zu griech. kyon = Hund und anchein = würgen. LINNÉ stellte die Pflanze in eine weit gefasste Gattung *Asclepias*, das ist der lat.-griech. und vorlinnésche Name der Pflanze. Die Art wurde aber später aus dieser Gattung ausgegliedert. – „Schwalbenwurz" (weiblich) ist die Übersetzung von mittellat. „(herba) hirundinaria", einem weiteren vorlinnéschen Namen der Pflanze, von lat. hirundo = Schwalbe, und bezieht sich auf die gekrümmten, lang ausgezogenen Früchte, die an Schwalben erinnern. „Wurz" = Pflanze. „Hundswürger" dürfte eine falsch verstandene Übersetzung von *Cynanchum* sein und hat zu der irrigen Annahme einer Giftwirkung auf Hunde geführt.

Vorkommen: Sonnige Gebüschsäume, lichte Eichen- und Kiefernwälder und Steinschuttfluren, auf sommerwarmen, basenreichen, meist kalkhaltigen, lockeren Böden. Im Norden selten. Ebene bis Gebirge (deutsche Alpen bis 1700 m).

Blüten (siehe Detailfoto): V–VIII. „Klemmfallenblumen", in gestielten, blattachselständigen, knäueligen Trugdolden. Der Pollen wird in Form von Paketen übertragen. Die Staubblattanhängsel sind zu einem 5-spaltigen Kranz verwachsen. Die Staubfachinhalte (Pollinien) je zweier benachbarter Staubbeutel sind durch einen Faden (Translator) verbunden, an dessen Mitte der Klemmkörper sitzt. Abwechselnd mit den Staubbeuteln sitzen 5 Nektarien, die die Staubbeutel umschließen. Treten Besucher „daneben", verhakeln sie sich mit den „Füßen" im Klemmkörper und müssen, wenn sie die Blüte wieder verlassen wollen, die „Füße" samt Pollinium herausziehen. Die Blüten riechen durch Amine unangenehm fischartig, entsprechend sind größere Fliegen (z. B. Schmeißfliegen) und Schwebfliegen die Hauptbesucher. Mücken bleiben in den Klemmkörpern der Blüten hängen und sterben dort.

Die Schwalbenwurz ist eine Klemmfallenblume, in der sich die Blütenbesucher verhakeln.

Die bis zu 7 cm langen Früchte sind kajakförmig.

Früchte (siehe Detailfoto): Von den beiden Fruchtblättern entwickelt sich nur eines zu einer bis zu 7 cm langen, kajakförmigen, balgähnlichen Frucht, die sich entgegen der typischen Balgfrucht entlang der Rückennaht öffnet, um die zahlreichen Samen einzeln zu entlassen. Samen eiförmig, flach, bis 7 mm lang und 7–8 mg schwer, mit auffälligem, bis 18 mm langem Haarschopf: Schirmchenflieger, Fallgeschwindigkeit 60 cm/s. Dazu Wasserhafter. Fruchtreife: VIII–X. Wintersteher. Oft befinden sich mehrere Keimlinge in einem Samen (Polyembryonie).

Vegetative Vermehrung durch Ausläufer.

Verwendung: Die Rhizome wurden früher arzneilich verwendet. – Die Pflanze wurde zur Fasergewinnung genutzt und zu diesem Zweck zuweilen sogar feldmäßig angebaut.

Viola arvensis Murray (= *V. tricolor* subsp. *arvensis* (Murray) Gaudin), Acker- oder Feld-Stiefmütterchen

Violaceae (= Veilchengewächse)

Im Gegensatz zu den meisten übrigen *Viola*-Arten (siehe folgende Abschnitte) einjährig, sommerannuell, seltener winterannuell oder zweijährig. Aufrecht, z. T. auch Spreizklimmer, 5–20(–40) cm hoch. Bis 45 cm tief wurzelnd. Nebenblätter groß, krautig, zerschlitzt. – Durch Herbizideinsatz wurden besonders hohe Formen ausgelesen, die dem „modernen" Landwirt sehr zu schaffen machen.

Systematik: Die Gattung umfasst weltweit etwa 500 Arten. Die im vorliegenden Abschnitt behandelten Arten gehören zur Untergattung *Melanium* = Stiefmütterchen, bei der wie bei *V. biflora* (Untergattung *Dischidium*) die seitlichen Kronblätter aufwärts gerichtet sind, während diese bei den restlichen Arten (Untergattung *Viola* = Eigentliche Veilchen) abwärts gerichtet sind.

Namen: „*Viola*" bezog sich zunächst vor allem auf *V. odorata* (s.u.). Neulat. „*arvensis*" = Acker-. – Der Name „Stiefmütterchen" gilt für die Gartenformen und soll auf einen Vergleich zurückgehen: Die beiden oberen, gewöhnlich ohne Zeichnung ausgestatteten Kronblätter sind die Stieftöchter, die seitlichen, auffällig gezeichneten Kronblätter, die zudem noch die oberen Kronblätter seitlich verdecken, die leiblichen Töchter und das große untere Kronblatt mit dem großen Saftmal ist die Mutter. Dazu kommt, dass die Stiefmutter behäbig auf 2 Stühlen sitzt (gemeint sind die Kelchblätter), die Töchter je einen Stuhl haben und die beiden Stieftöchter sich einen Stuhl teilen müssen.

Vorkommen: Äcker und Ruderalstellen, auf nährstoff- und basenreichen Böden. Ebene bis Gebirge (deutsche Alpen bis 850 m, Jura bis 980 m). Relativ herbizidresistent. Kulturbegleiter (Alteinwanderer = Archäophyt). Weltweit verschleppt.

Blüten: V–X. „Lippenblumen mit Streukegel vom *Viola*-Typ". Von den 5, meist blassgelben Kronblättern ist eines gespornt. Die 2 unteren Staubblätter tragen an der Basis je ein Anhängsel, das Nektarium. Im Sporn wird der Nektar gesammelt. Staubblatt-Streukegel mit trockenem Pollen (vgl. unten bei *V. odorata*). Insektenbesuch sehr spärlich. Meist spontane Selbstbestäubung.

Früchte: Fachspaltige, sich dreiklappig öffnende, reif aufrechte Kapseln: Austrocknungsstreuer, vgl. Text und Detailfoto bei *V. reichenbachiana*. Streuweiten bis 2,4 m. Samen mit Elaiosom zur Ameisenausbreitung. Zufallsausbreitung durch Grasfresser. Fruchtreife: VI–X. Samen langlebig.

Verwendung: Das Kraut wird arzneilich zur Unterstützung der Behandlung von Hauterkrankungen genutzt (Salicylsäure, Saponine, Schleime usw.), in der Volksmedizin darüber hinaus bei Husten und Halsentzündungen. – Junge Pflanzenteile sind für Salat und Gemüse geeignet und auch die Blüten sind essbar (vgl. *Viola odorata*).

Weitere Arten (vgl. auch weiter unten):

Viola tricolor L. s. str., Wildes Stiefmütterchen: Mit voriger Art nächst verwandt, aber meist viel seltener. Einjährig bis ausdauernde Halbrosettenpflanze. An grasigen Hängen und Böschungen, auf frischen, sauren Böden, meist in Mittelgebirgslagen und in Norddeutschland. Im Rückgang und oft gefährdet. Blüten größer (über 15 mm lang). Kronblätter alle oder nur die zwei oberen hell blauviolett (Name!, lat. tricolor = dreifarbig: weiß, gelb, blau; allerdings sind auch bei manchen Formen von *V. arvensis* die oberen Kronblätter blau überlaufen). Narbengrube durch eine lippenförmige Klappe gegen hereinfallenden Pollen und damit gegen Selbstbestäubung gesichert, außerdem selbststeril. Bestäuber sind Bienen. Ausbreitung wie bei *V. arvensis*. Größte Schleuderweite: 1,65 m. Menschenausbreitung mit Grassaatverunreinigungen.

Viola × wittrockiana GAMS (= *V. tricolor* hort.), Garten-Stiefmütterchen: Zierpflanze. Gezüchtet um 1850 unter Beteiligung von *V. tricolor* L., *V. lutea* HUDSON, *V. altaica* KER-GAWL. und *V. olympica* BOISS. Schon bald nach dem Züchtungsbeginn erfreuten sich Stiefmütterchen größter Beliebtheit. Die prächtige Färbung der Blüten kommt durch das Zusammenwirken mehrerer bemerkenswerter Effekte zustande: Der samtige Charakter wird durch papillenartige, kegelförmige Vorwölbungen der Epidermiszellen hervorgerufen, die das Licht streuen (siehe Abb.). Die violetten Töne stammen von Anthocyanen (vor allem Delphinidin), die gelben von Karotinoiden und Flavonoiden (25 % der Trockenmasse der Blüten besteht aus dem Flavonol Rutin!). Mischfarben ergeben sich durch das Nebeneinander unterschiedlich gefärbter Flächen (z. B. Zellen), die wegen ihrer Kleinheit von unserem Auge nicht getrennt wahrgenommen werden (Additionsfärbung). Besonders interessant ist die Entstehung der schwarzen Saftmale; hier resultiert eine sog. Subtraktionsfärbung durch das Übereinander von Komplementärfarben, indem zuerst in der oberen Schicht die eine Lichtkomponente, in der unteren dann auch die zweite Komponente absorbiert wird. Im Bereich der Saftmale sind nämlich in den Papillen im Zellsaft Anthocyane gelöst und außerdem im basalen Teil des Plasmasaumes durch Karotinoide gelb gefärbte Chromoplasten vorhanden. – Umweltbewusste Gartenbesitzer können darüber nachdenken, ob es richtig ist, dem Modetrend zu folgen und, wie es gerade bei Stiefmütterchen meist praktiziert wird, Pflanzen kurzfristig in den Garten zu setzen, um sie nach Gebrauch in den Müll zu werfen. –Zuweilen verwildert, aber nur unbeständig.

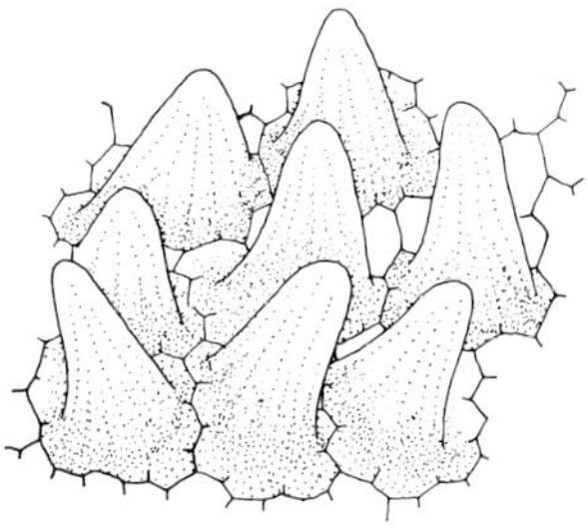

Aufsicht auf die Kronblattoberfläche vom Stiefmütterchen (stark vergrößert).

Viola calaminaria (Ging.) Lej. (= *Viola lutea* subsp. *calaminaria* (Ging.) Rothm.), Gelbes Galmei-Veilchen: Nächst verwandt mit dem arktisch-alpin verbreiteten Gelben Stiefmütterchen (*V. lutea*), das (wie die folgende Art) seine Existenz der Resistenz gegenüber den Galmei-Giften verdankt. Ein abgewandeltes Glazialrelikt. Ausdauernd, Rhizom weit kriechend. Blüten gelb und erst Juni bis August blühend. Endemisch in Kalkmagerwiesen bei Aachen auf zinkreichen Böden (= Galmeiböden), besonders Bergbauhalden. Stark gefährdet. Die Art scheint gegen Zink resistent zu sein; tatsächlich aber lebt sie mit einem Wurzelpilz zusammen (arbuskuläre Mykorrhiza), der die schädlichen Stoffe absorbiert.

Viola guestphalica Nauenb., Westfälisches oder Violettes Galmei-Veilchen: Ähnlich voriger Art. Endemisch bei Blankenrode, südöstlich von Paderborn in Westfalen. **Geschützt!**

Viola cornuta L., Horn-Veilchen oder -Stiefmütterchen: Beliebte Zierpflanze, durch Züchtung und Bastardierung mit ähnlich breiter Farbpalette wie das Garten-Stiefmütterchen. Unterschiede sind: ausdauernd statt einjährig, Sporn 10–15 mm lang (Name!) statt kurz, Blüte meist nur 2–3 statt 4–7 cm breit. Heimat: Pyrenäen, dort mit violetten Blüten mit schmalen Kronblättern. Zuweilen verwildert, aber nur unbeständig.

Viola biflora LINNAEUS, Gelbes Veilchen

Violaceae (= Veilchengewächse)

Ausdauernder Hemikryptophyt, 8–15 cm hoch. Stängel aufrecht, deutlich ausgeprägt, unverzweigt. Blüten vom Stängel ausgehend. Habituell sonst *V. odorata* ähnlich, mit herz-nierenförmigen, abgerundeten Blattspreiten und ganzrandigen Nebenblättern. Die Chromosomenzahl ist mit 2n = 12 vergleichsweise niedrig.

Systematik: *V. biflora* ist die einzige europäische Art der Untergattung *Dischidium*.
Namen: Zu den Gattungsnamen siehe *V. odorata*. Lat. „*biflorus*" = zweiblütig (was nicht immer zutrifft).
Vorkommen: Kühle, schattige Plätze mit hoher Luftfeuchtigkeit. Nährstoff- und kalkliebend. Vor allem an nassen Felsen und auf feuchtem Steinschutt der Bergwälder der subalpinen Stufe sowie der alpinen Stufe der Alpen (in Deutschland bis 2530 m). In den Mittelgebirgen als seltenes Eiszeitrelikt. Die Pflanze benötigt im Winter Schneeschutz, da sie sonst Temperaturen unter –12° nicht verträgt.
Blüten: V–VII. Krone goldgelb, mit braunroten Strichsaftmalen, die am untersten Kronblatt am deutlichsten sind. Blüten zu (1–)2. Hauptbestäuber sind Bienen, aber auch Schwebfliegen können an den Nektar gelangen, weil der Nektar führende Sporn nur wenige mm lang ist. Dazu Selbstbestäubung, so auch z.T. in geschlossen bleibenden (kleistogamen) Blüten.
Früchte: Austrocknungsstreuer, vgl. *V. reichenbachiana*. Samen bis 2 mm lang, mit sehr kleinen Anhängseln (Elaiosomen). Vor allem Zufallsausbreitung durch Pflanzenfresser, die die ganze Pflanze fressen und die Samen unversehrt wieder ausscheiden. Fruchtreife: VI–VIII. Kältekeimer.
Vegetative Vermehrung durch unterirdische Ausläufer.
Verwendung: Wird gelegentlich als Zierpflanze im Unterwuchs von niedrigen Gehölzen kultiviert.

Viola odorata LINNAEUS, Wohlriechendes, Duft- oder März-Veilchen

Violaceae (= Veilchengewächse)

Ausdauernder, rasig wachsender, wintergrüner Hemikryptophyt (Rosettenpflanze) sowie, durch die oberirdischen Ausläufer, auch Chamaephyt. 5–15 cm hoch. Auch am Rhizom entspringen lange, dünne Ausläufer. Der Stängel ist stark gestaucht, sodass die Blüten, etwa im Gegensatz zu *V. reichenbachiana*, direkt aus der Rosette entspringen. Blätter rundlich, anfänglich tütenförmig eingerollt, alle in grundständiger Rosette.

Systematik: Zur Gattung siehe *V. arvensis*. – Die hier und im folgenden Abschnitt besprochenen Arten gehören zur Untergattung *Viola* = Eigentliche Veilchen, die u. a. durch die abwärts gerichteten seitlichen Kronblätter charakterisiert sind. Bei den Arten um *V. odorata* gehen die Blütenstiele direkt aus der Rosette hervor, während sie bei den Arten um *V. reichenbachiana* aus den Achseln von Stängelblättern entspringen. Bei *V. mirabilis* kommen beide Typen vor.

Namen: „*Viola*“ (ion) ist der lat.-griech. Name des Duft-Veilchens und weiterer duftender Pflanzen. In vorlinnéscher Zeit verstand man darunter so unterschiedliche Arten wie Nachtviole (*Hesperis matronalis*), Mondviole (*Lunaria annua*), Levkoje (*Matthiola incana*), Goldlack (*Erysimum cheiri*) und Märzenbecher (*Leucojum vernum*). LINNÉ reduzierte den Umfang auf *Viola* im heutigen Sinne. Lat. „*odoratus*“ = duftend. – „Veilchen“ (ursprünglich viol/fiol/feil, später Veil/Veigel/Veiel) ist frühes Lehnwort. Die Verkleinerungsform Veil<u>chen</u> kam erst im 16. Jh. auf und setzte sich im 18. Jh. schließlich durch. – Das Farbadjektiv ‚violett‘ = ‚veilchenblau‘ bezieht sich auf *V. odorata* und kam über die entsprechende franz. Verkleinerungsform „violet(te)‘ zu uns.

Vorkommen: Gebüsche, Säume, schattige Wegränder und lichte Wälder, meist in Siedlungsnähe, auf frischen, nährstoffreichen Lehmböden in mild-humider Klimalage. Nährstoffzeiger. Kulturbegleiter. Beliebte Zierpflanze. Im Gebiet nur aus Kultur verwildert und eingebürgert (Neophyt). Heimat: Südeuropa. Ebene bis Gebirge (deutsche Alpen bis 1000 m).

Blüten: III–IV, Frühblüher. Wohlriechende „Lippenblumen vom *Viola*-Typ“ (vgl. auch *V. arvensis*), einzeln, gestielt, grundständig. Dunkelviolette Blütenfarbe durch blauen Zellsaft in den oberen und roten Zellsaft in den darunterliegenden Gewebeschichten der Kronblätter (Subtraktionsfarbe); seltener Blüten weiß. Kelchzipfel abgerundet. Die 5 zusammen neigenden Staubblätter schließen fest zu einem den Pollen nach innen entleerenden Streukegel zusammen und versperren den Weg zum Nektar führenden Kronblattsporn. Aus dem abwärts weisenden Kegel rinnt beim Aufwärtsdrücken des die Spitze verschließenden Griffels der trockene Pollen auf die Besucher (besonders Bienen), die ihren Rüssel in den Sporn einschieben wollen. Gleichzeitig wird beim Einkriechen aus der Narbe ein klebriges Sekret gepresst, das dann der Pollenhaftung dient. Im Gegensatz zum Wald-Veilchen (*V. reichenbachiana*) entwickeln sich aus diesen kompliziert gebauten Blüten erstaunlicherweise keine Früchte. – Erst die im Sommer erscheinenden, unscheinbar knospenförmigen, geschlossen bleibenden (= kleistogamen) Blüten sind hierzu befähigt. In ihnen sind die Staubblätter reduziert (oft nur 2), der Pollen wächst direkt aus den Pollensäcken zur Narbe: typische Selbstbestäubung. Durch die Geschlossenblütigkeit wird hier die Vermehrung einer Pflanze, die ihre Hauptverbreitung in wärmeren Gebieten hat, auch ohne Fremdbestäubung sichergestellt.

Das März-Veilchen hat große weiße Samenanhängsel (Elaiosomen), die der Ausbreitung durch Ameisen dienen.

Früchte: Die Fruchtstiele der Sommerblüten neigen sich mit ihren erbsengroßen Kapseln zu Boden, richten sich zur Reife aber wieder etwas auf und öffnen sich fachspaltig mit 3 Klappen: Selbstaussäer. Samen mit relativ großen, länglichen Ölkörpern (Elaiosomen, siehe Detailfoto) zur Ausbreitung durch Ameisen, die hier durch Ölsäure angelockt werden (in Form des Diglycerids Diolein).

Die reifen Früchte sind meist unter dem sich nach der Blüte vergrößernden Blätterdach verborgen. Man muss sich also etwas Mühe geben, um sie zu finden. Fruchtreife V–IX. Lichtkeimer.

Vegetative Vermehrung durch lange, dünne, unterirdische sowie durch meist kurze (bis 13 cm messende) oberirdische Ausläufer.

Verwendung: Eine seit der Antike vor allem wegen ihres Duftes besonders geschätzte Zierpflanze. Das Duftöl ist eine Kostbarkeit. Es entfaltet nur verdünnt sein ganzes Aroma. Das Kraut wird als schleimlösendes Mittel bei Bronchitis arzneilich verwendet, besonders in der Volksmedizin. Demselben Zweck dient ein aus frischen Blüten aufgebrühter Tee. Schon HIPPOKRATES wandte Duftveilchen gegen Kopfschmerzen und Sehstörungen an und Hildegard von BINGEN empfahl sie bei Depressionen. Das Rhizom wird als auswurfförderndes Mittel und als Brechmittel verwendet. Aktuell konnte eine Blutfett senkende und gefäßerweiternde Wirkung nachgewiesen werden. Die Blüten dienen zur Aromatisierung und Garnierung von Süßspeisen. Sie wurden schon im Mittelalter gegessen, und seit dem 17. Jh. verzierte man Backwaren mit kandierten Veilchenblüten und Kaiserin Sissi fand kandierte Veilchen köstlich. Inzwischen liegen Veilchenblüten (frisch als Bestandteil von Salaten oder auch kandiert) ebenso wie Veilchenblätter wieder voll im Trend. – Hinweis: Die intensiv veilchenartig duftende „Veilchenwurzel“ stammt nicht von Veilchen, sondern wird aus dem Rhizom von Schwertlilien (*Iris germanica* bzw. *pallida*) gewonnen (siehe dort). – *V. odorata* und die folgenden Arten sind für Wildpflanzengärten zu empfehlen.

Weitere Arten:

Viola hirta L., Raues Veilchen: Ähnlich voriger Art, aber ohne Ausläufer. Trockenheitsanpassungen: Pflanze behaart und Tiefwurzler. Säume sonniger Büsche, Waldränder, Trockenwälder und Halbtrockenrasen, auf meist kalkhaltigen Böden. Basenzeiger. Wärmeliebend. Ebene bis Hochgebirge (bis 1400 m). Blüten- und Ausbreitungsökologie wie bei *V. odorata*, aber Blüten nicht duftend.

Viola palustris L., Sumpf-Veilchen: Rosettenpflanze mit abgerundet nierenförmigen Blättern. Blüten blassblau-lila. Blütezeit: V–VII. Saure Flach- und Quellmoore. Samen nur 1,5 m lang, in Anpassung an den Standort (an dem kaum mit Ameisen zu rechnen ist) mit nur schwach entwickeltem Elaiosom. Fruchtreife: VIII.

Viola mirabilis L., Wunder-Veilchen: Nährstoffreiche, warme Wälder der Mittelgebirge. In den deutschen Alpen bis 1380 m. Kalkstet. Von allen übrigen Arten der Gattung durch einen herablaufenden Haarstreif an Stängel und Blattstielen unterschieden. Blätter anfänglich tütenförmig eingerollt. Frühjahrsform mit grundständigen blasslila Blüten ohne Fruchtansatz. Sommerform mit stängelständigen, scheinbar kronblattlosen, geschlossenblütigen (kleistogamen) Blüten mit Fruchtansatz. Samen mit 3 mm Länge relativ groß. Fruchtreife: VI/VII–IX.

Viola reichenbachiana BOREAU (= *V. sylvestris* LAM.), Wald-Veilchen

Violaceae (= Veilchengewächse)

Ausdauernde Rosettenpflanze, 10–25 cm hoch. Blüten (z. B. im Gegensatz zu *V. odorata*) in den Achseln von Stängelblättern. Grundblätter herz-eiförmig.

Systematik: siehe *V. arvensis* und *V. odorata*. – *V. reichenbachiana, V. riviniana und V. bavarica* gehören zur Artengruppe *V. riviniana*. Die Abgrenzung der Arten wird uneinheitlich gehandhabt.

Namen: Zum Gattungsnamen siehe *V. odorata; „reichenbachiana“* zu Ehren des sächsischen Botanikers H. G. L. REICHENBACH (1793–1889). – Der Artbeiname „Wald-“ ist im Grunde falsch und wenig aussagekräftig, da auch andere Veilchen-Arten im Wald wachsen. Er geht auf die verbreitete Fehlübersetzung des Synonyms „*sylvestris*“ zurück, das bei Pflanzennamen stets ‚wild‘ und nicht ‚Wald-‘ bedeutet; im vorliegenden Fall im Vergleich zum kultivierten März-Veilchen (*V. odorata*).

Vorkommen: Krautreiche Laub- und Nadelmischwälder, aber auch z. B. oft in Parks, auf frischen, nährstoffreichen Böden. Ordnungskennart der Fagetalia (= Buchen- und Edellaubmischwälder). Deutsche Alpen bis 1600 m.

Blüten: III–V. Blüten hellviolett mit weißem Zentrum, Sporn dunkel violett, bis 6 mm lang. Ökologie ähnlich wie bei *V. odorata*, aber auch die geöffneten Blüten des Frühjahrs bringen Samenansatz. Dazu Selbstbestäubung, z. B. in geschlossen bleibenden (kleistogamen) Blüten.

Früchte (siehe Detailfoto): Die aus 3 Fruchtblättern gebildeten Kapseln sind 1-fächerig, da die Fruchtblätter nur am Rande verwachsen sind, wo auch die Samenanlagen ansitzen (parakarp). Es sind fachspaltige, sich 3-klappig öffnende, reif aufrechte Spaltkapseln, die sich bei der Reife zu 3 getrennten kahnförmigen Fruchtklappen aufspalten. Diese sind jeweils nach oben geöffnet, leicht schräg gestellt und umschließen die dicht gedrängt liegenden harten Samen. Beim Austrocknen der Fruchtklappen entsteht ein starker Druck nach innen, sodass die harten Samen explosionsartig herauskatapultiert werden (Quetschmechanismus): Austrocknungsstreuer mit Streuweiten bis maximal 4,7 m. Fruchtreife VI–VIII.

Vegetative Vermehrung durch Rhizome und Wurzelsprosse.

Verwendung: Wird gelegentlich als Zierpflanze gezogen.

Weitere Arten/Bastarde:

Viola riviniana RCHB., Hain-Veilchen: Sehr ähnlich voriger Art. Aber Blüten blass rötlich violett und u. a. durch einen dickeren, kürzeren, weißen Sporn unterschieden. Blätter schmaler als bei voriger Art. Lichte Wälder, Heiden und Magerrasen, auf ärmeren Böden. Kennart des Quercion robori-petraeae (= Bodensaure Eichenwälder). Samen nur ca. 2 mm lang. Fruchtreife: VII–IX. Ebenfalls auch Zierpflanze.

Viola × bavarica SCHRANK, Bayerisches Veilchen: Bastard oder Zwischenform zwischen den beiden vorigen Arten mit dickem, aber hellviolettem bis fast weißem Sporn. Wird oft übersehen, ist aber gebietsweise häufiger als die Eltern oder ersetzt diese sogar und breitet sich seit einigen Jahren in Gärten und in Zierrasen stark aus.

Die Früchte öffnen sich 3-klappig und katapultieren beim Austrocknen die Samen mehrere m weit heraus.

Viola canina L., Hunds-Veilchen: Der Name bezieht sich auf die Geruchlosigkeit („Hunds-" = minderwertig, ohne Nutzen). Dabei ist zu beachten, dass volkstümlich auch andere nicht-duftende *Viola*-Arten als „Hunds-Veilchen" bezeichnet werden. Kalk meidende Art (feuchter) Heiden und Sandfluren und deshalb vielerorts stark gefährdet. Ähnlich wie *V. riviniana*, aber ohne Rosettenblätter. Blattspreite eiförmig-lanzettlich, am Grunde herzförmig. Blüten mit auffallend langem Sporn (bis 7 mm) und noch bis in den Juni blühend. Auch mit geschlossenblütigen (kleistogamen) Sommerblüten (mit verkümmerten Staubblättern). Schleuderweite der Samen bis 4,70 m. Auch Ameisenausbreitung. Fruchtreife: VIII–IX. Die Wurzeln bilden Laubsprosse.

Viscaria vulgaris → *Silene viscaria*

Viscum album Linnaeus s. l., Mistel

Santalaceae (= Sandelholzgewächse)

Strauchiger, immergrüner Halbschmarotzer, der als bis zu 1,5 m breiter Busch den Ästen von Laubbäumen aufsitzt (siehe Abb.) und aus deren Holzteil (= Xylem) Wasser und darin gelöste Mineralsalze entzieht. Genauere Untersuchungen ergaben allerdings, dass die Mistel, obwohl sie durch eigene Photosynthese organische Nährstoffe zu bilden vermag, einen gewissen Anteil organischer Verbindungen vom Wirt bezieht. Der für die Aufnahme der Substanzen nötige starke Transpirationsstrom, wie er für Hemiparasiten allgemein üblich ist, bedingt eine Verdunstungskälte an der Blattoberfläche, sodass sich die Blätter kalt anfühlen. Die Pflanzen können zu kugeligen Büschen heranwachsen, die einen Durchmesser von 1,5 m erreichen und bis etwa 70 Jahre alt werden. Das Wachstum ist sehr langsam, so sind Zweige von 50 cm Länge etwa 30 Jahre alt. Ein reicher Besatz mit Misteln kann bei Obstbäumen zu Ernteverlusten führen. Große Exemplare können durch den sehr reichlichen Wasserentzug sogar Äste zum Absterben bringen. Blätter immergrün (zweijährig), kahl und lederartig. Spross grün, photosynthetisch aktiv, gabelig (dichasial) verzweigt. – Bei der Keimung wird zunächst eine kleine Haftscheibe gebildet, aus der sofort ein Saugfortsatz (Haustorium) in den Holzteil des Wirtszweiges hineinwächst. Erst dann erfolgt die weitere Entwicklung, die bis zur Blühfähigkeit mehrerer Jahre bedarf. Das Haustorium wächst mithilfe holzauflösender Enzyme zu einer immer mehr in das Wirtsgewebe eindringenden Primärwurzel heran. Diese bildet im nächsten Jahr senkrecht davon abgehende, in der Rinde des Wirtes verlaufende, assimilierende Seitenwurzeln (Rindenwurzeln), die ihrerseits wieder Senkerwurzeln entsenden können (siehe Abb.) und auch zur Bildung von Tochtersprossen befähigt sind (vegetative Vermehrung). Die Senker vermögen nur in das jüngere, noch aktive Holz einzudringen, werden aber im Zuge der Jahresringbildung der Wirtspflanze verlängert, indem sie im Bereich des Wirtskambiums wachstumsfähig bleiben. Wirtspflanzen sind vor allem Pappeln und Apfelbäume, seltener andere Obstbäume, Weißdorn, Weiden, Linden, Robinien, aber auch Birken, Ahorne, sehr selten auch Eichen und einige weitere Arten.

Die Mistel ist ein Halbschmarotzer. Sie sendet in den Wirtsbaum grüne Wurzeln, von denen Senker ausgehen. (Nach Ewald und Venzl)

Systematik: Früher wurde die Gattung zusammen mit *Loranthus* (s. u.) in der Familie Loranthaceae geführt, später entweder in eine eigene Familie Viscaceae (= Mistelgewächse) gestellt oder als Teil einer weit gefassten Familie Santalaceae aufgefasst, zu denen als krautige Pflanze u. a. auch das Leinblatt (*Thesium*) gehört.

Giftigkeit: Alle Pflanzenteile enthalten basische Polypeptidgemische (Viscotoxine), die nach neueren Erkenntnissen als nur schwach giftig eingestuft werden. Die Giftstärke ist wirtsabhängig, am größten bei Ahornbewohnern und auf Linden, am geringsten bei Pflanzen von Apfelbäumen. Von dem Verzehr der Früchte ist dringend abzuraten, da diese im Rachen hängenbleiben können.

Namen: „*Viscum*“ ist der lat. Name der Mistel, vor allem der Eichenmistel = *Loranthus*, und des aus letzterer Art gewonnenen Vogelleims. Unser Wort ‚viskos‘ für zähflüssig, klebrig ist über spätlat. ‚viscosus‘ davon abgeleitet. Lat. „*albus*“ = weiß, wegen der Fruchtfarbe (im Gegensatz zu *Loranthus*). – Die Bedeutung des germ. Wortes „Mistel" ist noch nicht restlos geklärt. Angeblich soll es darauf hinweisen, dass die Samen durch Vogelmist an ihren Wuchsort gelangen. Wahrscheinlicher ist eine Beziehung zu ‚Mist' = Leimbaum, das im Altholländischen in dieser Bedeutung noch erhalten ist (M. GRIEVE). Dazu passt auch die vermutete Sprachverwandtschaft von Mistel mit viscum. – Hinweis: Wegen der Namensähnlichkeit mit der Mispel (*Mespilus germanica*), die zu den Rosengewächsen (Rosaceae) gehört, kommt es immer wieder zu Verwechslungen.

Vorkommen: Vorwiegend in wintermilder Klimalage, über basenreichen Böden, besonders in luftfeuchten Lagen. Zu den Wirtspflanzen siehe oben. Ebene bis mittlere Bergstufe. Oft zurückgegangen, stellenweise aber wieder in Ausbreitung. Die subsp. *album* (= Laubholz-Mistel) ist auf Laubgehölze beschränkt. Als Schädling von Obstbäumen spielt die Mistel vielerorts in Obstgärten praktisch keine Rolle mehr, ist aber an solchen Standorten z. B. in der Eifel und in Osteuropa noch von größerer Bedeutung. Die Tannen-Mistel (subsp. *abietis* (WIESB.) JANCH.) wächst im natürlichen Wuchsgebiet der Weißtanne, die Kiefern-Mistel (subsp. *austriacum* (WIESB.) VOLLM. = *V. laxum** BOISS. et REUT.) vor allem im Wuchsgebiet natürlicher, meist kontinentaler Kiefernwälder und fehlt entsprechend in Nordwestdeutschland.

Blüten: II–IV, Frühblüher. Zweihäusig, d. h. männliche und weibliche Pflanzen sind getrennt. Blüten unscheinbar, zu 3–5 in sitzenden Trugdolden (Dichasien). Männliche Blüten gelbgrün, 4-lappig. Staubfäden fehlen. Staubbeutel mit der Blütenhülle verwachsen, sich mit Poren öffnend. Weibliche Blüten kleiner, 3–4-teilig, mit dick-polsterförmiger Narbe. „Nektar führende Scheibenblumen". Anlockung durch orangenartigen Geruch und den auf der Innenseite der becherförmigen Blüten abgesonderten Nektar. Bestäuber sind verschiedene Fliegen und Mücken. Honigbienen und Hummeln fliegen nur männliche Blüten an, um den Pollen zu sammeln. Windbestäubung ist entgegen älteren Angaben allenfalls von untergeordneter Bedeutung, zumal die Pollenkörner durch Viszinfäden verbunden sind. Blühreife ab 5. Jahr.

Früchte (siehe Detailfoto): 1(–2)-samige, unter Beteiligung des Blütenbodens gebildete Beeren (bzw. Scheinbeeren) mit zähem, schleimig-klebrigem Fruchtfleisch. Je Samen bilden sich 1–2(–4) grüne, photosynthetisch aktive, fast keimblattlose Embryonen aus. Verdauungsausbreitung, vor allem durch die nach dieser Pflanze benannten Misteldrosseln, für die sie oft vom Spätherbst bis ins zeitige Frühjahr die Hauptnahrung darstellen, sowie Wacholderdrosseln und die als Wintergäste auftretenden Seidenschwänze. Dazu Mundausbreitung durch Kleinvögel, die das Fruchtfleisch verzehren, aber die Samen wieder ausspucken. Hierzu gehören vor allem Mönchsgrasmücken, die die Früchte so lange an einen Zweig schlagen, bis diese platzen, und dann die Samen mit der daran hängenden lästigen Klebmasse an den Zweigen wieder abstreifen, wodurch diese optimale Keimungsbedingungen haben. Fruchtreife: XI–XII. Wintersteher. Lichtkeimer. – Die Keimlinge können nur in jüngere, noch dünnrindige Zweige eindringen.

Vegetative Vermehrung durch Wurzelsprosse (s. o.).

Die Beeren enthalten ein klebriges Fruchtfleisch. Misteldrosseln usw. breiten die Samen aus.

Verwendung: In Mythologie und Aberglauben spielte die merkwürdige Pflanze eine große Rolle. Die alten Germanen glaubten, sie sei vom Himmel gefallen und betrachteten sie daher als heilig. Trotzdem berichtet die Edda, dass der blinde Wintergott Hödur den Sonnengott Baldur mit einem Mistelzweig (als Lanze) getötet habe. Die gallischen Priester (Druiden) benutzten Misteln als Heilmittel und zu kultischen Handlungen (was durch die Asterix-Hefte sehr bekannt wurde). Besondere Bedeutung hatten dabei Misteln, die auf den ebenfalls als heilig angesehenen Eichen wuchsen, obwohl oder gerade weil letztere nur äußerst selten als Wirtsbäume dienen (in Frankreich gibt es allerdings mehrere solcher Standorte). Der nahe liegende Gedanke, die Gallier hätten Eichenmisteln (*Loranthus*, s. u.) verwendet, erwies sich als falsch. – Im Mittelalter nahm man (wohl in Anlehnung an den Druidenkult) an, sie würden vor allem Bösen schützen. So sollte in mit Misteln bewachsenen Bäumen nie der Blitz einschlagen. Allgemein gilt die Pflanze ähnlich wie *Ilex* und andere immergrüne Pflanzen als Zeichen des immerwährenden Lebens. Auch identifiziert man die Mistel gern mit der „goldenen Zauberrute", die dem Aeneas den Zugang zur Unterwelt öffnete. In England werden zur Weihnachtszeit Mistelzweige aufgehängt. Zu diesem Zweck wurden früher ganze Schiffsladungen aus der Bretagne importiert. Auch bei uns werden im Winter zunehmend Misteln in Blumenläden angeboten. Daraus könnte sich eine ernsthafte Bedrohung der Bestände entwickeln. Leider vertrocknen die Zweige auch in der Vase schnell, da sie nur mithilfe des Wirtes ausreichend Wasser aufnehmen können. – Unter Hitler geriet die Pflanze als Beispiel für Parasitismus in Misskredit und wurde deshalb bekämpft. – Die Blätter der Misteln enthalten pharmakologisch bedeutsame Inhaltsstoffe. Ihre Wirkung bei Bluthochdruck (und Arteriosklerose) ist umstritten. Als Krebsmittel war die Pflanze lange Zeit ebenfalls umstritten, inzwischen ist aber nachgewiesen, dass sie in bestimmten Phasen einiger Krebserkrankungen gute Dienste leisten kann. – Mistelbeeren wurden früher für Vogelleim gebraucht; allerdings bevorzugte man für Leimruten die Beeren der südländischen Eichenmistel (s. u.). Leider ist der nicht nur aus ökologischen Gründen entschieden abzulehnende Vogelfang immer noch in einigen Teilen Europas ein beliebter „Sport". – Für Wildpflanzengärten eine Bereicherung. Zur Aussaat braucht man nur die frischen, klebrigen Beeren an die noch junge Borke eines geeignet erscheinenden Wirtsbaumes „anzuschmieren". Bereits nach 1 Jahr kann man dort bis 5 cm große Jungpflanzen beobachten. Als wintergrüne Pflanzen wurden Misteln – besonders die weniger giftigen von Apfelbäumen – früher an Ziegen und Rinder gefüttert, und auch von Waldtieren werden sie verzehrt.

Ähnliche Art:

Loranthus europaeus Jacq., Europäische Eichenmistel oder Riemenblume: Wird heute in die Familie der Loranthaceae (= Riemenblumengewächse) gestellt. Sommergrün. Zweige braun- bis schwarzgrau. Blätter dünn, dunkelgrün. Beeren gelblich, bereits im Spätsommer fruchtend. Kommt nur auf Wirtspflanzen aus der Familie der Buchengewächse (Fagaceae) vor, vor allem auf Eichen (*Quercus*) und Ess-Kastanien (*Castanea*). In Deutschland nur im Elbegebiet bei Pirna-Dohma in Sachsen. Hauptverbreitung im nordöstlichen Mittelmeerraum. – Weitere Details zu *Loranthus* bei Düll & Düll (2007).

Vitis vinifera LINNAEUS (Artengruppe), Echter Wein, Weinrebe

Vitaceae (= Weingewächse)

Bis 10 m hoher winterkahler (besser: kältekahler) Kletterstrauch (= Liane), der mithilfe von gegabelten, fädigen Sprossranken klettert. Wie alle Ranken führen diese mit ihrer Spitze kreisende Suchbewegungen aus und reagieren auf Berührungsreize (vgl. *Cucurbita*). Die Suchbewegung ist mit etwa 1 Umdrehung pro Stunde relativ schnell. Die Ranken sind negativ phototrop, d. h. sie wenden sich vom Licht ab. Streifenborke, sehr ähnlich der der Waldrebe (*Clematis*). – Das Sprosssystem wird gewöhnlich als monochasiales Sympodium aufgefasst, d. h. jedes Sympodialglied endet in einer Ranke, die seitlich abgedrängt wird, während eine Achselknospe das Sprosssystem fortsetzt („übergipfelt"). Die Langtrieb-Abschnitte werden als „Lotten" bezeichnet. Außerdem gehen aus blattachselständigen Beiknospen als „Geizen" bezeichnete Kurztriebe hervor. Sie werden vom Winzer eingekürzt, da sie den heranreifenden Blütenständen Nährstoffe wegnehmen und die Durchlüftung behindern. Man nennt das „Ausgeizen". – Der größte bekannte Weinstock wurde 1831 in Schottland gepflanzt und bedeckt heute eine Fläche von über 4000 m^2. Eine besonders ertragreiche Pflanze bei Graz soll 1935 ca. 200 l Wein geliefert haben. – Mit der Morphologie der Reben hat man sich schon sehr frühzeitig befasst und dabei manche Erstbeobachtung gemacht. So stellt Albertus MAGNUS (ca. 1200–1280) fest: „Dem Weinstock ist eigen, dass die Trauben einem Blatt gegenüber stehen und manchmal eine Ranke statt einer Traube erscheint" (weil eine Ranke sozusagen nur eine unentwickelte Traube ist). HALES (1677–1761), den REED in seiner „History of plant science" als den ersten bedeutenden Pflanzenphysiologen bezeichnet, steckte beblätterte, noch dem Stamm ansitzende Sprosse in eine luftdicht abgeschlossene Retorte und sammelte so von den transpirierenden Blättern das Kondenswasser, das sich als geschmacklos und arm an Luft erwies. DUTROCHET (1776–1847) erkannte die Blutung des Weinstocks als Folge osmotischer Leistung. Hier und bei *Parthenocissus* entdeckte T. A. KNIGHT den Hydrotropismus (Wachstum zum Wasser hin) der Wurzeln und den negativen Phototropismus (Wachstum vom Licht weg) der Ranken. – *Vitis vinifera* gehört zu den ersten Pflanzenarten, deren Genom vollständig sequenziert wurde. Die Zahl der identifizierten Gene, die Proteine codieren, liegt bei etwa 30.000, also in etwa der beim Menschen entsprechend. – Die Wurzeln reichen mit einer Länge von bis zu 20 m extrem tief, was die Möglichkeit des Anbaus auf Skelettböden, wie z. B. im Ahr- und Moseltal, erklärt. – Literatur: Ein sehr lesenswertes Buch hat A. SEYBOLD geschrieben: *Vinum* – der Wein, Quelle und Meyer, Heidelberg 1962.

Systematik: Die Gattung umfasst etwa 65 Arten auf der Nordhalbkugel. Zur Artengruppe gehört neben der Echten Weinrebe (*V. vinifera*) noch die Wilde Weinrebe (*V. gmelinii* = *sylvestris*). – Nahe verwandt ist die Zaunrebe = Wilder Wein (*Parthenocissus*).

Giftigkeit: Weintrauben und Rosinen können für Hunde evtl. stark giftig sein.

Namen: „*Vitis*" ist der lat. Name des Weinstocks. Lat. „*viniferus*" = Wein tragend. – Wein ist früh von lat. vinum entlehnt. – Bei den Namen „Wilder Wein" oder „Wilde Weinrebe" ist zu beachten, dass es nicht zu Verwechslungen mit der ebenfalls „Wilder Wein" genannten Zaunrebe (*Parthenocissus*) kommt.

Der Fruchtstand der Weintrauben ist eine Rispe.

Vorkommen: Als Kulturpflanze bereits durch die Römer in Mitteleuropa eingeführt. Liebt warme, frische bis mäßig trockene Böden. Zuweilen verwildert, meist unbeständig, aber gebietsweise, z. B. in Rheinland-Pfalz, auch eingebürgert (Neophyt). – Die Wildflora der Weinberge ist artenreich und interessant und daher schützenswert. Leider haben der übermäßige Einsatz von Herbiziden und Mineraldünger sowie unüberlegte Flurbereinigungsmaßnahmen in den Weinbaugebieten, besonders an der Mosel, oft zu einer Verarmung

der Flora, zu Erosionsschäden und zur Belastung des Grundwassers geführt. Der Naturfreund wird deshalb Weine aus naturnah bewirtschafteten Lagen bevorzugen. – Die einheimische Wildform (*V. gmelinii*) ist nur noch in wenigen Auwäldern des Oberrheintals erhalten. Sie ist stark gefährdet und **streng geschützt**, aber dank Naturschutzmaßnahmen nicht mehr akut vom Aussterben bedroht. In Südost- und Südeuropa ist sie an ähnlichen Standorten noch verbreitet.

Blüten: VI. Unscheinbare, homogame, angenehm duftende „Nektar führende Scheibenblumen", in aufrechten Rispen. („Weintrauben" sind also im morphologischen Sinne keine Trauben.) Bei der Wildform sind die „Trauben" lockerer. Kronblätter an der Spitze verwachsen; sie werden daher beim Aufblühen als Ganzes abgeworfen. Nektarabscheidung im kühlen Klima meist gering. Kulturreben sind zwittrig, die Wildform hingegen funktionell zweihäusig. Bei ersteren erfolgt ganz überwiegend Selbstbestäubung. Bei letzterer sind besonders Bienen, Fliegen und Käfer die Bestäuber; zuweilen erfolgt auch Windbestäubung.

Früchte (siehe Detailfoto): Beeren meist 3–4-samig. Bei der Wildform haben sie eine blaue Schale und sind klein und sauer; die Samen sind etwas kürzer. Die Farbe der Weinbeeren hängt von der der Fruchtschale ab. Das Fruchtfleisch ist immer hell. Verdauungsausbreitung und Menschenausbreitung (Kulturfolger). Fruchtreife: IX–X.

Verwendung: Weintrauben gehören zu den ältesten Kulturpflanzen der Menschheitsgeschichte. Nach Aussage des Alten Testaments wurden seit Anfang der Menschheit Reben angebaut. So heißt es „Noah aber, der Landmann, war der erste, der Reben pflanzte" (1. Mose, 9, 20). Zu uns gelangten die Weintrauben durch die Römer. Die Beeren der Kulturform sind mit etwa 16 % Gewichtsanteil sehr zuckerreich, wobei vollreife Früchte etwa gleiche Mengen von Fruchtzucker (Fructose) und Traubenzucker (Glucose = Dextrose) enthalten. Arzneilich werden sie wegen der harntreibenden und blutreinigenden Wirkung für „Traubenkuren" verordnet. 1–2 Glas eines guten Weines zu trinken, gilt als gesundheitsfördernd. Getrocknete Weinbeeren kommen als „Rosinen" in den Handel; „Sultaninen" stammen von hellen, kernlosen Früchten, „Korinthen" von kleinen, dunklen. Die Welternte an Trauben lag im Jahre 2012 bei 67 Mio. t und 2018 bei 79 Mio. t. Der bei der Saft- und Weingewinnung anfallende Pressrückstand ist der „Trester", der als Ausgangsmaterial für Tresterbrände (z. B. Marc und Grappa) dient und auch zum Düngen, als Viehfutter und zum Heizen verwendet wird. – Der Weinanbau hat in den letzten Jahrzehnten auch in Deutschland wieder besondere Bedeutung erlangt. Wegen der Wurzel-Rebläuse wird unser Wein heute auf resistente amerikanische Wildreben aufgepfropft. Wurzelechter, d. h. nicht veredelter, Wein darf in Deutschland zwar nicht angebaut werden, durch Tiere verschleppte Samen sind aber in der Nachbarschaft der Weinberge keine Seltenheit. – Der anthocyanreiche Rotwein hat positiven Einfluss auf die Herzgefäße. Weinblätter werden vor allem in der mediterranen Küche zum Einhüllen von Reis oder Fleisch verwendet. Rotes Weinlaub wird (ähnlich wie die Samen der Rosskastanie) zur unterstützenden Behandlung von Venenleiden (als Extrakt oder auch Umschlag) empfohlen; Wirkstoffe sind Flavonoide (Quercetin-Glykoside). Die Kerne, Fruchtschalen und das Laub rotblättriger Sorten enthalten relativ viel der zu den Flavanolen gehörenden Stoffgruppe ‚Oligomere Proanthocyanidine (OPC)' mit antioxidativer und entzündungshemmender Wirkung. Sie verstärkt u. a. die positive Wirkung der Vitamine A, C und E und gilt als wirkungsvolles Mittel bei Kreislaufproblemen, Gelenkschmerzen, Krebs, Parkinson, Alzheimer usw. Die pharmakologische Wirkung ist allerdings noch nicht ausreichend belegt. – Die Holzasche wird schon von Hildegard von Bingen (1098–1177) gegen Zahnfleischentzündung empfohlen. Die Späne werden wegen des angenehmen Geruchs zum Räuchern von Fleisch und Fisch benutzt.

Wisteria sinensis (Sims) Sweet, Chinesischer Blauregen, Glyzine

Fabaceae (= Schmetterlingsblütler)

Sommergrüner Kletterstrauch mit verholzender Hauptachse (Liane), 6–10(–30) m hoch. Linkswinder. Kann auch als kleiner Baum bis 10 m Höhe gezogen werden. Wird bis über 100 Jahre alt. Blätter unpaarig gefiedert, 25–30 cm lang, mit 7–13 Fiedern. Blattbewegungen sind durch Blattgelenke möglich. Junge Fiedern produzieren an den Nerven der Blattunterseite reichlich extrafloralen Nektar, der gerne von Ameisen, Wespen usw. aufgenommen wird, die die Pflanze vor Fressfeinden schützen. – Wurzelknöllchen mit stickstoffbindenden Bakterien (siehe *Lupinus*).

Systematik: Die Gattung umfasst 6–10 Arten in Nordamerika und Asien.

Giftigkeit: Alle Teile der Pflanze, besonders die Samen, sind u. a. durch das Alkaloid Wistarin giftig, das ähnlich, aber schwächer wirken soll als das ähnliche Cytisin des Goldregens (*Laburnum anagyroides*). Auch für Pferde und Nager giftig.

Namen: „*Wisteria*" wurde von Nuttall 1818 geprägt, zu Ehren des amerikanischen Anatomen und Parkbesitzers Caspar Wistar (1761–1818); „*sinensis*" = aus China stammend. „Glyzine" hat sich als deutscher Name gehalten, nachdem Linné ursprünglich die Pflanze in die Gattung *Glycine* (Sojabohne usw.) gestellt hatte, die er nach dem süßlichen Duft (griech. glykys = süß) der Strauch-Glyzine (heute *W. frutescens* (L.) Poir.) benannte; der Name sollte aber zur Vermeidung von Verwechslungen besser nicht verwendet werden. „Blauregen" in Analogie zum Goldregen (*Laburnum*) wegen der in großer Fülle herabhängenden, blauen Blütenstände.

Vorkommen: Zierpflanze. Heimat: Auwälder und Ufergebüsche Ostasiens. In Nordamerika eingebürgert. Im Mittelmeergebiet sehr häufig kultiviert. Bevorzugt geschützte Lagen auf lockeren, sauren Böden. Benötigt im Sommer besonders viel Wasser. Sehr selten verwildert und nur unbeständig.

Blüten: IV–VI + VII–VIII. Krone helllila bis blauviolett, bei Kultursorten auch weiß, in bis zu 35 cm langen, reichblütigen Trauben hängend; durch Drehung um 180° gelangen die Blüten wieder in Normallage. Angenehm duftende „Fahnenblumen (= Schiffchenblumen) mit Bürsteneinrichtung", ohne Griffelbürste, mit verschleimender Narbe. Nektar wird reichlich am Grunde der oben offenen Staubblattröhre abgesondert. Einziger, aber regelmäßiger Bestäuber bei uns ist die Große oder Blaue Holzbiene (*Xylocopa violacea*); andere Insekten

vermögen den Bestäubungsmechanismus nicht auszulösen. Honigbienen sammeln den Pollen. Beginn der Blühreife mit etwa 10 Jahren.
Früchte: Hülsen grün, bis 15 cm lang, aber je nur mit 1(–3) Samen, ledrig, dicht kurzhaarig, vielsamig, hängend. In Deutschland selten fruchtend, aber offensichtlich mit steigender Tendenz zum Fruchtansatz. Unser erfolgreichster Austrocknungsstreuer mit Streuweiten bis zu 10 m. Die Früchte sind nur über den Samen aufgeblasen und springen auch nur dort auf. Fruchtreife: VII–VIII, aber Öffnung oft erst im Winter oder nächsten Frühjahr. Wintersteher.
Vegetative Vermehrung durch oberirdische Ausläufer.
Verwendung: Beliebter Zierstrauch, mit geeigneter Kletterhilfe besonders gut geeignet für größere Fassaden. Bei uns seit 1816 in Kultur.

Wolffia arrhiza: siehe bei *Lemna*

Xanthium strumarium LINNAEUS (Artengruppe), Gewöhnliche Spitzklette

Asteraceae (= Korbblütler)

Einjährig, sommerannuell, 10–80(–200) cm hoch. Blätter gelappt. – Bis 120 cm tief wurzelnd.

Systematik: Die Gattung stammt ursprünglich aus Nordamerika. Die Zahl der Arten wird je nach Auffassung mit 3–25 angegeben. Verwandt ist die Sonnenblume (*Helianthus*).
Giftigkeit: Für den Menschen unschädlich, aber für Tiere giftig.
Namen: „*Xanthium*" ist ein vorlinnéscher Name, von griech. xanthos = gelb, wegen der Verwendung als Färbemittel zum Blondieren von Haaren; „*strumarius*" von lat. struma = drüsige Anschwellung der Halsdrüsen, entsprechend der Verwendung als Heilpflanze. – „Spitzklette" nach den spitzen, klettenden Früchten.
Vorkommen: Lückige Ruderalfluren und auf Schwemmsand der Flussufer, auf frischen, nährstoffreichen Böden. Salz ertragend. Archäophyt bzw. Neophyt (je nach Kleinart). Weltweit verschleppt.
Blüten: VII–X. Kurztagpflanze, d.h. die Blütenbildung erfolgt erst bei weniger als 16 Stunden Tageslicht. Schon ein einziger Kurztag genügt, um die Blüte zu induzieren. Einhäusig: männliche und weibliche Blüten in getrennten Köpfen; das ist ein seltener Fall unter den Korbblütlern und entspricht etwa den Verhältnissen bei den verschiedenährigen Seggen. Männliche Blütenkörbchen vielblütig mit fast kugeliger, freiblättriger Hülle, zweizähnigen Kronblättern und verkümmertem Griffel. Weibliche Blütenkörbchen nur zweiblütig, mit verwachsenblättriger, zweifächeriger Hülle, deren Blattspitzen als krumme Dornen hervorragen und nach der Blüte verhärten. Blüten mit fädlicher Krone und ohne Staubblätter. Windblütig: „Unbeweglicher Typ". Blüten grünlich.
Früchte: Die beiden Achänen sind in die bleibenden Tragblätter eingeschlossen und werden von der ebenfalls bleibenden Hülle umgeben: Klett-

fruchtstand. Die Hüllen sind länglich und tragen neben den geraden, an der Spitze hakig gekrümmten, derben Dornen noch kurze weiche Haare und Drüsen. Die Tragblätter (Spreublätter) verdornen ebenfalls an der Spitze und bilden so die beiden aus dem Fruchtstand hervorragenden Schnäbel. – Typische Klettfrucht; dazu Wasserausbreitung mit Schwemmsand. Die Dornen helfen schließlich bei der Verankerung im Boden (= ausbreitungshemmende Einrichtung). Samen mit 40% fettem Öl. Fruchtreife: IX–X. Wärmekeimer.

Verwendung: Früher gegen Drüsenschwellungen (z.B. Kropf) angewandt. Aus der Pfahlwurzel kann ein Speiseöl gewonnen werden. Mit dem Kraut hat man früher die Haare blond gefärbt.

Weitere Art:

Xanthium albinum (WIDD.) H. SCHOLZ, Ufer- oder Fluss-Spitzklette: Neophyt. Stromtal- und Wanderpflanze, vor allem in den Säumen der Flussufer, z.B. an der Elbe (daher der Artbeiname „*albinus*"), auf nassen, nährstoffreichen, oft sandigen Tonböden. Sommerwärme liebend. Diese Art wurde erstmals 1830 beobachtet und ist offenbar – ähnlich wie einige Nachtkerzen-Arten – aus eingeschleppten nordamerikanischen Arten in Europa als neue Art entstanden. Sie ist inzwischen weit verbreitet. Unterscheidet sich von voriger Art u.a. durch die steifhaarige Hülle der Klettfruchtstände.

Zannichellia palustris LINNAEUS, Teichfaden

Potamogetonaceae (= Laichkrautgewächse)

Ausdauernde, wintergrüne, untergetauchte, 10–50 cm lange Wasserpflanze. Stängel stark verzweigt, an den Knoten wurzelnd. Blätter fadenförmig, <0,5 mm breit, ähnlich denen des Kamm-Laichkrauts (*Potamogeton pectinatus*).

Systematik: Die Gattung umfasst 1–6 Arten. Sie wurde früher in eine eigene Familie Zannichelliaceae (= Teichfadengewächse) gestellt.

Namen: „*Zannichellia*" wurde von LINNÉ zu Ehren des venezianischen Arztes und Botanikers G. G. ZANNICHELLI (1662–1729) benannt. Lat. „*palustris*" = Sumpf-. – „Teichfaden" wegen des Standorts und des fadenförmigen Aussehens der Pflanze.

Vorkommen: Stehende oder langsam fließende, nährstoffreiche bis schwach verschmutzte Gewässer, auch an der Küste. Über die ganze Nordhemisphäre verbreitet. Salztolerant. In einigen Bundesländern gefährdet.

Blüten: V–IX. Einhäusig. Unterwasserbestäubung, d.h. Pollenübertragung ähnlich wie bei *Ceratophyllum*. Die nackten, männlichen Blüten sind durch (meist nur) 1 sitzenden Staubbeutel ausgezeichnet. Die Faserschicht der Pollensackwand ist degeneriert. Der kugelige Pollen keimt bereits in den Staubbeuteln zu kurzen Fäden und „flutet" zur trichterförmigen Narbe weiblicher Blüten, die meist 4 Stempel in häutiger Hülle umschließen.

Früchte: Durch einen Fortsatz geschnäbelte, sichelförmige, 1-samige, 3–6 mm lange Steinfrüchte,

die als Schwimm- oder auch Klettfrucht ausgebreitet werden. Fruchtreife: VII–X.

Vegetative Vermehrung durch die an den Knoten wurzelnden Stängel bzw. durch das auf dem Boden kriechende Rhizom sowie durch abgebrochene Sprossteile (Fragmentation).

Zea mays LINNAEUS, Mais

Poaceae (= Süßgräser)

Einjährig, sommerannuell. Bis 2,5 m (maximal bis 6 m) hoch. Die Stützung des hohen Stängels erfolgt, ähnlich wie bei Mangrovepflanzen, durch sprossbürtige Stützwurzeln, die aus den Knoten der Stängelbasis hervorgehen. Stängelmark und Früchte sind mindestens anfangs zuckerhaltig. Spaltöffnungen auf beiden Seiten des Blattes (= amphistomatisch; oberseits 95 je mm², unterseits 160 je mm²). Mais ist eine C_4-Pflanze, hier mit Malat als erstem Photosyntheseprodukt. Der C_4-Weg ist eine Anpassung an sehr warme und sonnige Klimaverhältnisse, wie sie vor allem in den Tropen und Subtropen gegeben sind. Er nutzt das CO_2-Angebot in optimaler Weise, d. h. es können auch geringe Mengen Kohlendioxid genutzt werden. Auch das rasche und vollständige nächtliche Verschließen der Spaltöffnungen trägt zu den extrem hohen Photosynthese-Leistungen bei. Dies geschieht allerdings erst ab 30 °C, weshalb sich bei uns der Anbau nur in den warmen Tieflagen lohnt. Außerdem erfordern maximale Erträge auch reichliche Düngung und eine gute Wasserversorgung. – Bei klarem Wetter gibt Mais 98 % des aufgenommenen Wassers wieder ab. Umgerechnet auf die ganze Vegetationsperiode ergibt das die hohe Durchschnittsmenge von 206 l Wasser pro Pflanze (bei einer Tomate sind es nur 106 l). In der Jugend und unter bestimmten Umweltbedingungen betreibt Mais normale C_3-Photosynthese. – Seit 2009 ist das Erbgut vom Mais vollständig identifiziert. Es enthält 32.000 Gene, die Proteine codieren.

Giftigkeit: Maisgriffel sind durch Alkaloide giftig (s. u.).

Schädlinge: Bekannt ist der Maisbrand (*Ustilago maydis = zeae*), erkennbar an der Auflösung der Fruchtstände in schwarzstaubige Gebilde. Biologisch sehr interessant ist die indirekte Abwehr von tierischen Schädlingen durch die befallene Pflanze. So wiesen amerikanische Forscher nach, dass endoparasitische Wespen, welche die Larven der Schädlinge befallen, durch Duftsignale angelockt werden. Gleichzeitig hält der Duft weitere Maisfeinde von der Eiablage ab, da diese (aus Konkurrenzgründen) unbeschädigte Pflanzen bevorzugen.

Namen: „*Zea*" (zeia) ist der lat.-griech. Name für ein Getreide, wahrscheinlich Einkorn und Dinkel (*Triticum monococcum* und *spelta*), der von LINNÉ auf den Mais übertragen wurde. – Das Wort „Mais" (mahiz) ist wie die Pflanze selbst amerikanischen Ursprungs, geht auf eine Indianersprache der Karibik zurück und bedeutet ‚Leben erhaltend'. In Österreich heißt die Pflanze überwiegend „Kukuruz".

Vorkommen: Nutzpflanze. Vorteilhafter Anbau auf grundfrischen, nährstoffreichen Ton- und Lehmböden in sommerwarmer, humider Klimalage, Ebene bis mittlere Berglagen. – Ökologisch ist Maisanbau in den heutigen Ausmaßen äußerst problematisch. Der Herbizid- und Düngereinsatz ist oft extrem hoch (bis 8-mal höher als bei anderen Hackfrüchten). Über 10% der Maissorten sind inzwischen herbizidtolerant, das bedeutet, dass mehr „gespritzt" wird als je zuvor! Dies und der übermäßig hohe Wasserverbrauch bzw. die damit verbundene Grundwasserabsenkung lassen ganze Regionen veröden und führen zu einer extremen Verarmung der Wildkrautflora. „Nach Vorschrift" behandelte Maisfelder liefern Brachen, die bis ins späte Frühjahr hinein pflanzenfreien Wüsten gleichen und daher auch stark erosionsgefährdet sind. Letztendlich ist diese Misswirtschaft auf den übermäßigen Fleischgenuss der Wohlstandsgesellschaften der westlichen Zivilisation zurückzuführen. Nicht zuletzt wird in den USA auch genmanipulierter Mais (neben dem Kraftfutterlieferanten Soja) angebaut. Nahrungsmittel, die von dort kommen, wie z. B. viele Millionen Tonnen Fleisch, sind aus diesem von den Europäern abgelehnten Material produziert worden.

Blüten: VII–IX. Windblütig: „Langstaubfädiger Typ". Einhäusig. Männliche Blüten in endständiger Rispe (Foto), weibliche in seitenständigen, von großen Hüllblättern („Lieschen") umgebenen Kolben. Vormännlich, daher meist Fremdbestäubung. Griffel lang, fädig, sodass der Pollen >10 cm bis zur Samenanlage zurücklegen muss. Pollenkörner pro Blüte 10.000 (relativ wenig), pro Blütenstand 18 Mio. (relativ viel). Mit einem Durchmesser von ca. 0,1 mm und einem Gewicht von 0,00025 mg sind sie besonders groß. Der Pollen ist klebrig, legt nur relativ kurze Strecken durch den Wind zurück und ist nur etwa 1 Tag lang keimfähig. Für Windbestäubung erstaunlich ist außerdem der angenehme Duft des Pollens. Mais kann u. U. eine wichtige Pollenquelle für Honigbienen darstellen; das gilt aber nicht für großflächigen Anbau unter konventioneller Bewirtschaftung.

Früchte: Meist glatte Karyopsen (1-samige Nussfrüchte) mit zur Reife verkümmerten Spelzen. Der Mehlkörper (aus triploidem Endosperm) dient als Speichergewebe. Keime ölreich (35%). Kurztagpflanze, daher Früchte bei uns oft nicht ausreifend. Wärmekeimer.

Verwendung: Angebaut als Futtermais, Hart- oder Kornmais und Zuckermais. Letzterer enthält im Endosperm des Samens Zucker statt Stärke und wird meist unreif als „Gemüsemais" oder „Kukuruz" genossen. Weitere Nutzungen von Maiszüchtungen sind die für Puffmais, Popcorn, Kornflocken, Maisstärke, Maisöl, Maiskeimöl usw. Hier sollte aber bedacht werden, dass Maiskörner zwar 9–10% Eiweiß enthalten, dieses aber arm an essenziellen Aminosäuren ist und daher keine Vollwertkost liefert. Bei Alleingenuss besteht die Gefahr der Vitamin-Mangelkrankheit Pellagra. – Seit alten Zeiten wird in Südamerika auch Maisbier, Chicha genannt, gebraut. Neuerdings werden in den USA bedeutende Anteile der Mais-Ernte zur Herstellung von Alkoholen als Treibstoff genutzt. – Zum Gipfel allen Übels hat der Anbau von sogenanntem „Gen-Mais" geführt. Es ist eine Mais-Züchtung, die Insektizide gegen den eingewanderten Mais-Bohrer produziert. Neben diesem Schädling werden aber auch andere Insekten gefährdet! – Selten werden Maisgriffel arzneilich als mildes harntreibendes Mittel gebraucht. Maisstärke ist Bestandteil mancher Puder und Tablettengrundmassen. Das Inhalieren der alkaloidhaltigen Dämpfe der Maisgriffel kann zu psychischen Erregungszuständen und selbst Delirien führen (in Peru Rauschgift). – Mais ist wahrscheinlich schon in prähistorischer Zeit, vor etwa 5000 Jahren, aus einem Wildmais ausgelesen worden und wurde schon vor unserer Zeitrechnung von den Indianern Nord- und Südamerikas kultiviert. So gehörte Mais bei den Majas zu den lebenswichtigen Nährpflanzen. Ihr Name soll so viel heißen wie „Kinder des Maises". Als Stammpflanze gilt die Teosinte (*Euchlaena mexicana*). Nach Europa kam die Pflanze bereits 1520 durch Kolumbus, war aber zuerst nur Zierpflanze und wurde erst vom 17. Jh. an zunächst in den wärmeren Gebieten angebaut. Nach dem 2. Weltkrieg wurde Mais zunehmend in Afrika, Frankreich (heute größter europäischer Produzent) und neuerdings auch bei uns großflächig angebaut. Die Jahresproduktion in Deutschland ist von 26.000 t im Jahre 1961, über 520.000 t 1970 auf ca. 5 Mio. t seit 2008 kaum vorstellbar angewachsen. Im weltweiten Maßstab ist Mais sogar zur wichtigsten Kulturpflanze avanciert und hat mit einer Welternte von 1.150 Mio. t im Jahre 2018 die ehemals wichtigsten Getreide Reis und Weizen deutlich überholt. Zwei Drittel der Ernte dienen als Futtermittel für Tiere!

Zostera marina LINNAEUS, Echtes oder Gewöhnliches Seegras

Zosteraceae (= Seegrasgewächse)

Untergetauchte, ausdauernde, immergrüne Meerwasserpflanze (Schlammwurzler), 30–100 cm lang.. Blätter bandförmig, flutend, 5–11-nervig, 3–10 mm breit, mit völlig geschlossener Scheide. Rhizom kriechend, monopodial. *Zostera* gehört zu den wenigen submersen Blütenpflanzen des Meeres. Sie wächst noch bis 10 m Tiefe. Spaltöffnungen fehlen. Teile der Pflanze werden oft an den Küstensaum gespült (siehe Foto). Wo Seegras an flache Strände anbrandet, bilden sich oft kugelige Seegrasbälle. Hauptreservestoff ist Rohrzucker (Saccharose). – Das Genom wurde 2016 entschlüsselt.

Die Pflanze wurzelt im Meeresboden und sendet bandförmige Blätter ins Meereswasser.

Systematik: Die Gattung umfasst etwa 16 Arten. Sie wurde früher oft zu den Potamogetonaceae (= Laichkrautgewächse) gezählt, aber jetzt aus diesen ausgegliedert.

Namen: „*Zostera*" ist der lat.-griech Name der Pflanze sowie ähnlich aussehender Grünalgen, zu griech. zoster = Gürtel, wegen der bandförmigen Blätter. Lat. „*marinus*" = Meer-. – „Seegras" wegen des Standorts und der grasartigen Blätter. Man beachte, dass auch ähnlich aussehende Vertreter anderer Gattungen und Familien „Seegras" genannt werden.

Vorkommen: Bestandbildend in flachen Küstengewässern der Nord- und Ostsee, auf schlammigen Sandböden bis 3(–10) m Tiefe, sogenannte „Seegraswiesen" bildend. Salzpflanze (Halophyt). Seltener im Brackwasser. – Kennart der Zosteretea (= Seegraswiesen). Seegrasbestände sind u.a. wichtige Laichplätze und eine bedeutende Futterquelle für z.B. Brandgänse. Ihr Rückgang bei Eintrübung in tieferen Zonen infolge von Verschmutzung und Eutrophierung ist daher bedenklich. Gefährdet, in Niedersachsen sogar stark gefährdet. Im Gegensatz zum weltweiten Trend sind die Bestände im Nordfriesischen Wattenmeer aber eher stabil oder sogar in Ausbreitung und bedecken bei maximaler Ausdehnung im August bis zu 11% des dortigen Wattenmeeres. – Die weltweit verbreiteten Seegraswiesen, die von Vertretern mehrerer Familien gebildet werden, stellen aufgrund ihrer Lage in flachen Küstengewässern ein Sammelbecken für organisches Material dar, bei dessen Abbau unter den herrschenden sauerstoffarmen Bedingungen schädliches Sulfid entsteht. VAN DER HEIDE et al. (2012 Science 336: 1432) konnten nun zeigen, dass Seegras-Arten gewöhnlich mit Mondmuscheln (Familie Lucinidae) vergesellschaftet sind. Diese sind im Sediment eingegraben und besitzen in ihren Kiemen symbiontische Bakterien, die unter Ausnutzung des von den Wurzeln der Pflanzen abgegebenen Sauerstoffs das Sulfid oxidieren und dadurch für die Pflanzen unschädlich machen. Es liegt also eine bemerkenswerte Dreifach-Symbiose vor.

Blüten: VI–IX. Einhäusig. Vorweiblich. Blütenähre ca. 10 cm lang, zur Blütezeit von einer oben offenen Blattscheide eingeschlossen. Blüten ohne Blütenhülle, männliche auf 1 Staubblatt, weibliche auf 1 Fruchtknoten reduziert. Typische Anpassungen an die Unterwasserbestäubung (Hyphydrophilie): Staubbeutel ohne Wandverstärkungen der Innenwand (Endothecium); Pollen ruckartig (in Pulsen) entleert, fadenförmig (2 mm lang, nur 0,008 mm dick), leichter als Wasser und deshalb nach oben schwebend, ohne Exine. Fruchtknoten mit nur 1 Samenanlage.

Früchte: Zylindrische, dünnhäutige Nüsse, von dem bleibenden zweizinkig-kralligen Griffel geschnäbelt. Klettausbreitung durch Fische sowie Schwimmausbreitung. Die Krallen dienen auch der Verankerung im Schlamm (Schwerkraftausbreitung). Dazu Zufallsausbreitung durch Wasservögel und Fische sowie Verschleppung der Früchte mit abgerissenen, weit dahintreibenden Sprossteilen. Fruchtreife: IX.
Vegetative Vermehrung erfolgt reichlich durch die Rhizome.
Verwendung: Die getrockneten Blätter dienen als Polsterfüllung für „Seegrasmatratzen", deren Anfertigung besonders in den Niederlanden einen wichtigen Erwerbszweig darstellte. Auch Strandmatten aus Seegras sind im Handel. In Venedig benutzte man Seegras von alters her zum Verpacken von Glaswaren. In Norddeutschland und Skandinavien deckte man damit Dächer. In den USA – z. B. in Baltimore – wurde die Pflanze mit Pech getränkt sogar zu Pflastersteinen gepresst. Seegras kann man frisch oder verascht als Dünger verwenden. Aus der Asche kann man auch Jod gewinnen. In Norwegen wurde die Pflanze als Viehfutter genutzt. Die Wurzeln wurden früher roh oder gekocht gegessen. – Hinweis: Was in Feinkostläden und asiatischen Restaurants manchmal unter dem Namen „Seegras" zu Fischspeisen usw. angeboten wird, gehört zu der aus Ostasien stammenden, heute weltweit verschleppten marinen Alge *Undaria pinnatifida* = „Wakame". Sie gehört zu den Braunalgen, ist aber nach üblicher Zubereitung überwiegend grün.
Weitere Art:
Zostera noltii Hornem. (= *Z. nana* auct.), Zwerg-Seegras: Ziemlich selten in flachen, zeitweise trocken fallenden Küstengewässern, nur bis 1 m Tiefe. Blätter nur 1–3-nervig, 1 mm breit und 20–40 cm lang.

Liste der besonders giftigen Pflanzen

Die Liste soll nur einen Überblick geben. Ein vollständiges Verzeichnis aller im Text behandelten Giftpflanzen wäre sehr umfangreich und würde den Rahmen des Buches sprengen. Daher sind hier **nur die stark giftigen Arten** aufgeführt. Heilpflanzen, die bei Überdosierung des Wirkstoffes zu starken Vergiftungen führen können, sind nicht berücksichtigt.

Zu beachten ist grundsätzlich, dass die Menge der giftigen Inhaltsstoffe stark schwanken kann. Sie ist abhängig von Herkunft, Standort, Klima, Jahreszeit und Reifezustand, und kann auch in den verschiedenen Organen derselben Pflanze sehr unterschiedlich hoch sein.
Außerdem ist zu beachten, dass die Giftwirkung immer eine Frage der aufgenommenen Menge im Verhältnis zum Körpergewicht ist, und dass Kinder ebenso wie kranke, geschwächte und empfindliche Personen stärker betroffen sind als gesunde Erwachsene.

Bei aktuellen Fragen zu Vergiftungen kann man rund um die Uhr telefonische Auskunft bei der „**Informationszentrale für Vergiftungen** im Zentrum für Kinderheilkunde des Universitätsklinikums Bonn" erhalten (**Telefon: 0228/19240**). Die Internetadresse der Zentrale ist: www.gizbonn.de/284.0.html. Dort befindet sich u. a. eine alphabetisch geordnete Liste aller relevanten giftigen bis stark giftigen Pflanzen mit genauen Angaben der Giftstoffe, der kritischen Dosis, der möglichen Symptome und der Ersten Hilfe.
Parallel gibt es auch für die einzelnen Bundesländer zuständige Giftnotrufzentralen.

Bezüglich der Giftigkeit von Pflanzen für Tiere können die Informationen des Abschnitts „Giftpflanzen" im Literaturverzeichnis zu Rate gezogen werden.

Aconitum-Arten (Eisenhut)
Adonis-Arten (Adonisröschen)
Aethusa cynapium (Hundspetersilie)
Agrostemma githago (Korn-Rade): besonders die Samen giftig
Andromeda polifolia (Rosmarinheide, Sumpfrosmarin)
Arum maculatum (Aronstab)
Asarum europaeum (Haselwurz)
Atropa belladonna (Tollkirsche)
Brugmansia-Arten (Engelstrompete) (siehe bei *Datura*)
Bryonia-Arten (Zaunrübe)
Cicuta virosa (Wasserschierling)
Colchicum autumnale (Herbst-Zeitlose)
Conium maculatum (Gefleckter Schierling)
Convallaria majalis (Maiglöckchen)
Cyclamen-Arten (Alpenveilchen): Knolle
Daphne mezereum (Gewöhnlicher Seidelbast)
Datura stramonium (Weißer Stechapfel)
Delphinium elatum (Hoher Rittersporn)
Digitalis purpurea (Roter Fingerhut)
Euonymus europaeus (Pfaffenhütchen)
Euphorbia-Arten (Wolfsmilch)
Helleborus-Arten (Christrose, Nieswurz)
Heracleum mantegazzianum (Riesen-Bärenklau)
Huperzia selago (Tannenbärlapp)
Hyoscyamus niger (Bilsenkraut)
Ilex aquifolium (Stechpalme)
Juniperus sabina (Sadebaum)
Laburnum-Arten (Goldregen)
Nicotiana-Arten (Tabak)
Phaseolus vulgaris (Garten-Bohne): rohe Samen und Früchte giftig
Prunus dulcis var. *amara* (Bittere Mandel): Samen giftig
Prunus laurocerasus (Kirschlorbeer): Blätter giftig
Ranunculus sceleratus (Gift-Hahnenfuß)
Rhododendron-Arten (Alpenrose)
Rhododendron tomentosum (= *Ledum palustre*) (Sumpf-Porst)
Robinia pseudoacacia (Robinie)
Sambucus ebulus (Zwerg-Holunder)
Senecio-Arten (Greiskraut oder Kreuzkraut)
Taxus baccata (Eibe) (außer dem Samenmantel)
Thuja occidentalis (Lebensbaum)
Ulex europaeus (Stechginster)
Veratrum album (Weißer Germer)

Liste der Frühblüher (Blühbeginn bis April)

F = **frühjahrsgrün**, d.h. Blätter vom Vorfrühling bis Frühsommer grün, dann einziehend.
G = **Geophyten** (= Erdpflanzen), d.h. ausdauernde Pflanzen, bei denen die überwinternden Organe mit ihren Erneuerungsknospen im Boden verborgen sind.
Hinweis: Es ist zu beachten, dass sich wegen der oft sehr milden Winter der letzten Jahre die Zeiten des Blühbeginns im Vergleich zu den hier genannten Zeiten oft in Richtung früherer Termine verschoben haben.

a. Krautige Frühblüher des Waldes

Adoxa moschatellina (Moschuskraut) III–V **GF**
Alliaria petiolata (Knoblauchsrauke) IV–VI
Allium ursinum (Bär-Lauch) IV–V **GF**
Anemone nemorosa (Busch-Windröschen) III–V **GF**, *ranunculoides* (Gelbes W.) III–V **GF**
Arum maculatum (Gefleckter Aronstab) IV–VI **GF**
Asarum europaeum (Gewöhnliche Haselwurz) IV–V **G**
Buglossoides purpurocaerulea (= *Lithospermum p.*) (Blauroter Steinsame) IV–VI
Cardamine bulbifera (= *Dentaria b.*) (Zwiebel-Zahnwurz) IV–V **G**, *flexuosa* (Wald-Schaumkraut) IV–VI(–X)
Carex montana (Berg-Segge) III–V, *pilulifera* (Pillen-S.) IV–V, *sylvatica* (Wald-S.) IV–VII
Chrysosplenium alternifolium (Wechselblättriges Milzkraut), III–V, *oppositifolium* (Gegenblättriges M.) III–V
Corydalis cava (Hohler Lerchensporn) III–IV **GF**, *solida* (Finger-L.) III–IV **GF**
Cruciata laevipes (Gewöhnliches Kreuzlabkraut) IV–VI
Gagea lutea III–V (Gewöhnlicher Goldstern) **GF**
Galanthus nivalis (Kleines Schneeglöckchen) II–III **GF**
Glechoma hederacea (Gundermann) IV–VI
Helleborus niger (Christrose) XII–III (am natürlichen Standort kaum vor II), *foetidus* (Stinkende Nieswurz) II–IV, *viridis* (Grüne N.) III–IV
Hepatica nobilis (Leberblümchen) III–IV
Hyacinthoides non-scripta (Atlantisches Hasenglöckchen) IV–V **GF**
Lathraea squamaria (Schuppenwurz) III–V **G**
Lathyrus linifolius (Berg-Platterbse) IV–VI **G**, *vernus* (Frühlings-P.) IV–V **G**
Leucojum aestivum (Sommer-Knotenblume) IV–V **GF**, *vernum* (Märzenbecher) II–IV **GF**
Luzula multiflora (Vielblütige Hainsimse) IV–V, *pilosa* (Behaarte H.) III–V, *sylvatica* (Wald-H.) IV–VI
Mercurialis perennis (Ausdauerndes Bingelkraut) IV–V **G**
Myosotis sylvatica (Wald-Vergissmeinnicht) IV–VI
Oxalis acetosella (Wald-Sauerklee) IV–V **G**
Paris quadrifolia (Einbeere) IV–VI **G**
Potentilla alba (Weißes Fingerkraut) IV-VI, *sterilis* (Erdbeer-F.) (II–)III–V
Primula elatior (Hohe-Schlüsselblume) III–V **G**
Pulmonaria obscura (Dunkles Lungenkraut) III–V, *officinalis* (Echtes oder Geflecktes L.) III–V
Ranunculus ficaria III–V (Scharbockskraut) **F**, *auricomus* (Gold-Hahnenfuß) IV–V
Scilla bifolia (Zweiblättriger Blaustern) III–IV **GF**
Stellaria holostea (Große Sternmiere) IV–V
Veronica hederifolia agg. (Efeu-Ehrenpreis) III–V **F**
Vicia sepium (Zaun-Wicke) IV–VI
Viola hirta (Raues Veilchen) III–V, *reichenbachiana* (Wald-V.) III–V, *riviniana* (Hain-V.) III–V, × *bavarica* (Bastard-Wald-V.) III–V

b. Krautige Frühblüher der Gärten und Anlagen (ohne Wildpflanzen)

Adonis vernalis (Frühlings-Adonisröschen) IV–V
Anemone blanda (Balkan-Windröschen) III–V, *coronaria* (Kronen-W.) IV–V, *sylvestris* (Großes W.) IV–VI
Arabis caucasica (Kaukasische Gänsekresse) III–V
Asarum europaeum (Gewöhnliche Haselwurz) IV–V **G**
Aubrieta deltoidea (Blaukissen) IV–V
Aurinia saxatilis (Felsen-Steinkraut) IV–VI
Cardamine bulbifera (= *Dentaria b.*) (Zwiebel-Zahnwurz) IV–V **G**
Corydalis cava (Hohler Lerchensporn) III–IV **GF**, *solida* (Finger-L.) III–IV **GF**
Crocus-Arten (Krokus) II–IV **GF**
Eranthis hyemalis (Winterling) II–IV **GF**
Erysimum cheiri (Goldlack) IV–VI

Fritillaria imperialis (Kaiserkrone) IV–VIII **G**, *meleagris* (Schachbrettblume, Kiebitzei) IV–V **GF**
Gagea lutea III–V (Gewöhnlicher Goldstern) **GF**
Galanthus-Arten (Schneeglöckchen) II–III **GF**
Helleborus niger (Christrose) XII–III, *foetidus* (Stinkende Nieswurz) II–IV
Hepatica nobilis (Leberblümchen) III–IV
Hyacinthoides-Arten (Hasenglöckchen) IV–V **GF**
Hyacinthus orientalis (Hyazinthe) III–V **GF**
Iris pumila (Zwerg-Schwertlilie) IV–VI **G**
Lathyrus vernus (Frühlings-Platterbse) IV–V **G**
Luzula sylvatica (Wald-Hainsimse) IV–VI
Muscari armeniacum (Armenische Traubenhyazinthe) III–V **GF**, *botryoides* (Kleine T.) IV–V **GF**, *comosum* (Schopfige T.) IV–V **GF**
Myosotis sylvatica (Wald-Vergissmeinnicht) IV–VI
Narcissus poeticus (Weiße Narzisse) IV–V **GF**, *pseudo-narcissus* (Osterglocke) III–V **GF**
Omphalodes verna (Frühlings-Gedenkemein) III–V **F**
Ornithogalum umbellatum (Doldiger Milchstern) IV–VI **GF**
Primula auricula (Alpen-Aurikel) IV–VI, *elatior* (Hohe Schlüsselblume) III–V, *veris* (Wiesen-S.) IV–VI, *vulgaris* (Stängellose S.) II–IV
Pulmonaria-Arten (Lungenkraut) III–V
Pulsatilla pratensis (Wiesen-Küchenschelle) IV–V, *vulgaris* (Gewöhnliche K.) III–V
Ranunculus ficaria (Scharbockskraut) III–V **F**
Scilla bifolia (Zweiblättriger Blaustern) III–IV **GF**, *siberica* (Sibirischer B.) III–IV **GF**
Tulipa gesneriana (Garten-Tulpe) IV–V **GF**, *sylvestris* (Wilde Tulpe) IV–V **GF**
Viola odorata (März-Veilchen) III–VI, *reichenbachiana* (Wald-V.) III–V, *riviniana* (Hain-V.) III–V

c. Sonstige krautige Frühblüher

Adonis vernalis (Frühlings-Adonisröschen) IV–V
Anacamptis morio (= Orchis morio) (Kleine Hundswurz, Salep-Knabenkraut) IV–V **G**
Alliaria petiolata (Knoblauchsrauke) IV–VI
Alyssum montanum (Berg-Steinkraut) III–VI
Anemone sylvestris (Großes Windröschen) IV–VI
Anthriscus sylvestris (Wiesen-Kerbel) IV–VIII
Arabidopsis arenosa (= *Cardaminopsis a.*) (Sand-Schaumkresse) IV–VIII
Arabidopsis thaliana (Acker-Schmalwand) IV–V
Arctostaphylos uva-ursi (Gewöhnliche Bärentraube) III–VI
Barbarea vulgaris (Gewöhnliches Barbarakraut) IV–VI
Bellis perennis (Gänseblümchen) I–XII
Brassica napus (Raps) IV–V(–IX)
Bunias orientalis (Orientalische Zackenschote) IV-VII
Caltha palustris (Sumpf-Dotterblume) IV–VI
Capsella bursa-pastoris (Hirtentäschel) I–XII
Cardamine flexuosa (Wald-Schaumkraut) IV–VI(–X), *hirsuta* (Behaartes S.) II–V, *pratensis* (Wiesen-S.) IV–VI
Carex caryophyllea (Frühlings-Segge) III–V **G**, *hirta* (Behaarte S.) IV–VII **G**, *montana* (Berg-S.) III–V, *pilulifera* (Pillen-S.) IV–V
Carum carvi (Kümmel) IV–VI
Cerastium arvense (Acker-Hornkraut) IV–VI, *glomeratum* (Knäuel-H.) III–X, *holosteoides* (Gewöhnliches H.) IV–X, *semidecandrum* (Fünfmänniges oder Sand-H.) III–VI
Chelidonium majus (Schöllkraut) IV–IX
Claytonia perfoliata (Kubaspinat, Winterportulak, Tellerkraut) IV–VII
Cochlearia danica (Dänisches Löffelkraut) IV–V
Crocus-Arten (Krokus) II–IV **GF**
Cruciata laevipes (Kreuzlabkraut) IV–VI
Draba aizoides (Immergrünes Felsenblümchen) IV–VIII, *verna* (= *Erophila v.*) (Frühlings-Hungerblümchen) II–V **F**
Equisetum arvense (Acker-Schachtelhalm) (Sporenausstreuung) IV–V **G**
Eranthis hyemalis (Winterling) II–IV **GF**
Eriophorum angustifolium (Schmalblättriges Wollgras) IV–V **G**
Erodium cicutarium (Reiherschnabel) IV–IX
Euphorbia cyparissias (Zypressen-Wolfsmilch) IV–VI **G**, *esula* (Esels-W.) IV–VI, *helioscopia* (Sonnen-W.) II–IX
Fritillaria meleagris (Schachbrettblume, Kiebitzei) IV–V **GF**
Gagea lutea (Gewöhnlicher Goldstern) III–V **GF**, *pratensis* (Wiesen-G.) III–V **GF**, *villosa* (Acker-G.) III–V **GF**
Galanthus nivalis (Schneeglöckchen) II–III **GF**
Gentiana verna (Frühlings-Enzian) IV–V
Geum rivale (Bach-Nelkenwurz) IV–VII
Glechoma hederacea (Gundermann) IV–VI
Globularia bisnagarica (Gewöhnliche Kugelblume) IV–VI
Lamium album (Weiße Taubnessel) IV–X, *maculatum* (Gefleckte T.) IV–IX, *purpureum* (Purpurrote T.) III–IX
Lathyrus linifolius (Berg-Platterbse) IV–VI **G**

Leymus arenarius (Gewöhnlicher Strandroggen) IV–VI **G**
Luzula campestris (Feld-Hainsimse) III–V, *multiflora* (Vielblütige H.) IV–V
Muscari botryoides (Kleine Traubenhyazinthe) IV–V **GF**, *comosum* (Schopfige T.) IV–V **GF**
Myosotis sylvatica (Wald-Vergissmeinnicht) IV–VI
Myosurus minimus (Kleines Mäuseschwänzchen) IV–VII
Narcissus pseudo-narcissus (Osterglocke) III–V **GF**
Ornithogalum umbellatum (Doldiger Milchstern) IV–VI **GF**
Petasites-Arten (Pestwurz) III–V **G**
Poa annua (Einjähriges Rispengras) I–XII
Potentilla verna = neumanniana (Frühlings-Fingerkraut) IV–VI, *sterilis* (Erdbeer-F.) (II–)III–V
Primula auricula (Alpen-Aurikel) IV–VI, *veris* (Wiesen-Schlüsselblume) IV–VI, *vulgaris* (Stängellose S.) II–IV
Pulsatilla pratensis (Wiesen-Küchenschelle) IV–V, *vulgaris* (Gewöhnliche K.) III–V
Ranunculus auricomus (Gold-Hahnenfuß) IV–V
Saxifraga tridactylites (Finger-Steinbrech) III–V **F**
Scilla bifolia (Zweiblättriger Blaustern) III–IV **GF**, *siberica* (Sibirischer B.) III–IV **GF**
Scleranthus annuus (Einjähriger Knäuel) IV–X
Senecio vulgaris (Gewöhnliches Greiskraut) I–XII
Sesleria caerulea (= *albicans*) (Kalk-Blaugras) III–V
Soldanella-Arten (Alpenglöckchen) IV–VI
Spergula morisonii (Frühlings-Spark) IV–VI
Stellaria media (Vogelmiere) (I–)III–X(–XII)
Taraxacum officinale (Gewöhnlicher Löwenzahn) IV–VII
Thlaspi arvense (Acker-Hellerkraut) IV–IX, *perfoliatum* (Stängelumfassendes H.) III–VI **F**
Tulipa sylvestris (Wilde Tulpe) IV–V **GF**
Tussilago farfara (Huflattich) III–IV **G**
Valeriana tripteris (Stein-Baldrian) IV–VI
Valerianella locusta (Gewöhnlicher Feldsalat) IV–V
Veronica arvensis (Acker-Ehrenpreis) III–VII, *filiformis* (Faden-E.) IV–V **F**, *hederifolia* (Efeu-E.) III–V **F**, *persica* (Persischer E.) I–IX
Vicia sepium (Zaun-Wicke) IV–VI
Viola odorata (März-Veilchen) III–IV, *riviniana* (Hain-V.) III–V, × *bavarica* (Bastard-Wald-V.) III–V

d. Frühblühende Bäume, Sträucher und Zwergsträucher

Acer saccharinum (Silber-Ahorn) II–III, *platanoides* (Spitz-A.) IV–V, *negundo* (Eschen-A.) IV
Alnus glutinosa (Schwarz-Erle) (XII–)II–IV, *incana* (Grau-E.) II–IV
Amelanchier-Arten (Felsenbirne) IV–V
Berberis vulgaris (Gewöhnlicher Sauerdorn) IV–VI
Betula pendula (Hänge-Birke) IV–V, *pubescens* (Moor-B.) IV–V
Buxus sempervirens (Buchsbaum) III–IV
Carpinus betulus (Hainbuche) III–V
Chaenomeles japonica (Zierquitte) IV–VI
Chamaecyparis lawsoniana (Lawsons Scheinzypresse) IV
Cornus mas (Hartriegel) II–III
Corylus-Arten (Hasel) (XII–)II–IV
Cupressus sempervirens (Mittelmeer-Zypresse) III
Daphne mezereum (Gewöhnlicher Seidelbast) II–IV
Empetrum nigrum (Krähenbeere) IV–V
Erica carnea (= *herbacea*) (Schnee-Heide) XII–IV
Fagus sylvatica (Buche) IV–V
Forsythia-Arten (Forsythie) (II–)III–V
Fraxinus excelsior (Gewöhnliche Esche) IV–V
Hippophae rhamnoides (Sanddorn) III–V
Jasminum nudiflorum (Jasmin) XI–III
Larix decidua (Europäische Lärche) IV–V
Liriodendron tulipifera (Tulpenbaum) IV–V
Magnolia × *soulangeana* (Garten-Magnolie) III–V
Mahonia aquifolium (Mahonie) III–VI
Malus domestica (Kultur-Apfel) IV–V, *sylvestris* (Holz-A.) IV–V
Myrica gale (Gagelstrauch) IV–V
Platycladus orientalis (= *Thuja orientalis*) (Orientlebensbaum) IV
Populus nigra (Schwarz-Pappel) III–IV
Prunus armeniaca (Aprikose) III–IV, *avium* (Süß-Kirsche) IV, *cerasus* (Sauer-Kirsche) IV–V, *domestica* (Pflaume) IV, *dulcis* (Mandelbaum) (II–)III–V, *laurocerasus* (Lorbeerkirsche IV–VI, *mahaleb* (Steinweichsel) IV–V(–VI), *padus* (Gewöhnliche Traubenkirsche) IV–V, *persica* (Pfirsich) IV–V, *serrulata* (Japanische Kirsche) IV, *spinosa* (Schlehdorn) IV
Pseudotsuga menziesii (Douglasie) IV–V
Pyrus communis (Kultur-Birne) IV–V, *pyraster* (Wild-Birne) IV–V
Quercus robur (Stiel-Eiche) IV–V
Ribes-Arten (Johannisbeere, Stachelbeere) IV–V
Salix alba (Silber-Weide) IV–V, *caprea* (Sal-W.) III–IV
Syringa vulgaris (Gewöhnlicher Flieder) IV–V
Taxus baccata (Eibe) (II–)III–IV
Thuja occidentalis (Abendländischer Lebensbaum) III–V

Ulex europaeus (Stechginster) IV–VI
Ulmus glabra (Berg-Ulme) III–IV, *laevis* (Flatter-U.) III–IV, *minor* (Feld-U.) III–IV
Vinca major (Großes Immergrün) IV–V, *minor* (Kleines I.) III–V
Viscum album (Mistel) III–V
Wisteria sinensis (Chinesischer Blauregen) IV–VI

Artenlisten nach dem Verwendungszweck

Nahrungs- und Gewürzpflanzen

Erfasst sind alle wichtigen in Deutschland kultivierten Arten.
Dunkelgrau = Arten mit derzeit unbedeutenden Erntemengen im deutschen Erwerbsgartenbau.
Man vergleiche auch die Übersichten „Essbare Wildpflanzen (und Zierpflanzen)“ und „Heil- und Teepflanzen“.

a. Überwiegend Kohlenhydrate oder Fett liefernde Kulturpflanzen

Avena sativa (Hafer), Früchte („Körner“): Stärke, Eiweiß usw.
Beta vulgaris (Zuckerrübe), Wurzelrübe: Rohrzucker
Brassica napus (Raps), Samen: Öl
Camelina sativa (Leindotter, Öldotter), Samen: Öl (auch als Biokraftstoff)
Cichorium intybus, Sativum-Gruppe (Zichorie), Wurzelrübe: Inulin (Stärkeersatz)
Fagopyrum esculentum (Buchweizen), Nüsse („Körner“): Stärke, Eiweiß
Helianthus annuus (Sonnenblume), Samen: Öl
Helianthus tuberosus (Topinambur), Sprossknollen: Inulin (Stärkeersatz)
Hordeum vulgare (Gerste), Früchte („Körner“): Stärke usw.
Inula helenium (Alant), Rhizome: Inulin (Stärkeersatz)
Linum usitatissimum (Lein), Samen: Öl
Papaver somniferum (Mohn), Samen: Öl
Scorzonera hispanica (Schwarzwurzel): Wurzelrübe: Inulin (Stärkeersatz)
Secale cereale (Roggen), Früchte („Körner“): Stärke, Eiweiß usw.
Solanum tuberosum (Kartoffel): Sprossknollen: Stärke, Eiweiß usw.
× *Triticosecale* (Triticale), Früchte („Körner“): Stärke, Eiweiß usw.
Triticum-Arten (Weizen, Dinkel usw.), Früchte („Körner“): Stärke, Eiweiß. Öl (Weizenkeimöl) usw.
Zea mays (Mais), Früchte („Körner“): Stärke, Öl (Maiskeimöl) usw.

b. Gemüse oder Salat liefernde Kulturpflanzen

Allium ampeloprasum (= *porrum*) (Lauch, Porree)
Allium cepa (Küchenzwiebel, Schalotte)
Apium graveolens (Sellerie): Knollensellerie; Bleichsellerie = Staudensellerie
Asparagus officinalis (Spargel)
Atriplex hortensis (Garten-Melde)
Barbarea-Arten (Winterkresse = Barbarakraut)
Beta vulgaris (Zuckerrübe, Rote Bete etc.): Rote Bete; Mangold = Römischer Kohl
Brassica napus (Steckrübe, Kohlrübe)
Brassica oleracea (Gemüse-Kohl)
Brassica rapa (Rübsen etc.): Weiße Rübe; Rübstiel = Stielmus; China-Kohl; Pak Choi
Capsicum annuum (Paprika)
Chenopodium bonus-henricus (Guter Heinrich)
Cichorium intybus (Zichorie, Wegwarte): Salatzichorie, Chicorée; Radicchio
Cichorium endivia (Endivie)
Claytonia perfoliata (Kubaspinat, Tellerkraut, Winterportulak)
Cucumis sativus (Gurke)
Cucumis melo (Zucker-Melone)
Cucurbita pepo (Kürbis)
Daucus carota (Möhre)
Diplotaxis tenuifolia (Doppelsame, „Rucola“)
Eruca sativa (Senfrauke, „Rucola“, „Rauke“)
Foeniculum vulgare (Fenchel): Zwiebelfenchel
Glycine max (Sojabohne)
Helianthus tuberosus (Topinambur)
Humulus lupulus (Hopfen): „Hopfenspargel“
Lactuca sativa (Salat)
Medicago sativa (Luzerne): Keimlinge
Nasturtium officinale (Brunnenkresse)
Pastinaca sativa (Pastinak): Wurzelrübe
Petroselinum crispum (Petersilie): Wurzelpetersilie
Phaseolus-Arten (Bohne)
Pisum sativum (Erbse)
Portulaca oleracea (Gemüse-Portulak)
Raphanus sativus (Rettich usw.): Rettich; Radieschen
Rumex patientia (Garten-Ampfer, Ewiger Spinat)
Scorzonera hispanica (Schwarzwurzel)

Solanum lycopersicum (= *Lycopersicon esculentum*) (Tomate)
Spinacia oleracea (Spinat)
Tropaeolum majus (Kapuzinerkresse)
Valerianella locusta (Feldsalat)
Vicia faba (Ackerbohne, Dicke Bohne)
Zea mays (Mais): Zucker-Mais

c. Gewürz oder Aroma liefernde Kulturpflanzen

Allium cepa (Zwiebel): Küchenzwiebel; Schalotte
Allium fistulosum (Lauchzwiebel, Röhrenzwiebel, Winterzwiebel)
Allium sativum (Knoblauch)
Allium schoenoprasum (Schnittlauch)
Allium ursinum (Bär-Lauch) (meist Wildaufsammlungen)
Anethum graveolens (Dill)
Anthriscus cerefolium (Garten-Kerbel)
Apium graveolens (Sellerie): Schnittsellerie
Armoracia rusticana (Meerrettich)
Artemisia absinthium (Wermut)
Artemisia dracunculus (Estragon)
Borago officinalis (Borretsch, Gurkenkraut)
Capsicum annuum (Gewürzpaprika, Peperoni, Spanischer Pfeffer)
Carum carvi (Kümmel)
Coriandrum sativum (Koriander): Früchte; Blätter
Foeniculum vulgare (Fenchel): Süßer Fenchel
Humulus lupulus (Hopfen)
Hyssopus officinalis (Ysop)
Lavandula angustifolia (Lavendel)
Lepidium sativum (Kresse)
Levisticum officinale (Liebstöckel, Maggikraut)
Melissa officinalis (Zitronenmelisse)
Mentha-Arten (Minze)
Origanum majorana (Majoran)
Origanum vulgare (Dost): „Oregano“
Petroselinum crispum (Petersilie): Blattpetersilie
Rosmarinus officinalis (Rosmarin)
Ruta graveolens (Weinraute)
Salvia officinalis (Echter Salbei)
Salvia sclarea (Muskateller-Salbei)
Sanguisorba minor (Kleiner Wiesenknopf, Bibernelle, „Pimpinelle“)
Satureja-Arten (Bohnenkraut)
Sinapis alba (Weißer Senf)
Thymus vulgaris (Thymian)

d. Obst und Nüsse liefernde Kulturpflanzen

Amelanchier lamarckii (Felsenbirne)
Castanea sativa (Ess-Kastanie)
Corylus-Arten (Haselnuss)
Cucurbita pepo (Kürbis, Zucchini)
Cydonia oblonga (Quitte)
Fragaria × ananassa (Erdbeere)
Hippophae rhamnoides (Sanddorn)
Juglans regia (Walnuss)
Malus domestica (Apfel)
Mespilus germanica (Mispel)
Prunus armeniaca (Aprikose, Marille)
Prunus avium (Süß-Kirsche)
Prunus cerasus (Sauer-Kirsche, Schattenmorelle, Weichsel)
Prunus domestica (Pflaume etc.): Pflaume; Zwetschge; Mirabelle
Prunus persica (Pfirsich)
Pyrus communis (Birne)
Rheum rhabarbarum (Rhabarber)
Ribes uva-crispa (Stachelbeere)
Ribes nigrum (Schwarze Johannisbeere)
Ribes rubrum (Rote Johannisbeere)
Ribes × nidigrolaria (Jostabeere)
Rubus fruticosus (Brombeere)
Rubus idaeus (Himbeere)
Sorbus aucuparia (Eberesche)
Sorbus domestica (Speierling)
Vaccinium corymbosum s. l. (Strauch-Heidelbeere, Kultur-Heidelbeere)
Vaccinium vitis-idaea (Preiselbeere) (meist Wildaufsammlungen)
Vaccinium macrocarpon (Großfrüchtige Moosbeere, Cranberry)
Vitis vinifera (Wein)

Essbare Wildpflanzen (und Zierpflanzen)

Die Nutzung von Wildpflanzen erlebt seit einiger Zeit eine Renaissance, und so werden z. B. auch in gut geführten Restaurants schmackhafte Wildpflanzen-Gerichte angeboten. Wegen der gewachsenen Beliebtheit werden in zunehmendem Maße auch Wildpflanzen angebaut, so etwa Bärlauch (*Allium ursinum*) oder der den meisten nur als „Unkraut“ bekannte „Giersch“ (*Aegopodium podagraria*). So kommt es, dass käufliche Wildpflanzenmischungen oft nur zum geringen Anteil aus Wildaufsammlungen stammen.
Bei der Auflistung ist zu beachten, dass einige unserer Kulturpflanzen gleichzeitig auch als Wildpflanzen vorkommen, z. B. die Wegwarte (*Cichorium intybus*), die Möhre (*Daucus carota*) oder der Hopfen (*Humulus lupulus*), sodass diese Arten doppelt aufgeführt sind.

Interessant ist in diesem Zusammenhang, dass in unseren Gärten vieles essbar ist, was man so vielleicht nicht erwarten würde, so etwa die Blüten vom Straucheibisch (*Hibiscus syriacus*), die Blätter und Blüten der Kapuzinerkresse (*Tropaeolum majus*), die Blüten des Duft-Veilchens (*Viola odorata*) oder die Früchte der Felsenbirne (*Amelanchier lamarckii*). Um auf diese Fälle besonders hinzuweisen, werden diese hier mit aufgeführt.

Wenn nicht anders vermerkt, werden für Salat und Gemüse junge Blätter und Sprosse verwendet.
Es sollten unbedingt die Angaben über Gefährdungen und Schutz der Pflanzen beachtet werden!
In Ballungsgebieten und überall da, wo chemische Spritzmittel verwendet oder Hunde ausgeführt werden, sollten die Pflanzen nicht für Speisezwecke genutzt werden. Das gilt übrigens besonders auch für Schnittblumen aus Gartenbaubetrieben! Überhaupt empfiehlt sich die Kultur der Pflanzen im eigenen Garten bzw. die Nutzung der zahlreichen „Unkräuter“ im Garten, wie etwa Gundermann (*Glechoma hederacea*), Behaartes Schaumkraut (*Cardamine hirsuta*) oder Giersch (*Aegopodium podagraria*).

Allgemein ist zu beachten, dass genauso wie bei Nutzpflanzen Art und Menge der Inhaltsstoffe einschließlich einer möglichen Giftwirkung je nach Herkunft und Standort stark schwanken können, und dass auch die Art der Zubereitung für die Bekömmlichkeit entscheidend ist.

a. Nutzbare krautige Wildpflanzen (inkl. verwilderte Kulturpflanzen)

Grüne Schrift = Bekanntere und besonders beliebte Arten.

Achillea millefolium (Schafgarbe): junge Blätter, Blütenknospen und Blüten für Gemüse und Salat
Acorus calamus (Kalmus, Deutscher Ingwer): Gemüse, Gewürz
Aegopodium podagraria (Giersch, Geißfuß): junge Blätter, Blüten und Früchte als würzende Beilage für Suppen oder Mischsalate
Ajuga reptans (Kriechender Günsel): Blätter für Salat und Gemüse
Alchemilla vulgaris (Frauenmantel): Salat, Gemüse
Alliaria petiolata (Knoblauchsrauke): zerhackte Blätter als Gewürz; Samen als senfartiges Gewürz
Allium scorodoprasum (Schlangen-Lauch): zerhackte Blätter und Zwiebeln als Gewürz
Allium ursinum (Bärlauch): Blätter und Zwiebeln als Gewürz, z. B. für Quark, als Brotbelag und für Suppen; Blüten als schmackhafte, essbare Dekoration
Althaea officinalis (Eibisch): Aus den Schleimstoffen der Wurzel wurde mit Zucker und Eischaum die bei Kindern beliebte Süßspeise „Mäusespeck“ oder „Marshmallows“ hergestellt (im Handel angebotene Ware enthält oft keinen Eibisch mehr); Blüten als essbare Dekoration
Amaranthus retroflexus (Zurückgebogener Amarant oder Fuchsschwanz): Blätter für Gemüse und Salat
Anchusa officinalis (Ochsenauge): Gemüse
Angelica archangelica (Echte Engelwurz): Wurzeln als Gemüse, Wurzeln und Früchte für Kräuterlikör, junge Blätter als Gewürz für Suppen und Gemüse
Angelica sylvestris (Wilde Engelwurz): wie vorige Art
Anthriscus sylvestris (Wiesen-Kerbel): Gemüse, Suppeneinlage
Arctium-Arten (Klette): Mark, junge Blätter und Wurzeln als Gemüse

Armoracia rusticana (Meerrettich): Wurzeln und junge Blätter als Gewürz
Artemisia absinthium (Wermut): Gewürz
Artemisia vulgaris (Beifuß): Blätter als Gewürz
Atriplex patula (Spreiz-Melde): Gemüse
Barbarea-Arten (Winterkresse, Barbarakraut): Salat, Gemüse, Gewürz
Bellis perennis (Gänseblümchen): junge Blätter als Beigabe zu Salat und Suppen; junge Blütenkörbchen eingelegt als Kapernersatz; blühende Blütenkörbchen auch roh schmackhaft und als essbare Dekoration
Betonica officinalis (Heilziest): Gemüse
Bistorta officinalis (= *Polygonum bistorta*) (Schlangen-Wiesenknöterich): Grundblätter für Gemüse; Rhizom für Gemüse oder als Mehlersatz
Bunium bulbocastanum (Knollenkümmel, Erdkastanie): Knollen als Gemüse oder geröstet
Bunias orientalis (Zackenschote): Kraut als Salat
Cakile maritima (Meersenf): Kraut als Salat
Caltha palustris (Sumpf-Dotterblume): Blütenknospen als Kapernersatz
Campanula-Arten (Glockenblume): Blätter für Salat und Gemüse; Blüten als essbare Dekoration
Campanula rapunculus (Rapunzel-Glockenblume): Wurzeln und Blätter für Salat und Gemüse
Capsella bursa-pastoris (Hirtentäschel): junge Blätter als Beigabe zu Salat und Gemüse; Samen als Pfefferersatz
Cardamine-Arten (Schaumkraut): Blätter für Salat
Carduus nutans (Nickende Distel): junge Blütenkörbchen wie Artischocken nutzbar; Wurzeln für Mehl
Carum carvi (Wiesen-Kümmel): Teilfrüchte als Gewürz; Wurzeln und junge Blätter für Salat und Gemüse
Centaurea cyanus (Kornblume): Blüten als essbare Dekoration
Cerastium-Arten (Hornkraut): Gemüse
Chaerophyllum bulbosum (Knolliger Kälberkropf): Knollen als Kartoffelersatz und Gemüse
Chenopodium album (Weißer Gänsefuß): Gemüse
Chenopodium bonus-henricus (Guter Heinrich): Gemüse; Rhizom zu Konfekt
Cichorium intybus (Wegwarte): Wurzeln für Kaffee-Ersatz („Zichorienkaffee") und als Salat; junge Triebe als Salat
Cirsium oleraceum (Kohl-Kratzdistel): Blätter als Gemüse; Korbboden wie Artischocken
Claytonia perfoliata (Kubaspinat, Winterportulak, Tellerkraut): Salat oder Gemüse
Clinopodium vulgare (Wirbeldost): Blätter als Gewürz für Salat oder warme Speisen
Cochlearia-Arten (Löffelkraut): Salat
Crambe maritima (Meerkohl): junge Blattstiele als Gemüse
Daucus carota (Möhre): junge Blätter als Gemüse und Gewürz; Wurzeln am Ende des ersten Jahres für Gemüse; Früchte als Gewürz
Diplotaxis tenuifolia (Doppelsame, Rucola): Blätter für Salat
Echinochloa crus-galli (Hühnerhirse): junge Blätter als Gemüse; Früchte als Getreideersatz
Echium vulgare (Natternkopf): Gemüse; Blüten als essbare Dekoration
Elymus (= *Agropyron*) *repens* (Quecke): Rhizom als Gemüse bzw. Mehlersatz, Früchte als Getreideersatz
Epilobium-Arten (Weidenröschen): junge Blätter für Mischgemüse
Erigeron canadensis (Kanadisches Berufkraut): junge Blätter als würzige Beilage für Salat
Erodium cicutarium (Reiherschnabel): Gemüse
Fallopia japonica, sachalinensis (Japanischer und Sachalin-Staudenknöterich): junge Sprosse als Gemüse oder Kompott („Wildrhabarber")
Filipendula ulmaria (Mädesüß): Gemüse
Fragaria vesca (Wald-Erdbeere): Früchte schmackhaft; junge Blätter für Salat und Gemüse
Galeopsis-Arten (Hohlzahn): Gemüse
Galinsoga-Arten (Knopfkraut): Salat, Gemüse
Galium mollugo (Wiesen-Labkraut): Salat, Gemüse
Galium odoratum (Waldmeister): Blätter zum Aromatisieren von Bowle usw.
Geranium pratense (Wiesen-Storchschnabel): Gemüse
Geum urbanum (Gemeine Nelkenwurz): Salat, Gemüse; Rhizom als Ersatz für Gewürznelken
Glebionis coronaria = *Chrysanthemum coronarium* (Kronen-Wucherblume): junge Triebe als Salat (wichtige Nahrung in Ostasien); Blütenkörbchen als essbare Dekoration
Glechoma hederacea (Gundermann): junge Blätter als Gewürz für Mischgemüse und Salat oder als Brotbelag
Helianthus tuberosus (Topinambur): Knollen als Gemüse, z. B. in der Diabetiker-Diät, und als Rohkost
Heracleum sphondylium (Bärenklau): Gemüse
Hesperis matronalis (Nachtviole): Blätter als Salat und Gemüse
Hieracium-Arten (Habichtskraut): Blätter und Blüten für Salat und Gemüse
Humulus lupulus (Hopfen): Bierwürze; junge Triebe als Salat oder Gemüse („Hopfenspargel")

Hypochaeris radicata (Ferkelkraut): junge Pflanzenteile als Gemüse; Wurzel geröstet als Kaffee-Ersatz
Impatiens glandulifera (Drüsiges Springkraut): Samen essbar; Blüten als essbare Dekoration
Lactuca serriola (Kompass-Lattich): junge Blätter für Salat; junge Stängel für Gemüse
Lamium-Arten (Taubnessel, Goldnessel): Gemüse
Lapsana communis (Rainkohl): Salat, Gemüse
Lathyrus pratensis (Wiesen-Platterbse): Gemüse (Kochen erforderlich)
Lemna minor (Wasserlinse): Salat, Püree
Lepidium latifolium (Breitblättrige Kresse): Samen als Gewürz
Leucanthemum vulgare (Margerite): Gemüse
Lysimachia-Arten (Gilbweiderich): junge Blätter für Suppen und als Gemüse; Blüten als essbare Dekoration
Lythrum salicaria (Blutweiderich): junge Blätter und Triebe für Salat und Gemüse
Malva-Arten (Malve): Blätter für Salat, Gemüse; grüne Früchte essbar; Blüten als schmackhafte Dekoration für Salate usw.
Matricaria recutita (Echte Kamille): junge Blätter und junge Blütenkörbchen fein gehackt als Gewürz; Blütenkörbchen als essbare Dekoration
Melilotus officinalis (Steinklee): Gemüse
Melissa officinalis (Zitronenmelisse): Blätter und Blüten als Würze
Mentha aquatica (Wasser-Minze): Gemüse
Mentha longifolia (Ross-Minze): Blätter frisch oder getrocknet als Würze für Süßspeisen, Salate und Gemüse
Meum athamanticum (Bärwurz): Wurzeln für magenstärkenden Likör
Myosotis-Arten (Vergissmeinnicht): Blüten als essbare Dekoration
Myrica gale (Gagel): Blätter und Früchte als Gewürz für Getränke
Nasturtium officinale (Brunnenkresse): Salat, Gemüse
Nepeta cataria (Katzenminze): Blätter als Gewürz
Nuphar lutea (Teichrose): Rhizom essbar
Oenothera biennis (Nachtkerze): Wurzeln als Gemüse („Schinkenwurzel")
Onopordum acanthium (Eselsdistel): Gemüse
Origanum vulgare (Dost, Oregano): Gewürz (Oregano)
Oxalis-Arten (Sauerklee): Blätter in kleinen Mengen für Salat und Gemüse
Papaver-Arten (Mohn): Samen als Zutat für Kuchen; junge Blätter für Salat oder Suppen; Blüten als essbare Dekoration
Parietaria-Arten (Glaskraut): junge Blätter und Triebe für Salat und Gemüse
Pastinaca sativa (Pastinak): Wurzeln als Gemüse; Früchte als Gewürz
Persicaria hydropiper = *Polygonum h.* (Wasserpfeffer, Pfeffer-Knöterich): Samen und junge Blätter als Gewürz
Persicaria lapathifolia = *Polygonum l.* (Ampfer-Knöterich): junge Blätter für Salat und Gemüse
Persicaria maculosa = *Polygonum persicaria* (Floh-Knöterich): die pfefferartig scharfen Blätter als Gewürz
Peucedanum ostruthium (Meisterwurz): Kraut und Schösslinge als Gewürz, z. B. zu Käse
Phleum pratense (Wiesen-Lieschgras): junge Sprosse gekocht als Gemüse; Rhizom für Mehl
Phragmites australis (Schilf): Gemüse; Rhizom für Mehl
Phyteuma spicatum (Teufelskralle): Blätter und Rhizom als Salat und Gemüse
Pimpinella-Arten (Pimpinelle, Bibernelle): Salat, Gemüse, Gewürz
Plantago-Arten (Wegerich): Salat, Gemüse
Polygonum aviculare (Vogelknöterich): Gemüse
Portulaca oleracea (Portulak): Blattgemüse
Potentilla-Arten (Fingerkraut): Blätter fein gehackt für Kräutermischungen
Primula elatior, veris, acaulis (Schlüsselblume): Blüten roh oder kandiert als schmackhafte essbare Dekoration
Prunella vulgaris (Braunelle): für Suppen und Salat
Pulmonaria officinalis (Lungenkraut): für Suppen und Mischgemüse
Ranunculus ficaria (Scharbockskraut): Blätter als Salat (kleine Mengen!)
Raphanus raphanistrum (Hederich): Gemüse; Samen für Senf
Rorippa-Arten (Sumpfkresse): Salat
Rumex acetosa (Sauerampfer): für Mischsalate und Mischgemüse (kleine Mengen)
Ruta graveolens (Wein-Raute): Blätter zum Würzen und Aromatisieren
Salicornia europaea (Queller): Gemüse
Salvia glutinosa, pratensis (Klebriger und Wiesen-Salbei): junge Blätter als Gewürz; Blüten als essbare Dekoration
Sanguisorba minor (Bibernelle, Pimpinelle, kleiner Wiesenknopf): Blätter für Salat und als Gewürz
Sanguisorba officinalis (Großer Wiesenknopf): Blätter für Salat und als Gewürz
Schoenoplectus lacustris (Teichsimse): Rhizom als Gemüse

Scorzoneroides autumnalis (Herbstlöwenzahn): junge Blätter für Salat; geschälte Wurzel als Gemüse
Sedum telephium (= *maximum*) (Fetthenne): Blätter für Salat
Sedum rupestre (= *reflexum*) (Tripmadam): Salat, Gemüse, Gewürz
Silene flos-cuculi (Kuckucks-Lichtnelke): Blätter für Salat und Gemüse, Blüten als essbare Dekoration
Silene vulgaris (Gemeine Lichtnelke, Taubenkropf): Gemüse
Sinapis arvensis (Acker-Senf): junge Blätter als Gewürz; Samen für Senf
Sisymbrium-Arten (Rauke): junge Blätter als Gewürz
Solidago (Goldrute): junge Triebe für Salat und Gemüse
Sonchus oleraceus (Kohl-Gänsedistel): Gemüse
Sparganium erectum (Ästiger Igelkolben): saftige Stängelteile roh essbar
Stachys palustris (Sumpf-Ziest): junge Pflanzenteile für Gemüse
Stachys sylvatica (Wald-Ziest): Knollen als Gemüse; junge Blätter für Salat und Suppen
Stellaria media (Vogelmiere): junge Blätter für Suppen und Mischgemüse
Stellaria-Arten (Miere): Salat und Gemüse
Symphytum officinale (Beinwell): Salat, Gemüse (nicht zum Dauergebrauch geeignet)
Tanacetum vulgare (Rainfarn): Gewürz
Taraxacum officinale (Löwenzahn): Blätter für Salat; junge Blütenkörbchen als Kapernersatz; Blüten für Gelee und als essbare Dekoration für Salate; Wurzeln für Salat und als Kaffee-Ersatz
Thlaspi arvense (Hellerkraut): Blätter als Gewürz für Salat und Suppen
Thymus-Arten (Thymian): Gewürz
Tragopogon porrifolius (Haferwurz): Wurzel als Gemüse
Tragopogon-Arten (Bocksbart): Wurzeln als Gemüse wie Schwarzwurzeln; Stängel als Gemüse, aber auch roh essbar
Trifolium pratense (Wiesen-Klee): Gemüse; Blüten als essbare Dekoration
Triglochin maritima (Strand-Dreizack): Gemüse
Tussilago farfara (Huflattich): junge Pflanzenteile für Salat, Gemüse und Suppen (kleine Mengen!)
Typha-Arten (Rohrkolben): junge Rhizome als Gemüse, junge Triebe als Antipasti
Urtica dioica (Brennnessel): Blätter als Gemüse
Valeriana officinalis (Arznei-Baldrian): junge Blätter als würzige Zutat zu Salaten, Blüten zum Aromatisieren von Getränken
Valerianella locusta (Rapunzel, Feldsalat): Salat
Veronica beccabunga (Bachbungen-Ehrenpreis): Salat
Vicia sepium (Zaun-Wicke): Gemüse
Viola odorata (Wohlriechendes Veilchen): Blüten als Salat oder kandiert; Blätter als Salat
Viola-Arten (Veilchen, Stiefmütterchen): junge Pflanzenteile und Blüten für Salat und Gemüse; Blüten roh oder kandiert als essbare Dekoration
Vitis vinifera (Wein): Blätter als Gemüse, z. B. zum Einhüllen von Reis oder Fleisch

b. Nutzbare krautige Zierpflanzen und andere Gartenpflanzen

Alcea rosea (Stockrose, Bauerneibisch): junge Blätter und geschälte Wurzeln für Gemüse; Blüten als essbare Dekoration
Althaea officinalis (Eibisch): Aus den Schleimstoffen der Wurzel wurde mit viel Zucker und Eischaum die bei Kindern beliebte Süßspeise „Mäusespeck" oder „Marshmallows" hergestellt, im Handel angebotene Ware enthält aber oft keinen Eibisch mehr); Blüten als essbare Dekoration
Borago officinalis (Borretsch, Gurkenkraut): Blätter als Gurkengewürz; Blüten als essbare Dekoration mit feinem Gurkenaroma
Calendula officinalis (Garten-Ringelblume): Blütenkörbchen zum Aromatisieren von Speisen und als essbare Dekoration
Cucurbita pepo (Kürbis, Zucchini): Blüten roh oder gekocht als schmackhafte Dekoration
Dahlia pinnata (Dahlie): Blätter für Salat; Blüten als essbare Dekoration; Knollen einiger Sorten zum Verzehr geeignet
Helianthus annuus (Sonnenblume): Samen zum Knabbern, Müsli usw.; junge Blätter für Mischgemüse; die gelben Zungenblüten des Blütenkörbchens als essbare Dekoration
Helianthus tuberosus (Topinambur): Knollen als Gemüse, z. B. in der Diabetiker-Diät, und als Rohkost
Hyssopus officinalis (Ysop): klein gehackte Blätter als Gewürz
Lavandula angustifolia (Lavendel): Blüten zum Würzen von Speisen und Getränken

Myosotis-Arten (Vergissmeinnicht): Blüten als essbare Dekoration
Primula elatior, veris, acaulis (Schlüsselblume): Blüten roh oder kandiert als schmackhafte essbare Dekoration
Salvia officinalis (Echter Salbei): Blätter als Gewürz, Blüten als essbare Dekoration
Sedum telephium (= *maximum*) (Fetthenne): Blätter für Salat
Sedum rupestre (= *reflexum*) (Tripmadam): Salat, Gemüse, Gewürz
Tropaeolum majus (Kapuzinerkresse): Blätter und Blüten von angenehmem Kressegeschmack; Blüten als essbare Dekoration; unreife Früchte in Essig und Salz als Kapernersatz; Knollen roh, gekocht oder geröstet essbar
Viola-Arten (Veilchen, Stiefmütterchen): junge Pflanzenteile und Blüten für Salat und Gemüse; Blüten roh oder kandiert als essbare Dekoration

c. Nutzbare wildwachsende oder als Ziergehölze gepflanzte Sträucher und Bäume

Amelanchier-Arten (Felsenbirne): Früchte
Arctostaphylos uva-ursi (Bärentraube): Früchte
Berberis vulgaris (Berberitze, Sauerdorn): Früchte getrocknet oder gekocht
Castanea sativa (Esskastanie, Marone): Samen geröstet
Chaenomeles-Arten (Zierquitte, Japanische Quitte): Früchte für Gelee und Marmelade
Cornus mas (Kornelkirsche): Früchte vollreif oder gekocht zu Marmelade; jüngere Früchte ähnlich wie Oliven zu verwenden; Samen als Kaffee-Ersatz
Cornus sanguinea (Blutroter Hartriegel): Früchte gekocht für Marmelade etc.
Corylus-Arten (Haselnuss): Samen
Crataegus-Arten (Weißdorn): Früchte; junge Blätter essbar (Geschmack mandelartig)
Empetrum-Arten (Krähenbeere): Früchte
Fagus sylvatica (Buche): Samen (nur in kleinen Mengen)
Hibiscus syriacus (Strauch-Hibiskus, Garteneibisch): Blüten schmackhaft und als essbare Dekoration geeignet; Blätter roh oder gegart essbar
Hippophae rhamnoides (Sanddorn): vollreife Früchte
Juniperus communis (Wacholder): Samenzapfen als Gewürz, macht Speisen bekömmlicher und beugt Völlegefühl vor
Lycium barbarum (Bocksdorn, Gojibeere): Früchte, z. B. getrocknet
Magnolia × soulangeana (Garten-Magnolie): junge Blüten als essbare Dekoration
Mahonia aquifolium (Mahonie): reife Früchte
Malus domestica (Kultur-Apfel): Blüten mit angenehm fruchtigem Geschmack als essbare Dekoration
Malus-Arten (Apfel, z. B. auch Zieräpfel): Früchte
Mespilus germanica (Mispel): Früchte (gekocht)
Parthenocissus inserta (Wilder Wein): Blätter für Salat und Gemüse
Physalis alkekengi (Judenkirsche): Früchte
Pinus cembra (Zirbelkiefer): Samen wie Pinienkerne
Prunus avium (Vogel-Kirsche): Früchte der Wildform sind genauso wie die der Kultursorten verwendbar
Prunus padus (Trauben-Kirsche), *serotina* (Späte Trauben-K.): Früchte nur gekocht
Prunus spinosa (Schlehe, Schwarzdorn): vollreife Früchte, am besten gekocht
Pyracantha coccinea (Feuerdorn): Früchte gekocht
Pyrus pyraster (Wild-Birne): Früchte wie die der Kultursorten verwendbar
Ribes nigrum (Schwarze Johannisbeere), *rubra* (Rote J.), *uva-crispa* (Stachelbeere): Früchte
Rosa-Arten (Rose): Blüten kandiert als Delikatesse oder als essbare Dekoration; Früchte (Hagebutten) roh oder für Marmelade (Mus)
Rubus fruticosus agg. (Brombeere), *idaeus* (Himbeere), *caesius* (Kratzbeere, Kroatzbeere): Früchte
Salix-Arten (Weide): Blätter gehackt als Speisezutat
Sambucus nigra (Schwarzer Holunder): Früchte gekocht für Marmelade und Saft; Blüten für Holunderpfannkuchen, Gelee und weinartige Getränke oder als essbare Dekoration
Sambucus racemosa (Trauben-Holunder): Früchte gekocht für Marmelade etc. (Vorsicht: nicht jedem bekömmlich!)
Sorbus aucuparia (Vogelbeere, Eberesche): gekochte Früchte für Marmelade etc. (am besten parasorbinfreie Sorten verwenden)

Sorbus aria (Mehlbeere): Früchte für Mischkompott verwendbar; sie dienten in Notzeiten als Verlängerung von Mehl

Sorbus domestica (Speierling): Früchte als Bestandteil von Apfelwein, vollreife Früchte als Mus

Sorbus intermedia (Schwedische Mehlbeere): Früchte vollreif oder gekocht

Sorbus torminalis (Elsbeere): Früchte nach Frosteinwirkung als Mus oder für Marmelade, zur Herstellung von Likör usw.

Tilia-Arten (Linde): junge Blätter für Salat und Gemüse; Blüten zum Aromatisieren von Getränken

Vaccinium-Arten (Heidelbeere, Preiselbeere, Rauschbeere, Moosbeere): Früchte

Viburnum opulus (Schneeball): Früchte gekocht (nur kleine Mengen!)

Heilpflanzen und Teepflanzen

Die Zusammenstellung soll lediglich einem schnellen Überblick dienen. Wer Heilpflanzen selber anwenden will, muss unbedingt die Spezialliteratur zu Rate ziehen. Dies gilt insbesondere auch deshalb, weil viele Heilpflanzen bei zu hoher Dosierung der Wirkstoffe **giftig** sind. Grundsätzlich ist von einem Dauergebrauch von Heilpflanzen abzuraten. Am besten bezieht man Arzneipflanzen aus der Apotheke! – Im Übrigen müssen natürlich beim Sammeln die Bestimmungen des Naturschutzes streng beachtet werden. Nicht mehr gebräuchliche Drogen und solche, die nur in der Homöopathie oder nur als gelegentliche Bestandteile von Fertigpräparaten Verwendung finden, werden nicht aufgeführt. Da für Tees verwendete Pflanzen meist auch als Heilpflanzen gebraucht werden, sind diese hier mit aufgenommen und als solche gekennzeichnet.
Hinweis: Nicht alle hier angegebenen Wirkungen sind wissenschaftlich belegt, sondern beruhen auf traditioneller Anwendung.

Acer saccharum (Zucker-Ahorn): Ahornsirup

Achillea millefolium (Schafgarbe): Extrakte aus Blättern wirken (z. B. als Tee) ähnlich wie Kamillenblüten (*Matricaria*) entzündungshemmend, krampflösend usw.

Acorus calamus (Kalmus): Rhizom als Magenmittel; auch als Tee

Adonis vernalis (Adonisröschen): herzstärkend (Achtung: Pflanze stark giftig!)

Aegopodium podagraria (Giersch, Geißfuß): zerquetschte Blätter gegen Insektenstiche; Tee aus frischen oder getrockneten Blättern bei Gicht und Rheuma; auch als Badezusatz. Giersch löst abgelagerte Harnsäurekristalle im Körper und schwemmt diese aus.

Aesculus hippocastanum (Rosskastanie): Extrakte der Samen kapillarabdichtend bei Venenleiden

Agrimonia eupatoria (Odermennig): z. B. als Tee bei Durchfällen und Entzündungen

Alcea rosea (Stockrose): Tee bei Husten

Alchemilla-Arten (Frauenmantel): Kraut bei Magen-Darmverstimmungen, volksmedizinisch auch bei Frauenkrankheiten

Allium cepa (Küchenzwiebel): Zwiebelauszug bei Husten

Allium sativum (Knoblauch): vielseitige Verwendung, antibakteriell, entzündungshemmend

Allium ursinum (Bärlauch): Blätter blutdrucksenkend

Althaea officinalis (Eibisch): Wurzel usw. bei Husten

Anethum graveolens (Dill): Früchte wie Kümmel (*Carum*) und Fenchel (*Foeniculum*)

Angelica archangelica (Engelwurz): Wurzeln bei Magenleiden

Anthriscus cerefolium (Kerbel): stoffwechselfördernd

Anthyllis vulneraria (Wundklee): Tee

Apium graveolens (Sellerie): stoffwechselfördernd, harntreibend

Arctostaphylos uva-ursi (Bärentraube): Blätter antibakteriell bei Nieren- und Blasenerkrankungen (als Tee)

Armoracia rusticana (Meerrettich, Kren): zerriebene Wurzel mit antibiotischer Wirkung bei Blasenentzündungen und Erkältungen

Arnica montana (Arnika): bei äußerlicher Anwendung als Salbe oder kühlendes Gel entzündungshemmend, zur Wundheilung

Artemisia absinthium (Wermut): Als ausgeprägtes Bittermittel (Amarum) regt es die Verdauung an, fördert den Appetit, hilft bei Blähungen und bei Völlegefühl

Artemisia vulgaris (Beifuß): blühendes Kraut als Magenmittel
Avena sativa (Hafer): Haferflocken senken einen erhöhten Cholesterinspiegel, lassen den Blutzuckerspiegel nach den Mahlzeiten nicht so schnell ansteigen; Haferschleim bei Magen-Darm-Erkrankungen
Atropa bella-donna (Tollkirsche): pupillenerweiternd, krampflösend (Achtung: Pflanze stark giftig!)
Bellis perennis (Gänseblümchen): schleimlösend usw.
Betula pendula (Birke): Blätter harntreibend; auch als Tee
Brassica nigra (Schwarzer Senf): Samen gegen Rheuma
Brassica oleracea (Kohl): Blätter und Sprosse Krebs vorbeugend und hemmend, Blätter für Umschläge bei offenen Wunden
Calendula officinalis (Ringelblume): Blütenkörbchen entzündungshemmend als Salbe oder auch als Tee
Calluna vulgaris (Besenheide, Heidekraut): Kraut harntreibend
Capsella bursa-pastoris (Hirtentäschel): Kraut gegen Blutungen
Cardamine pratensis (Wiesen-Schaumkraut): stoffwechselfördernd
Carum carvi (Kümmel): Früchte magenstärkend, krampflösend, bei Blähungen und bei Reizdarm
Centaurea cyanus (Kornblume): Blüten zur Schönung (Blaufärbung) von Tees
Centaurium erythraea (Tausendgüldenkraut): bei Magen-, Leber- und Gallenleiden
Chamaemelum nobile (Römische Kamille): Blütenkörbchen wie Kamille (*Matricaria*)
Chelidonium majus (Schöllkraut): bei Gallen- und Magenleiden (als Tee)
Cochlearia-Arten (Löffelkraut): reich an Vitamin C, für Frühjahrskuren
Consolida regalis (Rittersporn): Blüten zur Schönung (Blaufärbung) von Tee
Convallaria majalis (Maiglöckchen): herzwirksam (Achtung: Pflanze stark giftig!)
Conyza canadensis (Kanadisches Berufkraut): bei Durchfall (auch als Tee)
Coriandrum sativum (Koriander): Früchte blähungstreibend, krampflösend und antibiotisch
Crataegus monogyna, laevigata (Weißdorn): Blätter und Blüten bei beginnender Herzschwäche (auch als Tee, goldgelbfärbend)
Cucurbita pepo (Kürbis): Samen bei Blasenleiden und gegen Würmer
Cytisus scoparius (Besenginster): bei Kreislaufstörungen
Daucus carota (Möhre): bei Vitamin A-Mangel und in der Säuglingsernährung
Digitalis purpurea (Fingerhut): Herz stärkend (Achtung: Pflanze stark giftig!)
Drosera-Arten (Sonnentau): bei Husten
Elymus (= Agropyron) repens (Gewöhnliche Quecke): Rhizome harntreibend, z. B. bei beginnender Blasenentzündung
Epilobium angustifolium (Weidenröschen): Blätter bei gutartigen Prostatabeschwerden (als Tee)
Equisetum arvense (Acker-Schachtelhalm): grüne Sommertriebe harntreibend (z. B. als Tee), z. B. bei Blasenentzündung
Fagopyrum esculentum (Buchweizen): Blätter bei Venenleiden
Filipendula ulmaria (Mädesüß): Blüten gegen Kopfschmerzen (z. B. als Tee)
Foeniculum vulgare (Fenchel): Früchte als Tee (beruhigend und bei Blähungen)
Fragaria vesca (Erdbeere): Blätter als Tee
Frangula alnus (Faulbaum): abführend
Fumaria officinalis (Erdrauch): Kraut galleregulierend
Gentiana lutea (Gelber Enzian): Wurzel als Magenmittel
Geum urbanum (Echte Nelkenwurz): Rhizom als Gurgelmittel bei Zahnfleischentzündungen
Ginkgo biloba (Ginkgo): bei Durchblutungs- und vor allem Hirnleistungsstörungen
Glycine max (Sojabohne): bei Frauenbeschwerden, Brust- und Prostatakrebs
Hedera helix (Efeu): Blattextrakte schleimlösend bei Husten
Helianthus tuberosus (Topinambur, Langer Heinrich): Knollen für Diabetikermehl
Herniaria glabra (Bruchkraut): Kraut krampflösend und desinfizierend
Humulus lupulus (Hopfen): Drüsen weiblicher Blütenstände beruhigend
Hypericum perforatum (Johanniskraut): bei Verstimmungszuständen
Hyssopus officinalis (Gewöhnlicher Ysop): Blätter bei Magen- und Darmbeschwerden
Iberis amara (Bittere Schleifenblume): Kraut bei Reizdarm, Blähungen und Völlegefühl
Inula helenium (Alant): Rhizom bei Husten und für Diabetiker
Iris × germanica (Deutsche Schwertlilie): Das veilchenartig riechende Rhizom („Veilchenwurzel") war früher ein beliebtes Mittel gegen Erkältungskrankheiten (schwach auswurffördernd)

Isatis tinctoria (Färber-Waid): entzündungshemmend, Bestandteil von Hautcremes
Juglans regia (Walnuss): Blätter bei Hautleiden, Samen beeinflussen den Cholesterinhaushalt und die Gehirnleistung günstig
Juniperus communis (Wacholder): „Beeren" (Samenzapfen) harntreibend, bei beginnender Blasenentzündung
Lapsana communis (Rainkohl): klein geschnittene Blätter zur Förderung der Wundheilung
Lavandula angustifolia (Echter Lavendel): beruhigend bei Schlafstörungen und Angstzuständen
Leonurus cardiaca (Herzgespann): Herzmittel
Levisticum officinale (Liebstöckel): Kraut harntreibend
Linum usitatissimum (Lein): Samen schwach abführend und bei Entzündungen
Lycium barbarum (Gewöhnlicher Bocksdorn, Gojibeere): Früchte zur Stärkung des Immunsystems, bei Bluthochdruck und vorbeugend bei Augenkrankheiten
Lycopodium clavatum (Bärlapp): Sporen als Wundpuder
Lycopus europaeus (Wolfstrapp): bei Schilddrüsenüberfunktion
Malva sylvestris (Malve): Blätter und Blüten bei Husten; Blüten als Tee (rotfärbend)
Matricaria recutita (= *chamomilla*) (Kamille): Blütenkörbchen entzündungshemmend, krampflösend (als Tee)
Melissa officinalis (Zitronenmelisse): Blätter krampflösend und antibakteriell (z. B. als Tee oder in alkoholischem Auszug)
Mentha aquatica, × piperita (Minze): Blätter beruhigend (als Tee) bei Magen- und Darmbeschwerden und wirksam bei Reizdarm
Menyanthes trifoliata (Fieberklee): Blätter als Magenmittel
Nasturtium officinale (Brunnenkresse): Blätter stoffwechselfördernd, harntreibend
Nepeta cataria (Katzenminze): beruhigend (als Tee)
Nigella sativa (Schwarzkümmel): Samen abwehrstärkend, bei Blähungen usw.
Oenothera biennis (Nachtkerze): Samenöl bei Beschwerden der Wechseljahre, für die „Tage vor den Tagen" und als Grundlage für Kosmetika
Ononis spinosa (Hauhechel): schwach harntreibend
Orchis-Arten (Knabenkraut): Knollen als Schleimdroge (Naturschutz beachten!)
Petasites hybridus (Pestwurz): krampflösend, beruhigend
Petroselinum crispum (Petersilie): Wurzel und Früchte harn- und blähungstreibend, magenberuhigend
Peucedanum ostruthium (Meisterwurz): Wurzeln und Rhizome verdauungsfördernd und bei Zahnschmerzen
Phaseolus vulgaris (Bohne): Fruchthüllen harntreibend (als Tee)
Picea abies (Fichte): Extrakte junger Zweigspitzen als Hustenmittel und bei rheumatischen Beschwerden
Pimpinella anisum (Anis): Früchte bei Blähungen und Magenbeschwerden, z. B. als Bestandteil von Teemischungen gemeinsam mit Kümmel und Fenchel. Sie lösen aber auch festsitzenden Schleim der Bronchien und Nasennebenhöhlen.
Pimpinella major (Bibernelle): Wurzel bei Husten
Pinus mugo, sylvestris (Kiefer): Kiefernnadelöl zum Inhalieren bei Bronchitis
Plantago indica, ovata (Flohsamen): Die in Wasser stark quellenden Samen regulieren wie Leinsamen den Stuhlgang und helfen bei Reizdarm.
Plantago lanceolata (Spitz-Wegerich): Hustenmittel; Presssaft zerquetschter Blätter bei Insektenstichen
Populus-Arten (Pappel): Knospen als Salbengrundlage
Potentilla anserina (Gänse-Fingerkraut): Kraut krampflösend und entzündungshemmend
Potentilla erecta (Blutwurz, Tormentill): Rhizom mit zusammenziehender Wirkung, Gurgelmittel bei leichten Entzündungen im Mund- und Rachenraum, mildes Mittel bei Durchfall
Primula veris (Himmelschlüssel): Rhizome auswurffördernd bei Husten und Bronchitis
Prunus avium (Süß-Kirsche): Kirschgummi Husten lindernd; Früchte antioxidativ
Pulmonaria officinalis (Lungenkraut): Kraut bei Husten reizlindernd und auswurffördernd
Quercus robur (Stiel-Eiche): junge Rinde als Gerbstoffdroge bei Entzündungen
Raphanus sativus (Radieschen, Rettich): Auszüge aus Knolle bzw. Wurzelrübe bei Husten (mit Zucker)
Rhamnus cathartica (Kreuzdorn): stark abführend (Vorsicht!)
Ribes nigrum (Schwarze Johannisbeere): Blätter als Tee
Rosa-Arten (Rose): Früchte (Hagebutten) bei Erkältungskrankheiten (auch als Tee)
Rosmarinus officinalis (Rosmarin): bei Rheuma und Schmerzen usw.

Rubus fruticosus (Brombeere): Blätter als Tee

Salix-Arten (Weide): Extrakte der Rinde bei Rückenschmerzen, Rheuma und Arthrose. Früher wurden sie ähnlich wie Aspirin bei Kopfschmerzen und Fieber verwendet.

Salvia officinalis (Echter Salbei): Blätter für Gurgelwasser bei Entzündungen im Mundraum

Sambucus nigra (Schwarzer Holunder): Blüten und Früchte bei Erkältungskrankheiten (auch als Tee)

Saponaria officinalis (Seifenkraut): schleimlösend bei Husten

Satureja hortensis (Einjähriges Bohnenkraut): Kraut verdauungsregulierend; auch als Tee

Solanum tuberosum (Kartoffel): Sprossknollen entzündungshemmend und kühlend

Solidago-Arten (Goldrute): Blätter harntreibend

Symphytum officinale (Gewöhnlicher Beinwell): äußerlich bei Zerrungen und Prellungen

Taraxacum officinale (Löwenzahn): Wurzel als Bittermittel bei Lebererkrankungen; Blätter harntreibend und verdauungsfördernd

Thymus vulgaris (Echter Thymian): Ätherische Öle des Krautes bei Husten und Bronchitis, günstig z. B. in Verbindung mit Schlüsselblume (*Primula veris*)

Tilia-Arten (Linde): Blüten schweißtreibend (als Tee) und wegen der Schleimstoffe bei trockenem Reizhusten

Trifolium pratense (Wiesen-Klee): Blüten bei Husten

Tropaeolum majus (Kapuzinerkresse): Blätter antibakteriell, in Präparaten bei Harnwegsinfekten und Bronchitis

Tussilago farfara (Huflattich): Blätter als Hustenmittel (als Tee)

Urtica dioica (Brennnessel): Blätter stoffwechselfördernd und harntreibend (auch als Tee)

Vaccinium macrocarpon (Cranberry): Früchte bei Harnwegsinfekten

Vaccinium myrtillus (Heidelbeere): getrocknete Früchte und Blätter bei leichtem Durchfall (gilt nicht für die Kultur-Heidelbeere *V. corymbosum*)

Valeriana officinalis (Baldrian): Wurzel und Rhizom beruhigend

Verbascum densiflorum (Königskerze): Blüten bei Husten

Verbena officinalis (Eisenkraut): Kraut harntreibend und verdauungsfördernd

Veronica officinalis (Echter Ehrenpreis): bei Husten usw.

Viola arvensis (Acker-Stiefmütterchen): Blätter bei Hauterkrankungen, Rhizom als Brechmittel und auswurffördernd

Viola odorata (Veilchen): Blätter bei Bronchitis

Viscum album (Laubholz-Mistel): bei Bluthochdruck und in der Krebstherapie

Vitis vinifera (Wein): Traubensaft Blut reinigend und Harn treibend; Rotes Weinlaub unterstützend bei Venenleiden und entzündungshemmend; Traubenkerne entzündungshemmend

Für Wildpflanzengärten bzw. Naturgärten geeignete Arten (Auswahl)

Die Liste enthält nur krautige Pflanzen und einige Zwergsträucher. Sträucher und Bäume der heimischen Flora sind grundsätzlich alle für Naturgärten geeignet und werden daher hier nicht eigens aufgeführt.
Es versteht sich von selbst, dass für die Anlage von Gärten unter keinen Umständen Pflanzen am Wildstandort beeinträchtigt werden dürfen bzw. keine seltenen, gefährdeten, geschützten oder schützenswerten Arten aus der Natur entnommen werden. Pflanzen, die möglichst nur aus Anzuchten des Gartenfachhandels bezogen werden sollten, sind durch „**O**“ gekennzeichnet.
Auf jeden Fall sind die besonderen Bestimmungen der Bundesartenschutzverordnung, des Bundesnaturschutzgesetzes und der entsprechenden Naturschutzgesetze der Länder zu beachten.
Bei der Anlage von Wildpflanzengärten muss besonders darauf geachtet werden, dass jede Pflanze den für sie geeigneten Standort bekommt. Man beachte hierzu die entsprechenden Angaben im Speziellen Teil.
Einige Wildpflanzen können sich stark ausbreiten und leicht überhand nehmen, wenn man nicht rechtzeitig Vorsorge trifft. Solche Arten sind durch „**X**“ kenntlich gemacht.

a. Blütenpflanzen (ohne Gräser)

Achillea millefolium (Gewöhnliche Schafgarbe) **X**, *ptarmica* (Bertram-Schafgarbe)
Acorus calamus (Kalmus) **X**
Adonis vernalis (Frühlings-Adonisröschen) **O**
Agrimonia eupatoria (Gewöhnlicher Odermennig)
Agrostemma githago (Kornrade)
Ajuga reptans (Kriechender Günsel) **X**
Alchemilla vulgaris agg. (Frauenmantel)
Alisma plantago-aquatica (Froschlöffel)
Alliaria petiolata (Knoblauchsrauke) **X**
Allium ursinum (Bärlauch) **X**, *scorodoprasum* (Schlangen-Lauch), *vineale* (Weinbergs-Lauch) **X**
Alyssum montanum (Berg-Steinkraut) **O**
Anchusa officinalis (Ochsenzunge)
Anemone nemorosa (Busch-Windröschen) **X**, *ranunculoides* (Gelbes W.) **O**, sylvestris (Großes W.)
Angelica sylvestris (Engelwurz)
Antennaria dioica (Katzenpfötchen) **O**
Anthemis tinctoria (Färber-Hundskamille)
Anthriscus sylvestris (Wiesen-Kerbel) **X**
Anthyllis vulneraria (Wundklee) **O**
Aquilegia vulgaris (Akelei) **O**
Arabis alpina (Alpen-Gänsekresse) **O**
Armeria maritima (Grasnelke) **O**
Arnica montana (Arnika) **O**
Artemisia absinthium (Wermut), *vulgaris* (Beifuß)
Arum maculatum (Aronstab)
Aruncus dioicus (Geißbart) **O**
Asarum europaeum (Haselwurz) **O**
Aster amellus (Berg-Aster) **O**
Astrantia major (Große Sterndolde)
Betonica (= *Stachys*) *officinalis* (Heilziest)
Biscutella laevigata (Brillenschötchen) **O**
Bistorta officinalis (= *Polygonum bistorta*) (Schlangen-Wiesenknöterich) **X**
Buglossoides purpurocaeruleum (= *Lithospermum p.*) Purpurblauer Steinsame) **OX**
Butomus umbellatus (Schwanenblume) **O**
Calendula arvensis (Acker-Ringelblume) **O**
Calluna vulgaris (Heidekraut, Besenheide)
Caltha palustris (Sumpf-Dotterblume)
Calystegia sepium (Zaunwinde) **X**
Campanula glomerata (Knäuelige Glockenblume) **O**, *patula* (Wiesen-G.), *persicifolia* (Pfirsichblättrige G.) **X**, *rapunculoides* (Acker-G.), *rapunculus* (Rapunzel-G.), *trachelium* (Nesselblättrige G.)
Cardamine (= *Dentaria*) *bulbifera* (Zwiebel-Zahnwurz), *pratensis* (Wiesen-Schaumkraut)
Carduus nutans (Nickende Distel)
Carex pendula (Große Segge) **X**, *pseudocyperus* (Zypergras-S.), *sylvatica* (Wald-S.)
Carlina acaulis (Silberdistel) **O**
Centaurea cyanus (Kornblume), *scabiosa* (Skabiosen-Flockenblume), *montana* (Berg-F.)
Cerastium arvense (Acker-Hornkraut) **X**
Ceratophyllum demersum (Hornblatt)
Chelidonium majus (Schöllkraut)
Cichorium intybus (Wegwarte)
Cirsium vulgare (Gewöhnliche Kratzdistel) **X**
Clinopodium vulgare (Wirbeldost)
Comarum palustre (= *Potentilla p.*) (Sumpf-Fingerkraut, Blutauge) **O**
Convallaria majalis (Maiglöckchen) **O**
Corydalis cava (Hohler Lerchensporn) **O**, *solida* (Finger-L.) **O**
Cruciata laevipes (Kreuzlabkraut)
Cytisus scoparius (Besenginster)
Dianthus superbus (Pracht-Nelke) **O**
Digitalis grandiflora **O** (Großblütiger Fingerhut), *purpurea* (Gewöhnlicher F.)
Dipsacus fullonum (Weberkarde) **X**
Dryas octopetala (Silberwurz) **O**
Echinops sphaerocephalus (Kugeldistel)
Echium vulgare (Natternkopf)
Empetrum nigrum (Krähenbeere) **O**
Epilobium angustifolium (Schmalblättriges Weidenröschen) **X**, *hirsutum* (Zottiges W.) **X**
Erodium cicutarium (Reiherschnabel)
Eupatorium cannabinum (Wasserdost)
Filipendula ulmaria (Echtes Mädesüß) **X**, *vulgaris* (Kleines M.) **X**
Fumaria officinalis (Erdrauch)
Gagea lutea (Goldstern) **O**
Galium odoratum (Waldmeister), *verum* (Echtes Labkraut)
Genista tinctoria (Färber-Ginster)
Gentiana-Arten (Enzian) **O**
Geranium pratense (Wiesen-Storchschnabel), *pyrenaicum* (Anger-S.) **X**, *robertianum* (Stinkender S.), *sanguineum* (Blutroter S.) **O**, *sylvaticum* (Wald-S.) **O**
Geum montanum (Berg-Nelkenwurz), *reptans* (Kriechende N.), *rivale* (Bach-N.) **O**
Glechoma hederacea (Gundermann) **X**
Helianthemum nummularium (Sonnenröschen) **O**
Helichrysum arenarium (Sand-Strohblume) **O**
Hepatica nobilis (Leberblümchen) **O**
Hesperis matronalis (Nachtviole)
Hieracium aurantiacum (Orangerotes Habichtskraut) **X**, *pilosella* (Kleines H.) **X**
Hippuris vulgaris (Tannenwedel) **O**

Hydrocotyle vulgaris (Wassernabel)
Hypericum perforatum (Tüpfel-Johanniskraut), *pulchrum* (Schönes J.)
Inula salicina (Weiden Alant)
Iris pseudacorus (Schwertlilie) **O**
Jasione montana (Sandglöckchen) **O**
Knautia arvensis (Acker-Witwenblume)
Lamium album (Weiße Taubnessel) **X**, *galeobdolon* agg. (Goldnessel) **X**, *maculatum* (Gefleckte Taubnessel) **X**
Lathyrus vernus (Frühlings-Platterbse) **O**
Legousia speculum-veneris (Frauenspiegel)
Leucanthemum vulgare agg. (Margerite)
Linaria vulgaris (Leinkraut) **X**
Lysimachia nummularia (Pfennigkraut) **X**, *vulgaris* (Gewöhnlicher Gilbweiderich)
Lythrum salicaria (Blutweiderich)
Malva-Arten (Malve)
Matricaria recutita (Kamille)
Mentha-Arten (Minze) **X**
Meum athamanticum (Bärwurz) **O**
Mycelis muralis (Mauerlattich)
Myriophyllum spicatum (Tausendblatt)
Oenothera biennis agg. (Nachtkerze)
Onopordum acanthium (Eselsdistel)
Origanum vulgare (Oregano, Dost) **X**
Ornithogalum umbellatum (Milchstern) **O**
Papaver-Arten (Mohn)
Polygonatum-Arten (Weißwurz, Salomonssiegel) **O**
Potentilla-Arten (Fingerkraut)
Primula elatior (Hohe Schlüsselblume) **O**, *veris* (Echte Schlüsselblume) **O**
Prunella grandiflora (Großblütige Braunelle) **O**, *vulgaris* (Gewöhnliche B.)
Pulmonaria officinalis (Lungenkraut)
Pulsatilla vulgaris (Küchenschelle) **O**
Ranunculus acris (Scharfer Hahnenfuß), *bulbosus* (Knolliger H.), *lingua* (Zungen-H.) **O**, *ficaria* (Scharbockskraut) **X**
Reseda lutea (Gelbe Resede), *luteola* (Färber-R.)
Sagittaria sagittifolia (Pfeilkraut) **O**
Salvia glutinosa (Klebriger Salbei) **O**, *pratensis* (Wiesen-S.) **O**
Saponaria officinalis (Seifenkraut)
Saxifraga granulata (Knöllchen-Steinbrech) **O**
Scabiosa columbaria (Skabiose)
Securigera varia (Bunte Kronwicke)
Sedum-Arten (Mauerpfeffer, Fette Henne)
Silene (= *Lychnis*) *flos-cuculi* (Kuckucks-Lichtnelke) **X**, *vulgaris* (Taubenkropf-L.)
Solidago canadensis (Kanadische Goldrute) **X**, *gigantea* (Späte G.) **X**, *virgaurea* (Echte G.)
Stachys germanica (Deutscher Ziest) **O**, *sylvatica* (Wald-Z.)
Stellaria holostea (Große Sternmiere) **X**
Symphytum officinale (Beinwell) **X**
Tanacetum corymbosum (Straußblütige Wucherblume oder Margerite), *vulgare* (Rainfarn)
Teucrium chamaedrys (Edel-Gamander) **O**
Thalictrum aquilegiifolium (Wiesenraute) **O**
Thymus pulegioides (Arznei-Thymian)
Trifolium arvense (Hasen-Klee), *aureum* (Gold-K.) **O**, *campestre* (Feld-K.), *medium* (Mittlerer K.), *pratense* **X** (Wiesen-K.)
Trollius europaeus (Trollblume) **O**
Vaccinium myrtillus (Heidelbeere), *vitis-idaea* (Preiselbeere)
Valeriana officinalis agg. (Baldrian) **X**
Valerianella locusta (Rapunzel, Feldsalat)
Verbascum densiflorum (Großblütige Königskerze), *lychnitis* (Mehlige K.), *nigrum* (Schwarze K.)
Veronica beccabunga (Bachbungen-Ehrenpreis), *chamaedrys* (Gamander-E.), *officinalis* (Wald-E.), *teucrium* (Großer E.), **O** *maritima* (Langblättriger E. oder Blauweiderich) **O**, *spicata* (Ähriger E. oder Blauweiderich) **O**
Vicia sylvatica (Wald-Wicke) **O**
Viola hirta (Raues Veilchen) **O**, *odorata* (März-V.), *reichenbachiana* (Wald-V.) **X**, *riviniana* (Hain-V.) **X**

b. Gräser und Grasartige Pflanzen

Agrostis capillaris (Rotes Straußgras)
Anthoxanthum odoratum (Ruchgras)
Briza media (Zittergras)
Deschampsia cespitosa (Rasenschmiele), *flexuosa* (Drahtschmiele)
Hordeum murinum (Mäuse-Gerste)
Luzula campestris (Feld-Hainsimse, Marbel), *luzuloides* (Schmalblättrige H.), *sylvatica* (Wald-H.) **X**
Melica-Arten (Perlgras)
Milium effusum (Flattergras)
Phalaris arundinacea (Rohrglanzgras) **X**
Poa bulbosa (Knolliges Rispengras), *chaixii* (Wald-R.)
Schoenoplectus lacustris (Teichsimse, Flechtbinse)
Typha latifolia (Rohrkolben)

c. Farne

Asplenium ceterach (Milzfarn) **O**, *ruta-muraria* (Mauerraute), *trichomanes* (Braunstieliger Streifenfarn) **O**
Athyrium filix-femina (Frauenfarn) **X**
Dryopteris filix-mas (Wurmfarn) **X**
Matteuccia struthiopteris (Straußenfarn) **OX**
Polystichum aculeatum (Dorniger Schildfarn) **O**

Färberpflanzen (Auswahl)

Zur Technik des Färbens von Wolle siehe z. B. Kircher (1982), Roth, Kormann & Schweppe (1993), Schweppe (2001) und Prinz (2014). Der Farbton ist durch Verwendung unterschiedlicher Beizen modifizierbar.

Achillea-Arten (Schafgarbe): Blätter → Textilien gelb bis braun
Aesculus hippocastanum (Rosskastanie): Blätter → Textilien gelb; Borke → Textilien gelb, rotgelb
Agrimonia eupatoria (Odermennig): Blüten → Textilien gelb
Alcea (= *Althaea*) *rosea* (Eibisch, Stockrose): Blüten → Tee, Wein rot
Allium cepa (Küchenzwiebel): Zwiebelschalen → Textilien usw. beige
Alnus glutinosa (Schwarz-Erle): Borke → Textilien schwarz
Anthemis tinctoria (Färber-Hundskamille): Blüten → Textilien gelb
Anthriscus sylvestris (Kerbel): Blätter → Textilien olivgrün
Arctostaphylos uva-ursi (Bärentraube): Blätter → Wolle, Leder gelb bis ocker
Asperula tinctoria (Färber-Meier): Blätter, Wurzeln → Textilien rot
Berberis vulgaris (Berberitze): Wurzelrinde → Textilien, Leder gelb
Beta vulgaris (Rote Bete) → Lebensmittel rot
Betula-Arten (Birke): Blätter → Textilien gelb; Borke → Textilien rot bis braun
Calendula officinalis (Ringelblume): Blüten → Lebensmittel gelb
Caltha palustris (Sumpf-Dotterblume): Blüten → Butter gelb
Consolida regalis (Rittersporn): Blüten → Textilien, Tee blau
Cornus sanguinea (Hartriegel): Früchte → Textilien grau
Crataegus monogyna (Weißdorn): Blätter, Blüten → Tee goldgelb
Crocus sativus (Krokus, Safran): Narben → Backwaren gelb
Cytisus scoparius (Besenginster): Blätter, Blüten → Textilien gelb
Galium-Arten (Labkraut, Waldmeister): Blätter, Wurzeln → Textilien rot
Galium verum (Gelbes Labkraut): blühende Pflanze → Getränke, Textilien gelb
Genista tinctoria (Färber-Ginster): Blätter → Textilien gelb
Iris pseudacorus (Schwertlilie): Rhizom → Textilien schwarz
Isatis tinctoria (Färber-Waid): Blätter → Textilien blau
Juglans regia (Walnuss): Blätter, Fruchtschale → Textilien, Haare braun
Linaria vulgaris (Leinkraut): Blätter → Haare blond
Malva sylvestris (Malve): Blüten → Tee, Lebensmittel rot
Myrica gale (Gagel): Blütenknospen → Textilien gelb
Quercus-Arten (Eiche): Borke → Textilien braunrot
Reseda luteola (Färber-Resede): Blätter → Textilien gelbgrün
Rhamnus cathartica (Kreuzdorn): unreife Früchte → Textilien gelb oder rot
Rubia tinctorum (Färber-Röte): Wurzeln, Rhizom → Textilien rot oder gelb
Sambucus ebulus (Zwerg-Holunder): Früchte → Textilien blau
Salix-Arten (Weide): Borke → Textilien gelb bis braunrot
Sherardia arvensis (Ackerröte): Wurzeln → Textilien rot
Sorbus aucuparia (Eberesche): Borke → Textilien beige bis braunrot
Taraxacum officinale (Löwenzahn): Blüten → Butter gelb
Ulex europaeus (Stechginster): Blüten → Textilien gelb
Urtica dioica (Brennnessel): Blätter → Textilien gelb

Trachtpflanzen für Bienen und Schmetterlinge

(Auswahl. Herrn Gerald Singel sei für wertvolle Informationen gedankt.)

Die Zusammenstellung soll einen Überblick darüber geben, welche Pflanzen von Bienen und Schmetterlingen als unseren wichtigsten Bestäubern aufgesucht werden. Sie soll einerseits einen allgemeinen Überblick geben, andererseits die Frage beantworten, welche Arten sich für den Garten eignen. Diese Arten sind durch grüne Schriftfarbe hervorgehoben.

Bei Bienen denkt man meist an **Honigbienen**, und die sind in der Tat auch die mit Abstand häufigsten Bestäuber. Sie sind von größter Bedeutung für den Ertrag unserer Obstgehölze und anderer Kulturpflanzen, aber auch für den Erhalt einer großen Zahl weiterer Pflanzen wichtig. Und natürlich liefern sie uns den Bienenhonig.

Es darf aber nicht vergessen werden, dass zu den Bienen auch noch ca. 500 wild lebende Bienenarten einschließlich der Hummeln gehören. Und auch diese **Wildbienen** sind von großer Bedeutung für den Erhalt unserer Pflanzenwelt und damit insgesamt für den Erhalt der Natur, die schließlich unsere Lebensgrundlage ist. Außerdem haben Wildbienen eine oft unterschätzte Bedeutung für den Fruchtansatz von Obstgehölzen und anderen Nutzpflanzen. Während nun bei Honigbienen das Spektrum der von ihnen besuchten Pflanzen sehr breit ist, man sie also als Generalisten bezeichnen kann, sind Wildbienen oft sehr spezialisiert. Manche Arten sind sogar bezüglich der Bevorratung mit dem für die Brut lebenswichtigen Pollen auf nur ganz wenige Pflanzenarten angewiesen, man nennt sie oligolektisch.

Viele Wildbienenarten sind in ihrem Bestand stark zurückgegangen, was sich seinerseits auch wieder auf die Pflanzenvielfalt negativ auswirkt. Die Vielfalt der Wildbienen kann im Wesentlichen nur dadurch gerettet werden, dass die verschiedenen von ihnen bevorzugten Lebensräume geschützt werden und der Einsatz schädigender Spritzmittel in Landwirtschaft und Gärten möglichst unterbunden wird. Auch kann man sie z. T. durch Insektenhotels und andere Nisthilfen fördern.

Die meisten der von Honigbienen aufgesuchten Pflanzen werden auch von der einen oder anderen Wildbienen-Art, besonders auch Hummeln genutzt. Umgekehrt ist es so, dass Blüten, deren Nektar tief verborgen ist, nur von längerrüsseligen Wildbienen, besonders Hummeln, erreicht wird. Honigbienen mit ihren kurzen Rüsseln bleiben da außen vor. Es kommt aber relativ oft vor, dass Dunkle Erdhummeln, die wegen ihres relativ kurzen Rüssels nicht an den Nektar gelangen, solche Blüten seitlich aufbeißen und so quasi den Nektar rauben. Sind nun solche Beißlöcher erst einmal vorhanden, ist der Nektar auch für Honigbienen zugänglich. Eine Bestäubung erfolgt in diesen Fällen weder seitens der Erdhummeln, noch seitens der Honigbienen! Beispiele sind so bekannte Arten wie Weiße Taubnessel, Rot-Klee und Glocken-Heide.

Neben den Honig- und Wildbienen sind **Schmetterlinge** weitere wichtige Bestäuber. Sie sind ähnlich wie die meisten Wildbienen oft sehr spezialisiert, oder anders gesagt: Viele Blüten sind so gebaut, dass nur Schmetterlinge mit ihren langen Rüsseln an den Nektar gelangen können. Pollen wird von ihnen nicht aufgenommen.

Einige längerrüsselige Wildbienen können bei einem Teil der von Schmetterlingen besuchten Blüten ebenfalls an den Nektar gelangen. So ist die Überschneidungsmenge der von Bienen und von Schmetterlingen besuchten Pflanzen recht hoch.

Wegen weiterer Bestäuber wie **Fliegen, Wespen und Käfer** usw. vergleiche man das Kapitel „Übersicht zu den Bestäubungstypen der Blütenpflanzen“ am Anfang des Buches.

Es bedeutet:
H = Honigbienen, **W** = Wildbienen inkl. Hummeln,
S = Schmetterlinge
° = Art, die im vorliegenden Buch nicht abgehandelt wird.
Grüne Schrift = Auswahl von Pflanzen, die für den Garten geeignet sind. Für solche Zwecke werden oft zu Recht nur heimische Pflanzen empfohlen. Es ist aber nicht zu übersehen, dass auch einige nicht heimische Zierpflanzen als Trachtpflanzen sehr gut angenommen werden.

1. Krautige Pflanzen und Halbsträucher

Achillea millefolium (Schafgarbe): HWS
Agastache°-Arten (Duftnessel, Riesenysop): HWS
Agrostemma githago (Kornrade): S (Tagfalter). Einjährig.
Alcea rosea (Stockrose): HW
Alliaria petiolata (Knoblauchsrauke): HWS. Frühblüher.
Allium schoenoprasum (Schnittlauch): HW
Allium ursinum (Bärlauch): HW
Althaea officinalis (Echter Eibisch): HW
Anchusa officinalis (Ochsenzunge): HW
Anemone hupehensis (Herbst-Anemone): HW. Spätblüher. Pollenblume.
Anthemis tinctoria (Färber-Hundskamille): HWS
Anthyllis vulneraria (Wundklee): WS
Antirrhinum majus (Löwenmäulchen): WS
Aquilegia vulgaris (Akelei): HW. Honigbienen erst, wenn Beißlöcher durch Erdhummeln vorhanden sind.
Arnica montana (Arnika): HWS
Asclepias syriaca° (Seidenpflanze): HWS
Asparagus officinalis (Spargel): HW. Vor allem Pollenangebot.
Aster → *Symphyotrichum*
Aubrieta-Arten (Aubrietie, Blaukissen): HWS
Berberis-Arten (Berberitze): HW
Betonica officinalis (Heilziest): HWS
Bistorta officinalis (Wiesen-Knöterich): HWS
Borago officinalis (Borretsch): HW. Einjährig.
Brassica napus (Raps): HW. Einjährig.
Butomus umbellatus (Schwanenblume): HWS
Calendula officinalis (Ringelblume): HWS (Tagfalter). Meist einjährig.
Camelina sativa (Saat-Leindotter): HW. Einjährig.
Campanula-Arten (Glockenblumen): HW
Cardamine pratensis (Wiesen-Schaumkraut): HWS (Tagfalter)
Carduus-Arten (Disteln): HWS (Tagfalter).
Carlina vulgaris (Golddistel): WS
Caryopteris × clandonensis° (Bartblume): HS. Halbstrauch.
Centaurea cyanus (Kornblume): HWS. Einjährig.
Centaurea-Arten (Flockenblume): HWS
Centranthus° *ruber* (Rote Spornblume): HWS
Cichorium intybus (Wegwarte): HWS
Cirsium-Arten (Kratzdistel): HWS (Tagfalter)
Clematis-Arten (Waldrebe): HW
Clinopodium vulgare (Wirbeldost): HWS
Colchicum autumnale (Herbst-Zeitlose): HWS
Convallaria majalis (Maiglöckchen): H
Coriandrum sativum (Koriander): HW. Einjährig.
Coronilla → *Securigera*
Cosmos-Arten° (Kosmee, Schmuckkörbchen): HW. Einjährig. Spätblüher.
Crocus-Arten (Krokus): HWS. Frühblüher.
Dahlia-Arten (Dahlie): HWS. Nur ungefüllte Sorten verwenden!
Datura stramonium (Stechapfel): S (Nachtfalter)
Dianthus-Arten (Nelke): S (Tagfalter). Nur Wildarten bzw. ungefüllte Sorten verwenden.
Diplotaxis tenuifolia (Doppelsame, Rucola): HWS
Dipsacus fullonum (Weber-Karde): WS
Echinacea → *Rudbeckia*
Echinops-Arten (Kugeldistel): HWS
Echium vulgare (Natternkopf): HWS
Epilobium angustifolium (Schmalblättriges Weidenröschen): HWS
Eranthis hyemalis (Winterling): HWS. Frühblüher.
Eryngium-Arten (Mannstreu, Edeldistel): HWS
Erysimum cheiri (Goldlack): HW
Eupatorium cannabinum (Wasserdost): HWS. Sehr lohnend.
Fagopyrum esculentum (Buchweizen): HW. Einjährig.
Fallopia japonica (Japanischer Staudenknöterich): H. Invasiver Neophyt! Spätblüher.
Foeniculum vulgare (Fenchel): HW
Fragaria × ananassa (Garten-Erdbeere): W (z. T. werden im Gartenbau Erdhummeln zur Bestäubung ausgebracht)
Gaillardia-Arten° (Kokardenblume): H
Galanthus nivalis (Schneeglöckchen): H
Galium verum (Echtes Labkraut): H
Gentiana verna (Frühlings-Enzian): S
Geranium robertianum (Ruprechtskraut): WS
Geranium-Arten (Storchschnabel): HW
Helenium-Arten° (Sonnenbraut): HW. Spätblüher.
Helianthus annuus (Sonnenblume): HWS. Einjährig. Spätblüher.
Helianthus tuberosus (Topinambur): H. Spätblüher.
Helleborus niger (Christrose): HW. Frühblüher.
Heracleum mantegazzianum (Riesen-Bärenklau): HW. Invasiver Neophyt!
Hyssopus vulgaris (Ysop, Bienenkraut): Halbstrauch. HWS
Impatiens glandulifera (Drüsiges Springkraut): HW. Einjährig. Spätblüher. Invasiver Neophyt!
Inula helenium (Alant): HWS
Jasione montana (Berg-Sandglöckchen): HWS
Knautia arvensis (Acker-Witwenblume): HWS
Lamium album + maculatum (Weiße und Gefleckte Taubnessel): (H)W. Honigbienen erreichen

den Nektar nur, wenn Beißlöcher durch Erdhummeln vorhanden sind.
Lantana camara° (Wandelröschen): S
Lavandula angustifolia (Lavendel): HWS. Halbstrauch.
Leontodon → *Scorzoneroides*
Leonurus cardiaca (Herzgespann): HW
Leucanthemum vulgare s. l. (Margerite): WS
Lilium-Arten (Lilie): WS
Linaria vulgaris (Leinkraut): WS
Lotus corniculatus (Hornklee): HWS (z. B. Bläulinge). Besonders als Pollenquelle.
Lupinus-Arten (Lupine): HW
Lychnis → *Silene*
Lythrum salicaria (Blutweiderich): HWS
Malva sylvestris (Wilde Malve): HWS
Medicago sativa s. l. (Luzerne): HWS
Melilotus-Arten (Steinklee): HWS. Einjährig.
Melissa officinalis (Zitronenmelisse): HW
Mentha longifolia (Langblättrige Minze): HWS
Monarda didyma° (Indianernessel): HWS. Honigbienen erst, wenn Beißlöcher durch Erdhummeln vorhanden sind.
Nepeta-Arten (Katzenminze): HWS
Nicotiana-Arten (Tabak): S
Nigella damascena (Jungfer im Grünen): HW. Einjährig.
Oenothera-Arten (Nachtkerzen): HWS (Nachtfalter). Bei Imkern nicht beliebt, weil die Pollenkörner durch Viszinfäden verbunden sind, die an den Honigbienen hängen bleiben.
Onobrychis viciifolia (Esparsette): WS
Onopordum acanthium (Eselsdistel): WS. Kann sehr groß werden.
Origanum vulgare (Dost, Oregano): HWS (Tagfalter). Sehr lohnend.
Papaver-Arten (Mohn): HW. Nur Pollenlieferant. Einjährig
Phacelia tanacetifolia (Phazelie, Bienenfreund): HWS. Einjährig.
Phlox°-Arten (Phlox): WS (Nachtfalter)
Platanthera bifolia (Waldhyazinthe): S (Nachtfalter)
Polemonium caeruleum (Himmelsleiter): HW
Polygonum bistorta → *Bistorta* officinalis
Pulmonaria officinalis (Lungenkraut): W
Ranunculus-Arten (Hahnenfuß): S
Raphanus raphanistrum, sativus (Hederich, Rettich): HW
Rudbeckia°-Arten (Sonnenhut): HWS. Spätblüher.
Ruta graveolens (Weinraute): HW
Salvia officinalis (Echter Salbei): HW
Salvia pratensis (Wiesen-Salbei): W
Saponaria officinalis (Seifenkraut): HWS (vor allem Nachtfalter)
Satureja hortensis (Einjähriges Bohnenkraut): H. Einjährig
Scabiosa columbaria (Tauben-Skabiose): HWS
Scilla-Arten (Blaustern): Frühblüher. H
Scorzoneroides autumnalis (Herbstlöwenzahn): HWS
Securigera varia (Bunte Kronwicke oder Beilwicke): HW
Sedum (= *Hylotelephium*) *maximum, telephium, spectabile* (Fetthenne): HWS. Spätblüher.
Sedum-Arten (Mauerpfeffer): HW
Silene (= *Lychnis*) *flos-cuculi, coronaria* (Kuckucks- und Kronen-Lichtnelke): WS (Tagfalter)
Silene dioica (Rote oder Tag-Lichtnelke): WS (Tagfalter)
Silene latifolia (Weiße Lichtnelke): S (Nachtfalter)
Silene viscaria (Pechnelke): WS (Tagfalter)
Silene vulgaris (Gewöhnliches Leimkraut, Taubenkropf): HWS (Tagfalter)
Sinapis arvensis, alba (Acker- und Weißer Senf): HW. Einjährig.
Solanum lycopersicum (Tomate): W (z. T. werden im Gartenbau Erdhummeln zur Bestäubung ausgebracht). Einjährig.
Solidago canadensis, gigantea (Goldrute): HW. Invasive Neophyten.
Stachys-Arten (Ziest): HWS
Succisa pratensis (Teufelsabbiss): HWS
Symphyotrichum-Arten (Raublattaster, Aster): HWS. Spätblüher.
Symphytum officinale (Beinwell): W
Tanacetum vulgare (Rainfarn): HWS
Taraxacum officinale (Löwenzahn): HWS
Teucrium-Arten (Gamander): HW
Thalictrum aquilegiifolium (Akeleiblättrige Wiesenraute): H. Pollenblume.
Thymus pulegioides (Arznei-Thymian): HWS. Halbstrauch.
Trifolium pratense (Wiesen-Klee): (H)WS (Tag- und Nachtfalter). Honigbienen erreichen den Nektar nur, wenn Beißlöcher durch Erdhummeln vorhanden sind.
Trifolium repens (Kriech-Klee): HS. Kann sich in Rasen stark ausbreiten.
Tropaeolum majus (Kapuzinerkresse): W
Tussilago farfara (Huflattich): HW(S)
Valeriana officinalis (Baldrian): HWS
Verbena bonariensis (Argentinische oder Hohe Verbene): WS
Vicia cracca (Vogel-Wicke): HWS
Zea mays (Mais): H (als Pollenspender)
Zinnia elegans° (Zinnie): HWS. Spätblüher.

2. Gehölze (Bäume, Sträucher und Zwergsträucher

Acer platanoides (Spitz-Ahorn): HW
Aesculus hippocastanum (Rosskastanie): HW (vor allem Hummeln)
Ailanthus altissima (Götterbaum): H. Invasiver Neophyt.
Buddleja davidii (Schmetterlingsstrauch): HWS (Tagfalter)
Calluna vulgaris (Besenheide): HWS. Die im Handel fast ausschließlich angebotenen Knospenheiden bieten keine Insektennahrung!
Castanea sativa (Edel-Kastanie): HW
Chaenomeles-Arten (Zierquitte): HW
Cornus mas (Kornelkirsche): HW. Frühblüher.
Corylus-Arten (Haselnuss): H (Pollenquelle im Frühjahr)
Cotoneaster-Arten (Zwergmispel): HW
Crataegus-Arten (Weißdorn): HW
Cydonia oblonga (Quitte): HW
Cytisus scoparius (Besenginster): (H)W
Daphne mezereum (Seidelbast): HWS
Elaeagnus-Arten (Ölweide): H
Erica carnea (Schnee-Heide): HW. Frühblüher. Zwergstrauch.
Erica tetralix (Glocken-Heide): (H)B. Honigbienen erreichen den Nektar nur, wenn Beißlöcher durch Erdhummeln vorhanden sind.
Euodia → *Tetradium*
Frangula alnus (Faulbaum): HWS
Hedera helix (Efeu): HWS (und Wespen). Spätblüher. Kletterstrauch.
Hibiscus syriacus (Strauch-Hibiskus): HW
Ligustrum-Arten (Liguster): HWS
Lonicera periclymenum, caprifolium usw. (Geißblatt): S (Nachtfalter)
Lonicera pileata/nitida (Immergrüne Heckenkirsche, Heckenmyrte): HWS (Nachtfalter)
Lonicera xylosteum (Gewöhnliche Heckenkirsche): HW
Malus domestica (Apfel): HW
Parthenocissus-Arten (Wilder Wein, Zaunrebe): HW
Potentilla fruticosa (Strauch-Fingerkraut): HW
Prunus avium + cerasus (Kirsche): HW
Prunus domestica (Pflaume): HW
Prunus spinosa (Schlehe, Schwarzdorn): HW
Pyracantha coccinea (Feuerdorn): HW
Pyrus communis (Birne): HW
Rhododendron-Arten (Alpenrose, Rhododendron, Azalee): W (Hummeln)
Rhus typhina (Essigbaum, Hirschkolben-Sumach): H
Ribes-Arten (Johannisbeere, Stachelbeere): HW
Robinia pseudoacacia (Robinie, Falsche Akazie): HW
Rosa-Arten (Rosen): nur Pollenlieferant! Nur ungefüllte Sorten und Wildherkünfte verwenden! HW
Rosmarinus officinalis (Rosmarin): HW
Rubus fruticosus (Brombeere): HWS
Rubus idaeus (Himbeere): HW
Salix-Arten (Weide): HWS. Frühblüher.
Sorbus aucuparia (Eberesche): HW
Symphoricarpos-Arten (Schneebeere): HW
Tetradium danielii° (Bienenbaum, Honigesche): HW
Thymus vulgaris (Echter Thymian): HW. Zwergstrauch.
Tilia-Arten (Linde): HWS
Vaccinium corymbosum (Kultur-Heidelbeere): HW
Vaccinium macrocarpon (Großfrüchtige Moosbeere, Cranberry): HW

Benutzte und weiterführende Literatur (Auswahl)

Die Abschnitte entsprechen weitgehend der Reihenfolge der Angaben im Speziellen Teil.

1. Themenübergreifende Literatur: Handbücher, Lehrbücher, Florenwerke, Bildbände, Bestimmungshilfen

AMANN, G. (1990) Bäume und Sträucher des Waldes. 15. Aufl. Melsungen: Neumann-Neudamm. Neudruck 2015. (Sehr übersichtlicher Bildband mit Farbzeichnungen von Kunstmaler Paul RICHTER, geordnet nach Nadeln/Blätter, Blüten, Früchte/Samen, Zweige im Winter, Keimlinge)

BARTELS, H. (1993) Gehölzkunde. Stuttgart: Ulmer.

DÜLL, R. & DÜLL, I. (2007) Taschenlexikon der Mittelmeerflora. Ein botanisch-ökologischer Exkursionsbegleiter zu den wichtigsten Arten. Wiebelsheim: Quelle & Meyer.

FISCHER, M. A., OSWALD, K. & ADLER, W. (2008) Exkursionsflora für Österreich, Liechtenstein und Südtirol. 3. Aufl. Linz: Biologiezentrum der Oberösterreichischen Landesmuseen.

FITSCHEN, J. (Begr.) (2017) Gehölzflora. 13. Aufl., hrsg. von SCHMIDT, P. A. & SCHULZ, B. Wiebelsheim: Quelle & Meyer.

FLINDT, R. (2003) Biologie in Zahlen. Eine Datensammlung in Tabellen mit über 10000 Einzelwerten. 6. Aufl. Stuttgart: G. Fischer (Spektrum).

FLORA-DE → MEYER, T.

FLORA INCOGNITA (Stand 2020) floraincognita.com (Über diese Adresse bekommt man eine App für Smartphones zur automatischen Pflanzenbestimmung für mehr als 4800 Pflanzenarten der mitteleuropäischen wildwachsenden Flora; sehr beeindruckend)

FLORAWEB (Stand 2020) www.floraweb.de. (Datenbank des Bundesamtes für Naturschutz, mit Angaben zu 3500 Pflanzenarten mit Namen, Gefährdung, Schutz, Zeigerwerten nach ELLENBERG, Fotos, Standorten, Areal, Verbreitungskarte in Deutschland und ökologischen Daten)

GOOGLE LENS (Stand 2020) (Mit dieser App kann man verschiedene Gegenstände, u.a. auch Pflanzen, die man auf dem Smartphone fotografiert hat, automatisch bestimmen lassen. Gilt weltweit; für die deutsche Flora ist Flora Incognita zuverlässiger)

GUTTENBERG, H. VON (1955) Lehrbuch der allgemeinen Botanik. 4. Aufl. Berlin: Akademie-Verlag.

HAEUPLER, H. & MUER, T. (2007) Bildatlas der Farn- und Blütenpflanzen Deutschlands. Alle 4200 Farn- und Blütenpflanzen in einem Band. 2. Aufl. Stuttgart: Ulmer.

HAMANN, U. & WAGENITZ, G. (1977) Bibliographie zur Flora von Mitteleuropa. 2. Aufl. Berlin und Hamburg: Parey.

HEGI, G. (Begr.) (1906 ff.) Illustrierte Flora von Mitteleuropa. 7 Bände. 1.–3. Aufl. Berlin und Hamburg: Parey. (Ausführliches Standardwerk, das alle Aspekte der beschriebenen Pflanzen enthält, mit Schwerpunkt Verbreitung in Mitteleuropa)

IDENTIFY.PLANTNET (Stand 2020) https://identify.plantnet.org (Per Computer oder Smartphone werden eigene Pflanzenfotos mit vorhandenen Fotos verglichen und Bestimmungsergebnisse vorgeschlagen)

JÄGER, E. J. (Hrsg.) (2017) Rothmaler, Exkursionsflora von Deutschland. Gefäßpflanzen: Grundband. 21. Aufl. Heidelberg: Spektrum Akad. Verlag. (Mit ausführlichen ökologischen Angaben)

JÄGER, E. J. et al. (Hrsg.) (2013) Rothmaler, Exkursionsflora von Deutschland. Gefäßpflanzen: Atlasband. 12. Aufl. Heidelberg: Spektrum Akad. Verlag.

KIRCHNER, O. VON, LOEW, E. & SCHRÖTER, C. (1904–1942) Lebensgeschichte der Blütenpflanzen Mitteleuropas (spezielle Ökologie). Stuttgart.

LAUBER, K, WAGNER, G. & GYGAX, A. (2012) Flora Helvetica 4. Auflage. Bern etc.: Haupt. (Sehr gute Fotos)

LÜDER, R. (2018) Grundkurs Gehölzbestimmung. Eine Praxisanleitung für Anfänger und Fortgeschrittene. 3. Aufl. Wiebelsheim: Quelle & Meyer.

LÜDER, R. (2020) Grundkurs Pflanzenbestimmung. Eine Praxisanleitung für Anfänger und Fortgeschrittene. 8. Aufl. Wiebelsheim: Quelle & Meyer.

MEYER, T. (Stand 2019) Flora-de: Flora von Deutschland. www.blumeninschwaben.de (Sehr reich bebilderte Bestimmungsflora für Deutschland, auch von vielen Zierpflanzen, mit vielen Detailfotos)

MEYER, T. & HASSLER, M. (Stand 2019) Mittelmeer- und Alpenflora. www.mittelmeerflora.de

(Bestimmungsflora des Mittelmeer- und Alpenraumes)

Molisch, H. & Dobat, K. (1979) Botanische Versuche und Beobachtungen mit einfachen Mitteln. Stuttgart: G. Fischer.

Müller, G. & Müller, C. (1994) Geheimnisse der Pflanzenwelt. Leipzig, Jena, Berlin: Urania. (Auch für den Laien verständliche Einführung in die Botanik, die auch ökologische Themen wie die Blüten- und Ausbreitungsbiologie übersichtlich darstellt; leider vergriffen)

Parolly & Rohwer (2019) → Schmeil, O. & Fitschen, J.

Roloff, A. & Bärtels, A. (2014) Flora der Gehölze. Bestimmung, Eigenschaften und Verwendung. 4. Aufl. Stuttgart: Ulmer.

Rothmaler, W. (Exkursionsflora von Deutschland) → Jäger, E. J.

Saan, van A. (2008) 101 Experimente mit Pflanzen. Kempen: Moses-Verlag. (Für Kinder ab 8 Jahren; leider vergriffen).

Schauer, T. & Caspari, C. (2004) Der große BLV-Pflanzenführer. Über 1500 Pflanzenarten Mitteleuropas. 9. Aufl. München: BLV. (Genaue und zugleich künstlerisch wertvolle Farbzeichnungen)

Schmeil, O. & Fitschen, J. (Begr.) (2019) Die Flora Deutschlands und angrenzender Länder. 97. Aufl., hrsg. von G. Parolly & J. G. Rohwer. Wiebelsheim: Quelle & Meyer.

Schmidt, P. A. & Hecker, U. (2020) Die wildwachsenden und kultivierten Laub und Nadelgehölze Mitteleuropas. Beschreibung – Herkunft – Verwendung. Wiebelsheim: Quelle & Meyer. (Frühere Aufl. unter dem Titel: Taschenlexikon der Gehölze. Ein botanisch-ökologischer Exkursionsbegleiter)

Schütt, P. et al. (2006) Enzyklopädie der Laubbäume. Hamburg: Nikol.

Schütt, P. et al. (2006) Enzyklopädie der Sträucher. Hamburg: Nikol.

Schutzgemeinschaft Deutscher Wald (2003) Bauminfoblätter. Sammelmappe mit allen aufgelisteten einheimischen Baumarten. vgl. www.sdw.de/waldwissen/baum-infos

Spohn, M., Golte-Bechtle, M. & Spohn, R. (2008) Was blüht denn da? 2. Aufl. Stuttgart: Kosmos.

Steinecke, H. & Meyer, I. (2005) Kleine Botanische Experimente. Frankfurt am Main: Harri Deutsch.

Strasburger, E. (Begr.) (2014) Lehrbuch der Pflanzenwissenschaften. 37. Aufl., bearb. von Kadereit, J. W. et al. Heidelberg: Springer Spektrum.

Wagenitz, G. (2003) Wörterbuch der Botanik. Morphologie, Anatomie, Physiologie, Taxonomie, Evolution. 2. Aufl. Jena: G. Fischer.

Wikipedia (Stand 2019) de.wikipedia.org/wiki/Kategorie:Botanik (Steckbriefe von Pflanzen. Sehr nützliche Datenquelle mit unterschiedlich gründlicher Bearbeitung. Es empfiehlt sich die vergleichende Betrachtung in mehreren Sprachen.)

2. Morphologie und ökologische Anpassungen: Lebensformen, Lebensdauer, Morphologie, vegetative Vermehrung, ökologische Anpassungen, Symbiosen, Parasitismus, Fleischfressende Pflanzen

Barthlott, W., Porembski, S., Seine, R. & Theisen, I. (2004) Karnivoren. Biologie und Kultur fleischfressender Pflanzen. Stuttgart: Ulmer.

Brundrett, M. (2008) mycorrhizas.info (Alles über Mykorrhiza und Myko-Heterotrophie)

Ellenberg, H., Weber, H. E., Düll, R., Wirth, V., Werner, W. & Paulissen, D. (2002) Zeigerwerte von Pflanzen in Mitteleuropa. 3. Aufl. Scripta Geobotanica 18. (Die Daten sind auch in www.floraweb.de enthalten)

Goebel, K. (1924–1933) Organographie der Pflanzen, insbesondere der Archegoniaten und Samenpflanzen. 3 Bände + 2 Ergänzungsbände. Jena: G. Fischer.

Harborne, J. B. (1995) Ökologische Biochemie. Heidelberg: Spektrum. (Neudruck 2013)

Jäger, E. J. (Hrsg.) (2011) Rothmaler, Exkursionsflora von Deutschland. Gefäßpflanzen: Grundband 20. Aufl. Heidelberg: Spektrum Akad. Verlag.

Kästner, A., Jäger, E. J. & Schubert, R. (2001) Handbuch der Segetalpflanzen Mitteleuropas. Wien und New York: Springer.

Larcher, W. (2001) Ökologie der Pflanzen. 6. Aufl. Stuttgart: Ulmer.

Libbert, E. (1993) Lehrbuch der Pflanzenphysiologie. 5. Aufl. Jena: G. Fischer.

Nickrent, D. (Stand 2019) www.parasiticplants.siu.edu/index.html (Angaben über parasitische Pflanzen, vor allem auch Fotos)

ROTH, L. & KORMANN, K. (1996) Duftpflanzen, Pflanzendüfte. Ätherische Öle und Riechstoffe; Landsberg: ecomed.

ROLOFF, A. (2004) Bäume. Phänomene der Anpassung und Optimierung. Landsberg: ecomed.

SAGE, R. F. (2004) The evolution of C_4 photosynthesis. New Phytologist 161: 341–370.

SAGE, R. F. (2017) A portrait of the C_4 photosynthetic family on the 50th anniversary of its discovery: species number, evolutionary lineages, and Hall of Fame. J. Exp. Bot. 68: e11–e28.

SAGE, R. F. & MONSON, R. K. (Eds.) (1999) C_4 Plant Biology. San Diego etc.: Academic Press.

SCHAUER, T. & CASPARI, S. (2019) Überlebenskünstler. 50 außergewöhnliche Alpenpflanzen. Bern: Haupt.

TROLL, W. (1954, 1957) Praktische Einführung in die Pflanzenmorphologie. 2 Bände. Jena: G. Fischer (Reprint Königstein: Koeltz).

WANG, B. & QIU, Y.-L. (2006) Phylogenetic distribution and evolution of mycorrhizas in land plants. Mycorrhiza 16: 299–363. (Mit umfangreicher Tabelle)

WEBER, M. G. et al. (2015) World list of plants with extrafloral nectaries. www.extrafloralnectaries.org

3. Systematik, Nomenklatur

ANGIOSPERM PHYLOGENY GROUP IV (2016) An update of the Angiosperm Phylogeny Group classification for the orders and families of flowering plants: APG IV. Bot. J. Linnean Soc. 181: 1–20 (vgl. auch STEVENS)

BUTTLER, K. P., MAY, R. & METZING, D. (2018) Liste der Gefäßpflanzen Deutschlands. Florensynopse und Synonyme. BfN-Skripten 519. Bundesamt für Naturschutz. Online-Publikation. (Eine pdf-Version kann heruntergeladen werden unter www.bfn.de/skripten.html. Diese Liste ist quasi eine Kurzfassung der folgenden Liste, ergänzt durch eine Synopse bisheriger Artenlisten für Deutschland. Die Liste ist zugleich Basis für die Datenbank floraweb. de)

BUTTLER, K. P. (2018) Florenliste von Deutschland – Gefäßpflanzen, Version 11, Mai 2020, bearb. von R. HAND, M. THIEME und Mitarbeiter. www.kp-buttler.de/florenliste/index.htm (Aktuelle Liste aller in Deutschland einheimischen, eingebürgerten und unbeständigen Arten, Unterarten und Hybriden, mit Angabe der Autoren und aller Synonyme inkl. der genauen Zitate)

INTERNATIONAL CODE OF NOMENCLATURE FOR ALGAE, FUNGI, AND PLANTS (Shenzhen Code) adopted by the Nineteenth International Botanical Congress Shenzhen, China, July 2017. (2018; N. J. TURLAND et al. (eds.) Regnum Vegetabile 159 – Online: https://www.iapt-taxon.org/nomen/main.php

INTERNATIONAL PLANT NAMES INDEX (IPNI) (Stand 2019) www.ipni.org (Umfassende, weltweite Datenbank zu allen publizierten Pflanzennamen, ihren Synonymen, ihren Autoren und deren offiziellen Abkürzungen).

WISSKIRCHEN, R. & HAEUPLER, H. (1998) Standardliste der Farn- und Blütenpflanzen Deutschlands. Stuttgart: Ulmer. (Mit wertvollen Informationen. Zur Aktualisierung siehe BUTTLER, MAY & METZING 2018)

STEVENS, P. F. (2001 onwards, Stand 2019): Angiosperm Phylogeny Website. www.mobot.org/MOBOT/research/APweb (Überblick und aktualisierte Informationen über die Systematik der Blütenpflanzen. Entspricht weitgehend den Ergebnissen der ANGIOSPERM PHYLOGENY GROUP)

4. Giftigkeit für Mensch und Tier

BÖS, B. (2019) Giftpflanzencompendium www.giftpflanzen/pflanzenlisten.com (sehr ausführlich und auch mit umfangreichem, kommentiertem Literaturverzeichnis)

FROHNE, D. & PFÄNDER, H. J. (2005) Giftpflanzen. Ein Handbuch für Apotheker, Ärzte, Toxikologen und Biologen. 5. Aufl. Stuttgart: Wiss. Verlagsgesellschaft. (Kompetentes Standardwerk)

HAUSEN, B. M. & VIÉLUF, I. K. (1997) Allergiepflanzen, Pflanzenallergene. Handbuch und Atlas der allergieinduzierenden Wild- und Kulturpflanzen. 2. Aufl. Landsberg: ecomed.

INFORMATIONSZENTRALE FÜR VERGIFTUNGEN im Zentrum für Kinderheilkunde des Universitätsklinikums Bonn. www.gizbonn.de/284.0.html.

INSTITUT FÜR VETERINÄRPHARMAKOLOGIE UND -TOXIKOLOGIE der Universität Zürich https://www.vetpharm.uzh.ch/perldocs/toxsyqry.htm (Datenbank zur Giftigkeit bei Tieren)

LOCHSTAMPFER, U. (2013) Giftpflanzen. Was Pferde nicht fressen dürfen. München: Cadmos.

LOCHSTAMPFER, U. (Stand 2019) botanikus.de/informatives/giftpflanzen/alle-giftpflanzen (Schwerpunkt: Giftigkeit für Pferde und einige weitere Nutz- und Haustiere)

ROTH, L., DAUNDERER, M. & KORMANN, K. (2012) Giftpflanzen – Pflanzengifte. Vorkommen, Wirkung, Therapie, allergische und phototoxische Reaktionen. 6. Aufl. Hamburg: Nikol.

SCHÖNFELDER, I. & SCHÖNFELDER, P. (2015) Der Kosmos-Heilpflanzenführer. Über 600 Heil- und Giftpflanzen Europas. 3. Aufl. Stuttgart: Kosmos.

5. Schädlinge

BELLMANN, H. (2017) Geheimnisvolle Pflanzengallen. Ein Bestimmungsbuch für Pflanzen- und Insektenfreunde. 2. Aufl. Wiebelsheim: Quelle & Meyer.

BELLMANN, H., SPOHN, M. & SPOHN, R. (2018) Faszinierende Pflanzengallen. Entdecken. Bestimmen. Verstehen. Wiebelsheim: Quelle & Meyer.

BUHR, H. J. (Stand 2019) Pflanzengallen (Zoo- und Phytocecidien): www.pflanzengallen.de (Umfangreiche Fotogalerie, aufgeschlüsselt nach Wirtspflanzen und nach Gallenerzeugern)

BUTIN, H. & BRAND, T. (2017) Farbatlas Gehölzkrankheiten. Ziersträucher, Allee- und Parkbäume. 5. Aufl. Stuttgart: Ulmer.

EBERT, G. (Hrsg.) (1991–2003) Die Schmetterlinge Baden-Württembergs. 10 Bände. Stuttgart: Ulmer.

FLORAWEB (Stand 2020): www.floraweb.de/pflanzenarten/schmetterlinge. (Auf dieser Seite findet man nach Wirtspflanzen geordnet die dort beobachteten Schmetterlingsarten, die sich dort als Falter oder als Raupe von dieser Pflanze ernähren)

HARTMANN, G. & BUTIN, H. (2017) Farbatlas Waldschäden. Diagnose von Baumkrankheiten. 4. Aufl. Stuttgart: Ulmer.

HINTERMEIER, H. & HINTERMEIER, M. (2001, 2005, 2012, 2014) Blütenpflanzen und ihre Gäste. Teil 1 und Teil 2. München: Obst- und Gartenbauverlag. Teil 3 und 4. Bad Windsheim: Delp. (Anschauliche und reich bebilderte Darstellung einer großen Auswahl von Blütenpflanzen mit ihren Beziehungen zu Insekten)

HORTIPENDIUM (Stand 2019) www.hortipendium.de

KRUSE, J. (2018) Faszinierende Pflanzenpilze. Erkennen und bestimmen. Wiebelsheim: Quelle & Meyer.

SCHUBIGER, F. X. (Stand 2019) www.pflanzenkrankheiten.ch (Informationen über Krankheiten und Schädlinge von Kulturpflanzen)

SPOHN, R. & SPOHN, M. (2015) Blumen und ihre Bewohner. Der Naturführer zum reichen Leben an Garten- und Wildpflanzen. Bern: Haupt.

SPOHN, R. & SPOHN, M. (2016) Bäume und ihre Bewohner. Der Naturführer zum reichen Leben an Bäumen und Sträuchern. Bern: Haupt.

6. Historische Quellen, Kräuterbücher, Geschichte der Botanik

Zu Kräuterbüchern vgl. auch die Auflistung bei: de.wikisource.org/wiki/Kräuterbücher

AUSLASSER, V. (1479) Herbarius .... (Der Autor gilt als ältester deutscher Florist)

BAUHIN, C. (= BAUHINUS)(1623) Pinax theatri botanici. Basel.

BAUHIN, J. (= BAUHINUS) (1650) Historia plantarum universalis I–III. Yverdon.

BESLER, B. (1613) Hortus Eystettensis. (Nachdrucke in deutscher Übersetzung: Der Garten von Eichstätt. Das große Pflanzenbuch des Basilius Besler)

BINGEN, HILDEGARD VON (1150–1157) Physica. Liber simplicis medicinae. (Übersetzt und erläutert von P. RIETHE: „Naturkunde. Das Buch von dem inneren Wesen der verschiedenen Naturen in der Schöpfung." 3. Aufl. 1980. Salzburg.)

BOCK, H. (auch TRAGUS genannt) (1539, 1546) Das Kreütter Buch. Straßburg: Wendel Rihel.

BRUNFELS, O. (1532, 1537) Contrafayt Kreüterbuch. 2 Bde. Straßburg: Johannes Schott.

BRUNSCHWIG, H. (1500) Kleines Destillierbuch. Straßburg: Johann Grüniger.

CAPITULARE DE VILLIS (ca. 795) (Auflistung aller für den Anbau auf den Landgütern des Reiches vorgeschriebenen Pflanzen im Rahmen der von Karl dem Großen verordneten Landgüterverordnung, vgl. http://www.biozac.de/biozac/biozac.htm)

DILLENIUS, J. J. (= DILLEN) (1719) Catalogus plantarum sponte circa Gissam nascentium. [= Flora von Gießen]

DIOSKURIDES, P. (ca. 50–70) (lat. DIOSCORIDES) Peri hyles iatrikes (lat.: De materia medica, deutsch: Über Heilpflanzen. Dieses grundlegende Werk wurde mehrfach übersetzt und überarbeitet, deutsche Ausgabe z. B. hrsg. von P. UFFENBACH (1610) Dioscorides, Pedanius: Kraeuterbuch, übersetzt von J. Danz von Ast. Reprint (1964) Grünwald: Konrad Kölbl Verlag.

DODONAEUS, R. (= DODOENS) (1583) Stirpium historiae pemptades sex.

FISCHER, H. (1929) Mittelalterliche Pflanzenkunde. München. Reprint 1967, 2001 Hildesheim: Olms.

FUCHS, L. (1543) New Kreüterbuoch. Basel: Michael Isingrin. (Reprint 1994 Rengsdorf: P. Kahr-Verlag; Reprint 2016 „Das Kräuterbuch von 1543. Leonhart Fuchs" mit einer Einleitung von K. Dobat und Kommentaren von W. Dressendörfer. Köln: Taschen-Verlag)

GARCKE, C. A. F. (1849) Flora von Nord- und Mitteldeutschland. (von der 17. Aufl. 1895 an als Illustrierte Flora von Deutschland. 23. = letzte Aufl. 1972)

GESNER, C. (1565) Historia plantarum. Unvollendetes Manuskript. (Erstdruck 1754 Nürnberg)

HALLER, A. VON (1742) Enumeratio methodica stirpium Helveticae indigenarum. [= Pflanzen der Schweiz]

HEMPEL, W. (2009) Die Pflanzenwelt Sachsens von der Späteiszeit bis zur Gegenwart. (Jena: Weißdorn-Verlag.

HEPPER, F. N. (1992) Pflanzenwelt der Bibel. Eine illustrierte Enzyklopädie. Stuttgart: Deutsche Bibelgesellschaft.

HÖFLER, M. (1908) Volksmedizinische Botanik der Germanen. Wien. Reprint z. B. 2018 Bremen: Inktank Publishing.

KOCH, W. D. J. (1844) Taschenbuch der Deutschen und Schweizer Flora. Leipzig: Gebhardt und Reisland. (vgl. auch RÖHLING)

KRAUSCH, H. D. (2003) „Kaiserkron und Päonien rot ..." Entdeckung und Einführung unserer Gartenblumen, München, Hamburg: Dölling und Galitz.

LENZ, H. O. (1859) Botanik der alten Griechen und Römer. Deutsch in Auszügen aus deren Schriften, nebst Anmerkungen. Gotha.

LINNAEUS, C. (1753) Species Plantarum. 2 Bde. Stockholm: Lars Salvius. – Reprint 1957, 1959 London: Ray Society.

LOBELIUS, M. (= DE L'OBEL) (1571) Stirpium adversaria nova. (1576) Plantarum seu stirpium historia.

LONITZER, A. (= LONICERUS) (1546) Herbarum, arborum, fruticum .... Frankfurt: Egenolph. (vgl. RÖSSLIN, A. 1557 Kreuterbuch, bearb. von A. Lonitzer: Frankfurt)

MÄGDEFRAU, K. (1973) Geschichte der Botanik. Leben und Leistung großer Forscher. Stuttgart: G. Fischer.

MAGNUS, Albertus (13. Jh.) Liber de vegetabilibus et plantis. [= Buch über Pflanzen]

MATTIOLI, P. A. (= MATTHIOLUS) (1554) Commentarii in libros sex Pedacii Diocoridis Anazarbei, De Medica Materia ... Venedig. (Deutsche Übersetzung 1563 von G. HANDSCH: New Kreüterbuch. Prag.)

MARZELL, H. (1935) Volksbotanik. Die Pflanze im Deutschen Brauchtum. Berlin: Enckehaus.

MERTENS, F. K. & KOCH, W. D. J. (1823–1839) Röhling's Deutschlands Flora, nach einem veränderten und erweiterten Plane bearbeitet. 5 Bände. Frankfurt am Main: F. Wilmans.

MEYER, E. H. F. (1839) Preussens Pflanzengattungen nach Familien geordnet. Königsberg: Gräfe & Unzer.

MILLER, P. (1754) The gardeners dictionary. 4th ed. London: Rivington. (Reprint 1969. Lehre: Cramer)

PLINIUS SECUNDUS DER ÄLTERE, C. (ca. 77) Naturalis historiae. (Deutsche Übersetzung 2007 Naturkunde Lateinisch-deutsch, Bücher XXVI/XXVII. Düsseldorf: Patmos)

RÖHLING, J. C. (1795) Deutschlands Flora, ... ein Taschenbuch. Bremen: F. Wilmans (vgl. MERTENS & KOCH)

TABERNAEMONTANUS, J. T. (= Jacob THEODOR aus Bergzabern) (1588–1613) Neuw Kreuterbuch. 3 Bde. Frankfurt a. M.

THAL, J. (= THALIUS) (1577) Sylva Hercynia, sive catalogus plantarum sponte nascentium in montibus, et locis vicinis Hercyniae .... [= Flora des Harzes und benachbarter Orte] (postum hrsg. von J. CAMERARIUS 1588) (Enthält anders als die typischen Kräuterbücher auch medizinisch nicht verwendete Arten)

THEOPHRASTOS VON ERESOS (ca. 300 v. Chr.) Historia plantarum. (Übersetzung 1822 Naturgeschichte der Gewächse, hrsg. v. K. SPRENGEL. 2 Bde. Altona)

TOURNEFORT, J. P. DE (1700) Institutiones rei herbariae. 3 Bände. Paris: Typographia regia. (Enthält bereits zahlreiche Namen, die heute meist mit LINNÉ verknüpft sind, aber als nicht gültig publiziert gelten, da vor 1753 erschienen)

ZOHARI, M. (1983) Pflanzen der Bibel. Stuttgart: Calwer.

7. Erklärung der wissenschaftlichen und deutschen Pflanzennamen (Etymologie)

ANDRESEN, K. G. (1883) Ueber deutsche Volksetymologie. 4. Aufl. Online: archive.org/details/ueberdeutschevol00andr

BURKHARDT, L. (2016) Verzeichnis eponymischer Pflanzennamen. Eine botanische, historische, biographische Recherche zu Widmungen in den Pflanzengattungen. https://www.bgbm.org/de/other-publications/verzeichnis-eponymischer-pflanzennamen

DUDEN (2014) Das Herkunftswörterbuch. Eine Etymologie der deutschen Sprache. Duden Band 7. 5. Aufl. Mannheim: Dudenverlag.

DWDS: DIGITALES WÖRTERBUCH DER DEUTSCHEN SPRACHE (Stand 2019) www.dwds.de.wb (Enthält u. a. die Angaben des Etymologischen Wörterbuchs von W. PFEIFER und die des GRIMMSCHEN Wörterbuchs)

FISCHER, M. A. (2001) Wozu deutsche Pflanzennamen? Neilreichia 1: 181–232.

FISCHER, M. A. (2002) Zur Typologie und Geschichte deutscher Gattungsnamen mit einem Anhang über deutsche infraspezifische Namen. Stapfia 80: 125–200.

GENAUST, H. (1996) Etymologisches Wörterbuch botanischer Pflanzennamen. 3. Aufl. Basel und Stuttgart: Birkhäuser. (Lizenzausgabe 2012 Hamburg: Nikol)

GRIMM, J. & GRIMM, W. (1854–1954) Deutsches Wörterbuch. Bd. I–XVI. Leipzig. (Enthalten im DWDS)

HIRT, H. (1921) Etymologie der neuhochdeutschen Sprache. Darstellung des deutschen Wortschatzes in seiner sprachlichen Entwicklung. 2. Aufl. München: Beck. (Nachdruck 1968)

KANNGIESSER, F. (1908) Die Etymologie der Phanerogamennomenclatur. Eine Erklärung der wissenschaftlichen, der deutschen, französischen, englischen und holländischen Pflanzennamen. Gera: von Zezschwitz. Online: http://www.zobodat.at/pdf/MON-B-PHAN_0347_0001-0203.pdf. (Wenig bekannte Zusammenstellung; oft mit mehreren alternativen Erklärungen)

KATZER, G. (2012) Gernot Katzers Gewürzseiten. http://gernot-katzers-spice-pages.com/germ/index.html (Mit ausführlicher Etymologie)

KLUGE, F. (2012) Etymologisches Wörterbuch der deutschen Sprache. 25. Aufl., bearb. von E. SEEBOLD. Berlin: De Gruyter.

MARZELL, H. (& PAUL, H.) (1937–1980) Wörterbuch der deutschen Pflanzennamen. 5 Bände + Registerband. Leipzig. (Reprint 2000 Köln: Parkland)

PFEIFER, W. et al. (1995) Etymologisches Wörterbuch des Deutschen. 3. Aufl. München: dtv. (Die aktualisierte Version ist enthalten im DWDS)

PRITZEL, G. A. & JESSEN, C. (1882) Die deutschen Volksnamen der Pflanzen. Neuer Beitrag zum deutschen Sprachschatze. Hannover: Philipp Cohen.

QUATTROCCHI, U. (2000) CRC World dictionary of plant names. 4 Bände. Boca Raton (Florida): CRC Press.

SAUERHOFF, F. (2003) Etymologisches Wörterbuch der Pflanzennamen. Stuttgart: Wiss. Verlagsgesellschaft. (Erklärung der wissenschaftlichen und deutschen Namen)

SEIDENSTICKER, P. (1997) Die seltzamen namen all. Studien zur Überlieferung der Pflanzennamen. Zeitschrift für Dialektologie und Linguistik, Beihefte, Bd. 101.

SÖHNS, F. (1907) Unsere Pflanzen. Ihre Namenserklärung und ihre Stellung in der Mythologie und im Volksglauben. Leipzig: Teubner. (Reprint 2012 Paderborn: Salzwasser-Verlag)

WITTSTEIN, G. C. (1856) Etymologisch-botanisches Handwörterbuch. Zweite Ausgabe. Erlangen: Palm & Enke. (Sehr ausführlich, aber nicht alle Angaben sind zuverlässig)

8. Vorkommen: Lebensräume, Standortansprüche, Verbreitung, Art der Einbürgerung, Gefährdung, Naturschutz

BRAUN-BLANQUET, J. (1964) Pflanzensoziologie. Grundzüge der Vegetationskunde. 3. Aufl. Wien: Springer.

BUNDESARTENSCHUTZVERORDNUNG (2005): Verordnung zum Schutz wild lebender Tier- und Pflanzenarten. Bundesgesetzblatt, Teil I, zuletzt geändert am 16.2.2005. – In Verbindung mit der EU-Verordnung 338/97 vom 9.12.1996, zuletzt geändert durch die Verordnung 1497/2003 vom 18.8.2003 (enthalten in www.floraweb.de).

BUTTLER, K. P., MAY, R. & METZING, D. (2018) Liste der Gefäßpflanzen Deutschlands. Florensynopse und Synonyme. BfN-Skripten 519. Bundesamt für Naturschutz. (Online-Publikation. Eine pdf-Version kann heruntergeladen werden unter www.bfn.de/skripten.html)

BUTTLER, K., THIEME, M. et al. (Stand 2019) Florenliste von Deutschland – Gefäßpflanzen, Version 8. www.kp-buttler.de/florenliste/index.htm (Mit Angabe der Verbreitung und den nach Bundesländern aufgeschlüsselten Einbürgerungsgraden)

ELLENBERG, H. & LEUSCHNER, C. (2010) Vegetation Mitteleuropas mit den Alpen in ökologischer, dynamischer und historischer Sicht. 6. Aufl. Stuttgart: Ulmer.

ELLENBERG, H., WEBER, H. E., DÜLL, R., WIRTH, V., WERNER, W. & PAULISSEN, D. (2002) Zeigerwerte von Pflanzen in Mitteleuropa. 3. Aufl. Scripta Geobotanica 18. (Die Daten sind auch enthalten in www.floraweb.de)

FLORAWEB (Stand 2020) www.floraweb.de (Datenbank des Bundesamtes für Naturschutz, u. a. mit Angaben zu Gefährdung, Schutz, Zeigerwerten nach ELLENBERG, Standorten, Areal, Verbreitungskarte in Deutschland usw.)

HAEUPLER, H. & SCHÖNFELDE, P. (1989) Atlas der Farn- und Blütenpflanzen der Bundesrepublik Deutschland. 2. Aufl. Stuttgart: Ulmer. (Aktualisierte online-Version enthalten in floraweb.de)

IUCN: INVASIVE SPECIES SPECIALIST GROUP (Stand 2015) 100 of the World's Worst Invasive Species. !00 der am meisten invasiven Arten der Welt. vgl. https://de.wikipedia.org/wiki/100_of_the_World%E2%80%99s_Worst_Invasive_Alien_Species (Pflanzen und Tiere)

JÄGER, E. J. (Hrsg.) (2017) Rothmaler, Exkursionsflora von Deutschland. Gefäßpflanzen: Grundband. 21. Aufl. Heidelberg: Spektrum Akad. Verlag. (Mit ausführlichen ökologischen Angaben)

KOWARIK, I. (2010) Biologische Invasionen. Neophyten und Neozoen in Mitteleuropa. 2. Aufl. Stuttgart: Ulmer.

METZING, D. et al. (2018) Rote Liste und Gesamtartenliste der Farn- und Blütenpflanzen (Trachaeophyta) Deutschlands. Naturschutz und Biologische Vielfalt 70 (7), 13–358 = Teil der vom BUNDESAMT FÜR NATURSCHUTZ herausgegebenen ‚Rote Liste gefährdeter Tiere, Pflanzen und Pilze Deutschlands, Band 7: Pflanzen'. (Der Gefährdungsgrad ist auch in der Datenbank floraweb.de mit Stand von 2020 enthalten, die Rote Liste enthält aber viel mehr Daten und nennt auch die zahlreichen Fälle von Veränderungen gegenüber der Roten Liste von 1998. Durch Berücksichtigung der Neophyten ist die Rote Liste zugleich eine Gesamtartenliste für Deutschland und ist abgestimmt mit BUTTLER et al. 2018)

NEOBIOTA (Stand 2020) Gebietsfremde und invasive Arten https://neobiota.bfn.de (Informationsportal des Bundesamtes für Naturschutz)

OBERDORFER, E. (2001) Pflanzensoziologische Exkursionsflora für Deutschland und angrenzende Gebiete. 8. Aufl. Stuttgart: Ulmer.

POTT, R. (1995) Die Pflanzengesellschaften Deutschlands. 2. Aufl. Stuttgart: Ulmer.

SCHROEDER, F.-G. (1974) Zu den Status-Angaben bei der floristischen Kartierung Mitteleuropas. Göttinger Floristische Rundbriefe 8: 69–92.

9. **Blüte:** Bau der Blüte, Bestäubung, Blütenökologie

BRITISH ECOLOGICAL SOCIETY: Database for the biological flora of the British Isles. https://www.britishecologicalsociety.org/publications/journals/journal-of-ecology/biological-flora-database (Die behandelten Arten sind alphabetisch aufgelistet und führen per Mausklick zur entsprechenden Publikation)

BUNDESMINISTERIUM FÜR ERNÄHRUNG UND LANDWIRTSCHAFT (2020) Bienenfreundliche Pflanzen. Das Pflanzenlexikon für Balkon und Garten. Auch online: https://www.bmel.de/SharedDocs/Downloads/DE/Broschueren/BienenfreundlichePflanzen.pdf?__blob=publicationFile&v=14

CLAESSENS, J. & KLEYNEN, J. (2011) The flower of the European orchid. Form and function. Im Selbstverlag. (Zu bestellen unter www.europeanorchids.com)

DIE HONIGMACHER (Stand 2020) www.die-honigmacher.de. (Informationen zum Thema Blüten und Bienen, z. B. mit Blühkalender)

DEUTSCHER WETTERDIENST (1991) Anleitung für die phänologischen Beobachter des Deutschen Wetterdienstes. 3. Aufl. Offenbach: Deutscher Wetterdienst.

EBERT, G. (Hrsg.) (1991–2003) Die Schmetterlinge Baden-Württembergs. 10 Bände. Stuttgart: Ulmer. (Mit ausführlichen Angaben zu den Wirtspflanzen)

FAEGRI, K. & PIJL, L. VAN DER (1979) The principles of pollination ecology. 3. Aufl. Oxford: Pergamon Press. (Seit 2016 als E-Book erhältlich)

FLÜGEL, H.-J (2013) Blütenökologie. Band 1: Die Partner der Blumen. Magdeburg: Wolf. (= Die Neue Brehm-Bücherei Bd. 43/1). (Bd. 2 siehe SCHWERDTFEGER & FLÜGEL 2015)

GRAF, J. (1975) Tafelwerk zur Pflanzensystematik. Mit neuartiger Bildmethode. München: Lehmann, später Berlin: Springer. (Sehr genaue Strichzeichnungen und Beschreibungen des Baus von Blüten und Früchten)

HESS, D. (1991) Die Blüte. Eine Einführung in Struktur und Funktion, Ökologie und Evolution der Blüten. Mit Anleitungen zu einfachen Versuchen. 2. Aufl. Stuttgart: Ulmer.

HINTERMEIER, H. & HINTERMEIER, M. (2001, 2005, 2012, 2014) Blütenpflanzen und ihre Gäste. Teil 1 und Teil 2. München: Obst- und Gartenbauverlag. Teil 3 und 4. Bad Windsheim: Delp. Zu bestellen bei Helmut_Hintermeier@web.de (Empfehlenswerte, anschauliche und reich bebilderte Darstellung einer großen Auswahl von Blütenpflanzen mit ihren Beziehungen zu Insekten, z. T. in zweiter Auflage)

HINTERMEIER, H. & HINTERMEIER, M. (2018, 2019) Schmetterlinge im Garten und in der Landschaft 2 Teile. Zu bestellen bei Helmut_Hintermeier@web.de (Besonders in Teil 2 ausführliche Bezüge zu den Wirtspflanzen).

HONIG-PORTAL (Stand 2019) www.honig-portal.de/index.html: Honig-Portal. Entstehung, Ernte, Heilwirkung und vieles mehr ... (Alles rund um das Thema Honig mit ausführlichen Angaben von Literatur und Internet-Links)

JACOBS, W. & RENNER, M. (Begr.) (2007) Biologie und Ökologie der Insekten. Ein Taschenlexikon. 4. Aufl., bearb. von BELLMANN, H. et al. Heidelberg: Spektrum.

KIRCHNER, O. VON (1888) Flora von Stuttgart und Umgebung, mit besonderer Berücksichtigung der pflanzenbiologischen Verhältnisse. Stuttgart: Ulmer.

KIRCHNER, O. VON (1911) Blumen und Insekten. Leipzig: Teubner.

KIRCHNER, O. VON, LOEW, E. & SCHRÖTER, C. (1904–1942) Lebensgeschichte der Blütenpflanzen Mitteleuropas (spezielle Ökologie). Stuttgart.

KNUTH, P. (1898–1905) Handbuch der Blütenbiologie. Bände 1, 2/1 und 2/2. Kiel, Leipzig: Engelmann.

KREMER, B. P. (2012) Blütengeheimnisse. Wie Blumen werben, locken und verführen. Bern: Haupt.

KUGLER, H. (1970) Blütenökologie. 2. Aufl. Stuttgart: G. Fischer. (Schon lange vergriffenes Standardwerk; vgl. auch SCHWERDTFEGER & FLÜGEL 2015)

LEINS, P. & ERBAR, C. (2008) Blüte und Frucht. Aspekte der Morphologie, Entwicklungsgeschichte, Phylogenie, Funktion und Ökologie. 2. Aufl. Stuttgart: Schweizerbart' sche Verlagsbuchhandlung.

LUNAU, K. (2011) Warnen, Tarnen, Täuschen. Mimikry und Nachahmung bei Pflanze, Tier und Mensch. Darmstadt: Primus-Verlag.

LUNAU, K. (2020) Bienensicht auf Blumen mit Falschfarbenphotographie. Naturwiss. Rundschau 73, 173–180.

LÜTTIG, A. & KASTEN, J. (2003) Hagebutte & Co. Blüten, Früchte und Ausbreitung europäischer Pflanzen. Nottuln: Fauna-Verlag.

MAURIZIO, A. & SCHAPER, F. (1994) Das Trachtpflanzenbuch: Nektar und Pollen – die wichtigste Nahrung der Honigbiene. 4. Aufl. München: Ehrenwirth. 5. Aufl. Stuttgart: G. Fischer.

MÜLLER, G. & MÜLLER, C. (1994) Geheimnisse der Pflanzenwelt. Leipzig, Jena, Berlin: Urania. (Mit anschaulichen Übersichten zur Blüten- und Ausbreitungsökologie; vergriffen)

MÜLLER, H. (1873) Die Befruchtung der Blumen durch Insekten. Leipzig: W. Engelmann.

OSCHE, G. (1979) Zur Evolution optischer Signale bei Blütenpflanzen. Biologie in unserer Zeit 9: 161–170.

PAULUS, H. F. (2005) Bestäubungsbiologie der Orchideen. S. 98–140 in BLATT, ECCARIUS & KRETZSCHMAR (eds.) Die Orchideen Deutschlands. Uhlstädt-Kirchhasel (AHO).

PROCTOR, M., YEO, P. & LACK, A. (1996) The natural history of pollination. 2nd ed. London: Harper Collins.

RØRSLETT, B. (Stand 2019) Flowers in ultraviolet, arranged by plant family. http://www.naturfotograf.com/UV_flowers_list.html#top. (UV-Bilder von Blüten)

ROSEN, D. & BARTHLOTT, W. (1991) Ökologische Aspekte der Ultraviolett-Reflexion von Blumen in Mitteleuropa, besonders in der Eifel. Decheniana (Bonn) 144: 72–112.

ROUBIK, D. W. (Ed.) (2018) The pollination of cultivated plants. A compendium for practicers. 2nd ed. FAO.

SCHWERDTFEGER, M. & FLÜGEL, H.-J. (2015) Blütenökologie. Band 2: Sexualität und Partnerwahl im Pflanzenreich. Magdeburg: Wolf (= Die Neue Brehm-Bücherei 43/2). (Bd. 1 siehe FLÜGEL 2013)

SPOHN, R. & SPOHN, M. (2015) Blumen und ihre Bewohner. Der Naturführer zum reichen Leben an Garten- und Wildpflanzen. Bern: Haupt. (Schwerpunkt: Schädlinge und Bestäuber)

SPOHN, R. & SPOHN, M. (2016) Bäume und ihre Bewohner. Der Naturführer zum reichen Leben an Bäumen und Sträuchern. Bern: Haupt. (Schwerpunkt: Schädlinge und Bestäuber)

SPRENGEL, C. K. (1793) Das entdeckte Geheimnis der Natur im Bau und in der Befruchtung der Blüten. Berlin: Vieweg. (Reprint 1972. Lehre: Cramer)

STÜTZEL, T. & RÖWEKAMP, I. (1999) Bestäubungsbiologie bei Nacktsamern. Palmengarten Sonderheft 31: 107–117.

VOGEL, S. (1954) Blütenbiologische Typen als Elemente der Sippengliederung: dargestellt anhand der Flora Südafrikas. Botanische Studien 1: 1–338.

WESTERKAMP, C. (1999) Nutzpflanzenbestäubung: Blüten-Vielfalt braucht Bestäuber-Vielfalt. Palmengarten Sonderheft 31: 149–157.

WESTRICH, P. (1990) Die Wildbienen Baden-Württembergs. 2 Bände. 2. Aufl. Stuttgart: Ulmer. (vergriffen)

WESTRICH, P. (2014): Faszination Wildbienen. https://www.wildbienen.info/ibn/index.php

WESTRICH, P. (2015) Wildbienen: Die anderen Bienen. 5. Aufl. München: Pfeil. (Vgl. http://www.wildbienen.info/index.php)

YEO, P. F. (1993) Secondary pollen presentation. Form, function and evolution. Plant Systematics and Evolution Suppl. 6.

ZIZKA, G. & SCHNECKENBURGER, S. (Hrsg.) (1999) Blütenökologie. Faszinierendes Miteinander von Pflanzen und Tieren. Frankfurt/Main: Kramer.

10. Früchte und Samen: Bau der Samen und Früchte, Ausbreitungsökologie, Fruchtreife, Samenkeimung

BONN, S. & POSCHLOD, P. (1998) Ausbreitungsbiologie der Pflanzen Mitteleuropas. Grundlagen und kulturhistorische Aspekte. Wiesbaden: Quelle & Meyer.

BRITISH ECOLOGICAL SOCIETY: Database for the biological flora of the British Isles. https://www.britishecologicalsociety.org/publications/journals/journal-of-ecology/biological-flora-database (Die behandelten Arten sind alphabetisch aufgelistet und führen per Mausklick zur entsprechenden Publikation)

GRAF, J. (1975) Tafelwerk zur Pflanzensystematik. München: Lehmann, später Berlin: Springer. (Genaue Strichzeichnungen und Beschreibungen des Baus von Blüten und Früchten)

LENGYEL, S. et al. (2009) Ants sow the seeds of global diversification in flowering plants. PLoS ONE 4 (5): e5480.

LENGYEL, S. et al. (2010) Convergent evolution of seed dispersal by ants, and phylogeny and biography in flowering plants: A global survey. Perspectives in Plant Ecology, Evolution and Systematics 12, 43–55. (Ameisenausbreitung mit Hilfe von Elaiosomen)

LEINS, P. & ERBAR, C. (2008) Blüte und Frucht. Aspekte der Morphologie, Entwicklungsgeschichte, Phylogenie, Funktion und Ökologie. 2. Aufl. Stuttgart: Schweizerbart' sche Verlagsbuchhandlung.

LUFTENSTEINER, H. W. (1982) Untersuchungen zur Verbreitungsbiologie von Pflanzengemeinschaften an vier Standorten in Niederösterreich. Stuttgart: Schweizerbart.

LÜTTIG, A. & KASTEN, J. (2003) Hagebutte & Co. Blüten, Früchte und Ausbreitung europäischer Pflanzen. Nottuln: Fauna-Verlag. (Gut bebildertes und sehr anschauliches Buch ausgewählter Arten mit Schwerpunkt Ausbreitung der Samen und Früchte)

MÜLLER-SCHNEIDER, P. (1983) Verbreitungsbiologie (Diasporologie) der Blütenpflanzen. 3. Aufl. Bern: Huber (= Veröff. Geobot. Inst. ETH, Stiftung Rübel, Zürich 61). (Standardwerk)

MÜLLER-SCHNEIDER, P. (1986) Verbreitungsbiologie der Blütenpflanzen Graubündens. – Bern: Huber (= Veröff. Geobot. Inst. ETH, Stiftung Rübel, Zürich 85). (Nach Pflanzenarten gegliederte Zusammenstellung mit weit über Graubünden hinaus gehender Bedeutung)

PIJL, L. VAN DER (1987) Principles of dispersal in higher plants. 3. Aufl. Berlin u. a.: Springer.

ROYAL BOTANICAL GARDENS KEW (2008) Seed database. https://data.kew.org/sid/

Sernander, R. (1906) Entwurf einer Monographie der europäischen Myrmekochoren. K. Svenska Vet.-Akad. Handl. 41: 1–410. Online: http://archive.org/stream/svenskavetenskap41kung#page/n431/mode/2up

Türke, M. & Weisser, W. W. (2013) Species, diaspore volume and body mass matter in gastropod seed feeding behavior. (Ausbreitung durch Schnecken)

Türke, M. et al. (2012) Are gastropods, rather than ants, important dispersers of seeds of myrmecochorous forest herbs? Am Nat 179: 124–131.

11. Verwendung: Nutzpflanzen, Heil- und Gewürzpflanzen, Zierpflanzen, Naturgartenpflanzen, Wildpflanzen als Nahrung, Volkskundliches

Brosse, J. (2004) Die Magie der Pflanzen. Düsseldorf: Patmos.

Bundesministerium für Ernährung und Landwirtschaft (2020) Bienenfreundliche Pflanzen. Das Pflanzenlexikon für Balkon und Garten. Auch online: https://www.bmel.de/SharedDocs/Downloads/DE/Broschueren/BienenfreundlichePflanzen.pdf?__blob=publicationFile&v=14

Cheers, G. (Hrsg.) (2015) Botanica: Das Abc der Pflanzen. 10 000 Arten in Text und Bild. Potsdam: H. F. Ullmann Publishing.

Deutsches Arzneibuch (DAB) 2015 (2016). 8. Ausgabe. Stuttgart: Deutscher Apotheker-Verlag.

FAO (Food and Agriculture Organization of the United Nations) (Stand 2018): http://www.fao.org/faostat/en/#data/QC (Mit Informationen über aktuelle Ernteerträge)

Fleischhauer, S. G., Guthmann, J. & Spiegelberger, R. (2013) Enzyklopädie essbare Wildpflanzen. 2000 Pflanzen Mitteleuropas. Bestimmung, Sammeltipps, Inhaltsstoffe, Heilwirkung, Verwendung in der Küche. 2. Aufl. München: AT Verlag.

Fleischhauer, S. G., Guthmann, J. & Spiegelberger, R. (2016) Essbare Wildpflanzen.200 Arten bestimmen und verwerten. 2. Aufl. München: AT Verlag.

Fleischhauer, S. G., Guthmann, J. & Spiegelberger, R. (2020) Essbare Wildpflanzen einfach bestimmen. Die 50 beliebtesten Arten in mehr als 400 Farbfotos. Mit Rezepten und Tipps für die Küche. 2. Aufl. München: AT Verlag.

Franke, W. (Begr.) (2012) Nutzpflanzenkunde. 8. Aufl., bearb. von Lieberei, R. & Reisdorff, C. Stuttgart: Thieme.

Frohne, D. (2006) Heilpflanzenlexikon. Ein Leitfaden auf wissenschaftlicher Grundlage. 8. Aufl. Stuttgart: Wiss. Verlagsges.

Gartendatenbank (Stand 2019) www.gartendatenbank.de (Zahlreiche Angaben über Gartenpflanzen und ihre Pflege)

Helm, E. M. (2005) Feld-, Wald- und Wiesenkochbuch. Sammeln, Zubereiten und Einkochen von Wildgemüsen und Wildfrüchten. Neuauflage. München: Heyne Verlag.

Höfler, M. (1908) Volksmedizinische Botanik der Germanen. Wien. Reprint 1990 hg. von C. Rätsch.

Hortipendium (Stand 2019) www.hortipendium.de: Das grüne Lexikon „für die grünen Berufe und den Freizeitgartenbau". (Gefördert bis 2014 vom Bundesministerium für Ernährung und Landwirtschaft)

Jäger, E. J., Ebel, F., Hanelt, P. & Müller, G. K. (2008) Rothmaler, Exkursionsflora von Deutschland. Band 5. Krautige Zier- und Nutzpflanzen. Berlin, Heidelberg: Spektrum Akad. Verlag.

Katzer, G. (Stand 2019) Gernot Katzers Gewürzseiten: http://gernot-katzers-spice-pages.com/germ/index.html

Kircher, U. (1982) Mit Pflanzen färben. Die Grundlagen zum Färben von Wolle. 2. Aufl. Marburg: W. Kircher.

Körber-Grohne, U. (1988) Nutzpflanzen in Deutschland. Kulturgeschichte und Biologie. 2. Aufl. Stuttgart: Theiss.

Krausch, H. D. (2003) „Kaiserkron und Päonien rot …" Entdeckung und Einführung unserer Gartenblumen, München, Hamburg: Dölling und Galitz.

Kremer, B. P. (1988) Duft- und Aromapflanzen. Kosmos Naturführer. Stuttgart: Franckh'sche Verlagshandlung.

Lappen, D. (2015) Baumschule Lappen. Der Katalog. Nettetal-Kaldenkirchen: Selbstverlag.

Lieberei & Reisdorff → Franke, W.

LOHMANN, M. (2004) Naturgarten. Mit Pflanzenlexikon und über 200 praktischen Tipps. München: Bassermann.

LOHMANN, U. et al. (2010) Holzlexikon. Sonderausgabe. Hamburg: Nikol.

MACHATSCHEK, M. (2002) Laubgeschichten: Gebrauchswissen einer alten Baumwirtschaft, Speise- und Futterlaubkultur. Wien: Böhlau.

MACHATSCHEK, M. (2003, 2004, 2015) Nahrhafte Landschaft. 3 Bände. Wien: Böhlau.

MACHATSCHEK, M. (2010) Kap. 3: Wildkräuter als Nahrung. Kap. 4: Über die Vielfalt der Wildobst- und Gehölznutzungen. In: ARNDORFER M. (Hrsg.) Wie viele Arten braucht der Mensch? – eine Spurensuche. (Grüne Reihe des Österreichischen Lebensministeriums Bd. 22). Wien: Böhlau.

MACHATSCHEK, M. & MAUTHNER, E. (2015) Speisekammer aus der Natur. Bevorratung und Haltbarmachung von Wildpflanzen. Wien: Böhlau.

MADAUS, G. (1938) Lehrbuch der biologischen Heilmittel. 3 Bde. Leipzig. (online-Versionen der vielfältigen Pflanzenporträts bei https://www.henriettes-herb.com/eclectic/madaus/actaea.html

MANSFELD, R. (1986) Verzeichnis gärtnerischer und landwirtschaftlicher Kulturpflanzen (ohne Zierpflanzen). 2 Bände. 2. Aufl. bearb. von Schultze-Motel, J. Berlin u. a.: Springer. Engl. Ausgabe, hrsg. von HANELT, P. (2001) Mansfeld's Encyclopedia of Agricultural and Horticularal Crops. 6 Vols. Berlin: Springer. (Betrifft 6000 Arten, weltweit)

MARZELL, H. (1935) Volksbotanik. Die Pflanze im Deutschen Brauchtum. Berlin: Enckehaus.

MEIN SCHÖNER GARTEN https://www.mein-schoener-garten.de/pflanzen (zahlreiche Pflanzenporträts mit Tipps zum Anbau)

PAHLOW, M. (1989) Das große Buch der Heilpflanzen. Gesund durch die Heilkräfte der Natur. Sonderausgabe 2013. Hamburg: Nikol.

PRINZ, E. (2014) Färberpflanzen. Anleitung zum Färben, Verwendung in Kultur und Medizin. 2. Aufl. Stuttgart: Schweizerbart.

ROLOFF, A. & BÄRTELS, A. (2014) Flora der Gehölze. Bestimmung, Eigenschaften und Verwendung. 4. Aufl. Stuttgart: Ulmer.

ROTH, L., KORMANN, K. & SCHWEPPE, H. (1993) Färbepflanzen; Pflanzenfarben; Landsberg: ecomed.

SCHÖNFELDER, I. & SCHÖNFELDER, P. (2015) Der Kosmos-Heilpflanzenführer. Über 600 Heil- und Giftpflanzen Europas. 3. Aufl. Stuttgart: Kosmos.

SCHWEPPE, H. (2001) Handbuch der Naturfarbstoffe. Königstein: Koeltz.

SEIDEMANN, J (1993) Würzmittellexikon. Hamburg: Behr's Verlag.

SÖHNS, F. (1907) Unsere Pflanzen. Ihre Namenserklärung und ihre Stellung in der Mythologie und im Volksglauben. Leipzig: Teubner. (Reprint 2012 Paderborn: Salzwasser-Verlag)

SPOHN, M. & SPOHN, R. (2019) Unsere wichtigsten Arzneipflanzen. 41 Arten, die jeder kennen sollte. Wiebelsheim: Quelle & Meyer.

TEUSCHER, E. (2018) Gewürze und Küchenkräuter. Gewinnung, Inhaltsstoffe, Wirkung, Verwendung. 2. Aufl. Stuttgart: Wiss. Verlagsges.

TUBES, G. (2014) Nutzbare Wildpflanzen gesund und schmackhaft. 2. Aufl. Wiebelsheim: Quelle & Meyer.

WICHTL, M. (Begr.) (2016) Wichtl – Teedrogen und Phytopharmaka. Ein Handbuch für die Praxis. 6. Aufl., hrsg. von W. BLASCHEK. Stuttgart: Wiss. Verlagsgesellschaft.

WIDMAYR, C. (1999) Malve, Mangold und Melisse. Bauerngärten neu entdeckt. 7. Aufl. München: BLV.

ZANDER, R. (Begr.) (2014) Handwörterbuch der Pflanzennamen. 19. Aufl., bearb. von W. ERHARDT

Worterklärungen

Man vergleiche auch die am Anfang des Buches erläuterten Begriffe zur Blüten- und Ausbreitungsökologie sowie zu den Lebensformen.

Abortivum: Abtreibungsmittel.

Achäne: einsamige Nussfrucht, Samenschale und Fruchtwand verwachsen bzw. verklebt, Fruchtknoten unterständig; vgl. S. 30.

Adventivwurzeln: sprossbürtige Wurzeln.

Aerenchym = Durchlüftungsgewebe: Zwischen den Zellen befinden sich große Interzellularen.

Aggregat (agg.) → Artengruppe.

Agriophyten: gebietsfremde Pflanzen, die sich inzwischen – zumindest örtlich – als fester Bestandteil der Wildflora etabliert haben; vgl. S. 42.

ahd.: althochdeutsch.

Ährchen: Teilblütenstand der Gräser.

Ähre: unverzweigter Blütenstand mit ungestielten Blüten.

Ährenrispe: rispiger Blütenstand bei Gräsern, der wegen der sehr kurzen Ästchen den Eindruck einer Ähre erweckt.

Alkaloide: basische, stickstoffhaltige organische Verbindungen mit meist starker Giftwirkung.

Allelopathie: Eigenschaft bestimmter Pflanzen, durch Abgabe von organischen Verbindungen Wachstum oder Keimen anderer Pflanzen zu hemmen oder zu verhindern.

alloploid, allopolyploid: Additionsbastard, entstanden durch Verdoppelung des Bastard-Chromosomensatzes.

alpin, alpine Stufe: oberhalb der Baumgrenze.

Alteinwanderer → Archäophyt.

analog: der Funktion nach einander entsprechend, funktionsgleich.

androdiözisch: männliche und zwittrige Pflanzen kommen vor.

andromonözisch: auf der gleichen Pflanze kommen männliche und zwittrige Blüten vor.

Angiospermen = Bedecktsamer: Die weitaus größte Gruppe der Samenpflanzen. Bei ihnen sind die Samen in einen Fruchtknoten eingeschlossen.

Anisophyllie = Ungleichblättrigkeit: Unterschiedliche Blattformen befinden sich im gleichen Sprossabschnitt; z. B. beim Moosfarn (= *Selaginella*). (Im Unterschied dazu sind bei der Heterophyllie unterschiedlich gebaute Blätter in unterschiedlichen Sprossbereichen.)

annuell = einjährig: Bei den Sommerannuellen erfolgt der gesamte Lebenszyklus im gleichen Kalenderjahr. Bei den Winterannuellen bildet die Pflanze schon im Herbst eine Rosette und kommt erst im kommenden Jahr zur Blüte.

Anthere → Staubbeutel.

Antheridium: männliches Geschlechtsorgan bei Farnen und Moosen.

Anthocyane: im Zellsaft gelöste, rote bis blaue Farbstoffe.

Anulus: Reihe teilweise verdickter Zellen der Farnsporangien. Sie bewirken durch Aufreißen deren Öffnung.

Apfelfrucht: Frucht (Sammelfrucht) der Kernobstgewächse (Familie Rosaceae).

Aphrodisiakum: potenzsteigerndes Mittel.

apokarp: Fruchtblätter frei (= chorikarp).

apomiktisch, Apomixis: Im engeren Sinne die Entstehung von Samen ohne Befruchtung aus Zellen der Samenanlage. Die Nachkommen sind dabei mit dem Elter genetisch identisch. Verbreitet ist Apomixis z. B. bei Brombeeren (*Rubus*), Habichtskraut (*Hieracium*) und Löwenzahn (*Taraxacum*). Manche Autoren bezeichnen die geschilderte Form ungeschlechtlicher Vermehrung als Agamospermie und verwenden den Begriff Apomixis im ursprünglichen weiten Sinne allgemein für den Verlust der geschlechtlichen Fortpflanzung und deren Ersatz durch jede Art von ungeschlechtlicher Fortpflanzung.

äquifazial: Blattoberseite und Blattunterseite sind gleich gestaltet.

arbuskuläre Mykorrhiza → Mykorrhiza.

Archäophyten: nicht einheimische Pflanzen, die in vor- oder frühgeschichtlicher Zeit in das Gebiet gelangt sind, z. B. viele kurzlebige Ackerwildkräuter. Zeitliche Obergrenze ist das Jahr 1492; vgl. auch S. 41.

Archegonium: weibliches Geschlechtsorgan (Eibehälter), so bei Farnen und Moosen.

Areal: Verbreitungsgebiet einer Sippe, also einer Art, Gattung usw.

Arillus = Samenmantel: Er wird nicht aus Gewebe des Samens gebildet. Meist dient er zur Anlockung von Vögeln usw., die die Samen ausbreiten.

Art: Spezies (lat. species); siehe auch unter Linné.

Artbeiname (Artepitheton): der zweite Teil eines Artnamens. Jeder Artname ist seit Linné (1753) zweiteilig (Binom: z. B. *Fagus sylvatica*), er besteht aus dem Gattungsnamen (*Fagus*) und dem

Artbeinamen (*sylvatica*). Im Deutschen wird der Artbeiname vor den Gattungsnamen gestellt, z. B. Stiel-Eiche.

Artengruppe (Aggregat, Sammelart): Gruppe ähnlicher, oft schwer unterscheidbarer Arten (Kleinarten); der Begriff ist rein pragmatisch ohne Aussagewert im Sinne einer natürlichen Verwandtschaft.

Assimilate: energiereiche, organische Verbindungen, die von der Pflanze produziert werden, vor allem bei der Photosynthese (= Photosynthese-Produkte).

Assoziation: Pflanzengesellschaft im Sinne von Braun-Blanquet; vgl. pflanzensoziologische Einheiten.

ätherische Öle: flüchtige Substanzen, gewöhnlich aromatisch duftend.

Aue: durch regelmäßige Überflutungen geprägte Bereiche entlang von Fließgewässern.

ausdauernd: Pflanze, die über mehrere Jahre hinweg lebt und auch mehrere Jahre blüht. Ausdauernde krautige Pflanzen heißen Stauden. Ausdauernd sind natürlich auch alle Gehölze.

Austrocknungsstreuer: Form der Selbstausbreitung, s. S. 33.

Autotrophie, autotroph: Fähigkeit, energieärmere, anorganische Substanzen in energiereichere umzuwandeln.

Äzidien: Sporenlager der Rostpilze (Sporen zweikernig).

Balg, Balgfrucht: Aus einem Fruchtblatt gebildete Öffnungsfrucht, die sich bei der Reife entlang der Verwachsungsnaht (= Bauchnaht) öffnet; vgl. S. 29.

Barbarazweige: Zweige von Ziergehölzen, z. B. Kirschen, Zierquitten und Forsythien, die um den 4. Dezember herum (Barbaratag) im warmen Zimmer in eine Vase gestellt werden, damit sie an Weihnachten blühen.

basenhold: auf meist kalkfreien, aber an basischen Kationen reichen Böden vorkommend.

Bast = sekundäres Phloem: Bildet bildet sich im Zusammenhang mit sekundärem Dickenwachstum, so etwa bei allen Gehölzen. Anders als das primäre Phloem enthält er meist Bastfasern, die der Festigung dienen.

Bastard: Ergebnis einer Kreuzung, Hybride.

Beere: Frucht, bei der zur Reife alle Teile der Fruchtwand fleischig sind; vgl. S. 30.

Bestäubung: Übertragung des Blütenstaubs (= Pollens) auf die Narbe (bzw. bei Nacktsamern auf die Samenanlage); vgl. S. 18–28.

Bienen: Sammelbegriff für Honigbienen und Wildbienen (einschließlich Hummeln). Systematisch gesehen handelt es sich um eine Gruppe von etwa 7 Familien innerhalb der Hautflügler, die teils als Apiformes, teils als Apoidea bezeichnet werden. Wichtige Familie sind die Apidae (= Echte Bienen), zu denen die Honigbienen, die Hummeln und ein Teil der übrigen Wildbienen gehören.

Bienentrachtpflanze = Bienenfutterpflanze, Bienenweide: Blütenpflanze, die als Nektar- und/oder Pollenquelle für Honigbienen von besonderer Bedeutung ist.

Bionik: Übertragung und Nutzung von Naturphänomen auf die Technik, z. B. der durch den Feinbau von Kletten (*Arctium*) inspirierte Klettverschluss, der Lotuseffekt (siehe *Tropaeolum*), der ‚rose petal effect' (siehe *Rosa*), der *Salvinia*-Effekt, die Mohnkapsel als Vorbild für Salzstreuer (siehe *Papaver*) usw.

Bitterstoffe = Amara: chemisch verschiedenartige bittere Substanzen. Wohl Schutzmittel gegen Tierfraß. Sie üben beim Menschen oft eine positive Wirkung auf die Sekretion des Verdauungstraktes aus.

Blattgrund: der unterste Teil eines Blattes an seiner Anheftungsstelle an der Sprossachse.

Blattrosette: dicht über dem Boden befindliche, eng zusammenstehende Stängelblätter.

Blattscheide: scheidig erweiterter, den Stängel ± stark umfassender Blattgrund.

Blausäure = Cyanwasserstoff (HCN): Stark giftige Verbindung, die die in den Mitochondrien ablaufende Atmungskette blockiert. Bei Pflanzen dient Blausäure als Fraßschutz. Sie ist gewöhnlich mit einem Zucker verbunden, also ein Glykosid, und in dieser Form unwirksam. Nach Verletzung wird die Blausäure durch eine enzymatische Reaktion vom Zucker abgespalten und dadurch frei gesetzt. Bekanntestes Blausäure-Glykosid dürfte das u. a. in Bitteren Mandeln (*Prunus dulcis* var. *amara*) enthaltene Amygdalin sein.

Blütenhülle: Perianth: Eine doppelte Blütenhülle setzt sich aus Kelch und Krone zusammen. Eine einfache Blütenhülle (= Perigon) besteht aus meist gleichartigen Blütenhüllblättern (= Perigonblätter).

Blütenköpfchen → Köpfchen

Blütenkörbchen → Körbchen

Blütenmale: Zeichnungen auf einer Blüte (bzw. einer Blume als blütenökologische Einheit), die den Bestäubern als Orientierungshilfe dienen, besonders in Richtung auf den Nektar. Daher werden sie (vor allem in der älteren Literatur) auch Saftmale genannt. Es sind Punkte, Striche oder kreisförmige Gebilde, vgl. auch den Text beim Vergissmeinnicht (*Myosotis*). Zu beachten ist dabei, dass die Bestäuber Blütenmale gewöhnlich anders wahrnehmen als der Mensch und nicht selten Blütenmale erkennen, die vom menschlichen Auge nicht gesehen werden.

Blume: Begriff aus der Blütenökologie für die Bestäubungseinheit, zu denen außer Blüten z. B. auch verschiedene Blütenstände mit dicht zusammenstehenden Blüten gehören.

Bodengare: Bezeichnung für einen für die landwirtschaftliche Nutzung idealen Boden mit guter Durchlüftung und krümeliger, leicht durchwurzelbarer und wasserspeichernder Struktur.

Borke: Aus mehreren Peridermschichten (s. u.) und dazwischen liegendem Gewebe bestehendes, komplexes System von Abschlussgeweben der meisten Gehölze. Wird im allgemeinen Sprachgebrauch meist mit Rinde gleichgesetzt.

Bruchfrüchte: Früchte, die zur Reife in zwei oder mehr Teilstücke zerfallen.

Brutknospen = Bulbillen: Mit Reservestoffen gefüllte Knospen, die sich von der Mutterpflanze ablösen und zu neuen Individuen heranwachsen.

Buzzing → Vibrationsbestäubung.

C_4-Pflanzen: Anpassung der Photosynthese an sehr sonnige und warme Klimaverhältnisse (C_4-Weg). Das erste Photosynthese-Produkt ist eine organische Verbindung mit 4 statt wie gewöhnlich 3 C-Atomen; vgl. auch bei *Zea mays*. Auch viele Salzpflanzen folgen dem C_4-Weg der Photosynthese, wodurch weniger Wasser verdunstet und entsprechend weniger Salz aus dem Boden aufgenommen werden muss.

CAM-Pflanzen: Arten von meist extrem trockenen Standorten, die sich durch den besonderen Säurestoffwechsel der Dickblattgewächse (CAM = **C**rassulaceae **A**cid **M**etabolism) auszeichnen; Details siehe bei *Sedum acre*.

Capitulare de Villis: von Karl dem Großen um ca. 800 erlassene Verordnung, die u. a. vorschreibt, welche Pflanzen in den kaiserlichen Landgütern zu kultivieren sind.

Chamaephyt: Erneuerungsknospen an Zweigen dicht (10–30 cm) über dem Erdboden (= Oberflächenpflanze); vgl. S. 14.

Cuticula: dünnes Häutchen aus wasserundurchlässigen Substanzen (Cutin und Wachse), das zum Schutz vor Austrocknung die Epidermis überzieht.

dachziegelig: sich gegenseitig an einer Seite oder an beiden Seiten bedeckende Blätter.

Deckspelze: häutiges, schuppenartiges Deckblatt bei Gräsern, in dessen Achsel die Blüte sitzt.

Dermatitis = Hautreizung, Hautentzündung.

Diasporen = Ausbreitungseinheiten: Im generativen Bereich sind das z. B.: Samen, Früchte, Sammelfrüchte usw., im vegetativen Bereich: Ableger, Ausläufer, Bulbillen, Zwiebeln usw.; vgl. S. 32.

dichasial, Dichasium: gabelig verzweigt, jeweils zwei Seitenäste übergipfeln den Hauptast.

dichotom: echte gabelige Verzweigung. Sie kommt bei höheren Pflanzen nur bei Farngewächsen (Pteridophyten) vor. Nicht zu verwechseln mit dichasialer Verzweigung (s. o.).

Dikotyledonen, Dikotyle → Zweikeimblättrige Pflanzen.

diözisch = zweihäusig: Blüten eingeschlechtlich, männliche und weibliche Blüten auf verschiedenen Pflanzen.

diploid: doppelter Chromosomensatz (2n).

Diskus: ring- oder scheibenförmiger Auswuchs am Blütengrund, gewöhnlich nektarabsondernd.

Dolde: schirmartiger Blütenstand, bei dem alle Blütenstiele vom gleichen Punkt ausgehen.

Doldenrispe: Rispe, bei der die Blüten analog zu einer Dolde in einer Ebene stehen (Ebenstrauß).

Doppel-Achäne: Spaltfrucht der Doldenblütler (siehe Achäne).

Dorn: scharf zugespitztes, innen verholztes pflanzliches Organ (abgeleitet aus Spross, Blatt oder Wurzel), das vor allem als Fraßschutz und Tau-Kondensationspunkt dient (vgl. auch Stachel).

dorsiventral: Ober- und Unterseite sind verschieden, zweiseitig-symmetrisch, monosymmetrisch; vor allem bei Blüten in Anpassung an Insektenbestäubung.

dreihäusig: zwittrige, männliche und weibliche Blüten sind auf drei Individuen verteilt (= triözisch).

dreizeilig: wechselständige Beblätterung mit einem Divergenzwinkel von 120°, sodass das vierte Blatt wieder genau über dem ersten steht, z. B. bei den Seggen (*Carex*).

Drüsen: Pflanzliche Drüsen sind Einzelzellen oder Zellgruppen, die Stoffe (Sekrete) ausscheiden. Oft übernehmen pflanzliche Haare die Drüsenfunktion, sie haben dann meist eine vergrößerte Endzelle oder ein mehrzelliges Köpfchen. Abgegeben werden z. B. ätherische Öle, Nektar, Duftstoffe, Giftstoffe zur Abwehr von Fressfeinden, überschüssige Salze bei Pflanzen von Salzstandorten, Milchsaft und Harz zum Wundverschluss, Wasser bei Feuchtpflanzen durch Hydathoden, Verdauungssäfte bei karnivoren Pflanzen usw.

eingebürgert: nicht einheimisch, aber mindestens über 3 Generationen hinweg sich aus eigener Kraft vermehrend; vgl. S. 42.

einhäusig: Blüten eingeschlechtlich, aber männliche und weibliche Blüten auf derselben Pflanze (= monözisch).

Einjährige, einjährig = annuell: Pflanzen, deren Lebenszyklus in maximal 12 Monaten beendet ist, und die als Samen überdauern, vgl. S. 13.

Einkeimblättrige = Monokotyledonen: Eine der großen Untergruppen der Bedecktsamigen Blütenpflanzen, vgl. S. 51. Sie sind u. a. gekennzeichnet durch nur 1 Keimblatt, meist parallelnervige, ungeteilte Blätter ohne Blattstiel und 3-zählige Blüten, die meist nicht in Kelch und Krone unterteilt sind. Beispiele sind die Gräser und die grasartigen Pflanzen. Im Gebiet gehören hierhin nur krautige Vertreter.

Elaiosom = Ölkörper: Nahrhaftes, meist vor allem Öl-haltiges Anhängsel an Samen oder Früchten, das der Ausbreitung durch Ameisen dient.

Emergenzen: Haare, Stacheln und andere Anhänge der Epidermis, an deren Bildung auch subepidermale Schichten beteiligt sind.

endemisch, Endemit: nur in einem eng begrenzten Gebiet vorkommend.

Endosperm: Nährgewebe des Samens. Es dient der Ernährung des heranwachsenden Embryos. In vielen Fällen bleibt es erhalten und dient dann auch der Ernährung des Keimlings, so z. B. beim Getreide.

Enzyme = Fermente: als Katalysatoren (Stoffwechselbeschleuniger) dienende, in der Zelle gebildete Stoffe. Apoenzym (Proteinanteil) und Coenzym (Wirkungsanteil) bilden insgesamt ein Holoenzym. Enzyme werden durch die Endung „-ase" gekennzeichnet. Ist das Substrat z. B. Amylum (= Stärke), so wird das Enzym Amylase genannt.

Epidermis: Oberhaut von Blättern und Sprossachsen, meist einschichtig.

epigäisch: Keimung, bei der die Keimblätter durch Streckung der Keimachse über die Erdoberfläche gelangen und sich dort entfalten.

Epiparasitismus: Parasitismus, bei dem auf dem Umweg über einen zweiten Organismus ein dritter Organismus geschädigt wird (vgl. *Monotropa*).

Epiphyt: Aufsitzer oder Überpflanze, auf anderen Pflanzen direkt wachsende Pflanze; im Gebiet sehr selten, vgl. S. 16.

Erneuerungsknospen: Sprossknospen, die die ungünstige Jahreszeit überdauern und zum günstigen Zeitpunkt das Wachstum der Pflanze fortsetzen.

eutroph = nährstoffreich.

Eutrophierung: Anreicherung von Nährstoffen, z. B. durch Überdüngung.

Exkret: abgeschiedener Stoff, z. B. durch Drüsenhaare. Exkrete sind aber auch Abfallstoffe, wie z. B. Oxalsäure, die in Zellen abgelagert werden, oder Salzkristalle, die von Pflanzen der Salzstandorte ausgeschieden werden.

extraflorale Nektarien: Außerhalb der Blüte befindliche Drüsen, die Nektar absondern. Dieser wird in erster Linie von Ameisen aufgenommen, evtl. auch von Wespen und von Bienen. Die Insekten erhalten den Nektar als Belohnung („Polizistenfutter") dafür, dass sie auf der zugehörigen Pflanze, vor allem an jungen Pflanzenteilen, Fraßschädlinge vertreiben bzw. deren Eier und Raupen absammeln. Beispiele finden sich bei mehr als 100 Pflanzenfamilien. Extraflorale Nektarien befinden sich vor allem am Blattstiel oder an den Nebenblättern, aber auch an der Blattspreite, an Kelchblättern oder der Außenseite der Hüllblätter von Blütenkörbchen usw.

fachspaltig = dorsizid, lokulizid: Öffnungsweise einer Kapsel durch Öffnung an der Rückennaht der Fruchtblätter, also an der Außenfläche der Kapsel und nicht durch Trennung der Fruchtblätter, wie es bei der wandspaltigen Öffnungsweise der Fall ist.

Fahne: oberes, aufrecht stehendes Kronblatt der Schmetterlingsblütler (Fabaceae).

Fahnenblume: blütenökologischer Gestalttyp, siehe S. 27.

Fiederblatt: geteiltes Blatt mit gestielten oder mindestens an der Basis deutlich verschmälerten Abschnitten, die als Fiedern oder Blättchen bezeichnet werden.

fiederteilig: tief geteiltes Blatt, bei dem aber die Abschnitte nicht gestielt sind.

Flavone: den Anthocyanen verwandte, ebenfalls wasserlösliche, aber gelbe Farbstoffe.

fleischfressende Pflanzen = karnivore Pflanzen: Sie fangen durch spezielle Einrichtungen kleine Tiere, vor allem Insekten, verdauen diese und nehmen Teile der Verdauungsprodukte auf. Der Tierfang dient vor allem der zusätzlichen Gewinnung von Stickstoff- und Phosphorverbindungen und ermöglicht oder verbessert an nährstoffarmen Standorten die Überlebensbedingungen. Hierzu gehören in der heimischen Flora die Gattungen Sonnentau (*Drosera*), Fettkraut (*Pinguicula*) und Wasserschlauch (*Utricularia*) sowie die ausgestorbene Wasserfalle (*Aldrovanda*).

flutend: Blätter in fließendem Wasser nach der Strömungsrichtung ausgerichtet.

frische Böden: Zwischenstufe zwischen feuchten und trockenen Böden.

Fruchtblatt = Karpell: Weiblicher Teil der Blüte, vgl. Stempel.

Fruchtwand = Perikarp: Wand des Fruchtknotens zur Zeit der Samenreife.

Fructose = Fruchtzucker: Ein Monosaccharid (= Einfachzucker), u. a. Grundbaustein des Inulins.

frühjahrsgrün: Laubaustrieb im zeitigen Frühjahr, Absterben des Laubes im Frühsommer.

Gallen: Gewebewucherungen von Pflanzen, ausgelöst durch Infektionen oder Verletzungen. Besonders bekannt sind Gallen als Kinderstuben der sich entwickelnden Larven von Milben und Insekten, z. B. von Gallwespen.

Gametophyt: die geschlechtliche Generation innerhalb eines Generationswechsels, z. B. der Vorkeim (= Prothallium) der Farnpflanzen.

ganzrandig: Blattrand glatt, d. h. ohne Zähne usw.

Gattung = Genus: siehe unter LINNÉ.

gefährdet: Dieser Begriff bezeichnet eine Bestandsgefährdung gemäß Roter Listen gefährdeter Arten. Er ist nicht zu verwechseln mit dem Begriff ‚geschützt', bei dem es um eine gesetzliche Schutzbestimmung geht.

gefiedert: geteiltes Blatt, bei dem die Abschnitte (Fiedern) gestielt oder mindestens deutlich verschmälert sind. Im Unterschied dazu sind die Abschnitte bei den fiederteiligen Blättern nicht gestielt.

gegenständig = An jedem Stängelknoten entspringen zwei einander gegenüberstehende Blätter.

gefüllte Blüten: Im Gartenbau beliebte erbliche Abänderungen der Blüte, bei denen zur Erhöhung der Schauwirkung, aber meist auf Kosten der Fertilität, die Anzahl der Kronblätter erhöht ist. Dies geschieht meist durch Umwandlung von Staubblättern zu zusätzlichen Kronblättern. Bei Korbblütlern spricht man von gefüllt, wenn ein Teil oder alle Röhrenblüten auffällig vergrößert oder zu Zungenblüten umgewandelt sind, z. B. bei manchen Kultursorten von Dahlien (*Dahlia*) oder Gänseblümchen (*Bellis*).

Generationswechsel: sich geschlechtlich (Gametophyten) und ungeschlechtlich (Sporophyten) vermehrende Generationen wechseln einander ab, z. B. bei Moosen und Farnen.

generative Vermehrung = geschlechtliche Vermehrung: Sie erfolgt über Samen bzw. Sporen. Gegensatz: vegetative Vermehrung.

Geokarpie: Früchte entwickeln sich im Boden aus geschlossen bleibenden (= kleistogamen) Blüten.

Geophyt = Erdpflanze: Die Erneuerungsknospen befinden sich im Boden; vgl. S. 14.

Geotropismus → Gravitropismus.

Gerbstoffe: orangerot bis bräunlich gefärbte, organische Verbindungen (Polyphenole) mit antibakterieller Wirkung.

Gesellschaft → pflanzensoziologische Einheiten.

geschützt: Arten, die gemäß Bundesartenschutzverordnung von 2005 in Verbindung mit dem Bundesnaturschutzgesetz bzw. aufgrund der EG-Verordnung Nr. 338/97 „besonders geschützt" sind. Diese Pflanzen oder Teile von ihnen dürfen, soweit es sich um wildlebende Pflanzen handelt, u. a. weder gepflückt, noch ausgegraben oder verkauft werden. – „Streng geschützt" ist ein kleiner Teil der „besonders geschützten" Arten. Bei ihnen sind u. a. sogar Eingriffe in ihre Lebensräume stark eingeschränkt. Beispiele sind der Frauenschuh (*Cypripedium calceolus*) und die Strand-Zaunwicke (*Calystegia soldanella*). – Hinweis: Geschützte Pflanzen sind nicht unbedingt mit den durch Rote Listen ausgewiesenen gefährdeten Arten identisch.

Glucosinolate = Senföl-Glykoside: Substanzen, die nach Verletzung der Zellen durch das Enzym Myrosinase in Glucose und scharf schmeckende Senföle (Kressegeschmack) zerlegt werden. Deren Funktion ist die Abwehr von Fressfeinden. Sie kommen überwiegend bei Kreuzblütlern (Brassicaceae) vor, u. a. bei Kresse, Kohl, Senf, Meerrettich, aber z. B. auch bei der Kapuzinerkresse. Für den Menschen sind diese Substanzen gesundheitlich wertvoll.

Glucose = Traubenzucker: ein Monosaccharid (= Einfachzucker) mit 6 C-Atomen.

Glykoside: Verbindungstyp zwischen Zucker und einem „Rest".

Gravitropismus, gravitrop (= geotrop): gerichtete Wachstumsbewegung entsprechend der Schwerkraft.

Griffel: Teil des Stempels zwischen Fruchtknoten und Narbe. Er hat die Aufgabe, die Narbe in eine für die Bestäubung günstige Position zu bringen.

Guttation: aktive Wasserabgabe durch Wasserspalten (Hydathoden). Dadurch kann auch an Standorten mit hoher Luftfeuchtigkeit der Wasserstrom (Transpirationsstrom) aufrecht erhalten werden.

Gymnospermen = Nacktsamer: Dazu gehören im Gebiet nur die Nadelbäume.

gynodiözisch: Neben Pflanzen mit ausschließlich weiblichen Blüten gibt es auch Pflanzen mit zwittrigen Blüten.

gynomonözisch: weibliche und zwittrige Blüten befinden sich auf der gleichen Pflanze.

Habitus: äußere Erscheinung.

Halbrosettenpflanze: Pflanze mit grundständiger Rosette und mit Laubblättern am gestreckten Blütenstängel. Typisch ist diese Lebensform bei zweijährigen und bei einjährig überwinternden Pflanzen, die im ersten Jahr eine Rosette und im zweiten Jahr einen beblätterten Blütenspross ausbilden, aber nach dem Blühen und Fruchten absterben. Entsprechendes gilt für mehrjährige Pflanzen, also solche, die zwar wie die ausdauernden Pflanzen mehrere Jahre überstehen, aber nur 1 mal blühen und dann absterben (vgl. „hapaxanth").

Halbschmarotzer = Hemiparasit: Grüne Pflanze, die Wasser und Mineralsalze von einer Wirtspflanze bezieht, aber noch Photosynthese betreibt; vgl. S. 17.

Halbstrauch: Pflanze, bei der die untersten Stängelteile verholzt, die oberen aber krautig sind und im Herbst größtenteils wieder absterben; vgl. S. 14.

Halophyt = Salzpflanze: Pflanze, die höhere Salzkonzentrationen vertragen kann.

hapaxanth = nur einmal blühend, d. h. Pflanze nach der Fruchtbildung absterbend. Dies ist bei einjährigen und zweijährigen Pflanzen Standard. Es gibt selten auch über mehrere Jahre lebende Pflanzen, die nur 1-mal blühen; man nennt sie im Unterschied zu den ausdauernden Pflanzen mehrjährig.

haploid: mit einfachem Chromosomensatz (1n).

Haustorium: Saugorgan, mit dem Pflanzen oder Pflanzenteile aktiv Stoffe aufnehmen, sei es von anderen Teilen derselben Pflanze oder von anderen Pflanzen (Wirtspflanzen).

Helophyt = Sumpfpflanze: Die Erneuerungsknospen sind im Schlamm verborgen.

Hemikryptophyt: Die Erneuerungsknospen befinden sich dicht über dem Erdboden oder sind in die Erdoberfläche eingebettet (= Erdschürfepflanze oder Oberflächenüberwinterer); vgl. S. 13.

hemi-mykoheterotroph: Pflanze, die teilweise von einem Pilz abhängig ist; vgl. S. 17.

Hemiparasit → Halbschmarotzer.

Herba: Kraut, krautige Pflanzenteile (z. B. als Bestandteil von Arzneimitteln).

Herbizid: Wildkraut-Vernichtungsmittel.

Heterokarpie = Verschiedenfrüchtigkeit: Dieselbe Pflanze bildet nebeneinander unterschiedlich gebaute Früchte aus, die gewöhnlich auch in unterschiedlicher Weise ausgebreitet werden.

Heterophyllie = Verschiedenblättrigkeit: In Anpassung an unterschiedliche Umweltbedingungen werden in verschiedenen Abschnitten derselben Pflanze unterschiedlich gebaute Blätter ausgebildet (vgl. auch Anisophyllie).

heterospor: Dieselbe Pflanze bildet in Größe und Gestalt unterschiedene Sporen aus, nämlich Mikrosporen (s. u.) und Megasporen (s. u.). Typisch für die Schwimmfarngewächse (Salviniaceae).

Heterostylie = Verschiedengriffligkeit: Innerhalb derselben Art gibt es Individuen, die Blüten mit langen Griffeln und entsprechend einer am Kroneingang befindlichen Narbe besitzen, und solche, die Blüten mit kurzen Griffeln besitzen, sodass die Narbe in der Kronröhre verborgen ist. Die Staubbeutel befinden sich bei den langgriffligen Blüten räumlich von der Narbe getrennt tiefer unten in der Kronröhre und bei den kurzgriffligen Blüten am Kroneingang. Heterostylie dient der Förderung von Fremdbestäubung. Ein gut untersuchtes Beispiel ist die Gattung *Primula* (vgl. dort).

heterotroph: zur Ernährung auf organische Substanzen angewiesen.

Hochblätter: Blätter am Grunde von Blütenständen und Blüten. Oft sind sie auffällig gefärbt und dienen dann der Anlockung von Bestäubern.

Holoparasit → Vollschmarotzer.

homogam: Staubbeutel und Narben reifen gleichzeitig.

homolog: herkunftsgleich. So sind z. B. Blütenblätter und Blattdornen homolog, da sie beide von Blättern abstammen; vgl. auch analog = funktionsgleich.

Honig: Umwandlungsprodukt von Nektar (oder von Honigtau) durch den Bienenmagen.

Honigtau: zuckerhaltiges Ausscheidungsprodukt von Blattläusen und einigen anderen Insekten.

Horst: durch Auswachsen der untersten Achselknospen entstandener Sprossverband der Gräser und anderer grasartiger Pflanzen (Im Gegensatz dazu entsteht bei Rasen bildenden Pflanzen der Sprossverband durch Tochtersprosse bildende Ausläufer).

Hüllblätter: Hochblätter, die Einzelblüten oder meist dicht stehende Blütenstände kelchartig umgeben.

Hülse: Frucht (besonders der Schmetterlingsblütler), gebildet aus 1 Fruchtblatt, das sich bei der Reife an der Bauch- und Rückennaht öffnet; vgl. S. 29.

hybridogen: durch Bastardierung entstanden.

Hydathoden: Wasserspalten (umgewandelte Spaltöffnungen), besonders am Rand von Laubblättern. Sie sind in der Lage, auch bei hoher Luftfeuchtigkeit aktiv Wasser abzugeben (Guttation), sodass der Wasserstrom von den Wurzeln zu den übrigen Pflanzenteilen aufrecht erhalten wird. Bekanntes Beispiel ist etwa der Frauenmantel (*Alchemilla*).

hygrochas: Eigenschaft von Trockenfrüchten, sich nur bei Nässe zu öffnen.

Hygrophyt = Feuchtpflanze: Lebt an Standorten mit hoher Luftfeuchtigkeit, wie es vor allem für schattige Standorte typisch ist.

hygroskopisch = wasseranziehend.

hypogäisch: Keimung, bei der die Keimblätter lange Zeit oder auf Dauer im nahe der Erdoberfläche befindlichen Samen verbleiben (Gegensatz epigäisch).

Hypokotyl: Stängelabschnitt zwischen Wurzel und Keimblatt.

immergrün: Blätter mehrere Jahre (mindestens zwei Jahre) lang grün bleibend. Davon zu unterscheiden sind die wintergrünen Arten, die nur einen Winter lang grün sind. Einige Autoren fassen aber beide Typen unter dem Oberbegriff „immergrün" zusammen.

Indusium: Schleier, zartes Häutchen bei Farnen, das einen Sorus (= Gruppe von Sporenbehältern) bedeckt.

Insektentäuschblumen: Pflanzen, die durch Vortäuschen von geeignetem Nahrungsangebot usw. potenzielle Bestäuber anlocken, ohne diese zu „belohnen", vgl. S. 21–22.

Internodium: Abschnitt der Sprossachse zwischen zwei Knoten (= Nodien).

Inulin: stärkeähnliches Kohlenhydrat (Polysaccharid); der typische Speicherstoff der Korbblütler. Grundbaustein ist Fructose.

Invasive Arten: Gebietsfremde Arten, die sich stark ausbreiten und unerwünschte Auswirkungen auf andere Arten bzw. auf Lebensräume haben und teilweise auch ökonomische Probleme verursachen.

Jungfernfrüchtigkeit → Parthenokarpie. – Nicht zu verwechseln mit Jungfernzeugung = Parthenogenese!

kalkhold, kalkstet: Eigenschaft von Pflanzen, die für ein normales Wachstum einen gewissen Kalkgehalt des Bodens benötigen.

Kambium: Wachstumsschicht.

Kapsel: trockenwandige Streufrucht; vgl. S. 29.

karnivore Pflanzen → fleischfressende Pflanzen.

Karotine: gelbe bis rote, fettlösliche Farbstoffe; vor allem in Früchten und Blüten.

Karotinoide: Oberbegriff für Karotine und Xanthophylle (s. u.).

Karyopse = Grasfrucht: Frucht der Süßgräser: 1-samige Nussfrucht, Samenschale und Fruchtwand verwachsen, Fruchtknoten oberständig; vgl. S. 30.

Kätzchen: Blütenstand mit meist hängender, beweglicher Hauptachse und kleinen, meist eingeschlechtlichen Blüten.

Kennart: Charakterpflanze einer bestimmten pflanzensoziologischen Einheit (vgl. dort).

Klausen: nussartige Teilfrüchte der Lippenblütler und Raublattgewächse; vgl. S. 31.

Kleinart: Art innerhalb einer Artengruppe (Aggregat).

kleistogam = geschlossenblütig: Innerhalb der geschlossen bleibenden Blüten erfolgt Selbstbestäubung.

Kletterpflanzen: Pflanzen, die selber keine tragenden Stängel ausbilden, sondern stattdessen andere Pflanzen oder sonstige Gegenstände wie Zäune, Pfähle, Rankgerüste oder Mauern als Stütze benutzen, um ans Licht zu gelangen. Es können einjährige bis ausdauernde krautige Pflanzen oder auch verholzende Pflanzen sein. Es gibt unterschiedliche Strategien zum Klettern, von denen oft mehrere gleichzeitig genutzt werden. Dazu gehören:

– Windepflanzen, bei denen die komplette Sprossachse um die Stütze herum windet.

– Lianen als Kletterpflanzen mit verholztem Stamm.

– Rankenpflanzen, bei denen einzelne Pflanzenteile (die Ranken) sich an einer Stütze festklammern.

– Spreizklimmer, die sich mit Hilfe von rückwärts gerichteten Pflanzenteilen aufstützen.

Knoten = Nodium: Ansatzstelle der Blätter an der Sprossachse. Der Bereich zwischen zwei Knoten heißt Internodium.

Köpfchen: Blütenstand mit sehr dicht zusammenstehenden Blüten. Der Begriff wird entweder im weiteren Sinne unter Einschluss der Körbchen (s. u.) verstanden oder – so im vorliegenden Buch – im engeren Sinne für solche kopfige Blütenstände, die nicht von Hüllblättern umgeben sind.

Körbchen: Blütenstand mit dicht nebeneinander stehenden Einzelblüten auf einer gestauchten, verbreiterten Blütenachse, umgeben von Hüllblättern. Körbchen haben das Erscheinungsbild einer Blüte und gehören entsprechend zu den Scheinblüten = Pseudanthien. Sie sind typisch für die Korbblütler (Asteraceae) und die Kardengewächse (Caprifoliaceae, Unterfamilie Dipsacoideae). Bekannte Beispiele sind Gänseblümchen, Löwenzahn und Skabiose.

Körbchenblumen: Blütenökologischer Typ; siehe S. 27–28.

Konkauleszenz: ± weite Verwachsung der Hauptachse mit einer Seitenachse.

Konvergenz: Gleiche Umweltbedingungen führen zur Auslese ähnlicher Anpassungen, so z. B. zu kaktusartigen Formen sowohl bei Kakteen als auch bei Wolfsmilchgewächsen.

Kosmopolit: weltweit verbreitet.

Kraftblumen: Blüten, zu deren Öffnung es besonderer Kraft seitens der Bestäuber bedarf, z. B. beim Löwenmäulchen (*Antirrhinum*).

Kraut: Im botanischen Sinne unverholzte (= krautige) Pflanze. Im arzneilichen Sinne Stängel mit Blättern als zu verwendende Teile (= Herba).

kreuzgegenständig = dekussiert: Je Knoten entspringen zwei einander gegenüberstehende Blätter, wobei der nächste Knoten immer alterniert; typisch z. B. für alle Lippenblütler.

Kurztagpflanzen: Sie erblühen erst während der herbstlichen bzw. winterlichen Kurztage, z. B. Tabak bzw. viele Topfpflanzen tropischer Herkunft.

Langtagpflanzen: Sie erblühen nur während der sommerlichen Langtage, z. B. Spinat.

Legtriebe: Form der vegetativen Vermehrung, bei der überhängende Zweige sich an den Enden bei Bodenkontakt bewurzeln, sodass nach Trennung von der Mutterpflanze neue Tochterindividuen entstehen können.

Lehnübersetzung: Begriff, der in einer Sprache fehlte und durch Übersetzung der Wortbestandteile neu eingeführt wurde. Viele deutsche Pflanzennamen sind auf diese Weise entstanden, z. B. ist Steinbrech die Übersetzung von lat. *Saxifraga*.

Lehnübertragung: Anders als bei der Lehnübersetzung handelt es sich nicht um eine streng wörtliche Übersetzung, z. B. Windröschen für *Anemone* oder Natternkopf für *Echium*.

Lenticellen: Dem Gasaustausch dienende Öffnungen im äußeren Stängelbereich (= Rindenporen oder Korkwarzen) (Es handelt sich nicht um Zellen!).

Lianen: Kletterpflanzen mit verholztem Stängel bzw. Stamm, z. B. Wald-Geißblatt (*Lonicera periclymenum*), Waldrebe (*Clematis*) und Efeu (*Hedera*).

lichtempfindlich machend → photosensibilisierend.

Lignin = Holzstoff: chemisch aus Phenylpropanen bestehend.

Ligula = Blatthäutchen: z. B. bei Gräsern ein hautartiges Gebilde an der Übergangsstelle von Blattscheide und -spreite.

Linné, Carl von: Schwedischer Naturforscher (1707–1778), der 1753 mit seinem Werk „Species Plantarum" konsequent die binäre Nomenklatur einführte. Danach ist jede Art (Spezies) durch einen zweiteiligen Namen gekennzeichnet. Der erste Teil stellt die Gattung (Genus) dar. Der zweite Teil des Namens ist das sog. Epitheton (= Artbeiname). – Man spricht zwar gewöhnlich von „Linné", aber tatsächlich war der gültige Familienname „Linnaeus", als latinisierte Form von Linné. Carl Nilsson Linnaeus nannte sich in seinen lateinischen Publikationen Carolus Linnaeus. Das ist auch sein gültiger Name als Autor von Pflanzennamen mit der bekannten offiziellen Abkürzung „L.". Erst mit der Erhebung in den Adelsstand im Jahre 1756 erhielt Carl Linnaeus den neuen Namen „Carl von Linné´.

Lippenblumen: Blütenökologischer Typ; vgl. S. 26.

Lotuseffekt (oder Lotoseffekt): Aufgrund des Baus und der Anordnung submikroskopischer Strukturen der Epidermisoberfläche lassen Blätter oder andere Pflanzenteile Wasser abperlen, wobei gleichzeitig Schmutzpartikel mit entfernt werden. Der Effekt wurde 1976 erstmals von W. Barthlott beschrieben und wird inzwischen auch industriell genutzt – ein schönes Beispiel für Bionik.

lysigen: durch Auflösung entstanden, z. B. lysigene Drüsen.

Magerkeitszeiger: Pflanze, die extrem nährstoffarme Böden anzeigt.

Megasporen: Die großen Sporen, aus denen sich bei heterosporen Farnpflanzen weibliche Gametophyten entwickeln.

mehrjährig: Pflanze, die zwar mehrere Jahre lebt, aber im Gegensatz zu den ausdauernden Arten nach dem ersten Blühen und Fruchten abstirbt.

Mesokarp: mittlere Gewebeschicht der Fruchtwand.

Mesophyll: inneres Blattgewebe.

mesotroph: mittlerer Nährstoffgehalt.

Metamorphose: Abwandlung des Grundtyps, z. B. eines Pflanzenorgans.

mhd.: mittelhochdeutsch.

Mikrosporen: Die vergleichsweise kleinen Sporen, aus denen sich bei heterosporen Farnpflanzen männliche Gametophyten entwickeln.

Mixotrophie: Ernährung sowohl autotroph durch Photosynthese als auch heterotroph durch Aufnahme organischer Verbindungen.

monochasial, Monochasium: gabelig verzweigt, 1 Seitenast übergipfelt den Hauptast.

Monokotyledonen → Einkeimblättrige Pflanzen.

monopodial, Monopodium: Spross mit durchgehender Hauptachse; die Seitensprosse übergipfeln den Mutterspross nicht.

monözisch, Monözie → einhäusig.

montan = Bergstufe. Höhenstufe zwischen kollin (Hügelstufe) und subalpin.

mutagen: Erbschäden verursachend.

Mutation: Erbänderung. Mutanten sind Individuen, die die Mutation tragen.

Myko-Heterotrophie: Parasitieren einer Höheren Pflanze auf einem Pilz; vgl. S. 17.

Mykorrhiza: Pilzwurzel. Symbiontische Verbindung zwischen Wurzel und Pilz. Man unterscheidet:

1. Die ektotrophe Mykorrhiza = Ektomykorrhiza der meisten unserer Waldbäume, bei der der Pilz nicht bis in das Innere der Wirtszellen vordringt. Pilzpartner sind viele unserer Großpilze.
2. Die endotrophe Mykorrhiza = Endomykorrhiza i. e. S., bei der der Pilz bis in die Zellen der Wurzelrinde eindringt. Man findet sie bei Orchideen (Orchidaceae) und Heidekrautgewächsen (Ericaceae). Der Pilzpartner stammt hier von Ständerpilzen (Ascomycetes).
3. Die arbuskuläre Mykorrhiza, auch VA-Mykorrhiza (= **v**esikulär-**a**rbuskuläre **M**ykorrhiza) genannt. Sie ist ebenfalls endotroph, oft mit zarten vesikel- oder bäumchenförmigen Hyphen innerhalb der Wurzelzellen. Sie ist bei ca. 80 % aller Landpflanzen zu finden. Der Pilzpartner stammt hier aus der isoliert stehenden Pilzabteilung der Glomeromycota (= Arbuskuläre Mykorrhizapilze), die keine oberirdischen Fruchtkörper ausbilden.

Mykotrophie: Sammelbegriff für alle symbiontischen (Mykorrhiza) und parasitischen (Myko-Heterotrophie) Beziehungen einer Höheren Pflanze mit einem Pilz.

Nachbarbestäubung = Geitonogamie: Bestäubung benachbarter Blüten derselben Pflanze.

Nastie: Bewegung von Pflanzenorganen, die unabhängig von der Richtung, aus der ein Reiz kommt, nach vorgegebenem Mechanismus abläuft.

Nebenblätter = Stipeln: seitliche, oft kleine oder früh hinfällige Anhangsgebilde am Blattgrund.

Nektar: zuckerhaltige, von der Pflanze abgeschiedene Flüssigkeit, oft fälschlich als Honig bezeichnet (s. dort).

Nektarblatt: Spezialisiertes Blütenorgan, an dem Nektar produziert und dort z. T. auch gesammelt wird, z. B. beim Rittersporn (*Delphinium*). (Der oft verwendete Ausdruck „Honigblatt" ist unzutreffend, weil Honig etwas ist, was erst von Honigbienen produziert wird.)

Nektarraub, Nektardiebstahl: Erdhummeln (*Bombus terrestris*) können aufgrund ihres relativ kurzen Rüssels nicht an tiefer verborgenen Nektar gelangen, beißen aber hierzu mit ihren kräftigen Mundwerkzeugen Kronröhren oder Sporne usw. seitlich auf und entnehmen so den Nektar, ohne sich an der Bestäubung zu beteiligen. An den so entstandenen Löchern finden sich oft auch weitere Insekten ein, vor allem Honigbienen. Näheres auf S. 18.

Nektarium: Drüsengewebe, das Nektar produziert. Zu Nektarien außerhalb der Blüte siehe extraflorale Nektarien.

Neophyt: Pflanze, die im Gebiet erst nach 1492 (= Entdeckung Amerikas) aufgetreten ist. Einige dieser Arten (Neubürger) haben sich eingebürgert (siehe dort), andere sind nur unbeständig. Der Begriff ist also ursprünglich rein zeitlich zu verstehen. Doch ist es z. T. selbst in Fachkreisen üblich geworden, den Begriff nur auf solche

Pflanzen zu beziehen, die sich eingebürgert (etabliert) haben; vgl. S. 42, 44–49.

Neubürger: eingebürgerter Neophyt.

Neulateinisch (neulat.): Gelehrtensprache des späten Mittelalters und der frühen Neuzeit vom 14. bis ins 19. Jh. Sie unterscheidet sich in mancherlei Hinsicht deutlicher als allgemein bekannt vom klassischen Latein, z. B. durch Neuaufnahme von Wörtern, andere Wortbedeutungen und andere Schreibweisen. Beispiele sind Pyrus (statt Pirus) für Birne, sylvestris in der Bedeutung wild, officinalis = arzneilich verwendet, bifolius = zweiblättrig.

Niederblätter: kleine, meist schuppenförmige Blätter an der Basis von Sprossen bzw. Seitensprossen und an unterirdischen Sprossen.

nival: Höhenstufe im Bereich des ewigen Schnees, oberhalb der alpinen Stufe.

nototrib: Beim Blütenbesuch wird der Rücken des Bestäubers mit Pollen eingestäubt.

Nuss: Schließfrucht mit trockener Fruchtwand; vgl. S. 30.

Nutationen: autonome, kreisende Suchbewegungen von Pflanzenteilen, z. B. der Sprossspitzen von Kletterpflanzen.

Obergräser: hohe Futtergräser mit großer Wuchsleistung.

Ochrea: die röhrig den Stängel umfassende Blattscheide der Knöterichgewächse.

Ökologie: Lehre von den Beziehungen der Lebewesen untereinander und zu ihrer Umwelt. (Umweltschutz ist nur ein Teilgebiet davon).

offizinell: heilkundlich verwendet (= „gebräuchlich“).

Öl, fettes: chemisch aus Glycerin und ungesättigten Fettsäuren aufgebaut. Vgl. auch **„ätherisches Öl“**.

oligotroph = nährstoffarm.

Oxalsäure: Einfache organische Säure mit 2 Carbonsäure-Resten. Sie ist ein in Pflanzen häufiges Abfallprodukt. Bekannt ist Oxalsäure z. B. vom Rhabarber (*Rheum*), Sauer-Ampfer (*Rumex acetosa*) und Sauerklee-Arten (*Oxalis*). Die angenehm säuerlich schmeckende Substanz ist als schwach giftig anzusehen, da sie dazu neigt, mit Calcium unlösliches Calcium-Oxalat zu bilden, was z. B. zur Bildung von Nierensteinen führen und außerdem die Resorption von Eisen im Darm erschweren kann.

Pappus: Haarkelch vieler Korbblütler, gewöhnlich als Flugorgan zur Ausbreitung der Früchte dienend.

Parasit = Schmarotzer: vgl. Halbschmarotzer und Vollschmarotzer, siehe S. 17.

Parthenogenese = Jungfernzeugung: Entstehung von Nachkommen aus unbefruchteten Eizellen (vgl. Apomixis).

Parthenokarpie = Jungfernfrüchtigkeit. Entstehung von Früchten, obwohl die dafür üblicherweise nötige Samenentwicklung ausbleibt. Bekannte Beispiele sind Bananen, kernlose Apfelsinen oder Weintrauben und einige Birnensorten. Nicht zu verwechseln mit Parthenogenese.

Peinomorphose: Anpassung an die Mineralsalzarmut des Bodens (= Hungermorphose) und andere das Pflanzenwachstum beeinträchtigende Faktoren.

Pektine: Gruppe hochmolekularer, gelatinöser Kohlenhydrate, die z. B. als Bestandteil der Mittellamellen benachbarte Zellen miteinander verkitten.

peltat = schildförmig: Blätter, bei denen der Blattstiel nicht in derselben Ebene liegt wie die Blattspreite, sondern scheinbar aus deren Mitte entspringt.

Periderm = Korkhaut. Sekundäres Abschlussgewebe, überwiegend aus verkorkten (= suberinhaltigen) Zellen bestehend. Die Borke älterer Gehölze besteht im Wesentlichen aus Peridermschichten.

Perigon: Blütenhülle, die nicht in Kelch und Krone unterschieden ist (einfache Blütenhülle), z. B. bei der Tulpe.

Pfahlwurzel: ausdauernde, kräftige Primärwurzel, evtl. als Speicherorgan verdickt (Wurzelrübe).

pflanzensoziologische Einheiten: charakteristische Artenkombinationen von Pflanzen. Die wichtigsten sind (in aufsteigender Folge des Systems): Assoziation (Endung: -etum), Verband (-ion), Ordnung (-etalia), Klasse (-etea).

pfriemlich: Blattspreite sehr schmal und starr, an der Basis am breitesten und von da aus allmählich in eine feine Spitze auslaufend.

Pfropfung: Die vegetative (ungeschlechtliche) Verbindung genetisch unterschiedlicher Pflanzen. Hauptanwendung als „Veredelung“ im Pflanzenbau: Auf eine klimatisch gut angepasste oder sonst gut wüchsige Unterlage (meist von einer Wildart) werden Zweigstücke oder Knospen von Kultursorten bzw. Ziersorten aufgebracht.

Phanerophyt: Baum oder Strauch, Erneuerungsknospen an mindestens 30 cm hohen Trieben.

Phloem: Teil des Leitbündels, in dem die organischen Nährstoffe geleitet werden.

Photonastie: ungerichtete, durch Licht ausgelöste Bewegungen pflanzlicher Organe.

photosensibilisierend: lichtempfindlich machend. Eigenschaft bestimmter Substanzen, sich bei Absorption von Licht in tierischen und menschlichen Zellen chemisch zu verändern und dadurch zu Vergiftungen verschiedener Art zu führen (Lichtkrankheit).

Photosynthese: Herstellung energiereicher organischer Verbindungen, z. B. Stärke, durch die grüne Pflanze mit Hilfe des Sonnenlichts.

Phototropismus: gerichtete Wachstumsbewegung zum Licht hin (oder vom Licht weg).

Phyllodium: blattartig verbreiterter Blattstiel, der die Funktion einer Blattspreite hat.

Pilzwurzel: Symbiose zwischen Pilz und Höherer Pflanze (→ Mykorrhiza).

Pionierpflanzen: Erstbesiedler neu geschaffener, offener Standorte.

Pleiochasium: Doldenähnlicher Blütenstand, bei dem die Hauptachse das Wachstum einstellt, sich aber alle Seitenäste zu zwei bis vielen gleichlangen Achsen entwickeln. Vgl. auch Scheindolde.

Ploidiegrad: Anzahl der Chromosomensätze.

Pollen: Blütenstaub, bestehend aus Pollenkörnern. Er ist bei Tierblütigen klebrig, bei Windblütigen trocken. Das Wort „Pollen" ist genauso wie „Blütenstaub" dem Wesen nach nur in der Einzahl zu benutzen, selbst wenn der neueste Duden – einem verbreiteten Fehler nachgebend – jetzt auch die Pluralbildung vorsieht.

Pollenblumen: Begriff der Blütenökologie. Pflanzen, die den Bestäubern „nur" Pollen und keinen Nektar anbieten, z. B. Mohn (*Papaver*) und Rose (*Rosa*).

Pollenraub: Entnahme von Pollen ohne Gegenleistung. Bei vielen unserer durch Wind bestäubten Gehölze wird ein Teil des Pollens von Bienen aufgenommen und kann für diese sogar eine wichtige Nahrungsquelle sein. Da sich die Bienen nicht an der Bestäubung beteiligen, liegt streng genommen Diebstahl vor. Der Schaden dürfte aber angesichts des in diesen Fällen meist reichlich produzierten Pollens im Allgemeinen unbedeutend sein.

Pollinarium: Bei Orchideen das gesamte Paket, das von den Bestäubern übertragen wird, bestehend aus den Pollinien (s. u.) und Anhangsgebilden, vor allem einem Stielchen mit Klebkörper (Viscidium) als Haftorgan.

Pollinium: Die zusammenhängende und zusammen verbreitete Pollenmasse eines Staubbeutelfaches (= Theka) oder eines Pollensackes; vgl. auch Pollinarium.

polyploid: mit vielfachem Chromosomensatz, z. B. tetraploid = vierfacher Chromosomensatz, 2n = 4x.

Prothallium = Vorkeim: Bei Farnen die geschlechtliche (haploide) Generation (= Gametophyt), die aus der keimenden Spore hervorgeht.

Pseudanthium = Scheinblüte: Blütenstände, die aufgrund von auffälligen Randblüten oder Hochblättern usw. wie eine einzelne Blüte erscheinen, z. B. die Körbchen der Korbblütler oder die Cyathien der Wolfsmilch-Arten (*Euphorbia*).

Pseudoviviparie: vegetative Vermehrung in der Blütenregion („scheinbar lebendgebärend").

Quirl: mehrere Blätter, Blüten oder Blütenorgane entspringen am gleichen Knoten, stehen also auf gleicher Höhe.

Rachenblumen: Blüten mit ausreichend großem Innenraum, sodass genügend Platz zum Einkriechen von Großbienen vorhanden ist; vgl. S. 26.

Radix = Wurzel (als Bestandteil von Arzneimitteln).

rasenbildend: durch Ausläufer entstehender Sprossverband.

Ranke: zum Klettern dienendes Pflanzenorgan.

Rankenpflanzen: Kletterpflanzen, bei denen sich einzelne Pflanzenteile an einer Stütze festhalten, z. B. Kürbis (*Cucurbita*), Erbse (*Pisum*) und Wicke (*Vicia*).

Rekauleszenz: Verwachsung der Hauptachse mit dem Tragblatt.

Resupination: durch Drehung (um meist 180°) bewirkte umgedrehte Stellung eines Organs, so etwa bei den meisten Orchideen-Blüten.

rezent: im Gegensatz zu fossil noch lebend, existierend.

Rhachis: Die spreitenfreie Mittelrippe eines gefiederten Blattes.

Rhizom: unterirdischer, meist horizontal wachsender Speicherspross (= Erdspross, Wurzelstock). Es gibt fließende Übergänge zwischen Rhizomen und unterirdischen Ausläufern.

Rinde: Der zwischen den Leitbündeln und der Epidermis gelegene Teil von Sprossachse oder Wurzel. Bei Bäumen mit Borkenbildung (siehe dort) wird die primäre Rinde im Zuge des sekundären Dickenwachstums meist aufgebraucht. Im allgemeinen Sprachgebrauch wird der äußere Teil der Bäume als Rinde bezeichnet, egal ob es sich um eine echte Rinde oder eine Borke handelt. Oft wird auch der Bast (siehe dort) in den Begriff mit eingeschlossen.

Rispe: Blütenstand mit durchgehender Hauptachse und verzweigten Ästen.

Rosettenpflanze: Ausdauernder Hemikryptophyt mit grundständiger Blattrosette und unbeblättertem Blütenschaft; vgl. S. 13.

Rostellum: bei Orchideen der Teil der Narbe, der diese vom Staubbeutel / Pollinarium (s. o.) trennt.

Rote Liste: Verzeichnis ausgestorbener und in unterschiedlichem Grad gefährdeter Arten. Die Angaben beziehen sich auf die vom Bundesamt für Naturschutz (2018) herausgegebene „Rote Liste gefährdeter Tiere, Pflanzen und Pilze Deutschlands. Band 7: Pflanzen". Die Gefährdungsstufen sind: 0 = ausgestorben/verschollen, 1 = akut vom Aussterben bedroht, 2 = stark gefährdet, 3 gefährdet. V = Vorwarnliste, d. h. nicht in einen Gefährdungsgrad eingestuft, aber Art mit deutlichem Rückgang. Angegeben ist die Gesamtgefährdung für die Bundesrepublik. Da, wo die Situation in einzelnen Bundesländern davon stark abweicht, haben wir das nach Möglichkeit vermerkt. – Hinweis: Gefährdete Arten sind nicht zu verwechseln mit den nach gesetzlichen Bestimmungen geschützten Arten, auch wenn es eine gewisse Überschneidungsmenge gibt.

Rübe: fleischig verdickte Speicherwurzel, oft auch den untersten Teil des Sprosses umfassend.

Ruderalpflanzen: Pflanzen der Wegränder, Brachen und Schuttplätze.

Rutenstrauch: Pflanze mit grünen, photosynthetisch aktiven Zweigen, die mindestens in der ungünstigen Jahreszeit (fast) blattlos sind. Hauptverbreitung in Gebieten mit milden Wintern, z. B. im Mittelmeergebiet.

Saccharose = Rohrzucker: Disaccharid (= Zweifachzucker) aus Glucose und Fructose.

Saftdecke: Schicht, z. B. Haarkranz, die den freien Zugang zum Nektar verhindert, um kleinere Blütenbesucher vom Nektarraub abzuhalten.

Saftdruckstreuer: Form der Selbstausbreitung, bei der die Samen bei der Reife anders als bei den Austrocknungsstreuern durch eine Turgorveränderung in der Fruchtwand ausgeschleudert werden.

Safthalter: nektarspeichernder Teil der Pflanze, z. B. Blütensporne.

Saftmal → Blütenmal.

Samenanlage: Teil des Fruchtknotens, in dem sich u. a. die Eizelle befindet, und der nach erfolgter Befruchtung zum Samen heranwächst.

Sammelfrucht: Viele Autoren sprechen von einer Sammelfrucht, wenn in einer Blüte mehrere freie Fruchtknoten vorhanden sind (apokarp), sodass auch mehrere Einzelfrüchte (= Früchtchen) entstehen, z. B. bei vielen Hahnenfuß- und Rosengewächsen. In der Ausbreitungsökologie und entsprechend auch im vorliegenden Buch wird der Begriff auf solche Fälle begrenzt, wo die Gesamtheit der Einzelfrüchte gemeinsam verbreitet wird und somit auch die Ausbreitungseinheit darstellt, so z. B. bei der Erdbeere (*Fragaria*) oder Brombeere (*Rubus*); siehe S. 31.

Saponine: Terpenoid-Glykoside, in wässriger Lösung schaumbildend und blutzersetzend.

Saprophyten: Fäulniszehrer. Sie ernähren sich von toter organischer Substanz. Man findet sie nur bei Bakterien und Pilzen. Als „Saprophyten" bezeichnete Sprosspflanzen sind in Wirklichkeit Parasiten, die sich von den mit ihnen zusammenlebenden Pilzen ernähren; vgl. Myko-Heterotrophie.

Säurezeiger: Pflanzen, die bevorzugt auf sauren Böden wachsen.

Schaftpflanze: Ausdauernder Hemikryptophyt mit zur Blütezeit abgestorbenen Rosettenblättern und beblättertem Blütenstängel.

Scheibenblumen: Begriff der Blütenökologie. Flach ausgebreitete Blüten mit freistehenden Staubblättern und Stempeln.

Scheibenblüten: die im Vergleich zu den großen, randlichen Zungenblüten relativ unscheinbaren Röhrenblüten im Inneren des Blütenkörbchens vieler Korbblütler.

scheidewandspaltig → wandspaltig.

Scheindolde: doldenartiger Blütenstand mit zymöser Verzweigung (blüht nicht von außen nach innen, sondern unregelmäßig auf). Beispiele sind *Primula* und *Allium*.

Scheinfrucht: Die reife Frucht wird mitsamt ihren Zusatzausbildungen (= sterile Blütenteile) ausgebreitet; vgl. S. 31.

Schiffchen: unterer Teil der Blüte der Schmetterlingsblütler: Zwei miteinander verwachsene Kronblätter umhüllen Staubblätter und Stempel.

Schiffchenblumen = Fahnenblumen oder Schmetterlingsblumen: Begriff der Blütenökologie für die Blüten der Familie der Schmetterlingsblütler, aber auch einiger anderer Pflanzen; vgl. S. 27.

schizogen: durch Auseinanderklaffen von Zellen entstandene Lücken, z. B. im Mark der Doldenblütler oder als schizogene Drüsen.
Schleier: zartes Häutchen, das einen Sorus (= Gruppe von Sporenbehältern) bedeckt (= Indusium).
Schließfrucht: meist einsamige Frucht, die den Samen bei dessen Reife umschlossen hält und mit diesem ausgebreitet wird.
Schote: mehrsamige Streufrucht; vgl. S. 29.
Schraubel: monochasialer Blütenstand, Seitenäste schraubig angeordnet.
Schuppenborke: Borke, bei der sich die Peridermschichten teilweise untereinander berühren, sodass im Alter Borkenschuppen abblättern können.
Schwimmblattpflanzen: im Gewässerboden fest verankerte Pflanzen mit auf der Wasseroberfläche schwimmenden Blattspreiten, z. B. Seerose (*Nymphaea*). Nicht zu verwechseln mit den frei schwimmenden Schwimmpflanzen.
Seismonastie: durch Erschütterung oder Berührung ausgelöste, ungerichtete pflanzliche Bewegungen, z. B. beim Sauerklee (*Oxalis*).
Sekret: Ausscheidungsprodukt.
Selbstbestäubung: Bestäubung innerhalb einer Blüte. Fremdbestäubung ist die Bestäubung zwischen unterschiedlichen Individuen. Bei der Nachbarbestäubung wird Pollen von einer Blüte einer Pflanze auf eine andere Blüte derselben Pflanze übertragen.
Senföle: ölartige, scharf schmeckende Inhaltsstoffe, besonders von Kreuzblütlern, die beim Zerfall der Senfölglykoside (Glucosinolate, siehe dort) frei werden.
septizid → wandspaltig.
Sichel: monochasialer Blütenstand, alle Seitenäste sind zur gleichen Seite gerichtet.
Signaturenlehre, Signatura rerum: Schon aus der Antike bekannte, besonders aber mittelalterliche medizinische Irrlehre, wonach die arzneiliche Verwendungsfähigkeit einer Pflanze äußerlich erkennbar sein soll (z. B. bei nierenförmigen Blättern: Anwendung gegen Nierenleiden). Vermutlich handelte es sich aber z. T. eher um eine Merkhilfe als um wirklichen Aberglauben.
Sippe: Mit diesem Begriff bezeichnet man eine taxonomische Einheit (Taxon), wenn man sich nicht festlegen kann oder will, ob es eine Art, Kleinart, Unterart oder Hybride usw. ist.
s. l.: sensu lato = im weiteren Sinne.
sommerannuell: einjährig, nicht überwinternd.
Sorus: Sporangien- oder Sporenhäufchen. Gruppe dicht zusammenstehender Sporangien (= Sporenbehälter), die oft von einem Indusium (= Schleier) umgeben werden, der meist bis zur Sporenreife schrumpft (vgl. die Abb. bei *Dryopteris*). Plural: Sori.
Spalierstrauch: Niedrige Holzpflanze mit flachen Zweigen, die der Unterlage dicht aufliegen; vgl. S. 14.
Spaltfrüchte: Früchte, bei denen die ursprünglich verwachsenen Fruchtblätter bei der Reife wieder in 1-samige, nussartige Teilfrüchte zerfallen; vgl. S. 31.
Spatha: großes, auffälliges, den Blütenstand ± einhüllendes Hochblatt bei Aronstabgewächsen (= Araceae).
Species, spec. = Art: Die abgekürzte Form (z. B. *Salix* spec.) besagt, dass man sich auf die genaue Art innerhalb der Gattung (also hier *Salix* = Weide) nicht festlegen kann oder will.
Spelzen: häutige, schuppenartige Blätter im Blütenbereich der Gräser.
Spelzfrucht: häufigste Ausbreitungseinheit der Gräser (Poaceae). Die Grasfrucht (Karyopse) wird meist von Deckspelze und Vorspelze, bei einblütigen Ährchen zusätzlich von den Hüllspelzen, umgeben und gemeinsam mit diesen ausgebreitet.
Spermatophyten: Samenpflanzen. Oberbegriff für Nacktsamige und Bedecktsamige Blütenpflanzen.
Spermatozoid: begeißelte männliche Fortpflanzungszelle, Schwärmer.
Spindel: die spreitenfreie Mittelrippe eines gefiederten Blattes (= Rhachis).
spiralig = schraubig: wechselständig mit einem von 180° (zweizeilig) oder 120° (dreizeilig) abweichenden Divergenzwinkel.
Spirre = Trichterrispe: Rispe, bei der die äußeren Äste höher sind als die in der Mitte.
Sporangium: Behälter, in dem die Sporen gebildet werden (= Sporenbehälter). Bei Farnen sind jeweils zahlreiche Sporenbehälter zu einem Sorus vereinigt (siehe dort).
Sporen: Fortpflanzungszellen, aus denen z. B. bei Farnen der Vorkeim als geschlechtliche Generation hervorgeht.
Sporophyll: mit Sporangien besetztes Blatt.
Sporophyt: sporenbildende Generation.
Spreite: Blattspreite; der flächige Teil eines Blattes.
Spreizklimmer: Kletterpflanzen, die sich mit Hilfe von rückwärts gerichteten Pflanzenteilen aufstützen, z. B. durch Stacheln wie bei den Brom-

beeren (*Rubus*) und den Rosen (*Rosa*) oder durch Blattfiedern wie beim Adlerfarn (*Pteridium*).

Spreublätter: stark rückgebildete Deckblätter der Einzelblüten eines Körbchens, vor allem bei Korbblütlern.

Spross: Sprossachse (Stängel, Zweig usw.) mit den daran befindlichen Blättern.

Sprosspflanzen = Gefäßpflanzen: Sammelbegriff für Farnpflanzen und Samenpflanzen. Gemeinsam haben sie, dass sie aus einer Wurzel und einem Spross aufgebaut sind und Leitungsgefäße zur Wasserleitung besitzen.

s. str.: sensu stricto = im engeren Sinne.

Stachel: Anhangsgebilde der Sprossachse, aus der Epidermis und den darunter liegenden Schichten gebildet (Emergenz).

Staminodium: umgewandeltes unfruchtbares Staubblatt mit Sonderfunktion, vor allem als Nektarblatt.

Stängel: krautige, nicht verholzte Sprossachse.

Staubbeutel = Anthere: Teil der Staubblätter, in dem der Pollen produziert wird. Ein typischer Staubbeutel besteht aus zwei Hälften, den Theken = Staubfächern, die durch ein Zwischenstück (Konnektiv) verbunden sind und jeweils zwei Pollensäcke umfassen.

Staubblatt = Stamen, Staubgefäß: männliches Blütenorgan, bestehend aus dem Staubfaden (Filament) und dem Pollen produzierenden Staubbeutel (Anthere). Das weibliche Gegenstück heißt Fruchtblatt (→ Stempel).

Staubfach = Theke: Hälfte eines Staubbeutels.

Staude: ausdauernde, mehrmals blühende krautige Pflanze.

Steinfrucht: Schließfrucht, bei der der innere Teil der Fruchtwand (Endokarp) zur Reife verhärtet und die äußeren Teile (Meso- und Exokarp) fleischig sind. Beispiel: Kirsche (*Prunus avium*).

Steinkern: der den Samen umschließende, verhärtete innere Teil einer Steinfrucht.

Stempel: weiblicher Teil der Blüte, bestehend aus Fruchtknoten mit den darin befindlichen Samenanlagen, Griffel und der den Pollen aufnehmenden Narbe (Stigma). Ein Stempel kann einem einzigen Fruchtblatt (Karpell) entsprechen, ist aber in den meisten Fällen aus mehreren Fruchtblättern verwachsen.

Strahlblüten: randständige Blüten eines körbchen- oder doldenartigen Blütenstandes mit nach außen hin (zentrifugal) auffällig verlängerten Kronzipfeln.

Streifenborke: Ringelborke, die sich in Anpassung an die Drehbeanspruchung der Sprossachsen verholzender Kletterpflanzen durch Längsrisse trennt.

Streufrucht: sich bei der Samenreife zur Entlassung der Samen öffnende Frucht.

subalpin: Höhenstufe unterhalb der Baumgrenze, also zwischen montan und alpin; entspricht dem Krummholzgürtel.

Subspecies, subsp. = Unterart.

Substrat: Nährboden, Ausgangsmaterial.

Subtraktionsfarbe: relativ dunkle Färbung, die sich durch Absorption des Lichtes durch einen Pigmenttyp in der oberen und einen weiteren Pigmenttyp in der unteren Schicht ergibt.

Sukkulenz: Wasserspeicherung in besonderen Geweben.

Symbiose: Lebensgemeinschaft zwischen zwei verschiedenen Organismen mit wechselseitigem Nutzen.

sympodiale Verzweigung, Sympodium: Seitenachsen übergipfeln die Hauptachse. Sympodial verzweigte Blütenstände nennt man Zymen bzw. zymös verzweigt.

Synonym: alternativer Name für eine Pflanzensippe.

Taxie, Taxis: gerichtete Bewegung frei beweglicher Organismen, besonders von Einzellern bzw. Spermatozoiden.

Tetrade: Die 4 Teilungsprodukte einer Pollenmutterzelle werden als Einheit übertragen.

tetraploid = vierfacher Chromosomensatz ($2n = 4x$).

Theka: Staubbeutelfach oder -hälfte.

Thermonastie: durch Temperatureinflüsse ausgelöste ungerichtete Bewegungen, z. B. Blattbewegungen bei nächtlicher Kühle.

Thigmonastie: nach Berührungsreiz in vorgegebener Weise ablaufende Bewegung von Pflanzenteilen.

Thyrse, Thyrsus: ähriger oder traubiger Blütenstand, bei dem die Teilblütenstände Zymen sind; typisch z. B. für Lippenblütler (Lamiaceae).

tierfangende Pflanzen → fleischfressende Pflanzen.

Toxalbumine: giftige Eiweißstoffe.

toxisch = giftig.

Tracheen: röhrenförmige Wasserleitungszellen (= Gefäße), deren Querwände weitestgehend aufgelöst sind.

Tracheiden: Wasserleitungszellen mit (z.B. leiterförmig) durchbrochenen, schräg gestellten Querwänden.

Traube: Blütenstand mit durchgehender Hauptachse und unverzweigten, gestielten Seitenachsen.
Tribus = Gattungsgruppe: systematische Einheit zwischen Gattung und Unterfamilie. Die zu den behandelten Pflanzen gehörenden Tribus können aus dem Systematik-Teil am Anfang des Buches ersehen werden. – Zu beachten ist das weibliche grammatikalische Geschlecht, es muss also (im Singular und Plural) gleichermaßen ‚die Tribus' heißen.
triözisch → dreihäusig.
triploid: dreifacher Chromosomensatz (3x).
Trophophylle: bei Farnen Blätter, die im Unterschied zu Sporophyllen niemals Sporangien tragen, sondern nur der Photosynthese dienen.
Tropismus: von der Reizrichtung abhängige, gerichtete Bewegung von Pflanzenorganen.
turgeszent: prall mit Wasser gefüllte Zellen oder Gewebe.
Turgor: Innendruck der Zelle.
Turionen: Überwinterungsknospen bei Wasserpflanzen.

Überdauerungsknospen = Erneuerungsknospen. Aus ihnen gehen nach einer meist winterlichen Ruhephase neue Triebe hervor.
Umtriebszeit: durchschnittliches Alter von Forstbäumen, bis sie geschlagen werden.
unbeständig: Pflanzen, die nur vorübergehend Bestandteil der heimischen Vegetation sind. Sie können sich nicht aus eigener Kraft über längere Zeit halten, vgl. S. 42.
unifaziales Blatt: rundum gleich aufgebautes Blatt, dessen Spreite sich nur aus der Unterseite der Blattanlage entwickelt hat.

Valven: innere Perigonblätter (Blütenhüllblätter) bei *Rumex*-Arten.
Varietät, var.: Rangstufe unterhalb der Unterart.
Vegetation: Pflanzenbewuchs; zusammengesetzt aus verschiedenen Pflanzengemeinschaften.
vegetative Vermehrung: ungeschlechtliche Vermehrung: Sie erfolgt ohne Ausbildung von Samen oder Sporen, z. B. über Brutkörper, Knollen oder Ausläufer; vgl. S. 33.
Vibrationsbestäubung: Hummeln und einige Wildbienen gelangen an den Pollen bestimmter Pflanzenarten dadurch, dass sie vor den Staubbeuteln durch Schlagen mit den Flügeln Vibrationen erzeugen, die wir als Summen oder Brummen (Buzzing) wahrnehmen können, wodurch ein Teil des Pollens entlassen wird. Diese Art der Bestäubung betrifft 8% aller Blütenpflanzen. Beispiele sind die meisten Nachtschatten-Arten (*Solanum*) und einige Vertreter der Heidekrautgewächse (Ericaceae).
volksetymologisch: Anlehnung eines nicht mehr verstandenen Begriffs an ein bekanntes Wort, z. B. wird aus althochdeutsch mer-ratih = großer Rettich später Meer-Rettich.
Vollschmarotzer: Pflanze, mit heterotropher Ernährung, die alle lebensnotwendigen Stoffe von einer Wirtspflanze bezieht; vgl. S. 17.
Vorblatt: Blattorgan unterhalb einer Blüte, meist nur schuppenartig ausgebildet.
Vorkeim = Prothallium: Bei Farnen die geschlechtliche (haploide) Generation (= Gametophyt), die aus der keimenden Spore hervorgeht.
vorlaufend: Die Blüten erscheinen vor den Blättern.
vorlinnésche Zeit: Zeitraum zwischen ca. 1500 und 1753, dem Zeitpunkt des Erscheinens von LINNÉs Werk „Species plantarum". In dieser Zeit erschienen u. a. die „Kräuterbücher" und die Schriften der Brüder BAUHIN über die damals bekannten Pflanzen. Die von den vorlinnéschen Autoren aufgestellten Namen, die oft mehrteiligen „Phrasen", sind gemäß den Nomenklaturregeln nicht gültig (vgl. oben unter LINNÉ), wurden aber zum Teil durch die Übernahme durch Autoren ab 1753 legitimiert.
vormännlich: Die Staubbeutel reifen vor den Narben (= proterandrisch).
Vorwarnliste: Begriff in Roten Listen. Er besagt, dass eine Art zwar nicht in einen Gefährdungsgrad eingestuft wird, aber der Rückgang deutlich ist.
vorweiblich: Die Narben reifen vor den Staubbeuteln (= proterogyn).

wandspaltig = scheidewandspaltig, septizid: Öffnungsweise von Kapselfrüchten, indem sich bei der Reife die im Inneren der Frucht zunächst verwachsenen Wände benachbarter Fruchtblätter (Septen) wieder voneinander trennen. Eine andere Öffnungsweise ist fachspaltig.
wechselständig: an jedem Knoten entspringt nur 1 Blatt. Die Blätter können dabei spiralig, zweizeilig oder dreizeilig angeordnet sein.
Wedel: Blatt der Farne.
Wickel: monochasialer Blütenstand, jung spiralig eingerollt, Seitenäste in zwei parallelen Zeilen.
Wildpflanzengarten = Naturgarten: Garten mit hohem Anteil an einheimischen Arten. Unter Beachtung der Naturschutzbestimmungen

und um die Pflanzen am Wildstandort nicht zu gefährden, werden die Pflanzen am besten im Fachhandel bezogen. Es ist darauf zu achten, die Pflanzen dort auszubringen, wo sie sich nicht übermäßig ausbreiten können. Es versteht sich von selbst, dass solche Gärten naturnah und ohne künstliche Spritzmittel bewirtschaftet werden. Eine Zusammenstellung geeigneter Pflanzen findet sich auf S. 899–901.

Windepflanzen: Kletterpflanzen, bei denen sich der Stängel als ganzer um die Stütze herum windet, z. B. Zaunwinde (*Calystegia sepium*) oder Wald-Geißblatt (*Lonicera periclymenum*).

winterannuell: einjährig, aber überwinternd.

wintergrün: Blätter bis zum Ende des Winters grün, danach absterbend (vgl. auch immergrün).

Wintersteher: Früchte mit Samen bleiben (wenigstens teilweise) bis mindestens in den Winter hinein an der Pflanze; sie sind z. T. erst dann vollreif.

wirtelig = quirlig: Blattstellung, bei der an jedem Stängelknoten mehr als 2 Blätter entspringen.

Wurzelbrut: Sprosse von Gehölzen, die aus Erneuerungsknospen hervorgehen, welche sich an Wurzeln befinden.

Wurzelknöllchen: Gewebswucherungen jüngerer Wurzelteile, die infolge der Infektion mit symbiontischen, Luft-Stickstoff bindenden Bakterien von der höheren Pflanze gebildet wurden. Näheres siehe bei *Lupinus*.

Wurzelknollen: Verdickungen von Wurzeln zur Stoffspeicherung. – Achtung: (Kleine) Wurzelknollen dürfen nicht mit Wurzelknöllchen verwechselt werden!

Wurzelknospen: an den Wurzeln befindliche Erneuerungsknospen (vgl. Wurzelsprosse).

Wurzelpilz: Pilz, der mit den Wurzeln einer höheren Pflanze in Symbiose (= Mykorrhiza) lebt.

Wurzelsprosse: aus Wurzeln hervorgehende Sprosse, daher auch wurzelbürtige Sprosse genannt. Bei Gehölzen spricht man auch von Wurzelbrut.

Xanthophylle: gelbe, fettlösliche Farbstoffe (Karotinoide) = Oxydationsprodukte des Karotins.

xerochas: Eigenschaft von Trockenfrüchten, sich bei Austrocknung zu öffnen, bei feuchtem Wetter aber zu schließen.

xeromorph, Xeromorphosen: Bau an Trockenheit angepasst.

Xerophyten = Trockenpflanzen. Sie sind charakterisiert durch ein besonders gut entwickeltes Wurzelwerk und reduzierte oberirdische Organe sowie das häufige Vorkommen von Dornen, Lederblättrigkeit und/oder Sukkulenz.

Xylem = Holzteil: Der Teil eines Leitbündels, in dem das Wasser nach oben geleitet wird.

zirkumpolar: innerhalb einer Florenzone rund um den Globus verbreitet.

Zungenblüten: die durch einseitige Vergrößerung der Krone verlängerten und daher der Schau dienenden Randblüten des Körbchens der Korbblütler.

zweihäusig = diözisch: Blüten eingeschlechtlich, männliche und weibliche Blüten auf verschiedenen Pflanzen.

Zweijährige: Pflanzen, die im ersten Jahr eine Blattrosette bilden, im zweiten Jahr blühen und nach der Samenreife absterben.

Zweikeimblättrige = Dikotyledonen: Die bei weitem größte Untergruppe der Bedecktsamigen Blütenpflanzen, vgl. S. 53. Sie sind meist wie folgt gekennzeichnet: Keimblätter in Zweizahl, Blätter netzadrig, oft mit Blattstiel, Blüten 5- oder 4-zählig, krautige Pflanzen oder Gehölze.

zweizeilig: wechselständige Beblätterung mit einem Divergenzwinkel von 180°, sodass das dritte Blatt wieder genau über dem ersten steht, z. B. bei allen Süßgräsern (Poaceae).

Zwergstrauch: vollständig verholzter niedriger Strauch, der nicht über 30–50 cm hoch wird, und daher zu den Chamaephyten zu zählen ist; vgl. S. 15.

Zwiebel: kurze gedrungene Sprossachse, an der in dichter Anordnung fleischig verdickte Speicherblätter stehen.

zwittrig = Blüte mit sowohl männlichen Blütenorganen (Staubblättern) als auch weiblichen Blütenorganen (Fruchtblättern).

Zymen, zymöse Blütenstände: durch „Übergipfelung" der Hauptachse durch die Seitenzweige entstandene Blütenstände (= sympodiale Blütenstände).

Register der deutschen und wissenschaftlichen Pflanzennamen

Seitenzahlen in Klammern verweisen auf Synonyme bzw. veraltete Namen. – Es sind nur Gattungsnamen aufgeführt. So ist also etwa die Wiesen-Glockenblume nicht unter **W**, sondern unter **G** zu suchen. Da es bei mehrteiligen deutschen Namen sehr oft schwer zu entscheiden ist, welches der richtige Gattungsname ist, also ob man etwa Hainbuche bei **B** oder bei **H** und Kratzdistel bei **K** oder bei **D** suchen muss, ist das Register so angelegt, dass beide Wege zum Ziel führen.

Bildquellennachweis

Jeweils mehr als 5 Bilder stammen aus folgenden Quellen (ggf. Abkürzung in Klammern):

Archiv Quelle & Meyer (QM) 15 Farbzeichnungen
Baumann, Dr. Helmut † (HB) 145 Fotos
Biologische Station Westliches Ruhrgebiet, Oberhausen (BSWR) 7 Fotos
Braßmann, Markus 20 Fotos
Düll, Prof. Dr. Ruprecht † (RD) 138 Fotos
Jagel, Dr. Armin 34 Fotos
Junker, Dr. Reinhard 8 Fotos
Kutzelnigg, Dr. Herfried (HK) 206 Fotos
Lüder, Dr. Rita (RL) 52 Fotos
Meyer, Thomas (Flora-de, www.blumeninschwaben.de) (TM) 57 Fotos
Neeff, Dr. Philipp 11 Fotos
Rebing, Dr. Günter 14 Fotos
Rohwer, Prof. Dr. Jens (JR) 55 Fotos
Stall, Dagmar 24 schwarz-weiß-Strichzeichnungen
Wikimedia Creative Commons CC BY ... **(Wiki)** 134 Fotos

Die Anordnung der Bilder erfolgt nach der Seitenzahl.

12 Zeichnung D. Stall – 60a Wiki Mars SA 3.0 – 60b HK – 60c HK – 61 RD – 62a RD – 62b Zeichnung D. Stall – 64a Neeff – 64b HK – 65 HB – 66 Wiki Christian Fischer SA 3.0 – 68a Wiki R. Flogaus-Faust 4.0 – 68b Wiki Llez SA 3.0 – 69 HB – 70 HK – 71a RD – 71b HK – 72 HB – 73 Wiki Jamein 3.0 – 74 Zeichnung D. Stall – 75 RL – 76a HK – 76b TM – 77 RL – 78 RD – 79 HK – 80 RD – 81 RD – 82 RL – 84a TM – 84b RD – 85 HK – 86 Rebing – 87 G. B. Feige – 88 RD – 89 Rebing – 91 HB – 92 TM – 93 HB – 94 HK – 95 Wiki Stefan Lefnaer SA 3.0 – 96 RD – 98 RD – 99a HB – 99b Wiki Tigerente 2.5 – 101a Wiki Marlene Thyssen SA 3.0 – 101b JR – 102 Wiki Luis nunes alberto SA 3.0 – 103a John Palmer – 103b Braßmann – 104 TM – 105 Jagel – 106 HB – 108 RD – 109 HB – 110 HB – 111 HB – 112 Braßmann – 114 RD – 115 RD – 116a HB – 116b HK – 117 HB – 118 HK – 119 RD – 120 HB – 121 RD – 122 HB – 123 Wiki Meneerke bloem SA 3.0 – 124a Braßmann – 124b HK – 125 HK – 126 HB – 127 HB – 128 JR – 129 TM – 130a JR – 130b JR – 132 TM – 133 TM – 134 HB – 135a JR – 135b RL – 136 HB – 137 RD – 138a TM – 138b RD – 140a HB – 140b HK – 141 Wiki R. Flogaus-Faust 4.0 – 142 HB – 143a W. Borlinghaus – 143b RD – 145a RD – 145b Braßmann – 146 Braßmann – 147 HB – 149 HB – 150a Neeff – 150b HK – 151a HB – 151b HK – 152 HK – 153 Wiki Rasbak 3.0 – 154 JR – 155 HK – 156 HB – 157 BSWR – 158 HB – 159 HB – 160a HB – 160b Zeichnung D. Stall – 161a HK – 161b HB – 161c RD – 163 HB – 164 JR – 165a HK – 165b HK – 166 Braßmann – 167 HB – 169a HB – 169b RD – 170 Junker – 171a JR – 171b RL – 172a Braßmann – 172b Jagel – 173 Wiki flickr – 174 RD – 175 HB – 176 JR – 177 RD – 179 HB – 180 Lange, Strauß, Dobers (Schroedel) – 181 HB – 182 HB – 183a HB – 184a HK – 184b TM – 184c BSWR – 186a Wiki Hectonychus SA 3.0 – 186b TM – 187a Jagel – 187b Jagel – 188 RD – 189 Rebing – 190a Wiki Christian Fischer SA 3.0 – 190b Wiki Christian Fischer SA 3.0 – 191a Wiki Didier Descouens SA 3.0 – 191b Wiki Isidre blanc SA 4.0 – 192 Wiki 4028mdk09 SA 3.0 – 193 HB – 194 HK – 195a HK – 195b RD – 196 RL – 197 RD – 198a Wiki Andreas Eichler SA 4.0 – 198b Jagel – 200a Braßmann – 200b HK – 201a HK – 201b HK – 202 Wiki R. Flogaus-Faust 4.0 – 203 RD – 204 Jagel – 205a HK – 205b Archiv QM – 206 HK – 207 RD – 208 HK – 209a HK – 209b HK – 211a HK – 211b RD – 212 HK – 214 TM – 215 HB – 216 Jagel – 217 Archiv QM – 218a RD – 218b TM – 218c TM – 219 TM – 220 Jagel – 221 RL – 222 HK – 223 JR – 224 Wiki H Zell SA 3.0 – 225 HB – 227 Wiki Nikos D. Karebelas 4.0 – 228 Wiki Line1 2.5 – 229 HK – 230 RD – 231 Jagel – 232 TM – 233 HB – 234 RL – 236a HK – 236b RD – 237 HK – 238 HK – 239 HK – 240 RD – 241 HK – 242 RD – 243a HK – 243b Junker – 244 HK – 245a Wiki Tony Hisgett 2.0 – 245b Wiki Dinkum CC0 – 246a Wiki Qwert1234 SA 3.0 – 246b Zeichnung D. Stall – 247 Wiki Christian Fischer SA 3.0 – 248a HK – 248b HK – 249 HK – 250a HK – 250b HK – 252 Wiki Jennifer McNew 2.0 – 253a HB – 253b HK – 254 Jagel – 255 BSWR – 256a Jagel – 256b TM – 257a Zeichnung D. Stall – 257b Wiki Andreas Eichler SA 3.0 – 258a RD – 258b Wiki Daniel Fuchs SA 2.5 – 259 RD – 260a Wiki Krzysztof Ziarnek SA 3.0 – 260b Wiki MPF SA 3.0 – 261 RD – 262 RD – 263 RL – 264 HK – 265 JR – 266a Wiki H Zell SA 4.0 – 266b JR – 267a HK – 267b HK – 268a HK – 268b HK – 270a HK – 270b Zeichnung D. Stall – 271a RD – 271b RD – 272a Wiki Beentree SA 3.0 – 272b TM – 274a RD – 274b HB – 275 RD – 276a HB

– 276b HK – 277 RD – 278 HB – 279 Archiv QM – 280 HK – 281a HK – 281b HK – 283 JR – 284 Wiki Michael Becker CC0 – 285 HB – 286a RD – 286b HB – 288 TM – 289 TM – 290 RL – 291 RL – 292 RD – 293a HK – 293b Wiki Aiwok SA 3.0 – 294 HB – 295 Rebing – 296 HK – 297 Jagel – 298 Wiki H Zell SA 3.0 – 299 RD – 300a RD – 300b Wiki H Zell SA 3.0 – 301a RL – 301b Wiki Isidre blanc SA 3.0 – 302a Wiki Muriel Bendel SA 4.0 – 302b Jagel – 303 Wiki Christian Fischer SA 3.0 – 304 RL – 305a TM – 305b W. Borlinghaus – 307 HB – 308 Neeff – 310 HK – 312 RD – 313 HB – 314 HK – 315 Wiki Petr Dlouhy SA 3.0 – 316a Wiki R. Flogaus-Faust 4.0 – 316b JR – 317a HK – 317b HK – 318 Zeichnung D. Stall – 319 HK – 320 RD – 321 TM – 323 RD – 324 Wiki Kristian Peters SA 3.0 – 325 Wiki Muriel Bendel SA 4.0 – 326a HK – 326b Zeichnung D. Stall – 327 HK – 328 HK – 330a Junker – 330b RL – 331a HK – 331b HK – 332 HK – 333 TM – 334a RD – 334b RD – 335 HB – 336 HK – 337 HK – 338 HB – 339 HB – 340a HB – 340b Wiki Didier Descouens SA 4.0 – 341 TM – 342 HK – 343 HK – 344 HK – 345 HK – 346a RL – 346b HK – 347 RD – 348 RD – 349 RL – 350 HB – 351a RL – 351b Wiki Mariluna SA 3.0 – 352 HB – 353a RD – 353b Zeichnung D. Stall – 354 RD – 355 HK – 356 HK – 358 RD – 359 RD – 360 Neeff – 361a Wiki P C Finocchio SA 2.5 – 361b HK – 362 Wiki Sanjay Acharya 3.0 – 363 HK – 364 RL – 366 HB – 367a RL – 367b RD – 367c Zeichnung D. Stall – 368 HK – 370 RD – 371 HK – 372a HK – 372b HK – 372c HK – 373 Braßmann – 374 HB – 374 JR – 375 HB – 376 HK – 377a HK – 377b HB – 378 JR – 380 RD – 381 HB – 382 TM – 383 Wiki R. Flogaus-Faust 4.0 – 384 RD – 385a Rebing – 385b RD – 386 RD – 388 HK – 389a Wiki Tigerente SA 3.0 – 389b Rebing – 390a HB – 390b HK – 391 RD – 392a HK – 392b HK – 393 Wiki H Zell SA 3.0 – 394 HK – 396 RL – 397 Wiki Hans Hillewaert SA 3.0 – 398 RD – 399a RD – 399b TM – 400a Jagel – 400b RD – 401 JR – 402a Wiki Hans Hillewaert SA 3.0 – 402b Wiki mgk 2.5 – 403 Wiki R. Flogaus-Faust 4.0 – 404 RD – 405a HK – 405b HB – 406 RD – 408 RL – 409 HB – 410 HK – 411 HK – 412 Jagel – 413 HK – 414 HK – 415a Rebing – 415b Rebing – 416 HK – 417 HK – 419a JR – 419b TM – 420 Wiki Jörg Hempel SA 3.0 – 421a Zeichnung D. Stall – 421b Jagel – 422 HK – 423 Wiki Krzysztof Ziarnek SA 3.0 – 424 RD – 425 HK – 426a TM – 426b Jagel – 427 HB – 429 RD – 430 HK – 431 HB – 432 BSWR – 433 Braßmann – 435 HK – 437 HB – 438a HK – 438b HK – 439 HK – 440 HK – 441a HB – 441b HK – 442 Wiki Udo Schmidt SA 2.0 – 443 JR – 444 HB – 445 HK – 447 RD – 448a RL – 448b RD – 449 JR – 450 HK – 451a Wiki H Zell SA 3.0 – 451b Wiki N Baudet SA 3.0 – 451c Wiki Rasbak SA 3.0 – 452 RL – 453 Wiki Christian Fischer SA 3.0 – 454 JR – 455 HB – 457 HB – 458a Neeff – 458b Wiki Fornax SA 3.0 – 459 Wiki 4028mdk09 SA 3.0 – 460a HK – 460b HK – 460c Wiki Elena von Eichendorf CC0 – 462 HK – 463 HK – 465a Jagel – 465b HK – 465c Wiki T Voekler SA 3.0 – 466a Wiki Gudyma s SA 4.0 – 466b JR – 467a JR – 467b Wiki Meneerke bloem SA 3.0 – 468 HB – 469 Wiki Andreas Eichler SA 4.0 – 470 JR – 471 Jagel – 472 RD – 473 Jagel – 474 HK – 476 HB – 477 RD – 478 Jagel – 479 TM – 480 HB – 481a Junker – 481b Wiki IKAI 2.5 – 482 TM – 483 Wiki 4028mdk09 SA 3.0 – 484a Wiki Kristian Peters SA 3.0 – 484b HK – 485 HK – 486a HB – 486b Wiki Przykuta SA 3.0 – 487 Archiv QM – 488 Jagel – 489 RL – 491 HB – 492a Wiki Peer Schilperoord SA 4.0 – 492b Wiki Bastien M SA 3.0 – 493 HB – 494a Jagel – 494b RL – 496a HK – 496b TM – 496c Wiki Asio otus SA 3.0 – 497a HK – 497b Wiki R. Flogaus-Faust 4.0 – 499 HK – 500a Junker – 500b RD – 501 HK – 503 HK – 504 RD – 505 RD – 506 Wiki Christian Fischer SA 3.0 – 507a JR – 507b Braßmann – 508 RL – 509 Archiv QM – 510 Junker – 511 HK – 512a HK – 512b HK – 513a Archiv QM – 513b RL – 514a HK – 514b HK – 516 HK – 517 TM – 518 HK – 520 Jagel – 521a JR – 521b Wiki Philmarin SA 3.0 – 523 HB – 524 Wiki Alinja SA 4.0 – 525 RL – 526a HK – 526b HK – 527 RL – 529 HB – 530a Jagel – 530b RL – 531a HB – 531b HB – 533 TM – 534 JR – 535a RD – 535b JR – 536 HB – 537 BSWR – 537a HK – 537b HK – 538 RL – 539 HB – 540 HB – 541 HB – 542 Wiki Kenpei SA 3.0 – 543 Wiki Jörg Hempel SA 2.0 de – 544 HB – 545 HB – 546 RL – 547 HB – 548 Archiv QM – 549a RD – 549b Jagel –550a JR – 550b JR – 551 JR – 553 HK – 554 Wiki Kenpei SA 4.0 – 555 HB – 558 RD – 559a RD – 559b HK – 560 HK – 561a Zeichnung D. Stall – 561b aus von Hagen (biologische Arbeitshefte 3) (Hagemann) – 562 JR – 563 JR – 564 Jagel – 565 RL – 567 TM – 568 Wiki Christian Fischer SA 3.0 – 569 HB – 571 HB – 572 HB – 573a Zeichnung D. Stall – 573b Wiki R. Flogaus-Faust 4.0 – 575 RD – 576 HK – 577 HK – 578a JR – 578b TM – 579 Wiki Bernd Haynold 2.5 – 580 HB – 581 JR – 582 RL – 584 HB – 585a Rebing – 585b Wiki G Hume SA 3.0 – 586 Rebing – 587 Archiv QM – 588 RL – 589a Rebing – 589b RL – 590 Wiki Robert Flogaus-Faust – 591 BSWR – 592 HK – 593 RD – 594 Wiki Christian Fischer SA 3.0 – 595 JR – 596a RD – 596b Wiki Teun Spaans SA 3.0 – 597 HK – 598 Wiki H Zell SA 3.0 – 599 RD

– 600 JR – 601a RD – 601b TM – 602 HB – 603 HB – 604 HK – 605a HB – 605b JR – 606 RL – 607 TM – 608a HB – 608b RD – 608c Rebing – 609 Wiki R. Flogaus-Faust 4.0 – 610 RL – 612a RD – 612b HB – 614 HB – 615 TM – 616a Wiki Hans Kadereit CC0 – 616b HB – 619 HK – 620 HB – 622 HB – 623 HB – 625 RD – 626 RD – 627 RD – 628 TM – 629a Archiv QM – 629b RL – 629c Zeichnung D. Stall – 631 Wiki Dalgial SA 3.0 – 632a RL – 632b Wiki H Zell SA 3.0 – 633 Wiki Olivier Pichard SA 3.0 – 634 HB – 636 HK – 637 Wiki 6th Happiness SA 3.0 – 638 RD – 639 JR – 641 TM – 642 RL – 643 Archiv QM – 644 RD – 646a HB – 646b Wiki 1bumer SA 4.0 – 646c HK – 648a Archiv QM – 648b Archiv QM – 650 RD – 652 Wiki H. Krisp 3.0 – 653a RD – 653b RL – 654 Rebing – 655a HK – 655b HK – 656 HK – 657a Wiki K. P. Jasiutowicz SA 3.0 – 657b Wiki Hectonychus SA 3.0 – 658 HB – 660a HK – 660b HK – 661 HB – 662a Wiki Lukas Messner 2.5 – 662b HB – 663a RD – 663b HB – 666 HK – 667 JR – 668 Ewald und Venzl (Pflanzenkunde) (BSV) – 669 RD – 670 HK – 671 HK – 672 TM – 673a HK – 673b HK – 673c HK – 674a Wiki MatHKnight SA 3.0 – 674b TM – 675 Wiki Hans Hillewaert SA 3.0 – 676 RD – 677 HK – 678 HK – 680 HK – 681 HB – 683 HB – 684 HK – 685a Wiki Manfred Heyde SA 3.0 – 685b HK – 686 Wiki Frank Vincentz SA 3.0 – 688 Jagel – 689 Braßmann – 690a HB – 690b HK – 692a HK – 692b RD – 693 Jagel – 694a HK – 694b RD – 696a Wiki R. Flogaus-Faust 4.0 – 696b HK – 697 RD – 698a Jagel – 698b TM – 699 RD – 700 TM – 701a HK – 701b RL – 702 HK – 703 HB – 704 Zeichnung D. Stall – 705a W. Hinz – 705b HB – 706a HK – 706b HK – 708a HK – 708b RD – 709a Wiki Didier Descouens SA 4.0 – 709b JR – 711 RD – 712 Braßmann – 713 Braßmann – 714 BSWR – 715a HK – 715b HK – 717 Wiki Christian Fischer SA 3.0 – 718 Neeff – 719a RL – 719b JR – 720 HB – 721 RL – 722 HK – 723 HB – 724 Archiv QM – 725 HB – 726 Wiki G Hagedorn SA 3.0 – 727a JR – 727b JR – 728 Wiki R. Flogaus-Faust 4.0 – 729 HB – 730 JR – 731 Wiki H Zell SA 3.0 – 732a Wiki H Zell SA 3.0 – 732b JR – 733a RD – 733b JR – 733c Wiki Hermann Schachner CC0 – 734a Neeff – 734b Wiki Fornax SA 3.0 – 735 HB – 736 HB – 737 HB – 739 Neeff – 741a JR – 741b Zeichnung D. Stall – 742a HB – 742b Andrea Moro CC BY SA – 743 HB – 744 HB – 746 HB – 747a RD – 747b HB – 748 RD – 749a Braßmann – 749b RD – 750 Neeff – 751 HK – 753 RD – 754 JR – 755 HK – 757 RD – 758a RD – 758b TM – 759a RL – 759b HK – 760 Braßmann – 761 TM – 762a Braßmann – 762b Zeichnung D. Stall – 763 Wiki Rwimmer CC0 – 764 Junker – 766 HK – 767a HK – 767b HK – 767c Zeichnung D. Stall – 769 HK – 770 RL – 771 Wiki Jürgen Howaldt SA 2.0 – 773 Braßmann – 774 Jagel – 775 JR – 776 HB – 777 RD – 778 Wiki R. Flogaus-Faust 4.0 – 779 HK – 780 JR – 781 RD – 782a HK – 782b HK – 783 HK – 785 RD – 786a RD – 786b RL – 787a Wiki Isidre blanc SA 4.0 – 787b Wiki Fornax SA 3.0 – 788 HK – 789 HB – 791 HK – 792 RD – 794 HK – 795 RD – 797 HB – 798 HK – 799 RD – 800 HB – 801 Wiki R. Flogaus-Faust 4.0 – 802 RD – 803a Wiki Muriel Bendel SA 4.0 – 803b HB – 804 HB – 805 Jagel – 806 HB – 807 HK – 809a RD – 809b JR – 811 HB – 812a RD – 812b RD – 813a RD – 813b HK – 815a Wiki, Dasha – 815b Zeichnung D. Stall – 816 Rebing – 817a RD – 817b Wiki Fornax SA 3.0 – 818 HK – 821 JR – 822 Wiki donkey shot SA 4.0 – 823 HK – 824a Archiv QM – 824b Junker – 826 HB – 827 HK – 829 HB – 830a RL – 830b HK – 831a Zeichnung D. Stall – 831b HB – 833 HB – 834a RD – 834b HK – 834c TM – 836 Zeichnung D. Stall – 837 Neeff – 839a RL – 839b RD – 839c Archiv QM – 840 HB – 841 Wiki Krzysztof SA 3.0 Ziarnek – 843 HB – 844 Jagel – 845a Wiki Salicyna SA 4.0 – 845b HK – 846 Wiki Tigerente 2.5 – 847 Jagel – 848 HB – 849 Neeff – 850 TM – 851 Braßmann – 852 RD – 854 HK – 855 HK – 856 JR – 857a HB – 857b HK – 859 HB – 860 HK – 861 Wiki Rasbak SA 3.0 – 862a TM – 862b HK – 863 HK – 864 Wiki Stefan Lefnaer SA 3.0 – 865a JR – 865b RD – 866 Braßmann – 867 Zeichnung D. Stall – 868 RD – 869a RD – 869b HK – 871a Wiki Jörg Hempel SA 2.0 de – 871b HK – 872 Ewald und Venzl (Pflanzenkunde) (BSV) – 873a RD – 873b Wiki H Zell SA 3.0 – 875 JR – 876 RD – 877 HK – 878HB – 879 RL – 880a RD – 880b Wiki H Zell SA 3.0 – 882a RD – 882b RL